Kohlenwasserstofföle und Fette

sowie die ihnen chemisch und technisch nahestehenden Stoffe

Siebente, völlig neu bearbeitete Auflage

Unter Mitwirkung von

Dr. G. Meyerheim - Berlin

sowie Prof. Dr. W. Bachmann-Seelze, Dr. J. Davidsohn-Berlin, Prof. Dr. F. Frank-Berlin, Dipl.-Ing. F. Fritz-Eltville, Dr. J. Herzenberg-Berlin, Dr. L. Jablonski-Berlin, Dr. H. Kantorowicz-Berlin, Prof. Dr. H. P. Kaufmann-Münster, Dr. E. L. Lederer-Hamburg, Prof. Dr. P. Levy-Aachen, Dr. I. Lifschütz-Hamburg, Dr. H. Lindemann-Hamburg, Prof. Dr. H. Mallison-Berlin, Dr. W. Manasse-Berlin, Dr. M. Naphtali-Berlin, Dr. B. Rewald-Hamburg, Dr. K. H. Schünemann-Hamburg, Dipl.-Ing. C. Walther-Berlin, G. Weiss-Berlin, Dr. F. Wittka-Bombay, Dr. H. Wolff-Berlin

in Gemeinschaft mit **Dr.-Ing. W. Bleyberg**

bearbeitet und herausgegeben von

Professor Dr. D. Holde

Mit 209 Abbildungen im Text

Berlin

Verlag von Julius Springer

1933

ISBN-13:978-3-642-89045-1   e-ISBN-13:978-3-642-90901-6
DOI: 10.10007/978-3-642-90901-6

Vorwort.

Seit dem Erscheinen der letzten Auflage (1924) dieses, im Mai vorigen Jahres vergriffenen Buches ist das Erfahrungs- und Erkenntnismaterial auf den hier behandelten Gebieten so stark angewachsen, daß unter der notwendig gewordenen Beibehaltung des Grundprogramms des Buches eine nicht unwesentliche Vermehrung des Umfangs leider nicht zu vermeiden war. Immerhin wurde diese Vermehrung durch Streichungen veralteter Angaben, Verweisungen auf die 6. Auflage, Opferung des Namensregisters, kleineren Druck usw. auf ein erträgliches, durch die erhebliche Inhaltsbereicherung hoffentlich ausgewogenes Maß beschränkt.

Insbesondere wurden die allgemeine Chemie und technische Analyse des Erdöls, des Braunkohlenteers, der Fette, ihrer Nebenbestandteile (Vitamine, Sterine, Phosphatide), der Seifen und anderer Fettverarbeitungsprodukte, die Bewertung der flüssigen Kraftstoffe, der Isolier- und Autoöle, des Vaselins, Paraffins, Ceresins, der Bleicherden, die physikalisch-chemischen Prüfungen usw. neu bearbeitet. Hierbei wurden auch wichtige technologische Neuerungen und Normen in knapper Form berücksichtigt.

Hatte schon die vorige Auflage infolge stark vermehrten Inhalts die Hinzuziehung einer Reihe von Spezialfachleuten erfordert, so war dies nach einer Entwicklung von weiteren 9 Jahren nunmehr in erhöhtem Maße geboten, ohne daß die einheitliche Tendenz des Buches zu sehr gestört wurde. Zudem war auch infolge ernstlicher längerer Erkrankung des bisherigen Herausgebers seit Mai 1931 seine stärkere Entlastung von den ebenfalls sehr vermehrten herausgeberischen Arbeiten erforderlich, deren Ziel die Durchführung kritischer, exakter, möglichst vollständiger sowie knapper Darstellung war. Zwischen Wollen und Können wird natürlich wie bei den meisten menschlichen Leistungen zu ungunsten der letzteren immer eine gewisse Spannung bestehen.

Ich bin aber allen, im Titelblatt genannten Kollegen für ihre wertvolle Unterstützung und tunlichste Anpassung ihrer Darstellungen an den traditionellen Charakter des Buches sehr zu Dank verpflichtet. Insbesondere gilt dieser Dank auch meinem langjährigen engeren Mitarbeiter Dr. W. Bleyberg für seine verständnisvolle Unterstützung bei den speziell herausgeberischen Arbeiten, sowie bei der Bearbeitung der von ihm zur Ergänzung oder selbständigen Neuabfassung übernommenen Einzelkapitel. Unter den Mitwirkenden der jetzigen Auflage konnte ich auch wiederum zu meiner besonderen Genugtuung den mir früher lange Jahre in gemeinsamer Arbeit verbunden gewesenen Dr. Meyerheim als Mitarbeiter bei vielen wichtigen Kapiteln (Benzin, Isolieröle, Schmieröle, Braunkohlen- und Schieferteer, Montanwachs, Bleicherden) begrüßen. Herr Dr. F. Wittka hatte die Freundlichkeit, außer den von ihm unmittelbar mitbearbeiteten fettchemischen und technologischen Kapiteln (s. diese) auch noch für andere

Abschnitte (Fettanalyse, Speisefette, Seifentechnologie und -analyse) geeignete
Änderungen an der Hand seiner langjährigen praktischen Erfahrungen vor-
zuschlagen.

Durch weitere beachtenswerte Hinweise bzw. Vorschläge für Änderungen
haben unsere Arbeit gefördert: Dr. Egon Böhm, Hamburg (Erdwachs-
und Vaselingewinnungen in Rußland), Prof. S. Ivanow, Moskau (Einflüsse
des Klimas auf Jodzahl von Leinöl), Dr. H. Karplus, Frankfurt a. M.
(Kolloidgraphitschmierung), Dr. F. Kind, Berlin (Erdölindustrie), Prof.
F. Rathgen, Friedenau (Konservierungsöle für Bausteine), Dr. V. Schwarz-
kopf, Berlin (Fettraffination), Dr. L. Singer, Wien (Paraffinverarbeitung
usw. in der Erdölindustrie), und andere, hier nicht genannte Kollegen.

Von leider schon verstorbenen Kollegen hatte ursprünglich Prof. Herbig,
Chemnitz, das Kapitel Türkischrotöl revidiert, das später Frl. Gertrud
Weiss bearbeitete, während Dr. Fürth (†), Halle, die technologischen Teile
des Braunkohlenteerkapitels ergänzt hatte, die später von Prof. F. Frank
und Dr. G. Meyerheim neubearbeitet wurden.

Die Verlagsbuchhandlung Julius Springer hat in entgegenkommender
Weise bei der Drucklegung alle meine Wünsche, soweit als möglich, berücksichtigt, und sogar, entgegen ihrer eigenen Ansicht, den von mir wegen seiner
größeren Zeilenabstände als lesbarer geschätzten Druck in kleinerer Schrift
angenommen, wofür ich ihr noch besonderen Dank ausspreche.

Berlin, im Juli 1933.

Holde.

Inhaltsverzeichnis.

Inhaltsverzeichnis. IX

Achtes Kapitel.
Fettverarbeitungsprodukte.

Neuntes Kapitel.

Wachse.

Berichtigungen.

Zu S. 30 u. 31, Abb. 19 u. 21 (Redwood-Viscosimeter): Infolge eines Druckfehlers in der 2. Aufl. der I.P.T.-Standard-Methoden sind in den beiden Abbildungen folgende Dimensionen falsch angegeben:

1. Die Höhe der Markenspitze über dem oberen Ende des Ausflußröhrchens muß nicht 86,0, sondern 82,5 mm betragen.
2. Die Gesamthöhe des zylindrischen Teiles des Ölbehälters muß nicht 90,0, sondern 86,0 mm betragen.

S. 340, Absatz 6, Zeile 2: Statt „Salzgehalt" lies „Satzgehalt".
S. 524, Absatz 6, Zeile 2/3: Statt „hydromatischen" lies „hydroaromatischen".
S. 624, Fußn. 3: Statt „Lederor" lies „Lederer".
S. 655, linke Strukturformel: Statt [HO—OH Ring mit HO] lies [HO—OH Ring mit HO].
S. 689, Zeile 29: Statt „Cholesterin und" lies „Cholesterin, und".
S. 700, Fußn. 1: Statt „Gusserow: ebenda" lies „Gusserow: Arch. Pharmazie".
S. 759, Abb. 196: Der Abstand zwischen dem Kühlervorstoß und der Kugel des Destillieraufsatzes soll nicht 70, sondern 78 mm betragen.
S. 769, Zeile 7: Statt „etwa überschüssiges Jod" lies „etwas überschüssiges Jod".
S. 941, Absatz 4, Zeile 2: Statt „Jodostearin" lies „Jodostarin".

Verzeichnis der Abkürzungen.

A = Ampere.

A.E.G. = Allgemeine Elektrizitäts-Gesellschaft.

A.P.I. = American Petroleum Institute.

A.S.T.M. = American Society for Testing Materials.

AcZ. = Acetylzahl.

Amer.P. = Amerikanisches Patent.

at = Atmosphäre(n).

atü = Atmosphäre(n) Überdruck.

BBC = Brown, Boveri & Co.

B.E.S.A. = British Engineering Standards Association.

B.S.S. = British Standard Specification.

B.V. = Benzol-Verband (Bochum).

B.V.G. = Berliner Verkehrs-Gesellschaft.

Ber. = Berichte der Deutschen Chemischen Gesellschaft.

Bp. = Brennpunkt.

c = Spezifische Wärme.

C = Celsius.

C. = Chemisches Zentralblatt.

d = Dichte (spezifisches Gewicht).

D.A.B. = Deutsches Arzneibuch.

D.E.A. = Deutsche Erdöl-Aktiengesellschaft.

D.R.P. = Deutsches Reichs-Patent.

D.V.M. = Deutscher Verband für die Materialprüfungen der Technik.

E = Englergrad.

E.P. = Englisches Patent.

F = Fahrenheit.

F.P. = Französisches Patent.

Fp. = Flammpunkt.

h = Stunde.

HK = Hefner-Kerze.

Holl.P. = Holländisches Patent.

I.P.K. = Internationale Petroleum-Kommission.

I.P.T. = Institution of Petroleum Technologists.

I.S.M.=International Standard Methods.

JZ. = Jodzahl.

K.-S. = Kraemer-Sarnow.

Kp. = Siedepunkt (Kochpunkt).

M.P.A. = Staatliches Material-Prüfungs-Amt Berlin-Dahlem.

n = Brechungsexponent.

o. T. = Offener Tiegel (Flammpunkt).

OH-Z. = Hydroxylzahl.

P.M. = Pensky-Martens.

P.T.R. = Physikalisch-Technische Reichsanstalt.

PZ. = Polenskezahl.

R = Gaskonstante.

RAL = Reichsausschuß für Lieferbedingungen.

RMZ. = Reichert-Meißlzahl.

RhZ. = Rhodanzahl.

S.A.E. = Society of Automotive Engineers.

S.E.V. = Schweizer Elektrotechnischer Verein.

SZ. = Säurezahl.

Schmp. = Schmelzpunkt.

T = Absolute Temperatur.

V = Volt.

V_k = Kinematische Viscosität (in Centistokes).

V.D.E. = Verband Deutscher Elektrotechniker.

V.D.E.W. = Vereinigung der Elektrizitätswerke.

V.D.I. = Verein Deutscher Ingenieure.

VZ. = Verseifungszahl.

Wizöff = Wissenschaftliche Zentralstelle für Öl- und Fettforschung.

α = Ausdehnungskoeffizient.

$[\alpha]$ = Spezifische optische Drehung.

γ = Oberflächenspannung.

η = Dynamische Zähigkeit.

$\varkappa$ = Spezifische elektrische Leitfähigkeit.

ν = Kinematische Zähigkeit.

Ω = Ohm.

Erstes Kapitel

Allgemeine Prüfungsmethoden.

(Bearbeitet von W. Bleyberg.)

Da das vorliegende Buch nicht nur die allgemeine chemische Zusammensetzung und Untersuchung der Kohlenwasserstofföle und Fette, sondern auch deren technische Analyse behandeln soll, so ist den Allgemeinen Prüfungsmethoden im Anhang S. 122 eine gedrängte Anleitung zur richtigen Entnahme der Proben und deren Behandlung vor der Analyse angefügt worden.

A. Physikalische und physikalisch-chemische Prüfungen.

1. Äußere Erscheinungen.

Aggregatzustand bzw. Konsistenz, Farbe, Fluorescenz, Geruch, Durchsichtigkeit, klares oder trübes Aussehen (Wasser, feste Fremdkörper, Paraffin- oder Stearinausscheidungen), krystallinisches oder amorphes Gefüge, Transparenz, homogene oder inhomogene Beschaffenheit usw. geben unter Umständen gewisse Anhaltspunkte für die Beurteilung der Herkunft bzw. Qualität oder Zusammensetzung der Probe.

Zahlenmäßig bzw. quantitativ werden Konsistenz (S. 382), Farbe (S. 231), Wasser (S. 116), mechanische Verunreinigungen (S. 119) bestimmt.

2. Dichte; spezifisches Gewicht.

Die absolute Dichte oder spezifische Masse einer Substanz bei der Temperatur t (d_t) ist die Masse von 1 ccm dieser Substanz in Gramm. Den gleichen Zahlenwert besitzt das spezifische Gewicht im terrestrischen System, d. h. das auf Vakuum bezogene Gewicht von 1 ccm der Substanz in Gramm oder allgemein das Verhältnis Gewicht/Volumen in g/ccm. Mitunter findet sich auch die Maßeinheit Gramm/Liter. 1 g/ccm = 1000 g/l. Die Ausdrücke „Dichte" und „spez. Gew." werden wegen ihrer numerischen Gleichheit praktisch ohne Unterschied gebraucht.

Da bei pyknometrischen Dichtebestimmungen das Volumen des Pyknometers in der Regel durch Auswägen mit Wasser bei Zimmertemperatur bestimmt wird (s. u.), werden mitunter die Dichten statt auf das wahre Pyknometervolumen auf das Gewicht der Wasserfüllung bei Zimmertemperatur (z. B. 15⁰) bezogen. Die so erhaltenen Zahlen (abgekürzt z. B. d_{15}^{t}) stellen jedoch nicht wahre spez. Gew., sondern relative Dichten dar; sie müssen daher zur Umrechnung auf wahre spez. Gew. mit der Dichte des Wassers bei der beim Auswägen herrschenden Temperatur multipliziert werden; z. B. ist $d_{20} = d_{15}^{20} \cdot 0,999126$.

Tabelle 1. Dichte des luftfreien Wassers. (Nach Landolt-Börnstein, 5. Aufl., S. 74.)

t^0	Dichte	t^0	Dichte	t^0	Dichte	t^0	Dichte
0	0,999868	10	0,999727	20	0,998230	30	0,995673
1	927	11	632	21	019	31	367
2	968	12	525	22	0,997797	32	052
3	992	13	404	23	565	33	0,994729
4	1,000000	14	271	24	323	34	398
5	0,999992	15	126	25	071	35	058
6	968	16	0,998970	26	0,996810		
7	929	17	801	27	539		
8	876	18	622	28	259		
9	808	19	432	29	0,995971		

Die Dichte nimmt bei allen Ölen und Fetten mit steigender Temperatur ab.

Als Normaltemperatur, bei welcher die Dichte zu bestimmen, bzw. auf welche eine bei anderer Temperatur bestimmte Dichte umzurechnen ist (s. S. 4), gilt in Deutschland 20⁰ C. In England und Amerika werden die Dichten als relative Dichten bei 60⁰ F = 15,6⁰ C, bezogen auf Wasser von 60⁰ F, angegeben, die Dichten von Benzin und anderen Erdölprodukten in Amerika auch in sog. API-(American Petroleum Institute)-Graden. Die API-Grade sind aus dem spez. Gew. wie folgt zu berechnen[1]:

$$\text{Dichte in API-Graden} = \frac{141,5}{d_{15,6}^{15,6}} - 131,5.$$

Die Dichten von Ölmischungen lassen sich, da Volumenänderungen normalerweise[2] hierbei nicht auftreten, nach der Mischungsregel berechnen.

Werden p_1 g Öl mit der Dichte d_1 und p_2 g mit der Dichte d_2 gemischt, so ist die Dichte der Mischung

$$d_3 = \frac{(p_1 + p_2)\, d_1 d_2}{p_1 d_2 + p_2 d_1},$$

z. B. ergeben 50 g von $d_1 = 0,90$ und 30 g von $d_2 = 0,80$ zusammen 80 g von $d_3 = 0,86$.

Die Bestimmung von d (im entwässerten Öl!) dient bei reinen Erdölprodukten zur Klassifizierung von Erzeugnissen bekannter Herkunft, zur Kontrolle gleichmäßiger Öllieferungen und, wie bei Fetten und Wachsen, auch zur Identifizierung. Bei Ölen, welche nach Gewicht gehandelt, aber mehr nach Volumen ausgenützt werden, z. B. bei Schmierölen ist ein niedrigeres d günstiger. (Allerdings hat von zwei Ölen, welche den gleichen Englergrad [s. S. 20], aber verschiedene Dichten besitzen, das spezifisch schwerere die höhere absolute Zähigkeit, ist also in diesem Sinne das wertvollere.)

Aus dem spez. Gew. kann man auch das Gewicht einer in einem ausgemessenen Behälter (z. B. Schiffstank) befindlichen Ölladung berechnen. In diesem Falle darf d nicht auf den luftleeren Raum reduziert werden.

---

[1] Ausführliche Umrechnungstabelle s. Abschnitt „Benzin“, S. 190.

[2] Vgl. jedoch L. Gurwitsch: Wissenschaftliche Grundlagen der Erdölverarbeitung, 2. Aufl., 1924. S. 113.

Zollamtlich dient das spez. Gew. z. B. zur Unterscheidung leichter und schwerer Mineralöle, je nachdem $d_{15} \leqq 0{,}750$ oder höher ist[1], ferner zur Unterscheidung zollfreier und zollpflichtiger Destillationsrückstände (S. 407) und zur Unterscheidung zwischen rohem Erdöl und Schmieröl (s. S. 146).

Bestimmungsweise[2].

a) Pyknometer.

Bei kleinen Ölmengen, dickflüssigen Ölen und für genaue Bestimmungen (Fehler 0,0001—0,0004) benutzt man Pyknometer (Abb. 1), und zwar zur Vereinfachung der Berechnung zweckmäßig solche von genau 10 ccm Fassungsraum bei 20^0 mit eingeschliffenem Thermometer (z. B. nach Dr. Göckel, Berlin). d ist dann der 10. Teil des absoluten Gewichtes der Ölfüllung. (Inhalt des Pyknometers von Zeit zu Zeit kontrollieren!)

Auch kleinere Pyknometer ohne Thermometer von 2 bis zu 10 ccm Inhalt, welche nur einen eingeschliffenen Stopfen mit capillarer Durchbohrung besitzen, liefern bei sorgfältiger Arbeitsweise genaue Werte. Andererseits kann man bei genügenden Materialmengen und besonders für leichtflüssige Stoffe (z. B. Benzin) statt der Pyknometer auch einfach größere geeichte Meßkolben von z. B. 100 ccm Inhalt benutzen; Wägung auf der technischen Waage auf 0,1 g liefert dann bereits d auf 3 Dezimalen genau.

Auswägen des Pyknometers. Man bestimmt zunächst das Leergewicht des Pyknometers abzüglich des Gewichts der im Pyknometer befindlichen Luft (1,2 mg/ccm) und das Gewicht des mit ausgekochtem destilliertem Wasser von Zimmertemperatur t_1 gefüllten Pyknometers. Division des Wassergewichtes durch die Dichte des Wassers bei der Temperatur t_1 (s. Tabelle 1) ergibt das Volumen v_1 des Pyknometers bei dieser Temperatur. Unter Zugrundelegung eines mittleren kubischen Ausdehnungskoeffizienten des Glases von 0,000025 berechnet sich hieraus das Pyknometervolumen bei einer anderen Temperatur t_2 zu

$$v_2 = v_1 \left[1 + 0{,}000025\,(t_2 - t_1)\right].$$

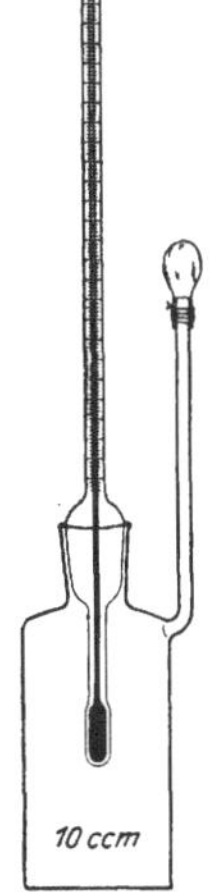

Abb. 1.
Pyknometer.

α) Bestimmung der Dichte von Flüssigkeiten bei Zimmertemperatur.

Normale Ausführung. Man füllt das Pyknometer luftblasenfrei[3] bis zum Rande mit dem schon vorher auf etwa 20^0 temperierten Öl, stellt es in eine mit Filz umwickelte, mit Wasser von etwa 20^0 gefüllte flache Schale und setzt dann das Thermometer fest ein, wobei das Pyknometer nur am Hals anzufassen ist. Nach völligem Temperaturausgleich zwischen Öl und Wasserbad, wobei nötigenfalls durch Auftropfen von Öl auf das Steigrohr für dessen vollständige Füllung gesorgt wird, nimmt man das Gefäß schnell, ohne es am Bauch anzufassen, aus dem Bade heraus, entfernt den Überschuß an Öl von der Capillare, setzt die Glaskappe auf, trocknet mit einem leinenen Lappen nach Abspritzen mit Benzol ab und wägt. Von dem Gewicht des Pyknometers mit Öl (in Luft) ist zur Berechnung von Ladungsgewichten (s. o.) das Leergewicht des mit Luft gefüllten Pyknometers, sonst das auf Vakuum korrigierte Leergewicht abzuziehen. Die gesuchte Dichte ist dann gleich dem Quotienten aus Gewicht und Volumen des Öles.

Zur Vermeidung der Umrechnung nimmt man, besonders bei Ölen mit unbekannten Ausdehnungskoeffizienten, die Bestimmung genau bei 20^0 vor. Andernfalls

---

[1] Nr. 239 des Warenverzeichnisses zum deutschen Zolltarif von 1902.

[2] Vgl. Normblatt DIN-DVM 3653.

[3] Luftblasen im Öl läßt man an die Oberfläche steigen und entfernt sie durch Annäherung eines erwärmten Glasstabes oder der verkohlten Spitze eines frisch abgebrannten Streichhölzchens. Steigen sie nicht freiwillig oder nur sehr langsam hoch, so erwärmt man das Gefäß $1/_2$ h lang auf etwa 50^0 und kühlt nach Entfernung der aufgestiegenen Blasen unter Nachfüllung von etwas Öl wieder auf die gewünschte Temperatur ab.

rechnet man das Resultat gemäß folgender Formel auf 20^0 um: War die Versuchstemperatur t, die gefundene Dichte d_t und ist der — als bekannt angenommene, auf 20^0 als Ausgangstemperatur bezogene — Ausdehnungskoeffizient α, so wird $d_{20} = d_t [1 + \alpha (t - 20)] = d_t + d_t \alpha (t - 20)$. Die „Korrektion" des spez. Gew. für je 1^0 beträgt also $d_t \cdot \alpha$, bei den Mineralschmierölen und fetten Ölen im Mittel etwa 0,0007 (genauere Werte der einzelnen Mineralöle siehe bei diesen, der Fette s. S. 744).

Ausführungsweise für sehr kleine Mengen Öl. Bei sehr kleinen, auch zur Füllung kleiner Pyknometer nicht ausreichenden Ölmengen füllt man bei sonst gleicher Versuchsausführung, wie oben beschrieben, das Pyknometer bis kurz unter den Steigrohransatz mit Wasser, wägt, füllt mit Öl auf und setzt das Thermometer so ein, daß kein Wasser in den Hals oder das Steigrohr eindringt. Nach Säuberung der Außenwände des Pyknometers wird dieses wieder gewogen. Das Ölvolumen ist in diesem Falle gleich der Differenz zwischen dem ursprünglich bestimmten Pyknometerinhalt und dem Volumen des im Pyknometer befindlichen Wassers.

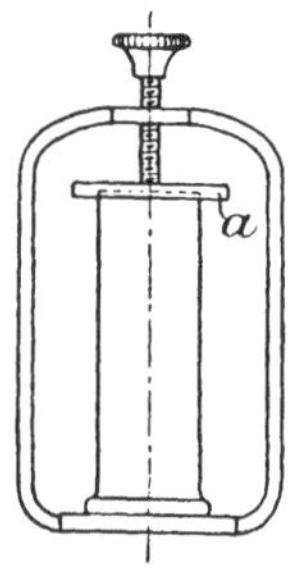

Abb. 2.
Pyknometer
nach Gintl.

Bei kleinen Mengen von Ölen, welche schwerer als Wasser sind, z. B. Steinkohlenteerölen, gibt man die Substanz auf den Boden des Gefäßes, wägt alsdann, füllt das Gefäß ganz mit Wasser und wägt wiederum nach dem Abtrocknen des gefüllten Gefäßes. Berechnung wie vorstehend.

β) Bestimmung der Dichte fester Fette, Wachse usw. bei Zimmertemperatur.

Wegen der beim Erstarren der Fette usw. eintretenden Kontraktion kann man ein Pyknometer nicht durch Einfüllen des geschmolzenen Fettes und Erstarrenlassen desselben vollständig füllen, sondern muß die beim Erstarren des Fettes gebildeten Hohlräume mit Wasser ausfüllen. Man füllt das Pyknometer mittels einer Pipette teilweise, z. B. etwa zur Hälfte, mit dem geschmolzenen, durch $^1/_2$ std. Evakuieren im Reagensglas im kochenden Wasserbade vollständig entlüfteten[1] Fett und läßt dieses im evakuierten Exsiccator erstarren. Nach Wägung des Fettes füllt man das Pyknometer mit frisch ausgekochtem (luftfreiem) destilliertem Wasser von 20^0 auf und wägt abermals. Berechnung wie oben.

Für Ceresin, Wachs und ähnliche, in kaltem Alkohol unlösliche Stoffe ist auch die Alkohol-Schwimmethode (S. 6) sehr brauchbar. Ferner wird für die Dichtebestimmung von festen Stoffen, insbesondere Pech und Asphalt, auch das Wägegläschen nach Lunge viel benutzt (s. S. 562).

γ) Bestimmung der Dichte salbenartiger, nur unter Entmischung schmelzbarer Stoffe (z. B. konsistenter Fette) bei Zimmertemperatur. Für diesen Zweck eignet sich das Pyknometer von Gintl (Abb. 2).

Das unten geschlossene, mit Montierungen leer gewogene Gläschen von etwa 8 mm Durchmesser und 20 mm Höhe wird mit der Substanz unter Vermeidung des Einschlusses von Luftblasen derart gefüllt, daß eine Kuppe über dem obersten Rand des Gläschens steht. Der Glasdeckel besitzt eine eingeschliffene, auf den Rand des Gläschens passende Rille. Pyknometer und Deckel werden in einem Klemmrahmen mittels der Klemmschraube befestigt. Der durch die Schraube herausgepreßte Überschuß der Substanz wird mit einem in Benzin getauchten Lappen fortgewischt, worauf das Gläschen erneut mit Substanz gewogen wird. Das Gewicht der Substanz, dividiert durch das vorher ermittelte Gewicht des gleichen Wasservolumens, ergibt unter Berücksichtigung der oben erläuterten Korrekturen das spez. Gew. der Substanz.

δ) Dichtebestimmungen bei höherer Temperatur. Außer den gewöhnlichen Pyknometern, deren Handhabung bei höherer Temperatur

---

[1] W. Normann: Chem. Umschau Fette, Öle, Wachse, Harze **38**, 18 (1931). Der Autor empfiehlt für die Bestimmung auch ein besonderes U-förmiges graduiertes Pyknometer.

mitunter etwas schwierig ist, verwendet man U-förmige Pyknometer nach Sprengel (Abb. 3), besonders auch für höherschmelzende Stoffe, wie Paraffin, Talg, Wachs.

Man ermittelt den Pyknometerinhalt bei Zimmertemperatur durch Auswägen mit Wasser, das den Schenkel a vollständig, den Schenkel b bis zur Marke m füllt (s. S. 3), und berechnet hieraus nach der oben angegebenen Formel das Volumen bei der Versuchstemperatur, z. B. 100°. Hierauf wird das getrocknete Pyknometer durch Einsaugen der geschmolzenen, aber weniger als 100° warmen Substanz mittels des aufgeschliffenen Heberröhrchens h gefüllt und so lange in einem auf 100° konstant gehaltenen Bade erhitzt, bis die Substanz sich nicht weiter ausdehnt. Dann tupft man bei a so viel Substanz ab, daß sie in b genau bei Marke m steht, setzt die Glaskappen auf, läßt das Rohr erkalten und wägt es nach Reinigung der äußeren Wandung.

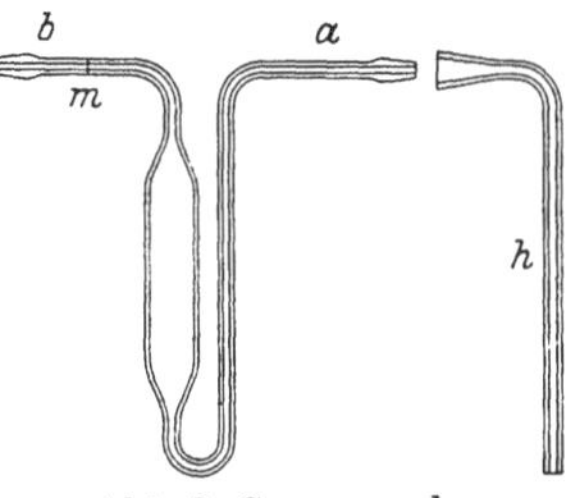

Abb. 3. Sprengel-Pyknometer.

b) Senkwaagen.

Senkwaagen (Mohrsche Waage, Aräometer) erfordern größere Ölmengen als die Pyknometer und sind besonders für Benzin, Petroleum, Gasöl und andere dünnflüssige Öle zur schnellen Bestimmung zu empfehlen. Die Bestimmungen sind einfacher und daher für Betriebsuntersuchungen geeigneter, aber zum Teil auch etwas weniger genau als mit dem Pyknometer. Zu beachten ist, daß die Aräometer und Senkkörper der Mohrschen Waagen vielfach noch auf Wasser von 15° statt von 4° als Bezugseinheit geeicht sind; die erhaltenen Zahlen sind in diesem Fall gemäß Tabelle 1 mit 0,999 126 zu multiplizieren, d. h. um rund $1^0/_{00}$ zu verringern.

α) Westphal - Mohrsche Waage. Der Gebrauch der Waage wird als bekannt vorausgesetzt. Zu Bestimmungen bei höherer Temperatur muß der Senkkörper ein bis 105° reichendes Thermometer besitzen.

Das in einem 2 cm weiten Reagensglas befindliche Öl, geschmolzene Paraffin usw., in welches der Senkkörper der Mohrschen Waage gemäß Abb. 4 eintaucht, wird durch ein kochendes Wasserbad auf 98—100° erhitzt. Wenn der Zeiger der Waage bei konstanter Temperatur des Öles nach beiden Seiten gleich ausschlägt, wird d an den Ausgleichsgewichten abgelesen.

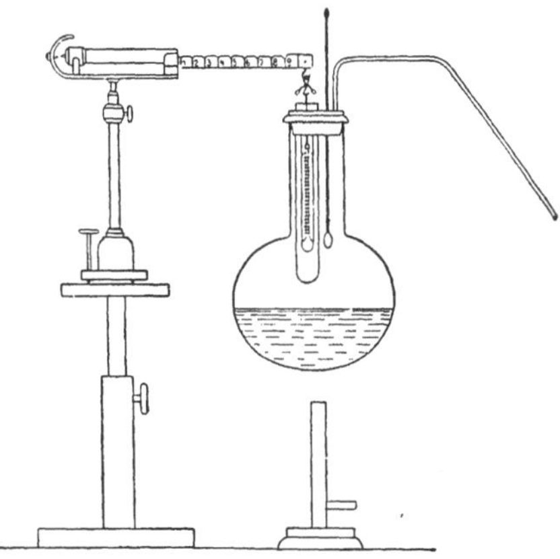

Abb. 4. Westphal-Mohrsche Waage, für Dichtebestimmungen bei höherer Temperatur.

Prüfmenge: 20—30 ccm. Meßgenauigkeit bei Ölen $\pm$ 0,001, bei Benzin $\pm$ 0,0002.

β) Normal-Ölaräometer (amtlich geeicht, mit Thermometer versehen).

Das längere Zeit im Versuchsraum gehaltene Öl wird in einen 5—6 cm weiten, 50 cm hohen, auf einem mit 3 Stellschrauben versehenen Brett stehenden Glaszylinder gefüllt. Man läßt das Aräometer langsam in das Öl hinabgleiten und liest nach etwa $^1/_4$ h die Öltemperatur und bei frei schwebender Spindel d in der Höhe des ebenen Flüssigkeitsspiegels (*a*, Abb. 5), bei dunklen Ölen am oberen Wulstrande *b* ab und addiert im letzteren Falle zu dieser Zahl so viel Skalenteile, wie 1 mm der Skala der betreffenden Spindel ausmacht.

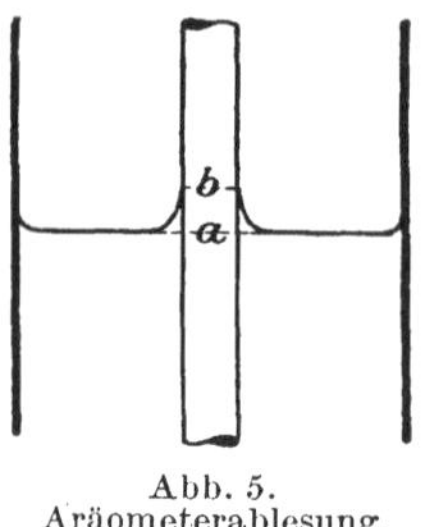

Abb. 5.
Aräometerablesung.

Beispiel: Abgelesenes Gewicht bei 18⁰ 0,9010

Korrektion für Niveauablesung . . . + 0,0010

,,   ,,   Temperatur $2 \cdot 0{,}0007\,\mu$ — 0,0014

d bei Normaltemperatur 20⁰ 0,9006

Prüfmenge 0,5—1 l. Meßgenauigkeit ± 0,001.

γ) **Kleine Aräometer für geringe Ölmengen.** Die etwa 16 cm langen, kein Thermometer enthaltenden Aräometer (in Sätzen von $d = 0{,}640$ bis 0,940 zu beziehen) werden in das in kleinen Zylindern befindliche Öl eingetaucht, dessen Temperatur beim Versuch daher besonders zu messen ist.

Prüfmenge 30—50 ccm. Meßgenauigkeit ± 0,002.

c) Alkoholschwimmethode.

für sehr geringe Mengen in verdünntem Alkohol unlöslicher Öle (z. B. Mineralschmieröl, nicht aber benzin- und leuchtölhaltiges Erdöl), Paraffin, Ceresin, Wachs od. dgl.

Man probiert durch vorsichtiges Eintropfenlassen des Öles in Alkohol-Wassermischungen von verschiedenen spez. Gew. aus, zwischen welchen Zahlenwerten das gesuchte *d* liegt. Hierauf gießt man zu demjenigen Alkohol, dessen spez. Gew. dem des Öles am nächsten liegt, unter Umrühren mit dem Thermometer so lange verdünnteren bzw. stärkeren Alkohol, bis ein Tropfen der Substanz weder an die Oberfläche steigt, noch zu Boden fällt. Das spez. Gew. dieses Alkohols, mittels Pyknometers oder Mohrscher Waage ermittelt, ergibt das spez. Gew. des Stoffes bei der Versuchstemperatur. Luftbläschen im Öl und im Alkohol sind zu vermeiden. Für Öle mit $d > 1$ benutzt man statt Alkohol Salzlösungen.

Von festen Stoffen, z. B. Wachs, stellt man sich die erforderlichen runden Perlen folgendermaßen her: In einem zu $^2/_3$ gefüllten Reagensglas erwärmt man etwa 80%igen Alkohol auf 55⁰; dann taucht man das Reagensglas zur Hälfte in Wasser von Zimmertemperatur und läßt mittels eines Glasstabes einzelne Tropfen des bei möglichst niedriger Temperatur aufgeschmolzenen Wachses in den Alkohol fallen. Die so erhaltenen, nur mit der Pinzette anzufassenden Perlen läßt man vor der Bestimmung 24 h an der Luft auf Filtrierpapier liegen.

3. Ausdehnungskoeffizient.

Der Volumen-Ausdehnungskoeffizient α eines Stoffes bezeichnet die Zunahme seiner Volumeneinheit bei Erhöhung seiner Temperatur um 1⁰. Ist v_0 das Volumen einer bestimmten Gewichtsmenge bei der Temperatur t_0, v ihr Volumen bei der — höheren — Temperatur t, so ist demnach $\alpha = (v - v_0)/(t - t_0)\,v_0$. α gilt stets nur für das jeweilig benutzte Temperaturintervall $t - t_0$; in erster Näherung wächst α linear mit steigender Temperatur.

Bei Erdölprodukten ist α in den niedrigsten Fraktionen am höchsten (z. B. bei russischem Petroläther 0,000949) und nimmt mit steigendem Siedepunkt und spez. Gew. ab; z. B. ist α bei Mineralschmierölen 0,00063—0,00081.

Die Kenntnis des Ausdehnungskoeffizienten ist erforderlich zur Umrechnung des spez. Gew. eines Öles von einer Temperatur auf eine andere (s. S. 4), ferner zur Berechnung der Expansionsräume bei Lagerung und Transporten von Ölen.

Bestimmung. Da die Ausdehnungskoeffizienten der meisten Öle und Fette bekannt sind und nur innerhalb verhältnismäßig enger Grenzen schwanken (s. unter: rohes Erdöl, Benzin, Leuchtpetroleum usw.), so wird α in der Technik selten bestimmt. Am einfachsten geschieht die Bestimmung durch Ermittlung des spez. Gew. bei zwei leicht konstant zu haltenden Temperaturen t_0 und t, z. B. 15^0 und 25^0, mittels Pyknometers und Berechnung von α nach der Formel

$$\alpha = \frac{d_{t_0} - d_t}{d_t\,(t - t_0)}.$$

Bei Reihenversuchen für besondere wissenschaftliche oder betriebstechnische Zwecke empfiehlt sich die direkte Bestimmung von α mit dem Dilatometer[1] bei t bis 80^0.

Die gläsernen Dilatometer (Abb. 6) fassen bis zur 0-Marke etwa 30 ccm; darüber haben sie einen 2 mm weiten graduierten Hals von 850 cmm Inhalt und müssen genau ausgemessen sein[2]. Die Füllung mit Öl geschieht durch Einsaugen des letzteren aus

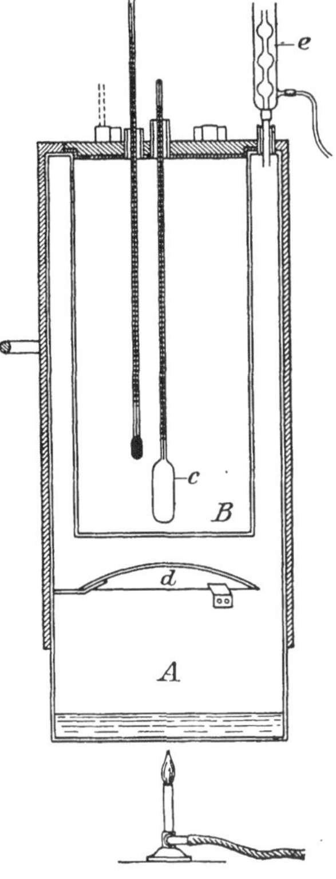

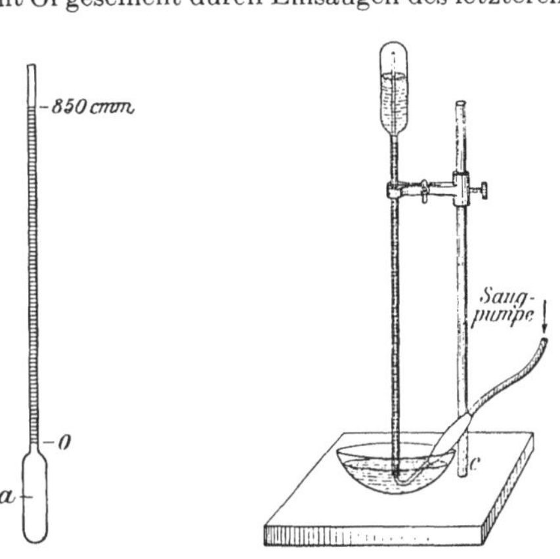

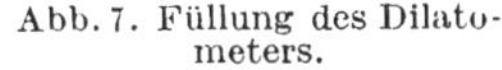

Abb. 6.
Dilatometer.

Abb. 7. Füllung des Dilatometers.

Abb. 8. Temperierung des Dilatometers im Thermostaten.

Abb. 6—8. Bestimmung des Ausdehnungskoeffizienten.

einer Glasschale in das umgekehrt aufgestellte Dilatometer, entsprechend erfolgt die Entleerung durch Ausblasen des Öles mit Luft. Hierzu benutzt man enge Messingcapillaren, die durch den Hals bis auf den Boden der Dilatometerkugel eingeführt werden (s. Abb. 7). Das Volumen des Öles wird zunächst bei beliebiger konstanter Zimmertemperatur im Wasserbad B (Abb. 8) ermittelt, das im Deckel ein genaues, $0,1^0$ anzeigendes Thermometer und eine Reihe gleichzeitig zu prüfender, in Dilatometer eingefüllter Öle enthalten kann. So wird das Anfangsvolumen v_0 bei t_0 und durch Erhitzen geeigneter Siedeflüssigkeiten (trockener Äther 35^0, Äthylbromid 38^0, Chloroform 61^0 usw.) in Bad A alsdann das konstant bleibende Volumen v_1 bei der höheren Temperatur t_1 bestimmt. Hieraus ergibt sich $\alpha = \dfrac{(v_1 - v_0)}{(t_1 - t_0)v_0} + c.$

---

[1] Holde: Mitt. Materialprüf.-Amt Berlin-Dahlem **11**, 45 (1893).
[2] Solche Instrumente liefert z. B. die Firma Dr. Heinrich Göckel, Berlin NW 6, Luisenstr. 21.

c ist der Ausdehnungskoeffizient des Dilatometerglases, der rund zu 0,000025 eingesetzt, evtl. auch besonders bestimmt werden kann. Man kann gleichzeitig bis zu 8 Dilatometer in einem Thermostaten erwärmen.

4. Zähigkeit (Viscosität).

Viscosität oder Zähigkeit ist die Eigenschaft einer Flüssigkeit, der Verschiebung zweier benachbarter Schichten einen Widerstand entgegenzusetzen. Als absolutes Maß der Zähigkeit η einer Flüssigkeit dient die

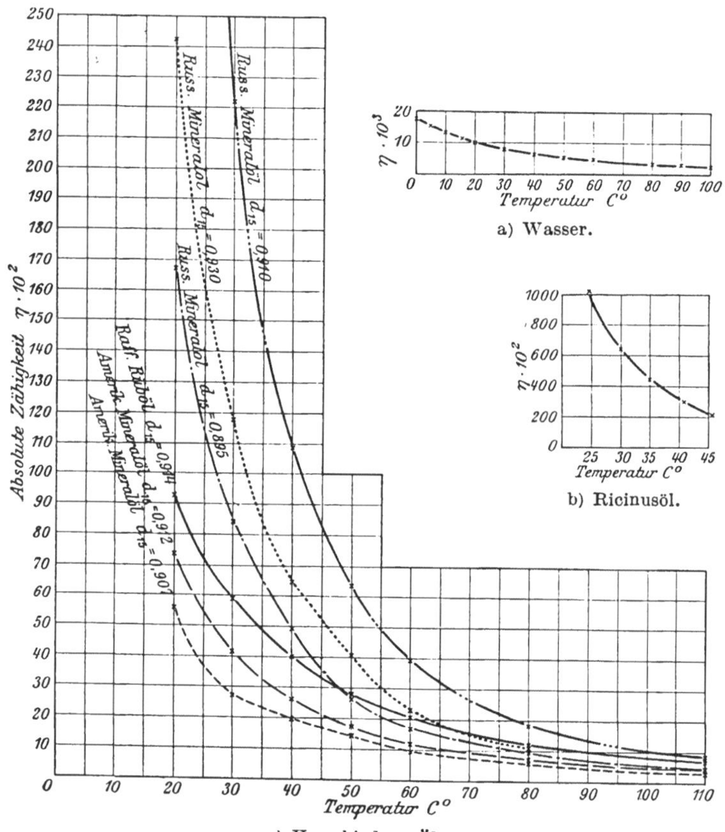

c) Verschiedene Öle.

Abb. 9 a—c. Viscositätskurven.

Kraft, welche eine Flüssigkeitsschicht von 1 qcm Oberfläche über eine gleich große, 1 cm entfernte Schicht mit der Geschwindigkeit von 1 cm/sec verschieben kann. Die so definierte sog. dynamische Zähigkeit hat die Dimension $cm^{-1} \cdot g \cdot sec^{-1}$, deren Einheit zu Ehren Poiseuilles als 1 Poise bezeichnet wird. Der reziproke Wert der Zähigkeit $1/\eta = \varphi$ wird Fluidität genannt.

Wasser hat bei 0^0 die absolute Zähigkeit 0,01792, bei 20^0 0,01004, bei $20{,}2^0$ 0,01000 Poisen = 1 Centipoise.

Der Quotient $\eta/d = \nu$ cm$^2 \cdot$ sec^{-1} stellt die **kinematische Zähigkeit** dar, für deren 100fachen Zahlenwert auch die Abkürzung V_k üblich ist[1]. Die Einheit der kinematischen Zähigkeit wird zu Ehren von Stokes (s. S. 14, Fußnote 5) als 1 Stokes, diejenige von V_k demgemäß als 1 Centistokes bezeichnet. Wasser von 20^0 hat somit $V_k = 1$ Centistokes.

In der Technik mißt man die Viscosität meist noch nicht in absoluten Maßen, sondern in Englergraden, Redwood-, Saybolt-sec usw., welche von den hauptsächlich benutzten Apparaten abgeleitet sind (s. u.). Diese Maße geben aber, wenigstens bei kleinen Zähigkeiten, die Viscositätsverhältnisse auch nicht annähernd richtig wieder[2]; sie können daher nur als bedingte Vergleichszahlen für Betriebszwecke, nicht aber als Grundlage für dynamische Berechnungen, z. B. von Reibungskoeffizienten, Strömungsgeschwindigkeiten usw., dienen. Um der Technik die Einführung der absoluten Maße unter Beibehaltung der vorhandenen technischen Viscosimeter zu erleichtern, wurden Formeln und Tabellen zur gegenseitigen Umrechnung der technischen und wissenschaftlichen Viscositätsmaße aufgestellt (s. S. 25, 30 und 32).

Die Zähigkeit nimmt bei allen Flüssigkeiten mit steigender Temperatur, und zwar je nach Art der Flüssigkeit mehr oder weniger stark, ab. Die Temperaturabhängigkeit der Viscosität eines Öles wird daher durch seine Viscositätskurve (Abb. 9) charakterisiert. Für Schmierzwecke ist im allgemeinen eine möglichst geringe Veränderlichkeit der Viscosität mit der Temperatur, d. h. eine möglichst „flache" Viscositätskurve erwünscht; in diesem Punkte sind die als Schmieröle verwendeten fetten Öle, Rüböl und besonders Ricinusöl, den Mineralschmierölen überlegen; durch besonders flache Kurven zeichnen sich auch die Voltole (s. S. 372) aus.

Formeln zur Darstellung der Temperaturabhängigkeit der Viscosität und zur Umrechnung der Viscosität auf verschiedene Temperaturen wurden in großer Zahl, teils empirisch, teils auf theoretischer Grundlage, aufgestellt[3]; die meisten dieser Formeln lassen sich auf den Ansatz

$$\frac{d\eta}{dt} = -k \frac{(\eta - a)}{(t - t_0)^n} \quad (1\,a) \qquad \text{bzw.} \qquad \frac{d\nu}{dt} = -k \frac{(\nu - a)}{(t - t_0)^n} \qquad (1\,b)$$

zurückführen, in welchem t_0 die Temperatur bezeichnet, bei welcher η (bzw. ν) unendlich groß wird, und a, k und n individuelle Konstanten der Flüssigkeit darstellen.

Setzt man $n = 1$ und $a = 0$, so ergibt Integration die bekannte Formel von Slotte[4] (2) bzw. Lane und Dean[5] (3):

$$\eta \, (t - t_0)^k = C, \qquad (2) \qquad\qquad \nu \, (t - t_0)^k = C, \qquad (3)$$

aus welcher durch die — allerdings äußerst willkürliche — Festsetzung $t_0 = 0^0$ F die in USA. häufig benutzte Formel von Eckart[6] hervorgeht; weiter erhält man die Formel von Graetz[7], wenn man in Gleichung (1a) $n = 1$ und $k = 1$ setzt:

$$(\eta - a) \, (t - t_0) = C. \qquad (4)$$

---

[1] Die Dimension von V_K ist demnach mm$^2 \cdot$ sec^{-1}.

[2] Ubbelohde: Petroleum **7**, 773, 882, 938 (1912).

[3] Vgl. E. Hatschek: Die Viskosität der Flüssigkeiten, S. 61f. Dresden und Leipzig: Theodor Steinkopff 1929.

[4] Slotte: Öfvers. Finska Vet. Förhandl. **32**, 116 (1890); **37**, 11 (1894). Ref. Beibl. Wiedemanns Ann. **16**, 182 (1892); **19**, 547 (1895).

[5] Lane u. Dean: Journ. Ind. engin. Chem. **16**, 905 (1924).

[6] Siehe W. L. Baillie: Journ. I.P.T. **16**, 643 (1930); C. **1931**, I, 396.

[7] Graetz: Wiedemanns Ann. **34**, 25 (1888).

Setzt man n nicht gleich 1, so führt die allgemeine Integration der Gleichungen (1a) bzw. (1b) zu folgenden Gleichungen

$$\left(\frac{\eta-a}{\eta_\infty-a}\right)^{\left[(t-t_0)^{(n-1)}\right]}=e^{\left(\frac{k}{n-1}\right)}=k' \quad (5\,\mathrm{a}) \quad \text{bzw.} \quad \left(\frac{\nu-a}{\nu_\infty-a}\right)^{\left[(t-t_0)^{(n-1)}\right]}=k' \qquad (5\,\mathrm{b})$$

(η_∞ bzw. $\nu_\infty =$ Viscosität bei unendlich hoher Temperatur.)

Mit den Werten $n=2$, also $n-1=1$, und $a=0$ ist dies die Formel von H. Vogel[1]:

$$\left(\frac{\eta}{\eta_\infty}\right)^{(t-t_0)}=k' \qquad (6\,\mathrm{a})$$

bzw. in logarithmischer Schreibweise:

$$(t-t_0)\,(\log\eta-\log\eta_\infty)=\log k'=k'' \qquad (6\,\mathrm{b})$$

mit $a=0$ und $n=0,5$ die Formel von Kießkalt[2]:

$$\left(\frac{\eta}{\eta_\infty}\right)^{\left[(t-t_0)^{-\frac{1}{2}}\right]}=k'. \qquad (7)$$

Wird ferner in der Formel von Vogel noch $t_0=-273^0$ C, also $t-t_0=T$ gesetzt, so erhält man die miteinander identischen, theoretisch abgeleiteten Formeln von Karrer-Nutting[3] bzw. Andrade[4]:

$$\left(\frac{\eta}{\eta_\infty}\right)^{T}=k'. \qquad (8)$$

Die Formel von C. Walther[5]

$$(\nu+0,8)^{\left(T^m\right)}=k' \quad (\nu \text{ in Centistokes}), \qquad (9)$$

in logarithmischer Schreibweise

$$T^m\log(\nu+0,8)=k'' \quad (9\,\mathrm{a}) \quad \text{oder} \quad m\cdot\log T+\log\log(\nu+0,8)=k''', \qquad (9\,\mathrm{b})$$

entsteht wiederum aus Gleichung (5b), wenn man dort $n-1=m$, $t-t_0=T$, $a=-0,8$ und $\nu_\infty-a=1$, also $\nu_\infty=0,2$ Centistokes setzt.

Die von Schwedhelm[6] angegebene Formel

$$\left(\frac{\eta}{\eta_\infty}\right)^{\left(H^t\right)}=C \quad [H \text{ und } C \text{ Konstanten}] \qquad (10)$$

ist auf einen etwas anderen Ansatz zurückzuführen, nämlich $\dfrac{d\eta}{dt}=-k\,\dfrac{\eta}{a^t}$; ihr entspricht übrigens völlig die ursprünglich von Walther[7] aufgestellte, aber später aufgegebene Formel (11), nur daß Walther wiederum mit ν statt mit η rechnete und den Nenner $\nu_\infty=1$ Centistokes setzte:

$$\nu^{\left(H'\right)}=C. \qquad (11)$$

Die „Steilheit" der Viscositätskurve im ganzen wird charakterisiert bei Formel (2) und (3) durch k, bei Formel (6), (7) und (8) durch k', bei Formel (9) durch m und k', bei Formel (10) und (11) durch H und C.

---

[1] H. Vogel: Physikal. Ztschr. **22**, 645 (1921); Ztschr. angew. Chem. **35**, 561 (1922). [2] Kießkalt: VDI-Forschungsarbeiten Heft 291, S. 8.

[3] Karrer, Berl u. Umstätter: Ztschr. physikal. Chem. **152**, 150, 284 (1931).

[4] E. N. da C. Andrade: Nature **125**, 309 (1930); vgl. auch ebenda S. 489, 580, 709.

[5] C. Walther: Erdöl u. Teer **7**, 382 (1931); der dort angegebene Summand 0,95 wurde neuerdings in 0,8 geändert (Privatmitt. von C. Walther).

[6] Schwedhelm: Chem.-Ztg. **45**, 41 (1921).

[7] Walther: Erdöl u. Teer **4**, 510, 529 (1928); s. auch **5**, 619 (1929); **6**, 415 (1930).

Im allgemeinen sind für Interpolationszwecke diejenigen Formeln, welche 3 individuelle Konstanten enthalten, z. B. von Slotte, Vogel oder Schwedhelm, mit recht großer Genauigkeit verwendbar; sie sind aber rechnerisch unbequem und erfordern natürlich zur Bestimmung der 3 Konstanten 3 Viscositätsmessungen bei verschiedenen Temperaturen (z. B. 20^0, 50^0 und 100^0). In der Praxis erfreuen sich daher die Formeln mit nur 2 Konstanten, welche linearen Gleichungen bzw. bei graphischer Darstellung geraden Linien entsprechen, größerer Beliebtheit (z. B. Eckart oder Walther, Gleichung 9b). Sie sollen auch nach den bisherigen Erfahrungen für praktische Interpolationszwecke genügende Genauigkeit besitzen. Insbesondere hat die Formel (9b) von Walther, welche die gleiche Grundlage besitzen soll wie die in USA. seit längerer Zeit benutzten Diagramme von Herschel oder McCoull[1], die Anerkennung des USA.-Bureau of Standards gefunden[2].

Eine auf thermodynamischer Grundlage abgeleitete Formel (12) von E. L. Lederer[3], welche 3 individuelle Konstanten enthält, gab im allgemeinen sehr gute Übereinstimmung zwischen Messung und Berechnung bei den verschiedensten Flüssigkeiten; für praktische Zwecke dürfte sie jedoch wegen der zeitraubenden Berechnung der Konstanten weniger in Betracht kommen:

$$\text{lognat } \eta = \frac{q_0}{RT} - 2{,}75 \cdot \text{lognat } T + E \cdot T + C \tag{12}$$

[q_0 = molare Assoziationswärme, R = Gaskonstante, T = abs. Temperatur, E und C Konstanten, deren physikalische Bedeutung hier nicht näher erläutert werden kann.]

Extrapolation über die wirklich gemessenen Viscositätswerte hinaus (z. B. bei Messungen bei 0^0 und 100^0 auf Werte unter 0^0 oder über 100^0) ist stets unsicher, auch bei Verwendung der Formeln mit 3 Konstanten. Dies ist besonders deshalb zu beachten, weil man in der Praxis häufig versucht hat, die Viscosität eines Öles bei tiefen Temperaturen durch graphische oder rechnerische Extrapolation aus 2 oder 3 bei höherer Temperatur gemessenen Viscositätswerten zu ermitteln, z. B. um festzustellen, ob die Viscosität eines Autoöles bei einer gegebenen niedrigen Temperatur den für das Anspringen des Motors als zulässig erachteten höchsten Wert (z. B. 50 000 Saybolt-sec) nicht überschreitet. Für derartige Zwecke sind aber die obigen Formeln nur mit großer Vorsicht zu gebrauchen, da in dem hier in Frage kommenden Temperaturgebiet (wenig oberhalb des Stockpunktes) bei vielen Ölen schon Unstetigkeiten in der Viscositätskurve (z. B. infolge von Paraffinausscheidungen) auftreten, welche natürlich durch keine Formel erfaßt werden können.

Da die Temperaturabhängigkeit der Viscosität natürlich mit der chemischen Zusammensetzung der Öle und somit auch indirekt mit ihrer Herkunft zusammenhängt, werden die charakteristischen Konstanten (z. B. m der Waltherschen Formel) auch zur Erkennung der Herkunft der Öle herangezogen. Eine größere Verbreitung besitzt in USA. die Klassifizierung der Öle nach dem „Viscositätsindex" von Dean und Davis[4], der aus dem Verhältnis der Viscositäten bei 100^0 C

---

[1] Vgl. Walther: Erdöl u. Teer 7, 382 (1931). Die in USA. empfohlenen Diagramme s. A.S.T.M.-Jber. 1932 des Comm. D 2, S. 262.

[2] Privatmitt. von C. Walther.

[3] E. L. Lederer: Chem. Umschau Fette, Öle, Wachse, Harze 37, 205 (1930); Kolloid-Beih. 34, Heft 5, 270 (1931).

[4] Dean u. Davis: Chem. Metallurg. Eng. 36, 618 (1929).

und 100⁰ F (37,8⁰ C) bzw. neuerdings 130⁰ F (54,4⁰ C) berechnet wird. Sehr starke
Änderung der Viscosität mit der Temperatur wird mit Viscositätsindex 0 (minderwertiges Öl), geringere Änderung mit steigenden Zahlen (bis über 100) bezeichnet,
so daß die Größe des Viscositätsindex einen Qualitätsmaßstab darstellen soll.
Da die Einteilung des Viscositätsindex in 100 oder mehr Einheiten aber vielfach
zu einer Überschätzung kleiner, in Wahrheit belangloser Unterschiede zwischen
verschiedenen Ölen verleitet hat (es werden sogar Bruchteile von Einheiten des
Viscositätsindex angegeben!), so schlugen C. M. Larson und W. C. Schwaderer[1]
eine Einteilung sämtlicher Erdöltypen in nur 12 „Zonen" (—3 bis + 8) vor, deren
jede einen größeren Bereich der „Viscositätsindex-Skala" umfaßt. Öle gleicher
Herkunft fallen meistens in die gleiche Zone, z. B. Pennsylvaniaöle in Zone 0
(entspr. Viscositätsindex 92—100), Midcontinentöle in Zone 3 (entspr. 64—75),
Texasöle in Zone 7 (entspr. 0—20).

Statt die Viscositäten eines Öles bei verschiedenen Temperaturen miteinander zu vergleichen, setzen Hill und Coats[2] die Viscosität bei 100 bzw. 210⁰ F
in Beziehung zum spez. Gew. des Öles bei 60⁰ F (Viscositäts-Dichte-Konstante,
„Viscosity-Gravity-Constant"). Je niedriger bei gleicher Viscosität die Dichte
eines Öles ist, um so flacher soll seine Viscositätskurve sein.

Nicht nur mit der Temperatur, sondern auch mit dem Druck ändert
sich die Viscosität verschiedener Öle in verschiedenem Maße; sie nimmt
durchweg mit steigendem Druck zu. Trotz des praktischen Interesses solcher
Bestimmungen — die Schmieröle stehen ja gewöhnlich unter einem erheblichen Lagerdruck — hat sich aber die Bestimmung der Viscosität unter
erhöhtem Druck mangels einer geeigneten, einfach zu bedienenden Apparatur
in die Technik bisher noch nicht eingeführt. Wegen der Einzelheiten sei
deshalb auf die sehr gründlichen Untersuchungen von P. W. Bridgman[3]
sowie von Kießkalt[4] verwiesen. Vgl. auch S. 322.

Versuche, die Zusammenhänge zwischen chemischer Konstitution
und Viscosität aufzuklären[5], haben bisher wenig Erfolg gehabt. Sicher
ist nur ein regelmäßiger Anstieg der auf gleiche oder korrespondierende
Temperaturen bezogenen Viscosität mit dem Mol.-Gew. innerhalb einer
homologen Reihe (abgesehen von deren ersten Gliedern, die sich häufig,
z. B. bei den Fettsäuren, anomal verhalten), sowie ein viscositätserhöhender
Einfluß von Hydroxylgruppen (Ricinusöl), Nitro- und Aminogruppen, der
nach Lederer[6] im Zusammenhang mit dem Dipolmoment derartig sub-
stituierter Verbindungen steht.

Ölmischungen haben, besonders bei weit auseinanderliegenden Viscositäten der Komponenten, durchweg bedeutend geringere Viscositäten,
als sich nach der Mischungsregel berechnet. (Bei Gemischen anderer Flüssigkeiten, z. B. Wasser-Äthylalkohol oder Wasser-Essigsäure, tritt im Gegenteil
mitunter eine Erhöhung der Viscosität gegenüber der Berechnung ein.)

---

[1] C. M. Larson u. W. C. Schwaderer: Nat. Petrol. News **24**, Nr. 2, 26 (1932);
vgl. G. Bandte: Erdöl u. Teer **8**, 60 (1932).

[2] Hill u. Coats: Ind. engin. Chem. **20**, 641 (1928); Mc Cluer u. Fenske:
ebenda **24**, 1371 (1932).

[3] P. W. Bridgman: Proc. Nat. Acad. Amer. **11**, 603 (1925); zit. nach E. Hatschek: Die Viskosität der Flüssigkeiten. Dresden u. Leipzig: Theodor Steinkopff
1929. S. 79.

[4] Kießkalt: VDI-Forschungsarbeiten Heft 291. VDI-Verlag 1927.

[5] Vgl. die zusammenfassende Darstellung bei E. Hatschek, l. c., S. 94f.,
Lederer: Kolloid-Beih. **34**, Heft 5, 316 (1931). Wichtig sind insbesondere die
(von Hatschek besprochenen) Arbeiten von Thorpe und Rodger, von Bingham und Harrison, von McLeod und von Dunstan und Thole.

[6] Lederer: l. c. S. 319.

In vielen Fällen, nämlich dann, wenn die Flüssigkeiten sich ohne Wärmetönung mischen lassen, liefert die Formel von Arrhenius[1]

$$\log \eta = m \log \eta_1 + (1 - m) \log \eta_2,$$

in welcher η die Viscosität der Mischung, η_1 und η_2 die Viscositäten der Komponenten, m und $(1 - m)$ ihre Mengen (in Molenbrüchen) darstellen, brauchbare Werte. Ist die Mischungswärme nicht 0, so ist die Formel nach Lederer[2] noch um ein Korrektionsglied zu ergänzen:

$$\log \eta = m \log \eta_1 + (1 - m) \log \eta_2 - \int \frac{q_m}{4{,}571\, T^2}\, dT$$

[q_m = molare Mischungswärme, die selbst eine Funktion von T ist].

Für den praktischen Gebrauch dürfte diese Formel wegen der Schwierigkeiten in der Berechnung des Korrektionsgliedes nicht in Betracht kommen.

In der Praxis hat sich zur Berechnung der Zähigkeit (in Englergraden) von Mischungen von Ölen beliebiger Viscositäten zwischen 1,5 und 60 E die folgende, von Molin[3] zuerst aufgestellte, von Gurwitsch[4] erweiterte Tabelle bewährt.

Tabelle 2. Viscositäten von Mineralölmischungen zwischen 1,5 und 60 E. (Nach Gurwitsch.)

E	Gehalt der Mischung an Öl von 60 E		E	Gehalt der Mischung an Öl von 60 E		E	Gehalt der Mischung an Öl von 60 E	
	Vol.-%	Differenz f. je 0,01 E		Vol.-%	Differenz f. je 0,01 E		Vol.-%	Differenz f. je 0,01 E
1,50	0,0	1,40	3,70	51,9	0,07	14,0	79,3	0,012
1,55	7,0	1,00	3,80	52,6	0,07	15,0	80,4	0,011
1,60	12,0	0,80	3,90	53,3	0,07	16,0	81,5	0,011
1,65	16,0	0,64	4,0	54,0	0,070	17,0	82,5	0,010
1,70	19,2	0,52	4,1	54,7	0,070	18,0	83,4	0,009
1,75	21,8	0,44	4,2	55,4	0,070	19,0	84,2	0,008
1,80	24,0	0,40	4,3	56,1	0,070	20	85,0	0,0080
1,85	26,0	0,38	4,4	56,8	0,070	22	86,5	0,0075
1,90	27,9	0,34	4,5	57,4	0,060	24	87,8	0,0065
1,95	29,6	0,26	4,6	57,9	0,050	26	89,0	0,0060
2,00	30,9	0,19	4,7	58,4	0,050	28	90,1	0,0055
2,10	32,8	0,18	4,8	58,9	0,050	30	91,1	0,0050
2,20	34,6	0,17	4,9	59,4	0,050	32	92,1	0,0050
2,30	36,3	0,16	5,0	59,8	0,040	34	93,0	0,0045
2,40	37,9	0,15	5,5	61,8	0,040	36	93,8	0,0040
2,50	39,4	0,14	6,0	63,7	0,038	38	94,6	0,0040
2,60	40,8	0,13	6,5	65,3	0,032	40	95,3	0,0035
2,70	42,1	0,12	7,0	66,7	0,028	42	95,9	0,0030
2,80	43,3	0,11	7,5	68,0	0,026	44	96,5	0,0030
2,90	44,4	0,11	8,0	69,3	0,026	46	97,0	0,0025
3,00	45,5	0,11	8,5	70,5	0,024	48	97,5	0,0025
3,10	46,6	0,10	9,0	71,7	0,024	50	98,0	0,0025
3,20	47,6	0,10	9,5	72,7	0,020	52	98,4	0,0020
3,30	48,6	0,09	10,0	73,6	0,018	54	98,8	0,0020
3,40	49,5	0,09	11,0	75,2	0,016	56	99,2	0,0020
3,50	50,4	0,08	12,0	76,7	0,015	58	99,6	0,0020
3,60	51,2		13,0	78,1	0,014	60	100,0	

[1] Arrhenius: Ztschr. physikal. Chem. **1**, 285 (1887).
[2] Lederer: l. c. S. 330.   [3] Molin: Chem.-Ztg. **38**, 857 (1914).
[4] Gurwitsch: Wissenschaftliche Grundlagen usw., 2. Aufl., S. 117.

Jedes Öl mit einer Viscosität zwischen 1,5 und 60 E kann man als Mischung aus den beiden Ölen von 1,5 E (Öl A) und 60 E (Öl B) betrachten; will man z. B. aus 2 Ölen von 5,0 E (Öl 1) und 15,0 E (Öl 2) eine Mischung von 10,0 E (Öl 3) herstellen, so rechnet man folgendermaßen:

Öl 1 entspricht einer Mischung aus A und B mit 59,8% Gehalt an Öl B
„ 2 „ „ „ „ „ A „ B „ 80,4% „ „ „ B
„ 3 „ „ „ „ „ A „ B „ 73,6% „ „ „ B

Zur Herstellung des Öles 3 sind demnach 80,4— 73,6 = 6,8 Vol. Öl 1 und 73,6 — 59,8 = 13,8 Vol. Öl 2 zu mischen.

Für Mischungen aus Mineralölen und fetten Ölen gelten andere, noch nicht näher untersuchte Beziehungen.

Eine andere empirisch aufgestellte Tabelle zur Berechnung der Viscositäten von Ölmischungen, die auch für Mischungen von Mineralölen mit fetten Ölen brauchbar sein soll, gibt E. Kadmer[1] an.

Zweck der Prüfung. Bei Schmierölen (s. diese, S. 322) stellt die Viscosität eine der wichtigsten Gebrauchseigenschaften dar. Die im Einzelfall zu wählende Viscosität richtet sich nach den besonderen Erfordernissen (s. Tabelle 75f., S. 343f., Lieferbedingungen für Schmieröle).

Weiterhin ist die Zähigkeit z. B. beim Pumpen von Ölen durch Rohrleitungen bestimmend für den zu wählenden Rohrdurchmesser und den anzuwendenden Druck. Leuchtpetroleum muß zum genügend schnellen Aufstieg im Docht hinreichend dünnflüssig sein. Bei frischen, noch nicht durch längeres Lagern veränderten fetten Ölen und flüssigen Wachsen (s. Tab. 172f., S. 786f.) ist die Zähigkeit bis zu einem gewissen Grade als Kennzahl zur Identifizierung verwertbar.

Bestimmung[2]. Zur exakten Messung der Viscosität benutzt man im wesentlichen drei auf verschiedenen Prinzipien beruhende Verfahren: 1. Messung der Geschwindigkeit, mit der ein Öl unter einem bestimmten Druck durch eine enge Röhre fließt, 2. Messung der Geschwindigkeit, mit der ein bestimmt geformter Fallkörper unter Einwirkung der Schwerkraft in dem Öl absinkt, 3. Messung des Drehmoments, welches von einem mit Öl gefüllten rotierenden Hohlkörper (Zylinder oder Kegel) auf einen konzentrisch darin angeordneten Zylinder bzw. Kegel durch das Öl übertragen wird[3].

Die Rotationsviscosimeter (z. B. von Marschalkó[4]) haben bisher — wohl wegen ihrer Kostspieligkeit — trotz mancher Vorzüge nur geringen Eingang in die Technik gefunden; Kugel- und Zylinderfallapparate[5] werden

---

[1] E. Kadmer: Chem.-Ztg. **54**, 871 (1930). [2] Vgl. Normblatt DIN-DVM 3655.

[3] Von seltener angewandten, auf anderen Prinzipien beruhenden Methoden seien erwähnt: das Viscosimeter von Michell; The Engineer (London) **134**, 532 (1922), bei welchem man eine Stahlkugel von 1″ Ø von unten in ein mit einigen Tropfen Öl benetztes, genau zur Kugel passendes Hohlkugelsegment eindrückt, dann den Apparat hebt und die Zeit bis zum Abfallen der Kugel mißt, und das „Pendel-Viscosimeter" der Deutschen Reichsbahngesellschaft, bei welchem die Viscosität des Öles aus der Dämpfung eines im Öl schwingenden Pendels berechnet wird; s. Albrecht und Wolff: Ztschr. Ver. Dtsch. Ing. **71**, 1299 (1927).

[4] B. Marschalkó: Ber. Intern. Kongr. Materialprüf. Techn. Amsterdam **2**, 415 (1927). Über weitere Rotationsviscosimeter von Couette, Hatschek, Searle u. a. vgl. Hatschek: Viskosität der Flüssigkeiten, S. 49f.

[5] Kugelfallapparate von Stange, Tausz, Fischer (S. 913) u. a., Zylinderapparat von Lawaczeck (S. 36). Auf die ziemlich komplizierten theoretischen Grundlagen dieser Verfahren, die zudem noch verschieden sind, je nachdem es

in mäßigem Umfange, besonders für sehr viscose Flüssigkeiten (Standöle, Lacke u. ä.) verwendet; die allermeisten technischen Viscosimeter beruhen aber auf dem zuerst genannten Prinzip.

Diesen Messungen liegt das Gesetz von Poiseuille[1]

$$\eta = \frac{\pi \, p \, r^4 \, t}{8 \, v \, l}$$

zugrunde [r Radius, l Länge einer von dem Öl durchflossenen Capillare (in cm), v (in ccm) das in der Zeit t (in sec) ausgeflossene Volumen, p Druckdifferenz an den Enden des Rohres in dyn/qcm].

Die Formel gilt jedoch nur bei kleinen Strömungsgeschwindigkeiten, d. h. wenn entweder die Capillare so eng und so lang oder die Flüssigkeit so viscos ist, daß die von der ausströmenden Flüssigkeit mitgeführte kinetische Energie gegenüber der zur Überwindung der Reibung verbrauchten Energie zu vernachlässigen ist. Die auf den technischen, sämtlich mit verhältnismäßig weiten (1,5—2,9 mm Ø und kurzen (9—20 mm) Ausflußröhrchen versehenen Viscosimetern bestimmten relativen Viscositäten (sog. Englergrad usw.) geben daher, wie zuerst von Ubbelohde[2] hervorgehoben wurde, bei dünnen Flüssigkeiten die wahren Viscositätsverhältnisse auch nicht annähernd richtig wieder. Z. B. verhalten sich bei Äthyläther und Wasser die absoluten Zähigkeiten bei 20⁰ etwa wie 1 : 4, die Englergrade wie 1 : 1,16.

Da die direkte Bestimmung der absoluten Zähigkeit [η] eine komplizierte Apparatur erfordert, bestimmt man die Zähigkeit für technische Zwecke stets indirekt, indem man die Fließzeit des zu untersuchenden Öles auf einem bestimmten Viscosimeter mit derjenigen des gleichen Volumens Wasser (bzw. einer anderen Eichflüssigkeit von bekannter Zähigkeit, z. B. Anilin oder Rohrzuckerlösung) vergleicht und dann im Bedarfsfall die absolute Zähigkeit mit Hilfe der bekannten absoluten Zähigkeit des Wassers usw. berechnet (Berechnung s. bei den betreffenden Apparaten). Tabellen der Zähigkeiten von Eichflüssigkeiten s. im Anhang, S. 984.

Leichte Schmieröle, Eismaschinenöle, Transformatorenöle sind nach den deutschen „Richtlinien" bei 20⁰, Dampfzylinderöle bei 100⁰, alle übrigen Schmieröle bei 50⁰ zu prüfen.

In Amerika werden Viscositäten von Schmierölen mit dem Saybolt-Universal-Viscosimeter (s. S. 29) bei 100⁰ F (37,8⁰ C), 130⁰ F (54,4⁰ C) oder 210⁰ F (98,9⁰ C), von Heizölen mit dem Saybolt-Furol-Viscosimeter bei 122⁰ F (50⁰ C) bestimmt. Für Benzin und Leuchtpetroleum benutzt man in USA. das Saybolt-Thermo-Viscometer (s. S. 229).

a) Capillarviscosimeter.

α) Ostwald-Viscosimeter.

Die Grundform der zahlreichen verschiedenen Capillarviscosimeter ist die von Wi. Ostwald eingeführte: Ein U-förmiges Rohr, dessen einer Schenkel eine kugelförmige Erweiterung und darunter eine 10—12 cm lange capillare Verengung

---

sich um einen zylindrischen oder kugelförmigen Fallkörper und um ein enges Fallrohr oder eine unendlich ausgedehnte Flüssigkeit handelt, kann hier nicht näher eingegangen werden. Nähere Angaben über die Fallformeln von G. G. Stokes: Trans. Cambridge Philos. Soc. 9, 8 (1851), und Ladenburg: Ann. Physik [4] 22, 287 (1907), s. b. E. Hatschek: l. c. Da alle Fallapparate nur in solchen Meßbereichen verwendet werden, in welchen die Fallgeschwindigkeit der Zähigkeit umgekehrt proportional ist, so braucht man in der Praxis immer nur den Proportionalitätsfaktor (eine Apparatkonstante) durch Eichung mit einer Flüssigkeit von bekannter Zähigkeit zu ermitteln.

[1] Poiseuille: Mém. Acad. Roy. Sci., Inst. de France 9, 433 (1846); s. auch Poggendorffs Ann. 58, 424 (1843). Die Gesetzmäßigkeiten wurden teilweise schon vor Poiseuille von Hagen: ebenda 46, 423 (1839), erkannt.

[2] Ubbelohde: Petroleum 7, 773, 882, 938 (1912).

besitzt, während der andere Schenkel im ganzen bedeutend weiter gehalten und dicht über der unteren Biegung noch stärker kugelförmig aufgeblasen ist. Man füllt eine genau bestimmte Flüssigkeitsmenge in das weitere Rohr ein, saugt sie im engeren Schenkel bis über die Kugel empor, läßt sie hierauf unter Wirkung der Schwerkraft zurückfließen und mißt die Zeit, in welcher die Kugel sich entleert. Das genaue Ausflußvolumen wird durch zwei dicht oberhalb und unterhalb der Kugel befindliche Marken begrenzt. Bei genügend kleiner Strömungsgeschwindigkeit (s. o.) sind die kinematischen Viscositäten der verschiedenen Flüssigkeiten den Ausflußzeiten proportional, so daß ν auf Grund einer Eichung des Instrumentes mit Wasser oder einer anderen Standardflüssigkeit direkt zu berechnen ist.

In England[1] ist für die Bestimmung absoluter Zähigkeiten die Benutzung des Ostwaldschen Viscosimeters offiziell eingeführt. Man benutzt einen Satz von 4 Instrumenten mit verschieden weiten Capillaren (für Flüssigkeiten verschiedener Zähigkeit); alle Dimensionen sind genau .festgelegt.

Auch in Frankreich wird ein Viscosimeter des Ostwald-Typs, dasjenige von Baume und Vigneron[2], in großem Umfange in der Öluntersuchung benutzt.

In der deutschen Ölindustrie verwendet man statt der zerbrechlichen (dafür allerdings auch billigen) Glasviscosimeter für Messungen der kinematischen Zähigkeit mehr den stabileren Vogel-Ossag-Apparat (S. 18).

β) Doppelkugel-Viscosimeter Ubbelohde-Holde[3].

Der Apparat gestattet die exakte Bestimmung der absoluten dynamischen Zähigkeit mit kleinen Flüssigkeitsmengen (10 ccm) und — wie alle Capillarviscosimeter — auch bei sehr dünnflüssigen Ölen, da man durch Wahl einer genügend engen Capillare stets für Erfüllung der Voraussetzungen des Poiseuilleschen Gesetzes (s. o.) sorgen kann.

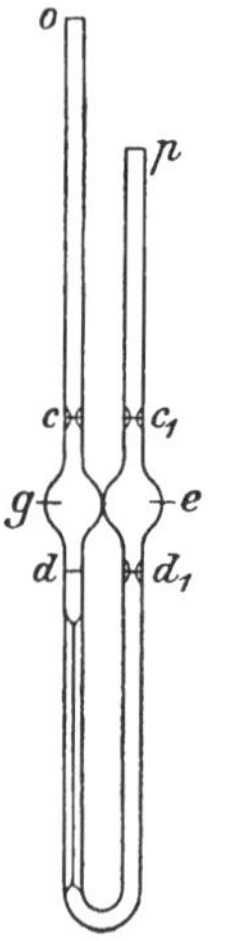

Er besteht aus der gläsernen Capillare nach Ubbelohde (Abb. 10), dem Thermostaten D (2—3 l fassendes Becherglas mit Wasser, Thermometer und Rührer) und einer Einrichtung ABC zur Erzeugung eines konstanten Überdruckes von 600 mm Wassersäule (s. Abb. 11). Die Ubbelohde-Capillare besitzt gegenüber der Ostwaldschen den Vorzug, daß der Einfluß des spez. Gew. des Öles auf den Druck p ausgeschaltet ist, weil die Niveaudifferenz $c\,d_1$ zu Beginn des Versuches dieselbe ist wie $c_1\,d$ zu Ende des Versuches.

Prinzip des Verfahrens. Auf das in der Capillare op (Abb. 11) befindliche Öl läßt man bei o einen konstanten Luftdruck (Wassersäule von 600 mm) durch die Druckvorrichtung AB einwirken und preßt dadurch das Öl durch den an $c\,d$ (Abb. 10) sich anschließenden capillaren Teil; die Geschwindigkeit des durchfließenden Öles ergibt sich aus der Zeit, in welcher die Kugel e sich von der Marke d_1 bis c_1 füllt. Der Kontrollversuch kann bei dünnflüssigen Ölen, bei welchen man die in der Kugel g hängenbleibende Ölmenge nach einer Wartezeit von einigen Minuten vernachlässigen darf, durch Umschalten des Gummischlauchs von o nach p ausgeführt werden, indem man das Öl aus dem Gefäß e nach g zurückdrückt und die Zeit mißt, in welcher sich g von d bis c füllt. Bei dickflüssigen Ölen muß man zum Kontrollversuch das Rohr vorher erwärmen oder reinigen[4]. Division der gefundenen Fließzeit durch den Eichwert der Capillare (Fließzeit des gleichen

Abb. 10.
Capillare nach
Ubbelohde.

---

[1] British Engineering Standards Association, Standardmethode Nr. 188-1929.

[2] Baume u. Vigneron: Ann. Chim. analyt. Chim. appl. [2] 1, 379 (1919); Hersteller: Société du verre Pyrex, Paris, 12ème, Rue Fabre d'Églantine 8.

[3] Zu beziehen von Dr. H. Göckel, Berlin NW 6, Luisenstraße 21.

[4] Nach Ubbelohde (Privatmitt.) ist die bei der Beendigung der Messung in der Kugel hängenbleibende Ölmenge bei dick- oder dünnflüssigen Ölen genau

Volumens Wasser von 20,2⁰ unter dem gleichen Druck) ergibt die absolute Viscosität des Öles in Centipoisen.

Eichung der Capillaren. Um der wechselnden Viscosität der Schmieröle usw. Rechnung zu tragen, benutzt man nach I. Traube[1] mehrere, verschieden weite Capillaren, z. B. 3—5. Die engsten derselben eicht man direkt durch Bestimmung der Fließzeit von Wasser bei 20,2⁰; die weiteren Capillaren, bei denen die Fließzeit von Wasser zu kurz (< 50 sec) und die Messung infolgedessen (auch wegen der bei der größeren Strömungsgeschwindigkeit auftretenden Abweichungen vom Poiseuilleschen Gesetz) zu ungenau wäre, eicht man indirekt durch Ermittlung der Fließzeiten verschiedener, mit steigender Weite der Capillare stufenweise zähflüssiger gewählter Öle.

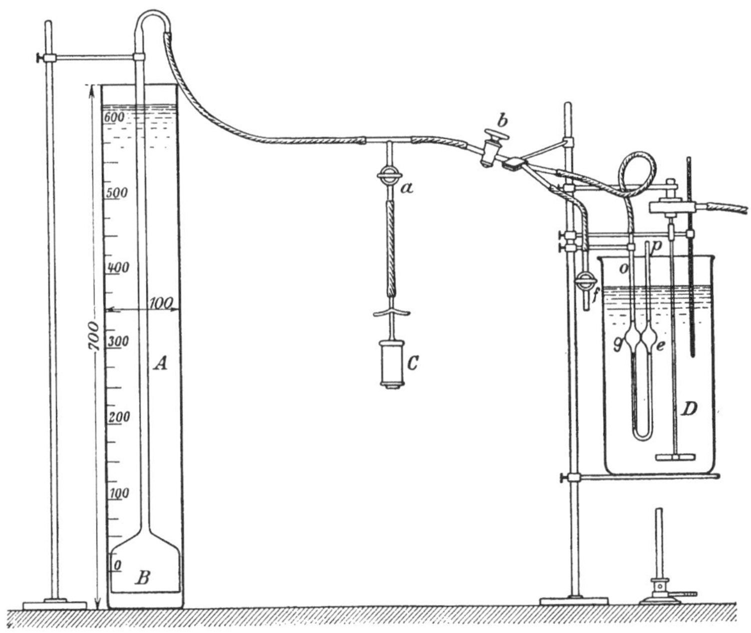

Abb. 11. Doppelkugel-Viscosimeter Ubbelohde-Holde.

Zweckmäßig benutzt man Capillaren, deren Eichwerte eine geometrische Reihe bilden, z. B. 1 sec, 4 sec, 16 sec und 64 sec oder etwa 0,5 sec, 2,5 sec, 12,5 sec und 62,5 sec.

Einstellung des Druckes. Zunächst stellt man mittels des Handgebläses C bei geöffnetem Hahn a und geschlossenem Hahn b den Druck in dem umgekehrt aufgestellten Büchnertrichter B in dem mit Wasser gefüllten Zylinder A auf 600 mm Wassersäule ein (an der Millimeterteilung auf Zylinder A abzulesen) und schließt Hahn a. Während des Überfließens des Öles von einer Kugel zur anderen bleibt der Druck von 600 mm praktisch konstant, weil das Wasserniveau in B wegen des großen Querschnittes beim Fließen des Öles in der Capillare nur um 0,75—1 mm sinkt.

Füllen und Temperieren der Capillare. Man taucht das Ende o der Capillare in das in einem Schälchen befindliche, zur Entfernung mechanischer

gleich groß. Er empfiehlt daher, statt der Füllung der leeren Kugel die Entleerung der gefüllten Kugel mit der Stoppuhr zu verfolgen, weil man dann bei Wiederholungsversuchen von der Viscosität des Öles unabhängig würde.

[1] I. Traube: Ztschr. Ver. Dtsch. Ing. **31**, 251 (1887).

Verunreinigungen nötigenfalls filtrierte Öl und saugt bei p so lange, bis das Öl den Schenkel o bis zur Biegung von p erfüllt.

Dann kehrt man die Capillare um und läßt das Öl in dem Schenkel o bis zur Marke c absinken, wobei es in dem Schenkel p gleichzeitig die Marke d_1 erreichen soll; nötigenfalls sorgt man durch Nachfüllen oder Absaugen von Öl mittels einer bei o eingeführten Capillarpipette für richtige Auffüllung. Hierauf befestigt man die Capillare mittels Gummischlauches an dem mit den geschlossenen Hähnen b und f versehenen T-Stück, saugt das Öl unter vorübergehendem Öffnen des Hahnes f bis etwas über die Marke c zurück und läßt nun die Capillare mit dem Öl in dem Thermostaten D die Versuchstemperatur annehmen.

Die Temperatur des Bades wird durch den Brenner, das Rührwerk und durch Zugießen von kaltem oder warmem Wasser geregelt. Bei hohen Temperaturen (über 100^0) dient als Badflüssigkeit verdünntes Glycerin.

Messung der Fließzeit. Man öffnet den Hahn b, mißt an einer Stoppuhr die Zeit, in welcher das Öl die Kugel e von d_1 bis c_1 füllt, schließt nach dem Stoppen der Uhr den Hahn b und öffnet Hahn f. Zur Wiederholung des Versuches befestigt man den Gummischlauch an dem Ende p der Capillare, schließt den Hahn f, stellt den Druck wieder auf 600 mm ein, öffnet b und wiederholt den Versuch unter Messen der Zeit, in welcher sich Kugel g von d bis c füllt.

Berechnung. Die Berechnung von η aus der Fließzeit des Öles und dem Eichwert der Capillare ist oben angegeben.

Berechnung des Englergrades aus der absoluten Viscosität und dem spez. Gew. des Öles siehe Tabelle 3, S. 25.

Prüfmenge: 10—15 ccm. Meßgenauigkeit: $\pm 1\%$.

γ) Vogel-Ossag-Viscosimeter[1].

Dieses Instrument (Abb. 12) stellt ein Capillarviscosimeter dar, welches, wie das Ubbelohdesche, nur kleine Ölmengen (15 ccm) erfordert und auch bei sehr kleinen Viscositäten genaue Messungen gestattet, dabei aber durch stabilere Konstruktion den Anforderungen der Technik besser angepaßt ist. Es wird daher in großem Umfange benutzt. Wegen der etwas umständlichen Füllung und Reinigung des Apparates eignet er sich allerdings — wie auch das Ubbelohde-Viscosimeter — besser zu wiederholten Messungen des gleichen Öles bei gleichen oder verschiedenen (steigenden) Temperaturen (Aufnahme von Viscositätskurven) als zu den im Betriebe häufig verlangten Messungen verschiedener Öle hintereinander bei gleicher Temperatur (z. B. 50^0), welche bequemer mit Apparaten des Engler-Typs (s. u.) auszuführen sind.

Unter Hinweis auf die dem Instrument beigegebene ausführliche Gebrauchsanweisung sei hier nur Folgendes hervorgehoben:

Man kann das Öl in der Capillare entweder unter seinem eigenen Gewicht absinken oder unter einem künstlichen Überdruck (wie beim Ubbelohde-Viscosimeter) aufsteigen lassen. Im ersten Falle ist die ermittelte Fließzeit direkt proportional der kinematischen Viscosität (η/d), im zweiten Falle der dynamischen Viscosität (η).

Gewöhnlich wird das nach der Vorschrift in das Gefäß t eingefüllte und auf die gewünschte Temperatur eingestellte Öl mittels der Glaspumpe p in die Kugel k gesaugt, worauf man es unter seinem eigenen Gewicht wieder zurückfließen läßt und die Fließzeit zwischen der oberen Marke M_1 und der unteren Marke M_2 mißt. Durch Multiplikation dieser Zeit (sec) mit dem auf der Capillare verzeichneten Eichwert k erhält man das Hundertfache der kinematischen Viscosität $V_k = 100\,v$, woraus mit Hilfe einer Tabelle die Englergrade usw. berechnet werden können. Für Öle verschiedener Viscositäten werden mehrere verschieden weite Capillaren (z. B. $k = 0,1$, $0,35$ und $1,0$) benutzt. Die Konstanten k gelten nur für Öle und Flüssigkeiten mit ähnlicher Oberflächenspannung. Nach der Gebrauchsanweisung

---

[1] Zu beziehen von Sommer & Runge, Berlin-Friedenau. Der Apparat ist bei der Physikalisch-Technischen Reichsanstalt zur Eichung zugelassen.

sind die Capillaren so zu wählen, daß die Fließzeit mindestens 25 sec beträgt. Diese Festsetzung genügt aber bei den engeren Capillaren nicht, um die **Hagenbach-Couette**sche Korrektur wegen der Bewegungsenergie der strömenden Flüssigkeit (vgl. S. 24) vollständig überflüssig zu machen. Soll diese Korrektur

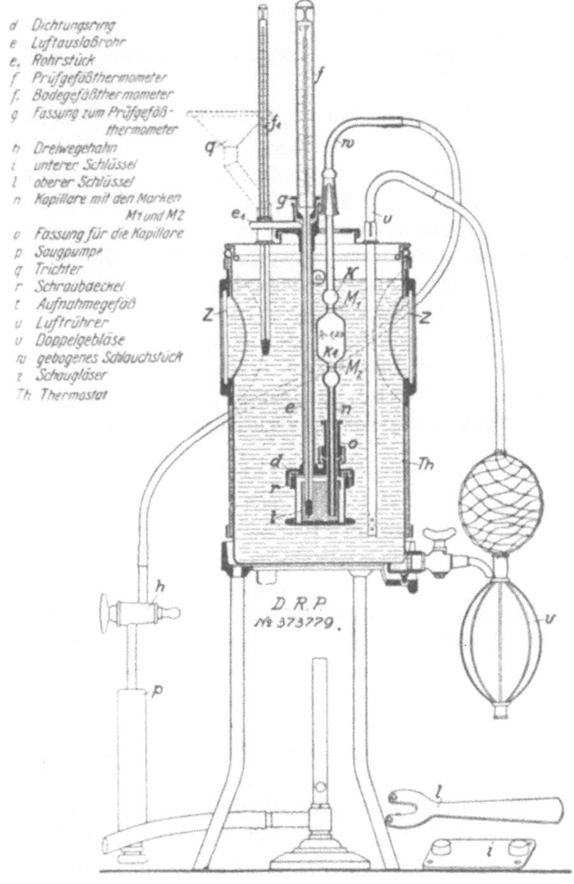

Abb. 12. Vogel-Ossag-Viscosimeter.

nicht mehr als 1% betragen, so sind die Mindestfließzeiten t_m von der Konstante k wie folgt abhängig zu machen[1]: für $k = 1$: $t_m = 19$ sec; für $k = 0,1$: $t_m = 60$ sec; für $k = 0,01$: $t_m = 190$ sec.

Zur direkten Bestimmung der dynamischen Viscosität verbindet man das Rohr e_1 mit einer Einrichtung zur Erzeugung eines konstanten Überdrucks, z. B. dem Druckerzeuger AB (Abb. 11), läßt das Öl unter dem Überdruck (600 mm Wassersäule) aus dem Gefäß t in der sauberen, trockenen Capillare aufsteigen und mißt die Fließzeit von M_2 bis M_1. Diese Zeit, mit der ebenfalls auf der Capillare vermerkten Zahl c multipliziert, ergibt unmittelbar die Viscosität in Centipoisen.

---

[1] Briefl. Mitt. von S. Erk (Physik.-Techn. Reichsanstalt) an W. H. Herschel (Bureau of Standards, Washington) vom 5. 1. 1932; vgl. auch L. Ubbelohde: Druckschrift der Internat. Petrol.-Komm. Nr. 18810 S. 14/15 (1933).

Dieses Verfahren kann für beliebige Flüssigkeiten verwendet werden, deren spez. Gew. zwischen 0,85 und 0,95 liegt. Die Mindestfließzeiten sind von c in gleicher Weise abhängig, wie oben für k angegeben. Besonders dunkle und zähflüssige Öle lassen sich nur nach dem zweiten Verfahren genügend exakt prüfen. Das Verfahren ist aber an sich, wegen der Vernachlässigung der Einflüsse des spez. Gew. in den angegebenen Grenzen, weniger genau als das erste.

Prüfmenge: 15 ccm.

Genauigkeit der Ergebnisse: $\pm 2\%$ für absolute, $\pm 1\%$ für relative Messungen.

δ Ubbelohde-Viscosimeter mit „hängendem Niveau"[1].

Nach Ubbelohde leidet die Genauigkeit aller bisher gebräuchlichen Capillarviscosimeter darunter, daß die richtige Einstellung der für die wirksame Druckhöhe maßgebenden Flüssigkeitsniveaus entweder sehr schwierig oder — infolge von Capillaritätseinflüssen — überhaupt nicht möglich ist. Das von Ubbelohde neuerdings konstruierte Viscosimeter mit „hängendem Niveau"[2] soll sich dagegen durch automatische, fehlerfreie, von der Oberflächenspannung völlig unabhängige Niveaueinstellung auszeichnen. Die Handhabung des Instrumentes soll demgemäß sehr bequem, die Reproduzierbarkeit der Ergebnisse besser als bei jedem anderen Capillariviscosimeter sein[3].

Die Fehler wegen der Bewegungsenergie der strömenden Flüssigkeit (S. 24) werden durch eine Korrektionstabelle vollkommen ausgeschaltet.

b) Technische Viscosimeter.

α) Engler-Viscosimeter (in Deutschland, Deutschösterreich, Ungarn, Polen, Tschechoslowakei und Rußland Normalapparat).

Vom Engler-Apparat bestehen verschiedene Typen, die aber in den Grundabmessungen des Ausflußgefäßes und Ausflußröhrchens übereinstimmen, sich also nur in der Anordnung der Heizbäder usw. voneinander unterscheiden. Abb. 13 zeigt die von Holde eingeführte Anordnung des Engler-Apparates mit geschlossenem Heizbad B, welches Arbeiten bis zu 100° mit Wasser als Badflüssigkeit gestattet. Größere Verbreitung besitzen die Apparate mit offenem Heizbad und Rührer, bei welchen für Temperaturen von 100° und darüber meist Mineralöle als Badflüssigkeit verwendet werden. Hierbei können aber leicht Überhitzungen des Ausflußröhrchens stattfinden.. Als Maß der Zähigkeit (Englergrad) gilt der Quotient aus der Ausflußzeit von 200 ccm Öl bei der Versuchstemperatur und derjenigen von 200 ccm Wasser von 20°.

Die vorgeschriebenen Dimensionen[4] des Ölgefäßes und des Ausflußröhrchens zeigt Abb. 14.

Das Ausflußröhrchen besteht aus Nickel, wird aber gelegentlich auf Wunsch auch aus Platin hergestellt. Die Innenwand des Röhrchens muß glatt und darf nicht wellig sein. Das Viscosimetergefäß ist innen vergoldet.

---

[1] Ubbelohde: Druckschrift der Internat. Petroleum-Kommission Nr. 18810 (1933); Petroleum **29**, Nr. 23 (1933).

[2] Hersteller: Sommer & Runge, Berlin-Friedenau.

[3] Da die Arbeit von Ubbelohde erst während der Drucklegung dieses Buches erschien und somit eine kritische Stellungnahme zu dem neuen, anscheinend aber sehr wichtigen Apparat noch nicht möglich ist, sei bezüglich der Einzelheiten auf die angeführte Originalarbeit von Ubbelohde verwiesen.

[4] Chem.-Ztg. **31**, 441 (1907).

Ausflußzeit von 200 ccm Wasser bei 20° (Eichwert).

Dieser Wert ist von Zeit zu Zeit (etwa alle 6 Monate), insbesondere bei etwaigen Störungen, zu kontrollieren.

Das innere Gefäß und das Ausflußröhrchen werden mit Äthyläther oder Petroläther, dann wiederholt mit Alkohol und zuletzt mit destilliertem Wasser sorgfältig ausgewaschen. Der Verschlußstift für die Wassereichungen darf nur zur Prüfung des Apparates mit Wasser dienen und nicht mit Öl in Berührung kommen. Man füllt das innere Gefäß bis über die Markenspitzen mit destilliertem Wasser von 20° und stellt hierauf durch Lüften des Verschlußstiftes die Wasseroberfläche genau auf die Markenspitzen ein, die durch Regulieren der Stellschrauben am Untersatz des Apparates in eine Horizontalebene zu bringen sind.

Hierbei wird das Ausflußröhrchen ganz mit Wasser gefüllt und die Fläche der unteren Mündung benetzt, so daß ein Tropfen hängen bleibt, der die ganze Fläche bedeckt. Nun setzt man einen der zugehörigen trockenen, auf Einguß[1] geeichten Meßkolben von 200 ccm Inhalt (bis zur Marke! Gesamtfassungsvermögen mindestens 260 ccm, Höhe nicht über 23 cm) unter das Ausflußröhrchen und bestimmt mittels einer Stoppuhr bei völlig ruhiger Wasseroberfläche die Ausflußzeit von 200 ccm Wasser. Der Versuch ist mehrfach in einem nicht zu warmen Raum zu wiederholen. Wenn drei, höchstens 0,4 sec

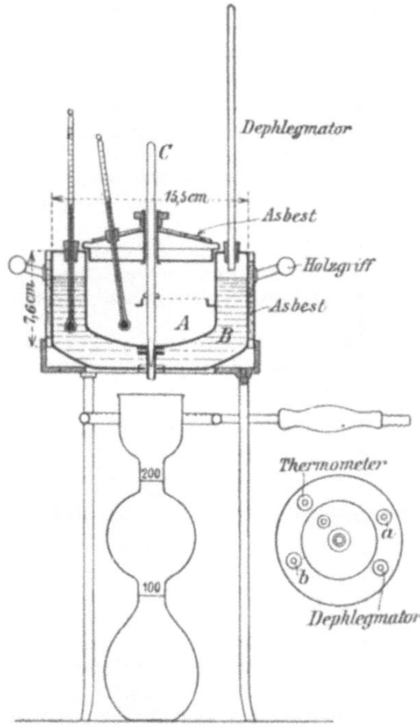

Abb. 13. Viscosimeter Engler-Holde.

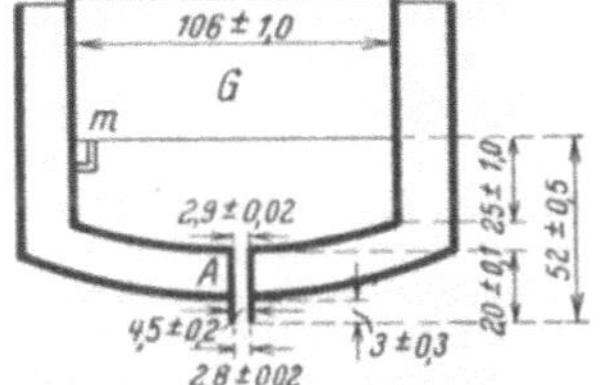

Abb. 14. Abmessungen des Engler-Viscosimeters.

voneinander abweichende Ergebnisse vorliegen und die Werte nicht fortschreitend abnehmen, gilt die erste Versuchsreihe als beendet.

Nach nochmaliger Reinigung des Apparates wird die Versuchsreihe bis zur Erzielung konstanter Ausflußzeiten wiederholt. Der aus den letzten 6 Ergebnissen gebildete, auf 0,2 sec abgerundete Eichwert muß bei richtig gebauten Apparaten zwischen 50 und 52 sec liegen.

Die in ganze Grade geteilten Thermometer müssen nach den Prüfungsbestimmungen für Thermometer vom 25. Januar 1898[2] auf Anzeigen korrigierter Temperaturen bei 9 cm Eintauchtiefe und 25° mittlerer Fadentemperatur geprüft sein.

Ausflußzeit der Öle.

Helle Öle, die mechanische Verunreinigungen enthalten, und alle dunklen Öle sind vor der Einfüllung durch ein Sieb von 0,3 mm Maschenweite zu gießen,

---

[1] Erk: Chem.-Ztg. **52**, 897 (1928).
[2] Zentralblatt für das Deutsche Reich Nr. 6 vom 11. 2. 1898.

dickflüssige Öle nach schwacher Anwärmung. Wasserhaltige Öle sind vor dem Versuch durch Schütteln mit Chlorcalcium in der Wärme und Filtration zu entwässern.

Zunächst stellt man das Wasserbad B auf die Versuchstemperatur ein, und zwar für Versuche bei 50^0 auf etwa $50^1/_4{}^0$, für Versuche bei 100^0 auf etwa 101^0, ebenso bringt man das Öl zwecks schnelleren Arbeitens möglichst schon vor dem Einfüllen ungefähr auf die Versuchstemperatur. Nach Einfüllen des Öles bis etwas über die Markenspitzen reguliert man die Temperatur genau, stellt das Ölniveau durch Lüften des Verschlußstiftes auf die Markenspitzen ein[1] und schließt den Deckel des Ölgefäßes. Das Niveau der Badflüssigkeit muß mindestens 1 cm höher stehen als das Ölniveau. Einblasen von Luft durch ein Kranzrohr mittels einer Handpumpe aus Metall befördert den Temperaturausgleich[2] im Wasserbad. Wenn Öl- und Badthermometer mindestens 1 min lang übereinstimmend die richtige Versuchstemperatur angezeigt haben, mißt man wie oben die Ausflußzeit von 200 ccm Öl. Während des Ausfließens hält man die Badtemperatur durch Erwärmung oder durch Zugießen von kaltem Wasser konstant[3]. Scheinbares Sinken der Öltemperatur gegen Ende des Versuches ist — richtige und konstante Badtemperatur vorausgesetzt — nicht zu berücksichtigen, da das Ölthermometer dann nicht mehr ganz von Öl bedeckt ist[4].

Bei Temperaturen bis 100^0 benutzt man als Heizflüssigkeit destilliertes Wasser, bei noch höherer Temperatur Xylol, Anilin, Glycerin usw., sowie einen hartgelöteten Apparat.

Der Englergrad wird in der S. 20 angegebenen Weise aus Fließzeit des Öles und Eichwert des Apparates berechnet; er kann auch direkt aus den von Ubbelohde berechneten „Tabellen zum Englerschen Viscosimeter"[5] entnommen werden.

Prüfmenge: 260 ccm[6].

Meßgenauigkeit. Bei kleinen Viscositäten und dementsprechend kurzer Versuchsdauer $\pm 1\%$, bei höheren Viscositäten, also bei langer Versuchsdauer, infolge kaum vermeidbarer Temperaturschwankungen bis $\pm 3\%$.

Eine in der Versuchsvorschrift nicht berücksichtigte kleine Fehlerquelle liegt darin, daß der Inhalt des bei 20^0 geeichten Meßkolbens z. B. bei 100^0 von 200 auf 200,4 ccm zunimmt; dieser Fehler wird ungefähr dadurch kompensiert, daß bei der höheren Temperatur sich auch das Röhrchen

---

[1] Zur Vereinfachung der Niveaueinstellung empfiehlt Ubbelohde: Erdöl u. Teer **9**, 123 (1933), statt des gewöhnlichen Verschlußstiftes einen „Überlaufstift" zu verwenden, d. h. einen Kugelverschlußstift, der vom untersten Ende der Kugel an in der Achse durchbohrt ist und in der Höhe, auf welche das Flüssigkeitsniveau sich einstellen soll, eine oben offene, mit der Durchbohrung kommunizierende Schale trägt. Der Ölüberschuß fließt so von selbst durch den hohlen Stift und das Auslaufrohr des Viscosimeters ab. Den Überlauf am Rande des Apparats — wie beim Vogel-Ossag-, Holde- oder Saybolt-Viscosimeter — anzubringen, ist nach Ubbelohde beim Engler-Apparat unzweckmäßig, weil bei diesem Apparat infolge seines breiten Querschnittes die geringste Abweichung von der senkrechten Aufstellung die Niveaueinstellung merklich beeinflussen würde. Für die Eichung des Viscosimeters mit Wasser ist der Überlaufstift wegen der hohen Oberflächenspannung des Wassers nicht zu verwenden. Hersteller: Sommer & Runge, Berlin-Friedenau.

[2] Bei dem von László verbesserten Engler-Viscosimeter (Hersteller: E. Dittmar & Vierth, Hamburg 15) wird die Temperaturregulierung durch ein doppelreihiges Radiatorensystem erleichtert.

[3] Bei Apparaten mit offenem Bad z. B. durch Umrühren mit einem Tauchsieder oder einem mit kaltem Wasser gefüllten Reagensglas (Briefl. Vorschlag von E. U. G. Ernst, Kopenhagen).   [4] Schlüter: Chem.-Ztg. **51**, 565 (1927).

[5] 3. Aufl. Leipzig: S. Hirzel 1930.

[6] Ein Engler-Viscosimeter von den richtigen Abmessungen faßt bis zu den Markenspitzen nicht, wie oft angegeben, 240, sondern 252 ccm. Die Differenz erklärt sich daraus, daß für das in der Tat 240 ccm fassende ursprüngliche Viscosimeter von Engler selbst etwas andere Maße vorgeschrieben waren als die oben angegebenen (z. B. Höhe des zylindrischen Gefäßes 24 statt 25 mm); vgl. Muspratt: Enzyklopädie, 4. Aufl., Bd. 6, S. 2241—2242. 1898.

ausdehnt, wodurch die Auslaufzeit des richtigen Volumens etwas verkürzt wird. Eine wesentlich größere Fehlerquelle liegt darin, daß der Meßkolben mit dem aufgefangenen Öl nicht wie bei den Capillarviscosimetern (s. S. 15 f.) bis zum Ende des Versuchs auf der Versuchstemperatur gehalten wird. Sinkt z. B. bei einem Versuch bei 100⁰ die mittlere Temperatur des ausgeflossenen Öles auf 80⁰, was bei 5—10 min Versuchsdauer leicht möglich ist, so zieht sich das Öl bei einem Ausdehnungskoeffizienten von 0,0007 um 2,8 ccm = 1,4 % zusammen, es müssen also weitere 2,8 ccm ausfließen, was wegen des geringen Druckes am Ende des Versuchs + 2 % Fehler ausmacht. Für die Übereinstimmung zwischen Wiederholungsversuchen spielt dies allerdings nur bei großen Temperaturdifferenzen des Versuchsraumes und entsprechend verschiedener Abkühlung des ausgeflossenen Öles eine Rolle; dagegen muß sich der Fehler bei der Umrechnung auf absolute Zähigkeiten u. dgl. in vollem Umfang geltend machen.

Für genaue Messungen erscheint auch die übliche Einteilung der Thermometer in $1/_1$⁰ und Eichung unter Abrundung der Fehler auf 0,5⁰ unzureichend, da hierbei Fehler von $\pm$ 0,2⁰ vernachlässigt werden, obgleich solchen Temperaturdifferenzen deutlich meßbare Viscositätsunterschiede, z. B. bei Schmierölen $\pm$ 1 bis 2 %, entsprechen.

Über Schwankungen der Resultate infolge Änderung der Zähigkeit mancher Öle durch Paraffin- oder Asphaltausscheidungen s. S. 323.

Abkürzung der Versuche.

Vierfacher Apparat. Zur gleichzeitigen Prüfung von 4 Ölen dient das 4fache Engler-Viscosimeter (nach A. Martens), welches 4 Englersche Ausflußgefäße in einem großen Wasserbade enthält. Der große Inhalt der Wasserfüllung erleichtert gleichzeitig das Konstanthalten der Temperatur.

Kleinere Ausflußmenge. Bei viscosen Ölen ($E > 10$) kann man statt 200 ccm nur 100 bzw. 50 oder 20 ccm ausfließen lassen und aus den gefundenen Fließzeiten die Ausflußzeiten von 200 ccm durch Multiplikation mit 2,329 bzw. 4,967 bzw. 12,85 berechnen[1].

Ausflußzeit bei kleinerer Anfangsfüllung.

Reicht die zur Verfügung stehende Ölmenge zur richtigen Füllung des Viscosimeters nicht aus, so kann man die Bestimmung, allerdings mit wesentlich größeren Fehlern, in der Weise ausführen, daß man eine bestimmte kleinere Menge (z. B. 45 ccm) einfüllt und hiervon einen Teil (z. B. 20 ccm) ausfließen läßt. Die Ausflußzeit ist dann durch Multiplikation mit entsprechenden Faktoren auf die normale Ausflußzeit von 200 ccm umzurechnen. Solche — empirisch ermittelten[2] — Umrechnungskoeffizienten sind:

bei Anfangsauffüllung von . . .	25	45	45	50	60	120 ccm
und Ausflußmenge von	10	20	25	40	50	100 ,,
für die Ausflußzeit von 200 ccm .	13	7,25	5,55	3,62	2,79	1,65

---

[1] Die von W. Bleyberg: Petroleum **24**, 1416 (1928), auf theoretischer Grundlage berechneten Umrechnungsfaktoren [s. auch W. H. Herschel: USA.-Bureau of Standards, Technologic Paper, **1917**, Nr. 100; **210**, 230 (1922)] stimmen mit den früher von Holde empirisch ermittelten Faktoren $F\frac{200}{100} = 2,353$ und $F\frac{200}{50} = 5,03$ befriedigend überein. Aus den „Tabellen zum Englerschen Viscosimeter" von Ubbelohde, 3. Aufl., 1930, können auch die den Fließzeiten von 50 und 100 ccm entsprechenden Englergrade direkt entnommen werden.

[2] Holde: Mitt. M.P.A. **17**, 63 (1899); Gans: Chem. Revue üb. d. Fett- u. Harzind. **6**, 221 (1899). Die innerhalb der zulässigen Fehlergrenzen liegenden Abweichungen in den Maßen der verschiedenen Engler-Viscosimeter dürften bereits einen wesentlichen Einfluß auf diese Faktoren ausüben.

Das Probeöl wird am besten unter Berücksichtigung seines spezifischen Gewichts bei der Versuchstemperatur eingewogen, da Abmessen wegen der großen an den Wänden des Meßgefäßes hängenbleibenden Ölmengen zu ungenau wäre. Die Versuchstemperatur kann nur im Bad, nicht im Öl selbst kontrolliert werden, da bei den kleinen Ölmengen das innere Thermometer nicht in das Öl eintaucht.

Für genauere Bestimmungen wird bei Vorliegen nur kleiner Ölmengen besser das Capillarviscosimeter von Ubbelohde-Holde oder das Vogel-Ossag-Viscosimeter (s. S. 18) herangezogen. Dem gleichen Zweck dient das sog. „Zehntelgefäß" zum Engler-Viscosimeter von Ubbelohde, welches in ein normales Engler-Viscosimeter eingeschraubt wird, etwa 25 ccm Öl faßt und für die Ausflußzeiten von 20 ccm Öl gegenüber der Fließzeit von 20 ccm Wasser von 20⁰ (Eichwert) die gleichen Verhältnisse ergibt wie für die Fließzeiten von 200 ccm auf dem normalen Apparat.

Beziehungen zwischen Englergraden und absoluter Zähigkeit.

Wie S. 15 erwähnt, werden die Ausströmungsgeschwindigkeiten verschiedener Flüssigkeiten durch die kinetische Energie der ausströmenden Flüssigkeiten in verschiedenem Maße beeinflußt, so daß die kinematische Viscosität nicht — wie beim Vogel-Ossag-Viscosimeter — einfach proportional der Fließzeit bzw. dem Englergrad ist. Zur Ausschaltung des durch die kinetische Energie bedingten Fehlers wurde die Poiseuillesche Formel (S. 15) von Hagenbach[1] bzw. Couette[2] um ein unter dem Namen Hagenbach-Korrektur bekanntes Glied der Form $- b \cdot d/t$ (b = Apparatkonstante[3], d = Dichte, t = Fließzeit) erweitert; die korrigierte Form lautet demnach — wenn der nur von den Dimensionen des Apparats abhängige Faktor $\pi\, pr^4/8\, vl = a$ gesetzt wird —:

$$\eta = a \cdot t - b \cdot d/t \quad \text{bzw.} \quad \eta/d = v = a't - b/t.$$

Da E proportional t ist, so gilt auch $v = a'' E - b'/E$. Ganz analoge Umrechnungsformeln wurden für die Apparate von Redwood (S. 30) und Saybolt (S. 29) aufgestellt.

Für den Engler-Apparat soll aber nach Erk[4] nicht die von Ubbelohde[5] zuerst aufgestellte, dieser Form entsprechende Umrechnungsformel

$$100\, v = 7{,}30\, E - 6{,}31/E,$$

sondern die Formel von H. Vogel[6]:

$$100\, v = E \cdot 7{,}6^{\left(1 - \frac{1}{E^3}\right)}$$

die beste Übereinstimmung zwischen Messung und Berechnung liefern.

[1] Hagenbach: Poggendorffs Ann. **109**, 385 (1860).

[2] Couette: Ann. Chim. Phys. [6] **21**, 433 (1890).

[3] Über die Ableitung der Hagenbach-Korrektur und die physikalische Bedeutung von b s. Näheres bei Hatschek (S. 12, Fußnote 3), S. 19.

[4] Erk: Zähigkeitsmessungen an Flüssigkeiten usw., VDI-Forschungsarbeiten **1927**, Heft 288, 34.

[5] Ubbelohde: Tabellen zum Englerschen Viscosimeter, S. 26. Leipzig: S. Hirzel 1907. Ubbelohde selbst rechnete nicht mit dem Wert v, sondern mit einem „Zähigkeitsfaktor" Z, welcher das Verhältnis der gemessenen Viscosität zur Viscosität des Wassers bei 0⁰ ausdrückte; die obige Formel ist aus der Originalformel durch entsprechende Umrechnung gebildet. Die etwa 4% betragende Differenz seines Umrechnungsfaktors (7,3) gegenüber dem nach Erk besser zutreffenden Faktor von Vogel (7,6) führt Ubbelohde (Privatmitt.) darauf zurück, daß er zu seinen Messungen ältere, noch nicht den jetzigen Vereinbarungen genau entsprechende Engler-Viscosimeter benutzte.

[6] H. Vogel: Ztschr. angew. Chem. **35**, 561 (1922).

Nach obiger Formel hat Vogel folgende Tabelle zur Umrechnung von E in $\dfrac{\eta}{d}$ aufgestellt:

Tabelle 3. Berechnung der kinematischen Viscosität ν aus den Engler-graden nach Vogel.

E	$100\,\nu = \dfrac{100\,\eta}{d}$	E	$100\,\nu = \dfrac{100\,\eta}{d}$	E	$100\,\nu = \dfrac{100\,\eta}{d}$
1,00	1,00	1,90	10,7	3,60	26,1
1,05	1,40	2,00	11,8	3,80	27,7
1,10	1,80	2,10	12,8	4,00	29,3
1,15	2,30	2,20	13,8	4,20	30,9
1,20	2,80	2,30	14,8	4,40	32,5
1,25	3,30	2,40	15,7	4,60	34,1
1,30	3,90	2,50	16,6	4,80	35,7
1,35	4,50	2,60	17,5	5,00	37,3
1,40	5,00	2,70	18,4	5,50	41,2
1,45	5,60	2,80	19,3	6,00	45,1
1,50	6,20	2,90	20,2	6,50	49,0
1,60	7,40	3,00	21,1	7,00	52,9
1,70	8,50	3,20	22,8	7,50	56,8
1,80	9,60	3,40	24,5	8,00	60,6

Für höhere Werte von E wird konstant $100\,\nu = 7{,}60\,E$.

β) Metallviscosimeter von Holde[1] (Abb. 15 und 16).

Dieser Apparat stellt eine in verschiedenen Punkten, auch den für die Ausflußzeiten entscheidenden Dimensionen, veränderte Form des Engler-Viscosimeters dar.

Das Ölgefäß ist halb so breit, das Bad breiter, die Ausflußhöhe (81 mm) größer, das Ausflußröhrchen enger als beim Engler-Apparat. Die unbequeme Auffüllung des Öles bis zu den Markenspitzen ist durch die automatische Einstellung des Ölniveaus mittels des Überlaufs ü ersetzt. Hierdurch werden die Hauptmängel des Engler-Viscosimeters — das sehr breite, verhältnismäßig viel Öl (über $1/4$ l) beanspruchende und hierdurch die Temperatureinstellung erschwerende Ölgefäß, die umständliche Niveaueinstellung und die Notwendigkeit, bei Wiederholungsversuchen bzw. bei Übergang zu anderen Temperaturen den Apparat zu öffnen und abermals das Niveau einzustellen — vermieden.

Der Apparat faßt bis zum Überlauf etwa 120 ccm. Als Maßstab der Zähigkeit gilt die Ausflußzeit von 100 ccm Öl. Zum Verschluß des Röhrchens dient ein gut eingeschliffenes Kugelventil v am Verschlußstift a, zur senkrechten Einstellung des Viscosimeters das Lot l nebst den Stellschrauben an den Füßen des Apparates. Das Öl wird durch eine Tülle e im Deckel mittels Trichter t eingefüllt. Der durch das Rohr ü ablaufende Überschuß an Öl wird in dem Schälchen b aufgefangen. Die Niveaueinstellung ist erst als beendet anzusehen, wenn aus ü kein Tropfen mehr abfällt. Bei der Prüfung des Apparates mit Wasser, das infolge seiner großen Oberflächenspannung manchmal nicht von selbst aus dem Überlaufrohr abfließt, schiebt man zum Absaugen des Wasserüberschusses einen etwa 9 cm langen zusammengerollten Streifen Filtrierpapier in das Überlaufrohr.

Das Wasserbad wird ebenfalls bis zum Überlauf (Hahn c) gefüllt. Durch die zentrierte Erhitzung des Bades mittels des Ringbrenners f genügen schon die normalen Wärmeströmungen zum Ausgleich der Temperatur, so daß ein Rührer

---

[1] Holde: Petroleum **13**, 505 (1918); Hersteller: Sommer & Runge, Berlin-Friedenau.

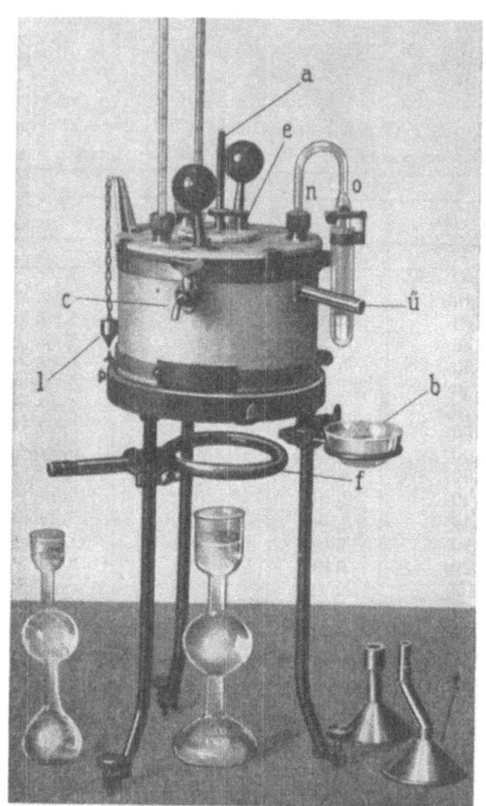

Abb. 15. Holde-Viscosimeter (Ansicht).

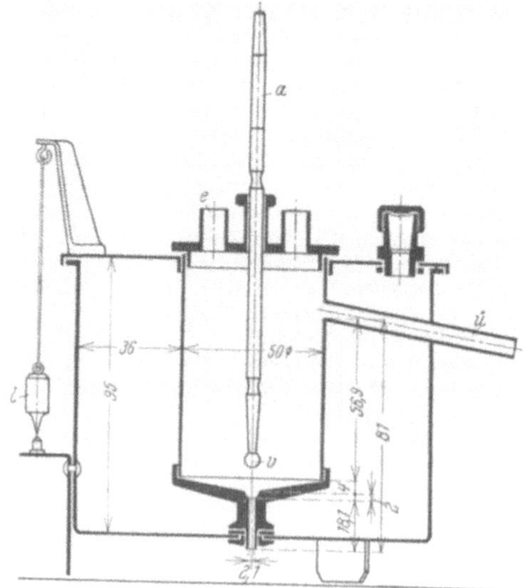

Abb. 16. Holde-Viscosimeter (Schnitt).

überflüssig ist. Für Versuche bei 100⁰ oder darüber benutzt man als Badflüssigkeit verdünntes Glycerin.

Abkürzung der Versuche.

Zur Abkürzung der Versuche benutzt man (analog dem Engler-Apparat) entweder eine Kombination mehrerer Apparate[1] (Abb. 17), welche wegen der großen Wassermenge mit einem Rührer versehen ist, oder man läßt, wenn 100 ccm Öl

Abb. 17. Dreifaches Holde-Viscosimeter.

länger als 5 min ausfließen, nur 50 bzw. 25 oder 10 ccm ausfließen und berechnet aus deren Fließzeit die Ausflußzeit von 100 ccm durch Multiplikation mit 2,655 bzw. 5,876 bzw. 15,49.

Umrechnung auf Englergrade und absolute Zähigkeiten.

Zur Umrechnung der Ausflußzeiten von 100 ccm Öl in Englergrade dient die nachstehende, nach der Formel $E = 0{,}308 + 0{,}015\,475\,s + 0{,}000\,000\,0607\,s^2$ von K. Scheel[2] berechnete Tabelle 4.

Die dem gefundenen Englergrad entsprechende kinematische Zähigkeit kann dann entweder aus Tabelle 3, S. 25 entnommen oder auch für Fließzeiten $t > 400$ sec (100 ccm) nach Erk[3] zu $100\,\nu = 0{,}121 \cdot t - 1{,}7$ bei einer Genauigkeit von $\pm 2{,}5\,\%$ berechnet werden.

---

[1] Holde: Petroleum **24**, 1412 (1928).
[2] K. Scheel: ebenda **15**, 353 (1919).
[3] Erk: Prüfungsschein der P.T.R. vom 18. 12. 1928.

Tabelle 4. Beziehung zwischen Englergrad und Holdesekunden.

Zehnersekunden	Einersekunden									
	0	1	2	3	4	5	6	7	8	9
40	0,93	0,94	0,96	0,97	0,99	1,00	1,02	1,04	1,05	1,07
50	1,08	1,10	1,11	1,13	1,14	1,16	1,18	1,19	1,21	1,22
60	1,24	1,25	1,27	1,28	1,30	1,31	1,33	1,35	1,36	1,38
70	1,39	1,41	1,42	1,44	1,45	1,47	1,48	1,50	1,52	1,53
80	1,55	1,56	1,58	1,59	1,61	1,62	1,64	1,65	1,67	1,69
90	1,70	1,72	1,73	1,75	1,76	1,78	1,79	1,81	1,83	1,84

Hundertersekunden	Zehnersekunden									
	0	10	20	30	40	50	60	70	80	90
100	1,86	2,01	2,17	2,32	2,48	2,63	2,79	2,94	3,10	3,25
200	3,41	3,56	3,72	3,87	4,03	4,18	4,34	4,49	4,65	4,80
300	4,96	5,11	5,27	5,42	5,58	5,73	5,89	6,04	6,20	6,35
400	6,51	6,66	6,82	6,97	7,13	7,28	7,44	7,59	7,75	7,91
500	8,06	8,22	8,37	8,53	8,68	8,84	8,99	9,15	9,30	9,46
600	9,61	9,77	9,93	10,08	10,24	10,39	10,55	10,70	10,86	11,01
700	11,17	11,33	11,48	11,64	11,79	11,95	12,10	12,26	12,42	12,57
800	12,73	12,88	13,04	13,19	13,35	13,51	13,66	13,82	13,97	14,13
900	14,28	14,44	14,60	14,75	14,91	15,06	15,22	15,38	15,53	15,69
1000	15,8	16,0	16,2	16,3	16,5	16,6	16,8	16,9	17,1	17,2
1100	17,4	17,6	17,7	17,9	18,0	18,2	18,3	18,5	18,7	18,8
1200	19,0	19,1	19,3	19,4	19,6	19,7	19,9	20,1	20,2	20,4
1300	20,5	20,7	20,8	21,0	21,2	21,3	21,5	21,6	21,8	21,9
1400	22,1	22,3	22,4	22,6	22,7	22,9	23,0	23,2	23,3	23,5
1500	23,7	23,8	24,0	24,1	24,3	24,4	24,6	24,8	24,9	25,1
1600	25,2	25,4	25,5	25,7	25,9	26,0	26,2	26,3	26,5	26,6
1700	26,8	26,9	27,1	27,3	27,4	27,6	27,7	27,9	28,0	28,2
1800	28,4	28,5	28,7	28,8	29,0	29,1	29,3	29,5	29,6	29,8
1900	29,9	30,1	30,2	30,4	30,6	30,7	30,9	31,0	31,2	31,3
2000	31,5	31,7	31,8	32,0	32,1	32,3	32,4	32,6	32,8	32,9
2100	33,1	33,2	33,4	33,5	33,7	33,9	34,0	34,2	34,3	34,5
2200	34,6	34,8	35,0	35,1	35,3	35,4	35,6	35,7	35,9	36,1
2300	36,2	36,4	36,5	36,7	36,9	37,0	37,2	37,3	37,5	37,6
2400	37,8	38,0	38,1	38,3	38,4	38,6	38,7	38,9	39,1	39,2
2500	39,4	39,5	39,7	39,8	40,0	40,2	40,3	40,5	40,6	40,8
2600	41,0	41,1	41,3	41,4	41,6	41,7	41,9	42,1	42,2	42,4
2700	42,5	42,7	42,8	43,0	43,2	43,3	43,5	43,6	43,8	44,0
2800	44,1	44,3	44,4	44,6	44,8	44,9	45,1	45,2	45,4	45,5
2900	45,7	45,9	46,0	46,2	46,3	46,5	46,6	46,8	47,0	47,1

Tausendersekunden	Hundertersekunden									
	0	100	200	300	400	500	600	700	800	900
3000	47,3	48,9	50,4	52,0	53,6	55,2	56,8	58,4	60,0	61,6
4000	63,2	64,8	66,4	68,0	69,6	71,2	72,8	74,4	76,0	77,6

γ) Saybolt-Viscosimeter (Normalapparat in USA.).

Wie S. 15 erwähnt, werden zwei Formen des Saybolt-Viscosimeters benutzt: Das Saybolt-Universal-Viscosimeter zur Prüfung von Schmierölen und das Saybolt-Furol-Viscosimeter zur Prüfung von sehr viscosen Heizölen und anderen sehr zähen Ölen. Abb. 18 zeigt die Abmessungen des Ölgefäßes für das Universal-Viscosimeter. Beim Saybolt-Furol-Viscosimeter hat das Ausflußröhrchen $3,15 \pm 0,02$ mm l. W. und $4,3 \pm 0,3$ mm äußeren Durchmesser am unteren Ende; die übrigen Maße sind die gleichen wie in Abb. 18.

Das Ausflußröhrchen wird nicht durch einen Stift oder dgl. verschlossen, sondern das Öl wird bis zum Beginn des Versuchs durch den Druck der in der Kammer k eingeschlossenen Luft am Ausfließen verhindert. Die Kammer wird zum Ingangsetzen des Versuchs durch Entfernen des Korkes C geöffnet. Hierdurch werden etwaige Wirbel im Öl, wie sie beim Herausziehen des durch das Öl geführten Stiftes beim Engler- und Holde-Viscosimeter auftreten können, vermieden.

Die Auffüllhöhe stellt sich automatisch durch Abfließen des überschüssigen Öles über den Überlaufrand in die Galerie B ein[1]. In dem Heizbade, das jede zur Einstellung des Temperaturgleichgewichts geeignete Konstruktion aufweisen darf, soll die Flüssigkeit (Wasser, Kochsalzlösung, verdünntes Glycerin) mindestens 5 mm über dem Überlaufrand des Ölgefäßes stehen.

Die Temperatur wird mittels in $0,1^0$ C bzw. $0,2^0$ F geteilter Thermometer gemessen, die auf volle Eintauchtiefe geeicht sind und ohne Korrektion für den herausragenden Faden benutzt werden.

Das filtrierte Öl wird außerhalb des Viscosimeters wenig (höchstens $1,7^0$ C) über die Versuchstemperatur erwärmt und bis über den Überlaufrand eingefüllt.

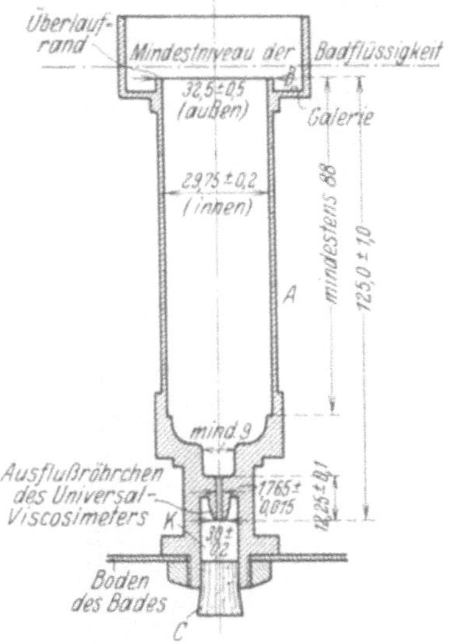

Abb. 18. Ölgefäß des Saybolt-Universal-Viscosimeters.

Nachdem die richtige Temperatur im Bad und im Öl unter lebhaftem Rühren mit dem Thermometer eingestellt und 1 min lang konstant geblieben ist, zieht man das Ölthermometer heraus, entfernt den Ölüberschuß aus der Galerie mittels einer Pipette schnell so weit, daß das Öl in der Galerie unter dem Überlaufrand steht, zieht den Korken C weg und bestimmt die Ausflußdauer von 60 ccm Öl, die in einem Meßkolben mit 8—11 mm weitem Hals aufgefangen werden. Die gefundene Fließzeit (Saybolt-sec)[2] gilt ohne Umrechnung als Viscositätsmaß.

Das Saybolt-Universal-Viscosimeter ist nur für Fließzeiten von mindestens 32 sec, das Furol-Viscosimeter für solche von mindestens 25 sec zu benutzen. Die Fließzeiten für das gleiche Öl auf dem Furol- und dem Universal-Viscosimeter verhalten sich bei 150 und mehr Furol-sec etwa wie 1 : 9,9, bei kürzeren Fließzeiten fällt das Verhältnis bis auf 1 : 8,8 bei 25 Furol-sec[3].

Prüfmenge: 70 ccm. Meßfehler: $\pm 1\%$.

Umrechnung der Saybolt-Universal-sec auf Englergrade und Redwood-sec s. Tabelle 6, S. 32. Zur Umrechnung der Universal-sec

---

[1] Der Überlauf muß scharfkantig sein.

[2] Je nach dem benutzten Apparat als sec-Saybolt-Universal oder Saybolt-Furol zu bezeichnen.

[3] Umrechnungstabellen für Furol- und Universal-sec, s. z. B. im Petroleum-Vademecum **1932**, Teil 1, 84.

auf kinematische Viscositäten wird in USA. meist folgende Formel[1] benutzt ($t = \text{Saybolt-sec}$):

Für t bis 100 sec $100\,v = 0{,}226\,t - 195/t$, für $t > 100$ sec $100\,v = 0{,}220\,t - 135/t$. Genauer sind erfahrungsgemäß die nach der Formel

$$100\,v = \frac{t}{28{,}1} \cdot 5{,}85^{\left[1 - \left(\frac{28,1}{t}\right)^3\right]}$$

berechneten Tabellen von Vogel (vgl. S. 24).

δ) Redwood-Viscosimeter (Normalapparat in England).

Das Redwood-Viscosimeter[2] wird in zwei Formen, Nr. I (Abb. 19) und Nr. II (Abb. 20) benutzt, und zwar Nr. I für Flüssigkeiten mit einer Ausflußdauer von höchstens 2000 sec für 50 ccm, Nr. II (das sog. „Admiralty"-Viscosimeter) für viscosere Öle. Die Fließzeiten auf Apparat Nr. II betragen etwa ein Zehntel der Fließzeiten auf Apparat Nr. I.

Das Redwood-Viscosimeter I (Abb. 19) besteht im wesentlichen aus einem zylindrischen stark silberplattierten Messinggefäß A (Ölbehälter) von 2—3 mm Wandstärke, das an seinem etwas nach unten gewölbten Boden ein durch das ebenfalls schwer versilberte Kugelventil V verschließbares, genau zylindrisches Achatausflußrohr J trägt. Die Einfüllhöhe wird durch die Markenspitze B bezeichnet. Der Ölbehälter ist durch einen mit Löchern für Thermometer und Verschlußstift versehenen Messingdeckel verschließbar. Für das Gefäß und das Röhrchen sind die aus Abb. 19 ersichtlichen Maße vorgeschrieben.

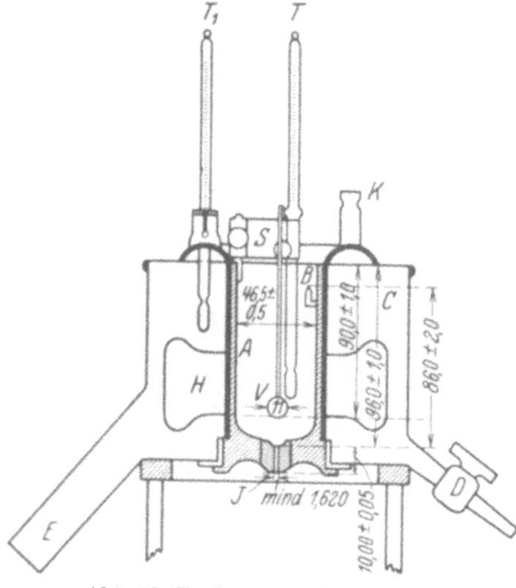

Abb. 19. Redwood-Viscosimeter I.
(Nach I.P.T.-Standard Methods, 2. Aufl.)

Die Toleranzen für den Durchmesser des Röhrchens J und die Höhe der Einfüllmarke B sind voneinander in der Weise abhängig, daß ein kleinerer Durchmesser des Röhrchens durch eine größere Druckhöhe ausgeglichen werden muß und umgekehrt; die Prüfung des Instruments erfolgt durch Vergleichsversuche mit einem Standard-Viscosimeter, wobei für dieselben Öle innerhalb $\pm 1{,}5\%$ übereinstimmende Fließzeiten gefunden werden müssen[3].

Zur Einstellung der Versuchstemperatur dient das etwa 14 cm breite, 9,5 cm tiefe, kupferne Wasserbad C, das durch einen unter dem seitlichen Ansatz E befindlichen Brenner oder auch elektrisch geheizt wird. Für raschen Temperaturausgleich sorgt der Flügelrührer H, der mittels des Handgriffes K bewegt wird. Die Öltemperatur wird mit einem 32—33 cm langen, in 0,5⁰ F geteilten Stabthermometer T

<hr>

[1] A.S.T.M.-Jber. 1932 des Comm. D 2, S. 261. Weitere Formeln s. S. Erk: Ber. Internat. Kongr. Materialprüfung Zürich 1931, S. 287.

[2] I.P.T.-Standard Methods, 2. Aufl., S. 58f. London 1929. Die Vorschriften für die Dimensionen sind gegenüber der 1. Aufl. (1924) mehrfach geändert.

[3] Nach Hatschek: Die Viskosität der Flüssigkeiten. Dresden und Leipzig 1929, S. 216, soll die Fließzeit von 50 ccm „raffiniertem Rüböl" bei 60⁰ F 535 sec betragen; eine besondere Apparatkonstante, analog dem Wasserwert des Engler-Apparates, wird aber nicht bestimmt, vielmehr unmittelbar die Ausflußzeit von 50 ccm Öl auf dem jeweils benutzten Apparat angegeben.

(Meßbereich 30—150⁰ F bzw. 130—250⁰ F) gemessen, das durch die Feder S so gehalten wird, daß der Boden des Quecksilbergefäßes sich 65—70 mm unter dem Rand des Ölbehälters befindet[1]. Das nur in ganze Fahrenheitgrade geteilte Thermometer T_1 dient zur Messung der Badtemperatur.

Der Apparat wird durch Auflegen einer Wasserwaage von 0,2⁰ Empfindlichlichkeit auf den oberen Rand des Ölbehälters ausgerichtet, das Bad etwas über die Versuchstemperatur angeheizt, und das filtrierte, ungefähr auf die Versuchstemperatur angewärmte Öl in den Behälter A bis etwas über die Marke B eingefüllt. Nach genauer Einstellung der Temperatur und des Ölniveaus läßt man 50 ccm Öl in einen enghalsigen Meßkolben auslaufen, der für Versuche bei höheren Temperaturen durch Einstellen in ein mit Watte gepacktes Becherglas oder ein

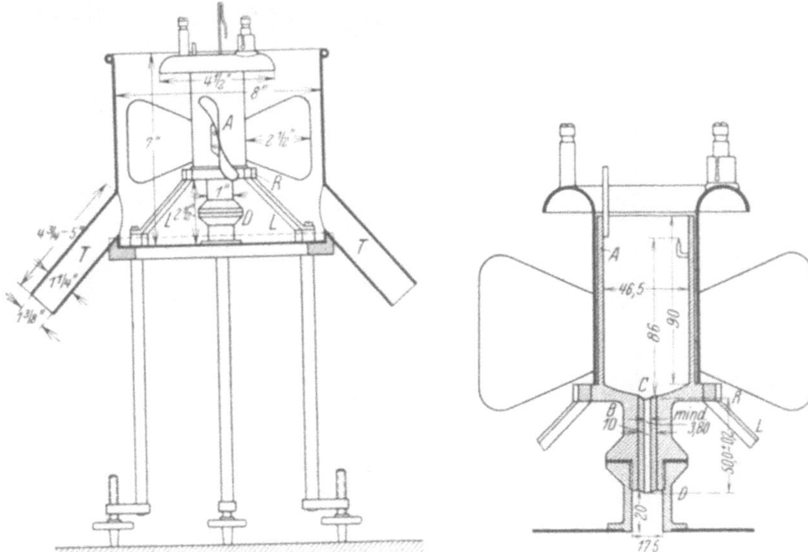

Abb. 20. Redwood-Viscosimeter II. (Nach I.P.T.-Standard Methods, 2. Aufl.)

Abb. 21. Ölgefäß des Redwood-Viscosimeters II (Schnitt).

geeignetes Bad auf der Versuchstemperatur gehalten wird (Unterschied gegen Engler-Viscosimeter usw., s. S. 23). Die Ausflußzeit dieser 50 ccm in sec gilt als Zähigkeitsmaß (Redwood-sec).

Das Redwood-Viscosimeter II (Abb. 20) unterscheidet sich von dem ersten Apparat durch die größere Länge und Weite des Ausflußröhrchens sowie dadurch, daß das untere Ende des Röhrchens noch innerhalb des Heizbades liegt (s. Abb. 21). Die Fließzeit eines zur Eichung benutzten Öles, dessen Fließzeit auf dem Redwood-Viscosimeter I mindestens 2000 sec beträgt, muß auf dem Viscosimeter II auf $\pm 4\%$ genau ein Zehntel seiner Fließzeit auf dem Redwood-Viscosimeter I betragen.

Die übrigen Teile des Apparates II entsprechen, abgesehen von einem größeren Durchmesser (20,5 cm) des Wasserbades, denen des ersten Apparates; auch die Bestimmung wird genau wie oben beschrieben ausgeführt.

Umrechnung der Redwood-sec I auf Englergrade und Saybolt-sec s. Tabelle 5—8.

---

[1] Weitere wichtige Maßangaben für die Thermometer: Durchmesser 5,5 bis 6,5 mm, Quecksilbergefäß zylindrisch, 18—20 mm lang, nicht stärker als das übrige Thermometer, Höhe des tiefsten Punktes der Skala (30⁰ bzw. 130⁰) über dem Boden des Thermometers 100—115 mm, Länge der Skala 180—210 mm, Eintauchtiefe 65 mm.

Zur Umrechnung der Redwood-sec I (R) auf kinematische Viscosität $v = \eta/d$ wird von der I.P.T. folgende Näherungsformel angegeben:

$$v = 0{,}00260\,R - 1{,}7/R.$$

Angeblich noch genauer sind folgende Formeln[1]:

$$v = 0{,}00260\,R - 1{,}79/R \text{ für } R \text{ bis } 100 \text{ sec}, \quad v = 0{,}00247\,R - 0{,}50/R \text{ für } R > 100 \text{ sec}.$$

Den Tabellen von Vogel[2] liegt folgende Formel zugrunde:

$$100\,v = \frac{R}{26{,}7} \cdot 6{,}54^{\left[1 - \left(\frac{26,7}{R}\right)^3\right]}.$$

Tabelle 5[3]. Faktoren (f) zur Umrechnung von Englergraden in Saybolt- und Redwood-sec.

Englergrad	f E in Saybolt-sekunden	f E in Redwood-sekunden	Englergrad	f E in Saybolt-sekunden	f E in Redwood-sekunden
1,15	29,9	26,5	2,40	32,9	28,2
1,20	30,1	26,7	2,50	33,0	28,3
1,25	30,3	26,8	2,60	33,1	28,3
1,30	30,5	26,9	2,70	33,2	28,4
1,35	30,7	27,0	2,80	33,3	28,4
1,40	30,9	27,1	2,90	33,4	28,5
1,45	31,1	27,2	3,00	33,5	28,5
1,50	31,3	27,3	3,50	33,6	28,6
1,60	31,5	27,4	4,00	33,7	28,7
1,70	31,7	27,5	4,50	33,8	28,8
1,80	31,9	27,6	5,00	33,9	28,8
1,90	32,1	27,7	6,00	34,0	28,9
2,00	32,3	27,9	7,00	34,1	28,9
2,10	32,5	28,0	8,00	34,1	28,9
2,20	32,6	28,1	9,00	34,2	29,0
2,30	32,8	28,2	und mehr		

Tabelle 6. Faktoren (f) zur Umrechnung von Saybolt-sec in Englergrade oder Redwood-sec.

Sayboltsekunden	f Sayboltsekunden in Englergrade	f Sayboltsekunden in Redwoodsekunden	Sayboltsekunden	f Sayboltsekunden in Englergrade	f Sayboltsekunden in Redwoodsekunden
34	0,0335	0,890	90	0,0304	0,856
36	0,0332	0,886	95	0,0303	0,855
38	0,0330	0,884	100	0,0302	0,854
40	0,0328	0,882	110	0,0301	0,853
42	0,0326	0,879	120	0,0300	0,852
44	0,0324	0,877	130	0,0299	0,851
46	0,0322	0,875	140	0,0299	0,850
48	0,0319	0,873	160	0,0298	0,849
50	0,0317	0,871	180	0,0297	0,848
55	0,0315	0,869	200	0,0296	0,848
60	0,0313	0,866	225	0,0295	0,848
65	0,0312	0,864	250	0,0294	0,847
70	0,0310	0,861	300	0,0293	0,847
75	0,0308	0,859	350	0,0293	0,847
80	0,0307	0,858	400	0,0292	0,846
85	0,0305	0,857	und mehr		

[1] Briefl. Mitt. von L. Ubbelohde, 20. 12. 32.
[2] Gebrauchsanweisung zum Vogel-Ossag-Viscosimeter.
[3] Tabelle 5—7 nach Roy Cross: A Handbook of Petroleum, Asphalt and Natural Gas, Kansas City Testing Laboratory, 2. Aufl., 1928.

Tabelle 7. Faktoren (f) zur Umrechnung von Redwood-sec in Saybolt-sec oder Englergrade.

Redwood-sekunden	f Redwood-sekunden in Saybolt-sekunden	f Redwood-sekunden in Englergrade	Redwood-sekunden	f Redwood-sekunden in Saybolt-sekunden	f Redwood-sekunden in Englergrade
30	1,12	0,0377	80	1,17	0,0352
32	1,13	0,0375	85	1,17	0,0351
34	1,13	0,0372	90	1,17	0,0350
36	1,14	0,0370	95	1,17	0,0350
38	1,14	0,0369	100	1,17	0,0350
40	1,14	0,0368	110	1,18	0,0349
42	1,15	0,0366	120	1,18	0,0348
44	1,15	0,0365	130	1,18	0,0347
46	1,15	0,0363	140	1,18	0,0347
48	1,15	0,0362	150	1,18	0,0347
50	1,16	0,0361	160	1,18	0,0347
55	1,16	0,0359	180	1,18	0,0347
60	1,16	0,0357	200	1,18	0,0347
65	1,16	0,0355	225	1,18	0,0346
70	1,17	0,0354	250	1,18	0,0345
75	1,17	0,0353	und mehr		

Für höhere Viscositäten gelten demnach folgende Beziehungen:

$$E = 0,0345\,R = 0,0292\,S,$$
$$R = 29,0\,E = 0,846\,S,$$
$$S = 34,2\,E = 1,18\,R.$$

H. Vogel (Gebrauchsanweisung zum Vogel-Ossag-Viscosimeter) fand folgende etwas abweichenden Umrechnungsfaktoren:

$$E = 0,0323\,R = 0,0274\,S,$$
$$R = 31,05\,E = 0,85\,S,$$
$$S = 36,50\,E = 1,178\,R.$$

Aus Tabelle 5 ergibt sich z. B. die folgende Vergleichstabelle:

Tabelle 8. Vergleichung von Englergraden mit Redwood- und Saybolt-sec.

Engler	Redwood	Saybolt	Engler	Redwood	Saybolt
1	—	—	17	493	582
2	56	65	18	522	616
3	86	101	19	551	650
4	115	135	20	580	684
5	144	170	21	609	718
6	173	204	22	638	752
7	202	239	23	667	787
8	231	273	24	696	821
9	261	308	25	725	855
10	290	342	26	754	889
11	319	376	27	783	923
12	348	411	28	812	958
13	377	445	29	841	992
14	406	479	30	870	1026
15	435	513	31	899	1060
16	464	547	32	928	1094

Fortsetzung der Tabelle 8.

Engler	Redwood	Saybolt	Engler	Redwood	Saybolt
33	957	1129	67	1943	2291
34	986	1163	68	1972	2326
35	1015	1197	69	2001	2360
36	1044	1231	70	2030	2394
37	1073	1265	71	2059	2428
38	1102	1300	72	2088	2462
39	1131	1334	73	2117	2497
40	1160	1368	74	2146	2531
41	1189	1402	75	2175	2565
42	1218	1436	76	2204	2599
43	1247	1471	77	2233	2633
44	1276	1505	78	2262	2668
45	1305	1539	79	2291	2702
46	1334	1573	80	2320	2736
47	1363	1607	81	2349	2770
48	1392	1642	82	2378	2804
49	1421	1676	83	2407	2839
50	1450	1710	84	2436	2873
51	1479	1744	85	2465	2907
52	1508	1778	86	2494	2941
53	1537	1813	87	2523	2975
54	1566	1847	88	2552	3010
55	1595	1881	89	2581	3044
56	1624	1915	90	2610	3078
57	1653	1949	91	2639	3112
58	1682	1984	92	2668	3146
59	1711	2018	93	2697	3181
60	1740	2052	94	2726	3215
61	1769	2086	95	2755	3249
62	1798	2120	96	2784	3283
63	1827	2155	97	2813	3317
64	1856	2189	98	2842	3352
65	1885	2223	99	2871	3386
66	1914	2257	100	2900	3420

ε) Ixometer von L. Barbey[1].

Der in Frankreich offiziell eingeführte Apparat zur Viscositätsbestimmung, das Barbey-Ixometer ($\iota\xi o\varsigma$ = viscos), liefert, wie die vorstehend beschriebenen Apparate, nur konventionelle Maßzahlen für die Viscosität oder vielmehr deren reziproken Wert, die Fluidität; man geht aber auch in Frankreich mehr und mehr zur Viscositätsbestimmung im absoluten Maß über, wozu das Viscosimeter von Baume und Vigneron (S. 16) viel benutzt wird.

Das Ixometer (Abb. 22) zeigt folgende Konstruktion: In dem Bade A befindet sich ein senkrechtes weites Metallrohr B, das durch ein waagerechtes Rohr C mit dem genau 5 mm weiten, senkrecht stehenden Rohr D verbunden ist. Letzteres ist oben und unten durch abnehmbare kupferne Kappen N und O verschlossen. Die obere Kappe N hat genau in der Mitte eine 4 mm weite Bohrung, durch welche ein bis auf den Boden der Kappe O reichender zylindrischer Stahlstift E geführt ist. Hierdurch entsteht zwischen D und E ein genau 0,5 mm weiter, ringförmiger Spalt, der die Stelle der Capillare bei den gewöhnlichen Capillarviscosimetern vertritt.

---

[1] Hersteller: R. Lequeux, Paris, 64 Rue Gay-Lussac.

Dicht unterhalb der Kappe N hat das Rohr D eine seitliche Öffnung, durch welche das Öl nach Durchströmen des Röhrensystems über die Ausgußrinne G in die graduierte Vorlage K fließen kann. In das Rohr B ist von oben her das zum Einfüllen des Öles dienende Trichterrohr F eingesetzt, das zur Einstellung einer konstanten Druckhöhe mit dem Überlauf P versehen ist. Oberhalb des Einlauftrichters ist ein heizbares Ölreservoir L angebracht.

Nach Herausziehen des Stiftes E füllt man das Röhrensystem mit der zu prüfenden Flüssigkeit, führt dann den Stift E vorsichtig wieder ein, ohne daß Luftblasen hineingelangen, bringt den Thermostaten auf die Versuchstemperatur (je nach Bedarf durch Kältemischung, Wasser, Heizbadöl u. dgl.) und wartet eine Temperaturkonstanz von mindestens 10 min ab. (Das Thermometer J dient zur Kontrolle der Badtemperatur; im Öl selbst befindet sich kein Thermometer.) Dann läßt man das auf die Versuchstemperatur vorgewärmte Öl langsam und stetig aus dem Reservoir in den Trichter tropfen und bringt, wenn während weiterer 10 min keine Temperaturänderung eingetreten ist, das Meßgefäß K unter das Ablaufrohr. Nach genau 10 min langem Ausfließen des Öles entfernt man die Mensur, setzt sie 5 min lang in das Heizbad und liest an der Graduierung unmittelbar die Fluidität des Öles, das ist die Ausflußmenge in ccm/h, ab.

Der Eichung des Ixometers wird als Standardflüssigkeit Rüböl („Huile de colza brute pure, soutirée à clair et fraîchement préparée") zugrunde gelegt, dessen Fluidität bei 35° gleich „100° Fluidität" gesetzt wird. Zu dem Apparat gehören 4 Meßgefäße von 30, 60, 90 und 120 ccm Inhalt für die Fluiditäten 0—180, 180 bis 360, 360—540 und 540—720. Als Normaltemperatur gilt 35° C.

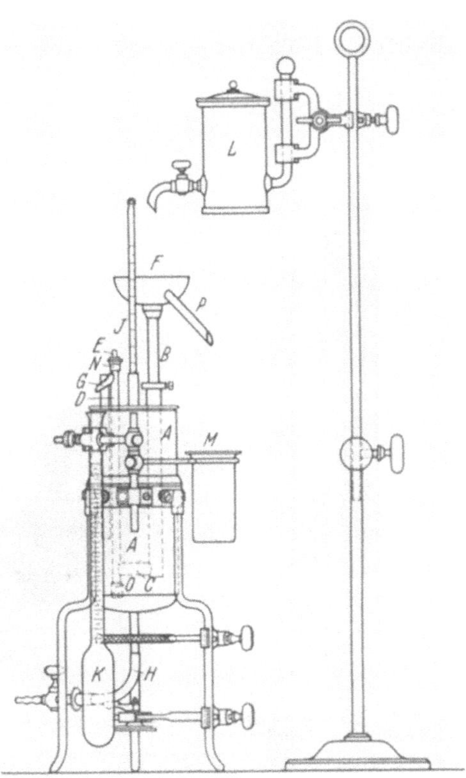

Abb. 22. Barbey-Ixometer.

Gegenüber den nach dem Engler-Modell gebauten Apparaten zeigt das Ixometer neben der Stabilität und Handlichkeit den Vorzug, daß die Versuchsdauer von der Viscosität des Öles unabhängig ist, daß das Volumen des ausgeflossenen Öles bei der Versuchstemperatur festgestellt wird und daß durch Auswechseln der Vorlagen verschieden hohe Viscositäten mit gleicher relativer Genauigkeit gemessen werden können. Unvorteilhaft dürfte die große erforderliche Ölmenge sein.

Zwischen der Fluidität nach Barbey (F) und der absoluten kinematischen Zähigkeit η/d besteht die Beziehung

$$\frac{\eta}{d} = \frac{48{,}5}{F}.$$

3*

Für die Umrechnung von Englergraden (E) in Barbey-Fluidität (F) wird folgende Näherungsformel von Robert angegeben:

$$F = \frac{662}{E - \dfrac{0,864}{E}}\,[1].$$

ζ) Lawaczeck-Viscosimeter (Abb. 23 und 24).

Bei diesem Apparat[2] mißt man die Geschwindigkeit, mit welcher ein zylindrischer Fallkörper in einem engen, mit Öl gefüllten Rohr untersinkt.

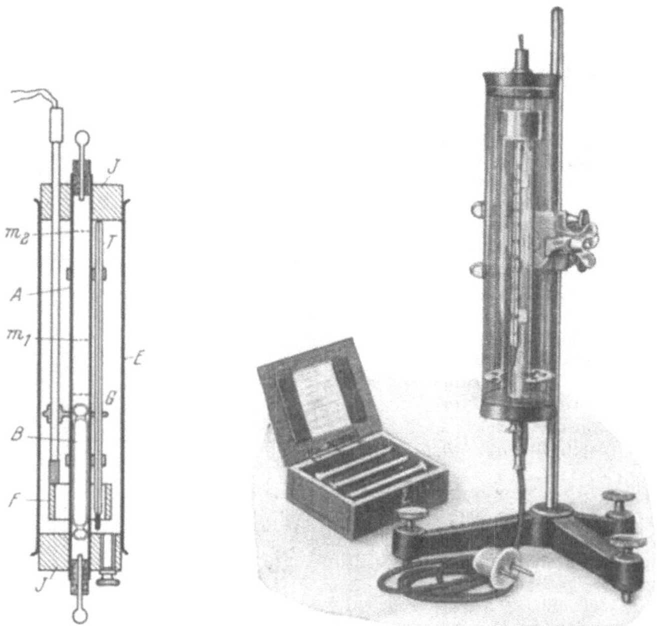

Abb. 23. Lawaczeck-Viscosimeter (Schnitt).

Abb. 24. Lawaczeck-Viscosimeter (Ansicht).

Der Apparat besteht im wesentlichen aus dem auf $\pm$ 0,002 mm kalibrischen, mit 2 Marken m_1 und m_2 versehenen Glasrohr A (Abb. 23) und dem mit einer Genauigkeit von $\pm$ 0,001 mm geschliffenen, durch zwei Führungsköpfe mit Nasen genau zentrisch geführten Fallkörper B. Zu jedem Apparat gehören 3 auswechselbare Fallkörper (einer aus Aluminium, 2 aus Stahl, evtl. mit Edelmetallüberzug) mit verschiedenen Durchmessern. Hierdurch kann der Viscosität des jeweils untersuchten Öles in ähnlicher Weise Rechnung getragen werden wie durch Verwendung verschieden weiter Capillaren bei den Capillarviscosimetern von Ubbelohde-Holde (S. 16) und Vogel-Ossag (S. 18).

---

[1] Beziehung zwischen den Ergebnissen mit Ixometer und Engler-Viscosimeter siehe bei C. Baheuse [Mat. grasses **6**, 3221 (1913)]; eine Tabelle zum Vergleich der Barbey-Fluidität mit verschiedenen Viscositätsgraden (Engler, Redwood, Saybolt) siehe auch „Petroleum-Vademecum" **1932**, Teil 1, 84.

[2] Hersteller: Eltron-Werke, Dr. Th. Stiebel, Berlin SO 36; vgl. F. Lawaczeck: Ztschr. Ver. Dtsch. Ing. **63**, 677 (1919); H. Heinze: Diss. Techn. Hochsch. Berlin 1925; Kritische Prüfung des Apparates: S. Erk: VDI-Forschungsarbeiten **1927**, Heft 288, 46.

Das Fallrohr A ist beiderseits durch Stopfen mit Glasstäbchen verschlossen, welche letzteren dazu dienen sollen, Luftbläschen aus dem Rohr zu entfernen.

Das weitere Rohr E dient als Temperaturbad; es enthält den ringförmig ausgebildeten Heizkörper F, den Rührer G und das Thermometer T. Das Fallrohr wird in dem Bad durch die beiden Gummistopfen J gehalten. Das äußere Rohr ist in der Klammer eines Schwenkwerkes befestigt, das bei senkrechter Lage des Apparates durch Feder und Rast gehalten wird.

Das innere Rohr des Apparates wird mit der Versuchsflüssigkeit gefüllt, hierauf ein Fallkörper eingeführt, wobei sich keine Luftblasen festsetzen dürfen. Nun wird das Fallrohr mit Kork und Glasstäbchen verschlossen. Nach Einstellen der Temperatur schwenkt man den Apparat um 180⁰ und mißt die Zeit, die der Körper braucht, um von der Marke m_1 zu m_2 zu gelangen.

Die Fallzeit, die etwa 20—80 sec betragen soll, ist der absoluten Zähigkeit direkt proportional.

$$\eta = t\,(d_1 - d_2)\,C.$$

Hierin bezeichnen η die absolute Zähigkeit, t die Fallzeit in sec, d_1 und d_2 die Dichten des Fallkörpers und der Versuchsflüssigkeit und C eine empirisch zu bestimmende „Fallkörperkonstante". Dem Apparat beigegebene Kurventafeln gestatten, η als Funktion von t unmittelbar zu entnehmen. In gleicher Weise können auch Engler-, Saybolt- oder Redwood-Grade ermittelt werden.

Prüfmenge: 20 ccm.

Meßfehler: $\pm\,2\%$ bei Zimmertemperatur. Für Messungen bei höheren Temperaturen wäre nach Erk eine Verbesserung des Thermostaten erforderlich.

η) Tausz-Viscosimeter.

Der Apparat[1] stellt ein wegen seiner Handlichkeit in verschiedenen Betrieben als „Taschenviscosimeter" gern benutztes einfaches Kugelfall-Viscosimeter dar, das nach F. Geiger[2] nicht nur für vergleichende, sondern auch für absolute Messungen bei gewöhnlicher Temperatur geeignet ist. Die erforderliche Ölmenge beträgt etwa 30 ccm. Näheres über die Handhabung des Apparats s. Gebrauchsanweisung.

5. Konsistenz salbenartiger Stoffe.

Die Konsistenz salbenartiger Stoffe (Vaselin, Schmierfette, Schmalz, Margarine), die für ihre Bewertung zum Teil von Wichtigkeit ist, läßt sich zur Zeit — im Gegensatz zur Viscosität der Flüssigkeiten — physikalisch noch nicht exakt definieren. Den mittels der sog. Konsistenzmesser oder Penetrometer erhaltenen „Konsistenzzahlen" liegen daher willkürlich festgesetzte Maßeinheiten zugrunde.

Man läßt bei den genannten Apparaten einen spitzen oder pilzförmigen Körper unter einer bestimmten — evtl. veränderlichen — Belastung in das Untersuchungsmaterial eindringen und mißt entweder die in einer gewissen Zeit (z. B. 5 sec) erzielte Eindringungstiefe oder die zum Erreichen einer bestimmten Eindringungstiefe (z. B. 100 mm) erforderliche Zeit. Nähere Beschreibung der Apparate s. S. 382 u. 412.

6. Grenzflächenspannung[3].

Bei Flüssigkeiten unterscheidet man

a) die Oberflächenspannung, d. h. die Grenzflächenspannung der Flüssigkeit gegen Luft bzw. andere Gase oder ihren eigenen Dampf,

---

[1] Hersteller: R. Jung A.-G., Heidelberg, Hebelstr. 46.

[2] F. Geiger: Petroleum **27**, 209 (1931).

[3] Literatur: H. Freundlich: Kapillarchemie, 4. Aufl. Leipzig: Akadem. Verlagsges. 1930.

b) die Grenzflächenspannung zwischen zwei nicht miteinander mischbaren Flüssigkeiten, z. B. Öl und Wasser,

c) die Grenzflächenspannung zwischen einer Flüssigkeit und einem festen Körper, z. B. Öl und Stahl.

a) Oberflächenspannung zwischen Flüssigkeit und Luft bzw. Dampf.

Die Oberflächenspannung ist die Kraft, welche die freie Oberfläche einer Flüssigkeit soweit wie möglich zu verringern strebt. Als Maß dieser Kraft dient das Gewicht der Flüssigkeitsmenge, die infolge der Oberflächenspannung in einem vollkommen benetzten engen Rohr entgegen der Schwerkraft aufsteigt; die in mg/mm gemessene Capillarkonstante γ[1] gibt an, wieviel Milligramm Flüssigkeit, von 1 mm der Berührungslinie ihrer Oberfläche mit einer vertikalen Wand (z. B. der inneren Rohrwand) getragen werden. Im absoluten Maßsystem hat γ die Dimension dyn/cm. 1 mg/mm = 9,81 dyn/cm. (Die Messung in mg/mm dürfte anschaulicher sein.)

Ist r mm der Radius einer kreiszylindrischen Capillare, h mm die Steighöhe, d das spez. Gew. der Flüssigkeit und Θ der Randwinkel zwischen Flüssigkeit und Rohrwand, so wird

$$\gamma = \frac{h \cdot r \cdot d}{2 \cos \Theta} \text{ mg/mm.}$$

Die Größe des Randwinkels hängt von der Grenzflächenspannung zwischen der Flüssigkeit und dem Material der Rohrwand ab (s. u.).

Die Oberflächenspannung bewirkt das Aufsteigen des Petroleums im Lampendocht und der Schmieröle in den Schmierdochten, ferner ist sie für das Eindringen der Schmiermittel in die Zwischenräume zwischen den Gleitflächen von Wichtigkeit.

Bei der Viscositätsbestimmung mit Apparaten, bei welchen das Öl durch eigenen Druck ausfließt, sowie bei der Bestimmung des Erstarrungspunktes (s. S. 47) machen sich ebenfalls Capillaritätseinflüsse geltend.

Die Oberflächenspannung der Mineralöle und fetten Öle gegen Luft liegt bei etwa 3 mg/mm bei Zimmertemperatur; sie nimmt mit steigender Temperatur langsam ab. Zum Vergleich seien folgende Zahlen verschiedener Stoffe mitgeteilt (s. Tabelle 9).

Aus der Oberflächenspannung γ, dem Mol.-Gew. der Flüssigkeit M, ihrer Dichte D und der Dichte ihres Dampfes d kann ein von Sugden[2] „Parachor" genannter Ausdruck $P = \gamma^{\frac{1}{4}} M/(D-d)$ gebildet werden, der bei nicht assoziierten Flüssigkeiten nahezu temperaturunabhängig ist. Er läßt sich bei chemischen Individuen aus den Äquivalenten der Atome und Bindungen ähnlich wie die Molekularrefraktion berechnen und kann für die Konstitutionsaufklärung organischer Verbindungen wichtig sein[3]. In der Fett- und Mineralölchemie scheint die Parachorberechnung bisher keine Rolle zu spielen.

---

[1] Für die Oberflächenspannung wird häufig auch der Buchstabe α gebraucht, der jedoch andererseits schon für den Ausdehnungskoeffizienten und die optische Aktivität in Anspruch genommen wird. Nach den Festsetzungen des AEF (siehe Landolt-Börnstein, 5. Aufl. 1923. S. 794) wird daher die Oberflächenspannung hier mit γ bezeichnet.

[2] Sugden: Journ. Chem. Soc. Lond. **125**, 1177 (1924).

[3] Eine Zusammenstellung der meist von Sugden und Mitarbeitern bestimmten Parachore siehe Landolt-Börnstein, 5. Aufl., 2. Erg.-Bd., S. 172f. 1931.

Tabelle 9. Werte der Oberflächenspannung gegen Luft[1].

Flüssigkeit	Temperatur °C	γ mg/mm	Methode (Beobachter)
Quecksilber	17,5	55,8	Steighöhe (Quincke)
Wasser	20	7,20—7,82[2]	Verschiedene Methoden
Glycerin ($d_{15} = 1,228$) .	18	6,60	Steighöhe (Domke)
Anilin	20	4,43	Tropfengewicht (Holde und Singalowsky)
Steinkohlenteerschmieröle	20	3,8—3,9	Tropfengewicht (Holde und Singalowsky)
Schweres Harzöl	18	3,70	Capillarplattenmethode (Grunmach und Bein)
Wachse:			
Bienenwachs	68	3,41	Dgl.
Walrat	44	3,32	Dgl.
Fette Öle:			
Ricinusöl	18	3,70	Dgl.
Hanföl	18	3,50	Dgl.
Pfirsichkernöl	18	3,39	Dgl.
Olivenöl	18	3,37	Dgl.
Mandelöl	18	3,35	Dgl.
Sesamöl	18	3,24	Dgl.
Cottonöl (SZ. 0,3) . .	16	3,22	Tropfengewicht (Holde und Mühlmann)
Erdnußöl (SZ. 3,3) .	16	3,21	Dgl.
„ (SZ. 17,9) .	16	3,11	Dgl.
Geschmolzenes Paraffin .	54	3,12	Tropfen (Quincke)
Mineralschmieröle	20	3,0—3,14	Tropfengewicht (Holde und Singalowsky)
Benzol	20	2,94	Blasendruck (Sugden)
Petroleum ($d = 0,8467$) .	25	2,7	Steighöhe (Frankenheim)
„ ($d = 0,773$) . .	20	2,44	Krümmungsradius (Magie)
Äthylalkohol	20	2,24	Steighöhe (Ramsay und Shields)
Hexan . . . . (gegen eigenen Dampf)	8,2	1,89	Steighöhe (Dutoit und Friederich)
Äthyläther	20	1,68—1,71	Steighöhe (Ramsay und Shields)

Oberflächenspannung der gesättigten Fettsäuren s. Tabelle 144, S. 620.

Bestimmungsweise. Von den zahlreichen Methoden zur Bestimmung der Oberflächenspannung kommt für technische Zwecke in erster Linie die stalagmometrische Methode, neuerdings auch die Methode der Blasendruckmessung in Betracht. Bei wissenschaftlichen Untersuchungen benutzt man oft die Methode der Messung der Steighöhe in Capillaren[3], deren Prinzip S. 38 angedeutet ist[4]. Sehr einfach zu bedienen und daher vielfach (besonders in USA.) in Gebrauch ist der Ringabreißapparat von

---

[1] Zahlenwerte größtenteils nach Landolt-Börnstein, 5. Aufl., 198f.

[2] Wahrscheinlichster Wert 7,42 (nach Freundlich: Kapillarchemie, 4. Aufl., Bd. 1, S. 31. 1930; s. auch Landolt-Börnstein, 5. Aufl., 1. Erg.-Bd., S. 148).

[3] In größerem Umfange zuerst von Ramsay u. Shields: Ztschr. physikal. Chem. **12**, 433 (1893), angewandt; für Petroleum und andere Öle schon von Frankenheim: Poggendorffs Ann. **72**, 177 (1847); **75**, 229 (1848).

[4] Ubbelohde: Petroleum **29**, Heft 23 (1933), empfiehlt hierfür einen Apparat mit „hängendem Niveau", der seinem S. 20 erwähnten neuen Viscosimeter ähnlich konstruiert ist.

P. Lecomte du Nouy[1], der — allerdings nur bei genügender Beachtung verschiedener Fehlerquellen[2] und ihrer Ausschaltung durch Anbringung geeigneter Korrektionen[3] — recht genaue Werte liefern soll[4]. Die übrigen Methoden sind für die technische Analyse meist zu umständlich und zum Teil auch bei viscoseren Ölen nicht anwendbar.

α) **Stalagmometermethode.** Mit dem Stalagmometer (Abb. 25) von I. Traube[5] bestimmt man das Gewicht oder das Volumen eines von einer genau definierten Fläche abfallenden Tropfens der Flüssigkeit im Vergleich mit der Größe eines von der gleichen Fläche abfallenden Tropfens Wasser.

Nach Tate[6] wiegt der Tropfen, der von einer horizontalen kreisförmigen Fläche vom Radius r mm abfällt, $kr\gamma$ mg, wobei k einen Proportionalitätsfaktor darstellt[7]. Nur bei besonderer Form der Tropffläche, z. B. bei Capillaren, deren Mundstück

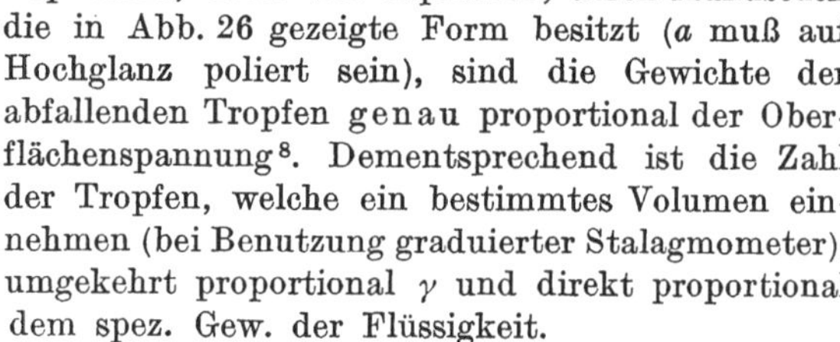

die in Abb. 26 gezeigte Form besitzt (a muß auf Hochglanz poliert sein), sind die Gewichte der abfallenden Tropfen genau proportional der Oberflächenspannung[8]. Dementsprechend ist die Zahl der Tropfen, welche ein bestimmtes Volumen einnehmen (bei Benutzung graduierter Stalagmometer), umgekehrt proportional γ und direkt proportional dem spez. Gew. der Flüssigkeit.

Abb. 25. Stalagmometer.

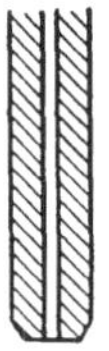

Abb. 26. Stalagmometer-Mundstück.

Das Stalagmometer besteht aus einer geraden, im oberen Teil zu einer Kugel erweiterten, im unteren Teil capillaren Röhre, deren Mündung plan geschliffen ist. Die Röhre und besonders die Mündung müssen vor der Benutzung tadellos mit Bichromat und konz. H_2SO_4 gereinigt werden. Zur Eichung saugt man Wasser von 20⁰ bis zur oberen Marke ein und läßt dann bei senkrechter Stellung der Röhre eine bestimmte Anzahl Tropfen (z. B. 20) ganz langsam (höchstens 3 Tropfen in 1 min) in ein verschließbares Wägegläschen fließen, wobei man die Ausflußgeschwindigkeit durch einen mit einer feinen Capillare verbundenen, auf die Röhre aufgesetzten Gummischlauch mit Schraubenquetschhahn regelt. Die Eichung wird nach nochmaliger Reinigung des Röhrchens so lange wiederholt, bis das

[1] P. Lecomte du Nouy: Journ. gen. Physiol. **1**, 521 (1919): Messung der Kraft, die zum Abreißen eines dünnen Platindrahtringes von der Flüssigkeitsoberfläche erforderlich ist. Über andere (weniger bewährte) „Filmabreißapparate" s. auch 6. Aufl. dieses Buches, S. 218.

[2] W. D. Harkins, T. F. Young u. L. H. Cheng: Science **64**, 333 (1926); Harkins u. H. F. Jordan: Journ. Amer. chem. Soc. **52**, 1751 (1930); A. H. Nietz u. R. H. Lambert: Journ. physical Chem. **33**, 1460 (1929); N. E. Dorsey: Science **69**, 187 (1929).

[3] B. B. Freud u. H. Z. Freud: Science **71**, 345 (1930); Journ. Amer. chem. Soc. **52**, 1772 (1930).

[4] Harkins u. Jordan: Science **72**, 73 (1930).

[5] Hersteller: C. Gerhardt, Bonn.   [6] Tate: Philos. Magazine [4] **27**, 176 (1864).

[7] k ist nicht gleich 2π, wie vielfach (nicht von Tate selbst) angegeben. Nach Th. Lohnstein: Ann. Physik [4] **20**, 237, 606 (1906); **22**, 767 (1907); Ztschr. physikal. Chem. **64**, 686 (1908); **84**, 410 (1913), ergibt die theoretische Ableitung, daß k überhaupt keine Konstante, sondern eine komplizierte Funktion von r/a $\left(a = \sqrt{2\,\gamma/d};\ d = \text{spez. Gew. der Flüssigkeit}\right)$ ist. Die scheinbare Gültigkeit des sog. Tateschen Gesetzes beruht nach Lohnstein darauf, daß bei praktischen Messungen r/a meistens zwischen 0,3 und 2,0 liegt, in welchem Bereich k nur zwischen $0{,}6 \cdot 2\pi$ und $0{,}7 \cdot 2\pi$ schwankt.

[8] Ostwald-Luther: Physiko-chemische Messungen, 4. Aufl., S. 276. 1925.

Gewicht g der 20 Tropfen Wasser konstant bleibt. Bei Ölen bestimmt man dann nach Trocknung der Röhre in gleicher Weise das Gewicht g_1 derselben Anzahl Öltropfen.

Die gesuchte Oberflächenspannung des Öles ist dann

$$\gamma_{\text{Öl}} = \gamma_{\text{H}_2\text{O}} \cdot g_1/g = 7{,}42\, g_1/g.$$

Da der Temperaturkoeffizient der Oberflächenspannung (etwa 0,3%) im Vergleich mit den durch sonstige Ursachen hervorgerufenen Schwankungen (bis 10%) der Ergebnisse[1] eine untergeordnete Rolle spielt, genügt es im allgemeinen, die Versuche bei Zimmertemperatur (15—20°) auszuführen.

Um den Einfluß der Adhäsion, welcher bei den verhältnismäßig großen Tropfflächen der Traubeschen Stalagmometer ziemlich erheblich ist, möglichst zu verringern, empfiehlt H. J. Fuchs[2], die Capillare spitz auszuziehen, so daß nur eine sehr kleine Tropffläche entsteht.

β) Blasendruckmethode. Zur Oberflächenspannungsbestimmung durch Messung des „maximalen Blasendrucks"[3] eignet sich das Capillarimeter von H. Cassel[4] (Abb. 27).

Die zu untersuchende Flüssigkeit befindet sich im Düsengefäß Dg, welches mit einem Heizmantel H umgeben ist. Durch den Gummiball B wird im Innern des Niveaugefäßes Ng ein Überdruck erzeugt, der am Steigrohr des Manometers M abzulesen ist. Das Quecksilberventil V verhindert ein Zurücktreten der eingepumpten Luft, welche nur unter Bläschenbildung durch die Düse D entweichen kann. Der „maximale Blasendruck", der mittels der Spritze S genau eingestellt werden kann, ist derjenige Druck, bei welchem das letzte Luftbläschen aus der Düsenöffnung entweicht. Der in diesem Augenblick am Wassermano-

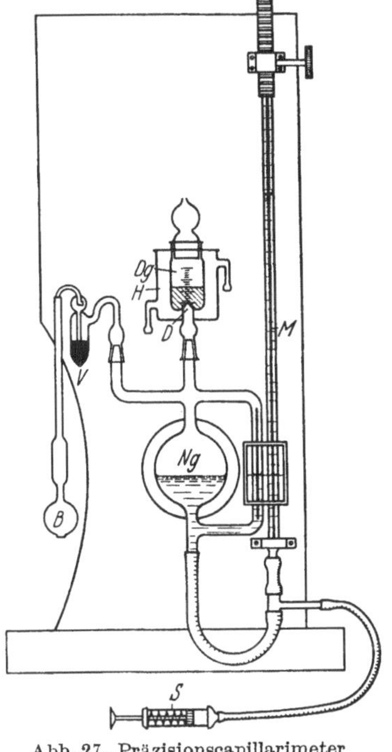

Abb. 27. Präzisionscapillarimeter nach Cassel.

meter abgelesene Druck, vermindert um den Druck der über der Düse befindlichen Flüssigkeitssäule, ist gleich dem Capillardruck des aus der Düse heraustretenden Bläschens, welcher der Oberflächenspannung direkt, dem Durchmesser der Düsenöffnung umgekehrt proportional ist. Durch Eichung des Apparates mit Wasser von Zimmertemperatur ermittelt man den „Eichfaktor", d. h. die je 1 cm Wasserdruck entsprechende Oberflächenspannung. Mittels des Heizmantels H kann die Temperatur der Versuchsflüssigkeit genau reguliert werden. Nähere Angaben über die Handhabung des Apparates enthält die Gebrauchsanweisung.

Während die stalagmometrische Methode sog. „dynamische" Werte der Oberflächenspannung liefert, die von der jeweils erzielten Geschwindigkeit

---

[1] Siehe die Schwankungen der Einzelwerte für $\gamma_{\text{H}_2\text{O}}$ in Tabelle 9.

[2] H. J. Fuchs: Biochem. Ztschr. **190**, 243 (1927); Hersteller des Apparats: H. L. Kobe, Berlin N 4, Hessische Straße 8—12.

[3] Theorie siehe z. B. Ostwald-Luther: Physiko-chemische Messungen, 4. Aufl., S. 277/278. 1925.

[4] H. Cassel: Chem.-Ztg. **53**, 479 (1929); Hersteller: Ströhlein & Co., Düsseldorf.

der Tropfenbildung und damit von der Viscosität der Versuchsflüssigkeit sowie vom Randwinkel der Benetzung am Glase beeinflußt werden, kann man mit dem Blasendruckapparat nach Cassel annähernd die wahren „statischen" Oberflächenspannungswerte erhalten; die Meßfehler sind umgekehrt proportional der Oberflächenspannung; bei reinem Wasser betragen sie nur etwa ± 0,5%, nehmen aber mit sinkender Oberflächenspannung zu.

b) Grenzflächenspannung zwischen nicht mischbaren Flüssigkeiten.

Je niedriger die Grenzflächenspannung zwischen Öl und Wasser bzw. wässerigen Lösungen ist, um so leichter kommt es zur Emulsionsbildung zwischen den beiden Phasen. Solche Emulsionen sind besonders störend bei Dampfturbinenölen (s. S. 362) sowie bei der Laugenraffination der Mineralöle oder fetten Öle.

In manchen Fällen ist wiederum die Bildung einer Öl-Wasseremulsion erwünscht, z. B. bei schweren Schiffsmaschinenölen, Emulsionszylinderölen, Bohrölen, Türkischrotölen, konsistenten Fetten, medizinischen Salben u. dgl.

Die Grenzflächenspannung von hochraffinierten säurefreien Ölen, Petroleum, Benzin usw. gegen reines Wasser ist so hoch, daß die durch kräftiges Durchschütteln gebildeten Emulsionen sich in verhältnismäßig kurzer Zeit wieder in zwei Schichten trennen und nur eine leichte Trübung der scharf gegeneinander abgegrenzten Flüssigkeiten zurückbleibt. Sie wird aber schon durch Spuren im Öl oder im Wasser kolloidal gelöster Stoffe so stark herabgesetzt, daß außerordentlich beständige Emulsionen entstehen können. Als Emulsionsbildner kommen in erster Linie Alkaliseifen in Betracht, ferner im Öl gelöste bzw. suspendierte Erdölharze, Schleimstoffe u. ä. Diese Stoffe, hauptsächlich die Alkaliseifen, bilden daher einen wesentlichen Bestandteil emulgierbarer Öle, z. B. der Bohröle. Die im Öl gelösten freien organischen Säuren (Fettsäuren, Naphthensäuren usw.) selbst erniedrigen zwar die Grenzflächenspannung gegen Wasser ebenfalls, aber viel weniger als im Wasser gelöste Alkaliseifen; sie wirken daher unter Umständen emulsionszerstörend, indem sie etwa vorhandene neutrale Alkaliseifen in nicht emulgierende saure Seifen verwandeln. Dagegen bilden sie natürlich mit alkalischem Wasser (z. B. sodahaltigem Kesselwasser) Seifen und damit um so stärkere Emulsionen. Es ist daher zweckmäßig, die Grenzflächenspannung von Ölen nicht nur gegenüber destilliertem Wasser, sondern auch gegenüber schwach alkalischem Wasser (0,01-n oder 0,001-n NaOH) zu messen, bzw. Emulgierungsversuche damit anzustellen. H. Dimmig[1] betrachtet das Verhältnis der Grenzflächenspannungen eines Turbinenöls gegen 0,01-n NaOH und gegen Wasser geradezu als Kriterium seiner Brauchbarkeit, und zwar soll dieser Quotient nicht kleiner als 0,75 sein (vgl. auch S. 367).

Die absoluten Werte der Grenzflächenspannungen einiger Flüssigkeiten gegen Wasser zeigen nachstehende Tabellen 10 und 11.

Im Vergleiche zu den Werten der Oberflächenspannung gegen Luft (Tabelle 9) zeigen die Grenzflächenspannungen der verschiedenen Öle gegen

---

[1] H. Dimmig: A.S.T.M.-Jber. 1923 des Comm. D 2, S. 48f.

Wasser viel stärkere Unterschiede. Besonders charakteristisch ist die hohe Grenzflächenspannung der Erdölkohlenwasserstoffe gegen Wasser, im Gegensatz zu den niedrigen Werten für fettes Öl (Olivenöl, Schmalzöl) und Fettsäure (Heptansäure), sowie die starke Erniedrigung der Grenzflächenspannung von Schmieröl durch Zusatz kleiner Mengen von Ölsäure, Kupferseife oder fetten Ölen.

Bestimmungsweise. Die Grenzflächenspannung flüssig/flüssig wird am besten ebenfalls stalagmometrisch bestimmt, und zwar in der Regel unter Benutzung umgebogener graduierter Stalagmometer, aus denen man das spezifisch leichtere Öl in dem Wasser oder der wässerigen Lösung tropfenweise aufsteigen läßt [2]. Die Tropfengröße wird durch Zählung der von einem bestimmten Volumen gebildeten Tropfen ermittelt, da eine Wägung der Tropfen in diesem Falle natürlich nicht möglich ist. Bei klar durchsichtigen Ölen kann man ebensogut ein gewöhnliches graduiertes Stalagmometer verwenden, wenn man nicht das Öl, sondern das spezifisch schwerere Wasser bzw. die wässerige Lösung in das Stalagmometer füllt und die Tropfen im Öl untersinken läßt [3]. Nach L. Gurwitsch eicht man das Instrument mit Benzol, dessen Grenzflächenspannung gegen Wasser bei 20° 33,6—35,0 dyn/cm = 3,43—3,57 mg/mm, im Mittel 34,3 dyn/cm = 3,50 mg/mm

Tabelle 10. Grenzflächenspannung zwischen Wasser und organischen Flüssigkeiten bei 20° [1].

Organische Substanz	γ mg/mm
Benzin	4,93
Benzol	3,57 (3,43)
Chloroform . .	2,63
Heptansäure . .	0,77
Octan	5,18
Olivenöl	1,85
Petroleum . . .	4,93

Tabelle 11. Grenzflächenspannung zwischen Wasser und organischen Flüssigkeiten bei 25° [4].

Organische Substanz	γ mg/mm
Benzol	3,48
Petroleum, water white	4,96
Hexadecylen	5,12
Dünnes Schmieröl	5,23
Schmalzöl	2,04
Schmieröl 95 Saybolt	5,47
„ 95 „ mit 1% Ölsäure . .	3,06
„ 95 „ „ 10% „ . .	1,70
„ 95 „ „ 10% Schmalzöl .	2,77
„ 135 „	5,52
„ 220 „	4,82
„ 220 „ mit 1% Kupferoleat .	3,12
„ 220 „ „ 2,5% geblasenem Cottonöl	2,06
Terpentinöl	1,47
„ frisch destilliert	2,16

---

[1] Nach Landolt-Börnstein, 5. Aufl., S. 243/244. Die in dyn/cm angegebenen Werte sind zum Vergleich mit den in Tabelle 9 angegebenen Zahlen für die Grenzflächenspannung gegen Luft durch Division mit 9,81 auf mg/mm umgerechnet.

[2] Genaue Beschreibung und Abbildung einer von H. Dimmig: A.S.T.M.-Jber. 1923 des Comm. D 2, S. 48f., benutzten Apparatur siehe z. B. Engler-Höfer: Das Erdöl, 2. Aufl., Bd. 4, S. 59/60.

[3] E. M. Johansen: Ind. engin. Chem. **16**, 132 (1924); C. **1924**, I, 1724.

[4] Nach E. M. Johansen: l. c. Die in dyn/cm angegebenen Mittelwerte der gut übereinstimmenden Ergebnisse (auf zwei verschieden konstruierten Apparaten bestimmt) sind auf mg/mm umgerechnet.

beträgt. Die ermittelten Tropfenvolumina werden nicht auf absolute Gewichte (im Vakuum), sondern auf relative Gewichte (unter Berücksichtigung des Auftriebes im Wasser) umgerechnet, indem man sie statt mit den spez. Gew. der Versuchsflüssigkeiten mit den Differenzen ihrer spez. Gew. gegenüber dem spez. Gew. des Wassers multipliziert. Sind also die Volumina der gleichen Anzahl Tropfen (z. B. 100) von Benzol und dem zu untersuchenden Öl bei 20^0 v_1 bzw. v_2, ihre Dichten bei 20^0 $d_1 = 0,879$ bzw. d_2, die Dichte des Wassers $d_3 = 0,999$, so wird die Grenzflächenspannung zwischen Öl und Wasser bei 20^0

$$\gamma = \frac{34,3 \cdot v_2\,(d_3 - d_2)}{v_1\,(d_3 - d_1)} = \frac{34,3 \cdot v_2\,(0,999 - d_2)}{v_1 \cdot 0,120}\ \mathrm{dyn/cm} = \frac{3,50 \cdot v_2\,(0,999 - d_2)}{v_1 \cdot 0,120}\ \mathrm{mg/mm}.$$

c) Grenzflächenspannung zwischen Flüssigkeiten und festen Körpern.

Die Grenzflächenspannung zwischen den Schmiermitteln und den zu schmierenden Maschinenteilen, also in erster Linie zwischen Öl und Stahl, ist von Wichtigkeit für die Bildung des Schmierfilms, der um so leichter entsteht, je kleiner diese Grenzflächenspannung ist. Diese Größe ist jedoch nicht unmittelbar meßbar.

Die Bestimmung des Randwinkels, den ein Öltropfen mit einer Metallunterlage bildet, und der — von anderen Kräften abgesehen — um so größer ist, je höher die Grenzflächenspannung zwischen Öl und Metall ist, könnte einen Vergleichsmaßstab für letztere Größe liefern; die bisher in der Literatur beschriebenen Apparate zur Randwinkelmessung[1] scheinen aber noch keinen allgemeineren Eingang in die Praxis gefunden zu haben, so daß von ihrer Beschreibung vorläufig abgesehen werden soll. Nach R. M. Deeley[2] und L. Archbutt[3] werden die Vorgänge an der Grenzfläche fest/flüssig wesentlich durch chemische Einflüsse bedingt, so daß wohl auch die Randwinkelgröße keine einfache Funktion der physikalischen Grenzflächenspannung darstellt (vgl. S. 316).

Die Grenzflächenspannung flüssig/fest ist für die Flotation (Schwimmaufbereitung) von erheblicher Bedeutung (s. S. 973).

7. Übergang vom festen zum flüssigen Aggregatzustand, Schmelzpunkt, Erweichungspunkt, Fließpunkt, Tropfpunkt.

Als mehr oder weniger komplizierte Gemische von zum Teil kolloidalem Charakter zeigen die festen oder salbenartigen Fette und Erdölprodukte in der Regel nicht so scharfe Schmelzpunkte wie chemische Individuen. Der Schmelzvorgang erstreckt sich vielmehr häufig über ein größeres Temperaturintervall (z. B. $2-4^0$), innerhalb dessen zunächst Erweichen, dann Durchscheinendwerden und zuletzt klares Schmelzen zu beobachten ist. Es ist deshalb richtiger, bei solchen Stoffen nicht einen Schmelzpunkt, sondern das Schmelzintervall (z. B. $50-52^0$) vom Beginn des Schmelzens bis zum völligen Klarwerden der Schmelze anzugeben. Wird nur eine einzige Temperatur als Schmelzpunkt genannt, so ist darunter das Ende des Schmelzens zu verstehen.

---

[1] Z. B. Thetameter nach v. Dallwitz-Wegener; Randwinkelmesser nach D.R.P. 348018, Kl. 42 l, Gr. 7, vom 9. April 1920, der Ölwerke Stern-Sonneborn, A.-G.; Apparat von O. Herstad, D.R.P. 507358 (1926); Kolloid-Ztschr. **55**, 169 (1931).

[2] R. M. Deeley: Engineering **108**, 788 (1919); Proc. Phys. Soc. **32**, II, 15 (1920).

[3] L. Archbutt: Journ. Soc. chem. Ind. **40**, T 287 (1921); vgl. P. Woog: Contribution à l'étude du graissage, S. 13f. Paris 1926.

Zur Schmelzpunktsbestimmung bei farblosen oder nur schwach gefärbten, homogen schmelzenden Stoffen, die, wie Paraffin, Ceresin, Stearinsäure u. dgl. unmittelbar oberhalb des Schmelzpunktes sehr dünnflüssig sind, dient meist die in der organischen Chemie übliche Capillarrohrmethode. Bei dunklen, z. B. pechartigen, beim Erweichen zunächst sehr zähflüssigen Produkten, sowie bei inhomogen schmelzenden konsistenten Fetten läßt sich der Schmelzpunkt nach dieser Methode nicht bestimmen. Statt dessen bestimmt man z. B. bei Pechen, Asphalt usw. in der Regel den Erweichungspunkt nach Kraemer-Sarnow, bei konsistenten Fetten, auch bei Vaselin, den Tropfpunkt nach Ubbelohde.

a) **Schmelzpunkt im Capillarrohr.** Eine nähere Beschreibung dieses allgemein bekannten Verfahrens dürfte sich hier erübrigen. Die für die Untersuchung von Fetten vorgeschriebenen besonderen Verfahren s. S. 745.

b) **Fließpunkt, Tropfpunkt, Fadenlänge.** (Apparat von Ubbelohde[1], Abb. 28 und 29[2].) Auf das untere Ende eines Einschlußthermometers (Spezialthermometer, Meßbereich 0—110⁰ oder 50—160⁰ oder 100—210⁰ bei 1 mm Gradlänge) ist eine zylindrische Metallhülse 1 aufgekittet, auf welche mit Gewinde eine zweite Metallhülse 2 aufgeschraubt werden kann. Diese zweite Metallhülse besitzt seitlich eine kleine Öffnung (zum Druckausgleich) und im unteren Teile drei Sperrhäkchen. In diese Hülse hinein paßt ein zylindrisches, nach unten sich verjüngendes Glasröhrchen 3 (Glasnippel) von 12 bis 12,5 mm Länge, etwa 1,3 mm Wandstärke und einem Durchmeser der Nippelöffnung von 3—3,2 mm. Der Nippel trägt unten an seiner Öffnung einen in die angegebene Länge des Nippels eingerechneten, 2 mm hohen Wulst. Die Sperrhäkchen gestatten, diesen Tropfpunktsnippel so in die Metallhülse hineinzuschieben, daß das Quecksilbergefäß des Thermometers (6 $\pm$ 0,6 mm lang, 3,5 $\pm$0,4 mm Ø), welches mit dem unteren Teil der Metallhülse 2 abschneiden muß, überall gleich weit von den Wandungen des Nippels entfernt ist.

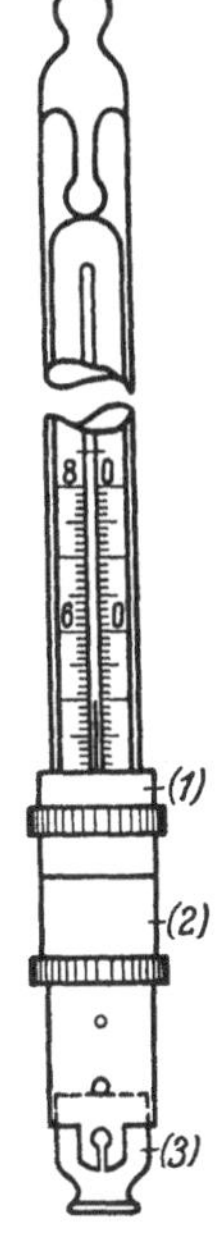

Abb. 28.
Tropfpunktsapparat nach
Ubbelohde.

Gefäß 3 wird mit der zu prüfenden Masse durch Hineindrücken oder Hineinstreichen unter Vermeidung des Einschlusses von Luftblasen gefüllt, die überschüssige Masse wird oben glatt abgestrichen, der Apparat parallel seiner Achse bis zu den Sperrhäkchen eingeführt und auch an der unteren Seite von jedem Substanzüberschuß befreit. Feste Massen (Paraffin, Ceresin, Pech usw.), welche beim Einstecken des Nippels das Thermometer zerbrechen könnten, werden geschmolzen in den mit der kleinen Öffnung auf eine Glasplatte gestellten Nippel gegossen; noch ehe sie völlig erstarrt sind, wird von oben her das Thermometer aufgesteckt. Bei der Prüfung von Pech u. dgl. stellt man den gefüllten Nippel auf der Glasplatte vor dem Einsetzen des Thermometers einige Zeit in ein Heißluftbad und läßt das Pech völlig zusammenschmelzen, so daß etwaige Luftblasen entweichen[3]. Der Apparat wird dann in einem 4 cm weiten, 20 cm langen Reagensrohr (40 DENOG 30) durch Kork befestigt und durch ein Wasserbad (Becherglas von 1 l Inhalt auf Asbestdrahtnetz) so erhitzt, daß von etwa 10⁰ unterhalb des Fließpunktes an der Temperaturanstieg 1⁰/min beträgt. Hochschmelzende Fette erhitzt man statt in einem Wasserbad in einem Bad von Glycerin oder Paraffinöl. Diejenige Temperatur, bei welcher

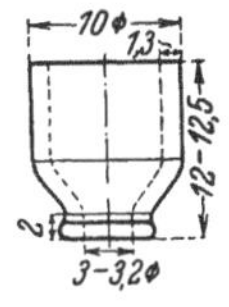

Abb. 29.
Glasnippel
zum Tropfpunktsapparat nach
Ubbelohde.

---

[1] Der Apparat wird auf Wunsch mit einem von Prof. Ubbelohde ausgestellten Prüfschein geliefert.

[2] „Richtlinien", 5. Aufl., S. 67. 1928; Normblatt DIN-DVM 3654.

[3] Der Deutsche Straßenbauverband schreibt für die Prüfung von Asphalt und Pech die Verwendung von Kupfernippeln vor (vgl. S. 410).

sich eine deutliche Wölbung am unteren Ende des Nippels zu bilden beginnt, ist der **Fließpunkt**, diejenige, bei welcher der erste Tropfen des geschmolzenen Gemisches von Seife[1] und Öl abfällt, der **Tropfpunkt**.

Infolge des Temperaturgefälles von der äußeren Seite der Fettschicht bis zur Thermometerkugel wird die Fettschicht um etwa 0,5⁰ höher erwärmt, als das Thermometer anzeigt; jedoch wird diese Differenz in der Praxis vernachlässigt.

Auch für den herausragenden Quecksilberfaden ist nach den „Richtlinien" keine Korrektion anzubringen.

Prüfmenge: 2—3 g.

Meßgenauigkeit. Bei richtig gebautem Apparat sollen Wiederholungsversuche um nicht mehr als $\pm$ 2⁰ differieren.

Bei der Prüfung von Asphalt, Pech usw. bestimmt man außer dem Tropfpunkt mitunter noch die **Fadenlänge**, indem man mit einem Fettstift auf dem Becherglase die Entfernung des Tropfens von der Ausflußöffnung bezeichnet, bei welcher der beim Tropfvorgang sich bildende Faden zerreißt. Die Entfernung wird alsdann auf dem Glase ausgemessen und in Zentimetern angegeben.

c) Die speziell für die Untersuchung von Pechen usw. ausgebildeten Methoden (**Kraemer-Sarnow, Ring und Kugel** usw.) s. S. 408f.

8. Übergang aus dem flüssigen in den festen Zustand; Erstarrungspunkt (Stockpunkt).

Während chemisch einheitliche, krystallinisch erstarrende Körper, z. B. Stearinsäure, oder Gemische mehrerer solcher Körper von nahe beieinanderliegenden Schmelzpunkten, z. B. Hartparaffin, infolge der beim Erstarren freiwerdenden Schmelzwärme scharfe, durch längere Temperaturkonstanz bei langsamer Abkühlung gekennzeichnete Erstarrungspunkte zeigen, erfolgt der Übergang aus dem flüssigen in den festen Zustand bei Mineralölen und fetten Ölen bei fortgesetzter Abkühlung in der Regel ganz allmählich, indem entweder — z. B. bei glasig erstarrenden, paraffinfreien Schmierölen — überhaupt kein Unstetigkeitspunkt in der Konsistenz, sondern nur eine stetige Viscositätssteigerung auftritt oder aus dem ja stets vorliegenden Gemisch verschiedener Stoffe die höchstschmelzenden Anteile sich zuerst in fester Form ausscheiden (Trübungspunkt) und bei weiterer Abkühlung die ganze Masse zum Erstarren bringen[2]. Bei paraffinhaltigen Mineralölen ist zum Erstarren die ungestörte Ausbildung eines Netzes von Paraffinkrystallen erforderlich, so daß die Erstarrung durch Rühren verzögert wird; bei einzelnen fetten Ölen dagegen, die sich bei ruhiger Abkühlung leicht unterkühlen lassen (besonders Rüböl und verwandte Öle), wirkt Rühren beschleunigend auf die Erstarrung[3], vielleicht auch dadurch, daß das Rühren einen Übergang der niedrigschmelzenden metastabilen Triglyceride in die höherschmelzenden stabilen Formen begünstigt (s. S. 642). Der „Erstarrungspunkt" eines Öles hängt daher einerseits von der Behandlung des Öles während der Abkühlung (Rühren oder Nichtrühren) ab, andererseits davon, bei welchem Viscositätsgrad man bei der jeweiligen Prüfmethode keine Bewegung

---

[1] Scheiden sich, z. B. bei hochschmelzenden Fetten, beim Erwärmen zunächst klare Öltropfen aus, so ist der Versuch weiter fortzusetzen. Erst das Abfallen eines fadenziehenden, meist trüben Öl-Seifentropfens bezeichnet den wahren Tropfpunkt. Bei hochschmelzenden Fetten ist eine genaue Fließ- und Tropfpunktsbestimmung nicht immer möglich.

[2] Vgl. hierzu H. Vogel: Erdöl und Teer **3**, 534 (1927).

[3] Holde: Mitt. Materialprüf.-Amt Berlin-Dahlem **13**, 287 (1895); Untersuchung der Schmiermittel, 1897. S. 64.

des Öles mehr wahrnehmen kann. Der Erstarrungspunkt ist bei Ölen somit keine eindeutig bestimmte physikalische Konstante, sondern von der Apparatur und der Arbeitsweise mehr oder weniger abhängig. Auch die Behandlung des Öles vor der Abkühlung ist von Einfluß: Erhitzt man ein Öl, bevor es auf die Prüftemperatur abgekühlt wird, erst einige Zeit auf 100°, so findet man bei anschließender 1std. Abkühlung auf die Prüftemperatur in manchen Fällen, besonders bei paraffinhaltigen Ölen, tiefere Erstarrungspunkte, als wenn man das Öl schon vor der Prüfung längere Zeit auf niedriger Temperatur hält[1]. Andererseits kann auch eine nur kurze Erwärmung eines Öles auf 25° seinen Erstarrungspunkt wesentlich nach oben verschieben[2]. Da die Krystallisation des Paraffins auch bei gleichartiger Behandlung des Öles nicht immer in gleicher Weise erfolgt, treten bei paraffinhaltigen Ölen oft erhebliche Differenzen der Stockpunkte bei Parallelversuchen auf.

Bei der Stockpunktsprüfung in engen Reagensgläsern wirkt auch die Oberflächenspannung des Öles einer Bewegung der Öloberfläche entgegen, die Stockpunkte fallen daher höher aus als in weiteren Gläsern (z. B. beim Richtlinienverfahren). Ein geringer Wassergehalt verstärkt die an sich schon große Neigung der Öle zur Unterkühlung, sie müssen daher vor der Stockpunktsbestimmung entwässert werden.

Bei Paraffin, Stearin u. dgl. dient die Bestimmung des Erstarrungspunktes wegen ihrer größeren Schärfe neben oder an Stelle der Schmelzpunktsbestimmung zur Charakterisierung und Klassifizierung des Materials. Bei Fetten bzw. Fettsäuren ist der Erstarrungspunkt („Titer" eines Fettes, s. S. 746) teils Qualitätsmerkmal, teils kann er auch zur Identifizierung dienen.

Bei Schmierölen bildet der Stockpunkt ein Kriterium für ihre Verwendbarkeit an Schmierstellen, die längere Zeit tiefen Temperaturen ausgesetzt sind (Kältemaschinen, Automobile, Flugzeuge, Eisenbahnwagen u. dgl.). Von diesen besonderen Fällen abgesehen, spielt der Stockpunkt, da die Öle meist nur salbenartig erstarren, für den Schmiervorgang selbst nur eine untergeordnete Rolle, wie auch aus der vielfachen Verwendung salbenartiger Schmierfette hervorgeht. Die durch die Reibung der bewegten Maschinenteile erzeugte Wärme dürfte stets ausreichen, um ein nicht zu tief unter den Stockpunkt abgekühltes, erstarrtes Öl wieder aufzuschmelzen. Dagegen ist der Stockpunkt bei gewissen Ölungsvorrichtungen (Tropf-, Dochtöler) für die Zufuhr des Öles zu den Schmierstellen von Bedeutung, ferner für die richtige Funktion von Transformatoren- und Schalterölen, für das Umfüllen der Öle aus Fässern und Kannen, für das Pumpen von Heizölen usw. Da aber in diesen Fällen Störungen nicht erst beim wirklichen Festwerden der Öle, sondern schon beim Überschreiten bestimmter Viscositäten auftreten, so erscheint es im allgemeinen zweckmäßiger, solche Viscositätsgrenzen für die tiefsten praktisch in Frage kommenden Temperaturen festzusetzen, als Grenztemperaturen für die Stockpunkte vorzuschreiben. In diesem Sinne sind z. B. die Lieferbedingungen und Prüfmethoden der Deutschen Reichsbahn (S. 51 u. 350) sowie die italienischen

---

[1] Holde: Mitt. Materialprüf.-Amt Berlin-Dahlem **7**, 119 (1889); **10**, 126 u. 283 (1892); **11**, 113 (1893): Gurwitsch: Petroleum **19**, 183 (1923).
[2] Holde: Untersuchung der Schmiermittel, 1897. S. 72/73.

Mineralölnormen aufgestellt. Für die Verwendung von Schmierölen in Tropf-
oder Dochtölern wäre die obere Viscositätsgrenze nach H. Vogel[1] auf etwa
1000 Poisen festzusetzen.

Prüfungsverfahren.

Bei der Prüfung von Schmierölen ist zu unterscheiden, ob man genau
die Lage des Stockpunktes bestimmen oder nur feststellen soll, ob das
Öl bei einer vorgeschriebenen niedrigen Temperatur flüssig ist. Der zweite,
einfachere Fall bildet die Regel, wenn die Erfüllung von Lieferbedingungen für
ein bestimmtes Öl (z. B. Eismaschinenöl, Automobilmotorenöl) zu prüfen ist.

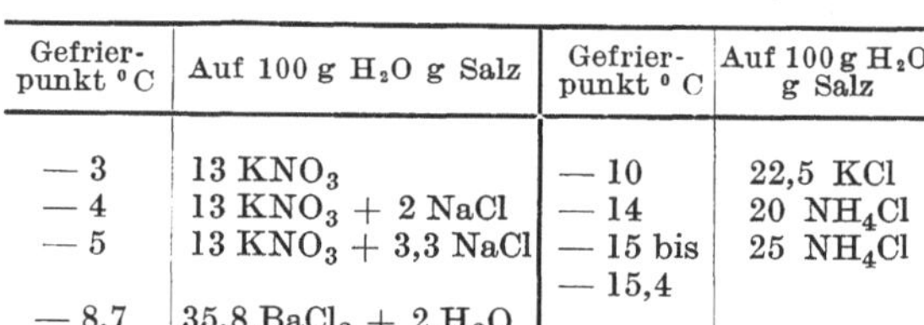

Im ersteren Fall wird zweckmäßig die ungefähre Höhe des Stockpunktes durch einen Vorversuch ermittelt.

Hierzu füllt man das Öl etwa 3 cm hoch in ein mit Thermometer versehenes, gewöhnliches Reagensglas (s. Abb. 30), setzt dieses
mittels eines Korkens in ein als Luftbad dienendes 3—4 cm weites
Reagensglas ein und kühlt die Probe durch eine Kältemischung aus
Eis und Viehsalz ab. Durch momentanes Herausnehmen des Probeglases aus der Kältemischung und Neigung des Glases überzeugt
man sich, bei welcher Temperatur das Öl feste Ausscheidungen zeigt
oder zu erstarren beginnt. Der wahre Erstarrungspunkt liegt jedenfalls nicht tiefer als die so gefundene Temperatur, er kann aber,
je nach der Unterkühlungsneigung des betreffenden Öles, um einen
bis mehrere Grade höher liegen.

Beim Hauptversuch muß man das zu prüfende Öl in der Regel
mindestens 1 h lang auf der Versuchstemperatur halten, damit das
schlecht wärmeleitende Öl durchweg die richtige Temperatur annimmt und die Paraffinteilchen u. ä. völlig auskrystallisieren können.
Zur Erzeugung konstanter tiefer Temperaturen dienen gefrierende
Salzlösungen, z. B. von folgender Zusammensetzung[2]:

Gefrier- punkt ⁰C	Auf 100 g H_2O g Salz	Gefrier- punkt ⁰C	Auf 100 g H_2O g Salz
— 3	13 KNO_3	— 10	22,5 KCl
— 4	13 KNO_3 + 2 NaCl	— 14	20 NH_4Cl
— 5	13 KNO_3 + 3,3 NaCl	— 15 bis	25 NH_4Cl
		— 15,4	
— 8,7	35,8 $BaCl_2$ + 2 H_2O		

Abb. 30.
Apparat zur
Kälteprüfung
(Vorversuch).

Die Salzlösungen werden durch Mischungen von etwa 1 Teil Viehsalz und
2 Teilen feingemahlenem Eis[3] oder Schnee (— 21⁰) zum langsamen Gefrieren
gebracht; bei öfterem Umrühren und Abstoßen der an den Gefäßwänden auskrystallisierten Masse bleiben sie so lange auf der Temperatur der jeweiligen Gefrier-
punkte, als noch genügend flüssige Phase neben der festen vorhanden ist. Temperaturen von — 20 bis — 21⁰ hält man durch Mischungen von Viehsalz und Eis (1 : 2)
konstant, solche bis — 78⁰ erhält man durch Einbringen von festem Kohlendioxyd
in Alkohol oder Benzin. Temperaturen bis — 35⁰ lassen sich auch auf dem mit
Ätherverdampfung arbeitenden Apparat von Stelling, Hamburg, erzielen, dessen
Benutzungsweise für das Arbeiten im 15 mm weiten Reagensglas aus Abb. 31
ersichtlich ist. Die entsprechende Anordnung für das Richtlinienverfahren zeigt
Abb. 32.

Vorbehandlung. Beim Reagensglas-, U-Rohr- und Richtlinienverfahren wird das wasserfreie Öl vor dem Versuch 10 min lang auf 50⁰ erwärmt,
hierauf ¹/₂ h im Wasserbade auf + 20⁰ abgekühlt und dann unmittelbar auf die

---

[1] H. Vogel: DVM-Druckschrift Nr. 80, März 1930, S. 7.

[2] Hoffmeister: Mitt. Materialprüf.-Amt Berlin-Dahlem **7**, 24 (1889).

[3] Zur Eiszerkleinerung für diesen Zweck hat sich eine sog. „Eisschabemaschine"
des Alexanderwerks, Remscheid, bestens bewährt.

Prüfungstemperatur (z. B. — 10⁰) gebracht. Daneben ist eine Probe ohne vorheriges Erwärmen zu prüfen. Beim amerikanischen (A.S.T.M.-) Verfahren ist eine etwas abweichende Vorbehandlung üblich (s. u.). Bei der Prüfung reiner Mineralöle ist aus den oben erwähnten Gründen Bewegung während des Abkühlens zu vermeiden. Bei fetten Ölen oder Gemischen von Mineralölen mit fetten Ölen kühlt man außerdem eine Probe unter kurzem Umrühren mit einem Glasstab ab. Das Erstarren fetter Öle erfordert mitunter viele Stunden; z. B. wurden einzelne Rübölproben erst nach über 24 std. Abkühlung auf 0⁰ (unter wiederholtem Umrühren) fest. Bei Differenzen zwischen den mit und ohne Rühren erhaltenen Resultaten ist stets die höhere (obere) Temperatur der wahre Stockpunkt. (Dies gilt allerdings nicht für die

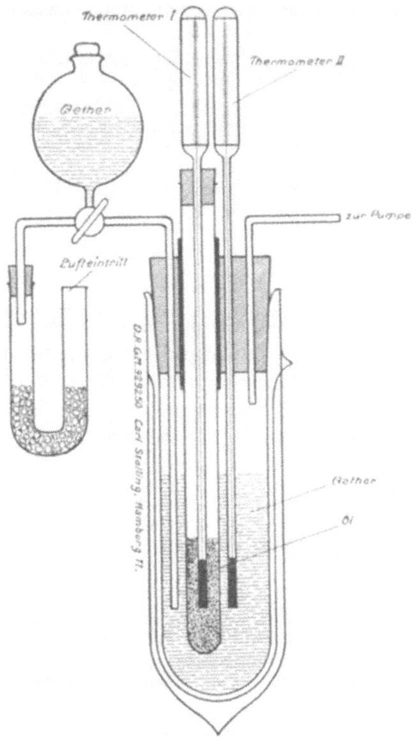

Abb. 31. Apparat zur Stockpunktsbestimmung mit Ätherverdampfung (Reagensglasverfahren) nach Stelling.

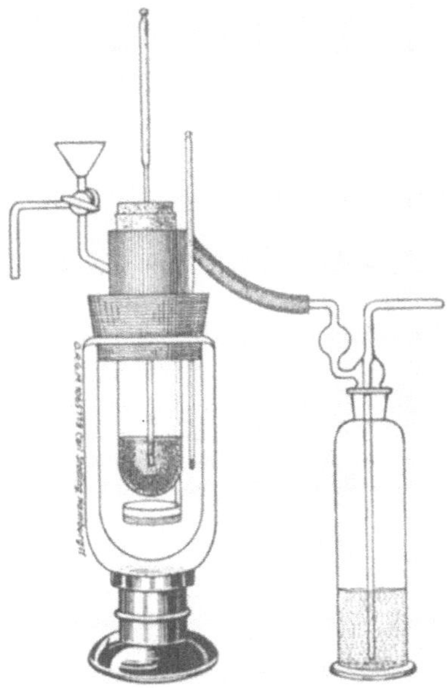

Abb. 32. Apparat zur Stockpunktsbestimmung mit Ätherverdampfung (Richtlinien) nach Stelling.

Beurteilung eines Öles nach den „Richtlinien" oder den „Wizöff-Methoden", nach denen das Öl, ohne Rücksicht auf seine chemische Natur, bei der Stockpunktsbestimmung nicht bewegt werden darf.)

a) Reagensglasverfahren.

Bei diesem Verfahren stellt man nur durch Augenschein unter Neigen des Glases nach 1 std. Abkühlung des Öles fest, ob das Öl bei der Versuchstemperatur tropfbar flüssig bleibt oder salbenartig bzw. talgartig erstarrt (Apparatur von Hoffmeister, l. c.).

Die als Kälteüberträger dienende, mit einem Kältethermometer versehene Salzlösung befindet sich im emaillierten, 12 cm breiten Topf a (Abb. 33), die Kältemischung von Eis und Salz im irdenen, mit Filz umwickelten Topf b, der zur besseren Wärmeisolierung mit einem aus zwei Hälften bestehenden ringförmigen hölzernen Deckel bedeckt ist. Unterkühlung der gefrierenden Salzlösungen vermeidet man durch Abstoßen der gefrorenen Teile von den Wandungen des Topfes und zeitweises Herausnehmen des Topfes aus der Kältemischung. Die Proben werden mittels einer Pipette oder eines Trichters bis zu einer 3 cm hoch angebrachten Marke in 15 mm weite Reagensgläser ohne Thermometer eingefüllt, wobei die Glaswand oberhalb des Ölspiegels nicht benetzt werden darf, und in dem Gestell *c d e f g h*, das 8 Gläser faßt, 1 h abgekühlt. Durch 1 min langes Neigen der Gläser im Kältebade wird die Konsistenz der Öle festgestellt: Zeigt sich beim darauffolgenden Herausnehmen des Glases aus dem Bade keine Verschiebung des Meniscus und keine einseitige Benetzung der Glaswand mit Öl, so gilt das Öl als erstarrt; je nachdem ein in einer zweiten Probe mit dem Öl abgekühlter Glasstab beim Anheben das Glas mithebt oder nicht, gilt das erstarrte Öl als dick- oder dünnsalbenartig.

Prüfmenge: 10—15 ccm.

Meßfehler. Je nach der Natur des Öles ± 1° bis ± 5°.

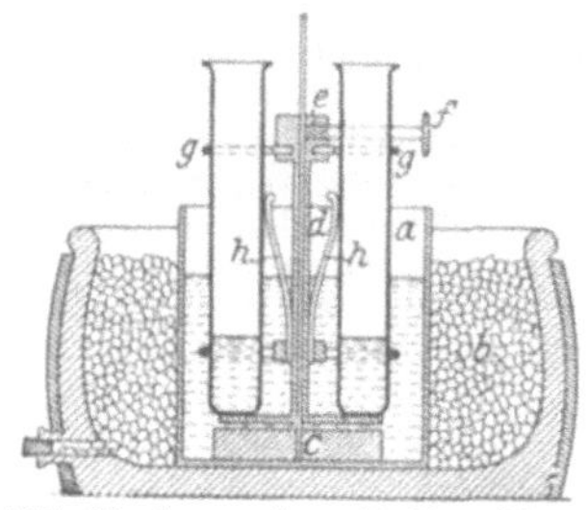

Abb. 33. Apparat zur Kälteprüfung (Reagensglasverfahren).

b) Richtlinienverfahren[1].

Diese Methode unterscheidet sich von dem vorstehend beschriebenen Verfahren durch Verwendung weiterer Prüfgefäße und durch Messung der Temperatur im Öl, ferner dadurch, daß die Konsistenzprüfung nicht erst nach 1 std. Abkühlung des Öles auf konstante Temperatur, sondern bei sinkender Temperatur von 2 zu 2° festgestellt wird. Hierdurch können unter Umständen bei den gleichen Ölen tiefere Erstarrungspunkte gefunden werden als nach a).

Ein etwa 18 cm langes, 4 cm weites Reagensglas wird bis zu einer 40—45 mm hoch angebrachten Marke mittels Pipette oder Trichter mit dem zu prüfenden Öl so gefüllt, daß kein Öl am Rande herunterfließt.

In die Mitte des Öles wird ein Kältethermometer (Meßbereich — 38 bis + 50° bei Quecksilberfüllung, — 50 bis + 30° bei Alkoholfüllung, Gradlänge 1 mm, Beginn der Skala 18 cm über dem Boden des Quecksilber- bzw. Alkoholgefäßes), das durch einen auf das Reagensglas passenden Korken senkrecht gehalten wird, derart eingeführt, daß das untere Ende der Quecksilberkugel etwa 17 mm über dem Boden des Reagensglases steht und das obere Ende der Quecksilberkugel sich einige Millimeter unter dem Ölniveau befindet. Bei besonders kurzen oder langen Quecksilberbehältern muß entsprechend weniger oder mehr Öl eingegossen werden. Bei einer durchschnittlichen Dicke des Thermometergefäßes von 5 mm sind dann die Thermometerwandungen überall gleich weit (17 mm) von den Wandungen des Reagensglases entfernt.

Das Reagensglas mit dem Öl wird wie bei a) in senkrechter Stellung in einer durch eine Kältemischung zum Gefrieren gebrachten Salzlösung langsam abgekühlt, wobei die Gefrierlösung mindestens 1 cm über die Öloberfläche ragen muß.

Beim Herausnehmen und Neigen des Glases von 2 zu 2°, wobei Bewegung des Thermometers unbedingt zu vermeiden ist, sieht man, wie das Öl ringförmig von außen nach innen erstarrt.

Die Temperatur, bei der sich beim Neigen unmittelbar am Thermometer keinerlei Wulst und bei 10 sec Kippdauer keine sichtbare Bewegung mehr zeigt, gilt als Stockpunkt.

Prüfmenge: 50—60 ccm.

Meßfehler: ± 3°; je nach der Natur des Öles unter Umständen noch größer.

---

[1] Richtlinien, 5. Aufl., 1928. S. 65.

c) U-Rohr-Verfahren der Reichsbahnverwaltung zur Bestimmung des Fließvermögens in der Kälte (auch italienische Modifikation dieses Verfahrens).

Dieses etwas umständliche, aber wesentlich exaktere, zahlenmäßig vergleichbare Werte für das Fließvermögen der Öle in der Kälte liefernde Verfahren (Abb. 34) stellt, wie oben schon gesagt, eine Art Viscositätsbestimmung für sehr zähflüssige Öle dar.

Versuchsausführung. Das in der Probeflasche gut durchgeschüttelte Öl wird zur Entfernung mechanischer Verunreinigungen durch ein Sieb von $^1/_3$ mm Maschenweite gegossen. Zur Berücksichtigung der Einflüsse von Erhitzung auf den Kältepunkt werden zwei unerhitzte und

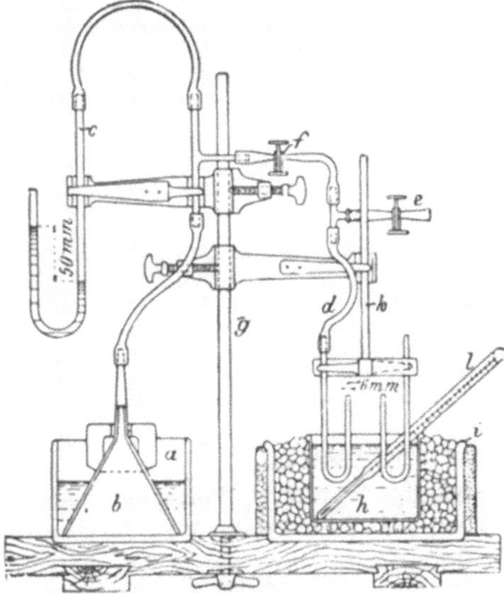

Abb. 34. U-Rohr-Kälteprüfer der Deutschen Reichsbahn.

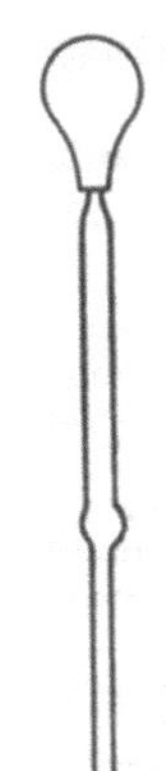

Abb. 35. Einfüllpipette zum U-Rohr-Kälteprüfer.

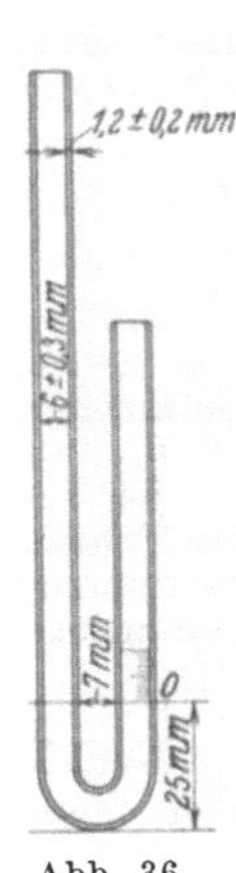

Abb. 36. U-Rohr zum Reichsbahn-Kälteprüfer.

zwei 10 min im Wasserbade auf 50⁰ erhitzte, dann $^1/_2$ h bei $+ 20^0$ belassene Proben geprüft.

Die Öle werden mittels kleiner, mit Gummiball versehener Pipetten (Abb. 35) in U-förmige Proberöhrchen (Abb. 36) durch den längeren Schenkel bis zu der in jedem Schenkel in 25 mm[1] Höhe befindlichen 0-Marke eingefüllt, oberhalb deren sich beim kürzeren Schenkel eine Millimeterteilung anschließt.

Der oben durch die Schlauchklemme f und das Wassermanometer c abgeschlossene, durch ein Bleigewicht beschwerte Trichter b wird auf das Wasser im Gefäß a gesetzt. Hierdurch entsteht in dem Trichter und dem anschließenden Luftraum in den Verbindungsschläuchen und Röhren ein der Niveaudifferenz des Wassers im Trichter und außerhalb desselben entsprechender Druck, der im Manometer gemessen wird. Die Einstellung des Druckes auf genau 50 mm Wassersäule geschieht durch Zugießen von Wasser in a oder Lüften des Quetschhahnes f, wobei Quetschhahn e geöffnet ist.

Nach 1std. Abkühlung der Proben in der gefrierenden Salzlösung, wobei sich die Oberfläche der Ölproben mindestens 1 cm unter der Oberfläche der Gefrierlösung befinden soll, wird der Quetschhahn e von dem Schlauch des Dreiwegestücks abgezogen, damit während des nunmehr folgenden Aufsetzens der Schläuche

---

[1] Nicht, wie früher üblich, 30 mm. (Briefl. Mitt. der Deutschen Reichsbahn-Ges. vom 10. 4. 1930.)

auf die U-Röhren die in den Schläuchen befindliche Luft nicht zusammengepreßt wird. Hierauf wird der Schlauch *d* auf die U-Röhre gestülpt und der Quetschhahn *e* wieder angebracht. Nun läßt man den Druck 1 min lang auf die Öle einwirken, indem man den mit Feststellvorrichtung versehenen Quetschhahn *f* lüftet, und stellt dann durch schnelles Abziehen des Quetschhahnes *e* den gewöhnlichen Luftdruck her. Der an der Skala des U-Rohres jetzt beobachtete Aufstieg, welcher auch nach dem Abfließen des Öles an der zurückbleibenden Benetzung der Wände zu erkennen ist, gilt als Maß des Fließvermögens. Nach den Bedingungen der Reichsbahn muß der Aufstieg mindestens 10 mm in 1 min betragen, damit das Öl auf der Wagenachse der Schmierstelle genügend zufließt. Trübungen oder Ausscheidungen von Paraffinkrystallen im Öl sind zu beachten.

Die Vorzüge des U-Rohrverfahrens bestehen in der Verwendung einer sehr kleinen Ölmenge (etwa 2—3 ccm), die sich verhältnismäßig schnell abkühlt, in der zahlenmäßigen Ablesung der Steighöhe an Stelle der subjektiven Entscheidung, ob das Öl noch flüssig ist oder nicht, und der hierdurch bedingten besseren Reproduzierbarkeit der Ergebnisse; größere Schwankungen der Resultate treten nur bei paraffinhaltigen Ölen auf, deren Konsistenz bei der Versuchstemperatur tatsächlich nicht immer gleich ist (s. S. 46).

In den italienischen Normen[1] ist zur Prüfung von Schmier- und Isolierölen die U-Rohrmethode mit folgenden wesentlichen Abweichungen vorgeschrieben:

Der Prüfdruck beträgt nicht 50, sondern 100 mm Wassersäule; er wird durch eine besondere Einrichtung während des Versuchs konstant gehalten. Der innere Schenkelabstand des U-Rohres beträgt 28 (statt 7) mm, die Einfüllhöhe für das Öl 70 (statt 25) mm, die Länge der Teilung 40 (statt 10) mm.

Bei Schmierölen wird ein Anstieg von mindestens 10 mm in 2 min verlangt, bei Transformatoren- und Schalterölen dagegen (wie bei einer normalen Viscositätsbestimmung) die Zeit gemessen, welche das Öl zur Erreichung der Marke 40 mm gebraucht.

d) Englische Standardmethode[2].

Nach Vorschrift der I.P.T. ist der Stockpunkt (Setting Point) von Schmierölen ebenfalls nach einem modifizierten U-Rohrverfahren zu bestimmen.

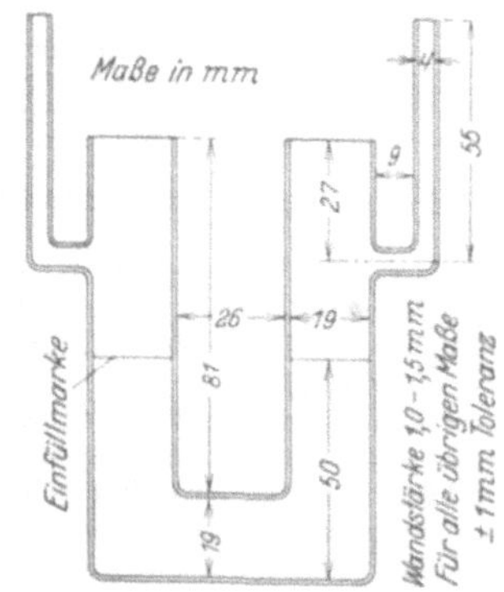

Abb. 37. U-Rohr zur Bestimmung des Setting Point.

Als Prüfgefäß dient das in Abb. 37 abgebildete, mit 2 engen seitlichen Ansätzen versehene U-Rohr, das während der Prüfung in einem zur gleichzeitigen Aufnahme mehrerer U-Rohre geeigneten, zugedeckten, je 10 cm langen und breiten, 15 cm hohen metallenen Luftbad durch ein passend ausgeschnittenes und gebogenes Bleiblech senkrecht gehalten wird. Das Luftbad wird zum Versuch in ein geeignetes, mindestens 30 cm breites, außen gut wärmeisoliertes Kältebad hineingestellt. (Zur Bestimmung tiefliegender Stockpunkte — mittels Alkohol und Kohlensäureschnee — wird das Luftbad weggelassen.) Gemäß Abb. 38 wird in eine der beiden weiten U-Rohröffnungen mittels Gummistopfens ein Kältethermometer (Stabthermometer, 24 cm lang, 7—8 mm dick, von — 40 bis + 120° F in 2° F geteilt, auf 5 cm Eintauchtiefe geeicht, Marke — 40° 12—13 cm über dem Boden des zylindrischen, höchstens 9,5 mm langen Quecksilbergefäßes, Skalenlänge 85 bis 100 mm) so eingesetzt, daß die Mitte des Quecksilbergefäßes genau 25 mm über dem inneren Boden des U-Rohres liegt und von den Rohrwandungen gleichmäßigen Abstand hat; die andere weite Öffnung wird ebenfalls mittels Gummistopfens

[1] Norme Italiane per il controllo degli olii minerali e derivati, 2. Aufl., S. 61. Mailand 1928.

[2] I.P.T.-Standard Methods, 2. Aufl., S. 69. London 1929.

mit dem „Beobachtungsrohr" verbunden, in dessen horizontalen Teil etwas gefärbtes Wasser eingefüllt wird, so daß es eine etwa 1 cm lange bewegliche Marke bildet. Der enge Ansatz auf der Thermometerseite des U-Rohres ist über einen Zweiwegehahn A mit der aus der Figur erkennbaren Einrichtung zur Erzeugung und Messung eines konstanten Überdruckes von 50 mm Wassersäule verbunden (auch die Anordnung der Abb. 34 dürfte zweckmäßig sein), die gegenüberliegende enge Öffnung ist durch Glashahn B verschlossen.

Das zunächst auf 212⁰ F (100⁰ C) erhitzte und dann wieder auf eine mindestens 15⁰ F (8⁰ C) über dem erwarteten Stockpunkt liegende Temperatur abgekühlte Öl wird bis zur Marke in das mit Thermometer versehene U-Rohr eingefüllt; hierauf wird die ganze Apparatur gemäß Abb. 38 zusammengesetzt, der Druck im Druckerzeuger auf 50 $\pm$ 1 mm eingestellt und die Temperatur des Kältebades so reguliert, daß die Öltemperatur während der letzten 10⁰ F bis zum Stockpunkt (bzw. der

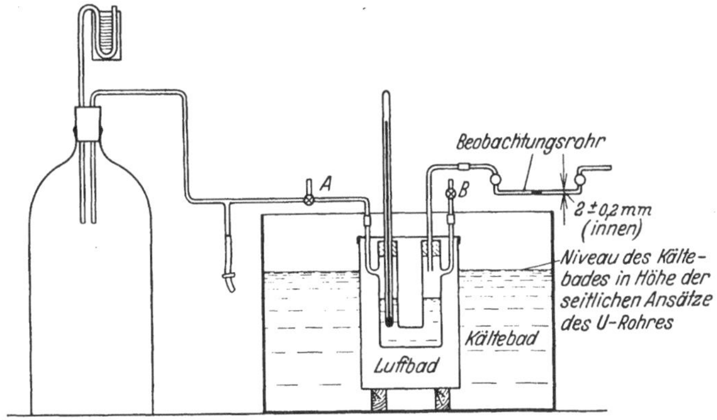

Abb. 38. Englische Standard-Apparatur zur Bestimmung des Setting Point.

tiefsten, in Aussicht genommenen Prüftemperatur) gleichmäßig um 1⁰ F/min sinkt. Dabei ist das U-Rohr über Hahn A und B mit der Außenluft verbunden. Zur Konsistenzprüfung schließt man von Grad zu Grad Hahn B und verbindet Hahn A mit dem Druckerzeuger, wobei jede Bewegung der Öloberfläche durch eine Verschiebung des Wassertropfens im Beobachtungsrohr angezeigt wird. Solange das Öl noch ziemlich flüssig ist, darf man den Druck immer nur einen Augenblick lang einwirken lassen; nach jeder Messung stellt man im U-Rohr durch Drehen der Hähne A und B sofort wieder den Außendruck her. Bei weiterer Abkühlung läßt die Bewegung des Wassertropfens nach, so daß man den Druck etwas länger einwirken lassen kann. Als Stockpunkt (Setting Point) gilt diejenige Temperatur, bei welcher der Wassertropfen nach einem leichten anfänglichen Ruck weitere 10 sec lang keine Bewegung mehr zeigt.

e) Amerikanisches Verfahren zur Bestimmung des Trübungspunktes (Cloud Point) und Fließpunktes (Pour Point)[1].

Der Trübungspunkt, der nur bei solchen Ölen bestimmt wird, die in 38 mm dicker Schicht durchsichtig sind, ist diejenige Temperatur, bei der Paraffin oder andere feste Stoffe sich auszuscheiden beginnen; der Fließpunkt ist die niedrigste Temperatur, bei der das Öl gerade noch fließt, wenn es ohne Erschütterung unter ganz bestimmten Bedingungen abgekühlt wird.

---

[1] A.S.T.M.-Jber. 1929 des Comm. D 2, 69; Technical paper 323 B, Washington 1927. S. 37, Meth. 20. 12.

Zur Prüfung (Abb. 39) dient ein zylindrisches Glasgefäß a (etwa 12 cm lang, etwa 32 mm Ø) mit flachem Boden und einer Strichmarke (51—57 mm über dem Boden), welche die Füllhöhe angibt. In das Glasgefäß wird mittels Korkens ein in 1º C geteiltes Kältethermometer b (Meßbereich — 38 bis + 50º C, mit Quecksilber, bzw. — 60 bis + 20º, mit rotgefärbtem Toluol od. dgl. gefüllt) so eingesetzt, daß bei Bestimmung des Trübungspunktes das Quecksilbergefäß den Boden berührt, während bei Bestimmung des Fließpunktes das untere Ende der Thermometercapillare 3 mm unter dem Ölspiegel liegt. Das Prüfrohr taucht nur zur Bestimmung sehr tief liegender Fließpunkte direkt in die Kältemischung ein; sonst wird es in ein von dieser umgebenes zylindrisches Glas- oder Metallgefäß d

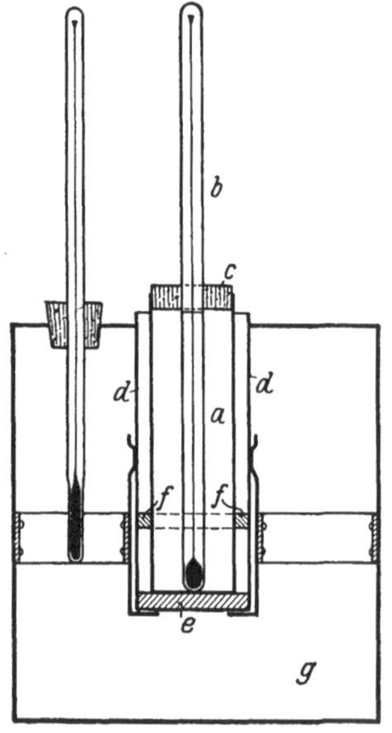

Abb. 39. Apparat zur Kälteprüfung (amerikanisches Verfahren).

(etwa 114 mm lang, etwa 45 mm Ø) eingesetzt, dessen flacher Boden mit einer 6 mm dicken Korkscheibe e bedeckt ist, so daß zwischen den Wandungen der beiden Behälter eine etwa 5 mm dicke, einen langsamen Wärmeaustausch ermöglichende Luftschicht vorhanden ist. Die konzentrische Stellung des Prüfrohrs wird durch einen etwa 5 mm dicken Kork- oder Filzring f gesichert, der es 25 mm über seinem Boden fest umschließt, das Mantelrohr jedoch nur lose berührt.

Gewöhnlich werden folgende Kältemischungen benutzt:

für Temperaturen bis zu + 10º C Eis und Wasser,
„ „ „ „ — 12º C zerkleinertes Eis und Kochsalz,
„ „ „ „ — 26º C zerkleinertes Eis und Chlorcalcium,
„ „ „ „ — 57º C feste Kohlensäure und Aceton bzw. Benzin.

α) Trübungspunkt. Man erwärmt das Öl auf eine mindestens 14º über dem erwarteten Trübungspunkt liegende Temperatur, entwässert es nötigenfalls durch Filtration bei dieser Temperatur und füllt es bis zur Marke in das Prüfglas ein. Dieses wird nunmehr mit dem Mantelgefäß senkrecht in das Kältebad g eingesetzt, dessen Temperatur man während des ganzen Versuchs um 8—17º unterhalb des Trübungspunktes hält.

Von Grad zu Grad nimmt man das Prüfglas vorsichtig, aber schnell (höchstens 3 sec lang) aus dem Mantelgefäß heraus und prüft, ob eine deutliche Trübung oder ein Schleier zu sehen ist (Trübungspunkt).

β) Fließpunkt. Man füllt das nötigenfalls durch Erhitzen im Wasserbade genügend flüssig gemachte Öl bis zur Marke in das Prüfglas ein und erwärmt es in einem höchstens 48º warmen Bade, ohne umzurühren, auf 46º. Hierauf kühlt man das Öl an der Luft (oder in einem Wasserbade von etwa 25º) auf 32º ab und setzt das Prüfglas in das Mantelgefäß ein. Öle mit tiefen Fließpunkten, bei welchen das Toluolthermometer verwendet wird, werden vor dem Einsetzen des Thermometers auf beliebige Art bis auf + 15º abgekühlt. (Besondere Vorschriften für sehr dunkle Öle und Rückstandszylinderöle s. u.) Prüfglas samt Mantelgefäß werden nun in das Kältebad, dessen Temperatur während des ganzen Versuchs 8—17º unterhalb des erwarteten Fließpunktes zu halten ist, so eingesetzt, daß das Mantelgefäß höchstens 25 mm aus der Badflüssigkeit herausragt.

Von einer 12º oberhalb des erwarteten Fließpunktes liegenden Temperatur an nimmt man das Prüfrohr alle $2^1/_2$º[1] vorsichtig aus dem Mantelrohr heraus und neigt es gerade nur so weit, daß man erkennen kann, ob das Öl noch eine Bewegung zeigt. Das Herausnehmen, Beobachten und Wiedereinsetzen darf insgesamt nicht länger als 3 sec dauern. Sobald das Öl beim schwachen Neigen des

---

[1] Nach der Originalvorschrift: alle 5º F, entsprechend 2,8º C.

Prüfglases nicht mehr fließt, hält man dieses genau 5 sec lang horizontal. Wenn das Öl hierbei noch fließt, so setzt man das Prüfglas sofort wieder in das Mantelrohr ein und wiederholt das gleiche Verfahren bei einer um 2,5⁰ niedrigeren Temperatur usf., bis das Öl nicht mehr fließt; als Fließpunkt gilt die vorletzte Prüftemperatur, d. h. die niedrigste Temperatur, bei welcher das Öl noch schwaches Fließen zeigte, wenn das Prüfglas genau 5 sec lang horizontal gehalten wurde.

Sehr dunkle Öle und Rückstandszylinderöle sind, wenn sie möglicherweise im Laufe der letzten 24 h vor dem Versuch einer höheren Temperatur als 46⁰ ausgesetzt waren, 24 h auf Zimmertemperatur zu halten, bevor die Prüfung ausgeführt wird, wenn nicht 3 aufeinanderfolgende Bestimmungen mit der gleichen Probe im gleichen Prüfgefäß übereinstimmende Resultate ergaben. Die so bestimmte Temperatur ist bei diesen Ölen als „oberer Fließpunkt" zu bezeichnen.

Zur Bestimmung des „unteren Fließpunktes" erwärmt man die Ölprobe unter Umrühren auf 105⁰, füllt sie in das Prüfglas, kühlt sie auf 32⁰ ab und behandelt sie weiter wie oben.

Oberer und unterer Fließpunkt sind getrennt anzugeben.

Bestimmung der Erstarrungspunkte von Paraffin s. S. 296, von Pechen (Asphalten) S. 411, von Fetten und Fettsäuren S. 746.

9. Flammpunkt. Brennpunkt.

Unter dem Flammpunkt (Fp.) eines Öles od. dgl. versteht man die niedrigste Temperatur, bei welcher es auf einem Apparat vereinbarter Abmessungen so viel brennbare Dämpfe entwickelt, daß diese mit der unmittelbar über der Oberfläche befindlichen Luftschicht eine bei Annäherung einer Flamme entzündliche, explosible Mischung bilden, d. h. daß der Gehalt der über dem Öl befindlichen Luft an brennbaren Dämpfen die untere Explosionsgrenze erreicht. Der Flammpunkt ist, wie schon angedeutet, keine absolute physikalische Konstante eines Öles; er hängt vielmehr von der Art des verwendeten Apparates (offen oder geschlossen), dem Erhitzungstempo, der Zündung usw., ferner auch vom Luftdruck (Höhenlage der Prüfstelle) ab. Zur Definition des Flammpunktes gehört daher die Angabe des benutzten Apparates, der Arbeitsweise und des Barometerstandes. Bei niedrigem Luftdruck liegt der Flammpunkt tiefer als bei höherem (s. Tabelle 14, S. 59).

Der Brennpunkt (Bp.) ist die niedrigste Temperatur, bei welcher die von einem Öl entwickelten Dämpfe nach vorübergehender Annäherung einer Zündflamme auf einem genau dimensionierten Apparat bei bestimmter Arbeitsweise von selbst weiter brennen. In diesem Fall überschreitet also der Gehalt der über dem Öl befindlichen Luft an brennbaren Dämpfen die obere Explosionsgrenze.

Bei niedrig entflammenden Ölen (Benzin, Leuchtpetroleum, Gasöl, Treiböl, benzinhaltigem Rohöl) sowie bei Ölen, bzw. Paraffin, die als Heizbäder verwendet werden sollen, dient die Flammpunktsbestimmung zur Beurteilung ihrer Feuergefährlichkeit.

Die Preußische Polizeiverordnung[1] unterscheidet nach der Höhe des Flammpunktes (im Abel- bzw. über 50⁰ im Pensky-Martens-Apparat) 3 Klassen feuergefährlicher Flüssigkeiten, für die besondere Vorschriften hinsichtlich Transport und Lagerung bestehen,

Klasse 1 Öle mit einem Flammpunkt unter 21⁰
„ 2 „ „ „ „ von 21— 55⁰
„ 3 „ „ „ „ „ 55—100⁰ .

---

[1] Entwurf einer Polizeiverordnung über den Verkehr mit Mineralölen und Mineralölmischungen (Mineralöl-Verkehrsordnung), Ministerialblatt der Handels- und Gewerbeverwaltung **1925**, 233.

Bei Schmierölen bildet der Flammpunkt in erster Linie ein Kriterium für gleichbleibende Qualität, insbesondere für Abwesenheit niedrigsiedender Bestandteile, die etwa zur Erniedrigung des spez. Gew. od. dgl. zugesetzt wurden oder — z. B. durch Verwendung ungereinigter Gefäße — zufällig in das Öl gelangten. Daneben gibt der Flammpunkt einen Anhalt für die im Betriebe zu erwartende Verdampfung des Öles (direkte Bestimmung der Verdampfbarkeit s. S. 327).

Für die Feuergefährlichkeit sind kleine Schwankungen der über 140⁰ liegenden Flammpunkte der Schmieröle belanglos, da derartig hohe Temperaturen im praktischen Betriebe außer bei Dampfzylinderölen nicht erreicht werden; bei letzteren ist aber eine Entzündung im normalen Betrieb schon wegen der Abwesenheit erheblicher Mengen von Sauerstoff im Zylinder nicht möglich.

Durch den Brennpunkt wird sowohl die Feuergefährlichkeit wie auch die Verdampfbarkeit eines Öles schärfer ·gekennzeichnet als durch den Flammpunkt, da dieser — wenigstens im geschlossenen Prober (Pensky) — schon durch sehr kleine Mengen niedrig entflammender Bestandteile stärker beeinflußt wird als der Brennpunkt. Eine Brennpunktsbestimmung wird indessen in den meisten Lieferbedingungen für Schmieröle u. dgl. nicht verlangt.

Ölmischungen zeigen meist niedrigere Flammpunkte, als eine Berechnung aus den Flammpunkten der Komponenten nach der Mischungsregel erwarten ließe. E. Kadmer[1] gibt eine empirisch aufgestellte Formel und Tabelle zur Berechnung von Mischungsflammpunkten an; die allgemeinere Bewährung dieser Rechnungsweise in der Praxis bleibt aber noch abzuwarten. Eine andere, ebenfalls noch der Nachprüfung bedürftige Formel für den gleichen Zweck wird von E. W. Thiele[2] angegeben.

Bestimmungsweise. Man unterscheidet offene Flammpunktsprüfer, bei welchen die Ölprobe in einem offenen Tiegel (Abkürzung o. T.) erhitzt wird, bis eine der Oberfläche genäherte Zündflamme eine vorübergehende Entzündung der Öldämpfe bewirkt, und geschlossene Prober, bei welchen der Tiegel während des Erhitzens bedeckt bleibt und nur während der Einführung der Zündflamme jeweils an einigen Stellen des Deckels auf einige Sekunden geöffnet wird. In den geschlossenen Apparaten, in denen mithin die brennbaren Dämpfe am vorzeitigen Entweichen gehindert sind, findet man naturgemäß tiefere und auch besser übereinstimmende Flammpunkte als in den offenen Probern, bei welchen die Resultate durch Luftströmungen stärker beeinflußt werden.

Die Flammpunkte feuergefährlicher Stoffe (Leuchtpetroleum, Testbenzin usw.) werden stets im geschlossenen Apparat [Petroleumprober nach Abel-Pensky, bei Flammpunkten über 50⁰ auch im Pensky-Martens-Apparat (P.-M.) in USA. Apparate nach Tagliabue oder Elliott] bestimmt. Für Schmieröle u. dgl. verwendet man in der Regel offene Prober (nach Marcusson, Brenken, Cleveland), jedoch werden auch in mehreren Lieferungsbedingungen, z. B. in Italien, Bestimmungen im (geschlossenen) Pensky-Martens-Apparat verlangt. Bei normal fraktionierten Mineralschmierölen liegen die Flammpunkte nach Pensky-Martens 5—40⁰ tiefer

---

[1] E. Kadmer: Chem.-Ztg. **54**, 871 (1930).
[2] E. W. Thiele: Ind. engin. Chem. **19**, 259 (1927).

als im o. T., dagegen erhält man bei Ölen, welche geringe Mengen leicht flüchtiger, z. B. benzin- oder petroleumartiger Kohlenwasserstoffe enthalten, weit höhere Unterschiede (140⁰ und darüber). So wurde z. B. der Flammpunkt einzelner, im Pensky-Apparat bei 180⁰, im o. T. bei 200⁰ entflammender Mineralöle durch Zusatz von nur 0,5 % Benzin, welche die Zähigkeit um 8 % verringerten, im Pensky-Martens auf unter 80⁰ herabgedrückt, während der Flammpunkt im o. T. infolge vorzeitigen Entweichens des Benzins unverändert blieb. Andere, niedriger entflammbare Öle (zwischen 160 und 180⁰ im o. T.) zeigten auch in diesem nach Zusatz von 0,5 % Benzin stark herabgesetzten Flammpunkt. Nach F. Schwarz wird der Flammpunkt (P.-M.) eines fettfreien Dampfzylinderöles durch 0,1 % Benzin um 100⁰, durch $\frac{1}{30}$ % um etwa 70⁰ und durch $\frac{1}{60}$ % noch um etwa 20⁰ herabgedrückt.

Der Brennpunkt kann nur im o. T. bestimmt werden; die Bestimmung wird am besten an die Flammpunktsbestimmung in dem für diese benutzten Apparat unmittelbar angeschlossen, bei geschlossenen Probern nach Abnehmen des Deckels. Die Brennpunkte im o. T. liegen bei Benzin etwa 3—6⁰ über dem Flammpunkt im Abel-Pensky-Apparat, bei Schmierölen 20—60⁰ über dem Flammpunkt im o. T., bis 100⁰ und mehr über dem Flammpunkt nach Pensky-Martens.

Wasserhaltige Öle müssen, da sie beim Erhitzen stoßen und schäumen, vor der Flammpunktsbestimmung durch Schütteln mit $CaCl_2$ und Filtrieren getrocknet werden.

Die Unterschiede der Flammpunkte (⁰ C) bei Benutzung verschiedener Apparate zeigt folgende Tabelle[1].

Tabelle 12. Vergleichstabelle für Flammpunkte (⁰C).

Material	Abel	Tag closed	Elliott	Pensky-Martens	Cleve-land	Luchaire (franz.)	Brenn-punkt
Petroleum	30	33	33	35	38	38	43
Petroleum	34	39	37	41	46	50	54
Kerosin	53	54	53	57	60	59	71
Petrolit	61	59	60	66	68	68	79
Gasöl	—	—	—	91	93	92	104
300-Öl	—	—	—	124	129	130	152
Leichtes Schmieröl .	—	—	—	157	163	161	196
Eismaschinenöl . .	—	—	—	204	—	206	238
Schweres Schmieröl	—	—	—	221	227	221	268
Zylinderöl	—	—	—	262	274	264	321
Schweres Zylinderöl	—	—	—	266	293	265	325

Geschlossene Flammpunktsprüfer.

a) Petroleumprober nach Abel-Pensky[2].

Der Apparat (Abb. 40) besteht aus dem zur Erwärmung dienenden Wasserbad W, dem Petroleumgefäß G und dem Verschlußdeckel, welcher Thermometer t_1 und die Zündvorrichtung e trägt, die durch ein Triebwerk T in Bewegung gesetzt

---

[1] Day: Handbook of Petroleum Industry 1, 624. New York 1922.
[2] 1912 durch die Internat. Petrol.-Komm. für die Prüfung von Leuchtpetroleum international als maßgebend anerkannt. In USA. ist statt dessen der Tag Closed Tester (s. S. 60) für flüchtige brennbare Flüssigkeiten eingeführt, s. A.S.T.M.-Jber. 1927 des Comm. D 2, 105. Die Ford Motor Company schreibt zur

wird. Der Wasserbehälter W trägt Fülltrichter c und Ablaufrohr sowie Thermometer t_2. Das in die Mitte von W eingelötete Kupfergefäß bildet einen Hohlraum,

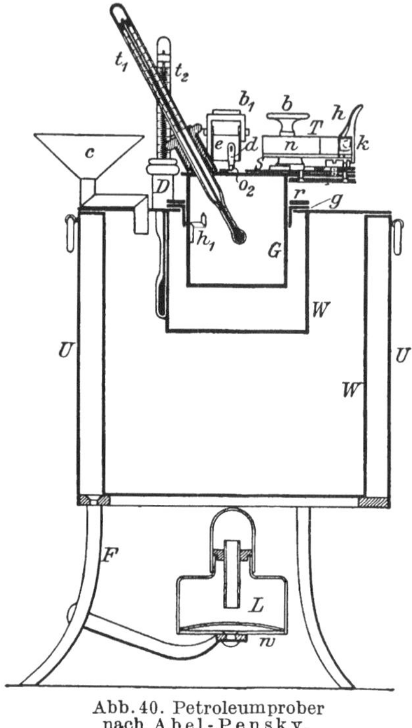

Abb. 40. Petroleumprober
nach Abel-Pensky.

in welchen das Gefäß G eingesenkt wird. Der Deckel von Gefäß G trägt außer dem Thermometer t_1 den flach aufliegenden Schieber S, welcher durch das Triebwerk T in bestimmtem Tempo bewegt wird. Sowohl der Deckel als auch der Schieber sind mit mehreren entsprechenden Durchbrechungen versehen, welche in der einen Endlage des Schiebers verdeckt, in der anderen geöffnet sind.

Zum Aufziehen des Triebwerks wird Schraube b so weit wie möglich nach rechts gedreht; beim Herunterdrücken des Hebels h dreht das Triebwerk selbsttätig den Schieber. Hierbei senkt sich das kleine, um eine horizontale Achse drehbare Lämpchen e derart, daß es bei völliger Öffnung der Durchbrechungen der Deckelplatte mit der eine kleine Zündflamme tragenden Dochthülse d durch die größte Öffnung hindurch in den mit Luft und Petroleumdämpfen gefüllten oberen Teil des Petroleumgefäßes 2 sec lang eintaucht.

Arbeitsweise.

Das in den Tiegel G mittels Pipette bis zur Marke h_1 gefüllte Petroleum wird, da das Proben je nach dem Barometerstand bei verschiedenen Temperaturen beginnt, auf 2^0 unter die aus Tabelle 13 ermittelte Anfangstemperatur abgekühlt. Dies kann direkt im Tiegel G geschehen, bevor dieser in das erwähnte Wasserbad W vorsichtig eingesenkt wird; das Petroleum darf die Wände des Gefäßes oberhalb der Auffüllmarke nicht benetzen.

Tabelle 13.   Ermittlung der Anfangstemperatur für die Flammpunktsprüfung.

Beim Barometerstand in mm		beginnt das Proben bei $+ {}^0$ C	Beim Barometerstand in mm		beginnt das Proben bei $+ {}^0$ C
von mehr als	bis einschl.		von mehr als	bis einschl.	
685	695	14,0	735	745	16,0
695	705	14,5	745	755	16,5
705	715	15,0	755	765	17,0
715	725	15,5	765	775	17,0
725	735	16,0	775	785	17,5

Flammpunktsbestimmung bei Petroleum, das als Motortreibstoff dienen soll, den geschlossenen Elliott-Apparat vor. Beschreibung s. z. B. A. H. Allen, Commercial organic analysis, 3. Aufl., 2. Bd., 2. Teil, S. 108. 1900. Die Abel-Apparate werden von der Phys.-techn. Reichsanstalt geeicht. Vgl. C. Engler, Chem. Ind. **3**, 53 (1880); Ind. Bl. **17**, 98; Korrespondenzbl. des Vereins analyt. Chem. **1880**, 129; Chem. Ind. **3**, 389 (1880); Chem.-Ztg. **4**, 767 (1880); Engler u. R. Haas, Ztschr. analyt. Chem. **20**, 1 (1881); ebenda 362. Die Beschreibung des Apparates und seiner Anwendung ist der von der P.T.R. dem Prüfschein beigegebenen Gebrauchsanweisung entnommen.

Zunächst wird das bis zum Überlauf gefüllte Wasserbad auf 54,5—55⁰ erwärmt, dann wird der mit Petroleum beschickte und mit Deckel und Thermometer versehene Tiegel eingesetzt. Während des ganzen Versuchs wird die Badtemperatur konstant auf 54,5—55⁰ gehalten. Das Zündflämmchen (ein Gasflämmchen oder, bei älteren Apparaten, ein durch Anzünden eines mit Petroleum gespeisten Wattedochtes des Zünders $d\,e$ erzeugtes Flämmchen), das so groß sein soll wie die auf dem Deckel befindliche weiße Perle, wird durch Andrehen des Triebrades b und Drücken gegen den Auslösungshebel h von $1/_2$ zu $1/_2{}^0$ eingetaucht. Das Zündflämmchen vergrößert sich etwas in der Nähe des Entflammungspunktes durch eine Art von Lichtschleier, doch bezeichnet erst das plötzliche Auftreten einer größeren blauen Flamme, welche sich über die ganze freie Fläche des Petroleums ausdehnt, den Flammpunkt.

Liegt der Flammpunkt über 35⁰, so erhitzt man das Wasserbad W auf etwa 99⁰, liegt er über 60⁰, so füllt man außerdem in den als Luftbad dienenden Raum zwischen W und G etwa 5 ccm Wasser ein.

Zollamtliche Vorschrift zur Bestimmung eines in der Nähe von 50⁰ liegenden Flammpunktes von Rohöl (zur Unterscheidung zwischen Rohöl und Schmieröl) siehe S. 153.

Der erste Versuch ist in der beschriebenen Weise mit einer frischen Portion desselben Petroleums zu wiederholen. Während man den erwärmten Gefäßdeckel abkühlen läßt, wird das Petroleumgefäß entleert, in Wasser abgekühlt, ausgetrocknet und frisch beschickt.

Thermometer und Gefäßdeckel sind vor der Neufüllung des Gefäßes sorgfältig mit Fließpapier zu trocknen; alle etwa den Deckel- oder den Schieberöffnungen noch anhaftenden Petroleumspuren sind zu entfernen. Vor dem Einsetzen des Gefäßes in den Wasserbehälter wird das Wasserbad wieder auf die oben angegebene Temperatur (55⁰ bzw. 99⁰) gebracht.

Weicht das zweite Ergebnis von dem ersten um weniger als 1⁰ ab, so gilt als Flammpunkt das Mittel aus beiden Bestimmungen; bei größeren Differenzen wird die Prüfung wiederholt. Wenn dann die Unterschiede zwischen den drei Werten nicht über 1,5⁰ betragen, gilt der Durchschnittswert aus allen dreien als Flammpunkt. Die so beobachteten Flammpunkte gelten, falls der Barometerstand nicht gerade 760 mm betrug, als scheinbare Flammpunkte und sind gemäß Tabelle 14 auf den normalen Barometerstand zu korrigieren (für in der Tabelle nicht berücksichtigte Temperaturen oder Barometerstände[1] durch Interpolieren).

Tabelle 14. Umrechnung des bei einem beliebigen Barometerstand gefundenen Flammpunktes (Abel) auf den bei normalem Barometerstand (760 mm) ihm entsprechenden Flammpunkt.

Barometerstand in mm																	
700	705	710	715	720	725	730	735	740	745	750	755	**760**	765	770	775	780	785
Flammpunkte in ⁰C																	
16,9	17,1	17,3	17,4	17,6	17,8	18,0	18,1	18,3	18,5	18,7	18,8	**19,0**	19,2	19,4	19,5	19,7	19,9
17,4	17,6	17,8	17,9	18,1	18,3	18,5	18,6	18,8	19,0	19,2	19,3	**19,5**	19,7	19,9	20,0	20,2	20,4
17,9	18,1	18,3	18,4	18,6	18,8	19,0	19,1	19,3	19,5	19,7	19,8	**20,0**	20,2	20,4	20,5	20,7	20,9
18,4	18,6	18,8	18,9	19,1	19,3	19,5	19,6	19,8	20,0	20,2	20,3	**20,5**	20,7	20,9	21,0	21,2	21,4
18,9	19,1	19,3	19,4	19,6	19,8	20,0	20,1	20,3	20,5	20,7	20,8	**21,0**	21,2	21,4	21,5	21,7	21,9
19,4	19,6	19,8	19,9	20,1	20,3	20,5	20,6	20,8	21,0	21,2	21,3	**21,5**	21,7	21,9	22,0	22,2	22,4
19,9	20,1	20,3	20,4	20,6	20,8	21,0	21,1	21,3	21,5	21,7	21,8	**22,0**	22,2	22,4	22,5	22,7	22,9
20,4	20,6	20,8	20,9	21,1	21,3	21,5	21,6	21,8	22,0	22,2	22,3	**22,5**	22,7	22,9	23,0	23,2	23,4
20,9	21,1	21,3	21,4	21,6	21,8	22,0	22,1	22,3	22,5	22,7	22,8	**23,0**	23,2	23,4	23,5	23,7	23,9
21,4	21,6	21,8	21,9	22,1	22,3	22,5	22,6	22,8	23,0	23,2	23,3	**23,5**	23,7	23,9	24,0	24,2	24,4
21,9	22,1	22,3	22,4	22,6	22,8	23,0	23,1	23,3	23,5	23,7	23,8	**24,0**	24,2	24,4	24,5	24,7	24,9
22,4	22,6	22,8	22,9	23,1	23,3	23,5	23,6	23,8	24,0	24,2	24,3	**24,5**	24,7	24,9	25,0	25,2	25,4
22,9	23,1	23,3	23,4	23,6	23,8	24,0	24,1	24,3	24,5	24,7	24,8	**25,0**	25,2	25,4	25,5	25,7	25,9

---

[1] Für etwaige Extrapolationen ist aus Tabelle 14 zu ersehen, daß der Flammpunkt für je 20 mm Druckerniedrigung um 0,7⁰ abnimmt.

Zur Bestimmung des **Brennpunktes** entfernt man nach Erreichung des Flammpunktes den Deckel des Apparates, setzt das Ölthermometer mittels einer Klammer wieder ein, so daß die Quecksilberkugel allseitig von Öl bedeckt ist, und prüft unter weiterem Erhitzen durch Nähern eines mit der Hand frei geführten Zündflämmchens (z. B. eines Lötrohrflämmchens) von $^1/_2$ zu $^1/_2{}^0$ weiter, bis die anfangs nur für einen Augenblick aufflammenden Dämpfe von selbst weiter brennen.

Zur Bestimmung des Flamm- und Brennpunktes von **Benzin** und anderen sehr niedrigflammenden Flüssigkeiten, z. B. benzinreichen Rohölen, benutzt man den **Abel**-Prober in folgender Weise:

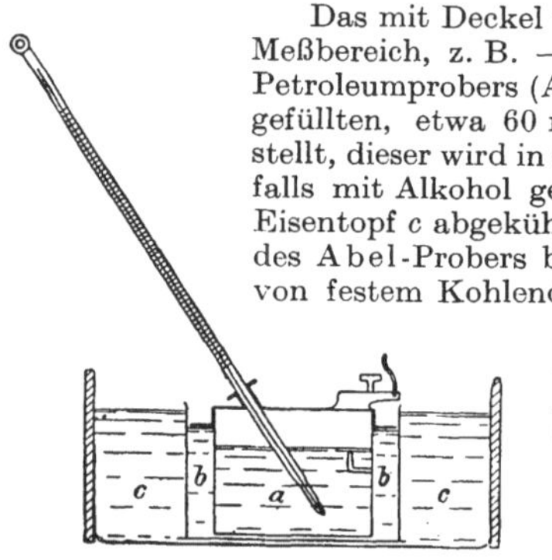

Das mit Deckel und einem **Kälte**thermometer von geeignetem Meßbereich, z. B. —70 bis 0⁰, versehene Gefäß a des **Abel**schen Petroleumprobers (Abb. 41) wird in den zylindrischen, mit Alkohol gefüllten, etwa 60 mm hohen und 90 mm weiten Blechtopf b gestellt, dieser wird in einem 70 mm hohen und 160 mm weiten, gleichfalls mit Alkohol gefüllten, emaillierten und mit Filz umwickelten Eisentopf c abgekühlt. Das zu prüfende Benzin wird in den Tiegel des **Abel**-Probers bis zur Marke gefüllt, worauf durch Einfüllen von festem Kohlendioxyd in die Gefäße b und c eine nach Bedarf mehr oder weniger starke Abkühlung des Benzins (bis zu —70⁰) herbeigeführt wird. Der ganze Apparat wird zur Vermeidung von zu schneller Erwärmung mit Tüchern umwickelt.

Die Zündvorrichtung wird, falls nicht ein Gaszündflämmchen benutzt wird, erst kurz vor Beginn des Probens eingesetzt, damit das Petroleum im Docht der Zündflamme nicht einfriert und diese nicht während des Versuchs verlischt. Auch der Federwerkmechanismus, welcher das Eintauchen des Zündflämmchens

Abb. 41. **Abel**scher Petroleumprober,
Anordnung zur Bestimmung sehr
tiefer Flammpunkte.

bewirkt, funktioniert bei der starken Abkühlung nur mangelhaft und muß öfters durch Andrehen des auf dem Deckel sitzenden Aufzugsknopfs während des Versuchs unterstützt werden. Im übrigen wird auf Entflammbarkeit von $^1/_2$ zu $^1/_2{}^0$ in gleicher Weise wie bei der Petroleumprüfung geprobt. Hierzu wird das Gefäß a aus dem Kältebade herausgenommen und mit einem Tuch umwickelt, um das Verlöschen der Zündflamme durch das aus c fortwährend entweichende Kohlendioxyd zu vermeiden. Die Prüfung beginnt bei — 50 oder — 60⁰. Der Brennpunkt wird nach Entfernen des Deckels wie oben bestimmt.

b) Geschlossener Flammpunktsprüfer von Tagliabue ("Tag" closed tester)[1].

Dieser Apparat (s. Abb. 42) ist in USA. an Stelle des sonst international eingeführten **Abel-Pensky**-Apparates zur Flammpunktsbestimmung von Leuchtpetroleum und allen unter 80⁰ C (175⁰ F) entflammenden Mineralölen, mit Ausnahme der Heizöle, vorgeschrieben.

Der 68 g schwere, 54 mm weite Flammpunktstiegel wird durch ein Wasserbad **unmittelbar** (ohne dazwischenliegendes Luftbad, wie beim **Abel**-Prober) erhitzt. Die Höhe des Tiegels ist so bemessen, daß die Öloberfläche nach Einfüllung von 50 ccm Öl (mit einer Pipette oder einem Meßzylinder abgemessen) 29,4 $\pm$ 0,4 mm unter dem oberen Rand des Tiegels liegt. Gemäß Abb. 42 ist die zum Einführen der Zündflamme in den Tiegel dienende Deckelöffnung nicht nur während des Zündversuchs, sondern **dauernd** offen, der Apparat muß daher wie ein offener Prober sorgfältig gegen Zugluft geschützt werden. Zündvorrichtung und

---

[1] Bureau of Mines Techn. Paper 323 B, 56, Meth. 110.11; s. auch A.S.T.M.-Jber. 1929 des Comm. D 2, 106, Meth. D 56—21.

Thermometer (— 7 bis + 110⁰ C, in 0,5⁰ geteilt) sind den im Abel-Apparat benutzten ähnlich[1].

Zu Beginn des Versuchs müssen Öl- und Wasserbadtemperatur mindestens 11⁰ C unterhalb des erwarteten, bzw. durch einen Vorversuch annähernd zu ermittelnden Flammpunktes liegen. Die Heizung ist so einzustellen, daß die Öltemperatur um 1⁰ ± 0,1⁰ C/min steigt. 5⁰ C unter dem erwarteten Flammpunkt beginnend, prüft man von 0,5 zu 0,5⁰ C durch 1 sec langes Eintauchen des Zündflämmchens (4 mm Ø) in üblicher Weise auf Entflammen des Öles.

c) Flammpunktsprüfer nach Pensky-Martens[2].

Dieser Apparat (Abb. 43) dient nach verschiedenen in- und ausländischen Lieferbedingungen (s. S. 251) an Stelle des Abel-Probers zur Bestimmung

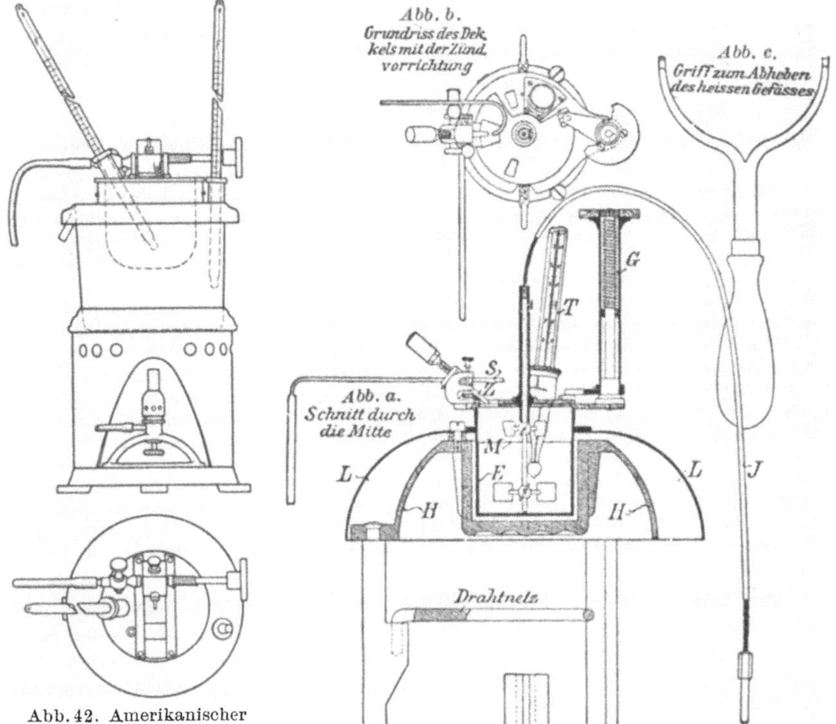

Abb. 42. Amerikanischer geschlossener Flammpunktsprüfer (Tag closed tester).

Abb. 43. Flammpunktsprüfer nach Pensky-Martens.

des Flammpunktes von höher als Leuchtpetroleum entflammenden Ölen (Gasöl, Heizöl, Treiböl, Schmieröl). Da die Erhitzung des Öles im Luftbad, nicht, wie beim Abel-Prober, im Wasserbad vorgenommen wird, können Flammpunkte in jeder Höhe bestimmt werden.

---

[1] Für Einzelheiten bezüglich der Dimensionen muß aus Raumersparnisgründen auf die Originalvorschrift (s. o.) verwiesen werden.

[2] Zu beziehen von Sommer & Runge, Berlin-Friedenau, Bennigsenstr. 24. In England und USA. sind alle Dimensionen des Pensky-Martens-Apparats genau vorgeschrieben; s. z. B. I.P.T.-Standard Methods, 2. Aufl., S. 44. London 1929.

Infolge der geschlossenen Bauart, welche den Einfluß von Luftströmungen im Arbeitsraum ausschaltet, der durch den Rührer ermöglichten gleichmäßigen Temperaturverteilung sowie der automatisch geregelten Zündflammenführung liefert der Apparat gut reproduzierbare Ergebnisse. Ein Vorzug des Penskyschen Probers ist ferner die Vergleichbarkeit der Ergebnisse mit den auf dem Abelschen Prober gewonnenen Resultaten bei Ölen mit niedrigen Flammpunkten. Eigentümlich und in der Technik bisweilen auch störend ist beim Pensky-Prober die sehr große Empfindlichkeit seiner Angaben gegenüber technisch belanglosen Mengen leicht flüchtiger Dämpfe (vgl. S. 57). Diese Empfindlichkeit, sowie vor allem der Umstand, daß die Flammpunkte im Pensky-Martens-Apparat niedriger liegen als im o. T., haben die im Interesse größerer Exaktheit der Flammpunktsbestimmung wünschenswerte allgemeinere Einführung des Apparates an Stelle der offenen Prober bisher verhindert. Die zur Charakterisierung der verschiedenen Öltypen (z. B. in den „Richtlinien") aufgestellten, für den Marcusson-Apparat geltenden Flammpunktsnormen müßten bei Einführung des Pensky-Martens-Apparates sämtlich neu, und zwar tiefer festgesetzt werden [1].

Die Ölprobe wird in das Gefäß E 35 mm hoch (bis zur Marke M) eingefüllt; nach Einsetzen des mit Deckel und Thermometer versehenen Tiegels in den Apparat erhitzt man durch einen genügend starken Gasbrenner oder auf elektrischem Wege so, daß die Temperatur anfangs um 6—10°/min, bei Annäherung an den Flammpunkt um 4—6°/min steigt. Zwischen E und dem Eisenkörper H befindet sich eine Luftschicht. Asbestpappe schützt den Messingmantel L vor zu starker Wärmeabgabe. Von 100°, bzw. bei niedrigerem Flammpunkt entsprechend früher, bewegt man beständig den Rührer J und taucht das durch Gas gespeiste, etwa 2—3 mm lange Zündflämmchen Z durch Drehen des Griffes G zunächst von 2 zu 2° und später, wenn das Zündflämmchen beim Eintauchen größer erscheint, von Grad zu Grad etwa 2 sec lang unter Aussetzen des Rührens in den Dampfraum des Gefäßes E, bis deutliches Aufflammen der Dämpfe eintritt. Im Laufe des Versuches erlischt zuweilen das Zündflämmchen, weshalb neben Z ein Sicherheitsflämmchen S angeordnet ist. Beim Wiedereintauchen von Z wiederholt sich das Aufflammen in der Regel nicht mehr, da der im Dampfraum enthaltene Sauerstoff beim ersten Aufflammen verbraucht wird. Man arbeitet zweckmäßig an einem Platz mit gedämpfter Beleuchtung. Das Aufflammen wird am besten durch die zweite, nicht zur Durchführung der Zündflamme dienende Öffnung im Deckel beobachtet.

Die Ergebnisse der Wiederholungsversuche sollen im allgemeinen um nicht mehr als 3° differieren. Wesentlich höher können diese Unterschiede bei Gemischen von Mineralöl mit viel fettem Öl oder bei reinen fetten Ölen ausfallen, weil die Fette beim Erhitzen infolge ungleichmäßiger Zersetzung bei Wiederholungsversuchen verschiedene Mengen brennbarer Gase entwickeln. Mit wenig (in der Regel bis 5, selten bis 12%) Fett gemischte Heißdampfzylinderöle zeigen gewöhnlich keine wesentlichen Unterschiede bei den Wiederholungsversuchen.

Einmal zum Versuch benutztes Öl ist für Wiederholungsversuche ungeeignet, da sich der Flammpunkt meistens durch Abgabe von Dämpfen erhöht hat.

Die Flammpunktsthermometer werden von der P.T.R. so geprüft, daß sie, wie beim eigentlichen Flammpunktsversuch, bis zur Hülse in das Heizbad eintauchen, wodurch eine Korrektion für den herausragenden Faden erspart wird.

---

[1] Eine solche Neuregelung zeigen z. B. die italienischen Normen (2. Aufl., Mailand 1928), welche für Schmieröle durchweg die Flammpunktsbestimmung nach Pensky-Martens vorschreiben.

Werden auf volle Eintauchtiefe geeichte Thermometer benutzt, so ist die Faden-korrektion, die bei Flammpunkten von 200⁰ und darüber beträchtliche Werte annehmen kann, anzubringen.

Der Barometerstand ist nur bei erheblichen Abweichungen gegenüber dem Normaldruck (760 mm), also z. B. bei entsprechender Höhenlage der Prüfstelle, zu berücksichtigen. Die Korrektur beträgt gemäß Tabelle 14, S. 59, bis 100 mm Unterdruck für je 20 mm Druckdifferenz 0,7⁰.

Offene Flammpunktsprüfer.

Wie S. 56 erwähnt, ergeben Flammpunktsbestimmungen in offenen Probern viel schlechter reproduzierbare Werte als solche in geschlossenen Apparaten. Z. B. sind nach den „Richtlinien" Prüffehler bis ± 3⁰ im o. T. zulässig[1]; praktisch wurden aber bei Vergleichsversuchen an verschiedenen Prüfstellen Streuungen bis zu 20⁰ festgestellt. Die A.S.T.M. gestattet beim Cleveland-Prüfer eine Fehlergrenze von ± 5⁰ F (± 2,8⁰ C), während die Grenzwerte bei Vergleichsversuchen um 15—25⁰ F (8,3—13,9⁰ C), gelegent-lich sogar um 30⁰ F (16,7⁰ C) differierten[2].

In Deutschland ist auf Grund langjähriger Vergleichsprüfungen mit dem am meisten verbreiteten Apparat von Marcusson in der Originalform (mit seitlicher Zündflammenführung) sowie in verschiedenen Modifikationen (senkrechte Zündflammenführung, elektrische Zündung), dem Apparat von Schlüter[3] und dem Apparat der deutschen Reichsbahn (S. 65) neuer-dings der ursprüngliche Marcusson-Apparat unter genauer Festlegung aller Maße (s. Abb. 44) als Normapparat vorgeschlagen worden[4]. Die relative Unsicherheit, welche auch diesem Apparat noch anhaftet, ergibt sich aber zugleich aus der Vorschrift, den Flammpunkt als Mittelwert von sechs (!) Einzelbestimmungen anzugeben und Einzelwerte, die um mehr als 4⁰ von diesem Mittelwert abweichen, auszuscheiden und durch neue Messungen zu ersetzen. (Weichen mehr als 2 Einzelmessungen um mehr als 4⁰ vom Mittelwert ab, so wird angenommen, daß das unregelmäßige Entflammen auf einer Eigentümlichkeit des betreffenden Öles beruht, und der Mittel-wert wird unter Hinweis auf die großen Streuungen der Einzelwerte aus den ersten 6 Messungen gebildet.)

Die Hauptmängel jedes offenen Flammpunktsprüfers, die Störung durch zufällige Luftströmungen und die Unmöglichkeit, die Temperatur im Öl durch Rühren auszugleichen, bleiben eben auch bei dem genormten Apparat und der genormten Arbeitsweise bestehen.

a) Verfahren von Marcusson[5].

Der Marcusson-Apparat (Abb. 44) ist eine Fortbildung des Brenkenschen Apparates[6], bei welchem das Versuchsöl in einem gewöhnlichen, mit Thermometer versehenen Porzellantiegel mittels eines Sandbades erhitzt und durch Annäherung eines mit der Hand frei geführten roggenkorngroßen Zündflämmchens auf Ent-flammbarkeit geprüft wurde.

---

[1] Nach dem neuen Normblattentwurf ± 4⁰.

[2] A.S.T.M.-Jber. 1924 des Comm. D 2, S. 44.

[3] Schlüter: Chem.-Ztg. **52**, 261 (1928).

[4] DIN-DVM 3661, Entwurf 1, s. Erdöl u. Teer **8**, 398 (1932). Kritik dazu s. S. Erk: ebenda **9**, 122 (1933); A. Baader: ebenda **9**, 140, 155 (1933).

[5] Ausführungsform nach dem Normenentwurf DIN-DVM 3661 (August 1932).

[6] Rakusin: Untersuchung des Erdöls und seiner Produkte, S. 50. Braun-schweig 1906.

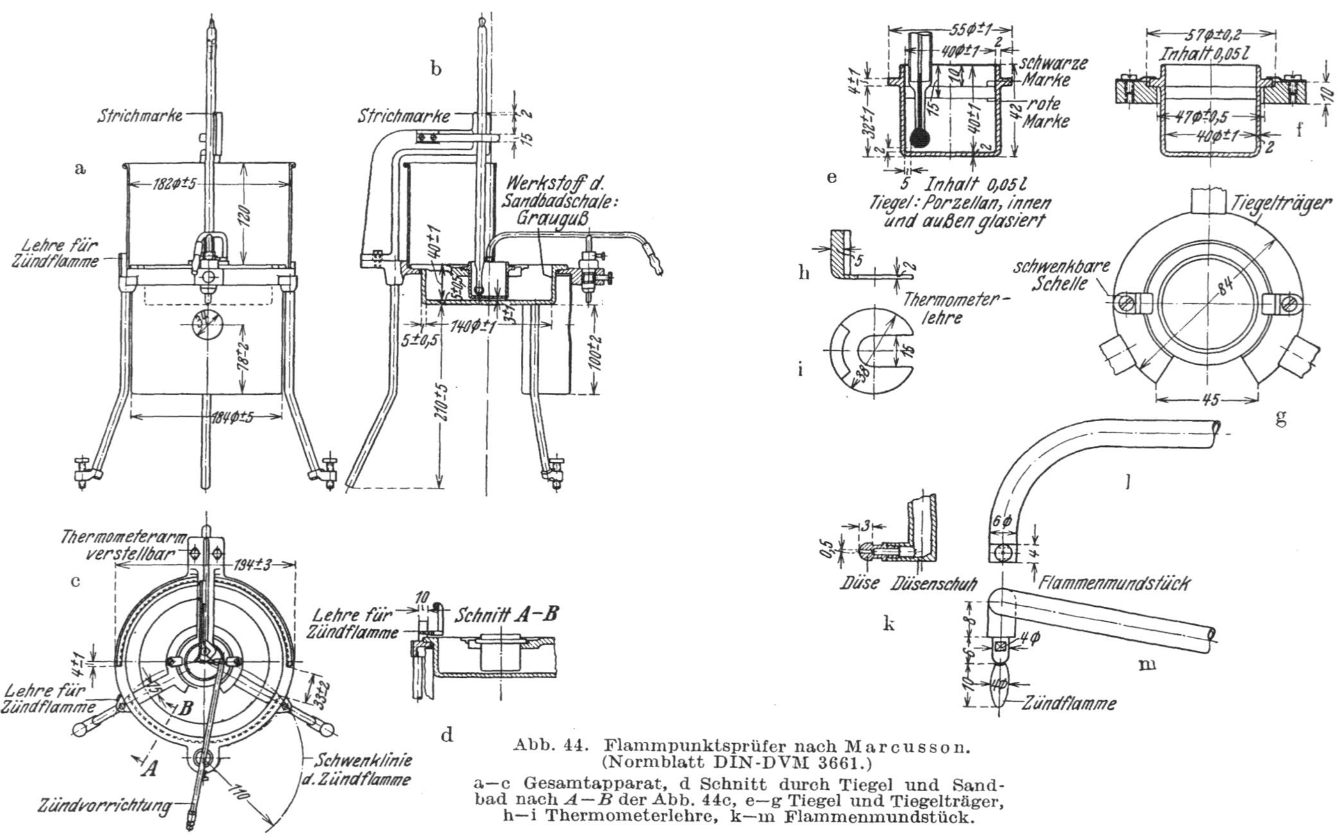

Abb. 44. Flammpunktsprüfer nach Marcusson. (Normblatt DIN-DVM 3661.)

a—c Gesamtapparat, d Schnitt durch Tiegel und Sandbad nach A—B der Abb. 44c, e—g Tiegel und Tiegelträger, h—i Thermometerlehre, k—m Flammenmundstück.

Die ebenfalls aus Porzellan bestehenden Flammpunktstiegel des Marcusson-Apparates sind zylindrisch, je 40 mm hoch und weit und mit zwei, 10 und 15 mm vom oberen Rande entfernten Einfüllmarken versehen; in der Höhe der oberen Marke befindet sich außen ein Flansch, der in einen Einsatz des Sandbades fest eingespannt wird.

Für die Thermometer gelten folgende, nach Schlüters Vorschlägen[1] aufgestellte Vorschriften:

Skala 40—260⁰ oder 190—410⁰ in $^1/_1^0$ geteilt, Quecksilbergefäß kugelförmig, $9 \pm 0,5$ mm Ø, Thermometerrohr zylindrisch, $10 \pm 0,5$ mm Ø, Beginn der kalibrischen Capillare sowie der Skalenplatte 30 ± 5 mm, niedrigster Punkt der Teilung (40 bzw. 190⁰) 80 ± 5 mm, oberes Ende der Teilung 245 ± 10 mm über dem Boden der Quecksilberkugel, Gradlänge 0,75 mm. Die Thermometer werden für 30 mm Eintauchtiefe unter Berücksichtigung der vorher besonders bestimmten Korrektion für den herausragenden Faden geprüft, so daß bei Benutzung der Thermometer keine Fadenkorrektionen anzubringen sind.

Bei der Flammpunktsbestimmung steht das Thermometer senkrecht so in dem Tiegel, daß der Boden des Quecksilbergefäßes sich 2 mm über dem Tiegelboden befindet (Einstellung mittels der am Thermometerhalter befindlichen Strichmarke, s. Abb. 44 b) und die Kugel seitlich von der Tiegelwand 5 mm Abstand besitzt (Einstellung mit Lehre, Abb. 44 e, h u. i).

Die Zündflamme ist bis zum leuchtenden Punkt der Spitze genau 10 mm lang (Einstellung s. Abb. 44 d) und liegt waagerecht, in der Ruhelage seitlich vom Tiegel in der Höhe des oberen Tiegelrandes. Die Zündvorrichtung wird mit der Stellschraube so befestigt, daß der Düsenschuh (Abb. 44 k) den Tiegelrand eben ohne Widerstand streift und die Mitte der Zündflamme beim Schwenken durch die Mitte der Tiegelöffnung geht.

Der Tiegel wird in einem Sandbade erhitzt, in welches er bis zur Höhe des Ölspiegels eingebettet wird. Die Sandschicht zwischen Tiegelboden und Sandbadschale ist 2 mm hoch. Der zur Abhaltung von Zugluft und zum Schutze des Beobachters gegen die Strahlung des Brenners mit Schutzschirmen versehene Apparat ist in einem zugfreien, möglichst etwas abgedunkelten Raum aufzustellen.

Man füllt Öle mit Fp. $> 250^0$ (Zylinderöle) bei Zimmertemperatur bis zur unteren, alle anderen Öle bis zur oberen Marke in den Tiegel ein. Hierauf setzt man den Tiegel in den Halter, drückt ihn so weit in den Sand ein, daß der Flansch auf dem Halter aufliegt, schraubt die Schellen fest und richtet den Tiegel mit einer Wasserwaage genau aus. Nunmehr erhitzt man durch einen Regulierbrenner so, daß der Temperaturanstieg anfangs 5—10⁰/min beträgt. Bei Annäherung an den Flammpunkt (bei Fp. $< 250^0$ etwa 30⁰, bei höherem Flammpunkt etwa 50⁰ unterhalb des erwarteten Flammpunkts) mäßigt man den Temperaturanstieg auf $3 \pm 0,5^0$/min und führt von Grad zu Grad die Zündflamme in der Ebene des Tiegelrandes innerhalb 1 sec über das Öl hin und wieder zurück, ohne hierbei über dem Tiegelrande zu verweilen. Diejenige Temperatur, bei welcher die Öldämpfe erstmalig an der Zündflamme entflammen, ist der Flammpunkt.

Prüfmenge. Eine Tiegelfüllung beträgt etwa 40 ccm.

Über Prüffehler vgl. S. 63. Bei fetten Ölen oder Gemischen dieser mit Mineralölen sind infolge ungleichmäßiger Zersetzung noch größere Abweichungen (s. oben) möglich.

b) Flammpunktsprüfer der Deutschen Reichsbahn.

Der Apparat (Abb. 45), eine Modifikation des Marcusson-Apparates, zeigt folgende Konstruktion[2]:

In den Ring eines Dreifußes ist eine, ursprünglich zur Aufnahme von Sand bestimmte, in der Praxis aber ohne Sand als Luftbad zur Heizung benutzte zylinderförmige Eisenblechschale eingehängt. In ihr befindet sich eine eiserne Spinne, die zum Halten des in seinen Hauptabmessungen der Richtlinienvorschrift

---

[1] Schlüter: Chem.-Ztg. **52**, 261 (1928).
[2] Vgl. M. Friedebach: Petroleum **25**, 94 (1929); Hersteller des Apparats: Sommer und Runge, Berlin-Friedenau.

entsprechenden Porzellantiegels dient. Nach oben ist die Schale durch einen Asbestdeckel verschlossen, der einen Ausschnitt für den Tiegel besitzt. Das Thermometer wird durch einen feststehenden federnden Halter, der nur eine Verschiebung

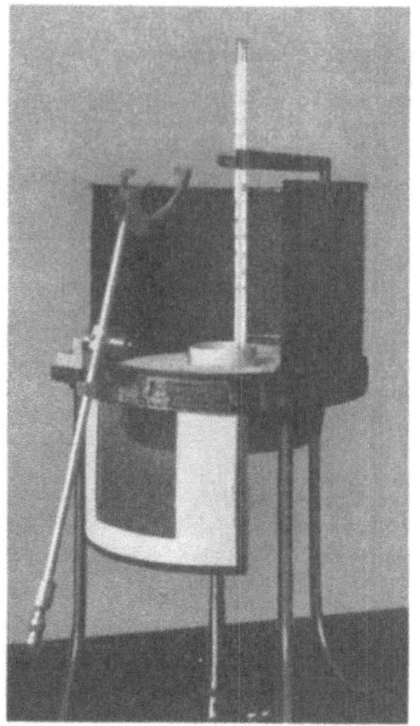

des Thermometers in vertikaler Richtung zuläßt, so befestigt, daß seine Kugel etwa in mittlerer Höhe im Öle steht. Damit steht bei einem richtig gebauten Apparat das Thermometer auch etwa in der Mitte zwischen Tiegelachse und Wand.

Die 10 mm lange Zündflamme steht bei der Prüfung im Winkel von 45⁰ nach unten; sie wird durch Schwenken des um eine horizontale Achse drehbaren Zündrohres von oben herab der Mitte der Öloberfläche genähert. Eine Hin- und Herbewegung findet nicht statt. Der richtige Abstand der Flamme von der Oberfläche ist ein für allemal durch einen am Zündrohr angebrachten, halbkreisförmigen Bügel, der sich bei der Prüfung auf den Tiegelrand legt, sichergestellt. Zum Schutz des Tiegels gegen Luftzug ist der obere Teil des Apparates mit einem Schutzblech umgeben; ferner ist eine mit Schauglas versehene Asbestscheibe zum Schutze des Beobachters vor der Hitze des Heizbrenners am Dreifuß angebracht. Die Arbeitsweise ist die gleiche wie beim Marcusson-Apparat (s. S. 65).

Abb. 45. Offener Flammpunktsprüfer der Deutschen Reichsbahn.

c) Offener Tiegel nach Cleveland (A.S.T.M.-Methode)[1].

Die wesentlichsten Teile des Apparates sind der Metalltiegel (Abb. 46), die als Unterlage für den Tiegel dienende Metallplatte mit Asbestauflage (Abb. 47) und ein besonders geeichtes Thermometer. Die Maße des Tiegels und der Unterlage s. Abb. 46 und 47; das 305 $\pm$ 2 mm lange, in 2⁰ geteilte Thermometer reicht von $-$ 6 bis $+$ 400⁰ C und soll auf 25 mm Eintauchtiefe und folgende mittlere Fadentemperaturen geeicht sein:

Abgelesene Temperatur ⁰ C	100	150	200	250	300	350
Mittlere Temperatur des herausragenden Fadens ⁰ C	44	54	64	77	91	108

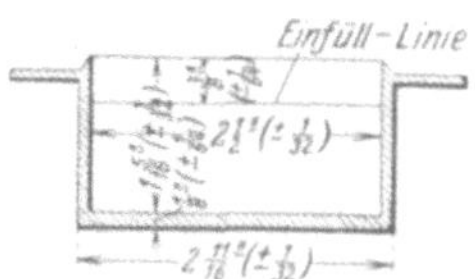

Abb. 46. Tiegel zum Cleveland-Apparat.

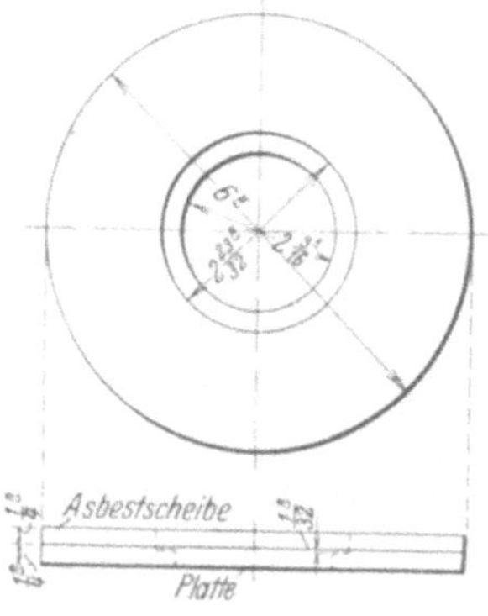

Abb. 47. Heizplatte zum Cleveland-Apparat.

Man setzt den Tiegel in den Ausschnitt der Asbestscheibe ein und befestigt das Thermometer halbwegs zwischen Mitte und hinterem Rand des Tiegels so,

---

[1] A.S.T.M.-Jber. 1929 des Comm. D 2, S. 120.

daß der Boden des Quecksilbergefäßes sich 6,35 mm über dem Tiegelboden befindet. Dann füllt man den Tiegel bei Zimmertemperatur genau bis zur Einfüllmarke mit dem Versuchsöl und erhitzt bis 55^0 unter dem erwarteten Flammpunkt um höchstens 17^0/min, alsdann langsamer, so daß während der letzten 28^0 die Temperatur um genau 5—6^0/min steigt.

Die Zündflamme (Durchmesser 4 mm, an der Spitze 1,6 mm) wird von 2 zu 2^0 [1] in der Ebene des oberen Tiegelrandes geradlinig (oder auf einem Kreisbogen von mindestens 15 cm Radius) 1 sec lang mitten über das Öl geführt, bis der Flammpunkt erreicht ist.

Zur Bestimmung des Brennpunktes wird die Prüfung in gleicher Weise fortgesetzt, bis die Dämpfe mindestens 5 sec lang weiter brennen.

d) Englische Standardmethode[2].

Als Apparat dient der Pensky-Martens-Apparat, dessen Deckel abgenommen und durch einen auf dem Tiegelrand befestigten Halter für Thermometer und Zündflamme ersetzt ist. Das Thermometer steht schräg, so daß die Mitte der Quecksilberkugel in der Achse des Tiegels, 12,7 mm unter der Einfüllmarke liegt. Die Zündflamme, die wie beim geschlossenen Prober gestaltet ist, befindet sich dauernd in der Höhe des Tiegelrandes genau mitten über dem Ölspiegel.

Während des Versuches (Erhitzungstempo 10^0 F $= 5,6^0$ C/min) wird das Öl nicht gerührt.

10. Zündpunkt.

Als Zündpunkt (Zp.) oder Selbstentzündungstemperatur wird die niedrigste Temperatur bezeichnet, bei der ein brennbarer Stoff im Gemisch mit Sauerstoff oder Luft sich von selbst entzündet. Der Zündpunkt ist ebenso wie der Flammpunkt keine absolute physikalische oder chemische Konstante, sondern von der verwendeten Apparatur und den Versuchsbedingungen (Druck, Luft- bzw. Sauerstoffmenge) abhängig.

Im Gegensatz zum Flammpunkt steht der Zündpunkt eines Öles in keiner Beziehung zu seiner Dampfspannung, d. h. einer physikalischen Eigenschaft, sondern ist mehr ein Kennzeichen der chemischen Zersetzlichkeit des Öles bei hohen Temperaturen.

Da die thermische Zersetzung der Öle vor allem unter Wasserstoffabspaltung erfolgt, sind die wasserstoffreichsten Öle, also die gesättigten Paraffinkohlenwasserstoffe, am unbeständigsten, d. h. sie zeigen die niedrigsten Selbstentzündungspunkte (z. B. zwischen 200 und 250^0, auf dem Apparat von Jentzsch bestimmt), während wasserstoffarme aromatische Verbindungen (Benzol) sich erst bei sehr hohen Temperaturen (gegen 500^0) von selbst entzünden. Leicht von selbst entzündlich sind ferner solche Stoffe, die, wie z. B. Terpentinöl oder Äthyläther, zur Bildung von Peroxydverbindungen neigen. Die Zündpunkte der hochsiedenden Erdölfraktionen (Schmieröle) liegen nicht höher, unter Umständen sogar etwas tiefer als diejenigen der niedriger siedenden Fraktionen (Benzin, Leuchtpetroleum), so daß bei manchen Schmierölen Zündpunkt und Flammpunkt fast zusammenfallen.

Die Kenntnis des Zündpunktes ist von Interesse bei Kraftstoffen und Schmierölen für Verbrennungsmotoren sowie bei manchen anderen Schmierölen, z. B. für Luftkompressoren. Bei Kraftstoffen für Verbrennungsmotoren steht die Höhe des Zündpunktes in Beziehung zu ihrer Kompressionsfestigkeit, insofern als Stoffe von niedrigem Zündpunkt bei hoher Kompression leicht zum sog. „Selbstzündungsklopfen" neigen. Da aber die — für das

---

[1] Im Original, wo sämtliche Maße in Zoll, alle Temperaturen in ^{0} F angegeben sind, von 5^0 zu 5^0 F, d. h. bei einem Temperaturanstieg von 9—11^0 F pro min etwa alle 30 sec.

[2] I. P. T.-Standard Methods, 2. Aufl., S. 57. London 1929.

Verhalten im Motor allein maßgebenden — Zündpunkte unter hohem Druck anders liegen als bei Atmosphärendruck, so lassen sich aus Zündpunktsbestimmungen bei Atmosphärendruck nicht ohne weiteres Schlüsse auf die Kompressionsfestigkeit eines Kraftstoffes ziehen. Nach Jentzsch[1] ist es jedoch möglich, die apparativ diffizilere Bestimmung des Zündpunktes unter Druck[2] dadurch zu umgehen, daß man den Zündpunkt zwar bei Atmosphärendruck, aber unter Zufuhr verschiedener Sauerstoffmengen bestimmt.

Seine Methode beruht auf der Überlegung, daß ein unter Druck stehender Luftraum eine größere Sauerstoffmenge in der Raumeinheit enthält als gewöhnliche atmosphärische und gar erhitzte Luft, und daß dadurch die Entzündung begünstigt wird. Dieselbe Wirkung läßt sich bei atmosphärischer Spannung durch künstliche Sauerstoffzuführung erreichen. Jentzsch setzt somit die Zündwirkung eines bestimmten O_2-Stromes im Prüfgerät der Zündwirkung von Luft unter bestimmtem Druck angenähert gleich. Das Vorhandensein dieser Parallelität wurde von mehreren Seiten[3] bezweifelt, von Schäfer[4] bestätigt. Jedenfalls werden die Zündungseigenschaften eines Öles durch Einbeziehung der zur Zündung bei verschiedenen Temperaturen erforderlichen Sauerstoffmengen nach Jentzsch schärfer charakterisiert als durch die früher übliche Bestimmung der Selbstzündungstemperatur allein. Für Dieseltreiböle bedeutet der Einfluß der Sauerstoffmenge, daß Öle mit hohem Sauerstoffbedarf (d. h. auf die Praxis übertragen, Öle, die bei gegebener Zylindertemperatur am Ende des Kompressionshubes erst bei hohem Druck zünden) unter Umständen im Dieselmotor völlig versagen können, wenn nicht die Kompression erhöht wird. Maßgebend ist hierbei nach Schäfer nicht die rein geometrisch errechnete

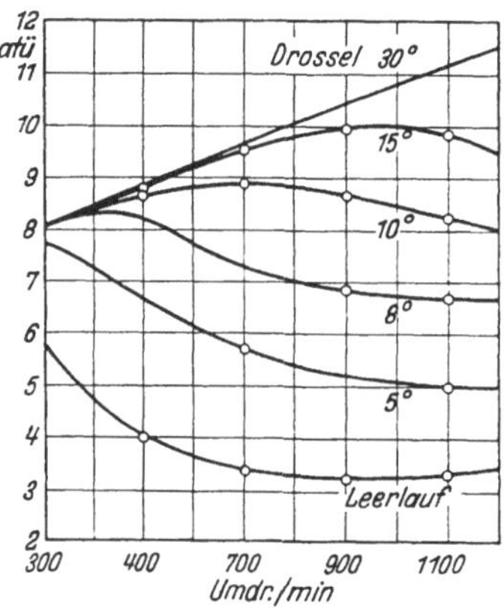

Abb. 48. Abhängigkeit des wahren Kompressionsdrucks von Drehzahl und Drosselklappenstellung (nach D. Schäfer).

$$\text{Kompression}\left(\frac{\text{Hubvolumen} + \text{schädlicher Raum}}{\text{schädlicher Raum}}\right),$$

sondern der wahre Druck am Ende des Kompressionshubes, der unter anderem von der Drehzahl und der Drosselklappenstellung weitgehend beeinflußt wird (s. Abb. 48). Bei genügender Berücksichtigung dieser Faktoren dürfte es möglich sein, die praktische Brauchbarkeit eines Kraftstoffes, die man bisher bei der Verschiedenartigkeit der Motorkonstruktionen nur auf Grund von Motorversuchen und auch nur für den speziellen, zu den Versuchen benutzten Motor sicher beurteilen zu können glaubte, schon nach ihrem Sauerstoffbedarf im Jentzschschen Zündwertprüfer zu beurteilen. Dabei ist für Dieseltreiböle zur Feststellung der Zündfähigkeit der Sauerstoffbedarf bei etwa 500⁰ — der möglichst niedrig sein soll —, für Vergasermotor-Kraftstoffe (Benzin, Benzol usw.) zur Beurteilung der Klopffestigkeit der Sauerstoffbedarf bei etwa 300⁰ — der möglichst hoch sein soll — maßgebend.

Während bei genügend hoher Temperatur die Zündung unmittelbar nach Einbringen des Brennstoffes in den Prüfapparat erfolgt, tritt bei niedrigeren

<hr>

[1] Jentzsch: Ztschr. Ver. Dtsch. Ing. **69**, 1353 (1925).

[2] Tausz u. Schulte: ebenda **68**, 574 (1924); s. auch Berl, Heise u. Winnacker: Ztschr. physikal. Chem. Abt. A **139**, 453 (1929); H. Hassenbach: Diss. Techn. Hochsch. Breslau 1930.

[3] G. Bandte: Erdöl u. Teer **6**, 269 (1930); vgl. auch A. v. Philippovich: Motorenbetrieb und Maschinenschmierung **2**, 13, Beil. zu Petroleum **25**, Nr. 30 (1929), sowie W. Hoff: Diskussion zum Vortrag von Schäfer (folgd. Fußn.).

[4] D. Schäfer: Jahrbuch 1932 Schiffbautechn. Ges., S. 181, Vortrag 32. Hauptverslg. dieser Ges., Nov. 1931.

Temperaturen ein gewisser Zündverzug auf, welcher wohl der verringerten Reaktionsgeschwindigkeit bei niedrigerer Temperatur entspricht. M. Brunner[1] nimmt weiterhin an, daß die primär entstehenden, zur Einleitung der Zündung erforderlichen aktiven Mol- oder Peroxyde von aktiven Stellen der Gefäßwand gebunden und dadurch inaktiviert werden könnten; erst eine weitere Menge solcher „Reaktionszentren", deren Bildung natürlich entsprechende Zeit erfordert, würde dann die Explosion auslösen können. Bei schnellaufenden Dieselmotoren muß der Zündverzug des Treiböles so gering wie möglich sein, da für jeden Expansionshub (bei dessen Beginn die Zündung erfolgt) nur kleine Bruchteile einer Sekunde zur Verfügung stehen. Um verschiedene Treiböle hinsichtlich dieser wichtigen Eigenschaft miteinander vergleichen zu können, hat F. A. Foord[2] einen besonderen Selbstentzündungsapparat [R.A.E. (Royal Aircraft Establishment)-Spontaneous Ignition Temperature Apparatus] konstruiert, bei welchem die Zeit zwischen Einspritzen des Brennstoff-Luftgemisches (mittels einer Düse, wie beim Motor selbst) und dem Eintritt der Selbstzündung auf elektrischem Wege automatisch registriert wird. Dem gleichen Zweck dient ein von O. C. Bridgeman und C. F. Marvin[3] benutzter Apparat.

Bestimmungsweise. Das Prinzip der im Laufe der Zeit entwickelten Apparate[4] besteht durchweg darin, einen Metalltiegel

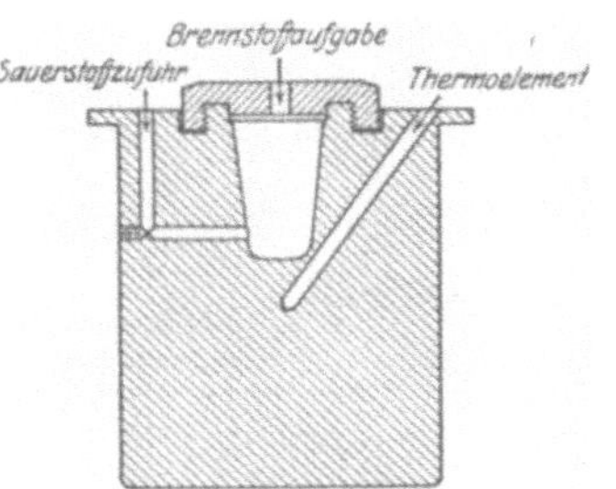

Abb. 49. Verbesserter Moorescher Zündpunktsprüfer.

(aus Platin oder aus nichtrostendem Stahl) unter Durchleiten von Luft oder Sauerstoff zu erhitzen, bei verschiedenen Temperaturen das Untersuchungsmaterial tropfenweise (bei festen Stoffen pulverförmig) in den Tiegel einzuführen und zu beobachten, bei welcher niedrigsten Temperatur eine Explosion auftritt.

Abb. 49 zeigt den Mooreschen Zündpunktsprüfer in der von Wollers und Ehmcke verbesserten Form[5]. Der aus V_2A-Stahl hergestellte Block mit tiegelförmiger Aushöhlung wird in einem senkrecht stehenden elektrischen Heizkörper erhitzt. Die Temperatur wird mit einem Thermoelement gemessen, das schräg unter der Aushöhlung eingeführt wird.

Der „Zündwertprüfer" von Jentzsch[6], Abb. 50, enthält in sehr handlicher Zusammenstellung außer dem in einen elektrischen Ofen eingebauten Tiegel aus V_2A-Stahl, welcher 3 mit Sauerstoffzuführungsrohren versehene, 15 mm weite, 40 mm tiefe Zündkammern und eine Thermometerkammer (ohne Sauerstoffzuführung) besitzt, eine Einrichtung zur Regulierung, Messung und Trocknung des Sauerstoffstromes, sowie einen Regulierwiderstand für den Heizstrom. Er hat vor anderen Geräten den Vorzug, daß der eingebrachte Brennstoff in dem offenen Tiegel dauernd sichtbar bleibt.

---

[1] M. Brunner: Helv. Chim. Acta 12, 295 (1929).
[2] F. A. Foord: Journ. I.P.T. 18, 533 (1932).
[3] O. C. Bridgeman u. C. F. Marvin: Ind. engin. Chem. 20, 1219 (1928).
[4] Holm: Ztschr. angew. Chem. 26, 273 (1913); Constam u. Schlaepfer: Ztschr. Ver. Dtsch. Ing. 57, 1491 (1913); Moore: Journ. chem. Soc. Lond. 1917, 109; Wollers u. Ehmcke: Kruppsche Monatsh. 2, 1 (1921); Tausz u. Schulte: Ztschr. Ver. Dtsch. Ing. 68, 574 (1924); Jentzsch: ebenda 69, 1353 (1925).
[5] Hersteller: F. Krupp A.-G., Essen.
[6] Hersteller: Julius Peters, Berlin NW 21, Stromstr. 39.

Der aus einer Bombe mittels eines Reduzierventils mit genau 1 atü entnommene Sauerstoffstrom wird durch das Feinregulierventil so eingestellt, daß er den Blasenzähler mit einer bestimmten Blasenzahl pro Minute (z. B. 60 = 5 ccm O_2) passiert. Nach Trocknung in dem Chlorcalciumturm wird der Sauerstoff durch ein vertikales Rohr in die Mitte des elektrischen Ofens eingeleitet und gelangt so, genügend vorgewärmt, durch Verteilungskanäle in die drei Zündkammern. In die 4. Kammer wird ein Thermometer aus schwer schmelzbarem Glase (Meßbereich 200 bis 585⁰, Teilung in $\frac{5}{1}$ ⁰ C) oder ein Thermoelement eingesetzt.

Um eine Verunreinigung der Zündkammern durch unverbrannte Ölreste, Koks usw. zu verhindern, läßt man den Brennstoff nicht unmittelbar auf den Boden der Zündkammer fallen, sondern setzt vor dem Eintropfen des Öles kleine Vergasungsteller aus nichtrostendem Stahl in die Kammern ein; die Teller werden

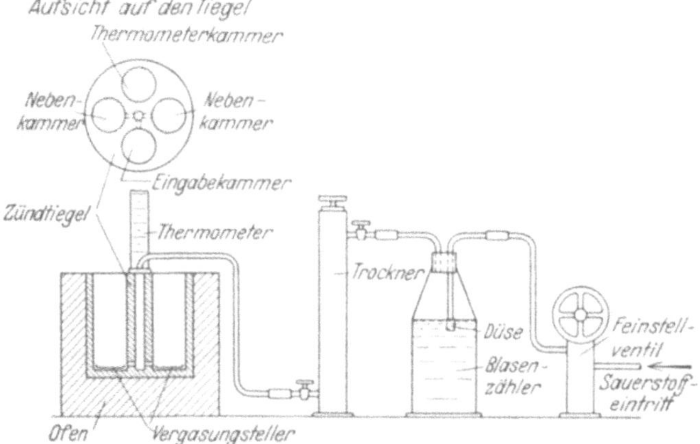

Abb. 50. Zündwertprüfer nach Jentzsch.

nach dem Zündversuch mit der Pinzette herausgenommen und gegen frische Teller ausgewechselt, wodurch gleichzeitig Reste schwerer Verbrennungsgase aus der Kammer entfernt werden. Da diese Gase auch in die Nebenkammern dringen, werden die hierin befindlichen Vergasungsteller gleichfalls zur Spülung mehrfach angehoben.

Zur Aufnahme einer Selbstzündungskurve verfährt man folgendermaßen:

Zunächst heizt man den elektrischen Ofen durch Volleinschalten des Stromes (ohne Widerstand) stark an, bis die Temperatur auf etwa 100⁰ unterhalb des erwarteten Selbstzündungspunktes gestiegen ist; dann regelt man mittels des Vorschaltwiderstandes den Temperaturanstieg auf etwa 10⁰/min und stellt den Sauerstoffstrom auf 300 Blasen/min ein. Bei schwerer entzündlichen Stoffen erhöht man die Blasenzahl entsprechend. Von 5 zu 5⁰ gibt man nun je 1 Tropfen des Untersuchungsmaterials mit Pipette oder Glasstab in die mittlere Zündkammer (Vergasungsteller jedesmal auswechseln und mehrfach Spülhub ausführen!), bis die erste Selbstzündung auftritt. Hierauf schaltet man den Strom aus und setzt die Brennstoffzugabe bei fallender Temperatur in Zwischenräumen von etwa 30 sec fort, bis die Selbstzündungen aufhören. Dann schaltet man den Strom wieder ein und steigert nun die Temperatur unter weiterer Stoffzugabe langsamer (2—3⁰/min), bis wieder Selbstzündung erfolgt. Die so ermittelte Temperatur ist der untere Selbstzündungspunkt oder Zündpunkt (Zp_u) des Brennstoffes.

Anschließend bestimmt man den oberen Zündpunkt, indem man den Ofen wieder stark anheizt und die Prüfung bei vollständig abgestelltem Sauerstoffstrom bis zum Eintritt der Zündung (meist über 500⁰) fortsetzt. Dann stellt man auch die Heizung ab und prüft bei fallender Temperatur von 10 zu 10⁰ weiter. Die niedrigste Temperatur, bei welcher hierbei (ohne Sauerstoffzufuhr) noch Selbstzündung auftritt, ist der obere Selbstzündungspunkt (Zp_o).

Weitere Punkte der Selbstzündungskurven (Beispiele solcher Kurven s. Abb. 51) erhält man, indem man bei verschiedenen, konstant eingestellten Sauerstoffblasenzahlen, z. B. 20, 40, 60, 80 und 100 Blasen/min, zunächst bei steigender Temperatur bis zum Auftreten der Zündung prüft, hierauf die Heizung abstellt und die Prüfung bei fallender Temperatur von 20 zu 20⁰ bis zum Ausbleiben der Zündung fortsetzt. Manche Stoffe, und zwar nach den bisherigen Erfahrungen vorzugsweise solche, die überwiegend aus aliphatischen Kohlenwasserstoffen bestehen (vgl. Abb. 51, Kurve 2, 3, 5, 6 und 8), ferner auch Äthyläther, zeigen hierbei eine sehr charakteristische Zündungslücke (Jentzschsches Phänomen): z. B. gab das Benzin „b" (Kurve 3) bei 80 Sauerstoffblasen pro Minute Zündungen von 540 fallend

bis 460⁰, dann setzten die Zündungen von 460—320⁰ aus, um bei 320—296⁰ wieder aufzutreten.

Zur Feststellung etwaiger Zündungslücken muß man, wenn bei fallender Temperatur und einer bestimmten Blasenzahl die Zündung zum ersten Male ausgeblieben ist, die Prüfung bei weiter sinkender Temperatur fortsetzen, bis entweder erneut Zündungen auftreten oder der untere Zündpunkt erreicht ist. Für die Stoffe mit Zündungslücke ist nicht allein der niedrige Sauerstoffbedarf (Blasenzahl b) beim unteren Zündpunkt, sondern ebensosehr die große Spanne zwischen Zp_o und Zp_u charakteristisch. Nach Jentzsch läßt sich daher aus dem Ausdruck

$$(Zp_o - Zp_u)/(b + 1)$$

(von Jentzsch „Kennzündwert" Z_k genannt) erkennen, ob der betreffende Stoff eine Zündungslücke hat oder nicht. Im ersteren Fall liegt Z_k über 1,

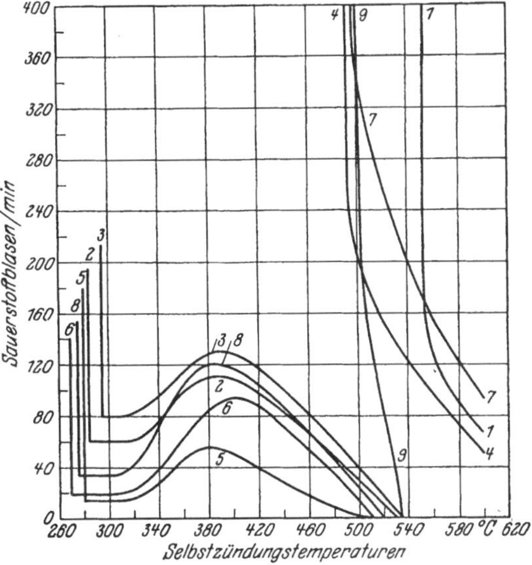

Abb. 51. Selbstzündungskurven nach Jentzsch.
1 Benzol, 2 und 3 Benzin, 4 Phenolöl, 5 Petroleum, 6 russisches Gasöl, 7 Treiböl aus Steinkohlenteer, 8 dgl. aus Braunkohlenteer, 9 Methylalkohol.

im letzteren darunter. Allgemein sollen alle Kohlenwasserstoffe, deren Wasserstoffgehalt das Verhältnis $H_8 : C_5$ überschreitet, $Z_k > 1$ und somit eine Zündungslücke aufweisen. (Für sauerstoffhaltige Körper gilt diese Regel nicht ohne weiteres, da zwar Äthyläther $C_4H_{10}O$ eine Zündlücke hat, Alkohol C_2H_6O aber nicht.)

Tabelle 15 zeigt zum Vergleich die Flammpunkte (Pensky-Martens) einiger Brennstoffe sowie die oberen und unteren Zündpunkte nebst zugehörigen niedrigsten Blasenzahlen[1] (Schmieröle vgl. S. 328).

Besonders niedrig ist der untere Zündpunkt des Äthyläthers (200⁰ bei 300 Blasen).

Tabelle 15. Flammpunkte und Zündpunkte einiger flüssiger Brennstoffe.

Brennstoff	Fp. (P.-M.) °C	Unterer Zp. °C	Niedrigste O_2-Blasenzahl/min	Oberer Zp. °C
Normalbenzin . . .	—26	300	96	—
Motorenbenzin . . .	—22	290	36	540
BV-Motorenbenzol .	—10	540	160	680
Spiritus den.	+12	400	276	485
Petroleum	+52	290	22	500
Dieseltreiböl	+74	268	35	—
Braunkohlenteerheizöl	+78	285	72	560

[1] Nach Jentzsch: Flüssige Brennstoffe, S. 98/99 u. 120/121. VDI-Verlag 1926.

Die mit dem Apparat von Jentzsch erhaltenen Werte werden am zweckmäßigsten in Form der erwähnten Kurven dargestellt; die von Jentzsch vorgeschlagene Berechnung des sog. „Zündwertes" $t/(b + 1)$ als Quotienten aus Selbstzündungstemperatur t und zugehöriger kleinster Sauerstoffblasenzahl b ist zur Charakterisierung der Zündungseigenschaften nicht geeignet, da sowohl eine Zunahme von t wie eine solche von b eine Abnahme der Zündneigung (und umgekehrt) bedeutet, der wahre Zündwert also mit t und b gleichzeitig wachsen oder abnehmen müßte, während er nach der Formel von Jentzsch durch Änderungen von t und b in verschiedenem Sinne beeinflußt wird [1]. Richtiger wäre es, das Produkt der beiden in gleichem Sinne wirkenden Einflußgrößen $t(b + 1)$ zu bilden und, da die Zündneigung eines Stoffes ihm umgekehrt proportional ist, in eine Konstante zu dividieren. Mit der Größe $\dfrac{100\,000}{t(b + 1)}$ ergäben sich z. B. ganz brauchbare Kennziffern für die Zündneigung.

Amerikanische Methode [2].

Der Apparat besteht aus einem offenen 160-ccm-Erlenmeyerkolben (114 mm hoch, 60 mm unterer, 28 mm oberer Durchmesser) aus Pyrexglas, der in einem Bade aus geschmolzenem Metall (für niedrige Temperaturen eine Pb-Sn-Cd-Legierung, für mittlere Temperaturen Pb-Sn-Legierung [1 : 1], für hohe Temperaturen Pb) durch einen Gasbrenner erhitzt wird. Das Metall wird in einen je etwa 13 cm hohen und weiten eisernen Topf mit rundem Boden etwa 9 cm hoch eingefüllt; der Erlenmeyerkolben soll zu $^2/_3$ seiner Höhe in das geschmolzene Metall eintauchen und nirgends die Wandung des Topfes berühren.

Man erhitzt das Bad, in dem sich ein Thermoelement oder geeignetes Thermometer befindet, auf die vermutete Selbstzündungstemperatur des zu untersuchenden Öles und hält diese Temperatur konstant. Dann gibt man das Öl aus einer feinen Pipette tropfenweise in den Kolben, und zwar sowohl einzelne Tropfen wie auch mehrere Tropfen auf einmal. Tritt bei irgendeiner Tropfenmenge Selbstzündung ein, so wiederholt man die Prüfung bei einer um 5^0 tieferen Temperatur usw., bis die Zündung ausbleibt. Erhält man bei der ersten Prüftemperatur überhaupt keine Zündung, so steigert man die Temperatur um je 5^0 bis zum Auftreten der Zündung.

Die Prüfung erfolgt also bei Atmosphärendruck, ohne daß während der Versuche Luft oder Sauerstoff durch den Kolben geleitet wird; nur zwischen den einzelnen Brennstoffzugaben bläst man einen schwachen Luftstrom durch den Kolben, um die Dämpfe und Verbrennungsgase zu entfernen.

11. Wärmetechnische Prüfungen.

a) Spezifische Wärme.

Die in cal/g · Grad gemessene spezifische Wärme c_t eines Stoffes bei einer Temperatur t^0 gibt an, wie viele Calorien man einem Gramm dieses Stoffes zuführen muß, um seine Temperatur von t^0 auf $(t + 1)^0$ zu steigern. Da c von der Temperatur abhängig ist (mit steigender Temperatur zunimmt), so muß die Bezugstemperatur angegeben werden. Außer mit der wahren spezifischen Wärme $c_t = dQ/dt$, d. h. der bei einer bestimmten Temperatur einer Temperaturänderung um dt entsprechenden Änderung des Wärmegehaltes Q (pro Gramm Substanz), rechnet man auch mit der mittleren

---

[1] Z. B. hätten bei Berechnung des Zündwertes nach Jentzsch ein Stoff mit Zündpunkt 300^0 bei 60 Sauerstoffblasen pro Minute und ein solcher mit Zündpunkt 500^0 bei 100 Blasen den gleichen Zündwert 5,0, obgleich natürlich der zweite Stoff bedeutend schwerer zündet als der erste.

[2] A.S.T.M.-Jber. 1932 des Comm. D 2, S. 33.

spezifischen Wärme zwischen 2 verschiedenen Temperaturen t_1 und t_2 (z. B. 15 und 100°), die den (t_2-t_1)ten Teil der von 1 g Substanz bei der Erwärmung von t_1 auf t_2^0 aufgenommenen Wärmemenge darstellt.

Bei Ölen, Paraffin, Fettsäuren usw. interessiert praktisch hauptsächlich die mittlere spezifische Wärme, nämlich zur Feststellung des gesamten Wärme- (bzw. Kälte-) bedarfs bei der Berechnung von Heiz- und Kühlanlagen, z. B. für die Anwärmung der zu destillierenden Öle (wozu man in der Regel Abdampf oder die Wärme der heißen Destillate bzw. der flüssigen Destillationsrückstände benutzt) oder für die Abkühlung der paraffinhaltigen Destillate zwecks Abpressung des Paraffins.

Die wahren spezifischen Wärmen bei 15° c_{15} liegen bei fast allen Mineralölen und Fetten (soweit bekannt) zwischen 0,4 und 0,5 cal/g · Grad; bei Roherdölen und deren Destillaten zeigt sich dabei eine kleine, nicht ganz regelmäßige Abhängigkeit vom spez. Gew. und den Siedegrenzen: die spezifisch leichteren bzw. niedriger siedenden Öle haben etwas höhere spezifische Wärmen, wie folgende Tabelle 16 zeigt.

Tabelle 16. Spezifische Gewichte und spezifische Wärmen verschiedener Rohöle und Erdölprodukte bei 15° [1].

Art des Öles	d_{15} g/l	c_{15} cal/g · Grad	Beobachter
Rohöle:			
Caddo	822	0,450	Bushong und Knight
Oklahoma	844	0,464	Dgl.
Texas (Golfküste)	929	0,430	Dgl.
Mexiko	928	0,440	Dgl.
Destillate:			
Rohbenzin	745	0,4730	Fortsch und Whitman
Schwerpetroleum (Mineral seal oil)	826	0,4726	Dgl.
Gasöl	857	0,4400	Dgl.
,, ...	877	0,4120	Dgl.
,, (galiz.)	872	0,4570	Kraussold
Transformatoröl (amer.) . .	873	0,4482	Dgl.
Turbinenöl Gargoyle	911	0,4381	Dgl.
Maschinenöl (amer.)	929	0,4335	Dgl.
Rückstände			
Zylinderöl (steam refined cylinder stock)	918	0,4180	Fortsch und Whitman
Gecracktes Gasöl [2]	997	0,3875	Dgl.
v. Pennsylvania-Öl	902	0,4350	Henderson, Ferris und McIlvain
v. Midcontinent-Öl	917	0,4360	Dgl.
v. Golfküsten-Öl	947	0,4200	Dgl.

[1] Zitiert nach H. Kraussold: Petroleum 28, Nr. 3, S. 1 (1932); s. F. W. Bushong u. L. L. Knight: Journ. Ind. engin. Chem. 12, 1197 (1920); A. R. Fortsch u. W. G. Whitman: ebenda 18, 795 (1926); L. M. Henderson, S. W. Ferris u. J. M. McIlvain: ebenda, Analyt. Edit. 1, 148 (1929); ferner E. Kuklin: Journ. Russ. phys.-chem. Ges. [russ.] 15, 106 (1883); N. Karawajew: Petroleum 9, 1114 (1914); H. S. Bailey u. C. B. Edwards: Journ. Ind. engin. Chem. 12, 891 (1920); Wilson u. Barnard: S.A.E.-Journ. 10, 65 (1922); E. H. Leslie u. J. C. Geniesse: Ind. engin. Chem. 10, 582 (1924); E. H. Zeitfuchs: ebenda 18, 79 (1926).

[2] Dem hohen spez. Gew. nach offenbar Rückstand.

Bemerkenswert hoch ($> 0{,}5$), schon bei gewöhnlicher Temperatur, ist die spezifische Wärme von festem Paraffin (s. S. 299). Die Werte der Fettsäuren und fetten Öle s. S. 748/49.

Die Zunahme der wahren spezifischen Wärme mit der Temperatur kann bei Mineralölen in erster Näherung proportional der Temperatursteigerung gesetzt werden:
$$c_t = c_{t_0} + \alpha \, (t - t_0).$$
Der Temperaturkoeffizient α ist etwa von der Größenordnung des Ausdehnungskoeffizienten, wird aber von den verschiedenen Autoren ziemlich verschieden angegeben. Den niedrigsten Wert fanden Wilson und Barnard:
$$c_t = 0{,}56 + 0{,}0006 \, (t - 100)$$
für Benzin und Petroleum bis 400^0, den höchsten Leslie und Geniesse:
$$c_t = 0{,}4962 + 0{,}001\,481 \, (t - 100)$$
für Schmieröle zwischen 40 und 140^0. Bushong und Knight und mit ihnen auch Eckart[1] nahmen an, daß c proportional der absoluten Temperatur wäre, wodurch α variabel, und zwar abhängig von c würde:
$$c_t = c_{t_0} \cdot (t + 273)/(t_0 + 273) = c_{t_0} + (t - t_0) \cdot c_{t_0}/(t_0 + 273);$$
hiernach würde $\alpha = c_{t_0}/(t_0 + 273)$. Eckart sucht c_{15} selbst als Funktion von d_{15} darzustellen (hauptsächlich auf Grund der Messungen von Bushong und Knight) und gelangt so zu der Formel:
$$c_T = (0{,}7125 - 0{,}3105 \, d_{15}) \cdot T/288.$$
Auch Cragoe[2] nimmt für c_{15} eine Abhängigkeit von d_{15}, außerdem eine solche von der chemischen Natur des Erdöls an:
$$c_t = A/\sqrt{d_{15}} + 0{,}0009 \, (t - 15),$$
wobei für Naphthenbasisöle $A = 0{,}405$, für Paraffinbasisöle $A = 0{,}425$, für Mischöle $A = 0{,}415$ gesetzt werden soll.

Kraussold (l. c.), der die verschiedenen Formeln an den Messungen der in Fußnote 1, S. 73 aufgeführten Autoren, auch solchen von Mabery und Goldstein[3] sowie einigen eigenen Versuchen kontrollierte, kam zu folgenden Durchschnittsformeln, welche die berücksichtigten Meßwerte auf $\pm\, 3\%$ richtig wiedergeben:

1. für $d_{15} \geqq 0{,}9$: $c_t = 0{,}937 - 0{,}56 \cdot d_{15} + 0{,}0011 \, (t - 15)$,

2. für $d_{15} \leqq 0{,}9$: $c_t = 0{,}711 - 0{,}308 \cdot d_{15} + 0{,}0011 \, (t - 15)$.

Nach diesen Formeln lassen sich also die spezifischen Wärmen von Erdölen und Erdölfraktionen lediglich auf Grund der Bestimmung von d_{15} annähernd berechnen.

Die Produkte aus spezifischer Wärme und At.-Gew. bzw. Mol.-Gew. ergeben bekanntlich die Atom- bzw. Molwärme. Da letztere sich bei festen Körpern nahezu additiv aus den Atomwärmen zusammensetzt[4], so kann man für solche bei bekannter Elementarzusammensetzung die Molwärme und somit auch die spezifische Wärme (bei 15^0) ungefähr berechnen. Letztere erhält man, indem man die Prozentzahlen C, H, O und S mit den Faktoren 0,0015 für C, 0,023 für H, 0,0025 für O, 0,0017 für S multipliziert und die Produkte addiert[5]. Je wasserstoffreicher ein Öl ist, um so höher, je kohlenstoff- und sauerstoffreicher es ist, um so niedriger ist also seine spezifische Wärme.

Bestimmungsweise.

α) Nach Graefe[6]. In einer Hempelschen Calorimeterbombe wird eine bestimmte Menge eines Körpers von bekannter Verbrennungswärme, z. B. 0,41—0,43 g reine Cellulose (Absorptionsblöcke von Schleicher und Schüll, 1 g = 4175 cal),

[1] Eckart: Mech. Eng. **47**, 535 (1925).

[2] Cragoe: Internat. Critical Tables **2**, 151 (1927).

[3] Mabery u. Goldstein: Proc. Amer. Acad. **37**, 539 (1902).

[4] Kopp: Liebigs Ann., Suppl. **3**, 329 (1864/65).

[5] Die von Kopp angegebenen Atomwärmen betragen für C 1,8, für H 2,3, für O 4,0, für S 5,4. Obige Faktoren sind durch Division der Atomwärmen durch das 100fache der zugehörigen Atomgewichte (12, 1, 16 und 32) entstanden.

[6] Graefe: Petroleum **2**, 521 (1906/07).

in einem Calorimeter verbrannt, welches als Badflüssigkeit das zu untersuchende Öl enthält. Aus der Menge des angewandten Cellulose (a g), der Menge des Öles (b g), dem Wasserwerte des Calorimeters (W) und der beobachteten Temperatursteigerung (τ^0) läßt sich dann nach bekannten Gesetzen die spezifische Wärme c berechnen:

$$a \cdot 4175 = W \cdot \tau + b\,c\,\tau.$$

β) **Elektrische Methode.** Diese Methode wird vorzugsweise angewandt, besonders zur Bestimmung von c bei Temperaturen, die von der Zimmertemperatur erheblich abweichen[1]. Durch einen Heizwiderstand (z. B. Tauchsieder), der sich

in dem zu untersuchenden Öl (a g) befindet, wird ein elektrischer Strom von bekannter konstanter Spannung e und Stärke i eine bestimmte Zeit z lang hindurchgeschickt und die Temperaturerhöhung τ des Calorimeters (Wasserwert W) bestimmt. Die Heizleistung wird mit genauen Millivolt- und Milliamperemetern gemessen, wobei ersteres mit den Enden des Heizdrahtes zu verbinden ist. Die Berechnung der spezifischen Wärme erfolgt mit Hilfe des Jouleschen Gesetzes:

$$(a \cdot c + W)\,\tau = 0,2388\,e \cdot i \cdot z.$$

Abb. 52 zeigt die von Kraussold benutzte Anordnung. Der Mantel des Calorimeters war mit Anilin gefüllt, das genau auf die Versuchstemperatur (z. B. 40^0 oder 110^0) eingestellt wurde. Die mit dem Beckmannthermometer d gemessene Temperatursteigerung wurde, wie bei calorimetrischen Messungen im Interesse der Genauigkeit üblich, möglichst niedrig (höchstens $1,5^0$) gehalten.

b) Verdampfungswärme.

Verdampfungswärme ist diejenige Wärmemenge (kcal), welche erforderlich ist, um 1 kg Flüssigkeit von der Temperatur des Siedepunktes in 1 kg Dampf von der gleichen Temperatur zu verwandeln. „Totale Verdampfungswärme" bedeutet die Wärme-

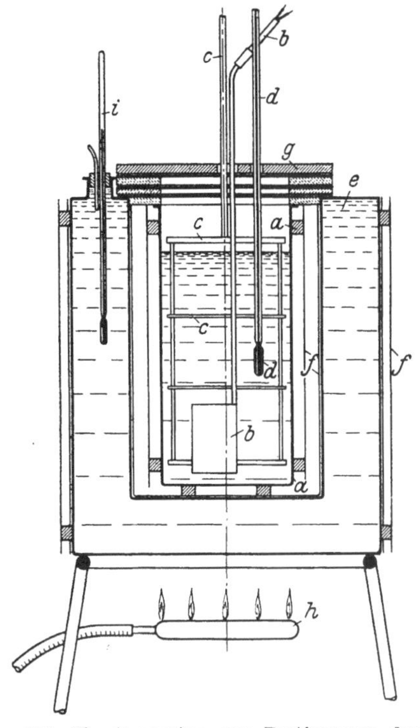

Abb. 52. Apparatur zur Bestimmung der spezifischen Wärme auf elektrischem Wege (nach Kraussold).

menge, die man 1 kg Flüssigkeit von Zimmertemperatur zuführen muß, um sie in Dampf von der Siedetemperatur zu verwandeln. Ihre Bestimmung ist bei der Einrichtung des Destillationsbetriebes zur Feststellung der Heizanlagen, der Kühlergrößen und der Kühlwassermengen nötig, wenn nicht nach Erfahrungsgrundlagen gearbeitet wird.

Bestimmungsweise.

α) **Direkte Bestimmung**[2] (Abb. 53).

Die im Kolben A aus $^1/_2$ l des zu untersuchenden Öls entwickelten Dämpfe gelangen durch $a\,b$ nach dem doppelwandigen Raum c und von dort unter dem

---

[1] Kraussold: l. c., siehe Kohlrausch: Lehrbuch der praktischen Physik, 16. Aufl., S. 186. 1930.

[2] v. Syniewski: Ztschr. angew. Chem. **11**, 621 (1898), verbessert von der P.T.R.

Glasstopfen z hinweg nach der in das Wasser des Calorimeters B eingetauchten silbernen Rohrschlange e, in welcher sie verdichtet werden. Das Rohr b ist in dem weiteren Rohr a so angebracht, daß es fast auf der ganzen Strecke von den heißen Dämpfen der Flüssigkeit umspült ist, wodurch vorzeitige Kondensation vermieden wird. Das schräg abgeschliffene Ende des Rohres b liegt an der Wandung des Gefäßes c an, um Tropfenbildung und dadurch bedingtes Überspritzen bereits verdichteter Flüssigkeit in das Kondensationsgefäß zu vermeiden. Vor Beginn der calorimetrischen Messung hält man das zuvor leer gewogene Kondensationsgefäß durch Stopfen z so lange verschlossen, bis alle Teile des Apparates gut vorgewärmt sind und durch c nur noch unverdichtete Dämpfe streichen, bzw. wenn z. B. nicht eine einheitliche Substanz untersucht wird, sondern die Verdampfungswärme einer bestimmten Destillatfraktion ermittelt werden soll, bis zur Erreichung

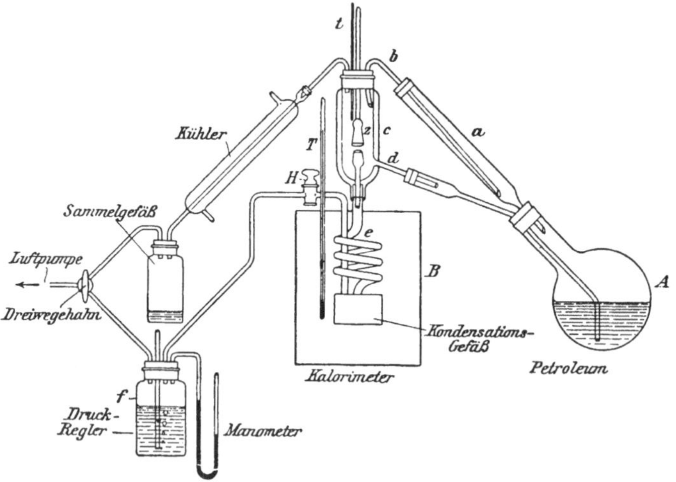

Abb. 53. Apparat zur Bestimmung der Verdampfungswärme.

der gewünschten Anfangstemperatur. Die verdichteten Dämpfe fließen inzwischen durch Rohr d ab. Die Temperaturen des Wassers und der Dämpfe werden durch die Thermometer T und t gemessen. Um eine genügende Menge der Dämpfe durch den Kühler oder das Kondensationsgefäß zu leiten, erzeugt man mit Hilfe einer Wasserstrahlpumpe einen Unterdruck von wenigen Millimetern Hg; vermittels eines Dreiwegehahnes kann die Pumpe mit dem Kühler oder dem Kondensationsgefäß verbunden werden. Zur Regelung des Druckes bei ungleichem Arbeiten der Pumpe dient eine mit Wasser gefüllte Flasche, in die ein beiderseits offenes Glasrohr verschiebbar eintaucht. Man regelt zunächst bei geschlossenem Hahn H die Geschwindigkeit des Saugens so, daß aus dem Glasrohr in der Wasserflasche im langsamen Tempo Luftblasen aufsteigen, verbindet dann die Pumpe mit dem Kühler und bei der gewünschten Höhe der Anfangstemperatur der zu untersuchenden Fraktion in c mit dem Kondensationsgefäß, öffnet H und unmittelbar darauf den Stopfen z. Die Dämpfe kondensieren sich nunmehr in dem Schlangenrohr e, indem sie ihre Verdampfungswärme an die im Calorimeter befindliche gewogene Wassermenge (etwa 1200 g) abgeben. Man stellt unter ständigem Rühren die Temperatursteigerung des Calorimeterwassers[1] fest und unterbricht den Versuch, wenn entweder die Temperatur um 1—2⁰ gestiegen ist oder das Thermometer in c das Ende der zu untersuchenden Fraktion anzeigt. Man schließt hierauf z, stellt die Saugpumpe und die Heizflamme ab und rührt das Calorimeterwasser noch so lange, bis die Temperatur nicht mehr steigt. [Für sehr genaue Bestimmungen

---

[1] Zum Schutze des Calorimeters B gegen Wärmestrahlung setzt man eine starke Asbestscheibe zwischen B und den unter dem Kolben A befindlichen Brenner.

müßte man alle bei der Heizwertbestimmung geschilderten Korrektionen für Wärmeaustausch usw. (S. 83f.) berücksichtigen.] Anschließend nimmt man die Apparatur auseinander, trocknet das Kondensationsgefäß äußerlich ab und bestimmt durch Wägung die Menge des Kondensats. Zur Berechnung der Verdampfungswärme muß man den Wasserwert des Calorimeters kennen, den man am besten bei gleich großer eingefüllter Wassermenge durch Verdampfung einer Substanz von bekannter Verdampfungswärme (z. B. Wasser = 539 cal/g) ermittelt.

Berechnung. Es seien W der Wasserwert des mit Wasser gefüllten Calorimeters, t_a und t_e dessen Anfangs- und Endtemperaturen, t_s der Siedepunkt der Flüssigkeit (bei nicht konstant siedenden Substanzen ihr „mittlerer" Siedepunkt, s. u.), e g die Menge des Kondensats, x die auf die Ausgangstemperatur t_e bezogene „totale Verdampfungswärme". Dann ist die von dem Dampf bei seiner Kondensation und Abkühlung bis auf t_e abgegebene Wärmemenge $q = e \cdot x$ gleich der vom Calorimeter aufgenommenen Wärmemenge $q = W (t_e - t_a)$. Also wird

$$x = W (t_e - t_a)/e.$$

Ist die mittlere spezifische Wärme c der Untersuchungssubstanz zwischen t_e und t_s bekannt, so ergibt sich die reine Verdampfungswärme zu $x - c(t_s - t_e)$. Analog berechnet sich der Wasserwert bei der Eichung mit Wasserdampf zu $W = e \cdot x/(t_e - t_a)$ oder, da in diesem Falle $x - c \cdot (t_s - t_e) = 539$ cal/g, $t_s = 100$ und $c = 1$ cal/g·Grad ist, $W = e (639 - t_e)/(t_e - t_a)$.

Die totalen Verdampfungswärmen verschiedener Erdölfraktionen liegen zwischen 130 und 190 cal/g (vgl. auch S. 192).

β) Indirekte Bestimmung[1] aus Mol.-Gew. und Siedepunkt (in absoluter Temperatur). Auf Mineralöle kann man die Troutonsche Formel zur Berechnung der Verdampfungswärme anwenden, wenn man für Mol.-Gew. und Siedepunkt mittlere Größen bestimmt. Es ist dann die Verdampfungswärme:　　　　　$W = 20\ T/M.$

Das mittlere Mol.-Gew. eines Öles bestimmt man z. B. durch Auflösen von o g Öl in s g technischer Stearinsäure, deren Gefrierpunktskonstante k durch einen Vorversuch mit einem Körper von bekanntem Mol.-Gew. festgestellt ist, und Messung der Gefrierpunktserniedrigung t:

$$M = o \cdot 100 \cdot k/s \cdot t.$$

Zur Bestimmung des mittleren Siedepunktes destilliert man das Öl im Engler-Apparat (S. 161) unter Feststellung der Siedegrenzen von 10 zu 10%. Das arithmetische Mittel dieser Temperaturen ergibt den mittleren Siedepunkt. Z. B. erhielt Graefe bei einem leichten Braunkohlenteerrohöl vom mittleren Mol.-Gew. 113 folgende Zahlen:

Destillat	Siedebeginn		10%	20%	30%	40%
Temperatur ^{0}C . .	124		173	184	192	201
Destillat	50%	60%	70%	80%	90%	98%
Temperatur ^{0}C . .	210	221	234	255	285	300

Daraus folgt: mittlerer Siedepunkt = 216^0 C = 489^0 absol. Temperatur.

Statt der von Graefe angegebenen Bestimmung des mittleren Siedepunktes, die durch Siedebeginn und Siedeende (98%-Punkt) immer Unsicherheiten einschließt, empfiehlt sich die Ermittlung der Kennziffer nach Wa. Ostwald, die ja auch die mittlere Siedetemperatur, aber unter Vermeidung der angedeuteten Unsicherheit erfaßt (S. 195).

Unter Benutzung der Troutonschen Formel berechnet sich die Verdampfungswärme des untersuchten Leichtrohöls zu

$$W = 20\ T/M = 20 \cdot 489/113 = 86{,}5\ \text{cal/g}.$$

Zur Berechnung der totalen Verdampfungswärme kommt hierzu noch die Wärmemenge, die zur Erwärmung des Öles von Zimmertemperatur (25^0) auf den mittleren Siedepunkt (216^0) erforderlich ist; hierzu muß die mittlere spezifische Wärme des Öles zwischen 25 und 216^0 bekannt sein.

---

[1] Graefe: Petroleum **5**, 569 (1909).

c) Schmelzwärme.

Schmelzwärme ist die zur Überführung von 1 kg fester Substanz von der Temperatur des Schmelzpunktes in den geschmolzenen Zustand erforderliche Wärmemenge, gemessen in kcal/kg oder cal/g.

Ihre Kenntnis ist für die Berechnung der zum Aufschmelzen von Paraffin usw. erforderlichen Wärmemenge wichtig; gelegentlich dient sie auch zur Feststellung der Beziehung zu anderen technischen Eigenschaften von Erdölprodukten [1].

Bestimmungsweise.

α) **Direkte Bestimmung**[2]. Man bringt eine gewogene Menge m des geschmolzenen Körpers (Schmp. $\tau > 0^0$) von der Temperatur t in ein Eiscalorimeter, wodurch er unter gleichzeitigem Erstarren auf 0^0 abgekühlt wird. Durch die hierbei freiwerdende Wärmemenge Q wird die Eismenge M g geschmolzen, d. h. $Q = 80\,M$ (80 cal/g = Schmelzwärme des Eises). Sind c und c' die spezifischen Wärmen der untersuchten Substanz im flüssigen und festen Zustand und ϱ die Schmelzwärme, so wird $Q = m[c(t - \tau) + \varrho + c'\tau]$, daher $\varrho = 80\,M/m - c\,(t - \tau) - c'\tau$.

β) **Indirekte Bestimmung.** Durch Zusatz von Stoffen, die in der Schmelze löslich, im erstarrten Stoff unlöslich sind, wird der Schmelzpunkt erniedrigt. Diese Erniedrigung steht nach van't Hoff zur Molekularkonzentration des Zusatzes in der Schmelze, der absoluten Schmelztemperatur T und der Schmelzwärme W in zahlenmäßiger Beziehung. Ist k die molekulare Gefrierpunktserniedrigung, so ergibt sich

$$W = 0{,}02 \cdot T^2/k.$$

d) Wärmeleitung.

Das Wärmeleitvermögen ist die Wärmemenge, welche in der Zeiteinheit durch den Querschnitt 1 qcm hindurchfließt, wenn senkrecht zu diesem Querschnitt auf 1 cm das Temperaturgefälle 1^0 herrscht. Es hat die Dimension cal $\cdot$ cm^{-1} $\cdot$ sec^{-1} $\cdot$ Grad^{-1}.

Die Wärmeleitung der Öle spielt eine Rolle bei der Wärmeableitung in elektrischen Transformatoren, die zwecks besserer elektrischer Isolierung mit Öl gefüllt werden (s. S. 259), bei der Verwendung graphithaltiger Schmieröle (s. S. 393), bei der Abkühlungsdauer der öligen Destillationsrückstände in der Technik, bei Feststellung der Erstarrungsgrenzen u. dgl.

Die **Bestimmung** erfolgt durch Ermittlung des Temperaturverlaufs in einer zwischen zwei Kupferplatten von Zimmertemperatur befindlichen dünnen Flüssigkeitsschicht, wenn die untere Platte auf 0^0 abgekühlt wird[3].

Das Wärmeleitungsvermögen der Mineralöle und fetten Öle ist durchweg gering, zwischen $2{,}2 \cdot 10^{-4}$ (Vaselin) und $4{,}73 \cdot 10^{-4}$ cal/cm $\cdot$ sec $\cdot$ Grad (Paraffin) bei Zimmertemperatur (Vergleichswerte: Olivenöl $3{,}92 \cdot 10^{-4}$, Ricinusöl $4{,}25 \cdot 10^{-4}$, Wasser $14{,}3 \cdot 10^{-4}$, Graphit $117 \cdot 10^{-4}$, Elektrolytkupfer $9200 \cdot 10^{-4}$).

e) Heizwert (Verbrennungswärme).

Die Verbrennungswärme eines Stoffes ist die in Calorien (cal) bzw. Kilocalorien (kcal) gemessene Wärmemenge, welche bei der vollständigen Verbrennung von 1 g bzw. 1 kg (bzw. bei Gasen 1 cbm bei 0^0 oder 15^0 und 760 mm) des Stoffes zu CO_2, H_2O, evtl. SO_2, N_2 usw. und Abkühlung

---

[1] G. v. Kozicki u. St. v. Pilat: Chem. Umschau Fette, Öle, Wachse, Harze **24**, 71 (1917).

[2] Kohlrausch: 16. Aufl., 1930. S. 196; Ostwald-Luther, 4. Aufl., 1925. S. 381.

[3] Weber: Wiedemanns Ann. **10**, 668 (1880); **11**, 345 (1880); Kohlrausch, 16. Aufl., 1930. S. 200.

der Verbrennungsprodukte auf die Ausgangstemperatur (z. B. 20^0 beim Calorimeterversuch) frei wird. Die Maßeinheiten sind demnach cal/g, kcal/kg oder kcal/cbm. Zur Umrechnung in das in Amerika und England gebräuchliche technische Wärmemaß „British Thermal Unit" (B.T.U.), d. h. die Wärmemenge, die ein englisches Pfund (453,6 g) Wasser von $39,1^0$ F ($3,95^0$ C) auf $40,1^0$ F ($4,5^0$ C) zu erwärmen vermag, dienen die Beziehungen:

$$1 \text{ B.T.U.} = 0,252 \text{ kcal}; \quad 1 \text{ kcal} = 3,968 \text{ B.T.U.};$$
$$1 \text{ B.T.U. pro engl. Pfund} = 0,55 \text{ cal/g}; \quad 1 \text{ B.T.U. pro Kubikfuß} = 8,9 \text{ kcal/cbm}.$$

Der technisch ausnutzbare „Heizwert" ist kleiner als die calorimetrisch bestimmte Verbrennungswärme, da diese die Kondensationswärme des Wasserdampfes sowie die bei der Abkühlung der Verbrennungsprodukte auf die Ausgangstemperatur freiwerdende Wärmemenge umfaßt, während bei allen technischen Verbrennungsprozessen das Wasser dampfförmig entweicht und auch die Verbrennungsgase mit Temperaturen $> 100^0$ abziehen. Man bezeichnet daher die wahre Verbrennungswärme als „oberen", die technisch verwertbare als „unteren" Heizwert [1]. Die Differenz zwischen oberem und unterem Heizwert berechnet sich wie folgt: Enthält der Brennstoff $W\%$ Wasser und $H\%$ Wasserstoff, so beträgt die totale Verdampfungswärme des Verbrennungswassers (auf Ausgangstemperatur 20^0 bezogen)

$$5,85 \cdot (W + 9\,H) \text{ cal/g}.$$

Praktisch beträgt der Unterschied zwischen oberem und unterem Heizwert bei flüssigen Brennstoffen meistens $350-650$ cal/g, bei festen Brennstoffen $250-300$ cal/g.

Die Kenntnis des Heizwertes ist erforderlich zur Bewertung solcher Erdöl- bzw. Teerprodukte, die als Heiz- oder Treibstoffe dienen sollen, also bei Benzin, Treiböl, Heizöl, Gas und Koks.

Da Wasserstoff von allen Elementen den höchsten Heizwert besitzt (oberer Heizwert 33,9 kcal/g, unterer Heizwert 28,5 kcal/g, gegenüber 8 kcal/g für Kohlenstoff), so ist der Heizwert der Erdölprodukte um so größer, je höher ihr Wasserstoffgehalt ist. Die näheren Beziehungen zwischen Verbrennungswärme und chemischer Zusammensetzung werden durch Formeln von Dulong u. a.[2] wiedergegeben, nach welchen sich der Heizwert einer Verbindung annähernd aus der Elementaranalyse berechnen läßt. Da in diesen Formeln jedoch die verschiedenen möglichen Bindungsarten der Atome, welche von Einfluß auf die Verbrennungswärme sind, nicht berücksichtigt werden, so ist die direkte Bestimmung des Heizwertes im Calorimeter wesentlich zuverlässiger und daher unbedingt vorzuziehen.

Bestimmungsweise (für feste und flüssige Stoffe)[3].

Der Heizwert fester und flüssiger Stoffe wird durch Verbrennung von etwa 1 g Substanz[4] in der calorimetrischen Bombe mit komprimiertem Sauerstoff

---

[1] Eine internationale Regelung der Bezeichnungen steht noch aus; in England unterscheidet man „oberen" und „unteren" Heizwert als „gross" und „net" calorific value, in Frankreich als „pouvoir calorifique" und „pouvoir calorifique inférieur" oder „valeur thermique". Vgl. Zwanglose Mitt. DVM, Mai 1931, Heft 21, S. 292.

[2] Sog. „Verbandsformel" der deutschen Ingenieure, Formeln von Mendelejeff, von Sherman und Kopff, siehe z. B. H. Menzel: Theorie der Verbrennung, 1924, 31; H. Jentzsch: Flüssige Brennstoffe, S. 52. VDI-Verlag 1926.

[3] Vgl. Normblatt DIN-DVM 3716, August 1931.

[4] Die Einwaage ist so zu bemessen, daß nur ein Drittel des zur Verfügung stehenden Sauerstoffes verbraucht wird und die Temperatur des Calorimeterwassers um höchstens $2-3^0$ steigt, d. h. daß $6-8$ kcal, bei unter 200^0 siedenden Flüssigkeiten nicht über 6 kcal entwickelt werden.

bei etwa 25 at Druck und Messung der hierbei frei werdenden Wärmemenge ermittelt. Bei der angegebenen Arbeitsweise entsteht bei schwefelhaltigen Ölen nicht, wie bei der Verbrennung an freier Luft, gasförmiges SO_2, sondern verdünnte Schwefelsäure, außerdem, wie schon bemerkt, nicht dampfförmiges, sondern flüssiges Wasser; ferner verbrennt der eiserne Zünddraht mit. Von der gemessenen Wärmemenge sind daher zur Berechnung des Heizwertes noch verschiedene Abzüge zu machen (s. S. 84).

Apparatur und Arbeitsweise. Die von Kroeker verbesserte Berthelot-Mahlersche Calorimeterbombe[1] (Abb. 55) hat sich für wissenschaftliche und technische Zwecke gut bewährt[2]. Für halogenfreie Substanzen ist auch eine Calorimeterbombe aus V_2A-Stahl geeignet, welche die teure Platinierung und den leicht abspringenden Emailleüberzug überflüssig macht.

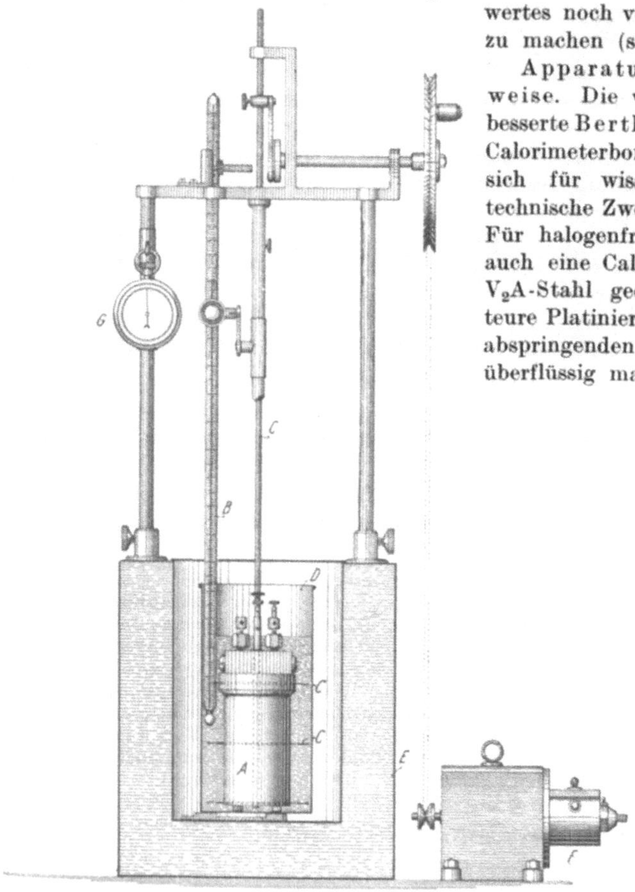

Abb. 54. Calorimeter zur Heizwertsbestimmung.

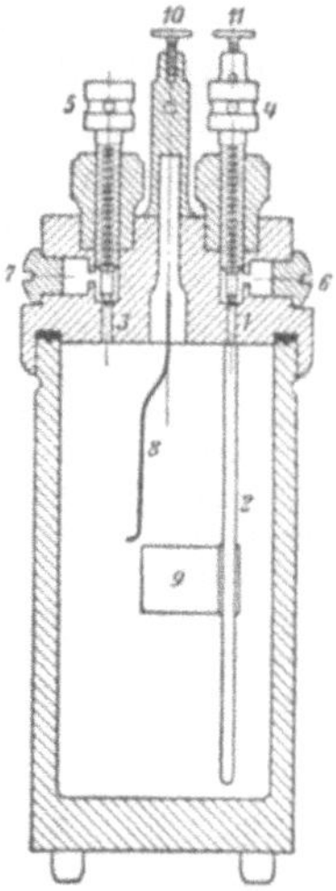

Abb. 55. Berthelot-Mahlersche Calorimeterbombe.

Eine auch gegen Halogene unempfindliche, innen mit Feinsilber ausgekleidete, mit einer dünnen Schicht von Bromsilber überzogene Eisenbombe wird von W. Roth — auch in wesentlich kleinerer Form als Mikrobombe — empfohlen[3].

---

[1] Lieferant: Jul. Peters, Berlin NW, Stromstr. 39.
[2] Siehe z. B. F. W. Hinrichsen u. S. Taczak: Mitt. M.P.A. **30**, 456 (1912) u. **32**, 291 (1914); vgl. auch Hinrichsen: Das Materialprüfungswesen, 388. Aufhäuser in Berl-Lunge, 8. Aufl., Bd. 2, S. 18. 1931.
[3] W. Roth: Brennstoff-Chem. **4**, 299 (1923); Lieferant: F. Hugershoff, Leipzig.

Das Calorimeter (Abb. 54) besteht aus der 280—320 ccm fassenden Verbrennungsbombe A, einem in 0,01⁰ geteilten Thermometer B, das mit der Lupe noch 0,001⁰ zu schätzen gestattet, dem Rührer C, dem eigentlichen Calorimetergefäß D und einem aus Eichenholz oder einem doppelwandigen, mit Wasser gefüllten kupfernen Kessel bestehenden Isoliermantel E. Die Bombe (Abb. 55) besteht aus einem vernickelten, innen emaillierten, mit fest verschraubbarem Deckel versehenen Stahlgefäß. Der Deckel trägt in der Mitte eine Verstärkungsleiste, durch welche die Gaszu- und -ableitungskanäle gelegt sind. Den Kanal 1, fortgesetzt durch das fast bis auf den Boden reichende Platinrohr 2, benutzt man zum Einleiten des Sauerstoffs, den Kanal 3 zum Ableiten der Verbrennungsgase nach vollendeter Verbrennung. Aufhäuser empfiehlt, nur ein Ventil für beide Operationen zu benutzen und das zweite in Reserve zu halten. Beide Kanäle sind durch die Ventilschrauben 4 und 5 verschließbar; zu festes Schließen der Ventile bewirkt leicht Undichtwerden derselben. Das Ventil, der empfindlichste Teil der Bombe, soll nach Aufhäuser mittels des beigegebenen kurzen Ventilstifts nur so weit zugedreht werden, daß es eben schließt. Will man die in der Bombe befindliche Luft austreiben, so öffnet man beim Einleiten des einer Sauerstoffflasche zu entnehmenden Sauerstoffs einen Augenblick die zweite Ventilschraube 5. Bevor man die Bombe in das Wassergefäß stellt, sind die seitlichen Leitungskanäle im Deckel durch die Schrauben 6 und 7 zu schließen. Durch die Mitte des Deckels führt der isolierte Platin- oder starke Nickel-Poldraht 8; über sein unteres Ende wird der Zünddraht geschlungen, der andererseits die im Platin- oder Quarzkästchen 9 befindliche Substanz und das Rohr 2 berührt. 10 und 11 sind kleine Schrauben zum Festklemmen des elektrischen Leitungsdrahtes.

Zum Zünden benutzt man entweder einen 5—6 cm langen und 0,1 mm starken Eisendraht, der genau abzuwägen ist, da er zu Eisenoxyd mitverbrennt, oder besser einen 0,1 mm starken Platin- oder Nickeldraht, bei dessen Benutzung die für den Eisendraht anzubringende Korrektur fortfällt, da er nur in der Mitte durchschmilzt, aber nicht verbrennt [1]. Man füllt etwa 5 ccm Wasser (auf 0,1 g gewogen) in die Bombe, setzt dann das mit der genau gewogenen Ölmenge (etwa 1 g) beschickte Platinkästchen mit dem in das Öl tauchenden Zünddraht an seine Stelle, verschließt die Bombe und leitet aus einem käuflichen Stahlzylinder — zweckmäßig unter Benutzung eines Hochdruckreduzierventils [2] — Sauerstoff [3] ein, bis der Druck in der Bombe 25 at beträgt.

Man setzt die Bombe in das Calorimetergefäß, das mit einer gewogenen Menge (2000—2200 g) Wasser von Zimmertemperatur gefüllt ist, und wählt die Temperatur des Wassers zweckmäßig so, daß die nach der Verbrennung erhaltene Temperatur etwa so viel über der Zimmertemperatur liegt wie vorher darunter.

Nachdem die Bombe einige Minuten im Calorimeter gestanden hat, wird das durch Elektromotor F oder Wasserturbine betriebene Rührwerk in Gang gesetzt (etwa 60 Umdrehungen der Exzenterscheibe in 1 Minute) und die Temperatur jede Minute unter leichtem Klopfen des Thermometers mit einem Holzstäbchen zur Überwindung der Trägheit des Quecksilberfadens abgelesen. Wenn die Temperatur konstant ist oder die Temperaturschwankungen während 9 min [4] konstant sind (sog. Vorversuch), wird der elektrische Strom geschlossen. Man benutzt hierzu entweder 2 hintereinander geschaltete Akkumulatoren oder den durch 3—4 parallel geschaltete Kohlenfadenlampen gedrosselten Strom der Lichtleitung von 110 bis 220 Volt. Im Moment der Zündung leuchten die Kohlenfäden blitzartig auf, um gleich beim Durchbrennen des Zünddrahts zu verlöschen, so daß man mittels dieser Lampen die Zündung, aber auch Kurzschluß und Isolationsfehler kontrollieren kann. Der ins Glühen geratene Zünddraht leitet alsbald die Verbrennung ein, welche in der Atmosphäre des komprimierten Sauerstoffs vollständig ist. Das

---

[1] Nach W. Steuer: Brennstoff-Chem. **7**, 376 (1926), ist Eisendraht nicht zu empfehlen, vgl. S. 84, Fußnote 2, vielmehr ist Nickeldraht der geeignetste Ersatz für Platin.

[2] Siehe z. B. L. Stuckert u. M. Enderli: Ztschr. Elektrochem. **19**, 572 (1913), u. Chem.-Ztg. **37**, 1288 (1913).

[3] Linde-Sauerstoff, dagegen kein Elektrolytsauerstoff, der wegen Wasserstoffgehalts unbrauchbar ist (vgl. Steuer, l. c.).

[4] Nach dem DIN-Blatt dauern Vor- und Nachversuch nur etwa je 6 min.

Thermometer, das wie im Vorversuch von Minute zu Minute unter beständigem Klopfen abgelesen wird, beginnt nun sehr schnell zu steigen (Hauptversuch). Das 3—4 Minuten nach erfolgter Zündung eintretende Temperaturmaximum wird dann genau abgelesen, wonach die abfallende Temperatur noch 9 min lang beobachtet wird (Nachversuch).

Die bei der Verbrennung entstehende Wassermenge, deren Kenntnis zur Berechnung des unteren Heizwertes erforderlich ist, kann direkt im Anschluß an die calorimetrische Bestimmung festgestellt werden. Zu diesem Zwecke verbindet man Kanal 3 der Bombe mit einem genau gewogenen Chlorcalciumrohr e, drückt nach vorsichtigem Öffnen der Ventilschraube 5 durch Kanal 2 einen Strom durch die Türme b scharf getrockneter Luft durch die Bombe, die in einem Heißluft- oder Ölbad c auf 105⁰ erwärmt wird (Abb. 56), und bestimmt die Gewichtszunahme des Chlorcalciumrohres.

Statt das Wasser in dieser Weise zu bestimmen, kann man es auch unmittelbar in der Bombe mittels P_2O_5 oder $Al(OH)_3$ absorbieren [1].

Zu diesem Zweck füllt man ein 5 cm hohes zylindrisches Körbchen aus feinem Nickeldrahtnetz, dessen Boden und Seitenwände zum Schutz gegen Herausfallen des Absorptionsmittels mit Asbest ausgekleidet sind, mit $Al(OH)_3$ oder besser mit P_2O_5, setzt einen Deckel, ebenfalls aus Nickeldrahtnetz, auf

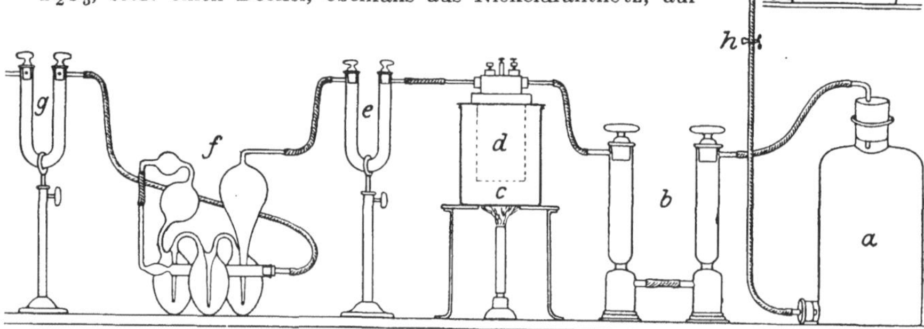

Abb. 56. Apparatur zur Wasserbestimmung nach dem calorimetrischen Versuch.

und wägt das Körbchen in einem größeren Wägeglase (um Wasseranziehung während der Wägung zu verhindern).

Sobald alles zur Heizwertbestimmung vorbereitet ist, setzt man den gewogenen Drahtkorb mittels eines Gestells aus 2 mm starkem Nickeldraht in die Bombe und schraubt schnell den Deckel auf; dabei muß man vermeiden, daß die Absorptionsmittel nennenswerte Mengen Feuchtigkeit aus der Atmosphäre aufnehmen. Nach der Verbrennung wird die Bombe bei P_2O_5 auf 1 h, bei $Al(OH)_3$ auf 3 h in ein siedendes Wasserbad hineingestellt; darauf läßt man sie abkühlen, trocknet sie sorgfältig, läßt den Überdruck heraus, schraubt den Deckel ab und wägt das Absorptionsgefäß wieder im Wägeglas. Es ist ratsam, die Gewichte schon vorher auf die Waage zu legen, damit die Wägung möglichst schnell erfolgen kann.

Trotz der scheinbar größeren Umständlichkeit der Arbeitsweise dürfte es sich aber meist empfehlen, das bei der Verbrennung des Öles entstehende Wasser in einer gesonderten Probe (etwa 0,2 g) mittels der üblichen Liebigschen Elementaranalyse zu bestimmen.

Nach Öffnung der Bombe werden etwa nicht verbrannte Teile des Eisendrahtes gesammelt und gewogen; das gefundene Gewicht wird für die Berechnung des Heizwertes (s. u.) von dem ursprünglichen Gewicht des Drahtes abgezogen.

Liegt zur Untersuchung ein sehr flüchtiges Öl vor, das sich in dem offenen Platinkästchen infolge rascher Verdunstung nicht exakt abwägen läßt, so füllt man

---

[1] W. Steuer: Brennstoff-Chem. **7**, 379 (1926).

es in eine gewogene Gelatinekapsel („Capsula operculata") ein, deren Verbrennungswärme man vorher bestimmt hat[1], und verbrennt es mit der Kapsel zusammen, indem man den Zünddraht um diese mehrfach herumwindet. Bei der Berechnung des Heizwertes ist die der Gelatine entstammende Wärmemenge natürlich von dem Ergebnis abzuziehen.

Berechnung.

Der Wasserwert des Calorimeters[2] wird für jede Apparatur besonders experimentell durch empirische Eichung bestimmt, und zwar durch Verbrennung einer gewogenen Menge einer chemisch reinen Substanz, deren Verbrennungswärme bekannt ist[3], z. B. Benzoesäure (6324 cal/g), Rohrzucker (3949 cal/g) oder Naphthalin (9617 cal/g).

Beispiel[4]:

Einwaage (Benzoesäure)	0,8200 g
Verbrannter Zünddraht (= Einwaage, abzüglich der unverbrannt gebliebenen Teile des Drahtes)	0,0190 „
Durch Benzoesäure erzeugte Wärmemenge . $6324 \cdot 0,82 =$	5185,7 cal
Durch Eisendraht erzeugte Wärmemenge. . $1600 \cdot 0,019 =$	30,4 „
Erzeugte Wärmemenge insgesamt	5216,1 cal
Gewicht des Wassers im Calorimetergefäß	2000 g
Beobachtete Temperaturerhöhung des Calorimeterwassers .	$2,201^0$
Korrektion wegen Wärmeaustauschs (u')[5]	$+0,009^0$
Korrigierte Temperaturerhöhung	$2,210^0$
Mithin Wärmekapazität des mit 2000 g Wasser gefüllten Calorimeters . . . . $5216,1 : 2,210 =$	2360 cal/Grad
Wärmekapazität der Wasserfüllung	2000 „
Demnach Wärmekapazität des Calorimeters selbst (Wasserwert)	360 cal/Grad

Berichtigung wegen Wärmeaustausches. Die beobachtete Temperaturerhöhung des Calorimeterwassers bedarf wegen des Wärmeaustausches des Calorimeters mit seiner Umgebung einer Korrektion (u'). Ist

u_1 die Anfangstemperatur beim Hauptversuch,
u_2 die Endtemperatur beim Hauptversuch,
Δ_1 die mittlere minutliche Änderung des Thermometerstandes im Vorversuch (arithmetisches Mittel der 9 Temperaturdifferenzen),
Δ_2 der gleiche Wert im Nachversuch,
a eine von der Größe des Apparates usw. abhängige Konstante (Abkühlungskonstante des ganzen Calorimeters),

dann ist die „berechnete Außentemperatur" am Umfang des Calorimeters während der calorimetrischen Messung $u_0 = (\Delta_2 \cdot u_1 + \Delta_1 \cdot u_2)/(\Delta_1 + \Delta_2)$ und die „Abkühlungskonstante" $a = (\Delta_1 + \Delta_2)/(u_2 - u_1)$.

---

[1] Sie betrug z. B. in einem Fall 4464 cal.

[2] Nach dem DIN-Blatt 3716 soll der Wasserwert des (mit Wasser gefüllten) Isoliermantels mindestens fünfmal so groß sein wie derjenige des Calorimetergefäßes einschließlich Bombe und Wasserfüllung (5 ccm).

[3] Henning: Ztschr. physikal. Chem. **97**, 467 (1921). Seit 1922 ist als Eichsubstanz international nur Benzoesäure zugelassen, deren Verbrennungswärme zu 6324 cal_{15^0}/g (in Luft gewogen) angenommen wurde; s. Landolt-Börnstein: Physik.-chem. Tabellen, 5. Aufl., 1586. In der P.T.R. werden die Calorimeter durch Zuführung einer bekannten Menge elektrischer Energie und Messung der hierbei auftretenden Temperaturerhöhung geeicht.

[4] Die praktische Ausführung der Eichung ist dieselbe wie bei der eigentlichen Heizwertbestimmung.

[5] Siehe die hier unmittelbar folgenden Erläuterungen.

Nach Mecklenburg bestimmt man die Differenzen der einzelnen im Hauptversuch minutlich festgestellten Temperaturen gegenüber der berechneten Außentemperatur (u_0) und berechnet das arithmetische Mittel je zweier aufeinanderfolgender Temperaturdifferenzen[1]. Die Summe aller dieser arithmetischen Mittel (s), mit der oben erwähnten Abkühlungskonstante a multipliziert, ergibt die Korrektionsgröße u', welche zu der beobachteten Temperaturerhöhung ($u_2 - u_1$) zu addieren ist.

Weitere Korrektionen. Die gesamte bei der Verbrennung eines Öles im Calorimeter erzeugte Wärmemenge ergibt sich aus der berichtigten Temperaturerhöhung ($u_2 - u_1 + u'$), multipliziert mit der Wärmekapazität des mit Wasser gefüllten Calorimeters.

Hiervon sind abzuziehen:

1. Die beim Verbrennen des Eisendrahtes freigewordene Wärmemenge, die gewöhnlich mit 1600 cal pro g verbrannten Eisens (das sind bei ganz dünnem Zünddraht 2,4—2,6 cal pro cm) in Ansatz gebracht wird[2].

2. Die bei der Bildung von verdünnter H_2SO_4 aus SO_2 frei gewordene Wärmemenge, da der Heizwert stets auf gasförmiges SO_2 bezogen wird, während in der Bombe verdünnte H_2SO_4 gebildet wird. Um die Menge dieser letzteren zu bestimmen, spült man die Bombe quantitativ mit heißem Wasser aus und titriert die wässerige Lösung nach dem Erkalten unter Anwendung von Methylorange mit 0,1-n KOH. Für jeden Kubikzentimeter Lauge sind 3,6 cal von der gesamten Wärmemenge abzuziehen (entsprechend 732,7 cal pro g H_2SO_4 oder 22,5 cal/g für jedes Prozent S im Brennstoff). Zur genaueren Bestimmung der bei der Verbrennung gebildeten Schwefelsäure empfiehlt es sich, diese in bekannter Weise durch Fällen mit Bariumchlorid gewichtsanalytisch zu bestimmen, da sich infolge der zur vollständigen Verbrennung des Schwefels erforderlichen Anwesenheit von Luftstickstoff in der Bombe stets — auch bei stickstofffreiem Öl — etwas Salpetersäure bildet, die bei dem titrimetrischen Verfahren fälschlicherweise mitbestimmt wird. Der hierdurch verursachte Fehler fällt zwar bei der Ermittlung des in Rede stehenden Wärmeabzugs nicht merklich ins Gewicht[3], wohl aber kommt er in Betracht, wenn es sich um die Elementaranalyse eines Öles handelt und sein Schwefelgehalt durch Verbrennung in der calorimetrischen Bombe bestimmt werden soll (vgl. S. 103)[4].

3. Die Verdampfungswärme des bei der Verbrennung gebildeten bzw. im Brennstoff enthaltenen Wassers (s. o.)

Berechnungsbeispiel.

Als Beispiel für die Berechnungsweise und für eine übersichtliche Zusammenstellung aller — teils beobachteter, teil berechneter — Werte diene die im folgenden mitgeteilte Bestimmung des Heizwertes eines Treiböles (s. Tabelle 17, S. 86).

Gewicht des angewandten Öles (Einwaage) . .	e		1,0164 g
Gewicht des Eisendrahts, soweit dieser verbrannte	z		0,0139 ,,
Gewicht des Wassers im Calorimetergefäß . .	a	2000 g	
Wasserwert der Bombe	b	328 cal/Grad	
Wärmekapazität ($a + b$)	w	2328 cal/Grad	

[1] Da die arithmetischen Mittel dann alle addiert werden, führt man zweckmäßig die Division durch 2 nicht an den einzelnen Summanden, sondern erst an der Summe aus.

[2] Dieser Wert ist nach Steuer: Brennstoff-Chem. **7**, 376 (1926), ungenau (zu hoch), da er für die Verbrennung von Fe zu Fe_2O_3 gilt, während das Eisen zum Teil nur zu FeO verbrennt.

[3] Die Bildungswärme der verdünnten Salpetersäure aus N_2, O_2 und H_2O beträgt nach Thomsen: Thermochem. Unters. **2**, 199 (1882), 14,91 kcal/Mol, daher 1,49 cal pro ccm 0,1-n Lösung. Nach Aufhäuser, l. c., entstehen bei einer wie oben durchgeführten Heizwertbestimmung etwa 3—5 ccm 0,1-n HNO_3; die Korrektion ist also minimal.

[4] Steuer: Brennstoff-Chem. **7**, 379 (1926), empfiehlt die Korrektionen für Bildung von H_2SO_4 und HNO_3, die klein und ganz unsicher seien, überhaupt nicht anzubringen.

Beobachteter Temperaturanstieg $(u_2 - u_1)$ . .			$4{,}529^0$
Korrektion wegen des Wärmeaustausches . . u'			$0{,}030^0$
Korrigierte Temperaturerhöhung. . $u_2 - u_1 + u'$			$4{,}559^0$
Erzeugte Wärmemenge . . . . . $w(u_2 - u_1 + u')$			$10\,613{,}_4$ cal
Abzug für Zünddraht . . . . $z \cdot 1600$	$22{,}2_4$	Summe der Abzüge	
Abzug wegen Umwandlung der schwefligen Säure in verd. Schwefelsäure [1] . . . . $n_s \cdot 3{,}6$	$35{,}1_7$		$-\ 57{,}_4$ cal
Verbrennungswärme von e g der Probe . . . v_e			$10\,556{,}_0$ cal
,, ,, 1 g ,, ,, (,,oberer Heizwert") . . . . $v = v_e/e$			$10\,385{,}_7$ cal
Abzug für Wasserverdampfung [2] % $H_2O \cdot 5{,}85$			$616{,}_9$,,
Heizwert von 1 g der Probe (,,unterer Heizwert")			**$9768{,}_8$ cal**

Nach den Vorschriften der A.S.T.M.[3] ist bei der Heizwertbestimmung noch besonders auf folgende Punkte zu achten:

1. Zur Erzielung eines regelmäßigen Temperaturausgleichs im Calorimeterwasser muß der Rührer schnell genug und ganz gleichmäßig laufen, darf aber andererseits nicht so schnell gehen, daß die Reibungswärme die Temperatur des Wassers merklich erhöht. Letzteres ist der Fall, wenn die zunächst mit der Zimmertemperatur vollständig ausgeglichene Temperatur des Wassers durch 10 min langes Rühren um mehr als $0{,}01^0$ steigt. Zur Vermeidung einer Wärmeübertragung durch den Rührer nach außen wird die Isolierung der im Calorimeter befindlichen Teile des Rührers gegen die außen befindlichen durch schlechte Wärmeleiter, z. B. durch Hartgummi, empfohlen.

2. Der zur Verbrennung benutzte Sauerstoff soll wenigstens 5% Stickstoff enthalten, damit eine vollständige Verbrennung des Schwefels (durch die gebildeten Stickoxyde) sichergestellt wird. Für jedes Gramm Substanz (Heizöl) soll die Bombe mindestens 5 g Sauerstoff enthalten. Der Sauerstoff ist mit Feuchtigkeit zu sättigen dadurch, daß vor dem Versuch etwa 0,5 ccm Wasser in die Bombe gefüllt werden. Je nach der Größe der Bombe ist der Sauerstoffdruck zu bemessen, und zwar

bei einem Fassungsvermögen der Bombe	auf mindestens
von 300—350 ccm	40 at
,, 350—400 ,,	35 ,,
,, 400—450 ,,	30 ,,
,, 450—500 ,,	27,5 ,,
über 500	25 ,,

3. Der Zündstrom soll nicht mehr als 12 Volt Spannung haben, da sich andernfalls unter Umständen ein Flammenbogen bilden kann. Aus diesem Grunde empfiehlt sich die Einschaltung eines Amperemeters (oder der oben erwähnten Glühbirnen), damit die Unterbrechung des Zündstroms nach Verbrennen bzw. Durchschmelzen des Zünddrahtes zu erkennen ist.

4. Wiederholungsversuche dürfen beim gleichen Beobachter um höchstens 0,3%, bei verschiedenen Beobachtern um höchstens 0,5% differieren.

A. E u c k e n und L. M e y e r[4] schlagen ein vereinfachtes Calorimeter vor, in welchem sehr kleine Substanzmengen (z. B. 40 mg, die mit Kieselgur gemischt werden) mit Sauerstoff von nur e i n e r Atmosphäre verbrannt werden. Die ganze Bestimmung soll nur 10—12 Minuten dauern. Eine Nachprüfung des Apparates von anderer Seite bleibt abzuwarten.

---

[1] Es wurden $9{,}7_7$ ccm 0,1-n KOH verbraucht: $n_s = 9{,}7_7$.
[2] Die L i e b i g sche Elementaranalyse ergab (86,2_8% C und) $105{,}4_6$% H_2O.
[3] Jber. 1932 des Comm. D 2, S. 242.
[4] A. E u c k e n u. L. M e y e r: Chemische Fabrik 1, 177, 195 (1928).

Tabelle 17. Zahlenbeispiel für die Ermittelung des Heizwertes.

Minuten	Vorversuch		Hauptversuch	Berechnung des für die „Korrektion wegen Wärmeaustausches" notwendigen Korrektionsfaktors s		Nachversuch	
	Thermometerablesungen	Minutliche Änderung des Thermometerstandes	Thermometerablesungen	Differenzen der einzelnen Temperaturen des Hauptversuchs gegenüber der berechneten Außentemperatur (u_0)	Berechnung der Summe der arithm. Mittel je zweier aufeinander folgender Differenzen	Thermometerablesungen	Minutliche Änderung des Thermometerstandes
	°C	°C	°C	°C		°C	°C
0	18,209	—	18,251 (u_1)	— 1,478	— 1,057	u_2 22,780	—
1	18,211	0,002	20,150	+ 0,421	+ 2,772	22,774	0,006
2	18,216	0,005	22,080	+ 2,351	+ 5,272	22,765	0,009
3	18,220	0,004	22,650	+ 2,921	+ 5,960	22,755	0,010
4	18,227	0,007	22,768	+ 3,039	+ 6,090	22,744	0,011
5	18,231	0,004	22,780 (u_2)	+ 3,051		22,734	0,010
6	18,235	0,004			20,094	22,723	0,011
7	18,241	0,006	$u_2 - u_1 = 4{,}529$		— 1,057	22,713	0,010
8	18,247	0,006			19,037 : 2 =	22,703	0,010
9	u_1 18,251	0,004			**9,519** (s)	22,693	0,010
		$\Delta_1 = \mathbf{0{,}004_7}$					$\Delta_2 = \mathbf{0{,}009_7}$

Berechnete Außentemperatur: $u_0 = \dfrac{\Delta_2 \cdot u_1 + \Delta_1 \cdot u_2}{\Delta_1 + \Delta_2} = 19{,}72_9$ °C.

Abkühlungskonstante des Apparates: $a = \dfrac{1}{u_2 - u_1}\,(\Delta_1 + \Delta_2) = 0{,}003_2$ °C.

Korrektion wegen Wärmeaustausches: $u' = a \cdot s = \mathbf{0{,}03_0}$ °C.

12. Optische Prüfungen.

a) Farbe.

Colorimetrische Bestimmung s. S. 231 und 320.

b) Lichtbrechung (Refraktion).

Der Brechungsexponent n (auch Brechungsquotient, -koeffizient, -index genannt) eines Stoffes stellt das Verhältnis der Lichtgeschwindigkeit im Vakuum zu derjenigen in dem betreffenden Stoffe dar. Da n sowohl von der Wellenlänge (bzw. Schwingungszahl) des Lichtes wie von der Versuchstemperatur abhängt, sind diese beiden Faktoren anzugeben, z. B. n_D^{20}.

Der Brechungsexponent nimmt, wie das spezifische Gewicht, mit steigender Temperatur ab, und zwar in der Weise, daß die „spezifische Refraktion" $(n - 1)/d$ (Gladstone und Dale) bzw. $(n^2 - 1)/(n^2 + 2)d$ (Lorenz und Lorentz) bei Temperaturänderungen konstant bleibt[1]. Bei Mineralölen, Fetten u. dgl. beträgt die Abnahme von n_D zwischen 0 und 100° durchschnittlich 0,0004 pro Grad. Das Produkt aus spezifischer Refraktion R und Mol.-Gew. M (bei chemischen Individuen), die Molekularrefraktion, kann durch Addition der Refraktionsäquivalente für die einzelnen Atome und ihre Bindungsarten berechnet werden. Die wichtigsten Äquivalente (für die Lorenz-Lorentzsche Formel) zeigt Tabelle 18.

Tabelle 18. Refraktionsäquivalente für n_D*.

Atom bzw. Bindungsart	Refraktionsäquivalent	Atom bzw. Bindungsart	Refraktionsäquivalent
C.	2,418	O″ (Carbonylsauerstoff) .	2,211
H.	1,100	O < (Äthersauerstoff). . .	1,643
Cl (an Alkyl gebunden) . .	5,967	O′ (Hydroxylsauerstoff) .	1,525
Br („ „ „) . .	8,865	⊨ (C:C-Doppelbindung).	1,733
J („ „ „) . .	13,900	⊨ (C:C-Dreifachbindung	2,398

Verbindungen mit konjugierten Doppelbindungen zeigen eine Erhöhung (Exaltation) der Mol.-Refraktion gegenüber dem aus den Äquivalenten berechneten Wert, was für Konstitutionsbestimmungen besonders wichtig ist (vgl. Elaeostearinsäure, S. 629). Für eingehendere theoretische Erläuterungen sei auf physikalische oder physikochemische Lehrbücher verwiesen.

Die Bestimmung von n dient bei Fetten und Wachsen sowie besonders bei Fettsäureindividuen, reinen Kohlenwasserstoffen u. dgl. zur raschen Identitäts- oder Reinheitskontrolle (s. Tabelle 28, S. 132 und Tabelle 172 f., S. 786), in der Mineralölanalyse zur Prüfung von Treibstoffen und Lösungsmitteln (Benzin, Benzol, Terpentinöl usw., s. S. 190), zum Nachweis von Harzöl in Mineralschmieröl und umgekehrt (S. 338) und besonders zum Nachweis von Paraffinzusätzen in Ceresin (S. 475).

---

[1] n und d sind auf gleiche Temperatur zu beziehen.
* Nach Landolt-Börnstein, 5. Aufl., S. 985, Tabelle 184.

Bestimmung.

α) **Refraktometer von Abbe**[1]. Dieses Instrument (Abb. 57) ist infolge seines großen Meßbereichs ($n = 1,3 - 1,7$), der geringen erforderlichen Substanzmenge und der bequemen Temperierbarkeit der Prismen durch einen Wasser- bzw. Dampfstrom[2] von allgemeinster Anwendbarkeit. Man mißt auf dem Apparat den Grenzwinkel der totalen Reflexion bei streifendem Lichteintritt, dessen — auf dem Teilkreis verzeichneter — Sinus unmittelbar den Brechungsexponenten angibt. Ein besonderer Vorzug des Apparates liegt in der Möglichkeit, die Dispersion durch eine Kompensationseinrichtung aufzuheben und den Brechungsexponenten für Natriumlicht bei hellem Tageslicht zu bestimmen. Hierdurch wird die Bestimmung gegenüber dem Arbeiten im verdunkelten Raum sehr verschärft und erleichtert. Natürlich kann man daneben, ohne Benutzung des Kompensators, auch Refraktionen bei beliebigem, einfarbigen Licht bestimmen.

Man klappt die untere Prismenhälfte nach Öffnung des Verschlusses herunter und reinigt beide Prismen mit Watte oder weicher Leinwand und Äther, wobei wegen der weichen Beschaffenheit des oberen Prismas besondere Vorsicht geboten ist. Nachdem man das Instrument auf die gewünschte Temperatur eingestellt hat, bringt man einige Tropfen[3] des zu untersuchenden Stoffes auf die Fläche des festen Prismas, klappt das zweite Prisma wieder herauf und befestigt es durch Drehen des Verschlußgriffes. Der Beleuchtungsspiegel wird in die richtige Lage gebracht und das Fernrohr auf das Fadenkreuz eingestellt. Hierauf bewegt man die Triebschraube T, bis die untere Hälfte des Gesichtsfeldes bis zum Schnittpunkt des Fadenkreuzes dunkel erscheint. Die bei Verwendung von Tages- oder nicht monochromatischem Lampenlicht auftretenden farbigen Ränder bringt man durch Drehen der Kompensator-Triebschraube M zum Verschwinden, wodurch man die Grenzlinie zwischen hell und dunkel scharf einstellen kann.

Die Ablesung am Teilkreis S mit Hilfe der Lupe L ergibt unmittelbar den Brechungsexponenten des Stoffes für das Licht der D-Linie bzw. das etwa benutzte andersfarbige Licht bei der Versuchstemperatur.

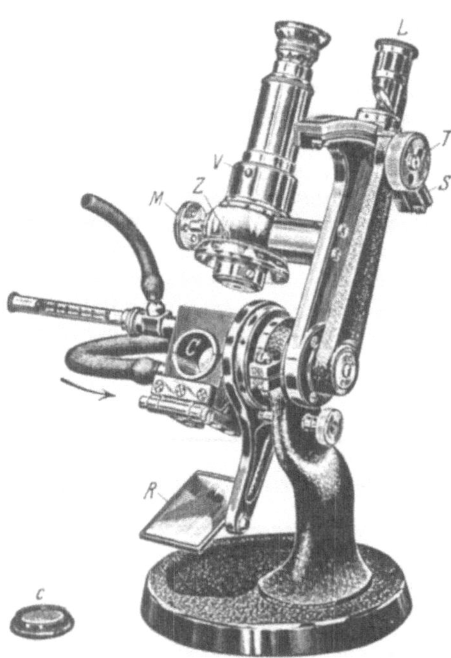

Abb. 57. Refraktometer von Abbe.

---

[1] Hersteller: Carl Zeiss, Jena.

[2] Eine praktische Einrichtung zur Erzeugung eines konstant temperierten Wasserstromes ist in der jedem Instrument beigegebenen Gebrauchsanweisung beschrieben.

[3] Es ist möglichst so viel Substanz anzuwenden, daß der Raum zwischen den beiden Prismen vollständig damit ausgefüllt wird. Bei Gegenwart von Luftblasen in diesem Raum entstehen keine scharfen Bilder.

Bei besonders dunklen Ölen, bei welchen die Messung im durchfallenden Licht kein scharfes Bild ergibt, führt man die Bestimmung im reflektierten Licht aus. Hierzu entfernt man, wie aus der Abb. 57 ersichtlich, den Verschlußdeckel c von dem Fenster C und beleuchtet dieses mit möglichst hellem Licht, während der Spiegel R umgedreht wird. Das Instrument ist dann so einzustellen, daß die obere Hälfte des Gesichtsfeldes dunkler erscheint. Die Helligkeitsunterschiede sind nur schwach; die Grenzlinie ist jedoch beim Bewegen der Triebschraube deutlich genug zu erkennen, daß die dritte Dezimale des Brechungsexponenten mit Sicherheit abgelesen werden kann.

Dispersion. Man liest an der Marke Z diejenige Stellung der Teiltrommel ab, bei welcher der farbige Saum an der Grenzlinie von Licht und Schatten vollständig verschwunden ist. Aus der so erhaltenen Zahl z kann mit Hilfe einer dem Instrument beigegebenen Dispersionstafel die Dispersion $n_F - n_C$ berechnet werden.

Durch Verbindung dieser Zahl mit dem Wert n_D kann man die sog. „mittlere Dispersion" $(n_F - n_C)/(n_D - 1)$ oder — da sich hierbei sehr kleine, wenig anschauliche Zahlen ergeben — besser den reziproken Wert, die Abbesche Zahl $(n_D - 1)/(n_F - n_C)$ berechnen. Bei manchen Fetten, z. B. chinesischem Holzöl, hat diese Abbesche Zahl bereits einen gewissen analytischen Wert (S. 751), bei Mineralölen fehlen bisher umfangreichere experimentelle Unterlagen, welche erst eine analytische Auswertung der Dispersionsbestimmung ermöglichen würden[1].

Beim Wegstellen des sogleich nach Benutzung gereinigten Refraktometers ist ein Stück Filtrierpapier zwischen die Prismenflächen zu legen.

Prüfung des Refraktometers auf richtige Einstellung. Die Stellung auf dem Teilkreise der Marke ist richtig, wenn destilliertes Wasser bei 18^0 im Mittel aus mehreren Ablesungen $n_D = 1,3330$ sowie das dem Apparat beigegebene Normalplättchens seinen richtigen Exponenten ergibt. Zwecks etwa notwendig werdender Neujustierung stellt man, während das Justierplättchen auf das feste Prisma aufgelegt ist, den Index genau auf den in dem Plättchen eingravierten Wert n_D ein, setzt dann den Uhrschlüssel auf den kleinen Vierkant V und dreht so lange, bis die Grenzlinie durch den Schnittpunkt des Fadenkreuzes läuft. Schließlich prüft man die neue Justierung mehrmals mit dem Justierplättchen und mit destilliertem Wasser.

β) Das Zeisssche Butterrefraktometer (Abb. 58) ist dem Abbeschen Refraktometer in der Konstruktion der heizbaren Prismen sehr ähnlich, hat jedoch, seinem Spezialzweck entsprechend, einen viel kleineren Meßbereich (1,4179—1,4922), so daß z. B. chinesisches Holzöl, viele Mineralöle, Harzöle, Benzol u. dgl. ($n_D^{20} > 1,5$) bei gewöhnlicher Temperatur nicht

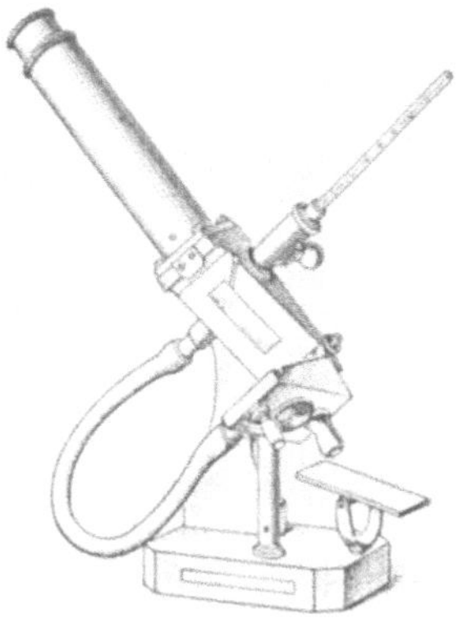

Abb. 58. Butterrefraktometer von Zeiss.

geprüft werden können. In vielen Fällen kann man sich aber durch Ausführung der Messung bei höherer Temperatur helfen, da z. B. durch Steigerung der Temperatur von 20 auf 100^0 bei den meisten Ölen n_D um etwa $80 \cdot 0,0004 = 0,032$ kleiner wird und dadurch meist noch in den Meßbereich des Instruments fällt. Ein Nachteil gegenüber dem Abbe-Refraktometer ist das Fehlen einer regulierbaren Kompensationseinrichtung für die Dispersion. Das Instrument ist so eingerichtet, daß die Dispersion des reinen Butterfettes (bei Verwendung von weißem Licht) gerade aufgehoben wird

[1] Vgl. F. Löwe: Optische Messungen des Chemikers und Mediziners, S. 86 f. Dresden u. Leipzig: Theodor Steinkopff 1925; Darmois: Compt. rend. Acad. Sci. 171, 952 (1920); E. Eichwald: Mineralöle, S. 137. Dresden u. Leipzig: Theodor Steinkopff 1925.

und die Brechung für die D-Linie direkt bestimmt werden kann; bei allen Ölen mit anderer Dispersion muß aber Na-Licht benutzt werden. (Über das Auftreten farbiger Ränder bei der Butteruntersuchung vgl. S. 816.)

Die Lichtbrechung wird nicht als Brechungsexponent an einem Teilkreis abgelesen, sondern es wird nur die für die verschiedenen Substanzen wechselnde und charakteristische Lage der Grenze zwischen dem hellen und dem dunklen Teile des Gesichtsfeldes auf einer in dem Fernrohr befindlichen empirischen, von —5 bis + 105 eingeteilten Okularskala abgelesen. Aus Tabelle 19 sind die den Skalenteilen entsprechenden Werte des Brechungsexponenten n_D zu entnehmen.

Tabelle 19. Umrechnung von Skalenteilen in Brechungsexponenten.

Skalenteile	n_D	Skalenteile	n_D	Skalenteile	n_D	Skalenteile	n_D	Skalenteile	n_D
—5	1,4179	18	1,4362	41	1,4531	64	1,4685	87	1,4824
—4	1,4188	19	1,4370	42	1,4538	65	1,4691	88	1,4829
—3	1,4196	20	1,4377	43	1,4545	66	1,4698	89	1,4835
—2	1,4204	21	1,4385	44	1,4552	67	1,4704	90	1,4840
—1	1,4212	22	1,4392	45	1,4559	68	1,4710	91	1,4846
0	1,4220	23	1,4400	46	1,4566	69	1,4717	92	1,4851
1	1,4228	24	1,4408	47	1,4573	70	1,4723	93	1,4857
2	1,4236	25	1,4415	48	1,4580	71	1,4729	94	1,4862
3	1,4244	26	1,4423	49	1,4587	72	1,4736	95	1,4868
4	1,4252	27	1,4430	50	1,4593	73	1,4742	96	1,4873
5	1,4260	28	1,4438	51	1,4600	74	1,4748	97	1,4879
6	1,4268	29	1,4445	52	1,4607	75	1,4754	98	1,4884
7	1,4276	30	1,4452	53	1,4613	76	1,4760	99	1,4890
8	1,4284	31	1,4460	54	1,4620	77	1,4766	100	1,4895
9	1,4292	32	1,4467	55	1,4626	78	1,4772	101	1,4901
10	1,4300	33	1,4474	56	1,4633	79	1,4778	102	1,4906
11	1,4308	34	1,4481	57	1,4640	80	1,4783	103	1,4912
12	1,4316	35	1,4488	58	1,4646	81	1,4789	104	1,4917
13	1,4324	36	1,4495	59	1,4653	82	1,4795	105	1,4922
14	1,4331	37	1,4502	60	1,4659	83	1,4801		
15	1,4339	38	1,4510	61	1,4666	84	1,4807		
16	1,4347	39	1,4517	62	1,4672	85	1,4812		
17	1,4354	40	1,4525	63	1,4679	86	1,4818		

c) Optische Aktivität (Polarisation).

Die meisten Mineralöle und fetten Öle sind optisch inaktiv bzw. nur sehr schwach aktiv, z. B. drehen Mineralöle nach älteren Prüfungen um 0 bis + 1,2°, vereinzelt bis + 3,1°; die Drehung steigt im allgemeinen mit dem Siedepunkt. Über die Beziehungen der optischen Aktivität der Erdöle zu deren Entstehung siehe S. 150, über die optische Aktivität der Fette und Fettbestandteile S. 749. Charakteristisch hoch ist die spezifische Drehung des Terpentinöls (S. 610), des Kolophoniums, (Abietinsäure, S. 611) und der Harzöle[1].

Die optische Drehung wird auf dem einfachen Laurentschen Halbschattenapparat oder dem genauere und bequemere Ablesungen gestattenden Apparat von Lippich-Landolt (Abb. 59 und 60) bestimmt.

---

[1] Theoretische Betrachtungen über die Zurückführung der Polarisation auf eine Doppelbrechung s. W. Kuhn: Ber. **63**, 190 (1930).

Eine dünne, aus einem Krystall von Kaliumdichromat geschliffene Platte a (oder eine 3 cm dicke Schicht gesättigter $K_2Cr_2O_7$-Lösung) dient als Strahlenfilter; zwei doppeltbrechende Kalkspatprismen b dienen als Polarisator und können mit Hilfe eines Hebels in ihrer Fassung um einen kleinen Winkel zur Veränderung der Empfindlichkeit gedreht werden; dann folgen 2 Doppelprismen δ, welche je

Abb. 59. Polarisationsapparat von Lippich-Landolt.

ein Drittel des Kreises bedecken und einen Spalt in der Mitte frei lassen, sowie die Flüssigkeitsröhre d, das Nicolsche Prisma e als Analysator und 4, ein kleines Fernrohr bildende Linsen f und g.

Der Analysator des Landolt-Lippichschen Apparates und die mit der Hülse desselben verbundene, in $0,25^0$ geteilte Kreisscheibe D (Abb. 59) sind dreh-

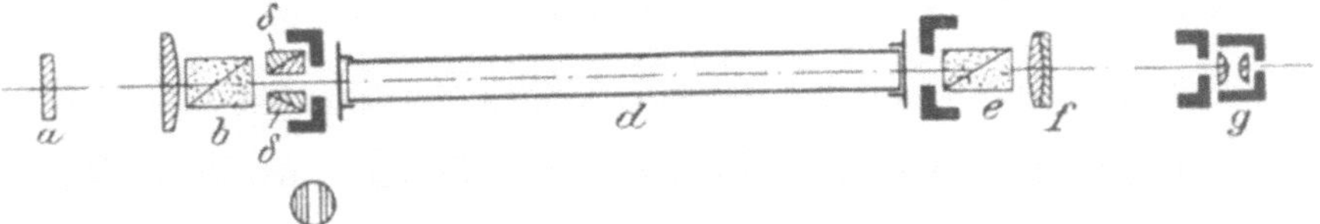

Abb. 60. Optische Einrichtung des Lippich-Landoltschen Polarisationsapparats.

bar mittels des Hebels g für größere Verschiebungen und mittels der Schraube m für feine Einstellung. Die Schraube k dient zum Festklemmen der Kreisscheibe D. Die durch die Lupen l zu betrachtenden Nonien ermöglichen Ablesung von $0,01^0$. Bei der Ablesung bestimmt man zunächst, wieviel ganze bzw. viertel Grade den Nullpunkt des Nonius passiert haben; dies seien z. B. $9^3/_4{}^0 = 9,75^0$; der Nullpunkt des Nonius steht also zwischen diesem und dem 10. Gradstrich; den fehlenden Bruchteil dieses Viertelgrades zeigt derjenige Noniusstrich an, welcher mit irgendeinem Strich der Kreisteilung zusammenfällt; ist dies z. B. der 9. Strich, so beträgt die Drehung noch $0,09^0$ mehr; die Gesamtablesung beträgt mithin $9,75^0 + 0,09^0 = 9,84^0$. Als Lichtquelle dient eine am besten durch Borax (am

Magnesiastäbchen) erzeugte Natriumflamme, die z. B. bei den Apparaten der Firma Schmidt & Haensch 40 cm von der zwischen a und b (Abb. 60) befindlichen Beleuchtungslinse entfernt sein soll. Besonders intensives, für die Polarisation dunkler Flüssigkeiten geeignetes Licht erhält man mit einer Natriumnitritflamme[1], einer durch elektrolytisch zersetzte Natronlauge gefärbten Leuchtgas-Sauerstoff-Flamme[2], sowie vor allem mit der elektrischen Natriumlampe von Zeiss[3].

Füllung der Flüssigkeitsröhren. Je nach Durchsichtigkeit der zu untersuchenden Flüssigkeit nimmt man längere oder kürzere, beiderseits durch planparallele Platten verschließbare Flüssigkeitsröhren, gewöhnlich 0,5-, 1- oder 2-dm-Rohre, deren Länge mittels Schublehre auf 0,1 mm genau bestimmt wird. Beim Schließen der Röhre sind Luftblasen in der für die Messung in Betracht kommenden Flüssigkeitsschicht sorgfältig zu vermeiden, was am leichtesten bei einseitig erweiterten Röhren zu erreichen ist.

Nullstellung (im verdunkelten Zimmer). Als Nullstellung gilt die Einstellung, bei welcher beide Hälften des Gesichtsfeldes gleichmäßig größte Dunkelheit zeigen (gekreuzte Nicols), da bei dieser Stellung die geringste Veränderung der Einstellung sofort deutliche Helligkeitsunterschiede der beiden Gesichtsfeldhälften bewirkt.

Ablenkungswinkel α. Die mit der zu untersuchenden Flüssigkeit gefüllte und zur Temperierung kurze Zeit in der Nähe des Apparats aufbewahrte Röhre wird nach Ermittlung der Nullstellung eingelegt. Erscheint jetzt eine Hälfte des Gesichtsfeldes dunkler als die andere, so wird der Analysator verstellt, bis das ganze Gesichtsfeld wieder gleichmäßig dunkel ist[4] (Mittelwert aus mehreren Einzeleinstellungen). Die Größe des Drehungswinkels ergibt sich aus der Differenz der mit und ohne Flüssigkeitsrohr gefundenen Mittelwerte, und zwar zeigt eine Drehung des Analysators im Sinne des Uhrzeigers Rechtsdrehung an.

Bei dem Lippich-Apparat, der nur in einer Richtung bis $+360^0$ geteilt ist, ergibt sich der Wert einer Linksdrehung durch Subtraktion des abgelesenen Wertes von 360^0, z. B. $+338^0$ entspricht -22^0. Da die Einstellung sich bei Drehung um 180^0 nicht ändert, so ist auch $+158^0 = -22^0$. Ist man im Zweifel, ob ein abgelesener Drehungswert, z. B. von $+70^0$ bzw. $+250^0$, in Wahrheit einer Rechtsdrehung von 70^0 oder einer Linksdrehung von 110^0 entspricht, so wiederholt man die Messung mit einem Rohr von der halben Länge des zuerst benutzten; im ersten Fall muß sich hierbei eine Drehung von $+35^0$ oder $+215^0$ im zweiten eine solche von $-55^0 = +125^0$ oder $+305^0$ ergeben.

Dunkle Öle oder feste Stoffe (Cholesterin usw.) werden zur Prüfung in einem wasserhellen indifferenten Mineralöl oder in einem indifferenten Lösungsmittel wie Petroleumbenzin, Benzol usw. gelöst, wobei die Art des Lösungsmittels einen gewissen, noch nicht näher erforschten Einfluß auf die Größe der spezifischen Drehung besitzt (vgl. S. 750).

Berechnung. Ist α der abgelesene Drehungswinkel bei l dm Länge des Beobachtungsrohres, so wird die spezifische Drehung

1. bei unverdünnten Flüssigkeiten vom spezifischen Gewicht d

$$[\alpha] = \alpha/d \cdot l,$$

2. bei $p\%$igen Lösungen (p g Substanz in 100 g Lösung vom spez. Gew. d)

$$[\alpha] = 100\,\alpha/d \cdot p \cdot l,$$

3. bei Lösungen von der Konzentration $c\%$ (c g Substanz in 100 ccm Lösung)

$$[\alpha] = 100\,\alpha/c \cdot l.$$

13. Elektrische Prüfungen.

Bei Mineralölen haben bisher folgende elektrische Eigenschaften Beachtung gefunden: Leitfähigkeit (bei Waschbenzinen, Isolierölen und Schmiermitteln für Gleitkontakte), Durchschlagsfestigkeit (bei Isolierölen),

---

[1] C. Neuberg: Biochem. Ztschr. 24, 423 (1910).

[2] Beckmann: Chem.-Ztg. 36, 587 (1912); Ztschr. angew. Chem. 25, 1515 (1912).

[3] M. Reger: Ztschr. Instrumentenkde. 51, 472 (1931).

[4] Nach Einlegen des gefüllten Rohres muß in der Regel das Okular zur Erzielung eines scharfen Bildes neu eingestellt werden.

elektrische Erregbarkeit (bei Waschbenzinen oder Durchlaufen von Benzin durch Metallröhren), Dielektrizitätskonstante (bei wissenschaftlichen Untersuchungen über die Dicke von Schmierschichten). Bei Fetten spielen elektrische Eigenschaften bisher praktisch keine Rolle, wenn auch Leitfähigkeiten der Fettsäuren und Fettsäure-anhydride zu wissenschaftlichen Zwecken mehrfach geprüft wurden (vgl. S. 681 und 752).

a) Leitfähigkeit[1].

Die elektrische Leitfähigkeit eines Körpers ist gleich dem reziproken Wert seines Widerstandes und damit, wie dieser, von der zufälligen Form des Körpers abhängig. Um eine reine Stoffeigenschaft zu erhalten, bezieht man beide Größen auf die Einheitsform, den „Zentimeterwürfel", und nennt dementsprechend die so definierte, in reziproken Ohm pro Zentimeter ($cm^{-1} \cdot \Omega^{-1}$) gemessene Leitfähigkeit $\varkappa$ die „spezifische" Leitfähigkeit, ihren reziproken Wert, d. h. den Widerstand einer Säule von 1 cm Länge und 1 cm² Querschnitt, in welcher die Strömung überall parallel der Längsrichtung erfolgt, den „spezifischen Widerstand" σ.

Der Widerstand eines zylindrischen Stückes bzw. Teiles einer Flüssigkeit von der Länge l und dem Querschnitt q ist somit

$$R = \sigma \cdot l/q.$$

Da R durch das Ohmsche Gesetz $R = E/I$ definiert ist ($E =$ Potentialdifferenz zwischen den Enden des Leiters, $I =$ Stromstärke), so ist

$$\sigma = q \cdot R/l = q \cdot E/l \cdot I \text{ und } \varkappa = l \cdot I/q \cdot E.$$

Auf der Anwendung dieses Gesetzes beruhen die unter β und γ beschriebenen Leitfähigkeitsbestimmungen.

Bei Elektrolytlösungen, d. h. bei Lösungen dissoziierender Körper, deren Dissoziationsgrad von der Konzentration abhängt, bezieht man das Leitvermögen als sog. „Äquivalentleitvermögen" auf die Konzentration 1 Mol oder 1 Äquivalent in 1 ccm. Diese Bezugsweise wird naturgemäß bei Ölen, welche im wesentlichen nicht dissoziierte Lösungen komplizierter Zusammensetzung sind, nicht benutzt.

Die Leitfähigkeit steigt bei Elektrolytflüssigkeiten infolge zunehmender Dissoziation — im Gegensatz zu derjenigen metallischer Leiter — mit der Temperatur. Durch Einwirkung des elektrischen Stromes sinkt die Leitfähigkeit bei Nichtelektrolyten, z. B. Benzin, infolge konvektiver Reinigung, indem die leitenden mechanischen Verunreinigungen nach den Polen wandern.

In reinem Zustande sind alle Öle und Fette sehr schlechte Leiter, worauf die Verwendung der Mineralöle zu Kabelisolierungen, Transformatorenfüllung usw. beruht. Zur Unterscheidung verschiedener Öle voneinander ist die Leitfähigkeit nicht brauchbar, da sie überall etwa von der gleichen Größenordnung ist, aber schon durch minimale Verunreinigungen sehr erheblich erhöht wird; sie kommt nur bei besonderen wissenschaftlichen Fragen oder in den oben angedeuteten technischen Fällen in Betracht.

Bestimmung. Bei Ölen, Fetten, Benzin usw., kurz bei allen isolierenden Flüssigkeiten, kommt die für Elektrolyte gebräuchliche Wechselstrom-

---

[1] Holde: Über die elektrische Erregbarkeit und Leitfähigkeit flüssiger Isolatoren. Ber. **47**, 3239 (1914); Pfleiderer-Eucken: Elektrochemische Bestimmungen. Stählers Handbuch III, S. 694 f.

methode (mit Wheatstonescher Brücke und Telefon) als zu unempfindlich nicht in Betracht. Man benutzt bei reinen Ölen ($\varkappa = 10^{-13}$ bis 10^{-18}) die Methode α, bei besser leitenden Flüssigkeiten ($\varkappa = 10^{-7}$ bis 10^{-12}) die Methoden β und γ.

α) **Siemenssche Entlademethode.** Die zu prüfende Flüssigkeit wird in ein kleines messingnes Leitfähigkeitsgefäß A, dessen äußere Elektrode (Wand und Deckel) gegen die innere, in das Benzin eintauchende zylindrische Elektrode durch einen Hartgummiring i isoliert ist, eingefüllt (Abb. 61). Das Überlaufrohr a gestattet, in dem geerdeten Gefäß A das Benzin stets in gleicher Höhe aufzufüllen. Die innere Elektrode b dieses Gefäßes wird gemäß dem Schema der Abb. 61 mit einem Luftplattenkondensator C von bekannter Kapazität (z. B. $C = 10^{-9}$ Farad $= 900$ cm)

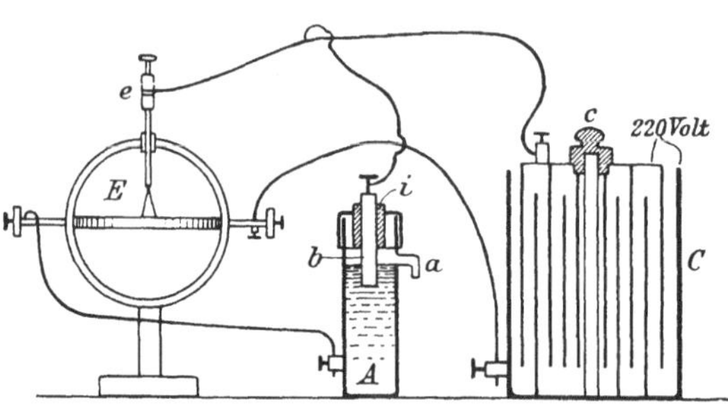

Abb. 61. Apparat zur Bestimmung der Leitfähigkeit nach der Entlademethode.

und einem Elektroskop E verbunden. Der Kondensator wird an einer 220 Volt-Gleichstromleitung kurz aufgeladen. Alsdann wird der Anfangsausschlag der Elektroskop-Blättchen in Millimetern und der Betrag des Ausschlags ermittelt, auf welchen die Blättchen innerhalb einer bestimmten Zeit t (5 oder 10 min) zurückgehen.

Aus diesen Ausschlägen werden nach einer empirisch für das Elektroskop vorher aufgestellten Kurve (Abb. 62) die entsprechenden Spannungen E_0 und E_t in Volt zu Beginn und Ende des Versuchs ermittelt. Je schlechter die zu prüfende Flüssigkeit leitet, um so langsamer fallen die Blättchen zusammen.

Berechnung. Würde das System ohne die Flüssigkeit ideal isolieren, so würde sich die Leitfähigkeit der untersuchten Flüssigkeit nach der Formel

$$\frac{1}{R} = \frac{C}{t} \operatorname{lognat}\left(\frac{E_0}{E_t}\right) = \frac{2{,}303\,C}{t} \log\left(\frac{E_0}{E_t}\right)$$

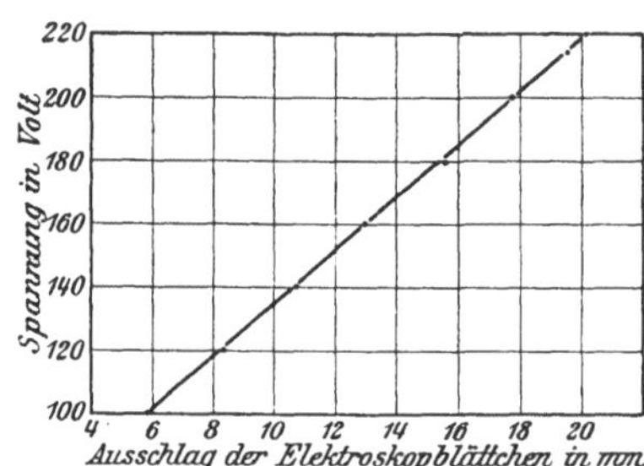

Abb. 62. Eichungskurve zur Entladungsmethode.

berechnen, welche, mit der besonders bestimmten Widerstandskapazität c des Leitfähigkeitsgefäßes multipliziert, die gesuchte spezifische Leitfähigkeit der Flüssigkeit ergeben würde.

Da aber infolge unvollkommener Isolation des Kondensators, Meßgefäßes usw. die Elektroskopblättchen auch bei Abwesenheit der Prüfflüssigkeit allmählich zusammenfallen, muß man durch einen blinden Versuch (ohne Flüssigkeitsfüllung) den Abfall der Spannung E_0' auf E_t' und aus diesem die Isolationsableitung des Apparates

$$\frac{2{,}303\,C}{t} \cdot \log\left(\frac{E_0'}{E_t'}\right)$$

ermitteln. Die gesuchte spezifische Leitfähigkeit der Flüssigkeit ergibt sich dann aus der Differenz vorstehender logarithmischer Ausdrücke zu

$$\varkappa = \frac{2{,}303\,C \cdot c}{t} \cdot \log \frac{E_0 \cdot E_t'}{E_t \cdot E_0'},$$

oder, da bei gleicher Anfangsaufladung (220 V) $E_0 = E_0'$ ist, zu

$$\varkappa = \frac{2{,}303 \cdot C \cdot c}{t} \cdot \log\left(\frac{E_t}{E_t'}\right).$$

Die unbekannte Widerstandskapazität c des Leitfähigkeitsgefäßes wird durch Messung des Widerstandes einer 0,001-n KCl-Lösung von bekanntem Leitvermögen mittels der Wechselstrommethode (Wheatstonesche Brücke) bestimmt.

Zeigt diese Lösung, deren spezifisches Leitvermögen[1] $\varkappa$ bekannt ist (bei 18^0 $\varkappa = 127{,}34 \cdot 10^{-6}\, \mathrm{cm}^{-1} \cdot \Omega^{-1}$) in dem Gefäß A den Widerstand R, so berechnet sich hieraus

$$c = R \cdot \varkappa.$$

Beispiel zur Berechnung von $\varkappa$ für Normalbenzin Kahlbaum (S. 225).

Ist

$$\begin{aligned}
C &= \text{Kapazität des Kondensators} = 10^{-9}\ \text{Farad}, \\
c &= \text{Widerstandskapazität von } A = 0{,}046, \\
E_0' &= 223,\ E_t' = 147,\ E_0 = 225,\ E_t = 141{,}5, \\
t &= 600\ \text{sec},
\end{aligned}$$

so ist

$$\varkappa = \frac{2{,}303 \cdot 10^{-9} \cdot 4{,}6 \cdot 10^{-2}}{600} \log\left(\frac{225 \cdot 147}{141{,}5 \cdot 223}\right) = 3{,}5 \cdot 10^{-15}\ \mathrm{cm}^{-1} \cdot \Omega^{-1}.$$

Die Leitfähigkeitsgefäße sind so lange mit der zu prüfenden Flüssigkeit zu reinigen, bis wiederholte Bestimmungen annähernd gleich hohe Werte für $\varkappa$ ergeben!

Zwecks Vermeidung von fehlerhaften Leitfähigkeitsbestimmungen flüssiger Isolatoren ist zu jeder Kontrollbestimmung nach der Entlademethode eine frische Probe der Flüssigkeit zu benutzen, weil eine dem Potential von 220 Volt bei der vorangehenden Prüfung auch nur einige Minuten lang ausgesetzt gewesene Probe schon eine durch chemische oder konvektive Reinigung merklich verringerte Leitfähigkeit zeigen kann. Dies zeigte sich bei zahlreichen Versuchen mit schon einmal geprüften Benzinproben der Leitfähigkeit 10^{-14} bis 10^{-15} an dem langsameren Zusammenfallen der Elektroskopblättchen oder bei Methode β an dem geringer werdenden Ausschlag des Spiegelgalvanometers, wenn schon einmal geprüfte Proben von höherer Leitfähigkeit, z. B. 10^{-12} und darüber, unter Stromanlage nach der Spiegelgalvanometermethode geprüft wurden.

Jede zu den Versuchen benutzte Probe muß übrigens, damit sie nicht im elektrochemischen Sinne durch Umfüllen in Zwischengefäße verunreinigt wird, stets entweder unmittelbar aus dem Vorratsgefäß in das gut gereinigte Meßgefäß eingefüllt werden, oder das der Handlichkeit wegen benutzte Zwischengefäß muß ebenso wie das Meßgefäß je nach Bedarf so oft mit der zu prüfenden Flüssigkeit gespült werden, bis die Probe einwandfrei rein erscheint. Den Maßstab hierfür gibt, wie erwähnt, eine konstant bleibende Leitfähigkeit bei wiederholten Versuchen mit frischen Proben.

$\beta)$ **Spiegelgalvanometermethode** (für $\varkappa = 10^{-9}$ bis $10^{-12}\ \mathrm{cm}^{-1} \cdot \Omega^{-1}$). Die Methode wird bei Benzol, Mischungen von Benzin und Alkohol usw., welche nach der Kondensatormethode in der oben beschriebenen Anordnung nicht mehr genügend meßbare Zeiten des Spannungsabfalls ergeben, benutzt:

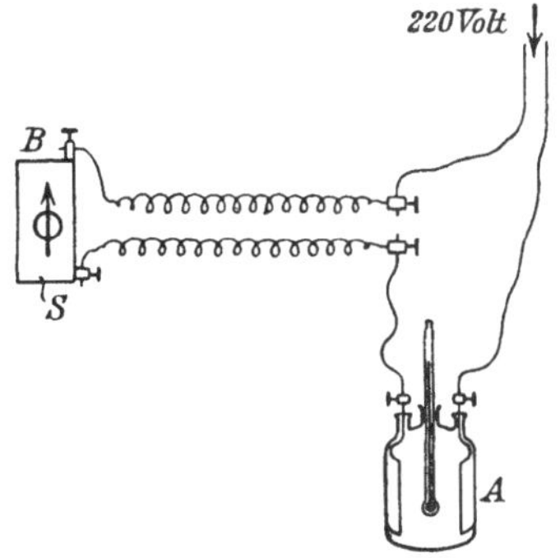

Abb. 63. Apparatur zur Spiegelgalvanometermethode (schematisch).

Ein mit der zu prüfenden Flüssigkeit gefülltes Kohlrauschsches gläsernes Meßgefäß A wird gleichzeitig mit dem Spiegelgalvanometer BS in den Stromkreis einer 220 Voltleitung eingeschaltet (Abb. 63).

---

[1] Landolt-Börnstein: 5. Aufl., Tabelle 209, S. 1079.

Nach dem Ohmschen Gesetz $I = E/R$ ist alsdann aus $E = 220$ Volt und I (aus dem Ausschlag des Galvanometers zu berechnen) der Widerstand R und aus diesem unter Berücksichtigung der besonders festgestellten Widerstandskapazität c des Gefäßes A das spezifische Leitvermögen nach

$$\varkappa = c/R$$

zu ermitteln.

Die Stromstärke I, welcher 1 mm Ausschlag des Spiegelgalvanometers entspricht, kann durch Messung des Ausschlages ermittelt werden, den das Galvanometer gibt, wenn bei gleicher Schaltung wie in Abb. 63 statt des Meßgefäßes ein bekannter Widerstand (z. B. $220\,000\ \Omega$) und als Stromquelle z. B. ein Weston-Element ($E = 1{,}0187$ Volt, innerer Widerstand $81\ \Omega$) eingeschaltet werden.

Ergibt sich hierbei der Ausschlag 534,5 mm, so ist nach

$$I = E/R = 1{,}0187/220\,081$$

für 1 mm Ausschlag

$$I = 1{,}0187/220\,081 \cdot 5{,}345 = 0{,}871 \cdot 10^{-8}\,A.$$

Die Widerstandskapazität c des Meßgefäßes wird wie oben durch Eichung mit einer Flüssigkeit von bekanntem spezifischem Leitvermögen (wässeriger 0,001-n KCl-Lösung) ermittelt.

$\gamma)$ **Gewöhnliche Galvanometermethode** (für $\varkappa = 10^{-7}$ bis 10^{-8} cm$^{-1} \cdot \Omega^{-1}$).

In einen 220-Volt-Stromkreis werden die zu prüfende Flüssigkeit in dem oben erwähnten Kohlrauschschen Meßgefäß und statt des Spiegelgalvanometers ein einfaches Amperemeter von bekanntem hohem Widerstand, z. B. $R = 18\,539\ \Omega$, eingeschaltet.

Ist der gesuchte Widerstand der Flüssigkeit R_x, so berechnet sich aus der abgelesenen Stromstärke I_x:

$$I_x = E/(R + R_x) \quad \text{und somit} \quad R_x = \frac{E}{I_x} - R = \frac{220}{I_x} - 18\,539.$$

Tabelle 20. **Elektrisches Leitvermögen verschiedener Mineralöle und verwandter Stoffe**[1].

Material	°C	$\varkappa$ cm$^{-1} \cdot \Omega^{-1}$
Paraffin.	18,5	$0{,}34 \cdot 10^{-18}$
Benzin, chemisch rein[2].	18—20	10^{-14} bis 10^{-15}
Hexan und Petroläther, elektrolytisch rein[3]	18—20	$< 10^{-18}$
Benzol, chemisch rein[2].	18	$2{,}5 \cdot 10^{-12}$ bis $4 \cdot 10^{-16}$
Mineralschmieröle[2].	18	$5{,}8 \cdot 10^{-11}$ bis 10^{-13}
Anthracenöl[2]	18	$4{,}7 \cdot 10^{-6}$
Dgl. von Phenolen befreit[2].	18	$3{,}5 \cdot 10^{-9}$
Äthyläther, chemisch rein[4]	18	10^{-9} bis 10^{-10}

Aus vorstehender Tabelle ergibt sich, daß Paraffin, Benzin, sehr reines Benzol und gereinigte Mineralschmieröle Isolatoren sind. Phenolhaltige Teeröle leiten stärker, Entfernung von Phenol erniedrigt die Leitfähigkeit.

---

[1] Wo keine besonderen Angaben gemacht sind, stammen die Werte aus Landolt-Börnstein.

[2] Holde: Ber. l. c. und **48**, 14 (1915).

[3] G. Jaffé: Ann. Physik [4] **36**, 25 (1911).

[4] Elektrolytisch reiner Äther hat die noch wesentlich niedrigere Leitfähigkeit $\varkappa < 10^{-16}$.

Dielektrizitätskonstante[1].

Die Kraft K, welche zwei punktförmige Elektrizitätsquellen mit der Ladung e_1 und e_2 in der Entfernung r aufeinander ausüben, ist von diesen Größen und der Dielektrizitätskonstante ε in folgender Weise abhängig:

$$K = e_1 \cdot e_2 / \varepsilon \cdot r^2.$$

Die Konstante ε ist von der Beschaffenheit des Zwischenmediums, des sog. Dielektrikums — bei der Leidener Flasche ist dies z. B. Glas — abhängig und heißt daher Dielektrizitätskonstante. Setzt man sie für das Vakuum = 1, so ist sie für alle wägbaren Körper > 1, d. h., die elektrische Kraft wird durch Zwischenschiebung eines Dielektrikums zwischen die beiden Elektrizitätsquellen geschwächt. ε ist gleich dem Quadrat des Brechungsexponenten für elektrische Wellen, d. h., die Fortpflanzungsgeschwindigkeit elektrischer Wellen im Medium der Dielektrizitätskonstante ε beträgt $3 \cdot 10^{10}/\sqrt{\varepsilon}$ cm/sec, wobei ε natürlich von der Frequenz, ferner auch von der Temperatur und dem Druck sowie von der Stärke des angelegten elektrischen Feldes abhängig ist. Es sinkt meistens mit steigender Frequenz (abnehmender Wellenlänge), steigender Temperatur und fallendem Druck. Unregelmäßig verhält sich z. B. Glycerin[2], bei welchem ε (bei $\lambda = 1{,}357$ m) zwischen 0 und 60^0 von etwa 4 auf fast 36 steigt und dann erst mit weiter steigender Temperatur fällt. Bei längeren Wellen (λ bis 1000 m) verschiebt sich der ansteigende Ast der Kurve in Gebiete niedrigerer Temperaturen (Maximum bei etwa -20^0).

Bei Gasen liegt ε wenig über 1, bei Flüssigkeiten zwischen 2 und 90. Bei der Mehrzahl der anorganischen festen Körper variiert ε zwischen 4 und 10. Die Dielektrizitätskonstanten einiger Öle siehe Tabelle 21. Nach T. G. Kowalew[3] soll ε zur Identifizierung fetter Öle sowie besonders zur Charakterisierung ihrer unter Einwirkung von Luft, Licht und Feuchtigkeit eintretenden Veränderungen (s. S. 649f.) vorzüglich geeignet sein.

Tabelle 21. Dielektrizitätskonstanten von Mineralölen, fetten Ölen und verwandten Stoffen[4] bei langen Wellen ($\lambda > 100$ m).

Stoff	t ^{0}C	ε	Stoff	t ^{0}C	ε
Petroläther (50/60)	21	1,86	Benzol	18	2,288
Petroleum	21	2,12	Olivenöl	21	3,11
Paraffinöl	20	2,12	Mandelöl	20	2,83
			Sesamöl	13,4	3,02
Paraffin	nicht	2,105	Erdnußöl	11,4	3,03
(Schmelz-	ange-	bis	Ricinusöl	10,9	4,62
punkt	geben	2,165,	Glycerin	15	56,2
$44—76^0$)		mit			($\lambda = 12$ m)
		Schmelz-			
		punkt			
		steigend			

[1] Pfleiderer-Eucken: l. c. S. 924 f., bearbeitet von A. Eucken.
[2] R. Bock: Ztschr. Physik **31**, 534 (1925); W. Graffunder: Ann. Physik [4] **70**, 225 (1923); zit. nach Landolt-Börnstein, 5. Aufl., 1. Erg.-Bd., S. 562.
[3] T. G. Kowalew: Ber. zentr. Wiss. Forsch. Nahrungs- u. Genußmittelind. (russ.) **1931**, Beih., 3; C. **1932**, II, 1543.
[4] Nach Landolt-Börnstein: 5. Aufl., S. 1034, 1036 u. 1039.

Bei der technischen Analyse von Fetten und Ölen kommen Bestimmungen der Dielektrizitätskonstante bisher kaum in Betracht. Zur Messung der Dicke von Schmierölschichten zwischen 2 metallischen Flächen unter bestimmten Drücken ermittelten Tausz und Dreifuß[1] die Kapazität des aus den Metallflächen und dem Öl gebildeten Kondensators, welche bei kleinem Plattenabstand d gleich $\varepsilon F/4\pi d$ ist (F = wirksame Fläche der Kondensatorbelegung). Die Messung von ε erfolgt bei Flüssigkeiten durch Bestimmung der Kapazität eines Kondensators, bei welchem sich einmal ein Medium von bekanntem ε (in der Regel Luft, $\varepsilon = 1,0006$), das andere Mal die zu untersuchende Flüssigkeit zwischen den Platten des Kondensators befindet. Ist C_L die Kapazität des leeren Kondensators (mit Luft als Dielektrikum) C_0 diejenige des mit Öl gefüllten Kondensators, so wird $\varepsilon_0 = 1,0006\, C_0/C_L$. Bezüglich der Einzelheiten solcher Messungen, für welche vorteilhaft die aus der Radiotechnik bekannten Schaltungen, Verstärkerröhren usw. herangezogen werden können, sei auf physikalische Spezialwerke sowie auf die Arbeit von Tausz und Dreifuß verwiesen.

14. Molekulargewicht.

Die Bestimmung des Mol.-Gew. kommt in der technischen Ölanalyse hauptsächlich bei Fettsäuren in Betracht, bei welchen sie durch Titration (s. S. 757) erfolgen kann. Die physikalische Bestimmungsmethode (nach Beckmann) ist in diesen Fällen dann heranzuziehen, wenn Zweifel über die Basizität der Säuren bestehen, da die Titration unmittelbar nur das Äquiv.-Gew. ergibt. Die Beckmannsche Methode kann ferner bei Versuchen über die Eindickung trocknender Öle (Standölbildung, S. 664) sowie zur indirekten Bestimmung der Verdampfungs- und Schmelzwärme (S. 77 und 78), vielleicht auch zur Kennzeichnung von Paraffinen (niedrige Mol.-Gew.) und Ceresinen (hohe Mol.-Gew.) benutzt werden.

Nach dem Raoultschen Gesetz ist bekanntlich die Erniedrigung des Gefrierpunktes bzw. die Erhöhung des Siedepunktes sehr verdünnter Lösungen gegenüber demjenigen des reinen Lösungsmittels, wenn G g Substanz vom Mol.-Gew. M in L g Lösungsmittel gelöst sind, $\Delta t = K \cdot G/L \cdot M$ (K = Konstante des Lösungsmittels), somit $M = K \cdot G/L \cdot \Delta t$.

Einige Werte von K für verschiedene Lösungsmittel zeigt Tabelle 22.

Das gebräuchlichste Lösungsmittel für alle hier in Frage kommenden Stoffe ist Benzol. Zu beachten ist aber, daß manche organischen Substanzen, insbesondere freie Säuren und andere Hydroxylverbindungen, aber auch Amide und Anilide, in Benzol und ähnlichen indifferenten

Tabelle 22.
Konstanten K verschiedener Lösungsmittel.

Lösungsmittel	Für Gefrierpunkts-erniedrigung		für Siedepunkts-erhöhung	
	Gefrier-punkt °	K	Siede-punkt °	K
Wasser . . .	0	1 860	100	515
Eisessig[2] . .	17	3 900	118	3070
Benzol . . .	5,5	5 140	80	2570
Phenol . . .	41	7 270	—	—
Naphthalin .	80	6 900	—	—
Campher . .	178	49 500	—	—
		f. Mikrobest.		
		40 000		

---

[1] Tausz u. Dreifuß: Petroleum **24**, 1401 (1928).

[2] Es dürfen freilich nur solche Lösungsmittel benutzt werden, welche mit der auf Mol.-Gew. zu prüfenden Substanz nicht chemisch reagieren; z. B. ist bei Fettsäure-anhydriden Eisessig als Lösungsmittel zur Molekulargewichtsbestimmung unbrauchbar, weil schon bei Zimmertemperatur Fettsäure-anhydrid und Eisessig sich zu Essigsäure-anhydrid und Fettsäure umsetzen, s. Holde und Tacke: Chem.-Ztg. **45**, 954 (1921).

Lösungsmitteln Assoziationsverbindungen vom doppelten oder noch höheren Mol.-Gew. bilden. In zweifelhaften Fällen geben oft mehrere Bestimmungen in verschiedenen Lösungsmitteln, besonders in nicht assoziierend wirkenden, wie Eisessig, Phenol, Anilin, Stearinsäure, Aufklärung.

Bezüglich der genauen Beschreibung der Beckmann-Methode muß auf die physikalisch-chemische Spezialliteratur[1] verwiesen werden.

Für feste Stoffe sehr zweckmäßig ist die Mikromethode von Rast[2], welche mit wenigen mg Substanz und unter Verwendung eines einfachen Schmelzpunktsapparates durchführbar ist. Als Lösungsmittel dient Campher, welcher eine sehr hohe Konstante K (s. Tabelle 22) besitzt. Man verwendet vorteilhaft Lösungen, die auf 1000 g Campher etwa 0,5 Mol gelöste Substanz enthalten, d. h. eine Schmelzpunktsdepression von etwa 20^0 ergeben.

Die Substanz (z. B. 40 mg) wird mit 0,1—0,2 g Campher (beides genau gewogen) in einem zugeschmolzenen Probierröhrchen im Schwefelsäurebade vorsichtig zu einer klaren Lösung zusammengeschmolzen. Die erstarrte Schmelze wird mit einem Spatel herausgelöst, auf einem Uhrglase gut zerkleinert und durchgemischt. Eine Probe davon wird in ein Schmelzpunktsröhrchen fest eingefüllt, das Röhrchen an einem gewöhnlichen Normalthermometer befestigt und der Schmelzpunkt im Schwefelsäurebad bestimmt. Das Gemisch sintert bereits beträchtlich unter dem Schmelzpunkt, zuletzt bleibt ein deutlich erkennbares Campherskelett in einer klaren Lösung. Die Temperatur, bei der das letzte Campherkryställchen verschwindet, gilt als Schmelzpunkt. Daneben wird der Schmelzpunkt des reinen Camphers bestimmt. Aus der Differenz der Schmelzpunkte berechnet sich das Molekulargewicht nach der obigen Formel ($K = 40\,000$).

Nicht anwendbar ist die Rastsche Methode natürlich, wenn die zu prüfende Substanz sich bei der Schmelztemperatur des Camphers bereits zersetzt.

B. Chemische Prüfungen.

1. Elementaranalyse.

Die qualitative Prüfung der Öle und Fette auf Kohlenstoff, Wasserstoff, Schwefel, Stickstoff usw., sowie die quantitative Bestimmung des Kohlenstoffs, Wasserstoffs und Stickstoffs erfolgen nach dem bekannten Gang der organischen Elementaranalyse, wobei zum Nachweis sehr kleiner Schwefelmengen entsprechend modifizierte Methoden und große Substanzmengen (z. B. 5—10 g) anzuwenden sind. Die speziell zum Nachweis von Schwefel oder korrodierenden Schwefelverbindungen in Benzin dienenden Methoden s. S. 217.

Quantitative Schwefelbestimmung.

Die quantitative Bestimmung des Schwefels nach der üblichen Schießrohrmethode von Carius unter Verwendung von 0,2—0,3 g Substanz liefert nur bei nicht zu kleinem Schwefelgehalt ($> 1\%$) genügend genaue Ergebnisse. Eine Verschärfung durch Vergrößerung der Einwaage ist wegen der hierdurch bewirkten Drucksteigerung, der das Schießrohr oft nicht gewachsen ist, nicht möglich. Schon bei Anwendung von nur 0,3 g der sehr energiereichen flüssigen Brennstoffe kommt es häufig zu Explosionen. Bei kleinem Schwefelgehalt wendet man daher eine der folgenden Methoden an:

---

[1] Z. B. Ostwald-Luther: Physiko-chemische Messungen, 4. Aufl. 1925.
[2] Rast: Ber. **55**, 1051 (1922).

a) **Verbrennung der Substanz im Luft- bzw. Sauerstoffstrom,** unter Absorption der sauren Verbrennungsgase in einer alkalischen oder oxydierenden Lösung und Bestimmung der entstandenen Schwefelsäure durch Titration oder Fällung als $BaSO_4$. Am allgemeinsten anwendbar ist das von Ter Meulen und Heslinga[1] ausgearbeitete, von anderer Seite[2] modifizierte Verfahren, besonders in der nachstehenden (stark veränderten) Ausführungsform von Sielisch und Sandke:

Die Verbrennungsapparatur ist etwas verschieden, je nachdem das Untersuchungsmaterial tropfbar flüssig oder fest bzw. halbfest ist.

α) **Ausführungsform für flüssige Stoffe.** Die Apparatur sowie ihre Abmessungen zeigt Abb. 64.

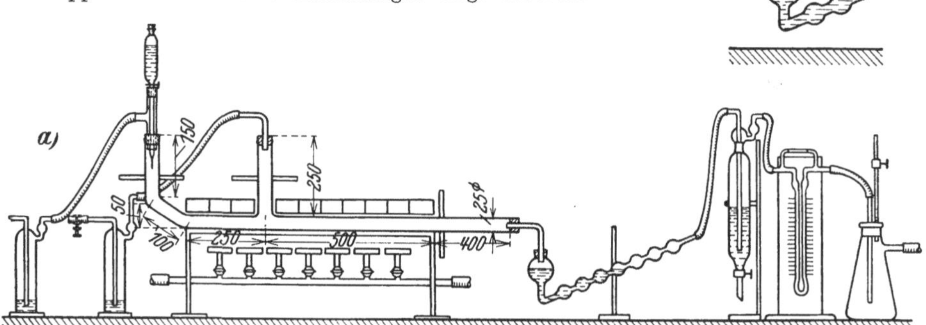

Abb. 64. Schwefelbestimmungsapparat nach Sielisch und Sandke. Anordnung für flüssige Stoffe.

Das Verbrennungsrohr aus schwerschmelzbarem Glase muß die große lichte Weite von 23—25 mm besitzen, da bei kleinerer Weite die Verbrennung leicht unvollständig wird. Abweichend von der Methode von Ter Meulen und Heslinga, welche ein zum Teil mit Quarzstücken gefülltes Quarzrohr verwenden, ist das Glasrohr nach Sielisch und Sandke völlig leer. Das Untersuchungsmaterial wird aus dem capillar ausgezogenen Tropftrichter, der zur Ermittlung der verbrannten Substanzmenge vor und nach dem Versuch gewogen wird, in möglichst kleinen Tröpfchen während der Verbrennung nach und nach in das Rohr eingeführt. Der zur Verbrennung erforderliche Luftstrom, der säure- und schwefelfrei sein muß, wird mit einer Wasserstrahlpumpe angesaugt. Er soll 3,5 l/min betragen, was durch den Strömungsmesser kontrolliert wird.

Sehr wesentlich ist die Teilung des Luftstromes in einen starken primären Strom (3 l/min), der durch ein T-Stück unterhalb des Tropftrichters zugeführt wird, und einen schwachen sekundären Strom (0,5 l/min), der in den mittleren Ansatz des Verbrennungsrohres eintritt und dazu dient, einen infolge zu starker Verflüchtigung der Substanz etwa auftretenden Luftmangel zu beseitigen. Die beiden Luftströme werden durch Waschflaschen mit wenig Wasser geleitet, die als Blasenzähler zur Kontrolle der Strömungsgeschwindigkeit dienen. Das Größenverhältnis der Luftströme (3 l/min zu 0,5 l/min) wird mittels einer Klemmschraube am Lufteintrittsrohr der Waschflasche für den sekundären Strom geregelt (s. Abb. 64). Die mit je 100 ccm 3%iger H_2O_2-Lösung beschickten Absorptionsgefäße werden entweder, wie bei Abb. 64a, hintereinander oder, wie bei Abb. 64b, parallel geschaltet; in diesem Falle nimmt man natürlich 2 gleichartige Vorlagen, z. B. zwei

---

[1] Ter Meulen u. Heslinga: Neue Methoden der organisch-chemischen Analyse, S. 37. Leipzig 1927.

[2] Seidenschnur u. Jäppelt: Braunkohlenarch. **1930**, Heft 31, 44; J. Sielisch u. R. Sandke: Angew. Chem. **45**, 130 (1932); W. Grote u. H. Krekeler: ebenda, **46**, 106 (1933).

10-Kugelrohre. Da hierdurch die Luftgeschwindigkeit in den Vorlagen auf die Hälfte verringert wird, kann man die angesaugte Luftmenge über 3,5 l/min erhöhen, wodurch die Verbrennung beschleunigt wird.

Zu Beginn des Versuchs wird nach Zusammensetzen der Apparatur die Luftgeschwindigkeit wie angegeben geregelt, dann wird das Rohr auf Rotglut erhitzt, wobei die Stopfen in bekannter Weise durch ausgeschnittene Asbestplatten geschützt werden. Nunmehr läßt man die Flüssigkeit aus dem Tropftrichter langsam in solchem Tempo zutropfen, daß die Verbrennung regelmäßig fortschreitet. Leichtsiedende Flüssigkeiten verdampfen im primären Luftstrom bis zum Eintreffen in der Verbrennungszone vollkommen, höhersiedende verkohlen häufig zum Teil im Rohr. Den verkohlten Anteil verbrennt man nach Beendigung des Zutropfens durch vorsichtiges Glühen mit einem Teclubrenner, indem man zunächst bei der Verbrennungszone mit kleiner Flamme beginnt und dann unter allmählicher Vergrößerung der Flamme bis zur Auftropfstelle vorrückt. Je nach dem erwarteten S-Gehalt verbrennt man etwa 0,5—5,0 g Substanz (erforderlichenfalls auch mehr). Nach beendigter Verbrennung öffnet man den Hahn der Sicherheitsflasche, stellt die Pumpe ab und führt den Inhalt der Vorlagen quantitativ in einen 750-ccm-Erlenmeyerkolben über, nötigenfalls unter Filtration zur Entfernung von feinverteiltem Ruß. Hierauf entfernt man die gelöste Kohlensäure durch kurzes Aufkochen der Lösung und titriert nach Abkühlen die Schwefelsäure mit 0,05-n KOH

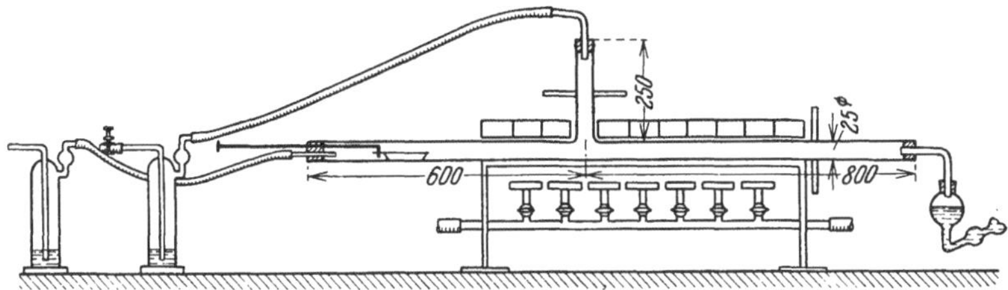

Abb. 65. Schwefelbestimmungsapparat nach Sielisch und Sandke. Anordnung für feste Stoffe.

gegen Phenolphthalein bis zur eben beginnenden Rosafärbung. Der etwaige Säuregehalt der zur Absorption benutzten 200 ccm H_2O_2-Lösung wird durch einen Blindversuch ermittelt und der entsprechende Laugenverbrauch von dem Laugenverbrauch im eigentlichen Versuch abgezogen. Beträgt der korrigierte Laugenverbrauch v ccm 0,05-n KOH, die angewandte Substanzmenge e g, so wird der Schwefelgehalt 0,08 v/e%.

β) **Ausführungsform für feste und halbfeste bzw. sehr viscose Stoffe** (Kohle, Pech, Asphalt, Teer): Hierzu ist eine etwas veränderte Apparatur gemäß Abb. 65 erforderlich.

Das Untersuchungsmaterial wird in ein Porzellanschiffchen eingewogen und dieses auf einer mit einem Bohrloch versehenen Tonunterlage (um Anbacken des Schiffchens am glühenden Glasrohr zu vermeiden) zunächst in den vorderen, aus dem Ofen herausragenden Teil des Verbrennungsrohres hineingeschoben. Durch den links befindlichen doppelt durchbohrten Gummistopfen führt außer dem primären Luftzuführungsrohr ein am Ende hakenförmig umgebogener Glasstab, mittels dessen die Tonunterlage mit dem Schiffchen in dem Rohr nach Bedarf verschoben werden kann. Nach Regulierung der beiden Luftströme (wie bei α) schiebt man das Schiffchen allmählich in die rotglühende Verbrennungszone, wo es bis zur völligen Vergasung und Verbrennung des Inhalts verbleibt. (Bei etwaiger Entflammung der Substanz im Schiffchen und Rußabscheidung infolge zu lebhafter Verbrennung zieht man das Schiffchen rasch zurück, bis die Flamme erloschen ist, und schiebt es dann vorsichtig wieder in den Verbrennungsraum.) Rückwägung des — zuvor leer gewogenen — Schiffchens nach beendeter Verbrennung ergibt den Aschengehalt der Substanz. Bei manchen Stoffen, z. B. Kohle, enthält die Asche einen Teil des Schwefels, soweit dieser in nichtflüchtiger Form vorlag; er ist durch gesonderte Behandlung der Asche quantitativ zu bestimmen (als $BaSO_4$).

Die in der Vorlage aufgefangene Schwefelsäure wird wie bei α bestimmt.

Bei schwefelarmen Stoffen kann man im Laufe einer Bestimmung das Schiffchen wiederholt füllen und hierdurch die Gesamteinwaage so weit steigern, wie zur Erzielung der wünschenswerten Analysengenauigkeit nötig ist.

Bei stickstoffhaltigen Substanzen, die ihren Stickstoff bei der Verbrennung nicht als elementaren Stickstoff, sondern in Form von NH_3 oder sauren Stickoxyden (salpetrige oder Salpetersäure) abgeben, ferner bei Gegenwart von Halogenen muß die in der Vorlage aufgefangene Schwefelsäure statt durch Titration gravimetrisch bestimmt werden.

Eine von K. Fischer und W. Heß[1] gerügte, bei Sielisch und Sandke nicht besonders berücksichtigte Fehlerquelle des Ter-Meulen-Heslingaschen Verfahrens, unvollständige Absorption des bei der Verbrennung neben SO_2 entstehenden SO_3, zu deren Ausschaltung Fischer und Heß feuchte Glasfilterplatten hinter der Vorlage anbringen, vermeiden W. Grote und H. Krekeler[2], indem sie die ursprüngliche Ter-Meulen-Heslingasche Apparatur gemäß Abb. 66 so abwandeln, daß restlose Absorption des SO_2 und des SO_3 sichergestellt wird.

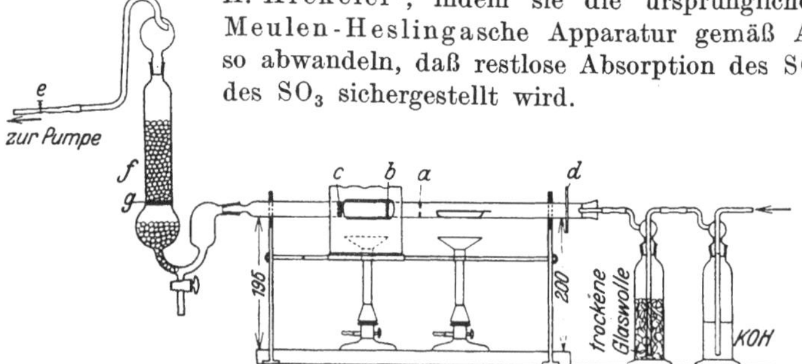

Abb. 66. Schwefelbestimmungsapparat nach Grote und Krekeler.

Hierzu dient die Vorlage f, welche sowohl über als auch unter der feinporigen Glasfilterplatte g zum Teil mit Glaskugeln gefüllt ist. Die Absorptionsflüssigkeit — 50 ccm 3%iger H_2O_2-Lösung — wird etwa je zur Hälfte auf die beiden Schenkel der Vorlage verteilt.

Die Vorlage ist durch Schliff mit dem aus Quarz bestehenden, 50 cm langen, 17 mm weiten Verbrennungsrohr verbunden, das, wie aus Abb. 66 ersichtlich, mit 3 eingeschmolzenen Einsätzen, einer durchlochten Klarquarzplatte a und 2 Quarzfilterplatten b und c, versehen ist. Die in das Schiffchen eingewogene Substanz (bei S-Gehalt $< 0,1\%$ 3—5 g, bei 0,1—1,0% S 1—2 g, bei höherem S-Gehalt entsprechend weniger) wird in einem mit Lauge gewaschenen Luftstrom verdampft, die Verbrennung der mit Hilfe der Platte a gut mit Luft gemischten Dämpfe erfolgt zwischen den Platten b und c; b verhindert ein Zurückschlagen der Flamme zum Schiffchen, c hält etwa gebildeten Ruß zurück. Die Verbrennung dauert nur 5—10 min.

Die Bestimmung der in der Vorlage aufgefangenen H_2SO_4 erfolgt wie üblich gravimetrisch oder maßanalytisch. Weitere Einzelheiten des Verfahrens, das sich gut bewährt hat und auch vom Ausschuß 48 des DVM empfohlen wird[3], s. im Original.

Das Verfahren ist, unter Verwendung von 50 ccm einer Lösung von 8 g Na_2SO_3 in 100 ccm verdünnter Natronlauge als Absorptionsflüssigkeit, auch zur Halogenbestimmung geeignet.

---

[1] K. Fischer u. W. Heß: Erdöl u. Teer 5, 83 (1929).

[2] W. Grote u. H. Krekeler: Angew. Chem. 46, 106 (1933). Hersteller der Apparatur: Schott & Gen., Jena.

[3] Zwanglose Mitt. des DVM Nr. 22, Okt. 1931.

b) Verbrennung in der Calorimeterbombe.

Soweit die sehr kostspielige Apparatur ohnehin zur Verfügung steht, ist sie zur S-Bestimmung in nicht zu leicht flüchtigen Stoffen (weniger für Benzin oder Leuchtpetroleum) und bei nicht allzu niedrigem S-Gehalt (nicht unter 0,1%) geeignet, in England und USA. für schwere Öle sogar ausdrücklich vorgeschrieben.

Die Einwaage darf wegen der Explosionsgefahr nicht mehr als 1 g Substanz betragen; andererseits soll sie möglichst so groß sein, daß mindestens 10 mg $BaSO_4$ zur Wägung gelangen, also z. B. 0,7 g Öl bei 0,2% S-Gehalt. Die Verbrennung erfolgt in üblicher Weise (s. S. 81); der O_2-Druck wird zweckmäßig für leichtverbrennliche Öle (Gasöl) niedriger bemessen (18 at) als für schwerer verbrennliche Öle (Schmieröle, schwere Rohöle, 20 at) oder Koks und Kohle (25 at).

Nach der Vorschrift der A.S.T.M.[1] ist der Druck wie bei der Heizwertbestimmung nach dem Rauminhalt der Bombe zu regulieren (S. 85) und diese vorher mit 20 ccm destilliertem Wasser zur Absorption der sauren Verbrennungsgase zu beschicken (Einwaage 0,6—0,8 g). Nach Schließen des Ventils stellt man die Bombe in kaltes Wasser, schließt den Zündstrom und läßt die Bombe noch 10 min im Wasserbade. Dann öffnet man das Ventil zunächst so weit, daß der Druck langsam (mindestens 1 min) auf 1 at fällt, öffnet dann die Bombe völlig und spült den Inhalt unter Nachwaschen aller Teile mit destilliertem Wasser in ein Becherglas. Die vereinigten filtrierten wässerigen Lösungen (einschließlich der Waschwässer höchstens 350 ccm) werden nach Zusatz von 2 ccm konz. Salzsäure und 10 ccm gesättigtem Bromwasser auf dem Wasserbade auf 75 ccm eingedampft; hierauf wird die Schwefelsäure in der üblichen Weise durch Fällen mit $BaCl_2$ bestimmt.

Nach der im wesentlichen der A.S.T.M.-Methode entsprechenden I.P.T.-Vorschrift[2] wird höchstens 1 g Öl verbrannt und als Oxydationsmittel statt Bromwasser Natriumperoxyd benutzt.

Nach R. C. Griffin[3] muß man die nach der Oxydation erhaltene Lösung nach Zusatz von konz. Salzsäure unter Rückfluß kochen, um die bei der Verbrennung in der Bombe stets gebildeten Sulfosäuren (deren Ba-Salze wasserlöslich sind) in H_2SO_4 überzuführen.

c) Weitere Verfahren für schwerflüchtige Öle, Peche oder Kohlen.

α) Nach Rothe. In einem Rundkolben aus Jenaer Glas von etwa 500 ccm Inhalt gibt man zu 3—4 g des Öles 1,5 g reines MgO und 30—40 ccm HNO_3 (d 1,48). Nach anfänglicher stürmischer Reaktion (Abzug!) wird der Kolben $1/2$—2 h auf dem Sandbade mäßig erhitzt, so daß der Inhalt nur ganz schwach siedet. Dann wird die überschüssige Salpetersäure über freier Flamme unter stetem Schwenken des Kolbens abgeraucht und der Rückstand bis zur beginnenden Zersetzung der Nitrate erhitzt. Nach dem Abkühlen der Masse wird diese nochmals mit 10 ccm starker HNO_3 auf dem Sandbade noch etwa $1/4$ h erhitzt, dann über freier Flamme unter Umschwenken zur Trockne gebracht und schließlich, nach Überführung in einen Porzellan- oder Quarztiegel, bis zur völligen Zersetzung der Nitrate und der Reste der organischen Substanzen stark erhitzt. Der meist weiße Rückstand wird durch Zusatz von 10 ccm HCl (d 1,124) und nachfolgendes Kochen, soweit als angängig, gelöst, mit 20—30 ccm destilliertem Wasser verdünnt und filtriert. Im Filtrat wird die Schwefelsäure mit $BaCl_2$ in der üblichen Weise gefällt.

β) Nach Eschka-Rothe. Dieses besonders für Schwefelbestimmungen in Kohle ausgearbeitete Verfahren[4] eignet sich auch für schwerflüchtige Öle und hat den Vorzug, daß kein gasförmiger Sauerstoff benutzt wird.

---

[1] A.S.T.M.-Jber. 1929 des Comm. D 2, S. 160.
[2] I.P.T.-Standard Methods, 2. Aufl., S. 41. 1929.
[3] R. C. Griffin: Ind. engin. Chem., Anal. Edit. **1**, 167 (1929).
[4] Eschka: Österr. Ztschr. Berg- u. Hüttenwesen **22**, 111 (1874); Rothe: Mitt. Materialprüf.-Amt Berlin-Dahlem **9**, 107 (1891).

1 g Substanz wird mit 1,5 g eines Gemisches von 2 Teilen MgO und 1 Teil wasserfreier Soda (schwefelfrei) im Platintiegel innig gemischt und bei schräger Lage des Tiegels über dem Bunsenbrenner geglüht. Der Tiegel soll unten rotglühend sein. In 1 h ist die Kohle verbrannt, wenn einige Male mit einem Platindraht umgerührt wird. Der Rückstand wird in einem Becherglase mit einigen Kubikzentimetern Bromwasser behandelt, mit Wasser und verdünnter Salpetersäure versetzt und nach dem Verjagen des Broms durch Kochen filtriert und gründlich nachgewaschen. Im Filtrat wird der Schwefel als $BaSO_4$ gefällt.

γ) Natriumperoxydverfahren. Für viele organische Stoffe bewährt ist das Verfahren von H. Pringsheim[1], bei welchem die schwefelhaltige Substanz durch Erhitzen mit Na_2O_2 oxydiert wird.

Ein Gemisch von 0,2 g Substanz und einer vielfachen[2] Menge Natriumperoxyd wird in einem in kaltes destilliertes Wasser gestellten Stahltiegel mit durchlöchertem Deckel durch Einführen eines glühenden Eisendrahtes entzündet. Nach der Reaktion muß die Masse völlig durchgeschmolzen sein, sonst war zu viel oder zu wenig Peroxyd vorhanden; zu lebhafte Verbrennung läßt sich durch Zusatz von 50% trockener Soda verhüten[3]. Der Tiegelinhalt wird im Kühlwasser unter Erwärmen (Uhrglas!) gelöst, bis keine Sauerstoffblasen mehr auftreten. Die von Eisenhydroxyd getrübte Lösung wird mit HCl angesäuert und die Schwefelsäure wie üblich als $BaSO_4$ bestimmt.

δ) Das Verfahren von Hempel-Graefe (verbessert von Marcusson-Döscher[4]) beruht auf der Verbrennung der Substanz in Sauerstoff in einer 6—7 l fassenden Flasche und Absorption der Verbrennungsgase in Natronlauge; es ist bei Asphalt, Pech und schwerflüchtigen Ölen anwendbar, scheint indessen keine besonderen Vorzüge gegenüber den vorstehend beschriebenen, allgemeiner benutzbaren Verfahren zu bieten (anwendbare Substanzmenge nur 0,3 g). Näheres s. 6. Aufl. dieses Buches, S. 80.

d) Besondere Verfahren für leichtflüchtige Stoffe (Lampenverbrennung).

Der Schwefelgehalt leichter Öle (Benzin, Leuchtpetroleum) wird am einfachsten durch Verbrennen einer bestimmten Menge des Öles auf einer kleinen Lampe und Absorption der Verbrennungsgase bestimmt. Allerdings wird hierbei etwa als Sulfat, Sulfosäure oder Schwefelsäureester vorliegender Schwefel nicht mitbestimmt, da diese Produkte nicht mit übergehen. Bei Leuchtölen ist aber dieser scheinbare Mangel des Verfahrens insofern sogar ein Vorteil, als hier in der Regel auch nur die durch ihre Verbrennung zu flüchtigen Produkten luftverschlechternd wirkenden Schwefelverbindungen zu erfassen sind.

Zur Bestimmung des gesamten Schwefelgehaltes empfiehlt P. H. Conradson[5], eine größere Menge Öl vollständig zu verbrennen und auch den Docht zu untersuchen. Einfacher ist für diesen Zweck wohl die Bestimmung nach Sielisch und Sandke (s. S. 100). Ungenaue Resultate liefern die Lampenverfahren bei Gegenwart von CS_2* und von Mercaptanen[6]. Ver-

---

[1] H. Pringsheim: Ber. **36**, 4244 (1903); **38**, 2459 (1905); **41**, 4270 (1908).
[2] Für Substanzen mit $\geq$ 75% C + H + S (bzw. Halogen) nimmt man die 18fache Menge Na_2O_2; für solche mit 50—75% die 16fache Menge; Substanzen mit 25—50% mischt man mit der halben Menge einer Substanz mit viel C + H (Naphthalin, Zucker) und verwendet für erstere das 16fache, für letztere das 18fache an Na_2O_2.
[3] Grandmougin: Ber. **43**, 938 (1910).
[4] Marcusson u. Döscher: Chem.-Ztg. **34**, 417 (1910).
[5] P. H. Conradson: Bull. Matières grasses 1913, Nr. 58.
* A.S.T.M.-Jber. 1927 des Comm. D 2, S. 242.
[6] Waterman u. van Tussenbroek: Brennstoff-Chem. **9**, 38 (1928).

schiedentlich wurde auch vorgeschlagen, schwerere Öle zur S-Bestimmung unter Anwendung eines geeigneten Verdünnungsmittels auf der Lampe zu verbrennen, jedoch liefert nach R. C. Griffin[1] dieses Verfahren viel zu niedrige Werte (vermutlich infolge Fraktionierung der Lösung im Docht).

α) **Verfahren von Engler-Heusler.** Das in die Lampe A (Abb. 67) eingefüllte Öl wird nur zum Teil verbrannt, die verbrauchte Ölmenge durch Wägen der Lampe vor und nach dem Versuch bestimmt. Die SO_2-haltigen, durch die Röhrchen d und den Zylinder Bb gesaugten Verbrennungsgase werden in 20 ccm Kaliumhypobromitlösung (durch Lufteinleiten entfärbte Lösung von Brom in 5%iger KOH oder K_2CO_3-Lösung) über Glasperlen in der Vorlage C absorbiert,
die entstandene Schwefelsäure wird in der aus C abgelassenen Flüssigkeit gravimetrisch bestimmt.

Das U-Rohr Bb ist durch Korken luftdicht in C und in den Hals von A eingesetzt. Die durch d eingesaugte Luft passiert den ringförmigen Raum der Röhrchen und tritt durch das auf diese gelegte Drahtnetz oder Metallsieb gleichmäßig verteilt zur Flamme, die 9 cm über dem Gefäßboden steht. Der Petroleumbehälter faßt etwa 100 ccm Öl und hat breiten Querschnitt, damit während des Brennens das Niveau des Öles nicht zu sehr sinkt und die Lampe gleichmäßig brennt.

Die Verwendung einer kleinen, mit Dochtregulierung versehenen Messinglampe[2] an Stelle des Glasgefäßes A nach Vorschlag

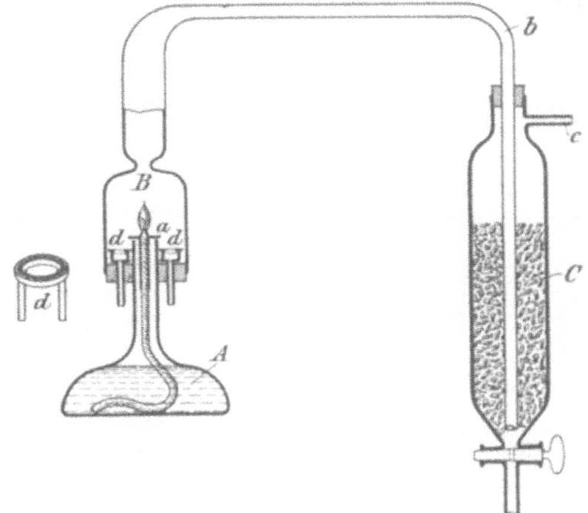

Abb. 67. Apparat zur Schwefelbestimmung nach Engler-Heusler.

von F. Frank[3] hat sich zur Regulierung der Flammenhöhe während der Verbrennung gut bewährt.

Nach Einfüllen des Öles, Anzünden des Dochts und Einsetzen des Zylinders saugt man die Luft gerade so rasch hindurch, daß das Ölflämmchen, ohne zu rußen, brennt; durch zu heftiges Saugen wird die Absorptionsflüssigkeit leicht fortgerissen. Sicherheitshalber schaltet man hinter das Saugrohr C noch ein leeres Fläschchen ein. Durch die Röhrchen d wird mittels eines T-Stückes mit einer Luftzuleitungsröhre reine (S-freie) Luft aus dem Freien eingesaugt. In 5 h verbrennen 10—12 g Öl, die für Leuchtöle mit nicht abnorm niedrigem Schwefelgehalt genügen. Man kann aber nach Bedarf z. B. auch 50 g Öl verbrennen.

Zum Ausspülen von C werden nach Ablassen der Absorptionsflüssigkeit wiederholt (1—2 Male) etwa 20 ccm Wasser eingesaugt und wieder abgelassen, zusammen höchstens 100 ccm Flüssigkeit, die etwa 1 g Kalisalz enthalten. Für einen Wiederholungsversuch erübrigt es sich so, die Zylinderröhre Bb aus dem Gefäße C herauszunehmen.

β) **Englische Standardmethode[4].** Das in die Lampe eingefüllte Öl (5 ccm) wird **vollständig** verbrannt; die Verbrennungsgase werden in Sodalösung absorbiert und durch Na_2O_2 oxydiert; die Schwefelsäure wird wie bei α gravimetrisch bestimmt.

[1] R. C. Griffin: Ind. engin. Chem., Anal. Edit. **1**, 167 (1929).
[2] Hersteller: Dr. Hermann Rohrbeck Nachf., Berlin N 4, Chausseestr. 88.
[3] Privatmitt.
[4] I.P.T.-Standard Methods, 2. Aufl., S. 13. 1929.

In die 15 ccm fassende Pulverflasche A (Abb. 68) wird mittels Korkens ein transparentes Quarzröhrchen (25 mm lang, 4—5 mm Ø) mit einem Docht aus bleifreier Glaswolle eingesetzt. Die Verbrennungsgase gelangen durch den Zylinder B in die mit 20 ccm 10%iger Sodalösung gefüllte Absorptionsvorlage C, hinter welche noch die mit 1 ccm Sodalösung und 20 ccm destilliertem Wasser gefüllte Waschflasche D als Sicherheitsgefäß zum Auffangen überspritzender Flüssigkeit geschaltet ist.

5 ccm Öl (von bekanntem spez. Gew.) werden in die Lampe pipettiert, die Lampe wird angezündet und die Pumpe so reguliert, daß die Flammenhöhe etwa 12—18 mm beträgt und die Lampe nicht rußt.

Nach Abbrennen des Öles — N.B. in schwefelfreier Luft! — bis zur Trockne wird die Lampe mit 2 ccm Amylacetat ausgespült, die ebenfalls zur Trockne verbrannt werden, und dies nochmals wiederholt. Die Lampe darf nun keine Spur Öl mehr enthalten. Die Verbrennung nimmt bei Benzin 2, bei schwereren Ölen 3 h in Anspruch.

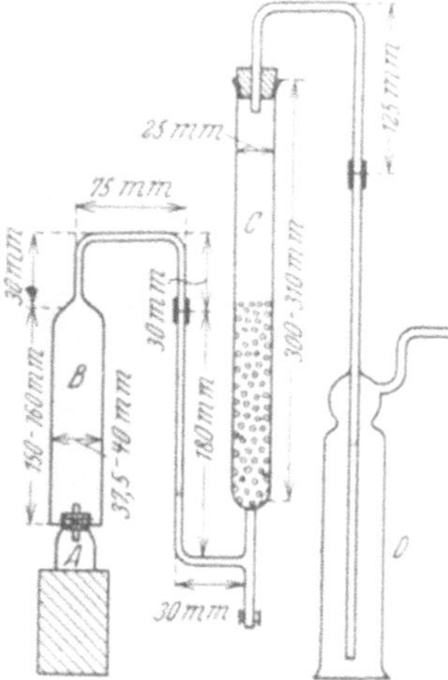

Abb. 68. Apparatur zur Schwefelbestimmung nach der I.P.T.-Standardmethode.

Der Inhalt von C und D, einschließlich der Verbindungsstücke, wird unter Nachwaschen mit möglichst wenig Wasser in ein Becherglas übergeführt, so daß das Gesamtvolumen höchstens 200 ccm beträgt; nach Zusatz von 0,5 g Na_2O_2 wird die Flüssigkeit zum Sieden erhitzt und mit HCl angesäuert. Die H_2SO_4 wird hierauf in üblicher Weise als $BaSO_4$ gefällt.

Etwaiger Schwefelgehalt der benutzten Reagentien ist durch Blindversuch zu korrigieren.

Bei dem neuerdings von der I.P.T. gleichfalls zugelassenen Apparat von Richardson[1] entsäuert man die angesaugte Verbrennungsluft, indem man sie einen Trockenturm mit Glaswolle, welche mit verdünnter NaOH befeuchtet ist, durchstreichen läßt. Die Verbrennungsgase werden in neutralem H_2O_2 aufgefangen, und die entstandene H_2SO_4 wird titriert.

γ) A.S.T.M. - Methode[2]. Wie bei dem Verfahren Engler-Heusler wird nur ein Teil des in die Lampe gefüllten Öles verbrannt, der durch Rückwägung ermittelt wird, die Bestimmung der Schwefelsäure erfolgt jedoch titrimetrisch.

Als Lampe dient ein 25-ccm-Erlenmeyerkolben (Abb. 69), in den mittels eines seitlich eingekerbten Korkens und eines 3 mm weiten Glasröhrchens ein neuer Baumwolldocht (zwei parallellaufende, 10—12 cm lange Stränge, Gewicht jedes Stranges 5—6 mg/cm) eingesetzt ist. Der Zylinder ist mit der 150 ccm fassenden, auf der zur Saugpumpe führenden Seite zu mindestens $^2/_3$ mit Glasperlen od. dgl. gefüllten Absorptionsvorlage durch einen Gummistopfen verbunden. Zwischen die Vorlage und die Saugpumpe wird ein Einkugelaufsatz als Tropfenfänger geschaltet. Die genauen Maße der Apparatur sind aus Abb. 69 ersichtlich.

Als Absorptionsflüssigkeit dient eine 3,306 g Na_2CO_3 im Liter enthaltende (1/16,03 normale) Lösung, von welcher 1 ccm genau 1 mg S entspricht, zum Zurücktitrieren Salzsäure von gleicher Normalität (2,275 g HCl im Liter).

Die Lampe wird mit 15 ccm Öl beschickt und auf 1 mg genau gewogen. Nach Einfüllen von 10 ccm Sodalösung und 10 ccm destilliertem Wasser in die Vorlage wird die Verbrennung analog dem Verfahren von Engler-Heusler durchgeführt. Zum Anzünden der Lampe ist eine schwefelfreie Zündflamme (z. B. Spiritus), kein Streichholz, zu verwenden. Die Flammenhöhe soll 12—18 mm betragen. Bei einem Ölverbrauch von 2—2,5 g/h ist die Verbrennung je nach dem Schwefelgehalt des Öles 1—$1^1/_2$ h lang fortzusetzen.

---

[1] Richardson: E.P. 211925; s. I.P.T.-Standard Methods, 2. Aufl., S. 16. 1929.
[2] Jber. 1929 des Comm. D 2, S. 253.

Gleichzeitig mit dem Hauptversuch wird ein Blindversuch durch Verbrennung von schwefelfreiem Alkohol unter genau den gleichen Bedingungen (insbesondere Geschwindigkeit des Luftdurchsaugens) durchgeführt.

Nach Beendigung der Verbrennung wird der Tropfenfänger sowie der Zylinder mit einer sehr verdünnten Methylorangelösung (0,004 g im Liter) ausgewaschen

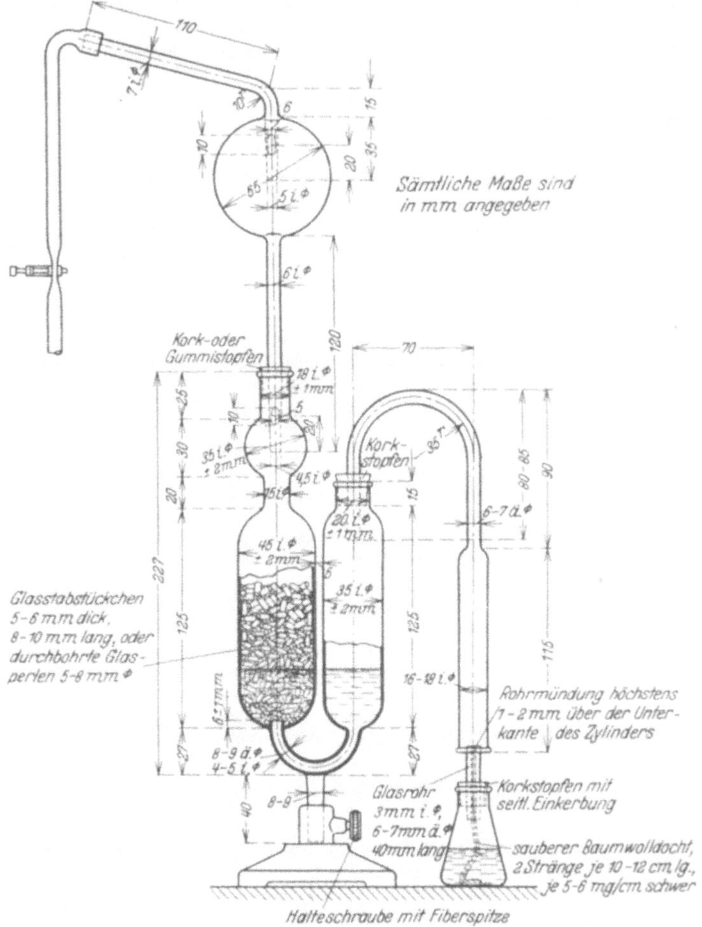

Abb. 69. Apparatur zur Schwefelbestimmung nach der A.S.T.M.-Methode.

und die Waschflüssigkeit — höchstens 35 ccm — in die Vorlage gespült, deren Inhalt mit der eingestellten HCl titriert wird. Hatte diese genau die vorgeschriebene Konzentration, so entspricht je 1 ccm Differenz zwischen Haupt- und Blindprobe 1 mg S, wobei angenommen wird, daß der gesamte verbrannte Schwefel in Form von Natriumsulfat vorliegt[1].

---

[1] Das bei der Verbrennung zweifellos primär entstehende SO_2, das von der Sodalösung als Na_2SO_3 gebunden wird, wird erfahrungsgemäß im Laufe der Verbrennung durch die hindurchgesaugte Luft ohne Anwendung eines weiteren Oxydationsmittels quantitativ zu Na_2SO_4 oxydiert.

Quantitative Bestimmung der Halogene.

Außer dem bekannten Cariusverfahren haben sich noch folgende Methoden, speziell b), bei der Untersuchung von halogenhaltigen Fettprodukten, z. B. Bromjodfettsäuren (s. S. 769), bewährt:

a) **Natriumperoxydverfahren.** Die Aufschließung der Substanz erfolgt wie zur S-Bestimmung (S. 104); nur säuert man natürlich nicht mit HCl, sondern mit verdünnter H_2SO_4 an und setzt 3 ccm gesättigte $NaHSO_3$-Lösung zwecks Reduktion der Halogensäuren und Persäuren zu Halogenwasserstoffsäuren hinzu. Nach Wegkochen des SO_2 fällt man das Halogensilber in üblicher Weise mit $AgNO_3$ unter Zusatz von HNO_3.

b) **Verfahren von Baubigny und Chavanne**[1]. Dieses besteht in der Oxydation der Substanz mit Bichromat-Schwefelsäure, wobei Cl_2 und Br_2 entweichen und in alkalischer Na_2SO_3-Lösung aufgefangen werden, während Jod zur nicht flüchtigen Jodsäure oxydiert wird. Hierdurch ist eine getrennte Bestimmung von J einerseits, Cl + Br andererseits möglich.

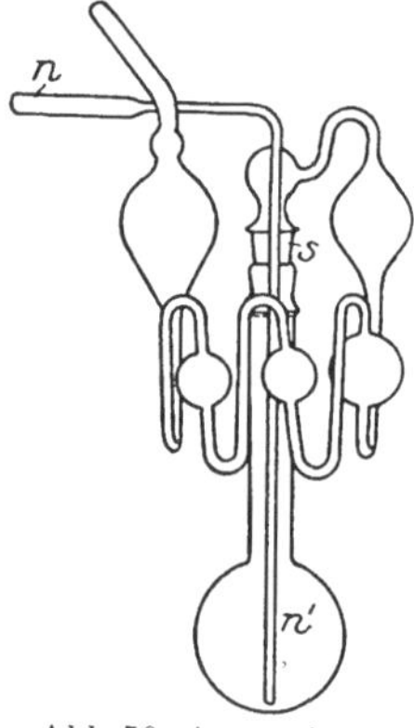

Abb. 70. Apparat zur Halogenbestimmung nach **Baubigny** und **Chavanne.**

α) **Oxydation.** Im Rundkolben (etwa 100 ccm) des abgebildeten Apparats (s. Abb. 70) werden 400 ccm halogenfreier konz. Schwefelsäure, je nach dem Mol.-Gew. und der Zersetzbarkeit der Substanz 4—8 g $K_2Cr_2O_7$ und bei Anwesenheit von Jod[2] 1—1,5 g gepulvertes $AgNO_3$ bis zur klaren Lösung erwärmt. Ein Wägeröhrchen, das, je nach dem Halogengehalt, 0,2—0,4 g Substanz enthält, wird mit dem Einleitungsrohr n' des eingeschliffenen Kugelaufsatzes in die gekühlte Mischung geschoben, so daß zugleich mit dem Hineingleiten des Röhrchens der Schliff s (mit Schwefelsäure zu benetzen!) geschlossen wird. Die Kugeln des Absorptionsaufsatzes sind mit etwa 30 ccm alkalischer Natriumsulfitlösung (1 Teil kaltgesättigte Sulfitlösung + 1 Teil 15%ige NaOH) gefüllt.

Bei vielen Substanzen beginnt die Reaktion schon bei Zimmertemperatur. Wenn nach längerem Umschwenken in der Kälte keine Gasblasen mehr auftreten, wird die Zersetzung unter weiterem Umschwenken und langsamem Anwärmen auf 150⁰ (Öl- oder Paraffinbad) bis zum Abflauen der Gasentwicklung zu Ende geführt (30—40 min). Dann wird Luft in mäßigem Tempo durchgesaugt, um alles flüchtige Halogen in die Absorptionslösung zu treiben.

β) **Bestimmung des Jods im Kolbenrückstand.** Nach Auseinandernehmen des Apparates spült man das Einleitungsrohr n' sorgfältig ab, läßt den Inhalt des Kolbens in 150 ccm Wasser (Becherglas) fließen und reduziert die gebildete Jodsäure mit gesättigter halogenfreier Natriumsulfitlösung, bis beim Umrühren der Geruch nach SO_2 deutlich und dauernd wird. Der zusammengeballte Jodsilberniederschlag kann bei zu großem Überschuß an Bichromat durch Silberchromat rötlich gefärbt sein; letzteres wird durch Ammoniumnitrat in Lösung gebracht; dann wird weiter reduziert. Nach gründlichem Auskochen mit verdünnter HNO_3 bestimmt man das Gewicht des getrockneten Niederschlags im Goochtiegel.

γ) **Bestimmung von Chlor und Brom in der Vorlage.** Zwecks quantitativer Entleerung des Aufsatzes verbindet man den Aufsatz (bei n) durch einen

[1] **Baubigny u. Chavanne:** Compt. rend. Acad. Sciences **136**, 1197 (1903); Chem.-Ztg. **27**, 555 (1903); H. **Emde:** ebenda **35**, 450 (1911); H. **Simonis:** Organische Elementaranalyse in **Houben-Weyl:** Die Methoden der organischen Chemie, Bd. **1**, S. 56f. 1921; H. **Meyer:** Analyse und Konstitutionsermittlung, 4. Aufl., S. 261. 1922.
[2] Ist in der Substanz nur Jod vorhanden oder zu bestimmen, so kann der Aufschluß in einem gewöhnlichen Rundkolben (etwa 300 ccm) ebenfalls bis zum Nachlassen der Gasentwicklung erfolgen.

doppelt durchbohrten Gummistopfen mit einer Saugflasche[1], saugt in diese den Inhalt des Absorptionsapparates hinein, unter zweckmäßigem Neigen sowie Regulieren durch Verschluß der zweiten Stopfenöffnung mit dem Daumen, und wäscht nach. Im Becherglas wird die Absorptionsflüssigkeit stark mit Salpetersäure angesäuert, SO_2 vertrieben, das Halogen mit $AgNO_3$ gefällt und im Goochtiegel, bei gleichzeitiger Anwesenheit von Br und Cl im Allihnschen Röhrchen, bestimmt. Zur Entfernung evtl. reduzierten Silbers muß gründlich mit heißer Salpetersäure (15%) nachgewaschen werden. Nach Wägung des AgCl-AgBr-Niederschlages (Gewicht a) wird durch Überleiten von Chlor alles AgBr in AgCl übergeführt und der gesamte Niederschlag (b) wieder gewogen; nach den Gleichungen

$$x \, AgCl + y \, AgBr = a \quad \text{und} \quad x \, AgCl + y \cdot 143{,}34/187{,}70 \, AgCl = b$$

werden x und y bzw. der Gehalt an Br und Cl berechnet.

c) Besondere Verfahren zur Untersuchung der Jodfette, s. S. 941.

2. Gehalt an freier Säure und freiem Alkali.

a) Freie Mineralsäure und freies Alkali.

Freie Mineralsäure findet sich mitunter in rohen Erdöldestillaten in Form von Salzsäure, die bei der Destillation durch Zersetzung von $MgCl_2$ (aus dem Rohöl stammend) entsteht. Mit Schwefelsäure raffinierte Öle können bei ungenügender Auswaschung noch freie Schwefelsäure enthalten; bei Fertigprodukten kommt dies aber nur äußerst selten vor, insbesondere deshalb, weil im Anschluß an die Schwefelsäurebehandlung gewöhnlich eine Waschung mit Lauge oder eine Neutralisation mit Kalk od. dgl. erfolgt. Nach der Raffination ungenügend mit Wasser ausgewaschene Öle enthalten daher eher etwas freies Alkali sowie Natriumsulfat oder andere Salze, mit Lauge raffinierte Fette insbesondere auch Spuren Seife. Freier Ätzkalk findet sich gelegentlich in konsistenten Fetten (S. 379), sowie in Emulsionszylinderölen (s. S. 376).

Die Prüfung auf freie Mineralsäure und freies Alkali ist in erster Linie wichtig für die Betriebskontrolle bei der Raffination, zur Sicherung der Neutralität der Raffinate.

Über freies Alkali in Seifen s. S. 878.

α) Nachweis von freier Mineralsäure oder freiem Alkali. Etwa 100 ccm Öl werden mit der gleichen bis doppelten Menge heißen destillierten Wassers im Scheidetrichter oder Kolben kräftig durchgeschüttelt. Nach dem Absitzen in der Wärme filtriert man die wässerige Schicht durch ein angefeuchtetes Faltenfilter und versetzt einen Teil des Filtrats mit Methylorange-, einen anderen mit Phenolphthaleinlösung. Rotfärbung des ersten Teiles kann außer durch Mineralsäure auch durch niedere wasserlösliche Fettsäuren und Naphthensäuren verursacht werden. Bei positiver Säurereaktion muß man daher auf Cl' oder SO_4'' — andere Mineralsäuren kommen praktisch kaum in Frage — in bekannter Weise qualitativ prüfen. Etwa gleichzeitig anwesende Chloride oder Sulfate sind durch Prüfung des Aschenrückstandes zu ermitteln. Die Anwesenheit freier Mineralsäure ist in diesen Fällen nur durch quantitativen Vergleich der im Aschenrückstand und im wässerigen Auszuge enthaltenen Cl'- bzw. SO_4''-Mengen nachweisbar. (Über sulfonierte Öle vgl. S. 904.) Rotfärbung des mit Phenolphthalein versetzten wässerigen Auszuges deutet auf freies Ätzalkali, Erdalkali, Alkalicarbonat oder Alkaliseife. Bleibt sie bestehen, wenn man zur wässerigen Lösung mindestens das doppelte Volumen neutralen 96%igen Alkohols zugesetzt und dadurch die Hydrolyse der Seife zurückgedrängt hat, so rührt sie von Alkali- oder Erdalkalihydroxyd oder Alkalicarbonat her. Ätzalkalien allein weist man durch Ausschütteln des Öles mit neutralem absolutem Alkohol und Prüfung mit Phenolphthalein nach.

---

[1] Simonis: l. c.

Allenfalls können hierbei noch Spuren K_2CO_3, das in Alkohol nicht ganz unlöslich ist, angezeigt werden. Näheres s. S. 879 (freies Alkali in Seifen).

β) **Quantitative Bestimmung von freier Mineralsäure oder freiem Alkali.** Sie erfolgt analog dem qualitativen Nachweis, nur wird die Ölmenge (auf 0,1 g genau) gewogen und der gesamte wässerige Auszug oder ein aliquoter Teil davon nach Zusatz des entsprechenden Indicators mit 0,1-n Alkali oder Säure titriert. Im Zweifelsfall bestimmt man nach dem oben Gesagten H_2SO_4 und HCl gravimetrisch und zieht von der Gesamtmenge die etwa im Aschenrückstand gefundenen Cl'- und SO_4''-Mengen (auf HCl bzw. H_2SO_4 umgerechnet) ab.

Zur Bestimmung des freien Alkalis (einschließlich Alkalicarbonats) bei Gegenwart von Alkaliseife muß der wässerige Auszug vor der Titration mit mindestens dem doppelten Volumen neutralisierten 96%igen Alkohols versetzt werden (s. auch S. 879).

b) Freie organische Säuren.

Diese finden sich in kleinen Mengen in fast allen Erdölen und Erdölfraktionen als sog. Naphthensäuren (s. S. **433**), gelegentlich auch als Fettsäuren und Phenole[1] (letztere indessen hauptsächlich in Teeren und Teerölen); in gealterten Ölen finden sich als Oxydationsprodukte der Öle Säuren bis herab zur wasserlöslichen Essig- und Ameisensäure. Fette Öle enthalten stets mehr oder weniger große Mengen freier Fettsäuren, die durch spontane Zersetzung der Glyceride entstehen. Da die Fettsäuren und Naphthensäuren verschiedene, im Einzelfall meist unbekannte Mol.-Gew. haben, läßt sich der Säuregehalt auf Grund einer Titration nicht unmittelbar prozentual angeben. Man drückt ihn daher in der Regel durch die äquivalente Menge KOH aus, und zwar bezeichnet man diejenige Anzahl Milligramm KOH, die zur Neutralisation der in 1 g Öl enthaltenen freien Fettsäuren erforderlich sind, als Säurezahl (SZ.), die zur Neutralisation der gesamten (organischen und anorganischen) Säuren erforderliche KOH-Menge als Neutralisationszahl (NZ.).

Die in der Mineralölanalyse früher gebräuchliche Berechnung des Säuregehalts als % SO_3 (Äquiv.-Gew. 40) wurde verlassen, da hierdurch oft der falsche Eindruck erweckt wurde, als ob das Öl tatsächlich freie Schwefelsäure enthielte. In der Fettanalyse berechnet man den Säuregehalt gewöhnlich als % Ölsäure (Mol.-Gew. 282), vgl. auch S. 756. Es entspricht 1% SO_3 = 7,05% Ölsäure = NZ. 14,0.

α) **Nachweis von freier organischer Säure.** Alle hier in Betracht kommenden Säuren sind in 96%igem Alkohol löslich, dagegen mit Ausnahme der oben erwähnten niederen Fett- und Naphthensäuren sowie Sulfosäuren bzw. sauren Schwefelsäureester in Wasser unlöslich. Ihre Anwesenheit läßt sich daher — bei Abwesenheit bzw. nach Entfernung der Mineralsäuren — durch Ausschütteln des zu untersuchenden Öles mit phenolphthaleinhaltigem, durch 1 Tropfen 0,1-n KOH gerötetem Alkohol am Verschwinden der Rotfärbung erkennen.

β) **Quantitative Bestimmung freier organischer Säuren.** Die Bestimmung der Säurezahl und Neutralisationszahl erfolgt durch Titration mit alkoholischer[2] KOH (0,1-n, bei hohem Säuregehalt 0,5-n) unter Verwendung von Phenol-

---

[1] Engler-Höfer: 1. Aufl., Bd. 1, S. 943; Holde: Seifensieder-Ztg. **47**, 325 (1920); Y. Tanaka u. R. Kobayashi: Journ. Fac. Engin., Tokyo Imp. Univ. **17**, 127 (1927). E. Holzmann u. St. von Pilat: Brennstoff-Chem. **11**, 409 (1930), isolierten aus rohen Kerosinnaphthensäuren von Boryslaw sogar 24,7% Phenole, in denen sie alle 3 Kresole, 3 Xylenole und β-Naphthol sowie weitere noch nicht identifizierte Phenole feststellten, während Carbolsäure und α-Naphthol abwesend waren.

[2] Mit wässeriger Lauge erhält man infolge Hydrolyse der bei der Titration gebildeten Seifen zu niedrige Werte.

phthalein, bei dunklen Ölen Alkaliblau 6 B[1] oder Thymolphthalein als Indicator. Zur Bestimmung der Säurezahl muß man etwa anwesende Mineralsäuren durch Ausschütteln des Öles mit H_2O entfernen oder durch Titration nach a β gesondert bestimmen und ihr KOH-Äquivalent von der wie nachstehend bestimmten Neutralisationszahl in Abzug bringen.

Nicht zu dunkle Öle löst man direkt im 5—10fachen Volumen eines Gemisches von Benzol-Alkohol (2 : 1)[2], das man entweder vor dem Gebrauch (unter Berücksichtigung des für den Versuch geeigneten Indicators) genau neutralisiert oder dessen Säuregehalt man besser durch einen Blindversuch ermittelt und bei der eigentlichen Bestimmung berücksichtigt[3]. Die Einwaage richtet sich nach dem Säuregehalt des Öles: Von säurearmen Raffinaten nimmt man etwa 10 g, von säurereichen Ölen entsprechend weniger, z. B. 1—2 g. Öle von bekanntem spez. Gew. kann man auch abmessen, z. B. in einem Tropftrichter, der von der Hahnbohrung bis zu einer am Halse angebrachten Marke 5 oder 10 ccm faßt und nach Ablassen des Öles mit 25—50 ccm des angegebenen Lösungsmittels ausgespült wird. Zur Titration dienen Erlenmeyerkolben (100—250 ccm), für dunkle Öle zweckmäßig solche nach Baader (l. c.) mit seitlichem Ansatzrohr (Abb. 71), in welchem infolge der geringen Schichtdicke von 3 mm der Farbumschlag des Indicators besser zu erkennen ist. Der Indicatorumschlag wird im durchfallenden Licht beobachtet (wichtig bei Alkaliblau!).

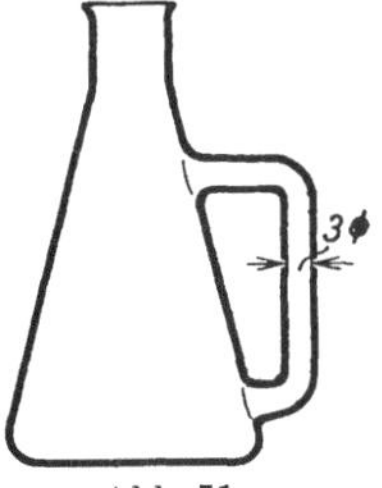

Abb. 71.
Titrationskolben
nach Baader.

Verbrauchen a g Öl b ccm 0,1-n Lauge (nach Abzug des Blindverbrauchs für das Lösungsmittel), so beträgt die Neutralisationszahl — bzw. bei Abwesenheit von Mineralsäuren die Säurezahl — 5,611 a/b.

Von sehr dunklen Ölen, d. h. solchen, bei denen sich selbst in 5—10%iger Lösung der Farbumschlag des Indicators nicht beobachten läßt, werden 20 g in einem mit Glasstopfen verschlossenen 100-ccm-Meßzylinder mit 40 ccm neutralisiertem 96%igen Alkohol (bei dicken Ölen unter Erwärmung) gut durchgeschüttelt. Nach Trennung der Flüssigkeiten wird die Hälfte der alkoholischen Schicht abgegossen, mit neutralisiertem Alkohol verdünnt und nach Zusatz von 2 ccm Alkaliblau 6 B mit 0,1-n alkoholischer KOH titriert. Beträgt die gefundene Neutralisationszahl mehr als 0,4, so muß man den Alkoholrest abgießen und das im Zylinder verbliebene Öl nochmals, nötigenfalls wiederholt, mit je 40 ccm Alkohol schütteln und von neuem titrieren. Die Gesamtsumme der verbrauchten ccm 0,1-n KOH entspricht der in der halben Einwaage vorhandenen Säuremenge.

Die Genauigkeit der Bestimmung beträgt je nach der Einwaage etwa 0,05 bis 0,3 Einheiten der Neutralisationszahl.

Die Bestimmung ist in der vorstehend beschriebenen Form nur bei Abwesenheit von Salzen schwacher bzw. in Benzol-Alkohol unlöslicher Basen (Ammoniak, Erdalkalien, Tonerde, Schwermetalloxyde) ausführbar. Ausführung bei Gegenwart solcher Salze bzw. Seifen (bei konsistenten Fetten) s. S. 383/84. Jodometrische Säurebestimmung s. S. 755.

3. Gehalt an esterartig gebundenen Säuren (Verseifungszahl, Esterzahl).

Die Verseifungszahl (VZ.) gibt an, wieviel mg KOH zur Bindung der in 1 g Substanz enthaltenden freien und ester- bzw. anhydridartig

---

[1] Zu beziehen von der I. G.-Farbenindustrie A.-G. Alkaliblau wird in 1—2%iger alkoholischer Lösung verwendet, und zwar in Mengen von etwa 2 ccm, während von Phenolphthalein oder Thymolphthalein (1%ige alkoholische Lösung) 2—3 Tropfen genügen.

[2] Loebell: Chem.-Ztg. **35**, 276 (1911).

[3] Baader: Erdöl u. Teer **4**, 234 (1928); auch Vorschrift der „Richtlinien" für Schmieröluntersuchungen. Das Lösungsmittel soll aus 1000 ccm Benzol und 500 ccm 96%igem Alkohol mit 1,20 g Alkaliblau 6 B bestehen.

gebundenen Säuren erforderlich sind; die **Esterzahl** (EZ.) stellt das analoge KOH-Äquivalent der ester- oder anhydridartig gebundenen Säuren allein dar, sie ist demnach gleich der Differenz zwischen Verseifungszahl und Säurezahl bzw. Neutralisationszahl. Bei reinen Fetten und Wachsen ist die Verseifungszahl eine nur in mäßigen Grenzen schwankende, in manchen Fällen für die Art des Fettes oder Wachses charakteristische Kennzahl (s. Tabelle 172f, S. 786); bei reinen säurefreien Mineralölen ist sie 0, kann aber in gealterten (oxydierten) Ölen Werte von einigen Einheiten annehmen. Ihre Bestimmung dient daher in der Fett- und Wachsanalyse zur Reinheitsprüfung bzw. Identifizierung, in der Mineralöl-, insbesondere der Schmierölprüfung dagegen zur Bestimmung des Fettgehaltes in gemischten (compoundierten) Ölen sowie — bei gebrauchten Schmier- oder Isolierölen — zur Feststellung etwaiger „Alterung" im Betriebe.

Man bestimmt die Verseifungszahl durch Kochen der Substanz mit einer gemessenen, überschüssigen Menge alkoholischer Lauge bis zur völligen Verseifung und Rücktitration des Laugenüberschusses mit Mineral-, meist Salzsäure. Bei der Untersuchung von reinen Fetten, Wachsen oder Fett-Mineralölmischungen sind jedoch Einwaage, Lösungsmittel und Konzentration der Titrationsflüssigkeiten etwas verschieden. Die „alkoholische" Lauge wird gewöhnlich mit 96%igem Äthylalkohol hergestellt; Methylalkohol ist ungeeignet [1] (unvollständige Verseifung, vermutlich infolge des niedrigen Siedepunktes), dagegen sind höhere Alkohole, z. B. Propylalkohol [2], Butylalkohol [3] und Benzylalkohol [4] besonders für Wachse und andere schwerlösliche Stoffe mit Erfolg benutzt worden (vgl. auch S. 756).

Die Esterzahl wird entweder als Differenz VZ.—SZ. (bzw. VZ.—NZ.) berechnet oder direkt bestimmt, indem die nachstehend beschriebene Verseifung unmittelbar im Anschluß an die Säurezahlbestimmung vorgenommen wird. Da das Produkt in diesem Falle vor der Verseifung neutralisiert wird, so ergibt die unten für die Verseifungszahl angegebene Berechnung unmittelbar die Esterzahl.

a) **Verseifungszahlbestimmung bei reinen Fetten und flüssigen Wachsen:** Etwa 2 g Fett werden im 200-ccm-Erlenmeyer aus alkalibeständigem (z. B. Jenaer) Glas mit 25 ccm etwa 0,5-n alkoholischer KOH* unter Rückfluß (am besten an einem eingeschliffenen Kühler) $^1/_2$ h, bei schwer verseifbaren Fetten 1 h [5] gekocht. Daneben wird als Blindprobe in einem gleichen Kolben die gleiche Laugenmenge ohne Fett erhitzt. Nach vollständiger Verseifung wird der Laugenüberschuß mit 0,5-n HCl (Indicator Phenolphthalein, bei sehr dunklen Ölen, z. B. rohen Cottonölen, oder bei Tranen, die sich beim Kochen mit Lauge rot färben, Thymolphthalein) in der Wärme zurücktitriert. War die Einwaage e g, der HCl-Verbrauch für die Blindprobe a ccm, für die Hauptprobe b ccm, so wird VZ. $= 28{,}055\ (a—b)/e$.

W. Normann [6] empfiehlt für Zwecke der Kernseifenherstellung die Berechnung der VZ. in Äquivalenten NaOH statt KOH.

$$\text{Na-VZ.} = 20{,}0\ (a—b)/e.$$

[1] F. Pollmann: Seifensieder-Ztg. **55**, 375 (1928).

[2] Prescher: Pharmaz. Zentralhalle **58**, 456 (1917).

[3] Pardee, Hasche u. Reid: Journ. Ind. engin. Chem. **12**, 481 (1920).

[4] Slack: Ztschr. angew. Chem. **29**, 463 (1916).

* Beim Entleeren der Pipette kommt es nicht darauf an, genau 25 ccm abzumessen, sondern nur darauf, daß beim Haupt- und blinden Versuch stets dieselbe Anzahl von Tropfen nachfließt.

[5] Die Zeit ist vom Sieden des Kolbeninhalts an zu rechnen.

[6] W. Normann: Chem. Umschau Fette, Öle, Wachse, Harze **36**, 197 (1929).

b) **Bestimmung bei Fett-Mineralölmischungen.** 2—10 g Substanz, je nach dem vermuteten Fettgehalt, werden in 25 ccm Benzol gelöst und mit 25 ccm 0,5-n alkoholischer KOH versetzt. Erhitzung, Titration und Berechnung wie unter a). Bei sehr geringem Fettgehalt nimmt man zur Verseifung und Titration 0,1-n statt 0,5-n Lösungen. Die Formel lautet dann: VZ. = 5,611 $(a-b)/e$.

c) **Bestimmung bei festen Wachsen** s. S. 955 (Bienenwachs) und S. 972 (Montanwachs).

4. Gehalt an verseifbaren und unverseifbaren[1] Bestandteilen.

Mitunter werden Mineralöle mit fetten Ölen gemischt (compoundiert), z. B. Leuchtpetroleum mit Rüböl, Dampfzylinderöle mit Knochenöl und anderen Fetten, Uhrenöle mit Klauenöl usw.; sog. Kompositionskerzen sind Mischungen von (unverseifbarem) Paraffin und (verseifbarem) Stearin. In diesen Fällen, ebenso zur Unterscheidung von Erdölpech (Erdölasphalt) und Fettpech muß bei Bedarf der Gehalt an verseifbaren und unverseifbaren Stoffen bestimmt werden. Da Mineralöle im allgemeinen billiger sind als fette Öle, so sind auch Verfälschungen der letzteren durch unverseifbare Öle zu beachten.

a) Qualitative Prüfungen.

α) **Nachweis verseifbarer Stoffe in Mineralölen nach Lux.** 3—4 ccm Öl werden im Reagensglas mit einem erbsengroßen Stückchen Na bzw. NaOH $^1/_4$ h im Ölbad (helle Öle auf etwa 230⁰, dunkle Öle und Zylinderöle auf 250⁰) erhitzt.

In hellen Mineralölen sind noch 0,5%, in dunklen Ölen 1—2% fettes Öl nach dem Erkalten der mit Na bzw. NaOH erhitzten Proben am Gelatinieren oder Auftreten von Seifenschaum an der Öloberfläche zu erkennen.

Der Kontrollversuch mit Natrium, bei welchem eine Täuschung durch das aus dem Ätznatron stets entweichende Wasser ausgeschlossen ist, erübrigt sich, wenn die nachzuweisenden Fettmengen mindestens 1—2% betragen. Außer Fettsäuren können auch Harz, Phenole oder Naphthensäuren Gelatinierung hervorrufen. Im Zweifelsfall sind daher die Säuren abzuscheiden (s. S. 729) und durch JZ. und VZ., Benzinlöslichkeit, Diazoreaktion und Schwefelgehalt näher zu charakterisieren.

β) **Nachweis von unverseifbarem Öl, Paraffin, Ceresin usw. in Fetten.** 6—8 Tropfen Öl werden 2 min mit 2—3 ccm alkoholischer 1,0-n KOH im Reagensglas gekocht. Zu der Seifenlösung gibt man, anfangs tropfenweise, 1—10 ccm absolut kalkfreies destilliertes Wasser und beobachtet, ob die Lösung klar bleibt (reines fettes Öl) oder getrübt wird (Gegenwart von Mineralöl, Paraffin, Ceresin, Wachsen bzw. Wachsalkoholen oder flüssigen hochungesättigten Kohlenwasserstoffen aus Haifischlebertran [2]).

$^1/_2$—1% Mineralschmieröl und mehr verraten sich fast durchweg, ebenso 0,4% und mehr Paraffin (z. B. in Schmalz oder Talg); Petroleum, Harzöl und Braunkohlenteeröl können aber mittels dieser Probe in manchen fetten Ölen, z. B. Mohn- und Knochenöl, nur in größeren Mengen (3—12%) nachgewiesen werden. Die Natur des Fettes bedingt also hier die Schärfe der Probe, für welche außer der Löslichkeit auch die Grenzflächenspannung zwischen dem nachzuweisenden unverseifbaren Öl und der entstandenen Seifenlösung maßgebend ist[3]. Gegenüber Leuchtpetroleum war diese z. B. bei Cottonöl bei 15⁰ bedeutend größer als bei 75⁰,

---

[1] Unter der Bezeichnung „unverseifbare Bestandteile" versteht man in der Ölanalyse nur wasserunlösliche organische Stoffe: Mineralöle, Sterine, Wachsalkohole; im Sinne der Bestimmungsmethode, bei welcher eine Trocknung bei 100⁰ vorgesehen ist, werden ferner in den Wizöff-Methoden (2. Aufl., 1930. S. 36) nur solche Stoffe zum „Unverseifbaren" gerechnet, die mit Wasserdampf (100⁰) nicht flüchtig sind.

[2] Holde u. A. Gorgas: Chem. Umschau Fette, Öle, Wachse, Harze **32**, 314 (1925).

[3] Holde u. Gorgas: ebenda **33**, 109 (1926).

während es bei Leinöl und Mohnöl umgekehrt war. Der Petroleumnachweis ließ sich daher bei Cottonöl durch Abkühlung der alkoholischen Seifenlösung und Zusatz von kaltem Wasser wesentlich verschärfen (1% Petroleum), bei Leinöl dagegen durch Zusatz von heißem Wasser zur heißen Seifenlösung.

Flüchtige Kohlenwasserstoffe (z. B. Reste von Extraktionsmitteln in Fetten), welche durch die vorstehende Probe nicht nachweisbar sind, werden durch Wasserdampfdestillation qualitativ und quantitativ ermittelt (S. 401).

Die in flüssigen Wachsen (Spermacetiöl, Döglingstran) enthaltenen höheren Alkohole fallen bei der beschriebenen Verseifungsprobe auf Zusatz von Wasser nicht aus, sie stören somit den Nachweis von Mineralölen in diesen Wachsen nicht[1]. Selbst der hauptsächlich aus Cetylpalmitat bestehende Walrat gibt eine auf Wasserzusatz in der Wärme noch klarbleibende Lösung, weil sich der in Wasser allein unlösliche Cetylalkohol in der warmen Seifenlösung löst. Andere Wachse geben auch in der Wärme trübe Seifenlösungen.

Sikkativhaltige Firnisse geben bei dieser Probe flockige Trübungen von Metallhydroxyden (Blei, Mangan usw.). Derartige Firnisse behandelt man zwecks Prüfung auf unverseifbare Öle vorher mit verdünnter Salpetersäure und wäscht die Metallsalze aus.

b) Quantitative Bestimmung von verseifbaren und unverseifbaren Bestandteilen nebeneinander.

α) **Bestimmung des Fettgehaltes durch Bestimmung der Verseifungszahl nach S. 112.** Dieses einfache Verfahren ist anwendbar, wenn die Verseifungszahl des anwesenden Fettes genügend genau bekannt ist oder wenn — auf Annahme einer mittleren Verseifungszahl von z. B. 185 gestützte — Annäherungswerte genügen. Der Prozentgehalt einer Fett-Mineralölmischung von der Verseifungszahl $VZ_{gef.}$ an einem Fett von der $VZ_{theor.}$ beträgt $100 \cdot VZ_{gef.}/VZ_{theor.}$. Die einzelnen Verseifungszahlen der verschiedenen Fette s. Tab. 172, S. 786f.

β) **Gravimetrische Bestimmung der unverseifbaren Bestandteile.** Das umständlichere, aber genauere Verfahren besteht in der Überführung der verseifbaren Bestandteile in wasser- und alkohollösliche, benzinunlösliche Seife und Ausschütteln der unverseifbaren Öle aus der in verdünntem Alkohol gelösten Seife mit Petroläther (Verfahren von Spitz und Hönig) oder Äthyläther (Fahrion) bzw. Extraktion der getrockneten Seife mit Äther, Benzin, Aceton od. dgl.

Größere Mengen Mineralöl enthaltende Mischungen aus Mineralölen (Schmierölen) und fetten Ölen[2] werden wie folgt geprüft:

10 g Substanz werden mit 50 ccm alkoholischer 1,0-n KOH und 20—25 ccm Benzol etwa 1 h am Rückflußkühler gekocht, mit 50 ccm Wasser versetzt und nochmals aufgekocht. (Auch die vereinigten titrierten Seifenlösungen der titrimetrischen Verseifungszahlbestimmung können nach Zusatz einiger ccm 0,5-n KOH und von so viel Wasser, daß der Alkohol 50%ig wird, zu der gravimetrischen Untersuchung benutzt werden, in welchem Fall sich die Verseifung einer neuen Probe erübrigt.) Die abgekühlte Seifenlösung wird unter Nachspülen mit 50%igem Alkohol[3] und etwa 50 ccm Petroläther (30—50°) in einen Scheidetrichter übergeführt und wiederholt mit je 50 ccm Petroläther ausgeschüttelt, bis die letzten Protrolätherauszüge wiederholt nicht mehr gelb gefärbt sind oder (bei Gegenwart farblosen oder weißen unverseifbaren Öles oder Paraffins) höchstens Spuren eines seifenartigen

---

[1] Lobry de Bruyn: Chem.-Ztg. **35**, 1119 (1911).

[2] Die speziell für die Fettuntersuchung vorgeschriebenen Methoden der Wizöff s. S. 728.

[3] Die Alkoholkonzentration ist möglichst genau innezuhalten, da stärkerer Alkohol zuviel von der Benzin-Benzollösung des Unverseifbaren löst, während bei verdünnterem Alkohol Hydrolyse der Seife eintritt.

Verdampfungsrückstandes hinterlassen. Die vereinigten Petrolätherauszüge werden 3mal mit je 15 ccm 50%igem Alkohol, dem eine Spur Alkali zugesetzt ist, ausgeschüttelt; die Waschflüssigkeiten werden nach einmaligem Ausschütteln mit Petroläther zu der Seifenlösung hinzugefügt. Die hierauf im gewogenen Kölbchen eingedampften, oft Wassertröpfchen enthaltenden Petrolätherlösungen werden mit 5—8 ccm absolutem Alkohol verrührt und bis zum Verschwinden des Alkoholgeruches erwärmt. Der Rückstand (Mineralöl) wird je 5 min lang bei 100⁰ bis zur annähernden Gewichtskonstanz (zulässige Gewichtsänderung 1—2 mg) getrocknet. Bei Abwesenheit von Wachsen ergibt der Unterschied zwischen der Menge des abgeschiedenen unverseifbaren Öles und derjenigen des Ausgangsmaterials den Gehalt an verseifbarem Fett, zuzüglich etwa vorhanden gewesener freier Fett- und Naphthensäuren.

Bei Mischungen von fettem Öl mit leicht verdampfbaren Mineralölen, z. B. Laternenöl (Petroleum + Rüböl), kann das Trocknen des Unverseifbaren auf dem Wasserbad Verluste ergeben; man erwärmt dann nach dem Abdestillieren der Hauptmenge des Benzins das Kölbchen mit dem Rückstand nur so lange, bis gerade keine Benzindampfblasen mehr aufsteigen, und wägt nach kurzem Stehen das erkaltete Kölbchen, oder man mischt nach dem Abdestillieren der Hauptmenge des Benzins eine genau gewogene Menge (etwa 10 g) Ceresin hinzu und erhitzt dann bis zur Gewichtskonstanz auf dem Wasserbade; das Ceresin hält die leichter flüchtigen Petroleumbestandteile zurück; die angewandte Menge Ceresin wird vom gewogenen Unverseifbaren abgezogen.

Bei Anwesenheit größerer Mengen des unverseifbaren Öles oder schwer verseifbaren Fettes (Talg od. dgl.) prüft man das erhaltene Unverseifbare qualitativ auf Gehalt an unverseift gebliebenem fettem Öl und behandelt nötigenfalls einen aliquoten Teil nochmals, wie vorstehend angegeben, um das vollkommen reine Unverseifbare zu erhalten.

Aus der alkoholischen Seifenlösung werden die Fettsäuren gemäß S. 729 abgeschieden; ihre weitere Prüfung auf physikalische und chemische Kennzahlen nach S. 742 und 754 f. gestattet Rückschlüsse auf die Art des Fettes.

Zur Abscheidung kleinerer Mengen zugesetzter unverseifbarer Öle oder der natürlichen unverseifbaren Bestandteile der Fette kann man bei der Verseifung den Benzolzusatz fortlassen und nach S. 728 verfahren. Sind die Kaliseifen in verdünntem Alkohol schwer löslich (bei Wachsen, die viel hochmolekulare gesättigte Fettsäuren enthalten) oder ausnahmsweise in Benzin löslich (Wollfett), so wendet man das Verfahren der Extraktion der trockenen Na- oder Ca-Seifen mit Aceton oder Äther, z. B. nach S. 964, an.

Trennung der Kohlenwasserstoffe von den höheren Alkoholen. Bei Gegenwart von Wachsen werden auch die in diesen zu etwa 40—50% enthaltenen höheren Alkohole mit den unverseifbaren Ölen abgeschieden. Man trennt sie vom Mineralöl durch 2std. Auskochen der Mischung mit dem doppelten Volumen Essigsäureanhydrid. Die Alkohole gehen als Ester in die saure Lösung, die nach dem Abkühlen unter wiederholtem Auswaschen mit einigen Kubikzentimetern Essigsäureanhydrid im Scheidetrichter vom Mineralöl getrennt wird. Das abgeschiedene Mineralöl ist durch mehrmaliges Waschen mit verdünntem Alkali in Petrolätherlösung von gelöstem Essigsäureanhydrid zu befreien. 3—5% Mineralöl gehen mit in die Essigsäureanhydridlösung und sind entsprechend in Rechnung zu ziehen. Besteht das Unverseifbare aus Paraffin oder Ceresin, so ist der Schmelzpunkt nach dem Acetylieren unverändert; bei Anwesenheit höherer Alkohole sinkt der Schmelzpunkt, weil die Acetate niedriger schmelzen als die Alkohole. Da Wollfettoleine und feste Wachse selbst wechselnde Mengen von Kohlenwasserstoffen (10—53%) enthalten, so liefert die quantitative Bestimmung des Mineralöls bei Gegenwart von Wollfettoleinen und festen Wachsen immer nur Annäherungswerte für den Mineralölgehalt. Spezielle Methoden zur Unterscheidung der natürlichen unverseifbaren Bestandteile des Bienenwachses von zugesetztem Paraffin oder Ceresin s. S. 957 f.

5. Wassergehalt.

Rohe Erdöle enthalten fast immer mechanisch beigemengtes Wasser, welches besonders bei dickflüssigen Ölen nur sehr langsam niederfällt; Öle vermögen auch Wasser in sehr geringer Menge zu lösen, z. B. lösen 100 g Petroleum 0,006 g, 100 g Paraffinöl 0,003 g Wasser bei 20°; bei 94° entsprechend 0,097 und 0,055 g Wasser [1]. Transformatorenöl löst etwa 3—4mal soviel Wasser wie reines Paraffinöl oder Petroleum.

Die Verarbeitungsprodukte des Erdöls und der Teere sollen, abgesehen von besonderen Emulsionsölen, Bohrölen, konsistenten Fetten u. dgl., im allgemeinen wasserfrei sein. Bei der Destillation verursacht der Wassergehalt sehr störendes Schäumen und Stoßen. Transformatoren- und Schalteröle büßen bereits durch geringen Wassergehalt an Isolationsfähigkeit (Durchschlagsfestigkeit) ein. Bei Schmierölen werden in der Regel nur minimale Wassermengen zugelassen (s. S. 343 f.); bei Dochtschmierungen können schon Spuren Wasser die Aufsaugung des Öles in den Dochten beeinträchtigen.

Unter den Verarbeitungsprodukten der Fette haben Butter und Margarine, Seifen, Türkischrotöle, Wollschmälzen und Glycerin normalerweise einen zum Teil beträchtlichen Wassergehalt; die Fette selbst sowie die Fettsäuren sind in reinem Zustande wasserfrei.

Qualitativer Nachweis. Ein irgendwie erheblicher Wassergehalt ist bei hellen Ölen meist an abgesetzten Wassertropfen oder an einer Trübung erkennbar. Diese muß, wenn sie nur von Wasser herrührt, beim Erhitzen des Öles auf dem Wasserbade unter Schaumbildung verschwinden und darf, nachdem bis zur Entfernung des Schaumes erhitzt war, beim Erkalten nicht wiederkehren.

Zum Nachweis nicht unmittelbar sichtbarer kleiner Mengen (auch gelösten) Wassers erhitzt man einige Kubikzentimeter Öl im Reagensglas, dessen Wände mit Öl benetzt sind, unter Umrühren mit einem Thermometer auf 150—160°, bei dunklen Ölen auf 180°. Selbst Spuren von Wasser verraten sich durch Emulsionsbildung an den Wandungen des Glases und oft durch gelindes Schäumen des Öles, ein merklicher Wassergehalt auch durch mehr oder weniger starkes Stoßen (Spratzprobe). Auch bei emulgierten Ölen, konsistenten Fetten, Margarine u. dgl. ist Wasser auf diese Weise zu erkennen, dagegen natürlich nicht bei Glycerin (S. 835). Bei Seifen kommt eine qualitative Prüfung auf Wassergehalt praktisch nicht in Frage.

Quantitative Bestimmung. Die exakte Bestimmung des Wassergehaltes von Ölen, in denen das Wasser einen ungleichmäßig verteilten Fremdkörper darstellt, wird dadurch erschwert, daß man aus größeren Behältern (Tanks, Kesselwagen u. dgl.) zuverlässige Durchschnittsproben kaum so entnehmen kann, daß sie den gesamten Gehalt an abgesetztem und emulgiertem Wasser (und sonstigen Schlammteilen) richtig wiedergeben. Die S. 122 f. beschriebenen Probenahmemethoden versagen hier, falls es nicht möglich ist, den gesamten Inhalt des zu bemusternden Behälters lebhaft durchzurühren und die Probe zu nehmen, während die Flüssigkeit in Bewegung ist [2]. Bei Seifen, konsistenten Fetten u. dgl. bestehen diese Probenahmeschwierigkeiten nicht.

Das für die Analyse bestimmte Muster ist, bei dickflüssigen Ölen nach vorherigem Anwärmen, vor der Entnahme der zu untersuchenden Probenmenge sorgfältig durchzumischen.

a) Destillationsmethode.

Dieses Verfahren ist bei allen Ölen und Fetten und ihren Verarbeitungsprodukten, insbesondere auch bei Seifen, wässerigen Emulsionen u. dgl.,

---

[1] Groschuff: Ztschr. Elektrochem. **17**, 348 (1911); s. auch Adam: Auto-Technik **1915**, Nr. 4, 2.

[2] R. Kattwinkel: Teer u. Bitumen **27**, 181, 201, 217 (1929).

bei welchen die anderen Verfahren zum Teil versagen, anwendbar. Von den zahlreichen Ausführungsformen des zuerst von Marcusson[1] ausgearbeiteten Verfahrens ist am zweckmäßigsten diejenige von Dean und Stark[2].

Der Apparat (Abb. 72) besteht aus einem 500 ccm fassenden Rundkolben, einem unten schräg abgeschnittenen Liebigkühler von 9,5—12,7 mm Außendurchmesser des Kühlrohrs (kein Kugelkühler, damit keine Wassertropfen hängen bleiben) mit mindestens 40 cm langem Kühlmantel und einem von 0—10 ccm in 0,1 ccm geteilten, auf 0,05 ccm genauen Auffanggefäß. Abb. 73 zeigt die in den „Richtlinien"[3] empfohlene Form des Auffanggefäßes.

Von Ölen mit weniger als 10 Vol.-% Wassergehalt werden 100 ccm, von wasserreicheren Ölen so viel, daß der Wassergehalt der Probe voraussichtlich etwas weniger als 10 ccm beträgt, in einem Meßzylinder bei Zimmertemperatur abgemessen und soweit wie möglich in den Rundkolben gegossen; das im Meßzylinder hängenbleibende Öl wird hierauf nacheinander mit 50, 25 und 25 ccm Schwerbenzin[4] herausgespült und quantitativ in den Rundkolben übergeführt. Der Apparat wird dann entsprechend der Abbildung mit dichtschließenden Korken zusammengesetzt und der Kühler oben mit einem Wattebausch verschlossen, damit kein Wasser aus der Atmosphäre sich im Kühler kondensiert.

Hierauf läßt man den Kolbeninhalt derart sieden, daß 2—5 Tropfen pro Sekunde vom Kühler in das Auffanggefäß fallen, und erhitzt so lange, bis alles Wasser sich am Boden des Auffanggefäßes gesammelt hat. Hierzu ist in der Regel höchstens $\frac{1}{2}$ h erforderlich. Einen etwa auftretenden beständigen Ring von kondensiertem Wasser im Kühlrohr kann man durch vorübergehend stärkeres Siedenlassen des Benzins herunterspülen.

Seifen und seifenhaltige Öle, z. B. Bohröle oder konsistente Fette, die das Wasser meistens schwer abgeben, müssen gegebenenfalls mit etwa der gleichen Menge wasserfreier Fettsäure, z. B. technischer Ölsäure (Olein), versetzt werden[5].

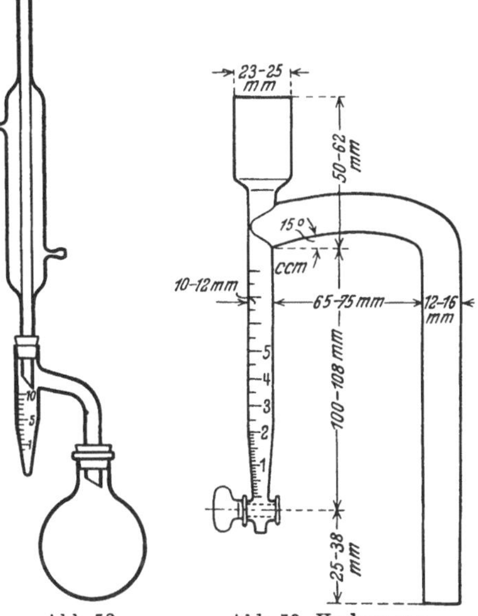

Abb. 72. Wasserbestimmungsapparat.

Abb. 73. Vorlage zur Wasserbestimmung nach den „Richtlinien".

---

[1] Marcusson: Mitt. Materialprüf.-Amt Berlin-Dahlem **22**, 48 (1904); **23**, 58 (1905).

[2] Dean u. Stark: Journ. Ind. engin. Chem. **12**, 486 (1920); A.S.T.M.-Jber. 1932 des Comm. D 2, S. 268; I.P.T.-Standard Methods, 2. Aufl., S. 91. 1929; Richtlinien, 5. Aufl., S. 75; Wizöff-Methoden, 2. Aufl., S. 43.

[3] Normblatt DIN DVM 3656.

[4] Nach der A.S.T.M.-Vorschrift zu 5% zwischen 90 und 100°, zu 90% bis 210° siedend. Nach den „Richtlinien" ist statt Benzin Xylol zu verwenden. Benzin hat den Vorteil, praktisch überhaupt kein Wasser zu lösen und sich fast sofort klar über dem Wasser abzusetzen. Bei einigen Seifen erhielt Davidsohn: Chem.-Ztg. **54**, 934 (1930), allerdings mit Motorenbenzin zu niedrige Werte, während Xylol richtige Resultate gab; das gleiche stellte Schlenker: Seifensieder-Ztg. **58**, 96 (1931), fest, nach dessen Ansicht das über dem Wasser befindliche Benzin eine meßbare Menge Wasser in feinster Verteilung zurückhalten soll.

[5] Nach Davidsohn, l. c., ist ein Oleinzusatz überraschenderweise auch bei seifenfreier Butter erforderlich.

Bei richtiger Probenahme liefert das Verfahren auf 0,1 % (berechnet auf das Ausgangsmaterial) übereinstimmende Resultate. Bei Gegenwart flüchtiger, mit Wasser mischbarer Stoffe, z. B. Alkohol, ist es jedoch nicht ohne weiteres anwendbar (z. B. bei Bohrölen). Vgl. hierzu S. 401.

Zur Vermeidung des feuergefährlichen Benzins usw. empfehlen Tausz und Rumm[1] sowie van der Werth[2] Tetrachloräthan (Acetylentetrachlorid), für welches, da es schwerer als Wasser ist, eine etwas von der obigen abweichende Apparatur[3] zu benutzen ist. Bedenken gegen dieses Verfahren erweckt die in der Wärme beträchtliche gegenseitige Löslichkeit von Wasser und Tetrachloräthan.

b) Zentrifugiermethode.

Das Verfahren dient zur gemeinsamen Bestimmung von Wasser und mechanischen Verunreinigungen einschließlich etwa im Wasser gelöster Stoffe („water and sediment") in Rohölen und Heizölen. Es ist besonders in England und USA sehr gebräuchlich und z. B. in den Heizöllieferbedingungen der amerikanischen Regierung vorgeschrieben; da es jedoch meist etwas zu niedrige Werte liefert, ist für die genaue Bestimmung des Wassergehaltes die Destillationsmethode (a), für die Bestimmung der mechanischen Verunreinigungen die unten beschriebene Methode vorzuziehen.

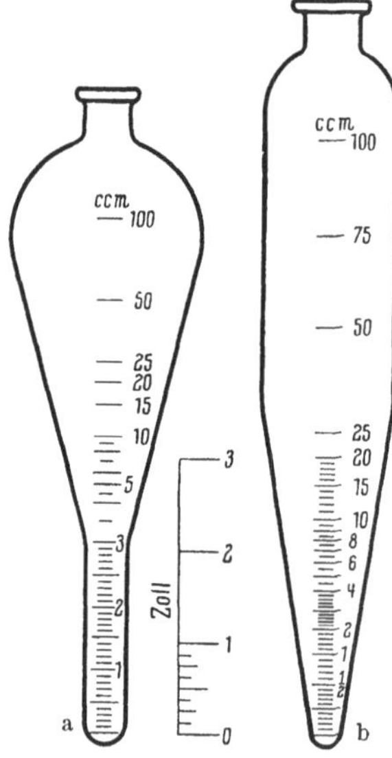

Abb. 74. Zentrifugengläser zur Wasserbestimmung.

Zwei, je 125 ccm fassende graduierte Zentrifugengläser (s. Abb. 74) werden mit genau je 50 ccm 90er Benzol, dann mit je 50 ccm des zu prüfenden Öles beschickt, fest verkorkt und kräftig durchgeschüttelt. Hierauf werden sie 10 min lang in ein Bad von 38° C (100° F) bis zur 100-ccm-Marke senkrecht eingetaucht und danach 10 min lang mit 1400—1500 Umdrehungen/min (bei einem größten wirksamen Durchmesser von $d = 40$ cm, gemessen von Spitze zu Spitze der umlaufenden Zentrifugengläser; sonst mit 1500 $\sqrt{40/d}$ Umdrehungen/min) zentrifugiert. Das Volumen der Wasser- und Schmutzschicht wird abgelesen und das Zentrifugieren wiederholt, bis das Volumen bei drei aufeinanderfolgenden Ablesungen konstant bleibt. Hierzu genügt in der Regel viermaliges Zentrifugieren.

Die Summe der in beiden Gläsern abgelesenen Volumina ergibt die Volumenprozente Wasser (einschließlich gelöster Salze oder anderer wasserlöslicher Stoffe) und mechanische Verunreinigungen im Öl.

c) Bestimmungen des Wassergehaltes durch Abdampfen des Wassers

(bei Schmierölen und anderen schwerflüchtigen Stoffen).

α) Nach Holde. In einer 6—10 cm weiten, gemeinsam mit einem passenden Glasstabe gewogenen Glasschale werden 10—12 g durchgeschütteltes Öl (von wasserreicheren Ölen 3—5 g, gehörig gemischt mit 10—15 g des durch Schütteln mit Chlorcalcium und Filtration entwässerten Öles) so lange auf stark kochendem

---

[1] Tausz u. Rumm: Ztschr. angew. Chem. **39**, 155 (1926).
[2] van der Werth: Chem.-Ztg. **52**, 23 (1928).
[3] Zu beziehen von A. Dargatz, Hamburg, Pferdemarkt 66.

Wasserbad erhitzt, bis beim Rühren mit dem Glasstab der Schaum an der Oberfläche verschwunden ist. Die Wasserdampfbläschen werden mit dem Stabende
an den Wandungen der Schale zerdrückt. Aus der nach dem Erkalten festgestellten
Gewichtsabnahme des ursprünglichen Öles, abzüglich der Gewichtsabnahme einer
entsprechend behandelten gleichen Menge des durch Schütteln mit Chlorcalcium
und Filtration, möglichst ohne Erwärmung, entwässerten Öles (Blindprobe), ergibt
sich der Gehalt an Wasser. Bei schwer verdampfbaren Dampfzylinderölen kann
die Ausführung der Blindprobe unterbleiben.

Das Verfahren ist zwar etwas umständlicher als die Destillationsmethode,
erfordert aber keine besonderen Apparate und zur Erzielung der gleichen Genauigkeit (0,05—0,1%, bezogen auf das Öl) bedeutend weniger Substanz, was
mitunter bei kleinen Analysenmustern wichtig ist.

β) Ausführung bei Seifen siehe S. 870, bei Margarine S. 813, bei Glycerin
S. 847.

<h3 align="center">d) Andere Methoden.</h3>

W. Boller[1] empfiehlt zur Bestimmung sehr kleiner Wassergehalte (z. B. 0,003
bis 0,013%), das durch einen N_2- oder H_2-Strom aus dem Öle ausgetriebene Wasser
in CaC_2 zu absorbieren, das entwickelte Acetylen in ammoniakalische Cuprosalzlösung einzuleiten und das hierdurch gefällte Cu_2C_2 gravimetrisch oder durch
Titration zu bestimmen (vgl. auch S. 205, Verfahren von Schütz und Klauditz).
Die Siemens-Schuckert-Werke A.-G. schlagen für den gleichen Zweck (bei Isolierölen) vor, das Öl mit Alkalimetall in Berührung zu bringen und die entwickelte
Wasserstoffmenge zu messen[2]. Das für die Wasserbestimmung in Motorkraftstoffen
geeignete Verfahren von Dietrich und Conrad s. S. 205. St. Reiner[3] absorbiert bei schwer flüchtigen Ölen (z. B. Isolierölen) das durch einen trockenen
indifferenten Gasstrom aus dem erhitzten Öle ausgetriebene Wasser mittels P_2O_5
und bestimmt die Gewichtszunahme des Absorptionsmittels.

Eine von H. Oertel sowie von H. Pflug vorgeschlagene, einfache und angeblich sehr genaue Bestimmung[4] beruht auf der Messung der Temperaturerhöhung,
welche wasserhaltige Öle bei Zusatz von wasserfreiem $MgSO_4$ unter genau festgelegten Bedingungen geben. Praktische Erfahrungen mit der Methode scheinen
noch zu fehlen.

Dolch, Pöchmüller und David[5] beschreiben ein zwar zunächst für feste
Brennstoffe (Kohle, Koks) ausgearbeitetes, aber auch für andere, in Alkohol unlösliche Stoffe anwendbares Verfahren zur Wasserbestimmung, das auf der Erhöhung
der kritischen Lösungstemperatur von Alkohol und Petroleum durch Gegenwart
von Wasser beruht. Die Bestimmung soll nur 10 min in Anspruch nehmen und
genauere Resultate als das Destillationsverfahren liefern.

<h2>6. Mechanische Verunreinigungen (feste Fremdstoffe),
Leim und wasserlösliche Salze in Ölen.</h2>

Qualitativer Nachweis. Die meist den Fässern oder sonstigen Behältern
entstammenden mechanischen Verunreinigungen sowie Bohrschlamm in rohen
Erdölen sind in dunklen Ölen nach Durchgießen durch ein Sieb von $1/3$ mm Maschenweite und Abspülen des letzteren mit Benzin oder Benzol, in hellen Ölen schon
mit bloßem Auge zu erkennen.

Quantitative Bestimmung. Bezüglich der Probenahme bestehen
die gleichen Schwierigkeiten wie bei der Wasserbestimmung (s. S. 116).

5—10 g durchgeschütteltes Öl werden in 100—200 ccm Benzol gelöst. Die
über Nacht der Ruhe überlassene Lösung wird durch ein bei 105° getrocknetes,
gewogenes Filter bzw. einen Glasfiltertiegel od. dgl. filtriert. (Von pech- und

---

[1] W. Boller: Petroleum **23**, 146 (1927).

[2] D.R.P. 442946 (1924).

[3] St. Reiner: Elektrotechn. Ztschr. **46**, 1447 (1925); Chem.-Ztg. **52**, 93 (1928).

[4] Ebenda **51**, 717 (1927); **52**, 92 (1928).

[5] Dolch, Pöchmüller u. David: Chem. Apparatur **16**, 137, 151 (1929);
C. **1930**, I, 1500; s. auch Dolch: Brennstoff-Chem. **11**, 429 (1930).

asphaltartigen Stoffen löst man 2 g in 100 ccm heißem Benzol und filtriert die Lösung in der Hitze.) Eine etwa auftretende wässerige Schicht wird nach dem Filtrieren in eine gewogene Schale abgelassen. Nach Auswaschen des Filters mit Benzol und Trocknen bei 105° werden die mechanischen Verunreinigungen zuzüglich der in den wässerigen Bodensatz gegangenen, zur Trockne verdampften und nötigenfalls mit Benzol gewaschenen wasserlöslichen Salze gewogen.

Im Öl suspendierte Pech- und Asphaltstoffe werden hierbei nicht mitbestimmt, da sie in der Regel in Benzol löslich sind.

Auf dem Filter befindliche wasserlösliche Salze, welche von Bohrschlamm oder der Raffination herrühren, bestimmt man dadurch, daß man das mit Benzol behandelte und bis zur Konstanz getrocknete Filter mit Wasser wäscht, die erhaltene Salzlösung (zusammen mit dem etwa bereits abgelassenen Wasser) in gewogener Schale eindampft und den Rückstand wägt. Dieser kann außer den erwähnten Salzen auch wasserlösliche Alkaliseifen und Leim (aus schlecht geleimten Fässern stammend) enthalten.

Leim wird folgendermaßen nachgewiesen:

100 g Öl werden mit 100 ccm siedend heißem destilliertem Wasser im Erlenmeyerkolben gehörig durchgeschüttelt. Nach Trennung der wässerigen und öligen Schicht wird von ersterer, welche Leim und etwa vorhandene Alkaliseifen und Salze aufnimmt, ein aliquoter Teil filtriert und in einer gewogenen Glasschale auf dem Wasserbade zur Trockne eingedampft. Der Rückstand wird, sofern er nach äußerer Beschaffenheit und Geruch beim Erhitzen die Gegenwart von Leim vermuten läßt, mehrfach mit 5—10 ccm heißem absolutem Alkohol, welcher vorhandene Alkaliseifen löst, Leim aber ungelöst läßt, extrahiert. Ein etwa zurückgebliebener, gewogener Leimrückstand gibt beim Erhitzen auf dem Platinblech den charakteristischen Geruch nach stickstoffhaltiger organischer Substanz, sowie, in 1—2 ccm Wasser gelöst, mit konz. Gerbsäurelösung oder mit Alkohol gelblichweißen Niederschlag oder Trübung.

Nachweis und Bestimmung von Seifen in Schmierölen siehe S. 336. Gemeinsame Bestimmung von festen Fremdstoffen, Wasser und wasserlöslichen Stoffen durch Zentrifugieren s. S. 118.

Nachweis und Bestimmung verschiedener anorganischer Salze in Seifen s. S. 883, in Glycerin S. 849.

7. Aschengehalt.

Der Aschengehalt ist bei Ölen, soweit er nicht von ölunlöslichen anorganischen Fremdstoffen herrührt, ein Maßstab für den Gehalt an Seifen und sulfosauren Salzen, welche z. B. die Leuchtfähigkeit von Petroleum beeinträchtigen, bei Schmierölen unerwünschte Emulgierungen der Öle, Rückstände in Motorzylindern usw. veranlassen können. Bei konsistenten Fetten läßt ein ungewöhnlich hoher Aschengehalt die Anwesenheit von Beschwerungsmitteln erkennen. Naturasphalte unterscheiden sich gewöhnlich durch erhebliche Mengen Asche von Erdölpechen.

Bestimmung in leicht flüchtigen Ölen. Man destilliert aus einem Kolben oder einer Retorte, durch deren Tubus man allmählich mittels Tropftrichters das filtrierte Öl[1], z. B. Petroleum, zugibt, etwa 1 l ab, bis schließlich noch 20—40 ccm Öl zurückbleiben. Diese bringt man in eine gewogene Platin- oder Quarzschale, spült mit Benzin nach, verdampft vorsichtig und verascht den in der Schale verbleibenden Rückstand.

Bestimmung in schwer flüchtigen Ölen, Pechen, konsistenten Fetten, Seifen u. dgl.[2]. 40—50 g Öl (je nach dem erwarteten Aschengehalt) bzw. 3—5 g eines konsistenten Fettes werden in einem Porzellan- oder besser Quarztiegel bzw. in einer Platinschale vorsichtig, zweckmäßig in einem elektrisch geheizten, mit Abzug versehenen Muffelofen oder in dem runden Ausschnitt einer Asbestplatte, welche die Öldämpfe von der Flamme fernhält, mit kleiner Flamme völlig abgeschwelt, bis nur noch kohlige Teile zugegen sind. Hiernach setzt man den

---

[1] Der Filterrückstand ist evtl. qualitativ und quantitativ zu prüfen.
[2] Normblatt DIN DVM 3657.

Tiegel auf ein Drahtdreieck und verascht mit starker Flamme, bei schwer verbrennlicher Kohle in einem mit etwas Sauerstoff gemischten schwachen Luftstrom, der durch einen Rosetiegeldeckel eingeleitet wird, oder nach Befeuchten der Kohle mit aschefreiem H_2O_2 und Trocknen. Enthält die Asche Salze der Alkalien, was häufig bereits an dem Sintern der Asche zu erkennen ist, so können diese sich bei starkem Glühen teilweise verflüchtigen. In diesem Falle geht man beim Veraschen nur gerade bis zum Verkohlen der Substanz, zieht die Kohle wiederholt mit heißem destilliertem Wasser aus und filtriert die Lösung von Kohlepartikelchen durch ein aschefreies Filter ab. Dieses wird dann mit der Kohle im Tiegel durch starkes Glühen vollständig verascht, wobei wiederholtes Durchrühren mit einem Platindraht die Veraschung beschleunigt. Nach dem Erkalten der Asche fügt man die abfiltrierte Salzlösung hinzu, dampft auf dem Wasserbade ein und wägt nach dem Glühen bis zur gerade beginnenden Rotglut die erkaltete Gesamtasche (einschließlich Alkalien)[1].

Wasserhaltige Öle, z. B. Bohröle, die bei Erhitzung infolge Wassergehalts überschäumen, werden mit Hilfe eines Dochtes aus aschefreiem Filtrierpapier verbrannt und verascht. Bei dunklen, asphalthaltigen Ölen würde das Filter sehr bald verkohlen und die Flamme erlöschen. In diesem Falle schwelt man auf dem Asbestausschnitt mit kleiner Flamme zunächst das Öl fort, wobei sich nur wenig Kohle bildet, setzt die Schale zum Schluß, wenn keine Dämpfe mehr kommen, auf ein Drahtdreieck und glüht nun mit starker Flamme bis zum Verschwinden der letzten Kohlepartikelchen.

Nach den Richtlinien betragen die Meßfehler bei Schmierölen $\pm$ 0,005%, bei Schmierfetten (wegen der viel kleineren Einwaage) $\pm$ 0,3%, bezogen auf das Ausgangsmaterial.

8. Entscheinungs-, Färbungs- und Parfümierungsstoffe.

Entscheinungsmittel, z. B. α-Nitronaphthalin, $C_{10}H_7NO_2$, oder öllösliche gelbe Anilinfarben, welche die Fluorescenz von Mineralölen bei Zusatz zu fetten Ölen verdecken sollen, verraten sich in der Regel durch auffallende Gelbfärbung und Nachdunkeln der Öle. Werden die Öle durch Behandeln mit ultraviolettem Licht entscheint, so ist dies analytisch nicht nachweisbar.

Eismaschinenöle werden meistens zur Unterscheidung von anderen Betriebsölen künstlich blutrot gefärbt. Auch bei Kraftstoffen für Automobilmotoren ist künstliche Färbung, z. B. als Kennzeichen bestimmter Marken, besonders in Amerika, gebräuchlich (s. auch S. 179).

Unliebsame und scharfe Gerüche werden gelegentlich, besonders bei konsistenten Fetten u. dgl., durch das bittermandelölartig riechende Nitrobenzol $C_6H_5NO_2$ verdeckt. Mitunter werden auch ätherische Öle, wie Citronell- und Rosmarinöl, benutzt. Toiletteseifen, Rasiercremes und kosmetische

---

[1] Bei konsistenten Maschinenfetten auf Kalk-, Kali- oder Natrongrundlage ist es, wenn kein Platintiegel zur Verfügung steht, besser, die Asche durch Befeuchten mit konz. Schwefelsäure in Sulfat überzuführen und den Aschenrückstand aus dem Sulfatgewicht als CaO, K_2O oder Na_2O zu berechnen. Die Umrechnungsfaktoren betragen:

$$\text{für CaO aus } CaSO_4 : 0{,}412,$$
$$\text{,, } Na_2O \text{ ,, } Na_2SO_4 : 0{,}436$$
$$\text{,, } K_2O \text{ ,, } K_2SO_4 : 0{,}540.$$

Direkte Veraschung im Porzellan- oder Quarztiegel nach der obigen Vorschrift gibt bei Kali- und Natronfetten stark schwankende Werte, weil der Aschenrückstand (K_2CO_3 bzw. Na_2CO_3) von der Kieselsäure der Glasur allmählich, unter Entweichen von CO_2, in die entsprechenden Silicate verwandelt wird. Bei gleichzeitiger Anwesenheit mehrerer verschiedener Basen bestimmt man am besten den Aschenrückstand direkt durch Glühen im Platintiegel, da die obigen Umrechnungsfaktoren für diesen Fall nicht anwendbar sind.

Präparate werden stets parfümiert, häufig auch gefärbt. Die zugesetzte Menge solcher Riechstoffe ist bei Mineralölen meist so gering, daß sich die quantitative Bestimmung erübrigt. Bestimmung der Riechstoffe in Seifen s. S. 887.

Nachweis von α-Nitronaphthalin.

Vorprobe. Mit Nitronaphthalin, Nitrobenzol od. dgl. versetzte Öle und Fette (1—2 ccm) färben nach kurzem Kochen ($^1/_2$—$1^1/_2$ min) mit 2—3 ccm alkoholischer 2-n KOH (infolge Reduktion der genannten Zusätze zu Azokörpern) die Lauge blutrot bis violettrot; die an der Glaswand über der Flüssigkeit haftenden Tröpfchen der gekochten Mischung werden sofort rotviolett gefärbt, wenn man die entsprechende Stelle der Glaswand vorübergehend mit der Gasflamme bestreicht. Auch von Nitroverbindungen freie Trane geben bei dieser Probe blutrote, alle übrigen Öle dagegen nur braungelbe bis unbestimmt rötlichbraune Färbungen der Lauge.

Hauptprobe, auf der Reduktion des Nitronaphthalins zu α-Naphthylamin beruhend: Einige Kubikzentimeter Öl werden im Erlenmeyerkolben durch 5—10 min langes Erhitzen mit Zinn oder Zink und Salzsäure reduziert. Die salzsaure Lösung, welche $SnCl_2$ bzw. $ZnCl_2$ und salzsaures Naphthylamin enthält, wird nach dem Erkalten von der Ölschicht getrennt, von emulgierten Ölteilchen durch Filtrieren befreit und im Scheidetrichter bis zur Wiederauflösung des zunächst ausfallenden Zinn- bzw. Zinkhydroxyds mit wässeriger KOH oder NaOH versetzt; das hierbei abgeschiedene, charakteristisch riechende α-Naphthylamin wird nach genügender Abkühlung mit 10—20 ccm Äther aufgenommen, wobei letzterer einen violetten Schein annimmt. Beim Eindampfen der ätherischen Lösung hinterbleibt violett gefärbtes α-Naphthylamin. Führt man dieses durch Zugabe einiger Tropfen Salzsäure in salzsaures Salz über, löst letzteres nach Verdampfen der überschüssigen Salzsäure in Wasser und setzt einige Tropfen $FeCl_3$-Lösung hinzu, so erhält man einen starken, azurblauen Niederschlag von Oxynaphthylamin $C_{10}H_9NO$, welcher, abfiltriert und mit Wasser ausgewaschen, alsbald zwiebelrot wird, während das Filtrat schön violett gefärbt ist.

C. Entnahme und Vorbereitung der Proben zur Analyse.

1. Probenahme.

Die zur Untersuchung gelangende Probe muß so genau wie möglich der durchschnittlichen Zusammensetzung des zu prüfenden Materials entsprechen. Die Probenahme läßt sich nicht in allen Fällen nach einem einheitlichen Schema durchführen und erfordert daher gute Sachkenntnis.

Bei der Probenahme[1] sind im wesentlichen Aggregatzustand bzw. Konsistenz des Materials sowie Art und Größe der Behälter, aus denen die Probe zu nehmen ist, zu berücksichtigen. Man unterscheidet:

1. Flüssigkeiten a) in festen Behältern ruhend, b) strömend.
2. Halbfeste (salbenartige) bzw. schmelzbare feste Stoffe.
3. Nicht schmelzbare feste Stoffe (Kohlen, Ölsaaten).

Nur bei nicht zu viscosen, in kleinen Gefäßen befindlichen Flüssigkeiten läßt sich der Inhalt durch einfaches Durchschütteln so weit homogenisieren, daß man

---

[1] Ausführliche Vorschriften für die Ausführung der Probenahme von Mineralölen, fetten Ölen, festen Fetten, Ölsaaten usw. wurden in den letzten Jahren ausgearbeitet vom DVM, Ausschuß 9 (Normblatt DIN-DVM 3651, Berlin: Beuth-Verlag), von der Wizöff (Deutsche Einheitsmethoden 1930), in USA. von der A.S.T.M. (Jber. 1927 des Comm. D 2, S. 173), in England von der I.P.T. (Standard Methods, 2. Aufl. 1929, S. 132).

direkt ein Durchschnittsmuster entnehmen kann. In den anderen Fällen entnimmt man meist an verschiedenen Stellen des Untersuchungsmaterials einzelne Proben und vereinigt diese in geeigneten Mengenverhältnissen zu einer Durchschnittsprobe.

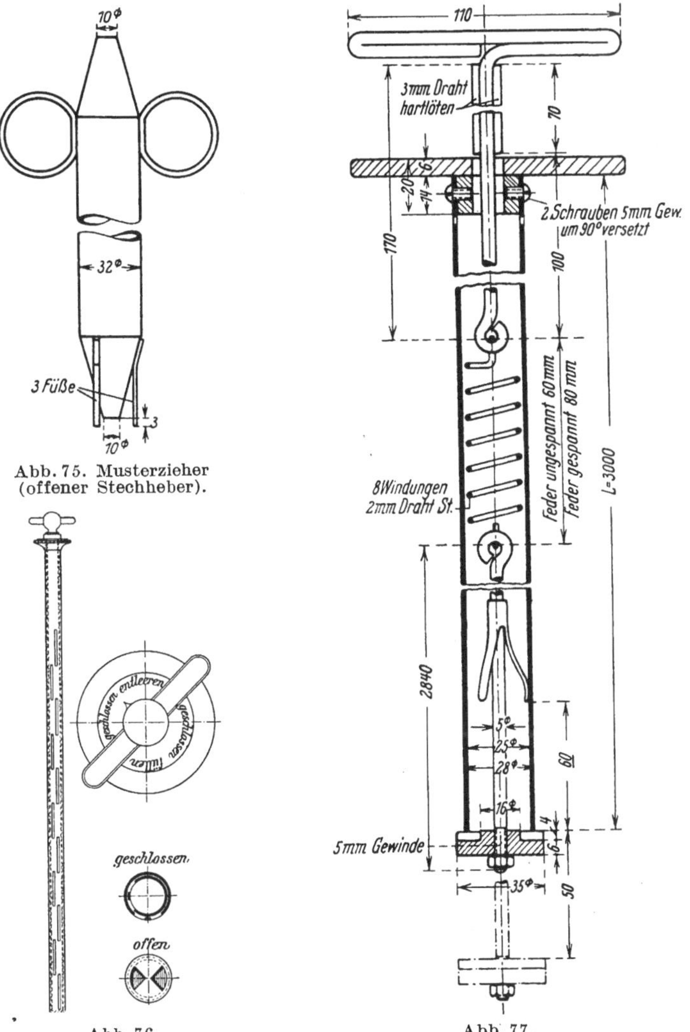

Abb. 75. Musterzieher (offener Stechheber).

Abb. 76. Abb. 77.

Abb. 76 und 77. Musterzieher mit Bodenverschluß.

Von einer aus mehreren Gebinden (Fässern, Trommeln, Säcken usw.) bestehenden Lieferung nimmt man, falls es, z. B. bei großen Lieferungen, untunlich ist, sämtliche Einzelstücke zu bemustern, Stichproben aus einzelnen Packungen und vereinigt sie, soweit sie nicht schon äußerlich (Farbe, Geruch, Trübung, Bodensatz) voneinander merklich abweichen, zu größeren Mustern. Die Zahl der zu bemusternden Stücke richtet sich nach den jeweiligen Lieferungsvereinbarungen.

Alle Geräte, mit denen Proben genommen oder in welchen sie aufbewahrt werden, müssen peinlich sauber und trocken sein.

Flüssigkeiten sind vor der Probenahme möglichst gut durchzumischen, z. B. durch Hin- und Herrollen der Fässer, Umrühren des Inhalts mit einem glatten Holzscheit oder mit Druckluft. Schmelzbare feste Stoffe werden, wenn möglich, mit indirektem Dampf aufgeschmolzen und in flüssigem Zustand bemustert. Steht jedoch zum Aufschmelzen nur direkter Dampf zur Verfügung, so muß die Probe vor dem Aufschmelzen genommen werden. Fässer, deren Inhalt sich nicht durchmischen läßt, werden vor dem Entnehmen mindestens $1/_2$ h lang mittels einer etwa 20 cm hohen Unterlage schräg gelegt, damit Wasser und Schmutz sich absetzen können. Die Ölprobe wird dann aus der über dem Bodensatz stehenden Schicht entnommen und die Menge des Bodensatzes besonders ermittelt.

a) Probenahme aus ruhenden Flüssigkeiten bzw. aufgeschmolzenen festen Stoffen.

Sind die Behälter nicht zu tief (Fässer, Barrels, Kesselwagen), so nimmt man die Probe gewöhnlich mit einem beiderseits offenen, etwa 2 cm weiten Glas- oder verzinnten Stahlrohr von passender Länge (z. B. 1—2 m), das man langsam in senkrechter Richtung bis auf den Boden des Behälters führt und nach Verschließen der oberen Öffnung mit dem Daumen oder einem dichtschließenden Korken wieder herauszieht. Eine handliche Form hat der in Abb. 75 abgebildete Musterzieher[1]. Für inhomogene, Wasser und Schlamm absetzende Öle bzw. für Rohglycerin, aus dem sich Salz am Boden abscheidet, eignen sich Geräte wie Abb. 76 und 77, die nach dem Einfließen der Flüssigkeit durch Drehen des Handgriffes völlig geschlossen werden können, so daß ein etwaiger Bodensatz nicht heraussinken kann.

Bei größeren, insbesondere tieferen Behältern (z. B. Schiffstanks) entnimmt man zunächst Einzelproben, und zwar nach Vorschrift des DVM an folgenden Stellen:

Die Oberschichtprobe aus der Schicht, die um etwa 10% der Gesamthöhe unterhalb der Oberfläche des Stoffes liegt;

die Mittelschichtprobe aus der Schicht, die um etwa 50% der Gesamthöhe unterhalb der Oberfläche des Stoffes liegt;

die Unterschichtprobe aus der Schicht, die um etwa 10% der Gesamthöhe über dem Boden des Behälters liegt;

die Bodenprobe aus den untersten Teilen des Behälters.

Aus den Einzelproben werden Mischproben hergestellt, aus den Mischproben die Endproben entnommen. Bei der Herstellung der Mischproben ist die Größe jeder Einzelprobe dem Volumen der betreffenden Stoffschicht entsprechend zu bemessen.

Nach der amerikanischen Vorschrift mischt man z. B. bei Gefäßen von konstantem Horizontalquerschnitt je 1 Vol. der Ober- und Unterschichtprobe mit 3 Vol. der Mittelschichtprobe; bei ganz oder teilweise gefüllten liegenden zylindrischen Behältern sind die Proben gemäß Tabelle 23 zu entnehmen und zu vereinigen.

Im übrigen sei auf die Kesselinhaltstafel zur Vorschrift Nr. 20, Abt. T, IIIh, der wirtschaftlichen Vereinigung der Gaswerke, Frankfurt a. M., verwiesen.

Tabelle 23. Probenahme aus liegenden zylindrischen Behältern (Maßangaben in Prozenten des Behälterdurchmessers).

Tiefe der Flüssigkeits-schicht	Höhe über dem Boden, in welcher die Proben zu entnehmen sind			Zur zusammengesetzten Probe zu vereinigende Volumenprozente		
	Ober-schicht-probe	Mittel-schicht-probe	Unter-schicht-probe	Ober-schicht-probe	Mittel-schicht-probe	Unter-schicht-probe
10	—	—	5	—	—	100
20	—	—	10	—	—	100
30	—	20	10	—	60	40
40	—	25	10	—	70	30
50	—	30	10	—	80	20
60	55	35	10	10	80	10
70	65	40	10	10	80	10
80	75	45	10	10	80	10
90	85	50	10	10	80	10
100	90	50	10	10	80	10

---

[1] Abb. 75, 77 und 78 nach dem DIN-DVM-Normblatt.

Zum Entnehmen der Schichtproben dient ein Tauchgefäß (Abb. 78) von etwa 1 Liter Inhalt, dessen Boden beweglich ist und beim Einsenken des Gefäßes in das Öl durch dessen Gegendruck in den Behälter gehoben wird. Solange der Behälter herabsinkt, fließt das Öl hindurch; in der gewünschten Höhe läßt man das Gefäß etwa 5 sec lang ruhen, wodurch der Bodendeckel sich senkt und das Gefäß unten schließt. Beim Anziehen des Gefäßes schließt dieses sich auch oben, so daß kein Öl aus einer anderen Schicht eindringen kann. Eine andere Form des Tauchgefäßes besteht in einer einfachen verschlossenen Flasche mit beschwertem Boden, deren Korken beim Erreichen der Schicht, aus welcher die Probe zu nehmen ist, durch eine Schnur od. dgl. hochgezogen wird.

b) Probenahme aus strömenden Flüssigkeiten.

Proben aus Rohrleitungen werden kontinuierlich entnommen, indem ein senkrecht aufwärts verlaufendes Stück der Leitung gemäß Abb. 79 angezapft wird[1]. Alle drei Hähne werden gleich weit geöffnet, und zwar so weit, daß etwa 0,1% der die Leitung durchfließenden Ölmenge entnommen wird. Die abgezogenen Probenmengen werden in einem größeren Behälter gesammelt, aus dem die zur Untersuchung bestimmten kleineren Muster nach a) entnommen werden.

Während des Abfüllens größerer Flüssigkeitsmengen kann man die Probe periodisch nehmen, indem man einen etwa $1/2$—1 l fassenden Schöpflöffel in regelmäßigen Abständen (am besten nach Abfüllen jeweils gleicher Mengen) durch den ganzen Auslaufstrahl führt, die so erhaltenen

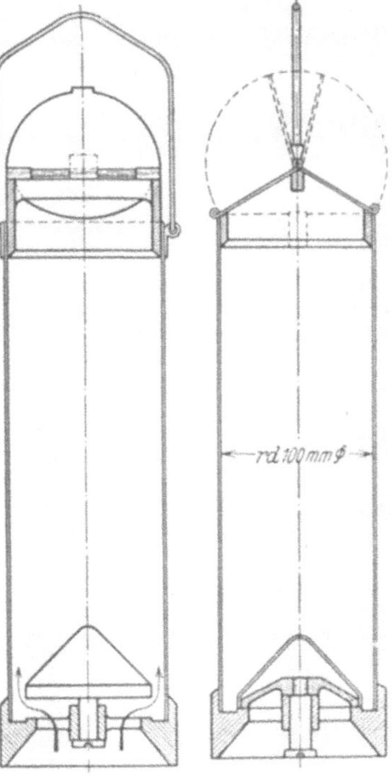

Abb. 78. Tauchgefäß zur Probenahme.

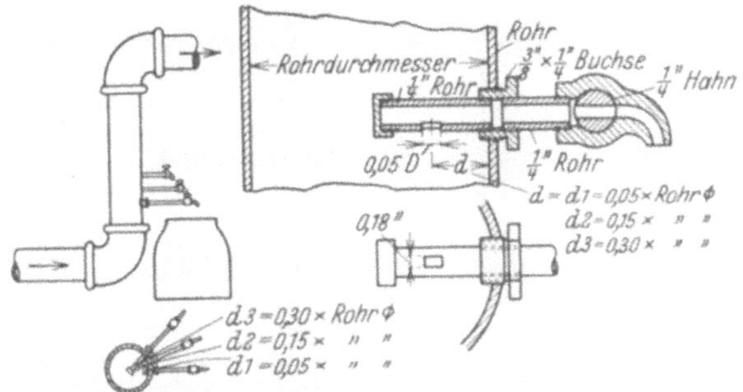

Abb. 79. Anordnung zur Probenahme aus Rohrleitungen.

Einzelproben in einem größeren Gefäß gut durchmischt und nun die Analysenmuster nach a) entnimmt.

[1] Abb. 79 nach A.S.T.M.-Jber. 1927 des Comm. D 2, S. 184.

c) Probenahme aus salbenartigen oder schmelzbaren festen Stoffen[1].

Werden diese Stoffe vor der Probenahme nicht aufgeschmolzen, so kann man Oberschichtproben mittels eines rostfreien Metallspatels nehmen. Für Proben aus dem Inneren des Materials benutzt man je nach der Härte entweder einen Spiral-

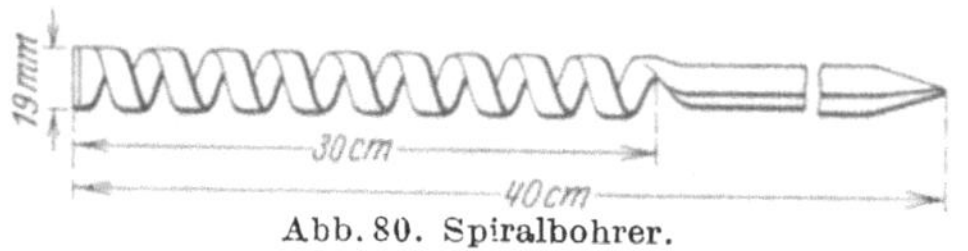

Abb. 80. Spiralbohrer.

bohrer (Abb. 80) oder einen rinnenförmigen (Abb. 81) bzw. hülsenförmigen Probestecher (Abb. 82, Bauart Allen-Auerbach).

Letzterer eignet sich nicht nur für salben- oder breiartige, sondern auch für zähflüssige Stoffe. Er gestattet nach Aufklappen einen unmittelbaren Einblick in die Schichtenfolge des Gebindeinhalts, so daß man eine etwaige ungleichmäßige Zusammensetzung bzw. Entmischung erkennen kann. In Flüssigkeiten wird er in geschlossenem, in feste Fette od. dgl. in offenem Zustande eingeführt und in jedem Falle geschlossen wieder herausgezogen.

d) Probenahme aus unschmelzbaren festen Stoffen (Kohlen, Ölsaaten).

Aus offenen Waggon- oder Schiffsladungen werden die Proben am besten während des Entladens entnommen, indem z. B. jede 100. Schaufel voll Material auf einen besonderen „Muster"-haufen geworfen wird. Werden die Proben nicht in dieser Weise, sondern an beliebigen Stellen unmittelbar aus der Ladung entnommen, so sind sie meistens für die wahre durchschnittliche Zusammensetzung, insbesondere für den Feuchtigkeitsgehalt, nicht maßgebend.

In Säcke, Trommeln od. dgl. verpackte Materialien können in verschiedener Weise bemustert werden: Bei verhältnismäßig kleinstückigem Material, z. B. Leinsaat, Raps, Rüben, Sesam, Mohn, Sonnenblumenkernen usw., entnimmt man die Proben aus allen bzw. einer ausgewählten Anzahl von Einzelpackungen mittels eines Probestechers; die Proben werden dann vereinigt und nach der bei Kohle üblichen „Kreuzmethode" (s. S. 530) weiter behandelt. Bei grobstückigen Materialien (von Ölsaaten z. B. Copra,

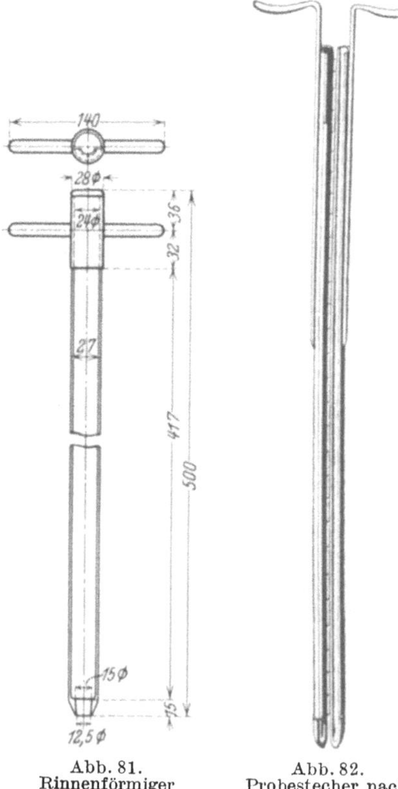

Abb. 81.
Rinnenförmiger
Probestecher.

Abb. 82.
Probestecher nach
Allen-Auerbach.

Babassu-, Palm-, Tukumankerne) entnimmt man einige ganze Packungen (nach den Wizöff-Methoden z. B. für je 100 t 10 Sack), schüttet ihren Gesamtinhalt auf einen Haufen, mischt ihn durch Umschaufeln gründlich durch und zerlegt ihn dann weiter nach der Kreuzmethode.

---

[1] Abb. 80—82 nach dem DIN-DVM-Normblatt.

Die Größe der Analysenproben richtet sich nach der Art der auszuführenden Untersuchungen; für die üblichen Laboratoriumsuntersuchungen von Schmierölen, Benzin, Fetten, Seifen, Glycerin u. dgl. ist etwa 1 kg ausreichend; von Ölsaaten braucht man etwa 5 kg (Wizöff). Für besondere Untersuchungen (Motorversuche mit Benzin, Rohöldestillation oder Kohlenverschwelung in größerem Maßstabe) sind größere Proben erforderlich.

2. Behandlung der Proben vor der Analyse.

Proben leichtsiedender Flüssigkeiten (benzinhaltiges Erdöl, Benzin, Leuchtpetroleum) sind möglichst kühl und rasch abzufüllen und bis zur Untersuchung dicht verschlossen aufzubewahren.

Analysenproben werden in sauberen, trockenen Glasflaschen mit eingeschliffenen Glasstopfen (für viscose Öle und salbenartige oder feste Stoffe Weithalsflaschen) aufbewahrt. Lichtempfindliche Proben (z. B. Holzöl) sind vor Licht zu schützen. Für Ölsaaten sowie für säurefreie Mineralöle können auch Blechkannen oder -dosen mit dicht schließendem Deckel benutzt werden. Jutebeutel, die zur Aufbewahrung von Ölsaatmustern bisweilen benutzt werden, sind ungeeignet, da hierdurch Verluste an Staub und Feuchtigkeit eintreten.

Die Analyse ist in der Regel mit dem unveränderten Durchschnittsmuster auszuführen; zur Bestimmung gewisser, insbesondere physikalischer Kennzahlen muß jedoch das Material im Bedarfsfall entwässert und von mechanischen Verunreinigungen befreit werden.

Zur Entwässerung werden Öle, die niedrig siedende Bestandteile (Benzin, Leuchtpetroleum) enthalten, sowie sonstige, bei Zimmertemperatur hinreichend dünnflüssige Öle von etwa abgesetztem Wasser dekantiert, hierauf bei Zimmertemperatur mit $CaCl_2$ geschüttelt und filtriert. Viscosere Öle oder feste Fette werden im Wasserbad bis zur genügenden Dünnflüssigkeit erwärmt, nach Abtrennen etwa abgesetzter größerer Wassermengen mit $CaCl_2$ geschüttelt und im Heißwassertrichter filtriert (s. auch S. 154).

Zweites Kapitel

Erdöl und seine Verarbeitungsprodukte.

A. Erdöl[1] (Rohpetroleum).

I. Vorkommen; Gewinnung.

(Bearbeitet von M. Naphtali.)

Erdöl findet sich in größeren oder kleineren Lagern auf der ganzen Erde verbreitet, und zwar gelegentlich nahe der Erdoberfläche, z. B. in Gruben, meistens aber in größeren Tiefen (mehrere 100 bis über 2000 m), aus denen es in der Regel durch Bohren und Pumpen gefördert wird[2]. Aus Quellen, die unter hohem Gasdruck stehen, strömt das Öl anfangs auch spontan hervor („Springer"), muß aber später bei nachlassendem Druck ebenfalls gepumpt werden. An Stelle der mechanischen Pumpen benutzt man — in Nachahmung der natürlichen Springer — neuerdings zur Förderung des Rohöles auch häufig Druckluft oder komprimiertes Erdgas („Air-Lift"- bzw. „Gas-Lift"-Verfahren), die in das Öl am Grunde des Bohrloches eingepreßt werden, im Förderrohr wieder aufsteigen und hierdurch das Gewicht der zu fördernden Ölsäule so weit verringern, daß diese durch die schwere unverdünnte Ölsäule im freien Bohrloch herausgedrückt werden kann[3].

Das der Erde direkt entströmende oder durch Pumpen gewonnene Öl beträgt vielfach nur etwa $^1/_5$ der Menge, die in Sanden verteilt in der Tiefe lagert. Die

---

[1] Erdöl (Rohöl) sowie das mit ihm vielfach an die Erdoberfläche gelangende, hauptsächlich Methan enthaltende Erdgas oder Naturgas, ferner Naturasphalt, Bergteer und deren Ersatzstoffe werden vielfach als Bitumen bezeichnet. Wissenschaftliche Klassifizierung der Bitumina siehe C. Engler im Engler-Höfer: Das Erdöl, Bd. 1, S. 1 f., 1912; 2. Aufl., Bd. 4, S. 1 f. 1930 (R. Schwarz: Terminologie der Erdölprodukte). Unter dem Sammelnamen „Mineralöle" werden in erster Linie Erdöl, flüssige Kondensate aus Erdgas, flüssige oder salbenartige Destillate oder Rückstände aus Erdöl, Erdwachs oder Naturasphalt, in zweiter Linie Destillate aus Braunkohle, bituminösen Schiefern, Torf, Steinkohle (Urteer) zusammengefaßt. Man kann Erdöl und die aus ihm, Erdgas, Naturasphalt usw. hergestellten flüssigen und salbenartigen Öle als natürliche Mineralöle gegenüber den aus Kohle, Schiefer, Torf durch Verschwelung, d. h. destruktive Destillation oder Vergasung gewonnenen, im Rohzustand (Teer) stark phenolhaltigen künstlichen Mineralölen (Teerölen) abgrenzen; letztere sind nach ihrer Herkunft als Teeröle oder Öle aus Braunkohle, Schiefer, Torf usw. zu bezeichnen. K. Köttnitz: Petroleum **17**, 1121 (1921); Holde: ebenda **18**, 685 (1922) u. Chem.-Ztg. **46**, 501, 725 (1922).

[2] Das tiefste Bohrloch in Kalifornien ist fast 3000 m tief; vgl. K. Glinz: Gewinnung des Erdöls durch Bohren, Bd. 3, Teil 1 von Engler-Höfer-Tausz: Das Erdöl, 2. Aufl. 1932. Daselbst ausführliche Angaben über die verschiedenartigen Bohrverfahren (stoßendes bzw. schlagendes sowie drehendes Bohren, Trockenbohrung und Spülbohrung).

[3] Glinz: l. c., S. 137.

restlichen $^4/_5$ können nach einer von K. Grosse im Wietzer Ölgebiet durchgeführten Idee Nöllenburgs durch Schachtbau gewonnen werden[1].

Ein primitiver „Schacht- und Schöpfbetrieb", bei dem das Öl mit Göpel- und Handbetrieb in Schöpfgefäßen gefördert wird, hat sich bei mitteltiefen, sandreichen Sonden noch stellenweise (Galizien, Rumänien) erhalten.

Die Hauptproduktionsländer für Erdöl sind die Vereinigten Staaten von Amerika, Rußland, Venezuela, Rumänien, Persien, Niederländisch - Indien und Mexiko. Die deutsche Erdölproduktion ist, obgleich in letzter Zeit durch die Entdeckung der thüringischen Vorkommen (Volkenroda) wesentlich gesteigert, im Vergleich zur Weltproduktion ganz geringfügig. Näheres s. Tabelle 24, 32 (S. 138) und 34 (S. 143).

Tabelle 24. Welterdölförderung 1931.

Land	in 1000 t	%	Land	in 1000 t	%
Vereinigte Staaten von Amerika .	121 600	62,48	Britisch-Indien .	1120	0,59
Rußland (U.d.S.S.R.) .	22 200	11,41	Polen (Galizien) .	629	0,31
			Sarawak	477	0,24
			Japan	329	0,16
Venezuela	17 120	8,80	Sachalin	286	0,14
Rumänien	6620	3,41	Ägypten	264	0,13
Persien	6440	3,31	Deutschland ..	254	0,13
Mexiko	4720	2,43	Ekuador	250	0,12
Niederl.-Indien..	4700	2,42	Kanada	229	0,11
Kolumbien ...	2600	1,34	Irak	171	0,08
Argentinien ...	1670	0,87	Sonstige	129	0,06
Peru	1433	0,74	Welt	194 631	100,00
Trinidad.	1390	0,72			

II. Chemische Zusammensetzung.

(Bearbeitet von M. Naphtali.)

Die Erdöle bestehen in der Hauptsache aus gesättigten aliphatischen (paraffinischen) und alicyclischen (naphthenischen), in geringerem Maße auch aromatischen Kohlenwasserstoffen. Letztere finden sich besonders in indischen (Borneo), kalifornischen, Texas-, Ohio- sowie rumänischen Erdölen (Campina, Baicoiu 33%, Bustenari 48%). Ungesättigte Kohlenwasserstoffe (sog. „Carbüre") kommen im allgemeinen nur in untergeordneten Mengen vor.

Außer den Kohlenwasserstoffen enthalten die meisten Erdöle noch in wechselnden, durchweg geringeren Mengen Sauerstoffverbindungen (Naphthensäuren, Fettsäuren[2], Harze, Asphalte, Phenole[3]), Schwefelverbindungen (z. B. Asphaltstoffe), seltener Stickstoffverbindungen (z. B. Hydrochinolinbasen). In sehr geringen Mengen finden sich auch — aus dem Material der Lagerstätten stammend — Fe, Ca, Al, SiO_2 u. a. mineralische Bestandteile, endlich von seltenen Elementen

---

[1] W. Schulz: Int. Ztschr. Bohrtechnik usw. **1928**, 54. Ausführliche Angaben über Gewinnung des Erdöls durch Schachtbau s. G. Schneiders in Engler-Höfer-Tausz: Das Erdöl, 2. Aufl., Bd. 3, Teil 1. 1932.

[2] Y. Tanaka u. T. Kuwata: Journ. Fac. Engin., Tokyo Imp. Univ. **17**, 293 (1928); s. auch S. 436.

[3] Holzmann u. v. Pilat: Brennstoff-Chem. **11**, 409 (1930).

Ra* (vorwiegend in den Erdölwässern), He** (in den Gasen) und Vanadiumverbindungen[1] (in der Asche).

Die Elementarzusammensetzung einiger Erdöle zeigt Tabelle 25, einige besondere Angaben über den S-Gehalt Tabelle 26.

Tabelle 25. Erdölanalysen[2].

Herkunft des Öles	C	H	O	S	N	Autor
Pennsylvanien (4 Öle)	82,0 bis 86,1	13,7 bis 14,8	1,4 bis 3,2	0 bis 0,06	0 bis 0,06	H. St. Claire Deville, Engler, Mabery
West-Virginia (4 Öle)	83,2 bis 85,2	12,9 bis 14,1	0 bis 3,6	—	0 bis 0,54	St. Claire Deville, Peckham
Ohio (4 Öle)	84,2 bis 86,3	13,1 bis 13,8	0 bis 2,7	0 bis 0,72	0 bis 0,23	Peckham, Rakusin, Mabery
Beaumont (Texas) (1 Öl)	85,05	12,30	—	1,75	—	Richardson
Kalifornien (9 Öle)	84,0 bis 86,9	11,45 bis 12,7	—	0,45 bis 1,5	1,11 bis 1,70	Peckham, O'Neill, Mabery, U. S. Geol. Surv 1896/97
Kansas (2 Öle)	84,1 bis 85,6	12,4 bis 13,0	—	0,37 bis 1,9	0 bis 0,45	Bardow, McCallum, R. Cross
Oklahoma (2 Öle)	85,0 bis 85,7	12,9 bis 13,1	—	0,40 bis 0,76	0 bis 0,3	R. Cross
Wasatch Range (Utah)	86,86	11,89	0,59	0,64	0,02	Mabery und Byerly
Grosny 0,906	86,41	13,00	0,4	0,1	0,07	Charitschkoff
Grosny 0,850	85,95	13,00	0,74	0,14	0,07	dgl.
Tscheleken 0,8736	86,40	12,44	0,38	—	—	dgl.
Campeni (Parjol)	85,29	14,21	—	0,03	—	Edeleanu und Tanascu
Bustenari (Prahowa)	86,30	13,32	—	0,18	—	dgl.

* Salomon-Calvi [Petroleum **27**, 652 (1931)] bemerkt, daß der hohe Ra- bzw. He-Gehalt vieler Erdölquellen die Vermutung nahe lege, daß das Ra vom primären Uran I der das Erdöl bildenden Meeresorganismen stamme; C. Coleridge Farr u. M. N. Rogers [Nature **121**, 938 (1928)] ziehen aus Arbeiten von Lind und Bardwell über Wirkung von α-Teilchen auf Kohlenwasserstoffe und aus den He-Vorkommen in Nordamerika Schlüsse auf die Bildung von Erdöl durch radioaktiven Zerfall. Über Ra-Gehalt der Erdölwässer von Tscheleken, Neftedag, Novo-Grosny berichten verschiedene Autoren, siehe C. **1931**, II, 1549; über den Ra-Gehalt kalifornischer Erdölwässer s. J. L. Bohn: Journ. Franklin Inst. **210**, 461 (1930).

** In Mengen bis 2%, in einem Fall sogar 7% [nach C. W. Seibel: Chem. metallurg. Engin. **37**, 550 (1930)]; Verarbeitung von Erdgas auf He: W. Friedmann: Ztschr. kompr. flüss. Gase **26**, 85f. (1927).

[1] Lewenson u. Kotschmarew: Petrol.-Ind. Aserbeidschan (russ.) **10**, 74 (1930). Nach A. Oberle: Allg. Österr. Chem.- u. Techn.-Ztg. **48**, 129 (1930), besonders im Öl von Panuco (Mexiko), Persien, Argentinien, doch kommt nach W. Shirey [Ind. engin. Chem. **23**, 1151 (1931)] Erdölasche als praktische Quelle für seltene Elemente nicht in Betracht.

[2] Zitiert zum Teil nach Koetschau: Erdöl und verwandte Stoffe. Dresden u. Leipzig: Theodor Steinkopff 1929.

Tabelle 26. In rohen Erdölen gefundene Schwefelmengen[1].

Herkunft des Öles	S-Gehalt %	Herkunft des Öles	S-Gehalt %
Elsaß	0,34—0,67	Indiana	0,48
Pechelbronn	0,66	Kanada	0,55—1,0
Wietze (leicht)	0,60	Panhandle (Texas)	0,6
„ (schwer)	1,24	Pecos (West-Texas)	1,25—1,75
Baku	0,064—0,29	Winkler (West-Texas)	1,50—1,75
Japan	bis 0,83	Crane Upton (West-Texas)	2,0
Kentucky	0,12—0,49	Smackover (Arkansas)	2,0
Illinois (Ost)	0,24	Kalifornien	0,34—3,55
Big Lake (Texas)	0,4	Mexiko	bis 5,3

Die systematische Ermittlung der chemischen Zusammensetzung der Erdöle erfolgt unter vorangehender Abscheidung der Basen mit verdünnter Schwefelsäure und der sauren Bestandteile mittels Soda (Carbonsäuren) bzw. Natronlauge (Phenole) hauptsächlich an den Destillaten gemäß S. 212; insbesondere sind die im Kapitel „Braunkohlenteer", S. 485f., eingehend beschriebenen Methoden heranzuziehen.

Kohlenwasserstoffe.

Die Isolierung einzelner Erdöl-Kohlenwasserstoffe in reinem Zustande ist infolge der außerordentlich großen Zahl gleichzeitig anwesender homologer und isomerer Verbindungen sehr schwierig, besonders da man bei den gesättigten Paraffin- oder Naphthen-Kohlenwasserstoffen mangels chemischer Reaktionsfähigkeit dieser Kohlenwasserstoffe ausschließlich auf physikalische Trennungsmethoden, in erster Linie fraktionierte Destillation (bei den festen Kohlenwasserstoffen auch fraktionierte Krystallisation), angewiesen ist. Immerhin gelang es bereits, eine Anzahl mehr oder weniger einheitlicher Kohlenwasserstoffe aus Erdölen abzuscheiden (s. Tabelle 27 und 28).

Tabelle 27. In Erdöl gefundene, gesättigte Paraffinkohlenwasserstoffe.

Bezeichnung	Kp. °C	Schmp. °C	d (flüssig) g/l	
Methan (CH_4)	— 162	— 186	415	bei — 164°
Äthan (C_2H_6)	— 84	— 172	446	„ 0°
Propan (C_3H_8)	— 38	—	536	„ 0°
	— 45			
Butane (C_4H_{10})				
Normalbutan [$CH_3(CH_2)_2CH_3$]	+ 1	—	600	„ 0°
2-Methylpropan [$CH \cdot (CH_3)_3$]	— 17	—	—	
Pentane (C_5H_{12})				
Normalpentan [$CH_3(CH_2)_3CH_3$]	+ 38	—	626,3	„ + 17°
2-Methylbutan				
[$(CH_3)_2 \cdot CH \cdot C_2H_5$]	+ 30	—	638,5	„ 14°
2.2-Dimethylpropan [$C(CH_3)_4$]	+ 9	— 20	—	

---

[1] Engler-Höfer 1, 568 u. 470; Angaben für Wietzer Öl nach Feststellungen der D.E.A.; nordamerikanische Öle nach D. L. Jacobson: Oil Gas Journ. 27, Nr. 46, 116 (1929).

Fortsetzung der Tabelle 27 von S. 131.

Bezeichnung	Kp. °C	Schmp. °C	d (flüssig) g/l
Hexane (C_6H_{14})			
Normalhexan [$CH_3(CH_2)_4CH_3$] .	$+$ 71	—	663,0 ,, 17°
3-Methylpentan			
[$C_2H_5CH(CH_3)C_2H_5$] . . .	64	— 118[1]	676,5 ,, 20,5°
2-Methylpentan			
[$(CH_3)_2 \cdot CH \cdot C_3H_7$] . . .	62	— 142[1]	676,6 ,, 0°
2.3-Dimethylbutan			
[$(CH_3)_2CH \cdot CH(CH_3)_2$] . .	58	—	668,0 ,, 17,5°
2.2-Dimethylbutan			
[$(CH_3)_3 \cdot C \cdot C_2H_5$]	49	—	648,8 ,, 20°
Heptan (C_7H_{16})	98,4	—	700,6 ,, 0°
Octan (C_8H_{18})	125,5	—	718,8 ,, 0°
Nonan (C_9H_{20})	149,5	— 51	733,0 ,, 0°
Decan ($C_{10}H_{22}$)	173	— 32	745,6 ,, 0°
Undecan ($C_{11}H_{24}$)	194,5	— 26,5	774,5
Dodecan ($C_{12}H_{26}$)	214	— 12	773,1
Tridecan ($C_{13}H_{28}$)	234	— 6,2	775,5
Tetradecan ($C_{14}H_{30}$)	252,5	$+$ 5,5	775,8
Pentadecan ($C_{15}H_{32}$)	270,5	$+$ 10	775,8
Hexadecan ($C_{16}H_{34}$)	287,5	$+$ 18	775,4
Heptadecan ($C_{17}H_{36}$)	303	$+$ 22,5	776,7
Octadecan ($C_{18}H_{38}$)	317	$+$ 28	776,8
Nonadecan ($C_{19}H_{40}$)	330	$+$ 32	777,4
Eikosan ($C_{20}H_{42}$)	205 (15 mm)	$+$ 36,7	777,9
Heneikosan ($C_{21}H_{44}$)	215 (15 ,,)	$+$ 40,4	778,3
Dokosan ($C_{22}H_{46}$)	224,5 (15 ,,)	$+$ 44,4	778,2
Trikosan ($C_{23}H_{48}$)	234 (15 ,,)	$+$ 47,7	778,5
Tetrakosan ($C_{24}H_{50}$)	243 (15 ,,)	$+$ 51,1	778,6
Pentakosan[2] ($C_{25}H_{52}$)	282—284 (40 ,,)	54	—
Hexakosan[2] ($C_{26}H_{54}$)	295—296 (40 ,,)	55—56	—
Heptakosan ($C_{27}H_{56}$)	270 (15 ,,)	$+$ 59,5	779,6
Octakosan[2] ($C_{28}H_{58}$)	316—318 (40 ,,)	60	—
Nonakosan[2] ($C_{29}H_{60}$)	346—348 (40 ,,)	62—63	—
Hentriakontan ($C_{31}H_{64}$)	302 (15 ,,)	$+$ 68,1	780,8
Dotriakontan ($C_{32}H_{66}$)	310 (15 ,,)	$+$ 70	781,0
Pentatriakontan ($C_{35}H_{72}$) . . .	331 (15 ,,)	$+$ 74,7	781,8

Für Eikosan bis Tetrakosan sowie Heptakosan, Hentriakontan, Dotriakontan und Pentatriakontan gilt die d-Angabe „bei dem Schmelzpunkt".

Tabelle 28. In Erdöl gefundene, gesättigte Naphthenkohlenwasserstoffe[3].

Bezeichnung	Kp. °C	d g/l bei °C	n_D^{20}	Herkunft
Cyclopentan (C_5H_{10}) . . .	49	—	—	Kaukasus, auch Amerika
Hexanaphthene (C_6H_{12}):				
Methylcyclopentan . . .	73	749 (20)	1,4101	Kaukasus, Amerika, Rumänien
Cyclohexan	81	778,8 (19,5)	1,4264	dgl.

[1] Bureau of Standards Journ. Res. **5**, 933 (1930).

[2] Ch. Mabery: Petroleum Review; Chem. Umschau Fette, Öle, Wachse, Harze **27**, 27 (1920); sonstige Literatur über gesättigte Kohlenwasserstoffe s. Engler-Höfer: Das Erdöl, 1. Aufl., Bd. 1, S. 239 f.

[3] Soweit nicht anders vermerkt, nach Beilstein, 4. Aufl., Bd. 5. Nähere Literaturangaben s. auch Naphtali: Naphthensäuren, S. 93—100. Stuttgart 1927.

Fortsetzung der Tabelle 28 von S. 132.

Bezeichnung	Kp. °C	d g/l bei °C	n_D^{20}	Herkunft
Heptanaphthene (C$_7$H$_{14}$):				
Cycloheptan	118 (726 mm)	810,8 (20)	1,4452	Kaukasus
Methylcyclohexan . . .	100—101	762,4 (17,5)	—	Kalifornien, Japan
Heptanaphthen	98,5—101,0	741,9 (20)	—	Peru [1]
Octonaphthene (C$_8$H$_{16}$)	119	758,1 (17)	—	Rußland [2]
	119	750,3 (18)	—	
	122—123	763,6 (17)	—	
	122—124	766,9 (20)	—	
	114,5—117	752,6 (20)	—	Peru [1]
Nonanaphthene (C$_9$H$_{18}$):				
1.3-Dimethyl-5-äthyl-cyclopentan	135,5	770,0 (20)	1,4213	Rußland
1.3-Dimethyl-2-äthyl-cyclopentan	135—137	770,3 (20)	—	,,
Nonanaphthen	135—136	765,2 (20)	—	,, (Apscheron)
Hexahydro-pseudocumol .	140—145	784,4 (20)	1,4332	Japan [3]
Nonanaphthen	130,5—131,5	773,1 (20)	—	Peru [1]
Decanaphthene (C$_{10}$H$_{20}$):				
α-Decanaphthen . . .	160—162	783,0 (15)	—	Apscheron
1.3-Dimethyl-5-äthyl-cyclohexan (?)	168,5—170 (752 mm)	792,9 (20)	—	,,
Isodecanaphthen . . .	150—152	804,3 (0)	—	Balachany, Peru [1]
dgl.	—	807,2 (0)	—	Bibi-Eybat
Undecanaphthene (C$_{11}$H$_{22}$)	179—181	811,9 (0)	—	Baku
	196—197	772,9 (20)	1,4219	Kanada
	195	804,4 (20)	1,4403	Kalifornien
	190—192	806,1 (20)	1,4482	Japan, Peru [1]
Dodecanaphthene (C$_{12}$H$_{24}$)	196—197	801,0 (20)	—	Baku
	212—214	785,4 (20)	1,4212	Kanada
	216	816,5 (20)	1,4649	Kalifornien
	212—214	816,5 (20)	1,4535	Japan
	211—213	797,0 (20)	1,4350	Ohio, Peru [1]
Tridecanaphthene (C$_{13}$H$_{26}$)	230—232	813,4 (20)	1,4745	Kalifornien
	228—230	808,7 (20)	1,444	Kanada
	223—225	805,5 (20)	1,4400	Ohio
Tetradecanaphthene (C$_{14}$H$_{28}$)	240—241	839,0 (0)	—	Baku
	144—146 (50 mm)	815,4 (20)	1,4423	Kalifornien
	141—143 (50 mm)	809,9 (20)	1,449	Kanada
	138—140 (30 mm)	812,9 (20)	1,4437	Ohio, Peru [1]

[1] Seyer u. Rees: Proceed. Trans. Roy. Soc. Canada [3] **22**, 359 (1928); s. auch ebenda **20**, 193 (1926).
[2] Zitiert nach Zelinsky, Ber. **57**, 58 (1924); daselbst weitere Literatur.
[3] Bull. Inst. physical chem. Res. (Abstracts) Tokyo **1**, 8 (1928).

Fortsetzung der Tabelle 28 von S. 133.

Bezeichnung	Kp. °C	d g/l bei °C	n_D^{20}	Herkunft
Pentadecanaphthene ($C_{15}H_{30}$)	246—248 (korr.)	829,4 (17)	—	Baku
	160—162 (50 mm)	817,1 (20)	—	Kalifornien
	159—160 (50 mm)	819,2 (20)	1,452	Kanada
	152—154 (30 mm)	820,4 (20)	1,4480	Ohio
Hexadecanaphthen ($C_{16}H_{32}$)	164—168 (30 mm)	825,4 (20)	1,4510	,,
Heptadecanaphthen ($C_{17}H_{34}$)	177—179 (30 mm)	833,5 (20)	1,4545	,,
Nonadecanaphthen ($C_{19}H_{38}$)	210—212 (50 mm)	820,8 (20)	1,4515	Pennsylvanien
Heneikosanaphthen ($C_{21}H_{42}$)	230—231 (50 mm)	842,4 (20)	—	,,
Dokosanaphthen ($C_{22}H_{44}$) .	240—242 (50 mm)	829,6 (20)	—	,,
Trikosanaphthen ($C_{23}H_{46}$) .	258—260 (50 mm)	856,9 (20)	1,4714	,,
Tetrakosanaphthen ($C_{24}H_{48}$)	272—274 (50 mm)	859,8 (20)	1,4726	,,
Hexakosanaphthen ($C_{26}H_{52}$)	280—282 (50 mm)	858,0 (20)	1,4725	,,

An aromatischen Kohlenwasserstoffen wurden unter anderem nachgewiesen: Benzol, Toluol, m- und p-Xylol, Mesitylen, Pseudocumol und Äthylbenzol, und zwar in fast allen Erdölsorten, aber vorzugsweise im kalifornischen Öl.

Die besonders von Lissenko, Beilstein, Kurbatoff, Wreden, Markownikoff, Kishner und Aschan studierten Naphthene C_nH_{2n} sind, soweit ihre Konstitution aufgeklärt ist, überwiegend nicht hydroaromatische Kohlenwasserstoffe (Cyclohexanderivate), sondern leiten sich anscheinend meistens vom Cyclopentan ab. Wie aus Tabelle 27 und 28 hervorgeht, zeigen sie bei gleicher C-Atomzahl wesentlich höhere spez. Gew. als die Paraffin-Kohlenwasserstoffe, von denen sie sich ferner durch viel tiefere Erstarrungspunkte und durch größere Löslichkeit in Anilin (s. S. 210) unterscheiden. Als gesättigte Verbindungen reduzieren sie Permanganat nicht und reagieren auch nicht mit konz. Schwefelsäure. Chlor und Brom wirken substituierend, verdünnte HNO_3 gibt, wenn auch schwierig, unter geeigneten Bedingungen Nitroprodukte, konz. HNO_3 liefert unter oxydativer Sprengung des Polymethylenringes zweibasische Säuren [z. B. aus Cyclopentan Glutarsäure $(COOH)(CH_2)_3(COOH)$, aus Cyclohexan Adipinsäure $(COOH)(CH_2)_4(COOH)$]. Über Trennung von Naphthenen und Paraffinen mit Hilfe von Bakterien s. S. 529. Die Cyclohexanderivate können durch katalytische Dehydrierung in aromatische Kohlenwasserstoffe übergeführt[1] und als solche identifiziert werden.

---

[1] Zelinsky: Ber. **44**, 3121 (1911); **45**, 3678 (1912).

Außer den einfachen Naphthenen C_nH_{2n} finden sich in den höhersiedenden Erdölfraktionen auch di- und polycyclische Naphthen-Kohlenwasserstoffe (Polynaphthene) C_nH_{2n-2}, $C_nH_{2n\ 4}$ usw., die im einzelnen noch nicht isoliert wurden, wie die genauere Kenntnis der Erdölbestandteile bisher überhaupt auf die bis etwa 300⁰ siedenden Fraktionen beschränkt ist. Nach Marcusson[1] sind die nicht mit Formaldehyd-H_2SO_4 reagierenden gesättigten Polynaphthene die Hauptträger der Viscosität der russischen Mineralschmieröle; Polynaphthene C_nH_{2n-4} bilden den Hauptbestandteil des Paraffinum liquidum[2] (S. 286). Die flüssigen Paraffin-Kohlenwasserstoffe sowie die mit Formaldehyd-H_2SO_4 reagierenden Olefine, ungesättigten Naphthene und Aromaten zeigen geringere Viscosität. Analog stellte H. M. Smith[3] durch selektive Extraktion eines amerikanischen Schmieröles mit Aceton bei 38⁰ und 50⁰ fest, daß die am leichtesten löslichen, spezifisch schweren, wasserstoffärmsten Fraktionen der Formel C_nH_{2n-6} (vermutlich Aromaten) weniger viscos waren als die folgenden, leichteren, deren Formeln C_nH_{2n-4} und C_nH_{2n-2} das Vorliegen von Polynaphthenen andeuteten.

Saure Bestandteile.

Zur näheren Aufklärung der Konstitution der höhersiedenden Erdöl-Kohlenwasserstoffe scheinen die neueren Untersuchungen der Naphthensäuren[4] beizutragen, da man diese Säuren als oxydativ entstandene Bruchstücke der größeren Kohlenwasserstoff-Moleküle ansehen und somit aus der Konstitution der Naphthensäuren Schlüsse auf diejenige der hochmolekularen Kohlenwasserstoffe ziehen kann. Neben den als Pentamethylenderivate mit längeren oder kürzeren aliphatischen Seitenketten erkannten Naphthensäuren finden sich aber auch Hexamethylencarbonsäuren[5] und vor allem, besonders in den niedrigmolekularen, aber auch in den höhermolekularen Naphthensäurefraktionen, reichliche Mengen von Fettsäuren (Myristin-, Palmitin-, Stearin-, Arachinsäure)[6]. Da außerdem noch zahlreiche isomere, primär und sekundär substituierte, mono- und bicyclische Säuren gefunden wurden, so steht man trotz vieler Arbeit erst am Anfang einer Entwirrung des Problems. (Näheres über Naphthensäuren s. S. 433.) Eine Übersicht über den Naphthensäuregehalt verschiedener roher Erdöle gibt Tabelle 29 (s. S. 136).

Neutrale Sauerstoff- und Schwefelverbindungen.

Neutrale Oxydationsprodukte bzw. Sauerstoffverbindungen sind die Erdölharze und Asphaltstoffe (letztere zum Teil auch schwefelhaltig). Die sog. Asphaltene sind in niedrigsiedendem Benzin unlöslich (vgl. S. 164) und können durch dieses ausgefällt werden; die Harze lassen sich dann durch Fullererde adsorbieren, aus welcher sie mittels $CHCl_3$ extrahiert werden

---

[1] Marcusson: Chem.-Ztg. **35**, 729 (1911); **37**, 565 (1913).

[2] Marcusson u. Vielitz: ebenda **37**, 550 (1913).

[3] H. M. Smith: U.S.-Department Commerce, Bureau of Mines **1930**, Techn. Paper 474, 1—32.

[4] Zelinsky: Ber. **57**, 42 (1924); J. v. Braun: Liebigs Ann. **490**, 100 (1931).

[5] Tschitschibabin: Les Acides du Pétrole de Bakou, 11. Congrès de Chimie industrielle. Paris 1931.

[6] Y. Tanaka u. T. Kuwata: Journ. Fac. Engin., Imp. Univ. Tokyo **17**, 293 (1928).

Tabelle 29. Naphthensäuregehalt verschiedener Rohöle[1].

Herkunft	SZ.	Naphthensäuren %[2]	Herkunft	SZ.	Naphthensäuren %[2]
Amerikanische Öle			Potok, paraffinarm Mrasnak, paraffinarm	0,84 bis 2,38	0,42 bis 1,19
Boston (Louisiana)	1,40	0,70			
Gulf Coast Rohöl .	1,20	0,60			
dasselbe, 300 Sayb. Destillat . . .	2,48	1,24	**Rumänische Öle**		
Venezuela, 500 Sayb. Destillat . . .	2,01	1,00	4 Sorten, paraffinhaltig	0,098 bis 0,980	0,049 bis 0,49
Winkler County (Texas)	0,60	0,30	4 Sorten, paraffinarm	2,38 bis 4,76	1,19 bis 2,38
Howard County (Texas)	0,15	0,07	**Russische Öle**		
Saginow (Michigan)	0,05	0,03	Balachany . . .	1,4	0,700
Mid-Continent . .	0,08	0,04	Bibi-Eybat . . .	1,008	0,502
Pennsylvanien . .	0,06	0,03	Sabuntschi . . .	1,456	0,728
Südkalifornien . .	0,2 bis 0,6	0,1 bis 0,3	Surachany, weiß .	0,084	0,042
			,, rot. .	0,560	0,280
Galizische Öle			,, schwer	0,434	0,217
Boryslaw, paraffinreich	0,14	0,07	Binagady	1,904	0,952
			Swjatoj	1,736	0,868

können. Nach Ssachanen und Wassiliew[3] haben die neutralen Erdölharze
tief schwarzrote Farbe und hohes Färbevermögen. Ihre Anwesenheit bedingt fast ausschließlich die Farbe der Erdöldestillate. Ein russisches Erdöl
und seine Destillate enthielten z. B. Erdölharze in nachstehenden Mengen:

Russisches Erdöl	Kerosin	Maschinenöl	Zylinderöl	Goudron	Asphalt
% 8,24	0,07	0,57	5,81	7,38	21,0

Der Schwefelgehalt dieser Harze betrug in der Kerosinfraktion 1,80% und nahm
in den höheren Fraktionen ab (bei Goudronharz z. B. nur 0,51%). Der Sauerstoffgehalt des Harzes aus Kerosin betrug 10,33%. Auch er nahm mit steigender Fraktion
ab und betrug bei Goudronharz 4,99%. Neutrale Erdölharze sind nur Oxydations-,
nicht Kondensationsverbindungen der Kohlenwasserstoffe. Der Sauerstoffgehalt
der neutralen Erdölharze ist ebenso groß oder größer als der der Asphaltene. Wahrscheinlich ist die Oxydation der Erdölharze zu Asphaltenen nicht unter Sauerstoffbindung, sondern unter Wasserabspaltung beim Zusammentritt mehrerer
polycyclischer Erdölharzmoleküle zum komplizierteren Asphaltenmolekül vor sich
gegangen. Asphaltene und Erdölharze reagieren mit Formaldehyd und Schwefelsäure unter Bildung schwer löslicher Formolite; bei der Oxydation mit Permanganat
in Pyridinlösung ergeben sie harzartige rotbraune Säuren. Sauerstoff und Schwefel
liegen in diesen Körpern in Brückenbindungen vor, die Verbindungen sind ungesättigter Natur.

Basische Bestandteile.

Als Nebenbestandteile finden sich im Erdöl, besonders im kalifornischen Öl,
Pyridin-, Hydropyridin-, Chinolin- und Hydrochinolinbasen, die von der Verwesung
der marinen Tierreste, dem wahrscheinlichen Ursprungsmaterial des Erdöls, herrühren dürften.

---

[1] Die Daten der amerikanischen Erdöle nach Privatmitt. von F. A. Hessel.
[2] Berechnet unter der Annahme eines mittleren Mol.-Gew. der Naphthensäuren von 280.
[3] Ssachanen u. Wassiliew: Petroleum **21**, 1441 (1925); **23**, 1618 (1927).

Optisch-aktive Bestandteile.

Die meisten Erdöle drehen die Polarisationsebene, ein Umstand, der auf die Entstehung des Erdöls bzw. von Teilen desselben aus organisierter Materie hinweist (Näheres s. S. 150).

III. Technische Klassifizierung der Erdöle.

(Bearbeitet von M. Naphtali.)

Technisch teilt man die Erdöle nach der Art der im Einzelfall überwiegenden Kohlenwasserstoffe ein. So unterscheiden Ssachanen und Wirabianz[1] 5 Klassen von Erdölen (s. Tabelle 30):

Tabelle 30. Haupteigenschaften der 5 Erdölklassen nach Ssachanen und Wirabianz.

Klassen der Erdöle	Festes Paraffin %	Harze und Asphaltene %	d_{15} der Fraktion 250—300° vor dem Entfernen der aromatischen Kohlenwasserstoffe g/l	nach g/l	Methankohlenwasserstoffe %	Naphthene %	Aromatische Kohlenwasserstoffe %	d_{15} des über 300° siedenden Rückstandes g/l
Methanerdöle	1,5—10	bis 5—6	815—835	800—808	46—61	22—32	12—25	897—929
Methannaphthenerdöle .	1—6	„ 5—6	839—851	818—828	42—45	38—39	16—20	897—908
Naphthenerdöle . . .	Spuren	„ 5—6	858—869	847—863	15—26	61—76	8—13	895—912
Aromatische Methannaphthenerdöle .	0,5—1	„ 10	847—870	813—841	27—35	36—47	26—33	921—949
Aromatische Naphthenerdöle . . .	< 0,5	„ 20	872—890	844—866	0— 8	57—78	20—35	950—970

Tabelle 31. %-Gehalt der unter 300° siedenden Erdölfraktionen an Aromaten (A), Naphthenen (N) und Paraffin- oder Methankohlenwasserstoffen (M) nach Ssachanen und Wirabianz.

Erdölfraktionen Kp. °C	Bibi-Eybat			Dossor			Mexia (Texas)			Tonkawa (Oklahoma)			Davenport (Oklahoma)			Huntington Beach (Kalifornien)		
	A	N	M	A	N	M	A	N	M	A	N	M	A	N	M	A	N	M
60— 95	3	40	57	3	29	68	29	17	54	6	26	68	5	21	74	4	31	65
95—122	3	52	45	2	52	46	21	22	57	8	34	58	7	28	65	6	48	46
122—150	7	66	27	4	61	35	19	23	58	12	43	45	12	33	55	11	64	25
150—200	12	69	19	7	69	24	16	21	63	20	41	39	16	29	55	17	61	22
200—250	22	51	27	9	67	24	12	20	68	22	34	44	17	31	52	25	45	30
250—300	30	41	29	13	61	26	12	29	59	25	29	46	17	32	51	29	40	31

Gebräuchlicher ist die Einteilung in nur 2 Hauptklassen, „paraffinbasische" und „naphthenbasische" Öle, wobei der Ausdruck „Basis" nicht chemisch, sondern im Sinne von „Grundlage" zu verstehen ist. Die Übergangstypen

---

[1] Ssachanen u. Wirabianz: Petroleum **25**, 881/82 (1929).

werden als „gemischtbasisch" (den Paraffinbasisölen ähnlicher) und „hybrid"- oder „zwitterbasisch"[1] (den Naphthenbasisölen ähnlicher) bezeichnet. Die für die Verarbeitungsmöglichkeiten wichtige „Basis" kann durch Interpretation eines aus den Destillaten im Laboratorium ermittelten Dichtediagrammes durch Vergleich mit typischen Ölen bestimmt werden. Eine praktische, nach den Erfahrungen des Bureau of Mines bei einigen 100 Rohölproben aus allen Weltteilen erprobte Methode beruht auf folgender Feststellung:

1. Zeigt die unter Atmosphärendruck zwischen 250 und 275⁰ übergehende Fraktion (1. Schlüsselfraktion) eine Dichte von 40⁰ A.P.I. oder mehr ($d_{15,6} = 823$ g/l oder darunter), so ist das Öl paraffinbasisch; zeigt sie 33⁰ A.P.I. oder weniger (858 g/l oder darüber), so ist das Öl naphthen- oder hybridbasisch. Öle mit Dichten zwischen 33 und 40⁰ A.P.I. sind gemischtbasisch.

2. Liegt der Trübungspunkt der unter 40 mm Druck erhaltenen Fraktion von 275—300⁰ (2. Schlüsselfraktion) unter — 15⁰, so ist Paraffin abwesend, das Öl somit naphthenbasisch; liegt er darüber, so handelt es sich um die anderen 3 Typen.

Tabelle 32. Analysen amerikanischer Rohöle und Produktionsmengen einiger

Staat	1. Kalifornien				
Bezirk	Kern County	Kern County	Ventura	Los Angeles	Sta. Barbara
Feld	Lost Hills	Buena Vista	—	Montebello	Cat Canyon
d_{15} g/l	956	869	875	916	960
Fließpkt. (Pour point)⁰	unter — 15	unter — 15	+ 2	unter — 15	— 1
Farbe	—		braunschwarz		
S-Gehalt %	0,85	0,50	1,15	0,75	4,1
Benzin { %	5,1	36	28,6	10,6	9,8
(Kp. < 200⁰) { d_{15} g/l . .	798	761	749	800	781
Petroleum { % . .	—	—	4,4	—	—
(Kp. 200—275⁰) { d_{15} g/l	—	—	820	—	—
Gasöl[2] { %	19	21,8	17,2	28,1	25,5
{ d_{15} g/l	868	862	847	866	854
leicht % . .	8,8	5,7	8,5	9,8	5,6
d_{15} g/l . .	917—940	904—921	873—898	890—907	906—923
Schmieröl- mittel % .	5,5	3,7	4,9	9,3	5,6
destillat[3] d_{15} g/l . .	940—953	921—932	898—911	907—920	923—936
schwer % .	12,4	6,9	4,5	6,9	7,8
d_{15} g/l . .	953—967	932—948	911—923	920—929	936—949
Gesamtdestillat % . . .	50,8	74,1	68,1	64,7	54,3
Rückstand %	46,2	22,9	28,9	32,3	42,7
Rückstand, Conradson-Test %	13,2	9,9	15,1	10,4	15,6
Conradson-Test des Rohöls %	6,1	2,3	4,4	3,4	6,7
Gruppe (Basis)	Naphthen		Gemischt	Zwitter	Gemischt
Tiefe des Bohrlochs in m	—	—	1098—1174	732	793—915
Produktion { 1929 . . .	41 700				
in 1000 t { 1931[4] . .	26 900				

[1] N. A. C. Smith u. E. C. Lane: Bull. 291, Bureau of Mines: Analyses of Representative Crude Petroleums, USA. Government Printing Office 1928.

[2] Gasöl = Fraktion mit Kp. > 275⁰, $d_{15,6}$ > 0,825 und Viscosität unter 50 sec Saybolt-Univ. bei 37,8⁰.

[3] Einteilung der Schmieröle nach der Viscosität (Saybolt-Univ.-sec bei 37,8⁰ C): leicht = 50—100 sec, mittelschwer = 100—200 sec, schwer = > 200 sec.

[4] Erdöl u. Teer 8, 72 (1932).

Eine Übersicht über die technischen Eigenschaften verschiedener amerikanischer Rohöle nebst Angabe der „Basis" zeigt nachstehende Tabelle 32 (Analysen von N. A. C. Smith und E. C. Lane[1], sowie von A. J. Kraemer und L. P. Calkin[2]). Die Eigenschaften der Erdöle sind aus den Analysen weniger Brunnen eines großen Bezirkes nicht ganz eindeutig erkennbar, da solche Resultate Schwankungen, insbesondere nach den verschiedenen Tiefen, unterliegen. Auch zeitlich können sich die Eigenschaften ändern. Immerhin kann man von gewissen typischen Eigenschaften der Öle der einzelnen Fundstätten sprechen. Maßgebend für die Bewertung sind in erster Linie Benzingehalt, Menge und Qualität der Schmieröle. Der Paraffingehalt, der bisher für die Verarbeitung auf Schmieröl ungünstig war, kann neuerdings durch das Paraflow-Verfahren, s. S. 312, unschädlich gemacht werden. Hoher S- und Asphaltgehalt, zwischen welchen eine gewisse Parallelität besteht, erschweren im allgemeinen die Verarbeitung, solche Öle sind daher minder wertvoll. (Paraffin-, Asphalten- und Harzgehalt verschiedener Öle s. auch Tabelle 33, S. 141.)

Eine rein praktische Regel für die Schätzung des Asphaltgehaltes besteht darin, daß man den Koksrückstand (nach Conradson) des Rohöles mit 2,5 multipliziert.

Staaten. 1—5 nach Smith und Lane, 6—10 nach Kraemer und Calkin.

2. Texas				3. Kansas		
Carson	Chambers	Limestone	Liberty	Allen	Butler	Neosho
Amarillo	Barbers Hill	Mexia	N. Dayton	Jola	Potwin	Urbana
829	858	847	899	937	807	876
+10	unter — 15	— 6	unter — 15	— 15	— 4	unter — 15
grau-schwarz	dunkelgrün	braun-schwarz	—	braunschwarz		
0,36	0,67	0,19	0,50	0,66	0,14	0,32
30,9	31,0	17,3	9,8	—	45	17,3
730	757	768	796	—	730	754
8	5,5	28,4	—	2,1	17,1	9,5
806	825	807	—	800	813	814
14,8	18,6	14,8	45,4	13,7	9,2	19,4
840	854	844	884	868	851	847
10,9	8,0	12,5	11,8	13,4	8,4	12,9
857—873	885—906	859—879	924—937	883—902	858—883	867—887
3,8	4,7	7,2	7,2	6,6	4,4	8,2
873—879	906—912	879—902	937—939	902—915	883—895	887—905
—	5,9	—	8,6	7,2	—	0,6
—	912—918	—	939—942	915—930	—	905—906
68,4	73,7	80,2	82,9	43	84,1	64,9
28,6	23,3	16,8	14,1	54	12,9	32,1
8	5,6	9,9	3,3	13	9,6	12,1
2,3	1,3	1,7	0,5	7	1,2	3,9
Gemischt	Naphthen	Paraffin	Zwitter	Zwitter	Paraffin	Gemischt
936—939	1100	915—945	518	—	—	—
42 600				5 800		
46 900				5 700		

Kurze Charakterisierung der verschiedenen Erdöle. In den Vereinigten Staaten enthält 1. das Appalachische Gebiet (Pennsylvanien, West-Virginia, Ost-Ohio, Ost-Kentucky) die wertvollsten Öle. Sie sind nahezu S- und

---

[1] N. A. C. Smith u. E. C. Lane: l. c.
[2] A. J. Kraemer u. L. P. Calkin: Bureau of Mines, Techn. Paper 346 (1925).

Fortsetzung der Tabelle 32

Staat	4. Oklahoma		5. Pennsylvanien		6. Argentinien[1]
Bezirk	Okmulgee	Marshall	Alleghany	Green County	Comodoro Rivadavia (Chubut)
Feld	Bald Hill	Arbuckle	–	–	–
d_{15} g/l	816	794	817	815	929
Fließpkt. (Pour point) 0	unter — 15	unter — 15	— 1	— 4	— 9
Farbe	dunkelgrün	grün	dunkelrot [2]	tiefdunkelrot [2]	schwarz
S-Gehalt %	0,15	0,06	0,19	0,08	0,17—0,24
Benzin { %	37,6	46,2	23,8	29,0	4,9
(Kp. < 200⁰) { d_{15} g/l. . .	737	726	736	745	756
Petroleum { % . . .	10,8	17,8	16,8	18,7	1,7
(Kp. 200—275⁰) { d_{15} g/l	810	804	792	803	798
Gasöl [3] { %	13,6	7,9	11,5	13,5	10,9
{ d_{15} g/l	844	839	828	837	852
{ leicht % .	10,5	7,8	17,8	10,9	6,6
{ d_{15} g/l . .	860—879	842—863	833—856	845—864	877—902
Schmieröl- { mittel % .	5,7	5,3	2	3,8	4,7
destillat [4] { d_{15} g/l . .	879—892	863—879	856—859	864—870	902—912
{ schwer % .	1,5	—	—	—	7,9
{ d_{15} g/l . .	892—895	—	—	—	912—925
Gesamtdestillat % . . .	79,7	85	71,9	75,9	31,7
Rückstand %	17,3	12	25,1	21,1	63,2
Rückstand, Conradson-Test %	4,3	2,2	0,6	1,6	10,5
Conradson-Test des Rohöls %	0,7	0,3	0,2	0,3	6,6
Gruppe (Basis)	Gemischt		Paraffin		Zwitter
Tiefe des Bohrlochs in m	—	137	—	—	—
Produktion { 1929 . . .	36 000		1 690		—
in 1000 t { 1931 [5] . .	25 000		1 666		—

N-frei, arm an Asphaltstoffen und liefern neben Paraffin wertvolle Schmier-, besonders Zylinderöle. Vielfach sind sie hell, d. h. rotbraun mit grüner Fluorescenz, wie die pennsylvanischen, die ihre Asphaltstoffe zufolge selektiver Adsorption bei der Wanderung durch entsprechende Gesteinsschichten verloren haben [6] und zum Teil klar durchsichtig sind. Sie haben $d_{15} \sim 0{,}80$—0,82 (aber auch 0,77).

    2. O h i o - und I n d i a n a öle sind etwas schwerer, $d_{15} \sim 0{,}83$—0,85, und enthalten mehr Naphthene sowie 0,35—1,1% S.

    3. T e x a s -Öle, $d_{15} = 0{,}91$—0,92, siehe Tabelle 32.

    4. K a l i f o r n i s c h e Öle, teils mittelschwer, teils schwer, enthalten wenig oder kein Paraffin, sind reich an Naphthenen, Aromaten, ungesättigten Kohlenwasser-

---

[1] Einige Öle haben nach Bureau of Mines, Technical Paper 346, hohen Gehalt an Paraffin.

[2] In der Durchsicht Nr. 6 bzw. Nr. 8 im Union-Colorimeter (S. 320).

[3] Gasöl = Fraktion mit Kp. > 275⁰, $d_{15,6} > 0{,}825$ und Viscosität unter 50 sec Saybolt-Univ. bei 37,8⁰.

[4] Einteilung der Schmieröle nach der Viscosität (Saybolt-Univ.-sec bei 37,8⁰ C): leicht = 50—100 sec, mittelschwer = 100—200 sec, schwer = > 200 sec.

[5] Erdöl u. Teer 8, 72 (1932).

[6] Leslie: Motor Fuels, S. 37. New York 1923.

von S. 138/39.

7. Venezuela		8. Mexiko		9. Kolumbien	10. Kanada
		Süden leichtes Öl	Norden schweres Öl	Magdalenen- strom-Gebiet	
Mene Grande	Lake Maracaibo	Tuxpan	Topila	Barranca Bermeja	New Brunswick
—	—	Portrero de Llano	Corona Petrol. Co.	Tropical Oil Co.	Stony Creek
959	947	906 (926)	952	883	839
unter — 15		— 1	+ 4	unter — 15	— 7
dunkel			schwarz		grün
2,65	2,51	3,53	4,55	0,70	0,10
9,2	14,6	15,9	8,3	25,7	18,8
787	766	741	762	757	734
—	—	7,6	3,4	—	12,1
—	—	808	807	—	802
16,6	15,2	9,1	14,4	17,6	10,2
868	863	899 [1]	853	856	825
7,4	7,5	9,5	7	8,3	12,2
909—930	907—930	874—905	890—909	891—914	831—856
6,7	4,2	9,3	9,5	6,4	1,7
930—949	930—943	905—921	909—930	914—925	856—860
5	11,8	—	2,8	7,0	—
949—966	943—953	—	930—935	925—935	—
44,9	53,3	51,4	45,4	67,4	55
{ % —	46,6	48,6	54,6	32,6	45
{ d_{15} g/l —	1035	964	1038	1019	—
19,1	22,4	21,6	21,4	12,9	3,2
—	10,4	10,5	12,7	4,2	1,4
Naphthen		—	—	—	—
—	—	—	—	—	—
	19 000	—		—	—
	16 500	—		—	—

stoffen und an Asphalt, enthalten viel Schwefel und als besonderes Charakteristicum bis zu 2,4% Stickstoff in Form von pyridin- und hydropyridinartigen, auch chinolinartigen Basen. Auch größere Mengen Phenole kommen vor.

Tabelle 33. Gehalt verschiedener Erdöle an Paraffin, Asphaltenen und neutralen Harzen nach Ssachanen und Wirabianz[2].

	Grosny, paraffinreich	Grosny, paraffinarm	Grosny, schwer, paraffinarm	Maikop	Ssurachany	Balachany	Bibi-Eybat	Binagady	Dossor	Mexia (Texas)	Tonkawa (Oklahoma)	Davenport (Oklahoma)	Huntington Beach (Kalifornien)
d_{15} g/l	844	860	877	848	860	867	865	921	862	845	821	796	897
% Paraffin . . .	6,5	0,5	0,2	0,6	2,5	0,8	1,3	0,7	Spu- ren	1,4	1,8	1,3	1,9
% Asphaltene . .	0,9	1,5	2,0	0,3	0,0	0,0	0,3	0,6	0,0	1,3	0,2	0,0	4,0
% Neutrale Harze	4,5	8,0	10,0	6,5	4,0	5,0	9,0	12,0	2,0	5,0	2,5	1,3	19,0

[1] Auffallend hoch; offenbar liegt bei Kraemer u. Calkin ein Druckfehler vor.
[2] Ssachanen u. Wirabianz: Petroleum **25**, 867 (1929).

Mexiko-Öl steht dem Texasöl nahe, es ist sehr schwer, $d_{15} = 1,06$, reich an S (bis zu 5,3%) und vor allem sehr asphaltreich (Panuco-Öle).

Kanada-Öl, $d_{15} = 0,84—0,88$, ist arm an Benzin und Leuchtöl, die niederen Fraktionen bestehen meist aus Naphthenen, Aromaten und ungesättigten Kohlenwasserstoffen. Die Eigenschaften anderer amerikanischer Vorkommen, wie Venezuela, Kolumbien, Argentinien, siehe Tabelle 32.

Die Haupterdölfelder Rußlands liegen im Baku-Distrikt, ferner in Grosny, im Maikop-Gebiet und im Emba-Distrikt. In Baku[1] unterscheidet man die Ölfelder von Balachany, Bibi-Eybat und Ssurachany. Balachany-Öl, $d_{15} = 0,86$ bis 0,88, ist fast frei von S, O und N, arm an Paraffin und gibt etwa 1,5% Koksrückstand. Destillation ergibt 3—4% Rohbenzin, bis 35% Leuchtöl und etwa 62% flüssige Rückstände (Masut, $d_{15} \sim 0,912$, $E_{50} = 8,5—10,0$, Flammpunkt P.-M. 150—170⁰). Dieser Masut ist das beste Rohmaterial für die russischen Schmieröle. Er ergibt bei weiterer Dampfdestillation z. B. 25% Solaröle ($d_{15} = 0,86$ bis 0,89), 7,5% Spindelöl (0,89—0,90, $E_{50} = 2—3$), 24% Maschinenöl (0,905—0,912, $E_{50} = 6,5—7$), 1,5% Zylinderöl (0,912—0,920, $E_{100} \sim 2$, Flammpunkt o. T. $\sim 230⁰$), als Rückstand 40% Ölgoudron (0,935—0,945). Das Bibi-Eybat-Öl hat in den leichten Fraktionen mehr leichte Grenzkohlenwasserstoffe, gibt aber einen viel schwereren Masut als Balachany-Öl. Am leichtesten ist das Ssurachany-Öl, das früher, aus den obersten Horizonten gewonnen, $d_{15} = 0,77—0,78$ zeigte und fast vollständig bis 170⁰ destillierte; mit Vertiefung der Bohrung zeigten sich Erdöle mit $d_{15} = 0,85—0,86$; es hat von den Bakuer Ölen den höchsten Paraffingehalt (bis zu 2,5%). In Binagady (Insel Swjatoj), nicht weit von diesen Gebieten, finden sich dagegen Rohöle von $d_{15} = 0,930$, mit hohem Asphaltgehalt. Das ältere Grosny-Feld liefert Öle ($d_{15} = 0,970—0,980$), ähnlich denen von Bibi-Eybat, hat aber 7—10% unter 100⁰ siedendes Benzin ($d_{15} < 0,700$), einen Masut von $d_{15} = 0,940—0,950$, S-Gehalt $\sim 0,12\%$. Das neue Grosny-Feld ergibt leichtere Öle (0,840—0,860) und relativ die höchsten Paraffingehalte (4—6,5% Hartparaffin). Maikop-Öl ist durch hohen Gehalt an Aromaten ausgezeichnet. Die Emba-Öle (Ural) ähneln den pennsylvanischen, ihre Schmierölfraktionen haben niedrige spez. Gew., hohe Flammpunkte, enthalten aber kein Paraffin.

Die deutschen Ölvorkommen haben neuerdings an Bedeutung wesentlich gewonnen, einmal durch größerer Ergiebigkeit bei Vertiefung der Bohrungen, sodann durch die Auffindung der sehr reichen Vorkommen in Thüringen (Volkenroda), siehe Tabelle 34, S. 143. Allerdings werden die Aussichten der Thüringer Erdölindustrie im Vergleich zur hannoverschen neuerdings (1932) weniger optimistisch beurteilt als in der ersten Zeit[2].

Die galizischen oder, wie man jetzt sagt, polnischen Öle nehmen eine Mittelstellung zwischen den paraffinreichen amerikanischen und den naphthenreichen russischen ein. Aromaten finden sich in manchen Sorten sehr reichlich, dagegen wenig Olefine, Acetylene und Terpene.

Tustanowice-Öle (Ostgalizien) sind paraffinreich (bis 12 %), ihre Dichten 0,850—0,870. Diese Öle liefern gute Schmieröle mit geringem Gehalt an Asphaltstoffen. Westgalizische Öle sind paraffinfrei, reich an Benzin (Potok-Öl liefert über 30%), sie geben geringwertige Schmieröle, sind reich an Asphaltstoffen, ihr S-Gehalt schwankt in weiten Grenzen. Auch hier trifft man Übergangsprodukte mit gemischten Eigenschaften.

Von rumänischen Rohölen unterscheidet Edeleanu[3] drei Typen: 1. leichte (0,77/82), z. B. Campeni, Pojana, Baicoi; 2. mittlere (0,82/86), z. B. Moinesti, Bustenari, Campina, Solonti; 3. schwere (0,86/93), z. B. Gura-Ocnitza, Moreni, Tintea. Alle drei bestehen in der Fraktion bis 150⁰ aus vorwiegend verzweigten Grenzkohlenwasserstoffen, Naphthenen und Aromaten. In der Fraktion 150—300⁰ finden sich bei 2 und 3 Naphthensäuren, bei 3 auch Terpene, bei allen Spuren

---

[1] Koetschau: Erdöl u. verwandte Stoffe, S. 684. Leipzig: Theodor Steinkopff 1930. v. Stahl: Petroleum **23**, 520 (1927).

[2] Erdöl u. Teer **8**, 296 (1932). Sehr eingehende Angaben über die deutschen Erdöle siehe im Bericht über die Erdöltagung in Hannover, Mai 1932. Ztschr. Dtsch. geol. Ges. **84**, Heft 6, 361—512 (1932).

[3] Edeleanu: Études des Pétroles Roumains. Bukarest 1913.

Tabelle 34. Produktion (1930/31) und Eigenschaften deutscher Erdöle.

	Wietze-Steinförde [1]		Hänigsen-Obershagen-Nienhagen		Edesse-Edemissen-Ölheim-Oberg (16 Proben)	Kaliwerk Volkenroda in Thüringen (54 Proben)
	Schweröl	Leichtöl	leicht (1 Probe)	schwer (7 Proben)		
Farbe	schwarzgrün	dunkelbraun	Auffallendes Licht schwarzgrün, durchscheinend braun	Auffallendes Licht bräunlichgrün, durchscheinend rötlichbraun	Auffallendes Licht dunkelgrün, durchscheinend bräunlich	Auffallendes Licht hellgrün, durchscheinend rötlich
d_{15} g/l	—	—	868	897—927	851—860	834—859
d_{20} g/l	943—952	880—882	—	—	—	—
	U-Rohrmethode in mm					
Erstarrungspunkt [0] . . .	—15 1—3	—3 1—5	+ 5	+ 4 bis unter —18	—14 bis —20 noch flüssig	bei —20 noch flüssig
Flammpunkt [0]	102—128 o.T.	26—27 o. T.	57 o. T.	36—108 o. T.	12—26 (Abel-Apparat)	unter —16$^1/_2$ (Abel-Apparat)
E_{20}	109,5—227	5,02—5,63	3,75	—	2,03—2,8	1,19—1,4
E_{50}	—	—	—	4—8,55	—	—
Siedeverlauf [2]						
Siedebeginn °C . . .	232—257	100—118	140	80—190	57—86	36—84
bis 120°	—	—	0	1,5 (1 Probe)	4—7	8—16
,, 150°	—	2,0—2,5	2	3—3,6	7—13	14—24
,, 200°	—	—	—	8,8 (1 Probe)	—	—
,, 250°	0—2,0	16,5—17,5	25	13—16	30,5—31	38—47
,, 275°	2,8—5,5	22,5—23,5	31	18—20	33—36,5	44—52
,, 300°	8,5—12,0	30,0—31,5	40	17—27	40—44	53—59
,, 325°	14,5—19,5	37,5—38,5	—	—	—	—
,, 350°	31,5—34,0	49,5—51,0	—	—	—	—
Hartasphalt % . . .	1,05—1,17	—	—	0,06—0,26	0,07 (1 Probe)	0,015 (8 Proben)
Paraffingehalt % . .	—	—	—	3—3,7	1,7—3,7	2,3 (8 Proben)
% Koksrückstand bei der Rohöldestillation für die Paraffinbestimmung	—	—	—	4,7 (1 Probe)	—	1,3 (5 Proben)
Erdölförderung in t 1930 [3]	63900		81300		24800	51555
,, ,, t 1931 [4]	57662		72364		47019	

(In der linken Randspalte vertikal: Vol.-% Destillat)

[1] Eigenschaften nach Offermann, s. Holde, 6. Aufl., S. 84; die Eigenschaften der übrigen Öle nach Angaben von Dr. O. Brück, Berlin. — [2] Bei Wietze-Steinförder Öl im zollamtlichen Metallapparat, bei den übrigen Ölen im gläsernen Engler-Apparat ermittelt. [3] Erdöl u. Teer **7**, 557 (1931). — [4] Ebenda **8**, 58 (1932).

von S-Verbindungen. Der Rückstand von 1 und 2 ergibt viel, der von 3 sehr wenig Paraffin; entsprechend hat 1 wenig S, 2 und 3 haben viel S, Asphalt und Harz; s. auch die sehr eingehende neuere Untersuchung über rumänische Rohöle von Danaila und V. Stoenescu[1].

Von dem Erdöl der Sundainseln ist das Sumatra-Öl sehr reich an Benzin (30—40%) und Leuchtöl (50%) und enthält viel niedrig siedende Naphthene und Aromaten. Java-Erdöle haben $d_{15} = 0,825$ bis zu 0,925 und 0,970, Paraffingehalt bis zu 8%. Sie enthalten hauptsächlich Naphthene, auch Paraffinkohlenwasserstoffe und Aromaten, fast keine Olefine. Borneo-Öle der drei oberen Horizonte sind schwer und dickflüssig, während der unterste Horizont ein Öl von 0,860 liefert.

Die Birma-Öle (Britisch-Indien) zeigen nach Kißling, daß (wie auch sonst häufig) nahe beieinander erbohrte Öle sehr verschieden zusammengesetzt sein können. Die Öle Unterbirmas zeigen $d_{15} = 0,810$—0,825 oder auch 0,835—0,888, die von Oberbirma $d_{15} = 0,870$—0,955, sind reich an Paraffin (5—11%) und enthalten vorwiegend Methanhomologe.

IV. Verarbeitung und Verwendung.

(Bearbeitet von M. Naphtali.)

Die Verarbeitung des Erdöls geschieht allgemein durch Destillation, größtenteils mit anschließender Raffination der Destillate, zum Teil auch der Rückstände. Durch die Destillation wird das Rohöl in leichte und schwere Benzine, Leuchtöl, Gasöl, gegebenenfalls auch Schmieröl, und Rückstand (Goudron) zerlegt. An die Stelle der Destillierkessel und Batterien von solchen treten neuerdings die Röhrenkessel mit den Fraktioniertürmen (fraktionierte Kondensation). Der Rückstand wird auf Asphalt verarbeitet oder auf Koks (Elektrodenkoks) weiterdestilliert. Das Schmieröl muß nötigenfalls entparaffiniert und das erhaltene Rohparaffin gereinigt werden (s. S. 291).

Der große Bedarf an Kraftstoffen begünstigte die Crackverfahren (s. S. 177), mittels deren gegen 40% des nordamerikanischen Benzins erzeugt werden. Als Rohstoff für diese Verfahren dient das sonst meist nur zu Feuerungszwecken verwendbare Gasöl, vielfach auch der nach Abdestillation der Benzin- und Leuchtölfraktionen (Skimming oder Topping) hinterbleibende Rückstand. Man kann nach dem Crackverfahren Benzinausbeuten von etwa 60—70% vom Rohöl erzielen. Noch höhere Ausbeuten (bis gegen 100 Vol.-%) gestatten die Hydrierverfahren der I. G. Farbenindustrie A.-G. (s. S. 178). Diese Verfahren dienen auch zur Verbesserung der Schmierölfraktionen, teils weil die Hydrierung die Viscosität der entsprechenden Fraktionen günstig beeinflußt, teils weil dadurch die S- und asphalthaltigen Anteile entfernt bzw. umgewandelt werden.

Die Reinigung oder Raffination[2] der Destillate Benzin, Leuchtöl und Schmieröl erfolgt in den meisten Fällen vielfach im kontinuierlichen Betriebe mittels konz. Schwefelsäure[3], deren Überschuß nach Absitzen mit Wasser ausgewaschen wird. Die entstandenen Säureharze und anderen sauren Verbindungen, die im Öl suspendiert oder gelöst bleiben, werden meistens durch Behandlung mit Lauge (NaOH), Ammoniak oder bei Schmierölen auch durch Versetzen mit Ätzkalk entfernt (s. S. 312). Zum Zerstören der beim Laugen entstehenden, erhebliche Materialverluste verursachenden Emulsionen dienen Olein oder, besonders in Rußland, Naphthensäuren, welche die Grenzflächenspannungen zwischen Öl und Waschflüssigkeit erhöhen und hierdurch den mechanischen Zerfall des Öles beim Rühren

---

[1] Danaila u. V. Stoenescu: Bul. Chimie pura et aplicata **31**, 201 (1928).

[2] Das englische Wort „raffination" bedeutet Destillations- und Reinigungsprozeß. Raffination oder chemische bzw. physikalische Veredelung ist „treatment".

[3] Eine Zusammenstellung neuerer Raffinationsverfahren s. Naphtali: Leichte Kohlenwasserstofföle, S. 449—471. Berlin: Krayn 1928; ferner Ztschr. angew. Chem. **42**, 524 (1929).

in kleine Tropfen verhindern[1]. Es könnte aber auch sein, daß die Naphthensäuren, die nach Berkhahn[2] in Mengen von z. B. 0,5% den Emulsionen zugesetzt werden, wie Phenol die Oberflächenspannung zwischen Öl und Wasser bedeutend herabsetzen, an der Grenze der Flüssigkeiten stark adsorbiert werden und hierdurch auf die Harzhäutchen an der Grenzfläche zerstörend wirken. Auch Tallöl (sog. Waste Oil oder flüssiges Harz), ein Nebenprodukt der Zellstoffabrikation nach dem Sulfatverfahren, das hauptsächlich aus Fettsäuren und Harz besteht, soll sich besonders bei rumänischen Ölen besser zur Zerstörung der Emulsionen bewährt haben als Olein[3].

Vielfach wird jetzt an Stelle des Laugeprozesses die sog. trockene Laugung angewandt, indem man nach dem Absetzen der sauren Harze das Öl mit Florida-Erde, Fuller-Erde, Tonsil, Kalk oder auch Silica-Gel im Agitator behandelt oder einfach durch diese filtriert.

Die speziellen Raffinationsverfahren s. bei den einzelnen Destillaten.

Ein Verfahren von allgemeinerer Bedeutung ist das auf dem selektiven Lösungsvermögen des flüssigen SO_2 beruhende Edeleanu-Verfahren[4]. Ursprünglich zur Verbesserung des rumänischen Leuchtöls durch Extraktion ungesättigter Kohlenwasserstoffe und Aromaten ausgearbeitet, hat es sich in neuerer Zeit in mannigfaltiger Anwendung beim Benzin (zur Umgruppierung der klopffesten Bestandteile) und bei den Schmierölen bewährt (s. auch S. 174).

Ein Problem von großer wirtschaftlicher Tragweite ist die Entfernung des Schwefels aus Erdöl und seinen Produkten, insbesondere seit der Erschließung außerordentlich ergiebiger Quellen mit hohem S-Gehalt (bis zu 2% und höher) in Texas, Kalifornien und Kansas. Der Schwefel verleiht manchen Rohölen hochgradig korrodierende Eigenschaften, wodurch Reservoire und Rohrleitungen schnell zerfressen werden, und ferner wird durch Bildung leichtentzündlicher FeS-Verbindungen an den Decken der Reservoire die Feuergefährlichkeit der Anlage bedenklich erhöht. Abhilfe konnte durch Anwendung von Aluminiumtanks geschaffen werden.

Die Entschwefelung wird in großem Maßstabe durch Destillation des Öles über feingepulvertem CuO (Frash-Verfahren)[5], ferner durch Behandeln des Öles mit Plumbitlösung[6] (zur Entfernung der Mercaptane) durchgeführt. Auch adsorptive Entschwefelung mit Silica-Gel ist bis zu einem gewissen Grade durchführbar[7]. Die Entfernung von S aus Benzin- und Crackdestillaten s. S. 178.

Die Verwendung des Erdöls und seiner Produkte, Benzin, Leuchtöl, Schmieröl, Paraffin (für Kerzen und technische Isolationszwecke), Asphalt (Straßenbau, Lackindustrie), Koks (Elektroden) s. später. Durch die Nutzbarmachung der an Äthylen und seinen Homologen reichen Crackgase werden neue, in USA. bereits großtechnisch benutzte Verwertungsfelder eröffnet, z. B. zur Herstellung von Glykol und seinen Derivaten (Triäthanolamin), Chloradditionsprodukten von Propylen und Butylen (Lösungsmittel), Äthyl- und Isopropylalkohol. Auch Butadiën (für Kautschuksynthesen) ist technisch aus den Crackgasen isoliert worden. Diolefine sind ferner zu Harzen für Isolierzwecke u. dgl. polymerisierbar. Aromatische Kohlenwasserstoffe

---

[1] Gurwitsch: Wissenschaftliche Grundlagen der Erdölverarbeitung, 2. Aufl., 1924. S. 301.

[2] Berkhahn: Russ. Priv. 26675 (1912); Gurwitsch: a. a. O. S. 194.

[3] K. Dittler: Chem.-Ztg. **52**, 577 (1928).

[4] D.R.P. 216459 (1908), Disconto-Gesellschaft.

[5] Amer. P. 649078 (1901).

[6] S. F. Birch u. W. S. Norris: Oil Gas Journ. **28**, Nr. 8, 46, 162 (1929).

[7] Vgl. z. B. H. J. Waterman u. I. N. Perquin: Brennstoff-Chem. **6**, 225 (1925).

(Toluol) wurden bereits um 1915 durch Cracken in großem Umfange dargestellt. Aus den Pentanen des Erdgases werden großtechnisch durch Chlorierung Amylchloride und aus diesen Amylalkohol und andere Lösungsmittel dargestellt.

Zollamtliche Klassifizierung des Erdöls[1]. In Deutschland wird Rohpetroleum definiert als „rohes Mineralöl, das einer Destillation behufs Sonderung der Bestandteile noch nicht unterlegen hat". Nicht als Rohöl gilt demnach jedes schon einmal destillierte oder durch Abdestillieren leichterer Anteile konzentrierte Öl, z. B. das „reduzierte" Rohöl. Der Nachweis der Herkunft und der Eigenschaft des Mineralöls als Rohpetroleum ist auf Verlangen der Zollbehörde durch eine Bescheinigung eines von der obersten Landesfinanzbehörde zu bezeichnenden Chemikers zu erbringen.

Auch Rohpetroleum unterliegt jedoch dem — höheren — Schmierölzoll, wenn es einen $Fp_{Abel} > 50^0$ oder $d_{15} > 0{,}885$ besitzt oder bei der fraktionierten Destillation (s. S. 163) zwischen 150 und 320^0 weniger als 40 Vol.-% Destillat liefert oder einen Paraffingehalt über 8 Gew.-% ergibt.

V. Entstehung des Erdöls.
(Bearbeitet von M. Naphtali.)

Grundlegend für die Entwicklung der Anschauung über die Entstehung des Erdöls sind zwei Hypothesen. Nach der einen soll das Erdöl aus anorganischem, nach der anderen aus organischem Material entstanden sein. Die Materie ist dadurch besonders kompliziert, daß zur Entscheidung der Frage die anorganische und organische Chemie, Geologie, Biologie, viele Kapitel der Physik (Optik, Radiologie), kurz eine ganze Reihe von Disziplinen herangezogen werden müssen, die alle im Laufe der Jahre diesen oder jenen Fortschritt in Beziehung zu dem vorliegenden Problem bringen.

Anorganische Theorien. Nach Mendelejeff soll das Erdöl durch Einwirkung von Wasserdampf auf Carbide des Eisens in vulkanischen Prozessen im Erdinnern entstanden sein (Emanationshypothese). Erdölartige Kohlenwasserstoffe entstehen tatsächlich beim Behandeln von Eisen mit Salzsäure, wobei sich aus den Carbiden Naphthene, Paraffine usw. bilden.

Nach Sabatier und Senderens sollen Wasserstoff und Acetylen, die durch Einwirkung von Wasser auf Alkali oder Erdalkali sowie Carbide entstanden waren, beim Zusammentreffen mit Metallen, die als Kontaktsubstanzen wirkten, Paraffin- oder cyclische Kohlenwasserstoffe, je nach den vorhandenen Bedingungen, gebildet haben.

Nach Fischer und Tropsch[2] liegt eine Synthese des Erdöls über das aus Wassergas erhaltene Synthol oder ähnliche Produkte im Bereich der Möglichkeit; Wasserdämpfe aus tieferen Erdschichten müßten also über Carbide oder freien Kohlenstoff strömen und so Kohlenwasserstoffe wie Acetylen bzw. Wassergas oder ähnliche Gasgemische erzeugen, die sich unter katalytischem Einfluß weiterer Schichten zu Synthol od. dgl. umsetzen. Ein derartig zusammengesetztes Gas, das aus einer Fumarole am Mont Pelé stammte, wurde auch bereits 1902 von Moissan analysiert.

Hier ist auch darauf hinzuweisen, daß in den Spektren mancher Kometen Kohlenwasserstofflinien beobachtet wurden, ebenso auch — nach Gurwitsch[3] — in manchen Meteoriten „naphthaähnliche Öleinschlüsse" („kosmische Hypothese").

Nach R. Potonié[4] muß man die rein anorganische Theorie der Erdölentstehung so lange an zweite Stelle rücken, als sie wesentlich nur vom Laboratoriumsversuch

---

[1] Siehe Mineralölzollordnung, Abschnitt A, Begriffsbestimmung.

[2] Fischer u. Tropsch: Ztschr. VDI **69**, 17 (1925); Brennstoff-Chem. 8, 230 (1927).

[3] Gurwitsch: Wissenschaftliche Grundlagen, S. 186. Berlin 1924.

[4] R. Potonié: Petroleum **22**, 973 (1927).

und nicht auch wie die organische Hypothese durch eindeutige biologische Tatsachen gestützt ist. Immerhin führt er als interessante Ausnahmen Funde bituminöser Substanzen oder sogar von ganzen Ölquellen im Bereich von Erstarrungsgestein an, die aber auch durch Migration in Spalten erklärt werden können und keinerlei Beweiskraft haben.

Organische Theorien. Innerhalb dieser Theorien gelten als engere Ausgangsmaterialien für die Erdölbildung die Fette bzw. Fettsäuren, welche nach bekannten organisch-chemischen Reaktionen in Kohlenwasserstoffe übergehen können, z. B.

$$RCOOH + CaO \rightarrow RH + CaCO_3 \text{ oder } C_nH_{2n+1}COOH \rightarrow C_nH_{2n} + CO + H_2O.$$

Nachdem H. v. Höfer die Theorie der Entstehung des Erdöls aus marinen Resten geologisch begründet hatte, zeigte C. Engler[1] auch chemisch-experimentell, daß durch Destillation von Seetierfett (Tran) unter Überdruck tatsächlich ein dem Erdöl ähnliches Kohlenwasserstoffgemisch entsteht. Umstritten ist jedoch die Frage, ob die Fette, aus denen das Erdöl entstanden sein soll, ausschließlich tierischen oder pflanzlichen oder aber gemischten Ursprungs waren. Nach Engler soll Erdöl aus den Fettüberresten von Lebewesen jeder Art (tierisch und pflanzlich) durch Zersetzung unter hohem Druck entstanden sein, nachdem ihre übrigen organischen Bestandteile (Eiweißverbindungen) durch Fäulnis in wasserlösliche S- und N-Verbindungen übergegangen waren. Die aus den Fettsäuren (Leichenwachs) zunächst durch gewaltsame Einwirkungen entstandenen leichteren Kohlenwasserstoffe, in denen er Paraffine, Olefine und Naphthene nachwies, sollen sich im Laufe weiterer geologischer Perioden teilweise zu den höhersiedenden Anteilen des Erdöls polymerisiert haben, wofür die von Engler beobachtete Erhöhung des spez. Gew. beim Stehen von synthetischem Petroleum spricht.

Die Bildung der Naphthene könnte nach Engler durch Polymerisation von Olefinen erklärt werden, welche bei Einwirkung von $AlCl_3$ auf Olefine, auch schon durch bloßes Erhitzen der letzteren, z. B. von Amylen auf $250—270^0$, eintritt. Bei hoher Temperatur und hohem Druck erhielten Ipatiew und Routala[2] ebenso durch Einwirkung von $ZnCl_2$ oder $AlCl_3$ auf Äthylen erdölartige Kohlenwasserstoffe. Die Fraktionen bis etwa 85^0 bestanden aus Pentan und Hexan, die bis 130^0 aus höheren Grenzkohlenwasserstoffen, von 130^0 ab aus Polymethylenen, von 256^0 ab nahezu ausschließlich aus Naphthenen. Nach Marcusson spricht aber gegen die Entstehung der höhersiedenden Anteile des Erdöls aus den leichteren, daß die ersteren stärker optisch aktiv sind (s. S. 150) als die letzteren[3]; wahrscheinlicher sei der umgekehrte Vorgang. Marcusson zeigte auch direkt[4], daß die Fette beim Erhitzen mit 20% ungeglühter Kieselgur am Rückflußkühler bis 300^0 in schwere fluorescierende Kohlenwasserstoffe, daneben in Alkohole und Ketone übergehen, daß es also nicht notwendig ist, die Bildung der schwereren Kohlenwasserstoffe durch Polymerisation der leichteren zu erklären. Zur gleichen Ansicht gelangten Künkler und Schwedhelm[5], welche an Stelle der Fette selbst Kalksalze der Fettsäuren trocken destillierten und bei $270—320^0$ ceresin- und schmierölartige Kohlenwasserstoffe erhielten. Hoppe-Seyler[6] weist auf die Nichtbeständigkeit der freien Fettsäuren und die Notwendigkeit hin, die Erdölbildung auch an der Zersetzung von fettsaurem Kalk und fettsaurem Magnesium zu prüfen. Ebenso sehen Künkler und Schwedhelm derartige Salze, insbesondere den aus Fettsäuren und kohlensaurem Kalk entstandenen fettsauren Kalk, der ein wesentlicher Bestandteil des Leichenwachses ist, als ein sekundäres Zwischenprodukt für die Erdölbildung im Sinne der Engler-Höferschen Theorie an.

---

[1] C. Engler: Ber. **21**, 1816 (1888); **22**, 592 (1889); **26**, 1440 (1893); **30**, 2358 (1897); Jahrb. Preuß. geol. Landesanst. **25**, 350 (1904); Chem.-Ztg. **30**, 711 (1906).

[2] Ipatiew u. Routala: Ber. **46**, 1748 (1913).

[3] Marcusson: Chem. Revue üb. d. Fett- u. Harzind. **12**, 1 (1905); Mitt. Materialprüf.-Amt Berlin-Dahlem **22**, 97 (1904).

[4] Marcusson: Ztschr. angew. Chem. **37**, 413 (1924); Marcusson u. Bauerschäfer: Petroleum **22**, 815 (1926).

[5] Künkler u. Schwedhelm: Seifensieder-Ztg. **35**, 1285, 1341 (1908).

[6] Hoppe-Seyler: Naturwiss. Rdsch. **1890**, 82.

Wie Engler betrachtet auch H. Potonié[1] tierische und pflanzliche Fette, nämlich das im Sapropel (Faulschlamm) enthaltene Algenwachs, als Ursprungsstoff der Erdöle. Dieser Schlamm kann aus tierischen wie auch aus pflanzlichen Kleinlebewesen entstanden sein, entsprechend auch das in ihm enthaltene Wachs. Die Hypothese, daß Diatomeenerde (ein Gestein überwiegend pflanzlichen Ursprungs) das Urmaterial des Erdöls gebildet habe[2], widerlegte er durch die Feststellung, daß das dieser Annahme zugrunde liegende Material gar nicht Diatomeenerde, sondern ein gemischt zoogen-phytogenes Sapropel war, in welchem sogar die tierischen Bestandteile zu überwiegen schienen. Entsprechend der Theorie von Potonié wurden durch Extraktion von brennbaren Biolithen (Kaustobiolithen) mit verschiedenen Lösungsmitteln bis zu 7,7% fett-, wachs- oder kolophoniumartiger Stoffe gewonnen[3]. Takahashi[4] nimmt eine kolloidale seifenähnliche Bindung zwischen dem Muttergestein und den Fettsäuren der zoo- oder phytogenen Sedimente an. Aus solchen Massen soll durch den Vorgang der „Degelifikation" Calcit oder Magnesit auskrystallisieren, wobei sich eine Schicht von Petroleum mit Salzlaugen bildet.

Tanaka und Kuwata[5] sehen auf Grund ihrer Fettsäurebefunde in den über 200⁰ (9 mm) siedenden Naphthensäurefraktionen, besonders von japanischen, aber auch von kalifornischen und Borneo-Erdölen, mit Tsujimoto und Toyama eine Stütze der Ansicht, daß das Erdöl tierischen Ursprungs sei und hauptsächlich von Hai- und Walarten stamme. Nach B. T. Brooks[6] ist die Entstehung des Erdöls wiederum auf Fette und Wachse hauptsächlich pflanzlichen Ursprungs zurückzuführen, deren Kondensation bei niedrigen Temperaturen verläuft und z. B. durch Fullererde katalytisch beschleunigt wurde. Auf pflanzliches Urmaterial vom Charakter der sibirischen Boghead-Kohlen, die nach G. Stadnikoff[7] aus polymerisierten, anhydrisierten Fettsäuren bestehen, weisen auch N. D. Zelinsky und K. P. Lawrowsky[8] hin. Diese Autoren erhielten bei der Einwirkung von $AlCl_3$ auf Bogheadkohle, ebenso wie aus Bienenwachs und schon früher[9] aus Stearin-, Palmitin- und Ölsäure, erdölartige flüssige und feste Kohlenwasserstoffe.

Eine Ergänzung und Weiterentwicklung der Engler-Höferschen Theorie der Erdölbildung ist die von E. McKenzie Taylor[10] entwickelte Deckschichtentheorie; sie beruht auf der Beobachtung des „Basenaustausches", der bei Berührung der Kalk- und Magnesiatone (CaAl- und MgAl-Silicate) mit dem Kochsalz des Meerwassers stattfindet, wobei durch Austausch von Ca bzw. Mg gegen Na sog. Natrontone gebildet werden. Solcher Basenaustausch wurde z. B. von Taylor in den mit Nilschlamm gefüllten Buchten nahe der Mündung beobachtet. Bei Süßwasserzufuhr zum Natronton entsteht durch Hydrolyse eine NaOH-haltige (also alkalische) Lösung. Die Tierkadaver, welche in solchen, durch geologische Vorgänge vom Meere abgeschlossenen Buchten aufgespeichert wurden, unterlagen nach Taylor keinen gewaltsamen Veränderungen durch Druck und Wärme, sondern der langsamen Umwandlung durch anaerobe Bakterien. Die schwach alkalischen Wässer aus dem hydrolysierten Ton bilden nun erstens ein für die Entwicklung der anaeroben Bakterien äußerst günstiges Medium, zweitens werden, nach eindeutigen Beobachtungen Taylors in rumänischen und anderen Erdölgebieten, Schichten mit

---

[1] H. Potonié: Zur Frage nach den Urmaterialien der Petrolea. Jahrb. Preuß. geol. Landesanst. **25**, Heft 2 (1904); vgl. hierzu Monke u. Beyschlag: Über das Vorkommen des Erdöls. Ztschr. prakt. Geol. **13**, 1f. (1905).

[2] Stahl: Chem.-Ztg. **23**, 15 (1899); Kraemer u. Spilker: Ber. **32**, 2940 (1899); **35**, 1212 (1902).

[3] Holde: Mitt. Materialprüf.-Amt Berlin-Dahlem **27**, 1 (1909).

[4] Takahashi: Journ. Fuel Soc. Japan **9**, 67 (1930).

[5] Tanaka u. Kuwata: Journ. Fac. Engin., Tokyo Imp. Univ. **17**, 293 (1928).

[6] B. T. Brooks: Bull. Amer. Assoc. Petrol. Geologists **15**, 611 (1931).

[7] G. Stadnikoff: Brennstoff-Chem. **8**, 244 (1927); s. auch Stadnikoff u. E. Iwanowsky: ebenda **9**, 245, 261 (1928); Stadnikoff u. Z. Woschinskaja: ebenda S. 326; Stadnikoff u. N. Proskurnina: ebenda S. 358.

[8] N. D. Zelinsky u. K. P. Lawrowsky: Ber. **62**, 1264 (1929).

[9] Ebenda **61**, 1054 (1928).

[10] McKenzie Taylor: Zusammenfassung: Journ. I.P.T. **14**, 829 (1928); s. auch Rosendahl: Naturwiss. **19**, 561 (1931).

hydrolysierbaren Natrontonen für Wasser und Luft praktisch undurchlässig. Daher können sich die Bakterien unter anaeroben Bedingungen entwickeln, und es müssen die Rückstände der bakteriellen Zersetzung Reduktionsprodukte sein. Überdies findet, sobald das Gleichgewicht zwischen nicht hydrolysiertem Natronton und gelösten Ionen durch saure Zersetzungsprodukte gestört wird, weitere Hydrolyse des Tons statt, so daß die Alkalität stets und kontinuierlich aufrecht erhalten wird.

Unter den Deckschichten aus Natronton vollzieht sich im Laufe der geologischen Perioden ein vollkommener bakterieller Abbau der organischen Produkte, und zwar nach Taylor (l. c.) sowohl solcher pflanzlichen wie tierischen Ursprungs. Die pflanzlichen werden zu Kohlen, die tierischen zum Erdöl abgebaut, und die bituminösen Kohlen und Schiefer verdanken ihren Ursprung pflanzlichen und tierischen Überresten. Durch die Auffindung solcher Natrontone im Hangenden der Steinkohlenflöze und als Deckschichten über Erdöllagerstätten wird die Wahrscheinlichkeit der Taylorschen Theorie weiterhin gestützt[1].

Nach Stadnikoff[2] gibt die Theorie der bakteriellen Zersetzung von Engler-Höfer und ihre Weiterentwicklung von Taylor zwar eine Erklärung für den Gehalt des Erdöls an Methankohlenwasserstoffen, aber nicht für den an Naphthenen. Stadnikoff greift auf die Vorstellungen von Mendelejeff bzw. F. Fischer und Tropsch zurück und nimmt an, daß sich zunächst durch anaerobe bakterielle Zersetzung organischen Materials ein „Urerdöl" gebildet habe, dessen ungesättigte Fettsäuren sich zu hochmolekularen cyclischen Säuren polymerisiert haben; in dieses in unterirdischen Becken angesammelte Urerdöl soll ein Wassergasgemisch (CO, H_2 usw.) eingedrungen sein, welches sich nach den Theorien von Mendelejeff oder Fischer und Tropsch gebildet hat. Unter dem Einfluß der hydrierenden Gase und unter Annahme von Temperaturen bis zu 200° und unter Berücksichtigung geologischer Reaktionszeiten wandelte sich das Urerdöl in das heutige Rohöl um, wobei durch H_2 die ungesättigten Verbindungen hydriert, durch CO die Carboxyle der Carbonsäuren reduziert worden sein sollen[3]. Nach Stadnikoff entspricht dieser Annahme die Zusammensetzung der Erdölgase, ihr Gehalt an CO_2 auf Kosten der Carboxyle der organischen Säuren und das Fehlen von CO und H_2, die bei der Reaktion verbraucht wurden. Die Entstehung von Erdölen bestimmter Klassen wird unter anderem durch die Anwesenheit gesättigter bzw. ungesättigter Fettsäuren in dem Sapropelitmaterial der Ausgangsstoffe erklärt. Durch Hydrierung eines überwiegend von stabilen gesättigten Fettsäuren stammenden Urerdöls wird ein an Harzen und Asphaltenen armes Methanerdöl entstehen. Im Falle der ungesättigten Fettsäuren ergibt sich primär ein Erdöl, das hauptsächlich aus Polymeren hochmolekularer Säuren besteht, durch dessen Hydrierung ein an Naphthenen und polycyclischen Naphthenen reiches Kohlenwasserstoffgemisch resultiert. Gegenwart von Humusstoffen führt dann zu Naphthen-Aromaten. Alle diese Entwicklungsstufen werden von Stadnikoff noch näher gekennzeichnet; er begründet seine Theorie auch damit, daß nicht die thermische Zersetzung primären Erdöls zur Entstehung einer Naphthenmischung führen kann, sondern nur die Hydrierung. Für Stadnikoffs Theorie spricht ferner die Tatsache, daß nach Gregory[4] und Whetherill[5] alle N- und S-haltigen Produkte, die zu den Bestandteilen des Tierorganismus gehören, bei den Verwesungsvorgängen spurlos verschwinden, während die N- und S-haltigen Verbindungen des pflanzlichen Organismus biologische Zeitalter ohne wesentliche Veränderungen überdauern. Mit dieser

---

[1] Nach A. Thayer: Bull. Amer. Assoc. Petrol. Geologists 15, 441 (1931), ist die Theorie der Entstehung des Erdöls durch anaerobe bakterielle Zersetzung höherer Fettsäuren abzulehnen. Er fand fast ausschließlich die Bildung von CO_2 und CH_4.

[2] Stadnikoff: Die Entstehung von Kohle und Erdöl. Stuttgart: Ferdinand Enke 1930.

[3] S. C. Lind: Science 73, 19 (1931), macht Crackvorgänge und α-Strahlung für die Entstehung der Erdölkohlenwasserstoffe aus dem Urmaterial verantwortlich; v. Weinberg: Petroleum 25, 147 (1929), nimmt an, daß das Erdöl unter hohen Druck- und Temperaturbedingungen unter der Wirkung elektrischer Strahlung aus Kohlen entstand.

[4] Stadnikoff: l. c., S. 16.

[5] Whetherill: Jber. Chem. 1855, 517; ferner Ebert: Ber. 8, 775 (1875).

Auffassung stimmt der hohe Gehalt der Erdöle der naphthenaromatischen Klasse an Umwandlungsprodukten der Humussubstanz sowie an N- und S-Verbindungen überein.

Hinzuweisen ist auf die Arbeiten von E. Berl[1], der neuerdings aus inkohlter Cellulose bei Druckbehandlung mit mäßig verdünntem Alkali Petroleum-Kohlenwasserstoffe, bei Behandlung mit Wasser oder sehr verdünntem Alkali Steinkohlenteerprodukte erhielt.

Die Auswertung der Forschungsergebnisse auf dem Gebiete der Entstehung des Erdöles ist noch sehr im Flusse, und Koetschau[2] warnt mit Recht vor einer dogmatischen Bevorzugung einer einzigen Theorie.

Die optische Aktivität des Erdöls. Die Hypothese der Entstehung des Erdöles aus organischem Material wird durch die bereits 1835 von Biot[3] entdeckte, aber dann in Vergessenheit geratene und erst von Walden[4], Tschugajeff[5] und Rakusin[6] in ihrer Bedeutung für die Frage der Erdölentstehung erkannte optische Aktivität des Erdöles wesentlich gestützt. Ihre Bedeutung besteht darin, daß eine rein chemische Synthese optisch-aktiver Stoffe aus optisch-inaktivem Material nach den bisherigen Kenntnissen nicht möglich ist. An der Erdoberfläche befindliche Stoffe, z. B. Protoplasma, könnten nach einer Annahme von Byk[7] z. B. durch zirkularpolarisiertes Licht in optisch-aktiver Form entstehen; unterirdisch aus „anorganischem" Material gebildetes Erdöl könnte aber dann nicht optisch-aktiv sein, sondern nur solches, das aus den Organismen der Erdoberfläche entstand. Die Fette selbst, aus denen nach Englers Theorie das Erdöl entstanden sein soll, sind zwar nur sehr wenig optisch-aktiv, enthalten aber durchweg, wenn auch nur in sehr kleinen Mengen, die stark optisch-aktiven Sterine, Cholesterin bzw. Phytosterin (s. S. 635). Auf der Gegenwart von Derivaten dieser Sterine soll nach Marcusson[8] die optische Aktivität der Erdöle beruhen. Daß diese meistens rechts drehen, während die Sterine selbst linksdrehend sind, erklärt sich nach Marcusson dadurch, daß Cholesterin bei der Destillation unter Wasserabspaltung rechtsdrehende flüssige Cholesterylene $C_{27}H_{44}$ bildet; daneben erhielt Steinkopf[9] auch ein festes linksdrehendes Cholesterylen (Schmp. 79°). Gegen die Annahme, daß die optische Aktivität durch Cholesterylene hervorgerufen würde, sprechen aber andererseits Versuche von Steinkopf und Beiersdorf[10], welche bei linksdrehenden (javanischen) Erdölfraktionen durch vollständige katalytische Hydrierung keine Veränderung der Drehung erzielen konnten, während linksdrehendes Cholesterylen bei dieser Behandlung in rechtsdrehendes Cholestan $C_{27}H_{48}$ übergehen würde. Hiernach müßten die Träger der optischen Aktivität des Erdöls gesättigte Verbindungen sein. Diese Ansicht konnte auch Tausz[11] durch die Beobachtung bestätigen, daß die optisch-aktiven Stoffe durch Ozonisierung nicht angegriffen werden.

Andererseits gelang es Engler, einige linksdrehende Fraktionen natürlicher Erdöle durch Erhitzen auf 340—350° in rechtsdrehende Stoffe zu verwandeln, analog der Überführung des linksdrehenden Cholesterins in rechtsdrehende Destillate. Auch Zelinsky[12], der bei der Einwirkung von $AlCl_3$ auf Cholesterin erdölartige,

---

[1] E. Berl: Liebigs Ann. **493**, 97f. (1932).

[2] Koetschau: Erdöl und verwandte Stoffe, S. 668. Leipzig: Theodor Steinkopff 1930.

[3] Biot: Mém. Acad. Sciences **13**, 140 (1835).

[4] Walden: Naturwiss. Rdsch. **15**, Nr. 12 — 16 (1900); Chem.-Ztg. **28**, 574 (1904).

[5] Tschugajeff: ebenda **28**, 505 (1904).

[6] Rakusin: ebenda **29**, 360 (1905); Untersuchung des Erdöls, S. 173f. Braunschweig 1906.

[7] Byk: Ztschr. physikal. Chem. **49**, 641 (1904).

[8] Marcusson: Chem. Revue üb. d. Fett- u. Harzind. **12**, 1 (1905).

[9] Steinkopf: Journ. prakt. Chem. [2] **100**, 65 (1920).

[10] Steinkopf u. Beiersdorf: ebenda [2] **101**, 75 (1920).

[11] Tausz: Chem.-Ztg. **43**, 225 (1919).

[12] Zelinsky: Ber. **60**, 1793 (1927); Zelinsky u. Lawrowsky: ebenda **61**, 1291 (1928).

optisch aktive Destillate erhielt, spricht Cholesterin als eine der Muttersubstanzen des Erdöles an.

Das Drehungsvermögen der Erdöle ist selten höher als 1 Sacch.-Grad (200-mm-Rohr). Die unter 200⁰ siedenden Fraktionen sind meistens inaktiv, bei den höher siedenden nimmt die Aktivität im allgemeinen zu, bis bei der Fraktion 250 bis 300⁰, erhalten unter 12—15 mm Druck, ein Maximum erreicht wird, worauf die Aktivität in den höheren Fraktionen wieder sinkt. Die höchsten Drehungen hochsiedender Erdölfraktionen betragen bis zu $+25^0$. Da auch die Cholesterindestillate die höchste Rechtsdrehung in denjenigen Siedegrenzen zeigen, in welcher die Erdöldestillate ihre Höchstdrehung haben, so schien auch hierin ein Hinweis auf Cholesterinderivate als Träger der optischen Aktivität der Erdöle zu liegen.

Russische, galizische, rumänische und deutsche Öle zeigen meistens stärkere Aktivität als nordamerikanische, besonders pennsylvanische Öle. Rakusin[1] wollte die geringere Aktivität der pennsylvanischen Öle im Sinne der Dayschen Filtrationstheorie durch Adsorption optisch-aktiver Substanzen auf dem Wege zur sekundären Lagerstätte erklären. Umgekehrt nimmt Chardin an, daß das Erdöl seine optische Aktivität bei der Migration auf dem Wege durch zoophytogene Zersetzungsreste erst erworben habe, eine Ansicht, die sich zur Erklärung der optischen Aktivität aller Erdöle jedenfalls nicht aufrecht erhalten läßt. Nach Neuberg[2] soll die optische Aktivität des Erdöls auf dessen Gehalt an desamidierten Spaltungsprodukten des Proteins beruhen. Demgegenüber wies Marcusson[3] auf die Wasserlöslichkeit der dabei — über die Aminosäuren — entstandenen niederen Fettsäuren hin[4].

Auch bakterielle Einwirkungen können unter Umständen die optische Aktivität — zugleich mit der relativen Zusammensetzung — beeinflussen; z. B. haben Tausz und Peter mit Hilfe von Bakterien Naphthene aus deren Mischungen mit Paraffin-Kohlenwasserstoffen isoliert (vgl. S. 529). Nach J. W. Beckman[5] soll aber die Einwirkung der Bakterien auf Öl sekundärer Natur sein; während die Bakterien im geeigneten Nährmittel leben, würden Enzyme gebildet, die die Erdölbestandteile in bezug auf ihre optische Aktivität beeinflussen. In bituminösen Extrakten der Steinkohle hat Pictet, in den Kohlenwasserstoffen des Urteers haben Fischer und Gluud optische Aktivität nachgewiesen. Auch in synthetischem Petroleum der I. G. Farbenindustrie wurde sie nach v. Weinberg[6] beobachtet; sie nimmt wie bei natürlichem Erdöl mit steigendem Mol.-Gew. zu.

VI. Physikalische und chemische Eigenschaften und Prüfungen.

(Bearbeitet von W. Bleyberg.)

1. Äußere Erscheinungen.

Rohes Erdöl ist meistens dunkelbraun bis tiefschwarzbraun, seltener — z. B. pennsylvanisches Öl — heller braun bis rotbraun, und zeigt stets dunkelgrüne oder blaue Fluorescenz; es ist bei gewöhnlicher Temperatur je nach dem Gehalt an Benzin, Paraffin, Asphalt usw. dünn- bis dickflüssig, bei hohem Paraffingehalt sogar salbenartig und hat einen charakteristischen, in erster Linie durch die niedrigsiedenden Anteile bestimmten Geruch, der bei reinen Paraffinkohlenwasserstoffen, Aromaten und Naphthenen meist

---

[1] Vgl. Zaloziecki u. Klarfeld: Chem.-Ztg. **31**, 1155, 1170 (1907).

[2] Neuberg: ebenda **29**, 1045 (1905); Biochem. Ztschr. **7**, 199 (1907); Ber. **40**, 4477 (1907).

[3] Marcusson: Chem.-Ztg. **32**, 30 (1908).

[4] Siehe Holde: 6. Aufl., S. 92.

[5] J. W. Beckman: Ind. engin. Chem. **18**, News Edition **4**, Heft 21, 3 (1926).

[6] v. Weinberg: Petroleum **25**, 147f. (1929).

als angenehm, bei ungesättigten Kohlenwasserstoffen und besonders bei Schwefelverbindungen als unangenehm empfunden wird.

2. Spezifisches Gewicht (d) und Ausdehnungskoeffizient (α).

Bedeutung und Bestimmung s. S. 1 und 6. Die spez. Gew. der meisten Erdöle liegen zwischen 0,73 und 1,0, ausnahmsweise auch darüber; z. B. zeigte ein persisches Rohöl $d = 1,016$, ein kaukasisches Öl $d = 1,038$, ein mexikanisches Öl sogar 1,06 *. Allgemeine Beziehungen zwischen Fundort und spez. Gew. eines Rohöles bestehen aber nicht; vielmehr kommen in den meisten Petroleumgebieten leichte und schwere Rohöle nebeneinander vor. Siehe auch die in den Tabellen 32—35 angegebenen Einzelwerte.

Da innerhalb der gleichen homologen Reihe (abgesehen von den aromatischen Kohlenwasserstoffen mit Seitenketten) die spez. Gew. der Kohlenwasserstoffe mit steigendem Mol.-Gew. zunehmen, deutet niedriges spez. Gew. meist auf hohen Gehalt an niedrigsiedenden Fraktionen (Benzin, Leuchtpetroleum), hohes spez. Gew. auf größeren Gehalt an hochsiedenden Fraktionen bzw. Asphaltstoffen. Bei gleichen Siedegrenzen bzw. Mol.-Gew. steigen die spez. Gew. von den aliphatischen (paraffinischen) Kohlenwasserstoffen über die Naphthene zu den aromatischen Kohlenwasserstoffen, Sauerstoff- und Schwefelverbindungen an.

Tabelle 35. Spezifische Gewichte und Ausdehnungskoeffizienten verschiedener Rohöle.

Herkunft	d_{15} g/l	$\alpha \cdot 10^6$ (bei Zimmertemperatur)	$d \cdot \alpha \cdot 10^3$ (Änderung von d für 1°)
Pennsylvanien	816	840	685
Kanada	828	843	698
Schwabweiler (leicht) . .	829	843	699
Baicoi	831	864	717
Campina	837,5	823	689
Bustenari (Telega) . . .	854	834	712
Schwabweiler (schwer) .	861	858	738
Moreni	869	850	738
Rußland	882	817	720
Westgalizien	885	775	686
Walachei	901	748	674
Tintea	909,5	735	668
Wietze (schwer)	955	647	618

Tabelle 36. Umrechnung des beobachteten Flammpunktes auf Barometerstand

685	690	695	700	705	710	715	720	725	730	735
										Flammpunkt
45,4	45,6	45,7	45,9	46,1	46,3	46,4	46,6	46,8	47,0	47,1
45,9	46,1	46,2	46,4	46,6	46,8	46,9	47,1	47,3	47,5	47,6
46,4	46,6	46,7	46,9	47,1	47,3	47,4	47,6	47,8	48,0	48,1
46,9	47,1	47,2	47,4	47,6	47,8	47,9	48,1	48,3	48,5	48,6
47,4	47,6	47,7	47,9	48,1	48,3	48,4	48,6	48,8	49,0	49,1
47,9	48,1	48,2	48,4	48,6	48,8	48,9	49,1	49,3	49,5	49,6
48,4	48,6	48,7	48,9	49,1	49,3	49,4	49,6	49,8	50,0	50,1
48,9	49,1	49,2	49,4	49,6	49,8	49,9	50,1	50,3	50,5	50,6
49,4	49,6	49,7	49,9	50,1	50,3	50,4	50,6	50,8	51,0	51,1

* Siehe Gurwitsch: Wissenschaftliche Grundlagen der Erdölverarbeitung, 2. Aufl., S. 110. Berlin 1924.

Der Ausdehnungskoeffizient steigt im allgemeinen, wie bei anderen Flüssigkeiten, mit wachsender Temperatur; nur wenn beim Erwärmen feste Teilchen, z. B. Paraffin, schmelzen und sich im Öl lösen, fällt α solange, bis die Lösung homogen geworden ist.

Die Änderung des spez. Gew. pro Grad Temperaturänderung ergibt sich gemäß S. 4 durch Multiplikation von d mit a; vgl. Tabelle 35.

3. Spezifische Wärme.

Bedeutung und Bestimmung s. S. 72. Die spezifische Wärme der rohen Erdöle beträgt etwa $0{,}4-0{,}5$ cal/g · Grad; s. S. 73, ebenda auch die spezifische Wärme von Erdölprodukten.

4. Verdampfungswärme.

Bedeutung und Bestimmung s. S. 75. Es handelt sich hier naturgemäß nicht um die Verdampfungswärme des Rohöles selbst, sondern um die Verdampfungswärmen der einzelnen Destillatfraktionen.

5. Heizwert.

Bedeutung und Bestimmung s. S. 78. Der obere Heizwert der rohen Erdöle liegt zwischen 9600 und 11 500 cal/g, meist zwischen 10 000 und 11 000 cal/g.

6. Entflammbarkeit (Feuergefährlichkeit).

Die Höhe des Flammpunktes richtet sich im wesentlichen nach dem Benzin- und dem Leuchtölgehalt des Rohöles; bei benzinreichen Ölen liegt er unter 0°, bei benzinfreien mitunter erst bei $70-80^{\circ}$.

Der Flammpunkt wird im Abel-Prober (S. 58), wenn er über 50° liegt, auch im Pensky-Martens-Apparat (S. 61) bestimmt, jedoch ermittelt man seine ungefähre Lage zweckmäßig durch einen Vorversuch im o. T.

Zur zollamtlichen Unterscheidung von Schmieröl und Rohpetroleum auf Grund des über oder unter 50° liegenden Flammpunktes[1] verwendet man für das Wasserbad des Abel-Probers ein bis 100°, für das Öl ein wenigstens bis 70° reichendes Thermometer. Das Wasserbad wird auf 85° (statt 55°) erhitzt und während des Versuches auf dieser Temperatur konstant erhalten.

Im übrigen ist die Arbeitsweise genau wie bei der Petroleumprüfung (S. 58). Bei Abweichungen des Barometerstandes gegen 760 mm korrigiert man den unmittelbar beobachteten Flammpunkt mittels Tabelle 36 auf den Normaldruck.

den dem normalen Barometerstand entsprechenden Flammpunkt.
in mm.

740	745	750	755	**760**	765	770	775	780	785
in $^{\circ}$C									
47,3	47,5	47,7	47,8	**48,0**	48,2	48,4	48,5	48,7	48,9
47,8	48,0	48,2	48,3	**48,5**	48,7	48,9	49,0	49,2	49,4
48,3	48,5	48,7	48,8	**49,0**	49,2	49,4	49,5	49,7	49,9
48,8	49,0	49,2	49,3	**49,5**	49,7	49,9	50,0	50,2	50,4
49,3	49,5	49,7	49,8	**50,0**	50,2	50,4	50,5	50,7	50,9
49,8	50,0	50,2	50,3	**50,5**	50,7	50,9	51,0	51,2	51,4
50,3	50,5	50,7	50,8	**51,0**	51,2	51,4	51,5	51,7	51,9
50,8	51,0	51,2	51,3	**51,5**	51,7	51,9	52,0	52,2	52,4
51,3	51,5	51,7	51,8	**52,0**	52,2	52,4	52,5	52,7	52,9

[1] Anleitung für die Zollabfertigung. Berlin 1924.

7. Optische Eigenschaften.

Brechungsexponent und Drehung der Polarisationsebene können nur bei
genügend hellen, nötigenfalls durch geeignete Filtration über Fullererde usw.
aufgehellten Ölen bestimmt werden, wurden jedoch für technische Beurtei-
lungen roher Erdöle bisher nicht benutzt (Bestimmung S. 90f., Beziehungen
der optischen Drehung zur Entstehung der Erdöle S. 150f.); sie könnten
vielleicht zur Feststellung der Herkunft von Roherdölen herangezogen werden.

8. Gehalt an Wasser und anderen ölunlöslichen Fremdstoffen.

Rohe Erdöle sind infolge ihres gemeinschaftlichen Vorkommens mit
Salzsolen, zum Teil auch infolge des zu ihrer Förderung benutzten Verfahrens
(Spülbohrung), fast immer wasserhaltig, was ihre technische Verarbeitung
wegen des durch den Wassergehalt verursachten Stoßens und Überschäumens
bei der Destillation häufig erschwert; daneben sind sie gewöhnlich noch durch
Sand, Salze, Holzteile usw. verunreinigt.

Der Wassergehalt wird am besten nach dem Destillationsverfahren (s. S. 117)
bestimmt. Zur gleichzeitigen Abscheidung der übrigen Fremdstoffe ist auch die
Zentrifugiermethode (S. 118) geeignet. Die festen Fremdstoffe allein werden nach
S. 119 bestimmt.

9. Siedeanalyse zur Bestimmung der Ausbeute an Benzin, Leuchtpetroleum, Schmieröl usw.

Die bei der Destillation erzielbare Ausbeute an Benzin usw. hängt stark
von dem angewandten Destillationsverfahren ab; die im Laboratorium erhaltenen Resultate sind daher nur bedingt auf den Großbetrieb übertragbar. Zur
annähernden Ermittlung der im Betriebe zu erwartenden Ausbeuten benutzt
man infolgedessen Laboratoriumsapparaturen, welche den tatsächlich vorhandenen Betriebseinrichtungen (Wasserdampf, Vakuum, fraktionierte
Kondensation) möglichst angenähert nachgebildet sind. Für Zoll- und
Handelszwecke werden dagegen meist einfachere und weniger kostspielige,
durch Vereinbarung bzw. Gesetz festgelegte Methoden benutzt, welche untereinander vergleichbare, mit den Betriebsergebnissen zwar nicht übereinstimmende, aber vom Fachmann auch für Betriebszwecke bis zu einem
gewissen Grade auswertbare Resultate liefern.

Für die Siedeanalysen müssen die Erdöle durch sorgfältiges Schütteln mit
$CaCl_2$ und darauffolgendes Filtrieren (möglichst ohne Erwärmung, um Benzin-
verluste zu vermeiden) entwässert werden. Als sehr geeignet zum Trocknen hat
sich auch ein zusammengeschmolzenes Gemisch von $CaCl_2$ und $NaCl$ (1 : 4)
erwiesen, das nicht wie reines $CaCl_2$ zusammenbackt[1]. Läßt sich wegen zu großer
Viscosität des Öles eine Erwärmung beim Entwässern nicht umgehen, so nimmt
man diese zur Vermeidung von Benzinverlusten im geschlossenen Gefäß, z. B.
in einer starkwandigen Glasflasche mit eingeschliffenem, mit Draht am Hals
befestigten Stopfen, noch besser im Autoklaven vor. Hartnäckige Erdöl-Wasser-
Emulsionen lassen sich nach Burstin[2] durch Schütteln der 50—60⁰ warmen
Emulsion mit 1—2% Sulfosäure oder Phenol und Absitzenlassen in der Wärme
zerstören.

---

[1] C. Engler u. L. Ubbelohde: Ztschr. angew. Chem. **26**, 177 (1913).
[2] Burstin: Untersuchungsmethoden der Erdölindustrie, S. 124. Berlin: Julius
Springer 1930.

a) Betriebsähnliche Laboratoriumsdestillationen.

Man destilliert in der Regel $1/2$—2 kg Öl, anfänglich mit Wasserkühlung, später mit Luftkühlung der Destillate (bis 175° Benzin, bis 250, 275 oder 300° Leuchtöl). Die schwereren, über 250—300° siedenden Destillate werden zwecks Vermeidung ihrer Zersetzung mit überhitztem Wasserdampf, nötigenfalls unter gleichzeitiger Druckverminderung übergetrieben.

Apparatur. Die wesentlichen Teile einer solchen Apparatur, die in verschiedener Ausführung hergestellt werden kann, sind folgende:

1. Ein Destillierkolben (2—5 l Inhalt) aus Glas, besser aus Kupfer oder, wenn

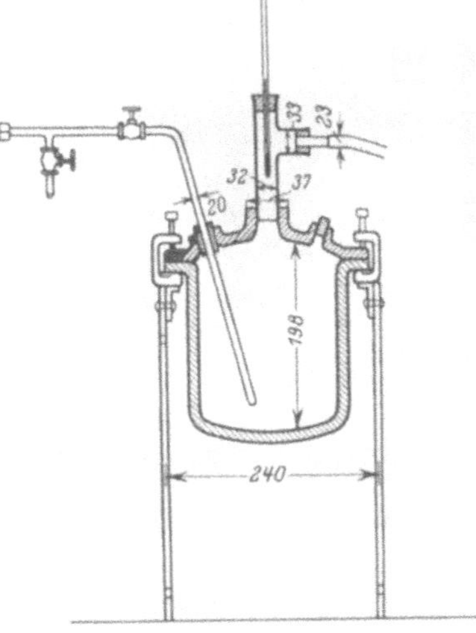

Abb. 83. Gußeiserne Destillierblase zur Rohöldestillation.

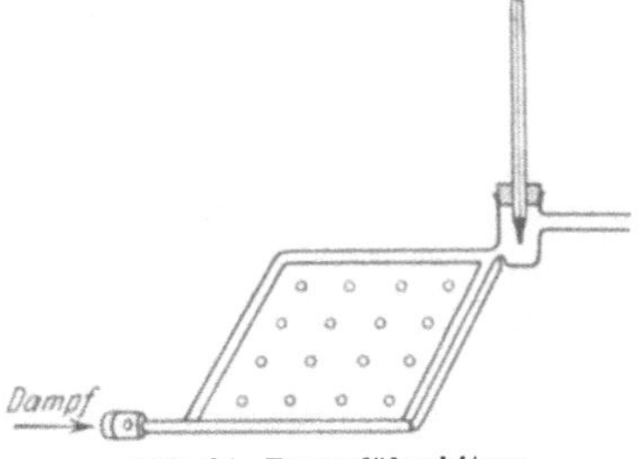

Abb. 84. Dampfüberhitzer nach Heizmann.

bis auf Koks destilliert werden soll, aus Gußeisen (Abb. 83), der mit Dampfzu- und -ableitungsrohren, Thermometer und, für niedrigsiedende Fraktionen, mit

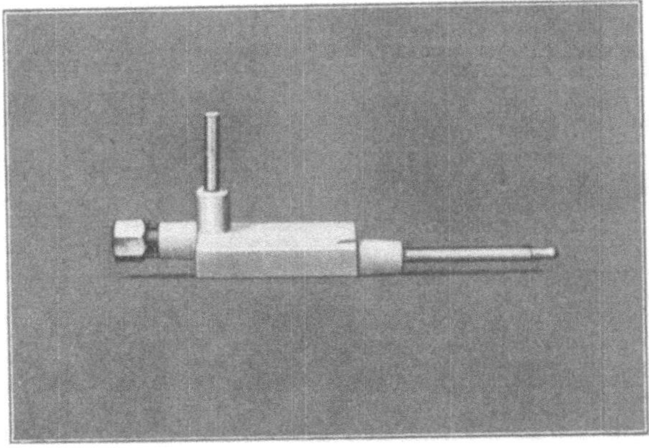

Abb. 85. Dampfüberhitzer nach Tropsch.

einer 30—50 cm hohen, mit Raschigringen, Prymkörpern od. dgl. gefüllten Fraktionierkolonne versehen ist.

2. Ein Dampfentwickler nebst Überhitzer, z. B. nach Heizmann (Abb. 84), Tropsch (Abb. 85) oder Dargatz (Abb. 86).

3. Ein Kühler, für niedrigsiedende Fraktionen mit Wasserkühlung, für hochsiedende Anteile mit Luftkühlung. Statt eines einfachen gläsernen Liebig-Kühlers verwendet man zweckmäßig Schlangenkühler aus Zinn oder verzinntem

Kupfer, die in ihrem der Destillierblase zunächst gelegenen Teil durch Luft, im letzten Teil durch Wasser gekühlt werden und die Abnahme der kondensierten Destillate an verschiedenen Stellen gestatten. Hierdurch wird gleich eine Fraktionierung der Destillate erzielt, da die schwersten Öle bereits beim ersten Abfluß des Separators kondensiert sind, beim zweiten etwas leichtere Anteile usw.

4. **Vorlagen zum Auffangen der Destillate.** Für eine Destillation bei Atmosphärendruck genügen gewöhnliche Kolben, oder, wenn man das Verhältnis

Abb. 86. Dampfüberhitzer nach Dargatz.

von Öldampf- zu Wasserdampfmenge kontrollieren will, einfache Meßzylinder von 100 oder 250 ccm Inhalt. Soll — mit oder ohne Dampf — im Vakuum destilliert werden, so benutzt man Vakuum-Wechselvorlagen, z. B. wie Abb. 87 oder 88, welche die Abnahme der Fraktionen unter Vakuum ohne Unterbrechung der Destillation gestatten.

Eine im Betriebslaboratorium der Ölwerke Julius Schindler, Wilhelmsburg b. Hamburg, gut bewährte, für Destillation mit Dampf und unter Vakuum geeignete

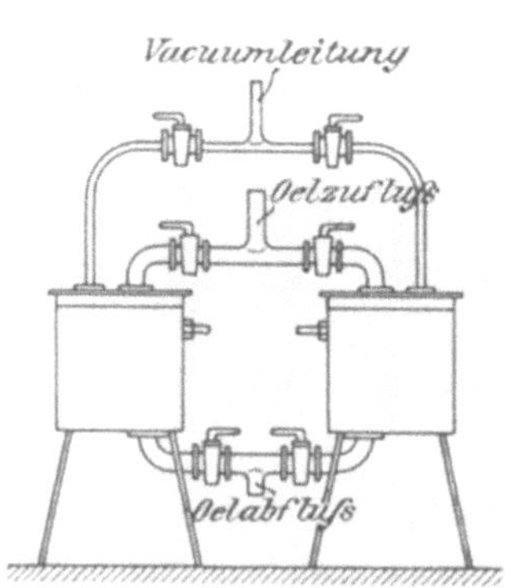

Abb. 87. Vakuum-Wechselvorlage.

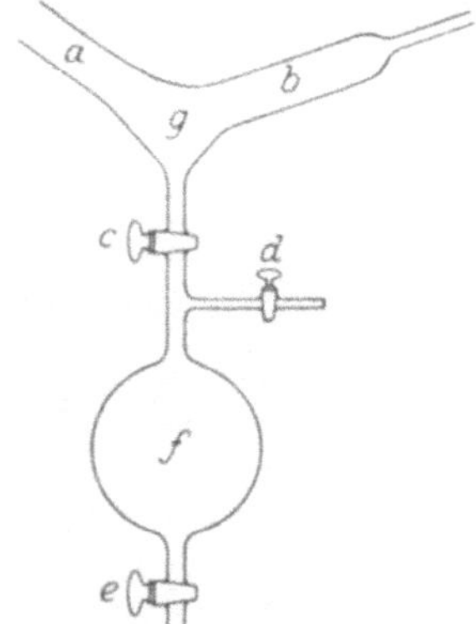

Abb. 88. Vakuum-Wechselvorlage nach Kohen.

Form des Destillationsapparates zeigt Abb. 89. Die Arbeitsweise ergibt sich aus den Erläuterungen 1—20.

Arbeitsweise. Die Benzin- und die Leuchtpetroleumfabrikation destilliert man stets (weil die Siedegrenzen bestimmt werden müssen) ohne Dampf und Vakuum. Die erhaltenen Rohdestillate werden dann, zur schärferen Abgrenzung, in einem besonderen Apparat nochmals mit hoher Kolonne rektifiziert. Die höheren Fraktionen (Gasöl, Schmieröl) muß man in verschiedener Weise destillieren, je nachdem ein paraffinfreies oder ein paraffinhaltiges Rohöl vorliegt[1].

Paraffinfreie Öle, die wertvolle (niedrigstockende) Schmieröle liefern, destilliert man, um Zersetzung möglichst zu vermeiden, mit viel Wasserdampf (anfänglich auf 200—250⁰, dann steigend bis 300 oder 350⁰ überhitzt), möglichst auch unter

---

[1] **Burstin:** l. c., S. 131.

Vakuum, und fängt die nacheinander übergehenden Fraktionen von verschiedener Viscosität getrennt auf. Je nachdem, ob man auf Zylinderöl, Asphalt oder Koksrückstand destillieren will, unterbricht man die Destillation früher oder später.

Die einzelnen Schmierölfraktionen (einschließlich des Rückstandes) werden gewogen, auf Viscosität, Flammpunkt, Stockpunkt und spez. Gew. untersucht und zur Erzielung handelsüblicher Produkte (Transformatorenöl, leichtes oder schweres Maschinenöl, Autoöl usw.) in geeigneter Weise gemischt. Entsprechend den hierbei festgestellten Mischungsverhältnissen schneidet man bei einer Wiederholung der Probedestillation gleich geeignete Fraktionen heraus.

Abb. 89. Laboratoriumsdestillierapparat der Ölwerke Julius Schindler. *1* Destillierblase; *2* Probenehmer für Rückstandsöl (Inhalt eines Flammpunktstiegels); *3* Anschluß und Ventil für überhitzten Wasserdampf; *4* Vakuummeter; *5* Thermometer für überhitzten Wasserdampf; *6* Thermometer im Öldampf; *7* Thermometer im Öl; *8* Schaulöcher; *9* Trichter mit Hahn zum Zurückgießen von Proben und infolge Steigens des Blaseninhaltes übergegangenem Öl unter Vakuum; *10* Dephlegmator; *11* Abflußrohre für die Schmieröldestillate mit Hähnen, durch welche an verschiedenen Stellen des Dephlegmators Kondensate abgenommen werden können; *12* Wasserkühler für die Schmieröldestillate; *13* Hähne für wechselseitige Ein- und Ausschaltung der Empfangsgefäße; *14* Luftzuführung zum Entleeren der Empfangsgefäße; *15* Anschlußrohre an die Vakuumpumpe; *16* Empfangsgefäße; *17* Hahn zur Entleerung der Empfangsgefäße; *18* Kühlwasserleitung; *19* Wasserkühler für niedrigsiedende Destillate; *20* Abflußleitung für niedrigsiedende Destillate mit Anschluß an die Vakuumpumpe.

Bei paraffinhaltigem Rohöl, das meist an einem über 0⁰ liegenden Stockpunkt, besonders des nach Abdestillieren des Benzins und des Leuchtpetroleums verbleibenden Rückstandes, erkennbar ist, destilliert man nach Burstin (l. c.) die oberhalb des Leuchtpetroleums siedenden Öle mit bedeutend weniger Dampf als bei paraffinfreiem, auch besser ohne Vakuum, weil unter diesen Umständen durch geringe Zersetzung der Destillate eine bessere Krystallisation des Paraffins erzielt wird. Anfangs regelt man die Dampfzufuhr so, daß sich in der Vorlage auf 100 Teile Öl 20 Teile Wasser kondensieren. Allmählich steigert man die Dampfmenge bis auf 50% des Öldestillates. Das gesamte hierbei erhaltene Destillat, das Paraffinöl, wird, mit Ausnahme der zuletzt übergehenden Brandharze (Picenfraktion), in einer einzigen Fraktion aufgefangen, wobei man, um Verstopfung des Kühlers zu verhindern, das Kühlwasser allmählich auf 50⁰ erwärmt. Das Paraffinöl wird nach Abtrennung des Kondenswassers gewogen und durch Bestimmung des spez. Gew., des Flammpunktes, des Stockpunktes, der Viscosität und des Paraffingehaltes (s. S. 171) charakterisiert.

Will man auch Art und Menge der daraus herstellbaren Schmieröle ermitteln, so muß man vorher das Paraffin durch Abkühlung des Öles und Abfiltrieren des auskrystallisierten Paraffins bei tiefer Temperatur entfernen. Um einigermaßen den Betriebsergebnissen entsprechende Resultate zu erhalten, muß man mindestens $1/_2$ kg Paraffinöl verarbeiten. Da das Paraffinöl selbst beim Abkühlen kein gut filtrierbares Paraffin ausscheiden würde, verdünnt man das Öl mit so viel Leuchtpetroleum, daß die Mischung eine Viscosität von 1,2—1,5 E bei 50⁰ zeigt[1]. Diese Mischung wird auf 50⁰ erwärmt und möglichst langsam (im Verlauf mehrerer Stunden) auf —10⁰ abgekühlt. Das ausgeschiedene Paraffin wird bei —10⁰ an der Saugpumpe abfiltriert und möglichst trocken gesaugt; da man es aber so nicht völlig ölfrei erhalten kann, bekommt man im Filtrat eine zu geringe Menge Öl. Nach Burstin berechnet man daher die im Betriebe erzielbare Gesamtausbeute an paraffinfreiem Schmieröl, indem man von dem Gewicht des ursprünglich bei der Destillation erhaltenen Paraffinöls 80% des nach Engler-Holde (s. S. 171) bestimmten Paraffingehaltes abzieht.

Das entparaffinierte Öl kann nun in der oben für paraffinfreies Öl angegebenen Weise durch Destillation mit überhitztem Dampf (250—300⁰) und unter Vakuum in handelsübliche Fraktionen (Gasöl, Maschinenöl usw.; als Rückstand Zylinderöl) zerlegt werden. Die Menge des zur Verdünnung des Paraffinöles zugesetzten Petroleums, das zu Beginn der Destillation übergeht, muß natürlich von der Ausbeute an leichten Ölen in Abzug gebracht werden.

G. A. Beiswenger und W. C. Child[2] empfehlen nachstehendes Destillationsverfahren ohne Dampf, bei dem mit 1600 ccm Rohöl in 16 h, d. h. 2 Arbeitstagen, qualitativ und quantitativ die

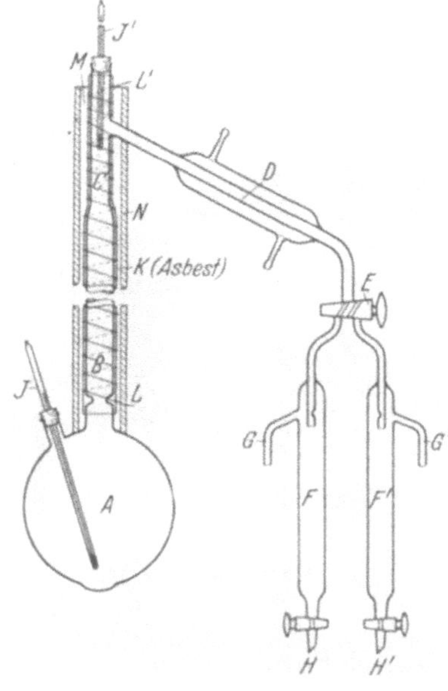

Abb. 90. Apparatur zur Rohöldestillation nach Beiswenger und Child.

gleichen Fraktionen erzielt werden sollen wie im Großbetrieb bei schonender Verarbeitung (Röhrendestillation). Das Verfahren wurde an zahlreichen verschiedenen Rohölen im Betrieb erprobt.

Die Apparatur (Abb. 90) besteht aus dem 2 l fassenden Kolben A mit 121 cm hoher Fraktionierkolonne BC, die im unteren Teile (B, 101 cm) 25 mm, im oberen (C, 20 cm) 19 mm Außendurchmesser besitzt, dem Liebig-Kühler D und den mittels des Dreiwegehahns E angeschlossenen Vakuumwechselvorlagen F und F', die bei G bzw. G' mit der Vakuumpumpe verbunden sind. Die Thermometer J und J' dienen zur Messung der Temperaturen in der Flüssigkeit bzw. im Dampf. Die Kolonne BC ist zur Wärmeisolierung in eine Schicht K aus Asbestpapier eingehüllt, um welche ein bei höheren Temperaturen zur Erwärmung der Kolonne dienender Heizdraht LL' gewickelt ist. Außerdem ist die ganze Kolonne mit einem Magnesiamantel N umgeben, welcher einen Luftspalt M zwischen N und LL' freiläßt. Die Kolonne wird mit Messingketten gefüllt, und zwar im untersten Drittel mit Kette Nr. 16 (amerikanische Normenbezeichnung), im mittleren mit Nr. 18, im obersten

---

[1] Burstin: l. c., vgl. auch S. 291.
[2] G. A. Beiswenger u. W. C. Child: Ind. engin. Chem., Anal. Ed. **2**, 284 (1930).

mit Nr. 20. Die Umhüllung besitzt an 3 Stellen (oben, in der Mitte und unten) Durchbrechungen, durch welche die Wirkung der Kolonne beobachtet werden kann. Bei der Destillation läßt man anfangs (bei niedrigen Temperaturen) durch die untere und mittlere Öffnung des Magnesiamantels einen Luftstrom eintreten (zur Unterstützung der Fraktionierwirkung der Kolonne), den man bei steigenden Siedetemperaturen schwächer werden bzw. aufhören läßt und durch allmählich immer stärkere, durch Vorschaltwiderstand zu regulierende Heizung der Kolonne mittels des Drahtes LL' ersetzt. Die Kühlung bzw. Heizung der Kolonne wird so bemessen, daß die Flüssigkeit gerade nicht überfließt, sondern herausdestilliert.

Das zuvor auf seine Eigenschaften (Dichte, S-Gehalt, Viscosität, Flammpunkt, Farbe, Wasser, feste Fremdstoffe und Asphaltgehalt) geprüfte Rohöl (1600 ccm) wird in Kolben A eingefüllt und zunächst bei Atmosphärendruck erhitzt, so daß 2—4 ccm/min übergehen. Fraktionen werden bei 320⁰ F (160⁰ C), 360⁰ F (182,2⁰ C) und 400⁰ F (204,4⁰ C) unter Berücksichtigung der Fadenkorrektion des Thermometers J' abgenommen. Dann läßt man (zweckmäßig über Nacht) abkühlen und destilliert nunmehr unter Vakuum (10 mm Hg) weiter, wobei man Fraktionen von je 3% des Rohöls getrennt auffängt. Um Zersetzung zu verhindern, geht man mit der Endtemperatur der Flüssigkeit (Thermometer J) nicht über 620⁰ F (327⁰ C), vermindert außerdem gegen Ende der Destillation den Druck auf 2—3 mm und heizt die Kolonne so stark, daß nur geringer Rückfluß stattfindet und die siedende Flüssigkeit von dem Druck der Dampfsäule möglichst entlastet wird. Auf diese Weise wird praktisch das ganze Paraffin (bzw. Paraffinöl) ohne Zersetzung übergetrieben.

Sämtliche Fraktionen werden gewogen, auf Dichte, Viscosität usw. geprüft und nach Bedarf redestilliert (z. B. Benzin) bzw. gemischt; die Resultate werden graphisch dargestellt. Bei genaueren Analysen wird auch die Gasmenge gemessen, am besten nach Waschen mit Natronlauge, in welcher H_2S aufgefangen wird (letzteres kann z. B. durch Titration mit J bestimmt werden).

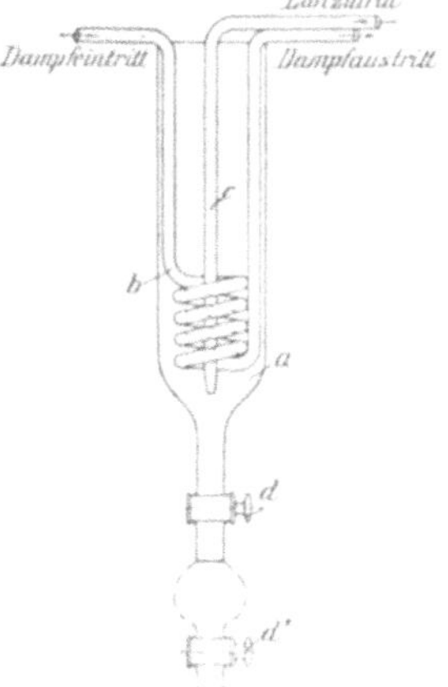

Abb. 91. Raffinationsgefäß nach Holde.

Raffination. Die im Verlauf der Destillationen erhaltenen rohen Destillate (Benzin, Leuchtöl, Gasöl, verschiedene Schmieröle) werden zur Entfernung übelriechender ungesättigter Verbindungen sowie zur Aufhellung je nach der Zähigkeit und Farbe des Öles mit konz. Schwefelsäure (z. B. 1—8 %) und mit Bleicherde raffiniert.

Beim Nachwaschen der mit H_2SO_4 raffinierten Mineralöle mit Lauge und Wasser zeigen sich oft Emulsionen, welche bei Benutzung eines gewöhnlichen Scheidetrichters schwierig zu überwinden sind. Die Waschungen erfordern bei schweren Ölen innige Durchmischung und müssen warm erfolgen, damit sich das Öl möglichst gut von der Waschflüssigkeit trennt. Ein für solche Arbeiten geeignetes Gefäß von Holde (Abb. 91) besteht aus dem mit den Ablaßhähnen d und d' versehenen gläsernen Waschgefäß a, der aus Aluminium oder gut gekühltem Glas gearbeiteten Dampfschlange b und dem gläsernen, zum Rühren der Flüssigkeit mittels Druckluft dienenden Luftzuführungsrohr c. Die gewaschenen Öle können in dem Apparat unter Durchleiten von Luft getrocknet werden. Hahn d' dient dazu, beim Ablassen mitgerissene Ölteilchen abzutrennen.

Die Raffinationsvorrichtung von F. Frank (Abb. 92) ist den im Großbetrieb verwendeten, mit mechanischer Rührung versehenen Agiteuren nachgebildet. Diese Rührung wird häufig bevorzugt, weil bei ihr die bei Luftrührung eintretende Oxydation der Öle vermieden wird. Allerdings erfordert die Luftrührung einen viel geringeren Kraftaufwand als die mechanische Rührung.

Der auf einem Dreifuß a ruhende Agiteur aus Kupferblech besitzt in seinem zylindrischen Teil einen Doppelmantel b, der von c aus mit Wasser gefüllt und bei d durch eine kleine Flamme erwärmt wird. Die Temperatur des Mantels bzw. des Waschgutes mißt man durch die in den Tüllen e und f befestigten Thermometer. Zur Durchwirbelung dient der durch einen Elektromotor angetriebene Rührer g; in der Nähe der Wandung bringt man bei i ein Staurohr an, damit

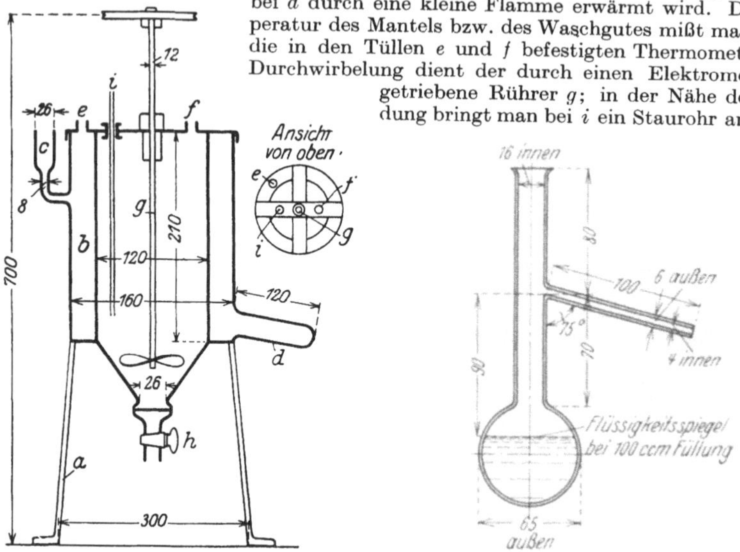

Abb. 92. Raffinationsgefäß
nach F. Frank.

Abb. 93a. Engler-Kolben.

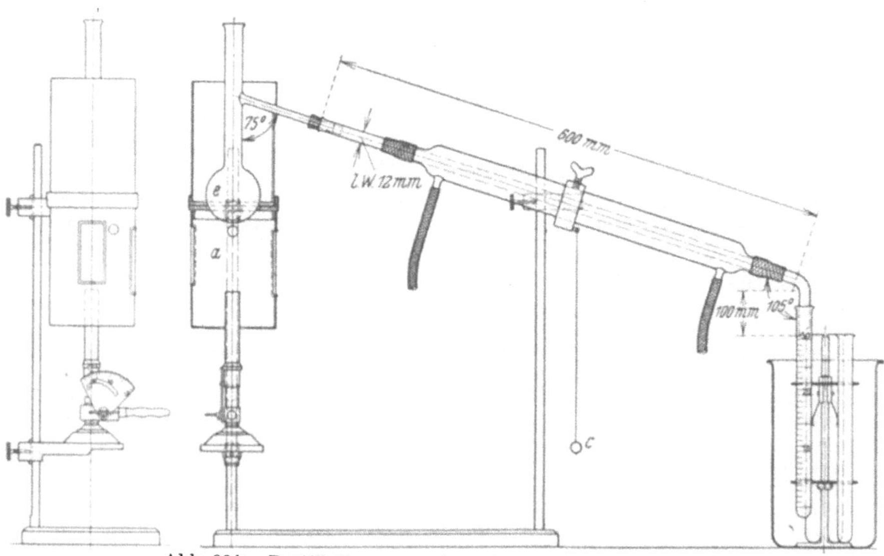

Abb. 93b. Destillationsapparat nach Engler-Ubbelohde.

die Flüssigkeiten nicht nur rotierende Bewegungen machen. Man raffiniert mit konz. Schwefelsäure, läßt die Untersäure nach dem Absitzen durch Hahn h ab, wäscht mit wenig Wasser die Hauptmenge der zurückgebliebenen Säure aus, setzt dann Lauge zu, rührt wieder einige Zeit und wäscht nach Ablassen der abgesetzten Waschflüssigkeit so oft mit Wasser, bis dieses nicht mehr alkalisch reagiert.

b) Vereinbarte bzw. gesetzlich vorgeschriebene Destillationsmethoden für Zoll- und Handelsanalysen.

Bei diesen Methoden, bei denen es, wie oben erwähnt, weniger auf die Übereinstimmung der Ausbeuten mit den Betriebszahlen als auf Einfachheit der Apparatur und Versuchsausführung sowie auf gute Reproduzierbarkeit der Ergebnisse ankommt, sind die vorgeschriebenen Dimensionen der Kolben, Kühler, Thermometer usw. sowie die Arbeitsvorschrift genau innezuhalten. Die gleichen Apparate werden außer für rohes Erdöl auch zur fraktionierten Destillation von Benzin, Leuchtöl, Gasöl usw. benutzt.

α) Die kontinuierliche Destillation nach Engler-Ubbelohde[1] stellt die international gebräuchlichste Form der Siedeanalyse dar.

Die Apparatur (Abb. 93a—b) besteht aus dem etwa 130—135 ccm fassenden Engler-Kolben (Abb. 93a), der in einem mit Asbestpappe bedeckten Ofen aus Eisenblech durch einen Bunsenbrenner mit Regulierskala erhitzt wird, einem 60 cm langen, gläsernen Kühlrohr (weitere Maßangaben s. Abb. 93b), dessen Neigung durch das unter 75^0 geneigte Ableitungsrohr des Engler-Kolbens bestimmt wird, und 6 in 0,2 ccm geteilten, je 30 ccm fassenden, an einem drehbaren Stativ befestigten Reagensgläsern, die, durch ein Wasserbad von Zimmertemperatur gekühlt, die Destillate auffangen; will man die einzelnen Fraktionen nicht getrennt auffangen, sondern nur ihre Größe bestimmen, so genügt als Vorlage ein in 0,5 ccm geteilter Meßzylinder von 100 ccm Inhalt.

Als Thermometer verwendet man am besten die für den zollamtlichen Destillationsapparat (s. u.) vorgeschriebenen, von $0-360^0$ reichenden Thermometer[2]. Bei diesen befindet sich der 0^0-Teilstrich 90 mm über dem Boden des Quecksilbergefäßes, so daß kein Teil der Skala während der Destillation vom Korken verdeckt wird; die Länge der Skala muß von $0-100^0$ 55 ± 2 mm, von $0-360^0$ 200 ± 10 mm betragen. Die Temperaturangaben gelten für ganz eintauchenden Quecksilberfaden. Eine Berücksichtigung der Korrektion für den herausragenden Faden ist bei Handelsanalysen nicht üblich, im Bedarfsfalle kann sie nach Tabelle 37 erfolgen. Zur Vermeidung von Mißverständnissen empfiehlt es sich, stets anzugeben, ob die Korrektion berücksichtigt wurde bzw. — bei Lieferbedingungen oder Analysenaufträgen — berücksichtigt werden soll.

Tabelle 37. Korrektionen für den herausragenden Faden nach Wiebe[3].

Abgelesene Siedetemperatur ^{0}C	Fadenkorrektion ^{0}C	
	im gläsernen Engler-Kolben	im zollamtlichen Metallapparat
60	+ 0,8	+ 0,2
80	1,6	0,5
100	2,3	0,9
120	3,1	1,4
140	3,9	1,9
160	4,9	2,6
180	5,9	3,4
200	7,2	4,3
220	8,7	5,4
240	10,3	6,6
260	12,2	8,0
280	14,1	9,3
300	16,3	10,6
320	18,8	11,9

Bei erheblich vom Normaldruck abweichendem Barometerstand korrigiert man die abgelesenen Siedetemperaturen gemäß Tabelle 38 (S. 162).

Man destilliert 100 ccm Öl, die man bei dünnflüssigen Ölen (Benzin, Leuchtpetroleum, benzinreiches Rohöl) mit einer Pipette abmißt, bei viscoseren Ölen dagegen, wenigstens für genauere Bestimmungen, besser unter Berücksichtigung des spez. Gew. einwägt. Das Ausgangsmaterial und die Volumina der Destillate und des Rückstandes nach der Destillation müssen natürlich bei gleicher Temperatur abgemessen werden.

---

[1] Ubbelohde: Mitt. Materialprüf.-Amt Berlin-Dahlem **25**, 261 (1907).
[2] Ztrbl. Dtsch. Reich **26**, 355 (1898). [3] Wiebe: Petroleum **7**, 1304 (1912).

Tabelle 38. Korrektion der abgelesenen Siedetemperaturen für je ± 1 mm Hg Differenz gegenüber 760 mm[1].

Temperatur-bereich °C	Korrektion ∓ °C	Temperatur-bereich °C	Korrektion ∓ °C	Temperatur-bereich °C	Korrektion ∓ °C
10— 30	0,035	150—170	0,052	290—310	0,069
30— 50	0,038	170—190	0,054	310—330	0,071
50— 70	0,040	190—210	0,057	330—350	0,074
70— 90	0,042	210—230	0,059	350—370	0,076
90—110	0,045	230—250	0,062	370—390	0,078
110—130	0,047	250—270	0,064	390—410	0,081
130—150	0,050	270—290	0,066		

Als Siedebeginn gilt diejenige Temperatur, bei welcher der erste Tropfen Destillat vom Kühlerende abfällt. Da die Temperatur zu Beginn der Destillation in der Regel sehr schnell ansteigt, besitzt der „Siedebeginn" nur geringe praktische Bedeutung. Das Destillationstempo soll etwa 2 Tropfen pro Sekunde, entsprechend 4—5 ccm/min betragen, was durch ein an dem Stativ befestigtes Sekundenpendel c oder bequemer durch ein Metronom kontrolliert wird. Die einzelnen Fraktionen werden, je nach den gestellten Anforderungen, entweder innerhalb bestimmter Temperaturintervalle (z. B. vom Siedebeginn bis 150°, von 150—300° oder von 10 zu 10°) oder jeweils nach Übergehen bestimmter Mengen (z. B. von 10 zu 10%, unter Ablesung der zugehörigen Siedegrenzen) aufgefangen, und zwar, mit Ausnahme der zuletzt übergehenden Fraktion, ohne Nachlauf. Definition der Siede- schlußtemperatur, deren Bestimmung nur bei solchen Ölen in Betracht kommt, welche wie Benzin oder Leuchtöl bei gewöhnlichem Druck ohne Rückstand flüchtig sein sollen, siehe im Abschnitt „Benzin", S. 195.

Modifikation der Engler-Destillation von Rohöl nach den I.P.T.-Vorschriften. Bei der englischen Ausführungsform[2] der Engler- Destillation wird zwar ebenfalls der Normal-Engler-Kolben verwendet, im übrigen aber sind verschiedene Abweichungen sowohl in der Apparatur wie in der Arbeitsweise zu beachten.

Die Länge des Kühlers beträgt 56 cm (statt 60 cm), die lichte Weite 12,5 mm; als Vorlage dient ein gewöhnlicher, in $^1/_1$ ccm geteilter, 18—20 cm hoher 100-ccm- Meßzylinder mit Ausguß.

Das 7—8 mm dicke, 35 cm lange Stabthermometer ist von —5 bis + 360° in ganze Grade geteilt und auf volle Eintauchtiefe geeicht; der Nullpunkt liegt 10 ± 0,5 cm über dem Boden des Quecksilbergefäßes, die Länge der Skala beträgt 20—23 cm.

Der Siedebeginn ist (für die Benzindestillation) wie oben definiert, spielt jedoch nach der I.P.T.-Vorschrift bei Rohöl keine Rolle. Man destilliert 100 ccm Rohöl, deren Gewicht nach Einfüllen in den Engler-Kolben festzustellen ist, in einem Tempo von 2—2,5 ccm/min (1 Tropfen pro Sekunde) kontinuierlich bis 300° (unkorrigiert) und notiert die Destillatmengen, die bis 50°, 75° und allen weiteren Vielfachen von 25° übergehen. Der Destillationsrückstand wird nach Abkühlung auf Zimmertemperatur gewogen; dann bestimmt man sein spez. Gew. und be- rechnet daraus sein Volumen, das, zusammen mit der Destillatmenge, die Destil- lationsausbeute in Vol.-% ergibt. Die Differenz gegen 100% ist der Destillations- verlust.

Der Barometerstand ist zu notieren; Korrektionen sind jedoch weder für ab- weichenden Luftdruck noch für den herausragenden Quecksilberfaden anzu- bringen.

Modifikation der Engler-Destillation von Rohöl nach den A.S.T.M.-Vorschriften[3]. In Amerika ist die Rohöldestillation von der

---

[1] Nach A.S.T.M.-Jber. 1932 des Comm. D 2, S. 95.
[2] I.P.T.-Standard Methods, 2. Aufl., S. 122. 1929.
[3] A.S.T.M.-Methode D 285—30 T, Ber. 1932 des Comm. D 2, S. 80.

A.S.T.M. bisher nur im Hinblick auf die Bestimmung der Naphtha -(Benzin-) Ausbeute normalisiert worden.

Man benutzt dort den gewöhnlichen Engler-Kolben nur für die Destillation von Benzin, Leuchtpetroleum u. dgl., während für die Rohöldestillation ein größerer Kolben (300 ccm Inhalt, Maße s. Abb. 94) verwendet wird. Zur besseren Fraktionierung füllt man den Kolbenhals unterhalb des Abzugsrohres mit einer zusammengelegten dünnen eisernen Kette, die durch federnd im Hals sitzende Drahtspiralen gehalten wird.

Als Kühler dient ein 55,9 cm (22″) langes, 14,3 mm (⁹/₁₆″) weites, nahtloses Messingrohr, das von einem 38 cm langen, 10 cm weiten und 15 cm hohen Kühlbad (mit Kältemischung von —15 ± 3⁰ C gefüllt) umgeben wird. Das auf volle Eintauchtiefe geeichte Thermometer soll 6—7 mm dick, 38 cm lang und von 0 bis 300⁰ C in ¹/₁⁰ geteilt sein; der Nullpunkt der Skala soll 100—110 mm über dem Boden des Quecksilbergefäßes liegen. Während der Destillation ruht der Kolben in dem 9 cm weiten, runden Ausschnitt einer 4 mm starken Asbestplatte und wird von einem ähnlichen Schutzmantel wie bei der gewöhnlichen Engler-Destillation umgeben.

Man füllt 300 ccm Rohöl, die man bei dünnen Ölen mit einer Pipette abmißt, bei viscosen Ölen unter Berücksichtigung des spez. Gew. einwägt, in den Kolben, bringt hierauf den Füllkörper für die Fraktionierkolonne in den Hals und setzt das Thermometer auf. Als Vorlage benutzt man einen 100-ccm-Meßzylinder, den man so tief wie möglich in ein Gefäß mit kaltem Wasser (0—4⁰) hineinstellt.

Zu Beginn der Destillation erhitzt man den Kolben so, daß die ersten 5—10 ccm in einem Tempo von 2—3 ccm/min übergehen, dann erst steigert man die Destillationsgeschwindigkeit auf das Normaltempo von 4—5 ccm/min. Bei Erreichung der oberen Siedegrenze für die Benzin-(Naphtha-) Fraktion (je nach Vereinbarung, z. B. 240⁰) wird die Destillation unterbrochen und die Destillatmenge gemessen. Etwa in der Vorlage abgesetztes Wasser ist von der Rohbenzinausbeute

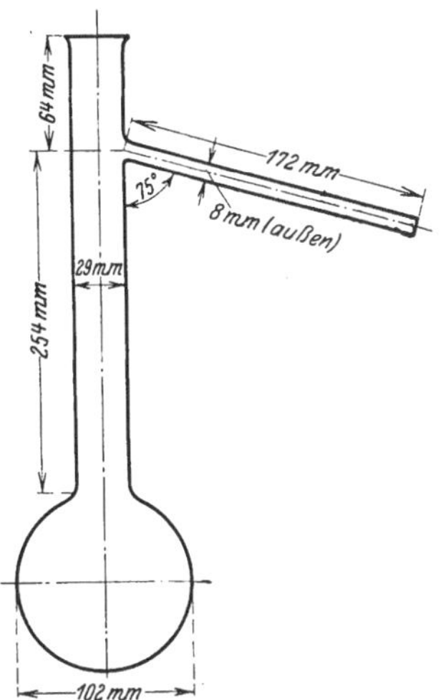

Abb. 94. Kolben zur Rohöldestillation nach Vorschrift der A.S.T.M.

abzuziehen. Man wiederholt dann die Destillation mit einer neuen Rohölprobe so oft, bis man zusammen mindestens 100 ccm Benzin erhalten hat; anschließend destilliert man 100 ccm Rohbenzin aus einem normalen Engler-Kolben, aber im übrigen mit der gleichen Apparatur, und bestimmt die Destillatmengen bis 100⁰, 105⁰, 140⁰ und 200⁰ sowie die Siedeschlußtemperatur (s. S. 195).

Der Barometerstand ist zu berücksichtigen, und die abgelesenen Temperaturen sind erforderlichenfalls gemäß Tabelle 38 zu korrigieren. Die Fadenkorrektion wird in der Vorschrift nicht erwähnt, soll aber offenbar nicht angebracht werden.

β) Für zollamtliche Prüfungen ist in Deutschland der in Abb. 95 dargestellte, mit Ausnahme der Bürette E, des Thermometers t und des Meßkolbens ganz aus Metall bestehende Apparat vorgeschrieben[1], der in allen Teilen von der P.T.R. zu beglaubigen ist. Nähere Angaben über die zu verwendenden Thermometer siehe unter α (S. 161).

100 ccm Öl werden bei Zimmertemperatur (± 5⁰) in dem Kolben (Abb. 96) abgemessen und in den vernickelten Destillationskessel A gegossen. Hierauf läßt man das Öl aus dem in schief umgekehrter Lage über A aufgestellten Meßkolben noch 5 min lang nachtropfen. Sehr zähflüssige Öle werden auf 70⁰ erwärmt und in einem Meßkolben von 104 ccm Inhalt abgemessen, wodurch der Ausdehnung des

---

[1] Ztrbl. Dtsch. Reich **1898**, 279; Mitt. Materialprüf.-Amt Berlin-Dahlem **17**, 36 (1899); s. Mineralölzollordnung, Anleitung für die Zollabfertigung, Abschnitt C.

Öles beim Erwärmen auf 60—70⁰ Rechnung getragen werden soll. Nach Zusammensetzen der Apparatur gemäß Abb. 95 destilliert man so, daß die Temperatur vom Siedebeginn, spätestens aber von 120⁰ an, bis 149⁰ um etwa 4⁰/min steigt.

Bei dieser Temperatur wird die Flamme gelöscht und die Haube C abgenommen, so daß die Temperatur noch bis 150⁰, aber nicht darüber steigt; dann läßt man, während das im Kühler befindliche Öl abtropft, die Temperatur bis etwa 120⁰ sinken. Hierauf legt man eine neue Bürette vor und destilliert bei einem Temperaturanstieg von 8—10⁰/min bis 320⁰. Das Kühlwasser wird bei 200⁰, für besonders zähe Öle schon bei 150⁰ abgestellt. Man läßt noch mindestens 10 min lang nachtropfen und liest die Volumina der Destillate nach Abkühlen auf Zimmertemperatur ab. Die bis 150⁰ siedende Fraktion gilt als Benzin.

Eine Korrektion der abgelesenen Siedetemperaturen für den herausragenden Quecksilberfaden darf für zollamtliche

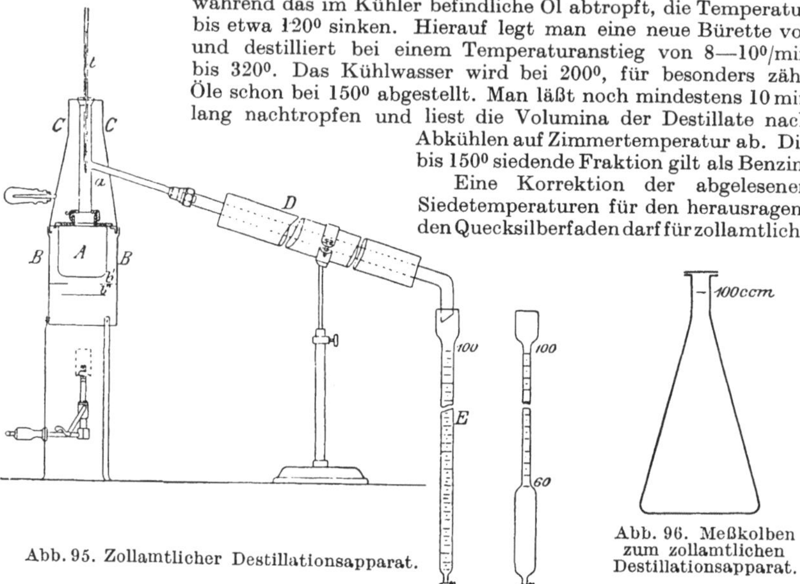

Abb. 95. Zollamtlicher Destillationsapparat.   Abb. 96. Meßkolben zum zollamtlichen Destillationsapparat.

Zwecke nicht angebracht werden, dagegen ist der Barometerstand zu berücksichtigen, indem man für je $\pm$ 2,7 mm Hg Differenz gegen 760 mm die Siedegrenzen (150 bzw. 320⁰) um je $\pm$ 0,1⁰ verändert.

Der Apparat liefert gut vergleichbare Zahlen, die aber naturgemäß von den nach α erhaltenen bei der gleichen Ölsorte erheblich abweichen.

Zollamtlich wird die Destillation hauptsächlich zur Entscheidung darüber benutzt, ob ein Rohpetroleum, dessen spez. Gew. bei 15⁰ über der für leichte Mineralöle geltenden Grenze (0,750) liegt, als Rohöl oder als Schmieröl, d. h. höher, zu verzollen ist (s. S. 146).

10. Asphaltgehalt.

Unter Asphaltstoffen versteht man chemisch dem Naturasphalt nahestehende, im Erdöl gelöste bzw. suspendierte, schwarzbraune, feste, sauerstoff- und meistens auch schwefelhaltige hochmolekulare Kohlenwasserstoffverbindungen, die sich zum Teil unmittelbar aus dem Öl durch Benzin oder Essigester, zum Teil aus der ätherischen Lösung des Öles durch Alkoholzusatz ausfällen lassen. Die benzinunlöslichen, hochschmelzenden spröden Stoffe werden als Hartasphalt oder Asphaltene, die weicheren, unter 100⁰ schmelzenden, in Alkohol-Äther unlöslichen Anteile als Weichasphalt oder Asphaltharze bezeichnet. Beide Arten von Asphaltstoffen sind frisch gefällt in Benzol leicht löslich, in Alkohol unlöslich. Nach W. Friedmann[1]

---

[1] W. Friedmann: Erdöl u. Teer **6**, 285, 301, 342, 359 (1930); daselbst zahlreiche weitere Literaturangaben.

entstehen bei Einwirkung von S auf Olefine oder Naphthene typisch asphaltartige Stoffe, während gesättigte Paraffinkohlenwasserstoffe mit S bei
stärkerer Erhitzung (250—280°) lediglich unter Bildung von Zersetzungsprodukten reagieren. Einer analogen Bildungsweise der natürlichen Asphaltstoffe würde die Tatsache entsprechen, daß die „asphaltbasischen" Öle überwiegend Naphthencharakter haben, während die paraffinischen Öle asphaltfrei
bzw. -arm sind.

In ihren Löslichkeitseigenschaften entsprechen dem Hartasphalt auch die
bei der künstlichen Alterung (Oxydation) der Mineralöle (S. 270) erhaltenen
„Schlammstoffe" (Sludge).

Nach Steinkopf und Winternitz[1] bewirkt ein hoher Gehalt an Hart- oder
Weichasphalt die Bildung eines entsprechend hohen Koksrückstandes bei der
Destillation. In Schmierölen kann ein zu hoher Gehalt an Asphaltstoffen Verharzungen und Verschmierungen der Lager usw., bei Dampfzylinderölen auch
die Bildung von Schieberrückständen veranlassen. Der Asphaltgehalt des Erdöls
ist daher bei der Verarbeitung zu berücksichtigen.

Über den Asphaltgehalt verschiedener Rohöle vgl. S. 140f. Beim Lagern der
Öle nimmt der Asphaltgehalt etwas zu[2]; entsprechend der bekannten Licht-
empfindlichkeit des Asphalts ist die Zunahme an unlöslichen Asphaltstoffen im
Lichte größer als im Dunkeln[3].

Die Destillationsrückstände asphaltreicher Erdöle besitzen eine erhebliche
Bedeutung für den Straßenbau (s. S. 402).

Bestimmungsweise.

Man bestimmt den Asphaltgehalt mittels der nachstehend beschriebenen
Methoden der Fällung mit Benzin bzw. Alkohol-Äther; die Mengen der
hierbei erhaltenen Asphaltstoffe stellen aber nur empirische Vergleichswerte
dar, die je nach Fällungsmittel und Arbeitsweise verschieden ausfallen und
nur einen Teil der im Öl gelösten Asphaltstoffe umfassen. Da die Art und
Menge der durch Benzin abgeschiedenen Stoffe von der chemischen Zusammensetzung und den Siedegrenzen des benutzten Benzins abhängig
sind — Gehalt an aromatischen Verbindungen und höhere Siedegrenzen bedingen größeres Lösungsvermögen für Asphaltstoffe —, so wird zur Fällung
des „Hartasphalts" ein „Normalbenzin" benutzt, das stets in derselben
Zusammensetzung geliefert wird (von C. A. F. Kahlbaum, Berlin-Adlershof) und $d_{15} = 0{,}695 - 0{,}705$ sowie die Siedegrenzen 65—95° hat (s. S. 225).

Ein Vorschlag, die Asphaltstoffe durch Eisenchlorid in ätherischer Lösung zu
fällen[4], hat sich bisher nicht eingebürgert, weil die erzielten Asphaltmengen stark
und wechselnd von den nach dem Normalbenzinverfahren erhaltenen Werten
abweichen.

Da die folgenden Asphaltbestimmungsmethoden für Schmieröle ausgearbeitet
sind, muß man von rohen Erdölen vor der quantitativen Prüfung auf Asphaltstoffe
Benzin und Petroleum, welche die Löslichkeit der letzteren beeinflussen können,
abdestillieren.

In der technischen Analyse beschränkt man sich meist auf die Bestimmung
des Hartasphalts, da in der Regel nur für diesen Höchstgrenzen in den
Lieferungsbedingungen der Verbraucher vorgeschrieben sind (s. S. 343 f.)

---

[1] Steinkopf u. Winternitz: Journ. prakt. Chem. **101**, 82 (1921); vgl. auch
Engler: Verh. des Vereins zur Förderung des Gewerbefleißes **1887**, u. Graefe:
Petroleum **4**, 1131 (1908).

[2] Holde: Mitt. Materialprüf.-Amt Berlin-Dahlem **27**, 146 (1909).

[3] Meyerheim: Chem.-Ztg. **34**, 454 (1910).

[4] Marcusson: ebenda **51**, 190 (1927).

und Weichasphalt nicht in demselben Maße als schädlich angesehen wird wie Hartasphalt. Die schwedischen Staatsbahnen ziehen aber auch den Weichasphaltgehalt als Kriterium heran.

Die durch Leichtbenzin aus Braun- und Steinkohlenschmierölen ausfällbaren dunklen Stoffe sind nicht Hartasphalte im Sinne der aus Erdölen auf gleiche Weise gewonnenen Stoffe; sie unterscheiden sich von letzteren auch durch ihre Löslichkeit in Alkohol.

a) In Benzin unlöslicher Asphalt (Hartasphalt).

α) Qualitativer Nachweis. Man schüttelt 1 ccm Öl mit 40 ccm Normalbenzin und läßt die Lösung dann ruhig stehen. Etwa anwesender Hartasphalt scheidet sich entweder sofort oder längstens nach 24std. Stehen der Lösung bei Zimmertemperatur in dunklen Flocken ab, welche auf dem Filter asphaltartig aussehen, auf dem Wasserbad nicht schmelzen und sich frisch gefällt in Benzol leicht lösen.

β) Quantitative Bestimmung. Richtlinienmethode[1]. 4—5 g Öl (bei Ölen mit voraussichtlich weniger als 0,1% Asphalt entsprechend mehr) werden im 40fachen Volumen Normalbenzin (Kahlbaum) gelöst. Nach 12—20std. Stehen bei Zimmertemperatur, vor direktem Sonnenlicht geschützt, wird der Hauptteil der Lösung durch ein doppeltes Filter (Schleicher und Schüll, Weißband 589) filtriert, der Niederschlag aus dem Kolben auf die Filter gespült und so lange mit kaltem Normalbenzin gewaschen, bis das Filtrat keinerlei öligen Verdampfungsrückstand mehr hinterläßt.

Die Filter mit dem Niederschlag werden dann zur Entfernung von mitgefälltem Paraffin oder Ceresin in einem Extraktionsapparat mit Rückflußkühler (Abb. 97) ³/₄ h mit siedendem Normalbenzin ausgezogen. Anschließend bringt man den Asphalt durch ³/₄ std. Extrahieren der Filter mit siedendem Benzol in Lösung, dampft den Benzolextrakt ein und wägt den Rückstand[2] nach Trocknen bei 105⁰.

Der auf diese Weise erhaltene Asphalt soll spröde und glänzend schwarzbraun sein. Ein mattes und schmieriges Aussehen deutet auf noch vorhandene öl- oder paraffinartige Stoffe hin.

Unabhängig von dem Aussehen des Asphalts wird dieser zur Feststellung seiner Reinheit mit kaltem Normalbenzin übergossen und mit einem kleinen Glasstabe soweit wie möglich von den Glaswandungen losgelöst. Man gießt das Normalbenzin durch ein Filter ab, bringt die auf dem Filter befindlichen Asphaltteilchen durch Lösen in heißem Benzol wieder in den Kolben zurück und dampft das Benzol wieder ab.

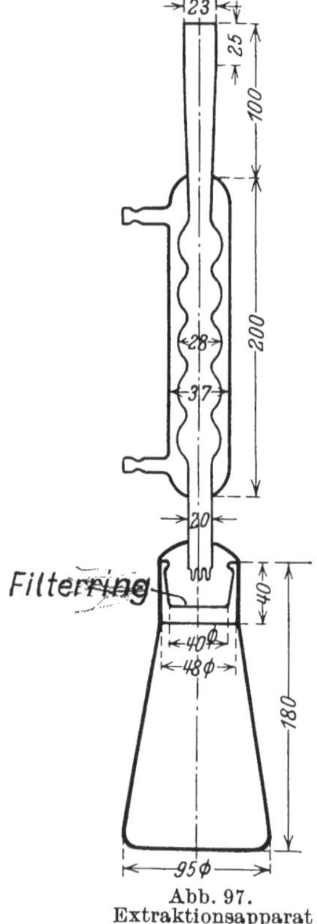

Abb. 97. Extraktionsapparat zur Hartasphaltbestimmung (nach Druckvorschrift Nr. 80 des DVM).

Dieser Asphaltrückstand wird alsdann mit Alkohol ausgekocht und der Alkoholextrakt durch ein Filter abgegossen. Färbt oder trübt sich nach dem Abkühlen der Alkohol nicht und hatte sich vorher auch das Normalbenzin nicht gelb gefärbt, so war der bereits gewogene Hartasphalt frei von öl- und paraffinartigen Stoffen und wird mit dem ermittelten Gewicht in Rechnung gesetzt.

---

[1] Richtlinien für den Einkauf und die Prüfung von Schmiermitteln, 5. Aufl., S. 83. Düsseldorf: Stahleisen, G. m. b. H. 1928; Normblatt DIN DVM 3660.

[2] Nach den „Richtlinien" soll man aus dem Extraktionskolben nur den größten Teil des Benzols abdestillieren, die zurückbleibende konz. Asphaltlösung quantitativ in eine gewogene Glasschale (60 mm Ø, 45 ccm Inhalt) überführen und hierin vollends eindampfen. Wegen der Gefahr des Verspritzens von Benzollösung erscheint dieses Verfahren nicht besonders empfehlenswert.

Hatte sich jedoch das Normalbenzin gelb gefärbt oder der Alkohol gefärbt oder nach dem Abkühlen durch ausfallende paraffinartige bzw. ceresinartige Stoffe getrübt, so wird der mit Alkohol nachbehandelte Hartasphalt nach Wiedervereinigung des Restes in dem Kölbchen mit den auf dem Filter befindlichen Asphaltteilchen nach deren Auflösung in heißem Benzol bis zur Gewichtskonstanz getrocknet und gewogen. Diese abwechselnde Behandlung mit Normalbenzin, Alkohol und Benzol ist zu wiederholen, bis der Hartasphalt die ihn kennzeichnenden Eigenschaften zeigt und sein Gewicht nicht mehr ändert.

Prüffehler: ± 0,02% vom Gewicht des Ausgangsmaterials.

Toleranz: + 0,04%. Abweichungen nach unten sind zulässig.

An Stelle der doppelten Weißbandfilter empfehlen P. Woog und J. Givaudon[1] die Verwendung eines Glasfiltertiegels, dessen Filterfläche mit einer Schicht von 4 g feinsten Glaspulvers (durch ein Sieb von 0,058 mm Maschenweite passiert) bedeckt ist. Man filtriert die Normalbenzinlösung durch den gewogenen Tiegel, extrahiert mit Normalbenzin, wie bei der Richtlinienvorschrift, trocknet (105°) und wägt den Tiegel (Gewichtszunahme = Asphalt + feste Fremdstoffe), extrahiert nunmehr erschöpfend mit Benzol, trocknet und wägt den Tiegel abermals (Gewichtsabnahme = Hartasphalt). Der Benzolextrakt kann zur Kontrolle gewogen und wie oben auf Reinheit geprüft werden. Der Rückstand im Tiegel stellt die festen (benzin- und benzolunlöslichen) Fremdstoffe dar. Das Verfahren wird besonders für gebrauchte Schmieröle empfohlen, bei denen der feine Ölruß sich durch die Weißbandfilter nicht vollständig zurückhalten läßt und die Asphaltbestimmung nach der Richtlinienmethode demgemäß ungenaue Werte gibt.

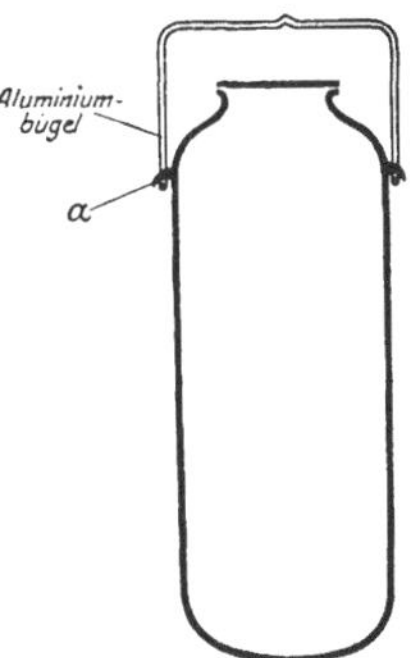

Abb. 98. Schleudergläschen nach Tausz.

Ein der Richtlinienmethode entsprechendes, etwas vereinfachtes Verfahren ist unter Verwendung von zwischen 60 und 80° siedendem, durch Ausschütteln mit konz. Schwefelsäure von aromatischen Kohlenwasserstoffen bis auf höchstens 0,5% befreitem Petroleumbenzin, auch in England vorgeschrieben[2].

Mikromethode[3] (für Handelsanalysen nicht eingeführt). 0,2—0,5 g Substanz werden in einem Schleudergläschen (Abb. 98) auf der Mikrowaage abgewogen, in 1 ccm Benzol gelöst und mit etwa 20 ccm Normalbenzin gefällt. Auf einer schnelllaufenden Zentrifuge (3000 Umdrehungen/min) wird 10 min zentrifugiert, die klare Lösung abgegossen, der Rückstand in 1 ccm Benzol gelöst, mit 20 ccm Normalbenzin gefällt und dies im ganzen 4mal ausgeführt. Dann trocknet man das Gläschen 15 min bei 100° und wägt. Die ganze Bestimmung dauert nur 2 h.

A.S.T.M.-Methode[4]. Zur Bestimmung des Hartasphaltgehalts, der sog. „Precipitation number", wird in Amerika eine Zentrifuge der gleichen Art benutzt wie zur Wasserbestimmung (s. S. 118). Auch für die Form und Graduierung der Gläser[5] sowie für die anzuwendende Umdrehungszahl gelten die gleichen Vorschriften.

In jedes der beiden Zentrifugengläser füllt man bei Zimmertemperatur genau 10 ccm des Öles ein und verdünnt sie mit Leichtbenzin[6] auf genau 100 ccm. Die

---

[1] P. Woog u. J. Givaudon: Bull. Soc. chim. France [4] **47**, 1419 (1930); vgl. auch K. O. Müller: Erdöl u. Teer **8**, 235 (1932), der mit diesem Verfahren sehr gute Resultate erhielt. [2] I.P.T.-Standard Methods, 2. Aufl., S. 90. 1929.

[3] J. Tausz u. A. Lüttgen: Petroleum **14**, 653 (1918/19).

[4] A.S.T.M.-Jber. 1932 des Comm. D 2, S. 199.

[5] Nur die konischen Zentrifugengläser, Abb. 74b, sind hier zu verwenden.

[6] Das an Stelle des S. 225 beschriebenen „Normalbenzins" benutzte Benzin muß ein Erdölbenzin von $d_{15,6}^{15,6} = 0{,}692$—0,702, Anilinpunkt 58—60°, Siedebeginn (nach A.S.T.M.) nicht unter 50°, Siedeschluß (nach A.S.T.M.) nicht über 130° C sein. Der 50%-Punkt, d. h. die Temperatur, bis zu der die Hälfte des Benzins übergeht, soll zwischen 70 und 80° liegen. Die Siedegrenzen sind also viel weiter gezogen als beim „Normalbenzin".

mit einem Korken (nicht Gummistopfen) dicht verschlossenen Gläser werden mindestens 20mal umgeschüttelt, wobei man die Flüssigkeit aus der graduierten Spitze jedesmal vollständig abfließen läßt. Dann werden die Gläser 5 min lang in ein Wasserbad von 32—35⁰ gesetzt und nach kurzem Lüften der Korken (zum Druckausgleich) noch wenigstens 20mal wie vorher umgeschüttelt. Man muß zuletzt eine vollkommen homogene Lösung erhalten, die auch aus der Verjüngung des Zentrifugenglases schnell vollständig abläuft.

Hierauf zentrifugiert man 10 min lang, liest das Volumen des Bodensatzes auf 0,1 ccm (wenn möglich auf 0,05 ccm) ab und wiederholt diese Operationen, bis drei aufeinanderfolgende Ablesungen genau übereinstimmen (4mal Zentrifugieren genügt in der Regel). Die Ablesungen an beiden Gläsern dürfen nicht um mehr als 0,1 ccm differieren; ihr Mittelwert ist die „Precipitation number".

Die Genauigkeit dieser volumetrischen Methode beträgt im günstigsten Falle 0,5%, steht also hinter derjenigen der Richtlinienmethode (0,02%) weit zurück. Sie genügt aber den wesentlich geringeren Anforderungen, welche z. B. von der amerikanischen Regierung an dunkle Schmieröle (Achsenöl, Zylinderöl) gestellt werden, nämlich „Precipitation number" höchstens 0,5, d. h. 5% Hartasphalt, während die „Richtlinien" für Zylinderöle 0,1 bis höchstens 0,5%, für Achsenöle höchstens 2% Hartasphalt zulassen.

b) In Alkohol-Äther (1 : 2) unlöslicher Asphalt
(Weichasphalt, einschließlich Hartasphalt).

α) **Nachweis.** Löst man 1 ccm Öl in 25 ccm Äther und fügt 12$^1/_2$ ccm 96-gew.-%igen Alkohol hinzu, so fallen außer den in Benzin unlöslichen harten Asphaltstoffen auch die weicheren Asphaltstoffe, gemeinsam mit paraffin- bis erdwachsartigen Bestandteilen, als flockiger, in Benzol löslicher Niederschlag aus, welcher sich in der Regel zu einer zähen, an den Wandungen des Gefäßes anhaftenden Masse zusammenballt und auf dem Wasserbade schmilzt.

β) **Quantitative Bestimmung.** 2 g Öl werden in einem Kolben mit eingeschliffenem Stopfen (Jodzahlkolben) in 50 ccm Äthyläther (d_{15} 0,72) bei Zimmertemperatur gelöst und mit 25 ccm 96-gew.-%igem Alkohol unter langsamem Eintropfen aus einer Bürette und ständigem Schütteln versetzt. Nach 5std. Stehen bei 15⁰ filtriert man durch ein Faltenfilter (Weißband 589) und wäscht mit Alkohol-Äther (1 : 2) aus, bis etwa 20 ccm Filtrat, eingedampft, nicht mehr ölige Stoffe, sondern höchstens Spuren (1—2 mg) pechartiger Bestandteile hinterlassen. Den ausgewaschenen Asphalt, welcher meistens noch erdwachsartige Stoffe enthält, kann man z. B. in der beim Hartasphalt beschriebenen Weise durch wiederholtes Auskochen mit absolutem Alkohol (ohne Anwendung von Normalbenzin) von diesen Beimengungen befreien [1].

Nach einem Vorschlag der Ernst Schliemanns Ölwerke, Hamburg [2], verfährt man zur vollständigen Entfernung von paraffin- und ceresinartigen Stoffen, auch bei Hartasphalt, am besten folgendermaßen [3]:

Nach jedesmaligem Auskochen des Asphalts mit absolutem Alkohol wird der alkoholische Auszug auf ein Filter dekantiert; die hierbei aufs Filter gelangten Asphaltteilchen werden mit einigen Kubikzentimetern thiophenfreiem Benzol wieder in das Kölbchen gespült, worauf das Benzol wieder verdampft wird.

Durch das wiederholte Auflösen des Asphalts in Benzol gelingt es leichter als durch Zerreiben mit dem Glasstabe, die von dem Asphalt eingeschlossenen Paraffin- bzw. Ceresinanteile an die Oberfläche zu bringen, so daß sie von dem siedenden Alkohol gelöst werden können.

---

[1] Engler u. Albrecht: Ztschr. angew. Chem. **14**, 913 (1901).
[2] Briefl. Mitt. von K. H. Schünemann.
[3] Holde: Petroleum **22**, 799 (1926).

c) Durch konzentrierte Schwefelsäure

nach der sog. Accisemethode[1] abzuscheidende Asphaltstoffe.

Man füllt 50 ccm Benzin[2] in einen etwa 4 cm weiten graduierten 200-ccm-Schüttelzylinder, gibt dazu 50 ccm trockenes Öl, mischt gut durch und füllt mit Benzin auf 150 ccm auf. Hierauf schüttelt man die Lösung 3 min lang mit 10 ccm konz. H_2SO_4 (1,84). Nach 1std. Stehen läßt man zur Erzielung einer schärferen Trennungsschicht etwas helles Mineralöl (d_{15} = 0,905—0,910) an der Zylinderwand langsam dazulaufen, liest nunmehr das durch Aufnahme der Asphaltstoffe vergrößerte Volumen der Säureschicht ab und berechnet aus der Volumenzunahme dieser Schicht durch Multiplikation mit 2 den Asphaltgehalt in Vol.-%.

Dieses Verfahren dient nicht, wie die unter a) und b) beschriebenen Methoden zur Bestimmung der bereits in dem ursprünglichen Öl vorhandenen Asphaltstoffe; vielmehr werden erst durch die Einwirkung der konz. Schwefelsäure — ähnlich wie bei der Raffination mit konz. Schwefelsäure — die besonders reaktionsfähigen (z. B. stark ungesättigten) Ölbestandteile sulfoniert bzw. polymerisiert und damit benzinunlöslich gemacht. Das Verfahren nähert sich in dieser Beziehung den Verfahren zur Bestimmung der aromatischen und ungesättigten Kohlenwasserstoffe (S. 212).

Nach Gurwitsch[3] gibt die Acciseprobe allenfalls darüber Aufschluß, ob ein Rohöl, Masut od. dgl. zur Schmierölherstellung tauglich ist oder nicht. Zur Prüfung von Schmierölen — wozu die gleiche oder eine ähnliche[4] Methode herangezogen worden ist — ist sie dagegen nicht geeignet, da erstens die mit Schwefelsäure reagierenden, bei der Probe als minderwertig abgeschiedenen Bestandteile nach neueren Anschauungen die Schmiereigenschaften und die Haltbarkeit des Öles im Betriebe zum Teil günstig beeinflussen und zweitens noch nicht einmal die unmittelbaren Analysenergebnisse selbst ganz eindeutig sind; denn einerseits nimmt die Schwefelsäure die Asphaltstoffe nicht restlos auf, andererseits schließt der entstehende Ölgoudron mitunter soviel Benzin und Öl ein, daß nach der Acciseprobe für den Asphaltgehalt Werte von 100% und darüber gefunden werden können[5].

11. Paraffingehalt.

Die Bestimmung des Paraffingehaltes im Rohöl dient zur Beurteilung der bei der Verarbeitung erzielbaren Paraffinausbeute; sie wird ferner zollamtlich zur Entscheidung darüber benutzt, ob ein Rohpetroleum als solches oder als Schmieröl zu verzollen ist. Bei einem höheren Paraffingehalt als 8% unterliegt das Öl dem (höheren) Schmierölzoll.

Bestimmungsweise.

a) Vorbereitung des Materials.

Die Paraffinbestimmungsmethoden beruhen auf der Schwerlöslichkeit des Paraffins in gewissen Lösungsmitteln bei tiefen Temperaturen (— 20

---

[1] Russische Accisevorschriften für in- und ausländische Mineralöle vom 24. 2. 1906; vgl. A. F. Dobryansky: Analyse von Erdölprodukten (russ.), 1925, S. 86; A. N. Sachanen u. M. D. Tilicheyev: Chemistry and Technology of Cracking (englische Übersetzung des russischen Originals). New York: The Chemical Catalog Comp., Inc., 1932, S. 8.

[2] d_{15} etwa 0,740. Die übrigen Eigenschaften des Benzins sind nicht näher definiert.

[3] Gurwitsch: Neftjanoje Djelo **1914**, Nr. 6; Petroleum **9**, 1303 (1914).

[4] G. Baum: Ztschr. angew. Chem. **39**, 474 (1926); vgl. Typke: Erdöl u. Teer **2**, Heft 29 (1926).

[5] Rakusin: Petroleum **18**, 47 (1922); Gurwitsch, Wissenschaftl. Grundlagen der Erdölverarbeitung, 2. Aufl., S. 271. Berlin: Julius Springer 1924.

bis — 15°). Da aber die Asphaltstoffe unter den gleichen Bedingungen ausgefällt werden, läßt sich der Paraffingehalt unmittelbar nur in asphaltfreien Ölen (Destillaten) bestimmen, so daß asphalthaltige Öle, d. h. alle dunklen Rohöle oder Rückstände (Masut usw.), vor der Paraffinfällung von Asphaltstoffen befreit werden müssen.

Am einfachsten geschieht dies nach der deutschen zollamtlichen Methode durch Destillation des paraffinhaltigen Öles bei Atmosphärendruck.

Zollamtliche Vorschrift. Von 100 g Erdöl werden zunächst in tubulierter Glasretorte alle bis 300° (Thermometer im Dampf) übergehenden Teile (Leichtöle) rasch abdestilliert. In eine neue gewogene Vorlage (ohne Kühler) treibt man dann sämtliche schweren, paraffinhaltigen Öle bis zur vollständigen Verkokung des Rückstandes ohne Thermometer über und bestimmt das Gesamtgewicht des Schweröldestillats; in diesem wird der Paraffingehalt nach Engler-Holde bestimmt; aus dem Paraffingehalt des Schweröldestillats wird der Paraffingehalt in 100 g des Erdöls berechnet.

In England ist folgendes Destillationsverfahren — nur für asphalthaltige Öle — vorgeschrieben [1]:

Nach Abdestillieren der unter 340° (Thermometer im Öl!) siedenden Anteile destilliert man 20 g des Rückstandes zersetzend aus einer kleinen Aluminiumretorte. Während der Crackdestillation läßt man die Temperatur von 100—300° um je 15°/min, von 300—400° um 10°/min steigen und steigert sie bei gleicher Flammengröße noch bis auf 430°. Diese Temperatur hält man konstant, bis kein Destillat mehr übergeht, und verwendet das Destillat für die Paraffinbestimmung (s. u.).

Da das Paraffin bei der Crackdestillation erheblich zersetzt werden kann [2], so wird das Schweröl (die unter 300° siedenden Anteile enthalten kein — oder nur sehr wenig — Paraffin) zur Ermittlung der Betriebsausbeuten an Paraffin besser in der S. 157 beschriebenen Weise mit überhitztem Wasserdampf destilliert, und zwar in Rücksicht darauf, daß bis zur Verkokung des Rückstandes destilliert werden muß, nicht aus einer kupfernen, sondern aus einer gußeisernen Destillierblase (Abb. 83, S. 155). A. Chmélevsky [3] empfiehlt sogar, das Schweröl im Kathodenvakuum zu destillieren. Wie S. 157 erwähnt, muß man aber nach Burstin das Rohöl etwas zersetzend destillieren oder sehr stark raffinieren, weil andernfalls das Paraffin in schlecht filtrierbarer Form ausfällt.

In welchem Maße die Paraffinausbeute durch schonendere Destillation erhöht werden kann, zeigt Tabelle 39.

Tabelle 39. Beeinflussung der Paraffinausbeute durch die Destillierweise, nach Scheller.

Erdöl von	Campina	Policiori	Boryslaw (Rückstand)
Paraffingehalt im Crackdestillat %	5,7	13,1	12,3
Paraffingehalt im Wasserdampfdestillat % .	11,3	16,7	17,9

Scheller sucht die Zersetzung des Paraffins ferner dadurch vermeiden, daß er das Schweröl zur Paraffinbestimmung nach Abtreibung der bis 250°

---

[1] I.P.T.-Standard Methods, 2. Aufl., S. 216. 1929.
[2] Scheller: Petroleum 8, 905 (1912/13).
[3] A. Chmélevsky: Revue Pétrolifère **1932**, 982; C. **1932**, II, 2574.

siedenden Bestandteile überhaupt nicht destilliert, sondern nur mit rauchender Schwefelsäure raffiniert.

Hierzu wird das Schweröl mit niedrigsiedendem Benzin in einen Scheidetrichter gespült und mit 50% eines Gemisches gleicher Teile konz. und rauchender Schwefelsäure geschüttelt. Nach 24—36std. Stehen bei Zimmertemperatur wird die Säure abgelassen, das Öl mit Benzin in einen zweiten Scheidetrichter gespült, warm gelaugt und sehr gründlich mit heißem Wasser gewaschen. Nach Abdestillieren des Benzins wird der helle Rückstand gewogen, darin das Paraffin nach Engler-Holde (s. u.) bestimmt und von Spuren harzartiger, färbender Stoffe durch Behandeln mit heißem Alkohol getrennt.

Dieses Verfahren liefert zwar zum Teil bedeutend höhere Paraffinausbeuten als die zollamtliche Methode (s. Tabelle 40), es ist jedoch ziemlich langwierig und entspricht auch nicht der technischen Paraffingewinnung, bei welcher das Erdöl vor der Paraffinabscheidung stets — natürlich nicht so destruktiv wie bei der zollamtlichen Methode — destilliert wird.

Das ohne Destillation abgeschiedene Paraffin ist übrigens nicht nur der Menge, sondern auch der Art nach von dem destillierten Paraffin verschieden, da im ursprünglichen Öl enthaltene ceresinartige Kohlenwasserstoffe, die bei dem Schellerschen Verfahren mitbestimmt werden, bei der Crackdestillation nicht oder nur unter partieller Zersetzung und Bildung krystallisierter Paraffine übergehen.

Tabelle 40. Unterschiede im Paraffingehalt verschiedener Rohöle bei der Bestimmung nach Scheller und nach der zollamtlichen Methode.

Erdöl von	Policiori	Campina	Boryslaw	Grosny
Paraffingehalt des Erdöls, nach der Crackdestillation aus dem Paraffingehalt des Destillats ermittelt . . .	4,9	3,0	6,0	6,4
Paraffingehalt, nach Scheller im undestillierten, raffinierten Erdöl bestimmt	5,1	5.1	7,4	8,5

Besondere Bedeutung besitzt die Frage der Zersetzung des Paraffins bei der Destillation für die Untersuchung von Erdölasphalten für Straßenbauzwecke. Näheres über die für diesen Fall vorgeschlagenen Modifikationen des Paraffinbestimmungsverfahrens s. S. 418.

b) Bestimmung des Paraffins im destillierten bzw. raffinierten Schweröl.

α) Mit Alkohol-Äther nach Engler-Holde[1]. 5 g Schweröldestillat bzw. -raffinat werden in einem Gemisch aus gleichen Volumenteilen absolutem Alkohol und Äthyläther bei Zimmertemperatur gelöst und dann unter beständiger Abkühlung bis auf — 20⁰ gerade mit so viel Alkohol-Äther (1:1) versetzt, daß alles Öl gelöst ist und nur Paraffinflocken sichtbar sind. Stark paraffinhaltige Öle werden zunächst (evtl. unter Erwärmen) in Äther gelöst und dann mit dem gleichen Volumen Alkohol versetzt. Das abgeschiedene Paraffin wird auf einem durch Viehsalz und Eis (— 21⁰) gekühlten Trichter (s. Abb. 99) von der ätherisch-alkoholischen Lösung durch Filtration unter schwachem Saugen getrennt und von etwa noch anhaftendem Öl durch Waschen mit entsprechend stark gekühltem Alkohol-Äther befreit, bis

---

[1] Engler u. Böhm: Dinglers polytechn. Journ. **262**, 473 (1886); Holde: Mitt. Materialprüf.-Amt Berlin-Dahlem **14**, 211 (1896).

5 ccm des Filtrats nach dem Eindampfen auf dem Wasserbad einen beim Erkalten nicht mehr flüssigen, sondern paraffinartigen Rückstand ergeben. Zu langes Auswaschen ist wegen der immerhin merklichen Löslichkeit des Paraffins im Fällungsgemisch zu vermeiden. Dann wird das gesamte Filtrat nochmals eingedampft, in wenig Alkohol-Äther gelöst, auf — 20⁰ abgekühlt und etwa noch ausfallendes Paraffin abfiltriert und ausgewaschen. Die vereinigten Paraffinniederschläge werden mit heißem Benzol in ein gewogenes Kölbchen gespült. Erweist sich der nach vorsichtigem Abtreiben des Lösungsmittels auf dem Wasserbade erhaltene Rückstand nach Erkalten als hartparaffinartig, so wird er im Trockenschrank $^1/_4$ h auf 105⁰ erhitzt und nach Erkalten gewogen; weicheres, unter 45⁰ schmelzendes Paraffin wird zweckmäßig nur bei etwa 50⁰ im Vakuumexsiccator einige Stunden bis zur Gewichtskonstanz getrocknet.

Von mitgefallenen harzartigen Stoffen braun gefärbtes Paraffin wird durch wiederholtes Auskochen mit absolutem Alkohol und Dekantieren von dem größtenteils ungelöst bleibenden Harz getrennt. Genügt dies Verfahren nicht, so muß man mit einigen Prozenten konz. Schwefelsäure raffinieren.

Von festen Paraffinmassen wägt man 0,5—1,7 g ab und löst sie in 10—20 ccm Alkohol-Äther (s. auch S. 301).

Zu den gefundenen Paraffinmengen addiert man in Rücksicht auf die partielle Löslichkeit des Paraffins im Alkohol-Äther 0,2% bei völlig flüssigen Ölen, 0,4% bei solchen Ölen, die schon bei + 15⁰ Abscheidungen zeigen, und 1% bei festen Massen.

Die fabrikatorische Ausbeute an Weißparaffin beträgt erfahrungsgemäß 60—65% der nach Engler-Holde bestimmten, in der Technik als „theoretischer Paraffingehalt" bezeichneten Paraffinmenge.

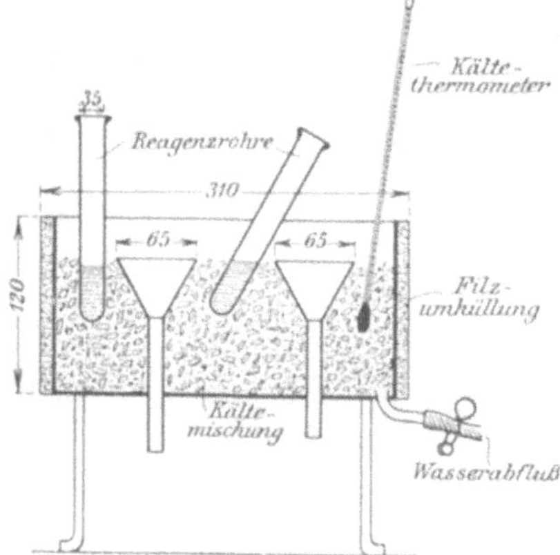

Abb. 99. Kältetrichter zur Paraffinfiltration.

Zur Vermeidung der Schwierigkeiten, welche das Auswaschen des Paraffinniederschlages bei — 20⁰ bereitet, wurde das vorstehende Verfahren von der I.P.T.[1] folgendermaßen modifiziert:

Der durch Auflösen von 3—5 g Substanz[2] (bei Destillaten, die bei Zimmertemperatur keine Krystallausscheidungen zeigen, 8—10 g) in 50 ccm Alkohol-Äther (1 : 1) und Abkühlung auf — 20⁰ erhaltene Paraffinniederschlag wird abfiltriert und das Krystallisationsgefäß einmal mit 5 ccm Alkohol-Äther von — 20⁰ ausgespült. Hierauf wird der Niederschlag trockengesaugt und in heißem Petroleumbenzin (Siedegrenzen 60—80⁰, frei von Schwefel und aromatischen Kohlenwasserstoffen) gelöst. Mit dem gleichen Lösungsmittel wird auch das Krystallisationsgefäß ausgewaschen. Die Benzinlösung wird eingedampft und der Rückstand in 15 ccm wasserfreiem Aceton durch kurzes Aufkochen unter Umrühren mit einem Glasstabe gelöst. Die Lösung wird nun auf + 15⁰ abgekühlt, das auskrystallisierte Paraffin abfiltriert und mit 10—15 ccm Aceton von + 15⁰ ausgewaschen. Darauf wird das Paraffin in Benzin (60/80) gelöst, die Lösung in einem gewogenen Becherglase (50 ccm) zur Trockne verdampft und der Rückstand nach 15 min langer Trocknung bei 105⁰ gewogen.

β) Mit Butanon nach Schwarz und v. Huber[3]. Bei dieser Methode fallen bei einmaliger Fällung auch die Weichparaffine mit aus; die Temperatur

<hr>

[1] Standard Methods, 2. Aufl., S. 216. 1929.
[2] Die Einwaage ist so zu bemessen, daß etwa 50—100 mg Paraffin erhalten werden.
[3] Schwarz u. v. Huber: Chem. Revue üb. d. Fett- u. Harzind. **20**, 242 (1913).

kann bei der Filtration ohne Schaden für das Ergebnis bis auf -15^0 steigen. Die Methode wird daher, besonders wenn auf die völlige Miterfassung der Weichparaffine Wert gelegt wird, und wegen der einfacheren Arbeitsweise, gern benutzt.

Man löst 1—5 g Destillat (von Paraffinmassen entsprechend weniger) bei Zimmertemperatur in möglichst wenig Butanon (d_{20} 0,812; 1,3% H_2O enthaltend), kühlt auf etwa -20^0 ab und setzt noch so viel Butanon hinzu, daß in der Kälte sämtliches Öl gerade gelöst ist. Dann filtriert man den Niederschlag auf einem Kältetrichter (Abb. 99) ab und wäscht ihn mit je 5—10 ccm gekühltem Butanon (0,812) bei Temperaturen nicht oberhalb — 15^0 unter Umrühren mit dem Thermometer so lange aus, bis einige ccm der Waschflüssigkeit nach dem Abdampfen keine Spur Öl mehr hinterlassen (in der Regel genügt 4—5maliges Auswaschen). Das Paraffin wird dann nach dem Herausnehmen des Filters aus dem Kältetrichter in heißem Benzol gelöst, die Lösung in üblicher Weise eingedampft und der Rückstand gewogen.

Bei einmaliger Fällung nach dieser Methode stimmen die Resultate mit denjenigen des Verfahrens von Engler-Holde (2malige Fällung), sowohl der Menge wie dem Schmelzpunkt des Gesamtparaffins nach, völlig überein.

Bei der Analyse von Paraffin und Paraffinmassen ist auch das Acetonverfahren von Erdmann (S. 536) gebräuchlich, allerdings mehr in der Braunkohlen- als in der Erdölindustrie, da die Mineralöle aus Erdöl in Aceton bedeutend schwerer löslich sind als die Braunkohlenteeröle.

12. Aromatische und ungesättigte Kohlenwasserstoffe.

Die chemische Konstitution der im Erdöl und seinen Produkten enthaltenen Kohlenwasserstoffe ist für deren technische Verarbeitung und Verwendung teilweise von großer Bedeutung. Z. B. ist der Gehalt an aromatischen und ungesättigten Kohlenwasserstoffen bei Leuchtöl für seine Leuchtkraft, bei Motorenbenzin für seine Kompressionsfestigkeit von Wichtigkeit. Die Bestimmung der verschiedenen Kohlenwasserstoffarten wird aber in der technischen Analyse in der Regel nur bei den Verarbeitungsprodukten Benzin, Leuchtöl, Schmieröl usw. vorgenommen.

Für die unmittelbare Analyse des Rohöles wurde von Nastjukoff[1] die Behandlung mit Formaldehyd und konz. Schwefelsäure vorgeschlagen, durch welche man bei aromatischen Kohlenwasserstoffen in Wasser, Benzin und Chloroform unlösliche, „Formolit" genannte, rote oder grüne Kondensationsprodukte erhält. Unter den gleichen Bedingungen liefern ungesättigte cyclische, z. B. partiell hydrierte aromatische Kohlenwasserstoffe einen rotbraunen, in Wasser leicht löslichen Niederschlag, Olefine eine rotbraune sirupöse Flüssigkeit, während gesättigte Paraffin- und Naphthenkohlenwasserstoffe keine Reaktion geben[2]. Das Verfahren wurde zwar verschiedentlich bei wissenschaftlichen Untersuchungen herangezogen[3] und von Nastjukoff selbst in neuerer Zeit[4] auch zum Zweck der technischen Beurteilung von Rohölen hinsichtlich der Ausbeuten an Leuchtpetroleum, Schmierölen usw. weiter ausgebaut. Die an anderer Stelle[5] gesammelten Erfahrungen

[1] Nastjukoff: Petroleum **4**, 1336 (1908/09).

[2] Severin: ebenda **6**, 2245 (1911).

[3] Herr: ebenda **4**, 1284, 1339, 1397 (1909); Chem.-Ztg. **33**, 327 (1909); **34**, 893 (1910); Marcusson: ebenda **35**, 729 (1911); **47**, 252 (1923).

[4] Nastjukoff: Journ. chem. Ind. Nr. 4. Moskau 1925; Petroleum **22**, 1349 (1926); **23**, 1451 (1927).

[5] H. Werner: ebenda **25**, 1071 (1929).

zeigen aber, daß die von Nastjukoff gezogenen Schlüsse mit den Betriebsergebnissen vielfach nicht übereinstimmen; über eine praktische Anwendung der Formolitzahl ist daher auch weiter nichts bekannt geworden. Von einer näheren Beschreibung der verschiedenen Ausführungsformen sei daher abgesehen [1].

Zerlegung von Kohlenwasserstoffgemischen mittels flüssigen Schwefeldioxyds.

Das bekannte Raffinationsverfahren von Edeleanu [2], das auf der Löslichkeit der aromatischen und cyclischen ungesättigten Kohlenwasserstoffe und der Schwerlöslichkeit der gesättigten Naphthen- und Paraffinkohlenwasserstoffe in flüssigem SO_2 beruht, wird in nachstehender Form auch zur laboratoriumsmäßigen Trennung der genannten Kohlenwasserstoffgruppen benutzt. Nach Marcusson sowie nach Tausz und Stüber [3] werden allerdings auch Paraffin- und Naphthenkohlenwasserstoffe merklich von flüssigem SO_2 gelöst.

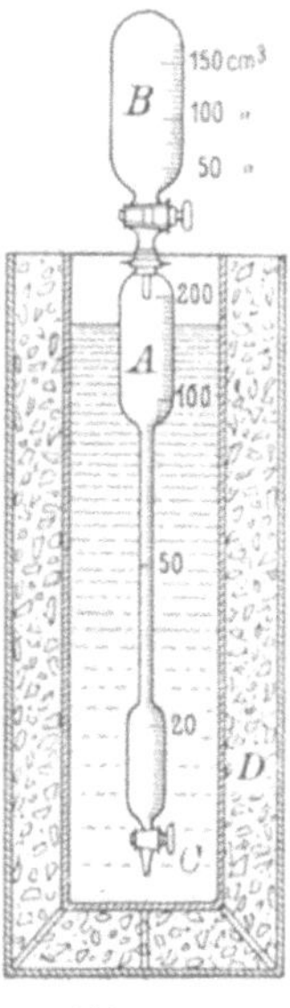

Versuchsausführung [4]. Die starkwandige, graduierte Bürette A (s. Abb. 100) von 200 ccm Inhalt, beiderseits birnenförmig ausgeblasen und mit gegen Hinausdrücken geschütztem Ablaßhahn versehen, wird mit 50 ccm des zu untersuchenden Destillats gefüllt. Das ebenfalls starkwandige, etwa 230 ccm fassende, graduierte Gefäß B besitzt gleichfalls einen gegen Hinausschleudern geschützten Hahn und wird mittels einer durch den Hahn geführten Glascapillare unter Vermeidung von Erwärmung mit einer dem doppelten Gewicht des angewendeten Öles entsprechenden Menge flüssigem SO_2 beschickt, z. B. bei einem spez. Gew. des Öles von 0,9 und des SO_2 von 1,5 mit 60 ccm SO_2. Man läßt beide Gefäße in einem Kältebad auf — 12⁰ abkühlen, das aus zwei außen mit Korkplatten isolierten Blechzylindern C und D besteht, von denen der innere C mit Petroleumdestillat oder Alkohol, der äußere D mit einer Kältemischung aus Eis und Viehsalz gefüllt ist. Dann verbindet man die beiden Glasgefäße A und B mit einem gut schließenden Korkring und verstärkt die Verbindung durch Kupferdraht. Man läßt nun aus dem zylindrischen Gefäß zunächst so viel SO_2 in die Bürette fließen, daß sich in deren unterem Teile nach dem Umschütteln eine geringe, nicht mehr schwindende Flüssigkeitsschicht bildet, und weiterhin noch $1/_3$ des übrigbleibenden SO_2. Man kühlt jetzt Gefäß B von neuem auf — 12⁰, schüttelt durch und zieht die untere Flüssigkeitsschicht, welche die in SO_2 gelösten Bestandteile enthält, in ein Dewargefäß ab. In gleicher Weise verfährt man mit den übrigen $2/_3$ des SO_2 und läßt jedesmal die SO_2-Lösung in dasselbe Dewargefäß hineinfließen. In der Bürette verbleiben die nicht gelösten gesättigten Kohlenwasserstoffe.

Abb. 100.
Edeleanu-
Apparat.

Bei hochsiedenden Destillaten, wie Gasöl oder Schmieröl, genügt es, aus Extrakt und unlöslichem Rückstand das SO_2 spontan verdunsten zu lassen und die Mengenverhältnisse der beiden Kohlenwasserstoffgruppen entweder durch Wägung oder volumetrisch unter Berücksichtigung der spez. Gew. der beiden Fraktionen zu bestimmen.

Bei niedriger siedenden Destillaten wie Benzin und Leuchtöl würden beim Verdunsten des SO_2 durch Mitreißen niedrigsiedender Anteile Verluste entstehen können. Hier empfiehlt es sich, das SO_2 nicht zu verdampfen, sondern in einem geschlossenen Gefäß mittels einer alkalischen Lösung in folgender Weise zu absorbieren:

---

[1] Siehe 6. Aufl. dieses Buches, S. 111 u. 274, sowie Engler-Höfer-Tausz: Das Erdöl, 2. Aufl., Bd. 4, S. 146. 1930.

[2] Edeleanu: D.R.P. 216459 vom 23. 5. 1908 (Disconto-Gesellschaft); Petroleum **9**, 862 (1913/14).

[3] Tausz u. Stüber: Ztschr. angew. Chem. **32**, 175 (1919).

[4] Apparatur zu beziehen von Dr. H. Göckel, Berlin NW 7, Luisenstr. 21.

Nach Ablassen der SO_2-Lösung verbindet man die Bürette mittels eines Korkstopfens mit dem Glaskolben (Abb. 101) und läßt allmählich die mit SO_2 behandelte Ölschicht durch ein enges Rohr in einer Alkalilösung aufsteigen. Nach Neutralisation des SO_2 und Abkühlen des Kolbeninhalts lüftet man den Stopfen und läßt durch den Seitenansatz so lange Wasser zufließen, bis sich alles Öl im graduierten Teil des Halses gesammelt hat. Man liest nun das Volumen der Ölschicht ab, bestimmt das spez. Gew. des Öles und berechnet aus den erhaltenen Daten die Menge der gesättigten Kohlenwasserstoffe. Die Differenz zwischen diesem Gewicht und dem Gewicht des ursprünglichen Destillats ergibt annähernd den Gehalt an aromatischen und ungesättigten, als solche durch die Löslichkeit gekennzeichneten Kohlenwasserstoffen.

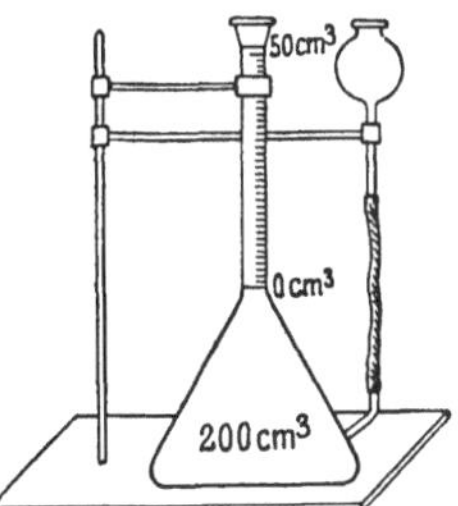

Abb. 101. Meßkolben zum Edeleanu-Apparat.

Wenn man auch wegen der gegenseitigen Löslichkeitsbeeinflussungen durch SO_2 keine genaue Trennung der gesättigten und aromatischen bzw. ungesättigten Kohlenwasserstoffe erzielen kann, so haben sich doch die mit der Methode erhaltenen Versuchsdaten für die technische Bewertung der Erdöldestillate bei der sog. Edeleanusierung als ausreichend erwiesen.

VII. Pharmakologische und physiologische Eigenschaften [1].

Die pharmakologischen und physiologischen Eigenschaften des Roherdöles und der ihm nahestehenden Stoffe, wie Braunkohlenteer, Schieferteer usw., ergeben sich, da sie Gemische von zahlreichen Einzelbestandteilen (Benzin, Petroleum, Paraffin, Schmierölen usw.) sind oder, wie z. B. Asphalt, beim Erhitzen Öldämpfe abgeben, aus den physiologischen Eigenschaften der Einzelbestandteile. So ist es bekannt, daß die leichten Destillate (Gasolin, Petroläther) zur Mischnarkose mit Äther und Chloroform benutzt werden.

Nach neueren überraschenden Feststellungen [2] soll das weibliche Brunsthormon (Oestrin) außer im Ovarium, im männlichen Harn und Hoden auch in Mineralölen und anderen bituminösen Stoffen vorkommen, z. B. in Petroleum bis 50 Mäuse-Einheiten (ME)/ccm, in Extrakten von Braunkohle 100 ME/kg, in Naphthan 2500 ME/kg. Nach B. Zondek (s. Fußn. 2) müsse die chemische Identität des in Mineralöl vorkommenden Brunsthormons mit den aus Pferde- und Menschenharn isolierten Hormonen noch zu erweisen sein. Nach Schoeller [3] soll allerdings in der für das Brunsthormon außerordentlich spezifischen Wirkung ein genügender Beweis für die Identität mit dem entsprechenden Hormon aus Mineralöl liegen.

In der Therapie, und zwar hauptsächlich zu dermatologischen Zwecken, werden Vaselin (S. 305), Paraffinum liquidum, sowie Naphthalan (als Salbengrundlage) benutzt. Gewisse Mineralöle enthalten ungesättigte partiell hydrierte terpen- oder polyterpenähnliche Kohlenwasserstoffe, die ausgesprochen bindegewebsanregend

---

[1] Lehrbuch der Toxikologie von L. Lewin, 2. Aufl., S. 202. 1897; E. Poulsson: Lehrbuch der Pharmakologie, 9. Aufl., S. 30, 232. Leipzig: S. Hirzel 1930; Th. Weyl: Die Krankheiten der Petroleumarbeiter, Handbuch der Arbeiterkrankheiten, S. 210. 1907; A. Hoffmann: Die Krankheiten der Arbeiter in Teer- und Paraffinfabriken. Vierteljahrsschr. f. gerichtl. Med. u. öff. Sanitätsw., 3. F., Bd. 5, Heft 2 u. 6; W. Ebstein-Göttingen in Engler-Höfer, Bd. 1, S. 774f. 1913.

[2] S. Aschheim: Dahlemer med. Abend, Angew. Chem. 45, 134 (1932).

[3] Schoeller: Ztschr. angew. Chem. 44, 279 (1931).

sind, und dienen daher nach Entfernung schädlicher Bestandteile als „Granugenol" zum Reinigen der Wunden und Beförderung des Heilprozesses[1]. Reines Paraffinum liquidum dient unter verschiedenen Namen als darmschmierendes und die Darmperistaltik förderndes Mittel. Ungenügende Reinheit des Öles ist bedenklich (s. u.). Auf die Haut wirken hochsiedende Petroleumprodukte, wie Rohparaffin und hochsiedende Öle, mehr schädigend ein als niedrigsiedende, anscheinend wegen der ungenügenden Reinigung der Rohprodukte von sauerstoff- und schwefelhaltigen Stoffen.

Die Petroleumarbeiter sind namentlich durch die Petroleumvergiftung, die das Rohparaffin abpressenden Paraffinarbeiter durch die Paraffinkrätze bedroht, die meistens auf dem Handrücken auftritt. Nicht selten tritt auch Carcinom als Folge des Hantierens mit Paraffin auf. Die Paraffinkrätze beruht auf einer Erkrankung der Talgdrüsen der Haut (vgl. S. 291).

Rohpetroleum kann in Dampfform oder als solches allgemeine Hautvergiftung erzeugen. Arbeiter, welche den Benzinkohlenwasserstoffe enthaltenden Dampf in Petroleumgruben, Petroleumbottichen usw. einatmen, werden bewußtlos und asphyktisch. Die Pupillen werden eng, der Puls kaum fühlbar, Husten und Würgen und als Nachkrankheit Lungenentzündung können auftreten, nach häufiger Einatmung auch der Tod. Reine Benzindämpfe, besonders Pentan, bewirken Bewußtlosigkeit, Atemstörung, Erbrechen usw. In flüssiger Form eingeführt, erzeugen 12 g Benzin oder 750 g Petroleum beim Menschen den Tod. Petroleum geht dabei als solches nicht in den Harn über. Auf Mäuse wirken Benzindämpfe giftig, Benzol tödlich[2]. Auch Menschen können infolge Einatmens von Benzoldämpfen sterben[3]; die Dämpfe werden in den Luftwegen bei Menschen fast vollkommen resorbiert[4]. Nach Lehmann ist Rohbenzol giftiger als Handelsbenzol, dieses wieder giftiger als Reinbenzol.

Hautvergiftung durch Petroleumprodukte. Bei Arbeitern, die an Petroleumpumpen beschäftigt sind, entstehen Akne in allen Stadien, Knötchen, Eiterblasen, Beulen usw. Die giftige Einwirkung von Benzin und Benzol auf die Haut verursacht auch die Hauterkrankungen im Buchdruckgewerbe[5]. Diese Erscheinungen treten bei Benutzung von reinem Terpentinöl oder raffiniertem Petroleum zum Waschen und Reinigen der Platten und Typen nicht oder nur sehr selten auf, die Verwendung benzin- und benzolhaltiger Terpentinölersatzmittel dagegen bewirkt starke Rötung und Spannung der Haut, Abheben in Blasen, also Erscheinungen einer Verbrennung ersten Grades, im späteren Stadium Abschürfungen und Rißbildungen der Haut, das Bild des typischen artefiziellen Ekzems.

Nach Hoffmann (l. c.) und Mitteilungen aus der Praxis können auch ungenügend gereinigte, Kreosot enthaltende Öle aus Braunkohlenteer hautreizend wirken und die sog. Paraffinkrätze hervorrufen. Solche Öle können auch Reizungen der Augen, der Nasenschleimhaut usw. bewirken. Bei mehreren, in derselben Asphaltkocherei beschäftigten Arbeitern trat nach kurzer Zeit akneartige Erkrankung der Haut des ganzen Körpers auf.

Hochsiedende, nicht sorgfältig gereinigte Öle bewirken, per os eingeführt, Magenschmerzen, Erbrechen usw.[6]. Das zum Brotbacken benutzte mineralölhaltige sog. Brotöl soll in zahlreichen Fällen gesundheitsschädlich gewirkt haben. Graefe hat dagegen helles Paraffinöl zum Schlüpfrigmachen von Salat ohne Beschwerden benutzt. Mineralöl wurde früher zum Verschneiden von Olivenöl für Konservensardinen viel benutzt; Gas- und Solaröl, durch besonderen Raffinationsprozeß wasserhell und geschmacklos gemacht, wurden früher für diesen Zweck von Rußland

---

[1] Rost: Ztschr. angew. Chem. **29**, 89 (1916).
[2] H. Wolff: Carbid u. Acetylen **1911**, 273.
[3] Leybold: Journ. Gasbel. **62**, 177 (1919).
[4] F. Kölsch: Gewerbliche Schädigungen durch Benzol.
[5] Zellner u. Wolff: Ztschr. Hyg., Infekt.-Krankh. **75**, 69 (1913).
[6] Nach Klostermann u. Scholta: Ztschr. Unters. Nahr.- u. Genußmittel **32**, 353 (1916), haben mit Mineralöl zubereitete Bratheringe erhebliche Gesundheitsstörungen verursacht. Ähnliche Beobachtungen bei mit 50% Mineralöl (hellbraun, fast geruchlos) angemachten Bratheringen machte Keller (schwere Verdauungsstörungen ohne Fieber).

exportiert[1]. Unreines Paraffinöl, zur Suspension von Medikamenten für Injektionen benutzt, verursachte sehr schmerzhafte Krankheitserscheinungen[2]. Für intravenöse Einspritzungen ist nur ganz reines, absolut geruchloses Paraffinöl zur Suspension zu verwenden.

B. Benzin.

(Bearbeitet von G. Meyerheim unter Mitwirkung von C. Walther.)

I. Gewinnung, Zusammensetzung, Verwendung, Anforderungen.

1. Gewinnung des Rohbenzins.

Benzine, die bei der Erdölverarbeitung gewonnenen, bis höchstens 220° C siedenden, bei gewöhnlicher Temperatur flüssigen Kohlenwasserstoffgemische, werden in Amerika „naphtha"[3] oder „gasoline" genannt, und zwar im allgemeinen „petroleum naphtha" das Rohbenzin, „gasoline" das gereinigte Benzin, insbesondere das Motorenbenzin. In England sind für Benzin die Ausdrücke „gasoline", „spirit", auch „petrol" üblich, in Frankreich der Ausdruck „essence".

Benzin im engeren Sinne („Straight-run-Benzin") wird aus dem Roh-Erdöl durch Abdestillieren der niedrigsiedenden Anteile (Toppen oder Skimmen) gewonnen. Aus den Naturgasen, welche als Begleiter des Erdöls oder für sich aus Bohrlöchern oft in ungeheuren Mengen ausströmen, erhält man das „Gasbenzin"[4] (natural gasoline oder casinghead gasoline, Rohrkopfbenzin) durch Komprimieren und Abkühlen oder durch Absorbieren mit festen Absorptionsmitteln, wie aktive Kohle und Silicagel, oder Absorbieren durch Flüssigkeiten, insbesondere höher siedende Erdölfraktionen. „Crackbenzine" oder Spaltbenzine werden durch Zersetzung (Cracken) von Roh-Erdölen oder hochsiedenden Destillationsrückständen, vorzugsweise aber von mittleren Fraktionen, den Leucht- und Gasölen, erhalten[5]. Die Spaltung erfolgt bei höheren Temperaturen entweder unter gewöhnlichem bzw. schwach erhöhtem oder etwas vermindertem Druck in der Dampfphase (Temperatur oft über 600° C, Reaktionszeit z. B. 2 sec, Verfahren von Leamon, der Gyro Process Co., der Pure Oil Co.) oder teils in flüssiger und teils in der Dampfphase, wobei die Öle im allgemeinen in Heizröhren auf Spalttemperatur erhitzt und dann unter höheren Drucken (etwa 20—50 at) längere Zeit (z. B. 30 min) bei etwa 400—500° C in einem Reaktionsgefäß gehalten werden (Dubbs-, Cross-, Tube and Tank-, Holmes-Manley-, Black-, Isom-, Jenkins-Verfahren) oder endlich in flüssiger Phase bei hohem Druck nur in Röhren (Winkler-Koch-, Carburolverfahren). Ferner kann die Spaltung durch die Einwirkung von Aluminiumchlorid bei höheren Temperaturen bewirkt werden (McAfee-Verfahren). Im Jahre 1930 waren 52% aller Benzine Straight-run-Produkte, 37% Crackbenzine und 11% Gasbenzine.

In neuester Zeit werden aus Erdöl bzw. Erdölfraktionen und unter Mitverarbeitung von Braunkohlenteeren durch spaltende Hydrierung[6] bei höherer

---

[1] G. Spieß: Bitumen **16**, 5 (1918).

[2] O. Müller: Dtsch. med. Wchschr. **45**, 46 (1919).

[3] Mit „Naphtha" wird in Rußland das Roh-Erdöl bezeichnet.

[4] In der Braunkohlenindustrie bezeichnet man analog mit „Gasbenzin" die aus den Schwelgasen durch Waschen mit Paraffinöl gewinnbaren, leicht flüchtigen, aber doch wesentlich höher als Naturgasbenzin siedenden Anteile.

[5] Neuere zusammenfassende Literatur: M. Naphtali: Leichte Kohlenwasserstofföle. Berlin 1928; E. Sedlaczek: Die Crackverfahren. Berlin 1929; E. Berl: Petroleum **26**, 1027, 1057 (1930); Sachanen u. Tilicheyev: vgl. S. 169, Fußn. 1.

[6] M. Naphtali: l. c.; D. G. Skinner: Fuel **10**, 109 (1931). P. J. Byrne jr., E. J. Gohr u. R. T. Haslam: Nat. Petr. News **24**, Nr. 40, 27 (1932); G. Reid: Refiner natur. Gasoline Manufacturer **11**, 449 (1932).

Temperatur und hohem Wasserstoffdruck (etwa 200 at) und in Gegenwart von Katalysatoren, insbesondere molybdänhaltigen, „Hydrierungsbenzine" (Leuna-Benzin der I. G. Farbenindustrie) gewonnen[1]. Die Verfahren zur Synthese von Benzinen und Ölen durch Hydrierung von Kohlenoxyd bei niederen Drucken[2] werden noch nicht großtechnisch durchgeführt.

Außer aus Erdöl werden Benzine auch aus Schieferöl und Braunkohlenteeren gewonnen (S. 484 u. 547). Die Herstellung von Urteeren aus Steinkohle ist dagegen als unrationell wieder eingestellt worden und damit auch die Gewinnung von Benzinen aus ihnen.

2. Raffination.

Zur Entfernung färbender oder leicht verharzender Bestandteile sowie von Schwefelverbindungen wurden die Benzine früher allgemein mit konz. Schwefelsäure und anschließend mit Alkalilösungen raffiniert, um dann redestilliert zu werden. In neuerer Zeit sind eine ganze Anzahl von anderen Raffinationsmitteln in Aufnahme gekommen, welche nicht — wie die konz. Schwefelsäure — die für die Verwendung des Benzins als Motortreibmittel wichtigen einfach ungesättigten Kohlenwasserstoffe angreifen. Solche Raffinationsmittel sind Bleicherden, Silicagel, Hypochlorite, Plumbite (sog. Doktor-Lösung), Chlorzink[3] und verdünnte Schwefelsäure. Die Behandlung der Benzine mit diesen Mitteln erfolgt teilweise nicht mehr in flüssiger, sondern in der Dampfphase.

Auch durch eine raffinierende Hydrierung, d. h. durch eine Behandlung bei höheren Temperaturen und Drucken mit Wasserstoff in Gegenwart von schwefelunempfindlichen Katalysatoren bei so kurzer Reaktionszeit, daß keine wesentliche Spaltung eintritt, kann eine Entschwefelung der Benzine und gegebenenfalls auch eine Umwandlung gesättigter aliphatischer Kohlenwasserstoffe in ungesättigte und aromatische Kohlenwasserstoffe erreicht werden[4].

3. Zusammensetzung der Benzine.

Das Gasbenzin besteht fast ausschließlich aus niedrigsiedenden gesättigten aliphatischen Kohlenwasserstoffen; es enthält gewöhnlich nur geringe Mengen Propan, in der Hauptsache die nächst höheren Homologen desselben.

Die Straight-run-Benzine enthalten im allgemeinen gesättigte Kohlenwasserstoffe, und zwar je nach der Herkunft der Rohöle hauptsächlich Paraffin- oder Naphthenkohlenwasserstoffe mit 6—12 C-Atomen neben meistens kleinen, bei manchen Benzinen (z. B. aus Rumänien und besonders Borneo) aber auch erheblicheren Mengen aromatischer Kohlenwasserstoffe, wie Benzol, Toluol und Xylole.

Die Zusammensetzung der Crackbenzine und auch der Hydrierungsbenzine ist abhängig von dem Druck, der Temperatur und dem Katalysator, die bei ihrer Herstellung angewandt wurden. So bewirkt beim Spalten in gemischter Phase eine Erhöhung des Drucks eine Zunahme der gesättigten Kohlenwasserstoffe und allgemein beim Spalten und Hydrieren eine Erhöhung der Temperatur

---

[1] In neuester Zeit sind auch die Arbeiten von der I. G. Farbenindustrie wieder aufgenommen worden, um durch Hydrierung von Kohlen direkt zu Benzin zu gelangen.

[2] F. Fischer u. H. Tropsch: Brennstoff-Chem. **11**, 489 (1930).

[3] A. Lachman: Refiner natur. Gasoline Manufacturer **10**, Nr. 11, 72 (1931). Gini-Verfahren, Erdöl u. Teer 8, 23 (1932).

[4] C. Walther: ebenda **7**, 352 (1931).

eine Zunahme der ungesättigten und aromatischen Kohlenwasserstoffe, so daß
die durch Dampfphasenspaltung erhaltenen Benzine reich an ungesättigten Kohlenwasserstoffen sind. Bei Verlängerung der Reaktionszeit, zumal bei hohen Temperaturen, wird eine größere Menge niedrigsiedender und auch gasförmiger Produkte
erhalten.

Der Schwefelgehalt der rohen Straight-run-Benzine schwankt je nach
der Herkunft der Rohöle. Die rohen Crackbenzine weisen oft einen weit
höheren Schwefelgehalt auf, was auf den meist hohen Schwefelgehalt der
zur Spaltung benutzten höhersiedenden Öle zurückzuführen ist. Durch
die Raffination wird der Schwefelgehalt der Benzine bis auf einen für ihre
Verwendung zuträglichen Betrag herabgesetzt.

Der namentlich in Crackbenzinen infolge der Einwirkung des Luftsauerstoffs auf die ungesättigten Kohlenwasserstoffe eintretenden Gelbfärbung
der Benzine und Abscheidung von harzartigen Stoffen (gum) sucht man
durch die Zugabe geringer Mengen (z. B. 0,05%) von Antioxydationsmitteln
wie Anthracen, Phenanthren, Naphthalin, Phenol, Kresol, Guajacol, aromatischen Amino- und Nitroverbindungen, Harnstoff, Phenylhydrazin, Brucin,
Nicotin u. a.[1] zu begegnen.

Zur Verdeckung der gelblichen Farbe der Crackbenzine, auch zur Kennzeichnung
einiger Benzinmarken, werden von vielen Firmen in Amerika geringe Mengen
Farbstoffe zugesetzt[2]. In Deutschland wird die künstliche Färbung nur benutzt,
um bestimmte Benzinmischungen mit anderen Stoffen zu kennzeichnen. So ist
z. B. das Benzin-Benzolgemisch „Aral" des Benzolverbandes (B.V.) blau gefärbt,
das gleiche Gemisch „Esso" der Deutsch-Amerikanischen-Petroleumgesellschaft
(D.A.P.G.) rosa, das Benzin-Alkoholgemisch „Monopolin" der Reichskraftsprit-
Gesellschaft (R.K.S.) grün, während in Amerika das Tetraäthylblei enthaltende
„Ethylgasoline" rot gefärbt sein muß.

4. Verwendung. Einteilung der Benzinfabrikate.

Deutsche und englische Raffinerien stellen aus der Benzinfraktion des
Erdöls folgende Produkte her [3]:

Petroläther, D.A.B. 6., $d_{20} = 0{,}645—0{,}655$, zwischen 40 und 60⁰ siedend.
Gasolin, zwischen 30 und 70 bzw. 80⁰ siedend.
Petroleumbenzin, D.A.B. 6. (Wundbenzin), $d_{20} = 0{,}661—0{,}681$, zu mindestens
80% zwischen 50 und 75⁰ siedend.
Wetterlampenbenzin, zwischen 60 und 140⁰ siedend.
Extraktionsbenzin, 60—100⁰ zur Herstellung von Gummilösungen, Ölsaatenextraktion, 80—100⁰ zur Knochen- und Rohwolleextraktion, 90—130⁰ und
100—125⁰ zur Herstellung von Kautschuklösungen, 100—140⁰ wie vorher und zu
Reinigungszwecken.
Waschbenzin, meist zwischen 100 und 150⁰ siedend.
Motorenbenzin (Fahrbenzin für Automobil-, Flugzeug- und Luftschiffmotoren), $d_{20} < 0{,}780$, nach der deutschen Betriebsstoffkonvention unterschieden als
Leichtbenzin, bis 100⁰ > 60%, bis 170⁰ > 90% Destillat,
Mittelbenzin, bis 100⁰ < 60%, aber > 10% Destillat,
Schwerbenzin, bis 100⁰ < 10% Destillat.
Testbenzin, meist zwischen 130 und 200⁰, höchstens bis 215⁰ siedend, Abel-
Test (s. S. 58) über + 21⁰, zur Verwendung als Lösungsmittel in der Lack- und
Farbenfabrikation, sowie zur Wachstuch- und Kunstlederherstellung.

---

[1] Egloff, Faragher u. Morrell: Oil Gas Journ. **28**, Nr. 29, 116, 257 (1929);
C. Walther: Erdöl u. Teer **7**, 400 (1931).
[2] Egloff u. Morrell: Oil Gas Journ. **29**, Nr. 42, 133 (1931).
[3] Privatmitt. von Dr. W. Manasse.

Für den Siedeverlauf von Automobilbenzin (Grenzen gewöhnlich 50—200⁰; Siedebeginn zwischen 30 und 70⁰), Fliegerbenzin sowie für Benzin anderer Verwendungszwecke bestehen genaue Vorschriften der Verbraucher in den verschiedenen Ländern (s. Tabelle 41 f., S. 184). Als safety fuel bezeichnet man in Amerika ein als Fliegerkraftstoff verwendetes, durch katalytische Hochdruckhydrierung hergestelltes Schwerbenzin, das in der Hauptsache hydroaromatische Kohlenwasserstoffe enthält (Siedegrenzen 140—190⁰, Flammpunkt 42⁰) und klopffester ist als die normalen deutschen Kraftstoffe; man benutzt es mit einer dosierenden Einspritzpumpe statt eines Vergasers[1].

5. Allgemeine Anforderungen an Kraftstoffe für Explosionsmotoren.

Die Verbrennung im Automobilmotor bildet heute die weitaus wichtigste Verwendung des Benzins. Es sollen deshalb hier diejenigen Eigenschaften behandelt werden, von welchen die größere oder geringere Eignung eines Benzins als Motortreibstoff abhängig ist. Da ferner Automobilbenzin vielfach in Mischung mit anderen Kraftstoffen (Benzol, Alkohol u. dgl., gelegentlich auch Aceton, Äther, Petroleum, Teeröl) benutzt wird, sind auch diese Stoffe mit zu berücksichtigen.

a) Heizwert. Die treibende Energie wird von der Verbrennung des Kraftstoffes geliefert. Daher ist für die von der Maschine geleistete Arbeit zunächst der Energiegehalt, d. h. der (untere) Heizwert (s. S. 79) des Treibstoffes maßgebend. Dieser Wert (Benzin 10 200—10 600 cal/g, Crackbenzin 10 210, Petroleum etwa 10 550, Benzol 9630) ist noch um die Verdampfungswärme des flüssigen Brennstoffes bei konstantem Volumen zu erhöhen, da die Heizwertbestimmung mit dem flüssigen Brennstoff ausgeführt wird, während dieser vor seiner Verbrennung im Motor schon vergast ist[2]. Diese Verdampfungswärmen betragen bei Benzin und Benzol 60—90, bei Spiritus dagegen 190 cal/g (vgl. S. 192, Tabelle 51).

Durch den Heizwert des Kraftstoffes selbst wird aber nur die in ihm enthaltene Energiemenge bzw. die hieraus (bei idealer Ausnutzung) zu gewinnende Gesamtarbeit bestimmt, nicht aber die Leistung des Motors, d. h. die in der Zeiteinheit geleistete Arbeit. Diese hängt vielmehr vom „Gemisch-Heizwert" ab, d. h. dem Heizwert des Kraftstoff-Luftgemisches (pro Liter) in der Zusammensetzung, bei welcher vollständige Verbrennung erzielt wird; denn diese Mischung bildet das eigentliche Treibmittel, von welchem der Motor ein seinem Zylinderinhalt (genauer dem Hubvolumen) entsprechendes Volumen (bei 65—130⁰, d. h. der Temperatur am Ende des Saughubes) ansaugt[3]. Diese Gemisch-Heizwerte (bezogen auf Gas von 0⁰ und 760 mm) zeigen nun bei verschiedenen Kraftstoffen sehr viel kleinere Unterschiede als die Heizwerte der reinen Kraftstoffe selbst; z. B. hat Straightrun-Benzin 406—410 mkg/l (0,95—0,96 kcal/l), Crackbenzin 418, Petroleum 414, Benzol 401,5, Alkohol (98,5%) 400, dgl. 95% 395,8 mkg/l (0,93 kcal/l). Dieser weitgehende Ausgleich kommt daher, daß z. B. der an sich energieärmere Alkohol weniger Luft zur Verbrennung braucht, als das energiereichere Benzin; das theoretisch richtig zusammengesetzte Gasgemisch enthält also bei Alkohol mehr Brennstoff als bei Benzin. Der Verbrauch an Alkohol ist natürlich entsprechend größer als der Benzinverbrauch.

Da somit durch die Verschiedenheit des Luftbedarfs alle Kraftstoffe praktisch fast gleiche Gemisch-Heizwerte ergeben, ist für die Motorleistung der Heizwert des Kraftstoffes ohne Belang.

---

[1] Wa. Ostwald: Automobiltechn. Ztschr. **35**, 557 (1932).
[2] Ricardo: Schnellaufende Verbrennungsmaschinen, S. 19. Berlin: Julius Springer 1926.
[3] Ricardo: l. c.

Der Heizwert stellt noch aus folgenden Gründen nur einen Näherungswert für die gewinnbare mechanische Energie dar: erstens bezieht er sich auf die vollständige Verbrennung des Kohlenstoffs und Wasserstoffs zu CO_2 und H_2O, während im Motor je nach Temperatur, Sauerstoffmenge und sonstigen Umständen stets größere oder kleinere Mengen CO, H_2 und selbst unverbrannter Treibstoff in den Auspuffgasen auftreten[1]; zweitens kann die bei der Verbrennung entwickelte Energie, abgesehen von den eigentlichen „Verlusten" durch Wärmeleitung und -strahlung sowie durch Reibung, nach den Gesetzen der Thermodynamik stets nur zu einem gewissen Bruchteil (je nach dem thermischen Wirkungsgrad der Maschine etwa 15—45%)[2] in mechanische Arbeit umgewandelt werden.

Die Vollständigkeit der Verbrennung hängt hauptsächlich von der gegenseitigen Anpassung des Brennstoffs und der Motorkonstruktion, insbesondere der Vergaserstellung, ab. Unvollständige Verbrennung infolge zu reichlicher Betriebsstoffzufuhr (zu „fetter" Vergaserstellung) bzw. zu geringer Luftzufuhr ist an der dunklen Farbe und dem Geruch der Auspuffgase nach unverbrauchtem Treibstoff zu erkennen. Ungenügende Brennstoffzufuhr (zu großer Luftüberschuß, „mageres" Gemisch) hat häufiges Aussetzen der Zündung, dagegen Explosionen im Schalldämpfer und im Auspuffrohr zur Folge.

b) Siedeverhalten. Wichtig für die gleichmäßige und vollständige, rückstandsfreie Verbrennung ist ferner eine gute Vergasung des Benzins, die von seiner Siedekurve bestimmt wird. Die diesbezüglichen Anforderungen s. S. 193.

c) Kompressionsfestigkeit (Klopffestigkeit, Antiklopfmittel). Der thermische Wirkungsgrad des Motors hängt u. a. von der Kompression des zur Verbrennung gelangenden Brennstoffgas-Luftgemisches ab; z. B. läßt sich durch Erhöhung der Kompression von 1 : 4 auf 1 : 6 bei demselben Motor und der gleichen Brennstoffmenge die Arbeitsleistung um etwa 20% steigern, bzw. bei gleichbleibender Leistung eine entsprechende Betriebsstoffersparnis erzielen. Bei weiterer Erhöhung der Kompression nimmt die Leistungssteigerung allerdings immer langsamer zu, z. B. beim Übergang von 6- zu 7facher Kompression um 5,5%, von 7- zu 8facher Kompression um 4,5%. Zur besseren Ausnutzung der chemischen Energie der Treibstoffe wurde daher das Kompressionsverhältnis bei Neukonstruktionen von Motoren ständig erhöht[3]; zur Zeit beträgt es bei deutschen Wagen meist etwa 1 : 5,5 bis 1 : 6.

Durch die höhere Kompression werden aber bei vielen Kraftstoffen Störungen in der regelmäßigen Verbrennung hervorgerufen, nämlich die sog. „Klopferscheinungen". Zumal bei Vollgas und bei mäßig hoher Drehzahl sind zunächst hellklingende Fremdgeräusche (Klingeln, pinking) neben den regelmäßigen Maschinengeräuschen zu vernehmen, die, wenn unter anderem nicht die Zündung zurückgenommen wird, in „Klopfen" und „Stampfen" (knocking) übergehen. Diese Erscheinungen, deren Wesen noch nicht völlig geklärt ist, bewirken eine bedeutende Verschlechterung der motorischen Leistung, Mehrverbrauch an Betriebsstoff und unter Umständen Zerstörung von Maschinenteilen.

Die höchste Kompression, bei der ein Treibstoff klopffrei verbrennt, seine „Kompressionsfestigkeit", ist, abgesehen von dem Einfluß der Eigenarten des Motors (S. 224), je nach seiner chemischen Zusammensetzung sehr verschieden, z. B. beginnt gewöhnliches Straight-run-Benzin etwa bei 5facher, Benzol sowie Spiritus erst bei etwa 10facher Kompression zu klopfen, während Methanol schon bei 6facher Verdichtung Klopferscheinungen zeigt.

---

[1] Quantitative Bildung von CO_2 und H_2O ist wegen der merklichen thermischen Dissoziation dieser Stoffe bei den im Zylinder während der Verbrennung herrschenden Temperaturen von 1600—2400° nicht möglich. Vgl. hierzu Terres, Engler-Höfer: 1. Aufl., Bd. 4, S. 537; Ricardo: Schnellaufende Verbrennungsmaschinen, S. 59.

[2] Wa. Ostwald: „Kraftstoffe" im Automobiltechnischen Handbuch, 13. Aufl. Berlin: M. Krayn 1931.

[3] Über die Wirtschaftlichkeit der Verwendung von Motoren mit höherer Kompression s. Bandte: Erdöl u. Teer 4, 416 (1928).

Über das Wesen und die Ursachen der Klopfvorgänge sowie über die Mittel zu ihrer Beseitigung bzw. Einschränkung [1] liegen zahlreiche experimentelle und theoretische Arbeiten vor, welche zwar die Erscheinungen noch nicht vollständig erklären, aber doch schon einen gewissen Einblick gestatten.

Das Klopfen beruht zum Teil darauf, daß die Verbrennung des Kraftstoffdampfes im Zylinder bereits beginnt, bevor die durch die Zündkerze ausgelöste Verbrennungswelle den Zylinder durcheilt, es steht also in Beziehung zum Selbstentzündungspunkt (s. S. 67) des Kraftstoffes; je höher sein Selbstentzündungspunkt (unter Druck) liegt, um so geringer ist seine Neigung zum Klopfen. Ferner erklärte man [2] das Klopfen durch die Bildung von Peroxyden, die meist eine niedrigere Verpuffungstemperatur haben als das übrige Kraftstoffgemisch und als Initialzünder wirken. Durch oszillographische Messungen wurde festgestellt, daß bei klopffreier Verbrennung eine scharfbegrenzte Flammenfront die unmittelbar unter ihr liegenden Gemischteile zur Entflammung bringt, während beim Klopfen die Entzündung des Gemischrestes an vielen Stellen gleichzeitig erfolgt [3].

Zwischen der Kompressionsfestigkeit und der chemischen Natur der Treibstoffe bestehen folgende allgemeine Beziehungen [4]:

Die Klopffestigkeit nimmt bei den gesättigten und ungesättigten Paraffinkohlenwasserstoffen mit unverzweigter Kette mit steigendem Mol.-Gew. und steigendem Siedepunkt ab (bei Hydrierungsbenzinen ist dies nicht immer der Fall). Bei den gesättigten und ungesättigten Paraffinkohlenwasserstoffen mit verzweigter Kette nimmt dagegen die Klopffestigkeit mit der Anzahl der im Molekül enthaltenen Methylgruppen zu. Auch steigt sie, je zusammengeballter (zentralisierter) die Methylgruppen im Molekül angeordnet sind und das Molekül gebaut ist. Infolgedessen zeigt das Isooctan (2,2,4-Trimethyl-pentan) etwa die gleiche Klopffestigkeit wie aromatische Kohlenwasserstoffe. Diese weisen im allgemeinen eine höhere Klopffestigkeit auf als Paraffinkohlenwasserstoffe. Die Seitenketten steigern die Klopffestigkeit bei den Aromaten erheblich, und zwar übt die Methylgruppe eine stärkere Wirkung aus als die Hydroxylgruppe und diese wieder eine stärkere als die Aminogruppe. Sind Äthylgruppen oder mehrere Seitenketten im Molekül enthalten, so tritt durch sie nicht immer eine weitere Steigerung der Klopffestigkeit ein. Die Naphthenkohlenwasserstoffe endlich sind nicht so klopffest wie die Aromaten, aber im allgemeinen klopffester als die Paraffinkohlenwasserstoffe. Auch ist der Einfluß der Seitenketten bei ihnen nicht so stark wie bei den Aromaten. Infolge seines teilweise ungesättigten Charakters ist Crackbenzin klopffester als Straight-run-Benzin, auch Naturgasbenzin ist klopffester als Straight-run-Benzin aus demselben Bohrloch. Durch Hydrierung hochsiedender Erdölfraktionen oder von Rohöl erhält man klopffeste Benzine, die direkt oder zur Aufbesserung weniger klopffester Straight-run-Benzine Verwendung finden.

Die Kompressionsfestigkeit leicht klopfender Treibstoffe läßt sich durch Zumischung klopffester Brennstoffe erhöhen. Am gebräuchlichsten ist es, klopfende Benzine, je nach dem Grade ihrer eigenen Kompressionsfestigkeit

---

[1] Ricardo: Schnellaufende Verbrennungsmaschinen. Berlin 1926; Whatmough: The Automobil Engineer 1927; Wa. Ostwald: Automobiltechnisches Handbuch, 13. Aufl., S. 178f. Berlin: M. Krayn 1931; Withrow u. Boyd: Ind. engin. Chem. **23**, 539 (1931); Lorenzen: Ztschr. angew. Chem. **44**, 130 (1931); Berl u. Winnacker: Ztschr. physikal. Chem. (A) **139**, 453 (1928); (A) **145**, 161 (1929); (A) **148**, 36, 261 (1930).

[2] J. Tausz u. F. Schulte: Über Zündpunkt und Verbrennungsvorgänge im Dieselmotor, S. 27. Halle 1924.

[3] K. Schnauffer: Ztschr. Ver. Dtsch. Ing. **75**, 455 (1931); M. Aubert u. E. Duchêne: Compt. rend. Acad. Sciences **192**, 1633 (1931).

[4] Edgar, Pope u. Dykstra: Journ. Amer. chem. Soc. **51**, 1875, 2203, 2213 (1929); Boyd: Oil Gas Journ. **29**, Nr. 42, 147 (1931); Lovell, Campbell u. Boyd: Ind. engin. Chem. **23**, 555 (1931); A. W. Schmidt: Petroleum **27**, 453 (1931); Haslam u. Bauer: Oil Gas Journ. **29**, Nr. 37, 34, 165 (1931); Refiner natur. Gasoline Manufacturer **10**, Nr. 2, 110 (1931).

und der erstrebten Verbesserung, mit 30—60% Motorenbenzol [1] (Mischung von Benzol und Toluol nebst wenig Xylol) zu versetzen. Reinbenzol ist als Treibstoff nicht geeignet, da es, abgesehen von seinem höheren Preis, zu hohen Erstarrungspunkt aufweist, während 90er Handelsbenzol ebenso wie Reinbenzol zur Rußbildung neigt und erst der Typ BV-Motorenbenzol wegen des höheren Wasserstoffgehaltes im Motor einwandfrei verbrennt. Auch die aromatenreichen Edeleanu-Extrakte aus höhersiedenden Erdölfraktionen, besonders aus persischem Leuchtöl, werden als klopffeste Zusätze zu Straight-run-Benzinen benutzt.

Eine Erhöhung der Kompressionsfestigkeit erzielt man auch durch Erhöhung der Flüchtigkeit, was in Amerika durch Zusatz von Gasbenzin (Siedeende 100—120°) erfolgt [2]. Hierdurch erzielt man leichtes Starten auch bei niedrigen Außentemperaturen. Durch Zugabe von Gasbenzin kann man bei richtiger Mischung mit dem Siedeende bis 220° heraufgehen. Ein Leistungsabfall tritt nach amerikanischen Untersuchungen bei Gasbenzinzusatz bis zu 50% nicht ein, jedoch ist ein zu großer Gehalt an Gasbenzin zu vermeiden, da er durch Dampfblasenbildung (vapor lock) in der Ansaugleitung oder im Vergaser zu Störungen der Gemischbildung führen kann.

Auch Alkohol ist wegen seiner doppelt so hohen Antiklopfwirkung wie Benzol als Zusatz zu Benzin gut verwendbar; nur muß er möglichst wasserfrei (absolut) sein, da sonst bei tiefen Temperaturen (besonders in höheren Luftschichten im Tank der Flugzeuge) Entmischung der Kraftstoffe eintreten kann.

Der Kraftstoff Monopolin besteht derzeit aus einer Mischung von 80 Gew.-% Benzin und 20 Gew.-% Alkohol.

In Deutschland sind die Kraftstoff-Firmen durch reichsgesetzliche Verordnung verpflichtet, seit 1. 10. 1932 10% ihres Treibstoffumsatzes an absolutem Alkohol der Reichsmonopolverwaltung abzunehmen. Dieser wird aber gewöhnlich nicht reinen Benzinen, sondern nur Benzin-Benzolgemischen zugesetzt, und zwar zur Zeit in folgenden handelsüblichen Mischungen (sog. Dreiergemische) [3]:

15 Gew.-% Alkohol	15 Gew.-% Alkohol	10 Gew.-% Alkohol
35 „ Benzol	40 „ Benzol	40 „ Benzol
50 „ Benzin	45 „ Benzin	50 „ Benzin

Dreiergemische haben sich als besonders kompressionsfeste Flugzeugkraftstoffe bewährt; der Alkoholzusatz verhindert Kondensatbildung und verbessert die Kältebeständigkeit [4].

Die deutschen Markenkraftstoffe vertragen in den gewöhnlichen Motoren eine Kompression von 1 : 5,5 bis 1 : 6, ohne zu klopfen, und sind damit dem S. 181 erwähnten in Deutschland üblichen Kompressionsverhältnis angepaßt. Der durchschnittlich etwas geringeren Kompressionsfestigkeit der ausländischen Kraftstoffe kommt die deutsche Automobilindustrie dadurch entgegen, daß sie die Motoren für Personenwagen neuerdings mit einem besonders geformten Verbrennungsraum versieht, in welchem auch weniger klopffeste Kraftstoffe bei Kompressionen bis 1 : 6 klopffrei verbrennen.

---

[1] Typvorschriften des Benzolverbandes s. S. 574.
[2] G. G. Brown: Amer. Petrol. Inst. 8, Nr. 6, 160 (1927).
[3] Dietrich: Automobiltechn. Ztschr. 34, 691 (1931).
[4] Ch. Baron: Ann. Office nat. Combustibles liquides 6, 155 (1931).

Antiklopfmittel. Da der Zusatz von Benzol oder Alkohol zum Benzin zur Verhütung des Klopfens ziemlich beträchtlich sein muß und diese Kraftstoffe dabei teurer und — auf gleiche Gewichtsmengen bezogen — energieärmer sind als Benzin, so hat man nach anderen Antiklopfmitteln gesucht, welche dieselbe Wirkung bei Anwendung kleinerer Prozentsätze ergeben. Geringe Mengen Jod verbessern die Verbrennungseigenschaften der Betriebsstoffe wesentlich, ebenso wirken Anilin, Toluidin, Dimethylanilin, Xylidin und einige Verbindungen des Selens, Tellurs und Bleies [1].

Das wirksamste Antiklopfmittel ist das in Amerika aufgefundene Tetraäthylblei $(C_2H_5)_4Pb$, das in Benzinlösung als „Ethyl-Gasoline" 1923 auftauchte, aber seiner Giftigkeit wegen bald wieder verboten wurde, trotzdem es bereits in einer Verdünnung von 1 : 1300 das Klopfen des Benzins vollständig verhindert. Da mit einiger Vorsicht die Gefahren [2] des Tetraäthylbleis zu vermeiden sind, ist seit 1926 das Verbot in USA. wieder aufgehoben. Das Ethyl-Gasoline wird zur Unterscheidung von anderen Produkten rot gefärbt (s. auch S. 179) und mit dem hautreizenden Äthylenbromid versetzt, um seine Verwendung als Wasch- und Reinigungsmittel zu verhüten. Das zur Herstellung des Ethyl-Gasolines verwendete „Ethyl-fluid" hat die Zusammensetzung [3]: Tetraäthylblei 54,54%, Äthylenbromid 36,36%, Schutzstoffe 9,09%, Farbstoff 0,01%. In Deutschland diente zeitweilig als Antiklopfmittel das fast ungiftige Eisenpentacarbonyl $Fe(CO)_5$, das aber jetzt nicht mehr im Handel ist.

Nachweis von Antiklopfmitteln s. S. 215, Bestimmung der Klopffestigkeit S. 222.

d) Praktische Bedeutung von spez. Gew., Stockpunkt, Schwefelgehalt und Rückstandsbildung s. unter Prüfungen, Abschnitt II.

6. Lieferbedingungen für Benzine.

Bei Flugmotoren-Kraftstoffen unterscheidet der deutsche Luftfahrzeugausschuß [4] für die verschiedenen Motortypen 4 Kraftstoffgrade: a, etwa entsprechend rumänischem Leichtbenzin; b, dgl. + 20 Vol.-% Motorenbenzol; c, dgl. + 40 Vol.-% Motorenbenzol; d (für Sonderzwecke), dgl. + 60 Vol.-% Motorenbenzol.

Tabelle 41. Deutsche Anforderungen an Flugmotoren-Kraftstoffe.

Grad	Octan-zahl	Siedeanalyse nach S. 194				Dampf-druck nach Reid	Trübungs-punkt	Gum-Test nach S. 220, b	S %	Korrosions-prüfung
		mind. Vol.-% bis			Siede-schluß					
		80°	100°	150°						
a	65							nicht		mit Al genietetes Cu, im Kraftstoff 3 h auf 50° erhitzt: keine Verfärbung.
b	73				nicht über 190°	unter 0,5 at bei 38°	unter —30°	über 10mg Rückstand	unter 0,3	
c	80	5	50	90						
d	87									

[1] Wa. Ostwald: Auto-Technik 15, Nr. 4, 5; Nr. 7, 7 (1926); Moureu, Dufraisse u. Chaux: Chim. et Ind. 17, 531 (1927); Heinze: Petroleum 23, 693 (1927); E. Endo: Journ. Fuel Soc. Japan 11, 53 (1932); C. 1932, II, 955.
[2] Surgeon, Generals Committee: Ind. engin. Chem. 18, 193 (1926); United States Public Health Service: Oil Gas Journ. 24, Nr. 43, 112 (1926); L. Schwarz: Ztschr. angew. Chem. 39, 504 (1926); Midgley: Ind. engin. Chem. 17, 827 (1925); Kiemstedt: Auto-Technik 17, Nr. 9, 9 (1928); Francis, Dixon u. Heppl: Final Report of the Departmental Committee on Ethyl-Gasoline. Ministry of Health, Great Britain, 1930.
[3] Auto-Technik 17, Nr 11, 6 (1928).
[4] Im September 1932 angenommene Fassung.

Tabelle 42. Russische Normen für Benzin.
Aufgestellt von dem Naphtha-Syndikat der USSR. in Moskau 1932.

Bezeichnung des Benzins	d_{15} höch- stens	Siede- beginn °C	mindestens Vol.-% Destillat bis °C										
			75	95	100	120	130	160	170	175	180	190	200
Grosneft (Grosny)													
Avio-Fliegerbenzin.	0,712	40—60	10	50	63	95	98	—	—	—	—	—	—
Leichtbenzin . . .	0,730	höchst. 50	—	—	40	—	—	90	—	96	—	—	—
Schwerbenzin . . .	0,750	,, 60	—	—	20	—	—	75	—	—	—	—	96
Asneft (Baku)													
Straight-run-Benzin	0,755	,, 80	—	—	25	—	—	—	95	—	97	—	—
Dgl.	0,755	,, 80	—	—	20	—	—	—	—	—	95	—	97
Ligroin (Testbenzin)	0,790	,, 130	—	—	—	—	—	—	—	—	—	98	—
Crackbenzin . . .	0,750	30—45	—	—	25	—	—	72	—	—	—	92½	—

Tabelle 43. Lieferbedingungen für polnische Benzine.
Normen der Mineralölsektion der polnischen Normalisierungskommission 1927[1].

Bezeichnung	Spez. Gew.[2]	Siedebeginn °C	Bis 120° mindestens %	Siedeende: mindestens 96% bis °C
Erdgasgasolin	0,660/710	—	—	165
Fliegerbenzin I	—	nicht unter 50	60	165
,, II	—	nicht unter 50	50	175
Automobilbenzin	—	unter 55	40	210
Motorenbenzin für landwirt- schaftliche Zwecke . . .	—	unter 70	20	225
Extraktionsbenzin	0,731/740	zwischen 80 und 140° sollen mindestens 96% überdestillieren		
Lackbenzin I	0,771/780	zwischen 130 und 200° sollen mindestens 96% überdestillieren		
,, II	0,781/790	zwischen 130 und 200° sollen mindestens 96% überdestillieren		

Tabelle 44. Lieferbedingungen für rumänische Benzine[3].

Bezeichnung	Spez. Gew.[2]	Siedebeginn °C	Destillat		Siedeende °C
			%	bis °C	
Fliegerbenzin	0,680/700	—	85	120	130
Leichtes Exportbenzin .	0,725/730	—	60	100	150
Schweres Exportbenzin.	0,760/770	—	95	170	185
Mittelbenzin	0,751/753	—	20	100	—
Automobilbenzin. . . .	0,735/740	höchstens 70	35	100	150 (95%)
Motorenbenzin.	0,775/780	—	70	150	180 (95%)
Extraktionsbenzin . . .	0,720/730	—	95	zwischen 80 u. 100	120

[1] Nach H. Burstin: Untersuchungsmethoden der Erdölindustrie, S. 167. Berlin 1930.
[2] Ohne Temperaturangabe; vermutlich bei 15°.
[3] Nach Petroleum-Vademecum, 9. Aufl., Teil 1, S. 92. 1932.

Tabelle 45. Englische Lieferbedingungen für Motorenbenzin[1].

	I Fliegerbenzin 0,720/0,740	II Fliegerbenzin 0,740/0,760	III Autobenzin
Aussehen, Zusammensetzung	klar, wasserhell, frei von sichtbaren Verunreinigungen; höchstens Spuren ungesättigter Kohlenwasserstoffe (Crackbenzin)	wie I	soll aus Kohlenwasserstoffen bestehen, frei von sichtbaren Verunreinigungen
Siedebeginn ^{0} C . . .	—	—	$< 55^2$
% Destillat	> 10 bis 75^0 > 60 bis 100^0 > 95 bis 140^0	> 10 bis 75^0 > 60 bis 100^0 > 90 bis 150^0	20 bis 105^0 ^{2}
Siedeschluß ^{0} C . . .	—	—	225
Abdampfrückstand von 50 ccm, 1 h auf kochendem Wasserbad . . .	$< 0,01\%$, ölig	wie I	—
Aromaten Vol.-% . .	12—20	> 35 ^{3}	—
Kritische Lösungstemperatur in Anilin des von Aromaten befreiten Rückstandes . .	—	$< 55^0$ ^{3}	—
Toluolwert des Aromatengehalts ^{4} Vol.-% .	> 10	> 22	—
Säuregehalt	frei von Mineralsäuren	wie I	wie I
Schwefelgehalt % . .	$< 0,05$	$< 0,05$	—
Gefrierpunkt.	—	unter $- 60^0$ C	—

[1] British Standard Specifications for Motor and Aviation Spirit der British Engineering Standards Association Nr. 121—123.

[2] Die Anforderungen für den Siedeanfang und die bis 105^0 übergehende Menge gelten nicht für Treibmittel, die im wesentlichen aus Benzol und Toluol bestehen.

[3] Wenn die kritische Lösungstemperatur des von Aromaten befreiten Rückstandes in Anilin 55^0 C überschreitet, erhöht sich der Mindestgehalt an Aromaten (35%) um 1% für je 1^0 C über 55^0.

[4] Man destilliert 500 ccm Benzin an einer gut wirkenden Kolonne (1 Tropfen/sec), fängt 3 Fraktionen (bis $95^0 =$ benzol-, bis $122^0 =$ toluol-, bis $150^0 =$ xylolhaltig) auf und bestimmt deren Mengen und kritische Lösungstemperaturen in Anilin gemäß S. 211 vor und nach Entfernung der aromatischen Kohlenwasserstoffe. Zur Umrechnung auf den Aromatengehalt jeder Fraktion benutzt man die S. 211 angegebene Formel, setzt jedoch an Stelle des Durchschnittsfaktors 1,19 für die einzelnen Fraktionen F_1, F_2 und F_3 die Werte 1,15, 1,20 und 1,23 ein und rechnet die so gefundenen Aromatenmengen auf Vol.-% des ursprünglichen Benzins um (% Benzol $= B$, % Toluol $= T$, % Xylol $= X$). Unter der Annahme, daß Benzol und Xylol Toluolwerte von $2/3$ bzw. $5/6$ besitzen, berechnet sich dann der Toluolwert des Aromatengehaltes zu

$$\frac{2}{3} B + T + \frac{5}{6} X.$$

Tabelle 46. Amerikanische Normen für Benzin. Aufgestellt von der USA.-Regierung[1].

Bezeichnung	Farbe nicht dunkler als Saybolt Nr.[2]	Siedeanalyse nach Engler, Modifikation A.S.T.M. D 86—30, s. S. 163 und S. 195								Gesamtmenge Destillat mindestens %	Schwefel % nicht über	Doktortest s. S. 217	Korrosionsprüfung	Wasser und feste Fremdstoffe	Bemerkungen
		Siedebeginn °C	höchstens 5% bis °C	mindestens 5% bis °C	mindestens 20% bis °C	mindestens 50% bis °C	mindestens 90% bis °C	mindestens 96% bis °C	Siedeende höchstens °C						
Fliegerbenzin { Fighting . .	25	—	50	65	—	95	125	150	165	96	0,10	negativ	(Kupferschale, s. S. 217) negativ	abwesend	Der wässerige Auszug des Dest.-Rückstandes (Rückstand mit 3fach.Vol.H_2O ausgeschüttelt) darf Methylorange nicht röten
Domestic. .	25	—	50	75	—	105	155	175	190	96	0,10	negativ	(Kupferschale) negativ	abwesend	
U. S. Government Motor-Gasoline	—	55	—	—	105	140	200	—	225	95	0,10	—	(Kupferstreifen, s. S. 217) negativ	—	—
Dgl. neuere Vorschläge[3]	—	—	60 (höchst. 10% bis °C)	80 (mind. 10% bis °C)	—	140	200	—	—	95	0,10	—	dgl.	abwesend	—
U. S. High Volatility Gasoline[3]	—	—	50	70	—	125	180	—	—	95	0,10	—	dgl.	dgl.	Dampfdruck b. 37,8° C nicht über 0,7 at.

[1] Master Specification for Lubricants and Liquid fuels, Technical Paper 323 B, 1927.

[2] A.S.T.M.-Methode D 156—23 T, Saybolt-Chromometer (s. S. 232).

[3] Oil Gas Journ. vom 21. 3. 1929; Petroleum Times **21**, 506 (1929); durch Erdöl u. Teer **5**, 405 (1929); Motor-Fuel V: USA. Federal Standard Stock Catalogue VV-M- 571 (1931).

Tabelle 47. Italienische Normen für Benzin[1].

Bezeichnung	Farbe	Siedeanalyse					Reaktion	Verdampfungsprobe auf Filtrierpapier	Wasser (Feuchtigkeit) und Verunreinigungen
		Siedebeginn °C	% Destillat bis		Siedeende	Rückstand			
			100°	120°					
Benzin für Flugmotoren und Extraktionszwecke	farblos, nicht opalisierend, nicht fluorescierend	50 bis 60	mind. 60	mind. 85	—	höchst. 2 g über 150°	neutral	ohne Rückstand	abwesend
Autobenzin	farblos, durchsichtig, nicht fluorescierend oder opalisierend	nicht über 70	20	—	—	höchst. 3 g über 200°	neutral	ohne Rückstand	abwesend —
Schwerbenzin für Lack- und sonstige Industrie A	—	90	—	—	150°	—	—	—	—
Schwerbenzin für Lack- und sonstige Industrie B	—	110	—	—	230°	—	—	—	—

II. Prüfungen.

1. Äußere Erscheinungen.

Benzin muß in erster Linie klar, d. h. frei von schwebenden Schmutz- und Wasserteilchen sein. Durch das unvermeidliche „Atmen" der Stoffe bei Temperaturänderungen ist ein minimaler Gehalt an gelöstem Wasser immer vorhanden, und zwar pflegt Benzol mehr Wasser zu enthalten als Benzin, auch steigt die Löslichkeit des Wassers mit der Temperatur bei Benzol stärker als bei Benzin. Aus diesem Grunde tritt beim Mischen von klarem, mit Wasser gesättigtem Benzin und Benzol häufig Trübung durch ausgeschiedene Wasserteilchen ein.

Gelegentlich finden sich in Benzinproben braunrote pulverige oder blättrige Niederschläge, welche aus ungenügend gereinigten eisernen Tanks oder Kesselwagen herrühren; sie bestehen meist aus Eisenhydroxyd mit Einschluß verbrennlicher (Kraftstoff-) Teilchen, zuweilen auch aus kohlensaurem Zink oder Blei aus mangelhaft verzinkten Eisenfässern oder verbleiten Autotanks. Auf den Kraftstoff-Filtern finden sich manchmal auch Abscheidungen von schwarzem, durch Einwirkung von aktivem Schwefel oder korrodierenden Schwefelverbindungen (S. 216) auf Kupfer- und Messingteile der Kraftstoffleitungen und des Vergasers entstandenem Kupfersulfür.

Die Farbe der gereinigten Benzine ist gewöhnlich wasserhell. Crackbenzine nehmen gelegentlich, wenn sie länger dem Licht ausgesetzt sind, einen schwach gelblichen Ton an. Bei Straight-run-Benzinen ist die Lichtempfindlichkeit minimal, während Crack- und Schwelbenzine nach längerer Belichtung harzig-flüssige, Äthylgasolin feste Abscheidungen geben. Über künstliche Färbung von Kraftstoffen s. S. 179. Die Farbe wird in 10 cm dicker Schicht geprüft.

Die an sich nicht bedeutenden Unterschiede im Geruch zwischen Straight-run- und Crackbenzinen geben dem geübten Analytiker doch gewisse Fingerzeige. Benzolhaltige Treibstoffe zeigen charakteristischen Gemischgeruch. Auch Zusatz von Benzolvorlauf ist an dessen starkem, unangenehmem Geruch zu erkennen, ebenso sind Braunkohlenkraftstoffe verhältnismäßig leicht durch ihren charakteristischen Geruch von anderen Benzinen zu unterscheiden.

---

[1] Aufgestellt von der Techn. Mineralöl-Kommission, 2. Aufl. Mailand 1928.

2. Spezifisches Gewicht.

Das spez. Gew. war früher, als fast ausschließlich Benzin als Motorbetriebsstoff für Automobile diente, ein wichtiges Vergleichskriterium, da das Benzin mit dem niedrigeren spez. Gew. auch als das leichter flüchtige und daher wertvollere galt; dies trifft jedoch nur für Benzine gleicher Herkunft zu, nicht aber, wenn man z. B. die fast rein paraffinischen pennsylvanischen Benzine mit den bei gleichen Siedegrenzen spezifisch schwereren, Aromaten enthaltenden rumänischen und indischen Benzinen in Parallele setzt. Ebenso gestattet natürlich bei Crackbenzinen und Benzin-Benzolmischungen das spez. Gew. keinen Schluß auf die Siedegrenzen. War früher bei Benzin ein möglichst niedriges spez. Gew. geschätzt, so gilt jetzt bei gleichen Siedegrenzen das spezifisch schwerere Benzin als wertvoller, da es infolge des Gehaltes an aromatischen Kohlenwasserstoffen kompressionsfester und ausgiebiger ist. Im wesentlichen dient das spez. Gew. bei Benzinen heute nicht mehr als Qualitäts-, sondern nur als Identitätsmerkmal.

Bestimmung s. S. 3. Für Betriebszwecke genügt meist das Spindeln.

Während bei allen Dichtebestimmungen 20^0 C Normaltemperatur ist, wird im Kraftstoffhandel häufig noch 15^0 als Bezugstemperatur benutzt. Die heute im Handel befindlichen Automobilbenzine haben d_{15} von etwa $0,720-0,760$, während Motorenbenzol etwa $0,870-0,880$ hat.

Zur Umrechnung auf Normaltemperatur benutzt man folgende Umrechnungsfaktoren [1]:

Tabelle 48. Temperaturkoeffizienten verschiedener Benzine.

Spez. Gew.	Temperaturkoeffizient ($\triangle d$ je ^{0} C)			
	russisch	pennsylvanisch	polnisch	rumänisch
0,680—0,700	0,000 84	0,000 91	—	—
0,700—0,720	0,000 82	0,000 86	—	0,000 89
0,720—0,740	0,000 81	0,000 82	—	—
0,740—0,760	0,000 80	0,000 77	0,000 80	0,000 86
0,760—0,780	0,000 79	0,000 72	0,000 78	—

In Amerika benutzt man als Temperaturkoeffizienten für Benzin 0,0004 pro Grad Fahrenheit. Allgemein ist die Wärmeausdehnung von Crackbenzinen und von Benzin-Benzolmischungen größer als diejenige von Straight-run-Benzinen [2].

Im internationalen Benzinhandel wird gewöhnlich nicht mit dem spez. Gew., sondern mit den vom American Petroleum Institute empfohlenen API-Graden [3] gerechnet. So hat man beispielsweise folgende Beziehungen (Umrechnungsformel s. S. 2):

---

[1] Nach Holde: Kohlenwasserstofföle u. Fette, 6. Aufl., S. 125, und Kißling (Burstin: Untersuchungsmethoden, 1930, S. 23, 154).

[2] C. S. Cragoe u. E. E. Hill: Bur. Standards Journ. Res. 7, 1133 (1931).

[3] Amer. Bureau of Standards, Circular 57.

Tabelle 49. Umrechnung von API-Graden auf spezifische Gewichte (g/l)[1].

API-Grade	Spez. Gew.	API-Grade	Spez. Gew.
50	778,0	61	733,6
51	773,7	62	729,8
52	769,5	63	726,0
53	765,3	64	722,3
54	761,2	65	718,6
55	757,2	66	715,0
56	753,2	67	711,3
57	749,2	68	707,8
58	745,2	69	704,3
59	741,3	70	700,8
60	737,4		

Die früher benutzten, mit dem Modulus 140 statt 141,5 berechneten Baumé-Grade werden wie folgt in API-Grade umgerechnet:

API-Grade = 1,010714 alte Baumé-Grade − 0,10714.

3. Viscosität.

Die Viscosität, die als Gebrauchseigenschaft bei Benzin keine Rolle spielt, wird in USA. gelegentlich zur Identifizierung benutzt, da reine Straight-run-Benzine andere Viscositäten zeigen als Crackbenzine oder Benzin-Benzolmischungen. Zur Bestimmung dient in USA. das Saybolt-Thermoviscometer (s. S. 229); die S. 15f. beschriebenen Capillarviscosimeter sind bei Verwendung genügend enger Capillaren ebenfalls brauchbar.

4. Brechungsexponent.

Bestimmung s. S. 88, Bezugstemperatur + 20° C.

Die Brechungsindices der verschiedenen Benzinsorten liegen zwischen 1,37 und 1,45, also wesentlich niedriger als beim Benzol oder anderen Aromaten; dabei liegen die Refraktionen der Naphthenkohlenwasserstoffe zwischen denen der aromatischen und der gesättigten aliphatischen Kohlenwasserstoffe. Die Brechungsexponenten steigen mit den Siedegrenzen der Benzinfraktionen. Bei 20° zeigen z. B. Dapolin n_D 1,419, Stellin 1,422, Bakubenzin 1,413, Grosny-Benzin I 1,403, Grosny-Benzin II 1,410, BV-Motorenbenzol 1,494. Zum Vergleich seien noch angeführt: Methylalkohol 1,329, Äthylalkohol 1,362, Äther 1,354, Pentan 1,358, Hexan 1,375, Octan 1,397, Aceton 1,359, Braunkohlenkraftstoff 1,46, Reinbenzol 1,501, Toluol 1,496, Xylol 1,496—1,505, Anilin 1,586, Schwefelkohlenstoff 1,628.

Bei Mischungen liegt der Brechungsexponent gewöhnlich etwas unter den aus der Mischungsregel errechneten Zahlen, so daß nur kleine Fehler in Frage kommen, wenn man das Mischungsverhältnis zweier Komponenten von bekannten Brechungskoeffizienten aus der Refraktion der Mischung berechnet.

5. Stockpunkt.

Der Stockpunkt der meisten Betriebsstoffe, mit Ausnahme des Benzols, liegt so tief, daß Schwierigkeiten in der motorischen Verwendung infolge zu hohen Stockpunktes nur selten vorkommen. Nur falls Benzol nicht die für BV-Motorenbenzol vorgeschriebenen Mengen höherer Homologen enthält, kann es unter Umständen Betriebsschwierigkeiten durch Stocken veranlassen. So verlangt die Reichsbahn für den Betrieb von Gleisstopfmaschinen

---

[1] R. Schwarz: Petroleum Vademecum, 9. Aufl., Bd. 1, Tafel 16c, S. 71. 1932.

Benzol, das bei − 10° noch keine Krystallausscheidungen ergibt. Auch bei den tiefen Temperaturen höherer Luftschichten können benzolhaltige Fliegerbenzine durch Verstopfung der Vergaserdüse Anstände verursachen.

Die Bestimmung des Stockpunktes ist im zuvor entwässerten Betriebsstoff auszuführen, falls man unterscheiden will, ob die Krystallausscheidungen in einem Kraftstoff, der durch das „Atmen" mit gelöstem Wasser gesättigt ist, durch Eisbildung oder durch Abscheidung festen Benzols verursacht sind.

Zur Bestimmung des Stockpunktes dient das S. 49 beschriebene Reagensglasverfahren unter Verwendung von Alkohol und fester Kohlensäure als Kühlmittel. Bei Flugzeugmotoren sind Temperaturen bis − 40° in Betracht zu ziehen, wobei Mischungen von Benzin, Benzol und viel Toluol sich bewährt haben.

Zu beobachten sind bei der Abkühlung zunächst Trübungen durch Abscheidung von Wasser infolge geringerer Löslichkeit bei tieferen Temperaturen. Bei noch stärkerer Abkühlung erfolgt dann Festwerden, bei Benzinen meist erst bei sehr tiefen Temperaturen.

Bei alkoholhaltigen Kraftstoffen tritt bei bestimmten Temperaturen, die vom Alkoholgehalt und vom Wassergehalt des Alkohols abhängig sind, Entmischung in zwei Phasen ein, von denen die untere mehr Alkohol und Wasser, die obere mehr Benzin enthält. Seitdem man jedoch zum Mischen mit Benzin sehr hochprozentigen Alkohol verwendet, ist diese Gefahr nicht mehr so bedeutsam.

Die Eisflockenbildung erfolgt bei Abscheidung eines Bestandteiles eines Kraftstoffgemisches in Form von Krystallen, wie dies oben für Benzol angeführt ist.

6. Verdampfungsprobe.

Wasch- und Extraktionsbenzine dürfen beim Verdunsten im Uhrglase auf schwach erhitztem Wasserbad keinen Rückstand hinterlassen; auf Papier sollen die Proben ohne Hinterlassung eines Ölfleckes verdunsten. Diese Untersuchung gibt bei Motorenbenzin einen Anhalt für das Vorhandensein eines schwerer siedenden „Petroleumschwanzes", von Naphthalin in Benzolen oder von Obenschmiermitteln (s. S. 214). Die früher gelegentlich aufgestellten „Verdunstungskurven" von Benzin, zu deren Aufnahme man 10 ccm Kraftstoff auf ein gewogenes Uhrglas pipettierte und durch Wägen nach je 10 min oder $^{1}/_{2}$ h die verdunsteten Mengen ermittelte [1], gestatteten keine Rückschlüsse auf die wirkliche Verdampfbarkeit des Kraftstoffes im Vergaser des Motors. Über die jetzt üblichen Ausführungsformen der Verdampfungsprobe s. Gumtest, S. 219.

Eine die Verdunstungskurve bei 45° und 80 mm Quecksilbersäule aufzeichnende Verdunstungswaage hat Wawrziniok konstruiert [2].

Tabelle 50. Verdunstungszeiten in Minuten von 95% Kraftstoff bei 45° und 80 mm Hg-Druck (nach Wawrziniok).

Normalbenzin	. 187	Absoluter Alkohol	720	Leuna-Benzin	.	2470
Reinbenzol . . .	327	Dapolin	2050	Braunkohlenkraft-		
BV-Benzol . . .	900	Euco-Benzin . .	2550	stoff		2450
				Shell-Benzin . .		3750

---

[1] Dieterich: Analyse der Kraftstoffe, 1920, S. 66, 178, 214.
[2] Wawrziniok: Automobiltechn. Ztschr. **33**, 316, 364, 478 (1930).

7. Verdampfungswärme.

Für die Bemessung der Vorwärmung der Verbrennungsluft bzw. der Gemischbeheizung ist Kenntnis der Verdampfungswärme des Kraftstoffs erforderlich. Eine Maschine mit niedriger Kompression, mangelhafter Zerstäubung und schlechter Vorwärmung verträgt keine Kraftstoffe mit großer Verdampfungswärme, wie die alkoholhaltigen. So ergeben Benzine mit mehr als 25—30% Alkoholgehalt unüberwindliche Startschwierigkeiten. Die Verdampfungswärmen von Benzin und Benzol betragen 80—90 cal/g, von Alkohol 220—280 cal/g.

Bestimmung s. S. 75. Nach einer anderen Methode bestimmt man die totale Verdampfungswärme einer in einem Dewargefäß befindlichen Kraftstoffmenge durch Ermittlung der elektrischen Energie, welche einem in dem Kraftstoff befindlichen Heizdraht aus Manganin (Temperaturkoeffizient 0,00001) zugeführt werden muß, um 95% zur Verdampfung zu bringen[1].

Tabelle 51. Totale Verdampfungswärmen verschiedener Kraftstoffe (Anfangstemperatur 20⁰).

Kraftstoff	Totale Verdampfungswärme cal/g	Kraftstoff	Totale Verdampfungswärme cal/g
Normalbenzin	102,2	BV-Aral	143,0
Euco-Benzin	153,2	Monopolin	180,3
Shell-Benzin	161,8	Leuna-Benzin + 20% absol.	
Leuna-Benzin	160,0	Alkohol	175,0
Braunkohlenkraftstoff	151,5	Gasöl	313,6
Reinbenzol	137,4	Dieselöl	358,3
Euco-Benzol	137,8	Steinkohlenteertreiböl	272,0
BV-Benzol	141,0		

Bei einigen im Benzin enthaltenen reinen Kohlenwasserstoffen wurden folgende reinen Verdampfungswärmen gemessen[2]: Hexan (Kp. 68⁰) 79,4 cal/g, Cyclohexan (Kp. 80,9⁰) 87 cal/g, Heptan (Kp. 98⁰) 74 cal/g und Decan (Kp. 173⁰) 61 cal/g.

Leichter siedende Fraktionen eines Benzins besitzen eine geringere totale Verdampfungswärme als die höher siedenden, da ihre Erwärmung bis zum Siedepunkt weniger Wärme erfordert. Die totale Verdampfungswärme des reinen Benzins läßt sich als Mittelwert aus denjenigen seiner einzelnen Fraktionen berechnen, während bei Mischstoffen die gefundenen Werte bedeutend kleiner sind als die aus den Verdampfungswärmen der Komponenten berechneten. Nach Tabelle 51 haben Gasöl, Dieselöl und Steinkohlenteertreiböl so hohe Verdampfungswärmen, daß ihre Verwendung in Vergasermotoren nur möglich ist, wenn durch starke Vergaser- und Gemischbeheizung die durch die Verdampfung entzogene Wärme wieder zugeführt wird, oder wenn man statt der Vergaser dosierende Einspritzpumpen verwendet, s. safety fuel, S. 180.

---

[1] Wawrziniok: Automobiltechn. Ztschr. **33**, 618, 644, 694, 764 (1930).
[2] Vgl. Engler-Höfer: Das Erdöl, 1. Aufl., Bd. 1, S. 155.

8. Oberflächenspannung.

Wenn Benzin oder andere Kraftstoffe in dem Vergaser des Motors zerstäubt werden, hängt die Stabilität des Kraftstoff-Luftgemisches außer von der Verdampfungswärme (s. o.) in erster Linie von der Oberflächenspannung ab. Infolge des Bestrebens der Kraftstoff-Tröpfchen, sich wieder zu größeren Tropfen zu vereinigen, setzen Flüssigkeiten mit großer Oberflächenspannung, wie Benzol, der Zerstäubung in Vergasern größere Widerstände entgegen als solche mit geringer Oberflächenspannung; bei Mischungen kann man nicht die Oberflächenspannung aus denjenigen der Komponenten nach der Mischungsregel berechnen. Bestimmung s. S. 40.

Tabelle 52. Oberflächenspannung γ von Kraftstoffen[1].

Kraftstoff	γ bei 18° dyn/cm	$\triangle\gamma$ von +18 bis −12°	Kraftstoff	γ bei 18° dyn/cm	$\triangle\gamma$ von +18 bis −12°
Normalbenzin . .	19,5	4,0	Euco-Benzol . . .	26,8	3,45
Stellin	21,0	5,0	Gaswerks-Benzol .	27,0	4,0
Euco-Benzin . . .	21,5	5,0	Gasöl	26,5	3,0
Dapolin	22,0	3,0	Dieselöl	27,2	2,3
Alkohol	22,87	—	Monopolin	21,25	2,75

9. Siedeverhalten.

Spezielle Anforderungen an Motortreibstoffe. Die Siedeskala, d. h. die Angabe der Temperaturen, bis zu denen 10, 20, 30% usw. bei der Destillation von 100 ccm übergehen, bzw. Angabe der Destillatmengen, welche bei 70, 80, 90° usw. überdestilliert sind, bildet einen wichtigen Laboratoriumsmaßstab für die Verdampfbarkeit eines Benzins, von welcher das leichte Anspringen des Motors bei noch kalter Maschine, die Anpassungsfähigkeit an Belastungswechsel, die Ermittlung der erforderlichen Vorwärmung der Hauptluft, die Kühlwassertemperatur usw. abhängig sind[2]. In neuerer Zeit hat die Siedekurve aber nur geringere Wichtigkeit als Qualitätskennzeichen, da seit Benutzung von Benzol und Alkohol enthaltenden Mischkraftstoffen die größere Verdampfungswärme der letzteren sich als geringere Flüchtigkeit bzw. größere Verdunstungskälte auswirkt, ohne in der Siedekurve in Erscheinung zu treten. Die durch Alkohol hervorgerufenen Siedepunktsdepressionen, besonders bei benzolhaltigen Mischungen, machen sich bei der Auswertung der Siedeanalyse besonders störend bemerkbar. Deshalb prüft man alkoholhaltige Kraftstoffe erst nach Auswaschen des Alkohols auf Siedeverhalten.

Trägt man die Destillatmengen als Ordinaten, die zugehörigen Siedetemperaturen als Abszissen auf, so erhält man bei guten Kraftstoffen Siedekurven in Gestalt eines S, dessen Mittelteil allmählich ansteigt; waagerechte oder sehr steile oder unregelmäßig verlaufende Kurven kennzeichnen einen minderwertigen Kraftstoff. In erster Linie soll die Siedekurve stetig sein und keine Sprünge zeigen, weil derartige Betriebsstoffe zu unvollkommener Verbrennung (Abreißen der Verbrennung) neigen; die nicht verbrannten

---

[1] Wawrziniok: Automobiltechn. Ztschr. **33**, 293 (1930).
[2] Wa. Ostwald: Glückauf. **61**, 550 (1925).

hochsiedenden Anteile verdünnen und verderben das Schmieröl allmählich. Die über 200°, besonders aber die über 250° siedenden Anteile verbrennen im gewöhnlichen Explosionsmotor nur unvollkommen. Eine gute Siedekurve soll um mehr als 50° und nicht mehr als 150° ansteigen. Das jetzt handelsübliche Autobenzin siedet von 50—200°, Schwerbenzin von 100 bis 220°. Die unter 50° siedenden Anteile sollen beim Automobilbenzin maximal 2,5%, im Winter jedoch mehr betragen. Der für das leichte Anspringen des Motors wichtige 10%-Punkt (korrigiert durch Einrechnung des Destillationsverlustes) soll, damit man auch bei — 18° Außentemperatur starten kann, nach Dickinson[1] bei 60°, nach Ansicht des Bureau of Standards zwischen 65 und 75° liegen (S. 198 u. 200)[2].

Die Menge der bis 100° siedenden Anteile (bis zu 30 Vol.-%) hat einen gewissen Einfluß auf die Gemischverteilung, auf die Gemischzusammensetzung während des Beschleunigens und auf die Dauer der Warmlaufperiode. Bei Benzinen mit über 30% bis 100° siedender Anteile sind Unterschiede nicht mehr feststellbar. Nur bei Fliegerbenzinen sollen mindestens 50% bis 100° übergehen, da man beim Flugzeugmotor wegen Verminderung des Füllungsgrades auf Gemischvorwärmung verzichtet. Der 35%-Punkt steht in Beziehung zum Beschleunigungsvermögen und ist die niedrigste Temperatur, bei welcher der Motor am schnellsten auf Höchstleistung kommt[3]. Über die Bedeutung des 10%-Punktes s. S. 200, über diejenige des 90%-Punktes s. S. 196.

Die in den verschiedenen Lieferbedingungen bezüglich der Siedekurven aufgestellten Anforderungen s. Tabelle 41f., S. 184f.

Bestimmung. a) Handelsübliche Probe (Engler-Destillation, Modifikation Ubbelohde)[4]. 100 ccm Benzin werden im Engler-Kolben in der S. 161 angegebenen Weise destilliert; die Destillatmengen werden von 10 zu 10° abgelesen.

Je nach der Kühlwassertemperatur werden die am leichtesten flüchtigen Benzinanteile, besonders der Gasbenzine, sich der Kondensation mehr oder weniger entziehen. Die hierdurch entstehenden Destillationsverluste von 0,5 bis gegen 4% werden den leichtestsiedenden Anteilen zugezählt und gleichmäßig auf die unter 100° siedenden Anteile verteilt.

Gewöhnlich werden die Fraktionen nicht getrennt, sondern gemeinsam nacheinander in einem 100-ccm-Meßzylinder aufgefangen und die Destillatvolumina bei den jeweiligen Grenztemperaturen abgelesen; dabei muß die Vorlage annähernd auf der beim Abmessen der 100 ccm herrschenden Zimmertemperatur gehalten werden.

Bei merklichen Abweichungen des Barometerstandes gegen 760 mm werden die Siedegrenzen der Fraktionen gemäß Tabelle 38, S. 162, korrigiert, wenn die Korrektion wenigstens 0,2° beträgt; z. B. wird die Fraktion 140—150° (760 mm) bei 750 mm zwischen 139,5 und 149,5°, bei 770 mm zwischen 140,5 und 150,5° aufgefangen. Durch Einschaltung einer kleinen Wassersäule von veränderlicher Größe in den Destillationsraum ist es möglich, stets bei 760 mm zu destillieren[5].

Die Korrektur für den herausragenden Quecksilberfaden wird bei Handelsanalysen nicht berücksichtigt, da sie bei Destillationen in der Industrie gleichfalls unberücksichtigt bleibt und außerdem beim normalisierten Apparat stets in der

---

[1] H. C. Dickinson: Proc. 10th Annual Meeting of the American Petroleum Institute, Jan. 1930, Section III, S. 4; R. E. Wilson: S. A. E. Journal **27**, 33 (1930).
[2] Nat. Petr. News **22**, Nr. 24, 32, vom 11. 6. 1930.
[3] G. G. Brown: Proc. A.S.T.M. **30**, Part II, 975 (1930).
[4] Ubbelohde u. Holde: Mitt. Materialprüf.-Amt Berlin-Dahlem **25**, 261 (1907).
[5] H. Bunte: Liebigs Ann. **168**, 139 (1873); Scheller: Chem.-Ztg. **37**, 917 (1913).

gleichen Größe im Resultat erscheint. Im Bedarfsfalle kann die Korrektur der Tabelle 37, S. 161, entnommen werden.

Die Genauigkeit der Destillatmessungen bei der Engler-Destillation beträgt ± 1 Vol.-%; bis 2% Abweichungen sind zugelassen.

Als Siedeendpunkt gilt die Temperatur, bei welcher weiße Zersetzungsdämpfe auftreten, falls nicht schon vorher der Boden des Destillierkolbens flüssigkeitsfrei erscheint. Die so definierten Temperaturen sind jedoch nicht scharf reproduzierbar; sie werden durch die Stärke der Erhitzung bzw. das Destillationstempo, das sich gerade gegen Ende der Destillation nicht mehr der Vorschrift entsprechend (2 Tropfen pro sec) aufrechterhalten läßt, stark beeinflußt. Exaktere, d. h. besser übereinstimmende, allerdings auch höhere Werte für die Siedeschlußtemperatur von Benzin u. dgl. erhält man nach der A.S.T.M.-Methode[1]:

Sobald nur noch etwa 5 ccm Flüssigkeit im Kolben geblieben sind, wird die Flamme vergrößert, um etwa anwesende schwer siedende Anteile überzutreiben[2]. Ohne an der Stellung des Brenners nun noch etwas zu ändern, destilliert man weiter, bis die Temperatur, infolge Aufhörens der Destillation, von selbst zu sinken beginnt. Als Siedeschluß gilt die höchste erreichte Temperatur.

Der Siedeschluß ist auf diese Weise mit einer Genauigkeit von ± 3,3° C (± 6° F) zu bestimmen.

Bis zum Siedeschluß sollen normalerweise 97—98% übergehen.

b) Zollamtliche Methode s. S. 163.

c) Kennziffer und Siedezahl. Da Siedekurven schwer miteinander vergleichbar sind, zumal Beginn und Ende derselben unsichere und mit dem Hauptverlauf wenig zusammenhängende Werte darstellen, ist eine kurz gefaßte vergleichende Kennzeichnung des Flüchtigkeitsgrades, die das wesentlich Charakteristische der Siedekurve zu erkennen gibt, von Wichtigkeit. Ein solches Vergleichsmittel ist die von Wa. Ostwald empfohlene, den mittleren Siedepunkt darstellende Kennziffer (KZ.)[3]. Die Zahl ist für sich allein kein Kennzeichen der Güte, da sie nur ein Bild von der Höhenlage der Siedekurve und damit der durchschnittlichen Flüchtigkeit des Kraftstoffes gibt. Man darf also z. B. ein stark klopfendes pennsylvanisches Benzin von verhältnismäßig guter KZ. nicht höher bewerten, als ein klopffestes kalifornisches Benzin von höherer KZ. Ebenso gibt z. B. bei „blended" Benzin, d. h. einem mit Rohbenzin oder Gasbenzin verschnittenen Benzin, das leicht zu Zuflußstörungen durch Dampfblasenbildung, Vergaserbränden usw. führt, die KZ. kein Bild von der Brauchbarkeit des Kraftstoffes.

Zur Berechnung der KZ. addiert man die Siedetemperaturen, bis zu denen 5, 15% usw. bis 95%, in Abständen von je 10%, überdestilliert sind, und dividiert die Summe durch 10. Bei Spiritusgemischen ist die Kennzifferrechnung nicht anwendbar, da hier besondere Siedepunktserniedrigungen eintreten, während bei Benzin-Benzolgemischen keine gegenseitige Beeinflussung der Siedepunkte stattfindet.

Eine KZ. 100—110 kennzeichnet einen außergewöhnlich niedrigsiedenden Leichtkraftstoff; die heute verwendeten Benzin-Benzolgemische haben KZ. von 110—120, die handelsüblichen Benzine solche bis etwa 125; bei einer KZ. 125—130 sind schon hohe Betriebstemperatur und Hauptluftvorwärmung erforderlich, auch ist Ölverdünnung zu befürchten. Ein Benzin

---

[1] A.S.T.M.-Jber. 1932 des Comm. D 2, S. 94.

[2] Die Destillation der letzten 5 ccm läßt sich zwar nicht mehr in dem für Benzin vorgeschriebenen Tempo (4—5 ccm pro min) durchführen, sie darf aber nicht unter 3, nicht über 5 min dauern.

[3] Wa. Ostwald: Auto-Technik **13**, Nr. 9, 10 (1924); Petroleum **22**, 678 (1926); **23**, 446 (1927).

mit KZ. > 130 ist ein Schwerkraftstoff für Lastautomobile, der sich nur bei besonderen technischen Einrichtungen im Personenwagen fahren läßt. Gute Traktorentreibstoffe (s. S. 228) zeigen KZ. von etwa 225—230.

In Amerika entspricht der KZ. der „average boiling point", in England der „equilibrium boiling point"; der average boiling point wird unter Heranziehung der unsicheren Größen Siedebeginn und Siedeende berechnet und ist deshalb ungenauer als die KZ.

Die von Riesenfeld[1] an Stelle der KZ. vorgeschlagene „Siedezahl", welche die Menge des Kraftstoffes in Prozenten darstellt, die bis zur mittleren Siedetemperatur der Benzine, im Mittel etwa 130°, übergeht, hat sich in den Kraftstoffhandel nicht einführen können.

10. Ölverdünnung.

Die Schmierölverdünnung wird außer durch zu „fette" Vergasereinstellung und niedrige Betriebstemperatur durch den Gehalt des Benzins an hochsiedenden Anteilen („Siede- oder Petroleumschwanz") bedingt, welche im Motor nicht verdampfen und daher unverbrannt in das Schmieröl geraten. Diejenige Temperatur, bei welcher das Benzin in einem den praktischen Verhältnissen im Motor entsprechenden Luftüberschuß, z. B. der 12fachen Menge Luft, verdampft (Verdampfungstemperatur, „Dew-point"), gibt einen Anhalt für die zu erwartende Schmierölverdünnung. Obgleich diese Verdampfungstemperatur leicht bestimmt werden kann, erübrigt sich ihre Bestimmung, da ein bestimmtes Verhältnis zwischen der Verdampfungstemperatur (Vt) und der Temperatur, bei welcher 90 % des Benzins verdampft sind ($t_{90\%}$), besteht. Letztere findet man, indem man aus der Siedekurve (A.S.T.M.) diejenige Temperatur abliest, bis zu welcher 90 % minus dem Destillationsverlust überdestilliert sind[2]:

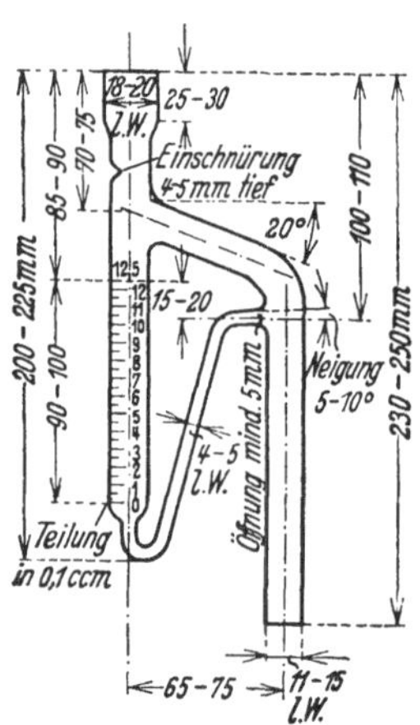

Abb. 102.
Vorlage zur Bestimmung der Schmierölverdünnung.

$$Vt = \frac{t_{90\%}}{1{,}399} - 131,$$ wenn die Temperaturen in °F angegeben sind.

Der Siedeschluß steht in keiner Beziehung zum Taupunkt. In Amerika fordert man 90%-Punkte von 200°, bei Spezialkraftstoffen von 185°, was bei einem Gemisch 12 : 1 Taupunktstemperaturen von 65 bzw. 50° entspricht[3]. Deutsche Markenbenzine haben einen maximalen 90%-Punkt von 180—185°.

Die normale Schmierölverdünnung bei guten Kraftstoffen, richtiger Vergasereinstellung und nicht zu tiefer Außentemperatur beträgt — richtige Motorwartung und gute Fahrweise vorausgesetzt — 3 bis 5, maximal 10 Vol.-%.

[1] Riesenfeld: Auto-Technik 15, Nr. 20, 7 (1926); 17, Nr. 5, 10 (1928).
[2] Bridgeman: S.A.E.-Journ. 22, 437 (1928).
[3] R. E. Wilson: ebenda 27, 33 (1930).

Die Schmierölverdünnung bestimmt man in USA.[1] durch kontinuierliche Wasserdampfdestillation unter Rückfluß nach dem gleichen Prinzip wie bei der Wasserbestimmung (S. 117). Da hier jedoch der spezifisch leichtere Kraftstoff aufgefangen werden und das schwerere Wasser zurückfließen soll, erhält die Vorlage die in Abb. 102 wiedergegebene Form. Der Kühler ist der gleiche wie zur Wasserbestimmung, der Destillierkolben (kurzhalsiger Rundkolben) soll 1 l fassen. Man füllt 25 ccm des gut durchgemischten Schmieröles und 500 ccm Wasser in den Kolben, verbindet den Kolben mit dem Abflußrohr der Vorlage, füllt diese mit Wasser und setzt oben den Kühler so auf, daß er bis zur Einschnürung der Vorlage reicht. Nunmehr erhitzt man das Wasser zum lebhaften Sieden, liest nach 5 min (vom Beginn des Zurückfließens an gerechnet), nach 15 min und weiter nach je 15 min das Volumen des Kraftstoffes in der Vorlage ab und setzt die Erhitzung fort, bis die Volumenzunahme innerhalb 15 min nicht größer als 0,1 ccm ist.

Einen auf ähnlichem Prinzip beruhenden, elektrisch geheizten, handlichen kleinen Apparat zur Bestimmung des Gehaltes an leichten Kraftstoffen im Motorschmieröl, der auch zum Gebrauch außerhalb des Laboratoriums, z. B. in Garagen, geeignet ist, beschreibt Kiemstedt[2].

11. Taupunkt.

Bei der Siedeanalyse nach Engler-Ubbelohde wird als Siedebeginn nicht diejenige Temperatur gemessen, bei welcher das Sieden des Benzins im Kolben beginnt, sondern die — höhere — Temperatur der abziehenden Dämpfe nach Eintritt des Siedens. Deshalb bestimmt man daneben den „Taupunkt", d. h. diejenige Temperatur, bei welcher die erste Bildung deutlich sichtbarer Kraftstoffnebel infolge lebhafter Verdunstung beginnt[3].

Die deutsche Definition des Taupunktes weicht von denjenigen anderer Länder ab. So gilt z. B. in Amerika als Taupunkt „die Temperatur, bei welcher ein theoretisch zusammengesetztes Kraftstoff-Luftgemisch 1:12 bei Atmosphärendruck vollständig verdampft ist, bzw. sich eben zu kondensieren beginnt[4]". Danach haben die normalen Automobilbenzine Taupunkte von 50—60°; gleichzeitig besteht folgende Beziehung zum 90%-Punkt (S. 196):

90%-Punkt	°C	140	160	180	200	220
Taupunkt (amerikanisch) .	°C	17	31	45	59	73

12. Dampfdruck und Starteigenschaften.

a) Dampfdruck.

Ein hoher Gehalt des Benzins an gasförmigen (Propan, Propylen, Isobutan) oder sehr niedrigsiedenden flüssigen (Pentan) Kohlenwasserstoffen kann durch Verdampfung dieser Bestandteile beim Lagern oder Transportieren erhebliche Verluste verursachen. Ferner kann derartiges Benzin in den Zuführungsleitungen zum Motor erhebliche Mengen Gas oder Benzindampf abgeben bzw. ins Sieden geraten („vapor-lock"), so daß von der Pumpe nicht nur flüssiges Benzin, sondern ein Gemisch von Benzin und

---

[1] A.S.T.M.-Jber. 1932 des Comm. D 2, S. 77.

[2] Kiemstedt: Chem.-Ztg. **53**, 459 (1929); Bezugsquelle: Dr. P. Güttes, Labor.-Bedarf u. -Apparate, Bochum, Pieperstr. 14.

[3] Wawrziniok: Auto-Technik **16**, Nr. 19, 21 (1927).

[4] O. C. Bridgeman: S.A.E.-Journ. **22**, 437 (1928).

Gas bzw. Benzindampf angesaugt, dem Motor also zu wenig flüssiges Benzin zugeführt wird.

Der Dampfdruck des Benzins darf daher nicht zu hoch sein, weshalb man die Benzine neuerdings stabilisiert, d. h. von den bei normalem Druck und gewöhnlicher Temperatur gasförmigen Anteilen befreit[1]. Im allgemeinen enthält in Amerika Benzin 0,4% Propan und 4% Butan, d. h. noch nicht 5% des Benzins bewirken etwa $\frac{1}{3}$ des Dampfdruckes[2]. Über die Beziehungen zwischen Dampfdruck und Octanzahl (S. 222) bei Naturgasolinen s. R. C. Alden[3].

Der Dampfdruck wird in Amerika, insbesondere bei Gasbenzinen, nach Reid bestimmt (s. u.). Eine genauere Methode von Bridgeman[4] besteht darin, daß man das Benzin mit flüssiger Luft abkühlt, die über dem Benzin befindlichen Gase absaugt, dies Verfahren mehrfach wiederholt und dann den Dampfdruck des gasfreien Benzins (sog. wahren Dampfdruck des Benzins) mit Hilfe eines Quecksilbermanometers mißt. Einen Anhalt für den Dampfdruck des Benzins gibt die Temperatur, bis zu welcher 10% des Benzins bei der üblichen Bestimmung der Siedekurve (A.S.T.M.) verdampft sind. Diese Temperatur ist nicht gleich der Temperatur, bis zu welcher tatsächlich 10% überdestilliert sind, sondern sie liegt wegen der Destillationsverluste im allgemeinen etwa 5° C niedriger; man berechnet sie, indem man den Destillationsverlust in Prozent von 10% abzieht und der Destillationskurve die Temperatur entnimmt, bis zu welcher die sich ergebenden Prozente Benzin überdestilliert sind. Die Temperatur (t), bei welcher Dampfblasenbildung eintritt, soll sich aus dieser 10%-Temperatur ($t_{10\%}$) nach folgender Formel berechnen lassen:

$$t_{10\%} - t = 0,07 \cdot t_{10\%} + 33;$$

wenn die Temperaturen in Grad Fahrenheit angegeben werden. Diese Beziehung gilt allerdings nur, wenn in dem Benzin keine erheblichen Mengen Propan enthalten sind, was aber praktisch bei Motorenbenzin auch nicht vorkommt.

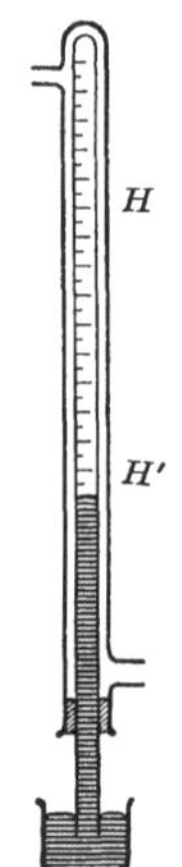

Abb. 103. Dampfdruckmeßapparat.

Bestimmung[5]. Man füllt ein etwa meterlanges, 10 mm weites, einseitig geschlossenes Glasrohr fast ganz mit trockenem Quecksilber; die anhängenden Luftbläschen beseitigt man mittels der an der Rohrwand gleitenden größeren Luftblase, oder vollkommener durch Auskochen, und stürzt das ganz gefüllte Rohr mit dem Finger verschlossen unter Quecksilber um. An einer Millimeterteilung hinter oder auf dem Rohr oder mit dem Kathetometer liest man die Höhe H der Quecksilbersäule ab. Man neigt das Rohr so weit, daß das Quecksilber oben anstößt, und bringt in das Torricellische Vakuum die luftfreie Substanz im Überschuß mit Hilfe einer umgebogenen Pipette. Die im Vakuum verdampfte Flüssigkeit drückt die Quecksilbersäule auf die Höhe H' herab, $H-H'$ ist dann die Dampfspannung des untersuchten Stoffes. Für Bestimmungen bei höheren Temperaturen ist das Barometerrohr mit einem Mantel umgeben, durch den man Dampf oder entsprechend erwärmte Flüssigkeiten strömen läßt (Abb. 103). Zu H' addiert man $h \cdot d/13,6$ (d = spez. Gew., h = Höhe der nicht verdampften Flüssigkeit über dem Quecksilber), sowie bei höherer Temperatur den Dampfdruck des Quecksilbers[6].

---

[1] P. M. E. Schmitz: Petroleum **28**, Nr. 26, 1 (1932); N. Mayer: ebenda **28**, Nr. 30, 3 (1932).

[2] R. C. Conine: Oil Gas Journ. **29**, Nr. 49, 26, 55 (1931).

[3] R. C. Alden: Nat. Petr. News **24**, Nr. 3, 32 (1932); Oil Gas Journ. **30**, Nr. 36, 22, 86 (1932).

[4] O. C. Bridgeman u. E. W. Aldrich: S.A.E.-Journ. **27**, 93 (1930); J. C. Molitor: ebenda **27**, 472 (1930).

[5] Ostwald-Luther: Physikochemische Messungen, 4. Aufl., S. 320. Leipzig 1925.

[6] Landolt-Börnstein: Physik.-chem. Tabellen, 5. Aufl., Bd. 2, S. 1334/35.

Einen Apparat zur Bestimmung des Sättigungsdruckes von Kraftstoffen in Abhängigkeit von der Temperatur beschreibt Wawrziniok[1].

Bestimmung nach W. Reid[2].

Der Apparat (Abb. 104) besteht aus dem kleinen Benzinbehälter a bzw. b, dem hiermit durch dichtes Gewinde verbundenen größeren Luftbehälter c und dem Manometer d, dessen Skala für Benzine mit niedrigem Dampfdruck bis etwa 1 at, für Benzine mit höherem Dampfdruck bis 3—4 at reichen soll. Zur Temperierung des Apparates dient ein Wasserbad, in welches die Bombe bis zum Manometeransatz eingetaucht werden kann.

Aus offenen Behältern entnimmt man das Benzin durch Einsenken des Benzingefäßes a, aus unter Druck stehenden Behältern, Rohrleitungen u. dgl. durch Anschließen des mit 2 Ventilen versehenen Gefäßes b (Füllung vom unteren Ventil aus), das zuvor mindestens auf die Temperatur des zu bemusternden Benzins abzukühlen ist. Einfüllen des Benzins in den Apparat durch einfaches Eingießen ist wegen der unvermeidlichen Verdampfungsverluste bei Schiedsanalysen unzulässig, sonst nur im Notfalle gestattet, und zwar nach sorgfältiger Abkühlung des Benzins und des zu füllenden Gefäßes.

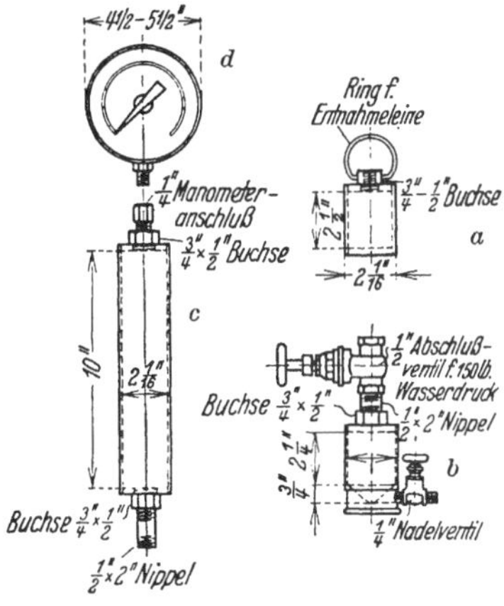

Abb. 104. Apparat zur Messung des Dampfdrucks von Kraftstoffen nach Reid.

Bei einem Dampfdruck des	Pfund/Quadratzoll bis	9	12	16	20	25	30
Benzins bei 37,8⁰ C von .	kg/qcm bis	0,6	0,8	1,1	1,4	1,8	2,1
Kühlt man auf.	⁰ C	+10	+4	—1	—4	—7	—9

Zur Entfernung von Benzindampfresten aus früheren Versuchen füllt man den Luftbehälter c vor dem Versuch mindestens 5 mal mit warmem Wasser (etwa 35⁰) und läßt dieses jedesmal gut abtropfen. Nach Messung der anfänglichen Lufttemperatur im Gefäß c schraubt man das Benzingefäß an und dichtet die Verbindungen mit Schellack oder einen anderen Dichtungsmittel. Nach mehrmaligem Schütteln wird der Apparat 5 min in das auf $37,8 \pm 0,28^0$ C ($100 \pm 0,5^0$ F) gehaltene Wasserbad gestellt, nochmals geschüttelt und dies in Abständen von 2 min so oft wiederholt, bis der Druck konstant bleibt. Für die Änderung des Teildruckes der in dem oberen Gefäß enthaltenen Luft sind Korrektionen gemäß Tabelle 53 anzubringen.

Diese Korrektionen sind nach folgender Formel berechnet:

$$\text{Korrektion} = \frac{(P_a - P_t)(t - 100)}{460 + t} - (P_{100} - P_t);$$

hierin bedeutet: t Anfangstemperatur der Luftkammer in ⁰ F, P_t Wasserdampfdruck in Pfund/Quadratzoll bei t^0 F, P_{100} desgleichen bei 100⁰ F, P_a Normalbarometerstand des Untersuchungsortes in Pfund/Quadratzoll. Für die Umrechnung auf kg/qcm gilt: 1 Pfund/Quadratzoll = 0,0703 kg/qcm.

---

[1] Wawrziniok: Automobiltechn. Ztschr. **34**, 653, 724 (1931).
[2] W. Reid: Nat. Petr. News **20**, Nr. 34, 25 (1928); A.S.T.M.-Jber. 1932 des Comm. D 2, S. 247, Meth. 323—32 T.

Tabelle 53. Korrektion des gemessenen Dampfdrucks bei verschiedener Temperatur und verschiedenem Barometerstand.

Anfangstemperatur der Luft		Barometerstand in mm				
°F	(°C)	760	745	700	650	600
		Korrektionen in Pfund / Quadratzoll				
32	(0,0)	—2,9	—2,9	—2,7	—2,6	—2,5
40	(4,4)	—2,6	—2,6	—2,4	—2,3	—2,2
50	(10,0)	—2,2	—2,2	—2,1	—2,0	—1,9
60	(15,5)	—1,8	—1,8	—1,7	—1,6	—1,6
70	(21,1)	—1,4	—1,4	—1,3	—1,3	—1,2
80	(26,7)	—1,0	—1,0	—1,0	—0,9	—0,9
90	(32,2)	—0,5	—0,5	—0,5	—0,5	—0,5
100	(37,8)	0,0	0,0	0,0	0,0	0,0
110	(43,3)	+ 0,6	+ 0,6	+ 0,5	+ 0,5	+ 0,5

b) Starteigenschaften.

Das Starten ist von der im kalten Motor herrschenden Temperatur abhängig, bei welcher von dem eingespritzten Benzin ein so großer Teil verdampfen soll, daß ein genügend explosives Benzindampf-Luftgemisch entsteht. Als Maß für die Starteigenschaften betrachtet man in Amerika die oben erwähnte, um den Destillationsverlust korrigierte 10%-Temperatur der Siedekurve. Damit der Motor bei etwa — 18° C (0° F) anspringt, soll diese Temperatur etwa 60° C betragen[1]. Bei + 5° gibt es niemals Startschwierigkeiten, selbst wenn der 10%-Punkt bei 100° liegt; unterhalb 0° beginnen sie, wenn er über 85°, bei — 10 bis — 15° und völlig durchgekühltem Motor, wenn er über 65—70° liegt. Viel wichtiger als der 10%-Punkt ist aber für schnelles Starten der Zustand des Motors und der Batterie, sowie in allererster Linie das Kälteverhalten des Schmieröles.

Als weitere Anhaltspunkte für die Leichtigkeit des Startens dienen Siedebeginn, Taupunkt, Gehalt an unter 100° siedenden Anteilen, Dampfdruck.

13. Flamm- und Brennpunkt.

Bedeutung und Bestimmung s. S. 55f.

Flammpunkte und Brennpunkte von Benzinen verschiedener Siedegrenzen[2]:

Siedegrenzen . .	50—60°	60—78°	70—88°	80—100°	80—115°	100—150°
Fp.	unter —58°	—39°	—45°	—22°	—24°	+10°
Bp..	—	—34°	—42°	—	—19°	+16°

Die Unterschiede zwischen Flammpunkt und Brennpunkt sind bei Benzinen bedeutend kleiner als bei höhersiedenden Ölen.

Vergleichsflammpunkte anderer brennbarer Flüssigkeiten: Abs. Alkohol + 12° bei 768 mm, 94 gew.-%iger Alkohol + 18°, 70%iger Alkohol 22°, 50%iger Alkohol 26,5°, Benzol —8° (710—713 mm), Terpentinöl zwischen 30 und 32°.

[1] B. E. Wilson: S.A.E.-Journ. 27, 33 (1930).
[2] Holde: Mitt. Materialprüf.-Amt Berlin-Dahlem 17, 70 (1899).

Durch den Zusatz von nicht brennbaren Flüssigkeiten, z. B. Tetrachlorkohlenstoff, kann der Flammpunkt von Benzinen erheblich heraufgesetzt, bzw. — bei genügend großem Zusatz — das Benzin unentflammbar gemacht werden.

14. Explosionsgefahr.

„Explosiv" sind nur bestimmte Mischungen von brennbaren Dämpfen mit Luft oder Sauerstoff. Ist zuviel Luft oder im Verhältnis zum Sauerstoff zuviel brennbares Gas zugegen, so wird dadurch das Gemisch am Entzündungsherd unter die Entzündungstemperatur abgekühlt, und es kann keine Explosionswelle auftreten. Demnach gibt es nur einen beschränkten Explosionsbereich, dessen untere Grenze durch Luftüberschuß und Gasmangel, dessen obere Grenze durch Überschuß an brennbarem Gas und Luftmangel bedingt wird.

Bestimmung des Explosionsbereiches erfolgt stets unter den gleichen Bedingungen, da die Grenzen des Explosionsbereiches nicht nur von der Natur des Gases abhängig sind, sondern auch mit der Weite der benutzten Gefäße, der Art

Tabelle 54. Explosionsgrenzen (schwarz markiert) verschiedener Gas- und Dampf-Luft-Mischungen sowie Zündpunkte verschiedener Gase bzw. Dämpfe in Luft (nach Berl-Lunge: Taschenbuch für die anorganisch-chemische Großindustrie, 7. Aufl., S. 95. Berlin 1930.

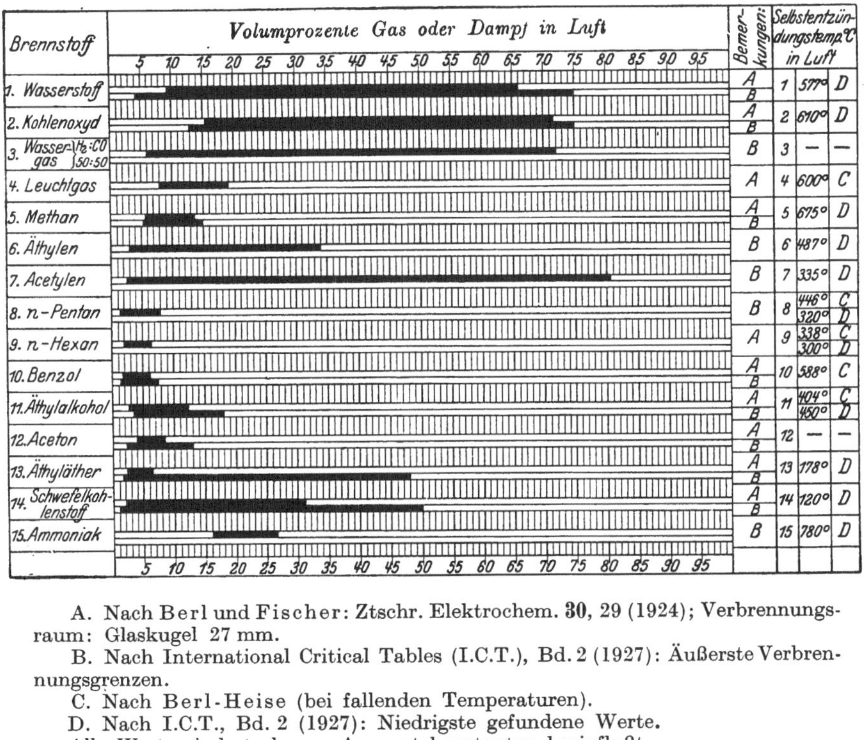

Brennstoff	Volumprozente Gas oder Dampf in Luft	Bemerkungen:		Selbstentzündungstemp. °C in Luft	
1. Wasserstoff		A / B	1	577°	D
2. Kohlenoxyd		A / B	2	610°	D
3. Wassergas (H₂:CO 50:50)		B	3	—	—
4. Leuchtgas		A	4	600°	C
5. Methan		A / B	5	675°	D
6. Äthylen		B	6	487°	D
7. Acetylen		B	7	335°	D
8. n-Pentan		B	8	446° / 320°	C / D
9. n-Hexan		A	9	338° / 300°	C / D
10. Benzol		A / B	10	588°	C
11. Äthylalkohol		A / B	11	404° / 450°	C / D
12. Aceton		A / B	12	—	—
13. Äthyläther		A / B	13	178°	D
14. Schwefelkohlenstoff		A / B	14	120°	D
15. Ammoniak		B	15	780°	D

A. Nach Berl und Fischer: Ztschr. Elektrochem. **30**, 29 (1924); Verbrennungsraum: Glaskugel 27 mm.

B. Nach International Critical Tables (I.C.T.), Bd. 2 (1927): Äußerste Verbrennungsgrenzen.

C. Nach Berl-Heise (bei fallenden Temperaturen).

D. Nach I.C.T., Bd. 2 (1927): Niedrigste gefundene Werte.

Alle Werte sind stark von Apparatekonstanten beeinflußt.

der Zündung, dem Druck und der Temperatur variieren[1]. Während z. B. die untere Explosionsgrenze für Kohlenoxyd bei Zimmertemperatur 16% beträgt, sinkt sie bei 400° auf 14,2%, bei 600° auf 7,4%.

Der Explosionsbereich der Benzindämpfe ist nach Tabelle 54 (Nr. 8 u. 9) bei Zimmertemperatur und Atmosphärendruck recht klein; da jedoch bereits geringe Mengen Benzindampf mit Luft ein explosives Gasgemisch bilden, so ist die Explosionsgefahr für Benzin trotzdem beträchtlich.

Die Explosionsgeschwindigkeit beträgt bei Benzin 2,5 m/sec; bei Benzol ist sie geringer. Gewöhnliches Benzin ist insofern feuergefährlicher als Benzol, als es früher entflammt, rascher verdunstet und der Brand sich leichter ausdehnt[2]. Mit einem Mikrodynamometer kann man Anfang, Höhepunkt und Ende der Explosion messen, deren Stärke, Entwicklung und Geschwindigkeit bei den verschiedensten Mischungsverhältnissen von Kraftstoff und Luft in Abhängigkeit von atmosphärischen Bedingungen[3].

Während man sich bei Heizvorrichtungen meistens jenseits der oberen Grenze des Explosionsbereiches halten muß, ist es für den Benzin- bzw. Gasmotorenbetrieb erforderlich, das Explosionsgemisch an der unteren Explosionsgrenze zu halten, um mit möglichst geringer Gasmenge eine möglichst große motorische Leistung zu erzielen. Am günstigsten verhalten sich im Automobilmotor Mischungen mit 10—18% Luftüberschuß über die theoretisch erforderliche Menge[4].

15. Elektrische Erregbarkeit (Brandgefahr) und Leitfähigkeit.

In chemischen Wäschereien früher wiederholt vorgekommene Brände waren darauf zurückzuführen, daß beim Auf- und Niederschwenken von Wollstoffen in Benzin dieses durch die Reibung elektrisch negativ, die Stoffe elektrisch positiv geladen wurden. Die so aufgespeicherten Elektrizitätsmengen verursachten beim Berühren der Stoffe mit leitenden Gegenständen, z. B. der Metallwand des Waschkessels oder der Hand des Arbeiters, Funkenbildung und gefährliche Brände. Zur Vermeidung der letzteren ist die Benzinwäsche in geschlossenen, geerdeten Gefäßen vorzunehmen und das Benzin durch Zusatz von $1/_{20}$% ölsaurer Magnesia (Richterol), Ammoniakseife oder 2% 96%igem Alkohol elektrisch leitend zu machen. So wird die beim Schwenken der Wollstoffe in Benzin entstehende Reibungselektrizität schnell abgeführt und kann sich nicht gefahrbringend ansammeln[5].

Die elektrische Leitfähigkeit von Benzin wird bei normal oder annähernd gut isolierendem Benzin nach der Siemensschen Entlademethode (S. 94), bei weniger gut isolierendem Benzin ($\varkappa > 10^{-13}$) mittels Spiegelgalvanometers (S. 95) bestimmt.

---

[1] H. Bunte: Journ. Gasbel. **44**, 835 (1901); Berl u. Fischer: Ztschr. Elektrochem. **30**, 29 (1924); Berl u. Werner: Ztschr. angew. Chem. **40**, 245 (1927); Berl u. Bausch: Ztschr. physikal. Chem. (A) **145**, 347, 451 (1929); Berl u. Hartmann: ebenda (A) **146**, 281 (1930); Terres: Ztschr. angew. Chem. **44**, 511 (1931); G. W. Jones u. Perrott, Jones u. Yant: Bureau of Mines, Technical Paper 352; s. auch F. Pachtner: Petroleum **28**, Nr. 4, 1 (1932).

[2] K. Dieterich: Auto-Technik 8, Nr. 8, 8 (1919).

[3] Buchtala: Chim. et Ind. **25**, Sonder-Nr. 3bis, 426 (1931).

[4] Ricardo: Schnellaufende Verbrennungsmaschinen, S. 51.

[5] M. M. Richter: Die Benzinbrände in chemischen Wäschereien. Berlin: R. Oppenheim 1893; Holde: Ber. dtsch. chem. Ges. **47**, 3239 (1914).

Für qualitative Prüfungen genügt die einfache Anordnung, Abb. 105 (A Blech-gefäß mit Benzin, B Elektrometer, c Bernsteinisolatoren).

Auch beim Strömen von Benzin, Äther u. dgl. durch enge Röhren, z. B. beim Fließen durch Trichter, beim Füllen von Tanks oder Kessel-wagen durch Rohrleitungen können die nichtleitenden Flüssigkeiten infolge der Reibung an den Rohrwandungen Ladungen bis zu mehreren Kilovolt an-nehmen, die bei Annäherung eines leitenden Gegenstandes an eine geladene Gefäßwand Funkenbildung veranlassen. Zur Vermeidung dieser Gefahren sind alle beim Abfüllen benutzten Trichter, Rohrleitungen, Tanks usw. zu erden.

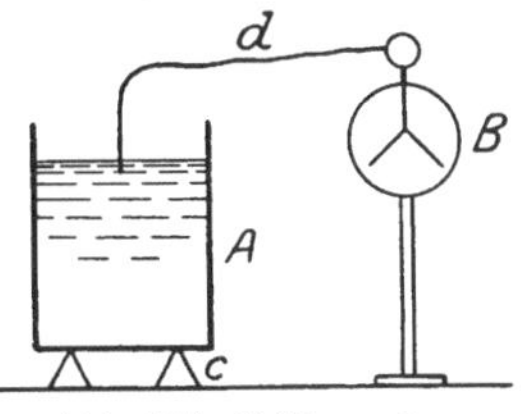

Abb. 105. Prüfung der Leitfähigkeit von Benzin.

Das größere Leitvermögen ($\varkappa = 10^{-9}$) des beim Strömen trotzdem sehr leicht elektrisch erregbaren Äthers im Vergleich zu demjenigen des Benzins deutet darauf hin, daß außer der Leitfähigkeit noch andere Faktoren bei der elek-trischen Erregbarkeit eine Rolle spielen, z. B. der Flüssigkeitsgrad oder ein in der chemischen Zusammensetzung[1] der Flüssigkeit begründetes höheres Potential zwischen Flüssigkeit und Metall. Je schneller ein Stoff bei gleicher Rohrweite und gleichen Druckverhältnissen fließt, um so stärker ist die Reibung an den Rohrwandungen und — ceteris paribus — die elek-trische Aufladung. Daher zeigen unter normalen Druckverhält-nissen viscosere Stoffe, z. B. Petroleum, erst recht natürlich Schmieröl, überhaupt keine nach-weisbare elektrische Erregbarkeit. Vielleicht wird die Erregbarkeit der feuergefährlichen Flüssigkeiten auch durch deren verschiedene Wasseraufnahme etwas beeinflußt.

Die elektrischen Erregungen (bis zu 4000 V und darüber) von Benzin, Benzol usw. werden an dem in Abb. 106 skizzierten Apparat ge-prüft, indem man die zu unter-suchende Flüssigkeit durch Kohlen-

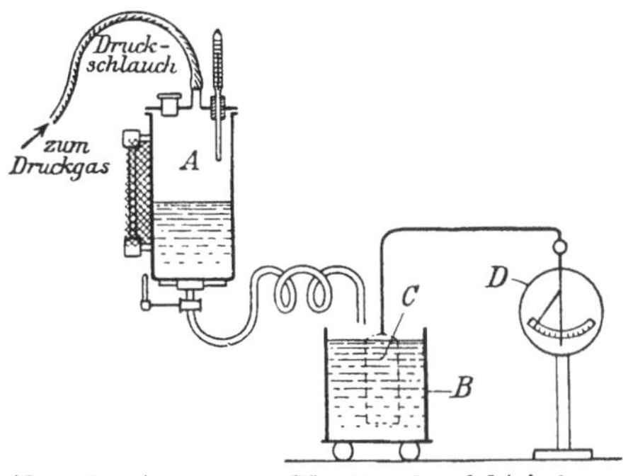

Abb. 106. Apparat zur Messung der elektrischen Erregbarkeit von Benzin u. dgl. nach Dolezalek-Holde.

säuredruck, z. B. 1,5—4 at, aus dem Zylinder A durch das enge Ausflußrohr in das isoliert aufgestellte Gefäß B strömen läßt und die elektrische Spannung an der Wand von B mit einem an diese angeschlossenen Elektrometer D mißt[2]. Bei den Prüfungen ist stets der Feuchtigkeitsgehalt der Luft mit zu beobachten.

Die elektrischen Aufladungen rühren nach neueren Versuchen[3] nicht nur von der Reibung des Isolators an den Rohrwandungen, sondern auch von dem sog. Lenardschen Wasserfalleffekt, d. h. der durch die Zer-reißung der Oberfläche einer Flüssigkeit auftretenden Elektrizität her. Das ausgeströmte Benzin gibt seine Ladung sofort an die metallischen

---

[1] Z. B. Gegenwart polarer Gruppen?

[2] F. Dolezalek: Chem. Ind. **35**, 166 (1912); Holde: l. c.; Ztschr. Elektro-chem. **22**, 195 (1916).

[3] Gutachten der chem. Fakultät der techn. Hochschule Wien. Petroleum **24**, 1096 (1928).

Wände des Auffanggefäßes bzw. an das eingehängte Elektrometerdrahtnetz ab. Aufladungen traten bei Benzin regelmäßig nur bei entsprechender Trockenheit der Luft auf (z. B. bei 30—57% Luftfeuchtigkeit bis zu etwa 4000 V), während bei einer Luftfeuchtigkeit von 75% und darüber selbst bei einem Strömungsdruck von 5—6 at keine Aufladungen auftraten[1].

Bei Strömungsversuchen mit chemisch reinem Benzol wurden dagegen noch bei Luftfeuchtigkeiten von 81% Aufladungen bis zu 3000 V bei Messingrohr, ferner bei Eisenrohr 3600, Aluminium 2200, Kupfer 1000, Glas 800 V bei einem Strömungsdruck von $1^1/_2$—2 at beobachtet.

Das in die Flüssigkeit eingehängte Drahtnetz C wird nach dem Aufladen durch die elektrisch erregte Flüssigkeit beim Erden von B bei Benzol wegen dessen im Vergleich zu Benzin höherer Leitfähigkeit (mindestens 10^{-12}) stets sofort entladen, nicht immer aber bei Benzin, das schlechter leitet. Darum ist die Gefahr der elektrischen Erregbarkeit bei Benzol noch geringer als bei Benzin.

Nach G. Quincke[2] können unter Umständen bei elektrischen Erregungen infolge von longitudinalen elektrischen Schwingungen Funkenausgleiche selbst vom geerdeten zum benachbarten geerdeten Leiter stattfinden, wie dies z. B. bei einem Blitzumschlag zwischen benachbarten Gas- und Wasserleitungen beobachtet wurde.

16. Spezifische Wärme.

Die Kenntnis der spezifischen Wärme des Benzins ist für die Berechnung der Heizeinrichtungen, der Kühlanlagen usw. bei der Destillation wichtig (Bestimmung S. 74).

Ein von Graefe[3] untersuchtes amerikanisches Benzin zeigte die spezifische Wärme 0,487 cal/g · Grad; Petroläther, Kp. 35—40°, hatte merklich höhere spezifische Wärme, z. B. bei — 161,20° 0,588, bei — 96,15° 0,596, bei — 25,55° 0,608 cal/g · Grad[4].

17. Heizwert.

Für die Beurteilung des Benzins zum Betriebe von Verbrennungsmotoren ist die Verbrennungswärme ohne größere analytische Bedeutung (s. S. 180). Die Bestimmung erfolgt im Bedarfsfalle in der calorimetrischen Bombe durch Verbrennung des in einer Gelatinekapsel eingeschlossenen Benzins (S. 81 f.).

18. Zündpunkt (Selbstzündungstemperatur).

Bedeutung und Bestimmung s. S. 67. Der Zündpunkt ist stark abhängig von der Konzentration des Sauerstoffs, also vom Druck[5], ferner von

---

[1] Holde: Verhandl. Dtsch. physikal. Ges. **21**, 465 (1919); Techn. Ber. des Benzol-Verbandes Bochum 1919, Nr. 11, S. 1; s. auch W. Meißner: Verhandl. Dtsch. physikal. Ges. **21**, 371 (1919); Jber. chem.-techn. Reichsanstalt 1924/25, S. 195; B. Müller: Erdöl u. Teer **4**, 496 (1928).
[2] Privatmitt.   [3] Graefe: Petroleum **2**, 523 (1906/07).
[4] Battelli: Atti R. Accad. Lincei (Roma), Rend. (3) **16**, [1] 243 (1907); s. auch Physikal. Ztschr. **9**, 671 (1908).
[5] Tausz u. Schulte: Über Zündpunkte und Verbrennungsvorgänge im Dieselmotor. Halle: Wilhelm Knapp 1924; Ztschr. Ver. Dtsch. Ing. **68**, 574 (1924)

der Oberflächengröße des Treibmittels, also dem Grad der Zerstäubung bzw. Verdampfung, endlich von der Anwesenheit von katalytisch wirkenden Stoffen, z. B. der Art und Oberflächenbeschaffenheit der anwesenden Metalle.

19. Bestimmung von Wasser in Motortreibmitteln.

Benzin besitzt ein so geringes Lösungsvermögen für Wasser, daß klares Benzin praktisch auch wasserfrei ist. Benzol besitzt ein etwas stärkeres Lösungsvermögen für Wasser, und technische Alkohole haben immer einen gewissen Wassergehalt; daher wird dessen Bestimmung in gewissen Treibmitteln, besonders in alkoholhaltigen, gelegentlich erforderlich.

Suspendiertes Wasser wird durch Zentrifugieren einer Durchschnittsprobe Benzin bestimmt.

Die Destillation mit Xylol nach Marcusson (s. S. 117) ist zur Bestimmung des Wassers in Treibmitteln nicht geeignet, da die in Frage kommenden sehr kleinen Mengen Wasser nicht mehr einwandfrei angezeigt werden. Man muß daher Verfahren anwenden, bei denen das Wasser chemisch mit anderen Stoffen reagiert und die entstehenden Reaktionsprodukte leicht bestimmt werden können, Methoden, wie sie ihrem Prinzip nach meist schon vor Jahrzehnten für die Prüfung des rohen Erdöls auf Wassergehalt angegeben, aber trotzdem nicht eingeführt wurden.

a) Verfahren von Schütz und Klauditz[1]. Man läßt auf das im Treibmittel enthaltene Wasser Calciumcarbid einwirken, fängt das entstehende Acetylen in Aceton auf und führt ersteres durch Eingießen der Acetonlösung in eine nach L. Ilosvay[2]

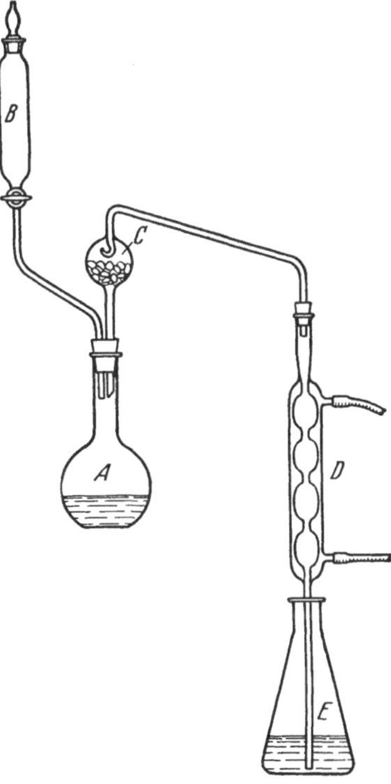

Abb. 107. Wasserbestimmungsapparat nach Dietrich und Conrad.

aus Kupfernitrat, Ammoniak und salzsaurem Hydroxylamin hergestellte Cuprosalzlösung in Acetylenkupfer über. Dieses wird abfiltriert, ausgewaschen, mit saurer Ferrisulfatlösung zu Cuprisulfat und Ferrosulfat umgesetzt[3] und letzteres mit Permanganat titrimetrisch bestimmt. 1 ccm 0,1-n $KMnO_4$ = 1,8 mg Wasser.

b) Einfacher ist das Verfahren von Dietrich und Conrad[4], bei welchem man Magnesiumnitrid auf das Wasser im Treibstoff einwirken läßt und das gemäß der Gleichung

$$Mg_3N_2 + 6\,H_2O = 3\,Mg\,(OH)_2 + 2\,NH_3$$

gebildete Ammoniak titrimetrisch bestimmt.

[1] Schütz u. Klauditz: Ztschr. angew. Chem. **44**, 42 (1931).
[2] L. Ilosvay: Ber. **32**, 2698 (1899).
[3] Willstätter u. Maschmann: ebenda **53**, 939 (1920).
[4] Dietrich u. Conrad: Ztschr. angew. Chem. **44**, 532 (1931).

1 Mol (18 g) Wasser entspricht $^1/_6$ Mol (rund 17 g) Mg_3N_2 und $^1/_3$ Mol (5,67 g) NH_3.

In den trockenen Kolben A (s. Abb. 107) bringt man doppelt soviel Magnesiumnitrid, wie der in 50 ccm Treibstoff voraussichtlich enthaltenen Wassermenge entspricht, jedoch mindestens 5 g. Dann läßt man aus dem Scheidetrichter B 50 ccm des Treibstoffs zufließen und spült mit etwas wasserfreiem (über $CaCl_2$ getrocknetem) Benzin nach. Durch Erwärmen des Kolbens A unterstützt man die meist von selbst einsetzende Reaktion und treibt das entwickelte NH_3 quantitativ in die mit gemessener Menge 1,0- bis 0,1-n H_2SO_4 (je nach der erwarteten Ammoniakmenge) beschickte Vorlage E über, indem man so lange erhitzt, bis etwa $^3/_4$ des Treibstoffes überdestilliert sind. Die in dem Aufsatz befindlichen Raschigringe sollen das Mitreißen des Magnesiumnitrids verhindern. Zum Schluß wird der Überschuß an Säure in der Vorlage zurücktitriert.

1 ccm 1,0-n H_2SO_4 entspricht 3 Millimol = 54 mg H_2O.

Wasserfreier Äthylalkohol reagiert nicht mit Mg_3N_2, wohl aber reines Methanol, und zwar unter Bildung von Trimethylamin. Diese Reaktion bleibt aber aus, wenn das Methanol mit absolutem Äthylalkohol so weit verdünnt wird, daß der Methanolgehalt der Mischung unter 60% sinkt. Bei Treibstoffen, die im allgemeinen wesentlich geringere Mengen Methanol enthalten, ist daher keine Verdünnung nötig.

20. Nachweis von Zusätzen zu Benzinen [1].

a) Wasserlösliche Zusätze.

Zum qualitativen Nachweis und gleichzeitig zur quantitativen Ermittlung wasserlöslicher Zusätze (Methylalkohol, Äthylalkohol, Aceton) schüttelt man das Benzin mit dem doppelten Raumteil einer 30%igen Lösung von kryst. Chlorcalcium aus und ermittelt die Volumenabnahme der Benzinschicht. Die Chlorcalciumlösung wird mit gut wirkender Kolonne (Golodetz-Birektifikator, Vigreux od. dgl.) fraktioniert, und die bis 60° siedenden Anteile werden zur Untersuchung auf Aceton verwendet, die Fraktion 60—75° auf Methylalkohol und die Fraktion 75—80° auf Äthylalkohol.

α) Aceton. Die Ausschüttelung der niedrigstsiedenden Kraftstofffraktion versetzt man mit der gleichen Menge verdünnter Lauge und 5 Tropfen 25%iger Nitroprussidnatriumlösung. Eine Rotfärbung, welche beim Ansäuern mit Essigsäure in Himbeerfärbung übergeht, deutet auf Aceton [2]. Acetaldehyd ergibt ebenfalls Rotfärbung, welche aber auf Essigsäurezusatz in gelb übergeht.

β) Methylalkohol [3]. 0,2 ccm der bis 75° siedenden Fraktion der wasserlöslichen Anteile werden mit 5 ccm Kaliumpermanganatlösung (3 g $KMnO_4$, 15 ccm 85%ige H_3PO_4, 100 g Wasser) 10 min oxydiert. Zur Entfärbung des überschüssigen Permanganats gibt man 2 ccm einer Lösung von 5 g Oxalsäure in 50 ccm Schwefelsäure (1,84) und 50 ccm Wasser zu und schüttelt bis zur Farblosigkeit. Schließlich werden 5 ccm Schiffsches Reagens, modifiziert nach Elvove [4], zugefügt und gut durchgeschüttelt. Bei Anwesenheit von Methylalkohol erfolgt nach kurzer Zeit Violett- bis Rotfärbung. Zur Herstellung des Schiffschen Reagens löst man 0,2 g Fuchsin in 120 ccm heißem Wasser, versetzt nach dem Abkühlen mit einer Lösung von 2 g wasserfreiem Na_2SO_3 in 20 ccm Wasser und 2 ccm Salzsäure (1,19) und füllt auf 200 ccm auf.

Der Nachweis des Methylalkohols in der mit Permanganat oxydierten Lösung kann besonders scharf mit Morphinhydrochlorid erfolgen [5], jedoch macht die Beschaffung des nicht frei verkäuflichen Morphins Schwierigkeiten.

[1] S. auch Wa. Ostwald: Analyse der Kraftstoffe in Berl-Lunge, chem.-techn. Untersuchungsmethoden, 8. Aufl., Bd. 2, S. 60f.

[2] K. Dieterich: Analyse der Kraftstoffe, S. 111. 1920.

[3] K. R. Dietrich u. H. Jeglinski: Chem.-Ztg. 53, 177 (1929).

[4] Elvove: Ind. engin. Chem. 9, 295 (1917); C. 1920, IV, 269; Dinslage u. Windhausen: Ztschr. Unters. Lebensmittel 52, 132 (1926).

[5] Dieterich: Analyse der Kraftstoffe, S. 111. 1920.

γ) **Äthylalkohol.** Zum qualitativen Nachweis von Alkohol in Kraftstoff-gemischen verwendet man Anilinblau 2 B, spritlöslich[1], welches in Wasser, Benzin, Petroleum, Benzol und seinen Homologen, Tetralin, Cyclohexan, Äther, Schwefel-kohlenstoff und Terpentinöl vollständig unlöslich, in Methyl-, Äthyl-, Amylalkohol sowie den höheren Homologen, in Aldehyden und Ketonen mit tiefblauer Farbe löslich ist. Man schüttelt etwa 20 ccm der Probe mit 5—10 mg Anilinblau 2 B einige Male durch und läßt $^1/_4$ h stehen; die in ein Reagensglas abfiltrierte Mischung erscheint bei Gegenwart von $2^1/_2\%$ Alkohol deutlich hellblau gefärbt, bei 5% Alkohol bereits tiefblau.

Jodoformreaktion. Die zwischen 75 und 80° siedenden Anteile der Aus-schüttelung werden mit wässeriger Kalilauge schwach alkalisch gemacht, mit einer Jod-Jodkaliumlösung bis zur Gelbfärbung versetzt und letztere durch tropfen-weisen Laugenzusatz entfernt. Bei Gegenwart von Äthylalkohol oder Aceton tritt bei gelindem Anwärmen Jodoformgeruch auf, nach längerem Stehen erfolgt Abscheidung von Jodoformkrystallen.

Benzoylchloridreaktion. Die Fraktion 75—80° wird mit einigen Tropfen Benzoylchlorid geschüttelt und nach einiger Zeit stark alkalisch gemacht; bei Gegenwart von Alkohol tritt unter Verschwinden des unangenehmen Benzoyl-chloridgeruchs der Geruch nach Benzoesäureester auf. Analog reagieren außer Äthylalkohol alle anderen Alkohole und Phenole, daher muß man für den Versuch eine Fraktion vom ungefähren Siedepunkt des Äthylalkohols benutzen.

b) Wasserunlösliche Zusätze.

α) **Benzolkohlenwasserstoffe.** Größere Zusätze von Benzol geben sich bereits durch Erhöhung des spez. Gew. und der Refraktion des Benzins zu erkennen (s. S. 190). Indopheninreaktion s. S. 576.

Asphaltreaktion. Ölfreier Petroleumasphalt, wie man ihn bei der Asphalt-bestimmung in dunklen Mineralölen mit Normalbenzin (s. S. 166) erhält, ist in Benzol leicht löslich. Er kann daher nach Holde, auch in Form von asphalt-getränkten Papierstreifen[2], als Reagens auf Gegenwart von Benzol in Benzin benutzt werden, das sich bei Anwesenheit von Benzol in Berührung mit dem ge-pulverten ausgewaschenen Asphalt gelb, bzw. bei größeren Benzolmengen braun färbt. Der Asphalt ist in Alkohol unlöslich, ein Vorzug gegenüber der Dracorubin-probe.

Bei Gegenwart von Cyclohexan, das gewöhnlichen Hartasphalt teilweise löst, soll zum Benzolnachweis mit Cyclohexan gefällter Asphalt benutzt werden[3].

Dracorubinreaktion[4]. Drachenblutharz ist in Benzol (freilich auch in Spiritus, Methylalkohol, Aceton, Äther und Terpentinöl) mit roter Farbe löslich, in Benzin unlöslich. Schüttelt man mit Drachenblut getränktes Papier (Dracorubin-papier der Chem. Fabrik Helfenberg) mit der zu untersuchenden Probe, so färbt sich diese bei Gegenwart aromatischer Verbindungen oder der anderen oben ge-nannten Stoffe rot, bleibt dagegen bei reinem Benzin ungefärbt. Indische Benzine, welche auch unvermischt erhebliche Mengen von Benzol und seinen Homologen enthalten, auch Tetralin (S. 578), geben dementsprechend positive Dracorubin-reaktion, sowie Färbung in Berührung mit Asphalt. Dekalin (S. 579) gibt die Dracorubinreaktion nicht.

Nachweis von Benzolvorlauf. Benzolvorlauf gibt sich durch die Gegenwart von Schwefelkohlenstoff zu erkennen; s. S. 575.

β) **Tetralin** (s. S. 578) ist durch seinen charakteristischen Geruch im Verdunstungsrückstand, sowie in der bei etwa 204—210° siedenden Fraktion, ferner durch sein hohes spez. Gew. und seine hohe Refraktion nachzuweisen.

---

[1] Formánek: Chem.-Ztg. **52**, 326, 346 (1928).
[2] G. Weiß: Allg. Öl- u. Fett-Ztg. **27**, Nr. 11, Beil. Mineralöle **3**, 22 (1930).
[3] M. Jakeš: Chem.-Ztg. **47**, 757 (1923).
[4] Dieterich: Motorfahrer **1915**, Nr 8.

Es gibt ferner ebenso wie Terpentinöl, Cyclohexan, Cyclohexanol, Methylcyclohexan folgende Peroxydreaktion[1]:

Schüttelt man das Benzin mit der halben Menge etwa 1%iger Stärkelösung
unter Zusatz von etwa 5%iger Kaliumjodidlösung und säuert mit ganz verdünnter
HCl schwach an, so färbt sich die untere Schicht bei Gegenwart von Tetralin hellblau bis tiefviolett. Bei Anwesenheit größerer Tetralinmengen tritt die Reaktion
bereits vor dem Säurezusatz ein.

γ) Äthyläther. 5 ccm einer 1%igen $K_2Cr_2O_7$-Lösung werden mit 3—4 Tropfen
verdünnter Schwefelsäure angesäuert und mit etwa 5 ccm der niedrigstsiedenden
Benzinfraktion sowie 2 ccm 3%igem H_2O_2 geschüttelt. Bleibende Blaufärbung
(Überchromsäure) deutet auf Gegenwart von Äther, während von Alkoholen herrührende Blaufärbung in Grün und schließlich in Gelb übergeht.

21. Quantitative Zusammensetzung der Benzine.

a) Olefine.

α) Behandlung mit Schwefelsäure s. S. 212.

β) Halogenadditionsverfahren. Die Jodzahlmethoden der Fettanalyse (S. 771) sind bei Mineralölen nicht ohne weiteres anwendbar, da
neben Addition auch Halogensubstitution eintritt. Nach Galle[2] soll aber
folgende Modifikation der Jodzahlschnellmethode von Margosches bei
Mineralölen befriedigende Werte liefern:

In einem Jodzahlkolben werden etwa 0,1 g Benzin (genau gewogen) in 10 ccm
Äther-Aceton (1 : 2) oder in 2 ccm Amylalkohol unter nachheriger Zugabe von 8 ccm
absolutem Alkohol gelöst und mit 25 ccm 0,2-n alkoholischer Jodlösung und
200 ccm H_2O versetzt. Nach 5 min (vom Wasserzusatz ab gerechnet) wird das
unverbrauchte Jod mit 0,1-n $Na_2S_2O_3$ zurücktitriert. Berechnung der Jodzahl
wie in der Fettanalyse (S. 770).

Auch Bestimmung der Rhodanzahl (S. 773) wurde neuerdings
empfohlen[3].

b) Aromatische Kohlenwasserstoffe.

α) Mit rauchender Schwefelsäure[4] (s. auch S. 212). 25 ccm Benzin und
25 ccm Schwefelsäure (80 Vol. konz. Schwefelsäure und 20 Vol. rauchende Säure
von 20% SO_3) werden 15 min in der Schüttelmaschine geschüttelt und mit konz.
Schwefelsäure in ein Meßrohr übergespült. Die Abnahme der Benzinschicht
entspricht dem Gehalt an aromatischen und ungesättigten Kohlenwasserstoffen.
Bei mehr als 13% Aromaten werden 40 ccm des Säuregemisches verwandt. Statt
rauchender Schwefelsäure ist auch die Anwendung einer 30 g P_2O_5 in 100 ccm
enthaltenden Schwefelsäure empfohlen worden[5].

β) Durch Nitrierung[6]. Die Methode beruht auf der Überführung der
aromatischen Kohlenwasserstoffe in ihre Mononitroderivate und deren Löslichkeit in konz. Schwefelsäure.

[1] R. Hueter: Auto-Technik **1923**, Nr. 3/4, 17.
[2] E. Galle: Erdöl u. Teer 7, 287 (1931); Ztschr. angew. Chem. **44**, 474 (1931);
Jahrbuch von den Kohlen und Mineralölen, Bd. 4, S. 110. 1932; E. Galle u.
M. Böhm: Erdöl u. Teer 8, 76, 91 (1932).
[3] G. Hugel u. Krassilchik: Chim. et Ind., März-Sonder-Nr. **23**, 203 (1930).
[4] Kraemer u. Böttcher: Verhandl. d. Ver. f. Gewerbefl. **1887**, 637; Mühle
u. Dietrich: Erdöl u. Teer **2**, 572 (1926).
[5] Kattwinkel: Brennstoff-Chem. 8, 353 (1927); Bandte: Erdöl u. Teer **4**,
107, 131 (1928).
[6] W. Heß: Ztschr. angew. Chem. **33**, 147, 176 (1920); Erdöl u. Teer **2**, 779
(1926); **3**, 75 (1927).

In einem Kolben (Abb. 108) werden 60 ccm des zu prüfenden Benzins mit 200 ccm konz. Schwefelsäure (1,84) unter Kühlung mit Eiswasser 5—10 min geschüttelt und dann unter weiterer Kühlung aus dem Tropftrichter mit 50 g Nitriersäure unter kräftigem Umschütteln im Verlauf von 15—20 min versetzt. Die Temperatur soll im Verlauf der Nitrierung nicht über $+10^0$ steigen. Bei 30% aromatischen Kohlenwasserstoffen muß die Menge Nitriersäure vermehrt werden. Diese besteht aus 1 Teil Salpetersäure $(1,42 = 70\% \ HNO_3)$, die unter Erwärmen auf 40—45^0 durch Luftdurchblasen von salpetriger Säure ganz befreit und hell ist, und 2 Teilen H_2SO_4 (1,84). Nach Beendigung der Einwirkung füllt man den Kolben bis zur obersten Marke mit konz. Schwefelsäure, setzt den eingeschliffenen Stopfen auf, schüttelt $1/_4$ min kräftig durch und läßt einige Stunden, am besten über Nacht stehen. Das abgelesene Volumen des nicht angegriffenen Öles, dessen Temperatur bei merklicher Abweichung von der Zimmertemperatur zu berücksichtigen ist, gibt, zuzüglich 1 ccm Korrektur für die in der konz. Schwefelsäure lösliche Menge unveränderter Kohlenwasserstoffe, deren Gesamtmenge, die Differenz gegenüber den angewandten 60 ccm die Menge aromatischer Kohlenwasserstoffe in 60 ccm an. Bei dieser Form der Versuchsausführung entstehen nur Mononitroderivate. Nimmt man stärkere Säuren, so bilden sich leicht Dinitroderivate, die in konz. Schwefelsäure weniger löslich sind.

Bei Crackbenzinen versagt die Methode.

γ) Mit Dimethylsulfat[1]. Dimethylsulfat löst bei Zimmertemperatur die Aromaten und Olefine bedeutend leichter als die gesättigten Paraffinkohlenwasserstoffe. Bei etwa 20^0 lösen sich darin z. B. 100% Reinbenzol, 72% Amylen, 13,5% Cyclohexan, 5,5% Octan, 10% Normalbenzin. Die Löslichkeit wächst mit steigender Temperatur. Da die Dimethylsulfatzahl (Prozentgehalt an in Dimethylsulfat unter den nachfolgenden Bedingungen löslichen Anteilen) nur der Ausdruck einer einfachen partiellen Löslichkeit ist, gestattet sie keinen exakten Rückschluß auf den Gehalt an Aromaten[2]; immerhin gibt sie bei folgender Arbeitsweise am schnellsten Aufschluß über einen Gehalt an Aromaten und ungesättigten Kohlenwasserstoffen[3].

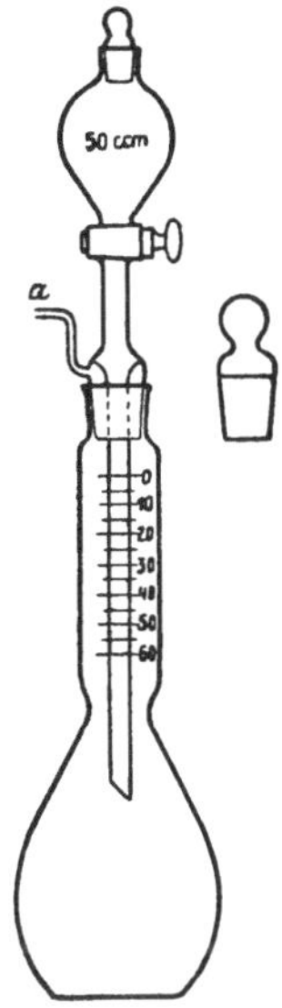

Abb. 108. Apparat
zur Nitrierung
nach Heß.

Bei etwa 20^0 füllt man in einen in 0,1 ccm geteilten Meßzylinder 15 ccm frisches Dimethylsulfat, überschichtet mit 10 ccm des Benzins und schüttelt durch. Die ermittelte Volumenabnahme der Benzinschicht, mit 10 multipliziert, ergibt die Dimethylsulfatzahl (Di). Aus dieser berechnet sich der ungefähre Gehalt an Aromaten unter Zugrundelegung einer mittleren Dimethylsulfatzahl von 12 für die zur Mischung verwendeten Straight-run-Benzine nach der Gleichung:

$$\text{Vol.-\% Benzolkohlenwasserstoffe} = 100 \ (\text{Di} - 12)/(100-12) = 1,136 \ (\text{Di} - 12).$$

Bei Crackbenzinen mit einer mittleren Dimethylsulfatzahl von 16 würde die entsprechende Gleichung lauten:

$$\text{Vol.-\% Benzolkohlenwasserstoffe} = 100 \ (\text{Di} - 16)/(100-16) = 1,190 \ (\text{Di} - 16).$$

Da bei höheren Gehalten an Aromaten die Dimethylsulfatlösung derselben auch mehr gesättigte Kohlenwasserstoffe löst, so verdünnt man entsprechend dem in einer Vorprobe ermittelten angenäherten Gehalt das Benzin mit so viel Normalbenzin, daß die Dimethylsulfatzahl der Mischung nicht mehr als etwa 40% beträgt. Unter Berücksichtigung des Gehaltes des Normalbenzins an in Dimethylsulfat löslichen Anteilen (etwa 10%) ist aus der Volumenverminderung

---

[1] Valenta: Chem.-Ztg. **30**, 266 (1906).
[2] Weller: Auto-Technik **17**, Nr. 3, 7 (1928).
[3] G. Meyerheim u. Frank: Privatmitt.

Holde, Kohlenwasserstofföle. 7. Aufl.   14

der Benzinschicht der Gehalt an Aromaten und ungesättigten Kohlenwasserstoffen zu berechnen.

An Stelle des außerordentlich giftigen Dimethylsulfats wurde die Verwendung des ungiftigen Diäthylsulfats vorgeschlagen, das besonders bei Verdünnung mit Petroleum gut mit der Dimethylsulfatprobe übereinstimmende Werte liefern soll[1]. Nach Versuchen von G. Meyerheim ist jedoch bereits reines Normalbenzin in Diäthylsulfat zu 40 % löslich.

δ) Bestimmung der Aromaten in olefinfreien Benzinen durch Feststellung der kritischen Lösungstemperatur in Anilin (englische Standardmethode) s. S. 186 u. 211.

c) Naphthene.

Die Ermittlung des Naphthengehalts von Benzinen erfolgt nach Entfernung der Aromaten und Olefine durch Bestimmung des sog. Anilinpunktes; sie beruht darauf, daß die verschiedenen Kohlenwasserstoffe (Aromaten, Paraffine, Naphthene) sich erst oberhalb der kritischen Lösungstemperatur mit Anilin in jedem Verhältnis mischen lassen. Die kritische Lösungstemperatur liegt für die Aromaten sehr niedrig (unter 0 °), für gesättigte Naphthene (soweit sie im Automobilbenzin vorkommen) dagegen zwischen 30 und 50 °, durchschnittlich bei etwa 40 °, und für die im Automobilbenzin enthaltenen gesättigten Paraffinkohlenwasserstoffe bei etwa 70 ° [2]. In einem nur aus Paraffinen und Naphthenen bestehenden Gemisch wird die kritische Lösungstemperatur ungefähr proportional dem Naphthengehalt gegenüber dem Wert für reine Paraffine (70 °) erniedrigt, d. h. für jedes Prozent Naphthene um etwa 0,3 °. Bei Zerlegung russischer Rohöle wurden für die reinen Paraffinkohlenwasserstoffe der einzelnen Destillatfraktionen folgende Anilinpunkte gefunden [3]:

Fraktion 60—95 ° bei 70 °, 95—122 ° bei 70,3 °, 122—150 ° bei 73,2 °, 150 bis 200 ° bei 78,6 °, 200—250 ° bei 85,8 °, 250—300 ° bei 93 °. In den einzelnen Fraktionen beträgt die Anilinpunktsdepression für je 1 % Naphthene bei der Fraktion 60—95 ° 0,4 °, bei der Fraktion 95—122 ° 0,3 °, bei den höheren Fraktionen 0,2 °.

Während für die Bestimmung des Aromatengehalts in den englischen Standardmethoden die Ermittlung der wirklichen kritischen Lösungstemperatur unter Variierung der Anilinmenge vorgeschrieben ist, begnügt man sich für die Bestimmung des Naphthengehalts mit der einfacheren Feststellung des „Anilinpunkts", d. h. derjenigen Temperatur, bei welcher eine homogene Mischung aus gleichen Raumteilen Benzin und Anilin sich beim Abkühlen entmischt. Die wahre kritische Lösungstemperatur liegt etwas höher als der Anilinpunkt, nach Ssachanen und Wirabianz[4] bei aromatenfreien Naphthen-Paraffingemischen aber nur um höchstens 0,3 °.

Nach Tropsch und Šimek[5] versagt die Anilinpunktsmethode bei Mischungen mit mehr als 50 % Aromaten, während der Ammoniakpunkt (Lösung in flüssigem NH_3) brauchbar ist.

---

[1] Taylor: Ind. engin. Chem. **19**, 76 (1927).
[2] Über die Anilinpunkte der reinen Kohlenwasserstoffe s. Howes: Journ. I.P.T. **16**, 75 (1930).
[3] Ssachanen u. Wirabianz: Petroleum **25**, 874 (1929).
[4] Ssachanen u. Wirabianz: l. c. S. 870.
[5] Tropsch u. Šimek: Mitt. Kohlenforschungsinst. Prag **1931**, 62.

α) **Bestimmung des Anilinpunktes**[1]. In einem 3—4 cm weiten Reagensglas, das mit Glasrührer und einem in 0,1⁰ geteilten Thermometer versehen ist, werden 10 ccm von ungesättigten und aromatischen Kohlenwasserstoffen befreites Benzin und 10 ccm frisch destilliertes, wasserfreies Anilin im Wasserbad erwärmt. Nach Klarwerden der Lösung läßt man unter ständigem Rühren langsam abkühlen und ermittelt als Anilinpunkt diejenige Temperatur, bei welcher durch eintretende Trübung die Thermometerkugel unsichtbar wird. Durch Wiederholung des Anwärmens und Abkühlens läßt sich der Entmischungspunkt auf 0,1⁰ genau feststellen.

Um den Einfluß der Siedegrenzen auf den Anilinpunkt zu berücksichtigen, kann man den 50%-Siedepunkt, d. h. denjenigen Grad, bis zu dem 50 Vol.-% des Benzins destillieren, heranziehen und den Gehalt an Naphthenen und Paraffinen in dem Rest unmittelbar aus dem Diagramm (Abb. 109) entnehmen[2].

β) **Bestimmung der kritischen Lösungstemperatur nach der IPT-Vorschrift.**

In England bestimmt man folgendermaßen den Aromatengehalt in olefinfreien Benzinen aus der Veränderung der kritischen Lösungstemperatur des Benzins mit Anilin vor und nach der Entfernung der aromatischen Kohlenwasserstoffe[3].

Zu 5 ccm Benzin, die sich in einem 25 mm weiten, mit Rührer und Thermometer (30—75⁰, in 0,2⁰ geteilt) versehenen Reagensglas befinden, gibt man zunächst 3 ccm frisch destilliertes Anilin aus einer kleinen Bürette, bestimmt die Entmischungstemperatur, wie unter Anilinpunkt beschrieben, und wiederholt diese Operation nach Zusatz von je 0,5 ccm Anilin so oft, bis man die höchste Entmischungstemperatur erreicht hat. Das gefundene Temperaturmaximum ist die kritische Lösungstemperatur. Die gleiche Bestimmung nimmt man mit dem von Aromaten befreiten Benzin (s. u.) vor. Aus der Differenz Δ^0 der kritischen Lösungstemperatur vor und nach Entfernung der aromatischen Kohlenwasserstoffe berechnet man den Gehalt an letzteren nach der Näherungsformel

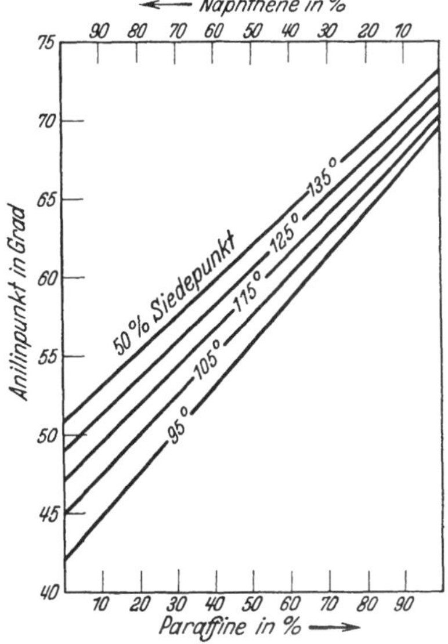

Abb. 109. Diagramm von Garner zur Berechnung des Naphthengehaltes aus Anilinpunkt und 50%-Siedepunkt.

$$x = 1{,}19 \cdot \Delta \text{ Gew.-\%.}$$

Die Methode ist nur bei Abwesenheit von Olefinen und Antiklopfmitteln und nur bis zu einem Maximalgehalt von 20% Aromaten anwendbar. Bei höherem Aromatengehalt muß man das ursprüngliche Benzin mit einer geeigneten Menge des gleichen, von Aromaten befreiten Benzins verdünnen.

Zur Entfernung der Aromaten wird das Benzin (50 ccm) dreimal je 15 min lang mit 98%iger Schwefelsäure (zuerst 100 ccm, dann zweimal je 50 ccm) ausgeschüttelt, die Säure mit Eiswasser ausgewaschen und das Benzin mindestens 6 h lang, besser über Nacht, mit $CaCl_2$ getrocknet.

---

[1] Tizard u. Marshall: Journ. Soc. chem. Ind. **40**, 20 (1921); Ormandy u. Craven: Journ. I.P.T. **10**, 101 (1924); Egloff u. Morrell: Ind. engin. Chem. **18**, 354 (1926); Erdöl und Teer **2**, 430 (1926).

[2] Garner: Journ. I.P.T. **14**, 699 (1928).

[3] I.P.T.-Standard Methods, 2. Aufl., 1929. S. 19. British Standard Specifications for Motor and Aviation Spirit, herausgeg. von der British Engineering Standards Association, 2. Aufl. 1929.

Die kritische Lösungstemperatur wird durch jedes Prozent Benzol um 1,19, Toluol um 1,20 und Xylol um 1,23° herabgesetzt, so daß man als mittleren Faktor 1,20 annehmen kann. Für verschiedene Erdölfraktionen ergeben sich folgende, mit den Siedegrenzen ansteigenden mittleren Umrechnungsfaktoren für den Aromatengehalt[1]:

Benzolfraktion (60—95°) . . . 1,15	Fraktion (150—200°) 1,50
Toluolfraktion (95—122°) . . . 1,24	,, (200—250°) 1,65
Xylolfraktion (122—150°) . . . 1,30	,, (250—300°) 1,80

d) Systematischer Analysengang zur Bestimmung der aromatischen, ungesättigten, gesättigten aliphatischen und gesättigten cyclischen Kohlenwasserstoffe.

Verfahren von Riesenfeld und Bandte[2].

Man verwendet für die Bestimmungen zweckmäßig 12—13 mm weite, 45—50 cm lange Eggertz-Röhren (in 0,1 ccm geteilt, zylindrisch, einseitig zugeschmolzen, mit eingeschliffenen Stopfen) von 50 ccm Inhalt.

Methode 1, wird bei reinen Straight-run-Benzinen mit Kennziffer bis 123,5 (S. 195) sowie bei Mischungen derselben mit Motorenbenzol benutzt, die eine Dimethylsulfatzahl 25 und darunter zeigen.

α) Ungesättigte Kohlenwasserstoffe (Olefine und ungesättigte cyclische Kohlenwasserstoffe). 15 ccm Benzin werden bei 0° mit 30 ccm H_2SO_4 (bei Straight-run Mittel- und Schwerbenzinen 94%iger, bei Leichtbenzinen 92%iger, bei Crack- und Schwelbenzinen 85%iger Säure) behandelt. Man überschichtet die Säure vorsichtig mit der Benzinprobe, liest den Meniscus ab und schüttelt nach 15 min langem Verweilen des Röhrchens in Eis 10 min sehr vorsichtig unter Vermeidung jeder Temperaturerhöhung um. Die Abnahme der Benzinschicht, nach Stehen im Eis über Nacht (meist genügen 1—2 h) abgelesen, ergibt ein Maß für den Gehalt an ungesättigten Kohlenwasserstoffen.

Statt der Schwefelsäuren verschiedener Konzentration kann man zum Ausschütteln der Olefine nach Kattwinkel[3] auch für 10 ccm Benzin 30 ccm einer Lösung von 5 g Borsäure in 100 ccm konz. Schwefelsäure verwenden. Bei hohem Olefin- oder Aromatengehalt erhält man aber keine befriedigenden Ergebnisse.

β) Aromatische Kohlenwasserstoffe. 30 ccm 100%iger Schwefelsäure (Monohydrat) werden mit 15 ccm Benzin vorsichtig überschichtet und umgeschwenkt. Hierauf stellt man das Röhrchen in ein 40—50° warmes Wasserbad, schüttelt 5—10 min lang, kühlt unter der Wasserleitung ab und liest die Volumenverminderung der Benzinschicht nach Stehen über Nacht ab; meist genügt auch hier 1—2std. Absitzenlassen. Statt auf 40—50° zu erhitzen, kann man auf 3 Teile Säure 1 Teil Benzin verwenden. Die Volumenverminderung der Benzinschicht ergibt die Summe der aromatischen + ungesättigten Kohlenwasserstoffe; die Differenz β—α zeigt den Gehalt an Aromaten an. Bei Schwel- und Crackbenzinen ist das Erwärmen auf 40—50° vor der Reaktion nicht angebracht, da hierbei leicht Paraffinkohlenwasserstoffe mit tertiären Kohlenstoffatomen mit angegriffen werden.

γ) Naphthene. Der bei der Behandlung mit 100%iger Schwefelsäure hinterbliebene Benzinrest wird mit Lauge und Wasser gewaschen und dann 1 h über $CaCl_2$ getrocknet. Von dem so vorbehandelten Produkt wird nach S. 211 der Anilinpunkt bestimmt. Die Differenz des gefundenen Anilinpunktes gegenüber 70° C, dividiert durch 0,3, ergibt annähernd den Prozentgehalt an Naphthenen im Rest; dieser wird prozentual auf das Ausgangsmaterial umgerechnet.

---

[1] Ssachanen u. Wirabianz: Petroleum 25, 873 (1929).
[2] Riesenfeld u. Bandte: Erdöl u. Teer 2, 491, 587, 715, 829 (1926); 3, 139 (1927); Auto-Technik 16, Nr. 16, 7 (1927); Bandte: Erdöl u. Teer 4, 107, 131 (1928).
[3] Kattwinkel: Brennstoff-Chem. 8, 353 (1927); Bandte: Erdöl u. Teer 4, 107, 131 (1928).

δ) **Paraffine.** Subtrahiert man die Summe der Prozente ungesättigter, aromatischer und naphthenischer Kohlenwasserstoffe von 100%, so erhält man den Prozentgehalt an Paraffinen.

Methode 2, wird bei Straight-run-Benzinen mit Kennziffer über 123,5 und bei deren Mischungen mit Motorenbenzol mit Kennziffer über 123,5 oder bei einer Dimethylsulfatzahl von 25—50 sowie bei Schwel- und Crackbenzinen benutzt. Die nachfolgend von Ch. C. Towne[1] angegebene Arbeitsweise ist nach Bandte[2] mit kleineren Mengen und schneller auszuführen als die entsprechenden von Riesenfeld und Bandte ausgearbeiteten Methoden. Der Vorteil der Arbeitsweise von Towne beruht darin, daß außer der Bildung von Alkyl-Schwefelsäureestern und Polymerisation von Olefinen auch die Bildung von alkylierten Aromaten durch Kondensation von Aromaten und Olefinen berücksichtigt wird.

150 ccm eisgekühlter 93%iger Schwefelsäure werden mit 50 ccm Benzin überschichtet und 1 min lang geschüttelt. Nach Stehen über Nacht wird der Säureteer abgezogen und der Benzinrückstand gemessen. Die Volumdifferenz sei U_1% (in H_2SO_4 lösliche ungesättigte Kohlenwasserstoffe).

Man destilliert 100 ccm Benzin nach Engler-Ubbelohde (S. 161) und stellt die Temperatur fest, bei der 95° abdestilliert sind. Der Kolbenrückstand betrage a Vol.-%.

Nunmehr schüttelt man 300 ccm eisgekühlte 98%ige Schwefelsäure mit 100 ccm Benzin 30 min lang, zieht nach Stehen über Nacht den Säureteer ab und mißt die gesamte Volumenabnahme (Aromaten + ungesättigte Kohlenwasserstoffe = $A + U_1$ Vol.-%). Der hierbei verbleibende Benzinrückstand wird bis zur selben Temperatur, wie vorher das Original-Benzin, destilliert und der Kolbenrückstand (b Vol.-%) gemessen. Dann ist $b - a = U_2$ Vol.-% die Menge der polymerisierten ungesättigten Kohlenwasserstoffe, $U_1 + U_2$ die Gesamtmenge der ungesättigten Kohlenwasserstoffe und $A = (A + U_1) - U_1$ die Menge der Aromaten. In dem mit 98%iger Schwefelsäure behandelten und destillierten Benzin werden Naphthene und Paraffine wie bei Methode 1 ermittelt.

Verfahren von Faragher, Morrell und Levine[3].

Diese in Amerika eingeführte Methode ist für Straight-run- und für Crackbenzine anwendbar; sie beruht auf der Abscheidung der Summe der ungesättigten und aromatischen Kohlenwasserstoffe mit 91- und 98%iger Schwefelsäure und auf Entfernung der Olefine in einer zweiten Probe mittels Schwefelchlorür[4] und Isolierung der Aromaten durch Nitrierung.

Man destilliert 100 ccm Benzin in üblicher Weise und bestimmt die Siedeschlußtemperatur. Dann schüttelt man 100 ccm Benzin im Scheidetrichter mit 300 ccm 91%iger Schwefelsäure 30 min lang aus. Die Säure wird innerhalb 10 min in Portionen von je 50 ccm zugesetzt und nach jedesmaliger Zugabe unter Kühlung geschüttelt. Nach 1std. Stehen zieht man die Hauptmenge des Säureteers, nach einer weiteren Stunde den Rest desselben ab und bestimmt im Meßzylinder das Volumen des Restbenzins (V_1). Volumenabnahme L_1. Das Restbenzin wird aus einem 200-ccm-Kurzhalskolben mit aufgesetzter 15-cm-Hempelkolonne, welche 10 cm hoch mit Raschigringen gefüllt ist, mit einer Geschwindigkeit von 2 Tropfen pro Sekunde bis 5° über die ursprüngliche Siedeschlußtemperatur destilliert, wobei man den vorher benutzten Meßzylinder als Auffanggefäß benutzt. Das Volumen des Destillats zuzüglich 0,5 ccm (als Verlust in der Apparatur) wird als V_2 bezeichnet. Dann sind als polymerisierte Olefine (bezogen auf Ausgangsmaterial) vorhanden:

$$L_2 = \frac{(V_1 - V_2) \cdot V_1 \cdot}{V_2}.$$

---

[1] Ch. C. Towne: Journ. I.P.T. **17**, 134 (1931).

[2] Bandte: Erdöl u. Teer **7**, 576 (1931).

[3] Faragher, Morrell u. Levine: Ind. engin. Chem., Anal. Ed. **2**, 18 (1930).

[4] Über die theoretischen Grundlagen des Schwefelchlorürverfahrens vgl. auch S. 520.

Die Menge des Restes (Paraffine, Aromaten und Naphthene) beträgt dann

$$UO = 100 - (L_1 + L_2)\%$$

des Ausgangsmaterials.

Eine gemessene Menge V_3 dieses Restes wird in einem Scheidetrichter mit dem dreifachen Volumen 98%iger Schwefelsäure in gleicher Weise behandelt, wie oben für die Behandlung mit 91%iger Säure angegeben. Der Verlust sei l_3. Auf die ursprünglich angewandte Menge (100 ccm) beträgt dieser Verlust $L_3 = l_3 \cdot UO/V_3\%$. Die Summe (S) der ungesättigten (U) und der aromatischen (A) Kohlenwasserstoffe ist dann $S = U + A = L_1 + L_2 + L_3$.

Entfernung der ungesättigten Kohlenwasserstoffe. In einem 500-ccm-Kurzhalskolben mit aufgesetztem Rückflußkühler werden 100 ccm Benzin tropfenweise durch den Kühler mit 30 ccm Schwefelchlorür versetzt und nach Stehen über Nacht in einen Scheidetrichter übergeführt, darin durch Zugabe von Eis gekühlt, 2—3mal mit 10%iger Natronlauge und dann mit Wasser gewaschen. Das Benzin wird mit $CaCl_2$ getrocknet, filtriert und dann zunächst bei Atmosphärendruck bis etwa 120^0 destilliert. Nach dem Abkühlen auf 30^0 wird im Vakuum weiter destilliert, bis infolge Zersetzung der Schwefelchlorür-Additionsprodukte rote oder dunkelbraune Dämpfe auftreten, der Druck plötzlich steigt oder die Temperatur fällt. Das Destillat enthält dann weniger als 1% Olefine, die durch Ermittlung der Bromzahl (S. 333) bestimmt und in Rechnung gestellt werden können.

Bestimmung der Aromaten. Man temperiert etwa 20 ccm des von den Olefinen befreiten Benzins in einem Nitrierrohr im Thermostaten 5 min auf 25^0, liest das Volumen genau ab und gibt 50 ccm eines Säuregemisches aus 25 Gew.-% HNO_3, 58 Gew.-% H_2SO_4 und 17% Wasser hinzu. Dann schüttelt man 1 min unter Abkühlung durch fließendes Wasser und 9 min bei Zimmertemperatur, zieht nach $1/_2$ h die Säure ab, schüttelt das Benzin mit 50 ccm 95%iger Schwefelsäure noch 1 min, zieht die Säure wieder ab und liest nach 1std. Verweilen des Rohres im Thermostaten das Benzinvolumen ab. Von der Volumenabnahme, die dem Aromatengehalt entspricht, werden 0,62% (absolut) für die in der konz. Schwefelsäure gelösten, nicht aromatischen Kohlenwasserstoffe abgezogen.

Verfahren von Manning und Shepherd[1]

eignet sich besonders zur Untersuchung von Steinkohlenschwelprodukten und von Benzinen, welche reich an aromatischen Anteilen sind (z. B. indisches Erdölbenzin). Man verdampft das Benzin im Luftstrom und absorbiert die Aromaten (bei Abwesenheit von Olefinen) in Ag_2SO_4 enthaltender H_2SO_4; bei Gegenwart ungesättigter Kohlenwasserstoffe absorbiert man dieselben zusammen mit den Aromaten in KNO_3-haltiger H_2SO_4 und isoliert daraus die aromatischen Kohlenwasserstoffe in Form ihrer Nitroverbindungen.

22. Schmierölzusätze im Kraftstoff.
(Obenschmierung.)

Da bei dicht schließenden Kolbenringen der Totraum des Zylinders mit den Ein- und Auslaßventilen bis zum obersten Kolbenring gewöhnlich ohne Schmierung ist, hat man diesem Übelstand durch geringe Zusätze von sog. Obenschmiermitteln zum Kraftstoff abzuhelfen versucht. Erstere gelangen bei der Verstäubung im Vergaser in feiner Nebelform in den oberen Teil des Zylinders, wo dann der Kraftstoff verbrennt, bleiben in der Hauptsache unverbrannt und überziehen die Ventilschäfte, Zylinder und Kolben mit einem dünnen Ölfilm. Hierdurch wird das Festsetzen der Ventile vermieden. Die im Handel befindlichen Obenschmiermittel sind gewöhnlich

---

[1] Manning u. Shepherd: Dep. of Scientific and Ind. Research, Fuel Research, Technical Paper Nr. 28. London 1930. Journ. chem. Soc. London **1929**, 1014.

gut raffinierte, reine Mineralschmieröle oder gefettete Schmieröle; Produkte, welche Bestandteile des Kienteers enthalten, sind ungeeignet, da sie zum Festbrennen der Ventile Anlaß geben können. Zusätze von $\frac{1}{4}-\frac{1}{2}\%$ gewöhnlichen dünnflüssigen Autoschmieröls oder Spindelöls zum Kraftstoff ergeben ebenfalls gute Obenschmierung.

Durch den Zusatz von Schmieröl wird die Klopffestigkeit des Benzins um etwa $\frac{1}{2}-1$ Octanzahl (s. S. 222) herabgesetzt[1].

Bei der Siedeanalyse geben sich die öligen Obenschmiermittel ebenso wie andere Zusätze, z. B. Naphthalin und Monochlornaphthalin, wenn man wie üblich nur 100 ccm des Kraftstoffs destilliert, nicht ohne weiteres zu erkennen. Erst beim Destillieren größerer Mengen (1 l und mehr) bleiben sie in solcher Menge im Rückstand, daß sie identifiziert werden können.

23. Nachweis und Bestimmung von Antiklopfmitteln.

Eisenpentacarbonyl.

Nachweis. Unter Einwirkung des Sonnenlichts oder des Lichtes einer Quarzlampe setzt das Benzin bei Anwesenheit von Eisencarbonyl nach einiger Zeit einen feinpulverigen Niederschlag von Eisennonacarbonyl ab. Außerdem ist das Eisen im salpetersauren (konz. HNO_3) Auszug des Benzins in üblicher Weise nachzuweisen. Die Ausflockung des Eisens durch die Bestrahlung wird verhindert[2], wenn das Benzin Naphthensäure, Fett- oder Harzsäure oder Fette enthält. In solchem Falle setzt man eine alkoholische Gerbsäure- oder Gallussäurelösung zu, woraufhin sich das Eisen durch blaue bis blauschwarze Färbung sofort oder nach der Belichtung zu erkennen gibt.

Quantitative Bestimmung[3] ist kaum erforderlich, da Eisencarbonyl enthaltende Benzine zur Zeit nicht mehr im Handel sind.

Tetraäthylblei.

Nachweis. Man setzt eine kleine Probe Benzin dem Licht einer Quarzlampe aus. Nach etwa 1—2 min tritt Trübung, dann Ausflockung und endlich Bildung eines voluminösen weißen Niederschlages auf, der sich in Essigsäure leicht löst und mit Kaliumchromatlösung durch Ausfallen von gelbem Bleichromat identifiziert werden kann.

Oder: Ein Stückchen Filtrierpapier wird mit Benzin befeuchtet und in direktem Sonnenlicht oder im Licht einer Quarzlampe getrocknet. Auf das Papier läßt man Schwefelammonlösung einwirken, oder man behandelt es nach Befeuchten mit verdünnter Essigsäure mit H_2S bzw. mit einer KJ-Lösung. Eine kräftige Färbung zeigt die Bleiverbindung an[4].

Quantitative Bestimmung[5]. 100 ccm Benzin werden mit einer 30%igen Lösung von Brom in CCl_4 bis zur bleibenden Braunfärbung versetzt. Der Niederschlag wird sofort auf einem Glasfiltertiegel abfiltriert, mit Petroläther ausgewaschen und dann durch Auskochen mit Salpetersäure zersetzt. Die Lösung wird auf etwa 3 ccm eingedampft, mit Ammoniak neutralisiert und dann mit 5 ccm 50%iger Essigsäure und mit 40 ccm einer 5%igen Kaliumbichromatlösung versetzt. Man erhitzt die Lösung bis zum Sieden und hält etwa 5 min unter Rühren in der Wärme. Nach einigem Stehen wird der Niederschlag (Bleichromat) abfiltriert, bei 105° getrocknet und nach dem Erkalten gewogen. Berechnung: 1 g $PbCrO_4$ (Mol.-Gew. 323,2) entspricht zufällig genau 1 g $Pb(C_2H_5)_4$ (Mol.-Gew. 323,4).

[1] H. R. Stacey: S.A.E.-Journ. 29, 57 (1931).
[2] H. Kiemstedt: Erdöl u. Teer 8, 253 (1932).
[3] Wa. Ostwald: Automobiltechnisches Handbuch, 13. Aufl., 1931. S. 223.
[4] Kiemstedt: Ztschr. angew. Chem. 42, 1107 (1929).
[5] Edgar u. Calingaert: Ind. engin. Chem., Anal. Ed. 1, 221 (1929).

Andere Antiklopfmittel.

Auf andere Antiklopfmittel, wie aromatische Amine, Anilin, Toluidin, Xylidin, prüft man durch Ausschütteln des Benzins mit verdünnter Schwefelsäure, Alkalischmachen der sauren Schicht und Ausäthern der in Freiheit gesetzten Amine. Näheres s. S. 486. Phenole, die dem Benzin gelegentlich als Stabilisatoren zur Verlangsamung der Gumbildung (S. 220) bzw. zur Erhöhung der Lagerbeständigkeit zugesetzt werden, entzieht man dem Benzin durch Ausschütteln mit 10%iger Natronlauge, Ansäuern der Laugenlösung und Ausäthern. Will man nur qualitativ auf Phenole prüfen, so kann man die Laugenschicht unmittelbar mit Diazobenzolchlorid prüfen (s. S. 329).

24. Schwefelverbindungen.

Benzine können Schwefel in freier Form, als H_2S, als Mercaptan, als Alkyldi- oder -polysulfid und schließlich in indifferenter Form als Thioäther oder Thiophenverbindung enthalten.

Diese Schwefelverbindungen können in verschiedener Weise Korrosionen veranlassen: Bei der Destillation und Crackung Korrosion der Heizröhren, Kessel und Kondensatoren[1] durch vorhandenen oder entstehenden Schwefelwasserstoff, bei der Aufbewahrung und beim Motorbetrieb Korrosion der Aufbewahrungsgefäße und Brennstoffleitungen und besonders der aus Kupfer oder Kupferlegierungen hergestellten Teile des Motors durch freien oder „aktiven" Schwefel, d. h. im Benzin gelösten oder nur sehr labil gebundenen, vielleicht auch als Mercaptan, Sulfosäure, Ester od. dgl. vorliegenden Schwefel[2], bei der Verbrennung Korrosion im nicht genügend erwärmten Kurbelgehäuse, bzw. in den Zylindern und Auspuffleitungen durch die entstehende schweflige, bzw. Schwefelsäure.

Schon ein Gehalt von wenigen mg „aktivem" Schwefel in 100 ccm Kraftstoff kann Korrosionen bewirken. Unabhängig von den besonderen Prüfungen auf aktiven Schwefel, H_2S und Mercaptane (Korrosionsprüfung, s. S. 217, und Doctor-Test, s. S. 217) wird für Motorenbenzin allgemein nicht mehr als 0,1%, in England[3] 0,15% Gesamtschwefel zugelassen (vgl. Tab. 45 u. 46, S. 186 u. 187, obgleich auch merklich schwefelreichere Treibstoffe ohne Beobachtung einer Korrosion benutzt werden können[4].

a) Bestimmung des Gesamtschwefels

erfolgt bei Benzin durch Lampenverbrennung, S. 104, oder nach ter Meulen-Heslinga (Modifikation Sielisch und Sandke, S. 100, bzw. Grote und Krekeler, S. 102).

---

[1] Kendall u. Speller: Ind. engin. Chem. **23**, 740 (1931); H. Kiemstedt: Petroleum **28**, Nr. 28, 1 (1932).

[2] Garner u. Evans: Journ. I.P.T. **17**, 451 (1931).

[3] Thornycroft u. Ferguson: ebenda **18**, 329 (1932).

[4] Boyd: Nat. Petrol. News **18**, Nr. 27, 41 (1926); Egloff, Lowry u. Truesdell: ebenda **22**, Nr. 24, 41 (1930); Petroleum **26**, 919 (1930). Nach H. C. Mougey: Ind. engin. Chem. **20**, 18 (1928), sind $> 0,1$ bis 0,3% S nur dann schädlich, wenn die Kondensation von Wasser im Kurbelgehäuse nicht durch geeignete Ventilation verhindert wird. Nach Egloff und Lowry jr.: ebenda S. 839, C. **1929**, II, 372, besteht Korrosionsgefahr durch $> 0,1$% S nur bei Temperaturen unter 0⁰, ist aber auch dann zu vermeiden. Für „Sommergasolin" (fast 71% des gesamten Verbrauchs) könnte ein höherer Schwefelgehalt (bis 0,6%) zugelassen werden.

b) Nachweis des aktiven Schwefels.

α) **Kupferstreifenmethode.** Ein blankgeschmirgelter Kupferblechstreifen (7,5 × 1 cm) wird in einem mit 10 ccm Benzin gefüllten Reagensglas, das mit einem eingekerbten Kork verschlossen ist, im Thermostaten bei 50° 3 h belassen; hierauf wird seine Farbe mit der eines frisch polierten Kupferstreifens verglichen. Dunkelfärbung (oft irisierend) deutet auf freien Schwefel oder korrodierende Schwefelverbindungen.

Schon Tausendstelprozente Schwefel geben oft starken dunklen Belag des Kupfers, so daß die Probe als zu empfindlich gilt; außerdem können Peroxyde, die ähnliche Verfärbungen des Kupfers ergeben, aktiven Schwefel vortäuschen.

β) **Kupferschalenmethode**[1]. 100 ccm Benzin werden in einer frisch (mechanisch) polierten halbkugeligen 9 cm breiten Kupferschale auf lebhaft siedendem Wasserbade, dessen Dampf die Schale bis zur Höhe des Benzinspiegels umspülen soll, verdunstet. Elementarer Schwefel oder korrodierende Schwefelverbindungen färben den Boden der Schale grau oder schwarz. Unerwünschte harzbildende Bestandteile des Benzins hinterlassen wägbare Mengen von Harz (s. S. 220). In ähnlicher Weise gibt sich ein Gehalt an sauren Rückständen zu erkennen.

c) Quantitative Bestimmung des aktiven Schwefels[2]:

In einem 250-ccm-Rundkolben mit Rückflußkühler werden 100 ccm Benzin mit 0,5 g Kupferbronzepulver („Kahlbaum") 1—1¹/₂ h gekocht. Nach dem Abkühlen wird der Kraftstoff durch ein quantitatives Filter dekantiert, die Kupferbronze mit Petroläther nachgewaschen und Kolben und Filter mit Bronze und Sulfiden im Trockenschrank bei 105° getrocknet. Das Filter wird in den Kolben gebracht, mit 40—50 ccm Wasser und einem Überschuß Brom behandelt, bis die Bronze und die Sulfide gelöst sind, mit 2—3 ccm konz. Salzsäure versetzt und in ein 400-ccm-Becherglas filtriert. Die Lösung wird dann in der Hitze in üblicher Weise mit Bariumchlorid gefällt. Zur Feststellung eines etwaigen Gehalts der Kupferbronze an Schwefelverbindungen wird ein Blindversuch ausgeführt. Die Genauigkeit der Methode soll ± 0,1 mg Schwefel in 100 ccm Benzin betragen. Kraftstoffe mit weniger als 0,5 mg freiem Schwefel in 100 ccm gelten als nicht korrodierend, solche mit Schwefelgehalt von 0,5—1 mg als verhältnismäßig gut; Benzine mit mehr als 1 mg aktivem Schwefel gelten als bedenklich.

d) Nachweis von H_2S und Mercaptanen (Doctor-Test)[3].

Man versetzt eine Lösung von 125 g NaOH in 1 l H_2O mit 60 g PbO und rührt die Mischung 6 h lang bei 65—80° C (150—175° F) mittels eines Luftstromes. Die auf Zimmertemperatur abgekühlte Flüssigkeit bringt man durch Nachfüllen von Wasser wieder auf das Anfangsvolumen, trennt sie vom ungelösten PbO durch Dekantieren oder Filtrieren über Asbest und bewahrt die klare Natriumplumbitlösung unter Luftabschluß auf.

In einem 30 mm weiten zylindrischen Prüfglas (4 Unzen-Probeflasche) schüttelt man 10 ccm Benzin mit 5 ccm Plumbitlösung 15 sec lang kräftig durch, gibt dann 20—25 mg feingemahlene, durch ein Sieb von 100—200 Maschen pro Zoll passierte Schwefelblumen zu, schüttelt nochmals 15 sec und läßt absitzen. Der gesamte zugesetzte Schwefel soll dann in der Grenzfläche zwischen Benzin und Plumbitlösung schwimmen. Verfärbung des Benzins oder der Schwefelhaut zeigt positiven Ausfall des Doctor-Tests an, das Benzin gilt als „sauer". Unveränderte Farbe des Benzins sowie glänzend gelbe Farbe der Schwefelhaut oder allenfalls schwach graue Verfärbung oder schwarze Fleckung der letzteren bedeuten negativen Ausfall der Probe, das Benzin wird als „süß" bezeichnet.

---

[1] U. S. Government, Methode 530.1; Bureau of Mines, Technical Paper Nr. 323 B, S. 96. 1927.

[2] Kattwinkel: Brennstoff-Chem. **8**, 259 (1927); Garner u. Evans: Journ. I.P.T. **17**, 451 (1931).

[3] U. S. Government Specification usw., Methode 520.3; Technical Paper Nr. 323 B, S. 96, Washington 1927, in Einzelheiten genauer beschrieben nach Nat. Petrol. News **22**, Heft 35, 40 (1930).

Der Probe liegt folgender Reaktionsverlauf zugrunde: H_2S reagiert mit Natriumplumbit unmittelbar unter PbS-Bildung; Mercaptane RSH geben mit Natriumplumbit zunächst neutrale und basische Bleimercaptide $Pb(SR)_2$ und $Pb{<}^{SR}_{OH}$, die ihrerseits mit dem nachträglich zugesetzten Schwefel PbS und $(RS)_2$ (Disulfid), sowie eine Reihe komplizierterer Verbindungen der Typen $Pb_2S(SR)_2$, $Pb_2(OH)_2S_3$ und $Pb_2(OH)_2S_4$ bilden[1]. Gemäß diesem Reaktionsschema fällt die Probe bei Gegenwart von Schwefelwasserstoff, Mercaptanen u. dgl. positiv aus, freier Schwefel allein gibt dagegen negative Reaktion. Zu den sauren Ölen gehören besonders Texasöle, die beim Aufbewahren und Verarbeiten starke Korrosionsschäden ergeben[2].

Durch Peroxyde können ähnliche Dunkelfärbungen und Fällungen wie durch Schwefel hervorgerufen werden[3]. Der Niederschlag von PbO_2 bleibt aber bei längerem Stehen braun, während PbS allmählich ganz schwarz wird.

e) Quantitative Bestimmung der verschiedenen Arten von Schwefelverbindungen[4].

α) Schwefelwasserstoff. H_2S wird durch Fällung mit einer schwach sauren $CdCl_2$-Lösung (10 g Cadmiumchlorid, 100 ccm Wasser, 1 ccm konz. Salzsäure) als CdS bestimmt.

β) Elementarer Schwefel. Durch Behandlung des Filtrats von α mit metallischem Quecksilber wird der freie Schwefel als Quecksilbersulfid gefällt, die Gesamtschwefelbestimmung vor und nach der Quecksilberbehandlung ergibt als Differenz den Gehalt an elementarem Schwefel.

γ) Mercaptane. Die nach α und β von H_2S und freiem Schwefel befreite Probe wird in Benzollösung mit alkoholischer Natriumplumbitlösung behandelt. Die gebildeten Bleimercaptide lösen sich in Alkohol. Schwefelbestimmung im Öl vor und nach der Behandlung mit Natriumplumbit ergibt als Differenz den Gehalt an in Mercaptanen gebundenem Schwefel. Oder man behandelt die nach α und β vorbehandelte Probe in Benzollösung mit basischem Bleiacetat. Die gebildeten Bleimercaptide werden mit gemessener Menge 0,1-n H_2SO_4 zersetzt; von ausgefallenem Bleisulfat wird abfiltriert und der Rest der freien Säure mit Lauge zurücktitriert. Aus der verbliebenen Säuremenge kann der Gehalt an Mercaptanschwefel errechnet werden (1 ccm 0,1-n H_2SO_4 = 3,2 mg S).

δ) Disulfide. Das von α, β und γ befreite Benzin wird am Rückflußkühler mit Zink und Salzsäure erhitzt, wodurch die Disulfide zu Mercaptanen reduziert werden, welche man nach γ entfernt. Schwefelbestimmung vor und nach dieser Behandlung ergibt als Differenz den als Disulfid vorliegenden Schwefelgehalt.

ε) Sulfide. Das von α, β, γ und δ befreite Benzin wird mit Mercuronitrat behandelt, hierdurch werden die Sulfide gefällt. Die Differenz zwischen dem Schwefelgehalt vor und nach dieser Behandlung ergibt den Gehalt an Sulfid-Schwefel.

ζ) Der nach der Fällung mit Mercuronitrat noch im Benzin verbliebene Schwefel liegt in Form indifferenter Schwefelverbindungen (Thiophen u. dgl.) vor.

25. Korrodierende Bestandteile[5].

Alle Teile des Motors, die dauernd oder zeitweise mit Kraftstoffen in Berührung kommen, wie Kraftstoffbehälter, Rohrleitungen, Vergaser, Wasser-

---

[1] Ott u. Reid: Ind. engin. Chem. **22**, 878 (1930); A. Lachman: ebenda **23**, 354 (1931).

[2] Siehe auch Mead: Oil Gas Journ. **26**, Nr. 29, 35 (1927); Egloff u. Morrell: ebenda **26**, Nr. 29, 80; Nr. 30, 34 (1927).

[3] Brooks: Journ. Ind. engin. Chem. **16**, 588 (1924).

[4] Faragher, Morrell u. Monroe: Ind. engin. Chem. **19**, 1281 (1927).

[5] Über den korrodierenden Einfluß von aktivem Schwefel und Schwefelverbindungen s. den vorangehenden Abschnitt.

abscheider, können durch Einwirkung der Betriebsstoffe, und zwar — von den obenerwähnten Schwefelverbindungen abgesehen — durch organische Säuren oder Wasser (besonders bei alkoholhaltigen Kraftstoffen) korrodiert werden. Die Korrosionsprodukte setzen sich im Wasserabscheider oder an den Wandungen fest; gelangen sie in den Vergaser, so können sie durch Verstopfung desselben schwere Störungen veranlassen. Da die im Kurbelgehäuse des Motors befindlichen Schmieröle nie ganz säurefrei sind, ist häufig ein Anfressen der Kurbelwelle und Gehäuse zu beobachten, während bei guter Ventilation der Gehäuse diese Erscheinungen nicht so stark auftreten[1].

Die bei Alkohol-Benzin- oder Benzolmischungen früher beobachteten Korrosionen[2] sind auf den Wassergehalt des verwendeten Spiritus zurückzuführen; bei Verwendung von absolutem Alkohol, bei dem auch die Gefahr von Entmischungen fortfällt, treten keine Korrosionen auf. Man nimmt an, daß das Wasser im Spiritus vorhandenes Methyl- oder Äthylacetat verseift und die gebildete Essigsäure die Metalle angreift.

Bringt man die Kraftstoffe in weiten Reagensgläsern mit den verschiedenen in Frage kommenden Metallen in Berührung[3], z. B. Stahl, Kupfer, Messing, Aluminium und Duraluminium in Blechen von 30×75 mm, während ein durch den Stopfen geführtes beiderseits offenes Glasrohr für Luftzutritt sorgt, so zeigt sich, daß nach 10 Monaten Benzin und Benzol keine Korrosionserscheinungen hervorrufen. Alkoholhaltige, nicht ganz wasserfreie Kraftstoffe dagegen bringen Stahl zum Rosten, erzeugen auf Kupfer eine schwarze abplatzende Haut und bilden bei Aluminium und Duraluminium dicke Gallerten.

Bei Berührung verschiedener Metalle miteinander treten Korrosionserscheinungen in verstärktem Maße auf. Nietet man z. B. Aluminium- und Duraluminiumbleche mit Nieten von Kupfer oder Messing und prüft sie in der vorstehend beschriebenen Weise, so zeigen sich bereits nach 24 h um die Niete herum Korrosionserscheinungen, die sich bei 6monatigem Lagern verstärken, während die Kraftstoffe, die nach 24 h nicht korrodierend gewirkt hatten, auch nach 6 Monaten noch einwandfrei waren.

Die einfache Korrosionsprüfung durch Abdampfen des Kraftstoffes aus einer Kupferschale s. S. 217.

26. Rückstandsbildung und Verharzungsfähigkeit.
(Gum-Test.)

Während bei Straight-run-Benzinen im Betriebe störende Ablagerungen von Rückständen selten vorkommen, veranlassen Crackbenzine oder deren Mischungen mit Straight-run-Benzinen gelegentlich braune, firnisartige Ablagerungen im Vorratsgefäß, Vergaser, in den Rohrleitungen und an den Ansaugventilen. Die besonders bei ungenügend raffinierten Kraftstoffen auftretenden Rückstände sind zuweilen harzartig, manchmal ölig, gelegentlich auch krystallinisch (z. B. naphthalinhaltig aus schlecht fraktioniertem Motorenbenzol). Die infolge dieser Rückstandsbildung auftretenden Ventilverpichungen können unter Umständen die Beweglichkeit der Ventile stark behindern.

---

[1] Merton: Ind. engin. Chem. **19**, 312 (1927).
[2] v. Keußler: Auto-Technik **16**, Nr. 1, 11; Nr. 6, 18 (1927).
[3] Schmidt: ebenda **16**, Nr. 15, 7 (1927).

Die Verharzung von Crackbenzinen ist nicht allein auf Polymerisation der Diëne zurückzuführen[1]; es handelt sich in der Hauptsache um eine Luftoxydation mit zum Teil peroxydisch gebundenem Sauerstoff. Diolefine, vornehmlich solche mit konjugierten Doppelbindungen[2], neigen besonders stark zu dieser Autoxydation. In den gum-Rückständen wurden Aldehyde nachgewiesen, die offenbar aus Peroxyden durch Feuchtigkeit gebildet worden waren.

Zum Nachweis der Peroxyde[3] werden 50 g Ferrosulfat, 50 g Ammoniumrhodanid und 50 ccm H_2SO_4 in 5 l H_2O und 5 l Aceton gelöst und nach Zugabe von 10 g Eisendraht die Luft in der Flasche oberhalb der Lösung durch Wasserstoff ersetzt; man läßt einige Tage stehen, bis die rote Farbe verschwunden ist. 50 ccm dieser Lösung und 10 ccm Kraftstoff werden 5 min geschüttelt. Falls Peroxyd zugegen ist, bildet sich Ferrirhodanid, das mit 0,01-n Titanchlorid titriert wird[4]. Das Resultat wird in Grammäquivalenten aktivem Sauerstoff für 1000 l Kraftstoff ausgedrückt.

Als Stabilisatoren zur Verringerung der Gumbildung haben sich Phenole mit Amino- und Äthylgruppen oder mehrwertige Phenole bewährt[5].

Die verschiedenen, zur Bestimmung der harzartigen Stoffe in Treibmitteln vorgeschlagenen Verfahren liefern untereinander nicht vergleichbare Werte. Wenn in Abwesenheit von Luftsauerstoff und Katalysatoren (Metallen) gearbeitet wird, werden nur oder fast nur die in den Treibmitteln bereits vorhandenen harzartigen Stoffe bestimmt. Bei anderen Verfahren, z. B. der Kupferschalenmethode und den Blasemethoden, werden noch mehr oder weniger große Mengen harzartiger Stoffe erfaßt, welche sich erst bei der Prüfung neu bilden.

a) Kupferschalenmethode s. S. 217.

b) Abdampftest[6]. 100 ccm Benzin werden in einer Glas- oder Quarzschale auf dem Wasserbad vorsichtig abgedampft. Der bei stark siedendem Bad verbleibende Rückstand wird im Trockenschrank bei 100^0 bis zur Gewichtskonstanz getrocknet. Ein Rückstand von 15 mg gilt als noch zulässig.

Eine andere Ausführungsform des Abdampftests beschreibt Knöttner[7].

c) Harzbildnerprüfung nach Jacqué[8], Ausführungsform des Benzolverbandes, Bochum[9]. In einem Rundkolben aus Jenaer Glas mit eingeschliffenem Rückflußkühler und in diesem eingeschliffenen Gaseinleitungsrohr, welches dicht über dem Boden des Kolbens in einer 2 mm weiten Öffnung mündet, werden 100 ccm des filtrierten Benzins 3 h lang in gelindem Sieden gehalten, während ein durch H_2SO_4 und $CaCl_2$ getrockneter langsamer Sauerstoffstrom (35 ccm/min)

<hr>

[1] Brooks: Ind. engin. Chem. **18**, 1199 (1926); F. Flood, W. Headky u. G. Edgar: Oil Gas Journ. vom 18. 9. 1930, S. 40; H. A. Cassar: Ind. engin. Chem. **23**, 1132 (1932).

[2] Identifizierung der Diolefine mittels Maleinsäure-anhydrid nach Diels u. Alder: Liebigs Ann. **460**, 98 (1928); **470**, 101 (1929), s. S. F. Birch u. W. D. Scott: Ind. engin. Chem. **24**, 49 (1932).

[3] I. A. C. Yule u. C. P. Wilson jr.: ebenda **23**, 1254 (1931); **24**, 590 (1932).

[4] G. Middleton u. F. C. Hymas: Analyst **53**, 201 (1928).

[5] G. Egloff, J. C. Morrell u. C. D. Lowry: Ind. engin. Chem. **24**, 1375 (1932).

[6] Wa. Ostwald: Kraftstoffe. Automobiltechnisches Handbuch, 13. Aufl., S. 22. Berlin 1931.

[7] Knöttner: Brennstoff-Chem. **11**, 432 (1930); G. Haim: ebenda **13**, 128 (1932).

[8] R. Brunschwig u. L. Jacqué: Compt. rend. Acad. Sciences **189**, 486 (1929); **191**, 1066 (1930); Ann. office nat. Combustibles liquides **5**, 1009 (1930).

[9] Privatmitt. des Benzol-Verbandes; s. auch Pieters u. Visser: Brennstoff-Chem. **12**, 470 (1931).

hindurchgeleitet wird. Nach 3 std. Erhitzung werden 80% des Benzins bei absteigendem Kühler abdestilliert, der Rest wird in eine gewogene Glasschale übergespült, mit einem Gemisch von gleichen Teilen reinen Methylalkohols und Benzols nachgewaschen und auf siedendem Wasserbade eingedampft. Der Rückstand wird bei 105⁰ bis zur Konstanz getrocknet; sein Gewicht gilt als Maßstab der Harzbildung.

d) **Luftblasemethode von E. B. Hunn, H. G. M. Fischer und A. J. Blackwood**[1]. 50 ccm Benzin werden in einer 4,5—5 cm hohen, oben 8—9, unten 5 cm weiten Schale aus resistentem Glas auf dem Wasserbad eingedampft, wobei man zur Beschleunigung der Verdampfung auf die Benzinoberfläche einen so starken Luftstrom bläst (etwa 0,75—1,25 l/sec), daß eben noch ein Verspritzen des Benzins vermieden wird. Die Blasedüse, die sich 2—4 Zoll (5—10 cm) über der Mitte der Benzinoberfläche befindet, hat $^1/_2$ Zoll (12,7 mm) lichte Weite, ist mit loser Watte gefüllt und mit einem feinmaschigen Netz verschlossen. Die Verdampfung dauert etwa 10—20 min. Der Rückstand wird im Luftbad 1 h bei 150⁰ getrocknet. Wenn nach dieser Methode etwa 25 mg oder mehr harzartiger Stoffe für 100 ccm gefunden werden, können die oben beanstandeten Rückstandsbildungen oder Ventilverpichungen auftreten. Benzine, die bis zu etwa 15 mg Rückstand ergeben, sind nicht zu beanstanden.

Bei einer anderen Modifikation dieser Methode nimmt man das Erhitzen des Benzins in einem Bad von siedendem Äthylenglykol (Kp. 195—200⁰) vor[2].

27. Raffinationsgrad.

Rohbenzin ist schwach gelblich gefärbt, gut rektifiziertes und raffiniertes Benzin ist in 10 cm dicker Schicht gewöhnlich völlig farblos und gibt an Wasser keine sauren Bestandteile oder sonstigen Verunreinigungen ab.

Früher, als Benzin und Benzol durchweg mit konz. und rauchender Schwefelsäure weitgehend raffiniert wurden, bestimmte man den Raffinationsgrad durch die Verfärbung, die durch Einwirkung von konz. Schwefelsäure auf die zu untersuchenden Proben entstand. Für Motorenbenzin wurde diese Prüfung (Ausführung bei Benzol s. S. 576) aber als zu scharf erkannt, da sich gezeigt hat, daß die ungesättigten Verbindungen, welche von konz. Schwefelsäure zerstört werden, die Klopffestigkeit der Kraftstoffe erhöhen, und man daher neuerdings in milderer Weise so raffiniert, daß die ungesättigten Kohlenwasserstoffe nur in geringerem Umfange aus dem Benzin oder Benzol entfernt werden. Viele der im Handel befindlichen Betriebsstoffe, insbesondere solche, welche Crackbenzine enthalten, entsprechen daher nicht mehr den früher an den Raffinationsgrad gestellten Anforderungen.

Die Schwefelsäureprobe ist jetzt durch die Harzbildnerprüfung (S. 220) ersetzt.

Unterscheidung von Straight-run- und Crackbenzin (Maumené-Probe).

Die bei der Polymerisation von ungesättigten Kohlenwasserstoffen mit konz. Schwefelsäure auftretende Wärmetönung kann zur Unterscheidung von Straight-run- und Crackbenzinen benutzt werden[3].

---

[1] E. B. Hunn, H. G. M. Fischer u. A. J. Blackwood: S.A.E.-Journ. **26**, 31 (1930), abgeändert entsprechend A.S.T.M.-Jber. 1932 des Comm. D 2, S. 20; s. auch Littlejohn, Thomas u. Thompson: Journ. I.P.T. **16**, 684 (1930); Cooke: Bureau of Mines, Report of Investigations, Nr. 2686 (1925); Voorhees u. Eisinger: Nat. Petrol. News **20**, Nr. 51, 75 (1929).

[2] A.S.T.M.-Jber. 1932 des Comm. D 2, S. 21.

[3] Urman, s. Burstin: Untersuchungsmethoden der Erdölindustrie, S. 160. 1930.

Man schüttelt 50 ccm Benzin in einem Shukoff-Apparat (s. S. 296) von 65 ccm Fassungsvermögen 1 min lang und liest die Temperatur ab. Nach Zusatz von 5 ccm konz. Schwefelsäure wird bis zur Temperaturkonstanz geschüttelt. Bei merklichen Temperaturerhöhungen muß von Zeit zu Zeit zum Druckausgleich der Thermometerstopfen gelüftet werden. Die bei dieser Reaktion auftretende Temperaturerhöhung beträgt bei unraffiniertem Straight-run-Benzin 1—5^0, bei raffiniertem Straight-run-Benzin 1—3^0, bei Crackbenzinen 30—50^0. Ebenso wie Crackbenzine reagieren Braunkohlen- und Schieferteer-Kraftstoffe, welche sich aber durch ihr höheres spez. Gew. ($d_{15} > 0{,}79$) und ihren hohen Brechungsexponenten (n_D^{20} etwa 1,46) von Erdöl-Crackbenzinen unterscheiden.

28. Messung der Kompressionsfestigkeit.

a) Bezugsgrößen. Als Maß für die Kompressionsfestigkeit eines Treibmittels kann dasjenige Verdichtungsverhältnis dienen, bei welchem das Treibmittel im Motor gerade noch kein Klopfen verursacht. Dieses höchste nutzbare Verdichtungsverhältnis (H.U.C.R., highest usable compression ratio) ist zwar abhängig von der Bauart des benutzten Motors, ermöglicht aber dennoch einen Vergleich der Treibmittel, da diese in jedem Motor annähernd die gleiche Reihenfolge der H.U.C.R. ergeben.

Einen Maßstab für die Kompressionsfestigkeit erhält man, wenn man als Nullpunkt die Kompressionsfestigkeit eines Kohlenwasserstoffes oder eines Kohlenwasserstoffgemisches mit sehr geringer Klopffestigkeit und als 100-Punkt die Kompressionsfestigkeit eines sehr klopffesten Kohlenwasserstoffes wählt. Als Vergleichskohlenwasserstoffe wurden zunächst ein von Aromaten befreites Benzin, welches bei einer Kompression von etwa 1:4,85 Klopfen verursacht, und Toluol benutzt[1]. Die erhaltenen „Toluolwerte" gaben an, wieviel Prozent Toluol man dem Vergleichsbenzin zusetzen mußte, um die Klopffestigkeit des zu untersuchenden Kraftstoffs zu erhalten. Es haben z. B. n-Pentan Toluolwert 33, Heptan (97% rein) 37, Benzol 67, Xylol 58.

Da das verwendete Benzin aber nicht einheitlich chemisch definiert und daher nur schwer genau gleich herzustellen ist, hat man statt dessen die chemischen Individuen n-Heptan als leichtklopfenden und Isooctan[2] [Trimethyl-isobutyl-methan $(CH_3)_3C \cdot CH_2 \cdot CH(CH_3)_2$] als klopffesten Vergleichskraftstoff international eingeführt. Die beim Vergleich mit diesen Kraftstoffen erhaltenen, analog dem Toluolwert berechneten Werte werden als „Octanzahlen" („octane numbers") bezeichnet. Die meisten deutschen Markenbenzine haben Octanzahlen von 68—72, Fliegerbenzin 72—76, die etwa 40 Gew.-% Benzol enthaltenden Benzinmischungen vom Typus des Aral 82—85, die alkoholhaltigen Dreiergemische bis zu 98. Das aus der Jeffrey-Pinie dargestellte reine n-Heptan hat $Kp_{760} = 98{,}4^0$, $d_{20} = 0{,}6836$ und $n_D^{20} = 1{,}38777$; das Isooctan wird durch Behandlung von tertiärem Butylalkohol mit konz. Schwefelsäure und Hydrierung des entstandenen Octens erhalten; es hat in reinem Zustande $Kp_{760} = 99{,}3^0$, $d_{20} = 0{,}6914$ und $n_D^{20} = 1{,}3921$[3].

Als billigerer Ersatz für die genannten Vergleichskraftstoffe wurden von der Standard Oil Development Co. größere Mengen von zwei Benzinen

[1] Ricardo: Schnellaufende Verbrennungsmaschinen, S. 9. Berlin 1926.
[2] Edgar: Ind. engin. Chem. **19**, 145 (1927).
[3] Barton: Journ. I.P.T. **17**, 468 (1931).

mit den Octanzahlen 50 bzw. 67,6 bereitgestellt, welche das für die in USA. gebräuchlichen Benzine erforderliche Kompressionsintervall umfassen (sog. Sub- oder sekundäre Standardkraftstoffe)[1].

Endlich kann man nach Vorschlag der Ethyl-Gasoline-Co. die Kompressionsfestigkeit kennzeichnen durch die Angabe der Menge (ccm) Tetraäthylblei, die man dem zu untersuchenden Treibmittel (und zwar 1 gall.) zusetzen muß, um es ebenso klopffest zu machen wie das Standard-Ethyl-Gasoline. Zu je 200 ccm des zu untersuchenden Treibmittels setzt man steigende Mengen Tetraäthylblei in Form einer verdünnten Lösung zu, welche 8,26% Ethylfluid (s. S. 184) und 91,74% Benzol enthält. Da bei dem Zusatz größerer Mengen das darin enthaltene Benzol selbst Antiklopfwirkung ausübt, empfiehlt es sich allerdings, bei notwendig werdenden größeren Zusätzen ($>$ 7 ccm Tetraäthylbleilösung pro Gallone) das Ethylfluid unvermischt zu verwenden. Der Zusatz von Tetraäthylblei (in Form von Ethylfluid) wird auch bei der Benutzung der obengenannten sekundären Standardkraftstoffe angewandt. Zur Ermittlung der Octanzahl aus den benutzten Tetraäthylbleimengen dient das nebenstehende Diagramm (Abb. 110)[2].

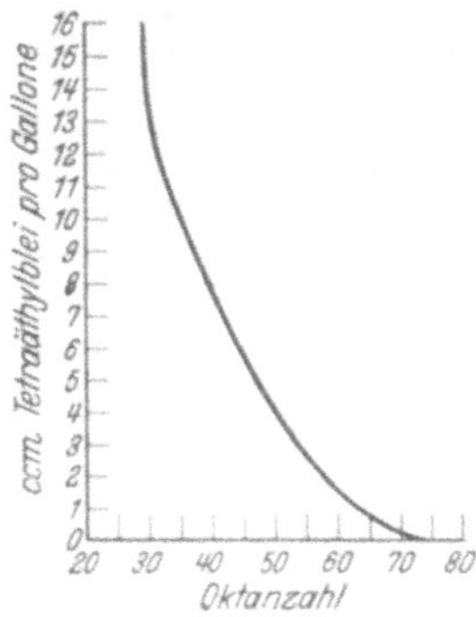

Abb. 110.
Diagramm zur Ermittlung der Octanzahl aus dem erforderlichen Tetraäthylbleizusatz.

Als Bleiempfindlichkeit bezeichnet man die Wirkung des Tetraäthylbleis auf die Steigerung des H.U.C.R.-Verhältnisses[3].

Gewissermaßen als Vorprüfung zur Bewertung von Kraftstoffen hinsichtlich Klopffestigkeit und Verbrennungsgüte stellen Mücklich und Conrad[4] die „Gütezahl" fest. Diese ist direkt proportional dem Gehalt an nicht paraffinischen (aromatischen und hydroaromatischen) Kohlenwasserstoffen und umgekehrt proportional der in der Kennziffer sich ausdrückenden Höhenlage der Siedekurve; etwa vorhandene Olefine werden als Aromaten miterfaßt.

Gütezahl
= (100 — Paraffine)/Kennziffer.
Vergleich der Gütezahl mit direkt am Motor ermittelten Benzolwerten ergab gute Übereinstimmung[5].

b) Messung der Klopfstärke. Das Klopfen (Klingeln) im Motor läßt sich bei einiger Übung am besten mit dem Ohr feststellen, wobei man Mikrophon und Telephon zu Hilfe nehmen kann. Bequemer ist die Bestimmung mit dem vielfach eingeführten Springstiftindi-

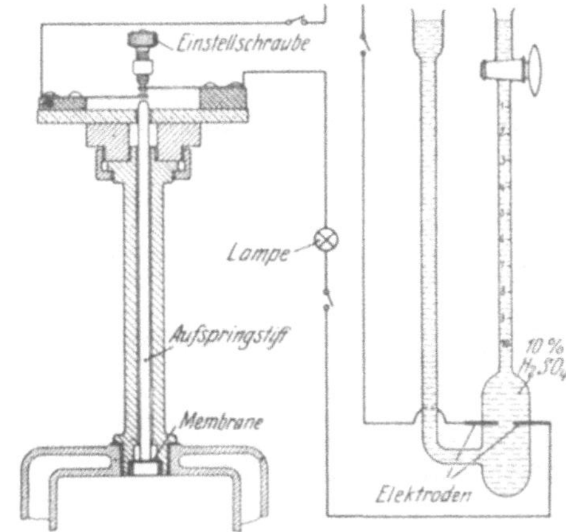

Abb. 111. Springstiftindicator nach Midgley.

cator (Bouncing-pin-indicator) von Midgley[6] (s. Abb. 111). Bei diesem läßt man die beim Klopfen auftretende übermäßige Drucksteigerung auf eine Membran einwirken, wodurch der auf derselben sitzende Springstift gegen einen elektrischen Kontakt gedrückt wird. Der dadurch geschlossene Stromkreis bewirkt das

---

[1] Earl Bartholomew: Nat. Petrol. News **23**, Nr. 11, 73 (1931).
[2] Hubner u. Murphy: Oil Gas Journ. **29**, Nr. 50, 107 (1931).
[3] L. E. Hebl u. T. B. Rendel: Journ. I.P.T. **18**, 187 (1932).
[4] Mücklich u. Conrad: Ztschr. angew. Chem. **43**, 488 (1930).
[5] v. Philippovich: Erdöl u. Teer **7**, 545 (1931).
[6] Boyd: Amer. Petrol. Inst., 12. Jahrestagung **1931**, 10.

Aufleuchten einer Lampe und die Entwicklung von Knallgas in einer Gasbürette. Die in der Zeiteinheit entwickelte Menge Knallgas gibt einen Anhalt für die Klopfstärke. An die Stelle der Gasbürette können auch andere elektrische Anzeigegeräte treten, insbesondere das sog. Knockmeter[1], ein Hitzdraht-Amperemeter, das direkt die dem Klopfgrad entsprechende Stromstärke anzeigt.

Ferner kann man die Klopfstärke mit Hilfe von an dem Zylinder bzw. Kolben angebrachten Seismographen messen[2].

Endlich läßt sich das Klopfen auch an Leistungsmessern (Dynamometern) oder mit Hilfe von in den Zylindern an geeigneter Stelle eingebauten Thermoelementen erkennen, da beim Eintreten des Klopfens die Leistung schnell abfällt und die Temperatur im Verbrennungsraum ansteigt[3].

c) **Bestimmung der Kompressionsfestigkeit.** Die Kompressionsfestigkeit eines Motortreibmittels ist von seiner chemischen Struktur und seiner Siedelage abhängig, aber auch der Motor besitzt eine Kompressionsfestigkeit, welche abhängig ist von seiner Bauart, insbesondere der Form und Oberflächenbeschaffenheit, sowie der Größe des Verbrennungsraums, der Anordnung der Zuführung des Brennstoff-Luftgemisches und der Abführung der Verbrennungsprodukte, ferner vom Mischungsverhältnis von Brennstoff und Luft, der Temperatur der zugeführten Luft und des Kühlwassers[4], der Drehzahl des Motors, dem Zündungswinkel, d. h. der Früh- oder Spätzündung, ausgedrückt in Winkelgraden[5], der verwendeten Zündkerze, von Wagengewicht + Nutzlast, sowie vom Zustand des Motors, d. h. Ansatz von Kesselstein in den Kühlwasserräumen und von Ölkohle im Verbrennungsraum. Auch die Feuchtigkeit der vom Motor angesaugten Luft[6] und die Art und Menge des verwendeten Schmieröls[7] haben einen gewissen, wenn auch geringen Einfluß.

Zur Erzielung vergleichbarer Zahlen muß man daher mit genau standardisierten Motoren unter genau festgelegten Versuchsbedingungen arbeiten, wobei man entweder unveränderte oder während des Versuchs veränderliche Kompression anwenden kann.

α) **Bestimmung der Kompressionsfestigkeit mit unveränderter Kompression:**

Man stellt den Motor durch Regulierung der Kraftstoffdüse des Vergasers und der Drosselklappe so ein, daß der zu untersuchende Kraftstoff in ihm starkes Klopfen verursacht. Dann setzt man dem Brennstoff steigende Mengen eines Antiklopfmittels (Tetraäthylblei, Eisenpentacarbonyl) oder einen klopffesten Kohlenwasserstoff (Toluol, Benzol) zu, bis das Klopfen eben aufhört. Mit in ihrer Zusammensetzung wechselnden Gemischen von Benzol und Toluol oder Benzin und Benzol bzw. den sekundären Standardkraftstoffen und Tetraäthylblei wird der Versuch unter gleichen Bedingungen wiederholt und festgestellt, bei welchem Gemisch der gleiche Grenzzustand erreicht wird.

Die Kompressionsfestigkeit liest man dann aus den oben angegebenen oder ähnlichen Diagrammen ab oder berechnet sie nach der Mischungsregel[8].

Da die Mischungsregel aber nicht streng gilt, insbesondere nicht bei Verwendung von Antiklopfmitteln, wird empfohlen, in der gleichen Weise bei mehreren verschiedenen Kompressionen, die man z. B. durch Anbringung von Unterlegscheiben

---

[1] Stansfield: Journ. I.P.T. **17**, 476 (1931).
[2] Auer: Forschungsheft des VDI Nr. 340.   [3] Stansfield: l. c.
[4] G. Edgar: S.A.E. Journ. **29**, Nr. 1, 52 (1931).
[5] Campbell, Wheeler Lovell, T. A. Boyd: ebenda **29**, Nr. 2, 129 (1931).
[6] Brooks, White u. Rodgers: ebenda **29**, Nr. 1, 45 (1931); A. W. Schmidt u. F. Seeber: Erdöl u. Teer **8**, 493 (1932).
[7] H. R. Stacey: S.A.E.-Journ. **29**, 57 (1931).
[8] Enoch: Brennstoff-Chem. **12**, 348 (1931); A. v. Philippovich: Erdöl u. Teer **7**, 526, 543, 559 (1931).

zwischen Zylinderblock und Kurbelgehäuse einstellen kann, zu arbeiten und zwischen den erhaltenen Werten graphisch oder rechnerisch zu interpolieren.

Mit einem (abgeänderten) „Series 30"-Prüfmotor, der in Amerika viel benutzt wird, bestimmt man die Kompressionsfestigkeit derart, daß man mit Hilfe der Drosselklappe eine bestimmte (maximale) Klopfstärke des zu untersuchenden Kraftstoffes einstellt und dann dasjenige Benzin-Benzolgemisch ermittelt, welches bei der gleichen Kompression (aber anderem Zündwinkel und Brennstoff-Luftgemisch) die gleiche Klopfstärke ergibt[1].

β) Bestimmung der Kompressionsfestigkeit mit veränderlicher Kompression:

Hierzu verwendet man Motoren, bei welchen man während des Versuches den Verbrennungsraum vergrößern und verkleinern, d. h. die Kompression verändern kann.

Die ersten grundlegenden Versuche wurden in einem Ricardo-E. 35-Motor vorgenommen, einem wassergekühlten Einzylinder-Spezialmotor, dessen Zylinder eine Bohrung von 114 mm und einen Hub von 203 mm, also ein Fassungsvermögen von 2,1 l hatte. Das Verdichtungsverhältnis konnte in ihm während des Versuches durch Heben und Senken des ganzen Zylinders mit Hilfe von Schraubengewinden von 1 : 3,7 bis auf 1 : 8 geändert werden[2].

C.F.R.- oder Horning-Motor, der Aussicht hat, der international anerkannte Vergleichsmotor zu werden: Nachdem eine große Anzahl von Prüfmotoren vorgeschlagen worden waren, ist von dem Untersuchungsausschuß des Cooperative Fuel Research Committees die Benutzung eines von ihm entwickelten Motors („C.F.R.-Motor" oder auch „Horning-Motor" genannt) empfohlen worden[3], bei dem die Kompression von 1 : 4 auf 1 : 12 veränderlich ist. Die Zylinderbohrung beträgt $3^{1}/_{4}''$ (82,6 mm), der Hub $4^{1}/_{2}''$ (114,3 mm), das Hubvolumen mithin 610 ccm. Er ist mit einem Dynamo gekuppelt, so daß mit ihm eine konstante Umdrehungszahl von 600 ± 2 Touren pro min innegehalten werden kann. Die Vergaserdrossel ist voll geöffnet, die Zündeinstellung automatisch auf höchste Leistung. Die Zuführungsleitungen zum Vergaser sind so angeordnet, daß man während des Versuches wahlweise das Versuchsbenzin oder beliebige Gemische von zwei Vergleichsbrennstoffen dem Vergaser zuführen kann. Der Motor soll durch Dampf von destilliertem oder Regenwasser von 100^{0} C gekühlt werden. Schmieröl 120—185 sec Saybolt bei 130^{0} F ($E_{54,4} = 2{,}85$—4,6).

Zur Prüfung des Kraftstoffs ermittelt man nach Einstellung des Gemisches auf stärkstes Klopfen unter genau festgelegten Versuchsbedingungen (s. o.) diejenige Kompression, bei welcher der Kraftstoff gerade anfängt, Klopfen zu verursachen. Dann stellt man dasjenige Gemisch der Standardkraftstoffe fest, welches bei der gleichen Kompression ebenfalls den gleichen Grenzzustand ergibt. Die Ermittlung der Octanzahl des Kraftstoffs erfolgt dann mit Hilfe des S. 223 angegebenen Diagramms. Abweichungen verschiedener Maschinen und verschiedener Laboratorien sollen nicht mehr als 2 Octanzahlen betragen.

29. Spezielle Prüfung von Normalbenzin.

Das zur Bestimmung des Asphaltgehalts dunkler Mineralöle und zur Schlammbestimmung in verteerten Transformatoren- und Turbinenölen (S. 270 und 366) verwendete Benzin fällt um so mehr Asphalt aus, je niedriger es siedet und je weniger ungesättigte und aromatische Verbindungen es enthält.

Das von der Fabrik C. A. F. Kahlbaum, Berlin-Adlershof, gelieferte Normalbenzin wird vom Staatlichen Materialprüfungsamt zu Berlin-Dahlem kontrolliert. Es enthält höchstens 8—12% Naphthene[4].

---

[1] Hubner u. Murphy: a. a. O.

[2] Ricardo: Schnellaufende Verbrennungsmaschinen, S. 34f. 1926.

[3] Horning: S.A.E.-Journ. **28**, 637 (1931); Nat. Petrol. News v. 5. 8. 1931, S. 47; T. A. Boyd: Refiner natur. Gasoline Manufacturer **10**, Nr. 11, 85, 112 (1931); A.S.T.M.-Jber. 1932 des Comm. D 2, S. 23.

[4] Holde: Chem.-Ztg. **38**, 241, 264 (1914).

Die Siedegrenzen, 65—95⁰, werden durch Destillation aus einem Kölbchen mit 40 cm langem Dreikugel-Aufsatz nach Le Bel-Henninger (Abb. 112) bestimmt. $d_{15} = 0{,}695$—$0{,}705$. Das Benzin soll ferner frei von jeder Verunreinigung sein und darf höchstens 2% Bestandteile enthalten, die in einem Gemisch von 80 Teilen konz. und 20 Teilen rauchender Schwefelsäure von 20% SO_3-Gehalt bei $^1/_4$std.

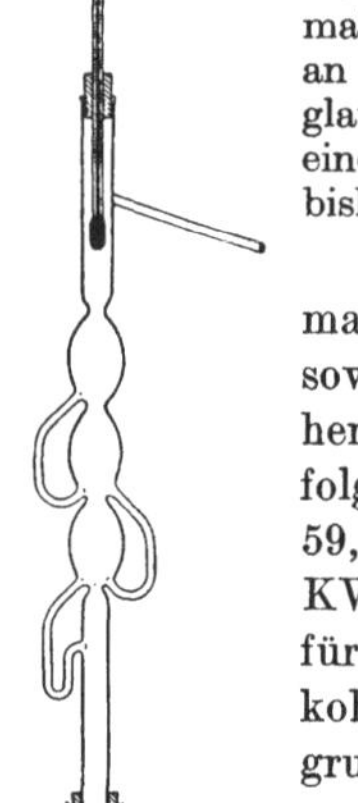

Abb. 112. Dreikugelaufsatz nach Le Bel-Henninger.

Schütteln gleicher Volumina Benzin und Säuregemisch bei Zimmertemperatur löslich sind. Um absolute Gleichmäßigkeit des Normalbenzins und damit Übereinstimmung der Asphaltbestimmungen an verschiedenen Prüfungsstellen zu gewährleisten, wird bei Beglaubigung jeder Lieferung das Asphaltausfällungsvermögen an einem asphaltreichen Wietzer Erdöl gegenüber demjenigen des bisher benutzten Normalbenzins festgestellt.

Zur genaueren Charakterisierung des Normalbenzins kann man noch den Brechungsexponenten und den Anilinpunkt sowie die Analyse nach Riesenfeld und Bandte (S. 212) heranziehen [1]. Ein Kahlbaumsches Normalbenzin ergab folgende Daten: $d_{20} = 0{,}7000$, $n_D^{20} = 1{,}3965$, Anilinpunkt 59,5⁰; ungesättigte KW 0,0, aromatische KW 0,5, Naphthen-KW 12,0, gesättigte aliphatische KW 87,5 Vol.-%, wobei für die zwischen 65 und 95⁰ siedenden gesättigten Paraffinkohlenwasserstoffe ein normaler Anilinpunkt von 65⁰ zugrunde gelegt wurde.

Aus Grabownica-Rohöl und aus Boryslawer Erdgasgasolin konnten Benzine von einem dem Normalbenzin völlig entsprechenden Asphaltfällungsvermögen hergestellt werden, während ein nur 3% Naphthene enthaltendes raffiniertes Crackbenzin mit Anilinpunkt 64,2⁰, $d_{15} = 0{,}6860$ und $n_D^{20} = 1{,}3910$ aus den gleichen Ölen sogar noch etwas mehr Asphalt ausfällte. Eine naphthenreiche Benzinfraktion aus Boryslawer Rohöl dagegen, die sich auch durch scharfe Raffination nicht über Anilinpunkt 56,9⁰ (entsprechend 40% Naphthenen) bringen ließ, zeigte entsprechend geringeres Asphaltausfällungsvermögen.

Über die in Amerika und England zur Asphaltbestimmung vorgeschriebenen Benzine s. S. 167.

30. Spezielle Prüfung von Lackbenzin (Terpentinersatz).

Lackbenzine, sog. Testbenzine, dürfen wie Leuchtpetroleum nicht unter 21⁰ (Abelscher Prober) entflammen. Die heute gebräuchlichen Lackbenzine sieden zwischen 140 und 190⁰ und entflammen meist zwischen 21 und 24⁰. Von Leuchtpetroleum werden sie für zolltechnische und eisenbahntarifliche Zwecke wie folgt unterschieden:

Siedeprobe. Bei der Destillation von Kohlenwasserstoffgemischen hat die siedende Flüssigkeit stets eine höhere Temperatur als der Dampf, und zwar ist diese Differenz um so größer, in je weiterem Temperaturbereich die Flüssigkeit siedet [2]. So ergab bei der Normaldestillation (S. 161) ein galizisches Erdöl von den Siedegrenzen 100⁰ bis über 300⁰ eine Temperaturdifferenz zwischen siedender Flüssigkeit und Dampf von 35—59⁰, ein Sicherheitspetroleum von den wesentlich engeren Siedegrenzen 184—252⁰ nur eine Differenz von 6—8⁰ [3].

---

[1] Burstin u. Winkler: Erdöl u. Teer **5**, 26, 42, 62 (1929).
[2] E. Graefe: Petroleum **3**, 1128 (1907/08).
[3] Holde: Chem.-Ztg. **37**, 414 (1913).

Zur Unterscheidung von Lackbenzinen und Sicherheitspetroleum von Leucht-petroleum, das ähnliche große Differenzen wie rohes Erdöl ergibt, wird eine be-liebige Menge Öl im Engler-Kolben zum Sieden erhitzt, während sich gleichzeitig im Öl und im Dampf neben dem Abzugsrohr je ein Thermometer befindet. Die Temperaturdifferenz im Beginn des Siedens beträgt für Lackbenzin 5—18°, für Sicherheitsöl 5—14°, für Leuchtpetroleum 30—45°.

Alkohollöslichkeit. Sicherheitspetroleum läßt sich, außer durch seinen höheren Flammpunkt, von den durchschnittlich niedriger siedenden Lackbenzinen, ebenso wie Leuchtpetroleum, noch durch geringere Löslichkeit in 96 vol.-%igem Alkohol bei Zimmertemperatur unterscheiden[1]. Lackbenzine lösen sich voll-kommen im 3fachen Volumen 96%igen Alkohols auf, während alle Leuchtpetrole, auch Sicherheitsöl, in gleicher Weise behandelt, stark getrübte, beim Stehen beträcht-liche Ölmengen ausscheidende Mischungen geben (s. auch S. 237).

Bestimmung der Verdunstungsfähigkeit von Lackbenzinen (s. auch S. 605). Benzin und ebenso reines Terpentinöl werden in bestimmter Menge auf siedendem Wasserbad in einer Schale verdunstet, wobei nur Terpentinöl einen festen, 1,5—2% betragenden Rückstand hinterlassen darf. Erhält man bei beiden Versuchen angenähert die gleiche Verdunstungsdauer, so ist das Benzin, falls es keinen Rückstand hinterlassen hat, für die Lackfabrikation verwendbar.

Lösungsvermögen von Lackbenzinen. Wichtig ist ein möglichst hohes Lösungsvermögen für Harze bzw. Mischbarkeit mit Harzen und Ölen (für geschmol-zene Kopale und deren Mischungen mit Leinöl und Holzöl). Die Lösungen dürfen auch nach längerem Stehen nicht durch Ausfallen der Harzanteile getrübt werden.

Deutsche Bedingungen[2]. Fp. nicht unter 21°, spez. Gew. nicht unter 0,785, Siedebeginn nicht unter 120—130°, Siedeende nicht über 180°, Verdunstungsrückstand nicht über 0,5%.

Amerikanische Bedingungen[3]. Wasserhell, frei von nicht gelöstem Wasser, Schwefel und suspendierten Stoffen; Fp. (Tag closed tester) nicht < 30° C. Ein auf Filtrierpapier gebrachter Tropfen soll innerhalb von 30 min verdampfen. Siedegrenzen: höchstens 5 Vol.-% Destillat bis 130° C; 97 Vol.-% bis 230°. Der Destillationsrückstand soll nicht sauer reagieren.

Englische Bedingungen. Reines Erdölprodukt, wasserhell, klar, frei von Wasser und anderen sichtbaren Verunreinigungen, kein unangenehmer Geruch. Fp. (Abel) nicht unter 25,6° C. Beim Ausschütteln von 50 ccm Benzin mit 10 ccm Wasser muß der wässerige Auszug gegen Methylorange neutral reagieren. Siedeverlauf: höchstens 10 Vol.-% Destillat bis 150°, mindestens 80 Vol.-% bis 190°, mindestens 90 Vol.-% bis 200°. Flüchtig-keit ähnlich derjenigen von Terpentinöl. Etwa 0,5 ccm Benzin müssen auf einem weißen aschefreien Filter in 1 h an der Luft bei etwa 15° C ohne Hinterlassung eines Fettflecks oder sonstigen sichtbaren Rückstandes ver-dampfen. 50 ccm Benzin dürfen nach 4std. Verdampfen in einer flachen Schale (etwa 10 cm Ø, 2,5 cm Höhe) auf dem kochenden Wasserbade höchstens 0,2% eines nur aus organischen Stoffen bestehenden Rückstandes hinterlassen. Ein während der Destillation im Destillationskolben befind-licher, vorher frisch gereinigter Kupferstreifen darf sich nicht verfärben (Abwesenheit schädlicher Schwefelverbindungen).

---

[1] Holde: Chem.-Ztg. **37**, 610 (1913).
[2] Bresser: Kunststoffe **19**, 101 (1929).
[3] Bureau of Mines, Technical Paper Nr. 305 (1. 3. 1922).

C. Leuchtpetroleum (Leuchtöl, Traktorentreibstoff).

(Bearbeitet von W. Bleyberg.)

I. Allgemeines.

Leuchtpetroleum (Leuchtöl, Petroleum, Kerosin, französisch: huile lampante oder pétrole lampante, englisch-amerikanisch: kerosene, illuminating oder burning oil) stellt die von 150 oder 200⁰ bis 275 oder 300⁰ destillierenden, raffinierten Erdölfraktionen dar. Es bildete ursprünglich das Hauptprodukt des Erdöls, jedoch ist seine Bedeutung durch die allgemeine Verbreitung der elektrischen Beleuchtung sehr zurückgegangen. So betrug der Leuchtölanteil an der Gesamtproduktion der USA.-Raffinerien 1904 58,4%, 1914 25,8%, dagegen 1927 nur noch 6,8%. An der deutschen Mineralöleinfuhr war das Leuchtöl 1913 mit 52,9%, 1928 nur mit 6,0% beteiligt. Verhältnismäßig groß ist noch der Leuchtölbedarf der Deutschen Reichsbahn für Signal-, Weichen- und Handlaternen.

In neuerer Zeit findet die Leuchtölfraktion wieder größeres Interesse als Kraftstoff für Explosionsmotoren mit Spezial-(Schweröl-)Vergasern (Lastwagen, Traktoren).

Die wichtigsten Qualitätsprüfungen für Leuchtöl sind die Brennprobe (S. 237), die Bestimmung des Flammpunkts (S. 230) und des Raffinationsgrades, insbesondere des Schwefelgehalts (S. 235).

II. Prüfung.

1. Spezifisches Gewicht.

Bestimmung s. S. 3. Die Dichten guter paraffinbasischer Leuchtöle liegen bei Zimmertemperatur zwischen 0,795 und 0,810, bei naphthenbasischen oder aromatenhaltigen Ölen (Baku, Bustenari, Moreni) höher, bis 0,840. Bei niedrigen Siedegrenzen und völliger Abwesenheit von Aromaten können die spez. Gew. auch niedriger liegen, z. B. zeigte persisches Leuchtöl, das nach Edeleanu raffiniert war und die Siedegrenzen $155-270^0$ besaß, $d_{15} = 0,780$ und Fp. 36^0; ein anderes von den Siedegrenzen $175-280^0$ und Fp. 53^0 $d_{15} = 0,786$. Traktorentreibstoffe zeigen mit Rücksicht auf die erhebliche Zollermäßigung, die zum Betriebe von Motoren verwendete Öle in diesem Falle genießen, meist $d_{15} > 0,830$, oft sogar $d_{20} > 0,835$, weil sie dann bei der Deutschen Reichsbahn zu einem niedrigen Tarif befördert werden (vgl. S. 244).

Tabelle 55. **Korrektionen des spezifischen Gewichts für 1⁰ Temperaturänderung** $(\alpha \cdot d)$ **für russische Öle nach Mendelejeff.**

d	$\alpha \cdot d$	d	$\alpha \cdot d$	d	$\alpha \cdot d$
0,76—0,78	0,00079	0,81—0,82	0,00076	0,84—0,85	0,00072
0,78—0,80	0,00078	0,82—0,83	0,00075	0,85—0,86	0,00071
0,80—0,81	0,00077	0,83—0,84	0,00074		

Das spez. Gew. von Petroleum steigt merklich bei längerem Stehen des Öles, selbst in verschlossenen Flaschen, durch Polymerisierung von Olefinen zu Schmierölkohlenwasserstoffen[1].

2. Oberflächenspannung und Viscosität.

Das Petroleum steigt im Lampendocht durch Capillaritätswirkung empor; die Viscosität wirkt dieser Bewegung des Petroleums entgegen. Ist die Oberflächenspannung des Öles γ, seine Viscosität η, so ist die dem Docht in der Zeiteinheit zugeführte Ölmenge nach Stepanoff[2] proportional γ^2/η. γ ist bei allen Brennölen ungefähr gleich hoch (etwa 2,7—2,8 mg/mm); die Zähigkeit zeigt größere Unterschiede, ist jedoch allgemein so niedrig, daß nur ihre Berechnung als absolute Zähigkeit (η oder v), nicht als Englergrad od. dgl., diese Unterschiede deutlich genug erkennen läßt. Zur Bestimmung benutzt man die S. 15—20 beschriebenen Capillar-Viscosimeter.

In USA. wird auch das — gleichfalls mit einer engen Capillare (35 cm lang, 1 mm lichte Weite) versehene — Saybolt-Thermo-Viscometer (Abb. 113) für Benzin- und Leuchtölprüfungen viel verwendet[3].

Die Glascapillare f ist durch Messingbänder i an dem Hartgummiträger g befestigt und oben mit dem Gummiball d versehen, der eine kleine Öffnung e besitzt. Der Träger g ist mittels des überstehenden Randes in den graduierten Glaszylinder a eingehängt.

300 ccm des Leuchtpetroleums (oder Benzins) werden in den Glaszylinder a

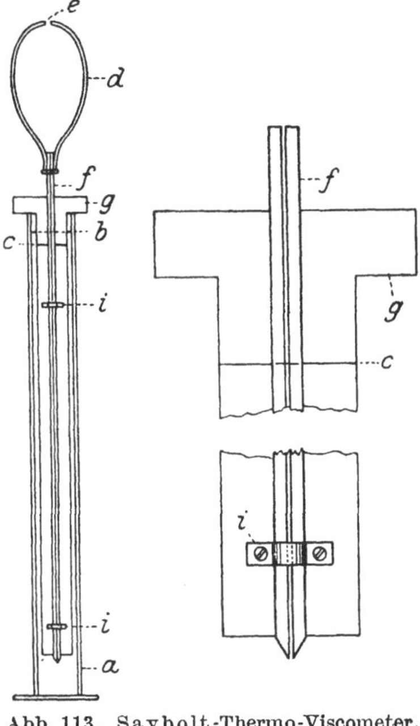

Abb. 113. Saybolt-Thermo-Viscometer.

bis 1 cm über den auf diesem eingeätzten Strich c gefüllt, so daß das Niveau des Öles bei eingetauchter Capillare sich bei Strich b befindet. Nach Feststellung der Öltemperatur (Zimmertemperatur) drückt man den Gummiball d unter Verschluß von e mit dem Finger so lange zusammen, bis nur noch Luftblasen aus der Capillare herauskommen. Dann entfernt man den Finger von e und bestimmt mit einer Stoppuhr die Zeit, innerhalb welcher das Öl in der Capillare bis zur Marke c ansteigt.

Als Viscositätsmaß gilt die Fließzeit bei 60° F (15,6° C). Zur Umrechnung einer bei einer anderen Temperatur gemessenen Fließzeit auf die Normaltemperatur

[1] Engler u. Routala: Ber. **43**, 389 (1910).

[2] Stepanoff: Grundlagen der Lampentheorie, deutsch von S. Aisinman, 1906.

[3] Hersteller: C. J. Tagliabue Mfg. Co., 18—88, 33rd Street, Brooklyn, New York; in Deutschland zu beziehen durch Dr. H. Göckel, Berlin NW 6, Luisenstr. 21. Die Beschreibung und Angaben über den Wert der Bestimmung stammen von Herrn Albert E. Miller, New York. Im Gegensatz zu den S. 29 beschriebenen Viscosimetern (Saybolt-Universal und Saybolt-Furol) ist der obengenannte Apparat aber bisher weder von der A.S.T.M. noch von der USA.-Regierung (Bureau of Mines) offiziell eingeführt und standardisiert worden.

wird der Apparat durch Bestimmung der Fließzeiten verschiedener Öle zwischen + 5 und + 38⁰ C geeicht.

Die Viscosität wird als Maßstab des Aufstiegs der Leuchtöle im Docht und Qualitätsprobe von bedeutenden amerikanischen Raffinerien regelmäßig benutzt. Öle von zu hoher Viscosität brennen schlecht.

3. Verhalten in der Kälte.

Damit bei im Freien befindlichen Petroleumlampen der Ölzufluß auch bei kalter Witterung keine Störungen erleidet, darf die (wie vorstehend zu bestimmende) Viscosität auch bei niedrigen Temperaturen, z. B. — 10⁰, nicht zu hoch werden; erst recht darf das Öl natürlich keine festen Ausscheidungen zeigen oder gar vollständig erstarren.

Die Prüfung auf Trübungspunkt (in USA. in den Lieferbedingungen vorgeschrieben) bzw. Erstarrungspunkt erfolgt nach den S. 48 f. angegebenen Methoden. Zu den Versuchen sind frische, vorher noch nicht abgekühlte Ölproben zu verwenden.

Petroleum aus paraffinfreiem Rohöl (z. B. aus Baku) bleibt in der Regel bei — 20⁰ (mitunter sogar bis — 70⁰) klar; solches aus Paraffinbasisölen (z. B. aus Pennsylvanien) zeigt, besonders bei nicht sorgfältiger Fraktionierung, unter Umständen schon bei — 10⁰ Paraffinausscheidungen.

4. Flammpunkt. Brennpunkt.

Der Flammpunkt kennzeichnet die Feuergefährlichkeit eines Petroleums. Um Lampenexplosionen bei Verwendung zu leicht entflammbaren Petroleums zu vermeiden, ist in den meisten Ländern eine untere Grenze für den Flammpunkt des Leuchtöls gesetzlich festgelegt worden, z. B. in Deutschland, Österreich und Italien 21⁰ C, Rußland 28⁰ C, England 73⁰ F (= 22,8⁰ C), im Abel-Pensky-Apparat bestimmt, in USA. früher 100⁰ F (= 37,8⁰ C), seit 1927 115⁰ (= 46⁰ C) im „Tag" bestimmt. Diese Sicherheitsvorschriften waren ursprünglich nötig, um eine Zumischung des früher wertlosen Benzins zum Leuchtpetroleum zu verhindern bzw. einzuschränken. Da durch die Entwicklung des Automobilverkehrs der Benzinbedarf so gestiegen ist, daß die bis 200⁰ (zum Teil sogar 220⁰) siedenden Fraktionen als „Benzin" verwendet werden, kommt „Leuchtpetroleum" von niedrigem Flammpunkt heute praktisch nicht mehr vor.

Der Flammpunkt wird bei Leuchtpetroleum stets im geschlossenen Prober, und zwar in Europa allgemein im Abel-Pensky-Apparat (s. S. 58), in Amerika meistens im „Tag"closed tester (s. S. 60), gelegentlich auch im Apparat von Elliott, bestimmt. Bestimmung des Brennpunktes s. S. 60.

5. Fraktionierte Destillation.

Die Siedekurve eines Petroleums, welche insbesondere auch für seine Verwendung als Motortreibstoff Bedeutung hat, wird mit dem gläsernen Engler-Ubbelohde-Apparat (s. S. 161) ermittelt.

Gewöhnlich mißt man die Fraktionen volumetrisch, den über 300⁰ siedenden, im Kolben verbleibenden Rückstand wägt man. Für genauere Untersuchungen bestimmt man die Gewichte der Destillate und der angewendeten Menge.

Bei Traktorentreibstoffen ermittelt man auch die Kennziffer nach S. 195.

Leuchtpetroleum soll höchstens zu 10% unter 150° und zu 15% über 300° destillieren, also mindestens 75% Kernfraktion enthalten[1]. Erhebliche Mengen über 300° siedender Teile bewirken in der Regel schlechteres Brennen des Petroleums, insbesondere bei längerer Brenndauer. Bessere Sorten Leuchtöl enthalten gewöhnlich wenigstens 90% Kernfraktion und höchstens 5% über 300° siedende Teile.

Nach S. Nametkin[2] zeigen amerikanische Petroleumsorten bedeutend engere Siedegrenzen (70—75% innerhalb 80°, nur wenig Destillat unter 200°) als russische Öle (70—75% innerhalb 100—110°, größerer Anteil höherer Benzinfraktionen, geringe Menge leichter Gasölfraktionen). Wegen ihrer gleichmäßiger verlaufenden Siedekurve sollen die russischen Öle als Treibstoffe besser sein.

6. Colorimetrische Prüfung.

Leuchtpetroleum soll in 10 cm dicker Schicht vollständig klar durchsichtig und höchstens schwach gelblich gefärbt sein. Besonders gut raffinierte Qualitäten, z. B. Water White, sind ganz farblos. Im Sonnenlicht vergilben jedoch alle Petroleumsorten, ohne daß mit dieser Veränderung eine erhebliche Verringerung der Leuchtkraft verbunden zu sein braucht. Die Bestimmung der Farbe erscheint daher weniger wichtig als die Brennprobe.

Auf den Petroleummärkten wird das Petroleum freilich immer noch nach der Farbe gehandelt, ebenso wie auch die bekannten Lieferungsbedingungen der verschiedenen Länder noch Vorschriften für die Farbe des Petroleums enthalten (s. S. 243).

Zur zahlenmäßigen Bestimmung der Farbe dienen sog. „Colorimeter" oder „Chromometer", von denen in Deutschland und Rußland hauptsächlich der Apparat von Stammer, daneben in Deutschland auch die Apparate von Hellige und Dubosq verbreitet sind. Der letztgenannte Apparat ist in Frankreich, das „Tintometer" von Lovibond in England maßgebend. In USA. wird die Farbe von Leuchtpetroleum und anderen hellen Raffinaten mit dem „Chromometer" von Saybolt, die Farbe dunklerer Öle (Schmieröle, Vaselin) mit dem Union-Colorimeter (s. S. 320) bestimmt.

Bei den Apparaten von Stammer, Saybolt und Dubosq wird diejenige Schichtendicke ermittelt, in welcher das Petroleum die gleiche Farbe zeigt wie eine Normalglasplatte oder Normalflüssigkeit von bestimmter Färbung, in den Colorimetern von Wilson und Lovibond wird die Farbe ein und derselben Schicht des zu prüfenden Petroleums mit verschiedenen Farbglastypen verglichen. Die Normalfarbgläser für die Marken 1 (Water White, am hellsten), 2 (Superfine White), 3 (Prime White) und 4 (Standard White) entsprechen den Farbtönen bestimmter Kaliumbichromatlösungen (K_2CrO_4-Lösungen, mit 5%iger H_2SO_4 angesäuert). Bei einer normalen Schichthöhe der Kaliumbichromatlösung von 404,6 mm entspricht z. B. Glas Nr. 1 einer Lösung von 0,000401%, Glas Nr. 2 einer solchen von 0,000950% K_2CrO_4*.

---

[1] Die früher aufgestellte Forderung eines Siedebeginns von mindestens 110° dürfte heute ebenso gegenstandslos sein wie die Flammpunktsfestsetzung (s. o.).

[2] S. Nametkin: Petroleum **24**, 1515 (1928).

* Rakusin: Untersuchung des Erdöls, S. 126. Braunschweig 1906.

a) **Stammersches Colorimeter** (Abb. 114)[1]. Das feststehende Rohr z ist oben mit einer Farbglasplatte aus Uranglas versehen; c ist ein verschiebbarer, mit dem zu prüfenden Petroleum beschickter Zylinder, in welchen die Röhre t je nach dem Stand des Zylinders c verschieden tief eintaucht. Durch Öffnungen im Boden von z und c gelangt das Licht über Spiegel p durch zwei Prismen nach Okular O. Die Schichthöhe des Petroleums, gemessen an der Millimeterteilung m, wird so lange variiert, bis die Farben in beiden Röhren übereinstimmen[2].

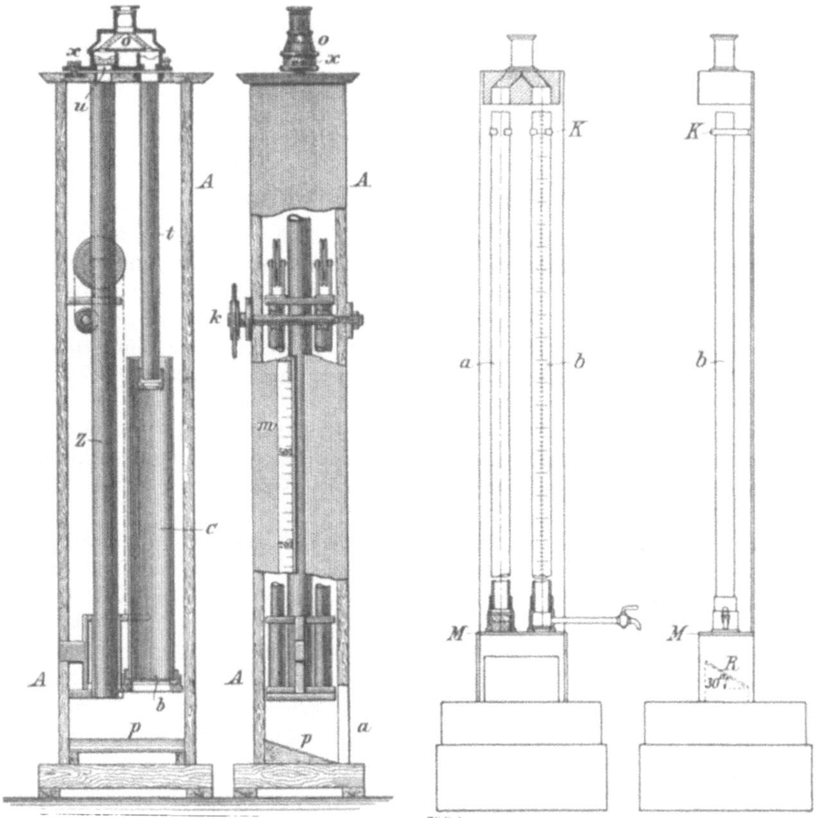

<table>
<tr><td>Abb. 114. Stammer-Colorimeter.</td><td>Abb. 115. Saybolt-Chromometer.</td></tr>
</table>

b) **Das Saybolt-Chromometer**[3] (Abb. 115) besteht aus zwei senkrecht nebeneinander stehenden Glasröhren a und b (lichte Weite 15 ± 1 mm). Das $20''$ (508 mm) lange Rohr b, welches zur Aufnahme des Petroleums dient, ist unten durch eine farblose, planparallele Glasplatte verschlossen, mit einer $1/_8''$-Teilung zum Ablesen der Schichthöhe versehen und am Fuß von einer kurzen Metallfassung mit Ablaßhahn umgeben.

Das Vergleichsrohr a ist beiderseits offen, nur $19''$ (482,6 mm) lang, ohne Teilung und Hahn und so montiert, daß sich sein oberes Ende in gleicher Höhe mit dem des Rohres b befindet; der unterhalb des Glasrohres in der Metallfassung verbleibende

---

[1] Hersteller: Schmidt & Haensch, Berlin.

[2] Dinglers polytechn. Journ. **264**, 287 (1889). Zur Vermeidung der Einwirkung des Metalls auf das zu prüfende Öl empfiehlt Engler, den Zylinder aus Glas zu fertigen.

[3] Bureau of Standards, Technical Paper Nr. 323 B, S. 31.

1″ tiefe freie Raum dient zur Aufnahme der Normalfarbgläser (1 bzw. 2 Uranglasplatten bestimmter Farbtiefe) und eines schwarzen Metalldiaphragmas mit einer 12 mm weiten kreisrunden Öffnung.

Die aus Prismen und Okular bestehende optische Einrichtung ist so konstruiert, daß je eine Hälfte des runden Gesichtsfeldes von dem durch eines der Rohre a und b gehenden Lichte erleuchtet wird.

Das Licht — diffuses, am besten künstliches Tageslicht — wird durch einen Spiegel von unten in parallelen Strahlen in die Röhren geworfen. Jedes fremde Licht muß bei der Messung ausgeschlossen werden.

Zur Messung füllt man das Rohr b zunächst $10^1/_2″$ hoch mit dem zu prüfenden Öl und vergleicht die Farbe mit derjenigen beider Farbgläser. Ist das Öl heller, so nimmt man ein Glas heraus, andernfalls mißt man die Farbe gegen beide Gläser. Im ersteren Falle füllt man noch so viel Öl nach, daß im Beginn der Messung das Öl deutlich dunkler erscheint als die Vergleichsfarbe; hierauf läßt man das Öl langsam ab und stellt es, falls es nur noch wenig dunkler als die Normalfarbe erscheint, auf die nächste einer ganzen Farbzahl entsprechende Höhe (s. Tabelle 56) ein. Erscheint das Öl hierbei noch dunkler als das Farbglas, so wird die Beobachtung bei der nächstniederen Farbzahl wiederholt usw., bis das Öl zweifellos heller erscheint als die Vergleichsfarbe. Die vorletzte (zweifelhafte) Messung gibt dann die Farbzahl des Öles an.

Tabelle 56. Farbzahlen nach Saybolt.

Schichthöhe des Öles Zoll	Farbzahl	Schichthöhe des Öles Zoll	Farbzahl	Schichthöhe des Öles Zoll	Farbzahl	Schichthöhe des Öles Zoll	Farbzahl
20,0	$+25$	10,50	$+15$	5,50	$+4$	3,375	-6
18,0	$+24$	9,75	$+14$	5,25	$+3$	3,25	-7
16,0	$+23$	9,00	$+13$	5,00	$+2$	3,125	-8
14,0	$+22$	8,25	$+12$	4,75	$+1$	3,00	-9
12,0	$+21$	7,75	$+11$	4,50	0	2,875	-10
10,75	$+20$	7,25	$+10$	4,25	-1	2,75	-11
9,50	$+19$	6,75	$+9$	4,00	-2	2,625	-12
8,25	$+18$	6,50	$+8$	3,75	-3	2,50	-13
7,25	$+17$	6,25	$+7$	3,625	-4	2,375	-14
6,25	$+16$	6,00	$+6$	3,50	-5	2,25	-15
		5,75	$+5$			2,125	-16

(Spaltenbezeichnungen: mit 1 Glas; mit 2 Gläsern; mit 2 Gläsern; mit 2 Gläsern)

c) **Lovibond-Tintometer.** Der Apparat[1] besteht aus einem langgestreckten, horizontal liegenden Kasten (s. Abb. 116, Anordnung der Deutschen Vacuum-Öl-A.-G., Hamburg), an dessen hinterem offenen Ende ein mit dem zu prüfenden Öl gefüllter Glasbehälter c von rechteckiger Grundfläche sowie daneben numerierte Glasplatten b verschiedener Färbung in wechselnder Zahl bis zur Farbübereinstimmung eingesetzt werden. Das Gesichtsfeld des am vorderen Ende angebrachten Okulars d wird zur Hälfte von der Ölschicht, zur anderen Hälfte

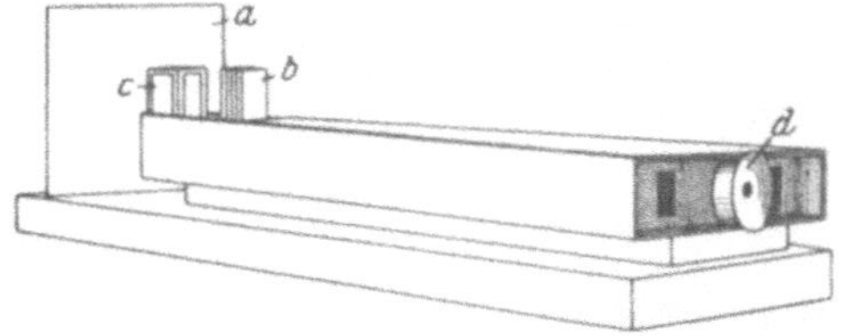

Abb. 116. Lovibond-Tintometer.

durch die Farbgläser bedeckt und durch das von einem weißen Schirm a reflektierte Tageslicht beleuchtet. Gewöhnlich sind dem Apparat 4 Ölbehälter von $^1/_4$, $^1/_2$, 1 und 2″ Tiefe beigegeben, die schmäleren für dunklere, die breiteren für hellere Öle. Die Farbe des Öles wird in der Zahl ausgedrückt, mit welcher das farbengleiche Farbglas numeriert ist, bzw. bei mehreren Platten in dem sich durch Addieren der Nummern ergebenden Zahlenwert. Dieser Wert gilt natürlich nur für eine bestimmte Ölschicht und ist daher durch Angabe der Behälterlänge, z. B.

[1] In Deutschland zu beziehen durch Alb. Dargatz, Hamburg, Pferdemarkt 66.

„$^1/_2$ Zoll-Zelle" zu ergänzen. Leuchtpetroleum ist in 18″ langen Behältern zu prüfen[1].

Zur Farbenbestimmung bei Leuchtpetroleum werden 4 Normalfarbgläser 1 (Water white), 2 (Superfine white), 3 (Prime white) und 4 (Standard white) nebst dazwischenliegenden (halben) Nummern benutzt. Allgemein kann aber mit diesem Apparat durch Kombination roter, blauer und gelber Normalgläser jeder beliebige Farbton genau eingestellt und zahlenmäßig angegeben werden; das Instrument dient daher auch zur Eichung der im Union-Colorimeter (s. S. 320) benutzten Farbgläser.

Von einer näheren Beschreibung der zahlreichen anderen Colorimeter (z. B. Hellige, Dubosq, Wilson) sei abgesehen, zumal diese Apparate in offiziellen Lieferbedingungen (Tab. 58, S. 243) nicht vorgeschrieben sind. Zum Vergleich der mit verschiedenen Apparaten ermittelten Farbzahlen dient Tabelle 57.

Tabelle 57. Vergleich verschiedener Colorimeterzahlen.

Petroleum	Marke Wilson	Stammerzahl mm	Helligezahl	Sayboltzahl[2]	Schichthöhe des Petroleums, welche 404,6 mm einer angesäuerten 0,00095 % igen K_2CrO_4- Lösung entspricht[3] mm
Standard white	4	50	75	$\}$ + 1 bis + 15	46,2
,,　　　　,,	3,5	68	55		59,9
Prime white . .	3	86,5	43		84,9
,,　　,, . .	2,75	115	32,5	16 bis + 20	105,8
,,　　,, . .	2,5	143	26		140,4
,,　　,, . .	2,25	172	22		208,5
Superfine white	2	199	19		404,6
Water white . .	1,5	255	15	$\}$ + 21 bis + 25	568,4
,,　　,, . .	1	310	12		957,9

7. Raffinationsgrad.

a) Freie Säure bzw. freies Alkali

werden nach S. 109 qualitativ und quantitativ ermittelt. Nach den Vorschriften der Internationalen Petroleum-Kommission soll der Säuregehalt eines raffinierten Leuchtpetroleums so gering sein, daß

α) beim Schütteln von 100 ccm Öl mit 10 ccm destilliertem Wasser unter Zusatz einiger Tropfen Methylorangelösung (1 : 1000) keine Rosafärbung des Wassers eintritt (völlige Abwesenheit von Mineralsäure und wasserlöslichen organischen Säuren);

β) 100 ccm Öl, in neutralisiertem Benzol-Alkohol (2 : 1) gelöst, mit einem Tropfen 0,1-n Lauge in einem Stöpselzylinder geschüttelt, Rosafärbung von Phenolphthalein geben (Gehalt an wasserunlöslichen organischen Säuren höchstens entspr. SZ. 0,07).

In Rußland wurde früher auf wasserunlösliche Säuren (Naphthensäuren und Naphthensulfosäuren) bzw. ihre Salze, welche die Brennfähigkeit des

---

[1] I.P.T.-Standard Methods, 2. Aufl., S. 25. 1929.

[2] Nach Roy Cross: A Handbook of Petroleum, Asphalt and Natural Gas, Kansas City Testing Laboratory 1928.

[3] Nach Rakusin: Untersuchung des Erdöls, S. 127; die dort angegebenen Zahlen entstammen den von der „Bakuer Kommission zur Ausarbeitung einheitlicher Prüfungsmethoden für die Mineralöl-Industrie" im Jahre 1903 aufgestellten Tabellen. Auffallenderweise sind diese Zahlen nicht, wie selbstverständlich zu erwarten wäre, den Stammerzahlen proportional.

Petroleums ungünstig beeinflussen, mittels der sog. Natronprobe von Charitschkoff[1] (Ausschütteln des Petroleums mit 2%iger Natronlauge, Ansäuern des Laugenauszuges mit Salzsäure und Beurteilung der hierbei durch Ausscheidung der wasserunlöslichen Säuren hervorgerufenen Trübung) geprüft; die offiziellen russischen Qualitätsvorschriften für Leuchtöl (Tab. 58) enthalten diese Methode jedoch nicht mehr. Nur für die Schmierölprüfung ist das Verfahren — in etwas abweichender Form — noch vorgeschrieben (s. S. 342).

b) Schwefelgehalt.

Ein erheblicher Schwefelgehalt im Leuchtöl (z. B. aus Texasöl oder Ohioerdöl) kann unangenehmen Geruch nach schwefliger Säure beim Brennen veranlassen. Auf die Leuchtkraft des Öles wirkt Schwefel nur, soweit er als Schwefelsäureverbindung (Schwefelsäureester, sog. Ätherschwefelsäure, oder Sulfosäure) vorliegt[2]. Diese, bei der Schwefelsäureraffination gebildeten Verbindungen geben, wenn sie infolge ungenügender Laugung im Raffinat zurückbleiben, beim Verbrennen Schwefelsäure und bewirken dadurch Verkohlen des Dochtes und Verringerung der Leuchtkraft.

Gut raffiniertes Petroleum enthält höchstens einige Hundertstelprozente Schwefel. Über die von verschiedenen Verbrauchern zugelassenen Höchstmengen vgl. Tabelle 58, S. 243. Solaröle aus Braunkohlenteer enthalten 0,5—1%, durchschnittlich 0,8% Schwefel und würden sich hierdurch, sowie durch höhere Jodzahl in Mischungen mit Petroleum verraten.

Qualitative Prüfung auf Schwefelwasserstoff, Mercaptane u. dgl. s. Doctor-Test, S. 217, auf freien Schwefel und korrodierende Schwefelverbindungen durch Korrosionsprüfung mit Kupferblech s. S. 217. Die letztere Prüfung ist bei Leuchtpetroleum durch 3std. Erwärmen auf 100° (statt 50° bei Benzin) vorzunehmen.

Zum Nachweis von Ätherschwefelsäuren[3] wird Leuchtöl mit Anilin längere Zeit im Paraffinölbad auf 140° erwärmt. Bei Gegenwart von Ätherschwefelsäuren trübt sich die Flüssigkeit durch Ausscheidung von Anilinsulfat. (Bei höherer Temperatur, etwa 150—160°, findet bereits Verharzung des Anilinsulfats und Umwandlung in Sulfanilsäure statt.) Das ausgeschiedene Salz wird abfiltriert, mit Wasser zersetzt und die abgespaltene Schwefelsäure in der wässerigen Lösung nachgewiesen.

Schwefelsäureester werden auch durch Oxydation mit konz. H_2O_2 und etwas $FeCl_3$ in Eisessiglösung leicht in Schwefelsäure übergeführt[4].

Quantitativ wird der Schwefel fast ausschließlich durch Lampenverbrennung bestimmt (s. S. 104). Wenn der Gesamtschwefel einschließlich etwaigen Sulfatschwefels u. dgl. zu bestimmen ist, ist Verbrennung in der Bombe (s. S. 103) oder, wegen der meist bestehenden Notwendigkeit, größere Ausgangsmengen anzuwenden, Bestimmung nach Grote-Krekeler (S. 102) bzw. nach Sielisch-Sandke (S. 100) erforderlich.

c) Aschengehalt.

Bestimmung s. S. 120. Gute Petroleumsorten enthalten höchstens 2 mg Asche im Liter. Wegen dieses geringen Aschengehalts ist für die Bestimmung mindestens 1 l Petroleum zu verwenden.

Das sog. Brechen des Petroleums, d. h. eine bisweilen bei längerem Stehen desselben auftretende Trübung, beruht auf der Anwesenheit von Na_2SO_4 oder

---

[1] Charitschkoff: Chem. Revue üb. d. Fett- u. Harzind. 3, 57 (1896).
[2] E. Graefe: Petroleum 1, 606 (1905/06).
[3] F. Heusler u. Dennstedt: Ztschr. angew. Chem. 17, 264 (1904).
[4] Neuberg u. Mandel: Biochem. Ztschr. 71, 196 (1915).

sulfosauren bzw. ätherschwefelsauren Salzen. Diese werden durch Filtrieren abgetrennt und nach Auswaschen mit Benzin näher geprüft.

d) Schwefelsäureprobe.

Gut raffiniertes Petroleum darf, mit 80%iger H_2SO_4 (d_{15} = 1,73) geschüttelt, die Säure höchstens sehr schwach gelb färben.

8. Einfluß der chemischen Zusammensetzung auf die Brauchbarkeit zu Beleuchtungszwecken.

Gutes Leuchtöl soll in den handelsüblichen Lampen mit hellgelber (nicht rötlicher) Flamme brennen und zur Erzielung großer Lichtstärke auch, ohne zu rußen, die Einstellung einer großen Flammenhöhe gestatten. Dieser Bedingung entsprachen vor etwa 30 Jahren, d. h. zur Zeit der stärksten Verbreitung der Petroleumbeleuchtung, vorzugsweise die pennsylvanischen, überwiegend aus Paraffinkohlenwasserstoffen bestehenden Leuchtöle, denen auch die — vielfach von den amerikanischen Petroleumgesellschaften selbst vertriebenen — Lampen (Kosmosbrenner) angepaßt waren. Die geringere Leuchtkraft gewisser anderer, insbesondere rumänischer und indischer Öle erklärt sich nach den Untersuchungen von G. Kraemer und W. Böttcher[1] und M. Weger[2], sowie besonders nach denjenigen von L. Edeleanu und G. Gane[3] durch den Gehalt dieser Öle an ungesättigten und aromatischen Kohlenwasserstoffen. Letztere geben infolge ihrer kleineren Verbrennungswärme eine weniger heiße und daher auch weniger helle (rötlichere) Flamme als die wasserstoffreichen paraffinischen Öle. Hierzu kommt noch die Neigung der kohlenstoffreicheren Öle zum Rußen, welches nur durch Einstellung sehr niedriger Flammenhöhen zu vermeiden ist[4].

Es sind zwar besondere, für aromatenreiche Öle geeignetere Lampen (Crownlampe, Reformbrenner, Flachbrenner von Luchaire) konstruiert worden[5]; sie haben aber keine große praktische Verbreitung gefunden, da olefin- und aromatenarme Leuchtöle reichlich zur Verfügung stehen und mit Hilfe des Edeleanuverfahrens (S. 145) auch aus allen, früher als ungeeignet geltenden Leuchtöldestillaten in wirtschaftlicher Weise hergestellt werden können[6]. Die hierbei anfallenden Extrakte (in SO_2 löslichen Anteile)

---

[1] G. Kraemer u. W. Böttcher: Verhandl. d. Ver. f. Gewerbefl. **1887**. S. 637˙

[2] M. Weger: Chem. Ind. **1905**, 24.

[3] L. Edeleanu u. G. Gane: Rep. 3. internat. Petrol. Congr. **2**, 665 (1907); vgl. auch L. Edeleanu: Ztschr. angew. Chem. **36**, 574 (1923).

[4] Eine entgegengesetzte, durch Danaila u. Mitarbeiter: Petroleum **26**, 47 (1930); **28**, Nr. 17, 1 (1932), vertretene Ansicht wurde von W. Grote u. E. Hundsdörfer: ebenda **28**, Nr. 28, 9 (1932), widerlegt.

[5] Die Frage, ob kohlenstoffreichere Öle zur günstigsten Verbrennung stärkere oder schwächere Luftzufuhr erfordern als paraffinische, scheint noch nicht geklärt zu sein. Entgegen der meistens verbreiteten Ansicht von dem höheren Luftbedarf der „schwereren" Öle wandte A. J. Stepanoff: Grundlagen der Lampentheorie, deutsch von S. Aisinman, 1906, ein, daß schwerere Öle wegen ihres im Vergleich zu leichteren Ölen langsameren Zuflusses zum Docht weniger Luft verbrauchen müßten. Stepanoff, dessen Buch vor Edeleanus chemischen Untersuchungen erschien, scheint aber unter „schwereren" Ölen nicht aromaten- oder olefinreiche Öle, sondern Öle von höheren Siedegrenzen und höherer Viscosität verstanden zu haben.

[6] L. Edeleanu: Journ. Inst. Petrol. Technol. **18**, 900 (1932).

finden vielfache Verwendung, z. B. als Zusätze zu Kraftstoffen zum Antriebe von Automobil- oder Schweröl-Explosionsmotoren zwecks Verhinderung des Klopfens.

Methoden zur Ermittlung der chemischen Zusammensetzung s. S. 208 f.

9. Löslichkeit in Alkohol und Anilin.

Petroleum ist, wie alle leichten Erdölfraktionen ($d_{15} < 0,835$), bei Zimmertemperatur in jedem Verhältnis mit absolutem Alkohol mischbar[1], dagegen im 3fachen Volumen 96%igen Alkohols nicht völlig löslich (s. S. 227).

In Anilin sind bei Zimmertemperatur vorwiegend die aromatischen und färbenden Bestandteile des Petroleums löslich; bei 100° sind Leuchtöle mit Anilin in jedem Verhältnis mischbar (vgl. Anilinpunkt, S. 210).

10. Flock-Test[2].

a) Für gewöhnliches Leuchtpetroleum. 300 ccm klares, nötigenfalls filtriertes Öl werden in einem mit Thermometer versehenen 500-ccm-Erlenmeyerkolben im Sandbad oder durch elektrische Heizung so erwärmt, daß nach 1 h die Temperatur 240° F (116° C) erreicht wird, und weitere 6 h auf 240—250° F (116—121° C) gehalten. Hierauf versetzt man das Öl durch Schwenken des Kolbens in kreisende Bewegung und beobachtet, ob dadurch ein etwa entstandener Bodensatz („flock") aufgewirbelt wird. Tritt keine Trübung ein, so ist die Prüfung negativ ausgefallen; Verfärbung des Öles ist belanglos.

b) Für hochsiedendes Leuchtöl (Mineral seal oil). 300 ccm klares Öl werden wie bei a), jedoch um 10° F (5,56° C) pro min steigend, bis auf 450° F (232° C) erhitzt und 15 min auf dieser Temperatur gehalten. Wie bei a) wird dann sofort auf Bildung eines Bodensatzes geprüft und diese Prüfung nach 1std. Abkühlung des Öles auf Zimmertemperatur nochmals wiederholt.

11. Brennprobe und Leuchtwertsbestimmung.

Ohne praktische Brennversuche läßt sich der Brennwert eines Leuchtpetroleums auf Grund physikalischer und chemischer Prüfungen — bei normalen Siedegrenzen — nur dann beurteilen, wenn die Herkunft des Petroleums zweifellos feststeht.

Man stellt die für den praktischen Gebrauch des Petroleums ausschlaggebenden Lichtstärke-Messungen zweckmäßig mittels eines Bunsenschen Photometers mit Lummer-Brodhunschem Photometerkopf oder mittels eines Weberschen Photometers an.

Als Lichteinheit dient in Deutschland die Hefner-Altenecksche Amylacetatlampe bei 40 mm Flammenhöhe. Der Arbeitsraum ist sorgfältig zu ventilieren, wenn die Lichtemission dieser Lampe nicht schwanken soll. Wo elektrischer Strom und die erforderlichen Meßapparate vorhanden sind, benutzt man als Normale eine elektrische Glühlampe von z. B. 10 HK, deren Kerzenstärke von Zeit zu Zeit mit der Hefner-Lampe verglichen wird[3].

In Amerika, England und Frankreich benutzt man als Lichteinheit die „internationale Kerze":

$$1 \text{ internationale Kerze} = 1 \text{ amerikanische Kerze} = 1 \text{ Bougie décimale} =$$
$$0,104 \text{ Carcel} = 1,11 \text{ HK.}$$

---

[1] Aisinman: Dinglers polytechn. Journ. **297**, 2 (1895); Chem. Revue üb. d. Fett- u. Harzind. **4**, Nr. 12 u. 13 (1897).

[2] Technical Paper 323 B, S. 68/69, Meth. 130.1 und 130.2.

[3] Die Amylacetatlampe bedarf dauernder Kontrolle der Flammenhöhe, der Luftfeuchtigkeit und Temperatur der Luft. Die Flamme ist gegen Luftzug sehr empfindlich. Bei der elektrischen Normalkerze fallen diese Mängel fort.

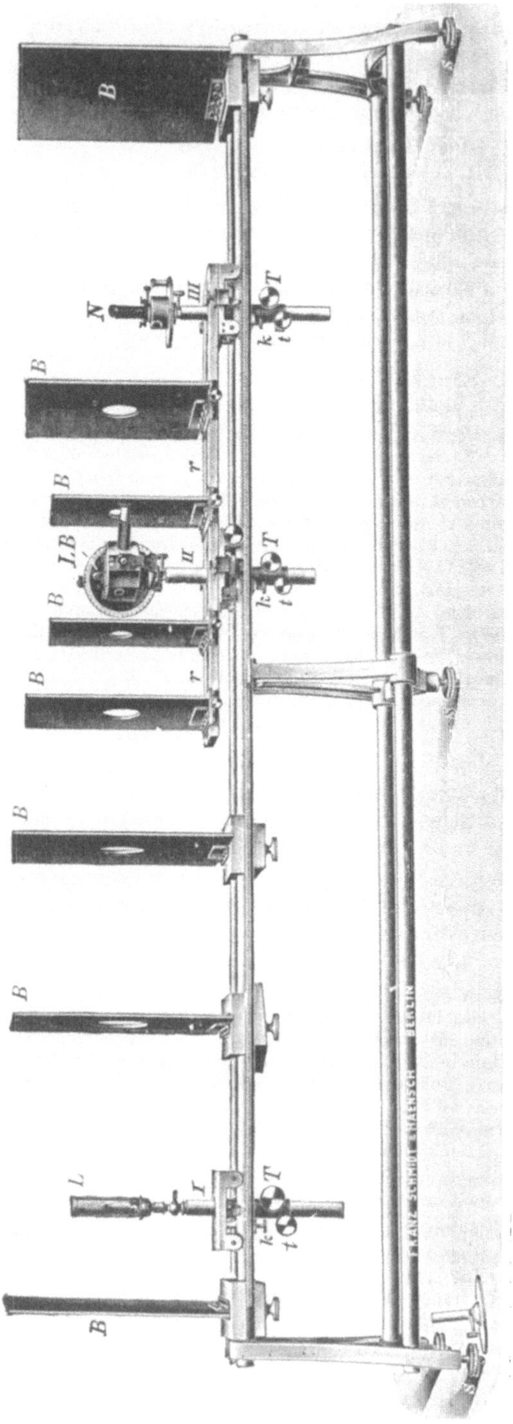

Abb. 117. Präzisionsphotometerbank.

a) Photometer.

α) **Präzisionsphotometerbank der Physikalisch-Technischen Reichsanstalt**[1] (Abb. 117). Zwei mit Hartgummi überzogene Stahlrohre sind nebeneinander auf drei gußeisernen Böcken montiert und tragen drei auf je drei Rollen laufende Wagen I, II und III. Die Wagen besitzen in ihrer Mitte ein durch den Trieb T vertikal verschiebbares und durch t festzuklemmendes Stahlrohr. Auf die Stahlrohre sind aufgesetzt die Normallampe N (elektrische Normalbirne oder Amylacetatlampe nach Hefner), der Photometerkopf nach Lummer-Brodhun LB und die zu messende Lichtquelle L. Jeder Wagen trägt eine Klemmvorrichtung und eine Marke, mittels deren seine Stellung auf einer 2,5 m langen Millimeterteilung abgelesen wird. Die mit schwarzem Samt überzogenen Blenden B lassen nur das von L und N ausgehende Licht nach LB gelangen.

Zur Messung wird der Wagen mit dem Photometerkopf LB so lange verschoben, bis die Helligkeit des von N bzw. L auftreffenden Lichtes in LB gleich ist, d. h. bis im Gesichtsfeld die von der rechts befindlichen Lichtquelle beleuchteten Teile r_1 und r_2 (Abb. 118)

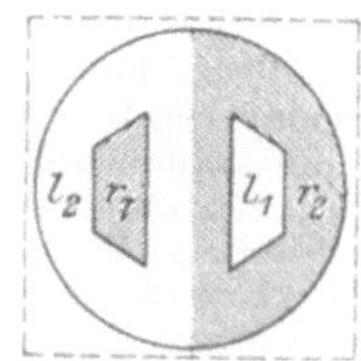

Abb. 118. Gesichtsfeld des Präzisionsphotometers.

ebenso hell erscheinen wie die von der linken Seite beleuchteten Teile l_1 und l_2,

[1] Hersteller: Schmidt & Haensch, Berlin S 42, Prinzessinnenstr. 16.

bzw. bis die Trennungslinie der beiden Hälften des Gesichtsfeldes verschwindet. Aus den an der Millimeterteilung abgelesenen Entfernungen von N bis $LB = a$ und von L bis $LB = b$ ergibt sich dann das Intensitätsverhältnis zu

$$L/N = b^2/a^2, \text{ demnach } L = N \cdot b^2/a^2$$

oder, wenn (im Falle der Amylacetatlampe) $N = 1$ ist, $L = b^2/a^2$.

β) **Photometer nach Weber**, einfach und handlich, für den Gebrauch in der Technik geeignet (Abb. 119).

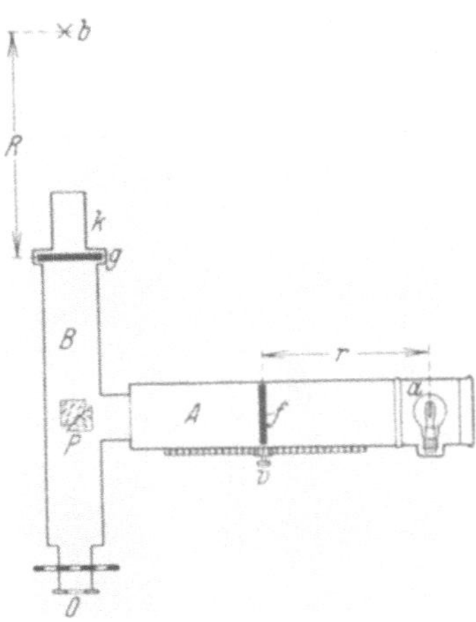

Das Instrument[1] besteht aus einem feststehenden Tubus A mit dem Gehäuse für die Vergleichslichtquelle a — ein Benzinlämpchen von 20 mm Flammenhöhe bzw. eine elektrische Normallampe von 0,5 HK (2,5 V) oder 5 HK (12 V) — sowie dem um A als Achse drehbaren Tubus B.

Die vor Tubus B befindliche zu untersuchende Lichtquelle b (z. B. Petroleumlampe) beleuchtet ein Milchglas g, die konstante Lichtquelle a wirft ihr Licht auf Milchglas f. Ein Lummer-Brodhun-Würfel P, der hier eine etwas andere Form hat als bei dem unter α) beschriebenen Apparat, erzeugt im Okular O das in Abb. 120 gezeigte Bild, der mittlere Kreis wird durch das Licht der Versuchslampe, der Ring durch dasjenige der Vergleichslampe hervorgerufen.

Zunächst stellt man, teils durch Verstellen des Tubus A, teils durch Schwenken von B in vertikaler Richtung auf grelle Beleuchtung des inneren Kreises ein. Dann mißt man die Ent-

Abb. 119. Webersches Photometer.

fernung R der Versuchsflamme von der Milchglasplatte g und reguliert die Flammenhöhe der Vergleichsflamme auf 20 mm. Durch Drehen des Knopfes v, d. h. durch Verschieben des Milchglases f im Tubus A, bringt man Ring und Kreis auf gleiche Helligkeit und berechnet sodann aus der Entfernung R und der Entfernung r der Vergleichsflamme von der Milchglasplatte f, sowie aus einer Photometerkonstante C die gesuchte Lichtstärke nach der Formel

$$J = CR^2/r^2 \text{ Hefnerkerzen.}$$

Die Konstante C ist aus einer dem Apparat beigegebenen Tabelle zu entnehmen.

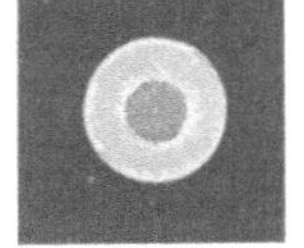

Abb. 120. Gesichtsfeld des Weberschen Photometers.

b) In Deutschland gebräuchliche Apparatur und Arbeitsweise[2].

α) Konstruktion der Lampe, insbesondere Art der Luftzuführung, Höhe der Zylindereinschnürung über dem Brennerrand und sonstige Zylinderform, Art des Dochtes usw., beeinflussen mehr oder weniger erheblich die Leuchtkraft und Brennfähigkeit des Materials. Man muß daher die für die Benutzung des zu prüfenden Petroleums in Frage kommende Lampenkonstruktion wählen, insbesondere aber bei vergleichenden Bestimmungen stets die gleiche Lampenart verwenden.

---

[1] Zu beziehen von Schmidt & Haensch, Berlin. Allgemeiner verwendbar, insbesondere auch zur Messung von Beleuchtungsstärken (Lux) ist das von der gleichen Firma hergestellte, allerdings auch teurere Universal-Photometer, das ebenfalls ein verbessertes Webersches Photometer darstellt.

[2] S. auch Eger: Die Destillationsprodukte des Erdöls in ihrer Verwendung als Leuchtöl. Chem. Revue üb. d. Fett- u. Harzind. **6**, 81 (1899); M. Albrecht: Über den Brennwert des russischen Petroleums. Ebenda **5**, 189 (1898); Deutsche Verbandsbeschlüsse 1909; A. J. Stepanoff: Grundlagen der Lampentheorie. Stuttgart 1906; Prößdorf: Physikalisch-photometrische Petroleumuntersuchungen. Petroleum **3**, 231 (1907/08).

Der Docht muß neu sein, vor der Prüfung bei 105⁰ getrocknet und noch warm mit Petroleum gesättigt werden. Nach dem Anzünden wird er gleichmäßig so abgeschnitten und in der Hülse zusammengedrückt, daß die Flamme ohne Spitze brennt.

Die Versuchslampen müssen möglichst weite Ölbehälter für 700 ccm Versuchsfüllung besitzen, damit der Höhenunterschied zwischen Brennerrand und Ölniveau sich während des Brennens möglichst wenig ändert.

Als Versuchslampe benutzt man meistens einen 14‴-Rundbrenner von 26 cm Zylinderhöhe, Höhe der Einschnürung 5 cm, Weite der letzteren 2,5 cm.

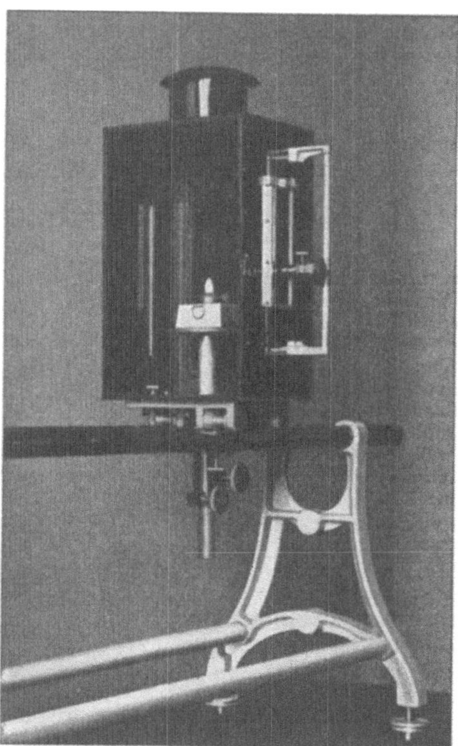

Abb. 121. Meßvorrichtung zur Bestimmung der Flammenhöhe.

Für naphthenreiche russische oder galizische Öle, sowie für die an schweren aromatischen Kohlenwasserstoffen reichen rumänischen und indischen Öle muß man besonders geeignete Brenner, z. B. den Reformrundbrenner [1], die Crown-Lampe oder die Lampe von Luchaire, verwenden. In der Praxis begnügt man sich, wenn die für ein bestimmtes Öl vorteilhafteste Brennerkonstruktion nicht bekannt ist, in der Regel mit 2 Brennversuchen auf den beiden Haupttypen (Kosmos- und Reformbrenner), da das von Prößdorf [2] für solche Zwecke geforderte Durchprobieren von etwa 30 verschiedenen Lampenkonstruktionen in den meisten Fällen zu zeitraubend ist. Bei diesem Verfahren besteht zwar die Möglichkeit, daß ein für diese beiden Typen ungeeignetes, auf besonderen anderen Brennern dagegen mit guter Lichtausbeute verbrennendes Öl zu ungünstig beurteilt wird; dieser Fehler ist aber bedeutungslos, da für die praktische Verwendung des Öles doch nur die handelsüblichen Lampentypen in Frage kommen.

β) Einstellung der Flammenhöhe. Die Flammenhöhe wird mit dem an einer senkrechten Skala verschiebbaren kleinen Visierrohr (Abb. 121), bei genaueren Messungen mit Kathetometer und Fernrohr festgestellt.

Einige Petroleumsorten, insbesondere manche russischen Leuchtöle, bedürfen zur vollen Entfaltung ihres Brennwertes zu Anfang des Brennens einer niederen Flammenhöhe, die in den ersten 5 min etwa bis zur Einschnürung des Zylinders, dann langsam in der ersten Viertelstunde höher zu stellen ist, bis Zucken oder Rußen eintritt. Nachdem die Flamme $^1/_4$ h vor der ersten Lichtmessung auf die größtmögliche Höhe eingestellt ist, bleibt sie im weiteren Verlauf der Prüfung ungeändert. Die Einschnürungshöhe am Zylinder oder die Zylinderstellung sind so zu wählen, daß bei vollentwickelter Flamme das Maximum der Leuchtkraft erzielt wird.

---

[1] Bezugsquelle: Gebr. Wolff, vorm. Schuster u. Baer, Neheim-Ruhr, und Otto Müller A.-G., Köpenick.

[2] Prößdorf: Petroleum **3**, 231 (1907/08).

γ) Die Lichtstärke wird erst bei voller Flammenhöhe und nach wenigstens $1/_2$std. Brennen, bei genauen Ermittlungen nach 1, 2, 3, 4, 5 und 6 h gemessen. Die stets bei längerer Brenndauer eintretende Helligkeitsabnahme soll weniger von einer Fraktionierung des Öles im Docht als von der allmählichen Dochtverkrustung herrühren, welche die Saugwirkung des Dochtes und somit die Ölzufuhr beeinträchtigt[1].

Die mangelhafte Brennfähigkeit mancher Petroleumsorten, insbesondere solcher mit hohem Gehalt an über 270^0 siedenden Teilen, zeigt sich gewöhnlich erst in der erheblichen Abnahme der Lichtstärke nach mehrstündigem Brennen.

δ) Den Verbrauch an Petroleum stellt man durch Wägung der Petroleumlampe vor und nach dem Brennversuch, bei sehr genauen Bestimmungen nach jeder photometrischen Messung fest; außer der mittleren Lichtstärke und dem Gesamtverbrauch gibt man auch den Verbrauch pro Kerzenstunde (durchschnittlich 2,5 bis 3,4 g) an und beobachtet gleichzeitig, ob Geruch auftritt; auch die Höhe und das Gewicht der verkohlten, mit Äther von anhaftendem Öl zu reinigenden Dochtschicht werden erforderlichenfalls festgestellt.

ε) Bei besonders eingehender Prüfung ergibt eine Destillation des nach dem Verbrennen der Hälfte des Öles in der Lampe zurückbleibenden Teils ein Urteil über die gleichmäßige Zusammensetzung des Öles vor und nach dem Brennen.

c) Amerikanisches Prüfverfahren.

In England und Amerika[2] stellt man bei der Brennprobe in erster Linie den Ölverbrauch und das Verhalten des Öles bei längerer Brenndauer fest; photometrische Messungen werden nur in besonderen Fällen vorgenommen.

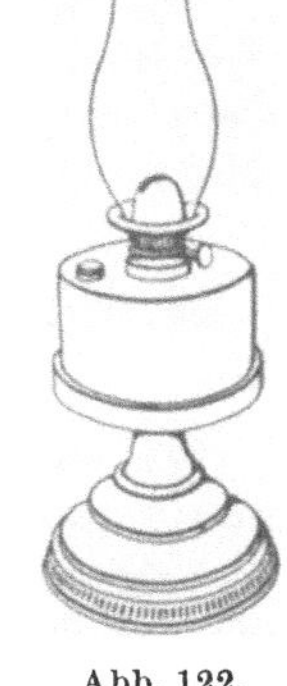

Abb. 122. Standard-Saybolt-Prüflampe.

Das amerikanische Prüfgerät besteht aus der „Standard Saybolt-Prüflampe" (Abb. 122) aus Messing mit „Macbeth-Evans pearl top-Zylinder Nr. 514" und „Miller sun hinge-Brenner Nr. 2" (Abb. 123). Formen und Maße von Lampe, Zylinder und Brenner sind in allen Einzelheiten genau festgelegt (über 60 einzelne Maßangaben). Als Docht ist Docht „B" der American Wick Co. oder ein ähnlicher Docht Nr. 2 zu verwenden.

Nach Einfüllen von 850 ccm Öl wird die Lampe angezündet und die Flammengröße durch Regulierung des Dochtes mittels der Stellschraube bzw. durch Beschneiden der Dochtränder entsprechend Abb. 123 so eingestellt, daß Höhe und größte Breite je $1^3/_4 \pm 1/_{16}''$ ($44{,}4 \pm 1{,}6$ mm) betragen. Die Flammengröße wird mit einer Meßvorrichtung ähnlich Abb. 121 kontrolliert.

Nach 1std. Brennen reguliert man, wenn nötig, nochmals die Flammengröße, wägt die brennende Lampe auf 1 g genau und bestimmt durch abermalige Wägung nach weiteren 60 min Brenndauer den anfänglichen stündlichen Ölverbrauch (in der Regel 43 ± 2 ccm).

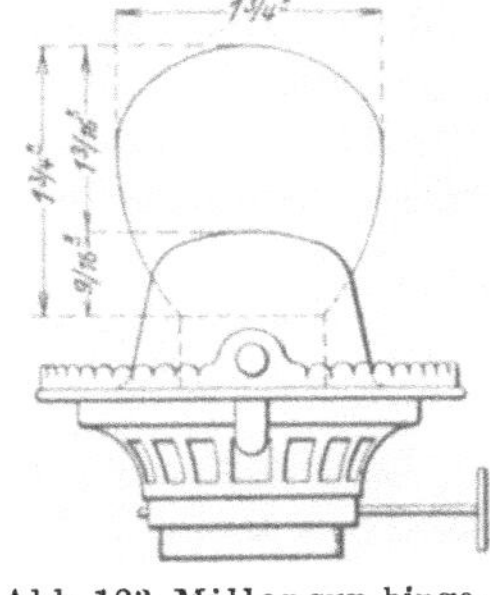

Abb. 123. Miller sun hinge-Brenner Nr. 2.

Ohne weitere Regulierung läßt man die Lampe nun weiterbrennen, gewöhnlich insgesamt 24 h, wobei nach je 8 h Brenndauer — ohne Unterbrechung des Versuchs — Petroleum bis $1/_4''$ (6 mm) unter dem Rand des Ölbehälters nachgefüllt wird.

Zu Ende des Versuchs werden Höhe, Breite und sonstiges Aussehen der Flamme sowie der Zustand des Zylinders und Dochtes und der durchschnittliche Ölverbrauch festgestellt. Letzterer soll bei Doppelversuchen um nicht mehr als 2 ccm/h differieren.

---

[1] Engler-Höfer: Das Erdöl, 1. Aufl., Bd. 4, S. 549.

[2] Bureau of Mines, Technical Paper 323 B, Washington 1927, S. 73, Methode 210. 61; A.S.T.M.-Jber. 1932 des Comm. D 2, S. 38, Meth. D 187—30.

Bei sog. „Mineral seal oil" oder „Mineral colza oil", d. h. schwerem Leuchtöl von hohem Flammpunkt (> 250⁰ F = 121⁰ C nach Cleveland), wird die Brennprobe mittels einer anderen, dem Charakter des Öles angepaßten Lampe und nach etwas abweichender Vorschrift vorgenommen, desgleichen bei „Long-time burning oil" für Eisenbahn-Signallaternen[1].

12. Heizwert.

Die Bestimmung (Ausführung s. S. 79f.) ist für Petroleum, das als Treiböl oder Heizöl benutzt wird, wichtig. Die Heizwerte verschiedener Petroleumproben vom spez. Gew. 0,793—0,812 und Fp. 22—37,5⁰ betrugen 11011—11101 cal/g.

13. Unterscheidung von Petroleumsorten verschiedener Herkunft.

Die für diesen Zweck vor langer Zeit angegebenen Verfahren beruhten darauf, daß die untersuchten amerikanischen Öle stärker ungesättigten Charakter zeigten als russische, galizische oder andere Vergleichsöle. Da aber der natürliche Olefingehalt der meisten Erdöle sehr gering ist, so dürfte das von Utz[2], Weger[3], Graefe[4] u. a. seinerzeit festgestellte größere Halogenaufnahmevermögen der amerikanischen Öle mehr auf die Herstellung (Crackung bei der Destillation[5] bzw. Beimischung von durch Crackung erhaltenem Petroleum) als auf den Ursprung der Öle zurückzuführen und somit für diesen an sich nicht charakteristisch sein. Zudem wurde früher unter „amerikanischem" Erdöl in erster Linie pennsylvanisches Öl verstanden; die große Zahl der heute auf dem Markt befindlichen, chemisch sehr verschiedenartigen amerikanischen Öle (Texas, Kalifornien, Mexiko, Venezuela usw.) macht eine einheitliche analytische Abgrenzung „amerikanischer" von russischen (ebenfalls untereinander verschiedenen), rumänischen, polnischen usw. Ölen von vornherein unmöglich.

III. Lieferbedingungen.

Lieferbedingungen für Leuchtöle s. Tabelle 58. Für Traktorentreibstoffe schreibt z. B. die Ford Motor Company Folgendes vor: Kerosinfraktion aus Erdöl, 95% zwischen 300 und 550⁰ F (149 und 288⁰ C) siedend (Engler-Destillation); $d_{15,6}^{15,6}$ 0,7955—0,8187; Fp. (im geschlossenen Elliott-Apparat) nicht unter 120⁰ F (48,9⁰ C); Bp. nicht unter 145⁰ F (62,8⁰ C); klar, absolut neutral, Doctor-Test „süß".

---

[1] Technical Paper 323 B, S. 69 u. 72, Meth. 210.32 und 210.42 sowie A.S.T.M.-Meth. D 219—30 u. D 239—30; I.P.T.-Standard Methods, 2. Aufl., S. 38. 1929.

[2] Utz: Petroleum **2**, 43 (1906/07).

[3] Weger: ebenda **2**, 101 (1906/07).

[4] Graefe: Ztschr. angew. Chem. **18**, 1580 (1905); Chem. Revue üb. d. Fett- u. Harzind. **12**, 271 (1905).

[5] Holde: Eindrücke vom 8. Internat. Kongreß für angewandte Chemie, New York, 1912; Chem.-Ztg. **37**, 2, 53, 86, 129, 158 (1913).

Tabelle 58. Lieferbedingungen für Leuchtöle.

Aufstellende Behörde	Bezeichnung	Spez. Gew. höchstens	Farbe	Flammpunkt mindestens	Schwefel höchstens %	Siedeanalyse nach Engler	Sonstige Anforderungen
Deutsche Reichsbahn (Ausgabe 1928)	Petroleum	galizisch 0,812 (20°) amerikanisch, russisch, rumänisch 0,820 (20°)	in 10 cm dikker Schicht klar, farblos bis höchstens schwach gelblich	24° C (Abel)	—	Siedebeginn über 100°; unter 150° nicht über 10%, über 300° nicht über 10%	Gut gereinigt, frei von Naphthen- und Sulfosäuren und deren Salzen, Wasser und sonstigen Verunreinigungen. Geruch schwach. Muß, 1 h auf —15° abgekühlt, flüssig bleiben und darf sich höchstens schwach trüben. Muß mit hellleuchtender, nicht rußender Flamme brennen, darf keinen Geruch verbreiten, den Docht nur schwach verkrusten und in 16 h nicht mehr als die Hälfte an Leuchtkraft verlieren.
Naphthasyndikat der USSR., Moskau	Petroleum	0,830 (15°)	nicht dunkler als 2,8 (Wilson)[1]	28° C (Abel)	—	—	—
Dgl.	Pironapht	0,865 (15°)	nicht dunkler als 3,0 (Wilson)[1]	100° C (Pensky-Martens)	—	—	—
Italienische Normenkommission (1928)	Petrolio	—	farblos	21° C (Abel)	0,03	—	Neutrale Reaktion; Abwesenheit von Feuchtigkeit und Verunreinigungen.
USA.-Regierung (1927)	Kerosene	—	nicht dunkler als Nr. 16 (Saybolt)	115° F (46° C) (Tag closed tester)	0,125	Siedeschluß höchstens 625° F (329° C)	Trübungspunkt unter 5° F (—15° C). Bei der Brennprobe 16std. stetiges Brennen. „Flock-Test" (s. S. 237) negativ.
Dgl.	Longtime burning oil	—	nicht dunkler als Nr. 21 (Saybolt)	Dgl.	0,10	Siedeschluß höchstens 600° F (316° C)	Trübungspunkt unter 0° F (—18° C); Doktor-Test und Flock-Test negativ. Bei der Brennprobe sollen 650 ccm Öl mindestens 120 h lang brennen.
Dgl.	Mineral seal oil	—	nicht dunkler als Nr. 16 (Saybolt)	250° F (121° C) (Cleveland)	—	—	Flock-Test negativ. Trübungspunkt unter 32° F (0° C). Neutrale Reaktion. Bei der Brennprobe sollen 570 ccm Öl mindestens 20 h lang brennen.

[1] Die Bestimmung wird jedoch nicht im Wilson-, sondern im Stammer-Colorimeter vorgenommen.

16*

D. Putzöle.

Als Putzöle für Maschinen dienen hauptsächlich die etwas höher als Leuchtöl siedenden, in den wertvolleren Produkten (Leuchtöl, Schmieröl) nicht unterzubringenden Teile des Erdöls, gelegentlich wurden früher auch über 100° siedende Benzine benutzt. Abweichungen von den angeführten Siedegrenzen finden sich aber nicht selten, so daß auch benzinartige Produkte mit Siedebeginn 70° vorkommen.

Putzöle sollen keine Steinkohlenteeröle oder kreosothaltigen Braunkohlenteeröle enthalten, da diese leicht gesundheitsschädlich (hautreizend) wirken.

Die Putzöle sind im Gegensatz zu den in absolutem Alkohol wenig löslichen Schmierölen im doppelten Volumen absolutem Alkohol bei Zimmertemperatur löslich, mitunter auch in jedem Verhältnis damit mischbar. Sie entflammen je nach den Siedegrenzen im Pensky-Apparat zwischen 70 und 155° (vereinzelt bei 38°), meistens unter 100°, im offenen Tiegel zwischen 80 und 162°.

Lieferbedingungen der Deutschen Reichsbahngesellschaft s. Tabelle 79, S. 350.

E. Gasöle.

(Bearbeitet von W. Bleyberg.)

I. Allgemeines.

Unter „Gasöl" versteht man die weder als Leuchtöl noch als Schmieröl unmittelbar verwendbaren, etwa zwischen 190 und 370° bei Atmosphärendruck siedenden Mittelölfraktionen, die gegenwärtig überwiegend als Treiböle für Diesel- oder Glühkopfmotoren benutzt oder durch Crackung in Benzin umgewandelt werden. Nur ein kleiner Teil dieser Öle wird noch, wie der Name besagt, zur Gewinnung von Ölgas benutzt[1].

In der deutschen Mineralöl-Zollordnung wird der Ausdruck „Gasöl" nicht gebraucht; Gasöl von $d_{15} > 0,830$ unterliegt daher in der Regel dem Schmierölzoll, jedoch bestehen Vorzugstarife für Gasöl von d_{15} zwischen 0,830 und 0,880 zum Betriebe von Dieselmotoren beim Bezug auf besonderen Zollerlaubnisschein[2].

Nach dem Frachttarif der Deutschen Reichsbahn fällt Gasöl in die billige Tarifklasse „F", wenn es $d_{20} > 0,835$, E_{20} höchstens 2,6 und Fp. $> 50°$ zeigt[3].

Bei der Ölgasbereitung[4] läßt man das Öl in glühende Retorten tropfen, in denen es sich in Gas, Teer und Koks zersetzt, und zwar erhält man aus 1 kg Öl 500—600 l Gas, 300—400 g Teer und 40—60 g Koks. Bei diesem

---

[1] Auch andere Öle (rohes Erdöl, Schiefer-, Braunkohlenteeröle) können, wenn sie sich anderweitig nicht wirtschaftlicher verwerten lassen, vergast werden. Neuerdings ist man besonders bei Gaswerken bestrebt, den heute vielfach unverkäuflichen Teer wieder in die Retorten zurückzugeben und dadurch die Gasausbeute zu erhöhen. Über geeignete Apparaturen hierzu vgl. J. Gwosdz: Erdöl u. Teer 8, 267 (1932).

[2] Petroleum Vademecum, 9. Aufl., 2. Teil, S. 31. 1932.

[3] Petroleum 15, 237 (1918/19).

[4] S. auch W. Frankenstein: Erdöl u. Teer 5, 476, 496, 512 (1929).

Prozeß spielt der Zeitfaktor eine große Rolle[1]. Ein Gleichgewicht wird bei der Herstellung des Gases aus Erdölkohlenwasserstoffen nicht erreicht, da erneutes Durchleiten des entstandenen Gases durch den Ofen die Zusammensetzung ändert und die Ölzuflußgeschwindigkeit den Verlauf des Vergasungsprozesses erheblich beeinflußt.

Bei der Erzeugung von Wassergas aus Wasserdampf und glühendem Koks entsteht in der Periode des Warmblasens Generatorgas, mit dem man die mit Schamottesteinen ausgesetzten Vergasungsapparate (Carburatoren) heizt; läßt man in diese Carburatoren unter gleichzeitigem Einblasen von Wassergas Gasöl tropfen, so erhält man ein Gemisch von Wasser- und Ölgas, das genügende Leucht- und Heizkraft besitzt, um zur Vermischung mit Steinkohlengas zu dienen.

Der Wert der zur Gaserzeugung dienenden Öle wird, da eine Prüfung auf Verfälschungen nicht in Frage kommt, in erster Linie nach ihrem Vergasungswert, d. h. Gasausbeute und Heizwert des gewonnenen Gases, beurteilt. Das von Hempel[2] „Effektzahl" genannte Produkt dieser beiden Größen bleibt in den Grenzen von $\pm\,40^{\,0}$ um die günstigste Vergasungstemperatur ($745-790^{\,0}$) konstant, indem mit steigender Temperatur die Gasausbeute zunimmt, der Heizwert des Gases aber infolge veränderter Gaszusammensetzung (Olefine, Paraffine und Wasserstoff) sinkt.

S-Gehalt des Gasöles stört nicht, da nach der Reinigung des Gases in diesem nur wenig S zurückbleibt. So ergab ein Öl mit 1% S nach der Vergasung nur $\frac{1}{4}-\frac{1}{3}$ g S pro cbm Gas.

Lieferbedingungen der Deutschen Reichsbahngesellschaft s. Tabelle 79, S. 350.

II. Prüfungen.

Die für die Verwendung der Gasöle zum Betriebe von Dieselmotoren erforderlichen Eigenschaften und ihre Prüfung s. Abschnitt „Treiböle", S. 253.

1. Vergasungswert.

Zur Bestimmung dieser wichtigsten Eigenschaft eignen sich am besten kleine Versuchsgasanstalten, deren Einrichtung freilich der Kosten wegen nur für Spezialfabriken und -institute in Frage kommt. Die Anlage einer solchen Versuchsgasanstalt zeigt Abb. 124[3].

Für Prüfungen im Laboratorium dient der Vergasungsapparat von Wernecke[4] (Abb. 125), der sich bei der Prüfung von Gasölen nach Angaben aus der Technik[5] gut bewährt hat und z. B. in früheren Jahren in den Lieferbedingungen einzelner deutscher Eisenbahnverwaltungen vorgeschrieben war. Es wird die Gas- und Teerausbeute von 100 ccm Öl ermittelt.

---

[1] M. C. Withaker u. C. M. Alexander: Journ. Ind. engin. Chem. **7**, 484 (1915).

[2] Hempel: Journ. Gasbel. **53**, 53, 77, 101, 137, 155 (1910).

[3] Graefe: Laboratoriumsbuch, S. 160.

[4] Bezugsquelle: Vereinigte Fabriken für Laboratoriumsbedarf, Berlin N 65, Scharnhorststr. 22.

[5] Privatmitt. von D. Eisenlohr vom 19. 3. und 20. 5. 1902 an D. Holde.

Das in den Hofmannschen Fülltrichter s eingefüllte Öl gelangt durch den Glaszylinder i und das U-Rohr h nach der Vergasungsretorte g. Die vergaste Ölmenge wird durch Wägung der Füllvorrichtung $s\,i\,h\,k$ vor und nach dem Versuch, die entstandene Koks- und Teermenge durch Wägung der Retorte g und des Teerabscheiders oo_1 ermittelt. Durch das mittels Schraube zu regulierende Nadelventil k gelangt das Öl über die Verteilungsglocke m nur tropfenweise auf die rotglühenden Retortenwände.

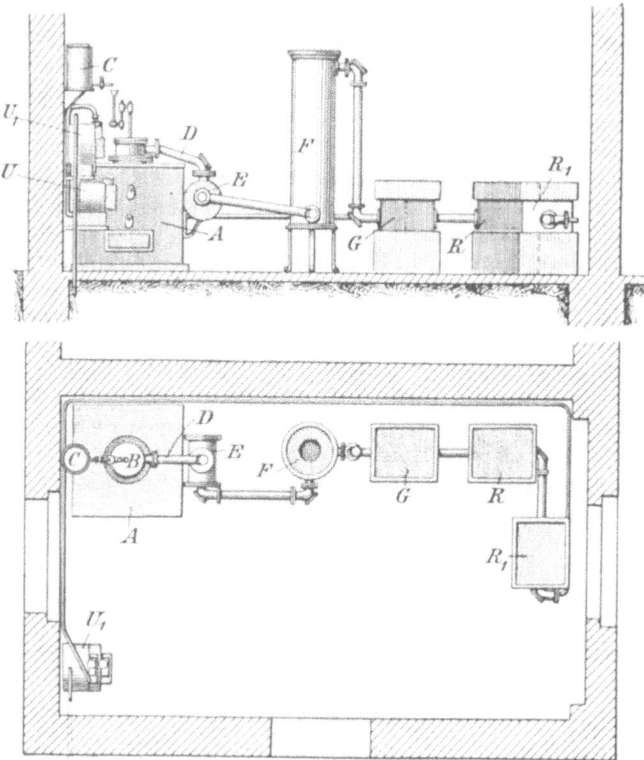

Abb. 124. Versuchsgasanstalt. A Ofen; B Vergasungskessel; C Ölbehälter; D Gasableitungsrohr; E Vorlage; F Teerabscheider; G Reiniger mit Putzwolle; R Reiniger; U Gasuhr.

Nach Anheizung der Retorte durch Brenner d auf Rotglut wird die Nadel zunächst so weit als angängig zurückgeschraubt. Die Ölfüllung ist durch Drehen des Glasstabes im Fülltrichter so zu bemessen, daß das Öl im Zylinder i stets in der Nähe der Nullmarke schwankt und 10—30 Tropfen Öl in 1 min vergasen. Die Tropfenzahl wird bei der Füllung des Zylinders i bis zur Nullmarke bestimmt. Während der Vergasung sind Schwankungen der Tropfenzahl und Heizung tunlichst zu vermeiden. Zur Kondensation der Teerdämpfe dienen der Teerabscheider oo_1 und das Kondensationsrohr r; hieran schließt sich ein Gasometer zur Sammlung und Messung des entwickelten Gases.

Verstopfungen des Abzugrohres l der Retorte, welche den Druck am Ölniveau im Füllzylinder i steigern würden, werden durch den Schaber n ohne Unterbrechung des Versuches beseitigt. Braune Färbung des Gases und Dunkelfärbung des Teeres zeigen normale Vergasung, weißes Gas und hellbrauner Teer unvollkommene Zersetzung an.

Den Werneckeschen Apparat hat Hempel etwas abgeändert, indem er durch eine Ringschraube das Gasentbindungsrohr gasdicht auf seinen Sitz preßte; hierdurch wird verhindert, daß Öl unvergast abdestilliert.

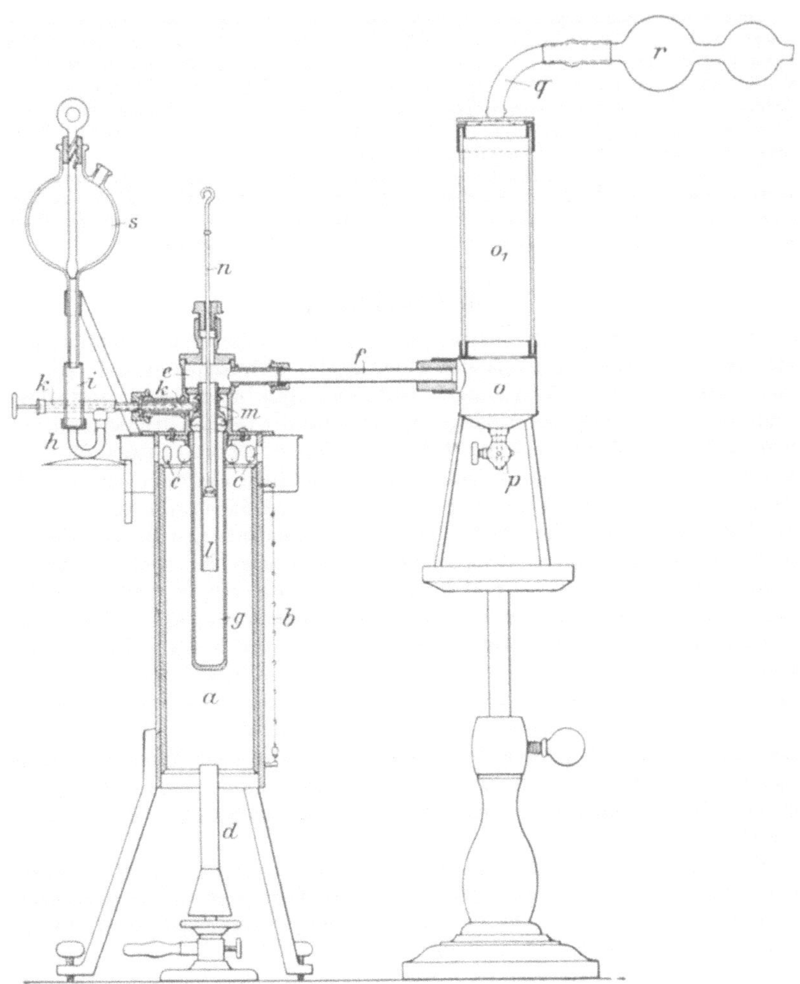

Abb. 125. Vergasungsapparat nach Wernecke.

Obwohl die Versuchsresultate auf diesem Apparat wesentlich besser übereinstimmen als auf dem ursprünglichen Werneckeschen, so sind sie doch nicht ausreichend, da sich keine Temperaturkonstanz erzielen läßt. Der abgeänderte Apparat ist aber insofern brauchbar, als er die relativen Unterschiede der Öle annähernd zum Ausdruck bringt; für exakte Bewertungen jedoch erscheint er wegen der Abweichungen von den Resultaten des Großbetriebs ungeeignet.

2. Siedeverhalten.

In England ist für Öle, die zur Gaserzeugung dienen sollen, folgende Destillationsprüfung vorgeschrieben[1]:

Man füllt mindestens 300 ccm Öl in einen 500 ccm fassenden Destillierkolben, dessen Kugel vollständig in ein Sandbad eingebettet und dessen Oberteil mit Asbestpapier abgedeckt ist. Als Kühler dient ein Messingrohr (entsprechend der S. 163 beschriebenen A.S.T.M.-Apparatur), das mit Wasser von höchstens 21° zu kühlen ist. Das Thermometer soll ein 5,5—7 mm dickes, 40 cm langes Stabthermometer sein, das von 0—400° C in $^1/_1$° C geteilt ist und dessen Nullpunkt 25—35 mm über dem Boden des Quecksilbergefäßes liegt.

Man destilliert das Öl langsam, so daß der Temperaturanstieg bis 350° mindestens 45 min dauert, und fängt das Destillat in Fraktionen von je 10% auf, deren Siedegrenzen und spez. Gew. festgestellt werden. Bei 350° unterbricht man die Destillation und bestimmt Volumen und spez. Gew. des Rückstandes.

3. Crackung.

Die als Crackung oder Ölspaltung bezeichnete Zersetzung der mittleren oder schweren Öle (vorzugsweise der Gasöle) unterscheidet sich von der oben beschriebenen „Vergasung" dadurch, daß man nicht gasförmige, sondern niedrigmolekulare flüssige Spaltprodukte (Benzin, früher auch vielfach Leuchtpetroleum) erzielen will. Zu diesem Zweck müssen die Temperaturen bei der Crackung im allgemeinen bedeutend niedriger sein (z. B. 420 bis 430°) als bei der Vergasung. Eine normale Laboratoriumsapparatur zur Bestimmung der beim Cracken erzielbaren Ausbeuten an Benzin, Schweröl, Koks und Gas läßt sich aber deshalb nicht angeben, weil es eine sehr große Zahl verschiedener Crackverfahren gibt, die bei dem gleichen Ausgangsmaterial nach Art und Menge verschiedene Crackprodukte liefern (s. auch S. 177). Die Faktoren, von denen die Ausbeuten abhängen, sind außer der Temperatur: Art und Dauer der Erhitzung (periodisch oder kontinuierlich, einmal oder wiederholt, in Kesseln oder Röhren, in flüssigem oder dampfförmigem Zustand), Höhe des Druckes (z. B. 10—60 at), Anwendung von Katalysatoren (z. B. $AlCl_3$), sowie Konstruktion der ganzen Apparatur. Laboratoriumscrackversuche müßten daher mit einer möglichst getreuen Nachbildung der im Einzelfall in Frage kommenden Großapparatur ausgeführt werden.

Es sind indessen einige einfachere Apparate angegeben worden, mittels deren man wenigstens verschiedene Öle bezüglich ihrer Crackeigenschaften miteinander vergleichen kann, z. B. von Roy Cross[2] und von H. Sydnor und A. C. Patterson[3].

Der erstgenannte Apparat (Abb. 126) besteht aus einem auf 200 at Druck geprüften zylindrischen Gefäß a von 10 cm Weite und $1^1/_2$ l Inhalt (4zölliges Gasrohr), welches mit Thermometerstutzen b, Manometer f und Gasableitungsrohr d nebst Ventil e ausgerüstet ist. In dem Apparat sollen 500 ccm Öl innerhalb 1 h auf 420° C bzw., wenn dann noch nicht 50 at Druck erreicht sind, auf höchstens 430° erhitzt und $^1/_2$ h auf dieser Temperatur gehalten werden. Die hierbei gebildeten Crackgase werden nach Abkühlen des Apparats durch Öffnen des Ventils

---

[1] I.P.T.-Standard Methods, 2. Aufl. S. 40. 1929.

[2] Roy Cross: Handbook of Petroleum, 2. Aufl., S. 664, 1928; nach H. Burstin: Untersuchungsmethoden der Erdölindustrie, S. 107. Berlin: Julius Springer 1930.

[3] H. Sydnor u. A. C. Patterson: Ind. engin. Chem. **22**, 1237 (1930); vgl. Petroleum **28**, Heft 17, Mitt. der I.P.K., S. 7 (1932).

in einen Gasometer geleitet und gemessen, das Öl herausgegossen und gewogen und der an den Gefäßwandungen sitzende Koks herausgekratzt und gleichfalls gewogen. 100 ccm des Öles werden zur Feststellung der Benzinausbeute (bis 200⁰ siedend) der Engler-Destillation unterworfen.

Die Apparatur von Sydnor und Patterson (Abb. 127) dient — im Gegensatz zur vorstehend beschriebenen — zur Crackung des Öles im Durchlaufverfahren (Tube-and-Tank-System).

Das zu untersuchende Öl wird mittels der Pumpe P unter Crackungsdruck durch die in einem elektrisch geheizten Bleibad befindliche Heizschlange H (Vorwärmer) in die mittels eines elektrischen Ofens auf 855—860⁰ F (460⁰ C) geheizte Reaktionskammer R gepumpt, deren Temperatur an drei Stellen durch Thermoelemente T gemessen wird. Durch das Entspannungsventil V, durch welches der Druck (z. B. 750 Pfund/Quadratzoll = etwa

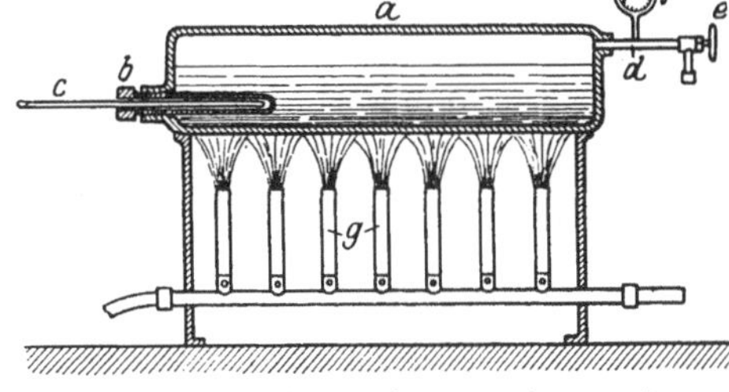

Abb. 126. Laboratoriums-Crackapparat nach R. Cross.

53 kg/cm²) in R geregelt wird, gelangen die Reaktionsprodukte in die Fraktionierkolonne F, aus der oben das leichtsiedende Destillat, in der Mitte das zirkulierende Gasöl und am Boden das Heizöl abgetrennt werden. Da zufolge der verhältnismäßig geringen Beschickung nur kleine Wärmemengen in die Apparatur gelangen und die Strahlungsverluste groß sind, muß nicht nur die Reaktionskammer R, sondern auch die Fraktionierkolonne F der Laboratoriumsapparatur beheizt werden. Das entstandene Gas wird vom leichtsiedenden Destillat abgetrennt und gemessen. Man kann mit der Apparatur sowohl Crackversuche mit Zirkulation wie auch einfache Durchlaufversuche ausführen. Im ersten Fall arbeitet die Pumpe P auf den Behälter A, in welchem dem

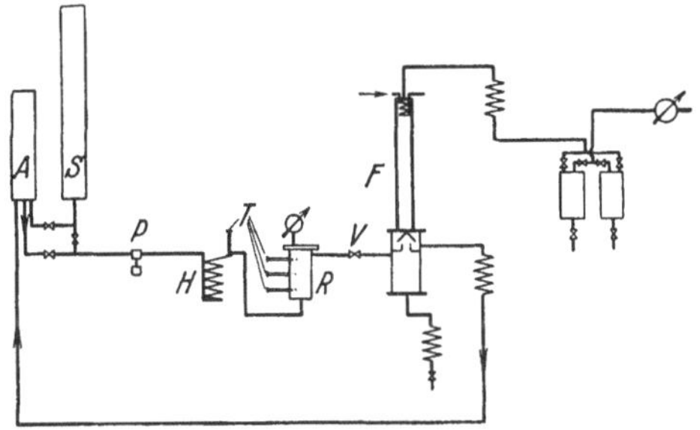

Abb. 127. Laboratoriums-Crackanlage nach Sydnor und Patterson.

zirkulierenden Gasöl Rohöl zugemischt wird, so daß ein Gemisch in den Kreislauf gelangt, im zweiten Fall fällt das zirkulierende Gasöl weg und die Pumpe fördert unmittelbar Rohöl aus S in die Apparatur.

Mittels einer besonderen Röhrenapparatur, welche nicht nur das Arbeiten bei verschiedenen Temperaturen und Drucken, sondern auch die Zumischung von Fremdgasen in regelbarer Menge gestattet, untersuchten Ubbelohde, Philippide und Schülke[1] systematisch die Abhängigkeit der bei der Zersetzung von pennsylvanischem und rumänischem Leuchtöl entstehenden Produkte von Druck (bis 30 at), Temperatur (400 bis 700⁰), Durchflußgeschwindigkeit des Öles, Art und Menge der zugemischten Fremdgase (Blaugas, Wasserstoff), sowie von der Gegenwart von Kontaktstoffen (Fullererde, Kaolin).

---

[1] St. Philippide: Dissertation Karlsruhe 1914; Petroleum **28**, Nr. 51 (1932); E. Schülke: Dissertation Tübingen 1914. Nähere Beschreibung der Apparatur s. 6. Aufl. dieses Buches, S. 169.

F. Heizöle.

(Bearbeitet von W. Manasse.)

I. Technologisches.

Unter Heizölen versteht man in Deutschland im allgemeinen rohe Erdöle und deren flüssige Destillationsrückstände sowie Steinkohlen-, Braun-
kohlen- und Schieferteeröle. Der englisch-amerikanische Ausdruck „fuel oil"
ist wesentlich umfassender, da er keinen Unterschied zwischen den zur
Kesselbeheizung und den zum Motorenbetrieb verwendeten Ölen macht,
also auch Diesel-Treiböle und die Kraftstoffe des Explosionsmotors ein-
bezieht und diese allenfalls als „motor fuels" näher kennzeichnet. (Näheres
über Treiböle s. S. 253.)

Die Verarbeitung des rohen Erdöls auf Heizöl geht — wenn man von
den bei der Druckdestillation entstehenden Rückständen absieht, die eine
günstigere Verwertung als für Heizzwecke nicht zulassen — schon aus
Sicherheitsgründen mindestens so weit, daß das Rohöl von den leichtentzünd-
lichen Benzinanteilen befreit wird. In den meisten Erdölproduktionsländern
wird jedoch außer dem Benzin auch das Leuchtöl abdestilliert, bevor die
Destillationsrückstände — in Rußland „Masut" oder „Astatki", in Rumänien „Pacura", in USA. „topped crude" genannt — als Heizöl Verwendung finden. Für die Verarbeitung auf Heizöl kommen in erster Linie
diejenigen Erdölsorten in Betracht, welche wie die asphaltreichen kalifornischen und mexikanischen Rohöle zur Gewinnung von Schmieröl weniger
geeignet sind.

Für die Beantwortung der Frage, ob ein Rohöl besser auf hochwertige Handelsprodukte oder auf Heizöl zu verarbeiten ist, ist indessen seine Qualität allein nicht
immer ausschlaggebend. Kohlenarmut des Landes, mangelnde Transport- oder
Absatzmöglichkeit für Schmieröl und andere Gründe können dazu führen, Rohölrückstände, die vorzügliche Schmierölsorten liefern, zu verfeuern (z. B. in Rußland
und Rumänien). Andererseits werden in neuerer Zeit auch solche Rohöle, die
man früher für die Schmierölgewinnung als ungeeignet betrachtet hat, vielfach
auf hochwertige Handelsprodukte verarbeitet.

II. Anforderungen.

Frühzeitig wurde in den Anforderungen, die man an Heizöle stellte,
auf genügend hohen Flammpunkt (Feuersgefahr) und hinreichendes Fließvermögen in der Kälte Wert gelegt. Gegenwärtig fordert die englische
Admiralität von einem Heizöl nachstehende Eigenschaften:

Fp. (P.-M.) mindestens 79,5° C, E_0 höchstens 345[1], S höchstens 0,75% [2], SZ.
höchstens 0,1, Wasser höchstens 0,5%, keine groben festen Fremdkörper (das
Öl muß sich durch ein Drahtnetz von 16 Maschen je Zoll pumpen lassen).

Vom Bureau of Mines, Washington, werden zur Zeit 4 Sorten Heizöl
unterschieden, die nachstehenden Anforderungen genügen sollen [3]:

---

[1] Entsprechend 1000 sec Redwood Nr. II. Der Wert erscheint außerordentlich
hoch.

[2] Auch Heizöle von höherer Viscosität und bis zu 3% Schwefelgehalt werden
zugelassen.

[3] Technical Paper 323 B. „Master Specification for Lubricants and Liquid
Fuels", 1927.

Tabelle 59. Lieferbedingungen für Heizöle (amerikanische Kriegs-
und Handelsflotte).

Heizölsorte	Fuel Oil (Navy Standard)	Bunker Fuel Oil A	Bunker Fuel Oil B	Bunker Fuel Oil C
Fp. (P.-M.) mindestens ^{0} C	65,6[1]	65,6[1]	65,6	65,6
E höchstens	29,2 (25^0)	29,2 (25^0)	29,2 (50^0)	87,6 (50^0)
Schwefel höchstens % .	1,5	—	—	—
Wasser + mech. Verun-reinigungen höchstens %	1,0	1,0	1,0	2,0 (Mech. Ver. 0,25)

Die Forderung eines Mindestheizwertes von 10000 cal/g, welche die amerikanischen Lieferungsbedingungen anfänglich enthielten, ist neuerdings fallen gelassen worden. Vorstehende Bedingungen gelten auch für Diesel-Treiböle (s. S. 253); sie tragen dem hohen Schwefelgehalt einzelner, insbesondere mexikanischer Rohölsorten dadurch Rechnung, daß wenigstens für die Handelsflotte Höchstgrenzen für den Schwefelgehalt nicht mehr aufgestellt werden. Die Befürchtung, daß der Schwefelgehalt des Heizöls zu Schädigungen der Kessel Anlaß geben könnte, hat sich als ungerechtfertigt erwiesen, da die bei der Verbrennung entstehende schweflige Säure nur an kühleren Stellen einwirken kann, wo sie sich mit dem Wasserdampf niederschlägt. Unabhängig vom Bureau of Mines haben auch zahlreiche amerikanische Eisenbahngesellschaften Lieferungsbedingungen für Heizöle aufgestellt[2].

Die Anforderungen der deutschen Marine waren früher den Steinkohlenteerölen angepaßt, nicht allein im Hinblick auf die Versorgungsmöglichkeit, sondern auch mit Rücksicht darauf, daß diese Öle beim Ausfließen im Wasser untersinken, während leichtere Sorten auf dem Wasser schwimmen und in Brand geraten können.

Den Vorzug des über 1 liegenden spez. Gew. besitzt auch das in Amerika erprobte Kohlenheizöl (Colloidal fuel)[3], ein aus 45 % Heizöl, 20 % Teer und 35 % Kohlenstaub bestehendes, angeblich sehr haltbares Gemisch, in welchem die Kohle unter Zuhilfenahme eines suspensionsfördernden Mittels (Fixateur) in der Schwebe gehalten wird.

In den letzten Jahren wurden in der deutschen Kriegsmarine[4] — bei Bezug aus dem Inlande — ausschließlich Braunkohlenteer- und Steinkohlenteerheizöle verwendet, die durchschnittlich folgende Eigenschaften aufwiesen:

Braunkohlenteerheizöl. d_{20} 0,95, Fp. (P.-M.) 75^0, E_{20} 2,6—4, E_{50} 1,5—2, Stockp. 0 bis —2^0, unterer Heizwert 9200 cal/g, S 1,5%, Kreosot 20—25%, Wasser 1%.

---

[1] Falls die Viscosität 8 Englergrade bei 65,6^0 C übersteigt, darf der Flammpunkt nicht unter der Temperatur liegen, bei welcher das Öl 8 Englergrade zeigt.

[2] Näheres s. Hamor and Padgett: The Technical Examination of Crude Petroleum etc. New York 1920.

[3] Braunkohle **18**, 275, 551 (1919).

[4] Briefl. Mitt. des Reichswehrministeriums (Chef der Marineleitung) vom 9. 2. 1932.

Steinkohlenteerheizöl. d_{20} 1,0—1,12, Fp. (P.-M.) 75°, E_{20} 2—2,1, Stockp. —23 bis —28°, unterer Heizwert 9000 cal/g, S 0,8%, Asche höchstens 0,05%, Verkokungsrückstand höchstens 3%, Satzfreiheit bei + 8°, Wasser höchstens 1%.

An Petrolheizöl stellt die Marineleitung seit 25. 6. 1930 nachstehende Anforderungen:

Fp. (P.-M.) mindestens 65°, E_{20} höchstens 10, Stockp. höchstens 0° C, unterer Heizwert mindestens 9600 cal/g, S höchstens 2%, Wasser höchstens 1%, mechanische Verunreinigungen: keine.

Während bei Motortreibölen ein hoher Verkokungsrückstand (s. S. 256) als schädlich gilt, wird bei Heizölen bisher von den meisten Verbrauchern kein maximaler Verkokungsrückstand vorgeschrieben. Nur die Deutsche Reichsbahn (Lieferbedingungen s. Tabelle 79, S. 350) setzt eine obere Grenze von 4% fest. Nach Angaben verschiedener deutscher Dampfschifffahrtsgesellschaften[1] wurden aber Öle mit 5—7% bzw. 2—12% Verkokungsrückstand anstandslos verbrannt.

Immerhin können Brennertypen, die gegen starke Koksabscheidungen empfindlich sind, eine Berücksichtigung des Verkokungsrückstandes erforderlich machen[2]. Die zulässigen Höchstwerte sind in diesen Fällen von den Konstrukteuren der Brenner zu ermitteln.

Tabelle 60. Eigenschaften von Heizölen.

Handelssorten	d_{15}	Engler-grade		Flamm-punkt P.-M.	Stock-punkt	Hart-asphalt	Schwefel	Heizwert (oberer)
	g/l	20°	50°	° C	° C	%	%	cal/g
Mid Continent-Heizöl:								
leichtes[3]	863	—	—	43	—	—	0,24	10 769
schweres[3]	922	21	—	56	—	—	0,65	10 544
durchschnittlich[3]	892	—	—	52	—	—	0,30	10 657
Kalifornisches Rohöl[3] . . .	953	144	—	—	—	—	—	—
Oklahoma Heizöl[3]	868	4,9.	—	—	—	—	—	—
Mexikanisches Heizöl[4]:								
(Grenzwerte) von	957	—	34,7	75	—11	10,5	3,1	10 144
bis	977	—	71,3	91	+ 11	14,4	4,5	10 423
(durchschnittlich)	965	—	49,1	82	0	12,2	3,8	10 255
Rositzer Braunkohlenteer-heizöl:								
(Grenzwerte)[4] von . . .	925	1,6	—	70	0	—	0,5	9 900
bis	935	2,5	—	80	—5	—	0,7	10 100
Messeler Schieferöl (Rohöl)[5] .	917	—	—	80 o. T.	—	—	0,5	10 221
Steinkohlenteerheizöl[4] . . .	1007	1,8	1,3	74	—20	—	0,5	9 300
„ gestreckt[4]	1054	3,0	1,5	34	—15	—	0,5	9 212

Nach vorstehender Tabelle kommen Braunkohlenteeröl und Schieferöl dem Heizöl aus Erdöl hinsichtlich des oberen Heizwertes sehr nahe, was in dem Überwiegen der aliphatischen (wasserstoffreichsten) Kohlenwasserstoffe

---

[1] Briefl. Mitt. Nov. 1928.   [2] A.S.T.M.-Jber. 1927 des Comm. D 2, S. 41.
[3] Nach Roy Cross: Handbook of Petroleum, Asphalt a. Natural Gas, 1919.
[4] Nach Feststellungen der DEA.
[5] Constam u. Schlaepfer: Ztschr. Ver. Dtsch. Ing. 57, 1582 (1913).

seinen Grund hat. Tabelle 61 zeigt die Zunahme des Heizwertes mit steigendem Wasserstoffgehalt.

Tabelle 61. Heizwerte und Elementaranalysen leichtflüssiger Brennstoffe[1].

Nr.	Art des Brennstoffes	d_{15} g/l	Zusammensetzung			Unterer Heizwert cal/g	Oberer Heizwert cal/g
			% C	% H	% O*		
1	Paraffinöl (aus Braunkohlenteer)	915	85,42	11,33	3,25	9790	10440
2	Desgl.	890	85,58	11,49	2,93	9836	10454
3	Solaröl (aus Braunkohlenteer)	825	85,48	12,31	2,21	9988	10653
4	Petroleum	796	84,76	14,09	1,15	10305	11066
5	Desgl.	789	85,24	14,34	0,42	10335	11109
6	Benzin (aus Erdöl)	716	85,20	14,80	—	10359	11157

G. Treiböle.

(Bearbeitet von W. Manasse.)

I. Technologisches.

Während beim Explosions- (Vergaser-, Automobil-) Motor ein brennfähiges Gemisch von gas- oder dampfförmigem Treibstoff und Luft verdichtet und — meist durch elektrischen Funken — entzündet wird, wird beim Verbrennungs- (Gleichdruck-, Diesel-) Motor der Treibstoff in verdichtete Luft (von 30—40 at) eingespritzt und durch die hohe Kompressionswärme (etwa 600°) entzündet.

Zum Betriebe beider Arten von Motoren werden vorzugsweise Kohlenwasserstofföle verwendet, die leichtsiedenden für den Vergasermotor (s. S. 180), die höhersiedenden für den Dieselmotor, der bisher von allen bekannten Wärmekraftmaschinen den weitaus höchsten Wirkungsgrad hat.

Kutzbach[2] untersuchte als erster die allgemeinen Eigenschaften der für den Dieselmotor brauchbaren Öle; er schlug für diese den Namen „Treiböle" vor und zeigte, daß sich die wasserstoffreicheren Erdölprodukte infolge ihrer leichteren Selbstentzündlichkeit für den Dieselmotor besser eignen als die aromatischen Kohlenwasserstoffe des Steinkohlenteers. Er führte dieses unterschiedliche Verhalten darauf zurück, daß die aliphatischen Kohlenwasserstoffe leichter der — mit der Bildung von Ölgas einhergehenden — pyrogenen Spaltung unterliegen als die aromatischen. Diese Ansicht wurde durch Untersuchungen an Braunkohlen- und Steinkohlenteerölen von Rieppel in vollem Umfange bestätigt[3]. Die Überlegenheit der Braunkohlenteeröle, die sich bei diesen Versuchen ergab, führte dazu, für die Beurteilung der Brauchbarkeit eines Treiböls dem Wasserstoffgehalt eine grundlegende Bedeutung zuzusprechen, insofern als er einen Rückschluß

---

[1] Langbein: Ztschr. angew. Chem. **13**, 1266 (1900).

* In die Sauerstoffmenge ist offenbar die Schwefel- und Stickstoffmenge eingeschlossen.

[2] Kutzbach: Ztschr. Ver. Dtsch. Ing. **51**, 521, 581 (1907).

[3] Rieppel: ebenda **51**, 613 (1907).

auf den paraffinischen oder aromatischen Charakter der Kohlenwasserstoffe zuläßt. Zu ähnlichen Ergebnissen kommt Gießmann[1].

Auf Grund sehr eingehender Untersuchungen, die sich auf mehr als 200 Treibstoffe (Mineral- und Pflanzenöle, Teere und Teeröle aller Art) erstreckten, wurden dann von Constam und Schlaepfer die Dieselmotorentreiböle in drei Klassen eingeteilt[2]:

1. Allgemein anwendbare mit über 10% H-Gehalt: entbenzinierte Destillate der Erdöle (Heizwert über 10000 cal/g) und Braunkohlenteeröle (über 9700 cal/g).

2. Bedingt, d. h. bei besonders angepaßter Konstruktion des Motors brauchbare Öle: Steinkohlenteeröle (Heizwert nicht unter 8800 cal/g, Verkokungsrückstand nicht über 3%), Vertikalofen-, Kammerofen-, Wassergas-, Ölgasteer und gewisse Koksofenteere (Wassergehalt nicht über 3%, Heizwert nicht unter 8600 cal/g), gewisse Roherdöle.

3. Nur unter besonderen Bedingungen verwendbar: Horizontal- und Schrägofenteere.

Die Schwierigkeiten, die sich anfänglich dem Betriebe des Dieselmotors mit Steinkohlenteerölen entgegenstellten, wurden nach dem Vorgange der Gasmotorenfabrik Deutz durch Anwendung eines sog. „Zündöls" (Gas- oder Paraffinöl) überwunden, welches in Mengen von etwa 3—5% gleichzeitig mit dem Teeröl, jedoch gesondert, zur Einleitung der Verbrennung eingespritzt wird.

Der Asphaltgehalt der Treiböle beeinträchtigt ihre Brauchbarkeit für den Dieselbetrieb nicht[3], da auch asphaltreiche Öle restlos verbrannt werden können. Nach J. C. Allen[4] sind Öle mit Asphaltgehalt bis 21% bereits mit Erfolg verwendet worden[5]. Auch ein Schwefelgehalt der Öle ist für die Motorleistung ohne Belang, jedoch ist ein schwefelarmes Öl vorzuziehen, da das Auspuffrohr durch die Verbrennungsgase schwefelreicher Treiböle angegriffen werden kann.

Der Heizwert ist die wichtigste Eigenschaft der Treiböle. Da das Verbrennungswasser in Dampfform entweicht, kommt für wärmetechnische Berechnungen nur der „untere Heizwert" (s. S. 79) in Betracht. Dieser beträgt für Leuchtpetroleum etwa 10300—10600, für Gasöle aus Erdöl und Braunkohlenteer etwa 9800, für Steinkohlenteeröle etwa 9000 cal/g[6].

II. Anforderungen.

Angesichts der Mannigfaltigkeit der zum Betriebe von Dieselmotoren verwendeten Treibstoffe (Erdöldestillate und -rückstände, Braunkohlenteer- und Steinkohlenteeröle, gelegentlich auch fette Öle) ist es ziemlich schwierig, allgemeine Normen für Treiböle aufzustellen.

---

[1] W. Gießmann: Petroleum **28**, Nr. 49, 7 (1932).

[2] Constam u. Schlaepfer: Ztschr. Ver. Dtsch. Ing. **57**, 1489, 1576, 1661, 1715 (1913).

[3] Graefe: Ölmotor **1912**, 83; **1913**, 449.

[4] J. C. Allen: Petroleum **10**, 16 (1914/15). Heavy oil as fuel for internal-combustion engines. Washington 1913.

[5] 1923 wurde bei der Maschinenfabrik Augsburg-Nürnberg ein langsam laufender Dieselmotor lange Zeit störungslos mit einem mexikanischen Rohöl mit hohem Asphalt- und Schwefelgehalt betrieben.

[6] Rieppel: l. c., s. auch Tabelle 60 und 61.

Tabelle 62. Lieferbedingungen für Treiböle.

Eigenschaft	Deutsche Marine	Englische Marine	Deutsche Reichsbahn	Verkaufs-vereinigung für Teererzeugnisse, Essen [1]
d_{20}	0,835 bis 0,91	—	—	1,02 bis 1,08
E	$< 2,6$ (20^0)	höchstens 3,5 (0^0)	—	—
Flammpunkt^0	mögl. >65, mind. 60 (P.-M.)	mindestens 79,5 (P.-M.)	65—145 (o. T.)	mindestens 65
Stockpunkt^0	unter 0	unter $+6,5$	unter 0 (U-Rohrapparat)	bei 0 keine Ausscheidungen
Säuregehalt	—	frei von Säure (SZ. höchstens 0,1)	$< 0,3\%$ Mineralsäure, ber. als SO_3; < 4 Vol.-% Kreosot	—
Hartasphalt höchstens %	0,05	0,5	—	—
Mechanische Verunreinigungen	keine	keine	—	höchstens 0,2% xylolunlöslich
Wasser höchstens %	1	0,5	0,5	0,5
Siedegrenzen	bis 350^0 mindestens 75% Destillat	—	Siedebeginn 160—260^0, bis 300^0 mindestens 60% Destillat	bis 300^0 mindestens 60% Destillat
Verkokungs-Rückstand höchstens %	—	—	2 (nach Muck)	3
Asche höchstens %	0,02	0,01	0,05	0,02
Schwefel höchstens %	2	0,75	—	1
Heizwert mindestens cal/g	9900 (unterer)	—	9700	etwa 9000 (unterer)
Wasserstoffgehalt	mindestens 12%	—	—	—
Temperaturbeständigkeit	während 24-std. Erhitzen auf 120^0 dürfen sich keine Ausscheidungen bilden	—	—	—

[1] Im Einvernehmen mit der Gesellschaft für Teerverwertung, Duisburg-Meiderich; für Steinkohlenteeröle aufgestellte Lieferbedingungen.

In USA.[1] gelten für Dieselöle die gleichen Bedingungen wie für Heizöle (s. S. 251). Neuere Vorschläge der American Society of Mechanical Engineers[2] sind:

Für leichte (bzw. schwere) Maschinen: Viscosität 45—100 (bzw. höchstens 200) Saybolt-sec bei 37,8° C, Flammpunkt P.-M. mindestens 65,6° (65,6°), S höchstens 2 (3) %, Verkokungsrückstand nach Conradson höchstens 1 (4) %, Asche höchstens 0,02 (0,08) %.

In Deutschland wird von den Erdölprodukten vorzugsweise, wenigstens für die empfindlicheren Dieseltypen, Gasöl verwendet, das bei einer Dichte $d_{15} > 0,830$ und ausdrücklicher Bezeichnung des Verwendungszwecks („zum Antriebe von Motoren") einem wesentlich ermäßigten Zoll unterliegt. Es entspricht auch meist der Forderung eines unteren Heizwertes von mindestens 10 000 cal/g, einer geringen Viscosität, die aus frachttarifarischen Gründen höchstens $2,6 E$ bei 20° betragen darf, und eines Flammpunktes (Abel) > 55°, der mit Rücksicht auf die polizeilichen Lagervorschriften für Mineralöle (s. S. 55) verlangt wird. Auch auf eine hinreichende Kältebeständigkeit, für welche die tiefste Temperatur des Maschinenhauses maßgebend ist, wird Wert gelegt. Das Treiböl soll daher bei 0 bis — 5° noch gut flüssig sein und keine Paraffinausscheidungen zeigen. Weitere Anforderungen s. Tabelle 62.

Die dort angeführten Lieferungsbedingungen lassen, soweit sie geringere Ansprüche stellen, deutlich die Rücksichtnahme auf das Steinkohlenteeröl (Verkaufsvereinigung für Teererzeugnisse) bzw. Schieferöl (Englische Marine) erkennen.

III. Untersuchung[3].

Zur Feststellung der in den Anforderungen erwähnten Eigenschaften dienen die im 1. Kapitel beschriebenen allgemeinen sowie nachstehende besonderen Prüfmethoden.

1. Verkokungsrückstand.

Zu seiner Bestimmung kann man so verfahren, daß man bei der Engler-Destillation (S. 161) das Thermometer bei 360° entfernt, bis zur völligen Verkokung des Rückstandes weiterdestilliert und den Rückstand wägt.

Häufiger werden nachstehende, zur Bestimmung der Koksausbeute von Steinkohlen dienende Tiegelproben auch zur Bestimmung des Verkokungsrückstandes von Ölen benutzt:

Mucksche Probe[4] (bei der Deutschen Reichsbahn zur Prüfung von Heiz- und Treibölen vorgeschrieben): 1 g der Probe wird in einem mindestens 3 cm hohen Platintiegel bei fest aufgelegtem Deckel über der mindestens 18 cm hohen Flamme eines Bunsenbrenners so lange erhitzt, bis keine bemerkbaren Mengen

---

[1] U.S. Bureau of Mines, Technical Paper 323 B, Washington 1927, S. 5f.

[2] H. C. Dinger: 2. Weltkraftkonferenz 18, 285 (1930).

[3] Vgl. auch G. Bandte: Zur Analytik der Dieseltreiböle. Erdöl u. Teer 6, 267 (1930).

[4] Muck: Chemie der Steinkohle, 2. Aufl., S. 9 u. 10. Leipzig 1891; 3. Aufl., 1916, von Hinrichsen und Taczack bearbeitet.

brennbarer Gase zwischen Tiegelrand und Deckel mehr entweichen, und der Tiegel nach dem Erkalten gewogen. Er muß von guter Oberflächenbeschaffenheit sein und während des Erhitzens von einem Dreieck aus dünnem Platindraht getragen werden; der Boden des Tiegels darf höchstens 3 cm von der Brennermündung entfernt sein. (Constam und Schlaepfer erhielten nach diesem Verfahren sehr wenig übereinstimmende Werte und haben es daher etwas abgeändert.)

Bochumer Probe[1]. Dieses Verfahren dient vorzugsweise zur Prüfung von Pechen und besitzt für die Öluntersuchung geringere Bedeutung. Näheres S. 572.

Probe nach Finkener[2]: Abschwelen des Öles und Verkokung des Rückstandes im Wasserstoffstrom (Rosetiegel) zur Verhütung einer Oxydation des Koks; das Verfahren liefert gut übereinstimmende, aber höhere Werte als die vorangehenden Proben.

Amerikanisches Verfahren. In den USA. gilt die von Conradson[3] vorgeschlagene Tiegelprobe als offizielles Verfahren zur Bestimmung des Verkokungsrückstandes von Mineralölen[4]. Die Methode hat sich in den letzten Jahren auch in Deutschland immer mehr eingebürgert.

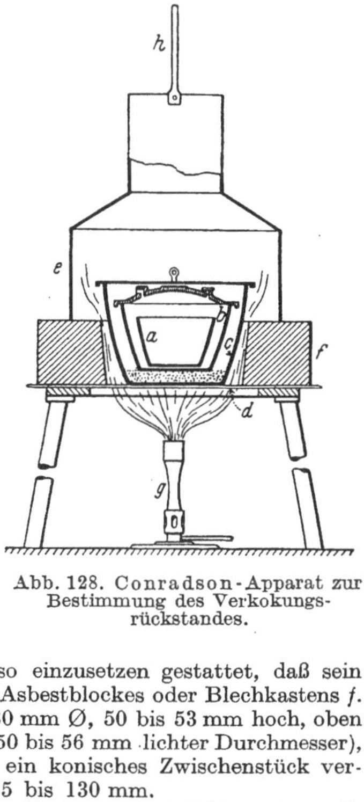

Apparat (s. Abb. 128): *a* glasierter Porzellantiegel oder Quarztiegel, weite Form, 29 bis 31 ccm Inhalt, 46—49 mm oberer Durchmesser.

b Skidmore-Eisentiegel mit Flansch, 65 bis 82 ccm Inhalt, 60—67 mm äußerer, 53—57 mm innerer oberer Durchmesser, 30—32 mm äußerer Bodendurchmesser, 37—39 mm hoch, mit Deckel, dessen vertikale Öffnung zu verschließen und dessen etwa 6,5 mm weite horizontale Öffnung sauber zu halten ist.

c Gedrehter Eisenblechtiegel mit Deckel, 78—82 mm äußerer, oberer Durchmesser, 58 bis 60 mm hoch, etwa 0,8 mm stark. Dieser Tiegel wird so weit mit trockenem Sand beschickt (etwa 25 ccm), daß die Deckel der beiden Eisentiegel sich nahezu berühren.

Abb. 128. Conradson-Apparat zur Bestimmung des Verkokungsrückstandes.

d Chromnickeldreieck, das den Eisentiegel so einzusetzen gestattet, daß sein Boden in gleicher Höhe liegt wie der Boden des Asbestblockes oder Blechkastens *f*.

e Ringförmiger Eisenblechmantel, 120 bis 130 mm Ø, 50 bis 53 mm hoch, oben mit Schornstein versehen (50 bis 60 mm hoch, 50 bis 56 mm lichter Durchmesser), der mit dem unteren, ringförmigen Teil durch ein konisches Zwischenstück verbunden ist. Gesamthöhe des Mantels somit 125 bis 130 mm.

f In der Mitte ausgehöhlter Asbestblock oder Blechkasten, 150 bis 175 mm Ø, 32 bis 38 mm hoch, mit einem blechbelegten, zentrischen, konischen Ausschnitt von 89 mm oberem und 83 mm unterem Durchmesser.

g Meker-Brenner, 155 mm hoch, 24 mm Ø.

h Etwa 3 mm starker Drahtbügel, 50 mm hoch, als Maß für die Höhe der aus dem Schornstein herausschlagenden Flamme.

---

[1] Constam u. Rougeot: Ztschr. angew. Chem. **17**, 846 (1904).

[2] Finkener: Mitt. Materialprüf.-Amt Berlin-Dahlem **30**, 453 (1912). Das Verfahren war früher am Staatlichen Materialprüfungsamt Berlin-Dahlem gebräuchlich, ist aber neuerdings durch die Methode von Conradson verdrängt worden. Von einer näheren Beschreibung wird daher abgesehen (vgl. 6. Aufl., S. 176).

[3] Conradson: Verhandl. 8. internat. Kongr. angew. Chem. **1**, 131 (1912).

[4] American Standard No. Z 11.25-1932; s. auch A.S.T.M.-Jber. 1932 des Comm. D 2, S. 53. Die Maße der Tiegel sind gegenüber früheren Vorschriften zum Teil geändert.

Holde, Kohlenwasserstofföle. 7. Aufl. 17

Arbeitsweise. Der Tiegel a wird gemeinsam mit zwei Glasperlen (von etwa 2,5 mm Ø) genau gewogen, mit genau 10 g ($\pm$ 5 mg) des zu prüfenden, weder Wasser noch suspendierte Stoffe enthaltenden Öles beschickt und zentrisch in den Skidmoretiegel b eingesetzt. Dieser wird dann genau in die Mitte des mit Sand beschickten, größeren Eisentiegels c gestellt. Die Deckel beider Eisentiegel werden aufgelegt, und zwar so, daß der äußerste Tiegel nur lose verschlossen ist und die entstehenden Öldämpfe frei abziehen können.

In den Asbestblock oder Blechkasten f, der, durch das Drahtdreieck getragen, auf einem Dreifuß ruht, wird darauf der Eisentiegel zentrisch so eingesetzt, daß er auf dem Dreieck steht, und der Blechmantel darübergestülpt, damit die Wärme gleichmäßig verteilt wird.

Die Flamme des Mekerbrenners ist so einzustellen, daß bis zur Entzündung der Öldämpfe 10 min ($\pm$ 90 sec) vergehen. Bei schnellerem Erhitzen kann die Destillation so stürmisch verlaufen, daß Schäumen auftritt oder die Flamme zu groß wird. Sobald Rauch aus dem Schornstein tritt, ist der Brenner sofort so zu neigen, daß die Flamme die Tiegelwand bestreicht, um die Dämpfe zu entzünden. Der Brenner ist von Zeit zu Zeit zu entfernen und die Flamme so zu regulieren, daß die Öldämpfe gleichmäßig oberhalb des Schornsteins verbrennen, die Flamme jedoch nicht über den Bügel h hinausreicht.

Sobald die Flamme erlischt und sich kein blauer Rauch mehr zeigt, wird der Brenner wieder voll aufgedreht und der Boden des Eisentiegels genau 7 min lang auf Kirschrotglut erhitzt. Die Erhitzungsdauer soll insgesamt 30 $\pm$ 2 min betragen.

Nach Entfernung des Brenners läßt man den Apparat abkühlen, bis kein Rauch mehr auftritt (etwa 15 min), und öffnet den Skidmore-Tiegel. Der Porzellantiegel a wird mit angewärmter Zange herausgenommen und nach dem Erkalten im Exsiccator gewogen. Die Bestimmung ist doppelt auszuführen und nötigenfalls zu wiederholen, bis die Einzelwerte um nicht mehr als 10% vom Mittelwert abweichen.

In England wird neben dem Verfahren von Conradson zur Bestimmung des Verkokungsrückstandes von Ölen auch die von Ramsbottom vorgeschlagene Arbeitsweise benutzt, die auf S. 375 beschrieben ist.

Die Zahlen für den Verkokungsrückstand fallen je nach dem benutzten Verfahren verschieden hoch aus, da sie von der Schnelligkeit und Dauer des Erhitzens, sowie von der erreichten Höchsttemperatur abhängen. Die höchsten Zahlen erhält man nach Conradson, dann folgen Ramsbottom und Finkener und schließlich Muck. Wegen der sehr genauen Festlegung der Versuchsbedingungen sind die Conradson- und Ramsbottom-Werte am besten reproduzierbar.

2. Zündpunkt.

Für Dieselöle ist der Zündpunkt (S. 67) kennzeichnend, insofern als er einen Rückschluß auf deren aliphatischen oder aromatischen Charakter ermöglicht. Besonders wichtig ist der Zündverzug, d. h. die Zeit zwischen dem Beginn des Einspritzens des Öles in den Verbrennungsraum und dem Beginn der Verbrennung. Je größer der Zündverzug, um so schwieriger ist das Starten der Maschine.

Als Vergleichsmaß für den Zündverzug wurde die Cetenzahl vorgeschlagen [1], d. h. der Cetengehalt (%) einer Ceten-Mesitylen-Mischung, welche in bezug auf die Differenz des Zündverzuges bei 15 und 30 at dem Zündverzug der untersuchten Probe gleicht. Ceten ($\triangle$ 1,2-Hexadecylen) zündet leicht, Mesitylen (1,3,5-Trimethylbenzol) praktisch überhaupt nicht. Mehrere

---

[1] J. J. Broeze: Journ. Inst. Petrol. Technol. **88**, 569 (1932); G. D. Boerlage u. J. J. Broeze: S.A.E.-Journ. **30**, 283 (1932); s. auch W. Gießmann: Petroleum **28**, Nr. 49, 9 (1932).

Hundert von Broeze geprüfte Dieselkraftstoffe zeigten bei einem Dieselmotor mit 30 at Kompression Cetenzahlen von 35—70; bei Mischungen sind die Cetenzahlen nahezu linear.

3. Motorische Prüfung.

Ähnlich wie bei den Kraftstoffen für Vergasermotoren bildet auch bei Dieselkraftstoffen die motorische Prüfung die sicherste Grundlage für ihre Bewertung. Für die Prüfung wurde der C.F.R.-Motor (S. 225) vorgeschlagen [1], der durch Anbringung einer Brennstoffpumpe und -düse und eines anderen Kolbens dem Dieselbetrieb anzupassen ist. Als Bezugskraftstoffe kann man entweder — wie gewöhnlich — Iso-Octan und n-Heptan benutzen [2], wobei aber, im Gegensatz zum Vergasermotor, eine möglichst niedrige Octanzahl erwünscht ist, oder man nimmt hierzu die oben erwähnten Stoffe Ceten und Mesitylen und drückt die Güte des Kraftstoffes in Cetenzahlen aus, die möglichst hoch sein sollen.

H. Transformatoren- und Schalteröle.

(Neu bearbeitet von G. Meyerheim unter Mitwirkung von C. Walther.)

I. Anwendung.

Ein Teil der leichten Schmierölfraktionen des Erdöls findet wegen ihrer geringen elektrischen Leitfähigkeit und hohen Durchschlagsfestigkeit in der Elektrotechnik als Isolieröl Verwendung. Die Dielektrizitätskonstante dieser Öle beträgt etwa 2,2, ihre Leitfähigkeit etwa $2 \cdot 10^{-11}\,\Omega^{-1}\,cm^{-1}$, ihre Durchschlagsfestigkeit im getrockneten und filtrierten Zustande bis zu 400 000 V/cm. Alle größeren Transformatoren, Schalter und Widerstände elektrischer Kraftanlagen werden in bedeckten Behältern vollständig in Öl gestellt. Dieses soll Funkendurchschlag zwischen den spannungführenden Teilen verhüten und die beim Stromdurchgang auftretende Wärme ableiten, bzw. die beim Abschalten hochgespannter Ströme entstehenden Lichtbögen durch schnelles Eindringen in die Unterbrechungsstelle auslöschen [3].

Als Isolieröle wurden früher raffinierte Harzöle verwendet; man ist jedoch von ihrem Gebrauch abgekommen, da sie im Gegensatz zu dünnflüssigen Mineralölraffinaten bei längerem Gebrauch erhebliche Nachteile, wie starke Versäuerung und Erhöhung der Viscosität, zeigten.

Unter den Mineralölen bevorzugte man die russischen, weil man in ihrem Naphthencharakter eine größere Gewähr für Haltbarkeit im Betrieb erblickte. Mit Hilfe des Edeleanu-Verfahrens (s. S. 145) kann man aber nach F. Frank [4] auch aus anderen, z. B. amerikanischen oder rumänischen Erdölen genügend isolierende Transformatorenöle von geringer Alterungs-

---

[1] Pope u. Murdock: S.A.E.-Journ. **30**, 136 (1932).

[2] Gießmann: l. c.

[3] Neuerdings sind auch ölfreie Schalter konstruiert worden, bei welchen der beim Ausschalten entstehende Flammenbogen durch automatisches Einblasen von Luft unter 5—8 atü oder durch Wasserdampf ausgelöscht wird.

[4] F. Frank: Elektrotechn. Ztschr. **29**, 349 (1930); Erdöl u. Teer **6**, 357, 375, 392, 574, 592 (1930).

Tabelle 63. Vorschriften für Trans-

Nr.	Aufgestellt von	Spez. Gew.	Flamm-punkt mindestens ^{0} C	Kälteprüfung	Viscosität	Neutrali-sationszahl höchstens	Hart-asphalt
1	Verein Deutscher Eisenhüttenleute (Richtlinien) und Verband Deutscher Elektrotechniker (VDE.)	höchstens 0,920 (20^0)[2]	145 (o. T.)	Stockpunkt nicht über — 15^0 [3]	E_{20} höchstens 8	0,05	0
2	Vereinigung der Elektrizitätswerke (VDEW.)	höchstens 0,92 (20^0)	145 (o. T.)	Trübungspunkt nicht über — 5^0	$E_{20} \leqq 8$ $E_5 \leqq 25$ $E_0 \leqq 35$ $E_{-5} \leqq 50$	VZ. 0,15	—
3	Deutsche Reichsbahn (Drucksachen Nr. 91796 nebst Berichtigungsblatt)	< 0,895 (20^0)	145 (o. T.)	Im U-Rohrapparat (S. 51) bei — 30^0 noch fließend	E_{20} < 8	< 0,05	—
4	Italienische Normenkommission [4]	0,85 bis 0,92 (20^0)	140 (P.-M.)	Für Apparate in Innenräumen bei 0^0 4 sec, bei —5^0 12 sec; für Apparate im Freien bei —5^0 6 sec, bei — 20^0 18 sec [5]	E_{20} höchstens 8 (Schalteröle 10) E_{50} höchstens 2,5 E_{75} höchstens 1,5	0,1	0
5	Naphthasyndikat der USSR.	0,873 bis 0,895 (15^0)	140 (P.-M.)	Stockpunkt nicht über — 20^0, für Schalteröle im Freien nicht über — 45^0	E_{50} nicht über 1,8	0,14 (Mineralsäure 0)	—
6	USA. American Bureau of Standards	—	143 (Cleveland o. T.)	Fließpunkt nicht über — 6,7^0	95—100 sec Saybolt bei 15,6^0 C	—	—
7	England [British Standard Specification 148 (1933)]	—	145 (P.-M.)	Stockpunkt Klasse A 0 und B 0: 0^0, Klasse A 10 u. B 10: —10^0, Klasse A 30 und B 30: —30^0	nicht > 200 Redw.-sec bei 15,6^0	höchstens 0,2, VZ. höchstens 4	—

---

[1] Typke: Erdöl u. Teer 7, 42, 59 (1931). [2] Öl für Transformatoren und Schalter, haben, höchstens 0,895. [3] Öl für Schalter, deren Kessel von der Außenluft umspült punkt eines solchen Öles darf nach der VDE.-Vorschrift nicht unter 120^0 liegen. Der unter 145^0 C für erforderlich. * Gültig für Transformatorenöl, das nach Garantie des werden kann. [4] Olii minerali, Olii Grassi, Colori Vernici 12, 53 (1932); vgl. I.P.K.- für 40 mm Aufstieg im U-Rohrapparat, S. 52.

formatoren- und Schalteröle [1].

Alterungsprüfung	Wasser	Asche höchstens %	Feste Fremdstoffe	Elektrische Durchschlagsfestigkeit mindestens	Sonstige Anforderungen
Verteerungszahl höchstens 0,1%; siehe auch letzte Spalte	0	0,01	0	Gekochtes oder zum Einfüllen vorbereitetes Öl 125 kV/cm, im Betriebe befindliches Öl 80 kV/cm	Bei 20⁰ vollkommen klar, frei von Mineralsäure. Nur Raffinat. Nach 70 std. Verteerung (S. 269) muß das Öl nach dem Erkalten vollständig klar sein, darf keinen benzinunlöslichen Schlamm enthalten und beim Erhitzen mit der zur Verteerungszahlbestimmung dienenden Lauge keine asphaltartigen Ausscheidungen geben (VDE.)
Nach Alterung gemäß S. 275 keine VZ. über 0,3, für im Apparat angeliefertes Öl nicht über 0,4	abgesetzt höchst. 0,01	0,01	0	125 kV/cm	In 10 cm dicker Schicht klar durchsichtig, neutral, höchstens 8 Vol.-% in konz. H_2SO_4 löslich
Verteerungszahl < 0,1% (VDE.-Schiedsmethode); das verteerte Öl muß sich im 5fach. Vol. Normalbenzin klar lösen	0	0,01	0	Bei 15—25⁰ 100 kV/cm eff., Mittel aus 5 Versuchen; kein Einzelwert unter 80 kV/cm *	Keine freie Mineralsäure oder freies Alkali. Helles, klares, besonders gereinigtes Erdölerzeugnis
Nach 300 h Erhitzung auf 110⁰ höchstens 0,05% Schlamm; SZ. höchstens 0,5	0	0	0	40 kV bei 5 mm Elektrodenabstand, Mittel aus 3 Versuchen; kein Einzelversuch darf unter 33 kV ergeben (etwa 20⁰)	Bänderprüfung: nach 300 std. Erhitzung mit dem Öl auf 110⁰ darf die Bandfestigkeit um höchstens 40% abnehmen. S-Gehalt höchstens 0,25% (kein korrodierender S), Harz abwesend (qualitative Prüfung nach Storch-Morawski negativ)
Nach 70 std. Erhitzung auf 130⁰ im Luftstrom bei Gegenwart von Kupferplättchen nicht über 0,2 Gew.-% benzinunlöslicher Schlamm	0	0,01	0	22 kV bei 25 mm Elektrodenabstand (15—20⁰ C)	Natronprobe nicht über Nr. 1; kein freies Alkali, kein aktiver S
120⁰, kein Katalysator, 40 l Luft in 1 h, bis Spuren Schlamm erscheinen	—	—	—		—
Nach 45 h bis 150⁰ mit Luft und Cu-Blech, Kl. A < 0,1%, B < 0,8% Schlamm	0	—	—	30 kV bei 4 mm Elektrodenabstand	Verdampfungsverlust im Toluolbad (s. S. 328) in 5 h höchstens 1,6%. Mit Cu-Blech nach 12 h bei 100⁰ keine Verfärbung

deren Kessel von der Außenluft umspült werden und die keine besondere Heizvorrichtung werden und die keine besondere Heizvorrichtung haben, nicht über —40⁰. Der Flamm-Verein Deutscher Eisenhüttenleute hält auch für diese Öle einen Flammpunkt von nicht Lieferanten ohne vorherige Trocknung in Transformatoren und Apparate eingefüllt Druckschrift Nr. 18 658, Beilage zu Petroleum 28, Nr. 41 (1932). [5] Höchste Fließzeit

Tabelle 63. Vorschriften für Transformatoren-

Nr.	Aufgestellt von	Spez. Gew.	Flammpunkt mindestens °C	Kälteprüfung
8	Frankreich (Union des Syndicats de l'Électricité)	0,85 bis 0,92 (15°)	160° (Luchaire, geschl. Tiegel)	Stockpunkt nicht $> -5°$
9	Belgien (Association Belge de Standardisation, Rapport 13; Comité Électrotechnique)	0,85 bis 0,92 (15°)	170° (P.-M.)	Stockpunkt nicht $> -15°$
10	Spanien	0,85 bis 0,92 (20°)	160° bzw. 150° (P.-M.)	Stockpunkt für Transformatorenöle nicht $> -5°$, Schalteröle nicht $> -20°$
11	Schweden	0,85 bis 0,92 (20°)	145° (P.-M.)	Stockpunkt nicht $> -30°$ bzw. (Schalteröle) nicht $> -50°$
12	Norwegen	0,85 bis 0,92 (20°)	145° (o. T.)	Stockpunkt für Transformatorenöle nicht $> -5°$, Freiluftschalteröle nicht $> -30°$
13	Schweiz (Brown, Boveri u. Co.)	—	145° (o. T.)	bei $-20°$ im Reagensglas 10 cm in 10 sec fließend

neigung gewinnen, wie — im Gegensatz zu F. Förster[1] — R. L. Brandt[2], E. Pechmann[3] und C. Creanga[4] bestätigten.

Von den als Isolieröle vorgeschlagenen synthetischen Produkten haben sich Triphenyl- und Trikresylphosphat[5] nicht bewährt, da sie sich beim Betrieb zersetzen und freie Phosphorsäure abgeben; außerdem scheidet sich das bei der Zersetzung auftretende Wasser oben auf dem spezifisch schwereren Öl ab und kann hier leicht Überschläge veranlassen. Mit anderen, durch

[1] F. Förster: Erdöl und Teer **6**, 518, 558, 591 (1930).
[2] R. L. Brandt: Ind. engin. Chem. **22**, 218 (1930).
[3] E. Pechmann: Diss. Techn. Hochsch. Dresden; Arch. Elektrotechn. **26**, Heft 1, 46 (1932).
[4] C. Creanga: Petroleum **28**, Heft 23, 1 (1932).
[5] I. G. Farbenindustrie: D.R.P. 427 744 (1925); 431 134 (1925).

und Schalteröle (Fortsetzung).

Viscosität	Alterungsprüfung	Sonstige Anforderungen
E_{50} höchstens 2,5	Nach 5 h bei 150^0 kein Schlamm, nach 50 h nur Spuren, nach 125 h nicht $> 0,15\%$	Frei von S und praktisch frei von Wasser, Verdampfungsverlust bei 100^0 in 5 h höchstens 0,2% Brennpunkt über 180^0 Neutralisationszahl $< 0,11$
E_{20} höchstens 8 E_{50} höchstens 2,5 E_{75} höchstens 1,5	Nach 10 h bei 200^0 kein Schlamm	Verdampfungsverlust nach 3 h bei 170^0 nicht über 1,5%
E_{20} für Transformatorenöle höchstens 8, für Schalteröle höchstens 10	—	Verdampfungsverlust nach 5 h bei 100^0 nicht $> 0,2\%$
E_{20} höchstens 8	Verteerungszahl Klasse I höchstens 0,12%, Klasse II höchstens 0,25%	Verdampfungsverlust nach 5 h bei 100^0 nicht über 2%; höchstens 0,01 % Asche
E_{20} höchstens 8	Wie Schweden	—
E_{20} höchstens 8	Nach 168 h Alterung (s. S. 272) kein Schlamm, NZ. $< 0,3$, Festigkeitsabnahme des Baumwollfadens $< 20\%$; nach 336 h Alterung Schlamm $< 0,3$ Vol.-%, NZ. $< 0,4$, Festigkeitsabnahme $< 34\%$	Neutralisationszahl höchstens 0,10

Kondensation von Naphthalin und Äthylen[1] hergestellten, sowie aus Braunkohlen- oder Schieferteer durch besondere Raffinationsverfahren gewonnenen Ölen[2], die sich bei der Laboratoriumsprüfung als widerstandsfähig gegen Oxydation erwiesen, liegen praktische Erfahrungen noch nicht vor. Ein gegen Oxydation beständiges, nicht brennbares und bei Durchschlag keine explosiven Gase bildendes synthetisches Produkt Pyranol[3] besteht aus gechlorten Kohlenwasserstoffen.

---

[1] F. Hoffmann u. Mitarbeiter; s. C. Wulff: Jahrb. v. d. Kohlen u. Mineralölen 1928, S. 79; I. G. Farbenindustrie: E. P. 265601 (1928); 273665 (1927); 295990 (1928); 321187 (1928); D.R.P. 513814 (1927).
[2] Riebecksche Montanwerke: D.R.P. 482416 (1926).
[3] F. M. Clark: Electr. World **100**, 373 (1932).

Lieferbedingungen für Isolieröle (s. Tabelle 63) beziehen sich nur auf Mineralölraffinate.

II. Anforderungen.

Isolieröle müssen in Rücksicht auf die Durchschlagsfestigkeit vollständig frei von Wasser und festen Fremdstoffen, besonders Gewebefasern u. dgl. sein, ferner frei von Säuren, welche die Isolierfähigkeit herabsetzen, bzw. die Metalle angreifen; sie sollen auch bei tiefen Temperaturen genügend flüssig sein, um bei den in Freiluftstationen der Winterkälte ungeschützt ausgesetzten Apparaten durch Zirkulation die Wärme schnell abzuleiten, bzw. (als Schalteröle) genügend schnell in die Unterbrechungsstelle zu gelangen. Der Flammpunkt ist von untergeordneter Bedeutung. Ein höherer Flammpunkt als vorgeschrieben gewährleistet keine größere Sicherheit, da durch die Temperatur des bei Kurzschlüssen entstehenden Lichtbogens sich auch Öle mit hohem Flammpunkt entzünden würden. Flammpunkt und Verdampfungsverlust hängen bei eng geschnittenen Fraktionen, wie sie in Transformatorenölen vorliegen, eng zusammen. Öle, die den Bedingungen für Flammpunkt genügen, erfüllen daher auch die in manchen Ländern hinsichtlich des Verdampfungsverlustes vorgeschriebenen Bedingungen. Eine meßbare Verdampfung des Öles kommt außerdem bei modern gebauten Transformatoren nicht mehr in Frage, weshalb auch die meisten Länder von der Bestimmung der Verdampfbarkeit Abstand genommen haben.

Da Transformatorenöle im allgemeinen auch der Einwirkung des Luftsauerstoffs ausgesetzt sind, müssen sie diesem gegenüber möglichst beständig sein. Als Oxydationsprodukte der Öle entstehen u. a. Alkohole, Aldehyde und Ketone, die sich in Naphthen- oder Fettsäuren umwandeln und bei höherer Temperatur durch Polymerisation und Kondensation öllöslichen und ölunlöslichen Schlamm bilden[1]. Die durch Angriff der Säuren auf die Metalle entstehenden Metallseifen wirken als Katalysatoren für weitere Oxydation und Zerstörung der Öle. Der Schlamm setzt sich als asphaltartige Schicht auf den Spulen fest und beeinträchtigt die Abführung der Wärme durch das Öl.

Den Anforderungen an Isolieröle genügen helle, dünnflüssige Raffinate. Die Art der Raffination, ob schwach oder weitgehend raffiniert, ist von den jeweils gestellten Bedingungen abhängig. Nicht geeignete bzw. ungenügend raffinierte Öle neigen bei Oxydationseinwirkungen zu Schlammabscheidungen. Weitgehend raffinierte Öle (sog. Weißöle), wie sie in einigen Ländern zur Vermeidung der Schlammbildung vorgeschrieben sind, zeigen zwar bei Oxydationsversuchen im Laboratorium starke Versäuerung, haben sich jedoch im praktischen Betriebe gut bewährt.

Die Neigung zur Oxydation, d. h. die Alterungsneigung, festzustellen, ist bei Transformatorenölen besonders wichtig (s. S. 268). Durch Zusatz von geringen Mengen sog. „Antikatalysatoren" kann man zwar die Oxydation der Transformatorenöle durch den Luftsauerstoff verzögern[2] und die

---

[1] Boisselet u. Mouratoff: Chim. et Ind. **25**, Sonder-Nr. 3bis, 410 (1931).
[2] Haslam, Froelich u. Mead: Ind. engin. Chem. **19**, 292, 1240 (1927); vgl. C. Walther: Schmiermittel, 1930, S. 90.

Schlammbildung verhindern, muß aber mit der Ermüdung dieser Katalysatoren rechnen[1]. Wirksam sind z. B. Borneol, Diphenylhydrazin, Dimethylanilin, Carbazol, β-Naphthylamin, Cetylalkohol[2].

III. Prüfungen.

Die Transformatoren- und Schalteröle sind außer nach den im 1. Kapitel beschriebenen „Allgemeinen Prüfmethoden" nach den folgenden besonderen Verfahren zu untersuchen.

Die früher oft ausgeführte Bestimmung der spez. Wärme von Transformatorenölen erübrigt sich, da die Werte für verschieden zähflüssige Öle innerhalb enger Grenzen (zwischen 0,4 und 0,5) liegen. Der Temperaturanstieg des Transformators und seine Beharrungstemperatur hängen mehr von der nur durch die Viscosität des Öles bedingten Geschwindigkeit der Ölzirkulation ab als von der Wärmekapazität, die nur eine untergeordnete zeitliche Bedeutung hat.

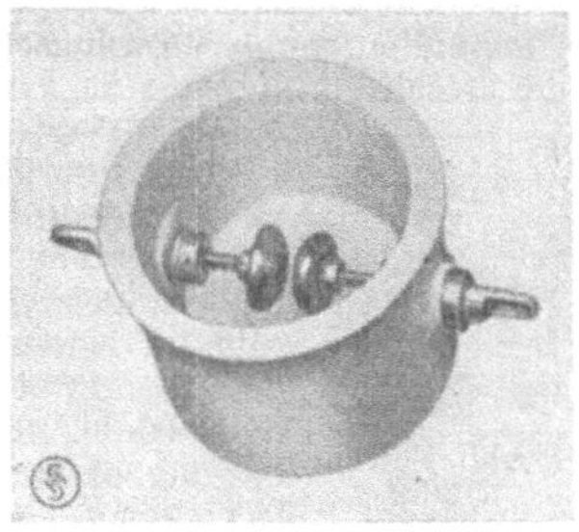

Abb. 129a. Ölprüfgefäß nach VDE.-Vorschrift (Abbildung entnommen aus Prospekt Nr. 1681 der Firma Siemens & Halske, Berlin).

1. Elektrische Durchschlagsfestigkeit.

Die Durchschlagsfestigkeit der Isolieröle wird, wie oben erwähnt, durch Feuchtigkeitsgehalt sowie fein verteilte feste Stoffe wie Schlamm, Fasern u. dgl. beeinträchtigt. Durch genügende Reinigung (Filtration und Trocknung) kann jedes reine Mineralöl, auch gebrauchtes und versäuertes, auf genügende elektrische Festigkeit gebracht werden.

Zeigt das Öl bei der qualitativen Wasserprobe (Spratzprobe S. 116) ein knackendes Geräusch, so erübrigt sich die Prüfung auf elektrische Festigkeit; das Öl muß vor Benutzung im Betrieb scharf getrocknet werden.

Im Gebrauch befindliches Öl wird zur Prüfung auf Durchschlagsfestigkeit dem Transformator oder Ölschalter möglichst an einer Stelle entnommen, die dem tiefsten unter Spannung stehenden Teil naheliegt; die Probeflaschen müssen peinlich sauber und trocken sein. Die Temperatur des zu untersuchenden Öles soll 15—25⁰ betragen.

a) Methode des Verbandes Deutscher Elektrotechniker[3]. Eine Ausführungsform des Prüfgefäßes zeigt Abb. 129a; das Schaltschema Abb. 129b.

Als Elektroden dienen Kupferkalotten von 25 mm Radius (Abb. 129c), deren Ränder von der Gefäßwandung (Glas oder Porzellan) mindestens 12 mm abstehen. Sind die Elektroden im Deckel des Prüfgefäßes befestigt, so müssen die Zuleitungen mindestens 5 mm stark sein und 45 mm Abstand voneinander haben.

Man prüft entweder α) bei festem Elektrodenabstand (3 mm) durch allmähliche Steigerung der Spannung oder β) bei konstanter Spannung durch Annäherung der Elektroden bis zum Durchschlag.

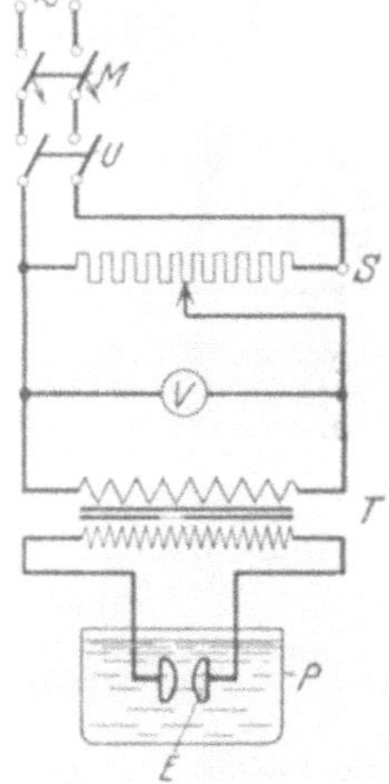

Abb. 129b. Schaltschema zur Bestimmung der Durchschlagsfestigkeit. E Elektroden; M Maximalausschalter; P Prüfgefäß; S Spannungsteiler; T Hochspannungstransformator; U Unterbrecher; V Voltmeter.

---

[1] Stäger: Elektrotechnische Isoliermaterialien, S. 33. Stuttgart 1930.
[2] Story: Amer.P. 1841070 (1932).
[3] Elektrotechn. Ztschr. **48**, 473, 858, 1089 (1927). Über eine von der AEG. konstruierte handliche Apparatur s. F. Crotogino: Petroleum **27**, Nr. 20, Beil. Motorenbetrieb und Maschinenschmierung **4**, Nr. 5, 4 (1931).

Auf der Hochspannungsseite wird ein fester Widerstand von etwa 30000 Ω vorgeschaltet. Der Prüftransformator soll bei beiden Versuchsanordnungen bei voller Erregung mindestens 30 kV auf der Hochspannungsseite geben. Die Leistung darf nicht weniger als 250 VA betragen. Bei größeren Transformatoren ist unter Umständen durch Vorschalten von Flüssigkeitswiderständen dafür zu sorgen, daß der Hochspannungsstrom beim Ansprechen der Funkenstrecke nicht mehr als 0,5 A beträgt. Zur Regelung oder Dämpfung sind nur Metall- oder Flüssigkeitswiderstände zulässig.

Abb. 129 c.
Kupfer-
elektrode.

Untersuchung. Die Elektroden und das Gefäß sind vor jeder Versuchsreihe mit einem Lederlappen blank zu reiben und mit heißem getrockneten Öl oder heißer Luft zu reinigen. Der gereinigte Apparat ist vor dem Versuch möglichst mit einem Teil des zu untersuchenden Öles auszuspülen. Beim Eingießen läßt man das Öl (mindestens 250 ccm) zur Vermeidung von Luftblasenbildung an der Gefäßwandung langsam herunterlaufen. Vor Anlegen der Spannung soll das Öl 10 min im Prüfstand ruhig stehen.

Die Regelung der Spannung bzw. des Elektrodenabstandes soll bis zum Durchschlag ungefähr 20 sec erfordern; die Spannung ist sofort nach dem Durchschlag abzuschalten. Im ganzen sind 6 Durchschlagsversuche anzustellen; maßgebend ist der Mittelwert der letzten 5 Durchschläge. Nach jedem

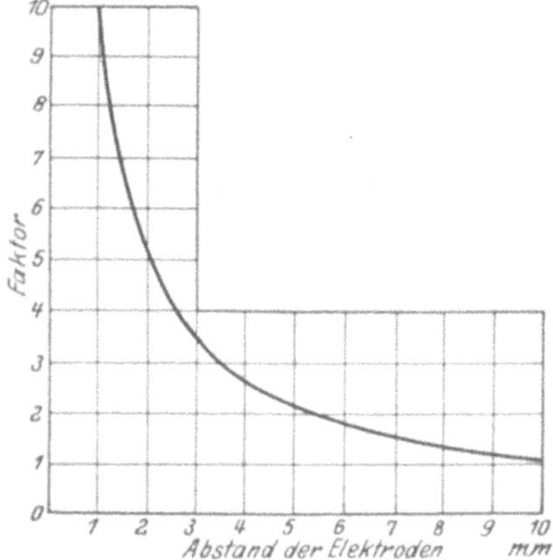

Abb. 130. Kurve zur Berechnung der
Durchschlagsfestigkeit.

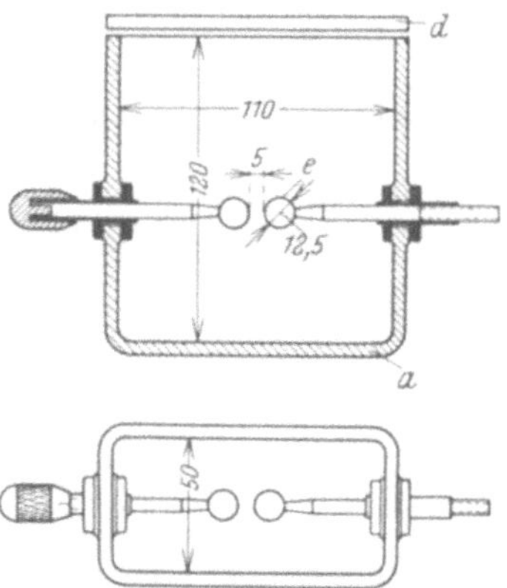

Abb. 131. Ölprüfgefäß nach
SEV.-Vorschrift.

Durchschlag ist das Öl zwischen den Elektroden mit einem reinen, trockenen Glasstäbchen durchzurühren. Um die Durchschlagsfestigkeit in kV/cm zu ermitteln, ist bei Methode α der gefundene Mittelwert der Durchschlagsspannung mit dem Faktor 3,5 zu multiplizieren. Bei Methode β ergibt sich der Faktor aus der Kurve, Abb. 130.

Durchschlagswerte sind je nach der Vorbehandlung des Öles und anderen nicht näher bekannten Einflüssen mit starken Streuungen behaftet[1].

b) Schweizer Methode. Nach den Normalien des Schweizer elektrotechnischen Vereins[2] soll das Öl nach $^1/_2$std. Stehen im bedeckten Prüfgefäß bei

[1] Rud. Schmidt u. R. Vieweg: Ztschr. Instrumentenkunde **1929**, 231. Verschiedene Meßstellen fanden z. B. für das gleiche Öl Werte von 40—130 kV/cm bzw. für ein anderes 140—250 kV/cm, wobei die Vorbehandlung, besonders das Filtrieren des Öles, eine große Rolle spielt. Die Mittelwerte der Durchschlagsfestigkeit, die in der P.T.R. nach genau dem gleichen Verfahren (Filtrieren durch gehärtetes Filtrierpapier unter Druck) erzielt wurden, schwankten zwischen 310 und 260 kV/cm.

[2] Bull. d. SEV. **1925**, Nr. 4, 208, Nr. 5, 241, u. Nr. 8, 475; **1930**, Nr. 13, 443.

Zimmertemperatur zwischen Kugeln von 12,5 mm Ø bei 5 mm Abstand (s. Abb. 131) einer von 0 bis 30 kV$_{eff.}$ mit der Geschwindigkeit von 1 kV$_{eff.}$ pro sec ansteigenden Wechselspannung ausgesetzt werden. Die Wechselspannung von 30 kV$_{eff.}$ ist darauf 30 min lang konstant zu halten. Während der letzten 5 min sollen weder Funkenentladungen auftreten, noch soll irgendein Geräusch wahrnehmbar sein. Danach wird durch weiteren Spannungsanstieg mit 1 kV/sec bis zum Durchschlag geprüft. Der Apparat wird vor der Prüfung mit Benzin, dann mit Äther ausgewaschen und durch leichtes Erwärmen oder Ausblasen getrocknet, hierauf mit dem zu untersuchenden Öl ausgespült und mit frischem Öl gefüllt, so daß die Kugeln e etwa 2 bis 3 cm hoch überdeckt sind. Wenn das Öl Spuren von Wasser enthält, treten oft schon bei verhältnismäßig niedrigen Spannungen knallende Funkenentladungen auf, ohne daß dadurch ein dauernder Lichtbogen eingeleitet wird. Ist die Feuchtigkeitsmenge nur unbedeutend, so wird sie im elektrischen Funken verdampft, und das Öl hält die nachfolgende Prüfung ohne weitere Durchschläge aus.

c) Bei der italienischen Methode[1] wird eine Kugelfunkenstrecke (Kugeldurchmesser 10 mm) mit festem (horizontalem) Elektrodenabstand von 5 mm benutzt. Die Elektroden befinden sich etwa 30 mm über dem Boden des rechteckigen gläsernen Prüfgefäßes (Innenmaße: 115 mm lang, 70 mm breit, 85 mm hoch).

In das sorgfältig gereinigte Prüfgefäß werden etwa $^2/_3$ l Öl (15 bis 25°) langsam eingefüllt (Höhe der Ölschicht 65 mm) und zur Entfernung von Luftblasen 10 min der Ruhe überlassen.

Dann legt man eine wie üblich erzeugte und geregelte Prüfspannung an und steigert sie, so schnell dies bei genauer Ablesung des Voltmeters möglich ist, bis zum Durchschlag, d. h. kontinuierlicher Lichtbogenbildung. Nach Reinigung des Apparates und Einfüllung von frischem Öl wird die Bestimmung wiederholt. Maßgebend ist der Mittelwert von 3 Bestimmungen.

d) Bei der englischen Standardmethode[2] werden kugelförmige Messingelektroden (13 mm Ø) mit festem Abstand (4 mm) verwendet, die sich mindestens 50 mm unter der Öloberfläche befinden. Die Ölmenge für einen Versuch beträgt mindestens 300 ccm. Die Spannung wird von 10 kV auf 30 kV gesteigert. Diese Spannung soll von dem zur Untersuchung stehenden Öl während 1 min ausgehalten werden.

e) Bei der amerikanischen Methode[3] verwendet man kreisscheibenförmige Elektroden von 25,4 mm (1″) Ø, die sich auf genau 2,54 mm (0,100″) Abstand gegenüberstehen.

Vor Einfüllung des Versuchsöles prüft man die Apparatur durch Einfüllen von trocknem Benzin und Anlegen von Hochspannung (Steigerung um etwa 3 kV/sec) bis zum Durchschlag. Die Durchschlagsspannung muß hierbei mindestens 25 kV betragen; sonst ist die Apparatur nochmals zu reinigen und zu trocknen. Auf vollständige Entfernung von Papierfasern od. dgl. ist zu achten.

Das Versuchsöl wird bei 20—30° Raumtemperatur so hoch eingefüllt, daß die Elektroden mindestens 20 mm hoch davon bedeckt sind. Nach Entweichen aller Luftblasen legt man Hochspannung an und steigert diese um etwa 3 kV/sec bis zur dauernden Entladung zwischen den Elektroden (vereinzelte momentane Durchschläge werden nicht berücksichtigt).

Nach Eintritt des Durchschlages wird der Strom möglichst schnell unterbrochen, um unnötige Zersetzung des Öles zu vermeiden; hierauf wird der Versuch nach leichtem Durchschütteln des Öles — ohne daß Luftblasen hineingelangen — mit der gleichen Ölfüllung wiederholt. Mit jeder Füllung sind 5 Durchschlagsversuche zu machen; dann ist das Prüfgefäß frisch zu füllen. Die Versuche sind zu wiederholen, bis die Mittelwerte der letzten 3 Füllungen (= je 5 Messungen) um nicht mehr als ± 10% von ihrem gemeinsamen Mittelwert differieren.

---

[1] Norme italiane usw., 2. Aufl., S. 77. Mailand 1928; Olii minerali, Olii Grassi, Colori Vernici **12**, 65 (1932).

[2] I.P.T.-Standard Methods, 2. Aufl., S. 85. London 1929.

[3] A.S.T.M.-Jber. 1932 des Comm. D 2, S. 169.

2. Alterungsneigung.

Ein Transformatorenöl muß möglichst lange in ununterbrochenem Betriebe gebrauchsfähig bleiben, da jede Auswechslung der Ölfüllung (bei den größten Transformatoren bis etwa 80 000 kg) mit großen Kosten, evtl. auch mit Unterbrechung der Stromlieferung verbunden ist. Die unvermeidliche Verschlechterung des Öles im jahrelangen Betrieb durch Oxydation, Temperatur- und katalytische Einflüsse muß also möglichst gering sein. Um die voraussichtliche Veränderlichkeit der Öle im Betrieb, für welche die Bestimmung der üblichen Kennzahlen (d, Flammpunkt, E usw.) keine Anhaltspunkte bietet, im Laboratorium in relativ kurzer Zeit beurteilen zu können, „altert" man die Öle künstlich, indem man sie z. B. mehrere Tage bis Wochen lang hohen Temperaturen ($95-200^\circ$) bei Gegenwart von Sauerstoff, mitunter auch von Metallen als Katalysatoren, aussetzt und die hierdurch bewirkten Veränderungen der Öle feststellt.

Die für diesen Zweck in den verschiedenen Ländern üblichen zahlreichen Methoden unterscheiden sich im wesentlichen durch die Art der Alterungseinflüsse (Temperatur, Versuchsdauer, Sauerstoffzufuhr, Katalysatoren) und der zur Beurteilung dienenden Alterungsmerkmale (Neubildung von Säuren, Schlammbildung, Zunahme der Verseifungszahl).

Fast alle diese Methoden haben den Mangel, daß die Unterlagen für die Übertragung der Laboratoriumsergebnisse auf die Praxis ungenügend, d. h. die Alterungseinflüsse und Alterungsmerkmale mit einer gewissen Willkür ausgewählt sind[1]. Die praktische Bedeutung einzelner Methoden darf daher nicht überschätzt werden. Genügt das Öl aber einer Anzahl verschiedener Methoden — etwa denen des europäischen Kontinents, wie z. B. die AEG.[2] vorschreibt — so ist damit eine größere Sicherheit hinsichtlich günstigen Verhaltens in Transformatoren gegeben.

a) Deutsche Schiedsmethode (Verband Deutscher Elektrotechniker und „Richtlinien"). Teerzahl, Verteerungszahl und Schlammbildung[3].

Die Teerzahl[4] gibt die Menge der teerartigen Ölbestandteile in Prozenten des Ausgangsmaterials an, die beim Kochen der Öle durch wässerig-alkoholische Natronlauge ausgezogen werden. Die Verteerungszahl umfaßt die gleichen

---

[1] Baader, Baum u. Hana: Dauerversuche über die Alterung von Dampfturbinenölen im Betrieb, 1927, Vereinigung der Elektrizitätswerke E. V., Berlin. Die Alterung spielt bei Isolierölen die gleiche Rolle wie bei Turbinenölen, erfolgt aber langsamer. Vgl. Baader: Gemeinsames und Trennendes zwischen Schalter-, Transformatoren- und Dampfturbinenölen, Elektrizitätswirtschaft Nr. 451, Febr. 1928; s. auch Vereinigung der Elektrizitätswerke: Die Ölbewirtschaftung, Betriebsanweisung für Prüfung, Überwachung und Pflege der Isolier- und Dampfturbinenöle. Berlin 1930.

[2] Typke: Erdöl u. Teer 8, 188 (1932).

[3] Diese Verfahren sind Fortbildungen der von Kißling zuerst für die Beurteilung von Turbinenölen vorgeschlagenen Prüfungen; s. Chem.-Ztg. 30, 932 (1906); 31, 328 (1907); 33, 529 (1909); Chem. Revue üb. d. Fett- u. Harzind. 13, 302 (1906); 16, 3 (1909); Petroleum 3, 108, 938 (1907/08).

[4] Häufig gibt die Differenz zwischen Teerzahl und Verteerungszahl einen guten Anhalt für die Bewertung der Öle; sie soll möglichst klein sein.

Bestandteile wie die Teerzahl, außerdem diejenigen in wässerig-alkoholischer Natronlauge löslichen Stoffe, die bei 70std. Erhitzen des Öles auf 120⁰ unter Einleiten von Linde-Sauerstoff (für Isolieröle) bzw. 50std. Erhitzen auf 120⁰ ohne Sauerstoffeinleiten (für Dampfturbinenöle) neu gebildet werden.

α) **Bestimmung der Teerzahl.** 50 g Öl werden am Rückflußkühler im 300-ccm-Erlenmeyerkolben nach Zusatz einiger Siedesteine 20 min auf siedendem Wasserbade mit 50 ccm einer Lösung von 75 g NaOH in 1 Liter H_2O + 1 Liter 96%igen Alkohols gekocht. Ohne den Rückflußkühler zu entfernen, schüttelt man das warme Gemisch 5 min lang, wobei man den Kolben zweckmäßig mit einem Tuch umwickelt. Nach Erkalten führt man den Kolbeninhalt in einen Scheidetrichter über, läßt über Nacht absitzen und zieht einen möglichst großen Anteil der alkoholisch-wässerigen Lauge durch ein gewöhnliches Filter in ein Kölbchen ab. Zeigen sich nach dem Erwärmen mit der Lauge und dem Absitzenlassen an der Trennungsschicht von Öl und Lauge oder an den Wandungen des Scheidetrichters dunkelfarbige Ölausscheidungen, so ist das Öl nicht vorschriftsgemäß. Von dem wässerig-alkoholischen Filtrat werden 40 ccm abpipettiert, in einem zweiten Scheidetrichter mit einigen Tropfen Methylorange versetzt und mit Salzsäure bis zur deutlichen Rotfärbung der Flüssigkeit (erforderlich etwa 6 ccm 25%ige Salzsäure) angesäuert. Die hierdurch abgeschiedenen Teerstoffe werden nach Zusatz von 50 ccm destilliertem Wasser zweimal mit je 50 ccm reinem Benzol vom Siedepunkt 80/82⁰ (das beim Eindampfen auf dem Wasserbade keine Spur eines Rückstandes hinterlassen darf) ausgeschüttelt.

Die unter Nachspülen des Scheidetrichters mit etwas Benzol vereinigten Benzolauszüge werden zur Entfernung von Salz- und Säureresten zweimal mit je 50 ccm destilliertem Wasser ausgewaschen, wobei man zur Vermeidung von Emulsionen nicht zu stark schüttelt. Etwa doch auftretende Emulsionen sind nach Ablassen des klaren Teils der Wasserlösung durch Zusatz einiger Tropfen Alkohol oder durch Erwärmen des Scheidetrichters auf dem Wasserbade zu zerstören.

Nach dem Ablassen der letzten sichtbaren Wasserreste wird die klare Benzollösung in einen mit einigen Siedesteinchen gewogenen Weithalsstehkolben von 250 ccm Inhalt (Schott & Gen., Jena) übergeführt, der mit einem tadellosen, gut ausgepreßten und von jeglichem Korkstaub befreiten, durchbohrten Kork versehen und mittels eines möglichst dicht über dem Kork[1] abgebogenen weiten Dampfableitungsrohres mit einem Kühler verbunden ist. Man setzt den Kolben auf einem Ring, welcher Einkerbungen zum Durchleiten des Wasserbaddampfes besitzt, auf das Wasserbad, überdeckt Kolben und Ableitungsrohr mit einem oben geschlossenen Blechmantel, der an einer Seite zur Durchführung des Ableitungsrohres geschlitzt ist, und heizt das Wasserbad so stark, daß die in den Blechmantel steigenden Dämpfe diesen und damit auch Kolben und Ableitungsrohr miterwärmen und so jegliches Dephlegmieren der Benzoldämpfe verhindern. Nach dem Eindampfen setzt man zur Entfernung etwa vorhandenen Wassers etwas Alkohol von mindestens 96% hinzu und legt dann den Kolben offen auf das mit gewöhnlichen Ringen versehene Wasserbad, so daß die schweren Dämpfe bequem abfließen können. Nach 10 min langem Trocknen bei 105⁰ läßt man den Kolben erkalten und wägt. Die gefundene Teermenge wird mit 2,5 multipliziert, d. h. die Teerzahl prozentual errechnet.

β) **Bestimmung der Verteerungszahl.** 150 g frisches, filtriertes Öl werden in einem Jenaer 300-ccm-Erlenmeyerkolben 70 h ununterbrochen unter Durchleiten von Linde-Sauerstoff (2 Blasen pro sec) auf 120⁰ (gemessen im Versuchsöl) erwärmt. Der Sauerstoff passiert zwei zylindrische, mindestens 250 ccm fassende, zu $^1/_5$ der Höhe gefüllte Waschflaschen, von denen die erste mit Kalilauge ($d = 1{,}32$), die zweite mit konz. H_2SO_4 ($d = 1{,}84$) beschickt ist. Die Erwärmung wird in einem zuverlässig regulierbar geheizten, mit Rührwerk versehenem Ölbad ausgeführt, dessen Niveau mindestens 5 mm über dem Spiegel des Öles im Kolben steht[2]. Der Kolben ist durch einen mit seitlicher Einkerbung versehenen

---

[1] Noch zweckmäßiger dürfte eine Schliffverbindung sein.

[2] Als Bad ist auch ein elektrisch heizbares Luftbad mit selbsttätiger Temperaturregulierung von Heraeus-Hanau geeignet.

Korkstopfen verschlossen, durch den das 1—2 mm über dem Boden des Kolbens mündende, 3 mm weite Einleitungsrohr führt.

50 g des so vorbehandelten, gut durchgerührten Öles werden weiter wie bei der Bestimmung der Teerzahl (s. α) behandelt.

γ) Zur Ermittlung der Schlammbildung werden 10 ccm des gut durchgeschüttelten verteerten Öles mit 30 ccm Normalbenzin versetzt. Nach 24std. Stehen wird festgestellt, ob sich Schlamm ausgeschieden hat. Im Zweifelsfalle ist durch ein Weißbandfilter (Schleicher & Schüll Nr. 589) oder durch einen Glasfiltertiegel zu filtrieren und nach S. 166 der benzinunlösliche sowie benzolunlösliche Schlamm zu bestimmen. Ist in dem Kolben, in dem das Öl erhitzt wurde, schon ohne Benzinzusatz eine Schlammausscheidung zu bemerken, so ist das Öl ohne weitere Prüfung als unbrauchbar zu bezeichnen.

Eine Abkürzung der Verteerungszahlbestimmung durch 24std. Kochen des Öles mit Natronlauge (an Stelle der 70std. Erhitzung im O_2-Strom) wurde von E. Locher[1] vorgeschlagen, jedoch bisher anscheinend von anderer Seite nicht nachgeprüft. Nach Marcusson und Bauerschäfer[2] wäre es zur Beurteilung des Oxydationsgrades des Öles wichtig, außer den durch die Verteerungszahl erfaßten sauren Oxydationsprodukten auch die neutralen Produkte (Alkohole, Ketone) zu ermitteln (durch Bestimmung der Acetylzahl vor und nach Hydrierung mit metallischem Na und Amylalkohol).

b) Englische Methode[3].

Zur Bewertung von Transformatorenölen benutzt man in England und einigen anderen Ländern ausschließlich das Schlammbildungsvermögen, den sog. Sludge-Test (auch Michie-Test genannt). Hierbei wird das Öl in Gegenwart von Kupfer als Katalysator unter Durchleiten von Luft 45 h auf 150° erhitzt und dann die Menge des in Benzin unlöslichen Schlammes (Sludge) bestimmt.

100 g Öl werden in einen runden Pyrexglaskolben mit aufgeschliffenem Kühler (s. Abb. 132) eingewogen.

Ein Elektrolytkupferblech (51 · 32 · 0,1 mm) wird mittels Watte mit Carborundpulver Nr. 150 auf beiden Seiten glänzend poliert und mit sauberer Watte nachgerieben, bis das Blech keine Flecke mehr auf der Watte hinterläßt. Dann wird es zu einem 32 mm hohen Zylinder so zusammengerollt, daß die Seitenkanten sich gerade berühren. Der Zylinder wird in Äther abgespült, an der Luft getrocknet und sofort mit einer Pinzette (nicht mit den Fingern berühren!) in den Kolben so eingeführt, daß er in senkrechter Stellung das Einleitungsrohr umgibt. Der obere Teil des Kühlers ist mit einem durchbohrten Korkstopfen verschlossen, in dem das 10 mm weite Glas-T-Stück B sitzt, durch welches das Einleitungsrohr A (4 mm l. W.) hindurchführt. A soll 3 mm vom Boden des Kolbens entfernt enden.

Der Kolben wird bis zur vorgeschriebenen Höhe (s. Abb. 133) in ein mit Deckel und Rührer versehenes Ölbad eingesetzt, das 45 h auf 150 ± 0,5° konstant zu halten ist. Die Eintrittstemperatur des Kühlwassers soll zwischen 15 und 20°, die Austrittstemperatur nicht mehr als 5° höher liegen.

Durch Rohr C wird ein konstanter Luftstrom (2 l/h) eingeleitet, der nacheinander mit Natronlauge ($d = 1,355$), 10%iger $AgNO_3$-Lösung und konz. H_2SO_4 gewaschen wird. Die Einleitungsrohre der Gaswaschflaschen sollen 12,5 mm tief in die Waschflüssigkeiten eintauchen. Der Druck der durchströmenden Luft wird durch ein ölgefülltes U-Rohr-Manometer D kontrolliert, die stündlich durchgeleitete

---

[1] E. Locher: Chem.-Ztg. **53**, 470 (1929).
[2] Marcusson u. Bauerschäfer: ebenda **54**, 401 (1930).
[3] Michie: Inst. Electr. Eng. **51**, 213 (1913); I.P.T.-Standard Methods, London 1929, S. 81f.; Brit. Standard Specification 148 (1933). Die in der letztgenannten Vorschrift enthaltene Abbildung weicht von Abb. 132 etwas ab.

Luftmenge mittels Rotameter oder geeichter Capillare von 10 mm Länge und 0,3 mm l. W. eingestellt und durch eine Gasuhr gemessen.

Nach 45 h entfernt man den Kolben aus dem Ölbad, spült sofort nach dem Abkühlen den Inhalt mit 450 ccm Benzin[1] in ein Becherglas und läßt 16—24 h absitzen. Die obere klare Flüssigkeit wird, ohne Schlamm mitzureißen, vorsichtig auf ein dichtes getrocknetes und gewogenes Filter von 12,5 cm $\emptyset$ dekantiert. Dieses Dekantieren wird zweimal mit je 75 ccm Benzin wiederholt und der Schlamm hierbei auf die Filter gespült, danach wird er mit (insgesamt höchstens 300 ccm) Benzin ölfrei gewaschen. Das Filter mit dem Niederschlag läßt man auf einem Uhrglas an der Luft liegen, bis das Benzin verdampft ist, und trocknet es

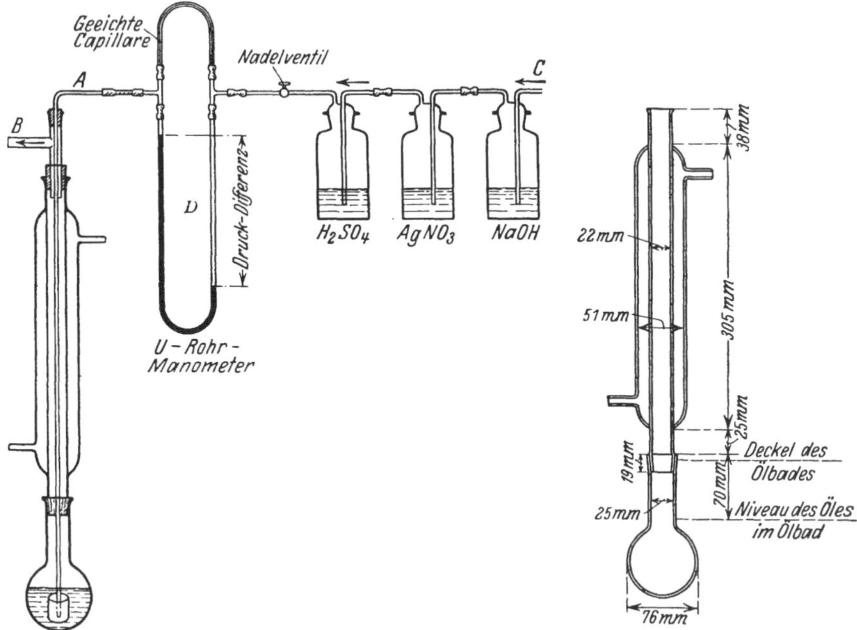

Abb. 132. Sludge-Test-Apparat.

Abb. 133. Kolben und Kühler zum Sludge-Test.

dann bei 90—100⁰ bis zum konstanten Gewicht. Das Gewicht des Niederschlages in g gibt unmittelbar die Schlammenge in % an.

Öle, die den englischen Bedingungen genügen, gehören zur Klasse der überraffinierten Öle, was sich z. B. bei der Untersuchung (starke Versäuerung) nach anderen Methoden ergibt. Trotzdem die Versuchstemperatur von 150⁰ gegenüber der im Transformator auftretenden höchsten Temperatur (95⁰) zu hoch gewählt ist, haben sich die englischen Öle im Betrieb sehr gut bewährt, da sie nicht zur Verschlammung neigen[2]. Eine starke Versäuerung, wie sie z. B. bei Alterungsversuchen nach verschiedenen Methoden im Laboratorium erhalten wird, tritt im Betrieb nicht auf; so zeigte z. B. ein russisches Öl der Klasse A nach 13 Jahren im Transformator nur eine NZ. 0,5 bei gänzlicher Abwesenheit von Schlamm.

---

[1] Siedebeginn nicht unter 60⁰, bis 100⁰ mindestens 75% Destillat, Siedeschluß nicht über 120⁰, Jodzahl (Hübl) nicht über 0,30, $d_{15,6}^{15,6} < 0,7$, Aromatengehalt nach S. 211, β, nicht über 2 Gew.-%.

[2] S. auch Flamanc: Erdöl u. Teer **7**, 399 (1931).

c) Amerikanische Methode[1] (Life-Test nach Snyder).

Das Verfahren stellt gleichfalls eine Schlammbildungsprüfung dar.

In einem 600-ccm-Griffinbecher aus Pyrexglas werden 500 ccm filtriertes Öl in einem geschlossenen Ofen tagelang ununterbrochen auf 120⁰ erwärmt, während in den Ofen ein Luftstrom von 4 Blasen pro sec durch ein Rohr von 4,7 mm l. W. eingeführt wird; die Luftmenge wird in einer vorgeschalteten, mit Transformatorenöl gefüllten Waschflasche gemessen. Täglich werden der Probe 10 ccm Öl entnommen und nach dem Erkalten zentrifugiert. Der·Versuch wird fortgesetzt, bis die ersten Schlammspuren erscheinen, und die hierzu erforderliche Zeit als Maß der Alterungsneigung festgestellt.

d) Die Schweizer Methode[2]

besteht darin, das Öl im Kupferbecher an der Luft auf 115⁰ zu erhitzen und danach Schlamm- und Säurebildung sowie Abnahme der Zerreißfestigkeit von Baumwollgarn zu ermitteln.

In einem elektrisch geheizten Bad mit automatischer Temperaturregelung (Abb. 134) werden in zylindrischen Kupferbechern von 210 mm Höhe, 100 mm Ø und etwa 0,6 mm Wandstärke je 1 Liter des Versuchsöls und in diesem auf 7 mm starken Glasstäbchen zwei Proben Baumwollgarn von je 10 m Länge (Garn Nr. 90/2, Drall 90/100 pro 10 cm) bei ungehindertem Luftzutritt 168 h (1 Woche) auf $115 \pm 2⁰$ erhitzt. Darauf werden nach gutem Durchrühren der Probe 50 ccm Öl und 1 Baumwollfaden entnommen, mit welchem 15 Zerreißproben vorgenommen werden, während das Öl auf Neutralisationszahl und Schlamm geprüft

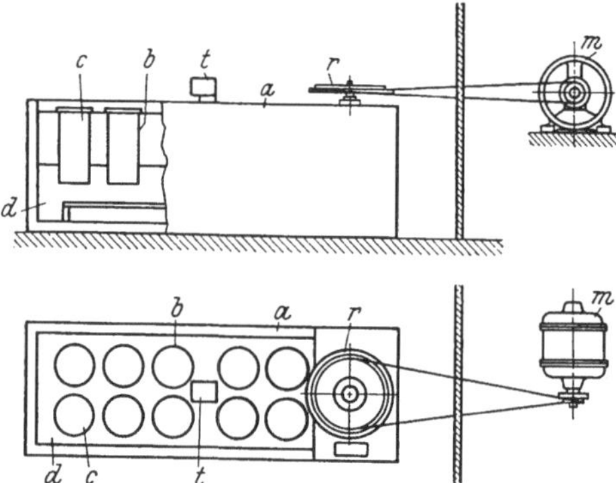

Abb. 134. Ölwärmeapparat zur Alterungsprüfung (SEV.-Methode). *a* Wärmeschrank; *b* kupferne Prüfgefäße; *c* erwärmte Ölprobe; *d* Wärmemittel; *t* automatische Temperaturregelung; *r* Rührwerk; *m* Motor für den Rührwerksantrieb.

wird. Der Rest der Ölprobe wird weitere 168 h lang auf 115⁰ erhitzt, worauf abermals auf Schlamm, Säuregehalt sowie auf Zerreißfestigkeit des Fadens zu prüfen ist.

Die Baumwolle darf die kupferne Gefäßwandung während der Erhitzung nicht berühren. Das verwendete Baumwollgarn soll vor dem Aufspulen auf den Glasstab $^1/_2$ min eine Belastung von 160 g aushalten, da das Garn häufig Stellen geringerer Festigkeit aufweist, durch welche der Mittelwert unzulässig beeinflußt wird. Von der gleichen Baumwollspule werden, gleichfalls nach vorheriger, $^1/_2$ min langer Belastung mit 160 g, 15 kleine Proben entnommen, mit frischem Öl getränkt und auf mittlere Zerreißfestigkeit geprüft. Die Kupferbecher müssen gut gereinigt werden, jedoch nicht durch ein chemisches Beizverfahren; bewährt hat sich das Ausschmirgeln mit feinem Schmirgelpulver und Öl mittels einer rotierenden Drahtbürste, die durch einen Motor angetrieben wird. Dann werden die Gefäße mit Benzin gewaschen, getrocknet und unmittelbar vor dem Gebrauch mit dem zu prüfenden Öl gespült.

Die Schlammbestimmung erfolgt durch Zentrifugieren einer Durchschnittsprobe des mit dem 3fachen Volumen Normalbenzin verdünnten erhitzten Öles im graduierten konischen Zentrifugengefäß.

---

[1] Proceed. A.S.T.M. **24**, 638 (1924).

[2] Bulletin des SEV. (Schweizer Elektrotechnischen Vereins) 1925, Nr. 4 u. 8 (ausgearbeitet von H. Stäger von der A.-G. Brown-Boveri & Co. in Baden).

e) Französische Methode[1].

Diese Methode ähnelt dem amerikanischen Life-Test insofern, als man bei beiden Verfahren die Öle nicht eine vorher bestimmte Zeit lang künstlich altert, sondern die Zeit bestimmt, welche beim Erhitzen der Öle unter besonderen Bedingungen bis zur ersten Schlammbildung vergeht.

Als Prüfgefäß dient ein 175 mm langes Reagensglas (Abb. 135) aus streng neutralem Glase (Schott & Gen., Jena, S.I.-Neutral oder Pyrex) von 20 $\pm$ 1 mm l. W., oben auf 50 $\pm$ 1 mm l. W. erweitert, Höhe des oberen erweiterten Teils 20 mm, Inhalt 87 ccm. Die Prüfgläser werden mit 65 ccm filtriertem Versuchsöl gefüllt und in Aluminium-gefäßen von der gleichen Form in einem elektrisch beheizten Ölbad mit automatischer Temperaturregelung auf 115 $\pm$ 1⁰, im Versuchsöl gemessen, erhitzt. Von jedem Öl werden 6—8 Proben angesetzt. In dem Versuchsöl befindet sich ein 32 cm langer, 0,9 mm dicker, zu einer 15 cm langen Spirale auf-gerollter Elektrolytkupferdraht, der mit feinstem Schmirgel-papier (000 bis 0000) blank geputzt und nicht chemisch weiter behandelt wurde. Man erhitzt unter zeitweiligem Heraus-nehmen der Proben und Beobachtung vor einer gedämpften Lichtquelle, bis die ersten feinflockigen Schlammspuren im heißen Öl zu sehen sind. Diese Zeit wird als „1. Periode" bezeichnet und die Menge der bis dahin gebildeten, im 3fachen Volumen Normalbenzin unlöslichen Stoffe des erkalteten Öles als „erster Niederschlag" (g/100 ccm Öl). Bei Wiederholung des Versuches dehnt man die Erhitzungsdauer auf die 2-, 3-, 4- usw. -fache Zeit (Perioden) aus und bestimmt jedesmal wieder die Menge des gebildeten Schlammes. Da es schwierig ist, die Zeitdauer der einzelnen Perioden genau innezuhalten, kann man die Proben zu beliebigen Zeitpunkten entnehmen und die am Ende von n Perioden gebildete Schlammenge D_n unter der Annahme, daß die Schlammenge in erster Näherung in arithmetischer Progression gemäß der Gleichung:

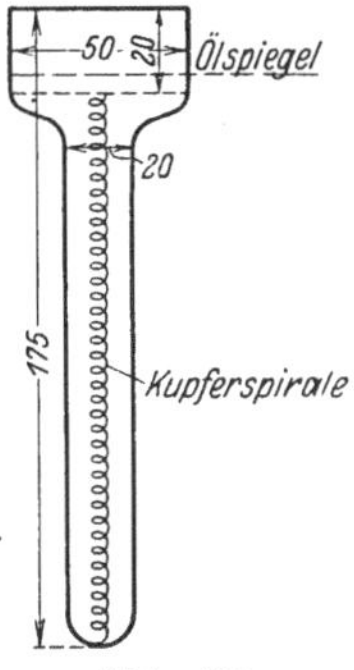

Abb. 135.
Alterungsapparat
nach Weiss und
Salomon.

$$D_n = D_1\left[1 + \frac{n}{2}(n-1)\right]$$

zunimmt, durch Interpolation bestimmen. Es ergibt sich die Beziehung:

n (Anzahl der Perioden) .	1	2	3	4	5	6	7	8	9	10
$1 + \frac{n}{2}(n-1)$	1	2	4	7	11	16	22	29	37	46

Bei empfindlichen Ölen steigt die Schlammenge bis zur 7. Periode stetig im Sinne obiger Gleichung an, bei relativ unempfindlichen Ölen fällt sie z. B. in der 6. Periode schon wieder auf den Wert der 1. Periode.

Aus der Lage und dem Verlauf der Alterungskurven wollen die Autoren nicht nur die Geschwindigkeit der Ölalterung im Betriebe feststellen, sondern auch bis zu einem gewissen Grade die chemische Natur des Öles und seinen Raffinations-zustand, unter Berücksichtigung seiner physikalisch-chemischen Konstanten.

Die überraffinierten Öle werden bei dieser Methode (ebenso wie bei dem Sludge-Test) gut bewertet. Die Untersuchungen haben gezeigt, daß die Vorgänge bei der künstlichen Alterung, die sich nach dem Beginn der ersten Schlammbildung ab-spielen, nicht absolut identisch sind mit den Vorgängen der Ölalterung im Betrieb. Die Feststellungen im Laboratorium dürfen deshalb nur insoweit zur Beurteilung des Gebrauchswertes eines Öles herangezogen werden, als sie durch die Praxis bestätigt sind. Der aus den überraffinierten Neuölen beim Laboratoriumsversuch gebildete Schlamm ist klebrig-ölig, wird aber bei dem gebrauchten Öl feinpulverig und bleibt dabei stark löslich im heißen Öl. Ob bei auftretender Niederschlagsbildung im

---

[1] H. Weiss u. T. Salomon: Rev. gén. Électr. **28**, Heft 2, 61 (1930). Die Methode ist zwar noch nicht definitiv als offizielle Methode eingeführt, wird aber in Frankreich allgemein benutzt; s. auch K. O. Müller u. F. Graf Consolati: Erdöl u. Teer 8, 525, 543, 557 (1932).

Transformator das Öl auszuwechseln ist, hängt von der Bauart ab, da bei gut (geräumig) konstruiertem Transformator ein schwacher Niederschlag keine Gefahr bildet, während bei schlecht (eng) gebautem beim ersten Auftreten von Schlamm das Öl zu wechseln ist.

f) Asea-Methode[1], ausgearbeitet von Anderson-Asea (Almänna Svenska Aktiebolaget zu Vesteras in Schweden).

Die Alterung erfolgt durch 100std. Erhitzen von 60 g Öl auf $100 \pm 0,5^0$, im Öl gemessen, bei Gegenwart von Kupfer und Eisen als Katalysatoren unter dem Einfluß eines elektrischen Feldes von 10 000 V. Der Glaszylinder (Abb. 136) zur Aufnahme des Probeöls ist mit einem Porzellandeckel verschlossen, durch den das 4 mm weite Sauerstoffeinleitungsrohr aus versilbertem Kupfer führt. Dieses Rohr trägt die Klemme zur Verbindung mit der Hochspannungsleitung und in der Nähe der unteren Öffnung einen Ring aus Elektrolytkupfer, welcher von einem weiteren Ring aus demselben Metall umgeben ist; dieser Ring wird von einem Ring aus Flußeisen gehalten, der mit der Erdleitung verbunden ist. Gewöhnlich verwendet man 100 qcm Kupferoberfläche und 25 qcm Eisenoberfläche. Das Eisen wird 1 min mit verd. HCl, 1 : 2 (chemisch rein), gebeizt und dann mit Wasser, Alkohol und Benzol gespült, das Kupfer schwach geglüht, mit Alkohol reduziert und mit Benzol gespült; beide Zylinder (Cu und Fe) werden bis zum Gebrauch unter Benzol aufbewahrt. Die anderen Metallteile werden mit verdünnter Schwefelsäure (chemisch rein) gebeizt, ebenfalls mit Wasser und Alkohol gespült und $^1/_2$ h bei $90—100^0$ getrocknet, das versilberte Rohr nach Abreiben mit einem Tuch. Der ganze Apparat (Ölbad mit Glaszylindern) befindet sich vorteilhaft während der Alterung in einem auf $90—100^0$ erwärmten Trockenschrank.

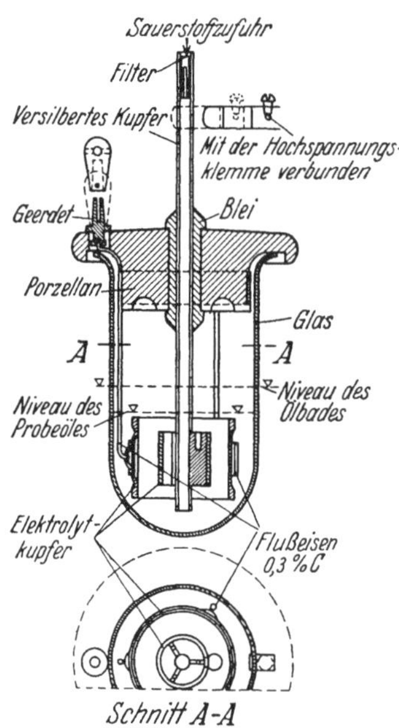

Abb. 136. Apparatur zur Alterungsprüfung von Transformatorenölen, Methode Anderson-Asea.

Da Elektrolytsauerstoff gelegentlich Ozon enthält, verwendet man zum Einleiten (ebenso wie bei der deutschen Schiedsmethode a) in üblicher Weise getrockneten Linde-Sauerstoff (1 l/h = 50 ccm in 3 min; Kontrolle durch Diaphragma, Rotameter od. dgl.). Nach beendeter Alterung wird das erkaltete Öl mit 60 ccm Normalbenzin in einen 300-ccm-Erlenmeyerkolben hinübergespült und das Prüfglas noch zweimal mit je 60 ccm Normalbenzin nachgespült. Der ausgeschiedene Schlamm wird nach Stehen über Nacht auf einem Weißbandfilter (Schleicher & Schüll) abfiltriert und mit Normalbenzin ausgewaschen. Zur Bestimmung der Schlammzahl wird der auf dem Filter befindliche Schlamm in warmem Benzol-Chloroform (1 : 1) gelöst. Der am Prüfglas und an den Kanten des Einleitungsrohres und des Cu-Zylinders festhaftende Schlamm wird gleichfalls in Benzol-Chloroform gelöst, und die beiden Schlammlösungen werden vereinigt und eingedampft. Das Gewicht des bei 105^0 getrockneten Rückstandes mal $\tfrac{5}{3}$ ergibt die Schlammzahl. Die vom Schlamm abfiltrierte Benzinlösung des Öles wird eingedampft, der Rückstand 3 h bei 105^0 getrocknet und seine NZ. bestimmt.

---

[1] Anderson: Teknisk Tidskr. **58**; Elektroteknik **1928**, 133, 158, 196, 212; C. **1929**, I, 823. Über die offizielle schwedische Methode s. Elektrotechn. Ztschr. **48**, 1006 (1927).

g) Italienische Methode[1].

In einem Reagensglas aus Jenaer Glas von 25 mm Ø und 190 mm Höhe werden 40 g Öl mit 2 g Kupferdrahtnetz von 400 Maschen pro qcm, in Form eines Quadrats geschnitten und zum Zylinder aufgerollt, 300 h ununterbrochen auf 110° im Heraeus-Thermostaten (Innenmaße 25 · 25 · 26 cm) erwärmt. Den im gealterten Öl gebildeten Schlamm bestimmt man durch Filtration des noch warmen Öles im Heißwassertrichter durch ein Weißbandfilter Nr. 589 und Nachwaschen mit einem durch Ausschütteln mit konz. Schwefelsäure von Aromaten restlos befreiten Autobenzin. Im filtrierten Öl bestimmt man in üblicher Weise den Säuregehalt, berechnet als % Ölsäure.

Zur Prüfung der Einwirkung auf Baumwolle erhitzt man mit dem Öl zusammen 10 g Baumwolle von der gleichen Art wie bei der Schweizer Methode (S. 272) und bestimmt die Zerreißfestigkeit des ölgetränkten Fadens vor und nach der Erhitzung.

h) Methode Baader[2].

Bei diesem Verfahren, welches bei der „Vereinigung der Elektrizitätswerke" maßgebend ist, sollen die Mängel der deutschen Schiedsmethode und der ausländischen Verfahren, zu hohe Prüftemperatur und Ermittlung verschiedener Alterungseinflüsse in einem Versuch, vermieden werden. Zur Ausführung der Prüfung dient das in Abb. 137 dargestellte Prüfgerät[3]. Bezüglich der Einzelheiten der Versuchsausführung sei auf die den Apparaten beigegebene Gebrauchsanweisung verwiesen; aus Raumgründen kann die Arbeitsweise hier nur im Prinzip angedeutet werden.

60 ccm Öl werden in Reagensgläsern von bestimmten Abmessungen 48 h ununterbrochen auf 95° erhitzt, wobei eine an einem Glasrührer befestigte Spule aus Glas oder Metall mittels eines Rührwerks 25mal pro min in das Öl taucht, um die erforderliche Durchmischung mit Luft und Berührung aller Ölteilchen mit dem Metall zu bewirken. Die Metallspulen werden nach der Gebrauchsanweisung vom Prüfer selbst hergestellt und nur einmal verwendet. So fallen alle Schwierigkeiten, die bei anderen Prüfverfahren mit der Reinigung der Metalle verbunden sind, weg. Für gewöhnlich kommen nur Kupfer und Blei in Anwendung. Glasspulen werden dann verwendet, wenn nur der Einfluß der Temperatur in Gegenwart von Luft geprüft, also der Einfluß der Metalle ausgeschaltet werden soll. Die Probegläser tragen während der Erhitzung eingeschliffene Liebigkühler, durch deren Innenrohre die Glasstäbe der Rührer zu den zugehörigen Fassungen des Rührwerks gehen und die Bewegung der Spulen vermitteln. Die Ölerhitzung geschieht in einem elektrisch beheizten Thermostaten, in dem Wasser unter Rückkühlung als Siedeflüssigkeit und Öl als Wärmeüberträger vom Wasser auf die Ölproben dient. Es sind Prüfgeräte für 4 und 12 Proben im Handel.

Nach beendeter Erhitzung prüft man die Proben sogleich durch Sicht auf etwa entstandenen Bodensatz, Spulenbelag, Trübung, abgesetztes Wasser, das sich bei überraffiniertem Öl bildet, und Verfärbung. Die im Dunkeln abgekühlten Proben werden ebenso geprüft. Proben, die im abgekühlten Zustand eines der vorgenannten Merkmale (außer Verfärbung!) zeigen, sind ohne weiteres abzulehnen. Stark verfärbte Öle sind ebenso verdächtig wie Öle, in denen die Spulen sich verfärbt haben.

Außerdem ist in den erhitzten Proben auch auf in Normalbenzin unlöslichen Schlamm und auf saure Reaktion zu prüfen. Bei positivem Ausfall dieser Reaktion ist das Öl abzulehnen.

---

[1] Norme italiane per il controllo degli olii minerali e derivati, 2. Aufl., S. 18, 86. Mailand 1928; Olii minerali, Olii grassi **12**, 66 (1932).

[2] A. Baader: Elektrizitätswirtschaft **1928**, Nr. 461, 338; Nr. 463, 378; **1930**, Nr. 512, 358, 359; Erdöl u. Teer **5**, 438 (1929).

[3] Bezugsquelle: Fa. Heinrich Faust, Köln, Neue Langgasse 4. Die Einhaltung bestimmter, bei der Herstellerfirma niedergelegter Festlegungen über Abmessungen und Beschaffenheit der zu verwendenden Glas- und Metallsorten ist zur Erzielung vergleichbarer Ergebnisse notwendig.

Die nach den vorstehenden Prüfungen nicht zu beanstandenden Proben werden nach S. 113 auf ihre Verseifungszahl geprüft.

Bei sorgfältigem Arbeiten[1] läßt sich der Meßfehler der Verseifungszahl leicht unter $\pm$ 0,10 halten, wie an 7 verschiedenen Prüfstellen ausgeführte

Abb. 137. Ölalterungsapparat nach Baader.

Vergleichsprüfungen gezeigt haben. Bei einem Gesamtmittelwert der Kupfer-Verseifungszahl von 0,114 betrugen die am stärksten abweichenden Einzel-

---

[1] Eine ausführliche Arbeitsanweisung ist vom Hersteller des Apparates zu beziehen.

werte (je einer) 0,03 und 0,18, die am stärksten abweichenden Mittelwerte einzelner Prüfstellen jedoch nur 0,065 und 0,15. Bei der Blei-Verseifungszahl standen dem Mittelwert 0,08 als äußerste Grenzwerte 0,01 und 0,14 gegenüber. Die größte, nur einmal erreichte Abweichung vom Mittelwert war somit 0,084. Wegen des angegebenen Meßfehlers sind Öle, deren Verseifungszahl weder bei Gegenwart noch Abwesenheit der Metalle den Wert von 0,20 überschreitet, als gleichwertig zu betrachten. Als zulässige Grenze (einschließlich Meßfehler und Toleranz) gilt 0,30 für nicht aufbereitete, 0,40 für aufbereitete Öle. Unter Aufbereitung ist hier das Einfüllen einschließlich Trocknen, Filtern, Schleudern zu verstehen.

i) Methode Evers und Schmidt[1].

Während bei allen bisherigen Verfahren in der Hauptsache die Alterungsstoffe saurer Natur und der Schlamm bestimmt werden, suchen Evers und Schmidt die Gesamtmenge der Veränderungsprodukte zu erfassen, indem sie die Menge des verbrauchten Sauerstoffs, und zwar indirekt, dadurch ermitteln, daß die jeweils vom Öl verbrauchte Sauerstoffmenge auf elektrolytischem Wege nacherzeugt und die hierzu erforderliche Elektrizitätsmenge in Amperemin gemessen wird. In Anlehnung an ein prinzipiell einen ähnlichen Zweck verfolgendes, älteres Verfahren von Holde[2] verteilen Evers und Schmidt in einem 18 cm langen und 4 cm weiten Reaktionsgefäß A (Abbildung 138) auf einem Katalysator aus 60 g Kieselsäuregel, auf welchem 0,01 Mol (1,43 g) Kupferoxyd niedergeschlagen sind, 15,5 g Öl gleichmäßig und erhitzen

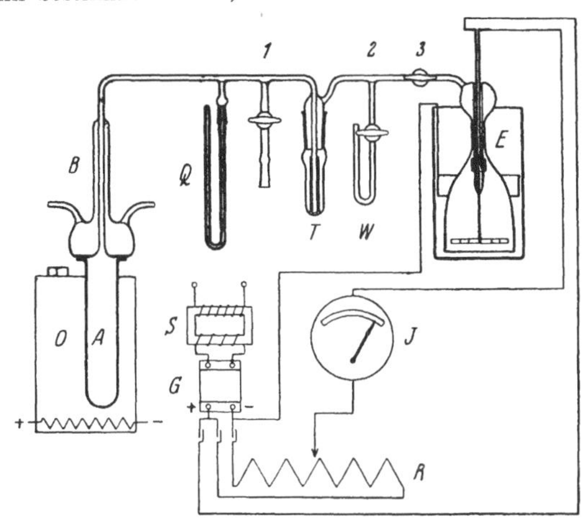

Abb. 138. Ölalterungsapparat nach Evers und Schmidt. G Gleichrichter; J Milliamperemeter; R Regulierwiderstand; S Transformator. Die übrigen Zeichen sind im Text erläutert.

das Reaktionsrohr in einem mit Rückflußkühler versehenen Wasserbad O auf 100°. Die mittels wassergekühlten Schliffs auf dem Reaktionsgefäß sitzende Sauerstoffzuleitung B ist durch einen Hahn 1 mit einer Wasserstrahlpumpe verbunden, mit welcher das Rohr vor der Messung evakuiert wird. Der erforderliche Sauerstoff wird durch Elektrolyse 30%iger Kalilauge an Nickelelektroden E dargestellt und von einer Glocke aus durch eine Capillarleitung und ein mit Silicagel und Natronkalk gefülltes Trockengefäß T dem Reaktionsgefäß zugeleitet. Nach Evakuierung des Reaktionsgefäßes läßt man den in der Glocke der Elektrolytzelle enthaltenen Sauerstoff in die Apparatur und öffnet nach Druckausgleich die Hähne 2 und 3 zum Manometer W. Nunmehr schaltet man von der zum Füllen der Glocke benutzten Anode auf die Meßanode um und reguliert den Strom so ein, daß die von dem Manometer angezeigte Druckdifferenz zwischen dem Inneren der Apparatur und der Außenluft nicht mehr als ± 2 mm Wassersäule beträgt. Trägt man die Zeit auf der Abszisse und die verbrauchte Elektrizitätsmenge in

---

[1] F. Evers u. R. Schmidt: D.R.P. 493724 (1926); Wiss. Veröff. Siemens-Konz. 5, Heft 2, 211 (1926); 7, Heft 1, 343 (1928); 9, Heft 1, 357 (1930); Brennstoff-Chem. 11, 214 (1930). Hersteller des Apparates: Jul. Peters, Berlin NW 21.
[2] Holde: Vgl. Kohlenwasserstofföle u. Fette, 6. Aufl., S. 240.

Ampere-min auf der Ordinate ab, so erhält man die Alterungskurve des Öles, welche bei der kurzen Versuchsdauer von 100 min (für Kontrollanalysen 15—20 min) nahezu geradlinig verläuft. Die Gleichung der Alterungskurve ist

$$A = \operatorname{tg} \alpha \cdot x + b.$$

Darin bedeutet A den Alterungsgrad in Ampere-min, x die Erhitzungsdauer in min, b ist eine Konstante. Für den Ausdruck $\operatorname{tg} \alpha$, der die mittlere Stromstärke während des Versuches darstellt, wird der Begriff „Alterungskonstante" vorgeschlagen; sie ist der Sauerstoffaufnahme in der Zeiteinheit proportional. Aus einer Reihe von Besitmmungen hat sich ergeben, daß bei guten Transformatorenölen die Alterungskonstante meist bei etwa 0,06—0,08 liegt, während weniger haltbare Öle Konstanten von 0,10 und darüber aufweisen.

Das Verhältnis zwischen dem Alterungsgrad A, der Verteerungszahl und dem mittleren Mol.-Gew. M des Öles ist folgendes:

Verteerungszahl $= 0,00104 \cdot A \cdot M$.

Für die Beurteilung der anderen Alterungsmethoden (Verteerungszahl, Baader-Verfahren) erscheint die Feststellung sehr bemerkenswert, daß der größte Teil des vom Öl aufgenommenen Sauerstoffs zu neutralen, unverseifbaren Produkten gebunden wird. So betrug in einem Falle die Verseifungszahl des aus dem Katalysator extrahierten, nach Evers und Schmidt gealterten Öles nur 34% desjenigen Wertes, der sich bei quantitativer Bindung des Sauerstoffs in Form von Carbonsäuren aus dem Alterungsgrad A berechnet hätte [1].

3. Sonstige Prüfungen.

a) Wassergehalt.

Methoden zum Nachweis und zur quantitativen Bestimmung des Wassers s. S. 116 u. 205. Um während des Betriebes eine etwaige Wasseraufnahme oder Wasserbildung im Transformatorenöl festzustellen, kann man den im Gebrauch befindlichen Isolierölen Stoffe zusetzen, die mit Wasser Gase entwickeln und durch den Auftrieb der Gasblasen eine elektrische oder mechanische Kontakteinrichtung in Tätigkeit setzen [2].

b) Raffinationsgrad.

Schwefelsäuretest [3]. 10 ccm Öl und 10 ccm konz. Schwefelsäure werden in 10 mm weiten, in 0,1 ccm geteilten Absitzgefäßen von 25 ccm Inhalt abwechselnd 50mal nach unten und 50mal nach oben um 180^0 gekippt. Die Zunahme der Säureschicht wird in % angegeben. Bei neuen Isolierölen soll sie nicht mehr als 8% betragen.

c) Freier und korrodierender Schwefel [4].

Ein blank poliertes Kupferblech ($76 \times 13 \times 0,8$ mm) wird mit 100 ccm Öl in einem mit durchbohrtem Kork verschlossenen Glasgefäß 5 h auf 95—110^0 erhitzt. Bei Gegenwart von freiem oder korrodierendem Schwefel verfärbt sich das Kupferblech; zur genaueren Feststellung, ob der Belag schwefelhaltig ist, löst man ihn nach Abspülen mit Petroläther in einigen Tropfen rauchender HNO_3, wäscht mit wenig H_2O nach, kocht die Lösung nach Zusatz von 5 ccm konz. HCl mit 5 ccm 10%iger $BaCl_2$-Lösung und läßt mindestens 6 h bei 95^0 stehen. Ein Niederschlag von $BaSO_4$ deutet auf korrodierenden Schwefel.

d) Chemische Zusammensetzung [5].

α) Ungesättigte Kohlenwasserstoffe. 10 ccm konz. Schwefelsäure und 15 ccm des zu untersuchenden Öles werden in einem mit eingeschliffenem Glas-

---

[1] F. Evers u. R. Schmidt: Erdöl u. Teer **9**, 11, 27 (1933).
[2] D.R.P. 477639 (1926) von Max Buchholz, Kassel.
[3] Ölbewirtschaftung, S. 43.
[4] A.S.T.M.-Jber. 1932 des Comm. D 2, S. 168.
[5] I. G. Ford: Ind. engin. Chem. **19**, 1165 (1927), s. auch S. 208f.

stopfen verschlossenen Rohr von 25 ccm Inhalt in einer Schüttelmaschine abwechselnd je 30 min geschüttelt und danach 5—10 min zentrifugiert, bis nach abermaligem Schütteln Volumenkonstanz eingetreten ist. Hierzu sind bei Ölen mit Olefingehalt bis 12% $1^1/_2$—2 h, bei Olefingehalt von 12—25% 3 h erforderlich. Aus der Volumenabnahme des Öles berechnet man seinen Prozentgehalt an ungesättigten Kohlenwasserstoffen.

β) Naphthene und Paraffine. Man entfernt aus dem Öl zunächst die Olefine, indem man in einem zylindrischen, nicht zu weiten Gefäß 400 ccm Öl mit 350 ccm konz. Schwefelsäure 3 h mittels eines hindurchgesaugten Luftstromes stark durchrührt, nach Trennung der Schichten das Öl dekantiert und mit Wasser und verdünnter Lauge wäscht. Zur Entfernung der Aromaten behandelt man das von Olefinen befreite Öl erschöpfend mit 100%iger Schwefelsäure[1]. Von dem ausgewaschenen und getrockneten Raffinat bestimmt man die Viscosität (Saybolt-sec bei 100° F) und den Anilinpunkt nach S. 211.

Zur Berechnung des Naphthengehaltes entnimmt man aus Abb. 139 den Anilinpunkt eines rein paraffinischen Öles von gleicher Viscosität. Von der Differenz zwischen diesem und dem experimentell ermittelten Anilinpunkte werden 0,5° C als empirische Korrektur für restliche aromatische Kohlenwasserstoffe subtrahiert. Die hiernach verbleibende Differenz ergibt, durch 0,3

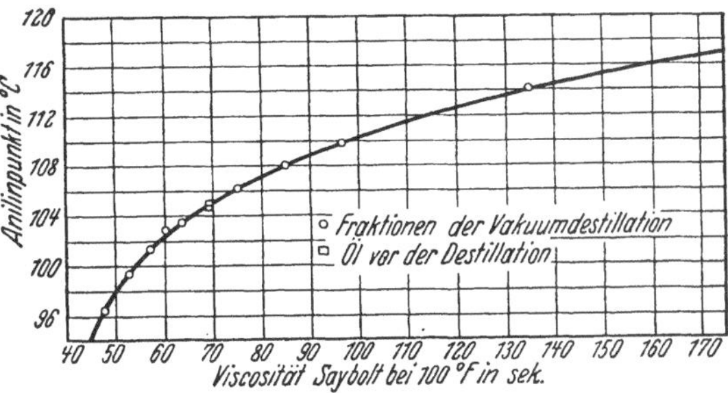

Abb. 139. Abhängigkeit des Anilinpunktes von der Viscosität bei „reinem" Paraffinöl nach J. G. Ford.

dividiert, den Prozentgehalt an Naphthenen in dem von Olefinen und Aromaten befreiten Ölrest; die Differenz zu 100% ergibt den Gehalt dieses Restes an Paraffinen. Die zur Konstruktion der Kurve (Abb. 139) benutzten Punkte stellen die Anilinpunkte verschieden zähflüssiger, rein paraffinischer Öle in Abhängigkeit von ihrer Viscosität dar; die einzelnen Öle wurden durch Zerlegung eines rein paraffinischen Öles mittels fraktionierter Vakuumdestillation erhalten.

J. Kabelisolieröle und Kabelausgußmassen.

(Neubearbeitet von K. H. Schünemann u. G. Meyerheim.)

I. Kabelisolieröle.

1. Verwendung.

Kabelöle dienen in Hoch- und Niederspannungskabeln a) vermischt mit Harz als Tränkmasse für die heute meist gebräuchliche Papierisolation; b) als Füllmasse in neuzeitlichen Ölkabeln für höchste Spannungen, in denen der Kupferleiter als Hohlseil ausgebildet und im Innern mit unter Druck stehendem Öl gefüllt ist, wodurch Entstehen von Hohlräumen (durch Ausdehnen oder Zusammenziehen infolge Betriebserwärmung) vermieden wird.

Bei der großen Verschiedenheit der in der Kabeltechnik verwendeten Öle ist es schwierig, allgemeingültige Vorschriften für Analysendaten sowie Untersuchungsmethoden für die Eignungsprüfung zu geben; erschwerend

---

[1] F. Frank u. C. Walther: Privatmitt.

für einen Fortschritt auf diesem Gebiet[1] ist, daß Erfahrungen aus Konkurrenzgründen von den Kabelwerken gehütet werden und nur wenig Literatur[2] vorliegt.

2. Anforderungen und Prüfungen.

a) Physikalische Prüfungen.

Von den üblichen für die Mineralöluntersuchung in Frage kommenden physikalischen Kennzahlen spielen die meisten nur eine untergeordnete Rolle.

α) Die Viscosität ist je nach den im Einzelfall gestellten Anforderungen (z. B. Verwendung als Tränk- oder Füllmasse, Art des Kabels usw.) sehr verschieden; es finden Öle mit Viscositäten von $E_{20} = 2,5$ bis $E_{100} = 5,0$ Verwendung. Eine schmierende Wirkung des Öles kommt nur bei mechanischen Beanspruchungen (Biegung) des Kabels in Frage zur Verhütung des Zerreißens der übereinander gleitenden ölgetränkten Papierlagen. Eine gewisse Zähflüssigkeit der Tränkmasse ist notwendig, damit sie bei der Betriebstemperatur (40—60°), besonders bei geneigt verlegten Kabeln, nicht abfließt. Bei den mit Ölausgleichgefäßen versehenen Ölkabeln verwendet man dünnflüssige Öle, damit durch Änderung der Belastung entstehende Drucke sich schneller ausgleichen.

β) Der Stockpunkt soll möglichst niedrig sein, da bei Verwendung hochstockender Öle (z. B. paraffinöser Öle vom Tropfpunkt 30—45°) infolge der im Kabel auftretenden Temperaturschwankungen Risse und Hohlräume entstehen können; hierdurch wird die Ölisolation stellenweise unterbrochen, und dielektrische Verluste sowie Durchschläge können sich als Folge ergeben. Das Gleiche gilt für dickflüssige Öle; grünes Naturvaselin (Petrolatum) vom Schmelzpunkt 50—60° wird wegen seines besonders in der Wärme ungünstigen dielektrischen Verhaltens nur noch wenig verwendet.

γ) Wärmeleitfähigkeit. Die in Kabeln durch dielektrische Verluste entstehende Wärme soll durch das Öl schnell abgeführt werden; Öle mit guter Wärmeleitfähigkeit haben daher vor anderen den Vorzug.

δ) Der Ausdehnungskoeffizient, der bei geschlossenen Kabeln von Wichtigkeit sein kann, ist bei Kabeln mit Ausgleichsgefäßen ohne Bedeutung.

b) Spezielle elektrische Eigenschaften.

α) Durchschlagsfestigkeit ist heute hauptsächlich ein Kriterium für die chemische Reinheit und Wasserfreiheit des Öles, also keine Materialkonstante; die gestellten Anforderungen werden daher von allen in dieser Beziehung einwandfreien Mineralölen erfüllt. Die Durchschlagsfestigkeit liegt im allgemeinen bei 200—250 kV/cm. Bestimmung s. S. 265.

β) Leitfähigkeit und dielektrische Verluste. Die Gleichstromleitfähigkeit und die dielektrischen Verluste sollen möglichst niedrig sein und sich auch durch längeres Erwärmen an der Luft (Oxydationsvorgänge) nur wenig ändern. Öle mit geringer Leitfähigkeit (kleine dielektrische Verluste) ergeben im allgemeinen hohe Durchschlagsfestigkeiten, während das umgekehrte nicht immer zutrifft[3].

---

[1] Im Gegensatz zu anderen in der Elektrotechnik Verwendung findenden Isolierstoffen (Transformatoren- und Schalterölen), für die bereits größere Erfahrungen bezüglich Auswahl geeigneter Öle und Anpassung der Raffination an die Anforderungen des praktischen Betriebes vorliegen, wodurch man in der Lage ist, eine lange Lebensdauer der Öle im voraus zu bestimmen.

[2] Klein: Kabeltechnik. Berlin 1929; Stäger: Elektrotechnische Isoliermaterialien. Stuttgart 1931; P. Nowak: Petroleum **29**, Nr. 2, 1 (1933).

[3] T. N. Riley u. T. R. Scott: Electr. Review **102**, 485 (1929); Elektrotechn. Ztschr. **51**, 615 (1929); E. Bormann u. A. Gemant: Wiss. Veröff. Siemens-Konz. **10**, Heft 2, 119 (1931).

Bestimmung der Leitfähigkeit s. S. 93 f.; über den Zusammenhang zwischen Leitfähigkeit und dielektrischen Verlusten s. K. W. Wagner[1]. Die Messung der dielektrischen Verluste geschieht am besten in Abhängigkeit von der Spannung (bis etwa 45 kV) und Temperatur (80, 60, 40, 20⁰)[2]. Als Maß der dielektrischen Verluste dient der dielektrische Verlustfaktor (tg δ) oder der praktisch hiermit übereinstimmende Leistungsfaktor (cos φ).

Der Verlustfaktor soll auch bei steigenden Temperaturen, wie sie im Kabelbetrieb vorkommen, möglichst wenig zunehmen. Nach 2std. Erhitzen auf 115⁰ im geschlossenen Gefäß soll der dielektrische Verlustfaktor bei 40⁰ z. B. $< 5 \cdot 10^{-3}$, bei 20⁰ $< 1,5 \cdot 10^{-3}$ sein. Diese Werte werden von vielen Kabelisolierölen erheblich unterschritten. Bei hohen elektrischen Beanspruchungen können die durch innere Erwärmung der Kabelisolation bedingten dielektrischen Verluste zum Durchschlag führen. Öle gleicher Herkunft und gleicher Herstellungsweise mit gleichen chemischen und physikalischen Eigenschaften aus verschiedenen Lieferungen können dielektrische Verschiedenheiten zeigen[3], deren Ursache ebenso ungeklärt ist wie die hohen Verlustwinkel einzelner Öle nach Erwärmung und Abkühlung. Bestimmung des Verlustfaktors s. Schering[4].

c) Chemische Prüfungen.

Kabelisolieröle müssen — wie alle Isolieröle — wasser- und aschefrei, sowie beständig gegen Oxydation und thermische Beanspruchung sein.

Die Prüfung auf Alterungsneigung erfolgt prinzipiell wie bei Transformatorenölen (s. S. 268) durch Erhitzen unter Luftzutritt in Gegenwart von Katalysatoren, wie Blei und Kupfer, evtl. unter Einfluß des elektrischen Feldes[5].

Die infolge von Oxydation gebildeten Produkte, wie Säuren und durch Polymerisation von Säuren entstandener Schlamm, sowie dabei abgespaltenes Wasser, bewirken starkes Ansteigen der dielektrischen Verluste. Während man mit der Durchschlagsfestigkeit chemische, durch künstliche Alterung der Öle entstandene Veränderungen nicht erfassen kann und z. B. bei geringfügigen Veränderungen chemische und physikalische Konstanten praktisch kaum Verschiedenheiten aufzuweisen brauchen, können die dielektrischen Verluste schon stark gestiegen sein. So zeigte ein Öl nach 500std. Erhitzung auf 100⁰ eine Zunahme von tg δ um 500 %[6].

Außer den genannten, durch Einwirkung von Wärme und Sauerstoff im Öl entstehenden Produkten bilden sich in Hohlräumen von Massekabeln durch den Einfluß stiller elektrischer Entladungen Kondensations- und Polymerisationsprodukte, die als „Kabelkäse" oder X-Wachs[7] bezeichnet werden. Bestimmte Schwefelverbindungen sollen hierauf ebenfalls Einfluß haben[8]. Nach Stäger[9] sind Öle auf Paraffinbasis zur Imprägnierung von Hochspannungskabeln nicht sehr gut geeignet, da sie unter Einfluß der dunklen elektrischen Entladungen sehr stark zur Kondensation neigen, verhältnismäßig starke Gasentwicklung verursachen und das Kabel rascher zum Durchschlag bringen als Öle auf Naphthenbasis, bei denen zwar Polymerisation

---

[1] In Schering: Die Isolierstoffe. Berlin 1924.
[2] R. Vieweg u. G. Pfestdorf: Ztschr. techn. Physik **10**, 518 (1929).
[3] T. N. Riley u. T. R. Scott: l. c.
[4] Schering: Die Isolierstoffe, S. 369. Berlin 1924.
[5] B.B.C.-Nachr. **18**, 166 (1931).
[6] Riley u. Scott: l. c.   [7] Stäger: l. c. S. 86.
[8] Nowak: Petroleum **29**, Nr. 2, 4 (1933).   [9] Stäger: l. c. S. 91.

und Kondensation nebeneinander vorkommen können, die Gasentwicklung aber wesentlich geringer ist; eingehende Untersuchungen in dieser Richtung wären sehr erwünscht. Eine Gasentwicklung kann auch durch elektrolytische Vorgänge (infolge Steigerung der Leitfähigkeit durch leitende Oxydationsprodukte) eintreten. Durch die genannten Erscheinungen kann ebenfalls eine Zerstörung des Kabels herbeigeführt werden.

II. Kabelausgußmassen[1].

1. Anwendung.

Kabelausgußmassen dienen zum Schutz des Kabels vor Stromverlusten und vor Einflüssen der Umgebung an einzelnen Stellen, z. B. an den Muffen von Kabelverbindungen und Kabel-Endverschlüssen, sowie bei Durchführungen. Auch die Bleimäntel der Kabel werden, vor allem zum Schutze gegen Feuchtigkeit und die korrodierenden Wirkungen vagabundierender Ströme, mit Ausgußmassen überzogen. Verwendung finden hauptsächlich Asphalte sowie Gemische aus Asphalten mit Steinkohlenteerpechen, Bitumen, Mineralöl, Vaselinen, Harzöl, Kolophonium u. dgl. Das Isoliervermögen der Petrolasphalte steigt mit ihrem Schmelzpunkt ziemlich gleichmäßig an, während die Steinkohlenteerpeche bei Schmelzpunkten über 60° im Isoliervermögen wieder nachlassen. Man vermeidet Steinkohlenpeche, da diese beim Schmelzen mit Mineralölen oder Paraffinkohlenwasserstoffen (den meistens verwendeten Kabelisoliermitteln) feste kokartige Bestandteile abscheiden, welche die Isolation stören. Nach den VDE-Vorschriften ist Zusatz von Steinkohlen-, Generator- und Braunkohlenteerpechen sowie Glycerin- und Zellpechen verboten[2].

Man unterscheidet nach dem Verwendungszweck:

A. Vergußmassen für Zubehörteile von Starkstromkabeln zur Verwendung unter Erde;

B. Vergußmassen für Zubehörteile von Starkstromkabeln zur Verwendung in Innenräumen;

C. Vergußmassen für Zubehörteile von Fernmeldekabeln;

D. Abbrühmassen.

2. Anforderungen und Prüfungen.

Ausgußmassen sollen auch bei niedrigen Temperaturen genügend plastisch bleiben, damit Spaltenbildungen und Risse in der Masse vermieden werden. Ferner verlangt man Leichtflüssigkeit bei der Vergußtemperatur, geringe Kontraktion bei Abkühlung, möglichst gleichmäßiges Verhalten innerhalb der auftretenden Temperaturgebiete, sowie gute Beständigkeit gegen Erhitzung, da die Massen in der Praxis wiederholt geschmolzen und dabei längere Zeit auf relativ hohen Temperaturen gehalten werden. Eine Hohlraumbildung durch Zusammenziehen beim Erkalten darf nach stattgehabter Ausdehnung nicht erfolgen.

a) Spez. Gew. wird am besten mit Mohrscher Waage bei 20° bestimmt[3].

---

[1] J. Lagerquist u. H. Spanne: Elektrotechn. Ztschr. **50**, 1395 (1928); H. Stäger: Elektrotechnische Isoliermaterialien, S. 289f. Stuttgart 1931.

[2] Elektrotechn. Ztschr. **49**, 25, 857, 1089 (1927); VDE-Druckschrift **1927**, 396.

[3] Eine sehr einfache und billige Methode s. W. Maaß: Chem. Fabr. **4**, 318 (1931).

b) **Schmelzpunkt** (Erweichungspunkt). Der Tropfpunkt nach **Ubbelohde** soll bei Masse A mindestens 65⁰ betragen, bei B 90⁰, bei C 50⁰, bei D 35⁰. Die Bestimmung erfolgt unter Verwendung eines Nippels aus vernickeltem Messing statt eines Glasnippels, sonstige Ausführung S. 45.

c) **Viscosität** wird im modifizierten **Engler**-Apparat mit 5 mm weitem Ausflußröhrchen, unter Benutzung eines doppelwandigen, zylindrischen Auffanggefäßes aus Metall mit verstellbarer Spitze als Höhenmarke bestimmt. Die Fließzeit der Masse bezogen auf diejenige von Wasser von 20⁰ auf dem gleichen Apparat, soll folgende Höchstwerte nicht überschreiten:

$$\text{Masse A bei } 150^0 \quad 12^0$$
$$\text{,, \quad B \quad ,, \quad } 190^0 \quad 18^0$$
$$\text{,, \quad C \quad ,, \quad } 135^0 \quad \ 4^0$$
$$\text{,, \quad D \quad ,, \quad } 120^0 \quad 1{,}5^0 \ .$$

Die jeweils angewendete Versuchstemperatur entspricht der zweckmäßigsten Verarbeitungstemperatur der Massen.

d) **Mineralstoffgehalt** (Asche) s. S. 120.

e) **Freier Kohlenstoff** s. S. 563.

f) **Haftfähigkeit auf Metall.** Wichtig ist ferner die Kenntnis der Adhäsion der Masse an Metall bei bestimmten Temperaturen.

Auf einen Bleistreifen von $170 \times 14 \times 0{,}9$ mm wird eine Messingschablone von $160 \times 60 \times 1$ mm mit einem Fenster von 100×10 mm gelegt, so daß die Schablone die Ränder des Bleistreifens beiderseits 2 mm breit bedeckt. Man wärmt Bleistreifen und Schablone mit dem Bunsenbrenner an, gießt die geschmolzene Masse auf und nimmt den Überschuß mit erwärmtem Spachtel fort. Nach dem Abheben der Schablone läßt man die Bleistreifen 3—4 h bei Zimmertemperatur liegen und gibt sie dann bei Masse A und D noch für $1/2$ h in Eiswasser; Masse B und C werden bei 20⁰ geprüft. Man wickelt die Bleistreifen zur Prüfung der Haftfestigkeit um einen waagerechten zylindrischen Dorn von 10 mm Ø in nebeneinanderliegenden Schraubenwindungen (eine Umdrehung je sec). Bei jeder Probe sollen von 10 Streifen mindestens 8 keine Risse oder Abhebungen der Pechschicht zeigen.

g) Zur Bestimmung des **Abdampfverlustes** wird das Pech in einen Flammpunkts-Tiegel bis 15 mm vom Rand eingefüllt und im elektrisch geheizten Trockenschrank 2 h auf Verarbeitungstemperatur (s. Viscositätsbestimmung) erhitzt. Man bestimmt den Aschengehalt vor und nach dem Erhitzen und berechnet den Abdampfverlust, der 1,5% nicht überschreiten soll, auf die aschefreie Bitumensubstanz.

Nach dem Auswägen wird nochmals auf Verarbeitungstemperatur erhitzt und vorsichtig ausgegossen; es darf kein Bodensatz im Tiegel bleiben, der auf Inhomogenität schließen ließe.

h) Auf Abwesenheit von **Stein- und Braunkohlenteerpech** prüft man mit der **Graefe**schen Diazoreaktion (S. 329), auf Glycerin- und Zellpech durch Auskochen von 25 g Masse mit 100 g Wasser. Das Wasser darf weder Färbung annehmen, noch mehr als 0,2% Abdampfrückstand bzw. mehr als 0,02% Asche hinterlassen. 10 g Masse werden in 90 g neutralisiertem Benzol gelöst und mit 100 ccm Wasser ausgeschüttelt; 50 ccm der filtrierten Lösung müssen auf Zusatz von Phenolphthalein farblos bleiben, auf Zusatz von 2 Tropfen 0,5-n NaOH Rotfärbung ergeben (Prüfung auf Abwesenheit wasserlöslicher Basen und Säuren).

i) Eine Prüfung auf **elektrische Eigenschaften** (Durchschlagsfestigkeit, Isoliervermögen) erübrigt sich, da die vorgeschriebenen chemischen und physikalischen Prüfungen ausreichen, um die Massen als einwandfrei auch nach dieser Hinsicht zu kennzeichnen.

k) Zur Prüfung auf **blasenfreie und homogene Struktur** werden 100 g Masse auf Verarbeitungstemperatur erhitzt und durch ein Sieb von 50 Maschen pro qcm gegossen, wobei keine grobkörnigen Bestandteile zurückbleiben sollen. Die in einem aus geleimtem Schreibpapier hergestellten Kästchen von etwa $5 \times 5 \times 5$ cm aufgefangene Masse wird nach dem Erstarren $1/2$ h in eine Eis-Viehsalzmischung gestellt; sie soll nach dem Aufbrechen im Innern blasenfrei sein.

K. Staubbindende Öle und Fußbodenpflegemittel.

(Bearbeitet von K. H. Schünemann.)

I. Straßenöle.

Zur Verhütung der Staubentwicklung werden die Straßenoberflächen mit Ölen oder Teeren imprägniert; die Wirkung der Öle beruht auf der geringen Verdunstung der schweren Ölanteile, die an der Luft durch Oxydation und Polymerisation asphaltartige, den Staub gut bindende Produkte bilden. Als Vorteil gilt die gleichzeitig desinfizierende Wirkung von Teer und Teerölen. Bei Verkehrswegen mit losen Kies- oder Sanddecken kann durch richtige Anwendung von Straßenölen eine Grundlage für den späteren Aufbau von Asphaltdecken geschaffen werden; häufiges Tränken sowie die Auswahl bereits asphalthaltiger Öle beschleunigen den Asphaltierungsprozeß und lassen auf der Oberfläche allmählich eine dünne Asphaltschicht entstehen [1]. Mineralöle sowie Mischungen (Emulsionen) von Öl und Wasser, wie z. B. Westrumit, werden kalt auf die Straßenoberfläche gesprengt, während Teere meist in heißem Zustande aufgetragen werden. Die Auswahl geeigneter Öle richtet sich nach den klimatischen Verhältnissen und der Beschaffenheit des Bodens; gut geeignet sind getopte Rohöle und Crackrückstände. Weiterhin werden schwere Asphaltöle, Abfallöle, Teere, flüssige Asphalte, z. B. Lösungen von Petrolpech (Goudron) und Asphalten in leichten Mineralölen (Gasöl), insbesondere auch die sog. Kaltasphaltemulsionen (s. S. 445), nach Raschig auch sog. Kiton, ein Gemisch von Teer und Ton, als Staubbindemittel benutzt.

Zur Vereinheitlichung der verschiedenartigen, sich teilweise widersprechenden, zum Teil auch sachlich unbegründeten Anforderungen der verschiedenen Straßenölverbraucher wurden in USA. folgende Normen, zunächst für 5 Klassen von Straßenölen, vorgeschlagen (Tab. 64) [2]:

Tabelle 64. Eigenschaften von Straßenölen (amerikanische Normenvorschläge).

Eigenschaft	Klasse				
	A	B	C	D	E
Flammpunkt nach Cleveland mindestens ⁰ C . .	82	93	99	104	104
Viscosität bei 50⁰ höchstens { sec Saybolt-Furol . .	100	225	350	500	800
{ entspricht E etwa . .	25	60	94	135	215
Verdampfungsverlust (5 h bei 163⁰, s. S. 328, γ) höchst. %	20	12	10	8	8
Asphaltrückstand mit 100⁰ Penetrat. bei 25⁰ C mind. %	45	55	65	70	75
Duktilität des Rückstandes bei 25⁰ C mind. cm . .	—	50	50	50	50

Alle Sorten sollen zu mindestens 99% in CCl_4 löslich sein und höchstens 0,5% Wasser enthalten. Die Aufstellung von Vorschriften über den Gehalt an Paraffin, Schwefel und Hartasphalt wird als wertlos abgelehnt.

II. Fußbodenöle und Bohnerwachse.

In bedeckten Räumen (Warenhäusern, Druckereien usw.), in denen durch großen Verkehr oder andere Umstände unangenehme, gesundheitsschädigende

<hr>

[1] G. M. Mullins: Nat. Petrol. News **23**, Nr. 32, 43 (1931).

[2] A. L. Foster: ebenda **24**, Nr. 42, 27 (1932); zit. nach Bandte: Erdöl u. Teer **9**, 109 (1933).

Staubaufwirbelungen auftreten, werden staubbindende Öle zur Benetzung des Fußbodens angewandt. Hierzu eignen sich am besten möglichst geruchlose, raffinierte Spindelöle, die genügend dünnflüssig sind, um schnell in die Poren des Fußbodens einzudringen und umgekehrt wieder schnell in der sich ansammelnden Staubschicht durch Capillarwirkung emporzusteigen und den Staub abzubinden; sie sollen ferner nicht fetten und sich bei der Reinigung ohne Mühe wieder entfernen lassen (dickflüssige Öle schmieren und verursachen Ausgleiten).

Gebräuchlich sind amerikanische Spindelöle (Typ B Pale) von d_{15} 0,880 bis 0,890, E_{20} 4,0 bis 6,5 oder geeignete ähnliche Öle anderer Provenienz, die auch nach Wochen keine klebrigen Ausscheidungen geben sollen.

Breitet man 1 ccm Öl in einer flachen Glasschale von etwa 9 cm Ø und 1 cm Randhöhe aus und setzt es dann 4 Wochen der Luft und dem Licht aus, so sollen nach dieser Zeit das Öl und etwa vorhandene Ausscheidungen sich durch Zusammenschaben mit einem Kartonblatt leicht entfernen lassen; zähe, fest am Boden des Glases haftende Schichten dürfen nicht vorhanden sein.

Zusätze von Riechstoffen sind nicht erwünscht, soweit sie nur zur Überdeckung unangenehmer Gerüche dienen; Nitrobenzol ist als gesundheitsschädlich zu verwerfen [1]; als Entscheinungsmittel sind nur fettlösliche Anilinfarben zulässig, nicht Nitronaphthalin, weil es die Öle nachdunkeln läßt (besonders am Licht) und Dunkelfärbung des Fußbodens bewirkt. Zusätze von Firnis, Leinöl, Rüböl, Olein, Wollfett, Paraffin, Ceresin, Wachsen u. dgl. sind nicht notwendig, aber zuweilen gebräuchlich, ein geringer Zusatz von Olein erleichtert das Entfernen bei der Reinigung mit Seifenwasser. Als Zusatzstoffe für besondere Zwecke kommen noch Desinfektionsmittel in Frage.

Zum Entfernen des Kehrstaubes verwendet man auch, um das Aufwirbeln und nachfolgende Wiederabsetzen zu verhindern, mit Fußbodenölen getränktes Material wie Sägemehl, Korkmehl oder Sand.

Wasserlösliche Öle oder Öl-Wasser-Emulsionen, die gewöhnlich aus Oleinseifen, Spindelölen, Wasser und Alkohol bestehen, werden zuweilen noch angewandt, haben aber den Nachteil geringer Bindefähigkeit und lassen nach dem Verdunsten des Wassers eine dünne, schmierige Öl-Seifenhaut zurück [2].

Für Parkettfußböden, Möbel usw. dienen als staubbindende Öle neuerdings Gemische aus Schwerpetroleum mit Spindelölen, Leinöl, Firnis, Terpentinöl, Wollfett und anderen Zusätzen (sog. Mop-Öle). Sie sind durchweg mit fettlöslichen gelben oder orangefarbenen Anilinfarben entscheint und zur Überdeckung des Petroleumgeruches parfümiert. Da sie mit einem Wischer (Mop) aufgetragen werden, müssen sie, um nicht zu schmieren, genügend dünnflüssig sein; die handelsüblichen Präparate haben etwa d_{15} 0,825—0,900 und E_{20} 1,2—2,5.

Für Linoleum ist reines Mineralöl ungeeignet, da es dessen Gefüge oberflächlich lockert und dadurch rasche Abnützung bedingt; zur Behandlung von Linoleum sind den Bohnermassen ähnliche Präparate zu verwenden, welche die Oberfläche mit einer indifferenten Schutzhaut von Wachs überziehen.

Bohnerwachse [3] sind entweder Lösungen von Wachsgemischen in Terpentinöl oder Benzin (Terpentinölersatz) oder wässerige Emulsionen bzw. halbverseifte Mischungen von Carnaubawachs, Montanwachs, künstlichen

---

[1] Mit Nitrobenzol versetztes Fußbodenöl soll z. B. bei Personen, die sich häufig in mit solchem Öl behandelten Räumen aufhalten, Hautausschläge an den Füßen hervorrufen.

[2] S. auch R. Heise: Arb. Reichsgesundh.-Amt **30**, Heft 1 (1909).

[3] C. Lüdecke: Schuhcremes und Bohnermassen, 2. Aufl., 1921; Carl Ebel: Die Fabrikation von Schuhcreme und Bohnerwachs. Halle: W. Knapp 1930.

Wachsen, Ceresin und Paraffin. Gewöhnlich sind sie schwach gefärbt und mit Nitrobenzol oder Amylacetat parfümiert. Die Verseifung erfolgt, zuweilen unter Zusatz fetter Öle, mit Pottaschelösung.

Die Bohnerwachse werden auf Menge der verseifbaren und unverseifbaren Bestandteile (S. 113), Art der zugesetzten Wachse (S. 950), Gehalt an Alkali und Grad der Verseifung (S. 877), Gehalt an Lösungsmitteln (S. 886) und Wassergehalt (S. 116) untersucht.

III. Luftfilteröle.

Zum Entstauben der Luft in Maschinenräumen von Elektrizitätswerken, in chemischen Fabriken, Nahrungsmittelbetrieben, Brauereien, Krankenhäusern sowie überall dort, wo es sich darum handelt, angesaugte Luftmassen von schädlichen Staubmengen zu befreien, werden als Netzmittel für Luftfilter geeignete Öle zum Binden des Staubes in großem Maßstabe angewandt. Der Staub wird beim Durchstreichen der Luft durch mit Öl benetzte Luftfilter mannigfaltiger Konstruktionen auf der Öloberfläche niedergeschlagen, vom Öl durchdrungen und in Absitzgefäßen zum Absetzen gezwungen. Staubfreie Luft dient zum Kühlen von Generatoren, zum Belüften der Würze auf den Kühlschiffen der Brauereien, zur Frischbelüftung von Räumen usw.[1].

Als Luftfilteröle bewährt haben sich genügend ausraffinierte, nicht zur Verharzung neigende Spindelöle ohne aufdringlichen Erdöl- oder Petroleumgeruch, von genügender Dünnflüssigkeit (E_{20} etwa 5), damit der Staub, vom Öl durchdrungen, sich im Öl absetzen kann und nicht auf der Oberfläche schwimmt. Die Öle sollen auch bei leichtem Erwärmen möglichst geruchlos bleiben und an die durchstreichende Luft keinerlei flüchtige Bestandteile abgeben, die sich wieder niederschlagen und z. B. bei Generatoren die Isolierung angreifen oder mit Luft entzündliche Gemische bilden können; die filtrierte Luft muß absolut ölfrei sein. Gefordert wird ferner Abwesenheit von Wasser sowie zugesetzten, sich verflüchtigenden, geruchverdeckenden Substanzen. Sofern es sich darum handelt, nicht nur den Staub, sondern auch schädliche Bakterien fernzuhalten, d. h. die Luft völlig zu entkeimen, erhält das als Trägerstoff dienende Öl noch keimtötende Zusätze; hierfür haben sich z. B. öllösliche organische Kupferverbindungen bewährt.

L. Vaselinöl (Weißöl) und Paraffinum liquidum.
(Unter Mitwirkung von K. H. Schünemann.)

I. Definition und Herstellung.

Als Vaselinöle[2] bezeichnet man über 280° siedende, auf hellgelbe bis wasserhelle Farbe raffinierte Erdöldestillate von kleinerer bis mittlerer Viscosität (s. u.); ganz farblose Sorten werden im Handel — sprachlich nicht korrekt, aber allgemein üblich — auch Weißöle genannt. Wasserklare, scheinfreie Vaselinöle, die bestimmten physikalischen und chemischen Prüfungen genügen müssen, führen den Namen Paraffinum liquidum.

Die Raffination erfolgt in der Regel durch konz., auch rauchende Schwefelsäure, Neutralisation mit Alkalien und nachfolgende Bleichung mit Bleicherden

---

[1] S. auch R. Meldau: Gesundheitsing. **49**, 597 (1926).
[2] Früher auch als Paraffinöl bezeichnet; diese Bezeichnung ist aber heute nur für aus Braunkohlenteer gewonnene Öle gebräuchlich.

(evtl. unter Zusatz aktiver Kohle). Geeignete Neutraldestillate können unter Umständen auch nur mittels Bleicherden in helle Vaselinöle übergeführt werden.

Paraffinum liquidum wird vorzugsweise aus russischen, zum Teil auch aus kalifornischen Mineralölen durch Raffination mit viel rauchender Schwefelsäure (bis 100%) hergestellt. Russische Öle sind besonders geeignet und geben auch gute Ausbeuten. Der energische Angriff der rauchenden Schwefelsäure bewirkt starkes Sinken der spez. Gew. und der Viscositäten[1]; z. B. zeigt russisches Maschinenöl von $d_{15} = 0,908$—$0,912$ und $E_{50} = 6,5$—$7,0$ nach der Raffination auf Paraffinum liquidum d_{15} etwa $0,885$—$0,890$ und $E_{50} = 4,5$—$5,5$; bei kalifornischem Öl[2] fällt d_{15} z. B. von $0,940$—$0,955$ auf etwa $0,887$—$0,900$, E_{50} von 7—9 auf $3,5$—$4,5$.

Chemisch besteht Paraffinum liquidum — seinem Namen zuwider — im wesentlichen nicht aus Paraffin-, sondern aus Naphthenkohlenwasserstoffen[3].

Handelsübliche russische Vaselinöle haben d_{15} etwa $0,860$—$0,890$, E_{50} etwa $1,6$ bis $6,5$ und höher sowie — da sie ebenfalls überwiegend aus paraffinfreien Naphthenkohlenwasserstoffen bestehen — sehr tiefe Stockpunkte (bis unter -50^0); amerikanische Vaselinöle zeigen $d_{15} = 0,835$—$0,910$, $E_{50} = 1,5$—$5,0$, pennsylvanische Öle (auf Paraffinbasis) hohe Stockpunkte (etwa 0^0). Neben diesen beiden hauptsächlichen Provenienzen findet man auch Vaselinöle deutscher, polnischer, rumänischer, kalifornischer und anderer Herkunft.

II. Verwendung.

1. **Öle für technische Zwecke.** Gelbe bis farblose Öle zur Schmierung von Uhren, feinmechanischen Apparaten, Nähmaschinen, Waffen und Fahrrädern, zur Herstellung von Lederölen und -fetten, technischen Vaselinen und Bohrölen, zum Verschneiden pflanzlicher Öle und in großen Mengen als Textilöle.

2. **Öle für kosmetische, pharmazeutische und ähnliche Zwecke.** Geruchlose, hellgelbe bis wasserhelle Öle für Salben und Pasten, als Haaröle, Blütenextraktionsöle, für pharmazeutische Zwecke (Ol. vas. flav.) und in der Nahrungsmittelindustrie zum Polieren von Kaffee, Reis, Käse, als Backöle u. dgl.

3. **Öle für spezielle medizinische Zwecke (Paraffinum liquidum).** Wasserhelle, scheinfreie, geruch- und geschmacklose Öle, dienen innerlich genommen als unschädliche Stuhlregelungs- und Heilmittel bei Darmleiden. Sie wirken rein mechanisch als Gleitmittel, ohne die Resorption der Nahrungsstoffe durch die Darmschleimhaut zu hindern, und werden selbst weder resorbiert noch chemisch verändert. Ein hoher Reinheitsgrad ist erforderlich, gelbe Öle wirken z. B. stark toxisch[4].

III. Prüfung.

Die Prüfung erstreckt sich auf Feststellung von Farbe, Fluorescenz, Geruch, Geschmack, spez. Gew., Viscosität, Stockpunkt, Vorhandensein fester Paraffinkohlenwasserstoffe, Gehalt an Seifen (Asche), fetten Ölen, Entscheinungsmitteln[5] und Farbstoffen.

---

[1] S. auch **Gurwitsch:** Wissenschaftliche Grundlagen der Erdölverarbeitung, 2. Aufl., S. 313. Berlin 1924.

[2] S. auch **Lazar:** Erdöl u. Teer **1**, Heft 26, 9 (1925).

[3] J. **Marcusson** u. C. **Vielitz:** Chem.-Ztg. **37**, 550 (1913). Nach S. **Kyropoulos:** Ztschr. physikal. Chem. A **144**, 41 (1929), soll Paraffinum liquidum jedoch aus einem praktisch naphthenfreien Gemisch von Isoparaffinen bestehen.

[4] A. **Lánczos:** Arch. exp. Pathol. Pharmakol. **112**, 365 (1926); C. **1926,** II, 610.

[5] Zusatz von gelbem Vaselinöl (Ol. vas. flav.), das durch gelbe Anilinfarbe (Tropäolinfarbstoff = Alkalisalz der Sulfosäuren von Oxyazo- und Amidoazokörpern) gefärbt ist, macht sich bei damit hergestellten Vaselinen und Salben unter Umständen störend bemerkbar. Geringe Säuremengen bewirken Freiwerden der Sulfosäure und lassen den gelben Farbton in Rot umschlagen. Nachweis des Farbstoffes durch Ausschütteln mit verdünnter HCl (Rotfärbung) oder durch Ausschütteln mit Alkohol (gelbe Färbung, schlägt beim Ansäuern in Rot um). Hermann **Kunz-Krause:** Apoth.-Ztg. **43**, 181 (1928); C. **1928,** I, 1889.

Vorschriften des D.A.B. 6 für Paraffinum liquidum:

Aus den Rückständen der Petroleumdestillation gewonnene, klare, farblose, nicht fluorescierende, geruch- und geschmacklose, ölartige Flüssigkeit, die in der Kälte feste Anteile nur in geringen Mengen abscheiden darf. Flüssiges Paraffin ist in Wasser unlöslich, in Weingeist fast unlöslich, in Äther oder Chloroform in jedem Verhältnis löslich, d_{20} mindestens 0,881, Siedepunkt nicht unter 360⁰.

Prüfung auf fremde organische Stoffe. Werden 3 g flüssiges Paraffin in einem mit warmer Schwefelsäure[1] gereinigten Glase mit 6 g Schwefelsäure unter häufigem Durchschütteln 10 min lang im siedenden Wasserbad erhitzt, so darf das Paraffin nicht verändert und die Säure nur wenig gebräunt werden.

Werden 10 g flüssiges Paraffin mit 10 Tropfen Kaliumpermanganatlösung (1 : 999 Wasser) 5 min lang unter gutem Umrühren in einer Porzellanschale auf dem Wasserbade erhitzt, so darf die rote Farbe nicht verschwinden.

Prüfung auf Nitronaphthalin. Schüttelt man 3 g flüssiges Paraffin mit 15 ccm Weingeist, so dürfen nach dem Verdunsten des abgetrennten Weingeistes keine gelblich gefärbten Nadeln zurückbleiben (Nitronaphthalin).

Auf verseifbare Fette, Harze, freie Säuren und Alkalien wird wie bei Vaselin geprüft (s. S. 310). Mineralsäuren (Salzsäure, Schwefelsäure) oder deren Salze müssen völlig abwesend sein.

Die Bedingungen der Pharmakopöen anderer Länder lauten ähnlich, nur die für das spez. Gew. geforderten Werte sind zum Teil sehr verschieden, die Grenzen liegen zwischen 0,835 und 0,912 (15⁰). Die britischen und amerikanischen Pharmakopöen schreiben außerdem noch folgende Prüfung auf Abwesenheit von Schwefelverbindungen vor:

4 ccm Paraffinum liquidum werden mit 2 ccm absolutem Alkohol und 2 Tropfen einer klaren gesättigten Lösung von Bleioxyd in 20%iger Natronlauge 10 min auf 70⁰ erwärmt; nach dem Erkalten darf keine Verfärbung eintreten (vgl. auch Doctor-Test, S. 217).

M. Paraffin.

(Bearbeitet von W. Bleyberg unter Mitwirkung von K. H. Schünemann.)

I. Definition, Vorkommen.

Unter „Paraffin" versteht man technisch die aus Erdöl (auch Braunkohlen-, Torf- und Schieferteer) abscheidbaren Gemische der bei Zimmertemperatur festen Grenzkohlenwasserstoffe, deren niedrigste Glieder n-Hexadecan, $C_{16}H_{34}$, Schmp. 18⁰, n-Heptadecan, $C_{17}H_{36}$, Schmp. 22,5⁰ und n-Octadecan, $C_{18}H_{38}$, Schmp. 28⁰ sind. Im engeren Sinne gelten technisch als Paraffin erst die von etwa 30⁰ aufwärts schmelzenden Produkte, und zwar mit Schmp. 30—40⁰ als Match- (Zündholz-)paraffin, 38—42⁰ als Weichparaffin, 44—46⁰ als Mittelparaffin und 50—52⁰ oder darüber als Hartparaffin (zur Kerzenfabrikation). Für besondere Zwecke stellt man auch noch höher (bis 76⁰) schmelzende Paraffine her, z. B. mit Schmp. 58—60⁰ zum Verschneiden von Ceresin (s. S. 474). Der Wert der Paraffine steigt im allgemeinen mit der Höhe des Schmelzpunktes.

---

[1] 94—98% H_2SO_4, üblich ist in Deutschland und anderen Staaten die Anwendung 95%iger Schwefelsäure.

Aus Erdölparaffinen wurden feste Glieder der Paraffinreihe von n-Hexadecan bis $C_{57}H_{116}$, Schmp. 96,5°, Mol.-Gew. 800[1] isoliert (s. auch Tab. 27, S. 132); synthetisch sind von F. Fischer und H. Tropsch[2] Paraffine bis zu 70 C-Atomen im Molekül (Mol.-Gew. etwa 1000, Schmp. etwa 110°) aufgebaut worden.

Während früher vielfach angenommen wurde, daß das undestillierte Erdöl nur oder überwiegend amorphes, sog. „Protoparaffin" enthielte, welches erst bei der Destillation durch teilweise Zersetzung in krystallines „Pyroparaffin" übergehen sollte, kommen nach neueren Arbeiten[3] gewöhnliches (gut krystallisierendes) Paraffin und scheinbar amorphe (in Wahrheit nur schwer krystallisierbare) Ceresinkohlenwasserstoffe im rohen Erdöl nebeneinander vor. Letztere haben jedoch die Eigenschaft, gleichzeitig anwesendes Paraffin an der Krystallisation zu hindern[4]; daher läßt sich gut krystallisierendes Paraffin technisch nur aus Erdöldestillaten gewinnen, welche bei geeigneter Führung der Destillation frei von „amorphem" Paraffin (Ceresin) sind. Die Ceresinkohlenwasserstoffe haben nämlich bei gleichem Schmelzpunkt erheblich höhere Siedepunkte als gewöhnliche Paraffinkohlenwasserstoffe und lassen sich überhaupt nur bei sehr gutem Hochvakuum unzersetzt destillieren (s. S. 473). Die niedriger siedenden Destillatfraktionen (Gasöle, Spindelöle) enthalten daher nur krystallines Paraffin; ceresinartige Kohlenwasserstoffe finden sich nur in den schwereren Schmierölfraktionen, besonders aber in den Destillationsrückständen (Zylinderöl, Vaselin, s. S. 308). Die Bedeutung einer sorgfältigen Fraktionierung in Verbindung mit leichter Crackung für die Bildung gut preßbarer Paraffindestillate wurde von H. J. Dunmire[5] durch Vergleichsversuche nachgewiesen. Auch Schmutzstoffe (insbesondere Kolloide) hindern die Krystallisation des Paraffins, deshalb werden unreine Destillate vor dem Ausfrieren des Paraffins vorraffiniert (s. u.).

Das gewöhnliche Paraffin tritt in zwei Krystallformen, rhombischen Platten und Nadeln, auf, die sich aber nach Tanaka[6] und seinen Mitarbeitern auf die gleiche Grundform, rhombische Platten mit Winkeln von 70 und 110°, zurückführen lassen; durch überwiegendes Wachstum in Richtung des stumpfen Winkels entstehen die Platten, durch Wachstum in Richtung des spitzen Winkels (70°) dagegen die Nadeln. Letztere krystallisieren aus konz. Lösungen, aus viscosen Lösungsmitteln sowie bei rascher Abkühlung, erstere aus verdünnten Lösungen, dünnflüssigen Lösungsmitteln und bei langsamer Abkühlung[7]. Beide Formen sind also chemisch identisch und lassen sich durch Wechsel der Krystallisationsbedingungen ineinander überführen.

---

[1] J. A. Carpenter: Journ. I.P.T. **12**, 288 (1926).

[2] F. Fischer u. H. Tropsch: Brennstoff-Chem. 8, 165 (1927).

[3] Ssachanen, Sherdewa u. Wassiliew: Nat. Petrol. News **23**, Nr. 16, 49; Nr. 17, 67; Nr. 18, 51; Nr. 19, 71 (1931).

[4] M. Bestushew: Erdöl u. Teer 7, 255, 271, 301 (1931).

[5] H. J. Dunmire: Nat. Petrol. News **22**, Nr. 17, 38 (1930).

[6] Y. Tanaka, Y. Kobayashi u. S. Ohno: Journ. Fac. Engin., Tokyo Imp. Univ. **17**, 275, 283 (1928); Tanaka u. Kobayashi: ebenda **17**, 289 (1928); Tanaka, Kobayashi u. I. Arakawa: ebenda **18**, 109 (1929); C. **1929**, I, 220, 221, 739; **1930**, I, 1283. Die Autoren untersuchten bei etwa 60° schmelzende Paraffine aus Schieferöl, verschiedenen Erdölen und aus Steinkohlen-Urteer und gelangten überall zu den gleichen Ergebnissen.

[7] Vgl. auch E. Katz: Journ. I.P.T. **18**, 37 (1932).

Im Gegensatz hierzu fanden Ferris, Cowles und Henderson[1] bei verschiedenen, durch wiederholte fraktionierte Destillation bei 1 mm Druck und Krystallisation aus Äthylenchlorid erhaltenen Paraffinfraktionen aus Midcontinent-Erdöl (Schmelzpunkte von etwa 30—65°), daß Nadeln und Platten von gleichem Schmelzpunkt sich in Mol.-Gew., Dichte (d_{80}), Brechung (n_D^{80}), Siedepunkt und Löslichkeit deutlich voneinander unterscheiden, also offenbar auch chemisch voneinander verschieden sind; daneben stellten sie noch eine „schlecht krystallisierende Form" ohne ausgeprägte eigene Krystallform fest, welche in ihren obengenannten Eigenschaften zwischen den anderen beiden Formen steht. Die Beobachtung, daß in den niedrigsiedenden Fraktionen die Plattenform, in den höhersiedenden die schlecht krystallisierende und Nadelform überwiegen, entspricht den Feststellungen von Ssachanen und Mitarbeitern (l. c.) und Bestushew (l. c.)[2] und läßt darauf schließen, daß in den Platten echte (normale) Paraffine, in den anderen Formen dagegen Ceresinkohlenwasserstoffe (Isoparaffine) vorgelegen haben[3]. Auch die weitere Beobachtung von Ferris und Mitarbeitern, daß Gemische der verschieden krystallisierenden Paraffinarten sich aus Schmelzen oder Lösungen meistens schlechtkrystallin oder in Nadelform ausscheiden, deckt sich mit den oben erwähnten Angaben der anderen Autoren, wonach bereits minimale Zusätze von Ceresin die Krystallisation von Paraffin stören.

Bei synthetischen Normal- und Isoparaffinen wurde Folgendes beobachtet[4]: Die normalen Kohlenwasserstoffe $C_{36}H_{74}$ und $C_{38}H_{78}$ krystallisierten aus Benzin in gut ausgebildeten schiefwinkligen Tafeln, die normalen Kohlenwasserstoffe mit ungeraden C-Atomzahlen $C_{35}H_{72}$ und $C_{37}H_{76}$ dagegen teils in Nadeln, teils in Tafeln, deren Kanten, offenbar infolge Durchwachsung mit Nadeln, fast durchweg beschädigt waren. Von 3 Isoparaffinen der Struktur $(C_{17}H_{35})_2 \cdot CH \cdot R$ [R = CH_3, C_2H_5 und n-C_3H_7] krystallisierten die Methyl- und Äthylverbindung aus Benzin oder Butylalkohol überhaupt nicht in erkennbaren Formen, während die n-Propylverbindung in an den Enden zugespitzten Tafeln (weder paraffin- noch ceresinähnlich) krystallisierte.

Weiteres über die Unterschiede zwischen Ceresinen und Paraffinen s. S. 470f.

Der Gehalt der Rohöle verschiedener Provenienzen an festen Paraffinen schwankt innerhalb sehr weiter Grenzen (Tab. 65; vgl. auch Tab. 33, S. 141 und Tab. 34, S. 143).

---

[1] Ferris, Cowles u. Henderson: Ind. engin. Chem. **21**, 1090 (1929), ref. C. **1930**, II, 1929; Ind. engin. Chem. **23**, 681 (1931), ref. Erdöl u. Teer **7**, 514 (1931).

[2] Im Laboratorium des Verfassers von M. Pogačnik ausgeführte, noch unveröffentlichte Versuche über die Zerlegung eines Dzwiniacz-Ceresins (Schmp. 65/68°) aus Erdwachs durch Hochvakuumdestillation (Pogačnik: Diss. Techn. Hochsch. Berlin 1932) ergaben in den einzelnen Fraktionen das gleiche Bild wie die mit Erdölrückständen ausgeführten Versuche von Ssachanen und Mitarbeitern; die zuerst übergehenden Fraktionen krystallisierten in gut ausgebildeten Tafeln (aus Benzin), die höhersiedenden in Nadeln.

[3] Röntgenographische Untersuchungen der von Ferris hergestellten Paraffinfraktionen durch G. L. Clark und H. A. Smith: Ind. engin. Chem. **23**, 697 (1931), bestätigten das Vorliegen von Gemischen von normalen und Isoparaffinen. Blättchen und Nadeln sowie Zwischenformen beobachtete auch E. Katz: Journ. I.P.T. **16**, 870 (1930), bei polnischen und asiatischen Paraffinen.

[4] M. Pogačnik: Diss. Techn. Hochsch. Berlin 1932.

Tabelle 65. Paraffingehalt verschiedener Erdöle.

Herkunft	Paraffin %	Herkunft	Paraffin %	Herkunft	Paraffin %
Java	bis 40	Grosny . . .	0,2—6,5	Oklahoma. .	1,8
Tscheleken .	6—18	Pennsylvanien	2—4	Pechelbronn.	0,5 —2
Rangoon . .	10	Kanada . . .	3	Baku. . . .	0,25—2,5
Polen. . . .	1—10	Rumänien . .	2—3	Texas . . .	0,08
Deutschland.	1— 9,4	Kalifornien . .	1,9	Emba . . .	0,05—0,24

Für die technische Ausbeute an Paraffin ist der Paraffingehalt des undestillierten Rohöles nicht ohne weiteres maßgebend; das aus den Destillaten abgeschiedene Paraffin unterscheidet sich hinsichtlich der Menge und der Zusammensetzung von dem aus dem Rohöl unmittelbar abgeschiedenen (vgl. S. 170).

II. Gewinnung, Eigenschaften, Verwendung[1].

1. Gewinnung.

Die paraffinhaltigen Destillate werden entwässert und erforderlichenfalls zur Entfernung von Schmutz-, Harz- und Asphaltstoffen mit wenig konz. Schwefelsäure (bzw. Abfallsäure) vorraffiniert. Hierauf folgt die Abscheidung des Paraffins durch Ausfrieren und Abpressen. In der Regel werden die paraffinhaltigen Destillate in leichte und schwere unterteilt, von denen die letzteren gewöhnlich paraffinreicher sind, sich aber wegen ihres gleichzeitig höheren Gehalts an Kolloidstoffen schwerer entparaffinieren lassen. Die leichteren Destillate kann man daher in einer Stufe tiefkühlen (—5 bis —10⁰) und durch Abpressen mittels Filterpressen vom ausgeschiedenen Paraffin („Gatsch") trennen, während schwerere Destillate hierbei einen stark ölhaltigen, schlecht weiter zu verarbeitenden Gatsch ergeben. Dieser wurde früher, um zur Schwitzung brauchbar zu werden, durch wiederholte Warmpressung mittels hydraulischer Pressen weiter entölt, was jedoch sowohl unwirtschaftlich als auch unhygienisch war, weil die verhältnismäßig unsauber arbeitenden hydraulischen Pressen zu der früheren Verbreitung der Paraffinkrätze beitrugen[2]. Nach Singer verdünnt man daher die schweren Öle mit entparaffiniertem Gasöl oder paraffinarmen Schwitzabläufen (s. u.) und kühlt diese Lösung in 2 Stufen ab: zuerst mit kaltem Wasser, wobei sich die hochschmelzenden, leicht zu reinigenden Paraffine ausscheiden („Warm"- oder „Plusgatsch"), dann, nach Abpressung des Warmgatsches, mit Kältelösung, wobei man den besonders zu verarbeitenden „Kalt"- oder „Minusgatsch" erhält. Der Gatsch wird durch Schwitzung (s. u.) auf ölfreies Paraffin verarbeitet. Der Warmgatsch hat oft schon Stockpunkt über 50⁰, fühlt sich ziemlich trocken an, enthält 70% und mehr Paraffin, ist lichtgelb oder grau und zeigt gute blättrige Krystallisation bei muscheligem Bruch. Kühlung unter 0⁰ ergibt mehr oder weniger gut krystallisiertes Weichparaffin, oft noch von vaselinartigem Aussehen, das hartnäckig Öl zurückhält.

Aus Paraffin-Naphthengemischen (Schmierölfraktionen) läßt sich nach E. Pyhälä[3] das leichter flüchtige Paraffin durch Wasserdampfdestillation unter Verwendung besonders konstruierter „Entparaffinierungs-Kondensations-Dephlegmatoren" in Form einer leicht preßbaren Paraffinmasse übertreiben, während paraffinfreie Schmieröle zurückbleiben.

Zur Filtration muß das Paraffin möglichst grobkrystallin sein, für die neuerdings viel benutzte Abscheidung mittels Zentrifugen (z. B. Sharples-Verfahren) eignet sich dagegen die „schlechtkrystallisierende" Modifikation besser. Um das gesamte Paraffin in dieser Form zu erhalten, vermeidet man eine zu scharfe Raffination, oder man setzt krystallisationshindernde Stoffe (z. B. „amorphes"

---

[1] Ausführliche Angaben s. L. Singer: Engler-Höfer, 1. Aufl., Bd. 3, S. 557 f.
[2] Singer: Petroleum 27, 214 (1931).
[3] E. Pyhälä: Erdöl u. Teer 7, 446 (1931).

Paraffin) hinzu[1]. Dieses Verfahren dient hauptsächlich zum Gewinnen paraffinfreier Schmieröle.

Schwitzprozeß. Das Paraffin wird in zahlreichen übereinander angeordneten
Blechwannen (-pfannen), die in bestimmter Höhe ein Sieb haben, zunächst auf
Wasser geschmolzen, dann läßt man das Wasser ab, bis das geschmolzene Parafffin
eben auf dem Sieb liegt, läßt das Paraffin erstarren und zieht nun das Wasser
ganz ab. Hierauf wird die ganze Schwitzkammer durch Dampf geheizt, worauf
das dem Paraffin noch anhaftende Öl herausschwitzt und abgeleitet wird.

Nach Ssachanen[2] beruht das „Schwitzen" nicht einfach auf einem Ausschmelzen der niedrigerschmelzenden Anteile, sondern es ist mit Rekrystallisation
(Bildung größerer Paraffinkrystalle) verbunden.

Die Nachteile des Trockenschwitzprozesses, wonach die ausschwitzenden Öl-
tropfen verhältnismäßig viel Paraffin auflösen, werden durch Naßschwitzen nach
Singer behoben[3]. Die Naßschwitzanlagen bestehen aus großen, mit warmem
Wasser beschickten Eisenkästen, in welche hintereinander schmale „Körbe" ein-
gestellt werden. Eine Zirkulationseinrichtung bewirkt intensive Zirkulation des
Wassers, so daß man die Temperatur außerordentlich scharf einregulieren kann.
Die Körbe selbst bestehen aus gelochten Blechen und werden durch eine fahrbare
Einrichtung mit dem zu behandelnden Paraffingatsch beschickt, und zwar, indem
das flüssige Paraffin durch eine oder mehrere Düsen durch kaltes Wasser in erstarrte
Flocken verwandelt wird, welche in die Körbe eingespült werden. Die in den
erwärmten Kästen allmählich ausschwitzende Ölschicht sammelt sich an der Wasseroberfläche an und wird durch Überläufe u. dgl., mit etwas Wasser gemischt,
fortgeleitet, während das feste Paraffin in den Körben zurückgehalten wird. Nach
Beendigung des Vorschwitzens wird die Temperatur des Wassers erhöht, worauf
das Paraffinschwitzen beginnt. Die bereits weitgehend entölten, stark paraffinhaltigen Schwitzabläufe werden durch Wiederholung des Verfahrens (zweite, dritte
Schwitzung) vollkommen entölt.

Das nach dem Naßschwitzverfahren, zumal wenn man von vorraffinierten
Produkten ausgeht, schon nahezu reine Paraffin wird erforderlichenfalls durch
Säuern und Laugen noch raffiniert, durch aktive Kohle, Fullererde u. dgl. gebleicht
und bildet dann, in Tafeln gegossen, das fertige Handelsprodukt.

Durch fraktionierte Kühlung und Schwitzung sowie durch Hochvakuumdestillation kann man zu krystallisierten Paraffinen vom Schmelzpunkt bis zu 75°,
also in das Schmelzpunktsgebiet der aus Ozokerit gewonnenen hochwertigen
Ceresine gelangen[4].

2. Eigenschaften.

Raffiniertes Paraffin ist farblos, im festen Zustande von krystalliner
Struktur, mehr transparentem als opakem Aussehen, praktisch geruch-
und geschmacklos; es soll weniger als 0,5% Öl und Feuchtigkeit enthalten.
Schon geringe Ölbeimengungen beeinträchtigen die Transparenz.

Rohparaffin ist grau, gelb bis schmutzigbraun, Paraffinschuppen sind
weiß bis hellgelb, Weichparaffin ist silbergrau[5]; grünlichgelbe oder braune
Farbe kann von fehlerhafter Destillation oder ungenügender Raffination,
aber auch von Oxydation etwa vorhandener ungesättigter Öle herrühren.

Paraffin löst sich in vielen organischen Lösungsmitteln, und zwar um so
schwerer, je höher sein Schmelzpunkt ist. Als Lösungsmittel, nach der

---

[1] D.R.P. 530304 (1926) und 530305 (1927), The Sharples Specialty Co.; vgl.
C. Walther: Erdöl u. Teer 7, 446 (1931).

[2] Ssachanen: Petroleum 21, 735 (1925).

[3] Wenn nichtsdestoweniger noch immer die Trockenschwitzerei vorwiegt,
obwohl sie sehr viel Dampf erfordert, während andererseits große Mengen heißes
Wasser in den Raffinerien ungenützt ablaufen, so liegt dies in gewissen konstruk-
tiven Mängeln, welche bei den ersten ausgeführten Anlagen auftraten (L. Singer,
Privatmitt.).

[4] Die amerikanischen Schwitzverfahren s. Holde: Chem.-Ztg. 37, 54, 87 (1913).

[5] Graefe: Laboratoriumsbuch, S. 63.

Stärke ihres Lösungsvermögens für Paraffin geordnet, seien genannt: CCl_4, $CHCl_3$, CS_2, Benzol, Benzin, Äther, Aceton, Äthylalkohol (95 %), Methylalkohol. Im Gegensatz zu den erstgenannten Lösungsmitteln ist Paraffin mit den letzten 3 Stoffen auch im geschmolzenen Zustand nicht in jedem Verhältnis mischbar. Äthylalkohol dient ja zur Fällung des Paraffins in ätherischer Lösung (s. S. 171).

Nach Ssachanen[1] löst sich Paraffin in Erdölfraktionen um so besser, je leichter diese sind; z. B. war ein Grosny-Weichparaffin (Schmp. 41/42°) in Benzin 10mal leichter löslich als in Maschinenöl.

Das deutsche Arzneibuch kennt kein Paraffin, das „Paraffinum solidum“ des D.A.B. 6 ist Ceresin (s. S. 473).

Nach der Pharmakopöe der USA. ist Paraffin eine farb-, geruch- und geschmacklose, mehr oder weniger transparente Masse, die sich aus Lösungen krystallin abscheidet, einen leicht fettähnlichen Griff hat und aus einem Gemisch von festen, hauptsächlich der Methanreihe angehörenden Kohlenwasserstoffen besteht. Es soll $d_{25} = 0{,}890{-}0{,}905$ und Schmp. 51,6—57,2° C (125—135° F) zeigen.

Die britische Pharmakopöe von 1914 (6. Ausgabe 1923) beschreibt Paraffinum durum (Hartparaffin) als ein farbloses, krystallines, mehr oder weniger transparentes, wachsähnliches Gemisch fester Kohlenwasserstoffe von leicht fettähnlichem Griff ohne Geruch und Geschmack. Schmp. (Capillare) 50—60° C. Prüfung auf Abwesenheit von Säuren durch Schütteln von 5 g Paraffin mit 90%igem Alkohol, der Lackmuspapier nicht röten darf; Prüfung auf Abwesenheit von Asche durch Abschwelen von 5 g Paraffin.

Nähere Zahlenangaben über verschiedene physikalische Eigenschaften von Paraffin s. im Abschnitt III (Prüfungen) unter Nr. 3, 4, 6 und 7.

3. Verwendung.

Paraffin dient zur Herstellung von Kerzen, als Isolationsmaterial in der elektrotechnischen Industrie, zum Konservieren von Nahrungsmitteln (Früchte, Käse), zur Herstellung von Flußsäureflaschen, zum Imprägnieren von Papier, Stoffen, Leder, zur Herstellung von Kunstvaselin usw.

Hartparaffine finden ausgedehnte Verwendung zum Verschneiden von Ceresin und von Carnaubawachs, das mit Paraffin zusammen raffiniert wird, sie werden ferner ihrer hohen Schmelzwärme und spezifischen Wärme wegen zu Paraffinpackungen bei thermischen Behandlungen benutzt.

Weich- und Matchparaffine finden Verwendung in der Zündholzindustrie, Weichparaffine in Amerika auch zur Herstellung von Kaugummi.

III. Prüfungen[2].

1. Probenahme.

Da beim Erstarren des Paraffins eine gewisse Entmischung stattfindet — es kann z. B. das Material vom Rande und der Mitte einer Paraffintafel Schmelzpunktsunterschiede bis zu 0,7° zeigen —, so muß man die Probe nach Aufschmelzen und raschem Erstarrenlassen des gesamten Materials entnehmen[3]. Ohne Aufschmelzen des Paraffins kann man Durchschnittsproben auch durch Ausbohren der Tafeln in verschiedenen Richtungen mittels eines Stangenbohrers (S. 126) erhalten.

[1] Ssachanen: Petroleum **21**, 735 (1925).
[2] L. Singer: Ref. z. Internat. Petroleumkongr. Wien **1912**.
[3] L. Singer: Chem. Revue üb. d. Fett- u. Harzind. **2**, Nr. 11 (1895).

2. Äußere Erscheinungen.

Färbung und Transparenz.

Der Farbton des Paraffins wird durch Vergleich von Probetafeln von bestimmter Größe und Dicke mit normierten Farbstofflösungen ermittelt, die sich in farblosen Glasflaschen befinden. Auch ein heizbares Colorimeter zur Prüfung des geschmolzenen Paraffins wurde vorgeschlagen[1]. Diese Art der Prüfung ist auch in England[2] vorgeschrieben. Man verwendet dort ein heizbares Lovibond-Tintometer (Warmwassermantel oder elektrische Heizung), und zwar prüft man raffinierte Paraffine in 18″ tiefem, Paraffinschuppen in 5″ tiefem versilbertem Behälter.

Geruch und Geschmack.

Ein auffälliger Geruch rührt nicht immer von mangelhafter Reinigung her, da Paraffin sehr leicht Gerüche anzieht. Im allgemeinen sind geschwitzte Paraffine geruchsschwächer als mit Benzin gepreßte.

Den Gehalt an riechenden Ölen bestimmt man durch Wasserdampfdestillation, indem man etwa 1 kg Paraffin im Kolben auf höchstens 150⁰ erhitzt, mehrere Stunden lang einen Wasserdampfstrom hindurchbläst und die flüchtigen, in einem Kühler kondensierten, infolge von Paraffingehalt butterartig erstarrenden Anteile in einer Vorlage auffängt.

Struktur, Aussehen und Klang.

Der Augenschein bzw. die mikroskopische Untersuchung ergeben folgende Strukturunterschiede: kleinkrystallin, grobkrystallin (Nadeln oder Schuppen), gleichförmig, ungleichförmig, wachsartig, ceresinartig.

Handelsparaffin soll sich nicht fettig, sondern schlüpfrig und trocken anfühlen; auf Papierunterlage darf es bei Zimmertemperatur nicht abfetten.

Hartes Paraffin gibt einen klingenden, weiches einen dumpfen Ton; der Klang gestattet daher einen Rückschluß auf gleichmäßigen Guß und Härtegrad.

3. Spez. Gewicht, Refraktion, Siedepunkt, Viscosität u. ä.

Das spez. Gew. der Paraffine (Bestimmung s. S. 4) steigt durchgehend mit dem Schmelzpunkt. Feste Handelsparaffine, Schmp. 42—75⁰, zeigten $d_{15} = 0{,}867—0{,}933$.

Bei russischen (Grosny) Paraffinen, Schmp. 28—71⁰, wurde analog $d_{20} = 0{,}859—0{,}933$ und im flüssigen Zustand $d_{80} = 0{,}745—0{,}779$ und $d_{100} = 0{,}731—0{,}766$ festgestellt[3].

Der Ausdehnungskoeffizient des festen Paraffins ist sehr hoch, er beträgt nach W. v. Piotrowski[4] 0,000842—0,005108, meist zwischen 0,001114 und 0,003492; für Grosny-Paraffine[5], Schmp. 28—71⁰, berechnet sich als Mittel 0,00240 für Temperaturen zwischen 20 und 80⁰ und 0,00064 für Temperaturen zwischen 80 und 100⁰. Die Kontraktion des geschmolzenen Paraffins beim Erstarren ist ebenfalls bedeutend, sie nimmt mit steigendem Schmelzpunkt zu und beträgt 11—15%[6].

Die Brechungsexponenten (S. 88) geschmolzener Paraffine (Schmp. 28—60⁰) betrugen n_D^{0} 1,4135—1,4275, höherschmelzende Hartparaffine

---

[1] A. Scholz: Chem.-Ztg. **38**, 497 (1914).

[2] I.P.T.-Standard Methods, 2. Aufl., 1929, S. 114/15.

[3] Ssachanen, Sherdewa u. Wassiliew: Nat. Petr. News **23**, Nr. 17, 68 (1931).

[4] W. v. Piotrowski: Ztschr. physikal. Chem. **93**, 596 (1919).

[5] Ssachanen, Sherdewa u. Wassiliew: l. c.

[6] Graefe: Chem. Revue üb. d. Fett- u. Harzind. **17**, 3 (1910).

(Schmp. $60-75^0$) zeigten n_D^{90} $1{,}4281-1{,}4328$. Über Auswertung der Brechungsexponenten zum Nachweis von Paraffinzusätzen in Ceresin s. S. 475, zur Bestimmung des Ölgehaltes s. S. 303.

Der Siedepunkt betrug z. B. bei russischen Grosny-Paraffinen, Schmp. $28-71^0$, etwa $379-562^0$*; er lag wesentlich tiefer als bei Ceresinen von gleichem Schmelzpunkt.

Weitere Konstanten s. Tabelle 66 sowie unter Erdwachs, S. 472.

Tabelle 66. Eigenschaften von russischen Paraffinen[1].

Schmp. ^{0} C	d_{20} g/l	d_{80} g/l	d_{100} g/l	Viscosität (Centipoisen)		Nitrobenzolpunkt[2] ^{0} C	Weichheitsgrad[3]	Brechungsindex n_{90}[4]
				80^0	100^0			
40,0	879	753	740	1,995	1,452	47,6	—	— 3,6
44,3	901	757	745	2,966	1,766	52,2	26,0	0
47,0	906	760	747	2,426	1,738	52,4	26,0	— 0,5
49,0	909	761	747	2,794	1,959	53,4	18,2	+ 0,7
54,3	914	765	752	3,296	2,036	56,2	13,7	4,5
57,0	918	770	757	3,718	2,637	59,4	12,8	6,9
60,3	919	771	759	3,853	2,598	61,0	10,3	7,6
64,0	921	774	760	4,721	3,190	63,6	8,3	9,8
66,3	923	775	763	4,770	3,225	65,2	7,0	10,5
71,3	933	779	766	5,731	3,711	69,2	8,3	12,7

4. Flammpunkt.

Er wird nur gelegentlich, z. B. bei Benutzung von Paraffinheizbädern, zur Beurteilung der Entzündungsgefahr bestimmt, und zwar im offenen Tiegel nach S. 63.

5 Paraffine (Schmp. $44-72^0$) aus mitteldeutschem Braunkohlenteer zeigten im o. T. Fp. $186-233^0$, Brennpunkt 219 bis 271^0.

Bei gleicher Herkunft des Paraffins steigen also die Flammpunkte mäßig, die Brennpunkte stärker mit steigenden Schmelzpunkten (s. Tab. 67).

5. Schmelzpunkt und Erstarrungspunkt.

Diese Werte bilden in der Technik die wichtigsten Kennzeichen zur Charakterisierung der Paraffine.

Tabelle 67. Flammpunkte und Brennpunkte von galizischem Paraffin (nach L. Singer).

Schmp. ^{0}	Fp. P.-M. ^{0}	Fp. o. T. ^{0}	Brennp. ^{0}
43/45	181	190	217
49/50	185	200	229
50/52	188	203	235
52/54	192	206	249
54/56	185	210	248
56/58	191	213	251
58/60	191	224	265
60/62	—	226	267

a) Schmelzpunkt im Capillarrohr. Bei zu rascher Erwärmung, sowie bei Verwendung zu enger Capillaren fallen die Werte zu hoch aus. Bei guten Hartparaffinen soll die Differenz zwischen Beginn und Endpunkt

---

* Ssachanen, Sherdewa u. Wassiliew: l. c.

[1] Ssachanen, Sherdewa u. Wassiliew: l. c.

[2] Analog dem Anilinpunkt (S. 211), aber mit Nitrobenzol statt Anilin zu bestimmen.

[3] Gemessen mit Penetrometer nach Richardson, s. S. 412.

[4] In Skalenteilen des Butterrefraktometers.

des Schmelzens 2—4⁰ nicht übersteigen. Ersterer liegt bei guten Kerzenparaffinen über 50⁰, bei geringeren Marken schon bei 47—48⁰.

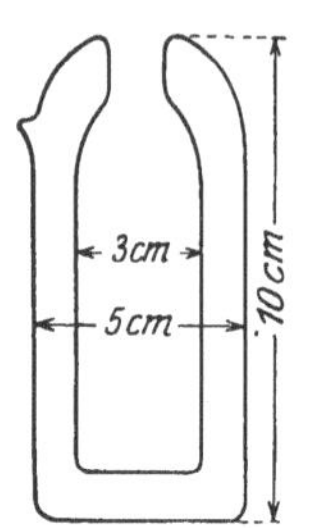

Abb. 140. Shukoff-Apparat mit Vakuummantel.

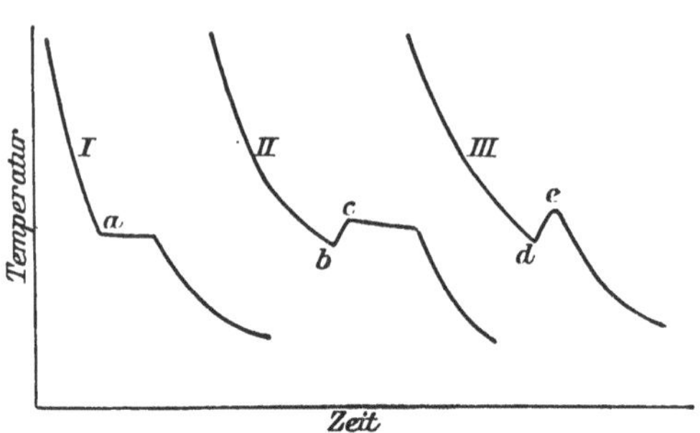

Abb. 141. Erstarrungskurven von Paraffin.

b) **Erstarrungspunkt.** Schärfere Werte als die Schmelzpunktsbestimmung liefert, wenn größere Materialmengen (20—50 ccm) verfügbar sind, die Ermittlung des Erstarrungspunktes, am besten nach Shukoff.

α) **Verfahren von Shukoff.** Man füllt das Vakuummantelgefäß, Abb. 140, nahezu vollständig mit dem geschmolzenen Paraffin, setzt mittels Korkens ein in 0,2⁰ geteiltes Thermometer (z. B. 30—80⁰ C umfassend) so ein, daß die Kugel sich in der Gefäßmitte befindet, und schüttelt den Apparat von einer etwa 5⁰ oberhalb des erwarteten Erstarrungspunktes liegenden Temperatur an regelmäßig so lange, bis der Inhalt sich deutlich getrübt hat. Dann notiert man ohne weiteres Schütteln alle 30 sec die zuerst fallende, dann entweder eine Zeitlang konstant bleibende (Abb. 141, Kurve *I*) oder nach Unterkühlung bis zu einem Maximum ansteigende (Kurven *II* und *III*) und dann wieder sinkende Temperatur. Als Erstarrungspunkte gelten die Temperaturen *a* bzw. *c* oder *e* (Abb. 141).

Statt des Vakuummantelgefäßes kann man auch einen gemäß Abb. 142 zusammengesetzten Apparat oder die ganz ähnlichen, für die Untersuchung von Fettsäuren verwendeten Geräte von Dalican oder Wolfbauer (S. 747) benutzen, bei denen aber natürlich die Wärmeisolierung (Luftmantel) weniger gut ist.

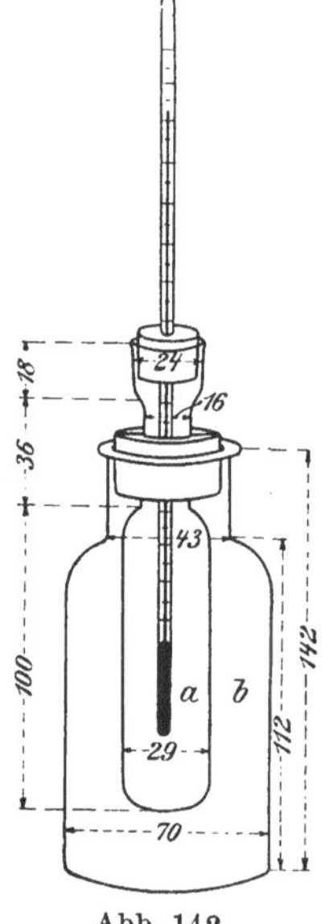

Abb. 142. Shukoff-Apparat mit Luftmantel.

β) **In England und Amerika übliche Methode**[1]. Die Bestimmung wird zwar als „Melting Point" bezeichnet, tatsächlich wird aber nicht der Schmelzpunkt, sondern der Erstarrungspunkt bestimmt. In Übereinstimmung hiermit heißt die Methode neuerdings auch in England Bestimmung des „Setting Point". Der sog. „American Melting Point", eine konventionelle Größe, die in der Praxis kaum mehr direkt bestimmt wird[2], liegt etwa 3⁰ F über dem A.S.T.M.-Paraffin Wax Melting Point.

---

[1] I.P.T.-Standard Methods, 2. Aufl., S. 115. London 1929; Meth. P.S. 11a; A.S.T.M.-Methode D 87—22, Jber. 1932 des Comm. D 2, S. 176.

[2] Verfahren s. z. B bei Burstin: Untersuchungsmethoden der Erdölindustrie S. 244. Berlin 1930.

Prüfgerät. Zur Aufnahme des Paraffins dient das 100 mm lange Reagensglas A von 25 mm äußerem Durchmesser mit Thermometer T_1 und Rührer R, das von dem Luftbad B (114 mm [$4^1/_2''$] tief, 50 mm [$2''$] innerer Durchmesser) und weiterhin von dem mit Deckel, Thermometer T_2 und Rührer versehenen Wasserbad C (150 mm [$6''$] tief, 130 mm [$5^1/_8''$] innerer Durchmesser) umgeben ist. B und C können aus Metall und in einem Stück wie in Abb. 143 hergestellt werden.

T_1 ist ein 6—7 mm dickes, 37 cm langes Stabthermometer, das von 27—71° C in 0,1° C geteilt und auf eine Eintauchtiefe von 79 mm bei 25° mittlerer Fadentemperatur geeicht ist. Das Quecksilbergefäß soll höchstens 28 mm lang sein, der Teilstrich 27° 105—115 mm über dem Boden des Quecksilbergefäßes, Teilstrich 71° 25—40 mm unter dem oberen Ende des Thermometers liegen.

T_2 ist ein gewöhnliches, auf 1° C genaues Thermometer. Der Rührer R wird aus einem 3 mm starken, etwa 30 cm langen Messing- oder Kupferdraht in der aus Abb. 143 ersichtlichen Weise gebogen.

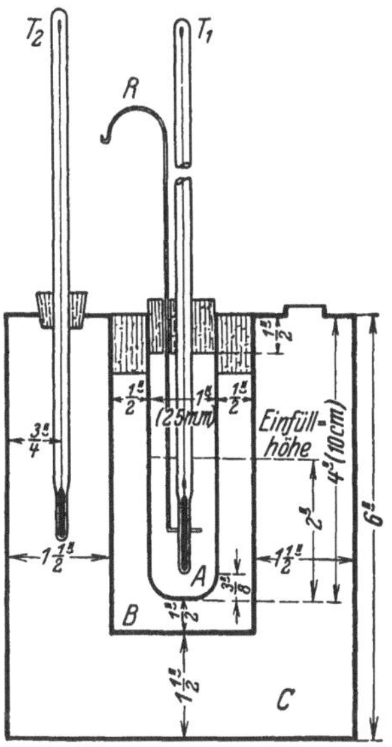

Versuchsausführung. Man schmilzt die Paraffinprobe in einem Wasserbade, dessen Temperatur höchstens 20° C über dem vermuteten Schmelzpunkt des Paraffins liegt, und füllt sie in das Reagensglas A 50 mm ($2''$) hoch ein. Darauf setzt man den Apparat unter Innehaltung der in Abb. 143 angegebenen Maßverhältnisse mittels Korken zusammen und füllt Bad C mit Wasser, dessen Temperatur etwa 9—11° C unter dem erwarteten Erstarrungspunkt des Paraffins liegt. Diese Temperatur erhält man, nötigenfalls unter Rühren des Wassers, aufrecht, bis das Paraffin (ohne gerührt zu werden) auf etwa 5° oberhalb seines Erstarrungspunktes, also 14—16° oberhalb der Wasserbadtemperatur abgekühlt ist.

Von nun an rührt man nicht mehr das Bad, sondern das geschmolzene Paraffin, indem man Rührer R 20mal pro min durch das ganze Glas A auf- und abwärts führt. Alle 30 sec liest man die Paraffintemperatur auf 0,05° ab, bis die nach anfänglichem Fallen zeitweilig konstant gebliebene Temperatur abermals zu sinken beginnt. (Zur Sicherheit setzt man die Ablesungen noch wenigstens 3 min lang fort.)

Abb. 143. Apparatur zur Bestimmung des Erstarrungspunktes von Paraffin (I.P.T.- und A.S.T.M.-Methode).

Als Erstarrungspunkt, „I.P.T.-Paraffin Wax Melting Point" bzw. „A.S.T.M.-Paraffin Wax Melting Point" gilt der Mittelwert der ersten vier, innerhalb 0,1° C übereinstimmenden Thermometerablesungen. Nach Burstin (l. c.) liegen die so gefundenen Werte etwa 0,2—0,3° C tiefer als die Erstarrungspunkte nach Shukoff.

Für kleinere Paraffinmengen geeignete Methoden.

γ) Die Hallesche, vom „Verein für Mineralölindustrie in Halle a. S." ausgearbeitete, im Paraffinhandel noch benutzte und für die zolltechnische Prüfung von Paraffinprodukten vorgeschriebene Methode liefert in verschiedenen Händen ungleichmäßig ausfallende, wesentlich höhere Erstarrungspunkte als die anderen Verfahren; diese Differenzen nehmen mit steigendem Erstarrungspunkt zu[1].

Auf die Oberfläche von etwa 70° heißem Wasser, das sich in einem etwa 7 cm hohen, 4 cm weiten Becherglase befindet, wirft man ein Stückchen Paraffin, das

---

[1] Fischer: Petroleum **2**, 14 (1906/07).

geschmolzen einen Tropfen von höchstens 6 mm Ø bilden soll, und taucht ein Thermometer so tief ein, daß das Quecksilbergefäß ganz vom Wasser bedeckt ist. In dem Augenblick, in dem sich im Paraffinauge ein Häutchen bildet, liest man den Erstarrungspunkt ab. Das Becherglas muß durch Glastafeln während des Versuches vor Zugluft bzw. dem Atem des Beobachters geschützt werden.

δ) Bestimmung des Erstarrungspunktes am gedrehten (rotierenden) Thermometer (sog. galizische Methode), als Faustprobe in der sächsisch-thüringischen und polnischen Industrie üblich.

Man taucht das kugelförmige Quecksilbergefäß eines Thermometers in die geschmolzene, auf 60—70° erhitzte Masse und läßt das Thermometer nach dem Herausziehen unter fortwährendem Drehen in einem schräg gestellten Erlenmeyerkolben, gegen Luftzug geschützt, abkühlen. Die Temperatur, bei welcher der Tropfen am Quecksilbergefäß fest wird und sich mitzudrehen beginnt, ist die Erstarrungstemperatur.

ε) Bestimmung im Capillarrohr nach Graefe. Das Verfahren ist besonders dann angebracht, wenn sehr wenig Material zur Verfügung steht, z. B. nur die bei einer Paraffinbestimmung nach S. 171 abgeschiedene Menge.

Man schmilzt eine in eine Capillare eingebrachte, kleine Paraffinprobe im Reagensglas, das zum Teil mit Wasser gefüllt ist und ein in 0,2° geteiltes Thermometer enthält, während man durch eine Glascapillare Luft durch das Wasser bläst. Dann läßt man unter weiterem Luftdurchblasen abkühlen, bis der klare Paraffintropfen sich zu trüben beginnt (Erstarrungspunkt).

Eine vergleichende Übersicht über die nach verschiedenen Methoden gefundenen Werte gibt Tabelle 68.

Bei Mischungen von Montanwachs oder Hartparaffin mit minderwertigem Weichparaffin können nach Graefe die Erstarrungseigenschaften des Materials nur durch ein Verfahren richtig gekennzeichnet werden, welches, wie das Shukoffsche, die Beobachtung der Erstarrungswärme einschließt.

Die zur Erhöhung des Schmelzpunktes von Kerzenparaffin früher empfohlenen Anilide und Amide der höheren Fettsäuren, Reten usw. erhöhen den Erstarrungspunkt scheinbar, und zwar ziemlich stark, dadurch, daß sie bereits bei einer Temperatur auskrystallisieren, bei der das Paraffin noch vollständig geschmolzen ist.

Tabelle 68. Nach verschiedenen Methoden erhaltene Erstarrungspunkte (°C) von Paraffin (nach Graefe).

Aus den Komponenten berechnet	Shukoff	Hallesche Methode	Rotierendes Thermometer	Capillare
45	45	45,5	45,3	45,2
46	46	46,6	46,2	46,4
47	47,1	47,8	47,4	47,4
48	48,1	48,9	48,3	48,7
49	49,2	50,8	49,4	49,6
50	50,3	51,6	50,5	50,6
51	51,2	52,9	51,5	51,8
52	52,1	54,3	52,4	52,7
53	53,1	55,2	53,4	53,8
54	54,2	56,6	54,5	54,7
55	55	57,8	55,4	55,6

E. Dawidson und St. v. Pilat[1] empfehlen, außer dem Erstarrungspunkt nach Shukoff auch den Erweichungspunkt von Paraffin nach der Ring- und Kugelmethode (S. 409) zu bestimmen, der um so näher an dem Erstarrungspunkt liegt, je schärfer das Paraffin fraktioniert ist.

---

[1] E. Dawidson u. St. v. Pilat: Allg. Öl- u. Fett-Ztg. **28**, 261 (1931).

6. Schmelzwärme.

Die Schmelzwärme bestimmt man indirekt aus dem Mol.-Gew. und der Gefrierpunkts - Erniedrigung nach S. 78[1].

Die zur Untersuchung dienenden Paraffine werden durch Behandeln mit Schwefelsäure und Umkrystallisieren aus Normalbenzin von öligen Beimengungen befreit. Das Mol.-Gew. des Paraffins wird nach der Gefrierpunktsmethode in Naphthalinlösung, die molekulare Gefrierpunkts-Erniedrigung K durch Auflösen von Naphthalin in Paraffin ermittelt. Die Schmelzwärme wird nach der S. 78 angegebenen Formel berechnet.

Tabelle 69. Molekulargewichte und Schmelzwärmen verschiedener Paraffine.

Erstarrungspunkt °C	d_{70}	Mol.-Gew.	Molekulare Gefrierpunktserniedrigung K	Schmelzwärme cal/g
52,24	0,7735	325,6	54,35	38,92
55,21	0,7736	329,4	54,15	39,78
57,30	0,7742	388,9	53,68	40,65
59,60	0,7745	421,2	53,77	41,15
60,92	0,7745	428,6	53,41	41,75
62,20	0,7747	445,5	52,97	42,42
65,36	0,7750	500,9	52,18	43,88

Nach Tab. 69 wächst die Schmelzwärme mit steigendem Erstarrungspunkt, Mol.-Gew. und spez. Gew. des Paraffins[2].

7. Spezifische Wärme.

Die spez. Wärme ist von Bedeutung für die Bemessung der Kühlmaschinen usw. (Bestimmung s. S. 74); sie nimmt mit steigender Temperatur stark zu:

Tabelle 70. Spezifische Wärme von Paraffinen.

Material	Temperatur 0	Spez. Wärme cal/g · Grad	Beobachter
Paraffin, fest . .	— 20 bis + 3	0,377	R. Weber, Diss. Zürich 1878
„ „ . .	— 19 „ + 20	0,525	
„ „ . .	+ 25 „ + 30	0,589	A. Battelli: Atti R. Ist. Veneto Sci. (6) **3**, disp. 10, 1781 (1884/85)
„ „ . .	+ 35 „ + 40	0,622	
„ flüssig .	+ 52,4 „ + 55	0,700	
„ fest . .	— 76,4 „ — 1,5	0,372	Nernst, Koref u. Lindemann: Sitzungsber. Preuß. Akad. Wiss., Berlin **1910**, 247
„ „ . .	+ 1,4 „ + 18,4	0,532	
„ „ . .	+ 1,5 „ + 29,2	0,775	

8. Lichtbeständigkeit.

Viele Paraffinsorten verändern ihre Farbe am Licht, jedoch nicht nur infolge von Oxydation, da eine Vergilbung auch bei hohem Vakuum eintritt; auch Ölgehalt, Raffinationsgrad, Fremdstoffe u. dgl. spielen hier eine

---

[1] G. v. Kozicki u. St. v. Pilat: Chem. Umschau Fette, Öle, Wachse, Harze **24**, 71 (1917).

[2] Tabellarische Zusammenstellung der Schmelzpunkte und Schmelzwärmen der normalen Paraffinkohlenwasserstoffe von Methan bis $C_{33}H_{68}$, teils auf Grund neuerer Bestimmungen, teils aus einer Formel für die „molare Schmelzentropie" berechnet, s. bei G. S. Parks u. S. S. Todd: Ind. engin. Chem. **21**, 1235 (1929).

Rolle. Nach L. Singer vergilben schwerere Paraffine rascher als die leichteren; besonders schnell sollen gemeinschaftlich raffinierte Paraffine mit weit auseinander liegenden Schmelzpunkten vergilben.

Das Paraffin wird zur Prüfung[1] in Tafeln oder Stangen gegossen, die eine Hälfte mit lichtdichtem Papier umgeben, worauf die Proben einige Tage oder Wochen (im Winter längere Zeit) dem direkten Sonnenlicht oder einige Stunden dem ultravioletten Licht einer Hg-Dampflampe auszusetzen sind. Ein Vergleich des belichteten und nicht belichteten Teils gibt ein Maß für die Stärke des Vergilbens. Größere Farbenunterschiede treten nur bei schlecht raffinierten Materialien auf; ganz lichtbeständige Paraffine sind freilich kaum anzutreffen.

Nach F. Sommer[2] hängt das „Vergilben" opaker Paraffine auch vom Gehalt an ungesättigten, durch die Formolitprobe feststellbaren cyclischen Kohlenwasserstoffen ab (Olefine kommen infolge der Behandlung der Handelsparaffine mit konz. Schwefelsäure nur bei ungenügend raffinierten Produkten in Betracht). Transparente Paraffine zeigten Formolitzahlen 0,02—0,3, opake Sorten 0,7—1,6.

Formolitprobe nach Sommer. 20 g im Kolben geschmolzenes Paraffin werden mit 20 ccm konz. Schwefelsäure versetzt; ganz allmählich läßt man unter Vermeidung starker Erwärmung die gleiche Menge 40%igen Formaldehyds unter Schütteln zufließen, wobei sich der Kolbeninhalt intensiv dunkelrot färbt. Man beläßt den Kolben noch 20 min unter zeitweisem Umschütteln auf dem Wasserbad und entleert ihn dann in eine Porzellanschale, die man bis zur vollständigen Trennung des Reaktionsproduktes und des Paraffins weiter erwärmt. Nach dem Erkalten hebt man den Paraffinkuchen ab, gibt die darunter befindliche Flüssigkeit in einen Scheidetrichter und schüttelt sie nach starkem Verdünnen mit Wasser mit Chloroform aus. Nach dem Abdunsten des Lösungsmittels wird die Formolitmenge bei 105° getrocknet und gewogen.

9. Mechanische Verunreinigungen.

Mechanische Verunreinigungen der Paraffinmassen, die sich technisch nicht ganz vermeiden lassen, bestimmt man nach S. 119, und zwar zweckmäßig unter Verwendung des besser lösenden Tetrachlorkohlenstoffs[3] an Stelle von Benzol.

10. Paraffingehalt der Massen und Schuppen.

a) Fällungsmethoden.

Zur Bestimmung des Paraffingehaltes durch Fällung benutzt man in der Technik die Verfahren von Engler-Holde (Alkohol-Äther bei — 20°, s. S. 171), von Schwarz und v. Huber (Butanon bei — 15°, s. S. 172) und neuerdings besonders dasjenige von E. Erdmann[4] (Aceton bei — 15°). Die nach den verschiedenen Verfahren erhaltenen Paraffinausbeuten stimmen aber nach Menge und Schmelzpunkt nicht überein.

Alkohol-Äther löst viel Weichparaffin und gibt daher geringere, aber der Praxis besser entsprechende Paraffinausbeuten als das Butanonverfahren. Zur erschöpfenden Bestimmung des Weichparaffins muß man bei ersterem Verfahren mehrmals nach S. 171 fällen oder eine der anderen Methoden benutzen. Butanon und Aceton geben fast gleiche, höhere Paraffin-

<hr>

[1] E. Graefe: Laboratoriumsbuch, S. 73, 1923.

[2] F. Sommer: Petroleum **7**, 409 (1911/12). Nach diesem Autor sind Paraffine mit mehr als 0,75% Ölgehalt stets opak.

[3] Graefe: Chem. Revue üb. d. Fett- u. Harzind. **13**, 30 (1906).

[4] E. Erdmann: Braunkohle **17**, 425 (1918).

mengen bei entsprechend tieferen Schmelzpunkten[1]. Nach R. v. Walther und K. Elsmann soll aber das mit Aceton gefällte Paraffin nach Menge und Eigenschaften dem betriebstechnisch erfaßbaren und als wertvoll anzusehenden am besten entsprechen[2]. Das Acetonverfahren wird bisher allerdings vorwiegend für Braunkohlenparaffin, weniger für Erdölparaffin benutzt. Ausführung s. S. 536.

Der Gehalt an Hartparaffin wird vergleichsweise sowohl in Weichparaffinmassen als auch in den fertigen Kerzen, gegebenenfalls nach Entfernung der Stearinsäure mittels Alkali, durch fraktioniertes Fällen der härteren Paraffine mit 96%igem Alkohol in ätherischer Lösung bei $+ 20^0$ ermittelt[3].

2 g stearinsäurefreies Paraffin bzw. Weichparaffinschuppen werden im Meßzylinder in 20 ccm Äther ($d_{15} = 0,72$) gelöst und bei 20^0 tropfenweise mit 96%igem Alkohol bis zum Eintreten einer dauernden Trübung versetzt. Nach Zugabe von weiteren 5 ccm Alkohol wird bei 20^0 gerührt und schnell durch ein glattes Filter filtriert. Das Filter legt man nach Entfernung des Niederschlages I, der auf einem tarierten Uhrglas gewogen wird, auf den Glastrichter zurück, setzt zum Filtrat nochmals 5 ccm Alkohol bei 20^0, filtriert wieder, wobei man Fraktion II erhält, und stellt schließlich in analoger Weise Fraktion III dar. Das Filtrat (Fraktion IV, Weichparaffin und etwa vorhandenes Öl) und die Niederschläge auf den Uhrgläsern werden auf einem Dampfbad von den Lösungsmitteln befreit und gewogen.

Vom ursprünglichen Paraffin sowie von den 4 Fraktionen werden die Schmelzpunkte in der Capillare bestimmt.

Das Butanonverfahren (S. 172) soll auch die Isolierung der Weichparaffine ermöglichen, wenn man zunächst bei $- 5^0$ die Hartparaffine und dann im Filtrat bei $- 15^0$ die Weichparaffine abscheidet.

Bei Weichparaffinen, die nicht mehr als 14% Öl enthalten, löst man nach Eisenlohr[4] 0,5 g Substanz in 100 ccm absolutem Alkohol, kühlt nach Zusatz von 25 ccm Wasser auf -18 bis -20^0 ab, filtriert durch einen Paraffintrichter (Abb. 99, S. 172) ohne Saugpumpe ab, wäscht mit gekühltem Alkohol von 80 Vol.-%, bis das Filtrat auf Zusatz von Wasser klar bleibt, und trocknet das Paraffin bis zur Gewichtskonstanz im Vakuumexsiccator bei $35—40^0$.

b) Schwitzverfahren.

In den Fanto-Werken A.-G., Pardubitz, die nach dem Schwitzverfahren Paraffin herstellen, wird das Rohparaffin auch im Laboratorium unmittelbar nach dem Schwitzverfahren auf Paraffingehalt geprüft.

In einer kleinen, mit Wasserheizmantel versehenen und mit Asbestpappe bekleideten Blechkammer wird auf ein Sieb 1 kg vorher in einer entsprechend großen Form zum Erstarren gebrachtes Rohparaffin gegeben. Die Wassermanteltemperatur wird durch eine kleine Flamme langsam erhöht und beobachtet. Die Abläufe gelangen durch einen Stutzen am Boden der Kammer in ein darunter gestelltes Gefäß und werden wie folgt bezeichnet:

Fraktion I vom Anfang des Schwitzens bis zu 33^0 Stockpunkt des Ablaufs, Fraktion II von 33^0 Stockpunkt bis zur Transparenz des Kammerinhalts.

Diese Einteilung erfolgte auf Grund praktischer Erfahrungen, nach denen in der Fraktion bis 33^0 Stockpunkt enthaltenes Paraffin durch erneutes Schwitzen nicht gewonnen werden kann. Die Grenze ist jedoch nicht bei allen Paraffinen 33^0, sondern hängt von der Beschaffenheit des zum Schwitzen gelangenden Rohmaterials ab und kann manchmal bis zu 40^0 hinaufgehen.

---

[1] H. Steinbrecher: Braunkohlenarch. **1928**, Heft 22, 76.

[2] R. v. Walther u. K. Elsmann: ebenda **1928**, Heft 22, 71.

[3] Holde: Mitt. Materialprüf.-Amt Berlin-Dahlem **20**, 5, 241 (1902); Graefe: Laboratoriumsbuch, S. 74.

[4] Eisenlohr: Ztschr. angew. Chem. **10**, 300, 332 (1897); **11**, 549 (1898).

Die beim ersten Schwitzen erhaltene zweite Fraktion wird umgeschmolzen, erstarren gelassen und erneut geschwitzt. Hierbei erhält man wieder eine

Fraktion I bis 33° Stockpunkt des Ablaufs und eine
Fraktion II bis zur Transparenz des Kammerinhalts.

In der Kammer verbleibt ein transparentes Paraffin, welches dem bei der ersten Fraktionierung erhaltenen zugegeben wird; Fraktion II gelangt wieder zum Schwitzen. Dieser Vorgang wiederholt sich so lange (3—5mal), als eine genügende Menge der Fraktion II zum Schwitzen vorliegt. Ist dies nicht mehr der Fall, so werden alle Fraktionen I vereinigt und in diesem Gemisch der Paraffingehalt nach Engler-Holde bestimmt. Auch in der letzten Fraktion II, welche wegen der kleinen Menge nicht mehr zum Schwitzen gelangt, wird das Paraffin nach Engler-Holde bestimmt. Von den so erhaltenen Zahlen werden erfahrungsgemäß 60—65% als praktisch ausbringbare Paraffinmenge angerechnet.

Die gesamte Paraffinausbeute summiert sich somit aus

1. dem bei sämtlichen Schwitzungen erhaltenen transparenten Schwitzgute,
2. 60—65% des nach Engler-Holde bestimmten Paraffingehalts der ersten Fraktionen,
3. 60—65% des nach Engler-Holde bestimmten Paraffingehalts in der Fraktion II, welche infolge der kleinen Menge nicht mehr geschwitzt werden konnte.

Hat man nach einem der vorstehend beschriebenen Verfahren den Gehalt an Reinparaffin ermittelt, so bleibt als Rest der sog. Ölgehalt.

11. Ölgehalt im Reinparaffin.

Transparentes Paraffin wird dem opaken gegenüber bevorzugt, weil es als praktisch ölfrei gilt.

Ein Täfelchen Hartparaffin, aus dem zu prüfenden Paraffin gegossen, darf, einige Tage in Papier eingeschlagen, keinen Ölfleck auf dem Papier zurücklassen [1].

Weichparaffin darf, auf einen Tonteller bei + 15° aufgestrichen, keine öligen Bestandteile an den Ton abgeben und seinen Erstarrungspunkt nicht ändern.

Die Ölmenge kann — abgesehen von den unten angeführten indirekten Methoden — entweder durch Fällung des Paraffins nach einem der oben erwähnten Verfahren und Eindampfen des ölhaltigen Filtrats oder — in Anlehnung an die Praxis — durch Abpressen bestimmt werden. Nach ersterem Verfahren findet man jedoch höhere Werte als nach letzterem, z. B. nach Singer[2] bei einem transparenten (technisch als ölfrei geltenden) Paraffin noch bis zu 3,6% Öl. Auch S. S. Nametkin und S. S. Nipontowa[3] finden durch Fällung mit Alkohol-Äther zu hohe Werte für den Ölgehalt.

Die z. B. nach Engler-Holde bestimmten Ölmengen sind nach Graefe nur bei einem größeren Ölgehalt als 1% und nur bei härteren Paraffinen maßgebend. Dem Aussehen des Paraffins ist mehr Gewicht beizulegen.

Zur Pressung empfiehlt Graefe[4] folgendes Verfahren:

200—300 g Paraffin werden in einem 70 mm hohen, sich nach unten verjüngenden Blechkasten von quadratischem Grundriß (oben 80 mm, unten 65 mm Kantenlänge) aufgeschmolzen und 4 h im Eisschrank auf — 5 bis — 10° abgekühlt; der nunmehr herausgeschnittene Kuchen wird auf gekühltes Filtrierpapier gebracht, rasch in gleichfalls gekühlte Filtrierleinwand gehüllt und in einer Schraubenpresse, deren Backen zuvor durch zwischengeklemmtes Eis abgekühlt wurden, 5 min lang stark gepreßt. Dann schmilzt man den Preßrückstand in gewogener Schale auf. Die Differenz gegenüber dem Gewicht des Ausgangsmaterials ergibt den Ölgehalt.

---

[1] Graefe: Laboratoriumsbuch, S. 72, 1923.
[2] Singer: Petroleum 4, 1038 (1909/10); Chem. Revue üb. d. Fett- u. Harzind. 16, 202 (1909).
[3] S. S. Nametkin u. S. S. Nipontowa: Neftj. Chosjaistwo 17, 533 (1929).
[4] Graefe: Laboratoriumsbuch, S. 34, 1923.

Diese Arbeitsweise liefert nach Graefe ein etwas ölhaltiges Paraffin, ergibt jedoch mit der Betriebspraxis, speziell für die Bestimmung der Paraffinausbeute aus Paraffinmassen, recht gut übereinstimmende Werte.

Ein ähnliches Verfahren ist neuerdings unter genauer Beschreibung der zu verwendenden hydraulischen Presse sowie der Arbeitsweise (dreimalige, je 5 min dauernde Pressung von 2,5—3 ccm Paraffin bei 15,6⁰ C unter 70 at Druck) von der A.S.T.M.[1] zur Bestimmung des auspreßbaren Öles (einschließlich etwaiger Feuchtigkeit) versuchsweise vorgeschlagen worden. Auf diese Weise wird zwar nicht der gesamte Ölgehalt ermittelt, jedoch soll durch das Verfahren gerade der vom technischen Standpunkt aus interessierende ausbringbare Ölgehalt richtig gekennzeichnet werden.

Auch in England[2] bestimmt man den Ölgehalt im Paraffin durch Pressung, indem man 33 g Substanz zwischen zwei gewogenen runden Leinenfiltern von 143 mm Ø 5 min lang hydraulisch mit 70 at preßt. Das Öl wird teils von den Leinenfiltern, teils von außerhalb derselben befindlichen Papierfiltern aufgesaugt. Seine Menge wird durch Rückwägung des Preßkuchens (einschließlich des an den Leinenfiltern befindlichen Paraffins) ermittelt.

Einige von der A.S.T.M. früher versuchsweise vorgeschlagene indirekte Methoden zur Bestimmung des gesamten Ölgehaltes, die auf der Bestimmung der Refraktion bzw. auf der Messung der Veränderung des Stockpunktes eines Paraffinöles durch Zusatz des aus dem Paraffin mittels Äthylenchlorid extrahierten Öles beruhten, haben einer systematischen Nachprüfung nicht standgehalten[3].

Eine verbesserte refraktometrische Methode zur Bestimmung des Ölgehaltes in Paraffin, die vor allem für Betriebsuntersuchungen, bei denen stets das gleiche Rohmaterial vorliegt, geeignet zu sein scheint, wurde von W. v. Piotrowski und J. Winkler[4] in Anlehnung an ein von Diggs und Buchler[5], sowie noch früher von M. Freund und G. Palik[6] vorgeschlagenes Verfahren ausgearbeitet. Dem Verfahren liegen folgende Beobachtungen zugrunde:

1. Die Brechungsexponenten von Mischungen aus Öl und Paraffin sind additiv.

2. Bei Verwendung des gleichen Rohöles zeigt das im Paraffin verbleibende Öl den gleichen Brechungsexponenten wie das beim Pressen oder Schwitzen des Paraffins bei der Fabrikation abfallende Öl, wenn man diesem die darin verbliebenen Paraffinreste durch Filtration bei —21⁰ entzieht.

3. Durch Filtration eines ölhaltigen Paraffins über Bleicherde bei 80⁰ wird dem Paraffin alles Öl entzogen, ohne daß die Zusammensetzung der festen Paraffinbestandteile sich ändert.

Zur Ausführung der Bestimmung verfahren die Autoren demnach folgendermaßen:

Das bei der kalten Pressung des Paraffinöles abfallende (nur etwa 4% Paraffin enthaltende) sog. „blaue Öl" wird mit Kieselerde im Verhältnis 2 : 1 gemischt, die Mischung auf —21⁰ abgekühlt und bei —21⁰ an einer kräftigen Saugpumpe filtriert. An einem Tropfen des Filtrats (paraffinfreies Öl) wird der Brechungsexponent bei 60⁰ bestimmt (n_o). Andererseits stellt man ein ölfreies 100%iges Paraffin her, indem man 10 g des zu untersuchenden Paraffins bei 80⁰ durch 5 g Terrana filtriert. Sind die Brechungsexponenten (bei 60⁰) des zu untersuchenden

<hr>

[1] Jber. 1932 des Comm. D 2, S. 185.
[2] I.P.T.-Standard Methods, 2. Aufl., S. 119 (1929).
[3] A.S.T.M.-Jber. 1928 des Comm. D 2, S. 12.
[4] W. v. Piotrowski u. J. Winkler: Erdöl u. Teer **6**, 447, 463 (1930).
[5] Diggs u. Buchler: Ind. engin. Chem. **19**, 125 (1927).
[6] M. Freund u. G. Palik: Petroleum **15**, 758 (1919/20).

Paraffins bzw. des daraus hergestellten 100%igen Paraffins n_x bzw. n_p, so berechnet
sich der Ölgehalt des Paraffins nach der Formel

$$O = 100 \cdot \frac{n_x - n_p}{n_0 - n_p} \; \%.$$

n_0 kann bei einem gegebenen Rohöl als konstant angesehen werden (z. B. bei
Boryslaw-Rohöl nach Piotrowski und Winkler 1,4887), so daß nur n_p und n_x
von Fall zu Fall bestimmt zu werden brauchen.

Die Verfasser empfehlen das gleiche Verfahren auch als Schnellmethode
zur laufenden Betriebskontrolle des Paraffinöls auf Paraffingehalt.

Nametkin, Welikowski und Nipontowa (l. c.) fanden, daß die
Konsistenz von Paraffin durch Ölzusätze sehr stark herabgesetzt wird,
z. B. erniedrigte ein Zusatz von 1% Spindelöl ($E_{50} = 2,2$) zu völlig ölfreien
Paraffinen von den Schmelzpunkten $46,2-57,7^0$ und Konsistenzwerten
von $60-260$ kg nach Richardson[1] die Konsistenz durchschnittlich um
30%; enthielt das Paraffin schon vorher Öl, so war die Abnahme der Konsistenz geringer, z. B. betrug

bei einem ursprünglichen Ölgehalt des Paraffins von %	0,25	0,5	1,0	2,0	4 u. m.
die Abnahme der Konsistenz bei 1% Ölzusatz . %	23	20	15	10	6,5

Mit Hilfe dieser Zahlen läßt sich der Ölgehalt näherungsweise durch
2 Konsistenzmessungen ermitteln.

12. Schwefelgehalt.

Da Kerzen aus schwefelhaltigem Paraffin unter Umständen beim Abtropfen
silberne Leuchter schwärzen können, empfiehlt sich die in England übliche qualitative Prüfung, ob eine in das geschmolzene, auf etwa 170^0 erhitzte Paraffin ge-
tauchte blanke Silbermünze oder ein blankes Kupferblech geschwärzt werden.

Quantitative Bestimmung des Schwefels s. S. 100 f.

13. Sonstige Prüfungen von Paraffin und Paraffinkerzen.

Fremde Beimengungen wie Stearin (Stearin- und Palmitinsäure), Harz
u. dgl. werden an der SZ. bzw. VZ. erkannt (Bestimmung s. S. 110 und 113).

Näheres hierüber sowie über die Unterscheidung von Erdöl- und Braunkohlenparaffin und die Prüfung von Paraffinkerzen s. Abschnitt „Braunkohlenteer", S. 539/40.

N. Vaselin [2].

(Unter Mitwirkung von K. H. Schünemann.)

Als Vaselin (oder Vaseline) bezeichnet man natürliche oder künstliche,
bei gewöhnlicher Temperatur (15^0) salbenartige Gemische von festen und
flüssigen Kohlenwasserstoffen des Erdöls.

---

[1] Diese Berechnung ist nicht ganz verständlich, da nach Richardson (S. 412)
die Härte nicht in kg, sondern in Penetrometergraden ausgedrückt wird.

[2] Literatur: Engler-Höfer: Das Erdöl, 1. Aufl., Bd. 1; Day: Handbook of
the Petroleum Industry, New York 1922, Bd. 1 u. 2; L. Gurwitsch: Wissenschaftliche Grundlagen der Erdölverarbeitung, 2. Aufl., Berlin 1924; Lockhart:
American Lubricants, 3. Aufl., Easton, Pennsylv., 1927; Archbutt u. Deeley:
Lubrication and Lubricants, 5. Aufl., London 1927.

I. Naturvaselin.

1. Herstellung.

Naturvaselin wurde angeblich zuerst 1869 durch R. A. Chesebrough[1] aus Destillationsrückständen von pennsylvanischem Rohöl hergestellt. Aus paraffinhaltigen, asphaltarmen Rohölen werden sorgfältig unter Zuhilfenahme von Dampf und Vakuum die leichten Fraktionen abdestilliert (etwa vorhandene stark riechende Stoffe werden durch Einblasen von Luft abgetrieben), bis ein salbenartiger halbfester Rückstand, der sog. Petrolatum Stock[2], vorliegt, ein Gemisch von festen mikrokrystallinen Paraffinkohlenwasserstoffen und viscosen Ölen. Speziell pennsylvanische Rohöle liefern den besten Petrolatum Stock, das Ausgangsmaterial für die Vaselinherstellung; daneben werden in geringen Mengen auch polnische, russische u. a. Rohölrückstände auf Vaselin verarbeitet. In USA. werden neuerdings auch aus Erdöl abgeschiedene amorphe Wachse wie Rodwax[3], Absitzund Zentrifugenwachs[4] sowie Tankbodenwachs[5] dem Petrolatum Stock hinzugefügt und zur Vaselinherstellung mit herangezogen. Große Geschicklichkeit erfordert das Abdestillieren der leichten Fraktionen aus den geeigneten Rohstoffen zwecks Konzentration derselben. Das erhaltene Endprodukt soll ein gutes neutrales Rohvaselin von bestimmtem Schmelzpunkt, amorphem, nicht krystallinem Gefüge, nicht zu salbenartiger Konsistenz, aber doch von bestimmter Festigkeit und leicht fadenziehendem Charakter sein. Der Destillationsprozeß dauert oft 40 h und länger, bevor der verbleibende Rückstand (Petrolatum Stock, Rohvaselin) filterfertig ist. Er ist — je nach der Farbe des verarbeiteten Rohmaterials — gelbrot bis dunkelgrün und infolge eines Gehalts an Erdölharzen etwas klebrig, der Tropfpunkt liegt zwischen 35 und 54[0][6].

Durch Entfärben mit Fullererde (auch aktiver Kohle) und Filtrieren in geheizten Filterpressen oder Bleichen in Absorptionstürmen erhält man helles Vaselin. Zum Teil geschieht das Bleichen auch nach Verdünnen mit Benzin, das nach dem Bleichprozeß wieder abgetrieben wird[7]. Je nach der Menge des angewandten Bleichmaterials ist das gewonnene Vaselin von weißer oder gelber Farbe, weniger gebleichte Sorten sind rötlichgelb oder rötlichgrün. Außer durch Filtrieren über Entfärbungsmittel wird helles Vaselin auch durch Raffination von Rohvaselin mit konz. oder rauchender Schwefelsäure gewonnen. Das nach diesem Verfahren erhaltene Vaselin ist jedoch unter Umständen weniger wertvoll als nur durch Filtrieren hergestelltes, da bei zu starker Raffination mit Schwefelsäure ein Teil der Zügigkeit leicht verloren gehen kann. Raffination mit Schwefelsäure in

---

[1] In Deutschland soll es bereits um 1865 bei der Firma Korff in Bremen durch den ungarischen Chemiker G. Rácz hergestellt worden sein. Engler-Höfer: Das Erdöl, 1. Aufl., Bd. 1, S. 395.

[2] Petrolatum ist der in USA. übliche Ausdruck für Vaselin, und zwar sowohl für Rohvaselin (Petrolatum Stock) als auch für raffiniertes Vaselin, das auch Petrolatum Jelly, Petroleum Jelly, Vaseline und Ungt. Petrolei genannt wird. Day: l. c. 2, 359f.

[3] Rodwax oder Röhrenwachs, ein dunkelbraunes Wachs, Schmp. etwa 50[0], setzt sich in Rohrleitungen und Pumpen aus paraffinreichen Rohölen ab und unterbricht häufig die Förderung. Day: a. a. O.

[4] Beide Wachse gewinnt man aus filtrierten paraffinhaltigen Zylinderölen bei der Fabrikation von kältebeständigen Zylinderölen (Bright Stocks). Das Entwachsen geschieht in Benzinlösung durch Abkühlen auf tiefe Temperaturen und Entfernen des Wachses durch Absitzenlassen (veraltet), mittels Filterpresse oder Zentrifuge (z. B. nach Sharples oder dem Laval-S-N-Tri-Verfahren). Day: a. a. O.

[5] Tankbodenwachs, Schmp. etwa 46[0], Farbe gelb bis dunkelgrün, setzt sich beim Lagern von Paraffinbasis-Rohölen auf dem Boden der Lagertanks ab. Day: a. a. O.

[6] Petrolatum von über 50[0] Tropfpunkt und viscoserem Charakter, das durch stärkere Konzentration erhalten werden kann, fand früher vielfach Verwendung als Kabelvaselin (S.280); es ist durchweg ausgesprochen dunkelgrün. Über die Verarbeitung von Petrolatum auf Ceresin s. S. 468.

[7] Lockhart: American Lubricants, 3. Aufl., Easton, Pa., 1927. S. 18.

einem Lösungsmittel und nachfolgendes Bleichen mit Fullererde wird in USA. ebenfalls angewandt.

Die Herstellungskosten sind infolge des großen Verbrauchs an Entfärbungsmitteln sehr hoch, so daß ein Verschneiden mit dem billigeren Kunstvaselin naheliegend und lohnend ist.

2. Eigenschaften.

Das reine Naturvaselin ist homogen, in dünnen Lagen durchscheinend, salbenartig, von eigentümlichem Glanz und je nach der Farbe von bläulicher oder grünlicher Fluorescenz. Die weißen und gelben pharmazeutischen Sorten sind geruch- und geschmacklos, die dunkleren haben durchweg leichten Petroleumgeruch und dienen — neben ausgedehnter technischer Verwendung — nur veterinär-medizinischen Zwecken. Man stellt pharmazeutisches Naturvaselin mit Schmelz- und Tropfpunkten zwischen 35 und 54[0] her, entsprechend den pharmazeutischen Vorschriften der einzelnen Staaten. Das spez. Gew.[1] liegt bei 15[0] zwischen 0,865 und 0,909, bei 100[0] zwischen 0,804 und 0,885. Die Viscositätsunterschiede beim Naturvaselin sind beträchtlich (s. Tab. 71, S. 308), da sie von der Herkunft des Rohstoffes und der Art der Verarbeitung abhängen[2]. Feste Paraffinkohlenwasserstoffe sind nur in relativ geringen Mengen vorhanden[3], der Gehalt an diesen ist durch die Konsistenz bedingt und beträgt im Mittel etwa 15%. Russisches Naturvaselin enthält z. B. weniger als amerikanisches[4]. Der Hauptträger der zügigen Eigenschaften des Naturvaselins ist in Verbindung mit viscosen Ölen die Anwesenheit von festen, in ihrem Verhalten dem Ceresin entsprechenden Kohlenwasserstoffen.

3. Verwendung.

Weißes und gelbes Naturvaselin wird für sich allein oder mit Zusätzen für kosmetische und pharmazeutische, sowie für spezielle medizinische Zwecke gebraucht, z. B. als geschätzte Salbengrundlage und zum Überfetten von Seifen. Die technischen Sorten dienen als Rostschutzmittel, zum Einfetten und Konservieren von Waffen, Geschirr und Lederwaren, zum Wasserdichtmachen von Leder, als

---

[1] S. auch Archbutt u. Deeley: Lubrication and Lubricants, 5. Aufl., S. 308. London 1927. Die USA. Pharmakopöe 10. Ed. schreibt ein spez. Gew. von 0,820—0,860 bei 60[0] C vor.

[2] Naturvaselin von niederem Schmelzpunkt (das z. B. aus hochschmelzendem durch Hinzufügen von pharmazeutischem Vaselinöl erhalten werden kann), wie es für spezielle medizinische Zwecke als Augensalbe, Brandsalbe usw. gefordert wird, hat unter Umständen auch geringere Viscosität als in Tabelle 71, S. 308 angegeben. R. Holdermann: Apoth.-Ztg. **44**, 1155 (1929), gibt von 12 untersuchten pharmazeutischen Naturvaselinen, Schmp. 35—41[0], als niedrigsten Wert $E_{60} = 1,6$ an.

[3] Nach Gurwitsch: Wissenschaftliche Grundlagen der Erdölverarbeitung, 2. Aufl., S. 396. Berlin 1924, etwa 10—20% vom Schmp. 53—57[0]; Holde u. Schünemann (bisher unveröffentlicht) erhielten aus pennsylvanischem gelbem Naturvaselin, Tropfpunkt 44[0], 20% feste ceresinartige Kohlenwasserstoffe, Schmp. 59—61[0] und 80% hellgelbes Mineralöl von $d_{15} = 0,867$ und $E_{50} = 5,7$. Durch Umkrystallisieren der festen Anteile aus Isopropylalkohol wurden etwa zwei Drittel als vollständig ölfreie, hochschmelzende ceresinartige Kohlenwasserstoffe vom Schmp. 74—75[0] und Brechungsindex $n_{90^0} = 15,8$ erhalten.

[4] A. S. Welikowski u. S. S. Nipontowa: Neftj. Chosjaistwo **15**, 477 (1928); C. **1931**, I, 394.

Grundlage für Lederfette, für Schmierzwecke, als Zusatz für Maschinenfette, als Kugellagerfett usw. Über die Verwendung von Petrolatum als Kabelvaselin vgl. S. 280.

II. Kunstvaselin.

Kunstvaselin wird durch Auflösen von Paraffin — meist unter Zusatz von Ceresin — in raffinierten Mineralölen (z. B. 20 Teilen Paraffin in 80 Teilen Mineralöl) in der Wärme hergestellt.

Da reines Paraffin schlecht gebundene und daher meist Öl ausschwitzende Kunstvaseline ergibt, setzt man ihm in der Regel zur Erzielung einer besseren Bindung und Homogenität, sowie zur Erhöhung des Schmelzpunktes, etwas Ceresin zu. (Auch Montanwachs- und Harzzusätze sind üblich.) Je nach der Farbe des verwandten Ceresins bzw. Mineralöls erhält man weiße bis gelbe Produkte. Die Verwendung von möglichst viel Ceresin sowie viscosen Ölen und Verrühren des Vaselins während des Erstarrens bis unterhalb des Erstarrungspunktes tragen zur Erzielung naturvaselinartiger Produkte bei.

Kunstvaselin für pharmazeutische Zwecke (das Ungt. Paraffini des deutschen Arzneibuches, 5. Aufl.[1]) wird als eine Mischung von Paraffin, Ceresin und Vaselinöl bezeichnet. Gelbes Apothekervaselin (Ungt. paraffin. flav.) besteht z. B. aus 8% naturgelbem Ozokerit, 7% Paraffin 50—52⁰ und 85% hellem, geruchlosem Vaselinöl[2], ein weißes (Ungt. paraffin. alb.) wird entsprechend aus weißem Ozokerit und medizinischem Weißöl hergestellt.

Kunstvaselin wird häufig als billigerer Ersatz für die gleichen Zwecke wie Naturvaselin verwendet.

III. Unterscheidung von natürlichem und künstlichem Vaselin.

Die Unterschiede liegen hauptsächlich in der verschiedenen Struktur. Reines Naturvaselin ist weich, salbenartig, fadenziehend und in dünner Schicht durchscheinend (transparent), Kunstvaselin ist meist kurz abreißend, körnig oder knotig, nicht durchscheinend, starrsalbig und daher nicht fadenziehend.

Der Charakter des Naturvaselins sollte nach der früheren Auffassung[3] durch die Gegenwart fester amorpher Paraffinkohlenwasserstoffe, der des Kunstvaselins durch krystalline Kohlenwasserstoffe bedingt sein, die z. B. aus amorphen durch Zersetzungsdestillation entstehen können. Mabery[4] und andere Forscher vertraten die Ansicht, daß zwischen krystallinen und amorphen Paraffinen kein Unterschied besteht. Gurwitsch[5] nahm an, daß alle festen Kohlenwasserstoffe des Erdöls krystallin sind, und daß sich die sog. amorphen nur durch ihre geringere Krystallgröße von den krystallinen unterscheiden. Diese geringere Krystallgröße führt Gurwitsch darauf zurück, daß die undestillierten Naturvaseline noch viscose — bei der Destillation nicht oder nur unter Zersetzung übergehende — Ölbestandteile enthalten, die die Krystallisation der festen Kohlenwasserstoffe hemmen. Amerikanische Forscher[6] gaben ähnliche Ursachen an, die die Krystallisation von „amorphen" Paraffinen einschränken oder verhindern sollen, wie z. B.

---

[1] In der 6. Auflage (1926) des D.A.B. wird Ungt. Paraffini nicht mehr aufgeführt.

[2] S. auch Seifensieder-Ztg. **53**, 821 (1926).

[3] S. Engler u. Böhm, Engler-Höfer: Das Erdöl, Bd. 1, S. 395f. 1913.

[4] Engler-Höfer: l. c.

[5] Gurwitsch: l. c.; vgl. auch H. Suida u. H. Kamptner: Asphalt u. Teer **31**, 669 (1931).

[6] S. Petrol. Engr. **1931**, 80—84, wo von F. W. Padgett ein Auszug aus den wichtigeren Arbeiten auf diesem Gebiet gegeben wird.

Verunreinigungen, Verbindungen kolloidaler Natur, viscose Öle, Oberflächenspannungserscheinungen u. a. Padgett[1] läßt die Möglichkeit offen, daß die Verunreinigungen aus Kohlenwasserstoffen mit verzweigten Ketten bestehen können. Nach Ssachanen, Sherdewa und Wassiliew[2] sind die aus Destillationsrückständen russischer Rohöle abgeschiedenen festen Paraffinkohlenwasserstoffe als Ceresine von zarter mikrokrystalliner Struktur aufzufassen. Je nach Herkunft und Art der Verarbeitung dieser Rückstände sind die darin enthaltenen Ceresine von mehr oder weniger großen Mengen natürlich vorhandener Paraffine begleitet. Aus neueren Feststellungen des Verfassers[3] ergibt sich folgendes: Aus Naturvaselin (desgleichen aus viscosen, nicht destillierten Erdölen) abgeschiedene feste Kohlenwasserstoffe haben Ceresincharakter, sie ergeben mit den abgetrennten Ölen oder mit anderen Ölen gleicher Viscosität zügiges Naturvaselin, wie es aus den gleichen Ölen auch mit aus Ozokerit stammendem Ceresin erhalten werden kann, während destillierte Paraffine unter gleichen Bedingungen nur kurzabreißendes körniges Kunstvaselin ergeben. Danach sind also Naturvaseline als Gemische fester Kohlenwasserstoffe von Ceresincharakter mit viscosen Mineralölen anzusehen[4] (vgl. auch S. 289 u. 469).

Für die Herstellung von Kunstvaselin werden durchweg dünnflüssige Vaselinöle verwandt, daher ist es in vielen Fällen möglich, durch Destillation mit Wasserdampf oder im Vakuum diese dünnflüssigen Öle von den festen Bestandteilen abzutrennen und als solche zu identifizieren. Ein niedriger Flammpunkt ($< 200^\circ$ nach Marcusson), sowie die meist geringere Viscosität von Kunstvaselin gegenüber Naturvaselin sind ebenfalls gute Kennzeichen. Die erwähnten Unterschiede sind allerdings stark abhängig von der Viscosität der benutzten Mineralöle, treffen aber für die meisten handelsüblichen, wenn auch nicht für alle Kunstvaseline zu. Auch der früher als grundlegend angesehene Unterschied, daß Kunstvaselin beim Erwärmen plötzlich aus der breiigen Form in die flüssige übergeht, gilt, wenn auch für

Tabelle 71. Viscositäten von natürlichem und künstlichem Vaselin.

Art des Vaselins	Tropfpunkt nach Ubbelohde $^\circ$	Englergrade bei $^\circ$ C			
		50[5]	60	80	100
Weißes amer. Naturvaselin	38—51	4—7	2,8—8,0	2,0—4,1	1,6—2,5
Gelbes amer. Naturvaselin	38—51	6—15	3,8—10,0	2,7—5,0	1,8—2,9
Kunstvaselin[6]	25—50	1,8—3,5	1,5—1,8	1,3	1,2
Dgl.[7]	47	tropft	3,8	2,9	2,3
Dgl.[8]	39	nicht bestimmt	3,8	2,24	1,66
Dgl.[9]	39	desgl.	11,0	5,0	2,76

[1] Padgett: l. c. S. 84.

[2] Ssachanen, Sherdewa u. Wassiliew: Nat. Petrol. News **23**, Nr. 16, 49; Nr. 17, 67; Nr. 18, 51; Nr. 19, 71 (1931); C. **1931**, II, 942, 1798.

[3] Holde u. Schünemann: bisher unveröffentlicht.

[4] Geringe Mengen von Normalparaffinen sind als natürliche Begleitstoffe häufig vorhanden.

[5] Nur für bei 50° vollkommen geschmolzenes Vaselin angegeben.

[6] Aus Paraffin bzw. Paraffin-Ceresingemischen mit Vaselinöl von $E_{50} = 2,0$ hergestellt.

[7] Aus 8% Ceresin, 7% Paraffin und 85% viscosem Vaselinöl ($E_{50} = 9,0$) hergestellt.

[8] Nach Gurwitsch: a. a. O., S. 395; Viscosität des zur Herstellung benutzten Öles ist nicht angegeben.

[9] Nach Gurwitsch: a. a. O., S. 395; anscheinend aus Paraffin und viscosem Rückstand hergestellt, hat nur theoretisches Interesse.

die meisten handelsüblichen Kunstvaseline, so doch nur für solche, die aus dünnflüssigen Vaselinölen und gewöhnlichem krystallinem Paraffin bzw. mit nur geringen Ceresinzusätzen hergestellt sind. Werden jedoch größere Mengen Ceresin an Stelle von Paraffin sowie viscose Öle verarbeitet, so ergeben sich, wie schon oben erwähnt, Produkte, die im Verhalten dem Naturvaselin ähnlicher sind (s. vorstehende Tabelle).

Die Aufnahmefähigkeit für Sauerstoff in der Wärme soll nach der einschlägigen Literatur bei natürlichem Vaselin stärker als bei künstlichem sein und war daher früher von verschiedenen Autoren[1] zur Unterscheidung vorgeschlagen worden. Sie mag früher bei beiden Vaselinsorten für einzelne Produkte kennzeichnend gewesen sein, ist es aber heute nicht mehr, da einerseits durch Schwefelsäureraffination hergestellte Naturvaseline relativ unempfindlich sind, andererseits aber stärker ausraffinierte amerikanische und russische Vaselinöle, die zur Kunstvaselinherstellung dienen, durch Sauerstoff bei Temperaturen über 100^0 außerordentlich stark oxydierbar sind. Ebenfalls ist die verschiedentlich vorgeschlagene Heranziehung der Jodzahl zur Unterscheidung nicht brauchbar. Wenn auch gute, pharmazeutischen Ansprüchen genügende weiße Naturvaseline mit Jodzahlen bis etwa 5 (nach Hübl), gelbe mit solchen bis zu 7 vorkommen, so gibt es doch auch solche mit geringerer JZ., bis herab zu 0, z. B. die durch Schwefelsäureraffination gewonnenen Sorten. Infolge der scharfen Prüfungen auf ungesättigte Kohlenwasserstoffe in den verschiedenen pharmazeutischen Vorschriften sind Naturvaseline mit hohen Jodzahlen jetzt nicht mehr im Handel[2]. Bei Kunstvaselinen hängt die Höhe der Jodzahl von den Jodzahlen der benutzten Paraffine und Mineralöle ab, die heute praktisch nur gering oder gleich Null sein können. Der durch die Höhe der Jodzahl angezeigte Gehalt an Doppelbindungen kann besonders nachteilig wirken bei solchem Vaselin, das dem rauchlosen Pulver als Stabilisator zugesetzt wird, da ungesättigte Verbindungen mit den bei der langsamen Zersetzung des Pulvers freiwerdenden Stickoxyden äußerst instabile Verbindungen eingehen[3].

IV. Prüfungen.

1. Äußere Erscheinungen. Farbe und Fluorescenz werden zweckmäßig in der Aufsicht am ungeschmolzenen, in der Durchsicht am geschmolzenen Vaselin beobachtet, hierbei z. B. im 15 mm weiten Reagensglas. Zur zahlenmäßigen Angabe der Farbe ist in USA. das Union-Colorimeter (S. 320) gebräuchlich.

Zur Prüfung in diesem erhitzt man das Vaselin 11—17^0 C (20—30^0 F) über seinen Schmelzpunkt; im übrigen verfährt man wie S. 320 angegeben. Sehr dunkle Produkte (Kabelvaselin) werden mit wasserhellem Leuchtpetroleum (nicht dunkler als Nr. 21 nach Saybolt, s. S. 233) im Volumenverhältnis 15 Vaselin zu 85 Petroleum (beides auf 11—17^0 C über den Schmelzpunkt des Vaselins erhitzt), verdünnt.

Der Geruch wird am geschmolzenen Vaselin geprüft.

2. Physikalische Prüfungen. Zur Bestimmung der Konsistenz benutzt man den Konsistenzmesser von Kißling oder den Apparat der A.S.T.M. (S. 382),

---

[1] Engler u. Böhm: Dingl. polytechn. Journ. **262**, 568f. (1886). R. Fresenius: ebenda **236**, 503 (1880).

[2] Im Jahre 1928 von R. Poggi: Giorn. Chim. ind. appl. **10**, 601 (1928); C. **1929**, I, 2380, untersuchte Naturvaseline zeigten noch Jodzahlen (Hanuš) 11,3—16,9, ein weißes Naturvaselin allerdings nur 2,2.

[3] Nach R. Poggi: l. c., geben ungesättigte Verbindungen im Vaselin Anlaß zu unliebsamen Störungen.

zur Tropfpunktsbestimmung den Ubbelohde-Apparat. Das spez. Gew. kann man beim festen oder geschmolzenen Vaselin, z. B. bei 15, 60 oder 100⁰ bestimmen.

3. Chemische Prüfungen auf freie Säuren, Alkalien, Asche, Seifen, Fette, Wachse, Harze, Farbstoffe usw. s. S. 109f.

4. Besondere Vorschriften des D.A.B. 6: Das Arzneibuch unterscheidet Vaselinum album, weißes, und Vaselinum flavum, gelbes Vaselin.

Beide Vaseline sollen aus Rückständen der Petroleumdestillation gewonnenes Mineralfett (ersteres gebleicht), also Naturvaselin darstellen und zwischen 35 und 45⁰ zu geruchlosen, blau fluorescierenden, klaren Flüssigkeiten schmelzen, welche bei weißem Vaselin grünlich, bei gelbem Vaselin gelb gefärbt sein sollen. Beide Vaselinsorten sollen unlöslich in Wasser, wenig löslich in Weingeist[1], leicht löslich in Chloroform und Äther sein.

Unter dem Mikroskop dürfen beide Vaselinsorten bei etwa 200facher Vergrößerung nur feine nadelförmige, aber keine körnigen oder grob krystallinischen Gebilde zeigen (Prüfung auf Kunstvaselin).

Werden 5 g weißes oder gelbes Vaselin mit einer Mischung von 3 g Natronlauge (14,8—15% NaOH) und 20 ccm Wasser unter Umschwenken zum Sieden erhitzt, so darf die nach dem Erkalten abfiltrierte Flüssigkeit beim Übersättigen mit Salzsäure keine Ausscheidungen geben (Prüfung auf verseifbare Fette und Harze).

Werden 5 g weißes Vaselin mit 20 g siedendem Wasser bzw. 5 g gelbes Vaselin mit 20 g siedendem Weingeist geschüttelt, so müssen der wässerige bzw. alkoholische Auszug nach Zusatz von 2 Tropfen Phenolphthaleinlösung farblos bleiben (Prüfung auf Alkalien), dagegen nach darauffolgendem Zusatz von 0,1 ccm 0,1-n KOH gerötet werden (Prüfung auf Säuren)[2].

Der Weingeistauszug des gelben Vaselins darf als solcher nicht gefärbt sein (Prüfung auf Teerfarbstoffe).

Werden 10 g weißes oder gelbes Vaselin mit 10 Tropfen 0,1%iger wässeriger Kaliumpermanganatlösung 5 min lang in einer bis zum Schmelzen des Vaselins erwärmten Reibschale gemischt, so darf die Kaliumpermanganatlösung ihre violette Farbe nicht verlieren (Prüfung auf fremde organische Stoffe).

Werden 3 g weißes Vaselin mit 6 g Schwefelsäure (94—98%) in einer mit Schwefelsäure gereinigten Schale zusammengerieben, so darf sich das Gemisch innerhalb einer Stunde höchstens bräunen, aber nicht schwärzen (Prüfung auf fremde organische Stoffe).

5. Von den ähnlich lautenden Vorschriften der Arzneibücher anderer Staaten seien der Kürze wegen nur die geforderten Schmelzpunkte wiedergegeben: England 40—46⁰ (weiß) bzw. 38—46⁰ (gelb), Holland 41—50⁰, Schweden 38—50⁰, Norwegen 48—50⁰, Schweiz 38—42⁰, Italien 35—45⁰, Japan 35—42⁰, USA. 45—48⁰.

V. Deutsche zollamtliche Vorschriften.

Im Warenverzeichnis zum deutschen Zolltarif fällt Vaselin unter Nr. 258: Vaselin (Erzeugnis aus Mineralöl von weicher, butterartiger Konsistenz), Vaselinsalbe, Paraffinsalbe (durch Zusammenschmelzen von gereinigtem festen und flüssigen Paraffin hergestellt, also = Kunstvaselin), nicht wohlriechend, nicht mit Heilmittelstoffen versetzt.

---

[1] 90,09 bis 91,29 Vol.-% = 85,80 bis 87,35 Gew.-% Alkohol.

[2] Der Gehalt an wasser- bzw. alkohollöslichen freien Säuren muß demnach < 0,11 ber. als NZ., sein. Strengere Anforderungen in bezug auf Säurefreiheit werden an Vaselin für Geschoßherstellung gestellt, welches dem Nitroglycerinpulver zwecks Herabsetzung seiner Explosionstemperatur und Schonung der Geschützrohrzüge zugesetzt wird. Von einzelnen Geschoßfabriken wurde freie Säure nur in einer Menge von 0,04, ber. als NZ., zugelassen. Für sonstige technische Zwecke, wie Schmierung oder Rostschutz, wird man im allgemeinen weniger strenge Anforderungen stellen und freie organische Säure entspr. NZ. 0,1, unter Umständen bis 0,4, als unschädlich zulassen, wenn nicht strengere Vereinbarungen vorliegen. Es scheint aber keine Schwierigkeiten zu bereiten, Naturvaselin säurefrei herzustellen, da absolut säurefreies im Handel anzutreffen ist.

Zollamtlich werden die paraffinhaltigen Produkte der Tarifnummern 250 (Paraffin), 251 (Weichparaffin) und 258 (Vaselin) von den Schmierölen (Tarifnummer 239) lediglich gemeinsam durch den Stockpunkt unterschieden, in der Weise, daß die bis $+30°$ flüssigen Produkte im allgemeinen als Mineralschmieröle nach Nr. 239, d. h. zum niedrigsten Zollsatz, zu verzollen sind [1].

O. Mineralschmieröle.

(Bearbeitet von G. Meyerheim unter Mitwirkung von C. Walther.)

I. Herstellung und Einteilung [2].

Als Ausgangsmaterial für die Herstellung der Schmieröle dienen die nach dem Abdestillieren der Benzin-, Leuchtöl- und Gasölfraktionen aus dem rohen Erdöl verbleibenden flüssigen Rückstände, welche in Rußland „Masut", in Rumänien „Pacura" und in Amerika „reduced oil" oder „long residuum" genannt werden. Die Destillation dieser Rückstände erfolgt im allgemeinen mit überhitztem Dampf im Vakuum. In neuerer Zeit wird hierbei, besonders bei stark asphalthaltigen Rohölen, Hochvakuum bis zu einem Restdruck von 3 oder 5 mm Quecksilber benutzt [3]. Aus wärmetechnischen Gründen und zwecks Vermeidung von zu langer Destillationsdauer nimmt man die Destillation in zunehmendem Maße nicht mehr in Blasen, sondern in Anlehnung an die Röhrendampfkessel durch Erhitzen der Öle in Röhren und anschließende fraktionierte Kondensation der Dämpfe vor. Man gewinnt hierbei eine Reihe von Schmieröldestillatfraktionen von steigenden Siedegrenzen, Viscositäten, spez. Gew. usw. und, je nach dem Grade, bis zu welchem man die Destillation treibt, entweder einen flüssigen Rückstand, der durch entsprechende Raffination auf Schmieröle verarbeitet werden kann (in Amerika „cylinder stocks", bzw. „bright stocks" genannt), oder einen halbfesten bzw. einen festen Rückstand (Erdölasphalt bzw. Petrolkoks).

Sofern die einzelnen Fraktionen oder die schmierölhaltigen Rückstände Paraffin enthalten, werden sie im allgemeinen entparaffiniert. Dazu werden sie, erforderlichenfalls nach Verdünnung mit Benzin, abgekühlt und dann

---

[1] Erlaß des Reichsschatzamtes, Privatmitt. von Dr. H. Schnell (Technische Prüfungs- und Lehranstalt der Reichs-Zollverwaltung Altona). Ein früher von der technischen Prüfungsstelle des Reichsschatzamtes ausgearbeitetes genaueres Verfahren zur Unterscheidung der in die einzelnen Tarifklassen gehörigen paraffinhaltigen Erdölprodukte (s. 6. Aufl. dieses Buches, S. 317) ist amtlich nicht eingeführt worden.

[2] S. unter anderem Gruse: Petroleum and its Products, 1928.

[3] Ein besonders schonendes Destillationsverfahren ist die Destillation im Hochvakuum mit direktem Quecksilberdampf nach T. Chmura: D.R.P. 464900 (1926). Günstig sind im Vergleich zur Wasserdampfdestillation der hohe Siedepunkt des Quecksilbers (leichte Kondensierbarkeit), seine geringe spezifische und Verdampfungswärme und sein hohes spez. Gew., welches die Trennung des Öles vom Quecksilber erleichtert. Auch durch Hochvakuumdestillation (6—7 mm Hg) unter indirekter Heizung mit Quecksilberdampf lassen sich ohne nachträgliche Raffination sehr helle hochviscose Destillate erzielen: Sun Oil Co.: D.R.P. 423049 (1925); s. auch E. N. Klemgard: Refiner natur. Gasoline Manufacturer 7, Nr. 2, 57 (1928).

von dem ausfallenden Paraffin mit Hilfe der Filterpresse oder Zentrifuge nach dem „Sharples-Verfahren" befreit[1] (vgl. S. 291).

Die paraffinfreien bzw. entparaffinierten Rückstände und Destillate, letztere meist nach Redestillation, werden raffiniert. Einige, von Natur aus helle, insbesondere pennsylvanische Öle werden nur mit Bleicherde behandelt, wobei man sog. „Filtrate" erhält; die meisten Öle werden aber mit Schwefelsäure und danach mit Alkali bzw. Ätzkalk sowie Bleicherde (häufig zusammen mit Ätzkalk) oder auch nur mit Schwefelsäure und danach Bleicherde behandelt, wobei „Raffinate" entstehen. Auch flüssige schweflige Säure dient als Raffinationsmittel (Edeleanu-Verfahren). Die Raffination wird gegebenenfalls, und zwar im besonderen bei Rückständen, auch schon vor der Entparaffinierung vorgenommen. Auch kann die Raffination mit Schwefelsäure nach der Destillation ersetzt werden durch eine Behandlung der Rohöle nur mit alkalischen Lösungen vor der Destillation der Schmierölfraktionen (z. B. bei dem Verfahren der Sun Oil Co.)[2]. Ferner kann an die Stelle der Destillation der Öle eine fraktionierte Extraktion mit Alkohol treten (Verfahren der Solar Refining Co.)[3].

Ferner gelingt es, durch die Extraktion von Ölen mit Nitrobenzol[4], Phenol[5], einem Gemisch von SO_2 und Benzol[6] oder ähnlichen Lösungsmitteln, aus den Schmierölen Naphthenkohlenwasserstoffe zu entfernen, so daß der Rückstand mit Paraffinkohlenwasserstoffen angereichert ist (Verfahren der Atlantic Refining Co.).

Die entparaffinierten Öle verhalten sich bezüglich ihrer Viscositätseigenschaften (Reibungskoeffizienten), Verkokungsrückstände, Verdampfbarkeit (einschließlich Flamm- und Brennpunkt) und Beständigkeit gegen Oxydation ungünstiger als die noch paraffinhaltigen Öle, die Entparaffinierung war aber bei Schmierölen bisher zur Erniedrigung des Stockpunktes nötig. In neuester Zeit ist es indessen gelungen, durch Zusatz von 0,25—1,5 % eines die Krystallisation des Paraffins verhindernden, „Paraflow" genannten Produkts den Stockpunkt paraffinhaltiger Schmieröle in einem Maße herabzusetzen, wie dies durch die sonst übliche Entparaffinierung nicht erreicht werden kann.

Paraflow[7] wird durch Chlorieren von Paraffin oder paraffinhaltigen Ölen und Kondensation des Chlorierungsprodukts (90 Teile) mit 10 Teilen Naphthalin bei Gegenwart von 10 Teilen $AlCl_3$ (Friedel-Crafts) dargestellt; es hat $d_{15,6} = 902$ g/l, Stockpunkt $-9°$, Fp. $277°$, nur minimalen Chlorgehalt und gibt 1,44 %

---

[1] Neuere Verfahren zum Entparaffinieren von Ölen s. C. Walther: Erdöl u. Teer 7, 446 (1931). Neuerdings wird nach dem de Laval-S-N-Tri-Verfahren statt Benzin das nicht brennbare Trichloräthylen, das einheitlich bei 88° siedet und nur in Mengen von 50—100 Vol.-% des Öles benötigt wird (Benzin 200 bis 400 Vol.-%), verwendet. Da Tri spezifisch schwerer als Paraffin ist, wird bei diesem Verfahren — im Gegensatz zum Sharples-Verfahren — die Öllösung durch die Zentrifuge abgeschleudert, was technisch vorteilhafter ist. Über weitere Vorzüge des Tri-Verfahrens s. Backlund: Petroleum 29, Nr. 19, 1 (1933).

[2] E.P. 305 846 (1929) u. a.; P.M.E. Schmitz: Erdöl u. Teer 8, 27, 44 (1932).

[3] Amer. P. 1 680 352, 1 680 353 (1928) u. a.

[4] Amer. P. 1 788 569 (1927); vgl. auch H.M. Smith u. a., Bureau of Mines, Techn. Paper 477, 1, 33 (1930).

[5] Standard Oil Development Co.: F. P. 712 580 (1930).

[6] W. Kain: Refiner natur. Gasoline Manufacturer 11, 553 (1932).

[7] Amer. P. 1 815 022 vom 3. 5. 1930, G. H. B. Davis u. Standard Development Co.; s. auch Davis u. A. J. Blackwood: Refiner natur. Gasoline Manufacturer 10, Nr. 11, 81, 105 (1931); Nat. Petrol. News 23, Nr. 46, 41 (1931); Erdöl u. Teer 7, 563 (1931); 8, 142 (1932); Davis: Nat. Petrol. News 24, Nr. 52, 32 (1932).

Koks (Conradson); Viscosität bei $37,8^0$ C (100^0 F) 2700 Saybolt-sec (74 E), bei $98,9^0$ C (210^0 F) 184 Saybolt-sec (4,57 E). Ein Zusatz von 1% Paraflow zu einem pennsylvanischen Destillat vom Stockpunkt $> -1^0$ drückte dessen Stockpunkt auf $< -20^0$ herab, ohne Dichte, Viscosität und Conradson-Test des Öles merklich zu verändern. Höherschmelzende Paraffine werden allerdings zweckmäßig vor Zusatz des Paraflow durch Ausfrieren entfernt, so daß der Stockpunkt von vornherein nicht über $+ 10^0$ liegt.

Ebenfalls in neuerer Zeit gewinnt die raffinierende Hydrierung an Bedeutung, d. h. die Behandlung der Öle bei höheren Temperaturen und unter hohem Druck mit Wasserstoff in Gegenwart von schwefelunempfindlichen (molybdänhaltigen) Katalysatoren, wobei man die Bildung wesentlicher Mengen niedrigsiedender Anteile vermeidet. Bei dieser Behandlung erzielt man neben der Raffination eine Veränderung der Struktur der Schmieröle, so daß auch aus Rohölen, die sonst nicht auf gute Schmieröle verarbeitet werden können, wertvolle Schmieröle mit hohem Viscositätsindex gewonnen werden konnten[1].

Die rohen, noch flüssigen Destillationsrückstände (in Amerika „dark lubricating oils" genannt) werden nur für untergeordnete Schmierzwecke, als Vulkanöle und Achsenöle für Eisenbahnwagen usw. benutzt, nachdem sie nach Bedarf mit dünnen Destillaten, sog. Stellölen, auf die jeweils verlangten Eigenschaften (Viscosität, Flammpunkt usw.) gebracht worden sind.

In Amerika unterscheidet man folgende Schmieröldestillate:

Pale Oils (helle Öle), d. h. Öle, welche so weit ausraffiniert sind, daß sie nur noch eine geringe Färbung aufweisen. Die Viscositäten betragen 70—3000 Sayboltsec bei 100^0 F, entsprechend etwa 1,8—31,0 E bei 50^0 C.

Neutral Oils, d. h. Öle, welche nur „filtriert" worden sind und daher eine besonders geringe Emulgierbarkeit aufweisen.

Red Oils, d. h. raffinierte Öle von mittlerer bis hoher Viscosität, welche die Hauptmenge der Schmieröle darstellen.

Hochviscose Rückstände der Wasserdampfdestillation von möglichst nicht asphalthaltigen Rohölen werden in rohem Zustande in Amerika „dark Cylinder oils", in filtriertem Zustande „filtered Cylinder oils", in raffiniertem und entparaffiniertem „Brightstock oils" genannt.

Durch Mischen der einzelnen Destillatfraktionen und Rückstände miteinander können Öle mit verschiedenen Eigenschaften erhalten werden. So erhält man durch Mischen von Brightstocks mit Schmierölraffinaten sehr geschätzte Auto- und Motorenöle.

Besonders wertvolle Schmieröle (mit einem Viscositätsindex von z. B. 130 und hervorragender Beständigkeit gegen Oxydation und Kohlebildung) erhält man synthetisch durch Kondensation der durch Crackung von Paraffin oder paraffinreichen Ölen gewonnenen ungesättigten Kohlenwasserstoffe mit Aluminiumchlorid (Verfahren der Standard Oil Co. of Indiania)[2]. Auch auf anderen Wegen wurde vielfach versucht, olefinische Öle zu schmierölartigen Produkten zu polymerisieren, z. B. mit Schwefelsäure, Salzsäure und Borfluorid[3]. Die ersten künstlich hergestellten, physikalisch schmieröl-

---

[1] R. T. Haslam u. R. P. Russell: Oil Gas Journ. **29**, Nr. 20, 218; Nr. 28, 32 (1930); F. A. Howard: ebenda **29**, Nr. 42, 135 (1930); C. Walther: Erdöl u. Teer **7**, 352 (1931).

[2] F. W. Sullivan jun., V. Vorhees, A. W. Neeley u. R. V. Shankland: Ind. engin. Chem. **23**, 604 (1931); A. L. Foster: Nat. Petrol. News **23**, Nr. 14, 25, 34 (1931).

[3] Vgl. das zusammenfassende Patentreferat von vdW: Erdöl u. Teer **8**, 78 (1932).

ähnlichen Körper wurden von G. Kraemer und A. Spilker[1] durch Kondensation von Xylol mit Allylalkohol erhalten.

Die nur in kleinen Mengen aus Ölschiefer-, Braun- und Steinkohlenteer hergestellten Schmieröle sind fast immer von geringerer Qualität, insbesondere in bezug auf die Viscositätskurve und Alterungsneigung.

II. Zusammensetzung der Schmieröle.

Die chemische Zusammensetzung der Schmieröle ist noch wenig erforscht. Sie ist abhängig von der Natur der verarbeiteten Rohöle (Paraffin-, Naphthen- oder Asphaltbasisöle; s. S. 137 f.).

Die flüssigen Kohlenwasserstoffe der Paraffinbasisöle bestehen nach neueren Untersuchungen im wesentlichen nicht aus Paraffin- oder Isoparaffinkohlenwasserstoffen[2], sondern aus Paraffinketten, welche durch Naphthenringe miteinander verbunden sind[3]. Die Kohlenwasserstoffe der Naphthen- und Asphaltbasisöle sind reicher an Naphthen- und aromatischen bzw. hydroaromatischen Ringen, stellen also „sperrigere" Gebilde dar.

Einen Anhalt für die Struktur erhält man durch den Vergleich einiger charakteristischer Eigenschaften der Öle, z. B. aus den Beziehungen zwischen dem Mol.-Gew. und dem Brechungsindex[4], aus der Temperaturabhängigkeit der Viscosität der Öle (s. S. 11—12), aus den Beziehungen zwischen Viscosität und spez. Gew.[5] oder den Beziehungen zwischen spez. Gew. und Siedegrenzen[6]. Da die Paraffinkohlenwasserstoffe bei gegebenem Mol.-Gew. das kleinste spez. Gew. und somit das größte Molvolumen haben, so läßt sich nach Davis und Mc Allister (l. c.) die Menge der Paraffinkohlenwasserstoffe in einem Gemisch mit cyclischen Verbindungen aus dem mittleren Mol.-Gew. und Molvolumen des Gemisches annähernd berechnen.

III. Allgemeine Anforderungen.

Die Schmiermittel haben die Aufgabe, gegeneinander bewegte Metallflächen möglichst so weit voneinander zu trennen, daß an die Stelle der hohen trockenen Reibung von Metall auf Metall die geringere innere Reibung der Schmiermittel (sog. flüssige Reibung) tritt. Hierdurch wird die Abnutzung der Maschine herabgesetzt und gleichzeitig Kraft gespart.

In dem Gebiet der flüssigen Reibung (oder Vollschmierung) muß einerseits die innere Reibung (Viscosität) des Schmiermittels genügend groß sein, damit es nicht durch den Lagerdruck aus den Schmierstellen herausgepreßt wird, andererseits muß die Viscosität unter den Betriebsbedingungen (Temperatur, Druck, Gleitgeschwindigkeit) möglichst gering sein, um unnötigen Kraftverbrauch zu vermeiden. Es muß daher für jeden einzelnen Verwendungszweck die optimale Viscosität ermittelt werden. Aus dem

---

[1] G. Kraemer u. A. Spilker: Ber. **24**, 2785 (1891).

[2] S. Kyropoulos: Ztschr. physikal. Chem. A **144**, 22 (1929); **154**, 358 (1931).

[3] Davis u. Mc Allister: Ind. engin. Chem. **22**, 1326 (1930); Vlugter, Waterman u. van Westen: Journ. Inst. Petrol. Technol. **18**, 735 (1932).

[4] S. Kyropoulos: l. c.

[5] Hill u. Coats: Ind. engin. Chem. **20**, 641 (1928); s. auch Houghton u. Robb: Ind. engin. Chem. Anal. Ed. **3**, 144 (1931).

[6] Nelson: Petrol. Engr. **2**, Nr. 7, 163 (1931).

gleichen Grunde ist ein Öl von flacher Temperatur-Viscositätskurve zu bevorzugen, wenn die Betriebstemperatur größeren Schwankungen unterworfen ist.

Bei halbflüssiger Reibung (unvollständiger oder Grenzschmierung) ist nicht mehr die Viscosität ausschlaggebend, sondern die Schmierfähigkeit des Öles, auch „Schlüpfrigkeit" (oiliness, onctuosité) genannt. Halbflüssige Reibung tritt dann ein, wenn gegeneinander bewegte Metallflächen nur so weit voneinander getrennt sind, daß noch eine Berührung der Oberflächenvorsprünge auf den Metallflächen stattfindet oder die Schicht des Schmiermittels nur wenige Moleküle dick ist, also bei einem Zustand, der beim Anlaufen jeder Maschine vor dem Eintreten der flüssigen Reibung durchlaufen wird, und der bei Uhren und anderen Maschinen, bei denen es wegen der kleinen Gleitgeschwindigkeit nicht zum Eintritt der flüssigen Reibung kommen kann, den Dauerzustand bildet. An Stelle der Ausdrücke „Grenzschmierung" und „Teilschmierung" empfiehlt Walger[1] den Ausdruck Mischreibung, da „Teilschmierung" mehr die zugeführte Schmiermittelmenge als den Reibungszustand der Maschine kennzeichne.

Die Verlagerung der Welle im Lager bei ruhender Maschine bzw. beim Anfahren bestimmte V. Vieweg[2] durch Beobachtung der Veränderung des Bildes eines auf dem Kopf einer Welle angebrachten und mit dieser rotierenden Rasters sowie durch fortlaufende photographische Registrierung des senkrecht zur Wellenachse aufgenommenen Bildes der Wellenumrisse, dessen Verschiebung durch Erzeugung von Beugungsinterferenzstreifen besonders scharf zu erkennen ist. Die Verlagerung der Welle wurde außerdem durch Schering und R. Vieweg[3] bestimmt, welche das aus Lager, Schmierfilm und Welle gebildete System als Kondensator in eine Wechselstrombrücke einschalteten und die durch Änderung der Schmierschichtdicke bewirkte Kapazitätsänderung dieses Kondensators maßen (vgl. S. 98). Durch Anwendung des piëzoelektrischen Dehnungsmessers konnten Kluge und Linckh[4] die Verlagerung einer Welle im Anlaufzustand messen.

Aus Messungen der Schmierschichtdicke in Gleitlagern mittels Interferenz schließt R. Wolff[5], daß die Viscosität in keiner Beziehung zur Schmierschichtbildung, d. h. zur Schmierfähigkeit, steht, daß diese vielmehr mit der Haftung (Adhäsion) in Zusammenhang steht. Die Schmierfähigkeit läßt sich mangels einer exakten Definition nicht scharf bestimmen, sondern nur durch vergleichende Messung der Reibungszahl im Gebiet der halbflüssigen Reibung annähernd beurteilen.

Der Unterschied in der Schmierfähigkeit reiner Mineralöle und fetter Öle, der auch in den Gefühlsbegriff „Schlüpfrigkeit" hineinspielt, wird darauf zurückgeführt, daß die pflanzlichen und tierischen Öle als Fettsäureglycerinester polar gebaut sind, so daß die einzelnen Moleküle sich bei Berührung mit Metalloberflächen senkrecht zu diesen richten, wobei die aktiven Zentren, die CO-Gruppen, dem Metall zugewendet sind[6]. Auf dieser, ein oder mehrere Moleküle dicken Schicht, die man mit Hilfe von

---

[1] O. Walger: Ztschr. Ver. Dtsch. Ing. **76**, 205 (1932).

[2] V. Vieweg: Ver. dtsch. Maschinenbauanst. 1919, Druckschr. Nr. 16, S. 182; Arch. Elektrotechn. 8, 364 (1919); Petroleum **18**, 1405 (1922); Wiss. Abh. physik.-techn. Reichsanst. **6**, 233 (1923); s. auch 6. Aufl. dieses Buches, S. 194—203.

[3] Schering u. R. Vieweg: Über die Beurteilung der Lagerschmierung nach elektrischen Messungen. Petroleum **22**, 9 (1926).

[4] I. Kluge u. H. E. Linckh: Forschg. Ingenieurwes. **2**, 153 (1931).

[5] R. Wolff: VDI-Forschungsarbeiten, Heft 308. Berlin: VDI-Verlag 1928.

[6] Langmuir: Journ. Amer. chem. Soc. **39**, 1848 (1917); Proc. Nat. Acad. Sci. USA. **3**, 251 (1917); W. B. Hardy u. J. K. Hardy: Philos. Magazine [6] **38**, 32 (1919); W. B. Hardy: ebenda [6] **40**, 201 (1920); W. B. Hardy u. J. Doubleday: Proc. Roy. Soc., London Ser. A. **100**, 550; **101**, 487 (1922); **104**, 25 (1923); Woog: Contribution à l'étude du graissage. Paris 1926.

Röntgenbildern feststellen konnte[1], können dann die anderen Moleküle des
Öles wie die einzelnen Karten eines Kartenspieles aufeinandergleiten (s.
Abb. 144). Auch Fettsäuren allein und in geringerem Maße auch andere
polar gebaute Kohlenwasserstoffverbindungen, sowie solche, die sog. „aktive
Gruppen" (NO_2, CN, COOH, NH_2) besitzen, d. h. Gruppen, die eine gewisse chemische Verwandtschaft zum Metall zeigen, weisen den geschilderten
Orientierungseffekt auf. Der krystalline Charakter der Adsorptionsschicht
konnte von Bühl und Rupp[2] durch Elektronenbeugung nachgewiesen
werden.

Reine Kohlenwasserstoffe dagegen, also reine Mineralschmieröle, verhalten sich Metallen gegenüber indifferent und können sich an Metalloberflächen nicht oder fast nicht orientieren. Erst dann, wenn sich in ihnen
durch die Einwirkung des Luftsauer-
stoffs während des Betriebes Oxydationsprodukte, insbesondere Säuren,
oder labile Additionsprodukte mit
Sauerstoff gebildet haben, kommt
ihnen eine gewisse Schlüpfrigkeit zu.
So nahm bei Zutritt von Luft zu
einem in einem Lager benutzten Öl
die Reibungszahl ab, bei Ausschluß
von Luft durch Anwendung einer
Wasserstoffatmosphäre nahm dagegen
der Wert der Reibungszahl wesentlich
zu[3] (beides bei praktisch unveränderter Viscosität).

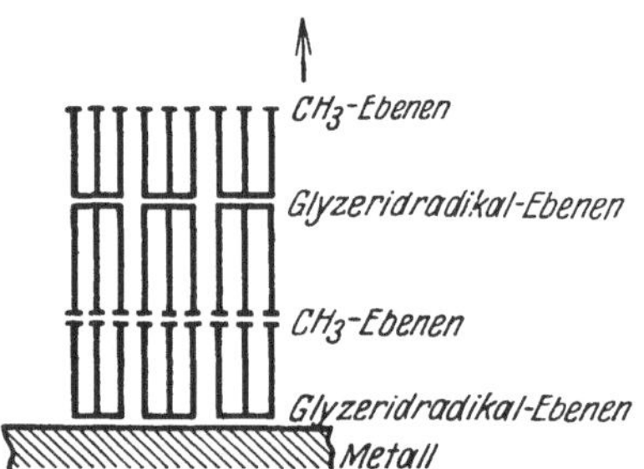

Abb. 144. Aufbau der Schmierschicht bei
Verwendung von fettem Öl
(nach Trillat).

Man kann Mineralöle aber durch Zusatz von fetten Ölen oder von Fettsäuren (sog. Germ-Prozeß)[4] von vornherein schlüpfrig machen. Da im
allgemeinen die an den Metalloberflächen orientierte und festgehaltene
(adsorbierte) Schicht dünn ist im Vergleich zu dem Schmierspalt, also der
benutzten Schmierschicht, genügt schon ein geringer Zusatz von Fettsäure,
um unter Umständen erhebliche Wirkungen auszuüben. Beispielsweise
wurde in einem Falle durch den Zusatz von 1% Fettsäure der Reibungskoeffizient um 17% herabgesetzt[5].

Obgleich sicher ein Zusammenhang zwischen der Schmierfähigkeit und
der Oberflächenspannung, der Benetzungsfähigkeit, vielleicht auch der
Dielektrizitätskonstante von Ölen usw. besteht, gibt es doch bisher kein
einwandfreies physikalisches Maß für die Schmierfähigkeit. Am aussichts-
reichsten erscheint noch die Messung der Benetzungswärme, d. h. der Wärme,
die frei wird, wenn man eine bestimmte Metalloberfläche mit dem Öl in
Berührung bringt[6]. Beachtenswert wäre dabei, daß auch die chemische
Zusammensetzung der Metalloberfläche (des Lagermetalls), z. B. der Gehalt
an Kupfer, Zink, Blei usw., von Einfluß auf die Schmierfähigkeit des Öles
ist. Nach Ansicht von V. Vieweg[7] ist aber nicht sichergestellt, wieweit

[1] J. J. Trillat: Metallwirtschaft 7, 101 (1928).
[2] A. Bühl u. E. Rupp: Ztschr. Physik 67, 572 (1931).
[3] Gibson: Ind. engin. Chem. 18, 467 (1926).
[4] Wells u. Southcombe: Journ. Soc. chem. Ind. 39, T 51 (1920).
[5] Dunstan u. Clarke: Chem. and Ind. 45, 234, 690 (1926).
[6] Siehe S. 324. [7] V. Vieweg: Privatmitt.

die Adsorptionsfähigkeit eines Metalles gegenüber einem Öl tatsächlich durch die Benetzungswärme gemessen wird.

Eine andere Möglichkeit, die Schmierfähigkeit der Öle zu messen, scheint sich aus den Arbeiten von V. Vieweg[1] zu ergeben. Es zeigte sich nämlich, daß beim Durchgang eines Wechselstromes durch die an den Metalloberflächen der Lager orientierten Ölschichten während des Laufs der Maschine ein Teil des Wechselstromes gleichgerichtet wird. Der elektrische Orientierungseffekt könnte vielleicht als Maß für die Schmierfähigkeit geeignet sein. Wichtig ist, daß dadurch der Einfluß des Lagermetalls auf die Schmierfähigkeit miterfaßt wird.

Der Zusatz von Graphit zum Öl bewirkt im Gebiet der halbflüssigen Reibung eine Herabsetzung des Reibungskoeffizienten[2], da der Graphit sich in die auch bei hochglanzpolierten Metalloberflächen stets vorhandenen kleinen Unebenheiten oder Rauheiten einlagert und dadurch eine glatte Oberfläche schafft, auf der das Öl gleiten kann; die so entstandene Graphitoberfläche wird viel besser von dem Öl benetzt als die Metalloberfläche, sie verleiht also dem Öl eine größere Schmierfähigkeit. Durch den Zusatz geringer Mengen kolloidalen Graphits können auch Öle mit sehr geringer Schmierfähigkeit, d. h. für sich im Gebiete der halbflüssigen Reibung schlecht schmierende Öle, auf die Leistung gut schmierender Öle gebracht werden[3].

Die Viscosität des Schmieröles soll sich im Betrieb möglichst wenig ändern. Eine Verdickung durch chemische Einflüsse, insbesondere Oxydation durch den Sauerstoff der Luft, tritt vor allem dann auf, wenn das Öl ungenügend raffiniert ist, also noch zu viel ungesättigte sowie schwefelhaltige, harz- und asphaltartige Bestandteile enthält, oder wenn das Öl zu weitgehend ausraffiniert worden ist. Eine Verdickung kann ferner durch teilweise Verdampfung eintreten, also dann, wenn die Öle einen zu niedrigen Flammpunkt bzw. zu hohe Verdampfbarkeit aufweisen (s. S. 327).

Bei allen Maschinen, bei denen ein Ölumlauf stattfindet (Turbinen, Auto-, Dieselmotoren), ist beim Auftreten hoher Betriebstemperaturen die Temperatur des Öles durch entsprechende Kühlung herabzusetzen, da andernfalls eine zu geringe Viscosität des Öles die Erhaltung des Schmierfilms gefährdet. Diese länger im Umlauf bleibenden Öle müssen gegen Alterungseinflüsse besonders unempfindlich sein (s. S. 362 u. 373).

Sofern andererseits im Betriebe oder in den Ruhepausen das Öl tiefen Temperaturen ausgesetzt wird, z. B. bei Kältemaschinen, Eisenbahnwagenachsen, Autos usw., ist dementsprechend ein Schmieröl von tiefem Stockpunkt zu wählen, das in der Kälte in den Dochten der Schmierkissen noch genügend flüssig ist bzw. sich bei Druckschmierung durch den Druck der Pumpe noch fortbewegen läßt.

Stoffe, welche die Maschinenteile mechanisch oder chemisch angreifen, wie feste Fremdstoffe, Wasser, erhebliche Mengen Säuren und Hartasphalt, dürfen in den Schmierölen nicht enthalten sein.

Über die im einzelnen an Schmieröle für die verschiedenen Verwendungszwecke zu stellenden Anforderungen s. Tab. 75—84, S. 343 f.

Für alle Schmierzwecke werden jetzt fast nur noch reine Mineralöle verwendet, denen vereinzelt fette Öle oder auch geringe Mengen Fettsäure zugesetzt werden. So werden für Flugzeugmotoren, die früher ausschließlich mit Ricinusöl geschmiert wurden, hochwertige Mineralöle oder Mischungen

---

[1] V. Vieweg u. Kluge: Arch. Eisenhüttenwesen 2, 805 (1929). V. Vieweg: Techn. Mech. u. Thermodynamik (Monatl. Beihefte zur VDI-Ztschr.) 1, 101 (1930).
[2] Karplus: Petroleum 25, 375 (1929). [3] Siehe S. 392f.

von Mineralölen mit sog. „löslichem" Ricinusöl (s. S. 939) benutzt. Bei Marineölen, d. h. den Ölen für die Schmierung der Schiffsschrauben-Wellen, ist eine gewisse Emulgierbarkeit mit Seewasser und daher ein Zusatz von geblasenen fetten Ölen erforderlich (s. S. 926). Reine fette Öle werden nur noch für Sonderzwecke, insbesondere zur Schmierung von Feinmechanismen (Uhren, Elektrizitätszähler, Torpedos) benutzt, doch werden auch in diesen Fällen häufig Mischungen (z. B. je 50 % Klauenöl und Paraffinum liquidum) verwendet.

Bei schwer zugänglichen Lagern oder solchen, bei denen wegen großer Belastung die Gefahr des Eintretens der halbflüssigen Reibung besteht, verwendet man zweckmäßig konsistente Fette oder sehr dickflüssige, elektrisch behandelte Öle (S. 372) bzw. bleibasische Öle (s. S. 381). Man hat auch Lagermetalle verwendet, welche Öle und Graphit aufsaugen können (z. B. graphitiertes Weißmetall, sog. Gittermetall der Braunschweiger Hüttenwerke, und das Steinfutterlager, System Beusch).

In einigen Fällen, z. B. in der Metallbearbeitung (s. S. 397), benutzt man an Stelle von Schmierölen wässerige Schmierölemulsionen, die gleichzeitig schmierend und kühlend wirken. Auch kann man in geeigneten Fällen Heißdampfzylinderöle durch Naßdampfzylinderöle ersetzen, welche mit Kalkwasser emulgiert sind (s. S. 376).

In manchen Fällen werden überhaupt keine Öle als Schmiermittel benutzt; statt dessen schmiert man z. B. Sauerstoffkompressionszylinder mit wässerigem Glycerin, da Mineralöle in ihnen verbrennen und Explosionen veranlassen würden. (Aus demselben Grunde dürfen Reduzierventile für Sauerstoffbomben nicht mit Öl geschmiert werden!) Chlorkompressionsmaschinen werden mit konz. Schwefelsäure geschmiert, weil Chlor Mineralöle zerstört. Bei Schwefligsäure-Eismaschinen und -Dampfmaschinen, in denen die Expansionskraft des verdampfenden flüssigen Schwefeldioxyds zur Ausnützung des Abdampfes benutzt wird, übt das flüssige SO_2 selbst genügende Schmierwirkung aus. Bei Kohlensäure-Kompressionsmaschinen hat sich Glycerin, bei Luftverflüssigungsmaschinen tief erstarrendes Benzin oder ölfreie Schmierung mit Graphitstiften bewährt. Als ölfreie Schmiermittel dienen auch Lösungen von saurem Kaliumphosphat (d_{20} 1,7—1,84)[1] oder Aufschlämmungen von Eisenoxyd[2], besonders für Pumpen zur Förderung von Alkalilaugen; für Lager, die hohen Temperaturen und hohen Drücken bei Gegenwart von Säuredämpfen ausgesetzt sind, wird mit Öl getränktes Kieselsäuregel als Schmiermittel verwendet[3]. In Textilfabriken, wo im Interesse einer leichten Auswaschbarkeit etwaiger Schmierflecken völlige Wasserlöslichkeit des Schmiermittels erwünscht ist, schmiert man die Maschinen zum Teil mit Zuckerlösungen.

Außer den für die Beurteilung der Schmieröle wichtigen Daten (Viscosität, Flammpunkt, bzw. Verdampfbarkeit, Stockpunkt, Alterungsneigung, Verkokungsrückstand, usw.) werden im allgemeinen noch Daten bestimmt, die, wie spez. Gew., Farbe, Fluorescenz, nur als Hinweis auf die Provenienz und als Identitätsnachweis von Bedeutung sind, während andere, wie Säure- und Verseifungszahl, Aschengehalt, Durchsichtigkeit usw. einen Rückschluß auf den Reinigungsgrad der Öle zulassen.

Soweit verschiedene Öle nach vorstehenden Analysendaten gleichartig erscheinen, darf man erwarten, daß sie sich unter gleichen Betriebsbedingungen ähnlich verhalten werden; ein Rückschluß auf die eigentliche Schmierfähigkeit, d. h. die im Betriebe erzielbare Reibungsverminderung und die

---

[1] I. G. Farbenind. A.-G.: D.R.P. 414749 (1925); E. W. Steinitz: Chem.-Ztg. 54, 839 (1930).

[2] I. G. Farbenind. A.-G.: D.R.P. 445116 (1927).

[3] I. G. Farbenind. A.-G.: D.R.P. 451055 (1928).

Sicherheit für die Erhaltung des Schmierfilms, sowie die Ausgiebigkeit des Schmieröles, ist indessen nicht möglich. Hierfür sind immer noch Betriebsversuche ausschlaggebend.

IV. Physikalische Prüfungen.

1. Aussehen, Vorprüfungen.

Die Farbe variiert bei Destillaten, abgesehen von gelegentlichen künstlichen Färbungen der Öle (s. S. 121), je nach dem Reinigungsgrad von wasserhell (Paraffinum liquidum) über gelb, rötlichgelb usw. bis rotbraun im durchfallenden Licht. Sie ist allgemein um so dunkler, je schwerer die betreffende Ölfraktion ist. Durch besonders helle Farbe zeichnen sich die Quecksilberdampfdestillate aus (S. 311, Fußn. 3). Früher wurden Mineralöle gelegentlich mit Nitronaphthalin, Anilinfarben oder durch Ultraviolettbestrahlung entscheint, d. h. ihrer Fluorescenz beraubt, um sie äußerlich den nicht fluorescierenden fetten Ölen ähnlicher zu machen. Bei Schmierölen geschieht dies jetzt nicht mehr. Die nicht entscheinten hellen Öle fluorescieren sämtlich im Tages- oder Bogenlampenlicht (nicht

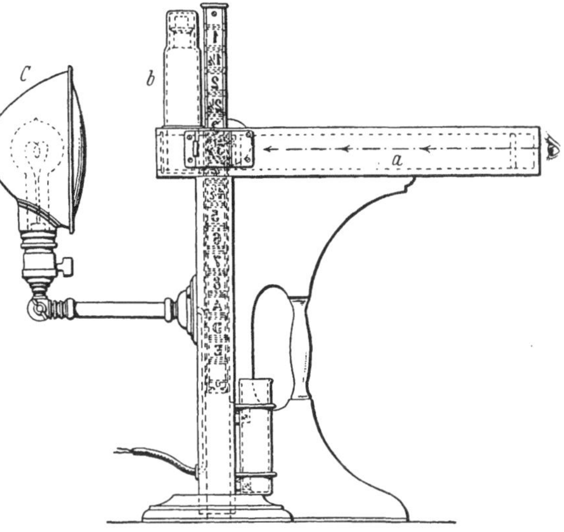

Abb. 145. Union-Colorimeter.

bei Glühlampenbeleuchtung), amerikanische, sowie russische Emba-Öle meistens mit stark grasgrünem, russische Baku- und Grosny-Öle, sowie manche kalifornische Öle gewöhnlich mit bläulichem Schimmer, der besonders gut an einem Tropfen auf schwarzem Glanzpapier oder im filtrierten ultravioletten Licht der Analysenquarzlampe zu beobachten ist; fette Öle erscheinen bei dieser Probe grünlich-schwarz bis tiefschwarz. Im Gebrauch gealterte Mineralöle zeigen mit zunehmender Alterung Zurückgehen der Fluorescenz und erscheinen im ultravioletten Licht mehr fahl und tot, ebenso wie fette Öle. Die Fluorescenz der Öle läßt sich zahlenmäßig angeben als der Betrag an Licht, das durch farbige Glasscheiben hindurchgeht und dann vom Öl reflektiert wird [1].

Nicht filtrierte oder nicht raffinierte Rückstandsöle sind undurchsichtig und im auffallenden Lichte braun- bis grünschwarz, Raffinate sind immer durchsichtig, nicht raffinierte Destillate dagegen oft kaum durchscheinend.

---

[1] Henderson u. Cowles: Ind. engin. Chem. **19**, 74 (1927).

Die Farbe der Öle wird im durchfallenden Licht in der Regel im 15 mm weiten Reagensglas, bei sehr hellen Ölen in 10 cm dicker Schicht angegeben. Colorimetrische Messungen, wie bei Petroleum, werden bei Schmierölen in Deutschland im allgemeinen nicht ausgeführt.

Für die Farbprüfung von Turbinen- und Isolierölen ist eine auf dem Prinzip der Ostwaldschen Farbenlehre beruhende Farbentafel mit Angabe des Farbtons, des Weiß- und Schwarzgehaltes aufgestellt worden, nach welcher eine Vergleichung des zu prüfenden Öles mit den 10 dargestellten Farbtönen leicht möglich ist[1].

In Amerika pflegt man auch Schmieröle colorimetrisch, z. B. mittels des Lovibond-Tintometers (s. S. 233), zu untersuchen. Als Normalapparat zur Prüfung

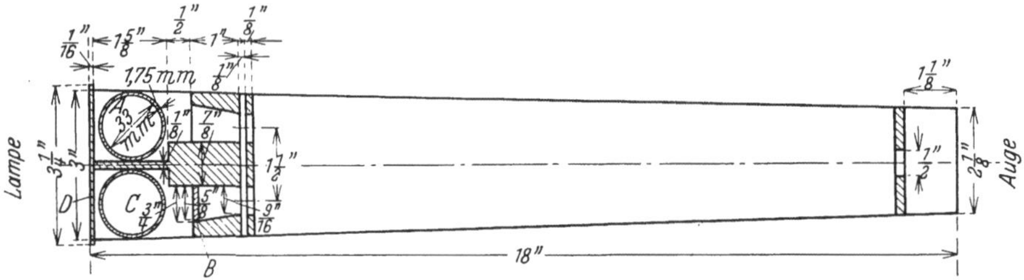

Abb. 146. Union-Colorimeter (Grundriß).
A Prüfglas mit Öl, *B* Farbglas, *C* Prüfglas mit dest. Wasser, *D* Milchglasscheibe.

der Farbe von Schmierölen dient in USA.[2] das Union-Colorimeter (Abb. 145 u. 146), in welchem man die Farbe des in einem zylindrischen Prüfglase von 33 mm l. W. und 1,75 mm Wandstärke befindlichen Öles der Reihe nach mit 12 Normalfarbgläsern (s. Tabelle 72) vergleicht.

Tabelle 72. Normal-Farbgläser für das Union-Colorimeter.

A.S.T.M. Farbzahlen	Bezeichnungen der National Petroleum Association	Lovibond-Analyse		
		Rot Serie 200	Gelb Serie 510	Blau Serie 1180
1	Lily White	0,12	2,4	—
$1^1/_2$	Cream white	0,60	8,0	—
2	Extra pale	2,5	26,0	—
$2^1/_2$	Extra lemon pale	4,6	27,0	—
3	Lemon pale	6,9	32,0	—
$3^1/_2$	Extra orange pale	9,4	45,0	—
4	Orange pale	14,0	50,0	0,55
$4^1/_2$	Pale	21,0	56,0	0,55
5	Light red	35,0	93,0	—
6	Dark red	60,0	60,0	0,55
7	Claret red	60,0	106,0	1,8
8		166,0	64,0	—

Klare Öle werden bei Zimmertemperatur geprüft, durch Paraffinausscheidungen getrübte Öle bei einer höchstens 10⁰ F (5,6⁰ C) oberhalb des Trübungspunktes (s. S. 54) liegenden Temperatur. Filtrierte Zylinderöle und andere Öle, die dunkler als Nr. 8 sind, verdünnt man mit wasserhellem Leuchtpetroleum (nicht dunkler als Nr. 21 nach Saybolt, s. S. 233) im Volumenverhältnis 15 Öl zu 85 Petroleum und gibt ihre Farbe mit dem Zusatz „Dil." (diluted = verdünnt) an.

Geruch. Der für den Kenner oft charakteristische Geruch der Öle wird im Reagensglas bzw. in der Probeflasche, in Zweifelsfällen durch Zerreiben einiger Tropfen auf der Handfläche festgestellt. Auf diese Weise lassen sich bereits

[1] Die Ölbewirtschaftung Vereinig. d. Elektr.-Werke, 1930.
[2] Bureau of Mines, Technical Paper 323 B, S. 34, Meth. 102; A.S.T.M.-Methode D 155—32 T.

Zusätze von fetten Ölen in compoundierten Schmierölen, evtl. vorhandenes Teeröl, Harzöl u. dgl. leicht erkennen, ebenso die allerdings nur selten zugesetzten Parfümierungsmittel. Bei gebrauchten Schmierölen deutet ein scharfer, saurer Geruch auf mehr oder weniger weit fortgeschrittene Alterung.

Konsistenzunterschiede bezeichnet man nach dem Augenschein folgendermaßen:

dünnflüssig oder petroleumartig,
wenig zähflüssig oder spindelölartig,
mäßig zähflüssig, entsprechend leichten Maschinenölen,
zähflüssig, entsprechend schweren Maschinenölen,
dickflüssig, entsprechend flüssigen Zylinderölen,
salbenartig (dünn- oder dicksalbenartig),
schmalzartig,
butterartig,
talgartig.

Dampfzylinderöle, bei denen Bewegungen und Temperaturschwankungen vor der Konsistenzprüfung recht wechselnde Ergebnisse veranlassen, werden im 15 mm weiten Reagensglas 3 cm hoch aufgefüllt, 10 min im kochenden Wasserbad erwärmt und dann noch 1 h unter Vermeidung von Bewegung im Wasserbad von 20° belassen. Die Konsistenz wird durch Neigen des Probeglases geprüft. Für zolltechnische Zwecke (Feststellung der Tara) ist ein 40 mm weites, 60 mm hohes kalibriertes Standglas 3 cm hoch mit Öl zu füllen. Ist die Oberfläche des 1 h lang auf $+ 15°$ gehaltenen Öls nach 2 min langem Umkehren des Glases unverändert, so ist das Öl als salbenartig, sonst als flüssig zu bezeichnen.

Trübungen durch feste Teilchen. Fließt das Öl in dünner Schicht an der Wandung eines Glasgefäßes ab, so sind häufig kleine Teilchen bemerkbar, die in der Wärme schmelzen und bei dunklen Ölen von Asphalt, Paraffin oder Erdwachs, d. h. natürlichen Bestandteilen des Öles, bei hellen Ölen nur von Paraffin herrühren können. Die Trübungen unterscheiden sich von anderen dadurch, daß sie beim Anwärmen des Öles auf $40-50°$ verschwinden, nach dem Erkalten aber allmählich wiederkehren.

Über Trübungen durch Wasser oder feste Fremdstoffe s. S. 116 u. 119.

Nach den Richtlinien gelten als feste Fremdstoffe nicht nur alle im Öl unlöslichen Fremdkörper, sondern auch etwa künstlich zugesetzte öllösliche Farbstoffe.

Fettfleckprobe. Die Öl- oder Fettfleckprobe[1] gilt als einfaches, bequemes Mittel, Öle und Fette auf Reinheit zu prüfen; sie beruht auf den capillaren Eigenschaften der Öle beim Ausbreiten auf Filtrierpapier.

Man bringt auf gehärtetes, nicht zu starkes Filterpapier mit einem ausgezogenen Glasstäbchen einen Tropfen des Öles. Bei hellen leichtflüssigen Ölen deutet ein schwärzlicher Fleck in der Mitte des Ölfleckens in Größe des ursprünglichen Tropfens auf grobe Verunreinigung; reine Öle sollen einen gleichmäßig im Licht durchscheinenden Fleck gleichmäßiger Farbe ergeben. Ein oder mehrere glänzende schwarze Punkte im Flecken zeigen Hartasphalt oder Pech an; entstehen größere dunkle Flecken, die außen von einem hellen Kranz umgeben sind, gegen den sie sich durch mehr oder minder scharfe Grenzen abheben, so kann man auf Gehalt an Weichasphalt oder Harzen schließen.

Bei dickflüssigen Zylinderölen legt man das Filterblättchen zweckmäßig auf eine Heizung oder in einen mäßig geheizten Trockenschrank. Bei Zylinderölen zeigt ein glänzend schwarzer Fleck Hartasphaltgehalt an, während der Weichasphalt sich meistens dunkelgelb bis braun und fettig im Kreise um den Hartasphalt herum absetzt.

---

[1] Ph. Keßler: Schmiermittelnot und ihre Abhilfe, S. 19. Düsseldorf, Stahleisen m. b. H. 1920.

Diese Prüfung hat aber nur den Charakter einer Vorprobe, aus der weitergehende Schlüsse auf die Qualität des Öles nur in Verbindung mit den weiterhin beschriebenen eingehenden physikalischen und chemischen Untersuchungen gezogen werden können.

Ausführung der Fettfleckprobe bei konsistenten Fetten s. S. 381.

2. Spezifisches Gewicht.

` Bestimmung und Bedeutung s. S. 1.

Die Korrektion von d für 1° Temperaturdifferenz beträgt bei flüssigen Mineralschmierölen in der Regel 0,00063—0,00072, im Mittel 0,00068, und fällt gemäß Tabelle 73 mit steigender Dichte. Für sehr schwerflüssige oder vaselinartige Zylinderöle, in denen feste, beim Erwärmen unter starker Ausdehnung schmelzende Paraffinteilchen enthalten sind, beträgt die Korrektion etwa 0,00075[1].

Tabelle 73. Temperaturkorrektionen für 1° Temperaturdifferenz bei russischen Erdölfraktionen nach Mendelejeff.

d	Korrektion	d	Korrektion
0,860—0,865	0,000700	0,890—0,895	0,000650
0,865—0,870	0,000692	0,895—0,900	0,000640
0,870—0,875	0,000685	0,900—0,905	0,000630
0,875—0,880	0,000677	0,905—0,910	0,000620
0,880—0,885	0,000670	0,910—0,920	0,000600
0,885—0,890	0,000660		

3. Zähigkeit.

Definition und Bestimmung s. S. 8f., Beziehungen zwischen Zähigkeit und chemischer Konstitution s. S. 12[2].

Die Bedeutung der Zähigkeit und ihrer Temperaturabhängigkeit für die Schmierung s. S. 314. Die Tabellen 75f. zeigen die in der Technik an die Zähigkeit der verschiedenen Ölsorten gestellten Anforderungen. Der Vorzug einer flachen Viscositätskurve eines Schmieröles ist aus der in Deutschland noch meist üblichen Angabe der Viscosität bei nur einer Temperatur (für Maschinenöle gewöhnlich 50°, für Zylinderöle 100°) allein nicht zu ersehen. Vielmehr muß man dann noch andere charakteristische Daten (Herkunft, spez. Gew. usw.) heranziehen. Sind die Viscositätswerte für mindestens 2 Temperaturen bekannt, so läßt sich die Temperaturabhängigkeit der Viscosität mit Hilfe von Formeln oder Diagrammen durch eine Konstante ausdrücken (vgl. S. 9f.). Der Viscositätsindex (S. 11—12) soll in direkter Beziehung zum Stockpunkt des Öles und zum Ölverbrauch im Motor stehen[3].

Auch mit dem Druck ändert sich die Viscosität eines Öles, und zwar nimmt sie, wie S. 12 erwähnt, mit steigendem Druck zu. Aus den Ergebnissen von Kießkalt[4] zog C. Walther[5] folgende Schlüsse: Bei allen

---

[1] Holde u. A. Ruhemann: Mitt. Materialprüf.-Amt Berlin-Dahlem **13**, Erg.-Heft 5, 23 (1895).

[2] Über die höhere Viscosität der Cyclopentanderivate gegenüber offenkettigen Verbindungen sowie über die viscositätssteigernde Wirkung von Molekülverzweigungen vgl. auch G. Chavanne u. H. van Risseghem: Bull. Soc. chim. Belgique **31**, 87 (1922).

[3] G. H. B. Davis, M. Lapeyroux u. E. W. Dean: Oil Gas Journ. **30**, Nr. 46, 92 (1932).

[4] Kießkalt: VDI-Forschungsarbeiten **1927**, Nr. 291.

[5] C. Walther: Erdöl u. Teer **4**, 614 (1928).

Temperaturen besitzt das temperaturempfindlichere Öl, d. h. dasjenige mit der steileren Temperatur-Viscositätskurve, auch eine steilere Druck-Zähigkeitskurve. Da die Viscositätszunahme bei Drucksteigerung eine erhöhte Sicherung gegen das Herauspressen des Öles aus dem Lager bedeutet, so ist bei hohen Lagerdrücken das druckempfindlichere Öl trotz seines höheren Temperaturfaktors das geeignetere. Bei unbekannten oder stark schwankenden Lagertemperaturen ist aber ein möglichst wenig temperaturempfindliches Öl, ohne Rücksicht auf seine geringere Druckempfindlichkeit, vorzuziehen.

Nach Tausz und Staab[1] soll die Schmierfähigkeit eines Öles um so größer sein, je weniger seine Viscosität beim Verdünnen, z. B. mit 10 bzw. 20 Gew.-% Toluol, abnimmt. Diese Annahme wurde jedoch durch Roegiers[2] und Lederer[3] widerlegt.

Die in den Schmieröl-Lieferbedingungen für die Bestimmung der Viscosität vorgeschriebenen Temperaturen liegen gewöhnlich so hoch über den Stockpunkten der Öle, daß diese homogen flüssig, also frei von ausgeschiedenen Paraffin- und Asphaltteilchen sind und keine besondere Struktur aufweisen. Unter diesen Bedingungen sind die Viscositäten ganz eindeutig bestimmt.

Bei tieferer Temperatur dagegen, unter Umständen bereits bei Zimmertemperatur, können, je nachdem, ob das Öl vorher erwärmt (z. B. auf 100°) oder auf 0° und darunter abgekühlt wurde, erhebliche Differenzen, z. B. 2—13% des Englergrades, auftreten[4]. Im letzteren Falle können nämlich durch Abkühlen ausgeschiedene feste Teilchen bei Zimmertemperatur nicht ganz in Lösung gehen und die Viscosität erhöhen, im ersten Fall dagegen können die durch Erwärmen gelösten Paraffin- bzw. Asphaltteilchen nach dem Abkühlen auf Zimmertemperatur unvollständig bzw. erst nach längerer Zeit wieder abgeschieden werden und übersättigte Lösungen geben, deren Viscosität durch allmähliche Ausscheidung fester Teilchen wächst.

Die Änderungen in der Struktur der Öle zeigen sich auch bei Viscositätsmessungen unter verschiedenen Drucken (z. B. 100 bzw. 600 mm Wasserdruck im Vogel-Ossag- oder Ostwald-Ubbelohde-Viscosimeter) und in der Temperaturkurve, da man dann bei verschiedenen Drucken nicht die gleichen Viscositätswerte erhält[5] und auch die sonst für die Temperaturabhängigkeit der Viscosität geltenden Gesetze nicht erfüllt werden.

4. Oberflächenspannung, Grenzflächenerscheinungen.

Beim normalen Schmiervorgang kommt die Oberflächenspannung der Öle gegen Luft (Bestimmung s. S. 40) und die Lagermetalle sowie diejenige der letzteren gegen Luft in Betracht.

Diese Größen sollen nach Duffing und v. Dallwitz-Wegener[6] für die sog. „Schmierergiebigkeit" eines Öles von Bedeutung sein, d. h. dafür, daß zwei physikalisch und chemisch scheinbar sehr ähnliche Öle bei der

---

[1] Tausz u. Staab: Petroleum 26, 1117 (1930).

[2] Roegiers: Angew. Chem. 45, 320 (1932).

[3] E. L. Lederer: Petroleum 28, Nr. 49, Mitt. Internat. Petrol.-Komm. 1 (1932).

[4] Holde u. A. Ruhemann: Mitt. Materialprüf.-Amt Berlin-Dahlem 13, Erg.-Heft 1, 50f. (1895); H. Vogel: Erdöl u. Teer 3, 534 (1927); Wo. Ostwald u. A. Föhre: Kolloid-Ztschr. 45, 166, 266 (1928); P. Barnard: Ind. engin. Chem. 20, 843 (1928).

[5] L. Emanueli u. E. da Fano: Erdöl u. Teer 5, 547 (1929).

[6] R. v. Dallwitz-Wegener: Neue Wege zur Schmiermitteluntersuchung. München u. Berlin 1919; Petroleum 16, 250, 285 (1920); Ztschr. techn. Physik 5, 378 (1924).

Schmierung in sehr verschiedenem Maße verbraucht werden können. Da der Verbrauch an Schmieröl um so geringer ist, je größer die Adhäsionskräfte zwischen Öl und Metall sind, soll die „Schmierergiebigkeit" um so größer sein, je kleiner der Randwinkel zwischen Öl und Metall und je größer die Oberflächenspannung des Metalls gegen Luft ist. Weil aber diese Konstanten wenigstens zum Teil nicht genügend exakt bestimmt werden können[1], hat sich letztere Betrachtungsweise in der Praxis nicht eingeführt.

Bachmann u. Brieger[2] maßen die Benetzungswärme von Öl an Metallpulver und fanden, daß gute Öle an 100 g eines Kupferpulvers 11—15 cal erzeugen, minderwertige dagegen 3—6 cal. Ein Zusatz von wenigen Prozenten Fettsäure steigert diesen Wert erheblich. Setzt man dem Öl Graphit zu, so verschwinden die Unterschiede zwischen den verschiedenen Ölen. Die Benetzungswärme Öl-Graphit ist 7—10mal größer als diejenige von Öl an Metall und ist bei allen Ölen fast gleich groß (s. auch S. 316). Bei der Einwirkung von 500 ccm Öl auf 50 g Eisenpulver im Calorimeter bei 125° wurden folgende Benetzungswärmen (cal/g) gemessen[3]: Mineralöle 7,2—8,8, Ricinusöl 13,4, Erdnußöl 11,1, Teeröl 5,7.

In besonderen Fällen ist die Grenzflächenspannung der Öle gegen Wasser als emulsionshindernd oder -fördernd zu beachten. So können Emulsionen mit Wasser oder wässerigen Seifenlösungen schädlich wirken (s. Turbinenöle), andererseits auch gerade Emulsionswirkungen erwünscht sein (bei Schiffsmaschinenölen, Emulsionsölen für Dampfzylinder, Bohrölen usw.).

Die Bestimmung der Grenzflächenspannung zwischen Ölen und Wasser bzw. wässerigen Lösungen s. S. 43, die Prüfung auf Emulgierbarkeit s. S. 367.

5. Praktische Erprobungen von Schmierölen und Prüfung auf Ölprobiermaschinen.

a) Praktische Versuche.

Der Reibungswert der Öle wird in der Praxis oft auf einfachen Einrichtungen, bestehend aus Versuchszapfen mit Lager, durch Messung der Temperatur an einem in das Lager eingelassenen Thermometer, bei genaueren Prüfungen noch unter Messung der zur Umdrehung der Welle erforderlichen Arbeitsleistung (z. B. bei elektrodynamischem Antrieb Messung des Wattverbrauchs) ermittelt. Der Kraftverbrauch gibt den Maßstab für die Größe der Reibung im geschmierten Versuchslager, welches im wesentlichen den Transmissionslagern oder anderen zur Beurteilung in Frage kommenden Lagern der Betriebsstelle angepaßt ist[4].

Jedoch sind die an einem Maschinensystem festgestellten Ergebnisse nicht ohne weiteres auf andere Maschinensysteme zu übertragen.

Die in längerer Betriebszeit erfolgte Beobachtung der Lagertemperaturen hat sich bei Vergleichung unerprobter, aber physikalisch und chemisch einwandfreier Öle mit bekannten gut brauchbaren Ölen vielfach praktisch bewährt.

Bei Dampfzylinderölen, welche den hohen Temperaturen des Zylinders ausgesetzt sind, wird der mechanische Wirkungsgrad der mit dem zu prüfenden Öl geschmierten Dampfmaschine festgestellt, indem man die effektive und indizierte elektrische Leistung der mit einer Gleichstrom-Dynamomaschine belasteten Dampfmaschine mißt[5].

---

[1] Tausz u. Dreifuß: Petroleum **24**, 1183 (1928).

[2] Bachmann u. Brieger: Kolloid-Ztschr. **36**, Erg.-Bd., 142 (1925); **39**, 334 (1926).

[3] W. Büche: Petroleum **27**, 590 (1931).

[4] Siehe z. B. die praktische Prüfung auf einer Spindeldrehbank. Schlesinger u. Kurrein: Werkstattstechn. **1916**, Heft 1/3.

[5] Hilliger: Ztschr. Ver. Dtsch. Ing. **65**, 248 (1921).

b) Versuche auf Ölprobiermaschinen.

Auf den sog. Ölprobiermaschinen für Lageröle sollen unmittelbar oder mittelbar die auf die Einheit des Druckes und der Geschwindigkeit reduzierten Reibungswiderstände, sog. Reibungskoeffizienten, ermittelt werden. Diese hängen vom Flächendruck, der Geschwindigkeit der rotierenden Welle, Temperatur und Dicke der Schmierschicht, von der chemischen Natur und der Oberflächenbeschaffenheit von Lager- und Zapfenmetall, sowie von der Differenz der Radien von Lagerschale und Zapfen ab.

Die nach der Theorie von Gümbel-Everling berechneten Reibungszahlen stimmen nach Versuchen von E. Schneider[1] über die Reibung in Gleit- und Rollenlagern mit den praktisch gefundenen Werten gut überein. Für die an der Grenze zwischen flüssiger und halbflüssiger Reibung noch zulässige Belastung von Lagern hat Schneider ein allgemeingültiges Diagramm entworfen. In Rollenlagern ist der Reibungskoeffizient in weit höherem Maße von Drehzahl und Zähigkeit abhängig, als man bisher annahm. Eine Darstellung der Reynolds-Sommerfeldschen hydrodynamischen Theorie der Lagerreibung gibt Hopf[2].

Die verschiedenen Ölprobiermaschinen weichen in wesentlichen, die Reibungszahlen erheblich beeinflussenden Prinzipien ihrer Konstruktion nicht nur voneinander, sondern auch von den mannigfaltig gestalteten Arbeitsmaschinen der Praxis so beträchtlich ab, daß entsprechend dem bereits oben Gesagten nur die auf derselben Prüfmaschine ermittelten Reibungskoeffizienten untereinander vergleichbar sind. Immerhin gestatten die Zahlen bei richtiger Interpretation der Ergebnisse und genügender Vertrautheit mit praktischen Vergleichen in vielen Fällen eine Auswertung für den praktischen Gebrauch der Öle.

Den Bedingungen der Schmierung von Dampf- und Explosionsmotorzylindern, Dampfturbinenanlagen usw. sind die bekannteren Ölprobiermaschinen noch nicht angepaßt.

Keine dieser Ölprobiermaschinen hat sich daher allgemein durchgesetzt. Am meisten verbreitet ist in Deutschland die Ölprobiermaschine von Martens[3]. Diese gestattet in den bei Transmissionen und sonstigen Achslagern am häufigsten vorkommenden Fällen der horizontal gelagerten Achse, die Öle unter wechselnden Geschwindigkeits-, Druck- und Temperaturverhältnissen zu prüfen. Auch die ältere Maschine von Duffing soll sich verhältnismäßig gut bewährt haben[4]. Den Hauptbestandteil einer späteren Konstruktion Duffing[5] bildet dessen Reibungswaage; diese gestattet auch, das Verhalten der Öle im Gebiet der halbflüssigen Reibung zu prüfen, das sich einer rechnungsmäßigen Erfassung auf anderem Wege bisher entzogen hatte. Von neueren Konstruktionen seien noch diejenigen von Dickinson und Mc Kee, sowie die von Herschel verbesserte Ölprüfmaschine von Deeley[6], die auf einem ähnlichen Prinzip beruhende verbesserte

---

[1] E. Schneider: Petroleum **26**, 221, 337 (1930).

[2] Hopf: Sommerfeld-Festschrift 1928.

[3] Martens: Mitt. Materialprüf.-Amt Berlin-Dahlem 8, 1 (1890); s. auch ebenda Neue Folge **1926**, 21.

[4] v. Dallwitz-Wegener: Neue Wege zur Schmiermitteluntersuchung, S. 45. München 1919.

[5] Duffing: Ztschr. angew. Chem. **35**, 605 (1922).

[6] Deeley: Trans. Amer. Soc. mech. Engr. **53**, Nr. 11, 21 (1931).

Maschine von Southcombe[1], die Maschine von J. G. O'Neill[2] sowie der Apparat von D. Thoma[3] erwähnt. V. Vieweg[4] hebt jedoch als Nachteil dieser im Gebiet der Teilschmierung arbeitenden Maschinen hervor, daß zum Teil der Verschleiß des Lagers und der Welle mitgemessen wird. Weitere Angaben über neuere Ölprüfmaschinen s. bei C. Walther[5].

6. Kältepunkt (Stockpunkt).

Bedeutung und Bestimmung s. S. 46f.

Die Toleranz für den Stockpunkt beträgt nach den „Richtlinien" $+ 5^0$. Abweichungen sind nach unten in beliebiger Höhe zulässig. Ein mit Stockpunkt — 15^0 angebotenes Öl darf also äußerstens bei — 10^0 stocken, während es bei einem Stockpunkt — 9^0 zurückgewiesen werden darf. Wird eine Höchstgrenze für den Stockpunkt vorgeschrieben, so ist diese ohne Toleranz unter allen Umständen innezuhalten.

Außer der Bestimmung des Stockens, d. h. des eigentlichen Festwerdens der Öle, ermittelt man bei hellen Ölen noch die Temperatur, bei welcher die erste Trübung und die erste Krystallbildung im Öl auftritt (Trübungspunkt).

Prinzipiell verschieden von der Richtlinienmethode sind die mehr viscosimetrischen Bestimmungen des Fließvermögens in der Kälte, die nach dem Verfahren der deutschen Reichsbahn (Ausführung s. S. 51) oder genauer nach dem Verfahren von Vogel[6] bzw. Baader[7] auf dem Vogel-Ossag-Viscosimeter bei tiefen Temperaturen vorgenommen werden. Gegenüber der normalen Temperaturabhängigkeit der Viscosität ergeben die Bestimmungen bei tiefen Temperaturen Abweichungen[8].

Um die Förderungsmöglichkeit von Öl in den Ölleitungen der Maschinen sicherzustellen, wurde vorgeschlagen, die niedrigste Temperatur zu ermitteln, bei der eine Pumpe oder ein auf andere Weise erzeugter bestimmter Druck das Öl in einer Rohrleitung gerade noch oder gerade nicht mehr in Bewegung zu setzen vermag[9].

Wegen der vielfach ungenügenden Reproduzierbarkeit der Stockpunktsbestimmungen empfahl Houston[10] ein Prüfverfahren, das der bei konsistenten Schmierfetten üblichen Tropfpunktsbestimmung nach Ubbelohde (s. S. 45) nachgebildet ist.

7. Entflammbarkeit und Verdampfbarkeit.

Die Mineralschmieröle sollen aus Gründen der Feuersicherheit und auch deshalb schwer verdampfbar sein, weil sonst bei den Arbeitstemperaturen der Maschinen entweder keine genügende Schmierschicht erhalten bleibt oder das Öl durch Verdampfen leichtflüchtiger Anteile dickflüssiger wird, als es ursprünglich war. Als — oft in seiner Bedeutung überschätzter —

[1] Southcombe: Schmiermittelkongreß Straßburg 1931; vgl. Erdöl u. Teer 7, 431 (1931).

[2] J. G. O'Neill: Trans. Amer. Soc. mech. Engr., Petrol. mech. Engr. 53, Nr. 18, 41 (1931); K. O. Müller: Erdöl u. Teer 8, 139, 156 (1932).

[3] R. Voitländer: Motorenbetrieb u. Maschinenschmierung 3, Heft 4, 5 (1930).

[4] V. Vieweg: Beilage zu Heft 17 der Zwanglosen Mitt. des DVM, März 1930.

[5] C. Walther: Schmiermittel, 1930. S. 14f.

[6] Vogel: Erdöl u. Teer 3, 534 (1927).

[7] Baader: Arch. Eisenhüttenw. 1, Heft 10 (1928).

[8] Barnard: Ind. engin. Chem. 20, 843 (1928).

[9] C. M. Larson: Automot. Ind. 60, 550 (1929).

[10] Truesdell: Nat. Petrol. News 19, Nr. 24, 23 (1927).

Vergleichsmaßstab dient in der Regel der verhältnismäßig einfach zu bestimmende Flammpunkt[1], welcher zu niedrig siedende Bestandteile in Maschinen- und Dampfzylinderölen usw. verrät.

Der genaue Grad der Verdampfbarkeit eines Schmieröles wird im Bedarfsfalle, z. B. bei Dampfzylinder-, Turbinenölen, gelegentlich auch bei Transformatorenölen und Kabelvergußmassen, quantitativ bestimmt (s. u.).

Über die an Flammpunkte und Verdampfbarkeit gestellten Anforderungen und die Begrenzung der Verwendbarkeit der Öle auf Grund dieser Eigenschaften s. Tab. 75 f., S. 343 f.

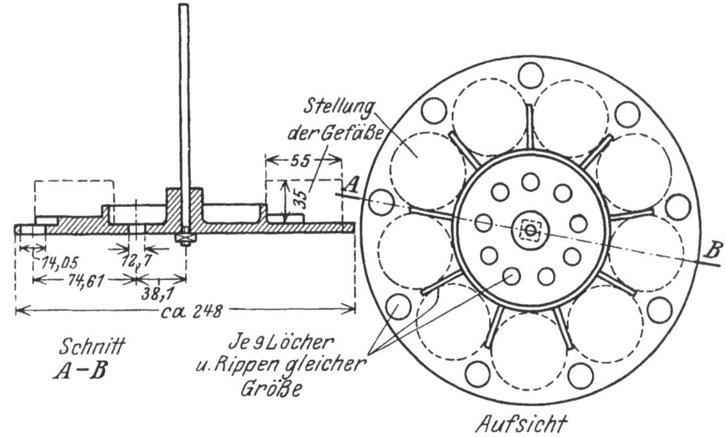

Abb. 147. Aluminiumträger zur Bestimmung der Verdampfbarkeit nach der A.S.T.M.-Methode.

Die Flamm- und Brennpunkte und auch der Zündpunkt ändern sich mit steigendem Druck, und zwar derart, daß im allgemeinen die Flammpunkte steigen, die Brennpunkte fallen, während der Zündpunkt, wenigstens meistens, zunächst ansteigt, so daß die Punkte sich einander nähern und schließlich zusammenfallen[2]. In einzelnen Fällen, z. B. bei Zylinderölen, könnte es notwendig werden, die genannten Punkte, der praktischen Verwendung der Öle entsprechend, bei erhöhtem Druck zu messen.

a) **Bestimmung des Flamm- und Brennpunktes** s. S. 56 f.

b) **Bestimmung der Verdampfbarkeit.**

α) Im Anschluß an das Verfahren von Holde[3] hat sich die Prüfmethode herausgebildet, die Öle im Flammpunktstiegel nach Marcusson bis zur Marke aufzufüllen und im genau geregelten, am besten elektrisch geheizten Trockenkasten 2 oder 5 h auf 100, 150, 200, 250, 300° zu erhitzen. Die Gewichtsabnahme wird nach dem Erkalten festgestellt und vom erhitzten Öl erforderlichenfalls die Änderung der Viscosität, der SZ. und VZ. sowie die Neubildung an Asphalt ermittelt.

---

[1] Vor einer Überschätzung des Flammpunktes warnt auch S. Erk: Erdöl u. Teer **9**, 122 (1933), nach dessen Ansicht der Flammpunkt zwar in Verbindung mit anderen Angaben dem Fachmann Schlüsse auf Herkunft und Verarbeitung eines Öles gestattet, aus Lieferverträgen aber besser verschwinden sollte.

[2] Hassenbach: Diss. Techn. Hochsch. Breslau 1930.

[3] Holde: Siehe 6. Aufl. dieses Werkes, S. 234. 1924.

Nach W. Allner[1] leitet man zweckmäßig bei dieser Bestimmung einen Luftstrom von etwa 75 l/h über die Öloberfläche.

β) **Englische Methode**[2]. 5 ccm Öl (Transformatorenöle: 20 ccm) werden in einem kleinen Becher aus Glas, Quarz oder Porzellan (38 mm Ø, 38 mm Höhe, Öloberfläche 11,6 qcm) in einem Trog (330 mm lang, 41 mm tief, 60 mm breit) aus 0,8 mm starkem Kupferblech 8 h (Transformatorenöle: 5 h) im Toluolbad erhitzt und nach dem Abkühlen gewogen.

γ) **A.S.T.M.-Methode**[3]. Mehrere Proben von je 50 g des wasserfreien Materials werden in zylindrischen Zinnbüchsen (55 mm l. W. 35 mm tief) mittels eines Aluminiumträgers (Abb. 147) in einen Thermostaten (41 cm hoch, mindestens je 30 cm breit und tief) eingesetzt und 5 h auf 163 ± 1^0 erhitzt. Die Temperatur wird mit einem Spezialthermometer (15 cm lang, von $155—170^0$ in $0,5^0$ C geteilt) kontrolliert, indem man es in eine der Proben bis zur völligen Bedeckung des Quecksilbergefäßes eintaucht. Während der Erhitzung läßt man den Träger langsam (5—6 Umdr./min) rotieren. Nach je 5std. Erhitzung bestimmt man den Gewichtsverlust.

Die Genauigkeit der Methode beträgt 0,5% bis zu einem Gewichtsverlust von 5% und weiter je 0,01% für 0,5% bei einem Verdampfungsverlust von mehr als 5%.

δ) Einige amerikanische Autofirmen schreiben die Bestimmung der Verdampfbarkeit für Schmieröle vor[4], um festzustellen, welches Öl sich schneller verbraucht. 5 ccm Öl werden in einem ähnlichen Thermostaten wie bei der A.S.T.M.-Methode (s. o.) 24 h auf 110^0 erhitzt, während die Scheibe 15 Umdr./min macht.

ε) Das genaueste Bild der Flüchtigkeit eines Schmieröles gibt natürlich die Destillation im Hochvakuum, die aber erst neuerdings in der Praxis der Schmieröluntersuchung (s. S. 360) Anwendung findet[5].

8. Zündpunkt.

Bedeutung und Bestimmung s. S. 67f.

Praktisch spielen die Höhe des Zündpunktes und nach Jentzsch die zur Zündung erforderliche Sauerstoffmenge eine Rolle bei solchen Schmierölen, die im Betriebe auf hohe Temperaturen — besonders bei gleichzeitiger Druckerhöhung — erhitzt werden, also z. B. bei Automobilzylinderölen und Luftkompressorölen. Hat ein Schmieröl einen niedrigen Selbstzündungspunkt, so kann dies unter Umständen die explosionsartige Zerstörung von Motoren, Kompressorzylindern usw. zur Folge haben. Begünstigt werden derartige Entzündungen durch hohe Verdichtung des anwesenden Sauerstoffs und hohe Reibungswärme in der Schmierschicht, welch letztere durch Rückstandsbildungen infolge der Zersetzung des Öles sowie durch Überlastung des Motors usw. noch gesteigert werden kann.

Regelmäßige Beziehungen zwischen Selbstzündungspunkten von Schmierölen und Flammpunkten haben sich nicht feststellen lassen; sogar Öle, deren Flammpunkte um 115^0 differieren (Lagerschmieröl und Luftkompressoröl), können den gleichen Zündpunkt zeigen, der gewöhnlich zwischen 260 und 280^0 liegt[6].

---

[1] W. Allner: Ztschr. angew. Chem. **39**, 16 (1926).

[2] Nach Archbutt u. Deeley: Lubrication and Lubricants, S. 258. 1927. Modifikation des Verfahrens für die leichter verdampfbaren Transformatorenöle nach I.P.T.-Standard Methods, 2. Aufl. 1929.

[3] Meth. D 6—30, s. Jber. 1932 des Comm. D 2, S. 172.

[4] Kern: Oil Gas Journ. **26**, Nr. 49, 34 (1928).

[5] Louis u. Chmelevsky: Ann. Office nat. Combustibles Liquides **6**, 59 (1931); Chim. et Ind. **25**, Nr. 3 bis, 399 (1931); P. Woog: Schmiermittelkongreß Straßburg, s. Erdöl u. Teer **7**, 399 (1931); Bahlke u. Mitarbeiter: S.A.E.-Journ. **29**, 215 (1931).

[6] Jentzsch: Flüssige Brennstoffe, S. 98. Berlin 1926.

Über die Beziehungen zwischen Flammpunkt, Brennpunkt und Zündpunkt bei Zylinderölen unter Druck s. S. 327. Im allgemeinen werden Zündpunkte im Laufe der handelsüblichen Untersuchung von Schmierölen nicht ermittelt.

9. Optische Eigenschaften.

Der Brechungsexponent n_D^{20} beträgt bei normalen Mineralschmierölen 1,475 bis 1,535, bei Edeleanuextrakten ($d = 1,02-1,05$) aus Mineralöl dagegen 1,58 und mehr[1]. n steigt mit dem spez. Gew. in der gleichen Reihe. z. B. bei leichten amerikanischen Maschinenölen (d_{20} 0,852—0,880 und $E_{20} = 4,3-18,6$) von 1,476 bis 1,489. Das Drehungsvermögen $[\alpha]_D$ beträgt bis $+ 3,1^\circ$, ist aber oft fast 0 [2]. Die Bestimmung der Brechung und der optischen Aktivität dient besonders zur Unterscheidung von Mineralschmierölen und schweren Harzölen (s. S. 339).

Zur Beurteilung von Erdölprodukten empfehlen Padgett, Hefley und Henriksen[3] auch die Anfertigung von Mikrophotogrammen. Hierdurch sind beispielsweise Unterschiede im Ölgehalt von Paraffin, Seifengehalt im Öl, Kohlenstoff im Destillationsrückstand usw. leicht zu erkennen. Auch zur Bewertung von Emulsionen (s. „Bohröle", S. 397) lassen sich nach Fiesel und Waltmann[4] Mikrophotographien heranziehen.

V. Chemische Prüfungen.

1. Gehalt an freien Säuren.

a) Anorganische Säuren und Carbonsäuren.

Bestimmung s. S. 109 f.

Freie Mineralsäuren dürfen in Schmierölen nicht vorkommen. In hellen raffinierten Mineralölen finden sich in der Regel höchstens Spuren organischer Säuren (bis 0,4 als NZ. berechnet), in dunklen unraffinierten Ölen bis NZ. 4, ausnahmsweise bis zu 7, z. B. bei Mitverarbeitung von Abfallölen, sog. Seifenölen (S. 434). Gebrauchte Öle zeigen gewöhnlich einen höheren Säuregehalt als die entsprechenden Frischöle.

Öle mit einem Säuregehalt bis zur NZ. 0,14 gelten in der Regel als praktisch säurefrei, wenn nicht schärfere Bedingungen vereinbart sind. Die von der Technik an den Grad der Säurefreiheit bei Schmierölen gestellten Anforderungen s. Tab. 75f., S. 343f.

b) Phenole.

Die Prüfung auf Phenole dient im allgemeinen zur Erkennung von Teerölen (S. 340), jedoch sind auch mehrfach in Erdölen sehr kleine Mengen Phenole mittels der Diazobenzolreaktion festgestellt worden (vgl. S. 110). Letztere beruht auf der Umsetzung des salzsauren Diazobenzols mit Phenolen in alkalischer Lösung zu rotgefärbtem, schwerlöslichem Oxyazobenzolkalium bzw. dessen Homologen.

---

[1] Mitt. der Rhenania-Ossag Mineralölwerke A.-G., Werk Grasbrook.
[2] Rakusin: Chem.-Ztg. **28**, 574 (1904).
[3] F. W. Padgett, D. G. Hefley u. A. Henriksen: Oil Gas Journ. **25**, Nr. 52, 96 (1927).
[4] Fiesel u. Waltmann: Monatsschr. Textilind. **44**, 26 (1929).

Das salzsaure Diazobenzol wird frisch vor dem Versuche durch allmähliches Zugeben einer eisgekühlten wässerigen Lösung von 1 Mol Kalium- oder Natriumnitrit zu einer ebenfalls eisgekühlten Lösung von 1 Mol Anilin in $2^1/_2$—3 Mol Salzsäure hergestellt.

Bei genügendem Nitritzusatz muß ein Tropfen der Diazolösung Jodkaliumstärkepapier bläuen. Weiter muß eine Probe der Lösung, in überschüssige reine Natronlauge eingetropft, klare Lösung geben. Entsteht eine Trübung oder gelbe Fällung (Diazo-amido-benzol), so ist noch mehr Nitritlösung zu der Diazolösung zuzusetzen.

Zur Prüfung auf Phenole wird ein durch Kochen von etwa 5 g der Probe mit wässeriger Natronlauge bereiteter filtrierter Auszug unter Eiskühlung mit der genannten Lösung von Diazobenzolchlorid tropfenweise versetzt. Ein orangefarbener bis ziegelroter Niederschlag beweist die Anwesenheit von Phenolen. An Stelle der jedesmal frisch zu bereitenden Diazobenzolchloridlösung schlägt Graefe[1] die Benutzung einer Lösung von Diazobenzolsulfosäure vor.

2. Gehalt an natürlichen Harzen und Harzzusätzen.

Unverfälschte Mineralschmieröle enthalten nicht unerhebliche Mengen harziger, in 70%igem Alkohol löslicher heller Stoffe in kolloider Lösung[2]. und zwar helle Mineralöle bis zu 0,6%, dunkle Mineralöle bis zu 1%, schlecht raffinierte Öle bis zu 3,5%. Alle diese Harze sind wie die in Alkohol unlöslichen dunklen Asphalt- und Pechharze in Benzol leicht löslich[3]. Die Lösungen hinterlassen lackartige, transparente, mehr oder weniger harte, braungelbe Verdampfungsrückstände, welche aber nicht die für Kolophonium charakteristische Morawskische Reaktion geben (s. u.). Einzelne dieser Harze sind völlig neutral, andere schwach sauer.

Mineralschmieröle enthalten oft, von den Asphalten- und Pechstoffen der dunklen Öle abgesehen, wenigstens 2—3% weiche bis spröde Harze, die sich durch aktive Kohle aufsaugen lassen und dann nicht mehr in Benzin, wohl aber in Benzol oder Chloroform löslich sind. Diese Harze stellen allmähliche Übergangsstufen von den öligen Stoffen bis zu den spröden Asphaltenen der Mineralölresiduen dar.

Kolophonium (s. S. 611) und andere Naturharze werden nicht Mineralschmierölen, aber gelegentlich Wagenschmieren und Bohrölen in Form von Seifen zugesetzt.

Die nähere Prüfung auf freies Kolophonium erübrigt sich bei säurefreien Ölen, da es im wesentlichen aus freier Abietinsäure $C_{20}H_{30}O_2$ oder deren Isomeren besteht und je nach dem Gehalt an Nebenbestandteilen die SZ. 140—180 besitzt. Eine SZ. 1,6 entspricht also etwa 1% Kolophonium. Bei erheblichem Säuregehalt wird auf Harz wie folgt geprüft:

Der mit heißem 70%igem Alkohol hergestellte Auszug von etwa 5 g Öl (Ceresin, Paraffin, Vaselin, Mineralölpech) hinterläßt nach dem Filtrieren durch ein mit 70%igem Alkohol befeuchtetes Filter und Abdampfen bei Gegenwart von Kolophonium einen harzartig klebrigen Rückstand; dieser gibt, in etwa 1 ccm Essigsäureanhydrid unter Verreiben mit dem Glasstab kalt gelöst, auf Zusatz von einem Tropfen Schwefelsäure (1,53) Violettfärbung, die nach einigem Stehen in ein unbestimmtes Braun umschlägt (Storch-Morawskische Reaktion).

---

[1] Graefe: Laboratoriumsbuch für die Braunkohlenindustrie, S. 32.
[2] Holde: Ztschr. Chem. u. Ind. Kolloide **3**, 274 (1908); Ztschr. angew. Chem. **21**, 2143 (1908).
[3] Holde u. Eickmann: Mitt. Materialprüf.-Amt Berlin-Dahlem **25**, 148 (1907).

Quantitative Bestimmung. Bei Abwesenheit von fettem Öl oder freien Fettsäuren wird Kolophonium durch Behandeln von 5—10 g des in Benzin oder Äther gelösten Öles mit Twitchellscher Lauge (je 10 g KOH und Alkohol in 100 ccm Wasser) ausgezogen. Die Ätherlösung wird wiederholt mit Wasser und je 10 ccm Twitchellscher Kalilauge, schließlich nochmals mit Wasser ausgeschüttelt, bis letzteres farblos bleibt. Aus den vereinigten wässerig-alkalischen Auszügen werden kleine Reste Neutralöl noch mit wenig Äther entfernt, der nochmals mit wenig Lauge (5 ccm) gewaschen wird. Die Menge der mit verdünnter Salzsäure aus der alkalisch-wässerigen Lösung bei Gegenwart von Äther abgeschiedenen, mineralsäurefrei gewaschenen, vom Lösungsmittel befreiten und bei 110° getrockneten Harzsäuren ergibt, mit 1,07 multipliziert, den Gehalt an Kolophonium.

Bei gleichzeitiger Gegenwart freier Fettsäuren müssen diese durch Veresterung nach Wolff und Scholze abgetrennt werden (s. S. 874).

3. Verharzungsvermögen (Alterungsneigung).

Da an vielen Stellen die Schmieröle längere Zeit im Betriebe bleiben, spielt ihre Beständigkeit gegenüber Oxydation eine besondere Rolle. Die Oxydation wird durch Metalle, besonders Fe, Cu und Pb, stark katalytisch beeinflußt (s. auch S. 268). Soweit die Oxydationsprodukte lediglich hochmolekulare Säuren in nicht zu großer Menge darstellen, können sie den Schmierwert des Öles günstig beeinflussen (S. 316), auch durch Oxydation gebildete Harze oder weiche Asphaltstoffe können harmlos sein; harte Asphaltene und kokartige Stoffe wirken dagegen ebenso korrodierend wie durch Oxydation entstandene niedrigmolekulare Säuren oder Schwefeloxyde. Auch die zähen bis harzartig klebrigen Oxydationsprodukte von trocknenden fetten Ölen, Harz- und Teerölen können zu schweren Beschädigungen der Maschinen führen.

Raffinierte Mineralschmieröle zeigen selbst nach monatelangem Stehen bei 100° keine äußerlich erkennbaren Verharzungserscheinungen. In dünner Schicht auf 100° erhitzt, verflüchtigen sich Destillatöle meistens schon in 35 h bis auf Spuren. Dunkle Öle verharzen dagegen in dünner Schicht erheblicher, wobei leichtere Kohlenwasserstoffe sich größtenteils verflüchtigen, zum geringeren Teil oxydieren oder polymerisieren und Asphaltstoffe sich im Rückstand erheblich anreichern.

Die beim Erhitzen der Mineralöle verbleibenden Harze sind in Benzin nicht oder nur unvollkommen, in Benzol dagegen fast völlig löslich. Dunkle Öle verharzen weniger, wenn die Asphaltene aus ihnen entfernt sind, weshalb deren Bestimmung, insbesondere auch bei Heißdampfzylinderölen, allgemein verlangt wird (s. S. 166 und 343 f.).

a) Qualitative Prüfung des Verharzungsvermögens.

Man verreibt 1 Tropfen Öl auf einer Glasplatte (5 × 10 cm), erhitzt die Platte im Luftbad bei Maschinenölen und Achsenölen auf etwa 50°, bei Dampfzylinderölen auf etwa 100° und beobachtet von Zeit zu Zeit, etwa täglich einmal, nach dem Erkalten durch Aufdrücken des Fingers die Konsistenz der Ölschicht.

Im allgemeinen ist eine besondere Prüfung des Verharzungsvermögens in dünner Schicht bei Mineralölen in Lieferungsbedingungen nicht vorgesehen, weil die Prüfung doch etwas längere Zeit dauert und die übrigen, in den Bedingungen vorgesehenen Eigenschaften schon ein genügendes Urteil über das voraussichtliche Verhalten der Öle in dünner Schicht geben.

b) Quantitative Feststellung des Verharzungsvermögens.

Quantitativ wird die Neubildung von Harz- und Teerstoffen (Alterungsneigung) durch die von R. Kißling[1] zuerst für Turbinenöle vorgeschlagene Verteerungszahl bei Transformatorenölen und Turbinenölen (s. S. 269 u. 366) ermittelt.

Wie in Deutschland die Verteerungszahlmethode, so sind in den verschiedenen anderen Ländern ebenfalls Methoden zur zahlenmäßigen Bestimmung der Widerstandsfähigkeit der Öle gegen Oxydation ausgearbeitet worden. Es besteht überall das Bestreben, die lange Prüfungsdauer entweder durch Erhöhung der Versuchstemperatur, was aber leicht ein falsches Bild gibt, oder durch Zusatz von Katalysatoren herabzusetzen. Die für Isolieröle neuerdings angegebenen Prüfmethoden sind auf S. 268 beschrieben.

A.S.T.M.-Prüfverfahren (Abb. 148)[2]. In den Oxydationskolben werden mit Hilfe der Pipette 10 g Öl ($\pm$ 0,1 g) eingewogen; die Luft im Kolben wird bei Zimmertemperatur und Atmosphärendruck (25° C und 760 mm Hg) durch Sauerstoff verdrängt. Dann wird der schwach gefettete Stopfen mit dem an ihm hängenden Abschlußstopfen (convection plug), der Zirkulation des Sauerstoffs im Kolbenhals und dadurch verursachte Abkühlung des Kolbeninhalts verhindern soll, aufgesetzt und ersterer mit einem Metallbügel festgeklemmt. Der Kolben wird vertikal in ein gut gerührtes und genau auf 200° C erwärmtes Ölbad so eingesetzt, daß das Niveau des Bades etwa 2,5 cm höher steht als der Kolbenkörper, und so 2½ h erhitzt. Dann wird das erkaltete Öl mit Benzin, das unter 120° siedet und keine ungesättigten und aromatischen Verbindungen enthält, auf 100 ccm aufgefüllt, umgeschüttelt und 1 h bei 25° C ($\pm$ 2° C) stehen gelassen, worauf der Niederschlag abfiltriert und ausgewaschen wird. Der Prozentgehalt an Niederschlag wird mit 100 multipliziert und ergibt die „Oxydationszahl" des Öles.

Hackford-Faktor[3]. Für die Untersuchung von Schmierölen hat sich diese einfach auszuführende Prüfung bewährt[4]. In einem Reagensglas von etwa 30 bis

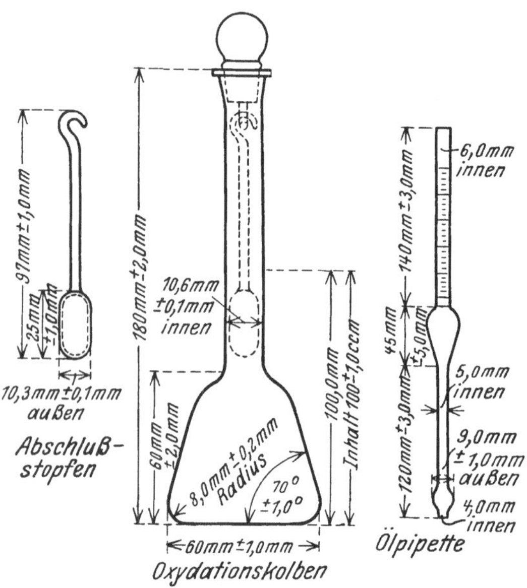

Abb. 148. Apparatur zur Bestimmung der Oxydationszahl (A.S.T.M.-Methode).

---

[1] R. Kißling: Chem.-Ztg. **30**, 932 (1906); **31**, 328 (1907); **33**, 529 (1909); Chem. Revue üb. d. Fett- u. Harzind. **13**, 302 (1906); **16**, 3 (1909); Petroleum **3**, 108, 938 (1907/08).

[2] Jber. 1927 des Comm. D 2, S. 22.

[3] Eng. and Boiler House Review, Sept. 1926, Nr. 3, S. 152.

[4] F. Frank u. H. Selberg: Petroleum **24**, 641 (1928); Erdöl u. Teer **4**, 215 (1928).

35 mm Ø werden 10 g Öl unter Durchleiten eines Stromes von trockenem Sauerstoff (1 Blase pro sec) 9 h lang auf 150° erhitzt. Die Differenz der zur Neutralisation von je 10 g Öl vor und nach dem Erhitzen benötigten Laugenmengen (ausgedrückt in ccm 0,1-n Lauge) ergibt den „Hackford-Faktor".

Richtlinienmethode[1]. Zur Prüfung von Großgasmaschinenöl auf Neubildung von Asphalt erhitzt man 50 g Öl im offenen Erlenmeyerkolben 50 h lang auf 150° ohne Einleitung von Sauerstoff; anschließend verfährt man wie bei der Hartasphaltbestimmung (S. 166).

Der Erlenmeyerkolben (250 ccm) soll lichte Halsweite 25,5 mm, obere Randweite 32,5 mm, unteren, äußeren Bodendurchmesser 82,5 mm, Höhe 136 mm besitzen. Toleranzen: allgemein $\pm$ 2 mm. Der Kolben steht bis auf 20 mm vom oberen Rand im Ölbad. Die Temperatur wird im Versuchsöl gemessen.

Da bei der Oxydation die Viscosität der Öle zum Teil sehr erheblich zunimmt, empfiehlt es sich, nach künstlicher Alterung der Öle außer der Zunahme der NZ. und VZ. und der Neubildung von Hartasphalt bzw. Koks auch die Änderung der Viscosität zu ermitteln. Nach Moore und Barret[2] geht die Zunahme der Viscosität dem wachsenden Schwefelgehalt parallel; sie ist bei pennsylvanischen und russischen Ölen geringer als bei kalifornischen, Texas- und südamerikanischen Ölen.

Die Bestimmung des Gehaltes an ungesättigten Verbindungen wird in folgender Form für die Beurteilung der Schmiereigenschaften sowie der Widerstandsfähigkeit der Schmieröle gegen Oxydation herangezogen[3].

Zu 25 ccm 10%iger Schwefelsäure und 1—10 g der Probe, verdünnt mit 17 ccm Normalbenzin (von bekanntem Gehalt an ungesättigten Verbindungen), wird in einem 200-ccm-Scheidetrichter Bromid-Bromatlösung (50 g KBr und 14 g $KBrO_3$ in 1 l) in geringem Überschuß zugesetzt. Beim Schütteln soll sich ein Bromüberschuß zeigen, sonst muß der Bromid-Bromatzusatz erhöht werden. Nach Zusatz von 1—2 ccm Kaliumjodidlösung (10%ig) titriert man mit 0,1-n $Na_2S_2O_3$ und gibt einen Überschuß von 1—2 ccm in die Lösung. Wasser und Öl werden dann getrennt, das Öl ausgewaschen und Wasser und Waschwasser mit 0,1-n J bis zur Blaufärbung titriert. Als „Bromzahl" gilt der Bromverbrauch in g für 100 g Substanz. Hat man das mittlere Mol.-Gew. des Öles, z. B. nach Beckmann durch Siedepunktserhöhung oder nach der Campher-Methode von Rast, bestimmt, so läßt sich der Prozentgehalt an ungesättigten Verbindungen, vorausgesetzt, daß nur einfach ungesättigte Moleküle vorliegen und vollständige Absättigung der Doppelbindungen ohne gleichzeitige Bromsubstitution eingetreten ist, annähernd berechnen:

$$\text{Prozent Ungesättigte} = \frac{\text{Bromzahl} \times \text{Mol.-Gew.}}{160}.$$

Vgl. auch das Verfahren von Galle und Böhm, S. 208.

c) Die Sauerstoffaufnahme

der Mineralöle ist teils chemischer Natur, teils bloßer Lösungsvorgang. Die für Isolieröle ausgearbeitete Methode von Evers und Schmidt (S. 277) kann in ähnlicher Weise auch auf Schmieröle übertragen werden.

Den großen Einfluß von Kupfer oder Blei auf die Oxydation eines Öles durch Sauerstoff zeigen Versuche von F. Frank[4]. Bei Ausschluß von Sauerstoff (Hochvakuum oder sauerstofffreie Stickstoffatmosphäre)

---

[1] Richtlinien, 5. Aufl., S. 29. 1928.
[2] Moore u. Barret: Journ. I.P.T. **12**, 582 (1926).
[3] Bacon: Ind. engin. Chem. **20**, 969 (1928).
[4] F. Frank: Studienges. f. Höchstspannungsanlagen, 2. Forschungsheft „Isolieröle", herausgeg. v. A. Matthias, Verlag d. Vereinig. d. Elektr.-Werke, Berlin 1930, S. 7f.; Erdöl u. Teer **6**, 47 (1930).

findet selbst bei Gegenwart von Blei und Kupfer bei 1000std. Erwärmung auf 98° keinerlei Alterung der Öle statt[1].

Über die Sauerstoffaufnahme von Vaselin s. S. 309. Erheblich ist unter den oben beschriebenen Versuchsverhältnissen ohne Metallkatalysatoren die Sauerstoffaufnahme fetter Öle und flüssiger Wachse, entsprechend ihrem Gehalt an Ölsäure oder anderen ungesättigten Fettsäuren.

Freier, im Öl gelöster Sauerstoff findet sich in allen Ölen neben Luftstickstoff in geringen Mengen und wird im Bedarfsfall wie folgt ermittelt:

Durch einen 200 g Öl enthaltenden 500-ccm-Rundkolben, der mit Gaszu- und -ableitungsrohr versehen ist, leitet man so lange Kohlensäure, bis die Gasblasen in einem mit Kalilauge (1,32) beschickten Eudiometerrohr vollkommen absorbiert werden, so daß die Luft aus dem Apparat oberhalb des Öles entfernt ist. Das kurz über der Öloberfläche mündende Einleitungsrohr wird dann bis auf den Boden des Kolbens geführt und das Öl auf 100—150° erhitzt. Die Operation ist beendet, wenn nur noch Kohlensäureblasen, die von der Lauge absorbiert werden, in das Eudiometer eintreten. Nach 24std. Stehen über der Kalilauge führt man das Gas in eine Hempelsche Gasbürette, aus dieser nach Ablesen des Volumens in eine mit alkalischer Pyrogallollösung beschickte Gaspipette über und mißt das nicht absorbierte Gas durch Zurücktreiben in die erste Gasbürette. Die Volumendifferenz zwischen den beiden Ablesungen ergibt den freien Sauerstoff in 200 g Öl. Das abgelesene Volumen wird in bekannter Weise auf Normaldruck und 0° umgerechnet.

Kompressorenöle enthielten in 100 ccm 4—5 ccm Luft oder 0,7—1,4 ccm freien Sauerstoff.

4. Angriffsvermögen auf Metalle.

Ein chemischer Angriff des Schmieröles auf Metalle ist in der Regel auf einen Gehalt des Öles an anorganischen oder organischen Säuren oder an Schwefelverbindungen zurückzuführen. Letztere werden hinsichtlich ihrer korrodierenden Eigenschaften folgendermaßen eingeteilt[2]:

Mercaptane wirken am stärksten unter Bildung von Mercaptiden, Schwefelwasserstoff greift weniger an, Äthylsulfat wirkt bei Abwesenheit von Wasser wenig ein; auch Sulfosäuren, Alkylsulfide und -disulfide sowie Sulfoxyde wirken nur schwach korrodierend. Durch Gegenwart von Wasser und durch erhöhte Temperatur wird die Korrosion beschleunigt.

Maschinen- und Wagenöle. Das Angriffsvermögen der Öle auf Lagermetalle wird in besonderen Fällen, z. B. bei säurehaltigen Ölen, wie folgt geprüft:

Blank geschmirgelte, gewogene Platten der Metalle, 30 × 30 × 3 mm, werden einige Wochen, mit der Ölprobe bedeckt, in Glas- oder Porzellanschalen, vor Staub geschützt, bei Zimmertemperatur belassen oder im Luftbade auf 50° erhitzt. Von Zeit zu Zeit, z. B. nach 1—4 Wochen, werden äußere und Gewichtsveränderungen der Platten nach Reinigung mit Fließpapier und Äther ermittelt.

Nach 10wöchiger Lagerung in roher Naphthensäure (SZ. 162) bei Zimmertemperatur ergaben: Aluminium 0, Eisen 0,008 %, Zinn 0,012 %, Kupfer 0,030 %, Zink 0,408 %, Blei 0,580 % Verlust. Zink und Blei wurden also am stärksten von Naphthensäuren angegriffen[3]. Auf die Gefahren der Korrosion von eisernen, verbleiten oder (mangelhaft) verzinkten eisernen

---

[1] Vgl. auch die früheren Versuche von v. d. Heyden u. Typke: Petroleum **20**, 1128 (1924).

[2] H. Schmidt: ebenda **23**, 646 (1927).

[3] Schirmowsky: ebenda **8**, 1423 (1912/13).

Transport- und Lagergefäßen, zumal bei Gegenwart von Oxydationsprodukten der Öle und Schwitzwasser, wurde von F. Frank[1] hingewiesen. Je weitgehender ein Öl ausraffiniert ist, um so stärker sind die Angriffe, während bei unraffinierten rohen Ölen nicht so leicht Metallkorrosionen eintreten.

Dampfzylinderöle. Auch bei Gegenwart von gespanntem Dampf werden die Zylindermetalle durch Mineralöle, selbst bei Anwesenheit fetter Öle, kaum merklich angegriffen, obwohl die Fette in reinem Zustand durch den gespannten Dampf weitgehend in freie Fettsäuren und Glycerin gespalten werden.

Zur Prüfung werden 25—30 g Öl mit einer blank geschmirgelten, gewogenen Gußeisenplatte von 30 × 30 × 3 mm in einer Porzellan- oder Glasschale in einem zur Hälfte mit Wasser gefüllten Autoklaven, mehrere Stunden, auf die gewünschte Temperatur (z. B. 180⁰ = 9,9 at) erhitzt. Die nach Abkühlung der Gefäße ermittelte Gewichtsänderung der mit Fließpapier und Äther gereinigten Platte ergibt das Angriffsvermögen des Öles. In dem zurückgebliebenen Öl kann die Erhöhung des Aschengehalts und des Säuregehalts bestimmt werden. Die Versuche werden unter 4—6- oder, wenn bis dahin kein merklicher Angriff des Metalls stattgefunden hat, 10std. Erhitzung ausgeführt.

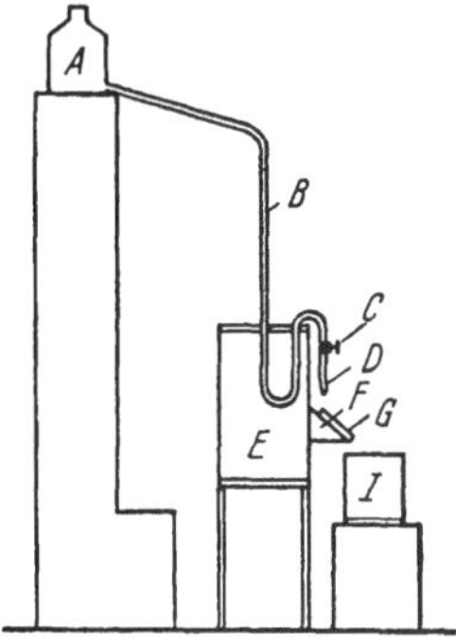

Abb. 149. Apparatur zum D.O.C.-Test nach Young.

D.O.C.-Test nach Young[2]. Geringe Schwefelsäuremengen, sowie auch Alkali- und Salzwassermengen, die analytisch kaum nachweisbar sind, können zu Korrosionen der Lager und Zylindermetalle Anlaß geben. Young hat deshalb einen D.O.C. (direct oil corrosion)-Test ausgearbeitet, der gute Übereinstimmung mit den Erfahrungen der Praxis zeigte.

250 ccm Öl fließen aus einer hochstehenden Flasche A (Abb. 149) in 5—6 h durch ein U-Rohr B, das in einem Wasserbad E auf 90⁰ erwärmt wird, und dann in dünnem Strahl, der durch den Quetschhahn C reguliert wird, aus einer Glasspitze D über polierte, d. h. mit Schmirgel Nr. 0 behandelte Metallplatten G (50 × 50 × 6 mm) aus Stahl, Weißmetall od. ä., die mit Hilfe eines dreieckigen Trägers F ebenfalls dauernd auf 90⁰ erwärmt werden. Schließlich wird das Öl in einem Becherglas I aufgefangen, um evtl. wieder nach A zurückgegeben zu werden. Die korrodierende Wirkung auf die Platten wird durch Augenschein und bei 50facher Vergrößerung beobachtet. Bei genügender Zeitdauer, z. B. 47—111 h, machen sich auch geringe Verunreinigungen bemerkbar.

Sulfatzahl. Speziell zur Bestimmung korrodierender **Schwefel**verbindungen, die beim Erhitzen mit Lauge unter Luftdurchleiten in Sulfate übergeführt werden können, hat Young[3] folgendes Verfahren („Sulfatzahl"-Bestimmung) vorgeschlagen, dessen Ergebnisse ebenfalls mit den praktischen Erfahrungen gut übereinstimmen sollen:

100 ccm Öl werden im Becherglas mit 20 ccm starker Kalilauge (210 g KOH in 300 ccm H_2O) unter Durchleiten von Luft 3 h auf 95⁰ erhitzt. Dann werden 90 ccm heißes Wasser hinzugegeben und im Scheidetrichter Öl und Wasser getrennt. In 70 ccm der wässerigen Lösung bestimmt man nach Ansäuern mit Salzsäure in üblicher Weise die Schwefelsäure durch Fällung mit Bariumchlorid. Die Prozente SO_4 werden als Sulfatzahl angegeben. Öle mit einer Sulfatzahl über 0,05% gelten nach Young als schädlich.

---

[1] F. Frank: Erdöl u. Teer 8, 12 (1932).
[2] Young: Journ. I.P.T. **13**, 760 (1927); Oil Gas Journ. **26**, Nr. 27, 146 (1927).
[3] Young: ebenda.

5. Angriffsvermögen gegenüber Zement und Beton.

Zement und Beton sind gegen die Einwirkung von Mineralölen und Teer, sofern letztere säurefrei sind, unempfindlich; daher haben sich Betonreservoirs für Mineralöle bisher gut bewährt (Näheres s. S. 976).

6. Wassergehalt.

Nachweis und quantitative Bestimmung s. S. 116.

Nach den „Richtlinien" darf der Wassergehalt bei den meisten Schmierölen nicht über 0,1 % betragen; nur Dampfzylinderöle dürfen bis zu 0,5 % Wasser aufweisen; Eismaschinenöl für Kohlensäurebetrieb muß dagegen absolut wasserfrei sein, da sonst ausgeschiedene Eiskryställchen zu Betriebsstörungen führen könnten.

7. Asche und Seifen.

Wenn ein Öl in Benzin, Benzol oder Aceton völlig löslich ist, dürfen wässerige bzw. salzsaure Auszüge des Öles beim Eindunsten höchstens Spuren eines Rückstandes hinterlassen.

Aschenbestimmung s. S. 120. Die Aschen von Schmierölen bestehen meistens aus Eisenoxyd und Natrium- bzw. Calciumsulfat; gelegentlich enthalten sie auch Spuren Bleicherde. Die Asche von Motorzylinderölen darf nicht sintern oder schmelzen, weil sonst leicht durch Festbrennen der Asche der erste Anlaß zur Ölkohlebildung gegeben wird. Sie darf daher keine Alkalien enthalten.

Manchen Mineralölen werden zur künstlichen Verdickung Tonerde-, Kalk-, Blei- oder Alkaliseifen zugesetzt (s. auch S. 381). Bei sog. wasserlöslichen (emulgierbaren) Ölen (s. S. 397) ist Alkaliseife, bei konsistenten Fetten (s. S. 378) sind Kalk- oder Natronseife normale Bestandteile.

Dampfturbinenöle müssen durchaus seifenfrei sein, damit sich das Öl bei der Benutzung leicht wieder vom Wasser trennt und keine Emulsionen bildet (s. S. 363).

Prüfung auf Seife.

Qualitativ. Ein merklicher Gehalt an Alkaliseife, der unter Umständen von mangelhafter Auswaschung der naphthensulfosauren und naphthensauren Salze herrühren kann, verursacht beim Schütteln des Öles mit Wasser weißliche Emulsionen. Diese röten alkoholische Phenolphthaleinlösung infolge von Hydrolyse der Seife und werden beim Behandeln mit Mineralsäuren durch Zersetzung der Seife zerstört. In der mineralsauren Lösung sind die Seifenbasen, wie Kalium, Natrium, Calcium, Tonerde usw., nachzuweisen. Ammoniakseife verrät sich durch den Geruch nach Ammoniak, besonders beim Erwärmen des Öles mit Natronlauge, und zersetzt sich bei längerem Erhitzen auf dem Wasserbade völlig in freie Fettsäure und Ammoniak.

Quantitativ. Das nur bei Abwesenheit von Seifen wasserlöslicher Säuren[1] anwendbare Verfahren beruht darauf, daß Mineralsäure aus der im Öl vorhandenen Seife die äquivalente, durch Titration zu ermittelnde Menge freier Fettsäure abscheidet.

---

[1] Bei Gegenwart wasserlöslicher Säuren dauert das Auswaschen der Mineralsäure aus der zersetzten Seifenlösung sehr lange. So reagiert das Waschwasser bei Vorliegen wasserlöslicher organischer Säuren noch sauer gegen Methylorange, wenn z. B. Silbernitrat freie Salzsäure nicht mehr anzeigt.

5 g Öl werden im Scheidetrichter mit etwa 50 ccm Äther und 3—5 ccm verdünnter Salzsäure stark geschüttelt. Die abgezogene salzsaure Schicht zieht man noch zweimal mit etwa je 15 ccm Äther aus und stellt in ihr die Natur der Seifenbasis fest; die vereinigten Ätherlösungen wäscht man mit konz. Glaubersalzlösung Cl′-frei[1]. Bei hellen Ölen wird hierauf nach Zusatz von etwa 15 ccm neutralen Alkohols unter Anwendung von Phenolphthalein, bei dunklen Ölen unter Benutzung von Alkaliblau 6 B als Indicator die freie Säure titriert. Von dem so festgestellten Gesamtfettsäuregehalt wird die im ursprünglichen Öl vorhandene Menge freier Fettsäure subtrahiert; die Differenz ergibt die als Seife gebundene Säuremenge, berechnet als Säurezahl.

Um aus der Säurezahl den Seifengehalt in Gewichtsprozenten zu berechnen, scheidet man aus den in der titrierten ätherisch-alkoholischen Schicht enthaltenen Alkaliseifen nach Verjagen des Lösungsmittels die Fettsäuren ab und bestimmt deren Mol.-Gew. Hierzu wird der Abdampfrückstand in niedrigsiedendem Petroläther und 50%igem Alkohol aufgenommen und nach Spitz und Hönig (s. S. 114) das Mineralöl völlig entfernt. Aus der Seifenlösung scheidet man nach S. 729 die Fettsäuren ab und bestimmt ihre Verseifungszahl, aus welcher sich das Mol.-Gew. zu 56110/VZ. berechnet.

Beispiel. Ist das Mol.-Gew. zu 300, die als Seife vorhandene Fettsäuremenge zu 28 (berechnet als SZ.) ermittelt und ist die Seifenbasis Kalk, so ergibt sich der Prozentgehalt an Kalkseife nach der Formel:

$$x = \frac{\text{Äquiv.-Gew. der Kalkseife}}{\text{Mol.-Gew. KOH}} \cdot 0{,}1 \; SZ. \, [2]$$

$$x = \frac{319 \cdot 2{,}8}{56{,}11} = 16\%.$$

Für Natronseife würde die Gleichung lauten:

$$x = \frac{322 \cdot 2{,}8}{56{,}11} = 16\%.$$

Findet man bei der vorstehend angegebenen Säurezahl-Differenzbestimmung für die als Seife gebundenen Fettsäuren SZ. < 9, entsprechend einem Seifengehalt unter 5%, so kann man ohne nennenswerten Fehler ein mittleres Fettsäure-Mol.-Gew. 300 in die Rechnung einsetzen und die Abscheidung der Fettsäuren nebst Mol.-Gew.-Bestimmung umgehen.

Bei Gegenwart von Seifen wasserlöslicher Säuren, z. B. Naphthensulfosäuren, wird, sofern es sich um Alkaliseife handelt, das Öl wiederholt mit 50%igem Alkohol ausgekocht, die alkoholische Schicht abgetrennt, einmal mit einigen Kubikzentimetern leichtsiedenden Benzins behandelt und die jetzt ölfreie Seifenlösung eingedampft; das Gewicht des Rückstandes ergibt unmittelbar den Seifengehalt[3].

8. Gehalt an fettem Öl und fremden unverseifbaren Ölen.

Zur Verbesserung der Schmiereigenschaften werden Mineralöle in gewissen Fällen mit Zusätzen von fetten Ölen versehen (compoundiert), z. B. manche Flugmotoren-, Automobil- und Dampfzylinderöle, Groß- und Kleingasmaschinenöle, Uhrenöle, Bohr- und Kühlöle, Elektromotoren- und Dynamoöle, Schiffsmaschinenöle.

Qualitative Prüfung auf fettes Öl s. S. 113, quantitative Bestimmung S. 114.

---

[1] Zur Aufhebung etwaiger Emulsionen vergrößert man den Ätherzusatz oder läßt unter Umschwenken, aber ohne Schütteln der Flüssigkeit, wenig Alkohol zufließen.

[2] Die Säurezahl muß mit 0,1 multipliziert werden, weil sie in Promille (mg KOH/g Öl) ausgedrückt ist, während der Seifengehalt üblicherweise in Prozenten berechnet wird.

[3] Marcusson: Chem. Umschau Fette, Öle, Wachse, Harze **25**, 2 (1918).

Ermittlung der Art der unverseifbaren Öle (nach Abtrennung der verseifbaren Bestandteile gemäß S. 114).

a) Harzöle.

Bei der Destillation des Kolophoniums unter direkter Erhitzung erhält man neben leichtflüchtigem, dünnflüssigem Harzspiritus oder Pinolin über 300^0 siedendes schweres Harzöl.

Rohes Harzöl enthält neben wechselnden Mengen (bis zu 30%) mitübergerissenen sauren Harzes Kohlenwasserstoffe, nach Bruhn und Tschirch[1] hauptsächlich hydrierte Retene; es diente ebenso wie gereinigtes Harzöl früher als Transformatorenöl und zum Verschneiden von Schmierölen und Firnissen, jetzt wird es nur noch zur Herstellung von Wagenfetten, wasserlöslichen Ölen und Buchdruckfarben gebraucht.

Wegen seines leichten Verharzungsvermögens (bei 50^0 in dünner Schicht nach 24 h fest oder merklich zäher bis klebrig) gilt es als minderwertiges Schmieröl.

Harzöle verdampfen leichter und entflammen dementsprechend niedriger als Mineralöle, von denen sie sich auch durch charakteristischen Geruch und Geschmack unterscheiden (s. Tab. 74).

Farbenreaktionen. α) Nach Holde. Beim Schütteln gleicher Vol. Öl und Schwefelsäure (1,6) wird die Mischung rot gefärbt; die Säure setzt sich blutrot gefärbt ab. Nachweisbarkeitsgrenze meistens bis zu 1% Harzöl. Besonders sorgfältig raffinierte Harzöle geben die Reaktion schwach oder gar nicht.

β) Je 1 ccm Öl und Essigsäureanhydrid, kräftig durchgeschüttelt, geben auf Zusatz von 1 Tropfen Schwefelsäure (1,53) zur abgetrennten sauren Schicht bei Gegenwart von Harzöl Rotviolettfärbung (Storch-Liebermannsche Reaktion). Die Reaktion ist schärfer als erstere, wird aber auch von Harz veranlaßt. Neben freiem Harz wird Harzöl in den nach Spitz-Hönig abgetrennten unverseifbaren Anteilen durch Bestimmung der nachstehend angeführten physikalischen und chemischen Eigenschaften sowie durch den Geruch nachgewiesen.

γ) Harzöl für sich oder in CS_2-Lösung mit 1 Tropfen $SnCl_4$ (nach Allen besser $SnBr_4$) geschüttelt, gibt schöne Violettfärbung.

Liegt nach den Farbenreaktionen Verdacht auf Gegenwart von Harzöl vor, so prüft man das Öl noch auf die in Tab. 74 zusammengestellten Eigenschaften,

Tabelle 74. Eigenschaften von schweren

Art des Öles	Löslichkeit (bei Zimmertemperatur)		Brechungsexponent n_D^{18}	Optisches Drehungsvermögen $[\alpha]_D$
	im dopp. Vol. abs. Alkohol	in Aceton		
Harzöl	50—100%	in jedem Verhältnis mischbar	1,535—1,550	+ 30 bis + 50^0, entsäuert niedriger, z. B. + 23^0
Mineralschmieröl	schwere Öle 2—15%, leichtere Öle bis 35%	nur teilweise löslich	1,475—1,535, mit spez. Gew. und Viscosität steigend[2]	bis + $3,1^0$, meistens nahe bei 0^0

[1] Bruhn u. Tschirch: Chem.-Ztg. **24**, 1105 (1900); Arch. Pharmazie **241**, 523 (1903). [2] Vgl. auch S. 329.

in welchen Harzöle sich mehr oder weniger deutlich von Mineralölen unterscheiden. Der in absolutem Alkohol lösliche Teil des Öles zeigt bei Gegenwart von Harzöl dessen Eigenschaften noch ausgeprägter.

Quantitative Bestimmung von Harzöl in Mineralöl:

Nach Storch werden 10 g (fettfreies) Öl mit 50 g 96%igem Alkohol leicht erwärmt und geschüttelt. Die abgegossene gekühlte Lösung wird, nachdem man das ungelöst gebliebene Mineralöl mit wenig 96%igem Alkohol gewaschen hat, in gewogener Glasschale vom Alkohol auf kochendem Wasserbade befreit. Der gewogene Rückstand A wird mit der zehnfachen Menge Alkohol behandelt. Das hierbei gelöste Harzöl wird nach Abtreiben des Lösungsmittels gewogen (Gewicht B). Die Menge des in B noch gelösten Mineralöls berechnet sich wie folgt: Sind zum Lösen der 10 g Substanz a, zum Lösen von A im ganzen b g Alkohol verbraucht, so lösen $(a-b)$ g Alkohol $(A-B)$ g Mineralöl; also lösen b g Alkohol $(A-B)b/(a-b)$ g Mineralöl. Durch Abziehen dieser Menge von B erhält man die richtige Menge Harzöl.

Auch mit Wasser gesättigtes Anilin, das Harzöle bei genügendem Anilinzusatz löst, Mineralöl aber ungelöst läßt, kann bis zu einem gewissen Grad zur Trennung von Mineral- und Harzöl dienen[1].

Qualitativer Nachweis von schwerem Mineralöl in Mischung mit Harzöl: Mineralöl hat keine irgendwie ausgeprägten Reaktionen; auch die in gewöhnlicher Weise ermittelten Löslichkeitsverhältnisse lassen kleinere Mengen Mineralöl (unter 15%) nicht scharf erkennen.

α) Nach Valenta: 2 ccm Öl werden mit 20—22 ccm eines Gemisches von 10 Teilen Alkohol (91 Gew.-%) und 1 Teil Chloroform kräftig geschüttelt. Eine Trübung durch Öltröpfchen oder eine sich abscheidende Ölschicht verrät Mineralölzusatz. (Diese Prüfung wird auch zollamtlich benutzt.)

β) Nach Holde. Das Verfahren dient zum Nachweis kleinerer Mineralölmengen und gründet sich auf die verschiedenen Alkohollöslichkeiten und Brechungskoeffizienten von Mineralöl und Harzöl.

10 ccm Öl werden im Meßzylinder mit 90 ccm 96 gew.-%igem Alkohol bei Zimmertemperatur durchgeschüttelt. Verbleiben ungelöste Spuren (Fall I), so wird die alkoholische Lösung mit kleinen Mengen Wasser bis zum Eintritt einer starken milchigen Trübung versetzt. Nach längerem Stehen (nötigenfalls über Nacht) oder besser nach Zentrifugieren wird die klare alkoholische Lösung von den niedergefallenen Öltropfen A (höchstens 1 ccm) abgegossen; der am Öl haftengebliebene Rest alkoholischer Lösung wird mit einigen Kubikzentimetern 96%igem Alkohol abgespült, worauf der zurückgebliebene Ölrest im Schüttelzylinder in 20 ccm 96%igem Alkohol bei Zimmertemperatur gelöst wird. Aus dieser Lösung

Harzölen und Mineralschmierölen.

Spez. Gew. d_{15}	Jodzahl	Flammpunkt o. T. °C	Verdampfungsverlust im Holde-Apparat %	
			nach 5std. Erhitzen auf 100°	nach 2std. Erhitzen auf 170°
0,97—1,00	43—48	148—162	0,4—0,8	5,6—7,4
0,840—0,940, meist 0,880—0,925[2]	meist unter 6, selten über 14; Crackdestillate bis 70	meist über 160	0,05—0,13 (Öle von Fp. o. T. 189—221°)	0,5—1,8 (Öle von Fp. o. T. 189—221°)

---

[1] D. Holde u. S. Weill: Brennstoff-Chem. **4**, 177 (1923).
[2] Edeleanu-Extrakte bis 1,05.

werden wiederum durch Wasserzusatz und darauffolgendes Stehenlassen wenige Öltröpfchen (höchstens 0,1 ccm) *B* abgeschieden, durch Abspülen mit Alkohol von anhaftender Lösung befreit und durch Waschen mit heißem absolutem Alkohol in ein kleines Glasschälchen gebracht. Nach Verdampfen des Alkohols und Abkühlen der zurückbleibenden Öltröpfchen auf Zimmertemperatur wird deren Brechungskoeffizient bestimmt. Liegt dieser unter 1,5330, so ist Mineralöl zugegen.

Bleiben beträchtliche Mengen Öl ungelöst (Fall II), so ist der Verdacht auf Gegenwart größerer Mengen Mineralöl gegeben. Nach genügendem Absitzenlassen der Mischung (über Nacht) wird das abgesetzte und mit wenig 96%igem Alkohol abgespülte Öl auf Brechungskoeffizienten geprüft; bei Gegenwart von Mineralöl beträgt dieser weniger als 1,5330 bei etwa 18°. Man kann aber hier in Zweifelsfällen das ausgeschiedene Öl wie nach Fall I weiter behandeln und prüfen.

b) Schwere Steinkohlenteeröle.

Die durch Abpressung des krystallisierten Anthracens und längeres Erhitzen (Polymerisieren) der Anthracenöle verdickten, noch Teergeruch zeigenden Steinkohlenschmieröle (früher Teerfettöle genannt) werden entweder für sich oder als Zusatz zu Erdölrückständen für Achsenlager der Eisenbahn-, Klein- und Straßenbahnwagen, zum Einfetten der Drahtseile für Bergwerks- und Schiffahrtsbetriebe, von Gicht- und anderen Aufzügen, für leichter und schwerer belastete Lager verwendet und zeigen folgende Eigenschaften:

$d_{15} > 1,0$. In Alkohol bei Zimmertemperatur mit dunkler Farbe völlig oder zum größeren Teil löslich, mit Anilin und Dimethylsulfat (s. S. 209) in jedem Verhältnis mischbar; konz. Schwefelsäure löst sie beim Erwärmen im Wasserbad zu wasserlöslichen Sulfosäuren auf. Mit konz. HNO_3 ($d_{15} = 1,45$) reagieren sie unter starker, oft explosionsartiger Erhitzung und Bildung von Nitroprodukten. Ihre Viscosität ist meistens gering; die Temperaturabhängigkeit der Viscosität (s. S. 9) ist größer als bei Erdölprodukten. Die sog. Fettöle, d. h. durch besondere Eindickungsprozesse usw. zu mehr viscosen Produkten verarbeiteten Anthracenöle (s. S. 581), sind schwerer flüssig, in mit Wasser gesättigten Anilin leicht löslich[1] und zeigen in den besseren Qualitäten nur noch schwachen Teergeruch.

Schwere Steinkohlenteeröle geben ihres stets vorhandenen Phenolgehaltes wegen in ihren alkalischen Auszügen mit Diazobenzolchlorid orangerote Niederschläge von Oxyazobenzol oder dessen Homologen (s. S. 329). Aber auch gewisse reine Erdöle rumänischer, kalifornischer, mexikanischer und japanischer Herkunft (vgl. S. 110) können schwache Diazoreaktionen zeigen, so daß nur bei negativem Ausfall der Reaktion Abwesenheit schwerer Steinkohlenteeröle anzunehmen ist, während bei positivem Ausfall der Reaktion noch die anderen, obigen Kennzeichen für Steinkohlenteeröle heranzuziehen sind, z. B. auch die Werte der Oberflächenspannung (bei unbehandelten Anthracenölen bis 4,37, bei Mineralölen nur bis 3,14 mg/mm).

Gehalt an sauren Ölen (Kreosotgehalt) und festen Ausscheidungen (Salzgehalt) s. S. 582.

c) Hochsiedende Braunkohlenteeröle

aus Braunkohlenschwelteer werden gewöhnlich nur im inneren Betrieb der Braunkohlenwerke für die Schmierung der Pressen und zum Teil der Dampfmaschinen verwendet; sie haben meistens etwas kreosotartigen Geruch, $d_{20} = 0,89—0,97$, sind im doppelten Vol. 96vol.-%igen Alkohols zu 22—62% löslich, enthalten erhebliche Mengen Schwefel und reagieren gegen Salpetersäure (1,45) infolge beträchtlichen Gehalts an ungesättigten Kohlenwasserstoffen (Jodzahl bis 70) weit energischer als Schmieröle aus Erdöl, aber schwächer als Steinkohlenteeröle; die Temperaturabhängigkeit der Viscosität ist erheblich größer als bei Erdölprodukten. Sie geben fast sämtlich die Diazobenzolreaktion (S. 329).

---

[1] Nach Holde und Weill lassen sich Mineralöle und Teeröle mittels dieses Reagens annähernd quantitativ nebeneinander bestimmen. Brennstoff-Chem. 4, 177 (1923).

Die bei der Asphaltbestimmung mit Benzin aus den Braunkohlenschmierölen gefällten Stoffe sind im Gegensatz zu denjenigen aus Erdöl fast völlig alkohollöslich und können Oxyfettsäuren, deren Anhydride, Ester, Phenole und von der Verarbeitung herrührende Eisensalze enthalten.

Braunkohlenteeröle unterscheiden sich von Erdölprodukten auch durch höhere Acetylzahlen (7,5—14,6 gegen 1,4—9,6), insbesondere nach Reduktion mit Natrium und Amylalkohol (Braunkohlenteeröle 12—24,6, Erdöle 2,6—9,6)[1].

In 5,5 Vol. Aceton lösen sich 2 Vol. Schmieröl aus Steinkohlenteer sowie aus estländischem Schieferteer völlig, dunkle Schmieröle aus Braunkohlenschwel- und -generatorteer werden reichlich, normale Mineralöle bis zu 10%, gecrackte bis zu 30% bei Zimmertemperatur gelöst[2].

d) Buchenholzteer (S. 595)

wird nur zu geringeren Schmierzwecken, z. B. für Seilschmiere, benutzt. Mit Diazobenzolchlorid gibt er die Phenolreaktion, herrührend von bedeutenden Mengen mehrwertiger Phenole.

e) Kienteeröl (schweres)

enthält neben harzölartigen Kohlenwasserstoffen meistens noch Abietinsäure, löst sich leicht in Anilin, gibt die Kolophonium- und Harzölreaktionen.

f) Schieferteeröl (vgl. S. 546).

hat je nach Herkunft verschiedene Eigenschaften, z. B. ähneln die Spindelöle aus schottischem Schieferteer sehr den entsprechenden Ölen aus Erdöl. Schmieröl aus estländischem Schieferteer, im Laboratorium des Verf. mit überhitztem Dampf bei 240—280° erhalten, hatte das sehr hohe $d_{20} = 0,996$, $E_{20} = 35,6$, $E_{50} = 5,5$, die Oberflächenspannung $\gamma = 3,15$ mg/mm wie Mineralschmieröl aus Erdöl, war aber im Gegensatz zu diesem in Anilin völlig löslich.

9. Gehalt an Asphalt, Paraffin und Ceresin.

Diese Stoffe kommen als natürliche Bestandteile (Asphalte nur in Rückstandsölen oder Destillaten, nicht in Raffinaten), und zwar zumeist kolloidal gelöst oder zum Teil suspendiert[3] in Schmierölen vor; sie können aber auch gelegentlich von künstlichen, zur Verdickung beigefügten Zusätzen herrühren. Die Suspensionen erkennt man beim Ablaufenlassen des Öles in dünner Schicht.

Soweit sich die Öle bei Zimmertemperatur oder mäßiger Erwärmung filtrieren lassen, kann man durch die Asphalt-, Paraffin- und Ceresinbestimmung des filtrierten und nicht filtrierten Öles einen gewissen Anhalt für die Menge und Art der suspendierten Stoffe gewinnen.

Da beträchtliche Mengen Asphalt Verharzungen und Verschmierungen der Lager, Dochte usw., bei Dampfzylinderölen Bildung von Schieberrückständen (s. S. 358) veranlassen können, sind von seiten der Ölverbraucher (s. auch Tabelle 75 f., S. 343 f.) besondere Anforderungen bezüglich

---

[1] Marcusson u. Picard: Ztschr. angew. Chem. **34**, 203 (1921). Nach Holde u. v. Andreatta: Ber. **59**, 1730 (1926), dürften die Acetylzahlen der Braunkohlen-Neutralöle auf sehr geringe Mengen Phenole zurückzuführen sein, die zugleich Träger der Diazoreaktion dieser Öle sind.

[2] Holde: Petroleum **18**, 853 (1922).

[3] Holde: Mitt. Materialprüf.-Amt Berlin Dahlem **11**, 261 (1893); **13**, Erg.-H. 1, 51 (1895); **14**, 113 (1896).

des zulässigen Höchstgehaltes an benzinunlöslichem Asphalt (Bestimmung s. S. 166) oder dessen Neubildung unter bestimmten Versuchsbedingungen vorgeschrieben.

Der Gehalt an Paraffin wird im Bedarfsfall gemäß S. 169 bestimmt. Über Zusatz von· „Paraflow" vgl. S. 312.

10. Raffinationsgrad.

Der Raffinationsgrad wird bei Schmierölen durch die Prüfungen auf Säure, Alkali, Asche, Asphalt usw. (S. 329f.) genügend gekennzeichnet. Ein gut raffiniertes Schmieröldestillat soll klar durchsichtig sein, bei längerem Stehen und Temperaturwechsel keine Abscheidungen bilden und weder Wasser noch Harzteilchen, Natriumsulfat oder gelöste Naphthenseifen enthalten. Die zum Nachweis der letzteren eingeführten Laugenproben werden von vielen Technikern der Erdölindustrie verworfen, sie sind jedoch in den russischen Normen für Schmieröl noch vorgesehen (s. S. 354, Tabelle 81). Wichtig ist die Aschenbestimmung (S. 120), welche (s. auch Tabelle 75f.) als Kriterium des Raffinationsgrades bzw. der Auswaschung von Salzen und Laugenresten bei Schmierölen allgemeiner vorgeschrieben ist.

Natronprobe nach Charitschkoff, zur Schmierölprüfung zur Zeit in Rußland vorgeschrieben[1].

In einem 25 mm weiten, 20 cm langen Reagensglas wird das Öl mit dem gleichen Volumen Natronlauge ($d = 1{,}02$, entsprechend 1,8% NaOH) ausgekocht. Bei 70—80⁰ muß die Laugenschicht sich rasch zu Boden setzen; zwischen der Öl- und Wasserschicht darf keine Emulsionsschicht entstehen; das Öl muß rasch klar werden. Der Trübungsgrad der abgesetzten Lauge wird nach Nummern geschätzt:

Nr. 1: Wasserhell, ganz durchsichtig.

Nr. 2: Nicht ganz durchsichtig; durch 16 mm dicke Schicht hindurch (Reagensglas) ist Petitdruck noch lesbar.

Nr. 3: Durch 16 mm dicke Schicht ist Petitdruck nicht lesbar, größerer Druck lesbar.

Nr. 4: Stark opalisierend, auch größerer Druck ist nicht lesbar.

Da nicht sorgfältig von Natronsalzen (sulfosauren Alkalien) gereinigte Öle leichter mit dem Niederschlagswasser und dem Dampf aus dem Zylinder herausgebracht werden und so einen größeren Materialverbrauch und auch Störungen bei der Wiederbenutzung des Kondenswassers bedingen, wird zur Prüfung auch die S. 367/68 angegebene Emulgierprobe benutzt und besonders auf Abwesenheit von Alkalien in der Asche Wert gelegt (vgl. jedoch S. 336).

Suspendierte Metallseifen, z. B. Eisenseifen, die durch Einwirkung freier Naphthensäuren auf das Metall der Lagergefäße entstehen können, sind als solche durch Abfiltrieren und Zersetzen mittels Äther-Salzsäure nachzuweisen. Im Öl gelöste Eisen- und Kupfernaphthenate werden durch Natron- oder Kalilauge zersetzt, worauf die ausgefällten Schwermetallhydroxyde nach Abfiltrieren und Auswaschen mit Petroläther und Wasser näher untersucht werden können.

VI. Lieferbedingungen.

Die von verschiedenen in- und ausländischen Großverbrauchern oder amtlichen Stellen aufgestellten Lieferbedingungen für Schmieröle sind in den nachfolgenden Tabellen 75—84 zusammengestellt. Lieferbedingungen für Dampfturbinenöle s. S. 364, für konsistente Schmierfette S. 388.

---

[1] Siehe M. A. Rakusin: Untersuchung des Erdöls, S. 168. Braunschweig 1906, und Lieferbedingungen, Tabelle 81.

Tabelle 75. Anforderungen an dunkle Mineralöle.
Nach den „Richtlinien" 1928 (Untersuchungen, die nur „erwünscht" sind, sind mit ⊙ bezeichnet).

Nr.	Schmiermaterial	Verwendung für	d_{20} nicht über	E_{50}	Flammpunkt (o. T.) nicht unter °C	Stockpunkt nicht über °C	Neutralisationszahl nicht über	Asphalt nicht über %	Asche nicht über %	Bemerkungen
1	Achsenöl (s. auch Tabelle 79, Nr. 3 u. 4)	Achsenlager der Eisenbahn-, Kleinbahn- und Straßenbahnwagen u. ä.	1,150, bei reinem Erdöl 0,950	nicht unter 4, Sommeröl 6—9, Winteröl 4,5—7, Einheitsöl 6—7	145	Sommer 0, Winter —12	1,4	2	0,2	Erdöl, Mischöl, Steinkohlen- oder Braunkohlenschmieröl oder Rückstandsöl. — ⊙ Bei 0⁰ keine Ausscheidungen. Feste Fremdstoffe nicht über 0,01%. Für schwere Gießwagen empfiehlt sich die Verwendung von schwerem Lageröl oder Zylinderöl.
2	Vulkanöle	Lager untergeordneter Art	1,200	4—8	etwa 140	wie 1	1,4	5	—	Mischöl, Steinkohlen- und Braunkohlenschmieröl und Rückstandsöl. — Wasser nicht über 0,5%.
3	Drahtseilöle (s. auch Tabelle 88, S. 388, Nr. 8)	Einfetten von Drahtseilen für Bergwerks- und Schiffahrtsbetriebe, Hochofen- (Gicht-) und sonstige Aufzüge, Kräne und Seilbahnen jeder Art	1,200	5—10	140	Sommer 0, Winter —5	1,0	—	—	Mischöl, Steinkohlen- und Braunkohlenschmieröl. — ⊙ Gehalt an Harz und harzähnlichen Stoffen: dem jeweiligen Zweck entsprechend. — ⊙ Bei 0⁰ dürfen sich keine Ausscheidungen zeigen. ⊙ Feste Fremdstoffe nicht über 0,01%
4	Pumpenmaschinenöl (Vorschlag des deutschen Reedereivereins)	Pumpenmaschinen auf Seeschiffen	Für mittlere Kolbenpumpen: —	3	120	10	1	0,5	0,1	Erdöl, Mischöl oder gefettetes Öl. Für Pumpen mit geringeren Leistungen Zusatz von Steinkohlen- oder Braunkohlenschmieröl erlaubt.
			Für größere Motorpumpen: —	4—8	175	10	0,6	—	—	
			Sonderklasse: —	12—15	—	—	—	—	—	

Tabelle 76. Anforderungen an helle Schmieröle. Nach den Richtlinien 1928; Raff. = Raffinat; Dest. = Destillat.
(Die nach den Richtlinien nur „erwünschten" Untersuchungen sind mit ⊙ bezeichnet.)

Nr.	Schmiermaterial	Verwendung für	d_{20} nicht über	E (bei °C)	Flammpunkt (o. T.) mindestens °C	Stockpunkt nicht über °C	Neutralisationszahl höchstens	Asche höchstens %	Hartasphalt %	Wasser höchstens %	Feste Fremdstoffe höchstens % ⊙	Bemerkungen
1	Spindelschmieröl	Schnellaufende, leicht belastete Maschinenteile, Präzisionsmaschinen, Textil-, Papier-, Druckereimaschinen, Preßluftwerkzeuge und Bohrhämmer	0,940	2,5 — 12 (20)	130	— 5	Raff. 0,4, Dest. 1,0	0,05	Raff. 0, Dest. nicht über 0,05	0,1	0,01	Raff. oder Dest. Gehalt an pflanzlichen und tierischen Ölen und Fetten: 0 ⊙.
2	Öl für Feinmechanik und Uhrwerke	Uhrwerke, Indicatoren, Meßgeräte, Nähmaschinen, Büromaschinen, Magnetapparate für Automobile u. dgl.	0,910	nicht unter 3,5 (20)	140	— 15	Raff. 0,05, gefett. Öl 0,5	0,01	0	0,1	0,01	Raff. oder gefettetes Öl. — Verwendung von reinem Knochenöl empfiehlt sich nicht, da es im Laufe der Zeit verdickt. Zweckmäßig wird es mit einem gut raff. Erdöl angemessener Viscosität gemischt. Zum Konservieren von Lehren und Feinmeßwerkzeugen verwende man reines Vaselin.
3	Eismaschinenöl für Ammoniakbetrieb	Bei kleineren Kompressoren bis 50000 kcal/h Leistung: Lager, Stopfbuchsen und Zylinder; bei größeren Kompressoren nur Stopfbuchsen u. Zylinder. Lagerschmierung s. Nr. 10	0,940	4 — 12 (20)	145 (160 bis 180 bei sog. „trokkenem" Betrieb)	— 20	0,2	0,02	0	0,1	0,01	Raff. — Gehalt an pflanzlichen und tierischen Ölen und Fetten: 0. Die auffallend rötliche Färbung wird oft künstlich erzeugt und ist für die Güte des Öles belanglos. — Die Anlieferung hat nur in eisernen Fässern, die Lagerung nur in spundvollen eisernen Fässern oder luftdicht verschlossenen eisernen Behältern zu erfolgen.
4	Eismaschinenöl für Kohlensäurebetrieb	Zylinder und Stopfbuchsen	0,940	6 — 12 (20)	145 (bei „trokkenem" Betrieb 160 bis 180)	— 15	0,2	0,02	0	0	0,01	Raff. — Gehalt an pflanzl. und tier. Ölen und Fetten bis 3 %. — Im allgemeinen wird für CO_2-Kompressoren chem. reines Glycerin (spez. Gew. bei 20° = 1,26) zur Schmierung von Zylindern und Stopfbuchsen verwendet. Bei kleineren Kompressoren bis 50000 kcal/h Leistung kann Öl 4 evtl. auch zur Lagerschmierung benutzt werden. Für SO_2-Betrieb sind Angaben über die Schmierung vom Erbauer anzufordern. Lieferung und Lagerung s. Öl 3.
5	Automatenöl (Bohr- u. Kühlöl)	Automaten und Revolverbänke	0,950	2 — 5 (50)	140	0	Raff. 0,6, Dest. 1,0, gefett. 5,0	—	Raff. 0, Dest. nicht über 0,05	0,1	0,01	Raff., Dest. oder gefettetes Öl. — Gehalt an freier Säure und freiem Alkali möglichst 0. Zusatz von Teerölen nicht statthaft. — Mit Wasser mischbares Bohröl s. Tab. 92, S. 399, Nr. 2.
6	Leichtes, helles Maschinenöl	Stellwerke für Eisenbahnbetrieb	0,950	12 — 20 (20), 3 — 4 (50)	160	— 20	0,3	0,02	0	0,2	—	—

Nr.	Bezeichnung	Verwendung	Spez. Gew.	Zähigkeit (°E)	Flammpunkt	Stockpunkt						Bemerkungen	
7	Elektromotoren- und Dynamoöl	Lagerschmierung, Umlauf- und Ringschmierung für Generatoren, Groß- und Klein-Elektromotoren, Straßenbahnmotoren	0,950	bei geringer Umlaufgeschwindigkeit 2,5—4,5 (50); bei großer Umlaufgeschwindigkeit 3,5—8 (50)	160 / 180	im Sommer +5, im Winter —5	Raff. 0,3, Dest. 0,6, gefett. 4,0	0,02	Raff. 0, Dest. 0,05	0,1	0,01	Raff., Dest. oder gefett. Öl. — Für Straßenbahnen, Klein- und Privateisenbahnen Stockpunkt bei Verwendung im Freien: Sommer 0°. Winter nicht über —15° (zugleich als Getriebeöl verwendbar), E_{50} { Sommeröl 6—9, Winteröl 4,5—7, Einheitsöl 6—7.	
8	Luftkompressoröl	Luftzylinder, Stopfbuchsen, Kolbenstangen und Steuerorgane der Luftseite bei Kompressoren mit Arbeitsdruck unter 20 atü	0,940	für Ventilkompressoren 3,5—8 (50), Schieberkompressoren 6—8 (50)	200; für Arbeitsdruck unter 6 atü 180	0	0,4	0,02	0	0,1	0,01	Raff. — Gehalt an pflanzlichen und tierischen Ölen und Fetten: 0 ⊙.	Zu Nr. 8 und 9. Für Luftkompressoren, deren Zylinder mit selbsttätigen Ventilen arbeiten, dünnflüssige Öle, z. B. Nr. 3, da die Schmiermittel hier nur an den gekühlten Wänden des Zylinders benutzt werden, die Ventile selbst aber nicht besonders geschmiert werden.
9	Hochdruckluftkompressoröl	Wie Nr. 8 bei Arbeitsdruck über 20 atü	0,980	über 5 (50), bis 4 (100)	200	+5	Raff. 0,4, gefett. 3,0	0,02	0	0,1	0,01	Raff., gefett. Öl oder Zylinderöl. — Gehalt an pflanzl. u. tier. Ölen und Fetten: nach Angebot ⊙.	Für Schieberkompressoren dickflüssige Öle mit hohem Flammpunkt, da die Gefahr der Entflammung und des Weggeblasenwerdens sehr groß ist.
10	Lagerschmieröl	Normale Lager aller Art, Gleitbahnen an Dampfmaschinen und Groß-Gasmaschinen usw.	0,950	2,5—8 (50), s. Bem.	160	im Sommer +5, im Winter —5	Raff. 0,6, Dest. 1,5, gefett. 1,0	0,05	Raff. 0, Dest. 0,25	0,1	0,01	Raff., Dest. oder gefett. Öl. — Bei Lagern mit einem Wellendurchmesser bis 80 mm und mittlerer oder höherer Zapfengeschwindigkeit Öl von E_{50} = 2,5—4, bei größerem Wellendurchmesser, Tropfölern und langsam laufenden Wellen Öl von E_{50} = 4—8.	
11	Marineschmieröl[1]	Schiffsmaschinen u. ä.	0,910 bis 0,940	6—7 (50)	160 (P.-M.)	—10	2,8	—	—	—	—	Mischung aus Mineralöl und 23% reinem eingedickten Rüböl.	
12	Kugellageröl (s. auch Kugellagerfett Tab. 88, S. 388)	Wälz- und Kugellager jeder Art, Präzisionsrollenlager, Zahnradgetriebe	0,950	3—8 (50)	160	im Sommer +5, im Winter —5	0,2	0,02	0	0,1	0,01	Raff. — Für Ölpreßbetrieb E_{50} = 3—5. Für hochbeanspruchte Lager und Getriebe, besonders bei Sondermaterial, ist die Vorschrift des Erbauers einzuholen.	
13	Zentrifugalwasserpumpenöl[2]		—	3—8 (20)	—	—	—	—	—	—	—	Öl von E_{20} = 17,6 ergab bei Ringschmierlager bereits Heißlaufen.	
14	Zentrifugalluftpumpenöl[2]		—	60—80 (20)	185—215 (P.-M.)	—	—	—	—	—	—	Dünneres Öl (z. B. E_{20} = 7,8—9,8) wird erfahrungsgemäß fortgeschleudert.	

1 Vorschriften der Reichsmarine.　2 Nr. 13 und 14 nach Feststellungen von Holde.

Tabelle 77. Anforderungen an Schmier-
Nach den Richtlinien 1928 (Untersuchungen,

Nr.	Schmier-material	Verwendung für	d_{20} höch-stens	E_{50}	Flammpunkt (o. T.) mindestens °C	Stock-punkt nicht über °C	Neutrali-sations-zahl höchstens
1	Automobil-motoren-, Kleingas-maschinenöl	Zylinder, Stopf-buchsen, Kolben-stangen, Kolben-bolzen, Kurbel-wellen- und Nok-kenwellenlager sowie Steuerungs-organe von Ver-brennungs-maschinen aller Art	0,970	3,5—8	180	Sommer + 5, Winter — 5	Raff. 0,2, gefettet 5,0
2	Großgas-maschinenöl	Gaszylinder, Stopfbuchsen, Kolbenstangen, Eintrittsventile und Umlauf-schmierung	0,950	4,5—15, s. Bem.	180	Sommer + 5, Winter 0	Raff. 0,4, Dest. 1,0, gefettet 5,0
3	Diesel-motoren-zylinderöl	Zylinder, Stopf-buchsen und Kolbenstangen	0,950	minde-stens 4	175, s. Be-merk.	Sommer + 5, Winter — 5	Raff. 0,6, Dest. 2,0, gefettet 5,0
4	Flug-motorenöl	Alle heißen Schmierstellen in Flugzeug-, Luft-schiffs- und Auto-mobilmotoren	0,950	minde-stens 7	185	nach Ver-einbarung	Raff. 0,2, gefettet 3,0

öle für Explosionsmotoren.
die nur „erwünscht" sind, sind mit ⊙ bezeichnet).

Hart-asphalt %	Asche höchstens %	Wasser höchstens %	⊙ Feste Fremd-stoffe höchstens %	Bemerkungen
0	0,02	0,1	0,01	Raff. oder gefettetes Öl. — Reichswehr, Reichspost und BVG gestatten Gehalt an verseifbaren Ölen und Fetten bis 5%. Bauart und Betriebszustand der Motoren bedingen teilweise Öle mit höherer Viscosität. Viscosität nicht zu hoch wählen. — Für Stopfbuchsen und Zylinder der Luftpumpen bei Zweitaktmaschinen Öle 8 und 9 der Tabelle 76. — Stopfbuchsen der Zentrifugalwasserpumpen, Ventilatorlager, Federbolzen usw. mit Staufferfett geschmiert. Besondere Sorgfalt bei Schmierung der Blattfedern (z. B. Fett Nr. 3 der Tabelle 88, S. 388). Für Magnetapparate Öl 2 der Tabelle 76.
Raff. 0, Dest. höchstens 0,05	0,02	0,1	0,01	Raff., Dest. oder gefettetes Öl. — E_{50} für Viertaktmaschinen 4,5—8,5, für Zweitaktmaschinen 6—8,5, für ganz große Maschinen bis 15. — Neubildung von asphaltartigen Stoffen nach 50std. Erhitzen auf 150^0 nicht über 0,3%, s. S. 333.
Raff. 0, Dest. höchstens 0,05, gefettet 0	0,02	0,1	0,01	Raff., Dest. oder gefettetes Öl. — Für Dieselmotoren mit Kompressor und Einheitsschmierung Flammpunkt nicht $< 200^0$. — Für die Luftpumpe der Dieselmotoren Öl Nr. 8 der Tabelle 76.
0	0,02	0,1	0,01	Raff. oder gefettetes Öl. — Reichswehr, Reichspost und BVG gestatten einen Gehalt an verseifbaren Ölen und Fetten bis 5%. — Verschiedene Luftverkehrsgesellschaften verlangen nur, daß die Öle für wassergekühlte Flugzeugmotoren guten Automobilmotorenölen entsprechen, da bei Überlandflügen mit Notlandung infolge Betriebsstoffmangels das fast überall erhältliche Automobilmotorenöl ohne besondere Umstellung der Ölpumpe den Weiterflug ermöglichen kann. Für luftgekühlte Flugmotoren wird wegen der hohen, auch bei höherer Temperatur gleichbleibenden Viscosität Ricinusöl (1. Pressung) oder geeignetes Ersatzöl verwendet.

Fortsetzung der Ta-

Nr.	Schmier-material	Verwendung für	d_{20} höchstens	E_{50}	Flammpunkt (o. T.) mindestens °C	Stock-punkt nicht über °C	Neutrali-sations-zahl höchstens
5	Getriebeöl für Automobile und Zahnrad-vorgelege	Differential- und Wechselgetriebe von Personen- und Lastkraftwagen, Getriebe von Luft-fahrzeugen (Pro-pellerantrieb) u. Motorbooten, gekapselte Zahn-radvorgelege jeder Art sowie leichte und mittlere Schneckengetriebe	0,970	minde-stens 4, s. Bem.	175	--	Raff.0,5, Dest. 2,0, gefettet 5,0, s. Bem.
6	Last- und Pflug-motorenöl	entsprechend wie Öl Nr. 1	0,970	Sommer 8—18, Winter 5—8	180	Sommer + 5, Winter — 5	Raff.0,5, gefettet 5,0
7	Motorbootöl (Vorschlag der techni-schen Sport-kommission)	Bootsmotoren	0,900 bis 0,940	6,5—8, bei dichtem Gehäuse 4—10	200	—	Raff.1,0

Tabelle 78. Anforderungen
Nach den Richtlinien 1928 (Bedingungen der Reichsbahn siehe Tabelle 79;

Nr.	Bezeichnung	Verwendung für	Art	d_{20} höchstens	E_{100}	Flamm-punkt (o. T.) mindestens °C
1	Satt- (Naß-) dampf-zylinderöl	Zylinder, Stopf-buchsen mit Kolben-stangen, Ventil-spindelführung und Schieber bei Dampf-temperaturen unter 250°, gemessen am Eintrittsstutzen der Maschine	reines oder gefettetes Erdöl-produkt	0,980	2,5—6	240
2	Heißdampf-zylinderöl	wie Nr. 1 bei Tem-peraturen über 250°, gemessen am Ein-trittsstutzen der Maschine	wie 1	0,980	3—6	260 bzw. höher, je nach Dampftem-peratur; s. Bem.

belle 77, S. 346.

Hart-asphalt %	Asche höchstens %	Wasser höchstens %	⊙ Feste Fremd-stoffe höchstens %	Bemerkungen
Raff. 0, Dest. höchstens 0,2	0,05	0,1	0,01	Raff., Dest., Zylinderöl oder gefettetes Öl. — Viscosität richtet sich nach Zähnezahl, Geschwindigkeit usw. und ist zweckmäßig vom Erbauer zu erfragen. — Reichswehr, Reichspost und BVG gestatten für gefettete Öle eine Säurezahl von höchstens 0,5. Bei ganz dichtem Gehäuse verwende man Öl von $E_{50} = 4$—10, sonst von 10—18. Für Turbinengetriebe: Dampfturbinenöl (s. S. 364). Für Straßenbahnvorgelege: Öl Nr. 7 der Tabelle 76.
0	0,05	0,1	0,01	Raff. oder gefettetes Öl. — Reichswehr, Reichspost und BVG gestatten einen Gehalt an pflanzlichen und tierischen Ölen und Fetten bis zu 5%. — Sommeröl E_{100} nicht unter 2.
Raff. 0	0,05	—	—	Gehalt an fetten Ölen 24% (s. auch Nr. 5).

an Dampfzylinderöle.
Untersuchungen, die nur „erwünscht" sind, sind mit ◯ bezeichnet).

Neutrali-sations-zahl höchstens	Asphalt höchstens %	Asche höchstens %	Wasser höchstens %	Bemerkungen
1,4, gefettet 5,0	0,5	0,1	0,5	⊙ Gehalt an pflanzlichen und tierischen Ölen und Fetten: je nach Angebot. ⊙ Feste Fremd-stoffe nicht über 0,01%.
1,4, gefettet 5,0	0,1	0,1	0,5	Fette und Fremdstoffe wie bei 1. Flammpunkt kann bis 40° niedriger liegen als die Dampftemperatur (gemessen am Eintrittsstutzen der Maschine). Bei Hoch- und Höchstdruckdampfmaschinen Vorschläge über den Flammpunkt bei den Maschinenfabriken einholen.

Tabelle 79. Lieferbedingungen der Deutschen Reichs-[1]

Nr.	Art des Öles	d_{20}	Flamm-punkt (o. T.) °C	E bei °C	Hart-asphalt %	Neutrali-sations-zahl
1	Heißdampfzylinderöl	< 0,95	> 300	> 5 b. 100	< 0,1	< 0,7
2	Naßdampfzylinderöl	< 0,96	> 260	> 3 b. 100	< 0,2	< 0,7
3	Achsenöl (Sommeröl)	< 0,95	> 160	40—60 b. 20, 7—10 b. 50	dgl.	< 2,2
4	Dgl. (Winteröl)	dgl.	> 140	25—50 b. 20, 4,5—8 b. 50	dgl.	< 2,2
5	Helles Maschinenöl	dgl.	> 170	4—5 b. 50	0	< 0,3
6	Schweres Maschinenöl (Sommeröl)	dgl.	> 160	14—15 b. 50	0	—
7	Desgleichen (Winteröl)	dgl.	> 140	10—11 b. 50	0	—
8	Stellwerksöl	dgl.	> 160	12—20 b. 20, 3—4 b. 50	0	< 0,3
9	Motorenzylinderöl	dgl.	> 180	5—6 b. 50	0	< 0,4
10	Kompressorenzylinder-öl, Luftpumpenöl	dgl.	> 200	4—5 b. 50	0	dgl.
11	Turbinenöl	dgl.	> 180	2,5—4 b. 50	0	< 0,3
12	Putzöl	< 0,88	> 65	—	—	—
13	Laternenöl	—	> 65	—	—	Mineral-säure 0
14	Gasöl	< 0,90	> 80	—	—	Kreosot < 2%
15	Dieselmotorentreiböl	—	65—145	—	—	Mineral-säure < 0,3%, ber.als SO_3; Kreosot < 4 Vol.-%
16	Steinkohlenteerheizöl	nicht unter 0,950	65—145	—	—	—
17	Braunkohlenteerheizöl	> 0,835	dgl.	≦ 2,6 b. 20	—	—
18	Mineralheizöl	dgl.	dgl.	dgl.	—	—
19	Härteöl	< 0,950	> 200	2—4 b. 50	—	< 0,4
20	Spindelöl für die Her-stellung von Ölemul-sionen	< 0,940	> 140	< 4 b. 20	—	—

---

[1] 1932 gültig. In die Grenzwerte sind sämtliche Toleranzen einschließlich der Schalteröle s. Tabelle 63, S. 260. [2] Nach dem U-Rohrverfahren (S. 51) min-

bahn für die in ihrem Betrieb verwendeten Öle[1].

Asche %	Wasser %	Noch fließend[2] bei °C	Sonstige Eigenschaften
< 0,1	< 0,2	—	a) Kein Bodensatz oder sonstige ungelöste Stoffe. Keine freie Mineralsäure oder freies Alkali. b) Darf im auffallenden Licht nicht schwarz erscheinen.
< 0,1	dgl.	—	a) Wie 1a. b) Darf in den bei der Reichsbahn verwendeten Sichtschmierölern nicht emulgieren.
—	dgl.	— 5	a) Wie 1a. b) Kein Verdickungsmittel.
—	dgl.	— 20	Dgl.
< 0,02	< 0,05	0, bei Verwendung im Freien —10	a) Wie 1a. b) Helles, durchscheinendes, reines Erdölerzeugnis. Zum Schmieren der nicht unter Dampf gehenden Teile schnellaufender Maschinen.
dgl.	dgl.	— 5	a) Wie 1a. b) Helles, durchscheinendes, reines Erdölerzeugnis.
dgl.	dgl.	— 20	Wie 6.
dgl.	< 0,2	— 20	a) Wie 1a. b) Reines Erdölerzeugnis.
dgl.	< 0,05	0	a) Wie 1a. b) Helles, durchscheinendes, reines Erdölerzeugnis.
dgl.	dgl.	0	Dgl.
dgl.	< 0,2	0	a) Wie 9. b) Darf, im Verhältnis 2 : 1 mit destilliertem Wasser von 100° gemischt, nach 10 Minuten langem Dampfeinblasen nicht emulgieren.
—	< 0,2	—	a) Reines Erdölerzeugnis, frei von Kresolen und ungelösten Stoffen. b) Öle und Ölrückstände leicht lösend, Lack- und Farbanstriche nicht angreifend und nach dem Verdunsten keinen schmierigen Rückstand hinterlassend. Schwacher, nicht unangenehmer Geruch.
—	—	—	Gereinigtes Erdöldestillat, dem gereinigtes Fettöl beigemischt sein darf. Zusammensetzung im Angebot angeben. Mit heller Flamme ohne Geruch und Rußbildung brennend. Nach 6 std. Brennen in der Handsignallaterne Flammenhöhe höchstens 3 mm sinkend. Flamme bei Windstärke 10 m/sec und den Bewegungen des Verschiebebetriebes nicht erlöschend.
—	—	—	Frei von Bodensatz und Wasser. 100 kg Öl müssen mindestens 50 cbm Gas von mindestens 11 HK Lichtstärke bei stündlichem Verbrauch von 35 l ergeben.
< 0,05	< 0,5	0	Unterer Heizwert > 9700 cal/g. Bei Engler-Destillation Siedebeginn 160 — 260°, bis 300 ≧ 60 % Destillat. Verkokungsrückstand im Muckschen Tiegel < 2 %.
—	< 0,5	0	a) Unterer Heizwert > 8600 cal/g. b) Bis 270° > 13 % Destillat. c) Verkokungsrückstand im Muckschen Tiegel 4 %. d) Bei Erwärmen auf 60° und Abkühlen auf 40° dürfen sich nur Spuren ungelöster Körper ausscheiden.
—	dgl.	dgl.	a) Unterer Heizwert > 9000 cal/g. b) Wie 16c.
—	dgl.	dgl.	a) Unterer Heizwert > 10000 cal/g. b) Wie 16c.
—	—	—	a) Reines Erdöl- oder Schieferölerzeugnis. b) Wie 1a.
—	—	—	Frei von Bodensatz und sonstigen ungelösten Stoffen.

unvermeidbaren Prüffehler eingerechnet. Bedingungen für Transformatoren- und destens 10 mm Aufstieg in 1 min.

Tabelle 80. Amerikanische Liefer-

Bezeichnung		Verwendung für	Cleveland		Viscosität (Saybolt-sec)
			Flammpunkt mindestens °C	Brennpunkt mindestens °C	
Klasse A, B, C, D	extra leicht	Klasse A: Allgemeine Schmierzwecke, wo kein hochraffiniertes Öl nötig ist (nicht für Dampfzylinder). Klasse B: Turbinen, Dynamos, schnelllaufende Dampfmaschinen mit Umlauf- und Druckschmierung. Klasse C: Turbinen und Verbrennungskraftmaschinen. Klasse D: Verbrennungskraftmaschinen, einschließlich Dieselmotoren und Luftkompressionsmaschinen.	157	179	135—165 — bei 37,8° C (100° F)
	leicht		163	185	180—220
	mittel		168	193	270—330
	schwer		174	199	360—440
	extra schwer		179	204	450—550
Klasse D	ultra schwer		182	210	55— 65
	Traktor		193	221	75— 85
	Traktor schwer		199	227	90—100
	Motor cycle		204	232	110—120
Achsenöl		Lokomotiven und Eisenbahnwagen	149	—	65— 75 — bei 98,9° C (210° F)
Dieselmotoren-Schmieröl		Dieselmotoren	182	—	55— 65
Mineral-Dampfzylinderöl I		Dampfzylinder (Maschinen ohne Kondensation)	246	—	135—165
Mineral-Dampfzylinderöl II			274	—	180—220
Compound-Dampfzylinderöl		Dampfzylinder (Maschinen ohne Kondensation)	246	—	120—150
Transmissionsöl		Getriebe und Lager (Differential-, Schnecken-, Kurbelgetriebe und damit in Verbindung stehende Rollen- und Kugellager)	—	—	135—165

[1] Auszug aus Technical Paper 323 B, U. S. Government Master Specification

bedingungen für Schmieröle[1].

Farbe (Union-Colorimeter) nicht dunkler als Nr.	Fließpunkt höchstens °C	Neutralisationszahl höchstens	Korrosionsprüfung	Prüfung auf Emulgierbarkeit (s. S. 368)	Demulgierbarkeit nach Herschel (s. S. 367)	Verkokungsrückstand höchstens %	Precipitation Nr. (Hartasphalt) höchstens	Sonstige Anforderungen
7	1,7	Klasse C: 0,1 Klasse D: 0,3	Ein blankes Kupferblech (13 × 76 mm) darf nach 3stündiger Erhitzung mit dem Öl auf 100° keine Verfärbung oder Flecke zeigen.	Klasse B mit n-NaOH, Klasse C mit H_2O, n-NaOH u. 1proz. Salzlösung nicht emulgierend (Prüfung bei 54°)	Klasse B und C mindestens 300 (bei 54°)	0,10	—	Klasse A: frei von Mineralsäure. Klasse A—D: reine raffinierte Erdölprodukte; Harz, Fett, Seife abwesend.
7	1,7					0,20	—	
7$\frac{1}{2}$	4,4					0,45	—	
8	7,2			dgl. (Prüfung bei 82°)	dgl. (bei 82°)	0,55	—	
8	10					0,70	—	
5 ⎫ verdünnt	10	0,3		—	—	0,80	—	
6	10	0,3		—	—	1,50	—	
7	10	0,3		—	—	1,75	—	
8 ⎭	10	0,3		—	—	2,00	—	
—	7,2	—	—	—	—	—	0,5	—
—	7,2	0,3	—	mit H_2O nicht emulgierend (Prüfung bei 82°)	—	0,80	—	Reines raffiniertes Erdölprodukt
—	15,6	—	—	—	—	4,5	0,5	dgl.
—	15,6	—	—	—	—	4,5	0,5	dgl.
—	15,6	0,8	—	—	—	—	0,5	Fettgehalt: 5—7%
—	—	—	—	—	—	—	—	Reines Erdölprodukt, frei von Füllstoffen, Asche nicht über 0,2%

for Lubricants and liquid Fuels. Washington 1927.

Holde, Kohlenwasserstofföle. 7. Aufl. 23

Tabelle 81. Russische Normen für Schmieröle I[1].

Bezeichnung	Verwendung für	d_{15}	Flammpunkt nach Brenken nicht unter °C	Stockpunkt nicht über °C	E_{50}	Natronprobe nicht über [2] Nr.	Bemerkungen
Spindelöle: Velocite „L"	Spindeln und drehbare Maschinen der Baumwoll- bzw. Wollindustrie	0,865—0,875	120 (P.-M.)	—	1,3—4,4	1	—
Velocite „T"	Selfaktoren-Spindeln	0,870—0,885	130 (P.-M.)	—	1,5—1,7	1	—
Spindelöl 2	Selfaktoren-Spindeln	0,880—0,895	165	—20	2,0—2,2	3	—
Spindelöl z	Flachsspindeln, Webstühle, Maschinen der Baumwoll- und Wollindustrie	0,885—0,905	170	—15	2,8—3,2	:	—
Maschinenöle: Maschinenöl „L"	Maschinen und Lager mit mittlerer Belastung, mit Zapfenlagern und mit höherer Tourenzahl (Transmissionslager kleiner und mittlerer Webstühle, Drehbänke und sonstige Lager)	0,890—0,905	180	—10	4,0—4,5	3	—
Maschinenöl 2	Zapfenlager diverser Maschinen und Lager mit mittlerer Tourenzahl	0,890—0,915	190	—8	5,5—6,5	3	—
Maschinenöl „T"	Lager der Dampfmaschinen und Hauptwellen, Maschinen und Lager mit starker Belastung und kleiner bzw. mittlerer Tourenzahl, Lager jeglicher Maschinen im Falle starker Erwärmung	0,895—0,918	200	—5	7,0—8,2	3	—
Separatorenöl „L"	Lager leichter Separatoren	0,870—0,885	135	—	1,5—1,8	—	—
Separatorenöl „T"	Lager schwerer Separatoren	0,880—0,900	165	—	2,2—2,5	—	—
Nähmaschinenöl	Näh-, Strick- und Trikotagenmaschinen	0,865—0,890	150	—	1,5—1,8	—	wasserhell
Voltaöl „L"	Lager kleiner und mittlerer Dynamomaschinen und Elektromotoren mit einer Tourenzahl von 100 und mehr pro Minute	0,885—0,905	175	—15	3,0—3,3	2	—
Fugs	Lager schwerer Zentrifugen in der Zucker-, Chem., Farben- und sonstigen Industrie	0,890—0,920	220	—	etwa 12	3	—

							Aschengeh. n. über %
Schiffsöl „L"	Lager und bewegte Teile von Fluß- und Seedampfermaschinen, deren geschmierte Teile mit Wasser und sonstigen Beimengungen in Berührung kommen	0,915—0,922	205	—	8,0—8,5	—	—
Schiffsöl „T"	Lager von Fluß- und Seedampfermaschinen, deren geschmierte Teile mit Wasser in Berührung kommen	0,918—0,925	215	—	9,5—10,5	—	—
Schmieröle für Verbrennungskraftmaschinen: Motorenöl „L"	Zylinder und reibende Teile wenig belasteter Rohöl- und Petroleumkraftmaschinen (nicht für Dieselmotoren)	0,890—0,905	180	—10	3,3—3,8	2	0,05
Motorenöl „M"	Zylinder ortsfester Verbrennungsmaschinen (Dieselmotoren) jeder Belastung, Petroleum-, Gasgeneratoren, Seefahrzeuge jeder Stärke	0,890—0,910	200	—8	6,0—6,5	2	0,05
Motorenöl „T"	Zylinder und reibende Teile von mittleren und großen neu instandgesetzten Motoren, für schnellaufende Schiffsmotoren sowie Diesel- und Kompressionsmotoren, für stark abgenutzte (undichte) Explosionsmotoren	0,895—0,920	210	—5	8,2—8,7	3	0,05
Autol „L"	Zylinder und reibende Teile von Automobilen und Traktoren (Winter)	0,890—0,915	200	—8	6,0—6,5	2	0,05
Autol „M"	Zylinder und reibende Teile von mittelstarken Automobilen und Traktoren (im Sommer), Motorräder (im Winter)	0,890—0,920	220	—	E_{100} 1,8—2,2	3	0,5 (?)[3]
Autol „T"	Zylinder und reibende Teile starker und stark belasteter (abgenutzter) Automobile und Traktoren, für Motorräder (im Sommer)	0,895—0,920	245	—	E_{100} 2,4—2,7	—	0,5 (?)[3]
Kompressorenöle: Kompressorenöl „L"	Luftkompressorenzylinder verschiedener Konstruktion, welche mit Preßluft arbeiten, und Gebläsezylinder (Gebläsemaschinen)	0,895—0,910	200	—8	E_{50} 6,0—6,5	2	0,05
Kompressorenöl „M"	Wie bei Kompressorenöl „L"	0,895—0,920	220	—	E_{100} 1,7—2,0	3	0,05

23*

[1] Nach J. Diestenfeld: Petroleum **24**, 763 (1928). [2] Bei Diestenfeld infolge eines Druckfehlers „nicht unter". [3] Muß vermutlich 0,05 heißen.

Fortsetzung der Tabelle 81, von S. 354.

Bezeichnung	Verwendung für	d_{15}	Flamm- punkt nach Brenken nicht unter °C	Stock- punkt nicht über °C	Viscosität	Na- tron- probe nicht über Nr.	Asche höchstens %
Kompressorenöl „T"	Wie bei Kompressorenöl „L"	0,895—0,920	240	—	E_{100} 2,2—2,5	—	0,05
Frigus	Kompressorenzylinder der Ammoniak- und Kohlensäure-Eismaschinen	0,880—0,900	160	—20	E_{50} 2,2—2,3	1	0,05 Farbe: rot

Tabelle 82. Russische Normen für Schmieröle II (Dampfzylinderöle)[1].

Bezeichnung	Verwendung für	d_{15}	Flammpunkt nach Brenken nicht unter °C	E_{100}	Aschegehalt, Asphalt je nicht über %
A. Sattdampf- zylinderöle:					
Zylinderöl „2"	Dampfmaschinen bis 5 at	0,890—0,920	220	1,8—2,2	0,05[2]
Viscosin „Z"	Dampfmaschinen bis 12 at und 1000 PS	0,910—0,925	240	3,0—4,0	0,3
Viscosin „5"	Dampfmaschinen bis 15 at	0,915—0,930	255	5,0—6,0	0,4
Vapor „L"	Dampfmaschinen bis 15 at und diverse Stärke	0,895—0,910	265	3,5—4,5	0,3
Vapor Nigrol „L"	Dampfmaschinen bis 8 at und für jede Stärke	0,915—0,945	240	5,0—7,0	—
B. Heißdampf- zylinderöle:					
Vapor „L"	Dampfmaschinen mit Überhitzung bis 250°	0,895—0,910	265	3,5—4,5	0,3
Vapor „M"	Dampfmaschinen mit Überhitzung bis 310°	0,900—0,915	300	4,5—5,7	0,4
Vapor „T"	Dampfmaschinen mit Überhitzung bis 310°	0,905—0,920	320	5,5—6,7	0,5
Vapor „T" extra	Dampfmaschinen mit stark überhitztem Dampf (auf besondere Bestellung)	0,905—0,920	320	6,0—7,0	0,5
Viscosin „7"	Dampfmaschinen mit Überhitzung bis 300°, falls dickflüssiges Öl erforderlich	0,920—0,930	300	7,0—8,0	0,5
Viscosin „10"	Wie Viscosin „7", für Überhitzung bis 310°	0,925—0,940	325	>9,5	0,6

[1] Nach Diestenfeld, l. c.
[2] Nur Aschegehalt; für Asphaltgehalt keine Vorschrift.

Tabelle 83. Polnische Normen für Schmieröle. (Auszug aus Przemysl Naphtowy, H. 9, 1927.)

Bezeichnung	Verwendung für	Spez. Gew. [1]	Flammpunkt °C	Stockpunkt °C	Säurezahl höchstens	Viscosität	Farbe	Asche höchstens %
Spindelöl	Kl. schnellaufende Masch.	0,870—0,890	mind. 140	—5 bis +5	0,4	E_{20} 2,6—10	hellgelb	—
Maschinenöl	Transmissionen, Lager	0,900—0,930	180—215	—5 bis +5	0,5	E_{50} 2,5—7	gelb bis dunkelrot	—
Maschinenöl III.	dgl.	0,900—0,910	mind. 180	—	—	E_{50} 3,0—3,5	—	—
„ IV.	dgl.	0,905—0,915	mind. 190	—	—	E_{50} 4,0—4,5	—	—
„ V.	dgl.	0,910—0,925	mind. 205	—	—	E_{50} 5,0—5,5	—	—
„ VI.	dgl.	0,915—0,930	mind. 205	—	—	E_{50} 6,0—6,5	—	—
Turbinenöl [2]	Dampfturbinen	0,905—0,915	180—210	—5 bis +5	0,2	—	gelblich-rot	0,01
Motorenöl	Zylinder u. Stopfbuchsen von Dieselmotoren	0,910—0,935	mind. 200	—5 bis +5	Raff. 0,6, Dest. 2,0	E_{50} 3—12	—	—[3]
Eismaschinenöl	Zylind. u. Stopfbuchsen v. Ammoniak- und Kohlens.- Kompressoren (für Lager Maschinenöl III. und IV.)	0,895—0,935	mind. 200	—5 bis +5	0,4	E_{50} 4—8	rubinrot	0,02
Kompressorenöl	Große Luftkompress. mit Gegendruck über 20 at	0,920—0,955	mind. 220	—5 bis +10	0,5	E_{50} mind. 8 E_{100} bis 4	dunkel	0,03
Zentrifugenöl [4]	Zentrifugen	0,930—0,940	mind. 210	—5 bis +5	0,2	E_{50} 12—14	dunkelrot	0,05
Vulkanöl	Achslager von Lokomotiven und Eisenbahnwagen	0,920—0,940	mind. 130	Sommeröl ± 0, Winteröl n. über —15	1,5	Sommeröl E_{50} 6, Winteröl E_{50} 4—5	dunkel	—
Motorenöl	Automobile im Sommer	0,920—0,940	—	0 bis +10	0,6	E_{50} 4—18	} rubinrot bis	0,05
„	Automobile im Winter	0,910—0,930	210—230	höchst. —5	0,6	E_{50} 4—18	dunkelgrün	0,05
„	Flugzeuge	0,930—0,950	mind. 220	„ —15	0,6	E_{50} 12—14	rubinrot	0,03
Dynamoöl	Elektromotoren und Dyna- momaschinen	0,900—0,930	170—210	—5 bis +5	0,2	E_{50} 2,5—6	gelb bis dunkelrot	0,02
Zylinderöl	Sattdampfmaschinen	0,940—0,960	225—260	höchst. +15	1,5	E_{100} 2,5—5	} bräunlich-	—
„	Heißdampfmaschinen	0,950—0,970	260—300	„ +20	1,5	E_{100} 4—7	grün	—

[1] Ohne Temperaturangabe; vermutlich 15°.   [2] Raffinat.   [3] Asphalt im Destillat bis 0,2%.   [4] Raffinat.

Tabelle 84. Anforderungen
Nach den Richtlinien 1928 (Untersuchungen, die

Bezeichnung	Verwendung für	d_{20} höchstens	E_{50} mindestens	Flammpunkt (o. T.) mindestens ° C
Steinkohlenschmieröl für leichtbelastete Lager	Pumpen, Transmissionen, kleinere Antriebsmaschinen, Förderwagen jeder Art, Häspel, Förderlokomotiven, Weichen, Walzzapfen, Rollgänge usw.	1,15	2,8	150
Desgleichen für schwerbelastete Lager	Transmissionen, Walzengänge, Drehscheiben usw., vor allem für die Achsen der Eisenbahnwagen und Lokomotiven	1,15	4,5	150

VII. Gebrauchte Schmieröle und Schmierölrückstände.

1. Gebrauchte Schmieröle.

Die benutzten Maschinen- und Dampfzylinderöle usw. werden vielfach nach erfolgter Reinigung wieder verwendet[1]. Die gebrauchten Öle sind meistens durch die Einwirkung der Luft und von Staub, namentlich wenn sie höheren Temperaturen ausgesetzt waren, dunkler gefärbt als die frischen Öle, infolge von teilweiser Verdunstung, Oxydation und Polymerisation auch spezifisch schwerer und viscoser; sie müssen vor näherer Prüfung auf ihre weitere Eignung nach den vorstehend beschriebenen allgemeinen und speziellen Methoden durch Erwärmen, erforderlichenfalls durch Behandeln mit Bleicherde bzw. Chlorcalcium und Filtrieren, von Wasser und festen Fremdstoffen befreit werden. Ermittlung der letzteren s. S. 119.

Je sorgfältiger ein Öl für den jeweiligen Verwendungszweck hergestellt ist, um so geringer ist, von zufällig hineingelangtem Wasser und mechanischen Verunreinigungen abgesehen, in der Regel seine Veränderung beim Gebrauch; so zeigten z. B. gute Turbinenöle (s. S. 362) nach sehr langem Gebrauch in der Umlaufschmierung im Gegensatz zu geringeren Qualitäten nur minimale Erhöhungen des spez. Gew. und der Zähigkeit, des Säuregehaltes und der Verseifungszahl, keine Veränderungen des Flammpunktes sowie keine Neubildung asphaltartiger Stoffe; dementsprechend steigen auch Teer- und Verteerungszahl bzw. andere Alterungsmerkmale bei guten Ölen im Gebrauch nur sehr langsam an.

2. Rückstandsbildung[2].

In den Schieberkästen und Zylindern von Dampfmaschinen (besonders in Heißdampfzylindern), an den Flachscheiben von Kompressorzylindern,

---

[1] Zusammenstellung der neueren Arbeiten über chemische und physikalische Ölregeneration: C. Walther: Schmiermittel, S. 64 f. 1930.

[2] Holde: Mitt. Materialprüf.-Amt Berlin-Dahlem **22**, 175 (1904); Chem. Revue üb. d. Fett- u. Harzind. **12**, 137, 187 (1905); Schlüter: Chem.-Ztg. **37**, 222 (1913); Keßler: Schmiermittelnot und ihre Abhilfe. Düsseldorf: Verlag Stahleisen 1920.

an Steinkohlenschmieröle.
nur „erwünscht“ sind, sind mit ⊙ bezeichnet).

Stock-punkt	Saure Öle	Asche	Wasser	Feste Fremd-stoffe	Sonstiges
nicht über °C	höchstens %	höchstens %	höchstens %	höchstens %	
— 10	3,0	0,1	0,5	0,5	In dünner Schicht durch-scheinend, keinesfalls schwarz ⊙; bei 0° keine Ausscheidungen.
— 15	3,0	0,3	0,1	0,5	Desgleichen; ferner auch keine Ausscheidung bei Mischung mit Erdöl 2:1 ⊙

in Koksofengasmaschinen, Lokomotiv- und Automobilzylindern (besonders
am Kolbenboden und am Zylinderkopf) wurden wiederholt pechartig harte,
kohlige Rückstände mit weicheren Einschlüssen, sog. „Ölkohle“, vorge-
funden. Einigen dieser Funde waren heftige Explosionen oder andere
Störungen der Maschinen, z. B. Verengung der Schmierkanäle und bei
Dampfmaschinen Verhinderung der Dampfströmung, Festbacken der Zy-
linderdeckel und Rohrflansche, Brüche von Schieberstangen, Versagen der
Stopfbüchsen vorangegangen. Die Bildung derartiger Rückstände ist auf
zufällige örtliche Erhitzungen, z. B. durch mechanische Verunreinigungen[1],
manchmal auf zu reichliche Schmierung oder bei Luftkompressionszylin-
dern auf Oxydation der Öle durch Sauerstoff zurückzuführen. Die Rückstände bestehen aus zum Teil unveränderten, zum Teil bis zur Asphaltkonsistenz und Verkohlung veränderten Schmierölen in wechselnden Mengen
neben Metallseifen und anorganischen Stoffen, wie abgeriebenen Metall-
flittern, Metalloxyden, häufig Sand u. dgl. Die sog. „Ölkohle“ läßt sich
durch Laugen mehr oder weniger auflösen; aus der Lösung lassen sich mit
Mineralsäure sog. Asphaltogensäuren abscheiden, während das Alkaliunlös-
liche sog. Carbene und Carboide enthält[2]. Rückstände in Explosionsmotorzylindern können auftreten, wenn die angesaugte Verbrennungsluft nicht
genügend von mitgerissenem Staub durch Filtrieren befreit und der erhöhten Reibung nicht vorgebeugt wird.

Bei Diesel-, Automobil- und Flugzeugmotoren steigt bei der Explosion
des Treibstoff-Luftgemisches die Temperatur auf über 1000°, wobei auch
stets Schmieröl zum Teil mitverbrennt, soweit es nicht durch die Kühlung
der Zylinderwandung vor Verbrennung geschützt wird. Asphalthaltiges
Schmieröl kann hierbei infolge unvollständiger Verbrennung eher kohlige
Rückstände hinterlassen als asphaltfreies Öl. Fette Öle, besonders die voltolisierten fetten Öle (s. S. 372), geben bei der Verbrennung einen sehr feinen
Ruß, der leicht aus dem Zylinder ausgeblasen wird.

[1] L. Allen: Chem. Revue üb. d. Fett- u. Harzind. **12**, 138, 187 (1905).
[2] Marcusson: Brennstoff-Chem. **2**, 103 (1921).

Nach Robertson und Bowers[1] ist die Ölkohlebildung von der Natur der gebrauchten Öle abhängig. So geben Öle auf Paraffinbasis harte koksartige Ablagerungen, während Öle auf Asphalt- oder Naphthenbasis weichere, flockige, graphitartige Rückstände bilden. Nach neueren Untersuchungen soll die Ölkohlebildung außer von den motorischen Bedingungen fast nur von der Flüchtigkeit der Öle abhängen[2], und zwar derart, daß die Kohlebildung um so kleiner ist, je größer die Flüchtigkeit des Öles ist. Zur Charakterisierung der letzteren dient die Temperatur, bis zu welcher 90% des Öles unter 1 mm Quecksilberdruck übergehen (sog. Verkokungsindex).

In Gasmotorenzylindern von Hochofenanlagen gefundene Rückstände enthielten Teer aus den die Motoren speisenden Verkokungsgasen oder Staub von Hochofenschlacke neben oxydierten und verkohlten Schmierölbestandteilen. Die Ursachen der Rückstandsbildung sind also je nach den Betriebsverhältnissen verschieden und meistens auch nur in letzteren, nicht aber in Verunreinigungen oder abnormen physikalischen oder chemischen Eigenschaften der Schmieröle zu suchen.

Auch in dem Kesselspeisewasser gelöste Salze können bei sog. Wasserschlägen in den Dampfzylinder gelangen (dgl. von Überhitzerwänden abgesprungenes Eisenoxyd), eine lokale Überhitzung verursachen und die Schmierung stören[3].

In Luftkompressoren können auch bei ungenügender Kühlung der Zylinderwände oder ungeeigneter Beschaffenheit des Öles (z. B. Rüböl) unter Umständen gefährliche unvollständige Verbrennungen unter Bildung von CO stattfinden.

Analyse von Rückständen. Man trennt zunächst durch Extrahieren mit Petroläther das unveränderte bzw. nur schwach oxydierte Schmieröl ab, dann durch Behandeln mit Benzol die bis zur Asphaltkonsistenz veränderten Ölbestandteile; aus dem Unlöslichen entfernt man mit dem Magneten etwa vorhandene, durch Abschleifen der Gleitflächen entstandene Eisenflitter. Der Rückstand ist zum Teil in Salzsäure löslich, während Kohle, Sand, Gangart usw. zurückbleiben; im Unlöslichen wird die Kohle annähernd aus dem Glühverlust bestimmt. Der in Salzsäure lösliche Anteil, der in der Hauptsache von gelöstem Eisenoxyd, metallischem Eisen und Eisenseifen herrührt, wird in üblicher Weise untersucht. Gelegentlich fanden sich hier auch Kupfer und Zinn (von dem verwendeten Bronzelager abgeschliffen). F. Frank und G. Meyerheim[4] kennzeichneten die in Benzol löslichen Anteile der Rückstände (s. Schema der Untersuchung, S. 361) als im Übergangsstadium zu Asphalten befindliche Oxydationsprodukte der Öle neben Metallseifen, welche durch Einwirkung der Oxydationsprodukte auf die Metalle von Zylindern, Kolben, Lagerschalen und Zapfen entstanden sind (Eisen-, Kupfer-, Zinn-, Blei-, Antimon- usw. Seifen). Die erhaltenen Trennstücke ergeben meistens ein Bild der jeweiligen Ursachen der Rückstandsbildung.

3. Prüfung von Kondenswasser auf Ölgehalt.

Wenn der kondensierte Arbeitsdampf der Dampfmaschinen wieder zur Kesselspeisung dienen soll, so muß zuvor das mitgerissene Schmieröl durch

[1] Robertson u. Bowers: Oil Gas Journ. **27**, Nr. 22, 139 (1928).
[2] Marley, Livingstone u. Gruse: ebenda **25**, Nr. 4, 162 (1926); Bahlke, Barnard, Eisinger u. Fitzsimons: S.A.E.-Journ. **29**, 215 (1931); Bandte: Erdöl u. Teer 8, 10 (1932).
[3] Stolzenburg: Chem. Revue üb. d. Fett- u. Harzind. **13**, 54, 79 (1906).
[4] Engler-Höfer-Tausz: Das Erdöl, 2. Aufl., Bd. 4, S. 293.

Tabelle 85. Schema der Rückstandsuntersuchungen [1].

Die Probe wird zur Entfernung von Wasser und evtl. vorhandenen flüchtigen Betriebsstoffen im Trockenschrank auf etwa 105° erwärmt [2].

Gewichtsverlust: Wasser und Betriebsstoff

Getrocknete Probe im Soxhlet- oder Graefe-Apparat mit Petroläther erschöpfend extrahieren.

Rückstand mit Benzol erschöpfend extrahieren.

Petrolätherlösung (A) eindampfen, wägen: wenig oder nicht verändertes Öl. Öl charakterisieren nach: Aussehen, Geruch, spez. Gew., Säurezahl, Verseifungszahl, Viscosität usw.; evtl. Trennung nach Spitz-Hönig (s. S. 114), um festzustellen, ob fette Öle oder compoundierte Öle benutzt wurden.

Rückstand (Ruß, Fasern, Quarz- und Metallteilchen) mit Magnet auf Eisen prüfen.

Benzolextrakt (B) (verändertes Öl, z. T. Eisenseifen) eindampfen, wägen. Aschengehalt bestimmen.

Benzolextrakt (aliquoten Teil) mit Äther-Salzsäure zersetzen, im Scheidetrichter trennen, evtl. filtrieren.

Aliquoten Teil veraschen.

Asche qualitativ prüfen auf Metalle: Eisen, Lagermetalle wie Kupfer, Antimon, Aluminium usw., und auf Kieselsäure, Gips.

Rest zerlegen wie (C).

Ätherlösung mit Wasser neutral waschen, eindampfen

Benzollösliche, ätherlösliche Neutralstoffe (Asphalt) und Säuren. NZ. und VZ. bestimmen.

Salzsäurelösung (HCl, Chloride) evtl. auf Metallionen untersuchen.

In Äther und HCl unlösliche Anteile (C) mit alkoholischer KOH verseifen (1 h am Rückflußkühler erhitzen), Alkohol verjagen, mit Salzsäure ansäuern, mit Äther ausschütteln, evtl. filtrieren.

Ätherlösung neutral waschen, eindampfen, wägen.

Als benzollösliche, ätherunlösliche Lactone vorliegende ätherlösliche Säuren.

Unlöslichen Rückstand mit Wasser waschen, trocknen, mit Alkohol extrahieren.

Als benzolunlösliche Lactone vorliegende ätherlösliche Säuren.

Benzolunlösliche, ätherunlösliche, alkohollösliche Stoffe.

In Benzol, Äther und Alkohol unlösliche Säuren, Ruß, Fasern usw.

Alkoholextrakt eindampfen, wägen.

Benzollösliche, ätherunlösliche, alkohollösliche Stoffe (hauptsächlich Oxysäuren).

Rückstand trocknen und wägen.

Benzollösliche, äther- und alkoholunlösliche Stoffe.

---

[1] Nach F. Frank und G. Meyerheim.
[2] Bei größeren Mengen emulgierten Wassers unter wiederholtem Verrühren mit je 5 ccm Alkohol.

Ölabscheider abgetrennt werden, da dieses korrodierende Wirkungen auf die Kesselwände ausüben, unter Umständen sogar Explosionen verursachen kann. Um festzustellen, ob das abgeschiedene Wasser genügend ölfrei ist, prüft man es wie folgt:

Alle für die Prüfung zu benutzenden Gefäße (Scheidetrichter, Kolben, Trichter, Filter) müssen durch Spülen mit Äther von jeder Spur Öl befreit werden. Der Hahn des Scheidetrichters darf nicht eingefettet sein. Eine gemessene Menge der Probe (1000 ccm) wird mit festem Kochsalz gesättigt und so oft mit je 50 ccm frisch destilliertem Äther ausgeschüttelt, bis die letzte Ausschüttelung beim Eindampfen keinen Rückstand hinterläßt. Die vereinigten, filtrierten Ätherlösungen werden nach Abdestillieren des Äthers in gewogener Schale 5 min bei 105° getrocknet. Das nach dem Erkalten gewogene Öl ist nötigenfalls auf Säuregehalt usw. im Hinblick auf etwaige Angriffe auf die Kesselwände zu prüfen.

Nach Zschimmer[1] ist das im Wasser enthaltene Öl zweckmäßig durch einen feinflockigen Niederschlag von Tonerdehydrat niederzureißen und dann aus diesem Niederschlag zu extrahieren. Besonders eignet sich diese Anreicherung des Öles für sehr ölarme Kondenswässer. Man versetzt etwa 3—5 l Wasser mit Alaun und Sodalösung und extrahiert den erhaltenen Niederschlag mit Äther. Nach Ellis[2] sind kolloidal im Wasser gelöste bzw. suspendierte Ölteilchen elektrisch negativ geladen und werden durch entgegengesetzt geladenes, gelöstes Eisen- oder Aluminiumhydroxyd angezogen und gefällt.

P. Spezielle Schmieröle und Schmierfette.

I. Dampfturbinenöle[3].

1. Technologisches.

In dem Schmiersystem moderner Dampfturbinen mit hoher Umdrehungszahl fällt dem Öl die doppelte Aufgabe des Schmierens und Kühlens zu; es wird in reichlicher Menge mittels Pumpe vom Sammelbehälter in die Lager gedrückt, um von diesen — nach dem Durchfließen des Kühlers und Wasserabscheiders — wieder zum Sammelbehälter zurückzuströmen (Umlauf- oder Zirkulationsschmierung).

In seinem ununterbrochenen Kreislaufe ist das Öl dauernd dem Einflusse von Luft und Dampf, der durch die Stopfbüchsen in das Öl gelangt[4], ausgesetzt. Wenn auch die Lagertemperaturen normalerweise über 50—55° nicht hinausgehen, so werden doch selbst sorgfältig raffinierte Öle mit der Zeit unbrauchbar, da infolge der innigen Verteilung der Luft im Öl dieses dem Sauerstoff eine sehr große Angriffsfläche bietet und dieser Angriff durch die vorhandenen Metalle katalytisch beschleunigt wird.

Während gute Öle jedoch unter normalen Bedingungen 30000 Betriebsstunden und mehr ertragen, zeigen mangelhaft raffinierte Öle oder

---

[1] Zschimmer: Ztschr. bayer. Revis.-Ver. **11**, 107 (1907); s. auch Graefe: Petroleum **5**, 419 (1909/10); A. Goldberg: Chem.-Ztg. **41**, 543 (1917).

[2] Ellis: Journ. Soc. chem. Ind. **29**, 909 (1909).

[3] Unter Benutzung des von W. Manasse in Engler-Höfer-Tausz: Das Erdöl, 2. Aufl., Bd. 4, S. 294—300, bearbeiteten Kapitels, ergänzt von G. Meyerheim.

[4] Erheblich größere Wassermengen gelangen mit der meist dampfübersättigten Luft des Maschinenraums, die in die Ölrückleitung eingesaugt wird, in das Öl.

unraffinierte Destillate erfahrungsgemäß[1] schon nach kurzer Zeit die Erscheinung des „Alterns", das sich durch Dunklerwerden, Zunahme des spez. Gew., der Viscosität, der Neutralisationszahl und Teerzahl verrät. Je nach Herkunft und Raffinationsgrad tritt beim Turbinenöl, ebenso wie bei den Isolierölen (s. S. 268), der Alterungsvorgang mehr oder weniger schnell ein. Die Alterungsprodukte sind zum Teil im Öl löslich, zum Teil fallen sie als Schlamm aus.

Man unterscheidet 3 Arten von Schlamm: 1. asphaltartigen, durch Oxydation und Polymerisation von Schwefelverbindungen entstandenen, 2. sauren, bestehend aus Oxysäuren, die durch Oxydation und Polymerisation von Polynaphthenen und hydroaromatischen Verbindungen gebildet werden, 3. aus Cu- und Fe-Seifen bestehenden, durch Angriff des sauren Schlammes auf die Turbinenbaustoffe bei Gegenwart von Wasser entstandenen Schlamm[2].

Die Veränderung der Turbinenöle im Gebrauch zeigt sich vor allem in der wachsenden Neigung der Öle zum Emulgieren. Solange die Emulsionen sich nach kurzer Zeit wieder in ihre Bestandteile scheiden, ist ihr Auftreten unbedenklich; sie können jedoch so zäh und schlammartig werden, daß sie die Ölleitungen verstopfen, den Kühler verschmutzen und dadurch seine Kühlwirkung beeinträchtigen, und bedeuten in diesem Falle eine ernste Betriebsgefahr.

Für die Emulsionsbildung wird meist ein Gehalt des Öles an Seife oder organischen Säuren verantwortlich gemacht (s. S. 42). Die Seife kann entweder infolge von mangelhafter Raffination im Öl zurückgeblieben oder auch durch Einwirkung bereits vorhandener oder neugebildeter Säuren auf Metalle entstanden sein. Es kommen jedoch auch beim Betriebe mit völlig einwandfreien Raffinaten häufig störende Emulsionsbildungen vor, die u. a. ihre Ursache darin haben, daß mit dem Dampf sodahaltiges Kesselwasser aus den Überhitzern in das Öl gelangt, oder auch Rost, der katalytisch die Oxydation des Öls beschleunigt. Ferner scheinen elektrische Potentiale[3] sowie der Durchgang von Starkstrom durch die Turbine infolge Kurzschlusses oder auch vagabundierende Ströme die Entstehung von Emulsionen und Schlamm zu begünstigen[4]. Nach Stäger[5] wird in der Mehrzahl der Fälle die Emulsion nicht durch die Seifenbildung, sondern durch den Aufbau der Grenzflächenschicht und die Ausbildung und Anordnung der polaren Gruppen in dieser bedingt.

2. Anforderungen.

Dampfturbinenöle müssen in erster Linie sehr weitgehenden Ansprüchen an den Reinheitsgrad genügen, die nur von sorgfältig raffinierten Ölen

---

[1] Keßler: Schmiermittelnot und ihre Abhilfe. Düsseldorf: Verlag Stahleisen 1920; s. auch Stäger: BBC-Mitt. **1925**, 131, 150; **1929**, Heft 2.

[2] Tschernoshukow: Petroleum-Ind. Azerbeidschan (russ.) **10**, 96 (1930); C. **1930**, II, 2467.

[3] Die bei längerer Benutzung von Dampfturbinenölen sich bildenden Niederschläge bestehen nach Conradson: Chem.-Ztg. **36**, 1220 (1912), aus Metallseifen, die sich bei der gleichzeitigen Einwirkung von Luft, Wasser und mehreren Metallen aus den Ölen bilden. Gegenwart eines Metalles bedingt kaum merkliche Veränderung des Öles, so daß die Bildung elektrischer Potentiale anscheinend die Ursache der Säure- und Seifenbildung ist.

[4] Vgl. T. C. Thomsen: Practice of Lubrication. New York 1920.

[5] Stäger: l. c.; Petroleum **26**, 671 (1930).

erfüllt werden. Öle von geringerer Viscosität haben zähflüssigeren Ölen gegenüber den Vorzug kleinerer Reibungsverluste, schnellerer Wasserabscheidung und Wärmeübertragung in den Lagern und im Kühler. Man benutzt daher meist Öle mit E_{50} 2,5—4 (vgl. Tabelle 86).

Tabelle 86. Anforderungen

	Spez. Gew.	Viscosität E_{50}	Flammpunkt o. T. °C	Stockpunkt °C
Richtlinien, 5. Aufl.	höchstens 0,930 (20⁰)	2,5—5	mindestens 180	nicht über + 5
Vereinigung der Elektrizitätswerke [2]	höchstens 0,930 (20⁰)	2,5—6,5	mindestens 180	—
Allgemeine Elektrizitätsgesellschaft	0,85—0,92 (20⁰)	für direkt gekuppelte Turbinen 2,5—4 (bei 20⁰ 12—20) für Getriebeturbinen 5,0—6,5	> 180 > 160 (P.-M.)	unter — 5
Brown, Boveri & Co.	höchstens 0,93 (20⁰)	3,5—5,34 (vgl. S. 366)	> 170	—
Naphtha-Syndikat der UdSSR. — Öl „L"	0,885—0,905 (15⁰)	2,9—3,2	mindestens 175	nicht über — 15
Öl „M"	0,890—0,910 (15⁰)	4,0—4,5	mindestens 180	nicht über — 10
Öl „T"	0,890—0,915 (15⁰)	6,0—6,5	mindestens 190	nicht über — 10

[1] Lieferbedingungen der Deutschen Reichsbahn s. Tabelle 79, S. 350, der Verlag der VDEW, Berlin 1930. [3] Alterungsprüfung s. S. 366.

Zur Schmierung von Getriebeturbinen, in deren Zahnradübersetzungen hohe Drucke auftreten, sind diese Öle zu dünnflüssig. Nach den Erfahrungen der AEG.-Turbinenfabrik (Privatmitt.) haben sich für derartige

Maschinen Öle mit einer mittleren Viscosität (E_{50} 5,0—6,5, s. Tabelle 86) zur einheitlichen Schmierung von Lager und Getriebe gut bewährt. Thomsen (l. c.) empfiehlt dagegen für Lager und Getriebe getrennte Schmiersysteme und die Verwendung eines besonderen Getriebeöles. Die für die

an Dampfturbinenöle [1].

Neutrali- sations- zahl	Asche %	Asphalt	Ver- teerungs- zahl %	Bemerkungen
höchstens 0,2	höchstens 0,01	0	höchstens 0,2, bestimmt nach S. 366	Raffinat, frei von fettem Öl; H_2O höchstens 0,1%, feste Fremdstoffe höchstens 0,01%. Für Turbinengetriebe verwendet man je nach Umdrehungzahl Öle mit höherer Viscosität.
· Ver- seifungs- zahl höch- stens 0,15	höchstens 0,01	0	s. Bem.	Raffinat, H_2O höchstens 0,01%, feste Fremdstoffe 0, neutral. In konz. H_2SO_4 löslich höchstens 12 Vol.-%. Nach Baader (s. S. 275) gealtert, keine VZ. $> 0,3$.
höchstens 0,10	$< 0,01$	0	höchstens 0,3	Raffinat, frei von Mineralsäure, fettem Öl und Harz, keine Verharzung, kein Emulgieren und Schäumen.
höchstens 0,10	höchstens 0,01	0	s. Bem.	Brennpunkt nicht unter 210^0; frei von fettem Öl, darf weder im Anlieferungszustande, noch nach Alterung [3] mit Wasser oder 1%iger Sodalösung emulgieren. Nach der Alterung Neutralisationszahl nicht über 0,3, Verseifungszahl nicht über 1,5, Schlamm 0.
unter 0,14	höchstens 0,02	—	—	Frei von Wasser, freier Mineralsäure und festen Fremdstoffen; nach Conradson nicht emulgierend.
unter 0,14	höchstens 0,02	—	—	Wie Öl „L".
unter 0,14	höchstens 0,02	—	—	Wie Öl „L".

USA.-Regierung s. Tabelle 80, S. 352, Klasse B und C. [2] Die Ölbewirtschaftung,

Getriebeschmierung erforderliche höhere Viscosität des Schmieröls läßt sich auch unter Beibehaltung eines gemeinsamen Schmiersystems dadurch erreichen, daß das umlaufende Öl vor seinem Eintritt in das Getriebe abgekühlt wird[1]. Die Firma BBC stellt deshalb an Turbinenöl hinsichtlich der Viscosität folgende Anforderungen:

V_k bei 20° nicht über 250 Centistokes, entsprechend   33   Englergraden,
V_k „ 50°   25—40   „   „   3,46—5,34   „
V_k „ 80° nicht unter 7   „   „   1,57   „

3. Prüfung.

Zur Beurteilung von Dampfturbinenölen sind, abgesehen von spez. Gew., Viscosität, Flamm- und Stockpunkt, der Reinheitsgrad, die chemische Veränderlichkeit und Emulgierbarkeit des Öles heranzuziehen. Es ist daher stets festzustellen, ob und gegebenenfalls in welchen Mengen das Öl Wasser, mechanische Verunreinigungen, Säure, fettes Öl und Seife enthält. (Hierüber vgl. S. 109f.) Bei hohem Aschengehalt ist die Asche qualitativ näher zu untersuchen, da sie nicht nur von Seife, sondern auch von sehr fein suspendierter Bleicherde herrühren kann. Die Bestimmung des benzinunlöslichen Asphalts erübrigt sich bei hellen Raffinaten.

a) Prüfung auf Alterungsneigung.

α) Die Verteerungszahl wird als Maß der Alterungsneigung bei Turbinenölen nach der für Transformatorenöle vorgeschriebenen Arbeitsweise (s. S. 269) bestimmt. Nur für die Erhitzung des Öles gilt folgende abweichende Vorschrift[2]:

50 g Öl werden in einem enghalsigen Jenaer Normal-Erlenmeyerkolben von 200 ccm ohne Durchleiten von Sauerstoff 50 h ununterbrochen auf 120° erhitzt.

In neuerer Zeit wird die Alterungsneigung der Turbinenöle auch häufig nach der Methode von Baader (S. 275) bestimmt.

Baader hält neben der Neutralisationszahl die Verseifungszahl für den geeignetsten Maßstab zur Feststellung der im Betriebe vor sich gehenden Ölveränderungen, da erst durch die Verseifungszahl die Gesamtmenge der entstehenden sauren Produkte erfaßt wird (s. aber auch S. 278).

Nach den Vorschriften der Vereinigung der Elektrizitätswerke[3] soll die Verseifungszahl ungebrauchter Dampfturbinenöle nicht über 0,15 liegen; bei gebrauchten Turbinenölen sind Neutralisationszahl bis 3,0 und Verseifungszahl bis 6,0 zulässig. Bei Überschreitung dieser Grenzen sind Turbinenöle von der weiteren Verwendung auszuschließen bzw. zu regenerieren.

β) Alterungsprüfung der A.-G. Brown, Boveri & Co.[4]:

In einem Becherglase von 400 ccm Inhalt, hohe Form, aus Pyrexglas, werden 200 ccm Öl in einem mit Temperaturregler versehenen Ölbade 3 Tage lang auf 110° erhitzt. Als Katalysator dient ein sorgfältig gereinigtes und mit Schlämmkreide poliertes, aber nicht mit Chemikalien behandeltes Kupferblech (40 × 70 × 1 mm). Das erhitzte Öl wird nach 24std. Stehen bei Zimmertemperatur filtriert, der Schlamm auf dem Filter mit Leichtbenzin ausgewaschen, in Chloroform gelöst und nach Verdampfen des Lösungsmittels gewogen. Das filtrierte Öl wird zur

---

[1] Patent von Brown, Boveri & Co. (BBC). Elektrotechn. Ztschr. **1913**, 264.

[2] Schwarz u. Marcusson: Petroleum **18**, 741 (1922); vgl. „Richtlinien", 5. Aufl., S. 82.

[3] Die Ölbewirtschaftung; Betriebsanweisung für die Prüfung, Überwachung und Pflege der Isolier- und Dampfturbinenöle. Verlag der Vereinigung der Elektrizitätswerke 1930.

[4] BBC-Mitt. **1929**, Heft 2.

Bestimmung von Neutralisationszahl und Verseifungszahl, sowie zur Dampfstrahl-probe (S. 370) verwendet.

γ) Gute Übereinstimmung mit Betriebszahlen soll die Alterungsmethode nach C. H. Fellows und H. F. Schneider jr.[1] geben, bei welcher 500 ccm Öl mit Eisen-drahtnetz im Glaskolben unter Durchleiten von mit Dampf gesättigtem Sauerstoff (2 Blasen pro sec) im siedenden Wasserbad erhitzt werden. Alle 24 h entnimmt man 10 ccm Öl, bestimmt den Schlamm durch Zentrifugieren und ermittelt die Neutralisationszahl des klaren Öles.

b) Prüfung auf Emulgierbarkeit.

An Stelle der früher benutzten Schüttelproben, welche nicht genügend reproduzierbare Ergebnisse lieferten, werden neuerdings meist die nach-stehend angeführten amerikanischen Prüfungsverfahren verwendet. Ihr Wert für die Beurteilung von Turbinenölen wird jedoch von manchen Seiten bestritten, weil das Verhalten des ungebrauchten Öles keinen Rückschluß auf die Neigung des im Betriebe „gealterten" Öles zum Emulgieren gestatte, die im wesentlichen von dem Grade der chemischen Veränderung des Öles abhängig sei. Rogers und Miller[2] haben daher vorgeschlagen, die „Stabilität" des Turbinenöls nach künstlicher Alterung (mit feuchtem Sauer-stoff bei $100°$ in Gegenwart von Eisen) durch Be-stimmung des Säuregehaltes und der Demulgier-barkeit zu prüfen. Auch Brown, Boveri & Co. schreiben eine Emulgierprobe (Dampfstrahlprobe, s. u.) nicht nur für das frische, sondern auch für das nach obiger Vorschrift bei $110°$ gealterte Öl vor.

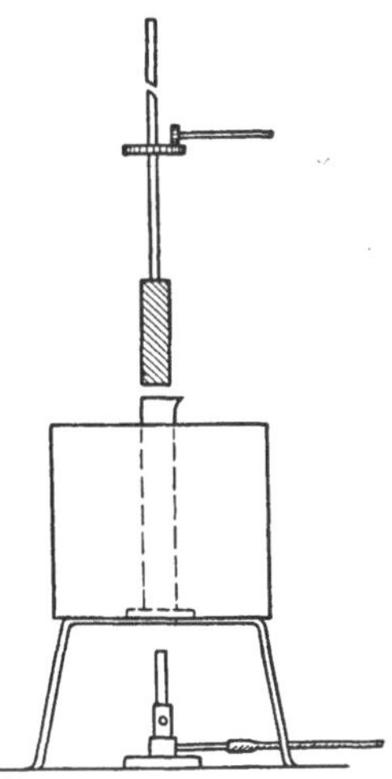

Abb. 150. Apparat zur Demulgierungsprobe nach Herschel.

α) Die Demulgierungsprobe von Herschel, das amtliche Prüfungsverfahren in USA.[3], besteht in einem mechanischen Verrühren des Öles mit Wasser unter den nachstehend angeführten Bedin-gungen (Abb. 150) und Messung der Entmischungs-geschwindigkeit[4]. Leichte und mittelschwere Öle (bis 330 Saybolt-sec bei $100° F = 9 E$ bei $38° C$) werden der Prüfung bei $130° F$ ($54,4° C$), schwerere Öle bei $180° F$ ($82,2° C$) unterworfen.

Ein graduierter Glaszylinder von 100 ccm Inhalt und 28 mm l. W. wird mit 53 ccm destilliertem Wasser und 27 ccm Öl beschickt und im Wasserbade, in welches er mindestens bis zur 85-ccm-Marke eintauchen soll, auf $54° C$ (bzw. $82° C$) erwärmt. Dann wird der Inhalt des Zylinders mittels eines ruderartigen Rührers — einer mit einem Metallstabe verbundenen Kupferplatte ($120 \times 20 \times 1,5$ mm) — mit 1500 Umdrehungen/min 5 min lang durchgemischt (wobei der Rührer 6 mm Abstand vom Boden des Zylinders wahren soll). Nach Herausnahme des Rührers, bei welcher Verluste an Emulsion zu vermeiden sind, ist die Bad-temperatur konstant auf $54°$ (bzw. $82°$) zu halten und die sich ausscheidende, klare Ölschicht an der Trennungsfläche zwischen Öl und Emulsion von Minute zu Minute abzulesen.

---

[1] C. H. Fellows u. H. F. Schneider jr.: Power **75**, 49 (1932).
[2] Rogers u. Miller: Ind. engin. Chem. **19**, 308 (1927).
[3] Techn. Paper 323 B, S. 10, 11, 84.
[4] Unter „Demulgieren" ist das Zerfallen einer Emulsion in ihre Bestandteile, unter „Demulsibilität" oder „Demulgierbarkeit" — nach Conradson — der Widerstand eines Öls gegen das Emulgieren zu verstehen.

Normalerweise steigt die Geschwindigkeit, mit der das Öl sich ausscheidet, bis zu einem Höchstwerte an, um dann wieder abzunehmen. Man berechnet die Absetzgeschwindigkeit in ccm/h, indem man die jeweils abgesetzte Ölmenge mit 60 multipliziert und das Produkt durch die seit Beendigung des Rührens bis zur Ablesung verflossene Minutenzahl dividiert. Der hierbei erreichte Höchstwert ist die Demulgierungszahl.

Beispiel (abgekürzt):

Minuten nach Beendigung des Rührens	Abgeschiedenes Öl ccm	Stündliche Abscheidung ccm
0	0	—
5	3	36
12	13	65
15	17	68
20	19	57

Demulgierungszahl: 68.

Falls die Abscheidung innerhalb 1 h keinen Höchstwert erreicht, wird die Anzahl der tatsächlich in 1 h abgeschiedenen ccm Öl als Demulgierungszahl angenommen.

Der gleiche Apparat dient in USA. auch zur qualitativen Bestimmung der Emulgierbarkeit von Ölen. Die Arbeitsweise weicht nur in folgenden Punkten von der geschilderten ab:

Der Zylinder wird mit 40 ccm der emulgierenden Flüssigkeit (je nach den besonderen Bedingungen, z. B. destilliertem Wasser, 1%iger Kochsalzlösung oder n-Natronlauge) und 40 ccm des zu prüfenden Öles beschickt und nach Beendigung des Rührens bei 54° (bzw. 82°) und Entfernung des Rührers der Inhalt des Zylinders eine vorgeschriebene Zeit lang (in der Regel $1/2$ oder 1 h) auf gleicher Temperatur gehalten. Nach Ablauf dieser Zeit darf bei „nichtemulgierenden" Ölen[1] keine zusammenhängende Emulsionsschicht mehr vorhanden sein.

β) Die Demulgierungsprobe nach Conradson, auch A.S.T.M.-Dampf-Emulgierungsmethode genannt, hatte sich in den letzten Jahren in Deutschland eingeführt und zählt in der nachstehend geschilderten Modifikation[2] auch zu den von der Institution of Petroleum Technologists anerkannten englischen Standardmethoden. Jetzt ist sie in Deutschland zur Prüfung von Frischölen wieder fallen gelassen worden[3].

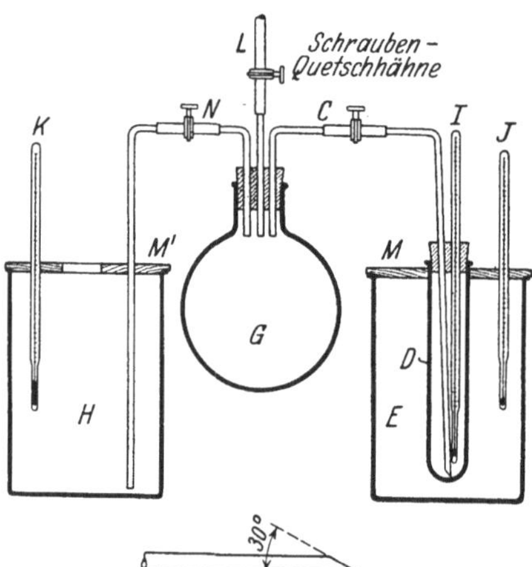

Abb. 151. Apparat zur Bestimmung der Demulgierbarkeit nach Conradson.

Das graduierte, zylindrische Gefäß D (Abb. 151) von 20 cm Länge und 2,5 cm Ø wird mit 20 ccm des zu prüfenden Öles beschickt und in das auf 20—25° C

[1] Bei Schiffsmaschinenölen, bei denen, wie erwähnt, eine Emulgierbarkeit mit Seewasser erwünscht ist, wird im Gegenteil verlangt, daß Emulsionen mit destilliertem Wasser bzw. mit 1%iger Kochsalzlösung sich innerhalb 1 h nicht trennen dürfen (Techn. Paper 323 B, S. 16).

[2] A.S.T.M.-Jber. 1932 des Comm. D 2, S. 107; I.P.T.-Standard Methods, 2. Aufl., S. 75. 1929.

[3] „Dauerversuche über die Alterung von Dampfturbinenölen im Betrieb", herausgegeben von der Vereinigung der Elektrizitätswerke E. V., Berlin, und dem Verein Deutscher Eisenhüttenleute, Gemeinschaftsstelle Schmiermittel, Düsseldorf, Sept. 1927; s. auch A. Baader: Elektrizitätswirtschaft. Mitt. VDEW. **1928**, Nr. 451, 54.

angewärmte, 3—3,5 l fassende Wasserbad E, dessen Temperatur dann nicht mehr kontrolliert wird, eingehängt. Der Zylinder D ist durch einen Korken verschlossen, der ein Thermometer trägt. Die zweite Bohrung ist etwas weiter als der äußere Durchmesser des Dampfeinleitungsrohres C, das 2,5 mm l. W. hat, einschließlich des etwa 4—5 cm langen, horizontalen Schenkels 30 cm lang und an seinem unteren Ende schräg (mit 30⁰) abgeschnitten ist. Vor Beginn des Versuches läßt man den im mindestens 1 l Wasser fassenden Entwickler G erzeugten Dampf durch das Rohr C ins Freie strömen, bis sich darin kein Kondenswasser mehr zeigt. Dann wird das Rohr in den Zylinder eingeführt und so lange Dampf durch das Öl geleitet, bis der Flüssigkeitsstand im Zylinder 40 ccm ($\pm$ 3 ccm) erreicht hat. Dabei ist der Dampfstrom mittels des Quetschhahns so zu regulieren, daß die Öltemperatur sich zwischen 88 und 90,5⁰ C hält.

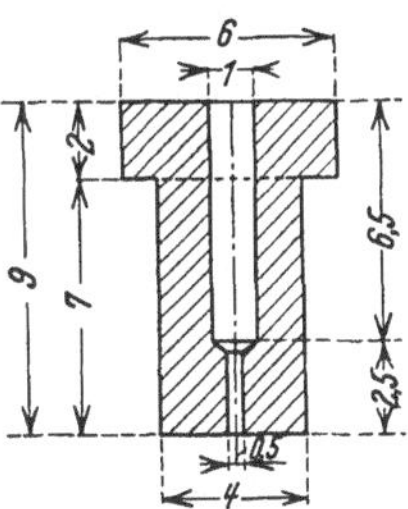

Abb. 152. Austrittsdüse am Dampferzeuger.

Bis zum Eintritt dieser Temperatur vergehen gewöhnlich 45—75 sec. Der Flüssigkeitsstand von 40 ccm ist meist in 4—6¹/₂ min erreicht. Falls sich 20 ccm Wasser in weniger als 4 min kondensieren, ist anzunehmen, daß der Dampf Wasser mitgerissen hat oder das Einleitungsrohr nicht lange genug ausgedämpft wurde, und der Versuch ist zu wiederholen.

Nach Beendigung des Dampfeinleitens wird das Rohr herausgenommen, der Zylinder D sofort in das zuvor auf 93,5—95⁰ C erwärmte Wasserbad H eingehängt und gleichzeitig eine Stoppuhr in Tätigkeit gesetzt. Dann erst wird der Kork nebst Thermometer entfernt. Die Temperatur des Bades H ist sorgfältig konstant zu halten — durch Zuführung von Dampf aus Rohr N — und die Trennung der Emulsion in Abständen von 30 sec zu beobachten. Die Ablesungen der ausgeschiedenen ccm klaren oder trüben Öles erfolgen unter Herausnehmen[1] des Zylinders (höchstens 5 sec) und werden bis zur Abscheidung von 20 ccm Öl — jedoch nicht über 20 min hinaus — fortgesetzt.

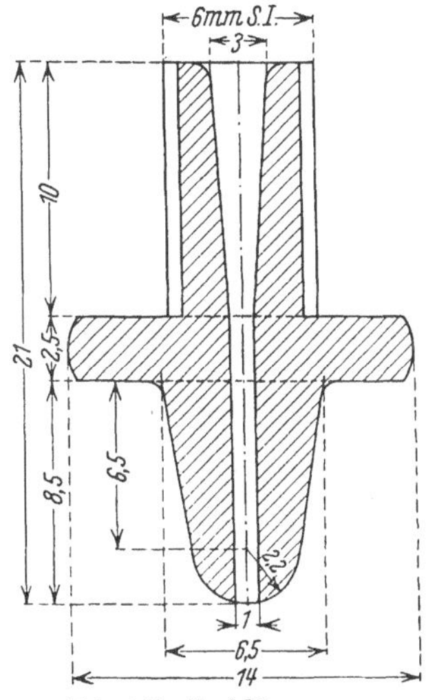

Falls die Trennungsfläche zwischen Öl- und Emulsionsschicht nicht als scharfe, gerade Linie erscheint, beschränkt man sich auf eine möglichst genaue Schätzung des Ölvolumens (auf 0,5 ccm). Ist auch nach 20 min keine deutliche Schichtung eingetreten, aber nur dann, kann man durch 2 sec langes Rühren mit dem Glasstabe versuchen, eine schärfere Trennungslinie zu erreichen[2].

Die Demulgierbarkeit wird zahlenmäßig durch die Zeit — in USA. in Sekunden, in England in Minuten — ausgedrückt, die bis zur Abscheidung von 20 ccm Öl vergeht, vom Zeitpunkt der Einführung des Zylinders D in das Bad H an gerechnet. Öle, die hierzu mehr als 20 min beanspruchen, erhalten die Demulgierungszahl 1200 plus bzw. 20 plus.

Abb. 153. Enddüse am Dampfeinleitungsrohr.

In Deutschland wird das Conradsonsche Prüfungsverfahren sowohl in seiner ursprünglichen Form[3] als auch mit gewissen Abänderungen benutzt, deren wichtigste auf den Vorschlag Holdes zurückgeht[4], den Ausfall der Prüfung nach der Höhe der Emulsionsschicht zu beurteilen.

---

[1] Nur nach der I.P.T.-Vorschrift. Nach der neuen A.S.T.M.-Vorschrift im Gegenteil „ohne Herausnehmen".

[2] Der letzte Satz gilt nur nach der I.P.T.-Vorschrift; in der neuen A.S.T.M.-Vorschrift ist er gestrichen.

[3] Conradson: Proceed. Amer. Soc. Testing Materials **16**, II, 273 (1916).

[4] Holde: Petroleum **18**, 856 (1922).

Holde, Kohlenwasserstofföle. 7. Aufl. 24

Auch bei der in den Richtlinien[1] wiedergegebenen Arbeitsweise der Rhenania-Ossag, welche im Prinzip dem Conradsonschen Verfahren nachgebildet ist, aber in Einzelheiten (Dimensionen des Apparates, Tempo und Dauer des Dampfeinleitens usw.) davon abweicht, verzichtet man auf die Messung der Emulgier- oder Demulgierbarkeit des Öles und begnügt

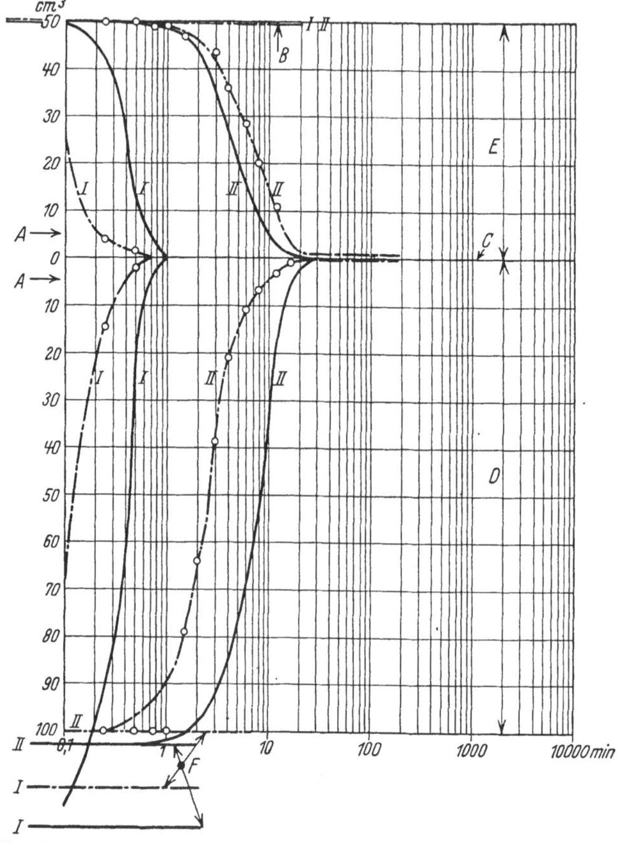

Abb. 154. Graphische Darstellung des Entmischungsvorganges von Emulsionen. *A* Emulsionsphase; *B* obere Grenze der Ölschicht: *C* theoretische Trennungslinie; *D* Emulgentphase (Wasser bzw. wässerige Lösung); *E* Ölphase; *F* untere Grenze der Emulgentschicht. Abb. 152—154 nach BBC-Mitt. **1929**, Heft 2, Abb. 3—5.

sich mit der Feststellung, ob nach Beendigung des Versuches eine Emulsionsschicht vorhanden ist und gegebenenfalls in welcher Höhe.

γ) **Dampfstrahlprobe der A.-G. Brown, Boveri & Co.**[2]. Das Verfahren beruht auf dem gleichen Prinzip wie die Conradson-Methode; charakteristisch ist 1. die genaue Regelung der Dampfzufuhr, 2. die graphische Darstellung des Entmischungsvorgangs.

Der Dampf wird aus destilliertem Wasser erzeugt und sein Druck auf genau 1 atü reguliert. Aus dem Kessel tritt der Dampf durch eine Düse von 0,5 mm l. W. (Abb. 152) in ein etwa 80 cm langes Messingrohr von 6 mm l. W. und 1 mm

---

[1] 5. Aufl., S. 73. 1928.　　[2] BBC-Mitt. **1929**, Heft 2.

Wandstärke und aus diesem durch eine zweite Düse (Abb. 153) in die zu emulgierende Flüssigkeit ein. Der Überdruck im Kessel und die erste Düse bestimmen die Dampfmenge, die zweite Düse bestimmt die Intensität des Dampfstrahles.

Die auf Emulgierbarkeit zu prüfenden Flüssigkeiten — je 50 ccm Öl und destilliertes Wasser oder Öl und 1%ige Sodalösung — befinden sich in einem 32 cm langen, graduierten Reagensglase von 36 mm l. W., das in einem siedenden Wasserbade erwärmt wird. Die Enddüse des Dampfeinleitungsrohres soll höchstens 2 mm vom Boden des Reagensglases entfernt sein. Man leitet 30 min lang Dampf ein, nimmt dann das graduierte Glas aus dem Heizbade heraus und beobachtet in regelmäßigen Zeitabständen die Entmischung der Emulsion. Die Beobachtungen stellt man graphisch dar, indem man gemäß Abb. 154 auf logarithmischem Koordinatenpapier die jeweils abgelesenen Trennungslinien zwischen Emulsionsphase und oberer (öliger) sowie unterer (wässeriger) Schicht als Ordinaten, die seit Beendigung des Dampfeinleitens verflossenen Zeiten als Abszissen einzeichnet.

Abb. 154 zeigt, wie ein frisch angeliefertes Öl *(I)* sich aus Emulsionen mit Wasser (ausgezogene Linien) und mit Sodalösung (strichpunktiert) innerhalb 1 min wieder vollständig abscheidet, während bei dem gleichen Öl nach künstlicher Alterung *(II)* die Trennung etwa 30mal so lange dauert und die Mischung Öl-Sodalösung selbst nach 3 h noch eine konstante kleine Emulsions-Zwischenschicht aufweist.

Über die Beurteilung der Neigung eines Öles zum Emulgieren auf Grund der Messung seiner Grenzflächenspannungen gegen Wasser und wässerige Lösungen s. S. 42. Nach Stäger[1] ist allerdings die Neigung zur Emulsionsbildung nicht immer umgekehrt proportional der Grenzflächenspannung.

II. Wasserturbinenöle.

Bei senkrecht stehenden Wasserturbinen (Francisturbinen) kommt für die Schmierung in erster Linie das Spurlager in Betracht, auf dem das Hauptturbinenrad läuft; weitere Schmierstellen bilden die Führungs- oder Halslager (meist mit Ringschmierung). Bei liegenden Francisturbinen ist auch das Laufrad in der Regel mit Ringschmierlagern versehen. Alle Lager werden, da keine außergewöhnlichen Anforderungen wie bei den Dampfturbinen vorliegen, mit leichtem normalen reinen Mineralmaschinenöl geschmiert und haben gegebenenfalls noch Wasserkühlvorrichtungen (schlangenförmige, von kaltem Wasser durchflossene Röhrchen), damit bei zu starkem Temperaturanstieg Öl und Lager gekühlt werden können. Für die Ölfüllung von Ringschmierlagern und für Lager mit Umlaufschmierung wird hochwertiges, gegen Alterungseinflüsse widerstandsfähiges Öl verwendet. Für die Führungslager wird gewöhnlich ein mittelschweres Öl oder ein weiches Fett benutzt; gelegentlich finden auch mit Wasser geschmierte Gummilager Verwendung. Bei hoher Umlaufgeschwindigkeit der Turbinenwelle soll das Schmieröl für das Halslager möglichst dünnflüssig sein. Zur Schmierung der Citroenräder und Flügelköpfe von Kaplanturbinen soll besonders schwerflüssiges Öl (gefiltertes Zylinderöl) erforderlich sein[2]. In der gleichen Arbeit wird empfohlen, als Drucköl für die hydraulischen Öldruck-Geschwindigkeitsregulatoren der Wasserturbinen ein sehr gutes Mineralölraffinat von tiefem Stockpunkt zu verwenden, das in Berührung mit Luft nicht schäumen darf. Für Regulatoren ohne Windkessel soll das Drucköl etwa 4 *E*, für solche

---

[1] Stäger: Petroleum **26**, 673 (1930).
[2] Motorenbetr. u. Maschinenschmier. **2**, Heft 2, 7 (1929); Beilage zu Petroleum **25**, Heft 9 (1929).

mit Windkessel etwa 5 E bei 50° besitzen. Für die übrigen Teile der Wasserturbinen (Gestänge, Exzenter usw.) werden die bei den kaltgehenden Teilen von Dampfmaschinen benutzten Öle verwendet.

III. Elektrisch behandelte Öle.

Voltolöle oder Voltole sind nach dem Verfahren von A. de Hemptinne[1] durch Einwirkung von Glimmentladungen veränderte mineralische oder fette Öle. Ähnliche Produkte erhält man nach den D.R.P. 463643 (1924) und 466813 (1923) der Siemens & Halske A.-G. und dem D.R.P. 516316 (1927) der I. G. Farbenindustrie A.-G., sowie nach dem Electrion-Verfahren von Decaval & Roegiers[2]. Die Voltolisierung bewirkt (nach Nernst durch Ionenstoß) die Bildung hochmolekularer Polymerisationsprodukte[3] und damit eine außerordentlich starke Erhöhung der Viscosität; es wurden Mol.-Gew. bis zu 6000 und Viscositäten bis zu 100 E bei 100° erhalten. Die Temperaturempfindlichkeit der Viscosität ist bei den voltolisierten Ölen geringer als bei den unbehandelten Ölen; es lassen sich z. B. Öle herstellen, die dieselbe oder eine noch flachere Viscositätskurve besitzen als fette Öle. Nach Mosser[4] zeigen die Voltole außerdem niedrige Reibungskoeffizienten, geringen Randwinkel und große Benetzungsfähigkeit. Besonders im Gebiete der halbtrockenen Reibung zeigen die elektrisch behandelten Öle einen hohen Schmierwert.

Das handelsübliche Voltolgleitöl 3 besitzt etwa folgende Daten: $d_{20} = 0{,}901$, Flammpunkt (o. T.) 175°, Stockpunkt — 6°, SZ. 0,28, VZ. 15, Asche 0%, Oxysäuren 0.

Zu beachten ist, daß die Voltole im Gebrauch zunächst eine, wenn auch sehr geringe, Entvoltolisierung zeigen[5].

Die Prüfung der Voltole erstreckt sich auf die vorstehend erwähnten Eigenschaften nach den bekannten Methoden (s. S. 1f.).

Über die Verwendung der Voltole zur Herstellung von Schmierfetten s. S. 380.

IV. Automobilöle.

Die an Automobilöle zu stellenden Anforderungen sind in Tabelle 77, S. 346 angeführt. Das Autoöl muß die Gangwerkteile des Motors und den Zylinder schmieren, den Kolben gegen den Verbrennungsraum abdichten, kühlend auf die bewegten Maschinenteile wirken, rückstandslos verbrennen und sich beim Gebrauch möglichst wenig verändern. Von seinem Reibungskoeffizienten hängt u. a. der Wirkungsgrad des Motors ab; wie Becker[6] feststellte, ist bei kaltem Motor der Reibungskoeffizient der Viscosität direkt proportional. Die Schmieröle haben beträchtlichen Einfluß auf die Motorleistung, die Abnutzung von Zylinder und Kolben und den Kraftstoff-

---

[1] D.R.P. 234543 (1909), 236294 (1909), 251591 (1911), Ölwerke Stern-Sonneborn A.-G. (jetzt Rhenania-Ossag Mineralölwerke A.-G.).

[2] Chim. et Ind. **25**, Sonder-Nr. 3bis, 443 (1931).

[3] Eichwald u. Vogel: Ztschr. angew. Chem. **35**, 505 (1922); **36**, 611 (1923).

[4] Mosser: Schweiz. Verb. f. d. Mat.-Prüf. d. Techn. 1928, Ber. 9.

[5] Marcusson: Ztschr. angew. Chem. **33**, 232, 234 (1920).

[6] Becker: Motorwagen **29**, Heft 9 (1926).

verbrauch. Kelling[1] versuchte, mit einem Einzylinder-Viertakt-Vergaser-motor und einem Zweitakt-Dieselmotor den Verschleiß und den Einfluß des Schmieröles auf Reibungsverluste und Nutzarbeit festzustellen. Bisher verwendet man meist im Winter ein dünneres, im Sommer ein dickeres Schmieröl, damit dauernd ein genügend dicker Schmierfilm gewährleistet wird; die Entwicklung geht aber nach der Herstellung eines Einheitsöles. Leichtere Öle sind den schwereren in bezug auf Abrieb, Kraftverbrauch, Verkokung, Emulgierbarkeit und Verschlammung überlegen[2].

Automobil- und Dieselmotorschmieröle sollen keinen zu hohen Gehalt an nicht verdampfbaren und zur Verkokung neigenden Anteilen aufweisen. Deshalb werden solche Öle verwendet, die bei ausreichender Viscosität eine möglichst tiefliegende Siedeskala aufweisen. Im allgemeinen werden Auto-öle durch Mischen eines hochsiedenden und eines verhältnismäßig niedrig-siedenden Anteils hergestellt, wobei der Gehalt an letzterem die Ölver-dünnung vermindern soll. Um eine Herabsetzung der Viscosität der Öle durch die Ölverdünnung zu verhindern, verwendet man mitunter sog. „vor-verdünnte" Öle (Isovisöle), denen von vornherein 10 % Schwerbenzin oder Petroleum zugesetzt sind.

Unabhängig von seiner Qualität wird das Öl im Betriebe nach zwei Richtungen hin verschlechtert, so daß sich seine Auswechselung nach durchschnittlich je 1500—2000 Fahrtkilometern empfiehlt: 1. Durch Eindringen von Staub infolge nicht staubdichten Abschlusses des Kurbelgehäuses oder nicht genügender Filterung der angesaugten Verbrennungsluft, durch Metallflitter aus Verschleiß von Zylindern, Kolben und Kolbenringen sowie des Lagermetalls, durch Ruß aus Verbrennungs-rückständen des Kraftstoffes oder mitverbrannten Öles, durch Schwitzwasser u. dgl. tritt bald eine Verschmutzung des Autoöles ein. 2. Eine zweite Art der Ölverschlechterung ist die oben erwähnte Ölverdünnung, die durch Ein-dringen von Kraftstoffteilen in das Kurbelgehäuse (z. B. infolge schlecht passender Kolbenringe usw.), und zwar besonders bei kaltem Motor (beim Anfahren) und bei Kraftstoffen mit hohem „Siedeschwanz" (s. S. 196) verursacht wird. Da durch diese Aufnahme von Brennstoffkondensaten der Flammpunkt des Schmieröles bereits nach kurzem Gebrauch stark herabgesetzt wird, ohne daß die Brauchbarkeit des Öles merklich darunter leidet, sind allzu hohe Anforderungen an den Flamm-punkt des Frischöles nicht zu stellen, zumal dieser auch, wie S. 328 erwähnt, über die Selbstentzündlichkeit des Schmieröles, die für seine Klopffestigkeit evtl. von Bedeutung wäre, nichts aussagt.

Folgen der Verwendung schlechten Schmieröles sind Auslaufen der Lager infolge unzureichender Schmierung und Glühzündungen infolge An-sammlung von Ölkohle. Eine einwandfreie Erprobung ist, wie beim Kraft-stoff, nur auf dem Motorprüfstand oder bei genau kontrollierten Fahr-versuchen möglich. Praktische Versuche[3] ergaben bei den bekannten Auto-ölmarken in Ölverbrauch, Motorleistung, Rückstandsbildung sowie Rei-bungsverlusten bei bestimmter Drehzahl keine nennenswerten Unterschiede.

Alterungsneigung. Durch die in der Kurbelwanne vorhandene Luft, durch katalytisch wirkende Metalle bzw. Metallseifen, welche sich bei der Einwirkung des oxydierten Öles auf die Motorteile bilden, erleidet jedes Autoöl mit der Zeit chemische Veränderungen, die, wie bei Isolier- und Turbinenölen, als „Alterungs-erscheinungen" bezeichnet werden. Zur Prüfung der Alterungsneigung schlägt Ehlers[4] in Anlehnung an die Verteerungszahlmethode folgendes Verfahren vor,

---

[1] Kelling: Ztschr. Ver. Dtsch. Ing. 76, 1099 (1932).

[2] J. F. McGarry: Petroleum World 29, Nr. 12, 20 (1932).

[3] A. Lion: Motorenbetr. u. Maschinenschmier. 3, Nr. 2, 9; Beilage zu Petroleum 26, Heft 7 (1930).

[4] Ehlers: ebenda 3, Nr. 4, 3; Beilage zu Petroleum 26, Heft 15 (1930).

das nach seinen Erfahrungen gut reproduzierbare und mit den Betriebsergebnissen gut übereinstimmende Resultate gab:

100 g Öl werden in einem Jenaer Erlenmeyerkolben von 250 ccm Inhalt unter Einleiten von trockenem Sauerstoff (2 Blasen pro sec) 5 h auf 170° erhitzt. Von dem so behandelten Öl bestimmt man Teerzahl (= Verteerungszahl), Neutralisationszahl, Verseifungszahl und Verkokungszahl (d. h. die in Normalbenzin unlöslichen Schlammstoffe). Bei guten Ölen muß dann die Verkokungszahl noch 0,00 betragen, brauchbare Öle dürfen Verkokungszahl bis 0,05 zeigen; Öle von noch höherer Verkokungszahl sind minderwertig. Die Verteerungszahl (Teerzahl des gealterten Öles) darf bei erstklassigen Ölen nicht über 0,10, bei guten Ölen nicht über 0,20 liegen; Öle mit Verteerungszahl über 0,25 sind minderwertig; auch soll die Differenz zwischen der Teerzahl des frischen und derjenigen des gealterten Öles keinesfalls über 0,12 betragen. Die Neutralisationszahl des gealterten Öles soll nicht über 0,25, seine Verseifungszahl nicht über 1,2 liegen. Bei compoundierten Autoölen ist vor der Alterung das fette Öl nach Spitz und Hönig abzuscheiden und das Unverseifbare zu altern[1].

Verkokungsprobe. Die Ölkohlebildung im Motorzylinder soll nach Livingstone, Marley und Gruse[2] den mittels des Conradson-Tests bestimmten Verkokungsrückständen im allgemeinen parallel gehen.

Auch später fanden dieselben Forscher[3] bei der Prüfung von 3 Autoölen gleicher Viscosität, aber verschiedener Herkunft, daß die Ölkohleablagerungen im Autobusmotor nach 10000 Meilen den Werten entsprachen, die bei der Verkokungsprobe nach Conradson gefunden wurden. Dagegen ist nach C. S. Robinson[4] der Conradson-Test nur ein rohes Hilfsmittel zur Vorausbestimmung der Kohlebildung im Motor; ähnlich ungünstig äußern sich Tschernoshukow[5] und Bahlke und Mitarbeiter[6]. Andererseits fand v. Philippovich[7] bei Flugzeugmotorölen, daß die Neigung zur Ölkohlebildung sich nach der Conradson-Methode besser beurteilen ließ als nach Ramsbottom (s. u.). Mit fortschreitender Raffination sinkt der Verkokungstest; höhermolekulare Öle haben höheren Conradson-Test als niedrigmolekulare, ferner zeigen naphthenische Öle geringere Neigung zur Koksbildung als aliphatische oder aromatische Bestandteile enthaltende Öle[8]. Über die Abhängigkeit der Ölkohlebildung von der Verdampfbarkeit der Öle[9] und die Charakterisierung der letzteren durch den sog. Verkokungsindex[10] vgl. S. 360. Im allgemeinen geht der Verkokungsindex parallel mit dem Viscositätsindex, so daß auch dieser einen Anhalt für die Ölkohlebildung gibt[11].

Das Britische Luftfahrtministerium schreibt vor, Flugzeugmotoröle durch zweimaliges je 6std. Erhitzen im Luftstrom auf 200° zu oxydieren und hierauf die Zunahme der Viscosität und des Koksrückstandes nach Ramsbottom zu bestimmen.

---

[1] G. Meyerheim: Allg. Öl- u. Fett-Ztg. **29**, 31 (1932).

[2] Livingstone, Marley u. Gruse: S.A.E.-Journ. **20**, 688 (1927).

[3] Nat. Petrol. News **21**, Nr. 46, 67 (1929); Ind. engin. Chem. **21**, 904 (1929).

[4] C. S. Robinson: Petrol. Times **22**, 619 (1919).

[5] Tschernoshukow: Ind. engin. Chem. **21**, 315 (1929).

[6] Bahlke, Barnard, Eisinger u. Fitzsimons: S.A.E.-Journ. **29**, 215 (1931).

[7] A. v. Philippovich: Motorenbetr. u. Maschinenschmier. **5**, Nr. 12, 11; Beil. zu Petroleum **28**, Nr. 49 (1932).

[8] W. J. Piotrowski u. J. Winkler: Przemysl Chemiczny **12**, 543 (1928); C. **1929**, I, 1295; M. Bestushew: Erdöl u. Teer **7**, 206 (1931).

[9] Marley, Livingstone u. Gruse: Oil Gas Journ. **25**, Nr. 4, 162 (1926).

[10] Bahlke u. Mitarbeiter: l. c.   [11] Bandte: Erdöl u. Teer **8**, 10 (1932).

a) Conradson-Methode s. S. 257.

b) Ramsbottom-Methode[1]. Nach Kelly ist die Reproduzierbarkeit der nach Conradson bestimmten Verkokungszahlen unbefriedigend (Schwankungen um $\pm$ 10%). Er empfiehlt daher die neuerdings auch von der I.P.T. neben dem Conradson-Verfahren zugelassene Ramsbottom-Methode, bei welcher die Erhitzung des Öles in einem auf genau 550° gehaltenen Bade aus geschmolzenem Blei vorgenommen wird. Durch die Temperaturkontrolle (mittels eines Pyrometers) sollen die hauptsächlich durch Temperaturschwankungen verursachten Fehler des Conradson-Verfahrens ausgeschaltet werden. Die Öle werden in Glasampullen mit rundem Boden und capillarem Hals (l. W. 1,5 mm, Länge 9,5 mm) eingefüllt; die Ampullen sollen aus Glasrohr von 1 mm Wandstärke geblasen, einschließlich der Capillare 57 mm lang sein und genau in 1″ (25,4 mm) weite zylindrische Eisen- oder Stahlhülsen von 3″ (76,2 mm; nach Kelly $3^1/_2$″ = 88,9 mm) Länge und etwa 1,5 mm Wandstärke mit flachem Boden hineinpassen.

Zur Ausführung der Bestimmung heizt man ein Bleibad auf 550 ($\pm$ 5)° an und setzt eine Stahlhülse so hinein, daß sie höchstens 3 mm aus dem Bade herausragt und ihr Boden sich 25 mm über dem Boden des Bades befindet. Inzwischen wägt man in einer auf 0,1 mg genau gewogenen Ampulle 3,75—4,25 g Öl (bei Zylinderölen nur 2 g) auf 1 cg genau ab; zum Einfüllen des Öles taucht man die Ampulle mit dem Hals in das Öl und saugt es durch Erwärmen und Wiederabkühlen der Ampulle oder durch Absaugen der Luft mittels einer durch den Hals in die Ampulle eingeführten umgebogenen feinen Capillare in die Ampulle ein. Die so gefüllte Ampulle setzt man in die im Metallbade befindliche Hülse. In der Regel treten nach 30—40 sec die ersten Dämpfe aus der Capillare und entzünden sich. Nach 6—7 min erlischt die Flamme wieder, nach weiteren 6—9 min ist kein Rauch mehr zu sehen. Die Ampulle wird noch 10 min lang in dem Metallbade gelassen, dann herausgenommen und nach dem Erkalten gewogen. Eine geeignete Form des Bleibades beschreibt Kelly[2] (Abb. 155).

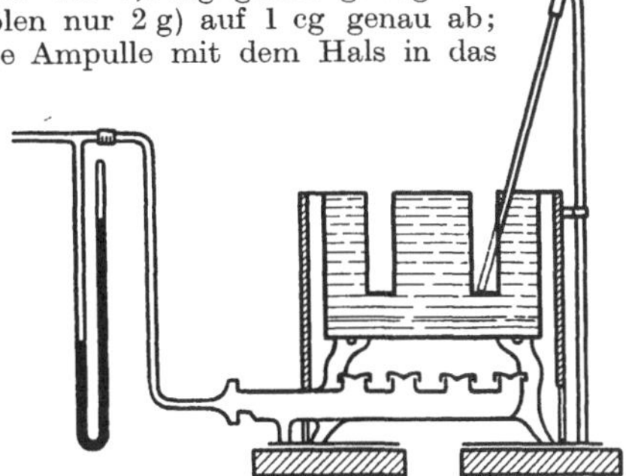

Abb. 155. Apparat zur Bestimmung des Verkokungsrückstandes nach Kelly (Ramsbottom-Methode).

Bei Wiederholungsbestimmungen im gleichen Apparat differieren die Resultate nach Kelly nur um wenige Prozente; ein etwas größerer Meßfehler ($\pm$ 4,6%) wird bei Verwendung verschiedener Apparate dadurch bedingt, daß die zur Temperaturmessung benutzten Thermoelemente nur eine Meßgenauigkeit von $\pm$ 5° aufweisen, da eine Temperaturerhöhung von 5° eine Abnahme des Verkokungsrückstandes um 4,6% (berechnet auf den gefundenen Wert) zur Folge hat.

c) Cracktest. Um einen Ersatz für die Conradson-Probe zu finden, welche die Öle zu weitgehend beansprucht, hat Koetschau[3] die Veränderungen untersucht, welche bei 2std. Erhitzung von 300 g des Öles in einer 500-ccm-Retorte aus Jenaer Glas (bzw. 100 g in einer 250-ccm-Retorte) auf 380° auftreten. Es wurden die Destillate und die Veränderungen des Rückstandes untersucht. Ein Zusammenhang der so erhaltenen Bewertung mit dem Verhalten der Öle im Motor wurde nicht ermittelt.

V. Dampfzylinderöle.

Anforderungen. Im Vergleich zu den in Tabelle 78, S. 348 mitgeteilten Anforderungen der „Richtlinien" sind die in Tabelle 79 angeführten

[1] I.P.T.-Standard Methods, 2. Aufl., S. 53. London 1929; C. I. Kelly: Journ. I.P.T. **15**, 495 (1929).

[2] Vgl. Berl-Lunge: Chem.-techn. Untersuchungsmethoden, 8. Aufl., Bd. 4, S. 868.

[3] Jahrbuch von den Kohlen und den Mineralölen, Bd. 3, S. 110. 1930.

Lieferbedingungen der Reichsbahn für Satt- und Heißdampfzylinderöle in fast allen Punkten schärfer gefaßt. Die vielfach aufgestellte Forderung, daß der Flammpunkt nicht niedriger liegen dürfe als die Überhitzungstemperatur, ist, wie schon in den „Richtlinien" bemerkt und auch von Mosser[1] betont wurde, nicht berechtigt; zwischen Flammpunkt und Überhitzungstemperatur besteht keine unmittelbare Beziehung, besonders da ersterer unter höherem Druck viel höher liegt, als er bei der gewöhnlichen Bestimmungsweise gefunden wird (s. S. 327). Je höher aber der Flammpunkt liegt, um so leichter neigt das Öl zur Rückstandsbildung. Bei dem Cracktest nach Koetschau (s. o.) geben die leicht crackenden pennsylvanischen Zylinderöle relativ die geringste Neubildung von Hartasphalt, während sie bei kalifornischen und russischen Ölen wesentlich höher ist.

Emulsionszylinderöle. Als Ersatz für die hoch entflammbaren amerikanischen Heißdampfzylinderöle bzw. zur Ölersparnis werden vielfach nach einem Patent von Langer[2] sehr beständige Emulsionen von Naßdampfzylinderölen[3] mit 44—47% gesättigtem Kalkwasser (1,2 g Kalk auf 1 l Wasser) benutzt. Nach Versuchen an einer Heißdampf-Lokomobile waren die Schmierfähigkeit der Emulsion und ihre Widerstandsfähigkeit gegen überhitzten Dampf (bis gegen 400° und darüber) stets besser als diejenige des Öles, aus dem die Emulsion hergestellt worden war[4]. Die Verwendung von Emulsionszylinderöl soll bei Maschinen mit Selbstölern bis zu 50% Ölersparnis ergeben und die Gefahr der Bildung von Schieber- und Kolbenrückständen stark verringern; außerdem soll eine bessere Verteilung des Schmiermittels bei gleichzeitiger Kühlung durch das verdampfende Wasser stattfinden[5]. Eine nachteilige Wirkung des Kalks auf die Gleitflächen (stärkere Abnutzung als bei reiner Ölschmierung) ist nicht zu befürchten, weil die gesättigte Kalklösung nur 1,2 g CaO im Liter, also die Emulsion nur 0,06% CaO enthält.

Zu den Emulsionsölen gehören auch die unter Verwendung von voltolisierten Ölen hergestellten, gegebenenfalls Kalkwasser oder Pottaschelösung enthaltenden Schmierölemulsionen[6].

Prüfung von Emulsionszylinderölen.

1. Aschen- bzw. Kalkgehalt soll $< 0,06\%$ liegen.

2. Haltbarkeit. Die Emulsion darf sich nach mindestens 4std. Einstellen in kochendes Wasser nicht in Einzelbestandteile trennen. Auf eine auf Dunkelrotglut (500°) erhitzte Eisenplatte gebracht, soll sich die Emulsion einige Zeit als solche erhalten und, ohne sich zu entzünden, verdampfen. Unbeständige Emulsionen entzünden sich sofort, da sie in Öl und Wasser zerfallen.

3. Bestimmung der Menge und Eigenschaften des vorhandenen Öles (s. S. 319f.). Zu dieser Prüfung ist die Emulsion am besten durch vorsichtiges Erwärmen zu entwässern oder mit Äther auszuschütteln, da durch Zersetzung mit Mineralsäure und Erwärmen allein die Emulsion nicht zerstört wird.

---

[1] Mosser: Schweizer Verb. f. d. Mat.-Prüf. d. Techn., Ber. **9**, 28 (1928).

[2] H. Langer: D.R.P. 322587 (1918), verwertet von der D.P.A.G.

[3] Nach Mitteilungen aus der Praxis werden die Emulsionen jetzt mit Heißdampfzylinderölen hergestellt.

[4] Hilliger: Ztschr. Ver. Dtsch. Ing. **65**, 248 (1921); Hilliger u. Willig: Eisenbahntechn. Rdsch. **1922**, 469.

[5] Hilliger: Monatsbl. Berl. Bez.-Ver. Dtsch. Ing. **1925**, Heft 10; Vincent: Congrès du Graissage Straßburg 1931, S. 442. Ref.: Erdöl u. Teer **7**, 416 (1931).

[6] Ölwerke Stern-Sonneborn A.-G.: D.R.P. 429551 (1922); 432683 (1922); Heitmann: D.R.P. 455324 (1922); s. auch S. 380.

VI. Leitfähige Schmiermittel.

Die Gleitrollen von Schleifkontakten, welche an den Stromzuführungsdrähten von elektrischen Straßenbahnwagen laufen, ebenso die Gleitkontakte von Stellwerken, werden mit elektrisch leitenden, graphithaltigen Pasten (bei letzteren z. B. Pasten aus kolloidem Graphit und Wasser) geschmiert[1]. Die in genügend reinem Zustande als Isolatoren zur Transformatoren- und Ölschalterfüllung benutzten Mineralöle kann man durch Zusatz von Erdalkali- und Schwermetallsalzen von Naphthensäuren oder Fettsäuren, die sich in ihnen unter geeigneten Bedingungen in beträchtlichen Mengen ohne Gefahr der Wiederausscheidung lösen, leitfähig machen.

Die spezifische Leitfähigkeit des ideal reinen Petroläthers[2] steigt schon bei einem Gehalt an ölsaurem Blei von 0,8 mg/l von $< 10^{-18}$ auf Werte der Größenordnung 10^{-13} bis 10^{-15} $\Omega^{-1} \cdot cm^{-1}$. Die Leitfähigkeit von Schmierölen wird durch Zusatz von naphthensaurem Kalk, diejenige von Teerölen durch Phenole erhöht[3].

VII. Rostschutzöle.

Zum Einfetten von Gewehrläufen, sonstigen Waffen- und Maschinenteilen, Uhrfedern usw. werden reines Vaselin oder Mineralschmieröle als Rostschutzmittel benutzt; letztere dürfen nicht zu dünnflüssig sein, damit sie bei schwacher Erwärmung der eingeschmierten Teile nicht unausgenützt abfließen. Vielfach werden den Ölen noch Vaselin, Wollfett oder bei Gewehrölen auch Seifen zur Neutralisation der nitrosen Verbrennungsgase des rauchlosen Pulvers usw. zugesetzt.

Die zu verschiedener Konsistenz eingedickten Auflösungen von Naphthenseifen in Mineralölen sind aus dem genannten Grunde auch als rostschützende Gewehröle vorgeschlagen worden[4].

Zur vergleichenden Prüfung des Rostschutzvermögens kann man folgendermaßen verfahren:

Man bringt auf mehrere gleich große blanke Stahlplatten gleiche Mengen der verschiedenen Öle (z. B. je 1—2 Tropfen) und verteilt diese mittels einer Gummifahne auf den Platten, so daß gleichmäßige dünne Überzüge entstehen. Die Platten legt man auf Glasgestelle, die man, je nach den Anforderungen, entweder in Wasser, Kochsalzlösung u. dgl. direkt einsetzt oder nur in einer Atmosphäre von Wasserdampf, Essigsäure, H_2S, SO_2 od. dgl. aufstellt. Für letzteres Verfahren eignen sich z. B. Exsiccatoren, auf deren Boden man einige ccm der korrodierenden Flüssigkeiten gießt.

Je nach der Art der Flüssigkeiten bzw. Dämpfe und des Rostschutzmittels sind nach einigen Stunden bis Tagen zunächst schwache Verfärbungen, später starke Korrosionen zu beobachten, nach denen sich das relative Rostschutzvermögen der untersuchten Öle beurteilen läßt.

Die USA.-Regierung schreibt für Öl, das zur Schmierung von Getrieben, Ketten und Drahtseilen von Kränen, Baggern u. a. dienen soll, folgende Rostschutzprüfung vor[5]:

Man taucht eine sauberpolierte Stahlplatte ($2 \times ^1/_2 \times ^1/_8'' = 50 \times 12^1/_2 \times 3mm$) in das auf 100^0 erhitzte Öl, läßt die Platte nach dem Herausziehen in senkrechter Stellung erkalten (so daß der Ölüberschuß abtropfen kann) und stellt sie senkrecht

---

[1] Dierbach: Dinglers polytechn. Journ. **329**, Heft 21/22 (1914).
[2] G. Jaffé: Ann. Physik [4] **36**, 25 (1911).
[3] Holde: Ber. **48**, 14, 288 (1915).   [4] Ubbelohde: D.R.P. 261070 (1910).
[5] Techn. Paper 323 B, S. 86, Methode 400.1.

in eine 10%ige Kochsalzlösung. In dieser läßt man sie 30 Tage bei Zimmertemperatur stehen; dann spült man sie mit Benzin ab und stellt etwaige Korrosionen durch Augenschein fest.

VIII. Kautschukhaltige Schmieröle.

Zwecks Erhöhung der Zähflüssigkeit und Schlüpfrigkeit wurden früher den Ölen gelegentlich 1—2% unvulkanisierter Kautschuk zugesetzt. Solche Öle kommen nicht mehr im Handel vor; die einzige Benutzung, die unvulkanisierter Kautschuk für Schmiermittel noch findet, ist seine Anwendung zu Vakuumhahnfetten, welche aus Auflösungen von Rohkautschuk in Paraffin, Ceresin, Bienenwachs od. dgl. bestehen. Näheres über die hier selten in Frage kommende Bestimmung des Kautschukgehalts s. 6. Aufl. dieses Buches, S. 278[1].

IX. Konsistente Fette und ähnliche Stoffe.
1. Allgemeines[2].

Schmierfette oder Starrschmieren sind bei gewöhnlicher Temperatur mehr oder weniger feste bis salbenartige Schmierstoffe, welche bei höherer Temperatur flüssig werden. Sie werden an schwer zugänglichen Maschinenteilen bzw. an solchen Schmierstellen verwendet, an denen Öle z. B. deshalb nicht benutzt werden können, weil sie abgeschleudert werden oder abtropfen würden, oder an denen die Arbeitstemperatur sehr hoch ist. Grundsätzlich sollte man überall da, wo sowohl Schmieröle wie auch Schmierfette gleich gut verwendet werden können, Ölschmierung anwenden und die Fettschmierung nur als Notbehelf ansehen, da mit zunehmender Konsistenz der·Schmiermittel der Kraftverbrauch steigt[3].

Die normalen konsistenten Fette, die sog. Maschinen-, Stauffer- oder Tovotefette, bestehen aus kolloidalen Auflösungen von Seifen[4], und zwar Natron-, Kali-, Kalk-, Magnesia-, Tonerdeseifen oder deren Gemischen, neuerdings für hohe Belastungen auch Bleiseifen[5], in Spindelölen, gelegentlich auch in viscoseren Ölen, in denen geringe Mengen (0,5—7%, in der Regel 1—4%) Wasser emulgiert sind; sie enthalten daneben unverseift gebliebenes Fett, Glycerin, freie, nicht verbrauchte Metallhydroxyde, gegebenenfalls auch Schwefel, färbende und geruchverdeckende Stoffe und für besondere Zwecke, bzw. bei geringeren Qualitäten (z. B. Wagenfetten) Beschwerungsmittel oder Füllstoffe, wie Graphit, Talkum, gelegentlich Caput mortuum, Asbest, Korkmehl und Erden[6].

---

[1] Vgl. auch Berl-Lunge: Chem.-techn. Untersuchungsmethoden, 8. Aufl., Bd. 5.

[2] Technologisches zum Teil nach Angaben von K. H. Schünemann.

[3] Nach Holde: Untersuchung der Schmiermittel (1. Aufl. dieses Werkes) 1897, S. 7; haben konsistente Fette bei unzureichender Betriebskraft gegenüber den vorher benutzten flüssigen Ölen gelegentlich versagt; s. auch Mosser: Schweizer Verb. f. d. Mat.-Prüf. d. Techn., Ber. 9, 24 (1928).

[4] Holde: Ztschr. angew. Chem. 21, 41, 328 (1908).

[5] Vgl. z. B. Otto: Petrol. Engr. 2, Nr. 10, 75 (1931).

[6] Herstellungsverfahren s. E. N. Klemgard: Lubricating Greases, New York 1927; J. Swoboda: Technologie der technischen Öle und Fette, Stuttgart 1931; s. auch F. W. Wenzel jr., Nat. Petrol. News 24, Nr. 1, 25 (1932).

Das in den gewöhnlichen konsistenten Maschinenfetten in geringer Menge enthaltene Wasser ist in zahllosen Tröpfchen von hoher Oberflächenspannung im Fett verteilt und bedingt dessen eigenartige Konsistenz und hohen Tropfpunkt (75—85⁰). Beim Erhitzen bis zum Tropfpunkt des Fettes platzen die Wasserbläschen, die Oberflächenspannung der Wassertröpfchen wird überwunden, wodurch die hydrophoben Membranen der einzelnen Tröpfchen zerrissen werden, der salbenartige Zusammenhang des Fettes aufgehoben und das Fett flüssig wird. Auch beim Verdunsten des Wassers an der Oberfläche solcher Fette werden diese manchmal transparent und zeigen Ölabscheidungen. Wasserfreie Auflösungen der Kalkseifen in Mineralölen werden dementsprechend in der Regel nach kurzer Zeit unter Abstoßung öliger Massen inhomogen. Dagegen sind die hochschmelzenden Heißlagerfette (s. u.) fast wasserfrei und zeigen bei richtiger Herstellungsweise keine Trennung des Öles von den in ihnen vorhandenen Alkaliseifen.

Im Gegensatz zu den gewöhnlichen konsistenten Maschinenfetten haben die unter Druck hergestellten „Autoklavenfette" transparentes Aussehen und scheiden beim Erwärmen keine Kalkseife aus; man kann sie wiederholt erwärmen und abkühlen, ohne daß sie inhomogen werden.

Konsistente Schmiermittel können zwar aus jedem verseifbaren Fett hergestellt werden, in erster Linie kommen aber Rüböl, Baumwollsamenöl, Maisöl, Talg, Trane, Tallöl und Lardöl in Frage; Oleine und Kolophonium werden nur im Gemisch mit fetten Ölen benutzt.

a) Kalkfette, die am häufigsten vorkommen, dienen als Staufferfette, Hochdruckschmierfette, Kurbel-, Kugel-, Rollen- und Achslagerfette und werden in allen Graden von halbflüssiger bis zu steifer Konsistenz und sowohl mit dünnflüssigen Gas- und Spindelölen als auch mit viscoseren Maschinenölen hergestellt. Fette mit viscoseren Ölen sollen einen widerstandsfähigeren Schmierfilm ergeben als bei Verwendung dünnerer Gasöle. Der Gehalt an Fettsäure schwankt zwischen 3 und 30%, der Tropfpunkt liegt zwischen 65 und 120⁰ und richtet sich nach Art und Menge der vorhandenen Seife. Die Herstellung geschieht durch Verseifen von Neutralfetten oder Fettsäuren mit Kalkmilch oder Kalkhydrat in der Wärme und Hinzufügen von Mineralöl bis zur gewünschten Konsistenz. Häufig werden die Fette — da von vielen Verbrauchern allzu großer Wert auf die Farbe gelegt wird — mit fettlöslichen, gegen Alkali beständigen Anilinfarben gefärbt oder mit 1—2% mit etwas Olein angeriebenem Zinkweiß aufgehellt, wodurch sich der Aschengehalt (nicht zum Vorteil der Schmierung) entsprechend erhöht. Kalkfette enthalten 0,5—5% Wasser und (unvermeidlich) einen geringen Überschuß an Kalk, sie sind unlöslich in Wasser. Bei 100⁰ trennen sie sich infolge Verdampfens des zu ihrer Bindung notwendigen Wassers in Seife und Mineralöl, ihre Anwendung beschränkt sich daher auf Temperaturen unter 100⁰.

In die gleiche Gruppe gehören die durch Verseifen von Harzöl oder Harz in Mineralöl bzw. Braunkohlen- oder Steinkohlenteerölen in der Kälte mit einem starken Überschuß an Kalk hergestellten Wagenfette. Sie enthalten häufig außerdem Beschwerungsmittel wie Talkum oder Schwerspat und dienen nur zur Schmierung von Wagen- und Lorenachsen.

b) Natron- und Kalifette werden ebenfalls durch direkte Verseifung in der Wärme hergestellt. Sie dienen als hochschmelzende Heißlagerfette an Stellen, wo die zu schmierenden Lager, Zapfen usw. infolge Wärmestrahlung sehr heiß werden, z. B. an den Rollgängen von Walzwerken, an Gießereiwagen, an Papiermaschinen usw.; weichere Sorten sind bewährt als Elektromotorenfette und zur Schmierung der Blattfedern der Automobile. Heißlagerfette müssen hohen Drucken und hohen Temperaturen, ohne zersetzt zu werden, widerstehen; der Tropfpunkt liegt zwischen 120 und 230⁰, er ist abhängig vom Fettgehalt (etwa 10—50%) und der Viscosität des verwandten Mineralöls; Wasser ist meist abwesend, nur selten in geringen Mengen vorhanden. Die Natronfette sind durchweg von elastischer, zügiger, teils faseriger Struktur, sie sind in Wasser milchig löslich bzw. emulgierbar. Wegen ihrer Elastizität sind sie für Staufferbüchsen nicht geeignet, sondern werden in einem besonderen Kasten direkt auf die Welle gebracht. Eine Abart der Heißlagerfette sind die Wälzlagerfette für die Schmierung der Rollen- und Wälzlager der Bahnmotoren. Das Fett wird durch die Wärme des Ankers, besonders im Sommer, sehr stark erwärmt, weshalb es hohen Tropfpunkt haben muß.

Getriebefette sind Gemische von Natronfetten und viscosen Mineralölen. Die Konsistenz (von dickflüssig bis halbfest) richtet sich nach der Art und Geschwindigkeit des Getriebes, für welches das Fett Anwendung finden soll (s. auch Hochdruckschmiermittel. S. 381).

In Brikettform hergestellte Natronfette dienen verschiedenen Zwecken als sog. Vaselinbriketts und Walzenfettbriketts.

Vaselinbriketts enthalten kein Vaselin, sondern sind mit Natronlauge verseiftes Wollfettpech, Kolophonium u. dgl. mit Mineralölzusatz. Sie sind von hellerer Farbe, in dünnen Schichten häufig transparent, und dienen zur Schmierung von Schiffswellen, heißen Lagern an Kalandern in Papierfabriken, Drehrohröfen usw. Sie sind wasserfrei.

Walzenfettbriketts sind dunkelbraune oder schwarze, mit Natron verseifte Produkte, hergestellt aus dunklen Mineralölen, Mineralölrückständen, Pechen usw. mit dunklen Fettstoffen, Montanwachs, Stearinpechen, Rohwollfetten oder Wollfettpechen. Braunkohlen- und Steinkohlenteerpeche finden ebenfalls Verwendung. Walzenfettbriketts dienen zur Schmierung der Zapfen und Lager der Walzenstraßen in Walzwerken, die meist durch Aufspritzen von Wasser gekühlt werden. Um hierbei nicht weggespült zu werden, dürfen die Fette vom Wasser nicht zu schnell angegriffen werden.

c) Aluminiumfette sind von glänzendem, durchscheinendem Aussehen. Sie finden die gleiche Verwendung wie die Kalkfette, denen sie in Konsistenz ähneln. Der Tropfpunkt liegt unter 100^0, sie zeichnen sich aber trotzdem durch gute Beständigkeit bei höheren Temperaturen aus, bei denen sie nicht, wie die Kalkfette, zersetzt werden; wie letztere sind sie in Wasser unlöslich. Der Aschegehalt ist sehr gering, ein Überschuß an Verseifungsmittel fehlt gänzlich, sie sind daher absolut frei von schleifenden Bestandteilen, was sie besonders geeignet als Kugellagerfette macht. Die Herstellung geschieht durch Umsetzung von Natron- oder Kaliseifen mit löslichen Aluminiumsalzen und Auflösen der ausgefällten Aluminiumseifen in Mineralöl. Mit geringen Mengen Aluminiumseife verdickte Mineralöle finden als „Mineral Castor Oils" an Stelle sehr zähflüssiger Schmieröle Verwendung (s. S. 381).

d) Bleifette, hergestellt durch direkte Verseifung von Fettsäuren mit Bleioxyd oder durch Umsetzung von Natron- oder Kaliseifen mit löslichen Bleisalzen, dienen besonders zur Schmierung gekapselter Getriebe. Sie verhindern die Abnutzung des Materials bei hohen Zahnraddrucken und hoher Tourenzahl und ermöglichen geräuschlosen Lauf. Bleifette haben hohes spez. Gew. und Tropfpunkt unter 100^0; zur Verdickung dienen häufig Zusätze von Ca-, Na- oder Al-Seifen. Ein Gehalt an freiem Blei oder überschüssigem Bleioxyd, herrührend von der Verseifung, ist nicht erwünscht. Über bleiseifenhaltige Getriebeöle s. S. 381.

e) Zinkfette haben hohes spez. Gew. und niedrige Tropfpunkte, Magnesiumfette ähneln den Kalkfetten.

f) Unverseifte Starrschmieren sind Gemische aus Fettstoffen verschiedener Konsistenz, Harz, Wachs, Paraffin, Ceresin, Wollfett usw. mit Mineralölen, Vaselinen, Destillationsrückständen von Mineralölen, Braunkohlenteeren, Steinkohlenteeren und zum Teil auch anorganischen Bestandteilen wie Graphit, Talkum, Glimmer, Asbest u. dgl. Sie dienen als Zahnradglätte, Kammradschmieren, Adhäsionsfette, Riemenwachse, Seilschmieren, Kettenschmieren, Kranschmieren, Hahnschmieren, Stopfbuchsenpackungen usw.

g) Emulsionsfette jeder beliebigen Konsistenzstufe gewinnt man aus Abfallölen mit minimalen Zusätzen (bis 0,5%) voltolisierter fetter Öle durch Dampfeinblasen mittels einer den Dampf besonders fein verteilenden Düse[1].

---

[1] Heitmann: D.R.P. 455324 (1922); vgl. auch Rhenania-Ossag, Mineralölwerke: D.R.P. 536100 (1924).

h) Hochdruckschmiermittel[1]. Bei Steigerung des Drucks von 1000 auf 25000 Pfund pro Quadratzoll (70,3 bzw. 1757 kg/qcm) kann reines Mineralöl beim Reiben von Stahl auf Stahl das „Fressen" infolge trockener Reibung nicht verhindern. Solche hohen Drucke treten besonders zwischen den Zähnen der Zahnräder von Getrieben auf, wo man mit dem gewöhnlichen Zahnradfett (S. 388) nicht mehr auskommt. Am besten haben sich sog. „bleibasische Schmiermittel" bewährt, d. h. bleiseifenhaltige Öle, die man durch Auflösen von Bleiseife und Schwefel in Mineralölen erhält. Hierbei können Aluminiumstearat und sulfonierte Öle die Bleiseifen ersetzen. Auch Öle, welche nur einen erheblichen Schwefelzusatz aufweisen, haben sich gut bewährt. Der Träger der Schmierwirkung bei hohen Drucken ist nicht das Öl, sondern ein Film, der durch chemische Reaktion der im Öl gelösten Zusätze mit dem Lagermetall entsteht; so scheint bei den schwefelhaltigen Ölen ein aus Eisensulfid bestehender Überzug der Lageroberfläche wirksam zu sein. Auch andere mit dem Metall reagierende Zusätze, z. B. Tetrachlorkohlenstoff, Dichloräthyläther oder 10%ige wässerige Natriumoleatlösung, erweisen sich als wirksame Schmiermittel.

Anforderung an Autogetriebefette für Hochdruckschmierung nach J. A. Edwards[2]: $d_{15} \sim 1,00$, Flammpunkt nicht unter 160°, Brennpunkt nicht unter 182°, Viscosität bei 99,4° 95—105 Saybolt-sec, Bleiseife nicht unter 12%, Bleigehalt etwa 5—6%, freie Ölsäure höchstens 0,5%, unverseiftes Fett höchstens 2%, Schwefel im Mineralöl höchstens 1%, zugefügter Schwefel höchstens 2,5%.

2. Prüfung.

Wegen der mannigfaltigen Zusammensetzung konsistenter Schmiermittel muß man das Prüfungsschema für diese Stoffe der jeweiligen Zusammensetzung anpassen. Bei den normalen konsistenten Maschinen- und Wagenfetten hat sich folgender Prüfungsgang bewährt:

a) Vorproben und physikalische Prüfungen.

Äußere Erscheinungen. Die Fette müssen auch bei längerem Lagern in Konsistenz und Farbe homogen bleiben und nicht verharzen; sie dürfen nicht körnige feste Teilchen (Seife oder Kalk) zeigen. Etwaige sandige oder andere schleifend wirkende Bestandteile erkennt man leicht durch Verreiben des Fettes zwischen zwei Spiegelglasscheiben.

Der Geruch läßt etwaige Zusätze von Teeröl oder Parfümierungsstoffen wie Nitrobenzol usw. erkennen. Hellere Maschinenfette werden den dunkleren Wagenfetten gegenüber meistens bevorzugt, zum Teil allerdings zu Unrecht, da hellere Farbe oft durch größeren Wassergehalt oder durch Zusatz von Farbstoffen verursacht wird.

Fettfleckprobe[3]. Man bringt ein erbsengroßes Stück des Fettes auf ein Filterblättchen und legt letzteres über ein Drahtdreieck oder Holzstäbchen auf eine Schale, die man in den Trockenschrank oder auf eine Heizung setzt.

Die leicht schmelzenden Teile des Fettes, auch die Seife, werden von dem Papier aufgesaugt oder tropfen durch; Verunreinigungen oder Beschwerungsmittel bleiben zurück. Gute Fette, die auf Seifengrundlage hergestellt sind, hinterlassen keine Rückstände; wenn das Fett auf dem Papier einen klebrigen oder lackähnlichen Rückstand hinterläßt, so ist anzunehmen, daß es für den Betrieb nicht zu empfehlen ist. Die Fettfleckprobe ist indessen nur als Vorprüfung zur annähernden Orientierung zu bewerten[4].

Tropfpunkt (Bestimmung s. S. 45). Die Höhe des Tropfpunktes ist abhängig von der Menge der im Fett enthaltenen Seife, der Öl- und Wassermenge, von der Höhe und Dauer der Erhitzung der Fette beim Auflösen der Seife im Öl, von

---

[1] Mougey u. Allmen: Nat. Petrol. News **23**, Nr. 45, 47 (1931)
[2] J. A. Edwards: S.A.E.-Journ. **27**, 31 (1931); **28**, 50 (1931)
[3] Keßler: Schmiermittelnot und ihre Abhilfe, 1920. S. 19.
[4] Richtlinien, 5. Aufl., S. 52.

der innigen Verrührung von Wasser und Öl-Seifenlösung, von der Zähigkeit des angewandten Mineralöls und der Art des zur Seifenbereitung benutzten Fettes.

Weichere und zähere Fette unterscheiden sich mehr durch den Fließbeginn als durch die Höhe des Tropfpunktes. Der Fließbeginn liegt gewöhnlich etwa 5⁰ unter dem Tropfpunkt. Bei sehr weichen und auch bei sehr hochschmelzenden Fetten sind jedoch auch Unterschiede bis zu 50⁰ beobachtet worden; beim Lagern steigt aber der Fließbeginn noch beträchtlich, weshalb die Bestimmung nicht unmittelbar nach der Herstellung des Fettes vorzunehmen ist. Die Tropfpunkte der meisten konsistenten Fette liegen zwischen 75 und 83⁰, bei Walzenstraßenfetten u. dgl. gehen sie bis zu 130⁰ und darüber (s. Tabelle 88, S. 388).

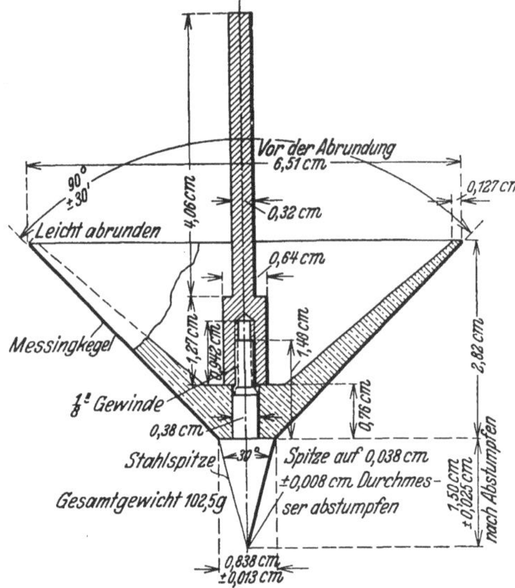

Abb. 156. Penetrometer-Aufsatz zur Prüfung konsistenter Fette.

Ablaufprobe für Heißwalzenfette.

Man läßt ein wenig Fett auf einem glatten erwärmten Blech bei schwacher Neigung desselben ablaufen. Der entstehende Streifen muß vollkommen glatt und frei von Körnchen sein und glänzend aussehen.

Konsistenzprüfung. Die konsistenten Fette werden in verschiedenen Graden der Konsistenz hergestellt. Während zunächst die Konsistenz des Fettes im Anlieferungszustande bestimmt wurde, geht man neuerdings mehr und mehr dazu über, die Konsistenz des Fettes festzustellen, nachdem es durchgeknetet (worked) worden ist, da die so erhaltenen Werte besser den Verhältnissen der Praxis entsprechen.

Die Konsistenz der Schmierfette ist bei gewöhnlichem Druck auf das von den Seifen im Schmierfett gebildete Gerüst zurückzuführen. Bei genügender Erhöhung des Druckes übt dieses Gerüst aber keinen merklichen Einfluß mehr auf die Viscosität der Schmierfette aus. Es wird daher vorgeschlagen, die Viscosität der Fette unter einem so hohen, für jedes Fett zu ermittelnden Druck, z. B. bei 10 oder 20 at, zu messen, daß die für die Mineralöle gültigen Gesetzmäßigkeiten der Temperatur- und Druckabhängigkeit der Viscosität gelten[1]. Ferner wird gleichzeitig empfohlen, daneben die Adhäsionsfähigkeit der Schmierfette und ähnliche Daten zu bestimmen; doch haben sich diese Vorschläge zur Zeit noch nicht durchgesetzt.

Penetrometer nach Richardson. Dieser ursprünglich für die Asphaltprüfung konstruierte Apparat (s. S. 412) wird in Amerika mit folgender Änderung auch zur Prüfung der Konsistenz von Schmierfetten und Vaselin benutzt[2]:

Die Nadel wird durch einen kegelförmigen Aufsatz (s. Abb. 156) ersetzt. Das Gesamtgewicht des Fallkörpers soll 150 statt 100 g betragen. Ferner wird der

---

[1] Larson: S.A.E.-Journ. **28**, 321 (1931).
[2] A.S.T.M.-Jber. 1932 des Comm. D 2, S. 193.

Objektträger *C* (Abb. 165, S. 412) durch Auflegen einer größeren Metallscheibe (15 cm Ø) od. dgl. zur Aufnahme des verhältnismäßig großen Fettbehälters (etwa $^1/_2$ kg-Blechdose) hergerichtet. Die Scheibe besitzt zweckmäßig in der Mitte eine Korkeinlage, damit der Kegel bei etwaigem Herabfallen nicht beschädigt wird.

Das Fett wird entweder im ursprünglichen Zustand oder erst nach gründlichem, 5 min langem Durchkneten mit einem Spatel bzw. für Schiedsanalysen mit einer besonderen Mischmaschine geprüft.

Der erste Fall kommt außer bei sehr harten Fetten, z. B. Walzenbriketts, nur in Frage, wenn das Fett sich bereits in einer für die Prüfung geeigneten Büchse befindet, da es sich nicht ohne Veränderung der Konsistenz in das Prüfgefäß einfüllen läßt. In diesem Fall wird das Fett durch $^1/_2$—$1^1/_2$ std. Einstellen in ein Wasserbad (kein Thermometer im Fett!) auf die Versuchstemperatur (25⁰ C) gebracht, hierauf wird die Oberfläche mit einem Messer waagerecht und ganz glatt geschnitten, aber nicht etwa glattgestrichen, weil hierdurch die Konsistenz an der Oberfläche verändert wird. Krusten oder mißfarbige Randschichten sind hierbei vollständig zu entfernen.

Die eigentliche Prüfung erfolgt wie bei Asphalt (s. S. 412). Es werden je 5, bzw. bei mittleren Abweichungen der Einzelwerte vom Durchschnitt um mehr als 3%, 10 Bestimmungen an noch unverletzten Stellen der Oberfläche ausgeführt, und zwar muß der Aufsatzpunkt der Kegelspitze bei dem neuen Versuch von dem Rande einer Nachbarvertiefung oder von der Gefäßwand mindestens um die vorher gefundene Einsinktiefe entfernt sein. Bei der Prüfung des durchgekneteten Fettes wird nach jedem Versuch die Oberfläche wieder glattgestrichen, wobei die Bildung von Hohlräumen peinlichst vermieden werden muß.

Näheres über den heute nur noch wenig benutzten Konsistenzmesser von Kißling s. 6. Aufl. dieses Buches, S. 282.

b) Chemische Prüfungen.

Qualitative Vorprüfung auf Zusammensetzung. Löst sich das Fett in Benzin oder Äther klar auf und hinterläßt es beim Verbrennen keine Asche, so sind Seifenzusätze und anorganische Beschwerungsmittel nicht vorhanden. Bei völliger Löslichkeit in Benzin wird das Fett in üblicher Weise, wie S. 113 beschrieben, auf Gehalt an verseifbaren Fetten usw. geprüft.

Ist das Fett in Benzin zum Teil unlöslich, so wird eine Probe am Rückflußkühler mit einer Mischung von 9 Vol. Benzin und 1 Vol. absolutem Alkohol gekocht und nach einigem Absitzenlassen warm filtriert. In Lösung sind Fett, Seife, Mineralöl, im Rückstand freier Kalk, kohlensaurer Kalk sowie etwaige sonstige Zusätze (Schwerspat, Kieselgur, Graphit usw.), die nach den bekannten analytischen Verfahren ermittelt werden, evtl. auch etwas ungelöste Seife.

Zur Auflösung der hochschmelzenden Heißlagerfette, die infolge ihres Gehaltes an Alkaliseifen fester Fettsäuren schwerlöslich in Benzin-Alkohol (9 : 1) sind, vergrößert man den Alkoholzusatz auf das Doppelte der oben angegebenen Menge, erforderlichenfalls noch weiter, und filtriert möglichst schnell im Heißwassertrichter ab[1].

Vorprobe auf freie Fettsäure bzw. freien Kalk erfolgt durch Erhitzen des Fettes mit phenolphthaleinhaltigem, eben sehr schwach alkalisch gemachtem 80%igem Alkohol. In der Regel färbt sich der Alkohol dabei stärker rot, da für die Verseifung der Fette häufig ein geringer Überschuß an freiem Ätzkalk genommen wird; in diesem Falle ist Prüfung auf freie Fettsäure nicht erforderlich. Der Vorprüfung auf freie Fettsäure hat stets Ermittlung der Art der Basen voranzugehen (s. u.).

Wird der schwach rot gefärbte Alkohol beim Verreiben mit dem Fett entfärbt, so ist freie Säure zugegen und quantitativ zu bestimmen.

Quantitative Bestimmungen. α) **Freie Fettsäuren** (direkte Titration nach Marcusson). 10 g Fett werden in 50 ccm eines neutralisierten Gemisches

---

[1] Wegen der häufig schweren Filtrierbarkeit der Seifenlösungen wurde von Meyerheim vorgeschlagen, die Fette in einer Extraktionshülse, die unter einem Rückflußkühler befestigt ist, oder in einem Bessonschen Extraktionsapparat im Dampf eines Benzol-Alkohol-Gemisches (8 : 2) erschöpfend zu extrahieren.

von 9 Vol. Benzin ($d = 0,70$) und 1 Vol. absolutem Alkohol kurze Zeit am Rückflußkühler erhitzt. Nicht künstlich beschwerte Fette lösen sich ganz oder fast vollkommen auf. Ungelöstes wird heiß abfiltriert und mit dem gleichen Lösungsmittelgemisch ausgewaschen. Nach Zusatz von 30 ccm neutralisiertem 50%igem Alkohol titriert man die Lösung unter häufigem Durchschütteln und mehrfachem Erwärmen auf dem Dampfbade mit alkoholischer 0,1-n Kalilauge bei Gegenwart von Phenolphthalein, bis die untere (alkoholische) Schicht rosa gefärbt bleibt.

Verdünnter Alkohol ist deshalb nötig, weil in einer Mischung von hochprozentigem Alkohol mit Benzin der Farbenumschlag wegen der Zersetzung der Kalkseife durch überschüssige Natronlauge undeutlich wird und die in Freiheit gesetzte Base (Ätzkalk bzw. basische Seife) nur bei Gegenwart von Wasser im Alkohol solche Mengen freier Hydroxylionen abspaltet, daß ein scharfer Umschlag des Phenolphthaleins bewirkt wird.

Anorganische, wasserlösliche Salze, die auf Zusatz von Alkalihydroxyd wasserunlösliche bzw. Phenolphthalein nicht rötende Oxyde, Hydroxyde oder basische Salze bilden, wie Ammonium-, Zink-, Aluminiumsalze usw., z. B. in Lötfetten, sind durch Auswaschen mit Wasser vor der Titration zu entfernen, da sie einen Laugenverbrauch veranlassen würden, der sonst irrtümlich auf freie Fettsäure bezogen werden könnte. Bei Gegenwart von Seifen des Al, Fe oder anderer schwacher Basen ist eine direkte Bestimmung der freien Fettsäuren überhaupt nicht möglich.

β) Bestimmung der freien Fettsäuren und Seifen (Differenzbestimmung). Umständlicher, aber zuverlässiger als vorstehende Methode ist folgendes, gleichzeitig zur titrimetrischen Bestimmung des Seifengehaltes verwendbare Verfahren:

10 g Fett werden mit 50 ccm neutralem Benzin (oder Benzol) und einer gemessenen überschüssigen Menge wässeriger Salzsäure von bekanntem Gehalt (z. B. 0,1—0,5-n) im Scheidetrichter (evtl. unter Erwärmen) durchgeschüttelt, bis die Seifen vollständig zersetzt und die Fettsäuren sowie das Öl im Benzin (bzw. Benzol), die Seifenbasen in der Salzsäure gelöst sind. Bei sehr schwer zersetzlichen Seifen wird die Mischung in einem Kolben am Rückflußkühler erhitzt und nach vollständiger Zersetzung der Seife unter Nachspülen mit Benzin und Wasser in einen Scheidetrichter übergeführt. Die wässerige Schicht wird von der Benzinschicht getrennt, hierauf wird die Benzinschicht wiederholt mit Wasser, die wässerige Schicht mit Benzin ausgeschüttelt, und die Waschflüssigkeiten werden mit den Hauptmengen vereinigt.

Die Titration der Benzinschicht mit alkoholischer Lauge gegen Phenolphthalein gibt die Menge a (berechnet als Säurezahl) der gesamten freien und ursprünglich als Seifen vorliegenden Fettsäuren; durch Titration des HCl-Überschusses in der wässerigen Lösung mit Lauge gegen Methylrot bestimmt man als Differenz gegenüber der gesamten zugesetzten Salzsäuremenge die Menge der von den Seifenbasen gebundenen Salzsäure bzw. die dieser äquivalente, als Säurezahl berechnete Menge b der Fettsäuren. Dem Gehalt an freien Säuren im ursprünglichen Fett entspricht dann Säurezahl $a—b$. Aus dieser berechnet man die Seifenmenge, nachdem man im salzsauren Auszug die Natur der Seifenbasis und im eingedampften Benzinauszug das Mol.-Gew. der an diese gebundenen Fettsäuren ermittelt hat.

Hierzu wird die titrierte Benzinlösung unter Berücksichtigung der darin enthaltenen Alkoholmenge im Scheidetrichter mit so viel Wasser versetzt, daß der Alkohol in der unteren Schicht 50%ig wird. Um Emulsionen zu vermeiden, setzt man noch einige ccm starker wässeriger KOH und die gleiche Menge 96%igen Alkohols hinzu und schüttelt die Benzinlösung nach Ablassen der unteren Schicht noch einige Male mit 50%igem Alkohol aus. Aus der alkoholischen, mit Benzin mehrmals ausgeschüttelten Seifenlösung werden nach Verjagen des Alkohols die Fettsäuren nach S. 729 abgeschieden. Das Mol.-Gew. dieser Säuren wird durch Bestimmung der Säurezahl bzw. Verseifungszahl nach S. 111/112 ermittelt.

Der Seifengehalt beträgt gewöhnlich 12—18% Kalkseife bzw. Natronseife und wird nach den auf S. 337 angegebenen Formeln berechnet.

γ) Die gravimetrische Bestimmung des Seifengehalts[1] beruht auf der Schwerlöslichkeit der Seifen sowie der leichteren Löslichkeit der Mineralöle in Aceton.

---

[1] Marcusson: Chem. Revue üb. d. Fett- u. Harzind. **20**, 43 (1913).

Eine gewogene Menge Fett wird mit Aceton, das etwas gekörntes $CaCl_2$ enthält, im Soxhlet extrahiert. Das $CaCl_2$ soll das Wasser des Acetons binden und dadurch die Löslichkeit der Seifen verringern. Aus dem Unlöslichen, das aber unter Umständen noch etwa vorhandenes zähflüssigeres Mineralöl enthält, muß letzteres durch ein Gemisch von 3 Teilen Aceton und 1 Teil leichtsiedendem Benzin extrahiert werden. Das Unlösliche enthält dann nur die Seifen und etwaige rein anorganische Beimengungen (Kalk, Beschwerungsmittel, Graphit), von denen die Seifen durch Auskochen mit heißem Benzin-Alkohol (4:1) getrennt werden. Die teilweise Löslichkeit einiger Seifen in Aceton wird durch eine Aschenbestimmung im acetonlöslichen Öl berücksichtigt; 1 mg CaO entspricht etwa 11,4 mg Kalkseife.

δ) Unverseiftes Fett und unverseifbares Öl (Neutralfett und Mineralöl). Aus der nach α) von Seifen befreiten Benzinlösung oder aus der nach γ) erhaltenen Acetonlösung wird das Lösungsmittel abdestilliert und der Rückstand (= Neutralfett + Mineralöl) gewogen. Durch Bestimmung der Verseifungszahl des Rückstandes wird der Gehalt an verseifbarem Fett festgestellt (S. 114) und auf die Menge des Ausgangsmaterials umgerechnet.

Zur Ermittlung der Eigenschaften des von verseifbarem Fett freien Mineralöls (in konsistenten Fetten gewöhnlich 75—85%) ist dieses nach S. 114 abzutrennen und nach den allgemeinen Prüfungsmethoden zu untersuchen.

ε) Gesamtfett und Mineralöl (Neutralfett, freie, sowie als Seifen vorhandene Fettsäuren und Mineralöl, in der Praxis meist kurz „Gesamtfett" genannt). 5 g der Probe werden mit 50 ccm Äther und einem kleinen Überschuß verdünnter HCl (5 ccm) bis zur Klarflüssigkeit am Rückflußkühler gekocht. Nach Abheben und erschöpfendem Ausäthern der sauren Schicht werden die vereinigten Ätherlösungen mit Glaubersalzlösung mineralsäurefrei gewaschen und nach Trocknen über Na_2SO_4 filtriert; der Äther wird sodann verjagt und der bei 105^0 getrocknete Rückstand, das Gesamtfett, gewogen.

ζ) Wassergehalt wird nach S. 117 bestimmt.

η) Glycerin. Glycerin ist in konsistenten Fetten in geringer Menge (0,5—2%) in freiem Zustand vorhanden, falls zur Bereitung Neutralfett verwendet wurde; es ist als Nebenbestandteil selten zu bestimmen. Nachweis und Bestimmung s. S. 839.

ϑ) Freier Kalk. Geringe Mengen freien Kalkes finden sich, von der Darstellung herrührend, in vielen, Kalkseife enthaltenden konsistenten Fetten.

Vorprobe s. S. 383. Die nähere Ermittlung wird mit der Seifenbestimmung nach β) oder γ) verbunden. In dem fett- und seifenfreien Filterrückstand wird Ätzkalk in bekannter Weise bestimmt.

ι) Sonstige Zusätze. Beschwerungsmittel wie Gips, Schwerspat, Stärkemehl, Zusätze zur Erhöhung der Schmierwirkung wie Talkum oder Graphit, oder Färbemittel wie Ruß bleiben in Benzin-Alkohol oder Aceton ungelöst zurück und werden in bekannter Weise bestimmt. Vermutet man noch die Gegenwart von ungelöster Kalkseife im Rückstand, so wird dieser mit verdünnter Salzsäure behandelt und die abgeschiedene Fettsäure in Äther gelöst. Nach Abdampfen des mineralsäurefrei gewaschenen Äthers wird die Säure gewogen und aus ihrem Gewicht der Gehalt an Kalkseife berechnet.

$\varkappa$) Nebenbestandteile. Organische Farbstoffe brauchen gewöhnlich nicht besonders bestimmt zu werden. Meistens sind sie schon äußerlich erkennbar und reagieren häufig mit Salzsäure unter Rotfärbung.

c) In USA. vorgeschriebener Prüfungsgang[1].

Der von der A.S.T.M. ausgearbeitete systematische Analysengang für konsistente Fette ist in Tabelle 87, S. 386 wiedergegeben. Außerdem sind hierzu noch folgende Einzelbestimmungen vorgesehen:

---

[1] A.S.T.M.-Jber. 1932 des Comm. D 2, S. 152; U.S. Govern. Master Specification for Lubricants, Techn. Paper 323 B, S. 100, Methode 541.2. Washington 1927.

Tabelle 87. Untersuchung von Schmierfetten (A.S.T.M.-Methode).

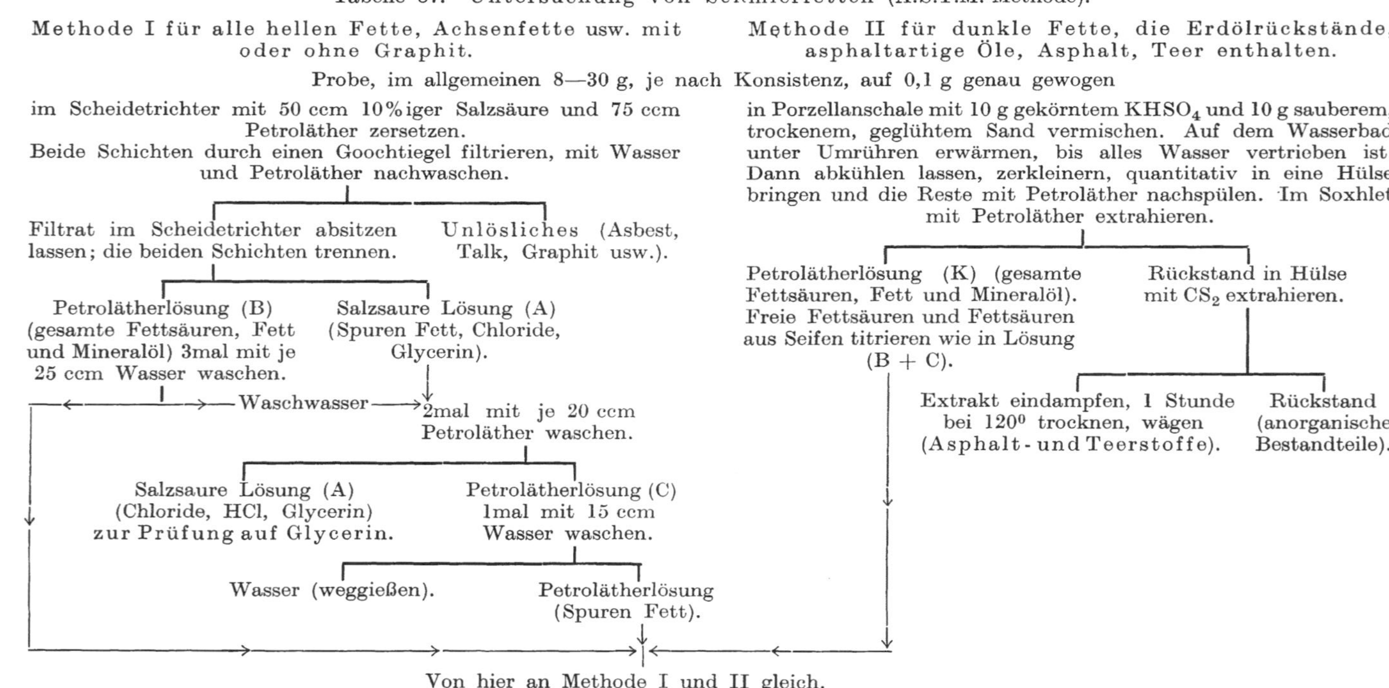

Für (B + C): bei hellen Auszügen: Angenäherte Titration der Fettsäuren mit 0,5-n alkoholischer KOH (unter Annahme einer mittleren Säurezahl der Fettsäuren von 200), dann Zusatz eines geringen Überschusses 0,5-n alkoholischer KOH. Bei dunklen Auszügen und (K) Überschuß 0,5-n KOH zusetzen.

Nach Zusatz von so viel Wasser, daß der Alkohol etwa 50%ig wird[1], die beiden Schichten im Scheidetrichter trennen.

Petrolätherlösung (E) (Fett, Mineralöl, Spuren Seifen). Im Scheidetrichter 3mal mit 50%igem Alkohol waschen (mit 30, 25, 20 ccm).

Alkoholische Lösungen (Spuren Seife, Fett und Mineralöl).

Alkoholische Lösung (D) (KOH, Seifen, Spuren Fett und Mineralöl) im Scheidetrichter mit 25 ccm Petroläther waschen.

Petrolätherlösung (E) (Fett und Mineralöl) im 300-ccm-Erlenmeyer auf 125 ccm eindampfen, 10 ccm 0,5-n alkoholische KOH und 50 ccm neutralisierten starken Alkohol zusetzen, am Rückflußkühler $1\frac{1}{2}$ h erhitzen, Laugenüberschuß mit 0,5-n HCl zurücktitrieren. Titration ergibt Verseifungszahl. Hieraus den Gehalt an Neutralfett berechnen (unter Annahme einer mittleren Verseifungszahl von 195). Beide Schichten im Scheidetrichter trennen.

Petrolätherlösung (Spuren Fett, Mineralöl).

Alkoholische Lösung (D) (Kaliseifen) eindampfen, in heißem Wasser lösen und in Scheidetrichter spülen, mit HCl ansäuern, 2mal mit (50; 25 ccm) Äthyläther ausschütteln.

Äthylätherlösung (F) (Fettsäuren und Spuren HCl), 2mal mit je 20 ccm Wasser waschen.

Säurelösung (HCl, KCl), weggießen.

Petrolätherlösung (G) (Mineralöl, Spuren Seife) 2mal mit 50%igem Alkohol waschen (30; 20 ccm).

Alkoholische Lösungen (H) (Kaliseifen, Spuren Mineralöl).

Äthylätherlösung (F) im gewogenen Becherglas unter Durchblasen von Luft eindampfen, 5 ccm Alkohol zusetzen, um letzte Spuren Wasser zu vertreiben. Auf dem Dampfbad eindampfen, wägen.

Wasser, HCl, weggießen.

Alkoholische Lösungen (Spuren Seife).

Petrolätherlösung (G) (Mineralöl und Unverseifbares aus dem Fett).

mit wenig Petroläther waschen.

Petrolätherlösung (Spuren Mineralöl).

Alkoholische Lösungen (H) (Aufarbeiten wie Lösung D, jedoch mit Petroläther statt Äthyläther).

Petrolätherlösungen (G) eindampfen und wägen.

Petrolätherlösung eindampfen, wägen.

Säurelösung (KCl, HCl), weggießen.

Freie Fettsäuren und Fettsäuren aus den Seifen. Säurezahl bestimmen, freie Fettsäuren abziehen, umrechnen auf Seifengehalt unter Berücksichtigung der Aschenanalyse. Fettsäuren charakterisieren nach Geruch, Krystallform, Schmelzpunkt, Jodzahl, Verseifungszahl, Farbreaktionen usw.

Mineralöl und sonstiges Unverseifbares.

Fettsäuren aus dem Neutralfett (Multiplikation mit 1,045 gibt annähernd den Gehalt an Fett).

25*

---

[1] In der A.S.T.M.-Vorschrift nicht angegeben, aber sinngemäß notwendig, falls nicht schon zur Titration eine nur 50%ig alkoholische Lauge benutzt wird.

Tabelle 88. Anforderungen an Schmier-
(Die nur „erwünschten" Untersuchungen

Nr.	Schmiermaterial	Verwendung für	Tropfpunkt nicht unter ° C
1	Wälzlagerfett; s. auch Tabelle 76, S. 345, Nr. 12	Wälzlager aller Art	140
2	Kugellagerfett	Schwer zugängliche Kugellager (ohne Käfig) und Präzisionsrollenlager, wo Ölverwendung unmöglich oder nur mit Verlusten durchzuführen ist	60
3	Hochschmelzendes Maschinenfett, Heißlagerfett	Lager, die infolge Wärmestrahlung heiß gehen, wie z. B. an Rollgängen von Walzwerken, an Papiermaschinen u. dgl., ferner für Blattfedern der Automobile	140
4	Getriebefett; s. auch Tabelle 77, S. 348, Nr. 5	Getriebe und Zahnradvorgelege der Kraftfahrzeuge dgl. für Reichswehr, Post und BVG	85 120
5	Maschinenfett (Staufferfett) hell oder dunkel	Alle Stellen, an denen Ölschmierung nicht möglich ist	hell 75, dunkel 65
6	Wagenfett	Achsen von Lastwagen und Fuhrwerken aller Art, Kraftwagenanhängern, landwirtschaftlichen Maschinen, Förderwagen mit offenen Lagern	60—80
7	Förderwagenspritzfett	Bergwerksförderwagen mit Patentachsen oder Rollenlagern	50—70
8	Drahtseil-, Trommelseilfett; s. auch Tabelle 75, S. 343, Nr. 3	Drahtseile von Seilbahnen, Seiltrieben, Kränen, Trossen, Hochofen-(Gicht-) und sonstigen Aufzügen	50
9	Koepeseilfett	Adhäsionsfett bei Koepeförderung	—
10	Hanfseilfett	Hanfseile in Bergwerken, große Seilantriebe usw.	60
11	Kammradfett, Zahnradfett	Zahngetriebe und Kammräder an Walzenstraßen, Rollgängen und Straßenbahnwagen usw.	45, s. Bem.

fette nach den Richtlinien 1928.
sind mit ⊙ bezeichnet.)

Asche nicht über %	Wasser nicht über %	Feste Fremd-stoffe und mineralische Zusätze nicht über % ⊙	Bemerkungen
4	0,5	0,5, s. Bem.	Fließpunkt nicht $< 130^0$. SZ. nicht > 1. Wo keine Wärmestrahlung oder -leitung, z. B. bei Straßenbahnmotoren, können Fließ- und Tropfpunkt entsprechend niedriger gewählt werden. Frei von Sand und sonstigen schleifenden Bestandteilen.
3	2	0,5	Bei ganz leichten Kugellagern empfiehlt sich Verwendung von reinem Vaselin. Säurezahl nicht über 1.
4	0,5	0,5	Fließpunkt nicht unter 120^0. Wo Wärmestrahlung der glühenden Blöcke bei Rollgängen, bei Gießereiwagen u. dgl. die Verwendung von Heißlagerfett bedingt, empfiehlt es sich wegen Rückstandsbildung, die Füllung des Lagers nach gründlicher Reinigung etwa alle 3 Monate zu erneuern.
4	2	0,5, s. Bem.	Muß frei sein von Sand und sonstigen schleifenden Bestandteilen.
2	0,5	—	—
4	4	0,5, s. Bem. zu Nr. 4	Bei den Wasserfetten (Emulsions- und Kolloidfetten) ist der Wassergehalt wesentlich höher. — Es empfiehlt sich, keine gelbgefärbten, sondern naturfarbige Fette zu kaufen.
6	6	3	Ist in besonderen Fällen die Beschwerung (z. B. zur Vermeidung der Schwimmfähigkeit) notwendig, so ist sie mengenmäßig im Angebot anzugeben. Der Aschengehalt erfährt durch die Beschwerung eine Erhöhung. Über Wasserfett s. Bem. bei Nr. 5.
4	8	3	Bem. s. Nr. 6.
6	6	3	Über Beschwerung s. Bem. zu Nr. 6. Säurezahl nicht über 1.
1	0,5	1	Säurezahl nicht über 1.
6	6	3	Gehalt an Harz und harzähnlichen Stoffen schwankt nach Art der verwendeten Rohstoffe ⊙.
6	6	3	Tropfpunkt für Zahnradfett für Straßen- und Kleinbahnen nicht unter 90^0. Ein Zusatz von Graphit ist, sofern im Angebot mengenmäßig angegeben, nicht als fester Fremdstoff anzusprechen; der Aschengehalt erfährt dann eine entsprechende Erhöhung.

Fortsetzung der Tabelle 88

Nr.	Schmiermaterial	Verwendung für	Tropfpunkt nicht unter ° C
12	Kaltwalzenfett	Zusatzschmierung bei Kaltwalzen, ferner für Rollgänge, Kippen usw.	50
13	Heißwalzenfett	Lager und Zapfen der Feinblechwalzen	s. Bem.
14	Walzenfettbriketts	Walzenzapfen der Kaltwalzen, ferner für Rollgänge und Kippen	80
15	Hochschmelzende Walzenfettbriketts	Lager und Zapfen der Feinblechwalzen	120
16	Dampfhahnfett	Dichtung der Dampfhähne	120
17	Ziehfett	Trocken- oder Naßziehen von Drähten	70

α) **Aschenbestimmung**[1]. 1. **Schnellmethode** (direkte Veraschung): 2,5 g Fett werden im gewogenen Porzellantiegel oder, bei Abwesenheit von Blei- und Zinkseifen, im Platintiegel langsam verbrannt und dann erhitzt, bis die nach dem Erkalten gewogene Asche frei von Kohlenstoff ist.

2. **Alternativmethode** (Sulfat-Asche). Das Fett wird wie unter 1. verbrannt, bis die Kohle annähernd verschwunden ist. Der Rückstand wird im Tiegel mit Wasser behandelt; aus einer Pipette wird ein geringer Überschuß verdünnter Schwefelsäure zugegeben, wobei der Tiegel soweit wie möglich mit einem Uhrglas bedeckt wird. Der Tiegel wird auf einem Dampfbad so lange erwärmt, bis das Schäumen aufgehört hat. Das Uhrglas wird mit Wasser in den Tiegel abgespült, dessen Inhalt, mit Methylorange geprüft, freie Säure enthalten soll. Dann wird zur Trockne eingedampft und bei schwacher Rotglut geglüht unter Zusatz kleiner Stücke trockenen Ammoncarbonats, um den Überschuß an SO_3 fortzujagen.

Die Auswaage ist anzugeben als „Prozent Asche als Sulfate". Diese Methode gibt besser übereinstimmende Ergebnisse, erfordert aber mehr Zeit und Arbeit. Weitere Untersuchung der Asche erfolgt in üblicher Weise.

β) **Bestimmung der Füllstoffe.** 1. Bei Abwesenheit von Gips wird die Probe in ein kleines Becherglas eingewogen, mit 50 ccm 10%iger HCl versetzt und auf dem Wasserbade erwärmt, bis alle Seifenklumpen zersetzt sind und die obere Schicht klar ist. Wenn ungelöste anorganische Substanz oder andere Füllstoffe vorhanden sind, werden beide Schichten durch einen Goochtiegel filtriert, mit Wasser, Petroläther und zuletzt mit starkem Alkohol nachgewaschen, wobei der Waschalkohol getrennt aufzufangen und zu beseitigen ist. Der Tiegel wird dann bei 120° getrocknet und gewogen. Auswaage: Prozent ungelöster Substanz (Graphit, Talkum, Asbest, Holzmehl usw.).

---

[1] Nach der A.S.T.M.-Vorschrift ist die Aschenbestimmung **nicht** in den gewöhnlichen Analysengang einzubeziehen, da sie oft sehr unsichere Resultate liefert. Sie soll auch in der Regel überflüssig sein, weil die daraus zu ziehenden Schlüsse sich leichter und sicherer aus der Bestimmung der Füllstoffe und des Seifengehaltes ergäben.

von Seite 388.

Asche nicht über %	Wasser nicht über %	Feste Fremdstoffe und mineralische Zusätze nicht über % ⊙	Bemerkungen
6	6	3	Über Graphitzusatz s. Bem. zu Nr. 11.
6	Nur Spuren	0,5	Flammpunkt nicht unter 250⁰. Erweichungspunkt nach Kraemer-Sarnow nicht unter 60⁰.
6	6	3	Über Graphitzusatz s. Bem. zu Nr. 11. Erweichungspunkt nicht unter 50⁰.
6	Nur Spuren	3	Über Graphitzusatz s. Bem. zu Nr. 11. Erweichungspunkt nicht unter 80⁰.
2	3	0,5	Über Graphitzusatz s. Bem. zu Nr. 11.
5	2	—	Gehalt an pflanzlichen und tierischen Ölen und Fetten: je nach Werkstoff und Zug; Bestimmung ist wichtig für Preisbeurteilung ⊙. Unter wasserlöslichem Ziehfett versteht man eine Öl- oder Fettemulsion in der 4—6fachen Menge Wasser. Es muß sich mit schwefelsäurehaltigem Wasser leicht ohne Flocken- und Klumpenbildung verdünnen lassen. Säurezahl nicht über 0,4.

2. Bei Anwesenheit von Gips als Füllstoff sind die nach β 1. erhaltenen Resultate zu niedrig, da Gips in HCl etwas löslich ist. In diesem Falle werden 5 g Fett in einem kleinen Becherglas mit 50 ccm Petroläther und 25 ccm konz. HCl so lange erwärmt, bis alles gelöst ist. Nach dem Abkühlen wird die untere Schicht nach klarer Trennung (Scheidetrichter) in ein Becherglas abgezogen und die obere Schicht zweimal mit je 20 ccm 10%iger HCl gewaschen, die dann zu der ersten Salzsäurelösung hinzugefügt werden. Diese wird dann auf dem Wasserbad bis fast zur Trockne eingedampft, mit 150 ccm Wasser verdünnt, zum Kochen erhitzt und mit 10 ccm 10%iger Bariumchloridlösung versetzt. Das gefällte $BaSO_4$ wird wie üblich zur Wägung gebracht und auf % Gips (als $CaSO_4 \cdot 2 H_2O$) umgerechnet.

γ) Glycerinbestimmung. Falls festzustellen ist, ob das Maschinenfett aus Neutralfett oder aus Fettsäuren hergestellt ist, wird Lösung A (s. Tabelle 87) mit trockener Soda im Überschuß versetzt, um alle Metalle zu fällen.

Die ganze Masse wird zur Trockne verdampft und der Rückstand mehrmals mit starkem Alkohol extrahiert; die vereinigten Alkoholextrakte werden filtriert und der Alkohol verdampft. Dieser Rückstand enthält fast alles Glycerin und etwas Kochsalz. Die An- oder Abwesenheit von Glycerin im Rückstand wird durch geeignete Prüfungen (s. S. 839) festgestellt.

Amerikanische Lieferbedingungen für Mineralschmierfette und Graphitschmierfette[1].

Mineralschmierfette für Stopfbüchsen, Kugel- und Rollenlager dürfen höchstens 0,1% Füllmittel (ungebundenen Kalk) enthalten und bei der Korrosionsprüfung, auf ein blankes Kupferblech (25 × 25 mm) gebracht, nach 24 h keine grüne oder braune Verfärbung geben. Der Mineralölbestandteil soll eine Viscosität von mindestens 125 Saybolt-sec bei 54⁰ C, einen Flammpunkt (Cleveland) von mindestens 171⁰ C (340⁰ F) und einen Brennpunkt von 188⁰ C (370⁰ F) zeigen. Der Graphitgehalt der Graphitschmierfette soll 2—3% betragen.

---

[1] Auszug aus Techn. Paper 323 B, U.S.Government Master Specification for Lubricants and liquid Fuels. Washington 1927.

Außerdem gelten noch folgende besonderen Vorschriften für die Fette verschiedener Konsistenzgrade:

Tabelle 89. Amerikanische Vorschriften für Schmierfette.

Art des Fettes	Wasser höchstens %	Penetration nach Durchkneten (worked)	Asche als Sulfat höchstens %	Mineralölgehalt mindestens %
hart . . .	2,0	190—230	8,5	75,0
mittel . . .	2,0	240—290	6,0	80,0
weich . . .	1,5	300—355	5,0	85,0

Schmierfette für Kurbelzapfen, Führungsstangen und Antriebsachsen sollen mindestens 40% (das letztere 45%) Seife enthalten und gelblich (das letztere grünlich) gefärbt sein. Freies Alkali 0,5—2,5%, berechnet als NaOH; Wasser, Glycerin und Verunreinigungen höchstens $33^1/_3$% vom Gewicht der trockenen Seife.

Tabelle 90. Analysendaten russischer Schmierfette[1].

Bezeichnung	Verwendung für	Tropf- punkt nicht unter ° C	Asche nicht über %	Sonstige Eigenschaften
Solidol „L"	Staufferbuchsen und andere Schmiervorrich- tungen, wo ein flüssiges Schmiermittel nicht haftet bzw. nicht er- wünscht ist	70	5,0	Wasser nicht $>$ 3,0%
Solidol „T"	wie Solidol „L"	80	5,0	dgl.
Graphitfett	Getriebe und Ketten	70	—	dgl.
Briketts	den gewalzten Wellen- hals bei Heißwalzen	—	—	Schmp. (Kraemer- Sarnow): $>$ 145°.
Sebonaft	—	38	—	—
Seilschmiere	Hanf-, Manila- und Baumwollseile	38	—	—
Techn. Vaselin	—	40	0,5	Farbe: dunkel-(zimt-) braun. Reaktion: neu- tral oder schwach alka- lisch. In 4facher Menge Benzin ohne Rückstand löslich, klar durch- sichtig.
Wagen- (Achsen-) Fett	Achsen (Wagen)	90	—	—

X. Graphitschmiermittel.

1. Technologisches.

Graphit allein oder in Mischung mit Talkum oder Schmierfetten findet Verwendung zum Schmieren von Lagern, die hohen Temperaturen und hohen Belastungen ausgesetzt sind, sowie beim Einlaufenlassen von Lauf- flächen und bei Maschinen, bei denen eine Ölschmierung nicht in Frage

[1] J. Diestenfeld: Petroleum **24**, 766 (1928).

kommt, z. B. einigen Textilmaschinen und Maschinen zur Herstellung von Schokolade. Ferner wird Graphit in wachsendem Maße als Zusatz zu Schmierölen verwandt, welche in zeitweise hochbelasteten und der Gefahr des Eintritts der halbflüssigen oder trockenen Reibung ausgesetzten Lagern

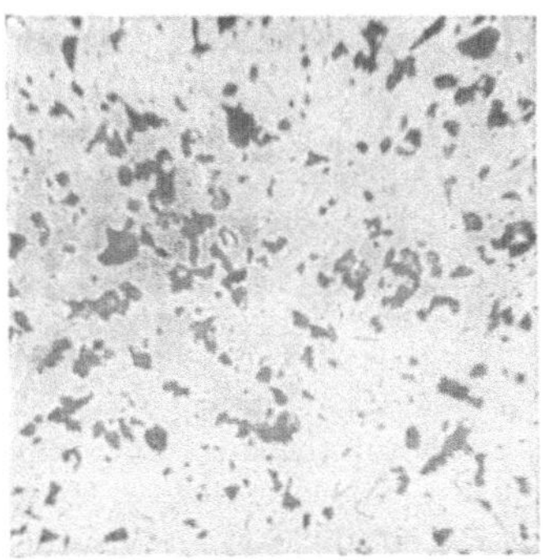

Abb. 157. Amorphe Quarzteile, für eine weiche Stahlwelle unschädlich.

Abb. 158. Grobe Quarzteile, welche die in Abb. 159 gezeigten Korrosionen hervorriefen.

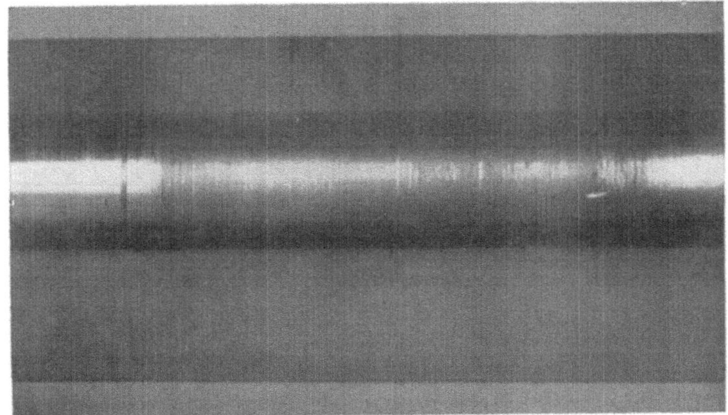

Abb. 159. Weiche Stahlwelle, durch grobe, im Graphit enthaltene Quarzteile (Abb. 158) korrodiert.

benutzt werden (vgl. S. 317)[1]. Die Anwendung des Graphits zum Herabsetzen der Temperatur von heißlaufenden Lagern ist zum Teil auf sein etwa 40mal größeres Wärmeleitvermögen (0,0117) gegenüber demjenigen von Öl (0,00029) zurückzuführen.

[1] Weger: Abh. naturhist. Ges. zu Nürnberg 1864; Weger: Der Graphit. Berlin 1872; C. F. Mabery: Lubrication and Lubricants, 1910; Ubbelohde: Petroleum 7, 938 (1911/12); 8, 683/84 (1912/13); Monatsbl. Berl. Bez.-Ver. Dtsch. Ing., Sitzg. 9. 6. 1915; Ed. Donath: Graphit. Wien: Franz Deuticke 1907; Ed. Donath u. A. Lang: Berg- u. hüttenm. Jb. 65, Heft 2, 53f. (1917); D. Holde: Chem.-techn. Wchschr. 1918, Nr. 1/2; R. Cordebas: Chim. et Ind. 1930, 1092; O. Walger u. E. Schneider: Ber. üb. betriebswiss. Arb., Bd. 3. VDI-Verlag 1930; O. Walger: Maschinenbau 9, 137 (1930); Ztschr. Ver. Dtsch. Ing. 76, 207 (1932); H. Karplus: Maschinenbau 10, 199 (1931); Petroleum 29, Nr. 16, 1 (1933).

Der Graphit bewirkt eine Verbesserung der Gleitflächen durch Ausfüllung der Poren, weshalb auch der Ölverbrauch infolge der verringerten Reibung herabgesetzt wird. Allerdings können bei Gegenwart scharfkantiger Quarzteile im Naturgraphit die Lager stark korrodiert werden, während feine, amorphe Quarzteile nicht schädlich wirken (s. Abb. 157—159). Bei nicht kolloidem Graphit, der möglichst feinschuppig sein muß, dürften die feinen flachen Graphitschuppen einen gewissen Abstand der aufeinandergepreßten Gleitflächen bewirken und dem Öl dadurch den Zutritt zwischen die Gleitflächen erleichtern. Man verwendet jedoch jetzt in Mischung mit Ölen kaum noch Naturgraphit, sondern nur die aschefreien künstlichen Acheson-Graphite in kolloider Form (als Aquadag oder Oildag)[1] oder nach dem Verfahren von Karplus aus Naturgraphit hergestellten kolloiden Graphit (Kollag)[2], und zwar in solchen Mengen, daß die gebrauchsfertige Mischung 0,05—0,2% Kolloidgraphit enthält. Die feinschuppige Struktur des Graphits erstreckt sich bis in das ultramikroskopische Gefüge der Graphitteilchen und befähigt sie, festhaftende Überzüge zu bilden[3]. Größere Graphitzusätze können Ausscheidungen in den Schmiervorrichtungen, Schmierkanälen und Schmiernuten veranlassen. Sehr gut hat sich reiner Graphit als fettsparender Zusatz zu konsistenten Fetten bewährt, bei denen keine Entmischung stattfinden kann.

Alle länger aufbewahrten Ölkolloidgraphite sonderten nach älteren Beobachtungen von Holde[4] in der oberen Schicht klares Öl ab. Dieser Vorgang wird durch koagulierende Einflüsse des Verdünnungsöles, auch wenn dieses absolut neutral ist, mehr beschleunigt[5] als durch die Teilchengröße des kolloiden Graphits.

Nach H. Karplus[6] können mittels der inzwischen verbesserten Fabrikationsmethoden heute kolloide Ölgraphite hergestellt werden, welche auch in gebrauchsfertigem Zustand bei längerem Stehen kein Öl absondern.

In Wasser suspendierte kolloide Graphite (z. B. Aquadag oder Kollag [wässerig]) dienen als Bohr- und Gleitflüssigkeiten für Metallbearbeitung usw.

Der Gehalt an kolloidem Graphit beträgt nach Angabe der Herstellerfirmen bei Oildag 8,5—15,1%, bei Kollag 10%, bei Auto-Kollag etwa 2,5%, bei Hydro-Kollag 20%, bei Kohydrol 20%, bei Hadurolit 4%, bei Hadurolan 7,5% und bei Haduraqua 12%.

2. Untersuchung.

a) Trockene Graphite.

Trockene Graphite werden auf äußere Eigenschaften (Feinheitsgrad), Wasser-, Asche- und Kohlenstoffgehalt, auf Menge der in der Asche enthaltenen Quarzteile und auf deren mikroskopische Beschaffenheit geprüft.

---

[1] E. G. Acheson: D.R.P. 191840 (1907), 218218 (1907); Acheson Oildag Co.: D.R.P. 262155 (1912); s. auch Holde, 6. Aufl., S. 289.

[2] H. Karplus: D.R.P. 292729 (1913), 293848 (1913); s. auch Holde: ebenda.

[3] H. Freundlich: Chem.-Ztg. 40, 358 (1916); Kohlschütter: Ztschr. anorgan. allg. Chem. 105, 35, 121 (1918); H. Karplus: Maschinenbau 5, 1122 (1926); Petroleum 25, 375 (1929).

[4] S. dieses Buch, 5. Aufl., S. 330; 6. Aufl., S. 290.

[5] Holde u. K. Steinitz: Ztschr. Elektrochem. 23, 116 (1917); Wa. Ostwald: Motorfahrer 1915, Nr. 47, 3f.; H. Freundlich: Motorfahrer 1916, Nr. 9, 3.

[6] Briefl. Mitt. vom 8. 2. 1933.

Acheson- und Kollaggraphit enthalten in der Regel nur Spuren Asche, die meisten nichtkolloiden Graphite bis 60 %; diese besteht aus Glimmer, Ton und Quarz und ist, je nach dem Eisengehalt, grau bis braun gefärbt.

α) **Hygroskopische Feuchtigkeit.** 1 g Graphit wird im Porzellantiegel im Toluolbad auf 105⁰ bis zur Gewichtskonstanz erhitzt (etwa 1 h). Der Gewichtsverlust schwankt stark, z. B. von 0,08—1,53%.

β) **Aschengehalt und Quarzteile.** Die nach α) getrocknete Probe wird im elektrischen Muffelofen oder mit dem Gebläse, evtl. unter Überleiten eines trockenen Sauerstoffstromes, auf helle Rotglut bis zur Gewichtskonstanz erhitzt. Die freien Quarzteile werden aus der Asche durch Schmelzen mit Ammoniumpyrosulfat $[(NH_4)_2S_2O_7]$ bei etwa 420⁰ und Auswaschen der aufgeschlossenen Kieselsäure mittels stark verdünnter salzsäurehaltiger Fluorwasserstoffsäure (50 Vol. HCl [1,06] und 1,5 Vol. starker Flußsäure) entfernt. Die nicht aufgeschlossenen Quarzteile werden im durchfallenden Licht bei mäßiger (z. B. 82facher) Vergrößerung mikroskopisch geprüft.

γ) **Kohlenstoffgehalt** wird nach Liebig durch Verbrennung im Sauerstoffstrom ermittelt; wegen der Schwerverbrennlichkeit des Graphits ist bis zur hellen Rotglut und mehrere Stunden, am besten im Porzellan- oder Quarzrohr, zu erhitzen.

b) In Wasser suspendierte Graphite.

Für ihre Bewertung ist die Haltbarkeit der Suspension maßgebend (s. S. 400). Der Graphitgehalt wird nötigenfalls durch Ausfällen des Graphits mit einem Elektrolyten (z. B. Essigsäure), Abfiltrieren, Trocknen und Wägen des Niederschlages ermittelt.

c) Oleosole.

α) **Unterscheidung von kolloiden und nichtkolloiden öligen Präparaten.** Oleosole geben in Öl-Benzin- oder -Benzollösung dunkle Filtrate im Gegensatz zu gröberen Graphit-Ölsuspensionen; zur genaueren Unterscheidung wird nach Karplus wie folgt gearbeitet:

0,25—0,5 g des Handelspräparats werden mit der 300—1000fachen Menge Benzol kräftig geschüttelt. Die Lösung läßt man im Standzylinder je nach der Höhe der Flüssigkeitssäule 24—72 h stehen und dekantiert dann die Flüssigkeit vom Bodensatz. War das Präparat kolloid, so ist der Bodensatz äußerst gering und zeigt keine mit dem bloßen Auge oder einer starken Lupe erkennbaren, für nichtkolloide Graphite charakteristischen Graphitkrystalle (Schuppen), sondern nur amorphe Flocken, die sich leicht durch Schütteln in Benzol zerteilen lassen. Bei Präparaten, die vollkommen oder nahezu frei von kolloiden Teilen sind, enthält die über dem Boden stehende Lösung nach einigen Tagen nur sehr wenig Graphit; der Graphit hat sich dann fast ganz in Form von schuppig-krystallinischen, glitzernden Teilchen zu Boden gesetzt.

β) **Prüfung der Stabilität der Kolloidgraphit-Öle.** Da die Haltbarkeit der kolloiden Graphit-Ölsuspensionen (sog. Graphit-Oleosole) sehr von der Beschaffenheit des Schmieröls abhängt, welchem die Präparate bei der späteren praktischen Verwendung zugesetzt werden, müssen die Stabilitätsprüfungen an Mischungen mit den für die praktische Verwendung in Frage kommenden Schmierölen vorgenommen werden.

Zu diesem Zweck werden die käuflichen Kolloidgraphitpräparate mit so viel Öl vermischt (unter gründlichstem Rühren bis zur Homogenität der Mischung), daß der Graphitgehalt der Mischung 0,05—0,15% beträgt. Für die Prüfung verwendet man 20—30 ccm der Mischung.

Prüfung bei Zumischung heller Öle[1]. Die Mischung wird in einem etwa 3 cm weiten Meßzylinder erschütterungsfrei aufgestellt und von Tag zu Tag im durchfallenden Licht unter vorsichtigem Neigen des Zylinders beobachtet. Etwaige

---

[1] Holde u. K. Steinitz: l. c.

Entmischungserscheinungen und Koagulationen werden unter Angabe der entmischten Schichtenhöhen notiert. Ist die Mischung nach 3—4 Tagen noch flockenfrei, so genügt sie den Anforderungen der Praxis. Wenn auch nach 2—3wöchigem Stehen keine sichtbare Entmischung stattgefunden hat, wird noch durch Kippen des Zylinders die Menge des etwaigen Bodensatzes kontrolliert. Beim Fehlen eines solchen ist die Mischung als weitgehend haltbar anzusprechen. Sehr geringe Bodensätze, wie sie bei jedem kolloiden Graphit durch Niederfallen der gröberen Teile (Größe bis $6\,\mu$) entstehen, sind belanglos.

Prüfung bei Zumischung dunkler Öle[1]. Die mit dem Öl verdünnten, gut durchgemischten Proben der Graphit-Oleosole werden in 3 cm weiten Standzylindern der Ruhe überlassen. Gleich nach dem Ansetzen sowie nach 4 Wochen werden in Höhe von je 1 cm unter der Oberfläche und über dem Boden Proben von 1—3 g mit Pipetten abgenommen, die weite Öffnungen und Marken zur Fixierung der Eintauchtiefe besitzen. Die Proben werden in einem Erlenmeyerkölbchen gewogen; nach dem Verdünnen mit Benzol werden ihre Graphitgehalte nach der unten beschriebenen Methode ermittelt. Je geringer die Abnahme des Graphitgehalts in der oberen Schicht nach längerem Stehen und je geringer die Zunahme des Graphitgehalts in der Bodenschicht, um so haltbarer ist das Oleosol.

γ) Bestimmung des Gehaltes an Graphit und an Öl durch adsorptive Filtration der feinsten Graphitteilchen mittels Bleicherde[2]. Etwa 0,5 g des ölhaltigen Graphitpräparates werden mit 50 ccm Benzol verrührt und in einem bei 105⁰ bis zur Gewichtskonstanz getrockneten Glasfiltertiegel durch eine etwa 0,5 cm hohe Schicht schwach geglühter, sehr feinpulvriger Bleicherde (z. B. Floridin XXS oder Terrana extra) filtriert. Die Benzollösung der Graphitsuspension wird, nachdem etwas reines Benzol durch das Filter gegossen wurde, sofort ohne weiteres Stehenlassen durch den Goochtiegel abgesaugt. Der zurückbleibende Graphit wird mit heißem Benzol und zuletzt mit heißem Tetrachlorkohlenstoff oder Chloroform gewaschen, um die adsorbierten färbenden Teile des Öles zu entfernen. Die Menge des abfiltrierten Graphits wird durch Wägen des bei 105⁰ wiederholt getrockneten Tiegels (+ Graphit) ermittelt. Die Differenz gegenüber der Einwaage ergibt den Ölgehalt.

Q. Härteöl (Vergüteöl).

Zum Härten wird Stahl (häufig in einem Bade aus geschmolzenem Salz) auf 800—900⁰ erhitzt und dann durch Eintauchen in ein Kühlbad abgeschreckt. Für manche Stahlsorten (niedrig legierte Manganstähle), deren „kritische Abkühlungsgeschwindigkeit" sehr groß ist, muß zur Erzielung genügender Härte Wasser zum Abschrecken benutzt werden; bei den meisten modernen Stahlsorten (Chrom-, Nickel-, Wolframstählen) verwendet man aber statt Wasser, das infolge seiner hohen Wärmeleitfähigkeit und spezifischen Wärme zu schroff wirkt und dadurch leicht zu Rißbildungen führt, als Kühlbad Öl, wobei sich ein sehr gleichmäßiges, feinkörniges, dichtes Gefüge von hoher Zähigkeit und Festigkeit bildet, ohne daß Spannungen im Material auftreten. Früher diente als Härteöl allgemein Rüböl oder ein Gemisch von Rüböl mit Mineralölraffinat, sog. technisches Rüböl, heute aber überwiegend Mineralöldestillat. Große Stahlwerke verwenden als Härteöl auch durch Mischungen mit Stellölen auf die vorgeschriebenen Eigenschaften eingestellte, je nach Bedarf eingeengte Erdölrückstände. In reinem Rüböl oder in leicht zersetzlichen Mineralölen gehärtete Stahlteile sind stets mit einer schwarzen Kruste (zersetztem Öl) überzogen und bedürfen daher einer Nachbearbeitung. Um die Stahlteile (z. B. Zahnräder für Uhren und ähnliche Teile von Feinmechanismen) nach der Härtung ohne Reinigung

---

[1] Freundlich: Chem.-Ztg. **40**, 358 (1916).   [2] Holde u. Steinitz: l. c.

einbauen zu können, muß man sog. „Blankhärteöle" verwenden, welche durch Entfernung der leicht zersetzlichen Bestandteile stabilisiert sind[1]. [Für die Prüfung der Zersetzlichkeit käme vielleicht die Verkokungsprobe von Conradson (S. 257) in Frage.] Im übrigen spielen bei einem Härteöl die physikalischen Eigenschaften die Hauptrolle, nämlich Flammpunkt, Viscosität, Wärmeleitfähigkeit, spezifische Wärme und Verdampfungswärme.

Die thermischen Eigenschaften der gebräuchlichsten Kühlmittel sind in Tabelle 91 angegeben.

Besonders gut bewährt hat sich Schieferöl, weil bei gleichem Flammpunkt seine Viscosität geringer ist als diejenige anderer Mineralöle. Je geringer aber die Viscosität ist, um so weniger Öl bleibt beim Herausnehmen aus dem Kühlbad an den Werkstücken haften.

Tabelle 91. Thermische Eigenschaften von Kühlflüssigkeiten.

Kühlmittel	Wärmeleit- vermögen × 10[4]	Spez. Wärme zwischen 0 und 100°	Ver- dampfungs- wärme cal/g
Mineralöl (Paraffinöl)	3,46 (17°)	0,4—0,5	70—75
Petroleum	3,82 (17°)	0,4—0,5	70—75
Rüböl	unbekannt	0,50	—
Wasser	14,3 (20°)	1,00	539

Nach neueren praktischen Erfahrungen[2] ist Rüböl den nach einem Sonderverfahren (Edeleanu) hergestellten Mineral-Härteölen auf die Dauer nicht überlegen. Seine Wärmekapazität ist, nach den (allerdings sehr spärlichen) Angaben über die spez. Wärme von Ölen bei höheren Temperaturen[3] zu urteilen, nicht größer als diejenige der Mineralöle, und für die konvektive Wärmeableitung ist die geringere Viscosität der Mineralöle bei hohen Temperaturen zweifellos günstiger. Außerdem neigt aber Rüböl dazu, allmählich durch Oxydation zu verharzen, besonders rasch unter dem Einfluß von Salzen aus den Salzbad-Härteöfen; hierdurch nimmt seine Viscosität mit steigender Benutzungsdauer noch erheblich zu.

Die Anforderungen nach den „Richtlinien" an Härte- und Vergüteöle s. Tabelle 92, S. 399.

R. Bohr- und Schneideöle, Flüssigkeiten für hydraulische Pressen.

I. Verwendung, Zusammensetzung.

Zum Schutz der Werkzeuge gegen allzu rasche Abnutzung verwendet man beim Bohren, Fräsen und Schneiden von Metallen sowie beim Ziehen von Drähten, Wellen und Röhren jetzt allgemein wässerige Mineralölemulsionen[4],

[1] K. Krekeler: Hauptvers. d. DVM-Aussch. 9, 27. 4. 1932; Krekeler u. F. Rapatz: Petroleum 28, Nr. 17, 4 (1932); Krekeler: Öl im Betrieb, S. 45. Berlin: Julius Springer 1932.

[2] Krekeler: Schweizer Verband Materialprüf.-Techn., Ber. 21, 22 (1931); Krekeler u. Rapatz: Arch. Eisenhüttenw. 5, Heft 3, 173 (1931/32).

[3] N. Karawajew: Petroleum 9, 1114 (1914); vgl. auch S. 748.

[4] Bingham: Cutting Fluids, Techn. Paper Nr. 204, Bureau of Standards, 1921, S. 76; Copeland: Journ. chem. metallurg. Engng. 17, 25 (1927); H. L. Kauffman: Oil Gas Journ. 28, Nr. 4, 46 (1929).

welche gleichzeitig kühlend und schmierend wirken. Die zur Herstellung dieser Emulsionen dienenden sog. „wasserlöslichen", in Wirklichkeit mit Wasser nur emulgierbaren Öle (Bohröle) enthalten gewöhnlich nur etwa 90% Mineralöl, daneben Seifen von Ölsäure, Naphthensulfosäuren, sulfonierten fetten Ölen oder flüssigen Harzen (d. h. Harzsäuren aus den Ablaugen der Natronzellstoffkochung); um völlig klare Öle zu erhalten, setzt man ihnen außer der Seife häufig Alkohol oder etwas freie Ölsäure zu. Auch andere Alkohole, z. B. Methylhexalin, Amylalkohol[1], Fenchylalkohol[2], höhere, aus flüssigen Wachsen abgeschiedene, bzw. durch Hochdruckhydrierung von Fettsäuren (S. 822) erhaltene Fettalkohole sowie deren Sulfonierungsprodukte wurden als Zusätze bzw. Emulgatoren vorgeschlagen[3]. Die etwa 2—10% Öl enthaltenden Emulsionen haben nach Versuchen von Schlesinger gegenüber reinem Wasser — das natürlich noch stärker kühlt — den Vorzug, daß sie die damit behandelten Werkstücke vor dem Nachrosten schützen. Wenn sie aus gutem Material hergestellt sind, greifen sie Gußeisen und Stahl bedeutend weniger an als die früher viel benutzten Schmierseifenlösungen[4]. Bohrfette verhalten sich ebenso wie Bohröle, enthalten jedoch trotz ihrer festeren Konsistenz häufig mehr Wasser als diese; es sind auch Bohröle im Handel, welche bis zu 50% Wassergehalt aufweisen, weshalb Bestimmung desselben von Wichtigkeit ist.

Für höhere Beanspruchungen, wie schnell laufende Automaten, verwendet man noch vielfach reines Rüböl oder Mischungen von Mineralöl und Rüböl. Die sog. Automaten- und Decolletageöle enthalten fast durchweg mehr oder weniger Rüböl. Man erzielt z. B. bei Schraubenautomaten mit reinem Rüböl, besonders bei Verarbeitung von hartem Material, einen viel saubereren und glatteren Schnitt, und die Werkzeuge werden weniger abgenutzt als bei Verwendung von Mineralöl oder Fett-Mineralölmischungen. Reines fettes Öl ist daher für sehr glatte Schnitte, z. B. feinere Gewindearbeiten, unentbehrlich.

Nach Krekeler[5] zeigten verschiedene im Betrieb verwendete Öle sehr verschiedene Fähigkeit, die Werkzeuge vor Abnutzung zu bewahren. Z. B. konnten bei Verwendung von reinem Rüböl mit dem gleichen Werkzeug etwa 6mal soviel Zähne geschnitten werden wie mit einem anderen, ungeeigneten Öl. Andererseits zeigt Rüböl Mängel durch seine Oxydierbarkeit (Verharzung), die wohl durch das bei der Arbeit entstehende Metallpulver noch katalytisch begünstigt wird, sowie durch seine Eigenschaft, das feinverteilte Metall gewissermaßen zu „flotieren" (s. S. 973).

Zu den bisher bekannten Bohrölen kommt seit kurzem noch das „Topöl", d. h. ein leichtflüssiges, schwefelhaltiges rohes Mineralöl bestimmter Provenienz, dem durch Abtoppen die leichten Benzin- und Petroleumanteile genommen sind. Dieses Topöl ergab gegenüber reinem Rüböl bei schnell laufenden, höchstbeanspruchten Automaten eine Leistungssteigerung bis zu 100% und gleichzeitig stark verminderte Abnutzung der Werkzeuge.

---

[1] F. W. Klever: D.R.P. 174906 (1905).
[2] H. Nördlinger, Flörsheim.
[3] W. Schrauth: D.R.P. 371293 (1921); vgl. auch Bad. Anilin- u. Sodafabrik: D.R.P. 336558 (1917); W. Schrauth: Chem.-Ztg. 55, 3, 17 (1931).
[4] Vgl. Holde: Unters. d. Schmiermittel, 1. Aufl., 1897. S. 219.
[5] Krekeler: Hauptvers. d. DVM-Aussch. 9, 27. 4. 1932; Öl im Betrieb, S. 25. Berlin: Julius Springer 1932.

Nach Kauffman[1] zeigt das Grundöl, ein Asphaltbasisöl: d_{15} = 0,917, Flammpunkt 168⁰ C, Brennpunkt 196⁰ C, $E_{37,8}$ = 6, Stockpunkt — 18⁰ C, Conradsontest
0,04%. Aus diesem Grundöl wurden folgende Mischungen hergestellt:

Mischung Nr.	Lardöl %	Mineralöl %	Viscosität Saybolt-sec bei 100⁰ F	Stockpunkt nicht über ⁰C
I	40	60	175—185	— 4
II	30	70	180—190	— 4
III	20	80	185—195	— 4
IV	7,5	92,5	etwa 190	— 4

Die Mischung II hat d_{15} = 0,916, Flammpunkt 177⁰ C, Brennpunkt 202⁰ C,
Conradsontest 0,41%.

Spezialschneideöle aus 30% Lardöl und 70% gebleichtem Paraffinöl haben
Flammpunkt nicht unter 191⁰ C, $E_{37,8}$ = 4,6 — 5,2, Stockpunkt nicht über + 2⁰ C,
Verseifungszahl 58—60.

Bei Messingbearbeitung wird Wasser, in anderen Fällen auch Milch als
Kühlflüssigkeit benutzt. Über die zweckmäßigsten Kühl- und Schmiermittel für die verschiedenen Metallbearbeitungsverfahren s. Tabelle 92.

Tabelle 92. Anforderungen an Öle für die Metallbearbeitung nach den
Richtlinien 1928.

Nr.	Bezeichnung	Verwendung	Geforderte Eigenschaften	Bemerkungen
1	Härte- und Vergüteöl	Zum Härten und Vergüten von Werkzeugen, hochbeanspruchten Maschinenteilen usw.	d_{20} nicht über 1,00, Flammpunkt o. T. nicht unter 180⁰, E_{50} nicht über 6 (zum Anlassen höherviscoses Öl), Wasser nicht über 0,1%, feste Fremdstoffe höchstens 0,01%	Destillat, Rückstandsöl oder gefettetes Öl. Für kleinere Stücke empfiehlt sich die Verwendung von Petroleum, Gasöl, Schieferöl, Gelböl und Steinkohlenschmieröl.
2	Kühlöl und Bohröl (wasserlösliches Öl) (Mit Wasser nicht mischbares Öl s. S. 344, Tab. 76, Nr. 5)	rein oder vermischt mit Wasser zum Kühlen von Fräsern, Bohrern usw. und als Zusatz zum Preßwasser	Gesamtfettgehalt (fette Anteile + Mineralöl) mindestens 85%, Asche höchstens 4%	Soll sich in jedem Verhältnis mit Wasser mischen. Die 10%ige Ölemulsion darf sich auch nach 3tägigem Stehen bei Zimmertemperatur nicht entmischen. — Das unverdünnte Bohröl darf nach 24-std. Stehen bei Zimmertemperatur in offener Glas- oder Porzellanschale keine Trübung durch ausgeschiedenes Wasser zeigen. Das so vorbehandelte Bohröl muß sich bei der Mischung mit Wasser genau so verhalten wie das nicht vorbehandelte Öl. — Ein sauber gereinigtes Metallstück, in eine 5%ige Ölemulsion getaucht, soll nach dem Herausziehen auf der ganzen Oberfläche benetzt sein.

[1] Kauffman: l. c.

Auch als Textilöle beim Verspinnen von Garnen usw. werden Emulsionen seifenhaltiger Mineralöle benutzt, welche jedoch im allgemeinen als minderwertig gelten (s. S. 897).

Zum Ziehen von Drähten, Wellen und Röhren benutzt man, wie oben erwähnt, ähnliche Produkte wie zum Bohren, während man früher halbfeste tierische Fette, z. B. Talg in Mischung mit wenig Öl, verwendete. Als Ziehöle zur Herstellung von Wellen und Röhren haben sich auch Teerfettöle sowie graphithaltige Öle bewährt. Anforderungen an Drahtziehfette s. Tabelle 88, Nr. 17 (S. 390).

Als Füllflüssigkeiten für hydraulische Pressen bei Festigkeitsprobiermaschinen, in Hammerschmieden, Pressenwerkstätten usw. benutzt man je nach den Umständen reines Wasser, wasserlösliche Öle und Emulsionspasten, reine Mineralöle, Glycerin oder Ricinusöl.

Die Füllflüssigkeiten dürfen die ledernen Dichtungsmanschetten und die Metallteile, z. B. Stahlplunger, der Pressen nicht angreifen. Bei guter Wartung der Maschinen kann man mit Wasser als Füllflüssigkeit gut auskommen. Sog. wasserlösliche Öle geben in 10%iger wässeriger Emulsion genügende Sicherheit gegen Rosten. Diese Art der Füllung ist jetzt auch im Großbetrieb, in welchem aber auch wegen sparsameren Verbrauchs salbenartige Emulsionspasten dem wasserlöslichen Öl vorgezogen werden, die meistens übliche.

Auch Zusätze von gutem Mineralöl zum Wasser oder schon ein regelmäßiges Schmieren der Plunger haben sich in solchen Großbetriebswerkstätten bei Verwendung von Wasser als Füllflüssigkeit bewährt, um den Verschleiß der Manschetten auf ein Minimum herabzudrücken.

II. Untersuchung von Bohr- und Schneideölen.

1. Rostschutzvermögen usw.

Gewogene, blank geschmirgelte Gußeisen-, bzw. Stahl- oder Messingplatten, $30 \times 30 \times 3$ mm, werden in Glasschälchen in die zu prüfenden wässerigen Lösungen der Bohröle gelegt, von Woche zu Woche herausgenommen, mit Äther abgespült und die Veränderungen ihres Aussehens und Gewichtes ermittelt. Bei Ölen für hydraulische Pressen ist ferner zu prüfen, ob die Öle außer den in Frage kommenden Metallen auch das Material der Ledermanschetten nicht angreifen.

2. Erstarrungspunkt.

Bohröle sollen bei Zimmertemperatur und mäßig starker Abkühlung homogen flüssig bleiben. Der Zusatz der wasserlöslichen Öle zum Wasser erniedrigt in der Regel den Gefrierpunkt des letzteren; eine 20%ige Ölemulsion ist z. B. noch bei — 5^0 flüssig; deswegen werden wasserlösliche Öle auch statt Glycerin als Füllflüssigkeiten für hydraulische Pressen und Druckleitungen bei tiefen Temperaturen benutzt.

Die Prüfung erfolgt nach den Richtlinien (s. S. 50) an den in der vorgeschriebenen Menge Wasser gelösten Flüssigkeiten. Die Dauer der Abkühlung beträgt 1—4 h.

3. Emulgierbarkeit und Beständigkeit.

Bei Ammoniakseife enthaltenden Ölen zersetzt sich die Seife an der Luft allmählich, und die Emulgierbarkeit läßt alsdann nach. Solche Öle müssen daher in gut verschlossenen Gefäßen aufbewahrt werden. Ihre Verwendung ist wegen der mangelnden Haltbarkeit zurückgegangen. Bei besseren Bohrölen soll die Emulsion mit Wasser eine haltbare weiße Milch darstellen.

Sofern es sich nur um emulgierbare und nicht um in Wasser klar lösliche Öle handelt, ist die Beständigkeit der 2—5- oder 10%igen Emulsion der Öle nach ein- oder mehrtägigem Stehen zu ermitteln.

Hierzu werden die Emulsionen in Schüttelmeßzylindern aufbewahrt und von Zeit zu Zeit beobachtet, ob und in welchen Mengen Trennungen der Flüssigkeit stattfinden. Seifenhaltige Öle verlieren ihre Emulgierbarkeit beim Behandeln mit Mineralsäure, Ammoniakseifen enthaltende Öle bereits beim Erhitzen.

Für die Prüfung des zur Herstellung von wasserlöslichen Ölen benutzten Emulgators werden folgende Punkte vorgeschlagen[1]: 1. Ölsäure-Mischbarkeitszahl, d. h. die Bestimmung der Menge freier Ölsäure, die nötig ist, um eine Mischung von 100 g Emulgator und 400 g Mineralöl gerade zu klären. 2. Ölsäure-Emulsionszahl, d. h. die Bestimmung derjenigen Ölsäuremenge, die maximal der Mischung zugesetzt werden darf, bevor die Qualität der Emulsion unter den Standard fällt. 3. Mineralölzahl, d. h. Bestimmung der Menge Mineralöl, die maximal mit 100 g des Emulgators gemischt werden darf, um noch eine Standard-Emulsion zu geben.

4. Zusammensetzung.

a) Der Wassergehalt wird durch Destillation von etwa 20 g Öl mit Benzin oder Xylol unter Zusatz von Bimssteinstückchen und wasserfreier Ölsäure zur Verhinderung des starken Schäumens der Seife nach S. 117 bestimmt. Da bei Gegenwart von Alkohol (s. unter b) dieser in dem durch Destillation erhaltenen Wasser enthalten ist, muß der nach d) bestimmte Gehalt an Alkohol vom Wassergehalt abgezogen werden. Klar erscheinende Öle können bis zu 50% Wasser enthalten.

b) Alkohol (Jodoformprobe). Das wässerige Destillat wird durch nochmalige Destillation über festem KOH zur Entfernung flüchtiger Säuren unter Verwendung einer gut wirkenden Kolonne (Golodetz oder Vigreux) fraktioniert und der leichtestsiedende Anteil nach S. 207 weiter geprüft. Quantitative Bestimmung siehe unter d).

c) Benzin. Nach Zersetzen des Öles mit verdünnter H_2SO_4 wird das Benzin direkt oder durch Einleiten von Wasserdampf übergetrieben und oberhalb des Wassers in einem Meßkolben mit engem graduierten Hals gemessen.

d) Benzin und Alkohol. Bei gleichzeitiger Gegenwart von Benzin und Alkohol destilliert man das Öl unter Zusatz von Ölsäure und Bimssteinstückchen, versetzt das Destillat unter Schütteln mit verdünnter Natronlauge, die den Alkohol aus dem Benzin völlig herauszieht, und destilliert die alkoholische Laugenschicht nach vorheriger Messung der Benzinmenge nochmals. Im Destillat wird alsdann die Alkoholmenge durch Ermittlung des spez. Gew. festgestellt.

e) Freie organische Säure. α) Bei Abwesenheit von Ammoniak (kein Ammoniakgeruch beim Erhitzen mit Natronlauge) wird die freie Säure in üblicher Weise durch Titration mit alkoholischer 0,1-n KOH bestimmt.

β) Bei Gegenwart von Ammoniakseife sättigt die Kalilauge nicht nur die freie Säure, sondern sie zersetzt bei weiterem Zusatz auch die vorhandene Ammoniakseife. Der Farbenumschlag mit Phenolphthalein tritt also beim Titrieren in der Wärme erst nach völliger Zersetzung der Ammoniakseife ein, und der Verbrauch an Alkali entspricht der vorhanden gewesenen freien Säure zuzüglich der an Ammoniak gebundenen.

Um letztere zu ermitteln, bestimmt man durch Erhitzen von 20—30 g Öl mit konz. Natronlauge im geräumigen Erlenmeyerkolben mit Reitmeyer-Aufsatz den Ammoniakgehalt des Öles indem man das übergehende Ammoniak in einer gemessenen Menge 0,1-n H_2SO_4 auffängt und die verbliebene Säuremenge mit 0,1-n KOH bei Gegenwart von Methylrot zurücktitriert.

Ist nur Ammoniak als Base zugegen, so läßt es sich auch durch einfache Titration einer wässerigen Emulsion des Öles mit 0,5-n HCl bei Gegenwart von Methylrot bestimmen. Die der gefundenen Ammoniakmenge entsprechende Säuremenge, berechnet als Säurezahl, zieht man von dem durch direkte Titration des Öles gefundenen Säuregehalt ab. Die Differenz entspricht dem Gehalt an freier Säure.

f) Gehalt an Ammoniak und Ammoniakseifen berechnet sich aus den unter e), β) gefundenen Daten ohne weiteres.

---

[1] Hart: Ind. engin. Chem. **21**, 85 (1929).

g) **Unverseifte Neutralstoffe** werden aus dem mit Benzin und alkoholischer 0,1-n KOH (Alkohol 50 vol.-%ig) geschüttelten Öl nach S. 114 quantitativ ausgezogen. Das in der Benzinlösung verbleibende Neutralöl wird in üblicher Weise auf Menge und Art von vorhandenem fetten Öl, Mineralöl, Harzöl, Teeröl usw. geprüft. Die unverseifbaren Anteile des schweren Kienteeröls sind dem Harzöl ähnlich.

h) **Gehalt an Alkaliseife.** 10 g Öl werden in 100 ccm Petroläther gelöst und mehrfach mit 50%igem Alkohol ausgeschüttelt, wodurch die Seifen in die alkoholischen Lösungen gehen. Diese werden eingedampft, getrocknet und gewogen. Da etwa vorhandene Ammoniakseife sich beim Eindampfen unter Hinterlassung freier Säure zersetzt, so ist zu dem gefundenen Gewicht der nach e), β) ermittelte Ammoniakgehalt zu addieren. Ob Natron- oder Kaliseife zugegen ist, prüft man durch Flammenfärbung, auf Kaliseife im Zweifelsfalle auch durch Behandeln der gewogenen Seifen mit Salzsäure und Versetzen der sauren Lösung mit Überchlorsäure.

i) **Kennzeichnung der organischen Säuren.** Harzsäuren werden durch ihre äußere Beschaffenheit und die **Morawski**sche Reaktion (S. 330) erkannt)[1].

Fettschwefelsäuren haben hohen Schwefelgehalt, scheiden sich beim Ansäuern ihrer Lösungen mit Mineralsäure als schweres Öl am Boden ab (falls in größerer Menge vorhanden) und spalten beim Erhitzen mit Salzsäure leicht Schwefelsäure ab. Liegt die Jodzahl des mit Salzsäure erhitzten Materials nicht merklich unter 70, die Acetylzahl > 125, so ist zu vermuten, daß reines Ricinusöl zur Herstellung der Fettschwefelsäure verwendet war. Nachweis von Naphthensäuren s. S. 438[2].

S. Pech- und asphaltartige Destillationsrückstände.

(Erdölasphalt, auch Petroleumasphalt, Petroleumpech, Erdölpech genannt.)

(Bearbeitet von W. Bleyberg.)

I. Technologisches und Terminologie.

Die dunklen zähflüssigen bis weichpechartigen Rückstände der Erdöldestillation werden als „Goudron" (französisch = Teer), die stärker abgetriebenen, härteren und zum Teil spröden Rückstände als (Blasen-) „Asphalt" oder „Pech" bezeichnet; sie dienen je nach Konsistenz, Erweichungspunkt usw. zum Imprägnieren von Dachpappen, zur Herstellung von Asphaltisolierplatten, von Elektrizitäts-Isoliermaterial, von Asphaltlacken, Heißwalzenbriketts, Schmierölen für untergeordnete Zwecke, Wagenfetten u. a.

Als Bindemittel für den Straßenbau, sowie als Erweichungs- oder Fluxmittel für spröde Naturasphalte gelten vielfach Erdölasphalte für um so besser, je paraffinärmer sie sind (vgl. S. 418). **Richardson** unterscheidet dementsprechend die als Fluxmittel und Bindemittel für Straßenbauzwecke ungeeigneten paraffinhaltigen Erdölasphalte (Ohio- und Pennsylvaniaöl), halbasphaltische Fluxe (Texasöl) von höherem spez. Gew. sowie von geringerem Paraffingehalt und Lösungsvermögen

---

[1] Quantitative Harzbestimmung s. S. 874.

[2] Über Nachweis und Untersuchung der Bohrölersatzstoffe, die während des Krieges und in der ersten Nachkriegszeit infolge der Fettnot eine gewisse Rolle spielten, wie Sulfitpechlösungen, Zellstoffablauge, Pflanzenschleim u. dgl., s. **Marcusson**: Ztschr. angew. Chem. **30**, 288, 291 (1917); 6. Aufl. dieses Buches, S. 302.

für schwerlösliche Asphaltite (z. B. Grahamit), ferner asphaltische Fluxe, z. B. aus kalifornischem Öl, welche das höchste spez. Gew. und geringsten Gehalt an Paraffin und sonstigen gesättigten Kohlenwasserstoffen haben, aber wegen des hohen Asphaltgehaltes den größten Koksrückstand geben.

Außer den unmittelbar als Destillationsrückstände hinterbleibenden Erdölasphalten spielen auch die sog. „geblasenen Asphalte", welche aus öligen Destillationsrückständen asphaltbasischer Erdöle durch z. B. 5—12std. Erhitzen auf 270—300⁰ unter Durchleiten von Luft erhalten werden, eine bedeutende Rolle. Sie sind weicher als gewöhnliche Erdölasphalte vom gleichen Schmelzpunkt und Gehalt an flüchtigen Stoffen (aus dem gleichen Rohöl) und gegenüber Temperaturschwankungen und Witterungseinflüssen weniger empfindlich als diese; bei sorgfältiger Herstellung aus geeigneten Rohölen sind sie den Naturasphalten gleichwertig[1].

Mexikanische, kalifornische und venezolanische Erdölasphalte werden wegen ihres sehr geringen Gehaltes an anorganischen Stoffen und Paraffin bei hoher Klebkraft und Dehnbarkeit (Duktilität) viel für den Straßenbau verwendet, auch in Form von Emulsionen mit Wasser.

Terminologie. Die Frage der richtigen Anwendung der Ausdrücke „Bitumen" und „Asphalt" ist noch nicht völlig geklärt. Während man zuweilen unter „Bitumen" die natürlichen oder künstlichen Kohlenwasserstoffgemische (einschließlich der beigemengten O-, S- und N-Verbindungen), also Erdöl, Erdwachs, Naturasphalt, Teere und Peche, gelegentlich aber nur die in CS_2 löslichen Anteile dieser Stoffe[2] (das reine „Bindemittel" unter Ausschluß der Mineralstoffe und des sog. „freien Kohlenstoffs") versteht, gehen die neueren Bestrebungen dahin, den Ausdruck „Bitumen" lediglich auf die natürlich vorkommenden Stoffe dieser Art, einschließlich der ohne chemische Veränderung (einfache Destillation oder Ausfrieren) daraus gewinnbaren Produkte zu beschränken, d. h. auf Erdöl, dessen Destillate und Rückstände, Paraffin, Erdwachs, Naturasphalte, Montanwachs[3]. Abraham lehnt sogar — im Gegensatz zu der sonst üblichen Terminologie — für die Erdölasphalte die Bezeichnung „Bitumen" ab, weil sie zum Teil erst während der Destillation durch Polymerisation oder Kondensation anderer Erdölbestandteile gebildet werden, also keine natürlichen, sondern pyrogene Produkte darstellen. Als Sammelbezeichnung für die Bitumina selbst und alle Stoffe, die Bitumen enthalten (z. B. Ölschiefer, Asphaltgestein), in Aussehen, Löslichkeit oder anderen physikalischen Eigenschaften oder in der chemischen Zusammensetzung bitumenähnlich sind (Erdölrückstände, Teer, Pech u. dgl.) oder bei der destruktiven Destillation bitumenähnliche Stoffe liefern (sog. „Pyrobitumen", d. h. Kohlen, Torf, Albertit, Elaterit u. dgl.), empfiehlt Abraham den Ausdruck „bituminöse Stoffe".

Als „Asphalt" gelten nach den neueren Definitionen nur die Naturasphalte und die ihnen verwandten Erdölasphalte, während man früher auch die Teerpeche mitunter als „künstliche Asphalte" bezeichnet hat. Letztere sollen nunmehr nur als „Pech" mit Angabe der Herkunft (Steinkohlen-, Braunkohlenteer-, Schieferteerpech) bezeichnet werden.

---

[1] Abraham: Asphalts and Allied Substances, 3. Aufl., S. 341. New York 1929.

[2] In diesem Sinne spricht man z. B. auch von einem „Bitumen"gehalt in Dachpappen, Isolierfilzpappen, Stampfasphalt usw.

[3] Vgl. die Zusammenstellungen der gebräuchlichen Definitionen bei H. Mallison Teer, Pech, Bitumen und Asphalt. Halle: W. Knapp 1926, sowie bei Abraham: l. c., S. 26f., ferner den deutschen Normenentwurf DIN DVM 4301: Erdöl u. Teer **9**, 237 (1933).

Richardson nennt die bei 7std. Erhitzen auf 180⁰ flüchtigen Bestandteile des Asphaltbitumens Petrolene, die dann mit Petroleumbenzin von $d = 0,729$ extrahierbaren: Malthene, die hierauf mit CCl_4 extrahierbaren: Asphaltene und die schließlich mit CS_2 extrahierbaren: Carbene. Das Nichtlösliche ist Nicht-Bitumen.

Tabelle 93. Technische Eigenschaften verschiedener

Herkunft	Trinidad		Selenizza		Mexiko		
Handelsbezeichnung [1]	Epuré	Rein-bitumen	Epuré	Rein-bitumen	25/30	54/58	60/70
d_{25}	1,40	1,070	1,23	1,080	1,030	1,0575	1,0430
Penetration bei 25⁰	keine	keine	keine	keine	194	13	25
Schmelzpunkt (Ring und Kugel) ⁰ C	95	75	129	123	40	73	86
Erweichungspunkt Kraemer-Sarnow ⁰ C	77	65	110	114	27	60	69
Tropfpunkt Ubbelohde ⁰ C	110	93	140	146	54	86	99,5
Flammpunkt o. T. ⁰ C	238	238	297	296	232	328	249
Brennpunkt ⁰ C	276	276	331	331	274	368	288
Brechpunkt nach Fraaß ⁰ C	$+19$	$+15$	>25	>25	$-24,3$	-3	-8
Duktilität bei 25⁰ cm	keine	keine	keine	keine	>150	17	5,5
Float-Test bei 100⁰ sec	1492	645	(fest)	(fest)	52,5	195	570
Fadenlänge cm	3	9	5	5	>18	>18	>18
Verdunstungsverlust [2] 5 h 163⁰ DIN %	1,10	1,18	0,6	0,7	1,34	0,0	0,344
Verdunstungsverlust [2] 5 h 163⁰ ASTM %	0,05	0,08	0,0	0,0	0,287	0,0	0,033
Nach der DIN-Verdampfung { Penetration bei 25⁰	—	—	—	—	100	9	18,5
Schmelzpunkt (Ring u. Kugel) ⁰ C	—	—	—	—	48	73	93,5
Erweichungspunkt Kraemer-Sarnow ⁰ C	—	—	—	—	34	59	76
Tropfpunkt Ubbelohde ⁰ C	—	—	—	—	60	87	108
Duktilität bei 25⁰ cm	—	—	—	—	>150	6,5	3,5
Nach der ASTM-Ver-dampfung { Penetration bei 25⁰	—	—	—	—	165	13	23,5
Schmelzpunkt (Ring u. Kugel) ⁰ C	—	—	—	—	42	71,5	87
Erweichungspunkt Kraemer-Sarnow ⁰ C	—	—	—	—	28,5	60	70
Tropfpunkt Ubbelohde ⁰ C	—	—	—	—	56	86	101
Duktilität bei 25⁰ cm	—	—	—	—	>150	10	4,5
Asche %	41,18	0,15	15,18	0,14	0,12	0,23	0,13
Organische Verunreinigungen (Koks) %	0,2	0,0	0,2	0,0	0,0	0,0	0,0
Fr. Kohlenst. n. Standard-Meth. [3] %	55,68	24,40	38,0	27,5	15,6	19,8	19,1
Schwefel %	4,65	5,50	6,25	7,40	6,0	6,5	6,6
Säurezahl	6,0	9,45	2,35	2,90	0,6	0,26	5,3
Hartasphalt %	15,35	26,14	38,20	45,20	16,8	19,9	33,70
Weichasphalt %	7,35	12,54	9,72	11,50	20,8	33,6	7,70
Gesamtasphalt %	22,70	38,68	47,92	56,70	37,6	53,5	41,40
Öl und Paraffin %	35,92	61,32	36,70	43,30	62,4	46,5	58,6
Raffinierte ölige Anteile %	18,70	31,90	20,70	24,50	40,2	28,7	31,00
Harze %	17,25	29,42	15,90	18,80	22,2	17,8	27,60
Weichasphalt und Harze %	24,60	41,96	25,62	30,30	43,0	51,4	35,30
Paraff. in Alkoh.-Äther (Bleicherde) [4] %	0,25	0,44	0,59	0,70	0,80	0,97	0,80
Paraffin in Alkohol-Äther (H_2SO_4)* %	—	0,40	—	0,58	—	—	—
Paraffin in Alkohol-Äther (DIN) %	—	0,28	—	0,40	0,75	0,97	0,75
Paraffin, ber. auf raffin. ölige Anteile %	0,81	1,38	1,72	2,03	2,02	3,38	2,68
Paraffinfreie ölige Anteile %	18,45	31,46	20,1	23,8	39,40	27,73	30,20

[1] Die Zahlen geben den ungefähren Erweichungspunkt Kraemer-Sarnow an. [2] Pluszeichen vor den Zahlen bedeuten hier, daß an Stelle einer Gewichtsabnahme eine Zunahme eingetreten ist (vgl. S. 417). [3] Einschließlich Asche.

H. Pöll[1] findet die Richardsonsche Trennungsmethode für die verschiedenen Gruppen nicht scharf genug, ebenso die Trennung mit Petroläther und Alkohol-Äther (entsprechend der Bestimmung der Hart- und Weich-Erdöl- und Naturasphalte nach J. Manheimer.

Venezuela			Rumänien		Deutschland				Polen	
25/30	54/58	60/70	25/30	54/58	28/32	55/65	70/80	40/50	25/35	60/70
1,012	1,035	1,042	1,014	1,031	1,026	1,066	1,082	1,0065	1,038	1,05
189	13	7	146	19,5	143	10	5	162	92,5	5,5
38,5	72	84,5	41	70	40,5	78	94,5	66	44,5	78
26	56,5	68,5	31	57,5	31	65	79	60,5	35	66
50,5	86	99,5	50	78	53	88,5	105	93	55	91,5
288	348	354	269	301	339	343	348	350	297	357
335,5	387	383,5	371	371	380	382	383,5	382	351	400
—23	+1	+8	—9	0,0	—15	+3	+12	—13	—9	+14
>150	15	3,5	>150	6,5	>150	4	0	8	91	keine
47	168	328	43,5	166	50	235	790	145	46	56
>18	>18	16	>18	14	>18	14	9	8	4	8
0,09	0,04	0,03	0,506	0,372	+0,0715	+0,0313	+0,03	+0,0281	0,03	+0,07
0,022	0,00	0,004	0,168	0,113	0,00	0,0	0,0	0,0	0,02	+0,01
132	8	5,5	66	15	96	7	3,0	120	56	3,5
42	75	88	48	78	44,5	84	102	70	53	83,5
31,5	63	75	40	66	34	69	84	62	43	71,5
54	91	105	57	88	58	95	111	102	59	96
>150	6	—	127	4	>150	3	0	6	20	keine
174	12	6,5	118	18	118	8	3,5	143	88	5,0
39,5	73	86	43	71	42	80,5	97	67,5	48	81,5
27	58	70	33	59	33	67	80,5	57	38	69,5
53	88	103	50,5	82	54,5	90,5	106,5	93	56	93,5
>150	8,5	—	150	5	>150	4	0	7,8	88	keine
0,29	0,23	0,22	0,63	0,45	1,24	1,75	1,60	0,17	1,43	0,04
0,0	0,0	0,0	0,64	1,2	0,5	1,80	2,5	1,50	0,9	0,38
15,88	22,15	24,55	19,00	22,3	20,90	32,9	38,00	24,6	24,61	28,1
3,09	3,35	3,30	0,483	0,545	1,60	1,60	1,65	1,00	0,71	0,71
0,447	0,067	0,28	0,505	0,27	0,45	0,26	0,24	0,29	0,61	0,02
11,48	18,20	21,00	17,55	23,35	12,20	25,50	30,50	12,40	17,17	24,00
13,10	19,90	22,60	3,45	8,55	12,22	7,80	7,00	15,40	7,03	3,40
24,58	38,10	43,60	21,00	31,90	24,42	33,30	37,50	27,80	24,20	27,40
75,42	61,90	56,40	79,00	68,10	75,58	66,70	62,50	72,20	75,80	72,60
46,10	37,00	33,50	45,00	34,70	47,50	31,60	28,00	45,00	51,0	31,60
29,32	24,90	22,90	34,00	33,40	28,08	35,10	34,50	27,20	24,80	41,00
42,42	44,80	45,50	37,45	41,95	40,30	42,90	41,50	42,60	31,83	44,40
2,60	2,40	2,20	6,60	4,10	5,25	4,10	3,40	22,0	29,3	6,53
—	—	—	—	—	—	—	—	—	29,5	6,45
2,10	1,75	1,65	5,40	3,50	3,45	2,60	2,30	14,00	10,15	4,83
4,55	4,74	4,92	14,70	11,80	11,05	13,00	12,10	48,8	57,5	20,70
43,50	34,60	31,30	38,40	30,60	42,25	27,50	24,6	23,0	21,7	25,07

[4] Nach Suida u. Kamptner: Asphalt u. Teer **31**, 669 (1931).   * DIN-Methode, aber ohne Destillation.

[1] H. Pöll: Erdöl u. Teer **8**, 350, 366 (1932).

asphalte nach S. 166 u. 168) und einige andere Verfahren (Behandlung mit Alkohol und Äther nacheinander[1], mit Benzol, Petroläther und H_2SO_4*, mit Formaldehyd und H_2SO_4**). Er empfiehlt die schon von Marcusson und Picard[2] sowie von Suida und Kamptner[3] — in Anlehnung an frühere, mit schweren Ölen ausgeführte Arbeiten von Holde und Eickmann[4] und Gurwitsch[5] — vorgeschlagene Trennung der Asphaltstoffe durch Adsorption mit Bleicherden und fraktionierte Extraktion mit verschiedenen Lösungsmitteln; durch weiteren Ausbau dieser Verfahren gelangt er zu folgender Arbeitsweise, durch welche der Asphalt in 4 Gruppen: Öl, Erdölharz, Asphaltharz und Hartasphalt, zerlegt wird:

Der Asphalt wird direkt mit der 10fachen Menge Petroläther (Kp. bis 50°) gerollt, d. h. kalt extrahiert. Nach 24 h wird die Lösung von den sog. Asphaltenen abfiltriert und direkt mit der doppelten oder 3fachen Menge Bleicherde (auf Asphalt gerechnet) am Roller behandelt. Das Filtrat wird nochmals mit Bleicherde behandelt und diese wieder mit Petroläther erschöpfend gewaschen, die Lösungen werden vereinigt und eingedampft (Erdölanteil).

Die Bleicherde wird nun mit $CHCl_3$ erschöpfend extrahiert, und zwar ohne vorherige Trocknung, da hierbei leicht eine Verharzung der darin enthaltenen Stoffe eintritt, was die Resultate erheblich beeinflussen kann. Die vereinigten Extrakte werden eingedampft und zur Entfernung der letzten Reste $CHCl_3$ nach Lösen in etwas Petroläther nochmals am Wasserbad eingedampft (Erdölharze).

Die mit Petroläther gefällten Asphaltene (Asphaltharze + Hartasphalt) werden in $CHCl_3$ gelöst und mit der noch mit Asphaltharzen beladenen Erde so lange am Roller belassen, bis die Chloroformlösung wasserhell ist, d. h. Hartasphalt und Asphaltharz von der Erde aufgenommen sind. Nach Filtration des $CHCl_3$ wird die Erde, ohne vorher getrocknet zu werden, mit Pyridin erschöpfend kalt extrahiert; die vereinigten Extrakte werden im Vakuum (in CO_2- oder N_2-Atmosphäre) konzentriert und das Konzentrat in heißes Wasser eingegossen, wobei die Asphaltharze flockig ausfallen. Diese werden abfiltriert, nach gründlichem Waschen mit heißem Wasser bei 100° getrocknet, mit Benzol vom Filter gelöst, eingedampft und gewogen.

Der in der Bleicherde verbliebene Rest wird aus dieser mit einer Mischung Pyridin-Schwefelkohlenstoff (etwa 1 : 1) quantitativ extrahiert und nach Abdestillieren des CS_2 wie die Asphaltharze durch Konzentrieren im Vakuum, Eingießen in Wasser usw. isoliert (Hartasphalt).

Nach Nellensteyn[6] sind die Asphalte (Naturasphalte ebenso wie Erdölasphalte) kolloide Lösungen von Kohlenstoff in Ölen, die durch vom Kohlenstoff adsorbierte Schutzkörper stabil erhalten werden. Von den Richardsonschen Gruppen wären hiernach Petrolene und Malthene als

[1] B. Simmersbach: Bitumen **19**, 218 (1921).
* Marcusson u. Eickmann: vgl. S. 427/28.
** Formolitreaktion von Nastjukoff: vgl. S. 173; Marcusson: Chem.-Ztg. **35**, 729 (1911).
[2] Marcusson u. Picard: ebenda **48**, 339 (1924).
[3] Suida u. Kamptner: Asphalt u. Teer **31**, 669 (1931); H. Kamptner: Diss. Techn. Hochsch. Wien 1931.
[4] Holde u. Eickmann: Mitt. Materialprüf.-Amt Berlin-Dahlem **25**, 148 (1907): Aufsaugen des Öles in aktiver Kohle und Extraktion mit Petroläther, Benzin, Äther und Benzol nacheinander.
[5] Gurwitsch: Petroleum **20**, 903 (1924); Wissenschaftl. Grundlagen, 2. Aufl., 1924, S. 340: Wie Holde u. Eickmann, nur unter Verwendung von Bleicherde statt Kohle.
[6] Nellensteyn: Diss. Delft 1923; Asphalt u. Teer **29**, 504 (1929); vgl. R. Wilhelmi: Erdöl u. Teer **8**, 336 (1932).

öliges Medium, Asphaltene als Kohlenstoff mit Schutzkörpern, Carbene als Kohlenstoff mit weniger Schutzkörpern, nichtmineralisches Nichtbitumen als Kohlenstoff mit sehr wenig Schutzkörpern zu deuten [1]. Die lösende oder ausflockende Wirkung der Lösungsmittel (Petroläther, CCl_4 usw.) gegenüber den verschiedenen Stoffgruppen hängt nach Nellensteyn mit ihrer Oberflächenspannung gegen Luft zusammen: Je kleiner diese ist (Äther 17,1 dyn/cm, Petroläther 17,4 dyn/cm bei 20°), um so geringer ist das Lösungsvermögen. Die besten Lösungsmittel für Asphalte und Peche, Pyridin, Anilin und Nitrobenzol, haben im Einklang mit dieser Theorie die höchsten Oberflächenspannungen von 35,5, 42,5 und 42,5 dyn/cm bei 20°.

Die chemische Identifizierung eines Bitumens ist häufig recht schwierig, da die Natur- und Kunstprodukte in ihrer Zusammensetzung schwanken und Übergänge vorkommen. Vereinzelt zeigen Naturasphalte sogar die sonst als Kennzeichen für Steinkohlenteer bzw. -teerpech geltende Anthrachinonreaktion, während andererseits bei niedriger Temperatur gebildete, heute allerdings technisch kaum noch eine Rolle spielende Steinkohlenteere („Urteere", auch der früher gewonnene Meilerteer) anthracenfrei sind. Das Vorhandensein oder Fehlen der hier erwähnten Unterscheidungsmerkmale läßt deshalb nicht in allen Fällen richtige Schlüsse auf die Herkunft zu.

Tabelle 93 zeigt die technischen Analysen einer Anzahl von Erdölasphalten im Vergleich zu Trinidad- und Selenizza-Naturasphalt nach J. Manheimer [2]. Man ersieht hieraus zugleich die Unterschiede, welche durch die Verschiedenheit der Prüfmethoden bedingt sind (z. B. Erweichungspunkt Kraemer-Sarnow gegen Ring- und Kugelmethode, Verdampfungsverlust DIN gegen ASTM, Paraffingehalt nach verschiedenen Methoden).

II. Physikalische und mechanische Prüfungen.

1. Spezifisches Gewicht.

Das spez. Gew. gibt einen Anhalt dafür, ob ein Destillationsrückstand durch weitgehende oder mäßige Abtreibung von Destillaten erhalten ist.

Bestimmung: In der Regel im Lungeschen Wägegläschen (S. 562) oder nach dem S. 4 beschriebenen Verfahren für kleine Substanzmengen bzw. nach der Alkoholschwimmethode (s. S. 6). Ist nur zu entscheiden, ob ein Mineralöl-Destillationsrückstand nach Nr. 243 des deutschen Zolltarifs zollfrei eingeführt werden darf, d. h. ob sein spez. Gew. oberhalb 1,0 liegt, so läßt man einen Tropfen des in größerer Menge gut durchgeschmolzenen, aber nicht überhitzten Asphaltes in ein mit Wasser von + 15° gefülltes Becherglas fallen und beobachtet, ob der $^1/_2$ h im Wasser verweilende Tropfen zu Boden sinkt oder schwimmt. Luftbläschen müssen sorgfältig mit einer Federfahne entfernt werden.

Zollfrei sind im Wasser untersinkende Destillationsrückstände nur, soweit sie pechartig sind, d. h. einen Tropfpunkt nach Ubbelohde bei 60° oder darüber besitzen.

Nach Abraham [3] haben normale Erdölasphalte d_{25} 1,00—1,17, geblasene Asphalte 0,90—1,07.

---

[1] Vgl. Wilhelmi: l. c., S. 353.
[2] J. Manheimer: Petroleum **28**, Heft 16, 6 (1932).
[3] Abraham: Asphalts, 3. Aufl., S. 339.

2. Erweichungspunkt.

Die Höhe des Erweichungspunktes eines Peches ist von Bedeutung für seine Benutzung als Schmiermittel für Heißwalzenstraßen und zur Herstellung von geschmeidigen Lacken oder elastischen Bauasphalten; für heißere Gegenden werden z. B. höher schmelzende Asphalte zur Straßenpflasterung verlangt.

Bestimmung: In Deutschland nach Kraemer-Sarnow, in USA. und England nach der Ring- und Kugelmethode.

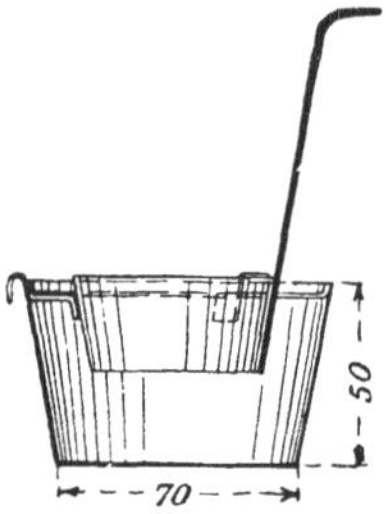

a) Bestimmung nach Kraemer-Sarnow[1].

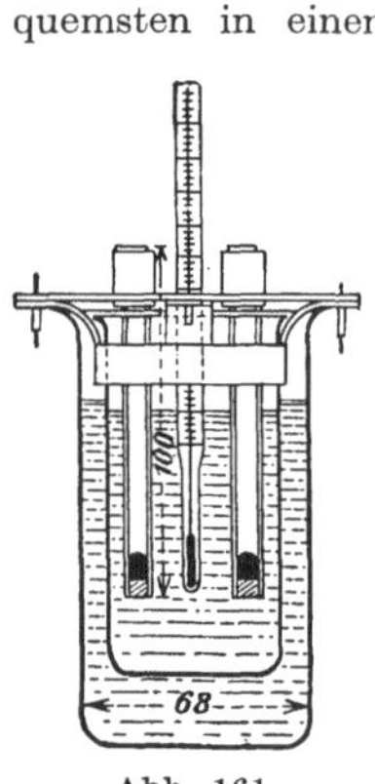
Abb. 160. Gefäß zum Aufschmelzen des Peches.

25 g Pech werden in einem kleinen Blechgefäß mit ebenem Boden (Abb. 160) in einem Ölbade bei etwa 150⁰ geschmolzen (Höhe der geschmolzenen Pechschicht etwa 10 mm). In das Pech taucht man ein etwa 10 cm langes, an beiden Enden offenes, innen 6—7 mm weites Glasröhrchen bis zu einer 5 mm hoch angebrachten Strichmarke ein, schließt beim Herausnehmen des Röhrchens die obere Öffnung mit dem Finger und läßt das mit Pech gefüllte Ende unter Drehen in waagerechter Richtung an der Luft, bei leicht schmelzenden Pechen auf Eis erkalten. Sobald das Pech nicht mehr fließt, nimmt man die an der äußeren Wand des Röhrchens haftenden Teile desselben leicht mit dem Finger fort. Auf die Pechschicht im Rohr gibt man 5 g Quecksilber, welches am bequemsten in einem mit Teilstrich versehenen Röhrchen abgemessen wird, und hängt das so beschickte Röhrchen in ein mit Wasser gefülltes Becherglas[2], das in ein zweites mit Wasser gefülltes Becherglas eingehängt ist (Abb. 161). Das Quecksilbergefäß des in das innere Becherglas eintauchenden Thermometers steht in gleicher Höhe mit der Pechschicht im Röhrchen. Man erhitzt nun so, daß die Temperatur um 1⁰/min steigt; die Temperatur, bei welcher das Quecksilber die Pechschicht durchbricht, gilt als Schmelz- bzw. Erweichungspunkt des Peches.

Abb. 161. Apparat von Kraemer-Sarnow zur Bestimmung des Erweichungspunktes von Pechen.

Um das Pech genau 5 mm hoch in die Röhrchen einzufüllen, nimmt man nach Barta[3] ein an beiden Seiten abgeschliffenes, 5 mm langes, innen 6 mm weites Glasröhrchen zu Hilfe. In dieses wird auf einer befeuchteten Glasplatte der aufgeschmolzene Asphalt so eingefüllt, daß sich eine kleine Kuppe bildet, die nach dem Erkalten mit einem angewärmten Messer abgeschnitten wird. Das so vorbereitete Röhrchen wird mit Hilfe eines kleinen Gummischlauches an ein gleich weites, 10 cm langes Glasrohr Glas an Glas angesetzt.

Noch einfacher ist folgender Vorschlag von H. Abraham[4]: Man hält das 8—10 cm lange Röhrchen so, daß die Einfüllmarke oben steht, schiebt von unten her einen an einem Draht befestigten, genau passenden Kork-, Holz- oder Wattepfropfen hinein und gibt 5 g Quecksilber darauf (Abb. 162). Nachdem man durch Verschieben des Pfropfens den Quecksilbermeniscus genau auf die Einfüllmarke (5 mm unterhalb des oberen Endes des Röhrchens) eingestellt hat, füllt man das Röhrchen oberhalb des Quecksilbers ganz mit dem geschmolzenen Pech, läßt dieses erstarren und schneidet es an der Oberfläche glatt. Dann kehrt man das Röhrchen wieder um, zieht den Pfropfen heraus und setzt das Röhrchen in den Apparat ein.

Mit Rücksicht auf die Giftigkeit des Quecksilbers wurden neuerdings andere Druckkörper vorgeschlagen, z. B. Wasser[5]. Während das von Böhm empfohlene

---

[1] Kraemer-Sarnow: Chem. Ind. **26**, 55 (1903).

[2] Für hochschmelzende Peche füllt man beide Gläser mit Glycerin.

[3] Barta: Chem.-Ztg. **30**, 30 (1906).

[4] H. Abraham: Proc. Amer. Soc. Test. Mater. **9**, 575 (1909); **11**, 673 (1911).

[5] Heydecke: Teer u. Bitumen **26**, 567 (1928).

5 g schwere Messingstäbchen gelegentlich stark abweichende Resultate gab[1], sollen nach Spilker[2] 5 mm starke, zylindrische, unten halbkugelförmig abgedrehte, 8,0 g schwere Stäbchen aus Letternmetall (80% Blei, 20% Antimon) genau mit den Quecksilberwerten übereinstimmende Ergebnisse liefern. H. Burstin[3] fand jedoch sowohl mit dem 5-g-Messingstäbchen wie mit dem 8-g-Letternmetallstäbchen (gegenüber dem Quecksilberverfahren) meist etwas zu niedrige Werte. Insbesondere scheint, wegen der Zähigkeit des geschmolzenen Pechs, die Dicke des Stäbchens die Resultate sehr zu beeinflussen.

b) **Erweichungspunkt nach der Ring- und Kugelmethode** (Standard-Methode in USA.[4], England[5] und Italien[6]; wird auch in Deutschland viel benutzt).

Das Verfahren beruht auf dem gleichen Prinzip wie dasjenige von Kraemer-Sarnow; nur dient als Druckkörper statt des Quecksilbers eine Stahlkugel. Für die Einzelteile des Apparates[7], dessen Zusammenstellung Abb. 163 zeigt, gelten folgende Vorschriften der A.S.T.M.[8]:

Der „Ring" A ist ein 6,35 mm ($^1/_4''$) langes Stückchen Messingrohr von 15,875 mm ($^5/_8''$) l. W. und 2,38 mm ($^3/_{32}''$) Wandstärke (Toleranz für lichte Weite und Wandstärke je 0,25 mm), das an einem 1,83 mm starken Messingdraht B in der aus Abb. 163 ersichtlichen Weise befestigt (z. B. angelötet) ist.

Die Stahlkugel C (z. B. eine Kugellagerkugel) hat 9,53 mm ($^3/_8''$) Ø und wiegt 3,50 ± 0,05 g.

Das Thermometer D ist ein auf volle Eintauchtiefe geeichtes Stabthermometer von 6—7 mm (nach I.P.T. 6,5—7,5 mm) Dicke und 378—384 mm (I.P.T. 300 ± 5 mm) Länge mit 9—14 mm langem, 4,5—5,5 mm dickem Quecksilbergefäß. Für Erweichungspunkte bis 80⁰ benutzt man ein Thermometer mit Meßbereich — 2 bis + 80⁰ und Teilung in 0,2⁰, für höhere Temperaturen ein in 0,5⁰ geteiltes, von 30—160⁰ reichendes Thermometer (I.P.T.: durchweg 0—160⁰ C, in 1⁰ geteilt, Skalenlänge 170—200 mm). Die Länge der Skala beträgt etwa 260 mm, ihr tiefster Punkt (0 bzw. 30⁰) liegt 75 bis 90 mm über dem Boden des Quecksilbergefäßes.

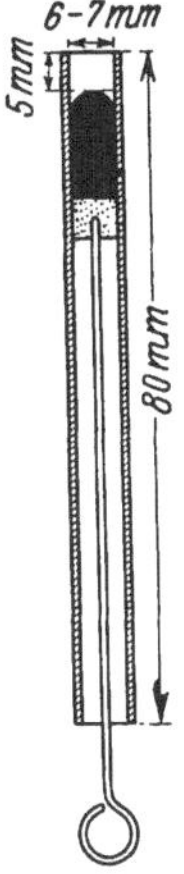

Abb. 162.
Füllung des
Kraemer-
Sarnow-
Röhrchens
nach
H. Abraham.

Das Becherglas E (etwa 600 ccm Inhalt) muß mindestens 85 mm weit und 105 mm hoch sein; es wird vor dem Versuch 82,5 mm ($3^1/_4''$) hoch mit frisch ausgekochtem (luftfreiem) Wasser von 5⁰ bzw. für über 80⁰ liegende Erweichungspunkte mit reinem Glycerin (Pharmakopöequalität) von 32⁰ gefüllt.

Zum Einfüllen des Pechs usw. setzt man den Ring A auf eine Unterlage aus amalgamiertem Messing und gießt das geschmolzene Untersuchungsmaterial luftblasenfrei hinein, so daß nach dem Erkalten eine kleine Kuppe bleibt, die mit einem angewärmten Messer glatt abgeschnitten wird.

Nunmehr setzt man den gefüllten Ring so in das Bad, daß seine untere Fläche genau 25,4 mm (1'') über dem Boden des Becherglases (innen), seine obere Fläche somit 50,8 mm (2'') unter dem Flüssigkeitsspiegel liegt (s. Abb. 163), befestigt das Thermometer (Quecksilberkugel in gleicher Höhe und dicht neben dem Ring, aber ohne ihn zu berühren), legt die Kugel ebenfalls ins Bad (nicht auf die Probe[9]) und

---

[1] Holde: Petroleum **25**, 411 (1929).

[2] Spilker: Ztschr. angew. Chem. **42**, 263 (1929).

[3] H. Burstin: Petroleum **26**, 789 (1930).

[4] A.S.T.M.-Methode D 36—26 (Jber. 1932 des Comm. D 2, S. 228).

[5] I.P.T.-Standard-Methoden, 2. Aufl., S. 109, Meth. A. 20. London 1929.

[6] Norme Italiane, 2. Aufl., S. 91. Mailand 1928.

[7] Der Apparat wird in Deutschland von Gustav Heyde, Dresden-N, Kleiststraße 10, auch in einer für mehrere gleichzeitige Bestimmungen geeigneten Ausführungsform, hergestellt.

[8] Soweit nicht Abweichungen ausdrücklich erwähnt sind, gelten die obigen Angaben auch für I.P.T.

[9] Nach I.P.T.-Vorschrift im Gegenteil „auf die Probe".

hält den ganzen Apparat zur Temperierung $1/4$ h lang auf der Anfangstemperatur (5⁰ bzw. 32⁰).

Hierauf bringt man die Kugel mitten auf das Probematerial im Ring und erhitzt so, daß die Badtemperatur um genau $5 \pm 0,5^0$ pro min steigt. Als Erweichungspunkt gilt diejenige Temperatur (ohne Fadenkorrektur), welche das Thermometer anzeigt, wenn das geschmolzene Pech usw. den Boden des Glases berührt.

Während des Versuches darf das Bad nicht gerührt werden; zur Erzielung regelmäßiger Wärmeströmungen setzt man deshalb bei Verwendung des viscosen Glycerins den Brenner etwas seitlich unter das Becherglas und befestigt den Ring ebenfalls, aber nach der entgegengesetzten Richtung, etwas abseits von der Badmitte.

Wiederholungsversuche sollen auf $\pm 0,5^0$ übereinstimmende Resultate liefern.

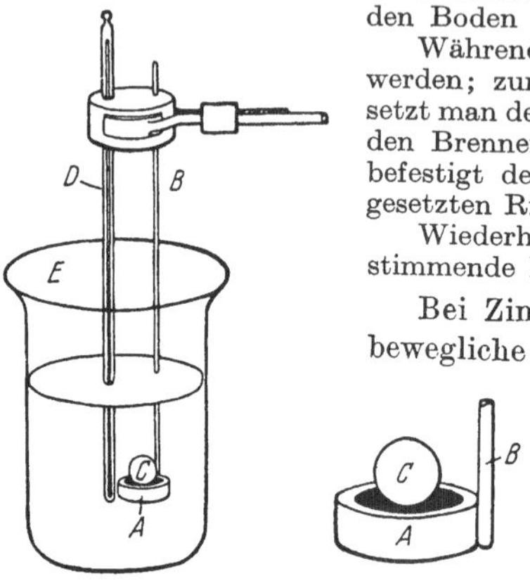

Bei Zimmertemperatur mit dem Glasstab noch bewegliche Erdölpeche verschiedener Herkunft hatten nach Kraemer-Sarnow Erweichungspunkt 25—40⁰, gänzlich starre Proben 40⁰ und darüber. Die Kraemer-Sarnow-Zahlen weichen naturgemäß von den nach anderen Verfahren, z. B. der gewöhnlichen Capillarrohrmethode, erhaltenen oft erheblich ab.

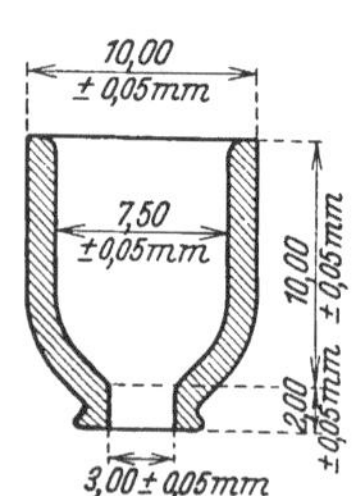

Abb. 163. Apparat zur Bestimmung des Erweichungspunktes nach der Ring- und Kugelmethode.

Die Bestimmung des Tropfpunkts nach Ubbelohde (S. 45) wird auch für Peche und Asphalte benutzt; insbesondere pflegte man die Spanne zwischen Erweichungspunkt Kraemer-Sarnow und Tropfpunkt Ubbelohde und die Länge des Pechfadens im Augenblick des Abtropfens anzugeben[1]. Das Pech wird hier nur unter seinem eigenen Druck, beim Kraemer-Sarnow-Verfahren aber unter dem noch hinzukommenden, etwa 35mal so großen des Quecksilbers erhitzt, so daß bei Zimmertemperatur erweichende Peche nach Kraemer-Sarnow keine Unterschiede mehr zeigen und das Quecksilber sofort nach Einbringen in das Röhrchen durchfallen lassen. Fließbeginn nach Ubbelohde und Schmelzbeginn im Capillarrohr liegen fast in der gleichen Höhe wie der Erweichungspunkt nach Kraemer-Sarnow[2]. Der Tropfpunkt Ubbelohde fällt mit dem Endpunkt des Schmelzens im Capillarrohr annähernd zusammen. Bei Hartpechen liegt der Erweichungspunkt nach Kraemer-Sarnow meist etwa 30⁰ tiefer als der Tropfpunkt Ubbelohde. Nach Vorschrift des Deutschen Straßenbauverbandes[3] ist der Tropfpunkt Ubbelohde unter Verwendung geeichter Kupfer- (nicht Glas-) nippel zu bestimmen. Die hinsichtlich der Toleranzen von dem S. 45 angegebenen Werten für den Glasnippel etwas abweichenden Maße des Kupfernippels s. Abb. 164.

Abb. 164. Kupfernippel zum Tropfpunktsapparat.

---

[1] Nach den neuen DIN-Vorschriften wird diese Prüfung nicht mehr ausgeführt.

[2] Marcusson: Chem.-Ztg. **38**, 822 (1914).

[3] Vorschriften für die Beschaffenheit usw. von bituminösen Bindemitteln im Straßenbau, 4. Ausg. 1932.

3. Erstarrungspunkt, Brechpunkt.

Unter „Erstarrungspunkt" eines Asphaltes versteht man die Temperatur, bei der er seine Plastizität verliert und spröde wird. Man bestimmt ihn, um festzustellen, ob der Asphalt der Winterkälte gewachsen ist, ohne zu zerbrechen. Den gleichen Zweck hat die Bestimmung des „Brechpunktes" nach Church bzw. Fraaß.

a) Erstarrungspunkt (älteres Verfahren). Die Quecksilberkugel eines Thermometers wird in das erwärmte Asphaltbitumen eingetaucht. Die mit einer dünnen (etwa 1—1,5 mm) Bitumenschicht überzogene Kugel wird in einem Luftbade durch Kältemischung von — 20^0 abgekühlt und während der Abkühlung geprüft; diejenige Temperatur wird als Erstarrungspunkt angesehen, bei der es nicht mehr möglich ist, das Bitumen mit dem Fingernagel zu ritzen oder einzudrücken.

b) Brechpunkt (verbessertes Verfahren). Da die vorstehende Methode nur Annäherungswerte gibt, zieht man neuerdings die Bestimmung des Brechpunktes vor, und zwar in folgender Modifikation von Fraaß[1]:

Der Apparat besteht aus einer kleinen Presse zur Herstellung der erforderlichen Asphaltblättchen und aus dem eigentlichen Biegeapparat mit Thermometer und Kühlgefäß.

Herstellung der Asphaltblättchen. Man füllt die zur Presse gehörige zylindrische, je 20 mm weite und hohe Form mit dem Asphalt und preßt diesen in gut knetbarem Zustande durch einen am Boden der Form befindlichen 20 mm langen, 0,5 mm breiten Schlitz. Das entstandene dünne Asphaltblättchen wird nun auf ein 40—41 mm langes, 20 mm breites und 0,15 mm dickes Stahlblech aufgelegt, wobei die überstehenden Asphaltenden abgeschnitten werden. Zur Befestigung des Asphalts auf dem Stahlblech legt man dieses auf eine horizontale Metall- oder Asbestunterlage und schmilzt den Asphalt vorsichtig auf, so daß etwaige Luftblasen und Feuchtigkeit entweichen können. Nach Erkalten setzt man das Stahlblech mit der Asphaltauflage in eine der Kerben des Biegeapparates; es soll dabei eine schwache Biegung nach außen aufweisen.

Prüfung. Nachdem man den Biegeapparat einschließlich des Thermometers in das Luftbad des Kühlgefäßes eingesetzt hat, kühlt man den Apparat durch Ätherverdunstung oder für Temperaturen unter — 20^0 durch Kohlensäureschnee-Alkohol so, daß der Temperaturabfall höchstens 1^0/min beträgt. Von einer etwa 10^0 oberhalb des erwarteten Brechpunktes liegenden Temperatur — bei Asphalten von höherer Konsistenz, z. B. von $+ 10^0$ — ab prüft man das Asphaltblättchen bei fallender Temperatur von Grad zu Grad auf Biegsamkeit, indem man die Kurbel des Apparats mit einer Geschwindigkeit von 1 Umdr./sec bis zum Anschlag und wieder zurückdreht; hierdurch wird das Asphaltblättchen in stets gleicher Weise gebogen und wieder gestreckt. Bei guter Beleuchtung beobachtet man, ob und wann die Asphaltauflage bricht, und liest in diesem Augenblick die Temperatur am Thermometer des Biegeapparats ab.

Zur Kontrolle ist der Versuch zweimal mit verschiedenen Blättchen auszuführen. Zulässige Fehlergrenze $\pm 1^0$. Der niedrigste gefundene Wert wird als Brechpunkt angegeben.

Die Presse ist nicht unbedingt notwendig; man kann ebensogut 0,4 ccm des zu prüfenden Asphalts direkt auf das Stahlblech aufwägen, nachdem man durch Multiplikation des spez. Gew. des Asphaltes mit 0,4 die notwendige Gewichtsmenge festgestellt hat.

Das Verfahren von Fraaß ist eine Weiterbildung des primitiven Verfahrens von Church[2], bei welchem man auf eine Kupferplatte eine 1 mm starke Asphaltschicht aufschmilzt, die Platte in einer flachen Porzellanschale durch Wasser langsam abkühlt (Temperaturabfall 1^0/min) und durch Einführen einer flachen Messerklinge zwischen Kupfer und Asphalt von Zeit zu Zeit prüft, ob letzterer sich

---

[1] Fraaß: Asphalt u. Teer **30**, 367 (1930).
[2] Church: Journ. Ind. engin. Chem. **3**, 227 (1911); vgl. DIN 1995, Ausg. 1929. S. 11.

noch abheben läßt, ohne zu brechen; die Temperatur, bei der dies nicht mehr möglich ist, ist der Brechpunkt nach Church.

Sehr genaue Zahlenwerte erhält man nach dem allerdings zeitraubenden Verfahren von Hoepfner-Metzger[1], auf welches hier nur verwiesen sei, da es nicht offiziell eingeführt ist.

4. Zahlenmäßige Bestimmung der Konsistenz.

Zur Bestimmung der Konsistenz (Härte) von pech- oder asphaltartigen Stoffen dienen folgende Methoden bzw. Apparate:

a) Penetrometer nach Richardson,

in USA. zur Prüfung fester (harter) Rückstände allgemein eingeführt. Dieses Instrument[2] (eine Fortbildung des Penetrometers von Dow) zeigt folgende Konstruktion (Abb. 165):

Auf der Bodenplatte A des Messingständers B befindet sich der verstellbare Objektträger C, auf welchen das in einer flachen Schale von 35 mm Höhe und 55 mm Weite befindliche Probematerial kommt. Der verschiebbare Eisenarm H trägt die in Grade eingeteilte Messingplatte I, deren Zeiger K bei Auf- und Abwärtsbewegung der Zahnstange L gedreht wird. Das untere Ende der Zahnstange stößt bei Abwärtsbewegung auf den Kopf des Nadelhalters E, der in dem unteren Teil des Eisengestells gleitet; der Nadelhalter trägt das Belastungsgewicht N über der durch Schraube M befestigten, konisch zugespitzten Stahlnadel F und wird durch den federnden Druckknopf G festgehalten. Nadelhalter + Nadel + Belastungsgewicht wiegen zusammen 100 g. Die genauen Dimensionen der Nadel zeigt Abb. 166.

Man schmilzt das Untersuchungsmaterial bei möglichst niedriger Temperatur unter Umrühren durch, bis es homogen und luftblasenfrei ist, gießt es dann mindestens 15 mm hoch in die flache Schale ein und läßt es 1 h an der Luft (nicht unter 18⁰)

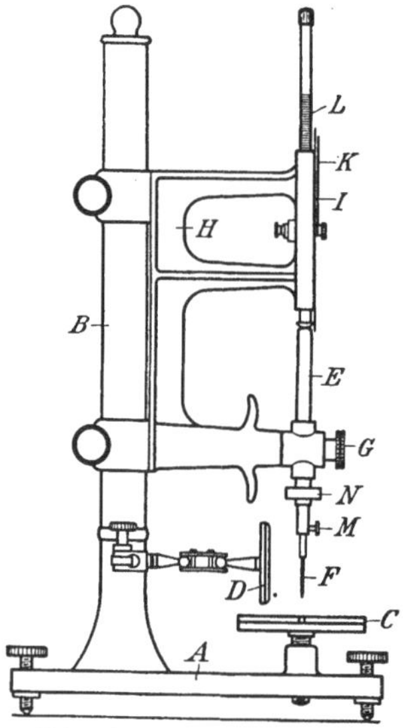

Abb. 165. Penetrometer nach Richardson.

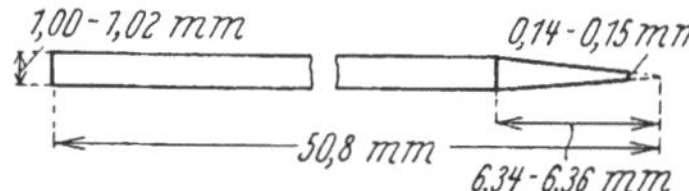

Abb. 166. Nadel zum Asphaltpenetrometer.

erkalten. Dann taucht man die Schale 1 h lang in ein mindestens 10 l fassendes Wasserbad von genau 25⁰ (± 0,1⁰). Das temperierte Material wird nun in einem kleineren, mit Wasser von 25⁰ gefüllten Bade auf den Objektträger C gesetzt. Hierauf stellt man die Nadelspitze mit Hilfe des Spiegels D auf die Bitumenoberfläche ein, bewegt die Zahnstange abwärts bis zum Aufstand auf E und liest die Stellung des Zeigers K auf der Platte I ab. Nunmehr läßt man durch 5 sec langes Lüften von G die mit 100 g beschwerte Nadel auf das Material einwirken. Zur Messung der Einsinkzeit ist der Apparat mit einem Sekundenpendel versehen. Man führt die Zahnstange abwärts bis zum Aufstoßen auf E und liest erneut die Stellung von K ab. Die Differenz beider Ablesungen ergibt den Weichheitsgrad. $1⁰ = 0,1$ mm Einsenkung der Nadelspitze.

---

[1] K. A. Hoepfner u. H. Metzger: Asphalt u. Teer **30**, 258 (1930).
[2] In Deutschland zu beziehen von Gustav Heyde, Dresden-N, Kleiststr. 10.

b) Konsistenzmesser nach Abraham.

Sehr exakte Messungen gestattet der Konsistenzmesser von Abraham[1] (Abb. 167), und zwar in gleicher Weise für weiche Stoffe (z. B. Vaselin) und harte Stoffe (Asphalt). Der Apparat wird in USA. viel benutzt, ist aber nicht offiziell eingeführt.

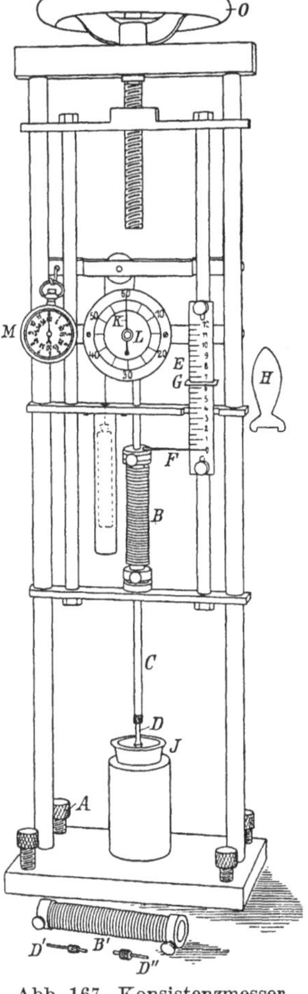

Abb. 167. Konsistenzmesser nach Abraham.

Mittels des Handrades O wird die Feder B gerade so stark zusammengedrückt, daß sie den an der Stahlstange C befestigten pilzförmigen Tauchkörper D mit einer Geschwindigkeit von 1 cm/min — Kontrolle durch Zeiger K und Sekundenuhr M — in das zu prüfende, durch ein Wasserbad auf konstanter Temperatur gehaltene, in der Blechbüchse J befindliche Material eindringen läßt. Die hierzu erforderliche Federspannung wird an der Teilung E abgelesen. Für weiche Stoffe benutzt man eine schwache Feder, bei welcher die Teilung E die Spannung in Gramm (von 10 zu 10 g, bis 1000 g) angibt, für harte Stoffe eine starke Feder (Ablesung von 0,1 zu 0,1 kg, bis 10 kg). Außerdem werden, je nach der Härte des Materials, 4 verschiedene Tauchkörper von 1, 10, 100 und 1000 qmm Kopffläche benutzt. Alle Messungen werden jedoch durch entsprechende Umrechnung auf den 100-qmm-Körper bezogen. Als „Härtegrad" gilt die Kubikwurzel aus der an der Teilung E abgelesenen, bzw. auf den 100-qmm-Körper umgerechneten Grammzahl[2]. Dieser Härtegrad beträgt z. B. bei 25⁰ bei weichem Vaselin etwa 0,3, bei dem sehr harten Gilsonit etwa 100. Abraham[3] benutzt den Konsistenzmesser auch zur Unterscheidung normaler und geblasener Erdölasphalte: Bei einer genau 50⁰ F (27,8⁰ C) unterhalb ihres Erweichungspunktes (Kraemer-Sarnow) liegenden Temperatur zeigten erstere durchweg Härtegrade über 15 (z. B. 21,5—23,5), letztere unter 15 (z. B. 6,7—11,9).

c) Schwimmprobe (Float-Test)

zur Prüfung weicher bzw. sehr zähflüssiger Rückstände, deren Viscosität sich mit den üblichen Viscosimetern nicht mehr bestimmen läßt[4].

Der Apparat (Abb. 168) besteht aus einer 37,90 ± 0,20 g schweren Aluminiumschale a und einem 9,80 ± 0,20 g schweren konischen Messingmundstück b (Maße s. Abb. 168). Der zusammengesetzte und nach der untenstehenden Vorschrift mit Bitumen gefüllte Apparat soll 53,2 g wiegen

---

[1] Abraham: Proc. Amer. Soc. Test. Mater. **9**, 568 (1909); **11**, 676 (1911); H. Abraham: Asphalts and Allied Substances, 3. Aufl., S. 668. New York 1929. Hersteller des Apparates: John Chatillon & Sons, New York.

[2] Ausführliche Beschreibung des Apparates nebst Tabelle zur direkten Umwandlung der Gramm- oder Kilogrammablesungen in Härtegrade s. bei Abraham: Asphalts usw., S. 669.

[3] Abraham: l. c., S. 340.

[4] Hubbard u. Reeve: Methods for the examination of bituminous road materials, U. S. Dept. of Agriculture, Office of Public Roads, Bulletin Nr. 38. Washington 1911; als Standardmethode der A.S.T.M. eingeführt 1927, s. A.S.T.M.-Jber. 1932 des Comm. D2, S. 131.

und auf Wasser so schwimmen, daß der Rand der Schale sich $8,5 \pm 1,5$ mm über der Wasseroberfläche befindet. Zum Erwärmen dient das mindestens 185 mm breite und ebenso tief mit Wasser gefüllte Bad c, dessen Temperatur mit einem in $0,2^0$ geteilten, von -2^0 bis $+80^0$ C reichenden Thermometer gemessen wird.

Zum Füllen des Apparates stellt man das Mundstück mit dem schmäleren Ende auf eine amalgamierte Messingplatte und gießt das bei möglichst niedriger Temperatur aufgeschmolzene Bitumen unter Vermeidung des Einschlusses von Luftblasen hinein.

Nach 5 min langem Abkühlen in Wasser von 5^0 wird der Überschuß mit einem erwärmten Messer entfernt. Das Mundstück mit der Messingplatte wird dann mindestens 15 und höchstens 30 min lang in Eiswasser gekühlt. Nach Einschrauben des Mundstückes in die Aluminiumschale a wird diese 1 min lang in

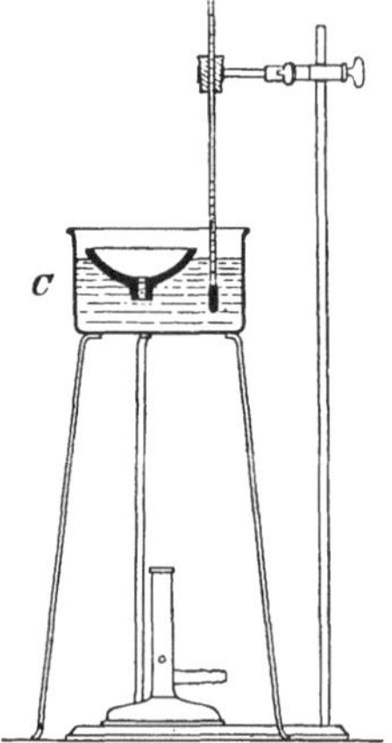
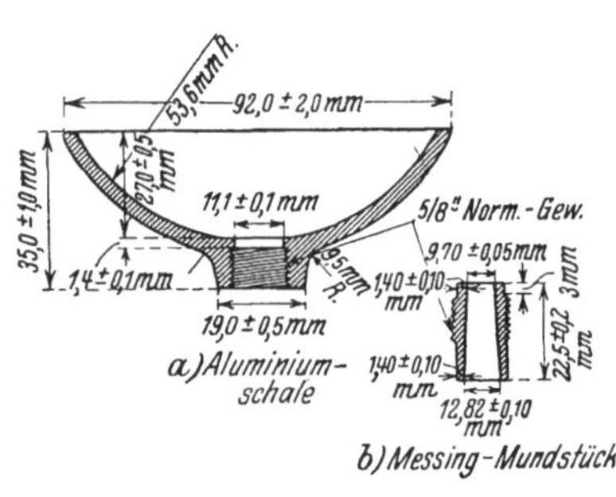

Abb. 168. Apparat für die Schwimmprobe (Float-Test) für Pech, Asphalt usw.

Wasser von 5^0 getaucht, dann innen sorgfältig ausgetrocknet und auf das Wasserbad c gesetzt, das zuvor auf die während des ganzen Versuchs innerhalb $0,5^0$ konstant zu haltende Versuchstemperatur (für zähflüssige Produkte 32^0, für halbfeste 50^0, für harte 100^0) erhitzt wird. Wenn der Bitumenpfropfen weich wird, dringt das Wasser in die Schale und bringt sie zum Sinken. Die in Sekunden gemessene Zeit vom Einsetzen der Schale in das Bad bis zum Durchbruch des Wassers bildet ein Maß für die Konsistenz des Materials.

d) Fließprobe (Flow-Test)

nur zur vergleichenden Prüfung fester, aber leicht schmelzender, bei $15-20^0$ knetbarer Asphalte u. dgl. geeignet [1].

Zylindrische Asphaltprobestücke (18 mm lang, 10 mm Ø) werden auf gewelltem Messingblech, das im Winkel von 45^0 geneigt, in einem geschlossenen Trockenschrank bestimmte Zeit erhitzt wird, mit einem Asphalt von bekannten Eigenschaften bezüglich ihres Fließvermögens verglichen. Die Wellblechplatte wird am zweckmäßigsten im Luftbad erhitzt und unten durch Asbestbelag gegen etwaige Überhitzung durch die Metallteile des Luftbades geschützt.

Zur Erzielung absolut vergleichbarer Werte verfährt man nach DIN 1995, Ausgabe 1929. S. 7, folgendermaßen:

An das eine Ende eines Messingwellbleches von 15 mm Wellenlänge und 5 mm Höhe legt man einen in einer Springform hergestellten zylindrischen Asphaltkörper von 20 mm Länge und 10 mm Ø und setzt das Blech dann mit Hilfe eines Holzklotzes so in einen auf 45^0 erwärmten Trockenschrank, daß es eine Neigung

---

[1] K ö h l e r - G r a e f e: Natürliche und künstliche Asphalte, S. 403. Braunschweig 1913.

von 15⁰ erhält und nirgends das Ofenmetall berührt. Nach 30 min nimmt man das Blech heraus, legt es waagerecht und mißt die Fließlänge des Asphalts in mm.

5. Streckbarkeit (Duktilität).

Die Streckbarkeit der Bitumina — eine der wichtigsten Eigenschaften für Straßenbaustoffe u. dgl. — wird allgemein mit dem Duktilometer von A. W. Dow[1] bestimmt. Man ermittelt auf dem Apparat (Abb. 169) die Länge, zu der ein bestimmt geformtes Bitumenstück sich unter genau festgelegten Bedingungen ausziehen läßt, ohne zu zerreißen.

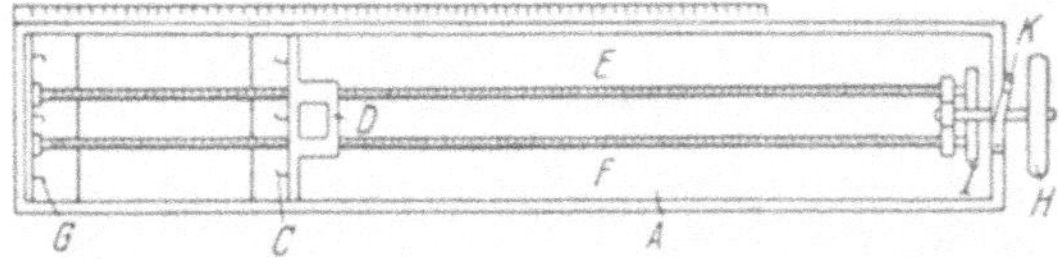

Abb. 169. Duktilometer nach Dow mit Handantrieb.

Versuchsausführung. Man gießt das aufgeschmolzene und gut durchgerührte Bitumen in dünnem Strahl in die auf einer amalgamierten oder mit einer Mischung von Glycerin und Dextrin[2] bestrichenen Messingplatte liegende, in gleicher Weise vorbehandelte, zusammengeschraubte, $10 \pm 0,1$ mm tiefe Messingform (Abb. 170), und zwar so, daß nach dem Abkühlen noch ein Bitumenüberschuß verbleibt, läßt dann auf Zimmertemperatur abkühlen, legt die gefüllte Form 30 min in ein großes Wasserbad von 25⁰ und schneidet den Bitumenüberschuß mit einem angewärmten Messer ab. Nach weiterem 1std. (nach A.S.T.M.-Vorschrift mindestens $1^1/_2$std.) Temperieren der Form nebst Unterlage im Wasserbade von 25⁰ setzt man die Form in den gleichfalls mit 25⁰ warmem Wasser gefüllten Prüfapparat, befestigt die Haken des Apparates an den Ösen der Form, entfernt die Seitenteile der letzteren und zieht die beiden Enden durch

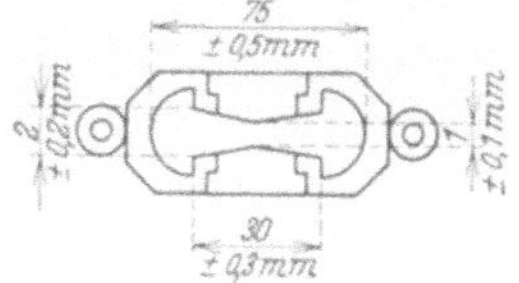

Abb. 170. Messingform für die Bitumenbriketts.

Drehen des Handrades H mit einer Geschwindigkeit von $5 (\pm 0,05)$ cm/min = 1 Umdr./sec auseinander. Diejenige Entfernung der beiden Messingbacken voneinander, bei welcher der allmählich immer dünner werdende Bitumenfaden abreißt, wird an der Teilung des Apparates in cm abgelesen und gibt direkt die Duktilität an. Während des Streckversuchs muß das Material mindestens 2,5 cm hoch mit Wasser von 25⁰ bedeckt sein.

Jeder Versuch ist zweimal zu wiederholen und der Mittelwert der 3 Messungen zu bilden. Prüffehler $\pm 10\%$.

In USA. prüft man außer bei 25⁰ gewöhnlich auch bei 0⁰ und 45⁰.

Zur Erzielung einer sehr gleichmäßigen Dehnungsgeschwindigkeit wurde das Duktilometer auch mit elektrischem Antrieb ausgerüstet[3] (s. Abb. 171).

Über die Größe der Duktilität verschiedener Bitumina vgl. Tabelle 93. Durch die bei der Verarbeitung notwendige Erhitzung wird die Duktilität verringert, und zwar in der Praxis, wo häufig bis auf 180⁰ erhitzt werden muß, noch wesentlich stärker, als aus der Tabelle 93 zu ersehen ist, da dort

---

[1] A. W. Dow: Proc. Amer. Soc. Test. Mater. **3**, 352 (1903); die Methode wurde von der A.S.T.M. 1926 als Standardmethode (D 113—26 T) eingeführt und ist jetzt in der gleichen Form auch in Deutschland vorgeschrieben (DIN 1995, Ausg. 1929; Deutscher Straßenbauverband, Vorschriften für die Beschaffenheit usw. von bituminösen Bindemitteln im Straßenbau, 4. Ausg., 1932).

[2] Hierdurch soll Ankleben des Bitumens an der Form oder der Unterlage verhindert werden.

[3] Bezugsquelle: Gustav Heyde, Dresden-N, Kleiststr. 10.

nur die Werte nach 5 std. Erhitzung auf 163⁰ (gemäß den Normen) angegeben sind.

Die Prüfung verschiedener Proben Natur- und Erdölasphalt auf Weichheit und Streckbarkeit bei verschiedenen Temperaturen (15, 20 und 25⁰)
ergab Folgendes[1]:

Streckbarkeit und Weichheit laufen nicht miteinander parallel.

Auch Stoffe mittlerer Weichheit können sehr große Streckbarkeit besitzen.

Von zwei nach Ursprung und sonstigen Eigenschaften ganz verschiedenen
Stoffen (Naturasphalt und Erdölasphalt), die im ursprünglichen Zustand gleiche
Weichheit hatten und nicht streckbar waren, brauchte der Erdölasphalt die 3fache
Menge Ölzusatz wie der Naturasphalt, damit beide den gleichen Weichheitsgrad 50
und die annähernd gleiche Streckbarkeit erhielten.

Abb. 171. Duktilometer nach Dow mit elektrischem Antrieb (seitliche Ansicht).

Ein anderer Erdölasphalt, der im ursprünglichen Zustand ebenso weich war
wie ein Naturasphalt, wurde durch geringen Ölzusatz weicher und streckbarer
als der Naturasphalt bei größerem Ölzusatz. Weichheit und Streckbarkeit werden
also durch Ölzusätze ganz verschieden beeinflußt.

Erst durch die Mischung der ursprünglichen Asphalte und Peche mit einem
möglichst dünnflüssigen Öl, z. B. schwerem deutschen Paraffinöl (d_{15} = 0,920) aus
Braunkohlenteer, treten die Eignungen der Asphalte und Peche als Baustoffe hervor.

Über die — mit Recht oder Unrecht angenommene — Beeinträchtigung
der Streckbarkeit eines Bitumens durch Paraffingehalt s. S. 418. Auch die
mit Luft heiß geblasenen Ölrückstände, sog. Mineralgummi, sind oft nur
wenig streckbar; indessen hat Jachzel[2] mit luftgeblasenem Bitumen aus
Pacura auch Asphalte von hoher Duktilität (14 bis über 100 cm) erhalten.

6. Gewichtsverlust und Veränderlichkeit beim Erhitzen.

Diese Prüfung ist einerseits eine Gebrauchsprüfung, insofern als die
Veränderung der physikalischen und mechanischen Eigenschaften der
Bitumina nach der Erhitzung möglichst klein sein soll (s. Lieferbedingungen,
S. 459), andererseits kann sie mitunter zur Identifizierung des Materials
herangezogen werden, da z. B. Erdölrückstände bei gleichem Schmelzpunkt
weniger flüchtige Stoffe enthalten als rohe Naturasphalte[3]. Sehr hoch
(> 20 % in 5 h bei 163⁰) ist naturgemäß der Gehalt der „cut-back‘‘-Asphalte
(mit Destillaten verdünnte Rückstände) an flüchtigen Bestandteilen[4].

---

[1] Gary: Mitt. Materialprüf.-Amt Berlin-Dahlem **33**, 210 (1915).
[2] J. Jachzel, D.R.P. 448332 (1925), briefl. Mitt. vom 17. Juni 1929.
[3] Vgl. Abraham: l. c., S. 345 u. 697.   [4] Ebenda, Tabelle 31, S. 426.

a) **Verfahren der Zentralstelle für Asphalt- und Teerforschung und des Deutschen Straßenbauverbandes.** 50 g Asphalt werden in einer Petrischale aus Messing von 128 mm l. W. und 15 mm innerer Randhöhe durch vorsichtiges Erwärmen gleichmäßig verteilt und dann innerhalb eines Luftbades, auf einem starken Holzklotz als Unterlage horizontal stehend, 5 h lang auf 163 ± 1^0 erhitzt. Nach dem Abkühlen wird der Gewichtsverlust ermittelt, ferner werden Tropfpunkt **Ubbelohde**, Erweichungspunkt **Kraemer-Sarnow**, Brechpunkt, Duktilität und Penetration bei 15 bzw. 25^0 nochmals festgestellt. Die Veränderung dieser physikalischen Konstanten gibt ein Maß für die mehr oder weniger große Beständigkeit des Asphalts.

Zur Erzielung möglichst gleichmäßiger Temperaturen eignet sich der Trockenofen nach **Heraeus**. Es dürfen nicht mehrere Proben gleichzeitig in demselben Trockenschrank erhitzt werden.

b) **Verfahren der A.S.T.M.** In USA. benutzt man für Peche und Asphalte das gleiche Prüfverfahren wie für Schmieröle (s. S. 328, Verfahren D 6—30).

Nach J. **Manheimer**[1] zeigen paraffinreiche Bitumina bei der vorstehenden Prüfung statt einer Gewichtsabnahme meistens eine Zunahme; paraffinarme Bitumina ergeben anfangs einen Gewichtsverlust, der aber bei längerer Fortsetzung der Erhitzung immer kleiner wird und schließlich gleichfalls in eine Gewichtszunahme übergeht.

III. Chemische Prüfungen.

1. Mechanische Beimengungen.

Erdölasphalte enthalten häufig Salze, welche aus der in den Erdölen stets vorhandenen Salzsole stammen, daneben bei Asphalt aus nicht genügend abgelagerten Ölen auch feinen Sand und Ton (Bohrschlamm), sowie auch infolge pyrogener Zersetzungsvorgänge bei der Destillation entstandenen Koks in wechselnden Mengen.

Die festen Fremdstoffe werden gemäß S. 119, jedoch unter Verwendung von CS_2 oder $CHCl_3$ an Stelle von Benzol, bestimmt.

Koks (bzw. „freier Kohlenstoff"), der sich durch die dunkle Farbe der mit Benzol gewaschenen mechanischen Verunreinigungen verrät, wird indirekt mit hinreichender Genauigkeit durch Veraschen der letzteren bestimmt. (Mechanische Verunreinigungen minus Asche = Koks.) Die Asche ist im Bedarfsfall nach den üblichen anorganisch-analytischen Methoden qualitativ und quantitativ zu untersuchen.

2. Verkokungsrückstand.

Der Verkokungsrückstand (in USA. „fixed carbon" genannt) wird nach der Vorschrift S. 572 (Steinkohlenteerpech) bestimmt. In USA. arbeitet man nach folgendem sehr ähnlichen Verfahren[2]:

Man erhitzt 1 g Pech bzw. Asphalt in einem 35—40 ccm fassenden Platintiegel mit übergreifendem Deckel mittels eines Mekerbrenners Nr. 4 (obere Brennerrohrweite 25 mm außen) genau 7 min lang so, daß die 20 cm hohe, etwa 950^0 heiße Flamme den Tiegel umspült (Brennerrand 6—8 cm unter dem Tiegelboden).

---

[1] J. **Manheimer**: Briefl. Mitt. vom 29. 1. 1933; vgl. auch Tabelle 93, S. 404.
[2] **Abraham**: Asphalts usw. 3. Aufl., S. 711.

Nach Wägung des erkalteten Tiegels glüht man diesen scharf bis zur völligen Veraschung des Rückstandes, läßt erkalten und wägt abermals. Die Differenz der
beiden Wägungen ergibt den Gehalt an „fixed carbon".

3. Paraffingehalt.

Die Ansichten über die praktische Bedeutung des Paraffingehalts sind
geteilt. Nach weit verbreiteten Anschauungen soll ein hoher Paraffingehalt die physikalischen Eigenschaften, insbesondere die Duktilität eines
Bitumens ungünstig beeinflussen, namentlich wenn dieses, wie es bei der
Verarbeitung des Gußasphalts erforderlich ist, auf 180° und höher erhitzt
wurde. Den Beispielen, welche diese Ansicht zu beweisen scheinen[1], lassen
sich jedoch andere gegenüberstellen, welche zum ˉentgegengesetzten Ergebnis führen[2]. Nach Suida und Kamptner ist weniger die absolute
Höhe des Paraffingehalts als die Krystallisationsneigung des Paraffins für
etwaige ungünstige Einflüsse auf die physikalischen Eigenschaften des
Bitumens wesentlich. Kleine Mengen gecracktes (grobkrystallines) Paraffin
können schädlicher wirken als größere Mengen ceresinartiger (nur mikrokrystalliner) fester Kohlenwasserstoffe. Auch die Anwesenheit von Schutz-
kolloiden, welche das Auskrystallisieren des Paraffins verhindern, ist von
Bedeutung.

Den ungünstigen Einfluß des Paraffins erklärt Manheimer (l. c.)
damit, daß bei paraffinhaltigem Bitumen jedes Bitumenteilchen von einer
Paraffinhaut umgeben ist, welches die Klebkraft naturgemäß herabsetzt.
Hierdurch wird die Duktilität verringert, und z. B. bei Dachpappen, die
mit paraffinreicher Tränkmasse behandelt sind, die Bildung eines einheitlichen Verbandes mit einer nachher aufgebrachten Deckschicht aus gutem
(paraffinfreiem) Bitumen verhindert.

Entsprechend der zur Zeit herrschenden Ansicht ist der Paraffingehalt
von Asphalten u. dgl. einstweilen schematisch in Deutschland auf 2%, in
Österreich auf 3% begrenzt (vgl. S. 459).

Man kann den Paraffingehalt im Asphalt zwar wie beim rohen Erdöl
durch Destillation des Pechs (Asphalts) bis auf Koks und Fällung des Destillats mit Alkohol-Äther, Butanon od. dgl. nach S. 169 bestimmen, jedoch
treten hier relativ noch stärkere Fehler durch Zersetzung bzw. Veränderung
des Paraffins auf als beim Erdöl selbst, da die in diesen Rückständen enthaltenen Paraffine im wesentlichen zu den höchstmolekularen, kaum noch
unzersetzt destillierbaren Gliedern der Paraffin- bzw. Isoparaffin- (Ceresin-)
reihe gehören. Reproduzierbare Ergebnisse lassen sich jedenfalls nur unter
Innehaltung genau vorgeschriebener Bedingungen (Destillationsapparatur,

---

[1] S. besonders Marcusson: Natürliche und künstliche Asphalte, 1921, S. 89;
H. Burstin: Petroleum **25**, 257 (1929); A. v. Skopnik: Asphalt u. Teer **29**, 772
(1929); Longinus: Erdöl u. Teer 8, 125 (1932); J. Manheimer: Petroleum **28**,
Heft 16, 1 (1932).

[2] F. Limbach: ebenda **26**, 683 (1930); Bandte: Asphalt u. Teer **32**, 289
(1932); Erdöl u. Teer 8, 380 (1932); s. auch H. Suida u. H. Kamptner: Asphalt
u. Teer **31**, 669 (1931), sowie die dort angeführten Versuche von Dow und Smith.
Auch H. Abraham: Asphalts and Allied Substances, 3. Aufl. New York 1929,
S. 739, bestreitet einen generellen Zusammenhang zwischen Paraffingehalt und
Qualität des Bitumens.

Destillationsdauer) erzielen[1]; aber auch diese Ergebnisse entsprechen nicht dem wahren Paraffingehalt (je größer die Destillationsgeschwindigkeit, desto höher die Paraffinausbeute).

Um die Zersetzungsgefahr für das Paraffin zu verringern, destilliert man nach Marcusson[2] das Pech nicht unmittelbar, sondern man isoliert daraus zunächst durch Lösen in Petroläther und Raffination mit H_2SO_4 die das Paraffin enthaltenden hellen Öle und unterwirft nur diese der Crackdestillation. Nach Vorschrift des Deutschen Straßenbau-Verbandes[3] verfährt man wie folgt:

Man löst 20 g Asphalt in einem kleinen Kölbchen in 30 ccm Benzol am Rückflußkühler, gießt die Lösung ohne Rücksicht auf etwa Ungelöstes in 400 ccm Normalbenzin und spült das Kölbchen mit 40 ccm Normalbenzin nach. Nach dem Absetzen wird die Flüssigkeit von den ausfallenden asphaltartigen Stoffen abgesaugt, mit Normalbenzin nachgewaschen und zur völligen Befreiung von Asphaltstoffen 3mal mit je 30 ccm konz. H_2SO_4 im Scheidetrichter geschüttelt. Die noch mit 1,0-n alkoholischer KOH (Alkohol 50%) und dann einige Male mit Wasser bis zur neutralen Reaktion gegen Phenolphthalein gewaschene Normalbenzinlösung wird eingedampft und der Rückstand je 10 min lang bei 105° bis zur annähernden Gewichtskonstanz getrocknet. Das so ermittelte Gewicht des Öles wird auf aschefreie Ausgangsmasse umgerechnet.

Eine genau gewogene, möglichst große Menge dieses Öles wird in einem Destillierkölbchen ohne Thermometer innerhalb mindestens 6 und höchstens 7 min (einschließlich Anheizen) bis auf Koks destilliert und das Destillat gewogen.

Das Destillat wird in 20—30 ccm Äther-Alkohol absol. (1 : 1) gelöst und die Lösung in einem Reagensglase auf —20° abgekühlt. Der bei —20° an der Saugpumpe abfiltrierte Filterrückstand (Paraffin) wird mit je 30 ccm Alkohol-Äther von —20° 3mal nachgewaschen. Es soll dann nach dem Verdampfen von etwa 5 ccm der zuletzt aufgegebenen Waschflüssigkeit kein öliger Rückstand bleiben. Man löst dann das Paraffin in warmem Benzol, verdampft das Lösungsmittel, trocknet 15 min bei 105° und wägt. Das Gewicht ist auf nicht destilliertes Öl und auf die Ausgangsmasse zu beziehen.

Von dem so erhaltenen Paraffin ist in jedem Fall der Schmelzpunkt am rotierenden Thermometer oder im Capillarrohr zu ermitteln; er muß über 35° liegen. Prüffehler ± 0,5%.

Nach J. Müller und D. Wandycz[4] fallen die Paraffinwerte selbst bei Innehaltung der von Suida und Janisch angegebenen kurzen Destillationszeit noch zu niedrig aus; sie empfehlen daher folgendes Verfahren, das auf dem geringen Lösungsvermögen des Pyridins für Paraffin und seinem — bei der Bestimmung des sog. „freien Kohlenstoffs" in Teeren (S. 563) schon lange benutzten — hohen Lösungsvermögen für Harze und Asphaltstoffe beruht und bei welchem chemische Raffination und Destillation vollständig vermieden werden.

Das zu verwendende Pyridin ist die — nicht ganz wasserfreie — Fraktion, welche man aus handelsüblichem, etwas wasserhaltigem Pyridin durch Destillation mit Dreikugelaufsatz (2 Tropfen pro sec) bei 112—114° (730 mm) erhält[5]. 100 ccm dieser Fraktion lösen bei 0° 0,097 g, bei —10° 0,054 g Paraffin (Schmelzpunkt etwa 50°); völlig wasserfreies Pyridin hat ein höheres Lösungsvermögen.

---

[1] Littlejohn u. Thomas: Journ. I.P.T. **16**, 814 (1930); vgl. Erdöl u. Teer **7**, 127 (1931).

[2] Marcusson: Chem.-Ztg. **32**, 965 (1908).

[3] Vgl. auch H. Suida u. W. Janisch: Asphalt u. Teer **31**, 503 (1931).

[4] J. Müller u. D. Wandycz: ebenda **32**, 708 (1932).

[5] Bei anderem Druck sind die Siedegrenzen für je 10 mm Hg um 0,4° zu korrigieren.

Man schüttelt 2,5—3,5 g Asphalt, der entweder (Hartasphalt) in erbsengroßen Stücken oder (Weichasphalt) geschmolzen in einen 100—200 ccm fassenden Kolben eingefüllt wird, $^1/_2$ h mit Petroläther (Kp. 30/40⁰, 20 ccm Petroläther pro g Asphalt). Nach $^1/_2$std. Stehenlassen filtriert man die Lösung in einen Weithals-Erlenmeyerkolben (200 ccm), wäscht den Niederschlag mit 60—70 ccm Petroläther mittels Spritzflasche nach, dampft das Filtrat ein und erhitzt den Rückstand noch mindestens $^1/_2$ h auf dem siedenden Wasserbade zur Vertreibung der letzten Benzinspuren.

Das Filter mit dem Asphaltniederschlag wird im Graefe- oder Besson-Apparat mit absolutem Alkohol erschöpfend extrahiert (1 h). Nach Abdampfen des Alkohols löst man den Rückstand in heißem Pyridin und vereinigt diese Lösung mit dem Rückstand der Petrolätherlösung. Der Extraktionskolben wird mit Pyridin ausgespült, insgesamt sind pro g Ausgangsmaterial 15 ccm Pyridin zu verwenden.

Zur vollständigen Lösung erhitzt man noch 2—3 min auf dem Wasserbade und kühlt die Pyridinlösung nunmehr nach und nach, zunächst durch Stehenlassen bei Zimmertemperatur, dann mit Leitungswasser, schließlich in Eis, auf + 1 bis 0⁰ ab. Nach $^1/_2$ std. Stehen bei 0⁰ wird das ausgeschiedene Paraffin auf einem auf 0⁰ gekühlten Trichter gemäß S. 172 unter schwachem Saugen abfiltriert und mit 30 ccm Pyridin (0⁰) nachgewaschen.

Das noch braungefärbte Paraffin wird in 30 ccm heißem Benzol gelöst und mit einer Mischung von 20% aktiver Kohle und 80% Bleicherde (4—4,5 g Bleichmittel auf 1 g der voraussichtlich vorhandenen Paraffinmenge) 5 min am Rückfluß-kühler gekocht (gelegentlich umschütteln!). Die Lösung wird durch ein mit Benzol benetztes Filter heiß in ein gewogenes niedriges Becherglas filtriert, das Filter mit 30 ccm heißem Benzol nachgewaschen und das Benzol aus dem Filtrat verdampft. Zur Entfernung von Pyridinspuren erhitzt man das zurückbleibende Paraffin 20—30 min im Trockenschrank auf 110—115⁰. (Paraffinverluste treten bei dieser Temperatur selbst in 2—3 h nicht ein, da es sich ja bei den Asphaltrückständen nur um hochsiedendes Paraffin handelt.) Man läßt das Becherglas im Exsiccator erkalten und wägt.

Die hiernach erhaltenen Ergebnisse waren gut reproduzierbar (höchste Differenzen der Paraffingehalte 0,4—0,5%, ber. auf Asphalt), aber stets höher als nach Marcusson, zum Teil sogar 2—3mal so hoch; die abgeschiedenen Paraffine hatten Erstarrungspunkte (rotierendes Thermometer) zwischen 48 und 60⁰.

Das vorstehende Verfahren dürfte voraussichtlich vom polnischen Normalisationskomitee offiziell eingeführt werden.

Auch Suida und Kamptner[1] beschreiben ein Verfahren zur Abscheidung des Paraffins, bei welchem Destillation und Raffination mit H_2SO_4 völlig vermieden werden.

Das Verfahren besteht im Behandeln des Asphalts mit kaltem Petroläther (Kp. < 50⁰), Entfärbung der Petrolätherlösung mit sehr viel Bleicherde (5 g für 1 g Asphalt), Fällung der festen Kohlenwasserstoffe mit Butanon bei 0⁰ (nach Abdampfen des Petroläthers), Auflösen der vom Butanon getrennten Fällung in Petroläther, nochmalige Entfärbung mit Bleicherde, Abdampfen des Petroläthers und Fällung des Paraffins mit Alkohol-Äther (1 : 3), zuerst bei 0⁰ (Hartparaffin, Schmp. 50—59⁰), dann bei —20⁰ (Weichparaffin). Die auf diese Weise aus verschiedenen Asphalten abgeschiedenen Hartparaffinmengen waren bis zu 70% höher als die durch Raffination und Destillation erhaltenen Mengen.

4. Nachweis von fremden Pechen, Asphalten und Kolophonium in Erdölasphalten.

a) Fettpeche.

Pechartige Destillationsrückstände der Kerzenfettsäuren, des Wollfettes, des Palmöls usw., wie Stearinpech, Wollfettpech usw., dienen wie

---

[1] Suida u. Kamptner: Asphalt u. Teer **31**, 669 (1931).

Erdölasphalt zur Herstellung von Heißwalzenschmieren, Kabelisolierstoffen, Dachpappenimprägnierungen usw. Die weicheren Fettpeche enthalten noch beträchtliche Mengen Fettsäuren und Ester, Erdölasphalte höchstens minimale Mengen Naphthensäuren oder anderer organischer Säuren. Im übrigen reichern sich in den Fettpechen die bei der Destillation der Fettstoffe immer entstehenden hochsiedenden Kohlenwasserstoffe neben asphaltartigen, sauerstoffhaltigen Körpern um so mehr an, je stärker die Peche abdestilliert, also je härter sie sind.

Fettpech gibt fettartigen Geruch beim Erhitzen der Probe im Wasserbad; über freier Flamme im Reagensglas für sich oder besser mit gepulvertem Kaliumbisulfat erhitzt, gibt es stechenden Acroleingeruch. Die Dämpfe des Acroleins reduzieren ammoniakalische Silberlösung.

Destillationsprobe. Bei trockener Destillation geben Fettpeche Destillate mit merklichem Fettsäuregehalt, Erdölasphalte und Braunkohlenteerpeche, auch geblasene Erdölasphalte[1], dagegen fast säurefreie Destillate (s. Tabelle 94). Die nicht mit freier Flamme, sondern mit überhitztem Wasserdampf (auf etwa 300^0) destillierten Fettpeche geben noch stärkere Säuregehalte im Destillat.

Tabelle 94. Säurezahlen der Crack- bzw. Wasserdampfdestillate verschiedener Peche.

Fraktion		I	II	III
Gesamtdestillat etwa %		25	50	25
Crack-destillate	Hartes Wollfettpech . .	5,2	1,1	0,1
	Gemisch harter Fettpeche	5,3	1,0	0,6
	Harte Erdölasphalte . .	0,4	0,4	0,3
	Braunkohlenteerpech I .	0,1	0,2	0,4
	Braunkohlenteerpech II	0,2	0,6	0,6
Wasserdampf-destillate	Hartes Fettpechgemisch	14,6	13,7	13,4
	Weiches Wollfettpech .	34,8	37,8	7,0

Auch die Crackdestillate einzelner Naturasphalte weisen recht erhebliche Säuremengen auf, die sich aber durch harzartig spröde Konsistenz und geringe Löslichkeit in Petroläther von den aus Fettpechen abdestillierten Säuren unterscheiden.

Die Destillate der Fettpeche enthalten reichliche Mengen (14—17%) nach dem Alkohol-Ätherverfahren (S. 171) abscheidbares Paraffin[2].

Die spez. Gew. der über freier Flamme abgetriebenen Destillate der Fettpeche liegen wie bei den in gleicher Weise erhaltenen Destillaten von Erdöl- und Braunkohlen-Schwelteer-Pechen erheblich unter 1; im Gegensatz zu ihnen haben Destillate aus Steinkohlen-Hochtemperaturteer-Pechen $d > 1,0$; weitere Unterschiede s. S. 423.

Da der deutsche Zolltarif Peche mit $d > 1$ zollfrei läßt, werden leichtere Peche gelegentlich durch Mineralien (Schwerspat u. a.) oder Harz beschwert.

Anorganische Zusätze sind an der Höhe des Aschengehaltes sowie durch qualitative Prüfung der Asche, Harzgehalt nach Auskochen der Peche mit 70%igem Alkohol und Eindampfen der alkoholischen Auszüge an der Morawskischen Reaktion des Rückstandes, auch an einer Erhöhung der Säurezahl, zu erkennen.

---

[1] Holde u. Weill: Petroleum 19, 451 (1923); die erste Hälfte des Crackdestillats geblasener Erdölasphalte vom Schmp. 70—150° war säurefrei.

[2] Donath: Chem.-Ztg. 17, 1788 (1893). Nach Holde u. Marcusson: Mitt. Materialprüf.-Amt Berlin Dahlem 18, 151 (1900); Ber. 33, 3171 (1900), enthält das aus Fettpechdestillaten abgeschiedene Paraffin 84,9—85,3% C, 14,3—14,9% H, 0,05—0,68% O; beim flüssigen Anteil des von Fettsäuren befreiten Destillates betrug C 85,9, H 13,7%.

Verseifungszahl. Fettpeche haben im allgemeinen infolge ihres merklichen Gehaltes an Fettsäuren und Estern erheblich höhere Verseifungszahlen (33—106) als normale Erdöl- und Braunkohlenteer-Destillationsrückstände (8—21)[1] und Naturasphalte (29—37). Mit Luft bei höheren Temperaturen geblasene völlig neutrale Erdölasphalte vom Schmp. 70—150⁰ ergaben allerdings höhere Verseifungszahlen (12—42)[2]. Das beim Abblasen überdestillierende Öl war ebenfalls fast völlig säurefrei und bildete, mit NaOH gekocht, keine Seife, obwohl es beim Kochen mit 0,5-n alkoholischer Lauge Verseifungszahl 17 zeigte. Die Verseifungszahlen der Peche und des Destillats dürften mithin auf oxydierende Wirkung der alkoholischen Lauge bzw. deren Einwirkung auf Schwefelverbindungen zurückzuführen sein. Bestimmung der Verseifungszahl s. S. 113.

Verseifungszahl nahe bei 100 deutet auf reines Fettpech. Liegt sie niedriger, so werden Erdölasphalt und Naturasphalt neben Fettpech nach folgendem Verfahren, das noch Gegenwart von 20% Erdölasphalt erkennen läßt, nachgewiesen:

Probe von Malencovič. Erdölrückstände, in noch stärkerem Maße Naturasphalte, geben im Gegensatz zu Fettpechen mit Quecksilberbromidlösung infolge ihres sulfidartig gebundenen Schwefels ätherunlösliche Doppelverbindungen. Bei negativem Ausfall der Probe sind daher Erdöl- und Naturasphalte abwesend:

5 g Pech werden in 12 ccm Benzol unter Erwärmen gelöst, nach dem Erkalten mit 15 ccm 0,5-n alkoholischer KOH versetzt, kurz umgeschüttelt und schnell mit etwa 100 ccm 96%igem Alkohol verdünnt. Nach kurzem Stehen wird die alkoholische Lösung abgegossen, der im Kolben verbleibende Rückstand noch mit wenig Alkohol nachgewaschen, durch Erwärmen des auf dem Wasserbade mittels Wasserstrahlpumpe evakuierten Kolbens möglichst vom Alkohol befreit und schließlich im Trockenschrank bei 105⁰ getrocknet. Den Rückstand löst man unter Erwärmen am Rückflußkühler in Äther unter Zusatz von etwas gekörntem $CaCl_2$, läßt absetzen und filtriert nach dem Erkalten von den ungelösten Asphaltenen durch ein Faltenfilter in ein etwa 3,5 cm weites Reagensglas ab. Die so erhaltene Lösung versetzt man mit 10 ccm Quecksilberbromidlösung (5 g $HgBr_2$ in 250 ccm wasserfreiem Äther) und läßt über Nacht stehen. Der Bodensatz wird abfiltriert, mit Äther ausgewaschen und mit warmem Benzol vom Filter gelöst. Mitausgefallenes Quecksilberbromür bleibt bei dieser Behandlung auf dem Filter ungelöst zurück. Merkliche Mengen Erdöl- oder Naturasphalt geben einen Niederschlag, der sich in heißem Benzol mit schwarzbrauner Farbe löst.

Kupfergehalt der Fettpeche. Im Gegensatz zu Erdöl, das nur aus schmiedeeisernen oder gußeisernen Blasen destilliert wird, destilliert man Fettsäuren vielfach — außer aus gußeisernen — auch aus kupfernen Blasen. Die hierbei erhaltenen Peche enthalten Cu-Seifen; ein Cu-Gehalt des Peches deutet somit auf Anwesenheit von Fettpech.

Ölige Anteile. Die Benzollösung des Peches gibt, mit Benzin und konz. H_2SO_4 behandelt (S. 428), bei Stearinpechen 3,3—11,8%, bei Wollfettpechen 15,4—40% ölige Anteile, also weniger als bei Erdölasphalten (40—60%).

Unterscheidung von Stearin- und Wollfettpech. Beim Kochen mit starker alkoholischer KOH gibt Wollfettpech im Gegensatz zu Stearinpech einen in siedendem Alkohol und in heißem Wasser schwer löslichen Niederschlag, der beim Behandeln mit HCl dunkle Fettsäuren abspaltet[3]. Diese werden, mit Alkohol und Blutkohle gereinigt und umkrystallisiert, schneeweiß und schmelzen bei 80—82,5⁰[4].

10 g Pech werden mit 50 ccm alkoholischer 0,5-n KOH ¹/₂ h am Rückflußkühler gekocht. Eine nach dem Erkalten gebildete krystallinische Ausscheidung oberhalb der unlöslichen Pechanteile deutet auf Anwesenheit von Wollfettpech hin.

---

[1] Marcusson: Ztschr. angew. Chem. **24**, 1297 (1911).
[2] Holde u. Weill: l. c.
[3] Donath u. Margosches: Chem. Ind. **27**, 224 (1904).
[4] Vielleicht unreine Lanocerinsäure (bzw. deren Lacton), deren K-Salz in Alkohol und Wasser schwerlöslich ist (vgl. S. 963).

b) Holzteer-, Kienteer-, Steinkohlen- und Braunkohlenteerpech.

α) Holzteerpeche[1] unterscheiden sich von allen übrigen Pechen durch ihre Schwerlöslichkeit in kaltem CCl_4, ferner dadurch, daß sie beim Destillieren neben einer öligen Schicht noch ein wässeriges, sauer (Essigsäure) reagierendes Destillat (wenigstens einige Tropfen) geben. (Näheres über die Holzteere selbst s. S. 593.)

Hartholzteerpech (von Laubhölzern) ist schwarz, hat d_{25} 1,2—1,3, ist frei von Schwefel, Paraffin, Naphthalin und Anthracen, bei 95—100⁰ zu 97—100% sulfonierbar, enthält 60—95% verseifbare Stoffe, davon bis zu 20% Harzsäuren, welche die Kolophoniumreaktion geben, und gibt positive Diazoreaktion.

Kienteerpech (Weichholzteerpech) hat d_{25} 1,10—1,15, 45—75% verseifbare Bestandteile, davon bis 40% Harzsäuren (Kolophonium), und im übrigen die gleichen Eigenschaften wie Harzholzteerpech.

Eine Probe Kienteerpech zeigte z. B. wie Kienteer infolge hohen Gehalts an Harzsäuren Säurezahl 57. Von den zwischen 200 und 300⁰ siedenden, teils wässerig-sauren, teils öligen Destillaten waren letztere im gleichen Volumen Normalbenzin zu 90%, im 4fachen Volumen Normalbenzin nur zu 80% löslich, die höher siedenden Destillate im gleichen Volumen Normalbenzin fast ganz, im 4fachen Volumen weniger löslich. In Mineralölen ist Kienteerpech nicht vollkommen löslich, wohl aber in Teerfettöl, mit Paraffin und Erdölasphalt nicht homogen mischbar, dagegen mit Montanwachs[2].

Hartholzteer- und Kienteerpech lösen sich in CS_2 bis zu 95%; in leichtsiedendem Benzin (sog. 88⁰ Naphtha, d. h. Petroläther von 88⁰ Bé = 0,637 g/ccm bei 15⁰, der zu mindestens 85% zwischen 35 und 65⁰ siedet und frei von ungesättigten oder cyclischen Kohlenwasserstoffen ist) ist Hartholzpech zu 15—50%, Weichholzpech zu 25—80% löslich. In Alkohol lösen sich weiche und mittelharte Holzteerpeche leicht, harte Peche nur wenig; Aceton löst Holzteerpeche besser als CS_2*. Die Erweichungspunkte (Kraemer-Sarnow) liegen etwa zwischen 40 und 100⁰. Holzteerpeche zeigen im Vergleich zu anderen Pechen kräftigen aromatischen Geruch beim Zerkleinern oder Erhitzen. Im Reagensglas stark erhitzt, entwickeln sie Essigsäuredämpfe, die Lackmuspapier röten. Holzteerpeche sind nicht wetterbeständig und daher für Außenanstriche, Bauzwecke u. dgl. ungeeignet.

β) Steinkohlen-Hochtemperaturteerpech und verwandte Peche, z. B. Ölgasteerpech, enthalten erhebliche Mengen ,,freien Kohlenstoff''; alle übrigen nicht bis zur Verkokung destillierten Peche sind in Benzol oder CS_2 ganz oder bis auf geringfügige Mengen löslich. Durch den Gehalt an freiem Kohlenstoff und an Asche lassen sich die einander sonst ziemlich ähnlichen Steinkohlenteerpeche[3] verschiedener Gewinnungsart zum Teil voneinander unterscheiden. Gasanstaltsteerpech aus Horizontal- und Schrägretorten enthält 30—55 bzw. 25—40% freien Kohlenstoff, 0—0,5% Asche; Vertikalofenteerpech: 5—35% freien Kohlenstoff, 0—0,5% Asche; Koksofenteerpech: 6—40% freien Kohlenstoff, 0—0,5% Asche; Hochofenteerpech: 15—35% freien Kohlenstoff, 10—20% Asche; Generatorteerpech 15—40% freien Kohlenstoff, 0—2% Asche; Tieftemperaturteerpech: 2—25% freien Kohlenstoff, 0—3% Asche[4]. Bestimmung des freien Kohlenstoffes mit Anilin und Pyridin s. S. 563.

Der Schwefelgehalt der Steinkohlenteerpeche beträgt in der Regel 0,6—0,8%. Infolge seines Gehaltes an höheren Phenolen gibt Steinkohlenteerpech positive Diazoreaktion (s. S. 330). Die Steinkohlenteerpeche haben durchweg hohe spez. Gew., da ja die Teere selbst schon $d > 1$ besitzen. Am schwersten sind die Peche aus Horizontalretortenteeren (d_{25} = 1,25—1,40), die spez. Gew. der übrigen Peche liegen meist zwischen 1,20 und 1,35 bei 25⁰ (Vertikalofenteerpech 1,15—1,30; Urteerpech 1,10—1,26).

---

[1] Donath u. Margosches: l. c.; Margosches: Chem. Revue üb. d. Fett- u. Harzind. **12**, 5 (1905); s. besonders H. Abraham: Asphalts usw., 3. Aufl., S. 227.
[2] E. Wenzel: Chem. Ind. **42**, 304 (1919).
* Benson u. Davis: Journ. Ind. engin. Chem. **9**, 141 (1917).
[3] Über die Teere selbst s. S. 597.   [4] Nach Abraham: l. c., S. 294.

An Alkohol gibt Steinkohlenteerpech wie Holzteerpech beträchtliche Mengen löslicher Teile von $d > 1$ ab; die Destillate des Steinkohlenteerpechs sind in Alkohol oder Anilin leicht löslich und werden beim Erwärmen mit konz. H_2SO_4 in wasserlösliche Sulfosäuren übergeführt. Die über 200^0 siedenden Anteile haben $d > 1$, während die Destillate von Erdölasphalt, Braunkohlenteer- und Fettpechen sämtlich $d < 1$ haben, in Alkohol mehr oder weniger schwer löslich und (besonders die Erdölasphaltdestillate) nur zum kleinsten Teil durch konz. H_2SO_4 sulfonierbar sind.

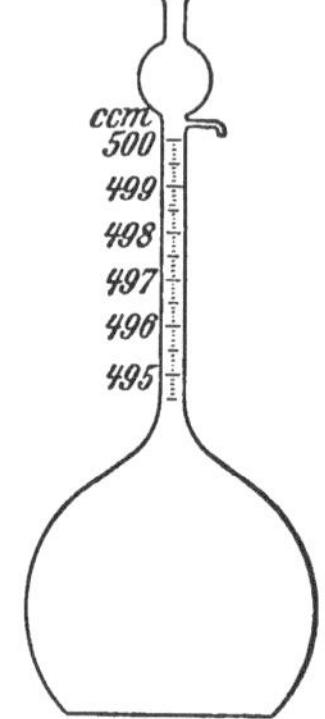

Abb. 172.
Meßkolben nach
H o l d e zur
Abscheidung un-
sulfonierter Öle.

Sulfonierbarkeit der Destillate der Peche. Man erwärmt einige Gramme Destillat 1 h lang mit der 5fachen Menge konz. H_2SO_4 im siedenden Wasserbade, gießt das Gemisch in etwa 500 ccm Wasser und bringt die gesamte Flüssigkeit in einen 500 ccm fassenden Kolben mit graduiertem Hals (Abb. 172). Durch Erwärmen des Kolbens in warmem Wasser werden die öligen, unsulfonierten Anteile im Kolbenhals abgeschieden; nach dem Erkalten liest man ihr Volumen ab und zieht sie unter Nachfüllen von Wasser durch ein seitlich angebrachtes Rohr zur Untersuchung ab.

Auch Steinkohlenteerpech selbst wird beim Erhitzen mit konz. H_2SO_4 auf 100^0 praktisch quantitativ in wasserlösliche Sulfosäuren übergeführt, ebenso Holzteerpech (s. o.), während Natur- und Erdölasphalte sowie Braunkohlenteerpeche wenig oder gar nicht sulfoniert werden. Zur quantitativen Bestimmung des Gehaltes an Naturasphaltbitumen in Mischungen mit Steinkohlenteerpech dient das S. 454 angegebene Sulfonierungsverfahren von M a r c u s s o n.

Qualitativ kann man Natur- oder Erdölasphalt in Steinkohlenteerpech nach folgendem ähnlichen Verfahren nachweisen [1]:

In einem Hartglase werden 10 g Asphalt oder Pech mit 4 ccm konz. H_2SO_4 im Ölbad unter ständigem Umrühren auf 180^0 erhitzt, bis der SO_2-Geruch verschwunden ist. Nach dem Erkalten wird die Masse unter Zusatz von 40 g Entfärbungskohle (oder Bleicherde) gepulvert und mit Petroläther (30/50) erschöpfend extrahiert. Der Rückstand des Petrolätherauszuges (von H_2SO_4 nicht angegriffene helle Öle) beträgt bei

Steinkohlenteerpechen . . . . . von 0,10— 0,21%
Naturasphalten . . . . ,, 0,60—11%
       meistens 3— 5%
Erdölasphalten . . . . von 5,70—36%
       meistens 15 —30%

Überschreitet der Gehalt an unsulfonierten Stoffen erheblich 0,2%, so ist demnach neben Steinkohlenteerpech Gegenwart eines fremden Bitumens anzunehmen.

In Mischung mit anderen Pechen ist Steinkohlenteer bzw. -pech durch die Anthrachinonprobe (s. S. 568) nachzuweisen, die bei allen Steinkohlenteeren und -pechen mit Ausnahme des Urteeres und des Hochofenteeres positiv ausfällt.

Man verwendet für den Versuch 1 g des über 300^0 siedenden öligen Destillats, evtl. die schon erstarrten, durch Behandeln mit wenig absolutem Alkohol leicht von den flüssigen zu trennenden Anteile desselben, und verfährt weiter nach S. 568.

Bei geringem Gehalt an Steinkohlenteerpech nimmt man entsprechend mehr Ausgangsmaterial und Oxydationsmittel.

Nach W. T e u s c h e r [2] läßt sich Steinkohlenteerpech in Erdölpech durch die charakteristische Fluorescenz sehr verdünnter Lösungen (Benzol, Benzin usw.) im ultravioletten Licht nachweisen.

[1] F. S c h w a r z: Chem. Revue üb. d. Fett- u. Harzind. **20**, 28 (1913).
[2] W. T e u s c h e r: Chem.-Ztg. **54**, 987 (1930).

γ) **Braunkohlenteerpech.** Im Gegensatz zu Steinkohlenteerpech arm an bzw. frei von benzolunlöslichen kohligen Stoffen, gibt es wie dieses infolge Gehalts an Phenolhomologen die Diazobenzolreaktion[1].

Man kocht 2 g Substanz 5 min lang mit 20 ccm wässeriger 1,0-n NaOH aus, filtriert den Laugenauszug, hellt das Filtrat nötigenfalls durch Schütteln mit gepulvertem NaCl und nochmalige Filtration auf und prüft die gut abgekühlte Lösung gemäß S. 330 durch Zusatz einiger Tropfen Diazolösung auf Anwesenheit von Phenolen. Rotfärbung der Lösung bzw. ein roter Niederschlag deuten im allgemeinen auf Gegenwart von Teerpech[2] (aus Steinkohlen, Braunkohlen usw.), kann aber evtl. auch von Braunkohlenteerölen (Paraffinölen) herrühren, die gelegentlich dem Naturasphalt zur Erhöhung seiner Geschmeidigkeit zugesetzt werden. Auch Kolophonium, das für manche Zwecke (Asphaltklebemassen, Kabelvergußmassen) in Mischung mit Natur- oder Erdölasphalt verwendet wird, gibt positive Diazoreaktion[3].

Um zwischen Teeröl und Teerpech zu unterscheiden, kann man aus dem Untersuchungsmaterial zuerst die petrolätherunlöslichen Asphaltene nach S. 428 abscheiden und diese durch $^1/_4$std. Auskochen mit 0,5-n alkoholischer KOH, Filtration der alkoholischen Lösung, Abdampfen des Alkohols, Aufnehmen des alkalischen Rückstandes mit Wasser und Versetzen mit Diazolösung auf Gegenwart von Phenolen prüfen; positive Reaktion spricht in diesem Falle für Gegenwart von Pech.

Bei Anwesenheit von Kolophonium erhielten jedoch Nellensteyn und Sauerbier (l. c.) auch nach diesem Verfahren keine zuverlässigen Resultate. Sie empfehlen daher folgende Farbenreaktion der Phenole mit Mercuronitrat (Millons Reagens)[4]:

Herstellung des Reagens. 1 ccm Hg wird in einem 100-ccm-Erlenmeyerkolben in 10 ccm kalter konz. HNO_3 (1,4) gelöst (Abzug!). Die Lösung wird mit 17,5 ccm H_2O verdünnt und etwa hierbei ausgeschiedenes basisches Salz mit einigen Tropfen HNO_3 wieder gelöst. Hierauf wird 10%ige NaOH unter Umrühren tropfenweise zugesetzt, bis kein bleibender Niederschlag mehr entsteht. Zu der Mischung gibt man 2,5 ccm verdünnte HNO_3 (1 Vol. HNO_3, d 1,4, auf 5 Vol. verdünnt) und mischt gut durch. Das Reagens ist höchstens 1 Tag haltbar.

Ausführung der Probe. 10 g Substanz werden mit etwa 25 ccm wässeriger n-NaOH 20 min gekocht. Den filtrierten alkalischen Auszug versetzt man mit Salpetersäure bis zur schwach alkalischen Reaktion und engt ihn auf 5—10 ccm ein. Zu 5 ccm dieses Auszuges gibt man 5 ccm Millons Reagens und erhitzt die Mischung $^1/_2$ h im siedenden Wasserbade. Färbung[5] zeigt Teer bzw. Teerpech (2% u. m.) an, während Kolophonium und Asphalt (auch geblasener Asphalt) nicht reagieren. In Zweifelsfällen ist ein Blindversuch zu empfehlen.

Im Asphaltmastix, der durch Erhitzen von bituminösen Kalkstein mit Naturasphalt oder dessen Surrogaten hergestellt wird, können bei Verwendung von Teerpechen die in diesen enthaltenen Phenole durch den Kalk zu schwerlöslichen Calciumphenolaten gebunden werden, so daß die Graefesche Reaktion in dem Benzol- oder Chloroformauszuge des Mastix trotz Gegenwart von Teerpech ausbleiben kann.

Zur Zersetzung der Phenolate behandelt man den Mastix mit Salzsäure bei Gegenwart eines organischen Lösungsmittels (z. B. Äther); schüttelt man dann

---

[1] Graefe: Chem.-Ztg. **30**, 298 (1906).

[2] Marcusson u. Eickmann: ebenda **32**, 965 (1908). Naturasphalt, Erdölasphalt und Fettpech geben nur Gelb- oder Orangefärbung.

[3] E. Kindscher u. Ph. Lederer: ebenda **52**, 1014 (1928); Nellensteyn u. Sauerbier: Ztschr. angew. Chem. **42**, 722 (1929).

[4] Vgl. Vaubel: ebenda **13**, 1125 (1900); R. M. Chapin: Journ. Ind. engin. Chem. **12**, 771 (1920); sowie Berl-Lunge: Chem.-techn. Untersuchungsmethoden, 8. Aufl., Bd. 4, S. 320. 1933.

[5] Nach Chapin, l. c., gibt Carbolsäure eine intensive Rotfärbung, alle übrigen ein- oder mehrwertigen Phenole ergeben gelbe oder grünliche Färbungen.

den abgetrennten Ätherauszug mit Lauge aus, so gibt der Laugenauszug nun die Diazoreaktion bei Gegenwart von Teerpech mit aller Schärfe.

Acetonlöslichkeit. 2—5 g der auf Teerpech zu prüfenden Substanz werden, nötigenfalls nach Verreiben mit etwas geglühtem Seesand, mit Aceton extrahiert. Der Extrakt ist nach Loebell bei Braunkohlen- oder Steinkohlenteerpech rotbraun bis tiefbraun, bei Erdöl- und Naturasphalt farblos oder citronengelb.

Der von Aceton durch Abdampfen befreite und mit wässeriger 0,5-n Lauge behandelte Extrakt gibt mit Diazobenzolchlorid bei Gegenwart von Braunkohlenteer- oder Steinkohlenteerpech deutlich rote Färbung oder Niederschläge, bei Naturasphalt fast farblose Lösung.

c) Unterscheidung von Naturasphalt und Erdölasphalt.

Unter den nachstehend angegebenen Prüfungen geben nach Abraham[1] nur die Bestimmung des Gehalts an gesättigten (gegen H_2SO_4 beständigen) Kohlenwasserstoffen und an freien Asphaltsäuren sowie die Bestimmung der Säurezahl und Verseifungszahl brauchbare Anhaltspunkte für die Unterscheidung zwischen Natur- und Erdölasphalten. Geblasene Asphalte sind mit den bisherigen Methoden von Gemischen aus Asphaltiten mit öligen oder weichen asphaltartigen Destillationsrückständen überhaupt nicht zu unterscheiden.

Säurezahl[2]: 10 g Bitumen werden in 25 ccm schwefelfreiem Benzol am Rückflußkühler gelöst und mit 100 ccm neutralisiertem 96%igem Alkohol zur Ausfällung der Asphaltstoffe versetzt. Die Benzol-Alkohollösung wird am nächsten Tag abgegossen und der Rückstand mit 50 ccm Alkohol nachgewaschen; die vereinigten Lösungen werden bei Gegenwart von Alkaliblau mit 0,1-n alkoholischer KOH auf rot titriert.

Naturasphalte haben Säurezahlen 2,8—15,4, Asphaltite meistens nur 0,1—0,5 (nur Manjak von Barbados 2,4), Erdölrückstände 0,1—0,4.

Gehalt an freien Asphaltogensäuren und an inneren Anhydriden dieser Säuren:

Freie Säuren: Man verdünnt die titrierte alkoholische Lösung der Säurezahlbestimmung mit dem gleichen Volumen Wasser und schüttelt die unverseifbaren bzw. unverseiften Bestandteile mit Benzol aus. Hierauf dampft man die Seifenlösung ein, löst den Rückstand in Wasser, säuert mit HCl an und schüttelt die abgeschiedenen Asphaltsäuren mit Benzol aus. Die nach Abdampfen den Benzols hinterbleibenden schwarzbraunen Asphaltogensäuren werden gewogen.

Ihre Menge beträgt bei Naturasphalten > 2,5 % (z. B. rohes Trinidadbitumen 6,4 %, Bermudezbitumen 3,5 %)[3], bei Erdölasphalten < 2,5 % (bei deutschem, russischem und Kansas-Erdölasphalt 0, bei mexikanischem 0,61 %, bei geblasenem Asphalt 1,87 %)[4]. Sie sind in Alkohol, Benzol und Chloroform löslich, in Petroläther nahezu unlöslich, enthalten Schwefel und geben mit $HgBr_2$ in Äther unlösliche Verbindungen; beim Erhitzen auf 120—200° gehen sie in Anhydride, bei höheren Temperaturen in asphaltenähnliche unverseifbare Stoffe über. Sie werden auch als Polynaphthensäuren bezeichnet, bilden aber im Gegensatz zu normalen Naphthensäuren (S. 438) benzinunlösliche Cu-Salze. Mit Vanillin-Salzsäure[5] geben sie ähnliche Farbenreaktionen wie aliphatische Ketone.

[1] Abraham: Asphalts usw., 3. Aufl., S. 346.
[2] Marcusson: Chem. Revue üb. d. Fett- u. Harzind. 18, 47 (1911).
[3] Marcusson: Ztschr. angew. Chem. 29, 346, 349 (1916).
[4] Abraham: l. c., S. 346 u. 756.
[5] Rosenthaler: Ztschr. analyt. Chem. 44, 292 (1905).

Anhydride: Man vereinigt die abgetrennten unverseiften Bestandteile mit den vor der Säurezahlbestimmung durch Alkohol ausgefällten pechartigen Stoffen (s. o.) und verseift durch Kochen mit 1,0-n alkoholischer KOH die darin enthaltenen „Anhydride"[1] der Asphaltogensäuren; die hierbei erhaltene Seifenlösung wird zur Abscheidung der Säuren genau wie oben behandelt.

Der Gehalt an Anhydriden betrug nach Marcusson bei Trinidad- bzw. Bermudezbitumen 3,9 bzw. 2,0%; bei Erdölasphalten schwankte er nach Abraham zwischen Spuren und 4%, ist also zur Unterscheidung zwischen Erdöl- und Naturasphalt nicht geeignet.

Verseifungszahl: Die Verseifungszahl (vgl. S. 113) beträgt nach Marcusson[2] bei Erdölasphalten 8—14, bei Naturasphalten 29—37, sie kann somit bei Abwesenheit von Fettpech oder geblasenem Erdölasphalt (S. 422) zur Unterscheidung von Natur- und Erdölasphalt dienen.

Aschen- und Schwefelgehalt: Naturasphalte haben in der Regel 1,7 bis 12% S * und merklichen Aschengehalt. Erdölrückstände sind meistens, falls nicht mineralische Stoffe künstlich zugesetzt sind, fast aschefrei, oft auch schwefelfrei oder enthalten höchstens 1,4% Schwefel. Nur Rückstände aus stark schwefelhaltigen Erdölen, z. B. aus Kalifornien, Trinidad oder Mexiko, zeigen entsprechend höheren S-Gehalt, mexikanischer Erdölasphalt z. B. 2—6%[3].

Auch deshalb ist ein hoher S-Gehalt kein sicherer Beweis für die Gegenwart von Naturasphalt, weil Erdölasphalte (auch Steinkohlenteerpeche usw.) gelegentlich künstlich geschwefelt werden, wodurch man Produkte erhält, die den geblasenen Asphalten ähnlich sind, aber geringere Duktilität besitzen. Oft ist allerdings künstliche Schwefelung an der H_2S-Entwicklung bei der Behandlung des Pechs mit Wasserdampf nachweisbar.

Entwicklung von H_2S bei der trockenen Erhitzung des Asphalts[4]:

Bei 5 min langem Erhitzen von 1 g Asphalt auf 200—205⁰ im Reagensglas, in welchem sich in 1 cm Entfernung über dem Material das untere Ende eines angefeuchteten Streifens Bleipapier befindet, geben Naturasphalte mit Ausnahme der Asphaltite deutliche Schwärzung des Bleipapiers, bei Erdölasphalten und Asphaltiten bleibt die Reaktion aus; Braunkohlenteerpech gibt wieder positive Reaktion, ist aber durch seine charakteristischen Eigenschaften von Naturasphalten zu unterscheiden.

Das verschiedene Verhalten erklärt sich nach Graefe dadurch, daß die Destillationsrückstände, im Gegensatz zu den Naturasphalten, bei der Verarbeitung bereits so hohen Temperaturen ausgesetzt waren, daß locker gebundener S in der Regel bereits abgespalten ist. Bei 250⁰ und darüber setzt auch bei schwefelhaltigen Erdölasphalten allmählich H_2S-Entwicklung ein.

Menge, Konsistenz und Paraffingehalt der gesättigten, gegen konz. H_2SO_4 beständigen Kohlenwasserstoffe[5]:

---

[1] Von Marcusson als Anhydride bezeichnet. Es ist aber durchaus nicht sicher, daß es sich um wirkliche Säure-anhydride handelt, da die betreffenden Verbindungen noch nicht isoliert wurden. Nach den Reaktionen könnten ebensogut innere Ester von Oxy- bzw. Thiosäuren (Lactone) vorliegen.

[2] Marcusson: Natürliche und künstliche Asphalte, 1921, S. 99 u. 255.

* Gilsonit enthält nur 0,3—0,5% S (vgl. S. 443).

[3] Lohmann: Chem. Revue üb. d. Fett- u. Harzind. **18**, 107 (1911). In seinen sonstigen Eigenschaften verhält sich der mexikanische Erdölrückstand wie alle anderen Erdölasphalte. So zeigte z. B. ein mexikanischer Asphalt mit 5,5% S nur 0,2% Asche und 32,2% bei 20⁰ dickölige Anteile (nach Marcusson-Eickmann) mit 2,2% Paraffin.

[4] Graefe: Ztschr. angew. Chem. **29**, 21 (1916).

[5] Marcusson u. Eickmann: Chem.-Ztg. **32**, 965 (1908).

10 g Bitumen werden in 15 ccm Benzol am Rückflußkühler gelöst; die Lösung wird unter Umschütteln in 200 ccm bis 80⁰ siedendes Benzin eingegossen und mit 20 ccm Benzin nachgespült. Nach einigem Stehen werden die ausgefallenen Asphaltene abgesaugt und mit Benzin nachgewaschen; das Filtrat wird zur völligen Befreiung von Asphaltstoffen dreimal mit je 15 ccm konz. H_2SO_4 im Scheidetrichter geschüttelt. Die mit alkoholischer (50% Alkohol) 1,0-n Lauge und einige Male mit Wasser gewaschene Benzinlösung wird eingedampft und der Rückstand je 5 min lang auf dem Wasserbad vorsichtig bis zur annähernden Gewichtskonstanz erwärmt.

Zur Prüfung der Konsistenz wird das Öl dann im 15 mm weiten Reagensglas 10 min lang im Wasserbad erwärmt und hierauf 1 h ohne Bewegung bei 20⁰ belassen. Ferner bestimmt man den Paraffingehalt dieses Öles durch Destillation und Fällung des Destillats nach S. 419.

Naturasphalt liefert bei dieser Prüfung 1,4—31 % [1] gelbbrauner bis brauner, bei 20⁰ fließender, öliger Anteile mit einem Paraffingehalt von höchstens 1 % (beim Abkühlen der Alkohol-Ätherlösung auf — 20⁰ fallen harzige, durchsichtige Stoffe aus), Erdölasphalte 26—58 % öliger Anteile, grün bis grünschwarz, bei 20⁰ nicht fließend, dünn- bis dicksalbig, mit festen vaselinartigen Ausscheidungen; Paraffingehalt über 2 %.

Absolut eindeutig ist indessen auch dieses Prüfverfahren nicht; denn rein asphaltische, paraffinfreie Erdöle, z. B. von Trinidad und Venezuela, geben auch paraffinfreie Rückstände, verhalten sich also in dieser Beziehung wie Naturasphalte. Umgekehrt kann harter Naturasphalt, der mit stark paraffinhaltigen flüssigen Erdölrückständen weicher gemacht wurde, sich bei der Probe nach Marcusson-Eickmann wie Erdölasphalt verhalten [2].

Asphaltite (S. 442), die nahezu frei von Mineralstoffen sind, haben mit Ausnahme von Manjak (17 % öliger Stoffe) < 7 % öliger, nahezu paraffinfreier Anteile, verhalten sich also wie normale Naturasphalte.

Säurezahl der Destillate: Ist durch die beschriebene Bestimmung der öligen Anteile die Gegenwart von Erdölpech in einem Asphalterzeugnis festgestellt, so prüft man — bei Abwesenheit von Fettpechen, die zuvor nach S. 421 festzustellen ist — auf gleichzeitige Anwesenheit von Naturasphalt wie folgt [3]:

30 g der Probe (bzw. bei aschehaltigem Material so viel, wie 30 g Bitumen entspricht) werden aus kleiner Retorte destilliert und 2 Fraktionen von je 4—5 ccm aufgefangen. Die Destillate werden gewogen, in Benzol gelöst, einmal zur Entfernung von H_2S mit destilliertem Wasser gewaschen und nach Zusatz von neutralem Alkohol mit 0,1-n alkoholischer KOH bei Gegenwart von Alkaliblau titriert. Das erste Destillat zeigt bei Gegenwart von Naturasphalt SZ. > 1, bei Erdölpech < 1, das zweite Destillat von Erdölasphalt ist säurefrei, bei Naturasphalt noch merklich säurehaltig.

d) Prüfung auf Kolophonium.

Kolophonium, das in Mischung mit Asphalten in manchen Klebemassen (zur Herstellung von Isolierplatten für Bauzwecke) sowie in Kabelvergußmassen Verwendung findet, wird in diesen Massen wie folgt bestimmt [4]:

5—10 g der Probe (bei Gegenwart von über 4% Harz genügen 2,5—5 g Ausgangsmaterial) werden am Rückflußkühler mit 100 ccm Äther ausgekocht, die ungelösten Bestandteile abfiltriert und 3mal mit Äther nachgewaschen. Das Filtrat wird nun so oft (6mal genügt in der Regel) mit je 20 ccm wässeriger Sodalösung durchgeschüttelt, bis die wässerige Schicht farblos erscheint. Die erhaltene

---

[1] Auf aschefreies Bitumen bezogen.   [2] Graefe: l. c.
[3] Marcusson: Chem. Revue üb. d. Fett- u. Harzind. **18**, 47 (1911).
[4] Holde u. Meister: Chem.-Ztg. **35**, 793 (1911).

Harzseifenlösung wird 2mal mit je 30 ccm Äther, die vereinigten ätherischen Auszüge werden 1mal mit 30 ccm Sodalösung geschüttelt. Die alkalischen Auszüge zerlegt man mit überschüssiger verdünnter H_2SO_4 bei Gegenwart von Äther im Scheidetrichter. Nach erschöpfendem Ausäthern wird der ätherische Auszug unter Zusatz von konz. Glaubersalzlösung mineralsäurefrei gewaschen, dann nach dem Filtrieren auf 100 ccm eingedampft und mit 0,5 g trockener Knochenkohle etwa 10 min auf dem Wasserbad zur Aufhellung der rotbraunen Lösung gekocht. Nach Abfiltrieren und Auswaschen der Kohle mit Äther verdampft man das Lösungsmittel, trocknet den Rückstand 5 min bei 105° und wägt nach dem Erkalten. Das gefundene Gewicht (Abietinsäure) erhöht man um 8% in Rücksicht auf die in der Sodalösung nicht löslichen unverseifbaren Stoffe des Kolophoniums (Abweichungen der Befunde vom theoretischen Harzgehalt bei künstlichen Mischungen mit $1^1/_2$—14% Kolophonium, aus denen die Abietinsäure mit 0,1-n Lauge ausgeschüttelt wurde, maximal 0,7%).

T. Neben- und Abfallprodukte der Erdölverarbeitung.

I. Zähe Destillationsabfälle (Picenfraktion).

Beim Cracken paraffinhaltiger Erdöle bis auf Koks finden sich in den Helmen und Abzugsröhren der Destillierblasen zähe orangerote bis braunrote Massen, auch „rote Harze" genannt, welche u. a. Picen $C_{22}H_{14}$, Schmelzpunkt 364° (korrigiert), Kp. 520° *, und Cracken $C_{24}H_{18}$, Schmelzpunkt 300°, Kp. 500° **, enthalten und in der Regel mangels sonstiger Verwendung unter den Destillierkesseln verheizt oder zu geringeren Sorten konsistenter Schmieren benutzt werden. Wegen ihrer Eigenschaft, sich in Mineralölen mit grüner Fluorescenz zu lösen, verwendet man diese Kohlenwasserstoffe auch zur künstlichen Erzeugung grüner Fluorescenz[1].

Picen wird z. B. aus den letzten sog. Picenfraktionen von Erdöl oder Braunkohlenteer durch Abkühlen auf 0°, Abpressen, Auskochen mit Petroläther, Umkrystallisieren aus kochenden Cymol und Sublimieren rein erhalten.

Beide Arten von Kohlenwasserstoffen gehören der aromatischen Reihe C_nH_{2n-30} an, und zwar ist Picen ein Phenanthrenabkömmling, während die Konstitutionsformel des durch Umlösen von Crackpech mit Benzol in grün fluorescierenden Blättchen zu erhaltenden Crackens noch ungewiß ist.

II. Koks.

Wenn die Erdöldestillation so weit getrieben wird, daß selbst bei stärkster Erhitzung mit freiem Feuer keine Destillate mehr übergehen — häufig wird nur bis auf Goudron oder Pech abgetrieben —, so hinterbleibt ein wegen seines geringen Aschengehaltes als Elektrodenmaterial für Bogenlicht oder elektrochemische Zwecke, sowie als besonders heizkräftig sehr geschätzter Koks.

---

* Graebe u. Walter: Ber. **14**, 175 (1881); G. Kraemer: Verh. Ver. Beförd. Gewerbefl. **64**, 296 (1886); Bamberger u. Chattaway: Ber. **26**, 1751 (1893); Liebigs Ann. **284**, 61 (1895).

** J. Klaudy u. J. Fink: Chem.-Ztg. **24**, 60 (1900); Monatsh. Chem. **21**, 118 (1900).

[1] Motorenbetr. u. Maschinenschmier. **3**, Nr. 6, 14 (1930); Beilage zu Petroleum **26**, Heft 24 (1930).

1. Prüfung auf Leitfähigkeit. Man schaltet den Koks sowie eine Glühlampe oder elektrische Klingel in den Stromkreis eines Akkumulators oder mehrerer Elemente. Glühen der Lampe bzw. Anschlagen der Klingel zeigt die Leitfähigkeit an.

2. Heizwert. Die Prüfung geschieht wie bei Kohle in der Bombe (s. S. 80f.). Da der Koks mangels eines Bindemittels nicht brikettiert werden kann, hüllt man ihn zwecks Vornahme der Verbrennung in Papier ein, dessen Heizwert vorher bestimmt ist, oder man mischt ihn mit einem Körper von bekannter Verbrennungswärme, z. B. Rohrzucker.

3. Aschenbestimmung erfolgt am besten im elektrischen Tiegelofen von Heraeus unter langsamem Zuleiten von O_2 in das Ofeninnere.

4. Alkalien, welche durch zufällige Beimengungen von Raffinationsreagentien in den Koks gelangen und ihn für elektrochemische Zwecke, z. B. die Aluminiumgewinnung, minderwertig machen können, werden in einem aliquoten Teil des wässerigen Auszuges durch Titration mit 0,1-n HCl bestimmt. In einem anderen Teil wird der Chlor- und Natriumsulfatgehalt, evtl. auch der Verdampfungsrückstand, der z. B. von Salzen aus den Begleitwässern des Rohöls herrühren kann, ermittelt.

5. Flüchtige Bestandteile. Die Menge der flüchtigen Bestandteile gibt an, ob der Koks stark oder schwach geglüht war, und wird durch Glühen von 1 g Substanz im Platintiegel bei aufgelegtem Deckel und Bestimmung des Gewichtsverlustes ermittelt (s. Verkokungsrückstand nach Muck, S. 256).

6. Schwefelbestimmung erfolgt zweckmäßig in der Calorimeterbombe oder nach einem anderen der S. 100f. beschriebenen Verfahren.

III. Permanente Gase und Dämpfe.

Die bei allen Erdöldestillationen auftretenden, nicht kondensierbaren Dämpfe und permanenten Gase werden zur Feuerung der Destillationsblasen oder nach vorheriger Skrubberreinigung in Gasmotoren als Treibgas benutzt; zum Teil dienen sie neuerdings auch als Ausgangsmaterial für wichtige chemische Umsetzungen (s. S. 145).

Die gasförmigen Destillationsverluste schwanken je nach der Zusammensetzung des Rohöls und dem Destillierverfahren (schonend oder destruktiv); sie betragen beim Arbeiten auf Asphalt in der Regel 5%, beim Arbeiten auf Koks 10%.

Die Gase werden nach bekannten gasanalytischen Verfahren[1] untersucht.

1. Schwefelwasserstoff. Man läßt 100 ccm des frisch entnommenen Gases in eine umgekehrt stehende Retorte eintreten, die mit 100 ccm 0,01-n Jodlösung (10 g KJ und 1,269 g reines J im Liter) gefüllt ist. Nach dem Durchleiten des Gases wird die nicht verbrauchte Jodlösung mit 0,01-n Thiosulfat titriert. 1 ccm verbrauchter Jodlösung entspricht 0,1 ccm trockenem H_2S bei 0^0 und 760 mm Druck.

Die gesuchten ccm $H_2S = x$ berechnen sich aus Temperatur (t) und Barometerstand (b) des Versuchsraumes, sowie aus den durch Titration ermittelten ccm H_2S (a) und der Spannung des Wasserdampfes (s) bei t^0 nach der Formel

$$x = \frac{a\,(273 + t) \cdot 760}{273 \cdot (b - s)}$$

2. Dampfförmige Kohlenwasserstoffe (Kp. $> + 20^0$). Diese werden erst nach Absorption der CO_2 und des H_2S durch Natronlauge ermittelt, indem man sie

---

[1] Ausführliche Angaben s. Engler-Höfer-Tausz: Das Erdöl, 2. Aufl., Bd. 4, S. 385—453, sowie E. Graefe: Laboratoriumsbuch, S. 43, 55, 58; Heizwertbestimmung von Gasen im Junkersschen Calorimeter: K. Bunte u. E. Czakó: Journ. Gasbel. **62**, 589 (1919). Einzelbestandteile werden nach Hempel: Gasanalytische Methoden, S. 246, ermittelt; s. auch Graefe: l. c., S. 46f.

mit einem geeigneten Waschöl ausschüttelt oder mittels aktiver Kohle adsorbiert oder in einem gut wirkenden, auf — 78 bis — 110⁰ gekühlten Waschgefäß kondensiert.

3. **Ungesättigte Kohlenwasserstoffe** werden durch Absorption mit rauchender H_2SO_4 (25% SO_3) bestimmt.

4. **Freier Sauerstoff** wird in alkalischer Pyrogallollösung (40 g Pyrogallol + 90 ccm Wasser + 70 g Kalilauge, $d = 1,55$) absorbiert.

5. **Freier Wasserstoff** wird durch Überleiten des Gases über Palladiummohr bestimmt.

6. **Methan und dessen Homologe** werden auf Äthan berechnet und aus den Werten a (brennbare Gasmenge in dem nach Absorption des Wasserstoffes durch Palladium bleibenden Gasrest) und b (Volumen der von 1 Vol. des brennbaren Gases gebildeten Kohlensäure) ermittelt.

Die Untersuchung solcher, bei der Schmieröldestillation oberhalb 300⁰ erhaltener Gase im Laboratorium der Gebr. Nobel, Baku, ergab bei 3 Gasen folgende, auf luftfreien Zustand berechnete Grenzwerte[1] in Vol.-%:

CO_2*	CO*	Ungesättigte Kohlen- wasserstoffe	Durch Brom nicht absorbier- bare brennbare Gase
5,0—8,1	0—1,1	15,7—20,9	73,2—76,5

IV. Raffinationsabfälle[2].

1. Säureharze.

Beim Raffinieren der hochsiedenden Erdölfraktionen mit konz. oder rauchender H_2SO_4 scheiden sich braunschwarze bis schwarze Säureharze aus, die in der Technik auch als Säuregoudron, manchmal auch fälschlich als Goudron oder Asphalt bezeichnet werden. Die bei der Herstellung weißer Vaselinöle mittels rauchender H_2SO_4 erhaltenen Harze, die sich als Sulfosäuren in Wasser mit dunkler Farbe lösen, dienen z. B. zur Herstellung wasserlöslicher Öle, sowie zur Fettspaltung („Kontaktspalter" von Petroff, s. S. 830). Die bei der Raffination gewöhnlicher Schmieröle mit konz. H_2SO_4 in Mengen bis zu 30% erhaltenen Säureharze sind in Wasser wenig löslich; sie werden nach dem Auskochen der freien Säure mit Wasser oder Abstumpfen mit Kalk entweder in dünneren Abfallölen aufgelöst oder unter den Destillationskesseln verheizt oder durch Destillation über freier Flamme wiederum auf Öl oder als Surrogat für Peche und Asphalt bzw. zu Walzenbrikettschmieren (s. S. 380 u. 390) verarbeitet.

Die Prüfung der Säureharze erstreckt sich auf spez. Gew., wasserlösliche Anteile, Gehalt an neutralen Pechstoffen, Asche usw.

---

[1] L. Gurwitsch: Wissenschaftliche Grundlagen der Erdölverarbeitung, 2. Aufl., S. 213. Berlin: Julius Springer 1924.

* Das Vorkommen von CO und CO_2 läßt sich durch die Zersetzung von Naphthensäuren erklären, wie Scheller und Stauß: Petroleum 8, 849 (1912/13), durch Analyse der permanenten Gase der Destillation von rohem und mit Lauge gewaschenem Erdöl zeigten. In den Gasen der ersten Destillation fanden sich 1% CO_2 und 2,8% CO, in den Gasen des gewaschenen Erdöls keine Spur CO_2 oder CO. Der Gehalt der Gase an CO kann so hoch werden — Scheller und Stauß fanden bis 16,5% CO —, daß gefährliche Vergiftungen beim Betreten der vorher nicht ventilierten Destillationskessel vorkommen können; s. Gurwitsch: l. c., S. 214.

[2] Näheres über Eigenschaften und Verwertung der Raffinationsabfälle s. Gurwitsch: Wissenschaftliche Grundlagen der Erdölverarbeitung, 2. Aufl., S. 317f.

Die Trennung der Sulfosäuren von freier Schwefelsäure beruht auf der Löslichkeit der Bariumsalze der Sulfosäuren in Salzsäure[1]. Der zu prüfende wässerige Auszug (200—500 ccm) wird in der einen Hälfte mit 0,1-n oder 0,5-n Lauge unter Zusatz von Phenolphthalein titriert (Gesamtsäure). In der anderen Hälfte wird mit Bariumchlorid und Salzsäure die freie Schwefelsäure gefällt und als $BaSO_4$ gewogen. Der Gehalt an Sulfosäuren wird in Äquivalenten KOH oder SO_3 ausgedrückt.

Unterscheidung von Destillations- und Raffinationsgoudron. Von den durch Destillation der Mineralöle erhaltenen goudron- bis pechartigen Rückständen unterscheiden sich die durch Abstumpfen mit Kalk von überschüssiger H_2SO_4 befreiten Säureharze durch Gehalt an $CaSO_4$ und sulfosauren bzw. alkylschwefelsauren Kalksalzen.

Der sulfosaure Kalk wird durch Behandeln der Säureharze mit absolutem Alkohol und wenig HCl ($d = 1,19$) in der Hitze in $CaCl_2$ und freie Sulfosäuren gespalten[2]. Diese bleiben in der alkoholischen Lösung und können nach Abfiltrieren der in der Kälte sich ausscheidenden öligen oder harzigen Neutralstoffe und Neutralisieren der Lösung mit Natronlauge nach Spitz und Hönig (s. S. 114) von den durch Alkohol mit aufgenommenen unverseifbaren Stoffen getrennt werden. Wegen der Wasserlöslichkeit der Sulfosäuren wird die überschüssige Mineralsäure, welche zur Abscheidung der Sulfosäuren aus der Seifenlösung benutzt wird, mit konz. Glaubersalz- oder Kochsalzlösung ausgewaschen.

Erdölpeche (Destillationsgoudron) lösen sich, im Gegensatz zu den organischen Kalksalzen und in Benzol zum Teil unlöslichen Säureharzen, bis auf Spuren in Benzol, sind säurefrei und enthalten nur minimale Aschenmengen ($NaCl$, $MgCl_2$, Na_2SO_4).

2. Neutrale pechartige Stoffe.

Stoffe, welche unmittelbar als Pech oder Asphalt für Lacke, Dichtungen usw. zu benutzen sind[3], werden vornehmlich auf Erweichungspunkt nach S. 408, Aschengehalt, fremde Zusätze usw. nach S. 420f. geprüft.

3. Abfallsäuren (Acid sludge)

sind die nach dem Raffinationsprozeß durch Aufkochen mit Wasserdampf von den Säureharzen getrennten schwarzen Säuren, die außer unveränderter Schwefelsäure noch Sulfosäuren, Schwefeldioxyd, etwa mitgerissenes Neutralöl, sowie Basen aus stickstoffhaltigen Rohölen (an Schwefelsäure gebunden) enthalten.

v. Pilat, Sereda und Szankowski[4] unterscheiden unter den bei der Raffination gebildeten Sulfosäuren die in Wasser bzw. konz. Schwefelsäure löslichen, in Mineralölen und Äther unlöslichen α- und γ-Sulfosäuren und die in Mineralöl und in Äther leicht löslichen β-Sulfosäuren. Letztere bleiben bei der Raffination mit konz. Schwefelsäure im Öl (aus dem sie durch Laugung entfernt werden müssen), die γ-Sulfosäuren gehen vollständig, die α-Sulfosäuren größtenteils in den Säureteer. Die verschiedenen Gruppen sind durch die Löslichkeitsverhältnisse ihrer Kalksalze charakterisiert: α-sulfosaures Ca ist in Wasser und Äther unlöslich, β-sulfosaures Ca in Wasser unlöslich, in Äther löslich, γ-sulfosaures Ca dagegen in Wasser löslich, in Äther unlöslich.

---

[1] Nach F. Chierer und J. Primost: Przemysl Chemiczny **15**, 49 (1931); C. **1931**, II, 362, trifft dieses Unterscheidungsmerkmal nur teilweise zu, da auch die Ba-Salze mancher organischer Säuren des Säureteers in Salzsäure unlöslich sind.

[2] F. Schwarz: Chem. Revue üb. d. Fett- u. Harzind. **19**, 211 (1912).

[3] Früher u. a. nach dem D.R.P. 124980 (1900) von C. Daeschner bei der Raffination dunkler Residuen durch Fuselöl (Amylalkohol) erhalten.

[4] St. v. Pilat, J. Sereda u. W. Szankowski: Petroleum **29**, Nr. 3, 1 (1933); St. v. Pilat: Briefl. Mitt. vom 3. 3. 1933.

Die γ-Säuren, die in den Säureteeren von der Raffination der verschiedensten Schmieröle nachgewiesen wurden, entsprachen 2 Reihen von Verbindungen von der ungefähren Zusammensetzung $C_9H_9SO_3H$ und $C_{19}H_{19}SO_3H$.

Die Abfallsäuren sind öfter noch stark mit Säureharzen beladen, so daß gelegentlich Zweifel entstehen, ob die Säure als Säureharz oder als weniger hoch zu verzollende Abfallsäure anzusprechen ist. (Säureharze aus der Braunkohlenteerverarbeitung werden allerdings noch billiger als Abfallsäure tarifiert.)

Die Abfallsäuren werden, soweit sie nicht durch Vergraben beseitigt werden, durch Konzentration und mechanische Reinigung regeneriert und so wieder zur Raffination benutzt oder durch Behandlung mit Kupfer- und Eisenabfällen auf Vitriolsalze verarbeitet. Aus den Abfallsäuren wird auch durch Erhitzen mit Kohle oder Sägespänen Schwefeldioxyd gewonnen und dieses in Natriumhyposulfit für die Kattundruckerei u. dgl.[1] übergeführt. Auch Regenerierung der gewonnenen Säure durch Zerstäubung im hocherhitzten Muffelofen, wobei die organische Substanz verbrennt, wurde vorgeschlagen[2].

Die Abfallsäure wird in erster Linie nach dem Gehalt an freier H_2SO_4 bewertet.

Untersuchungsgang. Nächst der Feststellung der äußeren Erscheinungen prüft man auf einzelne Bestandteile wie folgt:

Wasserunlösliche Pechstoffe. 5 g Abfallsäure werden mit 50 ccm Wasser versetzt, ausgeschiedene pechartige Anteile mit heißem Wasser mineralsäurefrei gewaschen, mit heißem Benzol extrahiert und vom Benzol durch Abdampfen befreit. Der Extrakt wird nach Trocknen bei 105^0 gewogen.

Freie Schwefelsäure. Die von unlöslichen Pechstoffen befreite wässerige Flüssigkeit wird mit den Waschwässern vereinigt und zu 1 l aufgefüllt; 50 ccm werden bei Gegenwart verdünnter HCl heiß mit $BaCl_2$ gefällt. (Barytsalze von Sulfosäuren fallen aus salzsaurer Lösung nicht aus, vgl. jedoch S. 432, Fußn. 1.) Das Gewicht des $BaSO_4$-Niederschlages ergibt den Gehalt an freier H_2SO_4, vorausgesetzt, daß Sulfate abwesend waren.

Sulfosäuren. 20 ccm der wie vorstehend hergestellten wässerigen Lösung werden mit 0,1-n NaOH bei Gegenwart von Phenolphthalein titriert. Die Differenz zwischen der so gefundenen Gesamtsäuremenge (ber. als H_2SO_4) und der zuvor bestimmten freien H_2SO_4 gibt die Menge der Sulfosäuren (ber. als H_2SO_4).

Wasser wird qualitativ durch Destillation der Probe mit Xylol nach S. 117 nachgewiesen. In quantitativer Hinsicht fallen die Werte wohl etwas zu niedrig aus, da H_2SO_4 Wasser zurückhält.

Sonstige Bestandteile. Nach Eindampfen von 100 ccm der wässerigen Lösung wird die Schwefelsäure abgeraucht und der Rückstand gewogen und auf Salze, Fe_2O_3 usw. geprüft.

4. Abfall-Laugen und Naphthensäuren[3].
(Mitbearbeitet von M. Naphtali.)

a) Herkunft und Entstehung. Die Abfall-Laugen der gesäuerten Erdölfraktionen werden in der Technik — soweit sie aufgearbeitet werden — durch Calcinierung regeneriert oder aber durch Zusatz verdünnter Mineralsäuren, z. B. Abfallsäure, auf Naphthensäuren verarbeitet, die in den Laugen als Na-Salze (Naphthenseifen) vorhanden sind. Die so abgeschiedenen rohen

---

[1] Lidoff: Neftjanoe Djelo **1907**, Nr. 4, S. 28.
[2] E. A. Kolbe: Petroleum **14**, 837 (1918/19).
[3] Eingehende Zusammenstellung der älteren Literatur s. Engler-Höfer: Das Erdöl, 1. Aufl., Bd. 1, S. 431f. (1913); I. Budowski: Die Naphthensäuren. Berlin: Julius Springer 1922; M. Naphtali: Chemie, Technologie und Analyse der Naphthensäuren. Stuttgart: Wissenschaftl. Verlagsges. 1927.

dunkelfarbigen Produkte werden als Seifenöle bezeichnet und dienen untergeordneten Schmierzwecken, zur Bohröl- oder Seifenbereitung. Die Abfalllaugen enthalten entsprechend ihrem Gehalte an Naphthensäureseifen auch gewisse Mengen der behandelten Benzin-, Kerosin- oder Schmierölfraktionen in emulgiertem bzw. kolloidal gelöstem Zustand. Z. B. enthielt nach Gurwitsch[1] das aus abgestandenen klaren Laugen von der Kerosinreinigung russischer Öle mit verdünnter H_2SO_4 ausgeschiedene Rohsäuregemisch 2—6 % Kohlenwasserstoffe, das aus Laugen von der Maschinenölreinigung ausgeschiedene 48 und mehr Prozent Neutralöle. Außerdem enthalten die Abfall-Laugen nach der Raffination mit konz. H_2SO_4 sehr geringe Mengen, nach der Raffination mit rauchender H_2SO_4 größere Mengen Naphthensulfosäuren (auch Ätherschwefelsäuren), ferner noch anorganische Salze (Na_2SO_4, Na_2SO_3, Na_2CO_3, $NaCl$).

Man unterscheidet nach ihrer Herkunft Naphthensäuren aus Rohöl, Kerosin, Gasöl und Schmieröl. Im Handel sind meist Kerosin- und Gasölsäuren anzutreffen. Im Balachanyöl fand Gurwitsch[2] folgende Verteilung der Naphthensäuren auf die einzelnen Fraktionen: Benzin: Spuren, Kerosin: 0,5, Solaröl: 2,2, Spindelöl: 1,9, Maschinenöl: 1,4, Zylinderöl: 0,4 %.

Technische Naphthensäuren sind die aus den Abfall-Laugen der mit H_2SO_4 raffinierten Öle durch Ansäuern mit H_2SO_4 erhaltenen Säuren. Auch durch sog. Vorlaugen der rohen Destillate werden Abfall-Laugen erhalten, aus denen dann Naphthensäuren gewonnen werden. Solche Naphthensäuren, die den heftigen chemischen Veränderungen durch konz. H_2SO_4 (Harzbildung usw.) nicht ausgesetzt waren, kann man als echte Naphthensäuren (sie sind besonders von v. Braun zur wissenschaftlichen Untersuchung benutzt worden), die üblichen „technischen" als unechte bezeichnen. Die Frage, ob die aus den Abfall-Laugen abgeschiedenen Naphthensäuren mit den ursprünglich in den Erdöldestillaten vorhandenen identisch sind oder ob sich beim Raffinationsprozeß oder beim Laugen durch oxydierende Wirkungen der zum Mischen angewandten Luft neue Mengen Naphthensäure bilden, ist noch nicht geklärt[3]. Auch ist zu beachten, daß die im Rohdestillat vorhandenen Naphthensäuren in konz. H_2SO_4 löslich sind und daher durch diese zum Teil extrahiert werden und in die Abfallsäure gelangen müssen.

Jedenfalls lassen sich die Naphthensäuren schon aus dem Rohöl selbst abscheiden, die Beobachtung von E. Holzmann und St. v. Pilat[4], daß sie in Boryslaw-Rohöl selbst nicht vorkommen, sondern nur in dessen Destillaten, hat sich nach privater Mitteilung von E. Holzmann nicht bestätigt. Immerhin fand auch Pyhälä[5] bei mehreren Rohölen bzw. Masuten, daß die Destillate zusammen 11- bis 12mal mehr freie Naphthensäuren enthielten, als sich aus der Säurezahl der Ausgangsmaterialien berechnete. Die Säuren

---

[1] Gurwitsch: Wissenschaftl. Grundlagen, S. 84. Berlin 1924.
[2] Gurwitsch: l. c., S. 83.
[3] Näheres s. Naphtali: l. c., S. 16—18. Nach J. v. Braun: Briefl. Mitt. vom 22. 6. 1932 sollen die Naphthensäuren überhaupt erst beim Laugen der Öle unter Luftzutritt gebildet werden, jedoch dürften schon die durch Titration der Rohöle ermittelten Säurezahlen gegen eine solche Annahme sprechen.
[4] E. Holzmann u. St. v. Pilat: Brennstoff-Chem. **11**, 409 (1930).
[5] E. Pyhälä: Chem.-Ztg. **57**, 273, 294 (1933).

lagen also im Rohöl in „versteckter" Form vor. Bemerkenswert ist, daß sich direkt aus Rohölen ziemlich hochmolekulare Naphthensäuren (von C_{10} an aufwärts) auf kaltem Wege extrahieren lassen, während die Destillate dieser Rohöle bereits niedrigmolekulare Naphthensäuren enthalten, daß also durch die relativ geringe Wärmezufuhr bei der Destillation „oxydative Absplitterungen" eintreten[1].

Nach P. M. E. S c h m i t z[2] entstehen Naphthensäuren auch bei der Destillation der leichteren Erdölfraktionen mit Wasserdampf.

b) **Chemischer Charakter der Naphthensäuren.** Nach den Untersuchungen von Naphthensäuren kaukasischen, rumänischen und japanischen Ursprungs[3] sind diese Monocarbonsäuren der allgemeinen Zusammensetzung $C_nH_{2n-2}O_2$, also mit den Fettsäuren der Ölsäurereihe isomer, jedoch cyclische gesättigte Verbindungen, die einen Polymethylenring enthalten. Die in einzelnen Fällen erhaltenen Jodzahlen von technischen Naphthensäuren sind auf Beimengungen oder Nebenreaktionen zurückzuführen. Dementsprechend konnte an ziemlich einheitlichen Naphthensäuren aus Bakuerdöl mit mittlerem Mol.-Gew. 200 nur eine Jodzahl von 0,4—0,5 festgestellt werden[4].

Nachdem der Zusammenhang von Naphthenen und Naphthensäuren besonders von A s c h a n und M a r k o w n i k o f f klargelegt war, gelang es Z e l i n s k y[5], den Beweis zu führen, daß die Naphthensäuren nicht wie die Naphthene auf Ringe verschiedener Kohlenstoffzahl zurückzuführen sind, sondern vorwiegend Derivate von Fünfringen sind. Durch Arbeitsmethoden, die den Übergang vom 6- zum 5-Ring ausschlossen, wurden Naphthensäuren auf dem Wege über Methylester→Alkohol→Jodid in die zugehörigen Naphthene übergeführt und diese der katalytischen Dehydrierung mit Pt- oder Pd-schwarz unterworfen. Da nun bei dieser Reaktion nur die 6-Kohlenstoff-Ringe, und zwar Hexahydrobenzol und seine monosubstituierten Homologen, ihren Wasserstoff verlieren und da andererseits die aus den Octo- und Nona-Naphthensäuren (von Baku) gewonnenen Naphthenkohlenwasserstoffe bei diesen Versuchen nicht dehydriert wurden, so schloß Z e l i n s k y, daß die Naphthensäuren keine Derivate der hexahydroaromatischen Kohlenwasserstoffe sein können, sondern wahrscheinlich Pentamethylenderivate darstellen[6]. Auch durch Ketonisierung von Naphthensäuren konnte Z e l i n s k y diese Ansicht stützen. Hatte dieser Forscher die Fünfringnatur der Naphthensäuren wahrscheinlich gemacht, so wurde sie durch die Arbeiten von v. B r a u n endgültig bewiesen, der durch Abbau der in den rumänischen Leuchtöl-Naphthensäuren als Hauptbestandteil enthaltenen Säure $C_{10}H_{18}O_2$ zum Trimethylcyclopentanon ($C_8H_{14}O$) gelangte, das andererseits von P r i n g s h e i m[7] im Holzgeistöl aufgefunden wurde. v. B r a u n sieht in letzterem Befund eine Brücke vom Erdöl zum Holz, bzw. zur Kohle. Er konnte weiter feststellen, daß neben dem methylierten 5-Ring noch ein Stück einer aliphatischen Säure im Naphthensäuremolekül enthalten ist, daß demnach, von den niedrigsten Gliedern abgesehen, die Carboxylgruppe regelmäßig nicht am Kern des methylierten 5-Ringes, sondern am Ende einer längeren oder kürzeren aliphatischen Seitenkette sitzt[8].

Die Schwierigkeiten, aus einer Naphthensäure restlos alle Beimengungen zu entfernen, sind außerordentlich groß, da die Säuren in ihren alkalischen Lösungen

---

[1] v. B r a u n: Liebigs Ann. **490**, 112 (1931).

[2] P. M. E. S c h m i t z: Erdöl u. Teer **3**, 91 (1927).

[3] A s c h a n: Ber. **23**, 867 (1890); **24**, 2710 (1891); **25**, 886, 3661 (1892).

[4] H o l d e u. K r o n a c h e r: Unveröffentlichte Versuche, 1931.

[5] Z e l i n s k y: Ber. **57**, 42 (1924).

[6] T. K u w a t a: Journ. Fac. Engin., Tokyo Imp. Univ. **17**, 305 (1928), hat in Säuren aus Kurokawa-Rohöl geringe Mengen der Homologen der Hexamethylencarbonsäure gefunden.

[7] P r i n g s h e i m: Cellulose-Chem. **8**, 45 (1927).

[8] Zum gleichen Resultat gelangten I p a t i e w u. P e t r o w: Ber. **63**, 329 (1930).

große Mengen von Kohlenwasserstoffen festhalten, ein Übelstand, der sich durch Anwendung eines Gemisches von Petroläther und Eisessig einigermaßen beheben ließ. Die größte Komplikation wird aber durch die große Anzahl von Isomerien geschaffen, die z. B. durch den Eintritt einer oder mehrerer Methylgruppen in verschiedene Stellungen am Kern und in der Seitenkette bedingt sind[1]. Ferner konnte v. Braun bei der Untersuchung von norddeutschen, rumänischen, kalifornischen und Texas-Säuren feststellen, daß sie zwei Summenformeln entsprechen, die niederen bis zu C_{12} der üblichen Naphthensäureformel $C_nH_{2n-2}O_2$, die höheren, von C_{13} ab, der Formel $C_nH_{2n-4}O_2$; er bezeichnet die ersteren als monocyclisch, die anderen als bicyclisch, d. h. am aliphatischen Rest sind zwei miteinander verbundene Fünfringe gebunden. Noch wasserstoffärmere Säuren konnten bis zu C_{21} nicht aufgefunden werden. Umgekehrt zeigten die niedrigmolekularen Säuren einen noch höheren H-Gehalt, und unter den niedrigstmolekularen Säuren (C_6 und C_7) traten sogar gesättigte aliphatische Säuren $C_nH_{2n}O_2$ auf, die auch von Tanaka und Kuwata in japanischen, kalifornischen und Borneo-Erdölen und letzthin von Tschitschibabin in russischen Ölen gefunden und mittels der Cd-Salze von den cyclischen Säuren getrennt wurden[2]. Die Cd-Salze der Fettsäuren oder cyclischen Säuren mit primär gebundener Carboxylgruppe waren sehr wenig löslich, wesentlich stärker diejenigen von Säuren mit sekundär oder tertiär gebundenem Carboxyl, am stärksten die Cd-Salze cyclischer Säuren, bei welchen die Carboxylgruppe unmittelbar an einem Fünfring saß. Mit steigendem Mol.-Gew. der Fraktionen wurde der Fettsäuregehalt immer kleiner. Durch Anwesenheit von Fettsäuren in verschiedenen Mengen lassen sich vermutlich die Unterschiede in den Dichten einander im Siedepunkt entsprechender Naphthensäurefraktionen von verschiedener Herkunft erklären (s. u.). Merkwürdigerweise haben sich nach v. Braun in Säuren aus stark paraffinhaltigen galizischen Ölen bis hinauf zu den Gliedern C_{18} und C_{19} keine bicyclischen Naphthensäuren gefunden; japanische, ostindische, russische, südamerikanische Öle müssen nach dieser Richtung noch geprüft werden[3].

Die Monocarbonsäurenatur der Naphthensäuren wurde auch an der Tridekanaphthensäure[4], der Eikosan- ($C_{19}H_{37}COOH$), sowie der Pentakosannaphthensäure ($C_{24}H_{47}COOH$)* durch Mol.-Gew.-Bestimmung in Benzol und durch Titration festgestellt. Allerdings muß die Einheitlichkeit dieser Säuren in Frage gezogen werden. v. Braun glückte es schließlich, über die den Naphthensäuren entsprechenden Amine[5] und die Semicarbazone der Ketone zu chemisch einheitlichen Stoffen zu gelangen, die als Ketone mit cyclisch gebundenem Carbonyl aufzufassen sind. Vor allem gelang es ihm aber, aus Erdölen verschiedenen Ursprungs Ketone zu erhalten, die sich chemisch als völlig identisch erwiesen, z. B. das monocyclische Keton $C_8H_{14}O$ (s. o.) und das bicyclische Keton $C_{11}H_{18}O$. Damit wäre die Gemeinsamkeit in den Bestandteilen der Säuregemische nachgewiesen, wodurch sich die Chemie der Naphthensäuren wesentlich vereinfachen würde.

Da die Amide der Säuren gut krystallisierbare Substanzen sind, wurden sie zur Darstellung der reinen Säuren von verschiedenen Autoren benutzt; ferner können noch zur Reinisolierung der Naphthensäuren aus den natürlichen Gemischen die cyclischen Ureide dienen, die ebenfalls leicht krystallisierbar und in die weiteren Säuren zerlegbar und abbaubar sind. Alle übrigen bekannten Derivate (Ester, Chloride, Anhydride) sind bei gewöhnlicher Temperatur flüssig, die Salze — mit Ausnahme einzelner Zn- und Cd-salze[6] — nicht krystallisierbar. Über die Derivate der rumänischen, kalifornischen, russischen Naphthensäuren, die zugehörigen

---

[1] Interessant ist die Isomerie der Dekanaphthensäure mit Camphol- und Fencholsäure.

[2] Tschitschibabin: Compt. rend. Acad. Sciences (russ.) USSR., Serie A **1930**, 382. Sur les Acides du Pétrole de Bakou, 11. Congrès de Chimie Industrielle. Paris 1931.

[3] v. Braun: a. a. O.

[4] G. v. Kozicki u. v. Pilat: Petroleum **11**, 310 (1915/16).

* Pyhälä: ebenda **9**, 1373 (1913/14); Ztschr. angew. Chem. **27**, 407 (1914).

[5] Nach v. Braun werden die Amine am besten mittels N_3H nach dem D.R.P. 500 435 (1930) von K. F. Schmidt dargestellt.

[6] Vgl. Tschitschibabin: l. c.

Amine, Ketone, Aldehyde, Alkohole, Naphthene, Semicarbazone usw. findet sich reiches Material in der großen Zusammenfassung von v. Braun (l. c.).

c) Eigenschaften der Naphthensäuren. Rohe Naphthensäuren sind ölige, in Wasser bis auf die niedrigmolekularen unlösliche, mit Wasserdampf größtenteils flüchtige Stoffe von hellgelber bis tiefdunkler Farbe und einem sehr üblen und anhaftenden Geruch, der sich bei den höhermolekularen mehr oder weniger abschwächt[1]. Das spez. Gew. liegt bei 15^0 zwischen 0,929 und 1,09; sie sieden bei gewöhnlichem Druck größtenteils unzersetzt zwischen 215 bis über 300^0 und bleiben häufig bei -80^0 noch flüssig. Die höhermolekularen Säuren können durch CO_2 aus ihren Salzlösungen verdrängt werden, andererseits vermögen aber die niedrigmolekularen auch Chloride zu zersetzen.

Die spez. Gew. der Säuren fallen bei solchen aus russischen Ölen mit steigendem Mol.-Gew., ändern sich also umgekehrt wie die spez. Gew. der Neutralölfraktionen. Die japanischen Naphthensäuren geben nach Tanaka und Nagai[2] ein ähnliches Bild. Hingegen zeigen nach Frangopol[3] rumänische Naphthensäuren bis zum Siedepunkt 275^0 mit den Mol.-Gew. steigende spez. Gew. $d_{20} = 0,9513$ ($C_7H_{12}O_2$) bis $d_{20} = 0,9884$ ($C_{11}H_{20}O_2$), während bei galizischen Säuren abwechselnd ein Steigen und Fallen beobachtet wurde[4]. Die spez. Gew. der Naphthensäuren liegen durchschnittlich höher als bei den Olefinsäuren (z. B. Ölsäure $C_{18}H_{34}O_2$, $d_{20} = 0,898$, dagegen z. B. Naphthensäure $C_{10}H_{18}O_2$, $d_{15} = 0,979$), was zur analytischen Unterscheidung von Fett- und Naphthensäuren herangezogen werden kann.

d) Die technische Verwendung der Naphthensäuren, die in Rußland noch vorwiegend zur Seifenfabrikation dienen, ist sehr mannigfaltig. Die Metallsalze werden vielfach in der Lackfabrikation benutzt; Pb-, Mn- und Co-Naphthenate dienen als Trockenstoffe unter dem Namen Soligene zur Firnisbereitung. Metallsalze dienen auch zu insekticiden, pharmazeutischen und Desinfektionszwecken, ferner zur Erhöhung der Viscosität von Schmiermitteln[5]. Naphthensäuren mit Triäthanolamin ergeben gute Netz-, Reinigungs- und Emulsionsmittel. Als Isoliermittel für elektrotechnische Zwecke dient Zn-Naphthenat. Weiter dienen Naphthensäuren und ihre Salze zur Verhinderung der Polymerisation von Holzöl, für Gerbzwecke, zur Holzimprägnierung, schließlich auch zur Klopffestmachung von Treibstoffen. Zur Herstellung bituminöser Emulsionen für Straßenbauzwecke werden Naphthensäureseifen vielfach angewandt.

e) Technologische und analytische Prüfungen. Zwecks Feststellung der Verwendbarkeit der Rohnaphthensäuren zu den obenerwähnten

---

[1] Bei amerikanischen Naphthensäuren fehlt vielfach dieser üble Geruch. (Priv. Mitt. von M. A. Hessel.) Nach Tanaka u. Nagai: Journ. Fac. Engin., Tokyo Imp. Univ. **13**, Nr. 2, 57 (1923), sind japanische reine Naphthensäuren (C_{13}, C_{14}, C_{15}) farb- und geruchlos.

[2] Tanaka u. Nagai: Journ. Fac. Engin. Tokyo Imper. Univ. **13**, 41, 55 (1923); **15**, 271 (1924); **16**, 1, 11 (1924); **16**, 171 (1925); **16**, 183 (1926). Journ. Amer. chem. Soc. **45**, 754 (1923); **47**, 2369 (1925).

[3] Frangopol: Diss. München 1910.

[4] v. Braun: l. c., S. 131, fand bei jeder Klasse der rumänischen Säuren regelmäßiges Anwachsen der spez. Gew. mit zunehmender C-Atomzahl.

[5] Stadnikoff, Generosow u. Iwanowsky: Ztschr. angew. Chem. **38**, 7 (1925), fanden, daß 1—2% Al-naphthenat die Viscosität von Sonnenblumenöl beträchtlich erhöhen und eine flachere Temperatur-Viscositätskurve geben.

Zwecken prüft man die Abfall-Laugen auf Alkalität, Gehalt an neutralen Seifen, unverseifbarem Mineralöl, evtl. auch auf Ausbeute an Seifenölen. Die Bestimmung des Gehaltes der technischen Naphthensäuren an neutralem Mineralöl (Spitz und Hönig[1]) ist zollamtlich von Bedeutung, da reine Naphthensäuren nach Nr. 317 des deutschen Zolltarifs zollfrei sind, während sie bei einem Mineralölgehalt von mehr als 5 % nach Tarifnummer 239 als Mineralöl verzollt werden müssen[2]. Technische Naphthensäuren sind ferner auf Naphthensulfosäuren und Schwefelgehalt zu prüfen. Denn nach Tanaka und Nagai enthalten auch Naphthensäuren Schwefelverbindungen gelöst, die durch Kochen mit Kupferoxyd entfernt werden können[3].

Bekannt ist die Eigenschaft der gelösten Naphthenseifen, die Oberflächenspannung von Öl gegen Wasser bedeutend zu erniedrigen (s. S. 42)[4], ebenso die starke Korrosionsfähigkeit der Naphthensäuren gegenüber Metallen (s. S. 334).

In Mineralölen erkennt man bei Abwesenheit von Fetten oder Fettsäuren freie oder gebundene Naphthensäure durch die Luxsche Probe (s. S. 113); man kann sie durch Bestimmung der Säure- bzw. Verseifungszahl quantitativ (in Äquivalenten KOH) ermitteln.

Der einwandfreie Nachweis sowie ganz besonders die quantitative Bestimmung der Naphthensäuren bei Gegenwart von Fettsäuren sind zwei noch nicht befriedigend gelöste Aufgaben.

Man hat hierzu in erster Linie die Wasserlöslichkeit der Mg-Naphthenate[5], sowie die Benzinlöslichkeit der Cu-[6] (auch der Fe-) Naphthenate herangezogen, jedoch gestatten diese Eigenschaften nur eine Trennung der Naphthensäuren (besonders derjenigen aus der Leuchtölfraktion) von höheren gesättigten (Palmitin- und Stearinsäure) oder nur schwach ungesättigten Fettsäuren (Öl-, Erucasäure). Sowohl niedrigmolekulare gesättigte Säuren, wie sie z. B. im Cocosfett (S. 620) vorkommen, als auch stärker ungesättigte Säuren (Linol-, Linolensäure) stören den Naphthensäurenachweis nach diesen Methoden, da die Mg- und Cu-Salze dieser Fettsäuren ähnliche Löslichkeiten besitzen wie die entsprechenden Naphthenate. Die nachstehend beschriebenen Methoden sind daher nur bedingt brauchbar.

Nachweis der Naphthensäuren mittels der Mg-Salze. Die wässerige Lösung der Alkaliseifen wird mit 10%iger $MgCl_2$-Lösung im Überschuß versetzt, gekocht und vom Niederschlag (fettsaures Mg) abfiltriert. Das Filtrat wird auf dem Wasserbad eingeengt und mit einigen Tropfen HCl versetzt; eine weiße Ausscheidung deutet auf Naphthensäuren, falls keine niederen gesättigten oder stark ungesättigten[7] Fettsäuren zugegen sind.

Nachweis der Naphthensäuren mittels der Cu-Salze (Charitschkoffsche Reaktion). Man versetzt eine wässerige oder verdünnt alkoholische neutrale Alkaliseifenlösung mit überschüssiger $CuSO_4$-Lösung und schüttelt die ausfallenden Cu-Seifen mit Petroläther: Naphthenate (aber auch Linolenate, Linolate und in geringem Maße selbst Oleate) lösen sich im Petroläther mit grüner Farbe. Werden

---

[1] v. Braun empfiehlt zur präparativen Trennung von Naphthensäuren und Kohlenwasserstoffen ein Gemisch von Petroläther und Eisessig. Ztschr. angew. Chem. **44**, 663 (1931).

[2] Vorbemerkung 9 zum Warenverzeichnis zum Deutschen Zolltarif von 1902.

[3] Naphtali: Technologie der Naphthensäuren, S. 22.

[4] Gurwitsch: Petroleum **18**, 1269 (1922).

[5] Davidsohn: Seifensieder-Ztg. **36**, 1552 (1909); **50**, 2, 26, 37 (1923).

[6] Charitschkoff: Chem.-Ztg. **34**, 479 (1910).

[7] Marcusson: Ztschr. angew. Chem. **30**, 288 (1917).

die Cu-Salze vor dem Petrolätherzusatz nicht von der wässerigen Lösung durch Filtration oder Dekantieren getrennt, so werden sie beim Ausschütteln mit Petroläther teilweise in saure und basische Salze hydrolysiert. Von ersteren lösen sich im Petroläther auch alle fettsauren Salze leicht, während andererseits die basischen Naphthenate in Petroläther unlöslich sind[1]. Aus diesem Grunde muß man die Cu-Salze vor dem Petrolätherzusatz isolieren und auch die Fällung aus genau neutraler Lösung vornehmen. Durch Trocknung der abfiltrierten Cu-Seifen soll nach Marcusson[2] erreicht werden, daß nur die Naphthenate vollständig in Lösung gehen, die Salze der ungesättigten Fettsäuren nur noch in Spuren. Hierzu ist aber zu bemerken, daß die Cu-Naphthenate sich beim Trocknen wesentlich zersetzen und Naphthensäure verlieren; auch lösten sich bei neueren Versuchen[3] die aus neutralen Lösungen gefällten und mehrere Stunden getrockneten Cu-Seifen der Sojaölfettsäuren fast vollständig in Petroläther.

Um die störenden ungesättigten Fettsäuren auszuschalten, schlug Tütünnikoff[4] vor, sie nach Hazura mit $KMnO_4$ zu oxydieren und die Cu-Salzfällung erst mit den Oxydationsprodukten vorzunehmen. Die Cu-Salze der aus den ungesättigten Säuren gebildeten Oxysäuren sind in Petroläther unlöslich; die Naphthensäuren sollen durch Permanganat nicht angegriffen werden. Nach der von Holde und Kroß[5] etwas modifizierten Vorschrift von Tütünnikoff verfährt man wie folgt:

3 g des auf Naphthensäure zu prüfenden, vom Unverseifbaren befreiten Säuregemisches werden nach Hazura (s. S. 712) mit $KMnO_4$ in alkalischer Lösung 30 min lang oxydiert. Das Oxydationsgemisch wird zur Lösung des ausgeschiedenen Braunsteins mit verdünnter H_2SO_4 und Bisulfit behandelt, und die abgeschiedenen Säuren werden in Petroläther gelöst. Man neutralisiert den Extrakt mit alkoholischer KOH, verdampft den Petroläther, verdünnt die Lösung mit Wasser und fällt mit 10%iger $CuSO_4$-Lösung; der abfiltrierte Cu-Salzniederschlag wird mit Petroläther geschüttelt, wobei nur die Naphthenate in Lösung gehen sollen.

Die Zuverlässigkeit des Verfahrens ist umstritten. Davidsohn[6] erhielt nach der Originalvorschrift von Tütünnikoff (ohne Behandlung des Braunsteins mit Bisulfit) in einem Falle bei Gegenwart von Naphthensäuren keine Grünfärbung, während die Reaktion von anderer Seite als brauchbar bezeichnet wurde[7]. Hierbei dürfte wohl die Verschiedenartigkeit der an verschiedenen Stellen benutzten Naphthensäuren eine Rolle spielen. Zur quantitativen Bestimmung der Naphthensäuren, für welchen Zweck das Verfahren von Tütünnikoff ebenfalls vorgeschlagen wurde, ist es jedenfalls nicht geeignet[8].

Jungkunz[9] hat die Charitschkoffsche Reaktion dadurch verschärft, daß er die Säuren zuerst mit Wasserdampf destillierte und die Prüfung mit den destillierten (wasserlöslichen und -unlöslichen) Säuren vornahm. Hierdurch werden wiederum die ungesättigten, im Vergleich zu den Naphthensäuren kaum flüchtigen Fettsäuren (Linol- und Linolensäure), nicht aber die leichter flüchtigen Fettsäuren von Cocosfett usw. ausgeschaltet. Die Empfindlichkeit des Naphthensäurenachweises nach Jungkunz soll 4—5% betragen.

Die Eisennaphthenate lösen sich in Petroläther, Äther u. dgl. mit brauner Farbe; ihre analytische Verwendung zum Naphthensäurenachweis unterliegt den gleichen Fehlerquellen wie diejenige der Kupfersalze, so daß

---

[1] Holde u. Kroß: Unveröffentlichte Versuche, 1924.
[2] Marcusson: l. c. [3] Holde u. Kronacher: Unveröffentlicht.
[4] Tütünnikoff: Seifensieder-Ztg. **50**, 591, 603 (1923).
[5] Holde u. Kroß: Unveröffentlichte Versuche, 1924.
[6] Davidsohn: Seifensieder-Ztg. **51**, 2 (1924).
[7] Vgl. Ribot: ebenda, **51**, 4 (1924); Rietz: ebenda, **51**, 17 1924).
[8] Holde u. Kroß: Unveröffentlichte Versuche.
[9] Jungkunz: Seifensieder-Ztg. **55**, 2 (1928).

sie praktisch keine Bedeutung besitzt. Die Brauchbarkeit der von Tschitschibabin für präparative Arbeiten verwendeten Cadmiumsalze (S. 436) erscheint für analytische Zwecke zweifelhaft, da prinzipielle Löslichkeitsunterschiede zwischen den Salzen aliphatischer und cyclischer Säuren nicht festgestellt wurden.

Marcusson[1] empfiehlt für die Unterscheidung von Fettsäuren und Naphthensäuren die Anwendung der Formolitreaktion: Mit dem gleichen Volumen konz. H_2SO_4 und $1/_2$ Vol. 40%iger wässeriger Formaldehydlösung geben Naphthensäuren in Äther schwerlösliche Formolite (vgl. S. 173), während die Umwandlungsprodukte der Fettsäuren sich in Äther lösen. Harzsäuren, die gleichfalls unlösliche Formaldehydkondensationsprodukte bilden, sind vorher nach S. 874 von den veresterbaren Fett- und Naphthensäuren zu trennen.

Zum Nachweis der niedrigsiedenden Naphthensäuren (Kerosinfraktion) wird in den meisten Fällen ihr charakteristischer unangenehmer Geruch, sowie der verhältnismäßig angenehme, fruchtartige Geruch ihrer Äthylester ausreichen.

Wie schon S. 437 erwähnt, läßt sich auch allein auf die physikalischen Eigenschaften: Dichte und Brechung in Kombination mit Löslichkeit in der Kälte und Siedegrenzen, ein Nachweis der Naphthensäuren in Mischung mit Fettsäuren gründen. Am einfachsten ist zum Nachweis von Kerosinnaphthensäuren nach neueren Versuchen[2] die Auswertung des Brechungsexponenten; in den niedrigsiedenden Fraktionen ist nämlich n_D der Naphthensäuren bedeutend höher als bei Fettsäuren von den gleichen Siedegrenzen.

Die Fraktion 150—170⁰ (15 mm) aus Balachany-Kerosin-Naphthensäuren zeigte z. B. $n_D^{100} = 1,438$; die entsprechende Fraktion aus gesättigten Fettsäuren (die sich praktisch überhaupt nur bei Cocosfett und Palmkernfett und auch da nur in kleiner Menge ergeben dürfte) zeigte bei Cocosfettsäuren $n_D^{100} = 1,410$. Ein Brechungsexponent von 1,411 oder mehr in einer solchen Destillatfraktion könnte also als Kennzeichen der Anwesenheit von Naphthensäuren gelten. Eine weitere Verschärfung des Nachweises ergibt sich, wenn man diese Destillatfraktion in Petrolätherlösung (1 : 25) auf — 78⁰ (CO_2-schnee + Alkohol) abkühlt. Die Fettsäuren fallen hierbei größtenteils aus, während die Naphthensäuren gelöst bleiben. Die bei —78⁰ abfiltrierte Lösung hinterläßt nach dem Eindampfen somit nahezu reine Naphthensäuren. Eine Steigerung des n_D dieses Rückstandes gegenüber dem vor dem Ausfrieren der Fettsäuren gefundenen Wert ist wieder ein Beweis für die Anwesenheit von Naphthensäuren, da die am leichtesten löslichen, d. h. niedrigstmolekularen Fettsäuren kleineres n_D besitzen als die höheren. Nach diesem Verfahren waren weniger als 1% Naphthensäuren in der genannten Destillatfraktion einwandfrei nachweisbar.

Bei den höhersiedenden Fraktionen, bei denen die Brechungsexponenten der Naphthensäuren und der ungesättigten Fettsäuren (Linol-, Linolensäure) sich einander mehr nähern, wäre voraussichtlich ein analoges Verfahren unter Ausnutzung der Dichteunterschiede (Fettsäuren meist d_{20} unter 0,910, nur Clupanodon- und Ricinolsäure höher, Naphthensäuren d_{20} mindestens 0,925) anwendbar. Ferner kann man die ungesättigten Fettsäuren durch katalytische Hydrierung (z. B. mit Pd-BaSO₄-Katalysator) in schwer-

<hr>

[1] Marcusson: Ztschr. angew. Chem. **30**, 288 (1917); Chem. Revue üb. d. Fett- u. Harzind. **15**, 165 (1908); Mitt. Materialprüf.-Amt Berlin-Dahlem **36**, 107 (1918).

[2] Unveröffentlichte Versuche von Holde und Kronacher; vgl. auch Tschitschibabin: Chim. et Ind. **27**, Sonder-Nr. 3ᵇⁱˢ, 306 (1932).

lösliche hochschmelzende gesättigte Säuren überführen, ohne daß eine Veränderung der Naphthensäuren eintritt; letztere lassen sich dann vermutlich wieder durch Ausfrieren der Fettsäuren aus Petrolätherlösung bei tiefen Temperaturen in der Lösung so weit anreichern, daß ihr Nachweis mittels der physikalischen Eigenschaften einwandfrei möglich ist. Versuche über den Anwendungsbereich dieses Verfahrens stehen aber noch aus.

Wenn abgeschiedene Naphthensäuren als solche zur Wägung gebracht werden sollen, so ist zu beachten, daß insbesondere bei den niedrigsiedenden Fraktionen beim Verdampfen des Lösungsmittels und Trocknen der abgeschiedenen Säuren durch deren Flüchtigkeit leicht erhebliche Verluste eintreten, zumal das Lösungsmittel ziemlich fest gehalten wird[1]. Durch Trocknen im geschlossenen Kolben unter Durchleiten eines getrockneten Luftstromes, Auffangen der verdampften Naphthensäure in titrierter Lauge und Bestimmung des Verbrauches an letzterer kann man zu einigermaßen richtigen Resultaten gelangen; noch besser jedoch titriert man die in Petroläther gelösten Säuren mit alkoholischer KOH, verdampft das Lösungsmittel, trocknet die Seife bei 110—120⁰ im Vakuum über $CaCl_2$ zur Gewichtskonstanz[2] und berechnet hiernach die Menge der Naphthensäuren.

In der Tabelle 95 sind die Eigenschaften einiger technischer echter Naphthensäuren nach Pyhälä[3] zusammengestellt, während die Tabelle 96 Angaben über einige von Frangopol[4] erhaltene Säuren aus rumänischem Erdöl enthält. Auch hier kann schon auf Grund des Siedeverhaltens gesagt werden, daß diese angeblich einheitlichen Säuren Gemische darstellen.

Tabelle 95. Eigenschaften von technischen (gemischten) durch Laugen der Rohdestillate erhaltenen Naphthensäuren aus russischem Erdöl.

Naphthensäure aus	d_{15} g/l	Säurezahl	Jodzahl Hübl-Waller	Schwefel %	Englergrad 30⁰	50⁰	100⁰
Kerosin	965,0	255	0,9	0,3	4,2	2,26	1,21
Leichtem Solaröl .	951,3	170	2,42	—	15,0	5,50	1,57
Schwerem Solaröl .	941,8	136	2,5	—	19,0	6,23	1,67
Spindelöl	935,8	103	6,17	—	34,8	10,1	1,95
Maschinenöl. . . .	935,0	87,5	7,18	—	47,7	13,3	2,10
Zylinderöl	929,4	32,6	11,4	—	97,9	23,8	2,72

Tabelle 96. Eigenschaften reiner Naphthensäuren aus rumänischem Erdöl.

Säure	Siedegrenzen ⁰C	Jodzahl Hübl	Wijs	d_{20} g/l	n_D^{20}	Molekularrefraktion gef.	ber.
Heptanaphthensäure .	216—220	—	—	951,3	—	—	—
Oktonaphthensäure . .	234—238	2,93	4,06	976,1	1,4471	38,81	38,20
Nonanaphthensäure. .	248—252	—	1,87	983,6	1,4531	42,85	42,88
Dekanaphthensäure . .	257—261	0,89	—	985,1	1,4598	47,11	47,44
Undekanaphthensäure	263—266	1,15	1,77	987,6	1,4706	52,13	52,40
Dodekanaphthensäure.	272—275	0,69	1,79	988,4	1,4753	56,43	56,56

[1] Holde u. Kronacher: Unveröffentlichte Versuche.
[2] Holde u. Kroß: Unveröffentlichte Versuche, 1924; vgl. Aschan: Ber. **23**, 867 (1890); **24**, 2710 (1891); **25**, 3661 (1892).
[3] Pyhälä: Petroleum **9**, 1373 (1913/14).
[4] Frangopol: Diss. München 1910.

Drittes Kapitel

Naturasphalt[1].

I. Vorkommen, Zusammensetzung, Entstehung.

Einteilung. Nach Eigenschaften und Art des Vorkommens unterscheidet man: 1. die eigentlichen Asphalte (Erdpeche), zähflüssig bis halbfest oder fest, an der Erdoberfläche, mitunter in ziemlich reiner Form, häufiger in Mischung mit Mineralstoffen und Wasser vorkommend, 2. die Asphaltgesteine (Asphaltkalke und Asphaltsande), in welchen die Mineralbestandteile bedeutend überwiegen, 3. die harten, hochschmelzenden Asphaltite, die meistens nicht an der Erdoberfläche, sondern in bergmännisch ausgebeuteten Gängen vorkommen und aus nahezu reinem, in CS_2 löslichen Bitumen bestehen. Eine weitere Klasse bilden die von Abraham „asphaltische Pyrobitumina" (vgl. S. 451) genannten Produkte (Elaterit, Wurtzelit, Albertit und Impsonit), die, da sie fast frei von Mineralstoffen sind, mitunter zu den Asphaltiten gezählt werden, sich aber von diesen durch Unschmelzbarkeit (ohne Zersetzung) und minimale Löslichkeit in CS_2 oder anderen Lösungsmitteln ($< 10\%$ lösliche Bestandteile) unterscheiden. Durch Überhitzung werden sie (mit Ausnahme des Impsonits) in schmelzbare und größtenteils lösliche Stoffe umgewandelt.

Vorkommen. Die wichtigsten der zahlreichen Asphaltvorkommen sind:

Asphalte. Trinidad-Asphalt, steigt aus dem über 0,4 qkm großen, in der Mitte über 60 m tiefen „Pechsee" der südamerikanischen Insel Trinidad in flüssiger Form ständig aus Kratern und Quellen empor und erhärtet an der Luft; Bermudez-Asphalt, stammt aus dem etwa 10mal so großen, aber nur 0,6—6, durchschnittlich 1,5 m tiefen Pechsee von Bermudez (Venezuela); zu erwähnen sind auch die Asphalte von Mexiko (Tamesi-River) und Albanien (Selenizza).

Asphaltgesteine. USA. (Kentucky, Texas, Oklahoma, Kalifornien), Italien (besonders Ragusa auf Sizilien), Deutschland (Limmer und Vorwohle in Hannover), Schweiz (Neuchâtel und Val de Travers), Frankreich (Seyssel im Rhônetal), Rumänien (Tataros und Derna; früher ungarisch).

Asphaltite, eingeteilt in Gilsonit, Glanzpech oder Manjak und Grahamit, von denen der erste fast ausschließlich in Utah (USA.) vorkommt, während Glanzpeche in Barbados, Cuba, Utah, Columbien, Syrien und Palästina (Totes Meer), Grahamite besonders in West-Virginia und

---

[1] An Hand der Literatur neu bearbeitet von W. Bleyberg. Literatur: Abraham: Asphalts and Allied Substances, 3. Aufl. New York 1929; Köhler-Graefe: Die Chemie und Technologie der natürlichen und künstlichen Asphalte. Braunschweig 1913; Marcusson: Die natürlichen und künstlichen Asphalte, 2. Aufl. Leipzig 1931.

Oklahoma (USA.), Vera Cruz (Mexiko), Cuba und Trinidad gewonnen werden.

Die Hauptproduktionsländer für Asphalte sind USA. (Texas und Kentucky), Italien, Trinidad und Deutschland, bedeutend auch Frankreich und Venezuela.

Zusammensetzung. Im rohen Zustand bildet der Trinidad-Asphalt eine Emulsion aus etwa 40% Bitumen, 30% Salzwasser und 30% Sand und kolloidalem Ton; Bermudez-Asphalt, der weniger gleichmäßig zusammengesetzt ist, enthält > 60% Bitumen, nur 2—4% mineralische und 3,5% unlösliche organische Stoffe und 10—40% Wasser, das aber nicht emulgiert, sondern durch Regen oder Überschwemmungen zufällig beigemengt ist. Die Asphaltgesteine enthalten meistens unter 10% (z. B. 6—8%), manchmal aber auch 10—15% Bitumen (z. B. San Valentino in Italien, Tataros und Derna in Ungarn).

Die von Mineralstoffen und Wasser befreiten reinen Asphaltbitumina stellen im wesentlichen Gemische mehr oder weniger schwefelhaltiger Kohlenwasserstoffe dar. Der Sauerstoffgehalt beträgt bis etwa 2%, ist aber oft auch 0; z. B. enthält reines Trinidad-Bitumen 82—84% C, 10—11% H, 6—8% S, 0,6—0,8% N, keinen O *; Bermudez-Bitumen nach Cl. Richardson[1] 82,88% C, 10,79% H, 5,87% S, 0,75% N (zusammen 100,29%!), also gleichfalls keinen O. Der S-Gehalt beträgt, wie S. 427 bemerkt, in der Regel 1,7—12%; Ausnahmen kommen aber vor, z. B. enthält Gilsonit nur 0,3 bis 0,5% S, ein Asphalt aus Utah (Argyle Creek) ist sogar völlig schwefelfrei[2]. Über die weitere Zerlegung des Bitumens durch fraktionierte Lösung in verschiedenen Lösungsmitteln (Trennung in Öle, Asphaltharze, Asphaltene usw.) vgl. S. 406 u. 452, über Abtrennung der Asphaltogensäuren S. 426.

Physikalische und mechanische Eigenschaften der Bitumina s. S. 446.

Entstehung. Zusammensetzung und Art des Vorkommens der Asphalte sprechen dafür, daß diese aus Erdölkohlenwasserstoffen durch Verdunstung der leichter siedenden Anteile und Polymerisation, Kondensation und Oxydation der Rückstände entstanden sind[3], wobei freier Sauerstoff und mineralische Stoffe[4] katalytisch beschleunigend wirkten. Durch Versuche ist erwiesen, daß die Asphaltbildung bei Gegenwart von Luft wesentlich schneller verläuft, jedoch ist die aufgenommene Sauerstoffmenge zu gering, als daß die Asphaltbildung durch Oxydation allein zu erklären wäre. Jedenfalls dürften auch S-Verbindungen, die sich bekanntlich in den höhersiedenden Erdölfraktionen anreichern, eine wichtige Rolle gespielt haben, da die meisten Asphalte stark schwefelhaltig sind (s. o.). Daß bei der Einwirkung von Schwefel auf Olefine, Cycloolefine und Naphthene asphaltartige Stoffe entstehen, wurde experimentell festgestellt[5].

---

* In einem gewissen Gegensatz hierzu stehen die Analysen von Holde u. Eickmann, s. Tabelle 100, S. 452, und auch die Angaben Marcussons über den Gehalt des Trinidad- und Bermudezasphalts an Asphaltogensäuren, sofern man diese nicht als Thiosäuren auffaßt. Dazu reicht aber der tatsächlich festgestellte S-Gehalt dieser Säuren nicht aus. Z. B. enthielten aus Trinidad-Asphalt abgeschiedene Asphaltogensäuren, welche Säurezahl 98,5, Verseifungszahl 120,4, Jodzahl 22,4 zeigten, nur 3,1% S, während eine reine (sauerstofffreie) Thiosäure bei dieser Verseifungszahl, entsprechend Mol.-Gew. 468, > 13% S enthalten müßte.

[1] The Modern Asphalt Pavement, S. 186. New York 1908; vgl. Abraham: l. c., S. 102.

[2] Abraham: l. c., S. 122. [3] Engler: Chem.-Ztg. **36**, 1188 (1912).

[4] Zaloziecki u. Zielinski: ebenda **36**, 1305 (1905).

[5] W. Friedmann: Erdöl u. Teer **6**, 342, 356 (1930).

Abraham nimmt an, daß die aus dem Erdöl zunächst gebildeten löslichen Asphalte und Asphaltite durch weitergehende Oxydation oder Polymerisation in die unlöslichen asphaltischen Pyrobitumina (s. o.) übergegangen sind, unter welchen der Impsonit, welcher das höchste spez. Gew. ($d_{25} = 1,10 - 1,25$) besitzt und den höchsten Verkokungsrückstand gibt, die Endstufe darstellt.

II. Gewinnung und Verarbeitung.

Der Naturasphalt wird aus den Pechseen von Trinidad und Bermudez durch einfaches Ausstechen, an anderen Stellen durch Bergbau gewonnen (Asphaltgesteine, Asphaltite). Die weitere Verarbeitung richtet sich nach der Art des Rohmaterials.

Asphaltkalkgesteine, z. B. sizilianische, die in der ursprünglichen Zusammensetzung als Straßenbaumaterialien zu verwenden sind, werden nur mechanisch aufbereitet, d. h. zerkleinert und nach der Höhe des Bitumengehalts, der an der Farbe des Gesteins annähernd erkennbar ist, sortiert. Für die Verarbeitung auf Stampfasphalt ist ein möglichst gleichmäßiger Bitumengehalt von etwa 8—12% erforderlich, der, soweit nötig, durch Mischen von „fettem" und „magerem" Gestein oder auch durch Zumischung von reinem Bitumen erzielt wird.

Die übrigen Asphalte werden auf möglichst reines Bitumen verarbeitet und zu diesem Zweck zunächst (soweit erforderlich) durch Erhitzen entwässert, wobei gleichzeitig gröbere Verunreinigungen (Steine u. dgl.) sich absetzen. Raffinierter Bermudezasphalt enthält nach dieser Behandlung bereits 92—97% in CS_2 lösliche Stoffe, während der so entwässerte Trinidad-Asphalt (sog. Trinidad épuré) noch etwa 38% Mineralstoffe (Ton und Sand) enthält und nur zu etwa 56% in CS_2 löslich ist[1]. (Der Rest ist Hydratwasser des Tons und unlösliche organische Substanz.) Eine weitere Abtrennung der zum Teil aus kolloidal gelöstem Ton bestehenden Mineralstoffe erfolgt in diesem Falle nicht, da sie der Verwendung des Trinidadasphalts als Straßenbaumaterial günstig sind. Extraktion des Bitumens aus Asphaltgesteinen mit organischen Lösungsmitteln wurde gelegentlich versucht, hat sich aber als unwirtschaftlich erwiesen. Dagegen können Asphalte von nicht zu hohem Schmelzpunkt ($< 30—35^0$) aus Sand oder Kalkstein mittels kochenden Wassers ausgeschmolzen werden, wobei das Bitumen sich an der Wasseroberfläche sammelt, während die Mineralstoffe zu Boden sinken. In Tataros und Derna (Rumänien) verwendet man hierzu schwach alkalisches Wasser, um die durch Oxydation gebildeten Asphaltsäuren zu lösen[2], und dadurch die Trennung des Asphalts vom Sand zu erleichtern. Der direkt ausgeschmolzene Derna-Asphalt, der, entsprechend seinem niedrigen Erweichungspunkt (28^0 nach Kraemer-Sarnow), sehr weich und ölreich ist, wird durch Abdestillieren der leichteren Anteile eingedickt; der etwa 44% betragende Destillationsrückstand nimmt in seinen Eigen-

Tabelle 97. Vergleich der Eigenschaften von Erdölasphalt, rohem und eingedicktem Dernaasphalt.

Material	Aschen-gehalt %	Schwe-fel-gehalt %	Ölige Anteile		Säurezahlen der Crackdestillate	
			nach Mar-cusson-Eick-mann %	Par-affin-gehalt %	1. Destillat	2. Destillat
Mexiko-Erdölasphalt	0	5,8	35	2,8	1,6	0,9
Dernaasphalt (roh, aus dem Sand ausgeschmolzen)	5,4	0,7	52	—	3,4	2,6
Dernaasphalt (eingedickt) . .	6	0,9	25	1,6	0,7	0,7

[1] Cl. Richardson: Petroleum 7, 1347 (1911/12).
[2] Jachzel: Bericht an den internationalen Kongreß für die Materialprüfungen der Technik, 1909.

schaften eine Mittelstellung zwischen Natur- und Erdölasphalten ein (s. Tabelle 97), während die Destillate schmierölartige Kohlenwasserstoffe darstellen[1].

Außer zum Straßenbau und ähnlichen Zwecken verwendet man Asphalt bzw. Asphaltbitumen als Bindemittel für Dachpappen und Klebemassen, als elektrisches Isoliermaterial, als wasser- und säurefestes Anstrichmaterial, als Kautschukersatzmittel und — wegen seiner Eigenschaft, nach Belichtung in Benzol unlöslich zu werden — in der Reproduktionstechnik. Die Asphaltite dienen besonders zur Herstellung glänzender schwarzer Lacke.

Zum Straßenbau benutzte man Asphalt ursprünglich ausschließlich in Form des sog. „Stampfasphalts", dessen Verarbeitung auf der Eigenschaft gewisser Asphaltkalkgesteine (besonders des sizilianischen) beruht, beim Erhitzen zu einem Pulver zu zerfallen, das sich durch Druck wieder zu einer Masse von der Härte des ursprünglichen Gesteins verdichten läßt. Auch künstlich wird Stampfasphalt durch Mischen von 8—11% Erdölasphalt[2] mit mittelfein gemahlenem Kalkstein hergestellt. Nach Zimmer[3] vermengt man hierzu eine Emulsion von Asphalt in Wasser, welche als Emulgator Alkalisalze der Ricinolschwefelsäure enthält, mit fein gemahlenem Kalkstein, wodurch die natürliche Entstehung des Asphaltfelsens nachgebildet wird. Die durch die Adsorptionskräfte versteinerte Masse wird wie natürlicher Asphaltkalkstein für den Einbau vorbehandelt und liefert beim Einstampfen festliegende Straßen.

Aus dem Stampfasphalt hat sich der Gußasphalt entwickelt. Seinen Hauptbestandteil bildet der gemahlene Asphaltkalkstein, der zur Überführung in gießbare Form durch Zusätze von Asphaltbitumen (z. B. Trinidad épuré oder eingedickten Erdölasphalten) bis zu einem Bitumengehalt von 15—20% angereichert wird und in Brotform als Mastix in den Handel kommt. Der fertige Gußasphalt enthält außerdem mineralische Zuschlagstoffe (Sand, Kies). Eine rauhe Befestigung gibt der Hartgußasphalt, bei dem hochschmelzender Asphalt (Tropfpunkt > 60°) und statt Sand und Kies Hartgestein (Granit, Basalt) verwendet werden.

Da der Stampfasphalt durch eine vom Tropföl der Autos, Eiweißstoffen, Ruß und abgeschliffenem Asphaltkalkstein gebildete Schlammschicht bei feuchtem Wetter schlüpfrig wird, so hat sich in der letzten Zeit auch in Deutschland, wie früher schon in Amerika, zum Bau von Stadt- und Landstraßen der Walzasphalt eingebürgert. Die Aufarbeitung der Walzasphaltmassen geschieht auf maschinelle Art. Ein Becherwerk nimmt Sand, Splitt usw. selbsttätig und befördert das Material in eine Trockentrommel, wo es auf 170° erhitzt wird. Von hier wird es durch ein Becherwerk in den Mischer befördert, in welchem das Bitumen, das eine Temperatur von 180° haben muß, und eine Füllmasse zugesetzt und innig gemischt werden. Die so hergestellte Masse wird heiß auf die feste Unterlage gebracht, ausgebreitet und festgewalzt, worauf die Straße sofort dem Verkehr übergeben werden kann.

Ferner findet der Erdölasphalt im Einstreuverfahren für den Straßenbau Verwendung, wobei der auf 180—200° erwärmte Asphalt mit oder ohne Druck auf die Unterbettung (alte Chaussierung, Neuschüttung usw.) gesprengt, mit Splitt oder Kies abgedeckt und eingewalzt wird.

Vielfach werden zum Ausgleich der Eigenschaften dem für den Landstraßenbau wichtigsten Bindemittel, dem Straßenteer, etwa 20% Erdölasphalt zugesetzt.

Um die Asphalte in eine Form überzuführen, in der sie sich leicht, auch bei feuchtem Wetter, ohne Erhitzung im Straßenbau verarbeiten lassen und trotzdem das Gestein in feiner gleichmäßiger Schicht umhüllen, hat man Straßenbau-Bitumenemulsionen hergestellt (sog. Kaltasphalte, wie Colas, Vialit, Suspas usw., s. auch S. 464). Bei diesen Emulsionen ist das Bitumen im Wasser emulgiert, sie können daher mit Wasser verdünnt werden; als Stabilisator (Schutzkolloid) dient meistens Seife (z. B. Kaliumoleat, auch Harzseife), mitunter auch kolloider Ton oder Kautschuklösung, bei weichem Bitumen auch Wasserglaslösung[4].

---

[1] Holde: 3. Internat. Petrol.-Kongr. Bukarest **2**, 711 (1912).

[2] Trinidadasphalt darf nach den Vorschriften der Zentralstelle für Asphalt- und Teerforschung (DIN 1996, Ausg. 1929, S. 51) hierzu nicht verwendet werden.

[3] Vgl. Neumann: Neuzeitlicher Straßenbau, 1927. S. 190.

[4] Craggs: Chem. Trade Journ. and Chem. Engin. **1926**, 2027; vgl. auch W. Obst: Teer u. Bitumen **27**, 377 (1929).

Die Straßenbauemulsionen werden auf die Straßenoberfläche aufgesprengt und mit Kies oder Splitt abgedeckt. Nach dem Aufbringen auf die Straße müssen die Emulsionen rasch zerfallen; die hierbei gebildete Bitumenhaut darf sich dann durch Wasser (z. B. Regen) nicht wieder emulgieren und abwaschen lassen (vgl. S. 466).

III. Physikalische Eigenschaften und Prüfungen.

Farbe. Die reinen Asphaltbitumina sowie die Asphaltite sind durchweg glänzend tiefschwarz, die Asphaltgesteine meistens hell- bis dunkelbraun (je nach Bitumengehalt), die Asphalte matt braunschwarz bis schwarz. Nach Abraham geben von den Asphaltiten Glanzpech und Grahamit auf Porzellan einen schwarzen, Gilsonit einen braunen Strich.

Härte. Die sog. Bergteere oder „Malthe" sind bei gewöhnlicher Temperatur dickflüssig, die eigentlichen Asphalte (Trinidad, Bermudez) fest, aber mit dem Messer schneidbar, von muschligem, selten irregulärem Bruch, die Asphaltite sind hart und zeigen teils muschligen, teils irregulären (zackigen) Bruch.

Nach der Mohsschen Skala zeigen die meisten Asphalte Härten zwischen 1 und 3, die Asphaltite, mit Ausnahme des Manjaks von Barbados (Härte 1), die Härten 2—3. Einzelne Asphalte (Bermudez, Tamesi River in Mexiko, Standard California) haben auch Härte < 1. Im allgemeinen wird die Härte jetzt mehr mit dem Penetrometer (S. 412) bestimmt, welches viel feinere Abstufungen des Härtegrades ergibt. Z. B. zeigt Bermudezasphalt (bei 25^0) 20—30, Trinidadasphalt 1,5—4,0, Gilsonit 0—3 Penetrometergrade.

Spez. Gew. Die reinen Asphaltbitumina haben meistens d_{25} 1,0—1,15, vereinzelt auch < 1; z. B. zeigt das aus dem Asphaltsandstein von Pechelbronn (Elsaß) extrahierte Bitumen d_{25} 0,90—0,97; von den Asphaltiten hat Gilsonit d_{25} 1,05—1,10, Glanzpech 1,10—1,15, Grahamit 1,15—1,20. Die Dichten der „asphaltischen Pyrobitumina" liegen zwischen 0,90—1,05 (Elaterit) und 1,10—1,25 (Impsonit).

Demgegenüber zeigen Erdölasphalte d_{25} 1,00—1,17, geblasene Erdölasphalte nur 0,90—1,07, andererseits Braunkohlenteerpeche 1,05—1,20, Steinkohlenteerpeche (mit Ausnahme des leichteren Tieftemperaturteerpechs) 1,20—1,40.

Die Erweichungspunkte der Asphalte schwanken in weiten Grenzen. Raffinierter Bermudezasphalt erweicht bei 75—78^0, Trinidad épuré bei 77^0 (Kraemer-Sarnow), La Patera-Asphalt erst bei 145^0. Das reine Bitumen des Trinidadasphalts schmilzt bei 65^0, dasjenige von Dernaasphalt bereits bei 28^0. Die Asphaltite haben durchweg hohe Erweichungspunkte: Gilsonit und Glanzpech 110—175^0, Grahamit 175—315^0. Bestimmung nach Kraemer-Sarnow oder Ring- und Kugelmethode s. S. 408f.

Die Duktilität der Asphalte (Bestimmung s. S. 415) schwankt ebenfalls bedeutend. Die Asphaltite sind bei gewöhnlicher Temperatur überhaupt nicht streckbar.

Löslichkeit. Die besten Lösungsmittel für Asphalte sind Chloroform und Terpentinöl, dann folgen CS_2, CCl_4, Benzol, Toluol usw. Leichtbenzin löst nur die öligen Anteile (Malthene von Richardson); über seine Verwendung zur Ausfällung der „Asphaltene" s. S. 165 u. 452. Auch Äther löst Asphalte nur selektiv, und zwar sind besonders die schwefelreichen Anteile schwerlöslich. Alkohol löst nur geringe Mengen öliger Anteile. In dünner Schicht dem Licht ausgesetzt, wird Asphalt, besonders syrischer, an den belichteten Stellen in Lösungsmitteln, die ihn vorher lösten, unlöslich bzw. schwerlöslich. Träger der Lichtempfindlichkeit sind die in Äther schwerlöslichen Anteile.

Für die Bestimmung der „löslichen Anteile" („Bitumen" oder „Bindemittel" genannt) werden in der Regel CS_2 oder $CHCl_3$ benutzt.

IV. Chemische Prüfungen.

1. Bestimmung des Bitumengehaltes und der unlöslichen Stoffe.

Die Bestimmung kann durch direkte erschöpfende Extraktion (kalt oder warm) mit CS_2 oder $CHCl_3$, Eindampfen des Extraktes und Wägung des Rückstandes erfolgen; die deutschen Normen sehen aber (in Übereinstimmung mit dem Verfahren der A.S.T.M.) bei verhältnismäßig reinem Asphaltbitumen stattdessen eine indirekte Bestimmung (Wägung der unlöslichen Bestandteile und Subtraktion dieses Gewichts vom Gewicht des Ausgangsmaterials) vor. Nur bei asphalthaltigen Massen, wie Stampfasphalt, Gußasphalt, Mastix u. dgl. wird das extrahierte Bitumen direkt gewogen.

Vorschrift des Deutschen Straßenbau-Verbandes[1]:

2 g durch Erhitzen entwässerter, durch ein Drahtsieb von 0,2 mm Maschenweite passierter Asphalt (genau gewogen) werden in einem gewogenen 150-ccm-Erlenmeyerkolben nach und nach mit 100 ccm chemisch reinem CS_2 bzw. $CHCl_3$ (A.S.T.M.-Vorschrift nur CS_2) versetzt und bis zur völligen Lösung des Asphaltbitumens geschüttelt.

Sind nur kleine Mengen feinverteilter unlöslicher Stoffe zugegen, so läßt man den verschlossenen Kolben 15 min ruhig stehen und dekantiert dann die klare Lösung auf einen gewogenen, mit einer 3 mm dicken Schicht aus langfaserigem Asbest versehenen Goochtiegel (oder ein gewogenes Filter, Schleicher & Schüll, Nr. 597, $12^1/_2$ cm $\varnothing$). Dann gibt man zum Rückstand frisches Lösungsmittel, schüttelt wieder gut durch, bringt nun den Rückstand quantitativ auf das Filter und wäscht so lange aus, bis das Lösungsmittel farblos abläuft.

Bei Anwesenheit größerer Mengen feinverteilter unlöslicher Bestandteile, die das Filter verstopfen oder hindurchlaufen könnten, läßt man den Kolben mit der Asphaltlösung zunächst 12 h (nach A.S.T.M.-Vorschrift 48 h) im Dunkeln stehen, damit die ungelösten Anteile sich absetzen können, und dekantiert die Lösung dann nicht unmittelbar auf das Filter, sondern in einen zweiten gewogenen Erlenmeyerkolben, den man nochmals 12 h (A.S.T.M.: 48 h) im Dunkeln stehen läßt. Daneben läßt man den im ersten Kolben befindlichen, erneut mit Lösungsmittel geschüttelten Rückstand gleichfalls 12 h (bzw. 48 h) stehen. Hierauf filtriert man (ohne Anwendung der Saugpumpe!) zuerst die Lösung aus dem zweiten, dann diejenige aus dem ersten Kolben durch den gewogenen Goochtiegel (oder das Papierfilter), ohne die Rückstände auf das Filter zu bringen, und wäscht aus wie oben. Die in den Kolben verbliebenen Rückstände werden nochmals mit Lösungsmittel geschüttelt und zum Absetzen der suspendierten Teile 24 h ins Dunkle gestellt. Dann dekantiert man die Lösungen wieder auf das Filter und wäscht Kolben und Filter erschöpfend mit Lösungsmittel aus, wobei man jedoch die ungelösten Rückstände nach Möglichkeit in den Kolben läßt.

Während der Filtration ist die Temperatur der Flüssigkeit auf 20—25⁰ zu halten.

Der ausgewaschene Goochtiegel (bzw. das Papierfilter) mit dem Unlöslichen, beim 2. Verfahren (viel Unlösliches) auch die beiden Erlenmeyerkolben, werden $^1/_2$ h bei 110⁰ getrocknet und nach Erkalten gewogen.

Das recht langwierige Verfahren kann nach Abraham dadurch abgekürzt werden, daß man eine gewogene Menge (etwa die doppelte Gewichtsmenge des Asphalts) frischgeglühten langfaserigen Asbest mit in den ersten Kolben gibt. Der Asbest verteilt sich zwischen den unlöslichen Stoffen, verhindert diese an der Verstopfung der Filterporen und ermöglicht hierdurch eine schnellere Filtration.

Auf Mineralstoffe, die bei der Filtration etwa durch das Filter laufen oder mit dem Bitumen chemisch verbunden sind, wird in der Vorschrift des Deutschen Straßenbauverbandes keine Rücksicht genommen. Die A.S.T.M. schreibt jedoch vor, einen aliquoten Teil des CS_2-Extraktes zu veraschen und das Aschengewicht zur Menge der unlöslichen Bestandteile hinzuzurechnen.

---

[1] 4. Ausg., Febr. 1932. S. 5.

Die Menge der unlöslichen organischen Bestandteile ergibt sich annähernd durch Veraschung der gesamten unlöslichen Anteile aus der Differenz der Gewichte vor und nach dem Glühen. Bei Anwesenheit des nicht glühbeständigen Kalksteins würde die Differenz jedoch zu hoch ausfallen. Man zerreibt daher zur genauen Bestimmung die getrockneten und gewogenen gesamten unlöslichen Stoffe und zersetzt genau 2,5 g davon mit HCl. Die abgeschiedene Kieselsäure und die übrigen unlöslich bleibenden Stoffe (Feldspat, Ton, Sand, Kohle) werden auf einem gewogenen Filter von bekanntem Aschengewicht abfiltriert, mit heißem Wasser ausgewaschen, 2 h bei 105° getrocknet und gewogen. Der Filterrückstand, der nun außer den unlöslichen organischen Stoffen keine nicht glühbeständigen Substanzen mehr enthält, wird in einem gewogenen Platintiegel bis zur Gewichtskonstanz geglüht. Die Gewichtsabnahme entspricht der Menge der unlöslichen organischen Stoffe.

Sollen die ungelösten Stoffe näher untersucht werden, so muß man bei der Bitumenbestimmung von größeren Asphaltmengen (25—50 g) ausgehen.

Bei asphalthaltigen Massen (Stampfasphalt usw.) bestimmt man den Bitumengehalt nach den DIN-Vorschriften 1995 (Ausg. 1929) wie folgt:

10 g der Masse, die so fein zerkleinert ist, daß sie durch ein Sieb von 0,2 mm Maschenweite hindurchfällt, werden im Soxhlet- oder Graefe-Apparat unter Verwendung einer Filterhülse mit doppelt-dichter Einlage mit siedendem $CHCl_3$ erschöpfend extrahiert. Der bis zur Gewichtskonstanz (2mal je 1 h) bei 100° getrocknete Extrakt enthält in der Regel noch etwas Ton und $CaCO_3$. Zur Bestimmung dieser Beimengungen löst man den Extrakt in $CHCl_3$ und führt ihn quantitativ in einen gewogenen Porzellantiegel über, verdampft das Lösungsmittel und verascht den Rückstand, wobei Ton und CaO zurückbleiben. Die gewogene Asche befeuchtet man mit einigen Tropfen H_2SO_4, raucht ab, glüht schwach und wägt abermals. Diese Wägung ergibt die Menge Ton + $CaSO_4$; aus der Differenz der beiden Aschengewichte ist die $CaCO_3$-Menge zu berechnen. Abziehen der so gefundenen Menge Ton + $CaCO_3$ von dem ursprünglich erhaltenen Extraktgewicht ergibt die Menge des reinen Bindemittels (Asphalt, Teer, Pech).

Nach Hoepfner und Metzger[1] wird durch die Extraktion mit heißem $CHCl_3$ das Bitumen gegenüber dem in der Mischung wirklich vorhandenen verändert. Sie empfehlen daher eine Extraktion mit kaltem CS_2:

Ein etwa 16 g Asphalt enthaltendes Asphalt-Mineralgemisch wird bei Zimmertemperatur mit 260 ccm CS_2 behandelt, die Lösung filtriert und der Rückstand mit 20 ccm CS_2 nachgewaschen. Die CS_2-Lösung läßt man im Vakuum bei gewöhnlicher Temperatur verdunsten. Hierzu füllt man in einen Vakuumexsiccator von etwa 24 cm Bodendurchmesser 5 cm hoch Schrot ein und stellt einen mit erhöhtem Rand versehenen Messingteller von 20 cm Ø, dessen Bodenfläche abgeschliffen ist, genau horizontal auf die Schrotunterlage. Man verteilt nun 60 ccm der bitumenhaltigen Lösung gleichmäßig auf dem Teller und evakuiert den Exsiccator $1^1/_2$ h lang. Dann zerschneidet man die gebildete Bitumenhaut durch Ritzlinien und evakuiert nochmals $1/_2$ h. Darauf erwärmt man den das Bitumen enthaltenden Teller 10—20 min im Trockenschrank auf 70°. Um 240 ccm bitumenhaltiges Filtrat von CS_2 zu befreien, muß man den Vorgang allerdings 4mal wiederholen.

Auch Suida und Mitarbeiter[2] stellen fest, daß durch die Extraktion mit heißen Lösungsmitteln sowie durch einfaches Abdestillieren der letzteren bei gewöhnlichem Druck unter Luftzutritt eine bedeutende Verhärtung des extrahierten Bitumens gegenüber dem in der Masse (Stampfasphalt, Straßendecke usw.) enthaltenen eintritt. Da sich durch unsachgemäße Behandlung (Überhitzung) beim Verlegen der Asphaltdecke die Eigenschaften des

---

[1] Hoepfner u. Metzger: Schweiz. Ztschr. Straßenwes. **16**, 172 (1930).

[2] H. Suida u. W. Janisch: 1. Mitt. d. Neuen Internat. Verb. f. d. Mat.-Prüfg. Gruppe C, S. 168 (1930); H. Suida, R. Benigni u. W. Janisch: Asphalt u. Teer **31**, 197 (1931); daselbst weitere Literatur zu dieser Frage.

Bitumens, namentlich die Duktilität, wesentlich verschlechtern können (eine geringe Verschlechterung ist unvermeidlich), ist es besonders wichtig, das Bitumen aus der Straßendecke ohne weitere Veränderung seiner Eigenschaften in solcher Menge zu isolieren, daß man nicht nur den Erweichungspunkt und die Penetration, sondern auch die Duktilität bestimmen kann. Hierzu geben Suida und Mitarbeiter verschiedene Verfahren an, von welchen folgendes am zweckmäßigsten erscheint:

Die Extraktion wird in dem periodisch arbeitenden Kaltextraktor, Abb. 173, vorgenommen. Ein Glaszylinder *1* von etwa 65 cm Länge und 60 mm Ø ist unten in eine mit Flansch versehene Kupfermanschette *2* eingekittet. Zwischen Glasrohrende und dem dort nach innen vorragenden Flansch der Kupfermanschette ist eine Glassinterplatte *3* miteingekittet. Der Flansch ist durch Schrauben oder durch Schraubenklammern mit einer Kupfermanschette *4* unter Verwendung einer Lederdichtung verbunden. In diese Kupfermanschette ist ein unten zu einem Rohr ausgezogener Glasstutzen *5* eingekittet. Das obere Ende des Glasrohres wird durch einen Stopfen *7* verschlossen und hat ein Überlaufrohr *8*. Ein zweiter, in halber Höhe des Rohres angebrachter Überlauf *9* gestattet, am Ende der Extraktion die über dem Gesteinsmaterial stehende Chloroformschicht abzuziehen. Die grob zerkleinerte Mischung (etwa 1 kg) wird vorsichtig in das Extraktionsrohr *1* eingebracht, welches sie in diesem Zustande fast völlig füllt. Es wird das Rohr erstmals durch Öffnen des Hahnes *10* mit $CHCl_3$ aus einer Vorratsflasche *12* gefüllt und verschlossen über Nacht stehen gelassen. Dann ist die Mischung zerfallen,

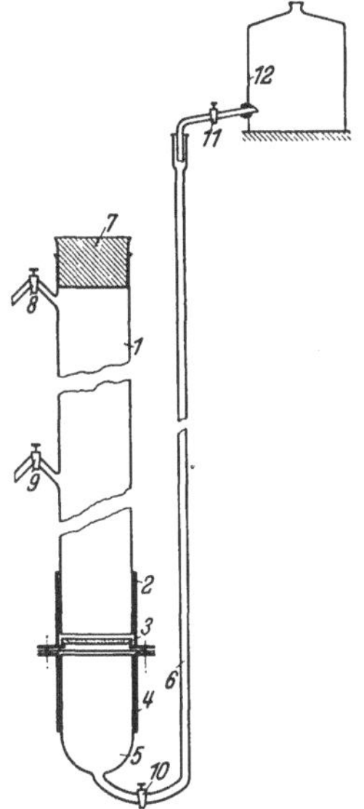

Abb. 173. Kaltextraktor für Asphalt (nach Suida).

und die Mineralbestandteile erfüllen etwa die Hälfte des Rohres. Nunmehr wird durch Öffnen des Hahnes *11* der Vorratsflasche das Steigrohr *6*, welches das obere Ende des Extraktionsrohres um etwa 2,5 m überragt, mit $CHCl_3$ gefüllt; dann öffnet man Hahn *10* und läßt $CHCl_3$ durch Einstellen des Hahnes *11* tropfenweise kontinuierlich so langsam zufließen, daß durch das aufsteigende $CHCl_3$ kein Aufwirbeln der feinen Anteile des Mineralgerüstes erfolgt. Der Extrakt fließt ständig durch das Überlaufrohr *8* in eine Flasche ab. Die Extraktionsdauer kann je nach der Feinheit des Füllers unter Umständen bis 72 h betragen. Nach Abfluß von etwa 3 l $CHCl_3$ aus dem Überlauf *8* ist das Mineralgerüst bitumenfrei gewaschen und zur weiteren Untersuchung bereit.

Die $CHCl_3$-Auszüge werden im Vakuum unter CO_2 auf etwa 150 ccm eingeengt, wobei man die Vorlage zur Verringerung der $CHCl_3$-Verluste durch Kältemischung kühlt (die besondere,

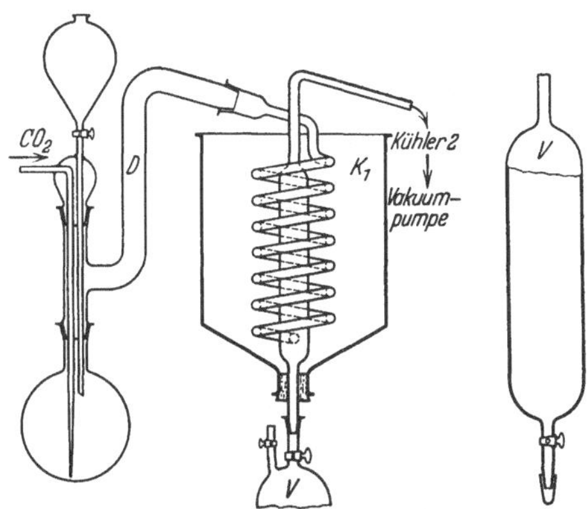

Abb. 174. Vakuum-Verdampfer für die Asphaltlösung (nach Suida).

von Suida benutzte Apparatur, die aber natürlich auch anders ausgeführt werden kann, s. Abb. 174). Zur vollständigen Entfernung des Lösungsmittels führt man den dickflüssigen Kolbenrückstand unter Nachspülen mit ganz wenig $CHCl_3$ möglichst

vollständig in eine etwa 10 cm weite Blechschale über und verdampft das Lösungsmittel durch Ausrühren im CO_2-Strom in dem Apparat, Abb. 175.

In einen eisernen Tragring *3* ist ein metallener Heizblock *2* eingepaßt, der auf
der elektrischen Heizplatte *1* aufruht. Der Heizblock ist mit Asbest (*14*) ummantelt
und steht unter einer Glasglocke *5*, die auf einem die Tragplatte bedeckenden
Asbestring *14* ruht. In die Ausbohrung des Heizblockes paßt das emaillierte
Rührgefäß *4* knapp hinein; eine Verdrehung des Rührgefäßes verhindern zwei An-
schläge. In der zylindrischen Ausbohrung des Heizblockes befindet sich eine
senkrechte, halbrunde Kerbe, in die das Thermometer *6* genau hineinpaßt. Das
Innenthermometer *7* wird in einem Ständer des Heizblockes befestigt. In die Glocke
führt durch ein T-Rohr *9* aus Glas ein elastisch befestigter Metallrührer *8*, der durch

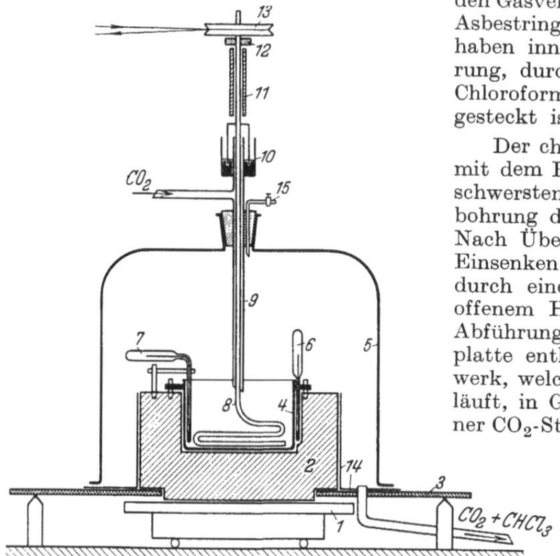

Abb. 175. Apparatur zur Trocknung des Bitumens
im Kohlendioxydstrom (nach S u i d a).

den Gasverschluß *10* abgedichtet ist. Der
Asbestring und der eiserne Unterlagsring
haben innerhalb der Glocke eine Bohrung, durch die ein zur Abführung der
Chloroformdämpfe dienendes Glasrohr
gesteckt ist.

Der chloroformhaltige Asphalt wird
mit dem Rührgefäß *4* in die mit wenig
schwerstem Zylinderöl beschickte Ausbohrung des Heizblockes *2* eingesenkt.
Nach Überstülpen der Glasglocke und
Einsenken des Rührers wird die Glocke
durch einen kräftigen CO_2-Strom bei
offenem Hahn *15* und verschlossenem
Abführungsrohr unten an der Eisenplatte entlüftet; dann wird das Rührwerk, welches mit etwa 120 Touren/min
läuft, in Gang gesetzt und ein trockener CO_2-Strom durch das T-Rohr in die
Glocke eingeführt. Man stei-
gert die Temperatur durch
Regulierung der Heizplatte
in der 1. h bis 70°, in der
2. h bis 105°, in der 3. h
bis 115° und in der 4. h bis
120°. Bei Einhaltung dieses
Vorganges wird das $CHCl_3$
bei ständiger langsamer Zu-
fuhr von CO_2 restlos entfernt und der Rückstand zureichend homogen. Das so
gewonnene Bitumen wird für die Untersuchung benutzt.

Wurde das Lösungsmittel nicht in der beschriebenen Weise, d. h. bei
Luftabschluß und nicht zu hoher Temperatur, entfernt, so ergab sich,
wenigstens bei E r d ö l a s p h a l t[1], eine ganz bedeutende Abnahme der Duktilität
(z. B. von > 100 cm auf 38 cm).

Will man — was allerdings selten vorkommt — nur den Bitumengehalt
bestimmen, ohne die Mineralstoffe näher zu untersuchen, so zersetzt man
nach P r e t t n e r[2] Stampfasphalt und andere kalksteinhaltige Asphalt-
mischungen mit Salzsäure bei Gegenwart von Äther. Hierdurch bekommt
man leicht fast aschefreie Bitumenextrakte.

Etwa 2 g Stampfasphaltmehl werden mit 15 ccm Äther-Salzsäure (hergestellt
durch Sättigen von konz. Salzsäure mit Äther unter Wasserkühlung) in 3 bis
4 Portionen unter ständigem Rühren versetzt, bis das gesamte $CaCO_3$ zersetzt ist;

---

[1] Vergleichsversuche über das Verhalten von Naturasphaltbitumen werden
von S u i d a nicht angeführt.
[2] P r e t t n e r: Ztschr. angew. Chem. **33**, 917, 926 (1909).

die Verluste an Äther werden durch mehrfaches Nachfüllen von etwa je 5 ccm Äther ersetzt. Nach 10 min langem Umrühren setzt man 15 ccm Wasser zu und beendet unter stetem Digerieren die Zersetzung. Durch Einspritzen von heißem Wasser und Erwärmen auf dem Dampfbad wird der Äther völlig verjagt; dann wird die wässerige Lösung durch ein Filter abgegossen. Man wäscht den Kolben und das Filter mit heißem Wasser völlig mineralsäurefrei und trocknet Kolben mit Glasstab sowie Filter $^3/_4$ h bei 110⁰. Dann löst man das Bitumen aus dem Kolben in $CHCl_3$ und filtriert diese Lösung in eine gewogene Glasschale, in der man sie auf dem Wasserbad eindampft und bis zur Gewichtskonstanz je $^1/_4$ h bei 105⁰ trocknet.

Bei Gegenwart von Teeren und Teerpechen, die auf dem Wasserbad etwas flüchtig sind, muß man die Menge des Bindemittels indirekt bestimmen, indem man zunächst den Wassergehalt der Probe gemäß S. 117 durch Destillation mit Benzin oder Xylol ermittelt und dann 1 g der Probe mit 5 ccm Anilin in einem Schälchen $^1/_2$ h auf dem Wasserbad erwärmt[1]. Die Mischung wird auf einen kleinen Teller aus porösem Porzellan von 65 mm Ø mit erhöhtem Rand gegossen. Sobald alles Anilin eingezogen ist, wird der im Schälchen verbliebene Rest mit 2 ccm Pyridin ebenfalls auf den Teller gebracht und nach Einziehen des Pyridins bei 120—150⁰ getrocknet. Der trockene Rückstand (Kohlenstoff + Mineralstoffe) wird mit einem Holzspatel abgenommen und gewogen. Aus der Differenz zwischen dem Substanzgewicht und demjenigen des anilinunlöslichen Rückstandes einschließlich etwaigen Wassers ergibt sich der Gehalt an Bindemitteln.

Die gewöhnlichen Naturasphalte enthalten 38—99%, Asphaltite (mit Ausnahme von Grahamit, der bis zu 50% Mineralstoffe enthalten kann) meistens > 95%, Erdölasphalte und Braunkohlenteerpeche nahezu 100%, Steinkohlen-Hochtemperaturteerpeche nur 50—80% lösliches Bitumen.

Bestimmung des Bitumengehalts in Asphaltemulsionen s. S. 464.

2. Verkokungsrückstand (fixed carbon).

Die Bestimmung wird wie bei Steinkohlenteerpech (S. 572) bzw. Erdölasphalt (S. 417) ausgeführt. Die Größe des Verkokungsrückstandes ist zum Teil für Asphalte (bzw. Asphaltbitumina) recht charakteristisch. Gewöhnliche Asphalte haben 1—25% fixed carbon (auf aschefreie Ausgangssubstanz bezogen), z. B. Bermudez-Asphalt 13—14%, Trinidad-Bitumen 11—12%. Für Asphaltite und asphaltische Pyrobitumina bildet die Menge des fixed carbon nach Abraham geradezu ein Einteilungsprinzip (Tab. 98):

Tabelle 98. Verkokungsrückstände der Asphaltite und asphaltischen Pyrobitumina[2].

Material	Gilsonit	Glanzpech	Grahamit	Elaterit	Wurtzelit	Albertit	Impsonit
Fixed carbon %	10—20	20—30	30—55	2—5	5—25	25—50	50—90

Bei Teerpechen schwankt die Menge des Verkokungsrückstandes je nach der Härte in weiten Grenzen, z. B. bei Braunkohlenteerpech von 10—40%, bei den verschiedenen Steinkohlenteerpechen von 10—65%.

---

[1] Kraemer u. Spilker: Muspratts Chemie, 4. Aufl., Bd. 8, S. 3.
[2] Nach Abraham: Asphalts and Allied Substances, 3. Aufl., S. 164 u. 195.

3. Charakterisierung des Bitumens durch Zerlegung in verschiedene Bestandteile.

Einteilung in Petrolene, Malthene, Asphaltene und Carbene nach Richardson, sowie Fraktionierung nach Pöll s. S. 404—406.

Verfahren von Marcusson[1]. Man trennt zunächst nach S. 426/7 die verseifbaren Anteile aus 5 g Bitumen ab. Die in Benzollösung (höchstens 10 ccm) erhaltenen

Tabelle 99. Zusammensetzung von Natur- und Erdölasphalten.

Bitumenart	Freie Asphalt- säuren %	Innere Anhydride der Asphalt- säuren %	As- phal- tene %	Harze %	Unverän- derte ölige Anteile %
Trinidad-Rohasphalt- Bitumen[2]	6,4	3,9	37,0	23,0	31,0
Raffin. Bermudez-Asphalt[2] .	3,5	2,0	35,3	14,4	39,6
Val de Travers-Asphalt[3] . .	7,1	1,3	12,9	33,2	42,2
Mexikanischer Erdölasphalt[3]	0,6	Spur	5,8	26,7	65,4
Geblasener Erdölasphalt[3] . .	1,89	0,2	Spur	16,7	80,6

Tabelle 100. Elementaranalysen von einzelnen

Material	Nr.	Herkunft	Asche %	Schmelzpunkt des Ge- samtbitumens (extra- hiert mit Chloroform) ⁰ C	Petrolätherlösliches Bitumen													
					in Lösung geblieben (weichharzig, fadenziehend)							beim Stehen in der Kälte wieder ausgefallen (spröde)							
					Menge %	%					Asche %	Menge %	%						Asche %
						C	H	S	N	O			C	H	S	N	O	
Natur- asphalte	1	San Valentino	15	95	40,4	84,9	7,5	5,8	Spu- ren	1,8	0	1,0	78,6	8,8	8,3	Spu- ren	4,3	0
	2	Trinidad épuré	40	91	66,5	83,3	10,8	2,3	0	2,6	0	0,3	—	—	—	dgl.	—	—
	3	Trinidad . .	37	82	50,0	82,8	10,2	3,6	0	3,4	0	—	—	—	—	—	—	—
Erdölasphalte	1	Galizien . .	0	69	70	87,7	10,4	0,9	0	1,0	0	8,7	88,9	7,2	1,4	Spu- ren	2,5	0
	2	,, . .	0	91	54,1	87,0	10,3	0,7	Spu- ren dgl.	2,0	0	4,2	88,0	7,4	1,4	dgl.	3,2	0
	3	,, . .	3,2	43,3	78,9	86,2	10,6	0,5	dgl.	2,7	0,5	3,0	86,6	7,4	1,3	dgl.	4,7	0
	4	Russisch . .	0,2	27	85,5	86,02	11,98	1,48	—	0,52	0	—	—	—	—	—	—	—
	5	,, . .	—	17,8	89,0	—	—	—	—	—	—	—	—	—	—	—	—	—
	6	Deutsch . .	—	24,0	75,0	—	—	—	—	—	—	—	—	—	—	—	—	0

unverseifbaren Stoffe werden mit überschüssigem Leichtbenzin versetzt, wodurch die Asphaltene ausgefällt werden. Die Benzinlösung wird nach dem Konzentrieren (bis auf 25 ccm) auf 25 g Fullererde verteilt und diese mit bis 50⁰ siedendem Benzin

[1] Marcusson: Ztschr. angew. Chem. **29**, 346, 349 (1916).
[2] Nach Marcusson: l. c.
[3] Nach Abraham: Asphalts usw., 3. Aufl., S. 756.

im Soxhletapparat extrahiert, wobei das unveränderte Öl in Lösung geht, während die Erdölharze durch Ausziehen der Fullererde mit $CHCl_3$ gewonnen werden können. Tabelle 99 zeigt die so ermittelte Zusammensetzung einiger Asphalte.

Die öligen Bestandteile (Jodzahl 16—18) von Trinidad- und Bermudezasphalt verhalten sich wie dickflüssige Mineralöle; sie geben zum Teil positive Formolitreaktion, enthalten geringe Mengen O-, S- und N-Verbindungen und $< 1\%$ Paraffin (vgl. S. 428). Die Harze gleichen den entsprechenden aus Mineralölen erhaltenen Produkten[1]; sie haben $d \sim 1$, sind fest, rotbraun bis braunschwarz, in Aceton nur wenig löslich und schmelzen unter 100^0. Mit rauchender HNO_3 geben sie bei $- 10^0$ hellbraun gefärbte Isonitroverbindungen, beim Erwärmen mit konz. H_2SO_4 auf 100^0 werden sie in wasserunlösliche Schwefelsäureverbindungen übergeführt; infolge Gehalts an organischen Sulfiden reagieren sie mit Quecksilberbromid in ätherischer Lösung unter Bildung unlöslicher Verbindungen (Probe von Malencovič, s. S. 422).

In ähnlicher Weise wie Marcusson zerlegten schon früher Holde und Eickmann[2] verschiedene Bitumina durch Zusammenschmelzen mit Sand und Tierkohle und fraktionierte Extraktion der gepulverten Masse mit Petroläther, Petroleumbenzin ($d = 0,70$), Benzol und $CHCl_3$; sie stellten dabei zugleich folgende Unterschiede in der Elementarzusammensetzung und sonstigen Eigenschaften der einzelnen Fraktionen fest (vgl. Tabelle 100).

Die ersten Extrakte waren dickölig bis weichharzig, die letzten harzartig spröde. Die Farbe wurde bei den folgenden Extrakten immer dunkler, der eigenartige Geruch verschwand. Bei den aus Erdölasphalt erhaltenen Auszügen nahm allmählich in der oben genannten Reihenfolge der Extrakte der Sauerstoffgehalt

Lösungsfraktionen verschiedener Asphaltbitumina.

Petrolätherunlösliches, benzinlösliches Bitumen (bei 1 ziemlich weich, die übrigen spröde)							Benzinunlösliches, benzollösliches Bitumen (spröde)							Benzolunlösliches, chloroformlösliches Bitumen (spröde)						
Menge %	%					Asche %	Menge %	%					Asche %	Menge %	%					Asche %
	C	H	S	N	O			C	H	S	N	O			C	H	S	N	O	
22,5	81,5	9,6	7,1	Spuren	1,7	0	13,8	79,7	7,6	8,2	Spuren	4,5	0	4,2	76,3	7,6	9,6	0	6,5	0
2,6	81,0	9,8	—	dgl.	—	0,7	27,3	74,7	7,8	7,2	dgl.	10,3	0	3,0	74,7	8,5	7,5	0	9,3	0
3,3	77,0	7,8	4,7 1,0	dgl.	5,7	0,9	19,6	80,2	8,5	4,7	dgl.	5,7	0	3,0	80,8	9,1	7,5	0	2,0	0,6
0,7	—	—	—	dgl.	—	—	17,1	90,2	6,3	1,4	dgl.	2,1	0	1,1	88,8	6,0	1,0	0	4,2	0
3,6	86,0	7,4	1,2	dgl.	5,4	0	20,8	88,5	8,4	0,9	0	2,2	0	0,6	89,1	6,1	—	0	4,8	0
1,0	81,8	9,6	—	dgl.	—	0	1,4	85,9	5,9	1,4	dgl.	6,8	—	1,5	87,0	6,0	1,6	0	4,8	0
2,4	—	—	—	—	—	—	9,8	89,31	8,54	0,62	—	1,18	0,35	0,8	—	—	—	—	—	—
1,0	—	—	—	—	—	—	5,5	89,93	7,02	1,09	—	1,15	0,45	0,8	—	—	—	—	—	—
2,0	85,8	8,85	—	—	—	0	12,0	88,15	7,44	—	—	—	0,13	4,6	83,36	5,97	1,71	—	8,1	0,86

auf Kosten des Wasserstoffs zu, während der Kohlenstoffgehalt der einzelnen Auszüge im wesentlichen der gleiche blieb. Bei den Naturasphalten hingegen wuchs der Gehalt an Schwefel und Sauerstoff wesentlich (mit Ausnahme des Sauerstoff-

---

[1] Holde u. Eickmann: Mitt. Materialprüf.-Amt Berlin-Dahlem **25**, 148 (1907).

[2] Holde u. Eickmann: l. c.

gehaltes im Chloroformextrakt von Nr. 3), während der Kohlenstoffgehalt sank und die Menge des Wasserstoffs sich nur wenig veränderte. Dieses Verhalten kann unter Umständen zur Unterscheidung von Natur- und Erdölasphalten herangezogen werden.

4. Annähernd quantitative Bestimmung von Steinkohlenteer oder -teerpech und Naturasphalt nebeneinander.

Diese Bestimmung, die bei der Untersuchung von Straßenbaustoffen von großer Bedeutung ist, beruht auf der Sulfonierbarkeit des Steinkohlenteers und -teerpechs (vollständige Überführung in wasserlösliche Sulfosäuren), während Naturasphalt (ebenso Erdölasphalt) nicht sulfonierbar ist. Die ursprüngliche Vorschrift von Marcusson[1], nach welcher die Abscheidung des Bitumens mit $CHCl_3$ und Äther-Salzsäure erfolgen soll, wurde vom Deutschen Straßenbauverband[2] für die Untersuchung von Straßenteer in Mischung mit Asphaltbitumen wie folgt modifiziert:

3—4 g Straßenteer werden in einem Erlenmeyerkolben abgewogen und mit etwa der 10fachen Gewichtsmenge $CHCl_3$ $^1/_4$ h unter Rückfluß gekocht. Die Lösung wird vom „freien Kohlenstoff" abfiltriert und, nach erschöpfendem Auswaschen des Filterrückstandes mit $CHCl_3$ oder CS_2, zur Trockne verdampft. Der Extrakt wird nun in dem gleichen Erlenmeyerkolben mit 6—8 ccm (je 2 ccm für 1 g der Einwaage) konz. H_2SO_4 unter beständigem Umrühren mit dem Glasstabe $^3/_4$ h lang im siedenden Wasserbade erhitzt. Nach beendigter Sulfonierung läßt man erkalten, spült die Masse mit Wasser in ein dickwandiges Becherglas und verdünnt mit Wasser auf etwa 500 ccm. Man zerdrückt die gebildeten Klumpen und läßt den Niederschlag mindestens 2 h (besser über Nacht) absitzen. Dann dekantiert man die Lösung auf ein bei 110⁰ getrocknetes, gewogenes einfaches Filter (18 bis 20 cm Ø), bringt nun den Rückstand auf das Filter, dessen Poren man durch heißes Wasser offen hält, und wäscht unter Zerdrücken etwaiger Klumpen mit heißem Wasser aus, bis das Waschwasser gegen Methylorange neutral reagiert. Der Rückstand auf dem Filter wird bei 110⁰ bis zur Gewichtskonstanz getrocknet; seine Menge entspricht dem Gehalt der Mischung an Asphaltbitumen. Nach Marcusson sind diese Werte noch um rund 4% zu erhöhen, da Naturasphalt bei Gegenwart von Steinkohlenteerpech zum Teil durch die konz. H_2SO_4 angegriffen wird. Der Deutsche Straßenbauverband gibt hingegen an, daß die unkorrigierten Werte vom wahren Bitumengehalt um —2 bis +5% abweichen, empfiehlt jedoch gleichzeitig, im Laboratorium eine Probemischung aus den benutzten Ausgangsmaterialien (Straßenteer und Asphaltbitumen) herzustellen und wie vorstehend zu analysieren, wodurch die etwa anzubringende Korrektion genauer ermittelt werden kann.

5. Sonstige chemische Prüfungen.

Wassergehalt, Flüchtigkeit und Veränderlichkeit beim Erhitzen, Säurezahl, Verseifungszahl, S-Gehalt, Paraffingehalt usw. werden nach den im Abschnitt „Erdölasphalt" (S. 417f.) beschriebenen Verfahren bestimmt; auch bezüglich der Auswertung sei auf das dort Gesagte verwiesen.

Die Jodzahl läßt sich bei Asphalten nach keinem der S. 771 angegebenen Verfahren richtig bestimmen, da stets Halogensubstitution und — bei der Titration mit wässeriger Thiosulfatlösung oder schon vorher beim Wasserzusatz — durch Hydrolyse Abspaltung von Halogenwasserstoff eintritt[3]. Auch das für Mineralöle besonders empfohlene Verfahren von Galle[4] versagt bei Asphalten.

---

[1] Marcusson: Ztschr. angew. Chem. **26**, 91 (1913).
[2] Vorschriften, 4. Ausg., 1932. S. 11. [3] H. Pöll: Petroleum **27**, 817 (1931).
[4] Galle: Ztschr. angew. Chem. **44**, 474 (1931); s. auch S. 208.

Zur Ausschaltung der Hydrolyse führt Pöll die Jodzahlbestimmung folgendermaßen „trocken" durch[1]:

Die abgewogene Substanz wird in einem mit Glashähnen verschließbaren Claisenkolben mit einer gemessenen Menge einer Br-CCl_4-Lösung versetzt. Nach einer bestimmten (je nach Art der Substanz verschiedenen) Reaktionszeit werden der Br-Überschuß sowie etwa durch Halogensubstitution entstandener HBr im N_2-Strom in eine mit 10%iger KJ-Lösung beschickte Peligotröhre übergetrieben und in der vorgelegten Flüssigkeit das durch das Brom ausgeschiedene Jod direkt, der HBr nach Zusatz von KJO_3 mit 0,1-n $Na_2S_2O_3$ titriert.

Mittels dieses Verfahrens wies Pöll nach, daß alle von ihm untersuchten Natur- und Erdölasphalte (Trinidad, Selenizza, russische, polnische, mexikanische Erdölasphalte), auch rumänische Pacura und getopte Rohöle aus Venezuela, Boryslaw, Grabownica, Grosny und Pennsylvanien, keinerlei olefinische Doppelbindungen enthielten. Alle, zum Teil sehr beträchtlichen, so bestimmten „scheinbaren" Jodzahlen (bis 187) waren auf Halogensubstitution zurückzuführen.

V. Technische (mechanische und praktische) Prüfungen asphalthaltiger Massen[2].

1. Stampf-, Streich- oder Gießbarkeit und Formung.

Für die Formung der Probewürfel, die eine Kantenlänge von 7,07 cm* haben müssen, werden die zur Herstellung eines Würfels erforderlichen Mengen, von Stampfasphalt 700 g, von Sandasphalt, Asphaltfeinbeton und Gußasphalt 800 g, in kleinen Blechschüsseln abgewogen und bei Stampfasphalt im allgemeinen im Wärmeschrank auf 130—140° erhitzt und bei 120° heiß in die eisernen, ebenfalls erhitzten Würfelformen eingestampft. Gußasphalt wird bei 180° heiß in die Form gegossen. Teer enthaltende Massen werden besonders vorsichtig erhitzt und möglichst bei 180° eingestampft. Das Einstampfen geschieht durch Maschinen oder Handstampfer von 12 kg** Gewicht bei 25 cm Fallhöhe. Stampfasphalte werden mit 10 Schlägen, alle anderen stampfbaren künstlichen Asphalte, Teersande und Teerbeton mit 20 Schlägen geformt.

2. Volumengewicht der durch Stampfen und Gießen geformten Masse.

$$\text{Annäherungswert} = \frac{\text{Gewicht des geformten Körpers}}{\text{Volumeninhalt (353,393 ccm)}}.$$

Genauer ist es, den wahren Volumeninhalt der Körper nach der Wasseraufnahme durch Ermittlung des Auftriebes in Wasser zu bestimmen (s. unter 4).

3. Spezifisches Gewicht.

Etwa 100 g Masse werden so weit zerkleinert, daß sie durch ein Sieb von 0,2 mm lichter Maschenweite hindurchgehen. Hiervon wägt man 40 g in einem geeichten 50-ccm-Kölbchen ab und ermittelt durch Zulaufenlassen von Wasser aus der

---

[1] Pöll: l. c.; vgl. auch H. M. Buckwalter u. E. C. Wagner: Journ. Amer. chem. Soc. **52**, 5241 (1930).

[2] DIN 1995, Ausg. 1929, Teil II. Von einer Wiedergabe der dort gegebenen Vorschriften für die Prüfung und Lieferung der Mineralmassen muß hier abgesehen werden; vgl. hierzu Berl-Lunge: Chemisch-technische Untersuchungsmethoden, 8. Aufl., Bd. 4, S. 964.

* Neufestsetzung (früher 7,09 cm). ** Neufestsetzung (früher 14 kg).

Erdmenger-Mannschen Bürette bei 15⁰ das von diesen 40 g eingenommene Volumen. Das Gewicht der Masse, geteilt durch den ermittelten Volumeninhalt, ergibt das spez. Gew. Bei vollkommen dichten, Wasser nicht aufnehmenden Massen ist das Volumengewicht gleich dem spez. Gew.

4. Wasseraufnahme und Hohlräume der gestampften, gegossenen oder gewalzten Masse.

Die Wasseraufnahme wird bestimmt an den Probekörpern (s. unter 1) und an Durchschnittsstücken, die aus der Straßendecke herausgeschlagen werden. Nach Feststellung des Trockengewichtes bringt man den Körper unter destilliertes Wasser, das sich innerhalb eines Vakuumexsiccators befindet. In diesem erzeugt man 3 h lang ein möglichst hohes Vakuum, um sämtliche Porenluft zu entfernen. Nach Herstellung des Atmosphärendrucks dringt das Wasser in die luftleeren Poren der Massen bis zur völligen Sättigung ein. Nach 2std. Lagerung in Wasser werden die Probekörper abgetrocknet und gewogen. Nach der Wägung wird ihr Auftrieb in Wasser von 15⁰ ermittelt, indem man sie in ein Drahtgitter von bekanntem Auftrieb einlegt und unter Wasser taucht; das Wasser ist in einem Gefäß auf einer Waage ins Gleichgewicht gebracht. Das Gewicht, welches zur Herstellung des Gleichgewichts auf die andere Waagschale aufgelegt werden muß, ist der Auftrieb, der dem Volumengewicht bei 15⁰ entspricht. Aus dem Gewicht vor und nach der Wasseraufnahme errechnet man die aufgenommene Wassermenge in Gew.-%. Aus dem Trockengewicht und dem Auftrieb findet man das Volumengewicht und durch Multiplikation des Volumengewichtes mit der Wasseraufnahme in Gew.-% die Wasseraufnahme in Vol.-%, d. h. die Hohlräume in 100 ccm der Masse.

5. Quellung.

Diese ist gleich der Vermehrung des ursprünglichen Volumengewichts durch Wasseraufnahme in Körpern, die nicht völlig dicht und hohlraumfrei sind. Die Quellung wird dadurch an der geformten Masse ermittelt, daß man sie nach der Wasseraufnahme (s. unter 4) 28 Tage lang in Wasser bei Zimmertemperatur lagern läßt, abtrocknet, wägt und den Auftrieb (s. unter 4) nochmals feststellt. Der Unterschied zwischen dem so festgestellten Auftrieb und dem zuerst gefundenen ist die Quellung, die auf 100 ccm umzurechnen und in Vol.-% anzugeben ist. Die Quellung entspricht fast genau der in den 28 Tagen erfolgten Mehraufnahme an Wasser.

6. Druckfestigkeit vor der Wasserlagerung.

Die Probekörper (s. unter 1) werden 24 h bei 22,5⁰ gelagert und unter Messung des hierzu erforderlichen Druckes unter einer Presse zerdrückt. Der Druck muß stets senkrecht zur Einstampf- oder Einfüllrichtung wirken.

7. Druckfestigkeit nach der Wasserlagerung.

Der nach 1. hergestellte und nach 4. und 5. geprüfte Körper wird nach 24std. Lagern innerhalb des Thermostaten in Wasser von 22,5⁰ unter die Presse gebracht und genau in der gleichen Weise (s. unter 6) auf Druckfestigkeit geprüft. Der Abfall der Druckfestigkeit infolge der Wasserlagerung wird in Prozenten der ursprünglichen Druckfestigkeit angegeben. Bei Gußasphalt ist auch die Druckfestigkeit bei 40⁰ festzustellen.

8. Wasserdurchlässigkeit.

Zur Bestimmung der Wasserdurchlässigkeit werden mittels geeigneter Formen 4 cm hohe zylindrische Versuchskörper (analog wie unter 1) hergestellt. Stampf- und Walzasphalt werden 1 h lang unter 0,3 kg/qcm, Gußasphalt je 1 h unter 0,3,

1, 2, 3 und 4 kg/qcm Wasserdruck gehalten. Nach Verlauf von je 1 h wird die hindurchgetretene Wassermenge, die man in einem gläsernen gewogenen Untersatz auffängt, ermittelt.

9. Abnutzung beim Schleifversuch.

2 gewogene Probewürfel von 22,5⁰ (Herstellung s. unter 1) werden auf einer Maschine[1] gleichzeitig auf Abschleifwiderstand geprüft. Der gesamte Schleifweg beträgt 200 m ohne jede Belastung. Auf 100 m Schleifweg werden 66 g Schmirgel Nr. 80 benutzt. Abnutzung = Gewichtsverlust des Würfels für 1000 m Schleifweg in g und ccm für 50 qcm Fläche.

10. Abnutzung unter dem Sandstrahlgebläse.

2 gewogene Probewürfel von 22,5⁰ (Herstellung s. unter 1) werden auf dem mit 3 kg/qcm Druckluft oder Dampf arbeitenden Sandstrahlgebläse[2] 2 min lang unter ständiger Drehung dem Sandstrahlgebläse ausgesetzt. Abnutzung = Gewichtsverlust des Würfels in g und ccm auf 28 qcm Fläche. Als Gebläsesand wird Sand I und II benutzt[3].

11. Verhalten unter Eindruckbelastung (Eindrucktiefe).

1 Würfel von 22,5⁰ (Herstellung s. unter 1) wird mit einem Stempel von kreisrunder, genau 1 qcm großer Fläche unter einem Druck von 52,5 kg 5 h lang gehalten. Die Belastung muß genau in der Mitte einer Würfelfläche senkrecht zur Einstampf- oder Einformrichtung wirken. Gemessen wird die in 5 h entstehende Vertiefung, die in Millimetern (auf 0,1 mm genau) anzugeben ist. Porige Stampfasphalte, die bei der Prüfung zerbrechen, werden unter Vermerken des Bruchs bei Vollbelastung mit halber Belastung geprüft. Bei Guß- und Stampfasphalten kann die Prüfung außerdem bei 40⁰ ausgeführt werden.

12. Gießbarkeit.

Die Prüfung ist wichtig für Pflaster- und Tonrohrausgußmassen. 1 kg der Masse wird in einem Blechgefäß in einem Heißluftbad flüssig gemacht, unter Feststellung der Temperatur gut durchgerührt und in eine 5 mm breite, von 2 auf Sand dicht aneinander gestellten Pflastersteinen gebildete Fuge eingegossen. Die Gießbarkeit ist befriedigend, wenn sich die Fuge bequem mit der Masse ausfüllen läßt, unbefriedigend, wenn die Masse, selbst nach stärkerer Erhitzung, die bequeme Fugenfüllung nicht gestattet.

13. Entmischung in heißem Zustande.

Etwa 1 kg Masse wird in einer 12 cm hohen und 10 cm breiten Blechbüchse im Heißluftbade auf die Temperatur erhitzt (meist 100—120⁰), bei der sie gut flüssig und leicht gießbar ist. Nach gutem Umrühren wird die Masse 30 min bei dieser Temperatur flüssig erhalten. Durch Tasten mit einem Holzspatel stellt man fest, ob schwere Mineralmassen sich am Boden angesammelt haben. Die überstehende flüssige Masse wird abgegossen, Asphalt oder Teer vom Rückstand abgelöst und die Korngröße der abgeschiedenen Mineralmasse festgestellt. Starkes Absetzen gilt als Entmischung der Masse.

---

[1] Maschine nach Amsler, Laffon und Sohn, Bezugsquelle: Amsler u. Co., Schaffhausen, oder Böhmesche Schleifmaschine, Bezugsquelle: O. A. Richter, Dresden-A 1, Güterbahnhofstr. 8.

[2] Bauart Gutmann-Ottensen.

[3] Bezugsquelle: Henneberg u. Co., Freienwalde (Oder).

14. Verhalten bei 0° unter Schlag.

Aus der Masse werden nach mäßigem Erwärmen Würfel von 4 cm Kantenlänge geformt. 3 davon werden in eine Mischung von Wasser und Eis gelegt und
nach 2std. Abkühlung auf 0° mit einem kleinen Hammer zertrümmert. Beim Zerfall in grobe Stücke ist die Kältebeständigkeit befriedigend; werden hingegen
viele kleine Splitter und fein- und grobkörniges Pulver erhalten, so ist die Masse
in der Kälte nicht genügend geschmeidig.

15. Wurzelfestigkeit.

Etwa 1 cm starke kreisrunde Platten der Massen werden innerhalb eines großen
irdenen Blumentopfes in Humus und Pferdedung enthaltende Erde eingelegt.
Die unter der Platte befindliche 10 cm starke Erdschicht wird feucht gehalten,
während auf die obere, ebenfalls 10 cm starke Erdschicht Seradella oder Luzerne gesät
wird. Nach 4—6wöchiger Pflege in einem Wärmehaus wird festgestellt, ob Wurzeln
durch die Platte gedrungen sind. Das Hindurchwachsen von Wurzeln, selbst ganz
kleiner Haarwurzeln, und auch eine größere oder geringere Eindruckstiefe zeigen
an, daß die Masse nicht wurzelfest ist.

16. Widerstand gegen chemische Einflüsse.

Mit der zu prüfenden Masse für Schutzanstriche streicht man trockene Kalk-
stein- oder Zementmörtelwürfel an und lagert sie nach dem Trocknen in 5%iger
HCl, H_2SO_4, HNO_3, NH_3, NaOH und Na_2CO_3. Sie dürfen nach 5 Tagen keinerlei
Erscheinungen zeigen, die auf einen Angriff durch die Chemikalien schließen lassen.
Ausgußmassen sowie Gußasphalt prüft man in gleicher Weise an den Probekörpern
(Herstellung s. unter 1).

17. Versprödung.

Schutzanstriche streicht man zweimal im Abstand von je 3 Tagen auf 5 cm
breite und 20 cm lange Zinkbleche auf und bringt die Bleche nach 3tägigem
Trocknen des zweiten Anstriches für 1 h in ein Heißluftbad von 100°. Die so
erhitzten Proben werden mit unerhitzten Probeblechen durch Biegen um einen
zylindrischen Dorn von 5 mm Ø darauf geprüft und verglichen, ob der Schutz-
anstrich verhärtet oder versprödet ist. Das Biegen der Bleche darf kein Reißen,
Brechen oder Abspringen, weder des erhitzten noch des unerhitzten Anstriches, zur
Folge haben.

Bei Schutzpappen und Asphaltfilzplatten schneidet man ein genau quadra-
tisches Stück von 10 cm Kantenlänge = 100 qcm Fläche mit Hilfe eines entsprechend
bemessenen Eisenklotzes heraus und prüft durch Biegen um einen zylindrischen
Dorn von 3 cm Ø, ob die Masse versprödet oder verhärtet ist. Risse dürfen dabei nicht entstehen.

18. Verdunstungsverlust.

Quadratische Stücke von 10 cm Kantenlänge von Schutzpappen, Asphaltfilz-
pappen oder Dachpappen werden nach genauer Wägung in einem Wassertrocken-
schrank 5 h lang auf 50° erhitzt. Nach dem Erkalten an der Luft wird durch
Wägung der Gewichtsverlust festgestellt, der in g für 100 qcm der Masse
angegeben wird. Anschließend wird die Versprödung durch Biegen über einen
Dorn von 3 cm Ø festgestellt.

19. Quadratmetergewicht im getränkten und ungetränkten Zustande.

a) Das Quadratmetergewicht der fertig getränkten Schutzpappen und -filze
und der Dachpappen wird durch Wägung eines möglichst großen Stückes, etwa

$^1/_2$ oder 1 qm, bestimmt. Bei kleineren Mengen schneidet man (s. unter 17) genau 100 qcm heraus, wägt und multipliziert das Gewicht mit 100.

b) Zur Ermittlung des Quadratmetergewichtes der für die Schutz- oder Dachpappe benutzten Rohpappeneinlage wird eine 100 qcm große Probe der Dachpappe gewogen und in einem Kolben mit etwa 300 ccm Steinkohlenteerschweröl auf dem Wasserbade 1 h erwärmt. Die Lösung wird durch ein Filter gegossen und der Rückstand in gleicher Weise nochmals behandelt. Der im Kolben verbleibende Rückstand wird mit Chloroform oder Benzol erschöpfend extrahiert, die zurückbleibende Pappe vom Sand getrennt und bei 105° bis zur Gewichtskonstanz getrocknet.

Das ermittelte Rohpappengewicht × 100 ergibt unter Vernachlässigung des freien Kohlenstoffs das Quadratmetergewicht der Rohpappeneinlage.

c) Bei der Bestimmung des Gehaltes an Tränkmasse wird, wie beschrieben, das Gewicht der Rohpappeneinlage bestimmt und dann der Sand aus der Extraktionshülse und dem Filter vereinigt, im Tiegel geglüht und gewogen. Das Gewicht der Probe, vermindert um die Summe aus Rohpappen- und Sandgewicht, ergibt das Gewicht der Tränkmasse.

20. Dicke mit und ohne Tränkung.

Die Messung der Dicke von Schutz- und Dachpappen erfolgt durch eine mit einer Mikrometerschraube versehene Schraubenlehre, deren Tastflächen tellerartig zur Messung über eine größere Fläche erweitert sind.

21. Zugfestigkeit.

Stampf-, Sand-, Gußasphalt und Ausgußmassen werden in Zugformen[1] eingeformt und nach 24std. Lagerung bei 22,5° mit einem Zerreißgerät zerrissen. Zweckmäßig mißt man die dabei auftretende Dehnung.

Bei Schutz- und Dachpappen benutzt man je 3 in der Längs- und Querrichtung aus jeder Proberolle herausgeschnittene Proben von 50 cm Länge und 5 cm Breite. Sie werden bei Zimmertemperatur und 65% Luftfeuchtigkeit bei 20 cm Einspannlänge zerrissen. Ermittelt werden die Dehnung der Probe und die ganze Einspannlänge.

VI. Deutsche Normen für Asphaltbitumina[2] und für Asphalt enthaltende Massen[3].

1. Asphaltbitumen.

Der Asphalt muß entweder Natur- oder Erdölasphalt sein. Es werden 5 Sorten von verschiedenen Erweichungspunkten und verschiedener Härte unterschieden; für alle gemeinsam gelten folgende Vorschriften: $d_{25} > 1{,}0$, Tropfpunkt mindestens 18° über Erweichungspunkt K.-S., Asche höchstens 0,5%[4], Löslichkeit in CS_2 oder $CHCl_3$ mindestens 99,0%[5], Paraffingehalt höchstens 2,0%, Gewichtsverlust bei 5std. Erhitzung auf 163° höchstens 2,0% (bei Bitumen I 2,5%); nach der Erhitzung dürfen Penetration und Duktilität um höchstens 60% (bei Bitumen I bei 15°, bei den übrigen bei 25°) abnehmen, der Erweichungspunkt K.-S. darf

---

[1] Über die Zugformen und das Zerreißgerät vgl. Deutsche Zementnormenprüfung sowie Berl-Lunge: Chem.-Techn. Untersuchungsmethoden, 8. Aufl., Bd. 3, S. 274, 374. 1932.

[2] Deutscher Straßenbauverband, Vorschriften für die Beschaffenheit usw. von bituminösen Bindemitteln im Straßenbau, 4. Ausg., 1932.

[3] DIN 1996, Ausg. 1929.

[4] Bitumina, deren Aschengehalt höher ist, können mit besonderen Angaben angeboten werden.

[5] Trinidadasphalt als Zusatz zum Straßenteer darf nicht unter 56 Gew.-% lösliches Asphaltbitumen und nicht über 37 Gew.-% Mineralstoffe (Asche) enthalten.

um höchstens 10⁰ steigen. Außerdem gelten die nachstehenden, für die einzelnen Bitumensorten verschiedenen Anforderungen:

Tabelle 101. Vorschriften für die Beschaffenheit verschiedener Asphaltbitumina.

Bitumensorte	I	II	III	IV	V
Erweichungspunkt K.-S. . . . ⁰ C	16—24	25—30	31—35	36—40	41—45
Dgl. Ring und Kugel . . . ⁰ C	27—37	38—44	45—49	50—54	55—58
Brechpunkt n. Fraaß nicht über . . . . ⁰C	—20	—15	—10	—8	—6
Dgl. n. 5std. Erhitzung auf 163⁰	—15	—10	—8	—6	—5
Penetration bei 25⁰ (Bitumen I bei 15⁰) Penetrometergrade	170—75	210—150	150—80	80—50	50—30
Duktilität bei 25⁰ (Bitumen I bei 15⁰) . . . mindestens cm	100	100	100	100	50

Die je nach Verwendungszweck wechselnden sonstigen Anforderungen an den Asphalt s. unter 2.

2. Asphaltbitumen oder Teer enthaltende Massen[1].

a) Natürliche Stampfasphaltmasse einschließlich des deutschen Stampfasphaltes.

Gehalt an Löslichem: Zwischen 7,5 und 12%, bei Siziler Asphalten nicht $< 9\%$, an organisch Unlöslichem $< 1,6\%$, an Ton $< 5\%$, an Gips $< 0,8\%$, an Pyrit $< 0,5\%$, an Sand $< 2\%$; Erweichungspunkt K.-S. $> 28^0$; Tropfpunkt $> 50^0$, Erstarrungspunkt $< -10^0$, Fadenlänge beim Tropfpunkt > 18 cm, Penetration bei 25⁰: zwischen 20 und 200⁰, Teergehalt 0, d_{15} des eingestampften Asphaltes $=$ 1,7—2,2, Druckfestigkeitsabfall durch Wasserlagerung $< 65\%$; Quellung durch Wasserlagerung < 5 Vol.-%, Wasseraufnahme im Vakuum < 14 Gew.-% und < 25 Vol.-%, Wasserdurchlässigkeit bei 0,3 at: < 500 g/h, Penetration bei 22,5⁰ unter 52,5 kg/qcm Belastung in 5 h: Das Material soll mindestens kurze Zeit den Stempel tragen und, ohne sofort zu zerbersten, den Stempel eindringen lassen.

b) Künstlicher Stampfasphalt.

Besteht wie der natürliche Stampfasphalt aus Kalkstein und Asphalt. Der benutzte Kalksteinfelsen muß Ton $< 5\%$, Sand $< 5\%$, Gips $< 0,5\%$, Hohlräume < 5 Vol.-% besitzen. Der Asphalt darf keinen Trinidadasphalt enthalten, sondern nur gut knetbaren Erdölasphalt vom Erweichungspunkt K.-S. zwischen 35⁰ und 45⁰; sonst muß er den Vorschriften unter 1. genügen. Der bei 140⁰ eingestampfte künstliche Stampfasphalt muß besitzen: Druckfestigkeit bei 22,5⁰ > 30 kg/qcm, nach 28tägiger Wasserlagerung Druckfestigkeitsabfall $< 65\%$; Quellung < 5 Vol.-%; Hohlräume < 15 Vol.-%; Wasserdurchlässigkeit bei 0,3 at < 100 g/h, $d_{15} > 2,0$; Penetration bei 22,5⁰ unter 52,5 kg/qcm in 5 h: < 5 mm, Zerstörung darf nicht eintreten.

c) Sandasphalt (Teersandpflaster),

aus einem feinkörnigen Gemisch von Sand, Steinstaub und Asphalt (oder Teer) bestehend. Gehalt an Löslichem (Asphaltbitumen) 9—12%, je nach den Hohlräumen der eingerüttelten Mineralmasse, wobei ein Bitumenüberschuß zu vermeiden ist; Unlösliches organischer Natur $< 1,6\%$, Erweichungspunkt K.-S. 38—50⁰, Erstarrungspunkt $< -10^0$; Fadenlänge beim Tropfpunkt > 18 cm, Spanne zwischen Erweichungspunkt K.-S. und Tropfpunkt $> 18^0$; Penetration bei

---

[1] Bezüglich der Vorschriften für die Mineralstoffe selbst muß auf die Normen verwiesen werden.

25^0 30—60⁰, kann auf 120⁰ steigen, Duktilität > 30 cm; sonst muß das Asphaltbitumen den Vorschriften unter 1. genügen. Der verwendete Sand darf nicht
$> 1\%$ Ton und $> 0,2\%$ Kohle enthalten. Die fertig gewalzte Decklage muß
haben: $d_{15} > 2,0$, Druckfestigkeit > 30 kg/qcm, Druckfestigkeitsabfall nach
28 Tagen Wasserlagerung: möglichst 0, unbedingt $< 20\%$, Wasseraufnahme bei
3std. Vakuumeinwirkung < 3 Vol.-%, Quellung < 2 Vol.-%, Wasserdurchlässigkeit $= 0$, Penetration bei $22,5^0$ unter 52,5 kg/qcm in 5 h < 10 mm; Zerstörung darf nicht eintreten.

Von Teersandpflaster ist das gleiche zu fordern wie vom Sandasphalt (Teer:
Erweichungspunkt K.-S. $> 25^0$, Erstarrungspunkt $< -5^0$).

d) Asphaltbeton (grob und fein) und Teerbeton.

Asphaltbeton besteht aus dichtem, hohlraumarmem Gemisch von Feinschlag,
Steinsplitt, Steingrus, Sand und Steinstaub mit Asphalt. Asphaltgrobbeton:
Asphaltgehalt 5—8%. Das Asphaltbitumen soll Erweichungspunkt K.-S. 35—50⁰
zeigen, im übrigen den Vorschriften unter 1. genügen. Die fertig gewalzte Masse
muß besitzen: d_{15} etwa 2,5, Druckfestigkeit > 30 kg/qcm, Wasseraufnahme
< 2 Gew.-% bzw. < 5 Vol.-%. — Asphaltfeinbeton: Asphaltgehalt 7—9%.
Das Asphaltbitumen soll besitzen: Erweichungspunkt K.-S. 38—50⁰, Penetration
bei 25⁰: 30—70⁰, sonst den Vorschriften unter 1. genügen. Die eingewalzte oder
eingestampfte Masse muß besitzen: $d_{15} > 2,2$, Druckfestigkeit > 30 kg/qcm,
Druckfestigkeitsabfall nach 28 Tagen Wasserlagerung möglichst 0, unbedingt
$< 20\%$, Quellung nach 28 Tagen Wasserlagerung < 1 Vol.-%, Wasseraufnahme
< 3 Vol.-%, Wasserdurchlässigkeit 0. Penetration unter 52,5 kg/qcm Stempellast
in 5 h < 10 mm, ohne Zerstörung des Probekörpers. — Bei Teerbeton muß der
Teer zwischen $+ 40^0$ und $- 5^0$ knetbar sein und Tropfpunkt $> 45^0$, Erweichungs-
punkt K.-S. $> 25^0$, Erstarrungspunkt $< -5^0$ zeigen.

e) Steinschlagasphalt (Asphalt-Mischmakadam).

Steinschlagasphalt besteht aus Steinschlag, Steinsplitt mit oder ohne Steingrus und Sand, heiß mit Asphalt gemischt. Der benutzte Asphalt muß Erweichungspunkt K.-S. 40—50⁰, Penetration 50—80⁰ besitzen und sonst den Bedingungen
unter 1. genügen.

f) Asphalttränkmakadam.

Ein Gemisch von Mittel- und Kleinschlag wird trocken aufgewalzt und mit
auf 180⁰ erhitztem Asphalt (7—12 l je qm) ausgegossen. Das Asphaltbitumen
muß Erweichungspunkt K.-S. 28—35⁰, Penetration 60—150⁰ besitzen, sonst den
Vorschriften unter 1. genügen.

g) Guß- bzw. Hartgußasphalt.

Besteht aus einem Gemisch von gemahlenem Asphaltkalkstein oder Kalkstein
mit Asphalt einerseits und Kiessand und Steingrus andererseits. Der Asphalt soll
Erdöl- oder gefluxter Naturasphalt sein, und sein Bitumen soll den Vorschriften
unter 1. genügen. Bei Gußasphalt im besonderen Erweichungspunkt K.-S. des
Asphaltbitumens $> 38^0$ und $< 75^0$, Erstarrungspunkt $< - 10^0$, Menge des
Bitumens 8—12%, muß die Hohlraummenge der Mineralmasse um höchstens
3—4 Vol.-% übersteigen. Der fertige Gußasphalt muß besitzen: $d_{15} = 2,2$—2,45,
Druckfestigkeit bei $22,5^0 > 40$ kg/qcm, Druckfestigkeitsabfall nach 28tägiger
Wasserlagerung $< 10\%$, Quellung 0 Vol.-%, Wasseraufnahme $= 0\%$, Wasserdurchlässigkeit bei 4 at Wasserdruck $= 0$ g. Penetration bei einer Stempellast
von 52,5 kg/qcm < 10 mm ohne Zerstörung des Probekörpers.

h) Asphaltgoudron I.

Besteht aus Mischung von harten und weichen Natur- oder Erdölasphalten
und dient für die Herstellung von Mastix bzw. von Gußasphalt. Mineralstoffe
nicht $> 30\%$ des Goudrons. Teer $= 0$. Unlösliches Organisches nicht $> 12\%$.
Das Asphaltbitumen muß den Vorschriften unter 1. genügen, Erweichungspunkt
K.-S. $> 38^0$.

i) Asphaltgoudron II.

Besteht aus Mischungen von harten Natur- oder Erdölasphalten mit Erdöl-rückständen. Mineralstoffe nicht $> 30\%$ des Goudrons. Teer $= 0$. Unlösliches Organisches nicht $> 12\%$. Das Asphaltbitumen muß den Vorschriften unter 1. genügen.

k) Teergoudron.

Ist präparierter Steinkohlen- oder Braunkohlenteer[1] mit oder ohne Zusatz von Asphalten oder Pechen aller Art. Enthält höchstens 1% Mineralstoffe (kein künst-licher Zusatz!) und 24 Gew.-% xylolunlösliche organische Stoffe, $< 3\%$ Naphthalin, $< 3\%$ Phenole und $< 1\%$ Wasser. Erweichungspunkt $> + 25^0$, Erstarrungspunkt $< - 5^0$, Fadenlänge beim Tropfpunkt > 12 cm. Muß gleichmäßig glatt, nicht körnig sein, darf nicht ölig abfärben.

l) Asphaltmastix.

Besteht aus einem Gemisch von gemahlenem Asphaltkalkstein oder Kalkstein mit Asphaltgoudron I oder II. Mineralische Stoffe nicht $> 85\%$ des Mastix. Asphaltbitumen nicht $< 15\%$, davon nicht $> {}^1/_{10}$ unlösliche organische Stoffe. Teer $= 0$. Asphaltbitumen: Erweichungspunkt K.-S. $> 38^0$ und $< 60^0$, sonst muß es den Vorschriften unter 1. genügen.

m) Teermastix.

Ist ein Gemisch von mindestens 20% Steinkohlenteer-Goudron (Bedingungen s. unter k) und höchstens 80% zementfein gemahlenen Mineralstoffen (Kalkstein, Mergel, Kieselgur usw.).

n) Pflasterausgußmasse.

Besteht aus einem Gemisch von Asphalt oder Teer und Mineralstoffen, wie kohlensaurem Kalk, Mergel, Infusorienerde, Braunkohlenasche. Mineralstoffe $30-50\%$ der Masse, von Zementfeinheit. Bei Verwendung von Teer: Erweichungs-punkt der Masse K.-S. $> 30^0$, Erstarrungspunkt der Masse $< + 5^0$. Das Material muß sich bei $100-120^0$ gut flüssig in eine 5 mm breite Steinfuge eingießen lassen, ihr Fließvermögen bei 45^0 (s. S. 414) nicht > 50 mm betragen. Keine Entmischung bei $100-120^0$ innerhalb 30 min. Beim Zerschlagen bei 0^0 darf die Masse nicht splittern oder zu Pulver zerfallen.

o) Tonrohrausgußmasse.

Besteht aus einem Gemisch von hochsiedende Phenole enthaltendem Asphalt oder Pech mit Mineralstoffen wie Schamottemehl, Infusorienerde, feinstem Quarzmehl oder Braunkohlenasche. Mineralstoffe $30-60\%$ der Masse, von Zementfeinheit. Erweichungspunkt K.-S. der Masse $\geq 40^0$, Erstarrungspunkt $< + 5^0$, bei Asphalt $< - 10^0$. Die Masse muß sich bei $100-150^0$ ausgießen lassen. Keine Entmischung bei 100^0 innerhalb 30 min. Ihr Fließvermögen bei 45^0 (s. S. 414) darf nur einige Millimeter betragen. Beim Zerschlagen bei 0^0 dürfen sich keine Splitterchen und kein Pulver bilden.

p) Anstriche für Mauern, Beton und Eisen zur Erschwerung des Eindringens von Feuchtigkeit und von schädlich einwirkenden gelösten Säuren, Salzen oder Gasen.

Bestehen aus Auflösungen von Asphalten, auch Teeren verschiedener Art in organischen Lösungsmitteln, wie Benzol, Lösungsbenzol, Schwerbenzin usw. Die Masse muß streichbar sein und beim einmaligen Auftragen gut decken. Sie

---

[1] „Präparierter Teer" ist ein durch Verdünnen von Hartpech mit schweren Teerölen erweichtes bzw. verflüssigtes Produkt (englisch „cut-back coal-tar pitch"); vgl. S. 583.

muß gegenüber chemischen Angriffen und gegen Versprödung indifferent sein. Etwa benutzter Asphalt muß den unter 1. angegebenen Vorschriften genügen. Anstriche für Reinwasserbehälter dürfen nach dreitägigem Auftrocknen keinerlei Geruchs- oder Geschmacksstoffe an Wasser abgeben, müssen daher frei sein von Rohbenzol, Lösungsbenzol und Phenol. Pastenförmige Anstrichmassen sollen mit Asbest vermengt sein und dürfen sich nicht entmischen. Nach 72 h müssen sie abgetrocknet sein, nicht mehr kleben und gegen chemische Angriffe und Versprödung unempfindlich bleiben.

q) Wasserabweisende Schutzplatten gegen aufsteigende Feuchtigkeit.

Bestehen aus Pappen oder Filzen, die mit destilliertem oder präpariertem Teer[1] oder Natur- oder Erdölasphalt getränkt, beiderseits überzogen und mit Sand bzw. Kies bestreut sind. — Die Platten müssen die Biegeprobe vor und nach dem Erhitzen auf 50^0 bestehen. Verdunstungsverlust von 100 qcm der fertigen Schutzplatte, 5 h auf 50^0 erhitzt, nicht $> 0,4$ g. Bei Verwendung von Teer: Erweichungspunkt K.-S. $> 30^0$, Erstarrungspunkt $< + 5^0$; von Asphalten: Erweichungspunkt K.-S. nicht $< 40^0$, Erstarrungspunkt $< - 10^0$. Ein aus den Platten geformtes Kästchen muß, 3 cm hoch mit Wasser angefüllt, 3 Tage lang undurchlässig bleiben.

r) Wasserdruck haltende Schutzpappen (Isolierungen) für Bauwerke im Schichten- und Grundwasser sowie die dazugehörigen Klebemassen.

Als Träger der Isolierungen sind 833er, 625er oder 500er Wollfilzpappen[2] zu verwenden, evtl. auch schwerer Asphaltfilz von 3,5—4 mm. Die Rohpappen haben den Normen für die Lieferung von Rohpappen zu entsprechen[3], sie sind mit Teer oder Asphalt oder einem Gemisch beider vollkommen zu imprägnieren. Die imprägnierten Pappen haben die Versprödungs- und Biegeprobe zu bestehen. Verdunstungsverlust in 5 h bei 50^0 $< 0,4$ g für 100 qcm Pappe, Wasseraufnahme bei nackter oder einseitig belegter Pappe in 24 h < 5 g/qdm, bei beiderseitig belegter Pappe < 3 g/qdm. Die beste Klebemasse besteht aus Natur- und Erdölasphalt, homogene Asphalt-Teermischungen sind nur dort verwendbar, wo Luftzutritt unterbunden ist. Erweichungspunkt K.-S. $> 40^0$, Erstarrungspunkt bei Asphalt $< - 10^0$, bei Asphalt-Teermischungen $< + 5^0$. Eine einlagige Isolierung muß 1 kg/qcm, eine zweilagige auch 2 kg/qcm und eine dreilagige 3 kg/qcm Wasserdruck 1 h lang widerstehen, ohne Wasser durchzulassen.

s) Dachpappen (Teerdachpappen).

Sind mit Tränkmasse durchtränkte und beiderseits überzogene, evtl. einseitig oder beiderseitig gleichmäßig mit Sand bedeckte 625er, 500er oder 333er Pappen. Tränkmasse besteht aus destilliertem oder präpariertem Steinkohlenteer mit oder ohne Zusatz von Steinkohlenteerpech oder (höchstens 25%) Asphaltbitumen. Erweichungspunkt zwischen 20 und 40^0; nicht über 1% Wasser, 5% bis 250^0 siedende Anteile (ausschließlich Wasser) und 2,5% Naphthalin. Beiderseitig besandete Teerdachpappen müssen mindestens 180% des Rohpappengewichtes an Tränkmasse enthalten, unter 3 cm Wasserdruck 72 h lang wasserundurchlässig bleiben und beim Biegen um einen 3 cm dicken zylindrischen Dorn nicht rissig werden. Bei der Zugfestigkeitsprüfung Dehnung mindestens 2%, Bruchlast für 625er Teerdachpappe mindestens 25 kg, für 500er mindestens 20 kg, für 333er mindestens 15 kg.

---

[1] „Destillierter Teer" ist kein Destillat, sondern der durch Abdestillieren der leichteren Anteile eingedickte Rückstand.

[2] Die Zahlen geben das Quadratmetergewicht der Rohpappen in g an.

[3] Sonderdruck, herausgegeben vom Verband deutscher Dachpappenfabriken, Berlin. Berlin: Beuth-Verlag.

VII. Vorschriften für die Prüfung und Beschaffenheit von Asphalt- und Teeremulsionen [1].

1. Äußere Beschaffenheit.

Die Emulsion soll gleichmäßig sein (Prüfung durch Augenschein und mikroskopisch bei 500facher Vergrößerung), etwa abgesetzte Teilchen müssen sich leicht wieder aufrühren lassen. Die ganze Masse muß gießbar flüssig und nicht entflammbar sein. Farbe, Geruch und Reaktion der Emulsion sind festzustellen.

Siebprobe. Man gießt 100 g der Emulsion durch ein mit einer 15 cm hohen, 35 mm weiten Einfassung versehenes Bronzesieb von 900 Maschen/qcm und 0,2 mm lichter Maschenweite (DIN 1171, Nr. 30). Vor der Prüfung benetzt man das Sieb mit 2%iger Kaliseifenlösung, um Brechen der Emulsion zu verhüten. Dickflüssige Emulsionen werden vor der Prüfung mit destilliertem Wasser auf etwa 50% Wassergehalt verdünnt.

Der Rückstand auf dem bei Zimmertemperatur getrockneten Sieb soll nicht über 0,5% betragen (versuchsweise eingeführt, noch keine strenge Lieferbedingung).

2. Zusammensetzung der Emulsion.

a) Wassergehalt. Die Bestimmung erfolgt durch Destillation von 30 g Emulsion mit 150 ccm Xylol gemäß S. 117.

b) Aschengehalt. 10 g Emulsion werden im Porzellan- oder Platintiegel verascht (vgl. S. 120; Achtung wegen des Wassergehaltes!). Der Aschengehalt soll nicht über 2,50% betragen.

c) Trockensubstanz (Bitumen + organische Anteile des Emulgators). Dieser Wert ergibt sich indirekt durch Abziehen des Wasser- und Aschengehalts von 100%. Die Emulsion soll mindestens 50% Trockensubstanz enthalten.

3. Abscheidung und Untersuchung der Trockensubstanz.

a) Abscheidung des reinen Bitumens.

α) Nach Marcusson [2]. 50 g der Bitumenemulsion werden mit der $2^1/_2$fachen Menge 96%igen Alkohols unter Umschütteln allmählich versetzt. Durch den Alkohol wird das Bitumen ausgeflockt und ballt sich zusammen. Die alkoholische Lösung wird abgetrennt, hierauf wird mit Alkohol nachgewaschen. In der alkoholischen Lösung finden sich neben Emulgatoren geringe Mengen öliger, zum Bitumen gehöriger Bestandteile. Um letztere zu gewinnen, versetzt man die vereinigten alkoholischen Auszüge mit Wasser und schüttelt mit Benzol aus, wobei auftretende Emulsionen durch Alkohol geklärt werden. Die Benzollösung setzt man dem Bitumen hinzu, filtriert etwa unlöslich bleibende Anteile ab und verdampft das Lösungsmittel. Das Gewicht des Rückstandes ergibt den Gehalt an Bitumen.

β) Nach Weber [3]. 250 g der Emulsion werden in einem Erlenmeyerkolben abgewogen und in einen Schütteltrichter (1 l) aus starkem Glas übergeführt. Die im Kolben zurückbleibenden Emulsionsreste zerstört man mit etwas festem Kochsalz und spült hierauf den Kolbeninhalt mit geringen Mengen Benzol quantitativ in den Schütteltrichter. Nun fügt man so viel reines Kochsalz hinzu, wie zur Sättigung der vorhandenen Wassermenge nötig ist. Nach kurzer Zeit der Ruhe hat sich die Salzlösung größtenteils abgeschieden und kann abgelassen werden. Die Bitumenlösung wird nun auf einer schnellaufenden Zentrifuge abgeschleudert. Meist genügt

---

[1] Soweit nichts anderes angegeben ist, nach den Vorschriften des Deutschen Straßenbau-Verbandes, 4. Ausg., 1932. S. 12.

[2] Marcusson: Asphalt u. Teer **29**, 510 (1929); vom Straßenbau-Verband übernommen.

[3] Weber: ebenda **29**, 871 (1929).

5—10 min langes Abschleudern zur völligen Trennung der beiden Phasen. Die Bitumenlösung wird hierauf durch einen Dreiwegehahnglasheber abgehebert. Benzolunlösliches und Salzlösung werden mit wenig Benzol, unter Umständen mehrmals, ausgewaschen und diese Benzollösung mit der Hauptbitumenlösung vereinigt. Letztere wird nach Bedarf noch mit Kochsalzlösung und danach mit Wasser gewaschen, geschleudert und schließlich das Benzol abdestilliert. Das in eine Schale umgegossene Bitumen wird auf dem Wasserbade unter Umrühren bis zur praktischen Gewichtskonstanz erhitzt.

γ) Nach dem Verfahren der Zentralstelle für Asphalt- und Teerforschung. 50 g der Emulsion werden in einer Porzellanschale auf siedendem Wasserbade so lange verrührt, bis alles Wasser verdampft ist. Man erkennt dies am Glattwerden des Asphaltes. Durch Zurückwägen von Porzellanschale und Rührer erhält man die Menge des Asphalts einschließlich des Emulgierungsmittels.

Zur Feststellung der Menge des Reinasphaltes werden 5 g der, wie beschrieben, von Wasser befreiten Masse auf dem Wasserbade in 50 ccm Benzol gelöst und etwa vorhandene Mineralstoffe durch Filtrieren abgetrennt; die benzolische Lösung wird zweimal mit destilliertem Wasser im Scheidetrichter ausgeschüttelt. Die vereinigten wässerigen Auszüge scheiden auf dem Wasserbade nach kurzem Erwärmen kleine Reste Asphalt aus. Man gießt den wässerigen Auszug in eine saubere Porzellanschale um. Der Asphalt bleibt in der ersten Schale haften, wird in Benzol gelöst und der Hauptasphaltbenzollösung zugefügt. Durch Abdampfen der Benzollösung gewinnt man die Menge des reinen Asphaltes, durch Abdampfen der Auszüge erhält man die Menge der Emulgierungsmittel einschließlich etwa vorhandener natürlicher Bestandteile des Wassers.

b) Prüfung des Bitumens.

Zur näheren Untersuchung auf die technischen Eigenschaften ist nach der Vorschrift des Straßenbauverbandes nicht das nach a) abgeschiedene Reinbitumen, sondern das Bitumen zu verwenden, welches zurückbleibt, wenn man etwa 15 g Emulsion 48 h lang bei Zimmertemperatur auf einem Tonteller beläßt. Der Erweichungspunkt K.-S. des so erhaltenen Bitumens soll den S. 460 angegebenen Vorschriften für Bitumen II oder III (Toleranz $\pm$ 10%) entsprechen, bei Überschreitung der Toleranz sind auch Brechpunkt und Duktilität zu bestimmen.

c) Prüfung des Emulgators[1].

Liegt als Emulgator Seife vor, so dampft man die erhaltene alkoholische Lösung (s. unter a, α) zur Trockne, nimmt mit Wasser auf und scheidet die Säuren ab. Ob Fett-, Harz- oder Naphthensäuren vorliegen, wird nach S. 438 und 873 näher geprüft.

Als rein anorganischer Emulgator kommt hauptsächlich kolloider Ton in Betracht, mitunter auch Wasserglaslösung. Ton wird an seiner Unlöslichkeit in Wasser, Alkohol und Benzol bei der Ausfällung des Bitumens nach a, α) erkannt, Wasserglas analog durch Abscheidung der unlöslichen Kieselsäure (vgl. auch S. 883).

Sulfitzellstofflauge (ligninsulfosauren Kalk neben Calciumbisulfit enthaltend) wird nach Ausfällung des Bitumens mit 70%igem Alkohol im eingedampften Filtrat durch Abscheidung der in Wasser, Benzin, Benzol und Äther unlöslichen, sich beim Erwärmen mit Salzsäure unter SO_2-Abspaltung dunkelfärbenden Ligninsulfosäure nachgewiesen. Ligninsulfosaurer Kalk kann auch direkt durch starken Alkohol aus wässeriger Lösung gefällt werden.

Für den Nachweis anderer Emulgatoren (Eiweißstoffe, Polysaccharide, Pflanzenschleime, Gerbstoffe, sulfonierte Öle usw.) müssen von Fall zu Fall geeignete Verfahren ausfindig gemacht werden, zumal die Zahl der als Emulgatoren vorgeschlagenen Stoffe ständig zunimmt[2].

---

[1] Marcusson: l. c.

[2] Über den Nachweis von einigen dieser Stoffe vgl. S. 895 und 904, sowie 6. Aufl. dieses Buches, S. 302.

Holde, Kohlenwasserstofföle. 7. Aufl. 30

4. Bewährungsproben.

a) Lagerbeständigkeit. Man füllt ein 20 mm weites Reagensglas bis 5 mm unter dem Korken mit der Emulsion und mißt nach 3tägigem ruhigem Stehen die Höhe der hellen Schicht in Millimetern; eine durch ein Sieb von 0,2 mm Maschenweite gegossene Probe wird in gleicher Weise nach 8wöchiger Lagerung geprüft. Die Lagerbeständigkeit muß mindestens 8 Wochen betragen.

b) Frostbeständigkeit. Die Emulsion wird im 20 mm weiten Reagensglas stufenweise auf —8^0 abgekühlt und 1 h bei dieser Temperatur belassen. Nach dem langsamen Wiederauftauen soll die Emulsion den Anforderungen auf Gleichmäßigkeit entsprechen.

c) Klebeprobe. 10 g staubfreier, trockener Basaltgrus, Körnung 3—7 mm, werden in einer Porzellan- oder Emailleschale mit flachem Boden und etwa 10 cm Bodendurchmesser mit 10 g Emulsion bis zur gleichmäßigen Umhüllung vorsichtig vermischt. Die Schichthöhe des getränkten Splittes beträgt dann etwa 1 cm. Der mit dem Bindemittel umhüllte Splitt soll bei Asphalt-Bitumen-Emulsionen nach höchstens 5 h, bei Teer- und gemischten Emulsionen nach höchstens 10 h eine zusammenhängende Masse bilden, d. h. aus der Masse sollen beim Senkrechtstellen der Schale (wenigstens 15 sec) keine umhüllten Splitteilchen herausfallen. Die Probe ist bei Zimmertemperatur, nicht im direkten Sonnenlicht vorzunehmen.

Wird beim vorsichtigen Vermischen der Emulsion mit Splitt festgestellt, daß die Emulsion zu schnell bricht oder zu dickflüssig ist, so ist für einen neuen Versuch mit destilliertem Wasser angefeuchteter Splitt zu verwenden. Der Überschuß an Wasser ist vor dem Aufgießen der Emulsion zu entfernen.

d) Brechung und Wasserlagerung. Man hängt ein ungefähr würfelförmiges Basaltstück (Kantenlänge 2—3 cm) mit einer Ecke nach unten auf, taucht es 1 min lang in die Emulsion, läßt es abtropfen und hängt es bei Zimmertemperatur zum Trocknen auf. Nach 1 h wird der Würfel in ein Becherglas mit 1 l destilliertem Wasser getaucht und mittels des Fadens 1 min lang auf und ab bewegt. Das Wasser soll danach keine Trübung aufweisen.

Ein zweiter, ebenso mit Emulsion behandelter, jedoch 24 h bei Zimmertemperatur getrockneter Basaltwürfel wird 24 h lang in destilliertem Wasser gelagert. Die geschlossene Bindemittelhaut muß an den Steinflächen fest haften. Eine Trübung des Wassers darf nicht eintreten.

Viertes Kapitel

Erdwachs und Ceresin.

(Unter Mitwirkung von K. H. Schünemann.)

I. Vorkommen und Eigenschaften von Erdwachs (Ozokerit).

Rohes Erdwachs oder Ozokerit, das Ausgangsmaterial für die Ceresingewinnung, findet sich in der Erde in Gängen und Spalten und wird bergbaumäßig in Polen (Boryslaw, Starunia und Dzwiniacz im früheren Galizien), Rumänien (Slanic), Rußland[1] (Tscheleken, Turkmenistan und Usbekistan), sowie in Amerika (Texas und Utah) gewonnen. Es ist wachsartig, dunkelbraun bis schwarz bzw. grünlich-schwarz, seltener hellgrün oder braungelb und kommt je nach Gehalt an mehr oder weniger viscosen Begleitölen[2] in verschiedenen Konsistenzstufen, schmierig-weich, salbenartig, fest und auch spröde mit außerordentlicher Härte vor. Gute Sorten haben muscheligen Bruch. Das Rohwachs zeigt in der Regel schwächeren oder stärkeren Erdölgeruch.

Der Schmelzpunkt liegt bei geringeren Sorten bis herab zu 48^0, bei normalen Sorten zwischen 68 und 75^0, beim Marmorwachs zwischen 85 und 100^0, bei selteneren, hochschmelzenden Sorten bis zu 115^0. d_{20} 900—980[3], bei guten Sorten etwa 930 g/l. Niedriger schmelzende Ozokerite enthalten häufig auch aus Alkohol-Chloroform in silberglänzenden, makrokrystallinen Blättchen abscheidbare Paraffinanteile in erheblichen Mengen[4]. In allen Rohozokeriten finden sich oxydierte, dunkelgefärbte Stoffe (Erdölharze) sowie wechselnde Mengen von Ölen als Nebenbestandteile.

II. Entstehung.

Sowohl nach der anorganischen[5] als auch nach der organischen Theorie[6] der Erdölentstehung sind feste und flüssige Kohlenwasserstoffe neben-

---

[1] Rußland steht in der Ausfuhr von Rohozokerit heute an erster Stelle. Der Vorrat der bisher nur erforschten Lagerstätten soll selbst bei bis zu zehnfach gesteigerter Erhöhung der Förderung noch für mehr als 100 Jahre ausreichen. (Die Volkswirtschaft der Sowjetunion, 1926. Heft 12.) Über Vorkommen von Ozokerit in Rußland s. auch v. Stahl: Petroleum **25**, 351 (1929).

Nach E. Böhm, Hamburg (Privatmitt.), wird aus stark ölhaltigem, weichem Ozokerit (Schmelzpunkt 50—80^0), der durch Auskochen wachshaltigen Gesteins (Lep) mit Wasser auf Tscheleken gewonnen wird, in Rostoknio bei Moskau durch Abdestillieren leichterer ölhaltiger, vaselinartig erstarrender Bestandteile im Vakuum ein höher schmelzender Ozokerit gewonnen.

[2] Bei weichen Sorten bis zu 30%.   [3] A. F. v. Stahl: l. c.

[4] Nach Holde u. Smelkus bis zu 16% (unveröffentlichte Versuche).

[5] Siehe S. 146; s. auch Fischer u. Tropsch: Brennstoff-Chem. **8**, 165 (1927), die aus Wassergas durch Synthese Paraffine bis zum Schmelzpunkt 110^0 erhielten.

[6] Siehe S. 147.

einander aus demselben Urmaterial entstanden. Das Erdöl enthält neben makrokrystallinen normalen Paraffinen mikrokrystalline oder fast amorphe hochschmelzende wachsartige und mehr Isoparaffine enthaltende Ceresine. Man nimmt an, daß das Öl durch Gebirgs- oder Gasdruck emporgedrückt und durch tiefgehende, mit klüftigem oder teilweise pulverigem Gestein ausgefüllte Gebirgsgänge hindurchgepreßt wurde[1], wobei sich ein Teil der festen, im Rohöl schwer löslichen, in der Hauptsache aus Ceresinen bestehenden Kohlenwasserstoffe infolge Abkühlung ausschied und von dem emporsteigenden Erdöl trennte. Poröses Gestein, besonders Ton, hielt beim Durchtritt des Erdwachses harzartige und färbende Bestandteile zurück; das so durch Filtration entfärbte und gereinigte „Stufwachs" oder „Aderwachs" ist hellgelb bis braun, während das im tonigen Gestein verbleibende „Lepwachs" durch Anreicherung von Verunreinigungen und öligen Bestandteilen dunkler und schmieriger ist. Im allgemeinen nimmt in den Erdwachsgruben mit zunehmender Tiefe die Härte des Erdwachses und damit auch der Kohlenstoffgehalt ab; in der größten Tiefe findet sich das in der Konsistenz zwischen Erdöl und Erdwachs stehende Kindebal, ein weiches, schmieriges, stark ölhaltiges Produkt, ähnlich dem aus Paraffinbasis-Rohölen in Rohrleitungen usw. sich absetzenden Röhrenwachs. Für die genetische Beziehung zwischen Erdöl und Erdwachs spricht neben dem optischen Verhalten — da die festen Bestandteile des Erdwachses optisch inaktiv, die öligen Anteile dagegen, ebenso wie Erdöl, schwach rechtsdrehend sind — die Tatsache, daß aus undestillierten festen Erdölkohlenwasserstoffen Ceresine von gleichen Eigenschaften wie aus Rohozokerit gewonnen werden können.

III. Erdwachs und Ceresin aus Erdöl.

Erdwachs findet sich auch im rohen Erdöl, in dem erwähnten dunklen Röhrenwachs[2], sowie in Destillationsrückständen wie Zylinderölen[3] und Vaselin (Petrolatum). Völlig ozokeritähnliches Material wurde aus Rohöl technisch bereits vor langer Zeit gewonnen[4]. Solches Material wurde auch im Großbetrieb auf sehr gutes Ceresin vom Schmelzpunkt 80° verarbeitet[5].

Bei der üblichen technischen Vakuumdestillation von Erdöl (5—10 mm) gehen die meisten makrokrystallinen Paraffine unterhalb 300° über, während die amorphen bis mikrokrystallinen Ceresine sowie makrokrystalline hochschmelzende Paraffine größtenteils im Rückstand verbleiben[6]. Solche

[1] Muck: Erdwachsbergbau in Boryslaw. Berlin 1903.

[2] Marcusson u. Schlüter: Chem.-Ztg. **38**, 73 (1914), erhielten aus galizischem Röhrenwachs Ceresin von $n_{90} = +12,6$; Carpenter: Journ. I.P.T. **10**, 503 (1924), konnte aus Röhrenwachs ein Ceresin vom Schmelzpunkt 96,5° isolieren. Röhrenwachs, das in Galizien und USA. in großen Mengen gewonnen wird, wird zolltariflich wie Rohozokerit behandelt, also zollfrei hereingelassen.

[3] Kast u. Seidner: Dinglers polytechn. Journ. **284**, 153 (1892); s. auch Zaloziecki: ebenda **284**, 143, 252, 396 (1892), und Holde: Mitt. Materialprüf.-Amt Berlin-Dahlem **21**, 58 (1903). Holde und Meyerheim fanden in Zylinderöl Ceresin von der Refraktometerzahl $n_{90} = +17,3$, Holde u. Schünemann: Ztschr. angew. Chem. **41**, 370 (1928), Ceresin vom Schmelzpunkt 81—82,5° und $n_{90} = +25,6$.

[4] Holde: Petroleum **9**, 669 (1914).

[5] Lach: Ceresinfabrikation. Halle 1911. Marcusson: Chem.-Ztg. **39**, 616 (1915).

[6] Ssachanen, Sherdewa u. Wassiliew: Nat. Petrol. News **23**, Nr. 16, 49; Nr. 17, 67; Nr. 18, 51; Nr. 19, 71 (1931); C. **1931**, II, 942, 1798.

erdwachsähnlichen Rückstände von Rohölen auf Paraffinbasis werden in USA. ebenso wie rohes Vaselin (Petrolatum Stock, Rohvaselin[1]) und gereinigtes Vaselin (Petrolatum Jelly) als Petrolatum bezeichnet. Auch die aus viscosen Schmier- und Zylinderölen in Benzinlösung bei tiefen Temperaturen ausgefrorenen und mittels Zentrifugen nach Sharples abgeschiedenen Wachse werden nach ihrem, dem Rohvaselin ähnlichen Aussehen in USA. als Petrolatum bezeichnet. Derartiges Wachs ist dunkelgelbrot bis dunkelgrün, zum Teil auch rotbraun bzw. dunkelbraun[2], es ist härter als gewöhnliches, salbenartiges, für die Vaselinherstellung dienendes oder $> 50^0$ schmelzendes, als „Kabelvaselin“ benutztes Petrolatum. Es ist gut knetbar, klebrig, zum Teil fadenziehend und schmierig, wie z. B. weicher russischer Ozokerit oder geringwertige galizische u. a. Erdwachse. Das spez. Gew. dieser meist zwischen 60 und 70^0 schmelzenden Wachse aus Erdöl beträgt 0,896—0,919, ist also durchweg niedriger als das guter Rohozokerite, das um 0,930 liegt. Der Ölgehalt des Petrolatums beträgt 50—75 %, der Gehalt an festen Kohlenwasserstoffen 25—50 %[3], jedoch können hochschmelzende, weniger ölhaltige und härtere Wachse durch wiederholtes Zentrifugieren in Benzinlösung gewonnen werden[4].

Das nach dem Sharples-Verfahren (s. S. 291) gewonnene Petrolatum bildet bisher ein im Handel wenig verlangtes Nebenprodukt[5], das noch oft gecrackt und zum Heizen der Destillierblasen[6] gebraucht wird. Bei dem nur beschränkten, natürlichen Erdwachsvorkommen und dem mit großen Unkosten verbundenen Abbau — besonders in Galizien, wo die Fundstätten auf der Oberfläche schon lange erschöpft sind und man daher aus größeren Tiefen abbauen muß — könnte aber dieses Nebenprodukt eine neue Rohstoffbasis für die Ceresinfabrikation werden[7]. Aus USA. werden harte, ölfreie, zum Teil nur durch Bleicherde aufgehellte Ceresine aus derartigen, dem Erdöl entstammenden Erdwachsen unter dem Namen Superla- und Syncerawachs bereits in größeren Mengen nach Deutschland eingeführt.

Zahlreiche Patente befassen sich mit der Gewinnung von Erdwachs und Ceresin aus Erdöl. Da manche dieser Wachse stark ölhaltig sind und nur weiches, schmieriges, dicksalbenartiges Ceresin ergeben würden, muß das vorhandene Öl vor der Raffination ganz oder zum größten Teil entfernt werden. Nach der Raffination mit Schwefelsäure erhält man Ceresine bis zum Schmelzpunkt 85^0 *, die von Natur aus paraffinhaltig sein können,

---

[1] S. auch unter Vaselin, S. 305.

[2] Es wird aus bereits filtrierten, grünen Zylinderölen (Bright Stocks) abgeschieden, daher erklärt sich die helle Farbe. F. R. Staley: Petrol. Engr. **2**, Nr. 12, 29 (1931).

[3] Lederer u. Zublin: Refiner natur. Gasoline Manufacturer **1**, 75 (1931).

[4] Ridgway: Petrol. Engr. **2**, Nr. 9, 113 (1931).

[5] F. W. Padgett: Briefl. Mitt. 1931.   [6] Staley: l. c.

[7] In Deutschland erschwert der auf den Erdwachsen aus Erdöl ruhende hohe Zoll eine lohnende Weiterverarbeitung, wie sie in USA. üblich ist. Zollamtlich wird Petrolatum in Deutschland wie rohes Paraffin (Tarif-Nr. 250) behandelt: Amtliche Zollauskunft 3/32, Reichszollblatt **1932**, 46; vgl. W. Schmandt: Fettchem. Umschau **40**, 32 (1933).

* S. auch Ssachanen, Sherdewa u. Wassiliew: l. c., die aus russischen Erdölrückständen von Ssurachany-Rohöl Ceresine vom Schmelzpunkt 56—85^0 (s. auch Tabelle 103) erhielten.

zumal wenn sie aus sog. „langen" Destillationsrückständen oder direkt aus Roherdölen abgeschieden sind. Das physikalische und chemische Verhalten der aus Erdölen gewonnenen, vollkommen ölfreien Ceresine entspricht in allem dem Verhalten der aus bergmännisch gewonnenem Rohozokerit hergestellten Ceresine, eine Unterscheidung ist daher nicht möglich. Von Natur aus paraffinhaltige Ceresine aus Erdöl verhalten sich wie künstliche Mischungen von Ceresin und Paraffin. Die vielfach verbreitete Ansicht, daß der Brechungsindex der Erdölceresine höher sei als derjenige der bergmännisch gewonnenen Ceresine, trifft nur für stark ölhaltige Erdölceresine — ebenso aber auch für ölhaltige Ceresine aus ölreichen, schmierigen Ozokeriten — zu; gut entölte Erdölceresine zeigen dagegen keine höhere Brechung als normale Ozokerit-Ceresine (Grenzwerte s. Tabelle 103).

IV. Verarbeitung auf Ceresin.

Rohes Erdwachs, das teilweise im umgeschmolzenen Zustand zur Herstellung von Kabel- und Walzenmassen, sowie dunklen technischen Wachsen Verwendung findet, wird in der Regel durch Raffination mit konz. bzw. rauchender Schwefelsäure in helles Ceresin übergeführt.

Das Wachs wird geschmolzen und bei 120^0 mit konz. Schwefelsäure ($97—98\%$ H_2SO_4) versetzt[1], dann wird die Temperatur gesteigert, bis bei der bei 150^0 energisch einsetzenden Reaktion unter starkem Schäumen reichlich SO_2 entweicht und die Verunreinigungen sich als verkohlte Rückstände abscheiden. Die Reste der Schwefelsäure werden unter ständigem Rühren bei $180—200^0$ abgetrieben. Nach Abkühlen auf 150^0 wird Entfärbungspulver (Bleicherde, für weiße Sorten auch mit aktiver Kohle gemischt) eingerührt und das Wachs nach dem Bleichen in geheizten Filterpressen abgepreßt. Die Filterrückstände werden durch Benzinextraktion vom Ceresin befreit. Durch Raffination mit etwa 20% Schwefelsäure (Monohydrat bzw. rauchender Schwefelsäure mit bis zu 20% freiem SO_3) erhält man sog. „naturgelbes" Ceresin[2], durch stufenweise vorgenommene Raffination mit etwa $35—50\%$ und mehr Säure und nachfolgende Bleichung weißes Ceresin.

Ceresin wird wegen seines Ölbindungsvermögens zur Herstellung von Bohnermassen, Kunstvaselin, Schuhcreme und Lederfetten, ferner für Kerzen, Wachspapiere, Isoliermassen (z. B. in der Radioindustrie), Imprägniermassen usw. verwendet. Der Wert richtet sich nach der Farbe und der Höhe des Schmelzpunktes.

V. Chemischer Charakter und physikalische Eigenschaften von Ceresin.

Anfänglich hielt man die hochschmelzenden Ceresine für die höheren Homologen der aus Erdöl-, Schiefer- und Braunkohlenteerdestillaten abgeschiedenen niedriger schmelzenden, krystallisierten normalen Paraffine. Beim Vergleich eines echten Ceresins mit einem annähernd gleich hoch schmelzenden echten Paraffin ergaben sich aber folgende charakteristischen physikalischen Unterschiede, auch im Mol.-Gew., zwischen beiden Stoffen:

---

[1] Die Menge der Schwefelsäure richtet sich nach der Art des Rohmaterials und dem gewünschten Bleicheffekt. Sie beträgt durchschnittlich $20—50\%$.

[2] Die für Ceresin an sich unzutreffende Bezeichnung „naturgelb" soll offenbar die äußerliche Ähnlichkeit des Produkts mit naturgelbem Bienenwachs zum Ausdruck bringen.

Tabelle 102. Vergleich eines Ceresins und Paraffins von gleichen
Schmelzpunkten (nach Marcusson)[1].

	Schmelz-punkt ^{0}	Erstar-rungs-punkt ^{0}	d_{15} g/l	d_{60} g/l	n_{90} Skalen-Teile	E_{70}	Mol.-Gew.
Paraffin .	56,5/60,5	59,2	885	781	1,5	1,51	330
Ceresin . .	57,5/60,1	59,0	917	789	10,9	1,85	420

Paraffin und Ceresin müssen hiernach verschiedene chemische Konstitution besitzen.

Eine Übersicht über die nach Herkunft, Schmelzpunkt usw. wechselnden Eigenschaften von Ceresinen und Paraffinen gibt Tabelle 103.

Spez. Gew., Mol.-Gew., Refraktion[2], Viscosität, Nitrobenzolpunkt und Siedepunkt des Ceresins sind bei gleichem Schmelzpunkt höher, seine Dispersion ist kleiner, seine Struktur ist, im Gegensatz zur makrokrystallinen (Blättchen) des Paraffins, scheinbar amorph, nur bei starker Vergrößerung bzw. in polarisiertem Licht als mikrokrystallin erkennbar[3], ferner reagiert es lebhaft mit rauchender Schwefel- oder Chlorsulfonsäure unter Entwicklung von SO_2 bzw. HCl und unter mehr oder weniger starkem Substanzverlust, während Paraffin nicht oder nur sehr wenig angegriffen wird. Schließlich zeigt Ceresin die Eigenschaft, Öl fest zu binden und es nicht — wie Paraffin — beim Abpressen oder Schwitzen wieder abzugeben.

Da das sonstige chemische Verhalten sowie besonders die Elementarzusammensetzung[4] der Ceresine (C + H = 100%; H > 14,3%) eine andere Erklärung, z. B. Vorliegen von Olefinen oder Naphthenen, ausschließen, muß man die Ceresine, wie zuerst von Zaloziecki[5] vermutet, im Gegensatz zu den makrokrystallinen technischen Paraffinen, als zum erheblichen Teil aus Isoparaffinen (mit verzweigten Kohlenstoffketten) bestehend ansehen. Mit dieser Auffassung steht auch die erwähnte Reaktionsfähigkeit der Ceresine gegenüber rauchender Schwefelsäure und Chlorsulfonsäure im Einklang, da der an den Verzweigungsstellen (tertiär gebundenen C-Atomen) befindliche Wasserstoff bekanntlich verhältnismäßig locker gebunden ist. Auch die Beobachtung Ssachanens und seiner Mitarbeiter, daß die Ceresine niedriger sieden als Paraffine von gleichem oder sogar kleinerem Mol.-Gew. (s. Tabelle 104), entspricht dieser Auffassung; denn von mehreren Isomeren hat in der Regel dasjenige mit der normalen (d. h. längsten) C-Kette den höchsten Siedepunkt[6].

---

[1] Marcusson: Chem.-Ztg. **39**, 614 (1915).

[2] Der Brechungsexponent wird bei Ceresinuntersuchungen bei 100⁰ im dampfgeheizten Zeissschen oder Abbeschen Refraktometer bestimmt und nach dem Vorschlag von Ulzer und Sommer: ebenda **30**, 142 (1906), als n_{90} auf Skalenteile des Butterrefraktometers bei 90⁰ umgerechnet, indem man 0,004 Einheiten des wahren Brechungsexponenten, entsprechend 5—5,5 Skalenteilen, zu dem bei 100⁰ gefundenen Wert addiert.

[3] Ceresin krystallisiert in feinen Nadeln, besonders gut aus Butyl- oder Amylalkohol, s. auch Ssachanen, Sherdewa u. Wassiliew, l. c.; vgl. auch S. 290.

[4] Marcusson: l. c.; Ssachanen, Sherdewa u. Wassiliew, l. c.

[5] Zaloziecki: Ztschr. angew. Chem. **1**, 261, 318 (1888).

[6] Ssachanen selbst vergleicht die Siedepunkte der Ceresine und Paraffine von gleichen Schmelzpunkten miteinander, wobei die Ceresine die höheren Siedepunkte zeigen. Dies betrachtet er irrtümlich als Argument gegen die Isostruktur der Ceresine; richtig ist aber nur der Vergleich auf der Grundlage gleicher Molekulargewichte.

Tabelle 103. Physikalische Eigenschaften von Paraffinen und Ceresinen (Grenzwerte).

| Material | Schmelz-punkt [0] | d_{20} g/l | d_{100} g/l | Viscosität bei 100° | | n_{90} Skalenteile | Dispersion ν | Nitrobenzol-punkt [1] [0] | Mol.-Gew. |
				Centipoisen	Centistokes				
Ceresine aus Rohozo-keriten	56—87	909—942	—	5,2—12,7	6,7—16,2	$+ 7,6$ bis $+ 25,6$	63,68—63,85	—	430 (bei Schmp. 67°) bis 755 (bei Schmp. 86°) [2]
Ceresine aus russischen Erdölen[3]	56—85	922—941	783—788	6,4—10,1	8,2—12,9	$+ 22,2$ bis $+ 30,0$[4]	—	75—89	525—741
Ceresine aus amerika-nischen Erdölen . .	61—78	912—933	—	7,6—9,6	9,4—12,1	$+ 15,8$ bis $+ 25,8$	—	—	—
Verschiedene Handels-paraffine aus Braun-kohlenteer und Erdöl	42—56	867—920	—	2,2—2,7 [5]	3,2—3,7 [5]	$- 7,2$ bis $+ 4,3$	63,96—64,09	—	326—501 [6]
Asiatische Erdöl-paraffine	53—75	906—932	—	2,5—5,4	3,3—7,0	$+ 3,0$ bis $+ 13,6$	63,82—63,97	—	367 u. 399 [7]
Russische Erdöl-paraffine[3]	40—71	879—933	740—766	1,45—3,7	1,96—4,84	$- 3,6$ bis $+ 12,7$	—	47,6—69,2	310—492
Mitteldeutsche Braun-kohlenparaffine. . .	42—72	876—921	—	2,0—4,3	2,6—5,6	$- 14,0$ bis $+ 10,7$	—	—	—

[1] Der Nitrobenzolpunkt entspricht prinzipiell dem Anilinpunkt (S. 211), nur unter Verwendung von Nitrobenzol statt Anilin.
[2] M. Pogačnik: Diss. Techn. Hochsch. Berlin 1932, S. 22 u. 33.　　[3] Ssachanen, Sherdewa u. Wassiliew: l. c.
[4] Die anomal hohen Werte lassen auf stark ölhaltige Ceresine schließen.
[5] Schmp. 50—56°.　　[6] Schmp. 52—65°, v. Kozicki u. v. Pilat: Petroleum 14, 12 (1918).
[7] Pogačnik: l. c., S. 40 u. 42, für Rangoonparaffine, Schmp. 58/60° und 74/75°.

Tabelle 104. Vergleich von Mol.-Gew. und Siedepunkten von Paraffin und Ceresin (aus Erdöl, im Hochvakuum destilliert) nach Ssachanen.

Material	Mittleres Mol.-Gew.	Hypothetische Formel	Mittlerer Siedepunkt $^{\circ}$	Schmelzpunkt $^{\circ}$	d_{20} g/l	d_{100} g/l	n_{90}	η_{100} cp	Nitrobenzolpunkt $^{\circ}$
Paraffin . . .	492	$C_{35}H_{72}$	562	71,3	933	766	12,9	3,71	69,2
Ceresin. . . .	525	$C_{37}H_{76}$	— [1]	56,0	925	786	22,9	6,42	75,1
„	603	$C_{43}H_{88}$	539	61,5	929	788	31,5	8,52	82,2

Über die Lage und Art der Verzweigungen (z. B. ob einfach oder mehrfach, vielleicht zum Teil auch mit quaternär gebundenem Kohlenstoff) ist noch nichts Näheres bekannt. Erst die nicht einfache und daher nur ausnahmsweise versuchte[2] Synthese verschiedener höherer Isoparaffine mit bekannter Struktur und die noch schwierigere Isolierung einzelner Kohlenwasserstoff-Individuen aus natürlichen Ceresinen können hier allmählich Aufklärung schaffen[3].

Ceresine sind nur im Hochvakuum (z. B. 0,1 mm Hg) unzersetzt destillierbar; bei höherem Druck zersetzen sie sich in mit dem Druck zunehmendem Maße in niedrigerschmelzende makrokrystalline bzw. flüssige normale Paraffine und flüssige Olefine, ein Verhalten, das gleichfalls auf das Vorliegen von Isoparaffinen hinweist.

Charakteristisch für echtes Ceresin (auch solches aus Erdöl) ist neben seiner scheinbar amorphen Struktur seine dem Bienenwachs ähnliche Eigenschaft, sich in der Wärme kneten und kleben zu lassen, ohne klebrig zu sein. Dieser wachsähnliche „Griff“, durch den sich Ceresin deutlich von Paraffin, Stearin, Montanwachs oder Carnaubawachs unterscheidet, wird im Handel vielfach als einfachstes Erkennungsmerkmal für „Ozokerit-Ceresin“ benutzt.

Das deutsche Arzneibuch, 6. Auflage, bezeichnet, ohne Rücksicht auf die gewöhnliche Terminologie, Ceresin als „Paraffinum solidum“, es soll eine aus Ozokerit gewonnene, feste, weiße, mikrokrystalline Masse vom Schmelzpunkt 68/72 $^{\circ}$ darstellen.

VI. Prüfungen.

Außer den üblichen allgemeinen physikalischen und chemischen Prüfungen (s. 1. Kapitel), insbesondere dem Schmelzpunkt in der Capillare (für raffiniertes Ceresin) bzw. dem Tropfpunkt nach Ubbelohde (für rohes

---

[1] Nicht angegeben, aber als unter 539 $^{\circ}$ anzunehmen, da das nachfolgende Ceresin vom Mol.-Gew. 603 einen mittleren Siedepunkt von 539 $^{\circ}$ hatte.

[2] S. Landa: Coll. Trav. Chim. Tchécoslovaquie 2, 520 (1930); C. 1931, I, 2454; ebenda 3, 367 (1931); C. 1931, II, 2304.

[3] Die Eigenschaften einiger von M. Pogačnik (Diss. Techn. Hochschule, Berlin 1932) im Laboratorium des Verfassers synthetisierter Normal- und Isoparaffine mit 35—38 C-Atomen (vgl. S. 290) scheinen darauf hinzudeuten, daß die Ceresin-Kohlenwasserstoffe kurze Seitenketten (Methyl- oder Äthylgruppen), und zwar nicht an den Enden, sondern mehr in der Mitte der C-Kette besitzen. Da aber bisher nur ganz wenige der möglichen Isomeren (mehrere Tausend) bekannt sind, lassen sich bestimmtere Annahmen hinsichtlich der Struktur der Ceresin-Kohlenwasserstoffe natürlich noch nicht machen.

Erdwachs und für zollamtliche Zwecke), sind für Erdwachs und Ceresin die folgenden Prüfungen von besonderer Wichtigkeit:

1. Ausbeute an Ceresin aus dem Rohwachs.

100 g wasserfreies Rohwachs werden in einer Porzellanschale geschmolzen, unter ständigem Umrühren mit einem Thermometer bei 120° mit 20 g konz. Schwefelsäure (97/98% H_2SO_4) versetzt und auf 150° erhitzt, wobei eine von lebhaftem Aufschäumen begleitete Reaktion eintritt[1]. Die Temperatur wird auf 150° gehalten, bis das Aufschäumen etwas nachläßt und ein auf Filtrierpapier oder eine Glasplatte gebrachter und erstarrter Tropfen der Masse eine deutliche Trennung in helles Wachs und schwarze Punkte von Säureasphalt zeigt. Falls diese Trennung nicht eintritt, muß ein weiteres, eben zur Scheidung ausreichendes Quantum Schwefelsäure (insgesamt etwa 25—50%) zugegeben werden. Dann wird die Temperatur unter weiterem Umrühren allmählich auf 180—210° gesteigert, bis alle Schwefelsäure zu SO_2 reduziert und dieses abgetrieben ist. Es darf kein Geruch nach SO_2, sondern nur noch ein wachsartiger süßlicher Geruch wahrzunehmen sein, was nach etwa 20 min der Fall ist. Dann läßt man die Temperatur auf 150° zurückgehen, fügt 10 g getrocknete Bleicherde[2] hinzu, hält unter gutem Rühren noch 10 min bei 150° und läßt dann erkalten. Aus der erkalteten Masse wird das Ceresin durch erschöpfende Extraktion mit Benzin gewonnen. Die Ausbeute an Ceresin ist abhängig von dem Gehalt an zerstörbaren Harzstoffen und Ölen sowie von der Widerstandsfähigkeit des Ceresins selbst gegen Schwefelsäure.

2. Nachweis von Paraffinzusätzen.

Ozokerit und Ceresin werden wegen ihres hohen Preises und des die vorhandenen Ozokeritmengen wesentlich übersteigenden Bedarfs mit dem billigeren Paraffin versetzt, Ozokerit, der z. B. nach Deutschland zollfrei eingeführt werden darf, auch zwecks Hinterziehung des Paraffinzolls. In der Technik und im Handel mit Ceresin werden, da Ozokerit auch in der Regel mit Paraffin gemischt raffiniert wird, die so erhaltenen paraffinhaltigen Ceresine schlechthin als „Ceresin" oder sogar als „reines Ceresin" bezeichnet. Paraffinzusatzfreie Ceresine sollten nach einer früheren Handelsvereinbarung als „reine raffinierte Ozokerite" bezeichnet werden, sind jedoch heute kaum im Handel.

a) Vorbereitung der Proben.

Rohes Erdwachs wird vor der Prüfung auf Paraffinzusatz durch Raffination mit konz. Schwefelsäure nach 1. in Ceresin übergeführt, da seine dunklen, harzigen und öligen Bestandteile die zur Reinheitsprüfung erforderlichen optischen Prüfungen behindern würden.

b) Vorproben.

α) Physikalische Vorprüfungen. Nach Tabelle 103, S. 472 können allgemein folgende physikalischen Daten die Gegenwart von Paraffin anzeigen: $d_{20} < 909$; $V_k^{100} < 6,7$ cst, $\eta_{100} < 5,2$ cp, $n_{90} < 7,6$ Skalenteile, Dispersion $\nu > 63,85$.

Auch „Griff", Klang und Struktur (wachsartig bzw. grobkrystallin) geben dem Kenner Hinweise auf etwaige Paraffinzusätze.

---

[1] Béla Lach u. v. Boyen: Ztschr. angew. Chem. **11**, 383 (1898); s. auch Béla Lach: Die Ceresinfabrikation. Halle 1911.

[2] Bei nachfolgender Prüfung auf Paraffingehalt sind zur Erleichterung der optischen Prüfung mehr, z. B. 60%, zu nehmen; die Hauptmenge (50%) der Bleicherde wird zweckmäßig erst zu dem schon vom Säureasphalt getrennten Benzinextrakt gegeben. Erfolgt die Raffination nur zum Zweck des Paraffinnachweises, so genügen 5—10 g Ausgangsmaterial.

Größere Paraffinzusätze, z. B. 50% und mehr, von niedrigschmelzenden schon 10—20%, lassen sich durch folgende Proben erkennen:

β) **Knetprobe.** Knetet man eine kleine Probe reines Ceresin zwischen Daumen und Zeigefinger zu einem dünnen Blättchen, so wird dieses durch den Druck und die Wärme der Finger etwas klebrig und nur milchig durchsichtig. Stark paraffinhaltige Proben ergeben klar durchsichtige Blättchen. Derart erweichtes, paraffinfreies Ceresin soll beim Auseinanderziehen kurz abreißen, Proben, die sich fadenförmig ausziehen lassen, gelten bei Ceresinpraktikern als mit Paraffin verschnitten.

γ) **Alkohol-Chloroformfällung.** Löst man 1 g Ceresin in 50 ccm Chloroform am Rückflußkühler und fügt zu der auf 20⁰ abgekühlten Lösung unter Umrühren 18 ccm absoluten Alkohol hinzu, so scheidet sich die Hauptmenge des Ceresins flockig (scheinbar amorph) aus und kann als solches nach Abnutschen identifiziert werden. Zum Filtrat gibt man unter Umrühren bei 20⁰ 40 ccm absoluten Alkohol und saugt den entstandenen Niederschlag schnell ab; grobkrystallines Aussehen des letzteren verrät Gegenwart von Paraffin.

c) Hauptprüfung auf Paraffinzusätze in Ceresin[1].

Sie beruht darauf, daß Ceresin sich unter bestimmten Bedingungen genügend scharf reproduzierbar aus Chloroformlösung durch Alkoholzusatz fraktioniert fällen läßt und daß durch refraktometrische Prüfung und Wägung der letzten fraktionierten Fällung und des nicht mehr fällbaren Restes Paraffinzusätze zum Ceresin bzw. Ozokerit bis zu etwa 10% herab erkennbar sind[2]. Der unfällbare Rest enthält bei reinen Ceresinen nur minimale Mengen Öl von hoher Brechungszahl, welche bei künstlichem Zusatz von Paraffin in charakteristischer Weise herabgedrückt wird, während die Gewichtsmenge des Restes durch das sich in diesem anreichernde Paraffin erhöht wird. Voraussetzung für die Anwendbarkeit des Verfahrens ist eine genügende Entölung des Ceresins durch Raffination mit H_2SO_4 oder durch Ausfrieren aus Benzinlösung (s. S. 480), da größere Ölmengen sowohl die Menge des unfällbaren Restes wie seine Refraktion erhöhen und hierdurch den Paraffinnachweis stören. Naturgelbe Ceresine sind daher, wenn die Quotientenrechnung (s. u.) trotz paraffinartigen Aussehens der Fällungen keinen Anhalt für die Gegenwart von Paraffinzusätzen ergibt, mit konz., nötigenfalls mit rauchender H_2SO_4 nachzuraffinieren oder nach S. 480 zu entölen und nochmals fraktioniert zu fällen.

2 g raffinierter Ozokerit (Ceresin) werden im Jenaer Erlenmeyerkolben (300 ccm) mit weitem Hals auf siedendem Wasserbad in 60 ccm Chloroform am Rückflußkühler gelöst. Hiernach wird unter gutem Umrühren mit einem Glasstab mit 120 ccm 96%igem Alkohol gefällt und der verschlossene Kolben etwa 10—15 min im Wasserbade von genau 20⁰ belassen. Hat der Kolbeninhalt 20⁰, was unter

---

1 Nach **Ssachanen** usw., l. c., kann man die Paraffine von Ceresinen auch durch Hochvakuumdestillation trennen, jedoch ist ein dahinzielendes Verfahren noch nicht für analytische Zwecke entwickelt worden.

2 **Holde** u. Mitarbeiter, s. 4. Aufl. dieses Buches, 1913. S. 316. Schon **Berliner-blau**: 5. internat. Kongr. angew. Chem. Berlin **2**, 619 (1903), sowie **Ulzer** u. **Sommer**: Chem.-Ztg. **30**, 142 (1906), wiesen Paraffin im Ceresin an den niedrigen Refraktometerzahlen des ersteren nach. Da die Unterschiede zwischen reinen Ceresinen und Paraffinen nicht scharf genug waren, versuchten **Ulzer** und **Sommer**, Paraffinzusätze refraktometrisch in den paraffinreicheren alkoholischen Auszügen der Mischungen von Paraffin und Ceresin nachzuweisen. **Marcusson** u. **Schlüter**: Chem.-Ztg. **31**, 348 (1907); **39**, 613 (1915), benutzten nach dem Vorgang von E. **Graefe**: ebenda **27**, 248 (1903), zum refraktometrischen Paraffinnachweis als Fällungsreagens Alkohol-Äther und Schwefelkohlenstoff.

Umrühren mit dem Thermometer kontrolliert wird, so wird der Niederschlag auf einer Porzellannutsche (etwa 8 cm Ø) möglichst schnell abgesaugt. Die an der Wandung des Glases sowie am Glasstab bzw. am Thermometer haftenden festen Anteile bringt man mittels einer Federfahne ohne weiteres Nachspülen mit Flüssigkeit möglichst vollständig zur Hauptmenge des Niederschlages, der durch starkes Abpressen mit einem breiten Glasstöpsel vom Lösungsmittel befreit, nach dem Ablösen mittels Spatel bzw. mit heißem Benzol oder Chloroform in ein gewogenes Schälchen gebracht und nach vorsichtigem Abdampfen des Benzols bei 105⁰ getrocknet und gewogen wird (1. Fällung).

Das durch Verdunsten von Flüssigkeit beim Absaugen mehr oder weniger stark getrübte Filtrat der Fällung 1 wird eingedampft und der zur Kontrolle gewogene Rückstand nach Lösung in 10 ccm Chloroform von neuem bei 20⁰ mit 30 ccm 96%igem Alkohol unter Umrühren gefällt. Der abgenutschte Niederschlag, in der beschriebenen Weise weiterverarbeitet, ergibt Fällung 2.

Das Filtrat dieser Fällung wird in gewogener Schale eingedampft und der bei 105⁰ getrocknete Rückstand gewogen (Rest r). Nach Ermittlung der Refraktometerzahl unter möglichst geringem Substanzverbrauch wird Rest r in 5 ccm Chloroform gelöst und bei 20⁰ mit 30 ccm 96%igem Alkohol unter Umrühren gefällt, wobei man unter Einhaltung der vorstehend für Fällung 2 gegebenen Versuchsvorschrift Fällung 3 und Rest r' erhält.

Die 2. Fällung ist bei reinen Ceresinen in der Regel amorph und glanzlos, bei erheblichem Paraffinzusatz mehr oder weniger silberglänzend, wie vereinzelt auch bei reinen Ceresinen mit natürlichem erheblichen Paraffingehalt[1].

Sämtliche Fällungen und die Reste r und r' werden refraktometrisch bei 100⁰ geprüft und die Brechungsexponenten gemäß S. 471, Fußn. 2, auf 90⁰ umgerechnet.

n_{90} läßt häufig schon Paraffinzusätze in der 2. und noch deutlicher in der 3. Fällung erkennen. Schärfer gelingt der Nachweis unter Hineinbeziehung des Gewichtes von Rest r und der Summe von n_{90} von Fällung 3 und Rest r' in folgende Quotientenbildung: Man addiert die Refraktion (n_{90}) von Fällung 3 und Rest r' und dividiert die Summe durch das Gewicht (%) des Restes r. $Q = (n_3 + n_{r'})/g_r$ beträgt bei reinen paraffinfreien Ceresinen mindestens 3,3 (s. Tab. 105 u. 106), bei Gegenwart von Paraffin (je nach Art des Ceresins und des Paraffins bei > 10 oder > 20% Paraffin) liegt es darunter.

Nach der vorstehenden Vorschrift (jedoch ohne Nachraffination) behandelt, zeigten im Staatlichen Materialprüfungsamt untersuchte, verbürgt reine Ceresine[2] folgende Werte (Tabelle 105).

Tabelle 105. Fraktionierte Fällung von reinen Ceresinen und Gemischen mit Paraffin (älteres Verfahren).

Material	Rest r		Fällung 3		Rest r'		Q
	%	n_{90}	%	n_{90}	%	n_{90}	
Reine Ceresine	3,3—8,4	13,6–31,2	0,4—1,3	2,7—8,9[3]	2,1—7	17,2–33,9[4]	3,3—8,1
Dgl. mit 10% Paraffin, Schmp. 53⁰	5,3—9,7	4,5–16,8	0,8—2,1	—0,1 bis +3,3[5]	3,6—8,2	6,2–20,3	1,3—2,6
Dgl. mit 20% Paraffin	11,5	11,5	2,1	—0,1	8,7	15,4	1,35

[1] Engler-Höfer: 1. Aufl., Bd. 1, S. 259; ferner Holde und Smelkus, die in naturreinem Ozokerit bis zu 16% Paraffin fanden (unveröffentlichte Versuche).

[2] Holde, Landsberger und Smelkus: Holde, 4. Aufl., 1913. S. 314f. und 5. Aufl., 1918. S. 417.

[3] 14 bei Tschelekenceresin.   [4] 15,6 bei Tschelekenceresin.

[5] 5 bei Tschelekenceresin.

Tabelle 106. Fraktionierte Fällung neuerdings untersuchter reiner Ceresine und Paraffine[1].

Material		Zahl der Proben	Schmelz-punkts-grenzen °C	Fällungswerte							Q
				n_{90}	Rest r		Fällung 3		Rest r'		
					%	n_{90}	%	n_{90}	%	n_{90}	
Ceresine	Galizische	9	61—87	13,0—24,3	4,5—15,0	15,8—36,3	1,5—3,7	6,4—35,0	2,2—11,3	19,0—38,0	3,3—13,0
	Russische.	4	71—87	19,5—25,6	5,3—19,8	34,2—51,0	0,8—4,3	35,0—47,0	4,6—15,5	33,9—52,0	3,5—16,1
	Rumänische . . .	2	75—84	14,3—25,8	2,4—4,6	34,6—46,7	0,5—0,9	17,0—43,3	1,9—3,7	39,0—47,7	19,7—23,7
	aus Erdöl	10	61—78	13,5—25,6	1,8—11,0	10,6—42,0	0,4—4,0	6,1—57,0	1,4—7,7	10,8—78,0[2]	2,1—50,0[2]
Paraffine	Handelsware . . .	10	50—60	1,3—5,2	7,0—20,6	1,0—5,7	2,1—8,1	0,1—2,8	4,9—10,4	1,6—8,2	0,12—0,84
	Hochschmelzendes Braunkohlen-paraffin	1	72	10,7	8,5	12,0	2,7	4,0	5,8	17,5	2,5
	Hochschmelzendes indisches Erdöl-paraffin (Rangoon)	1	75	13,6	3,4	28,7	0,45	15,4	3,0	31,8	13,9

[1] Nach Holde u. Schünemann: Ztschr. angew. Chem. **41**, 368 (1928); zum Teil nach unveröffentlichten Versuchen von K. H. Schünemann. Die angegebenen Zahlen gelten naturgemäß nur für diejenigen Proben, welche zu den vorliegenden Untersuchungen herangezogen werden konnten, eine Überschreitung der Grenzwerte im Einzelfall kann daher nicht ohne weiteres als sicheres Kennzeichen einer Verfälschung gewertet werden.

[2] Die hohen, teilweise über denjenigen von Ceresinen aus Erdwachs liegenden Werte gelten für amerikanische Handelsceresine aus Erdöl (sog. Superla- und Syncerawachse), die ohne Schwefelsäureraffination nur durch Bleichen mit Fullererde gewonnen werden.

Die damals zur Verfügung stehenden Handelsparaffine aus Braunkohlen-teer und Erdöl[1], Schmp. 41,5—61,3°, n_{90} — 7,2[2] bis + 1,5 Skalenteile, zeigten ganz erheblich niedrigere Brechungsexponenten als die heute auf dem Markt befindlichen, was den Nachweis von Paraffin in Ceresin früher wesentlich erleichterte. Die neuerdings im Handel vorkommenden, nach obiger Vorschrift untersuchten Ceresine und Paraffine zeigen vor-stehende Werte (Tabelle 106).

Abgesehen von Rangoonparaffin mit dem ungewöhnlich hohen Schmelz-punkt 75°, zeigen alle Paraffine erheblich niedrigere Werte für n_r, n_3, $n_{r'}$ und Q als reine Ceresine aus Erdwachs. Die unteren Grenzwerte für n_r, $n_{r'}$ und Q der Ceresine aus Erdöl werden auch von dem ungewöhnlich hochschmel-zenden Braunkohlenparaffin (Schmp. 72°) überschritten, jedoch waren die hier in Frage kommenden Erdölceresine paraffinhaltig (s. S. 469). Nach dem oben beschriebenen fraktionierten Fällungsverfahren lassen sich daher in der Regel bis zu 10% Zusätze von Paraffin von den Schmelzpunkts-grenzen 50—56° an $Q < 3,3$ nachweisen.

Eine Verschärfung des Paraffinnachweises ist durch Nachraffination des Ceresins mit rauchender Schwefelsäure (30% SO_3) möglich[3]:

5 g Ceresin werden in einer halbkugelförmigen Jenaer Glasschale von 10 cm Ø auf siedendem Wasserbade geschmolzen, unter ständigem Rühren mit einem Glasstab mit 20 ccm rauchender H_2SO_4 versetzt und 5 min lang erhitzt. Mit der einsetzenden Reaktion ist bei Ceresinen — je nach dem Raffinationsgrad — mehr oder weniger heftiges Aufschäumen unter Entweichen von SO_2-Dämpfen, Tempe-raturerhöhung und Verkohlung der Substanz verbunden, während Paraffine wenig reagieren und fast unverändert zurückerhalten werden. Nach der Einwirkung wird die Schale vom Wasserbad entfernt und erkalten gelassen. Der erstarrte Wachskuchen wird mittels des darin festsitzenden Glasstabes abgehoben und mit Wasser abgespült, getrocknet und nach Zusatz von 3 g Bleicherde mit Benzin extrahiert. Bei quantitativem Arbeiten empfiehlt sich Neutralisation des ganzen Reaktionsgemisches in der Schale mit trockenem Kalkhydrat, Zusatz von 3 g Bleicherde und nachfolgende Extraktion der Masse mit Benzin.

Tabelle 107. Einwirkung von rauchender Schwefelsäure (30% Anhydrid) auf Paraffine und Ceresine.

Material	Schmelz-punkts-grenzen °C	Raffi-nations-verlust %	n_{90} vor	n_{90} nach	Veränderung von n_{90}
			Einwirkung der Schwefelsäure		
4 Paraffine	50—60	3,2—7,0	2—5,2	0,8—4,6	—0,6 bis —1,2
Rangoon-Paraffin . . .	75	4,8	13,6	12,4	—1,2
Ceresine	60—87	15,0—46,9	13,0—24,0	9,0—20,0	—1,9 bis —5,4
Ceresin, mit 45% konz. H_2SO_4 vorraffiniert .	62—64	11,4	11,6	9,2	—2,4
Rumänisches Ceresin, mit 40% konz. H_2SO_4 vor-raffiniert	75—76	70	22,1	19,1	—3,0

[1] Holde u. H. H. Franck: Petroleum 9, 673 (1914).
[2] Zeitzer Schwelteer-Weichparaffin, Schmp. 41,5—42,1°.
[3] Holde u. Schünemann: Ztschr. angew. Chem. 41, 368 (1928). Bezüglich der Einwirkung von Chlorsulfonsäure, die ähnlich, aber schwächer verläuft, sei auf die angeführte Arbeit verwiesen.

Gemäß Tabelle 107 erleiden Ceresine bei dieser Nachraffination wesentlich größere Gewichtsverluste und größere Veränderungen von n_{90} als Paraffine; zwar dürfte dieses Verhalten zum Nachweis von Paraffinzusätzen in Ceresin direkt nur ausnahmsweise verwertbar sein, jedoch wird der Paraffinnachweis durch fraktionierte Fällung insofern durch die Nachraffination erleichtert, als der Paraffingehalt im Raffinat infolge teilweiser Zerstörung des Ceresins zunimmt und zugleich etwa noch vorhandene, den Nachweis störende ölige Anteile mit zerstört werden.

Beispiele für den verschärften Paraffinnachweis.

In polnischem Ceresin, Schmp. 60/62⁰ und $Q = 7{,}1$ war bei normaler Arbeitsweise Rangoonparaffin 58/60⁰ erst bei 50% Zusatz des letzteren an $Q = 3$ bemerkbar. Durch Behandlung mit rauchender Schwefelsäure, durch welche Q des reinen Ceresins auf 4,4 herabgedrückt wurde, konnten aber weniger als 20%, durch Nachraffination mit 20% konz. Schwefelsäure (Q des reinen Ceresins 5,9) mehr als 20% Zusatz dieses Paraffins in dem genannten Ceresin an $Q < 3{,}3$ noch nachgewiesen werden.

Amerikanisches Paraffin vom Schmp. 50/52⁰ und polnisches Paraffin 54/56⁰, welche in Zusätzen von 10% bei gewöhnlicher Raffination des Ceresins Schmp. 60/62⁰ an Q nicht mehr nachweisbar waren, konnten bei Nachraffination des Ceresin-Paraffingemisches mit weiteren 20% konz. Schwefelsäure an $Q < 3{,}3$ in diesen Zusatzmengen bequem nachgewiesen werden.

Für den Nachweis geringer Paraffinzusätze (10%) zu Ceresinen mit hohem Q ist es besonders wichtig, etwa noch im Ceresin vorhandenes Öl (zu erkennen im Rest r, der bei höherem Gewicht ölig ist und hohes n_{90} zeigt) vorher nach 3 e) zu entfernen. So konnten an rumänischem Ceresin, Schmp. 75/76⁰, $Q = 19{,}7$, noch 10% zugesetztes Paraffin vom Schmp. 50/52⁰ nach Behandeln mit rauchender Schwefelsäure an $Q = 2{,}3$, in russischem Ceresin, Schmp. 74/76⁰, $Q = 4{,}8$, nach Entölen $Q = 16{,}1$, noch 10% des gleichen Paraffins nach Behandeln mit rauchender Schwefelsäure an $Q = 2{,}8$ sicher nachgewiesen werden. Ceresine aus Erdöl, deren hohe Quotienten dem Umstand zuzuschreiben sind, daß sie nur mit Bleicherde raffiniert sind, werden beim Behandeln mit rauchender Schwefelsäure so stark angegriffen, daß auch bei geringen Mengen zugesetzten Paraffins sich dieses anreichert und ein Nachweis leicht zu führen ist. So ergab amerikanisches Superlawachs, Schmp. 75⁰, $Q = 50$, mit 10% Paraffin 50/52⁰ nach Behandeln mit rauchender Schwefelsäure $Q = 1{,}7$[1].

Für Röhrenwachs (s. o.), das im wesentlichen ein natürliches Gemisch von Erdwachs, Paraffin und Erdöl ist, kann das vorstehende Verfahren nicht in Betracht kommen, weil es sich nach der Entfernung des Öles wie ein künstliches Gemisch von Ceresin und Paraffin verhält. Das gleiche gilt für manche aus Erdöl hergestellte Ceresine.

3. Sonstige Prüfungen.

a) **Zusatz von Kolophonium.** Kolophonium wird durch erschöpfendes Ausziehen mit heißem 70%igem Alkohol abgetrennt. Aus den vereinigten, nach dem Erkalten klar filtrierten Auszügen wird der Alkohol abdestilliert, der Rückstand wird bei 100—115⁰ bis eben zur klaren Schmelze getrocknet und gewogen. Man kann die sauren Bestandteile des Kolophoniums, welche die Hauptmenge des letzteren ausmachen, auch durch verdünnte (z. B. 0,5-n) alkoholische Lauge extrahieren.

b) **Zusatz von Erdölrückständen.** Diese geben bei Behandlung der Probe mit Normalbenzin starke Asphaltniederschläge, welche in Benzol

---

[1] Unveröffentlichte Versuche von K. H. Schünemann.

löslich sind, während rohes Erdwachs sich in Benzin fast völlig löst bzw.
nur äußerst geringfügigen Rückstand (mechanische Verunreinigungen
hinterläßt[1].

c) Mineralische Zusätze (Kalk, Kaolin, Gips) werden nach dem
Veraschen oder Auflösen des Erdwachses in Benzin durch Untersuchung des
Rückstandes nach bekannten Verfahren qualitativ und quantitativ er-
mittelt.

d) Zusätze von Fettstoffen (Stearin, Palmitin, Japanwachs, Talg usw.)
werden nach Spitz und Hönig (S. 114) abgeschieden.

e) Ölgehalt. Das Ceresin wird nach Auflösen in Chloroform durch Versetzen mit dem gleichen Volumen Alkohol in der Hauptmenge ausgefällt,
abgesaugt, im Filtrat bei -20^0 (s. Paraffinbestimmung, S. 172) der Rest
der festen Kohlenwasserstoffe abgeschieden, das Filtrat dieser Abscheidung
dann eingedampft und der ölige Rückstand gewogen.

Um größere Mengen Ceresin (z. B. für Untersuchungszwecke nach 2 c) ölfrei
zu erhalten, löst man das Ceresin in der 15fachen Menge Benzin, friert stufenweise
unter Zusatz von je 100% getrockneter Bleicherde oder Filterhilfe (feiner Kieselgur)
die festen Kohlenwasserstoffe bei 0^0, -20^0 und, falls notwendig, bei -45^0 aus
und saugt nach jeweils 1std. Stehenlassen bei der betreffenden Temperatur mittels
einer (möglichst gekühlten) Nutsche ab. Das am Schluß aus der Benzinlösung
erhaltene Öl muß klar und vollkommen wachsfrei sein, andernfalls ist es nochmals bei -45^0 auszufrieren und von den letzten Resten fester Kohlenwasserstoffe zu befreien.

[1] Nach A. F. v. Stahl: Petroleum **25**, 351 (1929), kommt in Rußland Ozokerit
auch zusammen mit Asphalt vor, danach würde die obige Kennzeichnung für russische Ozokerite nicht immer zutreffen.

Fünftes Kapitel

Durch pyrogene Zersetzung aus Kohlen, Torf, Holz und bituminösem Schiefer gewonnene Teere.

Während die in der Natur vorkommenden Erdöle, Erdwachs und Naturasphalt die durch Destillation usw. aus ihnen abscheidbaren Produkte Benzin, Leuchtöl, Treiböle, Schmieröl, Paraffin, Ceresin usw. vorgebildet enthalten, entstehen die sog. Teere aus ihrem Ausgangsmaterial Kohle, Holz, Torf usw. erst durch deren pyrogene Zersetzung.

A. Braunkohlenteer[1].

I. Entstehung der bituminösen Kohlen.

Über die Entstehung und Bildung der Braunkohle sind eine große Reihe von Theorien aufgestellt und zum Teil auch experimentell begründet worden, die widerstreitenden Meinungen sind aber noch nicht zur Ruhe gekommen. Aus dem Tatsachenmaterial ergibt sich im wesentlichen, daß die Kohle aus der tertiären subtropischen Flora entstanden ist, wobei die Wachse und Harze der Pflanzen unter gewissen chemischen Umwandlungen — jedoch im ganzen unter Beibehaltung ihres chemischen Grundcharakters — das Bitumen bildeten[2], während die nichtbituminösen schwarzen Kohlenbestandteile (Humine bzw. Huminsäuren) aus der Cellulose oder aus dem Lignin oder aus beiden durch stärkere chemische Veränderungen hervorgegangen sind.

Im einzelnen ist die Frage, aus welchem Urmaterial (Lignin oder Cellulose oder beide) und auf welche Weise speziell das Nichtbitumen entstanden ist, lebhaft umstritten und läßt sich auch durch die mehrfach, z. B. von Bergius[3], Marcusson[4], Berl[5]

---

[1] Buchliteratur: Scheithauer: Industrie der Mineralöle; E. Graefe: Die Braunkohlenteerindustrie. Halle: Wilhelm Knapp. Scheithauer-Graefe: Die Schwelteere, 2. Aufl. Leipzig: Otto Spamer 1922; A. Fürth: Braunkohle und ihre chemische Verwertung. Dresden u. Leipzig: Theodor Steinkopff 1926; Erdmann-Dolch: Die Chemie der Braunkohle, 2. Aufl. Halle: Wilhelm Knapp 1927.

[2] Fast reine wachsartige Ablagerungen kamen unter der Bezeichnung Pyropissit früher in der Nähe von Weißenfels vor. Die Lager sind aber nach der vorhandenen Kenntnis abgebaut.

[3] Bergius: Naturwiss. **16**, 1 (1928).

[4] Marcusson: Ztschr. angew. Chem. **31**, 237 (1918); **32**, 114 (1919); Ber. **54**, 542 (1921); Ztschr. angew. Chem. **34**, 437 (1921); **35**, 165 (1922); **40**, 1233 (1927).

[5] E. Berl, A. Schmidt u. H. Koch: ebenda **43**, 1018 (1930); **44**, 329 (1931); **45**, 517 (1932); Berl u. Schmidt: Liebigs Ann. **461**, 192 (1928); **493**, 97, 124, 135 (1932).

und Terres[1] unternommenen Versuche zur künstlichen Herstellung von „Kohle“ nicht entscheiden, da die chemische Natur der Humine und Huminsäuren noch nicht so weit erforscht ist, daß die Identität der künstlichen mit der natürlichen Kohle sicher beurteilt werden kann. Die Auffassung, daß das Lignin allein das wahre Urmaterial der Kohle gebildet habe, wird hauptsächlich von F. Fischer[2] und seinen Mitarbeitern vertreten, und zwar auf Grund der chemischen Verwandtschaft zwischen dem Lignin und den Huminsäuren (soweit die Natur dieser Stoffe schon bekannt ist); die Cellulose soll bei der Inkohlung des Lignins durch Methangärung oder durch Hydrolyse zu einfacheren Zuckerarten[3] völlig abgebaut worden sein. Da das Lignin selbst aber von maßgebenden Forschern[4] als Alterungsprodukt der Cellulose angesehen wird, welche hierbei aus einem offenkettigen (bzw. furanartigen, also heterocyclischen) in ein zum Teil aromatisches Produkt übergeht, so würde auch die Lignintheorie letzten Endes auf Cellulose als Urmaterial der Kohle zurückführen. Bei der Umwandlung der Cellulose in Lignin bzw. Huminsäuren sollen nach F. Ehrlich[5] die Pektinstoffe eine bedeutende Rolle spielen. Berl (1. c.) nimmt für die Humuskohlen (Steinkohlen) ausschließlich Cellulose (ligninarme niedere Pflanzen), für Braunkohle dagegen Holz, d. h. Lignin und Cellulose, als Ausgangsstoffe an. Die Anschauung, daß sowohl Lignin wie Cellulose an der Kohlebildung maßgebend beteiligt sind, wird auch von Terres, W. Fuchs[6] und J. Herzenberg[7] vertreten. Terres sieht ferner auch in den N-haltigen Proteinen Ausgangsstoffe für die Bitumina, welche bei fortschreitender Inkohlung mit den Zersetzungsprodukten der Cellulose reagieren. Er betrachtet aber auch, in ähnlichem Sinne wie dies — aus geologischen Gründen — Taylor[8] tut, den zoophytogenen Faulschlamm als gemeinschaftliche Quelle von Steinkohle, Braunkohle und Erdöl, womit eine Verknüpfung der Lignin- und Cellulosetheorie gegeben scheint.

II. Technologisches.

(Neubearbeitet von F. Frank und G. Meyerheim.)

Die bituminöse Braunkohle wird durch Schwelen auf Grudekoks, Teer und evtl. Gas oder durch Extraktion auf Montanwachs und Restkohle verarbeitet. Für die Schwelung wird Kohle verwendet, die, auf Rohkohle mit etwa 50% Wassergehalt bezogen, 4,5—8% Teer ergibt. Kohlen mit geringerer Teerausbeute als 4,5% werden als Feuerkohlen bezeichnet und verwendet. Extraktionswürdig ist eine Kohle, wenn sie im getrockneten Zustand (15% Restwasser) über 8% lösliches Wachsbitumen enthält.

1. Gewinnung des Teeres.

Der Braunkohlenteer wurde bis vor wenigen Jahren ausschließlich als Schwelteer bei verhältnismäßig niedrigen Temperaturen im Rolle-Ofen[9]

[1] E. Terres u. W. Steck: Gas- u. Wasserfach **73**, Sonderheft, S. 9 (1930); E. Terres: Angew. Chem. **45**, 151 (1932), Vortr. 3. internat. Kohlenkonferenz Pittsburg, Nov. 1931.

[2] F. Fischer u. H. Schrader: Entstehung und chemische Struktur der Kohle, 2. Aufl. Essen: W. Girardet 1922.

[3] R. Lieske u. K. Winzer: Brennstoff-Chem. **12**, 205 (1931); Horn u. Sustermann: ebenda **12**, 405 (1931).

[4] Klason, v. Fellenberg, F. Ehrlich u. a.

[5] F. Ehrlich: Zellstoff u. Papier **10**, 21 (1930); Cellulose-Chem. **11**, 140, 161, 829 (1930).

[6] W. Fuchs: Chemie des Lignins. Berlin: Julius Springer 1926; Brennstoff-Chem. **8**, 187 (1927).

[7] J. Herzenberg: Unveröffentlicht.

[8] Taylor: Fuel **7**, 230 (1928); Journ. I.P.T. **15**, 372 (1929).

[9] Zuerst eingeführt 1858 in der Fabrik Gerstewitz bei Halle (Briefl. Mitt. von D. Eisenlohr, 20. 5. 1902).

gewonnen. Das vor etwa 70 Jahren ausgebildete Rolle-Verfahren hat sich fast 60 Jahre hindurch so gut wie unverändert erhalten. Danach war es nicht mehr wirtschaftlich durchführbar, weil bei geringem Durchsatz und schlechter Wärmebilanz die so gewonnenen Schwelprodukte nicht mehr konkurrenzfähig waren. Man baut jetzt Öfen mit besserer Wärmewirtschaft und größerer Kapazität, arbeitet mit Gasspülung und mit vorgetrockneter Kohle[1].

Die Ausbeuten und Zusammensetzung der Teere sind außer vom Bitumengehalt der Kohle auch von dem angewandten Schwelverfahren (Ofenbauart, Temperatur und Betriebsgang) weitgehend abhängig[2]. Im Vergleich zu der Teerausbeute bei der Probeschwelung nach Graefe oder Fischer (S. 531) erhält man im Rolle-Ofen 60% Teer (+ 10% Leichtöl aus den Schwelgasen), im Geisen-Ofen 95% Teer, ebensoviel beim Spülgasverfahren oder in Schwelgeneratoren. Die bei niedriger Temperatur (z. B. nach den drei letztgenannten Verfahren) gewonnenen Teere werden, analog den unter ähnlichen Bedingungen erhaltenen Steinkohlenteeren (S. 559), auch als Urteere bezeichnet.

Von den Produkten der Schwelindustrie werden hier nur die Teere und die Gase, soweit sie bei der Verarbeitung Öle liefern, beschrieben.

Die Teere werden aus den dampfförmigen Schwelprodukten durch geeignete Kühlvorrichtungen, Waschflüssigkeiten, z. B. Rohteere selbst, durch Stoßscheider, Tropfenfänger und auf elektrostatischem Wege ausgeschieden. Als Kühlvorrichtungen dienen luftumspülte oder wasserberieselte Rohrtouren und zum Teil Wassereinspritzungen. Zum wirksamen Auswaschen der Teernebel verwendet man die Zentrifugalwäscher nach Theissen, Ströder, Feld, Hager und Weidmann, Bamag usw., zuweilen auch noch den in Steinkohlen-Gasanstalten gebräuchlichen Pelouze-Teerscheider. Da bei der wirksamen Kühlung vielfach das Wasser zusammen mit dem Teer und dem fast unvermeidlichen Flugstaub ausfällt, so hält man die ersten Teerabscheidungsapparate so warm, daß der Taupunkt des Wassers noch nicht erreicht wird. Infolgedessen gehen mit dem Wasserdampf und den Gasen die niedrigsiedenden Öle durch die Abscheidungsgefäße und wurden auch früher nicht besonders gewonnen. Bei dem starken Bedürfnis für heimische niedrigsiedende Treibstoffe hat man die verschiedenen bekannten Waschverfahren, bei denen man mit Teeren und Ölen die Gase auswäscht (vgl. oben), auch in dieser Industrie mit Erfolg angewendet. Für den gleichen Zweck benutzt man auch das erwähnte elektrostatische Verfahren, das besonders gut gestattet, stufenweise unter angepaßten Temperaturen zu arbeiten. Man kann so zunächst oberhalb des Taupunktes des Wasserdampfes den Paraffin-Teer mit dem Flugstaub wasserfrei zur Abscheidung bringen. In weiteren Stufen kann dann das gekühlte Gemisch von Wasser und Leichtöl aus dem Gas-Dampfgemisch ausgeschieden und das Restgas, welches nun wasserdampfarm ist, der Ölwäsche, der Adsorption durch aktive Kohle (I. G., Bamag, Lurgi u. a.), bei trockenen Gasen auch der Adsorption durch Silica-Gel oder der Tiefkühlung (Bronn-Linde) und dann nach weiterer Reinigung der Verwendung als Leucht- und Heizgas zugeführt werden.

Die Gewinnung des eigentlichen Teeres in wasserfreiem oder doch sehr wasserarmem Zustand (möglichst nicht über 1% Wasser) ist eine wirtschaftlich und technisch berechtigte Forderung. Die leichten Öle, die bei

---

[1] Entwicklung der Schwelöfen: Thau: Die Schwelung von Braun- und Steinkohle, S. 40f. Halle: Wilhelm Knapp 1927; Heinze: Entwicklung und Stand der Schwelindustrie in Deutschland. Von den Kohlen und den Mineralölen, Bd. 2, S. 109f. 1929; Heinze: Ztschr. Ver. Dtsch. Ing. **73**, 524 (1929); Seidenschnur: Braunkohlenarch. **33**, 1 (1931).

[2] Thau: l. c., S. 107f. u. Scheithauer: Die Schwelteere, l. c.; Arnemann: Ztschr. angew. Chem. **37**, 713 (1924).

der weiteren Behandlung der zunächst gasförmigen Produkte durch elektrostatische Behandlung, in der Ölwäsche, Kühlung oder Adsorption abfallen, werden in normaler Weise abgeschieden und meist auf Treibstoffe für Explosionsmotoren verarbeitet.

2. Aufarbeitung des Teeres.

Es wurde mehrfach vorgeschlagen, den Teer ohne direkte Destillation durch Umlösen[1] in organischen Lösungsmitteln und Abdestillieren der letzteren aufzuarbeiten.

In der Praxis werden aber bis heute die Rohteere und Rohleichtöle durch Destillation verarbeitet, soweit überhaupt die Aufarbeitung zur Zeit noch wirtschaftlich ist. Ein beträchtlicher Teil der Rohstoffe wandert nämlich ohne weitere Vorbehandlung in die Hydrier-Spaltanlagen, in denen er hauptsächlich in leichte und schwere Treibstoffe, zum Teil unter Wasserstoffanlagerung, aufgespalten wird[2].

Die normale Destillation der Teere wird nach gut durchgeführter Entwässerung je nach der Menge der zu verarbeitenden Rohstoffe in Gußblasen von 3—6 cbm Nutzinhalt oder in ebenfalls diskontinuierlich arbeitenden schmiedeeisernen Blasen, die jetzt meist über 20 cbm fassen, ausgeführt. An den wenigen Stellen, die größere Teermengen verfügbar haben, wird in kontinuierlichen Systemen, z. B. Steinschneider-Porges (Brünn-Königsfeld) oder in Röhrenkesseln (Pipe stills) (Pintsch, Borrmann, Foster, McKee u. a.) unter Anwendung von 540 bis höchstens 600 mm Vakuum gearbeitet.

Die Destillation wird unter dem Gesichtspunkt der Paraffinanreicherung geführt. Man trennt die Destillate zunächst in ölige und Paraffinmasse. Die letztere wird nach entsprechender Krystallisation durch Pressung oder neuerdings meist durch den Schwitzprozeß von den begleitenden weichparaffinartigen und flüssigen Anteilen getrennt. Diese werden durch wiederholte Redestillation in feste und flüssige Anteile, also Paraffine und Öle, geschieden und danach, mit dem Erstanfall vereinigt, auf Handelsprodukte: Treibstoff (Braunkohlenkraftstoff), Solaröl, Dieselöl, Gasöl, Paraffinöl (Gelböl), dunkles Paraffinöl, Paraffin für Kerzen usw., auf Begleitstoffe, wie Kresol, Basen, und Spezialprodukte, wie Schmieröle[3], verarbeitet[4]. Von besonderer Bedeutung für die Aufarbeitung der Destillate ist die Extraktion der Kresole durch das sog. Spritverfahren Riebeck-Krey[5], welches von Bube-Heinze-Pfaff weiter ausgebaut wurde und als Spritextrakt das sog. Fresol liefert.

III. Physikalische Eigenschaften des Schwelteers.

Braunkohlenschwelteer ist bei Zimmertemperatur butterartig fest, gelblichbraun bis dunkelbraun und riecht kreosotartig, zum Teil auch nach

---

[1] Vgl. Erdmann-Dolch: Chemie der Braunkohle, 2. Aufl., S. 175f. Halle: Wilhelm Knapp 1927 (Singer, Seidenschnur, Erdmann, Seidenschnur-Schmidt, Riebeck-Krey usw.).

[2] Normale Crackverfahren, z. B. Dubbs: D.R.P. 370470 (1919), Carburol-Verfahren, s. K. Bender: Petroleum **25**, 1187 (1929). Katalytisches Hydrierverfahren der I. G. s. Galle: Hydrierung der Kohlen, Teere und Mineralöle, 1932. S. 68f.; Bergius u. a.: D.R.P. 301231 (1913), und vielerlei andere Vorschläge.

[3] Schmieröl ist durch weitere und wiederholte Konzentration aus dem entparaffinierten dunklen Paraffinöl (DEA-Rositz, Bube usw.) oder durch Polymerisation mit Zinkchlorid oder ähnlich wirkenden Stoffen (nach Krey) gewinnbar.

[4] Über die Einzelheiten der Aufarbeitung und der Produkte des Handels siehe z. B. Scheithauer-Graefe: Industrie der Mineralöle; Erdmann-Dolch: Die Chemie der Braunkohle, S. 166f.; J. Redwood: Die Mineralöle und ihre Nebenprodukte.

[5] Riebeck: D.R.P. 232657 (1910).

Schwefelwasserstoff. Er hat d_{40} 850/1000 g/l und ist bei 40⁰ leichtflüssig; sein Erstarrungspunkt liegt je nach der Zusammensetzung zwischen $+15$ und $+30^0$. Der Teer beginnt bei gewöhnlichem Druck zwischen 60 und 130⁰ zu sieden. Im allgemeinen geht die Hauptmenge der Destillate zwischen 250 und 350⁰ über.

IV. Chemische Zusammensetzung der Schwel- und Generatorteere und spezielle Methoden zu ihrer Ermittlung.

(Neubearbeitet von J. Herzenberg.)

Sowohl im Schwel- wie im Generatorteer der Braunkohle finden sich zahlreiche organische Körperklassen, z. B. gesättigte, ungesättigte, aromatische, hydroaromatische, naphthenische und Terpenkohlenwasserstoffe, Thiophene, Ketone, Ester höherer und niederer Säuren, Carbonsäuren, Phenole, Basen, sowie die chemisch noch wenig definierten Harz- und Asphaltstoffe.

Der Teer dürfte nach den heutigen Anschauungen im wesentlichen aus dem Wachs- und Harzbitumen der Braunkohle entstehen, während die Huminsäuren nur verschwindende Teermengen beim Verschwelen geben, die vielleicht auf die genannten, in den Huminsäuren in kleinen Mengen verbliebenen bituminösen Begleitstoffe der Braunkohle zurückzuführen sind.

Die nachstehend beschriebenen Methoden zum Nachweis der einzelnen Bestandteile bzw. Körperklassen der Braunkohlenteere können mit gewissen Abänderungen, die sich aus der chemischen Natur der Teere ergeben, auch für die systematische Untersuchung anderer, aus der trockenen Destillation oder Vergasung von Steinkohlen, bituminösem Schiefer, Torf usw. hervorgegangenen Teere, zum Teil auch bei der Untersuchung von Erdölen oder synthetischen Produkten herangezogen werden.

1. Die Basen des Teeres, ihre Trennung und Abscheidung.

a) Ursprung der basischen Stoffe.

Der Ursprung der basischen Stoffe der Teere, in denen Pyridin- und Chinolinhomologe vorwiegen, dürfte in Eiweißspaltungsprodukten zu suchen sein, welche sich während des Inkohlungsvorganges durch Fäulnis oder Bakterientätigkeit aus dem Pflanzenkörper bilden.

Derartige Eiweißspaltungsprodukte konnten aus Torf, dessen Stickstoff zu etwa 70% in Form von Mono- und Diaminosäuren vorliegt, durch Extraktion mit verdünnten Säuren gewonnen werden[1], und zwar neben Tyrosin (p-Oxyphenyl-α-amino-propionsäure) Leucin (α-Amino-isobutylessigsäure) und Isoleucin (α-Amino-β-methyl-valeriansäure)[2], während Suzuki[3] auch Diaminosäuren auffand: Bei weitergehender Zersetzung spalten sich die Aminosäuren in NH_3 und Fettsäuren, welche schließlich in CO_2, CH_4 und Wasserstoff zerfallen.

---

1 Jodidi: Journ. Amer. chem. Soc. **32**, 396 (1910).
2 Robinson: ebenda **30**, 664 (1908).
3 Suzuki: Bull. Coll. Agric. Tokio **7**, 513 (1907).

b) Vergleich mit den Basen anderer Teere.

Die Basen des Braunkohlenteeres sind im wesentlichen identisch mit denen anderer Urteere, wie Torfteer, Schieferteer u. a. m., und unterscheiden sich von denen der Hochtemperaturteere (Gasteer und Kokereiteer) nur durch ihren Reichtum an Homologen. Durch die hohe Temperatur der Verkokung werden die Seitenketten zum großen Teile abgespalten, so daß in Hochtemperaturteeren Pyridin und Chinolin als solche überwiegen, während sie in den bei niederer Temperatur erhaltenen Schwelteeren gegenüber ihren Homologen völlig zurücktreten. Die technische Aufarbeitung der Schwelteerbasen, die ein nur schwer entwirrbares Gemisch von Homologen darstellen, ist daher unwirtschaftlich.

c) Bestimmung der Gesamtmenge der Rohbasen.

Der nötigenfalls mit etwas Äther oder Benzol verdünnte Rohteer (1—2 l) wird mehrere Male mit verdünnter (etwa 10%iger) Salz- oder Schwefelsäure ausgeschüttelt, bis der saure Auszug beim Übersättigen mit Natronlauge kein wasserunlösliches Öl mehr abscheidet, bzw. nicht mehr den meist sehr charakteristischen Geruch der freien Basen zeigt. Dies ist zu beachten, da manche Basen (niedere aliphatische Amine sowie Pyridin) in Wasser leicht löslich sind. Die aus dem schwefelsauren Auszug mittels Natronlauge in Freiheit gesetzten Basen werden in Äther aufgenommen, die Lösung mit Na_2SO_4 oder K_2CO_3 (nicht mit $CaCl_2$, das mit manchen Basen Additionsverbindungen bildet!) getrocknet, filtriert und das Lösungsmittel vorsichtig abdestilliert. Das Gewicht des Rückstandes gibt die Menge der in Wasser nicht löslichen Basen.

Um auch die beim Ausäthern in der wässerig-alkalischen Lösung bleibenden Basen (Ammoniak und die niedrigsten aliphatischen Amine) zu bestimmen, destilliert man diese in eine Absorptionsvorlage, die mit einer bekannten überschüssigen Menge 0,1-n HCl beschickt ist, und titriert den Säureüberschuß durch 0,1-n NaOH mit Methylorange als Indicator zurück. Die so gefundenen — fast immer nur sehr geringen — Mengen von Basen gebundener HCl werden auf Gramm Ammoniak umgerechnet (1 ccm 0,1-n HCl = 1,7 mg NH_3).

Die Gesamtmenge der Rohbasen betrug bei einem Schwelteer (Großbetrieb[1]) der Riebeckschen Montanwerke 0,43%, nach Hoering bei einem Torfteer 0,51%.

d) Isolierung einzelner Glieder der Pyridin- und Chinolinreihe.

Hierzu werden 1. die Bildung gut krystallisierender Doppelsalze der Basen mit Quecksilber-, Cadmium-, Platin- und Goldchlorid, sowie 2. die fraktionierte Ausfällung der Pikrate und Styphnate mit Pikrinsäure bzw. Dinitroresorcin benutzt[2].

α) Trennung und Charakterisierung der Pyridinbasen des Braunkohlenteeröls nach Ruhemann und Volmer:

Die Rohbasen wurden aus einer eisernen Blase so lange abdestilliert, wie noch keine Zersetzung erfolgte, zur Reinigung einige Male in verdünnter H_2SO_4 gelöst, durch Kalilauge in Freiheit gesetzt, mit Wasserdampf übergetrieben, mit Äther aufgenommen und nach Abdestillieren des Äthers 20mal bei gewöhnlichem Druck von 10 zu 10° fraktioniert destilliert.

Die salzsaure Lösung von 50 g der auf diese Weise erhaltenen Fraktion 160 bis 170° wurde mit kaltgesättigter, wässeriger Quecksilberchloridlösung versetzt. Die nach einiger Zeit ausfallenden krystallinischen Doppelsalze (unter dem

---

[1] Ruhemann u. Volmer: Braunkohle **23**, 505 (1924/25).
[2] Ladenburg: Ber. **21**, 286 (1888); Doebner: ebenda **28**, 106 (1895).

Mikroskop als Gemische erwiesen) wurden aus schwach angesäuertem Wasser mehrfach fraktioniert krystallisiert, bis die ausgeschiedenen Krystalle nach 3maligem Umlösen konstante Schmelzpunkte zeigten.

Diese Quecksilberdoppelsalze, bei den Picolinen z. B. $C_5H_4(CH_3)N \cdot HCl \cdot 2HgCl_2$, sind durch Quecksilberbestimmung und Schmelzpunkt hinreichend charakterisiert. Aus ihnen können die Basen durch Kalilauge in Freiheit gesetzt und zur Bestimmung der Lage der Seitenketten durch Oxydation mit verdünnter $KMnO_4$-Lösung in die entsprechenden, gut krystallisierenden Pyridincarbonsäuren übergeführt werden.

β) Bei der Abscheidung der Chinoline und ihrer Homologen aus den höhersiedenden Fraktionen des Basengemisches sind die sie begleitenden Anilin-homologen vorher zu zerstören, am besten nach Ahrens[1] durch Oxydation mit Kaliumbichromat.

Für die weitere Trennung der Chinolinbasen erweist sich weder die Überführung in Quecksilberchloriddoppelsalze noch die Fällung mit wässeriger Pikrinsäurelösung als geeignet, da sie teilweise harzige und ölige Ausscheidungen geben. Dagegen führt die fraktionierte Fällung mit kaltgesättigter alkoholischer Pikrinsäure-lösung zum Ziel.

γ) Die Trennung der Basen voneinander, insbesondere der Chinolin-homologen des Braunkohlenteeres, ist mit größten Schwierigkeiten verbunden; so war es z. B. in einigen Fällen notwendig, die fraktionierte Krystallisation der Pikrate einige hundert Male zu wiederholen, ehe man zu einheitlichen Produkten gelangte. Sie kann daher nur dann mit Aussicht auf Erfolg durchgeführt werden, wenn genügend große Mengen an Ausgangsmaterial zur Verfügung stehen.

Auf ähnliche Weise hat Takashi Eguchi[2] in einer sehr eingehenden Unter-suchung die Pyridinbasen eines mandschurischen Schieferteeres (Fushun) getrennt und eine sehr große Zahl von Homologen, darunter Trimethyl-, Tetra-methyl- und Dimethyl-äthyl-pyridine isoliert. Aus der Fraktion 200—202⁰ schied er eine Base (Kp. = 199,8⁰) ab, der er den Namen Pyrindan und die Formel

 C_8H_9N erteilt, da sie bei der Oxydation Chinolinsäure liefert.

δ) Von sonstigen Basen sind in erheblichem Maße im Braunkohlenteer nur noch Anilin und seine Homologen vertreten. Ersteres wird als Azo-farbstoff durch Kupplung mit β-Naphthol abgeschieden[3].

Aus dem Farbstoff kann die freie Base abgeschieden werden durch Erwärmen desselben mit Zinnchlorür und Salzsäure, Übersättigung der klaren Lösung mit NaOH und Übertreiben des gebildeten Anilins mit Wasserdampf. Das über-gehende Öl gibt die charakteristischen Anilinreaktionen, wie die Chlorkalk- und die Isonitrilreaktion.

e) Im Braunkohlenteer aufgefundene cyclische Basen.

Pyridin und seine Homologen sind von Krey[4], Ladenburg[5] und Ihlder[6], von letzterem noch die 3 isomeren Picoline, 4 Lutidine: 1,3-, 1,4-, 1,5-, und 2,3-Dimethyl-pyridin, sowie das symmetrische Trimethyl-pyridin (Collidin) nachgewiesen worden. In den höhersiedenden Frak-tionen fand Doebner[7] nur Chinolin. In mitteldeutschem Schwelteer be-stätigten Ruhemann und Volmer[8] die früheren Ergebnisse hinsichtlich

[1] Ahrens: Ber. **28**, 795 (1895).
[2] Takashi Eguchi: Bull. chem. Soc. Japan **2**, 176 (1927); **3**, 227 (1928); C. **1927**, II, 1223; C. **1929**, I, 330.
[3] Oehler: Ztschr. angew. Chem. **12**, 562 (1899).
[4] Krey: Ber. **28**, 106 (1895).   [5] Ladenburg: ebenda **21**, 286 (1888).
[6] Ihlder: Ztschr. angew. Chem. **17**, 524, 1670 (1904).
[7] Doebner: Ber. **28**, 106 (1895).   [8] Ruhemann u. Volmer: l. c.

der Pyridinhomologen und stellten neben Chinolin Isochinolin, ein Mono-
methyl-chinolin, drei isomere Dimethylchinoline und ein Trimethyl-
chinolin fest.

Die Anwesenheit von Pyrrol und seinen Homologen ist in den leichtsiedenden Fraktionen des Teeres durch die charakteristischen Farbreaktionen desselben wahrscheinlich gemacht worden.

Anilin und seine Homologen wurden von Oehler[1] nachgewiesen,
während das Vorhandensein von Nitrilen, insbesondere der sehr giftigen
Isonitrile, noch zweifelhaft erscheint.

2. Abscheidung und Trennung der sauren Bestandteile aus dem Teeröl.

a) Trennung von Carbonsäuren und Phenolen.

Die in Natronlauge löslichen Anteile des Braunkohlenteeröles enthalten
die in relativ geringer Menge vorkommenden Carbonsäuren, beim Braunkohlenteer sowohl aus aliphatischen als auch aus cyclischen Säuren bestehend, und große Mengen Phenole, die im Schwelteer meist nur 15 bis
30%, im Generatorteer jedoch bis zu 50% und darüber ausmachen können.

Die Carbonsäuren können im allgemeinen infolge ihrer starken Acidität
durch CO_2 aus ihren Salzen nicht frei gemacht werden und sind somit durchweg sodalöslich, was bei den meisten Teerphenolen nicht der Fall ist. Doch
ist der saure Charakter der letzteren je nach Art und Zahl der Substituenten
sehr verschieden; er nimmt z. B. bei den Homologen mit steigendem Mol.-
Gew. stark ab, wie auch die Hydrolyse der Phenolate zeigt, während umgekehrt die Vermehrung der OH-Gruppen bei den Polyoxybenzolen (Brenzcatechin, Pyrogallol usw.) die Acidität bis zur Sodalöslichkeit erhöhen
kann. Wenn somit Sodalösung eine scharfe Trennung der Carbonsäuren
von den Phenolen nicht ermöglicht, so genügt sie doch für die meisten praktischen Zwecke.

b) Charakter und Ursprung der Carbonsäuren.

Während die im Steinkohlenteer in sehr geringem Maße vorkommenden
Säuren, Essigsäure und Benzoesäure, hauptsächlich durch Verseifung der
entsprechenden Nitrile sich bilden, sieht man als Ursprung der im Braunkohlenteer reichlicher auftretenden Carbonsäuren das sauerstoffreiche
Bitumen, insbesondere die Harzanteile desselben, an. Dementsprechend besitzt nur ein kleiner Teil dieser Säuren aliphatische Struktur; so konnten
aus 4600 g Generatorteeröl nur 20 g wasserdampfflüchtige Säuren isoliert
werden, während der größere, mit Wasserdampf nicht flüchtige Teil
(109 g) Säuren der Formel $C_nH_{2n-2}O_2$ und $C_nH_{2n-4}O_2$ enthielt, die auch in
ihrem Verhalten Halogenen gegenüber als völlig oder partiell hydrierte
cyclische Carbonsäuren charakterisiert sind[2]. Unter den wasserdampf-
flüchtigen Säuren wurden von Rosenthal[3] niedere Fettsäuren, wie Propionsäure, n-Buttersäure, n-Valeriansäure, nachgewiesen.

---

[1] Oehler: Ztschr. angew. Chem. **12**, 562 (1899).
[2] Ruhemann u. Avenarius: ebenda **36**, 165 (1923).
[3] Rosenthal: ebenda **16**, 221 (1903).

c) Abscheidung der Carbonsäuren.

Die Carbonsäuren werden dem von Basen befreiten Teer durch mehrmaliges Ausschütteln mit verdünnter (5%iger) wässeriger Sodalösung entzogen. Auch Polyoxybenzole, welche die OH-Gruppen in m-Stellung enthalten (z. B. Resorcin) können allerdings beim Erwärmen mit Alkalibicarbonaten in Oxycarbonsäuren umgewandelt werden[1]:

$$C_6H_4(OH)_2 + KHCO_3 = C_6H_3(OH)_2COOK + H_2O.$$

Die Säuren werden aus der alkalischen Lösung durch verdünnte Schwefelsäure in Freiheit gesetzt und mit Äther aufgenommen. Die ätherische Lösung wird mit Wasser gewaschen, mit Na_2SO_4 getrocknet, filtriert und der Äther abdestilliert. Aus dem Gewicht des Rückstandes ist der angenäherte Prozentgehalt des Rohteers an wasserunlöslichen Carbonsäuren zu berechnen.

Die niedrigstmolekularen aliphatischen Säuren, von denen Essigsäure im Braunkohlenteer selbst allerdings nicht vorkommt, sind in Wasser so leicht löslich, daß sie bei vorstehendem Verfahren nicht mit in die Ätherschicht übergehen. Um sie von der schwefelsauren Lösung zu trennen, leitet man in diese (nach Entfernung der übrigen Säuren) so lange Wasserdampf ein, bis das Destillat nicht mehr sauer reagiert, und neutralisiert das Destillat durch Titration mit $Ba(OH)_2$. Durch Eindampfen, Trocknen und Wägen des Rückstandes, von dem man die zum Titrieren des Destillats benutzte Menge $\dfrac{Ba}{2} - 1$, d. h. 67,7 mg pro ccm verbrauchte n-Barytlauge, abzieht, erhält man die Menge der an Ba gebundenen, im wässerigen Auszug enthalten gewesenen Fettsäuren. Von den wasserunlöslichen Carbonsäuren lassen sich nur die nicht zu hoch siedenden Anteile unzersetzt im Vakuum destillieren[2]. Man führt daher besser das Säuregemisch vor der Fraktionierung in die bei vermindertem Druck temperaturbeständigen Methylester über, z. B. durch Einleiten von Salzsäuregas in die methylalkoholische Lösung der Teersäuren; durch Verseifen der erhaltenen Esterfraktionen können die Säuren als solche erhalten und identifiziert werden.

d) Abscheidung der Phenole.

Die Abscheidung der Phenole des Braunkohlenteers ist erheblich schwieriger als die dementsprechende Verarbeitung der Hochtemperaturteere, da — ähnlich wie bei den Basen und Kohlenwasserstoffen — auch bei den Phenolen die niederen Homologen ihrer Menge nach gegenüber den höheren zurücktreten, letztere jedoch sehr instabil sind und sich sehr leicht, schon bei der Destillation im Vakuum, unter Wasserabspaltung zu festen, harzigen, nicht mehr destillierbaren Produkten (Phenolharzen) kondensieren.

Aber auch der Natronlauge gegenüber zeigen die einzelnen Phenolhomologen ein recht verschiedenes Verhalten, das sich aus ihrer in weiten Grenzen schwankenden Acidität erklärt und ferner aus der Eigenschaft der Phenolate, in konz. Lösungen erhebliche Mengen Neutralöl zu lösen; so enthält das technische „Kreosot“ bis zu 40% neutrale Bestandteile.

Man muß daher bei der Extraktion der Phenole mit verdünnter, 5—10%iger Natronlauge arbeiten, wodurch auch störende Emulsionen zum Teil vermieden werden. Die wenigen in Lösung gehenden neutralen Bestandteile werden der alkalischen Flüssigkeit mit möglichst wenig Äther oder Benzol entzogen, da die Salze der schwach sauren Phenolhomologen selbst in alkalischer Lösung weitgehend hydrolysiert sind; die Phenole können daher aus letzterer mit Äther extrahiert und auch mit Wasserdampf so lange übergetrieben werden, bis sich das Hydrolysen-

---

[1] Kostanecki: Ber. **18**, 3202 (1885).

[2] Die hier in Frage kommenden cyclischen Säuren sind viel unbeständiger als die normalen Fettsäuren, die sich bei gutem Vakuum bis zu C_{30} und höher völlig unzersetzt destillieren lassen (vgl. S. 709).

gleichgewicht eingestellt hat, d. h. bis die freiwerdende Natronlauge die Hydrolyse des Natriumphenolats praktisch aufgehoben hat; diese Erscheinung konnte
insbesondere an 1,3,2-Xylenol, Mesitol, Pseudocumenol, Thymol und
Carvacrol beobachtet werden[1].

Die stark sauren Phenole, wie Carbolsäure, Brenzcatechin, Resorcin, sind in Wasser weitgehend löslich, so daß bei Tieftemperaturteeren
ihr Gehalt im Schwelwasser oft höher ist, als im Teer selbst.

e) Trennung der Phenole des Braunkohlenteeres voneinander.

Diese Aufgabe ist besonders schwierig, da, wie oben bemerkt, eine weitgehende Fraktionierung nur bei den niederen Homologen, den Kresolen
und Xylenolen, durchführbar ist und die hochsiedenden Anteile, unter
diesen zweifellos auch Phenole mit ungesättigten Seitenketten, auch bei
schonender Vakuumdestillation durch Kondensation an der OH-Gruppe und
Polymerisation an den ungesättigten Bindungen weitgehend in nicht mehr
destillierbare, harzige Produkte umgewandelt werden. Die Bildung solcher
„Phenolharze" wird durch die Gegenwart von Metallen katalytisch begünstigt, so daß die Braunkohlenteerphenole aus Glasgefäßen destilliert
werden müssen. Durch Schutz der labilen OH-Gruppe, sei es durch Umwandlung in Methyläther mit Dimethylsulfat oder in Essigsäure- und Benzoesäureester, kann die Bildung derartiger Kondensationsprodukte bei der
Destillation allerdings weitgehend zurückgedrängt werden.

Infolge dieses eigenartigen Verhaltens der Braunkohlenteerphenole ermöglichten die bisherigen Methoden nur eine Trennung der niedrigsiedenden und mittleren Fraktionen, während die Konstitution der hochsiedenden, den Hauptteil des Gemisches bildenden Phenole bisher völlig unbekannt ist.

Die zur Trennung der Phenolgemische dienenden Methoden beruhen in
erster Linie auf der Umwandlung der OH-Gruppe in gut krystallisierende
Derivate, z. B. durch Kondensation mit Phenylisocyanat oder Harnstoffchlorid in Carbaminsäureester oder durch Umsetzung mit Chloressigsäure zu Arylglykolsäuren. Neuerdings ist von H. Brückner[2] auch die
von Raschig ursprünglich für die Trennung der Kresole angewandte Methode der Spaltung des Phenolsulfosäuregemisches mit Wasserdampf bei
charakteristischen Temperaturen so weit ausgearbeitet worden, daß, wenigstens im Kokereiteer, die Trennung der 6 isomeren Xylenole möglich wurde.

α) Trennung von Phenolen über die Carbaminsäure- und Allophansäureester.

Der Trennung der verschiedenen Phenolhomologen voneinander muß eine
fraktionierte Destillation vorangehen. Wenn diese auch keine vollständige Trennung
herbeiführt, so ist doch die Benutzung von in engen Grenzen (etwa 5⁰) siedenden
Fraktionen die Vorbedingung für eine weitere Reinigung, wie sie z. B. von Ruhemann und Avenarius[3] beschrieben wird. Nach dem von ihnen angewandten
Gattermannschen Verfahren läßt man Harnstoffchlorid $NH_2 \cdot CO \cdot Cl$ mehrere
Stunden bei Zimmertemperatur auf die absolut-ätherische Lösung der Phenole

---

[1] Steinkopf u. Höpner: Journ. prakt. Chem. **113**, 137 (1926); Klages:
Ber. **32**, 1517 (1899).

[2] H. Brückner: Ztschr. angew. Chem. **41**, 1043, 1062 (1928); Erdöl u. Teer
4, 562, 580, 598 (1928).

[3] Ruhemann u. Avenarius: Ztschr. angew. Chem. **36**, 165 (1923).

einwirken und erhält, nach Verdampfen des Äthers und Verrühren des Rückstandes mit Wasser zur Entfernung des gebildeten Salmiaks, die gut krystallisierenden Carbaminsäureester $NH_2 \cdot CO \cdot OAr$, bzw. bei Überschuß von Harnstoffchlorid die ebenfalls krystallisierten Allophansäureester $NH_2 \cdot CO \cdot NH \cdot COOAr$ der Phenole. Diese, auch bei Anwendung engbegrenzter Phenolfraktionen noch nicht einheitlichen Körper lassen sich durch fraktionierte Krystallisation aus Benzol oder Petroläther (bzw. Methylalkohol für die Allophanate) weiter reinigen und so wenigstens teilweise in chemisch einheitliche Verbindungen überführen. Ihre Zusammensetzung ist durch die Elementaranalyse zu ermitteln. Durch mehrstündiges Kochen mit Wasser unter Rückfluß werden die Ester wieder in Phenole und Cyansäure (bzw. NH_3 und CO_2) gespalten, wodurch man die freien Phenole in reinem Zustand isolieren kann.

Auf diesem Wege wurden von den genannten Autoren aus mitteldeutschem Generatorteer m-Kresol, 2 Xylenole, 2 Trimethylphenole und ein Tetramethylphenol als Carbaminsäureester isoliert, ferner 1,4,5-Xylenol als Allophansäureester. Phenol selbst konnte nicht aufgefunden werden und ist jedenfalls nur in sehr geringer Menge darin enthalten, doch wurde die Anwesenheit von Phenolen mit ungesättigten Seitenketten wahrscheinlich gemacht.

Fromm und Eckard[1] stellten nach Weehuizen die Phenylcarbaminsäureester (Phenylurethane) dar durch Anlagerung von Phenylisocyanat an die Phenole:

$$C_6H_5 \cdot OH + C_6H_5 \cdot NCO = C_6H_5O \cdot CO \cdot NH \cdot C_6H_5.$$

1—2 g der gut getrockneten Phenolfraktion werden in 6—8 g der von 170—200° siedenden Fraktion galizischen Petroleums gelöst und mit 1—2 g Phenylisocyanat $^1/_2$ h lang unter Rückfluß gekocht. Das ausfallende Phenylurethan wird abfiltriert, mit Petroläther gewaschen und aus verdünntem Alkohol umkrystallisiert.

Doch konnten Fromm und Eckard nach dieser Methode in einem Drehofenteer aus rheinischer Braunkohle nur m-Kresol sicher nachweisen, während die Phenylurethane der Xylenole zweifellos Gemische darstellten.

Steinkopf und Höpner[2] isolierten aus böhmischem Generatorteer auf demselben Wege noch 1,3,5- und 1,2,3-Xylenol; sie geben für die Phenylurethane der Phenole folgende Schmelzpunkte an:

Tabelle 108. Schmelzpunkte der Phenylurethane verschiedener Phenole.

Phenol	Schmelzpunkt des Phenylurethans °C	Phenol	Schmelzpunkt des Phenylurethans °C
Phenol	124	1,4,5-Xylenol	162
o-Kresol . . .	144,5	o-Äthyl-phenol.	141
m-Kresol . . .	124,5	m-Äthyl-phenol	138,8
p-Kresol . . .	114	p-Äthyl-phenol	120
1,2,3-Xylenol[3] .	176	Mesitol (2,4,6-Trimethyl-phenol)	142
1,2,4-Xylenol .	120	Pseudo-cumenol (2,4,5-Trimethyl-phenol) .	111
1,3,2-Xylenol .	133	Thymol (3-Methyl-4-isopropyl-phenol) . .	108
1,3,4-Xylenol .	112	Carvacrol (2-Methyl-4-isopropyl-phenol) .	135
1,3,5-Xylenol .	151		

[1] Fromm u. Eckard: Ber. **56**, 948 (1923).
[2] Steinkopf u. Höpner: Journ. prakt. Chem. **113**, 137 (1926).
[3] Bei den Xylenolen (Dimethylphenolen) bezeichnen die ersten beiden Ziffern die Stellungen der Methylgruppen, die 3. Ziffer die Stellung der OH-Gruppe.

β) Trennung der Phenole über die Arylglykolsäuren.

Bei der Umsetzung der Natriumphenolate mit monochloressigsaurem Natrium bilden sich unter Kochsalzabscheidung sehr gut krystallisierende Natriumsalze der Phenoxyessigsäuren:

$$C_6H_5 \cdot ONa + ClCH_2 \cdot COONa = NaCl + C_6H_5 \cdot O \cdot CH_2 \cdot COONa.$$

Aus diesen werden durch Salzsäure die freien Phenoxyessigsäuren abgeschieden. Die ursprünglich für die Trennung der Kresole vorgeschlagene Methode[1] wurde später für die Trennung der niederen Phenole des Steinkohlen-Urteers wie folgt ausgearbeitet[2]:

10 g Kresolgemisch werden mit 27 g Chloressigsäure und 10 ccm 25%iger NaOH 2 h unter Rückfluß gekocht. Nach dem Erkalten werden die ausgeschiedenen Krystalle des p-kresoxyessigsauren Natriums auf der Nutsche abgepreßt, aus wenig Wasser umkrystallisiert und mit verdünnter HCl zersetzt, wobei etwa 80% der Theorie fast reiner p-Kresoxyessigsäure (Schmp. 136⁰) erhalten werden. Das ursprüngliche, die leichter löslichen Natriumsalze der o- und m-Kresoxyessigsäure enthaltende Filtrat wird nun ebenfalls in Salzsäure gegossen, die breiartige Krystallmasse abgesaugt, in 50 ccm heißem Benzol gelöst und auf 40⁰ abgekühlt, wobei sich o-Kresoxyessigsäure vom Schmp. 151—152⁰, also rein, und in einer Ausbeute von etwa 60% der Theorie, abscheiden soll. Aus dem Benzolfiltrat wird durch Eindampfen die m-Kresoxyessigsäure erhalten, die aus Petroläther umkrystallisiert, eine Ausbeute von 30% an reiner Säure ergibt.

Bei anderen Teeren ist natürlich zur Erzielung der bestmöglichen Trennung die Menge des angewandten Lösungsmittels je nach dem ungefähren Gehalt an den entsprechenden Kresolen zu verändern.

So konnten Gluud und Breuer zeigen, daß Steinkohlen-Urteer ebenso wie Braunkohlenteer wenig oder kein Phenol enthält und unter den Kresolen das m-Kresol überwiegt.

Bei der Darstellung der Kresoxyessigsäuren soll die Gegenwart von Wasser möglichst vermieden werden, da sie, insbesondere bei den höhersiedenden Phenolen, deren Alkalisalze in wässeriger Lösung weitgehend hydrolysiert sind, die Ausbeute beeinträchtigt. Steinkopf und Höpner[3] schlagen daher vor, unter völligem Wasserausschluß mit festem NaOH zu arbeiten. Dies läßt sich zwar nur bei geringen Mengen Phenol (infolge der Heftigkeit der Reaktion) durchführen, führt jedoch zu sehr guten Ausbeuten und zur guten Charakterisierung der gereinigten Phenole.

Man verrührt 5—10 g Phenol gut mit der 2,5fachen äquivalenten Menge feinstgepulvertem NaOH im kleinen Erlenmeyerkolben, gibt 10 g Monochloressigsäure hinzu, rührt schnell um und setzt sofort einen Luftkühler auf. Die heftige Reaktion ist bald beendet; die Schmelze wird in wenig Wasser gelöst, die Arylglykolsäure mit Salzsäure ausgefällt und ausgeäthert. Zur Trennung von noch unverändertem Phenol wird die Phenoxyessigsäure der ätherischen Lösung durch Sodalösung entzogen.

Nach diesem Verfahren konnten die letztgenannten Autoren aus einem böhmischen Generatorteer 1,4,5-, 1,3,5- und 1,2,3-Xylenol, sowie p-Äthyl-phenol abscheiden. Aus einer hochsiedenden Fraktion krystallisierte β-Naphthol aus. Wie wenig aber eine quantitative Trennung auch nur der niederen Phenole möglich ist, zeigt der Umstand, daß Steinkopf und Höpner aus den von 180—205⁰ siedenden Phenolfraktionen

[1] Lederer: D.R.P. 79514; s. Friedländer: Fortschr. d. Teerfarbenfabr. 4, 91 (1894/97).

[2] Gluud u. Breuer: Gesamm. Abhandl. Kenntn. Kohle 2, 236 (1917).

[3] Steinkopf u. Höpner: l. c.

eines Braunkohlenschwelteers insgesamt nur 3% Phenol, 1% o-Kresol, 4,2% m-Kresol und 5,3% p-Kresol isolieren konnten.

Tabelle 109. Schmelzpunkte der Arylglykolsäuren (nach Steinkopf und Höpner).

Phenolbasis	Schmelzpunkt der Arylglykolsäure °C	Phenolbasis	Schmelzpunkt der Arylglykolsäure °C
Phenol	98— 99	1,3,5-Xylenol	86
o-Kresol	151—152	1,4,5-Xylenol	118
m-Kresol	102—103	o-Äthyl-phenol	140—141
p-Kresol.	135—136	m-Äthyl-phenol	75,5
1,2-3-Xylenol	187	p-Äthyl-phenol	97
1,2-4-Xylenol	162	Mesitol	150,5 [1]
1,3-2-Xylenol	139,5	Pseudocumenol.	132
1,3-4-Xylenol	141,5	Thymol	148
		Carvacrol	149

γ) Trennung der Phenole über die Arylglykolsäureester.

Um dieses Verfahren mit größeren Mengen durchzuführen und auch auf die höheren Phenolhomologen übertragen zu können, benutzten Ruhemann und Herzenberg an Stelle der Arylglykolsäuren selbst deren Äthylester, die sich unter völligem Ausschluß von Wasser in fast quantitativer Ausbeute darstellen lassen. Die Phenolfraktion wird in Xylol gelöst, der siedenden Lösung wird allmählich die theoretische Menge Natrium zugesetzt, worauf mit der berechneten Menge Chloressigsäureäthylester kondensiert wird. Der durch Wasserzusatz abgeschiedene, mit Sodalösung und Wasser gewaschene Arylglykolsäureester wird mehrmals im Vakuum fraktioniert; aus den einzelnen Fraktionen werden durch Verseifung mit alkoholischem Kali die Arylglykolsäuren abgeschieden. Die Methode hat den Vorteil, daß im Gegensatz zu den sich leicht kondensierenden Phenolen selbst deren Arylglykolsäureester sich im Vakuum ohne Zersetzung fraktionieren, also weitergehend trennen lassen. Sie ist auch auf die höheren Phenole anwendbar.

δ) Trennung der Phenole über die Phenolsulfosäuren.

Während nach den bisher beschriebenen Methoden die Phenole nur zum Teil aus den krystallisierten Derivaten wiederzugewinnen waren, bei den Arylglykolsäuren sogar nur durch Erhitzen mit konz. Alkali unter Druck und bei hohen Temperaturen, gestattet die folgende Methode die leichte Wiedergewinnung der gereinigten Phenole, so daß sie auch technisch als Reinigungsmethode für Phenole in Frage kommt.

Die Methode beruht auf der Sulfonierung der Phenole bei höherer Temperatur, wobei die Sulfogruppe in p-Stellung zum Hydroxyl oder, falls diese besetzt ist, in o-Stellung eintritt, und Spaltung der entstandenen Sulfosäuren mit Wasserdampf bei bestimmten Temperaturen. Sie wurde von Raschig[2] für die Trennung von m- und p-Kresol vorgeschlagen und von Brückner[3] weiter ausgearbeitet. Dieser zeigte insbesondere, daß die von Raschig nur ungefähr angegebenen Spaltungstemperaturen sich in recht

---

[1] Der Schmelzpunkt der Mesitoxy-essigsäure wird von Steinkopf und Höpner mit 131,5° zu niedrig angegeben; der Schmelzpunkt der reinen Arylglykolsäure liegt bei 150,5° (unveröffentlichte Versuche von J. Herzenberg u. Enver Ali).

[2] Raschig: D.R.P. 114975 (1899); C. **1900**, II, 1141.

[3] Brückner: Ztschr. angew. Chem. **41**, 1043, 1062 (1928); Erdöl u. Teer **4**, 562, 580, 598 (1928).

genauen Grenzen (s. Tabelle 110) einhalten lassen, und baute hierauf eine
Trennung der Kresole und Xylenole des Kokereiteers auf.

Tabelle 110. Eigenschaften von Phenolsulfosäuren (nach Brückner).

Phenolsulfosäuren	Siede-punkt des Phenols °C	Spaltungs-temperatur der Sulfo-säure °C	Löslichkeiten der Na-Salze	
			des Phenols in 25 %iger NaOH	der Aryl-glykolsäure des Phenols in Wasser
1-Oxybenzol-4-sulfosäure	183	123—126	leicht	sehr schwer
1-Methyl-2-oxybenzol-5-sulfosäure . .	188	133—136	,,	leicht
1-Methyl-3-oxybenzol-6-sulfosäure . .	201	116—119	,,	,,
1-Methyl-4-oxybenzol-3-sulfosäure . .	198	133—136	,,	sehr schwer
1,2-Dimethyl-3-oxybenzol-6-sulfosäure	218	115—118	sehr schwer	,,
1,2-Dimethyl-4-oxybenzol-5-sulfosäure	225	107—111	leicht	,,
1,3-Dimethyl-2-oxybenzol-5-sulfosäure	203	124—128	,,	,,
1,3-Dimethyl-4-oxybenzol-5-sulfosäure	211	121—125	,,	leicht
1,3-Dimethyl-5-oxybenzol-4-sulfosäure	219	> 105	sehr schwer	sehr schwer
1,4-Dimethyl-2-oxybenzol-5-sulfosäure	213	115—118	,,	,,
1-Äthyl-2-oxybenzol-5-sulfosäure . . .	203	> 105	leicht	,,
1-Äthyl-3-oxybenzol-6-sulfosäure . . .	214	125—130	,,	,,
1-Äthyl-4-oxybenzol-3-sulfosäure . . .	215	> 105	,,	,,

Voraussetzung der Trennung ist auch hier die vorhergehende, möglichst weitgehende Fraktionierung der Phenole an einem gutwirkenden Aufsatz; sodann werden
je 100 g einer Fraktion unter Zusatz der gleichen Gewichtsmenge konz. Schwefelsäure (1,84) sulfoniert, gut durchgeschüttelt und hierauf 3 h im Trockenschrank
auf 103⁰ erhitzt, damit etwa gebildete o-Phenolsulfosäure in die bei höherer Temperatur stabile p-Säure übergeführt wird. Nach dem Erkalten werden die Sulfosäuren mit soviel Wasser (in diesem Fall etwa 400—450 ccm) verdünnt, daß die
wässerige Lösung bei 100—104⁰ siedet, bei welcher Temperatur zunächst die nicht
sulfonierten Anteile der Phenolfraktion mit Wasserdampf übergetrieben werden, und
zwar so lange, bis das übergehende Destillat völlig klar geworden ist und keine
charakteristische (violette) Eisenchloridreaktion mehr gibt. Sodann wird die Lösung
bei einem nur noch sehr geringen Dampfstrom eingeengt und dieser erst nach Erreichen der Spaltungstemperatur eines neuen Phenols wieder verstärkt. Die
Temperatur kann auf 1⁰ genau reguliert werden. Schließlich wird so lange auf
140—145⁰ erhitzt, bis auch der Kolbenrückstand keine Eisenchloridreaktion zeigt.
Aus den jeweiligen Wasserdampfdestillaten werden die einzelnen Phenole mit
Äther extrahiert und nach erfolgter Destillation als Arylglykolsäuren nach der
im vorhergehenden Abschnitt beschriebenen Methode von Steinkopf und Höpner
identifiziert. Einzelne Phenole, die eine gleiche Spaltungstemperatur der Sulfosäuren und auch sonst ähnliche Eigenschaften aufweisen, werden nach besonderen
Methoden getrennt. So kann man o- und p-Äthyl-phenol über die Bariumsalze
ihrer Sulfosäuren trennen[1], während man eine Mischung von 1,2,3- und 1,4,2-
Xylenol nochmals sulfonieren und die mit Wasser verdünnte Sulfosäure in kaltgesättigte KCl-Lösung eingießen muß, worauf das schwer lösliche Kaliumsalz der
1,4,2-Xylenolsulfosäure in Blättchen ausfällt[2].

Auf diese Weise gelang es Brückner, die Kresole und Xylenole eines
Steinkohlen-Hochtemperaturteeres zum Teil sogar annähernd quantitativ zu
trennen, wobei die Sulfonierung der Phenole mit 75—80 % Ausbeute erfolgte;
so konnten in der Xylenolfraktion 1,2,4-, 1,3,4- und 1,3,5-Xylenol
quantitativ, 1,2,3- und 1,4,2-Xylenol nur qualitativ nachgewiesen

---

[1] Sempotowski: Ber. **22**, 2674 (1889).
[2] Brückner: l. c.; vgl. auch Ges. f. Teerverwertung: D.R.P. 447 540 (1926).

werden, während sich 1,3,2-Xylenol infolge seiner sehr geringen Acidität dem Nachweis entzieht. Im Gegensatz zum Braunkohlenteer konnten Äthylphenole im Steinkohlen-Hochtemperaturteer nicht aufgefunden werden. Bei der Anwendung des Verfahrens auf die niedrigstsiedenden Fraktionen eines Braunkohlengeneratorteeres wurde festgestellt[1], daß bei Abwesenheit oder Überwiegen einzelner Phenole in den Fraktionen die Spaltungstemperaturen der Sulfosäuren verschoben werden; so ging in der phenolfreien Fraktion $190-195^0$ m-Kresol bereits von 110^0 an über, während die Sulfosäure des o-Kresols sich schon wenig über 120^0 zu spalten begann.

ε) Spezielle Abscheidung und Charakterisierung einzelner Phenole (Veresterung, Alkylierung, Bromierung, Nitrierung).

Einige Reaktionen des phenolischen Hydroxyls, wie die Veresterung und Alkylierung, leisten als Hilfsmethoden wertvolle Dienste bei der Trennung, zum Teil auch zur Charakterisierung einzelner Phenole.

Veresterung der Phenole. Hierfür kommt praktisch vor allem die Acetylierung und Benzoylierung in Frage. Sie hat den Vorteil, daß die Acetate und Benzoate, im Gegensatz zu manchen höher siedenden freien Phenolen, sich ohne Zersetzung im Vakuum weitgehend fraktionieren lassen; die Phenole selbst lassen sich aus den Esterfraktionen durch Verseifung leicht und vollständig wiedergewinnen. Acetyliert wird meist mit Acetylchlorid oder Essigsäureanhydrid, benzoyliert mit Benzoylchlorid in alkalischer Lösung. Bezüglich der zahlreichen Methoden sei auf die ausführliche Zusammenstellung von H. Meyer[2] verwiesen.

An Stelle der Essigsäure und Benzoesäure ist neuerdings auch die Borsäure vorgeschlagen worden, die in der Wärme die Phenole quantitativ in die schwerflüchtigen Triborsäureester überführt[3].

Alkylierung der Phenole. Diese dient ebenso wie die Esterbildung dazu, die labile OH-Gruppe höherer Phenolhomologen zu schützen und dadurch eine weitgehende Fraktionierung zu ermöglichen.

Für die Teerphenole ist am besten die von Ullmann und Wenner[4] angegebene Alkylierung mit Dimethylsulfat, da sie bei gewöhnlicher Temperatur und nahezu quantitativ nach folgender Gleichung vor sich geht:

$$R \cdot ONa + SO_2{<}^{OCH_3}_{OCH_3} = R \cdot OCH_3 + SO_2{<}^{ONa}_{OCH_3}.$$

Ein anderes, besonders für empfindliche Phenole geeignetes Alkylierungsmittel, das ebenfalls zu vorzüglichen Ausbeuten führt, ist das Diazomethan[5], das meist in ätherischer Lösung benutzt wird und nach folgender Gleichung reagiert:

$$ROH + CH_2N_2 = ROCH_3 + N_2.$$

Es ist jedoch sehr giftig und muß infolge seiner Zersetzlichkeit jedesmal frisch aus dem käuflichen Nitroso-methylurethan dargestellt werden.

---

[1] J. Herzenberg u. Enver Ali: Unveröffentlichte Versuche.

[2] H. Meyer: Analyse und Konstitutionsermittlung organischer Verbindungen, 4. Aufl., S. 658—669 u. 683—693. Berlin 1922.

[3] H. Schmidt: Chem.-Ztg. **52**, 898 (1928); A. Deppe Söhne und O. Zeitschel: D.R.P. 444640 (1924) und Zus.-Patent 448419 (1924).

[4] Ullmann u. Wenner: Liebigs Ann. **327**, 114 (1903); D.R.P. 122851 (1900).

[5] v. Pechmann: Ber. **28**, 855 (1895).

Der Grad der erreichten Alkylierung, sowie die Anzahl der in der Phenolfraktion bereits vorhandenen Methoxyle wird quantitativ nach der bekannten
Methode von Zeisel bestimmt. Die ihnen zugrunde liegenden, oft mehrwertigen Phenole können durch Entmethylierung der betreffenden Fraktionen (durch längeres Kochen mit überschüssiger 48 %iger HBr *) festgestellt
werden.

Abscheidung einzelner Phenole.

Als Bromderivate. Diese können nur zur Charakterisierung bereits
abgeschiedener, reiner Phenole dienen, da schon geringe Verunreinigungen
den Schmelzpunkt stark herunterdrücken.

Zu ihrer Darstellung werden geringe Mengen des Phenols so lange mit Bromwasser versetzt, bis die gelbe Farbe des Bromwassers bestehen bleibt. Der ausgefallene Niederschlag wird abfiltriert und aus Alkohol umkrystallisiert. Hierbei
erhält man aus Phenol: 2,4,6-Tribromphenol, Schmelzpunkt 92⁰; o-Kresol:
3,5-Dibrom-o-Kresol, Schmelzpunkt 56—57⁰; m-Kresol: 2,4,6-Tribrom-m-Kresol,
Schmelzpunkt 82⁰ (bei Anwendung von überschüssigem feuchtem Brom an
Stelle von Bromwasser erhält man sowohl aus o- wie aus m-Kresol Tetrabrom-
toluchinon $C_7H_2O_2Br_4$ vom Schmelzpunkt 259⁰ **); 1,3,2-Xylenol (mit Brom,
nicht Bromwasser): Tribromxylenol, Schmelzpunkt 175⁰; 1,2,4-Xylenol: Tribromxylenol, Schmelzpunkt 169⁰.

Quantitative Bestimmung von m-Kresol in Kresolgemischen nach Raschig[1].

Bei der Nitrierung der Kresole mit Nitriersäure geht nur m-Kresol in
ein Trinitroprodukt über, während o- und p-Kresol vollständig zu Oxalsäure
oxydiert werden.

Hinsichtlich der Versuchsbedingungen, die zur Erzielung quantitativer
Ergebnisse sehr genau eingehalten werden müssen, sei auf die Original-
literatur verwiesen.

3. Neutrale Sauerstoffverbindungen.

Obgleich die Hauptmenge der Sauerstoffverbindungen des Braunkohlenteeröles auf die sauren Bestandteile, vorwiegend die Phenole, entfällt,
besitzen auch die Neutralöle stets noch einen erheblichen Sauerstoffgehalt — meist 2—3 % —, der auf eine Gesamtmenge von 10—15 % an
Sauerstoffverbindungen schließen läßt. Von diesen Sauerstoffverbindungen
ist bisher nur der kleinere Teil näher untersucht worden, welcher die Ketone,
Alkohole und Ester umfaßt, da die für die Abscheidung dieser Körper-
gruppen allgemein gültigen Trennungsmethoden auch beim Teeröl mit Erfolg
anwendbar sind. Über den Rest, ungefähr $^2/_3$ aller neutralen Sauerstoffverbindungen, können wir nur vermuten, daß er Furanderivate enthält,
die ja als Abbauprodukte der Cellulose zu erwarten sind und auch reichlich
bei der trockenen Destillation des Holzes im Holzgeistöl[2] anfallen. Da aber
die Verhältnisse beim Braunkohlenteeröl erheblich komplizierter als beim
Holzgeistöl sind, ist wenig Aussicht vorhanden, die Furanderivate als solche

---

* C. u. H. Liebermann: Ber. **42**, 1922 (1909).
** F. Bernstein: Diss. Berlin 1913.
[1] Raschig: Ztschr. angew. Chem. **13**, 760 (1900).
[2] H. Pringsheim: ebenda **40**, 1387 (1927); s. auch S. 594.

zu isolieren; vielleicht könnte die von Paal und Dietrich[1] angegebene Methode der Aufspaltung der methylierten Furane mittels sehr verdünnter wässeriger Salzsäure unter Druck bei 170⁰ zu Diketonen bzw. Ketoaldehyden, die z. B. beim symm. Dimethylfuran Acetonylaceton ergibt:

$$\text{CH}_3\text{-furan-CH}_3 + \text{H}_2\text{O} \rightarrow \text{CH}_3 \cdot \text{CO} \cdot \text{CH}_2 \cdot \text{CH}_2 \, \text{CO} \cdot \text{CH}_3,$$

hier zum Ziele führen, da die Ketogruppen als solche oder in Form von Derivaten sich unschwer nachweisen lassen. Diese Methode wurde z. B. mit Erfolg zum Nachweis von Furanderivaten in den Destillationsprodukten des Rohrzuckers[2] sowie im Holzteeröl[3] angewendet.

a) Ketone.

α) Vorkommen in Braunkohlenteer.

Unter den bisher bekannten Sauerstoffverbindungen des Braunkohlenteers sind die auch mengenmäßig überwiegenden, im wesentlichen aliphatischen Ketone, wie Aceton und dessen Homologe, am eingehendsten erforscht worden; cyclische, gesättigte Ketone, wie Cyclopentanon, vielleicht auch Derivate desselben, kommen nur in sehr geringer Menge vor.

Pfaff und Kreutzer[4] fanden durch Bestimmung des Carbonylgehaltes nach der Methode von Strache-Smith[5] und Ermittlung des mittleren Mol.-Gew. der Rohketone folgende Mengenverhältnisse:

Tabelle 111. Gehalt an Ketonen in den einzelnen Fraktionen des Teers[6].

Fraktion	Siedegrenzen ⁰C	Mittleres Mol.-Gew. der Rohketone	%-Gehalt an Ketonen
Braunkohlenteer-Leichtöl	100—220	132	2,2
Treiböl	180—320	188	3,3
Dunkles Paraffinöl . . .	240—400	235	4,5

Auffallend und im Widerspruch mit den Erfahrungen anderer Forscher ist hierbei das starke Ansteigen des Ketongehaltes mit ansteigendem Fraktionssiedepunkt.

Der Größenordnung nach fanden Herzenberg und v. Winterfeld[7] bei den Ketonen eines Braunkohlengasbenzins ähnliche Zahlen für aliphatische und gemischte Ketone; Cyclopentanon war dagegen nur in geringerer Menge anwesend (s. Tabelle 112).

---

[1] Paal u. Dietrich: Ber. **20**, 1085 (1887).
[2] E. Fischer u. Laycock: ebenda **22**, 101 (1889).
[3] Harries: ebenda **31**, 37 (1898).
[4] Pfaff u. Kreutzer: Ztschr. angew. Chem. **36**, 438 (1923).
[5] Siehe S. 498.
[6] Aldehyde waren bisher nicht nachweisbar; ihr Vorkommen ist auch wegen ihrer leichten Oxydierbarkeit wenig wahrscheinlich.
[7] Herzenberg u. v. Winterfeld: Ber. **64**, 1025 (1931); v. Winterfeld: Diss. Universität Berlin 1930.

Tabelle 112. Gehalt an Ketonen nach Herzenberg und v. Winterfeld.

Siedegrenzen der Fraktion ^{0}C	Gehalt an Roh-ketonen %	Schmelzpunkt des reinen Semicarbazons ^{0}C	Nachgewiesenes Keton
144—151	2,1	115—116	n-Amyl-äthyl-keton
167—170	1,1	121—122	n-Hexyl-methyl-keton
70— 75 (50 mm)	1,3	121—122	n-Hexyl-methyl-keton
86— 89 (50 mm)	1,9	196—197	Acetophenon
119—123 (50 mm)	0,2	Schmp. der Dianisal-verbindung 215^0	Cyclopentanon

β) Bildung der Ketone bei der Schwelung.

Nach dem bekannten Vorgang der Ketonbildung beim Überhitzen höherer Fettsäuren und ihrer Salze[1] ist anzunehmen, daß die aliphatischen Ketone bei der Schwelung durch thermischen Zerfall von Säuren, Salzen und Estern des Wachsbitumens entstehen. Die Bildung des Acetophenons und der gesättigten und ungesättigten cyclischen Ketone ist schwieriger zu deuten, wahrscheinlich — ebenso wie bei den ringförmigen Kohlenwasserstoffen — durch thermischen Abbau des Harzbitumens. Umgekehrt können diese Ketone möglicherweise auch durch Aufbau aus niedermolekularen, aliphatischen Ketonen entstehen, da sich bei der Zersetzung des Acetons unter Druck bei 350—500^0 neben acyclischen Ketonen und Mesitylen auch ungesättigte, cyclische Ketone, wie Isophoron und Xyliton, bilden[2].

γ) Quantitative Bestimmung der Gesamtketone.

Die einzige genaue Methode, die von Strache[3] angegebene Bestimmung des Carbonylsauerstoffes, wird am besten in der Modifikation von Kaufler und Smith[4] ausgeführt.

Das Verfahren beruht darauf, daß Phenylhydrazin durch siedende Fehlingsche Lösung nach der Gleichung:

$$C_6H_5NHNH_2 + O = C_6H_6 + N_2 + H_2O$$

zu Benzol, Stickstoff und Wasser oxydiert wird, während Phenylhydrazone nicht angegriffen werden. Aus dem Volumen des aus einem Gemisch von Phenylhydrazon mit überschüssigem Phenylhydrazin entwickelten Stickstoffs kann man somit den Überschuß an letzterem und hieraus die zur Bindung der Carbonyle verbrauchte Phenylhydrazinmenge und die entsprechende Menge Carbonylsauerstoff berechnen.

Für die Ketonbestimmung in Braunkohlenteer arbeitet man wie folgt[5]:

Je 0,2—0,4 g freies Phenylhydrazin werden 1. in 4—8 g des zu untersuchenden Öles, 2. in reinem Xylol (Blindprobe) gelöst. Beide Lösungen werden $^1/_2$ h auf dem Wasserbade erwärmt und 24 h stehen gelassen. Dann wird zuerst die Blindprobe in einen mit Gas-Zu- und -Ableitungsrohr versehenen Kolben übergeführt, aus welchem die Luft durch CO_2 verdrängt ist[6]. Hierauf werden je 100 ccm

[1] Grün u. Wirth: Ber. **53**, 1301 (1920).

[2] W. N. Ipatiew u. A. D. Petrow: ebenda **60**, 753, 1956 (1927).

[3] Strache: Monatsh. Chem. **12**, 524 (1891); **13**, 299 (1892); s. Hans Meyer: Analyse und Konstitutionsermittlung, 4. Aufl., S. 841. 1922.

[4] Kaufler u. Smith: Chem. News **93**, 83 (1906); Hans Meyer: l. c., S. 844.

[5] Kreutzer: Ztschr. angew. Chem. **36**, 437 (1923).

[6] Näheres über die von Strache bzw. Kaufler u. Smith angegebenen Apparaturen s. bei H. Meyer: l. c.

siedende Fehlingsche Lösung zugefügt; nach Beendigung der Reaktion wird der entstandene N_2 mit CO_2 in ein Azotometer übergetrieben und gemessen. Ebenso verfährt man gleich darauf mit der ölhaltigen Probe.

Die Differenz der beim Blindversuch entwickelten Stickstoffmenge (theoretisch 20,73 ccm bei 0^0 und 760 mm aus 0,1 g reinem Phenylhydrazin) gegenüber der beim eigentlichen Versuch tatsächlich entwickelten Stickstoffmenge entspricht dem zur Hydrazonbildung verbrauchten Phenylhydrazin. Um hieraus den wahren Ketongehalt des Öles zu ermitteln, müßte man das (mittlere) Mol.-Gew. der Ketone kennen; dies kann annäherungsweise dem mittleren Mol.-Gew. der entsprechenden Teerölfraktion gleichgesetzt werden.

Nach A. Grün[1] werden in Oxydationsprodukten von Paraffin, welche neben wenig Kohlenwasserstoffen höhere Alkohole und Ketone enthalten, letztere durch Reduktion des Gemisches mit Natrium und Amylalkohol in die Alkohole übergeführt. Durch Acetylierung des erhaltenen Gemisches erhält man die in Essigsäure-anhydrid leicht löslichen Ester, während die hochmolekularen, meist gesättigten Kohlenwasserstoffe ungelöst zurückbleiben. Die gleiche Reaktion kann man nach Grün titrimetrisch ausnützen, indem man die Acetylzahl des nicht hydrierten und des hydrierten Produktes bestimmt; die Differenz der Acetylzahlen läßt einen gewissen Schluß auf den Gehalt an Ketonen zu.

Für die Untersuchung von Braunkohlenteeren und deren Destillaten auf ihren Ketongehalt dürfte dieses titrimetrische Verfahren nicht empfehlenswert sein, weil die Braunkohlenteer-Neutralöle stets noch kleine Mengen Phenole mit hohen Acetylzahlen enthalten; hierdurch wird eine auch nur annähernde Berechnung des Ketongehalts unmöglich[2].

δ) Abscheidung der Ketone und Konstitutionserforschung.

Die hier in Frage kommenden allgemeinen Methoden der Ketonbestimmung beruhen auf der Reaktion der Carbonylgruppe als der leichtestbeweglichen. Die besten Ausbeuten und die reinsten Produkte erhält man zweifellos durch die Abscheidung der Rohketone in Form ihrer Phenylhydrazone. Die anderen, im folgenden zu besprechenden Arbeitsweisen sind nur für die Isolierung gewisser Gruppen von Ketonen mit Vorteil zu verwenden, manche von ihnen nur zur Erkennung bestimmter Ketone.

Isolierung als Oxoniumverbindungen.

Durch mäßig konz. Schwefelsäure kann man aus Teerbenzinen Aceton und seine Homologen in Form der wenig beständigen Oxoniumsalze abscheiden, die schon durch Wasser leicht zerlegt werden.

So erhielt Weißgerber[3] aus 1000 kg Steinkohlenteer-Schwerbenzol durch Behandlung (Schütteln oder Rühren) mit 4% Schwefelsäure von 60^0 Bé (78%) etwa 700 ccm (= 0,07%) säurelösliches Öl. Durch Eingießen in Wasser oder Destillation mit Wasserdampf können aus der sauren Lösung die Rohketone abgeschieden und durch Überführen in die Phenylhydrazone oder Semicarbazone weiter gereinigt werden.

Ein Nachteil dieser Methode ist die Verunreinigung der Rohketone durch andere sauerstoffhaltige Verbindungen (Ester usw.) sowie durch Schwefelverbindungen, die in analoger Weise Sulfoniumverbindungen bilden können; bei Braunkohlenteerölen[4] kommt überdies die Einwirkung der Schwefelsäure auf die ungesättigten Kohlenwasserstoffe hinzu, die teils unter Bildung

---

[1] A. Grün: Ber. **53**, 994 (1920); s. auch Marcusson u. Picard: Ztschr. angew. Chem. **34**, 201 (1921); **37**, 35 (1924).

[2] Holde: Ber. **59**, 1730 (1926); s. auch Pfaff u. Kreutzer: l. c.

[3] Weißgerber: Ber. **36**, 754 (1903). [4] Heusler: ebenda **28**, 494 (1895).

saurer Ester, teils unter Polymerisation einhergeht (s. S. 510) und die Reindarstellung der Ketone auf diesem Wege sehr erschwert.

Erheblich bessere Ergebnisse, insbesondere bei den stark ungesättigten
Braunkohlenteerölen gibt die auf demselben Prinzip beruhende Methode
der Einwirkung von gesättigter Ferrocyanwasserstoffsäure-
Lösung auf die neutralen Teeröle[1]. Die Abscheidung der Ketone ist vollständiger, da die ausgeschiedenen Ferrocyanate fest, gut filtrierbar und
auswaschbar sind; auch wirkt die Ferrocyanwasserstoffsäure nicht auf die
ungesättigten Kohlenwasserstoffe ein, abgesehen von dem in gewissen
Fraktionen vorkommenden Azulen, das als einzige bisher bekannte Ausnahme ein farbloses Ferrocyanat bildet.

Zur Darstellung der Säurelösung wird eine kaltgesättigte Lösung von Ferrocyankalium mit der berechneten Menge konz. HCl versetzt und die ausgefällte
Ferrocyanwasserstoffsäure durch Zugabe der notwendigen Menge Wasser wieder
in Lösung gebracht. Mit dieser Lösung werden die Öle mehrmals (3—4mal) auf der
Maschine geschüttelt; die ausfallenden, hellroten Niederschläge werden abgesaugt,
mit verdünnter HCl und wenig Wasser gewaschen, durch Extraktion mit Petroläther vom anhängenden Öl befreit und bei Zimmertemperatur im Vakuumexsiccator
getrocknet. Die Ausbeuten schwanken sehr, je nach der behandelten Fraktion;
bei den zwischen 70 und 150⁰ (12 mm) siedenden Neutralölfraktionen eines Braun-
kohlengeneratorteers betrugen sie zwischen 3 und 13%.

Die Aufspaltung der Ferrocyanate kann zum Teil bereits durch Extraktion
mit Äther erfolgen, wobei die labilsten Ferrocyanate sich mit dem Äther umsetzen
unter Bildung des stabilen Ätherferrocyanats; vollständig erfolgt sie beim Schütteln
derselben mit 5%iger Alkalilauge und Aufnehmen des in Freiheit gesetzten Öles
mit Äther.

Die Ausbeute an Öl beträgt im Durchschnitt 10—16% des Ferrocyanats,
doch ist sie mitunter viel höher; so stieg sie bei dem aus Fraktion 73—82⁰
(12 mm) gewonnenen Ferrocyanat auf 35% desselben. Die so gewonnenen
Öle stellen Gemische von Ketonen, Estern und Alkoholen dar, von denen
die Ketone den weitaus größten Teil ausmachen, da sie fast völlig in die
Oxoniumverbindung übergehen, während Ester und Alkohole nur zum Teil
aufgenommen werden.

Aus den so gewonnenen Ferrocyanatölen konnten 5 Ketone in Form ihrer
Semicarbazone rein dargestellt werden. Das aus der Fraktion 54—68⁰ (12 mm)
isolierte cyclische Keton besaß die Formel $C_8H_{12}O$, war jedoch nicht identisch
mit dem von Wallach synthetisch gewonnenen Tetrahydro-acetophenon, während
aus den höher siedenden Fraktionen des Teeröles 4 isomere Ketone der Formel
$C_7H_{10}O$ erhalten wurden, deren Semicarbazone sich in ihren Schmelzpunkten
nicht bedeutend, in ihrer Löslichkeit jedoch erheblich unterschieden.

Den Formeln zufolge, wie sie unzweideutig aus den Analysenergebnissen
hervorgehen, handelt es sich durchweg um einfach ungesättigte cyclische
Ketone, doch waren die erhaltenen Mengen an Semicarbazonen zu gering,
als daß sich entscheiden ließ, ob Cyclopentenone oder Cyclohexenone vorlagen.

Abscheidung der Ketone als Natriumbisulfit-Additions-
verbindungen.

Dieses Verfahren eignet sich nur zur quantitativen Abscheidung der
niedrigstmolekularen Ketone, Aceton und Butanon, aus den leichten Teer-
benzinfraktionen, da die höhermolekularen Ketone infolge abnehmender

---

[1] Herzenberg u. v. Winterfeld: Ber. **64**, 1025, 1036, 1911 (1931).

Bildungsgeschwindigkeit der Bisulfitverbindung nur sehr unvollständige Fällungen geben und manche cyclischen Ketone, z. B. das in allen Teerölen vorkommende Acetophenon, überhaupt keine Bisulfitverbindungen bilden.

Die auf Aceton zu prüfende Benzinfraktion wird mit konz. Bisulfitlauge ausgeschüttelt, bis eine Probe des Auszuges mit einer wässerigen Lösung von salzsaurem p-Nitrophenylhydrazin keine Hydrazonfällung mehr ergibt. Aus dem mit Soda zersetzten Bisulfitauszug werden die rohen Ketone mittels Wasserdampf übergetrieben, bis das übergehende Wasser nicht mehr mit p-Nitrophenylhydrazin reagiert, das Destillat wird an einer kleinen Kolonne rektifiziert, und die Ketone werden durch Überführung in die Nitrophenylhydrazone oder Semicarbazone gereinigt.

Auf diese Weise stellten Krollpfeifer und Seebaum[1] in den leichtsiedenden Anteilen eines Steinkohlengasbenzins aus Drehtrommelurteer insgesamt 0,8 % Aceton und Butanon fest.

Isolierung der Ketone mit Phenylhydrazin.

Das beste Verfahren zur Isolierung und Reindarstellung der in den niedrigen und mittleren Fraktionen der Teeröle enthaltenen Ketone besteht in der direkten Einwirkung von Phenylhydrazin auf die Neutralölfraktionen. Diese, zuerst von Weißgerber[2] für die Abscheidung der Rohketone aus den Urteerölen vorgeschlagene Methode wurde in der Folge von Herzenberg und v. Winterfeld[3] zu einer eingehenden Untersuchung der im Braunkohlengasbenzin vorhandenen Ketone angewandt.

Zu 2 kg der zwischen 144 und 151⁰ siedenden, neutralen Benzinfraktion wurden 85 g Phenylhydrazin (Überschuß!) hinzugefügt. Die Phenylhydrazonbildung trat unter Erwärmung und Wasserausscheidung rasch ein. Zur Vervollständigung der Reaktion wurde 2—3 h auf dem Wasserbade erwärmt und sodann das unangegriffene Öl im Vakuum abdestilliert. Der dickflüssige braune Rückstand wurde mit 200 ccm verdünnter HCl zersetzt; die in Freiheit gesetzten Ketone wurden zur Vermeidung von Zersetzungen bei längerem Einwirken der Salzsäure mit Wasserdampf rasch übergetrieben und mit Äther aufgenommen; das nach Verdampfen des Äthers verbleibende hellgelbe Öl wurde im Vakuum destilliert und die zwischen 54 und 64⁰ (18 mm) übergehende Ketonfraktion (32 g) mit 50 g Semicarbazidacetat (frisch bereitet durch Zusammengießen einer gesättigten wässerigen Lösung von Semicarbazidhydrochlorid und einer gesättigten Lösung von Kaliumacetat in Alkohol und Filtration des abgeschiedenen KCl) 1/2 h auf dem Wasserbade erwärmt.

Nach dem Abdampfen des Alkohols schied sich eine zunächst noch ölige Krystallmasse aus, die durch Petroläther vom anhängenden Öl befreit wurde und nach mehrmaligem Umkrystallisieren konstant bei 116⁰ schmolz. Das aus dem Semicarbazon durch Erwärmen mit gesättigter Oxalsäurelösung in Freiheit gesetzte Keton war der Analyse nach ein Octanon. Bei dem oxydativen Abbau des Ketons mittels Chromsäure zum Zwecke der Konstitutionsermittlung wurde in größerer Menge Valeriansäure erhalten, woraus auf das Vorhandensein eines Amyläthyl-Ketons geschlossen wurde. Diese Annahme konnte durch die Synthese dieses Ketons aus Caprylsäurechlorid und Zinkäthyl bewiesen werden.

In ähnlicher Weise wurde aus der Neutralölfraktion 167—170⁰ ein isomeres Octanon isoliert, dem die Konstitution eines Methyl-n-hexyl-ketons zukommen dürfte, während aus den höheren Fraktionen reichliche Mengen von Acetophenon-phenylhydrazon sich abschieden; das Acetophenon ließ sich durch sein charakteristisches, schwerlösliches, sich sofort unter Wärmeentwicklung abscheidendes Semicarbazon identifizieren.

[1] Krollpfeifer u. Seebaum: Journ. prakt. Chem. **227**, 131 (1928).
[2] Weißgerber: Brennstoff-Chem. **4**, 51 (1923).
[3] Herzenberg u. v. Winterfeld: Ber. **64**, 1025 (1931).

Außer diesen allgemeinen Methoden kommen für die Abscheidung einzelner Ketone, wie des Cyclopentanons, folgende speziellen Methoden in Frage:

Nachweis des Cyclopentanons im Gasbenzin mittels der Dianisalverbindung[1].

40 g der Fraktion 120—125⁰ werden mit einer Lösung von 5 g Anisaldehyd in 30 ccm Alkohol versetzt und 1,5 ccm verdünnter Natronlauge zugefügt. Bei Anwesenheit von Cyclopentanon scheidet sich das Dianisalcyclopentanon in gelbgrünen Blättchen aus, die nach mehrmaligem Umkrystallisieren den Schmp. 215⁰ zeigen.

Nachweis von Methyläthylketon durch Überführung in Trional[2] und in das p-Nitrophenylhydrazon.

1 l Braunkohlenteerbenzin (Kp. < 100⁰) wurde mit Wasser geschüttelt und der wässerige filtrierte Auszug destilliert. Das bei 90—99⁰ siedende, ketonartig riechende Produkt (20 ccm) gab, mit fester Pottasche entwässert und destilliert, 3 Fraktionen: 1. 80—90⁰, 2. 90—100⁰, Rest bis 130⁰. Fraktion 80—90⁰ gab mit Phenylhydrazin unter starker Erwärmung und Wasserabscheidung ein öliges Hydrazon. Die Hauptmenge der Fraktion (7 ccm) gab mit 10 ccm Äthylmercaptan und Salzsäure unter reichlicher Wasserabscheidung ein Mercaptol, das, nach Baumann mit Permanganat oxydiert, nach Abfiltrieren des Braunsteins und Ausschütteln mit Äther 0,2 g Diäthylsulfonmethyläthylmethan (Trional)

$$\begin{array}{c}C_2H_5\\CH_3\end{array}\!\!>\!C\!<\!\!\begin{array}{c}SO_2 \cdot C_2H_5\\SO_2 \cdot C_2H_5\end{array}$$

vom Schmelzpunkt 70—85⁰ lieferte. Trional entsteht aus Methyläthylketon und Äthylmercaptan[3], so daß ersteres im Braunkohlenteer nachgewiesen war.

Methyläthylketon (Butanon) gibt mit p-Nitrophenylhydrazin, in je 2 ccm Eisessig gelöst und schwach erwärmt, krystallinische gelbbraune Nadeln des p-Nitrophenylhydrazons, die nach dem Umkrystallisieren aus 50%igem Alkohol bei 120⁰ schmelzen.

b) Alkohole und Ester.

Die Menge der in den Braunkohlenteerölen (und auch in anderen Teerölen) vorkommenden freien und in Esterform gebundenen Alkohole ist so gering, daß sie weder bei der Beurteilung der Teeröle und ihrer Eigenschaften, noch bei der technischen Verwertung derselben eine nennenswerte Rolle spielen. Gegebenenfalls kommen folgende Bestimmungsmethoden in Betracht:

α) Titrimetrische und volumetrische Bestimmung.

Die Verseifungszahl des Neutralöls selbst (Bestimmung in dunklen Ölen s. S. 112) gestattet keine irgendwie genaue Schätzung der darin enthaltenen Menge an Estern. Das Vorkommen von Anhydriden und Lactonen im Neutralöl ist wenig wahrscheinlich (infolge der Verschwelung bei Gegenwart von Wasserdampf und der Behandlung der Teeröle mit Lauge).

Die absoluten Werte der Verseifungszahlen sind sehr klein, entsprechend dem geringen Gehalt der Öle an Estern; so zeigten die von 110—160⁰ (12 mm) siedenden Fraktionen eines Generatorteer-Neutralöls Verseifungszahlen von 1,5—3,0. Der Gehalt an Estern scheint somit mit steigendem Siedepunkt

---

[1] Vorländer u. Görnandt: Ztschr. angew. Chem. **39**, 1116 (1926).

[2] Fr. Heusler: Ber. **28**, 494 (1895).

[3] Baumann u. Kast: Ztschr. physiol. Chem. **14**, 63 (1889/90).

der Fraktion relativ stark zuzunehmen. Durch Ausschütteln der Öle mit
Ferrocyanwasserstoffsäure werden die Alkohole wie auch die Ester
nur zum Teil entfernt.

Unter Zugrundelegung der Verseifungszahl kann man auch das Alkaliäquivalent
für den Gehalt an freien Alkoholen bestimmen, indem man das Neutralöl acetyliert
und aus der Differenz der Verseifungszahlen vor (VZ.) und nach der Acetylierung
(AVZ.) die Hydroxylzahl nach folgender Formel berechnet (vgl. S. 782):

$$\text{OH-Z.} = \frac{\text{AVZ.—VZ.}}{1 - 0{,}00075 \cdot \text{AVZ.}}.$$

Der Prozentgehalt des Öles an Alkoholen vom mittleren Äquiv.-Gew. M wird
dann OH-Z. $\cdot M/561{,}1$.

Da die Bestimmung des mittleren Äquiv.-Gew. der Alkohole aber meist nicht
möglich ist, kann, bei Annahme einwertiger Alkohole, nur die äquivalente Menge
KOH als Maß für den Gehalt an Alkoholen dienen. Doch kann bei diesem Verfahren durch die schwer auszuschließende Gegenwart geringer Mengen Phenole
im Neutralöl die Anwesenheit von Alkoholen mitunter vorgetäuscht werden.
Ähnliche Bedenken dürften auch gegen die, bei Teeruntersuchungen noch nicht
praktisch erprobte, in der Ausführung allerdings wesentlich einfachere Acetylierungs-
methode von Verley und Bölsing[1] (S. 785) geltend zu machen sein, wie überhaupt gegen jede indirekte Methode, bei welcher die Alkohole nicht in Substanz
abgeschieden werden.

Relativ gute Ergebnisse liefert die — ebenfalls indirekte — volumetrische
Methode von Tschugaeff und Zerewitinoff[2], bei welcher die durch die
Einwirkung von CH_3MgJ (Grignard-Reagens) auf Alkohole nach der
Gleichung:

$$ROH + CH_3MgJ = ROMgJ + CH_4$$

entwickelte Methanmenge gemessen wird; auch dieses Reagens wirkt aber
auf jede Art von aktivem Wasserstoff ein, gestattet also keine Unterscheidung
zwischen Alkoholen und Phenolen.

Da das Verfahren in der Braunkohlenteeruntersuchung bisher kaum
benutzt wird, sei von einer näheren Beschreibung abgesehen[3].

β) Gravimetrische Bestimmung.

Eine direkte Abscheidung der freien Alkohole des Neutralöls nach den
bekannten Methoden, z. B. mit Phenylisocyanat, dürfte infolge der
geringen Mengen kaum durchführbar sein; aber auch die Erfassung aller
freien und als Ester gebundenen Alkohole ist nur dort mit Aussicht auf
Erfolg durchführbar, wo die Bestimmung der OH-Z. und VZ. entsprechende
Mengen erkennen läßt, was bei Teerölen im allgemeinen nicht der Fall
sein wird.

Es sei daher auf das für diesen Zweck von K. Stephan[4] angegebene
Verfahren der Veresterung der Alkohole mittels Phthalsäureanhydrid an dieser Stelle nur hingewiesen.

Eine Bestimmung der freien Alkohole allein ließe sich durchführen, indem man
die nach Tschugaeff erhaltenen Alkylmagnesiumjodidfällungen der Alkohole

---

[1] Verley u. Bölsing: Ber. **34**, 3354 (1901).

[2] Tschugaeff u. Zerewitinoff: ebenda **40**, 2023 (1907); **41**, 2223 (1908);
43, 3590 (1910); **47**, 1659 (1914).

[3] Ausführliche Beschreibung s. bei Hans Meyer: Analyse und Konstitutionsermittlung, 4. Aufl. 1922.

[4] K. Stephan: Journ. prakt. Chem. [2] **60**, 248 (1899); **62**, 523 (1900); Semmler
u. Barthelt: Ber. **40**, 1365 (1907).

unter Abschluß von Feuchtigkeit absaugt, mit Äther nachwäscht, mit Wasser oder verdünnter NaOH zerlegt und die in Freiheit gesetzten Alkohole mit Wasserdampf übertreibt.

4. Schwefelverbindungen.

Die Frage nach der Entstehung der Schwefelverbindungen ist bei den Braunkohlenteeren noch schwieriger zu beantworten als bei den Erdölen, weil es sich bei den Teeren um Sekundärprodukte handelt, die sich bei der thermischen Zersetzung der Kohlen bilden, wobei es zweifellos neben direkten Aufspaltungen der ursprünglichen Substanz auch zu Kondensationen, Ringschließungen usw. kommt. Hierauf dürfte auch das reichliche Vorkommen der bei der Einwirkung von H_2S bzw. Sulfiden auf aliphatische Verbindungen leicht entstehenden, thermischen Einflüssen gegenüber sehr beständigen Thiophene in den Teerölen zurückzuführen sein[1].

Diese Thiophenverbindungen, die verhältnismäßig leicht abtrennbar und daher bisher als einzige Schwefelverbindungen der Teeröle näher erforscht sind, bilden aber nicht, wie gelegentlich vermutet, deren Hauptbestandteil; so schätzen Pfaff und Kreutzer[2] den Gehalt der Toluolfraktion eines Braunkohlenbenzins auf 3% Thiotolen, während der S-Gehalt (4%) dieser Fraktion auf einen Gesamtgehalt an Schwefelverbindungen von etwa 12% schließen ließe.

Quantitativ werden freier Schwefel, H_2S, Mercaptane, Sulfide und Disulfide nach Faragher, Morrell und Monroe (s. S. 218) bestimmt. Nach dieser Methode fand F. Frank[3] in einem Werschen-Weißenfelser Braunkohlenbenzin (1,14% S) z. B.

Elementaren S	Mercaptan-S	Disulfid-S	Thioäther-S
% 0,08	0,06	0,25	0,03

insgesamt also 0,42% S; der Rest von 0,72% dürfte hauptsächlich auf die nach dieser Methode nicht erfaßten Thiophene entfallen.

Nachweis und Abscheidung der Thiophene.

a) Qualitativ

sind Thiophene bei stark ungesättigten Ölen, wie Teerölen, nur unsicher nachweisbar, da der Nachweis im wesentlichen nur auf charakteristischen, durch ungesättigte Stoffe leicht gestörten Farbreaktionen beruht. Er gelingt bei Braunkohlenbenzinen nach Heusler[4] erst nach Entfernung des größten Teiles der Ketone und Olefine bzw. Cycloolefine, z. B. durch fraktionierte

---

[1] Die gleiche Entstehungsursache nehmen z. B. Scheibler u. Rettig: Ber. **59**, 1198 (1926) für den hohen Gehalt der Ichthyolöle (S.547) an Thiophenverbindungen an, da sich in den bituminösen Schiefern sehr fein verteilter Schwefelkies findet. Der S-Gehalt der Kohlen selbst sollte nach Kraemer u. Spilker: Ber. **35**, 1223 (1902), auf Einwirkung schwefelhaltiger Bakterien, z. B. Spirillium desulfuricans, zurückzuführen sein, und tatsächlich sind in Kohlenflözen sowohl aerobe wie auch anaerobe Bakterien nachgewiesen worden [R. Lieske u. E. Hofmann: Brennstoff-Chem. **9**, 174, 282 (1928)]. Vieles spricht aber dafür, daß auch der in den Eiweißstoffen des ursprünglichen Pflanzenmaterials enthaltene Schwefel (ebenso wie der Stickstoff) in veränderter Form während des Inkohlungsprozesses erhalten geblieben ist.

[2] Pfaff u. Kreutzer: Ztschr. angew. Chem. **36**, 437 (1923).

[3] F. Frank: Braunkohle **26**, 555 (1927).   [4] Heusler: Ber. **28**, 494 (1895).

Bromierung in ätherischer Lösung oder durch kurzes Ausschütteln mit 85%iger H_2SO_4. Die dann anwendbaren charakteristischen Farbreaktionen der Thiophene sind:

1. Die Reaktion von V. Meyer u. Stadler[1]: Rotfärbung auf Zusatz eines Tropfens alkoholischer Kalilauge zur alkoholischen Lösung des thiophenhaltigen Öles.

2. Indopheninreaktion, s. S. 576.

3. Die Laubenheimersche Reaktion, beruhend auf der Bildung eines smaragdgrünen Farbstoffes beim Zusammenbringen der thiophenhaltigen Destillate mit Phenanthrenchinon und H_2SO_4 (besonders in $CHCl_3$-Lösung gut erkennbar).

Bei den mittleren Fraktionen der Braunkohlenteerneutralöle lassen sich diese Reaktionen erst nach Entfärbung der Neutralöle durch Destillation über Natrium ausführen; bei den höheren Fraktionen werden sie undurchführbar in dem Maße, wie das intensiv blau gefärbte Azulen auftritt.

b) Abscheidung der Thiophene.

α) Als Komplexverbindung mit Quecksilbersalzen. Der Nachweis der Thiophene in den Teerölen mittels der Komplexverbindungen von Quecksilbersalzen ist darum unsicher, weil bei der Ausfällung der Thiophene mit Quecksilberacetat bzw. $HgCl_2$ auch die ungesättigten Kohlenwasserstoffe und nicht thiophenartige gesättigte und ungesättigte Schwefelverbindungen dieser Teeröle mit Mercurisalzen reagieren, und zwar die Olefine unter Bildung von Anlagerungsverbindungen, die cyclischen ungesättigten Kohlenwasserstoffe unter Oxydation und Abscheidung von Mercurosalzen[2].

Nach Steinkopf und Bauermeister[3] kann die Fällung der Additionsverbindung mit Thiophen auch durch sterische Behinderung sehr erschwert werden oder ganz ausbleiben, wenn gewisse Wasserstoffatome des Thiophens durch Alkylgruppen ersetzt sind. Dies dürfte auch der Grund sein, weshalb S. Ruhemann und E. Rosenthal[4] bei einem Braunkohlenteeröl (Kp_{12}: $83—85^0$) mit Mercuriacetat nur eine geringe Abnahme des Schwefelgehaltes erzielen konnten. Hingegen konnte H. Scheibler[5] aus einem französischen Ichthyolöl, das allerdings zur Hälfte aus Schwefelverbindungen bestand, die Hauptmenge der Thiophene in Form von Additionsverbindungen mit Mercurichlorid abscheiden, nachdem er die labilen Kohlenwasserstoffe durch Destillation über Natrium und die letzten Ketonanteile durch Umwandlung in tertiäre Alkohole mittels Magnesiumhalogenalkyl und nachfolgende Natriumdestillation entfernt hatte.

Zur Fällung der Quecksilberverbindung wurde 1 g der Fraktion $130—140^0$ in 40 ccm Alkohol gelöst und mit 37 g einer gesättigten alkoholischen $HgCl_2$-Lösung versetzt. Nach 20std. Stehen setzten sich 0,55 g eines krystallinischen Körpers am Boden ab, der nur zum Teil in siedendem Alkohol löslich war. Nach Umkrystallisieren wurden 0,15 g vom Schmp. $189—193^0$ erhalten, nach Scheiblers Annahme 3-Monoquecksilberchlorid-2-oxy-dihydro-2,5-thioxen, das, aus reinem α-α'-Dimethylthiophen hergestellt, bei $186—187^0$ schmilzt[6].

β) Sicher und einwandfrei ist hingegen die Abscheidung der Thiophene als Acetothiënone, obgleich auch diese nicht quantitativ erfolgt. So schätzen Pfaff und Kreutzer[7] die durch Einwirkung von Acetylchlorid und P_2O_5 auf die Toluolfraktion der Teeröle erfaßte Menge des α-Thiotolens

---

[1] V. Meyer u. Stadler: Ber. **17**, 2778 (1884).   [2] Siehe S. 513.

[3] Steinkopf u. Bauermeister: Liebigs Ann. **403**, 50 (1913); Steinkopf: ebenda **424**, 23 (1921).

[4] S. Ruhemann u. E. Rosenthal: Ztschr. angew. Chem. **36**, 154 (1923).

[5] H. Scheibler: Ber. **48**, 1815 (1915).

[6] Steinkopf u. Bauermeister: a. a. O.

[7] Pfaff u. Kreutzer: Ztschr. angew. Chem. **36**, 437 (1923).

(α-Methyl-thiophen) auf etwa 25% der Gesamtschwefelverbindungen dieser Fraktion, sie halten jedoch den wahren Thiotolengehalt für erheblich größer.

Die Kondensation mit Acetylchlorid und Aluminiumchlorid, von H. Scheibler[1] zur Abscheidung der Thiophene aus schwefelreichen Ichthyolölen (4,5—6,7% S) benutzt, beruht darauf, daß die Thiophene sich mit Acetylchlorid und $AlCl_3$ bedeutend schneller als die aromatischen Kohlenwasserstoffe zu Ketonen kondensieren. Man behandelt das thiophenhaltige Gemisch zunächst mit einer unzureichenden Menge Acetylchlorid (bei Gegenwart von $AlCl_3$) bei niederer Temperatur und wiederholt dies 2—3mal nach jedesmaliger Abtrennung der ausgeschiedenen $AlCl_3$-Doppelverbindungen. Z. B. verfuhr Scheibler bei einem Schieferteeröl vom Achensee (Tirol) wie folgt:

500 g Öl wurden nach der üblichen Waschung mit verdünnter Säure und Lauge mit metallischem Natrium auf 100° erwärmt; hierauf wurde NH_3 eingeleitet, wobei sich — in statu nascendi besonders wirksames — Natriumamid bildete. Nach sorgfältiger Fraktionierung des mit Natriumamid behandelten Neutralöles wurde jede Fraktion mit der doppelten Menge Petroläther verdünnt und mit nur etwa 50% der theoretisch berechneten Mengen Acetylchlorid und $AlCl_3$ behandelt. Zur Feststellung dieser Mengen wurde der gesamte S-Gehalt jeder Fraktion bestimmt und auf die ihm entsprechende Menge des bei den Siedegrenzen der betreffenden Fraktion in Frage kommenden Thiophenhomologen umgerechnet. Auf 5 Gewichtsteile Thiophenverbindung wurden dann 2 Teile Acetylchlorid und 3 Teile $AlCl_3$ angewendet. Nach 3std. Stehen, anfangs in Eis, später bei gewöhnlicher Temperatur, wurde die Flüssigkeit von dem rotbraunen Bodensatz abgegossen und die $AlCl_3$-Doppelverbindung mit Eis versetzt. Die abgeschiedenen Acetothiënone wurden mit Petroläther aufgenommen, mit Sodalösung und Wasser gewaschen und nach Abdestillieren des Petroläthers mehrmals fraktioniert.

Die Herstellung der Oxime, Semicarbazone und Phenylhydrazone der Acetothiënone führte zu nur schwer krystallisierenden Produkten mit unscharfen Schmelzpunkten. Besser geeignet waren die p-Nitrophenylhydrazone, die auch bei den Isomeren beträchtliche Schmelzpunktsunterschiede zeigten.

Die einzelnen Acetothiënon-Fraktionen wurden daher mit einer alkoholischen Lösung von p-Nitrophenylhydrazin versetzt (auf 1 g Acetylverbindung 1 g Hydrazin), 24 h gekocht, die Lösungen eingeengt und über Nacht der Krystallisation überlassen. So wurden isoliert:
aus Fraktion 100—120° n-Propyl-3-Thiophen (Schmelzpunkt des Acetothiënon-p-Nitrophenylhydrazons 170/171°)
aus Fraktion 120—130° und 130—135° i-Propyl-2-Thiophen (dgl. 197/198°)
aus Fraktion 159—165° n-Butyl-2-Thiophen (dgl. 163/164°).
Mischungen der so erhaltenen Nitrophenylhydrazone mit denen der Acetothiënone, welche aus den entsprechenden synthetisch hergestellten Thiophenen gewonnen worden waren, zeigten keine Schmelzpunktsdepressionen. Doch konnten nur aus den bis 200° siedenden Fraktionen des Teeröles krystallisierte Nitrophenylhydrazone gewonnen werden.

Kondensation mit Acetylchlorid und P_2O_5. Nach Steinkopf[2] werden Thiophene durch Säurechloride bei Gegenwart von P_2O_5 leicht zu Ketonen kondensiert, während aromatische Kohlenwasserstoffe unverändert bleiben. Pfaff und Kreutzer[3] isolierten nach diesem Verfahren in guter Ausbeute das α-Thiotolen (α-Methyl-thiophen) aus der Toluolfraktion eines Braunkohlenbenzins der Riebeckschen Montanwerke als Phenylhydrazon und Oxim des α-Methyl-α'-acetothiënons.

[1] H. Scheibler: Ber. 48, 1815 (1915); Scheibler u. Rettig, ebenda 59, 1198 (1926).
[2] Steinkopf u. Schubart: Liebigs Ann. 424, 1 (1921).
[3] Pfaff u. Kreutzer: Ztschr. angew. Chem. 36, 437 (1923).

300 g der Fraktion 111,5—112,5⁰ (4,4% Schwefel) wurden mit 30 g Acetylchlorid und 1 g P_2O_5 10 h auf dem Wasserbade erwärmt, das Reaktionsprodukt
von den harzigen Nebenprodukten abgegossen und die unangegriffenen Ölanteile
bis 150⁰ abdestilliert. Das verbleibende Rohketon (Kp. zwischen 220 und 235⁰)
wurde zur Entfernung saurer Produkte mit alkoholischer NaOH erwärmt. Nach
dem Waschen mit Wasser gingen bei 224—227⁰ etwa 15 g eines gelben Öles über,
das noch unreines α-Methyl-α'-acetothiënon darstellte. Das reine Phenylhydrazon schmolz bei 127⁰ und gab die Indopheninreaktion; auch das Oxim zeigte
den richtigen Schmelzpunkt 125⁰.

Das unangegriffene Neutralöl enthielt noch 3% S; es waren somit 1,4% S,
entsprechend 4,3% Thiotolen, entfernt worden.

5. Kohlenwasserstoffe.

Zum Nachweis und zur Abscheidung der verschiedenen Kohlenwasserstoffgruppen benutzt man gewisse typische Reaktionen, wie das Halogenaufnahmevermögen der ungesättigten oder die Nitrierbarkeit der aromatischen Kohlenwasserstoffe. Die einzelnen Kohlenwasserstoffgruppen zeigen
aber in ihrem Verhalten gegenüber diesen typischen Reagentien regelmäßig
auftretende Ausnahmen, so daß manche dieser Kohlenwasserstoffe den
Gruppen, denen sie strukturchemisch angehören, nach ihrem tatsächlichen
chemischen Verhalten kaum mehr zugezählt werden können. Bei einer
Reihe strukturchemisch ungesättigter Kohlenwasserstoffe ist z. B. infolge
Anhäufung von Atomgruppen höherer Ordnung an der Doppelbindung und
der dadurch bedingten größeren Valenzbeanspruchung der ungesättigte
Charakter nicht mehr durch die üblichen chemischen Reaktionen erkennbar.

Gewisse Äthylenderivate, wie das Tetraphenyl-äthylen, das Dibrom-diphenyl-
äthylen, die Dimethyl-fumarsäure u. a. m., reagieren z. B. nicht mehr mit Brom[1];
eine größere Reihe von Olefinen verhalten sich Mercurisalzen gegenüber wie
gesättigte Kohlenwasserstoffe, erleiden also weder Anlagerung noch Oxydation
(Tetramethyl-äthylen, Dimethyl-diäthyl-äthylen, asymmetrisches und symmetrisches
Diphenyl-äthylen, Distyrol, Tri-isobutylen u. a. m.).

In den öligen Bestandteilen des Braunkohlen- und Steinkohlenurteeres sind alle Gruppen von Kohlenwasserstoffen vorhanden; es sind
daher auch beide Urteere nahe verwandt, wenngleich gewisse charakteristische
Bestandteile des Steinkohlenurteeres, wie Indene und Cumarone, sich
bisher im Braunkohlenteer nicht nachweisen ließen. Die wesentlichsten Unterschiede zwischen den beiden Urteeren liegen in der Natur der ungesättigten
und der Menge der paraffinischen Kohlenwasserstoffe. Unter den ungesättigten Kohlenwasserstoffen des Steinkohlenurteers überwiegen weitaus die
olefinischen[2]; im Braunkohlenteeröl bilden diese aber nur einen geringen
Prozentsatz, während die cyclischen ungesättigten Kohlenwasserstoffe mit
einer oder mehreren Doppelbindungen den Hauptanteil ausmachen[3]. Ein
direkter Vergleich dieser Teere mit dem Steinkohlen-Hochtemperaturteer ist nicht angängig, da bei der Überhitzung der Teere auf 900—1000⁰
nicht allein Entalkylierungs- und Dehydrierungsprozesse stattfinden, sondern
auch weitgehende Spaltungen der Moleküle unter Aufbau neuer Verbindungen. So kommen z. B. Phenole im Hochtemperaturteer, im Gegensatz zu den Schwelteeren, in verhältnismäßig geringer Menge vor, da sie

---

[1] Bauer u. Moser: Ber. **37**, 3317 (1904).
[2] Krollpfeiffer u. Seebaum: s. S. 509.
[3] Ruhemann: s. S. 511/512; Herzenberg u. v. Winterfeld: s. S. 518.

großenteils zu stark ungesättigten Bruchstücken thermisch aufgespalten werden, aus denen sich durch Kondensation aromatische Kohlenwasserstoffe bilden. Im Gegensatz hierzu entstehen die Urteere im wesentlichen durch Abbauvorgänge aus den Teerbildnern.

Die nachfolgend beschriebenen Methoden zur Trennung der einzelnen Kohlenwasserstoffgruppen sind zum großen Teil an Erdöldestillaten und dem Neutralöl des Kokereiteers ausgebildet worden, die im wesentlichen aus Kohlenwasserstoffen bestehen. Ihre Übertragung auf den Braunkohlenteer wird vor allem erschwert durch dessen relativ hohen Gehalt an ungesättigten Sauerstoff- und Schwefelverbindungen, sowie an sehr labilen, ungesättigten Kohlenwasserstoffen, welche die Einwirkung verschiedener Agentien durch störende Nebenreaktionen sehr komplizieren. Außerdem steht der außerordentliche Reichtum an Homologen einer erfolgreichen Übertragung mancher bei Erdöldestillaten gut bewährten Methoden auf die Neutralöle des Braunkohlenteeres im Wege.

a) Abscheidung der ungesättigten Kohlenwasserstoffe.

Ihre Erkennung und Abscheidung, nicht aber die restlose Aufklärung ihrer Konstitution, ist erst in letzter Zeit geglückt.

α) Trennung durch Halogenierung.

Die Ermittlung der Menge ungesättigter Verbindungen bzw. ihre Charakterisierung durch Bestimmung der Jodzahl (s. S. 764 f.) ist bei Teerölen nur beschränkt anwendbar, da die hier vorliegenden ungesättigten Kohlenwasserstoffe, im Gegensatz zu den normalen ungesättigten Fettsäuren, vielfach nicht die theoretisch berechnete Menge Halogen addieren, während andererseits Substitutionen einen zu hohen Halogenverbrauch vortäuschen können. Der Theorie entsprechende Werte findet man (nach Hanuš, Wijs oder Winkler) nur bei Monoolefinen, wie Trimethyl-äthylen, Methyl-äthyl-äthylen, n-Hexylen, Isohexylen usw., auch bei hochmolekularen Olefinen, wie Ceten[1], sowie bei cyclischen Monoolefinen mit der Doppelbindung im Ring (z. B. Cyclohexen) oder in der Seitenkette (z. B. Styrol) und selbst noch beim Limonen und anderen Terpenen, die je eine Doppelbindung im Ring und in der Seitenkette besitzen. Dagegen findet man bei Kohlenwasserstoffen mit 2 Doppelbindungen in der Kette oder im Ring, z. B. bei Isopren (mit 2 konjugierten Doppelbindungen), Heptadien oder aliphatischen Terpenen, sowie bei cyclischen Verbindungen, bei normaler Dauer der Halogeneinwirkung zu niedrige Werte, die sich erst bei sehr großen Halogenüberschüssen den berechneten nähern; da hierbei aber neben der Addition in wechselndem Maße Substitution stattfindet, kann man aus den so erhaltenen Jodzahlen keine auch nur annähernden Schlüsse auf die Menge anwesender Diolefine ziehen. Bei bicyclischen Terpenen mit Brückenbindung bleibt die p-Brückenbindung (Camphen) bei Bromeinwirkung intakt, die m-Brückenbindung (Pinen) verhält sich aber wie eine einfache Doppelbindung[2].

Über die Feststellung der Halogensubstitution neben Addition s. S. 772.

---

[1] W. F. Faragher, W. Gruse u. Garner: Journ. Ind. engin. Chem. **13**, 1044 (1921).

[2] Klimont: Arch. Pharmaz. **250**, 561 (1912).

Aus den erwähnten Gründen bereitet die Isolierung einzelner ungesättigter Kohlenwasserstoffe aus dem Neutralöl des Teeres, sowie die Erkenntnis ihrer Struktur auf diesem Wege bedeutende Schwierigkeiten, die nur unter besonders günstigen Verhältnissen, z. B. bei niedrigsiedenden Fraktionen der Gasbenzine, überwunden werden können.

So konnte F. Heusler[1] durch „fraktionierte" Bromierung nur bei den unter 80^0 siedenden Fraktionen in ätherischer Lösung zu Bromverbindungen gelangen, die im Vakuum ohne Zersetzung destillierbar waren und nach ihren Analysen Gemische von Hexylen- und Heptylenbromid erkennen ließen.

Bessere Ergebnisse erzielten Krollpfeiffer und Seebaum[2] durch Einwirkung von sehr verdünntem Bromdampf auf ein Gasbenzin aus Steinkohlenurteer aus der Gelsenkirchener Drehtrommelanlage.

Sie leiteten einen trockenen CO_2-Strom durch Brom und dann in die gekühlten Benzinfraktionen bis zum Beginn der Braunfärbung und dem Auftreten von HBr im Abgas. Die mit verdünnter Sodalösung und Wasser gewaschenen Bromprodukte wurden mehrfach im Vakuum fraktioniert; sie stellten nach Analyse und physikalischen Konstanten reine Dibromide von Monoolefinen dar. (Vgl. auch die „trockene Jodzahlbestimmung" nach Pöll, S. 455.)

Tabelle 113. Bromierung und Ozonisierung eines Steinkohlenteerbenzins.

Fraktion des Gasbenzins ^{0}	Dibromid	Regeneriertes Olefin	Ozonid	Spaltungsprodukte des Ozonides	Konstitution des Olefins
33—36	Ausbeute 50%, Kp_{14}: 56—66^0	Ausbeute 15% des Dibromids, Kp. 34—37^0	CH_3—CH—CH—CH_2—CH_3 mit O—O—O (Brücke zwischen den CH). Ausbeute 55% der angewandten Pentene	nur Propionsäure isoliert	Penten-(2)
36—40	2 Dibromide, Kp_{14}: 65 bis 69^0, Ausbeute zusammen etwa 35%	Ausbeute 12% des Dibromids, Kp. 35,7 bis 37,2^0	CH_3—C(CH_3)—CH—CH_3 mit O—O—O (Brücke zwischen C und CH)	nur Aceton und Essigsäure nachgewiesen	2-Methyl-buten-(2) (Trimethyläthylen)
63—67	Hauptanteil Kp_{24}: 100—101^0	—	—	nur Essigsäure nachgewiesen	—
67—70	—	—	Wahrscheinlich CH_3—C(CH_3)—CH—CH_2—CH_3 mit O—O—O (von Neutralöl ausgegangen) Ausbeute 50%	Aceton und wahrscheinlich Propionaldehyd	wahrscheinlich 2-Methyl-penten-(2)
79—82	Kein einheitliches Dibromid, Kp_{14}: 88—91^0 (Dibromhexan?)	—	—	—	—

[1] F. Heusler: Ber. **25**, 1665 (1892); **28**, 488 (1895).
[2] Krollpfeiffer u. Seebaum: Journ. prakt. Chem. [2] **227**, 131 (1928).

Zur Reindarstellung der Olefine wurden etwa 100 g Dibromid zu einer Aufschlämmung von 80 g Zinkstaub in 300 ccm Eisessig zugetropft; durch mehrfaches Fraktionieren der Reduktionsprodukte wurden die reinen Olefine in einer Ausbeute von etwa 50% der Theorie erhalten. Nach Baeyer[1] werden hierbei nur solche Bromide entbromt, welche beide Bromatome an benachbarten Kohlenstoffatomen tragen.

Die Konstitution der Olefine wurde nach dem Ozonverfahren von Harries (vgl. S. 628) erforscht; statt der aus den Bromiden regenerierten reinen Olefine wurden hierzu zum Teil auch die überwiegend aus Monoolefinen bestehenden Neutralölfraktionen benutzt.

Die Ozonisierung selbst erfolgte mittels eines Berthelot-Siemens-Ozonisators nach Harries[2] in Chloroformlösung; die erhaltenen viscosen Ozonide wurden mit Wasser zerlegt. Die Ausbeute an Ozoniden war relativ gut, ihre Aufspaltung verlief aber wenig einheitlich, da die charakteristischen Produkte der Ozonidspaltung, wie Säuren, Ketone, Aldehyde, hierbei nur in geringer Ausbeute erhalten werden konnten.

Bei Übertragung dieser Bromierungsmethode auf ein Braunkohlenbenzin erhielten Herzenberg und v. Winterfeld[3] aus der Fraktion $113-116^0$ überwiegend harzige Ausscheidungen und nur eine geringe Menge im Vakuum unzersetzt destillierbarer Bromide (Kp_{13}: $90-105^0$), die bei der Bromabspaltung ein zwischen 102 und 104^0 übergehendes Olefin (nach Analyse und Siedepunkt ein Heptylen C_7H_{14}) lieferten.

β) Einwirkung von konz. Schwefelsäure auf die neutralen Kohlenwasserstoffe.

Der Verlauf dieser Reaktion ist sehr kompliziert, da konz. H_2SO_4 nicht nur sämtliche ungesättigten und aromatischen (nach Ormandy und Craven[4] sogar gesättigte) Kohlenwasserstoffe, sondern auch gesättigte und ungesättigte Sauerstoff- und Schwefelverbindungen angreift. Aus den ungesättigten Kohlenwasserstoffen werden hierbei Alkohole, Mono- und Dialkylschwefelsäure-ester und polymere Kohlenwasserstoffe, je nach der Konzentration der Säure, Einwirkungsdauer und Konstitution des Olefins, gebildet. Genauer studiert wurde nur das Verhalten der aliphatischen Monoolefine, während über das Verhalten der Diolefine, Terpene und konjugierten Systeme nur ungenaue, vielfach einander widersprechende Angaben vorliegen. Die Art der Reaktionsprodukte hängt in erster Linie von dem Mol.-Gew. des Olefins und dem Verdünnungsgrad der Säure ab[5]; bei zunehmender Molekulargröße und Säurekonzentration entstehen überwiegend Polymerisate, während bei den niederen Homologen verdünnte Säure praktisch völlige Hydration zu Alkoholen bewirken kann, und zwar, entgegen der weitverbreiteten Ansicht, nicht erst sekundär durch Hydrolyse der Schwefelsäureester, sondern bei nicht zu hohen Temperaturen direkt durch Anlagerung von Wasser.

Bei der Polymerisation der Monoolefine durch H_2SO_4 bilden sich hauptsächlich dimere Verbindungen mit einer Doppelbindung; höhere Polymere

[1] Baeyer: Liebigs Ann. **245**, 169 (1888).
[2] Harries: ebenda **374**, 333 (1910).
[3] v. Winterfeld: Diss. Univ. Berlin 1930.
[4] Ormandy u. Craven: Journ. I.P.T. **13**, 311, 844 (1927).
[5] Brooks u. Humphrey: Journ. Amer. chem. Soc. **40**, 822 (1918); Michael u. Brunel: Amer. chem. Journ. **41**, 118 (1909).

entstehen erst bei längerer Einwirkungsdauer und höherer Säurekonzentration in untergeordnetem Maße. Außer der Molekülgröße begünstigt auch die Molekülverzweigung die Tendenz zur Polymerisation[1].

Die Konstitution der Dimeren ist nur in wenigen Fällen aufgeklärt worden, z. B. beim Trimethyläthylen, aus welchem unter Wanderung eines H-Atomes und Aufhebung einer Doppelbindung das dimere Olefin $CH_3 \cdot CH_2 \cdot C(CH_3)_2 \cdot C(CH_3):C(CH_3)_2$ entsteht.

Ähnlich verläuft auch der Vorgang bei der Anlagerung von aromatischen Kohlenwasserstoffen an die Doppelbindung, z. B. beim Styrol[2], welches sich unter der Einwirkung von konz. H_2SO_4 mit den drei Xylolen zu gesättigten α-α-Äthanderivaten der Formel $C_6H_5 \cdot CH(CH_3)C_6H_4 \cdot (CH_3)_2$ kondensiert.

Über das Verhalten von Kohlenwasserstoffen mit mehreren Doppelbindungen gegenüber Schwefelsäure ist wenig bekannt; Terpene, wie Limonen und Terpinen, ergeben vorwiegend dimere, nach ihren physikalischen Konstanten identische Produkte mit 3 Doppelbindungen[3].

Für die Erkenntnis der Zusammensetzung der Braunkohlenteeröle sind die Polymerisate von weit größerer Bedeutung als die nur vereinzelt aus den Urteerölen abgetrennten Schwefelsäureester, da bei den stark ungesättigten Urteerölen ganz bedeutende Anteile des Neutralöles (40—50% und darüber) an der Polymerisation beteiligt sind. Dies wurde durch eingehende neuere Untersuchungen eines aus mitteldeutscher Braunkohle gewonnenen Gasbenzins, sowie der angrenzenden Anteile eines Generatorteeröles bestätigt[4].

Tabelle 114. Polymerisation gereinigter Gasbenzine mit Schwefelsäure verschiedener Konzentration (nach Ruhemann).

Siedegrenzen der Fraktion °	Konzentration der Schwefelsäure %	Polymerisiertes Produkt (durchweg dimer)					
		Formel	Kp. °	d_{20}^{20}	n_D^{20}	Mol.-Gew.	
						Gef.	Ber.
110—120	96	$C_{16}H_{24}$	130—132 (13 mm)	0,8790	1,4890	208	216
54—60 (12 mm)	96	$C_{18}H_{28}$	170—172 (12 mm)	0,9045	1,503	242	254
150—160	80	$C_{20}H_{32}$	156—160 (13 mm)	0,8960	1,505	271	272
190—200	80	$C_{22}H_{36}$	198—200 (14 mm)	0,8914	1,505 ·	298	300
80—100 (12 mm)	96	$C_{24}H_{38}$	205—210 (12 mm)	0,9316	1,521	324	326
etwa 100 (12 mm)	rauchend, 8% SO_3	$C_{24}H_{38}$	215—218 (17 mm)	0,9347	1,521	323	326
		$C_{24}H_{40}$	221—228 (20 mm)	0,9105	1,524	321	328

[1] Norris u. Joubert: Journ. Amer. chem. Soc. **49**, 873 (1927).

[2] Kraemer, Spilker u. Eberhardt: Ber. **23**, 3269 (1890); Spilker u. Schade: Ber. **65**, 1686 (1932).

[3] Brooks u. Humphrey: l. c.; S. Ruhemann, H. Baumbach u. W. Fischer: Ztschr. angew. Chem. **44**, 75 (1931).

[4] Ruhemann, Baumbach u. Fischer: l. c.

Nach der Entfernung der Phenole und Basen (s. S. 486f.) und genauer Fraktionierung wurden aus den Neutralölfraktionen mit Ferrocyanwasserstoffsäure Ketone usw. als Oxoniumverbindungen (s. S. 500) entfernt, wobei der Sauerstoffgehalt erheblich zurückging, während der Schwefelgehalt sich kaum veränderte. Die so vorbehandelten Öle wurden successive mit 60-, 80- und 96%iger H_2SO_4 ausgeschüttelt, indem das nach jedesmaliger Ausschüttelung mit Wasserdampf übergehende Restbenzin der Einwirkung höher konz. Säure ausgesetzt wurde, während die im Rückstand verbliebenen, bei Anwendung 80%iger Säure z. B. bis zu 14% S enthaltenden Polymerisate durch mehrfache Fraktionierung über Natrium und auf andere Weise vom Schwefel befreit wurden. So wurden folgende Polymerisate erhalten (Tabelle 114).

Diese Polymerisate enthielten, ebenso wie die Dimeren des Limonens und Terpinens, nach ihrer Molekularrefraktion 3 Doppelbindungen im Molekül; sie unterschieden sich von diesen Dimeren jedoch dadurch, daß sie bei langsamer Destillation über Floridin zu den ursprünglichen Kohlenwasserstoffen, bzw. deren Isomeren depolymerisiert werden konnten[1] (Tab. 115).

Tabelle 115. Depolymerisation von Polymerisaten durch Destillation über Floridin (nach Ruhemann).

Polymerisate		Depolymerisate							
Zersetzungstemperatur etwa °	Formel	Formel	Kp_{760}	d_{20}^{20}	n_D^{20}	Mol.-Gew.		Mol.-Refr.	
						Gef.	Ber.	Gef.	Ber.
220	$C_{16}H_{24}$	C_8H_{12}	110—115 / 115—120	0,7945 / 0,8020	1,4490 / 1,4500	— / —	108	36,4 / 36,2	36,0; $\boxed{}_2$
234–250	$C_{20}H_{32}$	$C_{10}H_{16}$	170—175	0,8172	1,4665	125,3	136	46,0	45,3; $\boxed{}_2$
270	$C_{24}H_{38}$	$C_{12}H_{18}$ / $C_{12}H_{20}$	212—216 / 201—205	0,869 / 0,840	1,489 / 1,479	— / 160,0	— / 164,1	53,8 / 55,0	54,0; $\boxed{}_3$ / 54,5; $\boxed{}_2$
300	$C_{24}H_{40}$	$C_{12}H_{20}$	195—197	0,834	1,4773	160,0	164,1	55,0	54,5; $\boxed{}_2$

Die Monomeren sind, wie Analyse und Molekularrefraktion zeigen, cyclische Kohlenwasserstoffe mit 2 Doppelbindungen. Nur beim Polymerisat $C_{24}H_{38}$ entstanden 2 verschiedene Kohlenwasserstoffe, von denen der eine, $C_{12}H_{18}$, der Molekularrefraktion nach 3 Doppelbindungen haben muß. Wahrscheinlich liegt hier das Kondensationsprodukt eines aromatischen mit einem ungesättigten Kohlenwasserstoff vor, ähnlicher Art, wie sie von Kraemer und Spilker beim Styrol beobachtet worden sind (s. S. 511).

Eine quantitative Abtrennung und Bestimmung der ungesättigten und aromatischen Kohlenwasserstoffe nach den heute bei Erdölbenzinen üblichen Methoden (Egloff-Morrell usw., s. S. 212) ist bei den an ungesättigten Kohlenwasserstoffen reichen Crack- und Schwelbenzinen nicht durchführbar, weil die Reaktionen bzw. Polymerisationen mit Schwefelsäure anders verlaufen als bei den vorwiegend gesättigten Erdölbenzinen und auch aromatische Kohlenwasserstoffe mit den speziellen ungesättigten Kohlenwasserstoffen des Braunkohlenteers bei Gegenwart von konz. H_2SO_4 reagieren. Bei der Redestillation eines Öles, dem ein Anteil durch Destillation entzogen wurde, werden ferner die Destillationstemperaturen stets unter erneuter Hinterlassung eines höher siedenden Rückstandes verschoben; dieser wird das Ergebnis insbesondere dann unsicher machen, wenn technische Produkte, d. h. nicht sorgfältig fraktionierte Destillate, angewandt werden.

---

[1] Lebedew u. Kobliansky: Ber. **63**, 1432 (1930).

γ) **Bildung von Quecksilberanlagerungsverbindungen (Mercuri-acetat-Methode).**

Nach K. A. Hofmann[1] entstehen bei der sehr komplizierten Einwirkung von $HgCl_2$ auf Olefine, z. B. Äthylen, in wässeriger Lösung neben Anlagerungsverbindungen auch Derivate, die theoretisch von Hg-substituierten Alkoholen bzw. Äthern abzuleiten sind; nämlich:

Äthenquecksilbersalze, z. B. $CH_2:CH \cdot HgCl$ und deren Polymere,

Äthanolquecksilbersalze, z. B. $CH_2(OH) \cdot CH_2 \cdot HgCl$ und

Äthylätherquecksilbersalze, z. B. $(HgCl \cdot CH_2 \cdot CH_2)_2O$, sowie kompliziertere Äthylätherverbindungen. Da aber diese sich wohl aus Äthylen, nicht aber aus Äthylalkohol oder Äther bilden können, sollen nach Hofmann Hg-Salze den an C gebundenen Wasserstoff nicht direkt durch Hg substituieren, sondern es sollen primär Additionsverbindungen entstehen, aus denen erst sekundär durch Austritt von Säure oder durch Hydrolyse die Substitutionsprodukte hervorgehen:

$$CH_2:CH_2 + HgCl_2 \rightarrow CH_2Cl \cdot CH_2HgCl \rightarrow CH_2:CH \cdot HgCl + HCl$$
$$ClHg \cdot CH_2 \cdot CH_2Cl + H_2O \rightarrow ClHg \cdot CH_2 \cdot CH_2OH + HCl$$
$$ClHg \cdot CH_2 \cdot CH_2O\,\underline{H+Cl}\,CH_2 \cdot CH_2 \cdot HgCl = ClHg \cdot CH_2 \cdot CH_2 \cdot O \cdot CH_2 \cdot CH_2 \cdot HgCl + HCl.$$

Starke Säuren, vor allem HCl, vermögen nach K. A. Hofmann alle diese Salze sehr leicht unter Rückbildung des Olefins zu zersetzen. Nach L. Balbiano[2] eignet sich für die Oxydation der Olefine das Mercuriacetat besonders gut, da in vielen Fällen Glykole und andere Oxydationsprodukte entstehen, so daß bei der Hydrolyse im Sinne der obigen Theorie auch das primär angelagerte Mercuroacetat quantitativ abgespalten wird. So wurden aus Trimethyläthylen nur Acetaldehyd und Aceton als Oxydationsprodukte erhalten; komplizierter ist jedoch der Vorgang bei den hydroaromatischen Verbindungen.

Ähnliche Unterschiede gegenüber Mercuriacetat zeigen eigenartigerweise auch die Allyl- und Propenylgruppe, so daß auf dieses Verhalten sich geradezu eine Trennungsmethode der beiden Isomeren aufbauen läßt[3]. Balbiano[4] verwendete bereits das Mercuriacetat zum Nachweis von Olefinen in Erdöldestillaten und zeigte, daß man mittels dieser Reaktion noch 0,1 % Amylen, in Paraffinöl gelöst, nachweisen kann.

Fußend auf diesen Grundlagen, hat J. Tausz[5] die Reaktionsfähigkeit ungesättigter Kohlenwasserstoffe gegenüber Mercuriacetatlösungen eingehender geprüft und hiernach eine Methode zur Erkennung des ungesättigten Charakters der Erdöle und ihrer Destillate, sowie ihres Raffinationsgrades ausgearbeitet.

Nach Tausz reagieren die meisten aliphatischen Olefine, Cycloolefine, Terpene und sonstige Diolefine mit Mercuriacetat, und zwar besitzt methylalkoholische Mercuriacetatlösung gegenüber der wässerigen eine erhöhte Reaktionsfähigkeit, so daß sie auch mit höheren Olefinen, wie Nonylen,

---

[1] K. A. Hofmann: Ber. **33**, 1340, 2692 (1900); **34**, 1387 (1901); Liebigs Ann. **329**, 135 (1903); s. auch Balbiano u. Paolini: Chem.-Ztg. **25**, 932 (1901); Ber. **35**, 2994 (1902); **42**, 1502 (1909); **48**, 394 (1915).
[2] L. Balbiano: l. c.   [3] Balbiano: Ber. **42**, 1502 (1909).
[4] Balbiano: Chem.-Ztg. **25**, 932 (1901).
[5] J. Tausz: Petroleum **13**, 649 (1918); Ztschr. angew. Chem. **32**, 317 (1919).

Holde, Kohlenwasserstofföle. 7. Aufl. 33

Decylen, Dodecylen, Hexadecylen und Heneikosylen (aus Erucasäure),
reagiert, mit denen wässerige Lösungen keine Fällungen mehr ergeben.

Die **aromatischen Kohlenwasserstoffe** reagieren mit Mercuriacetat
erheblich langsamer, so daß die Einwirkung praktisch erst oberhalb 100°
erkennbar wird[1]; **Paraffine** und **Cycloparaffine** (Naphthene) zeigen
überhaupt keine Reaktion.

Aus verschiedenen Gründen hat Tausz vorgeschlagen, statt der Menge der
gebildeten Hg-Komplexsalze oder des abgeschiedenen Mercuroacetates die bei der
Reaktion nach der Gleichung:

$$R \cdot CH : CH \cdot R' + CH_3 \cdot OH + (CH_3 \cdot COO)_2 Hg = R \cdot CH(OCH_3) \cdot C(HgOOC \cdot CH_3) \cdot R' + CH_3COOH$$

frei werdende Essigsäure zu bestimmen, welche er als Gradmesser für den ungesättigten Charakter der Mineralöle ansieht und daher als „Mercurierungsgrad"
bezeichnet. Der „olefinische Mercurierungsgrad" ist mithin die Anzahl
ccm 1,0-n KOH, welche zur Neutralisation der aus 100 g Öl durch Einwirkung
methylalkoholischer Mercuriacetatlösung freigewordenen Essigsäure erforderlich sind.

Größeren Schwierigkeiten als beim Erdöl begegnet die Anwendung des
Mercuriacetates beim **Braunkohlenteeröl**, da die neutralen Anteile desselben nur wenig aliphatische Olefine, dagegen erhebliche Mengen Cycloolefine sowie Sauerstoff- und Schwefelverbindungen enthalten, auf die das
Mercuriacetat unter Bildung quecksilberfreier Oxydationsprodukte einwirkt[2].

So fanden Ruhemann, Benthin[3] und Kary[4] bei dem mit Wasserdampf
flüchtigen Neutralöl eines Braunkohlenteeröles (Leicht- und Mittelfraktion) einen
sehr großen Gehalt an labilen, ungesättigten **cyclischen** Kohlenwasserstoffen,
die nur geringe Mengen aliphatischer Olefine enthielten; denn in der Kälte fielen
fast keine zu Olefinen regenerierbaren Anlagerungs- oder Substitutionsverbindungen
mit Mercuriacetat, sondern, neben reichlichen Mengen Mercuroacetat, hauptsächlich
harzige Substanzen aus. Beim Erwärmen auf 100° oder Kochen des Neutralöles
mit Mercuriacetat wurde der größte Teil des Öles angegriffen. Das Restöl zeigte
eine erhebliche Abnahme des O- und S-Gehaltes.

Hingegen gelang es Tropsch und Koch[5] unter besonders günstigen
Verhältnissen, nämlich bei einem aus Wassergas nach dem **Synthol-**
verfahren synthetisch erzeugten, neben **aliphatischen Monoolefinen** mit
gerader Kette nur noch gesättigte Kohlenwasserstoffe enthaltenden Benzin,
die Olefine fast quantitativ als Hg-Anlagerungsverbindungen abzuscheiden
und aus den Hg-Salzen durch Säureabspaltung in guter Ausbeute zu regenerieren.

Von 17,5 kg synthetischem Benzin, welches bei der **Engler**-Destillation
(s. S. 161) 95% bis 185° siedende Bestandteile ergeben hatte, wurden die bis 75°
siedenden Anteile abdestilliert und alsdann an der Kolonne mehrfach fraktioniert.
Größere Mengen dieser Fraktionen wurden zunächst mit methylalkoholischer
Mercuriacetatlösung bei gewöhnlicher Temperatur geschüttelt, die ausgeschiedene
Essigsäure wurde neutralisiert und die schwere Olefinsalzschicht durch Zugabe von
KBr von der Paraffinschicht getrennt. Bei der Zersetzung der Olefinsalzschicht
mit HCl wurde jedoch zunächst ein stark durch Paraffin verunreinigtes Olefin

---

[1] Das scheint nicht für alle aromatischen Kohlenwasserstoffe zu gelten, da
nach Balbiano Cymol selbst beim Sieden mit Mercuriacetatlösung nicht reagierte.

[2] Hierauf, nicht, wie Tropsch annahm, auf die Nichtbeachtung der Löslichkeit
der gesättigten Kohlenwasserstoffe in den Quecksilberdoppelverbindungen sind
die negativen Resultate Ruhemanns (s. u.) zurückzuführen.

[3] Benthin: Braunkohle **23**, 765 (1924/25).

[4] Kary: ebenda **26**, 577 (1927).

[5] Tropsch u. Koch: Brennstoff-Chem. **10**, 337 (1929).

erhalten, wie aus der zu niedrigen Jodzahl hervorging; erst bei weiterer Behandlung des Roholefins mit Mercuriacetat und erschöpfender Destillation des unangegriffenen Anteils mit Wasserdampf erhielten Tropsch und Koch bei den höheren Fraktionen Hg-Verbindungen, aus denen bei der Säurespaltung reine Olefine wiedergewonnen wurden. Die Ausbeute an diesen war natürlich erheblich geringer, als dem wahren Olefingehalt der Fraktion entsprach, da auch die mit Wasserdampf abdestillierten Anteile noch olefinhaltig waren. Die so erhaltenen Isomerengemische der Olefine wurden nach mehrfacher Fraktionierung mit verdünnter (2—4%) KMnO$_4$-Lösung in der Kälte oxydiert und die erhaltenen Fettsäuren durch die Analyse ihrer Silbersalze und die Schmelzpunkte der Amide, Toluidide und Anilide charakterisiert. So wurden nachgewiesen: Penten-(1), Penten-(2), Hexen-(1), Hexen-(2), 3,3-Dimethylpenten-(1), ferner in den höhersiedenden Fraktionen je ein Hepten, Octen und Nonen, somit nur aliphatische Monoolefine. Außer diesen enthielt das synthetische Benzin nur noch normale Paraffine und sehr wenig Benzol und Toluol.

δ) Oxydation mittels organischer Persäuren.

Nach Prileshajew[1] wirkt die schon lange bekannte Benzoepersäure (Benzoylhydroperoxyd) auf ungesättigte Verbindungen, sowohl cyclische als auch aliphatische, unter Anlagerung eines Sauerstoffatoms an jede Doppelbindung und Bildung eines Oxydes ein:

$$\text{>C} = \text{C<} + \text{C}_6\text{H}_5 \cdot \text{CO} \cdot \text{O} \cdot \text{OH} \rightarrow \text{>C} \underset{\text{O}}{-} \text{C<} + \text{C}_6\text{H}_5 \cdot \text{CO} \cdot \text{OH}.$$

Die Reaktion verläuft in mancher Hinsicht ähnlich der Ozonisierung und kann wie diese zur Konstitutionsaufklärung ungesättigter Verbindungen dienen; sie hat aber den Vorteil einer leichteren experimentellen Handhabung und einer großen Beständigkeit der nicht explosiven Additionsprodukte, die ähnlich wie die Ozonide in Derivate umgewandelt und aufgespalten werden können.

Zur Durchführung der Reaktion wird zu der auf 0⁰ abgekühlten Lösung der Perbenzoesäure in einem organischen Lösungsmittel, z. B. Chloroform, die gleichfalls abgekühlte Lösung der zu oxydierenden Substanz im gleichen Lösungsmittel allmählich und unter Rühren hinzugefügt, wobei möglichst theoretische, z. B. aus der Jodzahl berechnete, Mengen Reagens angewandt werden.

Die wenig beständige Benzoepersäure wird zweckmäßig nach v. Baeyer[2] hergestellt, wenn kleine Mengen in Frage kommen, während nach Clover und Richmond[3] (Zersetzung von Benzoesäureanhydrid durch H$_2$O$_2$ in alkalischer Lösung) schlechte Ausbeuten entstehen. Größere Mengen Persäure werden am besten nach der Modifikation von Levy und Lagrave[4] gewonnen, wobei als bestes Lösungsmittel für Benzoylsuperoxyd Toluol benutzt wird, während der von Baeyer angewandte Äther das Superoxyd wenig löst und beim Erhitzen in Suspension unvermeidliche lokale Überhitzungen die Ausbeute außerordentlich verschlechtern.

Nach Pummerer[5] ist die Benzoepersäure in 0,85%iger CHCl$_3$-Lösung (allgemein in sehr verdünnter Lösung) sehr beständig; nach 24 h sind erst etwa 3% der Persäure zersetzt. Für die nachfolgend beschriebenen Umsetzungen erübrigt sich die Isolierung der Persäure; die bei der Darstellung erhaltene CHCl$_3$-Lösung ist ohne weitere Reinigung verwendbar.

---

[1] Prileshajew: Ber. **42**, 4811 (1909); Journ. russ. physikal.-chem. Ges. **42**, 1387 (1910); **43**, 609 (1911); **44**, 613 (1912); C. **1911**, I, 1279; II, 268; **1912**, II, 2090.
[2] v. Baeyer: Ber. **33**, 1575 (1900).
[3] Clover u. Richmond: Amer. chem. Journ. **29**, 202 (1903).
[4] Levy u. Lagrave: Bull. Soc. chim. France [4] **37**, 1597 (1925).
[5] Pummerer: Ber. **55**, 3467 (1922).

Nach Prileshajew entstehen bei der Einwirkung der Perbenzoesäure auf aliphatische und cyclische Olefine, z. B. auf Tetramethyläthylen, n-Octylen, die isomeren Di-isobutylene, n-Decylen, 1,2-Dimethyl-cyclohexen, Limonen und Pinen, beständige Oxyde bzw. Dioxyde (je nach der Menge aktiven Sauerstoffs) in Ausbeuten von etwa 70—75%. Diese gehen durch Wasseranlagerung beim Stehenlassen mit verdünnter H_2SO_4 in die entsprechenden viscosen Glykole $C_nH_{2n}(OH)_2$ und Tetrole $C_nH_{2n-2}(OH)_4$, bzw. durch Anlagerung von Essigsäureanhydrid in Diacetate $C_nH_{2n}O_2(CH_3 \cdot CO)_2$ oder mit Acetylchlorid in Additionsverbindungen der Formel $C_nH_{2n}O \cdot ClCO \cdot CH_3$ über. Manche dieser Oxyde vermögen sich bei der Behandlung mit Chlorzink zum Keton bzw. Aldehyd zu isomerisieren.

Ähnlich wie die Perbenzoesäure verhalten sich ungesättigte Bindungen gegenüber den von d'Ans[1] zuerst dargestellten Persäuren der aliphatischen Reihe, wie Peressigsäure (Acetylhydroperoxyd), Perpropionsäure, Perbuttersäure u. a. m; sie sind viel beständiger als die Benzoepersäure, binden also den aktiven O stärker, wodurch sowohl ihre Darstellung als auch ihre experimentelle Anwendbarkeit sehr erleichtert wird.

Sie werden nach d'Ans aus den entsprechenden Säureanhydriden durch Einwirkung von 80—98%igem H_2O_2 nach der Gleichung: $CH_3 \cdot CO \cdot O \cdot CO \cdot CH_3 + 2 H_2O_2 = 2 CH_3 \cdot CO \cdot O \cdot OH + H_2O$ dargestellt, indem man 1 Mol Anhydrid unter nicht zu starker Kühlung zunächst tropfenweise mit 1 Mol H_2O_2 versetzt, sodann als Katalysator 1% konz. H_2SO_4 zufügt und dann erst das zweite Mol H_2O_2 hinzugibt. Nach 12 h Stehen destilliert man die Persäure bei 10—20 mm und 20—35⁰ über, wobei eine 70—80%ige Säure übergeht. Hochprozentiges H_2O_2 erhält man am einfachsten durch vorsichtige Destillation des käuflichen 30%igen Perhydrols Merck bei 50—70 mm Druck auf dem Wasserbade. Bei der Darstellung der meist anzuwendenden Peressig- und Perpropionsäure kann man statt vom Anhydrid auch von der billigeren Säure ausgehen, welche, unter Zugabe von 1—2 g konz. H_2SO_4, vorsichtig mit der entsprechenden Menge 75 bis 85%igem H_2O_2 versetzt wird. Man gelangt so direkt zu einer 45—50%igen Persäure, welche durch Destillation über konz. H_2SO_4 auf 70—90% gebracht werden kann[2].

Nach Böeseken[3] wirkt Peressigsäure auf aliphatische und cyclische Olefine anders ein als Perbenzoesäure. Im ersteren Falle entstehen als Endprodukte die Monoacetate der Glykole, bei der Perbenzoesäure aber die Oxyde. Böeseken erklärt dies dadurch, daß die Perbenzoesäure in eine tautomere Form:

$$C_6H_5 \cdot C \underset{OH}{\overset{O}{\underset{\diagdown}{\diagup}}} O$$

, die leicht O abgibt, übergehen kann, was bei der Peressigsäure nicht der Fall sein soll. Er bestätigte diesen Vorgang bei 2,3-Butylen, Cyclopenten, Cyclohexen und Stilben, welch letzteres nach Tausz mit Mercuriacetat nicht reagiert.

Nach Herzenberg und v. Winterfeld[4] ist aber die Wirkungsweise der aliphatischen Persäuren im Prinzip die gleiche wie die der Perbenzoesäure, und es hängt nur vom Lösungsmittel (dissoziierende oder nicht

---

[1] J. d'Ans: Ber. **45**, 1848 (1912); **48**, 1136 (1915).
[2] J. d'Ans: Ztschr. anorgan. Chem. **84**, 146 (1914).
[3] Böeseken: Rec. Trav. chim. Pays-Bas [4] **47**, 694, 840 (1928).
[4] v. Winterfeld: Diss. Univ. Berlin 1930. S. 33.

dissoziierende, organische oder Wasser) und der Menge und Konzentration der Persäure ab, ob Oxyd, Glykol oder Monoester desselben als Hauptprodukte auftreten. Die Persäuren zeigen nämlich in ihren chemischen Reaktionen einen doppelten Charakter: einerseits verhalten sie sich als organische Säuren wie die Glieder der Fettsäurereihe, d. h. sie lassen sich wie diese, besonders in sauren Lösungsmitteln, an Doppelbindungen anlagern; andererseits zeigen sie in neutralen Lösungsmitteln (Äther, Benzol u. dgl.) vornehmlich die oxydierenden Eigenschaften der Hydroperoxyde und führen demgemäß Olefine in Alkylenoxyde über.

So wird bei der Oxydation des Cyclohexens mit Peressigsäure in essigsaurer Lösung das Monoacetat des Cyclohexandiols, in ätherischer Lösung jedoch Cyclohexenoxyd gebildet[1]. Ähnlich verhalten sich Limonen und Trimethyläthylen, während bei den Diënen mit konjugierten Doppelbindungen, analog dem Oxydationsvorgang mit Pb-tetraacetat, nur die eine Doppelbindung leicht oxydiert wird; so konnte aus Cyclopentadiën bei der Oxydation mit Perpropionsäure nur Cyclopentendiol isoliert werden, während bei Anwendung überschüssiger Persäure sich gesättigte Oxydationsprodukte bilden, die infolge Polymerisation nicht mehr unzersetzt destillierbar sind.

Auch die Reaktionsgeschwindigkeit wird von der Natur des Lösungsmittels erheblich beeinflußt; so ergab sich bei Braunkohlenbenzinen eine starke Abnahme der Oxydationsgeschwindigkeit von Perpropionsäure in der Reihenfolge: Äther, Chloroform, Benzol. Die Reaktionsgeschwindigkeit nimmt in der homologen Reihe der aliphatischen Persäuren mit steigendem C-Gehalt zu, in gleichem Maße, wie die Bindungsfestigkeit des aktiven O-Atoms abnimmt; so steigern sich die Ausbeuten an Oxydationsprodukten ganz erheblich in der Reihenfolge Peressig-, Perpropion- und Perbuttersäure. Allerdings wird man aus praktischen Gründen über die Perpropionsäure kaum hinausgehen.

Nach diesen Erfahrungen klärten Herzenberg und v. Winterfeld[2] mit Hilfe der Perpropionsäure die Konstitution der ungesättigten Kohlenwasserstoffe der Braunkohlenbenzine weitgehend auf. Zur Milderung der Reaktion wurden die Benzine mit Äther verdünnt; Äther und unangegriffenes Benzin wurden abdestilliert und das Gemisch der Propionate der Diole ohne weitere Reinigung mit methylalkoholischem Kali bei gewöhnlicher Temperatur verseift, das überschüssige Alkali durch CO_2 abgestumpft und das nach dem Vertreiben von Alkohol und Wasser verbleibende Gemisch von Salz und Glykolen oftmals mit Chloroform extrahiert. Die erhaltenen Glykolgemische wurden zunächst mehrmals an einer Widmerkolonne fein fraktioniert und die Konstitutionsermittlung hauptsächlich durch 2 Methoden vorgenommen: durch oxydative Aufspaltung der Diole mittels $KMnO_4$ und Bleitetrapropionat, wobei, je nach der Art des Diols, Ketone, Aldehyde, Dialdehyde, Dicarbonsäuren und Ketosäuren sich bilden können, sowie durch Wasserabspaltung und Umlagerung derselben zu Ketonen und Dioxanen mittels verdünnter H_2SO_4. Erschwert wurde die Konstitutionsaufklärung durch das außerordentliche komplizierte Gemisch der ungesättigten Kohlenwasserstoffe, insbesondere aber durch die Bildung von Glykoläthern neben den Glykolen, welche durch Abspaltung von 1 Mol H_2O aus 2 Diolmolekülen entstehen.

Eine Übersicht über die Ergebnisse bei einem im Schwelgenerator gewonnenen Gasbenzin der Deutschen Erdöl A.-G. (Rositz) gibt Tabelle 116.

---

[1] Arbusow u. Michailow: Journ. prakt. Chem. [2] **127**, 92 (1930).
[2] Herzenberg u. v. Winterfeld: l. c.

Tabelle 116. Abscheidung ungesättigter Kohlenwasserstoffe aus

Fraktion Jodzahl	Persäure-menge daraus ber. %	Erhalten in % der Fraktion			Gefunden	
		Pro-pionate %	Gly-kole %	daraus Kohlen-wasserstoff ber. %	in Diol-fraktion	Glykol (1,2)
38—42⁰ Jodzahl 266	107	30,7	14,3	9,7; Pentene	80—83⁰ (11 mm)	Trimethyl-äthylenglykol
					120—130⁰ (11 mm)	Cyclopentandiol
63—66⁰ Jodzahl 194	100	40,7	19,1	14; Hexene	77—82⁰ (10 mm)	aliphatisches Hexandiol und Heptandiol
					92—97⁰ (10 mm)	aliphatisches Hexandiol
					112—117⁰ (10 mm)	1-Methylcyclo-pentandiol
					117—122⁰ (10 mm)	aliphatisches Hexandiol
					145—150⁰ (3 mm)	Glykoläther eines aliphatischen Pentandiols $C_{10}H_{20}O(OH)_2$
					155—160 (3 mm)	cyclischer Glykoläther $C_{12}H_{22}O(OH)_2$
82—84⁰ Jodzahl 114	103	—	8,5	6; Cyclo-hexene	120—125⁰ (13 mm)	trans-Cyclo-hexandiol
100—107⁰	—	—	2,3	1,6; Heptene	97—102⁰ (10 mm)	cyclisches Heptandiol
					107—113⁰ (10 mm)	aliphatisches n-Heptandiol
131—134⁰	—	—	—	—	121—126⁰ (12 mm)	cyclisches Octandiol

Die von S. Ruhemann[1] bei der Einwirkung von konz. H_2SO_4 auf die Braun-kohlenbenzine aufgefundenen Diëne konnten durch die Perpropionsäure bisher nicht festgestellt werden, da die primär gebildeten ungesättigten Oxyde und Diole sich

[1] S. Ruhemann: Ztschr. angew. Chem. **44**, 75 (1931).

Braunkohlen-Gasbenzin (nach Herzenberg und v. Winterfeld).

Konstitutionsermittlung	Ungesättigter Kohlenwasserstoff nachgewiesen
1. Mono-phenylurethan: Schmp. 125^0, Mischschmelzpunkt mit synthetischem Präparat. 2. Oxydative Aufspaltung des Diols mit Pb-tetrapropionat ergab: Acetaldehyd (Nitrophenylhydrazon) und Aceton (Benzylidenaceton).	Trimethyl-äthylen C_5H_{10}
1. Di-phenylurethan: Schmp. 212^0, Mischschmelzpunkt mit synthetischem Produkt. 2. Bei H_2O-Abspaltung und Umlagerung mit 25%-iger H_2SO_4 erhalten: Cyclopentanon (Semicarbazon) und reines Cyclopentandiol.	Cyclopenten C_5H_8
Umlagerung mit 25%iger H_2SO_4 bei 100^0 ergab: a) ein aliphatisches Hexanon (Analyse, Mol.-Gew.), b) Dioxan eines aliphatischen Heptandiols.	aliphatisches Hexen C_6H_{12} und aliphatisches Hepten C_7H_{14}
1. Di-phenylurethan: Schmp. 170^0. 2. Umlagerung mit 25%iger H_2SO_4: Dioxan eines aliphatischen Hexandiols (Analyse, Mol.-Gew.).	aliphatisches Hexen mit tertiärem C-Atom C_6H_{12}
Umlagerung mittels 25%iger H_2SO_4 ergab: α-Methyl-cyclopentanon, erkannt durch das Semicarbazon und die oxydative Aufspaltung mittels CrO_3 zu γ-Acetyl-buttersäure.	1-Methyl-cyclopenten:
1. Di-phenylurethan: Schmp. 87^0. 2. Behandlung mit 25%iger H_2SO_4 bei 100^0 ergab ein reines, aliphatisches Hexandiol, das unter diesen Bedingungen durch H_2SO_4 kein H_2O abspaltete.	aliphatisches Hexen C_6H_{12} mit normaler Kette
Bei H_2O-Abspaltung durch 40%ige H_2SO_4 wurde das Dioxan eines aliphatischen Pentandiols erhalten.	aliphatisches Penten C_5H_{10}
1. Mol.-Gew. bestimmt (Anilin); OH-Zahl nach Tschugaeff. 2. Acetylierung zu einem Diacetylester (Verseifungszahl, Analyse).	1-Methyl-cyclopenten
1. Schmelzpunkt des krystallinischen Diols 104^0. Di-phenylurethan Schmp. 212^0. 2. Oxydative Aufspaltung mit Pb-tetrapropionat ergab Adipindialdehyd (Nitro-phenylhydrazon: Schmp. 169^0).	Cyclohexen C_6H_{10}
Schmelzpunkt des krystallinischen Diols 94^0. Analyse.	cyclisches Hepten C_7H_{12}
Oxydation mit $KMnO_4$ lieferte Ketosäure $C_7H_{12}O_3$ (Schmelzpunkt des Semicarbazons 184^0).	aliphatisches n-Hepten-(1) C_7H_{14}
Oxydation mit $KMnO_4$ ergab 2 Ketosäuren, deren Semicarbazone dargestellt wurden.	cyclisches Octen C_8H_{14}

unter der Einwirkung der Propionsäure rasch weiter polymerisierten. Doch gelang der Nachweis von Cyclopentadiën in der Fraktion 38—42° durch selektive Polymerisation mittels verdünnter HCl zu krystallisiertem Dicyclopentadiën, während die einfach ungesättigten Kohlenwasserstoffe auf diese Weise noch nicht polymerisiert werden.

Die gleichen Kohlenwasserstoffe: Trimethyläthylen und Cyclopenten, die in der Braunkohlenbenzinfraktion 38—42⁰ aufgefunden worden waren, wurden auch in der entsprechenden Fraktion eines Urteerbenzins aus einer Steinkohle des Ruhrgebietes (Zeche Matthias Stinnes) festgestellt, was auf eine weitgehende Ähnlichkeit in der chemischen Natur der teerbildenden Bitumina beider Kohlearten hinweist.

ε) Einwirkung von Schwefelchlorür.

Nach Niemann[1] und Guthrie[2] werden bei der Einwirkung von Äthylen und Amylen auf die beiden Schwefelchloride die entsprechenden Sulfide und Disulfide $(R \cdot CHCl \cdot CH \cdot R)_2S$ und $(R \cdot CHCl \cdot CH \cdot R)_2S_2$ gebildet. Auch die neueren Arbeiten[3] betrafen nur die niederen Olefine (Äthylen, Propylen, Butylen) und Homologe derselben, dagegen nicht Diolefine und cyclische ungesättigte Kohlenwasserstoffe; sie ergaben, daß die Einwirkung bereits unter 100⁰ stattfindet unter Bildung der einfachen Sulfide als Hauptprodukte, wobei S_2Cl_2 schneller reagiert als SCl_2, ferner, daß höhere Homologe, wie Butylen, bedeutend rascher einwirken als Äthylen. Die primär gebildeten Sulfide, wie $\beta\text{-}\beta'\text{-}Dichlordipropylsulfid$ $(CH_3 \cdot CHCl \cdot CH_2)_2S$ reagieren sowohl mit SCl_2 als auch bei 70⁰ mit S_2Cl_2 weiter unter Bildung höher chlorierter Verbindungen und werden durch konz. HNO_3 zu Sulfoxyden, Sulfonen und Sulfosäuren oxydiert. Neben den Sulfiden bilden sich unter diesen Verhältnissen nur wenig Disulfide.

Die Reaktion ist für die Isolierung und Konstitutionsbestimmung ungesättigter Kohlenwasserstoffe ungeeignet, da sie, insbesondere bei einem Homologengemisch, wenig einheitlich verläuft und zu Verbindungen führt, aus denen die Kohlenwasserstoffe sich nicht wieder regenerieren lassen und deren Konstitution, infolge des Eintritts von Chlor und Schwefel in wechselndem Verhältnis, aus der Zusammensetzung nicht klar ersichtlich ist.

Beim Versuch Lorands[4], durch Einwirkung von Schwefelchlorür auf Erdöldestillate bei Wasserbadtemperatur die ungesättigten Kohlenwasserstoffe derselben in ihrer Gesamtheit von den übrigen Kohlenwasserstoffgruppen zu trennen, reagierten gesättigte Kohlenwasserstoffe nur schwach, ungesättigte sehr heftig; doch gibt diese Arbeitsweise nur vergleichende, aber nicht quantitative Ergebnisse.

Auch die wichtige Trennung der ungesättigten von den aromatischen Kohlenwasserstoffen ist (zumindest bei den höheren Homologen) auf diese Weise nicht durchführbar, da z. B. Anthracen[5] schon bei gewöhnlicher Temperatur mit S_2Cl_2 unter Bildung eines Anthryl-9-dithiochlorids $C_{14}H_9 \cdot SCl$ und HCl-Abspaltung reagiert. Inwiefern auch andere aromatische Kohlenwasserstoffe, wie Naphthalin oder Derivate desselben, mit S_2Cl_2 reagieren, ist nicht bekannt. Von zweifelhaftem Wert erscheint daher auch die Methode von Faragher, Morrell und Levine[6] (vgl. S. 213), bei welcher für die Berechnung der Menge der Olefine und Aromaten außer der Einwirkung von S_2Cl_2 auch diejenige von 98%iger H_2SO_4 herangezogen wird. Letztere löst Olefine und Aromaten, während ersteres nur Olefine angreifen soll; aus der Differenz wird demgemäß der Aromatengehalt berechnet, was jedoch aus den oben angeführten Gründen nicht unbedingt richtig erscheint. Bestenfalls wäre die Methode auf Benzine anwendbar, und zwar mit der Modifikation, nach der S_2Cl_2-Einwirkung das unveränderte Restbenzin mit Wasserdampf überzudestillieren, da sonst bei der Abtrennung im Scheidetrichter durch die an dem ausgeschiedenen Schwefel anhängenden Öltröpfchen die mechanischen Verluste zu bedeutend werden.

---

[1] Niemann: Liebigs Ann. **113**, 288 (1860).

[2] Guthrie: Journ. chem. Soc. London **12**, 112 (1860).

[3] C. S. Gibson u. Pope: ebenda **117**, 271 (1920); Pope u. Smith: ebenda **119**, 396 (1921); Coffey: ebenda **119**, 94 (1921).

[4] E. Lorand: Ind. engin. Chem. **19**, 733 (1927).

[5] P. Friedländer u. A. Simon: Ber. **55**, 3969 (1922); Lippmann u. Pollack: ebenda **34**, 2767 (1901).

[6] Faragher, Morrell u. Levine: Ind. engin. Chem. Anal. Edit. **2**, 18 (1930).

b) Aromatische und partiell hydrierte aromatische Kohlenwasserstoffe.

Die partiell hydrierten aromatischen Kohlenwasserstoffe zählen zwar im Sinne der Strukturchemie zu den ungesättigten Kohlenwasserstoffen, sie werden indessen hier mit den Aromaten zusammen abgehandelt, da sie im wesentlichen durch Dehydrierung zu aromatischen Kohlenwasserstoffen, denen sie auch genetisch nahe stehen, gekennzeichnet werden.

Die aromatischen Kohlenwasserstoffe in den Urteerölen dürften nicht durch thermische Reduktion der Phenole, sondern, wie Ruhemann und W. Fischer[1] es an Braunkohlenteerölen zeigten, durch Dehydrierung primär gebildeter, hydroaromatischer Kohlenwasserstoffe entstehen. Der Schwelteer aus der entbituminierten Kohle[2] enthielt nämlich auch die gleichen aromatischen und hydroaromatischen Kohlenwasserstoffe, wie der aus dem Bitumen durch Schwelung gewonnene, und zwar die gleichen Naphthalinderivate, wie sie von Herzenberg und Ruhemann[3] im Generatorteer bereits nachgewiesen und ihrer Konstitution nach erforscht worden sind. Es kann daher für beide Teere nur der gleiche Teerbildner in Frage kommen, und zwar das Harzbitumen, da auch die „entbituminierte" Kohle noch reichliche Mengen sog. „Druckbitumens" enthält[4], welches nach Kerenji[5] zum größeren Teil aus einem höher polymerisierten, aber ebenso konstituierten Harz besteht. Das Harzbitumen muß überhaupt als die Hauptquelle der bei der Schwelung gebildeten ringförmigen Verbindungen (auch der Phenole) angesehen werden, während das Wachs, seiner aliphatischen Natur entsprechend, im wesentlichen kettenförmige Verbindungen liefert. Die Bildung der cyclischen Kohlenwasserstoffe wird durch die Tatsache charakteristisch beleuchtet, daß ein aus der entbitumierten Kohle erhaltener, phenolreicher Dampfteer, entsprechend seiner schonenden Bildungsweise, fast keine aromatischen, hingegen viele hydroaromatische Kohlenwasserstoffe enthielt.

Ob die erwähnten Anschauungen auch für den Urteer aus Steinkohle gelten, kann nicht ohne weiteres gesagt werden, da über das Bitumen derselben nur wenig bekannt geworden und seine Rolle bei der Teerbildung so gut wie unerforscht ist. Beim Hochtemperaturteer (z. B. Kokereiteer) liegen jedenfalls andere Verhältnisse vor; hier ist zweifellos ein erheblicher Anteil der aromatischen Kohlenwasserstoffe durch Kondensation thermisch gebildeter ungesättigter Spaltstücke, wie z. B. Acetylen, entstanden[6].

α) Aromatische Kohlenwasserstoffe.

Während das Vorkommen von Naphthalin und Benzolhomologen in dem bei höherer Temperatur (etwa 650—700°) gewonnenen Rolleofen-Schwelteer schon Heusler[7] bekannt war, wurde neuerdings das Vorhandensein dieser Aromaten in den auf schonende Weise (z. B. im Thyssen-Drehofen) erhaltenen Steinkohlen-Urteeren bestritten und das Fehlen des Naphthalins

---

[1] Ruhemann u. W. Fischer: Braunkohle **27**, 925, 951 (1928).

[2] Als „entbituminierte" Kohle bezeichnet man die im Soxhletapparat bei gewöhnlichem Druck extrahierte Kohle. Über das „Druckbitumen" s. u.

[3] Herzenberg u. Ruhemann: Ber. **60**, 889 (1927).

[4] Bei 270° unter Druck (45—50 at) noch mit Benzol extrahierbares Bitumen.

[5] Kerenji: Braunkohle **30**, 508, 529 (1931).

[6] Siehe W. Hagemann: Braunkohle **28**, 1078, 1095 (1929).

[7] Heusler: Ber. **25**, 1677 (1892).

geradezu als Kennzeichen dieser Urteere angesehen[1]. Selbst im Steinkohlen-Urteer sind aber noch 0,02—0,2% Naphthalin[2] und im Braunkohlen-Generatorteer noch erheblichere Mengen desselben nachgewiesen worden. Immerhin ist das völlige Zurücktreten der ersten Glieder der Reihe, wie Benzol und Naphthalin, gegenüber den zahlreicher vorkommenden höheren Homologen für alle Tieftemperaturteere charakteristisch. Deshalb kann man auch das Naphthalin aus der entsprechenden Fraktion nicht durch bloßes Ausfrieren, sondern erst nach Überführung in das im Öl schwerlösliche Pikrat abscheiden. Die bei der Analyse der Erdöldestillate vielfach benutzten, selektiv wirkenden Lösungsmittel, wie Dimethylsulfat, flüssiges SO_2, Methanol[3], Essigsäure-anhydrid[4] u. a. m., bewirken wohl eine gewisse Anreicherung der Aromaten im Extrakt, nicht aber ihre quantitative Abtrennung, insbesondere von den ungesättigten Kohlenwasserstoffen. Diese ist bei den Braunkohlenteerölen noch weniger als bei den Erdöldestillaten durchführbar, da neben den ungesättigten Kohlenwasserstoffen auch die Sauerstoff- und Schwefelverbindungen der Urteeröle in den genannten Lösungsmitteln löslich sind. Die bei manchen Erdölraffinaten zur Bestimmung des Aromatengehalts anwendbare Valentasche Probe (S. 209) versagt daher bei Braunkohlenteerölen gänzlich.

Für den Nachweis der aromatischen Kohlenwasserstoffe, Abscheidung einzelner Individuen und ihre ungefähre, quantitative Ermittlung kommen bei den Benzolhomologen des Braunkohlenteers nur die Nitrierung und Sulfonierung in Frage, bei den mehrkernigen, kondensierten Ringsystemen, wie Naphthaline, Anthracene u. a. m., weiterhin die Überführung in schwerlösliche Pikrinsäureverbindungen.

So wies F. Heusler[5] im Leichtöl eines Rolleofen-Schwelteeres Benzol, Toluol, m-Xylol und Mesitylen nach, indem er die Fraktionen, deren Siedegrenzen dem gesuchten Kohlenwasserstoff entsprachen, nitrierte und im Nitrierungsprodukt Dinitrobenzol, Dinitrotoluol, Dinitroxylol bzw. -mesitylen usw. durch Analyse und Schmelzpunkt charakterisierte.

In den nach neueren Verfahren schonend gewonnenen Generator- und Schwelteeren treten neben den aromatischen Kohlenwasserstoffen — im Sinne der oben erwähnten Anschauungen über ihre Entstehung — die hydroaromatischen Kohlenwasserstoffe besonders hervor[6].

So schwankte in den neutralen Gasbenzinfraktionen 75—95⁰ eines mitteldeutschen Generatorteeres der Gehalt an Benzol zwischen 5,5 und 11,3%; zur Erzielung möglichst quantitativer Werte wurde das Benzol nach K. A. Hofmann[7] durch Schütteln der Fraktion mit frisch bereiteter Nickel-ammoniak-cyanür-Lösung bestimmt, wobei sich das Benzol in Form eines grauen, amorphen Komplexsalzes der Formel $Ni(CN)_2 \cdot NH_3 \cdot C_6H_6$ abschied. Unter den höheren Homologen wurde, außer den von Heusler bereits erwähnten Kohlenwasserstoffen, in der Fraktion 65—67,5⁰ (11 mm) Pseudocumol in Form des 3,5-Dinitro-1,2,4-Trimethylbenzols abgeschieden; doch war die Gesamtmenge der Benzolkohlenwasserstoffe viel geringer, als sie Heusler angab.

Auffällig bei den gefundenen Benzolhomologen, z. B. beim Xylol, ist die zum Teil ausschließliche Bevorzugung der meta-Stellung; o- und p-Xylol

---

[1] F. Fischer: Gesamm. Abhandl. Kenntnis Kohle **6**, 167 (1923).
[2] Weißgerber u. Moehrle: Brennstoff-Chem. **4**, 82 (1923).
[3] Ruhemann: Ztschr. angew. Chem. **36**, 153 (1923).
[4] Tausz: Petroleum **14**, 961 (1919).　　[5] F. Heusler: Ber. **25**, 1665 (1892).
[6] Herzenberg u. v. Winterfeld: ebenda **64**, 1036 (1931).
[7] K. A. Hofmann: ebenda **36**, 1149 (1903).

waren nicht nachweisbar und können daher nur in sehr geringer Menge im Braunkohlenteer enthalten sein. Dies dürfte durch die Konstitution des Braunkohlenharzes, dem die aromatischen Kohlenwasserstoffe des Teeres entstammen, bedingt sein. Nach Renard[1] liefert Kolophonium bei der trockenen Destillation an aromatischen Kohlenwasserstoffen Toluol, m-Xylol, Cumol, m-Cymol und m-Äthyl-propyl-benzol, es zeigt somit ebenfalls ein Hervortreten der m-substituierten Benzolderivate (s. S. 611, Kolophonium).

Zur Abscheidung der kondensierten Sechsringsysteme fügt man am besten heiß gesättigte, alkoholische Pikrinsäurelösungen zu der erwähnten Neutralöl-fraktion und wiederholt besser die Fällung 2—3mal, anstatt überschüssige Pikrin-säure zu benutzen, da letztere von den Pikraten beim Umkrystallisieren nur unter großen Verlusten zu trennen ist. Vor Ausfällung der Pikrate destilliert man zwecks Entfernung störender ungesättigter und Sauerstoff-Verbindungen das Neutralöl über Natrium.

Über die acidimetrische Titration von Naphthalin (oder anderen Sub-stanzen, welche molekulare Pikrinsäureverbindungen liefern) vgl. S. 566.

β) Partiell hydrierte aromatische Kohlenwasserstoffe.

Für die Kennzeichnung einzelner Individuen dieser Kohlenwasserstoff-gruppe kommt vor allem die auf verschiedene Weise durchführbare Dehydrierung zu den leicht und sicher nachweisbaren aromatischen Verbindungen in Frage. Nach Sabatier stellt sich das Gleichgewicht der Hydrierungsreaktion bei Temperaturen über 250° immer mehr zugunsten der Dehydrierung ein, so daß über 300° praktisch nur die letztere stattfindet. Der von ihm angewandte Katalysator, reines Nickel, war für die Dehydrierung jedoch nicht geeignet, da er z. B. bei Cyclohexan das primär entstehende Benzol zu Methan und C aufspaltete. Zelinsky[2] gelang es, mit milder wirkenden, nach Löw[3] dargestellten Katalysatoren, wie Platinmohr oder Platinasbest bzw. Palladium, beim Überleiten der Dämpfe der Sechs-ringsysteme über die Katalysatoren bei etwa 100° die hydrierten Ringe mit sehr guter Ausbeute zu aromatischen Kohlenwasserstoffen zu dehydrieren, während andere Ringsysteme, wie Pentamethylen-, Heptamethylen-verbindungen u. a. m., unter diesen Bedingungen unverändert blieben. Mittels dieser „selektiven Katalyse" trennte er im Bakuer Erdöl die Hexanaphthene (Sechsringe) von den anderen Naphthenen durch Abbau zu aromatischen Kohlenwasserstoffen; aus den Ergebnissen schloß er, daß die Naphthene des russischen Erdöls hauptsächlich aus cyclischen, jedoch nicht hexahydro-aromatischen Kohlenwasserstoffen bestehen[4].

Die Kinetik der Dehydrogenisationsvorgänge studierte Zelinsky weiter bei den partiell hydrierten Benzolen. Beim Cyclohexan traten alle 6 dehydrierbaren H-Atome zu gleicher Zeit unter Benzolbildung aus, beim Cyclohexen verläuft der Vorgang komplizierter, indem der abgespaltene Wasserstoff bei niederer Temperatur einen Teil der Substanz, und zwar im molekularen Verhältnis, hydriert:

$$3\,C_6H_{10} \rightarrow 2\,C_6H_{12} + C_6H_6.$$

[1] Renard: Ann. Chim. [6] **1**, 233 (1884).

[2] Zelinsky: Ber. **44**, 3121 (1911); **45**, 3677 (1912); **56**, 1249 (1923); **57**, 42 51, 669, 2058 (1924).

[3] Löw: ebenda **23**, 289 (1890).   [4] Zelinsky: ebenda **56**, 1718 (1923).

Es findet somit eine irreversible Katalyse statt, und zwar bei Anwendung von Pd schon bei 165⁰, somit bei einer Temperatur, bei der Cyclohexan noch unverändert bleibt. Dieses Reaktionsschema gilt für die Äthylenbindung auch dann, wenn sich dieselbe in der Seitenkette des Sechsrings befindet, z. B. beim Methylen-cyclohexan, wobei molekulare Gemische von Toluol und Hexahydrotoluol entstehen. Es gilt insbesondere für die Terpene, von denen z. B. Limonen bei 180—185⁰ in p-Cymol und Menthan umgewandelt wird:

$$3\,C_{10}H_{16} \rightarrow 2\,C_{10}H_{14} + C_{10}H_{20}.$$

H. Kaffer[1] weist Dekalin und seine Homologen im Steinkohlenurteer durch auf aktive Kohle niedergeschlagenes Platin nach, welcher Katalysator das von Zelinsky angewandte Platinmohr an Wirksamkeit übertrifft.

Zur Durchführung der katalytischen Dehydrierung wurde ein neutrales Urteeröl benutzt, das von den ungesättigten und aromatischen, aber auch von Sauerstoff- und Schwefelverbindungen durch mehrfaches Waschen mit konz. H_2SO_4 und schließlich mit Monohydrat befreit worden war. Durch mehrfaches Überleiten der Fraktion 191—196⁰ bei 320—330⁰ über 5%ige Platin-Kohle (Geschwindigkeit der Ölzuführung 10—15 Tropfen pro Minute) wurde Naphthalin in einer Menge von 2,5% der Fraktion erhalten, wodurch das Vorhandensein von Dekahydronaphthalin in der ursprünglichen Fraktion nachgewiesen ist. Auf ähnliche Weise wurden aus den höhersiedenden Fraktionen nach Dehydrierung α-Methylnaphthalin und 1,6-Dimethylnaphthalin in Form ihrer Pikrate gewonnen.

Als billigeren, zur Dehydrierung gut brauchbaren und gegen Gifte weniger empfindlichen Katalysator empfiehlt Zelinsky[2] auf Tonerde niedergeschlagenes Nickel; wie bei Mischkatalysatoren oft beobachtet, zeigt dieser Katalysator für die Zwecke der Dehydrierung wesentlich günstigere Eigenschaften als das reine Nickel, während er für die Hydrierung weniger geeignet als dieses erscheint[3].

Der Katalysator dehydriert Methylcyclohexan leicht bei 300—310⁰ und eignet sich auch für die Dehydrierung schwefelfreier Öle, versagt jedoch nach Fürth und Jänecke[4] gegenüber dem stark S-haltigen Neutralöl des Braunkohlenteeres (1—4% S) ziemlich rasch. Bereits bei 0,32% S im Benzin war die katalytische Wirksamkeit von 5 g Nickel auf Tonerde nach Überleiten von 35 ccm Benzin auf die Hälfte herabgesetzt; bei 0,72% S hörte sie nach Überleiten von etwa 40 ccm Benzin praktisch auf, bei 1,04% S schon nach Überleiten von 10 ccm.

Herzenberg und Ruhemann[5] fanden schließlich in der Dehydrierung mit Schwefel ein geeignetes Mittel zur Dehydrierung der hydromatischen Anteile des Braunkohlenteeres[6]. Die Prüfung der Methode an reinen Sesquiterpenen, z. B. Cadinen, ergab zwar eine um 25—30% schlechtere Ausbeute als die Dehydrierung mit $Ni-Al_2O_3$-Katalysator, und ähnliche Unterschiede wurden auch bei der Dehydrierung von neutralen Teerölfrak-

---

[1] H. Kaffer: Ber. **57**, 1261 (1924).   [2] Zelinsky: ebenda **57**, 667 (1924).

[3] Herzenberg u. Ruhemann: Braunkohle **26**, 526, 558 (1927), fanden, daß die Hydrierung des Caryophyllens an diesem Katalysator nur zum Dihydrid führt, während an reinem Nickel das Tetrahydrid entsteht.

[4] Fürth u. Jänecke: Ztschr. angew. Chem. **38**, 166 (1925).

[5] Herzenberg u. Ruhemann: Ber. **60**, 889 (1927); Braunkohle **26**, 526, 558 (1927).

[6] S. auch Ruzicka: Helv. chim. Acta **4**, 505 (1921); **5**, 351 (1922); **7**, 87 (1924); Vesterberg: Ber. **36**, 4200 (1903).

tionen festgestellt (Tab. 117, Anm. 2). Trotzdem lassen die Vorteile der S-Dehydrierung, niedrige Reaktionstemperatur und Unempfindlichkeit gegen S-Verbindungen, diese Methode als einzig brauchbare im vorliegenden Fall erscheinen. Für die weiterhin beschriebene Untersuchung an einem Neutralöl eines mitteldeutschen Braunkohlengeneratorteeres dienten die zwischen 110 und 180⁰ (12 mm) siedenden Fraktionen, aus welchen zunächst durch Schütteln mit Ferrocyanwasserstoffsäure-Lösung der Hauptteil der Sauerstoffverbindungen entfernt wurde.

Beispiel: 50 g der Fraktion 110 bis 116⁰ (10 mm) wurden mit 20 g Schwefelblumen in einem schräg gestellten, mit Luftkühler versehenen Claisenkolben 6 h erhitzt, zunächst auf 180⁰, bis die heftige Reaktion vorüber war, dann allmählich bis auf 240⁰. Nach Abflauen der H_2S-Entwicklung wurde vom Schwefel abdestilliert und das übergehende Öl dreimal über Natrium destilliert, um es von gebildeten Schwefelverbindungen zu befreien[1]. Erhalten wurden 22 g von 105 bis 130⁰ (12 mm) siedendes Öl. Das dehydrierte Öl wurde mit heißgesättigter alkoholischer Pikrinsäurelösung versetzt, wobei es unter Dunkelfärbung in Lösung ging. Beim Abkühlen erstarrte die Masse zu einem Krystallbrei, der abgepreßt und durch Aufstreichen auf Ton von anhaftendem Öl befreit wurde. Nach mehrfachem Umkrystallisieren aus Alkohol wurden 18 g reines Pikrat (gelbe Nadeln vom Schmp. 116⁰) erhalten, das der Analyse zufolge 1-Methylnaphthalin-pikrat war.

Aus der Fraktion 160—170⁰ konnte durch Ausfällung allein kein einheitliches Pikrat isoliert werden; erst bei der Fraktionierung des aus dem Pikrat regenerierten Kohlenwasserstoffes krystallisierte in farblosen Nadeln ein Kohlenwasserstoff vom Schmp. 115⁰ und der Formel $C_{14}H_{16}$ aus (die Formel von Oehler[2] $C_{16}H_{18}$ ist nach der C-H-Bestimmung des Pikrates falsch). Der

---

[1] Siehe Friedmann: Brennstoff-Chem. **8**, 257 (1927).

[2] Oehler: Ztschr. angew. Chem. **12**, 561 (1899).

Tabelle 117. Übersicht über die aus den einzelnen Fraktionen erhaltenen Pikrate[1].

Lfd. Nr.	Fraktionen		Eigenschaften der Pikrate			Ausbeute an aromatischem und hydroaromatischem Kohlenwasserstoff in % der Fraktion[2]	Konstitution des aromatischen Kohlenwasserstoffs
	Siedegrenzen bei 10 mm ⁰	Menge g	Farbe	Schmelzpunkt ⁰	Zusammensetzung		
1	110—116	600	gelb	116	$C_{11}H_{10} \cdot C_6H_2(NO_2)_3OH$	14,5 (etwa 18,8)	1-Methyl-naphthalin
2	120—126	700	rotgelb	112—113	$C_{14}H_{16} \cdot C_6H_2(NO_2)_3OH$	14,0 (etwa 18,0)	Methyl-isopropyl-naphthalin (1,3 oder 3,1)
3	132—138	450	orange	123—124	$C_{13}H_{14} \cdot C_6H_2(NO_2)_3OH$	12,5 (etwa 16,2)	Trimethylnaphthalin[3]
4	160—170	750	{ ziegelrot { braunrot	152 138	$C_{14}H_{16} \cdot C_6H_2(NO_2)_3OH$ $C_{14}H_{16} \cdot C_6H_2(NO_2)_3OH$	1,0 (etwa 1,3) 8,0 (etwa 10,4)	wahrscheinlich 2 isomere Tetramethylnaphthaline

[1] Herzenberg u. Ruhemann: Ber. **60**, 889 (1927); Braunkohle **26**, 526, 558 (1927). — [2] Die in Klammer beigefügten Zahlen bezeichnen die theoretischen Ausbeuten unter Anrechnung des bei der Schwefeldehydrierung eintretenden Verlustes von etwa 25—30%. [3] Herzenberg u. v. Winterfeld: l. c.

Körper gab ein bei 152⁰ schmelzendes Pikrat; aus dem flüssigen Rückstand wurde das isomere, bei 138⁰ schmelzende Pikrat rein dargestellt.

Die bei der Zerlegung der Pikrate mit überschüssigem NH_3 auf dem Wasserbade erhaltenen flüssigen Kohlenwasserstoffe erwiesen sich sämtlich als Naphthalinhomologe. Bei der Oxydation mit alkalischer Permanganatlösung in der Wärme entstand nämlich in allen Fällen Phthalonsäure $C_6H_4(COOH)(CO\cdot COOH)$. In den untersuchten Naphthalinhomologen befanden sich mithin sämtliche Substituenten stets an einem Benzolring. Die weitere Erkenntnis der Art und Stellung dieser Substituenten wurde aus der Oxydation der Kohlenwasserstoffe mittels Chromsäure zu Chinonen und aus der Untersuchung der aus den p-Chinonen durch Aufspaltung mittels $KMnO_4$ erhaltenen Benzolpolycarbonsäuren gewonnen, sowie auch aus der Aboxydation der Seitenketten durch verdünnte HNO_3. Hierbei werden α-Naphthochinone durch Permanganat bei Siedetemperatur oxydativ aufgespalten, und es entstehen die wohlbekannten und leicht zu identifizierenden Benzolpolycarbonsäuren, während sich bei der Oxydation mit $KMnO_4$ bei Zimmertemperatur, unter Erhaltung der Seitenketten, die noch wenig erforschten substituierten Phthalsäuren bilden[1].

Das Verhältnis zwischen der Menge der aromatischen und hydroaromatischen Kohlenwasserstoffe, die sich im übrigen nur durch einen Mehrgehalt an Wasserstoff voneinander unterschieden, sonst aber strukturidentisch waren, wurde an der Fraktion 77—89⁰ (11 mm) des gleichen neutralen Braunkohlenteeröles zugunsten der aromatischen Kohlenwasserstoffe gefunden, da der Gehalt dieser Fraktion an Naphthalin 8% betrug, während die Menge der mit Schwefel dehydrierbaren Hydronaphthaline nur zu 2,5% gefunden wurde[2].

Der Vorschlag von Diels[3], an Stelle des Schwefels das ihm verwandte Selen für die Dehydrierung zu benutzen, wobei in ähnlicher Weise Selenwasserstoff abgespalten wird, ist zwar geeignet für die Dehydrierung reiner Verbindungen; die erheblich höhere Dehydrierungstemperatur des Selens (280—340⁰ Badtemperatur beim Selen, gegenüber 180—240⁰ beim Schwefel) dürfte aber der Anwendung dieser Methode auf die Teeröle ziemlich enge Grenzen ziehen.

γ) Terpene und Sesquiterpene.

Versuche, Terpene in den Braunkohlenteerölen mit Hilfe der charakteristischen Terpenreaktionen, wie Chlorhydratbildung, Nitroso- und Nitrosylchlorid-Verbindungen u. a. m., nachzuweisen, schlugen fehl[4], da diese Reaktionen nur bei einem Überwiegen der Terpene und bei weniger komplizierten Gemischen eine Trennung ermöglichen.

Wenngleich das Vorhandensein von Terpenen und Sesquiterpenen in den Ölen, der genetischen Entwicklung der Braunkohle entsprechend, anzunehmen ist, so scheint doch ihre Menge nur sehr gering zu sein, so daß sie nur mit diffizileren Methoden nachweisbar sind:

So wiesen Herzenberg und Ruhemann[5] spektrophotometrisch als Urheber der bläulichen bzw. blaugrünen Färbung der Mittelfraktionen der Braunkohlenteeröle einen in diesen Fraktionen angereicherten Abkömmling tricyclischer Sesquiterpene, das Azulen $C_{15}H_{18}$, nach, den einzigen bis heute bekannten, tiefblauen Kohlenwasserstoff. Dieser findet sich auch in jenen „blauen Ölen" angereichert, welche man durch Ausschütteln der Mittelöle des Braunkohlenteeröles mit Ferrocyanwasserstoffsäure und Zerlegung der abgeschiedenen Ferrocyanate mit Lauge erhält[6]. Bei der Photometrierung der Absorptionsspektren

---

[1] Weißgerber u. Kruber: Ber. 52, 346 (1919).
[2] Herzenberg u. Pasch: ebenda 64, 1036 (1931).
[3] Diels: ebenda 60, 2323 (1927).   [4] F. Heusler: ebenda 25, 1665 (1892).
[5] Herzenberg u. Ruhemann: ebenda 58, 2249 (1925); Braunkohle 25, 149, 174 (1926/27).
[6] Ruhemann u. Benthin: ebenda 23, 765 (1924/25).

dieser „blauen Öle" mittels eines selbstregistrierenden Mikrophotometers zeigten die Schwärzungskurven genau die gleichen Maxima und Minima, wie das synthetisch aus Gurjunen, einem tricyclischen Sesquiterpen, durch katalytische Dehydrierung gebildete Azulen. Daß auch in den Braunkohlenteerölen tricyclische Sesquiterpene die Ursache der Blaufärbung sein müssen, bestätigte sich dadurch, daß die farblose Sesquiterpenfraktion des Neutralöles (126—133⁰ bei 13 mm) bei der Dehydrierung über einem Nickel-Aluminiumoxydkatalysator die typische Blaufärbung des Azulens annahm.

Ruhemann und K. Levy[1] isolierten später auch das Azulen aus den neutralen Anteilen eines Braunkohlen-Generatorteeres in Form seines Pikrates.

7 kg der Neutralölfraktion 160—180⁰ (18 mm) ergaben 128 g Ferrocyanat, das, mit Natronlauge zerlegt, eine zwischen 155 und 165⁰ (14 mm) siedende Fraktion (14 g) lieferte, in der das Azulen angereichert war. 10 g dieser Fraktion wurden mit 20 g konz. H_2SO_4 auf dem Wasserbade digeriert, wobei die Begleitstoffe des Azulens zerstört wurden, während dieses selbst in Lösung ging und durch Zusatz von Wasser unverändert wieder abgeschieden werden konnte. Das ausgeschiedene Azulen wurde mit Petroläther aufgenommen und ergab bei der Fraktionierung 0,9 g reines, tiefblaues Azulen, das in das blauschwarze, bei 117⁰ schmelzende Pikrat übergeführt wurde.

Die Mengen des im Teeröle vorhandenen Azulens sowohl als auch der azulenbildenden Sesquiterpene sind somit sehr gering.

Der Nachweis von Terpenen im Erdöl ist bisher nicht gelungen.

c) Trennung von Naphthenen und Paraffinen.

Voraussetzung für die Trennung dieser beiden Kohlenwasserstoffgruppen ist die Entfernung der übrigen Körperklassen, insbesondere der ungesättigten und aromatischen Kohlenwasserstoffe, sowie der S- und O-haltigen Verbindungen der Teeröle. Dies ist ohne mehr oder minder großen Angriff der Naphthene nur schwer, bzw. vollständig überhaupt nicht zu erreichen.

Als Trennungsmittel wird in den meisten Fällen H_2SO_4 angewandt. Diese muß man jedoch bei neutralen Urteerölen, um eine allzu heftige Einwirkung auf die stark ungesättigten Kohlenwasserstoffe zu vermeiden, in allmählich steigender Konzentration so lange unter Schütteln bei gewöhnlicher Temperatur zusetzen, wie noch eine Einwirkung erkennbar ist. Wendet man hierbei als höchste Konzentration Monohydrat (100%ige Säure) an und Temperaturen nicht über 50⁰[2], so ist in Abwesenheit von Katalysatoren die Sulfonierung höherer Aromaten, wie z. B. der Naphthaline, kaum quantitativ durchzuführen; andererseits werden auch bekanntlich gewisse Schwefelverbindungen auf diese Weise nicht vollständig entfernt, die sich bei der Bestimmung der Naphthene mittels der Anilinpunktsmethode (S. 210) störend bemerkbar machen können. Wird hingegen anhydridhaltige H_2SO_4 angewendet, so ist die Behandlung stets mit erheblichen Verlusten an Naphthenen verbunden. Es löst sich z. B. nach Markownikoff[3] Methylcyclohexan schon bei gewöhnlicher Temperatur ziemlich schnell in 15%igem Anhydrid unter SO_2-Entwicklung, während nach Menschutkin[4] bei der Einwirkung

---

[1] Ruhemann u. K. Levy: Ber. **60**, 2459 (1927).
[2] Methoden von Egloff, Riesenfeld und Bandte u. a.
[3] Markownikoff: Liebigs Ann. **341**, 131 (1905).
[4] B. N. Menschutkin u. M. B. Wolff: Coll. Trav. chim. Tchécoslovaquie **2**, 396 (1930); C. **1930**, II, 1541.

von rauchender H_2SO_4 (25% SO_3) auf Cyclohexan bei 25° erhebliche Mengen von Benzolsulfosäuren gebildet werden.

Noch heftiger wirkt konz. HNO_3 auf die Naphthene ein, so z. B. rote rauchende HNO_3 ($d = 1,535$) auf Methylcyclohexan und Methylpentamethylen[1] unter starker Wärmeentwicklung und Oxydation zu aliphatischen Säuren, während das gleiche Volumen Salpeter-Schwefelsäure mit diesem Kohlenwasserstoff selbst beim Schütteln bei 80° nicht reagiert.

Ruhemann und Rosenthal[2] isolierten aus den zwischen 140 und 162° (14 mm) siedenden, zur Milderung der Reaktion in Eisessig gelösten Mittelfraktionen eines Braunkohlengeneratorteeröles durch Behandlung mit überschüssiger, gut gekühlter rauchender HNO_3 die flüssigen Paraffine. Die zunächst ausgeschiedenen hellgelben Öle enthielten kleine Mengen von Nitroverbindungen, sie wurden daher mit Zinn und Salzsäure reduziert, und die mit Wasserdampf übergehenden Destillate, welche nach der Analyse Paraffine der Größenordnung $C_{16}H_{34}$ und $C_{17}H_{36}$ enthielten, wurden fraktioniert.

Die Naphthene können dagegen trotz mehrfacher, erfolgversprechender Versuche heute noch nicht einwandfrei abgetrennt werden. Für die Abschätzung des Gehaltes an Naphthenen in Gemischen mit Paraffinen ist die höhere Löslichkeit der ersteren in Anilin vielfach verwendet und, insbesondere zum Zwecke der technischen Analyse, die Bestimmung der oberen kritischen Lösungstemperatur, bzw. des sog. Anilinpunktes, von Tizard und Marshall[3] empfohlen worden (Näheres s. S. 210).

α) Trennung von Naphthenen und Paraffinen durch Destillation im ternären Gemisch.

Diese, von Brame und Hunter[4] speziell für die leichtsiedenden Anteile der Mineralöle (bei denen die Methoden der selektiven Lösung versagen) ausgearbeitete Methode, beruht auf dem Zusatz einer niedriger- oder höhersiedenden Flüssigkeit — z. B. Methyl- oder Amylalkohol — zum Destillatgut, wodurch bei der nachfolgenden Destillation infolge der Veränderung der Dampfdrucke und Siedepunkte der niedriger- bzw. höhersiedende Gemischanteil zuerst entfernt wird. Wird z. B. bei einem binären Gemisch — Hexan und Cyclohexan — eine Trennung der Komponenten erst durch vielfache, fraktionierte Destillation bewirkt, so kann durch Zugabe einer dritten, höhersiedenden Komponente, wie Anilin, der gleiche Effekt schon nach wenigen Fraktionierungen erreicht werden; Anilin wird hierbei nicht nur wegen seiner Überlegenheit anderen Lösungsmitteln gegenüber angewandt, sondern auch wegen seiner basischen Eigenschaften, die eine leichte Entfernung durch Mineralsäure aus den Destillaten ermöglichen.

Es ist nicht immer notwendig, daß die dritte Komponente einen stark abweichenden Siedepunkt gegenüber demjenigen des Gemisches besitzt. Das bekannte Verfahren zur Gewinnung von wasserfreiem aus wasserhaltigem Alkohol zeigt, daß durch einen Zusatz von Benzol die konstante Siedetemperatur des gewöhnlichen Sprits (78,15° bei 95,57% Alkohol und 4,43% Wasser) aufgehoben und die Fraktionierung ermöglicht wird.

---

[1] Markownikoff: Journ. russ. physikal.-chem. Ges. **35**, 1033 (1903); C. **1904**, I, 1345; Liebigs Ann. **341**, 130 (1905).

[2] Ruhemann u. Rosenthal: Ztschr. angew. Chem. **36**, 153 (1923).

[3] Tizard u. Marshall: Journ. Soc. chem. Ind. **40**, 20 T (1921).

[4] Brame u. Hunter: Journ. I.P.T. **13**, 794 (1927).

Erheblich schwieriger gestaltet sich die Trennung bei so komplizierten Gemischen, wie es die Mineralöle sind, doch gelang es auf diesem Wege, in einem russischen Crackbenzin die Naphthene von den Paraffinen zu trennen und einzelne Glieder zu isolieren.

Das nach der Entfernung der ungesättigten und aromatischen Kohlenwasserstoffe zwischen 43 und 120⁰ siedende Restbenzin wurde zunächst mittels einer Kolonne fraktioniert und sodann jede Fraktion mit dem doppelten Volumen Anilin destilliert. In den meisten Fällen genügte eine zweimalige Fraktionierung mit Anilin, um reine Paraffine und Naphthene zu erhalten. Nur dort, wo Cycloparaffine mit Paraffinen vom gleichen Siedepunkt vergesellschaftet waren, mußten die Naphthene durch Behandlung mit starker Salpetersäure entfernt werden; auf diese Weise wurden n-Heptan und Hexan isoliert.

Außer diesen gelang noch die Darstellung von Trimethyläthyl-methan und Di-isopropyl, während von den Naphthenen Methylcyclopentan, Dimethylcyclopentan, Cyclohexan und Methylcyclohexan isoliert werden konnten.

Die Reinheit der erhaltenen Kohlenwasserstoffe ist allerdings schwer zu beurteilen, da Analysen nicht angegeben werden und die Identität nur aus mehr oder weniger gut übereinstimmenden physikalischen Konstanten (Siedepunkt, Brechungsindex, spez. Gew.) abgeleitet wird; doch ist die Methode zweifellos ein wertvolles Hilfsmittel, das vielfach variiert werden kann und insbesondere in Verbindung mit chemischen Methoden auch in schwierigeren Fällen zum Erfolg führen dürfte.

β) Trennung der Naphthene von den Paraffinen mittels Bakterien.

Nach J. Tausz und M. Peter[1] zerstören gewisse Bakterienarten, wie Bact. aliphaticum, Bact. aliphaticum liquefaciens und das Paraffinbacterium, Paraffine restlos, während sie Naphthene und Benzolkohlenwasserstoffe nicht angreifen. Olefinen gegenüber verhalten sie sich verschiedenartig, indem z. B. Bact. aliphaticum zwar Caprylen und Hexadecylen, nicht aber Hexylen angreift.

Die Bakterien werden aus Gartenerde gewonnen und am besten in anorganischer Nährlösung gezüchtet, die als alleinige Kohlenstoffquelle Kohlenwasserstoffe enthält. Von ihnen kommen für praktische Untersuchungen nur die ersten 2 Bakterienarten in Frage, da das Paraffinbacterium die niederen Glieder der Paraffinreihe, wie n-Hexan und n-Octan nicht angreift.

Auch für dieses Verfahren ist es notwendig, die anderen Kohlenwasserstoffgruppen der Öle (wie auch O- und S-Verbindungen) vorher auf bekannte Weise zu entfernen.

Ein mit Glashahn versehener Rundkolben (5—6 l) wird zu $^1/_3$ mit der sterilen anorganischen Nährlösung gefüllt, sodann evakuiert und mit O_2 gefüllt. Mittels einer sterilisierten Capillarpipette wird (durch die Hahnbohrung) mit frischen Kulturen von Bact. aliphaticum geimpft, dann wird der Kolben im Wasserbad auf 35⁰ erwärmt, und zuletzt werden 4 ccm des Naphthen-Paraffingemisches mittels einer sterilen Capillarpipette in den Kolben eingeführt. Es wird nun bei 28—30⁰ auf der Maschine geschüttelt (wichtig, da sonst durch die Ölhaut der Zutritt des O_2 zu den Bakterien verhindert wird) und der Verlauf der Reaktion durch Messung des O_2-Verbrauches verfolgt; die Einwirkung ist als beendet anzusehen, wenn innerhalb mehrerer Tage die O_2-Aufnahme nur noch wenige ccm beträgt.

Die Menge der unangegriffenen Naphthene wird durch Abdestillieren derselben festgestellt, wozu bei leichtsiedenden Kohlenwasserstoffen die Anbringung einer mit festem CO_2 und Alkohol gekühlten Schlangenrohrvorlage zweckmäßig ist.

Die Versuche mit reinen Kohlenwasserstoffen, welche auf Hexan, Octan, Diisoamyl und Cyclohexan, sowie Homologe derselben ausgedehnt wurden, zeigen zunächst, daß die Paraffine restlos aufgezehrt werden; doch sind

---

[1] J. Tausz u. M. Peter: Ztrbl. Bakter., Parasitenk. II. Abt. **49**, 497 (1919); C. **1920**, II, 264.

infolge der geringen anzuwendenden Mengen (2 ccm des Paraffins + 2 ccm des Naphthens) die Versuchsverluste an Cycloparaffinen, insbesondere bei den niederen Gliedern der Cyclohexanreihe, so bedeutend (z. B. wurden bei Cyclohexanmischungen 0,85—1,0 ccm anstatt 2 ccm wiedererhalten), daß der wahre Naphthengehalt nicht berechnet werden kann, auch dann nicht, wenn Blindversuche angestellt werden, da die Unsicherheit bei diesen kleinen Mengen zu groß ist.

Abgesehen von den Schwierigkeiten, welche für den nicht hierfür spezialisierten Chemiker das Arbeiten mit Bakterienkulturen bietet, müßten für die allgemeinere Einführung dieser im Prinzip sehr interessanten Methode solche Mengen der Kohlenwasserstoffe umgesetzt werden können, daß eine exakte Bestimmung der unverbrauchten Anteile möglich ist.

Immerhin gelang es Tausz, mit Hilfe dieser Methode in einem von Engler[1] aus Amylen durch Druckerhitzung erhaltenen Öl Naphthene nachzuweisen, ferner auch in einem durch Druckerhitzung aus Bakuer Zylinderöl erhaltenen Produkt.

V. Technische Prüfungsverfahren[2].

(Bearbeitet von F. Frank und G. Meyerheim.)

1. Untersuchung der Braunkohle.

Für die Verwendung der Braunkohle zur Verschwelung, Ent- oder Vergasung ist die Frage der Teerergiebigkeit usw. von Bedeutung.

Der Probeentnahme und Zubereitung ist bei der Ungleichmäßigkeit der Braunkohle, auch im gleichen Flöz, besondere Sorgfalt zuzuwenden.

a) Probenahme.

Bei der Generatorvergasung ist auf Struktur und Wassergehalt der Kohle, Eigenschaften, welche man bei der Verschwelung im Rolleofen vernachlässigen konnte, zu achten, da man z. B. im Generator mulmige und sehr feuchte Kohle (50—60% Grubenfeuchtigkeit) nicht ohne weiteres verarbeiten kann. Die Proben müssen daher für die Prüfung auf Verwendbarkeit im Generator im unzerkleinerten Originalzustand vom Gewinnungsort eingesandt werden[3]. Bei neuen Bohrungen nimmt man einen Durchschnitt des Bohrkerns, soweit er durch Kohle führt. Die Kohle muß in gut verschlossener Büchse (zur Vermeidung der Abgabe von Grubenfeuchtigkeit) in einer Durchschnittsprobe von wenigstens 5 kg zur Prüfung auf Teergehalt und 25 kg, nicht zerkleinert, zur Klassierung und zur Herstellung größerer Mengen Teer eingesandt werden. Die eingesandte Probe wird auf einem Tisch oder einer Eisenplatte ausgeschüttet, grob zerkleinert und in Form eines Quadrats ausgebreitet, das man durch zwei Diagonalen in vier Teile zerlegt. Den Inhalt von zwei der einander gegenüberliegenden Dreiecke vereinigt man wieder, bildet von neuem ein Quadrat und verfährt in derselben Weise, bis man etwa 1 kg Kohle übrig behält. Diese zerkleinert man nun auf eine Korngröße von 2—3 mm, formt wieder ein Quadrat und teilt in der oben beschriebenen Weise, bis etwa 500 g übrig bleiben, die man in einer gut verschlossenen Büchse aufbewahrt.

---

[1] Engler: Ber. **42**, 4610 (1909).

[2] S. auch E. Graefe: Laboratoriumsbuch für die Braunkohlenteerindustrie, und Berl-Lunge: Chem.-Techn. Untersuchungsmeth., 8. Aufl., Bd. 4, S. 375f.

[3] P. Schulz: Braunkohle **19**, 297, 309, 322 (1920), gibt genaue Anweisungen über Probeentnahme.

b) Siebanalyse (Klassierung).

Die grubenfeuchte, in keiner Weise mechanisch behandelte Kohle wird in einer flachen Blechschale an der Luft getrocknet (vgl. weiter unten g). Das lufttrockene Material wird der Siebanalyse im Normalsiebsatz[1] unterworfen. Die Korngrößen werden in % der lufttrockenen Kohle angegeben.

c) Probeschwelung.

α) Schwelversuch in der Glasretorte (E. Graefe).

In der tarierten, 200 ccm fassenden Retorte (Abb. 176) aus schwer schmelzbarem Kaliglas, die durch eine Blech- oder Asbesthülle gegen Luftzug geschützt ist, werden 50—100 g des Durchschnittsmusters der grubenfeuchten Kohle mit allmählich vergrößerter Flamme des Brenners so lange erhitzt, bis keine Dämpfe mehr in die mit Wasser gekühlte, gleichfalls tarierte Vorlage übergehen. Die Schweldauer soll normal 5—6 h betragen. Hierbei dürfen aus dem kleinen Gasentbindungsrohr der Vorlage keine Dämpfe oder Nebel, sondern nur farblose Gase entweichen, die bei Annäherung einer Zündflamme gleichmäßig mit kleiner Flamme brennen. Die den Koks enthaltende Retorte wird nach Beendigung des Versuches zurückgewogen, nachdem auch der in dem Retortenhals kondensierte Teer durch Aufschmelzen in die Vorlage gebracht ist. Die Vorlage mit Destillat, bestehend aus weißlich bis braun gefärbtem, trübem Wasser und Teer, wird gleichfalls gewogen. Durch Einstellen der Vorlage in heißes Wasser kommt der meist spezifisch leichtere Teer an die Ober-

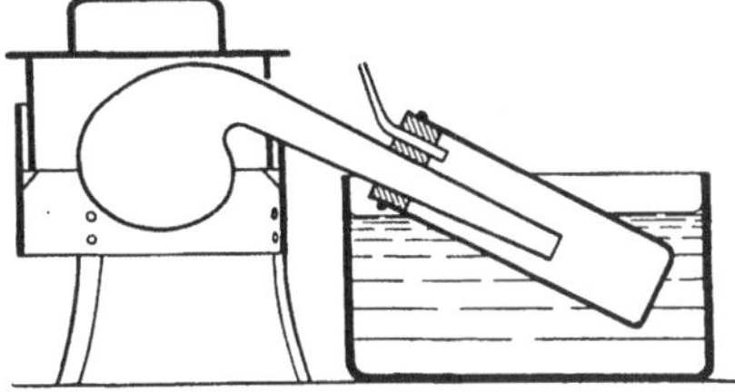

Abb. 176. Schwelapparatur nach Graefe.

fläche. Besonders erschwert wird die Trennung vom Schwelwasser dann, wenn der Teer ungefähr gleich schwer wie das Wasser ist. Man hilft sich dann so, daß man nach dem Wägen der Vorlage in das Wasser etwas Salz einträgt, um sein spez. Gew. zu erhöhen. Nach dem Abkühlen wird der erstarrte Teer durchstochen, das Wasser abgegossen, der Rest des anhaftenden Wassers mit Fließpapier entfernt und die Vorlage mit dem an der Luft getrockneten Teer gewogen. Es kommt aber auch vor, daß der Teer beim Erkalten nicht erstarrt und flüssig bleibt. Man setzt dann zu der flüssigen Teerschicht 1 g Paraffin, das sich im Teer auflöst. Beim Erkalten kann dann der Teerkuchen abgehoben und — unter Berücksichtigung des Gewichtes des zugesetzten Paraffins — gewogen werden. Oder man zieht nach vorsichtigem Abgießen des Wassers den Teer durch Ausschütteln der Vorlage mit Benzol aus und bestimmt im Auszug den Teergehalt, jedoch ist das Benzol vorsichtig zu verdampfen, damit nicht leichtsiedende Teeranteile mit abdestilliert werden. Geringe im Teer verbliebene Mengen von Wasser entfernt man durch Beigabe von wenig absolutem Alkohol und Verdampfung des letzteren.

β) Schwelung in der Aluminiumretorte.

Gegenüber der Glasretorte hat der Aluminiumschwelapparat von Fr. Fischer[2] den Vorzug fast unbegrenzter Haltbarkeit, sowie schneller Erzielung und genauer Regulierung der Schweltemperatur.

Er besteht aus einem ausgehöhlten Aluminiumklotz mit eingeschliffenem Deckel. Der Klotz besitzt eine Höhlung zum Einsetzen eines Thermometers für hohe Temperaturen (bis 550⁰). Auf das metallene Ableitungsrohr ist die Vorlage

---

[1] Normalsiebsätze werden von dem Chem. Laboratorium für Tonindustrie, Berlin, Dreysestraße, sowie von Gustav Heyde, Dresden-N., geliefert.

[2] Fr. Fischer: Ztschr. angew. Chem. **33**, 172 (1920); Brennstoff-Chem. **2**, 106 (1921); Bezugsquelle des Apparates: Andreas Hofer, Mülheim/Ruhr.

aus Glas aufgesetzt. Infolge der hohen Wärmeleitfähigkeit des Aluminiums gelingt die Schwelung in kürzerer Zeit als in der Glasretorte, während das Thermometer dazu dient, jeder Überhitzung und damit einhergehender Teerzersetzung vorzubeugen.

Der Aluminiumschwelapparat wird auch mit einem durch den Deckel geführten Rohr zum Durchleiten von Wasserdampf geliefert.[1] Er kann in dieser Form sowohl zur Schwelung mit überhitztem Dampf, wie zur Schwelung mit Spülgas dienen.

γ) Schwelung im elektrischen Ofen.

Will man den Schwelteer eingehend untersuchen, so muß man eine größere Menge Kohle schwelen, um etwa 1 kg Teer oder mehr zu erhalten.

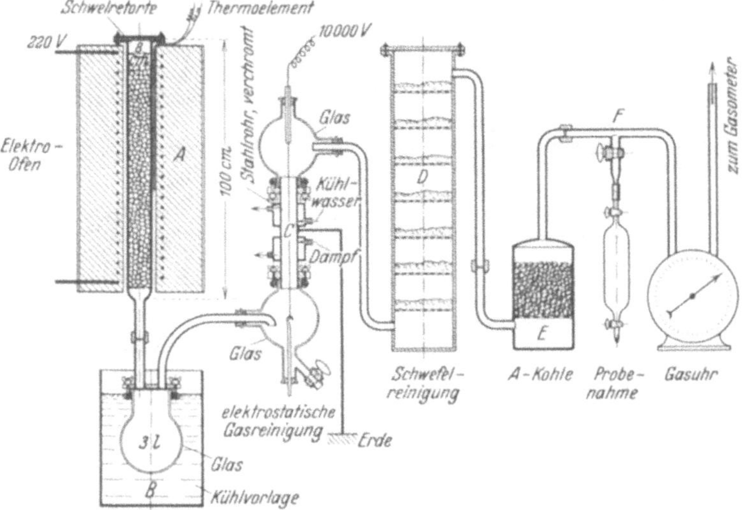

Abb. 177. Schwelapparatur für 5 kg Kohle nach F. Frank und A. Fischer.

Zweckmäßig bedient man sich der von F. Frank und A. Fischer[2] ausgebildeten elektrischen Schwelapparatur (Abb. 177), die außer der gewöhnlichen Schwelung auch die Spülgasschwelung und die Hochtemperaturentgasung ermöglicht. Sie kann auch für letzteren Zweck mit einer Entgasung unter partieller Wassergasbildung und Teervercrackung verbunden werden und liefert so mit dem Großbetrieb der kontinuierlichen Entgasung in Vertikalretorten in bezug auf Gas-Ausbeuten und -Zusammensetzung, wie auch auf die Teer- und Koksqualität gut vergleichbare Werte.

In einem zylindrischen Rohr aus Sicromal 12 (Chrom-Silicium-Aluminium-Stahl der Vereinigten Stahlwerke, Düsseldorf) von 100 cm Länge und 80 mm l. W. werden 5 kg Kohle (bzw. in einem gleichlangen Rohr von 200 mm l. W. 20 kg Kohle) mittels eines elektrischen Widerstandsofens A (Bauart Issem, Berlin-Buchholz) langsam auf Schweltemperatur (400—500°) gebracht und bis zum Aufhören der Teerentwicklung auf dieser Temperatur gehalten. Die abziehenden Gase werden zunächst im Wasserkühler B gekühlt, wo die Hauptmenge des Teeres ausgeschieden

---

[1] Fr. Fischer u. W. Gluud: Gesamm. Abhandl. Kenntn. Kohle 1, 121 (1915/16); Fr. Fischer u. H. Schrader: Brennstoff-Chem. 1, 87 (1920); Schrader: ebenda 2, 182 (1921).

[2] F. Frank u. A. Fischer im Jahrbuch von den Kohlen und den Mineralölen, Bd. 2, S. 57. 1929.

wird. Die letzten Teerdämpfe durchstreichen einen elektrostatischen Gasreiniger C*, der im unteren Teil durch einen Dampfmantel erwärmt, im oberen Teil mit strömendem Wasser gekühlt wird, und werden durch diese Maßnahme restlos dem Gas entzogen. Das entteerte Gas wird in einem mit Eisenoxyd gefüllten Trockenreiniger D von H_2S und in dem mit aktiver Kohle gefüllten Turm E von Resten noch nicht kondensierter Leichtöldämpfe befreit und gelangt nach Passieren von Meßinstrumenten in einen Gasometer bzw. zur Entnahmestelle F der Gasproben. Die Teerausbeute setzt sich zusammen aus den in der Vorlage B und in dem elektrostatischen Gasreiniger C abgeschiedenen Teermengen sowie aus den im Turm E absorbierten Leichtöldämpfen, die nach Beendigung des Versuchs aus der aktiven Kohle mit überhitztem Wasserdampf (180⁰) ausgeblasen und mit dem übrigen Teer vereinigt werden.

Will man im Wasserdampfstrom schwelen oder den Vertikalofenprozeß unter Zersetzung von Teer reproduzieren, so muß man den zugesetzten Wasserdampf genau dosieren, wofür sich eine Membranpumpe nach F. Frank und A. Fischer[1] als zuverlässig bewährt hat.

d) Heizwert der Kohle.

Für viele Verwendungszwecke ist die Kenntnis des Heizwertes von Wichtigkeit; die Bestimmung ist nach dem üblichen Verfahren in der Calorimeterbombe (s. S. 80f.) mit dem **lufttrockenen** Material durchzuführen und auf den Feuchtigkeitsgehalt der angelieferten Kohle umzurechnen.

e) Stickstoffgehalt.

Ist mit der Vergasungsanlage die Gewinnung von Ammoniak verbunden, so ist der Stickstoffgehalt der Kohle zu bestimmen, allerdings nicht nach Kjeldahl[2]; verwendbar ist die Kjeldahl-Methode in der Abänderung von Börnstein und Petrick[3]. Genaue Resultate erhält man bei der Verbrennung nach Dumas, wobei aber darauf zu achten ist, daß der zur Unterstützung der Verbrennung verwendete Sauerstoff völlig stickstofffrei ist[4].

f) Aschengehalt.

Der Aschengehalt wird durch vorsichtiges Veraschen von 5 g Kohle im Porzellan- oder Quarztiegel bestimmt.

g) Wassergehalt.

Man wägt 0,5—1 kg Rohkohle ab und läßt sie im gewogenen flachen Blechkasten an der Luft unter gelegentlichem Umwenden und täglich einmaliger Wägung bis zur annähernden Konstanz trocknen. Ein aliquoter Teil dieser lufttrockenen Kohle wird durch erneutes Trocknen bei 100—105⁰ auf absolute Trockene gebracht. Wegen der hierbei bereits beginnenden CO_2-Abspaltung und gleichzeitigen geringen Oxydation der Kohle durch Luftsauerstoff[5] empfiehlt sich die Entfernung des Wassers aus der lufttrockenen Kohle durch Destillation mit Xylol (nach S. 117), falls man nicht die Probe im CO_2- oder N_2-Strom bei 105⁰ trocknet.

Außer den genannten, für das Laboratorium in den meisten Fällen ausreichenden Methoden wurden für den Betrieb, insbesondere in den **Brikettfabriken**, wo eine

---

* A. Fischer: Chemische Fabrik **2**, 101 (1929).
[1] Hersteller: J. Peters, Berlin NW 21.
[2] Terres: Journ. Gasbel. **62**, 173, 200 (1919).
[3] E. Börnstein u. A. J. Petrick: Brennstoff-Chem. **13**, 41 (1932).
[4] S. auch W. Fritsche: ebenda **2**, 34, 367 (1921); F. Foerster u. R. Hünerbein: ebenda **4**, 337 (1923).
[5] Broche: Braunkohle **26**, 5 (1927).

kontinuierliche Überwachung zur Innehaltung eines bestimmten Wassergehaltes der Briketts erforderlich ist, einige andere Methoden entwickelt, welche die Genauigkeit der Xylolmethode mit einer viel kürzeren Bestimmungsdauer verbinden sollen (etwa 4—5 min, gegenüber 20—25 min bei der Xylolmethode). Auf diese Schnellmethoden, die als Spezialmethoden für die Kohlen-, insbesondere Brikettuntersuchung den Rahmen dieses Buches überschreiten, kann hier nicht näher eingegangen werden[1].

2. Untersuchung des Schwelgases.

a) Heizwert.

Die Heizwertbestimmung geschieht in einwandfreier Weise mit dem Junkers-Calorimeter. Da dieses für seine Aufstellung und den Betrieb gewisse Voraussetzungen stellt, die auf den Schwelereien und im Laboratorium nicht immer erfüllt werden können, so benutzt man jetzt mit Vorteil solche Heizwertmesser, welche die Bestimmung mit einer kleinen Gasprobe gestatten. Ein solcher ist das Unioncalorimeter der Union Apparatebaugesellschaft m. b. H. Karlsruhe, dessen Anwendung auf der Messung der Explosionswärme des Gases beruht. Auch aus der prozentualen Zusammensetzung der Gase kann der Heizwert errechnet werden. Er schwankt je nach dem Luftgehalt zwischen 1200 und 3800 kcal/cbm.

b) Analyse.

Die Schwelgasanalyse, die allein über die Zusammensetzung des Gases unterrichtet und auch Rückschlüsse auf den Schwelvorgang selbst zuläßt, wird nach den üblichen Methoden durchgeführt. Der Gehalt an CO_2, ungesättigten Kohlenwasserstoffen ($C_n H_m$), O_2 und CO wird nach den gewöhnlichen Absorptionsverfahren bestimmt; bei der Bestimmung des H_2 und der Paraffinkohlenwasserstoffe muß besonders auf das Vorkommen von höheren Methanhomologen und die deshalb notwendige Modifikation der Verbrennungsanalyse Rücksicht genommen werden.

Man arbeitet zweckmäßig nach Burkhardt, Fischer und Frank[2] unter Benutzung von Palladiumsol nach Paal und Hartmann[3] zur H_2-Absorption. Die Zusammensetzung der Kohlenwasserstoffe läßt sich zuverlässig aus der durch Explosion und CO_2-Absorption ermittelten Elementaranalyse berechnen.

Der Schwefelwasserstoff wird am besten mit Jodlösung nach der Bunteschen Methode bestimmt. Die Zusammensetzung des Schwelgases hängt von der Schweltemperatur ab: mit steigender Temperatur nehmen die Gehalte an CO_2, C_nH_m, C_2H_6 im allgemeinen ab, die an CO, CH_4, H_2 zu.

3. Untersuchung des Schwelwassers.

Das Schwelwasser sowie die Abwässer der Schwelereien, lästige Nebenprodukte der Schwelung, enthalten neben wenig NH_3 und neutralen Stoffen, wie Aceton, Schwefelverbindungen u. a. m., vornehmlich Phenole und niedere Fettsäuren[4]. Obwohl das Schwelwasser der Braunkohle noch nicht eingehend untersucht ist, so ist doch festgestellt, daß es, im Gegensatz zu den Abwässern der Kokereien, nur geringe Mengen Carbolsäure enthält. Die Hauptmenge der Phenole dürfte neben Dioxybenzolen, wie Brenz-

---

[1] Eine eingehende Beschreibung mehrerer solcher Methoden, welche auf ein Preisausschreiben der Gesellschaft für Braunkohlen- und Mineralölforschung an der Techn. Hochsch. Berlin in Gemeinschaft mit dem Braunkohlenindustrieverein, Halle a. S., eingereicht wurden, s. bei H. Hirz: Braunkohle **28**, 101 (1929). Über eine kryohydratische Methode vgl. M. Dolch: Brennstoff-Chem. **11**, 429 (1930).

[2] O. Burkhardt, A. Fischer u. Fr. Frank: Gas- u. Wasserfach **72**, 504 (1929).

[3] Paal u. Hartmann: Ber. **43**, 243 (1910).

[4] Th. Rosenthal: Braunkohle **3**, 567 (1904).

catechin, aus Kresolen bestehen. Im Schwelwasser einer modernen Schwelanlage (Grube „Leopold") fanden Rosin und Just[1] 6,3 g Phenole im Liter, während die gesamten, laugenlöslichen Produkte 12,9 g im Liter betrugen.

Für die quantitative Bestimmung der Gesamt-Phenole im Schwelwasser kommt in erster Linie die von Ullrich und Kather[2] für die Abwässer der Kokereien ausgearbeitete und bewährte Methode in Frage, die auf der Extraktion der Phenole mittels einer Benzol-Chinolin-Mischung und Bromierung der Phenole mit einer Bromid-Bromat-Lösung beruht, und zwar in der für Braunkohlenschwelwässer von Rosin und Just[3] ausgearbeiteten Modifikation.

Ferner sei noch das Verfahren der Stufentitration (Ermittlung der Wasserstoffionenkonzentration) erwähnt, wobei das Schwelwasser, nach Entfernung störender Salze und Zugabe entsprechend gewählter Indicatoren, mit Hilfe von Vergleichspuffergemischen von $p_H = 11,04$ auf $p_H = 8,4$ titriert wird[4].

4. Technische Prüfung des Teeres.

a) Das spezifische Gewicht

wird wegen der butterartig festen Konsistenz des Teeres nach S. 3f. mit Pyknometer oder Aräometer bei 40 oder 50⁰ C bestimmt. Die wertvollen Teile des Teeres, Kohlenwasserstofföle und Paraffine, erniedrigen, die minderwertigen Kreosotstoffe und basischen Anteile erhöhen das spez. Gew. Vereinzelt kommen Teere vor, die noch $d_{40} = 0,830$ haben, im allgemeinen sind sie aber schwerer. Normale Teere aus Braunkohlengeneratoren, Steinkohlen-, Holz- und Torfteere wiegen bis über 1,000 und sind dementsprechend auch geringer zu bewerten.

b) Der Erstarrungspunkt

liegt um so höher, je höher der Paraffingehalt des Teeres ist (Bestimmung mittels sog. galizischer Methode s. S. 298). Er wird aber auch durch den asphaltartigen, in Normalbenzin unlöslichen Anteil des Teeres sehr wesentlich beeinflußt (Asphaltbestimmung s. S. 166).

c) Bestimmung der mechanischen Verunreinigungen im Teer.

Schmutz und Kohlenstaub erschweren ebenso wie Wassergehalt die Destillation des Teeres. Der Gehalt an Schmutz wird bestimmt durch Auflösen von 2—20 g Teer in 25—100 ccm Benzol und Filtration der warmen Lösung durch ein gewogenes Filter. Es wird mit Benzol nachgewaschen, bis die anhaftenden Teerreste vom Filter gelöst sind, einmal mit etwas absolutem Alkohol zur Entfernung von Wasser und zuletzt noch einmal mit Benzol gewaschen. Die Gewichtszunahme des getrockneten Filters gibt die Menge der Verunreinigungen des Teeres an. Genauer und einfacher ist die Sammlung des Unlöslichen auf einer mit Glaspulver beschickten Nutsche aus gefrittetem Glas, vgl. auch S. 167.

d) Die Destillationsprobe

ist neben der Bestimmung des Gehalts an Wasser und freiem Kohlenstoff die wichtigste Bewertungsprobe des Teeres.

---

[1] Rosin u. Just: Ztschr. angew. Chem. **42**, 965 (1929).
[2] Ullrich u. Kather: ebenda **39**, 229 (1926). [3] Rosin u. Just: l. c.
[4] Dehe: Chem.-Ztg. **52**, 983 (1928); Michaelis: Die Wasserstoffionenkonzentration, 2. Aufl. Berlin: Julius Springer 1922.

Man destilliert etwa 200 g Teer aus einer Glasretorte oder besser Metallblase, fängt zunächst das Destillat bis zu demjenigen Punkt, bei welchem ein Tropfen auf Eis erstarrt (zwischen 250 und 300⁰) als „leichtes Rohöl“, das weitere Destillat bis zu dem Punkt, bei dem gelblichrote harzige Massen (Picene) übergehen, als „Paraffinmasse“ auf. Die „roten Harze“ werden getrennt aufgefangen. Der Destillationsrückstand, welcher gewogen wird, stellt den Koks dar (1,5—5%); die Gewichtsdifferenz der zur Destillation verwendeten Teermenge und der daraus gewonnenen gewogenen Produkte ergibt die Menge der Gase und Verluste. Bei genauer Prüfung bestimmt man die Destillate nach Temperaturintervallen (bis 150⁰, bis 250⁰ usw.) unter gleichzeitiger Beobachtung ihres Verhaltens auf Eis. Jetzt führt man die Destillation im Claisen-Kolben unter Luftverdünnung aus.

Die Zusammensetzung der Teere schwankt in sehr weiten Grenzen, die nicht nur von der Natur der verwendeten Kohle, sondern auch von der Ofenbauart und der Art der Betriebsführung weitgehend abhängen. Nachstehend wird eine Reihe von Untersuchungen, die an Rolle-Ofen-Teeren durchgeführt sind, angegeben[1].

Tabelle 118. Analysen von Braunkohlenschwelteeren.

Schwelteer	Oberröblinger Revier		Zeitz-Weißenfelser Revier		NachterstedtRevier
	1	2	3	4	5
Wasser	Spuren	Spuren	Spuren	Spuren	Spuren
d_{35}	0,887	0,876	0,879	0,903	0,891
Siedebeginn . . . . ⁰	117	126	116	117	127
Leichtes Rohöl . . . . . %	34,8	31,9	34,2	36,7	36,1
Paraffinmasse . . . . . . %	60,2	64,1	61,3	58,3	59,5
Kreosot in Leichtrohöl . . %	12,0	12,0	11,0	14,5	14,9
„ in d. Paraffinmasse %	5,2	5,0	5,5	5,2	5,0
„ im Gesamtdestillat %	7,7	7,3	7,4	8,7	8,5
Koks . . . . %	2,5	2,0	2,0	2,5	2,0
Gas und Verlust . . . . %	2,5	2,0	2,5	2,5	2,4
Paraffingehalt . . . . . . %	16,23	18,95	16,62	14,86	16,78
Schmelzpunkt des Paraffins ⁰	46,0	46,0	47,5	48,5	47,5
Asphaltartige Stoffe (in Normalbenzin unlöslich) %	0,24	0,44	0,20	0,18	0,19
Mechanische Verunreinigungen . . . . . . %	0,06	0,07	0,01	0,05	0,04
Naphthalin . . . . %	0,02	0,07	0,01	0,02	0,01

e) Paraffinbestimmung.

Die Paraffinbestimmung kann wie bei Erdöl gemäß S. 171 vorgenommen werden, sie wird aber bei Braunkohlenteer und seinen Destillaten in der Regel durch Behandlung mit Aceton ausgeführt. Man verwendet von Paraffinmasse 2—3,5 g, von Teer etwa 5 g, von Paraffinschuppen etwa 1 g, erwärmt mit 30 ccm Aceton im Erlenmeyerkölbchen, bis sich die öligen Anteile gelöst haben, kühlt sodann ab und stellt das Kölbchen in Eis. Nach 3 h wird das ausgeschiedene Paraffin auf einem Fleischer-Trichter abgesaugt, mit Aceton von 0⁰ gewaschen, vom Filter abgenommen, in einem Schälchen bei 105⁰ vom restlichen Aceton befreit und gewogen. Die Ausfällung bei 0⁰ ergibt die im Betrieb gewinnbare Paraffinausbeute. Wenn man die Acetonlösung bis auf — 21⁰ abkühlt, so erhält man die gesamten Paraffine.

Für serienmäßige Bestimmungen schlagen v. Walther und Elsmann[2] eine Ausführungsart der Acetonmethode vor, die auf kontinuierlicher

---

[1] Thau: Die Schwelung von Braun- und Steinkohle, 1927. S. 537.
[2] v. Walther u. Elsmann: Braunkohlenarch. 1928, Heft 22, 71.

Auslaugung der betr. Probe mit kaltem (— 15 bis — 20°) Aceton in einem besonderen Apparat beruht und den Vorteil hat, den Analytiker nicht fortlaufend in Anspruch zu nehmen.

5. Prüfung der Teerdestillate.

Die durch Destillation des Teeres, Rektifikation und Abpressen der Paraffinmassen erhaltenen Öle (Benzin, Solaröl, Paraffinöl, Gasöl, Putzöl usw.) werden etwa in gleicher Weise wie die entsprechenden Produkte aus Rohpetroleum (s. S. 177 f.) geprüft.

Für G a s ö l aus Braunkohlenteer kommen noch folgende Punkte in Betracht:

a) S p e z i f i s c h e s G e w i c h t. Die Braunkohlenteeröle haben infolge ihres hohen Gehalts an schweren Kohlenwasserstoffen, Phenolen und geschwefelten Verbindungen durchschnittlich höheres spez. Gew. als die entsprechenden Öle aus Erdöl (s. Tabelle 119).

Tabelle 119. Eigenschaften von Braunkohlenteerölen[1].

Art des Öles	d_{15} g/l	Siedebeginn °C	Vol.-%-Destillat				E_{20}	Flammpunkt (P.-M.) °C	n_D^{15}	Jodzahl (Hübl)	Schwefelgehalt %
			bis 150°	bis 200°	bis 250°	bis 300°					
Braunkohlenkraftstoff [2]	795	85	85	100	—	—	—	—10	1,4555	85	0,5
Solaröl	820—835	136	4	84	100	—	1,00	35	1,469	77	0,83
Putzöl.	845—870	189	—	4	95	100	1,1	66	1,485	—	0,78
Gelböl.	845—870	204	—	—	68	96	1,21	82	1,490	—	0,76
Gasöl	875—900	201	—	—	30	78	1,4	86	1,505	63	1,36
Schweres Paraffinöl	900—930	228	—	—	2	16	3,45	103	1,513	52	0,99

b) K r e o s o t g e h a l t soll bei guten Gasölen nur minimal sein.

Der Kreosotgehalt wird bei kreosotarmen Destillaten durch Bestimmung der Kreosotnatronschicht ermittelt, welche beim Ausschütteln mit starker, etwa 30%iger Natronlauge entsteht, bei kreosotreichen Ölen nach der sog. Differenzmethode mittels verdünnter 5—14%iger Lauge. Zu genauen Bestimmungen dient die gravimetrische Methode.

α) A u s s c h ü t t e l u n g m i t k o n z e n t r i e r t e r L a u g e.

Man füllt in einen in 0,1 ccm geteilten Schüttelzylinder von 20 ccm 10 ccm Natronlauge (32,5%ig) und 10 ccm des zu prüfenden Öles, schüttelt gut um und läßt in der Wärme absitzen. Es bilden sich drei Schichten, von welchen die untere aus überschüssiger Natronlauge, die mittlere, dunkler gefärbte aus Kreosotnatron, die obere aus kreosotfreiem Öl besteht. Nimmt man nun an, daß die Kreosotnatronschicht zur Hälfte aus Kreosot besteht, so gibt je 0,1 ccm der Kreosotnatronschicht $^1/_2$% Kreosot im Öl an. Die Methode ist nicht sehr genau[3], da die Annahme, daß die Kreosotnatronschicht zur Hälfte aus Kreosot besteht, nicht ganz zutrifft.

---

[1] Graefe: Laboratoriumsbuch, S. 101f.; Petroleum **1**, 14, 81, 632, 636 (1905/06).
[2] Privatmitt. von Dir. Dr. Metzger, A. Riebecksche Montanwerke A.-G., Halle a. S.
[3] E. Graefe: Braunkohle **6**, 17 (1907).

β) Differenzmethode.

In einem in 0,5 ccm geteilten Schüttelmeßzylinder von 100 ccm werden 50 ccm 13,5%ige Natronlauge und 25 ccm Benzol mit 25 ccm der zu untersuchenden Probe kräftig durchgeschüttelt. Nach evtl. in der Wärme erfolgtem Absitzen wird bei Zimmertemperatur die Vergrößerung der Laugenschicht abgelesen; sie ergibt, mit 4 multipliziert, den Prozentgehalt an sauren Ölen.

Bei der Untersuchung von Paraffinmassen führt man entweder die ganze Bestimmung in der Wärme durch oder scheidet zweckmäßiger (nach F. Frank) das Paraffin zunächst durch Behandlung mit Aceton (s. S. 536) ab und prüft dann in der oben angegebenen Weise das paraffinfreie Öl unter Umrechnung auf Ausgangsmaterial.

Will man die geringen Mengen Benzol berücksichtigen, welche bei der Differenzmethode sich in der Kreosot-Natronlauge lösen, so kann man nach Lazar[1] die Lauge nach der Volumablesung destillieren.

γ) Gravimetrische Methode.

Nachdem man, wie vorstehend beschrieben, den ungefähren Kreosotgehalt ermittelt hat, extrahiert man im Scheidetrichter genau 25 g Öl dreimal mit der berechneten Menge 5%iger Natronlauge, zieht die vereinigten Laugen mit wenig Äther zweimal aus (zur Entfernung von gelöstem Neutralöl), zersetzt die ölfreie Kreosotlauge mit verdünnter H_2SO_4 unter Ätherzusatz, zieht mehrfach mit Äther aus, trocknet die vereinigten Ätherauszüge mit gepulvertem Na_2SO_4 und destilliert die filtrierte ätherische Lösung ab, indem man sie aus einem Tropftrichter in ein gewogenes 50-ccm-Destillierkölbchen fließen läßt. Wenn auf dem Wasserbad nichts mehr übergeht, ersetzt man den Tropftrichter durch ein Thermometer, das bis in die Kreosotflüssigkeit eintaucht, schiebt über das Ansatzrohr des Kölbchens ein Reagensglas, das mit Draht am Kolbenhals befestigt ist, erhitzt vorsichtig über kleiner Flamme, bis die Temperatur des Kreosots auf 150⁰ gestiegen ist, bringt dann die Thermometerkugel in die Höhe des Abzugsrohrs und erhitzt vorsichtig so, daß die aufsteigenden Kreosotdämpfe eben bis an die Thermometerkugel steigen und die letzten Ätherreste forttreiben. Dann läßt man abkühlen und wägt.

Alle Braunkohlenteerdestillate geben, auch wenn sie in üblicher Weise mit Laugen oder Alkohol gereinigt sind, im Gegensatz zu Erdöldestillaten und -residuen, die es nur vereinzelt tun, die Diazoreaktion auf Phenole (s. S. 329).

c) **Schwefelgehalt:** Bestimmung bei leicht auf der Lampe brennbaren Destillaten nach Engler-Heusler (s. S. 105), sonst nach Rothe (S. 103), Hempel-Graefe[2] (s. S. 104), Sielisch-Sandke (S. 100), Grote-Krekeler (S. 102) oder Frank[3] u. a.

d) Die **Destillationsprobe** kommt in erster Linie für das Leichtöl (Gasbenzin) in Frage. Für die Bewertung sind der Siedebeginn, die Menge der bis 100⁰ übergehenden Anteile und der Endpunkt des Siedens, der möglichst nicht über 180⁰ liegen soll, maßgebend.

Über die sonstigen Wertprüfungen der Gasbenzine vgl. unter Treibstoff Benzin, S. 180f.

Die als Dieselöle verwendeten Gasöle sollen frei von mechanischen Verunreinigungen sein und nicht mehr als 0,05% Asche und 4% Kreosot haben. Mindestens 70% sollen bis 300⁰ sieden. Der Verkokungsrückstand nach Muck soll nicht über 2% betragen.

Für die Ölgaserzeugung wird ein Gasöl als um so höherwertig angesehen, je enger die Siedegrenzen sind. Am zweckmäßigsten werden die Siedegrenzen ermittelt, innerhalb welcher 80% des Öls übergehen[4]. Die Annahme, daß

<hr>

[1] Lazar: Chem.-Ztg. **45**, 197 (1921).
[2] Hempel: Ztschr. angew. Chem. **26**, 616 (1904).
[3] F. Frank: Privatmitt., deren Veröffentlichung bevorsteht.
[4] Deutsche Verbandsbeschlüsse 1909.

schwere Kohlenwasserstofföle oder Kreosote für den Vergasungswert nachteilig sind, ist irrtümlich. Man verwendet heute sogar rohe Teere direkt zur Ölgasherstellung. Gasölanforderungen, soweit sie heute bestehen, sind: frei von Bodensatz und H_2O; $d_{15} < 0,9$; Flammpunkt (P.-M.) $> 80^0$; Kreosot $< 2\%$.

e) Die Viscosität wird hauptsächlich bei den aus Braunkohlenteer hergestellten Maschinenölen, nach Bedarf auch bei anderen Ölen (auch bei Heizölen und Gasölen wird zuweilen eine Minimal- oder Maximalviscosität vorgeschrieben), nach S. 16 f. bestimmt.

f) Der Flammpunkt wird zur Kennzeichnung der Feuersicherheit bzw. Verdampfbarkeit bestimmt (s. S. 55 f.).

g) Bestimmung des Vergasungswertes sowie der übrigen Punkte, welche ein summarisches Urteil über die Brauchbarkeit der Gasöle liefern, s. S. 245f.

h) Jodzahl. Der hohe Gehalt an ungesättigten Kohlenwasserstoffen bedingt die hohen Jodzahlen der Braunkohlenteeröle (52—77 nach Hübl, 60—85 nach Wijs), während Straight-run Benzin und Petroleum Jodzahlen 0—2,2 und nur Crackbenzin oder -petroleum höhere Jodzahlen (bis 130) haben.

6. Prüfung des Paraffins.

a) Paraffingehalt, Erstarrungs- und Schmelzpunkt werden nach S. 171, 300, 536 und 295 f. bestimmt. Die genauesten Resultate gibt die Methode von Shukoff (s. S. 296).

b) Unterscheidung von Braunkohlenteer- und Erdölparaffin. Wegen der zum Teil verschiedenen Bewertung der aus Braunkohlen- und Schieferteer gewonnenen Paraffine und aus zolltechnischen Gründen ist diese Unterscheidung gelegentlich erforderlich.

Nach Graefe haben Schwelparaffine Jodzahlen von 3,3—5,75, Petrolparaffine solche von 0,3—2,92.

Marcusson und Meyerheim[1] benutzen die Jodzahl der aus den Paraffinen abgeschiedenen, in diesen stets enthaltenen kleinen Ölmengen (s. S. 302) zur Unterscheidung der Paraffine.

Die Jodzahl der aus Erdölparaffinen abgeschiedenen öligen Anteile beträgt 3—12, der entsprechenden Öle aus Braunkohlen- und Schieferteerparaffin 18—31, und zwar treten diese Unterschiede bei gereinigten und rohen Paraffinen in gleicher Weise auf. Die Versuchsausführung ist folgende:

100 g in 300 ccm Äthyläther unter Erwärmen gelöstes Paraffin werden mit dem gleichen Volumen 96%igen Alkohols versetzt; bei stark ölhaltigen Rohparaffinen genügen 50 g Material und die Hälfte der Solventien. Das beim Abkühlen ausfallende Paraffin wird auf einem Büchnertrichter abgesaugt, aus dem Filtrat das Lösungsmittel abdestilliert, der Rückstand in 50 ccm Äther gelöst und mit 50 ccm 96%igen Alkohols erneut, und zwar bei — 20^0, gefällt, um das feste Paraffin möglichst scharf abzutrennen (S. 172). Die filtrierte Alkohol-Ätherlösung ergibt nach Abtreiben des Lösungsmittels die öligen, in einigen Fällen noch durch schwarze harzartige Teilchen verunreinigten Anteile, welche mit leichtsiedendem Benzin gefällt und abfiltriert werden. Von dem rein öligen oder weichparaffinartigen Rückstand wird die Jodzahl nach Hanuš bestimmt (S. 771).

---

[1] Marcusson u. Meyerheim: Ztschr. angew. Chem. **23**, 1057 (1910).

c) Farbe, Geruchlosigkeit, Transparenz, Ölgehalt und Lichtbeständigkeit. Für diese zum Teil nicht objektiv festzustellenden Eigenschaften lassen sich nicht immer feste Normen angeben (s. S. 294 f.). Man verlangt, daß das Paraffin geruchlos ist, was bei Erdölparaffinen, neuerdings meist auch bei den Braunkohlenteer-Paraffinen der Fall ist. Das Paraffin darf keine oder doch nur geringe Mengen Schweröle enthalten. Es soll möglichst weiß, transparent und lichtbeständig sein, d. h. es darf, längere Zeit dem Lichte ausgesetzt, nicht vergilben (s. S. 299).

7. Paraffinkerzen und Kompositionskerzen.

a) Definition und Technologisches.

Den Paraffinkerzen werden oft bis zu 2% Stearin zugesetzt, damit die gegossenen Kerzen leichter aus den Formen herausgebracht werden.

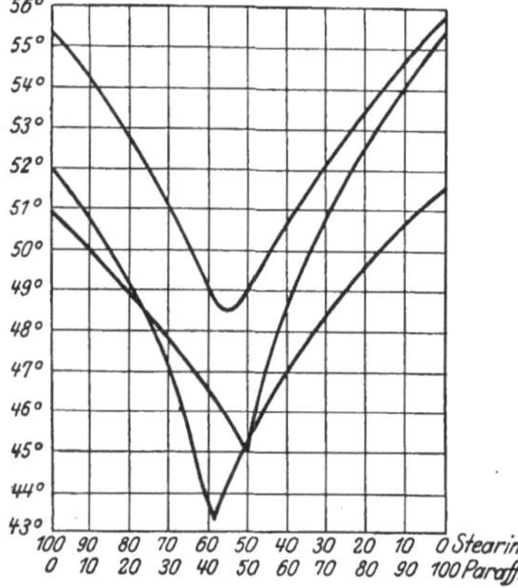

Abb. 178. Schmelzpunktdiagramm von Stearin-Paraffinmischungen.

Paraffine mischen sich untereinander und geben dabei, da sie im allgemeinen isomorph sind, ein Gemisch, dessen Schmelzpunkt sich aus den Schmelzpunkten f und f' und Mengen a und b der Komponenten zu $(f \cdot a + f' \cdot b)/(a + b)$ berechnet. Setzt man dagegen dem Paraffin Stoffe zu, die nicht mit dem Paraffin isomorph sind, so wird der Schmelzpunkt heruntergedrückt, ohne daß dabei eine Verminderung der Stabilität des Gemisches eintritt. Ein solches Zusatzmittel ist das im Handel als Stearin bezeichnete Gemenge von Stearin- und Palmitinsäure. Stearin ist in den sog. Kompositionskerzen in der Regel zu etwa 30% enthalten; es hat den Zweck, das Paraffin zu härten, und man kann für solche Kerzen auch Paraffin verwenden, das etwa einen Schmelzpunkt von 50° zeigt gegenüber dem für Paraffinkerzen sonst angewandten vom Schmelzpunkt etwa 53°. Der Stearinzusatz beseitigt auch die Transparenz der Paraffinkerze. Für die Lichtstärke bedeutet der Zusatz von Stearin zum Paraffin in Kompositionskerzen keinen Vorteil, da das sauerstoffhaltige Stearin geringere Leuchtkraft besitzt als das nur aus Kohlenwasserstoffen bestehende Paraffin.

Bei der photometrischen Prüfung der Kerzen, die ähnlich der beim Leuchtöl angegebenen ausgeführt wird, ist festzustellen, ob sie rußen, ablaufen und beim Auslöschen riechen.

Die Schmelzpunktskurven von Gemischen verschiedener Paraffin- und Stearinsorten gehen aus Abb. 178 hervor.

Der Stearingehalt in Spitze und Fuß der Kompositionskerzen differiert oft um 2—3%; diese Differenz rührt von der in verschiedenen Schichthöhen ungleichartigen Temperatur des Kühlwassers her, durch welches die gegossenen Kerzen zum Erstarren gebracht werden[1].

---

[1] Graefe: Braunkohle **3**, 109 (1904).

b) Prüfung auf Gehalt an Stearinsäure.

Ob eine Kerze eine reine Paraffin- oder eine Kompositionskerze ist, kann man häufig schon durch den bloßen Augenschein ermitteln, da Paraffinkerzen ein mehr durchscheinendes, Kompositionskerzen ein mehr milchiges, undurchsichtiges Aussehen zeigen. Zur Analyse wird die ganze Kerze aufgeschmolzen und der Docht entfernt; von der gut durchgerührten Schmelze werden die einzelnen Proben entnommen.

Stearinsäuregehalt. 10 g Material werden unter Zusatz von 50 ccm 50%igen Alkohols aufgeschmolzen und nach Zusatz von Phenolphthalein mit 0,1-n Kalilauge titriert. Von der erkalteten titrierten Lösung hebt man den Paraffinkuchen ab, wäscht mit Wasser, schmilzt nochmals mit heißem Wasser auf, läßt abermals erstarren, trocknet und wägt. Die mit den Waschwässern vereinigte Seifenlösung wird nach Verdünnen mit Wasser auf 200 ccm mit Salzsäure schwach angesäuert; die ausgeschiedenen Stearinsäureflocken werden abfiltriert, mit Wasser mineralsäurefrei gewaschen, mit Wasser aufgeschmolzen und der erstarrte Kuchen getrocknet und gewogen. Der titrimetrische und gravimetrische Befund differieren nur ganz unerheblich voneinander.

Von dem abgeschiedenen Paraffin und Stearin bestimmt man den Schmelzpunkt im Capillarrohr.

Den Gehalt des Stearins an Ölsäure bzw. Isoölsäure (Jodzahl 90) ergibt die Bestimmung der Jodzahl (S. 770 f.). Eine Jodzahl von 4,5 würde hiernach einem Gehalt von 5% Ölsäure oder Isoölsäure entsprechen.

An Stelle von Paraffin wird auch raffiniertes Montanwachs dem Paraffin zugesetzt. Solche Kerzen zeigen besonders hohe Festigkeit. Carnaubawachs, das früher als Zusatz zum Paraffin verwendet wurde, kommt als zu teuer jetzt nicht mehr in Frage.

Die Zusatzstoffe kann man im Paraffin anreichern durch Erwärmen der Masse auf 5—10⁰ unter den scheinbaren Schmelzpunkt, Abpressen im erwärmten Filtertuch mit erwärmten Platten und Behandeln des geschabten Rückstandes mit kaltem Benzol, in dem sich nur Paraffin leicht, gereinigtes Montanwachs und Carnaubawachs aber schwer lösen[1]. Die beiden letzteren sind durch Verseifungs- und Säurezahl (s. Tabelle 201 u. 204, S. 950 u. 971) zu identifizieren (bei Paraffin sind beide Zahlen 0).

c) Gehalt an Weichparaffin.

In dem nach b abgeschiedenen stearinsäurefreien Paraffin wird der Gehalt an Weichparaffin nach S. 301 bestimmt.

d) Prüfung auf fremde Zusätze.

Infolge der hohen Stearinpreise ist öfter versucht worden, das Stearin durch andere Zusätze zum Paraffin zu ersetzen. Sie rufen zwar teilweise die milchweiße Farbe der Stearin-Paraffinkerzen hervor, besitzen indessen nicht die härtenden Eigenschaften des Stearins.

α) β-Naphthol[2] verrät sich schon durch seinen angenehmen, fruchtartigen Geruch, ein Auszug der Kerze mit wässeriger Natronlauge (Schütteln in der Wärme) fluoresciert blauviolett und gibt auf Zusatz von Diazobenzolchlorid oder Diazobenzolsulfosäure einen roten Azofarbstoff.

β) Benzoesäure-β-Naphtholester (Hertolan) wird nachgewiesen durch Verseifen mit wässeriger Natronlauge (nicht Kalilauge). Das Reaktionsgemisch wird abgekühlt, der Paraffinkuchen abgehoben; falls Stearin zugegen, wird die Stearinnatronseife abgepreßt. Durch Einleiten von Kohlensäure in die Lauge wird β-Naphthol abgeschieden und ausgeäthert (Nachweis durch Diazoreaktion, s. o.). Die Benzoesäure wird aus der angesäuerten Lösung ausgeäthert und durch Kochen mit etwas Salzsäure und Alkohol in Benzoesäureäthylester übergeführt (Geruch!).

---

[1] Graefe: Laboratoriumsbuch 1923, S. 100.
[2] J. Levy: D.R.P. 165 503 (1904).

e) Die Biegeprobe[1] kennzeichnet die Neigung der Kerzen zum Verbiegen, welche vom Gehalt an Weichparaffin abhängig ist.

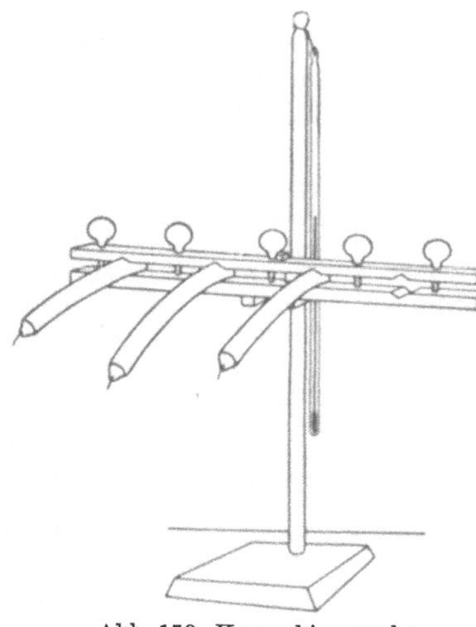

Abb. 179. Kerzenbiegeprobe.

22 cm lange, an der Spitze 16 mm, am Fuß etwa 18 mm starke Kerzen werden am Fußende in runde Löcher eines senkrecht aufgestellten Brettes oder in ein Stativ horizontal 1 cm tief eingespannt (Abb. 179) und auf Biegung unter dem Eigengewicht geprüft. Nach 1 h wird die Durchbiegung in mm bei 22⁰ (nach Graefe bei 25⁰), am genauesten durch Ablesung am Kathetometer, ermittelt. Je größer die Durchbiegung in 1 h, um so geringwertiger ist — ceteris paribus — das Material.

Bei Prüfung anders geformter Kerzen ist das Material in die für die Biegeprobe angegebene Form zu bringen. Hierzu wird die (Metall-) Form angewärmt, die etwas über den Schmelzpunkt erwärmte Masse in die Form eingegossen und diese in Wasser von Zimmertemperatur bis zum Erstarren der Masse gekühlt.

Die Probe soll nur mit Kerzen vorgenommen werden, die sich wenigstens 6 h außerhalb der Form und dabei mindestens 3 h in dem Prüfungsraum befinden.

Abb. 180 zeigt 1. Kerze aus Braunkohlenteerparaffin vom Schmelzpunkt 53⁰, 2. dgl. vom Schmelzpunkt 50,4⁰, 3. Kerze aus Erdölparaffin vom Schmelzpunkt

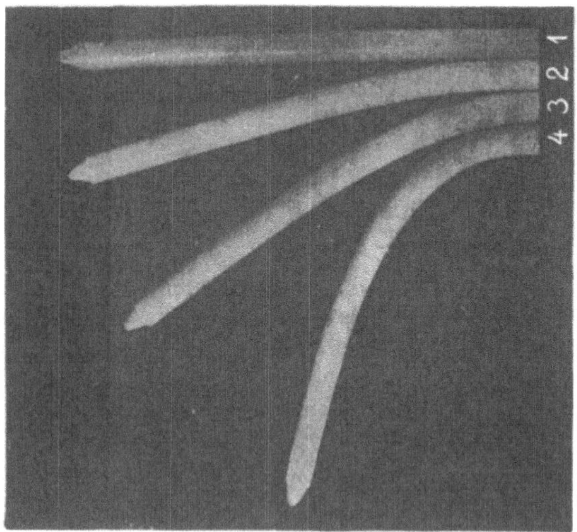

Abb. 180. Verhalten verschiedener Kerzen bei der Biegeprobe.

50,7⁰, 4. Kerze vom Schmelzpunkt 50,5⁰, gemischt aus Paraffin vom Schmelzpunkt 35,3 und 60,6⁰. Aus der Abbildung geht sowohl der ungünstige Einfluß des Weichparaffins auf die Stabilität der Kerzen als auch die größere Härte des Braunkohlenparaffins gegenüber dem Erdölparaffin hervor. Wiederholt haben sich Kerzen

[1] Graefe: Laboratoriumsbuch 1923, S. 79.

aus Schwelparaffin bei der Biegeprobe günstiger verhalten als solche aus Erdölparaffin vom gleichen Schmelzpunkt[1].

g) Prüfung des Dochtes.

Der Docht wird nach Aufschmelzen der Kerze aus der Masse herausgenommen, mit Chloroform oder Benzol ausgekocht und nach dem Trocknen gewogen. Das Gewicht wird auf 1 m Dochtlänge berechnet. Man prüft, ob der Docht gebleicht war oder nicht, und zählt schließlich noch die Flechten und die einzelnen Fäden. Zur Prüfung der Präparation wird der Docht nach Extraktion mit Benzol mehrmals mit destilliertem Wasser ausgekocht, der wässerige Auszug eingedampft und nun qualitativ geprüft. In der Regel verwendet man zur Präparation: Schwefelsäure, Ammonphosphat, -sulfat, -nitrat und -chlorid, Borsäure.

Tabelle 120. Gewichte von je 1 m einiger vielverwendeter Dochtsorten.

Fädig	Flechtig	Garn-Nr.	g	Fädig	Flechtig	Garn-Nr.	g
15	5	30	0,3	42	5	30	0,90
25	5	30	0,52	45	5	30	0,93
30	5	30	0,61	60	5	30	1,32
36	5	30	0,65	35	5	20	1,38

B. Schieferteer[2],

auch Schieferöl genannt[3].

(Bearbeitet von F. Frank und G. Meyerheim.)

I. Entstehung des Bitumens.

Das Bitumen des sog. bituminösen Schiefers dürfte vorwiegend aus den Überresten einer vorweltlichen marinen Fauna[4], zum geringeren Teil auch aus pflanzlichen Überresten des Meerwassers entstanden sein. Viele bituminöse, insbesondere schwefelreiche .Schiefer lassen Fischabdrücke erkennen, und der Ausdruck Ichthyolschiefer bzw. Ichthyolöl für das schwefelreiche Seefelder Schieferöl (s. S. 547) weist auf den Fischursprung seiner Muttersubstanz hin.

II. Vorkommen bituminöser Schiefer.

Die wichtigsten Vorkommen des auf Öle und Paraffin verarbeiteten bituminösen Schiefers waren früher in Schottland. Der Schöpfer dieser

[1] Graefe: Laboratoriumsbuch.

[2] Lit. J. Redwood: Die Mineralöle und ihre Nebenprodukte, aus dem Englischen übersetzt von L. Singer. Leipzig 1898. Baldamus und Maraun; G. Faber: L'industrie des schistes bitumineux. Petroleum 11, 1308 (1915/16); O. Debatin: Die Seife 1, 5 (1917); Scheithauer: Die Schwelteere 1922; E. Graefe in Ullmanns Enzyklopädie der technischen Chemie, 2. Aufl. Bd. 9, S. 149. 1932. Ralph H. Markee: Shale Oil. The Chemical Catalog Co. New York 1925. Markee und seine Mitarbeiter (S. C. Ells, M. J. Gavin, R. T. Godwin, W. A. Hamon, R. D. George, L. C. Karnick, E. C. Lyder) zeigen die im Ölschiefer aufgespeicherten Energievorräte und chemischen Verarbeitungsmöglichkeiten der Schwelprodukte; s. auch L. Singer: Petroleum 21, 2208 (1925).

[3] L. Spiegel: Über Schieferöle. Ztschr. angew. Chem. 34, 321 (1921), u. E. Graefe: l. c.

[4] Nicholson, s. Heusler: Ber. 28, 488 (1895); 30, 2743 (1897).

Industrie ist James Young. Hier wurde schon in den vierziger Jahren des 19. Jahrhunderts ein sehr ölreiches bituminöses Gestein, sog. Torbanit, verarbeitet, der 408—490 l Öl pro Tonne gab. Nach Erschöpfung desselben wurde dort in Linlithgow und Mid-Lothian ein Schiefer mit 140—170 l, bei bitumenärmerem Vorkommen auch mit nur 67—80 l Öl Ausbeute pro Tonne verarbeitet.

Die trockene Destillation des schottischen Schiefers ergab 12% Öl, 4% Gas, 8% Ammoniakwasser, 76% Rückstand, darin 9% Kohle. Das Öl lieferte bei der Rektifikation 3—5% Benzin ($d = 0{,}660/745$), 20—25% Leuchtöl ($0{,}786/830$), 15—20% Gasöl ($0{,}840/860$), 15—20% Schmieröl ($0{,}865/895$) von hoher Viscosität und tiefem Kältepunkt, 3—5% Weichparaffin, 7—9% Hartparaffin (Schmelzpunkt bis 54°), 2—3% saure, basische und neutrale Goudrons.

Das Schwelgas enthält neben den Hauptbestandteilen, Wasserstoff und Kohlenoxyd, H_2S, O_2, N_2, CO_2 und Kohlenwasserstoffe.

In Frankreich liefern die Schiefer von Buxière und Autun 5—7 bzw. 3,75—4,5 Vol.-% Öl (d_{15} 0,870—0,910) mit geringem Paraffingehalt, der ein Ausbringen nicht lohnt.

An der baltischen Küste, von Baltischport über Reval bis Leningrad, findet sich brennbarer Schiefer von wechselndem Aschengehalt (bei Reval 80—90, bei Jeeve-Wesenberg 30—40%), ein Vorkommen, das seit 1915 ausgebeutet wird (Heizwert des trockenen Schiefers bis zu 5000 bis 6000 cal/g) [1].

Der sehr bitumenreiche Kukkersit, der nur noch vereinzelt im östlichen Estland vorkommt, ist ein gelblichbrauner, leicht zerreiblicher Mergel von d_{15} 1,2—1,6, der 56—70% Bitumen enthält und 223 l Teer pro Tonne Schiefer gibt. Er wird auch als Brennstoff in der Industrie, für Lokomotiven und im Hausbrand benutzt. Die Hauptmenge des estnischen Schiefers stellt einen in zusammenhängenden Schichten vorkommenden, harten, bräunlich gefärbten bituminösen Kalkstein dar.

Schwedische Alaunschiefer werden kaum verarbeitet; sie sind meist bitumenarm. Von großem Interesse ist dagegen der Tiroler Ölschiefer, besonders derjenige von Seefeld, aus welchem das schon erwähnte schwefelreiche Ichthyolöl gewonnen wird [2] (Näheres s. S. 547).

Der deutsche bituminöse Schiefer, der seit 1885 in Messel bei Darmstadt ausgebeutet wird, ist ein äußerlich mehr als Braunkohle anzusprechendes wasserreiches Material (45% Wasser), in grubenfeuchter Beschaffenheit schneidbar und von schwarzgrünlicher Farbe, das aber im getrockneten Zustand schieferähnlichen, muscheligen Bruch zeigt und, dem Frost ausgesetzt, nach dem Auftauen in zahllose papierdünne Blättchen gespalten ist. Man nimmt daher an, daß bei höherem geologischen Alter die Messeler Schieferkohle sich in einen echten bituminösen Schiefer umgewandelt hätte.

Die Messeler Schieferkohle liefert 6—10% Teer, 40—50% Schwelwasser und 40—45% Rückstand neben 30 cbm Gas pro Tonne. Der braune, grünlich schillernde, butterartige Teer wird auf Benzin, Gasöl, Motoröl, Putzöl, Vergüteöl, Schmieröl und Paraffin verarbeitet. Aus dem Schwelwasser wird schwefelsaures Ammoniak gewonnen. Ölschiefer kommen noch in Württemberg, Luxemburg und in

---

[1] R. Beyschlag u. L. von zur Mühlen: Journ. prakt. Geol. **1918**, durch Ztschr. Ver. Dtsch. Ing. **63**, 811 (1919); C. Gäbert: Braunkohle **19**, 597, 613 (1921); von zur Mühlen: Petroleum **18**, 1477 (1922).

[2] G. Hradil: ebenda **25**, 431 (1929), schlägt für den nur in der Nähe von Seefeld vorkommenden, viel schwefelreiches Öl enthaltenden „roten" Ölstein (Bitumenmergel) den Namen Dirschenit vor.

ungeheuren Mengen in USA., besonders in Colorado[1] vor. Die meisten dieser Vorkommen werden aber einstweilen nicht ausgenutzt.

III. Verarbeitung der bituminösen Schiefer.

Der Schiefer wird vereinzelt noch in geschlossenen Retorten bei 400—500⁰ destilliert, wobei die Öldämpfe durch Zugabe von Wasserdampf oder inerten Gasen möglichst schnell der zersetzenden Wirkung der heißen Retortenwände entzogen werden. Die Schwelrückstände enthalten 6—8% unlöslichen, sog. fixen Kohlenstoff. Die permanenten Gase werden meist im Betrieb verheizt.

Gelegentlich hat man auch versucht, bitumenreiche Schiefer bei 1100—1300⁰ zu verkoken, um so Leuchtgas herzustellen und das Öl als Nebenprodukt zu gewinnen. Das Verfahren ist aber bisher nicht wirtschaftlich gestaltet.

In der Mandschurei verarbeitet man den bituminösen Schiefer (Fushun-Schiefer) in Mondgas-Generatoren mit Schweleinsätzen, in Württemberg in Abstichgeneratoren, um je nach der Arbeitsweise mehr oder weniger heizkräftiges Gas und Schlackenrückstände zu gewinnen, die zu Kunststeinen verarbeitbar sind[2]. Die direkte Verfeuerung des Schiefers ist wegen der großen Schlackenmengen (700 kg auf 1 cbm Schiefer) unrentabel, auch wenn, wie bei estnischem Schiefer, ein sehr hoher Bitumengehalt vorliegt.

Weit interessanter als die alten Young-Beilby-, Henderson- usw. Öfen, die in Schottland arbeiten, sind die wärmetechnisch vorbildlichen, von Spiegel konstruierten Öfen der Messeler Industrie[3], in welchen durch Spülgas der Schiefer ausgeschwelt wird. Für die großen Vorkommen in Estland dient zur Zeit der von Sievert und v. Harpe wirtschaftlich gestaltete Tunnelofen von Kulzinski[4]. Die Verarbeitung des Schiefers geschah dort früher in einer Art Schwelgenerator, wurde aber wegen des starken Backens des Schiefers meistens verlassen. Die Schieferdestillate werden bei der Gewinnung schwach gecrackt und geben so ein gut klopffestes Benzin[5]. Die übrigen Öle dienen hauptsächlich als Heizöle. Die bei der Destillation anfallenden Peche werden durch Verschmelzen mit Schwefel auf Asphalt verarbeitet.

IV. Chemische Zusammensetzung des Schiefer-Bitumens und Terminologie.

Die Schieferteere und ihre Verarbeitungsprodukte zeigen je nach dem Vorkommen außerordentlich wechselnden chemischen Charakter, der bei den Destillaten je nach dem Grad der Reinigung, der Entziehung der Kreosote usw. zwischen dem der Braunkohlenteeröle und dem von Mineralölen aus Erdöl liegt. So wurden in einem stark riechenden Schieferteer neben aromatischen, paraffinischen, olefinischen und naphthenischen Kohlenwasserstoffen Pyridine, Pyrrole, Chinoline, Fettsäurenitrile, Phenole, Kresole, Mercaptane und Thioketone gefunden.

---

[1] M. J. Garvin: Ber. Washington 1. 5. 1919 (Bureau of Mines); L. Singer: Petroleum **16**, 571, 673 (1920); **18**, 5 (1922).

[2] Metzger: Stahl u. Eisen **1920**, Nr. 38, 126; Petroleum **16**, 796 (1920).

[3] D.R.P. 200602 (1906).

[4] Kogermann: Progress in the Treatment of Estonian Oilshale, 2. Weltkraftkonferenz 1930, Sektion 28, Nr. 336.

[5] Über die Zusammensetzung der Teeröle, wie sie betriebsmäßig aus estnischem Schiefer gewonnen werden, s. Raud: Mitt. Ges. Braunkohlen- u. Mineralölforsch. Berlin **1927**, Heft 6, 39. Ebenda s. weiteres Literaturmaterial über diesen wichtig gewordenen Industriezweig.

In einem französischen Schieferöl wurden indenartige aromatische Kohlenwasserstoffe, Phenole und Homologe des Thiophens festgestellt. Die bei 450—500⁰ aus Pumpherston-Blasen destillierten Schieferöle von Autun sind optisch aktiv [1].

Die früher[2] festgestellten Eigenschaften des estnischen Schieferteers und der daraus gewonnenen kreosotreichen Öle, die Löslichkeit der entkreosotierten, sehr schweren Öle in Anilin, absolutem Alkohol und Aceton, sowie die Erfahrung, daß selbst die aus schottischem Schieferteer gewonnenen, den Mineralölen aus Erdöl im spez. Gew. näherstehenden Schmieröle ihrer ungenügenden Viscosität wegen zur Schmierung höher belasteter Lager ungeeignet sind[3], berechtigen zu der Annahme, daß die viscosen, spezifisch leichteren Naphthene der aus Erdöl gewonnenen Schmieröle den aus Schieferteer erhaltenen fehlen. Soweit letztere Öle, wie z. B. die aus estnischem Teer gewonnenen Schmieröle, wesentlich zähflüssiger sind, handelt es sich nach ihrer Jodzahl um stark ungesättigte, möglicherweise partiell hydrierte aromatische Kohlenwasserstoffe[4].

Das Benzin aus estnischem Schieferöl hat infolge hohen Gehaltes an ungesättigten Kohlenwasserstoffen und Schwefelverbindungen unangenehmen Geruch, der sich durch die übliche Säure-, Laugen- und Plumbitraffination nicht ganz beseitigen läßt; Raffination mit 70%iger H_2SO_4 unter Zusatz von etwas Formaldehyd gibt dagegen wasserhelle, geruchsschwache Produkte [5].

Man hat neuerdings angestrebt, die jetzt üblichen Bezeichnungen „Schieferteer"[6] für das Rohöl bzw. „Schieferteeröle" für die aus dem Teer gewonnenen Destillate ganz auszuschließen und wieder wie früher durch „Schieferöle" bzw. „Mineralöle" zu ersetzen, unter Hinweis darauf, daß die in Frage stehenden Produkte keinen Teer-, sondern Mineralöl-Charakter hätten[7]. Dieses Bestreben deckt sich mit dem Handelsgebrauch, aber entspricht nicht voll den wissenschaftlichen Tatsachen[8].

Über den Begriffsumfang des Ausdrucks „Mineralöle" bzw. die Abgrenzung der natürlichen Mineralöle (z. B. Erdöl) von den künstlichen durch pyrogene Zersetzung entstandenen Mineralölen s. S. 128[9].

V. Unterscheidung des bituminösen Schiefers von bituminöser Braunkohle und Asphaltgestein.

Bituminöser Schiefer, der in seiner Struktur zwischen blättriger Braunkohle und asphalthaltigem Gestein schwankt, ist oft schwer gegen bituminöse Braunkohle abzugrenzen.

Bituminöser Schiefer hat in der Regel höheres spez. Gew., weniger Wasser, bedeutend mehr Asche als bituminöse Kohle und ist in Alkalilaugen weniger löslich als letztere. Gegenüber Asphaltgesteinen unterscheidet sich der bituminöse Schiefer durch nahezu völlige Unlöslichkeit seines Bitumens in organischen Lösungsmitteln.

---

[1] Boulzaget u. Friess: Ann. Office nat. Combustibles liquides **7**, 55 (1932).
[2] S. 6. Aufl. dieses Buches, S. 396.
[3] L. Singer: Petroleum **16**, 573 (1920).
[4] S. Ruhemann: Mitt. Ges. Braunkohlen- u. Mineralölforsch. **1923**, Heft 3, 47, fand derartige Kohlenwasserstoffe im Generatorteer; vgl. auch S. 524.
[5] von Winkler: Chem.-Ztg. **56**, 991 (1932).
[6] S. z. B. die Arbeiten von Heusler: l. c.
[7] Spiegel: Ztschr. angew. Chem. **34**, 321 (1921).
[8] Holde: Petroleum **18**, 685 (1922); s. auch Pfaff u. Kreutzer: Ztschr. angew. Chem. **36**, 437 (1923).
[9] Vgl. auch F. Frank: ebenda **35**, 306 (1922).

Das völlig lösliche Bitumen der Asphaltgesteine ist schwarz, das nur wenig lösliche Bitumen des Schiefers ist braun und enthält immer verseifbare Stoffe.

VI. Verarbeitung des Schieferteers.

Bei der Verarbeitung des bituminösen Schiefers handelt es sich vorwiegend um die Gewinnung der oben beschriebenen, mehr oder weniger mineralölähnlichen und zum Teil paraffinischen Produkte, in einzelnen Fällen aber, z. B. bei Verarbeitung des schwefelreichen Bitumens des fossile Fischreste enthaltenden „Ichthyolschiefers" von Seefeld in Tirol, um Gewinnung eines für medizinische Zwecke benutzten schwefelreichen Spezialöles.

1. Verarbeitung auf Mineralöle und Paraffin.

Die rohen schottischen Schieferöle werden nach Abtrennung der Säureharze und Phenole in ähnlicher Weise wie Erdöle auf Benzin, Leuchtöl, Gasöl, Schmieröl, Paraffin, Koks verarbeitet[1]. Aus dem deutschen Schieferöl werden jetzt keine Schmieröle, wohl aber besonders wertvolle Vergüteund Dieselöle gewonnen.

Technologische Prüfung.

Die Prüfung des bituminösen Schiefers und seiner Schwelprodukte erfolgt in ähnlicher Weise, wie dies bei Braunkohle und Braunkohlenteer beschrieben wurde (s. S. 530 f.).

2. Gewinnung von Ichthyolöl[2].

a) Begriffsfeststellung. Unter „Ichthyol" versteht man ein wasserlösliches Öl, das aus schwefelreichem, durch Destillation von bituminösem Seefelder Schiefer (Tirol) usw. gewonnenem Rohöl (etwa 10% Schwefel) durch Sulfonieren und Neutralisieren mit Ammoniak oder Soda erhalten wird und unter dem Namen „Ammonium sulfoichthyolicum" usw. in den Handel kommt[3].

Außer „Ichthyol" werden Ichtynat, Isarol, Petrosulfol, Tumenol und ähnliche als Heilmittel verwandte Schwefelpräparate aus Teerölen hergestellt, die durch trockene Destillation bituminöser Gesteine im Kanton Tessin, in Oberitalien und in Südfrankreich gewonnen werden.

Das Ichthyol wirkt antiseptisch, aber schwächer als Carbolsäure, dient als antiseptisches und resorptionsbeförderndes Mittel in der gynäkologischen Praxis, bei Hautekzemen, Entzündungen usw. Der Name Ichthyol wurde von Schröter, welcher zuerst 1883 ein Patent zur Herstellung von Ichthyol genommen hat, deshalb gewählt, weil sich in dem Schiefer, aus welchem das Rohöl durch Destillation gewonnen wird, Abdrücke von Fischen finden ($i\chi\vartheta\acute{v}\varsigma$ = Fisch, oleum = Öl).

b) Chemischer Charakter des Rohöls. Als chemische Bestandteile der schwefelreichen bituminösen Teeröle aus Seefeld, wo sie durch Schwelen in Kammer-

---

[1] Redwood-Singer: l. c.

[2] Entstehung des Bitumens s. W. Friedmann: Ber. **49**, 1344 (1916); Scheibler: ebenda **49**, 2598 (1916). Der Name „Ichthyol" ist der Firma Ichthyol-Ges. Cordes, Hermanni u. Co., Hamburg, als Marke geschützt.

[3] Lüdy: Chem.-Ztg. **27**, 984 (1903); Pharmaz. Zentralhalle **1903**, 795; H. Scheibler: Ber. **48**, 1815 (1915); **49**, 2595 (1916); **52**, 1903 (1919); Arch. Pharmaz. **258**, 70 (1920); therapeutische Anwendung s. Poulsson: Lehrbuch der Pharmakologie, 9. Aufl., 1930. S. 251.

öfen gewonnen werden, sowie von Südfrankreich hat Scheibler Benzolkohlenwasserstoffe, indenartige Kohlenwasserstoffe, Phenole und homologe Thiophenkörper
gefunden; aus dem französischen, sog. gereinigten Steinöl wurde Propylthiophen
abgeschieden. Der Schwefel war in allen Ölen reichlich und in fester chemischer
Bindung vorhanden. Zur Reinigung wird das Rohöl mit Natronkalk bei 170°
unter Rühren behandelt, das Öl abdestilliert und mittels Natrium und Natriumamid weiter gereinigt, wobei die Thiophene unzersetzt erhalten bleiben.

Die im Ichthyolöl vorhandenen, in der α-Stellung substituierten Thiophene
geben nicht die bekannte Indopheninreaktion des Thiophens, weil nur die in der
α-Stellung nicht substituierten Thiophene zu dieser Reaktion befähigt sind[1]. Dagegen ist charakteristisch für alle, auch die in der α-Stellung substituierten Thiophene
die Farbstoffbildung mit Phenanthrenchinon (Laubenheimersche Reaktion):
Wird ein Tropfen einer Fraktion des Ichthyolrohöls mit einer Lösung des Chinons
in viel Eisessig vermischt, mit Eis gekühlt und ein Tropfen konz. H_2SO_4 zugegeben,
so entsteht eine violettrote Färbung (ohne Chinon entsteht nur eine hellgelbrote
Färbung), Thiophen selbst gibt bei dieser Reaktion eine grüne Färbung (s. auch
S. 505).

Das zur Darstellung des Ichthyols dienende Rohöl ist durchscheinend, braungelb, hat d_{15} 0,865 und siedet zwischen 100 und 255°. Die verschiedenen Fraktionen
riechen nach Mercaptanen, aber auch petroleumartig. Verdünnte Säuren entziehen
dem Öl geringe Mengen N-haltiger Basen, die nach Dippelschem Öl riechen. Die
Dämpfe färben konz. H_2SO_4 violett bis blau.

Elementaranalyse: 77,25—77,94% C, 10,5% H, 10,7% S und 1,1% N. Alko-
holisches Kali und Natriumamalgam entziehen dem Öl keinen S*. Ein von Schröter
untersuchtes Rohöl enthielt nur 2,5% S. Dieser stieg erst durch die Sulfonierung
auf 10%[2]. Nach Hradil[3] ist der S-Gehalt der einzelnen Tiroler Schieferöle sehr
verschieden, meistens nicht über 7%. Nur das aus schwarzem Seefelder Stein
gewonnene Öl hat 10%, das Öl aus rotem Seefelder Stein sogar über 12% S.

c) Eigenschaften des Ichthyols[4]. Das Ichthyol (Natriumsalz) löst sich
in Wasser mit brauner Farbe unter Fluorescenz klar auf; stärkere Säuren fällen
aus der Lösung eine harzige, in Wasser lösliche stickstofffreie organische Säure,
die aus der wässerigen Lösung wieder durch Mineralsäuren abgeschieden wird.
Auch das Ichthyol selbst ist nach Baumann und Schotten stickstofffrei; für
das Natrium sulfoichthyolicum stellten sie ungefähr die Elementarzusammensetzung $C_{28}H_{36}Na_2S_3O_6$ fest. Die therapeutische Wirkung des Ichthyols ist offenbar den Schwefelverbindungen, und zwar anscheinend nicht den Thiophenderi-
vaten, sondern den bei der Sulfonierung gebildeten unlöslichen Sulfonen[5], zuzuschreiben, während die Sulfogruppe wie beim Türkischrotöl (s. S. 900) die Wasserlöslichkeit sowie die leichte Resorbierbarkeit des Präparats bedingt.

d) Die Untersuchung des Ichthyols[6] erstreckt sich in der Hauptsache auf
Wassergehalt, Aschengehalt, evtl. Ammoniakgehalt, Gesamtschwefel und Gehalt
an sulfonisch und sulfidisch gebundenem Schwefel.

---

[1] Schlenk: Liebigs Ann. **433**, 99 (1923).
* E. Baumann u. C. Schotten: Pharmaz. Zentralhalle **24**, 477 (1883).
[2] R. Schröter: ebenda **24**, 113 (1883).
[3] Hradil: Petroleum **25**, 431 (1929).
[4] Baumann u. Schotten: l. c.
[5] G. Cohn, in Ullmanns Enzyklopädie, 2. Aufl., Bd. 6, S. 219. 1930.
[6] R. Thal: Apoth.-Ztg. **21**, 431 (1906); F. Lüdy: ebenda **21**, 727 (1909);
W. Hinterskirch: Ztschr. analyt. Chem. **46**, 241 (1906); H. v. Hayek: Pharmaz.
Ztg. **52**, 952 (1907); F. W. Passmore: Midl. Drugg. and Pharm. Review **44**, 154
(1910); H. Beckurts u. H. Frerichs: Arch. Pharmaz. **250**, 478 (1912).

C. Torfteer[1].

(Neubearbeitet von F. Frank und G. Meyerheim.)

I. Technologisches.

Für die Nutzbarmachung der Torfsubstanz[2] in den ungeheuren Moorflächen ist zunächst die Entfernung des Wassers erforderlich; denn nur etwa 10% der Moormasse sind Torfsubstanz. Für die Entwässerung der kolloiden Masse lassen sich die normalen Entwässerungsverfahren durch Abpressen usw. nicht anwenden. Der geformte Torf muß allmählich an der Luft trocknen oder durch Mischung mit faseriger Torftrockenmasse zum kleinen Teil preßbar gemacht werden (Madruck-Verfahren)[3]. Im Kleinbetrieb kann er dann an der Luft trocknen; für die industrielle Verarbeitung kann nach der Lufttrocknung bis auf 40—50% die künstliche Trocknung bis auf 10—15% einsetzen. Bei geformtem Stückentorf scheint Trocknung im Dampf[4] günstig zu wirken, bei der die ganze Masse durchwärmt wird, ohne daß eine Schrumpfung der Außenschichten die Verdunstung von innen verhindert. Technisch scheint als Aufbereitung das Madruck-Verfahren gewisse Fortschritte zu machen. Daneben entwickelt sich die Gewinnung und Trocknung durch das Fräser-Verfahren[5]. Die nach diesem Verfahren gewonnene Rauhmasse trocknet etwas an der Luft ab und kommt dann in Faserform in die Rosin-Rema[6]- oder Gram-Duckham[7]-Windtrockner und -sichter. Die getrocknete, abgesiebte Masse wird dann direkt wie Kohlenstaub verfeuert oder verpreßt und kann in dieser Form Verwendung finden.

Nur trockener Torf, der möglichst nicht über 15% grobes Wasser hat, sollte zur Verwendung und technischen Verarbeitung kommen. Ein näheres Eingehen auf die Torfaufbereitung kann hier nicht erfolgen. Der geformte, trockene Torf wird analog der Braunkohle oder dem Holz in Öfen oder Meilern geschwelt, verkokt oder im Generator vergast. Eine Kombination von Ent- und Vergasung ist

---

[1] Fr. Frank: Technische Verwertung des Torfes, Mitt. d. Ver. z. Förd. d. Moorkultur, Vortrag Febr. 1903; Hoering: Moornutzung und Torfverwertung. Berlin: Julius Springer 1915; Hausding: Handbuch der Torfgewinnung und Torfverwertung, 5. Aufl. Berlin: Paul Parey 1921; Stadnikoff: Neuere Torfchemie. Dresden u. Leipzig: Theodor Steinkopff 1930; G. Keppeler, Ullmann: Enzyklopädie der technischen Chemie, 2. Aufl., Bd. 10, S. 130. 1932.

[2] Vgl. vorige Fußnote; Sauer, Canz u. Schickler: Die Ausnutzung der Torfmoore. Stuttgart 1920; Larson u. Walgram: Om Brantorfindustrien in Europa. Stockholm 1902.

[3] Madruck G. m. b. H.: D.R.P. 516761 (1929).

[4] Steinert: Mitt. Reichsverb. Torfwirtschaft **1931**, Nr. 3.

[5] Fräsen ist das Gewinnen von Torf durch Maschinen, die die Moorsubstanz aufreißen und dabei zerfasern. Die lockere Masse trocknet dann verhältnismäßig leicht an der Luft auf etwa 40% Wassergehalt. Sie ist dann aber auffallend pyrophor und kommt leicht zur Abschwelung oder direkten Entzündung. Am günstigsten verwendbar ist die Masse in diesem Zustand als Feuerungsmaterial für Staubfeuerung, wofür sie etwa gleichwertig mit Rohbraunkohlen-Feingut ist.

[6] Rosin-Rema: D.R.P. angemeldet. Pneumatische Umlauftrocknung.

[7] Privat-Mitt. von Gram über die Trocknungs- und Brikettieranlagen in Jütland und Irland.

durchgebildet[1]. Das Verfahren der Schwelung in Anlehnung an die Braunkohlen-schwelerei ist als kontinuierliches Arbeitsverfahren von M. Ziegler[2], Wielandt und Hoering[3], Ekelund[4] und vielen anderen ausgebildet worden. Teer, Gas und Koks sind die wichtigen Erzeugnisse dieser Verarbeitung. Für die Vergasung kommt eine Reihe von Verfahren[5] in Frage.

Je nach der Beschaffenheit des Torfes und der Art der Verarbeitung erhält man zwischen 3% und über 15% Teer beim normalen Schwelbetrieb, bzw. 0,2—1,0% beim kombinierten Kok- und Vergasungsbetrieb, bei dem die Teere mit in Gase übergeführt bzw. durch thermische Einwirkung aromatisiert werden. Die Gasmengen schwanken in Abhängigkeit von den Arbeits-verfahren zwischen 180 cbm/t und 800 cbm/t bei 5400—3800 kcal/cbm. Im Torfgas sind, genau wie im Kohlengas, leichtflüchtige Kohlenwasserstoffe enthalten, die durch einen der bekannten Wasch- bzw. Kondensationsprozesse (s. S. 483) gewonnen werden können. Die durch Schwelung gewonnenen leichten Kohlenwasserstoffe sind Braunkohlen-Schwelbenzinen ähnlich, während bei der thermischen Teerzersetzung fast 100% Benzolkohlen-wasserstoffe entstehen. Ebenso können die übrigen Bestandteile der Teere in ihrer Beschaffenheit schwanken zwischen den Extremen aliphatischer, hydroaromatischer oder rein aromatischer Kohlenwasserstoffe. Jedenfalls sind bei den Schwelverfahren jeder Art Gase, saures Schwelwasser, Leichtöl, Teer und Kok (Torfkohle) die zur weiteren Verwendung anfallenden Wert-stoffe.

Der Teer, der bei der normalen Verkokung des Torfes gewonnen werden kann, und ein Teil des bei der Generator-Vergasung erhaltenen wird der Verarbeitung zugeführt; das gleiche geschieht mit dem bei der Destillation gewonnenen Wasser. Die Mengen beider Produkte sind aber bisher so verhältnismäßig gering, daß sie nur in einzelnen kleinen Fabriken weiter behandelt werden. Das Rohprodukt ist auch in vereinzelten Fällen im Handel. Es wird dann ähnlich oder gleichartig wie Braunkohlenteer zerlegt und kann auch mit diesem zusammen zur Herstellung von Ölgas Verwendung finden. Gewisse Schwierigkeiten in der Verwendung der erhaltenen Öle, Treibstoffe usw. werden durch den eigenartigen Geruch hervorgerufen. Schwierig ist es auch, aus dem Torf-Paraffin diesen Geruch zu entfernen. Die Torf-Paraffinkerzen behalten einen etwas an Holzteer erinnernden Geruch, auch wenn sie — was man schließlich erreichen kann — vollkommen weiß sind.

---

[1] Fr. Frank: Noch nicht veröffentlicht. Trockener Torf wird im vertikalen Kammerofen verkokt. Teer und Wasserdampf ziehen mit der gleichmäßig nach unten sinkenden verkokenden Masse durch die heißesten Kokzonen ab und werden, soweit nötig, dabei verdünnt durch partiell in Wassergas unter Ausnutzung der Hitze übergeführten Kok (kontinuierliche Vertikal-Koköfen verschiedener Systeme, Didier, Koppers, Otto, Woodall-Duckham).

[2] M. Ziegler: D.R.P. 101482 (1897); 144149 (1901); Oberbayer. Kokswerke: D.R.P. 175786 (1905); 186935 (1906) u. a.; Bericht über die Ziegler-Verfahren: L. C. Wolff: Verhandl. Ver. Beförderg. Gewerbefl. **1903**, 295.

[3] P. Hoering u. J. A. Mjöen: D.R.P. 158032 (1903); Hoering u. Wielandt: D.R.P. 176231 (1905); Torfkoks-Ges. m. b. H.: D.R.P. 176364 (1905); 176365 (1905).

[4] Ekelund: D.R.P. 53617 (1890) u. a.

[5] N. Caro: D.R.P. 238829 (1906); Chem.-Ztg. **35**, 505, 515 (1911); A. Frank: Ztschr. angew. Chem. **21**, 1597 (1908); Mond: D.R.P. 136884 (1901). Jul. Pintsch A.-G., Berlin, arbeitet mit kombinierter Feuergas-Trocknung und Schwelung, die Apparate-Vertriebsgesellschaft Glenck (Allgemeine Vergasungs-Gesellschaft, Berlin) mit einem Generator, dem ein Schweler vorgeschaltet ist, usw.

II. Eigenschaften und Zusammensetzung des Torfteers.

Der Teer ist bei gewöhnlicher Temperatur butterartig fest und hellbraun bis braunschwarz, er zeigt, je nach der Art der Gewinnung, d_{50} zwischen 0,92 und 1,04. Ist der Teer durch einen ordnungsmäßigen Schwelvorgang gewonnen, so ist er fast staubfrei und enthält nur wenig harzige Anteile. Der Torfgeneratorteer, der in einzelnen Glasfabriken hier und in erheblich größerem Maßstabe in Rußland gewonnen wird, ist außerordentlich reich an einer eigenartigen, harzigen, asphaltartigen Masse. Es gelingt in einzelnen Fällen beim sehr langsamen Abkühlen des Generatorteeres, diesen in zwei Schichten zu gewinnen. Die untere, spezifisch sehr schwere Schicht ist dann die asphaltartige, während der obere, meist erheblich kleinere Teil (selten über 40%) die paraffinische Teermasse darstellt. In einem ordnungsmäßig geleiteten Generatorenbetrieb wird die Scheidung so durchgeführt, daß die beiden grundsätzlich verschiedenartigen und verschieden verwertbaren Stoffe nicht miteinander gemischt werden. Der asphaltartige Teer wird am besten überhaupt nicht weiter verarbeitet, sondern direkt verfeuert. Natürlich kann er in besonderen Fällen auch der Druckhydrierung, dagegen nicht einer normalen Crackung zugeführt werden. Er hat besonders auch den Nachteil — da die asphaltartigen Massen zum Teil harzartige Kondensationsprodukte darstellen — bei der Destillation unter Wasserabspaltung explosionsartig zu zerfallen.

Die Inhaltsstoffe des Paraffinteers sind interessanter:

Im Leichtöl sind die gleichen Stoffe, wie sie sich im Holzteer finden, gemischt mit den Kohlenwasserstoffen, Phenolen und Kreosoten, wie sie im Braunkohlenteer vorkommen. In den leichtestsiedenden Anteilen und im Schwelwasser finden sich Aceton und die sog. Ketonöle.

Die Phenole[1], meist Kreosote, sind schwefelfrei, ihre Gewinnung ist zur Zeit nicht wirtschaftlich, ebensowenig diejenige der Pyridinbasen, da diese das wertvolle Pyridin selbst nur in kaum faßbarer Menge enthalten und hauptsächlich aus Gemischen der wenig verwendbaren Homologen des Pyridins bestehen. Das Paraffin kann aus der Paraffinmasse in bekannter Weise gewonnen und raffiniert werden.

Der Rohteer und seine Fraktionen, mit Ausnahme der zuerst genannten Ketonöle usw., auch die Mittelöle und die Paraffinmasse oder die Öle dieser Masse, sind ein gut verwendbares Ausgangsmaterial für die Herstellung von Ölgas.

Das Mittelöl und das Öl aus der Paraffinmasse können als Rohdestillate in gut überwachten Traktoren als Treibstoffe verwendet werden. Beide neigen aber zur Krustenbildung und zur Verharzung in der Verbrennungsluft. Die Paraffinteere können der Hydrierung bzw. einem der bekannten Crackprozesse unterworfen werden. Sie liefern dann Spaltprodukte, die nach der Fraktionierung als Treibstoffe, Treiböle und Heizöle dienen können. Im übrigen kann ein gut gewonnener, wasserfreier und aschefreier paraffinischer Torfteer auch direkt als Treiböl in einzelnen Dieseltypen Verwendung finden[2]. Auch können bei genügendem Bedarf solche Teere und die aus ihnen gewonnenen Fraktionen unter Umständen als Holzimprägnierungsstoffe verwendet werden.

Turfol, welches manchmal als ein besonderes Torfteerdestillationsprodukt angegeben wird, ist der leichtsiedende Anteil aus dem Torfteer; er dient vielfach zur Herstellung medizinischer Geheimmittel und in der Tierheilkunde; er wird in Haarwässern, in Teerseifen usw. verarbeitet.

---

[1] Hoering: l. c.; s. auch E. Börnstein u. F. Bernstein: Die Phenole des Torfteers, Ztschr. angew. Chem. **27**, 71 (1914).

[2] F. Frank: s. Fußn. 1, S. 550.

Verkokt man gut trockenen Torf ordnungsmäßig wie Steinkohle bei Hochtemperatur, so daß der sich bildende Teer glühende verkokte Massen durchstreicht, z. B. in kontinuierlich arbeitenden Vertikalöfen oder durch Umpumpen des Teeres nach bekannten Arbeitsweisen, so wird der Torfteer vollkommen aromatisiert, und aus dem Gas kann ein verhältnismäßig reines Benzol in bekannter Weise ausgewaschen werden. Der verbleibende Teer, der übrigens bei dem Prozeß sehr weitgehend in Gas umgewandelt wird, enthält dann, vom Benzol angefangen, die wichtigeren Stoffe des Steinkohlenteeres bis zum Anthracen hinauf und normale Phenole[1].

Das Schwelwasser des Torfs enthält wenig Ammoniak, ferner u. a. Essigsäure und Valeriansäure; von diesen Produkten werden die ersteren technisch gewonnen. Weiter wird das Wasser auf Methylalkohol und Aceton verarbeitet. Die Gewinnung der übrigen Stoffe, Brenzcatechin, Guajacol usw. ist nicht lohnend.

III. Analyse des Torfs.

Torfproben sind am besten auf dem Moor selbst durch Probebohrungen aus den verschiedenen Tiefen zu entnehmen. Die Proben werden dann in gut verschlossenen Blechdosen zur Untersuchungsstelle gebracht. Hier werden zunächst die Wasserbestimmungen in der Rohmasse gemacht, und gleichzeitig werden die einzelnen Proben durch Fleischhackmaschinen durchgedreht, nach jeweils homogener Mischung der Einzelproben. Aus der so homogenisierten Masse werden gleichartige Formstückchen gemacht, etwa 10 cm lang und 2—3 cm im Durchmesser. Diese setzt man auf Holzbretter und läßt sie unter täglichem Umsetzen an der Luft trocknen. Die Trocknung geht so verhältnismäßig schnell. Man beobachtet die Verhornung der Außenschicht und Kontraktion der Formlinge. Sind die Stücke getrocknet, so werden sie, je nach der Art der vorzunehmenden Verarbeitung a) auf Aschengehalt, b) auf den Gehalt an extrahierbarem Bitumen, welches in einzelnen Fällen sehr hoch ist, geprüft und danach bei normaler Schweltemperatur oder im elektrischen Ofen[2] geschwelt bzw. bei hoher Temperatur verkokt. Bestimmt werden in den wässerigen Schwelanteilen Ammoniak, Methylalkohol, Essigsäure und evtl. Aceton, im Teer in üblicher Weise die bei der Fraktionierung gewinnbaren Anteile. Im Torfkok, der ein hochwertiger Holzkohlenersatz für metallurgische Zwecke und für Anthracit usw. ist, werden Asche, Phosphorsäure und Stickstoff bestimmt. Schwefel pflegt im allgemeinen nicht im Torf vorzukommen.

IV. Untersuchung des Teeres.

Die Untersuchung erfolgt nach den gleichen Methoden wie beim Braunkohlenteer (S. 535). Man prüft besonders auf mechanische Verunreinigungen, Wasser, Asche und benzinunlöslichen Asphalt; ferner stellt man durch Destillation die Ausbeute an Leichtöl, Mittelöl, Paraffinmasse und Pech oder Koks fest.

D. Steinkohlenteer und verwandte Produkte.
(Bearbeitet von H. Mallison.)

I. Entstehung der Steinkohlen.

Nach der „Lignintheorie" ist die Steinkohle durch Humifizierung und Inkohlung des Lignin-Anteils des Holzes in langen geologischen Zeiträumen entstanden, während der Cellulose-Anteil durch biologische Zersetzung einen

---

[1] F. Frank und Mitarbeiter.   [2] s. S. 532.

so starken Abbau erfahren haben soll, daß die Steinkohle in der Hauptsache als ein Produkt der mehr oder weniger weitgehenden Umwandlung von Lignin, Wachsen und Harzen der urzeitlichen Holzpflanzen angesehen wird[1].

Dieser durch vielerlei Tatsachen gestützten Entstehungstheorie der Steinkohle stehen Ansichten anderer Forscher gegenüber, welche auch dem Celluloseanteil des Holzes eine wesentliche Bedeutung für den Bildungsprozeß der Steinkohle zusprechen[2] (vgl. auch S. 481).

II. Gewinnung und Einteilung der Steinkohlenteere und ähnlicher Produkte.

Bei der trockenen Destillation der Steinkohle entsteht der Steinkohlenteer als ein wertvolles Nebenprodukt. Man pflegt zu unterscheiden:

1. Gaswerksteer, der bei der Herstellung von Leuchtgas außer Koks als Nebenprodukt anfällt.

2. Kokereiteer (Zechen- oder Koksofenteer), der bei der Kokserzeugung aus Steinkohlen gewonnen wird.

3. Hochofenteer, in der schottischen Eisenindustrie, die zur Reduktion der Erze Kohle verwendet, erhalten. In seiner Zusammensetzung weicht er von den Teeren 1 und 2 ab (s. später).

4. Urteer, durch trockene Destillation der Steinkohle bei niedriger Temperatur gewonnen.

5. Wassergas- und Ölgasteer, die bei der Herstellung von Generatorgas und bei der pyrogenen Zersetzung von Mineralölen zwecks Herstellung von Ölgas und carburiertem Wassergas als Nebenprodukte anfallen. Gegenüber den anderen Teerarten ist ihre Bedeutung eine untergeordnete.

III. Allgemeine Eigenschaften und Zusammensetzung der Steinkohlenteere.

Steinkohlenteere und ähnliche Stoffe sind dünn- bis zähflüssig, braun bis tiefschwarz und besitzen eigentümlichen, meist carbolartigen Geruch Die physikalischen und chemischen Eigenschaften schwanken je nach Art und Verarbeitungsweise des Rohmaterials sehr erheblich.

Tabelle 121. Viscosität verschiedener Teere in Englergraden[3].

Teerart	E_{20}	E_{50}	E_{100}
Horizontalretortenteer	42,7— 76,5	4,4 —25,6	1,5 —2,4
Schrägretortenteer . .	23,4—115	3,7 — 8,6	1,5 —2,2
Vertikalretortenteer. .	2,5— 52	1,5 — 4,1	1,0 —1,4
Kammerofenteer . . .	8,0— 13,5	2,0 — 2,5	1,18—1,22
Kokereiteer	62,1—149	4,9 —38,4	1,4 —1,7
Wassergasteer	1,5— 4,4	1,15— 1,9	1,0 —1,2
Ölgasteer	1,5	1,15	1,0

---

[1] F. Fischer u. H. Schrader: Brennstoff-Chem. **2**, 37 (1921); Entstehung und chemische Struktur der Kohle, 2. Aufl. Essen: W. Girardet 1922; H. Pringsheim u. W. Fuchs: Ber. **56**, 2095 (1923); G. Stadnikoff: Die Chemie der Kohlen. Stuttgart: Ferdinand Enke 1931.

[2] W. Fuchs: Ztschr. angew. Chem. **41**, 85 (1928); Brennstoff-Chem. **9**, 153 (1928); P. Krassa: Angew. Chem. **45**, 21 (1932). Weitere Literatur zur Frage der Entstehung der Kohlen s. S. 481/82.

[3] Constam u. Schlaepfer: Ztschr. Ver. Dtsch. Ing. **57**, 1715 (1913).

Viscosität. Die Viscosität der Teere ist vor allem abhängig von der Entstehungstemperatur und der Ofenbauart und damit zusammenhängend von dem Gehalt an Pech und freiem Kohlenstoff.

Bemerkenswert ist der gegenüber Mineralölen starke Abfall der Viscosität der zähflüssigeren Teere mit steigender Temperatur.

Spez. Gew. Das spez. Gew. der Teere ist abhängig von der chemischen Natur ihrer Bestandteile, die ihrerseits wieder durch die bei ihrer Entstehung herrschende Temperatur und die Ofenbauart beeinflußt wird. Die Teere der Gasanstalten und Kokereien haben spez. Gew. von etwa 1,06—1,24 und enthalten vornehmlich aromatische Kohlenwasserstoffe. Dagegen enthalten die im Hochofenbetrieb, in den sog. Jameson-Koksöfen, bei dem in England zur Erzeugung rauchloser Kohlen ausgeführten Coalite- und Del Monte-Prozeß und bei der Tieftemperaturverkokung gewonnenen Teere in der Hauptsache aliphatische Kohlenwasserstoffe neben mehr oder weniger großen Mengen homologer Phenole; die spez. Gew. dieser Teere, welche sich nicht zu den gleichen Erzeugnissen wie normaler Gasoder Kokereiteer verarbeiten lassen, liegen meistens unter 1,06.

Tabelle 122. Spez. Gew. (d_{25}^{25}) verschiedener Teere[1].

Urteer	0,95—1,06	Kammerofenteer	1,064—1,089
Hochofenteer	0,954	Vertikalretortenteer	1,057—1,123
Coaliteteer	1,058—1,070	Schrägretortenteer	1,125—1,157
Wassergasteer	0,968—1,129	Kokereiteer	1,140—1,182
Ölgasteer	1,051—1,054	Horizontalretortenteer	1,156—1,235

Tabelle 123. Elementarzusammensetzung verschiedener Teere[2].

Teerart	C %	H %	O + N %	S %
Horizontalretortenteer aus Saarkohle	92,9	4,9	1,7	0,5
Schrägretortenteer	90,2	5,9	3,4	0,5
Vertikalretortenteer aus Ruhrkohle	88,0	6,8	4,7	0,5
Wassergasteer aus galizischem Öl	93,0	5,5	0,7	0,8
Ölgasteer	92,2	6,3	1,1	0,4

Über die Zusammensetzung des Peches s. S. 572.

Bestandteile der Steinkohlenteere. Im Gas- und Kokereiteer und verwandten Teeren finden sich aromatische Kohlenwasserstoffe vom Benzol bis zum Anthracen und hochmolekularen Kohlenwasserstoffen komplizierter Ringstruktur, daneben schwere aromatische Öle, Hydroverbindungen und harzartige Stoffe von komplizierter Zusammensetzung, weiterhin Phenole und stickstoffhaltige Substanzen wie Amine, Pyridin- und Chinolinbasen, Nitrile, Carbazole usw., sowie Schwefelverbindungen wie Schwefelkohlenstoff, Thiophen, Thionaphthen, Diphenylensulfid usw.

---

[1] Constam u. Schlaepfer: Ztschr. Ver. Dtsch. Ing. **57**, 1661 (1913); Lunge-Köhler: Steinkohlenteer u. Ammoniak **1**, 217 (1912); F. Fischer: Ges. Abhandl. zur Kenntnis der Kohle **2**, 216 (1917); Watson Smith: Journ. Soc. chem. Ind. **3**, 605 (1884).

[2] P. Schlaepfer: Journ. of Gas Lighting **118**, 297 (1912).

Die Zahl der aus Steinkohlenteer isolierten oder mit Bestimmtheit darin nachgewiesenen Stoffe ist außerordentlich groß[1]. Die nähere Zusammensetzung mancher seiner Hauptbestandteile, namentlich der schweren Öle und des Peches, ist noch sehr wenig erforscht.

Seine Farbe verdankt der Teer hauptsächlich suspendiertem rußartigem freiem Kohlenstoff und hochmolekularen harzartigen Kohlenwasserstoffen. Der freie Kohlenstoff entsteht durch Zersetzung der Gase und Teerdämpfe an den heißen Retorten- und Ofenwänden; während er, wenn im Übermaß vorhanden, den Wert des Teeres herabsetzt, besitzt er für gewisse technische Zwecke, z. B. im Straßenbau, in der Dachpappenindustrie und vor allem in der Kunstkohlenfabrikation technische Bedeutung.

Tabelle 124[2]. Gehalt an unlöslichem Kohlenstoff usw.[3] in verschiedenen Teeren.

Teerart	Freier Kohlenstoff %	Teerart	Freier Kohlenstoff %
Horizontalretortenteer .	9,3—27,6	Kokereiteer	2,2—10,3
Schrägretortenteer . . .	10,0—19,3	Wassergasteer. . . .	0,0— 4,0
Vertikalretortenteer. . .	1,1— 5,7	Ölgasteer	0,0— 4,1
Kammerofenteer	2,3— 3,0		

IV. Verarbeitung des Rohteers.

In früheren Zeiten wurde roher Steinkohlenteer mannigfach als solcher verwendet. Heutzutage wird der Rohteer durchgehends unter Freifeuerdestillation aufgearbeitet und in eine große Reihe von Einzelerzeugnissen umgewandelt, die in der Bautechnik, der Industrie der Farben, Riechstoffe und Heilmittel, zu Heizzwecken, zur Herstellung von Desinfektionsmitteln und Kunstharzen, als Motorentreibmittel usw. Verwendung finden.

Einen ungefähren Überblick über Menge und Art der bei der Verarbeitung von Steinkohlenteer gewonnenen Erzeugnisse und Destillate gibt das Schema S. 556.

V. Kennzeichnung der verschiedenen Teersorten.

Die Qualität des Teeres ist durch die Fortschritte der Leuchtgas- und Kokereiindustrie, vor allem die Einführung der Vertikalretorten- und Kammeröfen, sowie die heiße Teerwäsche, sehr beeinflußt worden.

1. Gasteer schwankt je nach Gewinnung und Konstruktion der Retorten außerordentlich in seiner Zusammensetzung. Teere aus Horizontalretorten

---

[1] Lunge-Köhler: Steinkohlenteer, 5. Aufl., Bd. 1, S. 221f.; Kraemer und Spilker: Muspratt, 4. Aufl., Bd. 8, S. 75f. Die Phenole des Steinkohlenteers sind neuerdings eingehend von Horst Brückner untersucht worden. Ztschr. angew. Chem. **41**, 1043, 1062 (1928).

[2] Constam u. Schlaepfer: l. c., S. 1662.

[3] Es handelt sich hier, wie oben schon angedeutet und von J. M. Weiss: Journ. Ind. engin. Chem. **6**, 279 (1914), näher gezeigt wurde, um ein Gemenge von rußartigem freiem Kohlenstoff und hochmolekularen Kohlenstoffverbindungen. So fand Weiss in einem solchen mit zahlreichen Lösungsmitteln gereinigten Stoff neben 89,85% C noch 3,3% H, 4,23% N und O, 1,48% S und 1,34% Asche.

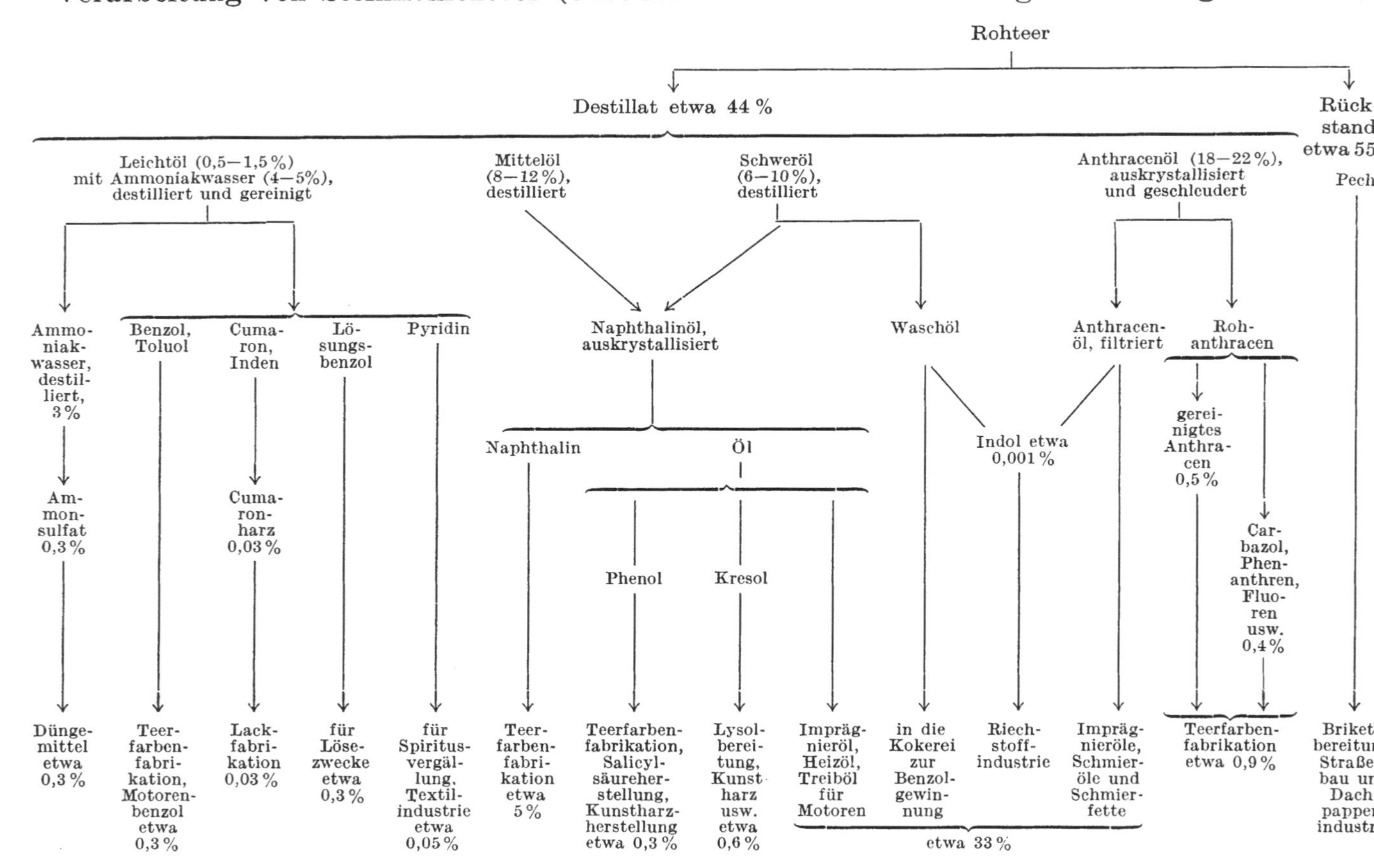

Verarbeitung von Steinkohlenteer (Gesellschaft für Teerverwertung in Duisburg-Meiderich).
Rohteer
Destillat etwa 44 %
Rückstand etwa 55 %
Pech
Leichtöl (0,5—1,5 %) mit Ammoniakwasser (4—5 %), destilliert und gereinigt
Mittelöl (8—12 %), destilliert
Schweröl (6—10 %), destilliert
Anthracenöl (18—22 %), auskrystallisiert und geschleudert
Ammoniakwasser, destilliert, 3 %
Benzol, Toluol
Cumaron, Inden
Lösungsbenzol
Pyridin
Naphthalinöl, auskrystallisiert
Waschöl
Anthracenöl, filtriert
Rohanthracen
gereinigtes Anthracen 0,5 %
Naphthalin
Öl
Indol etwa 0,001 %
Carbazol, Phenanthren, Fluoren usw. 0,4 %
Ammonsulfat 0,3 %
Cumaronharz 0,03 %
Phenol
Kresol
Düngemittel etwa 0,3 %
Teerfarbenfabrikation, Motorenbenzol etwa 0,3 %
Lackfabrikation 0,03 %
für Lösezwecke etwa 0,3 %
für Spiritusvergällung, Textilindustrie etwa 0,05 %
Teerfarbenfabrikation etwa 5 %
Teerfarbenfabrikation, Salicylsäureherstellung, Kunstharzherstellung etwa 0,3 %
Lysolbereitung, Kunstharz usw. etwa 0,6 %
Imprägnieröl, Heizöl, Treiböl für Motoren
in die Kokerei zur Benzolgewinnung
Riechstoffindustrie
Imprägnieröle, Schmieröle und Schmierfette
Teerfarbenfabrikation etwa 0,9 %
Brikettbereitung, Straßenbau und Dachpappenindustrie
etwa 33 %

haben viel freien Kohlenstoff, hohes spez. Gew., hohe Viscosität, viel eingeschlossenes Wasser und liefern reichlich Naphthalin, viel Pech mit hohem Verkokungsrückstand, aber wenig Leicht- und Mittelöle. Teere aus Schrägretortenöfen liegen in ihren

Eigenschaften in der Mitte zwischen jenen und den Teeren aus Vertikalretortenöfen und Kammeröfen. Diese Teere sind im Gegensatz zu denjenigen aus Horizontal- und Schrägretortenöfen nicht schwarz, sondern meist infolge ihres geringen Gehalts an freiem Kohlenstoff schwarzbraun. Sie sind spezifisch leichter und leichtflüssiger, was zugleich einen geringen Wassergehalt bedingt, und liefern am meisten Leicht- und Mittelöle, wenig Naphthalin und den geringsten Destillationsrückstand (Tab. 125).

Tabelle 125. Verschiedene Gasteere aus derselben Kohle[1].

Fraktion	Siede-grenzen o	Vertikal-ofen %	Schräg-ofen %
Wasser	—	5,7	10,4
Leichtöl . . .	bis 100	8,9	1,0
„ . . .	100—170	1,2	1,6
Mittelöl . . .	170—230	13,5	7,5
Schweröl . . .	230—270	7,3	10,3
Anthracenöl. .	über 270	29,3	18,8
Pech	—	34,1	58,1

Auch diese Zahlen zeigen die großen, durch die Ofenkonstruktion bedingten Verschiedenheiten der Teere. Kammerofenteere zeigen im allgemeinen die Eigenschaften der Vertikalofenteere, enthalten aber etwas mehr, 5—7%, freien Kohlenstoff.

Tabelle 126. Verschiedene Teere aus derselben Kohle[2].

Bestandteile	Gasteer %	Kokerei-teer %	Bestandteile	Gasteer %	Kokerei-teer %
Wasser	2,9	2,2	Rohnaphthalin . .	7,4	6,7
Leichtöl bis 200° . .	4,0	3,4	Anthracenöl	17,4	27,3
Anilinbenzol	0,9	1,1	Reinanthracen . . .	0,6	0,7
Lösungsbenzol . . .	0,2	0,3	Pech	58,4	44,4
Kreosotöl.	8,6	14,5	Freier Kohlenstoff .	15—25	5—8

2. Kokereiteer ist arm an leichtflüchtigen Kohlenwasserstoffen und meist dickflüssiger und spezifisch schwerer als Vertikal- und Kammerofenteere. Der Gehalt an freiem Kohlenstoff übersteigt nicht 10—12%, meistens beträgt er nur 2—6%.

Kokereiteere zeigen untereinander je nach Ofenbau und Natur der Steinkohle erhebliche Unterschiede.

Den Einfluß der Entgasungsart auf die Qualität des Teeres zeigt vorstehender Versuch (Tabelle 126), bei welchem dieselbe Kohle einmal in der Retorte einer

Tabelle 127. Zusammensetzung von Kokereiteeren des Ruhrgebiets im Durchschnitt einer längeren Betriebsperiode[3].

Spez. Gew.	1,145—1,191	Anthracenöl	24,76%
Wasser . .	2,69%	Pech. . . .	56,44%
Leichtöl . .	1,38%	Verlust . .	1,34%
Mittelöl . .	3,46%		100,00%
Schweröl .	9,93%		

Gasanstalt, das andere Mal im Ottoschen Koksofen verkokt wurde.

Man faßt den Kokereiteer als das Zersetzungsprodukt des primär entstehenden Urteers (s. dort) auf. Die gewöhnlich im Koksofen herrschende Temperatur von über 1000° bringt den sehr labilen Urteer, dessen Bildung schon gegen 500° fast beendet ist, weitgehend zum Zerfall, wobei die Koks- und Schamotteoberflächen katalytisch mitwirken[4].

---

[1] Schäfer: Einrichtung und Betrieb eines Gaswerkes, S. 194. München 1909.
[2] Lunge-Köhler: 5. Aufl., Bd. 1, S. 172.
[3] Lunge-Köhler: 5. Aufl., Bd. 1, S. 172.
[4] Vgl. dazu A. Weindel: Brennstoff-Chem. 4, 321 (1923).

Tabelle 128. Zusammensetzung eines Hochofenteeres[1].

Bestandteile	%	Spez. Gew.
Wasser	32,3	1,007
Öl bis 230⁰	2,8	0,899
„ von 230—300⁰ . . .	7,1	0,971
„ von 300⁰ bis zum Erstarren des Destillats	13,5	0,994
Weichparaffin	17,3	0,987
Koks	21,5	—
Verlust	5,5	—

Das Wasser ist stark ammoniakhaltig.

3. Hochofenteer, eine Art Tieftemperaturteer, ist für Deutschland ohne Bedeutung, da er hier nicht erzeugt wird. Er enthält im Gegensatz zu Steinkohlenteer mehr saure Öle (Phenol, Kresol und besonders die höheren Homologen), wenig Benzol und aromatische Kohlenwasserstoffe, dagegen viel Paraffine und sehr viel Asche (Flugasche), die das aus ihm hergestellte Pech entwertet.

4. Wassergas- und Ölgasteer. Der bei der Erzeugung von Wassergas bzw. carburiertem Wassergas erhaltene Teer ist dem bei der Leuchtgasbereitung gewonnenen ähnlich (s. S. 557); er ist ölartig, braun und enthält meist viel Wasser in emulsionsartiger Bindung, was seine Verarbeitung sehr erschwert.

Tabelle 129. Spez. Gew. und Zusammensetzung von Wassergasteeren[2].

d_{15}	0,968—1,129	Mittelöl bis 230⁰ . .	6,0—23,0%
Wassergehalt	0,0—36,6%	Schweröl bis 270⁰ . .	11,2—24,5%
Freier Kohlenstoff . .	0,0— 4,0%	Schweröl bis 350⁰ . .	19,3—51,3%
Naphthalin	0,3—10,0%	Rückstand (Pech) . .	18,6—53,3%
Leichtöl bis 170⁰ . .	1,0—12,0%		

Wegen seines Gehaltes an Paraffinen eignet sich Wassergasteer nicht zur Verarbeitung auf Zwischenprodukte für die Teerfarbenindustrie.

Teer aus carburiertem Wassergas enthält gewöhnlich nur Spuren von freiem Kohlenstoff und besteht im wesentlichen aus noch unzersetztem Gasöl sowie aromatischen Zersetzungsprodukten desselben.

Tabelle 130. Durchschnittliche Eigenschaften und Zusammensetzung von Ölgasteer.

Eigenschaften von Ölgasteer [3]	d_{15}	1,051—1,069	Mittelöl bis 230⁰	11,0—16,0%
	Wassergehalt . .	0,3 —10,3%	Schweröl bis 270⁰	11,0—19,0%
	Freier Kohlenstoff	0,0 — 4,1%	Anthracenöl	18,0—31,0%
	Naphthalin . .	0,0 — 3,1%	bis 350⁰	31,5—37,0%
	Leichtöl bis 170⁰	2,5 —23,0%	Rückstand (Pech)	
		%		**%**
Zusammensetzung von Ölgasteer aus Gasöl der sächsisch-thüringischen Braunkohlenindustrie [4]	Benzol	1,0	Naphthalin . .	4,9
	Toluol	2,0	Rohanthracen .	0,58
	Xylole	1,3	Phenole	0,3
	Verharzbare Öle bis 150⁰ . . .	1,0	Basen	Spuren
			Asphalt	22,0
	Öl 150—200⁰ .	1,5	Freier Kohlenstoff	20,5
	Öl 200—300⁰ .	26,6	Wasser (neutral)	4,0
	Öl 300—360⁰ .	12,6		

[1] W. Smith: Journ. Soc. chem. Ind. **2**, 495 (1883).
[2] Constam u. Schlaepfer: Ztschr. Ver. Dtsch. Ing. **57**, 1664 (1913).
[3] Constam u. Schlaepfer: ebenda **57**, 1666 (1913).
[4] Würth: Diss. München 1904; Lunge-Köhler: 5. Aufl., Bd. 1, S. 205.

Ölgasteer zeigt in bezug auf Eigenschaften und Zusammensetzung große Ähnlichkeit mit Steinkohlenteer, unterscheidet sich von diesem jedoch durch sein geringeres spez. Gew., größere Dünnflüssigkeit und das nahezu gänzliche Fehlen phenolartiger und basischer Substanzen.

Alle Bestandteile des normalen Steinkohlenteers, mit Ausnahme von CS_2 und Acridin, konnten in dem Braunkohlen-ölgasteer (Tab. 130) nachgewiesen werden.

5. **Urteer (Tieftemperaturteer, Steinkohlenschwelteer)**[1]. Urteer wird durch Verkokung oder Vergasung der Steinkohle bei niedrigen Temperaturen erhalten und unterscheidet sich durch seinen außerordentlich hohen Gehalt an Phenolen, aliphatischen und naphthenischen Kohlenwasserstoffen und durch das Zurücktreten rein aromatischer Kohlenwasserstoffe von allen bei den üblichen höheren Temperaturen gewonnenen Teeren (vgl. aber Hochofenteer). E. Börnstein[2] erhielt in seinen grundlegenden Arbeiten auf diesem Gebiete durch Verkokung von Steinkohlen bei Temperaturen bis zu 450⁰ Teere vom spez. Gew. meistens < 1. Diese enthielten reichlich indifferente Leichtöle, wenig Benzole, sehr wenig Anthracen und Naphthalin, keine Thiophene, aber 1,7 % Hartparaffine.

In einem Falle[3] wurden zwar die zwischen 75 und 200⁰ siedenden Teile eines Urteers als überwiegend rein aromatische Kohlenwasserstoffe erkannt, indessen konnte von anderer Seite[4] in einem aus der gleichen Kohle, aber in kleinerem Maßstab gewonnenen Urteer Benzol nur in Spuren nachgewiesen werden. Diese Unterschiede dürften auf Verschiedenheiten in den Verkokungstemperaturen zurückzuführen sein, wie auch schon früher Tieftemperaturteere zwar reichliche Mengen hydroaromatischer Kohlenwasserstoffe, aber nicht Benzol und dessen Homologe zeigten[5], während höhere Schweltemperatur den Gehalt an einfachen aromatischen Kohlenwasserstoffen erheblich steigern kann[6].

Der Phenolgehalt des Urteers steht in gewisser Beziehung zur Teerausbeute. Steinkohlen beliebiger Herkunft mit 10—12% Teerausbeute geben 35—50% Phenole im Urteer. Kohlen mit 8—10% Teerausbeute liefern Urteer mit 25—35% Phenolen. Der Teer aus westfälischer Fettkohle mit 3—5$^1/_2$% Teerausbeute enthält 15—25% Phenole. Sinkt bei der Ruhrfettkohle der untersten Schichten die Teerausbeute auf 1$^1/_2$%, so wird der Phenolgehalt verschwindend klein.

Nur die braunkohleähnlichen Cannelkohlen liefern trotz hoher Teerausbeute einen Urteer, der arm an Phenolen und reich an Paraffin ist.

F. Fischer und W. Gluud[7] gewannen Urteer in rotierender eiserner Trommel und führten dabei die Teerdämpfe durch Einblasen von Wasserdampf rasch fort. In der Technik läßt man durch Einbauten im Generator die sich bildenden heißen Teerdämpfe die noch nicht verkokte Kohle

[1] R. Heinze: Entwicklung und Stand der Schwelindustrie in Deutschland, Chem. Fabr. **2**, 253 (1929).

[2] E. Börnstein: Journ. Gasbel. **49**, 627, 667 (1906).

[3] Schütz: Ber. **56**, 162 (1923); Schütz, Buschmann u. Wißbach: ebenda **56**, 869 (1923).

[4] H. Broche: ebenda **56**, 1787 (1923); F. Fischer: ebenda **56**, 1791 (1923); Brennstoff-Chem. **4**, 50 (1923); vgl. auch F. Frank: Ztschr. angew. Chem. **36**, 217 (1923).

[5] A. Pictet u. Bouvier: Ber. **46**, 3342 (1913); **48**, 926 (1915); Pictet u. Kaiser: Chem.-Ztg. **40**, 211 (1916); Wheeler u. Mitarbeiter, insbesondere Burgess: Journ. chem. Soc. London **97**, 1917 (1910); **99**, 649 (1911); **103**, 1704, 1715 (1913); **104**, 131, 140 (1913); **105**, 2562 (1914).

[6] F. Fischer: l. c.

[7] F. Fischer u. W. Gluud: Ber. **50**, 111 (1917); s. auch Gesamm. Abhandl. Kenntn. Kohle **3**, 1, 248, 270 (1918); **4**, 1 (1919).

nur umspülen (nicht durchstreichen) und führt die heißen Generator-
gase und die von der verkokenden Kohle abgegebenen Schwelgase voneinander getrennt fort. Oder man benutzt große Drehtrommelöfen und bläst
während der Entgasung, um den Urteer vor Zersetzung zu schützen, überhitzten Wasserdampf ein[1].

Die Vorgänge im Generator und die Urteerbildung werden wie folgt
erklärt[2]:

Bei 100⁰ beginnt die Abspaltung von physikalisch gebundenem Wasser; in
manchen Fällen, z. B. bei nasser Rohbraunkohle mit zum Teil kolloidal gebundenem
Wasser, entweichen aber die letzten Reste Wasser erst bei 250⁰ und darüber. Die
chemischen Vorgänge beginnen bei 150—200⁰; bei 250—300⁰ erfolgt die Gasbildung,
wobei zuerst CO_2, CH_4, schwere Kohlenwasserstoffe, H_2 und CO entstehen. Die
Hauptmenge des Urteers entsteht bei 350—460⁰, unter Zunahme der Methan-
und Wasserstoffmengen. Flüchtige Schwefelverbindungen bilden sich zwischen
300 und 350⁰. Die Urgase enthalten unterhalb 450⁰ hauptsächlich Methan, Äthan,
Propan und Butan. Über 700⁰ tritt starke Wasserstoffentwicklung auf. Die Arbeitstemperaturen der Schwel- und Entgasungsprozesse liegen für die Drehtrommel
bei 450—500⁰, für Rolleschwelöfen bei 400—900⁰, für Generatoren verschiedenster
Bauart bei 500—600⁰.

Bei 550⁰ liegt das Optimum der Bildung von Olefinen, die bei 750⁰ nicht mehr
entstehen und bei höherer Temperatur in aromatische Verbindungen verwandelt
werden. Bei 750⁰ treten Naphthene auf, die unter Wasserstoffentwicklung in
aromatische Substanzen übergehen, wobei auch intramolekulare Ringschlüsse
stattfinden[3].

Aus den festen Anteilen des Urteers hat Gluud die lückenlose Reihe der
Paraffine $C_{24}H_{50}$ bis $C_{29}H_{60}$ abgeschieden.

Vom Erdöl unterscheidet sich Urteer durch hohen Phenolgehalt.

Die labile Natur des Urteers geht am deutlichsten daraus hervor, daß er bei
der Destillation bereits chemische Veränderungen erleidet und die Destillationsprodukte, teilweise wenigstens, erst bei der Destillation gebildet werden[4].

So tritt bei Destillation unter Atmosphärendruck in geschlossener Apparatur
bei 275⁰ langsame Gasentwicklung ein, die bis 330—340⁰ an Stärke zunimmt, um
dann wieder abzufallen. Durchschnittlich wurden aus 1 kg technischem Generator-
Urteer etwa 16 l Gas erhalten, das stark nach H_2S roch und neben wenig CO_2 und
benzinartigen Kohlenwasserstoffen Methan, dessen Homologe und ungesättigte
Kohlenwasserstoffe Äthylen, Propylen, Butylen, Butadien enthielt, die durch
Zersetzung von Urteer entstehen.

Dies erklärt auch, daß je nach den Destillationsbedingungen (Anwendung
von Vakuum, Wasserdampf oder beiden) wiederum verschiedenartige
Destillationsprodukte erhalten werden (s. Tab. 131, S. 561)[5].

Es werden mithin außer wertvollem Benzin und Brennöl usw. durch überhitzten
Dampf größere Mengen Schmieröl und Paraffin gewonnen als bei gewöhnlicher
Destillation.

*Unterscheidung von normalem Steinkohlenteer und Steinkohlenurteer nach
F. Fischer*[6].

Gewöhnlicher Steinkohlenteer aus Gasanstalten und Kokereien enthält
in der Regel Naphthalin, Urteer aber in erheblicher Menge (s. S. 559) nur,

---

[1] Roser: Stahl u. Eisen **40**, 741 (1920).

[2] A. Faber: Ztschr. angew. Chem. **36**, 11 (1923).

[3] D. F. Jones: Journ. Soc. chem. Ind. **36**, 3 (1917); Ztschr. angew. Chem.
30, 361 (1917).

[4] A. Weindel: l. c.

[5] F. Fischer: Über die Mineralölgewinnung bei der Destillation und Vergasung der Kohlen, S. 17/18. Berlin: Gebr. Bornträger 1918.

[6] F. Fischer: Ztschr. angew. Chem. **32**, 337 (1919).

Tabelle 131. Aufarbeitung des Urteers durch verschiedenartige
Destillation und chemische Behandlung.

Destillationsart	Erhaltene Produkte		% des Teeres	Siedegrenzen °
Gewöhnliche Destillation	Teerbenzin		5,0	—150
	Solaröl		5,5	150—220
	Putzöl		1,0	220—250
	Gasöl		8,8	250—300
	Neutrales Schmieröl		6,0	300—325
	Paraffin.		0,5	—
	Pech		37,0	—
	Phenole		24,0	200—325
Destillation mit überhitztem Dampf	Kohlenwasserstoffe	Teerbenzin (bis 200°) . . .	10,0	
		Brennöl (bis 300°)	12,5	
		Schmieröl	15,0	
		Paraffin	1,5	
		Neutrale Harze	10,0	
	Phenole	Carbolsäure	0,06	
		Kresole (hauptsächlich Meta-)	1,2	
		Brenzcatechin	0,2	
		Andere Phenole.	33,0	
		Saure Harze	10,0	
	Basen		1,0	

wenn weitergehende Erhitzung stattgefunden hat, so daß bei Naphthalin-
befund noch weiter zu prüfen ist, ob Urteer oder normaler Teer vorliegt.

a) Prüfung auf Naphthalin.

200 ccm Teer werden in einem $1^{1}/_{2}$-l-Rundkolben mit einem nicht zu starken
Wasserdampfstrom von 100° C durch einen möglichst langen, gut gekühlten Liebigkühler destilliert. Man sammelt zweckmäßig getrennt voneinander dreimal je etwa
250 ccm wässeriges Destillat. Alle drei Destillate tragen über dem Wasser eine mehr
oder minder große Ölschicht. Erstarrt die Ölschicht eines der Destillate zu einer
krystallinen Masse, so ist zweifellos Naphthalin vorhanden, und die Destillation
kann abgebrochen werden. Bei Teeren, die nur geringe Mengen Naphthalin enthalten, zeigen sich die Naphthalinkrystalle erst im letzten der drei Destillations-
gefäße, unter Umständen auch erst beim Stehen derselben im Eisschrank. Das
Auftreten der Naphthalinkrystalle[1] zeigt untrüglich, daß der Teer zu hoher Temperatur ausgesetzt war. Nicht überhitzter Urteer liefert bei der beschriebenen
Wasserdampfdestillation nur ölige Destillate, die auch beim längeren Stehen in
Eis keinerlei Krystallausscheidungen zeigen. Die Probe gestattet es natürlich
auch, festzustellen, ob dem Urteer etwa gewöhnlicher Teer oder andere Teere,
die Naphthalin enthalten, zugesetzt wurden.

b) Prüfung der neutralen Bestandteile bei Abwesenheit von
Naphthalin.

200 ccm Teer werden mit 300 ccm Petroläther (Kp. 30—65°) geschüttelt. Die
vom Unlöslichen abgegossene Lösung wird durch zweimaliges Ausschütteln mit
20%iger Natronlauge entphenoliert, mit Wasser gewaschen und vom Petroläther
durch Abdestillieren auf dem Wasserbad befreit. Der Rückstand wird destilliert
und das Destillat von 200—300° besonders aufgefangen. Es hat bei Urteer
$d_{20} < 0,95$, bei gewöhnlichem Teer nahe bei 1 oder darüber. Der über 300°
siedende Rückstand der Destillation ist bei Urteeren infolge von Paraffinabscheidung salbenartig, in Petroläther oder Äthyläther völlig löslich und hat
$d_{50} < 1$. Bei Gas- und Koksofenteeren ist der Rückstand in kaltem Petroläther
oder Äthyläther nicht mehr völlig löslich und hat $d_{50} > 1$.

---

[1] Im Zweifelsfall durch Schmelzpunkt oder als Pikrat zu identifizieren.

c) **Nachweis viscoser Schmieröle**

erfolgt nach Abtreibung der leichten Öle mit Wasserdampf durch Schütteln des Rückstandes mit dem 2—3fachen Volumen Ligroin (Kp. 90—100⁰)[1]. Es scheiden sich saure und harzartige Stoffe ab. Die abfiltrierte Lösung wird durch Ausschütteln mit Alkali, Wasser, verdünnter Schwefelsäure und Wasser von sauren und basischen Stoffen befreit. Nach Vertreiben des Ligroins, zuletzt im Vakuum bei 100⁰, enthält der Rückstand das viscose Öl, meist im Gemisch mit Paraffin. Letzteres kann bei — 10⁰ durch Aceton entfernt werden (s. S. 536).

VI. Physiologische Eigenschaften der Teerprodukte.

In Brikettfabriken, die Pech als Bindemittel für Steinkohle verwenden, stellen sich bisweilen Hautausschläge und Augenkrankheiten (Teerkrätze) ein. Auch krebsartige Erkrankungen (Schornsteinfegerkrebs) sollen dadurch hervorgerufen werden[2].

Nach neueren Untersuchungen kommen für diese Wirkungen vor allem die höchstsiedenden Anteile des Steinkohlenteeres in Betracht. Um welche Einzelstoffe es sich hier handelt, ist nicht bekannt. Durch Sauberkeit und durch Einfetten mit Vaselin kann man sich dagegen schützen. Blonde Personen sind meist empfindlicher gegen die Einwirkung von Pechstaub und Anthracenöl als brünette.

VII. Technische Analyse des Rohteers.

1. Spezifisches Gewicht.

Zur Entfernung mechanisch beigemengten Wassers stellt man den Teer in einem großen bedeckten Becherglas 24 h lang in warmes Wasser (nicht über 50⁰) und entfernt dann bei Teer von $d_{15} > 1$ das an der Oberfläche angesammelte Wasser durch Abgießen sowie Betupfen mit Filtrierpapier. Ist $d < 1$, so muß der von dem abgesetzten Wasser abgetrennte Teer noch durch Schütteln mit $CaCl_2$ und Warmfiltrieren von den letzten Wasserresten befreit werden. Das spez. Gew. des wasserfreien Teeres bestimmt man im Lungeschen Wägegläschen[3] (Abb. 181), dessen Glasstopfen eine 2 mm weite Kerbe besitzt.

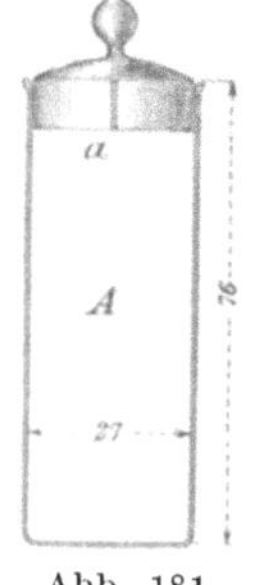

Abb. 181.
Wägegläschen
nach Lunge.

Das Gläschen wird in üblicher Weise mit Wasser von 25⁰ ausgewogen, dann getrocknet, zu etwa $^2/_3$ mit Teer gefüllt und zur Entfernung der Luftblasen $^1/_2$—1 h offen in warmes Wasser gestellt. (Peche und Asphaltbitumina, für welche man das Wägegläschen gleichfalls benutzt, werden hierzu auf 75—100⁰ über ihren Erweichungspunkt erhitzt.) Nach dem Erkalten wägt man das Glas mit dem Teer, füllt dann mit Wasser von 25⁰ auf, temperiert das Ganze auf 25⁰, setzt den Stopfen auf, entfernt das heraustretende Wasser und wägt abermals. Wiegt das mit Luft gefüllte Gläschen (samt Stopfen) a g, das mit Wasser gefüllte b g, das mit Teer teilweise gefüllte c g und das mit Teer und Wasser gefüllte d g, so wird

$$d_{25}^{25} = \frac{c-a}{(b+c)-(a+d)}.$$

Bei Teeren, Pechen und Bitumina ist eine Umrechnung auf Wasser von 4⁰, sowie eine Korrektur für Luftauftrieb (s. S. 1—3) nicht üblich.

---

[1] F. Fischer: l. c.

[2] Grempe: Braunkohlen- u. Brikettindustrie **1919**, 144; Bodmar: Chem.-Ztg. **46**, 699 (1922).

[3] Lunge: Ztschr. angew. Chem. **7**, 449 (1894).

2. Freier Kohlenstoff und unlösliche Kohlenstoffverbindungen.

Von der Höhe des Kohlenstoffgehaltes hängt nicht nur die Leichtigkeit der Destillation des Teers und die Ausbeute an Pech, sondern auch die Qualität des letzteren in bezug auf Aussehen (glänzend oder matt, s. S. 571), Bindekraft usw. ab. Nach Nellensteyn[1] handelt es sich bei dem sog. „freien Kohlenstoff" zum Teil um kolloid gelösten Kohlenstoff, welcher aus der Lösung durch Verdünnungsmittel von geringer Oberflächenspannung ausgeflockt wird. Die bei der Analyse gefundene Menge ist daher je nach der Art des benutzten Verdünnungsmittels verschieden, am niedrigsten bei Anwendung von Anilin + Pyridin.

a) Methode Kraemer-Spilker[2].

Man erwärmt im Schälchen 1 g Teer mit 5 ccm Anilin $^1/_2$ h auf dem siedenden Wasserbade und gießt die dünnflüssige Masse auf einen Tonteller von 65 mm Ø, welcher die löslichen Bestandteile des Teers samt dem Anilin aufsaugt und den ungelösten, freien Kohlenstoff als blättrige Masse zurückläßt. Der Rückstand im Schälchen wird mit 2 ccm Pyridin nachgespült, welches gleichzeitig das schwerflüchtige Anilin aus dem Kohlenstoffkuchen entfernt. Nach Einziehen des Pyridins wird der Tonteller bei 120—150° getrocknet. Der sog. freie Kohlenstoff wird dann mittels eines kleinen Holzspatels auf ein tariertes Uhrglas gebracht und gewogen.

b) Bestimmung in Straßenteer[3].

2 g Teer werden mit 50 ccm kaltem Krystallbenzol im Erlenmeyerkolben gemischt. Nach Niederfallen des freien Kohlenstoffs wird die Benzollösung vorsichtig auf ein gewogenes Weißbandfilter ($12^1/_2$ cm Ø) dekantiert. Der unlösliche, auf das Filter gebrachte Kohlenstoff wird mit 500 ccm heißem Krystallbenzol nachgewaschen; insgesamt sind mindestens 600 ccm Benzol zu benutzen. Das Filter mit Niederschlag wird bei 110° getrocknet und gewogen.

c) Nach Hodurek[4]. Dieser bestimmt außer dem eigentlichen „freien Kohlenstoff" „$C I$" noch die harzartigen Stoffe „$C II$", welche zusammen mit ersterem beim Zusatz bestimmter Lösungsmittel ausfallen. $C II$ ist schmelzbar und zeigt beim Wiederfestwerden große Bindekraft, für Brikettierungszwecke ist deshalb auch die Kenntnis des Gehalts an $C II$ wichtig.

5 g Rohteer werden mit 200 ccm Benzol zum Kochen erhitzt; die Lösung wird durch ein getrocknetes gewogenes Filter gegeben; der Filterrückstand, mit 100 ccm heißem Benzol nachgewaschen, getrocknet und gewogen, ist gleich $C I + C II$. 5 g filtrierter Teer (auf dem Filter bleibt $C I$), in gleicher Weise mit 200 ccm Benzol behandelt und filtriert, geben als Filterrückstand $C II$. Die Differenz: $(C I + C II) — C II$ ergibt den freien Kohlenstoff $C I$.

3. Wassergehalt.

Bei Gas- und Kokereiteeren werden in der Regel 5% Wassergehalt zugelassen. Qualitativen Wassernachweis s. S. 116, quantitative Bestimmung S. 117. Bei Teeren und Teerprodukten ist zur Destillation kein Benzin, sondern nur Xylol oder ein leichtes Steinkohlenteeröl[5] zu empfehlen.

---

[1] Vgl. S. 406/07, sowie Berl-Lunge: Chem.-Techn. Untersuchungsmethoden, 8. Aufl., Bd. 4, S. 251. Berlin: Julius Springer 1933.

[2] Muspratt: 4. Aufl., Bd. 8, S. 75f.; s. auch „Glückauf" 1906. Heft 15.

[3] Merkblatt für Oberflächenteerungen der Studiengesellschaft für Automobilstraßenbau. DIN-Vorschriften 1995, 1996.

[4] Hodurek: Mitt. Inst. f. Kohlevergasung Wien 1, 9, 19, 28 (1919).

[5] Nach Vorschrift der A.S.T.M. z. B. ein Leichtöl, das zu 98% zwischen 120 und 250° C siedet.

4. Destillationsprobe, Rohnaphthalin- und -anthracen-Bestimmung.

Die Probedestillation wird im Fabrikbetrieb nach Kraemer und Spilker in einer gußeisernen Blase von 8 l Füllraum mit 5 kg Teer vorgenommen. Die Fraktionen werden wie im Großen abgenommen:

Wasser und Leichtöl bis 170⁰, Mittelöl bis 230⁰, Schweröl bis 270⁰, Anthracenöl bis zum Schluß der Destillation, wobei das Rückstandspech 60—75⁰ Erweichungspunkt haben soll.

Im Mittelöl und Schweröl wird das Rohnaphthalin bestimmt, indem man die Öle mehrere Tage stehen oder abkühlen läßt und das abgeschiedene Naphthalin in einer Spindelpresse zwischen Fließpapier abpreßt. Das aus beiden Fraktionen erhaltene Naphthalin wird zusammen als Rohnaphthalin in Rechnung gestellt (s. auch S. 566).

Das Anthracenöl läßt man 3—4 Tage stehen, da das Anthracen nur langsam auskrystallisiert. Das Rohanthracen wird auf Leinwand abfiltriert, kalt gepreßt, auf porösem Tonteller auf 30—40⁰ erwärmt, abermals gepreßt und gewogen.

Die Probedestillation des Teers gibt hiernach Aufschluß über Gehalt an 1. Wasser und Leichtöl, 2. Mittelöl, 3. Schweröl, 4. Rohnaphthalin, 5. Anthracenöl, 6. Rohanthracen, 7. Pech.

VIII. Zwischenprodukte der Teerdestillation.

Im Verlauf der Teerverarbeitung werden außer den obengenannten Ölen noch Carbolöl und Naphthalinöl gewonnen, so daß folgende Zwischenprodukte zu prüfen sind:

1. Leichtöl.

Leichtöl ist gelb bis dunkelbraun, leicht beweglich, riecht unangenehm nach Schwefelverbindungen, Rohnaphthalin und Phenolen und hat $d_{15} = 0{,}910—0{,}950$; Siedebeginn gewöhnlich 80—90⁰, 30—50 % bis 120⁰ (Grenze der Anilinbenzole), 50—80 % bis 160⁰ (Grenze für die Xylole), Rest bis zu 90 % zwischen 170 und 230⁰. Wegen seines Ammoniakgehalts reagiert der wässerige Auszug des Öles alkalisch. Leichtöl aus Kokereiteer enthält häufig noch höher siedende Anteile.

Nach Kraemer und Spilker enthält Leichtöl 5—15 % Phenole, 1—3 % Pyridinbasen, etwa 0,1 % CS_2, Thiophen und andere Schwefelkörper, 0,2—0,3 % Nitrile, 1—1,5 % Aceton, Cumaron, als Rest Kohlenwasserstoffe. Diese enthalten 3—5 % Olefine, 0,5—1 % Paraffine, 1—1,5 % ungesättigte (Brom addierende) und gesättigte cyclische und mehr als 80 % aromatische Kohlenwasserstoffe.

Durch wiederholte Destillation, die bis zum Beginn starker Naphthalinausscheidung getrieben wird, wird das Leichtöl in der Technik in 1. Leichtbenzol $d < 0{,}89$, 2. Schwerbenzol $d < 0{,}95$, 3. Carbolöl $d < 1{,}00$ zerlegt. Die Menge der einzelnen Fraktionen ist für die Art der Verarbeitung des Materials maßgebend. Der Rückstand wird mit dem rohen Mittelöl, das Carbolöl mit der gleichen Fraktion aus Mittelöl vereinigt und weiter verarbeitet (s. diese).

Untersuchung des Leichtöles.

a) Siedegrenzen.

100 ccm Öl werden in dem kleinen kupfernen Destillationsapparat (s. S. 575) von 10 zu 10⁰ fraktioniert, bis 95 % übergegangen sind. Bis 120⁰ werden die Fraktionen vereint auf spez. Gew. geprüft, das bei gutem Leichtöl 0,880/885 betragen soll; geringeres Gewicht läßt auf Gehalt an Paraffinen schließen. Die Fraktionen über 180⁰ scheiden schon bei Zimmertemperatur Naphthalin aus, dessen Menge nach Abpressen zwischen Filtrierpapier oder Absaugen auf Tonteller ermittelt wird.

b) Prüfung auf saure Öle.

100 ccm Öl werden mit 100 ccm 9%iger Natronlauge ($d = 1,1$) geschüttelt. Je 1 ccm Zunahme der Laugenschicht wird mit 1% als saures Öl in Rechnung gestellt. Zur genaueren Bestimmung wird die Lauge vom Öl getrennt, auf dem Wasserbad eingedampft, bis auf Zusatz von Wasser keine Trübung mehr erfolgt, nach dem Erkalten mit Salzsäure angesäuert und mit Kochsalz ausgesalzen. Das Volumen der ausgeschiedenen Phenole in ccm ergibt den Phenolgehalt in Vol.-%.

Für Öle mit mehr als 20% sauren Ölen werden für je 10% des zu erwartenden Gehaltes an sauren Ölen 50 ccm der oben genannten Natronlauge angewandt.

c) Basengehalt.

α) **Ungefähre volumetrische Bestimmung.** Das mit Natronlauge nach b) ausgeschüttelte Öl wird mit 30 ccm 20%iger Schwefelsäure geschüttelt; deren Volumenzunahme soll einen annähernden Maßstab für den Gehalt an Basen im Leichtöl geben.

β) **Gravimetrische Bestimmung der Pyridinbasen.** Die mit Schwefelsäure ausgezogenen Basen werden vorsichtig mit 37%iger Natronlauge ($d = 1,4$) in großem Überschuß in Freiheit gesetzt. Man destilliert dann ab, bis das Destillat keinen Pyridingeruch mehr zeigt und etwa 50 ccm beträgt. Es wird mit absolutem Alkohol auf 200 ccm aufgefüllt; 10 ccm davon werden mit 50 ccm absolutem Alkohol und etwa 2 ccm einer gesättigten wässerigen $CdCl_2$-Lösung versetzt. Nach 24std. Stehen werden die abgeschiedenen weißen Krystalle des Doppelsalzes auf einem gewogenen Filter abfiltriert, bei 100° getrocknet und gewogen. 100 Teile des Doppelsalzes von der Formel $CdCl_2(C_5H_5N)_2$ entsprechen 46 Teilen Pyridinbasen[1] (vgl. auch S. 486).

γ) **Titrimetrische Bestimmung der Pyridinbasen.** Die wenigstens 90%ig alkoholische Lösung wird mit eingestellter alkoholischer $CdCl_2$-Lösung gefällt und der Überschuß des Fällungsmittels nach Filtration des Niederschlages mit 0,1-n $AgNO_3$ zurücktitriert[2].

2. Mittelöl.

Das Mittelöl ist bei gewöhnlicher Temperatur infolge ausgeschiedenen Naphthalins fest oder breiig, gelb bis bräunlich gefärbt, bei 40° flüssig; d_{15} = etwa 1,02; bis 260° sollen wenigstens 90% sieden. Das vom Naphthalin abgepreßte Öl soll bis 250° sieden und d_{15} = 0,99—1,01 haben. Mittelöl enthält bis 40% Naphthalin, 15—30% Phenole, ferner Methylnaphthaline sowie 5% basische Stoffe (Pyridin, Chinolin, Chinaldin). Das Naphthalin soll zwischen 210 und 220° sieden.

Die Mittelöle aus Gas- und Kokereiteer differieren wie die entsprechenden Leichtöle oft stark in der Zusammensetzung, z. B. enthielt Mittelöl aus Gasteer bis 50% Naphthalin neben etwa 25% sauren Ölen, solches aus Kokereiteer dagegen nur bis 43% Naphthalin und bis 13% saure Öle[3].

Die auffallende Erscheinung, daß Pyridin trotz seines niedrigen Siedepunktes von 115,1° sich reichlich in dem verhältnismäßig hoch siedenden Mittelöl findet, erklärt sich dadurch, daß es sich mit Phenolen verbindet und diese Verbindungen erst bei 180—190° sieden.

Eine Spaltung dieser Verbindungen findet erst beim Behandeln der Öle mit Natronlauge statt, welche auch die freien Phenole bindet. Deshalb werden in der Technik die Basen erst mit verdünnter Schwefelsäure ausgezogen, nachdem die Phenole mit Lauge entfernt wurden.

---

[1] W. Lang: Ber. **21**, 1584 (1888); S. Kragen: Monatsh. Chem. **37**, 391 (1916).

[2] G. Malatesta u. A. Germain: Boll. chim. farmac. **53**, 225 (1914); C. **1914**, II, 952.

[3] Rispler: Chem.-Ztg. **34**, 546 (1910).

Das Mittelöl wird in der Technik auf folgende Fraktionen verarbeitet:

1. Rohbenzol, bis zum Siedepunkt 165⁰ oder d_{15} 1,0; wird mit der entsprechenden Leichtölfraktion vermischt und verarbeitet.

2. Carbolöl, bis d_{15} 1,005 oder bis zum Siedepunkt 195⁰. Etwa 20%.

3. Naphthalinöl, bis zum Siedepunkt 220⁰ oder d_{15} 1,025. Etwa 30%.

4. Rückstand = Schweröl, etwa 50%.

Fraktion 3 entspricht im wesentlichen der Fraktion 1 des Schweröls (s. dieses) und wird in der Technik wie diese verarbeitet. Der Rückstand 4 geht ins Schweröl 4.

Je nach der Reinheit des rohen Mittelöls wird es in der Technik ohne weiteres oder nach vorhergehender Abscheidung des Naphthalins durch Auskühlen destilliert.

Untersuchung des Mittelöles.

a) Naphthalinbestimmung.

α) Durch Abpressen.

Etwa 0,5—2,0 kg des vorher verflüssigten und gleichmäßig gemischten Mittelöls überläßt man unter öfterem Umrühren 24 h der Krystallisation. Das ausgeschiedene Naphthalin wird abgesaugt, durch Pressen zwischen Leinwand oder Filtrierpapier von Ölresten befreit und gewogen.

β) Pikrinsäure-Verfahren.

Das leichtflüchtige Naphthalin wird durch Einleiten eines Luftstroms aus dem erwärmten Teeröl (0,5—1 g) heraussublimiert und das Sublimat in 150 oder

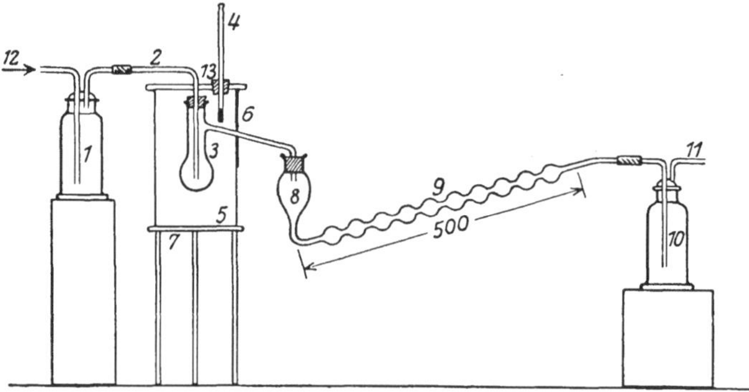

Abb. 182. Apparatur zur Bestimmung des Naphthalingehalts nach Glaser. *1* Waschflasche mit Kalilauge, *2* Lufteinleitungsrohr, *3* Destillierkolben (20—30 ccm Inhalt), *4* Badthermometer, *5* Luftbad, *6* Abzugsrohr, *7* Dreifuß, *8—9* Zehnkugelrohr mit Pikrinsäurelösung, *10* Sicherheitsflasche mit Wasser, *11* Anschluß zur Saugpumpe, *12* Lufteintritt.

200 ccm eingestellter gesättigter wässeriger Pikrinsäurelösung aufgefangen[1] (s. Abb. 182). Das gebildete, in der gesättigten Pikrinsäurelösung praktisch unlösliche Naphthalinpikrat wird abfiltriert und in einem aliquoten Teil des Filtrats die unverbrauchte Pikrinsäure mit 0,1-n Natronlauge zurücktitriert (Indicator Phenolphthalein).

---

[1] F. W. Küster: Ber. **27**, 1101 (1894); E. Glaser: Mitt. Inst. f. Kohlevergasung Wien **2**, 1 (1920); Mezger, Hofsäß, Herrmann: Gas- u. Wasserfach **64**, 413, 722 (1921). Vgl. hierzu auch P. Schlaepfer u. R. Flachs: Beitrag zur Bestimmung des Naphthalins in festen, flüssigen und gasförmigen Kohledestillationsprodukten, Monats-Bulletin des Schweizer Vereins von Gas- und Wasserfachmännern **1928**, Nr. 8, 9, 10 u. 11.

Quantitativ ist auch dieses Verfahren nicht, da andere Kohlenwasserstoffe, wie die Methylnaphthaline und Acenaphthen, zum Teil mit übergehen. Jedenfalls ist der Schmelzpunkt des Naphthalinpikrats und des daraus mit Ammoniak freigemachten Naphthalins nachzuprüfen.

b) Phenol- und Basengehalt

wird wie beim Leichtöl bestimmt.

3. Carbolöl.

Das Carbolöl, $d_{15} = 1,00 - 1,005$, ist bei Zimmertemperatur breiartig, siedet von $160 - 250^0$, enthält $25 - 40\%$ Phenole, etwa ebensoviel Naphthalin und 7% Basen.

Phenolbestimmung. Die durch Ausschütteln von mindestens 500 ccm Carbolöl mit 9%iger Natronlauge ($d = 1,1$) erhaltene alkalische Lösung wird im Dampfstrom auf dem Sandbad abgeblasen, bis das Destillat klar und annähernd geruchlos ist. Man fällt die Phenole durch CO_2 oder verdünnte H_2SO_4 unter Zusatz von gesättigter Kochsalzlösung, wäscht einmal mit Wasser und trennt sorgfältig von diesem. Das Produkt ist auf Wassergehalt, Erstarrungspunkt und Klarlöslichkeit zu prüfen[1]. Diese 3 Bestimmungen werden in deutschen Fabriken in einer Operation nach einer englischen Methode von Lowe[2] ausgeführt: Man destilliert 100 ccm Rohphenol im Fraktionierkolben (mit Thermometer), dessen Abzugsrohr mit einem 50 cm langen, 1 cm weiten Kühlrohr verbunden ist, unter Vorlage eines 2-Liter-Kolbens, in dessen Bauch das Kühlrohr zwecks Vermeidung der Abkühlung hineinragt, und erwärmt das Rohr und den Kolbenhals an den Stellen, an denen sich Wasser kondensiert hat, mit besonderer Flamme. In dem Augenblick, wo sich kein Wasser mehr im Kühlrohr zeigt, tauscht man dieses gegen ein trockenes aus, gibt den Inhalt der Vorlage in einen Meßzylinder von 25 ccm Inhalt, in dem der Stand des unter dem Wasser angesammelten Öles $7-8$ ccm betragen wird, und destilliert weiter, bis genau 10 ccm Öl übergegangen sind. Erfahrungsgemäß besteht dieses Öl je zur Hälfte aus Wasser und Carbolsäure. Nun legt man einen 100-ccm-Meßzylinder vor und destilliert langsam, bis weitere 62,5 ccm aufgefangen sind. (Der Rückstand kommt für die Fabrikation von Phenolen und Kresolen nicht in Betracht.) Die Vorlage kühlt man mit Eis unter die mutmaßliche Erstarrungstemperatur ab. Man führt an einem in $0,1^0$ eingeteilten Thermometer (Skala $+ 10$ bis $+ 40^0$) ein Phenolkryställchen in die Masse ein und rührt um, wodurch die Masse krystallisiert. Während des Erstarrens steigt die Temperatur. Der höchste Punkt, bis zu welchem diese steigt, ist der Erstarrungspunkt, bei gutem Rohphenol zwischen 15,5 und 24^0. Zum Vergleich dienen Gemische von verschiedenem Gehalt an reiner krystallisierter Carbolsäure und Kresol.

R. M. Chapin[3] gibt ein colorimetrisches Verfahren zur quantitativen Bestimmung von Carbolsäure bei Gegenwart anderer Phenole an, welches darauf beruht, daß Carbolsäure mit Millons Reagens (S. 425) eine kräftige Rotfärbung gibt, während alle anderen ein- oder mehrwertigen Phenole gelbe oder grünliche Farbtöne liefern.

4. Schweröl.

Schweröl, halbflüssige Masse, $d_{15} = 1,04$, zumeist zwischen 200 und 300^0 siedend, enthält $14-20\%$ Naphthalin, Dimethylnaphthalin[4], Acenaphthen, Fluoren, Diphenylenoxyd, Phenanthren und ähnliche Kohlenwasserstoffe, $8-10\%$ saure Öle (Kresole und Homologe), 6% hochsiedende Pyridin- und Chinolinbasen und 70% flüssige Kohlenwasserstoffe unbekannter Konstitution.

---

[1] Vgl. Lunge-Berl: 7. Aufl., Bd. 3, S. 215.

[2] Lowe: ebenda nach Lunge-Köhler: Industrie des Steinkohlenteers, 5. Aufl., Bd. 1, S. 824.

[3] R. M. Chapin: Journ. Ind. engin. Chem. **12**, 771 (1920).

[4] Weißgerber: Ber. **52**, 346 (1919).

Das Schweröl wird auf obige Eigenschaften und Bestandteile geprüft und ergibt bei der Weiterverarbeitung:

1. Naphthalinöl I, gleichwertig mit Fraktion 3 aus Mittelöl, mit welcher vereinigt es in der Technik weiter verarbeitet wird;

2. Naphthalinöl II, bis zum Aufhören der Naphthalinausscheidung aus dem Destillat.

3. Rückstand, zum Anthracenöl (oder Imprägnieröl).

5. Naphthalinöl.

Naphthalinöl I, Kp. zwischen 180 und 230⁰, scheidet beim Erkalten etwa 40% Naphthalin ab, enthält 15% saure Öle und bis zu 3% basische Körper. Naphthalinöl II, Kp. zwischen 200 und 280⁰, scheidet beim Erkalten gleichfalls viel Rohnaphthalin aus, das aber durch Methylnaphthalin und Acenaphthen verunreinigt ist; das Öl wird daher in der Technik nochmals destilliert. Das vom Naphthalin befreite Öl I (rohe Handelscarbolsäure mit 25—30% sauren Ölen) gibt, wiederholt fraktioniert, noch phenolhaltiges Carbolöl und bis zu 50% Phenol enthaltende Handelscarbolsäure. Das nach dem Ausfrieren des Naphthalins aus Naphthalinöl II hinterbleibende Kreosotöl dient, mit filtriertem Anthracenöl gemischt, als Imprägnieröl.

Die Naphthalinöle werden in gleicher Weise untersucht wie Carbolöle.

6. Anthracenöl.

Das Anthracenöl, grünlichgelb bis grünbraun, von eigenartigem Geruch, d_{15} etwa 1,1, Kp. zwischen 250 und 400⁰, enthält neben noch unerforschten flüssigen Bestandteilen (Hydrüren und Perhydrüren von hochsiedenden Kohlenwasserstoffen) 2,5—3,5% Reinanthracen, daneben Phenanthren, Carbazol, Fluoren, Diphenylenoxyd, Acridin und 8% Phenole unbekannter Konstitution; es wird zur Herstellung von Heizölen, Imprägnierölen und Carbolineum und auch zur Herstellung von Schmierölen benutzt (s. S. 581). Bei + 60⁰ ist das Öl völlig flüssig, scheidet aber beim Abkühlen auf Zimmertemperatur etwa 10% Rohanthracen (= 2,5—3,5% Reinanthracen) als grüngelbes Pulver aus. Man nimmt das Anthracenöl in der Technik vielfach in 2 Fraktionen ab ($d = 1,1$, $E_{50} = 1,5$, 10% saure Öle, und $d = 1,1—1,12$, $E_{50} = 1,8—2,2$, 7% saure Öle).

a) Bestimmung des Rohanthracens.

Man läßt aus dem Anthracenöl das Rohanthracen mehrere Tage auskrystallisieren und preßt es dann auf Leinwand ab. Der Gehalt an Reinanthracen wird in dem unreinen Produkt nach der Höchster Methode durch Oxydation zu Anthrachinon bestimmt[1].

Genauer und schneller wird diese Bestimmung jetzt nach der Rütgersmethode[2] ausgeführt.

1 g Substanz wird in einem 500-ccm-Rundkolben, zweckmäßig aus Pyrexglas, mit 45 ccm Eisessig zum Sieden gebracht; nach erfolgter Lösung wird mit Hilfe eines zylindrischen graduierten Tropftrichters durch ein auf den Kolben aufgesetztes,

---

1 E. Luck: Ztschr. analyt. Chem. 16, 81 (1877); vgl. 6. Aufl. dieses Buches, S. 331.

2 J. Sielisch u. P. Köppen-Kastrop: Ztschr. angew. Chem. 39, 1248 (1926).

etwa 75 cm langes Kühlrohr zu der lebhaft siedenden Flüssigkeit so viel einer Oxydationslösung aus 15 g krystallisierter Chromsäure, 10 ccm Eisessig und 10 ccm Wasser mit einer Geschwindigkeit von etwa 1 ccm in der Minute zugetropft, daß die anfangs grüne Lösung einen deutlich braunen Farbton zeigt.

Der Kolbeninhalt wird noch $1/2$ h in lebhaftem Sieden erhalten, nach kurzer Luft- und Wasserkühlung $1/4$ h mit Eis gekühlt, nach Verdünnen mit 400 ccm eiskaltem Wasser noch $1/4$ h stehen gelassen, dann durch ein glattes Filter filtriert und mit eiskaltem Wasser, bis das Waschwasser farblos abläuft, darauf mit höchstens 200 ccm 1%iger heißer Natronlauge nachgewaschen. Der Anthrachinon-Niederschlag wird noch feucht durch einen weithalsigen Trichter mit möglichst wenig Wasser in einen Erlenmeyerkolben von etwa 200 ccm Inhalt übergespült, mit 15 ccm klar filtrierter Reduktionslösung — 10%ige Natronlauge, die 10% Natriumhyposulfit $Na_2S_2O_4$ gelöst enthält — versetzt und wenige Minuten auf $60—80^0$ (Wasserbad) erwärmt.

Die rote Lösung wird durch einen Goochtiegel mit Papierfilter abgesaugt, der mit einer Saugflasche von etwa 1 l Inhalt durch einen unter das Ansatzrohr tief genug reichenden Vorstoß verbunden ist, um so Verluste am Filtrat durch Verspritzen und Fortsaugen zu vermeiden. Zwischen Saugflasche und Saugpumpe ist, der Saugflasche möglichst nahe, eine Woulfesche Flasche eingeschaltet, in deren drittem Tubus sich zur Regelung des Vakuums ein Glashahn befindet.

Vor Beginn des Filtrierens wird die Saugflasche zum Vorwärmen mit wenig warmem Wasser beschickt, bei geöffnetem Hahn der Woulfeschen Flasche die Saugpumpe schwach angestellt, der Goochtiegel mit warmer, 10fach verdünnter Reduktionslösung gefüllt und, ehe die Lösung vollkommen abgesaugt ist, mit der Filtration der Anthrahydrochinonlösung begonnen, wobei zur Regelung der Filtrationsgeschwindigkeit der Glashahn teilweise oder ganz geschlossen wird.

Der Goochtiegel darf während der Filtration nicht leer laufen, bevor der letzte Anteil der Anthrahydrochinonlösung in den Tiegel übergeführt ist und der Erlenmeyerkolben und der Tiegel mit wenig warmer 10fach verdünnter Reduktionslösung nachgespült sind.

Nach dem Ablauf wird die äußere Tiegelwandung mit der verdünnten Reduktionslösung in die Saugflasche abgespritzt und der etwa noch vorhandene Tiegelinhalt zur nochmaligen Reduktion in den Erlenmeyerkolben zurückgespült. Hierbei kann das Filter mit in den Erlenmeyerkolben gelangen und durch ein neues ersetzt werden. Die zweite Reduktion wird nach Zugabe von etwa 5 ccm der Reduktionslösung, wie vorstehend beschrieben, durchgeführt und bis zum Ausbleiben der Rotfärbung wiederholt. Durch das noch warme Gesamtfiltrat wird bis zur völligen Entfärbung staubfreie Luft durchgesaugt oder etwa 5 ccm konz. Wasserstoffperoxydlösung hinzugefügt.

Das ausgeschiedene Anthrachinon wird in einer Porzellanfilterschale von etwa 7 cm Ø mit gehärtetem Filter oder zweckmäßiger auf einer Jenaer Glasfilterschale Nr. 97 G 3 oder auf einem Glasfiltertiegel Nr. 2 G 3 abfiltriert, mit heißem Wasser bis zur neutralen Reaktion nachgewaschen, nach gutem Abtropfen im Trockenschrank auf 100^0 erhitzt, heiß in den Vakuumexsiccator gebracht, nach dem Erkalten gewogen und das gefundene Gewicht durch Multiplikation mit 0,8558 auf Anthracen umgerechnet.

Dauer der Bestimmung 3—$3^1/2$ h.

Die Gesamtverluste betragen sehr angenähert 1%, während sie bei der Höchster Anthracenprobe über doppelt so hoch ausfallen.

b) **Carbazolgehalt.** Carbazol $C_{12}H_9N$, das sich im Rohanthracen findet, ist ein geschätztes Nebenprodukt.

α) **Qualitativ**[1]. Man zieht die Probe in der Kälte mit Essigester aus. Beim Verdunsten des Essigesters auf einem Uhrglas bleibt das Carbazol zurück, welches beim Erwärmen mit einigen Tropfen Nitrobenzol und Phenanthrenchinon charakteristische schmale kupferglänzende Plättchen liefert.

β) **Quantitative Bestimmung**[2], beruht auf der Bildung von Carbazolkalium aus Carbazol und schmelzendem Kali bei $220—240^0$: 20 g Rohcarbazol werden in

---

[1] Behrens: Rec. trav. chim. Pays-Bas **21**, 252 (1901).
[2] Kraemer u. Spilker: l. c.

einem 80 ccm fassenden Stahltiegel (Abb. 183), in dessen sehr dicker Wandung sich eine Bohrung zur Aufnahme eines Thermometers befindet, in 40 g geschmolzenes 80—85%iges KOH bei 180—200⁰ unter Umrühren eingetragen. Dann steigert man die Temperatur bei bedecktem Tiegel auf 220—230⁰ und hält bei dieser Temperatur unter häufigem Umrühren 1 h lang. Darauf wird der Tiegelaufsatz entfernt, etwa aufsublimiertes Produkt in den Tiegel zurückgebracht und nun bei einer Temperatur von nicht über 240⁰ das Anthracen mit anderen Begleitern abgeraucht. Bei hochprozentigem Carbazol genügen 2 h, längeres Erhitzen ist zu vermeiden. Der erkaltete Schmelzkuchen wird mit heißem Wasser zerrieben, mit verdünnter Schwefelsäure bis zur deutlich sauren Reaktion versetzt, das ausgeschiedene Carbazol auf einem

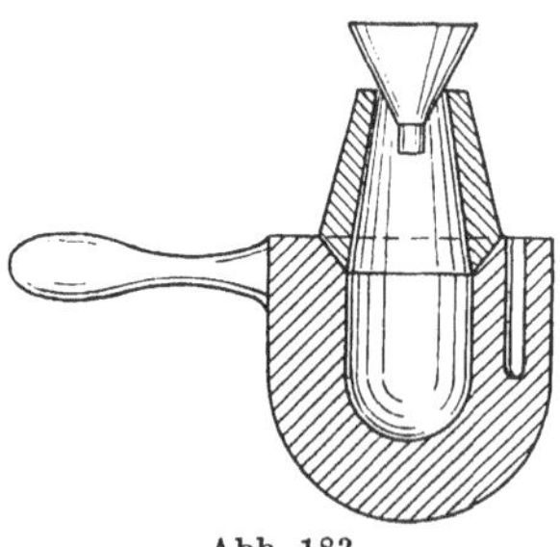

Abb. 183.
Carbazolbestimmungsapparat.

Filter gesammelt, ausgewaschen, getrocknet und gewogen.

Das so erhaltene Produkt ist meistens dunkel gefärbt und kann noch durch Umkrystallisieren aus 600—800 ccm siedendem Toluol gereinigt werden. Das im Filtrat des auskrystallisierten Carbazols zurückbleibende Carbazol kann durch eine Korrektur von 0,5 g für 100 ccm Toluol berücksichtigt werden[1]. Doch gibt dieses Verfahren keine genauen Resultate.

γ) Kjeldahl-Methode. Nach Entfernung der Basen (Acridin usw.) kann man den Carbazolgehalt des Rohanthracens auch durch eine Stickstoffbestimmung nach Kjeldahl ermitteln. Die Methode ist bequem durchzuführen und gibt gute Ergebnisse, vorausgesetzt natürlich, daß andere neutrale Stickstoffverbindungen und höhere Homologe des Carbazols fehlen oder nur, wie es meist der Fall ist, in untergeordneter Menge vorhanden sind.

c) Phenanthrengehalt. Phenanthren, ein wesentlicher Bestandteil des Rohanthracens, ist ein wichtiger Rohstoff für die Farbenindustrie.

α) Qualitativ[2]. Das zu prüfende Material wird mit Benzol ausgezogen und der Benzolextrakt nach Verdunsten des Lösungsmittels mit etwas α-Dinitrophenanthrenchinon, gelöst in Nitrobenzol, versetzt. Bei Anwesenheit von mindestens 1% Phenanthren bilden sich charakteristische Stäbchen, deren Form und Farbe den braunen Stäbchen des Rohphenanthrens ähnlich ist.

β) Quantitativ[3]. 1 kg Rohanthracen wird in 2 kg Toluol gelöst und bei Zimmertemperatur unter häufigem Umrühren etwa 6 h der Krystallisation überlassen. Das ausgeschiedene Anthracen + Carbazol wird abgesaugt, mit 200 ccm Toluol nachgewaschen und aus dem Filtrat das Toluol abdestilliert. Der Rückstand wird fraktioniert destilliert. Von dem zwischen 280 und 340⁰ übergehenden Rohphenanthren werden 20 g mit 30 g Pikrinsäure in 300 ccm trockenem Xylol im Kölbchen mit Rückflußkühler 1/2 h zum Sieden erhitzt; nach 24std. Stehen unter häufigem Umschütteln wird das ausgeschiedene Rohpikrat · des Phenanthrens abgesaugt, getrocknet und gewogen. Die Mutterlauge verdünnt man mit 50 ccm Xylol und löst darin nochmals 20 g Rohphenanthren mit 30 g Pikrinsäure. Der Unterschied zwischen der jetzt erhaltenen Menge Rohpikrat und dem Gewichte der ersten Krystallisation gibt die in 250 ccm Xylol gelöste Menge rohen Pikrats. Aus der so erhaltenen Löslichkeitszahl und den Gewichten der beiden Krystallisationen ergibt sich die Gesamtmenge des aus 40 g Rohphenanthren entstandenen Rohpikrats. Ein aliquoter Teil desselben wird aus 95%igem Alkohol umkrystallisiert. Dem Gewicht des in Form glänzender, gelbroter Nadeln ausfallenden Reinpikrats ist das im Alkohol gelöst bleibende (20 g auf 750 g Alkohol von 95%) zuzuzählen; es entsprechen dann 100 Teile Reinpikrat 43,7 Teilen Phenanthren.

Bei sehr unreinem Phenanthren nimmt man jedesmal 30 g in Arbeit, verwendet 45 g Pikrinsäure und 300 ccm Xylol. Nach der ersten Krystallisation wird die

---

[1] Über die Bestimmung des Carbazols im Toluolfiltrat vgl. die Löslichkeitstabelle von G. v. Bechi: Ber. **12**, 1978 (1879).

[2] Behrens: l. c.

[3] Kraemer u. Spilker: l. c. Die Methode liefert nur bei einem phenanthrenreichen Material brauchbare Ergebnisse.

Mutterlauge mit weiteren 200 ccm Xylol verdünnt. Der Gewichtsunterschied der zwei Krystallisationen stellt die Löslichkeit des Rohpikrats in 100 ccm Xylol dar.

d) **Methylanthracen** findet sich hauptsächlich in Rohanthracenen aus solchen Gasteeren, die bei Verwendung von zusätzlicher Cannelkohle anfallen. Die beste Wertbestimmung für ein methylanthracenhaltiges Anthracen ist in zweifelhaften Fällen die Verarbeitung auf Alizarin[1].

Bestimmung[2]. Das Anthracen wird mit Bichromat und Schwefelsäure oxydiert, der Rückstand destilliert; aus dem Destillat krystallisiert zunächst das Phenanthren, aus dessen Mutterlauge das Methylanthracen gewonnen wird.

e) **Paraffinbestimmung**[3].

Man schüttelt 10 g fein verriebenes Rohanthracen mit etwa 70 ccm Äther 10 min lang im 100-ccm-Meßkolben, füllt mit Äther auf 100 ccm auf und läßt das Ungelöste absitzen. Dann pipettiert man 50 ccm der klaren Lösung in eine Porzellanschale, dunstet den Äther ab und trocknet den Rückstand $1/_2$ h bei 100⁰. Den nach dem Erkalten fein zerriebenen Rückstand erhitzt man mit 8 ccm rauchender Schwefelsäure (20% SO_3) unter häufigem Umrühren 3 h auf 100⁰, wobei man die Schale mit einem Uhrglas bedeckt hält. Nach Beendigung der Sulfonierung spült man den Schaleninhalt mit 500 ccm heißem Wasser in ein Becherglas und filtriert nach Erkalten das ausgeschiedene Paraffin auf einem feuchten Filter ab. Nach erschöpfendem Auswaschen der anhaftenden Schwefelsäure benetzt man das Filter zunächst mit starkem Alkohol (zur Verdrängung des Waschwassers), löst dann das Paraffin — auch die etwa im Becherglase hängengebliebenen Paraffinreste — in Äther und filtriert die Lösung in eine gewogene Schale. Becherglas und Filter spült man quantitativ mit Äther nach; dann dampft man die Ätherlösung ein und wägt das zurückbleibende Paraffin nach $1/_2$std. Trocknung bei 105⁰.

7. Pech.

Pech ist der tiefschwarze Destillationsrückstand von muscheligem, mehr oder weniger glänzendem Bruch. Das spez. Gew. schwankt je nach der Herkunft: Wassergasteerpech nicht über 1,20; Vertikalofenteerpech und Kokereiteerpech 1,25—1,275; Gasteerpech über 1,30—1,33.

Der Steinkohlenteer wird meistens auf Hartpech oder Brikettpech, d. h. mittelharte Qualität, abdestilliert. Die weniger harten Sorten bis zum Weichpech werden durch entsprechende Zumischung von schweren Ölen hergestellt (englisch: „cut-back" coal-tar pitch). Weichpech wird aber auch durch Unterbrechung der Destillation vor dem Abtreiben des Anthracenöls erhalten.

Weichpech erweicht nach **Kraemer-Sarnow** zwischen 35 und 50⁰, ist bei gewöhnlicher Temperatur zähe und läßt sich nur bei niederer Temperatur in Stücke schlagen; in der Sonne fließt es zusammen.

Mittelhartes Pech (Brikettpech) zeigt den Erweichungspunkt 60 bis 75⁰; läßt sich leicht in Stücke schlagen, die wenig scharfe Ränder haben; in der Sonne sinkt es zu einer formlosen Masse zusammen.

Hartpech, Erweichungspunkt zwischen 75 und 85⁰ und höher. Beim Zerschlagen zerfällt es in scharfkantige, klingende Schollen von mattem Glanz, die der Einwirkung der Sonne widerstehen.

---

[1] A. G. Perkin: Journ. Soc. Dyers Colourists **1897**, April; C. **1897**, II, 447.
[2] Japp u. Schultz: Ber. **10**, 1049 (1877).
[3] Kraemer u. Spilker: s. Berl-Lunge, Chem.-Techn. Untersuchungsmethoden, 8. Aufl., Bd. 4, S. 313. 1933.

a) **Verkokungsrückstand.** Für die Bestimmung des Verkokungsrückstandes bzw. der flüchtigen Bestandteile gilt folgende durch Vereinbarung des Rheinisch-Westfälischen Kohlensyndikats mit den Pecherzeugern festgelegte Vorschrift (DIN DVM 3725, sog. Bochumer Probe):

Als Prüfgerät dient ein außen mattierter Platintiegel mit dicht schließendem übergreifendem Deckel im Gesamtgewicht von $25 \pm 0,5$ g, dessen Abmessungen den in der Abb. 184 angegebenen Zahlen entsprechen müssen.

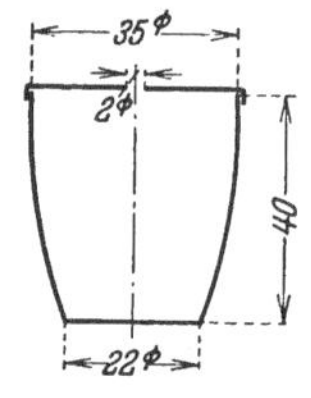

Man wägt 1 g feingepulvertes Pech im Tiegel ab und setzt ihn auf ein Drahtdreieck.

Die Verkokung wird in der 18 cm hohen entleuchteten Flamme eines einfachen Bunsenbrenners (Brennerrohrweite 8—10 mm) sofort mit voller Flamme vorgenommen, die genau unter die Tiegelmitte zu bringen und durch einen Windschutz vor Zug zu schützen ist. (Oberer Heizwert des Gases 4000—4500 kcal/cbm.) Der Tiegelboden muß sich 6 cm über dem Brennerrand befinden. Der innere Flammenkegel darf den Tiegelboden nicht berühren, und die Flamme muß den Tiegel allseitig bis oben umspülen. Man hört mit dem Erhitzen auf, wenn sich über der Öffnung des Tiegeldeckels beim Nähern einer zweiten Flamme kein Flämmchen mehr zeigt, was schon nach wenigen Minuten der Fall sein soll. Dann läßt man den Tiegel im Exsiccator abkühlen und wägt zurück. Der ermittelte Gewichtsverlust wird als Gehalt des Peches an flüchtigen Bestandteilen angegeben.

Abb. 184. Platintiegel zur Bestimmung des Verkokungsrückstandes von Pech nach DIN DVM 3725 (Bochumer Probe).

b) **Verhalten gegen Anilin und Pyridin** s. S. 563.

In anderen Lösungsmitteln, z. B. Methyl- oder Äthylalkohol, Äther oder Benzin, ist das Pech wenig löslich, besser in Chloroform, Schwefelkohlenstoff oder Benzol, am besten in Anilin und Pyridin, wie S. 563 beschrieben.

Elementarzusammensetzung eines Peches vom Schmelzpunkt 44°*:

% C	H	N	S	O (aus Diff.)	Asche	Freier Kohlenstoff
92,05	4,83	0,95	0,92	1,16	0,09	33,70

Die chemische Natur der Hauptbestandteile des Peches ist noch unerforscht. Es finden sich aber darin außer freiem Kohlenstoff und mineralischen Anteilen Anthracen, Carbazol, Pyren, Fluoranthen, Chrysen, Truxen usw.

IX. Untersuchung der Fertigfabrikate.

1. Handelsbenzole.

Die bei der Destillation des Steinkohlenteers erhaltenen ersten beiden Fraktionen (Vorlauf und Leichtöl) bestehen in der Hauptsache aus Benzol und seinen Homologen. Die in den Handel kommenden Benzole werden, je nachdem bis 100° 90, 50 oder 0 Vol.-% destillieren, häufig als 90er, 50er oder 0er Benzol bezeichnet.

Das reine Benzol ist in erster Linie wichtiges Ausgangsprodukt für die Farbstoff-, pharmazeutische und Sprengstoffindustrie. 90er Benzol dient zum Carburieren von Wassergas, in der Gummi- und Lackindustrie als Lösungsmittel, zur Montanwachsgewinnung und Knochenentfettung als

---

* C. R. Downs: Journ. Ind. engin. Chem. **6**, 206 (1914); C. **1914**, I, 1980; vgl. auch J. M. Weiss: Journ. Ind. engin. Chem. **8**, 1841 (1915).

Tabelle 132. Typenvorschriften des Benzolverbandes.

Bezeichnung	Siede-beginn nicht unter °C	Mindest-Vol.-% Destillat vom Siede-beginn an bis °C	Farbe	Schwefelsäure-reaktion (s. S. 576) höchstens	d_{15} etwa	Brom-ver-brauch höch-stens	Bemerkungen
Gereinigtes 90er Benzol	—	mindestens 90%, höch-stens 93% bis 100°	wasserhell	1,5	0,880	0,8	—
Farbenbenzol	—	mindestens 90%, höch-stens 93% bis 100°	wasserhell	0,5	0,880	0,4	—
Reinbenzol	—	90% innerhalb 0,6° 95% ,, 0,8°	wasserhell	0,3	0,882	0,5	Keine Gewähr für Erstarrungspunkt
Gereinigtes Toluol	100	90% bis 120°	wasserhell	0,5	0,870	0,8	—
Reintoluol	—	90% innerhalb 0,6° 95% ,, 0,8°	wasserhell	0,3	0,870	0,8	—
Gereinigtes Xylol	120	90% bis 145°	wasserhell	3,0	0,860	—	Lichtbeständig
Reinxylol	—	90% innerhalb 3,6° 95% ,, 4,5°	wasserhell	2,0	0,860/68	2,5	—
Gereinigtes Lösungsbenzol I	120	90% bis 160°	wasserhell bis schwach gelblich	3,0	0,870	—	Lichtbeständig, schwacher, milder Geruch
Gereinigtes Lösungsbenzol II	135	90% bis 180°	wasserhell bis gelblich	Ausscheidung braungelber har-ziger Massen gestattet	0,870	—	Nicht ganz lichtbeständig, milder, nicht rohteeröl-artiger Geruch
Vorlauf	—	60% bis 79°	—	—	—	—	—
Schwerbenzol	160	90% bis 200°	—	—	—	—	Nicht mit konz. H_2SO_4 gewaschen, geringe Ver-unreinigungen durch Phe-nole und Basen zulässig

Extraktionsmittel, sowie besonders im Gemisch mit seinen höheren Homologen als kältebeständiger Betriebsstoff für Verbrennungsmotoren.

Reines Benzol ist farblos, siedet bei $+80{,}18^0$, hat $d_{20} = 0{,}878$, erstarrt in der Kälte und schmilzt bei $+5{,}4^0$. Toluol siedet bei $110{,}3^0$, hat $d_{15} = 0{,}872$, erstarrt in der Kälte nicht.

BV-Motorenbenzol soll Siedebeginn zwischen 80 und 87^0 haben und zu etwa 75% bis 100^0, zu etwa 95% bis 145^0 destillieren. Bei der Harzbildnerprüfung (S. 220) darf es bis 15 mg Harz aus 100 ccm Benzol ergeben. Die Schwefelsäureprüfung (S. 576; frühere Vorschrift: nicht über 3,0) ist dafür bei Motorenbenzol weggefallen. Das spez. Gew. d_{15} beträgt etwa $0{,}875-0{,}879$.

Tabelle 133. Zusammensetzung der Handelsbenzole nach Kraemer und Spilker[1].

	90 er Benzol %	50 er Benzol %	0 er Benzol %	Lösungsbenzol I bis 160^0 %	Lösungsbenzol II bis 175^0 %	Schwerbenzol %
Benzol	84	43	15	—	—	—
Toluol	13	46	75	5	—	—
Xylol	3	11	10	70	35	5
Cumol	—	—	—	25	60	80
Neutrales Naphthalinöl	—	—	—	—	5	15

Cumaron und Inden, welch letzteres sich im Schwerbenzol bis zu 40% und in Lösungsbenzol II (Kp. bis 175^0) zu etwa 6% findet, sind in vorstehender Tabelle nicht berücksichtigt. Mit Benzol und Toluol sind die reinen Kohlenwasserstoffe, mit Xylol und Cumol die Gemische der drei Di- und Trimethylbenzole bzw. ihrer Isomeren gemeint. Das käufliche Reinxylol ist ein Gemisch von o-, m- und p-Xylol. o-Xylol, flüssig, hat Kp. 144^0, wird von verdünnter Salpetersäure zu o-Toluylsäure oxydiert und durch Chromsäure völlig verbrannt. m-Xylol, flüssig, hat Kp. $139{,}0^0$, wird durch verdünnte Salpetersäure nicht angegriffen und durch Chromsäure zu Isophthalsäure oxydiert. p-Xylol, bei $+13{,}2^0$ schmelzende Krystalle, Kp. $137{,}7^0$; verdünnte Salpetersäure oxydiert es zu p-Toluylsäure (Schmp. 178^0); Chromsäure oxydiert zu Terephthalsäure.

Technische Prüfung von Benzolen und Lösungsbenzolen.

a) Destillationsprobe nach Kraemer und Spilker[2] (Abb. 185). Die Blase von 150 ccm Inhalt ist aus 0,6—0,7 mm starkem Kupfer getrieben; der zur Aufnahme des gläsernen Siederohrs dienende, oben 22, unten 20 mm weite Stutzen ist 25 mm lang. Das Quecksilbergefäß des — für Reinbenzole ein $0{,}1^0$, für Handelsbenzole in $0{,}5^0$ eingeteilten — Thermometers befindet sich genau in der Mitte der Kugel des Aufsatzes. Für genaue Untersuchungen benutzt man vorteilhaft ein Thermometer mit einstellbarer Skala, mit welchem die Destillation unabhängig vom Barometerstand ausgeführt werden kann, indem man zuerst 100 ccm destilliertes Wasser in das Destillationsgefäß gibt, von demselben etwa 60 ccm überdestilliert und dabei den 100^0-Punkt genau einstellt. Als Vorlage dient ein in 0,5 ccm geteilter Zylinder. Das Siedegefäß wird mit 100 ccm der Probe gefüllt.

Der kleine Blechofen, der den Gasbrenner aufnimmt, ist oben mit einer Asbestplatte bedeckt, in deren kreisrunden Ausschnitt (50 mm Ø) das Siedekölbchen eingesetzt ist. Anfang des Siedens ist diejenige Temperatur, bei welcher der erste Tropfen vom Vorstoß in die Vorlage abtropft; Destillationsgeschwindigkeit 5 ccm/min (2 Tropfen in 1 sec). Die Destillation gilt als beendet, wenn 90 ccm oder bei reinen Produkten 95 ccm übergegangen sind.

---

[1] Muspratt: 4. Aufl., Bd. 8, S. 38.   [2] Ebenda S. 35.

Genauer sind die Mischungsverhältnisse der einzelnen Komponenten der Benzole nur an etwa 1 kg Benzol mit einer etwa 60 cm langen Kolonne zur genaueren Fraktionierung zu ermitteln. Die Fraktionen sind hierbei:

Reinbenzol: bis 79⁰ Vorlauf, 79—81⁰ Benzol, Rest Nachlauf;

50- und 90%iges Benzol: bis 79⁰ Benzolvorlauf, 79—85⁰ Benzol, 85—105⁰ Zwischenfraktion, 105—115⁰ Toluol, Rest Xylol;

Toluol: bis 109⁰ Vorlauf, 109—110,5⁰ Toluol, Rest Nachlauf;

Xylol: bis 135⁰ Vorlauf, 135—137⁰ p-Xylol, 137—140⁰ m-Xylol, 140—145⁰ o-Xylol, Rest Nachlauf.

b) **Prüfung auf Schwefelkohlenstoff.** 90er Handelsbenzol enthält 0,2 bis 1% CS_2*, von welchem 1 Vol.-% das spez. Gew. des Benzols um 0,0033, 2 Vol.-% um 0,0065, 3 Vol.-% um 0,0093 erhöhen[1].

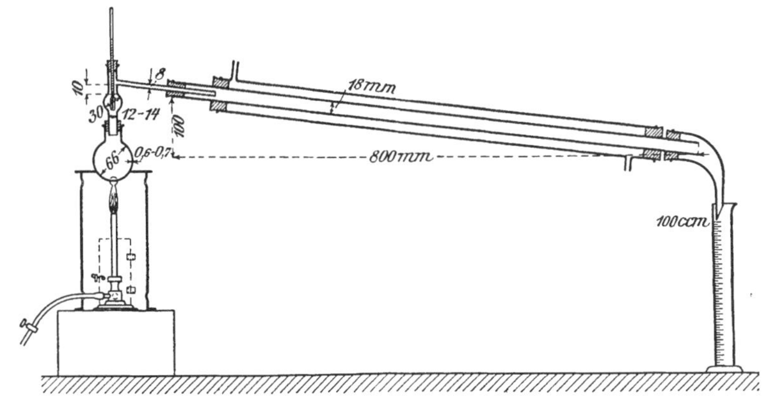

Abb. 185. Apparat zur Benzoldestillation nach Kraemer und Spilker.

Qualitativ. α) 10 ccm Benzol werden mit 4—5 Tropfen Phenylhydrazin versetzt, öfters durchgeschüttelt und 1—1¹/₂ h stehen gelassen. Bei 0,03% CS_2 erfolgt noch deutlicher weißer Niederschlag von phenylsulfocarbazinsaurem Phenyl-

hydrazin[2] $CS \diagdown \begin{matrix} S \cdot N_2H_2 \cdot C_6H_5 \\ N_2H_4 \cdot C_6H_5 \end{matrix}$.

Die Reaktion wird noch empfindlicher, wenn man den an CS_2 angereicherten Vorlauf des Benzols prüft.

β) Durch die **Hofmann**sche Anilinreaktion[3]:

$$CS_2 + 2\, C_6H_5 \cdot NH_2 \rightarrow CS(NH \cdot C_6H_5)_2 + H_2S,$$

die in alkalischer Lösung schnell erfolgt. Das gebildete Alkalisulfid kann mit Nitroprussidnatrium sicher und scharf nachgewiesen werden.

γ) Die im folgenden beschriebene Umsetzung von CS_2 mit alkoholischer Lauge zu xanthogensaurem Kali kann zum qualitativen Nachweis von CS_2 benutzt werden, da das genannte Salz beim Erhitzen mit Salzsäure H_2S abspaltet, der am Geruch zu erkennen ist.

Quantitativ. Titrimetrisch mittels der **Hofmann**schen Xanthogenreaktion[4]:

$$CS_2 + C_2H_5OH + KOH \rightarrow C_2H_5O \cdot CS \cdot SK + H_2O$$
$$\text{xanthogensaures Kali}$$

---

* Muspratt: 4. Aufl., Bd. 8, S. 44.

[1] Nickels: Chem. News **43**, 148, 250 (1881); **52**, 170 (1885); vgl. G. Schultz: Chemie des Steinkohlenteers, 3. Aufl., Bd. 1, S. 37. Braunschweig 1900.

[2] Liebermann u. Seyewitz: Ber. **24**, Ref. 788 (1891).

[3] Votocek u. Potmesil: Chem.-Ztg. Rep. **25**, 275 (1901).

[4] F. Frank: Chemische Ind. **1901**, 262; s. auch W. Schmitz-Dumont: Chem.-Ztg. **21**, 487, 510 (1897).

50 g Benzol werden mit 50 g alkoholischer Kalilauge (110 g KOH in 900 g absolutem Alkohol) gemischt, einige Stunden der Zimmertemperatur überlassen, dann mit 100 ccm Wasser geschüttelt, die wässerige Schicht abgetrennt und das Benzol mehrmals mit Wasser gewaschen. Die gesamte wässerige Lösung oder ein aliquoter Teil wird mit Kupfersulfatlösung titriert (12,475 g krystallisiertes $CuSO_4$ in 1 l, 1 ccm = 0,0076 g CS_2). Hierzu neutralisiert man mit Essigsäure und läßt so lange Kupferlösung zufließen, bis ein Tropfen der Flüssigkeit, auf Filtrierpapier neben einen Tropfen Ferrocyankalium gebracht, an der Berührungsstelle der Auslaufzentren eine rotbraune Zone von Ferrocyankupfer entstehen läßt. Auch das Zusammenballen des anfangs fein verteilten Niederschlages von Kupferxanthogenat verrät den Endpunkt der Titration. Bei einem Gehalt von über 5% CS_2, wie er in Benzolvorläufen vorkommt, ist mehr alkoholische Lauge oder weniger Benzol zu verwenden. Höhere Benzolfraktionen sind frei von CS_2.

Für Schwefelbestimmungen ohne Rücksicht auf die Form, in der er vorliegt, können die anderen üblichen Methoden (s. S. 100f.) benutzt werden.

c) **Prüfung auf Thiophen** C_4H_4S (etwa 0,05—0,5% in reinen bzw. Handelsbenzolen):

α) **Qualitativ** (s. auch S. 505). Ein möglichst kleines Körnchen Isatin wird mit dem zu untersuchenden Benzol übergossen und dann ein Tropfen konz. H_2SO_4 zugefügt. Bei thiophenhaltigem Benzol bilden sich blaue Ringe um das Isatin (Indophenin), reines Benzol dagegen gibt diese Reaktion nicht[1]. Die Reaktion beruht auf folgender Umsetzung:

$$C_8H_5N\cdot O_2 + C_4H_4S \rightarrow C_{12}H_7NOS + H_2O.$$
$$\text{Isatin} \qquad \text{Thiophen} \quad \text{Indophenin}$$

β) **Quantitativ colorimetrisch**[2]. Die Testlösungen stellt man aus thiophenfreiem Benzol und chemisch reinem Thiophen (Kahlbaum) in Konzentrationen von 0,5, 0,25, 0,1, 0,075, 0,05, 0,025 und 0,01% her. 25 ccm Isatinschwefelsäure (0,5 g in 1000 g reiner konz. H_2SO_4) gibt man in einen 100-ccm-Meßkolben, fügt 25 ccm reine konz. H_2SO_4 hinzu sowie einmal 1 ccm des zu untersuchenden Benzols, zu einer zweiten Isatinschwefelsäuremischung 1 ccm der Testbenzole, schüttelt 5 min lang kräftig um und beobachtet die Färbung auf weißer Unterlage nach 15 min. Handelsbenzole prüft man von 0,5% herab, reine Benzole von 0,25 bzw. 0,1% an. Im geschlossenen Gefäß kann man mit der colorimetrischen Prüfung bis zu 0,05% herabgehen. In offener Porzellanschale kann man die Prüfung bis zu 0,01% Thiophengehalt herab ausführen, wenn man zu je 5 ccm der 0,05%igen Isatinlösung je 1 ccm Testbenzol bzw. zu untersuchendes Benzol gibt.

γ) **Gravimetrisch nach der Dimrothschen Reaktion**[3]: Benzol wird mit Quecksilberoxyd in geringem Überschuß, gelöst in der doppelten Menge Eisessig, $^1/_4$ h am Rückflußkühler gekocht. Nach dem Erkalten wird der Niederschlag $C_4H_4S(HgC_2H_3O_2)_4$ abfiltriert, mit Äther gewaschen und bei 100⁰ getrocknet. Aus der Formel wird der Thiophengehalt berechnet.

d) **Prüfung auf ungesättigte und verharzbare Anteile.**

α) **Schwefelsäureprobe**[4]. Je 5 ccm Benzol und konz. H_2SO_4 werden in einem 15 ccm fassenden Präparatengläschen mit Schliffstopfen 5 min lang kräftig geschüttelt und nach 2 min langem Stehen mit einer Lösung von $K_2Cr_2O_7$ in 50%iger reiner H_2SO_4 verglichen, die sich in einem ebensolchen Gläschen befindet und gleichfalls mit 5 ccm reinstem Benzol überschichtet ist. Technische Benzole sollen je nach Typ (s. Tabelle 132, S. 573) bei dem Vergleich der Farbe einer Lösung von 0,5 bis höchstens 3,0 g Bichromat in 1 l 50%iger H_2SO_4 entsprechen. Die Bichromattyplösungen sind im Farbton lange haltbar. Die Überschichtung mit Reinbenzol muß aber jedesmal neu erfolgen.

---

[1] F. W. Bauer: Ber. **37**, 1244, 3128 (1904); Storch: ebenda **37**, 1961; (1904); Liebermann u. Pleus: ebenda **37**, 2461 (1904).

[2] Schwalbe: Chem.-Ztg. **29**, 895 (1905); Lunge-Köhler: 5. Aufl., Bd. 1, S. 972.

[3] Ber. **35**, 2032 (1902). Ausführungsweise von Paolini und Silbermann: Gazz. chim. Ital. **45**, II, 385 (1915); C. **1916**, I, 616. Vgl. auch S. 505.

[4] Nach Smith: Chem.-Ztg. **23**, 224 (1899); Ausführungsform Kraemer und Spilker.

β) **Bromtitration**[1]. Angewandt wird eine KBr-KBrO$_3$-Lösung, aus welcher durch Zusatz von verdünnter H$_2$SO$_4$ 8 g Br auf 1 l Lösung in Freiheit gesetzt werden, so daß 1 ccm Bromlösung 0,008 g Br entspricht.

5 ccm Benzol werden in einem 50 ccm fassenden, beim Schütteln in ein dunkles Tuch gehüllten, mit Glasstopfen verschließbaren Gläschen mit 10 ccm verdünnter H$_2$SO$_4$ (1 : 5) und aus der Bürette schnell mit so viel 0,1-n Bromid-Bromatlösung (10 g KBr + 2,7833 g KBrO$_3$ im Liter) versetzt, als bei 5 min langem Schütteln von der Probe verbraucht wird. Der Endpunkt ist erreicht, sobald das aufschwimmende Benzol nach 5 min langem Stehen orangerot gefärbt bleibt und 1 Tropfen des Benzols frisch bereitetes KJ-Stärkepapier blau färbt. Längeres Stehen als 5 min ist nicht statthaft, da sonst Brom in den Kern eintreten kann. In einem Vorversuch wird die ungefähr erforderliche Brommenge bestimmt, worauf 2 genauere Versuche ausgeführt werden, deren Mittelwert maßgebend ist.

Bei Benzolhomologen ist der Bromverbrauch kein zuverlässiger Maßstab für die Reinheit, da Brom auf die Homologen langsam substituierend einwirkt.

Bromzahl bedeutet die Anzahl Gramm Brom, die 100 ccm Benzol aufnehmen.

γ) **Harzbildnerprobe** s. S. 220.

e) **Prüfung auf Paraffinkohlenwasserstoffe.** Das spez. Gew. des Benzols (0,87 — 0,89) wird durch Benzin ($d = 0,65 — 0,75$), aber auch durch höhere Homologe des Benzols erheblich erniedrigt.

Im geräumigen Scheidetrichter werden 200 g Benzol mit 500 g rauchender H$_2$SO$_4$ (20% SO$_3$) unter Vermeidung stärkerer Erwärmung $^1/_4$ h lang geschüttelt und dann 2 h lang der Ruhe überlassen[2]. Die mit der Schwefelsäure sich absetzenden Reaktionsprodukte werden abgezogen, worauf diese Operation noch zweimal mit der gleichen Menge rauchender H$_2$SO$_4$ wiederholt wird. Danach sind in der Regel die sulfonierbaren Kohlenwasserstoffe als Sulfonsäuren in Lösung gegangen. Ungelöst bleiben Paraffine und Naphthene sowie CS$_2$.

Die vereinigten sauren Auszüge gießt man auf dasselbe Gewicht möglichst klein geschlagenen Eises unter Umschütteln, ohne daß man die Erwärmung über 40° kommen läßt. Dann destilliert man aus den vereinigten sauren Auszügen die etwa darin gelösten und mechanisch suspendierten gesättigten Kohlenwasserstoffe über freier Flamme in einen vorgelegten Scheidetrichter ab, bis außer dem Öl noch 50 ccm Wasser überdestilliert sind. Das so gewonnene ölige Destillat wird mit der anfangs erhaltenen Hauptmenge vereinigt. Das gesamte Öl wird noch so oft mit je 30 g rauchender H$_2$SO$_4$ (20% SO$_3$) geschüttelt, bis keine Volumenabnahme mehr stattfindet. Das Gewicht des mit wenig Wasser nachgewaschenen und getrockneten Öles ergibt, durch 2 dividiert, den Prozentgehalt der Probe an Paraffinkohlenwasserstoffen.

90-, 50- und 0er Benzol enthalten kaum über 1% Paraffinkohlenwasserstoffe, Toluol in der Regel keine, Xylol oft bis 3%. Über die qualitative und quantitative Unterscheidung von Benzol- und Paraffinkohlenwasserstoffen s. S. 208f. und 522.

f) **Prüfung auf aktiven Schwefel** s. S. 217.

2. Hydrierte Steinkohlenteerprodukte.

a) Hydrierte Phenole und Kresole.

Phenol und seine Homologen lassen sich nach der Sabatierschen Methode sowie auch unter Wasserstoffdruck im Autoklaven in Gegenwart von Katalysatoren wie Nickel u. dgl. leicht im Kern hydrieren[3], Phenol zu Cyclohexanol C$_6$H$_{11}$OH und Kresol zu Methylcyclohexanol. Ersteres wird

---

[1] Kraemer u. Spilker: Muspratts Chemie, 4. Aufl., Bd. 8, S. 45. 1900.

[2] Kraemer u. Spilker: ebenda S. 43.

[3] Sabatier: Die Katalyse in der organischen Chemie; L. Brunel: Compt. rend. Acad. Sciences **141**, 1245 (1906).

unter dem Namen Hexalin, letzteres, ein Gemenge der drei isomeren Methylcyclohexanole, unter dem Namen Methylhexalin in den Handel gebracht[1]. Beide Produkte riechen campher- bzw. mentholartig und haben folgende Konstanten:

	d_{20}	Kp. ^{0}C	Flammp.	n_D^{20}	Acetylzahl
Hexalin $C_6H_{11}OH$ . .	0,949—0,951	158—161	68	1,4680	380—390
Methylhexalin $C_7H_{13}OH$	0,918—0,924	160—175	68	1,4635	340—350

Hexalin wie auch Methylhexalin sind sehr gute Lösungsmittel für Fette, Öle, Harze, Kautschuk und ergeben mit Türkischrotölen oder mit wässerigen Seifenlösungen gewöhnlicher Fettsäuren klare Lösungsgemische, während sie sich in Alkalien im Gegensatz zu Phenolen nur schwer lösen. Hexalin-Seifenlösungen (Cycloran, Savonade, Neomerpin u. a.) besitzen ebenfalls ein sehr beträchtliches Emulsions- und Lösungsvermögen für Fette, fette Öle, Mineralöle und Wachse (s. auch S. 858) und sind daher von zunehmender technischer Bedeutung[2].

Auch das Hexalinacetat hat sich als Lösungsmittel für Lacke und Kunstharze sowie als Lösungsmittel für Trockenstoffe zur Sikkativherstellung brauchbar gezeigt.

Cyclohexanon (Hexanon) $C_6H_{10}O$ und Methylhexanon $CH_3 \cdot C_6H_9O$, durch vorsichtige Oxydation oder katalytische Dehydrierung von Hexalin bzw. Methylhexalin erhalten, sind ebenfalls bekannte Lösungsmittel für Nitrocellulose, Harze und andere Lackgrundstoffe.

b) Hydrierungsprodukte des Naphthalins[3].

Naphthalin läßt sich ebenfalls durch Wasserstoff unter Druck mit Nickel als Katalysator leicht hydrieren, wobei entweder durch nur teilweise Hydrierung Tetrahydronaphthalin, $C_{10}H_{12}$, von Schroeter[4] Tetralin genannt, oder durch vollständige Hydrierung Dekahydronaphthalin, $C_{10}H_{18}$, kurz Dekalin genannt, entstehen.

Tetralin (Formel nebenstehend), Mol.-Gew. 132,15 (d_{15} 0,975, Kp. 205—207^0, Flammp. 79^0), schon seit langem bekannt[5], wird erst seit 1917 als technisches Großprodukt gewonnen[6]. Seine Hauptverwendung hat es gegenwärtig als Ersatzmittel für Terpentinöl (s. S. 602). Tetralin wird ferner in der Leuchtgasherstellung verwendet, und zwar zur Verhütung der Abscheidung von Naphthalin im Rohrsystem[7]. Auch zum Waschen von Gasen zwecks Wiedergewinnung flüchtiger Lösungsmittel durch Absorption hat sich Tetralin bewährt[8]. Beträchtliche Mengen Tetralin dienen zur Herstellung von Emulsionen für verschiedenste Zwecke, wie Schädlingsbekämpfung, für Zwecke des Straßenbaues

---

[1] Hersteller: Deutsche Hydrierwerke A.-G., Rodleben bei Roßlau (Anhalt).

[2] Welwart: Chem.-Ztg. **47**, 727 (1923); W. Schrauth: Ztschr. angew. Chem. **35**, 25 (1922).

[3] Vollmann: Farben-Ztg. **24**, 1689 (1919); **25**, 409 (1919); Schrauth u. Hueter: ebenda **25**, 535 (1919); Buchholz: Chem.-techn. Wchschr. **4**, 347 (1920).

[4] Schroeter: Liebigs Ann. **426**, 1 (1922).

[5] Bamberger u. Kitschelt: Ber. **23**, 1561 (1890); Strauß u. Lemmel: ebenda **46**, 232, 1051 (1913).

[6] Hersteller: Deutsche Hydrierwerke A.-G., Rodleben bei Roßlau (Anhalt).

[7] G. Weißenberger: Petroleum **26**, 855 (1930); Gas- u. Wasserfach **73**, 819 (1930); Schuster: ebenda **73**, 1009 (1930).

[8] J. H. Brégeat: D.R.P. 387583 (1922).

(emulgierter Asphalt, Teerlösungen u. dgl.) und besonders für Wasch- und Beuchöle in der Textilindustrie[1]. Schließlich bildet es das Ausgangsmaterial für die Herstellung von Spreng-, Farb-, Arznei-, Desinfektionsstoffen, Schmierölen und anderen technisch wichtigen Produkten.

Dekalin (d_{20} etwa 0,885, Kp. 188—193⁰, Flammp. 57⁰) besitzt benzinartigen Charakter und wird demzufolge in gewissen Spezialfällen dem stärker lösenden, benzolartigen Tetralin vorgezogen. Es ist nahezu geruchlos und läßt sich in ausgezeichneter Weise, z. B. mit stärker riechenden Terpentinölen, parfümieren.

c) Hydrierungsprodukte des Anthracens und Phenanthrens.

Octohydroanthracen (Octracen) und Octohydrophenanthren (Octanthren) lassen sich sowohl durch katalytische Hydrierung von Anthracen und Phenanthren als auch aus Tetralin durch Einwirkung von Aluminiumchlorid gewinnen[2]. Über die technische Bedeutung dieser beiden Produkte sind die Untersuchungen noch nicht abgeschlossen.

Octohydroanthracen-sulfosäure besitzt fettspaltende Wirkung; ihre Salze sind als Netzmittel brauchbar.

3. Desinfektions- und Imprägnieröle[3].

a) Desinfektionsöle.

α) Anstrichsdesinfektionsöle (Carbolineum). Unter „Carbolineum" versteht man schwere, zu desinfizierenden Anstrichen dienende, von Anthracen durch Abpressen befreite Steinkohlenteeröle (Grünöle), die zuweilen noch andere Holzkonservierungsmittel wie Chlorzink und Harze enthalten oder mit Chlor behandelt wurden[4]. Mineralöl, Ölgasteer, Wassergasteer usw. haben als Ersatz des Carbolineums bei weitem nicht die konservierende Kraft des Anthracenöls, weshalb der Nachweis der Paraffinkohlenwasserstoffe, z. B. durch Ausschütteln mit Dimethylsulfat (Valentasche Probe, s. S. 209), wichtig ist.

Nach Vorschrift der Verkaufsvereinigung für Teererzeugnisse, Essen, soll Carbolineum ein hochsiedendes Steinkohlenteeröl (d_{20} 1,08—1,11; bis 250⁰ höchstens 10% Destillat) sein, das höchstens 1% Wasser und 10% saure Öle enthält und bei 15⁰ satzfrei ist.

Der Name „Carbolineum" (von carbo und oleum) soll keinerlei Beziehungen des Produktes zur Carbolsäure andeuten.

β) Pissoiröle sollen folgende Anforderungen erfüllen:
$d < 1$, damit das Öl als Geruchsverschluß wirkt.
Erstarrungspunkt: In Rücksicht auf die kalte Jahreszeit unter —10⁰.
Gehalt an Phenolen: Nicht unter 10%.

b) Imprägnieröle.

Imprägnieröl (Kreosotöl) wird aus dem Schweröl des Steinkohlenteers durch Destillation und Filtration erhalten.

---

[1] Linder: Das Perpentolverfahren in der Baumwollindustrie. Melliands Textilber. **1927**, 353.
[2] Schroeter: Chem.-Ztg. **44**, 758, 885 (1920); van Hulle: Inaug.-Diss. Aachen 1920.
[3] Literatur: Lunge-Köhler: Steinkohlenteer, 5. Aufl., Bd. 1, 606f.; Muspratt: Chemie, Bd. 5, S. 248f. 1896; Bd. 8, S. 60—61. 1900.
[4] R. Avenarius: D.R.P. 46021 (1888).

Bei Prüfung der Frage, auf welche der vielen Bestandteile des schweren Steinkohlenteeröles seine hohe holzkonservierende Kraft zurückzuführen ist, hat man besonders die Bedeutung der Phenole, der Basen und gewisser neutraler Kohlenwasserstoffe (besonders des Naphthalins) für die holzkonservierenden Eigenschaften diskutiert und ist hierbei zu außerordentlich verschiedenen Ansichten gelangt[1]. Feststehen dürfte, daß die hohe Konservierungsfähigkeit des Steinkohlenteeröls nicht zuletzt auf die Zusammenwirkung der chemisch und physikalisch zum Teil recht verschiedenen, im reinen Steinkohlenteer-Schweröl nebeneinander vorkommenden Körperklassen zurückzuführen ist.

Anforderungen des Deutschen Reichsbahnzentralamtes:

Reines Steinkohlenteerdestillat, d_{20} 1,04—1,15, muß bei $+ 30^0$ klar sein und beim Vermischen mit gleichem Volumen Krystallbenzol klar bleiben (höchstens Spuren ungelöster Stoffe zulässig). 2 Tropfen Öl sowie auch der Mischung müssen von mehrfach zusammengefaltetem Filtrierpapier vollständig aufgesogen werden, ohne mehr als Spuren, d. h. ohne einen deutlichen Flecken ungelöster Stoffe zu hinterlassen. Bei ununterbrochener Destillation dürfen bis 150^0 höchstens 3 Vol.-%, bis 200^0 im ganzen höchstens 10 Vol.-%, bis 235^0 im ganzen höchstens 20 Vol.-% Teeröle übergehen.

Mindestens 5 Vol.-% saure Bestandteile (in Natronlauge, $d = 1,15$ löslich), höchstens 1 Vol.-% Wasser (bei Anlieferung).

Bei den in den vorstehenden Bedingungen angeführten Grenzwerten sind sämtliche Toleranzen einschließlich der unvermeidlichen Prüffehler eingerechnet.

α) Das spez. Gew. wird mit der Spindel bei 20^0 bestimmt. Der Umrechnungsfaktor für bei höherer Temperatur bestimmte spez. Gew. beträgt 0,0007.

β) Die Destillationsprobe wird an 100 ccm Öl (abgemessen werden zur Füllung 102 ccm, von denen 2 ccm erfahrungsgemäß am Meßgefäß und Trichter hängen bleiben) in tubulierten gläsernen Retorten mit einem Rauminhalt von etwa 250 ccm, gemessen bis zum unteren Rande des etwa 25—28 cm langen Ablaufrohres, kontinuierlich ausgeführt; das Quecksilbergefäß des Thermometers befindet sich 2 cm über dem Flüssigkeitsspiegel bei Destillationsbeginn. Pro Minute sollen etwa 120 Tropfen übergehen, die im graduierten Meßzylinder von 100 ccm Inhalt aufgefangen und in Vol.-% abgelesen werden. Oberhalb 235^0 wird ohne Thermometer weiter destilliert, bis 85—90% Öl destilliert sind.

γ) Zur Bestimmung der sauren Öle schüttelt man im graduierten Schüttelzylinder von 250 ccm Inhalt das gemessene, mit 25 ccm Benzol nachgespülte Destillat (β) mit 100 ccm Natronlauge ($d = 1,15 = 13,5\%$ NaOH), welche mit Kochsalz gesättigt ist. Nach 1 h wird die Volumenzunahme der Laugenschicht unter Abzug eines etwaigen Wassergehalts des Destillats unmittelbar als Maßstab (Vol.-%) für den Gehalt an sauren Ölen abgelesen.

δ) Prüfung auf feste Stoffe. Das Öl wird in einer etwa bis zur Hälfte gefüllten Porzellanschale von 10 cm $\varnothing$ unter Umrühren auf etwa 45^0 erhitzt. Sobald die Temperatur des Öles wieder auf 30^0 gesunken ist, gießt man 20 ccm in einen Meßzylinder, fügt 20 ccm Benzol hinzu und schüttelt kräftig um. Die Lösung prüft man durch Augenschein sowie in der oben angegebenen Weise mit Filtrierpapier auf ungelöste Stoffe.

---

[1] Vgl. S. Boulton: Appendix zu „The antiseptic treatment of timber" (Instit. of Civ. Engin., 1884); Diskussion und Korrespondenz hierzu (1909); F. C. Henley: Recent tests of creos. wood poles. Paris 1910; R. Nowotny: Österr. Chem.-Ztg. **1913**, 93; Shakell: Amer. Wood Preserv. Assoc. **1916**; E. Bateman: A theory on the mechanism of the protection of wood by preservation (Proceedings Amer. Wood Preserv. Assoc. **1920**); Bub-Bodmar u. Tilger: Die Konservierung des Holzes in Theorie und Praxis, S. 764. Berlin 1922; F. Moll: Entwicklung der deutschen Holzimprägnierungsindustrie von 1838—1924: Ztschr. angew. Chem. **37**, 395 (1924); J. Dehnst: ebenda **41**, 355 (1928).

4. Heizöle.

Heizöle für Feuerungszwecke sollen $d_{20} = 1,02-1,08$ und Fp. $> 65^0$ besitzen, nicht über 0,5 % Wasser enthalten und bei 0^0 satzfrei sein; feste Ausscheidungen sollen beim Anwärmen leicht in Lösung gehen. Bis 270^0 mindestens 13 % Destillat; Asche höchstens 0,05 %, Xylolunlösliches höchstens 0,2 %, Verkokungsrückstand höchstens 3 %; unterer Heizwert etwa 9000 cal/g (s. auch S. 252).

Als sog. gestrecktes Heizöl wird ein durch Zusatz von Pech gestrecktes Teeröl bezeichnet, welches aus 80 % Teeröl und 20 % Pech besteht. Fp. $> 75^0$, E_{20} höchstens 8. Das Öl soll bei $+8^0$ 2 h lang satzfrei sein und darf höchstens 4 % freien Kohlenstoff enthalten. Unterer Heizwert mindestens 8500 cal/g.

Die Siedeanalyse wird mit dem zur Benzolanalyse benutzten Apparat (Abb. 185, S. 575) ausgeführt. Bei schwersiedenden Ölen benutzt man ein Kupferkölbchen von 220 ccm Inhalt mit angeschweißtem kupfernen Rand ohne Asbestplatte.

Auf Satzfreiheit prüft man durch Erhitzen von 100 ccm Öl auf dem Wasserbad bis zum Verschwinden aller Ausscheidungen und darauffolgendes 3std. Abkühlen auf die vorgeschriebene Temperatur unter öfterem Umrühren. Etwa entstehende Abscheidungen werden schnell abgenutscht und auf einem Tonteller trocken gesaugt.

Der Pechgehalt wird in gestrecktem Heizöl so ermittelt, daß 100 ccm Öl aus einer Glasretorte von 250 ccm Inhalt bis auf etwa 360^0 abdestilliert werden (Quecksilberkugel im Dampf). Es sollen hierbei mindestens 65 und höchstens 75 ccm Destillat übergehen. Das zurückbleibende Pech muß einen Erweichungspunkt K.-S. $30-75^0$ zeigen.

Der Gehalt an freiem Kohlenstoff wird durch Lösen von 25 g Öl in 25 ccm heißem Xylol und Abfiltrieren des Unlöslichen auf gewogenem Filter unter erschöpfendem Nachwaschen mit heißem Xylol bestimmt.

Flammpunkt. Die Bestimmung geschieht im o. T., soweit nicht die Bestimmung im Pensky-Martens-Apparat vorgeschrieben ist.

5. Treiböle.

Lieferbedingungen der Verkaufsvereinigung für Teererzeugnisse, Essen, s. S. 255, Tabelle 62.

6. Steinkohlenschmieröle.

Die Steinkohlenschmieröle (sog. Teerfettöle) werden aus der zwischen 270 und 360^0 siedenden Teerfraktion (Anthracenöl) durch besondere Eindickungsprozesse, z. B. Erhitzung unter Rückfluß, Autoklavenbehandlung, Einwirkung von Kondensationsmitteln, Behandeln mit Schwefel[1] usw., gewonnen und, soweit sich beim Stehen Rohanthracen usw. ausscheidet, durch Abkühlung und Filtration von diesem befreit. Es werden so Schmieröle erhalten, welche den in Tabelle 84, S. 358, wiedergegebenen Anforderungen an solche Öle genügen.

Da die Teerfettöle in dünner Schicht zum Eindicken neigen, ist auf gute Wartung der zu schmierenden Flächen und Ölzuführungskanäle zu achten.

Bedingung und Voraussetzung für die Anwendung sind:
1. Die zu schmierenden Teile sollen in gutem Zustande sein;
2. sie sollen sauber sein und zeitweilig ausgewaschen werden;

---

[1] F. Schreiber: Ztschr. angew. Chem. **34**, 425 (1921).

3. Steinkohlenschmieröl soll grundsätzlich nicht mit Ölen anderer Art gemischt werden, daher sollen auch die zu schmierenden Teile vor seiner Verwendung gut ausgewaschen werden;

4. die Schmierstellen dürfen nicht über 60° C warm werden.

Beim Vermischen von Steinkohlenschmierölen mit Mineralschmierölen, insbesondere asphalthaltigen Erdölprodukten, können unter Umständen störende Abscheidungen von Asphalt und Anthracen eintreten.

Auch Schmierfette, aus solchen Ölen hergestellt, kommen als „Wagenfette" oder „Spritzfette" in den Handel.

Die Öle dienen zur Schmierung aller Arten von Maschinenlagern, Gleitflächen, Achsen, sofern nicht zu großer Druck, Hitze oder zu große Kälte bei der Benutzung in Frage kommen; sie sind daher zur Zylinderschmierung sowohl bei Dampfmaschinen wie bei Motoren und Kältemaschinen nicht geeignet, wohl aber bei genügend sorgfältiger Herstellung für Ringschmierlager bei Transmissionen, Kurbelwellenlager, Eisenbahn- und Kleinbahnachsen, Pumpen usw.

Die Prüfung der Steinkohlenschmieröle erfolgt gemäß Kap. 1 und 2. Lieferbedingungen für Steinkohlenschmieröle nach „Richtlinien" s. S. 358.

Saure Öle werden gemäß S. 538, β) bestimmt, jedoch unter Verwendung eines 250 ccm fassenden, in 1 ccm geteilten Schüttelzylinders und von je 100 ccm Natronlauge und Öl und 50 ccm Benzol[1]. Je 1 ccm Zunahme der Laugenschicht entspricht somit 1 Vol.-% saurem Öl.

Ausscheidungen: 100 g Öl werden auf dem Wasserbade bis zur völligen Klarflüssigkeit erhitzt, dann auf 0° abgekühlt und 2 h bei dieser Temperatur belassen. Etwaige Ausscheidungen werden rasch abgenutscht und durch Aufstreichen auf einen Tonteller trocken gepreßt[1].

7. Klebemassen für Teerpappdächer.
(Holzzement.)

Die Teerdachpappe wird auf dem Dache verlegt, indem die einzelnen Pappbahnen mit Hilfe einer Klebemasse an den Rändern zusammengeklebt werden, um auf diese Weise eine einheitliche, wasserdichte Dachfläche zu schaffen. Bei der Herstellung von mehrlagigen Dächern werden ganze Pappbahnen übereinandergeklebt. Klebemasse wird auch verwendet beim Verlegen von Dachpappe auf massiver Decke, z. B. Beton, auf den die untere Lage aufgeklebt wird.

Diese Klebemasse stellt eine Art Weichpech dar. Bei ihrer Herstellung muß darauf gesehen werden, daß ein geschmeidiges, bei hoher Temperatur nicht fließendes und bei niedriger Temperatur nicht brechendes Erzeugnis verwendet wird. Praktisch hat sich herausgestellt, daß ein Steinkohlenteererzeugnis vom Erweichungspunkt 30—45° (je nach der Jahreszeit) hierzu besonders geeignet ist.

Der sog. „Holzzement"[2] diente ursprünglich vornehmlich zum Verkleben der einzelnen Papierlagen des Haeuslerschen Holzzementdaches. Er wird nach verschiedenen Rezepten aus Steinkohlenteer hergestellt, z. B. durch

---

[1] „Richtlinien", 5. Aufl., S. 85.

[2] Köhler-Graefe: Die Asphalte 1913; J. Marcusson: Die natürlichen und künstlichen Asphalte, 2. Aufl. 1931; Malchow-Mallison: Die Industrie der Dachpappe, S. 82. Halle 1928.

Schwefelung oder Behandlung mit Sauerstoff; hierdurch kann man den Erweichungspunkt erhöhen, ohne die Zähigkeit stark zu beeinträchtigen. Zur Erhöhung der Klebekraft wurden häufig noch dickflüssige Harzöle sowie Kolophonium in wechselnden Verhältnissen zugesetzt.

In neuerer Zeit werden derartige Präparate kaum noch verwendet; an ihre Stelle sind gewöhnliche Klebemassen mit guter Bindekraft getreten.

Anforderungen.

Gute Klebemasse soll teigartig sein und glänzend aussehen; sie darf beim Erhitzen nicht schäumen oder infolge von Gegenwart freien Schwefels größere Mengen H_2S entwickeln. Diese Erscheinungen sind entweder durch Wassergehalt oder dadurch bedingt, daß der Schwefel bei zu niedriger Temperatur zugesetzt und nicht genügend gebunden wurde. Größere Mengen leichtflüchtiger Bestandteile sollen nicht zugegen sein; ferner soll die Klebemasse bei 90^0 völlig dünnflüssig sein und somit Aufbringung eines dünnen Anstriches ermöglichen. Ihre Klebkraft soll sehr hoch sein; zwei mit der Klebemasse bestrichene Lagen Papier sollen dauernd fest verbunden sein. Ein Gehalt an Paraffin und paraffinölhaltigen Substanzen gilt als Nachteil.

Prüfung.

Chemische Zusammensetzung, physikalische und mechanische Eigenschaften werden nach S. 408f. geprüft.

Insbesondere sind festzustellen: Erweichungs- und Tropfpunkt (S. 45 u. 408), Gehalt an Gesamtschwefel (S. 100f.), an Harz (S. 428), an Naturasphalt (S. 454), Penetration (S. 412), Duktilität (S. 415), ferner Kleb- und Haftfähigkeit.

Zur chemischen Prüfung der Klebemasse ist unter anderem auch der Gehalt an bituminöser Substanz durch Extraktion mit Chloroform festzustellen. Die chloroformlöslichen Anteile enthalten neben Teer noch gegebenenfalls Asphalt, Harz, Paraffin und gebundenen Schwefel. Teer und Asphalt werden durch ihre Unlöslichkeit in absolutem Alkohol von den letzteren Stoffen getrennt, das Paraffin scheidet sich beim Abkühlen der heißen alkoholischen Lösung aus.

In Benzol ungelöst bleiben anorganische Stoffe, ein Teil des freien Schwefels und freier Kohlenstoff. Der Schwefel kann durch Behandeln des Rückstandes mit CS_2, der Gehalt an freiem Kohlenstoff durch Glühen des gewogenen schwefelfreien Rückstandes ermittelt werden.

Zur Ermittlung der Klebfähigkeit wird die auf 150^0 erhitzte Klebemasse mittels Pinsel auf Dachpappestreifen von 20×5 cm 1 mm dick aufgetragen und ein zweiter gleich großer Streifen Dachpappe daraufgedrückt. Wenn nach 24std. Liegen der Streifen bei Zimmertemperatur diese nicht voneinander loszureißen sind, ohne daß das Fasermaterial selbst zerrissen wird, gilt die Klebemasse als gut und brauchbar.

Die Streichbarkeit wird mit einem kurzhaarigen, kräftigen kleinen Pinsel ermittelt; es soll dabei ein glatter Strich ohne Rillen erzielt werden.

8. Destillierter und präparierter Teer. Straßenteer.

Durch Abdestillieren der leichteren Öle aus Rohteer erhält man als mehr oder weniger eingedickten Rückstand den sog. destillierten Teer, durch Vermischen von Pech mit Teerölen den präparierten Teer. Aus einem gegebenen Rohteer kann man verschiedene „destillierte" Teere nur durch verschieden weit getriebenes Abdestillieren erzeugen, ist also eng an die Zusammensetzung des vorliegenden Rohteers gebunden; die Zusammensetzung und Eigenschaften „präparierter" Teere kann man dagegen durch Variation der Mischungsverhältnisse von Pechen und Ölen in weiteren Grenzen den jeweils gestellten Anforderungen anpassen.

Über die Verwendung von präpariertem Teer für Dachpappen u. dgl. s. S. 463. Besonders wichtig ist seine Verwendung beim Straßenbau als Bindemittel, zur Oberflächenbefestigung und zur Staubverhütung. Die von der Zentralstelle für Asphalt- und Teerforschung, Berlin, und dem Deutschen Straßenbau-Verband gemeinsam ausgearbeiteten Normen für Straßenteere zeigt Tabelle 134.

Tabelle 134. Deutsche Vorschriften für Straßenteere [1].

Geforderte Eigenschaft	Straßenteer		Anthracenölteer [2]		
	I	II	60/40	65/35	70/30
Äußere Beschaffenheit	Angabe, ob der Teer glatt, glänzend und gleichmäßig oder rauh, matt, körnig und ungleichmäßig; ob bei 15—20° flüssig, weich, knetbar oder fest und spröde; Art und Stärke des Geruchs				
Viscosität im Straßenteer-Konsistometer . . . . sec	10—17 (b. 30°)	20—100 (b. 30°)	20—70 (b. 30°)	15—40 (b. 40°)	40—80 (b. 40°)
Wasser, höchstens . . . . .Gew.-%	0,5	0,5	0,5	0,5	0,5
Destillat bis 170° (Leichtöl), höchstens . . . . .Gew.-%	1,0	1,0	1,0	1,0	1,0
Destillat 170—270° (Mittelöl) Gew.-%	9—17	8—16	1—10	1—8	1—6
Destillat 270—300° (Schweröl) Gew.-%	4—12	6—12	4—12	3—10	2—8
Destillat über 300° (Anthracenöl), umgerechnet [3] . . . . .Gew.-%	14—27	12—26	17—31	17—27	15—25
Pechrückstand (auf Erweichungspunkt 67° umgerechnet [3]) . . . .Gew.-%	55—65	60—70	56—64	61—69	66—74
Phenole, höchstens . . . . Vol.-%	3	3	3	2	2
Naphthalin (einschl. Versuchsfehler), höchstens . . . . . . .Gew.-%	4	4	3	3	2
Rohanthracen (dgl.), höchstens Gew.-%	3	3,5	3	3,5	4
Freier Kohlenstoff (mit Benzol nach S. 563 bestimmt) . . . .Gew.-%	5—16	5—18	5—16	5—18	5—18
Spez. Gew. bei 25°, höchstens . . .	1,22	1,24	1,22	1,24	1,25

Die Prüfung der Straßenteere auf die in Tabelle 134 angegebenen Eigenschaften erfolgt im wesentlichen nach den bereits beschriebenen Methoden. Für die

---

[1] Deutscher Straßenbau-Verband: Vorschriften für die Beschaffenheit, Probenahme und Untersuchung von bituminösen Bindemitteln im Straßenbau, 5. Ausgabe, 1933, S. 9.

[2] Die Zahlen geben das ungefähre Mischungsverhältnis von Pech zu Öl an.

[3] Die Destillation ist so weit zu treiben, daß das zurückbleibende Pech einen Erweichungspunkt zwischen 60 und 75° zeigt. Die Umrechnung auf Erweichungspunkt 67° erfolgt so, daß man für je 1,5°, die der gefundene Erweichungspunkt über oder unter 67° liegt, 1% des gefundenen Pechgehalts zuzählt bzw. abzieht. Der gefundene Anthracenölgehalt wird um den entsprechenden Betrag erniedrigt bzw. erhöht.

Destillationsprüfung ist ein Kolben von besonderen Abmessungen (Abb. 186) vorgeschrieben, aus dem 250—300 ccm Straßenteer mit einer Geschwindigkeit von 2 Tropfen pro sec destilliert werden. Die Viscosität wird üblicherweise mit dem von der British Road Tar Association eingeführten Straßenteerkonsistometer bestimmt, einem nach dem Prinzip des Engler-Viscosimeters (S. 20) gebauten, aber mit wesentlich weiterem Ausflußrohr (10 mm) versehenen Apparat [1]. Man füllt etwa 125 ccm Teer ein und bestimmt die Ausflußzeit von 50 ccm. Bezüglich weiterer Einzelheiten der Straßenteeruntersuchung sei auf die erwähnten Normen sowie auf den Abschnitt „Straßenteer" in Berl-Lunge [2] verwiesen. Bestimmung von Naturasphalt in Mischung mit Straßenteer s. S. 454, Normen für Teeremulsionen s. S. 464.

9. Cumaronharz.

Herstellung, chemische und physikalische Eigenschaften.

Cumaronharze [3] sind die beim Waschen des Rohbenzols mit konz. Schwefelsäure entstehenden Polymerisations- bzw. Kondensationsprodukte des Cumarons $C_6H_4{<}{\,}^{CH}_{\ O}{\,}{>}CH$, Kp. 168,5—169,5°, aus Fraktion 168—175°, des Indens $C_6H_4{<}{\,}^{CH}_{CH_2}{\,}{>}CH$, Kp.

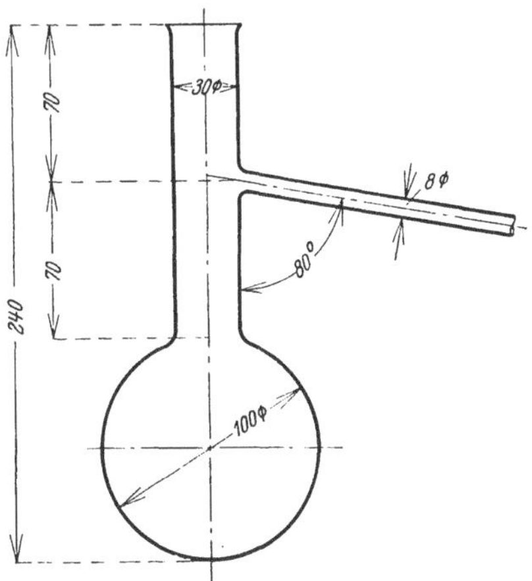

Abb. 186. Kolben zur Destillation von Straßenteer.

182,2—182,4°, aus Fraktion 175—185°, sowie anderer ungesättigter Bestandteile des Rohbenzols.

Es kommen von solchen noch in Betracht das Styrol $C_6H_5CH{:}CH_2$, Kp. 144°, welches in das polymere Metastyrol übergeht, sowie Cyclopentadien und Dicyclopentadien. Die aus diesen Verbindungen gebildeten Harze sind im Gegensatz zum reinen Cumaronharz in Aceton schwer löslich.

Nach Beseitigung der Waschsäure aus dem gesäuerten Rohbenzol mit Wasser, Natronlauge und Wasser wird der Rückstand destilliert, wobei das Cumaronharz als Blasenrückstand hinterbleibt. Die verschiedenen Cumaronharze des Handels bilden hellgelbe bis dunkelbraune, flüssige bis springharte Massen; sie sind um so wertvoller, je heller und härter sie sind.

Je höher der Gehalt eines Cumaronharzes an äther-alkohol-unlöslichen Harzen ist, desto höher liegt unter sonst gleichen Umständen der Erweichungspunkt.

---

[1] Genaue Beschreibung des Apparates s. Mallison: Der Straßenbau **20**, 94 (1929); H. Schmidt: ebenda **20**, 229 (1929).

[2] Berl-Lunge: Chem.-Techn. Untersuchungsmethoden, 8. Aufl. Bd. 4, S. 354f. Berlin: Julius Springer 1933. Über Chemie, Anwendung und Untersuchung von Straßenteeren und Teeremulsionen vgl. auch die sehr eingehende Übersicht von H. Wagner: Angew. Chem. **46**, 263 (1933).

[3] Kraemer u. Spilker: Ber. **23**, 78 u. 3276 (1890); **33**, 2257 (1900); s. auch Störmer u. Boes: ebenda **33**, 3013 (1900); Bottler: Kunststoffe **5**, 277 (1915); Herstellung und Eigenschaften von Kunstharzen. München: J. F. Lehmann 1919; Krumbhaar: Farben-Ztg. **21**, 1086 (1915/16); C. Ellis u. L. Rabinovitz: J. ind. engin. Chem. **8**, 797 (1916); Chem. News **116**, 104 (1917); Ztschr. angew. Chem. **32**, 70 (1919); E. Stern: ebenda **32**, 246 (1919); Marcusson: Chem.-Ztg. **43**, 93, 109, 122 (1919); Gläser: Petroleum **15**, 161 (1919).

Die in Äther-Alkohol lösliche Modifikation des Indenharzes erniedrigt den Erweichungspunkt beträchtlich. Die Kondensationsprodukte des Styrols bedingen durch ihre Dickflüssigkeit eine zähe Beschaffenheit der Cumaronharze.

Die Fraktion 155—185⁰ von Urteer-Kohlenwasserstoffen lieferte bei der Behandlung mit Schwefelsäure kein Cumaronharz, wohl aber das von 155—185⁰ siedende Crackdestillat der Phenole des Urteers ein gelbes, hartes Harz[1].

Während Cumaron beim Behandeln mit alkoholischer Kalilauge Oxyphenylessigsäure und Oxyphenyläthylalkohol neben anderen Verbindungen liefert, sind Cumaronharze gegen Alkalien (5%ige Sodalösung, 1—5%ige Ätznatronlösung, 10%iges Ammoniak) im allgemeinen beständig. Bei längerer Einwirkung von 5%iger Natronlauge in der Wärme tritt eine Einwirkung ein, die jedoch, auch bei Anwendung von alkoholischer Natronlauge, nicht bis zur Verseifung führt.

Die Cumaronharze sind in 90%igem und absolutem Alkohol sowie in Leinöl wenig löslich, gut in Benzol, Äther, Tetrachlorkohlenstoff, Trichloräthylen, etwas weniger gut in Benzin und Terpentinöl; weiches Cumaronharz löst sich auch in Benzin und Terpentinöl gut auf. Die Lösungen der härteren Sorten hinterlassen, auf Weißblechtafeln zum Verdunsten gebracht, bernsteingelbe bis rotbraune glänzende Überzüge, die beim Ritzen mit einer Stahlnadel fast glatte Strichlinien ergeben, und auch genügende Elastizität besitzen, d. h. beim Hin- und Herbiegen der Weißblechplatten weder Risse in den Harzanstrichen noch ein Abblättern der letzteren zeigen. Alle diese Produkte geben bei der Storch-Morawskischen Reaktion positives Resultat, so daß diese zum Nachweis von Kolophonium in Cumaronharz nicht geeignet ist. Die Säurezahl der Cumaronharze[2] beträgt 1,2 bis 5,8, die Verseifungszahl 5,1—11,8. Die in Petroläther schwer löslichen Säuren lösen sich bei Gegenwart von Fettsäuren leichter. Durch 1std. Erhitzen werden sie in Petroläther schwerer löslich, die Säurezahl sinkt stark, während die Verseifungszahl sich kaum ändert; infolge der schweren Löslichkeit der erhitzten Säuren in Petroläther lassen sie sich leicht von Fett- und Harzsäuren trennen.

Verwendung.

Die früher wenig beachteten Cumaronharze sind heute von erheblicher technischer Bedeutung. Man verwendet sie in der Lack- und Firnisindustrie, zur Herstellung von Polituren, Imprägniermitteln, Kitten, zu Klebezwecken, für Druckfarben usw.

Gegenüber Leinölfirnissen haben Cumaronharze den Nachteil geringerer Elastizität und Wetterbeständigkeit; nach völligem Trocknen wird die Farbschicht durch einen zweiten Anstrich wieder aufgeweicht.

In der Druckfarbenindustrie verwendet man gewisse dickflüssige Cumaronharzmarken, für hochwertige Drucke im Gemisch mit Standöl, für Zeitungsdruck in Mischung mit Mineralöl.

Durch tierischen Leim oder etwas Harzseife emulgierte Cumaronharze dienen zum Leimen von Papier.

Zur Herstellung von Wagenschmieren, Raupenleim bzw. Fliegenleim eignen sich die dunkleren weichen Cumaronharzsorten.

Prüfung.

Die Beurteilung der verschiedenen Marken Cumaronharze erstreckt sich einmal auf Untersuchung der Farbe ihrer Benzollösungen, welche mit einer Lösung von Kaliumbichromat in Schwefelsäure in bezug auf Helligkeit (nicht aber hinsichtlich des Farbtones) verglichen wird, andererseits auf Prüfung der Härte bzw. Konsistenz.

---

[1] Gluud u. Breuer: Gesamm. Abhandl. Kenntn. Kohle **3**, 238 (1919).
[2] H. Wolff: Farben-Ztg. **23**, 307 (1917/18).

a) **Farbe.**

α) **Herstellung der Vergleichslösung.** 1,5 g reines Kaliumbichromat werden in 100 ccm 50%iger Schwefelsäure gelöst.

β) **Harzlösung.** 1—1,5 g Harz werden im Reagensglas auf 0,1 g genau abgewogen, bei weichen und zähflüssigen Harzen wägt man zur bequemen Verteilung des Harzes gleich einen Glas- oder Holzstab (Streichholz) mit. In das Reagensglas gießt man so viel Benzol aus einem Meßzylinder, daß auf je 0,1 g Harz 1 ccm Benzol kommt, die Lösung also 10%ig ist, was bei vielen Harzen genügt; bei anderen Harzen muß die Lösung verdünnt werden, so daß sie $3^1/_2$- oder 5%ig wird.

γ) **Der Vergleich** der frisch bereiteten Lösungen der hellen Harze mit der Bichromatlösung muß so erfolgen, daß die Lösungen in Reagensröhren von gleicher Dicke nebeneinander im durchfallenden Tageslicht betrachtet werden, mit dem Himmel als Hintergrund, und daß dabei wie oben angegeben **nur auf eine gleiche Helligkeit, nicht aber auf den Farbton selbst geachtet wird.**

Für die Unterscheidung der dunkleren Harze (braun, dunkel, schwarz) ist das Durchschimmern von künstlichem Licht (50 HK Glühbirne, Spirituslicht usw.) in einer Entfernung von 0,5 m durch die im 15 mm weiten Reagensglas befindliche Lösung der Vergleichsmaßstab. Seitliches Licht wird durch Einstellen des Glases in ein Holzklötzchen, in das zwei gegenüberliegende Fenster eingeschnitten sind, abgeblendet.

δ) **Grenzwerte der Farbenhelligkeit:**

Farbengruppe „Hell" gegen „Hellbraun": Die 10%ige Lösung darf nicht dunkler sein als die Bichromatlösung.

Farbengruppe „Hellbraun" gegen „Braun": Die $3^1/_2$%ige Lösung darf nicht dunkler sein als die Bichromatlösung.

Farbengruppe „Braun" gegen „Dunkel": Das künstliche Licht muß durch die 10%ige Lösung noch durchschimmern.

Farbengruppe „Dunkel" gegen „Schwarz": Das künstliche Licht muß durch die 5%ige Lösung noch durchschimmern.

Als „schwarz" gelten demnach alle Harze, durch deren 5%ige Lösung das künstliche Licht nicht mehr durchschimmert.

Zur Beurteilung sehr heller Harze werden jedoch auch konzentriertere Lösungen (25%ig oder 50%ig) benutzt. Für helle und überhelle Arten gilt das folgende Schema:

$$\text{Art} \quad\ \ 01: 10\%\text{ige Lösung heller als } 3 \text{ g } K_2Cr_2O_7$$
$$\text{Art} \quad\ 001: 10\%\text{ige Lösung heller als } 1 \text{ g } K_2Cr_2O_7$$
$$\text{Art} \quad 0001: 25\%\text{ige Lösung heller als } 1 \text{ g } K_2Cr_2O_7$$
$$\text{Art} \ 00001: 50\%\text{ige Lösung heller als } 1 \text{ g } K_2Cr_2O_7$$

b) **Härte und Konsistenzprobe.**

α) **Für springharte, harte und mittelharte Harze** bestimmt man den Erweichungspunkt nach der Methode von Kraemer-Sarnow (s. S. 408). Als „springhart" gelten Harze mit Erweichungspunkt > 50^0, als „hart" solche mit Erweichungspunkt 40—50^0, als „mittelhart" mit Erweichungspunkt 30—40^0.

β) **Für weiche und zähflüssige Harze: Nageltauchprobe.** Man verwendet die im Handel befindlichen, in ganz Deutschland in gleichmäßiger Beschaffenheit zu erhaltenden sog. 5zölligen runden Drahtstifte (Handelsbezeichnung 23/60), welche 130 mm lang und 23—24 g schwer sind. (Für Schiedsanalysen 23 g schwere Nägel.) Das zu untersuchende Harz muß in ein Gefäß von wenigstens 8—10 cm Ø mindestens 15—20 cm hoch eingefüllt sein und, nötigenfalls durch Einstellen in Wasser, auf genau 20^0 gehalten werden. Auch die Nägel müssen dieselbe Temperatur haben und dürfen nicht etwa durch längeres Halten in der Hand höher erwärmt sein.

Man faßt den Nagel mit dem Daumen und Zeigefinger der linken Hand am Kopfe und hält ihn senkrecht über die Harzprobe, während die rechte Hand eine einfach gebogene Drahtschlinge von 10—20 mm Ø, als Führung gegen das Umfallen des Nagels beim Loslassen und zur Beibehaltung senkrechter Nagelstellung beim Einsinken, von unten herauf bis nahe an den Kopf des Nagels heraufschiebt.

Von dem Augenblick an, in welchem die linke Hand den Kopf des Nagels losläßt, der mit der Spitze eben die Oberfläche berührt, zählt man mit einer Sekundenuhr die Anzahl der Sekunden, innerhalb deren der Kopf des Nagels beim Einsinken in das Harz die Harzmasse selbst berührt.

Als Grenze zwischen mittelhart und weich gilt ein Erweichungspunkt von 30⁰
nach Kraemer-Sarnow (s. o.).

Als Grenze zwischen „weich" und „zähflüssig" gilt eine Eintauchzeit bei der
Nageltauchprobe von 500 sec, als Grenze zwischen „zähflüssig" und „flüssig" eine
Eintauchzeit von 100 sec.

Bei Schiedsanalysen gilt das Mittel aus 3 Bestimmungen.

Tabelle 135. Einteilung von Cumaronharzen nach Härte und Helligkeits-
eigenschaften[1].

Marke	Erwei-chungs-punkt °C	Ein-tauch-zeit sec bei der Nagel-tauch-probe	Hell 10%ige Lösung nicht dunkler als 1,5 g $K_2Cr_2O_7$	Hellbraun 3½%ige Lösung nicht dunkler als 1,5 g $K_2Cr_2O_7$	Braun Künstliches Licht schimmert durch 10%ige Lösung	Dunkel Künstliches Licht schimmert durch 5%ige Lösung	Schwarz Künstliches Licht schimmert nicht mehr durch 5%ige Lösung
Springhart	> 50	—	1	2	3	4	5
Hart	40—50	—	6	7	8	9	10
Mittelhart	30—40	—	11	12	13	14	15
Weich	< 30	> 50	16	17	18	19	20
Zähflüssig	—	< 500 > 100	21	22	23	24	25
Flüssig	—	< 100	26	27	28	29	30
Cumaronharzhaltige Rückstände			31 Harz-gehalt 27—35%	32 Harz-gehalt 20—27%	33 Harz-gehalt unter 20%	34 Harzgehalt 20 bis 50%, technisch frei von Phenolnatron, Wassergehalt höchstens 2%	

c) Prüfung der „Rückstände". Als cumaronharzhaltige Rückstände,
Öle od. dgl. sind ohne Rücksicht auf die Fabrikbezeichnungen solche Erzeugnisse
anzusprechen, welche bei der nach folgender Vorschrift ausgeführten Wasserdampfdestillation weniger als 50% Cumaronharzgehalt ergeben. Diese Destillationsprobe muß ausgeführt werden, wenn die Nageltauchprobe eine Zahl von 5 sec oder
weniger ergab.

100 g Rückstände werden in einem Destillierkolben von 350 ccm mit direkter
Flamme bis 200⁰ abdestilliert (Thermometerkugel dicht unter dem absteigenden
Rohr des Kolbens). In der Vorlage, einem 25-ccm-Meßzylinder, kann der Wasser-
gehalt und der Gehalt an bis 200⁰ übergehenden Ölen direkt abgelesen werden.

Das Thermometer wird nun in das Cumaronharz eingesenkt und möglichst
trockener Wasserdampf eingeleitet (Temperatur im Harz 190—200⁰). Nachdem
125 ccm Wasser übergegangen sind, wird die Temperatur des Kolbens auf 245
bis 250⁰ gesteigert, und es werden nochmals 125 ccm Wasser überdestilliert. Der
Kolbenrückstand wird als Harzgehalt gewogen.

d) Wassergehalt wird durch Destillation von 100 g Harz mit Xylol bestimmt
(s. S. 117).

Das Cumaronharz soll technisch wasserfrei sein. Der zulässige Höchstgehalt
an Wasser beträgt

für die Arten   1—15 höchstens 1%
 ,, ,,   ,,   16—20   ,,   2%
 ,, ,,   ,,   21—30   ,,   3%
 ,, ,,   ,,   31—33   ,,   5%
 ,, ,, Art   34   ,,   2%.

e) Alkaligehalt wird durch Auskochen des Harzes mit destilliertem Wasser
und Titration des wässerigen Auszuges mit Phenolphthalein als Indicator bestimmt.

---

[1] Die Zahlen in der Tabelle bezeichnen die Nummer der Handelsmarke.

f) **Säuregehalt** kann sowohl von freier Schwefelsäure wie von Sulfon- oder Alkylschwefelsäuren herrühren. Die Gesamtmenge freier Säuren bestimmt man durch Ausschütteln einer Lösung von 10—20 g Harz in 50 ccm Benzol oder Xylol mit heißem Wasser und Titration des wässerigen Auszuges mit Lauge.

Zur Bestimmung der **Schwefelsäure** (einschließlich etwa anwesender Alkalisulfate) fällt man den wässerigen Auszug in üblicher Weise mit $BaCl_2$ und HCl.

Um die **organisch gebundene Schwefelsäure**[1] zu bestimmen, dampft man die nach Abfiltrieren des $BaSO_4$ erhaltene Lösung unter Zusatz von einigen ccm konz. Kalilauge ein, erhitzt den Rückstand zum Schmelzen, wodurch die Sulfon- bzw. Alkylschwefelsäuren in K_2SO_4 übergeführt werden, und fällt nun abermals in üblicher Weise mit $BaCl_2$ und HCl.

Zur Bestimmung der **Gesamtmenge** an freier und gebundener H_2SO_4 verseift man 15 g Harz mit überschüssiger 2-n alkoholischer Kalilauge, dampft die Lösung ein und schmilzt den Rückstand unter Zusatz von Salpeter. Die erkaltete Schmelze nimmt man mit verdünnter HCl auf, filtriert die Lösung und bestimmt im Filtrat die H_2SO_4 als $BaSO_4$.

g) **Fremde Beimengungen** wie Pech, Asphalt, Säureharz, die absichtlich als Verfälschung dem Cumaronharz beigemengt sein können, werden nach Mallison wie folgt nachgewiesen:

10 g Harz werden in 100 ccm gereinigtem Benzol gelöst und mit 100 ccm konz. H_2SO_4 2 min lang in einem Scheidetrichter geschüttelt. Man läßt dann längere Zeit genügend absitzen, trennt die Säureschicht von der Benzollösung ab und schüttelt sie erneut mit 50 ccm Benzol aus. Die vereinigten Benzollösungen werden aus einem gewogenen Fraktionierkolben abdestilliert und die letzten Reste Benzol durch Erwärmen im Vakuum entfernt. Die zurückbleibende Menge Harz stellt den durch H_2SO_4 nicht angegriffenen Teil des Ausgangsproduktes dar. Cumaronharze können nach Abzug des Wassergehaltes bis zu etwa 20% schwefelsäurelösliche Anteile ergeben. Wird diese Grenze überschritten, so besteht die Wahrscheinlichkeit, daß kein reines Cumaronharz vorliegt.

h) **Phenolnatron**, herrührend von der Natronwäsche (s. S. 585), darf höchstens in einer Menge von 1% zugegen sein.

50 g Harz werden mit etwa 200 ccm Benzol im Scheidetrichter geschüttelt, bis alles Harz gelöst ist, 300—350 ccm Wasser hinzugegeben und gut durchgeschüttelt. Die Phenolate gehen in die wässerige Lösung. Nach dem Absitzenlassen zieht man die wässerige Lösung in einen 1-l-Kolben ab, schüttelt die Harz-Benzollösung nochmals mit 200 ccm Wasser aus und wiederholt dies nochmals mit der gleichen Menge Wasser. Die zu 1 l aufgefüllte wässerige Lösung wird dann filtriert und in dem Filtrat nunmehr nach der **Koppeschaar**schen Methode der Phenolgehalt wie folgt bestimmt:

In eine mit gut eingeschliffenem Stöpsel versehene Flasche bringt man 10 ccm der Phenollösung, 50 ccm einer KBr-$KBrO_3$-Lösung (7 g KBr und 1,667 g $KBrO_3$ im Liter), dazu 15 ccm 50%ige H_2SO_4 und schüttelt kräftig um. Es scheiden sich Tribromphenol und Tribromphenolbrom ab. Nach etwa 10—15 min fügt man 10—15 ccm einer KJ-Lösung (125 g im Liter) hinzu, schüttelt um und titriert nach einigen Minuten das ausgeschiedene Jod mit 0,1-n $Na_2S_2O_3$ und Stärkelösung als Indicator zurück. Das Tribromphenolbrom wird durch KJ unter Rückbildung des Tribromphenols bzw. seines Kaliumsalzes zerlegt:

$$C_6H_2Br_3OBr + 2\,KJ = C_6H_2Br_3OK + KBr + 2\,J.$$

Der angewandten Menge Kaliumbromat entsprechen nach der Gleichung:

$$KBrO_3 + 5\,KBr + 3\,H_2SO_4 = 3\,K_2SO_4 + 3\,H_2O + 6\,Br$$

30 ccm 0,1-n $Na_2S_2O_3$. Andererseits entspricht 1 ccm 0,1-n $Na_2S_2O_3$ 0,001934 g Phenolnatron oder 0,001567 g Phenol. (Die vorhandenen Kresole werden als Phenol berechnet.)

Durch einen der Bestimmung vorausgehenden blinden Versuch stellt man das Verhältnis der Kaliumbromidbromatlösung gegenüber der Thiosulfatlösung fest.

i) **Zur qualitativen Unterscheidung der Cumaronharze von Pechen**[2] behandelt man die Probe mit Aceton, in dem die Cumaronharze vollkommen löslich sind, Peche dagegen nur sehr wenig.

---

[1] H. Wolff: Farbenztg. **22**, 918 (1917). [2] Marcusson: l. c.

k) Zur Unterscheidung von Kunstharzen wird 1 g Substanz mit 3—5 g Natronkalk 2 h im Ölbad auf 260⁰ erwärmt und dann mit warmem Wasser ausgezogen. Die alkalische Lösung gibt mit einigen Tropfen Diazobenzolsulfosäure oder frisch bereiteten Diazobenzolchlorids bei Cumaronharzen höchstens eine schwache Rotfärbung, bei Kunstharzen, die Kondensationsprodukte von Phenolen mit Formaldehyd sind, in der Regel einen Niederschlag von rotem Azofarbstoff. Beim Ansäuern mit Schwefelsäure entsteht im ersten Fall ein geringer Niederschlag von Harzsäuren, im letzteren ein starker Niederschlag von Phenolen.

Die natürlichen Harze (Kolophonium, Kopal, Bernstein, Sandarak usw.) haben höheren Schmelzpunkt, höhere Säurezahl und Verseifungszahl (s. S. 924) als Cumaronharze (s. S. 586) und sind im Gegensatz zu letzteren optisch aktiv.

10. Phenolkondensationsprodukte [1].

Herstellung.

Aus Phenolen, sowie deren Derivaten bzw. anderen Steinkohlenteerprodukten, z. B. Naphthol, Resorcin, Naphthylamin, Naphthalin[2], Naphthalinsulfosäure, Phthalsäureanhydrid, einerseits und Formaldehyd bzw. Trioxymethylen oder Hexamethylentetramin andererseits werden bei Gegenwart von Säuren oder Alkalien, insbesondere auch Ammoniak bzw. bei der Hydrolyse Basen abspaltenden alkalischen Salzen, als Katalysatoren schellack- bzw. harzähnliche Kondensationsprodukte erhalten, welche unter den — z. T. geschützten — Bezeichnungen „Bakelite" von der Bakelite G. m. b. H., Berlin, „Neoresit" von der August Nowack A.-G., Bautzen, „Albertole" der Chemischen Fabrik Dr. Kurt Albert, Amöneburg, „Laccain" von der Firma Blumer, Zwickau, usw. hergestellt werden. Es bilden sich Harze, die zum Teil andere Eigenschaften als die natürlichen Harze besitzen und diese in ihrem chemischen und elektrischen Verhalten weit übertreffen, so daß jetzt fast ausschließlich Kunstharze vom Charakter der Bakelite in der elektrotechnischen Isolier-Industrie nicht nur als Lacke, Pasten u. dgl., sondern vor allem auch im Verein mit mineralischen, vegetabilen und animalen Füllstoffen zur Herstellung von Isolierplatten, Schaltern u. dgl. angewendet werden. In reiner Form oder unter Zusatz von Füllstoffen benutzt man sie ferner zur Herstellung von Tassen, Tellern, Vasen, Billardbällen, Schirmgriffen, Halsketten, Rauchrequisiten usw., wobei der Vielseitigkeit der Farbeffekte keine Grenzen gesetzt sind.

Je nach der Dauer des Erhitzens bei der Kondensation unterscheidet man nach Baekeland, dem Erfinder des nach ihm genannten Bakelites, bei den Produkten der Bakelite G. m. b. H. das Bakelite A, das löslich in Spiritus, Aceton, Glycerin, Natronlauge und schmelzbar ist und beim weiteren Erhitzen in die unlösliche, aber noch plastische Form B übergeht, und das unlösliche und unschmelzbare Bakelite C, welches durch Erhitzen unter Druck im Autoklaven, dem sog. Bakelisator, oder durch Erhitzen bei gewöhnlichem Druck entsteht und bei guter Herstellung eine besonders gute blasenfreie und auf der Drehbank nicht splitternde und gut zu bearbeitende Form eines harten Kunstharzes, z. B. Bernsteinersatz, darstellt.

Die Harze der Klasse A nennt Lebach[3], der unabhängig von Baekeland die Vorgänge der Bakelitebildung studierte, allgemein „Resole"; die Harze der

[1] A. v. Baeyer: Ber. **5**, 1095 (1872); **19**, 3004, 3009 (1886); **25**, 3477 (1892); **27**, 2411 (1894); Kleeberg: Liebigs Ann. **263**, 283 (1891); Baekeland: Chem.-Ztg. **33**, 317, 326, 347, 358, 1268 (1909); **36**, 1245 (1912); Kühl: Kunststoffe **5**, 196 (1915).

[2] Folchi: Chem.-Ztg. **46**, 714 (1922).

[3] H. Lebach: ebenda **33**, 680, 705 (1909); **37**, 733, 750 (1913).

Klasse *B*, welche nicht mehr wie die Resole schmelzen, sondern nur zu gummiartigen Massen erweichen und in Aceton, Terpineol u. a. nur aufquellen, „Resitole"; die weiter erhitzten, unquellbaren, unlöslichen und in der Wärme nicht mehr plastisch werdenden Harze der Klasse *C* „Resite". Die Überführung in diese Gruppe kann bei den mit alkalischen Kondensationsmitteln hergestellten Produkten auch durch Einwirkung von Säuren statt durch Erhitzen geschehen.

Das von Lebach erfundene „Resinit" bildet schon bei 80—90⁰ C in verhältnismäßig kurzer Zeit Resit und läßt sich ebenso wie die zuerst von Baekeland hergestellten Harze bei Druckerhitzung in wenigen Stunden in die *C*-Modifikation überführen.

Außer den genannten härtbaren Harzen gibt es auch noch sog. „Novolake", die meistens mit sauren Kontaktmitteln hergestellt werden und von Natur aus unhärtbar, d. h. dauernd schmelzbar sind. Erst durch Hinzufügung von Härtungsmitteln, wie Formaldehyd, Polymeren desselben oder Formaldehyd abspaltenden Stoffen wie Hexamethylentetramin, kann man zu Resiten gelangen[1].

Als Rohstoffe für die Lackfabrikation kommen nur die löslichen Novolake und Resole in Betracht, welchen letzteren von fachmännischer Seite dort der Vorzug gegeben wird, wo das spätere Unlöslichwerden des Lackes beim Erhitzen wichtig ist. Bei der Herstellung desinfizierender Anstriche unterläßt man absichtlich die Überführung der desinfizierenden Resole in Resitole und Resite, da nur die Resole (und Novolake) desinfizieren sollen. Ob diese Eigenschaft in den Anstrichen erhalten bleibt, gilt noch nicht als sicher[2].

Kopalähnliche, in Ölen lösliche, nicht nachdunkelnde Formaldehydharze, sog. Albertole, werden durch Einwirkung von natürlichen Harzen, Ölen, Cumaronharzen usw. auf Phenolharze als Kopalersatz gewonnen[3]. Sie sind hellgelb bis rotbräunlich, durchsichtig, glänzend und geruchlos. Schmelzbeginn je nach Herstellung 95—135⁰, Schmelzende 180—260⁰. Albertolkopale sind als solche oder gegebenenfalls erst nach dem Erhitzen mit trocknenden Ölen in allen bekannten Lacklösungsmitteln löslich, es gibt aber auch spritlösliche Albertole, die chemisch und mechanisch widerstandsfähig sind und gut isolieren. Die öllöslichen Marken werden an Stelle von Naturkopalen für Lacke empfohlen.

Anforderungen und Prüfungen.

a) Erkennung von Phenolkondensationsprodukten.

α) Die alkalischen Lösungen der aus Phenolen und deren Derivaten hergestellten Kunstharze geben sehr deutlich die Graefesche Diazoreaktion (s. S. 330).

β) Die mit Ammoniak kondensierten Kunstharze zeigen in allen drei Modifikationen in der Regel Stickstoffgehalt, der in bekannter Weise, z. B. an der Ammoniakentwicklung beim Erhitzen mit Alkali oder Erdalkalioxyden bzw. -hydroxyden, qualitativ nachzuweisen ist.

b) Prüfung der Verwendbarkeit.

α) Ob es sich um ein Resol, Resitol oder Resit handelt, ergibt sich aus der Löslichkeits- und Schmelzprobe, die nach den oben angegebenen Kennzeichen für diese Klassen ausgeführt wird.

β) Soweit es sich um Benutzung der Harze als Firnis- oder Lackgrundlagen handelt, ist auf das S. 922 Gesagte zu verweisen. Es kommen also Löslichkeit in den zu verwendenden Lösungsmitteln, wie Spiritus, Benzol, Öle usw., sowie Härtungsproben in Frage.

γ) Prüfung von gehärtetem Kunstharz. Gutes Bakelite *C* bzw. dessen nach anderen Verfahren hergestellte Ersatzprodukte sollen folgende Eigenschaften zeigen:

1. Nicht blasige, klar durchsichtige Beschaffenheit wird von denjenigen Resiten verlangt, welche z. B. einen Ersatz für klar durchsichtige Bernsteinfabrikate darbieten sollen.

---

[1] Neuere Versuche und Theorien über die chemische Konstitution der Phenol-Formaldehydharze („Phenoplaste") s. in der sehr interessanten (erst während der Drucklegung dieses Abschnitts erschienenen) Arbeit von M. Koebner: Angew. Chem. **46**, 251 (1933).

[2] Ragg: Farben-Ztg. **25**, 105 (1919).

[3] Patente von K. Albert u. L. Berend: ebenda **25**, 281 (1920).

2. Widerstandsfähig in der Hitze gegen Aceton, Ammoniak, Salzsäure, verdünnte Alkalien. Von starken Laugen werden auch gehärtete Phenolharze in der Hitze angegriffen (Baekeland und Lebach).

3. Gehärtetes Kunstharz soll sich gut, ohne abzuspringen, sägen und auf der Drehbank, ohne zu splittern, gut abdrehen lassen und gute Drehspäne geben.

4. Für elektrische Isolationszwecke bestimmtes Kunstharz soll elektrisch gut isolieren. Man kann diese Eigenschaft in einfacher Weise gemäß Abb. 105, S. 203, so prüfen, daß man das mit dem Elektrometer verbundene Gefäß A statt auf Bernsteinstückchen, auf Stücke von dem zu prüfenden Bakelite stellt, das Elektrometer mit einem geriebenen Bernsteinstück auflädt und die Zeit des Abfalls der Ladung beobachtet.

5. Für die Verwendung als Kitt für Glühbirnen, welche Erschütterungen, Temperaturschwankungen und atmosphärischen Einflüssen ausgesetzt sind, wird der Bakelitekitt am fertigen Stück auf Torsion, Wärme- und Seewasserbeständigkeit geprüft.

6. Die in den Abschnitten 1—4 erwähnten Prüfungen erstrecken sich nur auf das reine gehärtete Kunstharz, das jedoch in der elektrotechnischen Isolierindustrie, außer in Firnis- und in Lackform, selten verwendet wird. Man findet nur spezielle Sorten — sog. elektrisch widerstandsfähige Harze — in reiner Form für die Herstellung kleinerer Durchführungs- und Stützenisolatoren. Weit verbreiteter sind die Kompositionen der Phenolharze mit Papier, Stoff, Holzmehl, Asbest u. dgl., die fast ausschließlich unter gleichzeitiger Einwirkung von Druck und Hitze verarbeitet und zur Herstellung elektrischer Isolierteile benutzt werden und die infolge ihrer hochwertigen Eigenschaften fast alle bisher bestehenden minderwertigen Produkte verdrängt haben.

Das Bakelite-Hartpapier ist infolge seiner Ölbeständigkeit, hohen Durchschlagsfestigkeit, hohen Wärmebeständigkeit und mechanischen Festigkeit ein vorzüglicher Isolier- und Baustoff für Hochspannungstransformatoren, Durchführungen, Stützisolatoren, Brücken, Trennwände, Hochspannungsölschalter, Hochfrequenzgeräte und andere mehr. Es wird infolgedessen in erster Linie auf Durchschlagsfestigkeit, Oberflächen- und inneren Widerstand und Verlustwinkel geprüft, wobei naturgemäß auch an die mechanischen und physikalischen Eigenschaften hohe Anforderungen gestellt werden. Ein gutes Hartpapier besitzt eine Durchschlagsfestigkeit von 30000 V/mm bei Zimmertemperatur und soll in 3 mm Stärke bei 90° C einer Spannung von 50000 V widerstehen. Es soll eine Biegefestigkeit von 1400 kg/qcm besitzen und darf bei vorübergehender Erwärmung auf 180° keine Formveränderung erleiden.

Im Maschinenbau verwendet man an Stelle der wenig wasser- und wärmebeständigen Rohhautritzel (aus ungegerbtem Leder hergestellte Zahnräder für Antriebe, z. B. für Automobile) Bakeliteplatten mit Gewebeeinlagen, so daß Bakelite-Hartstoff neben Bakelite-Hartpapier auch der mechanischen Kräfteübertragung dient.

Zu einer großen Industrie ist das Verpressen von Bakelite-Holzmehl unter Wärmeeinwirkung angewachsen. Nach einem von der Vereinigung der Fabrikanten gummifreier Isolierstoffe e. V. mit dem Staatlichen Materialprüfungsamt abgeschlossenen Vertrag übt dieses eine ständige Kontrolle über die Fabrikation von Preßteilen für die Elektroisolierindustrie aus und prüft diese von Zeit zu Zeit auf ihre elektrischen, physikalischen und mechanischen Eigenschaften. Gleichzeitig hat der Zentralverband des V.D.E. eine Typisierung geschaffen, nach welcher die Preßteile, entsprechend ihren Eigenschaften, von denen besonders die Biegefestigkeit, Schlagbiegefestigkeit, Wärmebeständigkeit, Glutsicherheit und der Oberflächenwiderstand maßgebend sind, in verschiedene Typen eingeteilt werden. Ein gutes Preßstück soll mindestens eine Biegefestigkeit von 700 kg/qcm, eine Schlagbiegefestigkeit von 6 cm·kg/qcm und eine Wärmebeständigkeit von 125 Martensgraden besitzen. Diese Eigenschaften werden jedoch von guten Kunstharz-Preßmischungen um 50% und teilweise noch mehr übertroffen, nachdem es in neuerer Zeit den Kunstharzfabriken gelungen ist, wesentliche Fortschritte zu erzielen, insbesondere auch Mischungen mit Gewebeeinlagen herzustellen, die hauptsächlich für die Herstellung solcher Formstücke verwendet werden, welche den höchsten mechanischen Beanspruchungen widerstehen sollen.

　　Auch das Reichspost-Zentralamt, das in weitgehendem Maße Isolierstoffe, insbesondere Bakelite-Holzmehl, zur Herstellung postalischer Bedarfsartikel vorschreibt, hat besondere Wertigkeitsklassen für die Biegefestigkeit, Wärmebeständigkeit, den Gleichstromisolationswiderstand und die dielektrischen Verluste geschaffen und verlangt Werte, welche bei sachgemäßer Fabrikation ohne Schwierigkeit nicht nur eingehalten, sondern übertroffen werden können.

　　Kunstharze mit Asbest als Füllstoff dienen im polymerisierten Zustand als besonders hitzebeständige Isolierteile und haben sich als Massen für Reibebeanspruchung, insbesondere als Bremsmaterialien, gut eingeführt.

　　Ferner verwendet man Kunstharze in Form von Lacken als Korrosionsschutz, in Form von Pasten für Kittzwecke, z. B. zum Einkitten von Glühbirnen, und schließlich zur Herstellung von Schleifscheiben, Pinseln u. dgl.; Kunstharzpasten, insbesondere Haveg, dienen auch zur Herstellung hochsäurebeständiger Gefäße und Apparaturen, insbesondere für die chemische und die Metallindustrie, in der Textilfärberei, in der Kunstseidenindustrie und anderen.

E. Holzteer.

I. Technologisches[1].

　　Bei der trockenen Destillation von Holz, das im wesentlichen aus Cellulose $(C_6H_{10}O_5)_x$, dem chemisch noch unvollständig erforschten Lignin und Wasser, daneben aus Dextrin, Stärke, Zucker, Eiweißstoffen, Harzen, ätherischen Ölen, Gerbsäure, Farbstoffen, Mineralstoffen usw. besteht, erhält man zunächst Wasser, bei stärkerer Erhitzung durch Spaltung der Cellulose und des Lignins Essigsäure, Methylalkohol, Aldehyde, Aceton und höhere Ketone, sowie einen phenolreichen Teer. Bei der Maximaltemperatur von etwa 400°, welche für die Teerbildung noch in Betracht kommt, entstehen neben Holzkohle, Wasser, CO und CO_2 Teer, brauner wässeriger Holzessig und brennbare Gase[2]. Cellulose liefert etwa 4%, Lignin etwa 13% Teer[3].

　　Der Teer ist im Holzessig teils gelöst, teils suspendiert, und zwar um so mehr gelöst, je größer der Gehalt des Holzessigs an Essigsäure und Methylalkohol ist.

　　Die aus dem Rohholzessig nach ruhigem Stehen in Mengen von 5—6% abgeschiedenen Teerprodukte heißen „Absetzteer", die im Essig aufgelösten wasserlöslichen und deshalb für die Asphaltindustrie unbrauchbaren Teerprodukte, welche durch Abdestillieren vom Lösungsmittel getrennt werden, heißen „Blasen- oder Rückstandsteer".

　　Nach der Art des Ausgangsmaterials unterscheidet man Hartholz- oder Laubholzteer und Weichholz- oder Nadelholzteer.

　　Das D.A.B. 6 versteht unter „Holzteer" (Pix liquida) schlechthin nur die vornehmlich aus Pinus silvestris Linné und Larix sibirica Ledebour gewonnenen Nadelholzteere. Von anderen Holzteeren werden dort noch Birkenteer (Pix betulina, in der Receptur gewöhnlich Oleum rusci genannt) und Wacholderteer (Pix Juniperi) angeführt.

　　Der Holzessig wird auf Methylalkohol, Aceton und Essigsäure, der von ihm befreite Teer auf Leichtöle, Schweröle und Pech verarbeitet. Aus den Leichtölen wird bei harzreichen Nadelhölzern als Ausgangsmaterial auch ein als Terpentinöl-

---

[1] Ullmann: Enzyklopädie der techn. Chem., 2. Aufl., Bd. 6, S. 171f. 1930; M. Klar: Technologie der Holzverkohlung, 2. Aufl. Berlin: Julius Springer 1921.

[2] E. Juon: Stahl u. Eisen **27**, 733, 771 (1907).

[3] P. Klason: Ztschr. angew. Chem. **22**, 1205 (1909); **23**, 1252 (1910); E. Heuser u. C. Skiöldebrand: ebenda **32**, 41 (1919).

surrogat benutztes, chemisch dem Terpentinöl nahestehendes sog. „Kienöl" oder „Holzterpentinöl" gewonnen (s. S. 600).

Nadelholzteer dient als solcher zum Anstreichen der Schiffe, zum Teeren von Tauen, Seilen u. dgl. Früher wurde der Teer öfter bis auf Pech (Brauerpech, Schusterpech) destilliert; jetzt gewinnt man diese Produkte aus Kolophonium. Die Gewinnung des Nadelholzteers ist vielfach Hauptzweck der Nadelholzverkohlung, da dieses Holz mehr wertvollen terpentinhaltigen Teer liefert als Laubholz, dessen Destillate reicher an Essigsäure sind.

Laubholzabsetzteer wird in den Kokereien entweder als Brennmaterial benutzt oder zur Verarbeitung auf Kresol usw. destilliert.

Die schweren Öle aus Buchenholzteer werden zum Tränken von Holz verwendet. Das mit Natronlauge daraus ausziehbare Kreosot, hauptsächlich Guajacol und Kreosol, wird wegen seiner antiseptischen Wirkung in der Medizin, ferner zum „Schnellräuchern" von Fleischwaren benutzt.

Birkenholzteer findet Verwendung bei der Bereitung von russischem Juchtenleder und zur Liköraromatisierung.

Birkenrindenteer wird wegen seines geringeren Gehalts an Phenolen (s. u.) zum Schmieren von Leder benutzt.

Laubholzblasenteer liefert bei der Destillation einen ziemlich essigsäurereichen Holzessig und ein sehr sprödes Pech, aber keine öligen Produkte.

II. Chemische Zusammensetzung des Holzgeistöles[1].

Das Holzgeistöl, der bei der Rektifikation des rohen Holzgeistes abfallende Nachlauf des Methanols, wird durch Natriumbisulfit 1. in krystallinische Additionsverbindungen (Aldehyde und Methylketone), 2. eine Lösung von Öl in $NaHSO_3$-Lösung (Mesityloxyd und ähnliche ungesättigte Ketone) und 3. in unangegriffenes Öl (Kohlenwasserstoffe, Alkohole usw.) getrennt. Aus 1. wurden durch Zersetzung des Niederschlages mit Schwefelsäure u. a. folgende Aldehyde und Ketone, die durch Fraktionierung zerlegt und dann identifiziert wurden, abgeschieden: Trimethyl-acetaldehyd $(CH_3)_3C \cdot CHO$, Kp. 74⁰, Methyl-äthylketon $C_2H_5CO\ CH_3$, Kp. 80—81⁰, Isovaleraldehyd $(CH_3)_2CH \cdot CH_2 \cdot CHO$, Kp. 92⁰, Methyl-isopropylketon $CH_3CO \cdot CH\ (CH_3)_2$, Kp. 92⁰, 2-Keto-3-hexen $CH_3 \cdot CO \cdot CH : CH \cdot C_2H_5$, Kp. 122—124⁰, und Cyclopentanon $(CH_2)_4CO$, Kp. 129—130⁰. Der von Bisulfit nicht angegriffene, zwischen 90 und 130⁰ siedende, 40% des Gesamtöls ausmachende Teil des Holzgeistöles wurde in 4 Bestandteile zerlegt: Ungesättigter Alkohol γ-Oxy-α-buten $CH_3CH(OH) \cdot CH : CH_2$, Kp. 97⁰, Diäthylketon $(C_2H_5)_2CO$, Kp. 103⁰, ferner α, α'-Dimethyl-tetrahydro-furan $C_6H_{12}O$, Kp. 93⁰, und α-Methyl-, α'-äthyl-, α', β'-di-hydro-furan $C_7H_{12}O$, Kp. 128⁰.

III. Chemische Zusammensetzung der Teere[2].

Die Holzteere enthalten im Gegensatz zu Steinkohlen- und Braunkohlenteer nur wenig basische, dagegen viel saure Verbindungen (Harzsäuren und Phenole), ferner aliphatische Alkohole (z. B. Isoamyl- und Isobutylalkohol), Aldehyde, Ketone der Acetonreihe und cyclische (gesättigte und ungesättigte) Ketone und verschiedene, vorzugsweise aromatische und Terpenkohlenwasserstoffe, während Schwefel, Paraffin, Naphthalin und Anthracen fehlen[3].

Die charakteristischen Bestandteile des Nadelholzteeres sind neben Terpen-Kohlenwasserstoffen 15—30% Harzsäuren (Abietinsäure), die bei der Destillation

[1] H. Pringsheim u. J. Leibovitz: Ber. **56**, 2034 (1923); H. Pringsheim u. A. Gorgas: ebenda **57**, 1561 (1924).

[2] H. M. Bunbury, übersetzt v. W. Elsner: Die trockene Destillation des Holzes. Berlin: Julius Springer 1925; G. Bugge: Industrie der Holzdestillationsprodukte, 1927, S. 162.

[3] H. Abraham: Asphalts and Allied Substances, 3. Aufl., 1929, S. 226.

mit übergehen. Auch kleine Mengen höherer Fettsäuren (Palmitin-, Öl-, „Arachin-"
Säure) sowie „Tallölsäure" (flüssige Harzsäure) wurden aus einzelnen Destillatfraktionen von Kiefernholzteer isoliert[1]. In den hochsiedenden Kohlenwasserstoffen
von 4 verschiedenen Nadelholzteeren fand J. Olsson[2] Reten $C_{18}H_{28}$ (Methylisopropyl-phenanthren) sowie dessen Di-, Tetra-, Hexa- und Dekahydroprodukte.

Eine Probe Kienteer[3] enthielt 53,5% unverseifbare, nach Harzöl riechende
Öle, 14% Oxysäuren und 17% Harzsäuren.

Im Gegensatz zum Nadelholzteer enthält der Buchenholzteer mehrwertige
Phenole (Guajacol und Pyrogallol) und deren Derivate, sowie nach Marcusson
und Picard nur 18% unverseifbare, spezifisch aromatisch riechende Öle, die ebenso
wie bei Nadelholzteer aus gesättigten, ungesättigten, vorwiegend cyclischen Kohlenwasserstoffen, Alkoholen und Ketonen bestehen[4]. Dieselben Autoren fanden in
diesem Teer 9,5% ätherunlösliche feste Anhydride von Oxysäuren, die in Kienteer
fehlten, 33,3% ätherunlösliche, 19% ätherlösliche dunkelbraune Oxysäuren, die
in Benzin unlöslich waren, sowie 7,7% Harzsäuren, 3,2% aliphatische Fettsäuren
und 9,3% Phenole. Die Oxysäuren sind in Kien- und Buchenholzteer vorwiegend
als Ester vorhanden; die Säuren haben Säurezahl 83—96, Verseifungszahl 159—172,
Jodzahl 54—103.

Birkenteer enthält etwa 19%, Birkenrindenteer nur 6% Phenole. Ferner
enthält Birkenteer 0,4% Behensäure suspendiert, die mit Aceton oder Methylalkohol abscheidbar ist und aus dem Kork entstehen dürfte. Birkenrindenteer
entsteht hauptsächlich aus dem in der weißen Birkenrinde enthaltenen Betulin
$C_{30}H_{48}(OH)_2$, das zu den Phytosterinen gehört und nach A. Winterstein und
G. Stein[5] vermutlich ein zweiwertiger Triterpenalkohol ist.

Die folgende Zusammenstellung gibt einen Überblick über die durchschnittliche
Zusammensetzung verschiedener Teerarten.

Annähernde Zusammensetzung der Teerarten [6]:

<table>
<tr><td colspan="2">Laubholzteer</td><td colspan="4">Nadelholzteer (Kienteer)</td></tr>
<tr><td>Absetzteer</td><td>%</td><td>Blasenteer</td><td>%</td><td>Absetzteer</td><td>%</td></tr>
<tr><td>Essigsäure . . .</td><td>2,0</td><td>Essigsäure . . .</td><td>8,0</td><td>Holzessig . . . .</td><td>12,0</td></tr>
<tr><td>Holzgeist . . . .</td><td>0,6</td><td>Wasser . . . . .</td><td>32,0</td><td>Terpene . . . . .</td><td>30,0</td></tr>
<tr><td>Wasser . . . . .</td><td>18,0</td><td>Hartpech einschl.</td><td></td><td>Nadelholzteer . .</td><td>58,0</td></tr>
<tr><td>Leichtöle (0,97) .</td><td>5,0</td><td>Verlust . . . .</td><td>60,0</td><td></td><td></td></tr>
<tr><td>Schweröle (1,043)</td><td>10,0</td><td></td><td></td><td></td><td></td></tr>
<tr><td>Holzteerpech . .</td><td>62,0</td><td></td><td></td><td></td><td></td></tr>
<tr><td>Gase usw. . . .</td><td>2,4</td><td></td><td></td><td></td><td></td></tr>
</table>

„Absetzteer" und „Blasenteer" unterscheiden sich mehr im chemischen Charakter
als im Aussehen. Letzterer ist durch Polymerisation und Kondensation von Aldehyden und Phenolen entstanden und ist ein wasserlösliches aldehydharzartiges Produkt, während der Absetzteer naturgemäß reicher an wasserunlöslichen
Kohlenwasserstoffen ist. Zwischen Blasenteer aus Laubholzessig und Nadelholzessig besteht kaum ein Unterschied.

M. Melamid und E. Rosenthal[7] stellten fest, daß durch Einwirkung von
Phosphorsäure auf Holzteer bei der Destillation des letzteren die Alkohole und
Säuren, soweit diese nicht primärer, aromatischer oder fettaromatischer Natur sind,
abgebaut, Phenole und Kohlenwasserstoffe nicht angegriffen, dagegen mehrwertige
Phenole zerstört werden. Während der ursprüngliche Teer 77,3% C, 9,3% H
und 13,35% O bei d_{15} 1,003 enthielt und bei der gewöhnlichen und bei der Vakuumdestillation nur 15,5 bzw. 27,0% Ölausbeute von wenig veränderten Eigenschaften

[1] E. Börnstein: D.R.P. 314358 (1917).
[2] J. Olsson: Ingen. Vetensk. Akad. Handlingar **1931**, Nr. 111; C. **1931**, II, 3420.
[3] Marcusson u. Picard: Ztschr. angew. Chem. **34**, 201 (1921).
[4] Marcusson u. Picard: l. c.
[5] A. Winterstein u. G. Stein: Ztschr. physiol. Chem. **199**, 64 (1931).
[6] M. Klar: l. c.
[7] M. Melamid u. E. Rosenthal: Ztschr. angew. Chem. **36**, 333 (1923).

ergab, lieferte die Destillation mit Phosphorsäure 48,5% Öl mit 84,35% C, 10,51% H, 5,14% O und d_{15} 0,960, also ein an Kohlenwasserstoffen reiches und wertvolles Öl.

Nach Ipatiew und Petrow[1] ist beim Erhitzen des Holzteeres mit Wasserstoff unter 70 at bei Gegenwart von $Al_2O_3 + Fe_2O_3$ auf 440—460° der Prozentsatz an Kohlenwasserstoffen, insbesondere an niedrigsiedenden, bedeutend höher und der Prozentsatz an ungesättigten Kohlenwasserstoffen bedeutend kleiner als bei dem Melamidverfahren.

IV. Eigenschaften und Prüfung der Teere.

Holzteere sind allgemein durch ihren charakteristischen Kreosotgeruch und fast völlige Löslichkeit in kaltem, absolutem Alkohol sowie in Eisessig kenntlich; Erdölasphalt oder Fettpech sind in Alkohol größtenteils unlöslich.

Der wässerige Auszug von Holzteer reagiert sauer (Essigsäure) und gibt mit einem Tropfen Eisenchlorid charakteristische, von mehrwertigen Phenolen herrührende Färbungen. Die ersten Destillate bilden wässerige, sauer reagierende Flüssigkeiten. Die öligen Destillate riechen mehr oder weniger kreosotartig, sind in Alkohol leicht löslich und werden durch Erwärmen mit konz. H_2SO_4 in wasserlösliche Verbindungen übergeführt.

Nadelholzteer (schwedischer, finnländischer, russischer Teer, Kienteer).

Echter Nadelholzteer ist in dünner Schicht goldgelb bis orange gefärbt, hat harzartigklebrige Beschaffenheit und darf beim Trocknen möglichst nicht nachdunkeln. Guter Nadelholzteer soll auf Holzessig schwimmen, was durch den Gehalt an spezifisch leichtem Terpentinöl und leichtem Harzöl bedingt wird. Wenig Kienöl enthaltende Nadelholzteere sind spezifisch schwerer als Wasser. Die zwischen 200 und 300° siedenden Destillate haben in den öligen Anteilen $d > 1,0$, lösen sich nicht ganz in Normalbenzin auf, färben wie Harzöl H_2SO_4 (d 1,62) rot und geben infolge ihres Harzgehaltes scharf die Morawskische Reaktion (S. 330). Die über 300° siedenden Destillate haben ebenfalls $d > 1,0$, lösen sich im gleichen Volumen Normalbenzin fast ganz auf; bei stärkerer Verdünnung wird die Löslichkeit geringer.

Der wässerige Auszug des Teers ist gelblich. Der Teer läßt sich zum Unterschied von Buchenholzteer mit Fetten, z. B. Schweineschmalz, zusammenschmelzen.

Buchenholzteer. Schwarzbraune, ölige Flüssigkeit, schwerer als Wasser (d_{15} etwa 1,08), von scharfem, empyreumatischem, kreosotartigem Geruch (Guajacol), in absolutem Alkohol völlig löslich (s. auch Tabelle 137). Der wässerige Auszug zeigt den Geruch des Teeres.

Birkenteer (wird in Weißrußland, früheres Gouvernement Minsk, gewonnen). Dünne, gelblichgrüne, nach Juchten riechende Flüssigkeit, d_{20} 0,926—0,945[2]. In den Handel kommt der Birkenteer meistens mit Tannenteer verfälscht. Tannenteer löst sich zum Unterschied von Birkenteer vollständig in Spiritus (96%ig), 96%iger Essigsäure und in Anilin.

Nach Traubenberg[3] hat Birkenrindenteer $d_{18} = 0,938$, Birkenteer $d_{20} = 1,153$. Grünfärbung mit Eisenchloridlösung (Hirschsohns Reagens) gibt nur der Rindenteer, während der Birkenteer selbst Braunfärbung gibt. Die grüne Flüssigkeit wird beim Verdünnen mit Wasser oder Ammoniak intensiv blau (Brenzcatechin oder Guajacol).

Der Birkenrindenteer siedet zu 17—21% ($d_{20} = 0,87/89$) zwischen 150 und 250°, bis 60% oberhalb 250° ($d_{20} = 0,91/92$).

Die Birkenrindendestillate geben, mit konz. H_2SO_4 behandelt, farblose, nicht verharzende petroleumartige Öle (Naphthylene und Naphthene).

Für die auf dem amerikanischen Markt befindlichen Holzteere gibt Abraham[4] u. a. folgende Durchschnittseigenschaften an:

---

[1] Ipatiew u. Petrow: Ber. **62**, 401 (1929).
[2] Hirschsohn: Pharmaz. Ztschr. Rußland **1877**, 213.
[3] Traubenberg: Ztschr. angew. Chem. **36**, 515 (1923).
[4] Abraham: Asphalts and Allied Substances, 3. Aufl., S. 226.

Tabelle 136. Eigenschaften von Holzteeren.

Eigenschaft	Hartholzteer	Nadelholzteer
Farbe	schwarz	bräunlich
d_{25}	1,10—1,20	1,05—1,10
Konsistenz bei 25⁰	dünnflüssig	viscos
Schmelzpunkt	unter — 6⁰	unter + 10⁰
Flammpunkt (P.-M.)	10—24⁰	15—32⁰
Fixed carbon (Verkokungsrückstand) . . %	5—20	5—15
In CS₂ löslich . . . . %	95—100	98—100
In Petroläther (Kp. 35—65) löslich . . . %	50—90	65—95
Verseifbare Anteile . . . . %	25—85	20—60
Harzsäuren . . . . %	bis 15	bis 30

Beide Teere sind frei von S, Paraffin, Naphthalin, Anthracen, enthalten bis 10% O und lassen sich durch konz. H_2SO_4 bei 100⁰ zu 95—100% in wasserlösliche Produkte überführen (vgl. S. 424).

Näheres über die Eigenschaften der Holzteerpeche s. S. 423.

Tabelle 137. Unterscheidung verschiedener Holzteere nach E. Hirschsohn.

Art des Teeres	Essig-säure (95 %ig)	Terpen-tinöl (franzö-sisch)	Chloro-form	Äther (absol.)	Anilin	Reaktionen[1]
Tannen-teer	löslich	löslich	löslich	löslich	löslich	Petrolätherauszug mit Kupferacetat-Lösung (1 : 1000): grünliche Färbung
Buchen-teer	dgl.	wenig löslich	zum Teil un-löslich	zum Teil un-löslich	löslich	Petrolätherauszug mit Kupferacetatlösung (1 : 1000): keine Färbung
Wachol-derteer	unvoll-kommen löslich	löslich	—	—	löslich	Teerwasser (1 : 20) mit Eisenchloridlösung (1 : 1000): rote Färbung
Birken-teer	dgl.	löslich	—	—	zum Teil un-löslich	Teerwasser (1 : 20) mit Eisenchloridlösung (1 : 1000): grünliche Färbung
Espen-teer	dgl.	zum Teil un-löslich	zum Teil un-löslich	zum Teil un-löslich	—	—

F. Stroh- und Holzzellstoffteer.

Beim Aufschließen von Stroh, Fichten- und Kiefernholz zur Zellstoffgewinnung nach dem Rinmann-Verfahren[2] werden die Ausgangsstoffe

---

[1] Hagers Handbuch der pharmazeutischen Praxis, 2. Aufl., Bd. 1, S. 668. 1925.

[2] Verfahren der Bayerischen Zellstoffwerke Regensburg, welche das früher zum Strohaufschluß nach dem Rinmann-Verfahren benutzte, später als hier nicht mehr lohnend aufgegebene Kraftfutterwerk auf die Herstellung von Zellstoff und Gewinnung von Nebenprodukten (Methylalkohol, Aceton, Butanon und wasser-unlösliche Leicht- und Schweröle) umgestellt haben.

durch Kochen mit Natronlauge unter Druck von den in dieser löslichen Stoffen (Pentosen, Lignin, Harzen usw.) befreit, so daß der reine Zellstoff zurückbleibt.

Zur Wiedergewinnung des Ätznatrons werden die Laugen eingedampft und unter Zusatz von gebranntem Kalk (zwecks besserer Auflockerung der Masse) calciniert, wobei Methylalkohol, Aceton, Butanon und höher siedende Leicht- und Schweröle entstehen, welche zusammen den sog. Stroh- bzw. Holzzellstoffteer bilden. Die calcinierte Masse wird in Wasser gelöst und mit gebranntem Kalk kaustifiziert.

Die Abgase der Laugencalcinieröfen werden durch Röhrenkühler sowie durch Auswaschen in mit Raschigringen gefüllten Skrubbern von den wasserlöslichen Bestandteilen (Aceton, Methylalkohol, Butanon, Ammoniak, Methylamin), sowie von den wasserunlöslichen leichteren und schwereren Ölen befreit. Das gereinigte Gas wird zur Heizung der Calcinieröfen benutzt. Wasserlösliche und unlösliche Bestandteile werden in Vorlagen nach Art der Florentiner Flaschen voneinander getrennt.

Die wasserlöslichen Bestandteile werden auf Aceton, Methylalkohol und Butanon verarbeitet, die leichteren wasserunlöslichen Öle als Automobiltreibstoff, die schwereren im wesentlichen als Heizöle verwendet, da die verhältnismäßig kleinen, im Betrieb anfallenden Mengen dieser Öle ihre chemische Aufarbeitung bisher nicht lohnend erscheinen lassen.

Die chemische Zusammensetzung des Schweröles kann nach den im Kapitel „Braunkohlenteer" (S. 485 f.) beschriebenen Methoden ermittelt werden. In einem Falle ergab eine solche Untersuchung[1], daß das Öl neben unbedeutenden Mengen Basen und Carbonsäuren über 30 % höhere (anscheinend mehrwertige) Phenole und etwa 65 % Neutralöle (hauptsächlich ungesättigte, vermutlich terpenartige Kohlenwasserstoffe neben kleinen Mengen Sesquiterpen- und Diterpenalkoholen und Estern dieser Alkohole) enthielt.

G. Animalischer Teer[2].

Der sog. animalische Teer, Oleum animale foetidum oder „Dippels Öl", wird durch trockene Destillation von Knochen, Horn, Klauen, Hautabfällen usw. hergestellt. Da das Ausgangsmaterial stickstoffreich ist, enthält das Öl außer Phenolen und Kohlenwasserstoffen zugleich Ammoniak und zahlreiche organische Stickstoffbasen wie Anilin, Pyridin und Chinolin. Es ist daher giftiger als die sonstigen Teere und reagiert alkalisch.

Es wurde früher, jetzt kaum noch, gegen Asthma (Pyridinwirkung) sowie als Anthelminthicum (Mittel gegen Eingeweidewürmer) und Nervinum angewandt.

Das Öl bildet eine farblose oder gelbe stinkende Flüssigkeit.

---

[1] Ausgeführt 1923 vom Verfasser in Gemeinschaft mit F. Kind, K. Stephan, F. Frank u. H. Baumbach; ausführlichere Angaben s. 6. Aufl. dieses Buches, S. 451.

[2] E. Poulsson: Lehrbuch der Pharmakologie, 9. Aufl., 1930, S. 251.

Sechstes Kapitel

Produkte der Destillation von Balsamen.

A. Terpentinöl, Holzterpentinöle und Terpentinölersatzstoffe[1].

(Neubearbeitet von H. Wolff.)

I. Technologisches, chemische Zusammensetzung.

1. Terpentinöl.

Unter „Terpentinöl" versteht man, wenn nicht ein kennzeichnender Zusatz etwas anderes besagt, ausschließlich Balsamterpentinöl[2], in Amerika offiziell als „gum spirit of turpentine" bezeichnet. Es wird aus den Harzbalsamen (Terpentinen) verschiedener Pinusarten durch Wasserdampfdestillation gewonnen. Die Hauptproduzenten sind Nordamerika, wo besonders der Balsam von Pinus palustris und Pinus heterophylla verarbeitet wird, Frankreich, Spanien und Portugal mit Pinus maritima als Balsam-Lieferantin und Griechenland, wo Pinus halepensis ausgebeutet wird. In Österreich wird Pinus austriaca angezapft und der Balsam zu Harz und Terpentinöl verarbeitet. Die Bestrebungen, auch in Deutschland Balsam und Terpentinöl zu gewinnen[3], sind nur teilweise erfolgreich gewesen, und das deutsche Balsamterpentinöl, dessen Beschaffenheit etwas von den handelsüblichen Terpentinölen abweicht (s. S. 608), ist kein bedeutender Handelsartikel geworden.

Der Hauptbestandteil der Balsamterpentinöle ist α-Pinen, und zwar enthält das amerikanische mehr d- oder mehr l-α-Pinen, je nachdem mehr Balsam von Pinus palustris (im Norden) oder mehr Balsam von Pinus heterophylla (im Süden) angewendet wird. Demgemäß finden sich stark rechtsdrehende bis schwach linksdrehende amerikanische Terpentinöle. Einen sehr hohen Gehalt an d-α-Pinen hat das griechische Terpentinöl. Die französischen, amerikanischen, spanischen und portugiesischen Terpentinöle enthalten neben l-α-Pinen auch reichlich Nopinen (l-β-Pinen):

---

[1] Ausführliche Angaben über Gewinnung, Zusammensetzung und Analyse von Terpentinölen s. E. Gildemeister u. Fr. Hoffmann: Die ätherischen Öle, 3. Aufl., Bd. 2, S. 15—173. Miltitz b. Leipzig 1929.

[2] Blatt 848 des Reichsausschusses für Lieferbedingungen.

[3] W. Schultze: Chem. Umschau Fette, Öle, Wachse, Harze **30**, 144, 170 (1923).

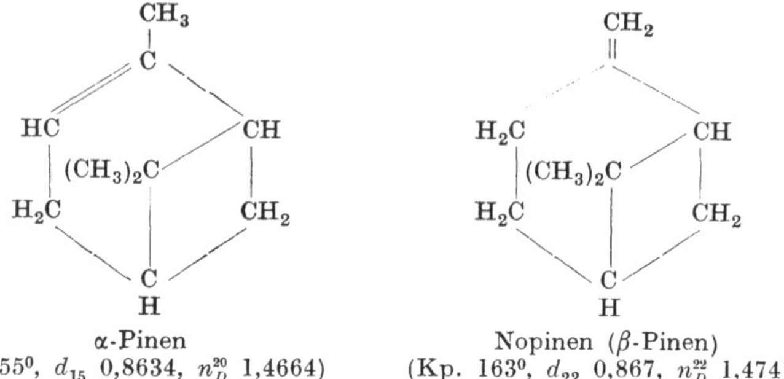

<table>
<tr><td align="center">α-Pinen
(Kp. 155⁰, d_{15} 0,8634, n_D^{20} 1,4664)</td><td align="center">Nopinen (β-Pinen)
(Kp. 163⁰, d_{22} 0,867, n_D^{22} 1,474)</td></tr>
</table>

Als Nebenbestandteile enthalten die Balsamterpentinöle noch andere Terpene, wie Camphen, Limonen, Dipenten (inaktives Limonen), Phellandren, Sylvestren, sowie in geringer Menge Oxydationsprodukte der Terpene, u. a. Ameisensäure [1], Essigsäure und Camphersäure [2] $C_{10}H_{16}O_4$. Der stechende Geruch alter, sog. ranziger Terpentinöle, der nach Schiff [3] durch Camphersäurealdehyd $C_{10}H_{16}O_3$ bedingt sein sollte, ist nach Blumann und Zeitschel [4] auf ein Keton, Verbenon $C_{10}H_{14}O$, zurückzuführen. In sehr alten Terpentinölen finden sich bisweilen, besonders im französischen Terpentinöl, wenn Licht und Luft Zutritt hatten, bei 131⁰ schmelzende Krystalle von Pinolhydrat [5].

Die oxydierende Wirkung von Terpentinöl, das der Luft ausgesetzt war, beruht darauf, daß sich zunächst Peroxyde bilden, die dann in Oxydationsprodukte der Terpene und Wasserstoffperoxyd zerfallen [6].

2. Holzterpentinöle.

Unter diesem Begriff fassen die deutschen Lieferbedingungen im Gegensatz zu Balsamterpentinöl alle diejenigen Produkte zusammen, die durch Destillation aus harzhaltigem Holz gewonnen werden, die eigentlichen, mit Wasserdampf destillierten Holzterpentinöle und die trocken destillierten Kienöle [7].

Erstere, in Amerika als „steam distilled wood turpentine" bezeichnet, werden durch Wasserdampfdestillation entweder des harzhaltigen Holzes selbst oder des aus dem Holz z. B. mit Lauge extrahierten Balsams gewonnen. Als Kienöle bezeichnet man diejenigen Öle, die trocken aus harzhaltigem Holz direkt destilliert werden (dry distilled wood turpentine).

Die Vorschrift des RAL, diese Öle durch die Bezeichnung „Holzterpentinöl" von echtem Terpentinöl scharf zu unterscheiden, hat sich leider nicht

---

[1] Kingzett: Journ. Soc. chem. Ind. **29**, 791 (1910).

[2] Papasogli: L'Orosi **11**, 289 (1888); C. **1888**, 1548.

[3] Schiff: Chem.-Ztg. **20**, 361 (1896).

[4] Blumann u. Zeitschel: Ber. **46**, 1178 (1913).

[5] Sobrero: Liebigs Ann. **80**, 106 (1851); Wallach: ebenda **259**, 316 (1890); Armstrong u. Pope: Journ. chem. Soc. London **59**, 315 (1891).

[6] C. Engler u. J. Weißberg: Ber. **31**, 3046 (1898); Engler: ebenda **33**, 1090 (1900).

[7] A. Lampert: Journ. Ind. engin. Chem. **14**, 491 (1922); O. Lange: Dtsch. Parfümerieztg. **2**, 256 (1916), und H. Harkort: Ztschr. angew. Chem. **29**, 361 (1916), beschreiben die Kienölgewinnung in Rußland. Auch in Amerika wird Kienöl aus Kieferstubben gewonnen. Es hat $d_{15} = 0,862/867$ und destilliert zu 90% zwischen 160 und 180⁰. Chem. Umschau Fette, Öle, Wachse, Harze **26**, 43 (1919).

so weit durchgesetzt, daß sie als handelsüblich angesprochen werden kann. Man bezeichnet vielmehr viele Holzterpentinöle, ähnlich wie die Balsamterpentinöle, mit Ländernamen, und zwar gehören die folgenden „Terpentinöle" zu den Holzterpentinölen bzw. Kienölen:

Deutsches, schwedisches, finnisches, polnisches, russisches.

Die Holzterpentinöle[1] enthalten je nach der Art der Herstellung und Rektifikation viel oder wenig Pinen. Gut rektifizierte dampfdestillierte Holzterpentinöle stehen in ihrer Zusammensetzung den Balsam-Terpentinölen außerordentlich nahe und sind bisweilen analytisch von diesen nicht zu unterscheiden. Im allgemeinen enthalten sie größere Mengen der oben genannten, höher als Pinen siedenden Terpene. Kienöl ist besonders reich an Sylvestren. Daneben sind auch sauerstoffhaltige Verbindungen, vornehmlich Terpenalkohole (Borneol, Fenchylalkohol, Cineol u. a. m.) zugegen. Rohe Kienöle enthalten fast stets auch etwas Phenol.

In Kienölen und gelegentlich auch in eigentlichen Holz-Terpentinölen fand H. Wolff[2] auch einen gesättigten Kohlenwasserstoff (offenbar durch Zersetzung von Terpenen gebildet) von $d_{20} = 0,886$; Kp. 190/194°; $n_D^{20} = 1,4754$. Holzterpentinöle, die diesen Kohlenwasserstoff enthielten, hatten meistens ein ungewöhnlich hohes „Siedeende" und auch einen auffallend hohen Siedebeginn (175—185°). Man sollte solche Öle nach dem Vorschlag von Gammay[3] als „Schwelöle" bezeichnen. Nach den deutschen Lieferbedingungen dürfen sie wenigstens nicht ohne weiteres als „Holzterpentinöl" bezeichnet werden, wenn nicht durch Angabe der Siedegrenzen und der stets auffallend geringen Bromzahl das Produkt genügend gekennzeichnet wird.

Zu den Holzterpentinölen sind auch die sog. Cellulose-Terpentinöle oder Sulfat-, bzw. Sulfit-Terpentinöle[4] zu rechnen.

Beim Sulfatprozeß, welcher die Verarbeitung von harzreichem Holz (Nadelholz) auf Holzzellstoff (s. auch S. 597, Holzzellstoffteerprodukte) gestattet, erhält man nach Beendigung des Kochens ein von den Wasserdämpfen mitgerissenes Öl von terpentinölähnlichem Charakter, das den harzreichen Teilen des Holzes entstammt, und zwar auf eine Tonne Cellulose aus Fichtenholz 1—1,5 kg Öl, aus Kiefernholz etwa 10 kg Öl; infolge Gehalts an Mercaptanen und anderen organischen Schwefelverbindungen, z. B. Methylsulfid, riecht es widerlich, kann aber gereinigt werden und ist dann dem Terpentinöl sehr ähnlich: $d_{15} = 0,864/866$; $[\alpha]_D = +17,05$ bis $+18,55°$; $n_D^{20} = 1,4715/4727$; Kp. etwa 152—175°. Es besteht vorwiegend aus d-α-Pinen und enthält außerdem β-Pinen.

Die beim Sulfitprozeß zu gewinnenden terpentinölähnlichen Produkte beschreiben Klason[5], Bergström[6] und Z. Kertész[7]. Klason erkannte

<hr>

[1] Veitch u. Donk: Wood turpentine, its production, refining, properties and use; USA. Department of Agriculture, Bureau of Chemistry, Bulletin Nr. 144 (1911); French u. Withrow: Journ. Ind. engin. Chem. **6**, 148 (1914); Adams u. Hilton: ebenda **6**, 378 (1914); Whitaker u. Bates: ebenda **6**, 289 (1914); Adams: ebenda **7**, 957 (1915).

[2] H. Wolff: Farbe u. Lack **1924**, 75.

[3] Gammay: Farben-Ztg. **27**, 1177 (1922).

[4] O. M. Halse u. H. Dedichen: Ber. **50**, 623 (1917).

[5] Klason: ebenda **33**, 2343 (1900).

[6] Bergström: Svensk Pappers Tidning **11**, 130 (1914), durch Ber. v. Schimmel & Co., April/Okt. 1917, S. 78. [7] Z. Kertész: Chem.-Ztg. **40**, 945 (1916).

als Bestandteil Cymol, welches nach Kertész 80% des Rohöls ausmacht und durch Oxydation zu Isopropylbenzoesäure und Terephthalsäure nachgewiesen wurde; ferner fand Kertész ein Sesquiterpen vom Kp. 136—138° (9 mm), ein Diterpen und in den höchstsiedenden Teilen einen in Alkohol unlöslichen, bei 67° schmelzenden weißen Körper.

Den Holzterpentinölen sehr nahe stehen die leichten Campheröle.

Campheröl[1] ist ein Nebenprodukt der Gewinnung des natürlichen Camphers. Bei dieser werden Holz, Blätter, Wurzeln usw., möglichst von mindestens 50 Jahre alten Stämmen des Campherbaumes (Laurus camphora) mit Wasserdampf destilliert[2]. Aus dem überdestillierten Öl läßt man den Campher auskrystallisieren, und das vom Campher abgepreßte Öl wird sodann fraktioniert und durch Ausfrieren vom gelösten Campher[3] und Safrol[4] befreit.

Die Handelsprodukte, die dabei erhalten werden, sind leichtes, schweres und blaues Campheröl.

Leichtes Campheröl (d_{15} = 0,86—0,89, Flammpunkt 41—46°) siedet zwischen 165 und 210°, je nach Rektifikation. Es enthält im wesentlichen die gleichen Stoffe wie die dampfdestillierten Holzterpentinöle und ist von diesen analytisch nicht zu unterscheiden, gibt auch wie diese die „Berlinerblau-Reaktion" (s. u.)[5]. Es wird auch zu den gleichen Zwecken verwendet (Lackindustrie, Parfümierung billiger Seifen, Schuhcremes, Bohnermassen usw.).

b) Schweres Campheröl besteht aus Sesquiterpenen $C_{15}H_{24}$, Bisabolen und Cadinen — letzteres gibt, in Eisessig gelöst und mit 1 Tropfen konz. H_2SO_4 versetzt, eine schöne Farbreaktion (erst grün, dann schön blau und schließlich rot)[6] —, Safrol $C_{10}H_{10}O_2$, Eugenol $C_{10}H_{12}O_2$, Fenchon $C_{10}H_{16}O$, Terpineol $C_{10}H_{18}O$; es zeigt d_{15} 0,95 und Kp. 270/300°.

Benutzt wird das Öl ähnlich wie leichtes Öl, ferner zur Verdeckung des Geruchs von Schuhwichse, Hufschmiere, Mineralöl, Wagenfett usw.

c) Blaues Campheröl dient ähnlichen Zwecken wie das schwere Öl, hat d_{15} 0,95/96, Kp. etwa 300°.

3. Terpentinöl-Ersatzprodukte.

Die als Terpentinöl-Ersatzprodukte verwendeten Stoffe kann man in zwei Gruppen einteilen, nämlich 1. in solche, die den Terpentinölen chemisch nahestehen (auch als „Terpenoide" bezeichnet), und 2. in solche, die mit Terpentinöl chemisch nichts zu tun haben.

Die erste Gruppe besteht hauptsächlich aus den bei der Rektifikation des Terpentinöls, besonders zum Zwecke der Campherfabrikation, abfallenden sowie den aus geringwertigen Terpentinölen durch Hydrierung gewonnenen Produkten, z. B. „Hydroterpin", Kp. etwa 180—195°, d_{20} etwa 0,88. Die aus der Campherfabrikation stammenden „Terpenoide" wurden vielfach unter Phantasienamen und Bezeichnungen wie „regeneriertes Terpentinöl", „entcamphertes Terpentinöl" in den Handel gebracht. Ein sehr gleichmäßiges, nach seinem Hauptbestandteil benanntes Terpentinölersatzprodukt ist das „Dipenten" (Kp. 165 bis 180°, d_{20} 0,85—0,86).

---

[1] In der Pharmazie versteht man unter Campheröl (oleum camphoratum) Lösungen von Campher in Olivenöl, also Produkte, die mit den hier in Frage kommenden ätherischen Ölen nichts zu tun haben.

[2] James W. Davidson: „The Island of Formosa". 1903, S. 397/443, und Adolf Fischer: Streifzüge durch Formosa, Berlin 1900.

[3] Ber. v. Schimmel & Co., Okt. 1902, 16.   [4] Ebenda, Sept. 1885, 7.

[5] Vaubel u. Nedelscheff: Farben-Ztg. **33**, 1406 (1927/28).

[6] Wallach: Liebigs Ann. **238**, 87 (1887).

Zur zweiten Gruppe der Terpentinölersatzstoffe gehören vor allem höhersiedende benzinartige Kohlenwasserstoffe („Testbenzin" mit einem Abel-Test von mindestens 21°), aromatische Kohlenwasserstoffe (Lösungsbenzole, Schwerbenzol usw.), auch Tetralin und Dekalin. Selten werden Chlorkohlenwasserstoffe verwendet. In der Lack- und Farbenindustrie wird gewöhnlich unter „Terpentinölersatz" Testbenzin verstanden, das zwischen etwa 140 und 200° siedet (vgl. S. 226).

II. Untersuchungsmethoden[1].

1. **Löslichkeitsproben.** a) Ein Volumen Terpentinöl soll sich bei Zimmertemperatur mit 7 Vol. Alkohol von mindestens 90 Gew.-% klar mischen.

b) Balsamterpentinöl und Kienöl unterscheiden sich nach H. Wolff[2] auch durch die Löslichkeit in Essigsäure-anhydrid: Beim Vermischen von je 4 ccm Essigsäure-anhydrid und Terpentinöl bzw. Kienöl beträgt die untere Schicht nach dem Absetzen bei Zimmertemperatur bei Balsamölen 4,6—4,8 ccm, bei Kienölen mit seltenen Ausnahmen über 7,0 ccm.

2. **Spez. Gew.** Die Bestimmung erfolgt bei einer Temperatur zwischen 15 und 25°. Die Korrektur beträgt für Terpentinöle 0,00085 je 1°.

3. **Der Brechungsexponent** wird bei etwa 20° ermittelt und auf 20° umgerechnet. Korrektur: 0,00045 je 1°. Die Dispersion (Abbesche Zahl) beträgt bei Terpentinöl 48 bei 40° (Benzol 30,2, Toluol 32,7, Xylol 33,6).

4. **Die Siedeanalyse** wird in üblicher Weise nach Engler-Ubbelohde (S. 161) ausgeführt.

5. **Bromzahl.** Zu 50 ccm Alkohol von mindestens 95 Vol.-%, die sich in einer Glasstöpselflasche befinden, läßt man, genau abgemessen, 0,5 ccm Terpentinöl fließen (Meßpipette von 1 ccm Inhalt, Teilung in 0,02 oder 0,01 ccm) und fügt 5 ccm 25%ige Salzsäure hinzu. Nun titriert man mit wässeriger Kaliumbromidbromatlösung (13,918 g reines $KBrO_3$ und 50 g KBr im Liter), bis die Lösung mindestens 1 min lang schwach gelb gefärbt bleibt oder nach 1 min noch Jodzinkstärkepapier bläut.

Von älteren gefärbten Ölen werden mindestens 95% abdestilliert, und das Destillat wird zur Bestimmung der Bromzahl verwendet.

Berechnung. (Werden a ccm Bromlösung verbraucht, so ist die Bromzahl $= 8 \cdot a$ (entsprechend Anzahl Gramm Brom auf 100 ccm Terpentinöl).

Im wesentlichen kommt die Bromzahl dadurch zustande, daß Brom an die durch Doppelbindung verbundenen Kohlenstoffatome addiert wird und, unter Sprengung der Brückenbindung, an die durch diese verknüpften Kohlenstoffatome. Da aber leicht Nebenreaktionen eintreten, ist der Ausfall von der angewandten Methode abhängig[3]. Man muß sich deshalb streng an die Ausführungsvorschriften halten.

Alle gesättigten Kohlenwasserstoffe geben bei dieser Bestimmungsweise Bromzahlen von 0 oder wenigen Einheiten, auch Tetralin, das eine unter anderen Bedingungen gegenüber Brom reaktionsfähige Doppelbindung enthält (s. S. 578). Beim Erwärmen von Tetralin mit Brom bildet sich z. B. ein Dibromid, das beim Kochen mit Wasser in Naphthalin und Dihydronaphthalin zerfällt[4].

---

[1] Die Vorschriften 1a, 2—6a, 7 und 8a stimmen mit denen der deutschen Lieferbedingungen überein.

[2] H. Wolff: Farben-Ztg. **17**, 1709 (1912).

[3] S. auch Vaubel u. Nedelscheff: ebenda **33**, 1407 (1927/28).

[4] Salvaterra: Chem.-Ztg. **45**, 133, 150, 158 (1921).

6. Prüfung auf Benzin- und Benzolkohlenwasserstoffe[1].

a) **Schwefelsäureunlösliches** (nach den deutschen Lieferbedingungen). In einen Meßkolben mit engem, mit Teilung versehenen Halse werden 20 ccm schwach rauchende Schwefelsäure (38-normal = 100,92% H_2SO_4) gegeben, dann mit Eiswasser gekühlt. Aus einer Pipette läßt man nun langsam 5 ccm des zu prüfenden Terpentinöls zufließen. Man mischt vorsichtig, so daß der Inhalt zwar warm bleibt, aber auf keinen Fall die Temperatur von 60⁰ übersteigt. Wenn die Temperatur nicht mehr steigt, setzt man den Kolben auf ein Wasserbad und hält den Inhalt mindestens 10 min lang auf 60—65⁰, wobei man 6mal je $^1/_2$ min lang kräftig schüttelt. Nach Abkühlen auf Zimmertemperatur füllt man mit konz. H_2SO_4 auf, bis das nicht polymerisierte Öl in den Hals steigt, und läßt 12 h lang stehen (oder zentrifugiert 5 min mit 1200 Umdrehungen/min oder 15 min mit 900 Umdrehungen/min). Nach dem Absetzen liest man das Volumen des abgesetzten Öles ab, beobachtet die Viscosität, die hoch sein soll, die Farbe, die hellgelb oder dunkler ist, und mißt die Refraktion.

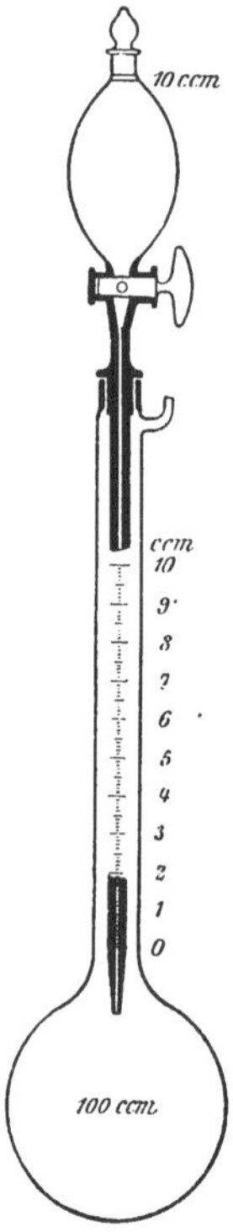

Benzol- und Benzinkohlenwasserstoffe machen sich durch eine größere Abscheidung bemerkbar, die überdies weniger viscos ist als bei reinen Balsam- oder Holzterpentinölen. Benzinkohlenwasserstoffe zeigen sich außerdem durch eine geringere Refraktion des Rückstandes an.

b) **Mit rauchender Salpetersäure** (genauere Bestimmung nach Marcusson)[2]:

α) **Bestimmung der Benzinkohlenwasserstoffe.** Der mit 30 ccm rauchender HNO_3 beschickte Meßkolben (Abb. 187) wird durch Eintauchen in eine 15%ige, durch Viehsalzeismischung gekühlte Kochsalzlösung auf —10⁰ abgekühlt. Man läßt aus dem von der Hahnbohrung bis zu einer Marke 10 ccm fassenden Tropftrichter das zu prüfende Terpentinöl tropfenweise unter ständigem Schütteln des Kolbens (zweckmäßig durch eine mechanische Schüttelvorrichtung) zu der gekühlten Säure hinzufließen. Die Zuflußzeit kann $^1/_2$—1 h betragen; je höher der Benzingehalt, desto schneller läßt man das Öl zutropfen.

Nach beendeter Reaktion läßt man noch $^1/_4$ h in der Kältelösung stehen und fügt nach Entfernung des Tropftrichters so viel auf — 10⁰ abgekühlte konz. (nicht rauchende) HNO_3 zu dem in der Kältemischung befindlichen Kolbeninhalt, bis das Volumen des unzersetzten, sich oben ansammelnden Öles an dem graduierten Hals abgelesen werden kann. Bei der Ablesung soll der Kolbenhals Zimmertemperatur haben, die Kugel jedoch im Kältebad verbleiben.

Abb 187. Apparat zur Bestimmung von Benzin in Terpentinöl.

Nach Überführung des Reaktionsgemisches in einen Scheidetrichter wird die untere Schicht in einen mit 150 ccm Wasser beschickten $^1/_2$-l-Meßkolben abgelassen, dessen Hals eine 10 ccm umfassende Teilung in 0,1 ccm aufweist. Hierbei tritt beträchtliche Erwärmung und, je nach Menge der gelösten Benzin-

---

[1] Für den umgekehrten Nachweis von Terpentinöl in Mineralöl eignet sich insbesondere die Bildung von Pinennitrosochlorid beim Behandeln des Öles mit Amylnitrit und konz. Salzsäure: Man tröpfelt 1,5 ccm rohe Salzsäure von 33% in ein stark abgekühltes Gemisch aus 5 g des zu prüfenden Öles, 5 g Eisessig und 5 g Amylnitrit. Die abgeschiedenen Krystalle des Nitrosochlorids werden durch Lösen in Chloroform und Fällen mit Methylalkohol gereinigt. Schmelzpunkt 102—103⁰ [Wallach u. Otto: Liebigs Ann. **253**, 251 (1889)]. Läßt man sie in Gegenwart von Alkohol auf Benzylamin einwirken, so erhält man das charakteristische, bei 122—123⁰ schmelzende Pinennitrolbenzylamin. Alkoholische Lauge spaltet aus dem Nitrosochlorid Salzsäure ab unter Bildung eines ungesättigten Oxims des Nitrosopinens vom Schmelzpunkt 132⁰.

[2] Marcusson: Chem.-Ztg. **33**, 987 (1909).

bestandteile, mehr oder weniger Ölausscheidung ein. Die im Scheidetrichter verbleibende unangegriffene Ölschicht wird mit Wasser gewaschen und auf Brechungsexponenten, spez. Gew. und evtl. Siedeverhalten geprüft. Die wässerige Schicht der von der Salpetersäure gelösten Anteile wird dann noch $1/4$ h auf siedendem Wasserbade unter dem Abzug erwärmt, um die aus Terpentinöl entstandenen Harze tunlichst vollkommen zu lösen. Schwimmen Öltropfen in oder auf der Flüssigkeit, so liegt Verdacht auf Zusatz von Benzolkohlenwasserstoffen[1] vor; man prüft dann nach β) weiter.

Die erkaltete Flüssigkeit wird im Scheidetrichter mit 100 ccm Äther durchgeschüttelt, die wässerige Schicht abgelassen und die ätherische noch einige Male zur Entfernung anhaftender Säure mit Wasser, dann mit Kalilauge (50 g KOH in 500 ccm Wasser und 50 ccm Alkohol) und schließlich wieder mit Wasser gewaschen.

Die mit $CaCl_2$ getrocknete Ätherlösung wird filtriert, abdestilliert und der Rückstand nach kurzem Erhitzen auf dem Wasserbad gewogen. Der Rückstand stellt ein rotbraunes Öl dar (aromatische Nitroverbindungen) und ist auf Kubikzentimeter umzurechnen (mittleres spez. Gew. 1,15), da die Benzinbestimmung von Anfang an volumetrisch ausgeführt wurde. Die Fehlergrenzen der so erhaltenen Resultate sind $\pm 2^1/_2\%$.

Nach Tabelle 138 kann man aus dem spez. Gew. der in Salpetersäure unlöslichen Anteile auf die Herkunft des Benzins schließen.

Bei untergeordneten Benzinmengen ist die Bestimmung der Art desselben nach vorstehendem Verfahren unsicher, da das Benzin dann stärker als bei überwiegendem Benzingehalte angegriffen wird. Das spez. Gew. der salpetersäureunlöslichen Teile wird in diesem Falle geringer.

Tabelle 138. Unterscheidung von Terpentinölersatzmitteln (Benzinen) verschiedener Herkunft.

Herkunft (Kp. 100—180⁰)	d_{15}	Salpetersäurelösl. Vol.-%	d_{15} der salpetersäureunlösl. Anteile
Sumatra .	0,782	22	0,76—0,77
„ .	0,803	40	
Amerika .	0,734	10	0,72—0,73
Rußland .	0,789	10	0,78
„ .	0,790	8	
Galizien . .	0,760	17	0,74—0,75

β) Bestimmung der aromatischen Kohlenwasserstoffe. Benzolkohlenwasserstoffe werden nach Marcusson[2] ebenfalls mit Hilfe der Salpetersäureprobe nachgewiesen. Die nach α) erhaltene wässerige Lösung der in rauchender HNO_3 löslichen Bestandteile wird nach $1/4$ h langem Kochen auf dem Wasserbad einige Stunden erkalten gelassen. Geringe harzige Massen an der Oberfläche der Flüssigkeit deuten nicht auf Benzolkohlenwasserstoffe. Haben sich am Boden oder an der Oberfläche der Flüssigkeit rotbraune Öltröpfchen (Nitroverbindungen) ausgeschieden, so werden sie durch Zusatz von Schwefelsäure (1,6) in den graduierten Teil des Meßkolbens gedrängt und gemessen. Betragen die Abscheidungen über 50%, so unterbleibt das Kochen der wässerigen Lösung, und der Gehalt wird gefunden, indem man die abgelesenen Raumteile durch 1,15 dividiert.

7. Abdampfrückstand. Eine Schale (Inhalt etwa 50 ccm) wird bis nahe zum Rande in ein Sandbad eingebettet. Dicht neben die Schale steckt man ein Thermometer in den Sand, so daß die Kugel etwa 2—3 mm vom Schalenboden entfernt ist. Nun reguliert man die Temperatur auf 150—155⁰, läßt dann langsam 5 ccm Terpentinöl aus einer Pipette in die Schale fließen und bringt nach dem Verdampfen die Schale noch 15 min lang in einen auf 150⁰ geheizten Trockenschrank. Endlich wägt man und berechnet den Rückstand unter Berücksichtigung des spez. Gew. des angewandten Öles auf Gewichtsprozente. Über die zulässige Größe des Rückstandes s. Lieferbedingungen, S. 608.

---

[1] Da viele Benzine (s. auch Tabelle 138) beträchtliche Mengen aromatischer Kohlenwasserstoffe enthalten, darf bei der Untersuchung von Benzinen und Benzin-Terpentinöl-Gemischen bei Feststellung aromatischer Kohlenwasserstoffe nicht ohne weiteres auf einen (absichtlichen) Zusatz derselben geschlossen werden.

[2] Marcusson: Chem.-Ztg. **36**, 413 (1912).

Abdampfrückstandsbestimmungen bei niedrigeren Temperaturen können leicht zu einer Vermehrung des vorhandenen verharzten Anteils führen, da bei längerer Verdampfungszeit die Verharzung schneller als die Verdunstung verlaufen kann.

8. **Unterscheidung von Balsamterpentinölen und rohen oder unvollständig raffinierten Holzterpentinölen.** Zum Nachweis von Holzterpentinölen sind zahlreiche Farbenreaktionen vorgeschlagen worden (meist als „Kienölreaktionen" bezeichnet), welche aber meist nur bei rohen oder schlecht raffinierten Holzterpentinölen eintreten. Die guten, heute im Handel befindlichen dampfdestillierten Holzterpentinöle zeigen die meisten Reaktionen nicht mehr, mit Ausnahme der nachstehenden Berlinerblau-Reaktion, die allerdings auch bei besonders gut raffinierten und fraktionierten Holzterpentinölen bisweilen versagt, d. h. bei solchen Ölen, die auch der Zusammensetzung nach den Balsamterpentinölen völlig entsprechen.

a) **Berlinerblauprobe nach H. Wolff**[1], auf der Ausfällung von Berlinerblau aus einer Ferriferricyanidlösung durch reduzierende Bestandteile der Holzterpentinöle beruhend.

Reagentien: Lösung A. 0,5 g Ferricyankalium in 250 ccm Wasser (stets frisch zu bereiten).

Lösung B. 3 ccm Eisenchloridlösung DAB. VI (9,8—10,3% Fe enthaltend) in 250 ccm Wasser.

Ausführung: 5 Tropfen des Terpentinöls werden zu einer Mischung von je 4 ccm Lösung A und B gegeben und $1/4$ min kräftig geschüttelt. Bei Gegenwart von Holzterpentinöl tritt Fällung von Berlinerblau ein, wenn nicht ein besonders gut raffiniertes und fraktioniertes Öl vorliegt[2]. Färbungen, die erst nach mehr als 2—3 min auftreten, sind nicht maßgebend.

b) **Nach Herzfeld (Modifikation Wolff)**[3]:

α) Etwa 5 ccm Terpentinöl (bei älteren Ölen besser das Destillat) werden in einem Reagensglas mit etwa 1 ccm Kalilauge ($d = 1,31$) im Wasserbade unter häufigem Schütteln erwärmt. Reines Terpentinöl bleibt farblos, während Holzterpentinöle, besonders Kienöle, braun gefärbt werden und bisweilen an der Trennungsfläche von Lauge und Öl ein braunes Harz abscheiden.

β)[4] Auf etwa 5 ccm frischer gesättigter Natriumsulfitlösung gibt man 5 ccm der Probe und fügt, in Portionen von etwa $1/2$ ccm, verdünnte H_2SO_4 (1 Vol. konz. H_2SO_4 + 4 Vol. Wasser) hinzu. Kienöle färben sich dabei grünlich. Wenn bei Zugabe von 3 ccm Säure noch keine Färbung aufgetreten ist, ist die Reaktion als negativ anzusehen.

c) **Nach Wolff**[5]:

Etwa 5 ccm der Probe werden mit 5 Tropfen Nitrobenzol einmal aufgekocht, dann 2 ccm Salzsäure (etwa 25%ig) zugegeben und 10 sec lang zum Sieden erhitzt (Vorsicht, da Kienöle bisweilen sehr heftig reagieren!). Kienöl gibt mehr oder weniger starke Braunfärbung der Ölschicht und Braun- bis Schwarzfärbung der Säureschicht, Balsamterpentinöle geben keine oder hellgelbe grünstichige Färbung der Ölschicht, während die Säure sich nur schmutzig hellbraun färbt.

---

[1] H. Wolff: Farben-Ztg. **17**, 21 (1910).

[2] Bei allen Reaktionen sind Vergleichsproben mit sicher reinem Balsamterpentinöl und einem verschnittenen anzustellen. Die Farbenintensität läßt aber keinen Schluß auf die Verschnittmenge zu. Alte Öle sind zu destillieren, und die Reaktion ist mit dem Destillat anzustellen.

[3] Herzfeld: Ztschr. öffentl. Chem. **9**, 456 (1903); Wolff: Farben-Ztg. **16**, 1 (1909).

[4] Herzfeld: Ztschr. öffentl. Chem. **10**, 382 (1904); Wolff: Farben-Ztg. **17**, 21 (1910).

[5] Wolff: ebenda **17**, 21 (1910).

d) Nach Utz[1]:

Kienöle und kienölhaltiges Balsamterpentinöl geben mit offizineller Zinnchlorürlösung (Bettendorfs Reagens, s. S. 737) himbeerrote Färbung des Öles oder der Zinnchlorürlösung, während reine Balsamterpentinöle nur orangegelbe oder gelbe Färbungen ergeben.

e) Nach Piest[2]:

Man schüttelt 5 ccm des Öles mit 5 ccm Essigsäure-anhydrid, gibt unter Kühlen mit fließendem Wasser 10 Tropfen konz. Salzsäure und nach dem Abkühlen noch 5 Tropfen hinzu. Nach Durchschütteln bei Zimmertemperatur und einigem Abwarten beobachtet man die Farbe. Terpentinöl bleibt farblos, Kienöl gibt schwarze, eine Mischung beider Öle braune bis schwarze Färbung.

f) Salvaterra[3] empfiehlt die Halphensche Reaktion: Man läßt Bromdampf auf eine Lösung des Öles in CCl_4, die etwas Phenol enthält, einwirken. Terpentinöl gibt bräunliche, Kienöl weinrote bis violette Färbung.

9. Nachweis von Harzessenz. Sehr selten kommen Verschnitte mit Harzessenzen vor, d. h. den am leichtesten siedenden Produkten der trockenen Destillation des Kolophoniums (Kp. etwa $150-180^0$). Diese Zusätze machen sich bereits bei der Bestimmung der Bromzahl, des Brechungsindex oder bei der Destillation bemerkbar. Sie werden nach Grimaldi[4] wie folgt erkannt:

Gleiche Volumina des Öles und konz. Salzsäure werden mit einem Körnchen Zinn erwärmt und dann abgekühlt. Harzessenzen geben smaragdgrüne Färbung. Oft tritt diese übrigens bei Gegenwart von Harzessenz auch schon bei der Reaktion von Utz (s. o.) nach einiger Zeit auf, da bei dieser ja ebenfalls Zinnchlorür als Reagens dient.

10. Wertbestimmung von rohen Terpentinölen aus Holz und Sulfatterpentinölen.

Zur Wertbestimmung (nicht handelsüblich) roher Terpentin- und Kienteeröle destilliert J. Klinga[5] 150 ccm Öl aus kurzhalsigem Kolben mit aufgesetztem Dephlegmator bei einer Geschwindigkeit von 3—4 ccm/min. Die Fraktion von $150-180^0$ wird getrennt aufgefangen und mit 10%iger Natronlauge geschüttelt; der unlösliche Rest dieser Fraktion wird als Wertzahl für den Terpentinölgehalt angesehen. (Besser dürfte man entweder von 100 ccm Rohöl ausgehen oder die Wertzahl mindestens auf 100 ccm berechnen, d. h. den Prozentgehalt an entsäuerten, zwischen 150 und 180^0 siedenden Kohlenwasserstoffen angeben.)

Tabelle 139. Wertzahlen von Terpentinölen usw.

Art des Rohöls	d_{15}	Fraktion I bis 150^0 ccm	Fraktion II $150-180^0$ ccm	Über 180^0 ccm	Wertzahl
Trockene Kiefer im Röhrenofen	0,924	40	82	28	69
,, ,, ,, ,,	0,930	48	69	33	58
Trockenverkohlungsöl . . .	0,913	14	91	45	86
,, . . .	0,903	6	110	34	105
Schaumöl vom Carbo-Ofen .	0,895	9	109	32	109
Öl vom Carbo-Ofen	0,925	18	85	47	81
Rohes Sulfatterpentinöl . .	0,873	1	134	15	134
,, ,, . . .	0,873	3	134	13	134

[1] Utz: Chem. Revue üb. d. Fett- u. Harzind. **12**, 100 (1905).
[2] Piest: Chem.-Ztg. **36**, 198 (1912).
[3] Salvaterra: ebenda **45**, 133, 151, 158 (1921).
[4] Grimaldi: ebenda **31**, 1145 (1907).
[5] J. Klinga: Dtsch. Parfümerieztg. **3**, 107 (1917). Ref. Chem. Umschau Fette, Öle, Wachse, Harze **24**, 91 (1917).

Klinga untersuchte besonders die bei der Holzverkohlung und dem Sulfatcelluloseprozeß erhaltenen Rohöle und fand die in vorstehender Tabelle angeführten Werte.

III. Lieferbedingungen.

1. Deutsche Lieferbedingungen für Balsamterpentinöl und Holzterpentinöl, RAL Blatt 848 C 1927.

Bezeichnungsweise s. S. 599 u. 600[1]. Die Anforderungen sind folgende:

a) Aussehen: klar und frei von Trübungsstoffen und Wassertröpfchen[2].

b) Farbe: wasserhell oder höchstens schwach gelblich. Die Farbe der Lieferung soll nicht wesentlich von der des Kaufmusters[3] abweichen.

c) Geruch: bei Balsamterpentinöl milde, bei den anderen Terpentinölen dem charakteristischen Geruch entsprechend.

d) Kennzahlen:

Tabelle 140. Kennzahlen von Balsam- und Holzterpentinölen (RAL).

Eigenschaft	Balsam-terpentinöl[4]	Holz-terpentinöl
Spez. Gew. d_{20}	0,855/872	0,86/88
Brechungsindex n_D^{20}	1,467/478	1,465/478
Siedebeginn (Engler - Destillation, 760 mm) . ^{0}	152—156	150—165
Mindestens 75% Destillat bis . . . . ^{0}	162	meistens 180
Bromzahl mindestens	210	155
Schwefelsäureunlösliches, Menge höchstens . .%	2	2,5
Dgl., n_D^{20} mindestens.	1,5	1,48
Abdampfrückstand . . . .%	unter 0,5	unter 1,0
Berlinerblau-Reaktion	· negativ	—

Bei zollamtlichen Untersuchungen wird zur Unterscheidung des „echten Terpentinöls" vom „Patentterpentinöl" zunächst die Löslichkeit in Alkohol ermittelt: 5 ccm Terpentinöl werden mit 45 ccm Alkohol von 90 Vol.-% geschüttelt. Tritt Trübung oder Abscheidung von Öltropfen ein, so gilt das Produkt als Patentterpentinöl. Tritt keine Trübung ein, so bringt man das Volumen mit Alkohol auf 100 ccm, gibt 6 ccm dieser Lösung zu einer Mischung von 60 ccm einer Kaliumbromidbromatlösung (3 g $KBrO_3$ + 11 g KBr im Liter) mit 15 ccm verdünnter

---

[1] Es gilt noch folgendes: Wird Terpentinöl bestimmter Herkunft verkauft oder verlangt, so ist die Herkunft innezuhalten. Mischungen von Terpentinölen mit anderen Stoffen dürfen nicht mit Worten bezeichnet werden, die das Wort „Terpentin" oder „Terpentinöl" enthalten, außer bei der Bezeichnung „Terpentinersatz" oder „Terpentinölersatz". Das Wort „Terpentin" sollte niemals für Terpentinöl oder terpentinölartige Stoffe verwendet werden, da es einen Balsam bedeutet.

[2] Wassertröpfchen kommen häufig in alten Terpentinölen vor, bei denen eine stärkere Oxydation unter Bildung von Wasser stattgefunden hat.

[3] Kaufmuster kommen kaum bei Balsamterpentinöl, wohl aber gelegentlich bei Holzterpentinölen vor. Da Kaufmuster nur zur Information dienen sollen, außerdem geringe Veränderungen der Farbe durch Oxydation bis zur Lieferung nicht immer auszuschließen sind, ist absolute Übereinstimmung der Farbe nicht erforderlich. Grobe Unterschiede sind nach Sachlage zu werten.

[4] Deutsches Balsamterpentinöl weicht in seinen Eigenschaften nach H. Wolff (unveröffentlicht) oft erheblich von denen der handelsüblichen Sorten ab. So lag der Siedebeginn bei 160/161°, und 75% destillierten bis etwa 167°. Die Bromzahl betrug nur 185. Die Berlinerblau-Reaktion fiel allerdings sehr schwach positiv aus, so daß sich das authentische deutsche Balsamterpentinöl (zum Teil vom Verfasser selbst aus Balsam destilliert) den Holzterpentinölen näherte.

H_2SO_4 (350 ccm konz. H_2SO_4 und 650 ccm Wasser) und schüttelt um. Tritt nicht völlige Entfärbung ein, so wird das Produkt als Patentterpentinöl verzollt. (Die Bromzahl muß hiernach zollamtlich mindestens 173 betragen.) Gegebenenfalls kann die Entscheidung auch durch genauere Untersuchung herbeigeführt werden.

2. Vorschriften des Deutschen Arzneibuches, 6. Aufl.

a) Terpentinöl (Oleum Terebinthinae). Ätherisches Öl der Terpentine verschiedener Pinusarten; farblose oder schwach gelbliche, leicht bewegliche Flüssigkeit von eigenartigem Geruch und scharfem, kratzendem Geschmack. Je nach Herkunft rechts- oder linksdrehend ($[\alpha]_D^{20} + 15$ bis $- 40^0$), $d_{20} = 0,855—0,872$; Siedebeginn nicht unter 150^0; zwischen 155 und 165^0 mindestens 80 Vol.-% Destillat. Im 12fachen Volumen 90 vol.-%igen Alkohols klar löslich. Verdampfungsrückstand nicht über 3% (1 g Öl 2 h lang in flacher Porzellanschale auf dem Wasserbade erhitzen). 3 ccm frischdestilliertes Terpentinöl dürfen mit einem erbsengroßen Stück KOH nach 4std. Stehen weder Braun- oder Gelbbraunfärbung des Ätzkalis noch eine gleiche Färbung der Flüssigkeit geben (Prüfung auf Kienöl).

b) Gereinigtes Terpentinöl (Oleum Terebinthinae rectificatum). Mit der 3fachen Gewichtsmenge 50^0 warmem Kalkwasser 10 min lang geschütteltes, nach Trennung vom Kalkwasser filtriertes und bei $155—162^0$ destilliertes Terpentinöl. $d_{20} = 0,855—0,865$; im 5fachen Volumen Petroläther (Kp. $40—60^0$) klar löslich, auch bei weiterem Petrolätherzusatz keine Trübung. Prüfung auf Kienöl wie bei Terpentinöl. Neutralisationszahl (in absolut-alkoholischer Lösung bestimmt) nicht über 0,67. Verdampfungsrückstand nicht über 5 mg aus 2 g Öl (wie oben bestimmt).

3. Vorschriften der A.S.T.M. für amerikanische Balsamterpentinöle, dampfdestillierte und trocken destillierte Holzterpentinöle.

Alle Öle sollen rein (unverfälscht), klar, frei von suspendierten Stoffen und Wasser und nicht dunkler als die Standardfarbe[1] sein. Der Geruch soll der für die betreffende Sorte charakteristische Geruch (bei Balsam- und dampfdestilliertem Holzterpentinöl milde und aromatisch) sein und auf Wunsch dem Geruch des Musters entsprechen.

Tabelle 141. Kennzahlen von Balsam- und Holzterpentinölen (A.S.T.M.).

Eigenschaft	Balsamterpentinöl und dampfdestilliertes Holzterpentinöl[2]	Trocken destilliertes Holzterpentinöl
$d_{15,6}^{15,6}$	0,860/0,875	0,860/0,875
n_D^{20}	1,465/1,478	1,463/1,483
Siedebeginn (760 mm) ^{0} C	150/160	150/157
Vol.-% Destillat bis 170^0 mindestens	90	60
Dgl. bis 180^0 mindestens	—	90
Vol.-% Rückstand nach Polymerisation mit 38-n H_2SO_4 höchstens	2,0 [3]	2,0
n_D^{20} des Rückstandes mindestens	1,500	1,480

[1] Standardfarbe: Im Lovibond-Tintometer darf eine Schicht von 90 bzw. 100 ccm Terpentinöl + gelbes Glas Nr. 1 nicht dunkler erscheinen als Glas Nr. 2 + 40 bis 50 ccm Terpentinöl.

[2] Bei Bezugnahme auf obige Vorschriften ist anzugeben, ob es sich um Balsamöl oder dampfdestilliertes Holzterpentinöl handelt.

[3] Der Rückstand soll dickflüssig, strohgelb oder dunkler sein.

Tabelle 142. Unterscheidung von Terpentinölen und deren Ersatzstoffen.

Produkt	d_{20} g/l	$n_D^{20°}$	Siedegrenzen °C bei 760 mm	Optisches Drehungsvermögen $[\alpha]_D$	Bromzahl	Bemerkungen
Balsamterpentinöl[1]	855/872	1,467/1,478	Beginn: 152−156. Bis 162 mindestens 75%. Deutsches: Beginn etwa 160. 75% destillieren bis 167.	Französisches, spanisches und portugiesisches: etwa −27 bis −35°, amerikanisches: etwa +30 bis −35°, griechisches: etwa +34 bis +41°, deutsches: etwa +20 bis +25°	mindestens 210; deutsches etwa 185	Bei alten verharzten Ölen wird das Destillat auf die Bromzahl geprüft, die dann normal sein muß. Berlinerblau-Reaktion negativ; bei deutschem Balsamterpentinöl oft schwach positiv
Holzterpentinöl (ebenso Sulfat- und Sulfitterpentinöl und leichtes Campheröl)	860/880	1,465/1,478	Beginn: 150−165. 75% destillieren meist bis 180.	etwa +10 bis +75°	mindestens 155	Dampfdestilliertes Holzterpentinöl ist oft dem Balsamterpentinöl sehr ähnlich
Terpentinölrückstand (regeneriertes, entcamphertes Terpentinöl)	855/875	1,475/1,480	Beginn: 165−170. Bis 175: 75−100%	etwa 0−10°	etwa 160−180	—
Dipenten	850/860	—	165−180	—	—	—
Hydroterpin	etwa 880	etwa 1,473	etwa 178−192	etwa +4 bis 5°	—	—
Rekt. Harzessenz(Pinolin)	etwa 885	—	etwa 150−200	—	—	—
Testbenzin (Terpentinölersatz)	780/810	etwa 1,42/1,44	etwa 140−200	0 oder fast 0	0 oder fast 0	—
Lösungsbenzol I	etwa 870	etwa 1,498/1,51	Beginn: nicht unter 120. Bis 160 mindestens 90%	0	dgl.	—
Lösungsbenzol II	etwa 870	etwa 1,50/1,52	Beginn: nicht unter 135, bis 180 mindestens 90%	0	dgl.	—
Schwerbenzol	etwa 920/945	etwa 1,525	Beginn: nicht unter 160, bis 200 mindestens 90%	0	dgl.	—
Dekalin	etwa 885	etwa 1,475	188−193	0	dgl.	—
Tetralin	etwa 972	1,535/1,55	205−207	0	dgl.	—
Chlorkohlenwasserstoffe (selten zur Erhöhung des Flammpunktes zugesetzt)[2]						
Tetrachlorkohlenstoff CCl₄	1590	1,46	76/77	0	0	—
Trichloräthylen C₂HCl₃	1460	1,48	86/88	0	0	—

[1] Indisches Terpentinöl von Pinus excelsa hat $[\alpha]_D = +42°$, von Pinus khasya +0,5 bis +2,5°, von Pinus longifolia etwa +36°. Diese Öle sind nicht handelsüblich.

[2] Andere nicht brennbare Extraktions- und Lösungsmittel:

	d	Kp.		d	Kp.
Dichloräthylen $C_2H_2Cl_2$	1,25	55°	Tetrachloräthan $C_2H_2Cl_4$	1,60	147°
Perchloräthylen C_2Cl_4	1,62	121°	Pentachloräthan C_2HCl_5	1,70	159°

B. Kolophonium.

I. Gewinnung und Eigenschaften.

Bei der Destillation der Balsame auf Terpentinöl hinterbleibt als Rückstand das sog. Kolophonium. Es hat $d_{15} = 1{,}07 - 1{,}09$, Farbe je nach Herstellung und Ursprung von blaßgelblich bis tiefbraun, erweicht bei etwa 70^0 und schmilzt bei 130^0 und darüber.

Die Farbe wird im Handel durch Buchstaben gekennzeichnet: so bedeutet bei mexikanischem Harz A die dunkelste, schwarzbraune Färbung, B, C usw. werden heller, G und H sind noch ziemlich dunkelbraun, L, M, N schon sehr hellgelb. Die hellsten, blaßgelben Sorten führen die Bezeichnung W.G. (window glass), W.W. (water white), heller als W.G., und Excelsior als hellste Sorte. Die hellsten französischen Sorten führen etwas andere Bezeichnungen.

II. Chemische Zusammensetzung.

(Neubearbeitet von P. Levy-Aachen.)

Kolophonium besteht, von etwa $6{,}5\%$ unverseifbaren Substanzen abgesehen, aus einem Gemenge von etwa 90% krystallisierbaren sauren Anteilen der Formel $C_{20}H_{30}O_2$ und etwa 10% amorphen homologen Säuren, welchen letzteren Aschan[1] die allgemeine Zusammensetzung $C_nH_{2n-10}O_4$ zuschrieb und die Bezeichnung Kolophensäuren gab. Die Strukturformeln der α-Abietinsäure und der α-Pimarsäure, d. h. der aus den verschiedenen Kolophoniumsorten in krystalliner Form erhältlichen wesentlichen Bestandteile des Kolophoniums, sind bis heute noch nicht mit Sicherheit ermittelt.

Die in den Balsamen oder Terpentinen selbst vorkommenden Säuren sind nicht ohne weiteres als identisch mit den krystallinen sauren Bestandteilen des Kolophoniums anzusehen, wie manche Forscher annahmen. Lediglich die Dextro-Pimarsäure — nach Dupont[2] α-Pimarsäure genannt — kommt infolge ihrer größeren Hitzebeständigkeit sowohl in den ursprünglichen Coniferen-Sekreten als auch in deren Destillationsrückstand, dem Kolophonium, vor. Die anderen, in den Balsamen vorkommenden natürlichen oder „nativen" Harzsäuren erleiden dagegen durch die zur Darstellung von Kolophonium erforderlichen höheren Temperaturen eine mehr oder weniger weitgehende Umlagerung — Isomerisation — und gehen dabei in die bereits erwähnte, den Hauptbestandteil der krystallisierbaren Säuren aller Kolophoniumsorten ausmachende Abietinsäure über. Schneller und vollkommener als durch Hitze tritt die Umwandlung mit Mineralsäuren ein. So lagern sich nach Dupont[3] die in den Balsamen vorkommende β-Pimarsäure — auch Lävo-Pimarsäure genannt —, die Alleposäuren und die Pineinsäure unter dem isomerisierenden Einfluß von Salzsäure in die α-Abietinsäure um, die sich in reinster Form aus Kolophonium nach Schulz[4] — Einleiten von HCl-Gas in eine alkoholische Harzlösung und mehrmaliges Umkrystallisieren — darstellen läßt, alsdann bei $171-173^0$ C schmilzt und eine spez. Drehung von etwa -100^0 bei 19^0 C in alkoholischer Lösung besitzt. Alle anderen Abietinsäuren, z. B. die von Ruzicka[5] benutzte Säure von Steele[6], sowie die nach dem D.R.P. 221889 (1910) von Levy gewonnene Säure, sind weniger reine Produkte. Denn nach Levy und

---

[1] Aschan: Ber. **54**, 867 (1921).
[2] Dupont: Bull. Soc. chim. France [4] **35**, 1209 (1924).
[3] Dupont: ebenda [4] **29**, 718 (1921); **35**, 879 (1924); **35**, 889 (1924); **39**, 1029 (1926).
[4] Schulz: Chem.-Ztg. **41**, 666 (1916).
[5] Ruzicka: Helv. chim. Acta **6**, 1099 (1923).
[6] Steele: Journ. Amer. chem. Soc. **44**, 1333 (1922).

Brunotte[1] entstand bei der Oxydation der nach beiden Verfahren dargestellten Abietinsäuren in alkalischer Lösung mit $KMnO_4$ neben der längst bekannten Tetraoxy-abietinsäure[2] $C_{20}H_{34}O_6$ eine Dioxysäure $C_{20}H_{32}O_4$. Diese konnte nach Merckens[3] nicht in eine der beiden Tetraoxysäuren, von welchen die bei 250/251[0] schmelzende Verbindung nach Versuchen von Rouin[4] als Abbauprodukt reinster Schulzscher Abietinsäure zu betrachten ist, übergeführt werden.

Identisch mit dieser bei 250/251[0] schmelzenden Tetraoxy-abietinsäure ist die Tetraoxy-silvinsäure von Wienhaus[5], welcher sie aus „Silvinsäure" durch Oxydation mit Kaliumpermanganat gewonnen hatte. Er versteht unter Silvinsäure eine mit Mineralsäuren vorbehandelte, also isomerisierte Coniferenharzsäure, während er die ursprünglichen Balsam- oder Terpentin-Säuren „Abietinsäure" nannte. Nach Wienhaus sollte nur aus Silvinsäure bei der $KMnO_4$-Oxydation die erwähnte Tetraoxy-silvinsäure entstehen.

Levy und Raalf[6] erhielten aber bei der Oxydation von Rohkolophonium in alkalischer Lösung mit $KMnO_4$ doch die bei 251[0] schmelzende Tetraoxy-abietinsäure, sowie eine isomere, bei 208/209[0] schmelzende optisch inaktive Verbindung. Sie bildete — im Gegensatz zu der bei 251[0] schmelzenden Säure — ein selbst in der Hitze in Wasser schwer lösliches Ammoniumsalz. Aus gewissen Gründen erblicken Levy und Raalf[7] in der niedrigerschmelzenden Tetraoxysäure ein Derivat der α-Pimarsäure, von welcher als oxydatives Abbauprodukt mit $KMnO_4$ bisher nur die Dioxy-dextro-pimarsäure $C_{20}H_{32}O_4$ von Ruzicka[8] bekannt ist.

Aus der Bildung der Tetraoxy-abietinsäure bzw. der damit identischen Tetraoxy-silvinsäure erhellt mit Sicherheit, daß die Abietinsäure 2 doppelte Bindungen besitzt, was Ruzicka und Meyer[9] durch Beobachtung von Tetrahydrosäure $C_{20}H_{34}O_2$ bei der katalytischen Hydrierung von Abietinsäure bestätigten. Als weitere Stütze kann auch die zuerst von Levy[10] bei der Einwirkung von HBr-Eisessig auf eine Lösung von Abietinsäure in Eisessig erhaltene Dihydro-dibrom-abietinsäure $C_{20}H_{32}O_2Br_2$ dienen. Die bei der analogen Reaktion mit HCl-Eisessig entstehende Dihydro-dichlor-abietinsäure $C_{20}H_{32}O_2Cl_2$ von Rau und Simonsen[11] ist im Vergleich mit der entsprechenden Bromverbindung viel beständiger und verträgt unbedenklich ein Umlösen aus Essigester oder Benzol.

Zur Aufklärung der Konstitution der Abietinsäure wurde auch ihr Verhalten gegenüber Schwefel und Selen in der Hitze untersucht, wobei Vesterberg[12] reichliche·Bildung von Reten $C_{18}H_{18}$ feststellte. Dieser in der Folge von Levy[13] bestätigte Befund ließ Ruzicka[14] die dehydrierende Einwirkung von Schwefel vergleichsweise bei Abietinsäure, Methylabietinat und Dihydro-abietinsäure studieren. In allen Fällen entstand in guter Ausbeute „Reten", dessen Konstitution durch Bucher[15] als 1-Methyl-7-isopropyl-phenanthren bewiesen war. Dagegen entstand nach Ruzicka[16] beim Dehydrieren mit Schwefel aus „Methyl-abietin" $C_{20}H_{32}$, welches er aus Abietinol $C_{20}H_{32}O$, einem Reduktionsprodukt von Abietinsäuremethylester, bei der Einwirkung von PCl_5 erhalten hatte, Methylreten $C_{19}H_{20}$*. Hiernach liegt der Abietinsäure sicher ein Retenskelett zugrunde, so daß sie als Methyl-dekahydroreten-carbonsäure aufzufassen ist, in welcher die Stellung einer Methyl- und der Isopropylgruppe die gleiche sein muß wie im Reten, also bekannt

[1] Levy u. Brunotte: Ber. **61**, 621 (1928).   [2] Ebenda **61**, 616 (1928).

[3] Merckens: Diplomarbeit Aachen 1928.

[4] Rouin: Bull. Institut du Pin **1929**, Heft 59, 133.

[5] Wienhaus: Ztschr. angew. Chem. **34**, 256 (1921).

[6] Levy u. Raalf: Ber. **59**, 1302 (1926).

[7] Levy u. Raalf: Bisher nicht veröffentlicht.

[8] Ruzicka: Liebigs Ann. **460**, 202 (1928).

[9] Ruzicka u. Meyer: Helv. chim. Acta **5**, 313 (1922).

[10] Levy: Ber. **40**, 3659 (1907).

[11] Rau u. Simonsen: Indian Forest Records **11**, 207 (1924).

[12] Vesterberg: Ber. **36**, 4200 (1903).

[13] Levy: Ztschr. anorg. Chem. **81**, 149 (1913).

[14] Ruzicka u. Meyer: Helv. chim. Acta **5**, 581 (1922).

[15] Bucher: Journ. Amer. chem. Soc. **32**, 374 (1910).   [16] Ruzicka: l. c.

* Das früher als „Methylreten" bezeichnete Produkt wurde neuerdings von Ruzicka, de Graaff u. Müller: Helv. chim. Acta **15**, 1300 (1932), als ein durch Isomerisation entstandenes 1-Äthyl-7-isopropyl-phenanthren (Homoreten) erkannt.

ist. Für die beiden Doppelbindungen nimmt Ruzicka[1] auf Grund der Reaktion der Abietinsäure mit Maleinsäure-anhydrid an, daß sie konjugiert sind und in Ring II (Stellung 6-7 und 8-14) liegen. Die Carboxylgruppe, für welche Ruzicka früher[2] die Stellung 4 in Ring I angenommen hatte, dürfte nach seinen neuesten Feststellungen[3] am C-Atom 1 sitzen, so daß die Abietinsäure also als tertiäre Carbonsäure aufzufassen ist. Zu dem letzteren Ergebnis war — auf etwas anderen Wegen — auch F. Vocke[4] gelangt. Die neueste Formel von Ruzicka s. S. 614.

Virtanen[5] hat die Formulierung der Pinabietinsäure, einer aus Tallöl in guter Ausbeute und relativ leicht darstellbaren Coniferenharzsäure, studiert, welche sich nach Aschan[6], sowie Levy und Aschan[7] als weitgehend übereinstimmend mit der von Levy[8] durch Vakuumdestillation von Rohkolophonium gewonnenen Abietinsäure erwiesen hat. Die unten wiedergegebene Strukturformel leitet sich vom Reten ab und enthält in Übereinstimmung mit der Ruzickaschen Formulierung die zweite CH_3-Gruppe an einem quartären Kohlenstoff, nimmt aber dagegen eine Doppel- und eine Brückenbindung an, die sich mit der Carboxylgruppe an dem Ringe befinden, welcher die Isopropylgruppe trägt.

Die Abietinsäure geht bei längerem Erhitzen, wie zuerst Ruzicka[9] beobachtet hat, in eine rechtsdrehende Verbindung, die sog. Pyroabietinsäure über, die eingehend von Dupont und Dubourg[10] studiert wurde. Nach den neuesten Untersuchungen von Fonrobert und Greth[11] besteht sie aus zwei optisch aktiven Isomeren, der d-Pyroabietinsäure, Schmelzpunkt 157/159⁰, und der l-Pyroabietinsäure, Schmelzpunkt 194⁰, welche allerdings keine optischen Antipoden sind. Strukturell dürften diese Pyroabietinsäuren überhaupt nicht oder nur hinsichtlich der Lage der Doppelbindungen von der Abietinsäure verschieden sein, da bei der Einwirkung von Salpetersäure in beiden Fällen die gleichen Oxydationsprodukte, Trimellitsäure $C_9H_6O_6$ und Dimethyl-hexahydrobenzol-tricarbonsäure $C_{11}H_{16}O_6$, von Levy und Merckens[12] beobachtet wurden. Übrigens haben gerade diese beiden Verbindungen Ruzicka bei der Aufstellung seiner Abietinsäureformeln gute Dienste geleistet.

Der zweite genau identifizierte krystallisierende Bestandteil der verschiedenen Kolophoniumsorten ist die auch in den Balsamen oder Terpentinen bzw. im Galipotharz vorkommende Pimarsäure, von welcher 2 Modifikationen, eine links- und eine rechtsdrehende, bekannt sind. Erstere geht schon beim Erwärmen in die α-Abietinsäure über und kommt daher kaum im Kolophonium vor. Die Dextro- oder α-Pimarsäure, welche, wie Ruzicka[13] bewiesen hat, strukturverschieden von der Abietinsäure ist, enthält gleichfalls zwei Doppelbindungen und geht bei der dehydrierenden Einwirkung von Schwefel in der Wärme in „Pimanthren", Dimethyl-phenanthren $C_{16}H_{14}$, über, wobei eine Eliminierung der Carboxyl- und Isopropyl-gruppe[14] stattfindet. Da die α-Pimarsäure nur viel schwieriger und in schlechterer Ausbeute als die Abietinsäure gewinnbar ist (man erhält im allergünstigsten Fall aus dem als Ausgangsmaterial dienenden Galipot nur 2%), so ist sie nur verhältnis-mäßig selten bearbeitet worden. Eine neuere Strukturformel rührt von Ruzicka[15] her; sie ist nachstehend vergleichsweise mit seiner Abietinsäureformel sowie mit der Bucherschen Retenformel und der von Virtanen aufgestellten Formel der Pinabietinsäure wiedergegeben. Die genaue Lage der zweiten Doppelbindung der Pimarsäure, die sich nach Ruzicka jedenfalls in Ring II befindet, steht noch nicht

---

[1] Ruzicka, Ankersmit u. Frank: ebenda **15**, 1289 (1932).

[2] Ruzicka u. Meyer: ebenda **5**, 581 (1922).

[3] Ruzicka, Waldmann, Meier u. Hösli: ebenda **16**, 169 (1933).

[4] F. Vocke: Liebigs Ann. **497**, 247 (1932).

[5] Virtanen: ebenda **424**, 178 (1921).   [6] Aschan: Ber. **55**, 2944 (1922).

[7] Levy u. Aschan: ebenda **60**, 1923 (1927).

[8] Levy: Ztschr. angew. Chem. **18**, 1739 (1905).

[9] Ruzicka: Helv. chim. Acta **5**, 338 (1922).

[10] Dupont u. Dubourg: Bull. Inst. du Pin **1928**, Heft 51, 181—183.

[11] Fonrobert u. Greth: Chem. Umschau Fette, Öle, Wachse, Harze **36**, 93 (1929).

[12] A. Merckens: Diss. Techn. Hochsch. Aachen 1932, S. 10.

[13] Ruzicka: Helv. chim. Acta **6**, 689 (1923).

[14] Die neueste Pimarsäureformel (S. 614) enthält keine Isopropylgruppe mehr.

[15] Ruzicka, de Graaff u. Müller: Helv. chim. Acta **15**, 1300 (1932).

fest; die verschiedenen Möglichkeiten sind daher nur punktiert angedeutet; die an diesem Ring befindlichen H-Atome, deren Verteilung aus dem gleichen Grunde noch unsicher ist, sind dementsprechend eingeklammert.

Abietinsäure $C_{20}H_{30}O_2$ nach Ruzicka.

α-Pimarsäure $C_{20}H_{30}O_2$ nach Ruzicka.

1-Methyl-7-isopropyl-phenanthren.
Reten $C_{19}H_{18}$ nach Bucher.

Pinabietinsäure $C_{20}H_{30}O_2$ nach Virtanen

Kennzahlen und sonstige analytisch verwendbare Eigenschaften des Kolophoniums s. Tab. 192, S. 924.

Über gehärtetes Kolophonium für die Lackherstellung s. S. 926.

C. Harzessenz, Harzsprit, Pinolin, schwere Harzöle[1].

Bei der Destillation des Kolophoniums über freiem Feuer entstehen neben essigsäurehaltigem Sauerwasser, das auf Essigsäure und essigsaures Eisen verarbeitet wird, die als Lösungsmittel, z. B. als Terpentinölverschnitt, benutzten leichten Essenzen (Harzsprit, Pinolin, deren Nachweis s. S. 607) und im weiteren Verlauf über 300^0 siedendes schweres Harzöl, das als Farbträger für Druckfarben, als — minderwertiger — Zusatz zu Schmierölen, Wagenfetten usw. benutzt wird und gemäß S. 338 nachzuweisen ist. Es enthält viel tetrahydroaromatische Kohlenwasserstoffe mit ungesättigten Bindungen, welche seine merkliche Jodzahl bedingen (s. S. 339).

D. Brauerpech.

Der Rückstand der Destillation des Kolophoniums ist das Brauerpech, das sich durch seine dem Kolophonium nahestehenden Reaktionen und Löslichkeitseigenschaften von anderen Pechen aus Erdöl, Braunkohlenteer usw. unterscheiden läßt.

---

[1] Siehe Seeligmann-Zieke: Handbuch der Lack- und Firnisindustrie, 4. Aufl., S. 36/37. Berlin: Union Deutsche Verlagsges. 1930.

Siebentes Kapitel

Pflanzliche und tierische Fette und Öle.

A. Theoretisches (Zusammensetzung, Entstehung, Physiologie).

(Neubearbeitet von W. Bleyberg.)

I. Allgemeiner chemischer Aufbau. Nomenklatur.

Die aus pflanzlichen oder tierischen Rohstoffen durch Auspressen, Ausschmelzen oder Extrahieren mit organischen Lösungsmitteln gewonnenen ölartigen, salbenartigen oder festen Fette bestehen im wesentlichen aus den Triglyceriden der gesättigten und ungesättigten Fettsäuren, ausnahmsweise auch cyclischer Säuren (Chaulmoografette). Neben diesen Triglyceriden, in denen das Glycerin an eine einzige Fettsäure („einsäurige" oder „gleichsäurige" Glyceride) oder gleichzeitig an 2 oder 3 verschiedene Fettsäuren („mehrsäurige" oder „gemischtsäurige" Glyceride) gebunden sein kann, enthalten die natürlichen Fette stets in wechselnden, meist nur kleinen Mengen freie Fettsäuren sowie andere Nebenbestandteile (freie und gebundene Sterine, Phosphatide, Vitamine, Geruchs-, Geschmacks- und Farbstoffe). Die Art und Menge dieser Nebenbestandteile (s. S. 632f.) ist zum Teil für die Art des Fettes charakteristisch, zum Teil ist sie auch von der Gewinnungsweise (Kalt- oder Warmpressung, Extraktion), dem Raffinationsgrad (Entsäuerung, Bleichung, Dämpfung) und dem Veränderungsgrad (frisches oder ranziges Fett) abhängig[1].

Nach der engeren chemischen Definition sollte nur der Glyceridanteil als „Fett" gelten; im weiteren Sinne aber umfaßt der Begriff „Fett" das ganze, aus Triglyceriden (evtl. auch niederen Glyceriden), freien Fettsäuren und natürlichen Nebenbestandteilen zusammengesetzte Gemisch.

Diese Verschiedenheit der Definitionen spielt in der Regel keine Rolle, sie kann aber gelegentlich, wenn die Menge der Nebenbestandteile groß ist, z. B. bei der Fettbestimmung in Sojabohnen, welche viel Phosphatide enthalten, größere praktische Bedeutung erlangen[2]. Den hierbei etwa auftretenden Differenzen kann, solange eine allgemein anerkannte eindeutige Definition des Begriffs „Fett" fehlt, nur durch besondere Vereinbarungen Rechnung getragen werden.

---

[1] Auch Fettsäurediglyceride wurden vereinzelt in alten ranzigen Fetten festgestellt, z. B. Dierucin in Rüböl [Reimer u. Will: Ber. **19**, 3320 (1886); s. auch Reimer: ebenda **40**, 256 (1907); Grün: Analyse, Bd. 1, S. 253], andere Diglyceride in Palmfett (Hilditch u. Jones: Journ. chem. Soc. London **1931**, 171) und in Robbentran (Privatmitt. F. Wittka).

[2] Rewald: Chem.-Ztg. **52**, 1013 (1928); **54**, 134 (1930); H. Fincke: ebenda **54**, 598 (1930); R. Rosenbusch: ebenda **54**, 965 (1930).

Diejenigen Zellbestandteile, welche gleich den Fetten in Äther, Chloroform usw. löslich sind, werden als „Lipoide" („fettähnliche Stoffe") bezeichnet; da aber unter diesem Namen chemisch ganz heterogene Stoffe wie Phosphatide (Lecithin, Kephalin) und Sterine bzw. Fettsäuresterinester — in der Medizin bzw. Physiologie hin und wieder sogar die Fette selbst! — zusammengefaßt werden, erscheint die Zweckmäßigkeit eines solchen Sammelnamens zweifelhaft[1].

Von den Fetten unterscheiden sich die festen Wachse dadurch, daß die darin enthaltenen, vorwiegend hochmolekularen gesättigten Fettsäuren nicht mit Glycerin, sondern mit höhermolekularen einwertigen, in selteneren Fällen auch mit zwei- und mehrwertigen Alkoholen verestert sind; charakteristische, nichtesterartige Nebenbestandteile sind freie Fettsäuren und Kohlenwasserstoffe. Die äußerlich fettähnlichen sog. flüssigen Wachse (Spermacetiöl und Döglingtran) enthalten außer Fettsäuren in überwiegender Menge höhere Alkohole neben kleineren Mengen Glycerin. Näheres s. Kapitel „Wachse" S. 946f.

Die Einteilung der Fette erfolgt gewöhnlich nach ihrer Herkunft sowie nach ihrer Konsistenz bei gewöhnlicher Temperatur (fest oder flüssig) und ihrem Verhalten gegenüber Oxydationseinflüssen (Eintrocknen an der Luft)[2]. Diese Eigenschaften hängen in erster Linie von der Art der in den Fetten enthaltenen Fettsäuren ab: Feste Fette (Cocosfett, Palmfett, Kakaobutter, Schmalz, Talg) enthalten neben flüssigen Fettsäuren größere Mengen gesättigter, meist hochschmelzender Säuren (Palmitin-, Stearinsäure); in nichttrocknenden Ölen (Olivenöl, Mandelöl, Rinderklauenöl, Delphinkieferöl) sind einfach ungesättigte, flüssige Fettsäuren (Ölsäure), in einzelnen Fällen auch niedere (flüssige) gesättigte Säuren (Isovaleriansäure) vorherrschend, während stärker ungesättigte Säuren fast oder ganz fehlen; trocknende Öle (Mohnöl, Leinöl, chinesisches Holzöl) zeigen wiederum hohen Gehalt an mehrfach ungesättigten Säuren (Linol-, Linolen-, Elaeostearinsäure). Eine Sonderstellung besitzen das Ricinusöl, dessen Hauptkomponente, die Ricinolsäure, eine ungesättigte Oxysäure $C_{18}H_{34}O_3$ ist, sowie andererseits die Cruciferenöle, deren Hauptbestandteil Erucasäure ist.

Vielfach wird zwischen die Gruppen der trocknenden und nichttrocknenden Öle noch eine Zwischengruppe „halbtrocknende" oder „schwachtrocknende" Öle eingeschoben, welche die Öle mit mäßigem Gehalt an doppeltungesättigten Säuren (Linolsäure) umfassen soll (Cottonöl, Sojaöl, Sesamöl). Da die Abgrenzung dieser Übergangsgruppe aber naturgemäß nach beiden

---

[1] Nach E. Overton: Vjschr. naturforsch. Ges. Zürich **44**, 88 (1899), sollte für die „Lipoide" ihr Lösungsvermögen für Narkotica wie Äther, Chloroform usw. kennzeichnend sein. Rewald (vgl. vorige Fußnote) will die Bezeichnung Lipoide auf die Phosphatide beschränken, was wegen der bereits erfolgten klaren Abgrenzung dieses Begriffes unzweckmäßig erscheint. Nach E. Abderhalden: Lehrbuch der physiologischen Chemie, 4. Aufl., Teil 1, S. 331. 1920, „kann nicht genug betont werden, daß ... vor allem der Begriff „Lipoide" einen zur Zeit chemisch gar nicht definierbaren Sammelbegriff für alle Verbindungen mit Löslichkeitsverhältnissen, die denen der Fette mehr oder weniger entsprechen, darstellt". Vgl. im übrigen A. Grün: Analyse, Bd. 1, S. 3; R. Rosenbusch: l. c.

[2] „Trocknende" und „nichttrocknende" Öle unterscheidet man gewöhnlich nur bei den pflanzlichen Ölen.

Seiten hin fließend und unsicher ist, hat Halden[1] neuerdings eine Einteilung der Pflanzenfette nach der botanischen Verwandtschaft ihrer Stammpflanzen (von Halden als „Spender" bezeichnet) durchgeführt, in welcher nur zwei chemische Hauptgruppen beibehalten werden: nichttrocknende Öle und feste Fette einerseits, trocknende Öle andererseits. Die Zwischenglieder werden in diejenige Hauptgruppe eingereiht, zu welcher ihre botanischen Verwandten gehören. Da sich die Einteilung in nichttrocknende, halbtrocknende und trocknende Öle aus praktischen Bedürfnissen heraus ergeben hat und diese immer noch bestehen, wird es schwierig sein, die alte Einteilung heute schon ganz aufzugeben[2].

In analytischer Hinsicht unterscheiden sich die Fette (bzw. fetten Öle) von den ihnen physikalisch ähnlichen Mineralölen und Wachsen dadurch, daß sie beim Erhitzen mit Kalilauge in durchweg wasserlösliche Reaktionsprodukte (Kaliseifen, Glycerin und seifenlösliche Nebenbestandteile) umgewandelt werden; im Gegensatz hierzu geben Wachse bei dieser Probe neben wasserlöslichen Kaliseifen wasserunlösliche höhere Alkohole, und die im wesentlichen aus Kohlenwasserstoffen bestehenden Mineralöle reagieren mit Kalilauge überhaupt nicht, bleiben also unverändert wasserunlöslich (qualitative Verseifungsprobe, S. 113).

II. Bestandteile der Fette und Wachse.

Die in den Fetten enthaltenen ein- oder mehrsäurigen Glyceride bestehen ihrerseits wiederum aus einfacheren — von Grün[3] „Bausteine" genannten — chemischen Komponenten: Glycerin und Fettsäuren. Daneben finden sich noch kleine Mengen Phosphorsäure und Amine (in den Phosphatiden) sowie Sterine; andere höhere Alkohole und Kohlenwasserstoffe kommen hauptsächlich in den Wachsen vor.

1. Art und Eigenschaften der Fettsäuren.

Die Gruppeneinteilung der natürlich vorkommenden Fettsäuren in gesättigte, ungesättigte Säuren usw. ist oben kurz erwähnt. Näheres über die Trennung der Fettsäuren voneinander und die Reindarstellung einzelner Säuren s. S. 700 f.

Nach Hantzsch[4] können die Fettsäuren in zwei koordinations-isomeren Formen auftreten, und zwar als echte Säuren $R - C\underset{\diagdown O}{\overset{\diagup O}{}}\Big\} H$ mit ionogen gebundenem Wasserstoff und als Pseudosäuren $R - C\underset{\diagdown OH}{\overset{\diagup\!\diagup O}{}}$. In den freien Säuren liegen beide Isomere im Gleichgewichtszustand vor, in den

---

[1] Halden: Chem. Umschau Fette, Öle, Wachse, Harze **36**, 109 (1929); Halden u. Grün: Analyse der Fette und Wachse, Bd. 2. Berlin 1929.

[2] S. auch H. Heller: Vorwort zu Bd. 2, 1. Abt. von Ubbelohde: Handbuch, 2. Aufl.

[3] Grün: Analyse, Bd. 1, S. 3.

[4] Hantzsch: Ber. **50**, 1422 (1917); s. auch Oddo: Gazz. chim. Ital. **47**, II, 200, 232 (1917); **48**, I, 17 (1918).

Seifen nur Derivate der echten Säuren, hingegen in den Estern Derivate der Pseudosäuren. Doch besteht die Möglichkeit der Bildung von labilen Estern der echten Säuren, s. S. 642.

a) **Gesättigte Fettsäuren.** Die Konstitution der in den natürlichen Fetten und Wachsen vorkommenden gesättigten Säuren ist durch Abbau und Synthese aufgeklärt. Sie bestehen mit wenigen Ausnahmen aus unverzweigten Kohlenstoffketten mit paariger C-Atomzahl. Krafft[1] hat als erster Stearinsäure durch stufenweise erfolgenden oxydativen Abbau in Palmitin-, Myristin-, Laurin-, Caprin- und Pelargonsäure übergeführt und andererseits Pelargonsäure durch Totalsynthese aufgebaut. Hierdurch ist die gerade Kette aller dieser Säuren bewiesen.

Durch Aufnahme der Röntgenspektren von Fettsäurekrystallen[2] kann man die Abstände der Gitterebenen und damit die absolute Länge der Fettsäuremoleküle feststellen. Die Säuren sind mit ihren Carboxylgruppen paarweise assoziiert, so daß die gemessenen Netzebenenabstände immer die Länge von 2 Molekülen umfassen. Je nach der Vorbereitung der Probe erhält man verschiedene Spektra, welche verschiedenen Krystallmodifikationen entsprechen. Am wichtigsten sind die von Thibaud[3], Francis usw. als B und C (bzw. α und β) bezeichneten Formen, von welchen B die stabilere, z. B. aus Lösungen krystallisierende Form, C eine metastabile, beim Erstarren der geschmolzenen Substanz auftretende Form darstellt. Bei Säuren mit geraden C-Atomzahlen bleibt die Form C noch bei längerer Abkühlung bestehen, bei „ungeraden" Säuren dagegen ist sie nur wenige Grade unterhalb des Erstarrungspunktes beständig, bei weiterer Abkühlung geht sie in die Form B über. Bei Estern, Alkali-, Blei- und Quecksilbersalzen wurden bisher nur einfache Spektra beobachtet. Tabelle 143 zeigt einige der von Francis, Piper und Malkin gemessenen Gitterabstände, aus denen hervorgeht, daß die Säuren mit geraden und ungeraden C-Atomzahlen — wie sich auch bei den unten zu besprechenden Schmelzpunkten zeigt — zwei getrennte Reihen bilden. Bei den

Tab. 143. Gitterabstände synthetischer normaler, gesättigter Fettsäuren, ihrer Äthylester und Kalisalze nach Francis, Piper und Malkin[4].

Kohlenstoff-Atomzahl der Säure	Gitterabstände in Å			
	der freien Säuren		der Äthylester	der neutralen Kalisalze
	B	C		
12	—	27,4	—	30,2
13	31,65	30,0	—	31,85
14	(34,9)	(31,5)	—	33,95
15	35,8	34,2	—	35,8
16	39,1	35,65	22,9	37,9
17	40,5	38,6	24,6	39,8
18	44,0	39,95	25,8	41,97
19	44,5	43,15	26,8	43,8
20	49,0	44,2	(27,6)	46,45
21	49,0	47,8	29,2	47,85
22	53,6	48,5	30,1	50,7
23	53,4	(51,8)	31,36	51,8
24	58,5	52,8	32,1	54,45
25	57,5	(56,2)	(33,5)	—
26	63,3	57,3	34,6	—
27	(62,0)	(60,5)	(35,8)	—
28	(68,2)	(61,4)	(37,0)	—
29	(66,4)	(64,8)	(38,0)	—
30	(73,0)	(65,8)	(39,2)	—

---

[1] Krafft: Ber. **15**, 1678, 1711 (1882).

[2] Piper, Malkin u. Austin: Journ. chem. Soc. London **1926**, 2310; Trillat: Ann. Physique [10] **6**, 82 (1926); Francis, Piper u. Malkin: Proc. Roy. Soc., London. Serie A **128**, 214 (1930); vgl. auch den zusammenfassenden Vortrag von F. Halle: Ztschr. angew. Chem. **44**, 480 (1931).

[3] J. Thibaud u. F. D. La Tour: Compt. rend. Acad. Sciences **190**, 945 (1930); **191**, 200 (1930).

[4] Berechnet aus Röntgenspektren, die mit Kα-Strahlen von Eisen, $\lambda = 1{,}9324$ Å, aufgenommen wurden. Die eingeklammerten Werte sind durch Inter- bzw. Extrapolation erhalten.

„geraden" Säuren wächst die „große" Gitterkonstante B für je 2 C-Atome um 4,6 bis 5,0, im Mittel 4,8 Å; bei den „ungeraden" nur um 4,0—4,7, im Mittel 4,3 Å; bei der „kleinen" Konstante C beträgt der Zuwachs in beiden Reihen im Mittel etwa 4,3 Å.

Die Gitterkonstanten äquimolarer Säuregemische liegen zwischen den Werten der Komponenten; dies deutet auf Mischkrystallbildung, indem die Netzebenen- abstände nunmehr aus zwei ungleichen Molekülen zusammengesetzten Doppel- molekülen entsprechen. Äthylestergemische zeigten auffallenderweise bedeutend höhere Gitterabstände als diejenigen der Komponenten; z. B. zeigte eine Mischung der Ester der C_{22}- und C_{24}-Säuren den Gitterabstand des C_{26}-Esters, was Francis mit der Bildung metastabiler, bei den reinen Estern bisher nicht beobachteter Formen zu erklären versucht. In analytischer Hinsicht dürfte diese Eigentümlichkeit zur Kennzeichnung von Gemischen besonders wertvoll sein.

Eine Übersicht über die teils in natürlichen Fetten und Wachsen auf- gefundenen, teils nur synthetisch dargestellten gesättigten Fettsäuren und ihre wichtigsten physikalischen Eigenschaften sowie diejenigen einiger Deri- vate gibt Tab. 144, S. 620.

Das natürliche Vorkommen von Fettsäuren mit ungerader C-Atomzahl oder verzweigter Kette ist — abgesehen von der Iso-Valeriansäure des Del- phinkieferöles, der Tuberkulostearinsäure $C_{18}H_{36}O_2$ und der Phthionsäure $C_{26}H_{52}O_2$ (Isosäuren aus Tuberkelbacillenwachs), vielleicht auch der Säure $C_{21}H_{42}O_2$ aus Japanwachs[1]— bisher in keinem Falle bewiesen. Eine ganze Reihe derartiger in der Literatur beschriebener — besonders hochmolekularer gesättigter — Säuren konnten bei gründlicher Nachprüfung mittels ver- besserter Trennungsmethoden — fraktionierte Fällung der Mg- oder Li-Salze sowie besonders fraktionierte Hochvakuumdestillation — als schwer zerleg- bare Gemische normaler Säuren mit gerader C-Atomzahl erkannt werden, wie folgende Beispiele zeigen:

Natürliche Heptadecansäure (Margarinsäure, Daturinsäure) $C_{17}H_{34}O_2$, zuerst von Chevreul[2] im Menschenfett aufgefunden, wurde von W. Heintz[3] durch fraktionierte Fällung mit Mg-acetat in Palmitin- und Stearinsäure zerlegt. Auf die abermalige Auffindung der Heptadecansäure im Daturaöl[4], im Palmfett[5], im Olivenöl[6] und im Schweinefett[7] folgte wiederum ihre Zerlegung[8], ebenso auf ihre spätere Abscheidung aus Pferdefett[9], Gänsefett[10], Nachtkerzensamenöl[11] und Erdnußöl[12]. Die Einheitlichkeit der von H. Meyer und R. Beer[13] erneut aus Daturaöl abgeschiedenen Heptadecansäure wurde neuerdings widerlegt[14], und in einigen Sonderfällen (Reinfarnblütenextrakt[15], Kaffeebohnenöl[16], Gheddawachs[17])

---

[1] Flaschenträger u. Halle: Ztschr. physiol. Chem. **190**, 120 (1929).

[2] Chevreul: Les corps gras industriels d'origine animale. Neudruck 1889. S. 51.

[3] W. Heintz: Journ. prakt. Chem. **66**, 1 (1892).

[4] E. Gérard: Compt. rend. Acad. Sciences **111**, 305 (1890); Ann. Chim. Phys. [6] **27**, 549 (1892).

[5] Nördlinger: Ztschr. angew. Chem. **5**, 110 (1892).

[6] Holde u. Stange: Ber. **34**, 2402 (1901).

[7] Kreis u. Hafner: ebenda **36**, 2770 (1903).

[8] Holde, Marcusson u. Ubbelohde: ebenda **38**, 1247 (1905).

[9] Klimont, Meisl u. K. Mayer: Monatsh. Chem. **35**, 1115 (1914).

[10] Klimont u. K. Mayer: ebenda **36**, 281 (1915).

[11] Heiduschka u. Lüft: Arch. Pharmaz. **257**, 33 (1919).

[12] Heiduschka u. Felser: Ztschr. Unters. Nahr.- u. Genußmittel **38**, 241 (1919).

[13] H. Meyer u. R. Beer: Monatsh. Chem. **33**, 311 (1912).

[14] P. E. Verkade u. J. Coops jr.: Biochem. Ztschr. **206**, 468 (1929).

[15] Matthes u. Serger: Arch. Pharmaz. **247**, 418 (1909).

[16] H. Meyer u. A. Eckert: Monatsh. Chem. **31**, 1227 (1910).

[17] A. Lipp u. E. Kovács: Journ. prakt. Chem. [2] **99**, 243 (1919).

Tabelle 144. Eigenschaften der einbasischen gesättigten Fettsäuren[1]

Formel	Mol.-Gew.	Name ...säure	Schmelzpunkt °C	Siedepunkt °C	bei mm	Dichte d g/l	bei °C	Brechung n_D	bei °C	Oberflächenspannung gegen Luft bzw. eig. Dampf γ dyn/cm	bei °C	Viscosität η centipoisen	bei °C
CH_2O_2	46,0	Ameisen	+ 8,4	100,8	760	1220	20	1,3693 (n_α)	20	38,1 29,0	9,2 99,8	1,963 1,599	15 25
$C_2H_4O_2$	60,0	Essig	+ 16,7	118,1	760	1051,4	20	1,3715	20	27,2 19,7	15 98,5	1,394 0,987	18 40
$C_3H_6O_2$	74,0	Propion	etwa − 20	141	760	991,6	20	1,3874	19,9	26,4	20,9	1,107 0,843	20 40
$C_4H_8O_2$	88,1	n-Butter	etwa − 4	163	760	964	20	1,3991	20	27,1	18,4	1,538 0,6045	20 90
$C_5H_{10}O_2$	102,1	n-Valerian	{−20 bis −18 − 34,5	186	760	938,7	20	1,4070 (n_α)	19,1	—	—	2,415 0,753	16,5 90
$C_5H_{10}O_2$	102,1	iso-Valerian (Isopropylessig)	{− 51,0 − 37,6	176	760	930,7	19,7	1,4018	22,4	25,64	17,0	2,411	20
$C_6H_{12}O_2$	116,1	n-Capron	− 1,5	205	760	922,0	19,6	1,4145	19,6	27,0	25,7	3,201	20
$C_7H_{14}O_2$	130,1	Oenanth	−6 bis −12	222−224 114−115	760 13	917,2	20	1,4216	19,8	—	—	4,356	20
$C_8H_{16}O_2$	144,1	n-Capryl	+ 16,5	237 124	760 10	908,7	21	1,4268	21	28,3	19,9	5,749 2,620	20 50
$C_9H_{18}O_2$	158,1	Pelargon	+ 12,5	254 143	760 16	905,7	20	1,4343	19	—	—	8,319	20
$C_{10}H_{20}O_2$	172,2	n-Caprin	31,5	268 154	760 13	885,8	40	1,4286	40	27,7	31,9	4,34 2,88	50 90
$C_{11}H_{22}O_2$	186,2	n-Undecan	30	164	15	—	—	—	—	—	—	—	—
$C_{12}H_{24}O_2$	200,2	Laurin	44,3 G	176 142	15 0,6/0,7	857,3	70	1,4266	60	28,5	45	7,300 2,990	50 90
$C_{13}H_{26}O_2$	214,2	n-Tridecan	45,5	200	24	—	—	—	—	—	—	—	—
$C_{14}H_{28}O_2$	228,2	Myristin	54,0 (58 L)	196,5	15	852,8	70	1,4273 G	70	28,6	56,8	5,835 3,810	70 90
$C_{15}H_{30}O_2$	242,2	n-Pentadecan	52 (54 L)	257	100	—	—	—	—	—	—	—	—
$C_{16}H_{32}O_2$	256,3	Palmitin	64	215	15	848,7	70	1,4304	70	28,6	65,2	7,835 4,47	70 95
$C_{17}H_{34}O_2$	270,3	Margarin	62	227 (?)	100	853,2	60	1,4342	60	27,9	66,9	—	—
$C_{18}H_{36}O_2$	284,3	Stearin	70,1 F 71,5 LT	232	15	846,3	70	1,4321 G	72	28,9	70,0	9,870 5,18	70 98
$C_{19}H_{38}O_2$	298,3	n-Nonadecan	69,4 F 70 LT	—	—	825,9 Sd	100	1,4255 Sd	100	—	—	—	—
$C_{20}H_{40}O_2$	312,3	n-Eikosan (Arachin)	75,2 F 77 LT	240--250	18	824,0 U	100	1,4250 U	100	—	—	—	—
$C_{21}H_{42}O_2$	326,3	n-Heneikosan	75,2 F 76 LT	—	--	824,4 Sd	100	1,4276 Sd	100	—	—	—	—
$C_{22}H_{44}O_2$	340,4	n-Behen	80,0 F 82 LT	—	—	822,1 U	100	1,4270 U	100	—	—	—	—
$C_{23}H_{46}O_2$	354,4	n-Trikosan	79,6 F 81 LT	—	—	823,3 Sd	100	1,4294 Sd	100	—	—	—	—
$C_{24}H_{48}O_2$	368,4	n-Tetrakosan (Lignocerin)	84,0 F 86 LT	—	—	820,7 U	100	1,4287 U	100	—	—	—	—
$C_{25}H_{50}O_2$	382,4	n-Pentakosan	83,2 F 85 LT	—	—	822,3 Sd	100	1,4309 Sd	100	—	—	—	—
$C_{26}H_{52}O_2$	396,4	n-Hexakosan (Cerotin)	88,2 F 89 LT	—	—	819,8 U	100	1,4301 U	100	—	—	—	—
$C_{27}H_{54}O_2$	410,4	n-Heptakosan	87,0 Sd	—	—	821,7 Sd	100	1,4321 Sd	100	—	—	—	—
$C_{28}H_{56}O_2$	424,4	n-Octakosan (Montan)	90,5 U	—	—	819,1 U	100	1,4313 U	100	—	—	—	—
$C_{29}H_{58}O_2$	438,5	n-Nonakosan	90,1 Sd	—	—	821,3 Sd	100	1,4329 Sd	100	—	—	—	—
$C_{30}H_{60}O_2$	452,5	n-Triakontan (Melissin)	92,1 U	—	—	—	—	1,4323 U	100	—	—	—	—
$C_{31}H_{62}O_2$	466,5	n-Hentriakontan	—	—	—	—	—	—	—	—	—	—	—
$C_{32}H_{64}O_2$	480,5	n-Dotriakontan	—	—	—	—	—	—	—	—	—	—	—
$C_{34}H_{68}O_2$	508,5	Ghedda	95	—	—	—	—	—	—	—	—	—	—

[1] Soweit keine andere Quelle angegeben ist, sind die Zahlen aus Beilstein (4. Aufl., Bd. 2 un[d]
Aus den mitunter erheblich differierenden Angaben wurden die wahrscheinlichsten ausgesucht, bzw. a[l]
(Schmelzpunkte von Valerian- und Iso-Valeriansäure). Bei den nach Originalarbeiten zitierten Werte[n]
Diss. Techn. Hochsch. Berlin 1925, Holde u. Gentner: Ber. 58, 1418 (1925); L = Levene u. Wes[t]
Bull. Soc. chim. Belg. 38, 47 (1929); Sd = H. Sidersky: Diplomarb. Techn. Hochsch. Berlin 193[

$C_nH_{2n}O_2$, ihrer Methyl-, Äthylester und Anhydride[1].

| Methylester | | | Äthylester | | | Anhydrid | | | | | | | Hauptvorkommen in Fetten oder Wachsen |
| | Siedepunkt | | | Siedepunkt | | | Siedepunkt | | Dichte | | Brechung | | |
Schmelzpunkt °C	°C	bei mm	Schmelzpunkt °C	°C	bei mm	Schmelzpunkt °C	°C	bei mm	d g/l	bei °C	n_D	bei °C	
− 100	32,5	760	− 79	54	760	−	−	−	−	−	−	−	−
− 98	57	760	− 83	77	760	unter−78	139,6	760	1082	20	1,3901	20	Spindelbaumöl
−	80	760	− 74	99	760	−	169	760	1017	15	−	−	−
−	102	760	− 93	120	760	−	199	765	964,7	19,8	−	−	Butterfett
−	127	760	−	145	737	−	218	754	922,3	17	−	−	−
−	116	760	− 99	135	760	−	215	760	929,0	26,7	1,4147	26,7	Delphinkieferöl
−	150 53	760 15	− 67,5	168	760	− 40,6 S	143 S	14,5	924,0 S	15	1,4280 S	25	Cocosfett
−	172	760	−	188	760	+ 17	271 164	760 15	921,7	15	1,4335	15	−
− 40	133 83	760 15	− 47	206	760	− 1	186	15	906,5 G	17,5	1,4358 G	17,5	Cocosfett
−	214	757	−	228	757	+ 16	207	15	−	−	−	−	−
− 18	224 114	760 15	−	245	760	+ 23,9 G	−	−	859,6 G	70	1,4234 G	70	Ulmensamenöl, Cocosfett
+ 5	123 148	9−10 18	− 10	163	25	41,8 G	−	−	855,2 G	70	1,4292 G	70	Cocosfett, Palmkernfett
+ 19	168	15	+ 11,5	295	760	53,4 G	−	−	850,2 G	70	1,4335 G	70	Cocosfett, Palmkernfett
+ 18,5	−	−	+ 14	−	−	−	−	−	−	−	−	−	−
+ 10 29	196	15	25	185	10	64 G	−	−	847,1 G	70	1,4357 G	70	Palmfett, Walrat, Japanwachs
29 39,5 LT	215	15	27,5 34 LT	199 152	10 0,18	71,5 G	−	−	836,8 G	82	1,4368 G	73	Talg, Sheafett
40,5 LT	−	−	38 LT	168	0,27	74,4 U	−	−	−	−	−	−	−
47 LT	−	−	42,5 LT	177	0,28	77,7 U	−	−	822,5 U	100	1,4301 U	100	Erdnußöl
49 LT	−	−	46 LT	−	−	−	−	−	−	−	−	−	Japanwachs (?)
54 LT	−	−	49 LT	185	0,20	81,9 U	−	−	820,6 U	100	1,4320 U	100	Erdnußöl
56 LT	−	−	53 LT	199	0,27	−	−	−	−	−	−	−	−
60 LT	−	−	56,5 LT	199	0,24	86,3 U	−	−	819,6 U	100	1,4329 U	100	Erdnußöl, Bienenwachs
62 LT	−	−	59 LT	217	0,50	−	−	−	−	−	−	−	−
−	−	−	59,8 U	−	−	89,5 U	−	−	818,8 U	100	1,4337 U	100	Chines. Insektenwachs, Bienenwachs, Montanwachs, Erdnußöl
−	−	−	63,3 Sd 65,0 U	−	−	92,9 U	−	−	818,3 U	100	1,4345 U	100	Montanwachs, Chines. Insektenwachs
−	−	−	−	−	−	94,7 U	−	−	−	−	1,4352 U	100	Montanwachs, Bienenwachs? Chinesisches Insektenwachs?
−	−	−	−	−	−	−	−	−	−	−	−	−	−
−	−	−	−	−	−	−	−	−	−	−	−	−	Montanwachs, Bienenwachs? Chinesisches Insektenwachs?
−	−	−	−	−	−	−	−	−	−	−	−	−	Gheddawachs

Ergänzungsband 2) bzw. aus Landolt-Börnstein (5. Aufl. nebst 1. und 2. Ergänzungsband) entnommen. gerundete Mittelwerte gebildet. In einigen Fällen großer Differenzen sind mehrere Einzelwerte zitiert bedeuten F = Francis, Piper u. Malkin: Proc. Royal Soc. London A 128, 217 (1930); G = R. Gentner: Journ. biol. Chemistry 18, 463 (1914); LT = Levene u. Taylor: ebenda 59, 905 (1924); S = J. Simon: U = H. Ulrich: Diss. Techn. Hochsch. Berlin 1931, Bleyberg u. Ulrich: Ber. 64, 2504 (1931).

steht die exakte Nachprüfung noch aus, dürfte aber wohl ebenso verlaufen wie in den bereits untersuchten Fällen.

Arachinsäure, $C_{20}H_{40}O_2$, Schmelzpunkt 74,5—75[0], aus Erdnußöl. Das von Gößmann[1] und Schweizer[2] als normale Eikosansäure angesehene Präparat wurde von Ehrenstein und Stuewer[3] im Hinblick auf den für n-Eikosansäuremethylester zu hohen Schmelzpunkt 54[0] des zugehörigen Methylesters als Isobehensäure angesprochen, erwies sich jedoch später als Gemisch von mindestens 4 verschiedenen Säuren, das zwar auch n-Eikosansäure enthielt[4], größtenteils aber aus n-Behensäure bestand[5].

Lignocerinsäure, $C_{24}H_{48}O_2$, Schmelzpunkt 80,5—81[0], aus Buchenholzteerparaffin[6] und Erdnußöl[7], von Meyer, Brod und Soyka[8] und Levene und Taylor[9] als Iso-Tetrakosansäure angesehen, ist ein neben niederen und höheren[10] Säuren hauptsächlich n-Tetrakosansäure[11] enthaltendes Gemisch. Das gleiche dürfte vermutlich für die sog. **Carnaubasäure**, $C_{24}H_{48}O_2$, Schmelzpunkt 72,5[0][12], aus Carnaubawachs, Wollfett usw. gelten.

Cerotinsäure oder **Neocerotinsäure**, $C_{25}H_{50}O_2$ oder $C_{26}H_{52}O_2$ oder $C_{27}H_{54}O_2$, Schmelzpunkt 78—79[0], aus Bienenwachs[13], Chinesischem Insektenwachs[14], Montanwachs[15], auch **Hyänasäure**[16] genannt. Die ursprünglich mit diesem Namen belegten (weil als einheitlich betrachteten) Fettsäuren aus Bienenwachs und Chinesischem Insektenwachs erwiesen sich bei genaueren Untersuchungen gleichfalls als Gemische, aus denen bereits die normalen Säuren $C_{24}H_{48}O_2$ *, $C_{26}H_{52}O_2$ ** und $C_{28}H_{56}O_2$ † in reiner Form abgeschieden werden konnten.

Cerotin- oder **Carbocerinsäure**, $C_{27}H_{54}O_2$, Schmelzpunkt 82,5[0], aus Bienenwachs[17], Chinesischem Insektenwachs[18] und Montanwachs[19]. Auch diese Säure wurde mit Sicherheit als Gemisch von n-Hexakosansäure und n-Octakosansäure (mit Beimengungen weiterer homologer Säuren) erkannt[20].

[1] Gößmann: Liebigs Ann. **89**, 1 (1854).

[2] Schweizer: Arch. Pharmaz. **222**, 757 (1884).

[3] Ehrenstein u. Stuewer: Journ. prakt. Chem. [2] **105**, 199 (1923).

[4] W. D. Cohen: Sect. of Science, Kgl. Akad. Wiss. Amsterdam **28**, 630 (1925).

[5] Holde, Bleyberg u. I. Rabinowitsch: Ber. **62**, 177 (1929); Chem. Umschau Fette, Öle, Wachse, Harze **36**, 245 (1929); vgl. E. Jantzen u. C. Tiedcke: Journ. prakt. Chem. **127**, 277 (1930).

[6] Hell u. Hermanns: Ber. **13**, 1709 (1880).

[7] Kreiling: ebenda **21**, 880 (1888).

[8] Meyer, Brod u. Soyka: Monatsh. Chem. **34**, 1113 (1913).

[9] Levene u. Taylor: Journ. biol. Chemistry **61**, 157 (1924).

[10] Holde u. Godbole: Ber. **59**, 36 (1926).

[11] P. Brigl u. E. Fuchs: Ztschr. physiol. Chem. **119**, 280 (1922); F. A. Taylor: Proceed. Soc. exp. Biol. a. Med. **27**, 25 (1929); Jantzen u. Tiedcke: l. c.; Taylor: Journ. biol. Chemistry **91**, 541 (1931).

[12] Stürcke: Liebigs Ann. **223**, 306 (1884); Darmstädter u. Lifschütz: Ber. **29**, 619 (1896); **31**, 97 (1898); Rosenheim u. Maclean: Biochemical Journ. **9**, 104 (1915); Röhmann: Biochem. Ztschr. **77**, 298 (1916).

[13] Brodie: Liebigs Ann. **67**, 180 (1848); Nafzger: ebenda **224**, 225 (1884); M. T. Marie: Ann. Chim. Phys. [7] **7**, 145 (1896); Henriques: Ber. **30**, 1418 (1897); Gascard u. Damoy: Compt. rend. Acad. Sciences **177**, 1122 (1923).

[14] Brodie: l. c.

[15] H. Tropsch u. A. Kreutzer: Brennstoff-Chem. **3**, 177, 193, 212 (1922).

[16] Carius: Liebigs Ann. **129**, 168 (1864).

* Aus Bienenwachs: Holde u. Bleyberg: Ztschr. angew. Chem. **43**, 897 (1930), Versuche von M. Mattissohn.

** Aus Insektenwachs: ebenda; L. Grubits: Diss. Univ. Berlin 1930.

† Holde: Ztschr. angew. Chem. **44**, 480 (1931); E. Schimmerling: Diss. Univ. Wien 1931.

[17] Gascard u. Damoy: l. c.; P. Levy: Ztschr. angew. Chem. **43**, 574 (1930).

[18] Gascard: Compt. rend. Acad. Sciences **170**, 1326 (1920).

[19] Tropsch u. Kreutzer: l. c.

[20] Holde, Bleyberg u. Vohrer: Brennstoff-Chem. **11**, 128, 146 (1930); Holde: Ztschr. angew. Chem. **44**, 480 (1931); Grubits: l. c.; Schimmerling: l. c.

Montansäure, $C_{28}H_{56}O_2$*, Schmelzpunkt 84/85⁰, oder $C_{29}H_{58}O_2$**, Schmelzpunkt 86,5⁰, aus Montanwachs, ursprünglich ebenfalls als einheitlich betrachtet und nur hinsichtlich der Formel umstritten, wurde zuerst von Rigg[1] als Gemisch von mindestens 3 homologen Säuren erkannt. H. Tropsch und Mitarbeiter[2] fanden bei der Zerlegung der Montansäure durch fraktionierte Destillation der Methylester ausschließlich Säuren mit ungeraden C-Atomzahlen 25, 27, 29, 31, welche aber ihren Schmelzpunkten nach nicht die von den genannten Forschern angenommenen normalen Säuren sein konnten und daher als Isosäuren anzusehen wären. Diese Befunde wurden jedoch von Holde, Bleyberg und Vohrer[3] durch Isolierung und Identifizierung der n-Hexakosansäure und n-Octakosansäure aus Montanwachs widerlegt; nach letzteren Autoren enthält die Montansäure nur normale Säuren mit geraden C-Atomzahlen, mindestens von C_{24} bis C_{32}, vielleicht auch darüber hinaus.

Melissinsäure, $C_{30}H_{60}O_2$ oder $C_{31}H_{62}O_2$, Schmelzpunktsangaben zwischen 88,5 und 91⁰, aus Bienenwachs[4] und Montanwachs[5]. Diese Säure, deren Formel ebenfalls umstritten ist, wurde noch nicht in der oben beschriebenen Weise auf Einheitlichkeit geprüft. Gegenüber den Schmelzpunkten der entsprechenden normalen Säuren $C_{30}H_{60}O_2$, Schmelzpunkt 92⁰ [6], und $C_{31}H_{62}O_2$ (noch nicht synthetisiert), vermutlich Schmelzpunkt 91⁰, bestehen nur geringe Differenzen; aus Analogiegründen ist aber zu vermuten, daß es sich bei den bisher untersuchten Präparaten um Gemische von n-Triakontansäure mit größeren oder kleineren Beimengungen höherer Säuren ($C_{32}H_{64}O_2$ usw.) handelte.

Alle bei gewöhnlicher Temperatur festen gesättigten Fettsäuren sind in ganz reinem Zustand nach dem Erstarren aus dem Schmelzfluß grobkrystallin und von lockerem Gefüge; Gemische verschiedener homologer Säuren (z. B. Palmitin- und Stearinsäure) bilden dagegen, wie schon von H. Kopp[7] beobachtet, kompakte Massen mit glatter glänzender Oberfläche und mit mikrokrystalliner Struktur. Diese Verschiedenheit des Aussehens wurde mit Erfolg zur Beurteilung der Einheitlichkeit der aus Fetten und Wachsen abgeschiedenen Säuren herangezogen[8]. Reine normale Säuren mit ungeraden C-Atomzahlen (19, 21 usw.) zeigen eine noch stärkere Krystallisationstendenz als „gerade" Säuren; beim Erstarren lösen sie sich von Glas- oder Porzellanunterlagen von selbst ab[9].

Ein weiteres, sehr empfindliches Reinheitskriterium bildet der Schmelzpunkt, der schon durch geringe Verunreinigungen, auch sehr kleine, am Mol.-Gew. noch nicht erkennbare Beimengungen homologer Säuren, merklich herabgedrückt wird[10].

---

* H. Meyer u. L. Brod: Monatsh. Chem. **34**, 1143 (1913); Pschorr u. Pfaff: Ber. **53**, 2147 (1920).

** Hell: Ztschr. angew. Chem. **13**, 556 (1900); v. Boyen: ebenda **14**, 1110 (1901).

[1] Rigg: Trans. New Zealand Inst. **44**, 271 (1912).

[2] Tropsch u. Kreutzer: Brennstoff-Chem. **3**, 177, 193, 212 (1922); Tropsch u. Dilthey: ebenda **6**, 65 (1925); Tropsch u. Koch: ebenda **10**, 82 (1929).

[3] Holde, Bleyberg u. Vohrer: Brennstoff-Chem. **11**, 128, 146 (1930).

[4] Schalfejew: Ber. **9**, 278 (1876); Nafzger: Liebigs Ann. **224**, 249 (1884); Marie: Ann. Chim. Phys. [7] **7**, 158 (1896); Gascard u. Damoy: Compt. rend. Acad. Sciences **177**, 1222 (1923).   [5] Rigg: l. c.; Tropsch u. Koch: l. c.

[6] Bleyberg u. Ulrich: Ber. **64**, 2512 (1931).

[7] H. Kopp: Liebigs Ann. **93**, 184 (1855).

[8] Holde u. Bleyberg: Ztschr. angew. Chem. **43**, 901 (1930).

[9] Francis, Piper u. Malkin: Proceed. Roy. Soc., London. Serie A **128**, 219 (1930); die Erscheinung wurde auch im Laboratorium des Verfassers regelmäßig beobachtet.

[10] Über die Schmelzpunkte reiner und gemischter gesättigter Fettsäuren, insbesondere die Bildung von Molekülverbindungen und Mischkrystallen zwischen Homologen beim Erstarren von Fettsäuregemischen s. E. Jantzen: Ztschr. angew. Chem. **44**, 482 (1931).

Gemäß Tabelle 144 steigen die Schmelzpunkte, innerhalb jeder der beiden Reihen der Säuren mit geraden und ungeraden C-Atomzahlen für sich, mit zunehmenden Mol.-Gew. stetig an (abgesehen von den ersten drei Gliedern, welche, wohl infolge Assoziation, höhere Schmelzpunkte als die nächstfolgenden Glieder zeigen). Im ganzen bilden die Schmelzpunkte aller Säuren aber in graphischer Darstellung eine Zickzacklinie, weil jede Säure mit $2n + 1$ C-Atomen etwas niedriger schmilzt als die vorangehende Säure mit $2n$ C-Atomen. Auf diese Eigentümlichkeit ist offenbar die wiederholte Auffindung angeblich einheitlicher „ungerader" Säuren (z. B. $C_{17}H_{34}O_2$) zurückzuführen, da sie zur Folge hat, daß — ungefähr äquimolare — Gemische benachbarter „gerader" Säuren (z. B. $C_{16}H_{32}O_2$ und $C_{18}H_{36}O_2$) nicht nur das mittlere Mol.-Gew., sondern auch ungefähr den richtigen Schmelzpunkt der dazwischen liegenden „ungeraden" Säure zeigen können. Umgekehrt können Gemische der an sich schon niedriger schmelzenden „ungeraden" Säuren natürlich niemals einheitliche „gerade" (normale) Säuren vortäuschen.

Die meisten anderen physikalischen Eigenschaften, die zur Reinheitsprüfung der Fettsäuren herangezogen werden könnten (insbesondere Dichte und Brechung), sind — weil diese Eigenschaften in großer Annäherung additiv sind, d. h. sich in Gemischen homologer Säuren linear mit der Zusammensetzung ändern — gegenüber der Schmelzpunktsbestimmung von geringerem Wert[1]. Auch die oben angeführten Röntgenspektren der Fettsäuren (s. S. 618) scheinen zur Entscheidung der Frage, ob in einem gegebenen Fall ein wirkliches Fettsäure-individuum vorliegt oder ob seine Einheitlichkeit durch ein äquimolares Gemisch homologer Säuren vorgetäuscht wird, nicht auszureichen[2], eher vielleicht diejenigen der Äthylester (s. o.). Nicht additiv sind nach Lederer[3] die Viscositäten von Fettsäure-gemischen, so daß Viscositätsbestimmungen zur Reinheitsprüfung besonders geeignet wären; indessen liegen hierüber anscheinend noch keine eingehenderen Untersuchungen vor[4]. Weiteres über physikalische Eigenschaften der Fett-säuren s. S. 742f.

b) **Ungesättigte Fettsäuren**[5]. Eine Übersicht über die wichtigsten natürlich vorkommenden, einfach oder mehrfach ungesättigten Fettsäuren gibt Tabelle 145. Auch diese Säuren bestehen — mit Ausnahme der cyclischen Chaulmoogra- und Hydnocarpussäure (Tab. 146) — aus unverzweigten Kohlen-stoffketten mit geraden C-Atomzahlen, wie durch katalytische Reduktion zu den entsprechenden gesättigten Fettsäuren bewiesen wurde. Am wichtigsten sind die Säuren der C_{18}-Gruppe, Ölsäure, Linolsäure, Linolensäure und Elaeostearinsäure, die bei der katalytischen Hydrierung sämtlich in Stearinsäure übergehen, nächstdem die ungesättigten C_{22}-Säuren, von denen bisher Erucasäure (aus Rüböl) und Clupanodonsäure (aus Sardinen-tran) in reiner Form isoliert und auch bezüglich der Konstitution genauer erforscht sind.

Die ungesättigten Säuren lagern, wie alle Äthylenverbindungen, viele reaktionsfähige Stoffe, besonders Halogene, Halogenwasserstoff, Ozon, Schwefelsäure usw., an; durch schwache Oxydationsmittel (z. B. kalte ver-dünnte Permanganatlösung) werden sie in die entsprechenden Polyoxy-säuren übergeführt, durch stärkere Oxydationsmittel an der Stelle der Doppelbindung aufgespalten; diese Eigenschaften werden zur Erforschung ihrer Konstitution (Bestimmung der Lage der Doppelbindungen) benutzt (s. u.).

---

[1] E. L. Lederer: Ztschr. angew. Chem. **44**, 480 (1931); Chem. Umschau Fette, Öle, Wachse, Harze **38**, 177 (1931).

[2] Verkade u. Coops jr.: Biochem. Ztschr. **206**, 468 (1929).   [3] Lederor: l. c.

[4] Für Triglyceride (Trilaurin, -myristin usw.) geben R. B. Joglekar u. H. E. Watson: Journ. Soc. chem. Ind. **47**, 365 (1928); C. **1929**, I, 988, bereits an, daß die Viscosität das beste Reinheitskriterium darstellt.

[5] Unter Mitwirkung von F. Wittka.

Die einfach ungesättigten Säuren können in 2 verschiedenen geometrisch-isomeren Formen (Cis- und Trans-Form) auftreten, von denen aber in den Naturprodukten bisher immer nur eine, die niedriger schmelzende, gefunden wurde. Mit der Zahl der Doppelbindungen wächst die Zahl der möglichen geometrischen Isomeren, bei n Doppelbindungen auf 2^n Isomere, jedoch ist es bei den mehrfach ungesättigten Säuren, mit Ausnahme der α- und β-Elaeostearinsäure[1], noch nicht gelungen, einwandfrei festzustellen, ob die — auf dem Wege über die Bromide hergestellten — reinen Säuren einzelne Individuen oder Gemische verschiedener Isomerer darstellen.

Von den einfach ungesättigten Säuren lassen sich die natürlich vorkommenden durch Behandlung mit salpetriger Säure[2], schwefliger Säure oder Bisulfit[3], Schwefel[4], phosphoriger und unterphosphoriger Säure[5] in die höherschmelzenden Formen umlagern. So entstehen aus Ölsäure Elaidinsäure, aus Erucasäure Brassidinsäure und aus Ricinolsäure (s. Tabelle 146) Ricinelaidinsäure[6]. Welcher der beiden Formen die Cis- und welcher die Trans-Formel zukommt, steht noch nicht fest, da manche Reaktionen für die Cis-, andere wieder für die Trans-Formel bei der gleichen Substanz sprechen. Z. B. spalten die Dibromide der Öl- und Erucasäure leichter als diejenigen der Elaidin- und Brassidinsäure beim Erhitzen mit alkoholischer KOH 2 Mol HBr ab unter Übergang in Stearol- bzw. Behenolsäure, nach welcher Reaktion die erstgenannten Säuren als Trans-Formen anzusehen wären. Andererseits ist aber die Elaidinierung ein exothermer Prozeß, d. h. Elaidin- und Brassidinsäure sind energieärmer als Öl- bzw. Erucasäure[7], was für die Cisstruktur der letztgenannten Säuren sprechen würde. Ebenso spricht die schnellere Wasserstoffaufnahme der Öl- und Erucasäure gegenüber der Elaidin- bzw. Brassidinsäure bei der katalytischen Hydrierung mit Palladium für die Cisform der ersteren Säuren[8]. Ganz eigentümlich ist das Verhalten dieser Säuren bei der Überführung in die Dioxysäuren. Von letzteren existiert je eine hochschmelzende und eine niedrigschmelzende Form (Dioxystearinsäuren vom Schmelzpunkt 134^0 und 99^0, Dioxybehensäuren vom Schmelzpunkt 133^0 und 100^0); diese Säuren sind aber nicht einfach bestimmten ungesättigten Säuren zugeordnet, sondern bei der Oxydation mit Persulfat in saurer Lösung[9] geben Öl- und Erucasäure die niedrigschmelzenden, Elaidin- und Brassidinsäure die hochschmelzenden Oxysäuren, bei der Oxydation mit Permanganat in alkalischer Lösung[10] ist es umgekehrt. Auch auf Grund der verschiedenen Veresterungsgeschwindigkeiten läßt sich die Konfiguration stereoisomerer Säuren nicht sicher bestimmen[11]. Aus den Röntgenspektren der Öl- und Elaidinsäure schließt Lederer[12], daß Ölsäure die Cis-Form besitzt.

---

[1] Nach E. Eigenberger: Journ. prakt. Chem. [N. F.] **136**, 75 (1933), ist auch die β-Elaeostearinsäure nicht einheitlich, sondern es gibt 4 Typen von β-Formen, die sich ineinander umwandeln lassen.

[2] Mayer: Liebigs Ann. **35**, 174 (1840); Holde u. Rietz: Ber. **57**, 101 (1924).

[3] Saizew: Journ. russ. physikal.-chem. Ges. **24**, 477 (1892); Journ. prakt. Chem. [2] **50**, 73 (1894).

[4] G. Rankoff: Ber. **62**, 2712 (1929); **64**, 619 (1931).

[5] Fokin: Journ. russ. physikal.-chem. Ges. **42**, 1071 (1910); C. **1910**, II, 1747.

[6] Nach H. N. Griffiths u. T. P. Hilditch: Journ. chem. Soc. London **1932**, 2315, verläuft die Elaidinierung reversibel; von beiden Seiten her wird derselbe Gleichgewichtszustand erreicht, seine Lage ist aber von der Elaidinierungsmethode abhängig.

[7] Nach Landolt-Börnstein: 5. Aufl., S. 1002, ist z. B. die Verbrennungswärme von Erucasäure 9739, von Brassidinsäure 9718 cal/g; nach Keffler: Rec. trav. chim. Pays-Bas **49**, 415 (1930), sind die entsprechenden Zahlen für Ölsäure 9450, für Elaidinsäure nur 9342 cal/g.

[8] Paal u. Schiedewitz: Ber. **60**, 1221 (1927); **63**, 771 (1930).

[9] Albitzky: Journ. prakt. Chem. **61**, 65 (1900); Ber. **33**, 2909 (1900).

[10] Saizew: Journ. prakt. Chem. **34**, 304, 315 (1886).

[11] Sudborough u. Lloyd: Journ. chem. Soc. London **73**, 81 (1898); derselbe u. Davies: ebenda **95**, 975 (1909); Auwers u. Wissebach: Ber. **56**, 715 (1923).

[12] E. L. Lederer: Fettchem. Umschau **40**, 3 (1933).

Tabelle 145. Eigenschaften der einbasischen ungesättigten Fettsäuren

Formel	Mol.-Gew.	Name [Numerierung der C-Atome durchweg von der Carboxylgruppe (1) aus]	Schmelzpunkt $^\circ$	Siedepunkt		Spez. Gew.	
				$^\circ$	mm Hg	g/l	bei $^\circ$
$C_5H_8O_2$	100	$\triangle$ 2,3-, 2-Methylbutensäure, Tiglinsäure [1]	64,5	198,5	760	964,1	76
$C_{10}H_{18}O_2$	170	$\triangle$ 9,10-Decensäure [2]	30	165	20	—	—
$C_{12}H_{22}O_2$	198	Dodecensäure [3]	—	—	—	—	—
$C_{14}H_{26}O_2$	226	$\triangle$ 4,5-Tetradecensäure [4], Tsuzusäure	20	—	—	—	—
		$\triangle$ 5,6-Tetradecensäure [5], Physetersäure	—	190/200	20	904,4	20
		$\triangle$ 9,10-Tetradecensäure [6]	—	—	—	—	—
$C_{16}H_{30}O_2$	254	$\triangle$ 9,10-Hexadecensäure [7], Zoomarinsäure	30	—	—	898,3	15
$C_{18}H_{34}O_2$	282	$\triangle$ 6,7-Octadecensäure [8], Petroselinsäure	34	—	—	—	—
		dgl., Petroselaidinsäure	52/53	—	—	—	—
		$\triangle$ 9,10-Octadecensäure, Ölsäure	14	223	10	899,8	11,8
		dgl., Elaidinsäure	44,4	225	10	850,5	79,3
		$\triangle$ 10,11-Octadecensäure, Iso-Ölsäure	45	—	—	—	—
		$\triangle$ 11,12-Octadecensäure [9], Vaccensäure	39	—	—	856,0	70
$C_{22}H_{42}O_2$	338	$\triangle$ 11,12-Dokosensäure, Cetoleinsäure [10]	32/33	—	—	—	—
		$\triangle$ 13,14-Dokosensäure, Erucasäure	34	254,5	10	860,2	55,4
		dgl., Brassidinsäure	60	256	10	858,5	57,1
$C_{18}H_{32}O_2$	280	$\triangle$ 9,10-, 12,13-Octadecadiensäure, Linolsäure [11]	—9,5	202	1,4	902,5	20
		$\triangle$ 6,7-Octadecinsäure, Taririnsäure [12]	50,5	—	—	—	—
$C_{18}H_{30}O_2$	278	$\triangle$ 9,10-, 12,13-, 15,16-Octadecatriensäure, Linolensäure	—	230	17	904,6	20
		$\triangle$ 9,10-, 11,12-, 13,14-Octadecatriensäure, α-Elaeostearinsäure [13]	48	235	12	898,0	56
		dgl., β-Elaeostearinsäure	72	—	—	883,9	86
$C_{22}H_{34}O_2$	330	Dokosapentensäure, Clupanodonsäure [14]	— 78	236	5	938,5	15

[1] R. Boehm: Arch. exp. Pathol. Pharmakol. **79**, 138 (1915). [2] Grün u. **37**, 228 (1924). [4] M. Tsujimoto: Chem. Umschau Fette, Öle, Wachse, Harze **35**, 227 (1928). [6] Armstrong u. Hilditch: Journ. Soc. chem. Ind. **44**, 180 T Japan [Suppl.] **30**, 155 (1927); nach M. Tsujimoto: Chem. Umschau Fette, Hofstädter: Liebigs Ann. **91**, 177 (1854). [8] Vongerichten u. Köhler: Ber. l. c.; E. André u. H. Canal: Bull. Soc. chim. France [4] **45**, 498 (1929). [11] R. D. Acad. Sciences **114**, 79 (1892); **122**, 1000 (1896); Posternak: ebenda **162**, Messungen: E. Roßmann: Chem. Umschau Fette, Öle, Wachse, Harze **39**, 220

$C_nH_{2n-2}O_2$ bis $C_nH_{2n-10}O_2$, ihrer Methyl- und Äthylester.

| Refraktion | | Jod-zahl | Methylester | | Äthylester | | Vorkommen |
| | | | | | | | |
n_D	bei 0		Siede-punkt 0	mm Hg	Siede-punkt 0	mm Hg	
1,43297	76	253,8	—	—	100	30	Crotonharz
—		149,3	117	13	—	—	Butterfett
—	—	127,8	—	—	—	—	Butterfett
1,4572	15	112,2	158/168 (roh)	15	—	—	Tsuzuöl
1,4547	20	112,2	—	—	—	—	Spermöl
—	—	—	—	—	—	—	Waltran
1,4605	15	99,8	—	—	—	—	Spermöl, Waltran
—	—	89,9	—	—	—	—	Petersiliensamenöl, Efeusamenöl
—		89,9	—	—	—	—	—
1,4621	11,8	89,9	212/213	15	216/218	15	in fast allen Ölen
1,4358	79,4	89,9	—	—	173/174	0,75	—
—	—	89,9	—	—	—	—	—
1,4407	70	89,9	—	—	—	—	Butter, Rinder- und Hammeltalg
—	—	—	—	—	—	—	Haifischleberöl, Waltran
1,4534	45	75,0	239	18	229	5	Rüböle, Senföle
1,4461	57,1	75,0	Schmp. 34/35	—	Schmp. 29/30	—	—
1,4788	20	181,1	207/208	11	270/275	180	Leinöl, Mohnöl, Hanföl
—	—	—	—	—	—	—	Taririfett
—	—	273,7	207	14	—	—	Leinöl
1,5080	56	273,7	207	14	132	0,001	Holzöl
1,4970	80	273,7	209	10	232	15	—
1,5039	15	384,2	222	5	—	—	Japanisches Sardinenöl

Wirth: Ber. **55**, 2197, 2206 (1922). [3] Grün u. Winkler: Ztschr. angew. Chem. **35**, 225 (1928). [5] Tsujimoto: ebenda **30**, 33 (1923); **32**, 202 (1925); **34**, 9 (1927); (1925). [7] Armstrong u. Hilditch: l. c.; Y. Toyama: Journ. Soc. chem. Ind., Öle, Wachse, Harze **35**, 227 (1928), identisch mit der Physetölsäure von P. G. **42**, 1638 (1909). [9] S. Bertram: Biochem. Ztschr. **197**, 433 (1928). [10] Y. Toyama: Haworth: Journ. chem. Soc. London **1929**, 1456. [12] Arnaud: Compt. rend. 944 (1916). [13] Böeseken: Rec. Trav. chim. Pays-Bas **44**, 241 (1925). Neuere (1932). [14] M. Tsujimoto: ebenda **33**, 285 (1926).

Außer Eruca- und Brassidinsäure wurde noch eine dritte, isomere Säure $C_{22}H_{42}O_2$, die sog. Iso-Erucasäure, künstlich hergestellt[1], deren Doppelbindung an der gleichen Stelle (13-14) wie bei Eruca- und Brassidinsäure liegen soll. Da — wenigstens bei der bisher üblichen Darstellung der Konstitution organischer Verbindungen — nicht mehr als zwei isomere Verbindungen dieser Art formulierbar sind, erscheint die Individualität der Iso-Erucasäure fraglich. Nach Mirchandani und Simonsen[2] ist Iso-Erucasäure nur ein sehr schwer zerlegbares Gemisch einer $\triangle$ 14,15- mit einer $\triangle$ 12,13-Dokosensäure.

Die Lage der Doppelbindungen in den verschiedenen Säuren läßt sich am sichersten, d. h. ohne jede Gefahr einer Verschiebung der Bindungen während der Untersuchung, durch Anlagerung von Ozon nach Harries, Aufspaltung der gebildeten Ozonide mit Wasser und Untersuchung der Spaltprodukte ermitteln.

So wurde beim Behandeln von Ölsäure mit ozonisiertem Sauerstoff ein Ozonid

$$CH_3 \cdot (CH_2)_7 \cdot CH \ \cdot \ CH \cdot (CH_2)_7 \cdot COOH,$$
$$O \cdot O \cdot O$$

unter Umständen auch ein Ölsäureperozonid $C_{18}H_{34}O_6$ und ein Ölsäureüberperozonid $C_{18}H_{34}O_7$ erhalten, die sich durch Natriumbicarbonat in das normale Ozonid überführen ließen[3]. Dieses wird beim Erhitzen mit Wasser oder Eisessig gespalten in Nonylaldehyd $CH_3(CH_2)_7CHO$ bzw. in dessen spontan sich bildendes Oxydations-produkt Pelargonsäure $CH_3(CH_2)_7COOH$ und den ebenfalls sehr unbeständigen Halbaldehyd der Azelainsäure $COOH(CH_2)_7CHO$ bzw. in dessen sich spontan bildendes Oxydationsprodukt Azelainsäure $COOH(CH_2)_7COOH$. Später[4] konnten noch die Peroxyde der beiden Aldehyde als die primären Spaltungsprodukte des Ozonids isoliert werden.

Elaidinsäure, auf gleiche Weise ozonisiert, lieferte ein ganz ähnliches Ozonid mit genau denselben Zersetzungsprodukten. Die Stereoisomerie der Ölsäure und Elaidinsäure und der Sitz der Doppelbindung in der Mitte der Kohlenstoffkette war damit bewiesen, und der Ölsäure wie der Elaidinsäure kommt hiermit die Formel $CH_3 \cdot (CH_2)_7 \cdot CH : CH \cdot (CH_2)_7 \cdot COOH$ zu.

Ältere Versuche, die Lage der Doppelbindung zu bestimmen, wie die Oxydation mit Permanganat[5] in verdünnter alkalischer Lösung oder mit Persulfat[6] in saurer Lösung, ferner durch Überführung in Stearolsäure, Ketostearinsäure und Ketoximsäure, welche durch die Beckmannsche Umlagerung am Orte der Doppelbindung aufgespalten wurde[7], ergaben das gleiche Resultat; desgl. spätere Versuche mit Peressigsäure[8], Perbenzoesäure[9], Wasserstoffperoxyd[10] und mit $KMnO_4$ in Aceton[11] unter Ausschluß von Wasser. Besonders die letzte Methode ist wichtig, da bei ihrer Anwendung eine Nachoxydation der gebildeten Säuren vermieden wird.

---

[1] Alexandrow u. N. Saizew: Journ. russ. physikal.-chem. Ges. 24, 486, 496 (1892); Journ. prakt. Chem. [2] 49, 59 (1894); Saizew: ebenda [2] 50, 65 (1894); Ponzio: Gazz. chim. Ital. 34, II, 51 (1904); Mascarelli u. Toschi: ebenda 45, I, 318 (1915); Mascarelli u. Sanna: ebenda 45, II, 214 (1915).

[2] Mirchandani u. Simonsen: Journ. chem. Soc. London 1927, 371.

[3] Harries u. Thieme: Liebigs Ann. 343, 318 (1906); Molinari u. Soncini: Chem.-Ztg. 29, 715 (1905).

[4] Harries u. Türk: Ber. 39, 3732 (1906).

[5] Saizew: Journ. prakt. Chem. 34, 304, 315 (1886).

[6] Albitzky: ebenda 61, 65 (1900); Ber. 33, 2909 (1900).

[7] Baruch: ebenda 27, 172 (1895).

[8] Böeseken u. Belinfante: Rec. Trav. Chim. Pays-Bas 45, 314 (1926); W. C. Smit: ebenda 49, 675, 686, 691 (1930).

[9] Nametkin u. Abakumowskaja: Journ. prakt. Chem. 115, 56 (1927).

[10] Hilditch u. Lea: Journ. chem. Soc. London 1928, 1567.

[11] Hilditch: Chem. Umschau Fette, Öle, Wachse, Harze 37, 354 (1930).

Hingegen ist die Kalischmelze für Zwecke der Konstitutionsbestimmung unbrauchbar, da hierbei, unabhängig von der ursprünglichen Lage der Doppelbindung, die Aufspaltung unter Wanderung der Doppelbindung stets zwischen dem α- und β-Kohlenstoffatom stattfindet. So ergibt Ölsäure[1] bei der Kalischmelze Essigsäure und Palmitinsäure in guter Ausbeute, Erucasäure in allerdings nur schlechter Ausbeute n-Eikosansäure. Dioxysäuren werden dagegen, wie zu erwarten, zwischen den beiden OH-Gruppen aufgespalten[2].

Nach den angegebenen Methoden wurden auch die Konstitutionsformeln der Petroselinsäure[3], der Vaccensäure[4], der Iso-Ölsäure[5] usw. ermittelt.

Die Konstitution der bei der Härtung[6] sich bildenden festen Isoölsäuren ist noch nicht sicher festgestellt.

Die Konstitution der Eruca- und Brassidinsäure ergab sich aus den bei der Ozonisierung[7] beider Säuren übereinstimmend erhaltenen Spaltstücken: Nonylaldehyd $C_9H_{18}O$ bzw. Pelargonsäure $C_9H_{18}O_2$ und Brassylsäure $C_{13}H_{24}O_4$ zu $CH_3(CH_2)_7CH:CH(CH_2)_{11}COOH$. Analog wurden die in Tabelle 145 angegebenen Formeln der Zoomarin-, Cetolein-, Linol-, Linolen- und Elaeostearinsäure ermittelt. Die 5 Doppelbindungen der Clupanodonsäure $C_{22}H_{34}O_2$ liegen nach Tsujimoto[8] vermutlich in 4-5, 7-8 oder 8-9, 11-12, 15-16 und 19-20-Stellung.

Die Elaeostearinsäure, $C_{18}H_{30}O_2$, (der Hauptbestandteil des chinesischen Holzöles) wurde lange Zeit als nur zweifach ungesättigte Säure $C_{18}H_{32}O_2$ (isomer mit Linolsäure) angesehen[9], da sie infolge der konjugierten Anordnung ihrer 3 Doppelbindungen bei der Jodzahlbestimmung unter gewöhnlichen Umständen nur etwa 4 statt 6 Halogenatome addiert. Erst Böeseken und seine Mitarbeiter[10] schlossen aus der ungewöhnlich hohen Refraktion der Säure bzw. des chinesischen Holzöles auf die Gegenwart von 3 konjugierten Doppelbindungen, die dann auch durch Anlagerung von 6 Atomen Halogen[11] bzw. Wasserstoff[12] sowie durch Darstellung des krystallisierten Hexabromids[13] sicher nachgewiesen wurden. Bemerkenswert ist die Umwandlung der α- in die β-Elaeostearinsäure, welche leicht durch Erwärmen der α-Säure mit Spuren Schwefel oder durch Belichtung der α-Säure mit Sonnenlicht, besonders bei Gegenwart von Spuren Jod in Petrolätherlösung, erfolgt.

Andere natürlich vorkommende Fettsäuren mit konjugierten Doppelbindungen sind bisher nicht bekannt, jedoch wurde eine solche Säure ($\triangle$ 9,10-11,12-Linolsäure)

---

[1] Marane: Ber. **2**, 359 (1869).

[2] Eckert: Monatsh. Chem. **38**, 1 (1917); Thoms u. Reiniger: Ber. Dtsch. pharmaz. Ges. **32**, 124 (1922).

[3] Vongerichten u. Köhler: Ber. **42**, 1638 (1909); Hilditch u. Jones: Journ. Soc. chem. Ind. **46**, T, 174 (1927).

[4] Bertram: Biochem. Ztschr. **197**, 433 (1928).

[5] Shukow u. Schestakow: Journ. prakt. Chem. [2] **67**, 417 (1903); Jegorow: ebenda **86**, 539 (1912).

[6] S. Ueno: Journ. Soc. chem. Ind. Jap. Suppl. **1930**, 62; Hilditch u. Vidyarthi: Proceed. Roy. Soc., London. Serie A **122**, 563 (1929).

[7] Thieme: Diss. Kiel 1906; Holde u. Zadek: Ber. **56**, 2052 (1923).

[8] Tsujimoto: Bull. chem. Soc. Japan **3**, 299 (1928); Chem. Umschau Fette, Öle, Wachse, Harze **36**, 236 (1929).

[9] Majima: Ber. **42**, 674 (1909); v. Schapringer: Diss. Karlsruhe 1911.

[10] Böeseken u. Ravenswaay: Rec. Trav. chim. Pays-Bas **44**, 241 (1925); Böeseken u. Gelber: ebenda **46**, 258 (1927).

[11] Böeseken, Hoogl, Broek u. Smit: ebenda **46**, 619 (1927); H. P. Kaufmann: Ber. **59**, 1390 (1926).

[12] Grün: Ztschr. angew. Chem. **39**, 381 (1926).

[13] Durch Bromierung unter Bestrahlung mit ultraviolettem Licht, K. H. Bauer u. E. Rohrbach: Chem. Umschau Fette, Öle, Wachse, Harze **35**, 53 (1928).

von Böeseken, Smit und Gaster[1] zum Studium ihrer Eigenschaften durch Vakuumdestillation von Ricinelaidinsäure künstlich hergestellt.

Über die Konfiguration der mehrfach ungesättigten Säuren ist, wie oben erwähnt, noch nichts Näheres bekannt[2]. Zwar wurde aus der Tatsache, daß bei der Bromierung der Linolsäure nur etwa 50% hochschmelzendes Linolsäure-tetrabromid (Schmp. 114°), im übrigen niedriger schmelzende bzw. flüssige Bromide gebildet werden, geschlossen, daß die Linolsäure ein Gemisch verschiedener Isomerer (mit gleicher Lage der Doppelbindungen) darstellte, von denen nur die sog. α-Linolsäure das hochschmelzende Tetrabromid liefern sollte; jedoch ist diese Annahme durchaus unbewiesen. Die durch Entbromung des Tetrabromids vom Schmp. 114° erhaltene Linolsäure liefert nämlich bei nochmaliger Bromierung wieder nur etwa 50% hochschmelzendes Tetrabromid, was beweist, daß beim Entbromen und Wiederbromieren insgesamt eine partielle Umlagerung der Säure eintritt; ob dies aber bei der Anlagerung oder der Abspaltung des Broms oder bei beiden Prozessen geschieht, ist bisher nicht festgestellt. Der verhältnismäßig scharfe Schmp. -8 bis $-7°$ der aus dem festen Bromid dargestellten Linolsäure[3] scheint aber eher für eine Einheitlichkeit dieser Säure und somit für eine Umlagerung bei der Bromierung zu sprechen. Genau das Gleiche gilt für die Linolensäure des Leinöls, welche beim Bromieren neben α-Linolensäure-hexabromid vom Schmp. etwa 180° auch flüssige Bromide ergibt. Auch hier ist das Vorliegen verschiedener isomerer Linolensäuren selbst weder in den Naturprodukten noch in der durch Reduktion des Hexabromids erhaltenen Säure bewiesen[4] (s. auch S. 715), nur die Bromide können als α- und β-Linolensäure-hexabromide unterschieden werden. (Die von Heiduschka und Lüft[5] aus Nachtkerzensamenöl abgeschiedene sog. γ-Linolensäure, die ein bei 195/196° unter Zersetzung schmelzendes Hexabromid ergibt, hat mit der vorstehenden Frage nichts zu tun, da die Lage der Doppelbindungen in dieser Säure noch nicht bekannt ist.)

Außer den in Tabelle 145 zusammengestellten Säuren sind noch einige ungesättigte Säuren zu erwähnen, deren Konstitution noch nicht aufgeklärt ist oder deren Existenz überhaupt als zweifelhaft gelten muß. Nicht aufgeklärt sind — außer den schon erwähnten, bei der Härtung entstehenden Isoölsäuren — hauptsächlich die stärker ungesättigten Säuren aus Fischtranen, u. a. die Hiragonsäure[6] $C_{16}H_{26}O_2$ und Jecorinsäure[7] $C_{18}H_{30}O_2$ aus Sardinenöl, die Therapeutinsäure (Stearidonsäure) $C_{18}H_{28}O_2$ und Arachidonsäure $C_{20}H_{32}O_2$ aus Haifischleberöl[8], sowie eine 6fach

[1] Böeseken, Smit u. Gaster: Proceed. Kon. Akad. Wetensch. **32**, 377 (1929); C. **1929**, II, 716.

[2] Von den Elaeostearinsäuren ist nach E. Roßmann: Chem. Umschau Fette, Öle, Wachse, Harze **39**, 220 (1932), die α-Säure die Cis-Form, die β-Säure die Trans-Form.

[3] Holde u. Gentner: Ber. **58**, 1067 (1925).

[4] Erdmann, Bedford u. Raspe: ebenda **42**, 1343 (1909); Rollett: Ztschr. physiol. Chem. **62**, 410 (1909); **70**, 404 (1910); Eibner u. Schmidinger: Chem. Umschau Fette, Öle, Wachse, Harze **30**, 208 (1923); Kimura: ebenda **36**, 125 (1929); v. d. Veen: ebenda **38**, 117 (1931); Kaufmann: ebenda **38**, 203, 294 (1931); Grün: Analyse, Bd. 1, S. 21.

[5] Heiduschka u. Lüft: Arch. Pharmaz. **257**, 33 (1919).

[6] Toyama u. Tsuchiya: Bull. chem. Soc. Japan 4, 83 (1929); Chem. Umschau Fette, Öle, Wachse, Harze **36**, 398 (1929).

[7] Fahrion: Chem.-Ztg. **17**, 521 (1893); Chem. Umschau Fette, Öle, Wachse, Harze **24**, 4 (1917); Toyama u. Tsuchiya: l. c.

[8] B. Suzuki u. Y. Masuda: Proceed. Imp. Acad., Tokyo 4, 165 (1928); E. André u. H. Canal: Bull. Soc. chim. France [4] **45**, 498 (1929).

ungesättigte Säure $C_{22}H_{32}O_2$ aus Maifischöl[1]. Auch die Konstitution der Gadoleinsäure $C_{20}H_{38}O_2$ aus Dorschleberöl, Heringsöl und Waltran[2] sowie der zu 23% im Margosafett (Nimfett) enthaltenen, therapeutisch wichtigen Margosasäure[3] $C_{22}H_{40}O_2$ (s. S. 940) ist noch nicht näher aufgeklärt. Strittig ist das Vorkommen der Hypogäasäure $C_{16}H_{30}O_2$, die von Gößmann und Scheven[4] im Erdnußöl entdeckt, von späteren Bearbeitern[5] aber nicht wieder aufgefunden wurde; unsicher erscheint auch die Existenz der von Fahrion[6] in verschiedenen Fischölen indirekt — durch Oxydation zu einer Säure $C_{17}H_{34}O_4$ — nachgewiesenen, aber nicht unmittelbar isolierten Asellinsäure $C_{17}H_{32}O_2$, sowie mehrerer anderer weniger bekannter ungesättigter Säuren.

c) **Oxysäuren** wurden bisher nur in geringer Zahl aus Fetten oder Wachsen isoliert (s. Tabelle 146). Von Bedeutung und näher erforscht ist fast nur die **Ricinolsäure**, deren Konstitution $CH_3 \cdot (CH_2)_5 \cdot CHOH \cdot CH_2 \cdot CH:CH \cdot (CH_2)_7 \cdot COOH$ durch Ozonisierung endgültig bewiesen wurde[7], nachdem sie schon vorher durch Goldsobel[8] mittels der von Baruch für die Ölsäure benutzten Methode (s. S. 628) abgeleitet worden war. Die Konstitution der **Lanopalmin-** und **Lanocerinsäure** ist noch unbekannt, ebenso diejenige einer **Dioxystearinsäure**, welche sich in kleiner Menge neben Ricinolsäure im Ricinusöl findet[9], sowie die Natur der durch spontane Oxydation aus den ungesättigten Fettsäuren entstehenden dunkelbraunen „Oxysäuren" (s. S. 729). Über die durch Oxydation der ungesättigten Säuren mit $KMnO_4$ erhältlichen Dioxy-, Tetraoxysäuren usw. s. S. 712.

Die Oxysäuren spalten leicht (bei stärkerer Erhitzung, besonders bei Gegenwart von Mineralsäure, in geringerem Maße auch schon beim einfachen Trocknen, z. B. zur Analyse) Wasser ab, indem sie innere Ester (**Lactone**) oder vorzugsweise Ester zwischen **mehreren** Säure-Molekülen (sog. **Estolide**, z. B. Di-, Tri- und Polyricinolsäuren, vgl. S. 902 u. 939) bilden. Lactone und Estolide haben im Vergleich zur freien Oxysäure zu niedrige Säurezahlen und dafür positive Esterzahlen (freie Säure: EZ. 0), jedoch sind die Estolide ziemlich schwer verseifbar.

d) **Zweibasische Säuren** wurden nur im Japanwachs, einem Fett (d. h. Glycerid) aus den Schalen der Beeren von Rhus succedanea L., und einigen verwandten Fetten in kleinen Mengen (1—6%) aufgefunden.

Die früher als Individuum angesehene **Japansäure** $C_{21}H_{40}O_4$ oder $C_{22}H_{42}O_4$* erwies sich bei späteren Untersuchungen — ähnlich wie die S. 619f. angeführten

---

[1] J. B. Brown u. G. D. Beal: Journ. Amer. chem. Soc. **45**, 1289 (1923).

[2] Bull: Ber. **39**, 3574 (1906); s. auch Hirose u. Shimomura: Journ. Soc. chem. Ind., Japan [Suppl.] **31**, 257 B (1928).

[3] Chatterji u. Sen: Indian Journ. med. Res. 8, 356 (1920); Chatterji: Lancet **209**, 1063 (1925); vgl. auch Schloßberger: Ztschr. angew. Chem. **37**, 6 (1924), bei welchem allerdings die Formel irrtümlich zu $C_{20}H_{40}O_2$ angegeben ist. Neuerdings wurde die Existenz der Margosasäure bestritten, sie soll eine unreine Ölsäure sein [A. C. Roy u. S. Dutt: Journ. Soc. chem. Ind. **48** T, 333 (1929); vgl. Ubbelohde: Handbuch, 2. Aufl., Bd. 2, 1. Abt., S. 643. 1932]; nach den von Schloßberger angeführten Zahlen, Mol.-Gew. (aus Säurezahl berechnet) 336 und Jodzahl 151, ist dies aber nicht möglich. Da das Nimfett (indisches Fliederöl) nur Jodzahl etwa 70 besitzt, liegt vielleicht eine Verwechslung des Ausgangsmaterials mit Margosaöl (persischem Fliederöl) vor, das ein trocknendes Öl von der Jodzahl 136 ist.

[4] Gößmann u. Scheven: Liebigs Ann. **94**, 230 (1855).

[5] Schön: ebenda **244**, 253 (1888); Bodenstein: Ber. **27**, 3399 (1894).

[6] Fahrion: Chem.-Ztg. **17**, 685 (1893).

[7] Haller u. Brochet: Compt. rend. Acad. Sciences **150**, 496 (1910); Noorduyn: Rec. trav. chim. Pays-Bas **38**, 317 (1920).

[8] Goldsobel: Ber. **27**, 3121 (1894).   [9] Farner: Arch. Pharmaz. **237**, 40 (1899).

* Eberhardt: Diss. Straßburg 1888; Geitel u. v. d. Want: Journ. prakt. Chem. [2] **61**, 151 (1900).

Tabelle 146. Eigenschaften der Oxysäuren und

Formel	Mol.-Gew.	Name	Schmelz-punkt ^{0}	Siedepunkt		Spez. Gew.	
				^{0}	mm Hg	g/l	bei ^{0}
$C_{16}H_{32}O_3$	272,3	Lanopalminsäure [1]	87—88	—	—	—	—
$C_{30}H_{60}O_4$	484,5	Lanocerinsäure [2]	104—105	—	—	—	—
$C_{18}H_{34}O_3$	298,3	△ 9,10-, 12-Oxy-Octadece-nolsäure, Ricinolsäure [5]	5	250	15	953,8	10
		dgl., Ricinelaidinsäure	53	240	10	—	—
$C_{16}H_{28}O_2$	252,3	△ 2,3-Cyclopentenyl-(1)-undecan-(11)-säure, Hydnocarpussäure [6]	59/60	—	—	—	—
$C_{18}H_{32}O_2$	280,3	△ 2,3-Cyclopentenyl-(1)-tridecan-(13)-säure, Chaulmoograsäure [6]	68	248	20	—	—

[1] Darmstaedter u. Lifschütz: Ber. **29**, 2891 (1896). [2] Darmstaedter u. und Abscheidung der Lanocerinsäure s. S. 961 u. 963. [3] Grassow: Biochem. [5] E. André u. Ch. Vernier geben neuerdings: Ann. Off. Nat. Combust. liquides $[\alpha]_D^{23} = + 7{,}28^0$; daselbst auch Angaben der Viscosität bei verschiedenen Tem- Aufbau der Chaulmoograsäure aus Hydnocarpussäure s. W. M. Stanley u. R. Adams:

einbasischen hochmolekularen Säuren — als Gemisch mehrerer homologer Säuren. Schaal[1] fand darin 1,19-Nonadecan-disäure $C_{19}H_{36}O_4$, 1,20-Eikosan-disäure $C_{20}H_{38}O_4$ und 1,21-Heneikosan-disäure $C_{21}H_{40}O_4$, Schmelzpunkt 117,5⁰, welche letztere Säure als „Japansäure" bezeichnet wurde. Nach Flaschenträger und Halle[2] ist jedoch diese Säure auch nicht einheitlich; durch weitere Fraktionierung isolierten sie daraus 1,23-Trikosan-disäure $C_{23}H_{44}O_4$, Schmelzpunkt 127,5⁰; daneben vermuten sie noch die Anwesenheit der 1,22-Dokosan-disäure. Im Einklang hiermit fand auch Tsujimoto im Japanwachs[3] und in den Fetten aus den Schalen einiger mit Rhus succedanea verwandter Sumachbeeren[4] die Säure $C_{23}H_{44}O_4$, allerdings mit dem etwas tieferen Schmelzpunkt 123,5⁰, und die Säure $C_{22}H_{42}O_4$, Schmelzpunkt 116⁰.

2. Unverseifbare Bestandteile der Fette und Wachse.

Die Gesamtmenge der (wasserunlöslichen) unverseifbaren Bestandteile der Fette ist meistens sehr gering ($< 1\%$); nur manche Haifischleberöle enthalten bedeutende Mengen (bis 90%) unverseifbarer Öle (teils Kohlen- wasserstoffe, teils Alkohole), so daß diese Leberöle kaum noch zu den Fetten gerechnet werden können. Bei den Wachsestern ist die Alkoholkomponente „unverseifbar"; sie beträgt rund 50%. Wachse, welche, wie das Bienenwachs, nicht nur aus dem Wachsester, sondern daneben noch aus freien Säuren

[1] Schaal: Ber. **40**, 4784 (1907).
[2] F. Halle: Diss. Leipzig 1928; Flaschenträger u. Halle: Ztschr. physiol. Chem. **190**, 120 (1929).
[3] Tsujimoto: Bull. chem. Soc. Japan **6**, Nr. 12, 325 (1931).
[4] Tsujimoto: ebenda **6**, Nr. 12, 337 (1931).

cyclischen Säuren, ihrer Methyl- und Äthylester.

Re-frak-tion n_D^{45}	Jod-zahl	$[\alpha]_D$	Methylester		Äthylester		Vorkommen
			Siede-punkt 0	mm Hg	Siede-punkt 0	mm Hg	
—	—	—	—	—	—	—	Wollwachs, Gehirn und Nervensubstanz
—	—	—	Schmp. 79/80[3]	—	Schmp. 78[4]	—	Wollwachs
1,4639	85,0	+6,67 (22°)	225	15	258	13	Ricinusöl
—	85,0	+6,67 (20°) (in Alkohol)	—	—	Schmp. 16	—	—
—	100,6	+ 68,1 (in Chlorof.)	203	19	211	19	Hydnocarpusöl
—	90,6	+ 56 (in Chlorof.)	227, Schmp. 22	20	230	20	Chaulmoografett

Lifschütz: ebenda **29**, 1474 (1896). Nähere Angaben über chemisches Verhalten Ztschr. **148**, 61 (1924). [4] E. Nier: Diss. Techn. Hochsch. Dresden 1928. **6**, 1101 (1932), für Ricinolsäure folgende Daten an: $n_D^{15} = 1{,}4732$, $d_{23,6} = 0{,}9439$, peraturen. [6] Barrowcliff u. Power: Journ. chem. Soc. London **91**, 557 (1907); Journ. Amer. chem. Soc. **51**, 1515 (1929).

und Kohlenwasserstoffen bestehen, ergeben bei der Verseifung noch größere Mengen wasserunlöslicher unverseifbarer Produkte.

a) Alkohole.

Die alkoholische Hauptkomponente der Fette ist das Glycerin, an anderen Alkoholen enthalten sie meist nur die in sehr kleinen Mengen, aber ausnahmslos in allen Fetten, teils frei, teils verestert vorkommenden, zur analytischen Unterscheidung tierischer und pflanzlicher Fette (S. 730) benutzten Sterine. (Näheres über Glycerin s. S. 835.)

Die Wachsester der typischen festen Wachse bestehen etwa zur Hälfte aus höheren, meist einwertigen aliphatischen Alkoholen, die größtenteils gesättigt sind und hohe Schmelzpunkte besitzen; abweichend sind die Alkohole des Wollfettes (S. 961) und der flüssigen Wachse (S. 948) zusammengesetzt. Im Tuberkelbacillenwachs wurden auch Fettsäureester von Kohlenhydraten festgestellt[1].

α) Aliphatische Alkohole. Von gesättigten Alkoholen mit mittlerem Mol.-Gew. finden sich Cetylalkohol $C_{16}H_{33}OH$ in großer, Octadecylalkohol $C_{18}H_{37}OH$ in kleinerer Menge verestert im Walrat. Auch Tetradecylalkohol $C_{14}H_{29}OH$ (Schmp. 38°) wurde neuerdings hierin nachgewiesen[2]. Die höheren Glieder dieser Reihe finden sich im Bienenwachs, Carnauba-

---

[1] Vgl. E. Chargaff: Ber. **65**, 745 (1932), sowie S. 953.
[2] M. T. François: Bull. Matières grasses **1929**, 189.

wachs, Montanwachs, Chinesischen Insektenwachs u. ä. Die Literaturangaben über Vorkommen und Eigenschaften bestimmter einzelner Alkohole, z. B. „Carnaubylalkohol" $C_{24}H_{49}OH$, Schmp. 68—69[0]*, „Cerylalkohol" $C_{26}H_{53}OH$ oder $C_{27}H_{55}OH$, Schmp. 79[0] **, „Melissylalkohol" oder „Myricylalkohol" $C_{30}H_{61}OH$ oder $C_{31}H_{63}OH$, Schmp. 85[0] oder 88[0] †, erscheinen noch der Nachprüfung bedürftig, da die früher als Individuen beschriebenen Alkohole vermutlich zum Teil ebensowenig einheitlich waren wie die Wachssäuren (vgl. S. 622). Mit Rücksicht darauf, daß es sich — in Analogie zu den Säuren — vorwiegend (oder ausschließlich) um normale primäre Alkohole mit geraden C-Atomzahlen handeln dürfte, seien nachstehend die Schmelzpunkte und Siedepunkte der synthetisch gewonnenen normalen Alkohole angeführt.

Tabelle 147. Schmelzpunkte und Siedepunkte höherer normaler gesättigter primärer Alkohole $C_nH_{2n+1}OH$ ††.

Formel	Schmelz-punkt °C	Siedepunkt °C (bei mm)	Formel	Schmelz-punkt °C	Siedepunkt °C (bei mm)
$C_{16}H_{33}OH$	49,5	189,5 (15)	$C_{23}H_{47}OH$	73,5/74,5	191/193 (0,7)
$C_{17}H_{35}OH$	54	—	$C_{24}H_{49}OH$	76,5/77,5	210/210,5 (0,40)
$C_{18}H_{37}OH$	58,5/59,5	153/154 (0,27)	$C_{25}H_{51}OH$	78,5/79,5	214/216 (0,36)
$C_{19}H_{39}OH$	62/63	166/167 (0,32)	$C_{26}H_{53}OH$	78,3/79,6	—
$C_{20}H_{41}OH$	65,5/66,5	178 (0,40)	$C_{27}H_{55}OH$	81,1/81,4	—
$C_{21}H_{43}OH$	68/69	—	$C_{28}H_{57}OH$	82,9/83,1	—
$C_{22}H_{45}OH$	70,5/71,5	180 (0,22)			

Ungesättigte einwertige aliphatische Alkohole finden sich im Spermacetiöl und einigen Haifischleberölen; z. B. bestehen die Alkohole des Rabukazamé-Leberöles[1], das 37,1—51,7% Unverseifbares enthält, hauptsächlich aus Oleinalkohol $C_{18}H_{35}OH$ (flüssig, Kp_{13} 207[0]).

Der zweiwertige gesättigte Coccerylalkohol, $C_{30}H_{60}(OH)_2$, vom Schmelzpunkt 101/104[0] wurde von C. Liebermann[2] aus Cochenillewachs isoliert, ein anderer zweiwertiger Alkohol, $C_{25}H_{50}(OH)_2$, von Stürcke[3] aus Carnaubawachs.

---

* Nach Darmstädter u. Lifschütz: Ber. **29**, 2898 (1896); **31**, 99 (1898), im Wollfett.

** Nach Darmstädter u. Lifschütz: l. c., im Wollfett; nach Brodie: Liebigs Ann. **67**, 201 (1848), sowie Gascard: Ann. Chim. [9] **15**, 348, 365 (1921), im Chines. Insektenwachs.

† Nach Brodie: Liebigs Ann. **71**, 147 (1849), im Bienenwachs; nach Maskelyne: Ztschr. Chem. **1869**, 300; Stürcke: Liebigs Ann. **223**, 293 (1884); Gascard: Jahrb. Chem. **1893**, 556; Gottfried u. Ulzer: Chem. Umschau Fette, Öle, Wachse, Harze **33**, 141 (1926), im Carnaubawachs.

†† Angaben für $C_{16}H_{33}OH$ nach Krafft: Ber. **17**, 1628 (1884); für $C_{17}H_{35}OH$ nach Levene, West u. v. d. Scheer: Journ. biol. Chemistry **20**, 531 (1915); für $C_{18}H_{37}OH$ bis $C_{25}H_{51}OH$ nach Levene u. Taylor: ebenda **59**, 905 (1924); für $C_{26}H_{53}OH$ und $C_{28}H_{57}OH$ nach Bleyberg u. Ulrich: Ber. **64**, 2504 (1931); für $C_{27}H_{55}OH$ nach H. Sidersky: Diplomarb. Techn. Hochsch. Berlin 1933.

[1] Y. Toyama: Chem. Umschau Fette, Öle, Wachse, Harze **29**, 237 (1922); **31**, 13 (1924).

[2] C. Liebermann: Ber. **18**, 1981 (1885).

[3] Stürcke: Liebigs Ann. **223**, 299 (1884).

Die hauptsächlich von Tsujimoto und Toyama[1] aus zahlreichen Haifisch- und Rochenleberölen abgeschiedenen, als Chimylalkohol $C_{19}H_{40}O_3$ (Schmelzpunkt 60,5/61,5⁰), Batylalkohol, $C_{21}H_{44}O_3$ (Schmelzpunkt 70,4/71,0⁰) und Selachylalkohol, $C_{21}H_{42}O_3$ (flüssig, Kp_5 236/239⁰; durch Hydrierung in Batylalkohol überführbar) bezeichneten Verbindungen sind nach neueren Feststellungen[2] β-Monoglycerinäther des Cetylalkohols, Octadecylalkohols und Oleinalkohols.

β) Sterine. Die wichtigsten der zahlreichen, bisher aus Fetten oder Wachsen isolierten Sterine, die nach ihrem Vorkommen in tierischem oder pflanzlichem Material als Zoosterine bzw. Phytosterine unterschieden werden, sind folgende:

<h3 align="center">Zoosterine.</h3>

Cholesterin, in kleinen Mengen in allen tierischen Fetten und im Gehirn, in größeren Mengen in den Gallensteinen (dem Ausgangsmaterial für die praktische Darstellung) vorkommend, ist ein ungesättigter, sekundärer, tetracyclischer Alkohol von der Formel $C_{27}H_{46}O$; seine genauere Konstitution wurde hauptsächlich von Windaus[3] sowie von Wieland erforscht. Die mehrere Jahre hindurch als wahrscheinlich richtig angesehene Formel, die ein kondensiertes System von 2 Sechsringen und 2 Fünfringen enthielt, mußte auf Grund neuerer Einwände aufgegeben werden[4]; gegenwärtig gilt als beste, aber auch noch nicht in allen Einzelheiten sichergestellte Formel die folgende[5], welche den bis jetzt festgestellten Reaktionen des Cholesterins und seinen Beziehungen zu den Gallensäuren Rechnung trägt:

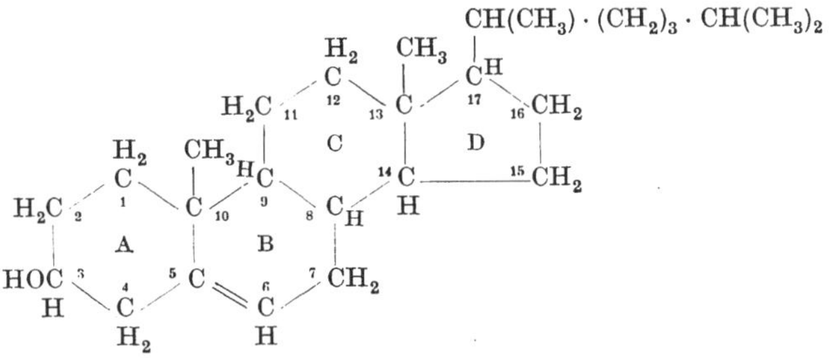

$$CH(CH_3) \cdot (CH_2)_3 \cdot CH(CH_3)_2$$

Cholesterin krystallisiert aus $CHCl_3$ wasserfrei in Nadeln vom Schmelzpunkt 148,5⁰, aus wasserhaltigem Alkohol oder Äther mit 1 Mol H_2O in Blättchen oder monoklinen Tafeln von rhombischem Umriß, die das Krystallwasser bei 100⁰ abgeben. Optisches Drehungsvermögen in $CHCl_3$-Lösung $[\alpha]_D^{15}$ — 34,3 bis — 35,8⁰. Die für Cholesterin charakteristische Liebermannsche und Hager-Salkowskische Reaktion s. S. 962; es bildet mit Brom ein in Äther schwer lösliches Dibromid, mit Digitonin eine in den meisten Lösungsmitteln unlösliche Doppel-

---

[1] Tsujimoto u. Toyama: Chem. Umschau Fette, Öle, Wachse, Harze **29**, 27, 35, 43 (1922); A. C. Chapman: Analyst **52**, 622 (1927); Toyama: Journ. Soc. chem. Ind. Japan [Suppl.] **30**, 19 B (1927); Toyama u. Tsuchiya: ebenda **30**, 58 B (1927); Tsujimoto: ebenda **31**, 279 B (1928).

[2] I. M. Heilbron u. W. M. Owens: Journ. chem. Soc. London **1928**, 942; J. C. Drummond u. L. Ch. Baker: Biochemical Journ. **23**, 274 (1929); G. G. Davies, I. M. Heilbron u. W. M. Owens: Journ. chem. Soc. London **1930**, 2542; B. C. J. Knight: Biochemical Journ. **24**, 257 (1930), nimmt dagegen auf Grund von Oberflächenfilmuntersuchungen an, daß α-Monoglycerinäther vorliegen.

[3] Windaus: Zusammenfassender Bericht über die älteren Arbeiten: Nachr. Ges. Wiss. Göttingen **1919**, 237.

[4] O. Rosenheim u. A. King: Journ. Soc. chem. Ind. **51**, 464 (1932).

[5] A. Windaus: Ztschr. physiol. Chem. **213**, 147 (1932); Nachr. Ges. Wiss. Göttingen **1933**, 92; R. Tschesche: Ber. **65**, 1842 (1932). Fraglich ist bei obiger Formel insbesondere noch, ob Ring D ein Fünfring oder ein Sechsring ist; vgl. H. Wieland u. E. Dane: Ztschr. physiol. Chem. **210**, 268 (1932); L. Ruzicka u. G. Thomann: Helv. chim. Acta **16**, 216 (1933).

verbindung $C_{27}H_{46}O + C_{55}H_{94}O_{28} = C_{82}H_{140}O_{29}$ (s. S. 731). Mit Hilfe dieser Probe läßt sich noch 0,1 mg Sterin in 1 ccm 90%igem Alkohol nachweisen.

Über die von **Marcusson** vermuteten Beziehungen des Cholesterins zur optischen Aktivität des Erdöles vgl. S. 150.

Isocholesterin, im Wollfett vorkommend (s. S. 962), Schmelzpunkt 136 bis 138⁰, $[\alpha]_D = + 59,1^0$, ist nach **Windaus**[1] wahrscheinlich Dihydrocholesterin, $C_{27}H_{48}O$. Trennung vom Cholesterin nach **Schulze** mit Hilfe der Benzoate, nach **Marcusson** und **Meyerheim** mittels der Digitoninprobe, da Isocholesterin mit Digitonin nicht fällbar ist.

Coprosterin, $C_{27}H_{48}O$, in den Faeces der Fleischfresser vorkommend, Schmelzpunkt 95—104⁰, ein isomeres Dihydrocholesterin[2], durch Digitonin nicht fällbar.

Oxycholesterin[3], $C_{27}H_{46}O_2$, als fast ständiger Begleiter des Cholesterins, besonders im Blutfett sowie im Wollfett vorkommend, Schmelzpunkt unscharf, bei 100⁰ Erweichen, bei 100—105⁰ Durchsichtigwerden, bei 107—113⁰ Verflüssigung. Reaktionen s. S. 963. Mit Digitonin schwerer fällbar, bildet mit Benzoesäure ein Dibenzoat. Die Einheitlichkeit des Oxycholesterins wurde von **Marcusson**[4] bezweifelt, jedoch war eine Zerlegung durch fraktionierte Benzoylierung nicht möglich[5].

Phytosterine.

Die an Stelle des Cholesterins in allen Pflanzenfetten vorkommenden Phytosterine sind zum Teil dem Cholesterin isomer, aber nicht einheitlich. Die mit Digitonin abscheidbaren, kurz als „Phytosterin" bezeichneten Gemische schmelzen zwischen 132 und 144⁰ und krystallisieren in Nadeln mit rhombischer Zuspitzung, s. S. 731. Die Acetate schmelzen zwischen 125 und 137⁰.

Sitosterin, $C_{27}H_{46}O$ bzw. nach neueren Forschungen[6] $C_{29}H_{50}O$, im Fett von Weizen, Mais, Roggen vorkommend. Schmelzpunkt 137,5⁰, $[\alpha]_D^{15} = -23,14^0$; Schmelzpunkt des Acetats 127⁰.

Brassicasterin, im Rüböl, $C_{28}H_{46}O$, hat Schmelzpunkt 148⁰, Acetatschmelzpunkt 157/158⁰ und $[\alpha]_D^{18} -64^0 \ 25'$ (in $CHCl_3$) bzw. $-63^0 \ 21'$ (in Äther), d. h. rund doppelt so starke Linksdrehung wie Cholesterin.

Stigmasterin, aus dem Fett der Kalabarbohnen, $C_{29}H_{48}O$*, Schmelzpunkt 170⁰, $[\alpha]_D^{21} = -45,01^0$ (in $CHCl_3$) bzw. $-44,67^0$ (in Äther), krystallisiert in den Formen des Phytosterins, gibt die gleiche Farbreaktion wie Cholesterin. Es besitzt 2 Doppelbindungen, bildet deshalb ein Tetrabromid, das schwer löslich ist und zur Trennung vom Sitosterin dient.

Ergosterin, u. a. im Mutterkorn und in Lobaria pulmonacea vorkommend; die wichtigste Quelle ist das Hefefett, dessen unverseifbare Anteile, etwa ein Drittel des Fettes, zur Hälfte aus Ergosterin bestehen[7]. Es hat die Zusammensetzung[8] $C_{28}H_{44}O$, enthält also 3 Doppelbindungen und gibt bei vollständiger Hydrierung das gesättigte Ergostanol $C_{28}H_{50}O$**. Das Ergosterin hat durch die Arbeiten von **Windaus**, denen zufolge es sich durch Bestrahlung mit ultraviolettem Licht in das antirachitische Vitamin D überführen läßt, außerordentliche theoretische und praktische Bedeutung erlangt (S. 677); die in diesem Zusammenhange durchgeführten, sehr eingehenden chemischen Untersuchungen über die Einwirkung von UV-Licht, HCl, Na-äthylat usw. zeigten, daß auf diese Weise, teils unter

---

[1] **Windaus**: Ber. **47**, 2487 (1914).   [2] **Windaus**: ebenda **49**, 1724 (1916).

[3] **Lifschütz**: ebenda **41**, 253 (1908); **47**, 1453 (1914).

[4] **Marcusson**: Chem.-Ztg. **41**, 577 (1917).

[5] **Lifschütz**: ebenda **42**, 6 (1918).

[6] H. **Sandquist** u. E. **Bengtsson**: Ber. **64**, 2167 (1931); A. **Windaus**, F. v. **Werder** u. B. **Gschaider**: ebenda **65**, 1006 (1932).

* **Windaus** u. Mitarbeiter: l. c.

[7] **Daulney** u. **MacLean**: Biochemical Journ. **21**, 373 (1928).

[8] **Windaus** u. A. **Lüttringhaus**: Nachr. Ges. Wiss. Göttingen **1932**, 4.

** Eine der oben wiedergegebenen Cholesterin-Formel analoge Strukturformel des Ergosterins gibt C. K. **Chuang**: Liebigs Ann. **500**, 270 (1933), an.

Verschiebung der Doppelbindungen, teils unter cis-trans-Umlagerung, verschiedene Isomere (Ergosterin A bis F, B_1, B_2, B_3 usw.) erhalten werden, die zum Teil nicht mehr durch Digitonin fällbar sind[1].

Charakteristisch und zur Trennung der Isomeren geeignet ist ihr Verhalten gegenüber Maleinsäure-anhydrid, welches mit denjenigen Isomeren, welche konjugierte Doppelbindungen enthalten, z. B. dem Ergosterin selbst, Kondensationsprodukte, z. B. Ergosterin - Maleinsäure $C_{31}H_{46}O_5$ (bzw. $C_{32}H_{48}O_5$) bildet[2].

Aus den bei der Reinigung des Ergosterins erhaltenen Mutterlaugen isolierten H. Wieland und Mitarbeiter[3] nicht weniger als 9 verschiedene Sterine $C_{27}H_{46}O$, $C_{27}H_{44}O$ oder $C_{27}H_{42}O$, deren Aufzählung im einzelnen hier zu weit führen würde[4].

Das normale Ergosterin krystallisiert aus Alkohol in Blättchen mit 1 H_2O; es schmilzt bei 160/161° und zeigt in Chloroformlösung $[\alpha]_D^{20}$ — 133,1°, sowie ein charakteristisches Absorptionsspektrum bei

Tabelle 148. Gehalt pflanzlicher und tierischer Fette an Sterin[6].

Material	Gesamtsterin %	Freies Sterin %	Gebundenes Sterin %
Pflanzliche Fette			
Cocosfett (Palmin)	0,08	0,07	0,01
Leinöl	0,42	0,20	0,22
Olivenöl	0,13	0,09	0,04
Rüböl	0,35	0,05	0,30
Mohnöl	0,25	0,23	0,02
Sesamöl	0,55	0,33	0,22
Erdnußöl	0,25	0,19	0,06
Baumwollsaatöl .	0,31	0,20	0,11
Tierische Fette			
Schweineschmalz .	0,08—0,12	0,07—0,12	—
Butter	0,07	0,07	—
Rindstalg	0,08	0,07	0,01
Hammeltalg . . .	0,03	0,03	—
Gänsefett	0,04	0,04	—
Oleomagarin . . .	0,11	0,10	0,01
Lebertran	0,52	0,27	0,25
Menschenfett. . .	0,18	0,16	0,02

280 mμ. Von Cholesterin läßt es sich durch die Tranreaktion von Tortelli und Jaffe (S. 739) sowie durch folgende Farbenreaktion mit H_2SO_4 unterscheiden[5]:

Schüttelt man eine sehr verdünnte Chloroformlösung des reinen Cholesterins mit 92%iger H_2SO_4, so färbt sich die Chloroformlösung allmählich blutrot, während die Schwefelsäure farblos bleibt und höchstens ganz schwache grünliche Fluorescenz zeigt. Bei einer Ergosterinlösung bleibt dagegen das Chloroform farblos und die Schwefelsäure wird blutrot.

Zur Reinigung des Ergosterins eignet sich die Umkrystallisation des Benzoats (Schmelzpunkt 168/70°) aus Essigester bei 37°*.

Über die Abscheidung der Sterine aus den Fetten s. S. 730.

Unter Zugrundelegung der S. 636 angegebenen Formel für das Sterindigitonid berechnet sich die Menge des Sterins aus dem Gewicht des Digitonidniederschlages durch Multiplikation mit 0,2431. Auf diese Weise wurden die Steringehalte verschiedener Fette ermittelt, und zwar durch Fällung des ursprünglichen Fettes mit

---

[1] Windaus, Dithmar, Murke u. Suckfüll: Liebigs Ann. **488**, 91 (1931); s. auch Castille u. Ruppol: Bull. Acad. Roy. Med. Belg. **1929**, 799; Castille: ebenda **1930**, 319; de Boe: ebenda **1930**, 336; W. Stoll: Ztschr. physiol. Chem. **202**, 232 (1931).

[2] Windaus u. Lüttringhaus: Ber. **64**, 850 (1931).

[3] H. Wieland u. M. Asano: Liebigs Ann. **473**, 300 (1929); Wieland u. G. A. C. Gough: ebenda **482**, 36 (1930); Wieland u. W. M. Stanley: ebenda **489**, 31 (1931).

[4] Nach den in Fußnote 6 und 8, S. 636, erwähnten neueren Arbeiten dürften alle diese Sterine 28 (nicht 27) C-Atome enthalten.

[5] Windaus u. A. Heß: Nachr. Ges. Wiss. Göttingen **1926**, 182.

* R. K. Callow: Biochemical Journ. **25**, 79 (1931).

[6] Klostermann u. Opitz: Ztschr. Unters. Nahr.- u. Genußmittel **27**, 713 (1914); **28**, 138 (1914); zitiert nach Marcusson: Chem.-Ztg. **41**, 578 (1917).

Digitonin die Menge der freien, durch Fällung des nach Verseifung des Fettes abgeschiedenen Gemisches aus freien Fettsäuren und unverseifbaren Stoffen die Gesamtmenge der freien und der ursprünglich veresterten Sterine. Tabelle 148 (S. 637) zeigt eine Reihe so ermittelter Werte.

Danach kommen Sterinester in erheblicher Menge nur in pflanzlichen Fetten und im Lebertran vor, tierische Fette enthalten in der Regel nur freies Sterin.

Bei der Heiß-Polymerisation von Glyceriden (S. 926) werden auch die Sterine weitgehend verändert[1]. Aus geblasenem Knochenöl wird als Unverseifbares ein dickes Öl erhalten, aus dem Cholesterin nicht mehr abscheidbar ist; auch aus eingedicktem Leinöl (Lithographenfirnis) sind Sterinkrystalle nicht zu erhalten, in dem Unverseifbaren gibt Digitonin nur eine ganz schwache Fällung. Bei der Einwirkung von Aluminiumchlorid auf Cholesterin in Chloroformlösung erhält man ein in Äther und Benzol leicht lösliches, in Eisessig und Alkohol schwer lösliches Harz. Über die Veränderungen der Sterine bei der Fetthärtung s. S. 827.

b) Kohlenwasserstoffe.

Paraffinartige Kohlenwasserstoffe mit 20 und mehr C-Atomen finden sich im Bienenwachs und einigen anderen Wachsen. Näheres über diese Kohlenwasserstoffe, deren Identität im einzelnen jedenfalls noch nachzuprüfen wäre, s. S. 950f. Ein flüssiges Isooctadecan $C_{18}H_{38}$, „Pristan", wurde wiederholt in Haifischleberölen aufgefunden[2]. In gehärteten Fischölen fand S. Ueno[3] flüchtige gesättigte Kohlenwasserstoffe mit $13-20$ C-Atomen, die nach Ansicht des Verf. bei der Hydrierung bei etwa 180^{0} entstehen.

Illipebutter enthält in etwa 6,4% Gesamtunverseifbarem neben Sterinen einen ungesättigten Kohlenwasserstoff Illipen, Schmelzpunkt 64^{0}, nach Kobayashi[4] sowie Hopkins und Young[5] $C_{32}H_{64}$; Tsujimoto[6] fand jedoch das Mol.-Gew. in Campher zu etwa 900 und schloß hieraus auf die Formeln $C_{64}H_{106}$ oder $C_{65}H_{108}$. Vielleicht identisch mit Illipen ist das von Bauer und Umbach[7] aus dem Sheafett abgeschiedene Kariten, nach seinen Reaktionen ein Kautschuk-Kohlenwasserstoff, der allerdings in Campher ein noch höheres Mol.-Gew. $(1355-1416)$, entsprechend etwa $[C_5H_8]_{20-21}$, ergab.

Am interessantesten ist der in vielen Haifischleberölen, zum Teil in sehr großen Mengen vorkommende hochungesättigte Kohlenwasserstoff Squalen $C_{30}H_{50}$ (farbloses Öl von d_{15} 0,859), und zwar wegen seiner Beziehungen zum Cholesterin sowie zum Carotin bzw. Vitamin A. Die durch Synthese gestützte Strukturformel[8] des Squalens

$$(CH_3)_2C : CH\,[CH_2 \cdot CH_2 \cdot C\,(CH_3) : CH]_2\,CH_2 \cdot CH_2\,[CH : C\,(CH_3) \cdot CH_2 \cdot CH_2]_2$$
$$CH : C\,(CH_3)_2$$

---

[1] Marcusson: Ztschr. angew. Chem. **33**, 235 (1920).

[2] Tsujimoto: Engineering 8, 889 (1916); Toyama: Chem. Umschau Fette, Öle, Wachse, Harze **30**, 181 (1923).

[3] S. Ueno: Journ. Soc. chem. Ind. Japan [Suppl.] **33**, 264 B (1930).

[4] Kobayashi: ebenda [Suppl.] **25**, 1188 (1922).

[5] S. J. Hopkins u. F. G. Young: Journ. Soc. chem. Ind. **50**, 389 T (1931).

[6] M. Tsujimoto: Journ. Soc. chem. Ind., Japan [Suppl.] **32**, 365 B (1929).

[7] K. H. Bauer u. G. Umbach: Ber. **65**, 859 (1932).

[8] P. Karrer u. A. Helfenstein: Helv. chim. Acta **14**, 78 (1931). Eine aus der Untersuchung der Abbauprodukte des Squalens von I. M. Heilbron u. A. Thompson: Journ. chem. Soc. London **1929**, 883, abgeleitete, der obigen Formel zum Teil ähnliche, aber unsymmetrische Strukturformel des Squalens wird von Karrer abgelehnt.

zeigt im Aufbau eine unverkennbare Ähnlichkeit mit der S. 675 mitgeteilten (gleichfalls von Karrer herrührenden) Formel des β-Carotins. Durch Anlagerung von HCl wird das Squalen in ein rohes Hexachlorid (Schmelzpunkt 107/112⁰) übergeführt, das sich durch heißes Aceton in etwa 20 % unlösliches Hexachlorid vom Schmelzpunkt 144/145⁰ (aus Essigester krystallisiert) und etwa 80 % lösliches, aus Aceton mit Schmelzpunkt 108/110⁰ krystallisierendes Hexachlorid zerlegen läßt.

Einen biologischen Zusammenhang zwischen Squalen und Cholesterin vermuten E. André und H. Canal[1], da sie bei der vergleichenden Untersuchung der Leberöle eines jungen und eines ausgewachsenen Haifisches (Cetorhinus maximus) in ersterem 18% Squalen und viel Cholesterin, in letzterem dagegen 48% Squalen und nur 2% Cholesterin fanden. Außerdem stieg der Gehalt der Öle an unverseifbaren Stoffen mit zunehmendem Alter der Tiere; z. B. betrug er beim Eieröl von Centrophorus granulosus 55%, beim Leberöl des Foetus 66%, beim Leberöl des jungen Tieres 84%, beim Leberöl voll ausgewachsener Tiere 90—93%[2]. Die Verfasser schließen hieraus, daß mit dem Wachstum des Tieres die Glyceride der hochungesättigten Fettsäuren (Clupanodonsäure) in Cholesterin (auch stärker ungesättigte Sterine) und weiterhin in Squalen übergehen; diese Feststellung könnte eine gewisse Bedeutung für die Theorie der Erdölentstehung aus Seetierölen besitzen, insbesondere im Zusammenhang mit Marcussons Annahmen über die Rolle des Cholesterins (s. S. 150).

Ein unter dem Namen Spinacen[3] beschriebener, gleichfalls aus Haifischleberölen abgeschiedener stark ungesättigter Kohlenwasserstoff ($C_{29}H_{48}$?) ist vielleicht mit Squalen isomer oder sogar identisch.

Der hohe Gehalt an unverseifbaren Stoffen bedingt die auffallenden Kennzahlen (niedrige Verseifungszahl und niedriges spez. Gew.) mancher Haifischleberöle (Tab. 177, S. 808).

c) Andere unverseifbare Stoffe.

Eingehend untersucht wurden die unverseifbaren Bestandteile des Sesamöles, die u. a. Sesamol, Sesamin und Sesamolin enthalten. Sesamol, Oxyhydrochinon-methylenäther $C_7H_6O_3$, Schmelzpunkt 65,5⁰, ist der Träger der Baudouinschen Reaktion (s. S. 735). Sesamin, Schmelzpunkt 122,5⁰, hat nach Bertram und Mitarbeitern[4] die Formel $C_{18}H_{16}O_5$ und $[\alpha]_D^{16} + 72,77⁰$ (in $CHCl_3$), nach J. Böeseken und W. D. Cohen[5] dagegen die Zusammensetzung $C_{20}H_{18}O_6$ und $[\alpha]_D + 68,6⁰$ (in $CHCl_3$)*. Die Strukturformeln sind:

Sesamin nach Bertram

Sesamin nach Böeseken

I

II

---

[1] E. André u. H. Canal: Bull. Soc. chim. France **45**, 498 (1929).
[2] André u. Canal: ebenda **45**, 511 (1929).
[3] Chapman: Analyst **42**, 161 (1917); Journ. chem. Soc. London **111**, 56 (1917); **113**, 458 (1918); **123**, 769 (1923); Mastbaum: Chem.-Ztg. **39**, 889 (1915).
[4] Bertram, van der Steur u. Waterman: Biochem. Ztschr. **197**, 1 (1928).
[5] J. Böeseken u. W. D. Cohen: ebenda **201**, 454 (1928).
* Ohne Temperaturangabe!

Formel II scheint dem chemischen Verhalten des Sesamins besser zu entsprechen. Sesamin (0,1 g in 100 ccm Petroläther) gibt die Soltsiensche Reaktion (S. 737) sowie eine Reihe weiterer Farbenreaktionen, z. B. Violettfärbung mit Pyrogallol-Salzsäure nach Tocher oder mit Formalin-Schwefelsäure nach Bellier, Grünfärbung mit Vanadin-Schwefelsäure nach Bellier oder Schwefelsäure-Wasserstoffperoxyd nach Kreis, sowie Rot-, dann Grünfärbung mit Essigsäure-anhydrid-Schwefelsäure nach Bömer und Winter[1]. Sesamolin, $C_{20}H_{18}O_7$, Schmelzpunkt 93,6°, $[\alpha]_D + 218,4°$, gibt bei der Hydrolyse mit Salzsäure Sesamol und „Samin" $C_{13}H_{14}O_5$*.

Die hohe Rechtsdrehung des Sesamins und Sesamolins bewirkt die merkliche, wenn auch nur niedrige optische Aktivität des Sesamöles (S. 750). Die gesamten unverseifbaren Stoffe zeigen $[\alpha]_D + 52°$; nach Entfernung des linksdrehenden Phytosterins steigt $[\alpha]_D$ auf $+ 102°$**.

Ebenfalls stark rechtsdrehend ist das Unverseifbare des Mowrah- und Sheafettes[2], beim Mowrahfett 1,8—2,2% mit $[\alpha]_D + 27°$; davon 0,26 bis 0,44% alkoholunlöslich, optisch inaktiv; nach deren Abtrennung: $[\alpha]_D + 34°$, Jodzahl 68,3. Beim Sheafett: 6,3—6,9% Gesamtunverseifbares, 0,9—2,5% des alkoholunlöslichen inaktiven Körpers. Vom Alkoholunlöslichen und Sterinen befreites Unverseifbares: $[\alpha]_D = + 38,5—39,5°$, Jodzahl 66,6. Die hohe Rechtsdrehung des Unverseifbaren soll zum Nachweis dieser Fette dienen; bei gleichzeitiger Gegenwart von Sesamöl ist der alkohol-ätherunlösliche Anteil des Unverseifbaren ersterer Fette, der beim Eingießen der alkoholischen Lösung des Gesamtunverseifbaren in Äther ausfällt, charakteristisch.

d) Farb- und Riechstoffe.

Die in den tierischen und pflanzlichen Zellen neben den Fetten vorkommenden fettlöslichen gelben und roten Farbstoffe werden mit dem Sammelnamen Lipochrome bezeichnet. Sie sind meistens noch nicht in reinem Zustand isoliert und daher auch chemisch noch nicht näher erforscht. Eine Ausnahme bildet der — auch in verschiedenen anderen Fetten sowie besonders in den Mohrrüben vorkommende — rote Farbstoff des Palmfettes, der als Carotin $C_{40}H_{56}$ (s. S. 674) erkannt wurde. Zur Gruppe der Carotinoide gehören ferner[3] das in verschiedenen Fetten vorkommende gelbe Xantophyll $C_{40}H_{56}O_2$, das mit diesem isomere Lutein (Farbstoff des Hühnereidotters, der sich auch im Eieröl findet) und das gleichfalls isomere, im Maisöl vorkommende Zeaxanthin, Stoffe, deren Konstitution noch nicht aufgeklärt ist.

Der charakteristische Geruch gewisser Fette steht wohl nur selten in Beziehung zur eigentlichen Fettsubstanz (den Glyceriden); vielleicht ist dies beim chinesischen Holzöl der Fall, da die Elaeostearinsäure den gleichen Geruch zeigt; bei der Unbeständigkeit dieser Säure dürfte aber auch hier der Geruch von Abbauprodukten der Säure herrühren. Die wirklichen

---

[1] Angaben über die Farbenreaktionen nach H. Kreis: Mitt. Lebensmittelunters. Hygiene **19**, 385 (1928).

* W. Adriani: Ztschr. Unters. Lebensmittel **56**, 187 (1928).

** Marcusson u. Meyerheim: Ztschr. angew. Chem. **27**, 201 (1914).

[2] Berg u. Angerhausen: Ztschr. Unters. Nahr.- u. Genußmittel **27**, 723 (1914); **28**, 73 (1914).

[3] P. Karrer: Ztschr. angew. Chem. **42**, 918 (1929).

Geruchsträger der Fette sind größtenteils unbekannt; bezüglich des eigenartigen veilchenähnlichen Geruches des rohen Palmfettes wird vermutet, daß er von einem Oxydationsprodukt des oben erwähnten Carotins herrührt, da er bei der chemischen Bleichung verschwindet[1].

Von besonderem praktischem Interesse sind die Aromastoffe der frischen Butter; eine wichtige Rolle scheint hierbei das Diacetyl $CH_3 \cdot CO \cdot CO \cdot CH_3$ zu spielen[2], das in gut aromatischen Butterproben zu $0,0002—0,0004\%$ aufgefunden wurde[3]. Demgemäß wurde auch die Verwendung künstlicher Zusätze von Diacetyl zur Verbesserung des Aromas von Butter und Margarine verschiedentlich patentiert[4].

Die Bestimmung des Diacetyls[5] erfolgt durch vorsichtiges Abtreiben aus dem Fett mit Wasserdampf, Überführung in sein Oxim (das bekannte Nickelreagens von Tschugaeff) mittels Hydroxylamincarbonats und Fällung als rote Nickelverbindung mit $NiSO_4$ und NH_3.

Über die Geruchsstoffe ranziger Fette s. S. 654.

3. Glyceride.

a) Allgemeiner Aufbau.
(Unter Mitwirkung von F. Wittka.)

Als dreiwertiger Alkohol bildet das Glycerin 3 Reihen von Estern, Mono-, Di- und Triglyceride, von denen jedoch, wie schon S. 615 erwähnt, in den natürlichen Fetten fast nur die Triglyceride vorkommen. Aus der Struktur des Glycerins (1 sekundäre, 2 primäre OH-Gruppen) ergeben sich folgende Möglichkeiten für die Bildung stellungsisomerer Ester: 2 Monoglyceride, 2 einsäurige bzw. 3 zweisäurige Diglyceride, 1 einsäuriges, 2 zweisäurige und 3 dreisäurige Triglyceride. Weitere Isomeriemöglichkeiten bestehen in Isomerien der am Aufbau eines Glyceridmoleküls beteiligten Fettsäuren (z. B. Ölsäure und Petroselinsäure oder Linolen- und Elaeostearinsäure) sowie in der Bildung optisch aktiver Isomerer, welche infolge der Asymmetrie des β-C-Atoms des Glycerins bei α-Monoglyceriden, α,β- und gemischtsäurigen α,α'-Diglyceriden sowie bei gemischtsäurigen Triglyceriden möglich, wenn auch noch nicht beobachtet ist.

Außer diesen, aus den Strukturformeln leicht ersichtlichen Isomerien sind aber noch weitere, theoretisch scheinbar nicht erklärbare isomere Formen vieler Glyceride bekannt, die sich voneinander durch verschiedene Schmelzpunkte unterscheiden. So schmilzt reines, aus Lösungsmitteln (z. B. Aceton) krystallisiertes Tristearin[6] bei 71/72°; aus der Schmelze erstarrt (unter 55°),

---

[1] Halden-Grün: Analyse, Bd. 2, S. 195.

[2] H. Schmalfuß u. H. Barthmeyer: Ztschr. physiol. Chem. **176**, 282 (1928); Biochem. Ztschr. **216**, 330 (1929).

[3] C. B. van Niel, A. J. Kluyver u. H. G. Derx: ebenda **210**, 234 (1929). Die entgegengesetzten Befunde von G. Testoni und W. Ciusa: Annali Chim. appl. **22**, 44 (1932), sind nach Schmalfuß: Margarine-Ind. **1932**, Nr. 23, deshalb irrig, weil Testoni und Ciusa mit Wasser ausgewaschene Butter untersuchten, aus welcher das wasserlösliche Diacetyl somit künstlich entfernt war.

[4] N. V. Fransch-Hollandsche Oliefabriken Calve-Delft: Holl. Pat. 21292 vom 19. 11. 1927; 21747 vom 3. 12. 1927; Franz. Pat. 664030 vom 15. 11. 1928; N. V. Internat. Octrooi Maatschappij „Octropa", Delft: Amer. Pat. 1816800 vom 15. 11. 1928. In Deutschland wurde im Mai 1933 der Zusatz von Butteraroma zu Margarine untersagt.

[5] Testoni u. Ciusa: Annali Chim. appl. **21**, 147 (1931).

[6] Heintz: Liebigs Ann. **92**, 295 (1854).

Holde, Kohlenwasserstofföle. 7. Aufl. 41

schmilzt es dagegen schon bei 55/56°, wird beim langsamen Weitererhitzen bei etwa 60° wieder fest und schmilzt hierauf wieder bei 71/72°. Analoge Beobachtungen wurden bei fast allen in festem Zustand bekannten einsäurigen Triglyceriden sowie bei vielen anderen Glyceriden gemacht.

Dieser „doppelte Schmelzpunkt" wurde von Guth[1] auf Unterkühlung des geschmolzenen Glycerids, von anderen Autoren auf Polymerie[2], „Moto-Isomerie"[3], oder einfach auf Dimorphie bzw. Polymorphie zurückgeführt. Auch auf die Möglichkeit eines Zusammenhanges zwischen den doppelten Schmelzpunkten und den S. 617 erwähnten „echten" und „Pseudo"-Formen der Säuren wurde hingewiesen[4]. Eine innere Umesterung, wie sie von E. Fischer[5] bei gemischtsäurigen Glyceriden angenommen wurde, kommt bei den einsäurigen Triglyceriden zur Erklärung des doppelten Schmelzpunktes nicht in Betracht.

Loskit[6] stellte bei Trilaurin, Tristearin und einigen anderen Triglyceriden nicht nur 2, sondern 3 verschieden hoch schmelzende Isomere fest; Weygand[7] endlich kam auf Grund seiner Untersuchungen über die Polymorphie der Chalkone[8] zu dem Schluß, daß es 7 polymorphe Formen (1 stabile und 6 metastabile) der einsäurigen Triglyceride geben müßte, und konnte auch tatsächlich diese 7 Formen bei Trilaurin, Trimyristin, Tripalmitin und Tristearin nachweisen, während die „ungeraden" Säuren mit 13, 15 und 17 C-Atomen nur 4 metastabile Formen und keine stabile Form lieferten. Die 7 Formen zeigen 7 verschiedene, innerhalb 20° liegende Schmelzpunkte, wodurch die Bedeutung des Schmelzpunkts als Reinheitskriterium bei Glyceriden stark eingeschränkt wird.

Der Übergang der metastabilen in die stabilen Formen erfolgt auch bei niedriger Temperatur (im festen Zustand), aber nur ziemlich langsam. Hierauf ist bei der Schmelzpunktsbestimmung Rücksicht zu nehmen (s. S. 745).

Die Synthese gemischtsäuriger Di- und Triglyceride mit bekannter Stellung der Acylgruppen ist noch nicht gelungen; gegenüber älteren, zu diesem Zweck ausgearbeiteten Verfahren (s. S. 721) wurde später festgestellt, daß hierbei oft Acylwanderungen eintreten, so daß die Struktur der synthetischen Produkte durchweg unsicher ist. Sogar β-Monoglyceride und einsäurige α,β-Diglyceride konnten noch nicht einwandfrei synthetisiert werden. Infolgedessen kann auch bei den aus natürlichen Fetten abgeschiedenen einheitlichen Triglyceriden (s. u.) nur die Art und das Mengenverhältnis der darin enthaltenen Fettsäuren, nicht aber — im Gegensatz zu den von manchen älteren Autoren selbst gemachten Angaben — die Stellung der Fettsäuren im Molekül angegeben werden.

b) Abscheidung bzw. Erforschung der Konstitution natürlicher Triglyceride.

(Unter Mitwirkung von F. Wittka.)

Zur Abscheidung der unveränderten Glyceride aus den Fetten dient in erster Linie die fraktionierte Krystallisation des Fettes aus geeigneten Lösungsmitteln wie Äther, Alkohol, Benzol, Chloroform, Aceton usw.; in besonderen Fällen, z. B. bei Cocosfett, wurde auch eine Zerlegung durch

---

[1] Guth: Ztschr. Biol. **44**, 109 (1903).   [2] Grün: Ber. **45**, 3691 (1912).
[3] Knoevenagel: ebenda **40**, 515 (1907).
[4] Grün: Ztschr. Dtsch. Öl-Fettind. **39**, 225, 252 (1919); Chem, Umschau Fette, Öle, Wachse, Harze **26**, 91 (1919); Ber. **54**, 291 (1921).
[5] E. Fischer: ebenda **53**, 1634 (1920).
[6] Loskit: Ztschr. physikal. Chem. **134**, 137 (1928).
[7] Weygand: Ztschr. angew. Chem. **44**, 481 (1931).
[8] Weygand: Liebigs Ann. **472**, 143 (1929); Ber. **62**, 2603 (1929).

fraktionierte Hochvakuumdestillation des Fettes selbst versucht[1]. Bei dieser Methode ist jedoch unter Umständen schon mit einer Veränderung der Glyceride durch Umesterung zu rechnen.

Glyceride mehrfach ungesättigter Säuren lassen sich vorteilhaft durch Überführung in schwerlösliche Bromide isolieren[2]. Auch durch Elaidinierung[3], Hydrierung[4] oder schwache Oxydation der gebundenen ungesättigten Säurereste zu den entsprechenden Di- oder Polyoxysäuren[5] können — ohne Aufspaltung der Glycerinbindung — aus den an sich leicht löslichen ungesättigten Glyceriden schwerer lösliche und daher durch Krystallisation besser isolierbare Produkte erhalten werden. Andererseits kann man Ölsäureglyceride durch Halogenanlagerung (z. B. JCl nach Wijs[6]) noch leichter löslich machen und dadurch ihre Trennung von den gesättigten Glyceriden erleichtern.

Eine gruppenweise Abtrennung der völlig gesättigten Glyceride unter Zerstörung der ungesättigten ist durch Behandlung des Glyceridgemisches mit stärkeren Oxydationsmitteln möglich[7]. Hierbei werden die ungesättigten Säurereste an den Doppelbindungen unter Bildung von Dicarbonsäure-monoglycerinestern gespalten; die hierdurch entstandenen sauren Produkte lassen sich von den bei gleicher Behandlung nicht veränderten völlig gesättigten Glyceriden durch Alkalien (z. B. Ammoniak) trennen.

Nachstehend einige Beispiele für die praktische Durchführung solcher Glyceridzerlegungen:

α) **Fraktionierte Krystallisation nach Bömer und Heimsoth**[8] (zur Abtrennung der schwerstlöslichen gesättigten Glyceride aus festen Fetten): 1—2 kg Fett werden in der 2—3fachen Menge Äther, Chloroform, Benzol od. dgl. gelöst; aus dieser Lösung werden durch langsame Abkühlung oder durch allmählichen Alkoholzusatz die schwerlöslichen (gesättigten) Anteile fraktioniert ausgefällt. Durch Wiederholung der Operation mit den erhaltenen Fraktionen werden diese in je 3—4 Unterfraktionen geteilt usw. Ungefähr gleich hoch (innerhalb 5^0) schmelzende Fraktionen werden vereinigt; zur Schmelzpunktsbestimmung sind hierbei die auskrystallisierten, noch nicht geschmolzenen Glyceride zu verwenden (s. „doppelter Schmelzpunkt", S. 642).

Bei der Krystallisation mit ausgefallene ölsäurehaltige Glyceride werden durch Behandeln des in Chloroform gelösten Niederschlages mit Wijsscher Chlorjodlösung in die leichter löslichen Chlorjodadditionsprodukte verwandelt; die hierdurch gereinigten gesättigten Glyceride werden weiter aus Chloroform fraktioniert krystallisiert, bis konstant schmelzende Fraktionen erhalten werden. Auf diese Weise wurde z. B. aus Hammeltalg als schwerstlösliches Glycerid Tristearin (etwa 3%) gewonnen.

[1] Krafft: Ber. **28**, 2583 (1895); **29**, 1316, 2240 (1896); **32**, 1623 (1899); Caldwell u. Hurtley: Journ. chem. Soc. London **95**, 853 (1909); Bömer u. Baumann: Ztschr. Unters. Nahr.- u. Genußmittel **40**, 97 (1920); Waterman u. Rijks: Ztschr. Dtsch. Öl-Fettind. **46**, 177 (1926).

[2] Th. A. Davidson: Pharmac. Weekbl. **59**, 120 (1922); Eibner u. Schmidinger: Chem. Umschau Fette, Öle, Wachse, Harze **30**, 293 (1923); B. Suzuki u. Y. Yokoyama: Proceed. Imp. Acad., Tokyo **4**, 161 (1928).

[3] G. Tomow: Diss. München 1914; Eibner u. Schmidinger: l. c., fanden bei der Untersuchung von elaidiniertem Leinöl, daß die abgeschiedenen Elaidinierungsprodukte nicht genügend scharf charakterisierbar waren.

[4] Amberger u. Wiesehahn: Ztschr. Unters. Nahr.- u. Genußmittel **46**, 276 (1923).

[5] Hilditch u. Lea: Journ. chem. Soc. London **1927**, 3114.

[6] Kreis u. Hafner: Ztschr. Unters. Nahr.- u. Genußmittel **7**, 641 (1904).

[7] B. C. Christian u. T. P. Hilditch: Analyst **55**, 75 (1930); C. **1930**, I, 3501.

[8] Bömer u. Heimsoth: Ztschr. Unters. Nahr.- u. Genußmittel **17**, 353 (1909).

Zur Isolierung weiterer (leichter löslicher) Glyceride können die Mutterlaugen der schwerstlöslichen Anteile analog verarbeitet werden (gruppenweise Zusammenfassung nach Schmelzpunktsintervallen von zunächst 2^0, dann 1^0, dann $0,5^0$), jedoch sind andere als die schwerstlöslichen Glyceride nur sehr schwer rein zu erhalten. Als Reinheitskriterium gilt Übereinstimmung des Schmelzpunktes der aus Benzol krystallisierten mit dem 2. (höheren) Schmelzpunkt der aus der Schmelze erstarrten Substanz. So wurden im Hammeltalg auch je 4—5% Dipalmitostearin und Palmitodistearin nachgewiesen.

β) **Abscheidung der schwerstlöslichen Glyceride aus flüssigen Ölen nach Holde und Stange**[1]: Das Öl wurde in ätherischer Lösung auf — 50 bis — 60^0 abgekühlt. Die erhaltenen Niederschläge wurden bei — 30 bis — 35^0 abfiltriert und zur Entfernung flüssiger Glyceride wiederholt mit Äther bei — 40^0, sowie mit kleineren Mengen Äther bei — 20^0 und schließlich mit Alkohol-Äther bei Zimmertemperatur umgelöst.

Das aus Olivenöl so erhaltene — noch nicht ganz einheitliche — schwerstlösliche Triglycerid (1,5%, Schmelzpunkt + 30^0) enthielt $1/_3$ Ölsäure, $2/_3$ feste Säuren (hauptsächlich Palmitinsäure, daneben Stearinsäure und wenig höhermolekulare Säuren).

γ) **Isolierung der ungesättigten Glyceride durch Bromierung nach Suzuki**[2]: 200 g Leinöl wurden in 1 l Petroläther gelöst und mit Na_2SO_4 getrocknet. Zur trockenen Lösung wurde aus einer Bürette unter Umrühren und gutem Kühlen langsam Brom bis zur bleibenden Braunfärbung der Lösung zugetropft (vgl. auch S. 777 „Hexabromidzahl"). Dann wurde noch einige Stunden gerührt, der Niederschlag (Bromide) abgesaugt und mit Petroläther-Eisessiggemisch ausgewaschen. Der petrolätherunlösliche Niederschlag wurde nacheinander mit Äthyläther und Benzol behandelt, wodurch 3 Fraktionen erhalten wurden: 1. Petrolätherunlöslich, ätherlöslich, weißes Pulver, Schmelzpunkt 78^0, gab bei der Hydrolyse mit Salzsäure etwa 2 Mol Linolsäure-tetrabromid, Schmelzpunkt 115^0, und 1 Mol Linolensäure-hexabromid, Schmelzpunkt 179^0, war also das Bromid eines Dilinoleolinolenins. 2. In Petroläther und Äther unlöslich, in Benzol löslich, Schmelzpunkt 117/118^0, gab bei Hydrolyse 1 Mol Linolsäure-tetrabromid, 2 Mol Linolensäurehexabromid, entsprechend Linoleo-dilinolenin. 3. In Petroläther, Äther und Benzol unlöslich, Schmelzpunkt 158^0, gab die gleichen Spaltprodukte wie die 2. Fraktion, entsprach also einem isomeren Linoleo-dilinolenin.

Aus dem Petrolätherfiltrat wurde durch Alkoholzusatz ein öliges Bromid des Oleo-dilinoleins erhalten. Zur besseren Trennung der verschiedenen petrolätherlöslichen Bromide wurde später der Petrolätherauszug statt mit Alkohol mit alkoholischen $CaCl_2$-Lösungen verschiedener Konzentration fraktioniert gefällt.

δ) **Hydroxylierung der ungesättigten Glyceride nach Hilditch**[3] durch Oxydation mit 35%igem H_2O_2 in Eisessiglösung bei 75—80^0 gab keine befriedigenden Resultate, da die Löslichkeitsunterschiede zwischen den gesättigten und den oxydierten ungesättigten Glyceriden für eine gute Trennung zu gering waren.

ε) **Isolierung der völlig gesättigten Glyceride durch Oxydation der ungesättigten bis zu den Dicarbonsäureestern nach Christian und Hilditch**[4]: 50 g Fett (auf 0,01 g genau gewogen) werden in 500 ccm Aceton in einem 2-Liter-Kolben mit sehr langem Hals (Luftkühler) gelöst und bei Kochhitze mit feinstgepulvertem $KMnO_4$ unter Umschütteln so versetzt, daß die Lösung immer im schwachen Kochen bleibt; Fette mit Jodzahl < 20 erfordern Erwärmung auf dem Wasserbade, Fette mit Jodzahl > 30 Kühlung. Für ein Öl mit Jodzahl bis 50 nimmt man die 4fache Menge des Fettes an Permanganat, bei höherer Jodzahl die 6fache Menge. Das Permanganat wird innerhalb $1^1/_2$—$1^3/_4$ h zugesetzt. Dann wird das Aceton rasch abgedampft, der Rückstand in einer Porzellanschale langsam mit 200 g gepulvertem $NaHSO_3$ verrührt und allmählich mit 800 ccm Wasser

[1] Holde u. Stange: Ber. **34**, 2402 (1901).
[2] Suzuki u. Yokoyama: Proceed. Imp. Acad., Tokyo **3**, 526, 529 (1927); **4**, 161 (1928); Suzuki u. Masuda: ebenda **3**, 531 (1927); **4**, 165 (1928). Vgl. auch Eibner u. Schmidinger: l. c.; Amberger u. Wiesehahn: l. c.
[3] Hilditch: l. c.   [4] Christian u. Hilditch: l. c.

verdünnt (Achtung, sehr starkes Schäumen!); dann wird die Lösung in einen Scheidetrichter übergespült, mit verdünnter H_2SO_4 gegen Kongopapier angesäuert und erst mit 1000 ccm, dann mit 400 ccm Äther ausgeschüttelt. Die vereinigten Ätherlösungen, welche sowohl die unveränderten gesättigten wie auch die oxydierten (sauren) ungesättigten Glyceride enthalten, werden mit Wasser gewaschen; dann werden sie zur Entfernung der sauren Oxydationsprodukte mit 250 ccm 8—10%igem NH_3 ausgeschüttelt und wieder gewaschen. Durch Trocknen und Eindampfen des Ätherauszuges erhält man die gesättigten Glyceride; durch Ansäuern und Ausäthern der ammoniakalischen Lösung kann man ebenso die sauren Oxydationsprodukte isolieren.

Die Menge der gesättigten Glyceride wird infolge geringer Verseifung etwas zu niedrig gefunden.

Die gefundenen Werte können z. B. zum Nachweis der Fette der Cocosfettgruppe in Butter verwendet werden. Unter anderem wurden in Cocosfett 83%, in Palmkernfett 44—46%, in Butter 29—32%, in Hammeltalg 28%, in Rindertalg 15%, in Palmfett 10%, in Erdnußöl 1%, in Cottonöl 1,5% völlig gesättigte Glyceride gefunden. Die Verseifungszahlen der abgeschiedenen Glyceride in Verbindung mit ihren Fließpunkten sind für die einzelnen Fette charakteristisch.

Tabelle 149. In den Fetten aufgefundene einsäurige Triglyceride.

Glycerid	Schmelzpunkte		Spez. Gew.		n_D	bei °	Vorkommen
	stabile Form	metastabile Formen	g/l	bei °			
Trilaurin .	46,2 [1]	18,0 [1] 36,4 [2]	894,3 [1]	60	1,4402 [1]	60	Lorbeerfett [3]
Trimyristin	56,5 [1]	33,0 [1] 47,0 [2]	886,0 [1]	60	1,4428 [1]	60	Muskatbutter [4], Virola venezuelensis [5]
Tripalmitin	65,6 [1]	46,2 [1] 45,4 [2]	866,3 [1]	80	1,4376 [1]	80	Menschenfett [6]
Tristearin .	71,8 [1]	55,0 [1] 55 [2]	863,2 [1]	80	1,4395 [1]	80	Rindstalg (1,3%), Hammeltalg (3,3%) [7]
Triarachin	72,2 [8]	— —	—	—	—	—	Makassaröl [8]
Tripetroselin	32 [9]	— —	—	—	1,4619	40	Öl der Petersiliensamen [9]
Triolein . .	— 5	— —	899,2	50	1,4561	60	Butterfett (2,4%) [10]
Trierucin	31 [11]	— —	—	—	—	—	Rüböl [11]
Triricinolein	—	— —	—	—	—	—	Ricinusöl [12]
Trilinolenin	flüssig	— —	—	—	—	—	Sojaöl [13]

[1] Zahlen nach Joglekar u. Watson: Journ. Soc. chem. Ind. **47**, T 365 (1928).
[2] Loskit: Ztschr. physikal. Chem. **134**, 137 (1928).
[3] Marsson: Liebigs Ann. **41**, 330 (1842).
[4] Playfair: ebenda **37**, 153 (1841).
[5] Thoms u. Mannich: Ber. Dtsch. Pharmaz. Ges. **11**, 264 (1901).
[6] Partheil u. Ferié: Arch. Pharmaz. **241**, 569 (1903).
[7] Bömer: Ztschr. Unters. Nahr.- u. Genußmittel **14**, 90 (1907).
[8] Thümmel u. Kwasnick: Arch. Pharmaz. **229**, 193 (1891).
[9] Vongerichten u. Köhler: Ber. **42**, 1638 (1909).
[10] Amberger: Ztschr. Unters. Nahr.- u. Genußmittel **35**, 313 (1918).
[11] Reimer u. Will: Ber. **19**, 3321 (1886).
[12] Playfair: Liebigs Ann. **60**, 322 (1846).
[13] Suzuki u. Yokoyama: Proceed. Imp. Acad., Tokyo **3**, 529 (1927).

Tabelle 150. In den Fetten aufgefundene gemischtsäurige Triglyceride.

Name	Formel	Mol.-Gew.	Schmelz-punkt °	Vorkommen
Myristo-dilaurin . .	$C_{41}H_{78}O_6$	666,6	33	Cocosfett, Palmkernfett [1]
Lauro-dimyristin . .	$C_{43}H_{82}O_6$	694,6	37—38	dgl.
Palmito-dimyristin .	$C_{47}H_{90}O_6$	750,7	45,2	dgl.
Myristo-dipalmitin .	$C_{49}H_{94}O_6$	778,7	51	dgl.
Stearo-dipalmitin . .	$C_{53}H_{102}O_6$	834,8	55 [2] bis 63,5 [3]	Cocosfett [1], Rindertalg [2], Gänsefett [3], Hammeltalg [4]
Palmito-distearin . .	$C_{55}H_{106}O_6$	862,8	63,5 68,5	Rindertalg [5], Hammeltalg [5], Schweinefett [5], Gänsefett [6]
Palmito-diolein . . .	$C_{55}H_{102}O_6$	858,8	flüssig	Talg, Gänsefett [3], Leinöl [7], Schweinefett [8]
Oleo-distearin . . .	$C_{57}H_{108}O_6$	888,8	42 44,5	Schweinefett [8], Mkanifett [9], Kakaobutter [10]
Stearo-diolein . . .	$C_{57}H_{106}O_6$	886,8	flüssig	Gänsefett [6], Leinöl [11]
Oleo-dierucin	$C_{65}H_{120}O_6$	997,0	—	Rüböl [12]
Linoleo-distearin . .	$C_{57}H_{106}O_6$	886,8	—	Leinöl [11]
Butyro-palmito-olein	$C_{41}H_{76}O_6$	664,6	15,5	Kuhbutter [13]
Caprylo-lauro-myristin	$C_{37}H_{70}O_6$	610,6	13—15	Cocosfett [1]
Stearo-palmito-olein .	$C_{55}H_{104}O_6$	860,8	42	Kakaobutter [14], Talg [2]
Palmito-oleo-linolein .	$C_{55}H_{100}O_6$	856,8	flüssig	Leinöl [11]

Einige der nach vorstehenden Verfahren aus Fetten isolierten bzw. darin nachgewiesenen Triglyceride sind in Tabelle 149 und 150 zusammengestellt. Es handelt sich überwiegend um gemischtsäurige Glyceride; einsäurige Glyceride spielen, im Gegensatz zu den älteren Annahmen, nur eine untergeordnete

[1] A. Bömer: Chem.-Ztg. **38**, 844 (1914); Bömer u. Baumann: Ztschr. Unters. Nahr.- u. Genußmittel **40**, 97 (1920); Bömer u. Schneider: ebenda **47**, 61 (1924).

[2] Hansen: Arch. Hygiene **42**, 1 (1902).

[3] C. Amberger u. K. Bromig: Pharmaz. Zentralhalle **62**, 547 (1921); Ztschr. Unters. Nahr.- u. Genußmittel **42**, 193 (1921); Stearo-dipalmitin wurde im Gänsefett bereits von J. Klimont u. K. Mayer: Monatsh. Chem. **36**, 281 (1915), aufgefunden.

[4] Kreis u. Hafner: Ztschr. Unters. Nahr.- u. Genußmittel **7**, 641 (1904); Bömer: ebenda **17**, 353 (1909).

[5] A. Bömer: ebenda **25**, 322 (1913).

[6] A. Bömer u. Merten: ebenda **43**, 1 (1922).

[7] Eibner u. Schmidinger: Chem. Umschau Fette, Öle, Wachse, Harze **30**, 300 (1923).

[8] Amberger u. A. Wiesehahn: Ztschr. Unters. Nahr.- u. Genußmittel **46**, 276, 291 (1923).

[9] R. Heise: Arbb. Reichsgesundh.-Amt **12**, 540 (1896); **13**, 302 (1897).

[10] Fritzweiler: ebenda **18**, 371 (1902).

[11] G. Schicht, A.-G.: Seifenfabrikant **34**, 673, 717 (1914).

[12] C. Amberger: Ztschr. Unters. Nahr.- u. Genußmittel **40**, 192 (1920).

[13] J. Bell: Chemistry of Food **3**, 44; Blyth u. Robertson: Chem.-Ztg. **13**, 128 (1889); Abstr. Proceed. chem. Soc. London **61**, 5 (1891).

[14] J. Klimont: Ber. **34**, 2636 (1901).

Rolle. Diese Konstitution der Fette hat insofern auch physiologisches Interesse, als die gemischtsäurigen Glyceride homogener sind und niedriger schmelzen als äquivalente Gemische einsäuriger Glyceride[1].

c) Chemisches Verhalten der Glyceride.

α) Verseifung, Umesterung.

Fettspaltung. Wie alle Ester sind auch die Fettsäureglyceride durch Wasser zu freien Fettsäuren und freiem Alkohol (Glycerin) hydrolysierbar:

$$(RCOO)_3C_3H_5 + 3\,H_2O \rightarrow 3\,RCOOH + C_3H_5(OH)_3,$$

jedoch verläuft diese Reaktion bei Abwesenheit von Katalysatoren nur bei hohen Temperaturen und Drucken (z. B. 15—18 at) einigermaßen schnell. Durch Zusatz einiger Prozente CaO, MgO oder ZnO (1—3 %) wird die Hydrolyse wesentlich beschleunigt, nach Stiepel[2] infolge der Bildung von Wasser-in-Öl-Emulsionen[3], welche durch die zunächst in kleiner Menge entstehenden, im Fett löslichen Ca-, Mg- oder Zn-Seifen bewirkt werden und eine innigere Berührung des Wassers mit dem Fett ermöglichen. Auch Zusätze von konz. H_2SO_4 (4—6 %), sowie besonders von aromatischen oder fettaromatischen Sulfosäuren (1—2 %), sog. Fettspaltern, wirken teils durch Katalyse (H-Ionen), teils durch verbesserte Emulsionsbildung beschleunigend. Über die technische Anwendung dieser Fettspaltungsverfahren, sowie der enzymatischen Fettspaltung mittels Ricinuslipase vgl. S. 829 f.

Verseifung. Bei Einwirkung von Ätzalkalien in wässeriger oder alkoholischer Lösung auf Fette tritt eine Verseifung im engeren Sinne, d. h. Bildung von Seife ein:

$$(RCOO)_3C_3H_5 + 3\,NaOH \rightarrow 3\,RCOONa + C_3H_5(OH)_3.$$

Sowohl diese Verseifung wie die einfache Fettspaltung verlaufen aber nicht, wie zeitweilig angenommen wurde[4], unmittelbar im Sinne obiger Gleichungen, sondern stufenweise, wobei als Zwischenprodukte Di- und Monoglyceride gebildet werden. Diese konnten zwar nur ausnahmsweise direkt isoliert werden[5], da sie im allgemeinen so schnell weiter aufgespalten werden, daß bei einer Untersuchung der Reaktionsprodukte meistens nur unveränderte Triglyceride neben Glycerin und freien Fettsäuren bzw. Seifen aufgefunden wurden[6]; jedoch wurde der schon von A. Wright[7] angenommene

---

[1] Holde: Ber. **35**, 4307 (1902); **45**, 3701 (1912); Kremann u. Schoulz: Monatsh. Chem. **33**, 1063 (1912); Kremann u. Klein: ebenda **34**, 1296 (1913).

[2] Stiepel: Seifenfabrikant **22**, 234 (1902).

[3] Über die Begünstigung dieses Emulsionstypus durch Seifen mehrwertiger Metalle, im Gegensatz zur Bevorzugung des umgekehrten Emulsionstypus bei Anwesenheit von Alkaliseifen, vgl. Clayton: Die Theorie der Emulsionen und der Emulgierung, S. 64f. Berlin: Julius Springer 1924.

[4] Balbiano: Ber. **36**, 1571 (1903); R. Fanto: Monatsh. Chem. **25**, 919 (1904); J. Kellner: Chem.-Ztg. **33**, 453, 662 (1909).

[5] Z. B. Dierucin aus altem Rüböl, Reimer u. Will: Ber. **19**, 3320 (1886); **40**, 256 (1907); W. Normann: Chem.-Ztg. **31**, 211 (1907); s. ferner A. Grün u. O. Corelli: Ztschr. angew. Chem. **25**, 665, 947 (1912); Grün u. Wittka: Ber. **54**, 281 (1921): Abscheidung von Di- und Monoglyceriden bei der Verseifung mit konz. H_2SO_4, sowie Marcusson: Ztschr. angew. Chem. **26**, 173 (1913): Nachweis niederer Glyceride bei der Autoklavenverseifung.

[6] Balbiano: l. c. (Benzoesäuretriglycerid); Marcusson: Ber. **39**, 3466 (1906); **40**, 2905 (1907); Kellner: l. c.

[7] A. Wright: Animal and vegetable fats and oils. London 1894.

stufenweise Verlauf der Verseifung indirekt durch Messung der Verseifungsgeschwindigkeiten bewiesen[1].

Umesterung mit Alkoholen. Analog der **Hydrolyse**, welche die Fette mit Wasser erleiden, ist die **Alkoholyse**, welche beim Kochen der Fette mit Alkohol in Anwesenheit von Katalysatoren (OH- oder H-Ionen), bei sehr hohen Temperaturen (über 300°) auch ohne Katalysatoren[2] eintritt:

$$(RCOO)_3C_3H_5 + 3\,R'OH = 3\,RCOOR' + C_3H_5(OH)_3.$$

Auch diese Reaktion erfolgt stufenweise unter Bildung von Di- und Monoglyceriden[3]. Sie gehört zur Gruppe der **Umesterungen** und **Acylwanderungen**, welche besonders von E. **Fischer**[4] studiert wurden. Die Alkoholyse in alkalischer Lösung (Erhitzen der Fette mit alkoholischer KOH) bildet die erste Stufe der gewöhnlichen Verseifungsreaktion[5] (S. 113). Sie erfolgt bei ganz kurzem Erwärmen des Fettes mit alkoholischer KOH bis zur klaren Lösung in Alkohol; hierzu genügt schon $1/_7$ der zur vollständigen Verseifung erforderlichen Alkalimenge. Die so gebildeten Äthylester, die sich durch Verdünnen der Lösung mit Wasser (Trübung) und Ausschütteln mit Petroläther direkt isolieren[6] lassen, werden erst bei weiterer Einwirkung von überschüssiger (alkoholischer oder wässeriger) Lauge verseift. Statt alkoholischer Lauge kann auch Natriumäthylat[7] zur Umesterung und Verseifung — zu letzterer allerdings nur bei Gegenwart geringer Mengen Wasser[8] — der Glyceride benutzt werden, z. B. unter Verwendung von Äther (und Alkohol) als Lösungsmittel. In homogener Lösung (z. B. Petroläther + Alkohol) werden die Fette sowie die meisten Wachse schon bei gewöhnlicher Temperatur durch 1,0-n alkoholische KOH innerhalb $10-12$ h völlig verseift.

Der Umesterung der Glyceride zu Fettsäureäthyl- bzw. -methylestern durch Kochen mit Alkohol (bzw. Methanol) bei Gegenwart kleiner Mengen ($1-2\%$) HCl oder H_2SO_4* verläuft nahezu quantitativ; sie hat praktisch-analytisches Interesse für die Zerlegung der Fettsäuregemische aus natürlichen Fetten, welche auf diese Weise direkt in Form der im Vakuum leicht destillierbaren Ester erhalten werden[9]. Auch zur Überführung der alkoholunlöslichen

---

[1] **Geitel:** Journ. prakt. Chem. **55**, 417, 429 (1897); **56**, 113 (1898); **Kremann:** Monatsh. Chem. **27**, 607 (1906). Die von **Lewkowitsch:** Ber. **33**, 89 (1900), mittels der im Laufe der Verseifung eintretenden Änderungen der Acetylzahl und Hehnerzahl versuchte Beweisführung für das intermediäre Auftreten von Di- oder Monoglyceriden ist nach den Versuchen von **Marcusson** (l. c.) nicht ganz stichhaltig. Vgl. hierzu **Ubbelohde:** Handbuch, 1. Aufl., Bd. 1, S. 167f.

[2] **Grün, Wittka** u. **Scholze:** Ber. **54**, 290 (1920).

[3] **Grün:** Chem. Umschau Fette, Öle, Wachse, Harze **24**, 15 (1917): Bildung von Di- und Monostearin bei der Behandlung von Tristearin mit alkoholischer H_2SO_4.

[4] E. **Fischer:** Ber. **53**, 1621, 1634 (1920).

[5] **Bouis:** Compt. rend. Acad. Sciences **45**, 35 (1857); L. **Allen:** Chem. News **64**, 179 (1891).

[6] **Henriques:** Ztschr. angew. Chem. **12**, 338, 697 (1898).

[7] **Bouis:** l. c.; **Kossel** u. **Obermüller:** Ztschr. physiol. Chem. **15**, 321, 330 (1891).

[8] **Bull:** Chem.-Ztg. **24**, 814, 845 (1900).

* L. **Claisen** u. **Purdie:** Ber. **20**, 1555 (1887); **Purdie** u. **Marshall:** Journ. chem. Soc. London **53**, 391 (1887); **Haller:** Compt. rend. Acad. Sciences **143**, 657 (1906).

[9] **Haller** u. **Youssoufian:** ebenda **143**, 803 (1906).

Glyceride in alkohollösliche Verbindungen, wie sie z. B. für die Jodzahl-bestimmung nach Margosches (S. 771) erforderlich ist, hat sich die Um-esterung zu den Äthylestern bewährt[1].

Ebenso wie mit Methyl- oder Äthylalkohol tritt eine Umesterung der Glyceride auch mit anderen Alkoholen, z. B. auch mit freiem Glycerin, ein, durch welches Triglyceride zu Di- und Monoglyceriden umgewandelt werden können[2]. Andererseits lagern sich Di- und Monoglyceride beim Erhitzen teilweise zu Triglyceriden und freiem Glycerin um[3]. E. Fischer (l. c.) beobachtete ähnliche Reaktionen beim Schütteln ätherischer Lösungen von Monobenzoyl- bzw. Monoacetyl-glycerin mit K_2CO_3, wobei Dibenzoin bzw. Diacetin und freies Glycerin gebildet wurden. Analog wurde Monobenzoyl-glykol durch Kochen mit K_2CO_3 in Chloroformlösung in Dibenzoylglykol und freies Glykol übergeführt.

Die Alkoholyse der Glyceride durch Methyl- oder Äthylalkohol ist umkehr-bar, d. h. bei Einwirkung von überschüssigem Glycerin auf Methyl- oder Äthylester entstehen wieder Glyceride[4]; zur Homogenisierung der Lösung wird hierbei zweckmäßig Pyridin angewandt[5].

Umesterung mit Säuren. Ebenso wie die Alkoholreste können durch Umesterung auch die Säurereste ausgetauscht werden. So verläuft die Verseifung der Fette durch konz. H_2SO_4 nach Grün[6] über die Zwischen-stufen der Mono- und Di-schwefelsäure-ester der Di- und Monoglyceride; analog wirken HCl und HBr, welche jedoch unvollständig — nur bis zum Dihalogenhydrin-monofettsäureester — spalten[7], sowie HJ, welcher das Glycerid zwar völlig aufspaltet, aber neben freien Fettsäuren nicht Glycerin, sondern — durch Reduktionswirkung — Isopropyljodid liefert (vgl. S. 844).

Durch Erhitzen der Fette mit freien Fettsäuren kann man dement-sprechend auch die in den Fetten gebundenen Fettsäuren durch andere verdrängen, ein Verfahren, das z. B. zur Einführung von Buttersäure in pflanzliche Öle zwecks Erzielung butterähnlicher buttersäurehaltiger ge-mischter Glyceride vorgeschlagen wurde[8]. Im Gegensatz zur freien Essig-säure wirkt Essigsäure-anhydrid auf Tristearin und Tripalmitin bei Tem-peraturen bis 200^0 nicht umesternd[9]. Bei wesentlich höheren Temperaturen tritt auch zwischen neutralen Glyceriden (Tristearin und Triolein) Umesterung zu gemischtsäurigen Glyceriden ein[10].

β) Spontane Veränderung der Fette durch Ranzigwerden.

Die Fette sind — im Gegensatz zu den Mineralölen und Wachsen — oft nur kurze Zeit ganz unverändert haltbar; bei längerer Aufbewahrung erleiden

---

[1] W. Czerny: Ztschr. Dtsch. Öl-Fettind. **44**, 605 (1924).

[2] Vgl. z. B. I. Bellucci: Gazz. chim. Ital. **42**, II, 283 (1912).

[3] Bei der Hochvakuumdestillation von Monocaprylin (2 mm) ging mehr als die Hälfte des Produktes in Tricaprylin über; unveröffentlichte Versuche von H. Mendel aus dem Laboratorium des Verfassers.

[4] Kremann: Monatsh. Chem. **26**, 783 (1905); **29**, 23 (1908).

[5] E. Fischer: Ber. **53**, 1634 (1920).

[6] Grün u. Theimer: ebenda **40**, 1801 (1907).

[7] De la Aceña: Compt. rend. Acad. Sciences **139**, 867 (1904); Grün: Öl- u. Fettind. Wien **1**, 3 (1919).

[8] W. Normann: Chem. Umschau Fette, Öle, Wachse, Harze **30**, 250 (1923); K. Täufel u. W. Preiß: Ztschr. Unters. Lebensmittel **58**, 425 (1929).

[9] Holde u. Bleyberg: Ber. **60**, 2497 (1927). [10] Normann: l. c.

sie chemische Veränderungen, die sich — besonders bei Butter und anderen Speisefetten — im Auftreten eines charakteristischen, unangenehmen Geschmacks und Geruchs äußern und als „Ranzidität" bezeichnet werden[1]. Die Art dieser Veränderungen, ihre Ursachen, die Natur der dabei entstehenden Verbindungen usw. konnten trotz zahlreicher Untersuchungen bis jetzt erst teilweise aufgeklärt werden. Als sicher darf man heute annehmen, daß das Auftreten freier Fettsäuren infolge spontaner Verseifung der Fette mit der Ranzigkeit nicht identisch ist, wenn es auch oft daneben einhergeht und wohl, mindestens für gewisse Arten des Ranzigwerdens (Parfumranzigkeit), eine Voraussetzung bildet.

Freies Glycerin scheint hierbei übrigens — von vereinzelten gegenteiligen Beobachtungen abgesehen[2] — in der Regel nicht zu entstehen[3]; entweder geht also die spontane Verseifung zunächst nur bis zur Bildung von Di- oder Monoglyceriden, oder das freigewordene Glycerin wird gleich weiter abgebaut.

Ranziditätsursachen.

Alle Forschungsergebnisse stimmen darin überein, daß das Ranzigwerden in chemischer Hinsicht im wesentlichen einen oxydativen Abbauprozeß darstellt, bei welchem die ungesättigten Fettsäuren unmittelbar, die niederen gesättigten Fettsäuren unter Mitwirkung von Bakterien in niedere Aldehyde und Ketone umgewandelt werden (Näheres s. weiter unten). Über die für das Ranzigwerden maßgebenden äußeren Faktoren ist kurz folgendes zu sagen:

Sauerstoffeinwirkung als Ursache der Ranzidität. Als erster hat A. N. Scherer[4] die Ranzidität von Fetten durch lange dauernde Einwirkung von Luftsauerstoff und Entstehung von scharf beißend und brennend schmeckenden Oxydationsprodukten erklärt[5]. Diese Ansicht haben später Duclaux[6] und Ritsert[7] bestätigt und dahin erweitert, daß auch das Sonnenlicht eine wesentliche Rolle beim Ranzigwerden spiele. Nach

---

[1] Neben der Ranzidität oder mit ihr einhergehend gibt es andere Verdorbenheitseigenschaften von gelagerten Ölen und Fetten, die man als talgig, bitter, seifig, kratzend, sichtbar verdorben (verschimmelt) bezeichnet. Nach Täufel: Allg. Öl- u. Fett-Ztg. **27**, 40 (1930), enthalten talgig gewordene Fette höherschmelzende Oxyfettsäuren oder Polymerisationsprodukte ungesättigter Fettsäuren; s. auch A. Nikitin: Ztschr. Unters. Nahr.- u. Genußmittel **3**, 110 (1900); Chem.-Ztg. **23**, Rep. 100 (1899). Talgige Butter zeigt nach Teichert (Methoden zur Untersuchung von Milch und Milcherzeugnissen, 2. Aufl., S. 367f. Stuttgart 1927) kräftige Aldehydreaktion, keine Buttersäureester, aber im Gegensatz zur ranzigen Butter geringere Jodzahl als die frische Butter.

[2] Gantter: Forschungsber. üb. Lebensmittel **2**, 113 (1895), fand in stark sauer gewordenem Talg freies Glycerin; Geitel: Journ. prakt. Chem. **55**, 417 (1897), fand in sauren Palmfetten beträchtliche Mengen freies Glycerin.

[3] Holde: Untersuchung der Mineralöle und Fette, 2. Aufl., 1905. S. 262, stellte fest, daß alle klargebliebenen, sauer gewordenen Olivenöle, Trane usw. kein freies Glycerin enthielten; dieses ist in Ölen nicht löslich und müßte, wenn vorhanden, Trübungen der sauren Öle veranlassen.

[4] A. N. Scherer: Versuch einer populären Chemie, 1795. S. 331.

[5] Über die Ranzidität von Seifen s. S. 876, sowie W. Schrauth: Handbuch der Seifenfabrikation, 6. Aufl., S. 335. Berlin 1927; ferner ungenannt: Allg. Öl- u. Fett-Ztg. **29**, 40 (1932).

[6] Duclaux: Milch-Ztg. **15**, 482 (1886); Compt. rend. Acad. Sciences **102**, 1077 (1885).

[7] Ritsert: Untersuchungen über das Ranzigwerden der Fette. Diss. Berlin 1890.

Nikitin[1] ist der Ranziditätsgrad proportional der Einwirkung von Luft, Licht und Temperatur. Durch Metalle (Fe, Cu, Mn, Co) wird die Ranzidität in ähnlicher Weise katalytisch beschleunigt wie das Trocknen der Öle. Andererseits wirkt Hydrochinon als starker, β-Naphthol als schwacher negativer Katalysator[2].

Feuchtigkeit als Ranziditätsursache. Nach Berthelot[3], Kopp[4] und Gröger[5] werden Fette schon bei Zimmertemperatur durch Wasser in Glycerin und Fettsäuren zerlegt. Auch nach Geitel[6] sollen geringe Mengen Feuchtigkeit, z. B. bei gegen Luft und Licht in Fässern abgeschlossenen Palmfetten, deren Zersetzung herbeiführen.

Nach E. Dieterich[7] beschleunigte ein Zusatz von 10% Wasser zu Rohfetten und ausgeschmolzenen Fetten die Zersetzung der letzteren, während Ritsert[8] und Späth[9] zeigten, daß von Feuchtigkeit befreites Fett unter Lichtwirkung sich bedeutend rascher zersetzte als durch den Wasserzusatz. Da nach Geitel[10] zur Spaltung der Fette unbedingt mindestens sehr kleine Mengen Wasser erforderlich sind, so nimmt er an, daß die genannten Autoren entweder mit nicht völlig trockenen Fetten gearbeitet hatten oder daß die Feuchtigkeit aus der Luft herrührte.

Fermente und Enzyme als Ranziditätserreger. J. v. Liebig[11] hat als erster — ihm schlossen sich später C. Schädler und R. Benedikt an — die Einwirkung von Fermenten analog der Vergärung zuckerhaltiger Flüssigkeiten als Ursache der Ranzidität angesprochen. Späth, welcher wie Ritsert Fermente als Ranziditätserreger ablehnt, fand dementsprechend, daß auch Fette, die durch Erhitzen auf 140° in geschlossenen Gefäßen sterilisiert worden waren, bei Luft- und Lichtzutritt ranzig wurden. Reinmann[12] hingegen sieht in den Fermenten, allerdings bei nicht völligem Luftabschluß, die Erreger der Ranzidität. Berücksichtigt man ferner die spontane Neigung des Palmfettes zum fast völligen Sauerwerden, die stark fettspaltenden, durch Mangansalze katalysierten Eigenschaften des Fermentes des Ricinussamens (s. S. 830) usw., so kann man prinzipiell die Wirkung von Fermenten und Enzymen bei Entstehung der Ranzidität neben den anderen angeführten Ursachen mit in Betracht ziehen.

Bakterien und Pilze als Ranziditätserreger. v. Klecki[13] hat wie Lafar[14] und Sigismund[15] Mikroorganismen in ranzigen Fetten gefunden und führt das Ranzigwerden der Butter auf die Gegenwart von Penicillium glaucum zurück. Da die meisten Beobachtungen von Einwirkungen von Bakterien bei Butter gemacht wurden, welche erhebliche Mengen nicht fettartiger, den Bakterien einen günstigen Nährboden gebender Stoffe

---

[1] Nikitin: l. c.
[2] K. Täufel u. J. Müller: Ztschr. angew. Chem. **43**, 1108 (1930).
[3] Berthelot: Journ. Pharmac. Chim. [3] **27**, 96 (1855); C. **1855**, 323.
[4] Kopp: Organ. Chem. **2** (1860).
[5] Gröger: Ztschr. angew. Chem. **2**, 61 (1889).
[6] Geitel: Journ. prakt. Chem. [2] **55**, 417 (1897).
[7] E. Dieterich: Chem. Revue üb. d. Fett- u. Harzind. **6**, 168, 181, 201 (1899).
[8] Ritsert: l. c.   [9] Späth: Ztschr. analyt. Chem. **35**, 473 (1896).
[10] Geitel: l. c.   [11] J. v. Liebig: Handbuch der organischen Chemie, 1843.
[12] Reinmann: Ztrbl. Bakter. Parasitenk. **6**, Nr. 5—7 (1900).
[13] v. Klecki: Diss. Leipzig 1893.
[14] Lafar: Bakteriologische Studien über Butter. München 1891.
[15] Sigismund: Ranzigwerden der Butter. Diss. Halle 1893.

(Casein) enthält, so ist die Beobachtung Späths, wonach Schweineschmalz und Schmelzbutter nicht durch Bakterien ranzig werden und diese, den genannten Fetten eingeimpft, sogar abgetötet werden, als wichtig zu verzeichnen.

Andererseits wurde auch die Entwicklung von Schimmelpilzen (hauptsächlich Penicillium glaucum) in caseinhaltiger Margarine bei nicht genügend luftdichter Verpackung schon früher hervorgehoben, da Penicillium in Casein einen guten Nährboden hat und deshalb auch bei der Herstellung von Gorgonzola- und Roquefortkäse eine große Rolle spielt[1].

Auch nach Stärkle[2] und Fierz-David[3] gibt es außer der durch Ölsäureoxidation durch Luft, Licht und Feuchtigkeit hervorgerufenen sog. Ölsäureranzigkeit noch eine durch Mikroorganismen oder Pilze, speziell Penicillium glaucum und Aspergillus niger, bei Cocosfett oder Palmfett oder bei mit diesen Fetten hergestellter Margarine hervorgerufene Geruchsranzidität. Bei dieser als Parfum- oder Ketonranzigkeit bezeichneten Ranzidität[4] werden die gesättigten Säuren des Cocosfettes: Capryl-, Caprin-, Laurin-, Myristinsäure, über eine unbeständige Oxysäure nach Art der Dakinschen Synthese[5]:

$$R \cdot CH_2 \cdot CH_2 \cdot COOH \xrightarrow{+ O_2} R \cdot CH(OH) \cdot CH_2 \cdot COOH \xrightarrow{+ O_2} R \cdot CO \cdot CH_3 + CO_2$$

zu Methyl-Alkylketonen[6] abgebaut. Die β-Oxydation der genannten Säuren erfolgt bei dieser Synthese über die schwach ammoniakalischen Ammoniakseifen der Säuren durch 3%ige H_2O_2-Lösung.

Aus Capronsäure werden nach Dakin 10% der theoretischen Menge Methylpropylketon erhalten, die niederen Glieder liefern höhere, die höheren Fettsäuren geringere Ausbeuten. Während Dakin mit der geschilderten Oxydation in vitro die entsprechenden Methylketone der homologen Reihe von der Buttersäure bis zur Stearinsäure darstellte, konnte Stärkle bei der biologischen Oxydation die erwarteten Oxydationsprodukte Methyl-äthylketon und Aceton, die anscheinend weiter oxydiert werden, nicht nachweisen. Auch bei den höheren Fettsäuren erfährt der biologische, zu den Ketonen führende Abbau eine Hemmung, die vermutlich durch die mit steigendem Mol.-Gew. abnehmende Löslichkeit der Ammonseifen im wässerigen Nährmedium bedingt ist. Die Ketonranzigkeit ist daher auf die Fette, welche niedrigmolekulare Fettsäuren (Capron- bis Myristinsäure) enthalten, beschränkt.

Bei der oben erwähnten Margarine tritt die Ketonranzigkeit hauptsächlich in den Sommermonaten auf. Man nennt diese durch Infektion der

---

[1] Hefter: Technologie der Öle und Fette, Bd. 3, S. 183. Berlin: Julius Springer 1910.

[2] Stärkle: Diss. Zürich **1924**; Biochem. Ztschr. **151**, 371 (1924).

[3] Fierz-David: Ztschr. angew. Chem. **38**, 6, 451 (1925).

[4] K. Täufel u. H. Thaler: Chem.-Ztg. **56**, 265 (1932).

[5] H. D. Dakin: Journ. biol. Chemistry 4, 227 (1908); Amer. chem. Journ. **44**, 41 (1910).

[6] Caprinsäure → Methyl-amylketon; Caprylsäure → Methyl-heptylketon; Laurinsäure → Methyl-nonylketon; Myristinsäure → Methyl-undecylketon. Diese Ketone wurden neben den freien Säuren in den bei der Cocosfettdesodorierung mit Dampf erhaltenen Destillaten von Haller u. Lassieur: Compt. rend. Acad. Sciences **150**, 1013; **151**, 697 (1910), nachgewiesen. Nach A. Tschirch: Chem. Umschau Fette, Öle, Wachse, Harze **32**, 31 (1925), wachsen Schimmel- und andere Pilze auf nicht ranzigen Fetten sehr schwer oder gar nicht, auch weder im Inneren der Zelle von Coprah, noch außen. Er zieht daher noch andere endocelluläre Enzyme außer Penicillium glaucum in Betracht, da die Dakinsche Reaktion sich mit H_2O_2 nur in Gegenwart von NH_3 abspielt und daher nur bei Eiweißzerfall unter Bildung von NH_3 und H_2O in Betracht kommt.

Fettrohstoffe, Milch, Schäumungs- und Bräunungsmittel usw. veranlaßte
Ranzigkeit auch „Seifigkeit“[1]. Auch bei Ausschluß von Mikroorganismen
können in reinen Fetten oder Fettsäuren durch Erwärmung oder Belichtung
Ketone gebildet werden[2].

Ranziditätsprodukte.

In ranzigen Fetten finden sich meistens freie Säuren, und zwar sowohl
durch einfache Hydrolyse der Fette entstandene gewöhnliche Fettsäuren wie
auch niedere, durch oxydativen Abbau der ungesättigten Fettsäuren gebildete Säuren. Eine Parallelität zwischen Ranziditätsgrad und Säuregehalt
besteht indessen nicht, erstere kann vielmehr bei unerheblich zunehmender
Säurezahl bedeutend steigen[3]. Auch kann man ein ranzig gewordenes
Fett entsäuern („aufgefrischte Butter“), ohne daß dieses seinen ranzigen
Geschmack verliert.

Als Produkte der Hydrolyse kommen in ranzigen Fetten auch Di- und
Monoglyceride in Betracht, die zwar nur vereinzelt direkt isoliert wurden[4],
auf deren häufige Gegenwart aber die oft merkliche Acetylzahl älterer Fette
— soweit sie nicht durch die gleichfalls in ranzigen Fetten vorkommenden
Oxysäuren hervorgerufen ist — hinweist. Über die Frage, ob diese niederen
Glyceride mit dem ranzigen Geschmack direkt im Zusammenhang stehen,
wurden besondere Versuche angestellt[5], die bisher zu negativen Ergebnissen
gelangt sind. Es wurde einerseits geprüft, ob den Mono- oder Diglyceriden
selbst ein „ranziger“ Geschmack zukommt, andererseits, ob sie bei der
Oxydation unter Einfluß von Luft und Licht, wobei ihre freien OH-Gruppen
zu den entsprechenden Aldehyd- bzw. Ketogruppen (Ester des Glycerinaldehyds bzw. Dioxyacetons) oxydiert werden, einen solchen Geschmack
annehmen.

Zu den Versuchen waren — zur Vermeidung von Komplikationen — nur
völlig gesättigte Glyceride geeignet, die zudem möglichst unterhalb der Körpertemperatur schmelzen sollten. Es wurden vergleichsweise reine synthetische
Triglyceride (Tricaprin, Tricaprylin), Diglyceride (Dicaprine) und ein Mono-
glycerid (Monocaprylin) untersucht. Das Tricaprin war in frischem Zustande
geschmack- und geruchlos und änderte sich in dieser Beziehung auch weder nach
längerer Aufbewahrung unter Zutritt von Luft und Tages- bzw. direktem Sonnenlicht noch bei mehrstündiger Bestrahlung mit ultraviolettem Licht (Hg-Dampflampe). Tricaprylin zeigte in frischem Zustande einen ganz schwachen, an
geschmolzene Butter erinnernden Eigengeschmack, der nach 6 Monate langem
Lagern in verschlossener Flasche im gedämpften Tageslicht in einen cocosähnlichen
Geschmack umgeschlagen war. Unter weiterer, 1 Monat dauernder Einwirkung
von Luft und Tageslicht oder bei mehrstündiger Bestrahlung mit UV-Licht nahm
dieses Präparat einen etwas kratzenden Geschmack an, während ein frischdestilliertes Produkt nach UV-Bestrahlung keinen charakteristischen Geschmack zeigte.
Mit „ranzigem“ Geschmack war bei keinem dieser Präparate eine Ähnlichkeit
festzustellen. Die Dicaprine zeigten in frischem Zustande keinen Geschmack

---

[1] Täufel u. Thaler: l. c.

[2] H. Schmalfuß, H. Werner u. A. Gehrke: Margarine-Ind. **25**, 215,
242, 265 (1932); **26**, 3 (1933).

[3] A. Azadian: Ann. Falsifications **18**, 343 (1925).

[4] Reimer u. Will: Ber. **19**, 3320 (1886); Reimer: ebenda **40**, 256 (1907);
W. Normann: Chem.-Ztg. **31**, 211 (1907): Dierucin in altem Rüböl.

[5] G. Brilles: Diplomarbeit u. Dr.-Ing.-Diss. Techn. Hochsch. Berlin 1927 u.
1929; Holde, Bleyberg u. Brilles: Allg. Öl- u. Fett-Ztg. **28**, 3, 25 (1931);
H. Mendel: Unveröffentlichte Versuche aus dem Laboratorium des Verfassers.

oder Geruch; nach längerer Einwirkung von Luft und Tages- bzw. Sonnen- oder UV-Licht, durch welche eine partielle Oxydation der Diglyceride zu Estern des Glycerinaldehyds oder Dioxyacetons bewirkt wurde (s. u.), glaubten einige Beobachter einen etwas kratzenden Geschmack wahrzunehmen, der aber jedenfalls mit „Ranzigkeit" nichts zu tun hatte. Das Monocaprylin besaß, sowohl im frischen Zustand wie nach Einwirkung von Luft und Tages- bzw. UV-Licht, einen außerordentlich widerwärtigen brennenden und bitteren Geschmack, der noch in sehr großer Verdünnung (0,075% Zusatz zu reinem Cocosfett) schwach bemerkbar war und sich von dem gleichfalls nicht angenehmen, aber mehr stechend sauren Geschmack der freien Caprylsäure deutlich unterschied. Auch der Geschmack des Monocaprylins war aber weder im frischen noch im veränderten Zustand als „ranzig" zu bezeichnen.

Umstritten ist die Frage, ob flüchtige Ester niedrigmolekularer Säuren an der Ranzidität beteiligt sind. Nachdem schon Amthor[1] Ester niedrigmolekularer Fettsäuren neben freien flüchtigen Fettsäuren im Wasserdampfdestillat von ranziger Butter festgestellt hatte, hielt Reinmann[2] fermentative oder mykologische Vorgänge für die Ursache des Auftretens esterartiger Stoffe. Jensens Angabe[3] aber, wonach ein fettspaltender Mycelpilz Cladosporium butyri ähnlich wie Penicillium glaucum die Bildung von Buttersäureestern veranlaßt, hält Stärkle nicht für richtig, da hier eine Verwechslung mit riechenden Ketonen (Parfumranzigkeit) vorliege.

Unter den in ranzigen Fetten enthaltenen Oxydationsprodukten scheinen die Peroxyde, welche wohl die Primärprodukte der Oxydation der ungesättigten Säuren bilden, in keiner unmittelbaren Beziehung zur Geruchs- oder Geschmacksranzidität zu steben; die eigentlichen Geruchs- und Geschmacksstoffe sind niedere Aldehyde (bei der sog. „Ölsäureranzigkeit") und Ketone (bei der sog. „Parfumranzigkeit"). Von Aldehyden wurden in ranzigen Fetten eine ganze Reihe festgestellt; bei Modellversuchen mit Ölsäure und Ölsäure-äthylester erhielt A. Scala[4] u. a. Önanthaldehyd (Heptylaldehyd), K. Täufel und J. Müller[5] fanden Formaldehyd, Önanth-, Capryl- (Octyl-) und Pelargon- (Nonyl-) aldehyd. Önanth- und Pelargonaldehyd sind die eigentlichen Träger des ranzigen Geruchs[6]. Über die Ketonranzigkeit s. o.

Chemischer Nachweis der Ranzidität (sog. Ranziditätsreaktionen)[7].

Ein chemischer Nachweis der Ranzidität oder sogar eine Messung des Ranziditätsgrades wäre möglich, wenn man die eigentlichen Träger des ranzigen Geruchs und Geschmackes (Heptyl- und Nonylaldehyd, sowie die oben erwähnten Methyl-alkylketone) eindeutig nachweisen oder quantitativ bestimmen könnte.

Hinsichtlich des Önanth- und Pelargonaldehyds ist diese Möglichkeit aber bisher nicht gegeben, da keine genügend spezifischen und empfindlichen

---

[1] Amthor: Ztschr. analyt. Chem. **38**, 10 (1899).

[2] Reinmann: Ztrbl. Bakter. Parasitenk. II. Abt. **6**, 131, 166, 209 (1899).

[3] Jensen: Landwirtsch. Jb. Schweiz **15**, 329 (1901).

[4] A. Scala: Staz. sperim. agrar. Ital. **30**, 613 (1897); Gazz. chim. Ital. **38**, 307 (1908).

[5] K. Täufel u. J. Müller: Allg. Öl- u. Fett-Ztg. **27**, 40 (1930).

[6] W. C. Powick, vgl. Pritzker u. Jungkunz: Ztschr. Unters. Lebensmittel **54**, 242 (1927); K. Täufel u. H. Thaler: Chem.-Ztg. **56**, 265 (1932).

[7] Vgl. hierzu K. Täufel: Chem. Umschau Fette, Öle, Wachse, Harze **39**, 147 (1932).

Reaktionen dieser Aldehyde bekannt sind; man versuchte daher, den Nachweis der Ranzidität allgemein auf den Nachweis von Aldehyden (Reduktion von ammoniakalischer Silberlösung, Färbung von fuchsinschwefliger Säure u. dgl.) oder anderen, beim Ranzigwerden auftretenden Neben- und Zwischenprodukten zu stützen. Hierher gehört einerseits der Nachweis von Peroxyden (Ausscheidung von Jod aus KJ), andererseits die viel umstrittene Reaktion von Kreis[1], welche nach Untersuchungen von Powick (s. weiter unten) charakteristisch für Epihydrinaldehyd ist.

Die Kreissche Reaktion ist nach der Originalvorschrift[2] wie folgt auszuführen:

Je 1 ccm Öl oder geschmolzenes Fett und konz. HCl (1,19) 1 min lang miteinander schütteln, hierauf mit 1 ccm 0,1%iger ätherischer Phloroglucinlösung oder kaltgesättigter Benzol-Resorcinlösung versetzen und nochmals kräftig durchschütteln. Talgig gewordene oder gebleichte Fette geben mit Resorcinlösung rotviolette, mit Phloroglucinlösung leuchtend rote Färbung der Säureschicht.

Durch eingehende Versuche von Powick[3] wurde festgestellt, daß der Träger dieser Reaktion der Epihydrinaldehyd $\underbrace{CH_2—CH}_{O} \cdot CHO$ ist, der sich mit Phloroglucin folgendermaßen zu einem roten Farbstoff kondensiert:

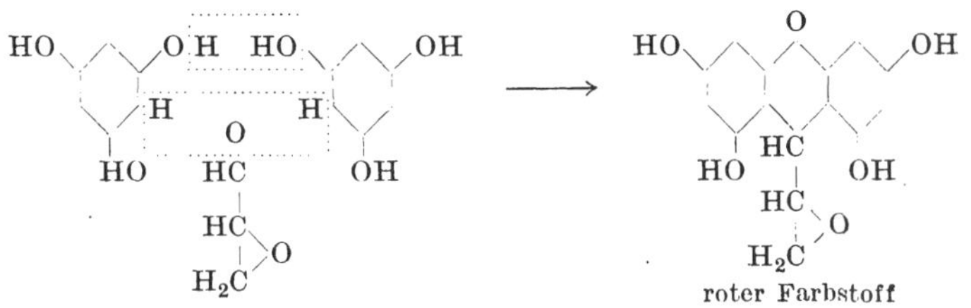

roter Farbstoff

Die Farbenreaktion selbst ist damit völlig aufgeklärt, dagegen ist die Art der Entstehung des Epihydrinaldehyds im ranzigen Fett noch unklar. Powick nimmt an, daß aus Ölsäure durch Sauerstoffanlagerung zuerst ein Peroxyd entsteht; dieses soll unter Wasserabspaltung in das Oxyd einer dreifach ungesättigten Säure (7—8, 9—10, 11—12 Linolensäure) übergehen, welches unter weiterer Sauerstoffaufnahme ein Doppelperoxyd bildet und in Heptylaldehyd, Pimelinsäurehalbaldehyd und ein Oxyd des Butendials zerfällt. Aus letzterem soll dann unter CO-Abspaltung der Epihydrinaldehyd hervorgehen, und zwar zunächst in Form eines Acetals, aus welchem er durch das Schütteln mit konz. HCl freigemacht wird. Im einzelnen ist dieser Reaktionsverlauf bisher nicht bewiesen.

Auch Tschirch und Barben[4] gehen von einem Ölsäure- oder Linolsäureperoxyd aus, gelangen aber bei anderer, ebenfalls zunächst rein hypothetischer Formulierung des Reaktionsverlaufes zu den 3 Spaltprodukten Hexylaldehyd, Propionaldehyd und Pelargonsäure. Propionaldehyd ist mit Epihydrinaldehyd zwar nahe verwandt, jedoch dürfte eine einfache Oxydation des Propion- zum Epihydrinaldehyd, wie sie Pritzker und Jungkunz[5] formulieren, kaum möglich sein, da wohl die Aldehydgruppe leichter oxydiert werden würde als der Alkylrest.

---

[1] Kreis: Chem.-Ztg. **23**, 802 (1899); **26**, 523, 897, 1014 (1902); **27**, 316, 1030 (1903); **28**, 904, 956 (1904); **32**, 87 (1908); Ztschr. angew. Chem. **16**, 283 (1903).

[2] Schweizer Lebensmittelbuch, S. 47.

[3] Powick: Journ. agricult. Res. **26**, 323 (1923).

[4] Tschirch u. Barben: Schweiz. Apoth.-Ztg. **62**, 281, 293 (1924); s. auch Chem. Umschau Fette, Öle, Wachse, Harze **31**, 141 (1924), u. Tschirch: ebenda **32**, 29 (1925).

[5] Pritzker u. Jungkunz: Ztschr. Unters. Lebensmittel **54**, 250 (1927).

Synthetisch kann Epihydrinaldehyd in verdünnter Lösung durch Oxydation von Acrolein mit H_2O_2 hergestellt werden. Zur Entfernung von überschüssigem H_2O_2, welches die Farbenreaktion stört, verfährt man nach Powick[1] wie folgt:

Man vermischt 2—3 Tropfen Acrolein mit 1 Tropfen 3%igem H_2O_2 und 5 ccm HCl (1,19), setzt nach 1 min zur Reduktion des überschüssigen H_2O_2 einige Tropfen 10%ige KJ-Lösung hinzu und reduziert das Jod durch etwas Thiosulfatlösung.

Die Lösung wird im kleinen Scheidetrichter mit 5 ccm Benzol (Resorcinreaktion) oder Äther (Phloroglucinreaktion) geschüttelt und nach Ablassen der sauren Lösung mit Wasser gewaschen. Im Benzol bzw. Äther ist der fertige Epihydrinaldehyd, welcher die oben beschriebenen Kreis-Reaktionen gibt, enthalten.

Bemerkenswert ist, daß der in den ranzigen Fetten enthaltene Epihydrinaldehyd, der als Oxydationsprodukt des Acroleins mit dem Glycerin nahe verwandt ist, offenbar doch nicht dem Glycerinrest, sondern, wie die Erklärungsversuche von Powick und Tschirch andeuten, den ungesättigten Fettsäuren entstammt. Positive Kreis-Reaktion erhält man nämlich auch bei ranzig gewordener freier Ölsäure oder bei Ölsäure-Äthylester, also bei völliger Abwesenheit von Glycerin[2]. Dagegen fiel die Kreis-Reaktion bei synthetischen Mono-, Di- oder Triglyceriden völlig gesättigter Säuren (Butter-, Capryl-, Caprin- und Stearinsäure) nach längerer Einwirkung von Luft und Licht (auch UV-Bestrahlung) negativ aus, während ungesättigte Glyceride (Triolein, Olivenöl) unter gleichen Bedingungen positive Kreis-Reaktion gaben[3].

In der Praxis hat sich die Kreissche Probe zum Nachweis der Ranzidität nicht durchweg bewährt, da sie wiederholt bei einwandfrei frischen Fetten positiv, bei organoleptisch ranzig befundenen Fetten aber negativ ausfiel[4]. Dies liegt zunächst daran, daß der Epihydrinaldehyd nicht selbst der Träger der Geruchs- oder Geschmacksranzidität, sondern nur ein — allerdings in der Regel in ranzigen Fetten vorhandener — Begleitstoff ist, er kann somit unter Umständen in geruchlich und geschmacklich einwandfreien Fetten enthalten sein und andrerseits in eindeutig ranzigen Fetten fehlen, z. B. infolge weitergehender Zersetzung. Ferner kann aber die Kreis-Reaktion auch bei Gegenwart von Epihydrinaldehyd negativ ausfallen, wenn — wie es bei stark ranzigen Fetten der Fall ist — große Mengen anderer Aldehyde (Heptyl-, Nonylaldehyd) zugegen sind, da diese mit Phloroglucin unlösliche Kondensationsprodukte bilden und das Reagens somit der Umsetzung mit Epihydrinaldehyd entziehen[5]. Die Fehlerquelle einer Störung der Beobachtung der Reaktionsfarbe durch Eigenfärbung des Fettes vermeiden K. Täufel, P. Sadler und F. K. Russow[6] durch folgende Modifikation:

Ein mit 10%iger ätherischer Phloroglucinlösung getränkter Wattebausch wird mit 10 Tropfen mindestens 20%iger HCl befeuchtet und in den oberen Teil eines Reagensglases eingeführt, das gleiche Teile (z. B. je 2 ccm) Fett und konz. HCl

---

[1] Vgl. Pritzker u. Jungkunz: Ztschr. Unters. Lebensmittel **54**, 243 (1927).

[2] Pritzker u. Jungkunz: ebenda **52**, 210 (1926).

[3] Holde, Bleyberg u. Brilles: Allg.Öl- u. Fett-Ztg. **28**, 3, 25 (1931); H. Mendel: Unveröffentlichte Versuche.

[4] J. Pritzker u. R. Jungkunz: Ztschr. Unters. Lebensmittel **52**, 195 (1926); v. Fellenberg: Mitt. Lebensmittelunters. Hygiene, Schweiz. Gesdh.-Amt **15**, 198 (1924); C. **1925**, I, 587; Chem. Umschau Fette, Öle, Wachse, Harze **37**, 193 (1930).

[5] K. Täufel u. J. Müller: Ztschr. Unters. Lebensmittel **60**, 477 (1930).

[6] K.Täufel, P. Sadler u. F. K. Russow: Ztschr. angew. Chem. **44**, 873 (1931).

(1,19) enthält. Das Glas wird 1—2 min geschüttelt, wobei eine Benetzung des Wattebausches mit dem Fett zu vermeiden ist, und, falls noch keine Rötung zu beobachten ist, im Wasserbad bis auf 60⁰ erwärmt.

Bei Gegenwart von etwa 0,001 mg Epihydrinaldehyd ist bereits eine Rötung der Watte zu bemerken.

Die übrigen Fehlerquellen des Verfahrens werden durch diese Modifikation natürlich nicht ausgeschaltet. Alles in allem ist die Kreis-Reaktion daher ein zwar in den meisten Fällen zutreffendes, aber nicht unbedingt zuverlässiges Mittel zur Kennzeichnung ranziger Fette. Es ist demnach nicht angängig, im Streitfall ein Fett lediglich auf Grund des positiven Ausfalls der Kreis-Reaktion für ranzig zu erklären[1]. Ebensowenig kann man die Reaktion benutzen, um damit — wie es gelegentlich geschehen ist[2] — ein sinnlich noch nicht wahrnehmbares Stadium eben beginnender Ranzigkeit zu kennzeichnen und daraufhin eine ungenügende Haltbarkeit des Fettes vorauszusagen.

Allgemeine Aldehydreaktionen sind z. B. die Reduktion von ammoniakalischer Silberlösung und die Färbung von fuchsinschwefliger Säure (Fellenbergsche Reaktion):

Silberreaktion[3]. Man stellt 2 getrennte Lösungen von 3 g AgNO$_3$ in 30 ccm H$_2$O und von 3 g NaOH in 30 ccm H$_2$O her. Zum Gebrauch mischt man gleiche Volumina der Lösungen und bringt das ausgefallene Silberoxyd durch tropfenweisen Zusatz von Ammoniak (d_{15} = 0,923, entspr. etwa 21% NH$_3$) eben wieder in Lösung. [Das fertige Reagens darf man nicht aufbewahren oder eindunsten lassen, da sich hierbei das sehr explosible Bertholletsche Knallsilber (AgNH$_3$)$_2$O bildet.] 1 ccm des Reagens wird mit 1—2 ccm Öl oder geschmolzenem bzw. in reinem Petroläther gelöstem Fett geschüttelt, evtl. unter schwacher Erwärmung (40—50⁰). Innerhalb weniger Minuten eintretende Grau- bis Schwarzfärbung oder Abscheidung eines Silberspiegels zeigt Anwesenheit von Aldehyden an.

Diese Reaktion fiel u. a. auch bei Dicaprin sowie bei di- oder monoglyceridhaltigem käuflichem Tristearin und Tributyrin positiv, dagegen bei reinem Tristearin, Tricaprin und Tricaprylin, auch nach längerer oder kürzerer UV-Bestrahlung an der Luft, negativ aus[4]. Sie war in ersteren Fällen offenbar auf den durch Oxydation der Di- (bzw. Mono-) glyceride entstandenen Glycerinaldehyd-fettsäure-ester zurückzuführen. Da aber in diesen Fällen, wie S. 653 erwähnt, kein ranziger Geschmack oder Geruch zu bemerken war, ist ein positiver Ausfall der Silberreaktion kein eindeutiger Nachweis der Ranzidität.

Fellenberg-Reaktion[5]. Man löst 5 g Fuchsin in 800 g warmem Wasser, gibt dazu eine konz. wässerige Lösung von 5,4 g K$_2$S$_2$O$_5$, dann 100 ccm 1,0-n HCl und füllt zum Liter auf. Die zur Beseitigung des noch vorhandenen rötlichen Farbtones mit etwas Tierkohle geschüttelte und filtrierte Lösung ist sofort gebrauchsfertig. Zur Ranziditätsprüfung löst man 1 Teil Öl oder geschmolzenes Fett in 1 Teil

[1] Wizöff: Deutsche Einheitsmethoden 1930; den gleichen Standpunkt vertritt das amerikanische Kreis-Test-Committee: Oil Fat Ind. **1931**, 213; vgl. K. Rietz: Margarine-Ztg. **24**, 179 (1931).

[2] Vgl. die ablehnende Stellungnahme der Wizöff: Chem. Umschau, Fette, Öle, Wachse, Harze **36**, 393 (1929); sowie von Davidsohn: ebenda **37**, 193 (1930).

[3] Vorschrift zur Darstellung des Reagens nach Tollens: Ber. **14**, 1950 (1881); **15**, 1635, 1828 (1882).

[4] Holde, Bleyberg u. Brilles: l. c.; H. Mendel: Unveröffentlichte Versuche.

[5] Th. v. Fellenberg: Mitt. Lebensmittelunters. Hygiene **15**, 98, 204 (1924). Herstellung des Reagens nach der von Pritzker u. Jungkunz: Ztschr. Unters. Lebensmittel **52**, 199 (1926), etwas verbesserten Vorschrift (Kaliummetabisulfit statt des weniger haltbaren Natriumbisulfits).

Petroläther und schüttelt die Lösung 1 min mit 2 Teilen des Reagens. Bei verdorbenen Fetten färbt sich die Fettschicht rot- bis blauviolett.

Diese Reaktion fiel, ebenso wie die Kreis-Reaktion, wiederholt bei einwandfreien Fetten positiv, bei verdorbenen Fetten negativ aus, so daß auch sie, trotz häufiger Übereinstimmung mit der Sinnenprüfung, nicht als zuverlässig gelten kann[1].

Die schon 1905 von Dietz[2] vorgeschlagene Peroxydreaktion ranziger Fette (Jodausscheidung aus KJ) wurde besonders von Tschirch und Barben[3] benutzt, und zwar zur Prüfung Jodkalium enthaltender Salben. Mit zunehmender Ranzigkeit der Fette stieg die Jodausscheidung. Daß es sich um eine Oxydation der ungesättigten Fettsäuren handelte, wurde dadurch bewiesen, daß die Jodausscheidung um so stärker war, je höher der Gehalt des Fettes an ungesättigten Säuren war.

Ein Verfahren zur quantitativen Bestimmung der durch die Peroxyde ranziger Fette aus KJ abgeschiedenen Jodmenge als Maß für den Grad der Ranzigkeit (Behandlung des Öles mit Eisessig, KJ und BaJ_2, Titration des J_2 mit Thiosulfat) wurde von Taffel und Revis[4] vorgeschlagen.

Auch mit Hilfe der Hämoglobin-Guajacreaktion (Blaufärbung) ist der Nachweis des peroxydartig gebundenen O in ranzigen Fetten versucht worden[5]. Die Reaktion hat sich aber als nicht genügend zuverlässig erwiesen, zumal sie schon bei Erhitzen der Fette auf 200^0 versagt.

Ein anderes Verfahren zum Nachweis von Peroxyden besteht in der Behandlung des Fettes mit Ferrichlorid-Ferricyankaliumlösung, welche bei Gegenwart von Peroxyden eine Grünfärbung und dann einen Niederschlag von Berlinerblau gibt[6]. Hierher gehören auch die Versuche von Greenbank und Holm[7], die Oxydationsneigung eines Fettes durch die Geschwindigkeit zu messen, mit welcher es unter bestimmten Bedingungen (Belichtung) Methylenblau entfärbt.

Alle vorgenannten „Ranziditätsreaktionen", durch welche die „Ölsäureranzigkeit" nachgewiesen werden soll, sind nicht genügend eindeutig. Dagegen scheint der Nachweis der „Ketonranzigkeit" (Parfumranzigkeit) von Cocosfett und verwandten Fetten mittels der nachstehenden, von Täufel und Thaler[8] angegebenen Reaktion insofern zuverlässiger zu sein, als nach den bisherigen Erfahrungen durch diese Reaktion gerade die Anwesenheit derjenigen Stoffe angezeigt wird, die auch den typischen Geruch des ranzigen Cocosfettes hervorrufen (Methyl-nonylketon u. dgl.). Die Reaktion beruht auf der Bildung rotgefärbter Kondensationsprodukte aus Salicylaldehyd und höheren Methylalkylketonen[9], die zur Befreiung von störenden Begleitstoffen (Fett, Eiweißstoffe) aus dem Fett zunächst mit Wasserdampf abgetrieben werden.

Zu dieser Destillation dient ein Fraktionierkolben von 200 ccm Inhalt, der oben mit einem eingeschliffenen Stopfen versehen ist und am Ansatzrohr einen

---

[1] Pritzker u. Jungkunz: l. c.   [2] Dietz: Chem.-Ztg. **29**, 705 (1905).

[3] Tschirch u. Barben: Schweiz. Apoth.-Ztg. **62**, 281 (1924).

[4] Taffel u. Revis: Journ. Soc. chem. Ind. **50** T, 90 (1931).

[5] Vintilescu u. Popescu: Journ. Pharm. Chim. **12**, 318 (1915); Apoth.-Ztg. **31**, 115 (1916); s. auch Prescher: Ztschr. Unters. Nahr.- u. Genußmittel **36**, 162 (1918).

[6] Kerr u. Sorber: Journ. Ind. engin. Chem. **15**, 383 (1923). Es handelt sich um die von Schönbein: Journ. prakt. Chem. **79**, 67 (1860), zum Nachweis von Spuren H_2O_2 angegebene Reaktion.

[7] Greenbank u. Holm: Ind. engin. Chem., Anal. Ed. **2**, 9 (1930).

[8] Täufel u. Thaler: Chem.-Ztg. **56**, 265 (1932).

[9] R. Fabinyi: D.R.P. 110520 (1898); C. **1900**, II, 301; H. Dekker u. Th. v. Fellenberg: Liebigs Ann. **364**, 22 (1909).

kurzen Liebigkühler trägt. Der Kolben wird zuerst (Blindversuch) mit 180 ccm destilliertem Wasser gefüllt und mit einigen Siedesteinen beschickt. In ein als Vorlage dienendes großes Reagensglas werden dann 25—30 ccm H_2O abdestilliert. Hierzu setzt man 0,4 ccm reinsten Salicylaldehyd, der durch kräftiges Schütteln in der Flüssigkeit emulgiert wird. Nach dem Absitzen des Aldehyds gießt man das überstehende Wasser vorsichtig bis auf etwa 4 ccm ab, verschüttelt den Aldehyd aufs neue im Rest und gibt in die Emulsion 2 ccm reine konz. H_2SO_4, die nicht an der Wand des Reagensglases entlang fließen darf, sondern in einem Strahle die Mitte der Flüssigkeit treffen muß. Durch kräftiges Schütteln wird die H_2SO_4 vollkommen vermischt. Nach kurzer Zeit hat sich der Salicylaldehyd oben abgeschieden, während die untere Schicht noch milchig getrübt erscheint. Bei diesem Blindversuch darf höchstens eine schwache Rosafärbung auftreten; für gewöhnlich ist die Farbe schwach gelb.

Nun werden 10 g des zu untersuchenden Fettes mittels eines langen Trichters in den Kolben gegeben, in dem sich noch etwa 150 ccm Wasser befinden. Es wird genau so verfahren wie beim Blindversuch. Man destilliert etwa 25—30 ccm H_2O ab, gibt 0,4 ccm Salicylaldehyd hinzu, schüttelt, läßt absitzen, gießt das Wasser bis auf 4 ccm ab, schüttelt wieder und setzt schließlich 2 ccm konz. H_2SO_4 hinzu. Enthält das zu untersuchende Fett auch nur Spuren von Methylketonen, so ist die abgeschiedene Aldehydschicht sehr deutlich rosa bis tiefrot gefärbt, im Gegensatz zu der gelben Farbe des Blindversuches. Da die Färbung nach einiger Zeit in der Wärme noch zuzunehmen pflegt, ist es zweckmäßig, besonders bei sehr schwacher Reaktion, die Blind- und Hauptproben 15 min lang in ein siedendes Wasserbad zu stellen, wobei der Farbunterschied noch deutlicher hervortritt.

Diese Reaktion ist nach Angabe der Autoren vollkommen eindeutig für die in Frage kommenden aliphatischen Ketone (Methylketone mit 9, 11 und 13 C-Atomen); weder die bisher geprüften Aldehyde (Form-, Acet-, Butyr-, Epihydrin-, Heptyl-, Crotonaldehyd) noch aromatische Ketone gaben die gleiche Reaktion. Wegen der sehr großen Empfindlichkeit der Reaktion (1 Teil Methylnonylketon in 500000 Teilen reinem Cocosfett) scheint sie zum Nachweis beginnender, sinnlich noch nicht wahrnehmbarer Ketonranzigkeit geeignet; andererseits ist aber größte Sorgfalt bei der Ausführung geboten: Kautschuk- und Korkverbindungen dürfen nicht benutzt werden, der Salicylaldehyd muß beim Blindversuch unbedingt negativ reagieren; die Apparatur muß nach Gebrauch mit kochender Lauge, dann mit heißer Salpeter-Schwefelsäure gründlich gereinigt werden.

Nach Schmalfuß, Werner und Gehrke[1] genügt jedoch zur Reinigung kurzes Ausdämpfen der Apparatur; auch Kork- und Gummistopfen können bei dieser Arbeitsweise unbedenklich benutzt werden. Die Verfasser empfehlen ferner folgende (von Täufel[2] allerdings abgelehnte) Änderungen der Täufelschen Arbeitsweise zur Vereinfachung bzw. Verschärfung der Reaktion:

1. Statt mit 150 ccm Wasser beschickt man den (entsprechend kleineren) Kolben mit 25 g gesättigter Kochsalzlösung; dann genügen 1—4 ccm statt 25 bis 30 ccm wässeriges Destillat zum Übertreiben des Ketons aus 25 g Fett. 2. Zur Kondensation des Ketons mit Salicylaldehyd nimmt man statt konz. H_2SO_4 rauchende Salzsäure (3 ccm für 1 ccm Destillat und 0,2 ccm Salicylaldehyd). Hierdurch vermeidet man unerwünschte Färbungen der Blindprobe. 3. Nach beendigter Kondensation schüttelt man den gebildeten Farbstoff mit 0,5 ccm Chloroform aus und beobachtet die Farbe der abgesetzten Chloroformschicht.

Da gewisse Bedenken hinsichtlich einer Überempfindlichkeit der Reaktion geäußert wurden[3], erscheint eine eingehende Nachprüfung der Zuverlässigkeit dieser Reaktion sehr erwünscht.

---

[1] H. Schmalfuß, H. Werner u. A. Gehrke: Margarine-Ind. **25**, 215 (1932).
[2] Täufel, Thaler u. Martinez: ebenda **26**, 37 (1933).
[3] Chem. Umschau Fette, Öle, Wachse, Harze **39**, 264 (1932).

γ) Spontane Veränderung der Glyceride durch Eintrocknen[1].
(Neubearbeitet von H. Wolff.)

Trocknende Öle, d. h. Öle mit größeren Mengen von Glyceriden mehrfach ungesättigter Fettsäuren, nehmen, in dünner Schicht an der Luft ausgebreitet, an Konsistenz zu und trocknen schließlich in wenigen Tagen, unter Umständen schon nach 24 h, zu festen elastischen bis harten Häuten (Filmen). Mit dem Festwerden, dem „Verfilmen" geht eine Sauerstoffaufnahme einher, die eine beträchtliche Gewichtsvermehrung bewirkt. Beim Leinöl und bei Leinölfirnissen fällt das Maximum der Gewichtszunahme nahezu zusammen mit dem Moment des Verschwindens der Klebrigkeit des Filmes. Beim Holzöl ist bis zu diesem Moment die Sauerstoffaufnahme verhältnismäßig gering, sie setzt sich aber fort und erreicht einige Zeit nach erfolgter „klebfreier Trocknung" nahezu den gleichen Wert wie beim Leinöl. Leinölfilm und Holzölfilm unterscheiden sich dadurch, daß ersterer klar und glatt ist, während der Holzölfilm eine eisblumenartige Struktur aufweist, die nicht, wie einige Forscher annahmen, durch Krystallbildung verursacht ist, sondern ein Netz von eigentümlichen Falten darstellt[2].

Leinöl- und Holzölfilme zersetzen sich beim Erhitzen unter Verkohlung, ohne zu schmelzen. Filme von Mohnöl und anderen trocknenden Ölen dagegen, welche die Trockenfähigkeit vorwiegend ihrem Gehalt an Linolsäure verdanken, schmelzen unter Zersetzung, jedoch ohne Verkohlung[3].

Die mit dem Trocknen verbundene Oxydation verursacht tiefgreifende Veränderung des Öles, die teils zur Bildung niedrigmolekularer Spaltprodukte führt, teils zu hochmolekularen Verbindungen. Dabei treten, besonders beim Leinöl, große Mengen freier Fettsäuren und wahrscheinlich auch Monoester zweibasischer Fettsäuren auf, jedoch kein freies Glycerin, auf das sich auch die Oxydation nicht ausdehnt, so daß selbst sehr alte Leinölfilme keinen beträchtlichen Glycerinverlust aufweisen[4].

Daß die Gewichtszunahme nicht der Menge des aufgenommenen Sauerstoffes entspricht, sondern eine Resultante aus Gewichtsvermehrung durch Sauerstoffaufnahme und Gewichtsabnahme durch Abgabe flüchtiger Reaktionsprodukte ist, hatte bereits Weger[5] erkannt. Zur unmittelbaren Bestimmung der „wahren Sauerstoffzahl" ließ Genthe[6] das Öl in dünner Schicht in einer geschlossenen Apparatur Sauerstoff aufnehmen, absorbierte die entstehende Kohlensäure durch Ätzkali und berechnete aus der Druckverminderung die verbrauchte Sauerstoffmenge. Da aber ein Teil der Reaktionsprodukte, z. B. des gebildeten Wassers und der Ameisensäure, wie d'Ans nachwies, erst beim Erhitzen des Filmes auf 130° entweicht,

---

[1] Näheres s. Mulder: Chemie der trocknenden Öle und ihre Anwendung in der Malerei. Berlin 1867; Fahrion: Die Chemie der trocknenden Öle. Braunschweig 1912; K. H. Bauer: Die trocknenden Öle. Stuttgart 1928; A. Eibner: Das Öltrocknen, ein kolloider Vorgang aus chemischen Ursachen. Berlin 1930; M. Hartmann in Ubbelohde: Handbuch, Bd. 4. Leipzig 1926; E. Stern: Sonderabdruck aus Liesegang: Kolloidchemische Technologie. Leipzig-Dresden 1931.

[2] Eibner u. Roßmann: Chem. Umschau Fette, Öle, Wachse, Harze **35**, 281 (1928); **37**, 65 (1930); A. V. Blom: ebenda **36**, 29 (1929); J. Scheiber: Farbe u. Lack **1928**, 518.

[3] Eibner: Über fette Öle, S. 120. München 1922, teilt hiernach die trocknenden Öle in solche mit leinölartiger und solche mit mohnölartiger Trocknung ein.

[4] A. Eibner: Das Öltrocknen, S. 188. Berlin: Allgemeiner Industrie-Verlag 1930.

[5] Weger: Chem. Revue üb. d. Fett- u. Harzind. **5**, 250 (1898).

[6] Genthe: Ztschr. angew. Chem. **19**, 2087 (1906).

sind auch Genthes Versuche nicht maßgebend. Weitergehenden Aufschluß gaben folgende, von d'Ans bei Leinölfirnissen[1] festgestellten Ergebnisse:

Die am stärksten durchgetrockneten Leinölfirnisse nahmen rund 40% des ursprünglichen Firnisgewichtes an Sauerstoff auf. Sie gaben gleichzeitig 10% CO_2 und 1% CO ab, ferner wurden rund 12,5% Wasser und 10,5% flüchtige Säuren (berechnet als Ameisensäure), sowie rund 0,8% Aldehyde (berechnet als Formaldehyd) gebildet. D'Ans stellte folgende Bilanz auf: Von einem Molekül Glycerid werden bis zu $21^1/_2$ Atome Sauerstoff aufgenommen, von denen etwa 6 zur Bildung von Wasser und 9 zur Bildung der gasförmigen Spaltprodukte, der flüchtigen Säuren, Aldehyde usw. verbraucht werden, so daß nur $6^1/_2$ Atome O zur Bildung im Film verbleibender Oxydationsprodukte dienen. Von Spaltprodukten wurden außer den bereits genannten noch Propionsäure und Azelainsäure nachgewiesen und ein Säuregemisch, das wahrscheinlich aus Capron-, Capryl- und Pelargonsäure bestand.

Über den Verlauf der Reaktion steht heute fest, daß die von Fahrion[2] zuerst geäußerte Ansicht, daß zunächst Peroxyde entstehen, richtig ist. Dagegen tritt nach Marcusson[3] eine Umlagerung dieser primär gebildeten Peroxyde zu Ketooxysäuren nicht (oder höchstens als geringfügige Nebenreaktion) ein. Er nimmt an, daß zwischen zwei Moleküle Fettsäure zwei Moleküle Sauerstoff treten, von denen zunächst je ein Atom, indem es vierwertig wird, die Brückenbildung zwischen den Fettsäuren an Stelle der Doppelbindung übernimmt, während das andere peroxydartig gebunden ist:

$$
\begin{array}{ccc}
-\,CH = CH\, - & & -\,CH - CH\, - \\
& +\,2\,O_2 = & \quad | \qquad | \\
& & O:O \qquad O:O \\
& & \quad | \qquad | \\
-\,CH = CH\, - & & -\,CH - CH\, -
\end{array}
$$

Die peroxydartig gebundenen beiden Sauerstoffatome werden dann abgespalten und verursachen in statu nascendi die tiefgreifenden Oxydationsprozesse, während ein Dioxanring zurückbleibt.

Eine eigentliche Polymerisation, also eine Ringbildung durch Aufrichten von Doppelbindungen ohne Dazwischentreten von Sauerstoff, tritt nach Eibner nicht ein, der die Bildung der hochmolekularen Verbindungen als eine „Autoxypolymerisation" bezeichnet[4].

Sehr früh erkannte man schon, daß der Leinölfilm (das Linoxyn) Wasser aufzunehmen vermag. Nach Eibner dürften die Unstetigkeiten der sog. Weger-Kurve, d. h. der Gewichtsvermehrung-Zeit-Kurve, darauf beruhen, daß die im Film jeweils verbleibende Wassermenge von der wechselnden Luftfeuchtigkeit abhängig ist. Nach H. Wolff[5] treten aber auch in einer Atmosphäre mit konstanter Luftfeuchtigkeit solche Unstetigkeiten auf, diese dürften daher mindestens teilweise dadurch zustande kommen, daß bei den komplizierten Auf- und Abbaureaktionen bald die einen, bald die anderen schneller verlaufen und abklingen.

Die Quellung des Leinölfilms durch Aufnahme von Wasser oder organischen Flüssigkeiten zeigt nach Schlick[6] den Kolloidcharakter des Leinölfilms.

[1] d'Ans: Chem. Umschau Fette, Öle Wachse, Harze **34**, 296 (1927); **35**, 142 (1928); **36**, 177 (1929).

[2] Fahrion: Chem.-Ztg. **28**, 1196 (1904).

[3] Marcusson: Ztschr. angew. Chem. **38**, 780 (1925).

[4] Eibner: Das Öltrocknen. Berlin: Allgemeiner Industrie-Verlag 1930.

[5] H. Wolff: siehe Seeligmann-Zieke: Handbuch der Lack- und Firnisindustrie, 4. Aufl., S. 146. Berlin 1930.

[6] Schlick: Farben-Ztg. **23**, 1438, 1511 (1922).

Für diese Auffassung spricht auch die von F. Fritz[1] beobachtete und von Eibner bestätigte spontane Wiederverflüssigung von Linoxyn, das unter Licht- und Luftabschluß aufbewahrt wird. Nach H. Wolff[2] zeigte Holzölfilm die gleiche Erscheinung, der von Luft und Licht abgeschlossene Holzölfilm schied nach längerer Zeit eine flüssige Phase aus, die sich als fast unverändertes Holzöl erwies. Diese spontane Verflüssigung des Films ist als eine für viele Kolloidsysteme charakteristische „Synärese" anzusehen.

Slansky[3] hat als erster ausgesprochen, daß die Filmbildung bei trocknenden fetten Ölen überhaupt nicht auf einer chemischen Reaktion beruht, sondern auf Bildung einer kolloiden Lösung der Reaktionsprodukte, die bei der Verfestigung des Films dann vom Sol- in den Gelzustand übergeht. Der kolloide Prozeß wird durch Temperaturerhöhung beschleunigt. Durch Zusatz von Linol- oder Linolensäure wird die Oxydation, durch Ölsäure die Gelbildung beschleunigt.

A. V. Bloms[4] Vorstellung vom Trockenprozeß geht von ganz anderen Gesichtspunkten aus, die erklären lassen, weshalb der Gesamtverlauf der Trocknung in so hohem Maße von der Schichtdicke abhängig ist und bei etwas zu großen Schichtdicken eine reguläre Trocknung überhaupt nicht mehr stattfindet. Nach Blom befinden sich im Öl „Keime" (z. B. hochmolekulare Verbindungen, Molekül-Aggregate usw.), die infolge des elektrokinetischen Potentials gemäß der Gibbsschen Adsorptionsgleichung an die Oberfläche wandern, sich dort zusammenlagern und schließlich eine Oberflächenhaut bilden. Der steigende Konzentrationsdruck preßt schließlich aus den dabei gebildeten Micellen die Solvathülle heraus. Reaktionsfähige Komplexe kommen einander bis zur Wirkungssphäre der Molekular-attraktion nahe. Sauerstoff wird adsorbiert, und nun erst treten die chemischen Reaktionen, hervorgerufen durch den adsorbierten Sauerstoff, mehr und mehr in den Vordergrund. Es findet so eine schichtenweise Verfestigung nach dem Inneren der Ölhaut zu statt, deren Trockenvermögen in einem bestimmten Abstand von der Oberfläche erlischt. Eine Gelbildung findet nach Blom höchstens in untergeordnetem Maße statt.

Der Trockenprozeß des Holzöls verläuft wahrscheinlich grundsätzlich ebenso wie der des Leinöls. Nach Scheiber[5] sind die beim Leinöl- und Holzöltrocknen auftretenden Unterschiede darauf zurückzuführen, daß das Holzöl konjugierte Doppelbindungen enthält. Z. B. war unter bestimmten Bedingungen die Verfilmung des Holzöls nahezu vollzogen, als erst Sauerstoffaufnahme in größerem Ausmaße begann. Dennoch scheinen diese Unterschiede mehr quantitativer Natur zu sein, denn nach Eibner und Roßmann[6] findet bei dünnen Aufstrichen von Holzöl schon in der ersten Zeit bis zur Hautbildung starke Sauerstoffaufnahme statt. Allerdings ist zunächst die Bildung von Spaltprodukten, insbesonders von Kohlendioxyd, geringer als beim Leinöl, und der oxydative Abbau nimmt größeren Umfang erst

[1] F. Fritz: Chem. Umschau Fette, Öle, Wachse, Harze **27**, 173 (1920).
[2] H. Wolff: ebenda **31**, 98 (1924).
[3] Slansky: Ztschr. angew. Chem. **34**, 533 (1921); **35**, 389 (1922).
[4] A. V. Blom: Korrosion und Metallschutz **3**, 123 (1927); Ztschr. angew. Chem. **40**, 146 (1927).
[5] Scheiber: Farbe u. Lack **1928**, 518.
[6] Eibner u. Roßmann: Chem. Umschau Fette, Öle, Wachse, Harze **35**, 248 (1928).

nach der Verfestigung an, um schließlich, allerdings erst nach sehr langen Zeiten, ebenso ausgiebig zu werden wie beim Leinölfilm.

Eibner meint, daß die Bildung von Dioxanringen beim Holzöl noch wahrscheinlicher sei als beim Leinöl und daß das Holzöl in höherem Grade als Leinöl zur Polymerisation neige, die aber auch hier im wesentlichen eine „Autoxypolymerisation" sei. Nach H. Wolff[1] ist der Unterschied des Leinöl- und Holzöltrocknens wahrscheinlich darauf zurückzuführen, daß kolloidchemische Veränderungen beim Holzöl im Verhältnis zur Oxydation schnell verlaufen, während beim Leinöl die Oxydationsgeschwindigkeit größer ist. Das Verbleiben von erheblichen Mengen unveränderten Öles, das bei der Synärese austreten konnte, in einem von Licht und Luft abgeschlossenen Holzölfilm (s. o.) zeigt, daß die chemische Veränderung des Öles nach erfolgtem Festwerden weit geringer ist als beim Leinöl.

Von einer völligen Aufklärung des Trockenprozesses, der zweifellos auch von den atmosphärischen Bedingungen, besonders von der Temperatur in seinem Verlauf beeinflußt wird, sind wir jedenfalls noch weit entfernt. So ist z. B. die Frage der Anhydridbildung der abgespaltenen Fettsäuren und sauren Spaltprodukte, die Bildung innerer Ester bei Oxysäuren noch sehr wenig bearbeitet. Auch ob die α-Elaeostearinsäure sich beim Trocknen zunächst zur β-Säure umlagert, wie Marcusson[2] annahm, ist noch nicht sicher entschieden.

Über den Einfluß der Luftfeuchtigkeit auf den Trocknungsverlauf sind verschiedene und zum Teil einander widersprechende Angaben gemacht worden. Vielfach wird behauptet, daß mit steigender Luftfeuchtigkeit die Trocknung mehr und mehr gehemmt wird. Nach eingehenden Untersuchungen von H. Wolff[3] sind aber die Verhältnisse, wenigstens bei Leinölfirnissen, sehr verwickelt und in hohem Maße auch von der Art des verwendeten Trockenstoffes abhängig. Kobaltfirnisse zeigten z. B. bei Zimmertemperatur bei 35 % relativer Feuchtigkeit eine auffallend längere Trockenzeit als bei 15 % oder 55 % Feuchtigkeit. Bei Manganfirnissen beschleunigt im Gebiete niedriger Luftfeuchtigkeit eine Steigerung der letzteren die Trocknung. Steigt die Feuchtigkeit aber weiter an, so findet zwischen 55 und 75 % Feuchtigkeit plötzlich eine ungemein starke Hemmung der Trocknung statt, deren Ausmaß aber wiederum abhängig ist von der organischen Komponente des verwendeten Mangantrockners.

Freie Fettsäuren können, wie erwähnt, je nach ihrer Natur entweder die Oxydation beschleunigen oder auch ohne Oxydationsbeschleunigung durch Beschleunigung der Gelbildung das Öl rascher fest werden lassen. Daß auch Anhydride von mehrfach ungesättigten Fettsäuren in dünner Schicht zu trocknen vermögen, wurde von Holde und Tacke[4] an den Anhydriden der Leinölfettsäuren nachgewiesen.

Leinöl kann nach H. Wolff[5] in einer feuchten SO_2- oder CO_2-Atmosphäre zu weichen, stark klebenden Filmen trocknen. Jedoch waren die Versuche

---

[1] H. Wolff: Chem. Umschau Fette, Öle, Wachse, Harze **35**, 313 (1928).
[2] Marcusson: Ztschr. angew. Chem. **33**, 231 (1920).
[3] H. Wolff: Vergleichende Untersuchungen über Trockenstoffe. Berlin: VDI-Verlag 1931.
[4] Holde u. Tacke: Chem.-Ztg. **45**, 954 (1921).
[5] H. Wolff: Farben-Ztg. **31**, 1239 (1926).

nicht mit jedem Leinöl beliebig reproduzierbar, so daß offenbar besondere Beschaffenheit des Leinöls (Belichtung? Anoxydation?) Voraussetzung für diesen Vorgang ist[1]. Auer[2] will in trockener CO_2-Atmosphäre und im Vakuum völlig trockene Filme aus Leinöl erhalten haben und gründete darauf eine neue Theorie der Trocknung durch Gaskoagulation. Schmalfuß und Werner[3] konnten die Auerschen Versuche aber nicht reproduzieren. Scheifele[4] endlich nimmt für die (so verschiedenen) Vorgänge des Trocknens und der Wärmeverdickung als einheitliche Ursache die an Doppelbindungen bestehenden Kraftfelder an.

δ) Wärmeverdickung trocknender fetter Öle.
(Neubearbeitet von H. Wolff.)

Streng von dem Vorgang der Trocknung muß die Verdickung unterschieden werden, die trocknende Öle bei starker Wärmezufuhr erfahren. Erhitzt man Leinöl unter Luftabschluß oder auch nur, ohne besonders Luft zuzuführen, auf Temperaturen von $250-300^0$, so nimmt die Viscosität allmählich zu. Dabei sinkt die Jodzahl und noch schneller die Hexabromidzahl, während der Brechungsindex ansteigt. Schließlich erhält man sehr zähe fadenspinnende Öle, sog. Standöle. Mit steigender Viscosität nimmt auch die Fluorescenz der Öle zu.

Holzöl verhält sich ganz ähnlich, nur daß hier die Verdickung bei Erhitzung ungemein schneller verläuft und daß schließlich das ganze Öl gallertartig erstarrt. Bei 300^0 tritt dieses Gelatinieren bereits nach $10-15$ min ein. Die Jodzahl sinkt beim Erhitzen wie beim Leinöl, dagegen sinkt beim Holzöl beim Erhitzen im Gegensatz zum Leinöl auch der Brechungsindex.

Die Vorgänge bei der Ölverdickung (Standölbereitung) sind ebensowenig wie diejenigen beim Trocknen vollständig geklärt. Sicher ist die ursprüngliche Anschauung, daß die Öle beim Verdicken polymerisiert würden und ein festes Polymerisationsprodukt liefern, unrichtig, da gelatinierte Holzöle unmittelbar nach erfolgter Gelatinierung noch sehr erhebliche Mengen unveränderten Öles enthalten[5].

Dieser Befund wurde später von Marcusson bestätigt und dahin erweitert, daß der von Marcusson gewonnene ätherlösliche Anteil der Holzölgelatine sich durch Aceton in zwei Phasen, eine unlösliche dickflüssige und eine acetonlösliche dünnflüssige trennen ließ. Die dickflüssige Phase ging beim Stehen spontan in eine feste unlösliche Masse über[6].

Wolff und Cohen fanden dann weiter, daß die Jodzahl sich beim Erhitzen der trocknenden Öle bedeutend schneller ändert als die Viscosität und letztere erst dann stark anzusteigen beginnt, wenn die Jodzahl schon fast ihren minimalen Wert erreicht hat[7]. Sie schließen daraus, daß die

---

[1] H. Wolff: Chem. Umschau Fette, Öle, Wachse, Harze **34**, 205 (1927).

[2] Auer: Farben-Ztg. **31**, 1239 (1926); Kolloid-Ztschr. **40**, 334 (1926); Chem. Umschau Fette, Öle, Wachse, Harze **33**, 216 (1926).

[3] Schmalfuß u. Werner: Kolloid-Ztschr. **49**, 323 (1929); s. auch Slansky: Chem. Umschau Fette, Öle, Wachse, Harze **34**, 148 (1927).

[4] Scheifele: Ztschr. angew. Chem. **42**, 787 (1929).

[5] H. Wolff: Farben-Ztg. **17**, 1171 (1911).

[6] Marcusson: Ztschr. angew. Chem. **33**, 232 (1920).

[7] H. Wolff: ebenda **37**, 729 (1924).

Verdickung sicher nicht eine unmittelbare Folge der chemischen Veränderungen ist, sondern höchstens eine mittelbare, insofern, als durch diese chemischen Veränderungen kolloide Systeme entstehen, deren Verdickung dann rein kolloidchemisch erfolgt. Bei einem Versuch, durch Mol.-Gew.-Bestimmungen (die allerdings bei so hochmolekularen Stoffen sehr kritisch zu betrachten sind) das mögliche Ausmaß einer Polymerisation zu erfassen, erhielten sie nach der Methode von Rast bei den aus Standölen gewonnenen Fettsäuren einfache Mol.-Gew. und halten es nicht für ausgeschlossen, daß die gesamte Reaktion bis auf eine vielleicht ganz minimale Polymerisation nur kolloidchemisch zu erklären ist. Die Abnahme der Jodzahl könnte sich ebenfalls kolloidchemisch erklären lassen, ähnlich wie nach Harries und Nagel[1] die Hydrolysierbarkeit von Schellack ohne chemische Veränderung ausschließlich durch kolloidchemische Vorgänge nahezu völlig aufgehoben werden kann.

Marcusson[2] und Grün[3] konnten die Mol.-Gew. von Wolff und Cohen allerdings nicht bestätigen. Bauer glaubt, daß hier höchstens eine Depolymerisation bei der Bestimmung vorliegen könne[4]. Dagegen haben J. S. Long und G. Wentz[5] bei dem sicher weniger ausgeprägt kolloiden Leinölstandöl gefunden, daß beim Erhitzen in Stickstoffatmosphäre das Mol.-Gew. nur wenig stieg, aber sehr stark, wenn 10 % freie Säure zugegen waren.

Über den kolloiden Zustand der Standöle wissen wir noch nichts Näheres, ja es bestehen zwischen den Ergebnissen verschiedener Forscher noch kaum erklärbare Unterschiede. Freundlich und Albu[6] stellten bei Leinölstandölen rein viscoses Fließen fest, was, wenn auch nicht unbedingt, gegen das Vorliegen eines kolloiddispersen Systems spricht. Auch auf optischem Wege konnten Freundlich und Albu weder durch Ultramikroskopie noch durch Messung der Polarisation abgebeugter Strahlen, einen Hinweis auf kolloiddisperse Phasen erhalten. Im Gegensatz dazu stellten Wo. Ostwald, O. Trakes und R. Köhler[7] bei Leinölstandölen ausgesprochene Strukturviscosität fest, die auf ein kolloiddisperses System schließen läßt.

Auch über die chemischen Vorgänge der Standölbildung ist noch wenig bekannt. Zahlreiche Theorien wurden aufgestellt, jedoch entweder gar nicht oder nur unzureichend experimentell begründet. Fonrobert und Pallauf[8] nehmen bei der Holzölverdickung eine innere Polymerisation der Elaeostearinsäure an unter Bildung zwei- oder mehrbasischer Säuren, die einer

---

[1] Harries u. Nagel: Kolloid-Ztschr. **33**, 247 (1923).

[2] Marcusson: Ztschr. angew. Chem. **38**, 148 (1925).

[3] Grün u. Wittka: Ztschr. Dtsch. Öl-Fettind. **45**, 375 (1925).

[4] Bauer u. Hugel: Chem. Umschau Fette, Öle, Wachse, Harze **32**, 15 (1925); Bauer: Die trocknenden Öle, S. 200. Stuttgart 1928.

[5] J. S. Long u. G. Wentz: Ind. engin. Chem. **17**, 905 (1925); **18**, 1245 (1926); s. auch Long u. Arner: ebenda **18**, 1252 (1926); Long: Paint, Oil and Chem. Review **88**, Nr. 12, 12 (1929); ref. Farben-Ztg. **35**, 442 (1930); R. S. Morrell u. S. Marks: J. Oil Colour Chemists' Ass. **13**, Nr. 117, 84 (1930); ref. Farben-Ztg. **35**, 2283 (1930).

[6] Freundlich u. Albu: Ztschr. angew. Chem. **44**, 56 (1931).

[7] Wo. Ostwald, O. Trakes u. R. Köhler: Kolloid-Ztschr. **46**, 136 (1928).

[8] Fonrobert u. Pallauf: Chem. Umschau Fette, Öle, Wachse, Harze **33**, 41 (1926).

Umesterung und extramolekularen Polymerisation unter Bildung hochmolekularer Komplexe unterliegen. Nagel und Grüß[1] studierten den Reaktionsverlauf beim Erhitzen am Methylester der Elaeostearinsäure und kamen zu dem Schluß, daß sich eine dimere Verbindung bilde. Beim Holzöl nehmen sie gleichfalls Bildung einer dimeren Verbindung an; das Gelatinieren erfolge, wenn etwa 60% des Öles in das dimere Produkt übergeführt seien. Nach J. Scheiber[2] ist auch Kondensation beim Erhitzen der trocknenden Öle möglich, worauf schon Long und Wentz (a. a. O.) hingewiesen hatten. Beim Leinöl sollen die Doppelbindungen beim Erhitzen wandern und dadurch Verbindungen mit konjugierten Doppelbindungen zustande kommen, das Öl also „holzölartig" werden.

Auf andere Weise als durch Mol.-Gew.-Bestimmungen, die bei so hochmolekularen, mindestens „kolloidverdächtigen" Stoffen unsicher sind, versuchten Bauer und Eibner Einblick in die chemischen Vorgänge zu erhalten. Bauer[3] erhitzte α- und β-Elaeostearinsäure auf 200°. Bei der α-Säure bildeten sich erhebliche Mengen flüchtiger Produkte (nach 4 h 4%, nach 20 h 10%), während bei der β-Säure nach 20 h das Gewicht nur um 3% abgenommen hatte. Die erhitzte α-Säure hatte in Benzol das Mol.-Gew. 986, in Campher 485, die β-Säure entsprechend 4600 bzw. 2258. Bauer reduzierte nun katalytisch die beiden erhitzten Säuren und fand bei der α-Säure nur Stearinsäure als Reaktionsprodukt, während bei der β-Säure noch hochmolekulare Verbindungen neben Stearinsäure auftraten. Eibner und Miller[4] reduzierten Leinölstandöle, die aus demselben Öl durch verschieden langes Erhitzen auf verschiedene Temperaturen erhalten wurden, und fanden, daß die Reduzierbarkeit zu Stearinsäure mit steigender Temperatur und Erhitzungsdauer bei der Standölbildung sinkt. Bei dem am stärksten eingedickten Öl waren noch 50% des Standöles zu Stearinsäure reduzierbar. Danach würden also auch in dem viscosesten Leinölstandöl höchstens 50% eigentlicher (carbocyclischer) Polymerisationsprodukte sein können.

Die Versuche von Bauer an der α-Elaeostearinsäure hatten eine beträchtliche Gewichtsverminderung, wahrscheinlich infolge Crackung, ergeben. Ähnliches tritt auch beim Erhitzen von Leinöl ein, da stets geringe Mengen flüchtiger Produkte gebildet werden. Außerdem findet je nach den Erhitzungsbedingungen Abspaltung freier (anscheinend niedrigmolekularer) Fettsäuren statt, die die Säurezahl des Öles bedeutend erhöhen. Säurezahlen von 20 und mehr sind bei derartig erhitzten Ölen durchaus nicht selten. Beim Holzöl steigt die Säurezahl dagegen nicht oder höchstens ganz unbedeutend. Ob eine Spaltung überhaupt nicht eintritt oder die abgespaltenen Säuren nur sehr leicht anhydrisiert werden, ist noch nicht entschieden.

Die beim Leinölstandöl vorhandenen freien Säuren sind aber für den Ablauf der Reaktion von großer Bedeutung. Sorgt man nämlich (z. B. durch Evakuieren) für die Entfernung der freien Säuren beim Kochen von Leinöl zu Leinölstandöl, so erfolgt die Verdickung viel schneller und führt

[1] Nagel u. Grüß: Ztschr. angew. Chem. **39**, 10 (1926).
[2] J. Scheiber: Farbe u. Lack **1929**, 585.
[3] Bauer, Herberts u. Hugel, nach Bauer: Die trocknenden Öle, S. 205. Stuttgart 1928.
[4] Eibner u. Miller, nach Eibner: Das Öltrocknen, S. 112. Berlin 1930.

schließlich zu einer ganz ähnlichen Gallerte wie sie beim Erhitzen von Holzöl entsteht. Auch in der Praxis kommt gelegentlich eine solche Gelatinierung von Leinölstandöl vor. Ob die freien Säuren dabei einen Einfluß auf den Ablauf der chemischen Reaktionen haben, etwa die Verschiebung der Doppelbindungen im Sinne Scheibers (s. o.) verhindern, oder ob das normale Ausbleiben der Gelatinierung nur eine Folge der großen Dispergierfähigkeit der freien Fettsäuren ist, muß dahingestellt bleiben. Jedenfalls kann auch beim Holzöl durch Anwesenheit (Zusatz) freier Fettsäuren oder Harzsäuren das Gelatinieren beim Standölkochen verzögert werden.

Ob beim Erhitzen des Holzöls die α-Elaeostearinsäure eine Umlagerung in die stabilere β-Form erfährt, ist noch nicht entschieden. Man will dies daraus schließen, daß der Brechungsindex des Holzöls (und der Elaeostearinsäure) beim Verdicken des Öles im Gegensatz zu anderen Ölen sinkt. Man könnte aber ebensogut annehmen, daß bei einer Polymerisation durch Verschwinden von in Konjugation stehenden Doppelbindungen die Exaltation der Molekularrefraktion aufgehoben wird, die konjugierte Doppelbindungen sehr oft zeigen.

Die Gelatinierung und Verdickung von Holzöl kann nicht nur durch Erhitzen hervorgerufen werden, sondern auch durch Einwirkung von Metallsalzen, wie Eisenchlorid[1], Zinnchlorid[2], von Halogenen, besonders Jod[3], auch schon durch Einwirkung wässeriger Salzsäure[4]. Umgekehrt konnten Nagel und Grüß (a. a. O.) ein gerade gelatiniertes Holzöl durch Einwirkung von 10%iger ätherischer Salzsäure wieder verflüssigen. H. Wolff (a. a. O.) zeigte, daß die Viscositätssteigerung bei Einwirkung von Salzsäure genau so verläuft wie die Hitzeverdickung, daß jedoch die Jodzahl nur eine geringe Senkung erfährt.

Mit diesem Festwerden durch Viscositätssteigerung ist nicht zu verwechseln das Festwerden des Holzöles durch Einwirkung aktinischen Lichtes. Schon die äußere Erscheinung des durch Lichtwirkung fest gewordenen Öles ist eine ganz andere. Statt der beim Erhitzen usw. entstehenden Gallerte stellt das Umwandlungsprodukt eine weiße, undurchsichtige krystallinische Masse dar. Die krystallinische Ausscheidung, die bei 32° schmilzt[5], besteht nach Marcusson[6] aus unverändertem Öl und β-Elaeostearin (Schmelzpunkt 61/62°), das in kaltem Aceton unlöslich ist. Nach den derzeitigen Anschauungen steht die α-Modifikation zur β-Modifikation im Verhältnis einer Cis- zur Trans-Form (vgl. S. 625 u. 630, Fußn. 2).

Eine Polymerisation oder eine Umwandlung in ein Produkt, wie es bei der Hitzeverdickung, der Einwirkung von Halogenen usw. entsteht, erfolgt bei reiner Lichtwirkung nicht, es sei denn, daß es sich um sehr kurzwellige Strahlen (Quecksilberdampflicht) handelt. Auch kleine Mengen Schwefel

---

[1] Marcusson: Ztschr. Dtsch. Öl-Fettind. **45**, 162 (1925).

[2] Scheiber: Chem. Umschau Fette, Öle, Wachse, Harze **35**, 141 (1928).

[3] McIlhiney: Ind. engin. Chem. **4**, 496 (1912); Marcusson: Ztschr. angew. Chem. **33**, 235 (1920).

[4] H. Wolff: Chem. Umschau Fette, Öle, Wachse, Harze **33**, 70 (1926).

[5] R. S. Morrell: Journ. chem. Soc. London **101**, 2082 (1912); Genthe: Farben-Ztg. **13**, 212 (1907).

[6] Marcusson: Ztschr. angew. Chem. **35**, 543 (1922); Ztschr. Öl-Fettind. **43**, 162 (1923).

scheinen sowohl eine Umlagerung im Sinne der Lichtwirkung wie auch der Wärmeverdickung zu bewirken[1].

Eine Umwandlung in die β-Form tritt auch ein, wenn der Äthyl- oder Methylester der α-Elaeostearinsäure (im Vakuum) destilliert wird, ebenso beim Entbromen von α-Elaeostearinsäure-tetrabromid[2] mit Zinkstaub.

4. Phosphatide (Lecithine, Kephaline usw.)[3].
(Bearbeitet von Bruno Rewald.)

Vorkommen. In der Natur findet man vielfach, vergesellschaftet mit den Fetten, eine „Phosphatide" genannte Gruppe von Triglyceriden, die neben Glycerin und Fettsäuren (Stearin-, Palmitin-, Ölsäure usw.) eine Phosphorsäurekomponente sowie noch stets eine organische Base, meistens Cholin (Lecithine), zuweilen aber auch Colamin (Kephaline), enthalten. Wahrscheinlich kommen noch andere, bisher noch nicht bekannte oder näher charakterisierte Basen in diesen Triglyceriden vor.

Die Phosphatide sind primäre Bestandteile aller Zellen und finden sich in größeren Mengen in der Gehirn- und Nervensubstanz, im Eidotter ($\dot{\eta}$ λέκιθος), auch in Fischeiern (Rogen) und einigen Pflanzensamen. Aus diesen Substanzen lassen sich die Phosphatide auch am vorteilhaftesten rein darstellen. Gehalt einiger wichtiger Naturstoffe an Phosphatiden s. Tabelle 151.

Tabelle 151. Phosphatidgehalt tierischer und pflanzlicher Produkte.

	Stoff	Phosphatid %	Stoff	Phosphatid %	Stoff	Phosphatid %
Tierische Produkte	Frischeigelb	8—10	Leber (Hund) .	1,65—2,89	Lunge (Hund) . .	1,48—1,64
	Trockeneigelb (Konserve)	16—18	„ (Schwein)	3,36	„ (Rind) . .	1,67
			„ (Rind) .	3,55	Kuhmilch	0,01—0,06
	Gehirn (Hund)	5,00—6,15	Muskel (Kaninchen)	0,69	Butter	1,2—1,4
	„ (Rind)	6,09	Muskel (Hund)	0,51—1,43	Rinderfett . . .	Spuren
	Niere (Hund)	1,01—3,22	„ (Rind) .	1,92	Hammelfett . . .	Spuren
	„ (Rind) .	2,21	Herz (Hund) .	2,06—2,59	Schweinefett . .	Spuren
	Milz (Hund) .	2,04—2,34	„ (Rind) .	2,02		
	„ (Rind) .	2,29	Knochenmark	4,57—5,08		
Pflanzliche Produkte	Lupinen, gelb	1,64	Sojabohnen .	1,64—2,0	Baumwollsamen .	0,94
	Lupinen, blau	2,19	Bohnen, weiß	0,81	Cacaobohnen . .	0,07—0,25
	Wicken . .	1,09	Roggen . . .	0,57	Ölkuchen	0,20—0,49
	Erbsen . . .	1,05	Weizen . . .	0,43		
	Linsen . . .	1,03	Gerste . . .	0,47		

Konstitution. Nachdem früher schon durch die Spaltung mittels Alkali aus den Phosphatiden stets drei Komponenten: Glycerinphosphorsäure, Fett-

<hr>

[1] Gardner in Gardner-Scheifele: Untersuchungsmethoden, S. 453. Berlin 1928.

[2] Bauer u. Herberts, nach Bauer: Die trocknenden Öle, S. 115. Stuttgart 1928.

[3] Allgemeine Literatur: Ivar Bang: Chemie und Biochemie der Lipoide. Wiesbaden 1911; MacLean: Lecithin and allied substances. London 1927; Rewald in Ubbelohde: Handbuch, 2. Aufl., Bd. 1. S. 243f. 1929; H. Thierfelder u. E. Klenk: Die Chemie der Cerebroside und Phosphatide. Berlin 1930.

säuren und Basen (Cholin und Colamin) isoliert worden waren [1] und Willstätter und Lüdecke[2] die optische Aktivität der Glycerinphosphorsäure nachgewiesen hatten, wurde die schon früher von Hundeshagen[3] bis zu einem isomeren Lecithin bewirkte Synthese des Lecithins von Grün und Limpächer[4] bis zum normalen gesättigten Lecithin durchgeführt. Die Darstellung erfolgte durch Erhitzen von α, β- bzw. α, α'-Distearin mit Phosphorsäure-anhydrid (im mol. Verhältnis) im Kohlensäurestrom und Einrühren von trockenem Cholinbicarbonat in die klare Schmelze, wobei neben Lecithin Cholinphosphorsäure entsteht, die durch ihre Schwerlöslichkeit in verschiedenen Lösungsmitteln (z. B. Petroläther) vom Lecithin getrennt wird. Reines Lecithin erhält man durch Umkrystallisieren aus Alkohol bei —20⁰.

Geht man bei der Synthese anstatt vom Cholin von Colamin — in Form des Carbonats — aus, so erhält man in analoger Weise an Stelle von Lecithin das ihm nahe verwandte Kephalin.

Nach dem Abbau und der Synthese und der Spaltung natürlicher Phosphatide läßt sich deren Formel wie folgt aufstellen:

α-Lecithin

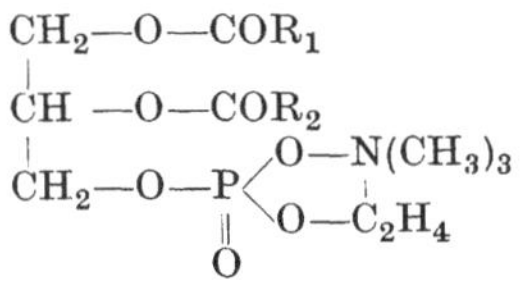

$$\begin{array}{l} \mathrm{CH_2-O-COR_1} \\ | \\ \mathrm{CH\ -O-COR_2} \\ | \qquad\qquad\quad \diagup \mathrm{O-N(CH_3)_3} \\ \mathrm{CH_2-O-P} \\ \qquad\quad \| \ \diagdown \mathrm{O-C_2H_4} \\ \qquad\quad \mathrm{O} \end{array}$$

I

(Verschiedene Fettsäurereste, in der Natur überwiegend, $R_1 = R_2$ nur bei synthetischen Produkten)

α-Kephalin

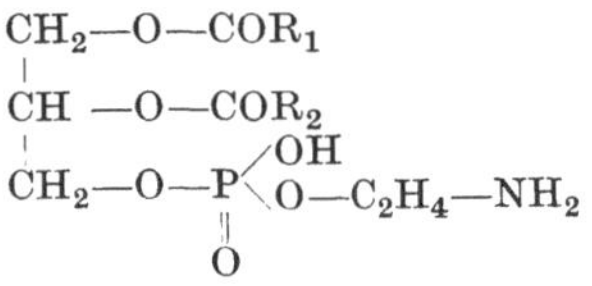

$$\begin{array}{l} \mathrm{CH_2-O-COR_1} \\ | \\ \mathrm{CH\ -O-COR_2} \\ | \qquad\qquad\quad \diagup \mathrm{OH} \\ \mathrm{CH_2-O-P} \diagdown \mathrm{O-C_2H_4-NH_2} \\ \qquad\quad \| \\ \qquad\quad \mathrm{O} \end{array}$$

II

(Statt Cholin wie bei I ist hier Colamin die Base)

Die synthetischen Phosphatide konnten bisher nur mit gesättigten Fettsäuren erhalten werden; die natürlich vorkommenden weisen aber stets auch ungesättigte, zum Teil (Eilecithin) auch niedere gesättigte Säuren[5] mit auf. Die vollkommene Synthese eines natürlich vorkommenden Phosphatids ist daher bislang noch nicht gelungen. Außer den in Formel I dargestellten α-Lecithinen wurden neuerdings aus Sojabohnen und Menschenhirn auch β-Lecithine isoliert[6], die sich von den α-Verbindungen durch größere Löslichkeit ihrer $CdCl_2$-Doppelsalze in warmem Aceton unterscheiden. Auch β-Kephaline wurden in den Sojaphosphatiden aufgefunden[7].

Eigenschaften. Die natürlichen Phosphatide sind im allgemeinen wachsartige — im Gegensatz zu den synthetischen weißen, gut krystallisierenden und scharf schmelzenden Phosphatiden — nicht krystallisierende gelbe bis braune Stoffe. Diese quellen, wie die künstlichen Phosphatide,

---

[1] Gobley: Compt. rend. Acad. Sciences **21**, 766 (1845); **22**, 464 (1846); **23**, 654 (1847); Strecker: Liebigs Ann. **123**, 353 (1862); **148**, 47 (1868), schloß zuerst aus dem Spaltungsabbau des Lecithins, daß dieses ein Cholinester von Diglyceridphosphorsäure sein müsse.

[2] Willstätter u. Lüdecke: Ber. **37**, 3753 (1904).

[3] Hundeshagen: Journ. prakt. Chem. [2] **28**, 219 (1883).

[4] Grün u. Limpächer: Ber. **59**, 1350 (1926); **60**, 147, 151 (1927); s. auch die früheren Vorarbeiten zur gleichen Frage von A. Grün u. F. Kade: Ber. **45**, 3367 (1912).

[5] Paal u. Oehme: Ber. **46**, 1297 (1913).

[6] B. Suzuki u. Y. Yokoyama: Proc. Imp. Acad. Tokyo **6**, 341 (1930); Yokoyama u. Suzuki: ebenda **7**, 12 (1931); **8**, 183, 358, 361 (1932).

[7] Suzuki u. U. Nishimoto: ebenda **6**, 262 (1930).

außerordentlich leicht schleimig in Wasser auf. In der Kälte langsam, beim Erhitzen schneller, geben alle Phosphatide kolloide Lösungen mit Wasser, die lange Zeit (wenn nicht bakterielle Zersetzung eintritt, eigentlich unbegrenzt) haltbar sind. In Fetten und Ölen sind Phosphatide häufig schon in der Kälte, stets aber in der Wärme in jedem Verhältnis löslich. Aus den warmen Lösungen scheiden sich die Phosphatide beim Erkalten größtenteils wieder ab. Mit Mineralölen sind sie dagegen in jedem Verhältnis mischbar, auch in der Kälte. Auf Grund dieser Eigenschaften lassen sich die Phosphatide leicht zur Herstellung von Mischungen von Ölen und Fetten mit Wasser benutzen.

Die wässerigen Lösungen werden schon durch geringe Mengen organischer oder anorganischer Säuren ausgeflockt. Mit Alkalien tritt Verseifung ein, die jedoch erst durch längeres Erhitzen, manchmal unter Druck, quantitativ verläuft. Wässerige Lösungen haben die Eigenschaft, andere Krystalloide, besonders Zuckerarten, sehr fest zu halten und mit diesen scheinbare Verbindungen einzugehen. Derartige Phosphatid-Zuckerverbindungen werden auch natürlich angetroffen, z. B. die Jecorine, die sich in der Leber befinden. Bei der Darstellung von Phosphatiden aus Pflanzen gelingt es nur unter ganz besonderen Verhältnissen, die Verbindung Zucker-Phosphatid überhaupt zu trennen. Die Mengen Zucker, die so gebunden werden können, betragen oft bis zu 20 %. Fast immer handelt es sich um Polysaccharide, jedoch sollen gelegentlich auch Glucose und Galaktose beobachtet worden sein. Eine besondere Eigentümlichkeit dieser Zucker-Phosphatide ist ihre vollkommene Löslichkeit in Äther und Benzol.

Alle natürlichen Phosphatide sind in den gebräuchlichsten organischen Lösungsmitteln meistens schon in der Kälte, leicht aber in der Wärme löslich. Eine Ausnahme machen insbesondere Essigester, der nur in der Wärme löst, und Aceton, das warm wenig, kalt aber fast gar nicht löst. Ist jedoch die Fettkomponente sehr groß gegenüber dem Phosphatid, so treten Gemische von Fett, Phosphatid, Aceton auf, wobei das Phosphatid sehr erheblich mit in Lösung geht. Erst weitere Umfällung mit großem Überschuß an Aceton bewirkt dann die Fällung. Die Gruppe der Lecithine — mit der Base Cholin im Molekül — ist in Alkohol leicht löslich[1], die Gruppe der Kephaline — mit Colamin — dagegen schwer- oder unlöslich in diesem Lösungsmittel. Diese besonderen Eigentümlichkeiten gegenüber dem Aceton und Essigester können dazu benutzt werden, die Phosphatide von den Begleitstoffen, insbesondere den Fetten, zu trennen. Erwärmt man z. B. ein Gemisch natürlicher Fette und Phosphatide mit Aceton, kühlt dann bis auf — 20° C ab, so scheiden sich hieraus die Phosphatide fast quantitativ aus, während das Fett im Aceton gelöst bleibt und dann leicht abgetrennt werden kann.

Mit Schwermetallsalzen, besonders Platinchlorid, Cadmiumchlorid usw., fallen die Phosphatide aus. Es gelingt jedoch nicht, aus diesen Produkten das reine Phosphatid wieder zu isolieren.

---

[1] E. Schulze und E. Steiger zeigten, daß das Lecithin der Pflanzensamen mit Äther nur zum Teil in Lösung geht, daß aber der ungelöst gebliebene Rest sich durch heißen Alkohol (etwa 60°) extrahieren läßt, was auf Zersetzung einer lockeren Molekülverbindung des Lecithins durch den Alkohol zurückgeführt wird: Ztschr. physiol. Chemie 13, 365 (1889); s. auch Ber. 24, 71 (1891). Der alkoholische Extrakt war in Äther klar löslich und wurde von mitgelösten Verunreinigungen durch Ausschütteln mit Wasser gereinigt.

Technische Darstellung. Für die Darstellung tierischen Lecithins eignet sich am besten Eigelb, für Kephalin Gehirn. Pflanzliche Phosphatide lassen sich am einfachsten in größeren Mengen aus Samen der Hülsenfrüchte, in erster Linie Sojabohnen, aber auch aus Erbsen und Lupinen, gut darstellen.

Die Phosphatide sind in den Naturstoffen anscheinend immer in zwei verschiedenen Bindungsformen vorhanden: Einmal nur vergesellschaftet mit den Fetten, so daß man bei der Extraktion der letzteren mittels Äther, Benzol, Benzin usw. die Phosphatide mit erhält. Aus dem Extrakt kann das Phosphatid mittels Aceton bei scharfer Unterkühlung isoliert werden. Der weitaus größte Teil der Phosphatide ist aber in den Naturstoffen, z. B. Gehirn, Eigelb, Hülsenfrüchten, in einer Art „Bindung" vorhanden derart, daß sich sog. „Lecithinalbumine" finden, d. h. Eiweiß-Lecithinverbindungen, die sich durch einen hohen Gehalt an Phosphorlipoiden auszeichnen. Aus diesen Lecithinalbuminen läßt sich das Phosphatid nur durch Behandlung mit Alkohol in der Wärme abtrennen, am besten unter Zusatz anderer Lösungsmittel, z. B. Benzol, da beim Vorhandensein von Kephalinen sonst nicht alles in Lösung geht. Der alkoholische bzw. alkoholisch-benzolische, die Phosphatide enthaltende Extrakt muß nach dem Verjagen des Lösungsmittels bzw. des Lösungsmittelgemisches noch in Äther oder Chloroform aufgenommen werden, da durch die Alkoholbehandlung auch sehr viele andere Produkte, z. B. Kohlenhydrate, Farbstoffe u. a., mitgelöst, aber durch Äther oder Chloroform nicht mit aufgenommen werden. Aus der so erhaltenen reineren ätherischen bzw. Chloroformlösung wird nach Zusatz von überschüssigem Aceton und Eiskühlung das Phosphatid abgeschieden; evtl. muß noch einmal in Äther gelöst, mit Aceton umgefällt und im Vakuum getrocknet werden.

Bei sehr fettreichen Substanzen, z. B. Eigelb, empfiehlt es sich, zuerst kalt mit einem Fettlösungsmittel, z. B. Aceton, zu behandeln. Hierdurch wird neben den Hauptanteilen an Fett gleichzeitig das Wasser entfernt, ohne daß eine besondere Trocknung voranzugehen braucht. Jedoch muß man sich bewußt sein, daß hierdurch auch stets gewisse Mengen Phosphatide mit gelöst werden. (Dies ist für quantitative Bestimmungen wichtig.) Nach dieser Vorbehandlung muß dann stets eine solche mit warmem Alkohol mit oder ohne Zusatz von anderen Lösungsmitteln, z. B. Benzol, folgen.

Nachstehend sei an zwei typischen Beispielen die Darstellung der Phosphatide näher erläutert. Das eine Mal handelt es sich um einen Vertreter aus dem Tierreich, Hühnereigelb, das andere Mal um Pflanzenphosphatide aus Sojabohnen.

1. Eigelb. 100 kg trockenes chinesisches Hühnereigelb werden so lange mit Essigester (ungefähr 500—600 kg) extrahiert, bis das Lösungsmittel fast farblos abläuft. Der erhaltene fast weiße Rückstand wird nunmehr vorsichtig, möglichst im Vakuum, getrocknet, um vom Lösungsmittel befreit zu werden. Der getrocknete Rückstand (etwa 50—60 kg) wird jetzt so lange mit siedendem Methylalkohol ausgezogen, bis dieser farblos erscheint. Man benötigt hierzu ungefähr eine dreimalige Extraktion mit je 75—100 l Methylalkohol. Die vereinigten Alkoholextrakte werden vorsichtig eingedampft, zuletzt im Vakuum. Es hinterbleiben etwa 15—17 kg eines sehr hochprozentigen Lecithins. Für die meisten Zwecke ist daher eine weitere Reinigung nicht mehr erforderlich.

2. Sojabohnen. 1000 kg Sojabohnen werden mit der etwa fünffachen Menge eines Gemisches aus 20 Teilen Alkohol und 80 Teilen Benzol[1] wiederholt so lange extrahiert, bis nichts mehr von dem Lösungsmittelgemisch aufgenommen wird. Danach wird das Lösungsmittel aus dem Extrakt — zum Schluß unter Vakuum — abgedampft, wobei eine Überhitzung zu vermeiden ist (Temperatur nicht über 80⁰). Man erhält dann ein Sojaöl, dem die Phosphatide beigemischt sind. Nun fügt man dem noch warmen Öl etwas Wasser in feinem Strahl zu[2]. Sofort ballen sich die Lipoide zusammen und können durch Abzentrifugieren von dem Öl getrennt

---

[1] H. Bollmann: D.R.P. 355569 (1921).
[2] H. Bollmann: D.R.P. 382912 (1921).

werden; nach Behandlung mit Wasserdampf[1] erhält man Produkte mit etwa 60
bis 70% Phosphatidgehalt. Die Ausbeute beträgt ungefähr 2 kg. Will man zu einem
reineren Präparat kommen, so löst man das Rohlecithin in Äther, filtriert und fällt
die Lösung unter Eiskühlung mit einem Überschuß von Aceton; jedoch sind diese
ölfreien Phosphatide nicht gut haltbar und schwer vom Lösungsmittel zu befreien.

Nachweis und Bestimmung.

Die Bestimmung der Phosphatide baut sich ausschließlich auf deren
Gehalt an Phosphor auf[2]. Da dieser Gehalt durchaus charakteristisch ist,
so wurde er von jeher als Maßstab für die qualitative und auch quantitative
Bestimmung der Phosphatide benutzt.

Stellt man in einem Fettgemisch in einem klaren Ätherextrakt durch Veraschung
Phosphor fest, so kann man mit fast absoluter Gewißheit sagen, daß Phosphatide
vorhanden sind. Gibt ein solcher Extrakt mit Aceton eine Trübung, die bei Eiskühlung sich verdichtet und wachsartig ausfällt, so ist dies ein weiterer Beweis
für das Vorhandensein von Phosphatiden.

Die quantitative Bestimmung der Phosphatide ist allerdings heute noch
einigermaßen schwierig und vor allem ungenau, weil es eine Unzahl verschiedener Phosphatide gibt, die sich nicht auf eine einheitliche Formel bringen
lassen. Wohl ist es relativ leicht, das Eigelbphosphatid, gewöhnlich schlechthin als „Lecithin" bezeichnet, auf Grund seiner konstanten Zusammensetzung zu bestimmen. Schon bei den Kephalinen des Gehirns versagt jedoch
diese Methode, noch viel mehr bei den Pflanzenphosphatiden, da diese stets
einen mehr oder minder großen Gehalt an Kohlenhydraten aufweisen. Hier
bleibt deshalb nichts anderes übrig, als eine hypothetische Formel für alle
Phosphatide anzunehmen, z. B. eine solche mit dem Mol.-Gew. 788. Dann
kann man, bei gleicher Methode und gleicher Berechnung, wenigstens immer
zu vergleichbaren Werten kommen.

Zur Ermittlung des Phosphatidgehaltes zerkleinert man das Material möglichst
vorsichtig. Dann extrahiert man es zuerst mit kaltem Aceton, löst den nach dem
Verjagen des Lösungsmittels aus dem Extrakt verbleibenden Rückstand in absolutem Äther auf, trocknet den Äther mit Na_2SO_4 und verjagt ihn. Der Rückstand
dient zur ersten P-Bestimmung.

Das mit Aceton erschöpfte Gut wird nach evtl. nochmaliger Vermahlung
mit 96%igem Alkohol so lange warm extrahiert, bis nichts mehr in Lösung geht.
Der Alkoholextrakt wird eingeengt, mit Äther aufgenommen usw. Auch dieser
Extrakt wird dann quantitativ auf P-Gehalt untersucht. Man kann aber natürlich auch, wenn die getrennte Feststellung des Phosphorgehaltes im Acetonextrakt
und im Alkoholextrakt nicht nötig ist, zur Vereinfachung beide Extrakte vor der
P-Bestimmung vereinigen.

Zur P-Bestimmung kocht man von P-reichen Extrakten 0,5—1 g, von P-ärmeren
Extrakten 2—3 g im Kjeldahlkolben mit einem Gemich gleicher Teile H_2SO_4 (1,84)
und HNO_3 (1,4) bis zur völligen Zerstörung der organischen Substanz[3]. Der P

---

[1] Hanseatische Mühlenwerke: D.R.P. 480480 (1925).

[2] F. E. Nottbohm u. F. Mayer: Chem.-Ztg. **56**, 881 (1932), wollen dadurch,
daß sie neben dem Phosphorgehalt auch den Cholingehalt der Substanz bestimmen,
Eigelblecithin von Sojalecithin unterscheiden: bei ersterem betrug das Verhältnis
Cholin zu Phosphor etwa 7 : 10 bis 8 : 10, bei letzterem nur 2 : 10 bis 3 : 10. Nach
Rewald: Chem.-Ztg. **57**, 373 (1933), könnte diese Verschiedenheit im Cholin-
Phosphor-Verhältnis darauf zurückzuführen sein, daß die Sojaphosphatide verhältnismäßig mehr Colaminverbindungen (Kephaline) enthalten; die Versuche
von Nottbohm und Mayer wären aber vor weiterer Anwendung und Aus-
wertung des Verfahrens noch an umfangreicherem Material nachzuprüfen.

[3] Alb. Neumann: Ztschr. physiol. Chem. **37**, 115 (1902); Ztschr. analyt. Chem.
42, 792 (1903).

geht hierbei in Phosphorsäure über, die man im Kolben direkt mit Ammoniummolybdat und Ammoniumnitrat in bekannter Weise fällt. Der Niederschlag wird abfiltriert, sorgfältig säurefrei (gegen Lackmus) gewaschen und mit einer gemessenen (überschüssigen) Menge 0,5-n Lauge $^1/_4$—$^1/_2$ h gekocht, bis kein NH_3 mehr entweicht (Prüfung mit Lackmuspapier); dann wird der Laugenüberschuß mit 0,5-n Säure gegen Phenolphthalein zurücktitriert.

Da nach Neumann gemäß der Gleichung

$$2\,(NH_4)_3PO_4 \cdot 24\,MoO_3 \cdot 4\,HNO_3 + 56\,NaOH$$
$$= 24\,Na_2MoO_4 + 4\,NaNO_3 + 2\,Na_2HPO_4 + 32\,H_2O + 6\,NH_3$$

1 Atom P 28 Mol NaOH, d. h. 1 ccm 0,5-n NaOH 0,05544 cg P entspricht, so berechnet sich der P-Gehalt des untersuchten Extraktes, wenn die Einwaage e g, die zugesetzte Laugenmenge T ccm und die verbrauchte Säuremenge t ccm beträgt, zu $0{,}05544\,(T-t)/e\%$. Unter der Annahme eines durchschnittlichen P-Gehaltes von 3,94% für alle Phosphatide (entsprechend einem mittleren Mol.-Gew. von 788) ergibt sich der Phosphatidgehalt des Extraktes zu $100 \cdot$ gef.% P/3,94 (s. Tabelle 152).

Tabelle 152. Berechnung des Phosphatidgehaltes aus dem gefundenen Phosphorgehalt.

% P		0,1	0,2	0,3	0,4	0,5	0,6	0,7	0,8	0,9
% Phosphatid		2,54	5,08	7,62	10,15	12,69	15,23	17,76	20,30	22,84
% P	1,0	1,1	1,2	1,3	1,4	1,5	1,6	1,7	1,8	1,9
% Phosphatid	25,38	27,92	30,45	32,99	35,53	38,07	40,61	43,15	45,69	48,22
% P	2,0	2,1	2,2	2,3	2,4	2,5	2,6	2,7	2,8	2,9
% Phosphatid	50,76	53,30	55,84	58,38	60,91	63,45	65,99	68,53	71,07	73,60
% P	3,0	3,1	3,2	3,3	3,4	3,5	3,6	3,7	3,8	3,9
% Phosphatid	76,14	78,68	81,22	83,76	86,29	88,83	91,37	93,91	96,45	98,98

5. Vitamine[1].

Mit dem Sammelnamen „Vitamine"[2] bezeichnet man eine Gruppe eigenartiger, erst in jüngster Zeit (seit 1926) chemisch näher erforschter organischer Stoffe, welche sich in frischen Nahrungsmitteln (besonders Spinat, Mohrrüben, Tomaten, Citronen, Apfelsinen, Reis, Eiern, Milch, Butter, Lebertran) finden und deren regelmäßige Zufuhr, wenn auch nur in ganz geringen Mengen, für die ordnungsgemäße Ernährung des menschlichen und tierischen Körpers unentbehrlich ist. Ihr Fehlen in der Nahrung verursacht bestimmte „Vitaminmangelkrankheiten" oder „Avitaminosen", deren Erforschung und Behandlung den Ausgangspunkt für die Entdeckung der Vitamine bildete. Mangels genügender chemischer Charakterisierung teilte man die Vitamine zunächst

---

[1] Casimir Funk: Die Vitamine, 3. Aufl. München: J. F. Bergmann 1924; Ragnar Berg: Die Vitamine, 2. Aufl. Leipzig: S. Hirzel 1927; Abderhalden: Handbuch der biochemischen Arbeitsmethoden, Abt. IV, Teil 9, Heft 5 (Methoden der Vitaminforschung, bearbeitet von C. Funk), Berlin u. Wien: Urban u. Schwarzenberg 1925. Neuere kurze Zusammenfassungen: E. Remy: Ztrbl. ges. Hygiene u. Grenzgeb. 19 (1929), durch Pharmaz. Ber. 4, 175 (1929); H. Willstaedt: Allg. Öl- u. Fett-Ztg. 27, 166 (1930); B. Bardach: Chem.-Ztg. 54, 289 (1930); P. Karrer: Vjschr. naturforsch. Ges. Zürich 77, 83 (1932); J. C. Drummond: Journ. Roy. Soc. Arts 80, 949, 959, 974, 983 (1932). Weiter unten nicht besonders belegte Angaben sind den vorstehenden Schriften entnommen.

[2] Der jetzt allgemein gebräuchliche Name „Vitamine" wurde von Funk eingeführt; Schaumann und Boruttau nannten sie „Ergänzungsstoffe".

nach der Art der Krankheiten ein, welche durch das Fehlen bestimmter Vitamine hervorgerufen und durch ihre Zufuhr geheilt werden können. Dieses bewährte Einteilungsprinzip dürfte auch nach der jetzt erfolgten Aufklärung der chemischen Natur einiger Vitamine bis auf weiteres beibehalten werden.

Ein zuverlässiger Nachweis der einzelnen Vitamine ist — unbeschadet der Auffindung gewisser, nicht immer zuverlässiger Farbenreaktionen (s. u.) — einstweilen nur auf physiologischem Wege möglich, indem man bei Versuchstieren, meistens Ratten, gelegentlich auch Tauben oder Meerschweinchen, durch geeignete, nur von dem nachzuweisenden Vitamin freie Kost die spezielle Avitaminose künstlich erzeugt und feststellt, ob die zu prüfende Substanz (Nahrungsmittel, angeblicher Vitaminextrakt oder dgl.) eine Heilwirkung zeigt. Vielfach bevorzugt man jetzt auch die prophylaktische Methode, welche darin besteht, daß man bei sonst gleicher Arbeitsweise die zu prüfende Substanz von vornherein dem Futter zusetzt und beobachtet, ob dadurch die Entstehung der betreffenden Avitaminose verhütet wird. Auf die ziemlich schwierige Technik derartiger Versuche kann hier nicht näher eingegangen werden [1].

Man kennt bisher mindestens fünf verschiedene, mit den Buchstaben A bis E bezeichnete Vitamine [2], von denen A, D und E in Fetten, Fettlösungsmitteln und Alkohol löslich sind und auch in manchen natürlichen Fetten vorkommen, während B und C als wasserlösliche Stoffe in Fetten so gut wie vollständig fehlen. Die Aufklärung der chemischen Konstitution ist gegenwärtig bei den Vitaminen A, C und D am weitesten fortgeschritten.

Vitamin A. Fettlösliches wachstumförderndes und antixerophthalmisches Vitamin. Sein Fehlen äußert sich im Aufhören des Wachstums sowie in einer „Xerophthalmie" genannten Erkrankung der Augenschleimhaut, die, falls sie nicht durch rechtzeitige Zufuhr von Vitamin A geheilt wird, zur Erblindung führt. Es steht chemisch in naher Beziehung zum Carotin $C_{40}H_{56}$, einem Lipochrom, dessen Konstitution neuerdings von P. Karrer [3] und seinen Mitarbeitern ziemlich sicher aufgeklärt wurde. Carotin, der rote Farbstoff der Mohrrübe [4] und des rohen Palmfettes, isomer mit Lycopin, dem Farbstoff der Tomate [5], besteht aus 2 Isomeren [6], von welchen das bei $181/2^0$ schmelzende, optisch inaktive β-Carotin nach Karrer [7] die Formel I, das bei $174/5^0$ schmelzende, stark rechtsdrehende α-Carotin vermutlich die Formel II besitzt. Die intensiv rote Farbe beider Verbindungen beruht auf dem System von 11 durchweg konjugierten Doppelbindungen.

---

[1] Vgl. die oben zitierten Werke von C. Funk und R. Berg.

[2] Unter Einbeziehung verschiedener Unterabteilungen (B_1, B_2 usw.) zählt man jetzt sogar etwa 10 Vitamine.

[3] P. Karrer: Ztschr. angew. Chem. **42**, 918 (1929); P. Karrer, A. Helfenstein, H. Wehrli u. A. Wettstein: Helv. chim. Acta **13**, 1084 (1930).

[4] Zuerst isoliert von Wackenroder: Geigers Magaz. Pharm. **33**, 144 (1831); Molekularformel aufgestellt von R. Willstätter: Liebigs Ann. **355**, 1 (1907).

[5] Willstätter u. Escher: Ztschr. physiol. Chem. **64**, 47 (1910). Lycopin besitzt jedoch keine Vitaminwirkung, vgl. Karrer: Ztschr. angew. Chem. **42**, 923 (1929).

[6] R. Kuhn u. E. Lederer: Ber. **64**, 1349 (1931); Karrer, Helfenstein, Wehrli, B. Pieper u. R. Morf: Helv. chim. Acta **14**, 614 (1931). Auch ein drittes isomeres Carotin, sog. γ-Carotin vom Schmelzpunkt 178^0, wurde von R. Kuhn u. H. Brockmann: Ber. **66**, 407 (1933), aus Rohcarotin isoliert.

[7] Karrer u. Morf: Helv. chim. Acta **14**, 833 (1931).

$$
\begin{array}{c}
\text{(CH}_3)_2 \\
\text{C} \\
\text{H}_2\text{C}\quad\text{C}-(\text{CH:CH}\cdot\text{C:CH})(\text{CH:CH}\cdot\text{C:CH})(\text{CH:CH})(\text{CH:C}\cdot\text{CH:CH})(\text{CH:C}\cdot\text{CH:CH})-\text{C}\quad\text{(CH}_3)_2 \\
\text{H}_2\text{C}\quad\text{C}-\text{CH}_3\qquad\text{CH}_3\qquad\text{CH}_3\qquad\text{CH}_3\qquad\text{CH}_3\quad\text{H}_3\text{C}-\text{C} \\
\text{C} \\
\text{H}_2
\end{array}
$$

I β-Carotin

$$
\begin{array}{c}
\text{(CH}_3)_2 \\
\text{C} \\
\text{H}_2\text{C}\quad\text{C}=\text{CH}(\text{CH:C}\cdot\text{CH:CH})(\text{CH:C}\cdot\text{CH:CH})(\text{CH:CH}\cdot\text{C:CH})(\text{CH:CH}\cdot\text{C:CH})\text{CH}=\text{C}\quad\text{(CH}_3)_2 \\
\text{H}_2\text{C}\quad\text{C}-\text{CH}_3\qquad\text{CH}_3\qquad\text{CH}_3\qquad\text{CH}_3\qquad\text{CH}_3\quad\text{H}_3\text{C}-\text{C}^* \\
\text{C} \\
\text{H}
\end{array}
$$

II α-Carotin

Reines α- oder β-Carotin zeigt zwar sehr starke wachstumsfördernde (Vitamin A-) Wirkung, z. B. gab 0,01 mg Carotin täglich bei Ratten eine tägliche Gewichtszunahme von 1 g[1], jedoch ist es wahrscheinlich selbst nicht mit dem natürlichen Vitamin A (z. B. aus Dorschlebertran) identisch, da konz. Präparate des letzteren 100 mal stärkere Wirkung zeigen[2] und das reine Vitamin A auch farblos sein soll (Absorptionsspektrum bei 3280 Å, d. h. im Ultraviolett; dieses Spektrum fehlt auch bei sehr stark wirksamen Carotinpräparaten). Anscheinend stellt Carotin ein sog. Provitamin dar, welches erst im menschlichen oder tierischen Körper in das echte Vitamin A übergeht[3]. Nach Fütterung Vitamin-A-frei ernährter Ratten mit Carotin, rotem Palmöl oder frischen Karotten wurde nämlich im Leberöl der Tiere das farblose Vitamin A durch Absorptionsspektrum und $SbCl_3$-Reaktion (s. u.) festgestellt[4]. Nach Karrer, Morf und Schöpp[5] ist Vitamin A ein (vielleicht durch Hydrolyse bzw. Oxydation von β-Carotin entstehender) Alkohol $C_{20}H_{30}O_2$ oder $C_{22}H_{32}O_2$:

$$
\begin{array}{c}
\text{(CH}_3)_2 \\
\text{C} \\
\text{H}_2\text{C}\quad\text{C}-(\text{CH:CH}\cdot\text{C:CH})(\text{CH:CH}\cdot\text{C:CH})\text{CH}_2\text{OH} \\
\text{H}_2\text{C}\quad\text{C}-\text{CH}_3\qquad\text{CH}_3\qquad\text{CH}_3 \\
\text{C} \\
\text{H}_2
\end{array}
$$

oder

$$
\begin{array}{c}
\text{(CH}_3)_2 \\
\text{C} \\
\text{H}_2\text{C}\quad\text{C}-(\text{CH:CH}\cdot\text{C:CH})(\text{CH:CH}\cdot\text{C:CH})\text{CH:CH}\cdot\text{CH}_2\text{OH} \\
\text{H}_2\text{C}\quad\text{C}-\text{CH}_3\qquad\text{CH}_3\qquad\text{CH}_3 \\
\text{C} \\
\text{H}_2
\end{array}
$$

Zum chemischen Nachweis des Vitamins A (aus Dorschlebertran) schlugen O. Rosenheim und J. C. Drummond[6] die mit $AsCl_3$ auftretende Blaufärbung

[1] H. v. Euler, P. Karrer, H. Hellström u. M. Rydbom: Helv. chim. Acta **14**, 839 (1931). Die Wirkung wurde mehrfach, besonders von Th. Moore: Lancet **217**, 380 (1929); C. **1930**, I, 404; Biochemical Journ. **23**, 1267 (1929); C. **1930**, II, 2279, bestätigt. Die gegenteiligen Befunde von W. Duliere, R. A. Morton u. J. C. Drummond: Journ. Soc. chem. Ind. **48**, Trans. 316 (1929), wurden später von Drummond, B. Ahmad u. Morton: ebenda **49**, Trans. 291 (1930); C. **1930**, II, 2279, widerrufen.   [2] Drummond, Ahmad u. Morton: l. c.

[3] Karrer, H. v. Euler u. Rydbom: Helv. chim. Acta **13**, 1059 (1930); C. **1931**, I, 305.

[4] Th. Moore: Biochemical Journ. **24**, 692 (1930); C. **1930**, II, 2279.

[5] P. Karrer, R. Morf u. K. Schöpp: Helv. chim. Acta **14**, 1431 (1931); vgl. auch I. M. Heilbron, R. A. Morton u. E. T. Webster: Biochemical Journ. **26**, 1194 (1932).

[6] O. Rosenheim u. J. C. Drummond: ebenda **19**, 753 (1925).

43*

vor. F. H. Carr und E. A. Price[1] empfahlen statt dessen die Verwendung von $SbCl_3$ in Chloroformlösung; ihr Verfahren hat allgemeine Verbreitung gefunden.

Man löst 30 Gewichtsteile $SbCl_3$ in 70 Gewichtsteilen Chloroform (n. Brit. Pharm., d. h. 2% Alkohol enthaltend), läßt absitzen und dekantiert die klare Lösung vom Ungelösten. Zu 0,2 ccm einer Lösung von 20 Gewichtsteilen des zu prüfenden Öles in 80 Gewichtsteilen Chloroform gibt man aus einer Bürette 2 ccm der $SbCl_3$-Lösung und mißt die bei Gegenwart von Vitamin A auftretende Blaufärbung im Lovibond-Tintometer (s. S. 233).

Das Absorptionsspektrum der blauen Lösung liegt bei 6100—6300 Å, während Carotin mit $SbCl_3$ zwar ebenfalls eine Blaufärbung ergibt, deren Absorptionsspektrum aber bei 5900 Å liegt[2].

Der Grad der Blaufärbung soll ein Maß für den Vitamin-A-Gehalt darstellen, jedoch ist diese Auswertung nur bei Dorschlebertran zuverlässig, während bei anderen Stoffen, besonders bei Carotinoiden, Blaufärbung auch bei völligem Fehlen einer Vitaminwirkung auftreten kann[3]. Die Blaufärbung soll nach H. v. Euler und H. Willstaedt[4] durch Bildung von Molekülverbindungen zwischen $SbCl_3$ und höheren Polyenen (vgl. z. B. die vorstehende Carotinformel) verursacht werden[5].

Das Vitamin A kann im Körper, und zwar in der Leber, gespeichert werden; daher bilden die Leberöle, speziell solche von Fischen (in erster Linie das Dorschleberöl), die Hauptquelle für die Gewinnung von A-vitaminreichen Extrakten. Ebenso wie das Vitamin D, das sich in den gleichen Ölen findet, gehört das Vitamin A zu den unverseifbaren Ölbestandteilen, welche daher vorzugsweise zur Herstellung konz. Vitaminpräparate verwendet werden[6]. Außerdem ist Vitamin A in Butter, frischer Milch, Spinat, gelben Rüben und Tomaten reichlich vertreten. In allen pflanzlichen Fetten außer dem rohen Palmfett fehlt es dagegen. Es verträgt Erhitzung verhältnismäßig gut, so daß z. B. auch Büchsenspinat reich daran ist.

Vitamin B. Wasserlösliches antineuritisches und Antiberiberi-Vitamin, stickstoff- und schwefelhaltig, besteht aus 2 Hauptfaktoren (B_1 und B_2), sowie anscheinend mindestens 4 sog. „Zusatzfaktoren" (B_3 bis B_5 und Y). Das Fehlen der B-Vitamine bewirkt Degeneration der Ganglienzellen, welche Lähmungen zur Folge haben. B_1 (auch F genannt) wirkt spezifisch antineuritisch, es wurde zuerst von Jansen und Donath[7] aus Reiskleie krystallisiert erhalten und neuerdings von Windaus und Tschesche[8] aus Hefe ganz rein dargestellt und analysiert. Es ist eine Base, die wahrscheinlich die Zusammensetzung $C_{12}H_{17}ON_3S$ besitzt. B_2 (oder G) wirkt wachstumfördernd sowie gegen Pellagra. Die Zusatzfaktoren sind nicht unbedingt nötig, um die Versuchstiere am Leben zu erhalten, wohl aber um Gewichtszunahme und Wachstum hervorzurufen.

Die B-Vitamine sind aus wässeriger Lösung durch Bleiacetat fällbar und durch Fullererde adsorbierbar; sie werden hauptsächlich aus Reiskleie und Hefe dargestellt. B-Vitaminextrakte geben mit Phosphorwolframsäure sowie mit Phosphormolybdänsäure wie andere reduzierende organische Stoffe nach Zusatz von Na_2CO_3 Blaufärbung. Als Versuchstiere sind außer Ratten auch Tauben zu verwenden, da diese auf die verschiedenen B-Komponenten anders reagieren als Ratten.

---

[1] F. H. Carr u. E. A. Price: Biochemical Journ. **20**, 497 (1926).

[2] Th. Moore: ebenda **24**, 692 (1930); C. **1930**, II, 2279.

[3] H. v. Euler, P. Karrer u. M. Rydbom: Ber. **62**, 2445 (1929); G. Monasterio: Biochem. Ztschr. **212**, 66 (1929).

[4] H. v. Euler u. H. Willstaedt: Ark. Kemi, Mineral. Geol. Abt. B **10**, Nr. 9, 1 (1929); C. **1929**, II, 2052.

[5] Nach R. T. A. Mees: Chem. Weekbl. **28**, 694 (1931), gibt eine Benzol- statt Chloroformlösung von $SbCl_3$ (5 ccm 10%ige Lösung auf 0,5 ccm Lebertran) Grünstatt Blaufärbung, eine weniger empfindliche, aber beständigere und daher leichter meßbare Farben gebende Reaktion.

[6] Z. B. durch Extraktion der unverseifbaren Anteile aus Tran mittels 95%igen Alkohols; D.R.P. 484993 vom 25. 3. 1924 (University Patents Inc., New York).

[7] Jansen u. Donath: Chem. Weekbl. **23**, 201 (1926); C. **1926**, II, 607.

[8] A. Windaus, R. Tschesche, H. Ruhkopf, F. Laquer u. F. Schultz: Ztschr. physiol. Chem. **204**, 123 (1932); R. Tschesche: Chem.-Ztg. **56**, 166 (1932); Den Schwefelgehalt des B-Vitamins bestätigte auch A. G. van Veen: Ztschr. physiol. Chem. **208**, 125 (1932); seine Analysen sprachen aber für eine etwas andere Bruttoformel.

Vitamin C. Wasserlösliches antiskorbutisches Vitamin, wie B durch Bleiacetat fällbar und mit Phosphorwolframsäure Blaufärbung gebend, sehr wenig
haltbar, besonders empfindlich gegen Oxydation. Hauptquelle: frischer Citronen-
und Apfelsinensaft. Als Versuchstiere sind Meerschweinchen besonders geeignet.

Seiner chemischen Natur nach wurde Vitamin C durch neuere Untersuchungen
als eine Hexuronsäure[1] $C_6H_8O_6$ vom Schmelzpunkt 192^0 (bei rascher Erhitzung;
sonst über 175^0 Zersetzung unter CO_2-Abspaltung) erkannt, die wegen ihrer antiskorbutischen Wirkung Ascorbinsäure[2] genannt wurde. In Einzelheiten der
Struktur bestehen noch Unsicherheiten; folgende Formeln wurden abgeleitet:
Von Cox, Hirst und Reynolds[3]: $CH_2(OH) \cdot CH(OH) \cdot CH_2 \cdot CO \cdot CO \cdot COOH$,
von Karrer und Mitarbeitern[4]: $CH_2(OH) \cdot CH(OH) \cdot CO \cdot CH_2 \cdot CO \cdot COOH$, von
Micheel und Kraft[5]: $CH_2(OH) \cdot CH \cdot CH(OH) \cdot CO \cdot CH \cdot COOH$ (bzw. die
entsprechende Enolform). $\llcorner\!\!-\!\!-\!\!-O-\!\!-\!\!\lrcorner$

Die Vitamine B und C sind auch reichlich in Tomaten und Spinat, etwas weniger
in Milch, Äpfeln und Kartoffeln enthalten, fehlen dagegen, wie erwähnt, allgemein
in Fetten. Es erscheint daher sehr bemerkenswert, daß Vitamin B bis zu einem
gewissen Grade durch natürliche oder synthetische Fette ersetzt werden kann[6].
Über den künstlichen Zusatz von Vitaminen zu Margarine s. auch weiter unten[7].

Vitamin D. Fettlösliches, antirachitisches Vitamin, findet sich hauptsächlich
im Lebertran, der ihm seine altbekannte, früher einem minimalen Jod- oder Phosphorgehalt usw. zugeschriebene antirachitische Wirkung verdankt, ferner auch reichlich
in Milch und Butter, dagegen nicht in pflanzlichen Fetten. Es wurde als erstes
künstlich dargestelltes Vitamin von Windaus[8] durch Bestrahlung von Ergosterin
$C_{27}H_{41}OH$ bzw. $C_{28}H_{43}OH$* (s. S. 636; „Provitamin D") mit ultraviolettem Licht
bei Luftabschluß — allerdings zunächst noch nicht in reiner Form — erhalten.
Später gelang es Windaus und Mitarbeitern aus dem durch weitere Reinigung
des bestrahlten Ergosterins krystallisiert erhaltenen „Vitamin D_1"[9] oder „Calci-
ferol"[10] vom Schmelzpunkt 125^0 durch Abtrennung von „Lumisterin" (s. u.)
die eigentlich wirksame Komponente des D-Vitamins (D_2) in reiner Form mit
Schmelzpunkt 116^0 zu isolieren[11]. Es ist ein Isomeres des Ergosterins, besitzt
also wie dieses 3 Doppelbindungen, deren Lage aber noch nicht bekannt ist.
Von Ergosterin unterscheidet es sich durch Fehlen des für dieses charakteristischen Absorptionsspektrums bei 2800 Å und Auftreten eines kurzwelligeren

---

[1] Zuerst von A. Szent-Györgyi: Biochemical Journ. **22**, 1387 (1928), aus
Orangen, Kohl und Nebennierenrinde isoliert. Prüfung der antiskorbutischen
Wirkung: J. L. Svirbely u. A. Szent-Györgyi: Nature **129**, 690 (1932); Bio-
chemical Journ. **26**, 865 (1932); W. A. Waugh u. C. G. King: Journ. biol. Che-
mistry **97**, 325 (1932); Science **75**, 357 (1932); S. W. Johnson u. S. S. Zilva:
Biochemical Journ. **26**, 871 (1932).

[2] Szent-Györgyi: Nature **131**, 225 (1933); Angew. Chem. **46**, 331 (1933).

[3] E. G. Cox, E. L. Hirst u. R. J. W. Reynolds: ebenda **130**, 888 (1932).

[4] P. Karrer, H. Salomon, R. Morf u. K. Schöpp: Biochem. Ztschr. **258**,
4 (1933).

[5] F. Micheel u. K. Kraft: Ztschr. physiol. Chem. **215**, 215 (1933); vgl. dagegen
Cox u. Hirst: Nature **131**, 402 (1933).

[6] H. M. Evans u. S. Lepkovsky: Journ. biol. Chemistry **92**, 615 (1931); **96**,
165, 179 (1932); **99**, 235, 237 (1932).

[7] van den Bergh's Margarine G. m. b. H., D.R.P. 482494, Kl. 53h vom 18. 6.
1921.

[8] A. Windaus u. A. Heß: Nachr. Ges. Wiss., Göttingen **1926**, 175; Windaus:
Chem.-Ztg. **51**, 113 (1927); Pohl: Nachr. Ges. Wiss., Göttingen **1926**, 185.

* Windaus u. A. Lüttringhaus: Nachr. Ges. Wiss., Göttingen **1932**, 4.

[9] Windaus, A. Lüttringhaus u. M. Deppe: Liebigs Ann. **489**, 252 (1931).

[10] Askew, Bourdillon, Bruce, Jenkins, Webster: Proc. Roy. Soc.,
London, Serie B **107**, 91 (1930); Angus, Askew, Bourdillon, Bruce, Callow,
Fischmann, Philpot, Webster: ebenda **108**, 340 (1931).

[11] Windaus u. Lüttringhaus: Ztschr. physiol. Chem. **203**, 70 (1931); vgl.
auch A. Lüttringhaus: Chem.-Ztg. **55**, 956 (1931); Windaus, O. Linsert,
Lüttringhaus u. G. Weidlich: Liebigs Ann. **492**, 226 (1932).

Spektrums (2650 Å), sowie durch Nichtfällbarkeit mit Digitonin. Die Bildung des Vitamins D_2 durch Bestrahlung von Ergosterin verläuft über die isomeren, aber keine Vitaminwirkung besitzenden Zwischenprodukte „Lumisterin"[1] und „Tachysterin"[2]; bei Überbestrahlung von D_2 oder Tachysterin entstehen die „Suprasterine"[3].

Die zur Heilung der auf mangelhafter Kalkablagerung beruhenden Rachitis erforderliche Menge beträgt bei dem reinen Vitamin D_2 0,00002 mg pro Tag und Ratte. Übermäßige Dosen des Vitamins (0,05 mg, d. h. mehr als das 1000fache der notwendigen Menge) können Schädigungen (Hypervitaminosen) durch weitgehende Verkalkung hervorrufen. Neben dem Vitamin D_2 selbst hat auch das Tachysterin diese toxische Wirkung.

Industriell hergestellte antirachitisch wirksame und zur Vermeidung von Überdosierung durch Tierversuche genau standardisierte[4] Bestrahlungsprodukte des Ergosterins sind unter den Namen Vigantol[5] (als Dragées und als 1%ige Lösung in Olivenöl), Radiostol (in England) und Präformin im Handel.

Auch durch direkte Ultraviolettbestrahlung von Nahrungsmitteln wie Milch und Mehl hat man, zum Teil mit Erfolg, versucht, diesen antirachitische Wirksamkeit zu verleihen. Vitamin D ist gegen Erhitzung so beständig, daß aus bestrahltem Mehl gebackenes Brot noch merkliche antirachitische Wirksamkeit besitzt. Bei der Hydrierung (z. B. von Tran) wird es dagegen zerstört, so daß die Verwendung von gehärtetem Tran bei der Margarinebereitung nicht zur Erhöhung des Vitamingehalts beiträgt. Da die sonst zur Margarineherstellung dienenden pflanzlichen Öle keine Vitamine enthalten, so setzt man schon seit längerer Zeit (s. auch S. 677) der Margarine gelegentlich Extrakte aller verschiedenen Vitamine, z. B. Gerstenmalz, Mohrrüben-, Hefe-, Gemüse-, Orangenextrakte, auch rohes Palmöl, künstlich zu, so daß derartig „vitaminisierte" Margarine der Butter im Vitamingehalt nicht mehr nachsteht, sondern ihr teilweise sogar überlegen ist.

Ein zuverlässiger chemischer Nachweis des Vitamins D ist bisher noch nicht bekannt[6]. (Unterschiedliches Verhalten von Ergosterin und Cholesterin gegenüber 92%iger Schwefelsäure s. S. 637.)

Vitamin E. Fettlösliches Antisterilitätsvitamin, von B. Sure[7] in Bohnenmehl, poliertem Reis, gelbem Mais und Haferflocken, in den Äther- oder Acetonextrakten von Weizenkeimen, gelbem Mais und Hanfsamen, auch im handelsüblichen Cottonöl (besonders im Unverseifbaren) und Olivenöl, dagegen nicht in Dorschlebertran, Kakaobutter, Cocos-, Lein-, Erdnuß- und Sesamöl aufgefunden. Es kommt auch in Rohrzuckermelasse, weniger in Rübenzuckermelasse vor[8]. Mangel an Vitamin E bewirkt Zerstörung der männlichen Keimdrüsen und Unterbrechung der Schwangerschaft.

Es wird hauptsächlich in Form des Weizenkeimöls verwendet. Über chemische Natur sowie chemisch-analytische Reaktionen dieses Vitamins ist noch nichts bekannt[9].

[1] Windaus, K. Dithmar u. E. Fernholz: Liebigs Ann. **493**, 259 (1932).

[2] Windaus, F. v. Werder u. Lüttringhaus: ebenda **499**, 188 (1932).

[3] Windaus, Lüttringhaus u. P. Busse: Nachr. Ges. Wiss., Göttingen **1932**, 150.

[4] Pharmaz. Ztg. **74**, 629 (1929); C. **1929**, II, 911.

[5] E. Merck, Darmstadt, und I. G. Farbenindustrie, Werk Leverkusen.

[6] W. Stoeltzner: Münch. med. Wchschr. **75**, 1584 (1928); C. **1928**, II, 2036, gibt zwar eine Farbreaktion von Vitamin D mit Phosphorpentoxyd an (bei Vigantol und Lebertran auf Zusatz von P_2O_5 eine von diesem ausgehende rötlichbraune, allmählich fast schwarz werdende Färbung), jedoch soll diese Reaktion nach H. Forschner u. A. Hottinger: ebenda **76**, 156 (1929); C. **1929**, I, 2801, nicht für Vitamin D spezifisch sein.

[7] B. Sure: Journ. biol. Chemistry 58, 693 (1924); **62**, 371 (1924); **74**, 37, 45, 71 (1927); C. **1924**, II, 1704; **1925**, II, 837; **1927**, II, 1859/60.

[8] M. W. Taylor u. V. E. Nelson: Proceed. Soc. exp. Biol. a. Med. **26**, 521 (1929); C. **1929**, II, 3031.

[9] Zusammenfassenden Bericht über Vitamin E s. F. Verzár: Ztschr. Vitaminforsch. **1**, 116 (1932).

III. Spezielle fettähnliche Fettsäurederivate.

1. Fettsäure-anhydride.

a) Darstellung.

Die Säure-anhydride sind den Glyceriden äußerlich sehr ähnlich und daher für technische und Genußzwecke in Betracht gezogen worden[1]. Eine Zusammenstellung der bekannten Anhydride gesättigter Fettsäuren s. S. 621, die der ungesättigten Fettsäuren s. Tabelle 153.

Tabelle 153. Anhydride ungesättigter Fettsäuren.

Bezeichnung	Undecylensäure	9,10-Ölsäure	9,10-Elaidinsäure	10,11-Isoölsäure	Erucasäure	Brassidinsäure	Linolsäure
Formel.	$C_{22}H_{38}O_3$	$C_{36}H_{66}O_3$	$C_{36}H_{66}O_3$	$C_{36}H_{66}O_3$	$C_{44}H_{82}O_3$	$C_{44}H_{82}O_3$	$C_{36}H_{62}O_3$
Schmp.^{0}	13—13,5	22,2	46,4	34,5	47,5—48	64	— 4,5 bis — 3,5
d_4^{15}* . .	—	0,900	0,894	—	0,882	0,886	0,906
n_D^{20} . .	—	1,464	1,465	—	1,467	1,467	1,476
Autor .	Krafft, Tritschler	Holde u. Tacke	Holde u. Rietz	Vesely u. Majtl	Holde u. Wilke	Holde u. Schmidt	Grün u. Schönfeld, Holde u. Gentner
Literatur	Ber. **33**, 3580 (1900)	Chem.-Ztg. **45**, 949, 954 (1921)	Ber. **57**, 99 (1924)	Bull. Soc. chim. France **39**, 230 (1926)	Z. angew. Chem. **35**, 289 (1922)	Z. angew. Chem. **35**, 502 (1922)	Z. angew. Chem. **29**, 47 (1916); Ber. **58** 1067 (1925),

Man kann sie direkt aus den Säuren durch Einwirkung von P_2O_5 erhalten[2], vorteilhafter jedoch durch Umsetzung zwischen Säurechlorid und Alkalisalz der Säure, wobei man entweder von reinem Säurechlorid ausgehen oder dieses im Reaktionsprozeß selbst gewinnen und umsetzen kann[3]. Für hochmolekulare Fettsäure-anhydride kommt als geeignete Darstellung noch die Einwirkung von Essigsäure-anhydrid auf die Fettsäuren hinzu[4].

[1] D. Holde: D.R.P. 378149 vom 2. Juli 1916; s. auch Franz Fischer: Gesamm. Abhandl. Kenntn. Kohle **4**, 34, Fußn. 1 (1919). Ernährungsphysiologisch sind Fettsäuren, ebenso Anhydride, vollwertig, wie auch von Seuffert [Holde: Biochem. Ztschr. **108**, 321 (1920)] vorgenommene Fütterungsversuche an Hunden zeigten.

* Diese Werte wurden nach der Formel $d_{15} = d_t + (t — 15^0) K$ aus den bei anderen Temperaturen ermittelten Angaben berechnet. Die Konstante K wurde aus Lund: Beziehungen zwischen den Fettkonstanten: Ztschr. Unters. Nahr.- u. Genußmittel **44**, Heft 3, 1922, entnommen.

[2] Etard: Ber. **9**, 444 (1876); Walden: ebenda **27**, 2948 (1894).

[3] Gebhardt: Liebigs Ann. **87**, 57 u. 149 (1853); Krafft u. Rosiny: Ber. **33**, 3576 (1900). Vgl. auch die Zusammenstellung von I. Tacke: Über Anhydride höherer Fettsäuren. Chem. Umschau Fette, Öle, Wachse, Harze **29**, 175 (1922).

[4] Albitzky: Journ. prakt. Chem. **61**, 98 (1890); Holde u. Smelkus: Ber. **53**, 1889 (1920); Holde u. Tacke: ebenda S. 1898; Chem.-Ztg. **45**, 949 (1921); Holde u. Wilke: Ztschr. angew. Chem. **35**, 105, 186 (1922).

Technisch wichtig ist ferner die Herstellung der Anhydride aus den Salzen und Phosgen[1]:

$$\begin{matrix} \text{RCOONa} \\ \text{RCOONa} \end{matrix} + \text{COCl}_2 \rightarrow \begin{matrix} \text{RCO} \\ \text{RCO} \end{matrix}\!\!>\!\!O + 2\,\text{NaCl} + \text{CO}_2.$$

Zur Darstellung von Elaidinsäure-anhydrid bzw. Brassidinsäure-anhydrid wurde außer der Methode von Albitzky die Umlagerung des isomeren Ölsäure-anhydrids bzw. Erucasäure-anhydrids benutzt[2].

b) Eigenschaften.

Die Anhydride von Säuren mit gerader Kohlenstoffatomzahl 8—14 schmelzen niedriger, dagegen die höhermolekularen Anhydride, von Palmitin-säure-anhydrid an aufwärts, auch die Anhydride ungesättigter Säuren, regel-mäßig höher als die entsprechenden Säuren (s. Tab. 153). Bei den Glyceriden dagegen liegen nur die Schmelzpunkte der ungesättigten Glieder regelmäßig merklich tiefer als diejenigen der zugehörigen Säuren und Anhydride. Dichten und Brechungskoeffizienten der ungesättigten Anhydride stimmen mit denen der entsprechenden Säuren nahezu überein, während diese beiden Kon-stanten bei den Glyceriden meistens mehr oder weniger höhere Werte zeigen als bei den entsprechenden Säuren und Anhydriden.

Zersetzlichkeit beim Destillieren. Die Anhydride hochmolekularer Fett-säuren, z. B. schon diejenigen der Palmitin- und Ölsäure, sind selbst im Kathoden-vakuum nur unter Zersetzung destillierbar; sie werden von freien Säuren am zweck-mäßigsten durch Ausschüttlung mit 5%iger Sodalösung, in der die Anhydride unlöslich sind, gereinigt.

Zersetzlichkeit durch Wasser. Die Anhydride der ungesättigten bzw. flüssigen Säuren sind an der Luft durch deren Wasserdampf und Sauerstoff unter Rückbildung freier Säuren leicht zersetzlich[3], während die hochschmelzenden Anhydride der höheren gesättigten Säuren an der Luft sehr haltbar sind[4].

Bei Luft- und Feuchtigkeitsabschluß sind alle Anhydride lange haltbar.

Alkohole werden durch Erhitzen mit den höheren Fettsäure-anhydriden ebenso acyliert wie mit Essigsäure-anhydrid; hiervon wurde z. B. zur Herstellung von Glyceriden Gebrauch gemacht[5]. Mit alkoholischer Lauge setzen sich die Anhydride schon beim Titrieren bei Zimmertemperatur in Benzinlösung zu Äthyl-estern und Alkaliseifen um[6]. Je mehr Wasser die alkoholische Lauge enthält, um so größer ist der Laugenverbrauch bis zum Phenolphthaleinumschlag[7]. Zur Erklärung wird angenommen[8], daß in der alkoholischen Lauge folgendes Gleich-gewicht herrscht: $C_2H_5OH + KOH \rightleftharpoons C_2H_5OK + H_2O$. Das nach dieser Gleichung in wasserarmen Laugen vorherrschende K-äthylat reagiert mit dem Säure-anhydrid nach $C_2H_5OK + (RCO)_2O \rightleftharpoons RCOOK + RCOOC_2H_5$, das bei Gegenwart von Wasser überwiegende Ätzkali dagegen nach $KOH + (RCO)_2O \rightleftharpoons RCOOK + RCOOH$, so daß zur Neutralisation ein weiteres Mol KOH erforderlich ist.

---

[1] Hentschel: Ber. **17**, 1285 (1884); Hofmann u. Shoetensack: ebenda **17**, 623 (1884), u. D.R.P. 28669; F. Hofmann: Ztschr. angew. Chem. **21**, 1986 (1908).

[2] Holde u. Schmidt: ebenda **35**, 502 (1922); mit Zadek: Ber. **56**, 2052 (1923); mit Rietz: ebenda **57**, 99 (1924).

[3] Holde u. Tacke: Chem.-Ztg. **45**, 954 (1921); s. auch Krafft u. Rosinys Beobachtungen am Heptansäure-anhydrid; Ber. **33**, 3576 (1900).

[4] Holde u. Gentner: ebenda **58**, 1424 (1925).

[5] Linolsäure-anhydrid: vgl. Grün u. Schönfeld: Ztschr. angew. Chem. **29**, 47 (1916).

[6] Holde: Chem.-Ztg. **44**, 477 (1920); Holde u. Smelkus: Ber. **53**, 1889 (1920).

[7] Lumière u. Barbier: Bull. Soc. chim. France [3] **35**, 627 (1906), an Essig-säure-anhydrid beobachtet.

[8] Bleyberg, vgl. Holde: Chem.-Ztg. **50**, 996 (1926).

Zersetzlichkeit durch Bleicherde. Bei Versuchen, bräunlich gefärbte Benzinlösungen höherer Anhydride durch Kochen mit „Terrana extra" zu entfärben, wurden die Anhydride (von Stearin- und Behensäure) zu 100% aufgespalten, während die Entfärbung mit aktiver Kohle ohne Schwierigkeiten durchführbar war[1].

Säuregehalt. Das Verhalten gegen Sodalösung kann zur Prüfung des Zersetzungsgrades bzw. der Reinheit der Säureanhydride dienen. Nach R. Gentner[2] werden von reinen säurefreien Anhydriden höherer gesättigter Säuren 2—7% beim Ausschütteln mit 50%ig alkoholischer 5%iger Sodalösung verseift; ein bei dieser Behandlung erhaltener höherer Betrag an freier Säure (bzw. Seife) ist demnach als wirklicher Säuregehalt zu betrachten.

Löslichkeit in Alkohol. Die Anhydride der ungesättigten flüssigen Säuren sind im Gegensatz zu den freien Säuren, die noch in 65%igem Alkohol löslich sind, in diesem fast unlöslich, in stärkerem, z. B. 94%igem Alkohol schwer löslich. In absolutem Alkohol sind die Anhydride der ungesättigten Säuren bei Zimmertemperatur je nach der Zahl der ungesättigten Bindungen mehr oder weniger leicht löslich, beim entsprechend tiefen Abkühlen unter 0^0 fallen sie als weiße krystallinische Körper aus[3].

Das Mol.-Gew. wird kryoskopisch in Benzol oder in Campher nach Rast (s. S. 98) oder durch Ermittlung der Verseifungszahl (1 Mol. Anhydrid verbraucht 2 Mol. KOH) bestimmt.

Die spezifische elektrische Leitfähigkeit $\varkappa$ in reinem Aceton von der spezifischen Leitfähigkeit $\varkappa_{20} = 1 \cdot 10^{-7}$ beträgt nach Abzug letzteren Wertes für Ölsäure und deren Anhydrid bei $+ 20^0$ 2,2 bzw. $2,0 \cdot 10^{-7}$, für Elaidinsäure und ihr Anhydrid 3,0 bzw. $2,8 \cdot 10^{-7}$, für Erucasäure und ihr Anhydrid bei $+ 18,2^0$ 1,3 bzw. $1,5 \cdot 10^{-7}$, für Brassidinsäure $2,2 \cdot 10^{-7}$. Die Anhydride haben hiernach mit Ausnahme von Brassidinsäure-anhydrid, das bei $+ 32^0$ $\varkappa = 6,25 \cdot 10^{-7}$ hat, nahezu die gleiche Leitfähigkeit wie die entsprechenden Fettsäuren. Die Stereoisomeren Elaidinsäure, Brassidinsäure und ihre Anhydride haben etwas größere Leitfähigkeiten als Ölsäure, Erucasäure und ihre Anhydride.

Die molekulare Leitfähigkeit λ_v berechnet sich, wenn v die Anzahl ccm Lösung ist, die 1 Millimol Substanz enthält, zu $0{,}001\ M \cdot \varkappa \cdot v/$Einwaage.

Die Bestimmung der Leitfähigkeit $\varkappa$ geschieht nach S. 93[4].

2. Verbindungen von Fettsäuren mit Kohlenhydraten.

Ester der Cellulose und anderer Kohlenhydrate mit hochmolekularen Säuren finden sich nach verschiedenen Autoren in der Korksubstanz[5] sowie im Tuberkelbacillenwachs (vgl. S. 953). Den Celluloseestern der hochmolekularen ungesättigten Fettsäuren kommt technische Bedeutung für Firnis und Lacke zu[6], die Ester der gesättigten Fettsäuren wurden für Filme, Kunstseide und plastische Massen vorgeschlagen[7].

Aus Glucose, Essigsäure-anhydrid und Natriumacetat dargestellte Pentaacetylverbindungen der Glucose sind schon seit langem bekannt[8]. Verbindungen der höheren Fettsäuren mit Kohlenhydraten dagegen gelang es erst rein herzustellen[9], nachdem man in der Einwirkung von Fettsäurechlorid auf Hexose in Pyridinlösung ein brauchbares synthetisches Verfahren gefunden hatte[10].

---

[1] H. Ulrich: Diss. Techn. Hochsch. Berlin 1931; Bleyberg u. Ulrich: Ber. **64**, 2512 (1931).

[2] R. Gentner: Diss. Techn. Hochsch. Berlin 1925; Holde u. Gentner: l. c.

[3] Grün u. Schönfeld: l. c.; Holde u. Tacke: l. c.; Holde u. Weill: Chem. Umschau Fette, Öle, Wachse, Harze **30**, 205 (1923).

[4] S. auch Holde u. Zadek: Ber. **56**, 2052 (1923).

[5] Heß u. Meßmer: ebenda **54**, 504 (1921); Karrer: Helv. chim. Acta **5**, 853 (1922); Grün u. Wittka: Ztschr. angew. Chem. **34**, 645 (1921).

[6] D.R.P. 411900 (1925); I. G. Farbenindustrie A. G., Oe.P. 104228.

[7] E.P. 287880 u. 290571 (1928); Eastman Kodak Co.

[8] Franchimont: Ber. **12**, 1940 (1879).

[9] Vgl. Berthelot: Ann. Chim. [3] **60**, 103 (1860).

[10] Stephenson: Biochemical Journ. **7**, 429 (1913).

Auf diese Weise wurden die Penta-isovaleryl-, -lauryl-, -palmityl- und -stearylverbindungen der Glucose als krystallinische, leicht in reinem Zustande zu erhaltende Substanzen dargestellt, deren Schmelzpunkte unter 100⁰ liegen[1]. Fettsäureverbindungen der Saccharose und Raffinose, welche ähnliche Eigenschaften zeigten, wurden ebenfalls nach diesem Verfahren erhalten[2].

Auch die Celluloseester von Fettsäuren werden vorteilhaft durch Erhitzen von Fettsäurechlorid mit Cellulose und Pyridin dargestellt. Distearat und Dilaurat der Cellulose wurden nach dieser Methode in reinem Zustand erhalten[3]. Die Ester sind äußerlich der Cellulose sehr ähnlich und bilden weiße Fasermassen von der Struktur des Ausgangsmaterials. Sie lösen sich in keinem der gebräuchlichen Lösungsmittel und sind im Gegensatz zu Cellulose auch in Kupferoxydammoniaklösung selbst bei 48std. Einwirkung unlöslich. Löslich sind die Ester in Fettsäuren und deren Glyceriden, und zwar nimmt die Löslichkeit mit steigendem Mol.-Gew. zu. Bemerkenswert ist ihre Anfärbbarkeit durch den typischen Fettfarbstoff Sudan III; die intensiv scharlachrote Färbung läßt sich durch 50%igen Alkohol nicht auswaschen, während Cellulose oder mit Fettsäuren getränkte Cellulose unter gleichen Bedingungen nur schwach gefärbt und die Färbung durch 50%igen Alkohol wieder entfernt wird. Schmelzpunkte: Distearat 220⁰ unter Zersetzung, Dilaurat etwa 250⁰.

H. Gault u. P. Ehrmann[4] stellten nach demselben Verfahren unter Verwendung von schwach abgebauter Cellulose (Hydrocellulose) die Mono-, Di- und Triëster der Stearin-, Palmitin- und Laurinsäure her, von denen die näher beschriebenen Diëster in ihren Eigenschaften von den durch Grün (s. o.) aus unveränderter Cellulose dargestellten Diëstern abweichen. Sie lösen sich in Benzol, Chloroform, Pyridin, Tetrachloräthan, Fettsäuren, Fettsäureestern, Petroleum und zeigen niedrige Schmelzpunkte (Distearat 85—90⁰, Dipalmitat gegen 100⁰, Dilaurat 100—110⁰). Tristearat erweicht bei 75⁰, Tripalmitat bei 80⁰, Trilaurat bei 90⁰; völlig flüssig sind diese Ester erst bei etwa 180⁰*.

IV. Entstehung der Fette.

Man war ursprünglich der Ansicht, daß Fette nur in der Pflanze entstehen, während der Tierkörper sein Fett ausschließlich fertig der Nahrung entnehme[5]. Liebig und C. Voit wandten sich gegen diese Ansicht, indem ersterer[6] die Kohlenhydrate, letzterer[7] die Eiweißkörper als Stammsubstanz der Fettbildung sowohl im Pflanzen- als auch im Tierkörper betrachtete. M. Cremer[8] schloß sich der Ansicht Voits an, während E. Pflüger[9] die Entstehung von Fett aus Eiweiß im allgemeinen ablehnte. Eine Vereinigung beider Hypothesen führt dahin, daß das Protoplasmamolekül durch Umbau Fett liefert, wobei durch Zufuhr von Kohlenhydraten bzw. Eiweiß die Regeneration des Protoplasmamoleküls erfolgt.

Systematische Fütterungsversuche sowie Untersuchungen an reifenden Fettsamen[10] ergaben übereinstimmend, daß die hauptsächlichste Quelle der

[1] Zemplen u. Laszlo: Ber. **48**, 915 (1915).
[2] Heß u. Meßmer: ebenda **54**, 499 (1921).   [3] Grün u. Wittka: l. c.
[4] H. Gault u. P. Ehrmann: Compt. rend. Acad. Sciences **177**, 124 (1923).
* Gault u. Ehrmann: Bull. Soc. chim. France [4] **39**, 873 (1926); G. Kita u. T. Mazume: Cellulose Industry **1**, 227 (1925); Kita, Mazume, J. Sakrada u. T. Nakashima: Kunststoffe **16**, 41, 69 (1926).
[5] Muspratt: Erg.-Bd. 1, S. 113. 1917.   [6] Muspratt: **3**, 474 (1891).
[7] C. Voit: Ztschr. Biol. **5**, 431 (1869); Münch. med. Wchschr. **1892**, 460; s. auch M. v. Pettenkofer u. C. Voit: Liebigs Ann., Suppl. **2**, 52, 361 (1862/63); Ztschr. Biol. **9**, 435 (1873); C. **1874**, 281.
[8] M. Cremer: Münch. med. Wchschr. **1897**, 811; C. **1897**, II, 780.
[9] E. Pflüger: Pflügers Arch. **51**, 229, 317 (1891); **68**, 176 (1897); **77**, 521 (1899).
[10] W. Pfeffer: Jahrb. wiss. Botanik 8, 510 (1872); vgl. F. Czapek: Biochemie der Pflanzen, 3. Aufl., Bd. 1, S. 742f. Jena 1922.

Fettbildung im Tier- und Pflanzenkörper die Kohlenhydrate sind. Auch die Schweinemast mittels Kartoffeln sowie die Gewinnung von Fett durch die Kultivierung beliebiger Bakterien und besonders deutlich des in dieser Hinsicht von P. Lindner studierten Pilzes Endomyces vernalis unter Zufuhr von Zucker, Melasse und anderen kohlenhydrathaltigen Nährlösungen, sprechen für letztere Fettquelle.

Die zuerst von Nencki[1] ausgesprochene Ansicht, daß die Bildung der Fette aus den Kohlenhydraten nicht unmittelbar, sondern über den Acetaldehyd als Zwischenprodukt erfolge, hat besonders durch die neueren gärungstechnischen Arbeiten von C. Neuberg und seinen Mitarbeitern eine starke Stützung erfahren.

Altbekannt ist die Bildung von Buttersäure (neben Butylalkohol) bei der sog. „Buttersäuregärung" der Glucose und des Glycerins. Bei dieser Gärung soll nach Buchner und Meisenheimer[2] zuerst Milchsäure entstehen, die in Acetaldehyd und Ameisensäure zerfällt. Durch Kondensation von 2 Mol Acetaldehyd entsteht Aldol $CH_3 \cdot CH(OH) \cdot CH_2 \cdot CHO$, welches entweder unter Verschiebung des O-Atoms in Buttersäure $CH_3 \cdot CH_2 \cdot CH_2 \cdot COOH$ oder unter H_2O-Abspaltung in Crotonaldehyd $CH_3 \cdot CH : CH \cdot CHO$ übergehen soll. Durch Reduktion des letzteren sollte dann Butylalkohol entstehen. Analog könnte durch Aldolkondensation des Crotonaldehyds (oder des durch Reduktion hieraus gebildeten Butyraldehyds) mit einem weiteren Mol Acetaldehyd ein 6 C-Atome enthaltender Aldehyd gebildet werden, welcher wieder in die entsprechende Säure (Capronsäure) übergehen könnte, usw. Buchner und Meisenheimer glauben, auf diese Weise die Bildung aller höheren Fettsäuren durch fortgesetzte Aldolkondensation des Acetaldehyds, O-Verschiebung und Reduktion erklären zu können. Diese Hypothese würde zwar mit dem (fast) ausschließlichen Vorkommen von Fettsäuren mit geraden C-Atomzahlen gut im Einklang stehen, sie genügt aber für sich allein weder, um das tatsächlich allgemein beobachtete Vorwiegen der Säuren mit 18 C-Atomen (Stearin-, Öl-, Petroselin-, Linol-, Taririn-, Linolen-, Elaeostearin-, Ricinolsäure) oder die relative Häufigkeit von C_{16}- und C_{22}-Säuren (Palmitinsäure, Eruca- und Clupanodonsäure) zu erklären, noch gibt sie einen Anhalt für die eigentümliche Lage der Doppelbindungen in den ungesättigten Säuren (s. S. 628f., sowie Tabelle 145 und 146). Bei fast allen bekannten ungesättigten C_{18}-Säuren (mit Ausnahme der Petroselin- und Taririnsäure) liegt z. B. eine Doppelbindung genau in der Mitte der Kohlenstoffkette, die übrigen liegen weiter von der Carboxylgruppe entfernt, und zwar meistens durch eine CH_2-Gruppe voneinander getrennt, in einem Falle (Elaeostearinsäure) dagegen konjugiert. Eine befriedigende Theorie der Fettsäureentstehung müßte auch diesen Tatsachen gerecht werden.

Einen ähnlichen Reaktionsverlauf wie Buchner und Meisenheimer nehmen auch Curtius und Franzen[3] an, die in den grünen Blättern vieler Pflanzen α-β-Hexylenaldehyd $CH_3 \cdot (CH_2)_2 \cdot CH : CH \cdot CHO$ fanden. In Übereinstimmung mit dieser Theorie fand Franzen[4] später in den flüchtigen Bestandteilen grüner Blätter eine ganze Reihe homologer teils gesättigter, teils ungesättigter Aldehyde (von C_2 an mindestens bis C_{15}).

Während bei diesen und anderen Theorien die Bildung der höheren Fettsäuren aus Acetaldehyd rein hypothetisch angenommen wurde, gelang zum erstenmal C. Neuberg und B. Arinstein[5] der experimentelle Beweis, daß die Buttersäurebakterien aus Brenztraubensäure, der unmittelbaren

---

[1] Nencki: Journ. prakt. Chem. **17**, 105 (1878).

[2] Buchner u. Meisenheimer: Ber. **41**, 1410 (1908).

[3] Curtius u. Franzen: Liebigs Ann. **390**, 89 (1912). Nach Annahme der Autoren soll die Aldolkondensation nicht mit Acetaldehyd, sondern mit Glykolaldehyd $CH_2(OH) \cdot CHO$ erfolgen. Ein prinzipieller Unterschied gegenüber der Formulierung von Buchner und Meisenheimer ist hierin nicht zu erblicken.

[4] Franzen: Ztschr. physiol. Chem. **112**, 301 (1921).

[5] C. Neuberg u. B. Arinstein: Biochem. Ztschr. **117**, 309 (1921).

Vorstufe des Acetaldehyds, nicht allein Butylalkohol und Buttersäure, sondern auch die höheren Fettsäuren Capronsäure, Caprylsäure und Caprinsäure bilden. Sie haben andererseits gezeigt, daß mit Hilfe des Neubergschen Abfangverfahrens (Zusatz von Sulfit) die Buttersäuregärung tatsächlich so modifiziert werden kann, daß statt der Butylkörper Acetaldehyd massenhaft auftritt.

Besonders beweisend ist, daß neuerdings Acetaldehyd auch beim botanischen Abbau der Kohlenhydrate durch die Zellen grüner Pflanzen [1] und tierischer Gewebe [2] von Neuberg und Mitarbeitern in bedeutenden Mengen erhalten wurde. Für das ganze Problem der Fettbildung ist weiter von Wichtigkeit, daß auch die quantitative Spaltung von Zucker in Glycerin und Brenztraubensäure ($C_6H_{12}O_6 = C_3H_8O_3 +$ $CH_3 \cdot CO \cdot COOH$) jetzt von Neuberg realisiert worden ist [3].

Für die Annahme, daß Acetaldehyd ein elementarer Baustein der Fettbildung in der lebenden Zelle sei, sprechen im Anschluß an die Versuche von P. Lindner [4] auch die Arbeiten von Haehn und Kinttof [5].

Der fettfreie, ausgewachsene Hefepilz Endomyces vernalis baut Kohlenhydrate über Acetaldehyd ab, der mit dem Neubergschen Abfangverfahren tatsächlich isoliert wurde; er gab reichliche Mengen Fett, nachdem die ursprüngliche Nährlösung durch eine Acetaldehydlösung ersetzt worden war. Die Erklärung für die Fettbildung wird durch folgendes Formelschema ausgedrückt: Glucose → Brenztraubensäure → Acetaldehyd → Aldol → Glycerinester.

Der Fettgehalt der Hefe [6] schwankt zwischen 2—3% bei frischen und 15—28% bei 10—15tägigen Kulturen; unter besonderen Bedingungen wurden sogar über 50% Fett erhalten [7]. Die Fettbildung ist von den Kulturbedingungen (Temperatur, Sauerstoffzufuhr, Gegenwart von Kohlenhydraten usw.) sowie von der Rasse des Pilzes abhängig; am stärksten ist sie bei untergärigen Brauereihefen. An gesättigten Fettsäuren wurden im Hefefett Palmitin- und Stearinsäure [8] sowie höher- und niedrigermolekulare Säuren [unter anderem „Arachinsäure"(?) vom Schmelzpunkt 77^0 [9], eine bei $88,5^0$ schmelzende Tetrakosansäure(?) [10], eine rechtsdrehende Isovaleriansäure [11]] gefunden, an ungesättigten Säuren hauptsächlich Ölsäure [12]. Auch ungesättigte Oxysäuren wurden festgestellt [13]. Besonders wichtig ist das Vorkommen von Ergosterin (S. 636) im Hefefett.

Nach dem heutigen Stand der Wissenschaft ist wohl der Beweis erbracht, daß Brenztraubensäure bzw. Acetaldehyd als intermediäre Produkte des Abbaus von Kohlenhydraten in enger Beziehung stehen zur Fettbildung im Tier- und Pflanzenkörper. Nach Neuberg und Arinstein spielt hierbei das Lacton des Brenztraubensäure-aldols $CH_3 \cdot C (COOH) \cdot CH_2 \cdot CO \cdot CO$ eine wichtige Rolle.

---

[1] C. Neuberg u. A. Gottschalk: Biochem. Ztschr. **151**, 167 (1924); **160**, 256 (1925).

[2] C. Neuberg u. A. Gottschalk: ebenda **146**, 582 (1924); **151**, 169 (1924); **158**, 253 (1925).

[3] Neuberg u. M. Kobel: ebenda **210**, 487 (1929); **216**, 493 (1929); **219**, 490 (1930); Naturwiss. **1930**, 427.

[4] P. Lindner: Ztschr. techn. Biol. **9**, 100 (1921); Ztschr. angew. Chem. **35**, 110 (1922).

[5] Haehn u. Kinttof: Ber. **56**, 439 (1923); s. auch H. Haehn: Ztschr. techn. Biol. **9**, 217 (1921).

[6] Näheres s. in Halden-Grün: Analyse der Fette und Wachse, Bd. 2, S. 180. Berlin: Julius Springer 1929.

[7] Lindner: Wchschr. Brauerei **33**, 193 (1916).

[8] Gérard u. Darexy: Journ. Pharm. Chim. [6] **5**, 275 (1897).

[9] Neville: Biochemical Journ. **7**, 347 (1913).

[10] G. Weiss: Biochem. Ztschr. **243**, 369 (1931).

[11] Weiss: l. c.; s. auch Weichherz u. Merländer: ebenda **239**, 21 (1931).

[12] Nägeli u. Loew: Journ. prakt. Chem. **17**, 403 (1878).   [13] Weiss: l. c.

Von grundsätzlicher Bedeutung sind in diesem Zusammenhange die weiteren Arbeiten Neubergs über die enzymatische Synthese längerer Kohlenstoffketten, an deren Verwirklichung gleichfalls der Acetaldehyd einen entscheidenden Anteil nimmt. In der Hefe und anderen Organismen fand Neuberg ein Ferment, die Carboligase, das imstande ist, zugefügte fremde Aldehyde mit dem bei der Zuckerspaltung intermediär auftretenden Acetaldehyd zu vereinigen[1]. So gelingt es z. B., aus Benzaldehyd, den man einer gärenden Zuckerlösung zusetzt, das Phenylacetylcarbinol:

$$C_6H_5 \cdot CHO + HCO \cdot CH_3 \rightarrow C_6H_5 \cdot CHOH \cdot CO \cdot CH_3$$

in erheblicher Menge zu gewinnen. Bemerkenswerterweise kann dabei als Lieferant des Acetaldehyds statt des Zuckers auch Brenztraubensäure Verwendung finden:

$$C_6H_5 \cdot CHO + COOH \cdot CO \cdot CH_3 \rightarrow CO_2 + C_6H_5 \cdot CHOH \cdot CO \cdot CH_3.$$

Das bezeugt von neuem die Wichtigkeit sowohl der Brenztraubensäure als des Acetaldehyds für die synthetischen Vorgänge.

Gibt man statt des Benzaldehyds Acetaldehyd zu einer in Gärung befindlichen Zuckerlösung, so reagiert nach Feststellungen Neubergs dieser zugefügte Acetaldehyd mit dem beim Zuckerzerfall entstehenden Acetaldehyd in analoger Weise und liefert in 100%iger Ausbeute das einfachste Acyloin, das Acetoin[2]:

$$CH_3 \cdot CHO + HCO \cdot CH_3 \rightarrow CH_3 \cdot CHOH \cdot CO \cdot CH_3.$$

Auch diese Reaktion läßt sich, losgelöst von der lebenden Zelle, herbeiführen.

Mit der Carboligase ist das erste kohlenstoffkettenerzeugende Enzym aufgefunden worden.

W. Dirscherl[3] hält allerdings die Existenz der „Carboligase" wenn auch nicht für unmöglich, so doch für unbewiesen, da aus Brenztraubensäure und Acetaldehyd auch durch einfache UV-Bestrahlung der wässerigen Lösung bei Abwesenheit von Enzymen große Mengen Acetoin gebildet werden und die Ausbeute an letzterem sogar auf 100% steigt, wenn man zur Bestrahlung von Brenztraubensäure durch Acetaldehyd oder Aceton filtriertes Licht anwendet. Neuberg[4] hält dagegen an dem enzymatischen Charakter der „carboligatischen" Acyloinsynthese fest. Auch A. Stepanoff und A. Kusin[5] bestätigen die Existenz der Carboligase, die sie außer im Hefesaft auch in verschiedenen grünen Blättern nachwiesen.

Während in den oben besprochenen Arbeiten die Frage der biologisch-chemischen Bildung der Fette bzw. Fettsäuren ganz allgemein behandelt wird, untersuchte S. Ivanow speziell die Abhängigkeit der Art der im Pflanzensamen gebildeten Fettsäuren vom Reifestadium des Samens und von den während der Reifung herrschenden klimatischen Bedingungen. Nach seinen hauptsächlich mit Lein (Linum usitatissimum) ausgeführten Versuchen entstehen bei der Reifung zuerst gesättigte, dann einfach ungesättigte, dann doppelt, zuletzt dreifach ungesättigte Säuren (Linolensäure)[6]. Die Menge der stärker ungesättigten Säuren, d. h. die Jodzahl des Leinöles, ist ferner im allgemeinen um so größer, je kälter das Klima während der Reifeperiode war. Dementsprechend geben in hohen Breitengraden oder in großer Höhe über dem Meeresspiegel gezogene Leinsaaten meistens Öle von hohen Jodzahlen (> 180), in warmem Klima gezogene dagegen Öle mit niedrigen

---

[1] Neuberg u. J. Hirsch: Biochem. Ztschr. **115**, 282 (1921); Neuberg u. L. Liebermann: ebenda **121**, 311 (1921); Neuberg: Ztschr. angew. Chem. **35**, 90 (1922); Neuberg u. A. v. May: Biochem. Ztschr. **140**, 299 (1923).

[2] Neuberg u. E. Reinfurth: ebenda **143**, 553 (1923).

[3] W. Dirscherl: Ztschr. physiol. Chem. **188**, 225 (1930); **201**, 47, 78 (1931).

[4] Neuberg: Biochem. Ztschr. **225**, 238 (1930).

[5] A. Stepanoff u. A. Kusin: Ber. **63**, 2473 (1930); **64**, 1345 (1931).

[6] Über den Stoffwechsel beim Reifen der ölhaltigen Samen, mit besonderer Berücksichtigung der Ölbildungsprozesse. Beih. zu botan. Ztrbl. **1911**, 159.

Jodzahlen (< 150)[1]. Dabei reagieren die Pflanzen auf Klimaänderungen so rasch, daß bei der Verpflanzung einer Saat aus einem kalten in ein wärmeres Klima und umgekehrt schon in der ersten Vegetationsperiode ein dem neuen Klima angepaßtes Öl erzeugt wird.

Z. B. betrug die Jodzahl eines Leinöles aus Taschkent ($41,3^0$ n. Br.) 154; nach dem Anbau in Moskau ($55,8^0$ n. Br.) gab die gleiche Saat schon im ersten Jahr ein Öl von Jodzahl annähernd 180. Ein Leinöl aus Nolinsk ($57,8^0$ n. Br.) hatte Jodzahl 185/8; im Tropenhaus zu Berlin-Dahlem bei einer konstanten Temperatur von $25—30^0$ gezogen, lieferte dieselbe Saat ein Öl von der extrem niedrigen Jodzahl 92,6[2].

Biologisch könnte dies vielleicht damit zusammenhängen, daß beim Anbau des Leins in kälterem Klima die Zahl und Länge der Keimlinge nach bestimmter Zeit um so größer ist, je höher die Jodzahl des von der Pflanze gebildeten Öles ist, daß also die Bildung der erst bei sehr tiefer Temperatur erstarrenden Linolensäure geeignet ist, die Pflanzenart in einem kalten, der Erhaltung der einzelnen Pflanze gefährlicheren Klima sicherer zu erhalten. Die mehrfach ungesättigten Säuren werden auch schneller abgebaut als die gesättigten oder einfach ungesättigten und liefern beim Abbau mehr Zucker, dessen Lösung in den Zellen die Pflanze vor dem Erfrieren schützt.

Die klimatischen Einflüsse auf die Höhe der Jodzahl können sich natürlich nur im Rahmen der Anpassungsfähigkeit der Pflanzenart bzw. ihrer Fähigkeit zur Bildung stark ungesättigter Säuren auswirken, die auch bei verschiedenen Zuchtsorten der gleichen Art unter Umständen verschieden sein kann. Auf eine Überlagerung der klimatischen Einflüsse durch erbliche Konstitutionseinflüsse ist es offenbar zurückzuführen, daß gelegentlich in südlichen Gegenden auch Leinöle mit hohen Jodzahlen vorkommen. So zeigte das Öl einer von Ivanow[3] untersuchten Leinsorte aus dem Tscherkaskigebiet (Südrußland) die Jodzahl 184, und eine in einzelnen Landstrichen Indiens vorkommende weiße Leinsaat gibt 53—55% (gewöhnliche Leinsaat etwa 35—44%) Öl von der Jodzahl 180[4]. Bei nichttrocknenden (linolensäurefreien) Ölen konnte Ivanow keine Abhängigkeit der Jodzahl vom Klima feststellen; Fachini und Dorta[5] fanden sogar in norditalienischen Olivenölen weniger Linolsäure als in süditalienischen, griechischen und nordafrikanischen Ölen.

Einflüsse anderer äußerer Faktoren, z. B. Bodenbeschaffenheit oder Düngung, auf die Höhe der Jodzahl waren bei den bisherigen Versuchen mit Leinsaat, Sojabohnen u. a. nicht festzustellen[6].

V. Physiologie und Pharmakologie der Fette.

Daß im Tierkörper Fette aus den Komponenten Fettsäure und Glycerin aufgebaut werden, gilt als erwiesen[7]. So wurde Tributyrin aus Buttersäure, Glycerin und Wasser bei 37^0 unter dem Einfluß des auch fettspaltend

---

[1] S. Ivanow: Die Klimaten des Erdballs und die chemische Tätigkeit der Pflanzen, Abderhaldens Fortschritte der naturwissenschaftlichen Forschung, Neue Folge, Heft 5. Berlin 1929; Chem. Umschau Fette, Öle, Wachse, Harze **38**, 96 (1931). Über einzelne Ausnahmen von dieser Regel s. u.

[2] S. Ivanow: Allg. Öl- u. Fett-Ztg. **29**, 149 (1932).

[3] Ivanow: Die Klimaten des Erdballs usw., S. 18.

[4] Briefl. Mitt. von F. Wittka, Bombay, vom 17. 7. 1932.

[5] Fachini u. Dorta: L'Industria degli Olii minerali e dei Grassi **9**, 137 (1928); Chem. Umschau Fette, Öle, Wachse, Harze **36**, 344 (1929).

[6] Ivanow: ebenda **36**, 12 (1929); vgl. auch Halden-Grün: Analyse, Bd. 2, S. 11.

[7] Rosenfeldt: Allg. med. Ztrbl. **1901**, Nr. 73; I. Munk: Du Bois-Reymonds Arch. **1883**, 273; Virchows Arch. **95**, 407; Lebedeff: Med. Ztrbl. **1882**, Nr. 8.

wirkenden Enzyms Serolipase dargestellt[1]. Zu den gleichen Ergebnissen kamen Kastle und Loevenhart[2], während andere die Existenz der Serolipase überhaupt bezweifelten[3]. Der deutlichste Beweis für die Fettsynthese im Körper ist der Versuch von Minkowski[4], der nach Verabreichung von Erucasäure an einen Patienten in der diesem entnommenen Punktionsflüssigkeit Erucin, das sich sonst im menschlichen Körper nicht findet, nachwies. Ebenso wurde bei der Verfütterung von Monoglyceriden an Hunde im Darm die Anwesenheit von Triglyceriden festgestellt[5].

Auch synthetische Fettsäureäthylester und Glykolester wurden auf Ausnützung geprüft[6]; Talgfettsäureäthylester wurden bei Hunden zu 96%, bei Zusatz von 40% Rindertalg zu 98 — 99 % ausgenutzt. 30%ige Mischungen mit Rindertalg wurden beim Menschen zu 93—95%, ohne Störungen zu verursachen, ausgenutzt.

Die Ansichten über die Vorgänge bei der Verdauung der Fette im Tierkörper gehen auseinander.

Nach I. Munk[7] werden die Fette als solche oder als Seifen resorbiert. Die meisten Autoren sind der Meinung, daß die Fette erst nach voraufgehender Aufspaltung resorbiert werden, da sich nie Fettemulsionen im Darm zeigen[8]. Ihre Bestätigung fand diese Ansicht in der Beobachtung[9], daß bei Verfütterung eines Gemisches von Paraffin und Fett das Paraffin vollständig in den Exkrementen wieder ausgeschieden wurde, während das Fett vollkommen resorbiert wurde.

Für die Verdaulichkeit der Fette ist in erster Linie die Höhe des Schmelzpunktes maßgebend[10]. So beträgt die Ausnutzung im Darm bei Fetten, deren Schmelzpunkt unter der Körpertemperatur liegt, 97—98%, bei Hammelfett (Schmelzpunkt 49⁰) 89—93%, bei Tristearin (Schmelzpunkt 71⁰) dagegen nur 9—14%[11]. Auch von den freien Fettsäuren werden die niedrigschmelzenden niedrigmolekularen bzw. ungesättigten gut ausgenutzt, freie Ölsäure z. B. ebensogut wie Schweineschmalz, während die höher schmelzenden Säuren (Palmitin- und Stearinsäure) nur wenig resorbiert werden und größtenteils unverdaut mit dem Kot abgehen. Durch Ölsäurezusätze ließ sich die Verdaulichkeit der hochschmelzenden Fettsäuren bedeutend steigern[12].

Die besonders gute Verdaulichkeit der Ölsäure[13] und anderer ungesättigter Säuren (z. B. Erucasäure) dürfte nicht allein mit dem niedrigen Schmelzpunkt, sondern mit der allgemein höheren Reaktionsfähigkeit der

---

[1] Henriot: Lit. s. Paul Schacht: Diss. Zürich 1908: Beiträge zur Synthese der Fette. Symmetr. Glyceride.

[2] Kastle u. Loevenhart: Amer. chem. Journ. **24**, 491 (1900).

[3] Doyen u. Morel: Compt. rend. Acad. Sciences **134**, 1254 (1902).

[4] O. Minkowski: Arch. exper. Pathol. Pharmakol. **21**, 373 (1886).

[5] Argyris u. Frank: Ztschr. Biol. **59**, 143 (1912).

[6] J. Müller u. H. Murschhauser: Biochem. Ztschr. **78**, 63 (1916); H. H. Franck: Münch. med. Wchschr. **64**, 9 (1917); **65**, 1216 (1918); s. auch E. Rost: Ber. ges. Physiol. **2**, Heft 2 (1920), der die gute Ausnützung von 20—30% Zusatz an Äthylestern zum Schweineschmalz zeigte.

[7] I. Munk: Ztrbl. Physiol. **14**, 121, 153 (1900); durch C. **1900**, II, 390.

[8] E. Pflüger: Pflügers Arch. **82**, 303 (1900).

[9] V. Henriques u. C. Hansen: Ztrbl. Physiol. **14**, 313 (1900).

[10] Zuntz: Nahrung und Ernährung, 1918.

[11] Arnschink: Ztschr. Biol. **26**, 434 (1890).   [12] E. Rost: l. c.

[13] A. Spieckermann: Ztschr. Unters. Nahr.- u. Genußmittel **27**, 83 (1914); Joh. Rudolf: Ztschr. physiol. Chem. **101**, 99 (1918).

ungesättigten Verbindungen zusammenhängen (vgl. Abbau der Ölsäure beim Ranzigwerden, S. 650).

Auf Grund der Erkenntnis, daß hochschmelzende Fette schwer verdaulich sind, ist man auch bei der Herstellung von Speisefetten durch Härtung von Ölen (S. 825) von der früher üblichen Arbeitsweise, bei der ein Teil des Öles hoch (bis auf Schmelzpunkt 50/52⁰) gehärtet und mit unverändertem Öl gemischt wurde, abgekommen und härtet die Öle jetzt im ganzen nur bis zur schmalzartigen oder weichtalgartigen Konsistenz (Schmelzpunkt 36/37⁰ oder 40/42⁰), so daß sie sich gut zu Margarine verarbeiten lassen. Diese Weichfette werden im Körper vollkommen ausgenutzt[1].

H. Lührig[2] untersuchte die Beziehungen zwischen der Geschwindigkeit der Verseifung der Fette und ihrer Verdaulichkeit bzw. Resorbierbarkeit. Weder in der Verdaulichkeit noch in der Verseifungsgeschwindigkeit zeigten sich nennenswerte Unterschiede zwischen Butter, Margarine, Schmalz, Cottonöl, Sesamöl usw.; auch H. Kreis und O. Wolf[3] fanden bei der kalten Verseifung nach Henriques (S. 757) für Butter und Margarine gleiche Verseifungsgeschwindigkeiten.

Im wesentlichen dürfte die Verdauung der Fette folgendermaßen verlaufen[4]: Das im Pankreas, dem Bauchspeichel, enthaltene Ferment Steapsin hydrolysiert die aufgenommenen Fette, nachdem das im Pankreassaft ebenfalls (in Mengen von 0,2—0,4%) vorkommende Natriumcarbonat die freien Fettsäuren neutralisiert und mit Hilfe der gebildeten Seife und der freiwerdenden Kohlensäure das Fett fein emulgiert hat; auch die Lecithine werden durch das Steapsin zu Glycerinphosphorsäure, freier Fettsäure und Cholin abgebaut. Die Resorption der gespaltenen Fette erfolgt zum Teil durch die Darmepithelzellen. Die in der Galle enthaltenen Cholate haben wahrscheinlich ebenfalls die Aufgabe, die Fette zu emulgieren, die Zellwände für Fett benetzbar zu machen und die Resorption zu fördern. Im Darmsaft werden die Fette durch das Ferment Lipase weiter abgebaut.

Das fettspaltend wirkende Enzym Lipase wurde von Willstätter[5] näher untersucht. Er nimmt in dem Enzymmolekül einen kolloidalen Träger und eine aktive Gruppe an, welche rein chemisch durch Affinitätsreste und Partialvalenzen ihre spezifische Wirksamkeit ausübt, wobei das sehr empfindliche Molekül unverändert bleibt. Zur Isolierung der Enzyme werden außerordentlich verfeinerte Adsorptionsmethoden verwendet. So gelang es, aus der Pankreaslipase ein Produkt von 300facher Wirksamkeit gegenüber dem trockenen entfetteten Organ zu erhalten.

Der Aufbau von Neutralfett aus Glycerin und Fettsäuren, welch ersteres die Darmwand selbst liefert, findet in dieser statt, auch bei Verfütterung von Fettsäuren und Seifen. Ebenso werden die im Haut- und Haarfett sowie im Blut vorkommenden Cholesterinester der höheren Fettsäuren und die Lecithine (s. S. 668) im Körper aufgebaut[6]. Das Fett bildet im Körper einen Reservestoff, der bei angestrengter Muskelarbeit oder beim

---

[1] S. Ueno, M. Yamashita u. Y. Ota: Journ. Soc. chem. Ind. Jap. Suppl. **1927**, 105.

[2] H. Lührig: Ztschr. Unters. Nahr.- u. Genußmittel **2**, 484, 622, 769 (1899); **3**, 73 (1900).

[3] H. Kreis u. O. Wolf: ebenda **2**, 914 (1899).

[4] Braun: Seifenfabrikant **35**, 522 (1915).

[5] Willstätter: Ber. **55**, 3601 (1922); Willstätter, Waldschmidt-Leitz und Memmen: Ztschr. physiol. Chem. **125**, 93 (1923); Willstätter u. Waldschmidt-Leitz: ebenda, **125**, 132 (1923).

[6] M. Schenk: Ztschr. angew. Chem. **35**, 393 (1922); G. Trier: Über einfache Pflanzenbasen und ihre Beziehungen zum Aufbau der Eiweißstoffe und Lecithine. Gebr. Bornträger, Berlin 1912.

Hungern bis zu Kohlendioxyd und Wasser abgebaut wird. Über den dabei erfolgenden stufenweisen Abbau weiß man jetzt, daß gesättigte, aliphatische und aromatische Fettsäuren am β-Kohlenstoffatom oxydativ gespalten werden[1]. So führte bei einem Hunde die Verfütterung von Phenyl-propionsäure zur Ausscheidung von Benzoesäure bzw. Hippursäure (Benzoyl-glykokoll). Phenylvaleriansäure ergab bei der Verfütterung durch zweimalige β-Oxydation ebenfalls Benzoesäure.

$$C_6H_5 \cdot CH_2 \cdot CH_2 \cdot CH_2 \cdot CH_2 \cdot COOH \rightarrow C_6H_5 \cdot CH_2 \cdot CH_2 \cdot COOH$$

Phenylvaleriansäure   Phenylpropionsäure

$$\rightarrow C_6H_5 \cdot COOH$$

Benzoesäure

Werden größere Mengen Fett dem Körper zugeführt, so geht ein Teil unverändert mit den Faeces wieder fort.

Die spezifische Wirkung des Fettes bei der Verdauung soll darauf beruhen, daß die beim Abbau der Eiweißstoffe entstehenden Aminosäuren sich mit den aus den Fetten abgespaltenen Fettsäuren zu Lipoproteiden verbinden, während das abgespaltene Glycerin die Entstehung dieser Ver-bindung beschleunigt. Die Lipoproteide werden direkt assimiliert[2].

Das menschliche Fett ist blaßgelb bis orangegelb; seine Zusammen-setzung und Eigenschaften schwanken mit dem Alter des Individuums und der Art des Gewebes. Auch ist bei der Auswertung der Literaturangaben zu beachten, daß das zu den wissenschaftlichen Untersuchungen benutzte Material stets von den Leichen einzelner, meistens zuvor erkrankter Per-sonen stammte und daher zum Teil wohl auch pathologisch verändert war. Fette von Erwachsenen zeigten durchschnittlich Schmelzpunkt 15—22°, Verseifungszahl 192—200, Säurezahl < 1, Jodzahl 59—73, Reichert-Meißl-Zahl 0,3—0,6; sie enthielten 66—87% Ölsäure, im übrigen Palmitin- und Stearinsäure neben Spuren flüchtiger Säuren, 0,3—0,4% Unverseifbares, davon z. B. 0,18% Cholesterin und 0,08% Lecithin. Fette von Säuglingen enthielten etwas mehr flüchtige Säuren (Reichert-Meißl-Zahl 1,8—3,4), bedeutend weniger Ölsäure (53—65%, bei einem Neugeborenen nur 43%) und zeigten dementsprechend höheren Schmelzpunkt (46—51°), höhere Verseifungszahl (204) und kleinere Jodzahl (47—58). Das durch Umwandlung des Leichenfettes entstehende „Leichenwachs" besteht größtenteils aus freien Fettsäuren (Säurezahl um 200) und enthält erhebliche Mengen unver-seifbarer Bestandteile (in einem Falle 16,7%).

Der Fettgehalt der menschlichen Haare schwankt in weiten Grenzen, wobei die künstliche Fettung der Haare wohl mitspricht. Bibra fand 4%, Stiepel 6%, Linser[3] bei nicht künstlich gefetteten Köpfen nur 2,6%, Rud. Meyer[4] 2%, Beetz dagegen 11—14%. Auch über die Eigenschaften liegen widersprechende Angaben vor: Stiepel fand Verseifungszahl 114 und 43% Unverseifbares, Linser Verseifungszahl 139 und 45% Unver-seifbares, Eckstein[5] dagegen Verseifungszahl 194—200 und nur 3% Unverseifbares. Die Annahme Röhmanns, daß das Haarfett, ähnlich dem

---

[1] K. Thomas u. H. Schotte: Ztschr. physiol. Chem. **104**, 141 (1919).

[2] F. Maignon: Compt. rend. Acad. Sciences **168**, 626 (1919); C. **1919**, III, 105; vgl. auch Bondi: Biochem. Ztschr. **17**, 543 (1909); C. **1909**, II, 269.

[3] Linser: Habilitationsschrift, Tübingen 1904.

[4] Rud. Meyer: Ztschr. Österr. Apoth.-Ver. **43**, 978 (1905); C. **1905**, II, 1368.

[5] Eckstein: Journ. biol. Chemistry **73**, 363 (1927).

Wollfett (S. 961), aus Estern des Cholesterins und anderer höherer Alkohole bestände, wäre nur mit den Befunden von Stiepel oder Linser, aber nicht mit der Analyse von Eckstein vereinbar.

Biologisch und therapeutisch interessant ist der hohe Fett- bzw. Wachsgehalt vieler Mikroorganismen, z. B. der Hefe (s. S. 684), und mancher Bakterien, wie des Diphtherie-, Syphilis- und Tuberkelbacillus. Insbesondere der letztere ist sehr reich an Wachs, das der Träger der Farbenreaktion der Bacillen gegenüber Anilinfarbstoffen ist[1] und chemisch einem echten Wachs entspricht[2]. Auf den hohen Fettgehalt der Tuberkelbacillen ist wiederholt hingewiesen und dieser als Träger der Säurefestigkeit der Bacillen erkannt werden. Die Lymphocyten, d. h. die einkernigen basophilen weißen Blutkörperchen, enthalten im Gegensatz zu den gelapptkernigen Leukocyten ein fettspaltendes Ferment[3], das auch auf das Wachs der Tuberkelbacillen spaltend und abbauend wirkt; man erblickt daher in jenen Körperchen, die in den Lymphdrüsen, der Milz usw. angereichert sind, eine spezifische Waffe gegen den Tuberkelbacillus. Ein lebender Körper bildet um so mehr fett- und wachsspaltende, also Tuberkelbacillen zerstörende Fermente, je mehr Fett, z. B. in Form von Lebertran, Butter, Milch usw., ihm zugeführt wird[4].

Das durch Extraktion der Pankreasdrüse nach dem Patent Röhm gewonnene tryptische Ferment, das, mit Soda gemischt, als Waschmittel „Burnus“ oder „Triton“ in den Handel kommt[5], soll nicht nur eiweißhaltigen Schmutz entfernen, sondern auch Fette spalten.

Die Ursache der festen Beschaffenheit vieler fettreicher pflanzlicher und tierischer Gewebe liegt darin, daß das Fett emulsionsartig in dem Gewebe verteilt ist[6]. Eine Emulsion zweier Flüssigkeiten hat eine viel größere Viscosität als jede der beiden Konstituenten. Die dem Wasser die fettemulgierenden Eigenschaften verleihenden Stoffe sind hydratisierte Proteine, Seifen und Kohlenhydrate, d. h. die Bestandteile des Protoplasmas. Bei der Aufhebung der Emulsionen, die bei Geweben eine pathologische Erweichung darstellt, werden die Viscositäten der Konstituenten wieder erreicht.

Giftig sind Chaulmoografett (S. 790), Marattifett[7] und andere Fette der gleichen Gruppe, ferner ganz besonders das als stärkstes Purgiermittel benutzte Crotonöl (S. 796). Auch Ucuhubafett erwies sich bei Einspritzung in die Bauchhöhle von Kaninchen als giftig[8]. Reine Fette sind sonst, von der purgierenden Wirkung des Kurkas- und Ricinusöls abgesehen, nicht giftig[9]. Dagegen schädigen die Seifen, z. B. ölsaures Natron, die

---

[1] Th. Weyl: Dtsch. med. Wchschr. 1891, Nr. 7.

[2] H. Aronson: ebenda 1898, Nr. 22; Berl. klin. Wchschr. 1899, 484; 47, Nr. 35, 13 (1910).

[3] S. Bergel: Münch. med. Wchschr. 1909, Nr. 2; Arb. a. d. Kaiser Wilhelms-Institut f. exper. Therap., durch Ztschr. Tuberkul. 22, 343 (1914); 23, 345 (1915); Klin. Beitr. 38, 95 (1917).

[4] Wassermann: Vortrag in der Ärzteversammlung der Waffenbrüderlichen Vereinigung, durch Chem. Umschau Fette, Öle, Wachse Harze 25, 29 (1918).

[5] Kind: Seifenfabrikant 36, 257 (1916).

[6] Fischer u. Hooker: Kolloid-Ztschr. 18, 242 (1916).

[7] H. Thoms u. F. Müller: Ztschr. Nahr.- u. Genußmittel 22, 226 (1911).

[8] Holde u. Bleymann: Ztschr. Dtsch. Öl-Fettind. 41, 401, 419 (1921).

[9] Ricinussamen enthält ein hochmolekulares Toxin „Ricin“ von noch unbekannter Struktur, das intravenös injiziert, in minimalen Dosen tödlich ist, aber nicht in das Öl übergeht, ferner ein Alkaloid „Ricinin“ $C_8H_8O_2N_2$, dessen Struktur von Späth und Koller: Ber. 58, 2124 (1925), durch Synthese aufgeklärt wurde. Ricinuspreßkuchen sind daher als Futter nicht, bzw. erst nach Entgiftung geeignet, die durch Behandeln mit Wasserdampf (Spaltung des Ricins) oder Extraktion mit 10%iger Kochsalzlösung erfolgen kann. Innerlich genommen, sind für den Menschen 0,18 g Ricin (entspr. 6 Ricinuskörnern) tödlich. Nach P. Ehrlich werden weiße Mäuse und Kaninchen bei täglicher Eingabe von kleinen, nicht letalen Dosen gegen Ricin immun.

Herzwirkung [1]. Intravenös injiziert, vermindern sie den Blutdruck und wirken durch Lähmung der Gehirntätigkeit narkotisierend (Munk). Freie Fettsäuren sind, soweit sie wasserlöslich sind, von der Buttersäure aufwärts giftig, ebenso Aldehyde. Daher können zersetzte ranzige Fette gesundheitsschädigend wirken. Reine Ricinolsäure hat nach A. Heiduschka und G. Kirsten[2] keine abführende Wirkung.

Über synthetische sog. „Diabetikerfette", welche nur Fettsäuren mit ungeraden C-Atomzahlen enthalten, s. S. 810, über die Verwendung des Chaulmoogra- und Hydnocarpusfettes zur Bekämpfung der Lepra und Tuberkulose S. 940.

B. Technologisches.

(Bearbeitet von F. Wittka.)

I. Gewinnung, Reinigung und Verwendung von Fetten.

1. Gewinnung der Rohfette.

Die pflanzlichen Öle und Fette werden aus den mechanisch gereinigten und zerkleinerten Samen oder Früchten durch Pressung oder Extraktion mit Lösungsmitteln, die tierischen Öle und Fette (Trane, Klauen-, Knochenöl, Talg, Schmalz usw.) durch Ausschmelzen der fetthaltigen Körperteile mit oder ohne Dampf, zum Teil auch durch Extraktion (z. B. Benzin-Knochenfett) gewonnen.

Als Extraktionsmittel[3] dienen Benzin, seltener Trichloräthylen (Tri), Schwefelkohlenstoff (in Italien und Spanien) und Benzol. Ein Vorzug der Chlorkohlenwasserstoffe besteht in ihrer Feuersicherheit sowie in der geringeren spezifischen und Verdampfungswärme, ihr Mangel in dem hohen spez. Gew., das bei der Verwendung nach Volumen größere Mengen Lösungsmittel als bei Benzin, Benzol usw. beansprucht, ferner in der größeren Giftigkeit der Dämpfe im Vergleich zu den anderen Lösungsmitteln. Schließlich spalten sie bei höherer Temperatur und in Gegenwart von Feuchtigkeit sehr leicht Salzsäure ab, wodurch die Apparatur angegriffen werden kann.

Tabelle 154. Physikalische Eigenschaften der Fettlösungsmittel.

Lösungsmittel	Siedepunkt °C	Spez. Wärme bei etwa 18° cal/g · Grad	Verdampfungswärme cal/g	d_{20} g/l
Schwefelkohlenstoff .	46,2	0,24	85	1263
Benzin	60—100	0,50	92,3	680—720
Benzol	80,2	0,41	94	880
Tetrachlorkohlenstoff	76,7	0,21	46,6	1594
Trichloräthylen . . .	86	0,23	58	1465

---

[1] Bokorny: Chem.-Ztg. **35**, 630 (1911).
[2] A. Heiduschka u. G. Kirsten: Pharmaz. Zentralhalle **71**, 81 (1930).
[3] Siehe H. Wolff: Die Lösungsmittel der Fette, Öle usw. Stuttgart 1922.

Die extrahierten Öle sind in vielen Fällen unreiner und von festerer Konsistenz als die ausgepreßten und ausgeschmolzenen, weil die Extraktionsmittel auch färbende feste und harzige Stoffe leicht lösen; z. B. ist das sog. Benzinknochenfett infolge höheren Gehaltes an festen Glyceriden, Kalkseifen und Verunreinigungen gewöhnlich dunkler gefärbt und fester als durch Dämpfen der Knochen gewonnenes, gelbes bis gelbbraunes Knochenfett. (Allerdings werden zur Extraktion auch meist ältere, an sich schon minderwertiges Fett enthaltende Knochen verwendet, vgl. S. 696.) Seit längerer Zeit werden aber auch pflanzliche Öle, für Speisezwecke insbesondere Sojaöl, mit gutem Erfolg durch Extraktion gewonnen.

2. Raffinationsverfahren.

Die rohen Öle werden durch Ablagern (Selbstklärung) oder Filtrieren (Filterpressen, Filtersäcke) von mechanischen Verunreinigungen, wie Schleimteilen, Eiweißstoffen, festen Körpern usw., befreit. Die in den Ölen gelösten färbenden und sonstigen nicht fettartigen Bestandteile (Harz, riechende Stoffe u. a.) werden durch chemische Raffination (Säure- oder Laugenbehandlung) beseitigt; auch durch Behandeln mit Tierkohle, Bleicherden (Fullererde, Kieselgur) oder Torfmull werden die Öle gebleicht und entschleimt.

Manche Öle werden sowohl roh, bzw. nur durch Ablagern geklärt, als auch raffiniert verwendet (z. B. Leinöl und Rüböl).

a) Behandlung mit konz. Schwefelsäure.

Gewisse Öle, wie Rüböl für Brennzwecke, müssen mit Schwefelsäure vorbehandelt werden, deren Konzentration von der Qualität des Öles, der Einwirkungstemperatur usw. abhängig ist. Bei der Einwirkung der konz. Schwefelsäure kann ein Überschuß an Säure, bei zu langer Einwirkungsdauer oder zu hoher Temperatur, leicht erhebliche Mengen Öl in freie Fettsäure, Fettschwefelsäure und Glycerin spalten. Durch nachfolgende Auswaschung mit heißem Wasser werden die Fettschwefelsäuren z. T. in freie Schwefelsäure und Oxysäuren zersetzt (s. S. 830); zwar wird hierbei die freie Mineralsäure entfernt, dagegen bleiben die Oxysäuren und die abgespaltenen Fettsäuren im Öl gelöst, so daß die so raffinierten fetten Öle oft mehr freie Säuren enthalten als die rohen Öle. Andere Öle, z. B. Leinöl, werden mit verdünnter Säure oder durch Behandeln mit Bleicherden entschleimt.

b) Beseitigung der freien Fettsäuren.

Die in den rohen Ölen vorkommenden freien Fettsäuren werden, wenn die Öle zu Speisezwecken oder zur Schmierung feinerer Maschinenteile dienen sollen, mit alkalischen Mitteln (Laugen, Sodalösung) entfernt. Durch die Laugenbehandlung wird auch ein großer Teil der Farbstoffe entfernt, indem die entstandene Alkaliseife (Soapstock) gleichzeitig die Farbstoffe mitreißt. Am deutlichsten macht sich diese Aufhellung beim Cottonöl bemerkbar, indem das fast schwarze Rohöl eine gelbe Farbe annimmt.

Der Soapstock, d. h. die bei der Einwirkung der Lauge auf die freien Säuren gebildete Seife, wird durch geeignete Maßnahmen, wie längeres Rühren, Zusatz von Wasser usw., in eine solche Beschaffenheit gebracht, daß die Seife rasch zu Boden sinkt und dann in warmem Zustand leicht abgezogen werden kann. Die Seife nimmt erhebliche Mengen Neutralöl in sich auf, jedoch können diese Neutralölverluste durch verschiedene Mittel (Zentrifugieren der Seife, Arbeiten mit sehr dünnen Laugenkonzentrationen oder Extraktion des getrockneten Soapstocks[1] mit Fettlösungsmitteln) sehr stark eingeschränkt werden, so daß man bei flüssigen Ölen aus dem Soapstock durch Mineralsäure hochprozentige Fettsäuren von 70% freier Säure abscheiden kann; bei Cocos- und Palmkernfett erzielt man leicht eine Fettsäure mit mindestens 75% freier Säure. Reste freier Fettsäuren und geringe

---

[1] Holde u. Kind: Chem. Umschau Fette, Öle, Wachse, Harze **30**, 199 (1923).

Seifenreste lassen sich mitunter aus den Ölen auch durch selektiv wirkende Entfärbungspulver entfernen[1].

Ein anderes beachtenswertes Verfahren zur Verminderung der Neutralölverluste, die bei der Laugung stark saurer Öle, z. B. Sulfurolivenöle, sehr hoch sind, besteht in der Entsäuerung mit Ammoniak in Gegenwart von Alkohol bzw. Alkohol und Benzin[2]. Die Reagentien werden im Kreislauf benutzt, da beim Abdestillieren des Alkohols aus der wässerig-alkoholischen Ammoniakseifenlösung die Seife in Ammoniak und Fettsäuren zerfällt. Man erhält so die ursprünglich vorhanden gewesene freie Fettsäure als solche wieder.

Bei dem für säurereiche Fette in Frage kommenden, neuerdings sehr beachteten Weckerverfahren[3] entsäuert man durch Abdestillieren der Fettsäuren im Hochvakuum mit überhitztem Dampf. Man entsäuert die Öle ganz oder bis auf 2% freie Säure, welche dann durch Laugen entfernt werden, oder man destilliert auch aus dem durch Zersetzung des Laugen-Soapstocks gewonnenen Fett die freien Säuren ab und verarbeitet das zurückbleibende Neutralöl auf Speiseöle.

Sorgfältig raffinierte Öle enthalten, auf Ölsäure berechnet, etwa 0,15% freie Säure, also bedeutend weniger als die rohen Öle (z. B. rohe Rüböle 0,7—1,5%, rohe Baumöle, rohe Klauenöle usw. bis zu 28% und darüber, rohe Palmöle bis 100%).

c) Bleichung der Öle mit aktiven Erden oder Kohle.

Die entsäuerten rohen Öle werden meistens im Vakuum getrocknet und z. B. in der Speiseölindustrie mit natürlichen oder künstlichen aktivierten Bleicherden, z. B. Tonsil, Frankonit, Terrana oder Floridin, gebleicht. Die Menge des Bleichmittels, Temperatur und Einwirkungsdauer richten sich nach der Qualität der Öle und dem gewünschten Bleicheffekt. Z. B. genügt für Cocosfett etwa 10 min lange Behandlung mit 0,5—1% Bleicherde bei etwa 100°. Dann wird gekühlt und auf Filterpressen filtriert. Die Bleichpulver nehmen außer den Farbstoffen die noch vorhandenen Seifenreste und sonstige unlösliche Verunreinigungen auf.

d) Desodorierung (Dämpfung).

Riechende Stoffe werden, soweit sie flüchtige Fettsäuren aus ranzigen Ölen sind, durch Behandeln mit Laugen entfernt; die neutralen Riechstoffe werden durch Destillation mit überhitztem Wasserdampf im Vakuum oder auch mit erwärmten indifferenten Gasen (Kohlensäure, Wasserstoff) abgetrieben, wobei insbesondere Wasserstoff neben desodorierender auch stark aufhellende Wirkung zeigt[4].

Beim Tran wird Desodorierung durch Polymerisieren oder Hydrieren erreicht. Die Hauptträger des schlechten Geruches der Trane sind Clupanodonsäure und ihre Homologen der Reihe $C_nH_{2n-10}O_2$, Amine (von Fischeiweiß herrührend) und niedere Fettsäuren[5]. Die Amine können durch Behandlung mit Mineralsäuren unschädlich gemacht werden. Durch längeres Erhitzen der Trane, z. B. auf 250 bis 300° bzw. 150—200°, unter Luftabschluß oder in indifferenten Gasen wird die Clupanodonsäure polymerisiert, und die übelriechenden flüchtigen Verbindungen, werden dabei durch Destillation entfernt[6].

---

[1] Bechhold, Gutlohn u. Karplus: Chem. Umschau Fette, Öle, Wachse, Harze **30**, 274 (1923); s. auch Ztschr. angew. Chem. **37**, 70 (1924).

[2] Wilhelm: D.R.P. 425124 (1923); 451360 (1926).

[3] Wecker: D.R.P. 397332 (1923); vgl. auch das Verfahren von H. Heller: H. Schönfeld: Neuere Verfahren zur Raffination von Ölen und Fetten, S. 43. Berlin: Allgem. Industrie-Verlag 1931.

[4] Bei dem Verfahren von Brücke wird zum ersten Male versucht, Neutralisation, Bleichung und Dämpfung in einem Prozeß zu vereinigen. Zu diesem Zweck werden die mit Bleicherden versetzten Fette mit überhitztem Wasserdampf im Vakuum behandelt (s. Ubbelohde: Handbuch, 2. Aufl., Bd. 1, S. 746).

[5] Tsujimoto: Chem. Umschau Fette, Öle, Wachse, Harze **20**, 8 (1913).

[6] F. Bergius: D.R.P. 294778 (1912); E. Böhm: Seifensieder-Ztg. **46**, 577 (1919).

Das sog. Persapolverfahren von Stiepel[1] und die Ausläufer dieses Verfahrens beziehen sich auf die Desodorierung von Tran und anderen Ölen in Form ihrer Seifen, welche bei höheren Temperaturen von 200° und darüber unter Druck bei strömendem Dampf desodoriert werden.

Gebleicht und desodoriert werden Öle auch durch oxydierende Stoffe: Kaliumbichromat und Schwefelsäure, Bichromat und Salzsäure, unterchlorigsaure Alkalien[2], Natriumchlorat, Wasserstoffsuperoxyd, Kaliumpermanganat und Schwefelsäure, Ozon, Perborate, Percarbonate, Peroxol (Kaliumpersulfat), organische Superoxyde, z. B. Lucidol (Benzoylsuperoxyd) usw., oder auch, z. B. Knochenöle, nur durch Einwirkenlassen von Luft und Sonnenlicht oder von Uviollicht.

Vereinzelt werden auch Zinkstaub und Schwefelsäure, schweflige Säure oder saures schwefligsaures Natron, welche den Farbstoff durch Reduktion zerstören, zum Bleichen benutzt; doch dunkeln durch Reduktion gebleichte Öle infolge Oxydation häufig wieder nach. Mit gutem Erfolg sollen Salze der hyposchwefligen Säure, z. B. $Na_2S_2O_4$ (Blankit), ferner Decrolin (Zinkhyposulfit und CH_2O) benutzt werden[3]. Schwierig zu entfernende färbende Eisensalze sollen durch Behandeln mit niederen organischen Säuren und Auswaschen der entstandenen wasserlöslichen Komplexsalze beseitigt werden können[4].

3. Übersicht über Gewinnung, Reinigung und Verwendung der wichtigsten Fette.

a) Pflanzenfette.

Olivenöl wird durch Auspressen der zerkleinerten Oliven hergestellt, und zwar zuerst kalt (1. Pressung) auf Hand-Spindelpressen, dann meist warm auf hydraulischen Pressen (2. Pressung). Durch nochmaliges (3.) Pressen der Rückstände mit warmem Wasser wird das sog. Lampantöl oder Lavatöl gewonnen. Die Rückstände dieser Pressung enthalten noch etwa 10% Öl, die mit Schwefelkohlenstoff extrahiert werden und die stark sauren und stark grün gefärbten Sulfuröle geben. Aus dem Schlamm der Absitzgefäße des Fruchtwassers gewinnt man die stark sauren und oxydierten Tournanteöle (sog. „Höllenöl"). Als Speiseöle dienen nur Öle erster Pressung mit niederem Säuregehalt. Die Öle zweiter Pressung mit 1—8% freier Säure sowie die Lampantöle müssen vor ihrer Verwendung als Speiseöl raffiniert werden. Den raffinierten Ölen setzt man vor dem Verkauf an den Konsumenten kleine Mengen nichtraffinierter Öle zu, um dem Raffinat den charakteristischen Geruch und Geschmack des natürlichen Öles wiederzugeben.

Auch die extrahierten Olivenöle, wie die Sulfuröle, sind trotz ihres hohen Fettsäuregehaltes nach Raffination für Speisezwecke verwendbar, doch müssen sie in diesem Falle in Italien als Sanza-Olivenöl, bzw. als Olio d'oliva della seconda lavorazione deklariert und mit 10% Sesamöl, zur leichteren Unterscheidung von raffinierten Lampantölen, versetzt werden; sie werden aber hauptsächlich zur Herstellung der grünen Marseiller-Seifen, von Textilseifen und nach Reinigung auch als Brennöle verwendet. Die Tournanteöle werden sulfoniert und dienen dann zur Herstellung der für die Textilindustrie wichtigen Ölbeizen, s. S. 901.

Erdnußöl. Gewöhnlich durch Pressen aus den geschälten Erdnüssen gewonnen. Während die kleineren Betriebe noch streng zwischen erster und zweiter Pressung unterscheiden, wird in den Großbetrieben nur eine Qualität Rohöl erzeugt, die immer raffiniert wird. Durch Desodorierung erhält man ein fast geruch- und geschmackloses Speiseöl, das in Südfrankreich das Olivenöl fast verdrängt hat und in den nordischen Ländern wegen seiner Billigkeit das meist gebrauchte Speiseöl darstellt. Große Mengen werden für die Margarineindustrie gehärtet.

---

[1] C. Stiepel: D.R.P. 305702 (1916).

[2] B. Lach: Die Öl- u. Fettind. Wien **1**, 363, 389, 414 (1919); Chem. Umschau Fette, Öle, Wachse, Harze **26**, 164 (1919).

[3] Steinau: Chem.-Ztg. **45**, 559 (1921); nach E. Myhrvang: Chem. Umschau Fette, Öle, Wachse, Harze **30**, 56 (1923), sollen sich Blankit und Decrolin besser zur Bleichung von freien Fettsäuren und Seifen als von neutralen Fetten eignen.

[4] Elektro-Osmose A.-G.: D.R.P. 309157 (1917).

Sesamöl wird durch Pressung gewonnen und als Speiseöl, als Zusatz zur Margarine und als Seifenöl verwendet.

Baumwollsamenöl. Die von Fasern und Schalen befreiten Kerne werden warm gepreßt. Das je nach der Qualität der Kerne gelbe bis dunkelbraune Rohöl gibt, vom Farbstoff durch Überschuß an Lauge befreit, als Nebenprodukt (s. o.) einen fast schwarzen Soapstock. Das neutrale Öl wird durch Behandeln mit Bleicherden auf den gewünschten Grad der Helligkeit gebracht und nach Bedarf auch von den Glyceriden der festen Fettsäuren durch Abkühlung und Krystallisation befreit (Winteröl). Verwendung findet das raffinierte Cottonöl zur Herstellung von Kunstschmalz, Compound lard, in der Margarineindustrie, zur Härtung. Die Verwendung des dunklen Soapstocks für helle Seifen stellt auch heute noch ein ungelöstes wichtiges Problem dar.

Rüböl. Wird durch Pressen gewonnen und als Brennöl nach Raffination mit konz. Schwefelsäure oder als Speiseöl, roh oder mit Lauge raffiniert, verwendet.

Sojaöl wird in den kleinen Betrieben durch Pressung, in den großen Werken fast ausschließlich durch Extraktion mit Benzin gewonnen. Die im rohen Sojaöl enthaltenen großen Mengen Phosphatide (Lecithin) und Schleimstoffe erschweren zwar die Raffination, jedoch bildet das Lecithin ein wertvolles Nebenprodukt, welches gereinigt als Zusatz zur Margarine Verwendung findet (s. auch S. 671). Das wie üblich durch Laugen, Bleicherden und Dämpfen raffinierte Öl findet im weitesten Maße als Speiseöl und als Zusatz zu Margarine Verwendung. Ein Teil wird gehärtet, ein anderer Teil dient mit zur Herstellung von Schmierseifen.

Leinöl wird fast ausschließlich durch Pressung gewonnen. Das rohe Leinöl enthält größere Mengen Schleimstoffe, die vor seiner Verarbeitung zu Firnis und Standöl mit Schwefelsäure oder Bleicherde (S. 692) entfernt werden. Als Speiseöl wird es in der Regel gar nicht, zuweilen wie die anderen fetten Öle mit Lauge raffiniert.

Maisöl wird in großen Mengen aus Maiskeimen durch Pressung gewonnen; Verwendung: raffiniert als Speiseöl, ferner zur Härtung und zur Seifenerzeugung.

Sonnenblumenöl. Gewinnung durch Pressung und Extraktion. Verwendung roh und raffiniert als Speiseöl, für Seifen und zur Härtung.

Holzöl. Die Nüsse, welche das Holzöl enthalten, werden getrocknet, geröstet, dann gemahlen und gepreßt. Das frische Holzöl ist schwach gelblich und fast ohne Geruch, beim Liegen an der Luft nimmt es den charakteristischen Holzölgeruch an. Die Reinigung beschränkt sich meist nur auf ein Abkochen auf Wasser, um die Schleimstoffe zu entfernen. Holzöl ist giftig, für Speisezwecke ungeeignet. Verwendet wird es zu Firnissen, Lacken, Kitten usw. (s. S. 918).

Kakaobutter wird sowohl durch Pressung als auch durch Extraktion gewonnen. Preßbutter gilt der Extraktionsbutter gegenüber als höherwertig, hauptsächlich wohl deshalb, weil in Deutschland die Kakaobohnen zunächst immer gepreßt und nur die Rückstände, Schalen, Abfälle u. dgl. extrahiert werden. Sie wird hauptsächlich bei der Schokoladenfabrikation, daneben noch in der Pharmazie als Basis für Salben verwendet. Wegen ihres hohen Preises wird Kakaobutter sehr häufig verfälscht (s. S. 818).

Cocosfett wird meistens durch Pressung des getrockneten Kernes der Cocosnuß (Coprah) gewonnen. Das beste (nicht raffinierte) Öl wird als „Cochinöl" bezeichnet. Die beste im Handel befindliche Coprah ist die Ceyloncoprah, obwohl die Plantagencoprah aus Holländisch-Indien ihr den Rang streitig macht. Als schlechteste Qualität gilt Sansibar-Coprah. Für Speisezwecke wird Cocosfett raffiniert. Für gewisse technische Zwecke, z. B. Toiletteseifen und kaltgerührte Seifen, sind nur Cochinöle brauchbar.

Palmkernfett wird aus den Kernen der Früchte der Ölpalme, Elaeis guineensis, und zwar wie Cocosfett fast nur durch Pressen gewonnen. Zur Verwendung als Speisefett wird es raffiniert. In der Seifenfabrikation dient es wie Cocosfett für Kernseifen auf Leimniederschlag und für hochgefüllte Leimseifen.

Palmöl (Palmfett) wird in den Tropen durch Auskochen des Fruchtfleisches der Ölpalme mit Wasser gewonnen. Die Qualitäten sind je nach dem Herkunftsland sehr verschieden. Die meisten Palmöle sind weitgehend gespalten, oft enthalten sie bis 80% freie Säure. Nur das besonders sorgfältig hergestellte Sumatrapalmöl enthält nicht mehr als 4—8% freie Säure, so daß es nach Raffination als Speisefett

Verwendung finden kann. Wegen seines hohen Gehalts an Carotin (s. S. 675) wird es insbesondere auch als Zusatz zu Margarine verwendet. Die sauren Palmöle werden in der Stearin- und Seifenindustrie benutzt.

Ricinusöl. Gewinnung meistens durch Pressung bei etwa 80⁰, selten durch Extraktion. Die zweiten und dritten Pressungen liefern dunklere und minderwertige Öle. Das sehr giftige Ricin (s. S. 690) geht nicht in das Öl über.

Die Extraktion der Samen geschieht mit Schwefelkohlenstoff, Alkohol oder heißem Benzin. Das Öl wird zur Ausscheidung von Eiweiß und Schleim mit Wasser gekocht, durch Absitzenlassen unter Luft- und Lichtabschluß geklärt und durch Filtration über Knochenkohle gebleicht; es findet Verwendung zu Seifen und Türkischrotölen sowie als Abführmittel und als Motorenschmieröl.

b) Tierische Fette.

Fischtrane, Waltrane usw. werden an Bord der Fangschiffe direkt aus dem Speck der Tiere ausgeschmolzen und dann an Land raffiniert. Ein Hauptverwendungsgebiet für Trane ist die Härtungsindustrie zur Herstellung der geruchlosen Hartfette für Margarine und Seifen. Für Speisezwecke wird ausschließlich Waltran gehärtet, für technische Zwecke Sardinentran, Robbentran, Heringstran usw. Die Trane selbst werden zum Fetten des Leders gebraucht. Desodorierte Trane finden Verwendung in der Seifenfabrikation.

Fischleberöle. Die für pharmazeutische Zwecke wichtigen Leberöle, hauptsächlich Dorschleberöle, werden aus den Lebern dieser Fische durch Auspressen in der Kälte gewonnen. Man führt sie, um die Vitamine nicht zu schädigen, ohne Raffination dem Konsum zu.

Talg. Speisetalg oder premier jus wird durch Ausschmelzen des Fettgewebes der Rinder auf warmem Wasser, technischer Talg durch Abkochen des Fettgewebes auf verdünnter Schwefelsäure oder durch Kochen unter Druck gewonnen. Speisetalg wird zur Abtrennung des Oleomargarins warm gepreßt. Der feste Preßrückstand kommt als Oleo stock oder Preßtalg in den Handel. Verwendung: Oleomargarin und Premier jus in der Margarineindustrie (die ersten Marken der Margarine enthalten überwiegend Oleomargarin); Preßtalg für sog. Ziehmargarine, eine hochschmelzende Margarine für Backzwecke; technischer Talg zur Herstellung von Seifen, Olein, Stearin usw.

Knochenfette[1]. Sud- oder Knochenfette sind gelb bis gelbbraun, fast geruchlos. Die frischen, in den Schlächtereien abfallenden, bis zu 16% Fett enthaltenden Knochen werden zerkleinert und im Autoklaven mit Dampf bei 4—6 at ausgekocht. Der Rückstand dient zur Düngemittelfabrikation.

Extraktionsknochenfette. Aus den nicht mehr im frischen Zustand befindlichen Abfallknochen wird das technische dunkle, oft übelriechende Knochenfett durch Auskochen unter Druck oder durch Extraktion mit Lösungsmitteln gewonnen. Bei der Extraktion erzielt man höhere Ausbeute (15—17%) mit nur 0,5—1% Fettrückstand in den Knochen gegenüber 12—14% Ausbeute mit 1,5—3% Fettrückstand beim Dampfverfahren. Ein Vorzug der Extraktionsmethode besteht auch in der völligen Erhaltung der Leimsubstanz der Knochen.

Klauenöl. Die Rinderfüße werden durch Ausdämpfen auf Klauenöl für feinere Schmierzwecke, z. B. Chronometer, verarbeitet.

Abwässer- und Fäkalfette. Die Abwässer der Haushalte, der großen Spitäler, Kasernen, Hotels, Schlachthäuser usw. enthalten große Mengen von Fetten. Zu ihrer Gewinnung werden in die Abwasserabläufe Fettfänger eingebaut, in denen sich das Fett sammelt. Die Mengen des so gewonnen Fettes sind sehr groß, sie können daher bei großer Fettknappheit für die Seifenerzeugung wichtig werden. In normalen Zeiten haben diese sehr unreinen ranzigen Fette aber wenig Wert; sie werden in der Seifenindustrie und nach Reinigung und Verseifung mit konz. Schwefelsäure auch zur Herstellung von Fettsäuren benutzt.

---

[1] S. auch H. Eckart: Ztschr. Unters. Nahr.- u. Genußmittel **44**, 1 (1922); Chem. Umschau Fette, Öle, Wachse, Harze **30**, 53 (1923).

II. Gewinnung von Fettsäuren durch Oxydation von Kohlenwasserstoffen.

Die bekannten Methoden der organischen Chemie zur Synthese von Fettsäuren (vgl. S. 717) sind für die technische Gewinnung der höheren Fettsäuren, wie sie in Fetten vorkommen, aus wirtschaftlichen Gründen nicht verwendbar. Auch die direkte Oxydation der Kohlenwasserstoffe mit Chemikalien, wie Bichromat-Schwefelsäure[1], Salpetersäure[2], Salpetersäure-Schwefelsäure[3], Chromylchlorid[4], Natriumperoxyd[5], Stickoxyden[6], oder ihre Überführung in Säuren durch Chlorierung und Alkalischmelze[7] ist für technische Zwecke zu kostspielig.

Dagegen sind die Verfahren zur direkten Oxydation des Paraffins mit Luft, Sauerstoff oder Ozon, meist bei Gegenwart von Katalysatoren, in Zeiten der Fettknappheit weitgehend technisch durchgebildet worden; zwar kommen auch sie bei den gegenwärtigen Preisverhältnissen von Paraffin und Fettsäuren zur Gewinnung von Fettsäuren allein nicht in Betracht, jedoch besteht — nach den zahlreichen Patentanmeldungen über die Oxydation von Kohlenwasserstoffen und die Aufarbeitung der Reaktionsprodukte zu urteilen — noch immer ein gewisses Interesse an der Gewinnung der neutralen Oxydationsprodukte (Ester, Lactone, Alkohole, Ketone), welche wegen ihres zum Teil wachsähnlichen Charakters als Ersatzstoffe für die wesentlich teureren Naturwachse (Bienenwachs, Carnaubawachs) verwendet werden können.

Das erste Patent zur Oxydation von Kohlenwasserstoffen mit Luft stammt von Schaal[8] aus dem Jahre 1884. Er oxydierte zwischen 150 und 400° siedende Kohlenwasserstoffe mit Druckluft unter Anwendung von Alkalien als Katalysatoren. Die Ausbeuten an Säuren waren sehr mäßig.

In technischem Maßstabe wurde die Oxydation des Paraffins zuerst von D. Fanto & Co., Pardubitz[9], durch Blasen mit Luft bei 150° ausgeführt. In etwa 15—18 Tagen war das Paraffin zu 60% oxydiert. Das Reaktionsprodukt war dunkel und stark riechend und gab dunkle, aber gut schäumende Seifen. Weitere Durcharbeitung dieser Methode gab besonders günstige Resultate bei Anwendung geeigneter Katalysatoren, wie Manganstearat[10], Vanadinsalze[11], Stearinsäure[12] oder

[1] C. H. Gill u. E. Meusel: Journ. chem. Soc. London [2] 6, 466 (1868); C. 1869, 305; Strache: D.R.P. 344877 (1917).

[2] Hofstädter: Liebigs Ann. 91, 326 (1854).

[3] Willigk: Ber. 3, 138 (1870); Champion u. Pellet: Compt. rend. Acad. Sciences 74, 1576 (1872); Ber. 5, 647 (1872); Pouchet: Compt. rend. Acad. Sciences 79, 320 (1874); Worstall: Amer. chem. Journ. 20, 202 (1898); W. Markownikoff: Journ. Russ. physikal.-chem. Ges. (russ.) 31, 47 (1899).

[4] Klimont: Die neueren synthetischen Verfahren der Fettindustrie, 1922, S. 141; s. auch Engler-Höfer: Das Erdöl, 1. Aufl., Bd. 1, S. 537.

[5] B. Bendix: F.P. 446009 (1912).

[6] Ch. Gränacher: Schweiz.P. 87205 (1919); Helv. chim. Acta 3, 721 (1920); Gränacher u. P. Schaufelberger: ebenda 5, 392 (1922).

[7] Schrauth: D.R.P. 327048 (1914).   [8] Schaal: D.R.P. 32705 (1884).

[9] D. Fanto & Co.: Schweiz.P. 82057 (1916); s. auch M. Bergmann: Ztschr. angew. Chem. 31, 69, 115, 148 (1918).

[10] Ubbelohde, Eisenstein u. Kelber: Mitt. Dtsch. Forsch.-Inst. Textilstoffe, Karlsruhe 1918, 109; Ubbelohde, Eisenstein u. Lauterbach: ebenda 1919, 150.

[11] H. H. Franck: Chem.-Ztg. 44, 309 (1920).

[12] Schicht u. Grün: D.R.P. 385375 (1919).

bereits geblasenes Paraffin [1]; auch ohne Katalysator, aber unter starkem Luftdurchleiten bei höherer Temperatur (160⁰) wurden gute Ausbeuten an Oxydationsprodukten (Säuren, Alkohole, Ester) erzielt [2].

Bei anderen Verfahren benutzt man als Katalysatoren z. B. Alkalimetalle [3], Alkalien [4], alkalische Erden [5], Nickeloxyd [6], Manganresinat [7], Blei [8], Bleiäthyl [9], Quecksilberoxyd [10], Platin [11], Palladium [11], Sulfosäuren [12], Alkalioxalate und -halogenide [13], roten Phosphor [14], Stickstoffbasen [15] und Borate [16]. Über größere technische Bedeutung dieser Verfahren ist nichts Näheres bekannt.

Außerordentlich eingehend wurde der Verlauf der Oxydation des Paraffins mit Sauerstoff oder Ozon unter erhöhtem Druck von F. Fischer und seinen Mitarbeitern [17] untersucht.

Wieder andere Verfahren betreffen die Gegenwart von Wasser [18], den Zusatz von Stickoxyden [19], die Verwendung von reinem Sauerstoff [20] (der aber explosible Reaktionsprodukte gibt), die Anwendung von ultravioletten [21] Strahlen, die Verwendung besonders geformter Körper zur Vergrößerung der Oberfläche [22], sowie besonders feine Verteilung während der Oxydation [23] und schließlich die elektrochemische [24] Oxydation.

Harries, Koetschau und Fonrobert [25] erhielten durch Ozonisierung aus Braunkohlenteer-Paraffin nicht explosible Ozonide, die durch Behandlung mit Laugen in Fettsäuren (bzw. Seifen), Aldehyde, Ketone und Alkohole übergeführt werden konnten. Eine technische Ausnützung dieser Verfahren scheiterte unter anderem an den Kosten des Ozons.

Paraffin [26] liefert bei der Oxydation nach allen diesen Methoden dunkle, etwa den Cocosfettsäuren entsprechende und mehr oder weniger stark riechende Fettsäuren.

---

[1] Schmidt: E.P. 109386 (1917), unter Mitverwendung von HgO; Zerner: Chem.-Ztg. **54**, 257, 279 (1930).

[2] Zerner: l.c.; F. Schulz: Chem. Revue üb. d. Fett- u. Harzind. **19**, 300 (1911); **20**, 3 (1912), bei 300⁰; D. Fanto & Co.: l.c.; Grün u. Wirth: Ber. **53**, 987 (1920); Grün u. Ulbrich: Ztschr. angew. Chem. **36**, 125 (1923).

[3] F. Bayer & Co., Leverkusen: D.R.P. 346520 (1917).

[4] Schaal: l.c.; Schicht u. Grün: D.R.P. 385375 (1919).

[5] Schicht u. Grün: s.o.; Zerner: l.c. [6] Mathesius: D.R.P. 350621 (1916).

[7] C. Kelber: Ber. **53**, 66 (1920). [8] H. H. Franck: Chem.-Ztg. **44**, 309 (1920).

[9] T. E. Layng u. M. A. Youker: Ind. engin. Chem. **20**, 1048 (1928); vgl. Brennstoff-Chem. **9**, 318 (1928).

[10] Chem. Fabrik Troisdorf, Hülsberg u. Seiler: Holl.P. 6151 (1917).

[11] A. Wohl: F.P. 532163 (1921).

[12] Schaffner: D.R.P. 377855 (1921), als Emulgierungsmittel des Paraffins in Wasser während der Oxydation.

[13] A. Riebecksche Montanwerke: D.R.P. 523518 (1928).

[14] I. G. Farbenindustrie: E.P. 322437 (1928).

[15] I. G. Farbenindustrie: Amer.P. 1762688 (1928).

[16] I. G. Farbenindustrie: D.R.P. 502433 (1927).

[17] Gesamm. Abhandl. Kenntn. Kohle **4**, 26—133 (1919); F. Fischer u. W. Schneider: Ber. **53**, 922 (1920), unter Mitverwendung von Soda; s. auch Mathesius: l.c.; Schweizerische Sodafabrik Zurzach, Schweiz.P. 95508 (1921).

[18] Hülsberg u. Seiler: l.c.; Kliva: D.R.P. 382496 (1917).

[19] I. G. Farbenindustrie: E.P. 324492 (1928); F.P. 677859 (1929); 697595 (1930); s. auch Gränacher: l.c.

[20] H. H. Franck: l.c.; Hülsberg u. Seiler: l.c.

[21] Grey: Amer.P. 1158205 (1911).

[22] Badische Anilin- u. Sodafabrik: D.R.P. 405850 (1921).

[23] D.E.A.: D.R.P. 390237 (1919).

[24] I. A. Atanasiu: Bulet. Chim. pura aplicata, Bukarest **31**, 75 (1929); C. **1930**. II, 1346.

[25] Harries, Koetschau u. Fonrobert: Chem.-Ztg. **41**, 117 (1917); Ber. **52**, 65 (1919); Harries u. Koetschau: D.R.P. 324663 (1916), 332478 (1916), 332594 (1917).

[26] Grün: l.c.; Zerner: l.c.; Harries: l.c.; Hebler: Erdöl u. Teer **4**, 333 (1928).

Schwieriger ist die Oxydation der Schmieröle[1]. Ungereinigt verharzen sie bei der Oxydation sehr leicht und geben deshalb sehr schlechte Ausbeuten an Säuren. Mit viel Schwefelsäure oder mit schwefliger Säure vorgereinigt, verharzen sie bei der weiteren künstlichen Oxydation nicht mehr, da bei der Vorbehandlung die mehrfach ungesättigten Kohlenwasserstoffe entfernt werden. Die aus Schmierölen gewonnenen Fettsäuren sind aber ihres widerlichen Geruches wegen für Seifen nicht verwendbar, obwohl sie gut schäumen. Versuche, den Geruch zu beseitigen, sind bis jetzt gescheitert.

Die Versuche, auch die niedrigsiedenden Anteile des Erdöles in Fettsäuren überzuführen, gelangen nach Entfernung der ungesättigten Bestandteile derselben mit kleinen Ausbeuten[2].

Die bei der Durcharbeitung der Verfahren gewonnenen Erfahrungen wurden später bei der Aufarbeitung des Montanwachses[3] mit Erfolg verwertet.

Bei der Oxydation des Paraffins entstehen, wie erwähnt, außer den Fettsäuren Alkohole, Aldehyde, Ketone, Lactone und Ester. An Fettsäuren finden sich sowohl wasserlösliche wie -unlösliche von verschiedenen Mol.-Gew. vor.

So ergab eine Untersuchung[4] das Vorhandensein von 40% Unverseifbarem, 40% wasserunlöslichen Säuren und 20% wasserlöslichen Säuren. Eine andere Untersuchung[5] ergab, daß die abgeschiedenen Fettsäuren zu über 80% aus Säuren vom Mol.-Gew. 145—300 bestanden und von diesen 50% wieder niedriger waren als C_{14}. Wahrscheinlich lagen auch Fettsäuren mit Seitenketten vor.

Aus den Reaktionsprodukten isoliert wurden eine Säure $C_{11}H_{22}O_2$ vom Schmelzpunkt $53,7^0$, eine Isopalmitinsäure $C_{16}H_{32}O_2$ vom Schmelzpunkt $38,4^0$, sog. Lignocerinsäure vom Schmelzpunkt 80^0 * und eine Reihe Fettsäuren mit ungerader Kohlenstoffatomzahl[6].

Alkohole, Aldehyde, Ketone und Ester wurden nachgewiesen, aber nicht rein isoliert.

Die erhaltenen Säuren können nach Reinigung zur Herstellung von Seifen Verwendung finden.

Erwähnt seien noch die Versuche Willstätters[7], die natürlichen Fettsäuren durch hydrierte cyclische Säuren zu ersetzen. Zusammenfassende Abhandlungen über die Oxydation der Kohlenwasserstoffe s. Kelber[8], Schulz[9], Hebler (l. c.) und Zerner (l. c.).

---

[1] Zerner: l. c.

[2] Mit Zinkstearat als Katalysator, G. Teichner: F.P. 521228 (1920).

[3] F. Fischer u. Tropsch: D.R.P. 346362 (1917); Chem.-Ztg. 46, 406 (1922). I. G. Farbenindustrie: D.R.P. 498598 (1924), Oxydation von Montanwachs-Holzölmischungen.

[4] Zerner: l. c. [5] G. Collin: Journ. Soc. chem. Ind. 49 T, 333 (1930).

* M. Bergmann: Ztschr. angew. Chem. 31, 69 (1918); über Lignocerinsäure vgl. S. 622.

[6] F. Fischer u. Schneider: l. c. [7] Willstätter: D.R.P. 336212 (1919).

[8] Kelber: Ber. 53, 66 (1920).

[9] Schulz: Chem. Revue üb. d. Fett- u. Harzind. 19, 300 (1912).

C. Analytische und präparative Arbeiten.

(Bearbeitet von W. Bleyberg unter Mitwirkung von F. Wittka und G. Weiss.)

I. Ermittlung der Zusammensetzung von Fettsäuregemischen.

1. Abtrennung einzelner Fettsäuregruppen.

Zur näheren Kennzeichnung von Fettsäuregemischen werden diese — sowohl für technisch-analytische wie auch für wissenschaftliche Zwecke — in der Regel zunächst gruppenweise zerlegt. Die Hauptgruppen sind die gesättigten Säuren einerseits, die ungesättigten Säuren andererseits. Da bei den meisten Fetten die gesättigten Säuren fest (Palmitin-, Stearinsäure usw.), die ungesättigten flüssig (Öl-, Linol-, Linolensäure) sind, so wurden die älteren Verfahren meist nach rein physikalischen Gesichtspunkten — Trennung der schwerlöslichen festen Säuren (bzw. ihrer gleichfalls schwerlöslichen Salze) von den leichtlöslichen flüssigen Säuren (bzw. ihren Salzen) durch Behandlung mit Lösungsmitteln — ausgearbeitet. Bei Anwesenheit niederer gesättigter Säuren (Butter-, Capron-, Capryl-, Isovaleriansäure) oder fester ungesättigter Säuren (Eruca-, Isoölsäure) sind aber die Gruppentrennungen fest-flüssig und gesättigt-ungesättigt nicht mehr identisch; zur Durchführung der letzteren Trennung sind daher chemische Methoden — z. B. Oxydation oder Bromierung der ungesättigten Säuren — erforderlich.

a) Verfahren zur Trennung der bei gewöhnlicher Temperatur festen von den flüssigen Säuren.

Zu diesem Zweck wurden folgende Löslichkeitsunterschiede benutzt (wobei stets die Salze der flüssigen Säuren leichter löslich sind): Löslichkeit der Bleiseifen in Äther[1], in Benzol (Farnsteiner) oder in Alkohol (Twitchell), der Ammonseifen in Aceton[2] oder in wässerigem Ammoniak[3], der Kaliseifen in Aceton[4] oder in alkoholischer Kalilauge[5], der Lithiumseifen[6], der Thalliumseifen[7], sowie der Magnesiumseifen[8] in Alkohol.

Eine genaue quantitative Trennung kann bei keinem dieser Verfahren erzielt werden, weil die Löslichkeitsunterschiede zwischen den Salzen der flüssigen und denen der niedriger schmelzenden festen Säuren (Caprinsäure,

---

[1] Varrentrapp: Liebigs Ann. **35**, 197 (1840); s. auch Gusserow: ebenda **27**, 153 (1828).

[2] Bull u. Fjellanger: Apoth.-Ztg. **31**, 55 (1916); s. Falciola: Gazz. chim. Ital. **40**, 217 (1910); Meigen u. Neuberger: Chem. Umschau Fette, Öle, Wachse, Harze **29**, 337 (1922).

[3] David: Compt. rend. Acad. Sciences **151**, 756 (1910).

[4] Fachini u. Dorta: Chem.-Ztg. **34**, 994 (1910); **38**, 18 (1914).

[5] Niegemann: Ztschr. angew. Chem. **30**, 205 (1917).

[6] Partheil u. Ferié: Arch. Pharmaz. **241**, 545 (1903).

[7] Meigen u. Neuberger: l. c.; Holde, Selim u. Bleyberg: Ztschr. Dtsch. Öl-Fettind. **44**, 277, 298 (1924).

[8] A. W. Thomas u. Chai-Lan Yu: Journ. Amer. chem. Soc. **45**, 113, 129 (1923); C. **1923**, II, 638, 639.

Laurinsäure, Erucasäure) nicht groß genug sind und bei Fettsäuregemischen gegenseitige Löslichkeitsbeeinflussungen stattfinden, wobei zum Teil auch Mischsalze aus festen und flüssigen Säuren gebildet werden.

Am meisten verwendet wird zur Zeit das Verfahren von Twitchell (s. u.), daneben in Deutschland auch das zollamtlich maßgebende Farnsteinersche Verfahren (s. u.); auch mit dem noch weiter zu bearbeitenden Thalliumsalzverfahren wurden gelegentlich gute Ergebnisse ·erzielt. Von einer näheren Beschreibung der übrigen Verfahren sei hier aus Raumgründen abgesehen [1].

α) **Bleisalzverfahren von Twitchell** [2]. Während bei den älteren Verfahren von Varrentrapp und Farnsteiner zunächst die gesamten Fettsäuren in die Bleiseifen übergeführt, diese isoliert und dann mit Äther bzw. Benzol behandelt werden, wird bei dem Twitchell-Verfahren zur alkoholischen Lösung der Fettsäuren nur wenig mehr Bleiacetat zugesetzt, als zur Fällung der festen Säuren nötig ist. Der Vorteil dieses Verfahrens besteht darin, daß nunmehr die Bleisalze der festen Säuren im wesentlichen nicht von den Bleisalzen der flüssigen Säuren, sondern von den in Alkohol sehr leicht löslichen freien flüssigen Säuren zu trennen sind:

(Wizöff) Die Fettsäuren aus 2—3 g festem Fett, bzw. aus 5—10 g Öl werden in heißem Alkohol gelöst und mit einer heißen Lösung von etwa 1,5 g Bleiacetat (äquivalent etwa 2,3—2,4 g Fettsäuren) in Alkohol versetzt. Man läßt das Gemisch (etwa 100 ccm) langsam erkalten und am besten über Nacht stehen. Die über den Bleiseifen stehende klare Flüssigkeit muß noch Blei enthalten, d. h. mit Schwefelsäure eine deutliche Fällung geben, sonst muß nochmals Bleiacetatlösung zugesetzt werden. Der Niederschlag wird abgesaugt und mit kaltem Alkohol gewaschen, bis das Filtrat beim Verdünnen mit Wasser klar bleibt. Man spült ihn dann mit etwa 100 ccm Alkohol in ein Becherglas, setzt 0,5 ccm Eisessig dazu, bringt ihn durch Kochen in Lösung und läßt auf 15^0 abkühlen. Die beim Erkalten wieder ausfallenden Bleiseifen werden wie oben abfiltriert, gewaschen und mit verdünnter HNO_3 unter Zusatz von Äther zersetzt. Die abgeschiedenen Fettsäuren werden nach Trocknen, Filtrieren und Eindampfen der Ätherlösung bis zur Gewichtskonstanz bei 100^0 getrocknet.

Die in dem zuerst ausfallenden Niederschlage enthaltenen, auch bei längerem Waschen mit Alkohol und Äther nicht entfernbaren Bleisalze flüssiger Säuren werden durch das Umkrystallisieren aus eisessighaltigem Alkohol beseitigt.

Die so erhaltenen festen Fettsäuren aus verschiedenen Ölen haben Jodzahlen von 0,5—1,75; nur diejenigen aus Talg zeigen mitunter Jodzahlen von 4—5, diejenigen aus gehärteten Fetten haben bedeutend höhere Jodzahlen (s. S. 829). Die feste ungesättigte Erucasäure wird nur zum Teil [3] (etwa 80 %) mit den festen Säuren gefällt.

Bei Gegenwart polymerisierter Öle sind die ausgefallenen Bleiseifen in heißem Alkohol nicht völlig löslich. Die unlöslichen Anteile sind wahrscheinlich die Bleisalze der polymerisierten Fettsäuren, die vielleicht auf diesem Wege ungefähr bestimmt werden könnten.

Die **Twitchell-Methode** wurde durch die direkte Herstellung der Bleiseifen aus den mit Alkali verseiften Fetten und Ölen [4] ohne vorangehende

<hr>

[1] Näheres siehe z. B. 6. Aufl. dieses Buches, S. 524—528.

[2] **Twitchell:** Journ. Ind. engin. Chem. **13**, 806 (1921).

[3] **Amberger u. Wheeler-Hill:** Ztschr. Unters. Lebensmittel **54**, 431 (1927).

[4] **W. F. Baughman u. G. S. Jamieson:** Oil Fat Ind. **7**, 331 (1930); s. auch **Großfeld:** Ztschr. Unters. Lebensmittel **59**, 237 (1930), welcher unter Zusatz von Wasser die Bleisalze fällt und krystallisiert, u. **Cocks, Christian u. Harding:** Analyst **56**, 368 (1931), welche, statt aus Alkohol umzukrystallisieren, die Bleisalze mit Petroläther auswaschen.

Abscheidung der Fettsäuren vereinfacht. Die zweckmäßigste Ausführung[1], allerdings unter Anwendung eines Überschusses an Bleiacetat, ist folgende:

Eine etwa 1,5 g feste Fettsäuren enthaltende Substanzmenge, aber nicht mehr als 6 g, wird mit 40 ccm alkoholischer KOH (40 g im Liter; Alkohol 95%ig) verseift und dann mit Eisessig gegen Phenolphthalein, mit einem Tropfen Eisessig im Überschuß, neutralisiert. Die Lösung wird mit Alkohol (95%ig) auf 150 ccm aufgefüllt, zum Kochen gebracht und mit einer kochenden Lösung von 5 g Bleiacetat in 50 ccm Alkohol (95%ig) gefällt. Man kühlt langsam auf Zimmertemperatur ab, läßt über Nacht bei 15° stehen, filtriert den Niederschlag ab und wäscht ihn mit Alkohol, bis das Filtrat mit Wasser keine Fällung mehr gibt. Weitere Behandlung wie oben.

Zur Isolierung der flüssigen Fettsäuren aus der essigsauren alkoholischen Lösung kocht man diese zunächst mit starker Lauge, um die darin etwa enthaltenen Fettsäure-äthylester, die sich bei der Behandlung mit Alkohol und Essigsäure leicht bilden, zu verseifen, und scheidet nach Abdampfen des Alkohols aus der Seifenlösung, immer unter Einhaltung von Vorsichtsmaßregeln zur Vermeidung einer Oxydation, die flüssigen Fettsäuren ab.

β) **Bleisalzverfahren von Farnsteiner**[2] (deutsche zollamtliche Methode)[3]: In Benzol sind in der Kälte nur die Bleisalze der flüssigen Säuren, in der Hitze auch diejenigen der festen Säuren löslich. Nach Farnsteiner löst man daher die gesamten Bleiseifen in kochendem Benzol und läßt die schwerlöslichen Seifen bei $+8°$ auskrystallisieren.

Etwa 4 g der Probe werden mit 50 ccm 0,5-n alkoholischer KOH im Erlenmeyerkolben (300 ccm) unter Einleiten von H_2 (zwecks Vermeidung von Oxydation) verseift. In die heiß mit Essigsäure bei Gegenwart von Phenolphthalein neutralisierte Lösung wird eine kochende Lösung von 3 g Bleiacetat in 180 ccm Wasser in dünnem Strahl unter fortwährendem Schütteln eingegossen. Die gefällte Bleiseife wird sofort unter heftigem Schütteln und Kühlen des Kolbens zum Anhaften an den Kolbenwandungen gebracht, mehrmals mit heißem Wasser gewaschen und im H_2-Strom bei 105° getrocknet. Die Bleiseife wird dann im H_2-Strom in 200 ccm siedendem thiophenfreiem Benzol gelöst, die Lösung abgekühlt und 2 h im Eisschrank bei etwa 8° stehen gelassen, worauf die ausgeschiedenen Bleisalze auf einem Faltenfilter abfiltriert werden. Das Filter wird in H_2-Atmosphäre mit 15 ccm und dann noch einmal mit 10 ccm Benzol ausgekocht. Die vereinigten 25 ccm Benzollösung werden auf 8° abgekühlt und die auskrystallisierten Bleisalze noch zweimal in gleicher Weise behandelt.

Die filtrierten Benzollösungen werden im H_2-Strom eingedampft; von den nach Zersetzung mit HCl erhaltenen flüssigen Säuren wird die Jodzahl nach v. Hübl (S. 771) bestimmt (innere Jodzahl).

Die unlöslichen Bleisalze werden mit gleichen Teilen rauchender HCl und Alkohol zersetzt, zuerst mit Alkohol, dann mit Äther in einen Scheidetrichter übergespült; nach Versetzen mit Wasser wird ausgeäthert, getrocknet und abfiltriert, und die nach dem Abdestillieren des Äthers erhaltenen festen Fettsäuren werden bei 105° im H_2-Strom getrocknet. Der Gehalt der festen Säuren an flüssigen (ungesättigten) wird durch Bestimmung ihrer Jodzahl ermittelt.

Die **Farnsteiner**sche Methode eignet sich nur bedingt zur quantitativen Trennung fester und flüssiger Säuren, da immer 5—10% der festen

---

[1] Steger u. Scheffers: Rec. Trav. chim. Pays-Bas **46**, 402 (1927); Lustig u. Botstiber: Biochem. Ztschr. **202**, 88 (1928).

[2] Farnsteiner: Ztschr. Unters. Nahr.- u. Genußmittel **1**, 390 (1898). Die obige Vorschrift entspricht der von der Techn. Prüfungsstelle der Zollverwaltung ausgearbeiteten Vorschrift (Nachrichtenblatt für die Zollstellen **1911**, S. 119), die in manchen Punkten, z. B. bezüglich der Zersetzung der Bleiseifen, von der Farnsteinerschen Originalmethode nicht unerheblich abweicht.

[3] Zur Untersuchung von Ölsäureproben, die bei 15—17° salbenartig sind. Bei einem Gehalt von mehr als 5% fester Säuren unterliegen solche „Ölsäuren" dem höheren Zoll für Stearinsäure.

Säuren als Bleisalze in Lösung gehen und umgekehrt immer ein Teil der flüssigen Säuren als Bleisalz ungelöst bleibt. Die Bleisalze der ungesättigten festen Säuren, wie Erucasäure und Isoölsäure, lösen sich nur teilweise in kaltem Benzol.

γ) Thalliumsalzverfahren[1].

1 g Fettsäuren werden in 50 ccm 96%igem Alkohol gelöst, mit 0,5-n alkoholischer KOH (a ccm) genau neutralisiert, mit 75—a ccm Alkohol und 65 ccm Wasser verdünnt und bei Zimmertemperatur mit 35 ccm wässeriger 4%iger Thallosulfatlösung versetzt. Die niederfallenden Thalliumsalze der festen Säuren werden nach genügendem Absitzen bei $+15^0$ in einem mit Wasserbadmantel versehenen größeren Trichter bei dieser Temperatur durch ein tief in den Trichterhals eingedrücktes Faltenfilter filtriert und mit wenig 50%igem Alkohol, der einige Tropfen 4%ige Thallosulfatlösung enthält, gewaschen. Aus dem Niederschlag und dem Filtrat werden die Fettsäuren mit verdünnter H_2SO_4 abgeschieden und mit Äther aufgenommen. Die ätherische Lösung wird, nachdem aus ihr durch Waschen mit Wasser die Mineralsäure entfernt ist, mit geglühtem Natriumsulfat getrocknet (über Nacht), dann von letzterem, das wiederholt mit Äther erschöpfend ausgezogen wird, abgegossen und vom Äther durch vorsichtiges Abdestillieren befreit. Aus den gewogenen, im Vakuumexsiccator bei etwa 50^0 getrockneten Abdampfrückständen ergeben sich die Gewichte der festen und flüssigen Säuren.

Das der weiteren Kontrolle bedürftige Verfahren ist nicht anwendbar bei Gegenwart fester ungesättigter Säuren wie Erucasäure oder niederer gesättigter Säuren, von Myristinsäure[2] abwärts.

b) Verfahren zur Trennung gesättigter und ungesättigter bzw. zur Abtrennung gesättigter Fettsäuren.

α) Durch Bromierung und Hochvakuumdestillation[3].

Eine abgewogene Menge Fettsäuren wird durch Kochen mit einem Überschuß von etwa 1—2%iger alkoholischer H_2SO_4 verestert. Statt dessen kann man auch das neutrale Öl oder Fett durch Erhitzen mit 1—2%iger alkoholischer HCl, nötigenfalls bei Gegenwart eines Lösungsmittels, direkt in die Äthyl- (bzw. Methyl-) Ester überführen. Das Estergemisch wird durch Abdestillieren des überschüssigen Alkohols, Auswaschen der Mineralsäure und Trocknen unter Luftabschluß gereinigt. Mindestens 15—20 g des Gemisches werden in der etwa fünffachen Menge $CHCl_3$ oder CCl_4 gelöst, auf 0^0 abgekühlt und tropfenweise mit der zur Absättigung der Doppelbindungen erforderlichen, aus der Jodzahl berechneten Menge Brom (Jodzahl $\times$ 0,63) versetzt. Der Endpunkt der Reaktion ist durch Prüfen mit Jodkalium-Stärkepapier zu bestimmen. Nach weiterem $^1/_2$-std. Stehen in der Kälte wird das Lösungsmittel abdestilliert, das Bromierungsgemisch mit Bicarbonatlösung und mit Wasser gewaschen und getrocknet.

Das auf diese Weise erhaltene, aus Estern gesättigter und bromierter Fettsäuren bestehende Gemisch wird einer Destillation im Hochvakuum (2 bis höchstens 4 mm) aus Fraktionierkölbchen mit möglichst tief angesetztem Kondensationsrohr unterworfen. Bis 175^0 bei 2 mm gehen die Ester der gesättigten Säuren (bis einschließlich Stearinsäure) über, während die bromierten Ester zurückbleiben und sich erst bei höherer Temperatur — z. B. Dibromstearinsäureester bei 190^0 in

---

[1] Meigen u. Neuberger: Chem. Umschau Fette, Öle, Wachse, Harze **29**, 337 (1922); modifiziert von Holde, Selim u. Bleyberg: Ztschr. Dtsch. Öl-Fettind. **44**, 277, 298 (1924); in letzterer Form bestätigt von Amberger u. Wheeler-Hill: Ztschr. Unters. Lebensmittel **54**, 431 (1927). Über Löslichkeit von Thalliumstearat, -palmitat und -oleat s. Holde u. Selim: Ber. **58**, 523 (1925).

[2] Holde u. Takehara: ebenda **58**, 1788 (1925).

[3] Grün u. Janko: Ztschr. Dtsch. Öl-Fettind. **41**, 553 (1921); Ztschr. angew. Chem. **37**, 939 (1924).

der Flüssigkeit — zersetzen. Die letzteren lassen sich durch Kochen mit Sn oder Zn und HCl in alkoholischer Lösung in die Ester der ungesättigten Säuren zurückverwandeln.

Die Bromide der mehrfach ungesättigten Ester zersetzen sich bereits unterhalb 175^0. Die Destillation erfordert deshalb sehr große Aufmerksamkeit. Man trennt bei Gegenwart größerer Mengen von Linol-, Linolensäure usw. zweckmäßig die Säuren zuerst nach Twitchell (s. S. 701) in feste und flüssige Säuren und behandelt nur die festen Säuren wie oben weiter, oder man bromiert die Fettsäuren, trennt erst die in Petroläther unlöslichen Bromide ab, verestert und destilliert den löslichen Anteil.

.Das Verfahren ist auch zur Trennung fester ungesättigter Säuren, z. B. Erucasäure, von den gesättigten geeignet. Hochmolekulare gesättigte Säuren (z. B. aus Erdnußöl) lassen sich aber so nicht von den ungesättigten trennen, weil die Siedepunkte ihrer Ester bei 2 mm oberhalb der Zersetzungstemperatur der Bromester liegen[1].

Die Methode ist für präparative Zwecke sehr gut brauchbar, für analytische Zwecke jedoch etwas zu umständlich und dabei nicht genau genug[2].

β) Durch oxydativen Abbau der ungesättigten Säuren[3]. Das Verfahren gilt gegenwärtig als das genaueste zur quantitativen Bestimmung der höheren gesättigten Fettsäuren von C_{14} aufwärts, während die ungesättigten Säuren dabei zerstört werden und daher nur ihrer Gesamtmenge nach aus der Differenz berechnet werden können.

Man verseift 5 g Fett mit 75 ccm 0,5-n alkoholischer KOH durch 1std. Kochen am Rückflußkühler, titriert den Überschuß an KOH mit 0,5-n HCl zurück, versetzt mit 20 ccm 0,5-n alkoholischer KOH und 75 ccm Wasser und schüttelt die unverseifbaren Bestandteile mit Petroläther aus. Die Seifenlösung wird auf dem Wasserbade eingeengt, in einem Erlenmeyerkolben mit Wasser auf 200 ccm aufgefüllt, mit 5 ccm 50%iger Kalilauge versetzt, gekühlt und in der Kälte (nicht über $+25^0$) mit einer Lösung von 30 g $KMnO_4$ in 650 ccm Wasser versetzt. Nach tüchtigem Umschütteln läßt man die Mischung über Nacht stehen, versetzt sie dann zur Entfärbung und Abscheidung der Fettsäuren mit $NaHSO_3$ und verdünnter H_2SO_4 unter Erwärmen, aber ohne zu kochen. Die abgeschiedenen wasserunlöslichen Säuren bestehen aus den ursprünglich vorhandenen gesättigten Fettsäuren von Caprinsäure $C_{10}H_{20}O_2$ aufwärts; daneben enthalten sie in der Regel Pelargonsäure $C_9H_{18}O_2$ als Abbauprodukt der Ölsäure. Zur Abtrennung der Pelargonsäure werden sie in 200 ccm Wasser und etwas Ammoniak gelöst, mit 30 ccm Salmiaklösung (10%ig) versetzt und heiß mit überschüssiger Magnesiumsulfatlösung gefällt, wobei pelargonsaures Mg in Lösung bleibt. Nach kurzem Kochen wird die Lösung gekühlt, der Niederschlag filtriert und ausgewaschen. Hierauf werden die Magnesiumseifen wieder in verdünnter H_2SO_4 gelöst und zur Entfernung von Pelargonsäureresten nochmals wie früher gefällt. Die nun abgeschiedenen Seifen werden mit verdünnter H_2SO_4 zerlegt und die gesättigten Säuren in Petroläther aufgenommen. Die nach Verdampfen des Lösungsmittels zurückbleibenden gesättigten Säuren werden getrocknet und gewogen.

. Die ungesättigten Säuren werden durch die Oxydation an den Stellen ihrer Doppelbindungen gespalten und in Dicarbonsäuren und niedere Fettsäuren übergeführt. Dabei dürfen natürlich als Spaltprodukte keine einbasischen gesättigten Fettsäuren mit mehr als 9 C-Atomen auftreten, weil diese wasserunlösliche Mg-Seifen geben und dadurch einen höheren Gehalt an gesättigten Fettsäuren vortäuschen

---

[1] Holde: Ztschr. angew. Chem. **37**, 885 (1924); **38**, 74 (1925); Ztschr. Dtsch. Öl-Fettind. **44**, 298 (1924).

[2] S. H. Bertram: Chem. Weekbl. **24**, 226 (1927).

[3] S. H. Bertram: Ztschr. Dtsch. Öl-Fettind. **45**, 733 (1925); Diss. Delft 1928; s. auch Großfeld: Allg. Öl- u. Fett-Ztg. **29**, 25 (1932), der dieses Verfahren zu vereinfachen sucht und mit nur 0,5 g Fettsäuren arbeitet. Die Oxydation mit Permanganat in Aceton s. Hilditch u. Priestman: Analyst **56**, 354 (1931); Hilditch u. Jones: ebenda **54**, 75 (1929); vgl. auch S. 644.

würden. Dieser Bedingung genügen aber alle bisher bekannten natürlichen Säuren mit Ausnahme der selten in Frage kommenden Petroselin- und Taririnsäure (6,7-Octadecen- bzw. 6,7-Octadecinsäure), welche bei der Oxydation Adipin- und Laurinsäure liefern.

Die niederen gesättigten Säuren (von Laurinsäure abwärts) werden bei diesem Verfahren nur teilweise bzw. gar nicht erfaßt[1]; es ist daher bei Fetten mit merklichem Gehalt an solchen Säuren (z. B. Cocosfett) nicht, bzw. erst nach Zerlegung des Fettsäuregemisches in „höhere" und „niedere" Säuren (z. B. durch Fällung mit Magnesiumsulfat) auf erstere allein, anwendbar.

Die nach Bertram abgeschiedenen „gesättigten" Säuren zeigen nur noch kleine Jodzahlen, z. B. bei Rinderfett 1,4, bei Olivenöl 3,3, bei Lebertran 4,4—5,8[2]; nach Steger und van Loon[3] soll dies von einer Polymerisation der ungesättigten Säuren herrühren, derart, daß die Säuren zwar noch Halogen addieren, aber nicht mehr durch Permanganat oxydiert werden (?).

2. Weitere Zerlegung der Fettsäuregruppen.

Bei der weiteren Zerlegung der wie vorstehend abgeschiedenen Fettsäuregruppen handelt es sich bei den gesättigten Säuren ausschließlich um die Trennung von Homologen, bei den ungesättigten hauptsächlich um die Trennung der verschieden stark ungesättigten Säuren (Öl-, Linol-, Linolensäure usw.) voneinander. Daneben kommt, soweit eine Zerlegung in „feste" und „flüssige" Säuren vorgenommen worden war, gegebenenfalls noch eine Abtrennung der festen ungesättigten von den gesättigten sowie der flüssigen gesättigten von den ungesättigten Säuren in Betracht.

Als Trennungsmethoden dienen: Fraktionierte Krystallisation der Säuren, Salze, Ester (evtl. auch Amide, Hydrazide, Anilide usw.), fraktionierte Fällung verschiedener Salze (hauptsächlich Mg und Li), fraktionierte Destillation der Säuren, Äthylester usw. (zur Trennung der Homologen), Bromierung und Entbromung sowie Oxydation und Identifizierung der Oxydationsprodukte zur Trennung der ungesättigten Säuren. Eine quantitative Abscheidung aller in einem natürlichen Fettsäuregemisch enthaltenen Komponenten ist praktisch so gut wie unmöglich; in manchen einfacheren Fällen läßt sich aber aus der qualitativen Feststellung der Art der anwesenden Säuren in Verbindung mit bestimmten Kennzahlen (Säurezahl, Jodzahl, Rhodanzahl) ihr Mengenverhältnis mehr oder weniger genau berechnen.

a) Fraktionierte Krystallisation der Fettsäuren aus verschiedenen Lösungsmitteln.

Als Lösungsmittel dienen vorzugsweise Aceton und Benzin, evtl. auch Alkohol, bei dessen Benutzung jedoch stets mit einer geringen Veresterung der Säuren zu rechnen ist. Gemische mehrerer homologer Säuren lassen sich durch Krystallisation nicht in die reinen Komponenten zerlegen, da nicht nur die Löslichkeitsunterschiede benachbarter homologer Säuren zu klein sind, sondern auch noch vielfach Mischkrystalle (Doppelmoleküle aus verschiedenen Säuren) gebildet werden; nur wenn eine, insbesondere die schwerstlösliche Komponente stark überwiegt, kann diese allein durch genügend oft wiederholte Krystallisation rein dargestellt werden,

---

[1] Schon bei reiner Myristinsäure betrug der Verlust nach Hilditch u. Priestman: Analyst **56**, 354 (1931), 1,8%, bei Laurinsäure sogar 13,9%; vgl. J. Großfeld: Allg. Öl- u. Fett-Ztg. **29**, 25 (1932).

[2] Vgl. Großfeld: l. c.

[3] Steger u. van Loon: Rec. Trav. chim. Pays-Bas **50**, 591 (1931).

wobei aber ein großer Teil der Substanz in den Mutterlaugen verloren geht. Als Reinheitskriterium gilt hierbei die Konstanz und Übereinstimmung der Schmelzpunkte und Mol.-Gew. der auskrystallisierten Substanz und des nach Eindampfen der Mutterlaugen verbleibenden Rückstandes. (Bei Benutzung von Alkohol wird der Schmelzpunkt der Mutterlaugenrückstände meistens durch die beim Umkrystallisieren gebildeten kleinen Mengen in Alkohol leichter löslicher Äthylester herabgedrückt, so daß er in diesem Fall nicht als Kriterium dienen kann.) Wichtig ist es, nacheinander aus verschiedenen Lösungsmitteln umzukrystallisieren, da Säuregemische, deren Zusammensetzung zufällig den relativen Löslichkeiten der Komponenten in einem Lösungsmittel entspricht, aus diesem wie einheitliche Substanzen mit konstantem, mit dem Mutterlaugenrückstand übereinstimmendem Schmelzpunkt auskrystallisieren.

Ohne Kontrolle durch andere Verfahren, insbesondere Destillation (und zwar bei hochmolekularen Säuren im Hochvakuum), ist die Einheitlichkeit einer durch Krystallisation allein gereinigten Säure niemals sicher. Als Hilfsmittel, in Verbindung mit anderen Verfahren, ist die Krystallisation dagegen zur Reinigung der Säuren unentbehrlich, vor allen Dingen stets dann, wenn leichter lösliche (d. h. in der Regel niedriger schmelzende) Beimengungen zu entfernen sind.

Auf der — nur sehr beschränkt zutreffenden — Annahme, daß die Löslichkeiten verschiedener Fettsäuren in Alkohol sich gegenseitig nicht beeinflussen, beruht nachstehendes Verfahren[1] zur quantitativen Bestimmung von Stearinsäure bei Gegenwart leichter löslicher Säuren. (Schwerer lösliche Säuren, Arachin-, Behensäure usw., dürfen nicht anwesend sein.)

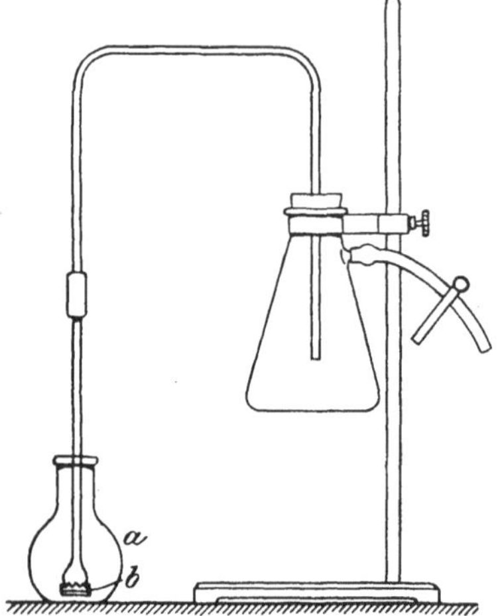

Abb. 188. Apparat zur Stearinsäurebestimmung nach Hehner und Mitchell.

0,5—1 g feste bzw. 5 g flüssige Säuren werden im 150-ccm-Kolben in etwa 100 ccm einer bei 0⁰ gesättigten alkoholischen Stearinsäurelösung[2] am Rückflußkühler gelöst. Die Lösung wird über Nacht in Eiswasser — zweckmäßig in einer weithalsigen Thermosflasche — auf 0⁰ abgekühlt. Zur Förderung der Krystallisation wird der Kolben am nächsten Tag in Eiswasser gelinde geschüttelt und noch $^{1}/_{2}$ h darin stehen gelassen.

Die alkoholische Lösung wird mittels eines Eintauchtrichters, z. B. gemäß Abb. 188, möglichst vollständig abgesaugt, während der Kolben a im Eiswasser verbleibt. Die Glocke des mit feinem Kattun bezogenen Saugtrichters b soll nicht mehr als 6 mm breit sein[3]. Den Rückstand wäscht man dreimal mit je 10 ccm der auf 0⁰ abgekühlten gesättigten alkoholischen Stearinsäurelösung aus und löst ihn dann samt den am Trichterchen hängenden Anteilen in heißem Alkohol, dampft den Alkohol ab und wägt den Rückstand in tarierter Schale. Da die Gefäßwände und die auskrystallisierte Stearinsäure etwas Waschflüssigkeit zurückhalten, zieht man von der gewogenen Stearinsäure 0,005 g ab. Der Schmelzpunkt der abgeschiedenen Stearinsäure soll nicht unter 68⁰ liegen.

---

[1] O. Hehner u. C. A. Mitchell: Analyst **21**, 316 (1896).

[2] Nach Emerson: Journ. Amer. chem. Soc. **29**, 1751 (1907), bereitet aus 7 g Stearinsäure und 1 l warmem 95%igem Alkohol, Abkühlen über Nacht bei 0⁰ und Absaugen in Apparaten gemäß Abb. 188 oder Eistrichter (s. S. 172).

[3] Da die ausgeschiedene Stearinsäure den Kattunbezug verstopft, muß evtl. auf dem Eistrichter (S. 172), der durch Zusatz von wenig Salz zum Eis genügend kühl zu halten ist, filtriert werden.

Das beschriebene Verfahren liefert bei Gegenwart von wenigstens 0,1 g Stearinsäure oft annähernd quantitative Ergebnisse, ist aber keineswegs allgemein zuverlässig; z. B. wurde nach Lewkowitsch[1] in Cottonöl nach diesem Verfahren keine Stearinsäure gefunden, selbst wenn 5—8 % Stearinsäure künstlich zugesetzt waren, ebenso versagte das Verfahren bei Gegenwart von viel Laurinsäure. Als Hauptfehlerquellen sind die Bildung von Mischkrystallen, von übersättigten Stearinsäurelösungen[2] und von leichtlöslichen Äthylestern[3] in Betracht zu ziehen.

b) Fraktionierte Krystallisation oder Fällung von Fettsäuresalzen.

Zur Trennung der flüssigen bzw. niedrigschmelzenden Fettsäuren, die selbst nur bei tiefen Temperaturen umkrystallisiert werden können, kann man vorteilhaft die fraktionierte Krystallisation verschiedener Salze (z. B. Ba, Zn, Li) heranziehen[4]. So wurde vorgeschlagen, die Ölsäure durch Umkrystallisieren ihres Bariumsalzes zu reinigen (s. S. 714) sowie die Öl-, Linol- und Linolensäure durch fraktionierte Krystallisation der Zinksalze aus Alkohol zu trennen[5]. Die Zinksalze wurden auch wiederholt zur Reinigung der Erucasäure von gesättigten Säuren benutzt[6]. Zur Trennung der hochungesättigten Transäuren von den gesättigten und schwach ungesättigten dient die verschiedene Löslichkeit der Lithiumsalze dieser Säuren in 95%igem Aceton[7]:

Man löst 5 g Fettsäuren in 20 ccm trockenem Aceton, gibt ein Körnchen Phenolphthalein hinzu und neutralisiert die Lösung mit etwa 10%iger wässeriger LiOH-Lösung (etwa 12 ccm). Nach Verdünnen mit 170 ccm Aceton läßt man die Lösung 2 h in Eis stehen; dann filtriert man den Niederschlag im Eistrichter ab. Das Filtrat wird über Nacht nochmals in Eis gestellt, der hierbei ausgeschiedene Niederschlag wieder bei 0^0 abfiltriert und das nun erhaltene Filtrat eingedampft. Den Rückstand (Li-Salze der hochungesättigten Fettsäuren) trocknet man 20—30 min bei 105^0; dann scheidet man mit HCl und Äther die Fettsäuren ab, trennt sie von der wässerigen Lösung und nimmt sie ohne vorherige Trocknung in 25 ccm Aceton auf. Nach Zusatz von 1 Körnchen Phenolphthalein, 3 ccm LiOH-Lösung und 25 ccm Aceton läßt man die Lösung wieder 2 h in Eis stehen, filtriert den Niederschlag (der noch Li-Seifen weniger stark ungesättigter Fettsäuren enthält) bei 0^0 ab und dampft das Filtrat ein. Aus den zurückbleibenden Li-Seifen erhält man durch Zersetzen mit HCl und Äther nach Eindampfen, Trocknen (Vakuum!) und Wägen Säuren von Jodzahl 350—370 (aus Herings- und Sardinentran durchschnittlich 25%).

Die schon bei dem Verfahren von Twitchell (S. 701) benutzte fraktionierte Fällung von Fettsäuresalzen beruht darauf, daß bei allmählichem Zusatz alkoholischer Lösungen von Mg-, Li-Acetat oder dgl. zu alkoholischen

---

[1] Lewkowitsch: Chemical Technology usw., 6. Aufl., Bd. 1, S. 569/70. 1921.

[2] H. Kreis u. A. Hafner: Ztschr. Unters. Nahr.- u. Genußmittel 6, 22 (1903).

[3] Berg: Chem.-Ztg. 32, 777 (1908).

[4] Die K- oder Na-Salze werden wegen ihrer meist geringen Krystallisationsneigung nur ausnahmsweise benutzt, z. B. das K-Salz zur Isolierung der Lanocerinsäure, s. S. 963.

[5] E. Erdmann: Ztschr. physiol. Chem. 74, 179 (1911).

[6] Reimer u. Will: Ber. 20, 2385 (1887); Ponzio: Journ. prakt. Chem. 48, 487 (1893).

[7] M. Tsujimoto: Journ. Soc. chem. Ind. Tokyo 23, 272 (1920); Chem. Umschau Fette, Öle, Wachse, Harze 29, 261 (1922); modifiziert von F. Goldschmidt u. G. Weiss: Ztschr. Dtsch. Öl-Fettind. 42, 19 (1922).

Fettsäurelösungen die Salze nach Maßgabe ihrer Schwerlöslichkeit nacheinander ausfallen, so daß in den ersten Fraktionen die schwerer löslichen, in den späteren Fraktionen die leichter löslichen Salze überwiegen. Das Verfahren wurde bei den Mg-Salzen zuerst von Heintz[1] zur Zerlegung der angeblich einheitlichen, durch Krystallisation nicht zerlegbaren Margarinsäure $C_{17}H_{34}O_2$ aus Menschenfett angewandt, welche auf diese Weise als Gemisch von Palmitin- und Stearinsäure erkannt wurde. Die Trennung ist naturgemäß um so bessser, je größer die Löslichkeitsunterschiede zwischen den in Frage kommenden Salzen sind; z. B. ließen sich die gesättigten Säuren des Rüböles durch fraktionierte Fällung mit Lithiumacetat fast vollkommen von der Erucasäure trennen[2], während bei Gemischen homologer hochmolekularer gesättigter Säuren wiederholt keine genügenden Erfolge zu erzielen waren. Bei letzteren Säuren läßt sich das Verfahren allenfalls zur analytischen Prüfung einer gegebenen Säure auf Einheitlichkeit (nicht zu präparativen Zwecken) verwenden, jedoch ist eine solche Prüfung durch fraktionierte Destillation der Säuren im Hochvakuum (s. u.) zuverlässiger und leichter ausführbar.

Fraktionierte Fällung mit Magnesiumacetat[3].

1—2 g der Fettsäuren werden in so viel Alkohol aufgelöst, daß die Lösung bei Zimmertemperatur klar bleibt, und heiß mit einer alkoholischen Lösung von Mg-acetat ($^1/_{30}$—$^1/_{40}$ der angewandten Säure) gefällt. Nach Abtrennen des Niederschlages wird im Filtrat die gebildete freie Essigsäure durch etwas Ammoniak abgestumpft; dann wird successive mit der gleichen Menge Mg-acetat weiter gefällt. Hierbei darf die Temperatur nicht zu niedrig sein, da andernfalls freie Fettsäuren mit dem Magnesiumsalz ausfallen. Ist nur noch ungenügende Fällung zu erzielen, so wird die Lösung konzentriert. Aus den einzelnen Fällungen werden die Säuren abgeschieden und auf Schmelzpunkt und Mol.-Gew. geprüft.

Fraktionierte Fällung mit Lithiumacetat. Durch die Verwendung des einwertigen Lithiums an Stelle des zweiwertigen Magnesiums soll die Bildung von Mischsalzen verhindert und dadurch die Trennung der Säuren verschärft werden[4]; da aber auch saure Alkalisalze [z. B. saures Kaliumstearat $(C_{17}H_{35}COO)_2KH$] bekannt sind, so ist auch bei einwertigen Metallen die Möglichkeit der Mischsalzbildung wenigstens theoretisch gegeben.

Ausführung[5]: Die zu prüfende Säure (z. B. 2—5 g) wird in Alkohol zu einer bei Zimmertemperatur gesättigten Lösung aufgelöst und mit einer alkoholischen Li-acetat-Lösung beliebiger Konzentration (z. B. 10%) in solchen Portionen versetzt, daß jedesmal ein bestimmter Anteil (z. B. 10 oder 20%) der gelösten Säure in das Li-Salz übergeführt wird. Nach jedem Li-acetat-Zusatz wird der entstandene Niederschlag abgesaugt und im Filtrat die in Freiheit gesetzte Essigsäure mit einigen Tropfen Ammoniak abgestumpft. Die Niederschläge werden mit wenig kaltem Alkohol nachgewaschen und mit Salzsäure bei Gegenwart von Benzol zersetzt; die wie üblich isolierten Fettsäuren werden auf Schmelzpunkt, Mol.-Gew. und, falls ungesättigte Säuren zugegen sind, auf Jodzahl geprüft.

Sind die freien Fettsäuren selbst in kaltem Alkohol sehr schwer löslich (gesättigte Säuren mit mehr als 20 C-Atomen), so arbeitet man entweder bei höherer Temperatur (Filtration des Li-salz-Niederschlages im geheizten Trichter), oder man verwendet als Lösungsmittel ein Gemisch von Chloroform und Alkohol (1:1), in dem auch Li-acetat genügend (1:40) löslich ist[6].

[1] Heintz: Journ. prakt. Chem. **66**, 1 (1855).
[2] Holde u. Wilke: Ztschr. angew. Chem. **35**, 289 (1922).   [3] Heintz: l. c.
[4] Partheil u. Ferié: Arch. Pharmaz. **241**, 545 (1903).
[5] H. Meyer u. R. Beer: Monatsh. Chem. **33**, 311 (1912); Holde u. Wilke: l. c.
[6] Holde u. Godbole: Ztschr. Dtsch. Öl-Fettind. **46**, 165 (1926).

c) Fraktionierte Destillation der Fettsäuren oder ihrer Ester.

Die fraktionierte Destillation[1] ist, wie erwähnt, das in der Regel am besten bewährte Verfahren zur Zerlegung von Gemischen homologer Säuren. Man destilliert die freien Säuren oder ihre Methyl- bzw. Äthylester, die niedrigmolekularen Glieder bei gewöhnlichem Druck, die mittleren (bis C_{18}) im Wasserstrahlvakuum (12—15 mm), die höheren im Hochvakuum[2] (unter 1 mm). Zweckmäßig schaltet man bei Verwendung größerer Apparaturen zwischen Pumpe und Kolben einen Windkessel ein zur Aufnahme von Druckschwankungen und zur Erzielung eines gleichmäßigen Vakuums (Siedepunkte der Säuren und Ester s. Tabelle 144, S. 620).

Zur Destillation der höherschmelzenden Substanzen, die im Abzugsrohr des Kolbens leicht erstarren, versieht man entweder dieses Rohr (bei gewöhnlichen Kolben) mit elektrischer Innenheizung[3] durch Einlegen eines Widerstandsdrahtes aus Platin, dessen Stromzuführungsdrähte durch die Stopfen des Destillierkolbens einerseits, der Destilliervorlage (z. B. einer Brühlschen Vakuumwechselvorlage[4]) andererseits geführt und über einen passenden Regulierwiderstand an das Netz angeschlossen werden, oder man benutzt Destillierkolben nach Diels

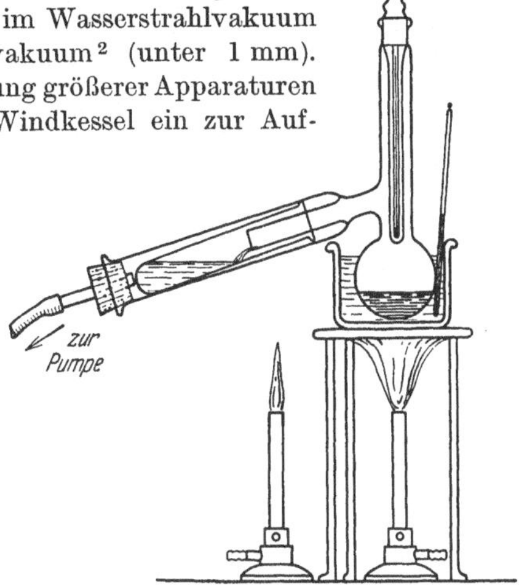

Abb. 189. Destillierkolben nach Diels.

(Abb. 189), bei welchen etwa erstarrte Substanz durch vorsichtiges Erwärmen mit freier Flamme wieder aufgeschmolzen werden kann. Für sehr kleine Substanzmengen (0,1 g und darunter) nimmt man Mikrosäbelkölbchen[5] (Abb. 190). Zur Erwärmung des Destillierkolbens eignet sich am besten ein Bad aus Woodscher Legierung. Zur Erzielung einer guten Fraktionierung destilliert man möglichst langsam und fängt zahlreiche kleine Fraktionen auf. Eine Fraktionierkolonne[6] ist im allgemeinen nur bei den niedriger (etwa bis 150⁰) siedenden Säuren (bzw. Estern) anwendbar, da bei den höhersiedenden durch die notwendige lang andauernde höhere Erhitzung der siedenden Flüssigkeit (bei Anwendung einer Kolonne mindestens 30—50⁰ über die Temperatur der abziehenden Dämpfe) leicht Zersetzungen eintreten. Mit einer besonders konstruierten Kolonne konnten jedoch E. Jantzen u. C. Tiedcke[7] die Methylester bis zu demjenigen der Tetrakosansäure ohne erhebliche Zersetzung im Hochvakuum destillieren. Bei niedriger Steighöhe der Dämpfe sind in gutem Hochvakuum (nicht > 0,1 mm) die gesättigten Säuren bis $C_{30}H_{60}O_2$ in kleinen Mengen

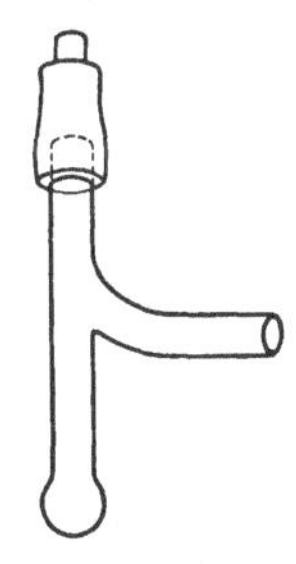

Abb. 190. Mikrosäbelkölbchen.

---

[1] Siehe Sydney Young: Theorie und Praxis der Destillation. Deutsch von W. Prahl, Berlin 1932; Krafft: Ber. **15**, 1692 (1882); **22**, 816 (1889).

[2] Sehr gut bewährt hat sich eine rotierende Kapselölpumpe von A. Pfeiffer, Wetzlar (Arbeitsdruck 0,02—0,1 mm).

[3] Vgl. z. B. Tropsch u. Kreutzer: Brennstoff-Chem. **3**, 194 (1922).

[4] Für die Vakuumdestillation größerer Mengen flüssiger Stoffe ist auch die Wechselvorlage von Kohen (S. 156, Abb. 88) zu empfehlen.

[5] Holde, Bleyberg u. Vohrer: Brennstoff-Chem. **11**, 130 (1930).

[6] Verkade u. Coops: Biochem. Ztschr. **206**, 468 (1929).

[7] E. Jantzen u. C. Tiedcke: Journ. prakt. Chem. **127**, 277 (1930). Dank der sinnreichen Konstruktion der Destillationsapparatur kann fortlaufend, ohne Unterbrechung der Destillation, der Schmelzpunkt der jeweils übergehenden Fraktion bestimmt und die Wirkung der Destillation danach beurteilt werden.

völlig unzersetzt destillierbar[1]. Gegenüber der vielfach bevorzugten Destillation der Ester hat die Destillation der freien Säuren den Vorteil, daß die Mol.-Gew. der einzelnen Fraktionen durch einfache Titration bestimmt und die Säuren aus den Seifen sofort regeneriert und weiter destilliert werden können. Außerdem scheinen die durch Anwesenheit von Homologen hervorgerufenen Schmelzpunktsdepressionen bei den freien Säuren bedeutend größer zu sein als bei den Estern, wodurch die Beurteilung des Reinheitsgrades einer Säurefraktion auf Grund des Schmelzpunktes erleichtert wird (vgl. auch S. 624).

Die Abscheidung reiner Fettsäuren aus komplizierten Fettsäuregemischen erfordert die Ausführung sehr oft wiederholter Fraktionierungen am gleichen Material, bei welchen die Vor- und Nachläufe der Fraktionen immer wieder sinngemäß mit den anderen Fraktionen vereinigt werden. Die Destillation ist dabei in geeigneter Weise mit wiederholter Krystallisation zu kombinieren. Einfachere Gemische sind durch wenige Fraktionierungen soweit zu trennen, daß eine annähernde Errechnung der Zusammensetzung aus den Mol.-Gew. der Gemische möglich wird. Besteht ein Gemisch vom mittleren Mol.-Gew. M aus x Gew.-% einer Säure vom Mol.-Gew. M_1 ($> M$) und y Gew.-% einer Säure vom Mol.-Gew. M_2 ($< M$), so wird

$$x = 100\, M_1(M-M_2)/M(M_1-M_2) \text{ und}$$
$$y = 100\, M_2(M_1-M)/M(M_1-M_2).$$

Die Zusammensetzung der Fettsäuren aus Butter[2], Cocosfett[3], Palmkernfett[4] und Babassufett[5] wurde auf diese Weise ermittelt.

d) Zerlegung von Fettsäuregemischen durch Destillation mit Wasserdampf.

Die Flüchtigkeit der Fettsäuren bei der Destillation mit Wasserdampf nimmt mit steigendem Mol.-Gew. regelmäßig ab. Für eine bestimmte wasserunlösliche Säure ist die mit 100 ccm Wasser übergehende Säuremenge annähernd konstant.

Die Anzahl Kubikzentimeter 0,05-n KOH, die zur Neutralisation des mit 100 ccm Wasser flüchtigen Anteils verbraucht werden, bezeichnet man als **Flüchtigkeitsfaktor**[6]. Dieser beträgt z. B. bei Palmitinsäure 0,6, bei Stearinsäure 0,2.

Liegt ein Gemenge verschiedener Säuren vor, so ergibt sich der Flüchtigkeitsfaktor aus der Mischungsregel. Für ein Gemenge von x Teilen des Körpers A und $1-x$ Teilen des Körpers B ist der Flüchtigkeitsfaktor $= a \cdot x + b\,(1-x)$, wenn a und b die Flüchtigkeitsfaktoren von A und B sind. Bei wiederholten Destillationen nimmt der Anteil des leichter flüchtigen Körpers im Gemenge ab, und der Flüchtigkeitsfaktor sinkt, indem er sich dem Flüchtigkeitsgrad des schwerer flüchtigen Körpers nähert.

Durch wiederholte Wasserdampfdestillationen kann man also ein Gemenge fraktionieren, wenn die einzelnen Komponenten verschiedene Mol.-Gew. (somit verschiedene Flüchtigkeitsfaktoren) besitzen. Die direkte fraktionierte Destillation (im Vakuum) dürfte aber weitaus wirksamer sein.

[1] Bleyberg u. Ulrich: Ber. **64**, 2512 (1931).
[2] Grün u. Wirth: ebenda **55**, 2206 (1922).
[3] Armstrong, Allan u. Moore: Journ. Soc. chem. Ind. **44**, 63 (1925).
[4] Armstrong, Allan u. Moore: ebenda **44**, 143 (1925).
[5] Heiduschka u. Agsten: Journ. prakt. Chem. [2] **126**, 53 (1930).
[6] Heiduschka u. Lüft: Arch. Pharmaz. **257**, 33 (1919); vgl. Dons: Ztschr. Unters. Nahr.- u. Genußmittel **16**, 705 (1908).

e) Trennung der ungesättigten Säuren durch Bromierung.

Die ungesättigten Säuren, die selbst, wie schon erwähnt, durch Krystallisation schwer voneinander zu trennen sind, können durch Bromierung teilweise in hochschmelzende Bromide von sehr verschiedenen Löslichkeiten umgewandelt werden. So geben:

Ölsäure: 9,10-Dibromstearinsäure, Schmelzpunkt 29^0*, enthält 26,18% Br, ist in den meisten Lösungsmitteln (z. B. Petroläther bei — 20^0) sehr leicht löslich.

Linolsäure: 9,10,12,13-Tetrabromstearinsäure, Schmelzpunkt 114^0 (α-Linolsäure-tetrabromid), enthält 53,33% Br, ist schwer löslich in kaltem Petroläther, leicht löslich in Benzol, Chloroform usw.; entsteht nur zu etwa 50% der Theorie[1], daneben ein leichtlösliches Tetrabromid vom Schmelzpunkt 58^0** bzw. ölige Produkte.

Linolensäure (aus Leinöl): 9,10,12,13,15,16-Hexabromstearinsäure (α-Linolensäure-hexabromid), Schmelzpunkt 181^0, enthält 63,32% Br, ist sehr schwer löslich in Alkohol, Chloroform, Eisessig, Benzin, löslich in kochendem Benzol; daneben entsteht ein flüssiges Hexabromid[2].

Erucasäure: 13,14-Dibrombehensäure, Schmelzpunkt 43^0, leicht löslich in allen genannten Lösungsmitteln.

Clupanodonsäure: Dekabrombehensäure, Schmelzpunkt $> 200^0$ unter Zersetzung, enthält 70,76% Br, ist in allen gebräuchlichen Lösungsmitteln, auch kochendem Benzol, unlöslich.

Die Bromierung kann nach verschiedenen Methoden erfolgen.

Nach Hehner und Mitchell[3] werden 0,3 g Fettsäuren in 10 ccm Eisessig gelöst; die Lösung wird auf + 5^0 abgekühlt und tropfenweise mit Brom bis zur bleibenden Braunfärbung versetzt. Nach 3std. Stehen bei + 5^0 wird durch Asbest oder ein Faltenfilter filtriert und nacheinander mit je 5 ccm gekühltem Eisessig, Alkohol und Äther nachgewaschen. In Lösung bleibt die ganze Dibromstearinsäure sowie ein Teil der höheren Bromide, ungelöst ein Gemisch von Hexa- und Tetrabromstearinsäure. Dieses wird getrocknet, gewogen und auf Bromgehalt geprüft. Aus letzterem können bei Abwesenheit anderer schwerlöslicher Bromide die Mengen der Hexa- und Tetrabromstearinsäure aus den folgenden Gleichungen berechnet werden:

$$x + y = 100$$
$$0,633\,x + 0,533\,y = B;$$
$$x = 10 \cdot (B - 53,3),$$

worin x und y die Prozentgehalte an Hexabromid bzw. Tetrabromid und B die Prozente Brom in dem rohen Bromidgemisch bedeuten.

Der Schmelzpunkt des Gemisches soll etwa 175—180^0 betragen.

Je 1 g Hexabromstearinsäure entspricht 0,3667 g Linolensäure, je 1 g Tetrabromstearinsäure entspricht 0,4666 g Linolsäure.

Liegen Fettsäuren aus Ölen der Seetiere vor, so enthält der durch Brom erzeugte Niederschlag neben Hexa- und Tetrabromiden auch Octo- oder Dekabromide; bei deren Gegenwart sich natürlich der Gehalt an Tetrabromiden durch Brombestimmung nicht ermitteln läßt. Octo- bzw. Dekabromide kann man aber von Hexabromiden durch Kochen mit Benzol, worin nur letztere löslich sind, trennen.

Nach Farnsteiner[4]. Zur Kennzeichnung von Linolsäure neben Ölsäure in linolensäurefreien Mischungen wird 1 g Säure in 10 ccm Chloroform gelöst und bei Zimmertemperatur mit einer Lösung von etwa 1 g Brom in 10 ccm Chloroform versetzt. Nach einigem Stehen wird das Lösungsmittel abdestilliert, der Rückstand

---

* Holde u. Gorgas: Ztschr. angew. Chem. **39**, 1443 (1926).

[1] Rollett: Ztschr. physiol. Chem. **62**, 418 (1909).

** Matthes u. Boltze: Arch. Pharmaz. **250**, 225 (1912).

[2] Erdmann u. Bedford: Ber. **42**, 1329 (1909), hielten das flüssige Bromid für ein Tetrabromid; nach W. Kimura: Chem. Umschau Fette, Öle, Wachse, Harze **36**, 125 (1929), liegt aber tatsächlich ein Hexabromid vor (aus Bromgehalt ber.).

[3] Hehner u. Mitchell: Analyst **1898**, 313.

[4] Farnsteiner: Ztschr. Unters. Nahr.- u. Genußmittel **2**, 1 (1899).

wird mit warmem Petroläther behandelt, in dem das Dibromid sich leicht, das Tetrabromid nur sehr wenig löst; beim Abkühlen der Benzinlösung fällt das Tetrabromid größtenteils aus.

Über die Bestimmung der sog. Hexabromidzahl zur Kennzeichnung der Reinheit von Leinölen s. S. 777. Bei diesem Verfahren sind die Mängel der Bromierung, d. h. die wechselnden Bedingungen für die Ausfällung des Hexabromids, beseitigt bzw. verringert.

Aus den Bromiden können die betreffenden ungesättigten Säuren durch Reduktion mit Zink und Salzsäure (s. S. 715) zurückgewonnen und durch Jodzahl, Mol.-Gew., evtl. auch Schmelzpunkt charakterisiert werden. Quantitativ ist das Trennungsverfahren wegen der Bildung der verschiedenen isomeren Bromide nicht.

f) Kennzeichnung der ungesättigten Säuren durch Oxydation.

Die ungesättigten Säuren nehmen bei Oxydation mit Kaliumpermanganat[1] in alkalischer Lösung unter Bildung von charakteristischen Oxyfettsäuren an jeder Doppelbindung 2 Hydroxylgruppen auf:

Ölsäure	$C_{18}H_{34}O_2$	: Dioxystearinsäure	$C_{18}H_{34}(OH)_2O_2$	Schmp. 134^0 *,
Linolsäure	$C_{18}H_{32}O_2$	: Sativinsäure	$C_{18}H_{32}(OH)_4O_2$	Schmp. 174^0,
Linolensäure	$C_{18}H_{30}O_2$	: Linusinsäure	$C_{18}H_{30}(OH)_6O_2$	Schmp. 203—205^0,
		und Isolinusinsäure	$C_{18}H_{30}(OH)_6O_2$	Schmp. 173—175^0,
Erucasäure	$C_{22}H_{42}O_2$	: Dioxybehensäure	$C_{22}H_{42}(OH)_2O_2$	Schmp. 133^0.

Diese Oxysäuren unterscheiden sich durch ihr Verhalten gegen Lösungsmittel (Wasser und Äther).

Oxydation. 30 g flüssige Säuren werden mit 36 ccm Kalilauge ($d = 1,27$) verseift, worauf mit Wasser auf 2 l verdünnt wird; man läßt 2 l $1^1/_2\%$ige Kaliumpermanganatlösung in dünnem Strahl unter Rühren mit der Turbine hinzufließen (bei Untersuchung von Transäuren ist Abkühlung auf 0^0 und $^1/_2\%$ige Permanganatlösung nötig), läßt 10 min stehen und versetzt bis zur völligen Auflösung des Mangandioxyds mit Bisulfit oder wässeriger schwefliger Säure.

In kaltem Wasser unlösliche Oxydationsprodukte. Aus den beim Ansäuern mit Mineralsäure aus den Seifen abgeschiedenen wasserunlöslichen Säuren werden die nicht oxydierten Säuren von den oxydierten durch niedrig (bis 50^0) siedendes Benzin, das die Oxysäuren nicht löst, abgetrennt. Die ungelösten Säuren werden mit Äther im Soxhletapparat[2] extrahiert. In Lösung gehen Dioxystearinsäure, sowie evtl. die in kaltem Äther unlösliche Dioxybehensäure — durch mehrfaches Umkrystallisieren aus 96%igem Alkohol zu reinigen —, ungelöst bleibt Sativinsäure, die aus heißem Wasser krystallisiert werden kann. Hierbei bleiben bisweilen noch geringe Mengen vom Äther nicht extrahierter, wasserunlöslicher Dioxystearinsäure oder Dioxybehensäure zurück[3].

Wasserlösliche Oxydationsprodukte. Das Filtrat des Niederschlages, welches Linusin- und Isolinusinsäure enthalten kann, wird mit Kalilauge neutralisiert, bis auf $^1/_{12}$—$^1/_{14}$ des ursprünglichen Volumens eingedampft und angesäuert.

---

[1] Hazura: Monatsh. Chem. 8, 147, 156, 260 (1887); 9, 180, 198, 469, 941, 947 (1888); 10, 190 (1889).

* Nach A. Saizew: Journ. prakt. Chem. [2] 33, 305 (1886), 136,5^0, jedoch sind die von Saizew angegebenen Schmelzpunkte häufig zu hoch.

[2] Matthes u. Rath: Arch. Pharmaz. 252, 699 (1914); Chem. Revue üb. d. Fett- u. Harzind. 22, 15 (1915).

[3] Über die Löslichkeitsverhältnisse der Oxydationsprodukte der hochungesättigten Transäuren (Clupanodonsäure usw.) scheinen keine näheren Angaben vorzuliegen. Soweit sie mindestens 6 Hydroxylgruppen enthalten, dürften sie durchweg wasserlöslich und ätherunlöslich sein, so daß zu ihrer Trennung voneinander besondere Methoden noch auszuarbeiten wären.

Der bei Gegenwart der letztgenannten Säuren entstehende flockige, braune Niederschlag wird zur Entfernung von Azelainsäure und anderen sekundären Oxydationsprodukten lufttrocken mit Äther extrahiert. Die unlöslichen Säuren krystallisiert man aus Alkohol um. Mikroskopische Untersuchung der Krystalle gibt Aufschluß, ob nur Linusin- oder auch Isolinusinsäure zugegen ist. Erstere bildet abgestumpfte rhombische Tafeln, letztere Nadeln. Die Trennung beider Säuren erfolgt durch Krystallisation aus wenig Wasser. Isolinusinsäure bleibt vornehmlich in der Mutterlauge.

Dieses Verfahren läßt nur annähernde Schlüsse auf die quantitative Zusammensetzung eines Gemisches flüssiger Säuren zu, da ein Teil der verwendeten Säuren leicht tiefer greifenden Spaltungen zu Dicarbonsäurem usw. unterliegt.

Statt Permanganat wurden in der Folgezeit auch Perbenzoesäure[1], Peressigsäure[2] und Natriumhypochlorit[3] bei nachfolgender Verseifung mit alkoholischer Lauge verwendet. Aber auch für diese Verfahren gilt das oben Gesagte, daß sie nur annähernde Schlüsse auf die Zusammensetzung von Gemischen gestatten. Versuche, die Anlagerungsprodukte mit konz. Schwefelsäure[4] zur Abtrennung der ungesättigten Säuren zu verwenden, ergaben keine guten Resultate.

g) Indirekte Ermittlung der Zusammensetzung von Gemischen ungesättigter Säuren.

Aus der Jodzahl eines Gemisches, das nur zwei verschiedene Säuren bekannter Jodzahlen enthält, kann man die Mengen der Komponenten nach S. 764 berechnen. Die Jodzahl der nach Abtrennung der gesättigten Säuren verbleibenden gemischten ungesättigten Säuren wird auch als „innere Jodzahl" bezeichnet[5]. Sie kann aus der Jodzahl J der Gesamtfettsäuren und deren Prozentgehalt an ungesättigten Säuren U nach der Formel $J_i = 100\,J/U$ berechnet werden. Diese Berechnung soll nach Tolman und Munson[6] der direkten Bestimmung der Jodzahl der abgeschiedenen ungesättigten Säuren vorzuziehen sein, weil letztere infolge Oxydation der ungesättigten Säuren während der Trennung leicht zu niedrig ausfällt.

Über die Berechnung der Zusammensetzung von Gemischen aus Öl-, Linol- und Linolensäure mit Hilfe von Jodzahl und Rhodanzahl s. S. 775.

II. Reindarstellung einzelner Fettsäuren.

1. Durch Abscheidung aus natürlichen (bzw. gehärteten) Fetten oder Wachsen.

a) **Gesättigte Fettsäuren.** Diese Säuren sind in der Regel aus Gemischen mit Homologen durch kombinierte fraktionierte Destillation und Krystallisation zu isolieren. Gemäß dem S. 705 Gesagten muß man hierzu ein Ausgangsmaterial benutzen, das von vornherein die rein darzustellende

[1] K. H. Bauer u. O. Bähr: Journ. prakt. Chem. [2] **122**, 201 (1929).

[2] Böeseken, Smit u. Gaster: Proceed. Kon. Akad. Wetensch. Amsterdam **32**, 377 (1929); C. **1929**, II, 716; W. C. Smit: Rec. Trav. chim. Pays-Bas **49**, 539, 675, 686, 691 (1930); s. auch Hilditch u. Lea: Journ. chem. Soc. London **1928**, 1567.

[3] Nicolet u. Poulter: Journ. Amer. chem. Soc. **52**, 1186 (1930).

[4] Twitchell: Journ. Soc. chem. Ind. **1897**, 1002; Lewkowitsch: Analyst **1900**, 64.

[5] Wallenstein u. Fink: Chem.-Ztg. **18**, 1190 (1894). Dem Sinne nach soll die innere Jodzahl die ungesättigten Säuren betreffen; da aber die Gruppentrennung gewöhnlich in feste und flüssige Säuren vorgenommen wird, so sind bei Anwesenheit niederer gesättigter Säuren diese in die Berechnung der inneren Jodzahl eingeschlossen.

[6] Tolman u. Munson: Journ. Amer. chem. Soc. **25**, 954 (1903).

Säure in überwiegender Menge enthält. Solche Materialien sind z. B. für Caprinsäure: Ulmensamenöl (Gehalt etwa 50%)[1], für Laurinsäure: Cocosfett (fast 50%), für Palmitinsäure: Walrat (größter Teil der Fettsäuren), Japanwachs (über 60%)[2] oder Stillingiatalg (außer Ölsäure fast nur Palmitinsäure)[3], für Stearinsäure: Sheabutter (feste Fettsäuren ausschließlich Stearinsäure)[4], vollständig gehärtetes Oliven-, Mandel- oder Leinöl. Die höheren Säuren lassen sich nur synthetisch in größerer Menge rein darstellen.

b) 9-10-Ölsäure. Als Ausgangsmaterialien eignen sich besonders solche Fette, die keine merklichen Mengen stärker ungesättigter Säuren (Linol-, Linolensäure) enthalten, z. B. Olivenöl, Mandelöl, Talg.

Die Hauptmenge der festen Säuren wird zunächst durch Behandeln der Bleiseifen mit Äther oder Benzol (s. S. 700) abgetrennt; die aus den Bleiseifen abgeschiedene, vorgereinigte Ölsäure kann weiter durch fraktioniertes Umkrystallisieren aus Aceton bei -15^0*, durch Bromierung (s. u.), durch Behandlung mit Mercuriacetat[5] oder durch Umkrystallisieren des Bariumsalzes (s. u.) oder Lithiumsalzes[6] gereinigt werden. Ganz reine Ölsäure ist sehr schwer zu erhalten; als Reinheitskriterium ist neben dem Schmelzpunkt $+ 14^0$ besonders die richtige, mit der Rhodanzahl genau übereinstimmende Jodzahl 89,9 zu verwenden.

α) Reinigung als Bariumsalz[7]. Das durch Versetzen einer ammoniakalischen Lösung der rohen Ölsäure mit Bariumchlorid, Abfiltrieren und Trocknen des Niederschlages erhaltene Bariumsalz wird aus einem Gemisch von Benzol mit 5% 95%igem Alkohol umkrystallisiert. Ba-oleat ist darin bei gewöhnlicher Temperatur sehr schwer löslich, während Linolat und Linolenat in Lösung bleiben. Das reine Ba-oleat ist weiß, sintert bei 100^0 und schmilzt bei etwa 210^0 unter Zersetzung.

β) Reinigung über das Dibromid[8]. Man löst die rohe Ölsäure in wenig Petroläther, versetzt die Lösung unter Eiskühlung bis zur bleibenden Braunfärbung mit einer Brom-Petrolätherlösung, entfernt das überschüssige Brom mit Thiosulfatlösung, wäscht die Petrolätherlösung mit Wasser, trocknet sie mit Na_2SO_4, filtriert und kühlt das Filtrat auf -21^0 ab. Die sich hierbei ausscheidenden gesättigten Säuren und schwerlöslichen Bromide (Linolsäure) werden abfiltriert, und das Filtrat wird mit Kohlensäureschnee-Alkohol auf -78^0 abgekühlt. Das Ölsäure-dibromid krystallisiert aus und kann durch Filtration bei dieser Temperatur (Apparatur z. B. wie Abb. 188, S. 706) oder durch schnelles Zentrifugieren abgetrennt werden. Es wird in gleicher Weise noch wiederholt bei -78^0 umkrystallisiert und dann vom anhaftenden Petroläther durch gelindes Erhitzen im Vakuum befreit; genügend gereinigt, erstarrt es bei längerem Stehen auf Eis krystallin und schmilzt bei $28-29^0$.

Das gereinigte Dibromid wird durch Kochen mit Zink (etwa 50 Gew.-%) und überschüssiger 5-n methylalkoholischer Salzsäure am Rückflußkühler in Ölsäuremethylester übergeführt; dieser wird mit Lauge verseift und die in üblicher Weise abgeschiedene freie Ölsäure im Vakuum (in CO_2- oder N_2-Atmosphäre) destilliert. (Über die Eigenschaften der reinen Ölsäure s. Tabelle 145, S. 626.)

---

[1] Pawlenko: Chem. Revue üb. d. Fett- u. Harzind. **19**, 43 (1912).

[2] F. Halle: Diss. Leipzig 1928. Die wasserunlöslichen einbasischen Säuren (fast 80% der Gesamtfettsäuren) bestehen aus nahezu reiner Palmitinsäure.

[3] H. Dubovitz: Chem.-Ztg. **54**, 814 (1930).

[4] H. Dubovitz: ebenda **54**, 814 (1930).

* Holde u. Rosenbaum: unveröffentlicht.

[5] Bertram: Diss. Delft 1928; Rec. Trav. chim. Pays-Bas **46**, 397 (1927).

[6] Moore: Journ. Soc. chem. Ind. **38** T, 320 (1919); Lapworth, Pearson u. Mottram: Biochemical Journ. **19**, 7 (1925); Scheffer: Rec. Trav. chim. Pays-Bas **46**, 293 (1927).

[7] Farnsteiner: Ztschr. Unters. Nahr.- u. Genußmittel **2**, 1 (1899); **6**, 161 (1903). Das Verfahren ist eine Verbesserung der Methode von Gottlieb: Liebigs Ann. **57**, 40 (1846); bei welcher das Ba-oleat aus Alkohol umkrystallisiert wurde.

[8] Holde u. Gorgas: Ztschr. angew. Chem. **39**, 1443 (1926).

Das — in der Ausführung allerdings recht umständliche — Verfahren dürfte am sichersten zu ganz reiner Ölsäure führen[1].

c) 9-10, 12-13-Linolsäure. Als Ausgangsmaterialien sind Mohnöl[2] oder Sojaöl[3] geeignet, welche viel Linolsäure, aber nur sehr wenig Linolensäure (5—6%) enthalten.

Das Öl wird in üblicher Weise verseift, das aus der Seife in Freiheit gesetzte Säuregemisch in petrolätherischer Lösung unter starker Kühlung mit Brom abgesättigt und das ausfallende Linolsäure-tetrabromid durch Umkrystallisieren aus Petroläther gereinigt (Schmelzpunkt 114—115°). Je 100 g Tetrabromid werden in 150 ccm Methanol mit 100 g granuliertem Zn zum Sieden erhitzt und tropfenweise mit 150 ccm 5-n methylalkoholischer HCl versetzt. Nach weiterem 1std. Kochen setzt man überschüssige Lauge hinzu, verseift den Ester und scheidet die freie Linolsäure in üblicher Weise ab. Zur letzten Reinigung ist auch hier Vakuumdestillation zu empfehlen. Bei allen Operationen ist Luftzutritt zu den ungesättigten Verbindungen zu vermeiden (N_2-, H_2- oder Leuchtgas-, soweit nicht in alkalischer Lösung gearbeitet wird, auch CO_2-Atmosphäre). Selbst sehr sorgfältig hergestellte Linolsäure zeigte (vielleicht infolge von Polymerisation) eine etwas zu niedrige Jodzahl[4].

Ob die aus dem hochschmelzenden Tetrabromid hergestellte Linolsäure mit der natürlichen Säure identisch ist oder ob diese etwa ein Gemisch verschiedener, stereoisomerer Säuren darstellt, von denen nur eine das hochschmelzende Tetrabromid liefert, steht noch nicht fest. Jedenfalls gibt aber auch die über das Tetrabromid hergestellte Säure bei nochmaliger Bromierung wieder nur etwa 50% hochschmelzendes Tetrabromid.

d) 9-10,12-13,15-16-Linolensäure. Die Darstellung erfolgt über das Hexabromid, analog derjenigen der Linolsäure. Als Ausgangsmaterial dient Leinöl.

Das schwerlösliche Hexabromid wird aus den Leinölfettsäuren durch vorsichtiges Bromieren in Ätherlösung bei —10° (s. S. 777, Hexabromidzahl) oder in Eisessig bei höchstens +10°* erhalten. Reduktion mit Zn und methanolischer HCl und weitere Aufarbeitung wie bei Linolsäure. (Der Methylester wird durch alkoholische Lauge in der Kälte[5] verseift.)

Erdmann und Bedford (l. c.) betrachteten die so gewonnene „künstliche" Linolensäure als ein Gemisch der natürlichen α-Linolensäure mit einer beim Entbromen des Hexabromids entstehenden stereoisomeren β-Linolensäure, jedoch ist diese Auffassung umstritten (vgl. S. 630). Während Linolensäure aus Leinöl ein Gemisch fester und flüssiger Bromide ergibt, soll nach Smith[6] die Linolensäure aus Lumbangöl nur festes Bromid geben; im Hinblick auf die schon erwähnten möglichen Isomeriefälle durch asymmetrische Kohlenstoffatome wäre dies ein sehr wichtiger Befund.

e) α-Elaeostearinsäure[7]. Chinesisches Holzöl wird mit alkoholischer KOH unter sorgfältigstem Luftabschluß (H_2) verseift, der Alkohol im H_2-Strom abdestilliert, die Seife in Wasser gelöst und die kalte Seifenlösung[8] mit kalter

---

[1] S. auch H. H. Escher: Helv. chim. Acta **12**, 99 (1929).

[2] Rollett: Ztschr. physiol. Chem. **62**, 411 (1909); Grün u. Schönfeld: Ztschr. angew. Chem. **29**, 34, 46 (1916); Holde u. Gentner: Ber. **58**, 1067 (1925).

[3] Haworth: Journ. chem. Soc. London **1929**, 1456.

[4] Holde u. Gentner: l. c.

* Erdmann u. Bedford: Ber. **42**, 1329 (1909).   [5] Rollett: l. c., S. 424.

[6] F. L. Smith u. A. P. West: Philippine Journ. Science **32**, 297 (1927); C. **1927**, II, 239.

[7] Cloëz: Compt. rend. Acad. Sciences **83**, 943 (1876).

[8] Beim Ansäuern der heißen Seifenlösung entstehen überwiegend polymerisierte, bis 100° nicht schmelzende Produkte.

verdünnter HCl bei Gegenwart von Benzin (50/60) angesäuert. Die Benzinlösung (etwa 5 ccm Benzin pro Gramm Fettsäure) wird unter CO_2 mit Wasser gewaschen, mit Na_2SO_4 getrocknet, filtriert und in einer Kältemischung auf -20^0 gekühlt. α-Elaeostearinsäure scheidet sich in weißen Blättchen (Schmelzpunkt 48^0) aus. Nötigenfalls wird sie wiederholt aus Benzin bei -20^0 umkrystallisiert. Bei der Aufbewahrung — auch unter sorgfältigem Luftabschluß — verändert sie sich schon innerhalb weniger Stunden (Gelatinierung, Polymerisation). Unter Luftabschluß eingeschmolzen und im Dunkeln aufbewahrt, sollen Elaestoearinsäure und ihre Derivate jedoch jahrelang unverändert haltbar sein [1].

f) β-Elaeostearinsäure[2]. Chinesisches Holzöl wird in Petroläther gelöst, die Lösung mit einigen Körnchen Jod versetzt und einige Stunden dem Sonnenlicht ausgesetzt. Zur vollständigen Ausscheidung des β-Elaeostearins wird das Gemisch auf -20^0 gekühlt, hierauf wird der Niederschlag unter Luftabschluß (CO_2) abfiltriert, wiederholt aus Leichtbenzin bei 0^0 (immer unter CO_2) bis zum konstanten Schmelzpunkt 62^0 umkrystallisiert[3] und in N_2-, H_2- oder Leuchtgasatmosphäre verseift. Die aus der Seife mit Mineralsäure abgeschiedene Säure wird in warmem Benzin ($70/80^0$) aufgenommen, unter Luftabschluß mit Wasser ausgewaschen und aus Benzin bei -10^0 umkrystallisiert (Schmelzpunkt 72^0). Sie ist unter Luftabschluß etwas beständiger als die α-Säure, muß aber, wenn sie nach ein- oder mehrtägiger Aufbewahrung benutzt werden soll, stets zur Entfernung von Polymerisationsprodukten aus Benzin frisch krystallisiert werden[4].

g) Erucasäure[5]. Die Säuren des Rüböls werden zunächst durch Behandlung der Bleiseifen mit siedendem Äther[6] in gesättigte (feste) und ungesättigte Säuren zerlegt. Die aus den löslichen Bleiseifen abgeschiedene rohe Erucasäure wird aus 96%igem Alkohol bei -17^0, dann bei -5^0 umkrystallisiert, wodurch die flüssigen ungesättigten Säuren abgetrennt werden; hierauf wird sie durch fraktionierte Krystallisation oberhalb 0^0 (z. B. bei 12^0) von der Hauptmenge der beigemengten gesättigten Säuren befreit. Die so vorgereinigte Erucasäure wird in bei Zimmertemperatur gesättigter alkoholischer Lösung mit Lithiumacetat fraktioniert gefällt. Zuerst fallen die Li-salze der gesättigten Säuren (Schmelzpunkt $> 50^0$) aus, bei den folgenden Fraktionen fällt der Schmelzpunkt plötzlich auf etwa 34^0. Die hiernach von gesättigten Säuren befreite Lösung wird nunmehr auf -15^0 abgekühlt, worauf praktisch reine Erucasäure (Schmelzpunkt 33^0) auskrystallisiert.

h) Ricinolsäure[7]. Die in üblicher Weise abgeschiedenen Gesamtfettsäuren des Ricinusöls werden im Scheidetrichter mit Petroläther geschüttelt. Unter der Petrolätherlösung, welche gesättigte Säuren, Ölsäure, Linolsäure und etwas Ricinolsäure enthält, setzen sich die unlösliche Ricinolsäure sowie eine aus Ricinolsäure und Dioxystearinsäure bestehende Zwischenschicht ab. Die Ricinolsäure wird abgezogen und noch mehrmals mit Petroläther ausgeschüttelt; dann wird sie in das Bleisalz verwandelt und dieses mit Äther ausgekocht (bzw. extrahiert). Aus dem vom Äther gelösten, nahezu reinen Bleiricinolat wird die freie Säure in üblicher Weise abgeschieden. Sie kann weiter durch Umkrystallisieren des Ba-salzes aus 95%igem und aus absolutem Alkohol gereinigt werden[8]. Die freie Säure (Schmelzpunkt $+5^0$) verändert sich beim Aufbewahren (Estolidbildung), so daß die Säurezahl in der Regel zu niedrig ausfällt.

---

[1] E. Roßmann: Chem. Umschau Fette, Öle, Wachse, Harze **39**, 224 (1932).

[2] H. P. Kaufmann: Ber. **59**, 1390 (1926); vgl. Cloëz: Bull. Soc. chim. France [2] **28**, 24 (1877).

[3] Die warme Lösung ist vor der Abkühlung jedesmal zu filtrieren, da sich immer kleine Mengen benzinunlöslicher Polymerisationsprodukte bilden.

[4] Holde, Bleyberg u. Aziz: Farben-Ztg. **33**, 2480 (1928).

[5] Holde u. Wilke: Ztschr. angew. Chem. **35**, 289 (1922).

[6] In kaltem Äther ist erucasaures Blei wenig löslich.

[7] S. auch Fahrion: Chem. Umschau Fette, Öle, Wachse, Harze **23**, 60, 71 (1916).

[8] S. auch Juillard: Bull. Soc. chim. France [3] **13**, 240 (1895); Panjutin u. Rapoport: Chem. Umschau Fette, Öle, Wachse, Harze **37**, 130 (1930); Heiduschka u. Kirsten: Pharmaz. Zentralhalle **71**, 81 (1930).

2. Durch Synthese, Abbau oder Umlagerung.

a) **Aufbau gesättigter Säuren.** Die höheren gesättigten Säuren können aus den niederen stufenweise aufgebaut[1] werden, und zwar entweder durch Nitrilsynthese (Verlängerung der Kohlenstoffkette um je 1 C-Atom) oder durch Malonestersynthese (Verlängerung um je 2 C-Atome). Die Synthesen verlaufen über folgende Stufen:

$$RCOOH \rightarrow RCOOC_2H_5 \rightarrow RCH_2OH \rightarrow RCH_2J \quad \text{und weiter}$$

Fettsäure　　Äthylester　　höherer　　Jodid
　　　　　　　　　　　　Alkohol

$$\text{entweder} \quad RCH_2J \rightarrow RCH_2 \cdot CN \rightarrow RCH_2 \cdot COOH$$

Nitril　　　　höhere Fettsäure

$$\text{oder} \quad RCH_2J \rightarrow RCH_2 \cdot CH(COOC_2H_5)_2 \rightarrow RCH_2 \cdot CH(COOH)_2 \rightarrow RCH_2 \cdot CH_2 \cdot COOH$$

subst. Malonester　　　　subst. Malonsäure　　　　höhere Fettsäure

α) **Aufbau bis zum Jodid** (bei Nitril- und Malonestersynthese gemeinsam). 20 g Fettsäure (z. B. Stearinsäure) werden in 100 ccm warmem 96%igem Alkohol gelöst und allmählich mit 20 g konz. H_2SO_4 versetzt. Nachdem der größte Teil des Esters sich ausgeschieden hat, kocht man die Mischung noch 1—2 h auf dem Wasserbade, verdünnt dann mit 1 l kaltem Wasser, nimmt den Ester in Benzin (70/80) auf, wäscht ihn im Scheidetrichter zuerst mit Wasser schwefelsäurefrei, neutralisiert dann die unveresterte Fettsäure mit alkoholischer KOH und wäscht die Seife mit verdünntem Alkohol, nötigenfalls in der Wärme, aus. Hierauf trocknet man die Benzinlösung mit $CaCl_2$, filtriert sie, dampft das Benzin ab und destilliert den zurückbleibenden Ester evtl. zur Reinigung im Vakuum. Ausbeute mindestens 90% der Theorie.

20 g Äthylester werden in 200 ccm mit Na getrocknetem benzolfreiem Benzin (70/80) gelöst; in die Lösung[2] preßt man Na-Draht in großem Überschuß (z. B. 400% der Theorie, bei Stearinsäureester $= 23,5$ g Na), erhitzt die Mischung an einem mit $CaCl_2$-Rohr verschlossenen Rückflußkühler zum Sieden und gibt 150% der Theorie (ber. auf die angewandte Na-Menge, in obigem Beispiel 120 ccm) rektifizierten (wasserfreien) n-Butylalkohol in Portionen von je 10 ccm im Verlauf von etwa 2 h unter öfterem Umschütteln zu, wobei sich die Mischung allmählich durch die ausfallende Natriumverbindung verdickt. Hierauf setzt man soviel 95%igen Äthylalkohol (z. B. 250 ccm) hinzu, daß das unverbrauchte Natrium und die ausgefallenen Natriumverbindungen in Lösung gehen, kocht zur Verseifung von etwa nicht reduziertem Ester noch 1 h am Rückflußkühler und verdünnt vorsichtig (wegen der sehr lebhaften Reaktion) mit Wasser oder besser anfangs mit 50%igem Alkohol. Zuerst entsteht ein dicker Brei, der bei weiterem Wasserzusatz unter Trennung des Gemisches in 2 Schichten wieder in Lösung geht. Die untere Schicht (konz. Natronlauge) wird abgehebert und die obere wiederholt mit heißem Wasser in gleicher Weise ausgewaschen. Dann destilliert man Benzin und Butylalkohol (letzteren mit Dampf) ab, löst den Rückstand wieder in Benzin und schüttelt ihn wiederholt mit 50%igem Äthylalkohol aus, um vom Butylalkohol zurückgehaltene Seifenreste zu entfernen. Die Benzinlösung wird nunmehr mit Na_2SO_4 getrocknet, filtriert und eingedampft; der zurückbleibende höhere Alkohol, der noch kleine Mengen dimolekularer Reaktionsprodukte (Acyloine, Glykole oder Diketone)[3] enthält, wird im Hochvakuum destilliert und nötigenfalls bis zum konstanten Schmelzpunkt aus Benzin, Alkohol oder Aceton umkrystallisiert. Ausbeute 80—90% der Theorie.

Zur Herstellung des **Jodids** RCH_2J erwärmt man in einem mit Kühlrohr und $CaCl_2$-Verschluß versehenen Rundkolben 1,1 Äquivalent (z. B. 7,8 g) J mit

---

[1] Schweizer: Arch. Pharmaz. **222**, 767 (1884); Meyer, Brod u. Soyka: Monatsh. Chem. **34**, 1113 (1913); Levene u. Taylor: Journ. biol. Chemistry **59**, 905 (1924); Bleyberg u. Ulrich: Ber. **64**, 2504 (1931).

[2] Von Bleyberg u. Ulrich verbessertes Reduktionsverfahren nach Bouveault u. Blanc: Compt. rend. Acad. Sciences **136**, 1676 (1903).

[3] Bouveault u. Locquin: Bull. Soc. chim. France [3] **35**, 629 (1906); vgl. Bleyberg u. Ulrich: l. c., S. 2506.

überschüssigem rotem Phosphor (1 g) auf 100⁰, wobei sich PJ_3 bildet, gibt dann 1 Mol des Alkohols RCH_2OH (z. B. 15,6 g Octadecanol) hinzu und erhitzt die Mischung noch 1 h auf 180⁰. Dann läßt man das Reaktionsprodukt erkalten, nimmt es in Benzin (70/80) auf, filtriert vom ungelösten Phosphor usw. ab, kocht das meist dunkle Filtrat mit Bleicherde, filtriert abermals (etwa gelöstes J durch Ausschütteln mit Thiosulfat entfernen!), dampft das Benzin ab und destilliert das Jodid RCH_2J im Hochvakuum. Ausbeute mindestens 90% der Theorie.

β) **Weiterführung der Nitrilsynthese.** Das Jodid wird mit überschüssigem KCN in alkoholischer Lösung (z. B. 10 g Octadecyljodid, 5 g KCN und 100 ccm 96%iger Alkohol) mehrere Stunden (mindestens 8 h) unter Rückfluß gekocht; dann wird die Lösung mit überschüssiger konz. Kalilauge versetzt und zur Verseifung des Nitrils abermals mehrere Stunden gekocht. Aus der entstandenen Seife wird die Fettsäure in üblicher Weise abgeschieden und durch Destillation und Krystallisation gereinigt. Ausbeute mindestens 90% der Theorie.

γ) **Weiterführung der Malonestersynthese.** Zu einer Lösung von (z. B. 3,3 g) Na in der 6fachen Menge (20 ccm) Butylalkohol gibt man 2 Mol (46 g) Malonsäure-diäthylester (d. h. einen Überschuß gegenüber dem Na, damit keine doppelt substituierte Malonsäure entsteht) und kocht das Gemisch einige Minuten unter Rückfluß bis zur klaren Lösung. Nach Zugabe von höchstens 0,5 Mol des Jodids RCH_2J (z. B. 21,5 g Octadecyljodid) kocht man noch 4 h, wobei der Fortgang der Reaktion an der Ausscheidung des NaJ zu erkennen ist. Der entstandene Alkylmalonester wird sofort durch Kochen der Lösung mit überschüssiger konz. Natronlauge (unter Zusatz von Äthylalkohol als Lösungsvermittler) verseift und die Mischung stark eingedampft (Entfernung des Äthyl- und Butylalkohols); das hierbei ausfallende Na-Salz wird abfiltriert, mit kaltem Wasser ausgewaschen und durch Kochen mit HCl und Benzol zersetzt; die Alkylmalonsäure wird in Benzollösung mit Wasser gewaschen, mit Na_2SO_4 getrocknet, filtriert und vom Lösungsmittel befreit. Hierauf wird sie (ohne weitere Reinigung) in einem Vakuumdestillierkolben (z. B. Abb. 189, S. 709) im Wasserstrahlvakuum zusammengeschmolzen und weiter im Hochvakuum (0,1—0,3 mm) auf 140—150⁰ erhitzt, bis die CO_2-Abspaltung beendet ist. Die entstandene einbasische Säure $RCH_2 \cdot CH_2 \cdot COOH$ wird anschließend sofort im gleichen Vakuum destilliert (Badtemperatur je nach Molekulargröße der Säure etwa 200—250⁰). Ausbeute aus dem Jodid über 90% der Theorie.

b) **Abbau gesättigter Säuren.** Außer dem bekannten Hofmannschen Abbau[1] durch Behandlung der Säureamide mit Brom und Kalilauge sind noch folgende Verfahren zu nennen:

α) **Abbau nach Ponzio**[2]. Er verläuft über folgende Stufen:

$$RCH_2 \cdot CH_2 \cdot COOH \xrightarrow{Br} R \cdot CH_2 \cdot CHBr \cdot COOH \xrightarrow{KJ} RCH_2 \cdot CHJ \cdot COOH \xrightarrow{alkohol.KOH}$$

$$R \cdot CH:CH \cdot COOH \xrightarrow{alkal.\ KMnO_4} RCOOH + (COOH)_2.$$

Die HJ-Abspaltung mit alkoholischer KOH gibt nach Meyer, Brod und Soyka nur schlechte Ausbeuten an ungesättigter Säure, als Hauptprodukt entsteht eine Äthoxysäure $RCH_2 \cdot CH(OC_2H_5) \cdot COOH$. Das Abbauverfahren scheint hiernach nicht sehr empfehlenswert zu sein[3].

β) **Abbau nach Simonini**[4]. Durch 4—5std. Erhitzen eines gut getrockneten Ag-Salzes RCH_2COOAg mit der dem Ag äquivalenten Menge J auf 130—140⁰ entsteht in etwa 50%iger Ausbeute ein Ester $R \cdot CH_2 \cdot COO \cdot CH_2 \cdot R$, der bei der Verseifung neben der ursprünglichen Säure $R \cdot CH_2 \cdot COOH$ den um ein C-Atom

[1] A. W. von Hofmann: Ber. **14**, 2725 (1881).

[2] Ponzio: Gazz. chim. Ital. **34**, II, 77 (1904); **35**, II, 132, 569 (1905); vgl. Meyer, Brod u. Soyka: Monatsh. Chem. **34**, 1118 (1913).

[3] Näheres siehe bei Meyer, Brod u. Soyka: l. c., sowie H. Meyer: Analyse und Konstitutionsermittlung, 4. Aufl., 1922. S. 539.

[4] Simonini: Monatsh. Chem. **13**, 340 (1892); **14**, 80 (1893); s. auch A. Gascard: Compt. rend. Acad. Sciences **153**, 1484 (1911); Ann. Chim. [9] **15**, 332 (1921). Nach diesem Verfahren wurde z. B. von A. Heiduschka u. J. Ripper: Ber. **56**, 1736 (1923), Heptadecansäure aus Stearinsäure hergestellt.

ärmeren Alkohol RCH_2OH liefert; dieser wird von der Seife in üblicher Weise (zweckmäßig durch Extraktion der Kalksalze mit Aceton) getrennt und durch Verschmelzen mit dem 3fachen der berechneten Menge KOH ($1/4$ h auf 240—250^0) zu der niederen Säure RCOOH oxydiert.

c) **Kalischmelze ungesättigter Säuren.** Wie S. 629 erwähnt, liefert Ölsäure bei der Einwirkung von geschmolzenem KOH in ziemlich guter Ausbeute Palmitinsäure neben Essigsäure und anderen niederen Säuren. Zur Reindarstellung von Palmitinsäure dürfte das Verfahren trotzdem kaum in Frage kommen, da reine Ölsäure schwer herzustellen ist (s. o.) und andererseits andere Quellen zur Abscheidung von Palmitinsäure zur Verfügung stehen (s. S. 714). Zur Herstellung reiner n-Eikosansäure aus Erucasäure ist das Verfahren wiederholt verwendet worden[1], jedoch mit unbefriedigender Ausbeute (10—20% der Theorie).

In einer Nickelschale werden 30 g KOH erhitzt, bis alles Wasser ausgetrieben und eine klarflüssige Schmelze entstanden ist. In diese Schmelze rührt man mit einem Nickelspatel 10 g Erucasäure ein und erhitzt die sich allmählich dunkelbraun färbende Masse bis zum Aufhören der H_2-Entwicklung. Nach dem Erkalten löst man die Masse in Wasser, salzt durch Zusatz von Kochsalz das schwerlösliche eikosansaure Na aus, filtriert es ab und scheidet daraus wie üblich die Eikosansäure ab. Das ziemlich unreine Produkt muß noch häufig umkrystallisiert, evtl. destilliert werden.

Da der richtige Endpunkt bei der Kalischmelze schwer zu treffen und die Ausbeute an Eikosansäure demgemäß niedrig und unsicher ist, dürfte das zuverlässigere Verfahren des Aufbaus aus Stearinsäure (s. S. 717) vorzuziehen sein.

d) **Hydrierung ungesättigter Säuren.** n-Behensäure läßt sich vorteilhaft durch katalytische Hydrierung von Erucasäure gewinnen. Da freie Fettsäuren für die Hydrierung mit Ni-Katalysatoren weniger geeignet sind, stellt man zunächst den Erucasäure-äthylester her (Veresterung s. S. 717) und hydriert diesen, wie S. 822 beschrieben, bis zur Jodzahl 0. Schmelzpunkt des Behensäure-äthylesters 48—49^0. Die Abscheidung der Säure erfolgt wie üblich.

e) **Elaidinierung ungesättigter Säuren.** Das einfachste Verfahren ist folgendes[2]: Etwa 20 ccm 30%ige Salpetersäure werden mit 25 g reinster Ölsäure überschichtet; in die auf 30—35^0 gehaltene Flüssigkeit wirft man solange Kryställchen von $NaNO_2$, bis die Ölschicht erstarrt[3]. Das Rohprodukt wird mit warmem Wasser gewaschen und aus Alkohol, evtl. unter Zusatz von aktiver Kohle, bis zum konstanten Schmelzpunkt 44,4^0 (korr.) umkrystallisiert. Analog wird Brassidinsäure (Schmelzpunkt 61,5^0) aus Erucasäure bei etwa 50^0 hergestellt.

Auch durch 3std. Erhitzen von Ölsäure mit 1% Schwefel auf 200—220^0 kann man, allerdings nur in etwa 50%iger Ausbeute, Elaidinsäure erhalten[4].

III. Synthese der Glyceride.

Künstlich wurden Glyceride zuerst durch Erhitzen von freien Fettsäuren mit entsprechenden Mengen Glycerin auf höhere Temperatur, z. B. 200

---

[1] Fitz: Ber. **4**, 444 (1871); H. Stuewer: Diss. Hamburg 1922; F. Rabinowitsch: Diss. Univ. Berlin 1930.

[2] Holde u. Rietz: Ber. **57**, 101 (1924).

[3] Nach G. Rankoff: ebenda **63**, 2140, Fußn. 8 (1930), darf man nicht mehr als 2 g $NaNO_2$ für 10 g Erucasäure anwenden, da sonst schwer trennbare Gemische entstehen. (Für Ölsäure dürfte das gleiche gelten.) H. N. Griffiths u. T. P. Hilditch: Journ. chem. Soc. London **1932**, 2315. erhielten, je nach der Art der Entwicklung der Stickoxyde, wechselnde Ausbeuten an Elaidinsäure und durch Anlagerung von Stickoxyden entstandenen Nebenprodukten. Die höchsten Ausbeuten (65—67% Elaidinsäure) gab $Hg + HNO_3$, die niedrigsten (25% Elaidinsäure und 67% Additionsprodukte) $Cu + HNO_3$.

[4] G. Rankoff: Ber. **64**, 619 (1931).

bis 260°, im zugeschmolzenen Rohr[1] dargestellt. Da aber bei dieser Reaktion Wasser frei wird, welches der Veresterung entgegen wirkt, nimmt man die Erhitzung besser unter vermindertem, statt unter erhöhtem Druck vor[2], so daß das Wasser gleich abdestillieren kann.

Z. B. erhält man Tristearin, indem man Glycerin mit etwas mehr als der berechneten Menge Stearinsäure bei 30—40 mm Druck 3 h auf 180°, dann noch 4—6 h auf 240—250° erhitzt, das Reaktionsprodukt in Benzinlösung in üblicher Weise entsäuert und nach Verdampfen des Benzins aus Aceton bis zur Konstanz des Schmelzpunktes (55—56° und 71—72°) und Übereinstimmung mit dem Schmelzpunkt des Mutterlaugenrückstandes (sehr wichtig!) umkrystallisiert. Die Reinheit des Produkts ist insbesondere durch Acetylzahlbestimmung zu kontrollieren[3] (Abwesenheit von Mono- oder Distearin).

Als einheitliche Produkte lassen sich nach diesem Verfahren aber nur einsäurige Triglyceride herstellen. Wendet man auf 1 Mol Fettsäure 1 Mol oder mehr Glycerin an, so erhält man Monoglyceride, bei denen jedoch die Stellung des Fettsäurerestes (α- oder β-Monoglycerid bzw. Gemisch beider) nicht sicher ist und die sich zudem leicht durch innere Umesterung zu Triglyceriden und Glycerin umlagern.

Auch technisch wurde das Verfahren in Zeiten der Fettknappheit zur Gewinnung von Triglyceriden ausgeübt und besitzt heute noch eine gewisse praktische Bedeutung zur Entsäuerung säurereicher Rohfette, vielleicht auch für die Verwertung der Raffinationsfettsäuren, insbesondere beim Wecker-Verfahren (s. S. 693). Im allgemeinen dürfte die Synthese der Neutralfette bei den niedrigen Fettpreisen zur Zeit wirtschaftlich nicht lohnend sein, obgleich auch noch in neuerer Zeit zahlreiche Patente zur Verbesserung des Verfahrens bekannt geworden sind.

Unter anderem wurde die Anwendung von Katalysatoren, wie Cd, Sn, Zn oder deren Salze[4], Metallegierungen[5] oder Twitchell-Spalter[6], empfohlen, ferner Veresterung ohne Katalysator im Hochvakuum[7], unter Verwendung von Monoglyceriden[8], durch langsamen Zusatz von Glycerin in Gegenwart von Knochenkohle[9], mit Epihydrinalkohol bzw. Äthylenoxyd[10] (Bildung von Glykolestern), sowie in Gegenwart verschiedener Gase[11]. Über den Umfang einer praktischen Anwendung dieser Verfahren ist nichts Näheres bekannt.

Auch durch Erhitzen von Stearinsäureäthyl- und amylester mit der $1\frac{1}{2}$- bis 3fachen Menge wasserfreien Glycerins ohne Druck, aber unter Rühren, auf 270 bis 280° lassen sich erstere in Mono-, Di- und Tristearin umwandeln[12].

Während bei diesen Verfahren Glyceride unbekannter Struktur entstehen, hat man für wissenschaftliche Zwecke auch versucht, ein- und mehrsäurige Glyceride mit bekannter Stellung der Säurereste herzustellen. Zu diesem Zweck benutzte man einerseits Umwandlungsformen des Glycerins, bei welchen in bekannter Weise einzelne OH-Gruppen vor Veresterung

[1] Berthelot: Ann. Chim. Phys. [3] **41**, 420 (1854); Chimie organique, fondée sur la synthèse, Bd. 2, Paris 1900.

[2] I. Bellucci: Gazz. chim. Ital. **42**, II, 283 (1912).

[3] Holde u. Bleyberg: Ber. **60**, 2497 (1927).

[4] Chr. v. Loon: Holl.P. 16703 (1924).

[5] I. G. Farbenindustrie: D.R.P. 504128 (1928).

[6] Schloßstein: Amer.P. 1447898 (1919); in Gegenwart von Lösungsmitteln.

[7] Metallbank u. Metallurg. Gesellschaft: E.P. 291767 (1928).

[8] Technical Research Works: Amer.P. 1419109 (1921); G. Schicht A.-G. u. A. Grün: D.R.P. 402121 (1921).

[9] Francesconi u. Gaslini: E.P. 225498 (1923).   [10] I. G. Farbenindustrie: l. c.

[11] T. L. Garner: Journ. Soc. chem. Ind. London **47** T, 278 (1928).

[12] A. Grün: Öl-Fett-Ind. Wien **1**, 225, 252 (1919); Ber. **54**, 291, 297 (1921).

geschützt oder im Gegenteil — z. B. durch Halogenierung — besonders aktiviert waren, andererseits an Stelle der freien Fettsäuren deren Salze, Chloride oder Anhydride. Zur Gewinnung mehrsäuriger Glyceride wurden die verschiedenen Fettsäuren nacheinander und auf voneinander verschiedenen Wegen eingeführt.

Z. B. wurden Mono- oder Dihalogenhydrine mit fettsaurem Na, K oder Ag mehrere Stunden lang auf 170—180⁰ erhitzt[1]; durch Einwirkung einer anderen Fettsäure bzw. ihres Chlorides oder Anhydrides auf die so erhaltenen Mono- bzw. Diglyceride, die in ihrer Struktur den angewandten Halogenhydrinen entsprechen sollten, entstand ein zweisäuriges Triglycerid von scheinbar festgelegter Struktur. Zur Herstellung von α, α'-Diglyceriden wurde Glycerindischwefelsäure mit Fettsäuren in schwefelsaurer Lösung erhitzt[2]; die erhaltenen Diglyceride $CH_2(OCOR) \cdot CH(OH) \cdot CH_2(OCOR)$ konnten wiederum durch Behandlung mit dem Chlorid einer anderen Fettsäure $R'COCl$ in ein zweisäuriges Triglycerid übergeführt werden, das die Struktur $CH_2(OCOR) \cdot CH(OCOR') \cdot CH_2(OCOR)$ aufweisen sollte. α, β-Diglyceride sollten unter anderem aus α-Monojodhydrin[3] $CH_2J \cdot CH(OH)CH_2(OH)$ durch Einwirkung von 2 Mol Fettsäurechlorid bei Gegenwart von Chinolin oder Pyridin und Austausch des J gegen OH durch Erwärmen mit $AgNO_2$* und verdünntem Alkohol entstehen; jedoch zeigte E. Fischer[4], daß bei letzterer Operation eine Wanderung der Acylreste unter Bildung des α, α'-Diglycerids stattfindet. Nach Grün und Czerny[5] treten solche Acylwanderungen bei allen zur Synthese gemischtsäuriger Glyceride vorgeschlagenen Verfahren infolge der hohen Reaktionstemperaturen ($> 100⁰$) auf, so daß die Reaktionsprodukte stets Gemische der verschiedenen isomeren Verbindungen enthalten und die scheinbar durch die Darstellungsmethode gesicherte Struktur des Glycerids durchweg zweifelhaft wird.

Als verhältnismäßig sicheres Verfahren zur Gewinnung von α-Monoglyceriden wird die Veresterung des Acetonglycerins[6] $\begin{array}{c} CH_2 \cdot CH \cdot CH_2OH \\ \diagup \qquad \diagdown \\ O \cdot C(CH_3)_2 \cdot O \end{array}$ (aus Glycerin und Aceton bei Gegenwart von geglühtem Na_2SO_4 und wenig HCl erhältlich) mit Fettsäurechlorid und Chinolin in der Kälte und Abspaltung des Acetonrestes durch gelindes Erwärmen mit verdünnter HCl oder H_2SO_4 angesehen, da die Acetalbildung zwischen Glycerin und Aceton nur mit den beiden benachbarten OH-Gruppen des Glycerins eintreten soll[7]. Auch diese Annahme wurde aber neuerdings in Zweifel gezogen, da z. B. Benzaldehyd mit Glycerin sehr leicht ein α, α'-Acetal bildet[8]. Mit Hilfe des letzteren stellten Bergmann und Carter (l. c.) — ihrer Ansicht nach — zweifellos reine β-Monoglyceride (z. B. β-Monopalmitin, Schmelzpunkt 69⁰) dar, indem sie Säurechlorid und Pyridin darauf einwirken ließen und aus dem erhaltenen Ester des α, α'-Benzalglycerins den Benzalrest durch katalytische Hydrierung bei Gegenwart von Palladium abspalteten. Durch die Ausschaltung von Säuren oder Alkalien und Vermeidung höherer Temperaturen bei dieser letzten Operation soll eine nachträgliche Acylwanderung unmöglich gemacht werden.

Eine Acylwanderung soll auch bei dem Verfahren von Helferich und Sieber[9] zur Herstellung reiner β-Monoglyceride und α, β-Diglyceride vermieden werden[10],

---

[1] Guth: Ztschr. Biol. **44**, 78 (1903). [2] Grün: Ber. **38**, 2284 (1905).

[3] Präparat „Alival" der Höchster Farbwerke (jetzt I. G. Farbenindustrie).

* Grün u. Theimer: Ber. **40**, 1795 (1907).

[4] E. Fischer: ebenda **53**, 1621 (1920).

[5] Siehe Grün: Collegium **1927**, 1; H. Wohl: Diss. Techn. Hochsch. München 1927, S. 46.

[6] E. Fischer, M. Bergmann u. H. Bärwind: Ber. **53**, 1589 (1920); E. Fischer u. E. Pfähler: ebenda **53**, 1607 (1920).

[7] Ausführliche Zusammenstellung der von verschiedenen Seiten unternommenen Versuche zur Kontrolle der Struktur des Acetonglycerins s. bei Wohl: l. c., S. 36f.

[8] H. Hibbert u. N. Carter: Journ. Amer. chem. Soc. **51**, 1601 (1929); M. Bergmann u. N. Carter: Ztschr. physiol. Chem. **191**, 211 (1930).

[9] Helferich u. Sieber: ebenda **170**, 31 (1927); **175**, 311 (1928).

[10] Vgl. A. Fairbourne: Journ. chem. Soc. London **1930**, 369.

welches in der Veresterung des α-Mono- bzw. α, α′-Di-tritylglycerins[1] (aus Glycerin, Triphenylchlormethan und Pyridin hergestellt) mit Fettsäurechlorid und Pyridin und Abspaltung des Tritylrestes durch Behandlung des Reaktionsproduktes mit HBr in Eisessig bei 0⁰ besteht. Jackson und King[2] erhielten jedoch auch nach diesem Verfahren mit Palmitin- und Stearinsäure nur α-Mono- bzw. α, α′-Diglyceride (unter Acylwanderung bei der Abspaltung des Tritylrestes); nur bei Anwendung aromatischer Säuren trat wirklich keine Acylwanderung ein.

Auch optisch aktive Glyceride wurden synthetisch erhalten, z. B. schwach linksdrehende Lauro-, Stearo- und Oleodibutyrine[3]; von Grün und Limpächer[4] wurde die Zerlegung eines Triglycerids in mehrere optisch aktive Komponenten zum Beweis seines asymmetrischen Aufbaus herangezogen.

Über die zahlreichen Isomeriemöglichkeiten (auch bei einsäurigen Triglyceriden), welche infolge der verschiedenen Schmelzpunkte der Isomeren eine sichere Identifizierung der Glyceride auf Grund ihrer Schmelzpunkte oft unmöglich machen, vgl. S. 642.

IV. Bestimmung der Fettmenge in Samen, Preßkuchen, Bleicherden u. dgl.[5].

1. Probenahme.

In Säcke u. dgl. verpackte oder lose verladene Ölsaaten werden nach S. 126 bemustert; die für die Analyse erforderliche Menge (5 kg) wird nach der Kreuzmethode erhalten; zugleich ermittelt man, wenn nötig, die Menge der „Beischlüsse" (fremde Öl- oder Unkrautsamen), von denen ein geringer Prozentsatz schwer zu vermeiden und zulässig ist. Bei Speiseölen ist besonders auf schädliche Verunreinigungen (Samen von Ricinus, Croton, Bilsenkraut, Samen und Rückstände von Senf, indischem Raps, Mowrah u. dgl.) zu achten[6].

Bei Ölkuchen, die am Rande stets mehr Öl enthalten als in der Mitte, werden die Proben durch Ausbohren an verschiedenen Stellen oder durch kreuzweises Zersägen unter Verwendung des Sägemehls für die Analyse genommen.

Vorbereitung der Saaten zur Analyse (Wizöff). Vor der Zerkleinerung ist aus sämtlichen Proben der Schmutz abzusieben. Von den Saaten sind stets mindestens 2 kg zu zerkleinern bzw. zu mischen; der vorher abgesiebte Staub oder Schmutz ist danach quantitativ wieder beizumengen.

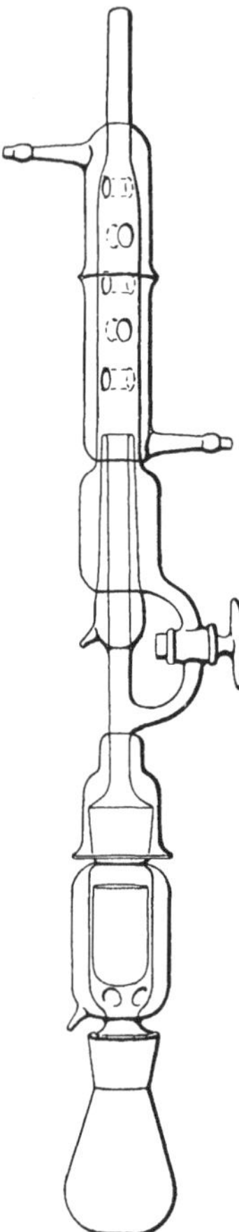

Abb. 191. Extraktionsapparat nach Twisselmann, neue Ausführungsform mit Vakuummantel, auch für höhersiedende Lösungsmittel geeignet.

---

[1] Trityl = Triphenylmethyl, Tritylglycerin, richtiger Tritoxyglycerin = Triphenylmethyl-glycerinäther, z. B. α-Monotritylglycerin = $(C_6H_5)_3C \cdot OCH_2 \cdot CH(OH) \cdot CH_2(OH)$.

[2] D. T. Jackson u. C. G. King: Journ. Amer. chem. Soc. **55**, 678 (1933).

[3] Eichwald: Ber. **48**, 1847 (1915).

[4] Grün u. Limpächer: ebenda **60**, 151, 255, 266 (1927).

[5] Deutsche Einheitsmethoden 1930, Wizöff.

[6] Vgl. König: Untersuchung landwirtschaftlich wichtiger Stoffe, 5. Aufl., Bd. 1. 1923.

Vor der Einwaage zur Analyse werden Coprah, Babassukerne und geschälte Erdnüsse auf einer Raspelmühle[1] geschabt, Palmkerne, Tukumankerne, ungeschälte Erdnüsse, Sojabohnen, Sonnenblumenkerne und Leinsaat in einer Laboratoriumsmühle mit Zahnscheiben zu ungefähr 2 mm großen Stücken zermahlen, Raps, Rübsen und Sesam auf einer Riffelwalzenmühle fein zerkleinert. Baumwollsaat, Leindotter und Mohn werden unzerkleinert eingewogen.

2. Extraktion.

Wizöff-Vorschrift: Eine gewogene Menge ungetrockneter Substanz (10 g) wird in der Reibschale verrieben, quantitativ in eine Extraktionshülse übergeführt und im Extraktionsapparat von Besson, Twisselmann[2] (Abb. 191) oder Soxhlet extrahiert; für Ölkuchen und Schrote ist Äther vorgeschrieben, für Ölsaaten und Früchte dagegen Petroläther, der zwischen 45 und 55⁰ siedet und bei 60⁰ keinen Rückstand hinterläßt. Nach 4std. Extraktion wird die Hülse mit dem Rückstand $1/2$ h bei 100⁰ getrocknet, der Rückstand mit Seesand verrieben, der mit Salzsäure gereinigt und geglüht ist, und nochmals extrahiert, bis eine Probe des Extraktes (etwa 5 ccm) nach dem Verdampfen des Lösungsmittels keinen öligen bzw. fettigen Rückstand mehr gibt. Die vereinigten Extrakte werden über Natriumsulfat getrocknet, filtriert, bei 60—70⁰ im Vakuum getrocknet und gewogen.

Da Äther, Chloroform, Benzol, Tetra, Tri und Schwefelkohlenstoff in höherem Maße als Petroläther außer Fett auch Nichtfette (färbende Substanzen, Alkaloide, Harze, ätherische Öle u. dgl.) auflösen (z. B. löst Benzol aus fetthaltigen Bleicherden mehr und dunklere Fette als Benzin), so ist zur Gewinnung möglichst reiner Extrakte Petroläther vorgeschrieben.

Über den Fettgehalt einiger Samen siehe folgende Tabelle 155. Extraktionsrückstände enthalten im allgemeinen $1/2$—2% Fett, Preßkuchen bei normaler Pressung 5—8%, mitunter, besonders wenn für Fütterungszwecke fettreichere Kuchen (z. B. Cocos) verlangt werden, auch mehr (bis 12%)[3].

Tabelle 155. Fettgehalt von Ölsaaten und Ölfrüchten.

Material	Fett %	Material	Fett %
Babassukerne	66—69	Oliven, Fleisch.	40—60
Baumwollsaat	18—25	„ Kern	12—15
„ entschält . .	30—40	Ölpalme, Fleisch	65—72
Cocosfrucht, Kern (Coprah)	57—75	„ Kern	45—55
Erdnuß, enthülst	42—56	Paranuß, Kern	50—67
Hanfsaat	30—35	Raps (Rübsen).	33—43
Kakaofrucht	37—56	Ricinussaat	45—60
Leinsaat (Linum) europ. . .	24—26	Senfsamen.	15—35
„ „ ostind. .	34—40	Sesamsaat.	47—56
Leindottersaat (Camelina) .	31—34	Sojabohnen	17—28
Mais, Keim.	40—50	Sonnenblumenkerne . . .	42—55
Mandel.	38—50	Traubenkerne, frische Trester	3—8
Mohn	41—50	„ getrocknet .	16—18
Mowrah	50—55	Tucumanfrüchte, Fleisch .	31—37
		Walnuß, Kern	48—65

---

[1] Besonders bewährt hat sich eine Raspelmühle des Alexanderwerkes mit der Raspelscheibe 9.

[2] Hersteller: Albert Dargatz, Hamburg, Pferdemarkt 66. Der Apparat hat sich sehr gut bewährt.

[3] Preßkuchen werden außer auf Fettgehalt hauptsächlich auf Proteingehalt (Stickstoffbestimmung nach Kjeldahl), stickstofffreie Extraktstoffe und Rohfasergehalt geprüft. Näheres hierüber s. König: l. c.

V. Systematische Prüfung roher und raffinierter Fette[1].

(Unter Mitwirkung von G. Weiss.)

1. Probenahme s. S. 122 f.

2. Voruntersuchung und Feststellung des weiteren Prüfungsganges.

a) **Qualitativer Nachweis von Fett** erfolgt makrochemisch durch die Verseifungsprobe (s. S. 113), durch die Erhitzungsprobe (es tritt bei starkem Erhitzen, evtl. mit der doppelten Menge Kaliumbisulfat, der stechende Geruch des Acroleins auf) oder durch die folgende, sehr zuverlässige Acroleinprobe: Die Dämpfe von 1 g mit 10 g Sand geglühter Substanz werden in 3 ccm Schiffsches Reagens[2] geleitet. Diese Lösung, die sich rot färbt, wird 15 min im Wasserbad erwärmt und 5 min abgekühlt[3]. Bei Gegenwart von Acrolein tritt Indigoblaufärbung ein. Ammoniakalische Silberlösung wird von Acrolein schon in der Kälte reduziert. Charakteristisch ist auch das Verhalten eines auf Wasser rotierenden Campherstückchens: Eine Spur von Fett, auf die Wasseroberfläche gebracht, verhindert das Rotieren augenblicklich, das auf Zusatz von Alkali wieder eintritt[4]. Mikrochemisch macht man Fett durch Verseifen oder durch Anfärben sichtbar.

b) **Äußere Erscheinungen.** Farbe (evtl. colorimetrische Messung), Geruch, insbesondere beim Verreiben des Fettes auf der Handfläche, Geschmack geben in geübten Händen oft schon beachtenswerte Hinweise auf Reinheit oder bestimmte Zusätze (Tran, Holzöl, Cocosfett, Leinöl usw.).

Fluorescenz im Tageslicht kann von Mineralöl, Harzöl, Umwandlungsprodukten des Öles herrühren. Sie zeigt sich als grünlicher oder bläulicher Schimmer an einem auf schwarzes Glanzpapier gebrachten Öltropfen.

Im ultravioletten Licht fluorescieren alle Öle und Fette[5], die meisten in charakteristischer Weise; z. B.[6] leuchtet Sesamöl unter der Quarzlampe leicht gelb, Maisöl gelbgrün, Haselnußöl schwach blau, Ricinusöl kräftig blau, Sojaöl dunkelgrün, kaltgepreßtes Olivenöl gelblich, raffiniertes Olivenöl himmelblau[7], Schmalz weißlich bis gelblich[8], Trane von braun über alle Nuancen gelb bis blau[9]. Nach Haitinger, Jörg und Reich[10] läßt sich aus allen Fetten durch Ausschütteln mit verdünnter Essigsäure ein blau fluorescierender Extrakt gewinnen. Feder und Rath[11] konnten in einem schwach weißlich leuchtenden Schweineschmalz durch Paraffinzusatz kräftig blaue Fluorescenz hervorrufen und halten deshalb Reste von Kohlenwasserstoffen für Träger der Fluorescenz, während van Raalte[12] glaubt, daß frische Fette einen durch Digitonin fällbaren Stoff (Vitamin?) enthalten, der die Fluorescenz verhindert.

---

[1] Vgl. Deutsche Einheitsmethoden 1930, Wizöff; A. Grün: Analyse der Fette und Wachse, Bd. 1. Berlin: Julius Springer 1925.

[2] Zu bereiten durch Einleiten von SO_2 in eine Lösung von 0,25 g Fuchsin in 1 Liter Wasser bis zur Entfärbung. SO_2-Überschuß ist zu vermeiden.

[3] François: Ann. Chim. analyt. **22**, 96 (1917).

[4] Carrière: Chem. Weekbl. **20**, 206 (1923).

[5] Carrière: ebenda **25**, 632 (1928).

[6] Marcille: Ann. Falsifications **21**, 189 (1928).

[7] Stratta u. Mangini: Giorn. Chim. ind. appl. **10**, 205 (1928); Baud u. Courtois: Ann. Falsifications **20**, 574 (1927).

[8] Lenfeld: Ztschr. Fleisch- u. Milchhyg. **39**, 451 (1929).

[9] Marcelet: Chim. et Ind. **21**, 527 (1929).

[10] Haitinger, Jörg u. Reich: Ztschr. angew. Chem. **41**, 815 (1928).

[11] Feder u. Rath: Ztschr. Unters. Lebensmittel **54**, 321 (1927).

[12] van Raalte: Chem. Weekbl. **25**, 544 (1928).

Der analytische Wert der Prüfung unter der Quarzlampe, z. B. zur Erkennung von raffiniertem Olivenöl[1], von verdorbenem oder verfälschtem Schweineschmalz[2] und von extrahierter Kakaobutter[3] ist noch sehr zweifelhaft. Die für Jungfernöle charakteristische Fluorescenz kann bei raffinierten Ölen durch einen Zusatz von Carotin oder Chlorophyll[4], von Annattofarbstoff[5] oder von Teesamenöl[6] hervorgerufen werden; einwandfreie Schmalze holländischer Herkunft[7] zeigten die leuchtend blauviolette Fluorescenz, die sonst verfälschtem oder raffiniertem Schmalz eigen ist; nach van Roon[8] ist auch bei Kakaobutter das Auftreten von starker Fluorescenz kein sicheres Zeichen für Gegenwart von Extraktionsbutter, weil die gleiche Fluorescenz bei Preßbutter nach Ausbleichung durch Licht auftreten kann.

Zähe und fadenziehende Konsistenz läßt auf Gegenwart von Kalkseifen schließen, die z. B. in Extraktionsknochenfetten vorkommen. Emulsionsbildungen beim Schütteln mit destilliertem Wasser und Rötung mit Phenolphthalein deuten auf Gegenwart von Alkaliseifen hin. Im Zweifelsfall entscheidet die Aschenprobe (s. S. 120).

c) Erhitzungsprobe. Trübungen der Fette, welche nicht von Wasser herrühren (Samenteile und sonstige mechanische, zufällige Verunreinigungen) bleiben beim Erhitzen im Reagensglas oder in der Schale auch nach Vertreiben des Wassers auf dem Wasserbad bis zum Verschwinden der Wasserdampfbläschen bestehen. Trübungen, welche von Ausscheidungen natürlicher Bestandteile des Fettes herrühren, wie leichter erstarrende Fettsäuren und Glyceride (z. B. in Cottonöl, Arachisöl), verschwinden durch Schmelzen beim Erhitzen auf dem Wasserbad, kehren aber nach dem Erkalten wieder.

d) Qualitative Prüfung auf Verseifbarkeit ist eine der wichtigsten Vorproben (Ausführung s. S. 113).

e) Prüfung auf Extraktionslösungsmittel. In durch Extraktion gewonnenen Fetten (z. B. Sulfurolivenölen, Knochenfetten usw.) finden sich unter Umständen erhebliche Mengen von Lösungsmittelresten, zu deren Nachweis man eine kleine Probe Öl bzw. Fett im Destillierkölbchen für sich oder im Wasserdampfstrom erhitzt und unter Beobachtung der Temperatur feststellt, ob und in welchen Mengen Lösungsmittel überdestillieren.

f) Weiterer Prüfungsgang. Wird das zu prüfende Fett als solches benutzt, z. B. als Speiseöl (Olivenöl, Erdnußöl, Leinöl usw.), Speisefett (Schmalz, Cocosfett, Butter usw.), als Schmieröl (Rüböl, Knochenöl, Spermacetiöl) oder auch zur Firnis-, Lack- oder Linoleumfabrikation (Leinöl, Holzöl), so genügt die Feststellung der Abwesenheit fremder Fette mittels der S. 730f. beschriebenen qualitativen Reaktionen und der S. 742f. geschilderten quantitativen Reaktionen, wobei in einzelnen Fällen, z. B. bei Leinöl zur Linoleumfabrikation, auch bei völliger Reinheit noch Qualitätsunterschiede nach der Höhe der Jodzahl und Hexabromidzahl in Betracht kommen. Anders liegt der Fall, wenn das Fett bzw. Öl durch Spaltung in der Kerzen-, Seifenindustrie u. dgl. weiter auf Kerzenfettsäuren, Seifen usw. verarbeitet werden soll. Alsdann genügt nicht die bloße Feststellung der Abwesenheit fremder Zusätze, sondern es muß noch die Menge des Verseifbaren und Unverseifbaren im Gesamtfett und die Menge der Gesamtfettsäuren (gegebenenfalls unter besonderer Bestimmung der kernseifensiederisch nicht verwertbaren petrolätherunlöslichen Oxysäuren) ermittelt werden.

In jedem Fall aber ist das ätherlösliche Gesamtfett, der Gehalt an Wasser und suspendierten, mechanischen Verunreinigungen („Schmutz") zu ermitteln, wenn das Fett nicht ein wasser- und aschenfreies, bei Zimmertemperatur klares Öl bzw. ein beim Erwärmen auf dem Wasserbad klar schmelzendes Fett darstellt.

---

[1] Sydney Musher u. Willoughby: Oil Fat Ind. **6**, 15 (1929); Parry: Chemist and Druggist **111**, 92, 162 (1929); Droop Richmond: ebenda **111**, 162, 229 (1929).

[2] Lenfeld: l. c.; Weiß: Ztschr. Unters. Lebensmittel **56**, 341 (1928).

[3] van Roon: Chem. Weekbl. **26**, 576 (1929); Schmandt: Ztschr. angew. Chem. **42**, 1039 (1929); Rippert: Ann. Falsifications **22**, 459 (1929).

[4] Nasini u. Cori: Annali Chim. appl. **19**, 46 (1929).

[5] Sidney Musher: Oil Fat Ind. **6**, 19 (1929).

[6] Bolton: Analyst **55**, 746 (1930).

[7] Druten: Ztschr. Unters. Lebensmittel **57**, 60 (1929).   [8] van Roon: l. c.

Ist bei der qualitativen Verseifungsprobe (s. S. 113) auf Wasserzusatz keine klare Lösung erfolgt, so ist, wenn nicht der qualitative Befund der Unreinheit des Fettes genügt, das Unverseifbare quantitativ gemäß S. 728 zu bestimmen.

Der Glyceringehalt braucht bei Fetten in der Regel nicht bestimmt zu werden; nötigenfalls kann er aus der Verseifungs- bzw. Esterzahl bei bekanntem Mol.-Gew. der Fettsäuren berechnet werden (s. S. 832). Die genaue quantitative Bestimmung erfolgt nach dem Verseifen des Fettes und Zersetzen mit Mineralsäure gemäß S. 843 im Sauerwasser.

3. Quantitative Bestimmung des Ätherlöslichen (Gesamtfett und Unverseifbares), der mechanischen Verunreinigungen und des Wassers, einschließlich flüchtiger organischer Stoffe.

a) Der äthylätherlösliche Teil („Ätherlösliches", Ätherextrakt) eines Rohfettes enthält das verseifbare Gesamtfett (Neutralfett, freie Fettsäuren), daneben Beimengungen anderer verseifbarer (Harz, Naphthensäuren) sowie natürlicher und zugesetzter, ätherlöslicher unverseifbarer Stoffe (Cholesterin, Phytosterin, Kohlenwasserstofföle, Farbstoffe, Alkaloide), Spuren von Seifen u. dgl. Wird das Fett vor dem Lösen in Äther mit Salzsäure gekocht (s. u.), so enthält der ätherlösliche Teil auch die vorher an Basen gebundenen Fettsäuren.

(Wizöff.) Bei seifenfreiem, nicht zu unreinem Material löst man etwa 3—5 g in 100 ccm Äthyläther, trocknet die ätherische Lösung $1/2$ h mit 10 g Na_2SO_4, filtriert und wäscht mit getrocknetem Äther nach. Nach dem Abtreiben der Hauptmenge Äther aus dem Filtrat wird der Rückstand in Rücksicht auf Gegenwart flüchtiger Säuren (Cocosfett, Palmkernfett usw.) bei 50—60⁰ durch Aufblasen von Luft aus einem Handgebläse von den letzten Ätherresten befreit, bei 50—60⁰ getrocknet und gewogen. Leichtoxydierbare Fette (Leinöl, Tran usw.) müssen im Kohlensäure- oder Stickstoffstrom getrocknet werden. Gewichtskonstanz ist erreicht, wenn die Gewichtsänderung nach $1/4$ std. Trocknungszeit 0,1% nicht überschreitet. Bei Talgfetten u. dgl., welche keine flüchtigen Säuren enthalten, auch Knochenfetten usw., kann der ätherlösliche Rückstand ohne Vortrocknung der Ätherlösung mit Natriumsulfat bei 80—100⁰ auf dem Wasserbade oder im Trockenschrank getrocknet werden.

Bei sehr unreinen Fetten verreibt man das abgewogene Fett mit der doppelten Menge ausgeglühtem Sand, Asbest oder extrahiertem Sulfitzellstoff zum Brei, trocknet diesen vorsichtig (s. o.) und zieht ihn im Extraktionsapparat erschöpfend mit Äthyläther aus (vgl. auch S. 723). Der Extrakt wird, wie oben beschrieben, weiter behandelt.

Für manche technischen Zwecke ist auch die als Seife (Ca-seife in Benzinknochenfett, Na-seife in Soapstock) vorliegende Fettsäuremenge verwertbar, z. B. bei der Stearin- oder Seifenfabrikation.

Zur Ermittlung des Fettgehalts einschließlich solcher als Seifen gebundener Säuren werden 3—5 g Fett mit 10 ccm 25%iger Salzsäure (Indicator Methylorange) am Rückflußkühler erwärmt, bis sich das Fett klar abgeschieden hat. Nach Abkühlen werden 50 ccm Äther durch das Kühlrohr gegossen und, falls sich durch kurzes Schütteln keine klare Fettlösung bildet, noch einmal gekocht. Die Fettlösung wird mit dem Sauerwasser in einen Scheidetrichter gebracht, das abgezogene Sauerwasser wird erschöpfend ausgeäthert, und die vereinigten Ätherauszüge werden mit 10%iger Kochsalzlösung mineralsäurefrei gewaschen. Das Abtreiben des Äthers, Trocknen und Wägen des Rückstandes erfolgt in der oben beschriebenen Weise (Wizöff).

b) Mechanische Verunreinigungen (Trübstoffe, gewöhnlich als „Schmutz" bezeichnet), beim Auflösen einer gewogenen Menge Substanz in gut getrocknetem

Äther und Trocknen des Rückstandes bei 100⁰ als ätherunlöslicher Rückstand gewonnen, können bei gepreßten Ölen Gewebeteilchen, Zelltrümmer, Pflanzenschleim, bei festen Fetten gelegentlich auch Beschwerungs- und wasserbindende Mittel, wie Seife, Ton, Kreide, Stärke, Holzmehl u. dgl., enthalten. Die Menge des getrockneten und gewogenen ätherunlöslichen Rückstandes gibt den Gesamtgehalt an anorganischen und organischen, bei 100⁰ nicht flüchtigen Verunreinigungen („Gesamtschmutz"), die Differenz dieses Betrages gegenüber der Aschenmenge des Rückstandes (anorganische Verunreinigungen) ergibt die Menge der vorhandenen mechanischen organischen Verunreinigungen. Im Rückstand enthaltene Seifen entfernt man durch Auswaschen mit aschefreiem heißem Olein und Nachspülen mit Benzin.

Zerkleinerte Teile von Pflanzensamen, Schleim- und Eiweißstoffe, von ungenügendem Ablagern und Reinigen der Öle herrührend, die sich, oft als Bodensatz, in Leinölen, Rübölen usw. finden, werden wie folgt erkannt:

Beim Schütteln des Öles mit dem gleichen Volumen Wasser oder besser wässeriger Alaunlösung[1] in der Wärme setzt sich das Wasser bei merklichem Schleimgehalt mit weißlicher Trübung ab, die sich selbst durch öfteres Filtrieren nicht entfernen läßt. Nach längerem Stehen bildet sich zwischen Öl und Wasser eine weiße, flockige Schicht. (Weißliche Emulsionen können auch von Alkaliseifen herrühren, sind dann aber durch Schütteln mit Salzsäure und Äther zerstörbar.)

Bei längerem Erhitzen geben schleimhaltige Öle die Erscheinung des „Brechens" (die Reaktion tritt nur bei Gegenwart von Feuchtigkeitsspuren ein):

50—100 g Öl werden in einem Becherglase einige Zeit auf 250⁰ erhitzt; Schleim- und Eiweißstoffe scheiden sich dabei flockig (froschlaichartig) aus. Man filtriert die Niederschläge durch ein gewogenes Filter warm ab (etwa ausgeschiedene feste Glyceride gehen mit in Lösung), reinigt sie von anhaftendem Öl durch Auswaschen mit Petroläther, wägt nach dem Trocknen bei 105⁰ und prüft sie dann unter dem Mikroskop. Hierbei zeigen sich an den Pflanzentrümmern die den betreffenden Samen eigentümlichen Zellstrukturen, z. B. Pigmentschichten, Oberhaut, Haare usw. Beim Kochen mit Salzsäure geben die Schleimstoffe nach J. König, falls sie aus Kohlenhydraten bestehen, zu etwa 60% Traubenzucker, welcher quantitativ durch Kochen mit Fehlingscher Lösung bestimmt werden kann; 10 Teile Traubenzucker entsprechen 16,72 Teilen Schleim.

Die Menge der Eiweißstoffe im Niederschlag wird durch Stickstoffbestimmung nach Kjeldahl festgestellt.

Aschegehalt: Bestimmung s. S. 120.

c) Gehalt an freier Mineralsäure, freiem Alkali: Bestimmung s. S. 109.

d) Flüchtige Stoffe. An flüchtigen Stoffen kommen in Betracht: Wasser, Lösungsmittel, flüchtige Fettsäuren, ätherische Öle (als Denaturierungsmittel). Man bestimmt sie durch Erwärmen von 5 g Fett und 20 g ausgeglühtem Quarzsand in einer mit Glasstab tarierten flachen Schale im Luftbad auf 100⁰ bis zur Gewichtskonstanz (bei Gegenwart oxydabler Stoffe muß im Stickstoff- oder Kohlensäurestrom getrocknet werden) oder durch Trocknen bei 60⁰ im Vakuum der Wasserstrahlpumpe oder durch Destillation mit Wasserdampf von 30—50 g Substanz. Bei der letzteren Bestimmung kann man im Destillat die Menge der flüchtigen Fettsäuren nach Zusatz von Alkohol titrimetrisch ermitteln. Wasser kann direkt nach der Xylolmethode (s. S. 117) oder indirekt als Differenz (Gewichtsverlust bei 100⁰ — Wasserdampfdestillat = Wasser) bestimmt werden.

Rosmarinöl wird häufig Olivenöl u. a. als Denaturierungsmittel hinzugefügt. Es hat charakteristischen Geruch, enthält hauptsächlich d-Pinen, daneben Camphen, Cineol, Campher und Borneol, hat $d_{15} > 0,90$ und Kp. 150/180⁰. Lavendelöl, aus Lavendelblüten gewonnen, ist gelblich oder grünlich, hat $d_{15} = 0,88/89$, ist linksdrehend, besteht hauptsächlich aus Linalylacetat und anderen Estern des Linalools neben Geraniol und Cineol, ist also größtenteils verseifbar; es enthält keinen Campher. Über sonstige ätherische Öle s. S. 887[2]. Nachweis von Nitrobenzol und Nitronaphthalin s. S. 122.

---

[1] J. Davidsohn: Privatmitt.

[2] Vgl. auch Gildemeister-Hoffmann: Die ätherischen Öle, 3. Aufl. Miltitz bei Leipzig 1928.

4. Gehalt an Unverseifbarem.

Das „Unverseifbare" umfaßt die wasserunlöslichen natürlichen unverseifbaren Stoffe (Sterine, Kohlenwasserstoffe) sowie mit gewöhnlichem Wasserdampf nicht flüchtige, fremde unverseifbare organische Stoffe (Mineralöle usw.).

Die Differenz zwischen „Ätherlöslichem" und „Unverseifbarem"
bildet das „verseifbare Gesamtfett" (Fettsäuren + Neutralfett). Die
Menge des Unverseifbaren wird am besten mit Äthyläther bestimmt. In
einigen Fällen führt Petroläther schneller zum Ziel, liefert aber z. B. bei
Fischtranen leicht zu niedrige Werte.

Äthyläther-Methode (Wizöff)[1]. In einer Schale werden 5 g Fett mit 12
bis 15 ccm alkoholischer 2-n KOH auf dem Sandbade verseift, wobei das Gemisch
unter ständigem Rühren vorsichtig zur Trockne gebracht wird. Die mit 50 ccm
warmem Wasser aufgenommene Seife wird, unter Nachspülen mit 10 ccm Alkohol,
in einen Scheidetrichter übergeführt, die erkaltete Lösung wird mit 50 ccm Äthyläther ausgeschüttelt; das Ausschütteln wird 2—3mal mit je 25 ccm Äther wiederholt.
Falls sich die Schichten nicht klar absetzen, so gibt man einige Kubikzentimeter
Alkohol dazu, die man am Rande des Scheidetrichters herabfließen läßt.

Die vereinigten Ätherauszüge werden mit 1—2 ccm 1-n HCl und 8 ccm Wasser
unter Zusatz einiger Tropfen Methylorange gewaschen; nach dem Abziehen der
Säureschicht entsäuert man mit 3 ccm alkoholischer 0,5-n KOH und 7 ccm Wasser.
Nach Abziehen der Laugenschicht und Abdestillieren des Äthers wird der Ätherextrakt bei 100⁰ bis zur Gewichtskonstanz getrocknet.

Petrolätherextrakt (Wizöff). 5 g Fett werden mit 12—15 ccm alkoholischer
2-n KOH 20 min am Rückflußkühler verseift; darauf wird die gleiche Menge Wasser
hinzugegeben und, falls Abscheidungen auftreten, noch einmal aufgekocht. Die
erkaltete Seifenlösung wird mit 50%igem Alkohol in einen Scheidetrichter gespült
und mindestens 2mal mit je 50 ccm Petroläther ausgeschüttelt[2]. Emulsionen werden
durch Zugaben kleiner Mengen konz. Kalilauge, 10%iger KCl-Lösung oder Alkohol
zerstört. Die vereinigten Petrolätherauszüge werden einmal mit 50%igem, leicht
alkalisch gemachtem Alkohol und dann so oft mit je 25 ccm 50%igem Alkohol
gewaschen, bis dieser durch Phenolphthalein nicht mehr gerötet wird, wenn man ihn
mit der 2—3fachen Wassermenge verdünnt. Das weitere Behandeln der Petrolätherlösung erfolgt wie unter „Äthyläther-Methode" angegeben.

Natürliche unverseifbare Stoffe der Fette (s. S. 632) lassen sich im
Unverseifbaren oft schon durch ihre äußere Beschaffenheit ohne weiteres als höhere
Alkohole (Cholesterin bzw. Phytosterin) erkennen[3]; sie sind im Gegensatz zu
Mineralöl in warmem 90%igem Alkohol leicht löslich und krystallisieren aus diesem
in der Kälte in charakteristischen Formen (s. S. 731); ferner zeigen sie Jodzahl
etwa 70, die aber schon bei Gegenwart von 1—2% Mineralöl aus Erdöl im ursprünglichen Fett auf die Hälfte und weiter herabgedrückt wird. Bei 1std. Kochen der
unverseifbaren Anteile mit dem doppelten Volumen Acetanhydrid setzt sich nach
dem Erkalten etwa vorhandenes Mineralöl ölig oben ab. Die höheren Alkohole
bleiben entweder in Lösung oder scheiden sich, sofern sie wie Cholesterin und
Phytosterin hochschmelzend sind, krystallinisch als Acetate in der Flüssigkeit aus.

---

[1] Fahrion: Chem. Umschau Fette, Öle, Wachse, Harze **27**, 134, 146 (1920).

[2] Auch durch wiederholtes Ausschütteln der Seifenlösung läßt sich nicht
verhindern, daß Reste unverseifbarer Stoffe in der verdünnt-alkoholischen Seifenlösung verbleiben. Nach J. Davidsohn und C. J. Better [Chem. Umschau
Fette, Öle, Wachse, Harze **38**, 291 (1931)] werden die hierdurch bedingten Fehler
am kleinsten, wenn die Seifenlösungen einen Überschuß von 2 ccm 0,5-n KOH
enthalten. Ein Nachwaschen der Petrolätherschicht mit Alkohol soll sich dann
erübrigen, da Seife nur in Spuren in den Petrolätherextrakt übergeht, die daraus
durch Filtrieren oder durch Zusatz von getrocknetem Natriumsulfat entfernt
werden können.

[3] Fendler: Ber. dtsch. pharmaz. Ges. **14**, 163 (1904).

5. Gehalt an freien Fettsäuren und Neutralfett.

Titration einer gewogenen Menge des Fettes mit 0,1-n-Lauge gemäß S. 111 ergibt den Gehalt an freier Säure, der nach S. 756 in Gew.-% zu berechnen ist. Die Differenz gegenüber dem nach S. 728 bestimmten „verseifbaren Gesamtfett" ergibt den Neutralfettgehalt.

6. Quantitative Bestimmung der Gesamtfettsäuren.

Zur Bewertung eines Fettes hinsichtlich der Ausbeute bei der Seifen- und Kerzenfabrikation ist die Bestimmung der Gesamtfettsäuren, d. i. der Summe der vom Unverseifbaren befreiten normalen und oxydierten Fett- säuren erforderlich, da die Ausbeute je nach dem Gehalt des Gesamtfettes an freien Fettsäuren, Neutralfett und der Art der Glyceride verschieden sein kann.

a) Gesamtfettsäuren einschließlich der petroläther- unlöslichen Oxysäuren (Wizöff).

Die aus dem Ätherextrakt oder dem ursprünglichen Fett selbst nach 4. er- haltene, vom Unverseifbaren befreite Seifenlösung wird eingedampft, bis der Alkohol verjagt ist, mit Methylorange und heißer verdünnter Salzsäure bis zur kräftigen Rotfärbung versetzt und nach Erkalten mit Äthyläther erschöpfend ausgeschüttelt. Man wäscht den Ätherextrakt sorgfältig mit 10%iger Kochsalz- lösung neutral, trocknet die ätherische Lösung gemäß 3. (S. 726) mit Na_2SO_4 und behandelt sie, wie dort beschrieben, weiter.

b) Gesamtfettsäuren ausschließlich der petroläther- unlöslichen Oxysäuren (Wizöff).

Die Ausschüttelung der Fettsäuren wird mit warmem Petroläther (30/50, frei von aromatischen und ungesättigten Kohlenwasserstoffen) vorgenommen, der unter Umschwenken in dünnem Strahl zugegossen wird; die Oxysäuren scheiden sich dabei in braunen Flocken aus oder setzen sich an der Gefäßwand ab. Petrol- äther und Sauerwasser werden durch ein Filter abgelassen, das mit Petroläther nachzuwaschen ist. Das Verjagen des Lösungsmittels, das Trocknen und Wägen der Fettsäuren erfolgt in der oben beschriebenen Weise.

7. Quantitative Bestimmung der petrolätherunlöslichen Oxysäuren.

Die für Kernseifengewinnung und Fettsäuredestillation ungeeigneten Oxysäuren[1] (vgl. S. 854) besitzen für andere Industrien (z. B. Dégras- fabrikation) besonderen Wert. Man bestimmt sie nach folgendem Verfahren[2], das allerdings nicht für Ricinusöl gilt, da die in diesem enthaltene Ricinol- säure nur für sich allein in Petroläther schwer löslich, bei Gegenwart anderer Fettsäuren dagegen leicht löslich ist.

(Wizöff.) Die nach 6 b) abgeschiedenen Oxysäuren werden mit warmem Alkohol, oder, falls sie nicht völlig löslich sind, mit Chloroform-Alkohol (1 : 1) herausgelöst, im Scheidetrichter mit Wasser mineralsäurefrei gewaschen und nach Abtreiben des Lösungsmittels getrocknet (100⁰) und gewogen. Größere Mengen von Oxy- säuren können andere Fettsäuren eingeschlossen halten und sind daher nochmals zu verseifen und wie vorstehend abzuscheiden; ebenso sind die ins Sauerwasser gegangenen Oxysäuren durch Verseifen des Trockenrückstandes wie oben heraus- zuholen.

---

[1] Stiepel: Ztschr. Dtsch. Öl-Fettind. **41**, 700 (1921).
[2] Fahrion: Ztschr. angew. Chem. **11**, 782 (1898); **15**, 1262 (1902).

Das Aufnehmen der nach 6 a) mit Äther ausgeschüttelten Fettsäuren in warmem Petroläther ermöglicht ebenfalls eine Abtrennung der Oxyfettsäuren.

Indirekt kann man die Oxysäuren aus der Differenz der nach 6 a) und 6 b) erhaltenen Fettsäuremengen bestimmen.

8. Reaktionen zur Unterscheidung von tierischen und pflanzlichen Fetten.

a) Phytosterinacetatprobe.

Auf dem Schmelzpunktsunterschied zwischen Phytosterinacetat (Schmelzpunkt 125,6—137,0°, korr.[1]) und Cholesterinacetat (Schmelzpunkt 114,3°, korr.) beruht die Prüfung auf Gegenwart pflanzlicher Fette in tierischen. Da Phytosterinacetat in Alkohol schwerer löslich ist als Cholesterinacetat, wird beim Umkrystallisieren einer Mischung aus Alkohol das Phytosterinacetat in dem auskrystallisierenden Teil angereichert. Bei Anwesenheit von Wollfett, geblasenen oder oberhalb 200° hydrierten Fetten ist die Probe sehr unsicher. Die Sterine werden nach Bömer[2] durch Äthyläther aus den verseiften Fetten ausgezogen oder bequemer nach Windaus[3] als Digitonide (s. S. 635/36) direkt aus den Fetten oder Fettsäuren abgeschieden. Das umständlichere Bömersche Verfahren ist zu empfehlen, wenn das ziemlich teure Digitonin nicht vorhanden ist; es erfordert jedoch größere Fettmengen und gestattet nur die Abscheidung der gesamten Sterine, ohne eine Unterscheidung zwischen ursprünglich freien und gebundenen Sterinen zu ermöglichen.

α) Bömersches Verfahren. 100 g Fett werden im Literkolben mit 200 ccm alkoholischer Kalilauge (200 g KOH + 1000 ccm 70 vol.-%iger Alkohol) verseift. Die klare, noch $^1/_2$—1 h weiter erwärmte Seifenlösung wird in einen mit 300 ccm Wasser beschickten 2-l-Scheidetrichter gefüllt und der Kolben mit 300 ccm Wasser nachgespült. Die erkaltete Lösung wird mit 800 ccm Äthyläther kräftig durchgeschüttelt (1 min) und der Ätherauszug nach dem klaren Absetzen abgezogen und von mitgerissener Seifenlösung abfiltriert. Man äthert noch 2—3mal mit je 400 ccm aus, destilliert von den vereinigten Auszügen den Äther ab, kocht den Rückstand (Sterine, Seife) mit 10 ccm Lauge (s. o.) 10 min, um evtl. Spuren von unverseiftem Fett zu verseifen, und äthert den Rückstand zweimal mit je 100 ccm aus. Der mehrmals gewaschene Ätherauszug wird zur Entfernung von Wasser usw. filtriert, eingedampft und der Rückstand, der bei tierischen Fetten schön strahlig krystallinisch ist, getrocknet. Der trockene Rückstand wird aus wenig absolutem Alkohol umkrystallisiert, indem zur heißen alkoholischen Lösung auf dem Wasserbad bis zum Eintreten einer Trübung Wasser hinzugefügt wird und die beim Erkalten ausfallenden Krystalle abgesaugt werden.

Die ausgeschiedenen Krystalle werden nötigenfalls zur weiteren Reinigung noch in alkoholischer Lösung mit Knochenkohle gekocht, wodurch zahlreiche Umkrystallisationen bis zum konstanten Schmelzpunkt erspart werden, und alsdann mikroskopisch untersucht. Cholesterin (Schmelzpunkt 148,5° korr.) zeigt meistens die rhombische Form, Abb. 192, Phytosterin (Schmelzpunkt 132—144° korr.) vielfach dünne Nadeln wie Abb. 193. Mischungen beider Sterine krystallisieren meist in den Formen des Phytosterins, auch bei stark überwiegendem Cholesterin. Tierisches Fett läßt sich daher in pflanzlichem nur bei sehr starken Zusätzen des ersteren nachweisen[4]. Zur weiteren Identifizierung werden die Sterine in die Acetate übergeführt (s. β).

---

[1] Die weiten Grenzen rühren davon her, daß Phytosterin kein einheitliches Produkt ist (s. S. 636).

[2] Bömer: Ztschr. Unters. Nahr.- u. Genußmittel **1**, 32, 38 (1898); Bömer u. Winter: ebenda **4**, 1070 (1901).

[3] Windaus: Ber. **42**, 244 (1909).

[4] F. Zetsche: Pharmaz. Zentralhalle **39**, 877f. (1898).

β) **Digitoninprobe (Ausführungsform nach der Wizöff-Vorschrift)**[1].

10—50 g Fett (je nach dem zu erwartenden Steringehalt) werden in einem durch Uhrglas bedeckten Kolben von 500 ccm Inhalt mit 20—100 ccm alkoholischer

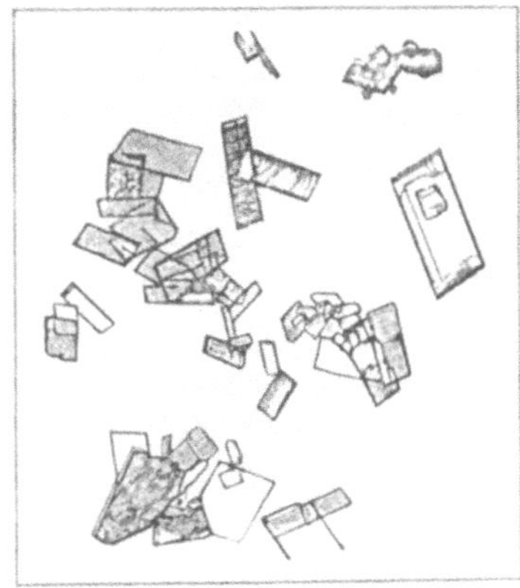

Abb. 192. Reines Cholesterin.

Abb. 193. Reines Phytosterin.

Kalilauge (200 g KOH in 1000 ccm 70 vol.-%igem Alkohol) etwa $1/2$ h auf siedendem Wasserbad verseift. Die Seifenlösung wird mit dem gleichen Volumen heißen Wassers und 10—50 ccm 25%iger Salzsäure versetzt. Man erhitzt, bis sich die Fettsäuren als klares Öl an der Oberfläche gesammelt haben, und filtriert, nötigenfalls im Heißwassertrichter, durch ein Filter aus dichtem Papier, das man zuvor halb mit heißem Wasser füllt. Nach Abtropfen der wässerigen Flüssigkeit werden die Fettsäuren durch ein trockenes Filter in ein Becherglas von 200 ccm klar filtriert und bei 60—70⁰ mit 20—50 ccm einer 1%igen Lösung von Digitonin[2] in 96%igem Alkohol versetzt. In 1 h bei 70⁰ hat sich das Digitonid krystallinisch ausgeschieden. Nach Zusatz von 20—25 ccm Chloroform zu dem noch heißen Gemisch saugt man den Niederschlag auf einer zuvor erwärmten Nutsche ab und wäscht zur Entfernung etwa erstarrter Fettsäuren mit erwärmtem

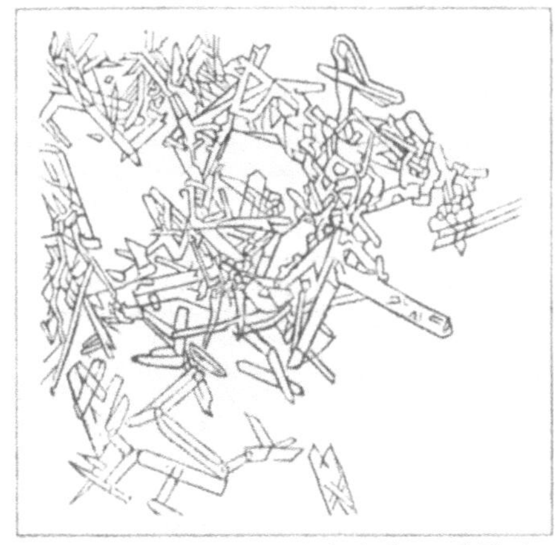

Abb. 194. Gemisch von Cholesterin und Phytosterin aus Schweineschmalz mit 10% Cottonöl.

Chloroform und Äther nach. Der Niederschlag wird auf dem Filter 10 min bei 100⁰ getrocknet und feinzerrieben zur Entfernung von Fettsäureresten in einem kleinen

---

[1] Die Methode entspricht im wesentlichen der für Nahrungsmitteluntersuchungen vorgeschriebenen Ausführungsform, Ztschr. öffentl. Chem. **27**, 27 (1921). Über andere Formen s. Marcusson u. Schilling: Chem.-Ztg. **37**, 1001 (1913); M. Fritsche: Ztschr. Unters. Nahr.- u. Genußmittel **26**, 644 (1913); Klostermann u. Opitz: ebenda **27**, 713 (1914); **28**, 138 (1914); A. Ohlig: ebenda **28**, 129 (1914).

[2] Von E. Merck, Darmstadt; vor seiner erstmaligen Benutzung ist es unter Verwendung eines Gemisches von 48 g Schmalz und 2 g Baumwollsaatöl nach obiger Vorschrift auf seine Wirksamkeit zu prüfen.

Schälchen nochmals mit Äther behandelt. Das so gereinigte Digitonid wird 10 min mit 3—5 ccm Essigsäure-anhydrid gekocht, noch heiß mit dem 4fachen Volumen 50%igem Alkohol versetzt und in kaltem Wasser abgekühlt. Nach etwa 15 min wird das ausgeschiedene Sterinacetat abgesaugt, mit 50%igem Alkohol ausgewaschen, in wenig Äther gelöst und die Lösung in einer kleinen Schale zur Trockene verdampft. Der Trockenrückstand wird 3—4mal aus etwa 1 ccm absolutem Alkohol unter jedesmaligem Abpressen der Krystalle auf einer Tonplatte umkrystallisiert. Von der dritten Krystallisation ab wird jedesmal der Schmelzpunkt bestimmt. Liegt dieser bei 117⁰ (korr.) oder höher, so ist Phytosterin und damit Pflanzenfett zugegen. Durch Verseifen können die Sterine aus den Acetaten abgeschieden und nach α) mikroskopisch untersucht werden.

Will man nur die freien Sterine isolieren, so versetzt man das Fett ohne vorherige Verseifung mit Digitoninlösung und verfährt wie oben.

b) Sergersche Reaktion.

Die Welmanssche[1], von Serger[2] abgeänderte Probe auf frische Pflanzenfette, die auf der Grün- bzw. Blaufärbung[3] einer schwefelsauren Molybdänsäurelösung beruht, soll zwar Pflanzenöle in Mengen bis 10% in tierischen Fetten kenntlich machen; sie fällt aber auch bei ranzigen oder gebleichten Pflanzenölen negativ, bei manchen tierischen Fetten (Tran, ranzigen Fetten) dagegen positiv aus.

9. Biologische Identifizierung von Fetten.

Ein biologischer Fettnachweis beruht darauf, daß Blutserum von Kaninchen, mit dem eines anderen Tieres, z. B. Pferdes, vorbehandelt, in dem Blutserum dieses zweiten Tieres eine Eiweißfällung hervorruft[4]; er wird wie folgt vorgenommen[5]:

50 g Fett werden im sterilen Erlenmeyerkolben mit 200 ccm 0,85%iger (physiologischer) Kochsalzlösung bei 2std. Einstellen in eine Kältemischung durch wiederholtes Schütteln ausgelaugt. Mit der abgegossenen Kochsalzlösung werden weitere 50 g Fett ausgelaugt, so daß der Eiweißgehalt auf 0,3% steigt. Die nach zweimaligem Filtrieren über ausgeglühter Kieselgur geklärte Eiweißlösung wird mit Blutserum von Kaninchen, das mit Pferdeblutserum entsprechend vorbehandelt ist, unterschichtet. Nach wenigen Minuten entsteht bei Gegenwart von Pferdefett im ursprünglichen Fett eine spezifische Trübung in Form eines deutlich sichtbaren Ringes.

Die Anwendung der Eiweißdifferenzierungsmethode auf pflanzliche Fette gelang bei Ölen, die von biologisch nicht verwandten Pflanzen stammten und bei Temperaturen unter 65⁰ gepreßt oder extrahiert wurden, so daß sie noch Eiweißreste enthielten[6]. Durch Immunisierung (intraperitoneale Injektion) von Kaninchen mit Auszügen von Erdnuß- und Sesamsamen in physiologischer Kochsalzlösung werden spezifische Sera gewonnen, mit denen Beimischungen von Erdnuß- und Sesamöl zum Olivenöl nachgewiesen werden können.

10. Unterscheidung nicht trocknender und trocknender Öle durch die Elaidinreaktion[7].

Nicht trocknende Öle, z. B. Olivenöl, werden bei Einwirkung salpetriger Säure durch Bildung von Elaidin fest, trocknende Öle bleiben flüssig oder teigig. Die

---

[1] Welmans: Pharmaz. Ztg. **36**, 798 (1891); Ztschr. öffentl. Chem. **6**, 127 (1900).

[2] Serger: Chem.-Ztg. **35**, 581 (1911).

[3] Utz: Chem. Revue üb. d. Fett- u. Harzind. **19**, 128 (1912).

[4] Uhlenhuth u. Weidanz: Praktische Anleitung zur Ausführung des biologischen Eiweißdifferenzierungsverfahrens. Jena 1909.

[5] Wittels u. Welwart: Seifensieder-Ztg. **37**, 1014 (1910).

[6] Popoff u. Konsuloff: Ztrbl. Bakteriol. **44**, 658 (1916); Ztschr. Unters. Nahr.- u. Genußmittel **32**, 123 (1916).

[7] Boudet: Liebigs Ann. **4**, 11 (1832); s. Benedikt-Ulzer: Analyse der Fette und Wachsarten, 5. Aufl. 1908, S. 586f., 626, 811.

salpetrige Säure wird aus Quecksilber, Kupferdrehspänen, As_2O_3 oder $NaNO_2$ und Salpetersäure entwickelt. Heutzutage wird die Elaidinreaktion, weil sie in Mischungen nicht genügend sicher ist, kaum noch in der Fettanalyse benutzt. S. auch S. 719.

11. Nachweis gehärteter Fette (s. S. 828).

12. Prüfung auf Gegenwart einzelner fetter Öle.

a) Prüfung auf Erdnußöl.

Der für Erdnußöl charakteristische Gehalt an hochmolekularen gesättigten Säuren mit 20—26 C-Atomen (sog. Arachin- und Lignocerinsäure[1]) läßt Zusätze von über 10% dieses Öles erkennen.

α) **Vorprobe nach Holde**[2] beruht auf der Schwerlöslichkeit des arachin- und lignocerinsauren Kalis in Alkohol.

(Wizöff) 0,6—0,7 ccm Öl werden mit 5 ccm alkoholischer Kalilauge (33 g KOH in 1 l 96%igem Alkohol) im graduierten Reagensglas 2 min gekocht; der verdampfte Alkohol wird erneuert. (Der Alkohol darf nicht schwächer als 96%ig sein.) Bei Gegenwart von viel Erdnußöl wird die Seifenlösung bei Zimmertemperatur breiig bis gallertartig fest. 10—12% verraten sich in Oliven- und Mohnölen nach 15 min Stehen bei Zimmertemperatur, in Ricinusölen bei 0° durch flockige Niederschläge in den alkoholischen Seifenlösungen. Da auch andere Öle mit hohem Gehalt an festen Säuren (z. B. Cottonöl, Sesamöl, Rüböl) ähnliche Erscheinungen zeigen, besteht der Wert der Probe darin, daß sich bei Klarbleiben der Seifenlösung eine weitere Prüfung auf Erdnußöl durch das folgende umständliche Verfahren erübrigt.

β) **Abscheidung der höchstmolekularen Säuren nach Kreis und Roth**[3].

Die aus 20 g Öl abgeschiedenen Fettsäuren werden in 100 ccm, bei gehärteten Ölen in 200 ccm Alkohol gelöst und in der Siedehitze mit alkoholischer Bleiacetatlösung (1,5 g Acetat in 50 bzw. 100 ccm Alkohol) gefällt. Die über Nacht (bei gehärteten Ölen nach 3 h) ausgeschiedenen Bleisalze geben, durch Kochen mit 5%iger Salzsäure zersetzt, in allen Fällen etwa 2 g Säuren. Diese werden nacheinander aus 50 ccm, 25 ccm, dann aus 12,5 ccm 90%igem Alkohol umkrystallisiert, wobei die Lösungen jedesmal 30 min in Wasser von 15° gestellt werden. Bei Anwesenheit von mindestens 5% Arachisöl liegt der Schmelzpunkt der 3. Krystallisation über 70°. Ist die ausgeschiedene Menge gering, so saugt man im Allihnschen Röhrchen über Asbest ab, löst in Äther und läßt diesen verdunsten. Unter 70° konstanten Schmelzpunkt kann man manchmal durch Wechsel des Lösungsmittels (Aceton) noch erhöhen. In Zweifelsfällen ist das Mol.-Gew. der abgeschiedenen „Arachinsäure" zu bestimmen, das bei einem Schmelzpunkt > 70° wesentlich über 300 liegen muß (Stearinsäure 284, Arachinsäure = n-Eikosansäure 312, Behensäure 340, Lignocerinsäure = n-Tetrakosansäure 368). Den Gehalt der Mischung an Erdnußöl findet man annähernd durch Multiplikation der gefundenen Menge über 70° schmelzender Säuren mit 21.

Gehärtete Trane oder Rüböle, in denen bei der Hydrierung Behensäure gebildet wird, geben denselben Befund[4].

Auch durch Behandlung mit Aceton gelingt nach **Fachini** und **Dorta**[5] die Trennung.

---

[1] Über die Natur der Arachin- und Lignocerinsäure vgl. S. 622.

[2] Holde: 3. Aufl., S. 333. 1909.

[3] Kreis u. Roth: Ztschr. Unters. Nahr.- u. Genußmittel **25**, 81 (1913). Das Verfahren ist eine Modifikation der Methode von Renard: Ztschr. analyt. Chem. **12**, 231 (1873).

[4] Normann u. Hugel: Chem.-Ztg. **37**, 815 (1913).

[5] Fachini u. Dorta: ebenda **34**, 994 (1910); Atti II. Congr. Chim. pura appl. Palermo **1926**, 941.

γ) **Besonderer Nachweis von Erdnußöl in Olivenöl**[1]. 1 g Öl wird in einem 100-ccm-Kölbchen mit 5 ccm alkoholischer Kalilauge (etwa 8,5% KOH) verseift und die Seife mit 1,5 ccm verdünnter Essigsäure (1 : 2) zersetzt. Die abgeschiedenen Fettsäuren werden mit 50 ccm schwach erwärmten Alkohol von 70% nach Zusatz von 2 Tropfen Eisessig gemischt und die Mischung auf 25—30° erwärmt. Bei Gegenwart von Erdnußöl ist die Lösung trüb, die Trübung verschwindet aber beim Erwärmen auf 40°, um beim Abkühlen wiederzukehren. Es scheiden sich dann warzenförmige Krystalle aus, die sich am Boden des Kölbchens absetzen. Reine Olivenöle I. Qualität geben klare Lösungen, die erst beim Abkühlen auf etwa 16° leichte Trübungen aufweisen können, ohne jedoch Krystalle oder Flocken abzuscheiden, 5% Erdnußöl geben bereits charakteristische Abscheidungen.

Bei Gegenwart von raffinierten Olivenölen II. Qualität, Extraktionsölen, Sulfurölen usw. bleibt die Lösung auch beim Erwärmen über 40° (bis auf 60°) trüb. Die Flocken, die sich aus den trüben Lösungen abscheiden, fallen jedoch nicht zu Boden, sondern sammeln sich unterhalb der Oberfläche der Lösung, in Form eines Ringes an. Ganz geringe Mengen derselben lassen die Lösung opak erscheinen. Bei Erdnußöl dagegen bleibt die Lösung selbst nach Abscheidung der Krystalle klar.

b) Prüfung auf Ricinusöl.

α) Ricinusöl ist im Gegensatz zu allen übrigen fetten Ölen und flüssigen Wachsen in starkem Alkohol und in Eisessig löslich, in Benzin (Petroläther) unlöslich. Auch die Ricinusölsäuren sind in Petroläther unlöslich, außer bei Gegenwart von 90% Ölsäure.

β) **Kalischmelze des Ricinusöles**[2]. Bei der Schmelze entstehen charakteristisch riechender Octylalkohol und Sebacinsäure, $C_{10}H_{18}O_4$ (Schmelzpunkt 133°), die sich nach Lösen der Schmelze in Wasser und Fällen der übrigen Säuren mit überschüssigem Magnesiumchlorid im Filtrat beim Ansäuern krystallinisch ausscheidet.

Man erhitzt 1 g Öl mit 0,5 g gepulvertem KOH im Reagensglas über freier Flamme, bis die anfangs stürmische Gasentwicklung (Schäumen) nachgelassen hat und die Masse ziemlich fest geworden ist. Nunmehr läßt man erkalten, löst die Seife in 10 ccm heißem Wasser, fällt die unlöslichen Mg-seifen mit 2 ccm gesättigter $MgCl_2$-Lösung, filtriert und säuert das Filtrat mit 1 ccm 2-n HCl an. Die ausgeschiedene Sebacinsäure löst sich in kochendem Wasser, ohne vorher zu schmelzen, und krystallisiert beim Erkalten in weißen Nadeln aus.

γ) Beim Destillieren von Ricinusöl im Vakuum entstehen n-Heptylaldehyd $C_7H_{14}O$, (Önanthol), Undecylensäure, Acrolein usw.

δ) Ricinolsäure reagiert frei sowie als Glycerid mit Phosgen bei 100° unter quantitativer Bildung des Chlorkohlensäureesters; die zur Reinheitsprüfung vorgeschlagene Reaktion ist vielleicht auch zur Analyse oxydierter Öle verwendbar[3].

c) Nachweis und quantitative Bestimmung von Cocosfett
s. S. 761f.

d) Prüfung auf Baumwollsaatöl (Cottonöl).

α) **Halphensche Reaktion**[4] (Wizöff).

Je 2 ccm Öl und 1%ige Lösung von Schwefel in Schwefelkohlenstoff-Pyridin[5] (1 : 1) werden im Reagensglas auf 115° (bis zum Sieden des Pyridins) erhitzt. Bei

---

[1] Nach Bellier u. Carocci-Buzi, s. J. Bellier: Ann. Chim. analyt. Chim. appl. **4**, 4 (1899); Lüers: Ztschr. Unters. Nahr.- u. Genußmittel **24**, 683 (1912); Carocci-Buzi: Ann. Ist. sperim. Olivicoltura, Imperia I, **1929**, 144. Das Verfahren ist nach F. Wittka (Privatmitt.) sehr brauchbar und wird in Italien viel benutzt.

[2] Dieser Nachweis ist in der Chem. Fabr. Dr. H. Nördlinger, Flörsheim, gebräuchlich; Privatmitt. von Dr. Caroselli. Vizern u. Guillot: Ann. Chim. analyt. appl. [2] **9**, 1 (1927).

[3] Piutti u. Curzio: Giorn. Chim. ind. appl. **3**, 242 (1921); d. A. Grün: Chem.-Ztg. **47**, 847 (1923).

[4] Halphen: Journ. Pharmac. Chim. [6] **6**, 390 (1897); C. **1897**, II, 1161; vgl. auch Ztschr. Unters. Nahr.- u. Genußmittel **3**, 773 (1900).

[5] In der ursprünglichen Vorschrift von Halphen ist statt Pyridin Amylalkohol angegeben, jedoch ist der Cottonölnachweis mit Pyridin nach Gastaldi: Ann. Lab. Chim. Centrale della Gabelle **6**, 60 (1912), durch Chem. Revue üb. d. Fett- u. Harzind. **20**, 89 (1913), bedeutend empfindlicher.

Anwesenheit von mehr als 1% Cottonöl erfolgt Rotfärbung, die bei verschiedenen Baumwollsaatölen von orange bis tiefrot wechselt.

Trane werden zwar bei wiederholtem Erhitzen auch schwach gefärbt; der rötliche Stich ist aber an den Wandungen des Glases an der ablaufenden dünnen Schicht der Lösung im Gegensatz zu cottonölhaltigen Proben nicht zu bemerken.

Nach S. Ivanow[1] ist die Halphensche Reaktion eine allgemeine Reaktion für Öle der Familien Malvaceae, Tiliaceae, Bombaceae.

Bei Kapoköl und Baobaböl ist die Halphen-Reaktion noch intensiver als bei Cottonöl; Unterscheidung der Öle s. γ.

Die Halphensche Reaktion tritt noch bei auf 210⁰ erhitzten, jedoch nicht mehr bei 10 min auf 250⁰ erhitzten Cottonölen ein, ebenso nicht bei geblasenen oder mit rauchender HCl, Cl_2 oder SO_2 behandelten Ölen. Der Reaktionsträger soll ein Äthylen- oder Acetylenderivat sein[2], evtl. eine ungesättigte Säure[3], die an eine doppelte oder dreifache Bindung unter Bildung von chromophoren Sulfo- aldehyd- oder Sulfoketogruppen und Rotfärbung Schwefel anlagert. Die nur in sehr geringen Quantitäten vorhandene chromogene Substanz wird zum Teil in den Baumwollsamenkuchen zurückgehalten und geht in das Milch- und Körperfett der damit gefütterten Tiere über. Daher erhält man die Halphensche Reaktion auch bei Schweinefetten, die von solchen Tieren herrühren, aber keine Zusätze von Baumwollsamenöl haben. In diesem Falle entscheidet über Gegenwart von Cottonöl die Phytosterinacetatprobe (S. 730).

β) Salpetersäureprobe[4]. Diese nicht sehr zuverlässige Reaktion kann bei Gegenwart von stark erhitztem Baumwollsaatöl herangezogen werden, wenn die Halphensche Reaktion versagt.

Baumwollsaatöle geben beim Schütteln mit dem gleichen Volumen Salpeter- säure (1,41) rotbraune, Olivenöle schmutziggelbe Färbungen, die nach längerem Stehen ins Bräunliche übergehen. 20% Cottonöl verraten sich bei dieser Probe noch im Olivenöl. Da indessen auch Rüböl Braunfärbung gibt, dient die Reaktion nur als Vorprobe auf gröbere Zusätze von Cottonöl.

γ) Die Milliausche Reaktion[5] beruht auf Reduktion von Silber- nitrat durch einen aldehydartigen Bestandteil des Baumwollsaatöles.

5 ccm der Fettsäuren des Öles werden in 15 ccm 90%igem Alkohol gelöst, mit 2 ccm einer 3%igen wässerigen Silbernitratlösung 1—3 min gekocht; die Säuren des Baumwollsaatöls färben die Flüssigkeit dunkel und steigen, durch metallisches Silber dunkel gefärbt, an die Oberfläche. Die Reaktion zeigt 5% Cottonöl scharf, 1% durch sehr schwache schokoladenbraune Färbung an. Stark erhitzte Öle geben die Reaktion abgeschwächt oder überhaupt nicht.

Mit 5 ccm absolut-alkoholischer 1%iger Silbernitratlösung geschüttelt, zeigen 5 ccm der getrockneten und geschmolzenen Fettsäuren des Cottonöles in der Kälte höchstens schwache Reduktionserscheinung, während die Säuren von Kapok- oder Baobaböl schon in kurzer Zeit intensive Braunfärbung geben[6].

e) Prüfung auf Sesamöl.

α) Sesamolreaktion (auch Furfurol- oder Baudouinsche Reaktion genannt). Das im Sesamöl enthaltene Sesamol (Oxyhydrochinon-methylen- äther)[7] läßt sich mit verschiedenen Aldehyden (Furfurol, Vanillin, Piperonal usw.) zu intensiv (meistens rot) gefärbten Verbindungen kondensieren.

---

[1] S. Ivanow: Ber. dtsch. bot. Ges. **45**, 588 (1927).

[2] B. Kühn u. F. Bengen: Ztschr. Unters. Nahr.- u. Genußmittel **20**, 453 (1910).

[3] Raikow: Chem.-Ztg. **24**, 584 (1900).

[4] Hauchecorne: Chem. Revue üb. d. Fett- u. Harzind. **15**, 79 (1908).

[5] Milliau: Compt. rend. Acad. Sciences **106**, 550 (1888); vgl. auch E. Bechi: Journ. Pharmac. Chim. [5] **9**, 35 (1884).

[6] Milliau: Les corps gras ind. **31**, Nr. 20 (1905); d. Chem. Revue üb. d. Fett- u. Harzind. **12**, 138 (1905).

[7] H. Kreis: Chem.-Ztg. **27**, 316, 1030 (1903); **28**, 956 (1904); Malagnini u. Armanni: ebenda **31**, 884 (1907); A. Heiduschka: ebenda **36**, 1272 (1912).

Ausführung der Baudouinschen Reaktion nach Villavecchia und Fabris[1]. 5 ccm Öl, in 5 ccm Petroläther gelöst, und 0,1 ccm einer frischen 1%igen alkoholischen Furfurollösung werden mit 5 ccm Salzsäure (1,19)[2] $\frac{1}{2}$ min lang stark geschüttelt. Bei Gegenwart von > 1% Sesamöl setzt sich die Säure schön karmoisinrot ab; 0,5% sind noch durch schwache Rosafärbung bemerkbar; bei Abwesenheit von Sesamöl färbt sich die Säure höchstens gelb bis braungelb. Die Färbung ist nur unmittelbar nach der Schichtentrennung maßgebend.

Die Sesamolreaktion ist für die amtliche Unterscheidung von Butter und Margarine, der mindestens 10% Sesamöl zugesetzt sein müssen[3], vorgeschrieben. Das benutzte Sesamöl soll in Baumwollsaat- oder Erdnußöl bei einem Mischungsverhältnis 0,5 : 99,5 noch deutlich nachweisbar sein.

Da Teerfarbstoffe, die mitunter als Schönungsmittel („Buttergelb") Ölen und Fetten zugesetzt sind, schon mit Salzsäure allein Rotfärbung geben können, müssen die Fette bei amtlichen Untersuchungen[4] vor Anstellung der Reaktion so lange mit Salzsäure (1,125 und 1,19) ausgeschüttelt werden, bis sich die Säure nicht mehr färbt.

Der Träger der Sesamolreaktion soll beim Füttern von Kühen mit Sesampreßkuchen in einzelnen Fällen in die Milch und somit in die Butter übergehen, weshalb auch reine Butter die Sesamolreaktion geben kann[5]; in Zweifelsfällen ist die Butter daher auf Phytosterin (S. 730) als Merkmal pflanzlicher Öle zu prüfen.

Das italienische Gesetz schreibt für alle Speisefette außer Butter und Olivenöl eine Beimischung von 5% Sesamöl vor. Für Gemische, die weniger als 0,5% Sesamöl enthalten, empfiehlt Lucentini[6], die Baudouinsche Reaktion im Rückstand eines alkoholischen Auszuges des Fettgemisches (50 g Fett mit 100 ccm 95%igem Alkohol extrahiert) vorzunehmen.

Auch manche reinen Olivenöle (z. B. von Algier, Bari) zeigen positive Sesamolreaktion, nicht dagegen die aus ihnen abgeschiedenen Fettsäuren, während Sesamölfettsäuren sich wie das Öl selbst verhalten. In solchen Zweifelsfällen, ebenso bei ranzigen Fetten[7] und mit Tierkohle behandeltem Sesamöl, das nicht die oben beschriebene Reaktion zeigt[8], zieht man besser die nachfolgende Soltsiensche Prüfung heran, desgleichen bei Gegenwart von Teerfarbstoffen, bei deren Ausschüttelung durch Salzsäure auch das Sesamol dem Öl entzogen werden kann[9].

---

[1] Villavecchia u. Fabris: Ztschr. angew. Chem. **6**, 505 (1893); Baudouin: Ztschr. chem. Großgew. **1878**, 771, verwendete ursprünglich statt Furfurol eine Lösung von 0,1 g Rohrzucker in 10 ccm HCl (1,19); hierbei entsteht aus dem durch Inversion gebildeten Traubenzucker ω-Oxymethyl-furfurol.

[2] F. Richard: Journ. Pharmac. Chim. [8] **4**, 394 (1926), empfiehlt die Verwendung von Säure mit 29—34% HCl.

[3] Ausführungsbestimmungen zum Gesetz betreffs Verkehr mit Butter und Käse, 15. 6. 1897; gleiches gilt auch für Dänemark; seit 1916 ist statt dessen auch ein Zusatz von 0,2—0,3% Stärkemehl gestattet (s. auch S. 811).

[4] Amtliche Anweisung zur chemischen Untersuchung von Fetten und Käsen vom 1. 4. 1898.

[5] Ubbelohde: Handbuch, Bd. 2, S. 765. 1920.

[6] Lucentini: Ind. Olii minerali Grassi **10**, 156 (1930).

[7] Soltsien: Ztschr. öffentl. Chem. **5**, 15 (1899); Serger: Chem.-Ztg. **35**, 602 (1911), hält in diesem Falle allerdings auch die Soltsien-Reaktion für nicht ganz zuverlässig; Honig: Chem. Weekbl. **28**, 509 (1925); Heller: Allg. Öl- u. Fett-Ztg. **25**, 315 (1928); Hepner u. Salz: Przemysl Chemiczny **14**, 412 (1930).

[8] Bömer: Ztschr. Unters. Nahr.- u. Genußmittel **2**, 708 (1899).

[9] Soltsien: Ztschr. öffentl. Chem. **3**, 494 (1897); Siegfeld: Milchztg. **1899**, 243; Fendler: Chem. Revue üb. d. Fett- u. Harzind. **12**, 10 (1905).

β) **Soltsiensche Reaktion**[1] (Wizöff). 1 Vol. Öl oder im Wasserbade geschmolzenes Fett wird in 2 Vol. Benzin (Kp. 70—80⁰) gelöst, mit 1 Vol. **Bettendorfs** Reagens (5 Teile festes Zinnchlorür + 3 Teile konz. Salzsäure, mit Salzsäuregas gesättigt) bis zur gleichmäßigen Mischung durchgeschüttelt und in ein Wasserbad von 40⁰ getaucht. Nach dem Absetzen der Zinnchlorürlösung wird das Reagensglas in Wasser von etwa 80⁰ nur bis zur Höhe der Zinnchlorürlösung eingesenkt, so daß ein Sieden des Benzins nach Möglichkeit vermieden wird. Bei Gegenwart von Sesamöl färbt sich die untere Schicht himbeer- bis weinrot.

Der Träger dieser Reaktion, das Sesamin (S. 639), wird dem Öle durch Schütteln mit Salzsäure nicht entzogen, da das ausgezogene Öl die Zinnchlorürreaktion mit unverminderter Stärke gibt[2]. Die Teerfarbstoffe werden zu farblosen Spaltungsprodukten reduziert. Die Soltsien-Reaktion versagt aber bei Gegenwart größerer Mengen freier Fettsäuren[3], daher auch oft bei ranzigen Sesamölen[4].

f) Prüfung auf Cruciferenöle (insbesondere Rüböl).

Da die niedrige Verseifungszahl (etwa 175), welche durch den Gehalt an Erucasäure (Mol.-Gew. 338, Schmelzpunkt 33—34⁰) bedingt ist, kein allein maßgebendes Kriterium für die Gegenwart von Cruciferenölen (Rüböl, Senföl, Hederichöl) ist, namentlich bei Anwesenheit von Tranen mit niedriger Verseifungszahl, werden folgende Nachweise von Cruciferenölen herangezogen:

α) **Abscheidung und Kennzeichnung von Erucasäure**[5], die auf Grund der leichteren Löslichkeit der Erucasäure im Vergleich zu den festen gesättigten Fettsäuren in Alkohol abgeschieden wird, durch Mol.-Gew.-Bestimmung:

(Wizöff.) 20—25 g der Fettsäuren werden im doppelten Volumen 96%igen Alkohols gelöst und in einem weiten Reagensglase durch eine Eis-Viehsalzmischung auf — 20⁰ abgekühlt. Der Niederschlag von gesättigten Fettsäuren wird bei — 20⁰ abgesaugt (Abb. 99, S. 172) und mit Alkohol von — 20⁰ ausgewaschen. Der Rückstand des eingedampften Filtrats wird mit dem 4fachen Volumen 75 vol.-%igen Alkohols aufgenommen und wiederum auf — 20⁰ abgekühlt. Die bei geringem Rübölgehalt bisweilen erst im Verlauf von etwa 1 h entstehende krystallinische Fällung ist nach dem Absaugen und Auswaschen mit auf — 20⁰ gekühltem 75%igem Alkohol rein weiß und besteht hauptsächlich aus Erucasäure. Man löst sie mit warmem Benzol oder Äther vom Filter, dampft die Lösung ein und bestimmt das Mol.-Gew. des Rückstandes, das bei Gegenwart von Cruciferenölen über 300 liegt; Nachweisbarkeitsgrenze 20%.

Bei hohem Gehalt des Ausgangsmaterials an gesättigten Fettsäuren wird die Filtration durch den starken Niederschlag sehr erschwert. Die alkoholische Lösung wird dann zunächst auf 0⁰ abgekühlt und bei dieser Temperatur abgesaugt, um die Hauptmenge der festen Säuren zunächst zu entfernen. Die weitere Verarbeitung des Filtrats erfolgt hierauf, wie oben angegeben, bei — 20⁰.

β) **Nachweis von Rüböl in Olivenöl**[6] durch Bestimmung des Schmelzpunktes der Fettsäuren, deren Bleisalze am schwersten löslich sind, sog. „Fraktionsschmelzpunkt''.

---

[1] Soltsien: Ztschr. öffentl. Chem. **3**, 63 (1897); Beythien: Chem.-Ztg. **24**, 1019 (1900); Utz: ebenda **25**, 412 (1901), empfehlen diese Reaktion sehr.

[2] Soltsien: Chem. Revue üb. d. Fett- u. Harzind. **13**, 138 (1906); Fendler: l. c.

[3] Soltsien: Chem. Revue üb. d. Fett- u. Harzind. 8, 202 (1901); **13**, 29 (1906).

[4] Lewkowitsch: Chem. Techn. usw., 6. Aufl., Bd. 2, S. 229. 1922.

[5] Holde u. Marcusson: Ztschr. angew. Chem. **23**, 1260 (1910).

[6] Kreis u. Roth: Chem.-Ztg. **37**, 877 (1913); Ztschr. Unters. Nahr.- u. Genußmittel **26**, 38 (1913).

Die Fettsäuren von 20 g Öl werden in 100 ccm 95%igem Alkohol gelöst, mit 50 ccm einer 3%igen alkoholischen Bleiacetatlösung gefällt und die nach Stehen über Nacht abgesaugten Bleiseifen mindestens 3mal mit Alkohol gewaschen. Der Schmelzpunkt der mit 5%iger Salzsäure unter Kochen abgeschiedenen Fettsäuren beträgt bei Olivenöl 50—54⁰, bei Rüböl 29—30⁰, so daß Rübölzusatz den Fraktionsschmelzpunkt des Olivenöls herabsetzt; bereits 10% Rüböl drücken ihn unter 50⁰ herunter.

γ) Rohe Rüböle, Senföle (auch rohes Leinöl und Hanföl) geben beim Schütteln mit Schwefelsäure ($d = 1,53$—$1,62$) intensiv grasgrüne bis bläulichgrüne Färbungen der Mischungen sowie der sich absetzenden Säure. Raffinierte Rüböle und Leinöle oder ältere Proben roher Öle färben sich mit den Säuren nur schwach gelb bis bräunlich.

δ) Ganz charakteristisch für Cruciferenöle ist das leichte Erstarrungsvermögen ihrer mit alkoholischer 0,5-n KOH bereiteten Seifenlösungen bei Zimmertemperatur (18—20⁰) zu strahligen Aggregaten (s. S. 733).

g) Prüfung auf Chinesisches Holzöl.

Holzöl zeigt charakteristischen Geruch, auffallend hohe Brechung (etwa 1,52, vgl. S. 800) und niedrige Abbesche Dispersionszahl (s. S. 751); unter Einwirkung des Sonnenlichtes verwandelt es sich — besonders bei Gegenwart von Katalysatoren, z. B. Spuren Jod — schnell in eine krystalline weiße Masse, indem das α-Elaeostearin in das bei 61—62⁰ schmelzende β-Elaeostearin übergeht. Für den Nachweis des Holzöles benutzt man besonders seine Eigenschaft, beim Erhitzen auf 200—250⁰ oder beim Versetzen mit gewissen chemischen Reagentien wie J, $FeCl_3$, $AlCl_3$, $SnCl_4$ zu einer in den üblichen Fettlösungsmitteln unlöslichen Gallerte zu erstarren. Durch Bestimmung der nicht gelatinierten Ölmenge kann man —allerdings nur in ziemlich grober Annäherung — die Menge fremder Öle in Holzöl ermitteln.

α) Holzölbestimmung nach Marcusson[1]. 5 g Öl werden unter Umrühren mit 5 ccm einer kaltgesättigten Lösung von J in $CHCl_3$ übergossen. Bei Gegenwart von mehr als 15% Holzöl tritt in wenigen Minuten — evtl. auch erst nach 1std. Erwärmen der Probe auf dem Wasserbade und Abkühlen auf Zimmertemperatur — Gelatinierung ein; alle anderen fetten Öle, auch Leinöl-Standöl gelatinieren nicht. Nach Scheiber (l. c.) werden von reinen Holzölen etwa 12%, von Holzöl-Standölen bis 18% durch J nicht polymerisiert.

β) Nach J. Scheiber und F. Klinger[2] eignet sich das zuerst von H. Staudinger und H. A. Bruson als Polymerisationsmittel für Holzöl benutzte Zinnchlorid zum qualitativen und quantitativen Nachweis von Holzöl in anderen Ölen.

Etwa 5 g der Probe werden mit der doppelten Menge reinem Sand und einigen Kubikzentimetern einer 5—10%igen Lösung von $SnCl_4$ in CS_2 verrührt. Das im Exsiccator aufbewahrte Gemisch wird nach hinreichendem Festwerden zerrieben und im Soxhlet mit Äther extrahiert. Das Gewicht des unlöslichen Rückstandes ergibt die vorhanden gewesene Menge Holzöl.

γ) Nach H. Wolff, G. Zeidler und I. Rabinowicz[3] sind sowohl die Marcussonsche wie die Scheibersche Methode bei Standölen nicht zuverlässig. Bei ersterem Verfahren wird z. B. die Koagulation durch

---

[1] Marcusson: Ztschr. angew. Chem. **39**, 476 (1926); P. McIlhiney: Journ. Ind. engin. Chem. 4, 496 (1912), benutzte als Lösungsmittel für Öl und Jod Eisessig; dieses Verfahren ist aber bei Anwesenheit von Leinöl-Standöl unbrauchbar; vgl. J. Scheiber: Lacke und ihre Rohstoffe, S. 527. Leipzig 1926.
[2] Ztschr. angew. Chem. **41**, 631 (1928); Scheiber: Farbe u. Lack **33**, 286 (1928).
[3] H. Wolff, G. Zeidler u. I. Rabinowicz: Farben-Ztg. **35**, 896 (1930).

Terpentinöl, Kienöl, Bleisikkative, gelegentlich auch durch einfaches Testbenzin verhindert; tritt überhaupt Koagulation ein, so sind die Werte der Größenordnung nach richtig. Nach dem Scheiberschen Verfahren fanden Wolff, Zeidler und Rabinowicz bei Standölen stark schwankende, meistens bedeutend zu hohe Werte für den Holzölgehalt; selbst bei reinem Leinöl-Standöl wurden einmal 65 % eines gelatinierten unlöslichen Rückstandes erhalten.

Die Autoren empfehlen daher, zur Ermittlung des Holzölgehalts in gemischten Leinöl-Holzöl-Standölen n_D^{40} der abgeschiedenen Fettsäuren zu bestimmen und hieraus den Holzölgehalt H näherungsweise nach der Formel

$$H = 1000 \ (n_D^{40} - 1{,}4714)/0{,}162\%$$

zu berechnen.

δ) Nach Tesuro Mazume[1] gibt Holzöl in Chloroformlösung mit Maleinsäureanhydrid eine gelbe, mit Chloranil eine zunächst purpurne, später braune Färbung.

h) Hexabromidprobe auf linolensäurehaltige trocknende Öle,

insbesondere Leinöl. Infolge ihres Gehaltes an Linolensäure geben Leinöl, Nußöl, Hanföl Hexabromide, die in Eisessig schwer löslich sind und quantitativ nach S. 778 (Hexabromidzahl) abgeschieden werden. Mohnöl und Holzöl geben keine Niederschläge. Zur qualitativen Prüfung und namentlich zur Unterscheidung von Tranen (s. u.) genügt folgende Ausführung[2].

(Wizöff.) 10 ccm des Öles oder besser der aus dem Öl abgeschiedenen Fettsäuren werden mit 200 ccm Halphens Reagens (28 Vol. Eisessig, 4 Vol. Nitrobenzol und 1 Vol. Brom) in einem Schüttelzylinder gut durchgeschüttelt. Der entstehende gelbe Niederschlag wird nach mehrstündigem Stehen auf einer kleinen Nutsche unter Verwendung einer Filterplatte aus dichtem Filtrierpapier abgesaugt und mit Äther bis zur Reinweißfärbung gewaschen. Entsteht nach 1std. Einwirkung der Bromlösung kein Niederschlag, so ist die Probe praktisch frei von linolensäurehaltigen Ölen und Tran. Die Hexabromide der Leinölfettsäuren lösen sich in der Wärme in Benzol und schmelzen bei 175⁰ ohne Zersetzung. Über die Weiterbehandlung zur Prüfung auf Trane s. i γ.

i) Prüfung auf Trane.

α) Farbenreaktionen. Trane geben sich zwar meistens durch ihren unangenehmen Geruch und durch starke rotbraune Färbungen zu erkennen, die sie mit sirupöser Phosphorsäure und mit starken (alkoholischen) Laugen geben, indessen sind diese Proben bei polymerisierten oder gehärteten Tranen und insbesondere in Mischungen mit wenig Tran sowie bei Gegenwart oxydierter pflanzlicher trocknender Öle oder ranziger Fette nicht immer stichhaltig.

Die Reaktion von Tortelli und Jaffe[3] beruht auf der Bildung eines chloroformlöslichen grünen Farbstoffs bei Einwirkung von Brom auf ein Chromogen des Trans. Nach Häußler und Brauchli[4] ist die Reaktion für Ergosterin spezifisch; Cholesterin und Phytosterin geben sie nicht.

In einem kleinen Schüttelzylinder wird 1 ccm sorgfältig entwässerte und 1 h bei 100—120⁰ mit Fullererde (oder Knochenkohle) behandelte Substanz in 6 ccm Chloroform und 1 ccm Eisessig gelöst und mit 40 Tropfen 10%iger frischer Brom-Chloroformlösung schnell durchgemischt. (Von gehärteten Fetten werden 5 ccm

---

[1] Tesuro Mazume: Scient. Papers Inst. physical chem. Res. **13**, 246 (1930).

[2] Modifikation der Methode Halphen-Lewkowitsch von J. Marcusson u. H. v. Huber: Seifensieder-Ztg. **38**, 249 (1911).

[3] Tortelli u. Jaffe: Chem.-Ztg. **39**, 14 (1915).

[4] E. P. Häussler u. E. Brauchli: Helv. chim. Acta **12**, 187 (1929).

in geschmolzenem Zustande in 10 ccm Chloroform und 1,5 ccm Eisessig gelöst und mit 2,5 ccm Bromlösung versetzt.) Bei pflanzlichen Ölen und Fetten erhält man gelbe bis rötlichgelbe Färbungen, Trane geben zunächst mitunter einen rosigen Schein, dann innerhalb 1 min eine anhaltende Grünfärbung.

Die Reaktion fällt selbst bei alten oxydierten oder gehärteten Tranen (mit Ausnahme von sehr alten, verdorbenen Proben Menhaden- und Sardinentran) positiv aus, wenn sie nicht völlig hydriert sind (s. S. 827). Ihre Zuverlässigkeit ist allerdings noch umstritten. Die Probe gilt als sehr brauchbar, wenn auch überempfindlich[1], da sie auch bei tranfreien Rinderfetten, wahrscheinlich infolge Fischmehlfütterung, auftrat. Von anderer Seite wird der Probe nur ein sehr bedingter Wert beigelegt[2].

β) Nach W. H. Dickhart[3] sollen 3 ccm Öl mit 10 mg gepulvertem Urannitrat, 20 min im Wasserbad erwärmt, Färbungen von bernsteingelb bis blutrot geben; die verschiedenen Transorten sollen durch diese Reaktion zu unterscheiden sein.

γ) Dekabromidprobe. Die durch einen Gehalt an Clupanodonsäure charakterisierten Trane geben beim Bromieren mit Halphens Reagens (s. o.) Dekabromide, die sich von den aus linolensäurehaltigen Ölen gebildeten Hexabromiden durch ihre Schwerlöslichkeit in heißem Benzol unterscheiden[4].

Die Dekabromide werden für die nachfolgende Prüfung durch Bromierung der Fettsäuren nach h) abgeschieden. Der Bromidniederschlag wird nach Trocknen und Pulvern mit Benzol (100 ccm Benzol auf 2 g Niederschlag) $^1/_2$ h lang am Rückflußkühler zum Sieden erhitzt. Ungelöstes wird im Heißwassertrichter abfiltriert. Liegt der Schmelzpunkt des unlöslichen Rückstandes oberhalb 190⁰, so ist Clupanodonsäure nachgewiesen. Durch nochmaliges Auskochen des Rückstandes mit Benzol kann der Schmelzpunkt weiter erhöht werden. Die reinen Dekabromide schmelzen erst über 200⁰ unter Zersetzung (Schwarzfärbung), die Hexabromide aus trocknenden pflanzlichen Ölen hingegen bei 175⁰* ohne Zersetzung. 10% Tran waren nach vorstehendem Verfahren in pflanzlichen Ölen (Leinöl) noch nachweisbar.

Die für den Ausfall vorstehender Probe wichtige Clupanodonsäure findet sich nicht nur in Tranen[5], sondern auch in kleinen Mengen in Knochenölen und Lardölen, die 0,25—1% Dekabromide gegenüber 10—34% bei Tranen geben. Bei einem Befunde von mehr als 1% Dekabromid kann man daher auf Gegenwart von Tran schließen. Bei erhitzten Produkten gehen sowohl die Hexabromid- wie Dekabromidausbeuten erheblich zurück (bei desodorierten Tranen z. B. bis zu 0), s. auch S. 777, so daß die Proben nicht anwendbar werden[6]. In Zweifelsfällen kann man die innere Jodzahl (s. S. 713), die beim Fett von Landtieren unter 100, bei Seetierölen über 100 liegt, oder die Reaktion von Tortelli-Jaffe (s. o.) heranziehen.

δ) Jodchloridprobe[7]. Clupanodonsäure gibt mit Chlorjod (Lösung von Wijs, S. 771) in Äther unlösliche Additionsprodukte. Mit Hilfe dieser Jodchloride lassen sich Trane noch in Mengen von 1—5% leicht nachweisen. Analoge Niederschläge gibt Bromjod (Lösung von Hanuš)[8].

---

[1] A. Grün u. J. Janko: Seifenfabrikant **35**, 253 (1915); Marcusson u. v. Huber: Chem.-Ztg. **40**, 249 (1916); Grün: Ztschr. Dtsch. Öl-Fettind. **43**, 729 (1923).

[2] Davidsohn: Seifensieder-Ztg. **42**, Nr. 32 (1915); M. Auerbach: Ztschr. Dtsch. Öl-Fettind. **44**, 37 (1924).

[3] W. H. Dickhart: Oil Fat Ind. **4**, 324 (1927).

[4] Marcusson u. v. Huber: Seifensieder-Ztg. **38**, 249 (1911).

* A. Heiduschka u. K. Lüft: Arch. Pharmaz. **257**, 33 (1919), fanden jedoch für das Hexabromid der γ-Linolensäure aus Nachtkerzensamenöl (Oenotheraöl) Schmelzpunkt 195—196⁰ (unter Zersetzung).

[5] Marcusson u. Böttger: Chem. Revue üb. d. Fett- u. Harzind. **21**, 180 (1914).

[6] Stiepel: Seifensieder-Ztg. **39**, 953 (1912).

[7] M. Tsujimoto: Chem. Umschau Fette, Öle, Wachse, Harze **33**, 268 (1926).

[8] S. Ueno u. M. Iwai: Fettchem. Umschau **40**, 25 (1933).

k) Prüfung auf Chaulmoografette (Kennzahlen s. Tabelle 172, S. 790).

Von Wichtigkeit ist die Erkennung giftiger Beimengungen in Speisefetten. Die in Betracht kommenden Fette der Chaulmoogragruppe (Chaulmoografett, Marattifett) sind bei gewöhnlicher Temperatur fest und infolge ihres Gehaltes an Chaulmoogra- bzw. Hydnocarpussäure (s. S. 632) stark optisch aktiv (s. S. 750).

l) Prüfung auf Sonnenblumenöl[1].

Mit Furfurol und Salzsäure (dem Sesamöl-Reagens von Villavecchia und Fabris) soll Sonnenblumenöl Gelbfärbung geben. Bei Zugabe von 1 Tropfen konz. H_2SO_4 zu 5 ccm Sonnenblumenöl soll eine orangegelbe Färbung entstehen.

m) Nachweis von Sulfuröl im Olivenöl.

α) Benzoatprobe[2]. Die Reaktion gibt positive Ergebnisse bei Sulfurölen, die mit Schwefelkohlenstoff extrahiert und nicht raffiniert sind (Wizöff). 20 mg Silberbenzoat (hergestellt durch Vermischen heißer Silbernitrat- und Natriumbenzoatlösungen, Abfiltrieren, Waschen mit kaltem Wasser und Trocknen) werden mit 5 g Olivenöl auf 150° erhitzt. Braunfärbung nach höchstens 30 min deutet auf Gehalt an Sulfurolivenöl hin; je nach der Intensität der Färbung kann auf die Menge des extrahierten Öls geschlossen werden.

β) Reaktion nach Morawski[3]: Olivenöle, die Sulfuröl enthalten, geben mit Essigsäure-anhydrid und konz. Schwefelsäure eine rote Färbung, welche durch Zusatz von Wasser in grün übergeht, um dann mit der Zeit zu verschwinden. Bei ranzigen Ölen ist die Reaktion nicht zuverlässig.

γ) Nachweis nach Bellier-Carocci-Buzi, welcher als der sicherste gilt, s. S. 734.

n) Nachweis von Talg in Schweinefett[4].

Er beruht auf der Schmelzpunktsdifferenz zwischen den schwerstlöslichen Glyceriden, α-(?)-Palmitodistearin (Schmelzpunkt 68,5°) in Schweinefett, β-(?)-Palmitodistearin (Schmelzpunkt 63,3°) im Talg, und der daraus dargestellten Fettsäuren (in beiden Fällen Schmelzpunkt 63,2°), die beim Schweinefett 5,3°, bei Talg 0,1° beträgt.

50 g (nötigenfalls entsäuertes[5]) Fett werden in 50 ccm Äther (bei oleinreichen weichen Fetten in Äther-Alkohol, 3—4 : 1) gelöst und bei 15° unter häufigem Umrühren auskrystallisiert. Dies wird einige Male wiederholt, bis der Glyceridschmelzpunkt > 61° ist. Dann verseift man die schwerstlöslichen Glyceride und bestimmt den im vorliegenden Fall tieferliegenden Schmelzpunkt der abgeschiedenen Fettsäuren. Der Schmelzpunkt der Glyceride muß wegen des sog. „doppelten Schmelzpunktes" der Glyceride (s. S. 642) an der auskrystallisierten, nicht geschmolzenen Substanz bestimmt werden.

Ein Schweinefett ist als mit Talg vermischt zu bezeichnen, wenn die Differenz (d) zwischen den Schmelzpunkten des schwerstlöslichen Glycerids (S_g) und der daraus erhaltenen Fettsäuren (S_f) unterhalb folgender Grenzwerte liegt:

$S_g =$	61°	61,5°	62°	62,5°	63°	63,5°	64°	64,5°	65°
$d =$	5,0	4,75	4,5	4,25	4,0	3,75	3,5	3,25	3,0,

oder wenn $Sg + 2d < 71°$.

Gehärtete Fette verhalten sich in dieser Beziehung wie Talg; pflanzliche Fette, wie Cocosfett, Erdnußöl, Baumwollsaatöl, stören den Nachweis selbst von 5% Talg

---

[1] P. Guigues: Bull. Sciences pharmacol. **37**, 231 (1930).

[2] Lauro: Oil Fat Ind. **4**, 324 (1927); ebenda **5**, 206 (1928).

[3] S. Fachini: Giorn. Chim. ind. appl. **1926**, 178.

[4] A. Bömer u. Mitarbeiter: Ztschr. Unters. Nahr.- u. Genußmittel **26**, 559 (1913); **27**, 153 (1914).

[5] F. J. F. Muschter u. R. Smit: Chem. Weekbl. **23**, 284 (1926).

im Schweinefett nicht; der Einfluß fester Pflanzenfette, wie Mowrah- und Sheafett, auf den Talgnachweis ist noch nicht geprüft.

Die Anwendung dieses sehr brauchbaren Verfahrens[1] läßt sich auf andere Fettgemische übertragen. Bei Cocosfett beträgt $S_g + 2\,d = 53{,}3^0$, bei Palmkernfett $= 48{,}6—53{,}4^0$; Cocosfett $+\,5\%$ Schweinefett ergibt $S_g + 2\,d = 76{,}3—77{,}3^0$, mit 10% Schweinefett $= 74{,}6—78{,}9^0$, bei Zusatz von 10% Rindstalg $66{,}0^0$.

Bei reinem Butterfett ist $S_g \leqq 62{,}4^0$, $d = —0{,}2$ bis $+\,0{,}8^0$; Gemische von Butter mit Schweinefett ergeben höhere Glyceridschmelzpunkte und höhere Schmelzpunktsdifferenzen.

13. Physikalische und physikalisch-chemische Eigenschaften und Prüfungen der Fette und Fettsäuren.

(Unter Mitwirkung von E. L. Lederer.)

a) Löslichkeit.

Sämtliche Öle bzw. geschmolzenen Fette sind mit Äthyläther, Chloroform, Schwefelkohlenstoff, Anilin[2] und — mit Ausnahme von Ricinusöl — auch mit Petroläther und anderen Mineralölen in jedem Verhältnis mischbar. Feste Fette sind in den genannten Lösungsmitteln um so schwerer löslich, je höher ihr Schmelzpunkt liegt. In absolutem oder 96%igem Alkohol lösen sich die meisten Fette wenig; die Löslichkeit steigt mit der Temperatur und mit zunehmendem Gehalt an freien Fettsäuren[3]. Daher ist das oft schon im Anlieferungszustand fast ganz in Fettsäuren gespaltene Palmfett (auch Olivenkernöl) meistens in Alkohol leicht löslich. In jedem Verhältnis sind oxysäurehaltige Fette wie Ricinusöl und Traubenkernöl, ferner auch Mono- und Diglyceride mit Alkohol mischbar; erheblich lösen sich in Alkohol auch solche Öle und Fette, die Glyceride niedrigmolekularer Säuren enthalten, wie Delphintran, Meerschweintran, Cocosfett, Butter und ähnliche Fette. Zur Kennzeichnung der vorstehenden Fälle ist daher, wenn auch bedingt, die verschiedenartige Löslichkeit in Alkohol geeignet; insbesondere wurde hierfür auch die Bestimmung der Entmischungstemperatur von Lösungen der Fette im doppelten Volumen Alkohol verschiedener Stärke vorgeschlagen[4] (sog. Crismerzahl, s. u.).

Fette, die Glyceride von Oxyfettsäuren enthalten, namentlich Ricinusöl, sind in Petroläther unlöslich; wenig löslich in Petroläther, auch bei höherer Temperatur, sind sehr hochschmelzende Fette sowie Mono- und Diglyceride.

---

[1] H. Sprinkmeyer u. A. Diedrichs: Ztschr. Unters. Nahr.- u. Genußmittel **27**, 571 (1914); K. Fischer u. J. Wewerinke: ebenda **27**, 361 (1914); Drescher: ebenda **29**, Heft 17 (1915); Arnold: ebenda **31**, 377 (1916).

[2] Jablokoff [s. Karl Braun: Die Fette und Öle, S. 83, Sammlung Göschen, 2. Aufl., 1920. Berlin und Leipzig: Vereinigung wissenschaftlicher Verleger (die Orginalliteratur war nicht festzustellen)] will bis 2% Mineralöl in fetten Ölen an der Unlöslichkeit des ersteren in Anilin (4fache Menge) nachweisen, doch ist dieser Nachweis nicht genügend sicher, da auch wesentlich größere Mengen Mineralöl bei Gegenwart fetter Öle in Anilin löslich sind. [Holde, 5. Aufl., S. 535; Holde u. Weill: Brennstoff-Chem. **4**, 177 (1923)].

[3] J. Davidsohn u. W. Wrage: Chem. Revue üb. d. Fett- u. Harzind. **22**, 11 (1915); S. Fachini u. S. Somazzi: Verhalten von Alkohol gegenüber saurem Olivenöl, Vortrag auf dem Nationalen Kongreß f. angew. Chem. Kongreßberichte Mailand 1924; s. auch L'Industria degli Olii e dei Grassi **4**, 31 (1924).

[4] Crismer: Bull. Assoc. Belg. Chim. **9**, 145 (1895); **10**, 312 (1896); Crismer u. Motteu: Journ. Soc. chem. Ind. **15**, 300 (1896); Herlant: ebenda 562; Cesaro: Bull. Acad. Roy. Belg. Classe Sciences **1907**, 1004; van Kregtens: Olien en Vetten **4**, 185 (1919); C. **1921**, IV, 665.

Bemerkenswerterweise ist auch das niederste Triglycerid, das Triacetin, in Petroläther unlöslich, dagegen in Alkohol und sogar in Wasser löslich.

In Eisessig bzw. wasserhaltiger Essigsäure zeigen die Fette und Fettsäuren ähnliche Löslichkeitsunterschiede wie in Alkohol (s. u.).

Die besten, aber auch teuersten Lösungsmittel für Fette sind Chloroform, Tetrachlorkohlenstoff und Trichloräthylen, welche deshalb in chemischen Wäschereien zur Entfernung älterer Fettflecke, Ölfarbenflecke usw. sowie technisch zur Fettextraktion benutzt werden.

α) **Crismerzahl.** Einige Tropfen einer Lösung des Fettes im doppelten Volumen Alkohol (90—100%ig[1]) werden im zugeschmolzenen, 9 cm langen, 6—8 mm weiten Röhrchen bis zur klaren Lösung erhitzt (Schwefelsäurebad), dann läßt man unter Umrühren des Bades erkalten und liest an einem Thermometer die Temperatur ab, bei welcher die Fettlösung sich entmischt. Crismerzahlen (kritische Lösungstemperaturen[2]) verschiedener Fette, Wachse usw. s. Tabelle 156 und 157. Glyceride der Oxysäuren und niedrigmolekularer Säuren erniedrigen die Crismerzahl. Für Mischungen von Fetten gilt die Formel:

$$T_m = \frac{nT_a + (100-n)\, T_b}{100}$$

T_m = kritische Temperatur der Mischung
T_a = kritische Temperatur des Bestandteiles a
T_b = kritische Temperatur des Bestandteiles b
n = Volumprozente von a in der Mischung
$100 - n$ = Volumprozente von b in der Mischung.

Tabelle 156. **Kritische Lösungstemperaturen (⁰C) von Triglyceriden in Alkohol vom spez. Gew. 0,792 bei 20⁰.**

Butyrin . . . . unter —10		Palmitin 56	
Laurin 30		Stearin 66	
Myristin 40,5		Olein 70	

Tabelle 157. **Kritische Lösungstemperaturen (⁰C) von Fetten, Wachsen u. dgl. in Alkohol vom spez. Gew. 0,8195 bei 15,5⁰.**

Ricinusöl	0	Sesamöl	120—121
Cocosfett	71/74	Olivenöl, Erdnußöl . . .	123
Rinderklauenöl	95	Schweinefett	124
Hammelklauenöl.	102	Kakaobutter	126
Hanföl	97	Rüböl	132,5
Nußöl	100,5	Walrat	117
Schmalzöl	104	Bienenwachs, gebleicht .	125—126
Butterfett	99—101	Bienenwachs, ungebleicht	129—131,5
Japantalg.	100	Carnaubawachs	154,5
Hammeltalg.	116	Paraffin (Schmp. 42/44⁰)	144
Baumwollsamenöl	115,5—116	Paraffin (Schmp. 60/61⁰)	159,2
Mandelöl	119,5	Ozokerit	167—180

In 40 Tropfen verdünnterem Alkohol von 85 Vol.-% ($d_{15} = 0,8481$) gaben 10 Tropfen Ricinusöl eine kritische Lösungstemperatur von 66—67⁰,

---

[1] Die jeweils angewandte Alkoholkonzentration ist natürlich genau anzugeben, da das Lösungsvermögen des Alkohols für Fette und Fettsäuren mit steigendem Wassergehalt rasch abnimmt.

[2] Die übliche Bezeichnung „kritische Lösungstemperatur" für die Crismerzahlen usw. ist nicht ganz korrekt, da die Entmischungstemperatur hier — ähnlich wie beim Anilinpunkt, S. 211 — nur für ein einziges, vorher festgelegtes Mischungsverhältnis von Öl zu Lösungsmittel (1 : 2 Vol.) ermittelt wird.

alle anderen Öle bedeutend höhere Werte, so daß 2% fremder Zusätze nachzuweisen sind[1].

β) **Kritische Lösungstemperatur in Essigsäure.** Lösungen von 1 Gewichtsteil Fettsäuren in 2 Gewichtsteilen Essigsäure (81,18%) werden im offenen Röhrchen abgekühlt, bis Trübung auftritt[2]. In Fettsäuregemischen ist die kritische Lösungstemperatur dem Mischungsverhältnis proportional.

Tabelle 158. Kritische Lösungstemperaturen (⁰C) von Fettsäuren
in Essigsäure von 81,18%.

Rübölsäuren	107	Nigerölsäuren	85
Technische Ölsäure	98 (?)	Cottonölsäuren	82,5
Technische Stearinsäure	94 (?)	Leinölsäuren	72
Olivenölsäuren	93	Palmkernfettsäuren	49
Erdnußölsäuren	90	Cocosfettsäuren	33
Sesamölsäuren	89	Ricinusölsäuren	13,5
Mafuratalgsäuren	88		

Auch Eisessig[3] oder ein Gemisch aus 9 Teilen Essigsäure und 1 Teil Butteroder Propionsäure mit 1—2% Wasser[4] sind zur Feststellung der kritischen Lösungstemperaturen vorgeschlagen worden.

b) Spezifisches Gewicht und Ausdehnungskoeffizient.

Bestimmung s. S. 3f. Die spez. Gew. der fetten Öle liegen bei 20⁰ zwischen 0,907 (Rüböl) und 0,970 (Ricinusöl) (s. S. 792); sie steigen einerseits mit zunehmender Jodzahl, andererseits mit abnehmendem Mol.-Gew. der Fettsäuren (vgl. Tab. 144, S. 620). Besonders hoch sind die spez. Gew. oxysäurehaltiger Fette (Ricinusöl, Traubenkernöl, geblasene Öle).

Feste Fette haben d_{20} 0,912 — 1,006 (Japanwachs).

Da die Dichten der verschiedenen Öle zum Teil nur sehr geringe Unterschiede zeigen, so ist die Dichtebestimmung in der Regel nur in Verbindung mit anderen Kennzahlen zur Reinheitsprüfung verwertbar.

Tabelle 159. Korrektionen für die spez. Gew.
flüssiger bzw. geschmolzener Fette und Wachse
für 1⁰ Temperaturänderung[5].

Material	Korrektion × 10⁶	Material	Korrektion × 10⁶
Baumwollsaatöl	677	Olivenöl	729
Bienenwachs	838	Palmkernfett	701
Butter	664	Palmfett	727
Cocosfett	686	Ricinusöl	690
Erdnußöl	675	Robbentran	654
Japanwachs	734	Rüböl	675
Kakaobutter	772	Schweinefett	703
Klauenöl	671	Sesamöl	687
Lebertran	685	Sonnenblumenöl	746
Leinöl	690	Spermacetiöl	815
Menhadenöl	698	Talg	727
Mohnöl	744	Walfischtran	745

Das auf gleiche Temperatur und flüssigen Zustand bezogene **Molekularvolumen** M/d der normalen gesättigten Fettsäuren mit gerader C-Atomzahl (M = Mol.-Gew.) steigt innerhalb der homologen Reihe von Caprinsäure ab für

---

[1] Chercheffsky: Ann. Chim. analyt. appl. **23**, 75 (1918); durch Ztschr. angew. Chem. **31**, R. 400 (1918).

[2] Valenta: Dinglers polytechn. Journ. **252**, 297 (1884); van Kregtens: l. c.

[3] Grimme: Seifensieder-Ztg. **46**, 358, 379 (1919).

[4] Parkes: Analyst **43**, 82 (1918); C. **1919**, IV, 91.

[5] Ubbelohde: Handbuch, 1. Aufl., Bd. 1, S. 309.

je 2 CH_2-Gruppen um annähernd konstante Beträge, z. B. bei 70^0 etwa 34,2 ccm[1], bei 100^0 etwa 34,8 ccm[2].

Der Ausdehnungskoeffizient der fetten Öle und Wachse (Bestimmung s. S. 7) schwankt von 0,000654—0,000770 (auf flüssigen Zustand bezogen). Die Änderung des spez. Gew. mit der Temperatur ($d \times \alpha$) beträgt im Durchschnitt 0,0007 für 1^0 Temperaturdifferenz (vgl. Tabelle 159).

Die Schmelzausdehnung fester Fette und Fettsäuren, für deren Bestimmung W. Normann[3] ein U-förmiges kalibriertes Dilatometer vorschlägt, stellt vielleicht eine charakteristische Konstante mancher Fette dar.

c) Schmelzpunkt.

Der Schmelzpunkt fester Fettsäuren kann außer nach den unter α) und β) beschriebenen Verfahren auch nach der in der organischen Chemie üblichen Methode im einseitig geschlossenen Röhrchen bestimmt werden. Niedrigschmelzende Säuren, deren Einfüllung in die Röhrchen in festem Zustand Schwierigkeiten macht, werden zweckmäßig geschmolzen eingefüllt und z. B. durch Zentrifugieren auf den Boden des Röhrchens gebracht. Vor der Bestimmung kühlt man dann die gefüllten Röhrchen etwa $1/4$—$1/2$ h mindestens 10^0 unter den Erstarrungspunkt der Säuren ab.

Bei Fetten selbst ist dieses Verfahren nicht ohne weiteres anwendbar, da geschmolzene und wieder erstarrte Glyceride zunächst keinen konstanten, sondern einen bei längerer Lagerung allmählich bis auf einen Höchstwert steigenden Schmelzpunkt zeigen (vgl. S. 642, ,,doppelter Schmelzpunkt'' der Glyceride). Als ,,wahrer'' Schmelzpunkt gilt nach den Wizöff-Methoden das Maximum, das in der Regel erst nach 24std. (bei Kakaobutter 48std.) Lagerung der erstarrten Proben bei 0^0 (oder höchstens $+ 10^0$) erreicht wird[4]. Bei eiligen Untersuchungen kann die Schmelzpunktsbestimmung nötigenfalls nach nur 1std. Abkühlen des mit geschmolzenem Fett beschickten Röhrchens in Eis ausgeführt werden, die hierbei erhaltenen Resultate sind aber unsicher (evtl. zu niedrig) und daher durch die Angabe der kurzen Abkühlungsdauer besonders zu kennzeichnen. Schmelzpunktsbestimmungen zum Zweck der Reinheitsprüfung (Nachweis von Verfälschungen) dürfen nur nach mindestens 24std. Erstarrungszeit vorgenommen werden. Da manche Fette (z. B. Kakaobutter und sonstige Schokoladenfette) ihren normalen Erstarrungszustand nicht sicher erreichen, wenn sie im Schmelzpunktsröhrchen selbst abgekühlt werden, sondern nur, wenn man sie während des Erstarrens rührt, so schmilzt man von solchen Fetten eine Probe im Schälchen auf, läßt sie unter Umrühren erkalten und füllt das erstarrte Fett nach 24- (bzw. 48-) std. Aufbewahrung bei 0^0 — jedenfalls unter $+ 10^0$ — durch Abstechen (s. u.) in das Schmelzpunktsröhrchen ein.

Die zu prüfenden Fette müssen wasserfrei und in geschmolzenem Zustande völlig klar sein (nötigenfalls aufschmelzen, mit Na_2SO_4 entwässern und filtrieren!). Bei Identitätsprüfungen ist auch auf Abwesenheit freier Fettsäuren zu achten (Wizöff-Methoden).

Ausführung der Schmelzpunktsbestimmung. Die ,,Einheitsmethoden'' unterscheiden zwei Arten, den ,,Steigschmelzpunkt'' für einfache technische Zwecke und den ,,Fließ-'' und ,,Klarschmelzpunkt'' für genauere Untersuchungen, insbesondere Identifizierung eines Fettes bzw. Nachweis von Verfälschungen.

---

[1] Holde u. Gentner: Ber. **58**, 1418 (1925).

[2] Aus den von Bleyberg u. Ulrich: ebenda **64**, 2504 (1931), angegebenen Werten für d_{100} berechnet.

[3] W. Normann: Chem. Umschau Fette, Öle, Wachse, Harze **38**, 17 (1931).

[4] Bei der Festsetzung dieser Temperatur in den Deutschen Einheitsmethoden ist offenbar an niedrigschmelzende Fette wie Cocosfett, Schmalz und vor allem Kakaobutter gedacht, weil gerade bei letzterer der Schmelzpunktsbestimmung eine große praktische Bedeutung als Reinheitsprüfung zukommt (s. S. 819). Bei hochschmelzenden Fetten (z. B. Hammeltalg) dürfte 24std. Lagerung bei Zimmertemperatur $(15—20^0)$ ausreichen.

α) **Steigschmelzpunkt (zugleich Verfahren des D.A.B. 6).** Ein beiderseits offenes, 5—8 cm langes, dünnwandiges Glasröhrchen von 1,0—1,2 mm gleichmäßiger lichter Weite[1] wird an einem Ende mit einem etwa 1 cm langen Fettsäulchen beschickt und (mit der Fettschicht nach unten) an einem in $0,2^0$ geteilten Thermometer so befestigt, daß das Fett sich in Höhe der Quecksilberkugel befindet. Das Thermometer wird in ein wenigstens 6 cm hoch mit Wasser von Zimmertemperatur (bei sehr niedrig schmelzenden Fetten entsprechend kälterem Wasser) gefülltes Becherglas oder weites Reagensglas so tief eingetaucht, daß das untere Ende des Schmelzpunktsröhrchens genau 4 cm unter der Wasseroberfläche liegt. Man erhitzt nun langsam, so daß die Temperatur bei Annäherung an den Schmelzpunkt um 1^0/min steigt, und notiert als Steigschmelzpunkt diejenige Temperatur, bei der das Fettsäulchen vom Wasser in die Höhe geschoben wird.

β) **Fließ- und Klarschmelzpunkt**[2]. Die zu benutzenden U-förmigen Glasröhrchen sollen 1,4—1,5 mm lichte Weite[3] und 0,15—0,2 mm Wandstärke besitzen, der längere Schenkel soll etwa 80 mm, der kürzere etwa 60 mm lang sein, der Abstand der Schenkel etwa 5 mm betragen. Der längere Schenkel wird mit dem flüssigen oder erstarrten Fett so beschickt, daß ein ungefähr 1 cm langes Fettsäulchen sich etwa 1 cm oberhalb der Biegung des Röhrchens befindet. Zur Einfüllung fester Fette sticht man das Röhrchen an verschiedenen Stellen des Fettes bis zur Erzielung eines etwa 1 cm langen Fettsäulchens ein und schiebt dieses mittels eines Drahtstiftes an die richtige Stelle.

Das gefüllte Röhrchen wird am Thermometer ($0,2^0$ oder möglichst $0,1^0$ Teilung) so befestigt, daß der U-Bogen mit dem Boden des Quecksilbergefäßes abschneidet, und nunmehr in einem doppelten Wasserbade (2 ineinandergehängte Bechergläser von 100 und 400 ccm) langsam und sehr gleichmäßig (Temperaturanstieg 1^0/min) erwärmt. Ein mit bloßem Auge sichtbares Absinken des Fettsäulchens kennzeichnet den „Fließschmelzpunkt", völliges Klarwerden des Fettes (am besten bei sehr heller Beleuchtung gegen einen dunklen Hintergrund zu beobachten) den „Klarschmelzpunkt".

d) Erstarrungspunkt (s. Tabelle 172f., S. 786f.).

Der Erstarrungspunkt **fetter Öle** wird im 4—4,5 cm weiten Reagensglas (S. 50) bestimmt (Wizöff); bei der Prüfung muß zur Vermeidung von Unterkühlung unter Bewegung abgekühlt werden[4] Besondere praktische Bedeutung kommt der Bestimmung des Erstarrungspunktes bei Klauenölen (Uhren- und Lederölen) sowie bei Oleinen zu. Die für letztere geltenden speziellen Verfahren s. S. 834.

Feste Fette werden am besten im **Shukoff**-Apparat (S. 296) geprüft.

e) Titertest.

Die Ermittlung des sog. **Titers** (Erstarrungspunkts der aus einem Fett abgeschiedenen Fettsäuren) ist zuverlässiger als die des vom wechselnden Gehalt an freien Fettsäuren abhängigen Erstarrungspunktes des Fettes selbst und wird daher in der technischen Analyse vorgezogen. Die verschiedenen, im Prinzip gleichen Bestimmungsmethoden weichen voneinander nur in der Apparateform und der Art des Erstarrenlassens (Schütteln oder Nichtschütteln) ab.

---

[1] Die lichte Weite ist durch Einschieben gerader Drahtstifte von bekannter Dicke zu kontrollieren. Die Stifte dienen zugleich zum Einschieben der Fettsäulchen.

[2] Sog. „Schmelzpunkt nach Polenske", vgl. Reichsgesundheitsamt, Entwürfe zu Festsetzungen über Lebensmittel, Heft 2. Berlin 1912.

[3] Vgl. Fußn. 1.

[4] **Holde**: Mitt. Materialprüf.-Amt Berlin-Dahlem **13**, 287 (1895). Für die Kälteprüfung von **Klauenöl** wurde jedoch von der **Wizöff** ausdrücklich Abkühlung **ohne** Rühren vorgeschrieben, nachdem Versuche verschiedener Analysenkommissionsmitglieder keine Unterschiede beim Abkühlen mit und ohne Rühren ergeben hatten; vgl. Chem. Umschau Fette, Öle, Wachse, Harze **38**, 157 (1931).

α) **Deutsche Einheitsmethode.** 50—100 g Fett werden durch Kochen mit Kalilauge (50%) vollständig verseift, nötigenfalls unter Zusatz von 25 ccm Alkohol, die aber vor Zersetzung der Seife restlos wieder abzudampfen sind. Man löst die Seife in heißem Wasser, scheidet durch Zusatz von Salzsäure unter Rühren die Fettsäuren ab und erhitzt, bis die Säuren sich klar abgesetzt haben.

Die Fettsäuren werden vom Sauerwasser getrennt, mit heißem Wasser mineralsäurefrei gewaschen und im Heißwassertrichter durch ein doppeltes trockenes Filter filtriert. Von den neutralfett- und wasserfreien Fettsäuren wird der Erstarrungspunkt nach **Shukoff** (S. 296) bestimmt.

β) **Dalicansches Verfahren.** (In Frankreich und Amerika als „Einheitsverfahren" der Internationalen Analysenkommission, London 1909, offiziell; in England ist die etwas abweichende Bestimmung nach **Norman-Tate** üblich.) 50 g Fett werden durch 1std. Kochen am Rückflußkühler mit 300 ccm alkoholischer 1,0-n Lauge verseift. Nach Verdampfen des Alkohols wird die Seife in Wasser aufgenommen, mit verdünnter Schwefelsäure zersetzt und die Lösung erhitzt, so daß die Fettsäuren sich als klare, ölige Masse, frei von festen Partikeln, auf der wässerigen Lösung absetzen. Diese zieht man mit einem Heber ab und wäscht die Fettsäuren mit heißem Wasser mineralsäurefrei. Die 20 min auf dem Wasserbad erwärmten flüssigen Fettsäuren werden durch ein trockenes Faltenfilter im Heißwassertrichter filtriert und in ein 10 cm langes, 2,5 cm weites, in dem Hals einer 7 cm weiten und 15 cm hohen Pulverflasche befestigtes Reagensglas gegossen, bis letzteres reichlich zur Hälfte gefüllt ist. Ein in 0,1⁰ geteiltes Thermometer[1] wird so in die geschmolzene Masse eingetaucht, daß das Quecksilbergefäß ungefähr in der Mitte des Fettes steht. Sobald einige erstarrte Fetteilchen am Boden des Glases erscheinen, wird das Fett mit dem Thermometer gerührt, dreimal von rechts nach links und umgekehrt, ohne daß hierbei die Gefäßwandung berührt wird. Die alle 2 min abgelesene Temperatur fällt anfangs, bleibt dann einige Zeit konstant oder steigt noch plötzlich und erreicht ein Maximum, auf dem sie einige Zeit stehen bleibt, um dann wieder zu fallen. Letzterer Punkt ist der Titer oder Erstarrungspunkt.

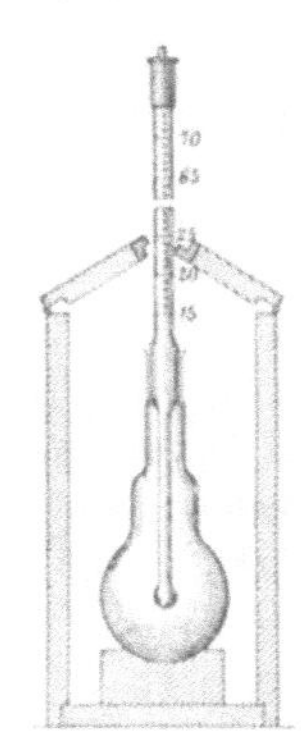

Abb. 195.
Apparat zur
Bestimmung des
Erstarrungs-
punktes nach
Finkener.

γ) **Methode von Wolfbauer**[2] (Österreich). Die aus etwa 120 g Fett in üblicher Weise isolierten und sorgfältig getrockneten Fettsäuren füllt man heiß in ein 3¹/₂ cm weites, 15 cm hohes Reagensglas, das mittels Korkens in eine Pulverflasche eingesetzt ist, etwa 10 cm hoch ein. Man rührt mit dem Thermometer[3], bis die anfangs klare Masse undurchsichtig wird, und beobachtet von diesem Punkt an, ohne weiter zu rühren, das Thermometer, dessen höchster, mehrere Minuten konstant bleibender Stand als Erstarrungspunkt angegeben wird.

δ) **Finkeners Verfahren**[4], in Deutschland zur zolltechnischen Unterscheidung von Talg, Schmalz und Kerzenfetten benutzt; es ist langwieriger als die übrigen Methoden.

In einem mit Klappdeckel versehenen viereckigen Holzkasten (Abb. 195) ruht ein Glaskolben von 49—51 mm Kugeldurchmesser mit eingeschliffenem Thermometer auf einer Korkunterlage. In den Glaskolben füllt man das zu prüfende Fett oder die Fettsäuren [Abscheidung s. α)] in klarflüssigem Zustande (nach dem Schmelzen soll noch mindestens 10 min in einer unbedeckten Porzellanschale auf siedendem Wasserbade erwärmt werden) bis zur Marke ein, stellt ihn dann sofort

---

[1] Das Thermometer ist von 10—60⁰ in 0,1⁰ geteilt. Die Marke 10⁰ soll 3—4 cm über dem Quecksilbergefäß liegen; dieses soll 3 cm lang und 6 mm dick sein.

[2] **Wolfbauer:** Mitt. techn. Gew.-Mus. Wien **1894,** 57.

[3] Das Thermometer, das sich 4—5 cm über dem Boden des Glases befinden soll, reicht von —1⁰ bis +60⁰, ist in 0,2⁰ geteilt und besitzt zwischen 2 und 28⁰ einen ausgeblasenen Kropf.

[4] **Finkener:** Mitt. Materialprüf.-Amt Berlin-Dahlem **7,** 27 (1889); **8,** 153 (1890); Chem.-Ztg. **20,** 132 (1896).

in den Kasten, schließt den Deckel und notiert die Temperatur in Zwischenräumen von 2 min. In zweifelhaften Fällen wird das Fett im Kolben abermals geschmolzen und nochmals geprüft.

Mit einem Erstarrungspunkt unter 30° werden die Fette als schmalzartig, zwischen 30 und 45° als Talge und über 45° als Kerzenstoffe bezeichnet. Jedoch wird Preßtalg noch mit Erstarrungspunkt 50° zur Verzollung als Talg zugelassen, wenn er nicht mehr als 5% freie Fettsäure enthält.

Tabelle 160. Vergleichung der Erstarrungspunkte nach Dalican und Wolfbauer.

Art des Fettes	Talgtiter nach	
	Dalican	Wolfbauer
Stearin.	51,2	51,5
Hammeltalg	45,0	45,5
Amerikanisches Knochenfett	43,4—5	44,1
„ „	43,1—2	43,8
„ „	41,5	42,0
Russisches Knochenfett . .	41,1—2	41,7
„ „ . .	40,8—9	41,6

Die nach Wolfbauer und Shukoff ermittelten Erstarrungspunkte stimmen untereinander gut überein; die nach Dalican und Finkener erhaltenen liegen etwas niedriger[1], am niedrigsten (bis fast 1° niedriger) die nach Dalican, wahrscheinlich infolge der ungenügenden vorgeschriebenen Trocknung der Fettsäuren und der abweichenden Rohrweite (s. Tabelle 160).

f) Spezifische Wärme. Bestimmung s. S. 74f.

Tabelle 161. Mittlere spezifische Wärme von Fettsäuren und Ölen[2].

Stoff	Temperatur °C	Spez. Wärme	Stoff	Temperatur °C	Spez. Wärme
Buttersäure	24 bis 97	0,526	Palmitinsäure flüssig	65 bis 104	0,653
Capronsäure . . .	29 „ 105	0,533	Stearinsäure fest. .	0 „ 30	0,397
Caprinsäure fest . .	0 „ 16	0,697	„ flüssig	75 „ 137	0,550
„ flüssig .	35 „ 103	0,524	Valeriansäure . . .	23 „ 93	0,590
Caprylsäure fest . .	—11 „ + 8	0,630	Olivenöl $(d_{15}=0,911)$	6,6	0,471
„ flüssig .	16 „ 90	0,545	Ricinusöl	50	0,505
Laurinsäure fest . .	—10 „ + 25	0,432	„	70	0,525
„ flüssig .	40 „ 100	0,572	Rüböl	0 bis 103	0,501
Myristinsäure fest .	—10 „ + 25	0,405	„	0 „ 200	0,533
„ flüssig .	65 „ 142	0,532	Leinöl	0 „ 100	0,478
Palmitinsäure fest .	—10 „ + 25	0,484	„	0 „ 200	0,508

[1] Shukoff: Chem. Revue üb. d. Fett- u. Harzind. 6, 12 (1899).

[2] Nach Landolt-Börnstein: 5. Aufl., Tabelle 258 [Fettsäuren nach Messungen von A. Guillot (Diss. Montpellier 1895), Olivenöl nach H. F. Weber]; Ricinusöl nach R. Deaglio u. M. C. Montù: Ztschr. techn. Physik 10, 460 (1929); Rüböl und Leinöl nach N. Karawajew: Petroleum 9, 1114 (1914). Die Zahlen von Guillot bedürfen dringend einer Nachprüfung, da sie auffällige Unregelmäßigkeiten zeigen; z. B. ist bei Capryl- und Caprinsäure die spez. Wärme unterhalb des Schmelzpunktes größer als oberhalb desselben, bei Laurin- bis Stearinsäure ist es umgekehrt; weiter zeigen die Zahlen innerhalb der homologen Reihe ganz unverständliche Schwankungen. Durch neuere Messungen von Garner und Randall (Landolt-Börnstein, 5. Aufl., 1. Erg.-Bd., S. 693/94) werden diese Unstimmigkeiten nur zum Teil beseitigt.

Tabelle 162. Wahre spezifische Wärme flüssiger Fettsäuren bei
verschiedenen Temperaturen [1].

Fettsäure	Wahre spez. Wärme c cal/g · Grad bei °C						
	10	50	100	125	150	200	250
Laurinsäure (Kahlbaum) .	—	0,513	0,543	0,567	0,596	0,674	0,776
Stearinsäure (Merck) . . .	—	—	—	0,560	0,585	0,660	0,770
Ölsäure [2] (Kahlbaum) . .	0,462	0,489	0,549	0,590	0,638	—	—

g) Farbe.

Die reinen Fettsäuren und Fettsäureglyceride sind durchweg farblos
bzw. weiß, die technischen Fette je nach dem Raffinationsgrad weiß bzw.
wasserhell (z. B. raffiniertes Cocosfett) bis dunkelbraun oder grün (Sulfurolivenöl). Eine charakteristische Eigenfarbe zeigt nur das rohe Palmfett,
welches durch ein Lipochrom (Carotin, vgl. S. 674) intensiv rotgelb gefärbt
ist, aber diese Farbe bei der Raffination, auch schon durch Einwirkung von
Luft und Licht, infolge Zerstörung des Lipochroms verliert. Die Bestimmung
der Farbe dient in erster Linie zur Feststellung des Raffinationseffektes;
z. B. spielt die Farbe der zu verarbeitenden Öle eine große Rolle bei der
Margarinefabrikation, bei der ein butterähnliches Aussehen erzielt werden
soll (allerdings kommen für diesen Zweck auch künstliche Färbungen mit
Buttergelb oder ähnlichen Farbstoffen — auch für Butter selbst — in Frage).

Für die genaue Bestimmung der Farbtöne, auf welche von manchen Margarine-
fabriken großer Wert gelegt wird, wird vorzugsweise das Lovibond-Tintometer
(S. 233) benutzt; für einfachere Messungen vergleicht man die Farbe des Öles mit
derjenigen einer gleich dicken Schicht verschiedener Jod-Jodkaliumlösungen von
bekanntem J-Gehalt. Diese sog. Jodfarbe wird in der Jodkonzentration der in
der Farbe mit dem untersuchten Öl übereinstimmenden Vergleichslösung (mg
freies J in 100 ccm) ausgedrückt. Bei Verwendung konstanter Ölschichtdicken,
z. B. 25 mm, kann man in bekannter Weise auch die Schichtdicke einer einzigen
Vergleichslösung variieren, die sich in diesem Fall zweckmäßig in einem keilförmigen
Gefäß befindet. Ein nach diesem Prinzip gebautes Instrument wird von der Wizöff [3]
empfohlen. Die Farbmessung erfolgt stets am flüssigen und klaren, also nötigenfalls geschmolzenen und filtrierten Material.

Chlorophyllhaltige Öle, besonders Oliven- und Leinöl, auch technisches
Ricinusöl und Sesamöl, zeigen, spektroskopisch geprüft, einige charakteristische Absorptionsstreifen [4], hauptsächlich im Rot (Mitte bei 665 mμ).

h) Optisches Drehvermögen.

Die optische Aktivität der Fette ist im allgemeinen äußerst gering ($[\alpha]_D$ nur
wenige Bogen-min), da sie bei den meisten Fetten nur von den geringen
Mengen unverseifbarer Stoffe (Sterine) herrührt. Zugesetzte optisch aktive
Fremdstoffe wie Harze und Harzöl lassen sich daher in den meisten fetten
Ölen an der merklichen optischen Aktivität erkennen. Optische Aktivität
der eigentlichen Fettsubstanz, d. h. der Glyceride, findet sich nur bei wenigen

---

[1] Nach E. L. Lederer: Seifensieder-Ztg. **57**, 329 (1930).
[2] Nach ihrer zu hohen Jodzahl (99 statt 90) zu urteilen, könnte die Ölsäure
etwa 10% Linolsäure enthalten haben.
[3] Einheitsmethoden 1930, S. 63/64; Hersteller: Hellige & Co., Freiburg.
[4] Marcille: Ann. Falsifications **3**, 423 (1910); Näheres s. Grün: Analyse **1**, 124.

Fetten, und zwar bei solchen, die optisch aktive Fettsäuren enthalten, während die theoretisch mögliche, lediglich durch die Glyceridstruktur bedingte Aktivität gemischtsäuriger Triglyceride an natürlichen Fetten noch nicht beobachtet wurde. Merklich aktiv sind Ricinusöl, $[\alpha]_D = +\,5{,}4$ bis $9{,}7^0$, und die giftigen Fette der Chaulmoogragruppe (Chaulmoogra-, Hydnocarpus- oder Maratti-, Lukrabo-, Gorlisamenöl u. ä.), die Rechtsdrehungen $[\alpha]_D^{30}$ von 43 bis über 60^0 zeigen (s. Tabelle 172, S. 791), ferner von Wachsen auch Wollfett ($+\,6{,}7$ bis $8{,}6^0$). Deutlich ist auch die Aktivität des Sesamöls ($0{,}5$ bis $0{,}7^0$) infolge seines Gehalts an Sesamin, sowie diejenige mancher Lebertrane ($-\,0{,}5$ bis $-\,0{,}6^0$) infolge ihres verhältnismäßig großen Steringehalts, vielleicht auch wegen der Anwesenheit optisch aktiver Lipochrome (Carotin, Vitamin A?). Näheres über die spez. Drehung der aktiven Fettsäuren s. S. 633, der Sterine S. 635f., des Sesamins und anderer unverseifbarer Fettbestandteile S. 639/40.

Die völlig klaren Fette (entfärbt, filtriert) werden nach S. 90 geprüft, flüssige am besten unverdünnt im 200-mm-Rohr. Den großen Einfluß des Lösungsmittels auf die spez. Drehung zeigen unter anderem folgende Zahlen[1]: Ricinolsäure-methylester, unverdünnt $+\,5{,}17^0$, in Chloroform $+\,3{,}37^0$, in Pyridin $+\,9{,}96^0$ (bei etwa 21^0).

i) Brechungsexponent.

Die nach S. 88f. ermittelten Brechungsindices der Fette steigen im allgemeinen mit der Jodzahl, dem Gehalt an Oxysäuren und (außer bei Holzöl) dem Grade des Erhitzens[2]. Der Gehalt an freien Fettsäuren erniedrigt das Brechungsvermögen der Fette, da die Triglyceride höhere Refraktionen zeigen als ihre Säuren. In den Tabellen S. 786f. sind die Brechungsexponenten der Fette angegeben; charakteristische Werte haben Rüböl, Leinöl, Holzöl, Ricinusöl (am höchsten) sowie Cocos-, Schweine- und Butterfett (am niedrigsten)[3].

Butter soll bei 40^0 (der üblichen Bezugstemperatur) im Butterrefraktometer 40—44,9 Skalenteile zeigen; Zusätze fremder Fette erhöhen den Brechungs-exponenten, mit Ausnahme von Cocosfett, das ihn herabsetzt. Sehr bequem ist die Untersuchung für Butter- und Schweinefett bei Anwendung des sog. Wollny-thermometers, das statt der Temperaturgrade die entsprechenden maximalen Skalenteile anzeigt und dem Zeissschen Refraktometer mit Beschreibung beigefügt ist.

Die Molekularrefraktion $\dfrac{M}{d} \cdot \dfrac{n^2 - 1}{n^2 + 2}$ stimmte bei reinen Fettsäuren und ihren Anhydriden mit den aus den Atomäquivalenten (s. S. 87) berechneten Werten ziemlich gut überein[4].

k) Die Dispersion (s. S. 89)

kann, wenn geschickt gewählte Zusätze fremder Öle die Abweichung des Brechungskoeffizienten ausgleichen, zur Prüfung herangezogen werden. Die

---

[1] F. Straus, H. Heinze u. L. Salzmann: Ber. **66**, 631 (1933).

[2] Utz: Chem. Revue üb. d. Fett- u. Harzind. **10**, 76 (1903); Fahrion: Farben-Ztg. **18**, 2418 (1913).

[3] Löwe: Chem.-Ztg. **45**, 25 (1921); Utz: Ztschr. angew. Chem. **33**, 264, 268 (1920).

[4] Holde u. Rietz: Ber. **57**, 99 (1924); Holde u. Gentner: ebenda **58**, 1418 (1925).

im allgemeinen den Refraktionen folgenden Dispersionswerte sind charakteristisch für Cocosfett, Leinöl und vor allem Holzöl (s. Tabelle 163). Bei letzterem vermindert Polymerisation (Erhitzen) sowohl Refraktion wie Dispersion, während sie sonst jene erhöht und diese herabsetzt. Freie Säure steigert die Dispersion, Oxydation erhöht außerdem auch die Refraktion. Bereits 5% fremdes Öl geben in Holzöl deutliche Dispersionsänderung.

Die Bestimmung geschieht z. B. im Zeiß-Pulfrich-Refraktometer mit Wasserstoff-Rohr (2 mm Druck) und einem Prisma von $n_D^{40} = 1{,}62197$; auf diese Weise wurden die in Tabelle 163 angegebenen Werte ermittelt[1].

Bequemer ist die Bestimmung mit dem Abbeschen Refraktometer (S. 89).

Tabelle 163. Dispersionswerte.

	Abbesche Zahl $(n_D-1)/(n_F-n_C)$
Bei trocknenden und Seetierölen im allgemeinen	47,8—51,7
„ nichttrocknenden Ölen im allgemeinen	49,8—55,4
Speziell bei Cocosfett	59,8
„ „ Leinöl	45,8
„ „ Holzöl	26,9

Für 1^0 Temperaturerhöhung beträgt die Abnahme 0,00002.

Die Moleculardispersion $(n_F - n_C)\, M/d$ zeigt ähnliche Gesetzmäßigkeiten (stetige Zunahme innerhalb der homologen Reihe, Erhöhung durch mehrfache Bindungen) wie die Molekularrefraktion; z. B. beträgt sie für Laurinsäure 1,44; für Myristinsäure 1,67; für Palmitinsäure 1,89; für Stearinsäure 2,11; für Ölsäure 2,32. Bei höher ungesättigten Säuren treten Abweichungen von der Additivität der Inkremente („Exaltationen") auf.

l) Viscosität (vgl. S. 8f.).

Abgesehen von der Ricinusölgruppe haben die Fette nur in engen Grenzen schwankende Zähigkeiten; der Zusammenhang mit der chemischen Konstitution ist noch ungenügend aufgeklärt. Im allgemeinen steigt die Zähigkeit mit dem Mol.-Gew. und dem Sättigungsgrade[2] der Fettsäuren sowie dem Gehalt an Oxysäuren und dem Grade der Polymerisation und Kondensation (s. Tabelle 164 u. 193, S. 927).

Tabelle 164. Viscosität fetter Öle nach Normann[3] und von Alkylestern nach Grün[4]

	E_{50}		E_{20}
Leinöl	2,9	Ölsäureäthylester	< 2
Cocosfett	3,1	Erucasäureäthylester . . wenig	> 2
Butterfett	3,4	Ricinussäureäthylester . „	> 4
Olivenöl	4,0	Ricinussäuremethylester . „	> 5
Rüböl	4,0—5,0		
„ geblasenes	oft$>$30		

Weitere Werte s. Tabelle 144, S. 620 und Tabelle 172 f., S. 786 f.

---

[1] Fryer u. Weston: Analyst **43**, 311 (1918); C. **1919**, II, 868; vgl. auch Szalágyi: Biochem. Ztschr. **66**, 149 (1914).
[2] Normann: Chem. Umschau Fette, Öle, Wachse, Harze **27**, 216 (1920); vgl. auch Clulow u. Taylor: Journ. Soc. chem. Ind. **39**, 291 (1920).
[3] Normann: l. c.   [4] Grün: Analyse **1**, 105 (1925).

m) Oberflächenspannung[1].

Die Oberflächenspannungen der Fettsäuren (Einzelwerte s. z. B. Tabelle 144, S. 620) gehorchen ziemlich gut der Eötvösschen (von Ramsay und Shields modifizierten) Regel

$$\gamma \cdot v^{2/3} = k\,(\tau - T - 6),$$

worin v das Molekularvolumen, τ die kritische Temperatur, T die Beobachtungstemperatur und k eine Konstante (für Fettsäuren $= 1{,}6$) bedeuten.

Die Oberflächenspannung der den Fettsäuren entsprechenden Triglyceride ist im allgemeinen um 5—6 dyn/cm größer als die der Fettsäuren.

In noch engerem Zusammenhange mit der Konstitution als die Oberflächenspannung γ selbst scheint, wie S. 38 erwähnt, der sog. Parachor[2] P zu stehen. Tabelle 165 gibt Parachore für einige Fettsäuren[3].

Tabelle 165. Parachore von Fettsäuren.

	Laurinsäure	Myristinsäure	Palmitinsäure	Stearinsäure	Ölsäure
$P =$	532,8	605,8	693,2	778,0	738

n) Eigenleitfähigkeit, Dissoziation, Affinitätskonstante, Aggressivität.

Die Eigenleitfähigkeit der Fettsäuren ist für die Individuen wenig charakteristisch; sie liegt unweit des Schmelzpunktes derselben in der Größenordnung von $10^{-11}\,\Omega^{-1}\,\mathrm{cm}^{-1}$; bei den Glyceriden ist sie noch weit geringer und dürfte von derselben Größenordnung sein wie bei den Kohlenwasserstoffen. Die Eigenleitfähigkeit der Fettsäuren, für welche die Tabelle 166 einige Werte gibt, ist naturgemäß temperaturabhängig[4] und ist bedingt durch eine (geringe) Dissoziation der Fettsäuren, welche mit steigender Temperatur zunimmt. Man kann jedoch auch von der Annahme ausgehen, daß die Leitfähigkeit lediglich der echten Form der Säure (vgl. S. 617) zukommt, die dann vollständig dissoziiert ist, im Gegensatz zur undissoziierten Pseudosäure.

Tabelle 166. Spezifische Eigenleitfähigkeit ($\varkappa \cdot 10^{11}$) von Fettsäuren.

Art der Säure	bei 100°	130°	150°	170°	190°
Myristinsäure	1,6	4,8	9,2	17	31
Palmitinsäure	1,3	4,2	7,3	15	26
Stearinsäure (technisch).	0,6	3,6	5,0	11	18
Ölsäure	2,8	10	20	38	65

Die Affinitätskonstante höherer Fettsäuren läßt sich aus der Hydrolyse ihrer Salze berechnen[5]; sie nimmt mit steigendem Mol.-Gew. ab und

---

[1] Die Abschnitte m—q sind von E. L. Lederer, Hamburg, bearbeitet.

[2] Sugden: Journ. chem. Soc. London **125**, 1177 (1924); Literatur über Parachore vgl. Sippel: Ztschr. angew. Chem. **42**, 849 (1929).

[3] Vgl. außer den in der vorstehenden Fußnote zitierten Stellen für die Inkrementwerte und die Berechnung der Parachore Landolt-Börnstein: 5. Aufl., 2. Erg.-Bd., S. 177; Lederer: Seifensieder-Ztg. **57**, 33 (1930).

[4] Lederer u. Hartleb: Seifensieder-Ztg. **56**, 345 (1929).

[5] Vgl. Böhm-Lederer: Die Fabrikation der Fettsäuren. Stuttgart 1932, S. 314; H. P. Kaufmann: Allg. Öl- u. Fett-Ztg. **28**, 225 (1931).

ist bei den gesättigten Säuren von der Laurinsäure an kleiner als die der Kohlensäure; Doppelbindungen erhöhen die Konstante.

Im Zusammenhang mit der Dissoziation steht die Aggressivität der Fettsäuren gegenüber Metallen (Korrosion) und Geweben[1].

o) Absorption in den verschiedenen Spektralbereichen; Raman-Effekt.

Reine Fette und Fettsäuren haben im sichtbaren Spektralbereich keine selektiven Absorptionsstellen (Eigenfarbe); Färbungen rühren stets von Beimengungen (Chlorophyll usw.) her; ebenso sind sie im Bereiche der kleinsten Wellen (Röntgenstrahlen) und dem der größten elektrischen Wellen „durchsichtig". Im Ultraroten besitzen sie Eigenfrequenzen (Absorptionsbanden) bei $5,8\,\mu$, also an derselben Stelle, wie Aldehyde, Ketone und ähnlich gebaute Verbindungen.

Die Absorption im ultravioletten Gebiete ist bei den gesättigten Fettsäuren von bemerkenswerter Regelmäßigkeit[2]; der Molarextinktionskoeffizient $\varepsilon = \dfrac{1}{c \cdot d} \cdot \log \dfrac{J_0}{J}$ (J_0 = eingestrahlte Lichtintensität, J = durchgelassene Intensität, c = Konzentration in Molen/Liter, d = Schichtdicke in Zentimetern) hat bei ihnen bei der Darstellung im logarithmischen Netz (als Abszissen die Wellenlängen, als Ordinaten die Logarithmen von ε) die Gestalt einer steilen Hyperbel. Mit steigendem Mol.-Gew. verschieben sich die Kurven bei Zuwachs um eine CH_2-Gruppe annähernd parallel um etwa 20 Å nach der Seite der größeren Wellenlängen. Bei genauen Messungen, wobei nicht Lösungen mit Hilfe der photographischen Methode (Schwärzungsmessung), sondern geschmolzene Fettsäuren mittels der Intensitätsmessung durch lichtelektrische Zellen untersucht wurden, zeigte sich eine selektive Stelle zwischen 270 und 280 mμ, die von Lederer als der echten Säure eigentümlich gedeutet wird, während die Absorptionsstelle im Ultrarot der Pseudosäure zukommen soll. Nach Mannecke und Volbert[3] sollen die einfach ungesättigten Fettsäuren eine selektive Stelle, die zweifach ungesättigten deren zwei haben; bei dreifach ungesättigten wird der Charakter der Kurve bei der logarithmischen Darstellung ein völlig anderer; dies wird von den Autoren zur Konstitutionsbestimmung der Elaeostearinsäure verwendet, wobei sie die an anderen Stellen angegebene Konstitution dieser Säure (vgl. S. 626 und 629) zu bestätigen vermögen.

Bei gesättigten Fettsäuren vermag daher auch die Bestimmung der Ultraviolettdurchlässigkeit kein Kriterium für die Reinheit einer vorliegenden Substanz — Reinheit im Sinne der Freiheit von Homologen und Isomeren — abzugeben, wie dies überhaupt von allen in diesem Abschnitt erwähnten Eigenschaften gilt[4]; wohl aber machen sich bei der Messung minimale Spuren von Fremdsubstanz (Farbstoffe, Sterine u. dgl.) außerordentlich stark bemerkbar. Die zweifellos vorhandene selektive Stelle könnte aber auch als Streustrahlung gedeutet werden, wenn man annimmt, daß Fette und Fettsäuren (im Sinne der Definition von Wo. Ostwald) „Isokolloide" sind; für diese Annahme würde das Vorhandensein

---

[1] Vgl. Böhm-Lederer: l. c., S. 20 u. 316.

[2] Bilecki u. Henri: Ber. **45**, 281 (1912); Mannecke u. Volbert: Farben-Ztg. **32**, 2888 (1927); Lederer: Allg. Öl- u. Fett-Ztg. **27**, 237 (1930); Chem. Umschau Fette, Öle, Wachse, Harze **37**, 205; (1930); Hartleb: Strahlentherapie **39**, 442 (1931).

[3] Mannecke u. Volbert: l. c.

[4] Vgl. Lederer: Chem. Umschau Fette, Öle, Wachse, Harze **38**, 243 (1931).

der „Strukturviscosität" sprechen[1]. Eine Entscheidung könnte hier der Raman-Effekt[2] bringen; dieser ist nur für die niedrigsten Glieder der homologen Reihe, und zwar mit eingestrahltem sichtbaren Licht bisher beobachtet worden. Hierbei liefert er jedoch nur das Vorhandensein von selektiven Stellen im Ultraroten (vgl. oben); solche Stellen im Ultraviolett zu finden, erfordert die Einstrahlung äußerst kurzwelligen Lichtes (unterhalb 180 mμ), was bisher auf kaum zu überwindende experimentelle Schwierigkeiten stößt.

p) Dielektrizitätskonstante, Dipolmoment.

Obwohl — schon durch das Clausius-Mossottische Gesetz — mit dem Molekularvolumen im Zusammenhang stehend, zeigen weder die Dielektrizitätskonstante noch die Molekularpolarisation (Dipolmoment) eine charakteristische Größe bei den Fettsäuren, wenn man von den niedersten Gliedern der Reihe absieht. Die Dielektrizitätskonstante der Fette und Fettsäuren liegt zwischen 2 und 4,6 (vgl. S. 97), das Dipolmoment[3], welches in der homologen Reihe allerdings nur bis zur Valeriansäure gemessen ist, dürfte bei den höheren Gliedern bei $0,6 \cdot 10^{-18}$ abs. elektrostatischen Einheiten liegen.

q) Molkohäsion.

Für die Molkohäsion, welche in cal ein Maß für die zur Trennung der Moleküle voneinander notwendige Energie darstellt, sind Inkremente von K. H. Meyer[4] angegeben worden, die in Anbetracht der Unsicherheit der experimentell zu bestimmenden molekularen Sublimationswärmen recht gute Übereinstimmung zeigen. Die so berechneten Molkohäsionen lassen einen Schluß zu, wann eine Verbindung (im höchsten Vakuum) eben noch unzersetzt destillierbar ist. Die Kohäsionswärme spielt in der Ableitung der Ledererschen Formel für die Temperaturabhängigkeit der Viscosität (S. 11) eine wesentliche Rolle.

14. Quantitative chemische Kennzahlen.

Haben die qualitativen und physikalischen Prüfungen der Fette keinen Verdacht auf Gegenwart fremder Zusätze ergeben, so bestimmt man die sog. quantitativen Kennzahlen, durch welche auch manche Zusätze, auf deren Gegenwart aus den Ergebnissen der vorstehenden Prüfungen geschlossen wird, näher oder fast quantitativ gekennzeichnet werden können. Hierher gehören in erster Linie Verseifungszahl und Jodzahl, weiterhin, z. B. bei Butter, Cocosfett u. dgl., die Reichert-Meißl- und Polenske-Zahl sowie die A- und B-Zahl, bei Ricinusöl die Acetyl- bzw. Hydroxylzahl, bei Leinöl die Hexabromidzahl usw.

Diese Kennzahlen sind nur an den von mechanischen Verunreinigungen, Wasser und Mineralsäure bzw. Alkali freien, also nötigenfalls entwässerten und filtrierten usw. Fetten zu ermitteln.

---

[1] Untersuchungen über die Streustrahlung in Fettsäuren sind zur Zeit im Institut für physik.-biol. Lichtforschung (Hamburg) im Gange; sie scheinen die obigen Annahmen zu bestätigen; vgl. Lederer: Fettchem. Umschau **40**, 2 (1933).

[2] C. V. Raman: Indian Journ. Physics **2**, 387 (1928); zusammenfassende Darstellungen dieses wichtigen neuen Gebietes, auf das hier indessen nicht näher eingegangen werden kann, s. bei A. Dadieu u. K. W. F. Kohlrausch: Ber. **63**, 251 (1930); A. Dadieu: Ztschr. angew. Chem. **43**, 800 (1930).

[3] Vgl. Debye: Polare Molekeln. Leipzig 1929.

[4] K. H. Meyer: Ztschr. angew. Chem. **41**, 943 (1928).

a) Säurezahl.

Im Gegensatz zur Neutralisationszahl (NZ.), die angibt, wieviel Milligramm KOH zur Neutralisation der gesamten freien Säuren (Mineralsäuren und organischen Säuren) in 1 g Fett gebraucht werden, gibt die Säurezahl (SZ.) an, wieviel Milligramm KOH zur Neutralisation der in 1 g Fett enthaltenen freien organischen Säuren nötig sind. Bei den in der Regel mineralsäurefreien Fetten ist NZ. = SZ.

Bestimmung und Berechnung s. S. 111. Einwaage 1—3 g Fett, je nach der voraussichtlichen Höhe des Säuregehaltes, bei säurearmen Fetten entsprechend mehr (Wizöff).

Der Säuregehalt eines Fettes wird in der Technik mitunter auch in Säuregraden nach Köttstorfer (SG. = Anzahl ccm 1-n Lauge auf 100 g Fett) angegeben.

$$SG. = 100 \cdot SZ./56{,}11 = 1{,}782\ SZ.$$

Die Ermittlung des Gehalts an freier Säure durch Leitfähigkeitsbestimmung oder elektrometrische Titration[1] liefert ebenso genaue Resultate wie die Titration mit Indicatoren.

Auch jodometrisch lassen sich Säurezahl und Neutralisationszahl nach H. P. Kaufmann und F. Grandel[2] bestimmen. Die geringe Acidität der höheren Fettsäuren und ihre Wasserunlöslichkeit machen jedoch folgende Modifikationen erforderlich:

Als Lösungsmittel dient Isopropylalkohol; die Reaktion

$$6\ RCOOH + KJO_3 + 5\ KJ = 6\ RCOOK + 3\ J_2 + 3\ H_2O$$

wird ferner bei erhöhter Temperatur und bei Gegenwart von überschüssigem $Na_2S_2O_3$ durchgeführt, welches das freiwerdende Jod reduziert und dadurch erst einen quantitativen Verlauf der obigen Reaktion ermöglicht.

Man löst z. B. 0,2 g Fettsäure oder 2—5 g Fett in 50 ccm Isopropylalkohol unter schwacher Erwärmung, setzt 25 ccm eines Gemisches von gleichen Teilen 10%iger (wässeriger) KJ- und 5%iger KJO_3-Lösung und 25 ccm 0,1-n $Na_2S_2O_3$-Lösung hinzu und stellt das Gemisch in ein Wasserbad von 55—60°. Bei Anwesenheit stark ungesättigter Fettsäuren oder bei unreinen Produkten werden zur Vermeidung einer Addition von JOH 0,3—0,5 g festes KJ zugesetzt. Nach beendeter Einwirkung (bei höheren gesättigten Säuren bis $2^1/_2$ h bei 55—60° oder $1^1/_2$ h bei 80°) läßt man erkalten, gibt 25 ccm 0,1-n J-Lösung hinzu und titriert mit 0,1-n $Na_2S_2O_3$-Lösung und Stärke als Indicator. Werden hierbei für e g Substanz a ccm 0,1-n $Na_2S_2O_3$ verbraucht, so wird die NZ. bzw. SZ. = 5,611 a/e.

Gegenüber der üblichen Titration der Säuren mit Lauge dürfte dieses Verfahren vielleicht bei der Untersuchung sehr dunkler Substanzen gewisse Vorteile bieten, da die Erkennung des Farbumschlages in der wässerigen Lösung durch die in der Regel wasserunlöslichen Farbstoffe nicht beeinträchtigt wird.

Durch Verwendung verschiedener Lösungsmittel gelang es Kaufmann und Grandel[3] auch, die niederen (gesättigten) Fettsäuren gegenüber den höheren durch ihr Verhalten gegenüber wässerigen KJ-KJO_3-Lösungen zu differenzieren. Die Säuren bis zur Caprinsäure reagierten bereits in wässeriger Lösung, diejenigen bis zur Caprylsäure in ätherischer Lösung sofort unter J-Ausscheidung, die höheren Säuren dagegen gar nicht bzw. erst nach längerer Einwirkung (24 h). Quantitativ verlief in ätherischer Lösung aber nur die Bestimmung der Säuren bis zur Buttersäure neben Laurinsäure und höheren Säuren, bei Abwesenheit der Säuren $C_6H_{12}O_2$

---

[1] Kremann u. Muß: Die Seife **7**, 161, 612 (1921); Kremann u. Schöpfer: ebenda **7**, 656 (1921).

[2] H. P. Kaufmann u. F. Grandel: Allg. Öl- u. Fett-Ztg. **28**, 225, 248 (1931).

[3] Kaufmann u. Grandel: Chem. Umschau Fette, Öle, Wachse, Harze **38**, 313 (1931).

bis $C_{10}H_{20}O_2$. Bei Verwendung von Monochlorbenzol als Lösungsmittel ließen sich Caprylsäure und die niederen Säuren neben Laurinsäure und höheren Säuren auf Grund der obigen Reaktion annähernd quantitativ bestimmen; nur Caprinsäure, die eine Zwischenstellung einnimmt, mußte hierbei abwesend sein. Neben Palmitin- und Stearinsäure allein konnten die niederen Säuren bis Caprylsäure auch unter Verwendung von 35%igem wässerigem Methanol als Lösungsmittel quantitativ bestimmt werden.

Zur Umrechnung auf Prozent freie Fettsäuren legt man das mittlere Mol.-Gew. der bei dem untersuchten Fett in Frage kommenden Fettsäuren (s. Tabelle 172—177), in der Praxis zur Vereinfachung gewöhnlich dasjenige der Ölsäure (Mol.-Gew. 282), bzw. bei Cocos-, Palmkern- und Babassufett dasjenige der Laurinsäure (200) zugrunde. 1 ccm 0,1-n Lauge entspricht 0,0282 g Ölsäure bzw. 0,0200 g Laurinsäure.

b) Verseifungszahl.

Definition und Bestimmung s. S. 111/112.

Die Verseifungszahl (VZ.) bildet bei reinen Fetten ein Maß für das mittlere Mol.-Gew. M_G der Triglyceride bzw. dasjenige M_F der darin enthaltenen Fettsäuren:

$$M_G = 3 \cdot 56\,110/\text{VZ}.$$

$$M_F = \frac{56\,110}{\text{VZ}.} - \frac{38}{3} = \frac{56\,110}{\text{VZ}.} - 12,7.$$

Tabelle 167. Molekulargewichte und Verseifungszahlen von Triglyceriden.

Triglycerid	Formel	Mol.-Gew.	Verseifungszahl	Mol.-Gew. der Säure
Butyrin . .	$C_3H_5(O \cdot C_4H_7O)_3$	302,2	557,0	88,1
Valerin . . .	$C_3H_5(O \cdot C_5H_9O)_3$	344,3	488,9	102,1
Caproin. . .	$C_3H_5(O \cdot C_6H_{11}O)_3$	386,3	435,8	116,1
Caprylin . .	$C_3H_5(O \cdot C_8H_{15}O)_3$	470,4	357,8	144,1
Caprin . . .	$C_3H_5(O \cdot C_{10}H_{19}O)_3$	554,5	303,6	172,2
Laurin . . .	$C_3H_5(O \cdot C_{12}H_{23}O)_3$	638,6	263,6	200,2
Myristin . .	$C_3H_5(O \cdot C_{14}H_{27}O)_3$	722,7	232,9	228,2
Palmitin . .	$C_3H_5(O \cdot C_{16}H_{31}O)_3$	806,8	208,6	256,3
Stearin . . .	$C_3H_5(O \cdot C_{18}H_{35}O)_3$	890,9	188,9	284,3
Olein . . .	$C_3H_5(O \cdot C_{18}H_{33}O)_3$	884,8	190,2	282,3
Linolein . .	$C_3H_5(O \cdot C_{18}H_{31}O)_3$	878,8	191,5	280,2
Ricinolein. .	$C_3H_5(O \cdot C_{18}H_{33}O_2)_3$	932,8	180,5	298,3
Erucin . . .	$C_3H_5(O \cdot C_{22}H_{41}O)_3$	1053,0	159,9	338,3

Bei den meisten, überwiegend C_{18}-Säuren enthaltenden Fetten liegt die Verseifungszahl demgemäß bei etwa 190 (s. Tabelle 172f.). Charakteristisch hoch ist sie bei Fetten mit niedrigmolekularen Fettsäuren (Cocosfett, Palmkernfett, Butterfett, Delphinkieferöl), niedrig bei solchen mit höhermolekularen Säuren (Rüböl, Ricinusöl), ferner bei Wachsen (Tab. 200 u. 201, S. 946 u. 950).

Innere Ester (Estolide, Lactone), die aus einem oder mehreren Molekülen einer Oxysäure unter Wasseraustritt entstehen können, sind gleich den Wachsen schwer verseifbar. Man setzt in solchen Fällen dem Reaktionsgemisch höhersiedende Lösungsmittel (Petroleumbenzin vom Kp. 80—100⁰, Toluol, Xylol) hinzu, erhitzt auf dem Sandbad oder auf freier Flamme und erreicht, wenn man auf homogene Lösung achtet, meist schon nach 1 h völlige Verseifung. Amylalkohol ist nicht verwendbar, da er beim Kochen mit Kalilauge partiell zu Isovaleriansäure oxydiert wird[1]. Dagegen wird für solche Fette mit inneren Estern sowie Wachse auch die Verseifung mit Natriumalkoholat empfohlen[2] (vgl. auch S. 112).

5 g Wachs (2,5 g Fett) werden mit 20 ccm höhersiedendem Benzin und 25 ccm Natriumalkoholatlösung (11,5 g Na in $^1/_2$ l absolutem Alkohol unter Kühlung gelöst, auf 1 l aufgefüllt) 1 h gekocht und bei 80⁰ zurücktitriert (Phenolphthalein).

K a l t e   V e r s e i f u n g[3]. Fette (auch Bienenwachs, Insektenwachs usw.) können auch ohne Erhitzung durch einfaches Stehenlassen in Petroläther- oder Benzinlösung mit alkoholischer 1-n Kalilauge (Alkohol 96 Gew.-%) in 18—20 h bei Zimmertemperatur vollständig verseift werden. Das Verfahren wird aber — wohl wegen der längeren Dauer der Reaktion — kaum benutzt.

c) Esterzahl.

Bedeutung und Bestimmung s. S. 112.

Die Bestimmung der Esterzahl kommt bei der Prüfung von Fettprodukten zur Bestimmung des Neutralfett- und des Glyceringehalts in Betracht.

d) Mittleres Molekulargewicht der Fettsäuren.

Das mittlere Mol.-Gew. der in einem Fett enthaltenen Fettsäuren ergibt sich, wie oben gesagt, bei reinen Triglyceriden aus der Verseifungszahl, es kann aber genauer durch unmittelbare Titration (Säurezahlbestimmung) der abgeschiedenen Säuren in benzol-alkoholischer Lösung mit 0,1-n oder genauer mit 0,5-n alkoholischer KOH bei etwa 2 g Einwaage bestimmt werden. Ist die Einwaage e g, der Laugenverbrauch a ccm 0,5-n KOH, so wird das Mol.-Gew. $M = 2000\ e/a$; bei Verwendung von 0,1-n KOH wird $M = 10\,000\ e/a$. Zur Säurezahl besteht die Beziehung $M = 56\,110/\mathrm{SZ}$.

Bei gemischten Fettsäuren aus natürlichen Fetten empfiehlt es sich, mit Rücksicht auf die in diesen manchmal, besonders bei Ricinusöl oder oxydierten Ölen, enthaltenen Lactone oder Estolide, die Säuren wie bei der Verseifungszahlbestimmung mit überschüssiger Lauge zu kochen und den Laugenüberschuß mit Salzsäure zurückzutitrieren[4]. Es wird dann $M = 56\,110/\mathrm{VZ}$.

Die Differenzen zwischen den aus der Säurezahl[5] und den aus der Verseifungszahl der Fettsäuren berechneten Mol.-Gew. schwanken von 0 bis etwa 20, beispielsweise bei Rüböl, je nach dem Alter, von 5,7—9,1, bei Cottonöl von 3—14,4, bei Leinöl von 10,3—19,6. Einzelwerte der Mol.-Gew. siehe Tab. 172f., S. 786f.

Bei Säuren von unbekannter Basizität bzw. deren Estern gibt die Titrationsmethode allein keinen sicheren Aufschluß über die Größe des Mol.-Gew., da man bei Anwesenheit einer zweibasischen Säure bzw. ihres Esters nur die Hälfte des wirklichen Mol.-Gew. finden würde. Man muß in diesem Fall noch die physikalischen Methoden der Mol.-Gew.-Bestimmung (nach B e c k m a n n bzw. R a s t) heranziehen (vgl. S. 98), insbesondere auch bei Säuren von zweifelhafter Basizität das Mol.-Gew. der Äthyl- oder Methylester nach der Gefrierpunktsmethode ermitteln, da die Ester im Gegensatz zu

---

[1] L. Dupont und Société Darrasse Frères, Amer.P. 1 389 187 (1919); E.P. 137 064 (1919); C. **1921**, IV, 1221; **1922**, II, 1172.

[2] Grün: Analyse der Fette und Wachse, Bd. 1, S. 147.

[3] R. Henriques: Ztschr. angew. Chem. **4**, 721 (1891); Herbig: Ztschr. öffentl. Chem. **4**, Heft 5 (1897).

[4] Tortelli u. Pergami: Chem. Revue üb. d. Fett- u. Harzind. **9**, 182, 204 (1902).

[5] Früher vielfach mit Neutralisationszahl bezeichnet, worunter jetzt der Gesamtsäuregehalt (s. S. 755) verstanden wird.

den Säuren gewöhnlich nicht assoziiert sind und daher die richtigen Mol.-Gew. ergeben. Zweibasische Säuren bilden in der Regel auch saure Salze.

Die Bestimmung des Mol.-Gew. fetter Öle nach der Beckmannschen Methode ergibt wie bei vielen anderen organischen Stoffen mit der Konzentration im Lösungsmittel wechselnde Werte[1].

e) Hehner-Zahl[2].

Diese Zahl sollte ursprünglich den Prozentgehalt eines Fettes an wasserunlöslichen Fettsäuren zwecks analytischer und technischer Kennzeichnung des Fettes angeben; sie ist indessen bei Fetten mit wasserlöslichen Säuren nicht scharf zu erfassen, da die auf der Grenze der Wasserlöslichkeit stehenden niederen Fettsäuren (Capryl-, Caprin-, Laurinsäure) nicht genau durch Wasserlöslichkeit von den höheren Fettsäuren zu trennen sind[3]. Die Hehner-Zahl, die bei den übrigen Fetten ohne wasserlösliche Säuren ziemlich konstant ist und meistens, entsprechend dem Gesamtfettsäuregehalt, 95 beträgt (Schwankungen von 92—96), ist bei Cocosfett 83,5—90,5, bei Butter 86—88, bei Palmkernfett 88—91, bei Delphintran vom Kopf 66. Bei Wachsen werden die wasserunlöslichen Alkohole in die Hehner-Zahl eingeschlossen, so daß diese hier oberhalb 100 liegt.

Man hat die Bestimmung der Hehner-Zahl wegen ihrer ungenügenden Genauigkeit fast ganz verlassen und mehr die Bestimmung des Gesamtfettsäuregehalts nach S. 729 oder, soweit es sich um analytische Kennzeichnung der Reinheit eines Fettes handelt, die im folgenden beschriebenen Kennzahlen herangezogen. Nur zur Untersuchung der Rohmaterialien für die Stearinindustrie ist die Bestimmung der Hehner-Zahl, die mit 3—4 g Fett nach der Wachskuchenmethode (s. S. 872) ausgeführt wird, noch im Gebrauch.

f) Niedrigmolekulare Fettsäuren.

Der Gehalt eines Fettes an flüchtigen wasserlöslichen und wasserunlöslichen Fettsäuren wird in der Fettanalyse in der Regel entweder durch das Alkaliäquivalent der in einer bestimmten Menge Fett enthaltenen, mit Wasserdampf flüchtigen Fettsäuren, die Reichert-Meißl- und die Polenske-Zahl[4] oder durch die Löslichkeit bzw. Unlöslichkeit der Magnesiumund Silbersalze in Wasser (A- und B-Zahl)[5] ausgedrückt.

Reichert-Meißl- und Polenske-Zahl.

Die Reichert-Meißl-Zahl (RMZ.) gibt die Anzahl Kubikzentimeter 0,1-n Lauge an, welche die aus 5 g Fett erhaltenen flüchtigen wasserlöslichen Fettsäuren genau neutralisieren; sie dient hauptsächlich zum Nachweis von Verfälschungen der Naturbutter (RMZ. = 20—36) mit Margarine, Schweineschmalz (RMZ. = 0—1) und Cocosfett (RMZ. = 6—8,5). Eine Prüfung von Butter auf Cocosfett ist erforderlich, wenn die Refraktometeranzeige bei 40° weniger als 42 Skalenteile beträgt. Kleine Mengen Cocosfett

---

[1] Normann: Chem.-Ztg. **31**, 188 (1907).

[2] Hehner: Ztschr. analyt. Chem. **16**, 145 (1877). Vgl. Benedikt-Ulzer: 5. Aufl., S. 141.

[3] Goldschmidt: Ztschr. Dtsch. Öl-Fettind. **40**, 406 (1920).

[4] Reichert: Ztschr. analyt. Chem. 18, 86 (1879); Meißl: Dinglers polytechn. Journ. **233**, 229 (1879).

[5] Bertram, Bos u. Verhagen: Chem. Weekbl. **20**, 610 (1923).

($< 20\%$) sind aber naturgemäß auf Grund der Reichert-Meißl-Zahl schwer in der Naturbutter festzustellen; sie werden durch die Polenske-Zahl (PZ.) gekennzeichnet, d. h. die Anzahl Kubikzentimeter 0,1-n Lauge, welche die flüchtigen wasserunlöslichen Fettsäuren aus 5 g Fett neutralisieren.

Das Verhältnis der flüchtigen wasserunlöslichen Säuren zu den flüchtigen löslichen Fettsäuren ist beim Cocosfett groß, bei der Butter klein (Tab. 168).

Tabelle 168. Reichert-Meißl- und Polenske-Zahlen.

Fett	RMZ.	PZ.	$\dfrac{\text{PZ.}}{\text{RMZ.}} \cdot 100$
Butter	20—36	1,3—3,5	7,3—9,1
Cocosfett . . .	6—8,5	16,0—20,5	223—336
Palmkernfett .	4—7	8,5—11	183—212

α) Reichert-Meißl-Zahl[1] (Wizöff):

Die folgende Vorschrift ist sowohl bezüglich der Abmessungen des Apparates als auch der Abwägungen genau zu beachten (größere Kolben geben z. B. zu hohe Werte).

Genau 5 g filtriertes Fett werden mit 2—4 ccm Glycerin und 2 ccm 50%iger carbonatfreier Kalilauge in einem Jenaer 300-ccm-Rundkolben unter ständigem Umschwenken über freier Flamme bis zum Klarwerden der Flüssigkeit verseift[2]. Die in 90 ccm ausgekochtem Wasser gelöste, klare und fast farblose, auf 80° erwärmte Seifenlösung wird zuerst mit 50 ccm verdünnter Schwefelsäure (25 ccm H_2SO_4 in 1 l), alsdann mit einer Messerspitze voll Bimssteinpulver oder Kieselgur versetzt und nach sofortigem Verschluß des Kolbens destilliert (Abb. 196). Eisendrahtnetze sind als Unterlage für den Kolben zu vermeiden; man benutzt flache Asbestteller mit 6,5 cm breitem Ausschnitt[3]. Asbestteller und Eisenring dürfen nicht glühend werden; man destilliert bei völlig geöffnetem Brenner, aber mit der nur wenig abgestumpften Spitze der Flamme. Überhitzung gibt falsche, meist zu hohe Resultate. 110 ccm sollen in 19—21 min übergehen und beim Abtropfen eine Temperatur von 20—23° haben.

Sobald sie überdestilliert sind, wird die Flamme entfernt und der Meßkolben durch ein anderes Gefäß ersetzt.

Der Kolben mit dem Destillat wird nun, ohne daß man vorher den Inhalt mischt, 10 min lang so tief in Wasser von 15° eingetaucht, daß sich die Marke 110 etwa 3 cm unter der Oberfläche befindet. Nach 5 min bewegt man den Kolben im Wasser mehrmals nur so stark, daß die auf der Oberfläche des Destillates schwimmenden Säuren an die Wandungen des Halses gelangen. Nach 10 min stellt man den Aggregatzustand der Säuren fest (bei reiner Butter halbfeste undurchsichtige Massen, bei Cocosfett ölig). Nunmehr wird das Destillat durch vier- bis fünfmaliges Umkehren des mit Glasstopfen verschlossenen Kolbens unter Vermeidung starken Schüttelns gemischt und durch ein trockenes glattes Filter von 8 cm Ø filtriert. Eine Trübung des Filtrates infolge emulgierter fester Säuren wird durch Schütteln mit wenig Kieselgur beseitigt. 100 ccm des Filtrates werden unter Zusatz von Phenolphthalein mit 0,1-n NaOH titriert. Beträgt der Laugenverbrauch a ccm, derjenige bei einem ebenso durchgeführten Blindversuch b ccm, so wird RMZ. $= 1,1$ $(a — b)$.

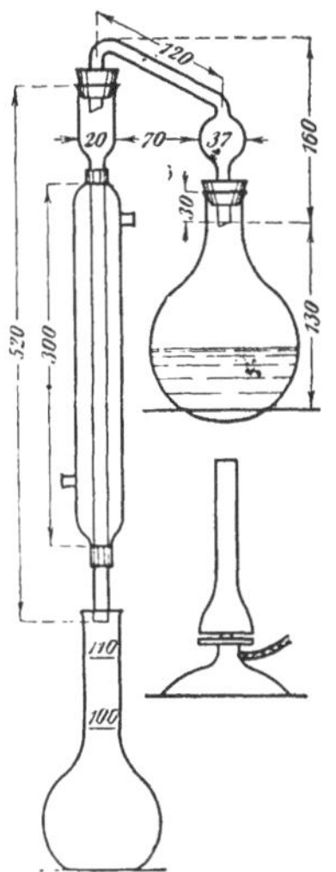

Abb. 196. Apparat zur Bestimmung der Reichert-Meißl- und Polenske-Zahl.

---

[1] Polenske: Ztschr. Unters. Nahr.- u. Genußmittel **7**, 273 (1904); vgl. auch A. Heiduschka u. K. Pfizenmaier: Beiträge zur Chemie und Analyse der Fette. München 1910.

[2] S. auch Leffmann u. Beam: Analyst **16**, 153 (1891); Analysis of milk and milk products, S. 65. Philadelphia 1893.

[3] Arnold: Ztschr. Unters. Nahr.- u. Genußmittel **23**, 389 (1912).

β) **Polenske-Zahl**[1] (Wizöff):

Zur Bestimmung der wasserunlöslichen flüchtigen Säuren ist völlige Entfernung der wasserlöslichen Säuren nötig. Man wäscht das zum Abfiltrieren der flüchtigen Säuren nach α benutzte Filter dreimal mit je 15 ccm Wasser, das vorher nacheinander das Kühlrohr, das darunter gestellte Gefäß und den 110-ccm-Kolben passiert hat. Dann verfährt man dreimal mit je 15 ccm neutralem 90%igem Alkohol in gleicher Weise, füllt das Filter aber immer erst dann von neuem auf, wenn die vorhergegangene Füllung abgelaufen ist. Die vereinigten alkoholischen Filtrate werden dann unter Zusatz von Phenolphthalein mit 0,1-n Lauge titriert. Die Anzahl der zur Neutralisation verbrauchten ccm Lauge gibt die Polenske-Zahl an.

Die Schwankungen bei Doppelbestimmungen sollen nicht erheblich mehr betragen als 10% bei PZ. bis 2; 8% bei PZ. 2—5; 5% bei PZ. 5—10; 4% bei PZ. > 10. Eine Kontrollanalyse mit reinem Schweinefett muß PZ. 0,5 bis höchstens 0,65 ergeben.

Tabelle 169. RMZ. und PZ. von Butter- und Cocosfett-Gemischen[2].

Butterfett Nr.	Reines Butterfett		Dasselbe Butterfett, mit 10 % Cocosfett versetzt		Dasselbe Butterfett, mit 15 % Cocosfett versetzt		Dasselbe Butterfett, mit 20 % Cocosfett versetzt	
	RMZ.	PZ.	RMZ.	PZ.	RMZ.	PZ.	RMZ.	PZ.
1	19,9	1,35	18,7	2,4	18,1	2,9	17,6	3,3
2	21,1	1,4	19,7	2,3	19,2	3,0	18,5	3,6
3	22,5	1,5	21,0	2,5	20,4	2,9	19,8	3,5
4	23,3	1,6	22,0	2,5	21,5	3,1	21,0	3,7
5	23,4	1,5	22,3	2,4	21,7	3,1	21,2	3,7
6	23,6	1,7	22,5	2,5	21,9	3,3	21,4	4,0
7	24,5	1,6	23,3	2,5	22,4	3,1	21,7	3,7
8	24,7	1,7	23,8	2,9	22,9	3,5	22,1	3,9
9	24,8	1,7	23,5	2,7	22,7	3,2	—	—
10	24,8	1,6	23,4	2,5	22,8	3,0	22,1	3,6
11	25,0	1,8	23,0	2,7	23,3	3,1	21,8	3,6
12	25,1	1,6	23,5	2,5	23,1	3,0	22,5	3,8
13	25,2	1,6	23,4	2,6	22,9	3,0	22,3	3,7
14	25,3	1,8	24,0	2,9	23,5	3,5	22,6	4,1
15	25,4	1,9	24,2	3,0	23,7	3,6	22,6	4,1
16	25,6	1,7	24,1	2,7	23,3	3,1	22,7	3,7
17	25,4	1,7	23,8	2,6	23,0	3,1	—	—
18	26,2	1,9	25,0	3,1	24,2	3,6	23,6	4,0
19	26,5	1,9	25,0	2,9	24,1	3,5	23,2	4,1
20	26,6	1,8	25,4	2,9	24,6	3,3	23,9	3,8
21	26,7	2,0	25,2	3,2	24,5	3,6	23,7	4,2
22	26,8	2,0	24,8	3,0	24,2	3,4	23,5	4,0
23	26,9	2,1	25,2	2,9	24,1	3,6	23,2	4,2
24	26,9	1,9	24,9	2,9	24,0	3,3	23,3	4,0
25	27,5	1,9	25,7	2,7	24,9	3,3	24,0	3,9
26	27,8	2,2	26,0	3,1	25,0	3,7	—	—
27	28,2	2,3	26,1	3,1	25,1	3,8	24,5	4,4
28	28,4	2,3	26,5	3,5	25,7	4,0	25,1	4,5
29	28,8	2,2	26,8	3,3	26,0	3,9	—	—
30	28,8	2,5	27,1	3,5	26,3	4,0	25,4	4,7
31	29,4	2,6	27,6	3,8	26,9	4,2	—	—
32	29,6	2,8	27,5	3,8	26,2	4,2	25,5	4,9
33	29,5	2,5	27,4	3,5	26,6	4,1	25,4	4,7
34	30,1	3,0	27,8	3,8	26,9	4,4	26,2	5,0

[1] Polenske: l. c.
[2] Benedikt-Ulzer: Analyse der Fette und Wachsarten, 5. Aufl. 1908, S. 973.

Tabelle 169 erlaubt, aus RMZ. und PZ. den Gehalt an Cocosfett in Butter zu bestimmen. Man findet z. B. RMZ. = 26,5 und PZ. = 3,2; reinem Butterfett mit RMZ. 26,5 entspricht PZ. 1.9. 1 % Cocosfett erhöht PZ. um 0,1; der Differenz 3,2−1,9 = 1,3 entsprechen demnach 13 % Cocosfettzusatz. Beachtenswert ist, daß auch Butter von Kühen, die mit Rüben oder Cocoskuchen gefüttert sind, sowie von Ziegen höhere Polenske-Zahlen aufweist[1]; in diesen Fällen ist die Phytosterinacetatprobe anzuwenden (s. S. 730).

Zur Bestimmung der Reichert-Meißl-Zahl und Polenske-Zahl von Fett-Mineralölmischungen [in compoundierten, insbesondere mit „geblasenen" fetten Ölen (s. S. 928) gemischten Schmierölen] verfährt man wie folgt[2]:

Man verseift so viel des Gemisches, wie 5 g fettem Öl entspricht, mit 1-n alkoholischer KOH unter Zusatz des gleichen Volumens Benzol, trennt das Unverseifbare nach Spitz und Hönig (S. 114) ab, verdampft den Alkohol aus der Seifenlauge, führt den erhaltenen Seifenbrei in den Destillierkolben der Polenske-Apparatur über und verfährt weiter wie oben (blinden Versuch mit Mischung von Benzol und alkoholischer Kalilauge ausführen).

A- und B-Zahl[3] (Wizöff).

Die A-Zahl bildet ein Maß für den Gehalt eines Fettes an Fettsäuren, die in Wasser lösliche Magnesiumsalze und unlösliche Silbersalze bilden (gesättigte Säuren mit 6−10 C-Atomen), die B-Zahl ein Maß für den Gehalt an Buttersäure, deren Magnesium- und Silbersalze in Wasser löslich sind. Die Bestimmungen fußen teilweise auf anderen, für die Bestimmung der niederen Fettsäuren vorgeschlagenen Kennzahlen (Kirschnerzahl, Magnesiumzahl, s. u.), sind aber zuverlässiger und leichter auszuführen.

α) **Abscheidung der Mg-Salze der höheren Fettsäuren.** Genau 20 g entwässertes und chloridfreies Fett werden in einem 750-ccm-Rundkolben aus Jenaer Glas mit 30 g chlorfreiem Glycerin und 8 ccm chlorfreier Kalilauge (750 g KOH im Liter) vorsichtig über freier Flamme verseift, bis kein Schäumen mehr beobachtet wird und eine klare Lösung entsteht. Man läßt erkalten, verdünnt mit warmem Wasser, so daß der Kolbeninhalt 409 g beträgt, erwärmt auf 80⁰ und gibt in die Seifenlösung portionsweise und unter ständigem kräftigem Umschütteln 103 ccm auf 80⁰ erwärmte Magnesiumsulfatlösung (150 g $MgSO_4 \cdot 7 H_2O$ im Liter). Diese Operation soll etwa 5 min dauern. Auf genaue Einhaltung der vorgeschriebenen Temperatur ist zur Erlangung eines gut filtrierbaren Niederschlages zu achten. Das Fällungsgemisch wird 10 min bei 80⁰ geschüttelt, unter weiterem Schütteln auf 20⁰ abgekühlt und dann 15 min bei 20⁰ stehen gelassen; darauf wird der Niederschlag abgenutscht. Das Gesamtfiltrat soll mindestens 400 ccm betragen[4].

Zur Kontrolle der benutzten Reagentien führt man daneben einen Blindversuch mit den gleichen Mengen Glycerin, Kalilauge, Wasser und Magnesiumsulfat ohne Fett aus.

β) **A-Zahl.** 200 ccm Filtrat werden in einem 250-ccm-Meßkolben mit 0,5-n Schwefelsäure neutralisiert (Phenolphthalein) und mit 20 g chlorfreiem $NaNO_3$ sowie langsam, unter Umschütteln, mit 22,5 ccm 0,2-n $AgNO_3$-Lösung versetzt. Der Kolben wird mit Wasser bis zur Marke aufgefüllt, geschlossen, 5 min geschüttelt

---

[1] Lührig: Pharmaz. Zentralh. **48**, 1049 (1907); **50**, 275 (1909); Ztschr. Unters. Nahr.- u. Genußmittel **17**, 135 (1909); Siegfeld: Chem.-Ztg. **32**, 505 (1908).

[2] Marcusson: Mitt. Materialprüf.-Amt Berlin-Dahlem **23**, 45 (1905).

[3] Bertram, Bos u. Verhagen: Chem. Weekbl. **20**, 610 (1923).

[4] Sollten ausnahmsweise weniger als 400 ccm Filtrat erhalten werden — was bei Hartfetten mitunter vorkommt —, so ist die weitere Bestimmung der A- und B-Zahl mit je 100 ccm statt 200 ccm Filtrat und dementsprechend mit den halben Mengen der angegebenen Reagentien usw. durchzuführen. Die berechneten Zahlen $(a-b)$ und $(c-d)$ sind dann sinngemäß zu verdoppeln.

und 15 min im Wasserbad bei 20⁰ stehen gelassen. Dann wird der Inhalt filtriert. Zu 200 ccm des Filtrats gibt man 6 ccm kaltgesättigte Eisenalaunlösung und 4 ccm 40%ige Salpetersäure und titriert den Silberüberschuß mit 0,1-n Rhodanammoniumlösung zurück. Die Blindprobe wird in der gleichen Weise angesetzt und austitriert.

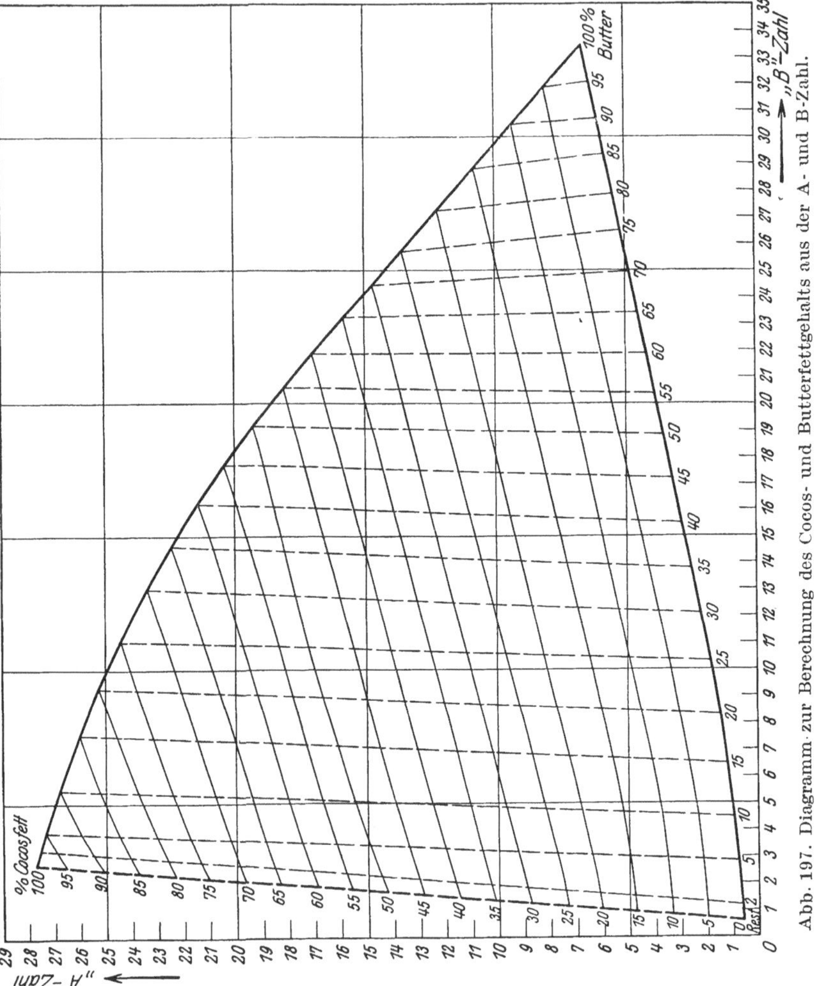

Abb. 197. Diagramm zur Berechnung des Cocos- und Butterfettgehalts aus der A- und B-Zahl.

Bei Anwendung reiner Reagentien darf in der Blindprobe bei Zusatz der AgNO₃-Lösung keine Trübung auftreten, zur Titration müssen 45,0 ccm 0,1-n NH₄SCN-Lösung verbraucht werden.

Berechnung: a = ccm 0,1-n AgNO₃ zur Fällung unlöslicher Silbersalze im Hauptversuch verbraucht, b = dgl. im Blindversuch verbraucht (theor. $b = 0$). A-Zahl = $a-b$.

γ) B-Zahl. 200 ccm des ersten Filtrats werden in einem 300-ccm-Erlenmeyerkolben mit 0,5-n H₂SO₄ gegen Phenolphthalein neutralisiert, mit Wasser auf 250 ccm aufgefüllt und bei 20⁰ mit 2 g festem Silbersulfat unter Umschütteln portionsweise versetzt, worauf der Kolben verschlossen noch einige Zeit geschüttelt wird. Man stellt den Kolben 5 min in ein Wasserbad von 20⁰ und filtriert. Silberbutyrat bleibt in Lösung, die Salze der höhermolekularen Fettsäuren werden ausgefällt. 200 ccm dieses Filtrats werden nach Zugabe von 50 ccm verdünnter Schwefelsäure (26 ccm konz. H_2SO_4 im Liter) und einiger Bimssteinstückchen nach Reichert-Meißl-Polenske (s. S. 759) destilliert. Die Destillation wird in einem 500-ccm-Kolben ausgeführt, es werden genau 200 ccm abdestilliert und mit 0,1-n Natronlauge gegen Phenolphthalein neutralisiert. Die Blindprobe wird entsprechend behandelt.

Berechnung: c = ccm 0,1-n NaOH, im Versuch verbraucht; d = dgl. im Blindversuch verbraucht (theor. $d = 0$). B-Zahl $= c - d$.

Die Prozentgehalte an Butter und Cocosfett lassen sich aus den A- und B-Zahlen mit Hilfe des Diagramms (Abb. 197) berechnen. Enthält das Gemisch kein Cocosfett, sondern Palmkernfett, so ergibt sich der Gehalt an diesem durch Multiplikation des scheinbaren Cocosfettgehalts mit 1,695.

Alle Werte werden auf volle Prozente abgerundet. Versuchsfehler $\pm$ 0,5%.

Zur Bestimmung niederer, zum Teil flüchtiger und wasserlöslicher Fettsäuren wurden noch als Kennzahlen vorgeschlagen die Caprylsäure- und Caprinsäurezahl[1], die Laurinsäurezahl[2], die Kirschnerzahl[3], die Silberzahl[4], die Magnesiumzahl[5], die Äthylesterzahl[6] u. a. m.

g) Vakuumdestillationszahl nach Kronstein[7].

Beim Destillieren fetter Öle im Vakuum hört bei einem für die verschiedenen Gruppen von Ölen ziemlich charakteristischen Punkt die Destillation unter Gelatinieren und Unlöslichwerden des elastisch-zähen Rückstandes auf, nachdem schon vorher der Rückstand dicker und zäher geworden war. Wie beim Ricinusöl der Rückstand polymerisierte Undecylensäure enthält[8], so dürfte auch bei den übrigen Ölen der kautschukartige, in den gewöhnlichen Öllösungsmitteln nahezu unlösliche Destillationsrückstand Polymerisationsprodukte der ursprünglichen bzw. durch Abbau aus den Fettsäuren des Öles entstandenen ungesättigten Säuren enthalten. Das gleiche dürfte für Fettsäure-anhydride gelten, welche sich den Glyceriden analog verhalten[9].

Als Destillationszahl bezeichnet man die Prozentmenge Destillat, welche beim Destillieren des Öles im Vakuum im Englerkölbchen bis zum Aufhören der Destillatbildung und bis zum Entstehen des gallertartigen Rückstandes überdestilliert. Sie steigt im allgemeinen mit sinkender Jodzahl; Holzöl, das beim Erhitzen besonders leicht gelatiniert (vgl. S. 738), liefert überhaupt kein Destillat. Die Differenz der Destillationszahl gegen 100 (entsprechend der Menge von Rückstand + Verlust) beträgt etwa $\frac{1}{2}$ bis $\frac{2}{3}$ der Jodzahl.

---

[1] Jensen: Ztschr. Unters. Nahr.- u. Genußmittel 10, 265 (1905); Dons: ebenda 14, 333 (1907); Großfeld: Ztschr. Unters. Lebensmittel 55, 354 (1928).
[2] Großfeld: Ztschr. Unters. Lebensmittel 55, 529 (1928).
[3] Kirschner: Ztschr. Unters. Nahr.- u. Genußmittel 9, 65 (1905).
[4] Wijsman u. Reijst: ebenda 11, 267 (1906).
[5] Ewers: ebenda 19, 529 (1910).
[6] Hanuš: ebenda 13, 19 (1907); 15, 577 (1908); 20, 745 (1910).
[7] A. Kronstein: Ber. 49, 722 (1916); s. auch W. Fahrion: ebenda 49, 1194 (1916); Chem. Umschau Fette, Öle, Wachse, Harze 25, 51 (1918).
[8] Bussy u. Lecanu: Ann. Chim. 30, 5 (1825); 34, 57 (1827); Krafft u. Brunner: Ber. 19, 2224 (1886).
[9] Holde u. Tacke: Chem.-Ztg. 45, 954 (1921),

h) Halogenadditionszahlen[1].

α) Jodzahl.

Die Jodzahl (JZ.) gibt an, wieviel Prozent Halogen, berechnet als Jod, eine Substanz unter bestimmten Bedingungen addiert, sie dient also zur Charakterisierung bzw. quantitativen Bestimmung ungesättigter Verbindungen. Theoretisch ist das Ziel der Jodzahlbestimmung die völlige Absättigung aller vorhandenen Doppelbindungen, ohne daß gleichzeitig Substitution eintritt; da dieses Ziel aber bei den zahlreichen, hierzu ausgearbeiteten Methoden nicht in allen Fällen erreicht wird (s. u.) und die Methoden teilweise voneinander verschiedene Werte ergeben, so erfordert die Angabe der Jodzahl stets auch diejenige der benutzten Bestimmungsmethode.

Von allen Kennzahlen der Fette bzw. Fettsäuren zeigt die Jodzahl die größten Unterschiede bei verschiedenen Stoffen (von 0 bei gesättigten Säuren bis 273 bei Linolensäure, 384 bei Clupanodonsäure), sie ist daher eines der wichtigsten Reinheitskriterien für Fette und Fettsäuren und bildet zugleich die Grundlage zu einer annähernden systematischen Einteilung der pflanzlichen Öle in nichttrocknende (Jodzahl < 95), schwachtrocknende (zwischen 95 und etwa 130) und trocknende (Jodzahl > 130).

Außer von der Art des Fettes ist die Jodzahl auch von der Gewinnungsart (Pressung, kalte oder warme Extraktion), sowie vom Alter des Fettes abhängig, da die Jodzahlen ungesättigter Fette oder Fettsäuren bei längerer Aufbewahrung, insbesondere bei Luftzutritt, durch Polymerisation bzw. Oxydation sinken. Über den Einfluß klimatischer Bedingungen auf die Höhe der Jodzahl pflanzlicher trocknender Öle s. S. 685. Bei tierischen Fetten können die Fütterungsverhältnisse, der Ernährungszustand sowie etwaige Erkrankungen des Tieres die Höhe der Jodzahl beeinflussen[2].

Bei chemischen Individuen (z. B. ungesättigten Fettsäuren) läßt sich aus dem Mol.-Gew. (M) und der Zahl der Doppelbindungen (n) die Jodzahl theoretisch zu

$$JZ. = 25\,384\,n/M$$

berechnen. Bei Gemischen verschiedener Stoffe ist die Jodzahl naturgemäß proportional der Menge und Jodzahl der Komponenten; enthält die Mischung also a_1, a_2, a_3 usw. Gew.-% einzelner Bestandteile mit den Jodzahlen JZ_1, JZ_2, JZ_3 usw., so wird die Jodzahl des Gemisches

$$JZ_m = (a_1 JZ_1 + a_2 JZ_2 + a_3 JZ_3 + \ldots)/100.$$

Bei Gemischen aus nur zwei Komponenten mit bekannten Jodzahlen JZ_1 und JZ_2 lassen sich dementsprechend aus der JZ_m des Gemisches die Prozentmengen a_1 und a_2 der Komponenten folgendermaßen berechnen:

$$a_1 = 100\,(JZ_m - JZ_2)/(JZ_1 - JZ_2),$$
$$a_2 = 100\,(JZ_1 - JZ_m)/(JZ_1 - JZ_2).$$

In Verbindung mit der Rhodanzahl (s. S. 775) kann diese indirekte Berechnung auf Gemische von drei Komponenten ausgedehnt werden. Über die sog. innere Jodzahl vgl. S. 713.

---

[1] Neubearbeitet unter Mitbenutzung eines von H. P. Kaufmann, Münster, verfaßten und freundlichst zur Verfügung gestellten Kapitels im Handbuch der Pflanzenanalyse von Klein. Berlin: Julius Springer 1932.
[2] E. Seel: Chem.-Ztg. **47**, 741 (1923).

Methodisches zur Jodzahlbestimmung.

An Stelle von Jod selbst, das zu träge reagiert und nur unvollständig addiert wird, benutzt man andere Halogene bzw. ihre Verbindungen miteinander (JCl, JBr), rechnet aber zur besseren Vergleichbarkeit der nach verschiedenen Verfahren erhaltenen Werte die aufgenommene Halogenmenge stets auf % Jod um.

Die wichtigste Aufgabe, an sämtliche mehrfachen Bindungen der ungesättigten Bestandteile eines Fettes ohne gleichzeitige Substitution Halogene zu addieren, muß durch passende Regelung der Aktivität des Halogens gelöst werden[1]. Diese Aktivität ist außer von der Natur des Halogens selbst abhängig von:

1. Konzentration und Dauer der Einwirkung. 2. Art der verwandten Lösungsmittel. 3. Temperatur. 4. Lichtwirkung. 5. Gegenwart von Fremdstoffen.

Demgegenüber verlangt die Praxis neben gut reproduzierbaren und möglichst der reinen Addition entsprechenden Werten:

1. Anwendung einer maßanalytischen Methode.
2. Titerbeständige und leicht pipettierbare Lösungen (geringe Flüchtigkeit des Halogens und der Lösungsmittel).
3. Einfachheit der Bestimmung auf Grund leichtverständlicher Reaktionen.
4. Möglichst kurze Dauer der Analyse und weitgehende Unabhängigkeit von der Konzentration des Halogens, da ja im voraus die Jodzahl häufig auch der Größenordnung nach nicht bekannt ist.
5. Unabhängigkeit von Schwankungen der Zimmertemperatur und des Tageslichtes.
6. Vermeidung kostspieliger Reagentien.

Diese Forderungen werden zwar bei denjenigen Fetten bzw. ungesättigten Fettsäuren, welche nur 1 oder 2 nicht konjugierte, von der Carboxylgruppe genügend weit entfernte Doppelbindungen enthalten, wie Ölsäure, Linolsäure, Erucasäure usw. (s. S. 626), durch die meisten Methoden erfüllt, in anderen Fällen ergeben sich jedoch durch die besondere Reaktionsträgheit bestimmter Doppelbindungen oder auch durch besonders große Neigung zur Substitution oder anderen Nebenreaktionen hervorgerufene Schwierigkeiten[2]. Z. B. gibt die 2,3-Ölsäure $CH_3(CH_2)_{14}CH:CH \cdot COOH$ mit dem Hübl-Reagens nur Jodzahlen 3—18 statt 90[3], die Crotonsäure $CH_3CH : CH \cdot COOH$ nur Jodzahlen 4,3—17,4 statt theoretisch 295. Ferner werden von den drei konjugierten Doppelbindungen der Elaeostearinsäure bei den meisten Methoden nur 2 abgesättigt, die dritte nur bei bestimmten Methoden und nur bei sehr lange dauernder Halogeneinwirkung (Wijssche JCl-Lösung[4]), bzw. unter Einfluß des ultravioletten Lichts Br in CCl_4*. Andererseits verbraucht die Elaeostearinsäure bei genügend langer Einwirkungsdauer mehr als die theoretisch berechnete Menge JBr-Lösung, spaltet aber den größten Teil des Halogens spontan wieder ab[5]. Unvollständig ist die

---

[1] Über die gesonderte Bestimmung des substituierten neben dem addierten Halogen s. S. 772.

[2] In solchen Fällen ist die Hydrierzahl ein geeignetes Mittel zur Analyse der Doppelbindungen (s. S. 779).

[3] Wijssche Lösung gibt nach van Loon: Diss. Delft 1929, S. 35, bei genügendem Überschuß und 7tägiger Einwirkung die theoretische Jodzahl 90.

[4] Böeseken u. Gelber: Rec. Trav. chim. Pays-Bas **46**, 158 (1927).

* Kaufmann: Ber. **59**, 1390 (1926).

[5] Holde, Bleyberg u. Aziz: Farben-Ztg. **33**, 2480, 3141 (1928).

Absättigung durch Halogen stets, wenn die Doppelbindungen der Carboxyl-gruppe[1] (s. o.) oder anderen negativen Gruppen (z. B. der bei Fetten allerdings nicht in Betracht kommenden Phenylgruppe[2]) benachbart sind.

Cholesterin und Phytosterin, welche eine Doppelbindung in einem Ring enthalten (s. S. 635/36), nehmen bei manchen Verfahren viel zu kleine (z. B. Cholesterin nach Hübl-Waller nur Jodzahl 29,4 statt 65,7), bei anderen wiederum zu große (nach Wijs 135, also rund das Doppelte der Theorie) oder mit der Einwirkungsdauer stetig steigende, den theoretischen Wert überschreitende Halogen-mengen auf (nach Hübl bei Cholesterin in 2 h bis 3 Wochen Jodzahl 73—80, bei Phytosterin nach 3—22 h 41—76[3]).

Die Säuren mit dreifacher Bindung [die natürlich vorkommende Taririnsäure[4] (6,7-Octadecinsäure), sowie die nur synthetisch erhaltenen, Stearolsäure[5] und Behenolsäure[6]] addieren leicht nur 1 Mol Brom unter Beibehaltung einer Doppel-bindung, die erst unter Einwirkung des Sonnenlichts oder bei Erwärmung gleichfalls durch Brom abgesättigt werden kann.

Kolophonium (Abietinsäure) gibt nur nach v. Hübl bei 2std. Einwirkung un-gefähr mit dem für 2 Doppelbindungen (bzw. 1 Doppel- und 1 Brückenbindung) berechneten Wert (168) übereinstimmende, bei längerer Einwirkung nicht mehr wesentlich steigende Resultate (160—170)[7]. Wijssche JCl-Lösung und Brom-lösung nach McIlhiney geben infolge Substitution viel zu hohe Jodzahlen[8].

Wenn auch Konstitutionseinflüsse bei der Jodzahlbestimmung nicht völlig ausgeschaltet werden können, so ist doch bei der Wahl des Halo-genierungsmittels auf möglichst weitgehende Unabhängigkeit von diesen Einflüssen zu achten:

Chlor ist als Gas schwer zu handhaben, seine Lösungen sind infolge Ent-weichens des Gases nicht titerbeständig, und die Gefahr von Substitutionsreaktionen ist besonders groß.

Brom in unverdünntem Zustande reagiert mit ungesättigten Fetten und Fettsäuren sehr stürmisch unter gleichzeitiger HBr-Entwicklung (Substitution). Durch geeignete Verdünnung sowohl des Broms wie der Fette kann die Reaktion jedoch so weit gemäßigt werden, daß lediglich Addition des Halogens an die Doppel-bindungen stattfindet.

Ein auf Einwirkung von Bromdämpfen auf das in dünner Schicht auf Glas-platten ausgebreitete Öl und gravimetrischer Bestimmung der von diesem auf-genommenen Brommenge beruhendes Verfahren[9] ergab bei Lichtabschluß mit

---

[1] Ponzio u. Gastaldi: Gazz. chim. Ital. **42**, 92 (1912); C. **1912**, II, 1154; Eckert u. Haller: Monatsh. Chem. **34**, 1815 (1913).

[2] C. Liebermann u. H. Sachse: Ber. **24**, 4117 (1891): mit nascierendem Brom nach Winkler (S. 772) wurden allerdings — im Gegensatz zu den Methoden von Hübl, Waller und Wijs — auch bei Croton-, Tiglin- und Zimtsäure nahezu theoretische Jodzahlen erhalten. Weiser u. Donath: Ztschr. Unters. Nahr.- u. Genußmittel **28**, 65 (1914); Dubovitz: Chem.-Ztg. **39**, 744 (1915); Arnold: Ztschr. Unters. Nahr.- u. Genußmittel **31**, 382 (1916).

[3] Marcusson: Mitt. Materialprüf.-Amt Berlin-Dahlem **25**, 128 (1907); P. Werner: Diss. Techn. Hochsch. Berlin 1911; Holde u. Werner: Chem. Umschau Fette, Öle, Wachse, Harze **29**, 185 (1922); Lewkowitsch: Ber. **25**, 66 (1892), erhielt nach Hübl bei Cholesterin die nahezu richtigen Werte 67,3—68,1.

[4] Arnaud: Compt. rend. Acad. Sciences **114**, 80 (1892); Bull. Soc. chim. France [3] **7**, 234 (1892).

[5] Overbeck: Liebigs Ann. **140**, 56 (1866).

[6] Haussknecht: ebenda **143**, 44 (1867).

[7] Smetham u. Dodd: Journ. Soc. chem. Ind. **19**, 101 (1900).

[8] Grün u. Janko: Chem. Umschau Fette, Öle, Wachse, Harze **26**, 20, 35, 53 (1919); McIlhiney: Journ. Amer. chem. Soc. **16**, 275 (1894); **24**, 1109 (1902).

[9] P. Becker: Ztschr. angew. Chem. **36**, 539 (1923).

den Hübl-Jodzahlen[1] übereinstimmende, im Tages-, besonders im direkten Sonnenlicht dagegen zu hohe Werte[2]; in die fettanalytische Praxis hat sich das Verfahren nicht eingeführt.

Bei Verwendung von gelöstem Brom ist die Art des Lösungsmittels sowohl für die Haltbarkeit der Lösung als auch für die Aktivität des Halogens und ihre Abhängigkeit von den oben genannten Faktoren wesentlich[3]. Für die Zwecke der Fettanalyse wurden Lösungen von Brom in CCl_4, $CHCl_3$, CS_2, Eisessig und anderen Lösungsmitteln vorgeschlagen. K. W. Rosenmund und W. Kuhnhenn[4] verwenden Lösungen von Pyridinsulfat-Dibromid in Eisessig, H. P. Kaufmann[5] eine Lösung von Brom in mit NaBr gesättigtem Methylalkohol. Die letztgenannte Methode hat sich sowohl hinsichtlich der Herstellung und Handhabung der Lösung wie auch in den erzielten Resultaten (bei höchstens 2std. Einwirkung Übereinstimmung mit den theoretisch berechneten bzw. nach Hanuš ermittelten Werten) sehr gut bewährt[6].

Zur Vermeidung der bei fertigen Bromlösungen leicht eintretenden Titeränderungen wurde bereits bei den ältesten Verfahren nascierendes Brom in Gestalt der absolut titerbeständigen (auch zur Prüfung von Benzol und Terpentinöl benutzten, s. S. 577 u. 603) Kaliumbromid-bromatgemische verwendet, aus welchen erst bei der Jodzahlbestimmung selbst durch Zusatz von konz. HCl Brom in Freiheit gesetzt wird (Methode Winkler[7] und des D.A.B. 6).

Jod selbst reagiert, wie oben erwähnt, unter den üblichen Bedingungen äußerst träge. Dies gilt jedoch, wie Margosches[8] zeigte, nur für die violetten Jodlösungen (in CS_2, in $CHCl_3$ u. dgl.), während aus den braunen Lösungen (in Alkohol, Essigsäure und Wasser) erhebliche Mengen Halogen von ungesättigten Fetten aufgenommen werden. In diesem Falle reagiert nämlich nach Margosches nicht das Jod selbst, sondern die durch Hydrolyse daraus nach der Gleichung: $J_2 + H_2O \rightleftharpoons JOH + HJ$ entstehende unterjodige Säure. Dieser Reaktionsverlauf wurde sowohl durch den Nachweis der Bildung der berechneten Menge freier Säure (im Gegensatz zu den violetten Lösungen, die bei den Jodierungsversuchen praktisch neutral bleiben) wie durch die Isolierung der bei der Einwirkung verdünnt-alkoholischer Jodlösung auf die Säuren entstandenen JOH-Additionsprodukte von Öl-, Eruca- und Linolsäure[9] bewiesen. Die von Margosches und seinen Mitarbeitern auf dieser Grundlage ausgearbeitete „Jodzahl-Schnellmethode" (s. S. 771) lieferte bei 5 min Einwirkungsdauer mit der Hübl-Methode übereinstimmende Werte; sie ist auch zur Bestimmung der Jodzahl von Alkaliseifen ungesättigter Fett- und Harzsäuren brauchbar. Bei längerer Einwirkungsdauer ergibt die Margosches-Methode unausgesetzt steigende Werte; den nach 24 h erhaltenen Zahlen spricht Margosches[10] eine gewisse Bedeutung für die Charakterisierung verschiedener Öle zu (sog. „Überjodzahl"). Bei Mineralölen versagen

---

[1] Aus historischen Gründen werden bei Erprobung neuer Jodzahlmethoden, soweit sie nicht an chemischen Individuen geprüft werden können, gewöhnlich die Hübl-Jodzahlen (S. 771) als Normen zugrunde gelegt.

[2] Th. Sabalitschka: Pharmaz. Ztg. **69**, 425, 742 (1924); über weitere Nachprüfungen der Methode s. H. Ostermann: ebenda **69**, 663 (1924), über ein ähnliches, als Mikromethode ausgebildetes Verfahren s. Toms: Analyst **53**, 69 (1928).

[3] H. P. Kaufmann u. E. Hansen-Schmidt: Arch. Pharmaz. u. Ber. Dtsch. pharmaz. Ges. **263**, 32 (1928).

[4] K. W. Rosenmund u. W. Kuhnhenn: Ber. **56**, 1262, 2042 (1922).

[5] H. P. Kaufmann u. Kormann: Ztschr. Unters. Lebensmittel **51**, 3 (1926).

[6] K. H. Bauer u. P. Manicke: Pharmaz. Zentralhalle **68**, 241 (1927); S. Juschkewitsch: Chem. Umschau Fette, Öle, Wachse, Harze **36**, 385 (1929).

[7] Winkler: Pharmacopoia Hungarica **3**, 11 (1909).

[8] Margosches u. Mitarb.: Ztschr. angew. Chem. **37**, 334, 982 (1924); Ber. **58**, 794 (1925); **59**, 375 (1926); **60**, 990 (1927); Margosches: Die Jodzahlschnellmethode und die Überjodzahl der Fette, unter Mitwirkung von L. Friedmann u. L. Herrmann-Wolf. Stuttgart: F. Enke 1927. Wässerige Halogenlösungen (JCl) wurden für die Jodzahlbestimmung zuerst von C. Aschmann: Chem.-Ztg. **22**, 59, 71 (1898), vorgeschlagen.

[9] Holde u. Gorgas: Ber. **58**, 1071 (1925).

[10] B. M. Margosches, L. Friedmann u. W. Tschörner: ebenda **58**, 794 (1925); vgl. auch Fußn. 8.

die meisten anderen Verfahren, mit Ausnahme des bei größerem Halogenüberschuß und längerer Einwirkungsdauer anscheinend doch gewisse Grenzwerte gebenden Hüblschen, fast vollkommen, weil bei fortgesetzter Halogeneinwirkung durch Substitution ständig steigende, keinen Grenzwert erreichende Jodzahlen erhalten werden[1]. Die Schnellmethode von Margosches ist aber in einer von Galle und Böhm[2] angegebenen Modifikation (S. 208) auch bei Mineralölen mit Erfolg verwendbar.

Nach van der Steur[3] führt die Reaktion zwischen ungesättigten Fetten bzw. Fettsäuren und Jodlösungen in CCl_4 zu einem von der Temperatur abhängigen Gleichgewicht. Bei Berechnung der Gleichgewichtskonstanten bei 0^0 ergab sich eine Konstanz nur bei reiner Öl-, Elaidin-, Eruca- und Brassidinsäure. Alle anderen untersuchten (nicht einheitlichen) Fette und Fettsäuren zeigten bei der Berechnung keine Konstanz, sondern eine stetige Veränderlichkeit der „Konstante", so daß das Verhalten ungesättigter Säuren gegenüber Jod-CCl_4-Lösungen zu ihrer Reinheitsprüfung dienen kann. Von den stereoisomeren Säuren addieren die Elaidinformen (Elaidin- und Brassidinsäure) so viel weniger Jod als Ölsäure bzw. Erucasäure, daß durch Berechnung der Gleichgewichtskonstante die isomeren Säuren nebeneinander in Gemischen quantitativ bestimmt werden können. Bei Verwendung von Benzol als Lösungsmittel fand van der Steur prinzipiell gleiche Verhältnisse, nur ist die Aktivität des Jods in diesem Fall viel geringer als in Tetrachlorkohlenstoff.

Chlorjod. Die 1884 von v. Hübl[4] eingeführte Jodzahlbestimmung mittels alkoholischer Jod-Quecksilberchloridlösung, durch welche diese Kennzahl allgemein in Aufnahme kam, beruhte, wie v. Hübl schon annahm und Ephraim[5] nachwies, auf der Bildung von JCl nach den Gleichungen:

$$HgCl_2 + J_2 = HgJCl + JCl \quad \text{oder} \quad HgCl_2 + 2\,J_2 = HgJ_2 + 2\,JCl.$$

Wegen der Zersetzlichkeit dieser Lösung, welche durch hydrolytische Spaltung des JCl durch das im Alkohol enthaltene Wasser und weitere Reaktion der entstandenen unterjodigen Säure mit Alkohol hervorgerufen wird:

$$JCl + H_2O \rightleftharpoons JOH + HCl$$
$$2\,JOH + C_2H_5OH = CH_3CHO + J_2 + 2\,H_2O,$$

muß die Hübl-Lösung immer erst 48 h vor Gebrauch aus den Komponenten gemischt werden (S. 771). Durch Zusatz starker Salzsäure nach Waller[6] wird die Hydrolyse des JCl zurückgedrängt, so daß die Wallersche Lösung haltbarer ist als die Hüblsche, sie gibt aber mitunter infolge teilweiser Addition von HCl an die Doppelbindungen zu niedrige Jodzahlen[7].

Die Hübl-Lösung erfordert bei 2std. Reaktionsdauer bei trocknenden Ölen 75% Überschuß an Halogen, berechnet auf die im ganzen benutzte Halogenmenge[8]. Bei nichttrocknenden Ölen kann dieser Überschuß wesentlich geringer sein.

Einen großen Fortschritt brachte die Verwendung einer fertigen, 0,2-normalen Lösung von JCl in Eisessig nach Wijs[9] (Herstellung s. S. 771), weil in dieser keine

<hr>

[1] L. Schmidt-Nielsen, A. W. Owe u. K. Haug: Die Bestimmung der Jodzahl II: Vergleichende Untersuchung über die Bestimmung der Jodzahl der Mineralöle; III: dgl. über die Säurebildung bei der v. Hüblschen Methode. Kristiania 1925. Vgl. auch Marcusson: Mitt. Materialprüf.-Amt Berlin-Dahlem **25**, 128 (1907); W. Röderer: Ztschr. angew. Chem. **33**, 235 (1920); Waterman u. Perquin: Rec. Trav. chim. Pays-Bas **40**, 677 (1921); Holde: Chem. Umschau Fette, Öle, Wachse, Harze **29**, 253 (1922).

[2] Galle u. Böhm: Erdöl u. Teer 8, 76, 91 (1932). Bei Asphalt versagte auch die Gallesche Methode, indem zunächst Substitution, dann auf Wasserzusatz wieder HJ-Abspaltung eintrat (vgl. S. 454).

[3] van der Steur: Rec. Trav. chim. Pays-Bas **46**, 278, 397, 409, 419 (1927).

[4] v. Hübl: Dinglers polytechn. Journ. **253**, 281 (1884).

[5] Ephraim: Ztschr. angew. Chem. **18**, 254 (1905).

[6] Waller: Chem.-Ztg. **19**, 1786, 1831 (1895).

[7] Meigen u. Winogradoff: Ztschr. angew. Chem. **27**, 241 (1914); Marcusson: Mitt. Materialprüf.-Amt Berlin-Dahlem **25**, 128 (1907).

[8] Holde: ebenda **9**, 81 (1891); **10**, 163 (1892).

[9] Wijs: Ber. **31**, 750 (1898); Analyst **54**, 12 (1929); C. **1929**, I, 1403. Die Verwendung von Eisessig als Lösungsmittel wurde zuerst von Henriques: Chem. Revue üb. d. Fett- u. Harzind. **5**, 120 (1898), vorgeschlagen.

Hydrolyse und besonders keine Oxydation des Lösungsmittels (im Gegensatz zu Alkohol) eintritt und die Lösung daher sehr haltbar ist. Das Verfahren ist in den für den Ölhandel wichtigsten außerdeutschen Ländern (z. B. England, Holland, USA.) maßgebend. Die erforderliche Einwirkungsdauer beträgt bei Fetten mit Jodzahl < 100 nur $1/4$—$1/2$ h, bei höherer Jodzahl — abgesehen von Elaeostearinsäure (s. o.) — 1—2 h. Die erhaltenen Werte sind bei Fetten zuverlässig, besonders wenn die Lösung etwa überschüssiges Jod (etwa 2%) enthält. In bestimmten Fällen, z. B. bei hydroaromatischen Verbindungen und bei Harzsäuren, tritt jedoch Substitution, nach Grün und Janko[1] vielleicht auch Aufspaltung von Brückenbindungen ein. Bei Cholesterin und Phytosterin gibt Wijssche Lösung, wie erwähnt, viel zu hohe Werte[2].

Daß aus Wijsscher Lösung (ebenso wie aus derjenigen von Hübl) JCl von den Fetten addiert wird, wurde durch präparative Aufarbeitung der Reaktionsprodukte wiederholt festgestellt[3]. Indessen nahm die Elaeostearinsäure bei vollständiger Absättigung (s. o.) nicht je 3 Cl- und J-Atome, sondern 5 Cl-Atome und nur 1 J-Atom auf. Dies geschieht nach Böeseken und Gelber[4] bei konjugierten Doppelbindungen (wie sie in der Elaeosterinsäure vorliegen) nach dem Schema $C:C \cdot C:C + 2\,ClJ \to CCl \cdot C:C \cdot CCl + J_2$; das JCl-Molekül wird also gewissermaßen in Chlor und Jod gespalten[5] und zuerst nur das aktivere Chlor addiert. Weiterhin wird dann Chlorjod im ganzen angelagert: $CCl \cdot C:C \cdot CCl + JCl \to CCl \cdot CCl \cdot CJ \cdot CCl$. Die Annahme von Wijs, daß aus der Chlorjodlösung durch Hydrolyse unterjodige Säure entstände und diese an die Doppelbindungen addiert würde, wurde von Ingle durch die präparative Darstellung der Reaktionsprodukte (s. o.) widerlegt.

Bromjod. Analog dem Chlorjodverfahren von Wijs ist das Bromjodverfahren von Hanuš[6], bei welchem durch $1/4$—1 std. Einwirkung einer 0,2-n Lösung von JBr in Eisessig auf das in Chloroform gelöste Fett bei allen normalen Fetten bzw. Fettsäuren quantitative Absättigung der Doppelbindungen (ohne Substitution) erzielt wird. (Ausnahmen sind auch hier wieder Elaeostearinsäure und Cholesterin.) Das Verfahren, welches sowohl durch Versuche an chemisch reinen ungesättigten Fettsäuren wie auch durch präparative Isolierung der JBr-Anlagerungsprodukte[7] geprüft wurde, ist als deutsche Einheitsmethode (Wizöff) anerkannt. Die Herstellung der Lösung ist einfacher als die der Wijs-Lösung, da JBr käuflich ist und nur in Eisessig gelöst zu werden braucht.

Wenig beachtet wurde bisher die große Bedeutung, die die Qualität des Eisessigs hat. Wasserhaltiger Eisessig läßt bei Fetten hoher Jodzahl viel schneller den Endwert erreichen als Eisessig von 100%. Erstere Lösungen sind aber weniger titerbeständig. Bei Elaeostearinsäure zeigte sich eine starke Abhängigkeit der Hanuš-Jodzahl vom Wassergehalt des Eisessigs, Art der Bereitung der Bromjodlösung, Reaktionsdauer und Belichtung[8].

Fehlerquellen der Jodzahlbestimmung. Die wahre Jodzahl. Die wichtigste Fehlerquelle, die Substitution, ist insbesondere bei Benutzung von CCl_4 als Lösungsmittel, von der Belichtung stark abhängig. Bei natürlichen Fetten spielt auch — was bisher nicht immer genügend beachtet wurde — die Substitution des Unverseifbaren eine große Rolle. Schwankungen von 1—2 Einheiten bei Anwendung verschiedener Methoden bei dem gleichen Fett beobachtet, sind häufig auf diese Fehlerquelle zurückzuführen, die aber bei Fetten mit hohem Gehalt an Unverseifbarem, z. B. Haifischleberölen, auch ganz erhebliche Unterschiede hervorrufen kann. Auch freies Glycerin kann durch Oxydation Halogen verbrauchen.

---

[1] Grün u. Janko: Chem. Umschau Fette, Öle, Wachse, Harze **26**, 20, 35 (1919).

[2] Holde u. Werner: Chem.-Ztg. **46**, 551 (1922).

[3] Henriques u. Künne (beim Mkanifett): Chem. Revue üb. d. Fett- u. Harzind. **6**, 91 (1899); s. auch R. Heise: Arbeiten aus dem Reichsgesundheitsamt **1896**, 540; **1897**, 306 und Chem. Revue üb. d. Fett- u. Harzind. **6**, 91 (1899); Ingle: Journ. Soc. chem. Ind. **21**, 587 (1902); **23**, 422 (1904); Böeseken u. Gelber: Rec. Trav. chim. Pays-Bas **46**, 158 (1927).

[4] Böeseken u. Gelber: l. c.   [5] Vgl. auch Meigen u. Winogradoff: l. c.

[6] Hanuš: Ztschr. Unters. Nahr.- u. Genußmittel **4**, 913 (1901).

[7] Holde u. Gorgas: l. c.

[8] Holde, Bleyberg u. Aziz: Farben-Ztg. **33**, 2480, 3141 (1928).

Falsche Jodzahlen können auch durch Wiederabspaltung von Halogen bzw. Halogenwasserstoffsäure (von Böeseken als „Zurücklaufen" der Jodzahl bezeichnet) verursacht werden. Letztere kann besonders als Folgereaktion bei den zur Durchführung der Jodzahlbestimmung erforderlichen Operationen (Zusatz von Wasser, KJ- und $Na_2S_2O_3$-Lösung), z. B. durch Austausch von J gegen OH eintreten, wie sich bei den erwähnten Arbeiten von Holde, Bleyberg und Aziz über die Jodzahl der Elaeosterainsäure zeigte. Die nachträgliche Abspaltung von Halogenwasserstoff bildet eine besondere Fehlerquelle derjenigen Verfahren, bei welchen die sog. „wahre", d. h. auf wirklicher Addition an Doppelbindungen beruhende Jodzahl durch Bestimmung der durch etwaige Substitutionsreaktionen gemäß $RH + Hal_2 \rightarrow RHal + HHal$ entstandenen freien Halogenwasserstoffsäure HHal ermittelt werden soll[1].

In einer sehr eingehenden vergleichenden Prüfung der Verfahren von v. Hübl, Waller, Wijs, Hanuš und Winkler, bei welcher die Einflüsse der Einwirkungsdauer und des Halogenüberschusses, zum Teil auch diejenigen der Zusammensetzung der Halogenlösung und der Belichtung, in etwa 3000 Einzelversuchen studiert wurden, stellen S. Schmidt-Nielsen und A. W. Owe[2] fest, daß von den genannten Verfahren nur dasjenige von v. Hübl bei Anwendung einer besonderen, von den Autoren angegebenen Formel konstante Werte ergibt. Bei den anderen Verfahren sind die Resultate von Halogenüberschuß oder Einwirkungsdauer oder beiden Faktoren zugleich sehr stark abhängig; so gibt die Hanuš-Lösung je nach dem Halogenüberschuß gegenüber v. Hübl zu niedrige, richtige oder zu hohe, die Wijs-Lösung stets zu hohe, die Waller-Methode stets zu niedrige Werte; bei vergrößerter Einwirkungsdauer steigen die Zahlen sowohl bei Wijs wie bei Waller ständig an, während sie bei Hanuš verhältnismäßig schnell einen Grenzwert erreichen. Die Winklersche Methode gibt infolge Substitution, Bromverlusts und Lichtempfindlichkeit (Titerrückgang) nur ganz unsichere Werte.

Eine geringe Steigerung der Jodzahl (Wijs und Hanuš) stellten Stewart und Banerjea[3] fest, wenn die Reaktionstemperatur von $+ 2^0$ auf $+ 35^0$ (die im indischen Laboratorium herrschende Durchschnittstemperatur) gesteigert wurde.

Bestimmungsweise.

Prinzipiell gleichmäßig wird bei den meisten Verfahren der Halogenadditionsbestimmung, auch bei der Bestimmung der Rhodanzahl, folgendermaßen gearbeitet:

Eine genau gewogene Fettmenge (0,1—1 g, um so weniger, je größer die erwartete Jodzahl ist) wird in einem „Jodkolben"[4] (200-ccm-Erlenmeyerkolben mit gut eingeschliffenem Stopfen) in 10 ccm eines indifferenten Lösungsmittels ($CHCl_3$, CCl_4 u. dgl.) gelöst und mit einem genügenden Überschuß des jeweils vorgeschriebenen Halogenierungsmittels versetzt. Nach genügend langer Einwirkung, welche bei manchen Verfahren im Dunkeln stattfinden muß, wird der Halogenüberschuß durch Zusatz von wässeriger KJ-Lösung (unter Abspülen des Schliffes und Stopfens) zu freiem Jod umgesetzt und dieses mit 0,1-n Na-Thiosulfat (Stärkelösung als Indicator) titriert. Der Titer der zugesetzten Halogenlösung wird durch einen gleichzeitig angesetzten Blindversuch ermittelt. Beträgt die Einwaage e g Substanz, der Thiosulfatverbrauch im Blindversuch a ccm, im Hauptversuch b ccm, so berechnet sich die Jodzahl zu

$$\text{Jodzahl} = 1{,}2692\ (a-b)/e.$$

---

[1] S. auch Verfahren v. Mc Ilhiney, Meigen u. Winogradoff, Holde, Bleyberg und Aziz, S. 772/73.

[2] S. Schmidt-Nielsen u. A. W. Owe: Videnskapsselskapets Skrifter I. Mat.-Naturv. Klasse, 1923. Nr. 15 (Kristiania).

[3] Stewart u. Banerjea: Indian Journ. med. Res. **15**, 687 (1928).

[4] Oder einer farblosen Flasche mit gut eingeschliffenen Stopfen.

Besondere Vorschriften für die einzelnen Methoden:

1. **Hanuš-Methode** (Deutsche Einheitsmethode, Wizöff). Halogenlösung: 10 g käufliches JBr in 500 ccm Eisessig (etwa 0,2-n). Einwaage etwa 25,4/JZ. g oder bei Jodzahl $> 120 = 0,1$—0,2 g, bei Jodzahl 60—120 $= 0,2$—0,4 g, bei Jodzahl $< 60 = 0,4$—0,8 g. Lösungsmittel 10 ccm $CHCl_3$. 25 ccm JBr-Lösung $^1/_4$ h, bei Jodzahl > 120 etwa $^3/_4$ h einwirken lassen, 15 ccm 10%ige KJ-Lösung und 50 ccm H_2O zusetzen, mit 0,1-n $Na_2S_2O_3$ titrieren. Berechnung wie oben.

2. **Brommethode von Kaufmann** (2. deutsche Einheitsmethode, Wizöff). Halogenlösung: Methanol (technisch, über CaO destilliert, oder reine Markenware) bei Zimmertemperatur mit bei 130^0 getrocknetem NaBr sättigen (etwa 12—15% NaBr), vom Ungelösten dekantieren, zu je 1 l der klaren Lösung 5,2 ccm Brom („zur Analyse") aus einer Bürette mit Glasstopfen zugeben. (Das Brom wird anscheinend zu einer Additionsverbindung $NaBr\text{-}Br_2$ gebunden[1], da die Lösung nicht nach Brom riecht und somit gut pipettierbar und titerbeständig ist.) Bei etwaigem Titerrückgang wieder Brom zusetzen. Einwaage: bei Jodzahl $< 120 = 0,1$—0,2 g, bei Jodzahl 60—120 etwa 0,2 g, bei Jodzahl 20—60 $= 0,3$—0,5 g, bei Jodzahl < 20 0,5—1,0 g. Lösungsmittel 10 ccm $CHCl_3$. 25 ccm Bromlösung 30 min, bei hoher Jodzahl bis 2 h bei Zimmertemperatur (bzw. 30 min bei 40—50^0) einwirken lassen, 15 ccm 10%ige KJ-Lösung zusetzen. Titration und Berechnung wie oben.

3. **Wijs-Methode** (Vorschrift der „Liverpool United General Produce Association Ltd."). Halogenlösung: 7,5 g JCl_3 (käufl.) in Eisessig (mindestens 95% CH_3COOH), evtl. unter Erwärmen (Wasserbad), lösen, 8,2 g resublimiertes J unter Erwärmen zusetzen, nach Lösung mit Eisessig auf 1 l auffüllen. Lösung nach Ansetzen vor Gebrauch 24 h stehen lassen oder kurze Zeit in kochendes Wasser tauchen, worauf sie nach Abkühlen sofort gebrauchsfertig ist. Einwaage: bei hoher Jodzahl 0,15 g, bei kleinerer Jodzahl entsprechend mehr (bis 1,0 g); Lösungsmittel: 10 ccm $CHCl_3$ oder CCl_4, die nicht mehr JCl verbrauchen dürfen, als 0,2 ccm 0,1-n $Na_2S_2O_3$ entspricht. 25 ccm JCl-Lösung 1 h, bei sehr hoher Jodzahl (z. B. bei Leinöl) 3 h einwirken lassen (Stopfen des Jodkolbens mit KJ-Lösung befeuchten, damit kein Chlor oder JCl entweicht), 15 ccm 10%ige KJ-Lösung und 100 ccm H_2O zusetzen. Titration und Berechnung wie oben.

4. **Methode von A. v. Hübl** (Deutsche zollamtliche Methode und Codex Austriacus). Reaktionslösungen: 25 g J, gelöst in 500 ccm reinem, 95% vol.-%igem Alkohol und 30 g $HgCl_2$, gelöst in 500 ccm ebensolchen Alkohols. Die Lösungen sind mindestens 48 h vor Gebrauch zu gleichen Teilen zu mischen; 25 ccm des Gemisches sollen wenigstens 30 ccm 0,1-n $Na_2S_2O_3$ entsprechen. Einwaage bei nichttrocknenden Ölen etwa 0,3—0,5 g, bei trocknenden Ölen etwa 0,2 g, bei festen Fetten etwa 0,8 g. Lösungsmittel: 10 ccm $CHCl_3$ oder CCl_4. 25 ccm Jodlösung bei Fetten und nichttrocknenden Ölen 3—4 h, bei trocknenden Ölen 18 h im Dunklen einwirken lassen, 20 ccm 10%ige KJ-Lösung und 130 ccm H_2O zusetzen. Titration und Berechnung wie oben.

5. **Schnellmethode von B. M. Margosches.** Jodlösung: 25,4 g Jod in 1 l 96%igem Alkohol lösen (0,2-n). Einwaage 0,10—0,15 g. Lösungsmittel 10 ccm absoluter Alkohol. Jodkolben oder Schliffflasche von 500 ccm benutzen. Öle bei Zimmertemperatur, feste Fette[2] unter Erwärmen auf etwa 50^0 (Wasserbad) lösen. Eine nach dem Erkalten auftretende Trübung (von ausgeschiedenem Fett) schadet nichts, jedoch dürfen keine Fetttröpfchen mehr vorhanden sein. 20 ccm Jodlösung zugeben, kurz umschütteln, 200 ccm H_2O zusetzen, umschwenken, 3—5 min lang einwirken lassen, Jodüberschuß ohne KJ-Zusatz mit 0,1-n $Na_2S_2O_3$ zurücktitrieren. Berechnung wie oben.

---

[1] H. P. Kaufmann: Ztschr. Unters. Lebensmittel **51**, 5 (1926).

[2] In Alkohol sehr wenig lösliche Fette, z. B. Hartfette, verwandelt man nach W. Czerny: Ztschr. Dtsch. Öl-Fettind. **44**, 605 (1924), in die leichtlöslichen Äthylester, indem man die Einwaage mit 1—2% HCl enthaltendem Alkohol so lange erhitzt, bis beim Erkalten keine Krystalle mehr auftreten. Die so erhaltene Lösung reagiert bei der nachfolgenden Behandlung nach dem Verfahren von Margosches quantitativ.

6. **Bromatmethode von Winkler** (D.A.B. 6). Halogenlösung: wässerige 0,1-n $KBrO_3$-Lösung. Einwaage: bei Jodzahl 150—200 = 0,15—0,20 g, bei Jodzahl 100—150 = 0,2—0,3 g, bei Jodzahl 50—100 = 0,3—0,6 g, bei Jodzahl 20—50 = 0,6—1,0 g, bei Jodzahl < 20 = 1—2 g. Lösungsmittel: 10 ccm CCl_4. Zur Lösung des Öles 50 ccm $KBrO_3$-Lösung, 1 g grob gepulvertes KBr und 10 ccm Salzsäure (12,5% HCl) zugeben, Kolben schnell verschließen (Stopfen mit konz. Phosphorsäure abdichten), bis zur Lösung des KBr kräftig umschütteln, 2 h im Dunkeln stehen lassen, in der ersten Stunde wiederholt umschütteln. Bei sehr hoher Jodzahl (trocknende Öle und Trane) 20 h einwirken lassen. Zusatz von KJ und H_2O sowie Titration mit $Na_2S_2O_3$ können wie bei den übrigen Verfahren erfolgen, jedoch schreibt das D.A.B. 6 zur Ersparung des KJ folgende Titrationsmethode vor[1]:

Nach beendigter Bromeinwirkung genau 10 ccm etwa 0,5-n $NaAsO_2$-Lösung zusetzen, bis zur Entfärbung umschütteln, 20 ccm rauchender Salzsäure zugeben und mit 0,1-n $KBrO_3$ bis zum Auftreten einer blaßgelben Färbung titrieren (bei gutem, auffallendem Tageslicht gegen einen rein weißen Hintergrund zu beobachten); bei ungünstiger Beleuchtung als Indicator 3 Tropfen 0,2%iger Indigocarminlösung zugeben, die durch das bei Beendigung der Titration freiwerdende Brom entfärbt wird. Der Blindversuch ist mit nur 25 ccm $KBrO_3$-Lösung anzusetzen, im übrigen aber genau so durchzuführen. Die Berechnung der Jodzahl weicht bei dieser Arbeitsweise von den sonstigen Verfahren ab. Werden zur Titration des $NaAsO_2$ im Hauptversuch a ccm, im Blindversuch b ccm 0,1-n $KBrO_3$ verbraucht, so wird

$$JZ. = 1,2692\,[(50 + a) - (25 + b)]/e = 1,2692\,(25 + a - b)/e.$$

$(a - b)$ soll annähernd 0 betragen, d. h. der angewandte Halogenüberschuß soll ungefähr gleich der von dem Fett aufgenommenen Halogenmenge sein; andernfalls ist der Versuch — wenigstens bei höheren Jodzahlen — unter Verwendung entsprechend geänderter Fettmengen zu wiederholen.

Verfahren zur Bestimmung von addiertem und substituiertem (bzw. wieder abgespaltenem) Halogen nebeneinander.

1. **Verfahren von Mc Ilhiney**[2], beruht auf der jodometrischen Bestimmung der durch Substitution nach der Gleichung $RH + Br_2 = RBr + HBr$ freigewordenen Bromwasserstoffsäure bei Verwendung absolut neutraler Reagentien (Brom in CCl_4). Zur Vermeidung von Brom- bzw. HBr-Verlusten werden Jodkolben benutzt, die statt durch Stopfen durch eingeschliffene, zweimal rechtwinklig gebogene, mit einem Hahn versehene Glasrohre verschlossen sind[3].

Die Substanz (0,25—1 g) wird in 10 ccm CCl_4 gelöst; dann setzt man 20 ccm einer $^n/_3$ Br-Lösung im gleichen Lösungsmittel hinzu und läßt im Dunkeln 18 h stehen. Ein Blindversuch wird in gleicher Weise angesetzt. Durch Einstellen des Gefäßes in eine Kältemischung erzeugt man nun Unterdruck, taucht den seitlichen Ansatz in destilliertes Wasser und saugt durch Öffnen des Hahnes etwa 25 ccm H_2O ein. Hierauf schließt man den Hahn, schüttelt um, setzt 20—30 ccm 10%ige jodatfreie KJ-Lösung und 75 ccm H_2O hinzu und titriert zunächst wie gewöhnlich mit $Na_2S_2O_3$. Die übliche Berechnung ergibt die „scheinbare" Jodzahl.

Zu der austitrierten Lösung (ebenso zur Blindprobe) gibt man 5 ccm 2%iger KJO_3-Lösung, welche mit dem in der Lösung befindlichen HBr und KJ wie folgt reagiert:

$$KJO_3 + 5\,KJ + 6\,HBr = 3\,J_2 + 6\,KBr + 3\,H_2O.$$

Das nunmehr freigewordene Jod wird wieder mit 0,1-n $Na_2S_2O_3$ titriert. Da jedes Mol HBr einem zur Substitution verbrauchten Mol Br_2 entspricht, während es nach vorstehender Gleichung nur 1 Atom J freimacht, so ist die bei der letzten

---

[1] Winkler: Ztschr. Unters. Nahr.- u. Genußmittel **43**, 201 (1922).

[2] Mc Ilhiney: Journ. Amer. chem. Soc. **16**, 275 (1894); **21**, 1087 (1899); **24**, 1109 (1902).

[3] Vgl. H. Meyer: Analyse und Konstitutionsermittlung, 4. Aufl., 1922. S. 1126. (Die Verwendung dieser Kolben ist nicht von Mc Ilhiney selbst vorgeschlagen worden.)

Titration verbrauchte Anzahl Kubikzentimeter $Na_2S_2O_3$ zur Berechnung des auf Substitution entfallenden Bromverbrauches zu verdoppeln. Beträgt also der Thiosulfatverbrauch für Blind- bzw. Hauptprobe vor dem Jodatzusatz a bzw. b ccm, nach dem Jodatzusatz c bzw. d ccm, so wird die wahre (nur auf Addition beruhende)

$$JZ. = 1{,}2692\,[(a - b) - 2\,(d - c)]/e.$$

Ganz analog verfahren Meigen und Winogradoff[1], nur unter Verwendung einer 0,2-n Lösung von JCl in CCl_4, welche wegen der geringeren Flüchtigkeit des Halogens die Benutzung der beim vorigen Verfahren angegebenen besonderen Kolben entbehrlich macht.

2. Verfahren von Holde, Bleyberg und Aziz[2], auch bei Verwendung nicht neutraler Reagentien (z. B. Eisessig) anwendbar, da nicht die entstandene freie Säure, sondern die gesamte, nicht vom Fett gebundene Halogenmenge bestimmt wird.

Im Anschluß an die gewöhnliche Jodzahlbestimmung (z. B. nach Hanuš), bei welcher aber die zugesetzte KJ-Lösung (15 ccm) genau abzumessen ist, trennt man die Chloroformlösung des halogenierten Fettes im Scheidetrichter von der wässerigen Titrationsflüssigkeit, wäscht die Chloroformschicht wiederholt mit Wasser und vereinigt die Waschwässer mit der abgetrennten wässerigen Schicht, welche nunmehr die gesamte, in Form der Hanuš-Lösung usw. zugesetzte Halogenmenge enthält, soweit sie nicht vom Fett gebunden wurde. Die vereinigten wässerigen Lösungen werden zur Entfernung von Chloroformresten mit Petroläther ausgeschüttelt und in einem Meßkolben mit Wasser auf 500 ccm aufgefüllt. 100 ccm dieser Lösung werden mit 25 ccm 0,2-n $AgNO_3$ versetzt, wodurch das Halogen als Halogensilber, ferner das bei der Titration gebildete Tetrathionat als Ag_2S gefällt wird. Zur Zerstörung des letzteren kocht man die Lösung nebst Niederschlag mit überschüssiger konz. Salpetersäure, bis der anfangs schwarzbraune Niederschlag rein gelb geworden ist, und titriert nach Abkühlen auf Zimmertemperatur den Silberüberschuß mit 0,1-n NH_4SCN (Indicator Eisenalaun) zurück. Der Blindversuch wird genau so durchgeführt.

Berechnung. Die Differenz zwischen Blind- und Hauptversuch (Einwaage e g) betrage bei der Titration mit 0,1-n $Na_2S_2O_3$ c ccm, bei der Titration mit 0,1-n NH_4SCN d ccm. Hat weder Substitution noch Halogenwasserstoffabspaltung stattgefunden, so muß $c = 5\,d$ sein, andernfalls wird $c > 5\,d$. Die von e g Substanz tatsächlich gebundene Halogenmenge entspricht $5\,d$ ccm 0,1-n Lösung, Differenz $c - 5\,d$ der durch Substitution oder Abspaltung freigewordenen Halogenwasserstoffmenge. Falls außer Halogenaddition nur noch Substitution — keine Abspaltung — erfolgt ist, so wird die auf reiner Addition beruhende

$$\text{wahre Jodzahl} = [c - 2\,(c - 5\,d)]/e = (10\,d - c)/e.$$

Ob das Auftreten von Halogenwasserstoffsäure im einzelnen Fall von Substitution oder Abspaltung herrührt, ist bei diesem Verfahren ebensowenig feststellbar wie bei demjenigen von McIlhiney. Nur wenn die wie oben berechnete „wahre" Jodzahl negativ, d. h. $c > 10\,d$ wird, ist Abspaltung sicher bewiesen, aber ihrem Betrag nach nicht berechenbar (s. o. „Zurücklaufen" der Jodzahl).

β) Rhodanzahl.

Neben einer vollständigen Absättigung aller Doppelbindungen (Jodzahl) versuchte H. P. Kaufmann, auch eine selektive Absättigung eines bestimmten Teiles der Doppelbindungen (z. B. bei Linolsäure 1 von 2, bei Linolensäure 1 oder 2 von 3) zu erreichen, und zwar durch Verringerung der Aktivität des Halogens. Dies gelang z. B. bei der Elaeostearinsäure durch folgende Variation der Versuchsbedingungen[3]:

---

[1] Meigen u. Winogradoff: Ztschr. angew. Chem. **27**, 241 (1914).
[2] Holde, Bleyberg u. Aziz: Farben-Ztg. **33**, 3141 (1928).
[3] H. P. Kaufmann: Ber. **62**, 392 (1929).

Durch eine Lösung von Brom in CCl_4 wurden bei gleichzeitiger Bestrahlung mit ultraviolettem Licht alle 3, bei Lichtabschluß nur 2 Doppelbindungen abgesättigt; nur 1 Mol Halogen wurde aus einer durch Zusatz von Jod in ihrer Wirksamkeit weiter geschwächten Kaufmannschen Brom-Natriumbromid-Methanollösung (s. S. 771) aufgenommen.

Während sich diese Bestimmung der „partiellen Jodzahl" mittels Brom bisher nicht weiter in die Praxis eingeführt hat, ist die gleichfalls von Kaufmann ausgearbeitete Methode der partiellen Jodzahlbestimmung durch Addition von Rhodan (sog. Rhodanzahl) ein überaus wichtiges Hilfsmittel der Fettanalyse geworden.

Rhodan $(SCN)_2$, das Radikal der Rhodanwasserstoffsäure, zuerst von E. Söderbäck[1] in freiem Zustand isoliert, zeigt in seinem chemischen Verhalten große Ähnlichkeit mit den Halogenen, so daß es geradezu als „Pseudohalogen" bezeichnet wurde. In seiner Stärke steht es zwischen Brom und Jod, macht also aus Jodiden Jod frei, während es selbst aus seinen Salzen durch Brom in Freiheit gesetzt wird. Letzteres Verhalten dient zu seiner Herstellung, z. B. nach Söderbäck durch Umsetzung von $Pb(SCN)_2$ mit Br_2 in Gegenwart eines indifferenten Lösungsmittels (CCl_4):

$$Pb(SCN)_2 + Br_2 = PbBr_2 + (SCN)_2.$$

Nach Abfiltrieren des unlöslichen $PbBr_2$ kann aus der CCl_4-Lösung bei genügender Konzentration durch Abkühlung das freie Rhodan in Form weißer Krystalle vom Schmelzpunkt -3° erhalten werden.

Die praktische Verwendung des Rhodans wird erschwert durch seine Neigung zur Polymerisation unter Abscheidung amorpher gelber bis roter Massen und zur Hydrolyse gemäß $3(SCN)_2 + 4H_2O = 5HSCN + HCN + H_2SO_4$, welche schon durch Spuren Wasser bewirkt wird. Trotzdem kann man bei sorgfältigem Feuchtigkeitsabschluß genügend haltbare Rhodanlösungen herstellen (s. u.). Auch der Titer solcher Lösungen läßt sich — analog demjenigen anderer Halogenlösungen — durch Umsetzung mit wässeriger KJ-Lösung zu KSCN und J_2 und Titration des Jods bestimmen, da durch genügenden KJ-Überschuß und rasches Arbeiten die Hydrolyse des Rhodans vermieden werden kann[2].

Gegenüber ungesättigten Verbindungen zeigt in wasserfreiem Eisessig gelöstes Rhodan die oben erwähnte, erwünschte Eigenschaft, sich selektiv nur an bestimmte Doppelbindungen anzulagern[3]. Die Bestimmung läßt sich prinzipiell genau wie eine Jodzahlbestimmung durchführen; die analog berechnete Kennzahl wird Rhodanzahl (RhZ.) genannt und wie die Jodzahl in Äquivalenten Jod ausgedrückt. Indem man nun bei einer gegebenen Substanz sowohl die Jodzahl wie auch die Rhodanzahl bestimmt, kann man häufig die Zusammensetzung von Gemischen ungesättigter organischer Verbindungen durch einfache Titrationen quantitativ ermitteln (Formeln s. u.).

---

[1] E. Söderbäck: Diss. Upsala 1918; Liebigs Ann. **419**, 217 (1919).

[2] Über weitere Reaktionen des Rhodans, z. B. mit Thiosulfat und mit H_2S, s. H. P. Kaufmann u. E. Richter: Ber. **57**, 932 (1924).

[3] H. P. Kaufmann u. J. Liepe: Ber. Dtsch. pharmaz. Ges. **33**, 139 (1923); Kaufmann: Ztschr. Unters. Lebensmittel **51**, 15 (1926), und zahlreiche weitere Arbeiten.

Unter den Bedingungen der Rhodanometrie reagieren die Säuren mit Acetylenbindung, Stearolsäure und Behenolsäure, mit Rhodan nicht. Quantitativ werden die einfach ungesättigten Säuren durch Rhodan abgesättigt, also Ölsäure, Elaidinsäure, Erucasäure, Brassidinsäure, Ricinolsäure, Petroselinsäure[1]. Bei diesen Säuren (natürlich ebenso bei ihren Estern, z. B. den Glyceriden) ist also RhZ. = JZ. Viel interessanter sind aber die Fälle partieller Addition: Linolsäure addiert Rhodan nur an eine von zwei Doppelbindungen[2], so daß also die Rhodanzahl (rund 90) gleich der Hälfte der Jodzahl (rund 180) wird. Elaeostearinsäure lagert Rhodan an eine von drei Doppelbindungen, Linolensäure an zwei von drei Doppelbindungen an. Dieser Nachweis konnte unter Benutzung der reinen Säuren und ihrer Ester geführt werden, mit Ausnahme der Linolensäure. Letztere ist in unverändertem Zustand noch nicht isoliert worden, so daß der Beweis indirekt zu führen war[3].

Auf Grund der vorstehenden Feststellungen läßt sich nach Kaufmann der Gehalt eines Gemisches aus gesättigten Säuren (G), Ölsäure (O)[4], Linolsäure (L) und Linolensäure (Le) an den einzelnen Komponenten direkt aus Jodzahl und Rhodanzahl nach folgenden Formeln berechnen[5]:

I. Bei Fetten, die neben gesättigten Bestandteilen nur Ölsäure und Linolsäure enthalten:

$$\text{Ia. Glyceride} \begin{cases} G = 100 - 1{,}158\ \text{RhZ.} \\ O = 1{,}162\ (2\ \text{RhZ.} - \text{JZ.}) \\ L = 1{,}154\ (\text{JZ.} - \text{RhZ.}). \end{cases}$$

Enthalten die zu untersuchenden Fette mehr als 1 % Unverseifbares, so sind die Fettsäuren abzuscheiden und ihre Rhodan- und Jodzahl zu bestimmen; in diesem Fall sind folgende Formeln zu benutzen:

$$\text{Ib. Fettsäuren} \begin{cases} G = 100 - 1{,}108\ \text{RhZ.} \\ O = 1{,}112\ (2\ \text{RhZ.} - \text{JZ.}) \\ L = 1{,}104\ (\text{JZ.} - \text{RhZ.}). \end{cases}$$

II. Bei Fetten, die außerdem noch Linolensäure enthalten, müssen die gesättigten Anteile auf präparativem Wege bestimmt werden (vorteilhaft nach der Methode von Bertram, s. S. 704); die übrigen Bestandteile berechnen sich dann aus JZ. und RhZ. des ursprünglichen Fettes nach folgenden Gleichungen[6]:

$$\text{IIa. Glyceride} \begin{cases} O = (100 - G) - 1{,}154\ (\text{JZ.} - \text{RhZ.}) \\ L = (100 - G) - 1{,}154\ (2\ \text{RhZ.} - \text{JZ.}) \\ Le = -(100 - G) + 1{,}154\ \text{RhZ.} \end{cases}$$

---

[1] Die Rhodanide der Elaidin-, Eruca- und Brassidinsäure wurden krystallisiert dargestellt; s. Kimura: Chem. Umschau Fette, Öle, Wachse, Harze **37**, 72 (1930); Kaufmann: ebenda **37**, 113 (1930); Holde: ebenda **37**, 173 (1930).

[2] Kaufmann: Arch. Pharmaz. u. Ber. Dtsch. pharmaz. Ges. **263**, 701 (1925); bestätigt von Stadlinger u. Tschirch: Chem.-Ztg. **51**, 667, 686 (1927); Bertram u. Waterman: Journ. Soc. chem. Ind. **59**, 50 (1929); Kimura: Journ. Soc. chem. Ind. (Jap.) **1929**, Suppl., 141, 187.

[3] H. van der Veen: ebenda **38**, 119, 278 (1931), bestreitet die Richtigkeit dieser Berechnung bei Linolensäure. Vgl. hierzu Kaufmann u. Keller: ebenda **38**, 203, 294 (1931).

[4] An die Stelle der gewöhnlichen Ölsäure können auch isomere Ölsäuren treten, sofern ihre Jodzahl gleich ihrer Rhodanzahl ist.

[5] In Gleichung Ia und IIa bezeichnen die Symbole O, L, Le die Glyceride der betreffenden Säuren, in den Gleichungen Ib und IIb die Fettsäuren selbst.

[6] Die Formeln IIa und IIb haben zur Voraussetzung, daß tatsächlich, entsprechend Kaufmanns Annahme, eine Addition des Rhodans an zwei Doppelbindungen der Linolensäure erfolgt (vgl. Fußn. 3).

Unter den Voraussetzungen der Gleichung I b berechnen sich die prozentualen Mengen der einzelnen Bestandteile nach den Gleichungen:

$$\text{II b. Fettsäuren} \begin{cases} O = (100-G) - 1{,}104 \ (JZ.-RhZ.) \\ L = (100-G) - 1{,}104 \ (2\ RhZ.-JZ.) \\ Le = -(100-G) + 1{,}104\ RhZ. \end{cases}$$

Die Analyse II b ist vorzuziehen, da man zur Bestimmung der gesättigten Anteile die Gesamtfettsäuren in jedem Fall abtrennen muß.

Bestimmung der Rhodanzahl (Vorschrift der „Wizöff").

Reagentien. Bleirhodanid (bei Lichtabschluß aufzubewahren, zweckmäßig in braunem Exsiccator [1]), Eisessig, 99—100%ig, Tetrachlorkohlenstoff, Brom „pro analysi", Essigsäure-anhydrid für a) oder Phosphorpentoxyd für b), Kaliumjodidlösung 10%ig, 0,1-n Natriumthiosulfatlösung, Stärkelösung 0,5%ig.

Herstellung der Rhodanlösung: Als Lösungsmittel dient Eisessig, bzw. für in Eisessig allein schwerlösliche Fette (Hartfette, Kakaobutter u. dgl.) ein Gemisch von Eisessig mit CCl_4. Infolge der großen Empfindlichkeit des Rhodans gegen Feuchtigkeit und Verunreinigungen der Lösungsmittel (Gefahr der Hydrolyse oder Polymerisation des Rhodans) müssen die Reagentien von größter Reinheit sein. Zur völligen Entwässerung kann Essigsäure-anhydrid (a) oder Phosphorpentoxyd (b) angewendet werden. Ersteres Verfahren ist als einfacher vorzuziehen.

a) Eisessig (99—100%) wird mit 10% frisch destilliertem Essigsäure-anhydrid versetzt. Eine Destillation der Mischung ist unnötig. Zur besseren Lösung schwerlöslicher Fette wird der Eisessig mit 30% reinem, über P_2O_5 destilliertem CCl_4 versetzt. Die Lösung wird in 200-ccm-Flaschen mit gut eingeschliffenen Glasstopfen gefüllt. Man schüttet in je 200 ccm 6 g Bleirhodanid (Handwaage) und läßt die Flaschen mindestens 8 Tage bei Lichtabschluß stehen. Wenn Rhodanlösung benötigt wird, läßt man aus einer Bürette 0,6 ccm Brom in jede Flasche fließen und schüttelt bis zur Entfärbung. Man läßt absetzen und filtriert durch einen bei 100° getrockneten Trichter mit Doppelfilter. Die erhaltene Rhodanlösung soll wasserhell sein. Bei sorgfältiger Aufbewahrung ist sie bis zu 1 Woche haltbar. Veränderung gibt sich durch Gelbfärbung und Abscheidung gelber oder roter Polymerisationsprodukte zu erkennen.

b) Eisessig (99—100%) wird unter Zusatz von 10% P_2O_5 destilliert und die Fraktion mit Siedepunkt 118—120° aufgefangen. Um 500 ccm Rhodanlösung zu gewinnen, versetzt man 250 ccm des destillierten Eisessigs in einer gut schließenden Schliffflasche mit 15 g Bleirhodanid (Handwaage), das mindestens 8 Tage lang im braunen Exsiccator (bei Lichtabschluß) über P_2O_5 gestanden hat. Dazu werden 4 g (= 1,3 ccm) Brom („zur Analyse"), in 250 ccm des wasserfreien Eisessigs gelöst, allmählich zugegeben. Bei gutem Schütteln entfärbt sich die Lösung. Man läßt absitzen und filtriert wie bei a.

Ausführung der Bestimmung. Zweckmäßig wird die Rhodanlösung aus einer in 0,05 ccm geteilten Bürette entnommen. Zur Titerstellung läßt man 20 ccm Rhodanlösung in einen sorgfältig getrockneten Jodkolben fließen, dazu aus einem weiten Meßzylinder in schnellem Guß etwa 20 ccm wässerige 10%ige KJ-Lösung, schwenkt gut um, verdünnt mit etwa gleicher Menge Wasser und titriert das ausgeschiedene Jod mit 0,1-n $Na_2S_2O_3$. Zwei in der beschriebenen Weise mit je 20 ccm Rhodanlösung beschickte Jodkolben bleiben zum Blindversuch während der Rhodanzahlbestimmung stehen. Der Titer soll nach 24 h unverändert sein.

Zur Analyse der Fette wägt man in einem Miniaturbecherglas bei Fetten mit hoher Jodzahl etwa 0,1—0,12 g, bei Fetten mittlerer Jodzahl 0,2—0,3 g, bei

---

[1] Die Qualität des Bleirhodanids ist für die Haltbarkeit der Rhodanlösung sehr wichtig. Basisches Rhodanid stört sehr. Steht kein einwandfreies Präparat zur Verfügung, so fällt man Lösungen von chemisch reinem Bleiacetat und Ammoniumrhodanid in der Kälte, saugt ab und wäscht mit schwach essigsaurem Wasser gut nach. Der Rückstand wird nach scharfem Abpressen in Essigsäure-anhydrid entwässert und im braunen Exsiccator über P_2O_5 aufbewahrt.

Fetten kleinster Jodzahl 0,5—1 g ab. Die Bechergläschen werden in die Jodkolben gebracht, in die man dann aus einer Bürette je 20 ccm, bei Fetten hoher Jodzahlen (linolensäurehaltigen Ölen) 40 ccm Rhodanlösung (oder 20 ccm $^n/_{7,5}$-Rhodanlösung) fließen läßt. Die Lösungen, die nach und nach gelbe Rhodanierungsprodukte der Fette abscheiden, bleiben 24 h im Dunkeln stehen. Dann gießt man unter kräftigem Schütteln in einem Schuß 10%ige KJ-Lösung dazu, deren Menge ungefähr gleich derjenigen der angewendeten Rhodanlösung sein soll, verdünnt mit der gleichen Menge Wasser und titriert das ausgeschiedene Jod mit 0,1-n $Na_2S_2O_3$ zurück. Berechnung genau wie bei der Jodzahl (s. S. 770).

i) Hexabromidzahl.

Unter Hexabromidzahl versteht man die nach folgendem Verfahren[1] aus 100 g Fettsäuren gefällte Menge Hexabromid; sie ist ein Maß für den Gehalt der Öle an Linolensäure und kann in Ergänzung der Jodzahlbestimmung in besonderen Fällen (s. u.) zur Prüfung der Reinheit bzw. der Verarbeitungsstufe (Firniskochung) eines Leinöls herangezogen werden. Je länger und höher ein Leinöl bei der Firnisbereitung gekocht wurde, desto niedriger ist die Hexabromidzahl (statt 50—58 nur 46,7 bis herab zu 39,7). Standöle, d. h. polymerisierte Leinöle (s. S. 910), haben Hexabromidzahlen von 2—0, obwohl die Jodzahl 100—126 beträgt, woraus hervorgeht, daß beim Einkochen hauptsächlich die Linolensäure verändert wird.

Tabelle 170. Hexabromidzahlen einiger Öle[2].

| Name des Öles | Hexabromidzahlen | | | | Mittelwerte (Spalte 3) entspr. % Linolensäure |
| | handelsüblicher Öle | | im Laboratorium selbst gepreßter Öle | von Ölen mit dunklen Fettsäuren | |
	Grenzwerte	Mittel			
Holländisches Leinöl[3]	51,2—52,3	51,7	—	47,7	19,0
La Plata-Leinöl . .	50,4—52,7	51,7	52,2—54,3	48,5—50,6	19,0
Indisches Leinöl . .	50,1—50,9	50,5	50,7—54,6	50,7	18,5
Baltisches Leinöl . .	58,0	58,0	58,5—59,1	52,4	21,3
Perillaöl	64,1	64,1	—	—	23,9
Sojaöl	7,2—7,8	7,5	—	—	2,9
Mohnöl	0	0	—	—	—
Holzöl	0	0	—	—	—
Rüböl	4,7—7,6	6,2	—	—	2,8

Die Hexabromidzahl ist für Leinöl spezifischer als die Jodzahl[4]. Ein Leinöl (Jodzahl 190; $d = 0,930$, Hexabromidzahl 56) kann z. B. beim Verschnitt

---

[1] Nach A. Eibner u. H. Muggenthaler: Farben-Ztg. **18**, 131, 175, 235, 356, 411, 466, 523, 582, 641 (1911/12), auf Grund der Vorarbeiten von Hazura: Monatsh. Chem. **8**, 268 (1887); **9**, 191 (1888); Hehner u. Mitchell: Analyst **23**, 316 (1898); Farnsteiner: Ztschr. Unters. Nahr.- u. Genußmittel **6**, 161 (1903); Erdmann u. Bedford: Ztschr. physiol. Chem. **69**, 77 (1910) u. a. — Vgl. auch H. Wolff: Farben-Ztg. **25**, 1213 (1920); Eibner: ebenda **26**, 1314 (1921).

[2] Nach Eibner u. Muggenthaler: l. c.

[3] Ein von Eibner u. Schmidinger: Chem. Umschau Fette, Öle, Wachse, Harze **30**, 293 (1923), untersuchtes holländisches Leinöl (Jodzahl 173,8; 173,5; Säurezahl 2,2; 2,4; Oxysäuren 0,45; 0,54%) zeigte die mittlere Hexabromidzahl 50,6, entsprechend 18,58% (korr. 20,4%) Linolensäure.

[4] H. Wolff: ebenda **30**, 254 (1923).

mit 15 % Sonnenblumenöl Jodzahl 181 und $d = 0,930$, mit 25 % Sonnenblumenöl Jodzahl 174 und $d = 0,9285$ zeigen, ohne damit anomale Jodzahlen und spez. Gew. anzunehmen. Die Hexabromidzahl würde aber auf 48 bzw. 43, also unterhalb der normalen Grenzen sinken.

Bestimmungsweise (Wizöff-Methode)[1].

α) **Herstellung der reinen Fettsäuren.** Etwa 10 g Fett werden mit 120 ccm 0,5-n alkoholischer Kalilauge verseift. Der Alkohol wird durch Destillieren entfernt; ein geringer Rest des Alkohols beeinträchtigt die Genauigkeit der Bestimmung nicht. Die Seife wird in etwa 150 ccm Wasser gelöst, die Lösung wird im Scheidetrichter mit 20 ccm 5-n Schwefelsäure zersetzt und erschöpfend ausgeäthert (200—300 ccm Äther); die ätherische Fettsäurelösung wird in üblicher Weise (s. S. 729) mit Na_2SO_4 getrocknet, vom Lösungsmittel befreit und zur Trockne gebracht. Bei Fetten, die Mineralöle oder andere unverseifbare Zusätze enthalten, wird die Seifenlösung vor dem Zersetzen mit Schwefelsäure mit Petroläther ausgezogen.

β) **Bromierung.** 2—3 g Fettsäuren (genau abgewogen) werden in einem gewogenen 100-ccm-Erlenmeyerkolben in 25 ccm Äther gelöst und 10 min auf —10⁰ abgekühlt. Aus einer kleinen Bürette mit feiner Ausflußöffnung fügt man 1 ccm Brom unter ständiger Kühlung und gutem Umschütteln hinzu, indem man jeden Tropfen an der Wand des Kölbchens herabfließen läßt und die erste Hälfte Brom in einzelnen Tropfen (20 min), die zweite in Doppeltropfen (10 min) zugibt. Nach der Bromierung schüttelt man 2 min um, verkorkt und läßt die Mischung noch 2 h unterhalb —5⁰ stehen. Die gefällten Hexabromide werden durch einen bei 100—110⁰ getrockneten Goochtiegel oder Jenaer Glasfiltertiegel filtriert, wobei zuerst, ohne zu saugen, nur vom Niederschlag dekantiert wird. Das Hexabromid wird hierauf mit 5 ccm auf —10⁰ abgekühltem Äther auf das Filter gespült. Trockenwerden des Filters und des Niederschlages ist zu vermeiden, da sonst die Filtration wesentlich verlängert und kein rein weißes Hexabromid erhalten wird. Beim Nachwaschen (2—3mal mit je 5 ccm Äther von —10⁰) wird der Niederschlag im Siebröhrchen öfters mit dem Glasstab aufgewirbelt. Man saugt schließlich 1 min scharf ab und trocknet 1 h bei 100⁰. Statt zu filtrieren, kann man auch zentrifugieren[2]. Auch Zurückwägen des Bromierungskolbens zur Ersparung der Entfernung von anhaftenden Hexabromidkrystallen mit einer Federfahne vereinfacht die Bestimmung[3].

Das α-Linolensäure-hexabromid muß rein weiß sein, bei 176—178⁰ schmelzen und sich in Benzol (etwa 50fache Menge) völlig lösen (vgl. Dekabromide S. 740). Der theoretische Bromgehalt beträgt 63,3 %, der Umrechnungsfaktor auf Linolensäure 0,367.

Das ätherische Filtrat enthält außer den gesättigten Säuren sowie den Bromiden etwa vorhandener isomerer Linolensäuren, der Ölsäure und der Linolsäure einen Teil des Linolensäure-hexabromids, da dieses in Äthyläther nicht absolut unlöslich ist. Hierfür soll eine Korrektur von 10 % angesetzt werden[4]; wenn es gelänge, im Filtrat das petrolätherunlösliche α-Linolensäure-hexabromid (Hexabromstearinsäure) und α-Linolsäure-tetrabromid quantitativ abzuscheiden, so ließe sich aus der „Hexatetrabromidzahl" und dem Bromgehalt beider Bromide deren genaue Menge ermitteln[5]. Vgl. auch S. 711.

---

[1] Die Wizöff-Methode ist in einigen, das Prinzip des Verfahrens aber nicht berührenden Punkten gegenüber der Originalmethode von Eibner und Muggenthaler (l. c.) verbessert.

[2] Vgl. Th. A. Davidson: Pharmaz. Weekbl. **59**, 120 (1922); Chem.-Ztg., Chem.-Techn. Übers. **46**, 251 (1922).

[3] L. Barensfeld: Inaug.-Diss. München 1921; H. Wick: dgl. 1922.

[4] H. Wick: l. c.   [5] Eibner u. Schmidinger: l. c.

k) Hydrierzahl.

Ungesättigte Verbindungen lassen sich katalytisch völlig hydrieren[1]; die addierte Wasserstoffmenge ist unter Umständen (s. S. 765) ein zuverlässigeres Kriterium für die Zahl der ungesättigten Bindungen als die Jodzahl, da die Hydrierung auch dort quantitativ verläuft, wo die Halogenaddition nicht die theoretischen Werte erreicht (z. B. bei α,β-Olefinsäuren, Taririnsäure, Stearolsäure, Behenolsäure, s. S. 765). Die älteren Verfahren[2] zur Bestimmung der Hydrierzahl liefern zwar gute Ergebnisse, haben aber, infolge der allgemeinen Bevorzugung maßanalytischer Methoden in der Fettanalyse, bisher wenig Eingang in die Praxis gefunden. Zur evtl. praktischen Anwendung dürfte die von Grün und Halden[3] angegebene Apparatur zu empfehlen sein. Die Autoren bezeichnen als „Hydrierzahl" die 100fache prozentuale Gewichtsmenge Wasserstoff, die eine ungesättigte Verbindung bei quantitativer Hydrierung aufnimmt. Zur besseren Vergleichbarkeit mit der Jodzahl dürfte aber die Umrechnung des Wasserstoffverbrauchs auf die äquivalente Menge Jod (wie auch bei der Rhodanzahl) vorzuziehen sein.

Bestimmungsweise. In das Hydrierungskölbchen A (Abb. 198), das für 5 bis 10 ccm Füllung vorgesehen ist, werden 0,1—6 g Substanz, je nach der Höhe der Jodzahl, eingebracht. Zweckmäßig wählt man die Einwaage e so, daß etwa 50—80 ccm H_2 (Vol. „v") verbraucht werden. Die Einwaage errechnet sich aus der theoretischen Jodzahl J der Substanz nach der Gleichung $e = v/J$, die wie folgt abgeleitet ist: e g Substanz verbrauchen $h = 0{,}01\,e \cdot J/126{,}92$ g H_2, also bei einem spez. Gew. des H_2 bei 15—20⁰ von etwa 0,00008 g/ccm $v = h/0{,}00008 = 12500\,h$ ccm H_2. Somit wird $v = 125\,e \cdot J/126{,}92$, d. h. mit einer für die angenäherte Berechnung der Einwaage genügenden Genauigkeit $v = e \cdot J$.

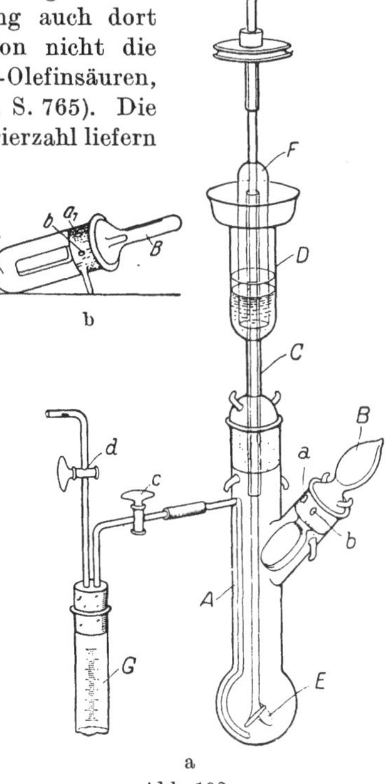

Abb. 198.
Apparat zur Hydrierzahlbestimmung
nach Grün und Halden.

Bei geringer Einwaage setzt man zur Ermöglichung des Rührens eine inerte Füllflüssigkeit hinzu, und zwar nimmt man, wenn das gehärtete Produkt aufgearbeitet werden soll, bei Fettsäuren als Zusatz ein unverseifbares Öl (z. B. reinstes Paraffinum liquidum, Jodzahl 0), bei der Hydrierung ungesättigter Alkohole und ähnlicher unverseifbarer Stoffe dagegen Äthylester einer gesättigten Säure (z. B. Äthyllaurat).

---

[1] Sabatier u. Senderens: Ann. Chim. Phys. 4, 319 (1905); s. auch S. 820.

[2] Bedford: Inaug.-Diss. Halle 1906; Erdmann u. Bedford: Ber. 42, 1324 (1909); Paal u. Gerum: ebenda 41, 813 (1908); Willstätter mit Waser: ebenda 43, 1176 (1910); mit Hatt: ebenda 45, 1471 (1912); mit Sonnenfeld: ebenda 46, 2952 (1913); 47, 2801 (1914); s. auch Skita: Katalytische Reduktionen organischer Verbindungen, S. 26. Stuttgart 1912, u. Zsigmondy: Kolloidchemie, S. 137. Leipzig 1912.

[3] Grün u. Halden: Ztschr. Dtsch. Öl-Fettind. 44, 2 (1924).

In dem Wägegläschen W (Abb. 198b) dessen Schliffstopfen B in ein Schiffchen zur Aufnahme des Katalysators ausläuft und zugleich in den seitlichen Stutzen von A (Abb. 198a) genau paßt, wägt man (am besten vor der Substanzeinwaage in den Hydrierkolben) möglichst rasch eine passende Menge eines hochwirksamen Katalysators[1] ab und sättigt ihn im evakuierten Exsiccator, in dem das geöffnete Wägegläschen steht (die Lochungen a_1 und b der gut gefetteten Schliffe decken sich), mit einströmendem H_2.

Man setzt den Aufsatz C, der eine Rührvorrichtung mit Quecksilberglockenverschluß (DF) trägt, mit dem sorgfältig gefetteten Schliff[2] ein und schließt die mit einem Niveaugefäß in üblicher Weise verbundene, mit 50%iger Lauge abgesperrte Gasbürette G (Inhalt 150—180 ccm), am besten ein Lungesches Nitrometer, mit einem guten Schlauchstück (Glas auf Glas) an. Zunächst leitet man einen kräftigen, mit 50%iger Lauge gewaschenen H_2-Strom (bei Hahn d eintretend) durch die Apparatur, setzt dann nach 5 min den Stopfen B (mit Katalysator, s. o.) so ein, daß die Löcher a und b sich decken, verschließt nach weiteren 5 min auch diese und läßt den H_2 einige Zeit durch das Quecksilber der Glocke D austreten. Wenn das Volumen im Apparat A (c und B geschlossen) sich nicht vermindert, d. h. die Quecksilbermenisken in D ihren Stand nicht verändern, ist alle Luft aus der Apparatur verdrängt; sonst muß erneut H_2 hindurchgeleitet werden. Man erzeugt nun durch Heben der Niveaubirne einen kleinen Überdruck in G, öffnet c, schließt wieder und bringt durch kurzes Lüften bei a, b das Hydrierungsgefäß auf Außendruck. Analog stellt man auch in der Gasbürette den Außendruck ein, schließt d, öffnet den Hahn c wieder und liest den Stand der Sperrflüssigkeit in der Bürette ab.

Bei einem Überdruck von etwa 10 cm Wassersäule schüttet man den Katalysator durch Drehen des Stopfens B in die Flüssigkeit, setzt das Rührwerk in Gang und heizt das Ölbad an, in dem sich der Hydrierungskolben befindet. Durch vorsichtiges Heben des Niveaugefäßes verhindert man Zurücksteigen der Flüssigkeit im Einleitungsrohr und reguliert einen konstanten Überdruck von höchstens 15—20 cm Wassersäule. Zwischen 70 und 80° setzt die Absorption lebhaft ein, um nach etwa 1 h bei 120—140° allmählich aufzuhören; wenn nach einiger Zeit Temperaturkonstanz die Flüssigkeit im Einleitungsrohr hochsteigt, ist die Reaktion beendet. Nach völliger Abkühlung, wobei man mit dem Niveaugefäß langsam tiefer geht, und nach Temperatur- und Druckausgleich nimmt man die Endablesung vor.

Berechnung. Das verbrauchte H_2-Volumen (auf 0°, 760 mm reduziert) wird auf Gew.-% der Einwaage umgerechnet. Das 100fache dieses Wertes ist die Hydrierzahl, das 126,92fache entspricht der theoretischen Jodzahl.

l) Hydroxylzahl; Acetylzahl.

Der Gehalt an freien alkoholischen Hydroxylgruppen bildet bei Fetten, Wachsen u. dgl. ein Maß für die Menge der anwesenden Oxyfettsäuren, Alkohole (Wachsalkohole, Sterine), Mono- und Diglyceride usw.; er wird in der Fett- und Wachsanalyse fast ausschließlich durch Acetylierung mit Essigsäure-anhydrid und Bestimmung der hierbei von der Substanz aufgenommenen Essigsäuremenge ermittelt. Letztere wird in KOH-Äquivalenten (mg KOH/g Substanz), d. h. im gleichen Maße wie Säurezahl und Verseifungszahl, ausgedrückt, und zwar entweder („Acetylzahl" AcZ.) für die

---

[1] Besonders zu empfehlen ist nach Grün folgender Pd-Katalysator nach Mannich u. Thiele: Ber. Dtsch. pharmaz. Ges. **26**, 36 (1916): 5 g reinste, ausgeglühte Tierkohle schüttelt man 10—15 min mit 25 ccm einer wässerigen 0,2- bis 0,6%igen $PdCl_2$-Lösung unter Einleiten von H_2, trocknet das abgenutschte und mit Wasser ausgewaschene Adsorbat im Hochvakuum über P_2O_5 und sättigt es mit einströmenden H_2. Etwa 60 mg dieses 3% Pd enthaltenden Katalysators genügen für etwa 0,5 g ungesättigte Substanz (in Mischung mit 5—6 g Paraffinöl). Es können aber auch andere Katalyte (Organosole, Platin-, aktive Nickelpräparate u. a.) benutzt werden.

[2] Die Häkchen an den Schliffen dienen zur Sicherung mit Gummibändern oder Drahtspiralen.

in 1 g der acetylierten Substanz enthaltene oder („Hydroxylzahl"
OH-Z.) für die von 1 g der ursprünglichen Substanz aufgenommene
Essigsäuremenge. Zwischen OH-Zahl, Acetylzahl und dem Äquiv.-Gew. G
der Substanz, d. h. derjenigen Substanzmenge, welche 1 Äquivalent (17 g)
OH enthält, bestehen folgende Beziehungen:

$$\text{OH-Z.} = 56110/G, \tag{1}$$
$$\text{AcZ.} = 56110/(G + 42)[1], \tag{2}$$

sowie, hieraus abgeleitet:

$$\text{OH-Z.} = \text{AcZ.}/(1 - 0{,}00075 \cdot \text{AcZ.}), \tag{3}$$
$$\text{AcZ.} = \text{OH-Z.}/(1 + 0{,}00075 \cdot \text{OH-Z.}). \tag{4}$$

Bei einer gegebenen Substanz ist hiernach OH-Z. > AcZ. (s. auch
Tabelle 171); außerdem ist zu beachten, daß bei Gemischen von Hydroxylverbindungen mit hydroxylfreien Stoffen nur die OH-Zahl, nicht aber die
Acetylzahl dem Gehalt an Hydroxylverbindungen direkt proportional ist;
die Angabe der OH-Zahl ist daher vorzuziehen. In der Bestimmungsweise
besteht — mit Rücksicht auf die mögliche Umrechnung — kein Unterschied
zwischen OH-Zahl und Acetylzahl, nur ist, je nach dem angewandten Be-
stimmungsverfahren, bald die OH-Zahl, bald die Acetylzahl etwas einfacher
zu berechnen.

Unter den frischen fetten Ölen hat nur Ricinusöl infolge seines Ricinol-
säuregehalts eine erhebliche, ziemlich konstante Acetylzahl (etwa 150),

Tabelle 171. Theoretische Acetyl- und Hydroxylzahlen verschiedener
Hydroxylverbindungen.

Substanz	Formel	Mol.-Gew.	Mol.-Gew. des Acetats	Hydroxylzahl	Acetylzahl
Alkohole:					
Glycerin	$C_3H_5(OH)_3$	92,06	218,1	1828	771,8
Cetylalkohol	$C_{16}H_{33}OH$	242,3	284,3	231,6	197,4
Octadecanol . . .	$C_{18}H_{37}OH$	270,3	312,3	207,6	179,7
Eikosanol	$C_{20}H_{41}OH$	298,3	340,4	188,1	164,8
Dokosanol	$C_{22}H_{45}OH$	326,4	368,4	171,9	152,3
Tetrakosanol . . .	$C_{24}H_{49}OH$	354,4	396,4	158,3	141,6
Hexakosanol . . . . (Ceryalkohol)	$C_{26}H_{53}OH$	382,4	424,4	146,7	132,2
Octakosanol	$C_{28}H_{57}OH$	410,4	452,5	136,7	124,0
Triakontanol . . . (Melissylalkohol)	$C_{30}H_{61}OH$	438,5	480,5	128,0	116,8
Cholesterin . . . . Phytosterin	$C_{27}H_{45}OH$	386,4	428,4	145,2	131,0
Ergosterin	$C_{28}H_{43}OH$	396,4	438,4	141,6	128,0
Oxysäuren:					
Ricinolsäure	$C_{17}H_{32}(OH) \cdot COOH$	298,3	340,3	188,1	164,9
Oxystearinsäure . .	$C_{17}H_{34}(OH) \cdot COOH$	300,3	342,3	186,8	163,9
Dioxystearinsäure .	$C_{17}H_{33}(OH)_2 \cdot COOH$	316,3	400,3	354,8	280,3
Trioxystearinsäure .	$C_{17}H_{32}(OH)_3 \cdot COOH$	332,3	458,3	506,6	367,3
Tetraoxystearinsäure	$C_{17}H_{31}(OH)_4 \cdot COOH$	348,3	516,4	644,4	434,6
Hexaoxystearinsäure	$C_{17}H_{29}(OH)_6 \cdot COOH$	380,3	632,4	885,2	532,4

[1] Das Äquiv.-Gew. der Acetylverbindung, auf welches die Acetylzahl zu
beziehen ist, ist um CH_3COOH (60) — H_2O (18) = 42 Einheiten größer als dasjenige der entsprechenden Hydroxylverbindung.

Traubenkernöle zeigen stark schwankende, zuweilen beträchtliche Acetyl-zahlen (s. Tabelle 175, S. 798), die meisten übrigen Öle haben Acetylzahlen unter 10. Beim Ranzigwerden oder Blasen der Öle mit Luft (S. 926) steigen die Acetylzahlen teils durch Verseifung (Bildung von Di- und Monoglyce-riden), teils durch Oxydation (Bildung von Oxysäuren).

Bestimmungsmethoden.

α) **Deutsche Einheitsmethode, Wizöff** (Verseifungszahl-Differenzver-fahren). 6—8 g Fett werden mit der doppelten Menge Essigsäure-anhydrid 2 h in einem Acetylierungskolben mit eingeschliffenem Kühlrohr gekocht. Die Mischung wird in 50—100 ccm benzolfreiem, unter 80⁰ siedendem Benzin gelöst und in einem Scheidetrichter mit je 25 ccm 50%iger Essigsäure mehrmals gewaschen, bis sich beim Verdünnen des Waschwassers mit der zehnfachen Menge Wasser weder eine Trübung noch ein Essigsäure-anhydridgeruch bemerkbar macht. Bei hoch-schmelzenden Acetylprodukten ist unter Umständen eine größere Menge Benzin zur Lösung erforderlich und das Auswaschen in der Wärme vorzunehmen. Nach Entfernung des Essigsäure-anhydrids wird die Lösung des Acetylproduktes mit Wasser essigsäurefrei gewaschen. Nach dem Abtreiben des Benzins wird das Acetylprodukt durch ein doppeltes, trockenes Filter filtriert. (Praktischer erscheint es, die Benzinlösung des Acetylproduktes mit Na_2SO_4 zu trocknen, zu filtrieren und einzudampfen.)

Sowohl vom ursprünglichen als auch vom acetylierten Fett werden die Ver-seifungszahlen bestimmt.

Berechnung. Wegen der bei der Acetylierung eintretenden Gewichtszunahme ist die Acetylzahl nicht einfach gleich der Differenz der Verseifungszahlen des acetylierten (AVZ.) und des nichtacetylierten Fettes (VZ.), sondern es wird (vgl. S. 781)

$$AcZ. = AVZ. - \frac{VZ. \cdot G}{G + 42} \tag{5}$$

$$OH\text{-}Z. = \frac{AVZ. (G + 42)}{G} - VZ. \tag{6}$$

Durch Kombination dieser Gleichungen mit den Gleichungen (1) und (2), S. 781, erhält man[1]

$$AcZ. = (AVZ. - VZ.)/(1 - 0,00075 \cdot VZ.) \tag{7}$$

$$OH\text{-}Z. = (AVZ. - VZ.)/(1 - 0,00075 \cdot AVZ.). \tag{8}$$

Durch vorstehende Arbeitsweise vermeidet man verschiedene Fehlerquellen, welche den älteren Verfahren anhafteten. Z. B. wurden bei der ersten, von Benedikt und Ulzer[2] angegebenen Methode nicht die Neutralfette, sondern die aus den Fetten abgeschiedenen, nicht flüchtigen Fettsäuren acetyliert, weil nur der Gehalt an Oxysäuren, nicht an Mono- oder Diglyceriden be-stimmt werden sollte. Beim Kochen der freien Fettsäuren mit Essigsäure-anhydrid tritt aber bekanntlich (s. S. 679) nach und nach Anhydrisierung der Säuren ein[3]; bei Gegenwart von Oxysäuren — zu deren Bestimmung das Verfahren ja gerade dienen soll — kann ferner eine innere Veresterung (Lactonisierung oder Estolidbildung) an Stelle der Acetylierung schon beim Trocknen der Säuren vor der Einwaage, besonders aber beim Acetylieren selbst eintreten. Bestimmt man nun weiter die Acetylzahl nach dem ur-sprünglichen Verfahren durch Neutralisation des Acetylprodukts (Acetyl-säurezahl) und Ermittlung seiner Esterzahl (Acetylzahl), so verursacht etwaige Lactonisierung zu hohe Acetylzahlen, weil das Äquiv.-Gew. des

---

[1] E. André: Compt. rend. Acad. Sciences **172**, 984 (1921).
[2] Benedikt u. Ulzer: Monatsh. Chem. 8, 40 (1887).
[3] Lewkowitsch: Journ. Soc. chem. Ind. **9**, 660 (1890).

zur Einwaage gelangenden Lactons um 60 Einheiten kleiner ist als das des wirklichen Acetylprodukts; Fettsäure-anhydride täuschen sogar bei völlig hydroxylfreien Substanzen positive Acetylzahlen vor.

Bei der ersten, von Lewkowitsch[1] vorgeschlagenen Änderung, der direkten Bestimmung der gebundenen Essigsäure durch Verseifung des Acetylprodukts, Ansäuern mit Schwefelsäure, Abdestillieren der in Freiheit gesetzten Essigsäure mit Wasserdampf und Titration des Destillats mit NaOH, würden hingegen lactonisierte Oxysäuren zu niedrige Acetylzahlen liefern, während Fettsäure-anhydride — abgesehen von einer kleinen Verminderung des Gewichts des Acetylprodukts — nicht stören.

Den gleichen Fehlerquellen unterliegt auch die weitere, von Lewkowitsch vorgeschlagene Modifikation, die sog. „Filtrationsmethode", bei welcher das Acetylprodukt (etwa 3—5 g) mit einer gemessenen Menge (z. B. 50 ccm) 1-n alkoholischer KOH verseift, die Seife nach Abdampfen des Alkohols in CO_2-freiem Wasser gelöst und mit einer der zugesetzten Laugenmenge genau äquivalenten Menge 1,0-n Schwefelsäure (oder einem kleinen, genau gemessenen Überschuß, z. B. 1 ccm) zersetzt wird. Die von den abgeschiedenen wasserunlöslichen Fettsäuren abfiltrierte Flüssigkeit enthält dann die ursprünglich gebundene Essigsäure in freier Form; Titration des Filtrats mit Lauge ergibt demnach (unter Berücksichtigung des etwa angewandten Schwefelsäureüberschusses) unmittelbar die Acetylzahl. Zu den oben erwähnten Fehlerquellen tritt hier aber unter Umständen noch die Gegenwart niederer Fettsäuren als störend hinzu, da die Grenze zwischen „wasserlöslichen" und „wasserunlöslichen" Fettsäuren sich ja nicht ganz scharf ziehen läßt.

Eine Hauptfehlerquelle der älteren Verfahren bildet die Entfernung des überschüssigen Essigsäure-anhydrids. Diese wurde entweder durch wiederholtes Auskochen des Acetylprodukts mit sehr viel Wasser (Benedikt-Ulzer, Lewkowitsch) oder durch Auf- bzw. Durchblasen eines Luft- oder CO_2-Stromes durch das Acetylprodukt bei etwa 100⁰ (Normann, Elsbach) bewirkt. Essigsäureanhydrid wird aber erfahrungsgemäß von Fetten usw. hartnäckig zurückgehalten und von Wasser allein nur schwer zersetzt; die so gewonnenen Acetylprodukte enthalten daher oft noch kleine Mengen Essigsäure-anhydrid, die wegen des kleinen Äquiv.-Gew. (51) verhältnismäßig hohe Acetylzahlen vortäuschen können. André[2] schlägt daher zur restlosen Befreiung des Acetylproduktes vom Essigsäureanhydrid vor, nach beendigter Acetylierung 25 ccm Xylol zuzusetzen, dieses unter Steigerung der Badtemperatur bis auf 175⁰ wieder abzudestillieren und die gleiche Operation noch zweimal zu wiederholen. Dieses Verfahren ist vielleicht seiner Einfachheit wegen, dem Ausschütteln des Essigsäure-anhydrids mit 50%iger Essigsäure nach der deutschen Einheitsmethode vorzuziehen[3].

Letzteres Verfahren[4] beruht darauf, daß Essigsäure-anhydrid in Benzin nur wenig löslich, mit verdünnter Essigsäure (40% und mehr) dagegen bei Zimmertemperatur in jedem Verhältnis mischbar ist. Umgekehrt sind wiederum die in der Fettanalyse in Frage kommenden Essigsäureester (mit Ausnahme des hier weniger in Frage kommenden Triacetins) in Benzin leicht löslich, in 50%iger Essigsäure dagegen nicht.

Als wesentliche Fehlerquelle des von Lewkowitsch[5] eingeführten Verfahrens, statt der freien Fettsäuren die Neutralfette zu acetylieren, wurde früher die beim Kochen der Fette mit Essigsäure-anhydrid angeblich eintretende Umesterung der Triglyceride zu essigsäurehaltigen gemischtsäurigen Glyceriden angesehen, welche z. B. bei scheinbar reinem Tristearin erhebliche Acetylzahlen vorgetäuscht haben sollte[6]. Dieser von

[1] Lewkowitsch: l. c.

[2] André: Bull. Soc. chim. France [4] **37**, 335 (1925); C. **1925**, I, 2196.

[3] S. Marks u. R. S. Morrell: Analyst **56**, 428 (1931), erhielten allerdings nach dem Verfahren von André unbefriedigende Resultate.

[4] Holde u. Bleyberg: Ber. **60**, 2499 (1927).

[5] Lewkowitsch: Journ. Soc. chem. Ind. **16**, 503 (1897).

[6] Willstätter u. Madinaveitia: Ber. **45**, 2827 (1912).

Lewkowitsch[1] sogleich angezweifelte Befund wurde jedoch später[2] als irrtümlich aufgeklärt. Reines Tristearin und Tripalmitin werden beim Kochen mit Essigsäure-anhydrid nicht im geringsten verändert.

β) **Verfahren von Grün.** Durch Acetylierung des Neutralfettes erhält man nur den Gesamtgehalt an Hydroxylverbindungen (als Acetyl- oder OH-Zahl), ohne daß man erkennen kann, ob Oxysäuren oder Di- bzw. Monoglyceride vorliegen. Da eine Acetylierung der freien Säuren mit den oben erwähnten Fehlern behaftet ist, empfiehlt Grün[3] zur Bestimmung der durch Oxysäuren allein hervorgerufenen Acetylzahl die Überführung der Glyceride in Methylester (durch direkte Umesterung) und Bestimmung der Acetylzahl bzw. OH-Zahl der letzteren. Ebenso ist auch zu verfahren, wenn freie Fettsäuren auf Oxysäuregehalt zu prüfen sind.

Das Fett wird mit der gleichen oder mehrfachen Menge absolutem Methanol unter Zusatz von 1—2% Schwefelsäure (für freie Fettsäuren besser 3%) 8—12 h oder bei größerem Alkoholüberschuß 3—4 h gekocht, die Mineralsäure neutralisiert, der Alkohol abgetrieben und das gewaschene Estergemisch getrocknet. Von letzterem bestimmt man die Acetyl- oder OH-Zahl, aus welcher sich die OH-Zahl der freien Säuren zu

$$\text{OH-Z.}_{\text{Säure}} = \text{OH-Z.}_{\text{Ester}} \cdot \text{Mol.-Gew.}_{\text{Ester}}/\text{Mol.-Gew.}_{\text{Säure}}$$

berechnet.

Gegenwart niederer Säuren wirkt bei diesem Verfahren wegen der Flüchtigkeit ihrer Ester störend.

Die Differenz zwischen den OH-Zahlen des neutralen bzw. entsäuerten Fettes und des aus dem Fett erhaltenen Methylestergemisches entspricht mit einer für die Praxis ausreichenden Genauigkeit[4] dem Gehalt an Di- und Monoglyceriden.

Bei Gegenwart größerer Mengen von Unverseifbarem empfiehlt es sich, dessen Acetylzahl gesondert zu bestimmen.

γ) **Die Hydroxylzahlbestimmung nach Normann[5]** sei wegen ihrer einfachen Ausführung beschrieben; infolge ungenügender Entfernung des Essigsäure-anhydrids fallen aber die Resultate leicht etwas zu hoch aus[6].

2 g Substanz (neutrale Fette oder Methylester) werden acetyliert; das überschüssige Acetanhydrid wird auf dem Wasserbade durch einen kräftigen, auf die Oberfläche geleiteten Kohlensäurestrom verjagt ($^{1}/_{2}$ h) und die mit Äther und Wasser (je 5 ccm) verdünnte Mischung genau mit 0,1-n Lauge neutralisiert. Anschließend bestimmt man die Esterzahl des Acetylproduktes ohne Neueinwaage, so daß der Laugenverbrauch auf 1 g des Ausgangsmaterials zu beziehen ist. Die Differenz gegenüber der Esterzahl des Ausgangsmaterials ergibt unmittelbar die OH-Zahl.

δ) Noch einfacher ist der Vorschlag Elsbachs[7], die bei der Acetylierung auftretende Gewichtszunahme nach Abtreiben des überschüssigen Essigsäure-anhydrids und der gebildeten Essigsäure direkt zu ermitteln. Über die Nachprüfung dieses Verfahrens von anderer Seite ist indessen noch nichts bekannt geworden, so daß über seine Zuverlässigkeit kein Urteil abgegeben werden kann.

---

[1] Lewkowitsch: Chemical Technology and Analysis usw., 5. Aufl., Bd. 1, S. 430, Fußn. 1. 1913.

[2] Holde u. Bleyberg: Ber. **60**, 2497 (1927); W. Bleyberg: Diss. Techn. Hochsch. Berlin 1930.

[3] Grün: Öl-Fett-Ind. Wien **1**, 365 (1919).

[4] Die Äquiv.-Gew. der Methylester und der Triglyceride sind nahezu gleich, so daß eine Umrechnung nicht erforderlich ist.

[5] W. Normann: Chem. Revue üb. d. Fett- u. Harzind. **19**, 205 (1912).

[6] Holde u. Bleyberg: l. c.

[7] Elsbach: Chem. Umschau Fette, Öle, Wachse, Harze **30**, 235, 288 (1923).

ε) Das Verfahren von Verley und Bölsing[1] (s. auch unter Glycerin-bestimmung, S. 842) wurde zwar bisher in der Fettanalyse kaum angewandt, dürfte aber für säurefreie Fette, auch Methyl- oder Äthylester, sehr brauchbar sein. Es besteht in der Acetylierung der Substanz mit einer gemessenen überschüssigen Menge Essigsäure-anhydrid bei Gegenwart von Pyridin, wozu bereits 1std. Erhitzen auf 100° genügt, Zersetzung des überschüssigen Essigsäure-anhydrids durch Wasserzusatz und Rücktitration der freien Essigsäure. Die Isolierung des Acetylprodukts nebst den hiermit verbundenen Fehlerquellen wird also vermieden.

Man löst 120 g frisch destilliertes (wasser- und essigsäurefreies) Essigsäure-anhydrid in 880 g absolut wasserfreiem Pyridin (durch Destillation über festem NaOH oder P_2O_5 entwässert, Siedepunkt $> 114°$; Anwesenheit der Homologen, Picolin usw., stört nicht). Die Lösung enthält eine sehr reaktionsfähige Additions-verbindung aus Pyridin und Essigsäure-anhydrid, die z. B. bei Zusatz von kaltem Wasser augenblicklich in Pyridin und Essigsäure zerfällt, während, wie oben erwähnt, Essigsäure-anhydrid sonst durch Wasser nur schwer angegriffen wird. 10 ccm dieser Lösung verbrauchen (nach Zersetzung durch Wasser) zur Neutralisation etwa 48 ccm 0,5-n NaOH. Unter Berücksichtigung des erforderlichen Überschusses genügen sie also zur Acetylierung von etwa 12 Milli-Äquivalenten einer Hydroxyl-verbindung, z. B. 3,6 g Triricinolein. Aus der erwarteten Hydroxylzahl berechnet sich die Einwaage zu etwa $e = 662/\text{OH-Z. g}$.

In einem Erlenmeyerkolben mit aufgeschliffenem Kühlrohr werden e g Substanz abgewogen und mit 10 ccm der Essigsäure-anhydrid-Pyridinlösung (am besten mit einer automatischen Pipette abzumessen) 1 h auf dem siedenden Wasserbade erhitzt. (Daneben Blindprobe mit 10 ccm Essigsäure-anhydridlösung.) Nach Abkühlen der Probe setzt man wenigstens 10 ccm ausgekochtes destilliertes Wasser zu und titriert die freie Essigsäure mit 0,5-n Lauge (Indicator: Phenolphthalein oder Thymolphthalein). Beträgt der Laugenverbrauch beim Blindversuch a ccm, beim Hauptversuch b ccm, so wird OH-Z. $= 28,055 \, (a-b)/e$.

Bei Gegenwart freier Fettsäuren wird die Titration der Essigsäure in wässeriger Lösung unscharf, da auch die Fettsäuren zunächst etwas Lauge verbrauchen, bis die Hydrolyse der entstandenen Seifen einen Umschlag des Indicators bewirkt. In diesen Fällen dürfte sich Zusatz von mindestens 50 ccm neutralisiertem Alkohol nach der Zersetzung des Essigsäure-anhydrids mit 10 ccm Wasser und Titration der Essigsäure einschließlich der freien Fettäuren mit alkoholischer Lauge empfehlen. Die wie oben berechnete OH-Zahl wäre sodann um die besonders zu ermittelnde Neutralisationszahl des Fettes zu erhöhen. Systematische Versuche hierüber stehen aber noch aus.

ζ) Ein Verfahren der Acetylierung mit einer Lösung von Essigsäure-anhydrid in Acetylentetrachlorid unter Rücktitration des überschüssigen Essigsäure-anhydrids mit Anilin beschreibt T. Somiya[2]. Das gasanalytische OH-Bestimmungs-Ver-fahren von Tschugaeff und Zerewitinoff (S. 503) wird in der Fettanalyse kaum benutzt.

D. Eigenschaften der festen und flüssigen Fette.

Die nachstehenden Tabellen 172—177 geben einen Überblick über die durchschnittlichen Eigenschafteu und die Zusammensetzung der wichtigeren Fette und fetten Öle[3].

---

[1] Verley u. Bölsing: Ber. **34**, 3354 (1901); Holde, Bleyberg u. Brilles: Allg. Öl- u. Fett-Ztg. **28**, 27 (1931).

[2] T. Somiya: Journ. Soc. chem. Ind. Japan **1930**, Suppl., 140; vgl. Chem. Umschau Fette, Öle, Wachse, Harze **37**, 214 (1930).

[3] Ergänzt und kontrolliert unter Mitwirkung von H. Lindemann, Hamburg, und unter Benutzung von Halden-Grün: Analyse **2** (1929), zum Teil auch von Ubbelohde: Handbuch, 2. Aufl., Bd. 2, 1. Abt. 1932, soweit nicht Original-quellen angegeben sind.

NB. Die seltenen bzw. zweifelhaften Werte sind eingeklammert.   * bedeutet, daß die den wahren oberen Grenzen entsprechen können, da die Jodzahl der Fett-

Art des Fettes	Viscosität	$n_D^{40^0}$	d_{15} g/l	Erstarrungspunkt °C	Verseifungszahl	Jodzahl	Reichert-Meißl-Zahl	Acetylzahl
Dikafett *Beurre de Dika* *Dika Fat* *Sego di dika* Aus den Samen von Irvingia gabonens. Von der Westküste Afrikas	—	1,449 bis 1,450	914/920	35/40	241/250	2/10	0,4/1,2 PZ. 1,4/1,8 (5,5)[1]	—
Japanwachs (Japantalg) *Suif de Japon* *Japan Tallow* *Cera giapponesa* Von den Beeren des Lackbaumes	—	1,457 bis 1,459	963/1006	45/50 Schmp. 50/54	207/238	4/15	1/3	(27/31)[2]
Cocosfett (Cocosnußöl) *Beurre de Coco* *Coco nut Oil* *Burro di cocco* Aus dem getrockneten Kern der Cocos nucifera[4] (Coprah)	$E_{50}=3,1$	1,448 bis 1,450	919/937 meist 924/925	14/25 Schmp. 20/28	246/268 raff. 254/262	7/10 RhZ. 6/10	6/8.5 PZ. 16 bis 20,5	1/12
Tucuma-Kernfett *Huile d'Amande de Tucume* *Tucuma Kernel Oil* *Olio di noce di Tucum* Aus den „Tukan-" oder „großen Panama-"Nüssen von Astrocaryum Tucuma (Kolumbien, Westindien, Brasilien)	—	1,450	864/867 bei 100°	27,5 Schmp. 30/35	249/253	8,4—11,6	3,5/3,8 PZ. 5,9	—
Palmkernfett (Palmkernöl) *Huile de Palmiste* *Palm Nut Oil,* *Palm Kernel Oil,* *Sego di noce di palma* Aus den Kernen der afrikanischen Ölpalme	—	1,450 bis 1,452	925/935	19/24 Schmp. 25/30	239/257 meist um 247	12/17 RhZ. 13/17	4/7 PZ. 8,5/11	2/5
Ucuhubafett[7] *Graisse d'Ucuhuba* *Ucuhuba Fat* *Sego di Ucuhuba* Von Myristica becuhyba Humb.	—	1,459 bis 1,462	d_{100}^{100}: 912	32/34 Schmp. 39/45	215/224	10/35	1,7/2,7 PZ. 8	—
Babassufett[8] *Huile de Babassu* *Babassu Kernel Oil* *Olio di Babassu*	$E_{50}=3,1$	1,449 bis 1,450	925	22/23 Schmp. 22/26	246/253	13/17 RhZ. 15	5,8/6,7 PZ. 10,2 bis 12,5	—
Chinesischer Talg *Suif végétale de la Chine* *Vegetable Tallow* *Sego di Stillingia* (Stillingia sebifera)	—	1,454 bis 1,457	905/924	26/38	„Prima" 196/206 „Secunda" 201/231	„Prima" 19/30 „Secunda" 28/41	0,2/1,2	—

[1] Sprinkmeyer u. Diedrichs: Ztschr. Unters. Nahr.- u. Genußmittel **23**, 93 (1912); Ztschr. physiol. Chem. **190**, 120 (1930); F. Halle: Diss. Leipzig 1928; C. **1930**, II, 2761.   [4] Öl 1. Qualität „Coprahöl" genannt.   [5] Armstrong, Allan u. Moore: Journ. Soc. chem. Ind. **44** T, 1928, I, 707.   [6] Armstrong, Allan u. Moore: Journ. Soc. chem. Ind. **44** T, 143; C. **1925**, II, [7] Peckolt: Arch. Pharmazie **157**, 157, 285 (1861); **158**, 14 (1861); Nördlinger: Ber. **18**, 2617 Fettind. **41**, 401, 419 (1921).   [8] Heiduschka u. Agsten: Journ. prakt. Chem. **126**, 53 (1930); Talg, durch Abschmelzen der äußeren Talgschicht mit Wasserdampf gewonnen; „Secunda" =

feste Fette.
Literaturangaben entnommenen oberen Grenzwerte der Jodzahlen der Fettsäuren nicht den säuren höher sein muß als die Jodzahl der zugehörigen Neutralfette.

Hehner-Zahl	Fettsäuren				Bestandteile in %	Sonstige Feststellungen
	Schmelz-punkt °C	Erstar-rungs-punkt °C	Mittleres Mol.-Gew.	Jod-zahl		
94/95	40/41	33/39	216 bis 218	3—14,5	Laurinsäure etwa 19; Myristinsäure und höhere Homologe 65—69; Ölsäure bis etwa 10; Glycerin 13; Unverseifbares 0,7—1,4	Angenehm süßlicher Geschmack.
89/91	56/62	53/59	257 bis 265	—	Wasserlösliche Säuren 4,7—6 (wahrscheinlich Isobuttersäure). Vorwiegend Palmitinsäure, wenig Stearin- und Ölsäure; Dicarbonsäuren etwa 1 (Japansäure und deren Homologe)[3]. Unverseifbares 0,4—1,6	Hellgelb bis tiefgelb oder grünlich. Talgartig riechend.
82/92	24/27	16/25	196 bis 211	8/10	Capronsäure 0,2—2,0; Caprylsäure 6—9,5; Caprinsäure 4,5—10,7; Laurinsäure 45—51; Myristinsäure 16,5 bis 20; Palmitinsäure 4,3 bis 7,5; Stearinsäure 0,8—5; Ölsäure 2—10,2; Linolsäure 1[5]	Geruchstoffe (neben niederen Fettsäuren) vor allem Methylnonylketon und -carbinol. 1 Vol. Öl löst sich in 2 Vol. Alkohol von 90 % bei 60°. A-Zahl 27,4 bis 27,5; B-Zahl 2,45 bis 2,75.
94	28,6	23/30	218	—	—	Tiefgelb. Geruch und Geschmack ähnlich dem des Palmkernfettes.
89	25/29	20/26	211 bis 223	12/16*	Capronsäure bis 2; Caprylsäure 3—5; Caprinsäure 3 bis 6; Laurinsäure 50—55; Myristinsäure 12—16; Palmitinsäure 7—9; Ölsäure 4 bis 16; Linolsäure 1[5]; Unverseifbares 0,1—0,6	Weiß; angenehmer Geruch und nußartiger Geschmack. A-Zahl 16,0—16.8; B-Zahl 1,8—1,9.
93	42/46	43	245	10*	Glyceride der Myristin- und Ölsäure. Bis 21 % flüssige Säuren (Unverseifbares 0,1 bis 3,9, Petrolätherunlösliches; harzige Substanz)	Giftig, gibt mit konz. H_2SO_4 fuchsinrote Färbung. Gelb bis braun, von honigartigem Geruch.
88	24/26	23/24	218	16/17	Capronsäure 0,1; Caprylsäure 6,5; Caprinsäure 2,7; Laurinsäure 45,8; Myristinsäure 20; Palmitinsäure 6,9; Ölsäure 18,1	Gelblichweiß. Geruch und Geschmack dem des Cocosfettes ähnlich. In der Margarinefabrikation an Stelle von Cocos- oder Palmkernfett verwandt.
96	45/54	53/57	263 bis 271	30/46 (55)	Feste Fettsäuren 55—60, vorwiegend Palmitinsäure; Ölsäure	Weiß, graugelb bis grüngelb (Talgschicht der Samen)[9].

C. 1912, II, 374.   [2] Fels: Seifenfabrikant 36, 141 (1916).   [3] B. Flaschenträger u. F. Halle: Qualität wird — unabhängig von der Herkunft — „Cochinöl“, Öl 2. Qualität „Ceylonöl“. Öl 3. 63 (1925); C. 1925, II, 106; Taylor u. Clarke: Journ. Amer. chem. Soc. 49, 2829 (1927); C. 435; Bömer u. Schneider: Ztschr. Unters. Nahr.- u. Genußmittel 47, 61 (1924); C. 1924, I, 2882. (1885); Valenta: Ztschr. angew. Chem. 2, 3 (1889); Holde u. Bleymann: Ztschr. Dtsch. Öl-Freise: Chem. Umschau Fette, Öle, Wachse, Harze 31, 216 (1924).   [9] „Prima“ Qualität = reiner Gemische von Talg und Öl aus Pressung oder Extraktion der Samen.

NB. Die seltenen bzw. zweifelhaften Werte sind eingeklammert. * bedeutet, daß die den wahren oberen Grenzen entsprechen können, da die Jodzahl der Fett-

Art des Fettes	Viscosität	$n_D^{40°}$	d_{15} g/l	Erstarrungspunkt °C	Verseifungszahl	Jodzahl	Reichert-Meißl-Zahl	Acetylzahl
Kakaobutter[1] Beurre de Cacao Cacao Butter Burro di Cacao „Preßbutter" der Kerne	$E_{60}=3,5$	1,456 bis 1,458	945/976	21/27 Schmp. 32/36 [2]	192/202 meist 192/196	34/38 RhZ. 32/35	0,1/0,4	—
Dgl., „Extraktionsbutter" oder mit „Extraktionsbutter" verschnittene „Preßbutter"	—	1,457 bis 1,458	—	Schmp. 32,4 bis 34,2	—	36,5 bis 40,6 RhZ. 33,8 − 36	—	—
Muskatbutter Beurre de Muscade Nutmeg Butter Burro di noce moscata Aus dem Samen von Myristica fragrans	—	1,466 bis 1,470	945/966	39/42 Schmp. 38/51	172/179	31/59	1/4,2	—
Palmöl, Palmfett Huile de Palme Palm Oil Olio di palma Fruchtfleischöl der afrikanischen Ölpalme	—	1,453 bis 1,456	921/947 meist 921/925	31/41	196/210	43/58 meist 51/57	0,4/1,9	18 [4]
Kanyabutter[7] (Sierra Leone Butter) Beurre de Kanya Lamy Butter VonPentadesma butyracea	—	1,455 bis 1,456	916 bei 30°	20 − 38,5	186/197	42/46	0,3	—
Sheafett (Galambutter) Beurre de Karité Shea Butter Burro di Shea Von Bassia Parkii, Westafrika	—	1,463 bis 1,466	917/918	17/27 Schmp. 23/32	186/196	49/62 meist nahe 60 RhZ. 48	1/4	—
Illipetalg Beurre d'Illipé Illipé-Butter Burro di Illipe Aus dem Samen von Bassia longifolia, Indien, Ceylon	$E_{6}=3,3$	1,459 bis 1,462	917	17/22 Schmp. 25/29 (36 bis 37) [10]	186/203	50/64	1,4/3,6	—
Mowrahfett[12] Beurre de Mowrah Mowrah Butter Burro di Moora Aus dem Samen von Bassia latifolia (Illipe latifolia) Indien	$E_{6}=$ 3,1 − 3,7	1,458 bis 1,461	920/925	18/25 Schmp. 25/42	187/195	53/68 meist 58/63 RhZ. 48	0,2/1,7	—

[1] H. Fincke: Die Kakaobutter und ihre Verfälschungen, Wiss. Verlags-Ges. Stuttgart 1929; beim Erstarren erst nach längerer Zeit (unter Umständen mehreren Wochen) ihre endgültige Be- gehalt von extrahierter Butter und der Bohne s. B. Rewald u. H. Christlieb: Chem.-Ztg. 55, Journ. Soc. chem. Ind. 49 T, 363 (1930); C. 1930, II, 3213. [6] Die besseren Sorten (soft): Lagos, an freier Fettsäure (hard) durch starke Oxydationsmittel aufhellbar (Kongoöle). [7] Grimme: Unters. Nahr.- u. Genußmittel 28, 247 (1914). [8] Berg u. Angerhausen: ebenda 27, 723 (1914); chem. Ind. Japan (Suppl.) 32, 365 B (1929); C. 1930, I, 1398. [11] Kobayashi: Chem. Umschau 27, 135 (1914); C. 1914, I, 1439.

der Tabelle 172.

Literaturangaben entnommenen oberen Grenzwerte der Jodzahlen der Fettsäuren nicht den säuren höher sein muß als die Jodzahl der zugehörigen Neutralfette.

| Hehner-Zahl | Fettsäuren | | | | Bestandteile in % | Sonstige Feststellungen |
	Schmelz-punkt ° C	Erstar-rungs-punkt ° C	Mittleres Mol.-Gew.	Jod-zahl		
95/96	47,5 bis 52	45/51	275 bis 282	36/39	Palmitinsäure 23—25; Stearinsäure 31—34,5; Ölsäure 39—43; Linolsäure etwa 2; Unverseifbares 0,25—0,8 [3]	Charakteristischer Geruch (Näheres s. S. 818).
—	—	—	—	—	—	—
83	42/49	40/45	—	32*	Zusammensetzung sehr wechselnd. Etwa Myristinsäure 73; Stearinsäure 6; Ölsäure 3; Linolsäure 0,5; ätherisches Öl 4—12. Unverseifbares 8,5; Harze 2	Gelbes bis rötliches Fett vom Geruch und Geschmack der Muskatblüten. Meist hohe Säurezahl (19—45).
94/99	44/50	35/49	264 bis 274	49/63 flüssige Säuren 95/99	Kongo- und Kamerunöl: Palmitinsäure etwa 40; Ölsäure 40—45; Linolsäure 8—11. Drewinöl: Palmitinsäure 33; Ölsäure 50; Linolsäure 8. Die Öle enthalten ferner: Stearinsäure 3,6—7; Myristinsäure 1—2,5. Der größte Teil des Palmöles besteht aus Monooleodipalmitin und Dioleopalmitin [5]	Orangegelb bis schmutzig dunkelrot [6]. Veilchenartiger Geruch (Oxydationsprodukt des Carotins).
95/96	57/60	54/57	280	43/47	Stearinsäure, Palmitinsäure, Ölsäure, 0,9 Unverseifbares (1 Probe)	Weiß bis goldgelb, etwas fester als Butter. Schwacher, angenehmer Geruch. Speisefett der Eingeborenen (Liberia, Guinea, Leone).
94/97	51/57	47/54	280 bis 295	53/64	Feste Säuren (vorwiegend Stearinsäure) 34—45; flüssige (Ölsäure) 50—60. Unverseifbares 2—10 [8], darin ein alkoholunlöslicher Kautschuk-Kohlenwasserstoff „Kariten" [9] (vgl. S. 638)	Grauweiß bis gelblich $[\alpha]_D = +3$ bis 3,2.
94/95	39/46	36/42	292	52/56 und höher	Feste Säuren (vorwiegend Palmitin- und Stearinsäure) etwa 40; Ölsäure 51; Linolsäure 9. Unverseifbares 6,4. Darin dem Cholesterin oder Sitosterin isomerer Alkohol und Kohlenwasserstoff „Illipen" [11]	Hellgelb.
93/95	39/55	38/52	295	meist 47/59*	Palmitin- und Stearinsäure 34—36; Ölsäure 63—66. In einem Falle Myristinsäure 16; Palmitinsäure 26,6; Stearinsäure 2; Ölsäure 40,2; Linolsäure 13,3. Unverseifbares etwa 2	Salbenartig, gelb bis gelbgrün. Wird leicht ranzig. Nußähnlicher Geruch $[\alpha]_D = +1,12$.

H. P. Kaufmann: Chem. Umschau Fette, Öle, Wachse, Harze 37, 305 (1930). [2] Erlangt schaffenheit. Vor Bestimmung des Schmelzpunktes daher nicht schmelzen! [3] Über Phosphatid- 393 (1931). [4] Lewkowitsch: Chem. Technol., 6. Aufl., 1, 443 (1921). [5] Hilditch u. Jones: Old Calabar und Dahomeyöle, durch Luft bleichbar; schlechtere Qualitäten mit hohem Gehalt Chem. Revue üb. d. Fett- u. Harzind. 17, 263 (1910); Wagner, Muesmann u. Lampart: Ztschr. 28, 73 (1914). [9] K. H. Bauer u. G. Umbach: Ber. 65, 859 (1932). [10] Tsujimoto: Journ. Soc. Fette, Öle, Wachse, Harze 30, 59 (1923). [12] Diedrichs: Ztschr. Unters. Nahr.- u. Genußmittel

Fortsetzung

NB. Die seltenen bzw. zweifelhaften Werte sind eingeklammert.   * bedeutet, daß die den wahren oberen Grenzen entsprechen können, da die Jodzahl der Fett-

Art des Fettes	Viscosität	$n_D^{40°}$	d_{15} g/l	Erstarrungspunkt °C	Verseifungszahl	Jodzahl	Reichert-Meißl-Zahl	Acetylzahl
Lorbeerfett *Huile de Laurier* *Laurel Oil* *Burro di lauro* Aus den Beeren des Lorbeers	—	1,464 bis 1,474	926/953	24/25 Schmp. 31/36	197/215	66/82 (65—96)	1/6	5
Chaulmoografett[2] *Huile de Chaulmougra* *Chaulmoogra Oil* *Olio di Chaulmoogra* Öl v. Taractogenos Kurzii [Hydnocarpus Kurzii][3]	—	1,475 bis 1,477	957	gepreßt 9/14 extrahiert 18/20	197/215	95—105 RhZ. 98	3,6	—
Hydnocarpusöl (Marattifett, fälschlich auch als Cardamumfett bezeichnet) *Huile de Hydnocarpus* *Hydnocarpus Oil* *Olio di hydnocarpus* Von Hydnocarpus Wightiana	—	1,472 bis 1,479	963	11/18	197/208	92—102	0,9	(7,6)

Tabelle 173. Pflanzliche

NB. Die seltenen bzw. zweifelhaften Werte sind eingeklammert.   * bedeutet, daß die den wahren oberen Grenzen entsprechen können, da die Jodzahl der Fett-

Art des Fettes	Viscosität	$n_D^{20°}$	d_{15} g/l	Erstarrungspunkt °C	Verseifungszahl	Jodzahl	Reichert-Meißl-Zahl	Acetylzahl
Olivenöl, Baumöl *Huile d'Olive* *Olive Oil* *Olio d'Oliva* Aus dem Fleisch der Oliven (Bari-, Provence-, Gallipoliöl usw.)	E_{20} 11/13 E_{50} 4	1,467 bis 1,471	kalt gepreßt 914/919, heiß gepreßt 920/929	je nach Gehalt an festen Säuren 0 bis —9	189/196 (185), meist nahe an 190	75/88, gute Öle meist 80/85†, RhZ. 71/77	0,1/0,8	mindere oder ältere Öle 5/11
Olivenkernöl[4] *Huile de Noyeau d'Olive* *Olive Kernel Oil* *Olio di noccioli d'oliva*	—	bei 25° 1,468 bis 1,469	918/928	—	181 bis 188,5	82/88	1,6/2,4	(22)

---

[1] Heiduschka u. Müller: Arch. Pharmaz. u. Ber. Dtsch. pharmaz. Ges. **268**, 114 (1930):
[3] Öle anderer Hydnocarpusarten: Lukrabooöl, Gorlisamenöl, s. Grimme: Chem. Revue üb. d. wirtsch. **60**, 31 (1912); C. **1912**, I, 1665.

der Tabelle 172.

Literaturangaben entnommenen oberen Grenzwerte der Jodzahlen der Fettsäuren nicht den säuren höher sein muß als die Jodzahl der zugehörigen Neutralfette.

| Hehner-Zahl | Fettsäuren | | | | Bestandteile in % | Sonstige Feststellungen |
	Schmelz-punkt °C	Erstar-rungs-punkt °C	Mittleres Mol.-Gew.	Jod-zahl		
84/95	14	8/15	277 bis 280	82/89	In einem Falle[1] Laurin-säure 30; Palmitinsäure 11; Ölsäure 39,8; Linolsäure 18,9 (Myristinsäure fehlt). Außer-dem Melissylalkohol	Grün. Rohöl färbt sich mit Furfurol und Salzsäure vio-lett bis weinrot. In siedendem Alkohol völlig löslich. In der Tierheilkunde benutzt. Cha-rakteristischer Geruch (äthe-risches Öl).
95,5	44 bis 47,5	21 bis 41,5	272 bis 296	96 − 111	Gesättigte Säuren vorwie-gend Palmitinsäure, unges. Chaulmoogra- und Hydno-carpussäure, Isogadolein-säure ($C_{20}H_{38}O_2$), Taractogen-säure[2] ($C_{36}H_{60}O_6$), „Arachin-säure". Säuren: $[\alpha]_D^{30} = +43{-}58°$	Gelb bis hellbraun. Geruch nach Terpentin. In 3 − 4 Vol. 70 %igen Alkohols löslich. 3 g bewirken Vergiftungs-erscheinungen. Häufig fälsch-lich als Gynocardiaöl be-zeichnet. Therapeutische Ver-wendung bei Lepra und Tuberkulose. $[\alpha]_D^{30} = +43{,}5{-}51{,}2°$.
95,5	41/44	40/42	273	102 bis 106	Von ungesättigten Säuren vorwiegend Hydnocarpus- und Chaulmoograsäure, so-wie eine homologe Säure $C_{14}H_{24}O_2$. Säuren der Linol- und Linolensäure-Reihe; 0,4 − 1 Unverseifbares	$[\alpha]_D^{30} = +51{,}2$.

nichttrocknende Öle.

Literaturangaben entnommenen oberen Grenzwerte der Jodzahlen der Fettsäuren nicht den säuren höher sein muß als die Jodzahl der zugehörigen Neutralfette.

| Hehner-Zahl | Fettsäuren | | | | Bestandteile in % | Sonstige Feststellungen |
	Schmelz-punkt °C	Erstar-rungs-punkt °C	Mittleres Mol.-Gew.	Jod-zahl		
94/96	22/31 (kali-forni-sche Öle 19/23)	21/27	279 bis 286	86/90, flüssige Säuren 93 − 104	Palmitinsäure 7 − 10; Stea-rinsäure 2 − 4; Myristinsäure Spur; Ölsäure 69 − 84; Li-nolsäure 4 − 12; Unverseif-bares bis 1,4. In Ölen aus südlichen Gegenden sowie in Nachschlags- und Sulfur-ölen höherer Gehalt an festen Glyceriden	Hellgelb bis dunkelgrün; Ge-schmack milde und ange-nehm. † Tunesische und dalmatini-sche Öle Jodzahl oft > 90.
—	—	—	—	—	Feste Säuren (Palmitin- und Stearinsäure) 10; Ölsäure etwa 80 − 90	In gewöhnlichem Olivenöl 2. und 3. Pressung mit ent-halten. Kaltgepreßt gold-gelb, heißgepreßt grünlich, extrahiert dunkelgrün. Ge-preßtes Öl schmeckt mandel-ölartig, nicht so mild wie Olivenöl. Süßlicher Geruch.

C. **1930**, I, 3259.   [2] Hashimoto: Journ. Amer. chem. Soc. **47**, 2325 (1925); **49**, 1119 (1927). Fett- u. Harzind. **18**, 133 (1911).   [4] Klein: Ztschr. angew. Chem. **11**, 847 (1898); Journ. Land-

Fortsetzung
NB. Die seltenen bzw. zweifelhaften Werte sind eingeklammert. * bedeutet, daß die den wahren oberen Grenzen entsprechen können, da die Jodzahl der Fett-

Art des Fettes	Viscosi-tät	$n_D^{20°}$	d_{15} g/l	Erstar-rungs-punkt °C	Ver-seifungs-zahl	Jod-zahl	Rei-chert-Meißl-Zahl	Ace-tyl-zahl
Ricinusöl[1] *Huile de Ricine* *Castor Oil* *Olio di ricino*	$E_{20} =$ 139/140 E_{50} = 17/18 E_{100} = 2,7	1,477 bis 1,479	950/974	− 10 bis − 18	176/191	81/86 (90) RhZ. 82	0,2/0,3 (1,1 bis 2,8)	146/156
Kapoköl[3] *Huile de Kapok* *Kapok Oil* *Olio di kapok* Aus dem Samen des ge-meinen Wollbaumes	E_{20} = 11,5	1,469 bis 1,471	920/923	Schmp. 26.2 bis 31,6†	189/197 (205)	85 − 98[4]	0,1/0,6	−
Erdnußöl *Huile d'Arachide* *Arachis Oil* *Olio di arachide*	E_{20} = 10/12	1,460 bis 1,472	911/925	− 2/ + 3	180/197, meist um 191	86/98 (103) RhZ. 70/78	0,4/1,6	3,4/9
Teesaatöl[6] *Huile de Thé* *Tea Seed Oil* *Olio di thè* (Camellia theifera)	−	1,468 bis 1,471	917/927	− 5/ − 12	188/196	88/93	0,14 bis 0,7	−
Tsubakiöl[7] *Huile de Tsubaki* *Tsubaki Oil* *Olio di tsubaki* (Camellia japonica)	−	1,468 bis 1,469	916/917	− 15 bis − 21	188/193	80/82	etwa 0,5	−
Mandelöl *Huile d'Amande* *Almond Oil* *Olio di mandorle*	−	1,470 bis 1,472	914/920	− 10 bis − 21	190/196 (183), meist um 191	93 − 105 RhZ. 78/85	0,2/0,5	5/10
Aprikosenkernöl *Huile d'Abricotier* *Apricot Kernel Oil* *Olio di albicocche*	−	1,471 bis 1,475	915/921	− 4 bis − 22, meist − 20	188/198	96 − 109 RhZ. 80	0,1 PZ. 0,3	−
Pfirsichkernöl *Huile de Pêcher* *Peach Kernel Oil* *Olio di pesche*	−	1,472 bis 1,473	918/923 (DAB. 6: d_{20} 911/916)	− 20 bis − 23	189/195 (DAB. 6: 190/195)	92 − 110 (DAB. 6: 95/100 Wink-ler)	−	−

[1] A. Heiduschka u. G. Kirsten: Pharmaz. Zentralhalle 71, 81 (1930). [2] Flammpunkt des technisch zur Fettspaltung benutzt: Ver. Chem. Werke Charlottenburg; Connstein, Hoyer u. scient. [4] 16, 728 (1902); Sprinkmeyer u. Diedrichs: Ztschr. Unters. Nahr.- u. Genußmittel u. Harzind. 20, 248 (1913); Besson: Mitt. Lebensmittelunters. Hygiene 5, 303 (1914); C. 1914, Jodzahlen (117−129) angegeben. [5] n-Eikosansäure: W. D. Cohen: Proceed. Sect. Science Kgl. Ber. 62, 177 (1929); Chem. Umschau Fette, Öle, Wachse, Harze 36, 245 (1929); n-Tetrakosan-säure: wie n-Behensäure und Holde u. Godbole: Ber. 59, 36 (1926). Die älteren Literaturan-Säuregemische (vgl. S. 622). [6] Tsujimoto: Journ. Coll. Engin., Imp. Univ. Tokyo 4, 75 (1908); ebenda. [8] Nach dem DAB. 6 sollen die Mandelölfettsäuren bei 15° flüssig bleiben und beim doppelten Volumens Alkohol darf keine Trübung auftreten (Probe auf Oliven-, Sesam-, Erdnuß-

der Tabelle 173.
Literaturangaben entnommenen oberen Grenzwerte der Jodzahlen der Fettsäuren nicht den
säuren höher sein muß als die Jodzahl der zugehörigen Neutralfette.

| Hehner-Zahl | Fettsäuren | | | | Bestandteile in % | Sonstige Feststellungen |
	Schmelz-punkt °C	Erstar-rungs-punkt °C	Mittleres Mol.-Gew.	Jod-zahl		
96	13	3	290 bis 300 (3(6,6)	86/94	Stearinsäure 3 −8; Dioxy-stearinsäure 1 −3; Ölsäure 3 bis 8; Linolsäure 2 −3; Ri-cinolsäure 80 −85	Mit 95 %igem Alkohol in jedem Verhältnis mischbar. In Benzin unlöslich. Mit kleinen Mengen Petroläther (bis zum gleichen Volumen) mischbar. $[\alpha]_D^{15} = +5,4/9,7^0$ [2].
95/96	32/36	28/34	277 bis 292	87 bis 112, meist 92/99	Ölsäure 44,5; Linolsäure 29,5; Palmitinsäure 26; Li-nolensäure: Spuren	Goldgelb bis braun, selten grünlich. Wird gelegentlich als Ersatz für Cottonöl be-nutzt. † Bei 20° Stearinaus-scheidung.
95/96	27/35	22 bis 32,5	280 bis 282	96 −103	In weiten Grenzen schwan-kend. Palmitinsäure 4 −8,5; Stearinsäure 4,5 −6,5; sog. „rohe Arachinsäure" 4 −5 [5]; Ölsäure 51,6 −80; Linol-säure 7,4 −26	Nachweis s. S. 733
95	33/39 (10/11)	−	280 bis 288	90,8 bis 94,1	88 −93 flüssige Säuren	Ungenießbar; saponinhaltig; gut geeignet für Seifen.
95/96	−	−	283 bis 285	83/84	7 feste, 93 flüssige Säuren (anscheinend nur Ölsäure)	Oft mit Rüb-, Cotton-, Erd-nußöl verfälscht. Dient als Schmiermittel für Fein-mechanik.
96/97	12/15	9,5 bis 11,8	278 bis 280	93/96*	Glyceride der gesättigten Fettsäuren 1,5 −5,4; der Öl-säure 80,8 −83,7; der Linol-säure 14,8 −16. Phytosterin (Schmp. 122°) 0,1 −0,3	Elaidinierung positiv. Mit Bieberschem Reagens (s. u.) farblos bis schwach gelb [6].
95/96	2/15	0 −6	280 bis 290	99 bis 108*	−	Elaidinierung positiv. Mit 1 Teil Bieberschem Reagens (je 1 Vol. rauchender HNO_3, konz. H_2SO_4 und H_2O) auf 5 Teile Öl rot, später dunkelorange.
94	12/19	5/13	276 bis 279	94 bis 102*	Palmitin- und Stearinsäure 15,6; vorwiegend Ölsäure	Mit Bieberschem Reagens (s. o.) schwach rosa, dann dunkelorange. Dient als Mandelölersatz.

Ricinusöles im o. T. 274/275°. Lipase aus dem Samen (bleibt bei kalter Pressung zurück) wird
Wartenberg: Ber. 35, 3988 (1902). [3]Henriques:Chem.-Ztg. 17, 1283 (1893); Philippe:Moniteur
26, 86 (1913); Matthes u. Holtz: Arch. Pharmaz. 251, Heft 5 (1913); Chem. Revue üb. d. Fett-
II, 954. [4] In älteren Arbeiten (Henriques, Philippe u. a.) werden meist bedeutend höhere
Akad. Wiss. Amsterdam 28, 630 (1925); n-Behensäure: Holde, Bleyberg u. Rabinowitsch:
säure: ebenda und Jantzen u. Tiedcke: Journ. prakt. Chem. 127, 277 (1930); n-Hexakosan-
gaben über sog. „Arachinsäure" und „Lignocerinsäure" beziehen sich auf unreine Säuren bzw.
Prescher: Ztschr. Unters. Nahr.- u. Genußmittel 32, 559 (1916); C. 1917, I, 537. [7] Prescher:
Vermischen mit dem gleichen Volumen Alkohol bei 15° klar gelöst werden; beim Zufügen des
und Cottonöl).

Tabelle 174. Pflanzliche

NB. Die seltenen bzw. zweifelhaften Werte sind eingeklammert. * bedeutet, daß die den wahren oberen Grenzen entsprechen können, da die Jodzahl der Fett-

Art des Fettes	Viscosität	$n_D^{20°}$	d_{15} g/l	Erstarrungspunkt °C	Verseifungszahl	Jodzahl	ReichertMeißlZahl	Acetylzahl
Rüböl *Huile de Colza* *Rape Oil (Colza Oil)* *Olio di colza* Von Brassica campestris	$E_{20} =$ 11/15 $E_{50} =$ 4,4	1,472 bis 1,476	910/917	0	167/180 meist 172/175	94 — 106 RhZ. 77	< 1	2/6 alte Öle bis 42
Weißsenföl *Huile de Moutarde Blanche* *White Mustard Oil* *Olio di mostarda bianca*	$E_{20} =$ 13	1,470 bis 1,473	912/921	— 8/ — 16	170/178	92 — 122	—	—
Schwarzsenföl *Huile de Moutarde Noire* *Black Mustard Oil* *Olio di mostarda nera*	$E_{20} =$ 12/14	1,474	914/923	— 11 bis — 17,5	173/182	96 — 107	—	—
Sesamöl *Huile de Sésame* *Sesamé Oil* *Olio di sesamo*	$E_{20} =$ 10/10,5	1,473 bis 1,476	921/924	— 3/ — 6	186/195	103 — 112 RhZ. 75/77	0,1/0,4 (1,2)	10/11
Bucheckernöl *Huile de Faine* *Beech Nut Oil* *Olio di faggio*	—	1,471 bis 1,473	920/922	— 17	191/196	104 — 111 (120)	< 0,1	4
Daturaöl (Stechapfelsamenöl) [4] *Huile de Datura* *Datura Oil* *Olio di Stramonia* von Datura strammonium	—	—	917/923	unter — 12	186/194	109 — 113	—	—
Kürbiskernöl *Huile de Pépins* *de Citrouille* *Pumpkin Seed Oil* *Olio di zucca*	—	1,474 bis 1,475	919/928	— 15 bis — 16	188/196	119 — 134	0,4/1,8	27/28

Hilditch, Riley u. Vidyarthi: Journ. Soc. chem. Ind. 46 T, 457 (1927). [2] Hilditch, u. Roser: Journ. prakt. Chem. 104, 137 (1922); C. 1923, I, 1283. [4] Holde: Chem. Revue 31, 1239 (1910); 33, 311 (1912); Verkade u. Coops jr.: Biochem. Ztschr. 206, 468 (1929).

schwachtrocknende Öle.
Literaturangaben entnommenen oberen Grenzwerte der Jodzahlen der Fettsäuren nicht den säuren höher sein muß als die Jodzahl der zugehörigen Neutralfette.

Hehner-Zahl	Fettsäuren				Bestandteile in %	Sonstige Feststellungen
	Schmelz-punkt °C	Erstar-rungs-punkt °C	Mittleres Mol.-Gew.	Jod-zahl		
94/96	16/22	12/19	306 bis 321	99/106* flüssig 121 bis 126	Myristinsäure etwa 1,5; Stearinsäure 1,6; „Arachinsäure" 1,5; Ölsäure bis etwa 20; Erucasäure 56−65; Linolsäure 14; Linolensäure 2−3. Ein englisches Rüböl [1]: Palmitinsäure 1; „Lignocerinsäure" 1; Ölsäure 32; Erucasäure 50; Linolsäure 15; Linolensäure 1; Unverseifbares 0,5−1,5	Charakteristischer Geruch. Nachweis s. S. 737.
94/96	12/16	9/10	301 bis 310	94/110*	Ein englisches Öl[2]: Palmitinsäure 2; Stearinsäure: Spur; „Arachinsäure" 1; „Lignocerinsäure" 1; Ölsäure 28; Erucasäure 53; Linolsäure 14,5; Linolensäure 1	$[\alpha]_D = -9'$. Goldgelb. Brennender Geschmack (Brenn- und Schmieröl). Kalt gepreßtes Öl schwefelfrei.
94 bis 96,5	9/18	6/17	300 bis 316	109 bis 126	Ein Öl[2]: Palmitinsäure 2; Stearin- oder „Arachinsäure" Spuren; „Lignocerinsäure" 2; Ölsäure 24,5; Erucasäure 50; Linolsäure 19,5; Linolensäure 2	$[\alpha]_D = -17'$. Bräunlichgelb bis grünbraun. Senfgeruch. Rohes Öl meist schwefelhaltig (ätherisches Senföl 1,4 %).
95/96	23/32	20/24	279 bis 286	109 bis 121	Feste Säuren 12−16; flüssige 75−80; Glyceride der Palmitinsäure 7,7; Stearinsäure 4,6; „Arachinsäure" 0,4; Ölsäure 48,1; Linolsäure 36,8. Unverseifbares < 1 (Sesamol und Sesamin)	Nachweis s. S. 735 f. $[\alpha]_D = +0,5$ bis 0,7 Bogengrade.
95	23/24	17	273 bis 281	114*	Palmitinsäure 4,9; Stearinsäure 3,5; Ölsäure 76,7; Linolsäure 9,2; Linolensäure 0,4; Phytosterin 0,8[3]	Gibt schwache Baudouin-Reaktion, keine Soltsien-Reaktion.
93	25	−	276 bis 289	−	Palmitin- und Stearinsäure etwa 12; Ölsäure 62; Linolsäure 15 (Meyer und Beer, s. Fußn. 4)	Über Nichteinheitlichkeit der sog. Daturinsäure s. S. 619.
94/96	23/31	24/38	285	123*	Wechselnd nach Art der Stammpflanze. Glyceride der Palmitin- und Stearinsäure 30; Ölsäure 25; Linolsäure 45. In einem anderen Falle: Palmitinsäure 13; Stearinsäure 6; Ölsäure 37; Linolsäure 44. Der Acetylzahl nach müßten Oxysäuren zugegen sein	Oft stark fluorescierend. Aufsicht purpurrot; Durchsicht grün.

Riley u. Vidyarthi: Chem. Umschau Fette, Öle, Wachse, Harze **35**, 57 (1928). [3] Heiduschka üb. d. Fett- u. Harzind. **10**, 81 (1903); Ber. **38**, 1252 (1905); H. Meyer u. R. Beer: Monatsh. Chem.

Fortsetzung

NB. Die seltenen bzw. zweifelhaften Werte sind eingeklammert.   * bedeutet, daß die den wahren oberen Grenzen entsprechen können, da die Jodzahl der Fett-

Art des Fettes	Viscosität	$n_D^{20°}$	d_{15} g/l	Erstarrungspunkt °C	Verseifungszahl	Jodzahl	Reichert-Meißl-Zahl	Acetylzahl
Maisöl *Huile de Mais* *Maize Oil* *Olio di mais*	—	1,474 bis 1,476	920/928	−10 bis −15 (−22 bis −36)	188/198	111−131 meist 117−123 RhZ. 77/78	0,3/2,5	(7/11)
Sonnenblumenöl *Huile de Tournesol* *Sunflower Oil* *Olio di girasole*	$E_{20} =$ 8,2 $E_{50} =$ 3,1	1,474 bis 1,476	920/927	−16/−18	186/194	je nach Klima 118−144 meist 127−136 RhZ. 74/83	0,3/1	14/17
Sojabohnenöl *Huile de Soja* *Soya Bean Oil* *Olio di soia*	$E_{20} =$ 8/9	1,470 bis 1,478	922/934, meist 923/926	−8/−18	188/195	114−138 meist 124−133 RhZ. 84	0,45 bis 0,75	(17/20) (12/13)
Baumwollsamenöl (Cottonöl) *Huile de Coton* *Cotton Seed Oil* *Olio di cotone*	$E_{20} =$ 9/10 $E_{50} =$ 3	1,472 bis 1,477	roh 917/931 raff. 912/926	−6/−1 roh +2/+4 unter 12° Abscheidung des „Stearins"	191/198 meist nahe bei 195	101/120, Rohöl meist 103/111, „Winteröl" 110/116 RhZ. 61/65	0,2/1	(7,6/21)
Crotonöl *Huile de Croton* *Croton Oil* *Olio di crotontiglio* Aus dem Samen der Euphorbiacee Croton Tiglium	—	1,470 bis 1,473 (40°)	937/943	−7/−16	193/215	102−109 (122)	12/14	33/39 (20)

[1] Holtz: Seifensieder-Ztg. 56, 103 (1929); B. Rewald: Allg. Öl- u. Fett-Ztg. 27, 363 (1930).

der Tabelle 174.

Literaturangaben entnommenen oberen Grenzwerte der Jodzahlen der Fettsäuren nicht den säuren höher sein muß als die Jodzahl der zugehörigen Neutralfette.

| Hehner-Zahl | Fettsäuren | | | | Bestandteile in % | Sonstige Feststellungen |
	Schmelz-punkt ⁰ C	Erstar-rungs-punkt ⁰ C	Mittleres Mol.-Gew.	Jod-zahl		
92/96	16/23	13/19	278 bis 286	113/126* flüssig 141/144	Glyceride der Palmitinsäure 7,7; Stearinsäure 3,5 − 3,6; „Arachinsäure" 0,4; „Ligno-cerinsäure" 0,2; Ölsäure 44,8 bis 45,4; Linolsäure 41 − 48. Glycerin 10. Unverseifbares 1,3 − 2,5	Gelb bis rotbraun. Elaidinierung positiv.
95	21/24	17/20	278 bis 288	128/140	Feste Säuren etwa 6 − 9; da-von Palmitinsäure 47 − 57; Stearinsäure 24 − 39; „Ara-chinsäure" 9 − 17; „Ligno-cerinsäure" 0 − 5,4. Flüssige Säuren 85 − 91; davon Öl-säure 32 − 40; Linolsäure 46 bis 55. Unverseifbares 0,3 bis 0,9	Trocknet ähnlich wie Mohn-öl, aber wesentlich langsamer (unbehandeltes Öl klebfrei nach 19 − 21 Tagen). In der Malerei geschätzt. Die Schalen enthalten ein Fett mit etwa 10 % Unver-barem (Cerylalkohol).
94/96	20/29	14/25	um 290	118/142	Glyceride der Palmitinsäure 2,4 − 6,8; Stearinsäure 4,4 bis 7,3: „Arachinsäure" 0,4 bis 1; Ölsäure 32 − 35,6; Li-nolsäure 51,5 − 57; Linolen-säure 2 − 3. Unverseifbares 0,5 − 1,5	Etwa wie Mohnöl trocknend. Lecithingehalt etwa 0,2. in der Bohne etwa 18 % [1] (Phos-phatidgehalt abhängig vom Extraktionsmittel, vgl. Rewald).
95/96	34 − 46	28/40, meist 32/38, „Win-teröl" 28	275 bis 289	105/124 flüssig 144/148	Feste Säuren 20 − 25 (haupt-sächlich Palmitinsäure), flüssige 70 − 75 (darunter Öl-säure 30 − 35; Linolsäure 40 bis 45). Unverseifbares 1,64	Rohöl rubinrot bis dunkel-braun. „Winteröl" von einem Teil des „Stearins" befreit.
89	−	18/19	Was-ser-un-lösl. 279	111/112	Palmitin-, Stearin-, Öl-, Li-nolsäure. Unverseifbares 0,6	Von brennendem Geschmack, sehr stark purgierend, giftig (20 Tropfen tödlich), stark hautreizend. $[\alpha]_D = + 2,52$ bis 2,84 Bogen-grade[2]. Der giftige und optisch aktive Bestandteil ist das Croton-harz[3], das bei der Ver-seifung Ameisensäure, Essig-säure, Tiglinsäure und andere niedere Säuren ergibt.

[2] Rakusin: Chem.-Ztg. 30, 143 (1906).   [3] Dunstan u. Bole: Pharmaceutical Journ. 55, 5 (1895).

Tabelle 175. Pflanzliche

NB. Die seltenen bzw. zweifelhaften Werte sind eingeklammert.   * bedeutet, daß die den wahren oberen Grenzen entsprechen können, da die Jodzahl der Fett-

Art des Fettes	Viscosität	$n_D^{20^0}$	d_{15} g/l	Erstarrungspunkt °C	Verseifungszahl	Jodzahl	Reichert-Meißl-Zahl	Acetylzahl
Traubenkernöl[1] *Huile de Pépins de Raisin* *Grape Seed Oil* *Olio di vinacciuli*	—	1,474 bis 1,478	919/936	−10/−24	176/190 P 181/206 T	125/157 P 93/137 T	0,4 bis 1,9 PZ. 0,5 bis 0,6	2/43 P 27/72 T OH-Z. 64,9 und 92,5[2]
Kurkasöl *Huile de Pignon d'Inde* *Curcas Oil* *Olio di Curcas*	$E_{20} = 9,6$	1,470 bis 1,471	910/923	− 7/− 9	190/210	98/110	0,1/0,9	7/10 (18/35)
Reisöl[3] *Huile de Riz* *Rice Oil* *Olio di riso* Aus Reiskleie	—	1,471 bis 1,474	912/927	− 5/−10	179/196, meist 183/192	100−108 RhZ. 70	0,6/1,7	—
Safloröl (Carthamusöl) *Huile de Carthame* *Safflower Oil* *Olio di cartamo*	$E_{21} = 9,6/11,6$	1,475	922/927	− 13 bis − 20 Schmp. − 5	174/194	kalt gepreßt 138−150 warm gepreßt 122−129	0,2/1,6	13/16
Mohnöl *Huile d'Oeillette* *Poppy Seed Oil* *Olio di papavero*	$E_{20} = 8$	1,475 bis 1,478	923/926	− 15 bis − 20 Schmp. − 2	189/198	131−143 (158) RhZ. 78/79	—	13
Leindotteröl (deutsches Sesamöl), *Huile de Caméline* *Cameline Oil* *Olio di cameline*	$E_{7,5} = 18,3$ $E_{13\cdot1} = 13,1$	1,476	919/926	− 15 bis − 18	185/188	133−153	—	—
Manihotöl[5] *Huile de Manihot* *Manihot Oil* *Olio di Manihot* (v. Manihot Glaciovii)	—	1,474 bis 1,476	922/926	bei +4 trübe, bei −17 noch nicht fest	187/194	133−144 (117)	0,4/0,7	der Fettsäuren 21

[1] E. André u. H. Canal: Bull. Soc. Encour. Ind. Nationale **126**, 542 (1927); Bull. Matières mit Petroläther extrahiert wurde; die mit T bezeichneten von einem technischen Produkt. ob die hohen Acetylzahlen mancher Öle durch einen normalen Gehalt an Oxysäuren (wie beim Aufbau. [2] Täufel, Fischler u. Jordan: Allg. Öl- u. Fett-Ztg. **28**, 119 (1931). [3] Tsujimoto: C. **1918**, II, 232. [4] Eibner u. Wibelitz: Chem. Umschau Fette, Öle, Wachse, Harze **31**, 109 mittel **27**, 113 (1914); Grimme: Chem.-Ztg. **43**, 505 (1919).

trocknende Öle.

Literaturangaben entnommenen oberen Grenzwerte der Jodzahlen der Fettsäuren nicht den säuren höher sein muß als die Jodzahl der zugehörigen Neutralfette.

| Hehner-Zahl | Fettsäuren | | | | Bestandteile in % | Sonstige Feststellungen |
	Schmelzpunkt °C	Erstarrungspunkt °C	Mittleres Mol.-Gew.	Jodzahl		
92/97	23 bis 28,5	18/21	277 bis 322	98/141 und höher	5—13 feste, 80—88 flüssige Säuren (einschließlich Oxysäuren). Beispiel: Palmitinsäure 5,2; Stearinsäure 2,2; Ölsäure 35,9; Linolsäure 53,6	Kaltgepreßt goldgelb, warmgepreßt gelbbraun, heißgepreßt oder extrahiert grünlich bis schwarzbraun. Sehr wechselnde Zusammensetzung, durch die 27 verschiedenen Rebarten bedingt. Erhitzen auf 300° bewirkt in wenigen Stunden Gelatinierung. Schwache Baudouin-Reaktion.
95/96	24/30	25/29	269 bis 292	98/105*	10 feste Säuren (Schmp. 57,5); etwa gleiche Teile Öl- und Linolsäure. Unverseifbares 0,5—1	Hellgelb bis gelbbraun, unangenehmer Geruch. Wirkt stark purgierend. Trocknet in etwa 24 h.
92/96	31/36	28/29	279 bis 294	108 bis 109*	Glyceride der Myristinsäure 0,3; Palmitinsäure 12,3; Stearinsäure 1,8; Ölsäure 41; Linolsäure 36,7. Lecithin 0,5. Unverseifbares 3—4,8 (enthält Myricylalkohol)	Wird leicht sauer (bis 83 % freie Fettsäuren) durch eine Lipase, die durch Erhitzen unwirksam wird.
94/95	16/17	11/16	293 bis 297	132 bis 148	Ungesättigte Säuren (Öl-, Linol-, Linolensäure) 72; gesättigte Fettsäuren (hauptsächlich Palmitinsäure) 11,8. Unverseifbares 0,7—1,5	Ähnlich dem Sonnenblumenöl. Saflor (Carthamus tinctorius) wird wegen des roten Farbstoffes seiner Blütenblätter in Ägypten, China, Indien und Rußland gezogen.
95/96	20/21	15/17	279	139 bis 145, flüssig 150	Gesättigte Säuren 7 (davon Palmitinsäure 64, Stearinsäure 36). Ölsäure 28, Linolsäure 59; Oxysäuren 0,8. Unverseifbares 0,5/0,7 [4]	Zur Herstellung von Ölfarben für Tuben und als Salatöl. Wird leichter ranzig als Leinöl. Häufig mit Sesamöl verfälscht.
94	18/20	13/16	296	137 bis 139*	Öl-, Palmitin-, Eruca- und eine isomere Linolsäure. Unverseifbares 1,2	Goldgelb. Kalt gepreßtes Öl (wie alle derart hergestellten Cruciferenöle) schwefelfrei. Scharfer Geruch und bitterer Geschmack.
95/96	23/26	20,5 bis 23,5	281	131 bis 145*	Feste Säuren etwa 11; flüssige 89 (vorwiegend Linolsäure, wenig Ölsäure; Linolensäure nicht nachgewiesen). Unverseifbares 0,3—1,1	Angenehmer Geruch. Milder, nußartiger Geschmack. Ungiftig.

grasses **20,** 8118 (1928). Die mit P bezeichneten Werte stammen von einem Öl, das im Laboratorium Hohe Acetylzahlen entsprechen niedrigen Jodzahlen und umgekehrt. Es ist bislang ungeklärt, Ricinusöl) bedingt sind. Die geringe Löslichkeit in Alkohol spricht gegen einen ricinusölähnlichen Chem. Revue üb. d. Fett- u. Harzind. **18,** 11 (1911); Garelli: Annali Chim. appl. **8,** 109 (1917); (1924); C. **1924,** II, 1516. [5] Sprinkmeyer u. Diedrichs: Ztschr. Unters. Nahr.- u. Genuß-

Fortsetzung

NB. Die seltenen bzw. zweifelhaften Werte sind eingeklammert. * bedeutet, daß die den wahren oberen Grenzen entsprechen können, da die Jodzahl der Fett-

Art des Fettes	Viscosität	$n_D^{20°}$	d_{15} g/l	Erstarrungspunkt °C	Verseifungszahl	Jodzahl	Reichert-Meißl-Zahl	Acetylzahl
Hanföl *Huile de Chènevis* *Hemp Seed Oil* *Olio di canapa*	$E_{7.5} =$ 11,6 $E_{15} =$ 9,6 $E_{20} =$ 8,3	1,479	924/932	-15 flüssig, $-27,5$ fest	190/194	140 − 167 RhZ. 102	2	7/20 (?)
Walnußöl[2] *Huile de Noix* *Walnut Oil* *Olio di noce*	$E_{15} =$ 9,7	1,477 bis 1,481	923/926	-27 bis -29	188/197	143 − 162 (Wijs)	0,3 PZ. 1,6	5
Gynocardiaöl[3] *Huile de Gynocardia* *Gynocardia Oil* *Olio di Gynocardia* (v. Gynocardia odorata, Hinterindien)	−	−	931/933	20 Schmp. 22/23	197/200	152 − 153	−	−
Leinöl *Huile de Lin* *Linseed Oil* *Olio di lino*	$E_{20} =$ 6,8/7,4 $E_{50} =$ 2,9 $E_{100} =$ 1,7	1,479 bis 1,481 (selten bis 1,485)	930/935	-18 bis -27	187/197 meist 188/192	(Hübl) 169 − 192 meist 170 − 180 RhZ.[4] 112 − 119	bis 0,9	8
Perillaöl[6] *Huile de Perilla* *Perilla Oil* *Olio di perilla* (v. Perilla ocimoides)	−	1,481 bis 1,483	927/933	sehr niedrig	187/197	180 − 206 RhZ. 122 − 126	−	−
Plukenetiaöl[8] *Huile de Plukenetia* *N'gart Oil* *Olio N'gart*	$E_{20} =$ 5,61 (extrah.) $E_{20} =$ 6,53(kalt gepreßt)	1,481	935/940	-21 bis -27 trübe, -33 dünnsalbig	190/192	198 − 204 (Wijs)	0,5/1,0	−
Chinesisches Holzöl, Tungöl *Huile de Bois de Chine* *China Wood Oil* *Olio di legno del China* (aus dem Samen von Aleurites Fordii, Aleurites montana)	$E_{20} =$ 32/39	1,517 bis 1,526	936/945	frisches Öl fest bei 2/3, altes Öl dickflüssig bei -18, fest bei -21	188/197	147 − 242 (Hanuš), von Einwirkungsdauer abhängig[9]; RhZ. 78/87	0,4/0,7	−
Japanisches Holzöl *Huile de Bois du Japon* *Japanese Tung Oil* *Olio di legno del Giappone* (aus dem Samen von Aleurites cordata)	$E_{15.5} =$ 42/56	1,500 bis 1,510	930/940	unter -17	185/197	149 − 176	−	−

[1] Kaufmann u. Juschkewitsch: Ztschr. angew. Chem. 43, 90 (1930). [2] Matthes u. 140 (1918); Wick: Inaug.-Diss. München 1922. [3] Power u. Barrowcliff: Journ. chem. Soc. mit Jodzahl (Wijs). 177,4 fand van Loon: Diss. Delft 1929. S. 42, nach zweitägiger Einobiger Grenzen liegende Werte: H. P. Kaufmann u. M. Keller: Ztschr. angew. Chem. 42, 20 (1929). ebenda 17, 297 (1910/11); K. H. Bauer u. Hardegg: Chem. Umschau Fette, Öle, Wachse, Harze Öl mit der Säurezahl 14,7. [8] Holde u. Meyerheim: Chem. Revue üb. d. Fett- u. Harzind. 19, 138 z. B. nach $^1/_4$ h Jodzahl 146 − 162, nach 1 h Jodzahl 220 − 240, nach 2 h Jodzahl 242.

der Tabelle 175.
Literaturangaben entnommenen oberen Grenzwerte der Jodzahlen der Fettsäuren nicht den säuren höher sein muß als die Jodzahl der zugehörigen Neutralfette.

| Hehner-Zahl | Fettsäuren | | | | Bestandteile in % | Sonstige Feststellungen |
	Schmelz-punkt °C	Erstar-rungs-punkt °C	Mittleres Mol.-Gew.	Jod-zahl		
92/93	17/21	14/17	280	160 bis 176 RhZ. 104 [1] (entspr. Jodzahl 174,5)	Ölsäure 11,8; Linolsäure49,8; Linolensäure 22,8; gesättigte Fettsäuren 9,5. Unverseifbares 0,5 − 1 [1]	Trocknet ähnlich wie Mohnöl. Hexabromidzahl 2 − 20. 5 Teile rohes Öl, mit 1 Teil Biebers Reagens (S. 793) geschüttelt, grün, dann schwarz.
95,4	15/20	13/16	273 bis 276	150 bis 155*, flüssig 167	Kaltgepreßtes Öl: feste 7; Ölsäure 14 − 15; Linolsäure 78 − 83; Linolensäure 4. In einem anderen Falle: Palmitinsäure 5; Stearinsäure 2,5; Ölsäure 29; Linolsäure 47; Linolensäure 16	Als Farböl geschätzt. Firnis neigt auf Gemälden weniger zum Springen als Leinölfirnis. Hexabromidzahl 2,2. Öl wird leicht ranzig.
−	40,6	−	−	163	Ameisen-(?), Essig-, Laurin-, Gynocardia-, Öl-, Linol-, Linolen-, Palmitinsäure und ein Glucosid „Gynocardin"	Geruch leinölähnlich. Optisch nicht aktives, trocknendes Öl. (Das optisch-aktive Chaulmoografett wurde früher oft irrtümlich als Gynocardiaöl bezeichnet.)
95/96	15/24	12/20	273 bis 275	179 bis 182	Gesättigte Fettsäuren 8 − 10 (Myristin-, Palmitin-, Stearinsäure). Ölsäure 5 − 20; Linolsäure 22 − 59; Linolensäure 21 − 45. Unverseifbares 0,5 − 1,5 [5]	Flammpunkt o. T. 205 bis 285°. Normales Öl trocknet in 3 − 4 Tagen. Hexabromidzahl s. S. 777. Abhängigkeit der Jodzahl vom Klima s. S. 685.
95/96	−4/−5	−	284 bis 291	190 bis 210, meist 200 bis 203	Gesättigte Fettsäuren 12 (hauptsächlich Palmitinsäure); ungesättigte Fettsäuren etwa 88. Ölsäure 4; Linolsäure 53; Linolensäure 23; Oxysäuren 16. Unverseifbares 0,4 − 1,5 [7]	In den Samen 36 − 45 % Öl, das in Japan und China zu Lacken verarbeitet wird. Große Oberflächenspannung, trocknet deshalb leicht streifig auf.
95/96	24/28	−	278 bis 280	211 (Wijs, 1 Öl)	Viel Linolensäure (Hexabromidzahl 47,7)	Trocknet wie bestes russisches Leinöl. Film verhält sich beim Erhitzen wie Leinölfilm.
95/97	35/44, meist 39/40	31/37	281 bis 286	160 bis 180 (Hanuš, 1/4 h), 230 und höher (1 − 2 h)	Gesättigte Fettsäuren 2 − 7; Ölsäure 10 − 15; α-Elaeostearinsäure bis zu 80	Charakteristischer Holzölgeruch. „Hankowöl" u. „Cantonöl" = Handelsmarken nach dem Sammelorte. Sehr schnell trocknend. Reinheitsprobe (Bacon-Browne): 12 min auf 282° erhitzt, erstarrt reines Öl.
−	30 − 49	31/37	272 bis 290	−	Ölsäure, α-Elaeostearinsäure; wenig gesättigte Fettsäuren	Gelatiniert nicht beim Erhitzen (Gegensatz zu chinesischem Holzöl). Abhängigkeit der Jodzahl von der Einwirkungsdauer nicht untersucht.

Rossie: Arch. Pharmaz. 256, 302 (1918); durch Chem. Umschau Fette, Öle, Wachse, Harze 25, London 87, 885, 896 (1905); Lifschütz: Chem.-Ztg. 45, 1264 (1921). [4] Bei einem La Plata-Leinöl wirkung Rhodanzahl 121,9 − 124,1. [5] Rhodanometrische Analyse zweier Leinöle ergab innerhalb [6] Meister: Farben-Ztg. 16, 266 (1909/10); Rosenthal: ebenda 17, 739 (1910/11); Niegemann: 29, 203, 301 (1922); K. H. Bauer: ebenda 30, 9 (1923); 31, 33 (1924); 32, 13 (1925). [7] Bei einem (1912); Chem.-Ztg. 36, 1075 (1912). [9] Holde, Bleyberg u. Aziz: Farben-Ztg. 33, 2480 (1928);

Tabelle 176. Fette und Öle

NB. Die seltenen bzw. zweifelhaften Werte sind eingeklammert. * bedeutet, daß die den wahren oberen Grenzen entsprechen können, da die Jodzahl der Fett-

Art des Fettes	Viscosität	$n_D^{40°}$	d_{15} g/l	Erstarrungspunkt °C	Verseifungszahl	Jodzahl	Reichert-Meißl-Zahl	Acetylzahl
Hirschtalg [1] *Graisse de Cerf* *Stag Fat* *Sego di cervino*	—	—	961/967	39/48 Schmp. 48/53	196/204	19/26	1,7/3,3	—
Hammeltalg *Suif de Mouton* *Mutton Tallow* *Sego di montone*	—	1,455 bis 1,458	936/960	32/45 Schmp. 44/55	192/198	31/47	0,1/1,2	—
Rindertalg *Suif de Bœuf* *Beef Tallow* *Sego di bove*	$E_{45}=5,4$ $E_{59}=3,6$ $E_{79}=2,4$ $E_{89}=2,1$	1,454 bis 1,459	936/952	30/38 Schmp. 40/50	190/200	32/47 RhZ. 39,4 bei Jodzahl 42,2	0,1/0,6	2/9 (ranzig)
Rinderklauenöl *Huile de Pieds de Bœuf* *Neats Foot Oil* *Olio di piede di bove* Durch Auskochen der Rinderklauendrüsen gewonnen	$E_{50}=4,1$	1,460 bis 1,461	913/918	− 4/ + 4	192/196	67/72 (57)	0,1/0,3	8/13
Rinderknochenfett *Suif d'Os* *Bone Fat* *Grasso d'ossa* Sud- oder Naturknochenfett, meist durch Ausdämpfen frischer Knochen gewonnen [3]	$E_{50}=4,3$	1 459 bis 1,460	890/893 bei 50°	32 − 34 Schmp. 44/45	190/196	49/52	0,2/1,7	12/15
Knochenöl *Huile d'Os* *Bone Oil* *Olio d'ossa* Der flüssige Anteil des Knochenfettes. Durch gelindes Auskochen frischer Knochen	—	1,463	894/895 bei 50°	−6/ −12	187/196	67/80	0,2/0,5	10
Butterfett *Beurre de Vache* *Butter Fat* *Burro strutto*	$E_{34,5}=$ 5,8 $E_{50}=3,4$ $E_{90}=1,7$	1,452 bis 1,457	935/943	15/25 Schmp. 28/38	218/245, meist um 226	25/38, im Winter bis 47 RhZ. 22	20/36, meist um 27 PZ. 1,3/3,5	2/9 ranzig
Büffelbutterfett [4] (indisch Ghee) *Beurre de Buffle* *Buffalo-Butterfat* *Burro di búfalo*	—	1,453 bis 1,456	863/870 (100°)	24/29 Schmp. 31/38	220/232	29/46	26/40 PZ. 1,6/2,4	—

[1] Beckurts u. Ölze: Arch. Pharmaz. 225, 429 (1895); Amthor u. Zink: Ztschr. analyt. aus meist älteren Knochen mit Lösungsmitteln extrahiert, sind dunkelbraun und von unangenehmen
[4] Godbole u. Sadgopal: „Butter-Fat (Ghee)". Dept. Ind. Chem. Hindu University Benares 1930.

von Landtieren.
Literaturangaben entnommenen oberen Grenzwerte der Jodzahlen der Fettsäuren nicht den säuren höher sein muß als die Jodzahl der zugehörigen Neutralfette.

| Hehner-Zahl | Fettsäuren | | | | Bestandteile in % | Sonstige Feststellungen |
	Schmelz-punkt °C	Erstar-rungs-punkt °C	Mittleres Mol.-Gew.	Jod-zahl		
—	49/52	46/48	262 bis 273	23/28	—	Säurezahl eines frischen Fettes 3,5; nach einem Jahr 5,9.
94/96	41/57	39/52	272 bis 279	31/35 und höher	Myristinsäure 2−4,6; Palmitinsäure 24−27; Stearinsäure 25−30,5; Ölsäure 36 bis 43; Linolsäure 2,7−4,3; Unverseifbares etwa 0,1	Wird leichter ranzig als Rindertalg.
95/96	41/47	38/47	270 bis 285	26/43*, flüssig 92	50−60 feste, 40−50 flüssige Säuren. Myristinsäure 2 bis 2,5; Palmitinsäure 27−29; Stearinsäure 24,5; Ölsäure 43−44; Linolsäure 2,6 [2]	Abpressen ergibt Oleomargarin (Schmp. 28−40°; Jodzahl 40/53) und Preßtalg oder Oleostearin (Schmp. 50−56°; Jodzahl 14−25).
94/96	28/41	24/32	278 bis 288	62/77	Palmitinsäure 17−18; Stearinsäure 2−3; Ölsäure 74,5 bis 76,5; Unverseifbares 0,1 bis 0,6	Durch Ausfrieren erhält man Öle, die bei −10° und tiefer noch flüssig sind (Jodzahl auf 70−82 erhöht).
94/96	42/44	38 bis 38,5	279 bis 285	—	Palmitinsäure 20−21; Stearinsäure 19−21; Ölsäure 50 bis 55; Linolsäure 5−10; Unverseifbares 0,5−0,6	Gelb bis gelbbraun, fast geruchlos. Technisches Knochenfett enthält neben Rinderfett auch Fett aus Pferde- und Schweineknochen.
93/96	13/34	6/8	278 bis 295	—	—	Gute Haltbarkeit und Schmierfähigkeit.
87/91	38/45	33/38	258 bis 266	28/31 (bis 53)	Buttersäure 2,9−4,5; Capronsäure 1,3−2,3; Caprylsäure 1−1,9; Caprinsäure 1 bis 1,5; Laurinsäure 3,6 bis 6,4; Myristinsäure 10,4 bis 20,1; Palmitinsäure 11,8 bis 17,5; Stearinsäure 1,1−5,9; Ölsäure 27−47	Näheres s. S. 815. A- und B-Zahl s. S. 762.
87/88	—	—	229 bis 242	—	—	—

Chem. **36**, 3 (1897).   [2] Middleton u. Barry: Fats. London 1924.   [3] Extraktionsknochenfette, Geruch; sie enthalten meist 1−1,5% Wasser, viel Unverseifbares (bis 22%), oft auch Kalkseifen.

Fortsetzung

NB. Die seltenen bzw. zweifelhaften Werte sind eingeklammert. * bedeutet, daß die den wahren oberen Grenzen entsprechen können, da die Jodzahl der Fett-

Art des Fettes	Viscosität	$n_D^{40°}$	d_{15} g/l	Erstarrungspunkt °C	Verseifungszahl	Jodzahl	Reichert-Meißl-Zahl	Acetylzahl
Schweineschmalz *Graisse de porc* *Lard* *Strutto*	—	1,458 bis 1,461	914/922	22/32 Schmp. 28/46	193/200	46/66, vom Fuß 69/77, vom Kopf 65/85 RhZ. 44	0,3/0,9	2/10 ranzig
Schmalzöl, Specköl *Huile de Lard* *Lard Oil* *Olio di lardo* Durch Abpressen aus Schweineschmalz gewonnen	—	1,453 bis 1,461	915/918	0/12	190/196	67/82 (88)	0/0,2	—
Pferdefett[3] *Graisse de Cheval* *Horse Fat* *Grasso di cavallo*	—	1,460 bis 1,465	915/932	22/37 Schmp. 29/43	195/204	71/86	0,4/2,1 PZ. 0,38	2/3
Pferdekammfett[4]	—	1,464	921/933	—	196/200	75/94	0,2/0,4	14
Gänsefett *Graisse d'oie* *Goose Fat* *Grasso d'oca*	—	1,459 bis 1,462	922/929	16/22, meist 18/20 Schmp. 25/37, meist 32/34	191/198 (184)	59/81, meist 66/73	0,1/0,2	—
Eieröl *Huile de jaune d'œuf* *Egg Oil* *Olio di rosso d'uovo* Aus dem Dotter des Hühnereies	—	1,459 bis 1,469	914/917	8/10 Schmp. 22/25	184/198, meist um 190	64/82, meist 70	0,4/0,7	(1,2 bis 3,8)
Chrysalidenöl[6] *Huile de Chrysalide* *Chrysalide Oil* *Olio di Chrysalide* Aus den Puppen des Seidenspinners	—	1,471 bis 1,476	928	0 (7/10)	190/194	116/136, RhZ. 88 bei Jodzahl 136	3,2/3,4	19,7 (in 1 Fall)

[1] Middleton u. Barry: Fats. London 1924. [2] Die Zusammensetzung ist stark von der Zink u. Frühling: Ztschr. angew. Chem. 9, 352 (1896); Heiduschka u. Steinruck: Journ. gesprochenes Trockenvermögen. [5] A. Bömer u. H. Merten: Ztschr. Unters. Nahr.- u. Genuß-

der Tabelle 176.

Literaturangaben entnommenen oberen Grenzwerte der Jodzahlen der Fettsäuren nicht den säuren höher sein muß als die Jodzahl der zugehörigen Neutralfette.

Hehner-Zahl	Fettsäuren				Bestandteile in %	Sonstige Feststellungen
	Schmelzpunkt °C	Erstarrungspunkt °C	Mittleres Mol.-Gew.	Jodzahl		
95/96	35/47	34/42	278	52/68, flüssig 88/103	In einem Fall Palmitinsäure 32,2; Stearinsäure 7,8; Ölsäure 60. In einem anderen Falle [1] Palmitinsäure 24,6; Stearinsäure 15; Ölsäure 50,4; Linolsäure 10. Unverseifbares 0,14 − 0,35 [2]	Wird leicht ranzig. Durch Abpressen bei tiefen Temperaturen erhält man Schmalzöl (Lard Oil) und Schmalzstearin (Lard Stearine).
—	um 35	um 31	273 bis 282	flüssig 74/96	Feste Säuren 18,9 − 26,7	Bei 15° flüssig bis halbfest, Elaidinierung positiv.
95/96	36/42	25/38	etwa 276	72/87	Stearinsäure 6,8; Palmitinsäure 28,5; Ölsäure 55,2; Linolsäure 6,7; Linolensäure 1,7. Unverseifbares 0,4 − 0,7	Bei 15° starke Stearinabscheidung oder ganz fest.
95	41/42	32/33	—	—	—	Hellgelb bis tieforange, bei 15° halbflüssig.
94/96	34/41	31/32	202	—	Stearodipalmitin 3 − 4; Palmitodistearin sehr wenig; Oleodipalmitin 1; Palmitodiolein 30; Stearodiolein 5; Triolein 45 [5]	Jodzahlen des Fettes aus einzelnen Körperteilen verschieden. In reinem Zustand gut haltbar.
95	35/39	über 34	285	72/75*	Palmitin- und Stearinsäure 10 − 53, hauptsächlich Palmitinsäure; Ölsäure 40−82; außerdem stark ungesättigte Säuren. Je nach Extraktionsmethode Lecithin 0 − 8. Cholesterin 3 − 4,4	Goldgelb bis rötlichgelb. Milder Geschmack. Elaidinierung positiv.
94,5	30/36	27/34	281 bis 283	136 und darüber	Feste Säuren 23,8; flüssige Säuren 71,3; von diesen Ölsäure 30; Linolsäure 49; Linolensäure 21. Unverseifbares 1,6 − 4,9 (10)	Gelblichrot bis dunkelbraun, Konsistenz butterartig.

Nahrung abhängig. Ölkuchen (Linolsäure!) und Trane beeinflussen sie besonders. [3] Amthor, prakt. Chem. 102, 241 (1921). [4] Das bei langem Stehen abgeschiedene „Pferdeöl" zeigt ausmittel 43, 101 (1922). [6] Das einzige, bisher in größeren Mengen gewonnene Insektenöl.

Tabelle 177. Fischöle

NB. Die seltenen bzw. zweifelhaften Werte sind eingeklammert. * bedeutet, daß die den wahren oberen Grenzen entsprechen können, da die Jodzahl der Fett-

Art des Fettes		$n_D^{20^0}$	d_{15} g/l	Erstarrungs-punkt °C	Ver-seifungs-zahl	Jod-zahl	Reichert-Meißl-Zahl	Acetyl-zahl
Meerschweintran *Huile de Marsouin* Porpoise Oil *Olio di porco marino*	gewöhnlicher aus dem ganzen Leib des Meerschweines	1,464	925/936	− 16	216/222 (195)	119/132	11/12	−
	Kieferöl aus Kopf und Kiefer, filtriert	−	925	−	253/272	21/50	48/66	−
Delphintran *Huile de Dauphin* Dolphin Oil *Olio di delfino*	vom ganzen Leib des schwarzen Delphins	1,468 bis 1,472	927/929	etwa 0	197/203 (288)	99/127	5,6 (30/44)	−
	aus dem weichen Fett vom Kopf	1,478	920/933	− 5/ −12	212/290	24,5/133	39/112	−
	Kinnbackentran	bei 17° 1,455	920	− 5	267/290	17/32	66/145	−
Waltran [2] *Huile de Baleine* Whale Oil *Olio di balena*		1,463 bis 1,471	914/931 meist 922	− 10	178/202, meist 183/198	102/144, meist 112/131	0,7/2,4	−
Robbentran [3] *Huile de Phoque* Seal Oil *Olio di foca* Aus dem Speck der Phoca-Arten (Seehund, Seeelefant), sowie des Seelöwen.		1,474 bis 1,483	921/934	−3/ +3	185/196	122/197 (215), meist um 140	0/0,6	(12)
Heringstran *Huile de Hareng* Herring Oil *Olio di aringhe*		1,470 bis 1,475 (bei 40°)	917/930 (939)	−	179/194, meist 183/190	108/155, meist 123/146	−	−

[1] Man unterscheidet 1. Fischöle aus dem ganzen Körper von Fischen, deren Lebern meist 3. Trane aus dem Speck der Seesäugetiere; jedoch wird der Ausdruck „Tran" im Sprachgebrauch werden nach der Farbe und dem Gehalt an freier Fettsäure bewertet: 0 = „weißlich", freie Fettsäure bis 2,5%; III = „gelbblank', freie Fettsäure bis 16%; IV = alle minderen Qualitäten; Robbentrane sind Gemische der genannten Einzeltrane; ihre Zusammensetzung richtet sich im

Journ. Amer. chem. Soc. 46, 157 (1924); C. 1924, I, 1216; Armstrong u. Hilditch: Journ. K. H. Bauer u. W. Neth: Chem. Umschau Fette, Öle, Wachse, Harze 31, 5 (1924). [4] Tsujimoto:

und Trane[1].

Literaturangaben entnommenen oberen Grenzwerte der Jodzahlen der Fettsäuren nicht den säuren höher sein muß als die Jodzahl der zugehörigen Neutralfette.

Hehner-Zahl	Fettsäuren				Bestandteile in %	Sonstige Feststellungen
	Schmelz-punkt °C	Erstar-rungs-punkt °C	Mittleres Mol.-Gew.	Jod-zahl		
85/91	—	—	—	—	Öl-, Physetöl-, Stearin-, Palmitin-, Isovalerian-, Clupanodonsäure (hoch unges. 19,5). Unverseifbares 3,7	Specktran. Blaßgelb bis braun. Mit Alkohol läßt sich ein leicht lösliches Öl extrahieren.
68/72	—	—	—	—	Hoher Gehalt an Isovaleriansäure	Bei 70° in Alkohol löslich.
93	—	—	—	—	Merkliche Mengen von Walrat. Clupanodon-, Isovaleriansäure	Specktran. Blaßgelb. Setzt beim Stehen Walrat ab.
86	—	—	—	—	Wasserlösliche Fettsäuren 7 bis 8 (Butter-, Isovalerian säure)	Strohgelb.
66	—	—	—	—	Wasserlösliche Fettsäuren etwa 24	—
93/96	16/30, meist etwa 25	22/25	277 bis 286	130/132	Feste Fettsäuren 16,7 (davon Myristinsäure 13,6; Palmitinsäure 68; Stearinsäure 16,8; höhere gesättigte Säuren 1,6). Von den flüssigen Säuren: Tetradecensäure 1 bis 1,5; Hexadecensäure 10,6 bis 17; Ölsäure $28-36,5$; Gadoleinsäure 16; Jecorinsäure 15,5; Clupanodonsäure $4,2-8,4$. Ungesättigte Säuren mit 22 C-Atomen etwa 10; mit 24 C-Atomen 1,5 (Oxysäuren $2,5-5,7$)	Specktran. Blaßgelb bis schwarz. Speckartiger, milder Geruch. Säurezahl von 0,2 bis 60. „Stearinabscheidung" in geringeren Qualitäten bis zur schmalzartigen Konsistenz.
93/96	14/33	13/16 und höher	—	132/202	Zoomarinsäure (Hexadecensäure) $83-89$; wenig Clupanodonsäure. Feste Säuren $9,8-17$ (hauptsächlich Palmitinsäure). Unverseifbares $0,2-1,5$ [4]	Specktran. Wasserklar bis braun. Geruch der hellen Qualitäten milde, speckartig. Mit wechselnden Mengen „Stearinabscheidungen". 0,2 bis etwa 40% freie Fettsäuren.
95/96	28,5 bis 31,5	27	306	—	$20-25$ gesättigte Säuren; $10-15$ flüssige Säuren mit Jodzahl $289-320$; Myristinsäure 6; Palmitinsäure 17; Stearinsäure 2; $C_{16}H_{30}O_2$: 12; Ölsäure 20; Gadoleinsäure 10; eine Säure $C_{22}H_{42}O_2$, hochungesättigte Säuren: $C_{20}H_{30}O_2$ und $C_{22}H_{34}O_2$. Unverseifbares $0,8-2,4$	Hellgelb bis dunkelbraun. Mindere Qualitäten bis etwa 60% freie Fettsäuren. Eiweißreiches Fischöl von typisch penetrantem „Trangeruch".

ölarm sind, 2. Leberöle aus den ölreichen Lebern größerer, im übrigen Körper ölarmer Fische, gewöhnlich als Sammelname für alle Seetieröle benutzt. [2] Milligan, Knuth u. Richardson: Soc. chem. Ind. 44, 180 (1925); C. 1925, II, 575. Die handelsüblichen Qualitäten an Waltran Fettsäure $< 1\%$ (als Ölsäure); I = „weißlichgelb", freie Fettsäure bis 1%; II = „hellgelb", freie bei etwa 30% freier Fettsäure spricht man von „technischer" Waltranfettsäure. [3] Die technischen einzelnen nach den zufälligen Fangergebnissen. Ljubarsky: Journ. prakt. Chem. 73, 26 (1898); ebenda 16, 84 (1909); 20, 70 (1913).

Fortsetzung

NB. Die seltenen bzw. zweifelhaften Werte sind eingeklammert.   * bedeutet, daß die den
wahren oberen Grenzen entsprechen können, da die Jodzahl der Fett-

Art des Fettes	$n_D^{20°}$	d_{15} g/l	Erstarrungspunkt °C	Verseifungszahl	Jodzahl	Reichert-Meißl-Zahl	Acetylzahl
Sardinentran *Huile de Sardine* *Sardine Oil* *Olio di Sardine* Aus den Köpfen von Clupea sardinus	bei 18° 1,482	927/932	—	186/193	161/193	0,5/0,6	—
Japantran [1] (japanisches Sardinenöl) *Huile de Sardines du Japon* *Japan Fish Oil* *Olio di sardine del Giappone* Aus dem ganzen Körper von Clupanodon melanostica	1,479 bis 1,481	927/939	—	187/197, meist 190	154/196, meist 180/190	—	18/30
Menhadentran [2] *Huile de Menhaden* *Menhaden Oil* *Olio di menhaden* Aus dem ganzen Fisch Alosa menhaden der nordamerikanischen Küste. Heringsähnlich	1,480, bei 40° 1,473 bis 1,474	925/935, meist 928/930	etwa +17, entsteariniert −4	189/198, meist 190/195	139/193, meist 160/180	1,1/1,2	—
Dorschlebertran *Huile de Foie de Morue* *Cod Liver Oil* *Olio di fegato di merluzzo* (medizinische Bezeichnung *Oleum jecoris aselli*)	1,477 bis 1,483	921/927	0/ −10 und tiefer	179/193, meist etwa 185	140/181, meist 160/170	0,4/0,8	—
Haifischleberöl [4] (Haitran) *Huile de foie de requin* *Shark liver Oil* *Olio di fegato di pesce cane* — A	—	915/917	—	146/190	114/155	—	—
— B	—	866	—	22,5	352	—	—
Riesenhai	1,477 bis 1,484	884/897 (909/918)	—	86/109 (146)	162/249	—	—
Hundshai	1,475 bis 1,476	912/918 (924)	—	156/170 (188)	110/146	0,6	(20)

[1] Bereiche der Kennzahlen von 75 Mustern japanischen Sardinenöles: Ueno u. Yashuhara:
oft mit Heringsöl und anderen Fischölen vermischt.   [2] Tsujimoto: Chem. Umschau Fette, Öle,
sprechend den über 40 Arten der Haie wechseln die Kennzahlen der Leberöle sehr. Der hohe Gehalt
(Grundtypen für Haitrane) nach Fryer u. Weston: Technical Handbook of Oils, Fats and

der Tabelle 177.

Literaturangaben entnommenen oberen Grenzwerte der Jodzahlen der Fettsäuren nicht den säuren höher sein muß als die Jodzahl der zugehörigen Neutralfette.

| Hehner-Zahl | Fettsäuren | | | | Bestandteile in % | Sonstige Feststellungen |
	Schmelz-punkt °C	Erstar-rungs-punkt °C	Mittleres Mol.-Gew.	Jod-zahl		
95	27/36	–	289 bis 293	178/180*	Feste Säuren: hauptsächlich Palmitin-, wenig Stearin-säure. Flüssige: Jecorin- und Clupanodonsäure. Un-verseifbares bis 0,6	Fischöl. Abfallprodukt der Sardinenkonservenfabrika-tion. $E_{40} = 4{,}0/4{,}2$.
95/96	35/36	28	–	175 und mehr	Hochungesättigte Fettsäuren 30–40 (vorwiegend Clupa-nodonsäure[2]); viel $C_{20}H_{32}O_2$; $C_{20}H_{30}O_2$, wenig $C_{18}H_{28}O_2$. Unverseifbares 0,5–1,5	Fischöl. Meist braunblank; etwa 10–40% freie Fett-säuren und mehr. Eiweiß-reiches Öl. Beim Kochen mit verdünnten Säuren od. Was-ser sehr stabile Emulsionen. In Japan als Maleröl in Ge-brauch, in Europa in der Leder- und Seifenindustrie.
–	–	–	–	–	Myristinsäure 9,2; Palmitin-säure 22,7; Stearinsäure 1,8; ungesättigte Säuren mit 18 C-Atomen etwa 25; mit 20 C-Atomen etwa 22; mit 22 C-Atomen etwa 20. Un-verseifbares 0,6–1,6	Fischöl. Hellgelb bis braun; absorbiert leicht Sauerstoff. Verwendung zur Dégras-gewinnung.
93 bis 96,5	22 bis 26,5	17/25	287 bis 296	157/178*	Gesättigte Säuren: 10–18 (Myristin-, Palmitinsäure). Flüssige Säuren: Zoomarin-, Gadolein-, Jecolein-, Jeco-rinsäure (etwa 17), Clupano-donsäure (etwa 10). Unver-seifbares bis 3 (bei reinen Ölen nicht über 1,5), vor-wiegend Cholesterin, viel VitaminA und D, Spuren Jod	Lebertran. Hellblank, braun-blank oder braun. Vitamin-gehalt schwankend (keine Be-ziehungen zu Kennzahlen). Das abgesetzte „Stearin" wird als Fischtalg gehandelt.
–	–	–	–	–	0,7–17 Unverseifbares	Lebertrane.
–	–	–	–	–	Unverseifbares 89,1 (Squa-len,„Batyl"- u.„Selachyl"-alkohol). Palmitin-,Stearin-, Ölsäure, Cholesterin 0,09 bis 0,6	–
–	30	–	–	–	Fettsäuren 47–52. Unver-seifbares 42–55,5 (20–22). Squalen 20–26	–
94	28/34	–	296	–	Fettsäuren in einem Falle 79,3. Unverseifbares 4–12 (33?); wenig Squalen	–

Journ. Soc. chem. Ind. Japan **30**, 348 (1927); C. **1927**, II, 2363. Die handelsüblichen Öle sind Wachse, Harze **33**, 285 (1926). [3] Twitchell: ebenda **25**, 90 (1918); C. **1918**, I, 839. [4] Ent-an unverseifbaren Kohlenwasserstoffen und Alkoholen ist charakteristisch. Die Beispiele A und B Waxes, Bd. 1, S. 105. Cambridge 1920; die übrigen nach Halden-Grün: Analyse 2.

Achtes Kapitel

Fettverarbeitungsprodukte.

A. Speisefette.

I. Technologisches.

Speisefette im engeren Sinne sind Butter, Butterfett, Margarine, Schweineschmalz, Kunstschmalz, Pflanzenfette (z. B. Cocosfett) u. dgl.; als Speiseöle dienen vorzugsweise die S. 812 aufgezählten pflanzlichen Öle.

Butter (Schmelzpunkt 28—33°) ist das am meisten, auch ärztlicherseits wegen seines niedrigen Schmelzpunkts, seiner leichten Resorbierbarkeit und seines natürlichen Vitamingehalts, bevorzugte Speisefett der gemäßigten Klimazonen[1]. Ihre Bereitung ist vom primitiven Sauerverfahren (Kühlstellen, Säuern und Dickwerden der Milch, Absetzen des Rahms, Schlagen desselben in Butterkübeln und Entfernung der Buttermilch durch Kneten) fortgeschritten zum Molkerei-Großbetrieb:

Durch Zentrifugieren (1000—5000 Umdrehungen/min) in Separatoren wird die Vollmilch, die durchschnittlich aus 3,5% Fett, 3,2% Casein und 0,5% Lactalbumin, 4,6% Milchzucker, 0,7% Salzen und 87,5% Wasser besteht, in den leichteren fettreichen Rahm und die nach außen gehende Magermilch geschieden. Die Magermilch enthält noch 0,25% Fett, ferner 4% Casein usw., 4,7% Milchzucker, 0,75% Salze, 90,3% Wasser, während der Rahm eine Milchemulsion mit 20—30% Fettgehalt darstellt. Er wird meist in der Buttermaschine „verbuttert", d. h. die Fetttröpfchen werden durch anhaltendes Schlagen zu Klumpen vereinigt; entweder verarbeitet man ihn frisch (Süßrahmbutter) oder zumeist nach dem „Reifen" (Säuern bei 10—15°; s. Milchsäuerung, S. 811). Nach diesem Verfahren erhält man leichter und mit größerer Ausbeute eine haltbarere Butter. Beim Auskneten der Buttermilch in Tellerknetmaschinen oder rotierenden Siebtrommeln wird die Butter aus saurem Rahm oft noch mit 1—3% Salz konserviert und zuweilen auch gefärbt (Buttergelb, Curcuma, Safran u. a.).

Butterfett (Schmelzbutter, Butterschmalz). Die Bestandteile, welche das leichte Ranzigwerden der Butter (s. S. 650) verursachen, Casein, Milchzucker und Wasser, können durch Schmelzen der Butter als Magermilchsatz

---

[1] Als sog. Diabetikerfett, bei welchem die Bildung von Acetonurie vermieden wird, wurden schon früher künstliche Fette mit ungerader C-Atomzahl der Fettsäuren, z. B. Margarinsäure-triglycerid, empfohlen [Ztschr. Unters. Nahr.- u. Genußmittel 1, 652 (1912)]. Da dieses Fett zu hoch schmilzt, werden nach D.R.P. 422687 (1924) der Farbenfabriken vorm. Fr. Bayer & Co. (Erfinder: St. Deichsel und H. Weyland) Glykolester oder Glyceride der Undecan- und Tridecansäure aus Cocos- und Palmkernfett durch Überführung der Myristin- und Laurinsäure in die Methylketone hergestellt. Diese werden durch Oxydation mit Chromsäure in die genannten Säuren übergeführt und letztere in die erwähnten Ester verwandelt.

abgetrennt werden; man gießt das darüberstehende Butterfett ab und läßt es erstarren. Der Vorzug seiner größeren Haltbarkeit wird durch den Mangel an Aroma (bei zu hoher Schmelztemperatur sogar unangenehmer Geschmack) und die ausschließliche Verwendbarkeit als Bratfett und geringere Bekömmlichkeit beeinträchtigt. In Ländern mit sehr heißem Klima, z. B. Indien, wo frische Butter innerhalb weniger Stunden verderben würde, kommt diese nur als ausgeschmolzenes Butterfett (in Indien Ghee genannt) auf den Markt.

Margarine. Das Gesetz[1] definiert Margarine als ein der Milchbutter oder dem Butterschmalz ähnliches Präparat, dessen Fettgehalt nicht ausschließlich der Milch entstammt. Solche Fette müssen einen Erkennungszusatz (10 % Sesamöl oder 0,2—0,3 % Stärke) enthalten. Als Fettansatz für Margarine kommen in Betracht: Oleomargarin (Schmelzpunkt 17—27°), Premier jus oder Feintalg (Schmelzpunkt 25—30°), Schweinefett (vor allem in Amerika, Schmelzpunkt 24—46°), ferner Cocosfett (Schmelzpunkt 20 bis 28°), Palmkernfett (Schmelzpunkt 23—28°), Palmfett (Schmelzpunkt 30 bis 42°), Preßtalg, Cottonstearin, Sesamöl, Cotton-, Arachisöl, Sojaöl, selten auch Leinöl. Alle Fette müssen entsäuert (s. S. 692) und nötigenfalls gebleicht sein. Von Hydrierungsprodukten sind seit vielen Jahren außer denjenigen von Cotton-, Sesam-, Arachis-, Soja-, Sonnenblumen- und Leinöl auch die früher als unzulässig erachteten gehärteten Trane im Gebrauch. Besonderer Zubereitung bedarf die Milch, welche, meist entrahmt und pasteurisiert, einem vorsichtigen Säuerungsprozeß bei etwa 30° unterworfen wird, wobei sie durch (meistens dänische) Reinkulturen von Milchsäure- und Aromabakterien auf 8—10 Säuregrade gebracht und mit Butteraromastoffen angereichert wird. Die Weiterverarbeitung, welche in verschiedenen Fabriken auch in bezug auf die verwendeten Fette mehr oder weniger variiert, ist folgende:

Die in doppelwandigen Schmelzkesseln bei möglichst niedriger Temperatur aufgeschmolzenen Fette werden aus einem geheizten Wägebottich im gewünschten Ansatzverhältnis dem Temperierkessel zugeführt und von dort in die Kirnen gedrückt.

In den doppelwandigen Kirnen (althd. für Butterfaß) wird das Fettgemisch durch ein kräftiges Schaufelrührwerk mit Milch und den Zutaten (Aromastoffe[2], Farbstoff, Lecithin oder Natureigelb bzw. Eigelbpräparate[3], Stärkemehl oder Sesamöl) ungefähr 1 h bei 27—45° emulgiert.

Der fertige Rahm wird entweder sogleich beim Austritt aus der Kirne mit eiskaltem Wasser abgeschreckt oder auf Kühlwalzen zum Erstarren gebracht. Die krümelig erstarrte Masse wird zwischen Walzen und in Tellerknetmaschinen von dem überschüssigen Wasser (Milchserum) befreit bzw. nur geknetet. An dieser Stelle werden noch fehlende Zusatzstoffe, Konservierungsmittel (Salz, Benzoesäure, Natriumbenzoat od. a.), Lecithin und die schon erwähnten Stoffe, soweit sie noch fehlen, hineingeknetet. Die Geschmeidigkeit der Margarine wird in einer weiteren kleinen Knetmaschine noch erhöht; hier läßt sich auch evtl. der Wassergehalt durch Verschneiden mit anderer Margarine auf die erlaubte Höhe (bei

---

[1] Gesetz, betreffend Verkehr mit Butter, Käse, Schmalz und deren Ersatzmitteln, 15. 6. 1897.

[2] Als Butteraroma dient besonders das Diacetyl (s. S. 641) neben den verschiedenen Gemischen der Ester niederer Fettsäuren; mitunter wird Vanillin verwendet.

[3] Als Emulgierungsmittel zum Binden des Wassers und zum Bräunen und Schäumen beim Braten. Über Eigelbextrakte, z. B. Ovomargin, s. K. Täufel u. W. Preiss: Margarine-Ind. **24**, Nr. 13 (1931).

ungesalzener Margarine 18%, bei gesalzener 16% [1]) bringen. Neuerdings hat man versucht, Kirnen, Walzen und Kneten oder Abschrecken, Walzen und Kneten zu einer Operation zu vereinen.

Margarineschmalz (Schmelzmargarine) ist meist ein mit Käse aromatisiertes Erdnußschmalz, d. h. gehärtetes Erdnußöl mit niedrigem Schmelzpunkt, dem durch Bearbeitung auf Tellerwalzen die Konsistenz des Butterschmalzes verliehen wurde.

Pflanzenspeisefette (Kunstspeisefette). Raffiniertes, in Formen erstarrtes Cocosfett (auch Palmkernfett, Kakaobutter u. a.) ist als Koch- und Bratfett in Verwendung, es kann auch in Hackmaschinen oder durch Einschlagen von Luft in besonderen Rührwerken streichbar gemacht werden[2].

Tierische Speisefette. Talg (vor allem Feintalg, Premier jus), Schweinefett (Schmalz), Gänsefett usw. sind die durch Ausschmelzen (Auslassen) gewonnenen reinen tierischen Fette. Mit Pflanzenfetten (z. B. Cottonstearin) verschnittener Feintalg ist schmalzähnlich (compound lard).

Speiseöle. Für Speisezwecke (Speise-, Tafel-, Salatöle, Konservenöle, Backöle) werden frisch geschlagene oder gepreßte, evtl. raffinierte pflanzliche Öle (Oliven-, Arachis-, Cotton-, Sesam-, Mohn-, Rüböl, Sojaöl, oft auch rohes Leinöl, Sonnenblumenöl, in arktischen Zonen Trane u. a.) benutzt.

II. Untersuchung[3].

1. Allgemeine Prüfungen[4].

a) Die Probenahme kann nach den Vorschriften der Fettanalyse erfolgen (s. S. 122f.), falls nicht die Bestimmungen des Fleischbeschau- und Buttergesetzes genau eingehalten werden sollen.

b) Äußere Beschaffenheit. Man prüft auf Färbung (fremdartig, ungleichmäßig), Geschmack (wohlschmeckend, ranzig, kratzend, bitter, ekelerregend, evtl. auf fremde Beimengungen deutend), Geruch (sauer, ranzig, faulig, dumpfig, talgig, ölig usw., vor allem nach dem Schmelzen), ferner auf Konsistenz, Koch-, Back- und Bratfähigkeit, evtl. auch mikroskopisch auf Schimmelpilze, Bakterien, Hefen u. dgl. Über Ranzidität s. auch S. 649f.

c) Die Säurezahl oder, bei Nahrungsmitteluntersuchungen meist üblich, der Säuregrad wird nach S. 110 u. 755 bestimmt, namentlich wenn Geruchs- und Geschmacksprobe auf sauer-ranzige oder sauer-faulige Beschaffenheit des Fettes schließen lassen. Bei wasserhaltigen Fetten ist anzugeben, ob die freie Säure des Reinfettes bestimmt wurde oder die des Rohfettes.

---

[1] Reichsgesetzbl. **1921**, 501; Bekanntmachg. vom 28. 4. 1921; vgl. K. Brauer: Chem.-Ztg. **46**, 834 (1922).

[2] Z. B. nach Köster: D.R.G.M. 759043.

[3] A. Beythien: Handbuch der Nahrungsmittel-Untersuchung, Bd. 1, S. 260f. 1914; I. König: Chemie der Nahrungs- und Genußmittel, Bd. 2, S. 315f. 1920; Bd. 3, S. 344f. 1914.

[4] S. auch „Gesetz betr. Verkehr mit Butter, Käse, Schmalz und deren Ersatzmitteln", 15. 6. 1897 und 4. 7. 1897; „Amtliche Anweisung zur chemischen Untersuchung von Fetten und Käsen", 1. 4. 1898; Bundesratsbeschluß vom 1. 3. 1902. (Vorstehende Bestimmungen sind im Text als „Butter-Gesetz" zitiert.) „Gesetz betr. Schlachtvieh- und Fleischbeschau", 1. 3. 1900, sowie Änderungen, 22. 2. 1908 und 24. 6. 1909 (als „Fleischbeschau-Gesetz" zitiert); „Entwürfe zu Festsetzungen über Lebensmittel", Reichsgesundheitsamt, Berlin 1912. Wizöff-Methoden: Einheitliche Untersuchungsmethoden für die Fett- und Wachsindustrie, S. 100. Stuttgart: Wissenschaftliche Verlagsgesellschaft m. b. H. 1930.

d) Der **Wassergehalt** wird im allgemeinen nach den beschriebenen Methoden (s. S. 116f.) ermittelt werden können, am genauesten nach dem Xylolverfahren (s. S. 117)[1].

Nach der amtlichen Vorschrift (Butter-Gesetz) sollen z. B. 5 g Butter von möglichst vielen Stellen des Stückes abgeschabt und in eine mit ausgeglühtem Bimssteinpulver beschickte Nickelschale gewogen werden; nach $1/2$ h Trocknen bei 105^0 im Soxhlet- oder bei $50—60^0$ im Vakuum-Trockenschrank wird gewogen und in weiteren Kontrollen von 10 zu 10 min die Gewichtskonstanz ermittelt; bei zu langem Trocknen tritt leicht Gewichtszunahme infolge von Oxydation ein.

In der Praxis arbeitet man meist nach Schnellmethoden, bei denen z. B. 10 g Fett unter Zusatz von Bimssteinpulver in einem mit einer Zange gehaltenen Aluminiumbecher über freier Flamme umgeschwenkt werden, bis nach etwa 4 min das Knistern aufhört, der weiße Fettschaum zusammenfällt und ein feiner blauer Rauch zeigt, daß alles Wasser verdampft ist. An einer Art Westphalscher Waage wird der Gewichtsverlust direkt in Prozenten abgelesen[2].

Noch einfacher kann man die Bestimmung ausführen durch Einwägen des Fettes in ein mit einem kleinen 125^0-Thermometer zusammen tariertes Bechergläschen, Erhitzen unter Umrühren auf 120^0, Erkaltenlassen und Wägen[3].

e) **Fettgehalt.** Falls nicht nach den amtlichen Anweisungen die Differenz aus den Mengen Untersuchungsmaterial und Wasser + wasserfreies Nichtfett (s. u.) als Fettgehalt angegeben wird, dienen zur direkten Gesamtfettbestimmung die üblichen Methoden (s. S. 726).

Die in der Nahrungsmitteluntersuchung meist gebräuchlichen volumetrischen Bestimmungen[4] werden von den Nahrungsmittelchemikern als exakt bezeichnet.

f) **Wasserfreies Nichtfett** [vorwiegend Mineralbestandteile, Casein, Zucker (Rohrzucker, Milchzucker), Stärkemehl u. a.] wird als ätherunlöslicher Rückstand bestimmt.

Wizöff-Methode. Etwa 5 g Fett werden in einem Goochtiegel gewogen, der innen mit Filterpapier ausgelegt ist; über das Filterpapier wird granulierter Bimsstein dünn geschichtet, gleichzeitig wägt man etwas entfettete Watte ab, mit der man beim Extrahieren den Goochtiegel verschließt. Bei allen Wägungen wird die Watte mit dem Tiegel gewogen. Der beschickte Goochtiegel wird auf ein gewogenes, mit etwas Bimsstein beschicktes Extraktionskölbchen gesetzt und im Trockenschrank etwa 2 h bei 105^0 getrocknet. Die Watte ist gesondert aufzubewahren. Beim Trocknen verdampft das Wasser, und das Fett tropft größtenteils in das Kölbchen. Dann wird der Goochtiegel mit der Watte verschlossen und in einem mit niedriger Ablaufhöhe versehenen Soxhletapparat (zu dem das benutzte Extraktionskölbchen paßt) mit Äther extrahiert. Nach halbstündigem Trocknen nach der Extraktion bei 105^0 wird der Tiegel mit der Watte gewogen.

Die Gewichtszunahme des Tiegels mit Zubehör entspricht annähernd dem „Nichtfett"gehalt.

Der im Extraktionskölbchen befindliche Ätherextrakt läßt sich nach S. 726 gewinnen und entspricht dem Fettgehalt der Probe.

Ein Gehalt an Seifen (z. B. in Schweineschmalz) und unverseifbarem Mineralöl ist nach S. 724f. zu ermitteln.

Mineralische Bestandteile ergeben sich entweder als Asche des ätherunlöslichen Rückstandes oder durch direkte Veraschung der Fette selbst.

g) **Konservierungsmittel.** Von den vorkommenden Zusätzen zur Frischhaltung der Fette, u. a. Benzoesäure, Salicylsäure, Borsäure, schweflige

---

[1] Nach J. Davidsohn: Chem.-Ztg. **54**, 934 (1930), ist hierbei ein Oleinzusatz erforderlich.

[2] Der Apparat „Perplex" [L. Müller: Ztschr. Unters. Nahr.- u. Genußmittel **16**, 725 (1908); Lieferant: Paul Funke & Co., Berlin N 4] liefert gute Ergebnisse ($\pm$ 0,15% gegen amtliche Methode).

[3] Standardmethode der Holländischen Margarineindustrie.

[4] Z. B. nach Burr, Gottlieb, Röse: Ztschr. Unters. Nahr.- u. Genußmittel **10**, 286 (1905); vgl. hierzu auch die Kapitel „Milch" und „Speisefette" in den Handbüchern von Beythien und König.

Säure und ihre Salze, Kochsalz, Fluoride, Nitrate, zuweilen auch Wasserstoffsuperoxyd, Formaldehyd, Ameisensäure, sind nur Kochsalz, Benzoesäure und ihre Derivate gestattet (vgl. Fleischbeschau-Gesetz).

Für den qualitativen Nachweis der wichtigsten Konservierungsmittel kann folgender Analysengang benutzt werden[1]:

Man schüttelt 50 g Fett mit 100 ccm siedendem Wasser, das 1—2 Tropfen 15%iger Natronlauge enthält, und 10 g geschmolzenem Paraffin; die eisgekühlte wässerige Lösung filtriert man ab. Einen Teil des Filtrats prüft man wie folgt:

Formaldehyd gibt mit Eisenchloridlösung Violettfärbung[2]; bei positiver Reaktion wird zur Identifizierung mit 0,1 g Witte-Pepton sowie einem Tropfen 5%iger Eisenchloridlösung versetzt und mit 10 ccm konz. Schwefelsäure unterschichtet. Es tritt ein violettblauer Ring und beim Schütteln rot- bis blauviolette Lösung auf[3].

Sehr empfindlich ist folgender Nachweis[4] (Wizöff-Methode): 50 g Fett werden in einem Kolben mit 2—3 g Weinsäure und 50 ccm Wasser erwärmt. Nachdem das Fett geschmolzen ist, destilliert man im Dampfstrom 50 ccm Flüssigkeit ab. 5 ccm Destillat werden mit 2 ccm frischer formaldehydfreier Milch und 7 ccm 25%iger Salzsäure, die 0,02% Eisenchlorid enthält, genau 1 min gekocht. Schon Spuren von Formaldehyd geben Violettfärbung.

Nitrate werden durch die Diphenylamin- oder Brucinreaktion nachgewiesen.

Auf schweflige Säure und Kochsalz prüft man wie üblich.

Den Rest des Filtrates schüttelt man mit aufgeschwemmtem Aluminiumhydroxyd, kocht, filtriert und versetzt 3—5 ccm des Filtrats mit einer Mischung von einigen Tropfen 0,05%iger frischbereiteter Eisenchloridlösung und 4 ccm 20%igem Alkohol. Beim Schütteln tritt eine blaue bis violette Färbung auf, wenn Salicylsäure zugegen ist. Einen Ätherauszug des mit Salzsäure angesäuerten Filtratrestes dampft man ein, nimmt den Rückstand mit Ammoniakwasser (2 Tropfen 10%iges Ammoniak in 5 ccm) auf, dampft bis zur neutralen Reaktion ein und erhält bei Anwesenheit von Benzoesäure mit wenigen Tropfen 1%iger Ferrichloridlösung fleischfarbene Trübung (rötlich-gelbes basisches Ferribenzoat).

Die vom Ätherauszug getrennte wässerige Schicht wird mit 1,0-n NaOH schwach alkalisch gemacht und auf 15 ccm eingeengt, ein Teil mit Essigsäure und Calciumchlorid auf Fluor, ein anderer nach dem Eindampfen und Ansäuern mit Salzsäure mit Curcumapapier auf Borsäure geprüft.

h) Zugesetzte Farbstoffe. Nach der Vorschrift des Fleischbeschaugesetzes werden 50 g geschmolzenes Fett mit 75 ccm absolutem Alkohol[5] erwärmt und darauf in Eis gekühlt; deutliche Gelb- oder Rotgelbfärbung des Filtrats im Reagensglas (Ø 18—20 mm) bei durchfallendem Licht rührt von fremden Farbstoffen her.

Teerfarbstoffe (Azofarbstoffe) geben meist schon beim Ausschütteln des Fettes selbst, sonst der ätherischen Fettlösung, mit Salzsäure Rotfärbung der Salzsäureschicht.

Empfindlicher soll die Erwärmung von 5 g geschmolzenem Fett mit 2 ccm alkoholischer Salzsäure (1 ccm konz. Salzsäure auf 99 ccm 95%igen Alkohol) sein; die alkoholische Schicht wird rosa[6].

Künstliche Färbung verschwindet beim Behandeln des Fettes mit Zinnchlorürlösung, die von Lipochromen (Carotin, Xantophyll, Oxydationsprodukte u. a.) stammende dagegen nicht[7]. Die einzelnen Farbstoffe (Orleans, Curcuma, Saflor,

---

[1] Vollhase: Chem.-Ztg. **37**, 312 (1913). Quantitative Bestimmung der Konservierungsmittel s. Wizöff-Methoden 1930, S. 104f.

[2] Auch andere allgemeine Aldehydreaktionen (z. B. mit ammoniakalischer Silberlösung) können herangezogen werden; Näheres über die zahlreichen Formaldehydreaktionen findet man in den organisch-chemischen Handbüchern, bei König, Beythien (l. c.) usw.

[3] O. Hehner: Analyst **21**, 94 (1896); Ztschr. analyt. Chem. **39**, 331 (1900); Fillinger: Ztschr. Unters. Nahr.- u. Genußmittel **16**, 226 (1908).

[4] Siehe Beilstein: 4. Aufl., Erg.-Bd. 1, S. 299.

[5] Zweckmäßiger Methylalkohol.

[6] Arnold: Ztschr. Unters. Nahr.- u. Genußmittel **10**, 239 (1905).

[7] Arnold: ebenda **26**, 654 (1913).

Safran, Buttergelb, Metanil-, Anilin-, Sudan-, Martius-, Viktoriagelb u. a.) werden in methylalkoholischen Extrakten durch spezifische Reaktionen nachgewiesen.

i) **Bedeutung der Verbrennungswärme.** Für die Beurteilung des Nährwerts der Speisefette ist die Kenntnis ihrer Verbrennungswärmen wichtig.

Die Verbrennungswärmen der Fette liegen um 9300 cal/g, die der Öle um 9475 cal/g; sie sind demnach etwa doppelt so hoch wie die der anderen Nahrungsmittel; so haben z. B. Brot 2231—4458, mageres Fleisch etwa 5350, Eiweiß 5750, Stärke 4116 und Kartoffeln nur 1013 cal/g. Bestimmung s. S. 79 f.

k) **Weitere chemische und physikalische Untersuchungen** sind denen der allgemeinen Fettanalyse analog (s. S. 724 f.); im folgenden speziellen Teil wird angeführt werden, wo ihre Ausführung erforderlich ist.

2. Spezielle Prüfungen.

Außer den S. 724 f. beschriebenen qualitativen und quantitativen Prüfungsmethoden, die für Fette allgemein und zum Teil auch speziell für Speisefette gelten (s. z. B. A- und B-Zahl, S. 761), sind noch folgende besondere Prüfungen hervorzuheben:

a) Butter.

Ungesalzene Butter enthält durchschnittlich 84,5 % Fett (schwankend von 82—90 %), 14 % Wasser (schwankend von 8—16 %), 0,8 % Casein, 0,5 % Milchzucker, 0,2 % Salze.

α) **Wasserfreies, ätherunlösliches Nichtfett** (hauptsächlich Casein, Milchzucker und Mineralsubstanz). Direkt werden meistens nur die Mineralbestandteile (vorwiegend Kochsalz und andere anorganische Konservierungsmittel) durch Veraschen und der Caseingehalt durch Kjeldahlisierung aliquoter Teile des wasserfreien Nichtfettes (Casein = 6,25 · Stickstoffgehalt nach Kjeldahl), die Milchzuckermenge dagegen als Differenz ermittelt.

Aus einem anomal hohen Caseinbefund (> 1,5 %) kann auf absichtliche Beimengung von Casein oder Quark geschlossen werden.

Zusätze stärkehaltiger Substanzen, z. B. von Kartoffelbrei, werden durch mikroskopische Prüfung des Nichtfettes oder nach S. 816 erkannt.

β) **Das ätherlösliche Fett** wird nach dem Prüfungsgang S. 724 f. und Tabelle 176, S. 802, auf fremde Zusätze geprüft.

γ) **Der Säuregrad** darf bei sonst einwandfreier Ware bis 5 für Streichbutter, bis höchstens 8 für Back- und Kochbutter gehen. Auffällig niedriger Säuregrad weist bei abnormem Geschmack und Geruch auf „Auffrischung" hin (das ist Umschmelzen, Waschen mit Soda od. dgl. und Dämpfen). In diesem Falle prüft man auf etwaige **Auffrischung** der Butter wie folgt:

δ) **Löffelprobe**[1]. Natürliche, gute Butter schäumt stark, wenn man 1 g im Löffel über freier Flamme erhitzt; aufgefrischte Butter dagegen (ebenso geringere Sorten Margarine und anderes stärker wasserhaltiges Fett) stößt und spritzt.

ε) **Waterhousesche Probe**[2]. 100 ccm destilliertes Wasser werden im Becherglas (Ø 7 cm) bis knapp 50⁰ erhitzt; ein Teelöffel Butter wird darin unter Rühren aufgeschmolzen und das auf genau 50⁰ erwärmte Gemisch sofort in eine Schale mit Wasser von 12⁰ gesetzt. Man rührt die Mischung 10 min lang schnell mit einem Holzstäbchen, ebenso mischt man von Minute zu Minute das Kühlwasser durch Schwenken des Glases. Natürliche Butter zeigt nach 10 min körnige Ausscheidung, während aufgefrischte Butter (ebenso Margarine) zusammenklumpt.

---

[1] Hess u. Doolittle: Journ. Amer. chem. Soc. **22**, 150 (1900); C. A. Crampton: ebenda **25**, 358 (1903); Ztschr. Unters. Nahr.- u. Genußmittel **7**, 43 (1904).

[2] Crampton: l. c.; G. F. Patrick: Ztschr. Unters. Nahr.- u. Genußmittel **9**, 174 (1905); nach der ursprünglichen Vorschrift wird statt Wasser Milch (süß oder entrahmt) benutzt.

Nur einzelne Butterproben, zu deren Herstellung angeblich pasteurisierter Rahm verwendet war, verhielten sich wie aufgefrischte Butter.

ζ) **Nachweis von Seifen.** Aufgefrischte, ungenügend ausgewaschene Butter enthält Alkaliseifen, die durch die Rotfärbung der wässerigen Schicht beim Ausschütteln mit Wasser und Phenolphthalein oder durch die alkalische Reaktion der Asche nachzuweisen sind.

η) **Mikroskopische Prüfung**[1]. Frische Butter zeigt bei 300—600facher Vergrößerung Tröpfchen, aufgefrischte Butter hingegen Krystallstrukturen, so daß, besonders bei Anwendung von polarisiertem Licht, auch geringe Mengen aufgefrischter Butter in frischer Butter nachgewiesen werden können.

ϑ) **Margarine** wird durch die Sesamölreaktion (S. 735 f.) bzw. durch Prüfung auf Stärke (s. u.) nachgewiesen.

ι) **Refraktometrische Prüfung** (s. S. 88). Die Prismen des Butterrefraktometers sind so konstruiert, daß die Dispersion des reinen Butterfettes gerade kompensiert wird, daß man also bei Verwendung von weißem Licht bei reinem Butterfett eine scharfe Trennungslinie erhält, während bei fremden Fetten die Trennungslinie farbige Ränder zeigt (bei Cocosfett orange, bei den meisten anderen Fetten blau bis grün)[2].

b) Margarine.

Margarine enthält neben der wechselnd zusammengesetzten Fettsubstanz 9—16 bzw. 18% Wasser (vgl. S. 811/12) und bis 3%, Dauermargarine bis 5% Kochsalz.

Prüfung auf Sesamöl und Stärkemehl (vgl. S. 811). Die Prüfung auf Sesamöl erfolgt nach S. 735 f., auf Stärkemehl durch Betupfen der Margarine mit Jodlösung, wobei Stärke Blaufärbung bewirkt, oder auch durch Aufkochen der Margarine mit wenig Wasser und Versetzen der wässerigen Schicht mit Jod-Jodkalilösung. Quantitativ bestimmt man Stärkemehl auf Grund seiner Unlöslichkeit in Äther, Alkohol (50 Vol.-% und darüber) und alkoholischer Kalilauge, indem man das Fett in Äther löst und den die Stärke enthaltenden unlöslichen Rückstand wiederholt mit Äther, Alkohol und alkoholischer Kalilauge auszieht[3].

Die Prüfung der Fettsubstanz hat sich bei den wechselnden Fettansätzen hauptsächlich auf Gegenwart tierischer Körperfette, gesundheitsschädliche Fette, z. B. Chaulmoografett (s. S. 690 u. 790) und Ucuhubafett (s. S. 690), sowie auf den zulässigen Höchstgehalt an Butter[4] (4%, entsprechend einem Fettansatz von $\leq$ 100 Gewichtsteilen Milch auf 100 Teile Fett; s. Butter-Ges.) zu erstrecken.

Enthält eine Margarine kein Cocosfett, so ergibt sich z. B. für ein vorschriftsmäßiges Gemisch von Tierkörperfett (Reichert-Meißl-Zahl $\leq$ 1) und Butterfett (Reichert-Meißl-Zahl bis 32) eine Reichert-Meißl-Zahl von 2,24. Eine Reichert-Meißl-Zahl von > 3 deutet also auf zu hohen Gehalt an Butterfett.

Bei Anwesenheit von Cocosfett erfolgt die Bestimmung nach S. 761.

Gehärtete Fette werden nach S. 828 nachgewiesen. Da die Spitzenmarken der Margarine weder Cocosfett noch Hartfette enthalten, bedeutet der Nachweis dieser Fette, daß eine Margarine II. Qualität untersucht wurde.

---

[1] Methode von **Brown, Taylor** und **Richards**; s. J. A. Hummel: Journ. Amer. chem. Soc. **22**, 327 (1900); C. A. Crampton: ebenda **22**, 703 (1900); Winkler: Österr. Molkerei-Ztg. **15**, 213 (1908); Bömer: Ztschr. Unters. Nahr.- u. Genußmittel **16**, 27 (1908).

[2] N. N. Godbole u. Sadgopal: Butter-Fat (Ghee), Benares 1930; s. auch Grün: Analyse, Bd. 1, S. 127.

[3] Über Einzelheiten vgl. die Wizöff-Vorschrift, Deutsche Einheitsmethoden 1930, S. 115/16: über ein anderes Verfahren s. A. Schmidt: Chem.-Ztg. **52**, 671 (1928).

[4] Statt des **Verbotes** der Butterbeimischung ist neuerdings (1933) ein **Zwang** zur Butterbeimischung in Aussicht genommen, wie er in Holland schon länger besteht.

Ältere Margarine ist oft an fleckiger Farbe zu erkennen und mikroskopisch auf Kolonien von Penicillium glaucum zu prüfen.

Künstliche Geschmacks- bzw. Aromastoffe wie Amylacetat sind im Wasserdampfdestillat zu erkennen; auf Diacetyl prüft man im Destillat durch Überführung in Nickeldimethylglyoxim (s. S. 641).

Prüfung auf Eigelb[1]. 300 g Margarine werden 2—3 h auf 50⁰ erwärmt, in einem angewärmten Scheidetrichter mit 150 ccm 2%iger Kochsalzlösung kräftig durchgeschüttelt und nochmals 2 h auf 50⁰ gehalten. Die abgezogene, wässerige Schicht wird durch Abkühlen und mehrfaches Filtrieren (feuchtes Filter) geklärt. Erhält man beim Ausschütteln von 10 ccm Filtrat, die mit 1 ccm 1%iger Schwefelsäure aufgekocht worden sind, mit Äther farblose Ätherschicht, so ist genuines Eigelb nicht zugegen. Da Gelbfärbung des Äthers außer durch Eigelb auch durch fremde Eiweiß- oder Farbstoffe hervorgerufen sein kann, ist das Eigelb (Vitellin) noch durch Dialyse zu identifizieren:

50 ccm des völlig klaren Filtrats werden in einen gut gewaschenen, feuchten Dialysatorschlauch gefüllt und mit diesem in klares Wasser gehängt. Eine Trübung nach 5—6 h, die auf Kochsalzzusatz wieder verschwindet, läßt die Gegenwart von Vitellin erkennen; Eier- und Pflanzenalbumin, Casein zeigen diese eigentümliche Löslichkeit in Kochsalzlösung nicht.

Prüfung auf Lecithin erfolgt durch Nachweis organisch gebundener Phosphorsäure nach S. 672.

Prüfung auf Rohrzucker. Dieser wird der Margarine mitunter zugesetzt, um das „Bräunen" beim Braten hervorzurufen; er ist neben dem normalerweise vorhandenen Milchzucker wie folgt nachzuweisen:

Zur qualitativen[2] Prüfung schmilzt man 100 g Margarine auf, erwärmt die abgezogene wässerige Flüssigkeit auf 85—90⁰, schüttelt sie mit gleichem Volumen einer Mischung aus 2 Vol. frischbereiteter Bleiacetatlösung (500 g Acetat in 1200 g Wasser) und 1 Vol. Ammoniak ($d_{15} = 0,944$) $^1/_2$ min tüchtig durch und filtriert. 3 ccm des klaren, farblosen Filtrats geben, mit gleichem Volumen Diphenylaminlösung (10 ccm 10%iger alkoholischer Diphenylaminlösung + 25 ccm Eisessig + 65 ccm Salzsäure 1,19) im kochenden Wasserbade erhitzt, nach 10 min Blaufärbung, schon wenn 0,1% Saccharose vorliegt. Nitrate, Nitrite und die gebräuchlichen Konservierungsmittel stören die Reaktion nicht.

Die quantitative Bestimmung beruht auf der Eigenschaft der Citronensäure, Saccharose, nicht aber Milchzucker zu invertieren[3]. 100 g Margarine werden mit 60 ccm erwärmter, schwacher Sodalösung vermischt, wodurch die Möglichkeit der Inversion durch Milchsäure verhindert wird. Man läßt die Mischung einige Stunden in warmem Wasser stehen, so daß das Fett stets geschmolzen bleibt. Nach dem Abkühlen und Durchbohren der erstarrten Fettschicht wird die wässerige Lösung abgegossen, Casein mit Citronensäure gefällt und filtriert. Je 25 ccm des Filtrats werden direkt und nach Inversion ($^1/_2$ h mit 5 ccm 10%iger Citronensäurelösung gekocht) mit Fehlingscher Lösung behandelt. Bei der Berechnung des Saccharosegehaltes aus der gefundenen Cu_2O-Menge ist der Wassergehalt der Margarine zu berücksichtigen.

c) Schweineschmalz.

Die Säurezahl des unverdorbenen Fettes liegt zwischen 0,2 und 0,9.

Wasserbestimmung. Da der Wassergehalt im Schweineschmalz normalerweise sehr gering ($\leq 0,3\%$) ist, muß die Trocknung des Fettes zur Wasserbestimmung im indifferenten Gasstrom (H_2, CO_2) erfolgen, so daß der durch Entweichen von Wasser verursachte Trocknungsverlust nicht durch oxydative Gewichtszunahme kompensiert wird.

---

[1] G. Fendler: Ztschr. Unters. Nahr.- u. Genußmittel **6**, 977 (1903).
[2] Rothenfußer: ebenda **18**, 135 (1909).
[3] Mecke: Ztschr. öffentl. Chem. **5**, 496 (1899); Ztschr. Unters. Nahr.- u. Genußmittel **3**, 415 (1900).

In einer wie folgt ausgeführten Vorprobe[1] kann der Wassergehalt annähernd aus der Trübungstemperatur ermittelt werden, da sich Schmalz beim Erstarren einige Grade unterhalb der Temperatur trübt, bei der es mit Wasser gesättigt wurde.

In einem starkwandigen, mit 10 g Schmalz gefüllten Reagensglas (9 cm lang, 18 ccm Inhalt), in das ein Thermometer (bis etwa 100⁰, in $^1/_2{}^0$ geteilt) durch einen einfach durchbohrten Gummistopfen bis in die Mitte der Fettschicht ragt, wird das Schmalz vorsichtig über freier Flamme klargeschmolzen und unter mäßigem Schütteln an der Luft bis zur Trübungstemperatur abgekühlt (s. Tabelle 178). Die Versuche werden 1—2mal kontrolliert.

Tabelle 178. Trübungstemperaturen und Wassergehalt des Schweineschmalzes.

Wasser %	0,15	0,20	0,25	0,30	0,35	0,40	0,45
Trübung bei ⁰ C .	40,5	53	64,5	75,2	85,0	90,8	95,5
Klarschmelzen bei⁰C	50—52	bis 70	bis 70	bis 95	bis 95	bis 95	> 95

Schweineschmalz, dessen Trübungstemperatur konstant oberhalb 75⁰ liegt und auf einen Wassergehalt über 0,3 % deutet, ist als verfälscht anzusehen und gravimetrisch auf Wassergehalt zu untersuchen. Letzteres geschieht auch, wenn sonstige Trübstoffe vorhanden sind.

Prüfung auf Zusätze. Zur Erkennung von Zusätzen anderer tierischer Fette werden die Kennzahlen (s. Tabelle 176) und vor allem die Bömerschen Schmelzpunktsdifferenzzahlen (s. S. 741) herangezogen. Pflanzenfette geben sich durch die Phytosterinacetatprobe und ihre spezifischen Reaktionen zu erkennen, doch sind die Reaktionen auf Cottonöl und Sesamöl wegen ihrer Überempfindlichkeit mit Vorsicht zu verwenden; Hartfette sind nach S. 828 nachzuweisen.

d) Gänseschmalz.

Dieses Fett wird häufig mit Schweineschmalz verschnitten; der Nachweis ist sehr schwierig — daher besteht Deklarationszwang — und kann evtl. nach einem Erstarrungspunkts-Differenzverfahren von Polenske[2] erfolgen. Kennzahlen s. S. 804.

e) Speisetalg.

Die Prüfung des Talges erstreckt sich auf Geschmack, Geruch, Farbe, freie Säure. Als Verfälschung kommen gehärtete Fette (Nachweis s. S. 828) in Betracht.

Guter Talg soll höchstens 0,003—0,004% Stickstoff (nach Kjeldahl) aufweisen, da größerer Stickstoffgehalt die schädliche Gegenwart fäulniserregender Stoffe infolge mangelhafter Reinigung zu erkennen gibt[3].

f) Kakaobutter[4].

Kakaobutter wird oft mit hydriertem Cocosfett, Illipefett usw. verfälscht. Als vollwertig gilt in Deutschland nur die Preßbutter, so daß

---

[1] E. Polenske: Ztschr. Unters. Nahr.- u. Genußmittel **13**, 754 (1907); s. auch Erlaß zum Fleischbesch.-Ges., 24. 6. 1909, Anlage 2. Vgl. Fischer u. Schellens: Ztschr. Unters. Nahr.- u. Genußmittel **16**, 161 (1908).

[2] Polenske: Arbb. Gesundh.-Amt **26**, 444 (1907); **29**, 272 (1908); Ztschr. Unters. Nahr.- u. Genußmittel **14**, 758 (1907); **17**, 281 (1909).

[3] Fachini u. Somazzi: Ind. Olii minerali Grassi **2**, 55 (1922).

[4] Kakaobutter wird nicht nur als Speisefett (bzw. zur Herstellung von Schokoladen), sondern auch für pharmazeutische Zwecke (S. 940) verwendet.

Zusätze von Extraktionsbutter gleichfalls als Verfälschungen angesehen werden (vgl. S. 695). Bei geschickten Fälschungen lassen die Kennzahlen keinen Schluß auf Reinheit zu. Zuverlässiger ist dann die

Reibeprobe (Wizöff-Methode). Bei einer Raumtemperatur von 15—20⁰ werden einige Gramme des gut erstarrten Fettes in einem mittelgroßen Porzellanmörser mit einem Porzellanpistill unter leichtem Druck zerrieben. Während reine Kakaopreßbutter dabei bröckelt, allenfalls (besonders bei stärkerem Druck) leicht zusammenbackt, ohne aber eine völlig zusammenhängende, schmierende oder zähsalbenartige Masse zu ergeben, bilden andere Fette mehr oder weniger schmierende Massen (Kontrollprobe mit reiner Kakaobutter notwendig). Auch Extraktionskakaobutter neigt zum Schmieren.

Farbreaktion auf Kakaoabfall-Extraktionsfett (Wizöff-Methode).

Etwa 5 ccm des geschmolzenen Fettes werden im Reagensglas mit etwa 1 ccm einer Mischung aus 2 Teilen rauchender HCl und 1 Teil HNO_3 ($d = 1,145$) geschüttelt und einige Minuten stehen gelassen. Man erwärmt das Gemisch etwa 5 min im Wasserbade unter mehrfachem Umschütteln auf 50—70⁰ und setzt dann, falls nur eine schwache Verfärbung eingetreten ist, noch etwa 1 ccm der Säuremischung zu. Bei Gegenwart von Kakaoabfall-Extraktionsfett zeigt sich deutlich rotbraune Verfärbung.

Kennzahlen. Wenn die üblichen Kennzahlen versagen, prüft man auf fremde Fette wie folgt:

Nach Issoglio[1] werden 4 g Kakaobutter in einem 18 cm langen und 2,5 cm weiten Reagensglas vorsichtig auf dem lauwarmen Wasserbade in 8 g Äther gelöst. Die Lösung wird in Eiswasser $^1/_2$ h gekühlt, dann werden die ausgeschiedenen Krystalle scharf abgesaugt und mit wenig Alkohol-Äther gewaschen. Nach dem Trocknen bestimmt man ihren Schmelzpunkt (F_x). Sie werden nun verseift, die Seifen zerlegt und die Fettsäuren in Äther aufgenommen; die ätherische Lösung wird gewaschen, getrocknet und verdampft. Vom Rückstand wird nach 12-std. Liegen im Eisschrank der Schmelzpunkt (F_a) bestimmt. Bei reiner Kakaobutter ist nun der Unterschied zwischen F_a — F_x mindestens gleich $\frac{1}{3} F_x$, bei den üblichen Ersatzmitteln dagegen $< \frac{1}{3} F_x$.

Nach H. Fincke[2] beträgt die Differenz Schmelzpunkt der Fettsäuren— Schmelzpunkt des Fettes bei reiner Kakaobutter beim Fließschmelzpunkt 16—19⁰, beim Klarschmelzpunkt 16,5—20⁰, bei den meisten Ersatzfetten (außer bei raffinierter Illipe- und Shea-Butter) ist sie viel kleiner, zum Teil sogar negativ. Ebenso ist die Differenz Klarschmelzpunkt der Fettsäuren—Jodzahl der Fettsäuren[3] bei reiner Kakaobutter (14—19) viel höher als bei den meisten Ersatzfetten, von denen gehärtete Fette wiederum zum Teil negative Werte liefern; bei gehärtetem Cocosfett liegt die Differenz allerdings etwas höher als bei reiner Kakaobutter, so daß geeignete Kompositionen verschiedener Hartfette auch die richtigen Werte für Kakaobutter zeigen können.

g) Speiseöle (Tafelöle usw.).

Diese Öle werden nach S. 724f. auf die in Tab. 172f., S. 786f., angegebenen Eigenschaften geprüft. Die Farbreaktionen (s. S. 733f.) sind zwar in zahlreichen amtlichen Verordnungen vorgeschrieben, aber mit großer Vorsicht auszuwerten.

---

[1] Issoglio: Ind. chimica **4**, 145, 278 (1929); C. **1929**, II, 3256.
[2] H. Fincke: Die Kakaobutter und ihre Verfälschungen, S. 127 u. 130—133. Stuttgart: Wiss. Verlags-Ges. 1929.
[3] Ebenda S. 128.

B. Gehärtete Fette[1].

(Bearbeitet von F. Wittka.)

I. Technologisches.

Die Umwandlung der bei Zimmertemperatur flüssigen Fette und Fett-säuren in feste Produkte ist ein altes Problem der Fettchemie, da die festen Fette infolge ihrer leichteren Verwendbarkeit als Speisefette, die festen Fettsäuren wegen ihrer Eignung als Ausgangsmaterial zur Herstellung von Kerzen und Kernseifen im allgemeinen gesuchter sind, als die flüssigen Produkte.

Ölsäure wird schon seit langer Zeit in der Stearinindustrie technisch durch Einwirkung von konz. H_2SO_4 und Destillation des entstandenen Oxy-stearin-schwefelsäureesters mit Wasserdampf in die feste Isoölsäure über-geführt (s. S. 829). Andere Verfahren, wie die Umwandlung der Ölsäure in Elaidinsäure[2] vom Schmelzpunkt $44{,}4^0$, die Reduktion der Ölsäure zu Stearinsäure mit Jodwasserstoff[3] und amorphem Phosphor, die Umwandlung der Ölsäure in Palmitinsäure[4] durch die Alkalischmelze, die Gewinnung fester Produkte durch Erhitzen der Ölsäure mit Chlorzink[5] nach Saizew, haben keine praktische Auswertung gefunden.

Das Problem der Überführung der flüssigen Glyceride ungesättigter Säuren in feste Fette durch katalytische Hydrierung wurde hingegen erst 1902 von Normann[6] gelöst, und zwar durch Übertragung der katalytischen Hydrierung organischer Verbindungen in Dampfform nach Sabatier und Senderens[7] auf flüssige Fette unter Anwendung von auf Bimsstein fein-verteiltem Nickel als Katalysator und Wasserstoff bei 180^0.

An Stelle von metallischem Nickel benutzte man später Nickel-Verbindungen, in erster Linie Nickeloxyd[8], nach dem Vorschlag von Ipatiew[9] ohne Druck bei $240-260^0$, ferner Nickelcarbonat[10], -borat[11], -formiat[12], Nickelcarbonyl[13] u. a.[14]. Bei allen diesen Katalysatoren, welche unter der Einwirkung des Wasserstoffs und der erhöhten Temperatur bei Einsetzen der Fettreduktion eine mehr oder weniger tiefdunkle Färbung annehmen, ist der Effekt auf die Reduktion der Salze

---

[1] Literatur: W. Fahrion: Die Härtung der Fette, 2. Aufl. Braunschweig: F. Vieweg & Sohn 1921; Ubbelohde-Goldschmidt-Hartmann: Handbuch der Chemie und Technologie der Fette, Bd. 4, S. 193—368. 1926. H. Schönfeld: Die Hydrierung der Fette. Berlin: Julius Springer 1932.

[2] Boudet: Liebigs Ann. **4**, 11 (1832).

[3] G. Goldschmidt: Sitzungsber. Akad. Wiss. Wien **72**, 366 (1874).

[4] Varrentrapp: Liebigs Ann. **35**, 210 (1840).

[5] Max v. Schmidt, R. Benedikt: Monatsh. Chem. **11**, 90 (1890); K. H. Bauer u. P. Panagoulias: Chem. Umschau Fette, Öle, Wachse, Harze **37**, 189 (1930).

[6] Normann: D.R.P. 141029 (1902), übertr. an Leprince u. Siveke, Herford.

[7] Sabatier: Compt. rend. Acad. Sciences **128**, 1173 (1899).

[8] Erdmann u. Bedford: D.R.P. 292649 (1911).

[9] Ipatiew: Ber. **42**, 2092 (1909).   [10] Teichner: E.P. 146407 (1920).

[11] L. Ubbelohde u. H. Schönfeld: Allg. Öl- u. Fett-Ztg. **27**, 425 (1930).

[12] Wimmer u. Higgins: D.R.P. 312668 (1913); Seifensieder-Ztg. **40**, 1361 (1913).

[13] Shukoff: D.R.P. 241823 (1910).

[14] H. Schönfeld: Seifensieder-Ztg. **41**, 945 (1914).

bzw. Oxyde zu besonders fein verteiltem Nickelmetall zurückzuführen[1]. Die feine Verteilung des Metalles soll seine Vorbereitung und Verteilung auf Trägern überflüssig machen. Mit sehr fein verteiltem Nickel ließen sich Fette sogar bei gewöhnlicher Temperatur härten[2].

An Stelle von Bimsstein wird heute allgemein Kieselgur[3] als Trägersubstanz angewendet, obwohl auch viele andere Substanzen als Träger vorgeschlagen wurden. Die erhöhte Wirksamkeit des auf Kieselgur niedergeschlagenen Nickels[4] gegenüber dem bloßen, fein verteilten Metall ist auf die Vergrößerung der allein wirksamen Metalloberfläche zurückzuführen.

Nach Ellis ist Nickel als Katalysator geeigneter als Oxyde und Salze, weil die im Vergleich zum Nickelkatalysator (180⁰) höhere Reduktionstemperatur der Oxyd- und Salzkatalysatoren (200—250⁰) den Geschmack der Fette für Speisefette ungünstig beeinflußt. Die Ansichten über größere Empfindlichkeit des Nickelkatalysators im Vergleich zum Oxydkatalysator gegen sog. Katalysatorgifte sind dagegen nicht zutreffend[5]. Von den Edelmetallen Platin, Palladium[6] und Osmium genügen im Gegensatz zu den in Mengen von 0,5—1% benutzten Nickelkatalysatoren bereits Mengen von 0,001—0,002 % des zu reduzierenden Fettes zur katalytischen Reduktion. Trotzdem haben die Edelmetallkatalysatoren für die Härtung der Öle keine praktische Bedeutung erlangt.

Die Großbetriebe arbeiten heute fast alle mit metallischem Nickel als Katalysator und mit Kieselgur als Träger. Die Hydrierung bzw. Härtung der Öle erfolgt in geschlossenen Autoklaven bei Temperaturen über 180⁰ unter einem Wasserstoffdruck von 1—6, meistens etwa 4 at. Der verwendete Wasserstoff muß sehr rein sein und wird meistens im eigenen Betriebe durch Elektrolyse oder aus Wassergas erzeugt.

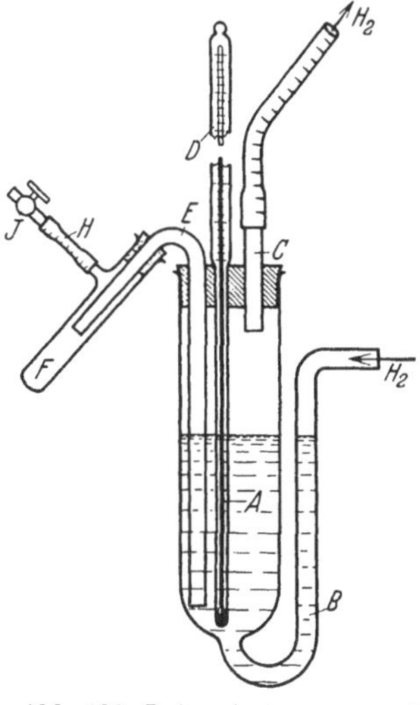

Abb. 199. Laboratoriumsapparat zur Fetthärtung.

Durch Wahl geeigneter Bedingungen bei der Reduktion der Katalysatoren ist es möglich, verschieden aktive Katalysatoren herzustellen, welche auch eine Härtung bei verschiedenen Temperaturen ermöglichen. Einen großen Fortschritt bedeutet die Verwirklichung der kontinuierlichen Härtung durch Bolton und Lush[7] unter Verwendung aktivierter Nickelspäne als Katalysator, über welche Öle und Wasserstoff im Gegenstrom geleitet werden. Ein abschließendes Urteil über dieses Verfahren kann noch nicht gegeben werden.

[1] W. Meigen u. Bartels: Journ. prakt. Chem. 89, 290 (1914); E. Erdmann: ebenda 87, 425 (1913); 91, 469 (1915); 92, 390 (1915); Siegmund u. Suida: ebenda 91, 442 (1915); Boßhard u. Fischli: Ztschr. angew. Chem. 28, 365 (1915); W. Normann: Chem.-Ztg. 39, 29, 41 (1915); 40, 381, 757 (1916); Ber. 55, 2193 (1922).

[2] Kelber: ebenda 49, 55 (1916); M. Tanaka: Chem.-Ztg. 48, 25 (1924).

[3] E. C. Kayser: Amer. P. 1004035, 1008474 (1911); Wilbuschewitz: D.R.P. 228128 (1909).

[4] L. Ubbelohde u. Th. Svanoe: Ztschr. angew. Chem. 32, 257, 269, 276 (1919).

[5] W. Normann: Chem.-Ztg. 40, 758 (1916).

[6] A. Skita u. C. Paal: D.R.P. 230724 (1909).

[7] E. R. Bolton: E.P. 162370 (1920); Technical Research Works u. E. J. Lush: E.P. 203218 (1922); s. auch Normann: Chem. Umschau Fette, Öle, Wachse, Harze 33, 161 (1926).

Für Fetthärtungsversuche im Laboratoriumsmaßstab hat sich folgende einfache Anordnung[1] gut bewährt (Abb. 199): Das weite Reagensglas A (je nach der zu härtenden Fettmenge etwa 4—8 cm weit, 10—20 cm hoch) ist am Boden mit einem Gaseinleitungsrohr B versehen. Durch den dreifach durchbohrten, mit Kollodium gut abzudichtenden Korken führen das Wasserstoffableitungsrohr C (mittels Schlauch ins Freie oder in einen Abzugskanal ohne Lockflamme zu führen), das Thermometer D sowie ein zur Probeentnahme dienendes Rohr E, das mit einem Sauggläschen F verbunden wird. Das Ansatzrohr von F wird durch Gummischlauch H und Quetschhahn J verschlossen.

A wird zu $\frac{1}{3}$ bis $\frac{1}{2}$ mit dem zu härtenden Öl beschickt; dazu gibt man 1% Nickelformiat (oder einen anderen Katalysator), leitet durch B einen lebhaften H_2-Strom ein[2] und erhitzt im Ölbade allmählich auf 230—250⁰. Bei dieser Temperatur wird das hellgrüne Nickelformiat, welches durch den H_2-Strom aufgewirbelt und gut verteilt wird, zu feinverteiltem (zum Teil kolloidem) schwarzen Nickel reduziert. Man hält hierauf unter ständigem H_2-Einleiten die Temperatur weiter auf 230—240⁰ und nimmt von Zeit zu Zeit (z. B. alle 30 min) durch vorsichtiges Saugen am Schlauch H bei geöffnetem Hahn J eine Probe von 1—2 ccm Öl, die durch Heißfiltration von dem beigemengten Ni getrennt und nach Bedarf auf Schmelzpunkt, Brechung und Jodzahl geprüft werden kann. Soll die Substanz vollständig hydriert werden — z. B. zur Herstellung von Behensäure(-äthylester) aus Erucasäure —, so gibt man nach einigen (z. B. 5) Stunden Hydrierungsdauer (nach Abkühlen) wieder frischen Katalysator hinzu.

In letzter Zeit hat man mit Erfolg versucht, das Gebiet der Reduktionen von Fetten bzw. Fettsäuren durch Wasserstoff in Gegenwart von Metallen als Katalysatoren bei anderen technischen Aufgaben weiter auszubauen[3].

II. Theorien der katalytischen Hydrierung.

Nach Normann[4] gibt es bei allen katalytischen Hydrierungen, auch der unter Benutzung von Nickeloxyden und Nickelsalzen ausgeführten Fetthärtung, „keine Fetthärtung ohne freies Metall". Letzteres entsteht auch aus den Nickeloxyden und Salzen bei der Reduktion, eine Ansicht, die heute fast allgemein angenommen ist. Dagegen vertrat E. Erdmann[5] den heute verlassenen Standpunkt, daß sich bei der Verwendung von Nickeloxyd als Katalysator Nickelsuboxyd bilde, welches die eigentlich katalysierende Substanz sei.

---

[1] Auch der sog. „Rührbecher nach Normann" (Hersteller: Ströhlein & Co., Düsseldorf), ein mit Rührwerk versehenes kupfernes Gefäß für 100 ccm Öl, wird für Probehärtungen viel benutzt.

[2] Der H_2 wird aus einer Bombe oder einem Kippschen Apparat (Zn + HCl) entnommen und mit Lauge, $HgCl_2$, $KMnO_4$ und H_2SO_4 gewaschen. Er muß frei von As oder anderen Katalysatorgiften sein. Zwischen die H_2SO_4-Waschflasche und das Härtungsgefäß schaltet man noch eine leere Sicherheitsflasche, damit etwa zurücksteigendes Öl nicht in die H_2SO_4 läuft.

[3] Nach einer Patentanmeldung der I. G. Farbenindustrie [D. Pat.-Anm. B, 122 821 vom 20. 11. 1925; s. auch O. Schmidt: Ber. 64, 2051 (1931)] kann man z. B. Fettsäuren durch Reduktion der Carboxylgruppe mit Wasserstoff in Gegenwart von Kupfer und Kobalt als Katalysatoren in Alkohole und Kohlenwasserstoffe überführen. Später wurde die Reaktion durch Anwendung von Wasserstoff unter Hochdruck bis 250 at und Kupfer als Katalysator zur technischen Herstellung von Alkoholen und Kohlenwasserstoffen aus Fetten und Fettsäuren vervollkommnet; Schrauth, Schencku. Stickdorn:Ber.64, 1314 (1931); Schrauth ebenda 65, 93 (1932); s. auch Normann: Ztschr. angew. Chem. 44, 714 (1931); Adkins u. Folkers: Journ. Amer. chem. Soc. 53, 1905 (1931).

[4] Normann: Chem.-Ztg. 40, 381 (1916).

[5] Erdmann: Journ. prakt. Chem. 87, 425 (1913); 91, 469 (1915).

Im Gegensatz zu der auch durch Versuche von C. Kelber[1] und A. Skita[2] gestützten Auffassung von Normann[3] sollen nach Willstätter und Waldschmidt-Leitz[4] Platin, Palladium und Nickel bei der Hydrierung nur dann katalytisch wirken, wenn sie wenigstens Spuren von Sauerstoff enthalten; die Wasserstoffübertragung beim Platin soll auf einem fortlaufenden Wechsel zweier Valenzstufen des Metalls beruhen, wobei sich ein Superoxydhydrür bildet.

Die ältere Anschauung über den eigentlichen Mechanismus der Hydrierung, wonach eine primäre Bindung des Wasserstoffs an den Metallkatalysator erfolge, gilt heute als überwunden[5]. Die ungesättigte Verbindung, nicht der Wasserstoff, wird von der Katalysatoroberfläche unter Bildung einer sehr unbeständigen Komplexverbindung gebunden; die Geschwindigkeit der Hydrierung ist durch diesen Vorgang bestimmt; denn sie wächst mit steigendem Drucke — wenn die Katalysatormenge nicht außerordentlich gering ist und die zu hydrierende Substanz nicht eine besondere Affinität zum Katalysator zeigt — streng linear. Bei intermediärer Bildung einer Metall-Wasserstoffverbindung, die dann wieder Wasserstoff abspaltet, müßte dagegen die Hydrierungsgeschwindigkeit proportional dem Quadrate des Druckes zunehmen. Die olefinische Komplexverbindung addiert Wasserstoff und zerfällt dann unter Freiwerden des Metalls:

$$(-CH = CH - Me) + H_2 \rightleftarrows (-CH = CH - Me, H_2) \rightleftarrows -CH_2 - CH_2 - + Me.$$

Wichtig ist, daß bei Versuchen zur Hydrierung ohne Katalysator mit aktiviertem Wasserstoff Ölsäure teilweise gehärtet werden konnte[6].

Die Wirksamkeit eines Katalysators ist gegeben durch die Bedingungen bei der Fällung und bei der Reduktion. Sie wird stark herabgesetzt durch Anwesenheit von gewissen, besonders in ungereinigten Fetten häufig vorkommenden Verbindungen, sog. „Katalysatorgiften". Zu diesen gehören Schwefelverbindungen, Blausäure, Kohlenoxyd, Kohlendioxyd, Eiweißkörper und gewisse Metalle oder deren Verbindungen. Die Vergiftung geht in manchen Fällen bis zur völligen Aufhebung der katalytischen Wirkung, zuweilen aber nur bis zu einer partiellen „Lähmung" des Katalysators[7].

Durch Zusatz einer geringen Menge eines anderen Metalloxyds, z. B. Al_2O_3, MgO, konnte die Aktivität eines Nickeloxydkatalysators gesteigert werden[8], so auch durch Zusätze kleiner Mengen Kupfer[9]. Durch Zusatz von Lanthanoxyd wurde die Wirksamkeit gesteigert, durch Ceroxyd vermindert[10].

---

[1] C. Kelber: Ber. **54**, 1701 (1921); **57**, 136, 142 (1924).

[2] A. Skita: ebenda **55**, 139 (1922).

[3] Normann: ebenda **55**, 2193 (1922).

[4] Willstätter u. Waldschmidt-Leitz: ebenda **54**, 113 (1921); s. auch F. F. Rupert: Journ. Amer. chem. Soc. **42**, 402 (1920).

[5] Armstrong: Vortrag in der Chem. Sektion der British Assoc.; Bull. Matières grasses **14**, 6277 (1922); vgl. Armstrong u. Hilditch: Proceed. Roy. Soc. London Serie A **100**, 240 (1921); s. auch Fahrion: l. c., S. 34f.; A. R. Olson u. C. H. Meyers: Journ. Amer. chem. Soc. **48**, 389 (1926).

[6] H. J. Waterman u. S. H. Bertram: Chem. Umschau Fette, Öle, Wachse, Harze **34**, 32, 255 (1927).

[7] Rosenmund u. Zetzsche: Ber. **54**, 425, 638, 2885 (1921); **55**, 2774 (1922); vgl. Abel: ebenda **54**, 1407 (1921); Kita, Mazume u. Kino: Chem. Umschau Fette, Öle, Wachse, Harze **32**, 262 (1925); Andrews: Chem. Trade Journ. **1929**, 277.

[8] E. Erdmann: Journ. prakt. Chem. **87**, 425 (1913); C. Ellis: Seifensieder-Ztg. **40**, 196 (1913); S. Fokin: Ztschr. angew. Chem. **22**, 1497 (1909); Paal: Ber. **44**, 1013 (1911); Paal u. Karl: ebenda **46**, 3069 (1913); Paal u. Windisch: ebenda **46**, 4010 (1913); Paal u. Hartmann: ebenda **51**, 711 (1918).

[9] Armstrong u. Hilditch: Proceed. Roy. Soc., London Serie A **102**, 27 (1922).

[10] W. S. Ssadikow: Journ. angew. Chem. [russ.] **3**, 573 (1930).

III. Chemischer Verlauf der Fetthydrierung.

Bei Ölen mit mehrfach ungesättigten Säuren hat sich gezeigt[1], daß die Hydrierung unvollständig selektiv verläuft. Bei einem hohen Gehalt des Öles an mehrfach ungesättigten Säuren werden anfangs nur diese hydriert, erst später, nach K. A. Williams[2] bei einem Linolsäuregehalt unter 10%, auch die vorhandene Ölsäure. Die Wichtigkeit dieses Befundes liegt in der Möglichkeit, die natürlichen trocknenden und halbtrocknenden Öle durch partielle Hydrierung in nichttrocknende Speiseöle[3] überzuführen.

Die Hydrierung selbst ist ein umkehrbarer Prozeß. Schon Normann[4] hat darauf hingewiesen, daß bei weitgehenden Härtungen häufig in der letzten Phase die Jodzahl vorübergehend steigt, anstatt weiter zu fallen. Nach A. Markman und W. Wassiljew[5] setzt bei einer Härtung über 270° die Dehydrierung ein.

Die Erhöhung des Schmelzpunktes der Öle ist nicht allein auf die Anlagerung von Wasserstoff, d. h. Bildung von gesättigten Säuren, zurückzuführen, sondern daneben auch auf die Umlagerung zu festen Säuren der Isoölsäurereihe[6]. Die Mengen dieser Isosäuren sind von der Art der Härtung und des Katalysators abhängig; immer aber sind sie größer als die in den natürlichen Fetten vorhandenen Mengen Isoölsäure, so daß der Nachweis größerer Mengen Isoölsäure[7] gleichzeitig denjenigen gehärteter Fette darstellt.

Bei der Härtung der Öle, insbesondere bei hohen Temperaturen, treten auch Nebenreaktionen ein, die sich schon durch das Auftreten des unangenehmen, leider jedem Hartfett eigentümlichen Härtungsgeruches bemerkbar machen. Nach Mielck[8] ist der Geruch auf ätherartige Umwandlungsprodukte des Glycerins zurückzuführen. Andere Nebenreaktionen bewirken die Bildung von Kohlenwasserstoffen[9] (s. S. 638 u. 822, Fußn. 3).

Bezüglich der Hydrierung von Ricinusöl nach der Methode von Normann wurde gefunden, daß unter 200° im wesentlichen nur die Doppelbindung abgesättigt

---

[1] Marcusson u. Meyerheim: Ztschr. angew. Chem. **27**, 201 (1914); Schestakow u. Kuptschinsky: Ztschr. Dtsch. Öl-Fettind. **42**, 741 (1922); H. P. Kaufmann: Ber. **60**, 50 (1927); K. A. Williams: Journ. Soc. chem. Ind. **46**, 446 (1928); K. H. Bauer u. F. Ermann: Chem. Umschau Fette, Öle, Wachse, Harze **37**, 241 (1930); Hilditch u. Vidyarthi: Proceed. Roy. Soc., London Serie A **126**, 552, 563 (1929); Chem. Umschau Fette, Öle, Wachse, Harze **37**, 354 (1930); H. J. Waterman u. S. H. Bertram: Journ. Soc. chem. Ind. **47**, 79 (1929).

[2] K. A. Williams: ebenda **46**, 449 (1928); Suzuki u. Inouye: Proceed. Imp. Acad. Tokyo **6**, 266 (1930).

[3] Normann: Chem. Umschau Fette, Öle, Wachse, Harze **29**, 277 (1922).

[4] Normann: ebenda **30**, 3 (1923); H. A. Levey: Amer.P. 1 374 589 (1916); Kita, Mazume u. Kino: Chem. Umschau Fette, Öle, Wachse, Harze **31**, 165 (1924).

[5] A. Markman u. W. Wassiljew: Masloboino Shirowoje Djelo **1928**, Nr. 8, 23.

[6] Ch. W. Moore: Journ. Soc. chem. Ind. **38**, 320 (1919); Talanzew: Masloboino Shirowoje Djelo **1927**, Nr. 1, 23; S. Ueno u. Z. Okamare: Journ. Soc. chem. Ind. Jap. Suppl. **30**, 184 (1928); Tütünnikoff: Masloboino Shirowoje Djelo **1930**, Nr. 4/5, 56.

[7] Grün: Analyse, Bd. 1, S. 372.

[8] Mielck: Seifensieder-Ztg. **57**, 425 (1930); vgl. auch W. Normann: Ztschr. angew. Chem. **44**, 717 (1931).

[9] S. Ueno: Journ. Soc. chem. Ind. Japan [Suppl.] **33**, 264 B (1930); S. Ueno u. R. Yamasaki: ebenda **33**, 451 B (1930).

wird[1]; oberhalb 200⁰ wird auch die Hydroxylgruppe reduziert, bei Anwendung von Nickeloxyd nach Erdmann oft sogar noch schneller als die Doppelbindung. Im ersteren Falle werden Fette mit einem Schmelzpunkt bis 81⁰ und einer Hydroxylzahl von etwa 100 erhalten; Hydrierung bei 250⁰ ergibt hingegen Fett mit Hydroxylzahlen von nur 31.

IV. Eigenschaften der gehärteten Fette.

Aus den flüssigen Ölen werden durch katalytische Hydrierung je nach deren Stärke die verschiedensten Produkte von weicherer oder festerer Konsistenz gewonnen. Sie zeigen alle den charakteristischen, scharfen bzw. „blumigen" Härtungsgeruch (s. o.).

Weiche bis mittelharte Reduktionsprodukte zeigen in Farbe, Konsistenz, und nach Raffination zum Teil auch in Geruch und Geschmack, Ähnlichkeit mit Schweineschmalz, stärker gehärtete Fette mit Rinds- und Hammeltalg. Mit fortschreitender Härtung steigen Schmelzpunkt und Dichte, während im selben Maße Jodzahl, Löslichkeit in Äther usw. und Brechungskoeffizient sinken. Durch die Härtung werden die Öle, z. B. Trane, auch weitgehend gebleicht und desodoriert. Diese gehärteten Produkte werden im Vergleich zu den ungehärteten Fetten nur in vermindertem Maße ranzig.

Die gehärteten Fette werden nach ihrem Schmelzpunkt und dem Ausgangsöl gehandelt. Für die Speisefettindustrie härtet und raffiniert man in der Hauptsache Waltran, Erdnußöl, Sesamöl, Cottonöl, für technische Zwecke Leinöl, Sojaöl und die verschiedenen Trane.

Am meisten werden Hartfette vom Schmelzpunkte 40—42⁰ und 50—52⁰ verwendet, daneben noch besonders Erdnuß-Weichfette vom Schmelzpunkt 32—34⁰ und 36—38⁰. In der folgenden Tabelle der Kennzahlen der wichtigsten Hartfette sind die Brechungsexponenten nicht mitangeführt, da ihnen die ihnen früher zugeschriebene Bedeutung als Bewertungskonstante nicht mehr zukommt; je nach der Art der Härtung können gehärtete Fette vom gleichen Schmelzpunkt, aus den gleichen Ölen hergestellt, verschiedene Brechungsexponenten zeigen.

Tabelle 179. Kennzahlen der wichtigsten Hartfette[2].

Art des Fettes	Schmelz-punkt ⁰	Erstarrungs-punkt ⁰	Jodzahl
Erdnuß-Schmalz	32/34	—	etwa 68
,, Hartfett	40/42	—	,, 64
Soja-Hartfett	38/39	etwa 32	,, 62
Tran-Schmalz	36/38	,, 30	etwa 60—70
,, Hartfett I	40/42	,, 35	,, 50—55
,, ,, II . . .	44/46	,, 40	,, 40—45
,, ,, III . . .	50/52	,, 47	,, 25—35
Gehärtetes Ricinusöl . .	80/82	—	,, 8—10
Cocos-Hartfett	etwa 34	,, 30	,, 0—1
Palmkern-Hartfett . . .	,, 40	—	,, 0—1

Die gehärteten Fette des Handels tragen die verschiedensten Phantasienamen, je nach den Fabriken, in denen sie erzeugt werden.

---

[1] F. Jurgens u. W. Meigen: Chem. Umschau Fette, Öle, Wachse, Harze 23, 99, 116 (1916).
[2] H. Twisselmann: Privatmitt.

V. Wertbeurteilung der gehärteten Fette.

Nachdem in der Seifenindustrie anfangs bei alleiniger Verwendung von gehärteten Fetten oder einem zu großen Gehalt des Fettansatzes an hydrierten Ölen die erhaltenen Seifen in der Schaumkraft nicht befriedigten, haben sich die Hartfette späterhin in der Seifenfabrikation infolge geschickterer Anwendung bei Herstellung von Hausseifen, Schmierseifen usw., nicht aber für parfümierte Seifen, eine gesicherte Stellung errungen[1].

Die in der Kerzenindustrie gemachten Erfahrungen mit gehärteten Fetten, von denen besonders die höherschmelzenden[2] in Betracht kommen, sind günstig.

Für die Benutzung der hydrierten Öle in der Speisefettindustrie ist es von Wichtigkeit, ob von dem Reduktionsprozeß her Nickel in den Fetten verbleibt. Nickel findet sich in den gehärteten Fetten aber nur in Spuren vor.

Die Nickelmengen steigen mit dem Gehalt an freier Fettsäure im Öl. Da aber bei der unbedingt notwendigen Nachraffination der gehärteten Fette für Speisezwecke der Nickelgehalt immer vermindert wird, bestehen keine Bedenken gegen die Verwendung der Hartfette für die menschliche Ernährung[3]. Die im Handel befindlichen gehärteten Fette[4] für Speisezwecke enthalten nur ausnahmsweise mehr als 0,10 mg Nickel pro Kilogramm Fett, besonders gut raffinierte Fette nicht mehr als 0,005—0,010 mg, d. h. absolut unschädliche Mengen. Arsen, aus dem verwendeten Wasserstoff herrührend, wurde in gehärteten Fetten gleichfalls nur in praktisch belanglosen Mengen gefunden[5].

Die Benutzung gehärteter Fette zu Speisezwecken ist unbedenklich, wenn die Ausgangsmaterialien zum menschlichen Genuß geeignete Öle darstellten (z. B. Sesamöl, Baumwollsaatöl, Erdnußöl). Aber auch die zuerst gegen die Verwendung gehärteten Trans geltend gemachten Bedenken sind durch physiologische Versuche des Reichsgesundheitsamtes in Berlin und anderer Autoren[6], welche bei Fetten vom Schmelzpunkt $< 37^0$ Ausnützung von 95% ohne Störung im Wohlbefinden feststellten, zerstreut worden.

Wichtig für die Margarineindustrie ist das Wasserbindungsvermögen der Hartfette, besonders des gehärteten Waltrans. Die gebundene Wassermenge schwankt sehr stark je nach der Härtung, im Mittel binden die Hartfette aus Waltran 25, Heringstran 10, Talg 11, Sojaöl 7, Leinöl 6 und Cocosfett 3% Wasser. Im Hinblick auf die gesetzlichen Vorschriften über den maximalen Wassergehalt der Margarine (s. S. 812) ist das hohe Wasserbindungsvermögen des gehärteten Waltrans bei der Margarineherstellung zu berücksichtigen[7].

Für die Beurteilung der Brauchbarkeit der Hartfette für die Margarineindustrie genügt die Bestimmung der üblichen Kennzahlen allein nicht. Die Hartfette sind auch bei gleichen Kennzahlen in manchen Eigenschaften, die für die Margarineindustrie in Frage kommen, z. B. der Konsistenz, sehr verschieden. Nach Normann[8] sucht man mit Hilfe besonderer Methoden die Konsistenz der Hartfette festzulegen und bestimmt unter anderen mit Hilfe des Dilatometers auch die Ausdehnung der Hartfette beim Schmelzen.

---

[1] J. Davidsohn: Seifenindustriekalender **1924**, 158f.

[2] Fahrion: Die Härtung der Fette, 2. Aufl., 1921. S. 179f.

[3] E. Rost: Arbb. Reichsgesundh.-Amt **52**, 184 (1920).

[4] Kaufmann: Chem. Umschau Fette, Öle, Wachse, Harze **37**, 49, 142 (1930).

[5] G. Rieß: Arbb. Reichsgesundh.-Amt **51**, 521 (1919).

[6] K. B. Lehmann: Chem.-Ztg. **38**, 798 (1914); H. Thoms u. Fr. Müller: Arch. Hygiene **84**, 54 (1915); S. Ueno, U. Yamashita, Y. Ota: Journ. Soc. chem. Ind. Japan [Suppl.] **30**, 105 B (1927).

[7] K. Brauer: Ztschr. öffentl. Chem. **22**, 200 (1916); Chem.-Ztg. **46**, 793, 834 (1922); **47**, 113 (1923); **48**, 26 (1924); Chem. Umschau Fette, Öle, Wachse, Harze **33**, 152 (1926).

[8] Normann: ebenda **38**, 17 (1931).

VI. Prüfung und Nachweis gehärteter Fette.

1. Schmelzpunkt und Jodzahl.

Da die gehärteten Fette nach dem Schmelzpunkt gehandelt werden, ist dessen Feststellung bei der analytischen Beurteilung von Wichtigkeit.

Die Schmelzpunktsbestimmung erfolgt im beiderseitig offenen Röhrchen. Sie ist bei den Weichfetten schwierig exakt auszuführen (s. S. 745). Die Jodzahl wird nach S. 770f. bestimmt.

2. Farbenreaktionen.

Die Halphensche Reaktion auf Baumwollsaatöl tritt bei gehärteten Produkten nicht auf[1]. Hydriertes Sesamöl gibt sowohl die Baudouinsche als auch die Soltsiensche Reaktion[2]. Die Milliau-Reaktion tritt bei stärker gehärtetem Baumwollsaatöl sehr undeutlich auf[3], so daß die Probe nur bei positivem Ausfall Bedeutung hat, bei negativem aber nicht.

Die von Grimme[4] sowie von Tortelli und Jaffe (s. S. 739) angegebenen Farbenreaktionen haben für gehärtete Trane nur bedingten Wert. Durch die Bromreaktion (s. S. 740) sind gehärtete Trane nicht mehr nachweisbar. Der S. 733 unter β) angegebene Nachweis von Erdnußöl gilt für hydrierten Tran und Rüböl in gleicher Weise. Steigt der Schmelzpunkt der 3. Krystallisation über 70⁰, so liegt Erdnußöl oder gehärteter Tran bzw. gehärtetes Rüböl vor. Gehärteter Tran und gehärtetes Rüböl sind infolge ihres Gehalts an Behensäure in anderen Fetten an dem höheren mittleren Mol.-Gew. der Fettsäuren (erheblich über 284) zu erkennen[5].

Zur Unterscheidung von gehärtetem Tran und gehärtetem Rüböl[6] kann man wie folgt auf die Anwesenheit von Fettsäuren mit niedrigerem Mol.-Gew. als Palmitinsäure, die im gehärtetem Rüböl nicht enthalten sind, prüfen.

Etwa 100 g Fett werden durch mehrstündiges Kochen mit dem mehrfachen Gewicht Methylalkohol und 1—2% konz. H_2SO_4 in die Methylester verwandelt, der überschüssige Alkohol abdestilliert, die Schwefelsäure ausgewaschen und die Ester getrocknet. Man destilliert die Methylester im Vakuum von 3—4 mm, bis etwa ein Viertel übergegangen ist. Das Destillat wird in gleicher Weise nochmals destilliert; aus dem zuerst übergehenden Viertel werden die Säuren abgeschieden. War gehärteter Tran zugegen, so liegt die Säurezahl über 201, gewöhnlich bei 236—238. Nicht anwendbar ist das Verfahren, wenn Cocos- oder Palmkernfett vorliegen.

3. Cholesterin- und Phytosterinprobe.

Cholesterin und Phytosterin werden nach einer früheren Annahme[7] bei dem Härtungsprozeß der Öle nicht angegriffen; die aus gehärteten Pflanzenölen abgeschiedenen Sterine zeigten die typischen Krystallformen und Schmelzpunkte des Phytosterins bzw. seines Acetates. Diese Feststellungen treffen jedoch nur insoweit zu[8], als es sich um Fette handelt, die bei verhältnismäßig niedriger Temperatur gehärtet wurden. Durch Hydrierung bei 200⁰ verharzt Cholesterin zu etwa 75%, bei 250⁰ hydriert, ergibt das Reaktionsprodukt überhaupt nicht mehr krystallinische Hydrierungsprodukte des Cholesterins; das Cholesterin bildet dabei harzige, mit Digitonin nicht mehr fällbare Produkte. Hydrierung bei 200⁰ läßt Phytosterin noch ganz unangegriffen; bei 250⁰ entsteht in der Hauptsache ein bei 102—103⁰

---

[1] Bömer: Ztschr. Unters. Nahr.- u. Genußmittel **24**, Heft 1 u. 2 (1912).

[2] Kreis u. Roth: ebenda **25**, 81 (1913); J. Prescher: ebenda **30**, 357 (1915).

[3] Normann u. Hugel: Chem.-Ztg. **37**, 815 (1913).

[4] Grimme: Chem. Revue üb. d. Fett- u. Harzind. **20**, 129 (1913).

[5] Normann u. Hugel: Chem. Umschau Fette, Öle, Wachse, Harze **23**, 131 (1916).

[6] A. Grün: ebenda **26**, 101 (1919).   [7] Bömer: a. a. O.

[8] Marcusson u. Meyerheim: Ztschr. angew. Chem. **27**, 201 (1914).

schmelzender, stark rechtsdrehender gesättigter Kohlenwasserstoff ($[\alpha]_D = +48^0$), indem nicht nur die Doppelbindung, sondern auch die Hydroxylgruppe des Phytosterins reduziert wird.

4. Nachweis der gehärteten Fette.

Der Nachweis der gehärteten Fette in Mischungen mit anderen Fetten beruht auf der Bestimmung des vorhandenen Nickels, der festen ungesättigten Säuren der Isoölsäurereihe oder in besonderen Fällen, in Mischungen mit tierischem Talg, auf der Bestimmung der unverseifbaren Bestandteile des Gemisches.

a) Nachweis und Bestimmung des Nickels.

Die natürlichen Fette und Öle enthalten Nickel nur — und selbst dann nur in geringen Spuren —, wenn sie bei der Verarbeitung mit Nickelapparaturen in Berührung gekommen sind. Gelingt deshalb der Nachweis, daß in einem Fettgemisch Nickel in Mengen von 0,005 mg pro Kilogramm Fett vorhanden ist, so kann das Fett mindestens zum Teil aus gehärteten Fetten bestehen.

Der Nachweis des Nickels erfolgt am besten nach Kaufmann[1].

Bei kleinen Mengen Fett. etwa 1—10 g, wird das Fett vorsichtig abgeraucht oder mit einem Filtrierpapier[2] als Docht verbrannt; rasches Abbrennen kann einen Nickelverlust bis zu 95 % bedingen. Der Rückstand wird in Salzsäure aufgenommen, mit Ammoniak versetzt und evtl. nach dem Filtrieren mit 1 %iger alkoholischer Dimethylglyoximlösung gefällt. Rotfärbung deutet auf Spuren von Nickel hin, ein roter Niederschlag auf größere Mengen.

Diese Methode ist in ihrer Ausführung sehr zeitraubend. Rascher ausführbar ist die Abscheidung des Nickels durch Ausschütteln des geschmolzenen Hartfettes mit konz. Salzsäure[3] und einer Messerspitze von Kaliumchlorat und dreimaliges Auswaschen der Fettschicht mit heißem Wasser; Nachweis des Nickels wie oben.

Zur quantitativen Bestimmung wird die ammoniakalische Lösung erst filtriert und dann mit Dimethylglyoxim gefällt. Das ausgeschiedene Nickel-Komplexsalz wird auf einem gewogenen Filter abfiltriert, gewaschen, getrocknet und gewogen. Umrechnungsfaktor 0,2031.

Geringe Mengen Nickel bestimmt man quantitativ besser colorimetrisch durch Vergleich der Farbe mit Lösungen von bekanntem Gehalt an Nickel-Dimethylglyoxim.

Den qualitativen Nachweis sehr geringer Nickelmengen führt man nach Bertrand[4] aus, indem man die mit Dimethylglyoxim gefällte Lösung zur Trockne verdampft, den Rückstand mit Chloroform auszieht, filtriert und die Lösung auf Porzellan verdunsten läßt. Selbst bei Gegenwart von nur $5 \cdot 10^{-7}$ mg Nickel bildet sich beim Verdampfen des Chloroforms ein deutlich sichtbarer roter Ring.

b) Nachweis der festen ungesättigten Säuren[5].

Die natürlichen Fette enthalten feste ungesättigte Säuren nur in sehr geringen Mengen. Die aus diesen Fetten abgeschiedenen festen Fettsäuren zeigen deshalb nur niedrige Jodzahlen. Im Gegensatz hierzu enthalten die gehärteten Fette immer größere Mengen dieser festen Isosäuren, dementsprechend weisen die abgeschiedenen festen Säuren hohe Jodzahlen auf. Die Abscheidung der festen Säuren erfolgt am besten nach Twitchell, s. S. 701.

---

[1] Kaufmann: Chem. Umschau Fette, Öle, Wachse, Harze **37**, 49, 142 (1930).
[2] M. Wagenaar: Pharmaz. Weekbl. **63**, 570 (1926).
[3] Rieß: Arbb. Reichsgesundh.-Amt **51**, 521 (1919).
[4] Bertrand: Bull. Soc. chim. France [4] **33**, 1539 (1923); s. auch Feigl: Ber. **57**, 758 (1924).
[5] A. Grün: Analyse der Fette, Bd. 1, S. 372; Chem.-Ztg. **47**, 866 (1923).

Zum speziellen Nachweis von Hartfett in Kakaobutter hat Großfeld[1] das Verfahren von Twitchell so modifiziert, daß das isoölsaure Blei möglichst vollständig gefällt wird, das gewöhnliche Bleioleat dagegen in Lösung bleibt. Dies erreicht er durch Fällung der Bleiseifen mit einer essigsauren Bleiacetatlösung in verdünntem Alkohol (50 g krystallisiertes Bleiacetat + 5 ccm 96%ige Essigsäure, mit 80 vol.-%igem Alkohol zu 1 l gelöst) und durch Umkrystallisieren der ausgefallenen Bleiseifen aus (der gleichen) Bleiacetatlösung statt — wie bei Twitchell — aus Alkohol, der mit wenig Essigsäure angesäuert ist.

Die Jodzahl der festen Fettsäuren beträgt bei natürlichen Fetten 1—5, bei gehärteten Fetten dagegen etwa 20, in manchen Fällen bis 50 und darüber. Wenn also die festen Fettsäuren eines Fettgemisches eine Jodzahl > 5 zeigen, so sind gehärtete Fette beigemischt. Da aber die in den Hartfetten enthaltenen Mengen an Isoölsäuren je nach der Art der Härtung stark schwanken, geben die gefundenen Zahlen keinen Anhaltspunkt für die vorhandenen Mengen gehärteter Fette.

c) Bestimmung der unverseifbaren Bestandteile.

Der Gehalt des guten Speisetalgs an unverseifbaren Bestandteilen ist sehr gering, etwa 0,30%. Die gehärteten Fette enthalten fast immer mehr als 1%. Nach Wittka[2] gibt sich daher — bei Abwesenheit anderer unverseifbarer Stoffe (z. B. Paraffin) — die Gegenwart gehärteter Fette in Talg bereits bei der Bestimmung des Unverseifbaren zu erkennen, welche einfacher auszuführen ist als der Nachweis der Isoölsäuren.

C. Produkte der Stearinindustrie.

(Unter Mitwirkung von H. Kantorowicz.)

I. Technologisches.

Die Rohstoffe für die Produkte der Stearinindustrie, für Olein, Stearin Stearinpech, Glycerin und Stearinkerzen, sind vornehmlich die tierischen und pflanzlichen Talge, das Knochenfett und das Palmfett. Auch Malabartalg, Illipetalg, Sheabutter, chinesischer Talg und gehärtete Fette[3] werden benutzt. Die Fettsäuren dieser Rohstoffe sind vorwiegend Gemische von Stearinsäure, Palmitinsäure und Ölsäure; daneben enthalten sie auch Linolsäure sowie — bei gehärteten Fetten — feste Isoölsäuren.

De Milly und Motard haben zuerst 1831 die Fettspaltung, und zwar mit 14—15% Kalk, bei Talg durchgeführt. 1851 fand de Milly, daß man bei Verseifung unter Druck (8 at) mit 3% Kalk auskommt.

Die durch Umschmelzen über verdünnter H_2SO_4 oder auf andere Weise gereinigten Rohfette werden in den Stearinfabriken nach einem der nachstehenden Verfahren in Glycerin und Fettsäuren gespalten:

1. Durch Erhitzen mit Wasser in Gegenwart von 0,5—3% Magnesia, Zinkoxyd, Ätzkalk und anderen Zusätzen bei 6 bis z. B. 10 atü Druck. Auch Spalter vom Typus des Twitchell-Reaktivs[4] sind für diese Druckspaltung vorgeschlagen worden (Saponifikatverfahren, Autoklavenspaltung).

2. Durch Behandeln mit 4—12% konz. Schwefelsäure bei etwa 100⁰. Hierbei findet nicht nur Verseifung des Fettes, sondern auch Neubildung fester Säuren aus der flüssigen Ölsäure statt. Durch Anlagerung von Schwefelsäure an Ölsäure entsteht zunächst nach der Gleichung:

$$C_{17}H_{33} \cdot COOH + H_2SO_4 = C_{17}H_{34}(O \cdot SO_2 \cdot OH)COOH$$

---

[1] Großfeld: Chem. Umschau Fette, Öle, Wachse, Harze **37**, 3, 23 (1930).
[2] Wittka: ebenda **34**, 295 (1927).
[3] Dubovitz: Chemische Betriebskontrolle in der Fettindustrie, 1925, S. 105.
[4] Vereinigte Chemische Werke Charlottenburg A.-G., F. L. Schmidt u. E. Hoyer: D.R.P. 481088 (1925).

ein Schwefelsäureester der Oxystearinsäure, die Oleinschwefelsäure, die beim
Kochen mit Wasser in Oxystearinsäure übergeht:

$$C_{17}H_{34}(O \cdot SO_2 \cdot OH)COOH + H_2O = C_{17}H_{34}(OH)COOH + H_2SO_4.$$

Bei der darauffolgenden Destillation mit Wasserdampf geht die Oxystearinsäure unter Wasserabspaltung in die feste 10, 11-Isoölsäure (Schmelzpunkt 44—45°)
über[1].

Die Reaktion verläuft jedoch keineswegs nur eindeutig im Sinne dieser Formeln.
Die Mehrausbeute an festen Säuren beträgt nach diesem Verfahren bei Palmöl
durchschnittlich 18%, bei Talg 14—15% und bei Knochenfett etwa 15%. Diese
reine Schwefelsäureverseifung (sog. Acidifikationsverfahren) hat die Nachteile
erheblicher Fettverluste und unreiner Glycerinwässer und wurde daher vielfach
durch das sog. gemischte Verfahren — eine Kombination des Saponifikatverfahrens
und des Schwefelsäureverfahrens — ersetzt, indem die nach Spaltung im Autoklaven erhaltenen Fettsäuren nach Abscheidung des höherwertigen Glycerinwassers noch mit Schwefelsäure nachbehandelt werden.

3. **Durch Erhitzen mit Wasser unter Hochdruck**[2] (15—18 at).

4. **Durch Einwirkung von Twitchells Reagens**[3], einer im Kern durch Ölsäure
substituierten Naphthalinsulfosäure, in Gegenwart von Wasser und Schwefelsäure. In gleicher Weise spalten allgemein 0,5—2% kernalkylierte oder -arylierte
aromatische oder hydroaromatische emulgierende Sulfosäuren[4], z. B. der aus der
Abfallsäure der Vaselinölraffination erhaltene Kontaktspalter[5] von Petroff,
der aus hydriertem Ricinusöl[6] und Naphthalin hergestellte Pfeilringspalter, das
vermutlich synthetische kernalkylierte hydroaromatische Sulfosäuren[7] enthaltende
Divulson[8], zeitweise auch Idrapid genannt, im Gegensatz zu den inaktiven, nicht
substituierten aromatischen Sulfosäuren[9].

5. **Vereinzelt durch fermentative Fettspaltung** mittels Ricinussamen-Ferments[10].

6. **Vereinzelt nach dem Krebitz-Verfahren**[11] durch Kalkverseifung, wonach
aus den Kalkseifen das Glycerin in hohen Türmen durch Berieselung mit Wasser
herausgewaschen wird. Durch Sodalösung werden die Kalkseifen in Natronseifen

---

[1] Eine feste Isoölsäure unbekannter Konstitution entsteht auch bei der Wasserdampfdestillation technischer Gemische von Ölsäure und Linolsäure, wie durch
Fällung der Säuren nach Twitchell (S. 701) vor und nach der Destillation festgestellt wurde (H. Kantorowicz, unveröffentlicht).

[2] F. Goldschmidt: Ztschr. angew. Chem. **25**, 812 (1912); F. Goldschmidt
in Ullmann: Enzyklopädie der technischen Chemie, 1. Aufl., Bd. 5, S. 434. 1917;
Ubbelohde-Goldschmidt: Handbuch der Chemie und Technologie der Öle und
Fette, 2. Aufl., Bd. 3, S. 194. 1929.

[3] Twitchell: D.R.P. 114491 (1898); Journ. Amer. chem. Soc. **22**, 22 (1900).

[4] F. Goldschmidt: Seifensieder-Ztg. **39**, 845 (1912); Ubbelohde-Goldschmidt: Bd. 3, S. 192. 1929; Ubbelohde u. Roederer: Ztschr. Dtsch. Öl-
Fettind. **38**, 425, 449, 475 (1918).

[5] G. Petroff: D.R.P. 264785 (1912), 271433 (1912); König: Seifensieder-Ztg.
42, 93 (1915); W. Happach u. Sudfeldt & Co.: D.R.P. 310455 (1911).

[6] Connstein u. v. Schönthan, Ver. Chem. Werke Charlottenburg: D.R.P.
298773 (1911); vgl. Steffan: Seifensieder-Ztg. **40**, 550 (1913); **41**, 311 (1914);
J. Davidsohn: ebenda **40**, 1167 (1913); Chem.-Ztg. **39**, 329 (1915).

[7] W. Schrauth: Seifensieder-Ztg. **52**, 324 (1925); Ztschr. Dtsch. Öl-Fettind.
45, 149 (1925).

[8] I. G. Farbenindustrie A.-G.: E.P. 261707 (1926); D.R.P. 449113/14 (1925);
Holl.P. 19676 (1926); s. auch K. Nishizawa u. K. Fuzimoto: Studien über
Twitchellsche Fettspalter. Chem. Umschau Fette, Öle, Wachse, Harze **37**, 217
(1930); **38**, 74 (1931); Kolloid-Ztschr. **54**, 340 (1931).

[9] A. E. Sandelin: Ann. Acad. Scientiarum Fennicae A **19**, Nr. 4, durch Ztschr.
Dtsch. Öl-Fettind. **42**, 496 (1922); Trepka u. Szaniawski: Chem. Umschau
Fette, Öle, Wachse, Harze **29**, 255 (1922).

[10] Connstein, Hoyer u. Wartenberg: Ber. **35**, 3988 (1902); **37**, 1436
(1904). Das Verfahren war den Ver. Chem. Werken Charlottenburg früher
patentiert; s. auch Holde: 6. Aufl., S. 637.

[11] Krebitz: D.R.P. 155108 (1902); Seifensieder-Ztg. **40**, 1217 (1913).

und $CaCO_3$ übergeführt. Nach diesem Verfahren werden somit neben Glycerin nur Natronseifen, keine freien Fettsäuren (Stearin, Olein) unmittelbar gewonnen.

Die durch Spaltung erhaltenen Fettsäuren werden, zum Teil nach vorangehender Destillation, durch Pressen, zunächst bei niederer, später bei höherer Temperatur, in „Stearin" und „Olein" zerlegt. („Stearin" und „Olein" sind wissenschaftlich unkorrekte, aber in der Praxis eingebürgerte Bezeichnungen der technischen Stearin- und Ölsäure.) Je nach der Verarbeitung unterscheidet man „Saponifikat"- und „Destillat"-Stearin bzw. -Olein.

„Saponifikate" sind die unmittelbar bei der Spaltung anfallenden Säuren, die bei genügend heller Farbe (nach dem 1. oder 4. Verfahren gewonnen) direkt weiter verarbeitet werden können. Da die Spaltung nie ganz quantitativ verläuft, enthalten die Saponifikate außer freien Säuren noch kleinere oder größere Mengen Neutralfett (durchschnittlich 5—10%), unter Umständen auch Lactone, dagegen nur die — in der Regel geringen — Mengen unverseifbarer Stoffe, welche im Rohfett vorhanden waren. Die durch Destillation gewonnenen „Destillate" sind praktisch frei von Neutralfett; bei richtig geleiteter Destillation enthalten sie auch nur wenig (bis etwa 5%) unverseifbare Stoffe[1].

Saponifikatstearine aus natürlichen Fetten enthalten außer Stearin-. und Palmitinsäure nur sehr geringe Mengen nicht abgepreßter Ölsäure, solche aus gehärteten Fetten auch Isoölsäure. Destillatstearine aus dem Schwefelsäureverfahren (2) enthalten, wie erwähnt, viel 10, 11-Isoölsäure und haben daher höhere Jodzahlen (15—30). Der Neutralfettgehalt ist auch bei Saponifikatstearin minimal, weil das Neutralfett sich in dem abgepreßten Olein löst. Die Stearine sind gelblich bis rein weiß. Schmelzpunkt und Struktur sind von dem Mischungsverhältnis der Säuren abhängig, einheitliche Säuren wie Palmitin- oder Stearinsäure wären wegen zu großer Krystallisationsneigung und bröckliger Struktur zur Kerzenherstellung ungeeignet (vgl. S. 623).

Oleine sind hellgelb, klarflüssig und stearinarm oder gelb bis braun, teilweise, je nach dem Verwendungszweck, auch stärker stearinhaltig; sie enthalten neben n- und i-Ölsäure u. a. bestimmte charakteristische Anteile von Stearin- und Palmitinsäure und Linolsäure, aber keine Fettsäuren mit mehr als 2 Doppelbindungen. Charakteristisch für die Oleine der Stearinindustrie sind außer der Abwesenheit von Linolensäure, Clupanodonsäure und ähnlichen stark ungesättigten, verharzenden oder leicht trocknenden Fettsäuren die Abwesenheit größerer Mengen polymerisierter oder Oxyfettsäuren, auf deren Fehlen z. B. die innerhalb bestimmter, nicht zu hoher Grenzen liegende Viscosität der Spinnoleine beruht, und der hohe Gehalt an freien Fettsäuren neben wenig oder keinem Neutralfett[2]. Hingegen enthalten die aus Pflanzenölen, Fischölen od. dgl. gewonnenen Ersatzprodukte trotz evtl. „richtiger", d.h. den Oleinen der Stearinindustrie entsprechender Jodzahl vielfach erhebliche Mengen stark ungesättigter, polymerisierter oder Oxysäuren oder Neutralfett. Vielfach sind sie auch direkt mit Mineralölen u. dgl. verschnitten. Über die Eigenschaften der als Wollschmälzöle benutzten Oleine usw. s. S. 897.

II. Prüfungen.

1. Untersuchung der Rohfette.

Rohfette sind zu untersuchen auf
a) Reinfett nach S. 726,
b) Nichtfett nach S. 726 und Wasser nach S. 117,
c) freie und gebundene Säure im seifenfreien Reinfett nach S. 111. Von dieser Bestimmung ist die Ausbeute an Fettsäuren und Glycerin sowie die Menge

---

[1] Als allgemeines Unterscheidungsmerkmal gegenüber Saponifikaten läßt sich der höhere Gehalt an unverseifbaren Stoffen in Destillaten heute — im Gegensatz zu früher — nicht mehr verwerten, da bei den modernen Destillationsanlagen auch Destillatfettsäuren mit nur 0,5% Unverseifbarem gewonnen werden können.

[2] Gerade die abgestuften Mischungen bestimmter Fettsäuren verbürgen die praktischen Eigenschaften der echten Oleine; z. B. kommen den verschiedenen festen Fettsäuren bestimmte chemische und technische Wirkungen zu.

der zum Spalten nötigen Reagentien usw. abhängig. Palmfett enthält gelegentlich z. B. fast 100% freie Fettsäuren.

d) **Glycerin. Ungefähre Bestimmung.** Gemäß der Gleichung

$$C_3H_5(OR)_3 + 3\,KOH = C_3H_5(OH)_3 + 3\,ROK$$

(R = Fettsäureradikal) entsprechen $3 \cdot 56{,}11$ g KOH 92,08 g Glycerin oder 1 g KOH 0,547 02 g Glycerin.

Ist also die Esterzahl (s. S. 112) eines Fettes a, so beträgt der Glyceringehalt in 100 g Fett $a \cdot 0{,}054\,702$ g. Diese Berechnung ist natürlich nur anwendbar, wenn die Esterzahl lediglich durch Triglyceride bedingt wird, dagegen nicht bei Gegenwart von Wachsen und lactonhaltigen Fetten.

Genauere Methoden zur Glycerinbestimmung s. S. 839 f.

e) **Gehalt an wasserunlöslichen Fettsäuren** (Hehner-Zahl, S. 758).

f) **Erstarrungspunkt der Fettsäuren**, sog. Talgtiter, nach S. 746. Über den Titertest der für die Stearinindustrie wichtigen Rohfette s. S. 787 f., Tab. 172 f.

g) **Verfälschungen.** Diese werden durch Ermittlung der in Tabelle 176 angegebenen Kennzahlen (s. S. 802) nachgewiesen. In Mischung mit Talg und Knochenfett kommen hauptsächlich in Betracht: Cocos- und Palmkernfett, Baumwollstearin, destilliertes Wollfettstearin, Harz, Paraffin. Cocos- und Palmkernfett erhöhen die Verseifungs- und Reichert-Meißl-Zahl und erniedrigen die Jodzahl:

	Verseifungs-zahl	Jod-zahl	Reichert-Meißl-Zahl
Talg	190—200	32—47	—
Knochenfett . . .	191—203	46—56	—
Cocosfett	246—268	7—10	6—8,5
Palmkernfett . . .	239—257	12—17	4—7

Cottonölstearin verrät sich durch die **Halphen**sche und die Salpetersäurereaktion (S. 734), destilliertes Wollfettstearin durch die **Liebermann**sche und **Hager-Salkowski**sche, Harz durch die **Morawski**sche Reaktion, pflanzliche Fette generell durch die Phytosterinacetatprobe (S. 730). Palmfett wird kaum verfälscht; etwa zugesetztes Palmkernfett würde die Jodzahl erniedrigen, die Verseifungs- und die Reichert-Meißl-Zahl erhöhen. Paraffin wird im Unverseifbaren nachgewiesen. Über Nachweis von Hartfett, besonders im Talg, s. S. 829.

h) **Jod- und Rhodanzahl der Fettsäuren** nach S. 770 f., insbesondere auch zur Berechnung des Gehalts an gesättigten, einfach und mehrfach ungesättigten Säuren (s. S. 775). Bei Gegenwart von Oxysäuren (abgesehen von Ricinolsäure) — ein bei der Verarbeitung von nicht genießbaren Fetten vorkommender Fall — sind aber die S. 775 angegebenen Formeln nicht ohne weiteres zutreffend[1].

i) **Acetylzahl der Fettsäuren** nach S. 780.

2. Untersuchung der Spaltungsfettsäuren.

a) **Gesamtfett** (Ätherlösliches) s. S. 726.

b) **Spaltungsgrad** (freie Fettsäuren und Neutralfett).

Bei **bekannten Fetten** ist der Spaltungsgrad unmittelbar aus der Säurezahl zu berechnen. Bei einem reinen Cottonöl z. B. (Säurezahl der Fettsäuren 204) entspricht eine Säurezahl des Spaltungsproduktes von 187,6 einem Spaltungsgrad von 92,0% freier Fettsäure, entsprechend der Gleichung:

$$204 : 100 = 187{,}6 : x.$$

Der Rest von 8,0% ist Neutralfett.

Bei **unbekannten völlig verseifbaren Fetten** oder Fettgemischen bestimmt man gemäß S. 110 f. SZ. und EZ. mit einer Einwaage (etwa 2 g). Der Spaltungsgrad beträgt dann SZ./(SZ. + EZ.). Etwa anwesende fremde unverseifbare Stoffe müssen nach **Spitz** und **Hönig** (S. 114) ermittelt und bei der Berechnung des Spaltungsgrades berücksichtigt werden.

Fettsäuren, die durch Spaltung der Fette mit konz. Schwefelsäure oder durch Nachbehandlung mit dieser erhalten werden, enthalten Lactone (Stearo-, Beheno-

---

[1] H. **Kantorowicz**: Privatmitt.

lacton), die ebenfalls eine Esterzahl zeigen. Bei Destillatfettsäuren, die kein Neutralfett enthalten können, kann eine Esterzahl direkt auf Lacton umgerechnet werden.

Bei nichtdestillierten Fettsäuren verfährt man zur Bestimmung des Lactongehalts wie folgt[1]: Man bestimmt Verseifungszahl A und Säurezahl B. $A - B = C$ entspricht Neutralfett + Lacton. Hierauf verseift man 20—30 g Fettsäure, scheidet aus der Seife die Fettsäuren wieder ab und bestimmt deren Verseifungszahl (A_1) und Säurezahl (B_1). $A_1 - B_1 = C_1$ ist dann die Esterzahl der glyceridfreien Säuren, auch als „konstante Esterzahl" bezeichnet, und entspricht dem Gehalt an Lactonen.

Neben den echten Lactonen finden sich aber in nichtdestillierten Fettsäuren gewöhnlich noch andere innere Ester von Oxyfettsäuren [sog. Polyoxyfettsäuren oder Estolide (s. S. 631)], die beim Verseifen aufgespalten, aber beim Zerlegen der Seife mit Mineralsäure nicht oder erst nach sehr langem Erhitzen regeneriert werden. In solchen Fällen kann man das Glycerid-Neutralfett nur durch Bestimmung des Glycerins mit Sicherheit quantitativ ermitteln[2].

Enthält das Spaltungsprodukt keine Mono- und Diglyceride, so ergibt sich aus dem Glyceringehalt a des gespaltenen und dem Glyceringehalt b des ungespaltenen Fettes der Neutralfettgehalt aus der Formel $x = 100\, a/b$ %.

c) Unverseifbares nach S. 728.

d) Fremdstoffe (Wasser, Asche, mechanische Verunreinigungen) nach S. 116 f.

3. Besondere Prüfungen von Stearin.

Stearine sollen frei von Neutralfett und unverseifbaren Stoffen wie Paraffin und Ceresin sein und keine durch Abscheidung der höheren Alkohole erkennbaren natürlichen oder synthetischen Wachse enthalten. Zur Kennzeichnung der Stearine dienen Aussehen, Geruch, Säurezahl, Esterzahl (Neutralfettgehalt), Mol.-Gew., Jodzahl, Löslichkeit in den üblichen Lösungsmitteln, Schmelzpunkt (Cap.) und Erstarrungspunkt. Außer den S. 746 angegebenen Verfahren sei nachstehend noch die in England handelsübliche Methode beschrieben.

Erstarrungspunkt nach der englischen handelsüblichen Methode. Ein 20 mm weites Reagensglas wird 3 cm hoch mit der geschmolzenen Stearinprobe gefüllt, die vorher auf eine den mutmaßlichen Titer um nicht mehr als 10^0 überschreitende Temperatur erwärmt ist. Zum Umrühren des geschmolzenen Stearins dient ein von 30—65^0 in $0{,}1^0$ geteiltes Rohrthermometer. Sobald das Stearin zu erstarren beginnt, wird die Temperatur notiert, dann beobachtet man unter weiterem Rühren, wie hoch die Temperatur wieder ansteigt. Das Maximum, bei welchem die Quecksilbersäule 30 sec stehen bleibt, gilt als der Erstarrungspunkt des Stearins.

4. Besondere Prüfungen von Olein.

Gehalt an Kohlenwasserstoffen. Die qualitative Probe läßt häufig im Stich, da die unverseifbaren Stoffe der reinen Oleine zum Unterschied von Mineralöl stark ungesättigt sein und sich daher in verdünnter alkoholischer Seifenlösung merklich lösen können. Vorzuziehen ist daher stets die quantitative Ermittlung nach S. 114 bzw. 728.

Gehalt an Neutralfett. Der Gehalt an Neutralfett ist aus der Esterzahl A des Oleins nur annähernd zu berechnen, weil diese Zahl (s. o.) nur die Summe von Neutralfett (Glycerid) und etwa vorhandenen, erst durch Verseifen spaltbaren Lactonen (inneren Anhydriden der Fettsäuren) anzeigt. Die Kenntnis dieser Zahl genügt aber im allgemeinen für die technische Prüfung der Oleine, da es bei deren Verwendung in der Textilindustrie im wesentlichen auf den Gehalt an freien, durch Soda auszuwaschenden Fettsäuren ankommt. Ist der wahre Gehalt an Neutralfett (Glycerid) besonders zu bestimmen, so geschieht dies am besten durch Ermittlung des Glyceringehalts nach S. 839 f. Die Differenz der hiernach (s. o.) ermittelten

---

[1] Stiepel: Seifenfabrikant **32**, 233 (1912). [2] A. Grün: Analyse, Bd. 1, S. 462.

Esterzahl für das Neutralfett B und der Gesamtesterzahl A ergibt einen Maßstab für den Gehalt an Lactonen.

Acetylzahl nach S. 782f. bei Vorliegen von Surrogaten.

Jod- und Rhodanzahl zur Ermittlung der Zusammensetzung nach S. 770f. Nachstehende Analyse eines auf „richtige" Jodzahl eingestellten Olein-Surrogats: Säurezahl 185, Verseifungszahl 193, Jodzahl 85,2, welches nach seiner Rhodanzahl 66,4 20,7% Linolsäure und 53% Ölsäure enthielt, zeigt die Unzulänglichkeit der früheren technischen Beurteilung von Oleinen aus der Jodzahl[1] und Verseifungszahl allein.

Titer[2]. Ein 150 mm langes, 16 mm weites Reagensrohr wird 30 mm hoch mit wasserfreiem Olein gefüllt. Unter dauerndem Rühren mit einem 300 mm langen, 6 mm dicken, von — 8 bis + 40° C in 0,1° geteilten Thermometer wird bis zur Wolkenbildung der ersten Krystalle, d. h. bis zum Titer, zuerst in Leitungswasser, dann in Eiswasser bis 0° und schließlich nötigenfalls in Kältemischung abgekühlt.

Stockpunkt. Ein Reagensrohr wird mit wasserfreiem Olein wie bei der Titerbestimmung gefüllt. In die Mitte des Oleins wird ein von — 21 bis + 15° in 0,1° geteiltes, 300 mm langes, 4 mm dickes Thermometer, das durch einen auf das Reagensrohr passenden Korken senkrecht gehalten wird, derart eingeführt, daß das untere Ende der Quecksilberkugel sich in der Mitte der Ölschicht befindet. Ohne zu rühren, kühlt man das Olein langsam, zuerst mit Leitungswasser, dann bis 0° mit Eiswasser, unter 0° mit Kältemischung und prüft von Grad zu Grad durch Herausnehmen und Neigen des Reagensrohres, ob das Öl noch fließt. Das Reagensrohr muß senkrecht im Kühlmittel stehen und von allen Seiten von ihm umgeben sein.

Mackey-Test s. S. 898.

Viscosität nach S. 15f., bei Vorliegen von Surrogaten.

5. Stearinpech[3].

Stearinpech oder -goudron und Stearinteer sind die Rückstände aus der Destillation der Fettsäuren (s. S. 831). Sie enthalten neben Asphaltenen Neutralfett, freie Fettsäuren mit hohem Gehalt an Oxysäuren und deren Derivaten (Anhydriden, Lactonen, inneren Estern), Ketone, Kohlenwasserstoffe, Fettalkohole, Kupfer- und Eisenseifen. Die Fettpeche werden als Bitumen für unbesandete Dachpappen, zur Gewinnung von Heißwalzenfetten, Kabelisolierstoffen und Kautschukersatzstoffen, Ofenlacken, Emailledrähten für elektrotechnische Zwecke, Rostschutzmitteln benutzt[4].

Die Fettpeche unterscheiden sich von anderen Pechen durch ihren Gehalt an Neutralfett, der beim Erhitzen der Peche zur Bildung von Acrolein Veranlassung gibt, das an seinem Geruch und der Reduktion ammoniakalischer Silberlösung erkenntlich ist (s. S. 421). Weitere Unterschiede gegenüber anderen Pechen s. ebenda.

Die Trennung der verseifbaren und unverseifbaren Einzelbestandteile läßt sich in diesen Pechen nach Spitz und Hönig (s. S. 114) nur unvollkommen

---

[1] Über die Grenzen der Genauigkeit der inneren Jodzahl und insbesondere über den Einfluß der ungesättigten festen Fettsäuren auf die Höhe der inneren Jodzahl s. Steger u. Scheffers: Rec. Trav. chim. Pays-Bas **46**, 402 (1927); Steger u. van Loon: ebenda **47**, 471 (1928); Bertram: Ztschr. Dtsch. Öl-Fettind. **45**, 735 (1925); Kaufmann: Allg. Öl- u. Fett-Ztg. **27**, 7 (1930); Großfeld: Apoth.-Ztg. **44**, 1388, 1405 (1929); Dhingra, Hilditch u. Vickery: Journ. Soc. chem. Ind. **48** T, 281 (1929).

[2] Das hier angegebene Verfahren ist eine technische Schnellmethode (Genauigkeit etwa 1°) zur Bestimmung des konventionellen sog. Erstarrungspunktes, nicht etwa — wie es nach der Beschreibung scheinen könnte — des Trübungspunktes, da die Werte mit den maßgebenden, nach Dalican erhaltenen Werten des Erstarrungspunktes übereinstimmen.

[3] J. Marcusson: Ztschr. Dtsch. Öl-Fettind. **41**, 225 (1921).

[4] Über die wertvollen Trocknungseigenschaften der Stearinpeche s. E. J. Fischer: Allg. Öl- u. Fett-Ztg. **28**, 82 (1931).

durchführen, da die Alkaliseifen der in diesen Pechen enthaltenen Säuren zum Teil benzinlöslich sind. Daher muß man zur Abtrennung der unverseifbaren Stoffe nach der Verseifung des Peches (5 g) mit 25 ccm 1,0-n alkoholischer Lauge unter Zusatz des gleichen Volumens Benzol 50 ccm 96%igen Alkohol hinzufügen, mit Salzsäure neutralisieren, die Lösungsmittel unter Zusatz von Sand bis zur Trockne verdampfen und aus dem Rückstand das lösliche Unverseifbare mit Aceton im Soxhlet extrahieren. Im Rückstand verbleiben Asphaltene und Seifen, die durch mehrmaliges Auskochen mit 50%igem Alkohol zu trennen sind[1]. Die Asphaltene werden durch Benzol von Sand und Alkalichloriden getrennt. In verschiedenen Stearinpechen wurden so 24—87% verseifbare und 13—76% unverseifbare Stoffe festgestellt. Das Verseifbare bestand hauptsächlich aus Anhydriden. Die abgeschiedenen Gesamtsäuren waren zum großen Teil petrolätherunlöslich.

D. Glycerin[2].

(Unter Mitwirkung von F. Wittka.)

I. Technologisches.

Glycerin, $C_3H_5(OH)_3$, ist eine farblose, viscose, stark hygroskopische Flüssigkeit mit süßem Geschmack, von $d_{20}^{20} = 1{,}26362$, $Kp_{760} = 290^0$, $E_{24} = 105$ und $n_D^{15} = 1{,}4742$. Es ist mit Wasser, Alkohol und Aceton in jedem Verhältnis mischbar, in Äther, Petroläther, Benzin, Benzol fast unlöslich, aber in Alkohol-Äther (1 : 1) löslich. Es wird technisch fast ausschließlich als Nebenprodukt der Seifen- und Stearinfabrikation aus den glycerinhaltigen Seifenunterlaugen und den übrigen Glycerinwässern gewonnen, kann aber auch durch Vergärung von Zuckerlösungen im alkalischen Medium bei Gegenwart von Natriumsulfit (Protol[3]- oder Fermentolverfahren), sowie in neutraler Lösung bei Gegenwart von Nickelverbindungen[4] [z. B. $Ni(OH)_2$] erhalten werden.

Die zur Gewinnung des Glycerins verwendeten und nach ihrer Herkunft unterschiedenen glycerinhaltigen Unterlaugen und Glycerinwässer (s. S. 829 f.) sind:

1. Seifenunterlaugen, enthaltend 5—10% Reinglycerin, das sind etwa 80% des durch Verseifung abgeschiedenen Glycerins. Sie sind durch anorganische Salze und organische Stoffe (Extraktivstoffe, Seifen usw.) stark verunreinigt.

2. Autoklaven-Glycerinwässer, die reinsten Glycerinwässer, mit etwa 10% Glycerin.

3. Twitchell-Wässer mit 12—16% Reinglycerin, meist ziemlich rein.

4. Fermentglycerinwässer, ebenfalls relativ rein, mit 12—19% Glycerin, jedoch ziemlich viel Eiweiß aus dem Ferment enthaltend.

5. Krebitz-Wässer, beim Auslaugen der Kalkseifen mit Wasser entstehend, daher stark kalkhaltig, mit 6—8% Glycerin.

6. Acidifikationswässer, durch Fettspaltung mit Schwefelsäure in Stearinfabriken, vor allem in Holland, gewonnen; sie haben hohen Gehalt an Fremdstoffen und können nach dem Eindampfen nur durch Destillation gereinigt werden.

---

[1] Marcusson: l. c.

[2] Literatur: A. Grün: Analyse; Deite-Kellner: Das Glycerin, 1923; Ubbelohde: Handbuch, Bd. 3, 2. Aufl. 1929; E. Schlenker: Das Glycerin. Stuttgart 1932; Wizöff: Einheitsmethoden 1930.

[3] W. Connstein u. K. Lüdecke: Ber. 52, 1385 (1919); Ver. Chem. Werke Charlottenburg (jetzt Pfeilringwerke A.-G.); D.R.P. 298593—298596 (1915 und 1916) und 347604 vom 19. 6. 1917; C. Neuberg u. E. Faerber: Biochem. Ztschr. 78, 238 (1916); C. Neuberg u. E. Reinfurth: ebenda 89, 365 (1918); 92, 234 (1918); C. Neuberg: Ber. 52, 1677 (1919); I. Penjkowsky: Masloboino Shirowoje Djelo 1928, Heft 1/2, 31.

[4] Ver. Chem. Werke Charlottenburg: D.R.P. 486699 vom 14. 2. 1926.

7. Glycerinhaltige Schlempen, von der Vergärung von Melassen[1] auf
Alkohol, reich an organischen Verunreinigungen, oder durch Vergärung von Zucker
gewonnen, oft Trimethylenglykol enthaltend.

Durch Vorbehandlung und Eindampfen werden die Glycerinwässer auf Rohglycerine verarbeitet, die nach ihrem Gehalt an Reinglycerin und Asche, nach Farbe
usw. (s. Tabelle 180) bewertet und je nach der Herkunft als Unterlaugen-, Saponi-
fikat-, Destillat- oder Gärungsrohglycerin bezeichnet werden. Interessant erscheint
das neuere Verfahren, das Glycerin aus verdünnten Glycerinwässern als schwer
lösliches Zirkonglycerinat zu fällen, welches dann durch Kochen mit verdünnter
H_2SO_4 in Glycerin und Zirkonsalz zerlegt wird[2]. Durch chemische Reinigung und
Entfärbung erhält man die raffinierten Glycerine, durch Destillation der
Rohglycerine mit überhitztem Dampf im Vakuum die einfach bzw. doppelt
destillierten Glycerine sowie als Rückstand das Glycerinpech.

Verwendung. In der Kosmetik zu Cremes, als Süßungsmittel für Wein,
Bier und Liköre, als Konservierungsmittel für Fleisch und anatomische Präparate, als hygroskopischer Zusatz zur Weichhaltung von Leder, Papier,
Tabak, in Verbindung mit Gelatine für Hektographen und Buchdrucker-
walzen, zur Herstellung von Kitten, z. B. mit PbO, als Füllmittel für Gas-
uhren, hydraulische Pressen, als Flüssigkeitsbad, als frostsichere Auto-
kühlerfüllung, zur Herstellung von Nitroglycerin und Dynamit, von Lösungsmitteln (Tributyrin, Triacetin, Chlorhydrine), sowie von Di- und Polyglycerinen für Textil- und Sprengstoffzwecke.

Glycerinpech, ein dunkles hygroskopisches Pech, welches außer
Salzen u. a. noch Polyglycerine enthält, gibt ähnlich wie Glycerin mit Bleiglätte oder Bleimennige erhärtende Kitte. Kitte aus Glycerinpech sind wegen
ihres Salzgehalts, im Gegensatz zu denen aus Glycerin, nicht wasserbeständig,
aber wie diese gegen Öle widerstandsfähig. Kitte aus Glykol und Bleiglätte s. S. 915.

Glycerinersatzstoffe. Eine Anzahl derselben ist von der Technik
je nach den Eigenschaften, in denen sie dem Glycerin nahekommen, in verschiedene Verwendungsgebiete eingeführt worden. Hierher gehören konz.
Zuckerlösungen, schleimige Algenextrakte, Lösungen von milchsaurem
Natrium („Perglycerin") oder milchsaurem Kalium („Perkaglycerin"[3]) von
Rhodanalkalien[4] und von Estersalzen der Phthalsäure[5]. Am wichtigsten
ist das dem Glycerin auch chemisch verwandte Glykol $C_2H_4(OH)_2$ ($d_4^{20} =$
1,107; Kp. 180°, Erstarrungspunkt − 30°), das heute in großem Maßstab
technisch gewonnen wird und durch seinen niedrigeren Preis den Glycerin-
markt stark beeinflußte. Man verwendet es u. a. auch als Zusatz zu Dynamit-
Glycerin und als frostsicheres Autokühlerfüllmittel.

II. Anforderungen.

Die bei verschiedenen Arten der Roh- und Reinglycerine im Handel
geforderten Eigenschaften s. Tabelle 180 u. 181.

---

[1] R. Eoff: Chem. Trade Journ. **64**, 385 (1919); Eastern Alcohol Corporation,
Seifensieder-Ztg. **54**, 548 (1927); L. W. Bosart: ebenda **54**, 890 (1927); Th. Kroeber:
Chem.-Ztg. **52**, 222 (1928).
[2] I. G. Farbenindustrie: D.R.P. 501110 vom 16. 3. 1928. Vielleicht ließe sich
hierauf auch ein analytisches Verfahren zur Glycerinbestimmung aufbauen.
[3] C. Neuberg u. E. Reinfurth: Ber. **53**, 1783 (1920); Pharmaz. Zentralhalle
57, 525 (1916); Chem. Fabrik vorm. Goldenberg Geromont & Cie.: D.R.P. 303991
(1916); s. auch P. Pannwitz u. A. Beythien: ebenda **59**, 357 (1918).
[4] Grün: Analyse, S. 535.   [5] O. Rößler: D.R.P. 313059 (1917).

Tabelle 180. Handelsrohglycerine (Eigenschaften und Anforderungen).

Bezeichnung	Herkunft — Verarbeitung	Aussehen	Geruch	Geschmack	Reaktion	d_{15}	Glycerin %	Asche %	Organ. Rückstand %	Bemerkungen
Unterlaugen-Rohglycerin	Seifensieder-Unterlaugen — meist auf Destillate	gelb bis braun, nicht schwarz — klar	nicht unangenehm, frei von Trimethylamin	süß, salziger Beigeschmack, nicht laugen- oder lauchartig	schwach alkalisch	$\geqq 1,3$	75—82 (möglichst > 80)	< 10	$\leqq 3$	Asche vorwiegend NaCl, keine Soda, Sulfide und Arsenverbindungen, Fe Spuren; Thiosulfat < 0,3%; möglichst wenig Fett und Harz, kein Zucker; Glycerin und Wasser (1:1) soll mit HCl 2 h klar bleiben.
Saponifikat-Rohglycerin	Autoklaven-, Twitchell-, Krebitz-, Fermentspaltung — Raffinate und Destillate	hellgelb bis braun — klar	nicht unangenehm	süß	möglichst neutral	1,24	85—90	$\leqq 0,5$	$\leqq 1$	Asche möglichst wenig Mg, Zn oder Ca, Spuren Eisen. Keine Fettsäuren, Harze und Zucker. Mit Wasser (1:3) und HCl keine Trübung. Mit Bleiessig nur geringer Niederschlag. Für 1,24 Ware Kp. 138° am Rückfluß (Gerlach).
Destillations-(Acidifikations-)Rohglycerin	Schwefelsäurespaltung (saure Verseifung) — nur auf Destillate	gelb bis braun, meist dunkel — durchsichtig	widerwärtig	unangenehm bitter, scharf, zusammenziehend	möglichst neutral	1,24	80—85	$\leqq 3,5$, bessere Muster 0,4—1,5	bis 2	Mit HCl weißliche Trübung. Mit Bleiessig voluminöser Niederschlag. Durch Knochenkohle schwer entfärbbar. Für 1,24-Ware meist Kp. < 125°.
Gärungs-Rohglycerin	Protolverfahren — Destillate	rotbraun, oft dunkel — trübe	unangenehm	süß, unangenehm	schwach alkalisch	ungleich	bis 80	bis 20	ungleich	Sehr unrein; Asche viel Natriumsulfat, Chloride, Lactat, Acetat und andere Nebenprodukte der Gärung. Kein Natriumsulfit und -sulfid. Für Glycerinbestimmung Probedestillation.

Tabelle 181. Raffinierte (industrielle) und destillierte Glycerine (Eigenschaften und Anforderungen).

Bezeichnung		Aussehen	Geruch [1]	Reaktion	d_{15}	Glycerin %	Asche %	Gesamt-rück-stand %	Bemerkungen
Raffinate (ohne wei-tere Destil-lation che-misch oder mechanisch bzw. adsorptiv gereinigt)	Ia weiß (depuratum album)	farblos, blank	nicht ganz geruchlos, nicht un-angenehm	möglichst neutral	meist 1,19 bis 1,23	etwa 89 und darüber	< 0,4	< 1	kalk- und säurefrei
	IIa	gelblich, blank	dgl.	dgl.	dgl.	dgl.	dgl.	dgl.	dgl.
	IIIa	dunkel-gelb bis braun	dgl.	dgl.	meist 1,12 bis 1,19	dgl.	dgl.	dgl.	dgl.
Destillate	Einmal destil-liertes Glycerin (Glycerinum purum album)	farblos bis gelblich, blank	höchstens schwach, nicht un-angenehm	neutral gegen Lackmus	1,23 bis 1,26	bis 99	< 0,2	< 0,3	Chloride und Arsen nur Spuren. Gly-cerin, mit Ammoniak gerade alkalisch gemacht, und Silbernitratlösung keine Trübung.
	Dynamit-glycerin [2] (ein-fach destilliert)	hell, möglichst farblos	bei 100⁰ nicht un-angenehm	dgl.	$d_{15\cdot5}^{15\cdot5}$ nicht < 1,262	$\geqq$ 98,5 Öster-reich 97 (Acetin-meth.)	< 0,05	< 0,25	Anforderungen gemäß „Nobeltest"; oft besondere Vereinbarungen zwischen Interessenten mit milderen Bedin-gungen. Chloride <0,01% (als NaCl ber.); Ammoniak-Silbernitratprobe negativ [3].
	Doppelt destil-liertes Glycerin (chemisch rein) (Glycerinum puriss. albiss.) (D.A.B. 6)	farblos, klar, sirup-artig	beim Ver-reiben zwischen den Hän-den kein Geruch	dgl.	1,225 bis 1,262 (D.A.B. 6: d_{20} 1,221 bis 1,231)	84—99,5 (D.A.B. 6: 84—87)	$\leqq$ 0,005	< 0,03	Frei von Arsen, Schwermetallen, Schwe-felsäure, Chloriden, Oxalaten, Kalk-, Magnesia- und Eisensalzen. Kein Zucker und keine reduzierenden Stoffe (Acrolein), Ammoniumsalze, Fettsäure-ester, Schönungsmittel und Leimsub-stanzen. Siehe die einzelnen Pharma-kopöen.

[1] Alle reinen Handelsglycerine müssen rein süßen Geschmack besitzen.   [2] S. auch S. 851.
[3] Je 10 ccm Glycerinlösung, Ammoniakwasser und Silbernitratlösung (alle 10%ig) werden zusammen auf 60⁰ erhitzt, 10 min der Dunkelheit ausgesetzt und dürfen dann keine Reduktion von Silber zeigen.

III. Qualitative Prüfungen.

Glycerin (und damit z. B. auch verseifbares Fett in Wachsen) wird qualitativ durch die Acroleinprobe nachgewiesen. Beim Erhitzen der Probe für sich oder besser mit Kaliumbisulfat entsteht unter Wasserabspaltung aus dem Glycerin Acrolein, das durch einen äußerst stechenden Geruch charakterisiert ist:

$$CH_2OH \cdot CHOH \cdot CH_2OH \rightarrow CH_2 : CH \cdot CHO + 2\,H_2O.$$

Bei Vorhandensein von wenig Fett verseift man die Probe in der üblichen Weise, scheidet durch Mineralsäurezusatz die Fettsäuren ab, filtriert und dampft das Filtrat nach Neutralisation mit Soda ein. Den Rückstand prüft man durch Erhitzen mit Kaliumbisulfat und Einleiten der entwickelten Acroleindämpfe in ammoniakalische Silbernitratlösung, wobei letztere zu metallischem Silber reduziert wird[1]. (Herstellung der Silberlösung vgl. S. 657.)

Nach Denigès[2] oxydiert man mit Bromwasser und prüft auf Dioxyaceton bzw. Glycerinaldehyd durch Farbenreaktionen mit Salicylsäure (rotviolett) oder Codein (grünlich-blau). Auch durch Oxydation mit Natriumhypochloritlösung und Kochen der entstehenden Glyceroselösung mit Salzsäure und Orcin, wobei eine violette oder grünblaue Färbung auftritt[3], kann man kleine Mengen Glycerin (bis 3 mg) nachweisen.

Glykol gibt die gleichen Farbenreaktionen wie Glycerin; auch Silberlösung wird durch die Dämpfe (Acetaldehyd) reduziert. Zur Unterscheidung stellt man einen alkoholischen Auszug der zu prüfenden Probe her, den man mehrmals filtriert, eindampft und wieder aufnimmt, zuletzt unter Zusatz von trockenem Äthyläther. Falls nicht andere alkoholätherlösliche Substanzen vorliegen, zeigt die Refraktion $n_D < 1{,}428$ die Anwesenheit von Glykol, $n_D > 1{,}464$ von reinem Glycerin, ein Zwischenwert das Bestehen von Mischungen an[4].

IV. Quantitative Prüfungen.

Der Glyceringehalt eines Fettes ist von Bedeutung für die Bewertung desselben in der Stearin- und Seifenfabrikation. Für die analytische Unterscheidung der Fette kommt er nur in Frage, wenn es sich z. B. um den Nachweis von Fetten in Wachsen und ähnlichen Produkten handelt, die keine Glycerinester sind. Da die Glyceride (abgesehen von Cocosfett u. ä.) bei der Hydrolyse im Durchschnitt etwa 10 % Glycerin liefern (der Glycerinrest in den Fetten = etwa 5 %), kann aus dem Glyceringehalt die Menge des Neutralfettes angenähert berechnet werden. (Cocosfett ergibt etwa 12 % Glycerin.)

Die Probenahme von Rohglycerin erfolgt nach Vorschrift der I.S.M. mit dem S. 123, Abb. 76, abgebildeten Musterzieher.

1. Bestimmung des Glyceringehalts.

Von den zahlreichen Bestimmungsmethoden sind nur zwei offiziell anerkannt: Das für Roh- und Reinglycerine durch die I.S.M.[5] und die Wizöff[6] als maßgebend festgesetzte Acetinverfahren und das von der Wizöff zur Untersuchung von Saponifikat-Rohglycerinen sowie von verdünnten

<hr>

[1] B. Jaffe: Chem.-Ztg. **14**, 1493 (1890).
[2] Denigès: Compt. rend. Acad. Sciences **148**, 570 (1909).
[3] Mandel u. Neuberg: Biochem. Ztschr. **71**, 214 (1915).
[4] H. Wolff: Chem. Umschau Fette, Öle, Wachse, Harze **24**, 119 (1917).
[5] Internationale Standard-Methoden. London 1911.
[6] Wizöff: Einheitsmethoden Berlin 1930.

Glycerinwässern (Unterlaugen) ebenfalls zugelassene Bichromatverfahren, das in den Fabriken fast ausschließlich zur Betriebskontrolle benutzt wird.

Von den übrigen chemischen Verfahren hat nur das Isopropyljodidverfahren von Zeisel-Fanto[1] (s. S. 844) bzw. dessen Modifikation von Willstätter und Madinaveitia[2] größere praktische Verbreitung gefunden; die auf dem gleichen Prinzip beruhende Halbmikromethode von R. Neumann[3], die Oxydation des Glycerins zu Oxalsäure mit $KMnO_4$ nach Benedikt und Zsigmondy[4] (nur für reine Glycerine brauchbar) und die Oxydation mit Jodat nach Strebinger und Streit[5] haben sich auf die Dauer nicht in die Praxis eingeführt; wichtig ist dagegen, besonders für unreine Glycerine, das physikalische Verfahren der Destillation (S. 845), während das Extraktionsverfahren (mit Aceton) von Shukoff und Schestakoff[6] anscheinend keine praktische Bedeutung erlangt hat.

Der Glyceringehalt reiner wässeriger Lösungen kann auch durch Bestimmung der physikalischen Eigenschaften (spez. Gew., Refraktion und Siedepunkt) mit ziemlicher Genauigkeit ermittelt werden.

Von den Tabellen zur Ermittlung des Gehalts mit Hilfe des spez. Gew. gelten diejenigen von Bosart und Snoddy[7] als die zuverlässigsten. Die Viscosität der wässerigen Glycerinlösungen ist sehr stark von etwaigen Verunreinigungen abhängig, ihre Auswertung zur Bestimmung des Glyceringehalts deshalb nur beschränkt möglich[8]. Dagegen lassen die großen Unterschiede der Siedepunkte[9] hochprozentiger Glycerine die Siedepunktsbestimmung als sehr geeignet für die Untersuchung dieser Glycerine erscheinen (vgl. Tab. 185, S. 853).

Ein Vergleich[10] der verschiedenen in der Handelsanalyse gebrauchten Methoden zeigte, daß bei Reinglycerinen die Acetinmethode um 1,1%, die Bichromatmethode um 0,3% zu niedrige Werte ergibt, wenn die Gehaltsbestimmung auf Grund des spez. Gew. nach den Tabellen von Bosart als richtig angesehen wird.

Die Formeln[11] zur indirekten Errechnung des Gehalts an Reinglycerin bei salzhaltigen Rohglycerinen sind ungenau.

---

[1] Zeisel-Fanto: Ztschr. landwirtschl. Versuchswesen Österr. **5**, 729 (1902); Ztschr. angew. Chem. **16**, 414 (1903).

[2] Willstätter u. Madinaveitia: Ber. **45**, 2825 (1912).

[3] R. Neumann: Ztschr. angew. Chem. **30**, 234 (1917).

[4] Benedikt u. Zsigmondy: Chem.-Ztg. **9**, 975 (1885); Wanklyn u. Fox: ebenda **9**, 66 (1885).

[5] Strebinger u. Streit: Ztschr. analyt. Chem. **64**, 136 (1924).

[6] Shukoff u. Schestakoff: Ztschr. angew. Chem. **18**, 294 (1905); s. auch W. Landsberger: Chem. Revue üb. d. Fett- u. Harzind. **12**, 150 (1905).

[7] Bosart u. Snoddy: Ind. engin. Chem. **19**, 506 (1927).

[8] Kellner: Ztschr. Dtsch. Öl-Fettind. **40**, 677 (1920); L. V. Cooks: Journ. Soc. chem. Ind. **48** T, 279 (1929), zeigt, daß 0,1% Natriumoleat die Viscosität von 80%igem Glycerin auf den Wert eines 83,6%igen Glycerins erhöht.

[9] Grün u. Wirth: Ztschr. angew. Chem. **32**, 59 (1919).

[10] R. Andrews: Journ. Oil Fat Ind. **1931**, 297.

[11] Das ist sowohl die Hamburger Methode: Reinglycerin = 100 — (% Wasser + Rückstand bei 160°), als auch die Formel nach Stiepel: Seifensieder-Ztg. **31**, 818 (1904): Reinglycerin = %-Gehalt an Glycerin nach spez. Gew. — % Asche · 3,3, entsprechend der Annahme: 1% Asche = 3,3% Glycerin; s. auch W. Prager: Chem.-Ztg. **51**, 589 (1927).

a) Acetinverfahren[1].

α) Ausführungsform der I.S.M. (= Wizöff).

Das Verfahren beruht auf der Acetylierung des Glycerins und Bestimmung der Alkalimenge, die zur Verseifung des entstandenen Triacetins nötig ist. Es ist nur bei mindestens 50%igen Glycerinen anwendbar. Die Reagentien müssen folgende Eigenschaften zeigen:

Reines Acetanhydrid, darf nach der Erhitzung, Zersetzung mit Wasser und Neutralisation beim Blindversuch mit 7,5 ccm Anhydrid nicht mehr als 0,1 bis 0,2 ccm 1,0-n NaOH zur Verseifung etwaiger Ester verbrauchen und nach Zugabe des Natriumacetats beim Kochen am Rückflußkühler in 1 h sich nur sehr schwach färben.

Reines, geglühtes und entwässertes Natriumacetat. Das käufliche Salz wird in einer Platin-, Quarz- oder Nickelschale unter Vermeidung von Verkohlung geschmolzen, schnell pulverisiert und in einer Stöpselflasche im Exsiccator aufbewahrt. Es muß unbedingt wasserfrei sein.

Carbonatfreie, ungefähr 0,5-n NaOH für Neutralisationszwecke. Man löst reines Natriumhydroxyd in der gleichen Menge Wasser, läßt absitzen und filtriert durch Asbest oder Glaswolle. Die klare Lösung wird mit kohlensäurefreiem Wasser auf die gewünschte Konzentration gebracht[2].

1,0-n NaOH, carbonatfrei, wie oben hergestellt und sorgfältig eingestellt. Laugen, welche nach dem Kochen eine Gehaltsabnahme zeigen, sind zu verwerfen.

1,0-n HCl oder H_2SO_4*.

Phenolphthaleinlösung. 1/2%ige alkoholische neutralisierte Lösung.

Das zu verwendende destillierte Wasser muß vorher ausgekocht sein.

Analyse. 1,25—1,5 g Rohglycerin werden so rasch wie möglich in einen Acetylierungskolben (etwa 120 ccm Inhalt) eingewogen und mit 3 g wasserfreiem Natriumacetat und 7,5 ccm Acetanhydrid etwa 1 h lang am eingeschliffenen Rückflußkühlrohr zum gelinden Sieden erhitzt. Wenn der Kolbeninhalt nicht gelöst bleibt, kann man durch Zusatz von 1—2 Tropfen Wasser die Lösung herbeiführen. Durch wiederholtes Umschütteln sorgt man dafür, daß die Salze nicht an den Wänden des Kolbens eintrocknen. In den etwas abgekühlten Kolben gibt man vorsichtig durch das Rückflußrohr 50 ccm destilliertes Wasser von etwa 80°, ehe der Inhalt des Kolbens ganz erstarrt. Der Inhalt des Kolbens wird so lange — jedoch nicht über 80° — erwärmt, bis Lösung eintritt; diese ist häufig durch einige dunkle, aus organischen Verunreinigungen des Rohglycerins stammende Flocken getrübt. Nach dem Erkalten wird das Innere und das Ende des Kühlrohres mit destilliertem Wasser in den Kolben abgespült. Alsdann filtriert man durch ein mit Säure extrahiertes Filter in einen Kolben aus Jenaer Glas von etwa 1 l, wäscht mit kaltem destilliertem Wasser gut nach, fügt 2 ccm Phenolphthaleinlösung hinzu und neutralisiert vorsichtig, zuletzt tropfenweise[3] mit 0,5-n NaOH, bis eine schwach rötlichgelbliche Färbung auftritt. Aus einer Bürette läßt man einen genau gemessenen Überschuß (50 ccm oder mehr) der eingestellten 1,0-n NaOH zufließen und hält den Inhalt unter Rückfluß 15 min in schwachem Sieden. Man kühlt so schnell wie möglich ab und titriert ohne weiteren Indicatorzusatz den Überschuß an NaOH mit 1,0-n Mineralsäure, bis die rötlich-gelbliche Färbung oder die gewählte

---

[1] Benedikt u. Cantor: Ztschr. angew. Chem. 1, 460 (1888); Lewkowitsch: Chem.-Ztg. 13, 659 (1889); M. Tortelli u. A. Ceccherelli: ebenda 37, 1505, 1573 (1913); 38, 3, 28, 36 (1914); s. auch G. Fachini u. S. Somazzi: Ztschr. Dtsch. Öl-Fettind. 44, 109 (1924); O. Sachs u. K. Riemer: ebenda 46, 739 (1926); A. Stiel u. W. Schäfer: Seifensieder-Ztg. 53, 672, 691 (1926).

[2] Nach Riemer: Chem.-Ztg. 53, 100 (1929), setzt man der Lauge $BaCl_2$ zur Fällung des Na_2CO_3 zu und filtriert nach Absetzen des $BaCO_3$ durch ein Faltenfilter.

* Über Standardisierung der Titerstellung der Säuren mit $NaHCO_3$ s. W. A. Peterson: Oil Fat Ind. 6, 15 (1929).

[3] Bei zu schnellem Zusatz der Lauge wird das Triacetin zu erheblichen Teilen verseift; vgl. O. Frey: Wissenschl. Mitt. Österr. Heilmittelstelle, Nov. 1929. S. 23.

Endfarbe wieder erhalten wird. Phenolphthaleinlösung darf bei der Schlußtitration nicht neu hinzugefügt werden, da sonst ein Umschlag nach rot eintritt.

Blinder Versuch[1]. Da das Acetanhydrid und das Natriumacetat Verunreinigungen enthalten können, welche das Resultat beeinflussen würden, ist ein blinder Versuch erforderlich, bei dem dieselben Mengen Acetanhydrid und Natriumacetat angewendet werden wie bei der Analyse.

Berechnung. 1 ccm 1,0-n NaOH entspricht $1/_3$ Millimol = 0,03069 g Glycerin. Beträgt also die Einwaage e g Substanz, die Differenz zwischen Haupt- und Blindversuch bei der Schlußtitration a ccm 1,0-n Säure, so wird der Glyceringehalt 3,069 a/e %.

Bestimmung des Glycerinwertes der acetylierbaren Verunreinigungen: Beträgt der nach S. 848f. bestimmte organische Rückstand über 2,5% bei Unterlaugenrohglycerin, über 1% bei Destillat- und ähnlichen Reinglycerinen, so muß er auf acetylierbare Verunreinigungen (Polyglycerine) geprüft werden.

Hierzu wird der durch Erhitzen auf 160° nach S. 848 erhaltene Rückstand in 1—2 ccm Wasser gelöst, in einen Acetylierkolben von 120 ccm gespült und wieder eingedampft. Dann setzt man wasserfreies Natriumacetat hinzu und verfährt genau wie bei der Glycerinbestimmung. Man berechnet das Resultat auf Glycerin. Wird hierbei ein scheinbarer Glyceringehalt von mehr als 0,5% im Gesamtrückstand gefunden, so muß dieser Mehrwert vom Glyceringehalt der Probe abgezogen werden.

Bemerkungen. Erfahrungsgemäß sind in einem guten Rohglycerin die Summe von Wasser, Gesamtrückstand bei 160° und korrigiertem Glyceringehalt innerhalb einer Fehlergrenze von 0,5% gleich 100. Bei solchen Rohglycerinen stimmt das Bichromatresultat mit dem unkorrigierten Acetinresultat bis auf 1% überein.

Größere Differenzen deuten auf Verunreinigungen wie Polyglycerine oder Trimethylenglykol. Letzteres ist flüchtiger als Glycerin, läßt sich daher durch fraktionierte Destillation isolieren. Eine annähernde Bestimmung der vorhandenen Menge Trimethylenglykol erhält man aus der Differenz der Acetin- und Bichromatuntersuchungsergebnisse solcher Destillate. Trimethylenglykol zeigt nach der ersten Methode 80,69%, nach der zweiten 138,3%, auf Glycerin berechnet, an. Zur Bewertung des Rohglycerins für manche Zwecke ist die Bestimmung des annähernden Gehaltes an Arsen, Sulfiden, Sulfiten und Thiosulfaten (s. u.) erforderlich.

Das I.S.M.-Verfahren ist, obgleich als Einheitsverfahren maßgebend, doch stark umstritten, da der niemals ganz vermeidbare Carbonatgehalt der Laugen und die leichte Verseifbarkeit des Triacetins die Reproduzierbarkeit der Ergebnisse stark beeinträchtigen[2]. Bei nicht sehr großer Übung findet man meist zu niedrige Werte.

β) Ausführung nach Verley und Bölsing[3], modifiziert von Bleyberg und Lettner[4], zur Prüfung von Handelsglycerinen. Die Acetylierung erfolgt durch eine genau bemessene Menge eines Gemisches von Acetanhydrid mit Pyridin; das unverbrauchte Acetanhydrid wird durch Wasserzusatz zersetzt und die hierbei bzw. vorher bei der Acetylierung gebildete freie Essigsäure mit Lauge titriert (vgl. auch S. 785). Die Vorteile dieser Modifikation

[1] Vgl. O. Berth: Chem. Umschau Fette, Öle, Wachse, Harze **34**, 129 (1927), Kritik der Vorschriften der I.S.M.

[2] Diskussion der Fehlerquellen s. bei Tortelli u. Ceccherelli: Chem.-Ztg. **37**, 1673 (1913); O. Berth: ebenda **52**, 903 (1928); **53**, 100 (1929); P. Fuchs: ebenda **52**, 737 (1928); **53**, 100 (1929); Thompsonwerke, Dr. Riemer: ebenda **53**, 100 (1929); W. Prager: ebenda **52**, 903 (1928); Chem. Umschau Fette, Öle, Wachse, Harze **36**, 10 (1929).

[3] Verley u. Bölsing: Ber. **34**, 3354 (1901).

[4] H. Lettner: Diplomarbeit, Techn. Hochsch. Berlin 1931.

bestehen in einer wesentlichen Verkürzung der Arbeitszeit und Vereinfachung der Arbeitsweise sowie in der Ausschaltung der Fehler, welche bei
der I.S.M.-Methode durch den Carbonatgehalt der Laugen hervorgerufen
werden. Die zu untersuchenden Glycerine müssen zur Erzielung einer Genauigkeit von 0,2% des gefundenen Glyceringehalts mindestens etwa
80%ig sein.

Zur Ausführung sind erforderlich: Essigsäure-anhydrid, frisch destilliert, frei
von Essigsäure, wasserfreies Pyridin[1], über P_2O_5 destilliert, Kp. mindestens 114⁰,
0,5-n carbonatfreie NaOH*, Benzol und frisch ausgekochtes Wasser. Zur Analyse
wird ein Gemisch von 1 Teil Anhydrid mit 3 Teilen Pyridin verwendet.

Bei 100%igem Glycerin werden etwa 0,65 g, bei 80%igem etwa 0,50 g in ein
Kölbchen mit eingeschliffenem Kühlrohr eingewogen, mit 10 ccm (automatische
Pipette!) der Mischung versetzt und gleichzeitig mit 1 Blindversuch auf siedendem
Wasserbade 1 h erwärmt. Dann kühlt man das Gemisch an der Wasserleitung ab,
gibt durch das Kühlrohr vorsichtig 10 ccm H_2O zu, kühlt die sich hierbei erwärmende
Mischung abermals, spült dann Kühlrohr und Schliff mit weiteren 10 ccm Wasser,
setzt hierauf 30 ccm Benzol hinzu (um die Hauptmenge des Triacetins aus der
wässerigen Lösung auszuschütteln und hierdurch vor Verseifung bei der nachfolgenden Titration zu schützen), schüttelt gut durch und titriert die freie Essigsäure mit
0,5-n NaOH gegen Phenolphthalein (bei dunklen Glycerinen gegen Thymolphthalein),
wobei man die Lauge am Rand des Kölbchens zufließen läßt. Für den Blindversuch werden annähernd 2 Büretten voll Lauge verbraucht. Aus der Differenz a ccm
zwischen Haupt- und Blindversuch, meist etwa 25—35 ccm, errechnet sich der
Glyceringehalt bei e g Einwaage zu 1,5345 a/e %.

In Gegenwart acetylierbarer oder saurer oder alkalischer Verunreinigungen
sind sinngemäße Korrekturen anzubringen.

b) Bichromatverfahren[2].

Das Verfahren beruht auf der Oxydation von Glycerin in saurer Lösung
durch Bichromat gemäß der Gleichung

$$C_3H_8O_3 + 7\,O \rightarrow 3\,CO_2 + 4\,H_2O.$$

Der Überschuß des Oxydationsmittels wird mit 0,1-n $Na_2S_2O_3$ oder
etwa 0,6-n Ferro-ammoniumsulfatlösung zurücktitriert.

(Wizöff) 10—20 g Glycerinwasser oder so viel Rohglycerin, wie etwa 2 g Reinglycerin entspricht, werden in einem 250-ccm-Meßkolben mit verdünnter Essigsäure
oder Kalilauge neutralisiert, etwas mit Wasser verdünnt, mit frisch bereitetem
Silbercarbonat (3mal dekantierter Niederschlag aus 140 ccm 0,4%iger Silbernitratlösung + 5 ccm n-Sodalösung) versetzt und unter öfterem Umschwenken 10 min
stehen gelassen. Dann wird vorsichtig eine mit Bleiglätte 1 h gekochte, heiß filtrierte
10%ige Bleiacetatlösung[3] (gewöhnlich etwa 5 ccm) hinzugefügt, bis gerade kein
Niederschlag mehr auftritt. Bei Rohglycerinen mit sehr wenig Chlorgehalt genügen
$1/_5$ der Silbercarbonatmenge und 0,5 ccm Bleiessig. Nachdem die Mischung bis
zur Marke mit destilliertem Wasser aufgefüllt und der Niederschlag nach dem
Durchschütteln abgestanden ist, wird ein Teil der überstehenden Flüssigkeit durch
ein lufttrockenes Filter in einen trockenen Kolben filtriert. Vom Filtrat, das mit

---

[1] Die Handelsqualität „rein" genügt (nach guter Entwässerung), ihr Gehalt
an Pyridinhomologen (etwa 5% Picolin) stört nicht.

* Wie unter α) herzustellen; jedoch sind Spuren Carbonat ohne Bedeutung,
da die Lauge nicht — wie beim I.S.M.-Verfahren — mit der Substanz erhitzt wird.

[2] Hehner: Journ. Soc. chem. Ind. 8, 16 (1889); Braun: Chem.-Ztg. 29, 763
(1905); Steinfels: Seifensieder-Ztg. 41, 1257 (1914); 42, 721 (1915).

[3] 10 g PbO werden mit 100 ccm 10%iger Bleiacetatlösung 1 h gekocht und
die Lösung nach Erkalten filtriert; nach Kellner: Chem. Umschau Fette, Öle,
Wachse, Harze 34, 330 (1927), soll man aber zur Vermeidung von Glycerinverlusten
nicht mehr als 3 g PbO auf 100 ccm 10%ige Bleiacetatlösung verwenden.

Bleiessig keine Fällung mehr geben darf, werden 25 ccm in einen 300-ccm-Erlenmeyerkolben abpipettiert, mit einigen Tropfen Schwefelsäure zur Fällung des Bleiüberschusses und mit genau 25 ccm Hehnerscher Lösung (75 g analysenreines Kaliumbichromat + 150 ccm konz. Schwefelsäure, mit Wasser auf 1 l verdünnt) versetzt. Man spült die Wandungen des Erlenmeyerkolbens mit 50 ccm Schwefelsäure ($d = 1,23 = 31,5$ Gew.-% H_2SO_4) nach, stülpt ein umgekehrtes Bechergläschen auf den Kolben und erwärmt 2 h im siedenden Wasserbade. Die abgekühlte Flüssigkeit wird quantitativ auf 500 ccm mit Wasser aufgefüllt und gut durchgeschüttelt.

Zur jodometrischen Messung des nicht zur Oxydation verbrauchten Bichromats läßt man 50 ccm der im Meßkolben befindlichen Flüssigkeit zu 2 g festem Kaliumjodid und 25 ccm 20%iger Salzsäure fließen, verdünnt mit Wasser auf etwa $^1/_2$ l und titriert mit Thiosulfat unter Verwendung löslicher Stärke das ausgeschiedene Jod zurück. 1 ccm 0,1-n $Na_2S_2O_3$ entspricht 0,000 657 57 g Glycerin. Ein blinder Versuch ist notwendig. Bei wesentlicher Abweichung der Temperatur der Lösungen von 15° ist die Titeränderung zu berücksichtigen.

Temperatur der Bichromatlösung	Titer der Thiosulfatlösung von 15°	Temperatur der Bichromatlösung	Titer der Thiosulfatlösung von 15°
° C	ccm	° C	ccm
11	50,10	18	49,93
12	50,07	19	49,90
13	50,05	20	49,87
14	50,02	21	49,85
15	50,00	22	49,82
16	49,98	23	49,80
17	49,95		

Nach der Tüpfelmethode, für Betriebsanalysen oft verwendet, wird das Oxydationsgemisch direkt, ohne Verdünnung, mit einer Ferro-ammoniumsulfatlösung [240 g $Fe(NH_4SO_4)_2$ + 100 ccm konz. Schwefelsäure im Liter] zurücktitriert, bis ein Tropfen der Reaktionslösung mit frisch bereiteter roter Blutlaugensalz-Lösung beim Zusammenfließen Blaufärbung zeigt.

Ein Blindversuch zur Ermittlung der Stärke der Bichromatlösung ist in gleicher Weise anzusetzen. Der Titer der Ferro-ammoniumsulfatlösung ist vor jeder Versuchsreihe gegen 0,1-n $K_2Cr_2O_7$ zu stellen.

c) Isopropyljodidverfahren[1].

Bei der Einwirkung von Jodwasserstoffsäure auf Glycerin bildet sich nach der Gleichung

$$C_3H_5(OH)_3 + 5\,HJ \rightarrow C_3H_7J + 3\,H_2O + 2\,J_2$$

Isopropyljodid, das mit Silbernitrat unter Bildung von Jodsilber und Propylen reagiert:

$$C_3H_7J + AgNO_3 \rightarrow AgJ + C_3H_6 + HNO_3.$$

α) Versuchsausführung nach Zeisel-Fanto. Von Fetten werden 20 g mit alkoholischer Lauge verseift; nach Verdampfen des Alkohols scheidet man mit Essigsäure (nicht Salz- oder Schwefelsäure) die Fettsäuren ab. Einen Teil der so erhaltenen Glycerinlösung (nicht mehr als 5 ccm, da sonst die Jodwasserstoffsäure zu sehr verdünnt wird) wägt oder mißt man in das Kochkölbchen A des Apparates

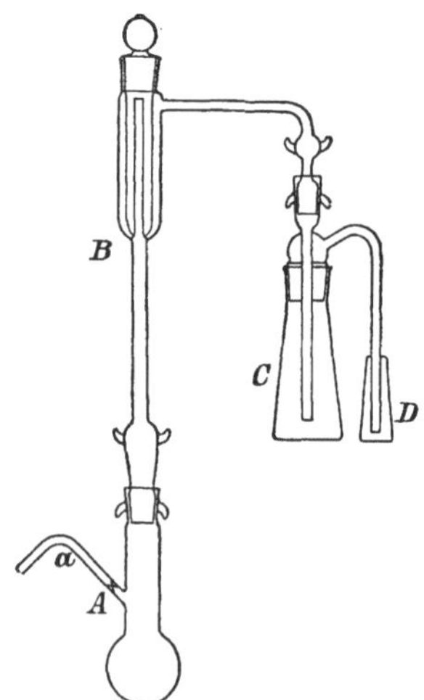

Abb. 200. Apparat zur Glycerinbestimmung nach Zeisel und Fanto.

[1] Zeisel u. Fanto: Ztschr. landwirtschl. Versuchswesen Österr. 5, 729 (1902); Ztschr. angew. Chem. 16, 414 (1903).

(Abb. 200) und fügt ein Stückchen Bimsstein sowie 15 ccm wässerige Jodwasserstoffsäure (d 1,9 = etwa 68% HJ) hinzu.

Von Unterlaugen werden 20 ccm mit Wasser verdünnt (1 : 3), mit der ihrem Chlorgehalt entsprechenden Menge Ag_2SO_4 versetzt, erwärmt und geschüttelt; mit heißer Bariumacetatlösung wird die Schwefelsäure gefällt; Filtrat und Waschwasser werden nach dem Einengen auf 100 ccm gebracht und davon 5 ccm (entsprechend 1 ccm Unterlauge) eingewogen.

Bei Untersuchung wasserfreier Substanzen (Einwaage so, daß nicht mehr als 0,4 g AgJ entstehen) genügt eine 57%ige Säure ($d = 1,7$). Nun verbindet man A mit B, leitet CO_2 durch a (3 Blasen in 1 sec) und destilliert den Kolbeninhalt bei mäßigem Sieden aus einem Glycerinbade. Das Destillat (Isopropyljodid) wird im Aufsatz B durch etwa 5 ccm einer Aufschlämmung von 0,5 g rotem Phosphor (vorher durch Waschen mit Schwefelkohlenstoff, Äther, Alkohol und Wasser von Verunreinigungen befreit) in Wasser von Jod und Jodwasserstoffdämpfen befreit

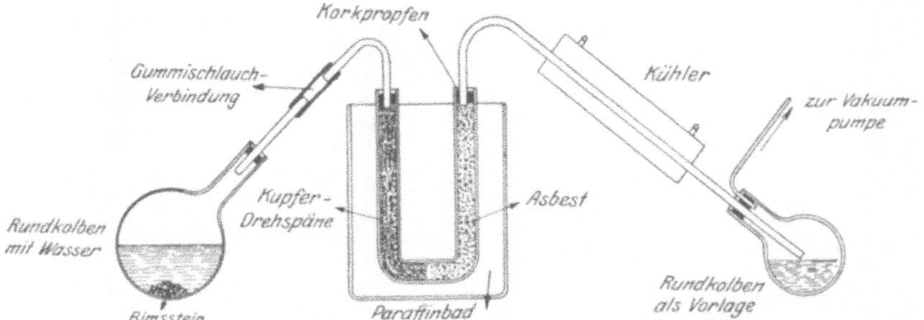

Abb. 201. Destillationsapparat zur Glycerinbestimmung nach Janssens.

und gelangt dann in einen mit 45 ccm alkoholischer Silbernitratlösung (40 g geschmolzenes $AgNO_3$ in 100 ccm Wasser gelöst, mit absolutem Alkohol auf 1 l gebracht und nach 24 h, nötigenfalls auch nochmals vor dem Gebrauch, filtriert) beschickten Erlenmeyerkolben C, in dem die Bildung von Jodsilber erfolgt. Zur Sicherheit ist noch ein kleines, mit 5 ccm Silberlösung beschicktes Kölbchen D vorgelegt.

Die Destillation dauert 2—4 h; der Endpunkt wird durch Auswechseln der Auffangflüssigkeit kontrolliert. Zur Bestimmung des gebildeten AgJ bringt man den Inhalt der Vorlage in ein Becherglas, verdünnt auf etwa 450 ccm, gibt 10 bis 15 Tropfen verdünnte HNO_3 hinzu und verfährt dann in bekannter Weise. Die gefundene AgJ-Menge, multipliziert mit 0,3922, ergibt die vorhandene Glycerinmenge.

Schwefelverbindungen, Alkohole, Ester und Äther, soweit sie mit wässeriger Jodwasserstoffsäure flüchtige Jodide liefern, stören die Bestimmung und müssen vorher durch Destillation oder Behandeln mit Lösungsmitteln entfernt werden. Sulfate werden mit $Ba(C_2H_3O_2)_2$ gefällt. Bei Protolschlempen, die neben Glycerin auch Trimethylenglykol enthalten, ist die Methode nicht anwendbar, da 1% Trimethylenglykol als 2,42% Glycerin mitbestimmt wird[1].

β) Die Halbmikro-Methode von R. Neumann[2], welcher nur $1/10$ der Einwaage nach Zeisel-Fanto verwendet, ist bei gleicher Genauigkeit und Ausführung wie diese billiger und in kürzerer Zeit ausführbar[3].

d) Destillationsmethoden.

Um den störenden Einfluß organischer Verunreinigungen, der bei allen beschriebenen Methoden unsichere Resultate bedingt, zu beseitigen, wurde auch empfohlen, den Glyceringehalt durch Destillation zu ermitteln.

<hr>

[1] C. A. Rojahn: Ber. **52**, 1454 (1919).

[2] R. Neumann: Ztschr. angew. Chem. **30**, 234 (1917).

[3] Über eine andere Modifikation des Jodidverfahrens s. Willstätter u. Madinaveitia: Ber. **45**, 2825 (1912). Nach Grün: Analyse, Bd. 1, S. 213, lieferte dieses Verfahren bei Triglyceriden sehr gute, bei Diglyceriden gute und schlechte, bei Monoglyceriden nur ungenügende Resultate.

Bei den älteren Verfahren der Destillation[1] wurde im Luftstrom und Vakuum destilliert, wodurch Zersetzungen die Ergebnisse beeinträchtigen. Auch die im folgenden beschriebene Destillationsprobe[2] ist nach Kellner nicht genügend genau, wohl deshalb, weil sie ohne genügende Kondensationsvorlagen arbeitet.

In einem Paraffinbad (Abb. 201) befindet sich ein U-Rohr, das Kupferdrehspäne und die in Asbest aufgesaugte, auf Glyceringehalt zu prüfende Substanz

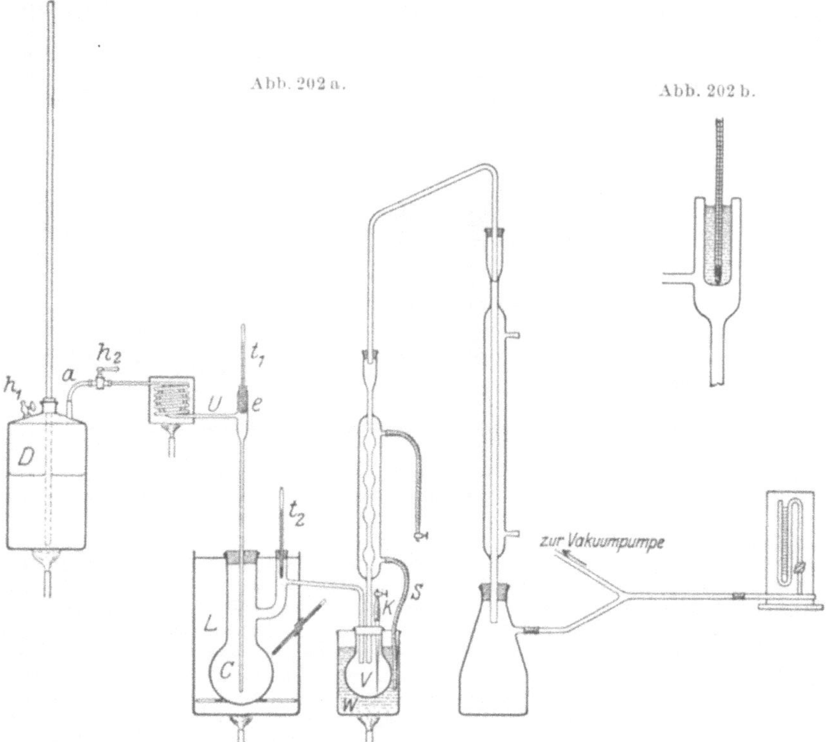

Abb. 202. Apparat zur Probedestillation von Rohglycerin mit Wasserdampf im Vakuum.

enthält. Bei einer Badtemperatur von 200⁰ wird ein Wasserdampfdestillat von der etwa 20fachen Menge des erwarteten Glycerins übergetrieben und darin der Glyceringehalt aus dem spez. Gew. oder nach einer chemischen Methode bestimmt.

Zur Untersuchung der meist trimethylenglykolhaltigen Gärungsglycerine wurde von der Chemisch-Technischen Reichsanstalt eine Probedestillation[3] mit Kühlung ausgearbeitet. An Stelle der etwas komplizierten Originalapparatur empfiehlt Grün[4] die einfachere Apparatur (Abb. 202a) und folgende Arbeitsweise:

Eine etwa 10—12 g Reinglycerin enthaltende, in den 1 l fassenden Claisenkolben C eingewogene Substanzmenge wird unter Vakuum (20—40 mm) und

[1] B. Jaffe: Ber. **23**, 123 (1893); Heller: Seifenfabrikant **13**, 453 (1893).
[2] Nach Janssens: Seifensieder-Ztg. **33**, 286 (1906), in Amerika üblich.
[3] Seifenfabrikant **40**, 373 (1920); s. auch Holde: 6. Aufl., S. 659.
[4] Grün: Analyse, Bd. 1, S. 531.

allmählichem Anwärmen des Luftbades L auf 150—170⁰ entwässert. Das Wasserbad W mit der Glycerinvorlage V wird dabei auf 50—60⁰ gehalten und hieraus gleichzeitig der Kugelkühler gespeist. In knapp 1 h ist die Hauptmenge des Wassers aus C nach der Vorlage V übergetrieben (erkennbar an der Trockenheit der an den Glaswänden von C sitzenden Salzausscheidungen); dann wird das Glycerin mit überhitztem Wasserdampf (160⁰) übergetrieben und das Luftbad auf 160⁰ erhitzt. Sobald sich am seitlichen Ansatz des Claisenkolbens schwach gelbliche Zersetzungsprodukte zeigen (normal nach 1 h) ist alles Glycerin abdestilliert; Reste, die im Kugelkühler sitzen, werden durch Kondenswasser herabgespült, indem man noch 5 min lang Dampf durchleitet und den Kugelkühler mit kaltem Wasser kühlt. Zur Konzentrierung des Glycerinwassers wird die Wasserdampfdestillation abgebrochen, das Wasserbad W der Vorlage V zum Sieden gebracht, die Capillare K geöffnet, siedendes Wasser durch den Kugelkühler geleitet und das im Vakuum abgetriebene Wasser in der folgenden Vorlage aufgefangen. Nach 10—20 min wird die Glycerinausbeute in der ersten, evtl. auch in der zweiten Vorlage (falls das Kondensat süß schmeckt) durch Wägung und Dichtebestimmung festgestellt und der Destillationsrückstand gewogen.

Abb. 202 b zeigt die Einfügung des Thermometers t_1 in den Mantel e, der zur Messung der Temperatur des überhitzten Dampfes mit Öl gefüllt ist.

Die Methode bietet neben der quantitativen Gewinnung des Glycerins und der genügenden Anpassung an den technischen Destillationsvorgang den Vorzug der Ausschaltung der organischen Fremdstoffe, insbesondere des niedriger siedenden Trimethylenglykols[1]. Sie eignet sich daher vorzugsweise für Fabriken, welche Rohglycerine verschiedenen Ursprungs zur Weiterverarbeitung (Destillation, Raffination) kaufen. Handelsüblich ist die Methode jedoch bisher nicht.

2. Bestimmung des Wassers.

I.S.M.-Wizöff. Die Bestimmung beruht darauf, daß Glycerin bei längerem Stehen im Vakuum über H_2SO_4 oder P_2O_5 völlig vom Wasser befreit wird.

2—3 g sehr reiner voluminöser Asbest, mit Säuren gereinigt, gewaschen und bei 100⁰ getrocknet, werden in einem kleinen Wägeglas (15 ccm) im Trockenschrank bei 100⁰ vorgetrocknet und dann im Vakuumexsiccator über H_2SO_4 bei einem Druck von 1—2 mm Hg bis zum konstanten Gewicht getrocknet. 1—1,5 g des Glycerins werden auf den gewogenen Asbest getropft, so daß sie von diesem vollständig absorbiert werden. Das Gläschen mit Inhalt wird gewogen und dann bis zur Gewichtskonstanz im Exsiccator unter 1—2 mm Druck gestellt. Bei 15⁰ ist Gewichtskonstanz in etwa 48 h, bei tieferen Temperaturen später erreicht. Die Schwefelsäure im Exsiccator muß öfters erneuert werden.

Einfacher, rascher und angeblich auch genauer ist die Bestimmung des Wassers mit Hilfe der Destillationsmethode (s. S. 117) unter Verwendung von Tetrachloräthan[2] oder Toluol[3].

3. Bestimmung der Verunreinigungen.

a) Freies Ätzalkali (I.S.M. und Wizöff). 20 g des Glycerinmusters werden in einem 100-ccm-Meßkölbchen mit 50 ccm frisch ausgekochtem destilliertem Wasser verdünnt. Nach Zusatz eines Überschusses von neutraler Chlorbariumlösung und 1 ccm Phenolphthaleinlösung füllt man bis zur Marke auf und schüttelt kräftig

---

[1] Die Destillationsmethode wird z. B. auch von den Pfeilringwerken A.-G. und der Schiedsstelle, ,,Chem. Prüfungsamt f. d. Gewerbe, Abt. Glycerin'', Darmstadt, benutzt.
[2] O. Berth: Chem.-Ztg. **51**, 975 (1927).
[3] L. F. Hoyt u. P. C. Clark: Oil Fat Ind. **1931**, Heft 2, 59.

durch. Man pipettiert 50 ccm der klar abgesetzten Flüssigkeit ab und titriert mit
0,5-n HCl; den Alkaligehalt berechnet man als Prozent Na_2O.

b) **Asche**[1] **und Gesamtalkali** (I.S.M. und Wizöff). 2—5 g des Glycerinmusters werden in einer Platinschale[2] langsam abgeraucht. (Temperatur möglichst
unter 400⁰, um Bildung von Sulfiden und Verflüchtigung von Alkalien zu vermeiden.) Die verkohlte Masse wird mit heißem destillierten Wasser extrahiert,
filtriert und gewaschen. Rückstand und Filter verascht man in der Platinschale.
Filtrat und Waschwasser werden in derselben Schale auf dem Wasserbade eingedampft und so vorsichtig geglüht, daß die Masse nicht ins Schmelzen kommt.
Den gewogenen Rückstand löst man in Wasser und titriert das Gesamtalkali mit
0,1-n Säure in der Kälte mit Methylorange als Indicator. Berechnung des Gesamtalkalis als Prozent Na_2O.

c) **Als Carbonat vorhandenes Alkali** (I.S.M. und Wizöff). 10 g des
Glycerinmusters werden mit 50 ccm destilliertem Wasser verdünnt, mit etwas
mehr 0,5-n Säure (genau gemessen), als zur Neutralisation des Gesamtalkalis notwendig ist, am Rückflußkühler 15 min gekocht; das Kühlrohr wird mit kohlensäurefreiem, destilliertem Wasser ausgespült und der Säureüberschuß unter Zusatz
von Phenolphthalein mit 1,0-n NaOH zurücktitriert. Man berechnet den Prozentgehalt an Na_2O und zieht die Prozent Na_2O nach a) ab. Die Differenz entspricht
dem Gehalt an Carbonat, als Na_2O berechnet[3].

d) **An organische Säuren gebundenes Alkali** (I.S.M. und Wizöff). Die
Differenz Gesamtalkali — (Ätzalkali + Carbonatalkali) entspricht dem an organische
Säuren gebundenen Alkali.

e) **Säurebestimmung** (I.S.M. und Wizöff). 10 g des Glycerinmusters werden
mit 50 ccm kohlensäurefreiem destilliertem Wasser verdünnt und unter Zusatz
von Phenolphthalein mit 0,5-n NaOH titriert. Die Säuremenge wird durch die
Menge Na_2O in Gramm ausgedrückt, welche 100 g des Glycerinmusters neutralisieren.

f) **Gesamtrückstand bei 160⁰** (I.S.M. und Wizöff). Diese Bestimmung
dient hauptsächlich zur Ermittlung der Menge etwa anwesender Di- oder Polyglycerine zwecks Korrektur des in diesem Falle bei Anwendung des Acetin- oder
Bichromatverfahrens zu hoch gefundenen Glyceringehalts. Um einen Verlust an
organischen Säuren zu vermeiden, macht man das Rohglycerin mit Soda schwach
alkalisch, darf aber um die Neubildung von Polyglycerinen zu verhindern, eine
Alkalität von 0,2% Na_2O nicht überschreiten.

10 g des Musters werden in einem 100-ccm-Kölbchen mit etwas Wasser verdünnt, mit der zur Erzielung der richtigen Alkalität notwendigen Menge 1,0-n HCl
bzw. NaOH versetzt und auf 100 ccm aufgefüllt; der Inhalt wird durchgeschüttelt,
und 10 ccm desselben werden in eine gewogene Petrischale mit flachem Boden
von 6 cm Ø und 13 mm Tiefe gebracht. Bei Rohglycerinen mit abnorm hohem
organischen Rückstand muß eine geringere Menge abgedampft werden, so daß
das Gewicht des organischen Rückstandes (Gesamtrückstand — Asche) 30 bis
40 mg nicht wesentlich überschreitet.

Das **Abdampfen des Glycerins** erfolgt zunächst auf einem Wasserbad,
dann in einem Trockenschrank von 30 · 30 · 30 cm, auf dessen Boden zur besseren
Wärmeverteilung eine 18 mm starke Eisenplatte liegt; in halber Höhe befindet
sich ein mit Asbeststreifen belegter Zwischenboden, auf den man die Petrischale
mit der Glycerinlösung stellt. Wenn die Temperatur des Trockenschrankes bei
geschlossener Tür auf 160⁰ reguliert ist, so kann eine Temperatur von 130—140⁰

---

[1] Mitunter wird in der Technik auch die bequemere „Sulfatasche" durch
Abrauchen einer Probe Glycerin mit Schwefelsäure nach Richmond: Journ.
Soc. chem. Ind. 8, 7 (1889), bestimmt, deren Werte etwa 25% höher liegen als die
bei normaler Veraschung erhaltenen. Vizern: Chem.-Ztg. **13**, Rep. 339 (1889),
hält die Umrechnungsformel „Asche = 0,8 × Sulfatasche" für unzuverlässig.

[2] Statt der Platingeräte können auch solche aus Nickel oder Porzellan benutzt
werden.

[3] Hierbei ist vorausgesetzt, daß bei der Titration aus etwa vorhandener Seife
freigemachte Fettsäuren vollständig neutralisiert werden, was nur für die niederen
(wasserlöslichen) Säuren zutrifft. Bei Anwesenheit von Seifen höherer Fettsäuren
wird der Carbonatgehalt demnach zu hoch berechnet.

unschwer bei halboffener Tür erhalten werden. Sobald das Glycerin fast ganz verflüchtigt ist, so daß nur noch schwache Dünste abziehen, löst man nach dem Erkalten den Rückstand möglichst vollständig in 0,5—1 ccm Wasser. Die Schale wird dann wieder auf das Wasserbad oder auf den oberen Deckel des Trockenschrankes gestellt, bis das überflüssige Wasser nach 2—3 h verdunstet ist. Man beläßt sie dann 1 h lang im Trockenschrank von 160°, behandelt den Rückstand nach dem Abkühlen wie vorher mit Wasser und dunstet das Wasser wiederum ab. Der Rückstand wird nochmals 1 h lang bei 160° getrocknet, die Schale in einem Exsiccator abgekühlt und alsdann zur Wägung gebracht. Die Behandlung mit Wasser usw. wird so lange wiederholt, bis ein konstanter Verlust von 1—1,5 mg in 1 h eintritt.

Korrektionen. Bei sauren Glycerinen ist eine Korrektion für das zugesetzte Alkali anzubringen. Ein Zusatz von 1 ccm 1,0-n NaOH zu 10 g Glycerin entspricht einer Gewichtszunahme des Rückstandes ($^1/_{10}$ der Einwaage) von 0,0022 g; bei alkalischen Rohglycerinen muß man eine Korrektion für die zugegebene Säure anbringen, indem man die Gewichtszunahme, welche aus der Umwandlung des NaOH und Na_2CO_3 in NaCl hervorgeht, in Abzug bringt. Das korrigierte Gewicht, mit 100 multipliziert, ergibt den Prozentgehalt des Gesamtrückstandes bei 160°. Der Gesamtrückstand ist für die Bestimmung der nichtflüchtigen acetylierbaren Verunreinigungen (S. 842) aufzuheben.

g) Die Differenz zwischen dem Gesamtrückstande bei 160° und der Asche wird als organischer Rückstand (Polyglycerine, Fettsäuren, Eiweißstoffe u. dgl.) bezeichnet. Da die Alkalisalze der organischen Säuren beim Glühen in glühbeständige Carbonate umgewandelt werden, ist das so gebundene CO_2 nicht im organischen Rückstand enthalten.

h) Chloride, qualitativ und quantitativ durch Fällung der verdünnten salpetersauren Lösung mit $AgNO_3$.

i) Sulfide (Wizöff), qualitativ, nach Verdünnen der Probe auf etwa 10% Glycerin, mit Bleinitrat-Papier, evtl. nach Entfärben mit aktiver Kohle bei 60—70°. 0,01% Sulfid erzeugt einen dunkelgelben Fleck. 0,001% Sulfid läßt sich noch im Dampf der angesäuerten kochenden Probe mit $PbNO_3$-Papier nachweisen.

Quantitativ durch Verdünnen von 50 g mit HCl neutralisiertem Rohglycerin auf 500 ccm (frisch gekochtes Wasser) und Titration von 25 ccm der verdünnten entfärbten Probe mit 0,1-n Bleinitratlösung, bis 1 Tropfen der Reaktionsflüssigkeit auf Bleipapier keinen gelben Fleck mehr gibt.

k) Sulfite und Thiosulfate (Wizöff), qualitativ nach Fällung der verdünnten Probe mit $BaCl_2$: Thiosulfate (schon 0,001%) durch Trübung des klaren Filtrates nach Zusatz von HCl und $KMnO_4$; Sulfite durch Entfärbung von Jodstärke, wenn der ausgewaschene Barium-Niederschlag, mit wenig Wasser aufgeschlämmt, damit versetzt wird.

Quantitativ: Sulfite und Thiosulfate (einschließlich J-verbrauchender Verunreinigungen, z. B. Nitrite, Ferrosalze) zusammen durch Titration des Filtrates der quantitativen Sulfidbestimmung (siehe i) mit 0,1-n Jodlösung (Stärke als Indicator).

Roh-Thiosulfat allein durch Fällung einer zweiten, mit Bleinitrat titrierten Probe von 25 ccm der obigen Glycerinlösung mit $SrCl_2$ (Carbonate, Sulfite und Sulfate fallen aus), Filtration und Titration des Filtrates mit 0,1-n Jodlösung. Sulfit = Differenz beider Bestimmungen.

Der Wert für Thiosulfate wird bei Gegenwart J-verbrauchender Verunreinigungen zu hoch gefunden. Zur Korrektur fällt man wiederum 25 ccm der Glycerinlösung durch die genau erforderliche Menge alkalischer Bleilösung[1], filtriert, erhitzt das klare Filtrat mit etwas HCl auf 100°, wobei das Thiosulfat in SO_2 und S zersetzt wird, läßt erkalten, neutralisiert mit Na_2CO_3, setzt etwas $SrCl_2$ hinzu, filtriert nach 15 min Stehen neuerlich und titriert das Filtrat mit 0,1-n Jodlösung. Diese Titration ergibt den Gehalt an J-verbrauchenden Verunreinigungen, deren $Na_2S_2O_3$-Äquivalent von dem oben gefundenen Werte abzuziehen ist.

---

[1] Erhalten durch Zusatz von konz. KOH zur Lösung von 13,36 g $PbCO_3$ in verdünnter HNO_3, bis das ausgeschiedene $Pb(OH)_2$ wieder in Lösung gegangen ist, und Auffüllen auf 1 l.

Holde, Kohlenwasserstofföle. 7. Aufl. 54

l) **Sulfate**, qualitativ und quantitativ durch Fällung der verdünnten, angesäuerten Probe mit $BaCl_2$.

m) **Metalle**, Schwermetalle qualitativ durch H_2S, Eisen durch gelbes Blutlaugensalz; evtl. durch Prüfung der Asche auf Ca, Mg, Zn, Al, Pb, Cu usw., NH_3 am Geruch beim Erhitzen des unverdünnten Glycerins mit Lauge.

n) **Arsen** (als arsenige oder Arsensäure) weist man nach dem D.A.B. 6 durch Reduktion zu schwarzem As mit Natriumhypophosphit nach: 1 ccm Glycerin darf nach $1/_2$std. Erhitzen mit 3 ccm NaH_2PO_2-Lösung[1] im siedenden Wasserbade keine dunkle Färbung annehmen.

o) **Stärke**, qualitativ durch Fällung mit Alkohol und Blaufärbung des mit Alkohol gewaschenen Niederschlages mit Jod-Jodkaliumlösung.

p) **Zucker**, durch Prüfung der mit Bleiacetat gereinigten Proben im Polarisationsapparat. Traubenzucker, Rohrzucker und Sirup drehen nach rechts, Invertzucker, manche alten Sirupe nach links. Rohrzucker gibt mit Fehlingscher Lösung keine Abscheidungen von Cu_2O.

Quantitativ: 25 ccm der Probe werden, nötigenfalls nach Klärung mit Bleiessig und Filtration, mit Wasser auf genau 50 ccm verdünnt, 1 min im bedeckten Gefäß gekocht und nach Abkühlung auf 20^0 im 2-dm-Rohr polarisiert. Beträgt die abgelesene Drehung α Kreisgrade und sind an optisch aktiven Stoffen nur entweder Traubenzucker oder Rohrzucker zugegen, so enthält das Glycerinmuster in 100 ccm 1,894 α g Traubenzucker bzw. 1,504 α g Rohrzucker.

Bei gleichzeitiger Anwesenheit von Traubenzucker und Rohrzucker ist die Polarisation nach Inversion des Rohrzuckers zu wiederholen. Wegen der in diesem Falle ziemlich komplizierten Berechnung des Traubenzucker- und Rohrzuckergehalts sei auf Spezialwerke verwiesen[2].

q) **Milchsäure**, qualitativ nach Denigès[3] mit konz. H_2SO_4 und alkoholischer Guajacollösung durch die entstehende tief rosenrote, beständige Färbung.

r) **Fettsäuren**, niedere am Geruch beim Verreiben der Probe auf der Hand, höhere als in Äther lösliche Trübung beim Verdünnen und (soweit sie als Seifen vorlagen) Ansäuern der Probe.

s) **Rhodansalze** durch die Rotfärbung mit $FeCl_3$.

t) **Pflanzenschleime** durch Fällung mit Alkohol, Bleiessig, Anfärben der Fällung und Prüfung unter dem Mikroskop auf Zellfragmente.

u) **Äthylenglykol** liegt vor, wenn das spez. Gew. der Probe kleiner ist als das einer dem Wassergehalt der Probe entsprechenden Glycerinlösung. Größere Mengen Glykol können durch fraktionierte Destillation abgeschieden und bestimmt werden (s. auch S. 839).

v) **Trimethylenglykol**, häufig in Gärungsglycerinen, kann aber auch durch fermentative Prozesse aus Glycerin entstehen. Größere Mengen bestimmt man durch fraktionierte Destillation und Bestimmung des spez. Gew. des wasserfreien Vorlaufs der Destillation[4] oder nach Fachini und Somazzi[5] durch Bestimmung des scheinbaren Glyceringehalts nach der Bichromatmethode und gleichzeitige Bestimmung der hierbei gebildeten CO_2-Menge. Dieses Verfahren beruht darauf, daß 1 Mol Glycerin 3 Mol CO_2 liefert und 7 Atome O verbraucht, während 1 Mol Trimethylenglykol zur Bildung von ebenfalls 3 Mol CO_2 8 Atome O benötigt. Wie bei jedem indirekten Differenzverfahren haben hier kleine, innerhalb der normalen Versuchsfehler liegende Abweichungen der CO_2-Bestimmung und der Hehner-Steinfels-Bestimmung schon merklichen Einfluß auf die Resultate.

---

[1] 20 g NaH_2PO_2 + H_2O sind in 40 ccm H_2O zu lösen. Die Lösung läßt man in 180 ccm rauchende HCl einfließen und gießt sie nach dem Absetzen der sich ausscheidenden Krystalle klar ab. Die Lösung muß farblos sein.

[2] Siehe z. B. R. Frühling: Anleitung zur Untersuchung der für die Zuckerindustrie in Betracht kommenden Rohmaterialien, Produkte usw., S. 90/91, 6. Aufl. Braunschweig: F. Vieweg & Sohn, 1903.

[3] Denigès: Ztschr. Unters. Nahr.- u. Genußmittel **20**, 722 (1910); s. auch Hartwig und Saar: Chem.-Ztg. **43**, 322 (1921).

[4] C. A. Rojahn: Ber. **52**, 1454 (1919); spez. Gew. des Trimethylenglykols $d_{15}^{15} = 1,0573$; $Kp_{760} = 210$; C. A. Rojahn: Ztschr. analyt. Chem. **58**, 433 (1920).

[5] Fachini u. Somazzi: Ind. Olii minerali Grassi **3**, 49, 81 (1923); Ztschr. Dtsch. Öl-Fettind. **44**, 109 (1924); s. auch Holde: 6. Aufl., S. 652.

w) **Polyglycerine**, in dem bei 160° erhaltenen Rückstand durch Bestimmung des Acetylwertes nachweisbar, evtl. durch Extraktion des bei 160° nicht flüchtigen Rückstandes mit Alkohol oder Aceton isolierbar.

4. Besondere Prüfungsmethoden.

Dynamitglycerin wird außer nach S. 838 noch geprüft auf:

Verseifungszahl[1]. 100 g Glycerin werden mit 3 ccm 1,0-n NaOH und 200 ccm siedendem CO_2-freiem Wasser versetzt, im gut verschlossenen Kolben 1 h auf siedendem Wasserbade erhitzt, dann abgekühlt und mit 1,0-n HCl gegen Phenolphthalein titriert. Der Verbrauch an Na_2O darf 0,1% nicht überschreiten.

Probenitrierung, zur Ermittlung der Eignung des Glycerins zur Herstellung von Nitroglycerin, nach den Angaben der Dynamit-A.-G., vorm. **Alfred Nobel & Co.**[2]:

15 g Glycerin werden in einem weiten Glaszylinder mit etwa 120 g einer Mischung von 37% reiner HNO_3 ($d = 1,5$) und 63% reiner H_2SO_4 ($d = 1,845$) bei einer Temperatur nicht über 20° unter gutem Umrühren mit dem Thermometer nitriert, indem man das Glycerin sehr vorsichtig tropfenweise zur Nitriersäure zufließen läßt; dann wird die ganze Masse in einen Glaszylinder von 4 cm lichter Weite gebracht.

Das Nitroglycerin soll sich rasch so abscheiden, daß die Trennungsfläche scharf ist und besonders keine flockigen Abscheidungen auftreten. Tritt nach 5—10 min keine Trennung ein, so ist das Glycerin für die Nitrierung unbrauchbar. Die Nitroglycerin-Ausbeute in g ergibt sich angenähert durch Multiplikation des abgeschiedenen Nitroglycerin-Volumens bei 20° mit 1,6. Sie soll mindestens 200 Gew.-% des Glycerins (gewöhnlich 207—210%) betragen. Die theoretische Ausbeute von 246,7% ist wegen der Löslichkeit des Trinitrats in der Nitriersäure sowie infolge der Bildung von Mono- und Dinitrat nicht erzielbar.

Zur gefahrlosen Zerstörung des Nitroglycerins läßt man dasselbe von viel Kieselgur oder trockenen Sägespänen aufsaugen, bringt die Mischung im Freien zur Entzündung und läßt sie ruhig abbrennen.

Tabelle 182. Ausdehnung wässeriger Glycerinlösungen nach Gerlach[3]. (Durch Interpolation ergeben sich die Korrekturen für Dichtebestimmungen im Bereich 0—30°.)

Glycerin %	Volumen bei 0° C	Volumen bei 10° C	Volumen bei 20° C	Volumen bei 30° C
0	10000	10001,3	10016,0	10041,5
10	10000	10010	10030	10059
20	10000	10020	10045	10078
30	10000	10025	10058	10097
40	10000	10030	10067	10111
50	10000	10034	10076	10124
60	10000	10038	10084	10133
70	10000	10042	10091	10143
80	10000	10043	10092	10144
90	10000	10045	10095	10148
100	10000	10045	10100	10150

[1] **Nobel** Specification Nr. 21 D der Nobel's Explosives Company Ltd.
[2] Genaueres über die in der Sprengstoff-Industrie gebräuchlichen Methoden und Apparate s. **Berl-Lunge**: Chem.-Technische Untersuchungsmethoden, 8. Aufl., Bd. 3, S. 1182; Bd. 4, S. 590.
[3] **Gerlach**: Chemische Ind. **7**, 277 (1877).

Tabelle 183. Spezifisches Gewicht, Viscosität und Refraktion wässeriger Glycerinlösungen.

Glycerin %	Spez. Gew. nach Bosart u. Snoddy[1] d_{20}^{20}	Spez. Gew. nach Gerlach[2] d_{15}^{15}	Viscosität nach Kellner[3] E_{24}	Spez. Gew. nach Skalweit[4] d_{15}^{15}	Refraktion nach Skalweit[4] n_D^{15}
100	1,26362	1,2653	105,00	1,2650	1,4742
99	105	28	77,00	25	28
98	1,25845	02	64,75	00	12
97	585	1,2577	53,75	1,2575	1,4698
96	330	52	45,00	50	84
95	075	26	38,00	25	70
94	1,24810	01	32,35	1,2499	55
93	545	1,2476	27,65	73	40
92	280	51	23,50	47	25
91	020	25	20,00	21	10
90	1,23755	00	17,00	1,2395	1,4595
89	490	1,2373	14,70	68	80
88	220	46	12,85	41	65
87	1,22955	19	11,30	14	50
86	690	1,2292	10,00	1,2287	35
85	420	65	8,90	60	20
84	155	38	7,90	33	05
83	1,21890	11	7,20	06	1,4490
82	620	1,2184	6,50	1,2179	75
81	355	57	5,90	52	60
80	090	30	5,40	25	44
79	1,20815	02	5,00	1,2098	29
78	540	1,2074	4,62	71	14
77	270	46	4,28	44	1,4399
76	1,19995	18	3,95	17	84
75	720	1,1990	3,65	1,1990	69
74	450	62	3,40	63	54
73	175	34	3,15	36	39
72	1,18900	06	2,95	09	24
71	630	1,1878	2,75	1,1882	09
70	355	50	2,61	55	1,4295

Glycerin %	Spez. Gew. nach Bosart u. Snoddy[1] d_{20}^{20}	Spez. Gew. nach Gerlach[2] d_{15}^{15}	Spez. Gew. nach Skalweit[4] d_{15}^{15}	Refraktion nach Skalweit[4] n_D^{15}
69	1,18080	—	1,1827	1,4280
68	1,17805	—	1,1799	65
67	530	—	71	50
66	255	—	43	35
65	1,16980	1,1711	15	20
64	705	—	1,1686	05
63	430	—	57	1,4190
62	155	—	28	75
61	1,15875	—	1,1599	60
60	605	1,1570	70	44
59	325	—	42	29
58	050	—	14	14
57	1,14775	—	1,1486	1,4099
56	500	—	58	84
55	220	1,1430	30	69
54	1,13945	—	02	54
53	670	—	1,1374	39
52	395	—	46	24
51	120	—	18	10
50	1,12845	1,1290	1,1290	1,3996
45	1,11490	1,1155	1,1155	24
40	1,10135	1,1020	1,1020	1,3854
35	1,08805	1,0885	1,0885	1,3785
30	1,07470	1,0750	1,0750	15
25	1,06175	1,0620	1,0620	1,3647
20	1,04880	1,0490	1,0490	1,3581
15	1,03635	—	1,0365	16
10	1,02395	1,0245	1,0240	1,3452
5	1,01195	—	1,0120	1,3390
0	1,00000	1,0000	1,0000	1,3330

[1] L. W. Bosart u. A. O. Snoddy: Ind. engin. Chem. **19**, 506 (1927).

[2] Gerlach: Chemische Ind. **7**, 277 (1877); hier angegeben, da Kellner den Gehalt seiner — zu den Viscositätsmessungen verwendeten — Glycerine nach den Tabellen von Gerlach einstellte.

[3] Kellner: Ztschr. Dtsch. Öl-Fettind. **40**, 677 (1920); s. auch Herz u. Wegener: ebenda **45**, 401 (1925), und Cooks: Journ. Soc. chem. Ind. **48** T, 279 (1929), welche die Viscositäten 1—99,2 %iger Glycerinlösungen zwischen 1 und 100⁰ gemessen haben und sie im cgs-System als absolute Zähigkeit in Tabellen angeben.

[4] Skalweit: Rep. analyt. Chem. **5**, 18 (1885); 1% Glycerin entspricht bei 15⁰ ungefähr einer Änderung im spez. Gew. von 0,0024, in der Refraktion von 0,0012.

<table>
<tr><td colspan="2">Tabelle 184.
Korrekturen der
Brechungsexponenten[1].</td><td colspan="4">Tabelle 185.
Siedepunkte höchstkonzentrierter
Glycerine[3].</td></tr>
<tr><td>d_{15}^{15}</td><td>Für je 1°
Temperatur-
zunahme</td><td>Glycerin-
gehalt
%</td><td>Kp_{760}
° C</td><td>Glycerin-
gehalt
%</td><td>Kp_{760}
° C</td></tr>
<tr><td>1,00000</td><td>0,00008</td><td>100</td><td>290</td><td>97,5</td><td>185—186</td></tr>
<tr><td>1,11463</td><td>0,00021</td><td>99,95</td><td>283—284</td><td>97,0</td><td>178—179</td></tr>
<tr><td>1,16270</td><td>0,00022</td><td>99,5</td><td>243—244</td><td>96,5</td><td>171—172</td></tr>
<tr><td>1,19296</td><td>0,00023</td><td>99,0</td><td>224—225</td><td>96,0</td><td>167—168</td></tr>
<tr><td>1,24049</td><td>0,00025</td><td>98,5</td><td>207—208</td><td>95,5</td><td>163—164</td></tr>
<tr><td>1,25350[2]</td><td>0,00032[2]</td><td>98,0</td><td>195—196</td><td>95,0</td><td>160—161</td></tr>
</table>

Tabelle 186. Siedepunkte und Dampfspannungen wässeriger
Glycerinlösungen[4].

Gew.-% Glycerin	Kp_{760}	Verminderte Spannkraft gegen Wasser- dampf mm	Spannkraft mm	Gew.-% Glycerin	Kp_{760}	Verminderte Spannkraft gegen Wasser- dampf mm	Spannkraft mm
100	290	696	64	78	119	341	419
99	239	673	87	77	118,2	330	430
98	208	653	107	76	117,4	320	440
97	188	634	126	75	116,7	310	450
96	175	616	144	74	116	300	460
95	164	598	162	73	115,4	290	470
94	156	580	180	72	114,8	280	480
93	150	562	198	71	114,2	271	489
92	145	545	215	70	113,6	264	496
91	141	529	231	65	111,3	227	533
90	138	513	247	60	109	195	565
89	135	497	263	55	107,5	167	593
88	132,5	481	279	50	106	142	618
87	130,5	465	295	45	105	121	639
86	129	449	311	40	104	103	657
85	127,5	434	326	35	103,4	85	675
84	126	420	340	30	102,8	70	690
83	124,5	405	355	25	102,3	56	704
82	123	390	370	20	101,8	43	717
81	122	376	384	10	100,9	20	740
80	121	364	396	0	100	0	760
79	120	352	408				

The header "Spannkraft der Dämpfe von Glycerinlösungen bei 100° C" spans the two columns "Verminderte Spannkraft gegen Wasserdampf mm" and "Spannkraft mm" on each side.

[1] Nach van der Willigen, vgl. Benedikt-Ulzer: Analyse, 4. Aufl., S. 465. 1903 (Originalangabe war nicht feststellbar).

[2] Nach Listing: Poggendorffs Ann. **137**, 487 (1869).

[3] Von Grün u. Wirth: l. c., nach der Methode von Schleiermacher: Ber. **24**, 994 (1891), bestimmt. Für weniger genaue Bestimmungen ist die Methode von Emmich: Monatsh. Chem. **38**, 219 (1917), sehr gut geeignet.

[4] Gerlach: Ztschr. analyt. Chem. **10**, 110 (1885); nach Grün: Analyse, Bd. 1, S. 522, sind die Werte für Glycerine von 95—99% zu hoch.

E. Seifen.

I. Technologisches [1].

(Unter Mitwirkung von J. Davidsohn.)

1. Haus- und Toiletteseifen.

Seifen, d. h. die Alkalisalze der höheren Fett- bzw. Harzsäuren, werden durch Versieden oder kalte Verseifung von Fetten. Fett- bzw. Harzsäuren mit starken Laugen bzw. Soda und Pottasche gewonnen; die Gewinnung der Natronseifen aus den Fettsäuren wird bevorzugt, weil hierbei das Ätznatron größtenteils durch die billigere Soda ersetzt werden kann und weil bei der vorhergehenden Spaltung der Fette im Autoklaven, nach Twitchell oder durch Enzyme (s. S. 829) gleichzeitig ein verhältnismäßig reines Glycerin anfällt.

Als Rohmaterialien zur Seifenfabrikation dienen fast alle pflanzlichen und tierischen Fette, jedoch benutzt man außer für Toilette- und medizinische Seifen meistens nur billigere Fette und Harze sowie gehärtete Öle; diese haben sich aber für Toiletteseifen im allgemeinen nicht bewährt, weil sie das Parfüm beim Lagern angreifen können. Je niedriger die Jodzahl eines Fettes ist, um so geeigneter ist es zur Bereitung harter Seifen; je höher die Jodzahl, um so geeigneter ist es zur Schmierseifenfabrikation, insbesondere für sog. glatte Schmierseifen (Leinöl und Sojabohnenöl). Fette mit zu hohem Gehalt an Oxysäuren sind für die Kernseifenfabrikation ungeeignet, da die Alkaliseifen der Oxysäuren sich nicht aussalzen lassen und in der Unterlauge verbleiben. Harz (Kolophonium) wird den Ansätzen für Hausseifen in der Regel in Mengen von 10—30%, denjenigen für Toiletteseifen nur ab und zu in kleineren Mengen (1—2%) zur Verbesserung der Schaumkraft und Lagerbeständigkeit der Seife zugesetzt. Naphthensäuren werden in Rußland häufig bei der Herstellung von Riegelseifen mitverwendet. Zusätze oxydierter (geblasener), polymerisierter, halogenierter oder sulfonierter Fette bzw. Fettsäuren zum Fettansatz sollen die Schaumkraft der Seife verbessern [2], während Zumischung freier Oxysäuren (z. B. Ricinusölsäure) oder sulfonierter Fettsäuren zur fertigen Seife dieser zugesetzte oxydierende Medikamente oder Kosmetica (Perborate, Peroxyde, Quecksilberoxycyanid, Silberkaliumcyanid) gegen Reduktion durch die ungesättigten Fettsäuren der Seife schützen [3], sowie die desinfizierende Wirksamkeit von Phenol- (Kresol-) seifen dauernd erhalten soll [4].

Nach der Herstellung unterscheidet man als Haupttypen ausgesalzene oder Kernseifen und nicht ausgesalzene oder Leimseifen, deren Fettrohstoffe analog als Kernfette und Leimfette bezeichnet werden. Kernfette (Talg, Schmalz, Olivenöl, Erdnußöl, Cottonöl, Rüböl u. dgl.) enthalten überwiegend höhere Fettsäuren (mindestens $C_{16} = $ Palmitinsäure, hauptsächlich $C_{18} = $ Stearin-, Öl- und Linolsäure), deren Natronseifen in Kochsalzlösung oder Natronlauge sehr schwer löslich sind und daher schon durch schwache, etwa 5—6%ige Salzlösungen vollständig ausgesalzen werden. Leimfette (Cocosfett, Palmkernfett) enthalten dagegen viel niedere Fettsäuren ($C_6 = $ Capronsäure bis $C_{12} = $ Laurinsäure), deren Natronseifen zur

---

[1] Ubbelohde-Goldschmidt: 2. Aufl., Bd. 3, S. 222f.; W. Schrauth: Handbuch der Seifenfabrikation, 6. Aufl. 1927; J. Davidsohn: Lehrbuch der Seifenfabrikation, 1928.

[2] J. Leimdörfer: Seifensieder-Ztg. 46, 318, 339 (1919).

[3] W. Schrauth: D.R.P. 275171 (1912).

[4] W. Schrauth: D.R.P. 275172 (1913); Seifensieder-Ztg. 40, 1298 (1913).

Aussalzung eine viel höhere Elektrolytkonzentration („Grenzlaugenkonzentration"), z. B. 20—24% NaCl, erfordern. Noch schwerer aussalzbar sind die Naphthenseifen, und die durch Verseifung des Ricinusöls erhaltene Natronseife läßt sich durch Kochsalz überhaupt nicht, durch Natronlauge erst bei sehr hoher Elektrolytkonzentration (25,8% NaOH) aussalzen[1] (vgl. auch S. 861).

Zur Herstellung der Kernseifen (Natronseifen) kocht man den „Fettansatz" (Kernfett, je nach den Umständen unter Zusatz von Leimfett und Harz) in eisernen Kesseln mit nicht zu starker, etwa 10—18%iger Natronlauge bis zur Verseifung und fällt aus dem entstandenen „Leim" die Seife durch Zusatz von Kochsalz als auf der „Unterlauge" schwimmenden, in der Hitze flüssigen „Kern" aus.

Die heute nur noch in geringem Umfang, vorzugsweise aus Talg (Talgkernseife), Palmfett oder Knochenfett (Berliner Oberschalseife) hergestellten, „auf Unterlauge" gesottenen Kernseifen werden vollständig ausgesalzen; dann wird der zunächst noch schaumige Kern nach Ablassen eines Teiles der Unterlauge durch weiteres Erhitzen geklärt („Klarsieden") und nach vollständigem Absitzen der Unterlauge (24 h) in Formen oder Kühlpressen übergeführt. In frischem Zustand enthalten auf Unterlauge gesottene Kernseifen 62—64% Fettsäuren und bis 1% Salz.

Die wegen ihrer größeren Geschmeidigkeit und ihres besseren Schaumvermögens in neuerer Zeit bevorzugten, unter Mitverwendung von 40—70% „Leimfetten" (Cocos-, Palmkernfett) hergestellten Kernseifen „auf Leimniederschlag" werden entweder von vornherein nur unvollständig ausgesalzen (z. B. die allerdings nur aus Olivenöl u. ä. ohne Zusatz von Leimfetten hergestellte Marseiller[2] Seife), oder der zunächst vollständig ausgesalzene Kern wird nach Abtrennen der Unterlauge, welche den größten Teil der Verunreinigungen der Rohstoffe enthält, „geschliffen", d. h. nochmals mit verdünnter Kochsalzlösung oder 1—2%iger Natronlauge aufgekocht, wobei er teilweise wieder in Lösung geht. Der über dieser meistens dunklen, im Vergleich zum Kern dünnflüssigen, beim Erkalten gallertartig erstarrenden Lösung, dem sog. „Leimniederschlag" abgesetzte „geschliffene" Kern ist reiner, homogener und salzärmer, dafür aber wasserreicher (Fettsäuregehalt 60—62%) als der „stramm ausgesalzene", auf Unterlauge gesottene Kern. Ein etwaiger höherer Fettsäuregehalt wird mitunter durch „Füllen" des Kerns mit Salzlösungen, meistens Wasserglas, um einige Prozente (zulässiger Mindestgehalt 60% Fettsäure) herabgedrückt, jedoch dürfen so gefüllte Seifen nicht mehr als „reine Kernseifen" bezeichnet werden (vgl. Lieferungsbedingungen, S. 868). Das im Leimniederschlag enthaltene Alkali (Ätznatron und Soda), wird, wie übrigens auch das Alkali der Unterlauge, nach Abtrennen des Kerns durch Kochen mit freien Fettsäuren oder Harz „ausgestochen", d. h. in Seife übergeführt, die, nötigenfalls durch weiteren Salzzusatz, gemeinsam mit der im Leimniederschlag gelösten Seife als Kern ausgesalzen und bei einem neuen Sud mitverwendet wird. Die ausgestochene Unterlauge wird, wenn Neutralfette versotten wurden, auf Glycerin aufgearbeitet (s. S. 835).

Der fertige, noch flüssige Kern wird aus dem Kessel in Kühlkästen (Seifenformen) oder bei moderneren Betrieben in wassergekühlte Plattenkühlpressen gepumpt; in letzeren erstarrt die Seife in $^1/_2$—$^3/_4$ h, in ersteren je nach der Außentemperatur erst in mehreren Tagen bis Wochen. Die erstarrten Blöcke bzw. Platten werden mittels drahtbespannter Rahmen in Riegel und diese ebenso in Stücke geschnitten, die getrocknet und in der Regel noch zur Erzielung bestimmter Formen und zur Einprägung eines Firmenzeichens od. dgl. gepreßt werden.

Die zur Herstellung „pilierter" Toiletteseifen dienende „Grundseife" ist eine aus besonders hochwertigen hellen Fetten (Talg, Schmalz, Cocosfett, Pferdefett,

---

[1] J. Leimdörfer: Seifensieder-Ztg. **46**, 273 (1919).

[2] Die Marseiller Seife wird nicht eigentlich auf „Leimniederschlag", sondern auf „schwach verleimter Unterlauge" hergestellt, sie nimmt also eine Zwischenstellung zwischen den auf „Unterlauge" und auf „Leimniederschlag" gesottenen Seifen ein.

Stearin), meist ohne Harzzusatz bereitete, gut geschliffene und besonders sorgfältig auf Neutralität[1] abgerichtete Kernseife. Sie wird in dünnen Spänen bei 45
bis 55⁰ getrocknet, bis der Fettsäuregehalt auf etwa 78% gestiegen ist, dann
mit Parfüm, Farbstoffen, evtl. sog. „Überfettungsmitteln" (z. B. Lanolin, Neosapin,
Cereps, Vaselin), bei medizinischen Seifen auch mit medikamentösen Zusätzen
vermischt und durch Walzenmaschinen (Piliermaschinen, Broyeusen) zu feinen
Blättern gewalzt, die in einer Strangpresse (Peloteuse) zu einem kompakten
zylindrischen Strang gepreßt werden. Letzterer wird fortlaufend in gleich große
Stücke zerschnitten, die auf besonderen Pressen in die endgültige Form gestanzt
werden.

Die Überfettungsmittel machen die Seife geschmeidiger (Verhinderung des
Rissigwerdens beim Pressen) und zarter, indem sie den Einfluß des beim Waschen
hydrolytisch abgespaltenen Alkalis auf die Haut mildern.

Die seit einigen Jahren viel benutzten Seifenflocken sind nichts anderes
als pilierte, sehr gut getrocknete Grundseifen, die aber nach dem Auswalzen
zu ganz dünnen Blättern mittels besonders eng gestellter Piliermaschinen nicht
mehr in die Strangpresse gelangen, sondern gleich durch Stachelwalzen in kleine
Blättchen zerbrochen werden.

Reine Kalikernseifen werden technisch nicht hergestellt, da die Kaliseifen
im allgemeinen zu leicht löslich sind, um sich in der üblichen Weise aussalzen zu
lassen. Nach Legradi[2] können aber aus Talg sowie aus Sulfuröl durch Verseifen
mit Kalilauge und Aussalzen mit Kaliumacetat reine, Silberfluß — nach
Leimdörfer das charakteristische Kennzeichen echter Kernseifen — aufweisende
Kalikernseifen erhalten werden. Gemischte Kali-Natronkernseifen liegen in
den meisten Rasierseifen vor, welche durch Verseifung besonders stearinreicher
Fettansätze mit einem Gemisch von Kali- und Natronlauge dargestellt werden.
Die Anwesenheit der Kaliseife erhöht die Schaumkraft dieser Seifen und bewirkt
insbesondere die Bildung eines kleinblasigen, lange anhaltenden Schaumes. Auch
durch Aussalzen eines reinen Kaliseifenleims mittels NaCl erhält man einen aus
Kali- und Natronseifen gemischten Kern.

Leimseifen werden sowohl als weiche Kali- oder Kali-Natronseifen (Schmierseifen, flüssige Seifen) wie als harte Natronseifen (kaltgerührte oder halbwarm
bereitete Seifen) durch Verseifen der Fette mit starken (23—33%igen) Laugen
hergestellt; da keine Abtrennung der Unterlauge erfolgt, so enthalten sie das gesamte abgespaltene Glycerin, sofern Neutralfette und nicht nur freie Fettsäuren
verarbeitet wurden, ferner überschüssige Lauge (Schmierseifen) oder unverseiftes
Fett (kaltgerührte Seifen), Salze (als Füllmittel), ziemlich viel Wasser, sowie alle
Verunreinigungen der Ausgangsmaterialien. Harte, vielfach als Toiletteseifen
verwendete Leimseifen erfordern daher zur Herstellung wesentlich reinere und
hellere Fette als Kernseifen, bei welchen die Verunreinigungen mit der Unterlauge
entfernt werden. Bei Schmierseifen stört die dunklere, hell- bis dunkelbraune
Farbe weniger; eine gewisse Aufhellung ist auch durch chemische, reduzierende
($Na_2S_2O_4$) oder oxydierende (H_2O_2, Persulfate, weniger gut Hypochlorite) Bleichmittel möglich.

Für glatte (transparente) Schmierseifen verwendet man vorzugsweise
Leinöl und Sojaöl oder deren Fettsäuren (Raffinationsfettsäuren), für gekörnte
Seifen (Alabaster-, Elainseife) daneben einen erheblichen Prozentsatz (40—70%)
stearinreicher Fette (z. B. Talg, Palmfett, Pferdefett, auch Cottonöl) und ausschließlich Kalilauge bzw. Kaliumcarbonatlösung (keine Zusätze von Natronlauge
oder Soda); das „Korn" entsteht durch Auskrystallisieren von Kaliumpalmitat
und -stearat in dem transparent bleibenden, aus ölsaurem, linolsaurem usw. Kali
bestehenden „Grund". Undurchsichtige weiße Schmierseifen, sog. Silberseifen,
werden mit einer Mischung von Kali- und Natronlauge hauptsächlich aus Talg,
Schmalz, Cottonöl, Erdnußöl mit nur geringen Mengen (bis 30%) Leinöl oder Sojaöl

---

[1] Ein ganz geringer Alkaliüberschuß (0,08—0,18%) ist nicht nur unschädlich,
weil er beim nachfolgenden Trocknen der Späne durch die Luftkohlensäure ohnehin größtenteils in Carbonat verwandelt wird, sondern er gilt sogar vielfach im
Interesse der Lagerbeständigkeit der Seife als erwünscht.

[2] Legradi: Ztschr. Dtsch. Öl-Fettind. **41**, 809 (1921); Seifensieder-Ztg. **49**,
238, 507 (1922).

hergestellt; die auskrystallisierenden Natronseifen geben der Seife Silber- oder Seidenglanz. Die Schmierseifen enthalten beträchtliche Mengen Wasser sowie meist sog. Füllstoffe (Kaliumchlorid, Pottasche u. ä.), welche zur Einstellung der gewünschten Konsistenz zugesetzt werden; der Fettsäuregehalt beträgt nur etwa 38—40% (untere zulässige Grenze 38%, vgl. S. 868).

Flüssige Seifen zum Füllen der Seifenspender, Haarwaschseifen u. dgl. sind 5—30%ige Kaliseifenlösungen, die mit Rücksicht auf die erforderliche Löslichkeit der Seife fast ausschließlich aus Cocosfett, Palmkernfett und Ricinusöl hergestellt und zur Erzielung der von den Verbrauchern gewünschten Viscosität bei niedrigem Fettsäuregehalt mit Chlorkalium, Zucker und Glycerin verdickt werden. Auch Lösungen glatter Leinölschmierseifen sind nach entsprechender Parfümierung verwendbar.

Harte Leimseifen werden entweder als kaltgerührte Seifen (besonders als billige Toiletteseifen) aus den sehr leicht verseifbaren reinen Leimfetten bzw. Mischungen von Leimfetten mit wenig Talg, Schmalz od. dgl. durch Verrühren des etwas über seinen Schmelzpunkt erwärmten Fettgemisches (35—40⁰) mit etwa 50% 32%iger Natronlauge oder auf sog. halbwarmem Wege unter Mitverwendung größerer Mengen Kernfett (Talg, Knochenfett, Tranhartfett) sowie bis etwa 25% Harz durch Verseifung mit Natronlauge bei etwa 75—80⁰ hergestellt. Auch billigere Rasierseifen werden unter Anwendung eines Gemisches von Kali- und Natronlauge als Leimseifen auf kaltem oder halbwarmem Wege erzeugt. Der Fettsäuregehalt der reinen harten Leimseifen ist ebenso hoch wie bei gewöhnlichen Kernseifen, er kann aber durch „Füllen" mit Kochsalz, Wasserglas, Pottasche u. dgl. auf 25 bis 40%, bei sog. „Streckseifen" sogar bis unter 10% herabgedrückt werden. Die kaltgerührten Seifen werden üblicherweise mit weniger als der berechneten Menge Lauge hergestellt und enthalten daher unverseiftes Fett[1]. Bei Verwendung der genau berechneten Laugenmenge kann man aber auch völlig neutrale und von unverseiftem Fett freie Seifen auf kaltem Wege herstellen[2].

Schwimmseifen (Badeseifen) werden meist durch Einrühren von Luft in die halbfeste Seife als spezifisch leichte, auf Wasser schwimmende Produkte erhalten.

Marmorierte Seife erhält man, wenn die auf recht konz. Unterlauge hergestellte Kernseife bei möglichst tiefer Temperatur aus dem Kessel gebracht wird; die in bedeutender Menge adsorbierten anorganischen Salze geben dann beim Erkalten Homogenitätsstörungen, da die erkaltete Seife bereits zu viscos ist, um sich noch in zwei scharfe Schichten trennen zu können. In ähnlicher Weise entsteht in den Eschweger oder Halbkernseifen, einem Seifenleim von 50% Fettsäuregehalt, durch den Elektrolytgehalt erst beim Erkalten der Seife in der Form durch partielle Aussalzung eine charakteristische Inhomogenität. Die Marmorierung der Eschweger Seife wird durch Farbstoffe, z. B. Ultramarin u. dgl., besonders hervorgehoben. Die billigen marmorierten Seifen sind Cocosseifen, die mit Wasserglas auf 15—20% Fettsäuregehalt gestreckt wurden.

Transparentseifen, sog. Glycerinseifen, sind Leimseifen, bei denen durch Zusatz von Glycerin, Alkohol oder Zucker einer Vergrößerung der Kolloidteilchengröße entgegengewirkt und die Krystallisation gehemmt wird, so daß die Seife durchsichtig bleibt.

Gepulverte Seife (nicht zu verwechseln mit gewöhnlichem Seifenpulver, S. 890) wird entweder durch Mahlen (Zerreiben) reiner, sehr trockener Seife oder durch Zerstäubungstrocknung konz. Seifenlösungen erhalten.

2. Textilseifen[3].

Diese Seifen dienen teils als Schmierseifen, teils als Riegelseifen zur Wollwäscherei, zum Walkprozeß, zur Entbastung der Rohseide, zur chemischen

---

[1] Nach K. L. Weber: Seifensieder-Ztg. 48, 3, 22 (1921), in Form von Di- und Monoglyceriden; Davidsohn u. Better: Fettchem. Umschau 40, 29 (1933), fanden in dem unverseiften Fett außerdem freie Fettsäuren.

[2] Davidsohn: Seifensieder-Ztg. 54, 547 (1927).

[3] Ubbelohde-Goldschmidt: 2. Aufl., Bd. 3, 2. Abt., S. 605; Herbig: Die Öle und Fette in der Textilindustrie, 2. Aufl., S. 142f. Stuttgart 1929.

Wäscherei, Färberei und Druckerei der Baumwolle, Wolle, Seide usw. Reinheit (Abwesenheit von Füllstoffen, auch von Harzseifen) ist wichtig, während das Aussehen eine untergeordnete Rolle spielt.

a) Seifen für Wollwäscherei, zur Entfernung des Wollschweißfettes und des Schmutzes aus der mit Wasser vorgewaschenen Schafwolle, sind gewöhnlich reine Kaliseifen oder Kali-Natronseifen, die in Rücksicht auf die Empfindlichkeit der obersten Schuppenschicht der Wolle nur wenig freies Ätzalkali enthalten dürfen.

Entsprechend der Anforderung, daß sich diese Seifen leicht in Wasser lösen, einen niedrigen Trübungspunkt und gutes Schaumvermögen haben sollen, und daß sie sich leicht aus der Wollfaser herauswaschen lassen müssen, sind am geeignetsten Oleinkali- oder auch Sulfurölseifen (aus Sulfuröl rein oder mit gleicher Menge Olein und Arachisöl). Auch feste Kaliseifen sind vielfach in Gebrauch, Seifen organischer Basen (z. B. Triäthanolamin) sollen besonders geeignet sein (s. u.).

Außer reinen Seifen werden auch Mischungen von organischen Fettlösungsmitteln, wie gechlorten Kohlenwasserstoffen, Tetralin, Dekalin, Hexalin, Methylhexalin (s. S. 578) mit Seifenlösungen zur Reinigung der Wolle empfohlen[1]. Hexalin und Methylhexalin sind wegen ihres Alkoholcharakters zwar nicht mehr alkali-, aber seifenlöslich, z. B. löst Oleinalkaliseife mit 25% Wasser beliebige Mengen Hexalin[2]. Hexalin und Methylhexalin sollen auch Ca- und Mg-seifen lösen, so daß die mit diesen Lösungsmitteln hergestellten Seifen auch in kalkhaltigem Wasser völlig löslich sein sollen und deshalb für Textilzwecke besonders empfohlen werden, zumal sie auch Mineralöle leicht lösen. Das Schaumvermögen der Seifen wird erst durch größere Zusätze von Hexalin bzw. Methylhexalin wahrscheinlich dadurch beeinträchtigt, daß sie als Alkohole die Hydrolyse zurückdrängen.

Gegenüber den erwähnten Vorzügen[3] dieser sog. „Lösungsmittelseifen" wird allerdings auch auf die Giftigkeit mehrerer der genannten Fettlösungsmittel, insbesondere der gechlorten Kohlenwasserstoffe hingewiesen[4], welche aber nach anderer Ansicht unbedenklich sein sollen[5].

b) Die Seifen für den Walkprozeß sind dessen drei Phasen angepaßt. Für die Vorwäsche („Lodenwäsche", „Entgerben"), in der das vom Spinnprozeß herrührende Schmälzöl aus der Wolle gewaschen werden soll, sind ölsaure Alkaliseifen mit tiefem Trübungspunkt (unterhalb 10⁰) geeignet. Kammgarn behandelt man mit reinen Seifenlösungen, Streichgarn mit sodahaltigen. Die Walke selbst erfordert Seifen, die neben der Waschwirkung in erster Linie die Wolle verfilzende Eigenschaften zeigen. Die 9—11%igen Seifenlösungen sollen bei der Walktemperatur (20—30⁰ bei der Kaltwalke, höher bei der Warmwalke) in der Regel möglichst viscose, halbfeste Massen (Schlichten) darstellen und werden daher vorwiegend aus festen Fetten (Talg, Knochenfett, Walkfett, Palm- oder Palmkernfett u. a.) hergestellt. Für bestimmte Zwecke benutzt man auch feste Natrontalgseifen, hauptsächlich aber feste Kaliseifen, z. B. Ökonomieseife[6], oder Natron-Kaliseifen. Werden Schlichten von dünner Konsistenz verlangt, so werden entsprechend stearinarme Fette verwendet.

Unverseifbare Stoffe (z. B. aus Wollfett), die bei der Nachwäsche nicht sorgfältig entfernt werden, können Fehler beim Färben (Flecken-, Wolkenbildung) verursachen; auch Tran- oder Leinölfettsäuren sind im Ansatz zu vermeiden, da es meist sehr schwer ist, in der Nachwäsche den unangenehmen Geruch aus dem Walkgut zu bringen. Alkalität der Seifen ist möglichst zu vermeiden; nur für nicht vorgewaschenes Material, in der sog. Fettwalke, werden stärker alkalische Seifen verwandt. Für die Nachwäsche, also zum Herauswaschen der Walkseifen benutzt man ähnliche Seifen wie für die Vorwäsche.

---

[1] W. Schrauth: Ztschr. Dtsch. Öl-Fettind. **41**, 129, 587 (1921); Ztschr. angew. Chem. **35**, 25 (1922); Welwart: Chem.-Ztg. **47**, 727 (1923).

[2] Hueter: Ztschr. Dtsch. Öl-Fettind. **41**, 534 (1921).

[3] Herbig: l. c.; Ztschr. ges. Textilind. **1921**, 224, 434; Krings: Seifensieder-Ztg. **49**, 190, 205 (1922).

[4] L. Lewin: Ztschr. Dtsch. Öl-Fettind. **40**, 421, 439 (1920).

[5] Vgl. Herbig: ebenda **41**, 790 (1921).

[6] Vgl. H. Liebe: Seifensieder-Ztg. **37**, 700 (1910).

c) Seifen zum Entbasten der Seide müssen leicht löslich, absolut neutral ($< 0,03\%$ Na_2O) und frei von fremden unverseifbaren Stoffen, unverseiftem Fett und Harz[1] sein. Am besten bewähren sich aus reinem Olivenöl (Sulfuröl) hergestellte Marseiller Seifen (s. S. 855).

d) In der chemischen Wäscherei werden außer Marseiller Seifen[2], Schmierseifen und Türkischrotölseifen vielfach mit Fettlösungsmitteln versetzte Seifen (Benzitseife, Tetrapol u. dgl.), zum Waschen empfindlicher Wolle und Seide Gallseifen[3] und Saponinlösungen (s. S. 892) verwendet.

Wegen des schwierigen, in Gewebe und Färbung wechselnden Arbeitsgutes müssen die Seifen sorgfältig dem jeweiligen Zweck angepaßt sein. Besonders geeignet sind die Benzinseifen[4], das sind durch Zusatz von Ölsäure benzinlöslich gemachte Alkali- (auch Ammoniak-) seifen von flüssiger bis fester Konsistenz. Der Seifenzusatz beseitigt zugleich auch die elektrische Erregbarkeit des Waschbenzins (s. S. 202); weitere Beimischungen zu diesen Seifen sind Essigester, Tri, Tetra, auch Anilin.

Fleckwässer sind meist Gemische von Fettlösungsmitteln mit Ammoniak, zuweilen auch mit ölsaurem Alkali (namentlich Ammoniak); Seifen aus Fettsäuren und organischen Basen, besonders solche aus Triäthanolamin[5] sind in organischen Lösungsmitteln löslich und wirken als besonders gute Emulsionsträger.

e) Seifen für Baumwoll- und Seidenfärberei und -druck erfüllen die verschiedensten Funktionen [Beizen, Avivieren, Erzeugung der Echtheit (Reibechtheit) der Färbung, Auswaschen u. a.]; in der Wollfärberei sind sie von geringerer Bedeutung. Neben Marseiller Seifen (s. o.) und Türkischrotölseifen (s. S. 901) sind auch Ökonomieseife, Schmierseifen u. dgl. in Gebrauch.

Die als „saure Seifen" bezeichneten halbseitigen Säureamide von disubstituiertem Äthylendiamin und höheren Fettsäuren[6], die mit Säuren lösliche, neutrale Salze von Seifencharakter bilden, zeigen in sauren Lösungen noch in einer Verdünnung von 1 : 2 000 000 ein deutliches Schäumen und werden durch Erdalkaliund Schwermetallsalze nicht ausgefällt. Sie sollen daher zur Behandlung (Reinigung, Färbung) alkaliempfindlicher Stoffe in saurer Lösung sowie bei Verwendung von hartem Wasser geeignet sein. Das Derivat der Ölsäure wird Sapamin genannt.

II. Kolloide Natur und Hydrolyse wässeriger Seifenlösungen[7].

(Unter Mitwirkung von W. Bachmann.)

Die echte krystalloide Löslichkeit von Seifen in Wasser ist nur sehr gering. Z. B. fand Leeten[8] für Natriumpalmitat nur eine „echte"

[1] Seifen aus Sulfurölen zeigen einen Gehalt an natürlichen Harzstoffen von 2—4% der Fettsäuren [Stadlinger: Seifenfabrikant **34**, 837 (1914)], mitunter sogar bis 15%: A. Besson: Chem.-Ztg. **36**, 814 (1912); R. Schwarz: ebenda **37**, 752 (1913); vgl. auch Welwart: Seifensieder-Ztg. **41**, 615 (1914).

[2] F. Goldschmidt: ebenda **37**, 487 (1910); **38**, 26 (1911); J. Davidsohn: ebenda **42**, 432 (1915).

[3] H. Meyer: ebenda **42**, 479 (1915); vgl. auch Ztschr. Dtsch. Öl-Fettind. **40**, 683 (1920).

[4] Eisenstein: Seifenfabrikant **25**, 997 (1905); R. Wegener: Seifensieder-Ztg. **44**, 233 (1917).

[5] A. L. Wilson: Ind. engin. Chem. **22**, 143 (1930); N. D. Harvey jr. u. E. W. Reid: Amer. Dyestuff Reporter **19**, 77 (1930); N. D. Harvey jr.: ebenda **19**, 185 (1930); Trusler: Seifensieder-Ztg. **58**, 19 (1931); M. Naphtali: Dtsch. Parfümerieztg. **15**, 509 (1929).

[6] Hartmann u. Kägi: Ztschr. angew. Chem. **41**, 127 (1928).

[7] Literatur: Merklen: Die Kernseifen, übers. v. F. Goldschmidt. Halle 1907; Th. Richert: Über das Aussalzen von Seifen. Diss. Karlsruhe 1911; Ausführliche Darstellungen der physikalischen und Kolloidchemie der Seifen, s. E. L. Lederer in Ubbelohde-Goldschmidt: Handbuch, Bd. 3, 2. Aufl., sowie E. L. Lederer: Kolloidchemie der Seifen. Dresden u. Leipzig: Theodor Steinkopff 1932.

[8] Leeten: Ztschr. Dtsch. Öl-Fettind. **43**, 50 (1923).

Löslichkeit von $24 \cdot 10^{-5}$ Mol im Liter Wasser bei 18^0, Kratz[1] für Natriumstearat sogar nur $10 \cdot 10^{-5}$ Mol im Liter. Aber auch dies dürfte nach Lederer[2] nur als obere Grenze der Löslichkeit anzusprechen sein, da z. B. getrocknetes Natriumstearat an Wasser wohl Alkali, aber kaum Fettsäure abgibt. Auch die von Mikumo[3] festgestellten, etwas höheren echten Löslichkeiten (in 10^{-5} Mol im Liter bei 20^0): Myristat 480, Palmitat 48—52, Stearat 9—14, Arachinat 13—14, Behenat 12—15, ändern nichts an der Tatsache, daß sich in einer wässerigen Seifen-„lösung" die Hauptmenge der zerteilten Substanz jedenfalls in kolloider Form vorfindet.

Die schon in einigen älteren Arbeiten[4] zum Ausdruck gekommene kolloidchemische Betrachtungsweise wurde namentlich durch die Untersuchungen F. Goldschmidts und seiner Mitarbeiter[5] gefördert. Zur Gewißheit wurde der Kolloidcharakter von Seifenlösungen dann auf Grund zahlreicher Arbeiten neuerer Zeit[6], die bestätigen, daß die wässerigen Alkalisalzlösungen der höheren und mittleren Fettsäuren, etwa vom Heptylat bzw. Caprylat an aufwärts, mit der Länge der Kohlenstoffkette in wachsendem Maße Neigung zur Kolloidbildung aufweisen und den Seifencharakter immer deutlicher hervortreten lassen. Beim Caprylat läßt sich nach der Goldzahlmethode[7] bereits eine Schutzwirkung (stabilisierende Wirkung auf Goldhydrosol) nachweisen. Auch zeigt es die für die eigentlichen Seifen charakteristische Waschwirkung, welche übrigens schon beim capronsauren Kalium merklich ist. Interessante Rückschlüsse auf den Kolloidgehalt wässeriger Lösungen der fettsauren Natriumsalze von 6 bis 10 Kohlenstoffatomen gestatten auch die Viscositätsmessungen, wie sie Müller v. Blumencron durchgeführt hat[8]. Parallel mit der Zunahme der inneren Reibung (unter sonst gleichen Bedingungen) läuft bei diesen Salzlösungen ebenso das Gelbildungsvermögen, welches gleichfalls mit der Länge der Kohlenstoffkette zunimmt[9].

Die eigentlichen wässerigen Seifenlösungen sind demnach nicht als „echte", homogene Lösungen anzusehen, sondern sie enthalten die „gelöste" Substanz zum weitaus größten Teil in Form von Submikronen oder Micellen, die eben infolge ihrer Kleinheit mit gewöhnlichen optischen Hilfsmitteln (Lupe, Mikroskop) nicht wahrgenommen werden können, sondern eine durchweg homogene Lösung vortäuschen. Erst im Ultramikroskop erweisen sich solche Systeme nahe der Gelbildungstemperatur häufig als nicht völlig optisch leer, als mehr oder weniger heterogen, und zwar in

---

[1] Kratz: Diss. Göttingen 1923.

[2] E. L. Lederer: Kolloidchemie der Seifen, S. 10.

[3] Mikumo: J. Soc. chem. Ind. Japan [Suppl.] **33**, 367 (1930).

[4] Franz Hofmeister: Arch. exp. Pathol. Pharmakol. **25**, 6 (1888); F. Krafft u. Wiglow: Ber. **28**, 2573 (1895).

[5] F. Goldschmidt: Kolloid-Ztschr. **2**, 193, 227 (1908).

[6] F. Goldschmidt u. L. Weißmann: ebenda **12**, 18 (1913); J. Leimdörfer: Kolloid-Beih. **2**, 343 (1911); F. Botazzi u. C. Victorow: Kolloid-Ztschr. **8**, 220 (1911); W. Bachmann: ebenda **11**, 145 (1912); C. F. Müller v. Blumencron: Diss. Göttingen 1921; Ztschr. Dtsch. Öl-Fettind. **42**, 101, 139, 155, 171 (1922); M. H. Fischer: Kolloidchem.-Beih. **15**, Heft 1—4 (1922).

[7] R. Zsigmondy: Kolloidchemie, 1918. S. 173.

[8] Müller v. Blumencron: l. c.; vgl. hierzu auch E. L. Lederer: l. c., S. 141 f.

[9] M. H. Fischer: l. c.

um so ausgesprochenerem Maße, je länger die Kohlenstoffkette, je niedriger die Temperatur und je höher die Konzentration des wässerigen Systems ist.

Zwischen den kolloid gelösten und den — wie erwähnt, nur sehr geringen — krystalloid gelösten Anteilen einer Seifenlösung herrscht ein temperatur- und konzentrationsabhängiger Gleichgewichtszustand. Am Aufbau wässeriger Lösungen von reinen Seifen können (der Theorie McBains[1] folgend) beteiligt sein:

1. Größere Kolloidteilchen, bestehend aus neutraler Seife, elektrisch nicht geladen (neutrale Micellen);

2. Kleinere Kolloidteilchen, aufgeladen durch adsorbierte Fettsäure-anionen, mit denen zusammen sie die Micell-ionen („Ionenmicellen" McBains) bilden; die stark geladenen Micellen sind infolge der elektrostatischen Wirkung dieser Ladung noch erheblich hydratisiert (McBain);

3. abdissoziierte Alkali-kationen, welche die Micell-ionen umschwärmen und deren Ladung kompensieren;

4. undissoziierte molekulardisperse Seife;

5. krystalloid gelöste Seife in geringer Menge (s. o.);

6. freie Fettsäure und freies Alkali als Produkte der Hydrolyse.

Insbesondere gehören die Seifen zu den Emulsoiden, d. h. denjenigen Kolloiden, die sich unter geeigneten Temperaturbedingungen zu zwei zusammenhängenden, tropfbaren Flüssigkeitsschichten koagulieren lassen. Aus der kolloiden Lösung kann Seife als Gel durch Zusatz von Elektrolyten koaguliert werden, was beim Aussalzen der Kernseifen praktisch verwertet wird; die Gele zeigen das typische Verhalten koagulierter Kolloide, Teile des zum Ausfällen benutzten Elektrolyten zu adsorbieren. Die Seifen der Fettsäuren homologer Reihen sind mit um so weniger Elektrolyt aussalzbar, je höher das Mol.-Gew. ist; je ungesättigter eine Säure ist, um so mehr Elektrolyt braucht die Seife zum Aussalzen; bei den natürlichen Fetten richtet sich die Elektrolytkonzentration nach dem Mischungsverhältnis, in welchem die Fettsäuren vorliegen. So wird z. B. das viel Laurinsäure enthaltende Cocosfett schwer ausgesalzen, während dies beim stearinsäurereichen Talg viel leichter gelingt. Am schwersten aussalzbar ist Ricinusölseife, die sich nur mit NaOH aussalzen läßt und dabei außerordentlich viel NaOH adsorbiert (Verhältnis von NaOH im Kern zu NaOH in der Unterlauge wie 65 : 100)[2]. Die Konzentration des Elektrolyten, welche eine Wiederauflösung der Seife verhindert, die sog. Grenzlauge, ist nicht nur eine für jedes Fett charakteristische Konstante, sondern auch von den vorhandenen Ionen des Elektrolyten abhängig. Die Natronsalze haben ein stärkeres Aussalzvermögen als die Kalisalze, und bei beiden stuft sich die aussalzende Wirkung in derselben Reihenfolge ab; sie ist am stärksten bei den Hydroxyden, wenig schwächer bei den Chloriden, viel schwächer bei den Carbonaten. Gemäß dem Charakter der Seifenlösungen als hydrophiler (emulsoider) Kolloide sind zum Aussalzen derselben erheblich höhere Elektrolytkonzentrationen erforderlich, als man zur Koagulation hydrophober (suspensoider) Kolloide benötigt. Die Elektrolytempfindlichkeit hydrophiler Systeme ist bekanntlich weit geringer als diejenige hydrophober Kolloide.

Das Aussalzen ist jedoch seiner Natur nach ein höchstwahrscheinlich auf verschiedene gleichzeitig wirkende Faktoren zurückführbarer, also wohl zusammengesetzter Vorgang[3]; diese Faktoren sind: 1. Zurückdrängung der elektrolytischen Dissoziation der Micelloberflächenmoleküle, welche die Doppelschicht bilden; Herabsetzung des Micellpotentials. 2. Desolvatation (Entziehung des Micellwassers). 3. Änderung des Lösungsmittelcharakters durch die notwendigen hohen Salzkonzentrationen. 4. Gewöhnliche Entladung durch Ionen entgegengesetzten Vorzeichens.

---

[1] Vgl. auch S. 863. [2] J. Leimdörfer: Seifensieder-Ztg. **46**, 273 (1919).
[3] E. L. Lederer: Kolloidchemie der Seifen, S. 263f.

Tabelle 187. Äquivalentleitfähigkeit

Konzentration Mol/1000 g Wasser	1,0	0,75	0,5	0,2	0,1	0,05	0,02	0,01
				Kalisalze				
Stearat . . .	113,4	112,6	113,9	100,0	96,0	101,7	124,9	147,7
Palmitat . .	124,2	127,9	127,0	111,0	107,0	110,8	133,2	171,6
Myristat . .	136,2	—	135,4	130,8	121,8	136,6	181,6	242,3
Laurat . . .	143,3	142,6	146,0	144,2	159,7	195,6	—	233,0
Caprinat . .	145,9	—	156,3	180,9	200,6	211,9	—	232,4
Caprylat . .	148,7	—	168,5	191,0	205,2	219,2	—	239,5
Capronat . .	149,5	—	177,7	201,2	216,5	227,7	—	245,9
Acetat . . .	176,9	183,9	196,6	221,2	236,5	249,5	262,6	270,4

Die durch das Aussalzen abgeschiedene Seife enthält außer Wasser noch sonstige Bestandteile der Unterlauge, Elektrolyte und Glycerin, adsorbiert; die Menge der adsorbierten Bestandteile ist von der Konzentration der Lösung abhängig, derart, daß aus einer konz. Salzlösung mehr Salz und weniger Wasser aufgenommen wird, als aus einer verdünnteren Lösung.

Der Einfluß von Elektrolyten auf Viscosität[1] und Leitvermögen der wässerigen Lösungen von Ammoniakseifen wurde besonders untersucht[2]. Ähnliche Messungen sind mit gut definiertem Material von Kurzmann[3] an den Kalisalzen der Laurinsäure, Ölsäure und Myristinsäure vorgenommen worden.

Ein Zusatz von Kalilauge erniedrigt zunächst die Viscosität der Seifenlösungen, ein größerer Zusatz erhöht sie bis zur Gelatinierung. Ein Gemisch von Kalilauge und Seife zeigt eine hinter dem berechneten Wert erheblich zurückbleibende Leitfähigkeit, welche bei höheren Konzentrationen der Kalilauge unter die Leitfähigkeit der reinen Lauge sinkt. Nach den Arbeiten McBains[4] und seiner Mitarbeiter sind Kalium- und Natriumseifen in ihrem Leitfähigkeitsverhalten sich überaus ähnlich, erstere weisen die Leitfähigkeitsanomalien der Natronseifenlösungen in verstärktem Maße auf; man trifft vom Kaliumstearat bis herab zum Kaliumlaurat wohlausgeprägte Minima der Äquivalentleitfähigkeit an. Bereits das capronsaure Kalium zeigt, wie erwähnt, ein merkliches Waschvermögen und hinsichtlich der Dichte, des Aussehens und des Leitvermögens der Lösungen Andeutungen jener Anomalien gegenüber dem Acetat, die beim Fortschreiten in der homologen Reihe rasch und regelmäßig zunehmen und schließlich den höheren Seifen ihr charakteristisches Gepräge geben.

Äquivalentleitfähigkeit von fettsauren Kalium- und Natriumsalzen bei 90° s. Tabelle 187.

Der Hydrolysengrad der wässerigen Seifenlösungen, welcher — bei Abwesenheit von Seifen ungesättigter Säuren[5] — elektrometrisch mit Hilfe

---

[1] Ausführlicheres s. bei E. L. Lederer: Kolloidchemie der Seifen, S. 241f.

[2] F. Goldschmidt u. Weißmann: Kolloid-Ztschr. 12, 18 (1913).

[3] J. Kurzmann: Kolloidchem. Beih. 5, 427 (1914); über Leitfähigkeit von Seifenhydrosolen vgl. E. L. Lederer: l. c., S. 98f.

[4] McBain u. Taylor: Ber. 43, 321 (1910); Ztschr. physikal. Chem. 76, 179 (1911); Journ. chem. Soc. London 99, 191 (1911); 101, 2042 (1912); Kolloid-Ztschr. 12, 256 (1913); Bunbury u. H. E. Martin: Journ. chem. Soc. London 105, 417 (1914); s. auch Pick: Seifenfabrikant 35, 255, 279, 301, 323 (1915); McBain u. H. E. Martin: Journ. chem. Soc. London 105, 957 (1914); Laing: ebenda 113, 435 (1918); McBain u. Bolam: ebenda 113, 825 (1918); McBain, Laing u. Titley: ebenda 115, 1279 (1919); McBain u. Taylor: ebenda 115, 1300 (1919); Salmon: ebenda 117, 530 (1920); McBain u. Salmon: Journ. Amer. chem. Soc. 42, 426 (1920); Proceed. Roy. Soc., London, Serie A. 97, 44 (1920).

[5] W. Bleyberg u. H. Lettner: Chem. Umschau Fette, Öle, Wachse, Harze 39, 243 (1932).

von fettsauren Alkalisalzen bei 90⁰.

1,5	1,0	0,75	0,50	0,35	0,20	0,10	0,05	0,01
			Natronsalze					
81,5	88,3	—	76,1	—	77,4	76,0	78,0	125,9
84,5	84,66	87,48	89,48	87,04	82,38	82,51	88,61	137,7
84,8	94,9	97,6	99,2	—	95,2	96,5	110,4	191,7
96,2	104,2	—	109,5	—	113,4	125,5	152,0	193,9
—	—	—	—	—	—	—	—	—
—	—	—	—	—	—	—	—	—
—	—	—	—	—	—	—	—	—
(bei 97,5⁰)	129,7	138,6	154,0	—	178,9	195,0	207,8	228,2

einer Wasserstoffelektrode — sonst colorimetrisch mit Indicatoren — bestimmt werden kann, ist bei 90⁰ nur sehr gering, beträgt in verdünnten Lösungen etwa 7 % und ist in konz. Lösungen noch weit geringer. Einige Werte des Hydrolysengrades von Palmitatlösungen bei 90⁰ sind in nebenstehender Tabelle 188 angeführt.

Die Zuverlässigkeit der auf elektrometrischem Wege gewonnenen Messungsergebnisse des Hydrolysengrades wird bewiesen durch die Resultate einer anderen Bestimmungsmethode. Der Hydrolysengrad von wässerigen Seifenlösungen ist auch kinetisch, nämlich durch Bestimmung der katalytischen Zersetzung von Nitrosotriacetonamin zu ermitteln[1], die der OH-Ionen-Konzentration proportional ist[2]. Auch nach diesen Messungen sind beispielsweise die Natrium- und Kaliumpalmitatlösungen nur in sehr geringem Maße hydrolytisch dissoziiert; in Übereinstimmung mit den früher erwähnten elektrometrischen Messungen wurde die Konzentration des Hydroxylions bei etwa 0,001-n gefunden. Diese geringe Alkalität wässeriger Seifenlösungen fällt noch mit sinkender Temperatur.

Tabelle 188. Hydrolysengrade von Alkalipalmitaten in wässeriger Lösung bei 90⁰.

Mol in 1000 g Wasser	% Hydrolysengrad	Mol in 1000 g Wasser	% Hydrolysengrad
Natriumpalmitat		Kaliumpalmitat	
0,996	0,20	1,007	0,08
0,749	0,30	0,754	0,31
0,4994	0,37	0,502	0,63
0,2996	0,50	0,1001	1,25
0,1000	1,28	0,0500	2,02
0,0500	2,22	0,02000	5,6
0,01000	6,6	0,01000	6,8

Ein eingehendes Studium widmeten McBain und Salmon[3] auch dem osmotischen Verhalten der wässerigen Seifenlösungen, um dasselbe mit ihren Leitfähigkeitsmessungen in Vergleich setzen zu können. Da die Siedepunktsmethode sich bei diesen Untersuchungen als ungeeignet zur Ermittlung der osmotischen Eigenschaften erwies, arbeiteten die beiden Autoren eine sog. Taupunktsmethode aus, wobei die Taupunktserniedrigung des über einer Seifenlösung stehenden Wasserdampfes (gegenüber dem Dampf über reinem Wasser unter gleichen Bedingungen) der Siedepunktserhöhung, welche das Wasser durch die Gegenwart der Seife erfährt, proportional ist.

---

[1] J. W. McBain u. T. R. Bolam: l. c.; Seifensieder-Ztg. **46**, 118 (1919).

[2] Clibbens u. Francis: Journ. chem. Soc. London **101**, 2358 (1912); Francis u. Geake: ebenda **103**, 1722 (1913); Francis, Geake u. Roche: ebenda **107**, 1651 (1915).

[3] McBain u. Salmon: Proceed. Roy. Soc., London, Serie A. **97**, 44 (1920); Journ. Amer. chem. Soc. l. c.; vgl. auch E. L. Lederer: l. c., S. 135f.

Nach dieser Methode werden die Temperaturen gemessen, bei denen sich Wasserdampf einmal über einer Seifenlösung, zum anderen aber über reinem Wasser mit sinkender Temperatur auf einer hochpolierten Silberfläche als Tau niederschlägt, bzw. bei welchen dieser Tau mit steigender Temperatur wieder verdunstet. Durch den Vergleich der osmotischen und Leitfähigkeitsmessungen erhielten McBain und Salmon ein Bild von der Konstitution bzw. der physikalisch-chemischen Struktur der Seifenlösungen, d. h. sie konnten angenähert den Gehalt an den verschiedenen Molekülarten in den Seifenlösungen errechnen. Weiterhin ergab sich, daß bei konzentrierten Lösungen der Seifen höherer Fettsäuren (etwa von C_{12} an aufwärts) die osmotische Wirksamkeit der Micellen, sowohl der nicht dissoziierten wie der Kolloid-ionen (Micell-ionen), gegenüber der Aktivität der Kalium- oder Natrium-ionen zu vernachlässigen ist; letztere sind als der einzige krystalloide Bestandteil konz. Seifenlösungen anzusehen.

Was die Konzentration an Kolloid anlangt, so wächst dieselbe mit fallender Temperatur beträchtlich, wobei man gleichzeitig auch eine zunehmende Hydratation des Kolloids anzunehmen hat.

Die geringen Hydrolysengrade der wässerigen Seifenlösungen widerlegen die Annahme von Kahlenberg und Schreiner[1], daß die Leitfähigkeit der Seifenlösungen im wesentlichen auf das freie Alkali zurückzuführen sei. Da die Siedepunktserhöhung von Seifenlösungen nicht größer ist, als den anwesenden Alkali-ionen allein entspricht, können gewöhnliche Palmitat-ionen nicht zugegen sein; McBain nimmt deshalb eine neue Art von elektrizitätsführenden, hochgeladenen Aggregaten (Micellen) an, deren Beweglichkeit mit derjenigen der wahren Ionen vergleichbar sei. Der Anstieg der Leitfähigkeit beim Verdünnen beruht auf Aufspaltung komplexer oder kolloider Ionenaggregate in einfache Palmitat-ionen. Durch Zusatz von freier Palmitinsäure zu Palmitatlösungen wird die Hydroxylionenkonzentration nur verhältnismäßig sehr wenig herabgesetzt, selbst bei Gegenwart von 1 Mol Palmitinsäure auf 1 Mol Alkalipalmitat bleibt die Lösung noch merklich alkalisch. „Saure Seife" ist nach McBain und Taylor nicht eine nach konstanten Verhältnissen zusammengesetzte chemische Verbindung; die Existenz einer solchen sauren Verbindung ist zwar möglich, jedoch spielt die Sorption dabei eine so bedeutende Rolle, daß der sich abscheidende Bodenkörper fast jede beliebige Zusammensetzung annehmen kann. Im wesentlichen handelt es sich um feste Lösungen derart, daß bei allmählichem Zusatz von Palmitinsäure stets ein Gleichgewicht vom Typus

$$\text{Seife} + \text{Wasser} \rightleftharpoons \text{Saure Seife} + \text{Alkalihydroxyd}$$

erhalten bleibt. Durch geringen Zusatz von freiem Natriumhydroxyd wird dagegen die Hydrolyse des Palmitats praktisch vollständig zurückgedrängt. Bei stärkeren NaOH-Zusätzen findet ein weiteres Verschwinden von freiem Alkali nicht mehr statt, weshalb eine Bildung „basischer" Seifen, wie früher vermutet, wenigstens in merklichem Maße, nicht auftritt. Koagulationsfördernde Einflüsse (z. B. NaCl) erhöhen der Regel nach die Alkalität von Seifenlösungen, weil sie die Bildung undissoziierter „saurer" Seife begünstigen.

Die Hydrolyse von Seifenlösungen wird vollständig, wenn eine Komponente der Lösung entzogen wird; so kann man die gesamte freie Palmitinsäure aus 1 g Natriumpalmitat gewinnen, wenn man eine Lösung in 400 g Wasser wiederholt mit heißem Toluol auszieht[2].

III. Hydrolyse alkoholischer Seifenlösungen.

(Unter Mitwirkung von W. Bachmann.)

Durch Zusatz von starkem Alkohol wird die Hydrolyse der Seife in wässeriger Lösung bei Zimmertemperatur aufgehoben; schon in 40 vol.-%igem

---

[1] Kahlenberg u. Schreiner: Ztschr. physikal. Chem. **27**, 552 (1898).
[2] Krafft u. Wiglow: Ber. **28**, 2566 (1895).

Äthylalkohol ist die Hydrolyse[1] titrimetrisch scheinbar nicht mehr nachweisbar; ein Zusatz von 15% Amylalkohol soll die gleiche Wirkung haben.

Es sind aber beachtenswerte hydrolytische Abspaltungen freier Fettsäure bei 50 vol.-%igem Alkohol als Lösungsmittel bemerkbar[2], wenn man die neutralisierte Seifenlösung mit Benzin oder Benzol ausschüttelt, weil das Verteilungsverhältnis für die hydrolytisch abgespaltene Fettsäure zwischen Benzin und wässerigem Alkohol stets zugunsten der Lösungsmittel (Benzin, Benzol, Äther usw.) liegt. Es gehen dann noch merkliche, durch Titrierung nachweisbare Mengen freier Säure bzw. sauren Salzes in die Benzinlösung. Bei Verwendung von 80 vol.-%igem Alkohol ist hydrolytische Spaltung, wie gesagt, kaum noch nachweisbar.

Wenn man also alkoholische Seifenlösungen für analytische Zwecke, z. B. zur Abscheidung unverseifbarer Öle, mit Benzin, Äther oder Benzol ausschüttelt oder überschüssiges Alkali in dunklen, in Benzol gelösten Ölen zwecks Bestimmung der Verseifungszahl zurücktitriert oder freie Fettsäure in konsistenten Fetten ermittelt, ist auf die erwähnten hydrolytischen Spaltungen der alkoholisch-wässerigen Seifenlösungen Rücksicht zu nehmen, da sonst erhebliche Analysenfehler entstehen können. Die beim Ausschütteln der Seifenlösung hydrolytisch abgespaltene Säuremenge nimmt mit der Menge des Benzins und der Häufigkeit des Ausschüttelns zu.

Die hydrolytische Spaltung nimmt mit steigendem Mol.-Gew. der Fettsäuren zu[3], während Ölsäure sich als stärkere Säure erweist, d. h. geringere Hydrolyse als gesättigte Säuren zeigt. Zur Zurückdrängung der Hydrolyse genügen bei laurinsaurem Natrium 67% Alkohol, bei myristinsaurem Natrium 75% Alkohol, bei palmitinsaurem Natrium 84%, bei stearinsaurem Natrium 95% Alkohol.

Beim Kochen einer neutralen 95%ig alkoholischen phenolphthaleinhaltigen Seifenlösung findet aber noch starke Rötung statt[4], was durch eine Alkoholyse der Seife zu erklären sein soll[5]. Holde hat diese Versuche unter Abschluß von Kohlensäure durch ein Natronkalkrohr bestätigt. Goldschmidt[6] nimmt auch in diesem Fall Hydrolyse an; es soll sich zunächst ein Gleichgewicht nach dem Schema

$$RCOOK + C_2H_5OH \rightleftarrows RCOOH + C_2H_5OK$$

bilden, bei dem aber wegen der großen Löslichkeit der Fettsäure in Alkohol die Gleichgewichtskonstante bald erreicht sein dürfte. Die alkalische Reaktion tritt dann sekundär ein durch Zersetzung des gebildeten Äthylats durch geringe Mengen Wasser:

$$C_2H_5OK + H_2O = KOH + C_2H_5OH.$$

Die Hydrolyse ist selbst bei hoher Alkoholkonzentration nicht von der Hand zu weisen (s. die oben angeführten Versuche von Holde und v. Schapringer), da die hydrolysenbegünstigende Wirkung der höheren Temperatur bekannt ist; so steigt z. B. die Dissoziation des Wassers beim Erwärmen von 0^0 bis 50^0 um das Siebenfache.

---

[1] Kanitz: Ber. **36**, 403 (1903); vgl. hierzu E. L. Lederer: Kolloidchemie der Seifen, S. 319.

[2] Holde: Ztschr. Elektrochem. **16**, 436 (1910); vgl. E. L. Lederer: l. c., S. 224.

[3] v. Schapringer: Diss. Karlsruhe 1911.

[4] R. Hirsch: Ber. **35**, 2874 (1902).

[5] Schmatolla: ebenda **35**, 3905 (1902); Chem.-Ztg. **28**, 212 (1904).

[6] Goldschmidt: ebenda **28**, 302 (1904).

IV. Wasch- und Desinfektionswirkung der Seifen [1].
(Unter Mitwirkung von W. Bachmann.)

Die Annahme, daß die Waschwirkung der Seifen in der Hauptsache auf das Vorhandensein des in wässeriger Lösung hydrolytisch abgespaltenen Alkalis zurückzuführen ist, wurde durch die Untersuchungen McBains (s. o.) hinfällig, weil die festgestellte Konzentration des freien Alkalihydroxyds eine viel zu geringe ist, um in der verdünnten Lösung z. B. Neutralfett irgendwie verseifen zu können. Besitzt doch sogar nach Reychler [2] selbst eine freie Säure, die Cetylsulfonsäure, Waschwirkung. Wichtig ist vielmehr die Fähigkeit der wässerigen Seifenlösungen, Fette oder Mineralöle zu emulgieren und dadurch von der Faser zu entfernen.

Seifen sind Stoffe von hoher Oberflächenaktivität. Sie selbst bzw. Bestandteile ihrer Lösungen, so namentlich die hydrolytisch abgespaltenen Fettsäuren oder „sauren" Seifen haben das Bestreben, sich in den Oberflächen oder Grenzflächen anzureichern. Ihre Benetzungsfähigkeit ist außerordentlich groß. Vermöge derselben verdrängen sie jeden anderen Stoff von den Oberflächen, auf welchen er haftet. Dieses Prinzip der Adsorptionsverdrängung ist es neben der Fähigkeit der Seifen, in hohem Maße emulgierend zu wirken, welches die Waschwirkung erklärt. Alle anderen Theorien über die Reinigungswirkung der Seife dürften sich nicht halten können. Die Adsorptionsverdrängung hat Geppert [3] als maßgebend für die Reinigungswirkung der Seifen hervorgehoben und auch durch Versuche sinnfällig gestützt. Die Adsorptionsverdrängung als wichtigster Faktor bei der Waschwirkung schließt aber keineswegs die Annahme aus, daß der durch die Seife von der Oberfläche abgedrängte Schmutz vermöge des starken Emulgierungsvermögens derselben entfernt und von anderen Teilen des Waschgutes abgehalten wird. Daneben können auch noch Wirkungen wie die Adsorptionskraft der (elektrisch geladenen) Kolloidmicellen gegenüber dem Schmutz den Waschvorgang unterstützen. Steht doch die reinigende Wirkung fein verteilter fester Stoffe durch adsorptive Bindung des Schmutzes außer Frage. Es sei hier nur erinnert an die zeitweise vielfach gebrauchten Tonwaschmittel.

J. W. McBain, R. S. Harborne und Millicent King [4] ermitteln als Maßstab der Reinigungswirkung von Seifen die Menge fein verteilten Kohlenstoffs, den verschiedene Seifenlösungen durch Filtrierpapier führen (Spring). Die Methode liefert als Maß für die Reinigungswirkung der Lösungen die sog. „Kohlenstoffzahl".

Die Erniedrigung der Grenzflächenspannung zwischen Wasser und Öl durch Seifenlösung wurde experimentell bestimmt [5] und bei $^n/_{300}$-Lösungen ein Optimum der Emulgierungsfähigkeit festgestellt. Die Oberflächenspannung [6] beträgt bei Seifenlösungen nur 40% von der des reinen Wassers.

Das Schäumen der Seifen [7] beruht auf dem gleichzeitigen Vorhandensein „wassergelöster" Seife neben freier Fettsäure oder „saurer" Seife; es

---

[1] Vgl. über die zahlreichen Theorie der Waschwirkung vor allem E. L. Lederer: Kolloidchemie der Seifen, S. 370f.

[2] Reychler: Kolloid-Ztschr. **12**, 277 (1913); **13**, 252 (1913).

[3] J. Geppert: Ztschr. angew. Chem. **30**, 85 (1917); Dtsch. med. Wchschr. **44**, Nr. 51 (1918).

[4] J. W. McBain, R. S. Harborne u. Millicent King: Ztschr. Dtsch. Öl-Fettind. **44**, 376, 389 (1924).

[5] Donnan u. Potts: Kolloid-Ztschr. **7**, 208 (1910).

[6] Plateau: Poggendorffs Ann. **141**, 44 (1870); Quincke: Ann. Physik. **35**, 592 (1888).

[7] Stiepel: Seifensieder-Ztg. **35**, 331, 396, 420 (1908).

entstehen aus der Seifenlösung und der durch sie in feiner Verteilung gehaltenen freien Fettsäure vermöge deren Anreicherungsfähigkeit in den Grenzflächen dehnbare Membranen, die Luft umhüllen und so den Schaum bilden[1].

Kalisalze der gesättigten Fettsäuren besitzen beträchtlichen Desinfektionswert[2], Salze ungesättigter Säuren kommen für diese Wirkung nicht in Betracht. Auf eine bloße Alkaliwirkung ist die Desinfektionskraft der Seifen jedenfalls nicht zurückzuführen, da sie viel stärker ist, als der Konzentration des freien Alkalis bzw. der OH-Ionenkonzentration allein entsprechen würde. Die Wasch- und Desinfektionswirkung der Seifen gehen nach Bechhold[3] im Reagensglas parallel und beruhen auf den gleichen Ursachen: Umhüllung der Schmutzteilchen und Bakterien mit einer Schicht hydrolytisch abgespaltener Fettsäure bzw. sauren fettsauren Alkalis.

Trotzdem es Seifen gibt, die im Reagensglas erhebliche Desinfektionswirkung zeigen, kann man die Hände durch solche Seifen nicht in genügend kurzer Zeit (10 min) desinfizieren. Die Keimzahl der Handoberfläche wird durch Waschen mit Seife scheinbar erhöht, und die kräftigsten Desinfektionsmittel werden als Zusätze zu Seifen der Haut gegenüber mehr oder weniger wirkungslos. Dies hat wiederum seinen Grund in der vorherrschenden Oberflächenaktivität der Seifen bzw. ihrer hydrolytischen Spaltungsprodukte (Fettsäure, saures fettsaures Alkali), die aus Grenzflächen jeden anderen Stoff, also auch die Desinfektionsmittel, verdrängen. Letztere erreichen demnach gar nicht das zu entkeimende Substrat, da sich dieses sofort mit den hydrolytischen Spaltungsprodukten der Seife umhüllt, die Hüllen aber ein Zudiffundieren der Desinfizientien stark behindern oder ganz unmöglich machen. Bei Salicylsäure enthaltenden Seifen rührt die ungenügende Desinfektionswirkung auch daher, daß die der Seife zugesetzte freie Salicylsäure sich mit der Seife fast quantitativ zu unwirksamem Alkalisalicylat und freier Fettsäure umsetzt.

V. Anforderungen.

Da für die praktische Prüfung des Waschwertes trotz mannigfacher Bemühungen (s. S. 889) noch keine als zuverlässig anerkannten Methoden zur Verfügung stehen, so bewertet man bisher die Seifen in erster Linie nach ihrem Gehalt an Reinseife, der gewöhnlich als „Fettsäuregehalt" (gemeint ist die an Alkali gebundene Fettsäuremenge) angegeben wird.

Ferner wird Wert auf Abwesenheit von Bestandteilen gelegt, welche für die Haut bzw. die zu waschenden Stoffe schädlich sind (freies Alkali) oder welche die Lagerbeständigkeit der Seife beeinträchtigen (unverseiftes Fett). Füllstoffe wie Kochsalz, Soda, Talkum, Mehl sind, wenn nicht schädlich, so doch mindestens wertlos und sollen daher in guten Seifen nicht enthalten sein. Auch Wasserglas gilt im allgemeinen als „Füllmittel", ogleich es immerhin selbst eine gewisse Waschwirkung besitzt[4]. Farbe und Geruch der in der Seife enthaltenen Fettsäuren (Abwesenheit von Tran oder Harz) werden ebenfalls zur Bewertung der Seife mit herangezogen.

Bezüglich der ausländischen, teils privaten, teils staatlich vorgeschriebenen Lieferbedingungen sei auf J. Davidsohn[5] verwiesen. Tabelle 189 enthält die inländischen Vorschriften bzw. Lieferbedingungen:

---

[1] W. Spring: Kolloid-Ztschr. **4**, 161 (1909); **6**, 11, 109, 164 (1910).
[2] H. Reichenbach: Ztschr. Hyg. Infekt.-Krankh. **59**, 296 (1908); Seifensieder-Ztg. **35**, 617, 641 (1908).
[3] Bechhold: Ztschr. Hyg. Infekt.-Krankh. **77**, 436 (1914).
[4] J. G. Vail: Chem. Metall. Eng.; durch Seifensieder-Ztg. **59**, 508 (1932).
[5] J. Davidsohn: Lehrbuch der Seifenfabrikation, S. 259—283. Berlin 1928.

Tabelle 189. Lieferbedingungen für Seifen.

	Bezeichnung der Seife	Fettsäuregehalt[1] mindestens %	Sonstige Anforderungen
Deutsche Reichsbahn-Gesellschaft	Gewöhnliche Kernseife	60 vom Frischgewicht	a) Harz, Beschwerungsmittel, hautreizende Stoffe, freies Alkali, unverseiftes Fett abwesend; nicht übelriechend, nicht parfümiert. b) In Stücken von je 100 g mit Aufdruck „Frisch 100 g" zu liefern.
dgl.	Trockenseife (pilierte Seife)	78 vom Frischgewicht	a) Wie bei Kernseife. b) In Stücken von je 75 g mit Aufdruck „Frisch 75 g" zu liefern.
dgl.	Schmierseife (braune oder grüne Seife)	38	Harz, Tran oder andere übelriechende Stoffe, unverseiftes Fett, Füllstoffe (Kieselsäure, Wasserglas, Ton, Stärke), fremdartige ätzende Zusätze, Riechstoffe, Farbstoffe abwesend. Bei + 25° so fest, daß sie sich nicht zieht.
dgl.	Flüssige Seife	15	Harz, freies Alkali, unverseiftes Fett, Beschwerungsmittel abwesend. Mindestens 2% Glycerin. Parfümierung nur mit reinem chlorfreien Benzaldehyd. Kälteprüfung im U-Rohrapparat (s. S. 51): Nach 1 std. Abkühlung auf — 5° mindestens 10 mm Aufstieg in 1 min.
Deutsches Arzneibuch 6. Aufl.	Sapo kalinus (Kaliseife)	40	Reine Leinölkaliseife, in 2 Teilen Wasser oder Alkohol (90,09—91,29 Vol.-%) klar oder fast klar löslich. Nicht über 0,14% freies Alkali, berechnet als KOH.
dgl.	Sapo kalinus venalis (Schmierseife)	40	Löslichkeit wie Sapo kalinus. Löst man 5 g Seife in 10 g heißem Wasser und versetzt nach dem Erkalten 1 Vol. der Lösung mit 1 Vol. Alkohol (90—91 vol.-%ig), so muß die Lösung klar bleiben, dgl. nach Zusatz von 2 Tropfen 25%iger HCl (Prüfung auf Stärke, Wasserglas, Harzseife).
dgl.	Sapo medicatus (Medizinische Seife)	—[2]	Ausgesalzene Natronseife, aus gleichen Teilen Olivenöl und Schweineschmalz hergestellt; nicht über 0,20% freies Alkali, ber. als NaOH *; Schwermetallsalze abwesend.

[1] Einschließlich Harz, soweit Harzzusatz nicht ausdrücklich ausgeschlossen ist (z. B. bei der Deutschen Reichsbahn).

[2] Das D.A.B. enthält keine Vorschrift über den Fettsäuregehalt der medizinischen Seife; aus den Angaben über die Herstellung und Trocknung ist jedoch zu entnehmen, daß eine nahezu wasserfreie (pulverisierbare) Seife gemeint ist.

* Dieser offiziell zugelassene Gehalt an freiem Alkali ist nach Davidsohn: Lehrbuch der Seifenfabrikation, S. 692, für eine medizinische Seife zu hoch.

Fortsetzung der Tabelle 189 von S. 868.

Bezeichnung der Seife	Fettsäuregehalt[1] mindestens %	Sonstige Anforderungen
Wirtschaftsbund der Seifenindustrie, Eisenacher Beschluß 1925 Kernseife	60[2]	—
dgl. Reine Schmierseife	38[2]	Hauptmenge der Fettsäuren soll an Kali gebunden sein.
dgl. Gemahlene Kernseife (Kernseifenpulver)	60[2]	Zusätze von Soda und Wasserglas sind unzulässig.
dgl. Seifenpulver (handelsüblich)	5	Die als Zusätze verwendeten anorganischen Stoffe müssen in Wasser löslich sein und schwache Alkaliwirkung besitzen. Fettlösemittel sind zulässig.
Reichsausschuß für Lieferbedingungen (RAL) Reine Kernseife	60	Seife muß ausgesalzen sein.
dgl. Reine Schmierseife	38	Hauptmenge der Fettsäuren an Kali gebunden.
dgl. Seifenpulver	5	Fettsäuregehalt ist anzugeben.

Seit dem 1. 1. 1933 ist in Deutschland gesetzlich bestimmt, daß als „Kernseifen" nur Seifen bezeichnet werden dürfen, die mindestens 60% Fettsäuren (einschl. Harz) enthalten und auf Unterlauge oder Leimniederschlag hergestellt und rein (frei von Füllstoffen) sind.

VI. Prüfung der Seifen[3].

(Unter Mitwirkung von J. Davidsohn und G. Weiss.)

1. Probenahme (Wizöff).

Aus Kugeln, Zylindern usw. sind schmale Sektoren, aus Riegeln und anderen länglichen Stücken dünne Keile herauszuschneiden. Soll nicht die durchschnittliche Zusammensetzung im Zeitpunkt der Analyse, sondern diejenige im schnittfrischen

---

[1] Siehe Fußn. 1, S. 868.

[2] Zusätze, die zur Verstärkung oder Verbesserung der Waschwirkung beitragen, werden nicht als Verunreinigung betrachtet, solange der Fettsäuregehalt nicht unter dem vorgeschriebenen Mindestwert von 60 bzw. 38% liegt.

[3] Vgl. Deutsche Einheitsmethoden 1930 Wizöff: A. Grün: Analyse der Fette und Wachse, Bd. 1, S. 480f. 1925; W. Herbig: Öle und Fette in der Textilindustrie, 2. Aufl. 1929; J. Davidsohn: Seifenindustriekalender 1930; Schrauth: Die Seifenfabrikation, 1927; J. Davidsohn: Lehrbuch der Seifenfabrikation, 1928; Untersuchungsmethoden der Öle, Fette und Seifen, 1926.

Zustand ermittelt werden, so werden die trockneren Teile der äußeren Hälfte der Seife entfernt. Da die Seifenproben rasch austrocknen, müssen sie möglichst schnell zerkleinert und gewogen, sowie in Schliffflaschen aufbewahrt werden.

Von allen Proben muß vor der Analyse das Nettogewicht festgestellt werden. Die herausgeschnittenen Stücke sollen in zweckmäßiger Beziehung zur Größe des ganzen Seifenstückes stehen; je drei gleichschwere Stücke sollen für eine Analysenprobe ausreichen.

Bei den meist in Stücken von 125—250 g im Handel befindlichen Kernseifen, die ziemlich rasch austrocknen, ist zur vergleichenden Bewertung die Kenntnis des Fettsäuregehalts vom Frischgewicht der Seife wichtig. Hierzu wägt man für die Analyse ein ganzes Seifenstück ab, zerkleinert es, bestimmt den Fettsäuregehalt (s. S. 871) und rechnet ihn auf das bekannte Sollgewicht der frischen Seife um.

Schmierseifen und flüssige Seifen werden vor dem Probeziehen möglichst mit dem Spatel gut gemengt. Pulverförmige Waschmittel, die zuweilen nicht homogen sind (bei sauerstoffhaltigen Waschmitteln sitzt oft das sauerstoffabgebende Präparat nur an einer Stelle) müssen vor der Probenahme in ihrer Gesamtmenge sorgfältig durchgemischt werden.

2. Wasser und andere flüchtige Stoffe.

Der Wassergehalt kann durch Ermittlung des Gewichtsverlustes bei 105^0 oder durch Destillation mit Xylol od. dgl. bestimmt werden.

Bei dem ersteren Verfahren werden außer Wasser auch andere bei 105^0 flüchtige Substanzen (Alkohol, Riechstoffe) entfernt. Stark saure oder alkalische Seifen geben nach dieser Methode keine einwandfreien Resultate.

a) Gewichtsverlust bei 105^0 (Wizöff). 5 g Seife werden mit 15 g ausgeglühtem Sand (oder Bimsstein) zur Verhütung des Zusammenschmelzens gemengt, 1 h bei $60—70^0$ getrocknet, mit dem mit der Schale gewogenen Glasstab zerdrückt und bei 105^0 bis zur Gewichtskonstanz weitergetrocknet.

Ein Zusatz von Alkohol (25 ccm) vor dem Trocknen wird empfohlen[1]; er soll das Zerdrücken erübrigen.

b) Schnellmethode[2]. 2—4 g Seife und die drei- bis fünffache Menge auf 120^0 erhitztes Olein werden im Glühschälchen mit fächelnder Flamme vorsichtig erwärmt, bis die Seife im Olein klar gelöst ist. Sie darf dabei nicht anbrennen. Füllmittel, die mit der Ölsäure reagieren können, vor allem Carbonat, wirken störend.

c) Verfahren von Marcusson (Wizöff). Falls andere flüchtige Stoffe außer Wasser (Terpentinöl, Benzin u. a.) zugegen sind, wird das Wasser nach dem Xylolverfahren ermittelt (s. S. 117), und zwar zweckmäßig unter Zusatz der gleichen Menge wasserfreier technischer Ölsäure.

An Stelle von Xylol kann man auch ein unter 170^0 siedendes Petroleumdestillat[3], verwenden, jedoch ist nach Davidsohn[4] und Schlenker[5] Xylol vorzuziehen.

Bei alkoholhaltigen Seifen findet sich der größte Teil des Alkohols in der unter dem Xylol (Benzol, Petroleum) abgesetzten Wasserschicht; durch Bestimmung des spez. Gew. wird mit Hilfe der Tabelle 206, S. 980 der Alkoholgehalt und nach dessen Abzug der richtige Wassergehalt ermittelt (s. auch S. 401). Es empfiehlt sich, die Xylolschicht nochmals mit Wasser zu waschen.

Bei Seifen, die Benzin und andere Lösungsmittel enthalten, werden diese gemäß S. 886 bestimmt.

d) Durch Differenzanalyse läßt sich ebenfalls der Wassergehalt ermitteln; dies ist bei Anwesenheit von flüchtigen Zusatzstoffen (s. unter c) und von Silicaten empfehlenswert.

---

[1] Gladding: Chem.-Ztg. **7**, 568 (1883).

[2] Fahrion: Ztschr. angew. Chem. **19**, 385 (1906); von Grün als hinreichend genau ($\pm 0,5\%$) empfohlen, l. c.

[3] A. Besson: Seifensieder-Ztg. **46**, 32 (1919).

[4] Davidsohn: Chem.-Ztg. **54**, 934 (1930).

[5] Schlenker: Seifensieder-Ztg. **58**, 96 (1931).

3. Quantitative Bestimmung des Gesamtfettes.

Unter Gesamtfett (vielfach „Gesamtfettsäuren" genannt) versteht man bei Seifen die Summe der fettartigen Bestandteile, nämlich Fett-, Oxy- und Harzsäuren, Neutralfett und fettartiges Unverseifbares.

Die Bestimmung des Gesamtfetts in der Seife erfordert in jedem Fall eine Zersetzung mit Mineralsäure zur Abscheidung der Fettsäuren.

Bei stark mit Ton, Stärke od. dgl. gefüllten Seifen kann die Gesamtfett- bestimmung nur im alkoholischen Extrakt der Seife vorgenommen werden, weil Ton beim Ausäthern der mit Mineralsäure zersetzten Seife erhebliche Mengen Fettsäuren zurückhält. Man kocht 2 g Seife am Rückflußkühler 2—3mal mit je 30 ccm Alkohol aus und dekantiert die Lösung durch ein Filter; man kann auch einen Extraktionsapparat benutzen.

a) **Goldschmidtsches Ausätherungs-Verfahren (Wizöff).**

Man löst 3—5 g Seife in heißem Wasser, zersetzt die Lösung nach Überführung in einen Scheidetrichter mit überschüssiger Mineralsäure[1] (Prüfung mit Methyl- orange) und schüttelt die abgeschiedene Fettsäure (einschl. des Unverseifbaren) erschöpfend mit Äther aus. Der Ätherauszug wird nach S. 726 weiterbehandelt. Für exakte Untersuchungen ist der Korrekturwert für die wasserlöslichen Fett- säuren zu bestimmen (s. u.).

b) **Neutralisationsmethoden** (gleichfalls Ausätherungsverfahren). Bei diesen werden die infolge der Leichtflüchtigkeit der Cocos- und Palmkern- fettsäuren entstehenden Fehler vermieden; zugleich wird der Wert des gebundenen Alkalis als Äquivalent der Gesamtfettsäuren bestimmt (siehe S. 877).

Die nach a) erhaltene ätherische Gesamtfettlösung, welche nicht getrocknet zu sein braucht, wird nach dem Abtreiben der halben Äthermenge und Zusatz von 50 ccm neutralem 96%igem Alkohol mit alkoholischer 0,5-n KOH titriert (Phenolphthalein).

Aus dem Titrationsergebnis (a ccm) und den in einer Vorprobe zur Neutrali- sation einer kleinen Menge c (etwa 2 g) des nach a) abgeschiedenen Gesamtfettes verbrauchten b ccm KOH berechnet sich der Gesamtfettgehalt als der Quotient beider Alkalimengen. Dieses Verfahren[2] ist für schnelle Betriebskontrollen, nament- lich bei mehreren gleichen Fettansätzen, empfehlenswert.

Berechnung: b ccm KOH neutralisieren c g, demnach a ccm $a \cdot c/b$ g Ge- samtfettsäuren.

Für genauere Anforderungen soll man nach Hefelmann und Steiner[3] den Alkohol abdestillieren, die Seifenlösung in einem mit Glasstäbchen gewogenen Becherglase auf dem Wasserbade eindampfen und den Rückstand nach mehrmaligem Aufnehmen mit Wasser schließlich bei 100⁰ trocknen. Aus der Menge (K) der Kaliseife und den verbrauchten Kubikzentimetern 0,5-n KOH (l) ergibt sich der Gesamtfettgehalt zu $K - 0,01905 \cdot l$.

---

[1] Nach den Wizöff-Methoden wird die Zersetzung der Seife mit Salzsäure vorgenommen, mit Schwefelsäure nur, wenn das Sauerwasser zur Glycerinbestimmung verwendet werden soll; falls die Bestimmung des Gesamtalkalis angeschlossen werden soll, wird die Menge der Mineralsäure aus der Bürette in abgemessener Menge zugegeben.

[2] F. Goldschmidt: Seifenfabrikant **24**, 201 (1904); **40**, 407 (1920), be- zeichnet seine unter a) angeführte Methode als ausreichend und stellt die maß- analytische zurück.

[3] Hefelmann u. Steiner: Ztschr. öffentl. Chem. **4**, 393 (1898); s. auch Fendler u. Frank: Ztschr. angew. Chem. **22**, 255 (1909). Nach W. Prager u. O. Berth: Seifensieder-Ztg. **58**, 184 (1931), liefert aber dieses Verfahren infolge eines unvermeidlichen Carbonatgehalts der zur Titration benutzten Lauge durch- weg zu hohe Werte, ist also weniger genau als das einfache Ausätherungsverfahren.

c) **Korrektur für wasserlösliche Fettsäuren**[1]. Bei der Bestimmung des Gesamtfettes geht, wenn Cocos- oder Palmkernfettseifen vorliegen, selbst bei der Äthermethode ein Teil der wasserlöslichen Säuren in das Sauerwasser. Während er bei der gewöhnlichen Analyse nicht ins Gewicht fällt[2], wird er für exaktere Bestimmungen zur Korrektion des Gesamtfettes und Gesamtalkalis folgendermaßen ermittelt:

Das Sauerwasser wird mit 1,0-n Lauge neutralisiert, zur Trockne verdampft und der Rückstand im Trockenschrank bei 105° getrocknet. Dann wird er 4mal mit je 30 ccm kochendem absolutem Alkohol ausgezogen; die filtrierten Lösungen geben, eingedampft, die etwa vorhandenen fettsauren Alkalisalze, die bei 105° getrocknet, zur Kontrolle gewogen und nach der Veraschung in wässeriger Lösung mit 0,1-n H_2SO_4 titriert werden (Methylorange). Die verbrauchte Menge H_2SO_4 wird auf Fettsäure vom mittleren Mol.-Gew. 170 umgerechnet (S. 756).

Die Gegenwart von Glycerin, das ebenfalls durch Alkohol extrahiert wird, verhindert die Trocknung und Wägung der Alkaliseifen. Man begnügt sich in diesem Falle mit der Titration des Alkalis der Asche und rechnet wie oben auf Fettsäure um.

d) **Volumetrisch-gravimetrische Ausätherungsmethoden.**

Diese geben, ohne Anspruch auf größere Genauigkeit, für die Fabrikpraxis, in der sie vielfach benutzt werden, brauchbare Werte. Sie beruhen auf der Zersetzung der Seifenlösung und Ausätherung in graduierten Gefäßen und der gravimetrischen Bestimmung der Fettsäuren in einem aliquoten Teile des Ätherauszuges (Apparate von Huggenberg[3], Stadlinger und Huggenberg[4], Lüring[5], sowie Röhrig[6]).

e) **Kuchenmethode.**

In eine mit Glasstab und etwa 5—10 g Paraffin oder Ceresin gewogene Schale gibt man 5 g Seife und erwärmt mit destilliertem Wasser auf dem Wasserbade, bis die Seife gelöst ist und die Fettsäuren sich nach dem Ansäuern mit 10—20 ccm 10%iger Salzsäure klar abgeschieden haben. Nach dem völligen langsamen Erkalten hebt man mit dem Glasstab den Fettkuchen hoch, gießt das Wasser ab, schmilzt den Kuchen abermals mit Wasser auf und läßt wieder erkalten, wodurch er vollständig mineralsäurefrei wird. Man hebt den Kuchen hoch, gießt das Wasser ab und erwärmt die Schale mit dem Kuchen auf dem Wasserbade unter Zusatz von Alkohol so lange, bis alles Wasser verdampft ist. Hierauf wird gewogen.

Bei Anwesenheit wasserlöslicher Fettsäuren oder unlöslicher bzw. beim Zersetzen mit Mineralsäure unlöslich werdender Füllstoffe (Kieselsäure aus Wasserglas) ist das Verfahren unbrauchbar, ebenso dann, wenn die abgeschiedenen Fettsäuren weiter untersucht werden sollen.

f) **Freie Fettsäuren** finden sich in den gewöhnlich mit weniger als der berechneten Menge Lauge hergestellten kaltgerührten Cocosseifen und anderen überfetteten oder zu schwach abgerichteten Seifen infolge spontaner Zersetzung des Fettüberschusses, ferner in ranzigen Seifen und in den sog. sauren Seifen[7], die Ricinusöl im Fettansatz (meist Talg) und zur Erhöhung der Schaumkraft 2—5% Ricinusölsäure enthalten. Man bestimmt sie nur bei negativem Ausfall der Alkalitätsprobe.

---

[1] Vgl. Herbig: l. c., S. 182.

[2] Vgl. auch Großfeld: Ztschr. Dtsch. Öl-Fettind. **44**, 486 (1924).

[3] Huggenberg: Ztschr. öffentl. Chem. **4**, 163 (1898).

[4] Stadlinger u. Huggenberg: Seifenfabrikant **32**, 653 (1912); Besson: Chem.-Ztg. **38**, 645, 686 (1914).

[5] Lüring: Seifensieder-Ztg. **33**, 509 (1906).

[6] Röhrig: Ztschr. angew. Chem. **23**, 2162 (1910).

[7] W. Schrauth: Seifensieder-Ztg. **41**, 991 (1914); Steffan: ebenda **42**, 24 (1915).

(Wizöff-Methode.) 10 g Seife werden in neutralem, mindestens 60%igem Alkohol gelöst und mit 0,1-n alkoholischer Kalilauge titriert (Phenolphthalein). Der Alkaliverbrauch wird auf Prozent Ölsäure umgerechnet.

4. Untersuchung des Gesamtfettes.

Die nähere Identifizierung des Gesamtfettes erstreckt sich auf die Prüfung der Fettgrundlage sowie auf die Einzelbestimmung der Fett-, Oxy- und Harzsäuren, des unverseiften Neutralfettes und Unverseifbaren.

a) **Unverseiftes Fett und Unverseifbares**[1] (Wizöff). 20 g gut zerkleinerte Seife werden in einer Mischung von 80 ccm Alkohol und 70 ccm Wasser gelöst, welches vorher in der Kälte mit 1 g $NaHCO_3$ versetzt wurde. Dieses soll etwa vorhandene freie Fettsäuren oder freies Alkali sofort neutralisieren und hierdurch im letzteren Falle eine evtl. Nachverseifung von Neutralfett verhindern. Nach dem Abkühlen der Seifenlösung auf etwa 20° schüttelt man sie 3mal mit je 70 ccm Petroläther aus. Die vereinigten petrolätherischen Lösungen werden zur Abscheidung etwa aufgenommener Seife einige Zeit stehen gelassen. Bei erheblicher Seifenabscheidung wird die Lösung in einen anderen Scheidetrichter filtriert, in den vorher je 15 ccm 0,1-n Sodalösung und Alkohol gefüllt wurden. Die petrolätherische Lösung wird mit der Sodalösung durchgeschüttelt und dreimal mit je 30 ccm 50%igem Alkohol nachgewaschen. Der eingedampfte Rückstand des Petrolätherauszuges (**unverseiftes Neutralfett + fettartiges Unverseifbares**) wird gewogen, mit überschüssiger 0,5-n alkoholischer KOH verseift und abermals mit Petroläther ausgeschüttelt.

Die Differenz zwischen dem so erhaltenen **Unverseifbaren** und der Summe **Neutralfett + Unverseifbares** ergibt den Gehalt an **unverseiftem Neutralfett.**

Wachsalkohole (z. B. Wollfettalkohole) in Lanolinseifen) erschweren manchmal die Ausschüttelung des Unverseifbaren durch hartnäckige Emulsionsbildungen[2]. Man bestimmt dann das Unverseifbare durch Überführung der Alkaliseife (etwa 10 g) in unlösliche Kalkseife und Extraktion der letzteren mit Aceton nach S. 964.

Zur Feststellung der tierischen oder pflanzlichen Herkunft des Fettes ist in den Fällen, in denen die Kennzahlen der Fettsäuren keine sicheren Schlüsse zulassen, Abscheidung der höheren Alkohole (Cholesterin bzw. Phytosterin) mittels Digitonin und Prüfung des Schmelzpunktes der Acetate nach S. 730 erforderlich.

b) **Fett- und Oxysäuren.** Aus der vom 1. Petrolätherauszug gemäß a) abgeschiedenen Seifenlösung werden die Fettsäuren durch Mineralsäure abgeschieden und die petrolätherunlöslichen Oxysäuren von den normalen petrolätherlöslichen Fettsäuren getrennt (s. S. 729); die letzteren werden zur Feststellung des Fettansatzes näher untersucht (s. S. 875f.).

c) **Harz** erkennt man qualitativ in dem Gesamtfett oder unmittelbar in der Seife durch die **Morawskische Harzreaktion** (s. S. 330). Diese kann auch bei Fettsäuren von Seifen aus grünen Sulfurölen auftreten[3], ohne daß Harz vorliegt, weshalb in solchen Fällen das Harz quantitativ zu bestimmen ist.

Die **quantitativen Methoden**, welche nur auf einmaliger Veresterung der Fettsäuren und Abscheidung der unverestert bleibenden Harzsäuren beruhen[4], sind mit wesentlichen Fehlerquellen behaftet, da sich stets ein Teil der Fettsäuren, besonders der Oxysäuren, nicht verestert. Auch die zweimalige Veresterung behebt diesen Mangel nicht vollständig[5]. Die

---

[1] Siehe O. Schütte: Seifensieder-Ztg. **56**, 245 (1929).

[2] W. Herbig: Dinglers polytechn. Journ. **297**, Heft 6 (1895).

[3] A. Besson: Seifenfabrikant **31**, 202 (1911); vgl. auch S. 859, Fußn. 1.

[4] Twitchell: Journ. chem. Soc. London **59**, 804 (1891); H. Wolff: Farben-Ztg. **16**, 323 (1910); H. Wolff u. E. Scholze: Chem.-Ztg. **38**, 369, 382, 430 (1914); Fahrion: Chem. Revue üb. d. Fett- u. Harzind. **18**, 239 (1911).

[5] Fahrion: Farben-Ztg. **18**, 1227 (1911/12).

genauesten Ergebnisse liefert das kombinierte Verfahren[1], bei dem sich an die Twitchellsche Veresterung des Harz-Fettsäuregemisches die Überführung der unveresterten Säuren in die Silbersalze anschließt. Diese werden nach Gladding[2] durch Behandlung mit Äther-Alkohol (4 : 1) in lösliches harzsaures und unlösliches fettsaures Silber zerlegt. Das Verfahren wird aber trotz seiner größeren Genauigkeit wegen der umständlichen Arbeitsweise wenig benutzt. Näheres s. 6. Aufl. dieses Buches, S. 683.

Harzbestimmung nach Wolff und Scholze[3] durch Veresterung mit Methylalkohol und Schwefelsäure[4] (Wizöff).

α) **Einmalige Veresterung** (titrimetrisch für schnelle Betriebskontrollen usw.).

2—5 g Substanz werden in 10—20 ccm absolutem Methyl- oder Äthylalkohol[5] gelöst und mit 5—10 ccm einer Mischung von 1 Vol. H_2SO_4 und 4 Vol. Methyl- bzw. Äthylalkohol 2 min am Rückflußkühler gekocht. Nach Zusatz der 5—10fachen Menge 7—10%iger Kochsalzlösung wird mit Äther ausgeschüttelt, die wässerige Schicht abgelassen und noch 2—3mal mit Äther ausgezogen. Die vereinigten ätherischen Auszüge werden mit Kochsalzlösung mineralsäurefrei gewaschen und nach Zusatz von Alkohol mit 0,5-n alkoholischer KOH titriert. Aus der Anzahl a ccm Lauge und der Substanzmenge m läßt sich der angenäherte Harzsäuregehalt zu $(a \cdot 17{,}76/m)$—1,5 berechnen, wenn 160 als mittlere Säurezahl der Harzsäuren und 1,5% als Korrektur für unveresterte Fettsäuren angenommen wird.

Der gefundene Harzsäuregehalt wird durch Multiplikation mit 1,07 auf Kolophonium umgerechnet.

β) **Nachveresterung** (gravimetrische Bestimmung für genauere Anforderungen).

Nach Zugabe von noch 1—2 ccm alkoholischer KOH wird die ätherische Lösung von Versuch α, welche die veresterten Fettsäuren enthält, mit Wasser mehrmals gewaschen; Waschwasser und Seifenlösung, welche die unveresterten Harz- und Fettsäuren als Kalisalze enthält, werden auf ein kleines Volumen eingedampft, angesäuert und nach Zufügen der gleichen Menge konz. Kochsalzlösung 2—3mal mit Äther ausgezogen. Die ätherische Lösung wird mit Na_2SO_4 getrocknet und eingedampft, der Eindampfungsrückstand nach dem Erkalten in 10 ccm absolutem Alkohol oder Methanol gelöst und auf Zusatz von 5 ccm einer Mischung von 1 Vol. H_2SO_4 und 4 Vol. Alkohol oder Methanol 2 min wie oben verestert. Nach Zusatz der 7—10fachen Menge 10%iger Kochsalzlösung wird 2—3mal ausgeäthert. Die Ätherauszüge wäscht man nach Neutralisation mit alkoholischer KOH mehrfach mit Wasser, dem einige Tropfen Kalilauge zugesetzt sind. Den vereinigten wässerig-alkoholischen Extrakten werden nach Verjagen des Alkohols, Ansäuern und Kochsalzzusatz die Harzsäuren durch mehrfaches Ausäthern entzogen und die vereinigten Ätherauszüge nach zweimaligem Waschen mit verdünnter Kochsalzlösung und Trocknen mit entwässertem Natriumsulfat eingedampft.

d) **Naphthensäuren.** In Rußland kommen mit Alkalisalzen der Naphthensäuren versetzte Seifen in den Handel. Falls nicht schon der Geruch die Naphthensäuren verrät, können zum Nachweis die S. 438 f. beschriebenen, allerdings nicht immer zuverlässigen Reaktionen herangezogen werden.

---

[1] Holde u. Marcusson: Mitt. Materialprüf.-Amt Berlin-Dahlem **20**, 46 (1902).

[2] Williams: Analyst **15**, 169 (1890).

[3] Wolff u. Scholze: l. c.; Chem. Umschau Fette, Öle, Wachse, Harze **31**, 87 (1924).

[4] In den englischen Methoden des Government Department Specifications for General Stores wird nach McNicol die Veresterung mit einer Lösung von 0,040 g Naphthalin-β-sulfosäure in 1 l trockenem Methylalkohol (20 ccm für 2 g des Fett-Harzgemisches) vorgenommen.

[5] Nach Wolff (Privatmitt.) ist Methylalkohol wegen größerer Vollständigkeit der Veresterung vorzuziehen.

5. Ermittlung des Fettansatzes.

Durch Untersuchung der aus einer Seife abgeschiedenen Fettsäuren läßt sich bis zu einem gewissen Grade die Art, zum Teil auch die Menge der zur Herstellung der Seife verwendeten Fettstoffe feststellen, wodurch die Kontrolle des Preises und die Nachahmung einer Seife ermöglicht werden.

Qualitativ nachweisbar sind alle diejenigen Bestandteile, für welche charakteristische Farben- oder dgl. Reaktionen bekannt sind, soweit diese Reaktionen von den abgeschiedenen Fettsäuren (einschließlich der in der Seife verbliebenen unverseifbaren Bestandteile) gegeben werden, also Harz, Tran, Leinöl, Erdnußöl, Rüböl, Hartfett usw. (vgl. S. 733 f.). An den Kennzahlen (Säure-, Jodzahl, Schmelzpunkt, Acetylzahl, Reichert-Meißl-, Polenske-Zahl) können manche weiteren Bestandteile (Stearin, Ricinusöl, Cocosfett) erkannt werden.

Z. B. deutet eine Säurezahl der abgeschiedenen Fettsäuren über 200 auf Gegenwart von Leimfett (Cocosfett, Palmkernfett), Säurezahl wesentlich unter 195 dagegen auf Anwesenheit von Harz, Neutralfett oder unverseifbaren Stoffen. (Wenn, wie oft, Harz und Leimfett gleichzeitig anwesend sind, können ihre Einflüsse auf die Säurezahl sich natürlich kompensieren.)

Quantitativ feststellbar ist der Harzgehalt (s. 4c), annähernd quantitativ das Verhältnis von Kernfett zu Leimfett, welches für den Seifensieder von besonderem Interesse ist.

Nach Entfernung von Harz, Neutralfett und Unverseifbarem[1] berechnet sich der Gehalt der reinen Fettsäuren an Kern- und Leimfettsäuren aus der Verseifungszahl[2] folgendermaßen: Ist die mittlere Verseifungszahl der Kernfettsäuren VZ_K, diejenige der Leimfettsäuren VZ_L, die gefundene $= VZ$, so wird der Prozentgehalt an ersteren $K = 100\,(VZ_L - VZ)/(VZ_L - VZ_K)$, an letzteren $L = 100\,(VZ - VZ_K)/(VZ_L - VZ_K)$. Die entsprechenden Neutralfettmengen betragen rund $1,046\,K$ und $1,058\,L$.

Nach den Wizöff-Vorschriften ist $VZ_K = 200$, $VZ_L = 250$ zu setzen, so daß $K = 500 - 2\,VZ$, $L = 2\,VZ - 400$ wird.

M. Kristen[3] hält aber den Wert 250 für VZ_L für zu niedrig und schlägt dafür die Werte 260—265 vor. Zwar ist zu beachten, daß in Kernseifen (für welche hauptsächlich diese Berechnung in Frage kommt) die schwer aussalzbaren Seifen der niedrigstmolekularen Leimfettsäuren (Capron- und Caprylsäure) teilweise fehlen, so daß die Verseifungszahl der in der Seife wirklich vorhandenen Leimfettsäuren niedriger anzusetzen ist als diejenige der gesamten Leimfettsäuren, jedoch ist diese Differenz nicht sehr bedeutend. Z. B. fand Kristen bei einer speziell für diese Untersuchungen hergestellten reinen Cocoskernseife statt der ursprünglichen Verseifungszahl der Fettsäuren 272,2 nach 2maligem Aussalzen für die aus dem Kern abgeschiedenen Fettsäuren noch VZ. 269,8 gegenüber VZ. 496 für die (aber nur in sehr kleiner Menge) aus der Unterlauge abgeschiedenen Fettsäuren.

Eine etwas größere Rolle dürfte die fraktionierte Aussalzung spielen, wenn man versucht, die Cocos- bzw. Palmkernfettmenge — in an sich genauerer Weise — durch Bestimmung der Reichert-Meißl-Zahl und Polenske-Zahl (S. 758) oder

---

[1] Für die untenstehende Berechnung des Kern- und Leimfettgehaltes können nach W. Prager: Seifensieder-Ztg. **59**, 717 (1932), bis zu 0,3% Unverseifbares und bis fast 3% unverseiftes Neutralfett unberücksichtigt bleiben, ohne daß die Ergebnisse fehlerhaft werden.

[2] Statt der Säurezahl wird mit Rücksicht auf die Anhydrisierung usw. (s. S. 757) der Säuren ihre Verseifungszahl eingesetzt.

[3] M. Kristen: Ztschr. angew. Chem. **44**, 479 (1931).

der A- und B-Zahl zu ermitteln[1], da in diesen Fällen das teilweise Fehlen gerade der charakteristischen niederen Fettsäuren die Berechnung unsicher machen muß.

Zur Beurteilung der Art der Kernfette berechnet man nach annähernder Bestimmung von K und L die Jodzahl der Kernfettsäuren (JZ_K) aus derjenigen der (von Harz usw. befreiten) Gesamtfettsäuren (JZ), indem man die Jodzahl der Leimfettsäuren mit 10 annimmt, nach der Formel

$$JZ_K = (100\,JZ - 10\,L)/K.$$

Ferner kann man aus den Gesamtfettsäuren die festen Säuren nach Twitchell (S. 701) abscheiden und ihren Titer bestimmen (S. 746), wodurch man einen Anhalt für die Menge der festen Kernfettsäuren erhält. Bei den vielen möglichen Fettkombinationen lassen sich jedoch aus diesen Kennzahlen nur unter gleichzeitiger Berücksichtigung aller übrigen Eigenschaften der Seife (Aussehen, Härte, Geruch, Lagerbeständigkeit usw.) sowie der Preise bei genügender Erfahrung einigermaßen richtige Schlüsse auf die qualitative und quantitative Zusammensetzung des Fettansatzes ziehen.

An einzelnen Fetten kann man z. B. Leinöl aus der Hexabromidzahl (S. 777) der aus der Seife abgeschiedenen Fettsäuren (bei Abwesenheit von Tran) annähernd quantitativ bestimmen, ferner Erdnußöl aus der Menge der nach S. 733 abgeschiedenen „Arachinsäure" (nur bei Abwesenheit von gehärtetem Tran oder Rüböl) und Ricinusöl aus der OH-Zahl (S. 781).

Zur Ermittlung der Überfettungsmittel (hauptsächlich Lanolin, Wollfett-alkohole, Vaselin od. dgl., auch Ricinusölfettsäuren oder Stearin, s. S. 856) sind die unverseifbaren bzw. unverseiften Bestandteile näher zu untersuchen (s. 4a).

6. Ranzige Seifen.

Bei ungeeigneter Zusammensetzung oder Lagerung können die Seifen ebenso wie die Fette selbst „ranzig" werden, und zwar 1. durch Oxydation ungesättigter Säuren (bzw. ihrer Seifen), die sich durch Verfärbung der Seife, Schwund der Parfümierung und Auftreten eines „Oxydationsgeruches" äußert, 2. durch Zerstörung der Parfümstoffe infolge Oxydation oder Alkaliwirkung, welche die gleichen Folgen hat, 3. bei Seifen (z. B. kaltgerührten), die unverseiftes Cocosfett — besonders solches geringer Qualität — enthalten, durch Nachspaltung unter Bildung unangenehm riechender niederer freier Säuren oder Ketone (s. S. 652). Die Oxydation der ungesättigten Säuren und des Parfüms wird nach A. Grün und F. Wittka durch Spuren Cu oder Fe katalytisch stark beschleunigt[2].

Zur Feststellung der Ursachen der Ranzigkeit prüft man nach den genannten Autoren die Seife[3] auf unverseiftes Fett, freie Fettsäuren, Harz, Hartfett, Metallkatalysatoren, ferner untersucht man, soweit die Prüfung im Herstellungsbetrieb der Seife vorgenommen wird, die Qualität der Rohstoffe, besonders der stark ungesättigten Öle. Soweit nicht Metallkatalysatoren festgestellt werden, läßt sich die genaue Ursache der Ranzigkeit in der Regel nicht durch Untersuchung der schon ranzigen Seife, sondern nur durch gründliche Überprüfung des Betriebes selbst ermitteln.

---

[1] Da nicht Neutralfette, sondern freie Fettsäuren oder Seifen vorliegen, sind für diese Bestimmungen nicht 5 bzw. 20 g, sondern die entsprechenden Mengen Fettsäuren (das 0,94fache) oder Seifen anzuwenden. Fryer: Journ. Soc. chem. Ind. 37 T, 262 (1918); Arnold: Seifensieder-Ztg. 47, 571 (1920); Jungkunz: ebenda 47, 949 (1920).

[2] F. Wittka: ebenda 54, 909 (1927).

[3] F. Wittka: ebenda 57, 779 (1930); 58, 3, 579 (1931).

7. Berechnung der Ausbeute einer Seife

für die Betriebskontrolle auf Grund des Fettsäuregehaltes der Seife[1].

Die Menge Seife, welche man aus 100 kg Fettansatz erhält, die sog. Ausbeute (A) der Seife, läßt sich aus dem ermittelten Fettsäuregehalt (einschließlich Harzsäuren) des Fettansatzes (F_a) und dem der Seife (F_s) berechnen:

$$A = 100\, F_a/F_s.$$

Ein Gehalt an Oxysäuren in einem Fettansatz ist dann von dem Fettsäuregehalt F_a abzuziehen, wenn das Fett zu Kernseife verarbeitet wird, weil die Alkaliseifen dieser Säuren schwer aussalzbar sind[2].

Bei kalkseifenhaltigen, mit Benzin od. dgl. extrahierten Knochenfetten ist als Kalkseife gebundene Fettsäure ebenfalls von den Gesamtfettsäuren F_a abzusetzen, wenn das Fett nicht vor der Verarbeitung zur Zerstörung der Kalkseife mit Mineralsäure behandelt wird.

8. Gesamtalkali.

Unter „Gesamtalkali" versteht man in der Seifenanalyse vereinbarungsgemäß die Summe des freien und an Fettsäuren sowie andere schwache Säuren (CO_2, SiO_2, H_3BO_3) zu alkalisch reagierenden Salzen gebundenen Alkalis.

5—10 g Seife werden in wässeriger Lösung unter Methylorangezusatz mit 0,5-n HCl bis zur Rotfärbung titriert. Aus dem Verbrauch an HCl wird das Gesamtalkali berechnet, bei harten Seifen in der Regel als Na_2O, bei weichen als K_2O. 1 ccm 0,5-n HCl entspricht 0,0155 g Na_2O oder 0,0235 g K_2O (Wizöff).

Hat man gemäß S. 871 bereits die Gesamtfettsäuren mit einer gemessenen Menge überschüssiger Mineralsäure, z. B. 0,5-n HCl, abgeschieden und den Überschuß bei Gegenwart von Methylorange zurücktitriert, so erübrigt sich vorstehende nochmalige Ermittlung der zum Binden der Gesamtalkalimenge benötigten Menge HCl, und man berechnet in diesem Fall die Menge des Gesamtalkalis wie folgt:

Beispiel: 5,1021 g Seife mit 100,0 ccm 0,5-n HCl zersetzt,
zurücktitriert 29,5 ,, 0,5-n HCl,
zum Binden des Alkalis 70,5 ccm 0,5-n HCl benötigt.

$$\text{Mithin Gesamtalkali} = \frac{70,5 \cdot 0,0155\ (\text{bei Kaliseifen } 0,0235) \cdot 100}{5,1021} = 21,42\,\%;$$

ber. als Na_2O (bzw. 32,47 % K_2O).

Durch Titration der Asche der Seife mit 0,5-n HCl läßt sich das Gesamtalkali ebenfalls leicht bestimmen.

9. An Fettsäure bzw. Harzsäure gebundenes Alkali.

Diese Alkalimenge ergibt sich bei der Titration der Gesamtfettsäuren, die gemäß S. 871 nach der Ausätherungsmethode aus einer gewogenen Seifenmenge erhalten wurden, mit 0,5-n alkoholischer KOH. Abzuziehen ist von dieser Alkalimenge, die bei harten Riegelseifen und Seifenpulvern als Na_2O, bei Schmierseifen als K_2O berechnet wird, die auf etwa im freien Zustand vorhanden gewesene

---

[1] Davidsohn: Seifensieder-Ztg. 49, 813 (1922). Ausführliches s. auch Davidsohn: Lehrbuch der Seifenfabrikation, S. 367f.
[2] Davidsohn: Seifensieder-Ztg. 43, 165, 189 (1916); C. Stiepel: ebenda 44, 616 (1917); Fahrion: ebenda 41, 1150 (1914); 44, 667 (1917); J. Grosser: ebenda 49, 635 (1922); vgl. auch S. 854.

Fettsäuren entfallende Alkalimenge. Wegen der Möglichkeit der Anhydrid- bzw. Lactonbildung der abgeschiedenen Fettsäuren empfiehlt es sich, diese mit einem Überschuß von alkoholischem KOH zu verseifen und den Überschuß mit HCl zurückzutitrieren (wie bei Bestimmung der Verseifungszahl).

Beispiel: Zur Verseifung der isolierten, vorher gebunden gewesenen Fettsäuren von 6,3745 g Seife wurden 30,05 ccm 0,5-n Lauge verbraucht.

$$\text{Mithin} \quad \frac{30,05 \cdot 0,0155 \cdot 100}{6,3745} = 7,31\% \ Na_2O.$$

Das gebundene Alkali wird auch öfter als (Na—1) bzw. (K—1) berechnet, also 1 ccm 0,5-n Lauge = 0,011 g (Na—1) bzw. 0,019 g (K—1).

10. Freies Alkali.

Ein merklicher Gehalt an freiem Ätzalkali in Toiletteseifen, Hausseifen und Waschseifen für Wolle und Seide gilt als schädlich, da freies Alkali tierische Fasern bzw. die menschliche Haut angreift. Bei der Festsetzung der zulässigen Höchstgrenze für den Alkaligehalt ist aber zu berücksichtigen, daß für die Alkaliwirkung einer Waschseife nicht ihr absoluter, titrimetrisch bestimmbarer Gehalt an freiem Alkali, sondern die sog. „aktuelle Alkalität" (OH-Ionenkonzentration[1]) ihrer verdünnten wässerigen Lösung, wie sie in Wäschereien praktisch verwendet wird, maßgebend ist. Da nun jede gewöhnliche, titrimetrisch neutrale Alkaliseife in wässeriger Lösung infolge hydrolytischer Spaltung (vgl. S. 863) alkalische Reaktion zeigt ($p_H > 8$), so kann sich die Anwesenheit zusätzlichen „freien" Alkalis nur in einer Erhöhung der bereits vorhandenen Alkalität auswirken. Der Grad der hydrolytischen Spaltung hängt aber außer von Temperatur und Konzentration der Seifenlösung auch von der Art der als Seifen vorliegenden Fettsäuren ab; daher zeigen verschiedene neutrale Seifen in wässeriger Lösung unter gleichen Bedingungen verschieden starke Alkalität, und die Erhöhung der Alkalität einer Seifenlösung durch Zusatz von überschüssigem Alkali kann unter Umständen kleiner sein als die Differenz zwischen den Alkalitäten von Lösungen verschiedener „neutraler" Seifen oder von verschieden konzentrierten Lösungen der gleichen neutralen Seife. Z. B. war eine 0,05-n (etwa 1,4%ige) Natriumpalmitatlösung, die 1 Mol-% = 0,14 Gew.-% freies NaOH (berechnet auf die Seifenmenge) enthielt, etwas weniger alkalisch als eine doppelt so starke Lösung des neutralen Natriumpalmitats ohne Zusatz von überschüssigem Alkali[2].

Neuere Vergleichsmessungen verschiedener wässeriger 0,25%iger Na- und K-Seifenlösungen (von stöchiometrisch neutralen Seifen sowie nach Zusatz von verschiedenen Mengen freiem Alkali) bei 90° ließen diese Unterschiede noch deutlicher hervortreten[3]. Z. B. zeigten „neutrales" Na-Stearat p_H 9,20, neutrales Palmitat p_H 8,85, neutrale Sojaölseife 8,75 und neutrale Cocosseife 8,65. Zusätze von 0,2% NaOH (auf Fettsäuregehalt berechnet) erhöhten das p_H gar nicht oder um 0,05; Cocosseife mit 1,0% freiem NaOH

---

[1] Vgl. z. B. L. Michaelis: Die Wasserstoffionenkonzentration, 2. Aufl. Berlin 1932; E. Mislowitzer: Die Bestimmung der Wasserstoffionenkonzentration von Flüssigkeiten. Berlin 1928.

[2] J. W. McBain u. H. E. Martin: Journ. chem. Soc. London **105** T, 957 (1914).

[3] H. Lettner: Diss. Techn. Hochsch. Berlin 1932; W. Bleyberg u. H. Lettner: Chem. Umschau Fette, Öle, Wachse, Harze **39**, 241 (1932).

gab erst p_H 8,85, d. h. den gleichen Wert wie neutrales Palmitat und noch immer viel weniger als neutrales Stearat. Noch bedeutender war der Einfluß der Temperatur: Die Hydrolyse der neutralen Cocosseife stieg von 0,32% bei 20° auf 2,70% bei 90° (d. h. auf das 8fache), diejenige der neutralen Sojaseife von 0,16% (20°) auf 4,55% (90°), d. h. auf das 28fache.

Diese Zahlen zeigen, daß die üblichen Festsetzungen eines Höchstgehalts an „freiem Alkali" (vgl. Lieferungsbedingungen, S. 868) bei Seifen für Wäschereizwecke nicht den Kern der Sache treffen[1] und durch eine Angabe der zulässigen Alkalität (p_H) bestimmter wässeriger Lösungen (z. B. 0,3% Fettsäure enthaltend, bei 90°) ersetzt oder wenigstens ergänzt werden sollten. Zur Aufstellung solcher Normen scheinen aber vorerst noch die experimentellen Unterlagen nicht auszureichen.

Daß Begrenzungen des Alkaligehalts auf 0,03%, berechnet als Na_2O, wie sie z. B. von Seidenfärbereien vorgeschrieben sind, im Hinblick auf etwaige Alkalischädigungen übertrieben scharf sind[2], ergibt auch folgende Rechnung: Bei der üblichen Waschflottenkonzentration von 0,3%, d. h. 3 g Seife im Liter, würde der höchstzulässige Alkaligehalt von 0,03% Na_2O (berechnet auf die Seife) einer Menge von nur 0,9 mg Na_2O im Liter der Waschflotte entsprechen, während reine Natronlauge vom 3fachen Na_2O-Gehalt noch nicht einmal einen wahrnehmbaren alkalischen Geschmack besitzt, obschon sie gegen Phenolphthalein deutlich alkalisch reagiert.

Nachweis. Eine mit Phenolphthalein versetzte Lösung von etwa 1 g Seife in der erforderlichen Menge 96%igen Alkohols wird bei Gegenwart von freiem Ätzalkali gerötet. Eine Rotfärbung kann aber auch von K_2CO_3 herrühren, das — im Gegensatz zu Soda — auch in reinem Alkohol nicht ganz unlöslich ist.

Feste Seifen kann man auch durch Betupfen einer frischen Schnittfläche mit 96%ig alkoholischer Phenolphthaleinlösung prüfen: sofortige Rötung deutet auf freies Ätzalkali. Beim Betupfen mit Mercuronitratlösung erhält man im gleichen Falle eine Schwarzfärbung, mit Sublimat einen gelben Ring. Bei größerer Übung kann man aus dem Grad der Färbung sogar die Alkalimengen annähernd schätzen.

Quantitative Bestimmung. Diese erfolgt am besten durch Titration der in mindestens 95%igem Alkohol gelösten Seife, da hierbei alkalisch reagierende Beimengungen (Soda, Wasserglas) mit Ausnahme von K_2CO_3, nicht gelöst werden.

Alkohol-Methode (Wizöff)[3]. Bei festen Seifen u. dgl. werden 5—10 g Seife[4] in ausreichender Menge neutralisierten Alkohols unter Erwärmen gelöst und, sobald die Lösung einigermaßen abgekühlt ist, ohne daß Ausscheidung von

---

[1] Bei Toilette- und Rasierseifen, bei denen die Seife als feuchtes Stück oder als Creme, d. h. in verhältnismäßig großer Konzentration, auf die Haut gebracht wird, liegen die Verhältnisse wohl etwas anders; hier könnte eher dem Gehalt der Seife an freiem Alkali unmittelbar eine größere Bedeutung zukommen. Ferner ist nach G. Knigge: Fettchem. Umschau **40**, 30 (1933), die Kenntnis des wahren Gehalts an freiem Ätzalkali bei der Herstellung der Seifen wichtig, weil von der Einstellung des richtigen Alkaligehalts die Lagerbeständigkeit der Seife, die Haltbarkeit mancher Riechstoffe und — bei Schmierseifen — die Konsistenz abhängig sind.

[2] Auf die praktische Unschädlichkeit eines Gehaltes an freiem Alkali bei Toiletteseifen von 0,13% (englische Lieferbedingungen) hat schon Davidsohn: Seifensieder-Ztg. **56**, 631 (1929), hingewiesen.

[3] Davidsohn: Chem. Umschau Fette, Öle, Wachse, Harze **33**, 273 (1926); **34**, 260 (1927).

[4] G. Knigge: Allg. Öl- u. Fett-Ztg. **26**, 619 (1929), empfiehlt ‚nur 1—2 g Seife in 100 ccm Alkohol zu lösen.

Seife oder Gelatinieren eintritt, unter Zusatz von 3—4 Tropfen Phenolphthaleinlösung mit 0,1-n Salzsäure titriert.

Bei stark wasserhaltigen Seifen (flüssigen Seifenpasten, Schmierseifen
u. dgl.) werden 3—5 g Seife wie oben in ausreichender Menge neutralisierten Alkohols
gelöst. In die erkaltete Lösung werden unter Umschwenken 4—6 g feingepulvertes
Na_2SO_4 in kleinen Mengen geschüttet. Die Lösung wird, nach 30 min Stehen
unter dichtem Verschluß, mit alkoholischer, etwa 0,1-n Salzsäure titriert, die durch
Mischen von 10 g Salzsäure (spez. Gew. 1,19) mit 1000 ccm Alkohol hergestellt
und jeweils mit 0,1-n Lauge eingestellt worden ist. Bei manchen Schmierseifen
kann trotz des Glaubersalzzusatzes nach der Titration wieder eine Rötung eintreten.
In diesem Falle dekantiert man[1] die alkoholische Seifenlösung von dem Glaubersalz,
wäscht dieses mit neutralisiertem Alkohol nach und titriert die vereinigten alkoholischen Lösungen.

Der Alkaligehalt wird bei Natronseifen als Prozent NaOH (Äquiv.-Gew. 40),
bei Kaliseifen als Prozent KOH (Äquiv.-Gew. 56) berechnet.

Schütte[2] empfiehlt zur Vermeidung des Gelatinierens der alkoholischen Seifenlösungen einen Zusatz von 3 g Kaliumbenzoat in 200 ccm 96%igem Alkohol zu
2—5 g Seife. Das Neutralisieren des Alkohols soll nach Schütte am vorteilhaftesten durch 5 min langes Kochen der alkoholischen Benzoatlösung mit einem
Überschuß von 4—5 Tropfen 0,5-n alkoholischer KOH, Zurücktitrieren mit 0,1-n
HCl bis zur Farblosigkeit und Zusatz von einem Tropfen 0,1-n KOH vorgenommen
werden.

Das stets zu Ungenauigkeiten Anlaß gebende Neutralisieren des Lösungsmittels
kann durch Ansetzen eines Blindversuches vermieden werden.

Chlorbarium-Methode (Wizöff und Deutsche Reichsbahn-Ges.):
Dieses Verfahren[3] ist der in der anorganischen Analyse üblichen Methode
zur Bestimmung von Ätzalkali neben Alkalicarbonat (Fällung des Carbonats
mit $BaCl_2$) nachgebildet. Dem Vorteil der Alkoholersparnis steht jedoch
der Nachteil gegenüber, daß die gleichfalls ausfallende Bariumseife freies
Alkali adsorbiert, so daß die Titration der Lösung leicht zu niedrige Werte
für den Alkaligehalt ergibt. Die Methode ist daher nur dann zu empfehlen,
wenn es sich um die Feststellung nicht zu geringfügiger Mengen freien Alkalis
(d. h. in der Regel nicht unter 0,1%) handelt und dementsprechend eine
geringere Genauigkeit der Bestimmung genügt. Die Verfahren von Davidsohn und Weber[4] bzw. Boßhard und Huggenberg[5], bei welchen die
Fällung mit $BaCl_2$ in 50%iger bzw. 60%iger alkoholischer Lösung vorgenommen wird, haben praktisch keine Vorteile gegenüber der hier angeführten Methode gezeigt.

5 g Seife werden in 100 ccm heißem Wasser gelöst und unter Umrühren
langsam mit 15 ccm gesättigter Chlorbariumlösung versetzt. (Bei sehr carbonat-
reichen Waschmitteln kann evtl. mehr $BaCl_2$ nötig sein.) Nach Absitzen des
Niederschlages werden die ausgefällten Bariumsalze (Seife + Carbonat) abfiltriert;
der Rückstand auf dem Filter wird mit Wasser bis zur neutralen Reaktion gewaschen und das Filtrat mit 0,1-n HCl titriert (Phenolphthalein).

11. Kohlensaures Alkali.

Genaue Bestimmung erfolgt durch Freimachen und Austreiben der
Kohlensäure im Geißlerschen Apparat. Diese Methode ist auch bei

[1] G. Knigge: l. c., erhielt durch Filtrieren genauere Resultate.
[2] Schütte: Seifensieder-Ztg. **57**, 49 (1930).
[3] Zuerst vorgeschlagen von P. Heermann: Chem.-Ztg. **28**, 53 (1904).
[4] Davidsohn u. Weber: Seifensieder-Ztg. **34**, Nr. 3 (1907).
[5] Boßhard u. Huggenberg: Ztschr. angew. Chem. **27**, 11, 456 (1914).

Gegenwart von Silicaten und Boraten anwendbar; bei Anwesenheit sauerstoffentwickelnder Zusätze ist eine entsprechende Korrektur anzubringen (s. u.).

Kohlensäurebestimmung im Geißlerschen Apparat, Abb. 203 (Wizöff). Aus 3—5 g Seife (feste Seife geraspelt) wird in bekannter Weise die Kohlensäure mit etwa 10 %iger Salzsäure oder Schwefelsäure[1] ausgetrieben. Wenn die CO_2-Entwicklung nachgelassen hat, wird der Apparat $1/_2$ h lang in ein Wasserbad (50—60⁰) gestellt, dann 5 min lang ein trockener Luftstrom vorsichtig hindurchgeführt und der Apparat nach dem Erkalten gewogen. Aus der Gewichtsabnahme (CO_2) ergibt sich der Carbonatgehalt wie folgt: 1 % CO_2 entspricht 2,41 % Na_2CO_3 bzw. 3,14 % K_2CO_3. Bei Gegenwart von Perboraten u. dgl., welche bei der CO_2-Bestimmung im Geißlerschen Apparat Sauerstoff abgeben, ist der besonders zu bestimmende Gehalt an aktivem Sauerstoff (s. S. 890) von dem im Geißler-Apparat gefundenen scheinbaren CO_2-Gehalt abzuziehen.

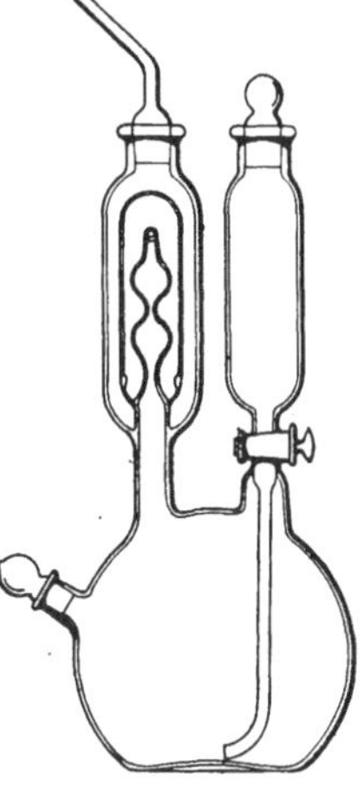

Abb. 203. Kohlensäurebestimmungsapparat nach Geißler.

Genauigkeitsgrenze 0,2—0,3 %. Für genauere Anforderungen, besonders zur Carbonatbestimmung in Seifen mit geringerem Carbonatgehalt (feste Seifen, gewisse Schmierseifen u. dgl.), ist die Kohlensäurebestimmung mit den in der organischen Elementaranalyse gebräuchlichen Kohlensäure-Absorptionsapparaten (Kaliapparat usw.) auszuführen[2].

Annäherungsbestimmung (Wizöff). Bei carbonatreichem Material (Waschpulver, gefüllte Schmierseifen) kann eine annähernde Bestimmung des kohlensauren Alkalis durch direkte Titration von 2—4 g Substanz, mit 0,5-n HCl (Methylorange) ausgeführt werden. 1 ccm 0,5-n HCl = 26,5 mg Na_2CO_3 bzw. 34,5 mg K_2CO_3. Von dem erhaltenen Resultat sind die dem freien oder an Fettsäure, Kieselsäure oder Borsäure[3] gebundenen Alkali äquivalenten Alkalicarbonatmengen abzuziehen.

12. Kaliumgehalt.

Viele Waschmittel sind infolge ihres hohen Kaliumgehaltes durch gutes Schäumen und Geschmeidigkeit ausgezeichnet. So ist bei Rasierseifen etwa die Hälfte der zum Verseifen benutzten Lauge Kalilauge. Eine Einzelbestimmung des Kaliums wird folgendermaßen vorgenommen[4]:

(Wizöff). Aus 5 g Seife wird das Gesamtfett nach S. 871 mit Salzsäure abgeschieden; hierauf wird das Sauerwasser in eine dunkelblau glasierte Porzellanschale filtriert, siedend heiß mit 2 ccm salzsaurer Bariumchloridlösung (10 g $BaCl_2$, 5 ccm konz. HCl, 100 ccm H_2O) versetzt und, falls eine Trübung oder Fällung entsteht, nochmals filtriert. Das Filtrat fällt man mit 25 ccm Überchlorsäure ($d = 1,125$), dampft es auf dem Wasserbade bis zum Verschwinden des Salzsäuregeruchs und Auftreten von Überchlorsäuredämpfen ein und zerreibt den

---

[1] In der Beschreibung der Wizöff-Methode steht irrtümlich konzentrierte Salzsäure, die aber wegen der Gefahr des Entweichens von HCl-Dämpfen nicht angebracht ist.

[2] Vgl. auch W. Prager u. W. Schaeffer: Seifensieder-Ztg. **56**, 8 (1929); **57**, 276 (1930).

[3] Bei Gegenwart von Perborat $NaBO_3$ kann die diesem äquivalente Na_2CO_3-Menge auch aus dem Gehalt des Waschmittels an aktivem Sauerstoff berechnet werden. 1 % aktiver Sauerstoff entspricht theoretisch 3,31 % Na_2CO_3; da das Perborat aber gewöhnlich etwas Borat enthält, soll man nach Davidsohn: Ztschr. Dtsch. Öl-Fettind. **44**, 569 (1924), für 1 % aktiven Sauerstoff den etwas höheren Wert 3,59 % Na_2CO_3 abziehen.

[4] Davidsohn: Seifenfabrikant **35**, 231 (1915).

Holde, Kohlenwasserstofföle. 7. Aufl.

Rückstand nach dem Erkalten mit etwa 20 ccm 96%igem Alkohol. Die nach kurzem Absitzenlassen über dem Kaliumperchlorat stehende Flüssigkeit wird durch ein bei 105⁰ getrocknetes, gewogenes Filter bzw. einen Goochtiegel filtriert, der Rückstand zweimal mit 96%igem Alkohol, der 0,1—0,2% Überchlorsäure enthält, zerrieben, filtriert und auf dem Filter mit 96%igem Alkohol nachgewaschen. Filter mit Niederschlag werden bei 70—80⁰ getrocknet und gewogen. Wenn die freie Überchlorsäure nicht sorgfältig ausgewaschen ist, verkohlt das Filter beim Trocknen teilweise. Der Kaliumgehalt wird in Prozenten (K—1), K_2O, KOH oder K_2CO_3 ausgedrückt: 138,56 g $KClO_4$ entsprechen 38,10 (K—1), 47,10 K_2O, 56,11 KOH, 69,10 K_2CO_3.

W. Ott[1] berechnet in ungefüllten Seifen den Natrium- und Kaliumgehalt aus dem Gewicht der Asche ($Na_2CO_3 + K_2CO_3$), der Menge und der Säurezahl der Fettsäuren.

M. C. Bauer[2] und P. Fuchs[3] bestimmen die Menge des gebundenen Kaliums und Natriums in reinen Seifen einfacher durch Wägung und Titration der Asche mit n-HCl (Methylorange). Beträgt das Aschengewicht ($Na_2CO_3 + K_2CO_3$) a g, der HCl-Verbrauch b ccm, von welchen x ccm auf Na_2CO_3, (b—x) ccm auf K_2CO_3 entfallen sollen, so wird $a = 0,069$ (b—x) $+ 0,053 x$, somit der Gehalt der Asche an Na_2CO_3 gleich 53(0,069 b—a)/16 g, an K_2CO_3 gleich 69(a—0,053 b)/16 g. Die Umrechnung auf Prozent Na bzw. K erfolgt in bekannter Weise.

Zur Kaliumbestimmung in gefüllten Seifen[4] trocknet man 5 g der (nötigenfalls zerkleinerten) Seife zuerst bei 50—60⁰, dann bei 105—110⁰ und kocht sie unter Rückflußkühlung in absolutem Alkohol (s. 14 b), wobei die Füllstoffe ungelöst bleiben. Nach Abfiltrieren der Füllstoffe zersetzt man die im Filtrat enthaltene Seife mit HCl, trennt die Fettsäuren wie üblich durch Ausäthern vom Sauerwasser und dampft dieses ein. Die zurückbleibenden Chloride (KCl + NaCl) werden gewogen, mit Wasser zu 200 ccm gelöst und 20 ccm der Lösung mit 0,1-n $AgNO_3$ gegen K_2CrO_4-Indicator titriert. Beträgt das Gewicht der Chloride a g, der $AgNO_3$-Verbrauch b ccm, so berechnet sich die KCl-Menge in den Chloriden zu 74,5 (a—0,0585 b)/16 g, die NaCl-Menge zu 58,5 (0,0745 b—a)/16 g. Umrechnung auf Prozent K und Prozent Na wie üblich.

13. Ammoniumsalze

kommen zuweilen, insbesondere in Waschpulvern, vor und sind leicht beim Erhitzen der Probe mit konz. Natronlauge am Ammoniakgeruch zu erkennen.

Quantitative Bestimmung (Wizöff)[5]. 10 g rasch abgewogene Substanz werden im 200-ccm-Meßkolben in Wasser gelöst und durch 10%ige H_2SO_4 zersetzt. Die bis zur Marke aufgefüllte, mit 1 g geglühter Kieselgur versetzte, gut durchgeschüttelte Lösung wird filtriert und das Ammoniak aus 100 ccm Filtrat nach Zusatz von 20 ccm 33%iger Natronlauge in eine Vorlage überdestilliert, welche überschüssige 0,1-n H_2SO_4 enthält. Der nach vollständigem Übertreiben des Ammoniaks verbleibende Rest an H_2SO_4 wird zurücktitriert (Methylorange).

1 ccm verbrauchter 0,1-n Säure entspricht 1,7 mg NH_3.

14. Alkoholunlösliche Bestandteile (Füllstoffe).

a) Qualitativer Nachweis.

Der Nachweis der meisten Füllstoffe (Kochsalz, Carbonate, Glaubersalz, Wasserglas, Sand, Talkum, ZnO, Kartoffelmehl usw.) beruht auf ihrer Unlöslichkeit in Alkohol.

---

[1] W. Ott: Seifensieder-Ztg. **54**, 584 (1927).

[2] M. C. Bauer: ebenda **56**, 417 (1929). [3] P. Fuchs: ebenda **56**, 419 (1929).

[4] J. Davidsohn: ebenda **57**, 275 (1930); Knigge: Allg. Öl- u. Fett-Ztg. **27**, 223 (1930).

[5] Jungkunz: Seifensieder-Ztg. **50**, 513 (1923).

1—2 g zerkleinerte Seife werden im Kolben am Rückflußkühler mit etwa 50 ccm absolutem Alkohol unter wiederholtem Schütteln gekocht. Nur bei Gegenwart von Füllmitteln bleibt bei Haus- und Toiletteseifen nach völliger Auflösung der Seife ein Rückstand[1]. Bei Schmierseifen hinterbleibt, auch wenn diese nicht gefüllt sind, ein kleiner Rückstand, der von Pottasche bzw. Chlorkalium herrührt, die zur Erzielung der erforderlichen Konsistenz mitverarbeitet werden.

b) Quantitative Bestimmung der Gesamtfüllstoffe (Wizöff).

5 g Schmierseife bzw. feingeschnittene harte Seife werden im Erlenmeyerkölbchen zuerst bei 50—60°, dann bei 105—110° getrocknet, hierauf mit 100 ccm absolutem Alkohol am Rückflußkühler bis zur völligen Auflösung der Reinseife gekocht oder extrahiert. Man filtriert auf bei 105° getrocknetem gewogenem Filter, wäscht mit heißem absolutem Alkohol erschöpfend nach und wägt das mit Rückstand getrocknete Filter wiederholt. Aus der Rückstandsmenge ergibt sich durch Multiplikation mit 20 der Prozentgehalt an Füllstoffen.

c) Wasserglas (Wizöff).

α) Qualitativ. Bei Abwesenheit von in Wasser unlöslichen Füllstoffen wie Talkum, Mehl u. dgl. wird die wässerige Lösung mit HCl auf dem Wasserbad zersetzt, und die Fettsäuren werden ausgeäthert. Flocken von der charakteristischen Beschaffenheit frisch gefällter Kieselsäure im Sauerwasser deuten auf Gegenwart von Wasserglas. Da aber Kieselsäure auch, ohne Ausscheidungen zu bilden, in der sauren Flüssigkeit gelöst sein kann, so wird diese zur Trockne verdampft und der Rückstand heiß mit Wasser behandelt. Bleibt ein unlöslicher Rückstand, der auch bei nochmaligem Erhitzen mit Salzsäure nicht verschwindet und nach Abrauchen der Säure beim Zerreiben mit dem Glasstab sandig knirscht, so war Wasserglas zugegen.

Bei Anwesenheit wasserunlöslicher Füllstoffe ist die Seifenlösung vor dem Ansäuern zu filtrieren.

β) Quantitativ. Die wässerige Lösung einer gewogenen Menge Seife (5 g) bzw. das wässerige Filtrat (falls die Seife wasserunlösliche Füllstoffe enthält) wird mit Salzsäure zersetzt, und die Fettsäuren werden ausgeäthert. Die saure Lösung wird eingedampft und der bei 120°* getrocknete Rückstand nach Befeuchten mit 25%iger Salzsäure nochmals bei 120° zur Trockne gebracht. Der trockene Rückstand wird mit heißem Wasser aufgenommen, die unlösliche Kieselsäure auf einem quantitativen Filter abfiltriert und nach Veraschen des letzteren im Porzellantiegel gewogen.

Berechnung. Da die Zusammensetzung des verwendeten Wasserglases in den meisten Fällen nicht bekannt ist, wird die Umrechnung des gefundenen SiO_2 auf Wasserglas meist unter der Annahme durchgeführt, daß $Na_2Si_4O_9$ bzw. $K_2Si_4O_9$ vorliegt. 1 g SiO_2 entspricht dann 1,257 g $Na_2Si_4O_9$ bzw. 1,390 g $K_2Si_4O_9$.

Im technischen Wasserglas entspricht das Verhältnis $SiO_2 : Na_2O$ nicht immer dem Verhältnis 4:1. Die errechneten Werte sind deshalb nur Annäherungswerte.

Die Umrechnung des gefundenen SiO_2 auf Wasserglaslösung ist aus demselben Grunde unsicher. Zur Errechnung des Ansatzes einer Seife nimmt man für diese Umrechnungen gewöhnlich an, daß eine 38° Bé (spez. Gew. 1,346) starke Wasserglaslösung verwendet wurde, die etwa 25,5% SiO_2 und 7,7% Na_2O enthält; 1 g SiO_2 entspricht dann 3,921 g flüssigem Wasserglas von 38° Bé.

d) Kochsalz und Chlorkalium.

α) Qualitativ. Das nach Zersetzung der Seife mit verdünnter Salpetersäure erhaltene, von den Fettsäuren abfiltrierte Sauerwasser wird mit verdünnter $AgNO_3$-Lösung versetzt. Ein weißer käsiger Niederschlag deutet auf Gegenwart von Chloriden.

β) Quantitativ. Das nach α) erhaltene salpetersaure Sauerwasser einer abgewogenen Seifenmenge (z. B. 5 g) wird mit einer gemessenen überschüssigen

---

[1] Nach Krebitz, durch Umsatz von Kalkseifen mit Soda, hergestellte Natronseifen enthalten mitunter noch Kalkseifen. Zu ihrer Bestimmung prüft man den alkoholunlöslichen Rückstand auf Ca und Fettsäuren.

* Nach Wizöff-Vorschrift 120°; 100° (Wasserbad) dürften jedoch genügen.

Menge (z. B. 25 ccm) 0,1-n AgNO$_3$-Lösung versetzt und der Silberüberschuß in bekannter Weise mit 0,1-n Rhodanammoniumlösung zurücktitriert.

Berechnung: 1 ccm 0,1-n AgNO$_3$ = 0,005 85 g NaCl oder 0,007 45 g KCl.

Beispiel: 4,4201 g Seife erfordern 26,5 ccm 0,1-n AgNO$_3$.

$$100 \text{ g Seife} = \frac{26,5 \cdot 0,005\,85 \cdot 100}{4,4201} = 3,50\% \text{ NaCl}$$

$$= \frac{26,5 \cdot 0,007\,45 \cdot 100}{4,4201} = 4,47\% \text{ KCl.}$$

Nach der Schnellmethode von H. C. Bennett[1] lassen sich, wenn die Seife keine niedrigmolekularen Fettsäuren (Cocos-, Palmkernfettsäuren) enthält, auch ganz geringe Mengen Kochsalz exakt bestimmen. Man löst 5,85 g Seife in 150 ccm H$_2$O, fällt Seifen und mineralische Füllstoffe in der Hitze mit 25 ccm 20%iger Mg(NO$_3$)$_2$-Lösung und titriert nach Abkühlen, ohne zu filtrieren, mit 0,1-n AgNO$_3$-Lösung gegen K$_2$CrO$_4$-Indicator. Bei der angegebenen Einwaage entspricht je 1 ccm 0,1-n AgNO$_3$ 0,1% NaCl.

e) Borax.

α) Qualitativ (Wizöff). Die Asche von etwa 5 g Seife wird in verdünnter HCl gelöst; mit der Lösung wird ein Streifen Curcumapapier befeuchtet und dieser bei 60—70^0 getrocknet. Waren Borsäure oder Borax zugegen, so färbt sich das Papier braunrot und die Färbung geht durch Ammoniak in Blauschwarz über. Freie Borsäure färbt die Flamme grün; borsaure Salze zeigen, mit einem Tropfen konz. Schwefelsäure befeuchtet, die gleiche Flammenreaktion.

β) Quantitativ (Wizöff). Etwa 10 g Seife werden in der gerade genügenden Menge Wasser gelöst und mit 1—2 g entwässerter Soda gründlich durchgerührt. Die Lösung wird eingedampft und der Rückstand bei mäßiger Rotglut verascht. Zum Verjagen der Kohlensäure kocht man die in Wasser aufgenommene Asche mit verdünnter HCl am Rückflußkühler. Nach dem Neutralisieren mit 0,5-n KOH oder NaOH (Methylorange) und Zusatz von 20 ccm neutralisiertem Glycerin oder 5 g Mannit wird die Lösung mit 0,1-n NaOH bis zur Rotfärbung titriert (Phenolphthalein). Entfärbt sich die überneutralisierte Lösung auf Zusatz weiterer 10 ccm Glycerin oder 2,5 g Mannit, so wird sie nochmals mit 0,1-n Lauge titriert, bis ein scharfer Umschlag in rot eintritt und Glycerin- oder Mannitzusatz keine Entfärbung mehr verursacht.

In gleicher Weise ist ein Blindversuch auszuführen.

Berechnung. Gegeben: Einwaage e g Seife, zur Titration (nach Zusatz des Glycerins bzw. Mannits) verbraucht a ccm 0,1-n Lauge.

Gefunden: % Borsäure = 0,35 a/e, ber. als B$_2$O$_3$.

f) Talkum und andere wasserunlösliche anorganische Füllstoffe.

α) Qualitativ. Ist die Seife in Wasser nicht ganz löslich, so enthält sie in der Regel anorganische wasserunlösliche Füllstoffe (z. B. Talkum, Kaolin, Bimsstein, Asbest, Sand), unter Umständen auch unlösliche organische Stoffe, z. B. Mehl. Gibt die Seife beim Veraschen im Porzellantiegel keinen wasserunlöslichen Rückstand, so kommen nur organische Füllstoffe in Frage, andernfalls aber Talkum usw.

β) Quantitativ. In der Regel genügt die Ermittlung der Gesamtmenge der anorganischen Füllstoffe, deren Menge sich durch Veraschen von 4—5 g Seife im Porzellantiegel, Ausziehen des Rückstandes mit heißem Wasser, Filtrieren des Unlöslichen auf quantitativem Filter, Verglühen und Wägen der unlöslichen Asche ergibt. Falls die Kenntnis der Einzelbestandteile erwünscht ist, wird eine qualitative bzw. quantitative Analyse vorgenommen.

---

[1] H. C. Bennett: Journ. Ind. engin. Chem. **13**, 813 (1921).

g) Organische (alkoholunlösliche) Füllstoffe.

Die Menge der bei der Extraktion mit Alkohol nicht in Lösung gegangenen organischen Substanzen (Stärke, Kartoffelmehl, Dextrin, Zucker, Gelatine u. a.) ergibt sich aus der Differenz des nach 14b erhaltenen Rückstandes und der Asche dieses Rückstandes.

α) **Dextrin** wird aus dem kalt hergestellten, wässerigen Extrakt des alkoholunlöslichen Rückstandes (s. b) vorsichtig in einem gewogenen Becherglase mit Alkohol gefällt. Bei kräftigem Umrühren legt sich das Dextrin an die Glaswand, wird mit Alkohol gewaschen, dekantiert, bei 100^0 getrocknet und gewogen. Mitgefällte anorganische Salze werden durch Veraschen ermittelt und abgezogen.

β) **Stärke** wird als Kartoffelmehl zur Streckung von Schmierseifen vielfach benutzt (z. B. für Elainseifen).

Qualitativ. Durch Betupfen des alkoholunlöslichen Rückstandes mit alkoholischer Jodlösung (oder Jod-Jodkaliumlösung) entsteht bei Gegenwart von Stärke Blaufärbung.

Quantitativ[1]. Die Bestimmung beruht auf der Unlöslichkeit der Stärke in alkoholischer KOH, während sich Fett, Seife, Eiweiß, Casein u. dgl. lösen. 6—8 g Seife werden mit 60—80 ccm 0,5-n alkoholischer KOH im Erlenmeyer (Rückfluß) auf dem Wasserbade erhitzt. Hat sich das fettsaure Alkali gelöst, so wird heiß filtriert, 3—4mal mit je 50 ccm siedendem Alkohol gewaschen, bis das Lösungsmittel nicht mehr alkalisch reagiert, und das Filter mit Inhalt in den Kolben zurückgebracht. Auf dem kochenden Wasserbade wird mit 60 ccm 6%iger wässeriger KOH unter öfterem Schütteln 30 min erhitzt, nach dem Erkalten mit Essigsäure schwach angesäuert (Phenolphthalein) und bei 15^0 auf 100 ccm aufgefüllt. Die Flüssigkeit wird umgeschüttelt, 2—3mal durch Watte filtriert, bis ein schwach opalescierendes Filtrat entsteht. Je nach dem Stärkegehalt werden davon 25 oder 50 ccm mit 2—3 Tropfen Essigsäure und unter Umrühren mit 30 oder 60 ccm 96%igem Alkohol versetzt. Nach längerem Stehen setzt sich die Stärke ab und wird durch ein getrocknetes und gewogenes Filter filtriert, mit 50%igem Alkohol so lange gewaschen, bis das Filtrat ohne Rückstand verdampft, dann mit absolutem Alkohol, schließlich mit Äther nachgewaschen und bei 100—105^0 zur Gewichtskonstanz getrocknet. Würde bei gleichzeitiger Stärke- und Wasserglasfüllung der Seife etwas Kieselsäure in den Stärkeniederschlag gelangen, so könnte dieser Fehler durch Veraschung des mit Inhalt gewogenen Filters und Abzug der Asche berücksichtigt werden.

Zur Umrechnung auf Kartoffelmehl multipliziert man den für Stärke ermittelten Wert mit 1,25.

γ) **Zucker**, gelegentlich in Transparentseifen und flüssigen Seifen vorkommend, ist im wässerigen Auszug des alkoholunlöslichen Rückstandes polarimetrisch oder nach dem Invertieren (15 min Kochen mit Salzsäure) mit **Fehling**scher Lösung an der Ausscheidung von rotem Kupferoxydul zu ermitteln. Die **quantitative** Bestimmung erfolgt besser im aliquoten Teile des nach S. 871 erhaltenen Sauerwassers, da Zucker in Alkohol nicht ganz unlöslich ist, und zwar gravimetrisch (Invertieren, **Fehling**sche Lösung) oder polarimetrisch. Man polarisiert vor und nach dem Invertieren (mit 5 ccm Salzsäure, 1,125) und erhält unter Berücksichtigung der verschiedenen Konzentrationen beide Drehungswerte im Verhältnis 100 rechts : 31,7 links, wenn nur Rohrzucker vorhanden ist. Geringere relative Linksdrehung verrät die Anwesenheit anderer Zuckerarten.

δ) Bei gleichzeitiger Anwesenheit von **Stärke** und **Zucker** bestimmt man zuerst den Stärkegehalt nach β. Dann zersetzt man 10 g Seife mit verdünnter H_2SO_4, invertiert das Sauerwasser und bestimmt den Gesamtinvertzucker mit **Fehling**scher Lösung. Der Rohrzuckergehalt errechnet sich dann zu

$$z = 0,95 \left(0,005\, a - \frac{y}{0,9} \right),$$

worin a die Anzahl Kubikzentimeter **Fehling**scher Lösung, 0,005 das Äquivalent Invertzucker zu 1 ccm **Fehling**scher Lösung, y die Stärkemenge und 0,95 (0,9) die Umrechnungsfaktoren für Invertzucker auf Rohrzucker (Stärke) sind.

---

[1] C. **Huggenberg**: Seifenfabrikant **27**, 625 (1907); auch Wizöff-Vorschrift.

ε) **Eiweißstoffe** (Casein, Eigelb u. dgl.) finden sich öfters in pilierten Seifen. **Qualitativer Nachweis** durch die Biuretprobe: Eine frische Seifenschnittfläche zeigt, mit Kupfersulfatlösung und Kalilauge betupft, nach dem Abspülen mit Wasser Violettfärbung.

Quantitative Bestimmung erfolgt annähernd durch Ermittlung des Stickstoffgehaltes nach **Kjeldahl** in einer feingeschabten Seifenprobe. Die gefundene Stickstoffmenge, evtl. um den Ammoniakstickstoff (nach S. 882) vermindert, gibt, mit 6,25 multipliziert, den Eiweißgehalt.

Gelatine läßt sich im heißen wässerigen Extrakt des Alkoholunlöslichen mit Tannin fällen.

ζ) Über Nachweis von **Schleimstoffen**, Carragheenschleim usw. vgl. S. 895.

h) Glyceringehalt.

Im alkoholischen Extrakt der Seife wird nach Abtreiben des Alkohols und Abscheiden der Fettsäuren mit H_2SO_4 (S. 871) Glycerin gemäß S. 843 bestimmt. Handelt es sich um reine von Füllstoffen freie Seife, so braucht sie natürlich in Alkohol nicht gelöst zu werden, sondern die Abscheidung der Fettsäuren geschieht in wässeriger Lösung. Aus dem Glyceringehalt lassen sich gewisse Schlüsse auf die Herstellung der Seife ziehen. Eine nicht ausgesalzene Leimseife aus Neutralfett enthält immer Glycerin; eine Leimseife aus Fettsäuren oder eine Kernseife enthalten kein oder sehr wenig Glycerin.

Enthält die Seife neben Glycerin auch Zucker (Dextrin), so wird im Sauerwasser der Zucker mit Kalk als Saccharat gebunden, die Lösung mit der gleichen Menge Sand vermischt und zur Trockne verdampft. Der gepulverte Rückstand wird mit 50 %igem Alkohol extrahiert und im vom Alkohol befreiten Auszug das Glycerin bestimmt.

i) Mit Wasserdampf flüchtige organische Zusätze.

In Betracht kommen hier Alkohol (für Transparentseifen, flüssige und medizinische Seifen), Benzin, Benzol, gechlorte Kohlenwasserstoffe (zur Erhöhung der Waschwirkung zugesetzt), Teerprodukte: Carbolsäure, Kresole, Resorcin, Naphthole (für medizinische bzw. Desinfektionszwecke); ätherische Öle für Parfümierungs- oder Reinigungszwecke, z. B. Terpentinöl[1]. Ferner kommen als Zusätze sog. „Fettlöser", Tetralin, Dekalin, Hexalin und Methylhexaline[2] (s. S. 578) in Betracht.

α) **Wasserunlösliche flüchtige Stoffe.** 30—40 g Seife werden in mindestens 150 ccm destilliertem Wasser gelöst und mit überschüssiger verdünnter Schwefelsäure (1:3) versetzt. Hierauf werden nach Zusatz von etwas Bimsstein mit Wasserdampf die flüchtigen Zusätze in einen Kolben mit graduiertem Hals übergetrieben, in welchem sich das Gesamtvolumen der flüchtigen wasserunlöslichen Stoffe ablesen läßt[3].

Leichtflüchtige Kohlenwasserstoffe, wie Benzin, Benzol, Tetralin, sowie die wasserunlöslichen Hexaline, die sich im Hals des Meßkolbens ansammeln, werden an der Hand ihrer physikalischen und chemischen Eigenschaften voneinander getrennt und gekennzeichnet (s. zum Teil S. 610).

β) **Alkohol** wird im wässerigen Teil des Destillats von α) gemäß S. 401 qualitativ mittels der Jodoformprobe und quantitativ durch Bestimmung des spez. Gew. ermittelt, sofern nicht andere wasserlösliche Bestandteile, z. B. Phenole, zugegen sind. In diesem Fall muß das wässerige Destillat nochmals unter vorheriger Abstumpfung mit überschüssigem Alkali destilliert werden.

---

[1] R. Jungkunz: Seifensieder-Ztg. **50**, 514 (1923).

[2] Quantitative Bestimmung. Jakeš: ebenda **51**, 859, 877 (1924); Tetralin-Ges.: Chem.-Ztg. **48**, 477 (1924).

[3] Welwart: ebenda **48**, 477 (1924), empfiehlt die Fällung der Fettsäuren als Kalksalze und beschreibt eine Methode zur Hexalinbestimmung.

γ) Riechstoffe (ätherische Öle)[1]. 20 g Seife werden in 150 ccm Wasser und 20 g 90%igem Alkohol gelöst, die Lösung wird nur bis zur schwachen Opalisierung angesäuert, mit Kochsalz übersättigt, 1,5 g Tannin zugesetzt und mit Wasserdampf destilliert. Das Destillat wird wieder ausgesalzen, mit 50 ccm leichtsiedendem Petroläther (Kp. 20—25°) ausgeschüttelt und das Volumen des Auszuges auf 50 ccm ergänzt; 25 ccm (entsprechend 10 g Seife) läßt man eindunsten und wägt den Rückstand. Das Rückstandsgewicht, multipliziert mit 10, gibt den Prozentgehalt der Seife an flüchtigen Riechstoffen.

(Hierbei dürfte allerdings vorausgesetzt sein, daß Tetralin, Dekalin, Hexalin usw. fehlen, da diese gleichfalls vom Petroläther ausgezogen werden würden.

Um die Natur der Riechstoffe — sofern diese nicht schon durch den Geruch der auf dem Wasserbad geschmolzenen, vorher fein geschabten Seife festgestellt wurde — zu ermitteln, nimmt man den Verdunstungsrückstand mit wenig Alkohol auf und läßt Proben der Lösung auf Papierstreifen oder einem Uhrglas über einem mit siedendem Wasser gefüllten Kolben verdampfen. Da bei dieser Prüfung der Alkoholdampf durch rasche Ermüdung stört, bedient man sich besser der sog. Dispersionsmethode: Die staubfein zerriebene völlig trockene Seife (oder der Riechstoffauszug) wird mit Magnesiumcarbonat oder Talkum gemischt, durch ein Emailsieb getrieben und nach $^1/_2$ h Stehen auf Geruch geprüft.

Im Rückstand der Wasserdampfdestillation verbleiben die harzartigen Stoffe (Benzoe, Styrax, Tolubalsam u. a.), die Rückstände der tierischen Riechstoffe (Ambra, Moschus, Zibeth), der Iriswurzel, synthetische Präparate (Cumarin, Vanillin, Nerolin, künstlicher Moschus u. a.), schwerere Kohlenwasserstoffe u. dgl., die nach dem Ausfällen der Seife mit Kalkmilch durch Äther oder spezifische Lösungsmittel ausgezogen werden.

δ) Bestimmung der Phenole (z. B. in medizinischen Seifen). 100 g Seife werden in warmem Wasser gelöst und mit 10%iger Natronlauge stark alkalisch gemacht. Mit Äthyläther werden etwa vorhandene Teerkohlenwasserstoffe entfernt. Die alkalische Flüssigkeit behandelt man mit starker Kochsalzlösung[2], filtriert die ausfallende Seife, wäscht sie mit Salzwasser aus, dampft das Filtrat auf ein geringes Volumen ein, spült in einen Meßzylinder und setzt so viel festes Kochsalz hinzu, daß ein Teil desselben ungelöst bleibt. Dann säuert man mit Schwefelsäure an und liest das Volumen der abgeschiedenen Carbolsäure bzw. Phenole ab[3].

Enthält eine Seife aber nicht aussalzbare Oxysäuren, so muß man letztere besonders nach S. 729 bestimmen und von der gefundenen Phenolmenge abziehen.

Auch als Tribromphenol läßt sich Carbolsäure aus dem Filtrat einer mit Chlorcalcium oder Magnesiumsulfat gefällten, wässerigen 5%igen Seifenlösung abscheiden (s. auch S. 589).

Für die Kresolbestimmung im Liquor cresoli saponatus (offizinell) ist die D.A.B.-Vorschrift in der Abänderung von Herzog und Kleinmichel[4] maßgebend.

ε) Nachweis von Formaldehyd. Dieser wird gelegentlich als Desinfektionsmittel zugefügt und wie folgt nachgewiesen:

Man fällt die in Wasser gelöste Seife mit Bariumchlorid, säuert das Filtrat mit Phosphorsäure an, destilliert einen Teil des Filtrats und prüft das Destillat gemäß S. 206 mit fuchsinschwefliger Säure oder mittels der S. 814 angegebenen Reaktionen. Einen etwaigen positiven Befund kann man durch Eindampfen des Filtratrestes mit überschüssigem Ammoniak und Identifizieren des hierbei entstehenden Hexamethylentetramins, dessen in Alkohol schwerlösliches Chlorid Schmelzpunkt 188—189° zeigt, kontrollieren.

---

[1] Mann: Arch. Pharmaz. **240**, 149, 161 (1902); s. auch Schindelmeiser: Seifensieder-Ztg. **30**, 294 (1903).

[2] J. Meyer: Chem. Umschau Fette, Öle, Wachse, Harze **27**, 65 (1920), schlägt Aussalzung mit festem Kochsalz vor.

[3] Vgl. E. Schmidt: Pharmaz. Chem. **1896**, 913.

[4] Herzog u. Kleinmichel: Apoth.-Ztg. **29**, 402 (1914).

15. Gebrauchswert der Seifen.

Außer der chemischen Untersuchung der Seifen ist oft eine Prüfung derjenigen Eigenschaften nötig, die einen Rückschluß auf den Gebrauchswert ermöglichen, besonders für Vergleichswerte. Als wichtige Kennzeichen dieser Art gelten die Fähigkeit einer Seife, Schaum zu bilden, sowie die Beständigkeit des gebildeten Schaumes[1]. Hierbei sind jedoch nicht klar definierte und somit nicht eindeutig meßbare Größen, wie „Schaumkraft“, „Schaumvermögen“, „Schaumfähigkeit“, „Leichtigkeit, mit der eine Lösung in Schaum übergeht“, für objektive Bewertungen unbrauchbar[2]. Zweckentsprechende Begriffe sind dagegen das Schaumvolumen, d. h. das

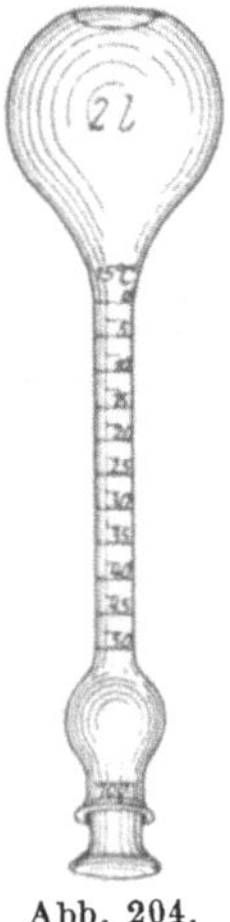

Abb. 204.
Kolben zur Bestimmung der Schaumzahl nach Stiepel.

Volumen, das der Schaum einer bestimmten Menge einer Lösung unter gegebenen Bedingungen einnimmt, und die Schaumzahl, d. h. das Volumen einer Seifenlösung, das unter bestimmten Bedingungen in Schaum übergeführt wird, ferner die von Lederer (l. c.) an Stelle des unklaren Begriffs „Schaumbeständigkeit“ eingeführten Größen: Beständigkeit des Schaumvolumens und Beständigkeit der Schaumzahl. Die beiden „Beständigkeiten“ sind durch die entsprechenden Halbwertszeiten charakterisiert, d. h. die Zeiten, innerhalb deren die Schaumzahl bzw. das Schaumvolumen auf die Hälfte des Anfangswertes sinken.

a) Schaumzahl.

Die Schaumzahl wird im Stiepelschen Apparat[3] (Abb. 204) wie folgt bestimmt:

Eine Lösung von Seife (z. B. 0,3 g) in 100 ccm ausgekochtem Wasser wird ohne Schaumbildung in den Kolben gegeben, dieser umgekehrt und nach 2 min der Flüssigkeitsstand abgelesen. Nach 30 sec kräftigem Schütteln wird wie soeben 3 min stehen gelassen und abgelesen. Die Differenz, das ist die in Schaum übergegangene Seifenlösung, ist die Schaumzahl. Man unterscheidet je nach der Versuchstemperatur noch einen Warmtest (50—55⁰) und einen Kalttest (20⁰).

Die Ergebnisse sind im allgemeinen schlecht reproduzierbar, doch ist bisher kein besseres Verfahren bekannt. Für die Bestimmung des Schaumvolumens, dessen Größe natürlich (ebenso wie die Schaumzahl) von der Apparatur und den Versuchsbedingungen abhängt, gibt es bisher keine allgemeiner in die Praxis eingeführte Arbeitsweise[4].

Zu beachten ist neben der Schaumkraft die Fähigkeit der Seife, Wasser zu enthärten. Z. B. ist bei Cocosseifen die eigentliche Schaumfähigkeit sehr groß; es wird aber viel Seife zur Enthärtung verbraucht.

---

[1] Vgl. M. Steffan: Seifensieder-Ztg. **42**, Heft 1—7 (1915).

[2] E. L. Lederer: Fettchem. Umschau **40**, 69 (1933).

[3] Stiepel: Seifensieder-Ztg. **41**, 347 (1914).

[4] Einige Angaben über Messung des Schaumvolumens s. bei Lederer: l. c., sowie Kolloidchemie der Seifen, S. 182. Dresden u. Leipzig: Theodor Steinkopff 1932.

b) Waschwirkung.

Boßhard und Sturm[1] benutzen zur Bestimmung der Waschkraft Flanelllappen von 1 qdm Flächeninhalt, die mit 1%iger Ammoniumcarbonatlösung vorbehandelt und mit 25 mg kolloidal niedergeschlagenem Fe_2O_3 künstlich angeschmutzt sind. Gewaschen wird in einer 1%igen Lösung des zu prüfenden Waschmittels bei 90⁰ durch 15 min langes Rotieren bei 100 Touren/min. Während weiterer 15 min wird mit destilliertem Wasser ausgewaschen. Das im Lappen zurückbleibende Fe_2O_3 wird nach Veraschung titrimetrisch bestimmt. Die vom Waschmittel weggenommene Fe_2O_3-Menge, ausgedrückt in Prozent des Gesamteisens, ist der Waschwert, der Quotient aus Waschwert und Fettsäuregehalt (Waschwert für 1% Fettsäure) wird als Wertziffer bezeichnet. Experimentelle Bestätigungen aus der Praxis zu dieser Methode fehlen bisher.

Es ist nicht wahrscheinlich, daß die bei dieser speziellen Art der Beschmutzung von Fe_2O_3 auf Wolle erhaltenen Resultate für die Waschkraft gegenüber jeder beliebigen Beschmutzung auf jedem Stoff maßgebend sind.

Die mit Hilfe der verschiedenen Verfahren[2] gewonnenen Werte für die Waschkraft einer Seife sind unsicher, so daß man in vielen Fällen auch heute noch die Waschkraft von Seifen durch Vergleichswäschen im Großen ermittelt. Diese Großversuche bieten noch den Vorteil, daß man gleichzeitig auch eine etwa auftretende Faserschädigung durch Prüfung der Festigkeit der gewaschenen Fasern feststellen kann. Über die Durchführung dieser Versuche s. Davidsohn[3], Kind[4], Grün und Jungmann[5] und Heermann[6], welche Forscher auch die auftretenden Schädigungen der Fasern durch Zusätze wie Persalze und Metallkatalyse usw. im verneinenden oder bejahenden Sinne diskutieren.

c) Spinnfähigkeit[7].

Zum Walken ist eine Seife um so geeigneter, je mehr ihre Lösung bei der entsprechenden Walktemperatur eine gewisse, die Verfilzung des Wollhaares fördernde Viscosität zeigt.

Man löst 10 g Seife in 100 ccm heißem Wasser, kühlt allmählich ab und beobachtet, bei welcher Temperatur der Seifenleim Faden zieht, d. h. „spinnt" (34⁰ bei einer Talgkernseife, deren Fettsäuren bei 43,5⁰ schmelzen, 4⁰ bei einer Marseiller Seife vom Schmelzpunkt der Fettsäuren 20⁰).

Soda- oder Kochsalzzusatz erhöht die Spinntemperatur.

d) Trübungspunkt[8].

Je höher die Temperatur liegt, bei der eine Seifenlösung infolge Ausscheidung fettsaurer Salze sich zu trüben beginnt, um so leichter kann sie, namentlich wenn kalt gespült wird, das Fasergut verschmieren und z. B. das Färben oder Appretieren stören. Die Bestimmung dieses Punktes ist daher wichtig und wird wie folgt vorgenommen (Wizöff):

---

[1] Boßhard u. Sturm: Chem.-Ztg. **54**, 762 (1930); s. auch E. v. Drathen: ebenda **54**, 948 (1930).

[2] Z. B. auch mit dem Waschtestapparat von Schiewe u. Stiepel: Seifenfabrikant **36**, 737, 754 (1916).

[3] Davidsohn: l. c.

[4] Kind: Ztschr. ges. Textilind. **31**, 773 (1928); Seifensieder-Ztg. **57**, 888 (1930).

[5] Grün u. Jungmann: Seifenfabrikant **36**, 801, 817 (1916).

[6] Heermann: Mitt. Materialprüf.-Amt Berlin-Dahlem **39**, 65 (1921).

[7] Morawski u. Demski: Dinglers polytechn. Journ. **259**, 530 (1886).

[8] W. Herbig: Ztschr. Dtsch. Öl-Fettind. **42**, 393 (1922).

Von der zu untersuchenden Seife wird so viel abgewogen, wie 5 g Fettsäuren entspricht. Diese Menge wird in 1000 ccm ausgekochtem (CO_2-freiem) destilliertem Wasser gelöst und die Lösung in einem Steh-Literkolben aus Jenaer Glas auf 100^0 erhitzt. Im Kolben, der auf einem Dreifuß mit darauf liegender dunkler Eisenplatte steht, steckt ein in $^1/_1{}^0$ geteiltes Thermometer, so daß die 10—12 mm dicke Quecksilberkugel in der Mitte auf dem Boden des Kolbens aufsitzt. Während des Erkaltens der Seifenlösung beobachtet man die Temperatur und die Flüssigkeitsschicht um die Quecksilberkugel. Die unterste Schicht kühlt sich durch den Einfluß der eisernen Platte am schnellsten ab. Als Trübungspunkt wird die (in Intervallen von 1—2^0 anzugebende) Temperatur bezeichnet, bei der sich am Boden die ersten Trübungen in der Lösung zeigen.

F. Seifenpulver.

(Unter Mitwirkung von J. Davidsohn.)

Die Seifenpulver stellen ein für manche Zwecke der Wäschereinigung geeignetes Waschmittel dar, dessen Hauptbestandteil Soda neben mehr oder weniger Seife und Wasser ist. Mitunter enthalten sie daneben die fremden Füllstoffe der Seife, z. B. Wasserglas oder Phosphate, auch Persalze.

Die Untersuchung der Pulver erfolgt nach dem Vorgang der Seifenanalyse, macht jedoch in Rücksicht auf den häufigen Gehalt dieser Pulver an Bleichmitteln eine Bestimmung des aktiven Sauerstoffs nötig. Als sauerstoffentwickelnde Substanzen kommen Perborate und Percarbonate, seltener Persulfate und Natriumsuperoxyd in Betracht.

Prüfung auf aktiven Sauerstoff.

Qualitativ gibt sich aktiver Sauerstoff meistens schon beim Auflösen einer Probe des Pulvers in warmem Wasser durch Gasblasen zu erkennen.

Die Probe (etwa 2 g) wird mit Wasser, verdünnter Schwefelsäure und Chloroform durchgeschüttelt und die saure wässerige Schicht abgehoben. Man überschichtet sie mit peroxydfreiem (!) Äther, fügt einige Tropfen einer verdünnten Kaliumbichromatlösung zu und schüttelt durch. Bei Gegenwart sauerstoffabspaltender Substanzen wird der Äther durch Überchromsäure vorübergehend blau gefärbt.

Persulfate, bei deren Gegenwart die vorstehende Reaktion versagt, werden im abfiltrierten Sauerwasser der Lösung von 2 g Seifenpulver in verdünnter Salzsäure mit Jodzinkstärkelösung (allmähliche Blaufärbung durch O) und Chlorbariumlösung (SO_4'') nachgewiesen.

Die quantitative Bestimmung erfolgt jodometrisch[1] (Wizöff):

2 g Substanz werden in wässeriger Lösung mit 10 ccm 20%iger H_2SO_4 und 5 ccm Tetra geschüttelt; die untere Schicht wird abgezogen, die wässerige Lösung mit Tetra gewaschen, in einem Becherglase mit 2 g KJ versetzt und nach 30 min Stehen mit 0,1-n $Na_2S_2O_3$ titriert. 1 ccm 0,1-n $Na_2S_2O_3$ entspricht 0,0008 g aktivem Sauerstoff ($= 7,704$ mg $NaBO_3 \cdot 4H_2O = 3,9$ mg $Na_2O_2 = 11,92$ mg $Na_2S_2O_8$).

Untersuchungsgang für ein von aktivem Sauerstoff freies handelsübliches Seifenpulver.

In einer gewogenen Menge wird durch Trocknen bei 105^0 bis zur Konstanz der Wassergehalt ermittelt. Das getrocknete Pulver wird in Wasser gelöst, mit einer gemessenen Menge 0,5-n HCl versetzt, und die Gesamtfettsäuren der im Seifenpulver enthaltenen Seife werden durch Ausäthern bestimmt. Scheidet

---

[1] Jungkunz: Seifensieder-Ztg. **41**, 4, 26 (1914); A. Grün u. J. Jungmann: Seifenfabrikant **36**, 53 (1916); **39**, 69 (1919).

sich beim Ansäuern aus vorhandenem Wasserglas Kielsäure ab, so wird die wässerige Schicht aus dem Scheidetrichter durch ein Filter abgelassen und die Kieselsäure mit Äther nachgewaschen, da sie leicht Fettsäure mit niederreißt. Die gewogenen Fettsäuren werden in Alkohol gelöst und mit 0,5-n Natronlauge titriert, wodurch das gebundene Alkali — und somit auch die Reinseife — festgestellt wird.

In der nach dem Ausäthern der Fettsäuren verbliebenen wässerig-salzsauren Lösung wird das Gesamtalkali durch Rücktitration des Säureüberschusses mit 0,5-n NaOH bestimmt. In der neutralisierten Lösung wird die Kieselsäure des Wasserglases, unter Berücksichtigung der bereits abfiltrierten, in üblicher Weise durch Eindampfen mit Salzsäure ermittelt (s. S. 883).

Statt Seife, Soda und Wasserglas mit überschüssiger HCl zu zersetzen und den Säureüberschuß zurückzutitrieren, kann man für Annäherungsbestimmungen des Gesamtalkalis auch 2—4 g Seifenpulver in wässeriger Lösung mit 0,5-n HCl direkt gegen Methylorange bis zur Rotfärbung titrieren [1].

Berechnung. Vom Gesamtalkali wird die Menge des an Fettsäure und an Kieselsäure gebundenen Alkalis abgezogen und der Rest auf Na_2CO_3 berechnet. Bei der Annäherungsbestimmung berechnet man diese Abzüge, unter Zugrundelegung eines mittleren Mol.-Gew. von 300 für die als Seifen vorliegenden Fettsäuren, zu 0,18% Na_2CO_3 für 1% Fettsäuren und zu 0,35% Na_2CO_3 für 1% Wasserglas ($Na_2Si_4O_9$).

Beispiel. Abgewogen 2,4501 g Pulver, verbraucht 40,1 ccm 0,5-n HCl. Ermittelt 10,1% Fettsäuren = 1,82% Na_2CO_3 und 2,10% Wasserglas ($Na_2Si_4O_9$) = 0,73% Na_2CO_3. Demnach vorhanden $\dfrac{40{,}1 \cdot 0{,}0265 \cdot 100}{2{,}4501} - (1{,}82 + 0{,}73) = 40{,}82\%$ Na_2CO_3.

Bei erwartungsgemäß erheblicher Abweichung des mittleren Mol.-Gew. der Fettsäuren von dem oben angenommenen Mittelwert 300 ist das mittlere Mol.-Gew. M der Gesamtfettsäuren zu bestimmen. Der oben stehende Faktor 0,18 ist dann mit $300/M$ zu multiplizieren.

Beispiel einer vollständigen Analyse eines von aktivem Sauerstoff freien Seifenpulvers:

Wasser	44,86%
Gesamtfettsäure . . . . 8,70 %	
Gebundenes Alkali (Na—1) . . . . . 0,67 „	
Demnach Reinseife	9,37 „
Natriumcarbonat	39,77 „
Trockenes Wasserglas	4,18 „
Differenz (neutrale Salze, Verunreinigungen usw.) . .	1,82 „
	100,00%

Carbonatbestimmung bei Gegenwart von aktiven Sauerstoff abgebenden alkalischen Salzen.

Handelt es sich um Perborate, so wird die Kohlensäure direkt im Geißlerschen Apparat (S. 881) bestimmt. Dasselbe gilt für Natriumsuperoxyd, das allerdings wegen seiner leichten Zersetzlichkeit kaum noch in Seifenpulvern vorkommen dürfte.

Bei Gegenwart von Natriumpercarbonat berücksichtigt man den darin enthaltenen Gehalt an Kohlensäure in der Weise, daß man für 1% des vorher ermittelten aktiven Sauerstoffs etwa 4,4% Natriumcarbonat setzt.

---

[1] Vgl. J. Davidsohn: Ztschr. Dtsch. Öl-Fettind. **44**, 569 (1924).

G. Saponine[1].

I. Anwendung.

Saponine und saponinhaltige Pflanzenteile finden wegen ihrer hohen Schaumkraft in wässeriger Lösung Anwendung als Waschmittel und Zusatz (1—3%) zu seifenfreien oder seifenarmen Waschmitteln, Haarwässern, Shampoons, Zahnpasten u. dgl.[2]. Tütünnikoff, Kassjanowa und Gwirzmann[3] haben aber experimentell bewiesen, daß das Schaumvermögen der Seife durch Saponinzusätze nicht nur nicht erhöht, sondern sogar erheblich herabgedrückt wird. Wegen ihrer neutralen Reaktion (die sauren Saponine kommen als schwer wasserlöslich für Waschzwecke nicht in Frage) besteht ihre reinigende Wirkung in erster Linie in der Herabsetzung der Oberflächenspannung des Waschwassers und in der Einhüllung und mechanischen Fortschaffung des Schmutzes durch den Schaum, während ihnen die Alkaliwirkung der Seifen und damit ein stärkerer Angriff auf sehr fettigen Schmutz abgeht. Allerdings kommt den Saponinen die Fähigkeit, Fette zu emulgieren, zustatten, die auch z. B. in Amerika bei der Herstellung von Ricinusöl- und Lebertranemulsionen sowie zum Emulgieren von Harzen und Teerpräparaten mittels Saponin zunutze gemacht wird.

Die Schaumwirkung der Saponine besteht noch in 10000facher Verdünnung; 0,1%ige Lösungen schäumen wie Seifenwasser. Alkoholzusatz vernichtet die Schaumbildung, Alkali begünstigt sie, ist aber in den Fällen der Saponinanwendung meist unangebracht.

Der Vorzug der Anwendung von Saponinlösungen besteht u. a. darin, daß auch sehr alkaliempfindliche Woll- und Seidenstoffe sowie Farben (türkische, persische Teppiche) von Saponin nicht angegriffen werden.

II. Herstellung.

Als Ausgangsmaterial für die Saponingewinnung kommen die Wurzeln von Saponariaarten (z. B. Saponaria officinalis), die getrocknete Rinde von Quillaia saponaria (Panamarinde), Guajacrinde, Früchte des Seifenbaumes (Sapindus), Roßkastanien, Preßrückstände des Cottonöls, Mowrahmehl, Zellstofflauge u. a. in Betracht. Das zerkleinerte, aufgeschlossene und evtl. mit Benzin entfettete Material wird mit Wasser, Methyl- oder verdünntem Äthylalkohol extrahiert und im abfiltrierten alkoholischen Extrakt sämtliche Saponinsubstanz (saure, neutrale) mit Äther gefällt.

Um saure und neutrale Saponine zu trennen, fällt man im wässerigen neutralisierten Auszug die sauren Saponine mit neutralem Bleiacetat, im Filtrat die neutralen Saponine mit Bleiessig; die Niederschläge werden in wässeriger Suspension durch Schwefelwasserstoff zerlegt. In ähnlicher Weise erhält man auch durch Fällung mit Bariumhydroxyd und Zerlegen mit Kohlensäure verhältnismäßig reine, aber zum Teil veränderte Saponine.

---

[1] Vgl. R. Kobert: Abderhaldens Handbuch, 1. Aufl. 1910, Bd. 2, S. 970, und Chem. Ind. **39**, 120 (1916); Sieburg: Abderhaldens Handbuch, 2. Aufl., Abt. I, Teil 10, S. 545, 1923; A. Meyer: Ztschr. Dtsch. Öl-Fettind. **41**, 536 (1921).

[2] K. L.: Seifensieder-Ztg. **43**, 383, 401 (1916); R. Kobert: ebenda **44**, 532 (1917).

[3] Tütünnikoff, Kassjanowa u. Gwirzmann: Masloboino Shirowoje Djelo (Moskau) **1930**, Heft 7/8, 48.

Um ein aschefreies Saponin zu erhalten, erwärmte Vadas[1] 1 Teil Saponin unter Rückflußkühlung mit 6 Teilen Essigsäure-anhydrid in Gegenwart von $ZnCl_2$, filtrierte das acetylierte Saponin und verseifte es mit frisch gefälltem $Pb(OH)_2$. Er erhielt so ein schneeweißes, technisch aschefreies Produkt.

III. Chemischer Charakter.

Ihrer chemischen Natur nach sind die Saponine stickstofffreie Glucoside, deren Formel zu $C_nH_{2n-8}O_{10}$ ($n = 17$ bis 24) angegeben wird[2].

In Wasser, Methylalkohol und verdünntem Äthylalkohol sind sie meist leicht kolloidal löslich, fast unlöslich dagegen in Äther, Benzol, Schwefelkohlenstoff, Chloroform, die amorphen auch in absolutem Alkohol. Die weißen bis braunen, meist hygroskopischen Pulver oder Krusten haben einen süßlichen, später unangenehm kratzenden, vielfach auch stark bitteren Geschmack und sind in trockenem Zustande äußerst niesreizend. Als starke Blutgifte — sie lösen rote Blutkörperchen— rufen sie leicht Eiterungen hervor; Guajac-Saponine und nach dem Barytverfahren gereinigte Saponine sind verhältnismäßig ungiftig.

Bei der Säurehydrolyse geben sie Hexosen, Pentosen usw., bei der Alkalihydrolyse niedrigmolekulare Fettsäuren (Ameisen-, Essig-, Propion-, Butter-, Valerian- und Methyläthylessigsäure).

IV. Prüfungen.

1. Qualitative Kennzeichnung.

a) Mit Millons Reagens (s. S. 425) geben die meisten Handelssaponine intensive Rotfärbung, die wahrscheinlich auf stets anhaftende Verunreinigungen (Salicylsäurederivate oder Eiweißstoffe) zurückzuführen ist.

b) Rosollsche Reaktion. Beim Verreiben von Saponinen mit konz. Schwefelsäure auf dem Uhrglas entsteht Rotfärbung, ebenso bei Zugabe von 1 Tropfen konz. H_2SO_4 zu einem Gemisch von Saponin und einem Nitrat[3].

c) Sieburgsche Reaktion. Alkoholische Saponinlösung und 1 Tropfen 1%iger alkoholischer Furfurollösung wird mit konz. Schwefelsäure unterschichtet; es treten farbige Ringe (blau, violett, grün u. a.) auf.

d) Nach Kobert kann auch die hämolytische Wirkung der Saponine zum Nachweis herangezogen werden. Kleine Fische sterben in Saponinlösungen (1 : 100000).

e) Einige Saponine sind in 1%iger alkoholischer Lösung durch 1%ige alkoholische Cholesterinlösungen fällbar, doch ist dieses nach L. Kofler und H. Raum[4] keine allgemeine Eigenschaft der Saponine; z. B. geben Roßkastanien-Saponin, Sapindus-Saponin und Convallarin keinen Niederschlag.

Geben kleine Mengen isolierten Saponins mit konz. Salzsäure Rosafärbung, so liegt große Wahrscheinlichkeit für Sapindus-Saponin vor.

[1] R. Vadas: Chem.-Ztg. **51**, 895 (1927).

[2] Kobert: l. c.; s. auch Weiß: Dtsch. Parfümerieztg. **2**, 199 (1916); A. Flükkiger: Arch. Pharmaz. **210**, 532 (1877), gibt für eine andere Reihe Saponine die Formel $C_nH_{2n-10}O_{18}$ an; s. auch H. Truttwin: Kosmetische Chemie, 1. Aufl. S. 34f. Leipzig: Johann Ambrosius Barth 1920. Neuere eingehende Untersuchungen über die Chemie der Saponine: L. Ruzicka u. A. G. van Veen: Rec. Trav. chim. Pays-Bas **48**, 1018 (1929); Ztschr. physiol. Chem. **184**, 69 (1929); A. Winterstein u. Mitarbeiter: ebenda **199**, 25, 37, 46, 56, 64, 75 (1931); **202**, 207, 217, 222 (1931); **208**, 9 (1932); E. Walz: Liebigs Ann. **489**, 118 (1931).

[3] C. A. Mitchell: Analyst **51**, 181 (1926).

[4] L. Kofler u. H. Raum: Biochem. Ztschr. **219**, 335 (1930).

Für die Beurteilung der Saponine ist neben den toxischen Eigenschaften die nach S. 888 zu bestimmende Schaumkraft von Wichtigkeit[1]; über das Schaumvermögen von Saponin in Mischungen mit Seifenlösungen s. S. 892.

2. Quantitative Bestimmung.

Zur quantitativen Bestimmung des Saponins speziell in Seifen löst Berth[2] die saponinhaltigen Produkte in Wasser auf, versetzt die Lösung mit HCl bis zur schwach sauren Reaktion (größerer Säurezusatz bewirkt Hydrolyse des Saponins zu ätherlöslichem Sapogenin), neutralisiert das Sauerwasser nach Entfernung der Fettsäuren durch Äther mit $MgCO_3$, dampft auf ein kleines Volumen ein, sättigt es unter Umschütteln mit Ammonsulfat und schüttelt es mit verflüssigtem Phenol (nach D.A.B. 6 bereitet). Nach Absitzen wird dann die Phenolschicht abgetrennt, in Äther gelöst und zweimal mit Wasser ausgeschüttelt. Die wässerigen Auszüge, die das Saponin enthalten, werden zur Trockne gebracht, die Abtrennung von anorganischen Salzen erfolgt durch Ausziehen mit 80%igem Alkohol. Der von anorganischer Substanz freie Extrakt wird eingedampft, im Exsiccator getrocknet und gewogen.

H. Harzleim.

I. Technologisches.

Um das Papier für die zum Schreiben oder Bedrucken benutzte Flüssigkeit (Tinte, Tusche oder Farbe) undurchdringlich zu machen, oder dem nicht zum Beschreiben benutzten Papier größere Widerstandsfähigkeit, besseren Griff und schönere Farbe zu verleihen, wird es geleimt. Man benutzte hierzu früher fast ausschließlich Harzleim, der — gewöhnlich ein Gemisch von Harzalkaliseife und freiem Harz — durch Kochen von Kolophonium mit einer zur völligen Verseifung unzureichenden Menge Sodalösung oder Natronlauge gewonnen wird. Zur Leimung des Papiers setzt man dem Papierzeug im Holländer den in Wasser gelösten bzw. emulgierten Harzleim zu und fällt nachher mit einer wässerigen Lösung von Alaun oder Aluminiumsulfat in Wasser unlösliches harzsaures Aluminium aus, das gemeinsam mit dem mitausgefallenen freien Harz die Leimfestigkeit des Papiers bedingt. Zur Zeit sind in Deutschland zum Leimen des Papiers an Stelle von Harzseifen auch verseiftes Montanwachs, ameisensaures Aluminium usw. getreten.

II. Analytisches.

Prüfungsgang für normal zusammengesetzte, nur aus freiem Harz, Harzseife und Wasser bestehende Harzleime[3]:

2—3 g des vorsichtig bis zur Leichtflüssigkeit erwärmten und gut durchgemischten Harzleims werden in etwa 20 ccm heißem Wasser gelöst und im Scheidetrichter mit 50 ccm 0,1-n H_2SO_4 versetzt. Man schüttelt das ausgeschiedene Harz mit Äther aus, läßt die untere saure Schicht ohne Verlust in einen zweiten, etwas größeren Scheidetrichter ab, wäscht die Ätherlösung noch zweimal mit Wasser und gibt die Waschwässer zu der zuerst erhaltenen wässerigen Lösung. Die gesamte saure wässerige Lösung schüttelt man dann noch einmal mit Äther aus, läßt sie in einen Kolben ab und titriert die unverbrauchte überschüssige Schwefelsäure mit 0,1-n NaOH zurück. Sind hierzu n ccm Alkali verwendet, so sind 50 — n ccm Säure zur Neutralisation des in der Harzseife enthaltenen Alkalis verbraucht. Die Zusammensetzung der Seife berechnet sich dann, wie folgt:

[1] Vgl. L. Kofler: Ztschr. Unters. Nahr.- u. Genußmittel **43**, 278 (1922); Chem.-Ztg. **48**, 165 (1923).
[2] Berth: Seifensieder-Ztg. **58**, 389 (1931).
[3] G. Dalén: Chemische Technologie des Papiers. Leipzig 1911.

$(50-n) \cdot 0,0031 =$ Gehalt an Alkali, berechnet als Na_2O in Gramm.
$(50-n) \cdot 0,0302 =$ Gehalt an gebundener Harzsäure (Mol.-Gew. 302), berechnet als Hydrat.

Zur Ermittlung der freien Harzsäure und der unverseifbaren Harzbestandteile werden die vereinigten ätherischen Lösungen bei Gegenwart von Phenolphthalein mit alkoholischer 0,1-n KOH titriert. Sind zum Titrieren des Gesamtharzes m ccm verbraucht, so ist, weil erfahrungsgemäß 1 ccm 0,1-n KOH 0,034 g Harz (Harzsäuren + Unverseifbares) entspricht:

$m \cdot 0,0340 =$ Gehalt an Harzsäuren + Unverseifbarem (Gesamtharz).

$m \cdot 0,0302 =$ Gehalt an freien Harzsäuren.

$m \cdot 0,0340 - 0,0302) = m \cdot 0,0038 =$ Gehalt an unverseifbarem Harz.

$0,0302 \, (m + 50 - n) =$ Gehalt an freier und gebundener Harzsäure.

Die Gesamtzusammensetzung ergibt dann: gebundenes Alkali (ber. als Na_2O), Harz gebunden, Harz frei (Säure + Unverseifbares), Wasser und Verunreinigungen. Das Wasser kann man entweder aus der Differenz berechnen oder nach S. 117 durch Destillation mit Xylol bestimmen.

Da es bei Harzleim für feinere Papiere, die nicht vergilben sollen, vorkommt, daß neben Harzseife auch Fettseife (Öl- und Stearinsäureseife) vorhanden ist, so muß in diesem Fall das Harz gewichtsanalytisch nach S. 874 bestimmt werden.

Der vorstehend angegebene Prüfungsgang ist nicht anwendbar, wenn neben Harz und Harzseife noch andere leimend wirkende Stoffe zugegen sind, wie z. B. tierischer Leim (Tischlerleim, Glutin), Pflanzenleim (Kleber), Casein, Albumin, Stärke, Dextrin, Gummi arabicum, Viscose, Pflanzenschleim. Man prüft alsdann die Löslichkeit des Harzleims in Alkohol und verfährt folgendermaßen [1]:

Normal zusammengesetzter Harzleim löst sich schon in der Kälte in Alkohol glatt auf. Die oben genannten Zusatzstoffe sind sämtlich in Alkohol unlöslich und auf diese Weise leicht quantitativ abzutrennen. Das Alkoholunlösliche prüft man auf Asche, da manchmal auch anorganische Beschwerungsmittel wie Ton, Schwerspat usw. zugesetzt werden. Das aschefreie Material untersucht man qualitativ auf Gegenwart von Stickstoff; ist es stickstofffrei, so sind tierischer Leim, Albumin oder Casein nicht zugegen. Stärke identifiziert man mikroskopisch durch ihre charakteristisch geschichtete Form und durch die intensive Blaufärbung bei der Behandlung mit Jodlösung. Von Dextrin und Gummi arabicum kann man Stärke, sofern es sich nicht um lösliche Stärke handelt, durch ihre Schwerlöslichkeit in kaltem Wasser trennen. Lösliche Stärke kommt kaum in Frage. Zur Unterscheidung von Dextrin und Gummi arabicum dient ihr verschiedenes Verhalten gegen Bleiessig; Gummi arabicum wird als klumpiger Niederschlag gefällt, Dextrin bleibt in Lösung und ist leicht an seiner starken Rechtsdrehung zu erkennen ($[\alpha]_D = +216^0$). Viscose (Alkalicellulosexanthogenat) wird beim Behandeln mit verdünnten Mineralsäuren unter Abscheidung von Schwefelwasserstoff und Cellulosehydrat zersetzt. Pflanzenschleime (Leimsamenschleim, Salepschleim, Gummi, Tragasol) werden dem Harzleim nur selten zugesetzt; sie bilden beim Abscheiden mit Alkohol fadenartige oder flockig sich zusammenballende, durchscheinende Massen, die in wässeriger Lösung mit Bleiessig gallertartig gefällt werden. Durch die mit 5%iger Tanninlösung erhaltenen Niederschläge sind sie von Gummi arabicum zu unterscheiden, das zwar auch durch Bleiessig, nicht aber durch Tannin gefällt wird.

Ist das Alkoholunlösliche des Harzleims stickstoffhaltig, so kommt in erster Linie tierischer Leim in Frage, der aus wässeriger Lösung weder in der Kälte noch in der Hitze durch Essigsäure gefällt wird; mit Tannin bildet Leim eine unlösliche Doppelverbindung (s. S. 120). Beim Erwärmen mit alkalischer Bleioxydlösung findet keine Abscheidung von Schwefelblei statt, wie sie für Pflanzenleim, Albumin und Casein charakteristisch ist. Albumin ist in kaltem Wasser löslich, fällt beim Erhitzen und auf Zusatz von Essigsäure aus. Pflanzenleim (Kleber)

---

[1] Marcusson: Prüfung auf Füllstoffe in Seifen. Mitt. Materialprüf.-Amt Berlin-Dahlem **31**, 457 (1913); s. auch S. 885.

und Casein lösen sich nur als Alkaliverbindung in Wasser und werden auf Zusatz von Essigsäure wieder ausgefällt. Casein ist besonders durch seinen beträchtlichen Phosphorgehalt (0,8%) und seine Fällbarkeit durch Lab charakterisiert.

Sind stickstoffhaltige Verbindungen nachgewiesen, so können daneben auch stickstofffreie Klebstoffe, wie Stärke, Dextrin und Gummi arabicum zugegen sein. Stärke kann man mit Hilfe der Jodreaktion leicht identifizieren; auf Dextrin und Gummi arabicum prüft man, nachdem man die stickstoffhaltigen Leime durch Tannin ausgefällt und abfiltriert hat.

J. Wollschmälzöle.

(Unter Mitwirkung von H. Kantorowicz und G. Weiss.)

I. Technologisches [1].

„Wollöle" oder „Wollschmälzöle" nennt man die von Wollkämmereien, -reißereien und -spinnereien zum Einfetten (Schmälzen) der Wolle vor dem Krempeln, Spinnen oder auch zum Anfeuchten der Lumpen vor dem Zerreißen benutzten Öle. Da die Wolle durch Waschen mit reinen oder sodahaltigen Seifenlösungen vom Schmutz und übelriechenden Wollfett befreit wird, muß sie vor dem Krempel- und Spinnprozeß zur Erhöhung der Schlüpfrigkeit wieder eingefettet werden. Art und Menge der zu verwendenden Öle richten sich nach dem Arbeitsprozeß. Die wollenen und halbwollenen Lumpen, die auf Kunstwolle (z. B. Mungo, Shoddy, Alpakka) verarbeitet werden, durchtränkt man vor dem Zerreißen mit einigen Prozenten [2] reinem Olein (s. S. 831); die zu verspinnenden Fasern werden dagegen mit wässerigen Ölemulsionen (Schmälzen) gefettet. Die kurzfaserigen und rauhen Streichgarne erfordern eine verhältnismäßig starke Fettung [3] und müssen daher mit Schmälzen aus reinem Olein behandelt werden, da Neutralöle zu schwer auswaschbar wären. Das an sich glattere und langfaserige Kammgarn wird nur mit 0,5% Öl gefettet, wozu man vorzugsweise Schmälzen aus säurereichen Oliven- oder Erdnußölen (15—16% freie Ölsäure, die nötigenfalls besonders zugesetzt werden kann) verwendet. Baumwolle wird meistens trocken versponnen; nur bei der Herstellung des Imitatgarns aus kurzstapeliger Baumwolle und Baumwollabfällen erfolgt eine Schmälzung mit etwa 8—10% Fett. Das gleiche gilt für kurzstapelige Kunstseide und Kunstseidenabfälle.

Zum Emulgieren der Schmälzöle dienen Zusätze von Soda oder Ammoniak für Olein, ferner Kaliseifen, emulgierbare Öle nach Art des Türkischrotöles und synthetische Emulgatoren von der Art des isopropyl- oder cyclohexylnaphthalinsulfosauren Natriums für Neutral- und Mineralöle.

II. Anforderungen.

Gute Wollöle müssen leicht auswaschbar sein und sollen sowohl beim Lagern als auch bei der Verarbeitung des mit ihnen eingefetteten Materials

---

[1] Näheres s. Herbig: Öle und Fette in der Textilindustrie, 2. Aufl. 1929, u. M. Kehren: Chem. Umschau Fette, Öle, Wachse, Harze **39**, 73 (1932); ebenda ausführliche Literatur.

[2] Die Menge schwankt nach Art des Rohmaterials; nach Kehren (l. c.) ergibt Kunstwolle bei der Extraktion durchschnittlich mindestens 6% Fett, geringere Qualitäten sind meistens stärker gefettet.

[3] Nach Kehren (l. c.) durchschnittlich 7—10% im fertigen Gespinst, bei minderwertigen Mischgarnen bis 20%.

möglichst wenig Wärme entwickeln. Sie dürfen die Kratzen nicht angreifen, die Faser nicht klebrig machen und den fertigen Waren keinen schlechten Geruch verleihen. Schließlich sollen sie sich zu einer haltbaren Emulsion verarbeiten lassen, so daß eine gleichmäßige Fettung und damit Sparsamkeit im Gebrauch gewährleistet wird.

Die besten Wollschmälzöle sind die sog. Kerzen-Oleine (S. 831), da sie in der Walke schonend und vollständig durch Ammoniak oder Soda ohne Veränderung der Faser entfernt werden können und im Gegensatz zu den Fettsäuren des Olivenöls, Erdnußöls und anderer nichttrocknender Öle, die evtl. Selbstentzündung der Textilfaser hervorrufen können, auch unter ungünstigen Bedingungen, z. B. bei der Lagerung von Kunstwolle, ungefährlich sind. Zur längeren Aufbewahrung von Olein dienen vorzugsweise verbleite Eisenbehälter oder Aluminiumbehälter; es darf nicht mit eisernen Behälterwänden in Berührung kommen, wenn es später für empfindliche Garne oder Tuche benutzt werden soll, da sonst durch im Olein gelöste Eisenseifen leicht Rostflecken in den Tuchen entstehen können. Neben Olein verwendet man für besondere Zwecke (z. B. in der Kammgarnindustrie), wie erwähnt, auch nichttrocknende fette Öle. Halbtrocknende und trocknende fette Öle verschmieren infolge ihres Gehaltes an Linolensäure u. dgl. die Krempeln und bewirken Selbstentzündung des Materials sowie Streifenbildung. Harze verpichen die Faser, Mineral- und Harzöle sowie die an unverseifbaren Stoffen reichen Wollfettoleine sind in der Walke schwer entfernbar und veranlassen Streifen- und Fleckenbildung; sie können daher nur zum Schmälzen für billige Tuchqualitäten benutzt werden, insbesondere nur dann, wenn die fertigen Gewebe nicht mehr gewaschen, gefärbt oder sonstwie in der Naßappretur ausgerüstet werden.

III. Prüfungen.

1. Feuergefährlichkeit.

Öle mit erheblichen Mengen Linolsäure oder auch nur geringen Mengen stärker ungesättigter Säuren neigen infolge Autoxydation zur Selbsterwärmung, die sich bei mangelnder Wärmeabfuhr großer Textilmengen bis zur Selbstentzündung steigern kann[1]. Die Höhe der Jodzahl allein (bei reiner Ölsäure 90,0, bei technischen Oleinen meist 76—83) bietet keine Sicherheit, da Gemische aus stärker ungesättigten und gesättigten Säuren die gleichen Jodzahlen zeigen können. Wichtig ist daher der Nachweis der stärker ungesättigten Säuren durch Bestimmung von Jodzahl und Rhodanzahl (S. 775).

Die unmittelbare Prüfung der Öle auf Feuergefährlichkeit erfolgt auf dem Mackey-Apparat (s. u.) durch Bestimmung der Temperaturerhöhung, welche durch spontane Oxydation der auf Baumwolle[2] verteilten Öle hervorgerufen wird. Vor der Prüfung sind aus emulgierten Ölen zunächst die auf dem Mackey-Apparat zu prüfenden Neutralöle bzw. Fettsäuren zu isolieren, d. h. von beigemengtem Wasser, Lösungsmitteln, Kolloiden, synthetischen Emulgatoren, Türkischrotöl, Seifen usw. zu trennen.

Die Feuergefährlichkeit wird durch Gegenwart von Metallseifen, die als Sauerstoffüberträger wirken, bedeutend vermehrt. Besonders gefährlich in dieser Hinsicht sind die Seifen von Eisen, Kobalt, Mangan, Chrom, Kupfer und Blei. Nach

---

[1] Nach Erasmus: Allg. Öl- u. Fett-Ztg. **27**, 309, 345 (1930), soll die Selbstentzündlichkeit durch Lactone, besonders γ-Stearoyl-lacton, hervorgerufen werden.

[2] Die Temperaturerhöhung ist auch abhängig von der Art der Faser; sie steigt in der Reihe Hanf, Jute, Baumwolle, Wolle, Seide (Grün: Analyse, Bd. 1, S. 434). Für die Prüfung im Mackey-Apparat wurde nach Übereinkunft Baumwolle zugrunde gelegt, da sie am leichtesten in gleichbleibender Qualität zu beschaffen ist.

Kehren[1] zeigen indessen Öle, die Eisenseifen, aber keine mehrfach ungesättigten Komponenten enthalten, im Mackey-Apparat erst nach 75 min eine Temperatursteigerung über 100⁰ und sind in der Praxis ungefährlich; daher soll man solche Öle vor der Mackey-Prüfung von den Eisenseifen befreien.

Andererseits kann man die Selbstentzündlichkeit an sich gefährlicher Öle durch Zusätze von Antikatalysatoren, z. B. β-Naphthol[2] oder Chinon[3], verringern. Nach Stiepel[4] verbessert ein Zusatz von β-Naphthol nicht nur das Ergebnis der Mackey-Prüfung, sondern verzögert auch das Trocknen ungesättigter Öle, so daß vermutlich auch bei ihrer praktischen Verwendung als Wollöle keine Autoxydation und daher auch keine Selbsterwärmung eintritt. Die Gegenwart geringer Mengen Feuchtigkeit soll die Entzündlichkeit erhöhen, geringe Mengen Pyridinbasen oder sulfonierte Öle sollen sie herabdrücken[5].

a) Verfahren nach Mackey[6]. Der Entzündlichkeitsprüfer (s. Abb. 205) besteht aus einem Metalluftbad, das durch einen mit Asbestwolle gefüllten, mit Thermometer versehenen Deckel verschlossen und durch ein Wasserbad heizbar ist. Durch den Deckel führen zwei $^1/_2''$ weite Röhren Luft ab und zu. In der Mitte des Apparats steht ein 6'' hoher, $1^1/_2''$ weiter, aus einem $5\times6''$ großen, 24 Maschen pro Zoll aufweisenden Drahtnetz[7] hergestellter Zylinder, in den 7 g zerzupfte, mit 14 g Öl in einer flachen Porzellanschale gut getränkte Watte[8] so hineingebracht werden, daß sie die oberen $^3/_4$ des Zylinders ($4^1/_2''$) ausfüllen[9] und das Quecksilbergefäß des Thermometers rings mit Watte umgeben ist. Das Wasser im Badmantel wird nach Beschickung des Drahtzylinders und Aufsetzen des Deckels $1^1/_2$ h lang stark

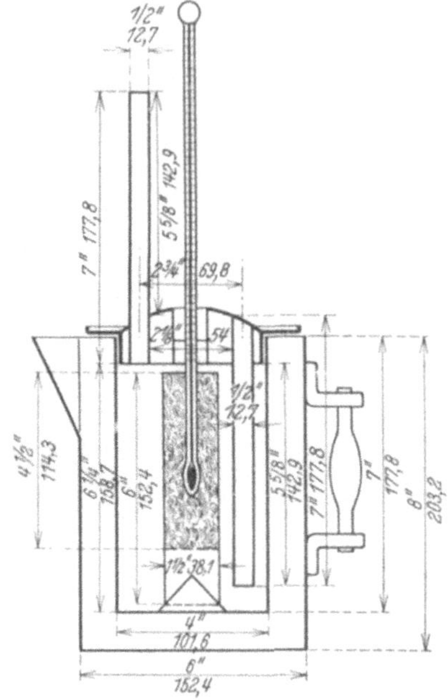

Abb. 205. Mackey-Apparat zur Prüfung der Selbstentzündlichkeit von Textilölen.

<hr>

[1] Kehren: Chem. Umschau Fette, Öle, Wachse, Harze **38**, 159 (1931); **39**, 79 (1932).

[2] Bag: Masloboino Shirowoje Djelo **1926**, Nr. 12; Nowikow: ebenda **1927**, Nr. 2; Davidsohn: Ztschr. ges. Textilind. **33**, 511, 528 (1930); Taradoire: Compt. rend. Acad. Sciences **182**, 61 (1926); Moureu u. Dufraisse: ebenda **174**, 258 (1922); D.R.P. 448347 (1921).

[3] Thompson: Oil Fat Ind. **5**, 317 (1928).

[4] Stiepel: Chem. Umschau Fette, Öle, Wachse, Harze **39**, 83 (1932).

[5] Herbig: Melliands Textilber. **9**, 1002 (1928).

[6] Mackey u. Ingle: Journ. Soc. chem. Ind. **15**, 90 (1896); **35**, 454 (1916); Hersteller des Apparates: Reynolds und Branson, Leeds. Über die Mängel der Methode bei Neutralölen s. Thompson: Oil Fat Ind. **5**, 317 (1928).

[7] Über die Vorschläge zum Ersatz des Drahtnetzes durch Filtrierpapier usw. s. unten.

[8] Die Watte muß sehr gleichmäßig mit dem Öl getränkt werden. Ausführliche Vorschriften hierüber (einschließlich der Originalangaben von Mackey) s. bei Kehren: Seifensieder-Ztg. **58**, 29 (1931).

[9] Laut Originalvorschrift von Mackey, die anscheinend nicht immer beachtet wurde, da z. B. in Ubbelohde: Handbuch, 2. Aufl., Bd. 3, Teil 1, S. 350, Verteilung der Watte in dem gesamten Raum des Zylinders vorgeschrieben ist. Die in Tabelle 190 angegebenen Zahlen sind daher nicht unbedingt miteinander vergleichbar, da die Art der Füllung des Zylinders nicht in allen Fällen bekannt ist.

gekocht. Das Thermometer wird so befestigt, daß die zur Festlegung der Eintauchtiefe daran angebrachte rote Strichmarke gerade sichtbar ist, und fortgesetzt beobachtet.

Zeigt das Thermometer nach 90 min nicht über 100—102⁰, so ist das Öl feuerungefährlich, steigt die Temperatur erheblich über 100⁰, so ist das Öl als gefährlich anzusehen. Liegt die Temperatur wenig über 100⁰, so empfiehlt es sich, den Versuch noch länger fortzusetzen und die Kurve der Temperatursteigerung mit der Zeit aufzunehmen.

Bei sehr gefährlichen Ölen steigt die Temperatur innerhalb 45 min rasch auf 200⁰. In solchen Fällen ist das Thermometer herauszuziehen und der Versuch abzubrechen, da die eingefettete Watte sich leicht entzündet.

Die beschriebene Methode liefert nur Vergleichswerte; die Arbeitsvorschriften und die oben bzw. in der Abbildung angegebenen Abmessungen des Apparates[1] sind daher genau einzuhalten. Zur Kontrolle des Apparates und der Arbeitsweise sind reines Olivenöl und Baumwollsamenöl als Beispiele gefahrloser und gefährlicher Öle zu prüfen.

Feuchtigkeit ist sorgfältig auszuschließen (s. o.).

Da sich durch Einwirkung freier Fettsäuren auf den Kupferdrahtnetzzylinder des Mackey-Apparates Kupferseifen bilden, welche, wie erwähnt, die Oxydation des Öles katalytisch beschleunigen, werden von Nabell[2] Hülsen aus Steifleinen, von Stiepel[3] solche aus perforiertem Filtrierpapier, von Wolf und Heilingötter[4] Drahtzylinder aus Messing oder Platin vorgeschlagen.

Tabelle 190. Feuergefährlichkeit einiger Öle nach Mackey.

Substanz	Auf	Temperatur ⁰C nach			Bei Fortsetzung des Versuchs höchste beobachtete Temperatur ⁰C (nach min)
		60 min	75 min	90 min	
Olein rein[5] (10 Proben)	7 g Watte	96—98	97—101	99—102	105 (130) [bis 173 (196)[6]]
Olivenöl[7] (8 Proben)	dgl.	97—99	100—102	101—104	—
Olivenöl[8]	dgl.	95	98	98	100 (130)
Olivenölfettsäure[9] . .	dgl.	119	200	—	—
Cottonöl (9 Proben) .	dgl.	112—139	177—242	194—282	—
Oleinersatz[10]	dgl.	100	103	140	200 (95)
Olein rein[5]	14 g Wolle	84	89	94	103 (130)
Oleinersatz[10]	dgl.	92	96	102	158 (130)

[1] Die Maßangaben, die von den anderwärts angegebenen zum Teil erheblich abweichen, sind teils der Originalarbeit von Mackey entnommen, teils wurden sie durch Rückfrage bei der Herstellerfirma selbst (durch freundliche Vermittlung der Wizöff und von Dr. E. Lewkowitsch, London) festgestellt. Vgl. auch Kehren: Fettchem. Umschau **40**, 124 (1933).

[2] Nabell: Chem. Umschau Fette, Öle, Wachse, Harze **34**, 237 (1927).

[3] Stiepel: ebenda **37**, 326 (1930).

[4] Wolf u. Heilingötter: ebenda **37**, 284 (1930); **38**, 24 (1931).

[5] Sog. Kerzen-Olein, aus tierischen Fetten gewonnen.

[6] Bei einem belgischen Olein nach Mackey: l.c.; ein in obige Tabelle nicht aufgenommenes australisches Olein, das nach Mackey nach 60 min bereits 103⁰, nach 75 min 115⁰, nach 90 min 191⁰ und nach 150 min 230⁰ zeigte, dürfte wohl nicht rein gewesen sein.

[7] Herkunft unbekannt.   [8] Huile vierge aus Nizza.

[9] Aus vorstehendem Öl abgeschieden.

[10] Handelsprodukt mit Jodzahl 97 und 1,6% Linolensäure, aus Jodzahl und Rhodanzahl nach S. 775 berechnet.

b) Andere Verfahren zur Bestimmung der Selbstentzündlichkeit, die sich aber nicht in die Praxis eingeführt haben, wurden von Dennstedt[1], Richards-Ordway[2] und Gill[3] angegeben.

2. Chemische und physikalische Prüfungen.

Im allgemeinen sind die Schmälzöle auf Erstarrungspunkt (Trübungspunkt), Jodzahl und Rhodanzahl, Asche, Seifen, freie Fettsäuren, Neutralfett, Unverseifbares (Mineralöl, Wollfettalkohole) und Harz, die fertigen Schmälzen ferner auf Wassergehalt, Emulgatoren (Ammoniak, Sulfosäuren) und Verdickungszusätze in Anlehnung an die Methoden der Seifenanalyse (s. S. 870 f.) und Türkischrotölanalyse (s. S. 904 f.) zu prüfen[4].

a) Bei der Bestimmung der freien Fettsäuren ist zu beachten, daß auch die an Ammoniak gebundenen Fettsäuren mittitriert werden, also der Ammoniakgehalt (auf Oleat umgerechnet) zu berücksichtigen ist.

b) Das Unverseifbare wird nach Spitz und Hönig (s. S. 114) bestimmt. Bei Anwesenheit von Wollfett, welches die gewöhnliche Bestimmung durch Emulsionsbildung erschwert, löst man 10—12 g der Probe in 150 ccm 50%igem Alkohol, verseift mit einem genügendem Überschuß alkoholischer 0,5-n Lauge und verfährt weiter nach S. 964[5].

c) Verdickungsmittel (Gummi, Agar-Agar, Tragant, Caragheenschleim, Leim u. a.) werden häufig als Emulsionsträger zugesetzt, obschon sie die Faser verkleben.

Man zerlegt 10 g Emulsion durch nicht allzu langes Kochen mit verdünnter H_2SO_4, äthert aus und fällt im neutralisierten, auf 20—30 ccm eingeengten Sauerwasser mit dem 10fachen Volumen absolutem Alkohol die Verdickungsmittel (zusammen mit anorganischen Salzen; die synthetischen Sulfosäuren krystallisieren evtl. aus Alkohol). Nach 24 h wird dekantiert und die Rückstandsmenge nach Filtrieren und kurzem Auswaschen mit Wasser ermittelt.

d) Anorganische Bestandteile werden durch Veraschung bestimmt. Die Asche muß besonders auf Gegenwart von Eisen geprüft werden. Von Kehren[6] geprüfte einwandfreie Oleine enthielten nie über 0,07%, minderwertige Oleine 0,1—0,2% Asche.

e) Die Emulgierbarkeit oder genauer die Beständigkeit der Emulsion prüft man nach S. 400 an einer Mischung von 2—40% des Schmälzöles mit Wasser.

f) Der Trübungspunkt (S. 46) soll nicht unter $+ 10^0$, der Flammpunkt nicht unter 150^0 (in England nicht unter 168^0) liegen.

K. Türkischrotöl[7].

(Bearbeitet von Gertrud Weiss.)

I. Technologisches.

Türkischrotöl fand früher fast ausschließliche Verwendung als Beize für Alizarinrot (Türkischrot); seine Einführung verdrängte das sehr lang-

---

[1] Dennstedt: Die Chemie in der Rechtspflege, S. 207; s. auch Holde: 6. Aufl., S. 704.

[2] Richards: Journ. Soc. chem. Ind. **11**, 547 (1892).

[3] Gill: ebenda **26**, 185 (1907).

[4] Vgl. auch W. Herbig: Ztschr. ges. Textilind. **1897/98**, Nr. 46; Bertsch, in Ubbelohde-Goldschmidt: Handbuch, Bd. 3, 2. Aufl.; Welwart: Seifenindustrie (Wien) **1**, Nr. 9—11 (1923).

[5] S. auch Herbig: Dinglers polytechn. Journ. **297**, Heft 6, 7 (1895).

[6] Kehren: Chem. Umschau Fette, Öle, Wachse, Harze **39**, 73 (1932).

[7] Spezialliteratur: W. Herbig: Öle und Fette in der Textilindustrie, 1929; Bertsch: Die Türkischrotöle, in Ubbelohdes Handbuch, 2. Aufl., Bd. 3, S. 356 f. 1929; Historisches s. auch Bull. Soc. ind. Mulhouse **1909**, 255 f. Über Sulfonierungsprodukte anderer Art (sulfonierte Ester, Amide und Alkohole) vgl. auch Stadlinger: Chem. Umschau Fette, Öle, Wachse, Harze **39**, 217 (1932).

wierige „Altrotverfahren" (Beizen mit Emulsionen ranziger Öle, z. B. Tournanteöl) durch das „Neurotverfahren", bei dem die Färbung bedeutend leichter und rascher, schon in 2 Tagen gelingt. Später sind seine Wasserlöslichkeit und hydrotropische Wirkung, d. i. die Fähigkeit, Öle, Kohlenwasserstoffe u. a. mit Wasser zu emulgieren, zur Herstellung von wasserlöslichen Ölen, Textilseifen (Monopolseife), Appreturen usw. nutzbar gemacht worden (s. S. 859). Türkischrotölemulsionen mit Terpentinöl, Benzin, Tetralin und namentlich mit gechlorten Kohlenwasserstoffen (z. B. Tetrapol, Pertürkol) finden u. a. ausgedehnte Verwendung in der Textilwäscherei; selbst mineralölhaltige Schmälzöle lassen sich damit glatt auswaschen.

Die Netzfähigkeit, die Kalk-, Säure- und Alkalibeständigkeit der hochsulfonierten Öle, z. B. Prästabitöl, Avirol KM extra, Oleonat D, Flerhenole, Türkonöl, machen diese zu einem wertvollen Hilfsmittel bei allen Prozessen der Textilveredlung und -verarbeitung, z. B. auch in der Fabrikation des Viscosefadens.

Zur Herstellung des Türkischrotöles behandelt man Ricinusöl mit konz. H_2SO_4 (15—35 % des Ansatzes) bei Temperaturen unterhalb 35^0 und wäscht die überschüssige H_2SO_4 mit Wasser und Glaubersalzlösung[1] aus, sobald eine Probe in Wasser klar löslich ist. Je nachdem man neutrale oder saure Türkischrotöle haben will, neutralisiert man vollständig oder teilweise mit Laugen oder Ammoniak. In der Regel wird die Sulfogruppe vollständig, die Carboxylgruppe nicht oder nur teilweise neutralisiert. Das erhaltene, gelb bis gelbbraun gefärbte dicke Öl ist je nach Menge des vorhandenen Alkalis in Wasser klar löslich oder nur emulgierbar.

Aus Olivenöl, Erdnußöl, Cottonöl, Klauenöl sowie technischer Ölsäure durch Sulfonieren gewonnene Öle, ebenso die aus Leinöl, Rüböl, Cocosfett und Fischtran hergestellten Präparate erwiesen sich als unbefriedigender Ersatz[2] für Türkischrotöl, sind aber teilweise zu anderer Verwendung in der Textilveredlung (Appretur für Seide und Kunstseide) sowie als Lederfette gut geeignet.

Unter den weiteren Surrogaten ist das Sulfonierungsprodukt eines fettähnlichen Öles erwähnenswert, das bei der Vakuumdestillation des Tallöles, eines bei der Zellstoffgewinnung aus Kiefernholz abfallenden flüssigen Harzes, erhalten wird[3]. Auch aus Naphthensäuren[4] und Cumaronharz[5] hat man Türkischrotölersatz herzustellen versucht.

Nach A. Grün[6] werden zur Darstellung hochwertiger Türkischrotöle Ricinusöl oder andere Ester der Ricinolsäure in Lösung oder Suspension mit Chlorsulfonsäure behandelt, worauf das Reaktionsprodukt in Wasser gelöst und neutralisiert wird. Dadurch werden Ricinusöl, auch saure Olivenöle (Tournanteöle), in Türkischrotöle mit abnorm hohem Gehalt an Schwefelsäureestern übergeführt.

Nach anderen Patenten erzielt man sehr hochsulfonierte Produkte mit großer Netzfähigkeit und Beständigkeit gegen Kalk-, Magnesiasalze, Säuren und Alkali

---

[1] Bei Verwendung von Kochsalz statt Glaubersalz soll durch die Bildung freier Salzsäure eine stärkere Spaltung des Sulfonats eintreten (H. Bertsch: Ubbelohdes Handbuch, 2. Aufl., Bd. 3, 1. Teil, S. 363), jedoch wird in der Praxis trotzdem vielfach mit Kochsalzlösung gewaschen.

[2] F. Erban u. A. Mebus: Ztschr. Farbenind. 6, 169, 186 (1907); Lehnes Färberztg. 1907, 225. F. Scurti und A. Fubini wollen geeignete Produkte aus Walfisch- und Dorschtran erhalten haben. Ztschr. Dtsch. Öl-Fettind. 41, 277 (1921).

[3] Chem. Fabrik Flörsheim Dr. H. Noerdlinger: D.R.P. 310541 (1915).

[4] N. Chercheffsky: Seifensieder-Ztg. 38, 791 (1911); E. Pyhälä: Seifenfabrikant 35, 142 (1915); J. Davidsohn: Seifensieder-Ztg. 42, 285 (1915).

[5] Dubois u. Kaufmann: Ztschr. Dtsch. Öl-Fettind. 42, 175 (1922).

[6] A. Grün: D.R.P. 260748 (1911).

durch Sulfonieren in Gegenwart von Oxydationsmitteln[1], von Essigsäure und ihren Salzen[2], von hydrierten, mehrkernigen Kohlenwasserstoffen[3], von Eisessig[4], von Chloriden oder Oxychloriden des Phosphors[5], durch Sulfonieren in Lösungsmitteln[6], durch Behandeln der Öle mit Chloracetylchlorid-sulfonsäure[7], durch Sulfonieren höherer Alkohole[8] oder von Säureamiden[9].

II. Chemischer Charakter.

Hauptbestandteile des echten, aus Ricinusöl gewonnenen Türkischrotöls sind Alkalisalze der Ricinolsäure und der Ricinolschwefelsäure. Da Schwefelsäure auf Ricinusöl nicht nur sulfonierend, sondern auch verseifend und kondensierend einwirkt, so finden sich in den Türkischrotölen[10] außer dem Schwefelsäureester der Ricinolsäure $C_{17}H_{32}(OSO_3H) \cdot COOH$, dem Schwefelsäureester des Monoglycerids der Ricinolsäure $C_{17}H_{32}(OSO_3H) \cdot COOCH_2 \cdot CH(OH) \cdot CH_2OH$ und des Diglycerids der Ricinolsäure $C_{17}H_{32}(OSO_3H) \cdot COOCH_2 \cdot CH(OCOC_{17}H_{32}OSO_3H) \cdot CH_2OH$ noch der Schwefelsäureester der Dioxystearinsäure $C_{17}H_{33}(OSO_3H)_2 \cdot COOH$ und als Kondensationsprodukte Diricinolsäure $C_{17}H_{32}(OH)COOC_{17}H_{32}COOH$, Dioxystearinsäure $C_{17}H_{33}(OH)_2 \cdot COOH$ und Lactide

$$C_{17}H_{32} \big< {}^{O-CO}_{CO-O} \big> C_{17}H_{32},$$

außerdem freie Ricinolsäure und unangegriffene Glyceride. Nach Münch[11] finden sich in den hochsulfonierten Ölen auch echte Sulfosäuren, seiner Meinung nach ist der ausschließliche Träger der Schutzkolloidwirkung hochsulfonierter Öle die Gruppe $\geqq C \cdot SO_3H$; Bertsch[12] bezweifelt die Stichhaltigkeit dieser Behauptung.

Nach Rieß[13] scheint bei höherer Temperatur und längerer Einwirkungsdauer die Bildung freier COOH-Gruppen zuzunehmen, während die eigentliche Sulfonierung zurückgeht.

Die Sulfonierung der freien Ricinolsäure geht schwerer vonstatten als die des normalen Glycerids[14], bei ersterer ist der Gehalt an Sulfat, an organisch gebundener Schwefelsäure und die Diricinolsäuremenge bei gleich starker Sulfonierung geringer, die Menge der freien Monoricinolsäure dagegen größer als bei sulfoniertem Neutralöl.

Die Einwirkung von Schwefelsäure auf Ölsäure und deren Glyceride verläuft weit einfacher; es entsteht dabei der Schwefelsäureester der Oxystearinsäure[15] $CH_3(CH_2)_7CH(OSO_3H) \cdot (CH_2)_8COOH$, aus dem Saizew[16] und Geitel[17] die Oxystearinsäure isolierten. Bei der Sulfonierung soll die größtmögliche Menge Schwefel-

[1] Erba A.-G.: E.P. 292574, Dez. 1927.

[2] N. V. Chem. Fabrik Servo und M. D. Rozenbroek: E.P. 312283, Mai 1929.

[3] H. Th. Böhme A.-G.: D.R.P. 487705, März 1925.

[4] Flesch: E.P. 282626, Aug. 1927.

[5] N. V. Chem. Fabrik Servo und M. D. Rozenbroek: E.P. 293690, Juli 1928.

[6] Arne Godal: D.R.P. 382326, Jan. 1920.

[7] I. G. Farbenindustrie: D.R.P. 501086, Jan. 1928.

[8] Deutsche Hydrierwerke A.-G.: D.R.P. 535853 (1929); H. Th. Böhme A.-G.: E.P. 350432 (1930); I. G. Farbenindustrie A.-G.: F.P. 693814 (1930).

[9] I. G. Farbenindustrie A.-G.: E.P. 341053 (1929); 343524 (1930).

[10] Tschilikin: Lehnes Färberztg. **1914**, 419.

[11] Münch: Ztschr. angew. Chem. **43**, 583 (1930).

[12] Bertsch: ebenda **43**, 583 (1930).   [13] Rieß: ebenda **43**, 25 (1930).

[14] Erban: Seifensieder-Ztg. **43**, 309, 327 (1916).

[15] Fahrion: Ztschr. angew. Chem. **27**, 596 (1914).

[16] Saizew: Journ. prakt. Chem. [2] **35**, 372 (1887).

[17] Geitel: ebenda **37**, 81 (1888).

säureester entstehen, da dieser die Wasserlöslichkeit und die anderen für die Verwendung wichtigen Eigenschaften der sulfonierten Öle bedingt.

A. Grün und M. Woldenberg[1] haben als erste die Ricinolschwefelsäure aus Ricinolsäure und Chlorsulfonsäure in reiner Form dargestellt; Nishizawa und Sinozaki stellten sie aus Ricinolsäure und Schwefelsäure in Gegenwart von Äther dar[2]. Winokuti und Nishizawa[3] synthetisierten und untersuchten das reine Natriumsalz der Ricinolschwefelsäure und isolierten es aus mehreren im Handel befindlichen Türkischrotölen. Nishizawa und seine Mitarbeiter stellten auch Untersuchungen an über die Verseifung des Ricinolschwefelsäureesters und seines Natriumsalzes[4], über die Eigenschaften der wässerigen Lösungen des Natriumsalzes[5] und der sauren Alkalisalze[6], sowie über den Mechanismus der Reaktion zwischen wässerigen Lösungen der Schwefelsäureester und ihrer Salze[7] (s. auch S. 906).

Die Ricinolschwefelsäure ist in jedem Verhältnis mit Wasser mischbar, die wässerige Lösung schäumt wie Seifenlösungen. Kochsalz, HCl oder H_2SO_4 fällen aus der wässerigen Lösung die Säure als schweres Öl ($d > 1$) aus, organische Säuren tun dies nicht. Die aus dem sulfonierten Öl ausscheidbaren Säuren sind um so schwerer, je stärker das verwendete Ricinusöl sulfoniert war. Beim Schütteln des Öles mit Wasser bilden sich, ähnlich wie bei den sog. wasserlöslichen Mineralölen, haltbare Emulsionen (s. S. 397 f.).

Kochendes Alkali greift die Ricinolschwefelsäure wenig oder gar nicht an; durch Erhitzen mit Mineralsäure wird sie in die Komponenten gespalten (teilweise schon durch Kochen mit Wasser). Die abgespaltene Ricinolsäure löst sich nicht in Wasser, ihre Dichte ist < 1.

Die Monopolseife ist eine verseifte sulfonierte Ricinolsäure, und zwar eine saure Seife, von ungewöhnlichem Emulsionsvermögen, die auch in harten Wässern ohne Trübung löslich ist. Ähnlich zusammengesetzte Präparate sind die schon erwähnten hochsulfonierten Öle.

Wichtig ist bei der Wirkung des Türkischrotöls das Netzungsvermögen, das auf der Anwesenheit der Ricinolsäure, Ricinolschwefelsäure und ihrer Salze beruht[8]. Für Zwecke, wo es nur auf das Netzungsvermögen ankommt, wie beim Abkochen und Bleichen, Färben mit sauren und substantiven Farbstoffen, in der Apparatenfärberei, beim Mercerisieren, Schlichten usw., kann man zur Herstellung der sulfonierten Öle von den freien Fettsäuren ausgehen. Bei der eigentlichen Türkischrot- und Pararotfärberei dagegen scheint die Mitwirkung der Neutralfette zur Bildung eines guten Farblacks erforderlich zu sein.

Ricinolschwefelsaurer Kalk ist in Wasser schwer löslich[9], das Magnesiumsalz dagegen löslich. Die Kalkseife bildet in Wasser eine anfangs kaum sichtbare, fein verteilte Suspension, die sich erst nach längerer Zeit zu Boden setzt.

---

[1] A. Grün u. M. Woldenberg: Journ. Amer. chem. Soc. **31**, 490 (1909).

[2] Nishizawa u. Sinozaki: Journ. Soc. chem. Ind., Japan [Suppl.] **32**, 232B (1929); Chem. Umschau Fette, Öle, Wachse, Harze **37**, 40 (1930).

[3] Winokuti u. Nishizawa: Journ. Soc. chem. Ind., Japan [Suppl.] **32**, 48B (1929); Nishizawa u. Winokuti: Chem. Umschau Fette, Öle, Wachse, Harze **36**, 79 (1929).

[4] Ebenda **36**, 97 (1929).

[5] Nishizawa u. Winokuti: ebenda **37**, 33 (1930).

[6] Nishizawa, Winokuti u. Kikuti: Journ. Soc. chem. Ind., Japan [Suppl.] **32**, 278B (1929).

[7] Nishizawa, Winokuti u. Kikuti: ebenda **32**, 277B (1929).

[8] Herbig: Seifensieder-Ztg. **42**, 186 (1915).

[9] Pommeranz: Monatsschr. Textilind. **31**, 33 (1916).

Auf die ungenaue Beobachtung dieses Vorganges hatte sich die irrtümliche Meinung gegründet, daß alle, ricinolschwefelsaures Alkali enthaltenden, der Monopolseife ähnlichen Seifen im Gegensatz zu gewöhnlichen Fettseifen mit gewöhnlichem Wasser bei Zimmertemperatur keine Niederschläge geben. Letzteres ist aber nur bei Monopolseife und den hochsulfonierten Ölen der Fall (s. o.). Die anderen, dieser Seife ähnlich zusammengesetzten Seifen geben bei Zimmertemperatur mit gewöhnlichem Wasser Niederschläge, die sich erst in heißem Wasser — dies ist allerdings der in der Technik in der Regel in Betracht kommende Fall — lösen. Die Sulfonate solcher Fettsäurederivate, die keine Carboxylgruppe mehr enthalten, z. B. der Säureamide, sowie besonders diejenigen der höheren Fettalkohole, sind den Türkischrotölen in Kalk- und Säurebeständigkeit weit überlegen[1].

III. Prüfung[2].

a) **Qualitative Prüfung auf Sulfonierung** erfolgt durch Lösen von 2 g des Öles in 20 ccm absolutem Alkohol oder einer Mischung von absolutem Alkohol mit Äther. Von den ausgefällten anorganischen Salzen wird abfiltriert. Das Öl wird nach Verdunsten des Lösungsmittels durch Kochen mit konz. HCl zersetzt. Im Säurewasser wird auf einen Gehalt an Schwefelsäure geprüft. Positiver Befund spricht für die Anwesenheit von sulfoniertem Öl, wenn nicht etwa alkohollösliche Sulfate organischer Basen zugegen sind.

b) **Löslichkeit.** Normales Türkischrotöl soll in wenig warmem Wasser klar oder schwach milchig löslich sein und auf Zusatz von 10 Vol. Wasser eine haltbare, nicht zu trübe Emulsion bilden. Als Vergleichsprobe dient ein anerkanntes Handelsprodukt. Die Probe muß gegen Phenolphthalein schwach sauer reagieren (andernfalls ist sie mit Essigsäure eben anzusäuern) und in verdünntem Ammoniak völlig löslich sein; diese Lösung soll auf Zusatz von viel Wasser klar bleiben.

c) **Kalk-, Bittersalz- und Säurebeständigkeit.** Mit hartem Wasser geben Türkischrotöle gewöhnlich Trübungen, hochsulfonierte Öle (s. auch o.) jedoch lösen sich darin ohne Fällung fettsauren Kalkes und bringen auch solche Fällungen, die beim Lösen gewöhnlicher Seifen in hartem Wasser entstehen, beim Erwärmen wieder in Lösung. Die Säurebeständigkeit der Türkischrotöle ist von Belang bei der Färbung mit sauren Farbstoffen.

Zur Bestimmung der Kalk-, Bittersalz- und Säurebeständigkeit verwendet man Lösungen von je 3 g neutralisiertem Öl in 1000 ccm H_2O. Je 500 ccm einer solchen Lösung bringt man in ein Becherglas von 85 mm l. W., an dessen Rückseite eine Schriftprobe mit 0,5 mm starken Linienzügen angebracht ist. Die verschiedenen Beständigkeiten ermittelt man nunmehr, indem man die in dem Becherglas befindliche Lösung mit den nachstehend angegebenen Flüssigkeiten titriert, bis die Trübung so stark wird, daß die Schriftprobe nicht mehr zu sehen ist. Als Maß der „Beständigkeit" gilt die Anzahl ccm der Titrationsflüssigkeit, die bis zu diesem Punkte verbraucht werden.

α) **Kalkbeständigkeit.** Man titriert mit einer Lösung von 39 g $CaCl_2 \cdot 6\,H_2O$ in 1000 ccm H_2O, äquivalent 10 g CaO im Liter = 1000 deutschen Härtegraden. Je 1 ccm der Lösung zeigt somit 2 deutsche Härtegrade an. In den meisten Fällen genügt je ein Versuch bei 60⁰ und bei Zimmertemperatur.

β) **Bittersalzbeständigkeit.** Man titriert mit einer Lösung von 1000 g $MgSO_4 \cdot 7\,H_2O$ in 1000 ccm H_2O bei Zimmertemperatur und bei 60⁰. Nach beendeter Titration läßt man die Flüssigkeit 24 h stehen und beobachtet, ob sich Öl oder Flocken ausscheiden. Beim Filtrieren durch normales Filtrierpapier soll auf dem Filter kein wesentlicher Rückstand verbleiben.

γ) **Säurebeständigkeit.** Man titriert mit 4-n H_2SO_4 (196 g H_2SO_4 im Liter) bei Zimmertemperatur, 60⁰ und 100⁰. Die titrierten Flüssigkeiten bleiben zur Beobachtung mehrere Stunden stehen.

---

[1] Stadlinger: Chem. Umschau Fette, Öle, Wachse, Harze **39**, 217 (1932).
[2] Vgl. Deutsche Einheitsmethoden (Wizöff), Nachtrag 1932.

d) **Wassergehalt.** Das Trocknen einer Probe von 2—4 g Rotöl geschieht mit hinreichender Genauigkeit nach der **Fahrion**schen Schnellmethode (s. S. 870), und zwar bis zum Auftreten der ersten Dampfwölkchen und einer Hautbildung[1], oder nach dem Destillationsverfahren (Wizöff); bei noch mineralsäurehaltigen (nicht neutralisierten) Ölen kann diese Bestimmung aber nicht ausgeführt werden.

e) **Der Gesamtfettsäuregehalt** ist ein wichtiges Kriterium des Wertes eines Türkischrotöls; er umfaßt alle ursprünglich im Öl vorhandenen und aus Fettschwefelsäuren durch Erhitzen mit Mineralsäuren abscheidbaren Oxyfettsäuren und etwaige andere Fettsäuren sowie Neutralfett.

Während auch **Herbig** als Prozentigkeit eines sulfonierten Öles den Prozentgehalt an Gesamtfettsäure ansieht, schreibt der Verband deutscher Türkischrotölfabrikanten[2] folgende Bewertung vor:

Ein p (z. B. 50)%iges handelsübliches Türkischrotöl ist ein Produkt, bei dessen Herstellung auf 100 kg Fertigware p (z. B. 50) kg sulfoniertes, gewaschenes Ricinusöl („Sulfonat") verwendet wurden. Bei einem durchschnittlichen Gesamtfettsäuregehalt von 75% (Grenzen 72—76%) enthält ein solches Produkt also $75 \cdot p/100$ Gesamtfettsäure (im vorliegenden Beispiel also 37,5%, Grenzwerte 36—38%).

Die Bestimmung des Gesamtfettsäuregehaltes erfolgt am besten nach dem unten beschriebenen Ausätherungsverfahren[3], für orientierende Bestimmungen auch mit hinreichender Genauigkeit nach der volumetrischen Methode. Die Wachskuchenmethode, s. S. 872, wird kaum noch angewendet.

6—8 g Öl werden mit 25 ccm Wasser und 50 ccm konz. HCl in einem Kölbchen mit eingeschliffenem Kühler bis zur klaren Abscheidung des Fettes, mindestens aber 1 h, auf dem Drahtnetz über kleiner Flamme gekocht. Nach dem Erkalten wird mit Äther im Scheidetrichter geschüttelt (Ätherschicht 200 ccm). Nach Trennung der Schichten wird das abgezogene klare Säurewasser zweimal mit je 25 ccm Äther ausgeschüttelt. Die vereinigten ätherischen Lösungen werden mehrmals mit je 20 ccm 10%iger sulfatfreier Kochsalzlösung säurefrei gewaschen[4]. In den Waschwässern und dem Sauerwasser werden die löslichen Fettsäuren, die Gesamtschwefelsäure und evtl. Glycerin bestimmt.

Der Ätherauszug wird, nach Abdestillieren der Hauptmenge des Äthers, mit 50 ccm alkoholischer 1,0-n KOH $^1/_2$ h unter Rückfluß gekocht; dann werden etwa 30 ccm Alkohol von der Seifenlösung abdestilliert, 50 ccm Wasser zugesetzt und die unverseifbaren Bestandteile in üblicher Weise (S. 728) mit Äthyläther ausgeschüttelt. Die Ätherlösung wird zur Entfernung von Seifenresten 3mal mit je 20 ccm Wasser gewaschen, die mit der Haupt-Seifenlösung vereinigt werden. Letztere wird zur Verjagung des Alkohols vollständig eingedampft, der Rückstand in Wasser gelöst und mit 65 ccm 1,0-n HCl unter öfterem Umschwenken etwa 10 min auf 50° erwärmt. Bei längerem oder stärkerem Erhitzen besteht die Gefahr der Estolidbildung (s. S. 631). Die abgeschiedenen Fettsäuren werden in Äther aufgenommen und nach S. 729 weiter behandelt. Mit Rücksicht auf die Gefahr der Estolidbildung trocknet man sie jedoch nicht bis zur Gewichtskonstanz, sondern begnügt sich mit 1std. Trocknung bei 100—105°.

Von den erhaltenen Gesamtfettsäuren werden Jodzahl und Acetylzahl ermittelt. Ist erstere nicht merklich unter 70, letztere 140 oder höher (**Lewkowitsch** gibt

---

[1] **Herbig**: Lehnes Färberztg. **1914**, Nr. 9.

[2] Krefeld 1921; vgl. Chem.-Ztg. **45**, 560 (1921); Ztschr. Dtsch. Öl-Fettind. **41**, 633 (1921).

[3] **Herbig**: Chem. Revue üb. d. Fett- u. Harzind. **13**, 243 (1906); vgl. auch **Fahrion**: ebenda **28**, 115, 261 (1921). Obige Vorschrift entspricht den **Wizöff**methoden 1932.

[4] Treten bei dieser Behandlung Emulsionen auf oder scheiden sich beim Ansäuern der Waschwässer mit HCl fettartige Anteile ab, so deutet dies auf das Vorliegen von echten, durch Kochen mit HCl nicht spaltbaren Sulfonsäuren hin. Für die Untersuchung derartiger Produkte ist noch keine allgemein anwendbare Methode bekannt.

als unterste Grenze 125 an), so liegt wahrscheinlich reines Türkischrotöl aus Ricinusöl vor[1].

Die **volumetrische Bestimmung** wird mit genau 10 g hochprozentigem bzw. genau 20 g niedrigprozentigem Öl im verbesserten Büchnerschen Fettsäurebestimmungskolben durch 1std. Zerkochen mit 25 ccm Wasser und 50 ccm konz. HCl ausgeführt. Die Anzahl der gefundenen Kubikzentimeter Fett wird zur Umrechnung auf Gewichtsmengen mit dem spez. Gew. des Fettes bei 99° C (mittleres spez. Gew. etwa 0,9) multipliziert.

f) **Bestimmung des Gesamt-SO_3-Gehaltes** (SO_3 aus Alkalisulfat + Fettschwefelsäure). Im Sauerwasser, das bei der Gesamtfettsäurebestimmung nach e) erhalten wird, wird nach Vertreibung der Ätherreste, Neutralisierung mit Ammoniak (Indicator Methylorange) und Hinzufügung von 1 ccm konz. HCl die H_2SO_4 als $BaSO_4$ quantitativ bestimmt und daraus die Menge SO_3 berechnet.

Nach **Melvin De Grote, B. Keiser, A. F. Wirtel und L. T. Monson**[2] findet man durch Zersetzen der sulfonierten Produkte mit Mineralsäure auch bei langem Kochen nicht die Gesamtmenge des organisch gebundenen Schwefels, da fast alle sulfonierten Öle kleinere oder größere Mengen nicht abspaltbaren organisch gebundenen Schwefel enthalten. Durch Oxydation mit Natriumsuperoxyd (Parrsche Bombe) erhält man Werte für den Gesamt-Schwefelgehalt, die bis zu 50 % höher sind als die durch Kochen mit Mineralsäure erhaltenen. Bei Anwendung beider Methoden ergibt sich aus der Differenz der Gehalt an nicht abspaltbarem organisch gebundenem Schwefel.

g) **An Alkali gebundene SO_3-Menge** (vorwiegend Na_2SO_4)*.

In einem Scheidetrichter schüttelt man 5—7 g Öl (genau abgewogen) mit 10 ccm gesättigter sulfatfreier NaCl-Lösung, 10 ccm Äther und 15 ccm Amylalkohol vorsichtig durch, zieht die klare Kochsalzlösung von der ätherischen Schicht ab und wäscht diese noch dreimal mit je 10—20 ccm gesättigter Kochsalzlösung. In den auf 200 ccm aufgefüllten Salzlösungen fällt man nach Ansäuern mit 1 ccm konz. HCl die H_2SO_4 wie unter f) angegeben.

K. **Nishizawa** und K. **Winokuti**[3] schlagen vor, das sulfonierte Öl mit HCl gegen Methylorange anzusäuern und den HCl-Überschuß mit Natriumacetat abzustumpfen. Das auf diese Weise in Lösung erhaltene Natriumsalz des Ricinolschwefelsäureesters löst sich nicht in äther- bzw. alkohol- und ätherhaltiger NaCl-Lösung, so daß es durch Zusatz von NaCl, Äther und Alkohol (letztere im Verhältnis 2:1 bis 1:2) quantitativ ausgesalzen werden kann. In der sich hierbei klar absetzenden NaCl-Lösung (bzw. einem aliquoten Teil davon) wird die an Alkali gebundene Schwefelsäuremenge wie üblich als $BaSO_4$ bestimmt.

h) **Bestimmung der organisch gebundenen Schwefelsäure** erfolgt indirekt als Differenz zwischen Gesamtschwefelsäure und anorganisch gebundener Schwefelsäure.

Schneller ausführbar ist die Titrationsmethode oder amerikanische Methode[4], bei der 8—10 g des Öles durch 1std. Kochen mit 25 ccm 2-n HCl oder H_2SO_4 am Rückflußkühler zersetzt werden. Nach Abkühlen des Gemisches und Zusatz von

---

[1] Siehe **Gansel:** Einfluß der Sulfurierung auf die Kennzahlen der Fettsäuren. Chem. Umschau Fette, Öle, Wachse, Harze **36**, 284 (1929).

[2] **Melvin de Grote, B. Keiser, A. F. Wirtel u. L. T. Monson:** Ind. engin. Chem., Anal. Ed. **3**, 243 (1931).

* Wizöff-Vorschrift.

[3] K. **Nishizawa** u. K. **Winokuti:** Chem. Umschau Fette, Öle, Wachse, Harze **38**, 1 (1931).

[4] R. **Hart:** Journ. Ind. engin. Chem. **9**, 850 (1917); Journ. Amer. Leather Chemists' Assoc. **22**, 588 (1927); **Hart:** ebenda **15**, 404 (1920).

je 50 ccm konz. Kochsalzlösung und Äther wird der Überschuß der Säure mit 0,5-n KOH gegen Methylorange zurücktitriert. Von der Anzahl der hierfür verbrauchten Kubikzentimeter 0,5-n KOH subtrahiert man die Anzahl Kubikzentimeter 0,5-n KOH, die zur Neutralisation der zugesetzten 25 ccm 2-n Mineralsäure notwendig sind, und dividiert die Differenz durch die Öleinwaage (in g). Der Quotient wird als Wert „F" bezeichnet[1]. Bei niedrig sulfonierten und gleichzeitig alkalisch eingestellten Ölen kann „F" negativ ausfallen.

Eine zweite Titration ist notwendig zur Bestimmung des zur teilweisen Neutralisation des Öles verwendeten Alkalis. 5—10 g Öl werden in Wasser gelöst und nach Zugabe von je 50 ccm konz. Kochsalzlösung und Äther mit 0,5-n HCl gegen Methylorange auf schwach sauer titriert. Die für 1 g Öl verbrauchte Laugenmenge (in Kubikzentimetern 0,5-n Lösung) wird als Wert „A" bezeichnet. Aus den Werten „A" und „F" berechnet sich die Menge der organisch gebundenen Schwefelsäure zu $4\,(A + F)\%\ SO_3$. Während nach Bauer[2], Rieß[3] und Hart[4] das Zersetzen entweder mit HCl oder mit H_2SO_4 ohne Veränderung der Resultate erfolgen kann, fanden De Grote, Keiser, Wirtel und Monson (l. c.), daß sich beim Zersetzen mit Schwefelsäure ein Teil des gebundenen Schwefels in nicht abspaltbaren Schwefel verwandeln kann, wodurch etwas zu niedrige Resultate erhalten werden können. Dieser Befund deckt sich mit den Beobachtungen Herbigs[5].

i) **Definition des Begriffes Sulfonierungsgrad**[6]. Der Sulfonierungsgrad gibt an, wieviel Prozent der in einem Öl enthaltenen Gesamtfettsäuren sulfoniert sind, unter der willkürlichen Annahme, daß das gesamte organisch gebundene SO_3 in Form von Ricinolsäure-mono-schwefelsäureester vorliegt. Danach entsprechen 80 g SO_3 298 g Ricinolsäure. Durch Multiplikation der Prozente von organisch gebundenem SO_3 mit $298/80 = 3{,}73$ ergibt sich der als Ricinolsäure-mono-schwefelsäureester vorliegende Anteil der Fettsäuren zu $(3{,}73 \cdot \%\ \text{org. geb. } SO_3)\%$ des Öles bzw. zu

$(373 \cdot \%\ \text{org. geb. } SO_3/\%\ \text{Gesamtfettsäuren})\ \%\ \text{der Gesamtfettsäuren.}$

k) **Neutralfett und Unverseifbares** (Wizöff-Vorschrift). Man trennt zunächst die neutralen Bestandteile von den freien Säuren, indem man 30 g Öl in 50 ccm Wasser löst, mit 20 ccm 25%igem Ammoniak und 30 ccm Glycerin versetzt und die Lösung 3mal mit je 100 ccm Äther ausschüttelt. Dann dampft man die 3mal mit je 20 ccm Wasser gewaschenen Ätherauszüge (Neutralfett, Unverseifbares, Lösungsmittel) ein und verseift das Neutralfett durch 1-std. Kochen mit 25 ccm alkoholischer 1,0-n KOH. Die Abtrennung der unverseifbaren Bestandteile und die Abscheidung der Fettsäuren erfolgen, wie unter e) (S. 905) beschrieben. Zur Berechnung der Neutralfettmenge multipliziert man das gefundene Fettsäuregewicht mit 1,0425 (für Ricinolsäure) bzw. 1,045 (für Ölsäure).

Nach De Grote, Keiser, Wirtel und Monson kann die Genauigkeit der Resultate durch die Anwesenheit von emulgierbarem Fett beeinträchtigt werden.

l) **Organische Lösungsmittel** (Wizöff-Vorschrift). 25 g Substanz werden in einem langhalsigen 500-ccm-Rundkolben in etwa 100 ccm Wasser gelöst, zur Umwandlung der schäumenden Alkaliseifen in nicht schäumende Kalkseifen mit $CaCl_2$ (nach Bedarf etwa 2—4 g) versetzt und erschöpfend mit Wasserdampf destilliert. Das in einer graduierten Vorlage aufgefangene Destillat wird zur vollständigen Abscheidung der Lösungsmittel mit Kochsalz versetzt. Das Lösungsmittel-Volumen wird abgelesen und durch Muktiplikation mit dem (besonders zu ermittelnden) spez. Gew. des Lösungsmittels auf Gewichtsmenge umgerechnet.

---

[1] In der Originalvorschrift wird „F" (ebenso „A") in Milligramm KOH pro Gramm Öl ausgedrückt. Da aber in diesem Falle bei der Schlußumrechnung auf Prozent SO_3 wieder durch das Äquiv.-Gew. von KOH dividiert werden muß, erscheint eine solche Berechnung unnötig umständlich.

[2] Bauer: Chem. Umschau Fette, Öle, Wachse, Harze **35**, 25 (1928); **36**, 102 (1929).

[3] Rieß: ebenda **36**, 78 (1929). [4] Hart: ebenda **36**, 321 (1929).

[5] Herbig: Seifensieder-Ztg. **55**, 134, 427 (1928).

[6] Landolt: Melliands Textilber. **9**, 760 (1928); **10**, 230 (1929); Herbig: ebenda **10**, 47 (1929); Becker: ebenda **10**, 472 (1929); s. auch Wizöff-Methoden.

Wasserlösliche Lösungsmittel wie Methylhexalin sind — nach Abtrennung etwa bereits abgesetzter anderer Lösungsmittel — aus dem wässerigen Destillat erschöpfend auszuäthern und nach Trocknung der Ätherlösung mit Na_2SO_4, Filtration und Verdampfen des Äthers $1/2$ h bei 60^0 zu trocknen und zu wägen.

Über die Erkennung der einzelnen Lösungsmittel vgl. S. 578 und 610. Es finden sich vor allem Benzin, Benzol, Terpentinöl, Tetralin, Methyhexalin und gechlorte Kohlenwasserstoffe, z. B. in Tetrapol, Terpinopol, Penterpol oder Lanadin.

m) **Ammoniak- und Natrongehalt** werden seltener festgestellt. Durch Ausziehen einer ätherischen Lösung von 10 g Öl mit verdünnter H_2SO_4 und Verarbeitung des Auszuges ermittelt man nach S. 882 den Ammoniakgehalt. Der Gehalt an Alkali ergibt sich wie in der Seifenanalyse (s. S. 877).

n) **Acidität bzw. Alkalität.** 5 g Öl, in 95 ccm destilliertem Wasser gelöst, werden mit 0,5-n KOH gegen Phenolphthalein bis zur Rosafärbung titriert. Alkalisch eingestellte Produkte werden in gleicher Weise mit 0,5-n H_2SO_4 bzw. HCl gegen Phenolphthalein auf farblos titriert. Außer der gewöhnlichen Berechnung der Acidität bzw. Alkalität auf 1 g Ausgangsmaterial ist in der Türkischrotölindustrie auch die Berechnung des Säuregehaltes (freies Alkali kommt praktisch kaum vor) auf 1 g des Gesamtfettsäuregehalts üblich. Dieser „Aciditätswert", der das Verhältnis der Menge der freien zu derjenigen der Gesamtfettsäuren charakterisiert, ist von einer etwaigen Verdünnung des Öles mit Wasser unabhängig.

o) **Probefärben.** Diese Prüfung gibt nur in geübten Händen verläßliche Resultate: Man tränkt Baumwolle mit einer neutralen oder mit Ammoniak gerade geklärten Lösung von 1 Teil Öl in 10—20 Teilen Wasser, trocknet, beizt schwach mit essigsaurer Tonerde und färbt in blaustichigem Alizarin aus, oder man druckt Dampfrosa auf und macht die Farben in bekannter Weise durch Seifen, Avivieren usw. fertig. Zum Vergleich benutzt man ein Öl von bekannter Güte.

Die neuerdings zu großer Bedeutung gelangten **sulfonierten Fettalkohole** (z. B. **Gardinol, Texapon, Melioran**) können im wesentlichen nach den gleichen Methoden wie Türkischrotöle auf Gehalt an organisch und anorganisch gebundenem SO_3, Gesamtfett (= Fettalkohol), Lösungsmitteln usw. untersucht werden. Eine Bestimmung freier oder gebundener Fettsäure kommt hier natürlich nicht in Frage.

Zum Ausschütteln der nach Abspaltung der Schwefelsäure erhaltenen höheren Alkohole empfehlen **Lindner** und Mitarbeiter[1], Petroläther statt Äther zu verwenden. Etwa vorhandene echte Sulfonsäuren können dann durch Ausschütteln der Petrolätherlösung mit 70 vol.-%igem Alkohol entfernt werden.

L. Leinölfirnis und Leinölstandöl für Anstrich- und Druckfarben.

(Unter Mitwirkung von H. Wolff.)

I. Technologisches.

Man unterscheidet Leinölfirnis und Standöl (Buchdruckerfirnis). Nach den Lieferbedingungen des Reichsausschusses für Lieferbedingungen ist „unter Leinölfirnis ein Leinöl zu verstehen, dessen natürliche Trocknungsfähigkeit durch Einverleiben von Trockenstoffen (Sikkativen) erhöht ist". Standöl dagegen ist ein durch Erhitzen ohne Zusatz von Sikkativen zu Druckereizwecken verdicktes Leinöl, dessen Trocknungsfähigkeit nicht erhöht, sondern sogar verringert ist.

---

[1] K. Lindner, A. Russe u. A. Beyer: Fettchem. Umschau **40**, 93 (1933).

1. Herstellung der Leinölfirnisse.

a) Durch Erhitzen (sog. Kochen) von Leinöl unter Zugabe von Metalloxyden, -acetaten und anderen Metallsalzen auf 180—280⁰. Insbesondere werden Blei-, Mangan- und Kobaltverbindungen verwendet (Bleioxyd, Bleimennige, Manganoxydhydrat, Mangandioxydhydrat, Braunstein, Kobaltoxyd und -oxydhydrat, Kobaltacetat usw.).

Die Metallverbindungen reagieren mit dem Öl unter Bildung von Metallseifen, die sich im Öl lösen. Erst diese Metallseifen wirken trocknungsfördernd und sind die eigentlichen Trockenstoffe. Die Metalloxyde usw. bezeichnet man deshalb als Trockenstoffgrundlagen.

b) Durch Lösen von in besonderem Arbeitsgang hergestellten Trockenstoffen im Leinöl bei Temperaturen von etwa 100—160⁰. Unter den Trockenstoffen sind besonderes wichtig die leinölsauren Salze (Linoleate), die harzsauren Salze (Resinate) und die naphthensauren Salze (Naphthenate, Soligentrockner) des Bleis, Mangans und Kobalts. Man unterscheidet gefällte Trockenstoffe, die durch Fällung von Lösungen der Alkaliseifen mit Metallsalzlösungen gewonnen werden, und geschmolzene Trockenstoffe, die durch Eintragen von Metalloxyden usw. in die geschmolzenen Fett- oder Harzsäuren oder auch in das erhitzte Öl erzeugt werden.

Meistens werden zwei Metalle miteinander kombiniert, und zwar besonders Blei und Mangan und Blei und Kobalt. Solche, zwei Metalle enthaltenden Trockenstoffe bewirken nicht nur eine schnellere Trocknung, sondern vor allem auch eine größere Unabhängigkeit der Wirkung von der Lufttemperatur und der Luftfeuchtigkeit.

Kobalt allein wird besonders da verwendet, wo eine Verfärbung der Anstriche zu vermeiden ist (weiße Farben), da sowohl Blei, als auch besonders Mangan zu Verfärbungen der Anstriche Anlaß geben.

Tabelle 191. Metallgehalte handelsüblicher Sikkative nach den Normen der Vereinigung deutscher Trockenstoff-Fabriken (D.T.V.).

Metall	Linoleat		Resinat		Soligen	
	geschmolzen	gefällt	geschmolzen	gefällt	fest	flüssig konz.
Blei . . .	31,0—34,0	31,0—32,0	11,0—12,0	22,0—23,0	30—31	—
Mangan . .	7,0—7,4	8,0—8,5	2,0—2,5	6,0—6,5	10—11	3,3—3,7
Blei-Mangan						
Pb . .	14,5—15,0	14,0—15,0	4,5—5,5	12,0—12,5	20—21	6,7—7,0
Mn. . .	2,7—3,2	2,7—3,2	1,0—1,5	2,5—3,0	4—4,5	1,3—1,5
Kobalt . .	2,2—2,5	9,2—9,5	2,2—2,5	6,2—6,5	12—12,5	4,0—4,5

Die geschmolzenen Trockenstoffe dürfen Kalk enthalten.

c) Durch Mischen von Leinöl mit Trockenstofflösungen in Terpentinöl, Testbenzin u. dgl., oft mit Zusatz von Leinöl. Die so bereiteten Leinölfirnisse müssen nach den Lieferbedingungen als „kalt bereitet" bezeichnet werden, da „Leinölfirnis" (ohne besondere Kennzeichnung) nur aus Leinöl und Trockenstoff bestehen, also kein Lösungsmittel enthalten darf.

d) Durch Einwirkung von elektrolytisch gewonnenem Sauerstoff auf erhitztes Leinöl oder Durchleiten von Luft oder Sauerstoff durch mit ultraviolettem Licht bestrahltes Leinöl können sikkativfreie, sog. „ozonisierte" Firnisse gewonnen werden.

Zu a) bis c): Die Menge der Trockenstoffe darf nach den Lieferbedingungen bei der Herstellung nach a) höchstens 2% Metalloxyd, bei der Herstellung nach b) höchstens 5% Trockenstoff betragen. Die Ausdrücke „gekochtes Leinöl" oder „doppelt gekochtes Leinöl", die man früher auf die nach a) hergestellten Leinölfirnisse anwandte, bedingen nach den Lieferbedingungen nicht mehr eine besondere

Herstellungsweise, wenn diese nicht ausdrücklich zugesichert wurde, sondern können auch auf die nach b) hergestellten Leinölfirnisse angewendet werden, die auch gelegentlich als Präparatfirnisse bezeichnet werden.

2. Herstellung von Standöl.

Leinölstandöl (Dicköl, Buchdruckerfirnis, Lithographenfirnis) wird durch Erhitzen von Leinöl auf etwa 250 bis 300° hergestellt, und zwar in der Regel nicht mehr in offenen Kesseln, sondern in geschlossenen Apparaturen, vielfach auch unter Durchleiten oder Überschichten mit CO_2 (über die Veränderung des Leinöls beim „Standölkochen" s. S. 664).

Mit dem Erhitzen steigen Viscosität und spez. Gew. (bis auf 0,99 bei sehr dicken Standölen), ebenso der Brechungsindex, dagegen sinkt die Jodzahl (bis zu etwa 65 bei sehr dicken Ölen)[1]. Die Säurezahlen sind allgemein höher als die des verwendeten Leinöls und können bis auf 20—30 steigen. Oxysäuren finden sich, auch bei den in offenen Kesseln gekochten Standölen, nicht wesentlich mehr als beim rohen Leinöl. Marcusson fand in solchen Ölen im allgemeinen 1—4%, höchstens 9% Oxysäuren. Bei Standölen, die in geschlossenen Apparaturen hergestellt werden, dürfte die Menge der Oxysäuren kaum jemals mehr als 3—4% betragen.

Die Trocknungsfähigkeit der Standöle ist, wenigstens bei den höher viscosen, geringer als die des Leinöls; sie scheint auch von der Art des Kochens abzuhängen.

Zum geringeren Teil werden Standöle auch durch Einblasen von Luft in erhitztes Leinöl hergestellt; sie enthalten in solchen Fällen wesentlich mehr Oxysäuren (s. S. 927) als oben angegeben.

II. Anforderungen und Prüfungen.

1. Lieferbedingungen und Prüfvorschriften für Leinölfirnis,

aufgestellt vom Reichsausschuß für Lieferbedingungen (RAL.), Blatt 848 B:

Leinölfirnis muß klar oder nur mäßig getrübt sein. Stärkere, durch Kälte erzeugte Trübungen müssen beim Erwärmen auf etwa 40° verschwinden, so daß das Öl auch nach längerem Stehen bei Zimmertemperatur klar oder nur mäßig getrübt ist.

Die Farbe soll nicht dunkler sein als eine 0,02-n Jodlösung. Kennzahlen: $d_{20} = 0,928$—$0,960$; $n_D^{20} = 1,4790$—$1,486$; Säurezahl nicht über 12; Verseifungszahl 186—195.

Ein höherer Brechungsindex beweist zwar noch nicht die Unreinheit des Leinölfirnisses, ist jedoch verdächtig, da er durch einen zu hohen Gehalt an Resinaten verursacht sein kann (nicht muß). In diesem Falle muß man den Firnis verseifen und die erhaltenen Fett- und Harzsäuren nach Wolff-Scholze (doppelte Veresterung, gravimetrisch, s. S. 874) trennen. Die Menge der Harzsäuren und der gleichfalls zu bestimmenden Metalle darf zusammen nicht über 5% betragen (Fehlergrenze 0,5%).

Trocknungsprobe. Drei Tropfen Firnis werden auf eine Glasplatte 9 × 12 cm so aufgebracht, daß sie sich in etwa gleichen Abständen auf der kleineren Halbierungslinie befinden. Durch abwechselndes Verstreichen mit der Fingerkuppe in der Längs- und Querrichtung werden die Tropfen gleichmäßig verteilt; dann wird die Platte waagerecht der Luft ausgesetzt.

Das Trocknen soll möglichst bei 20°, jedenfalls nicht bei unter 18° und über 25° liegenden Temperaturen erfolgen, und zwar in zerstreutem Tageslicht. Nach 24 h soll der Film fest und mit einem Messer zu elastischen Spänen abschabbar

---

[1] Nach H. Wolff u. I. Rabinowicz: Fettchem. Umschau **40**, 115 (1933), entsteht im Anfang des Eindickungsprozesses bei Leinöl eine feste isomere Linolsäure, deren eine Doppelbindung jedoch gegen Wijssche Chlorjodlösung inaktiv ist.

sein. Die völlige Durchtrocknung braucht erst innerhalb 48 h zu erfolgen. Die Prüfung auf Trocknung geschieht nach Blatt RAL. 840 A des Reichsausschusses für Lieferbedingungen.

2. Sonstige Prüfverfahren für Leinölfirnis.

Trocknungsprüfung. Für die Praxis ist nachstehend beschriebene Prüfung durch einfache Betastung mit dem Finger ausreichend. Der Trocknungsprozeß muß in all seinen Stufen verfolgt werden. Man fährt zunächst ganz behutsam über den Anstrich und kann dabei folgende Stufen der Trocknung unterscheiden:

Anziehen (Antrocknen). Der Finger erfährt einen fühlbaren Widerstand.

Klebende Trocknung. Der Finger klebt beim Gleiten über die Oberfläche des Anstriches.

Staubfreie Trocknung. Der Finger gleitet ohne Widerstand über den Anstrich.

Um die nun beginnende Stufe des Durchtrocknens festzustellen, streicht man von Zeit zu Zeit mit sich immer mehr steigerndem Druck mit dem Finger über die Fläche. Der Anstrich gilt als durchgetrocknet, wenn der Finger keinen Widerstand mehr erfährt und außerdem bei stärkstem Druck ein Fingerdruck nicht mehr sichtbar ist.

Zur Vermeidung subjektiver Fehler bei der Trocknungsprüfung sind verschiedene Vorschläge gemacht worden, die auf folgenden Prinzipien beruhen:

α) Nach Bandow[1] drückt man von Zeit zu Zeit einen Papierstreifen auf den Anstrich und stellt die Zeit fest, nach der keine Anstrichteilchen mehr an dem Papier haften. Dieses Verfahren wurde von Wolff[2] wie folgt präzisiert:

Auf das Papierstückchen wird ein Holzwürfel (Kantenlänge 2 cm) gestellt, der mit 20 g belastet wird. Nach 2 min wird die Belastung entfernt und das abgehobene Papier auf anhaftende Anstrichteilchen geprüft, bei farblosen Anstrichmitteln durch Einstauben mit Eisenoxyd. Bleiben keine Farbteilchen mehr am Papier haften, so kann der Anstrich als „staubtrocken" angesehen werden. Zur Bestimmung des Durchtrocknens wird weiter mit 200 g belastet und schließlich mit 2000 g. Wenn bei dieser Belastung weder das Papier kleben bleibt, noch ein Eindruck auf dem Anstrich sichtbar ist, kann der Anstrich als durchgetrocknet gelten.

Eine ähnliche, aber vollständig automatisch ausgeführte Art der Prüfung geschieht bei dem Apparat von Hoepke[3].

β) Bei dem Verfahren von Stange[4] wird der Anstrich automatisch unter einem Trichter fortbewegt, aus dem ständig feiner Sand rieselt. Wenn der Sand nicht mehr auf dem Anstrich haftet, ist der Anstrich als staubtrocken anzusehen.

γ) Zur genaueren Verfolgung des Trocknungsverlaufes kann man nach Wolff[5] auch von Zeit zu Zeit unter bestimmtem Druck ein Lederstück auf den Anstrich pressen und die zum Abreißen des Lederstückes erforderliche Kraft messen. Staubtrocken ist der Anstrich, wenn die kleinste Kraft zum Abreißen genügt. Dann wird das Durchtrocknen ermittelt durch die Belastung, die noch einen Eindruck auf den Anstrich ergibt, und das Durchhärten endlich wird durch Anritzen des Anstriches mit einem Messer und Messung der Ritzbreite festgestellt.

Blom[6] hat diese Meßart weiter entwickelt und einen automatisch registrierenden Apparat geschaffen.

δ) „Tropfenmethode" von Wolff und Toeldte[7]. Diese beruht darauf, daß 1 Tropfen eines mit öllöslichem Farbstoff (z. B. Brillantscharlach) gefärbten Leinöls, der auf den trocknenden Anstrich gebracht wird, sich zu einem großen, im Verlauf der Trocknung immer kleiner werdenden Kreise ausbreitet. Kurz vor der „Staubtrockenheit" tritt das Minimum des Durchmessers auf. Der Trocknungsgrad zu

[1] Bandow: Chem.-Ztg. **29**, 990 (1905).
[2] Wolff: Laboratoriumsbuch für die Lackfarbenindustrie. Halle 1924.
[3] Hoepke: Diss. Techn. Hochsch. Berlin 1929.
[4] Stange: Farben-Ztg. **13**, 973 (1907/08).
[5] Wolff: Kunststoffe **12**, 145 (1922); Farben-Ztg. **29**, 574 (1924).
[6] Blom: Mitt. techn. Versuchsamt Zürich 8, 58 (1929).
[7] Wolff u. Toeldte: Farben-Ztg. **34**, 1060 (1929).

einem bestimmten Zeitpunkt während der Trocknung kann dann folgendermaßen definiert werden: Ist der größte, beim frischen Anstrich gemessene Durchmesser a, der kleinste, beim trockenen Anstrich gemessene Durchmesser b, der während der Trocknung gemessene Durchmesser c, so ist der Trocknungsgrad $(a-c)/(a-b)$.

Bei Lacken und Öl- bzw. Öllackfarben wird die Farblösung mit Testbenzin verdünnt.

Von anderen Anordnungen zur Bestimmung der Trocknungsfähigkeit seien noch die von Gardner[1] und Kempf[2] genannt.

b) Chemische Prüfungen. Eine Bestimmung der Jodzahl bei Leinölfirnis ist, da die Jodzahl durch Art und Dauer des Erhitzens bei der Herstellung mehr oder weniger erniedrigt wird, nur dann vorzunehmen, wenn festgestellt werden soll, ob der Leinölfirnis nur kurze Zeit auf niedrigere Temperaturen (hohe Jodzahl) oder längere Zeit auf höhere Temperatur (niedrige Jodzahl) erhitzt worden ist.

Bei zu niedriger Verseifungszahl empfiehlt es sich, die Menge des Unverseifbaren quantitativ zu bestimmen und den Firnis mit Wasserdampf zu destillieren, um festzustellen, ob flüchtige Lösungsmittel (kalt bereitete Firnisse) oder Verfälschung mit Mineralöl, Harzöl od. dgl. vorliegen.

Die Trockenstoffgrundlage ermittelt man durch Ausschütteln des in Äther gelösten Leinölfirnisses mit verdünnter Salpetersäure oder durch vorsichtiges Veraschen. Saure Auszüge bzw. Asche werden in üblicher Weise auf Metalle untersucht. Manche Trockenstoffe enthalten Kalk oder auch Zink, ersteren zur Neutralisation der geschmolzenen Sikkative, letzteres zur Härtung des Films.

Harz (Kolophonium) ist als zulässiger Trockenstoffbestandteil nicht zu beanstanden, wenn nicht ausdrücklich „harzfreier Leinölfirnis" gefordert wird. Auch freie Harzsäure kann nicht beanstandet werden, wenn sie nicht diejenige Menge überschreitet, die Metallseifen auch dann enthalten, wenn sie mit neutralen Metallsalzen aus neutralen Alkaliseifenlösungen gefällt sind[3].

Wenn harzfreier Firnis gefordert wird, so gibt die Storch-Morawski-Reaktion (S. 330) nur bei negativem Ausfall ein ausreichendes Kriterium für die Abwesenheit von Kolophonium. Bei positivem Ausfall der Reaktion muß der Firnis verseift werden. Durch Veresterung der aus den Seifen abgeschiedenen Säuren nach S. 874 sind dann die Harzsäuren zu isolieren und zu charakterisieren, insbesondere durch Gelatinieren der petrolätherischen Lösung der isolierten Harzsäuren bei Zugabe eines Tropfens Ammoniak.

Die deutsche Reichsbahn schreibt für die ihr zu liefernden Firnisse nicht nur Harzfreiheit vor, sondern auch negativen Ausfall der Storch-Morawski-Reaktion (ohne Rücksicht darauf, ob etwaige positive Reaktion von Kolophonium herrührt oder nicht). Als positiver Ausfall gilt dabei eine vorübergehende Violettfärbung mindestens von der Farbtiefe einer 0,001-n Permanganatlösung, wenn drei Tropfen Firnis mit 3 ccm Essigsäure-anhydrid kalt vermischt und dann mit 1—2 Tropfen H_2SO_4 (1,53) versetzt werden.

3. Prüfung von Leinölstandöl.

a) Viscosität. Die zur Herstellung von Anstrichfarben und Farben für das graphische Gewerbe verwendeten Standöle besitzen, je nach dem Verwendungszweck, eine in sehr weiten Grenzen schwankende Viscosität.

Im Druckgewerbe werden Standöle verhältnismäßig geringer Viscosität für Kupferdruck, konsistentere Standöle beim Buchdruck und Steindruck und besonders zähe Standöle beim Druck mit Metallfarben (Goldblattfirnis) verwendet. In der Anstrichtechnik finden in der Regel mittelviscose Standöle Anwendung. Bestimmte Grenzen lassen sich nicht ziehen, da Besonderheit

---

[1] Gardner-Scheifele: Untersuchungsmethoden der Lack- und Farbenindustrie. Berlin 1929.

[2] Kempf: Ztschr. angew. Chem. **40**, 1296 (1927).

[3] Ellingson: Journ. Amer. chem. Soc. **36**, 325 (1914); Wolff und Dorn: Chem.-Ztg. **45**, 1086 (1921).

der Arbeit und Beschaffenheit der Farbkörper auch bei den einzelnen Anwendungsgebieten der Anstrich- und Drucktechnik Standöle so verschiedener Zähflüssigkeit verlangen, daß bestimmte Grenzen auch für die einzelnen Anwendungsgebiete nicht aufgestellt werden können.

Der Schweizerische Verband für die Materialprüfungen der Technik[1] unterscheidet nach der Viscosität E_{80} folgende Klassen:

I. 2—4; II. 4—10 und III. 10—60.

I und II sind als Bindemittel für Anstrichfarben und als Buchdruckfirnis und III als Lithographiefirnis verwendbar.

Die deutsche Reichsbahn schreibt für Leinölstandöl, das als Bindemittel für Deckfarben bei der Witterung ausgesetzten Eisenbauten dienen soll, eine Viscosität $E_{50} = 20 \pm 2$ vor.

Für den Einzelfall ist jedenfalls die Feststellung und Überwachung der Konsistenz der verwendeten Standöle von größter Bedeutung.

Das Englersche Viscosimeter ist — trotz der Vorschriften des Schweizerischen Materialprüfungs-Verbandes und der Deutschen Reichsbahn — zur Firnisprüfung am wenigsten geeignet, da die Ergebnisse bei sehr zähen Ölen infolge der sehr hohen Fließdauer nicht sehr genau werden und eine etwa zur Abkürzung der Versuchsdauer vorgenommene Bestimmung bei höheren Temperaturen nicht ohne weiteres auf die Viscositätsverhältnisse bei niedrigeren Temperaturen schließen läßt.

Eine rohe Viscositätsprobe, die besonders während des Kochens angewendet wird, ist das subjektive Gefühl beim Verreiben eines Tropfens auf einer Glasplatte.

Bei einer weiteren einfachen Methode werden eine Standardprobe und der zu prüfende Firnis in zwei gleich weite Proberöhrchen gleich hoch eingefüllt, darauf wird gekippt. Aus der Schnelligkeit des Herabfließens an der Glaswandung wird ein Schluß auf das Viscositätsverhältnis gezogen.

Schon vollkommener ist eine Reihe von Apparaten, die auf dem Prinzip der aufsteigenden Luftblase beruhen. Es wird die Zeit gemessen, die eine Luftblase von konstanter Größe braucht, um in einem mit Firnis gefüllten Rohr bis zu einer Marke aufzusteigen. Wenn auch bei nicht zu konsistenten Firnissen durch Häufung der Einzelversuche brauchbare Ergebnisse erreicht werden sollen, so versagt das Verfahren doch bei sehr konsistenten Firnissen. Eine wesentliche Fehlerquelle entspringt aus der leichten Veränderlichkeit der Blasenform beim Aufsteigen.

Die genauesten Resultate ergeben die Methoden, die auf Messung der Kugelfallgeschwindigkeit beruhen[2].

α) Der Apparat von Stange, welcher in der Reichsdruckerei benutzt wird, dient für besonders exakte Feststellungen, ist aber wegen seiner Kostspieligkeit für allgemeinere Anwendung nicht geeignet[3].

β) Apparat von Fischer[4] in der verbesserten Form von Fischer-Kauschke[5] vom Normenausschuß für das graphische Gewerbe als Meßapparat für die Firnisnormung vorgeschrieben (s. Abb. 206).

Eine Messingkugel oder für weniger viscose Firnisse eine Aluminiumkugel läßt man in einem Rohr fallen, das von einem mit Temperierflüssigkeit gefüllten Mantel umgeben ist. Die Temperierung erfolgt durch Warmwasserzirkulation (s. Abb. 206). Die Zeit des Fallens, bis die Kugel auf einen Stift aufschlägt, wird gemessen. Bei dunklen Firnissen wird in diesem Moment ein elektrischer Kontakt durch die Kugel geschlossen und dadurch eine Lampe zum Aufleuchten gebracht.

---

[1] Richtlinienblatt Nr. 31 vom 21. 2. 1930.

[2] Einen der ersten Apparate dieser Art hat E. Valenta: Chem.-Ztg. **30**, 583 (1906), vorgeschlagen.

[3] Ausführliche Beschreibung dieses Apparates s. 6. Aufl. dieses Buches, S. 13/14.

[4] Rob. Fischer: Seife **7**, 483 (1922).

[5] Rob. Fischer u. Kauschke: Chem. Fabr. **3**, 454 (1930); Hersteller: Franz Hugershoff, Leipzig.

γ) Geeignet dürfte auch das Lawaczeck-Viscosimeter (S. 36) sein.

δ) Auch das Turboviscosimeter von Wolff-Hoepke[1] hat sich als brauchbar erwiesen: Das Instrument besteht aus einem Rührer, der in das Öl eintaucht und an dessen Stiel eine kleine Seiltrommel befestigt ist. Ein an der Trommel aufgewickelter Faden läuft über eine Rolle und ist am freien Ende mit einem variablen Gewicht belastet. Durch das Fallen des Gewichtes wird der Rührer in Umdrehung versetzt. Die Geschwindigkeit der Umdrehung, gemessen an der Fallzeit des Gewichtes, ist als Maß für die Zähigkeit anzusehen. Statt die Fallzeit zu messen, kann man zweckmäßiger auch das für eine Fallzeit von 10 sec benötigte Gewicht feststellen.

Andere Methoden s. Seeligmann-Zieke: Handbuch der Lack- und Firnisindustrie.

b) Die chemische Untersuchung der Standöle erstreckt sich vor allem auf die Bestimmung der Verseifungs- und Säurezahl. Die Verseifungszahl der Standöle weicht nicht wesentlich von der des Leinöls ab. Die Säurezahl handelsüblicher Standöle liegt zwischen etwa 6 und 20, jedoch kommen gelegentlich auch höhere Säurezahlen bis zu etwa 30 vor, die nur dann zu beanstanden sind, wenn sie die technische Eignung verringern (z. B. infolge Eindickens mit basischen Farbkörpern).

Bei zu niedriger Verseifungszahl ist mittels Wasserdampfdestillation auf flüchtige und nach Spitz-Hönig auf nicht flüchtige unverseifbare Stoffe zu prüfen.

Eine Bestimmung der Jodzahl ist, da diese von dem Grad und der Art des Verkochens abhängt, gewöhnlich überflüssig. Man kann jedoch mit einer gewissen Wahrscheinlichkeit aus der Jodzahl JZ. und dem Brechungsexponenten n_D^{20} des Standöls auf die Jodzahl des ursprünglichen Leinöles JZ_0 schließen:

$$JZ_0 = \frac{1000\,n_D^{20} - 1485,5 + 0,11\,JZ.}{0,224}.$$

Ferner besteht nach Wolffs auf Grund der Lundschen Untersuchungen über die Beziehung der Kennzahlen von Fetten[2] angestellten Bestimmungen bei reinen Leinölstandölen folgende Beziehung:

$$2700\,n_D^{20} - 1000\,d_{20} - 0,143\,JZ. = 3045 \ (\text{etwa} \pm 20).$$

Abb. 206. Viscosimeter nach Fischer-Kauschke.

Der Holzölgehalt kann nach der Methode von Marcusson (S. 738) oder aus dem Brechungsindex der Fettsäuren (S. 739), gegebenenfalls auch nach der Methode von J. Scheiber (S. 738) bestimmt werden. Jedoch ist eine sichere Bestimmung nicht immer möglich, da bisweilen alle drei Methoden versagen. Nur bei Übereinstimmung mindestens zweier Methoden ist ein einigermaßen sicheres Urteil möglich.

Eindickungsgefahr. Da Standöle bisweilen die Neigung haben, mit basischen, gelegentlich auch mit anderen Farbkörpern einzudicken, ohne daß sich diese Eigenschaft durch anormale Kennzahlen zu erkennen gibt, ist die Verträglichkeit des Standöls mit Farbkörpern praktisch zu prüfen.

---

[1] Hersteller: Hugo Keyl, Dresden-A. 1, Marienstr. 24.
[2] Lund: Ztschr. Unters. Nahr.- u. Genußmittel **44**, Heft 3 (1922).

M. Ölfarben und Kitte.

(Unter Mitwirkung von H. Wolff.)

I. Technologisches.

Ölfarben sind mit Ölfirnissen, besonders Leinölfirnis, angeriebene Farbkörper (Bleiweiß, Zinkweiß, Lithopone, Eisenoxydrot usw.). Meistens enthalten die Ölfarben auch kleinere Mengen flüchtiger Verdünnungsmittel (Terpentinöl, Testbenzin usw.). Lackfarben (Emaillefarben) sind mit Lacken oder Standölen angeriebene Farbkörper; sie enthalten stets größere Mengen flüchtiger Verdünnungsmittel.

Glaserkitte sind Gemische von Schlämmkreide mit Leinöl oder Leinölfirnis. Ein Zusatz von sog. Bergkreide (gemahlenem Kalkspat oder Kalkstein) ist zulässig, sofern er nicht die Beschaffenheit beeinträchtigt. Dagegen darf Glaserkitt weder Schwerspat noch Mineralöl oder andere Verschnittmittel enthalten. Für nicht als Glaserkitt bezeichnete Ölkitte kommen noch färbende Bestandteile, wie Graphit, Braunstein, Mennige hinzu und zur Erzielung einer geschmeidigeren Beschaffenheit bei sog. Asphaltkitten Asphalt, unter Umständen direkt Naturasphaltstein[1], z. B. von Limmer und Vorwohle, mit 6—12% Bitumen.

Zur Beschleunigung des Trocknens des Kitts mischt man Bleiglätte, Zinkweiß oder Manganborat bei.

Pechmannscher Dachkitt, welcher früher hie und da benutzt wurde, enthält neben den Bestandteilen des Glaserkitts Paragummilösung, welche Elastizität und Widerstand gegen Feuchtigkeit bedingt.

Ein für optische Geräte usw. häufig benutzter Kitt ist Bleiglycerat, entstehend aus mit Glycerin angeriebener Bleiglätte, die nach wenigen Stunden erhärtet (s. S. 836). Ein plastischer Kitt aus 75% Bleiglätte und 25% Glykol erhärtet schon in 1—2 h, also früher als der entsprechende Glycerinkitt[2]. Durch Verringerung des Glykolgehaltes läßt sich die Erhärtung noch weiter beschleunigen.

II. Analyse.

Die Analyse der Öl- und Lackfarben wird am besten nach den Richtlinien des DVM vorgenommen[3].

1. Gehalt an flüchtigen Verdünnungsmitteln.

Etwa 50 g der Farbe werden nach gutem Durchmischen auf 0,1 g genau abgewogen und aus einem Rundkolben in bekannter Weise mit Wasserdampf destilliert (Kühllänge des Kühlers mindestens 60 cm). Das Destillat wird mittels eines Vorstoßes in eine graduierte, mit Ablaßhahn versehene Vorlage geleitet. Zweckmäßig benutzt man hierzu eine Bürette mit Zweiweghahn, an welchen man mittels Gummischlauchs ein gebogenes Glasrohr setzt (s. Abb. 207)[4]. Vor der Destillation gibt man einige Kubikzentimeter Wasser in die Bürette, um Abfließen von Lösungsmittel zu verhindern. Dann destilliert man bei einer Hahnstellung, die das angesetzte Rohr mit der Bürette kommunizieren läßt, so lange, bis das Volumen des übergegangenen Lösungsmittels innerhalb von 10 min nicht mehr zunimmt. Bei

---

[1] F. Horn: D.R.P. 154220 (1902).
[2] Th. Goldschmidt A.-G.: D.R.P. 302852 (1917).
[3] Zwanglose Mitt. des DVM, Nov. **1927**, Heft 10, 119—120.
[4] Abb. 207 nach DVM, ebenda.

hinreichendem Fassungsraum der Bürette kann man die Destillation ohne Gefahr des Überlaufens ohne Aufsicht lassen.

Nach Beendigung der Destillation schließt man den Hahn zunächst völlig, nimmt der bequemeren Handhabung wegen das angesetzte Rohr ab, läßt durch entsprechende Hahnstellung das Wasser abfließen, führt dann das Lösungsmittel in ein gewogenes Gefäß über und wägt abermals.

Die Hauptmenge des Lösungsmittels geht gewöhnlich sehr schnell schon bei Beginn der Destillation über. Es kommen aber, wenn auch selten, Fälle vor, in denen die Lösungsmittelmenge im Destillat auffällig langsam zunimmt. In solchen Fällen setzt man der Farbe im Destillierkolben einige ccm Salzsäure (1,125) zu.

Bei Gegenwart wasserlöslicher Lösungsmittel (Alkohol, Aceton) destilliert man aus einer besonderen Probe der Farbe das Lösungsmittel vorsichtig ohne Wasserdampf ab, schüttelt das Destillat sorgfältig mit wenig Wasser aus und bestimmt das spez. Gew. der abgetrennten wässerigen Schicht.

Aus diesem kann man mit Hilfe der amtlichen Alkoholtabelle annähernd die Gesamtmenge der wasserlöslichen Lösungsmittel (ber. als Alkohol) berechnen.

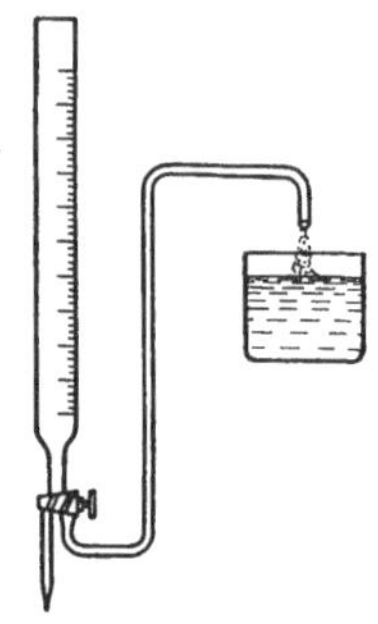

Abb. 207. Bürettenvorlage zur Bestimmung von Lösungsmitteln in Lacken und Farben.

2. Pigmentgehalt.

Unter Pigment wird hier die Menge des Ätherunlöslichen verstanden, ohne Rücksicht auf die etwa durch Seifenbildung ätherlöslich gewordenen geringen Anteile des Pigments und, bei dem gewöhnlich benutzten einfacheren Verfahren a), auch ohne Rücksicht auf etwa unlöslich gewordene Anteile des Bindemittels (Linoxyn). Nur wenn die Menge der letzteren schon äußerlich als besonders hoch erkennbar ist oder wenn eine genauere Bestimmung gewünscht wird, verfährt man nach b).

a) Einfaches Verfahren. In einem bei 50—60⁰ getrockneten, gewogenen Erlenmeyerkölbchen verrührt man mindestens 5 g (genau gewogen) der gut durchgemischten Farbe zunächst mit einigen Kubikzentimetern Äther; dann gibt man etwa die 10fache Äthermenge (auf die Einwaage bezogen) hinzu und rührt wieder gut durch. Wenn sich das Pigment größtenteils gut abgesetzt hat, so filtriert man die Ätherlösung durch ein ebenfalls bei 50—60⁰ getrocknetes, gewogenes Filter, ohne die Hauptmenge des Pigments auf das Filter zu bringen. Das zurückbleibende Pigment schüttelt man noch mindestens 4mal in gleicher Weise mit frischem Äther aus. Dann bringt man das Filter samt dem darauf befindlichen Pigment in den Erlenmeyerkolben zurück, trocknet bei 50—60⁰ und wägt.

Wenn das Pigment nicht dazu neigt, durch das Filter zu laufen, so kann man es auch nach ein- oder zweimaligem Ausschütteln mit Äther vollständig auf das Filter bringen und dieses in einem gewöhnlichen Extraktionsapparat weiter extrahieren.

Macht die Filtration unter Verwendung von Äther Schwierigkeiten, so versucht man zuerst, mit Petroläther bessere Resultate zu erhalten. Bringt auch dieser keine Besserung, so benutzt man ein Lösungsmittelgemisch aus 10 Vol. Äther, 6 Vol. Benzol, 4 Vol. Methanol und 1 Vol. Aceton[1]. In diesem Falle aber extrahiert man zum Schluß noch mindestens 2mal mit Äthyläther.

Statt durch Filtration kann man das Pigment auch zweckmäßig durch Zentrifugieren abtrennen. Man wägt die Farbe dann direkt in die genau gewogenen Zentrifugengläser ein und behandelt sie wiederholt mit den oben genannten Lösungsmitteln (Äther, Petroläther oder Lösungsmittelgemisch, zuletzt immer Äther), indem man die Farbe mit dem Lösungsmittel mittels eines steifen glatten Platinoder Kupferdrahtes verrührt, zentrifugiert und die klar abgesetzte Lösung dekantiert. Zum Schluß trocknet man die Zentrifugengläser samt Inhalt bei 50—60⁰ und wägt.

---

[1] Ist auch auf diese Weise keine einwandfreie Trennung des Pigments vom Bindemittel zu erzielen, so bestimmt man das Pigment indirekt (s. u.).

b) **Genaueres Verfahren.** Man führt zunächst die Bestimmung nach a) zu Ende; dann wägt man einen Teil des gewogenen Pigments ab, behandelt ihn mit 10 ccm salzsäurehaltigem Äther[1] zur Zersetzung schwerlöslicher Seifen, verdampft die Hauptmenge des Äthers, macht mit 0,5-n alkoholischer Kalilauge stark alkalisch, erwärmt zur Verseifung des Linoxyns einige Minuten auf 60—70⁰ und filtriert die alkoholische Seifenlösung von unlöslichen (anorganischen) Pigmentbestandteilen ab. Aus der filtrierten Seifenlösung scheidet man nach Verdünnen mit Wasser in üblicher Weise die Fettsäuren mit Salzsäure ab. Die Fettsäuren werden in Äther aufgenommen und nach Trocknen, Filtrieren und Eindampfen der Ätherlösungen gewogen. Der wahre Pigmentgehalt berechnet sich dann folgendermaßen:

War die nach a) bestimmte Pigmentmenge $P\%$, die zur Bestimmung der organischen Beimengungen angewandte Pigmentmenge a g, die hierbei gefundene Menge organischer Stoffe b g, so ist der wahre Pigmentgehalt $P - bP/a\%$ oder $P(1 - b/a)\%$.

3. Bestimmung des nichtflüchtigen Bindemittels.

Sofern Bindemittel und Pigment nebeneinander zu bestimmen sind, werden die nach 2a) erhaltenen ätherischen bzw. petrolätherischen usw. Extrakte der Farbe in einem gewogenen Kolben vereinigt. Andernfalls ist ein solcher Extrakt in gleicher Weise (nur ohne Wägung des abgeschiedenen Pigments) besonders herzustellen. Nach Abdampfen des Lösungsmittels erhitzt man den Rückstand im Wasserbade unter Durchleiten von CO_2 bis zur Gewichtskonstanz (bzw. höchstens 2 mg Gewichtsabnahme nach $^1/_4$std. Trocknen). Anstatt im CO_2-Strom zu erhitzen, kann man den Kolben (dann Rundkolben) auch im Ölbad (180⁰) evakuieren und dann langsam erkalten lassen[2].

4. Indirekte Bestimmung von Pigment und Bindemittel.

Mitunter, besonders wenn das Pigment größere Mengen Pariser Blau enthält, lassen sich in der beschriebenen Weise Pigment und Bindemittel direkt nicht scharf voneinander trennen. Dann wird wie folgt gearbeitet:

Etwa 5 g der Farbe (genau gewogen) werden in einem Kolben (Inhalt etwa 250 ccm) mit 40—50 ccm 0,5-n alkoholischer KOH unter häufigem Umschütteln $^1/_2$ h am Rückflußkühler zum Sieden erhitzt. Dann gibt man etwa 50 ccm Wasser hinzu, filtriert und wäscht einige Male mit 50%igem Alkohol nach. Aus dem Filtrat verdampft man den größten Teil des Alkohols, säuert dann mit Salzsäure an und extrahiert mit Äther.

Inzwischen behandelt man den Rückstand mit ätherischer Salzsäure, filtriert und wiederholt diese Behandlung noch mindestens dreimal, vereinigt die ätherische Lösung, wäscht sie dreimal mit etwa 15%iger Kochsalzlösung und trocknet mit Na_2SO_4. Nach Verdampfen des Äthers wird der Rückstand wie beschrieben unter Durchleiten von CO_2 oder im Vakuum vom Rest des Lösungsmittels befreit.

Da sämtliche Fettsäuren sich jetzt im freien Zustande befinden, muß man das Gewicht des Rückstandes zur Umrechnung auf neutrales Öl mit dem Durchschnittsfaktor 1,05 multiplizieren.

Die Pigmentmenge wird nunmehr durch Abziehen der Summe der Prozentzahlen von flüchtigem Lösungsmittel und nichtflüchtigem Bindemittel von 100 ermittelt.

---

[1] 10 ccm Äther werden mit soviel Salzsäure (1,136) versetzt, wie sich ohne Abscheidung einer wässerigen Schicht zumischen läßt.

[2] Eine Schnellmethode zur angenäherten Ölbestimmung in Öl- und Lackfarben s. bei H. Wolff: Farben-Ztg. **28**, 411 (1922). Bei asphalthaltigen Kitten ist eine Nachbehandlung des Extraktionsrückstandes mit heißem Chloroform zwecks völliger Lösung des Bitumens zu empfehlen.

N. Lacke und deren Bestandteile.

(Unter Mitwirkung von H. Wolff.)

I. Technologisches.

Man unterscheidet sog. „flüchtige Lacke" und „Öllacke". Flüchtige Lacke sind Lösungen von Harzen oder harzähnlichen Stoffen (Asphalt, Nitrocellulose usw.) in flüchtigen Lösungsmitteln; sie können auch geringe Mengen von Ölen oder Fettsäuren enthalten, ihre Trocknung erfolgt aber auch dann wesentlich nur durch Verdunsten des Lösungsmittels. Öllacke sind als Lösungen von Harzen in trocknenden Ölen anzusehen, die zur schnelleren Trocknung Sikkative und der bequemeren Auftragung wegen flüchtige Verdünnungsmittel, wie Terpentinöl, Testbenzin usw., enthalten. Die Trocknung erfolgt durch Verdunstung des Verdünnungsmittels und durch Oxydation und physikalische Veränderung des Ölanteils.

Bei den Öllacken unterscheidet man „fette" und „magere", je nachdem das Verhältnis Öl : Harz über etwa 1 : 1 oder wesentlich unter diesem Verhältnis liegt. Bei einem Verhältnis von etwa 0,7 : 1 bis 1 : 1 spricht man auch von „halbfetten" Lacken. Nach der Art des Harzes unterscheidet man Harzlacke, die Kolophonium, meistens als Kalksalz oder Glycerinester, enthalten (Harzesterlacke), Kopallacke, Kunstharzlacke und ölhaltige Asphaltlacke. Im Ölanteil bildet im allgemeinen Leinöl die Hauptmenge, daneben wird auch vielfach Holzöl verwendet, besonders bei schnell trocknenden Öllacken, sodafesten Lacken und anderen Spezialerzeugnissen.

Die zu immer größerer Bedeutung gelangenden Nitrocelluloselacke haben auf dem Gebiet der Autolackierung die Öllacke fast völlig verdrängt und finden auch ausgedehnte Anwendung bei der Holzlackierung, wo sie an die Stelle der früher hauptsächlich verwendeten Spritlacke getreten sind. Die modernen Nitrocelluloselacke enthalten neben Nitrocellulose meistens größere Mengen an Weichmachern, d. h. flüssigen oder niedrig schmelzenden schwer flüchtigen organischen Verbindungen, z. B. Ricinusöl, Trikresylphosphat, Phthalsäure-ester, Sipalin (Adipinsäure-hexalin-ester), die meistens ein gutes Lösungsvermögen für Nitrocellulose aufweisen, ferner Harze und neben den eigentlichen Lösungsmitteln (Amyl- und Butylacetat, Essigester, Aceton, Glykoläther usw.) Verdünnungsmittel, sog. „Nichtlöser", wie Toluol, Benzin u. a. m.

Mit der ausgedehnten Verwendung der Nitrocelluloselacke hat auch das Spritzverfahren an Bedeutung zugenommen, das allerdings auch bei Öllacken und Öllackfarben, auch Ölfarben angewendet wird.

II. Technologische Prüfung[1].

Neben Feststellung der äußeren Eigenschaften, wie Klarheit, Färbung usw. sind folgende Prüfungen besonders wichtig:

---

[1] Ausführliche Angaben über die Prüfung und Analyse von Lacken s. Seeligmann-Zieke: Handbuch der Lack- und Firnisindustrie, 4. Aufl., 1930. S. 840—925.

1. Auftragbarkeit, Ausgiebigkeit.

Die Auftragbarkeit ist an nicht zu kleinen Probetafeln (möglichst nicht unter 50 · 25 cm) aus blankem Eisenblech, Holz, je nach Verwendung, durch sachgemäßes Streichen oder Spritzen, gegebenenfalls auch durch Tauchen, praktisch zu prüfen, je nach der in Frage kommenden Verwendungsart. Zur Bestimmung der Ausgiebigkeit wird zunächst ein mit dem Lack gefülltes Gefäß zusammen mit dem zum Streichen benutzten Pinsel gewogen, dann wird gestrichen und schließlich Lackgefäß nebst Pinsel zurückgewogen. Wägen der Platten vor und nach dem Streichen ist nicht zu empfehlen, da selbst bei schnellem Arbeiten schon bedeutende Mengen Verdünnungsmittel während des Streichens verdunsten, Streichbarkeit und Ausgiebigkeit hängen wesentlich von der Beschaffenheit des zu streichenden Materials ab.

2. Trocknung.

Die Trocknung kann wie bei Firnissen bestimmt werden (s. S. 910). Der letzte Verlauf der Trocknung, die Erhärtung wird entweder durch Ritzen mit dem Fingernagel oder mit Bleistiften[1] verschiedener Härte unter gleichem Druck ermittelt,

Abb. 208. Lackhärte- und Reibungsprüfer nach Clemen.

oder zwecks Erlangung zahlenmäßiger Angaben auf dem Lackhärteprüfer von Clemen[2] (Abb. 208) oder Kempf[3]. Bei ersterem prüft man die Ritzerscheinungen, welche eine mit einem bestimmten Gewicht belastete, an einem Punkte aufsitzende Messerschneide auf der getrockneten, unter der Schneide entlang gezogenen Lackschicht hervorruft. Nach der Art der Ritzerscheinungen (Splittern usw.) sowie der Höhe der Gewichte wird die Härte bzw. Widerstandsfähigkeit der Lackschicht beurteilt. Harte elastische Lacke werden nur eingedrückt, elastische fette Lacke werden glatt durchschnitten unter Bildung von mehr oder weniger langen, oft sich rollenden Spänen. Harte magere Lacke geben muschlige, bröcklige Splitter infolge Zerstörung des Aufstrichs.

3. Elastizität.

Diese wird am einfachsten durch Biegen lackierter Blechstreifen um zylindrische Dorne von verschiedenen Durchmessern (etwa 3; 5; 10 und 20 mm) geprüft. Dabei ist nicht nur der Durchmesser des Dorns, um den die Lackschicht sich gerade noch ohne Rißbildung biegen läßt, ein Maß für die Elastizität, sondern auch die Art der Risse (geringe oder starke Rißbildung, Abplatzen von Lack an den Rißstellen usw.).

4. Abreibbarkeit.

Die für viele Lacke wichtige Festigkeit gegen Abreiben läßt sich durch Fallenlassen von Sand (Normensand) aus bestimmter Höhe (zweckmäßig 1,5 m) feststellen.

---

[1] Wolff u. Wilborn: Farben-Ztg. **34**, 2721 (1929).
[2] Clemen: ebenda **24**, 412 (1919); Hersteller: Hugo Keyl, Dresden.
[3] Kempf: Ztschr. angew. Chem. **40**, 1296 (1927).

Die zum Durchschleifen einer Lackschicht benötigte Sandmenge, berechnet auf eine Schichtdicke von 0,1 mm, kann als Maß für die Abreibbarkeit gelten.

5. Wasserbeständigkeit [1].

Zur Prüfung auf Wasserbeständigkeit von Farben und Lacken ist auf einer gut gereinigten Glasplatte und einem mit Sandstrahl oder mit Stahlbürste und dann mit Schmirgelpapier entrosteten glatten Eisenblech ein Anstrich mit dem zu prüfenden Material auszuführen [2]. Bei gut verlaufenden Emaillen und Lacken genügt im allgemeinen ein einmaliger Anstrich, bei nicht gut verlaufenden Anstrichstoffen ist nach 24 h langem Trocknen bei etwa 20⁰ ein zweiter Anstrich auszuführen. 48 h nach der letzten Auftragung sind die Anstriche in ein mit Wasser gefülltes Gefäß so zu stellen, daß etwa die Hälfte des Anstriches vom Wasser bedeckt ist. Das Wasser kann Leitungswasser sein, muß aber durch vorheriges Auskochen von Calciumbicarbonat befreit werden. Die Anstriche sind täglich daraufhin zu beobachten, ob sie sich weiß färben, weich werden oder sich sonstwie verändern.

Zweckmäßig wird ein zweiter Versuch in der Weise ausgeführt, daß jeden zweiten Tag die Anstriche aus dem Wasser genommen und an der Luft getrocknet werden. Bei dieser Prüfung wird dann der evtl. eintretende Rückgang der Weißfärbung, das Wiedererhärten usw. beobachtet.

6. Sodabeständigkeit.

Auf möglichst glattem, wie oben entrostetem Eisenblech ist ein Anstrich mit dem als sodafest beanspruchten Material auszuführen. Nach 48std. Trocknen bei 20⁰ ist das Blech ungefähr zur Hälfte in eine auf 50⁰ erwärmte Sodalösung (50 g Na_2CO_3 in 1 kg Wasser) einzutauchen. Das Blech muß 1 h lang unter Einhaltung der Temperatur von 50⁰ ($\pm$ 2⁰) in der Sodalösung bleiben; sodann ist 1 min lang mit einem kräftigen Wasserstrahl abzuspritzen. Der Anstrich darf sich dabei nicht ablösen [3]. Nach dem Trocknen darf der Glanz der eingetauchten Hälfte nicht wesentlich verschieden von dem der nicht eingetauchten Hälfte sein. Keinesfalls darf aber ein stärkeres Mattwerden eintreten, auch dürfen keine wesentlichen Verfärbungen eingetreten sein.

7. Säurebeständigkeit.

Auf einer wie oben gut entrosteten Eisenblechtafel ist ein Anstrich mit dem zu prüfenden Anstrichstoff auf beiden Seiten des Blechs auszuführen. Nach 48std. Trocknen bei Zimmertemperatur von 20⁰ sind die Ränder des Blechs durch Eintauchen in geschmolzenes Paraffin zu paraffinieren. Sodann sind die Bleche so in Schwefelsäure (Akkumulatorensäure, $d = 1,21$) zu tauchen, daß sie zur Hälfte von der Säure bedeckt sind. Nach 24std. Verbleiben in der Säure sind die Anstriche 1 min lang mit einem kräftigen Wasserstrahl abzuspritzen und an der Luft trocknen zu lassen. Nach erfolgter Trocknung darf sich die eingetauchte Hälfte weder im Glanz noch im Farbton wesentlich von der nicht eingetauchten Hälfte unterscheiden.

III. Analyse.

1. Bestimmung und Untersuchung des Lösungsmittels.

a) **Flüchtige Lacke.** Die Menge des Lösungsmittels wird am besten durch Bestimmung des Verdunstungsrückstandes ermittelt. 2—3 g Lack werden in eine Schale mit flachem Boden (Petrischale) von etwa 9 cm ⌀ eingewogen und zur

---

[1] Nr. 5—7 nach den Einheitsverfahren für die einfache Prüfung von Farben und Lacken, RAL. Blatt 840 A 2.

[2] Farben, die ausdrücklich für Holzanstriche bestimmt sind, sind statt dessen auf glatt gehobeltes trocknes Kiefernholz aufzustreichen. Hierbei ist darauf zu achten, daß auch die Rückseite und die Kanten sorgfältig gestrichen werden.

[3] Geringes Ablösen unmittelbar am Rande ist bei Holzanstrichen ohne Bedeutung.

Erzielung gleichmäßiger Verteilung mit einem leicht verdunstenden Lösungsmittel (Alkohol bei Spritlacken, Essigester oder Aceton bei Celluloseesterlacken) verdünnt. Nach Abdunsten des Lösungsmittels auf dem Wasserbad wird der Rückstand bei 90—100° bis zur Gewichtskonstanz getrocknet.

Zur Untersuchung des Lösungsmittels wird aus einer größeren Menge Lack aus dem Ölbade das Lösungsmittel abgetrieben, wobei man nicht über 150° hinausgehen darf. Der im Destillationsrückstand noch verbleibende Rest des Lösungsmittels kann noch mit Wasserdampf abgetrieben werden.

Im Destillat trennt man zunächst die wasserlöslichen Anteile [Alkohol, Aceton, Methyl- und Äthylacetat (teilweise)] durch Ausschütteln mit etwa 20%iger Kochsalzlösung ab. Aus der Kochsalzlösung werden die in Lösung gegangenen Lösungsmittel wieder abdestilliert und durch spezifische Reaktionen nachgewiesen. Im wasserunlöslichen Teil werden durch Ausschütteln mit H_2SO_4 (1,78) die Kohlenwasserstoffe und Chlorkohlenwasserstoffe bestimmt, die in der Schwefelsäure unlöslich sind. Spez. Gew., Siedetemperatur, Brechungsindex, Chlorprobe geben weitere Aufschlüsse über die Natur der in H_2SO_4 unlöslichen Lösungsmittel.

Verseifungszahl und Acetylzahl des wasserunlöslichen Teils oder einzelner Fraktionen desselben geben Aufschluß über das Vorhandensein und die Art von höheren Alkoholen und deren Estern. Höhere Ketone können mittels der Bisulfitverbindungen abgeschieden werden.

b) Bei Öllacken, die fast immer nur wasserunlösliche Lösungsmittel enthalten, bestimmt man die Menge der Lösungsmittel durch Wasserdampfdestillation wie bei Ölfarben (S. 915). Die Analyse kann nach Maßgabe der auf S. 603f. geschilderten Methoden vorgenommen werden. Es kommen vornehmlich in Betracht: Terpentinöl, Holzterpentinöl, Kienöl, Benzin, Benzolkohlenwasserstoffe, Tetralin und Dekalin.

2. Feststellung der Lackkörper.

a) Spritlacke. Man dampft den größten Teil des Lösungsmittels auf dem Wasserbade ab und entfernt den Rest desselben im Vakuum bei möglichst niedriger Temperatur. Mit dem völlig vom Alkohol befreiten Rückstand stellt man Löslichkeitsversuche an: Kolophonium geht in Benzin fast völlig in Lösung, Kopal nur wenig, dafür aber fast völlig in Äther. Kopal sowie Sandarak lassen sich durch Fällung mit Eisessig aus konz. alkoholischer Lösung erkennen. Schellack geht beim Erwärmen mit etwa 5%iger Boraxlösung in Lösung, wobei die Lösung eine bläulichrote Farbe annimmt, wenn nicht gebleichter Schellack vorliegt. Dieser ist durch einen Chlorgehalt des aus der Boraxlösung mit verdünnter H_2SO_4 wieder ausgefällten Harzes zu erkennen. Säurezahl und Verseifungszahl, gelegentlich auch die Fluorescenz im UV-Licht geben weitere Anhaltspunkte.

b) Nitrocelluloselacke. Man fällt aus dem gegebenfalls eingeengten Lack zunächst die Nitrocellulose mit Benzin aus. Die ausgefällte Nitrocellulose, die oft noch Harz enthält, besonders wenn dies in Benzin unlöslich ist, wird mit Essigester wieder in Lösung gebracht und mit Benzol, gegebenenfalls unter Zusatz von etwas Benzin, wieder ausgefällt, getrocknet und gewogen. Der Sicherheit halber kann noch eine Stickstoffbestimmung gemacht werden. Normale Nitrocellulosen haben N-Gehalte von etwa 11,3—12,3%, alkohollösliche Sorten auch weniger, bis zu etwa 10,5% herab.

Durch Eindampfen der Filtrate von den Nitrocellulosefällungen und vorsichtiges Trocknen erhält man die Summe von Weichmachungsmitteln und Harz. Die Menge des Harzes erfährt man wenigstens angenähert, wenn man die Mischung des Harzes und Weichmachers verseift und das Harz aus der Seifenlösung ausfällt. Das ausgefällte Harz, das bei Gegenwart von Phthalaten als Weichmachungsmitteln Phthalsäure, bei Phosphorderivaten (Trikresylphosphat) Phenole enthält (die übrigens auch aus manchen leichter spaltbaren Kunstharzen stammen können), wird zunächst mit Wasserdampf destilliert, dann abgetrennt, getrocknet und gewogen.

c) Öllacke. Die ätherische Lösung des Rückstandes der Wasserdampfdestillation wird mit alkoholischer KOH neutralisiert und nach Zugabe von wenig überschüssiger KOH mit Wasser ausgeschüttelt. In die wässerige Lösung gehen die Seifen der freien Harzsäuren und auch Fettsäuren über, die meistens nur in geringer Menge vorhanden sind, auch ein Teil der an Schwermetalle (Sikkativgrundlagen) gebundenen Harz- oder Fettsäuren, die aber nur einen kleinen Prozentsatz ausmachen. Die organischen Säuren werden durch Ansäuern der Seifenlösung mit Mineralsäure und Ausäthern isoliert, können gewogen und nach den unten stehenden Gesichtspunkten weiter geprüft werden.

Die von den freien Fett- und Harzsäuren befreite ätherische Lösung des Lackkörpers wird nunmehr mit verdünnter HCl geschüttelt, wobei die gehärteten Harze (Calcium- und Zinkresinat) und Sikkative zerlegt werden. Nach Auswaschen der HCl extrahiert man wieder mit KOH und Wasser, wobei die in Freiheit gesetzten organischen Säuren, vornehmlich aus Harzsäuren bestehend, in die alkalisch-wässerige Lösung übergehen. Man erhält so die an anorganische Bestandteile gebundenen Harzsäuren, namentlich aus dem gehärteten Kolophonium und den Sikkativsalzen. Die ätherische Lösung, die dann noch die Neutralstoffe enthält, und zwar Harzester, Öle und unverseifbare Stoffe, verseift man und isoliert die unverseifbaren Stoffe nach üblicher Methode (S. 114). Die Seifen zersetzt man, wobei man bei Vorliegen von Phenolkondensationsharzen bisweilen (aber nicht immer) Phenolgeruch wahrnimmt. Falls dieses zugegen ist, trennt man nach Abdestillieren des Phenols mit Wasserdampf die Fett- und Harzsäuren durch Veresterung der ersteren (s. S. 874). Brechungsindex und Kennzahlen der aus den Estern wiedergewonnenen und mit Petroläther von den „Oxysäuren" abgetrennten Fettsäuren lassen auf die Art des Öles schließen, wobei man aber die beim „Lackkochen" eingetretenen Veränderungen (Polymerisation und Oxydation) in Betracht ziehen muß. Auch die Harze erleiden durch das Schmelzen bei der Öllackbereitung starke Veränderungen.

Die Harzsäuren aus den verschiedenen Extrakten sind weiter auf das Vorhandensein von Kopalen und Bernstein zu prüfen durch Behandeln mit 80- bis 85%igem Alkohol, der Kolophonium völlig löst, von Kopalen und Bernstein aber stets einen größeren Anteil, oft fast alles, ungelöst läßt. Kolophonium wird ferner erkannt durch positiven Ausfall der Storch-Morawski-Reaktion, sowie durch Bildung des gallertartigen kolloidalen Ammonsalzes, wenn man eine Lösung des harzigen Rückstandes in Benzin mit einigen Tropfen Ammoniak schüttelt.

Sikkativgrundlagen und andere anorganische Bestandteile (Kalk, Zink) bestimmt man am besten in einem besonderen Teile der Probe, indem man etwa 10 g verascht und die Asche nach den üblichen Methoden untersucht.

Für genauere Angaben über die Analyse der Lacke sei auf das Laboratoriumsbuch von Wolff (l. c.) verwiesen.

3. Analyse der zur Lackherstellung benutzten Harze[1].

a) Natürliche Harze (Eigenschaften s. Tabelle 192, S. 924).

Kolophonium (S. 611) ist durch Löslichkeit in kaltem Essigsäure-anhydrid gut von Kopalen und Sandarak, weniger gut von anderen Harzen zu unterscheiden. Die kalt bereitete Lösung in Essigsäure-anhydrid gibt auf Zusatz eines Tropfens Schwefelsäure (1,53) Violettfärbung (Storch-Morawskische oder Liebermann-Morawskische Reaktion); die Reaktion ist aber nicht eindeutig.

Bestimmung der Säurezahl.

α) Bei Abwesenheit von Seifen.

3—4 g gepulvertes Harz werden in 200 ccm eines Gemisches von Benzol und absolutem Alkohol am Rückflußkühler gelöst und nach dem Erkalten, ohne etwa Ungelöstes abzufiltrieren, mit 0,1-n KOH titriert. Als Indicatoren haben sich hierbei Alkaliblau 6 B und Thymolphthalein bewährt.

Für sehr dunkle Harze, bei welchen sich nach vorstehendem Verfahren der Indicatorumschlag nicht gut beobachten läßt, empfiehlt E. Stock[2] das

---

[1] Vgl. A. Tschirch: Die Harze und Harzbehälter. 2. Aufl. Leipzig 1906; H. Wolff: Die natürlichen Harze. Stuttgart 1928; Dieterich-Stock: Analyse der Harze. Berlin 1930.

[2] E. Stock: Farben-Ztg. **34**, 1727 (1929).

folgende sog. „Albert-Verfahren"[1], bei welchem der Umschlag stets mit genügender Schärfe zu beobachten sein soll:

10 g Harz werden in 100 ccm eines neutralisierten Gemisches aus 2 Teilen Benzol und 1 Teil Spiritus gelöst. Dann werden 50 ccm einer heißgesättigten, erkalteten und neutralisierten Kochsalzlösung zugegeben, sowie 15—20 g gepulvertes Kochsalz, zum Schluß noch 20 Tropfen einer 1%igen Phenolphthaleinlösung. Man titriert mit wässeriger 1,0-n NaOH unter oftmaligem starken Schütteln bis zum Auftreten einer schwachen Rosafärbung in der Kochsalzlösung. Nachdem man dann nochmals so viel Kubikzentimeter neutralisierten Spiritus zugegeben hat, wie man bisher Kubikzentimeter Lauge zum Titrieren verbrauchte, gibt man mehr 1,0-n NaOH hinzu, bis eine intensive carminrote Färbung auftritt, und titriert dann mit 1,0-n H_2SO_4 zurück, bis die intensive Färbung in schwaches Rosa umschlägt.

β) Bei Gegenwart von Seifen.

Harzkalkseife (gehärtetes Harz) ergibt bei Titration in Benzol-Alkohollösung mit Alkali basische Kalkseife, die, weil sie in Benzol-Alkohol nicht dissoziiert, auch nicht mit Phenolphthalein reagiert. Deshalb versetzt man zur Titration mit Wasser, so daß der Alkohol 50%ig wird, oder arbeitet von Anfang an nach S. 384.

Bei Gegenwart von Tonerde-, Eisen-, Mangan-, Bleiseifen usw. bilden sich beim Titrieren mit alkoholischer Lauge basische Salze, die aber auch bei Gegenwart von Wasser nicht mehr dissoziieren und gegen Phenolphthalein reagieren. Eine exakte Bestimmung des Säure- und Seifengehaltes ist in diesem Falle nicht durchführbar (s. auch S. 384).

Bernstein, ein fossiles Harz von Pinus succinifera, enthält als Hauptbestandteile 65% Succinoresen $C_{22}H_{36}O_2$ und 12% Succino-abietinolsäure $C_{40}H_{60}O_5$, daneben u. a. Bernsteinsäure-succinoresinolester, sowie 0,34 bis 0,45% S (Unterschied von Kopal)[2]. d_{15} 1,05—1,096, Härte 2—3, Schmp. 250—300°.

Über die spezielle Prüfung von Bernsteinersatzmitteln ist folgendes zu bemerken[3]:

Celluloid ist durch starke Löslichkeit in Eisessig, hohen N-Gehalt und leichtere Brennbarkeit, Kolophonium durch leichte Löslichkeit in 70%igem Alkohol und Morawskische Reaktion nachzuweisen.

Dem Bernstein am ähnlichsten sind die harten Kopale, insbesondere der sehr harte Sansibarkopal, ein fossiles Harz von Laubhölzern, den sog. Kopalbäumen (Familie der Leguminosen). Im Gegensatz zu Bernstein gibt Kopal beim Destillieren keine Bernsteinsäure, doch ist diese Prüfung zur Unterscheidung beider Harze, zumal Bernstein zwischen 3 und 8% schwankende Mengen Bernsteinsäure ergibt, etwas umständlich.

Besser ist die Unterscheidung durch Löslichkeit in Cajeputöl: Sansibarkopal ist zum größten Teil in diesem Öl löslich, Bernstein bis auf etwa 14% unlöslich. Dadurch, daß man zur Lösung noch Benzin hinzufügt, das bei Sansibarkopal deutliche Fällung, bei Bernstein nur leichte Trübung gibt, läßt sich die Probe noch verschärfen. Sie wird wie folgt ausgeführt:

2 g des feingepulverten Harzes werden mit 25 ccm Cajeputöl 10 min lang am Rückflußkühler gekocht, nach dem Erkalten wird filtriert und zum Filtrat Schwerbenzin zugesetzt. Bei Gegenwart von 10% Kopal tritt Fällung ein, und zwar bei Sansibar-, Kauri-, Manila-, Kongo-, Leone- und Brasilkopal sowie St. Domingobernstein, der in Wirklichkeit ein echter Kopal ist. Geschmolzener Bernstein kann nicht auf diese Weise erkannt werden. Seine Gegenwart kann unter Umständen durch partielle trockene Destillation und Nachweis von Bernsteinsäure im Destillat ermittelt werden.

Kunstharz kann durch den hohen Brechungsindex erkannt werden.

[1] Albert-Schrift 15 der Chem. Fabrik Dr. Kurt Albert, Amöneburg.

[2] Tschirch u. Aweng: Arch. Pharmazie **232**, 660 (1894); Tschirch: ebenda **253**, 290 (1915); Helv. chim. Acta **6**, 214 (1923).

[3] K. Dieterich: Analyse der Harze, S. 95. 1900.

Tabelle 192. Eigenschaften

Lfd. Nr.	Art des Harzes	Liebermann-Morawskische Reaktion in Acetanhydridlösung	Säure-zahl (direkt)	Ester-zahl	Ver-seifungs-zahl	Jod-zahl [2]
1	Kolophonium [3] (s. auch S. 611)	Sofort stark blau- oder rotviolett	140/185	8/35	165/200	100/200
2	Schellack [4]	Kalt und warm gelöst, keine charakteristische Färbung	40/70 [5] meist 55/65	50/163	185/220	5/25 [8—9,6]
3	Bernstein (Hauptbestandteile s. S. 923)	Kalt farblos bis kaum merklich rötlich, warm violettrot. Erhitzter Bernstein in der Kälte langsam rosa	15/35	70/110	85/145	50/75
4	Kopale — Sansibarkopal (Hauptbestandteil Trachylolsäure)	Braun	35/95	10/25	60/100	—
	Kaurikopal	Rötlich	50/115	5/30	75/125	—
	Manilakopal	Braun	110/190	15/70	160/240	60/125
5	Dammar (Hauptbestandteile Dammarolsäure und Dammaroresen)	Rot	20/55	10/20	30/60	50/70
6	Sandarak (Hauptbestandteil Sandarakolsäure)	Braun	95/160	30/55	145/185	55/90
7	Mastix (Hauptbestandteil Masticin)	Bräunlichrot	50/75	25/40	70/105	60/130, meist 70/90
8	Elemi	—	15/55	5/45	25/90	40/80

[1] S. auch Rebs: Chem. Revue üb. d. Fett- u. Harzind. **19**, 155 (1912), über Löslichkeit eckige Klammern gesetzten Zahlen wurden erhalten, wenn die Jodzahl an dem in Alkohol wurden nur an dem in Alkohol löslichen Teil erhalten. [3] Extraktionsharze aus Fichten- Asche 0,09—0,11%, Schmelzpunkt 69—79⁰, nach Kraemer-Sarnow 58—68⁰, Säure- säurezahl 90,3—112,8, Acetyl-Verseifungszahl 222—270. [4] Nach C. Harries und aus Aleuritinsäure, die sie als Trioxypalmitinsäure erkannten [Chem. Umschau Fette, der Formel $C_{15}H_{20}O_6$ [Ber. **55**, 3833 (1922)]. Beide Säuren scheinen in lactidartiger war, aber die Säuren sich nicht in Soda, sondern nur in wässerigen Ätzalkalien lösten. Wachs, Farbstoff und einen weiteren, nicht näher geprüften Stoff. [5] Puran Singh: schränkte Löslichkeit, z. B. 10—25%. [7] Stark abdestillierter Bernstein (40—45% ab- Benzin nicht gefällt. [8] Wird aus der Lösung durch bis 50⁰ siedendes Benzin gefällt.

natürlicher Harze[1].

| Löslichkeit in | | | | | | | | Sonstige Beobachtungen |
Alkohol 70%	Alkohol absolutem	Äther	Essigsäureanhydrid	Cajeputöl	Aceton	Petroläther	Terpentinöl	
löslich	löslich	löslich	kalt leicht löslich	—	löslich	größtenteils löslich	löslich	Säure mit alkoholischer HCl nicht zu verestern
—	dgl. (bis etwa 8% unlöslich)	unlöslich bzw.wenig löslich[6]	kalt sehr wenig, warm teilweise löslich	—	fast unlöslich	unlöslich	fast unlöslich	Säuren im Gegensatz zu Nr. 1 sowie 3—7 mit alkohol. HCl esterifizierbar
unlöslich	fast unlöslich	wenig löslich	kalt kaum, warm wenig löslich	wenig löslich[7]	wenig löslich	wenig löslich	teilweise löslich	Säurezahl der abgeschiedenen Säuren 93
dgl.	natürlich unlöslich, geschälter fast löslich	teilweise löslich	kalt kaum, warm teilweise löslich	heiß fast vollständig lösl.[8]	unlöslich	unlöslich	dgl.	—
—	—	leichter löslich als Sansibarkopal	kalt wenig, in der Hitze fast völlig löslich, beim Erkalten wieder ausfallend	dgl.[8]	—	—	leichter löslich als Sansibarkopal	—
—	—	dgl.	kalt wenig, warm fast vollständig löslich	dgl.[8]	—	—	dgl.	Je nach Härte teilw. bis fast völlig alkohollöslich
—	teilweise löslich (19—45%)	löslich	kalt wenig, warm teilweise löslich	—	größtenteils löslich	löslich	löslich	In Eisessig fast unlöslich
—	löslich	dgl.	kalt wenig, warm fast völlig löslich	—	löslich	—	—	In Benzol nur z.T. lösl., in Eisessig fast unlöslich
—	teilweise löslich	dgl.	kalt kaum, warm zum großen Teil löslich	—	teilweise löslich	unlöslich	teilweise löslich	In Benzol völlig löslich
—	löslich	dgl.	—	—	löslich	löslich	löslich	—

von verschiedenen Harzen in konz. Essigsäure, Benzin, verd. Ammoniak usw. [2] Die in
löslichen und unlöslichen Teil des Harzes zusammen bestimmt wurde. Die übrigen Zahlen
scharrharz haben nach H. Salvaterra: Chem.-Ztg. **43**, 739 (1919), d_{15} 1,130—1,135,
zahl (direkt) 87,7—121; Verseifungszahl 113—143, Unverseifbares 12,6—14,7%, Acetyl-
W. Nagel besteht der Schellack im ätherunlöslichen Teil (Hauptmasse) im wesentlichen
Öle, Wachse, Harze **29**, 135 (1922)], und Schellolsäure, einer Dioxydicarbonsäure
Bindung, aber nicht als Alkoholester vorhanden zu sein, da kein Alkohol zu isolieren
Der ätherlösliche Stoff enthält nach Tschirch (Die Harze und Harzbehälter, 1906, S. 821)
Journ. Soc. chem. Ind. **29**, 1435 (1910). [6] Nach Scheiber, Lacke usw., S. 50, stets be-
getrieben) in warmem Cajeputöl leicht löslich, wird aus der Lösung durch bis 50⁰ siedendes

b) Gehärtetes Kolophonium und Harzester[1].

Die Veredelung des gemeinen Harzes bezweckt, ihm einen höheren Schmelzpunkt zu geben, so daß es bei Handwärme nicht mehr klebt. Die zu diesem Zweck hergestellten Salze, z. B. harzsaurer Kalk usw., und Ester (zuerst durch E. Schaal bekannt geworden) haben gegenüber dem unveränderten Kolophonium auch den Vorteil, daß sie sich aus trocknenden fetten Ölen, Terpentinöl usw. nicht ausscheiden und auch mit Metallfarben, hauptsächlich Blei- und Zinkfarben, nicht hartwerdende Verbindungen geben.

Die Harzester, aus Kolophonium mit Alkoholen, Phenolen, Naphtholen, Kohlenhydraten usw., praktisch fast ausschließlich mit Glycerin, durch Wasserentziehung hergestellt, sind widerstandsfähig gegen Soda und lassen sich, je nach Bedarf, auch als Glycerinester in verschiedenen Härtestufen herstellen. Ihre allgemeine Anwendung wurde aber erst durch die gleichzeitige Benutzung des Holzöls ermöglicht. Besonders für Farbmischlacke sind Holzöl-Harzesterlacke von größter Bedeutung

Die Untersuchung erstreckt sich, abgesehen von praktischen lacktechnischen Prüfungen, auf Helligkeit, Schmelz-, bzw. Erweichungspunkt und Säurezahl. Gute Esterharze haben Säurezahlen von 5—20, mit Kalk gehärtete Harze solche von 30—50 und enthalten bei guter Härtung etwa 4% Ca.

c) Kunstharze (vgl. auch S. 585 u. 590).

Die Kunstharzindustrie hat in den letzten Jahren immer mehr an Bedeutung zugenommen. Sowohl in Alkohol oder anderen organischen Lösungsmitteln lösliche Kunstharze zur Herstellung „flüchtiger Lacke" wie auch öllösliche Kunstharze, teils unmittelbar öllösliche, teils nach Schmelzen löslich werdende, vom technologischen Charakter der Kopale werden heute in großer Zahl hergestellt. Ihre Prüfung kann ausschließlich durch technologische Methoden (Herstellung und Prüfung von Lacken, Lackfarben usw.) erfolgen.

Die wichtigsten Kunstharzklassen sind: Cumaron-, bzw. Indenharze, Aldehyd-Kondensationsharze, Phenol-Aldehyd-Kondensationsprodukte, Kondensationsprodukte aus Kolophonium, Aldehyd und Phenolen, Harnstoff-Aldehyd-Kondensationsprodukte (z. B. Pollopas), Phthalsäure-Glycerin-Produkte (Glyptale). Näheres s. J. Scheiber und K. Sändig: Die künstlichen Harze. Stuttgart 1929.

O. Geblasene Öle.

I. Technologisches.

Durch Einblasen von Luft in auf 70—120° erwärmtes Rüböl oder Cottonöl erhält man sehr dickflüssige Produkte, die sich von Ricinusöl durch ihre Löslichkeit in Benzin und Mineralschmieröl, sowie ihre Schwerlöslichkeit in Alkohol unterscheiden; sie heißen im Handel „Geblasenes Rüböl", „Blown Oil", „Thickened Oil" usw. und dienen in Mischung mit Mineralöl zu Schmierzwecken (sog. Marineöle, compoundierte Öle); sie sind um so heller, je niedriger

---

[1] Seeligmann-Zieke: Handbuch der Lack- und Firnisindustrie, 4. Aufl., 1930. S. 32, 432f.

die Temperatur ist, bei der sie „geblasen" werden. Neuerdings finden sich auch geblasene Leinöle, die wie Standöle verwendet werden, und geblasene Ricinusöle im Handel.

Beim Blasen wird durch Luftsauerstoff ein Teil der ungesättigten Säuren der Öle in benzinunlösliche Oxysäuren umgewandelt, ein anderer Teil zerfällt in niedrigmolekulare flüchtige Säuren; daneben tritt in erheblichem Maße Polymerisation und Lactonbildung ein. Daher steigen außer der Zähigkeit auch spez. Gew., Reichert-Meißl-Zahl, Verseifungs- und Acetylzahl um so mehr, je mehr und je heißer das Öl geblasen wurde. In gleichem Maße sinkt die Jodzahl (s. Tabelle 193).

Tabelle 193. Eigenschaften geblasener und ungeblasener fetter Öle.

Art des Öles	d_{15} g/l	Jodzahl	Säure-zahl	Ver-seifungs-zahl	Reichert-Meißl-Zahl	Petrol-äther-unlösliche Oxysäuren etwa %	E_{50}	E_{70}	E_{100}
Rüböle, unge-blasen . . .	911/917	94/106	etwa 2	167/180 (meist 172/175)	0,1/0,8	0	4/4,5	2,6/2,8	1,8
Dgl., eingedickt (Staatl. Mat.-Prüf.-Amt)	968/975	46,9/52,3	—	209,5/217,6	3,8/4,4	24/27,6	—	—	—
Dgl., eingedickt (Lewkowitsch)	967/977	17,2/65,3	—	197,7/267,5	bis 8,8	20,7/24,5	—	—	—
Dgl.[1], eingedickt	970	60/65 (Hanuš)	8/12	205/220	—	22/30	50	22	7,9
Rohe Cottonöle, ungeblasen .	918/932	103/111	—	191/199	—	0	—	—	—
Dgl., eingedickt (Lewkowitsch)	972/979	56,4/65,7	—	213,2/224,6	—	26,5/29,4	—	—	—
Dgl.[1], eingedickt	—	—	3,5	207	—	—	54	—	7,9
Dorschtrane, ungeblasen[1].	915	145/155 (Hanuš)	10/16	180/190	—	—	3,1	2,1	1,6
Dgl., geblasen[1].	985	75/85 (Hanuš)	15/20	205/215	—	25/30	180	85/90	22

Nach Marcusson[2] findet beim Blasen der Öle keine erhebliche Erhöhung des Mol.-Gew. statt, weil die gegenseitige Bindung der Molekülreste ungesättigter Säuren offenbar intramolekular verläuft. Nur die Bildung von Oxysäuren wirkt auf das Mol.-Gew. erhöhend, indessen wirken die durch Abbau entstehenden niederen Säuren wiederum dem entgegen.

Aus einem geblasenen Knochenöl wurde als unverseifbarer Bestandteil ein dickes Öl erhalten, aus dem Cholesterin nicht mehr durch Umkrystallisieren zu erhalten war. Durch Abkühlen der Benzinlösung des Unverseifbaren wurde zwar ein fester Körper erhalten, doch zeigte dieser nicht mehr die Krystallform von Cholesterin.

---

[1] Angaben aus der Industrie.
[2] Marcusson: Ztschr. angew. Chem. **33**, 231 (1920).

Tabelle 194. Untersuchung von

Öl Nr.	E_{20}	E_{50}	d_{15} g/l	Aufstieg im U-Rohr bei ° C	mm/min	Fp. (P.-M.)	Brenn-punkt	Säure-zahl	Verseif-bares Fett etwa %
1	28,2	5,7	917,7	—3 —5 Öl klar	19 0	164	255	2,24	26
2	49,0	7,6	971,0	—15 —20 Öl klar	20 10	177	252	1,30	15

II. Prüfungen.

1. Unterscheidung geblasener Öle voneinander.

Geblasene Öle sind beträchtlich schwieriger voneinander zu unterscheiden als die ungeblasenen Öle, da die Konstanten innerhalb außerordentlich weiter Grenzen schwanken und sich z. B. bei Rüböl und Cottonöl sehr nähern (s. Tabelle 193). Farbenreaktionen lassen fast völlig im Stich. Geblasene Cottonöle geben zwar die Salpetersäurereaktion (S. 735), doch weder die Halphensche noch die Milliausche Reaktion. Zur Unterscheidung des eingedickten Rüböls und Cottonöls dienen:

a) Der Geruch, der dem des ungeblasenen Öles nahekommt.

b) Konsistenz und Löslichkeit der Fettsäuren. Die petrolätherlöslichen Säuren des geblasenen Rüböls sind infolge ihres vorwiegend ungesättigten Charakters (Erucasäure, Ölsäure neben geringfügigen Mengen Palmitin-, Stearin- und Arachin-säure) ölig und zeigen nur geringe feste Abscheidungen; die Säuren des geblasenen Cottonöls sind dagegen infolge Gegenwart erheblicher Mengen gesättigter Säuren (Palmitin- und Stearinsäure) talgartig fest (Schmelzpunkt 54—59⁰). Hiernach werden beide Öle wie folgt unterschieden[1]:

Die abgeschiedenen Gesamtfettsäuren werden in petrolätherlösliche und petrol-ätherunlösliche getrennt. Von ersteren werden die Bleiseifen (s. S. 701) hergestellt; diejenigen von geblasenem Rüböl lösen sich in warmem Äther völlig auf (beim Erkalten scheiden sich nur Spuren aus), bei Gegenwart von Cottonöl dagegen bleiben größere Mengen (z. B. 14—18% oder mehr) ungelöst.

2. Mischungen von Mineralölen und geblasenen Ölen.

a) Löslichkeit der abgeschiedenen Fettsäuren in Petroläther. Die Fettsäuren aus unveränderten Ölen lösen sich mit Ausnahme der Säuren des leicht zu kennzeichnenden Ricinusöls in Petroläther ganz oder fast gänzlich auf. Säuren aus eingedicktem Öl geben entsprechend ihrem höheren Gehalt an Oxysäuren einen mehr oder weniger starken Niederschlag[2], je nach der Zeitdauer und der Temperatur, bei welcher das betreffende Öl geblasen wurde.

b) Die Reichert-Meißl-Zahl zeigt die beim Blasen der Öle infolge oxydierender Spaltung gebildeten flüchtigen Säuren an (Tabelle 193). Über ihre Bestimmung in Mischungen von Mineralöl und fettem Öl s. S. 761.

c) Die Acetylzahl der Mischung oder der abgeschiedenen veresterten Fett-säuren, läßt ebenfalls einen Schluß auf die Qualität der zugesetzten geblasenen Öle zu. Bestimmung s. S. 782f.

---

[1] Marcusson: Chem. Revue üb. d. Fett- u. Harzind. **16**, 45 (1909).

[2] Derartige Niederschläge erhält man auch bei Fettsäuren spontan oxydierter trocknender Öle wie Leinöl und Tran, doch ist die Anwesenheit dieser Öle meistens leicht festzustellen.

z w e i M a r i n e ö l e n.

Mineralöl etwa %	Eigenschaften der abgeschiedenen Fettsäuren				Bleisalze der benzinlöslichen Fettsäuren in kaltem Äthyläther	Zusammensetzung
	Jodzahl	Mol.-Gew.	Reichert-Meißl-Zahl	Petroläther-unlösliche Oxysäuren %		
74	80,7	272,7	8,0	15,3	völlig löslich	Etwa $^3/_4$ Mineral-maschinenöl u. $^1/_4$ geblasenes Rüböl
85	75,9	272,4	5,0	15,6	dgl.	Etwa 85% Mineral-maschinenöl u. 15% geblasenes Rüböl

d) Aus der Zähflüssigkeit des Ölgemisches und des nach Spitz und Hönig abscheidbaren reinen Mineralöls kann man Schlüsse auf Gegenwart von eingedicktem fetten Öl ziehen. Die ungeblasenen fetten Öle haben, mit Ausnahme des Ricinusöls, E_{20} höchstens 15—20 (Cottonöl 9—10, Rüböl 11—15, meistens nahe bei 13). Hat also z. B. ein Gemisch $E_{20} = 30$, das abgeschiedene reine Mineralöl $E_{20} = 20$, so kann die Erhöhung um 10 — bei Abwesenheit anderer Verdickungsmittel wie Seife, Kautschuk u. dgl. — nur durch geblasenes fettes Öl bedingt sein.

e) Die Menge des geblasenen Öles in der Mischung wird gewichtsanalytisch nach Spitz und Hönig (S. 114) ermittelt. Die Berechnung aus der Verseifungszahl ist unsicher, da diese bei geblasenen Ölen in zu weiten Grenzen schwankt. Bei hochgeblasenem Tran ($E_{50} = 150/180$) — nicht bei Rüböl — ist aber nach Mitteilungen aus der Industrie auch die gravimetrische Bestimmung ungenau.

Eigenschaften von Mischungen aus Mineralöl und geblasenem Rüböl s. Tab. 194.

P. Lederfette[1].

(Unter Mitwirkung von L. Jablonski.)

I. Verwendung.

Bei der Lederverarbeitung verwendet man Fette in erster Linie als Schmier- und Konservierungsmittel, in besonderen Fällen (Sämischgerberei) auch als Gerbmittel. Das bei der Sämischgerberei abfallende Fett (Dégras) ist zugleich ein besonders geschätztes Leder-Schmiermittel geworden.

1. Verwendung der Fette als Lederschmiermittel.

Das Einfetten des Leders soll 1. durch Bildung eines dünnen Fettüberzuges der Oxydation der pflanzlichen Gerbstoffe durch den Luftsauerstoff vorbeugen und 2. das Leder geschmeidig und wasserdicht machen. Die Art der verwendeten Fette und ihrer Aufbringung auf das Leder richtet sich nach den besonderen Zwecken. So verwendet man zum äußerlichen Fetten, dem sog. „Abölen" der frisch gegerbten Leder vor dem Trocknen[2], hauptsächlich Tran, evtl. auch Leinöl,

[1] Vgl. Jablonski in Ubbelohdes Handbuch, Bd. 4; H. Gnamm: Die Fettstoffe in der Lederindustrie. Stuttgart 1926. Auf dem geringen verfügbaren Raum kann eine erschöpfende Darstellung der Lederfettuntersuchung und -begutachtung, die große Erfahrung erfordert, nicht gegeben werden. Das vorliegende kurze Kapitel kann daher nur eine Anleitung zu einfacheren Arbeiten auf diesem Gebiete geben, während für kompliziertere Aufgaben auf die angeführte Literatur verwiesen sei.

[2] Das Abölen hat den Zweck, die Verdunstung der in den Lederporen befindlichen Gerbstofflösung und die hierdurch bedingte Bildung dunkler Gerbstoffkrusten an der Lederoberfläche zu verhindern.

seltener das teurere Klauenöl, dagegen vielfach Mineralöle, die hierzu sehr brauchbar sind, ferner auch Gemische von fetten Ölen mit Mineralöl oder wenig Talg; das Öl wird mit Lappen auf die Narbenseite des Leders aufgetragen. Für die „Tafelschmiere" und die „Faßschmiere", bei welchen eine durchgehende Tränkung des Leders mit Fett erzielt werden soll, nimmt man Talg, Tran, Dégras, Wollfett und Mineralöle, am häufigsten Gemische von Tran und Talg. Bei dem älteren und nur noch für feinere Ledersorten angewendeten „Tafelschmierverfahren" wird das Fett von Hand mit Lappen oder weichen Bürsten auf die Fleischseite der auf Glas- oder Schiefertafeln ausgebreiteten Lederstücke aufgetragen. Die „Faßschmierung" besteht in einem mechanischen Durchwalken des Leders mit Fett in dreh- und heizbaren Fässern, wobei das Fett von beiden Seiten in das Leder eindringt. Das Verfahren ermöglicht die rasche Verarbeitung größerer Ledermengen, stärkere Fettung und — wegen der Heizbarkeit der Fässer — auch die Verwendung höher schmelzender Fette.

Das Leder darf für diese Behandlung nicht ganz trocken sein, da das Fett durch trockenes Leder hindurchtritt („durchschlägt"), ohne die Fasern wirksam zu fetten (vgl. jedoch unten, „Einbrennen"). Bei einem gewissen, als „welk" bezeichneten Feuchtigkeitsgrad des Leders, der z. B. durch Anfeuchten des Leders und Abpressen des überschüssigen Wassers mittels der „Abwelkpresse" erzielt wird, dringt dagegen das Fett langsam unter Verdrängung des Wassers in die Fasern ein, benetzt sie und macht sie hierdurch geschmeidig. Da für diesen Zweck ein gewisses Emulgiervermögen des Fettes gegenüber der Feuchtigkeit wichtig ist, so sind Wollfett und Dégras, welcher selbst eine mehr oder weniger wasserhaltige Emulsion darstellt, besonders geeignet.

Auch spezielle Lederölemulsionen (sog. „Fettlicker"[1], vom englischen „fat liquor"), welche als Emulgatoren Seifen, sulfonierte Öle, Moellon oder Dégras, Eigelb oder künstlich hergestellte „Netzmittel", als Ölkomponenten Klauenöl, Olivenöl, Ricinusöl und Tran enthalten, werden vielfach verwendet, z. B. für chromgare Leder (Boxkalb, Rindbox) und viele Arten feinerer Leder.

Unter den Emulgatoren ist Eigelb am meisten geschätzt, kann aber aus Preisgründen nur für feinste Leder (Glacé) benutzt werden, wobei es zugleich fettend und gerbend wirkt. Die mit billigeren Eigelbersatzmitteln hergestellten Emulsionen werden meistens durch die bei der Glacégerbung gleichzeitig anwesenden Aluminiumsalze unter Bildung von Al-Seifen zersetzt; ein in jeder Hinsicht befriedigender Ersatzstoff scheint im Lecithin (z. B. aus Sojabohnen) bei geeigneter Verarbeitung gefunden worden zu sein[2]. Von den übrigen Emulgatoren haben die sulfonierten Öle (Türkischrotöle, sulfonierte Trane, Klauenöle u. ä.) den früher in erster Linie verwendeten Dégras vielfach verdrängt, weil man mit ihrer Hilfe die Viscosität und die Fettigkeit des Fettlickers leichter und sicherer dem jeweiligen Zweck anpassen kann. Die gelegentlich zu beobachtende Verwendung saurer sulfonierter Öle zum Abölen (s. o.), wodurch eine Aufhellung des Leders erzielt werden soll, erscheint dagegen im Hinblick auf etwaige Säurewirkungen nicht unbedenklich.

Fettlicker enthalten außer Wasser häufig Lösungsmittel wie Alkohol, gelegentlich auch Benzin u. dgl.

Fettung des Leders in ganz trockenem Zustand erfolgt beim sog. „Einbrennen" (Fetten des Leders — gegebenenfalls durch Eintauchen — mit geschmolzenem Fett, Talg, Stearin, Paraffin, Ceresin, Japantalg bei Temperaturen unter 100°) und wird insbesondere bei Riemenledern u. dgl. mit hohem Fettgehalt angewendet.

---

[1] Vgl. W. Schindler: Die Grundlagen des Fettlickerns. Leipzig 1928; Liesegang: Kolloidchem. Technol., 2. Aufl., 1931. S. 476.

[2] B. Rewald: Ledertechn. Rdsch. **20**, 268 (1928); M. Auerbach: Allg. Öl- u. Fettztg. **26**, 311 (1929); Hanseatische Mühlenwerke A.-G. u. B. Rewald: D.R.P. 522041 (1927); H. Bollmann u. B. Rewald: D.R.P. 514399 (1927); 516187 bis 516189 (1927); 517353 u. 517354 (1928).

2. Verwendung der Fette als Gerbmittel.
Dégrasgewinnung.

Als Gerbmittel wirken nur stark ungesättigte und daher oxydable Fette, von denen praktisch nur Dorschlebertran[1] in Betracht kommt. Dieser wird bei der sog. Sämischgerberei in die entsprechend vorbereiteten rohen Felle oder Häute mit Kurbelwalken eingeknetet; dann wird in verschiedenen Arbeitsweisen das Gut einer Oxydation unterworfen, wobei eine chemische Bindung zwischen dem Fett und der Hautsubstanz erfolgt. Die Verbindung aus Hautsubstanz und Fett ist sehr beständig, das gewonnene Leder, sog. „Sämischleder", zäh, weich und vollkommen unbeschadet waschbar.

Bei der Gerbung wird nur etwa die Hälfte des angewendeten Tranes unter Oxydation gebunden, die andere Hälfte aber ungebunden ebenfalls oxydiert. Das durch Auswringen und Abpressen des Leders gewonnene ölige Oxydationsprodukt, seinem Ursprung als Abfallfett entsprechend, „Dégras" genannt, besitzt die Fähigkeit, mit Wasser sehr beständige Emulsionen zu bilden und andere, an sich nicht emulgierbare Fette zu emulgieren. Dies führte zu seiner Verwendung als Lederschmiermittel. Die Dégrasherstellung schloß sich ursprünglich dem Gerbvorgang an, trat dann aber allein derart in den Vordergrund, daß die Gewinnung der Leder selbst vernachlässigt wurde und diese immer von neuem bis zum völligen Lederverschleiß zur Sauerstoffübertragung auf den Tran verwendet wurden. Nachdem die alte Dégrasbildung als Oxydationsvorgang erkannt worden war, wurde sie auch synthetisch durch Blasen der Trane mit Luft durchgeführt.

Der nach dem sog. „französischen" Verfahren durch Auspressen aus dem Leder direkt abgeschiedene reine Dégras oder Moellon enthält wenig Wasser, Asche und Lederfasern; die bei der chemischen Darstellung gewonnene Moellonessenz ist wasserfrei.

Wesentlich unreiner ist der nach dem „deutschen" oder „englischen" Verfahren gewonnene „Weißgerberdégras"; zu seiner Herstellung werden die mit Tran getränkten Häute so lange oxydiert, bis sich kein Öl mehr auspressen läßt; dann wird die Fettsubstanz durch Waschen mit Laugen herausgelöst und aus der Seifenlösung durch Ansäuern mit Schwefelsäure wieder abgeschieden. Der so erhaltene Weißgerberdégras enthält stets erhebliche Mengen Wasser, Seifen, Hautreste u. dgl., oft auch freie Schwefelsäure.

Die emulsionsbildende Eigenschaft des Dégras basiert auf dem bei der Oxydation entstehenden „Dégrasbildner", einer harzartigen, braunen, in Petroläther unlöslichen, in Alkohol und Äther leicht löslichen Substanz, welche Fahrion[2] als ein Gemisch von Oxyfettsäuren und -anhydriden aufklärte. Daneben sind unveränderte Transäuren, flüchtige Säuren (Butter-, Valerian-, Capronsäure) und ihre Veresterungsprodukte vorhanden.

Bei der Dégrasbildung steigt das spez. Gew. der Trane von 0,916/0,938 auf 0,921/0,984 beim wasserfreien Dégras, der Gehalt an petrolätherunlöslichen Oxysäuren (Dégrasbildner) von 0,9/3,4 % bis 1,7/19,4 % beim wasserfreien Dégras, die Säurezahl bis auf 28, während die Jodzahl fällt. Die Veränderungen entsprechen also qualitativ denjenigen, welche die Öle beim Blasen erleiden.

II. Anforderungen an Lederschmieröle und -fette.

Die Art der für verschiedene Zwecke zu verwendenden Fettstoffe ist oben erwähnt. Hinsichtlich der Qualität ist noch Folgendes zu beachten: Freie Fettsäuren können mit ungenügend entkalktem Leder Ausschläge von Kalkseifen geben,

---

[1] Theoretisch bemerkenswert ist die Herstellung des weißen japanischen Leders durch Gerbung mit Rüböl.

[2] Fahrion: Chem.-Ztg. **19**, 1000 (1895); Ztschr. angew. Chem. **15**, 1261 (1902); vgl. Jean: Moniteur scient. **27**, 889 (1885).

die oft irrtümlich als Säureausscheidung infolge ungenügender Kältebeständigkeit des Lederöls angesehen werden; bei technischen Ledern (z. B. Treibriemen), die mit Eisenteilen in Berührung kommen, kann die Bildung von Eisenseifen durch saure Öle Entgerbung verursachen sowie die oxydative Zerstörung von Faser und Gerbstoff katalytisch stark beschleunigen. Zur Vermeidung des Ausschlagens auf Leder sollen Lederöle, mit Ausnahme der durch Einbrennen verarbeiteten, in der Kälte keine Ausscheidungen von festen Fetten, Fettsäuren, von Paraffinen od. dgl. geben. Nach den vom Verband der Dégras- und Lederölfabrikanten aufgestellten Richtlinien[1] sollen Lederöle ferner frei von Harz, Naphthensäuren und Sulfatharzen sein; zum mindesten ist ein etwaiger Gehalt an diesen nicht in allen Fällen schädlichen Zusätzen zu deklarieren. Zugesetzte Mineralöle dürfen nicht zu leicht flüchtig sein; Mindestzahlen $d_{20} = 0{,}875$, $E_{20} = 3$—4 oder $E_{50} = 1$—3.

Sog. „oxydierter Tran", „Sodoil", „Dégras-Extrakt" und „Moellon-Essenz" sollen flüssige, wasserfreie Produkte, „Dégras" und „Moellon" halbfeste, homogene Emulsionen von Öl und Wasser darstellen.

Tabelle 195. Richtlinien für Dégras und Moellon[2].

Material	Gesamt-fett %	Flüchtige Bestand-teile[3] %	Verseif-bares %	Unverseif-bares %	Oxyfett-säure %	Asche %
Moellon Marke M handelsüblich .	80	20	70	10	6—8	nicht über 1
Moellon Dégras Marke MD han-delsüblich . . .	78	22	63	15	5—7	dgl.
Dégras Marke D handelsüblich .	75	25	55	20	4—6	dgl.

Die Prüfung des Dégras auf praktische Brauchbarkeit ist nach Feststellung der Abwesenheit unzulässiger Zusätze sehr wichtig, da seine Zusammensetzung auch bei Abwesenheit ausgesprochen schädlicher Stoffe je nach den verschiedenen Bedürfnissen der Lederfabriken in weiten Grenzen schwanken kann.

III. Prüfungen.

Reine (nicht emulgierte) Lederöle und -fette werden unmittelbar in der S. 724 f. beschriebenen Weise auf physikalische und chemische Eigenschaften geprüft, aus denen Schlüsse auf die Zusammensetzung gezogen werden können. Bei Dégras ist besonders die Bestimmung des Wassergehaltes (nach S. 117 durch Destillation mit Xylol oder Benzin) und der Oxysäuren (Dégrasbildner) nach S. 729 wichtig. Diese sind von Kolophonium, außer durch den niedrigen Schmelzpunkt, durch ihre Unlöslichkeit in Petroläther zu unterscheiden, sowie dadurch, daß sie nicht die Morawskische Reaktion geben.

Zur Bestimmung des Gesamtfettgehalts behandelt man die Probe[4] mit Petroläther (Kp. $< 75^0$), anschließend den in Petroläther unlöslichen Rückstand

---

[1] Zit. nach H. Gnamm: Die Fettstoffe in der Lederindustrie, S. 536. Stuttgart 1926.

[2] Ebenda S. 535.

[3] Hauptsächlich Wasser.

[4] Nach dem als Konventionsmethode anerkannten Verfahren von Fahrion: Ztschr. angew. Chem. **3**, 174 (1891): der durch vorsichtiges Erhitzen über freier Flamme entwässerten Probe.

mit Äthyläther bzw. mit heißem Alkohol (zur Lösung der Oxysäuren)[1]; hierauf wird die Äther-Petrolätherlösung wie üblich getrocknet, filtriert und eingedampft.

Das Unverseifbare wird in dem abgeschiedenen Gesamtfett nach S. 728 bestimmt. Mehr als 2% Unverseifbares deuten auf fremde unverseifbare Stoffe hin.

Fremde Fette, wie Wollfett, Ölsäure, Talg, können zugegen sein, wenn das spez. Gew. des Gesamtfettes < 0,92 ist, da die Fettmasse aus natürlichem Dégras die Dichte 0,945—0,955 hat. Bei Gegenwart größerer Mengen Talg ist ferner der Schmelzpunkt der Fettsäuren erhöht (Talgfettsäuren Schmelzpunkt über 40[0], Säuren aus reinem Dégras 18—30[0]). Wollfett wird nach S. 962f., Kolophonium nach S. 330 nachgewiesen.

Asche (von Seife herrührend) wird durch Abbrennen mit Docht aus Filtrierpapier bestimmt (S. 120). Moellon enthält einige Hundertstel-%, Weißgerberdégras bis zu 3% Asche. Eisen wird in bekannter Weise in dem salzsauren Auszug der Asche nachgewiesen und nötigenfalls quantitativ bestimmt (zulässiger Höchstgehalt 0,03% Fe_2O_3).

Haut- und Lederreste finden sich in Dégras, der mit Leder hergestellt ist; sie werden nach Entfernung der wasserlöslichen und benzinlöslichen Anteile als unlöslich in Wasser und Benzin erhalten. Über ihre Natur entscheidet eine Verbrennungsprobe auf dem Platinblech (Stickstoffprobe) usw.

Ein allgemeines Verfahren zur Untersuchung und Beurteilung der Fettlicker läßt sich nicht angeben, besonders im Hinblick auf die ständigen Neuerfindungen derartiger Mittel, zu deren Untersuchung unter Umständen von Fall zu Fall erst neue Methoden auszuarbeiten sind. In allen Fällen empfiehlt sich die Feststellung der Art und, soweit möglich, der Menge des Emulgators [Seife, sulfoniertes Öl, Lecithin (durch Phosphorsäuregehalt zu erkennen, vgl. S. 672)], des Gesamtfettgehaltes, des Gehalts an Fettsäuren, Oxysäuren, unverseifbaren Ölen, Asche, Wasser oder anderen Lösungsmitteln (z. B. Alkohol). Besonders ist auf Abwesenheit freier Mineralsäure sowie auf Art und Menge der Seifen zu achten. Die Prüfung auf sulfonierte Öle und gegebenenfalls die quantitative Bestimmung der gebundenen Schwefelsäure erfolgt nach S. 906 (Türkischrotöl). Lederöle enthalten aber oft echte Sulfonsäuren, aus denen sich die gebundene Schwefelsäure durch Kochen mit Salz- oder Schwefelsäure nicht oder nicht restlos abspalten läßt; die Ergebnisse können daher unter Umständen erheblich zu niedrig ausfallen. Näheres hierüber s. S. 902 und 905, Anm. 4.

Q. Schuhpflegemittel[2].

(Bearbeitet von F. Wittka.)

Im Handel unterscheidet man Schuhwichse, wasserfreie und wasserhaltige Schuhcreme.

Die Schuhwichse wird aus zuckerhaltigen Rohmaterialien, wie Melasse, Sirup usw., hergestellt durch Inversion mit verdünnten Säuren und Mischen der erhaltenen Invertzuckerlösungen mit Knochenkohle, Spodium, das in der Mischung dann mit konz. Schwefelsäure aufgeschlossen wird, verschiedenen mineralischen Füllstoffen und minderwertigen Fetten. Nach einer Gärung ist die Wichse verkaufsfertig.

Die Untersuchung erstreckt sich in erster Linie auf den Nachweis freier Schwefelsäure, welche das präparierte Leder zerstören könnte, sowie auf die Menge des noch vorhandenen Zuckers, der Fette und Füllstoffe.

Die wasserfreie Schuhcreme wird durch Mischen von geschmolzenem Carnaubawachs, Paraffin oder Ceresin mit Terpentinöl hergestellt. Die Färbung erfolgt durch die fettlöslichen Nigrosine. Statt Terpentinöl verwendet man vielfach Benzin, statt Carnaubawachs oft Montanwachs oder die künstlichen Wachse der I. G. Farbenindustrie. Die Untersuchung dieser Cremes besteht in der Bestimmung

---

[1] Konventionsmethode, s. Grün: Analyse, Bd. 1, S. 415. Zweckmäßiger scheint es, von vornherein Äthyläther zu verwenden.

[2] Vgl. C. Lüdecke: Schuhcremes und Bohnermassen; Carl Ebel: Die Fabrikation von Schuhcreme und Bohnerwachs. Halle: W. Knapp 1930.

der Menge und Art der vorhandenen Lösungsmittel nach S. 907 und der Untersuchung des Wachsgemisches auf Art und Menge der verseifbaren und unverseifbaren Bestandteile. Die genaue Ermittlung der in komplizierten Gemischen vorliegenden Wachsarten ist, wenn überhaupt, meist nur durch langwierige Untersuchungen möglich, da die gebräuchlichen Kennzahlen hier versagen.

Die wasserhaltigen Schuhcremes werden durch Verseifung von Gemischen künstlicher und natürlicher Wachse mit Pottaschelaugen unter Zusatz kleiner Mengen von Seifen von Olivenöl, Ricinusöl, Harz usw. hergestellt. Mitunter wird Terpentinöl zugesetzt. Die Färbung erfolgt meist mit wasserlöslichen Nigrosin- oder anderen Teerfarbstoffen. Die Cremes werden auf die verseifbaren und unverseifbaren Bestandteile und deren Kennzahlen, ferner auf Alkaligehalt und Art und Menge der Lösungsmittel geprüft.

R. Linoleum[1].

(Unter Mitwirkung von F. Fritz.)

I. Technologisches.

Linoleum ist eine elastische, besonders als Bodenbelag geeignete Masse, die durch Aufpressen einer plastischen Mischung von stark oxydiertem, mehr oder minder polymerisiertem Leinöl (Linoxyn) und Harzen mit Korkmehl, Holzmehl, Mineralfarben, evtl. auch Ölpechen u. a. auf Gewebe, meist Jute, hergestellt wird. Beim „Inlaid"-Linoleum sind die Muster nicht aufgedruckt, sondern aus verschieden gefärbter Linoleummasse zusammengesetzt.

Für die Herstellung kommen noch immer in erster Linie das Tücherlinoxynverfahren nach F. Walton und das Schwarzölverfahren nach Parnacott-Taylor in Betracht. Vielfach ausgeübt wird die Leinöloxydation in Trommeln nach J. und Ch. Bedford und Walton. Weitere zahlreiche Versuche einer Vereinfachung und Beschleunigung der Fabrikation sind bisher nicht zu besonderen praktischen Erfolgen gediehen.

Tücherlinoxynverfahren nach Walton. Man läßt Leinöl, welches vorher durch Erhitzen mit 2% Bleiglätte oder Mennige bei 180⁰ in Firnis übergeführt wurde, in hohen, auf etwa 38—42⁰ geheizten Kammern über senkrecht hängende, 6—7 m lange dünne Baumwolltücher (Musselingewebe) täglich morgens und abends in Abständen von 12 h einmal herabrieseln. Der Firnis trocknet in der Zwischenzeit an, d. h. er erstarrt dabei hauptsächlich durch Oxydation, vielleicht auch etwas durch Polymerisation zu einer gallertartigen festen Masse (Linoxyn)[2]. Die Bildung der Firnishaut ist mit Entwicklung stechend riechender Abgase (Ameisensäure u. dgl.) verbunden. Die nach etwa 4 Monaten gegen 2 cm starke Linoxynschicht wird samt den Geweben mittels eines Walzwerkes zermalmt und darauf mit Harzen zu einer dunklen elastischen Masse (Linoleumzement) verschmolzen. Gewöhnlich nimmt man dazu 800 kg Tücherlinoxyn, 150 kg Kolophonium und 50 kg Kauri- oder Kongokopal. Den Linoleumzement läßt man zwecks Verbesserung seiner Eigenschaften 6 Wochen lagern und verknetet ihn dann gründlich mit Korkmehl oder Holzmehl und dem gewünschten Farbton entsprechenden Farbzusätzen zur eigentlichen Linoleummasse in dampfgeheizten Mischmaschinen

---

[1] S. auch H. Fischer: Geschichte, Eigenschaften und Fabrikation des Linoleums, 1924; F. Fritz: Das Linoleum und seine Fabrikation, 1926; Luttringer: La Linoxyne et le Linoleum, 1928; H. G. Bodenbender: Linoleum-Handbuch, 1931.

[2] Die Bezeichnung Linoxyn kommt sonst nur dem Oxydationsprodukt des reinen Leinöls zu, das weder Sikkative noch unverändertes Leinöl enthält, s. auch Fahrion: Trocknende Öle, S. 244. Über die Zusammensetzung des Linoxyns s. S. Merzbacher: Chem. Umschau Fette, Öle, Wachse, Harze **36**, 346 (1929).

(Walzwerke, Wurstmacher). Zuletzt wird die Linoleummasse mittels einer Stachelwalze in kleine Flocken zerrissen, zwischen Preßwalzen mächtiger Kalander gebracht und auf die 2 m breite Juteunterlage aufgewalzt. Inlaidware wird durch mustergemäßes Aufschichten der verschieden gefärbten Linoleummassen auf das Jutegewebe erzeugt. Zur Abgrenzung der Figurenteile dienen Schablonen aus Zinkblech, welche dem Muster entsprechende Durchbrechungen aufweisen und durch die der feinstgekörnte Linoleumstoff auf die Juteunterlage gestrichen wird. Mächtige hydraulische Pressen vereinigen schließlich den noch losen, leicht verschiebbaren Linoleummasseauftrag zu einer buntgemusterten widerstandsfähigen Linoleumbahn. Beim Herstellen von Granitlinoleum walzt man an Stelle des einfarbigen Linoleumstoffes mehrfarbig gemischten und feingekörnten mittels des Kalanders auf. Die Linoleummasse wird gewöhnlich ungefähr nach folgenden Ansätzen (in kg) zusammengesetzt:

	Einfarbige Ware	Inlaidware	Granitware	Taylorware
Korkmehl	25	—	—	25
Holzmehl	—	25	25	—
Linoleumzement .	20	23—25	20	—
Schwarzöl	—	—	—	15
Farben	10	8—15	8—12	3,5

Um genügenden Zusammenhang und ausreichende Widerstandskraft zu erlangen, werden die fertigen Linoleumbahnen nach vorherigem Bestreichen der Juterückseite mit einer roten Ölfarbe 3—4 Wochen in 15 m langen Falten in 45⁰ warme Trockenkammern gehängt.

Schwarzölverfahren nach Taylor. Für wohlfeile Linoleumsorten[1] verfestigt man das Leinöl hauptsächlich durch Polymerisation, indem man es etwa 10 h in eisernen Kesseln über offenem Feuer mit 2—3 % Bleiglätte auf 285⁰ erhitzt und darauf bei gleicher oder höherer Temperatur so lange Luft einbläst, bis Gerinnen einsetzt. Dann ist das sog. Schwarzöl fertig und wird durch Umstürzen des Kessels in flache eiserne Pfannen zum Abkühlen entleert. Seine Weiterverarbeitung für einfarbige Ware geschieht ähnlich, wie beim Waltonverfahren beschrieben.

Nach 2—3tägigem Verweilen im Trockenhaus bei 45—50⁰ ist die Schwarzölware (Taylorlinoleum) gewöhnlich schon verkaufsfähig; sie läßt sich dann nicht mehr mit dem Fingernagel abkratzen. Die Linoleumbahnen werden entweder einfarbig oder nach dem Bedrucken auf Rotations- oder Flachdruckmaschinen (Ölfarbenaufdruck) verkauft. Der im Vergleich zum Waltonlinoleum zu großen Klebrigkeit wegen läßt sich Schwarzöllinoleum nicht zu Inlaidware verarbeiten. Außerdem würde auch die rauhe Oberfläche störend empfunden werden. Der brenzlige Geruch verliert sich im Laufe der Zeit, ist also nicht hinderlich[2].

Linkrusta-Tapeten entstehen durch Aufwalzen einer stark kreidehaltigen Linoleummasse, die nur Holzmehl, aber kein Korkmehl enthält, auf kräftiges Papier. Durch eine Prägewalze wird die Oberfläche der Linkrusta mit einer Musterung versehen.

Wenn auch zur Linoleumherstellung vorwiegend Leinöl verwendet wird, so hat man doch schon mehrfach auf andere Öle zurückgegriffen, wie Tran, Holzöl, Perilla-, Soja-, Traubenkern-, Niger-, Hanf-, Nuß-, Mohn-, Sonnenblumen-, Candlenuß-, Plukenetiaöl u. a.[3]. Harzöl ist nicht geeignet, ebenso wenig geben Peche, ausgenommen die Destillationsrückstände vegetabilischer Öle, einen Ersatz für Linoxyn. Auch Altkautschuk, Nitrocellulose, Leim-Glycerinmischungen u. a. sind als Bindemittel für Kork benutzt worden[4].

---

[1] Die Meinungen darüber, ob nicht das Taylor-Linoleum überwiegende Vorzüge vor dem Walton-Linoleum hat, sind noch geteilt.

[2] Über ein kontinuierliches Schnellverfahren zur Linoxyngewinnung, bei welchem Leinöl, auf Linoxyn verteilt, in rotierenden Trommeln erhitzt wird, s. A. Eisenstein: Ztschr. angew. Chem. **44**, 478 (1931).

[3] F. Fritz: Chem. Umschau Fette, Öle, Wachse, Harze **27**, 1 (1920).

[4] F. Fritz: ebenda **30**, 256 (1923).

II. Chemische Prüfung.

1. Der Ätherextrakt des Linoleums enthält außer Harz und evtl. Beimengungen fremder Öle nennenswerte Mengen Leinöl, wenn die Oxydation zu Linoxyn ungenügend war. Die Beurteilung des Linoleums nach dem Ätherextrakt ist aber unsicher[1].

2. Linoxyn ist in Äther fast unlöslich, ebenso in $CHCl_3$ und CS_2; es löst sich aber nahezu vollständig in siedendem Eisessig, heißem Anilin, in Tetralin, Benzol-Aceton-Methylalkoholmischungen und unter Druck (bei 150^0) auch in Benzol allein. Durch Behandeln mit kochender alkoholischer Lauge kann Linoxyn, das sich mit tiefroter Farbe löst, in die löslichen Kalisalze oxydierter Fettsäuren verwandelt werden.

Die annähernde Trennung des Gemisches Linoxyn + Harz (beide nicht quantitativ trennbar) von Kork, Mineralsubstanz usw. gelingt durch 1std. Erhitzen von etwa 2 g Linoleum mit 25 ccm Benzol im Einschlußrohr bei 150^0 *. Man filtriert, wäscht den Rückstand mit Benzol, treibt vom Filtrat das Benzol ab und wägt den im CO_2-Strom bei 100^0 getrockneten Extrakt. Er kann bis zu 4% des Korkgewichtes (s. u.) benzollösliche Korkbestandteile enthalten.

Tabelle 196. Kennzahlen einiger Waltonlinoxyne[2].

Linoxyn	d g/l	Asche %	Verseifungszahl	Jodzahl	Gesamtfettsäuren		
					Nichtoxydiert %	Oxydiert %	
						wasserunlöslich	wasserlöslich
Waltonöl (weich) .	1079 (14,5⁰)	1,40	272	59,1	32,2	39,7	17,4
Dgl. (normal) . . .	1073 (17⁰)	0,92	294	60,7	33,2	34,1	20,9
Dgl. (stark oxydiert)	1043 (18,5⁰)	1,27	307	48,7	36,5	36,7	12,6

3. Der benzolunlösliche Rückstand wird bei 110^0 getrocknet und nach dem Wägen verascht. Die Menge der Asche setzt sich aus der des Linoxyns, des Korkes, der Erdfarben und Füllstoffe zusammen. Die Differenz Asche gegen

Tabelle 197. Prozentuale Zusammensetzung von Linoleum[3].

Fabrikat	Benzolextrakt	Gesamtasche	Organische Korksubstanz	Wasser
Deutsch 275	24,0	20,3	53,0	2,8
Taylor Terrakotta . .	15,5	10,0	71,5	2,7
Taylor hellgrün . . .	13,2	19,3	64,7	2,6

[1] S. auch H. Ingle: Journ. Soc. chem. Ind. **23**, 1197 (1904), der 16,9—23,3% Ätherextrakt bei verschiedenen Linoleumsorten fand, aber diesen Zahlen wenig Bedeutung beimaß. Er bevorzugte zur Beurteilung die Biegeprobe, den Aschengehalt (7,6—29%) und die Aufsaugungsfähigkeit für Wasser.

* Ulzer u. Baderle, s. Benedikt-Ulzer: S. 540/41 (1908). Eine Kritik dieser Methode s. F. Fritz: Chem. Revue üb. d. Fett- u. Harzind. **17**, 126 (1910).

[2] F. Fritz: Das Linoleum usw. 1926, gibt Analysen von 34 Tücherlinoxynen aus verschiedenen Fabriken (28,6% nicht oxydierte Fettsäuren, 48,4% Oxysäuren, 9,5% wasserlösliche Fettsäuren); s. auch Eibner u. G. Ried: Chem. Umschau Fette, Öle, Wachse, Harze **32**, 233 (1925).

[3] Ulzer u. Baderle: l. c.

Gesamtrückstand ergibt die Menge der organischen Korksubstanz. Bei über 20% Asche im benzolunlöslichen Rückstand ist das Linoleum häufig brüchig.

Zur Prüfung auf Abnutzbarkeit wird die Einwirkung von Wasser, verdünnten Säuren, Laugen, Seifenlösungen und Ölen wie Petroleum und Terpentinöl festgestellt.

III. Mechanische Prüfung.

Wichtiger als die noch wenig ausgebildete chemische Prüfung ist, wie S. 936, Fußnote 1, erwähnt, die mechanische Untersuchung auf Biegsamkeit, Zugfestigkeit und Dehnung sowie Wasserdurchlässigkeit[1].

S. Faktis.

(Bearbeitet von G. Meyerheim.)

I. Herstellung, Eigenschaften und Anforderungen[2].

„Faktis" (caoutchoucs factices, künstlicher Kautschuk) sind Kautschuksurrogate, die aus fetten Ölen, insbesondere Leinöl, Rüböl, Cottonöl und Ricinusöl, entweder durch Erhitzen mit $15-20\%$ Schwefel auf $140-160^0$ (brauner Faktis) oder durch Einwirkung von $15-30$ Teilen S_2Cl_2 bei Temperaturen nicht über 70^0 (weißer Faktis) hergestellt werden. Weiße Faktis sind schwach gelblich, krümelig (nicht schmierig), elastisch, braune Faktis dunkelbraun, kautschukähnlich, aber leichter als dieser zerreibbar.

Der chemische Verlauf der Reaktion zwischen fetten Ölen und Schwefel in der Wärme bzw. Chlorschwefel in der Kälte ist noch nicht völlig geklärt. Im wesentlichen handelt es sich um Additionsreaktionen, analog der Vulkanisation des Kautschuks, wobei ein Teil freien Schwefels kolloidal gelöst bleibt. Daneben findet aber bei der Einwirkung von S_2Cl_2 unter HCl-Abspaltung auch Substitution statt; ferner werden die Glyceride teilweise gespalten, und die Spaltprodukte reagieren ihrerseits mit HCl bzw. S_2Cl_2.

Die zur Faktisbildung erforderlichen Mengen Chlorschwefel sind bei Tran $14-16\%$, Olivenöl 15%, Leinöl 18%, Baumwollsaatöl und Ricinusöl etwa 20%, Sesamöl 30%[3].

Zu den besonders geschätzten weißen Faktis gehören die sog. französischen, mit Ricinusöl hergestellten Sorten. Ein Gemisch von Ricinusöl-Faktis mit Paraffinöl oder festem Paraffin ist der „Para français". Gewöhnliche Faktis haben $d > 1$; durch Zusatz von Vaselin, Mineralölen oder Paraffin entstehen die schwimmenden Faktis, $d < 1$.

Weiße und braune Faktis sind mit alkoholischer Lauge vollkommen verseifbar unter Bildung von wasserlöslichen Seifen geschwefelter Fettsäuren. Bei der Verseifung und auch beim Heißvulkanisieren von ungenügend verfaktisten Chlorschwefelprodukten kann ein Teil des Chlors in Form von HCl unter Bildung

---

[1] Burchartz: Mitt. Materialprüf.-Amt Berlin-Dahlem **17**, 285 (1899); Ingle: l. c.

[2] S. auch Ditmar: Technologie des Kautschuks, 1915. F. Frank u. E. Marckwald: Lunge-Berl, C.T.U., 7. Aufl. Bd. 3, 1209f. 1923; A. Dubosc: Les Caoutchoucs factices ou huiles vulcanisées. Paris: A. D. Cillard 1927; P. Alexander in Ullmann: Enzyklopädie der technischen Chemie, 2. Aufl., Bd. 6, S. 541.

[3] A. Sommer: D.R.P. 50282 (1890).

einer neuen Doppelbindung abgespalten werden, was z. B. bei Stoffgummierungen eine Zerstörung des Stoffes begünstigen kann. Deshalb werden dem weißen Faktis fast immer einige Prozent $MgCO_3$ oder Kreide zugefügt, um die abgespaltene HCl zu neutralisieren. Sehr stark gefüllte Faktis werden zu geringeren Sorten Radiergummi verwendet; diese enthalten oft keinen Kautschuk, sondern nur Faktis in Gemisch mit scharfkantigem Sand, Glaspulver u. dgl.

Guter Faktis soll möglichst wenig (höchstens 1%) freien Schwefel, im allgemeinen nicht über 20% acetonlösliche Substanz und möglichst wenig Asche enthalten. Richtlinien für die Wertbestimmung und Untersuchung der Faktis sind bisher nicht aufgestellt, doch lassen sich aus den in Tabelle 198 angeführten Daten und nachfolgenden, dem Untersuchungsgang für Kautschuk angepaßten Prüfungen Anhaltspunkte gewinnen[1].

Tabelle 198. Analytische Daten von weißem und braunem Faktis[2].

Art des Faktis	S %	Cl %	Asche %	Verseifungs-zahl	Säure-zahl	Bromzahl	Jodzahl, aus Bromzahl ber.	Jod-zahl (Wijs)
Weißer Faktis	6,3/6,9	5,0/7,6	1,6/5,2	230/273	0,6/2,7	24/38	37,7/59,7	16/31
Brauner Faktis	3,2/12,7	0,03/0,22	0,05/0,2	110/193 (282)	0,3/1,5	98,5/130	154,6/204,1	13/51

Dubosc[3] gibt folgende, von Tabelle 198 zum Teil abweichenden Werte an: Gesamtschwefel bei braunem Faktis 15—20%, bei weißem 7—12%, Chlor bei letzterem etwa ebensoviel, freier Schwefel nicht über 3%, Asche nicht über 4%, Verseifungszahl bei braunem Faktis 100—250, bei weißem etwa 300. Am besten sind diejenigen Faktis, die am wenigsten acetonlösliches, unverändertes Öl enthalten.

II. Untersuchung.

1. Die Asche wird nach S. 120 unter Verwendung von etwa 2—5 g Substanz bestimmt; bei Gegenwart nicht glühbeständiger Carbonate (s. o.) glüht man in der Praxis nur schwach, so daß möglichst kein CO_2 entweicht.

2. Bestimmung von Chlor, Schwefel, Verseifbarem und Unverseifbarem. 5 g zerkleinerter Faktis werden im Soxhlet od. dgl. erschöpfend (etwa 8 h) mit wasserfreiem Aceton extrahiert. Der Acetonextrakt enthält den freien Schwefel, freies und partiell geschwefeltes fettes Öl sowie Mineralöl. Die eigentliche (mit Schwefel abgesättigte) Faktissubstanz ist in Aceton fast unlöslich. Der nach dem Abtreiben des Lösungsmittels bei 90—95° einige Minuten in schräg liegendem Kolben getrocknete Extrakt wird gewogen und der Bestimmung des verseifbaren (fetten) und unverseifbaren (Mineralöl-) Anteiles (nach S. 728) unterworfen. Ferner bestimmt man den Schwefelgehalt (gebunden) des Verseifbaren sowie in einer zweiten Probe des Extrakts den Gesamt-Schwefelgehalt; die Differenz der gefundenen Prozentmengen Schwefel ergibt den Gehalt an freiem Schwefel. Jodzahl und Verseifungszahl des Verseifbaren sind evtl. von Belang.

Im unlöslichen Extraktionsrückstand wird das Verseifbare, der Schwefelgehalt, bei weißem Faktis auch der Chlorgehalt ermittelt. Die Schwefelbestimmung erfolgt nach S. 103, die Chlorbestimmung durch Schmelzen mit Soda-Salpeter und Titration des Chlors nach Volhard; die Carius-Methode, bei der leicht heftige Explosionen auftreten, ist ungeeignet.

Vielfach beschränkt man sich auf die direkte Ermittlung des Gesamtgehaltes an Chlor, Schwefel, Asche, Verseifbarem und Unverseifbarem im Ausgangsmaterial und stellt vom verseifbaren Anteil den Schwefelgehalt, Jodzahl und Verseifungszahl fest.

[1] S. auch Fr. Frank u. E. Marckwald: l. c.
[2] Vaubel: Gummi-Ztg. **27**, 1254 (1912/13).　　[3] Dubosc: l. c., S. 201.

3. **Prüfung auf freie Säure.** Eine Ausschüttelung von Faktis mit kaltem Wasser (1 : 20) darf nur ganz minimal sauer gegen Kongopapier reagieren.

4. **Prüfung auf Magnesium- und Calciumchlorid.** Digeriert man Faktis mit 96%igem Alkohol (1 : 20) $1/_2$ h bei 50—60⁰, so soll die alkoholische Lösung mit $AgNO_3$ nach 1 h höchstens schwache Opalescenz zeigen. Der Verdampfungsrückstand des abfiltrierten alkoholischen Auszuges soll, auf Faktis bezogen, nicht über 0,4% ausmachen.

5. **Erhitzungsprobe.** Beim Erhitzen auf 100—110⁰ (1 h) soll sich Faktis (namentlich trockener, weißer Faktis) nicht wesentlich verändern und keine Säuredämpfe entwickeln; weißer Faktis, der für Heißvulkanisate verwendet werden soll, ist 1 h lang bis auf 130⁰ zu erhitzen und festzustellen, ob ein miterhitzter Streifen blauen Lackmuspapiers gerötet wird.

T. Mineralöllösliches Ricinusöl.

Das als Schmiermittel, z. B. für Flugmotoren, sehr geschätzte Ricinusöl wird, da es in reinem Zustand für Schmierzwecke zu teuer ist und sich wegen seiner Schwerlöslichkeit in Mineralschmierölen mit diesen nicht ohne weiteres verdünnen läßt, durch besondere chemische oder thermische Behandlung in mineralöllösliche Produkte übergeführt, welche trotz der Veränderung ihrer chemischen Zusammensetzung handelsüblich als „mineralöllösliche Ricinusöle" bezeichnet werden.

Z. B. wird ein in Mineralöl lösliches polymerisiertes Ricinusöl als sog. „Aethricin" durch Erhitzen von Ricinusöl mit wasserentziehenden Katalysatoren auf 200—250⁰ gewonnen[1]. Ein anderes, von der gleichen Firma früher auch für Schmierzwecke hergestelltes polymerisiertes Ricinusöl[2] „Dericinöl" (früher Floricinöl genannt) dient heute nur noch medizinischen Zwecken (als Salbengrundlage und für Injektionen, z. B. bei Tuberkulose); es wird als Rückstand erhalten, wenn man durch Erhitzen von Ricinusöl auf etwa 300⁰ etwa 10% Zersetzungsprodukte des Öles (Önanthol, Undecylensäure, Acrolein usw.) abdestilliert.

Tabelle 199. Kennzahlen von Ricinusöl, Aethricin und Dericinöl[3].

Öl	d_{15}	Erstarrungspunkt ⁰	Säurezahl	Verseifungszahl	Jodzahl	Acetylzahl	E_{50}	E_{100}
Ricinusöl . .	0,950 bis 0,974	—10 bis —18	bis 3	176 bis 187	81—90	146 bis 154	17 bis 19	2,4
Aethricin . .	0,950	unter —20	1,6 (bis 2,6)	191 bis 192	108	110	18 bis 20	4,4 bis 4,5
Dericinöl . .	0,9505	unter —20	12,1	191,8	101,0	67,4	—	—

In anderer Weise[4] gewinnt man ein mineralöllösliches Produkt aus Ricinusölfettsäuren durch Wasserabspaltung und Kondensation derselben zu Polysäuren bei etwa 200⁰ und Verestern der Polysäuren mit Ricinusöl in Gegenwart von Zinn als Katalysator bei etwa 235⁰. Diese Produkte sind neutrale Triglyceride der Polyricinolsäuren, sehr viscos ($E_{50} = 70$, $E_{100} = 8,0$) und in Mineralölen leicht löslich.

---

[1] Chem. Fabrik Dr. H. Nördlinger, Flörsheim a. M., D.R.P. 529 557 (1931).
[2] Dieselbe: D.R.P. 104 499 (1898).
[3] Eigenschaften des Dericinöls nach Fendler: Ber. Dtsch. pharmaz. Ges. **14**, 135 (1904); diejenigen des Aethricins nach briefl. Mitt. der Herstellerfirma vom 10. 3. 1932.
[4] G. Schicht, A.-G.: D.R.P. 333 155 (1918).

Ricinusöl läßt sich auch durch Behandlung mit Formaldehyd und nachheriges Blasen mit Luft in eine mineralöllösliche viscose Form überführen.

Die „mineralöllöslichen Ricinusöle" sind im Gegensatz zum normalen Ricinusöl in Alkohol und Eisessig unlöslich (weitere Unterschiede s. Tabelle 199); außer zum Verdicken von Mineralschmierölen dienen sie auch zur Herstellung von konsistenten Fetten, wasserlöslichen Ölen, Appreturölen, Lederfetten u. dgl.

Man untersucht sie auf freie Säure (s. S. 110), Viscosität (s. S. 15f.), Löslichkeit in den verschiedenen in Betracht kommenden Mineralölen und Viscosität dieser Lösungen.

U. Pharmazeutisch und kosmetisch verwendete Fettprodukte.

I. Pharmazeutische Verwendung.

In der Pharmazie[1] dient Olivenöl als Träger von Medikamenten und Mittel für Einreibungen, innerlich gegen Gallenkolik, als Klysma (hierfür auch Sesamöl); Ricinusöl, Crotonöl und Kurkasöl dienen als purgierende Mittel, Kakaobutter, Schweineschmalz und Talg als Salbengrundlagen.

Chaulmoogra- und Hydnocarpusöl (s. S. 790) bzw. die Äthylester der entsprechenden Fettsäuren wirken entwicklungshemmend und desinfizierend gegenüber Tuberkel- und Leprabacillen und werden gegen Lepra intramuskulär injiziert[2]. Zahlreiche Tuberkulose- und Leprapräparate enthalten als wirksames Prinzip Derivate dieser beiden Säuren. Die Margosasäure (s. S. 631) aus den Samen des indischen Margosabaumes soll therapeutisch den Chaulmoograpräparaten noch überlegen sein[3], die K-, Na- und Cu-Seifen sowie die Äthylester dieser Säure sollen bei der Krebsbehandlung gute Erfolge gegeben haben[4].

Die Fette werden ferner als erweichende und deckende Mittel bei Excoriationen, oberflächlichen Ulcerationen, Verbrennungen usw. angewandt, entweder allein oder als Salben und Linimente, z. B. Kalkwasser und Leinöl (1 : 1), die gleichzeitig antiseptische oder·adstringierende Substanzen enthalten. An Stelle von Glyceridfetten, z. B. Schweinefett (Adeps suillus), werden auch Lanolin (Adeps lanae cum aqua), Eucerin (s. S. 961), Vaselin oder Mischungen mit Bienenwachs, Walrat, Ceresin usw. je nach den Anforderungen des einzelnen Falles benutzt. Zu deckenden Salben z. B., die längere Zeit auf der Applikationsstelle bleiben sollen, benutzt man Salbengrundlagen, die hoch über der Hauttemperatur schmelzen.

Gegen Seborrhöe (Schuppen) der Kopfhaut und Haarausfall hat sich bei langjähriger Benutzung eine Mischung von je 5 Teilen Acidum tannicum und Chloralhydrat, 3 Teilen Ol. ricini, 50 Teilen Spiritus coloni, 200 Teilen 70%igem Alkohol neben einer Kopfsalbe von je 5 Teilen Sulfur praecip. und Liquor carbonicum detergens (mildes Teerpräparat aus Steinkohlenteer und Quillajarinde) auf 100 Teile Vaselin flav. bestens bewährt, ebenso gegen Seborrhöe der Gesichtshaut und der Brust ein Gemisch von je 2 Teilen Liquor carb. detergens und zinc. oxydat. auf 30 g Eucerin. In den letzten beiden Fällen sind die Fette nicht nur Träger der spezifischen anderen Medikamente, sondern sie wirken wie Ricinusöl

---

[1] E. Poulsson: Lehrbuch der Pharmakologie, 9. Aufl., S. 271. Leipzig: S. Hirzel 1930. H. Truttwin: Kosmetische Chemie, 1. Aufl. Leipzig: Johann Ambrosius Barth 1920.

[2] H. Schloßberger: Ztschr. angew. Chem. **37**, 4 (1924).

[3] K. K. Chatterji u. R. N. Sen: Ind. Journ. med. Res. 8, 356 (1920); K. K. Chatterji: Calcutta med. Journ. **14**, Nr. 8 (1920); Ind. Journ. med. **1**, 3 (1920).

[4] Chatterji: Lancet **209**, 1063 (1925).

im Haarwasser auch als solche der Sprödigkeit der Haut entgegen. Da in der Dermatologie die Fälle selbst oft sehr verschieden liegen, ist auch die Abstimmung der Rezepte sehr variabel.

Außer den reinen Fetten und Ölen werden in der Pharmazie als selbständige Spezialmedikamente noch Verbindungen der natürlichen Fette und Öle und der Fettsäuren mit Jod (s. u.), Brom, Chlorjod, Chlorbrom, Phosphor, Schwefel oder Jod und Schwefel usw. verwendet. Über pharmazeutische Benutzung von Dericinöl s. S. 939.

Die Jodfette werden nach verschiedenen patentierten Verfahren durch Behandeln halbtrocknender Öle u. dgl. mit zur völligen Sättigung ungenügenden Mengen Chlorjod, Jodwasserstoff u. a. hergestellt. Sie finden als Ersatz für Lebertran, dessen therapeutische Wirkung außer den Vitaminen auch seinem geringen Jodgehalte zugeschrieben wird, hauptsächlich aber als Ersatz für KJ oder NaJ gegen Lues, Asthma, Arteriosklerose, Skrofulose usw. Verwendung, Jodipin injiziert auch als diagnostisches Mittel, z. B. zur Kontrastdarstellung für Röntgenaufnahmen.

Chemisch genau definierte Produkte sind Sajodin[1], monojodbehensaures Calcium $Ca(C_{22}H_{42}O_2J)_2$ und Jodostearin[2], d. h. Taririnsäurejodid $C_{18}H_{32}O_2J_2$. Jodella ist ein Jodeisenlebertran; Jodipine[3] sind ölige Jodadditionsprodukte des Sesamöles mit verschiedenem Jodgehalt: 1. mit 10% J, hellgelb, $d_{20} = 1{,}004$ bis 1,009; 2. mit 20% J, gelb, $d_{20} = 1{,}104$—1,114; 3. dgl. „dünnflüssig", hellgelb, $d_{20} = 1{,}070$—1,080; 4. mit 40% J, bräunlichgelb, $d_{20} = 1{,}36$—1,38; 5. dgl. „dünnflüssig", gelblichbraun, $d_{20} = 1{,}32$—1,34. Die 40%igen Jodipine sind vor Licht geschützt aufzubewahren. Dijodyl Riedel ist ein Ricinstearolsäuredijodid[4] $CH_3(CH_2)_5CHOH \cdot CH \cdot CJ : CJ(CH_2)_7 \cdot COOH$, farb- und geschmacklose, lichtbeständige Krystallnadeln vom Schmelzpunkt 71/72°, in Wasser unlöslich, in Benzin schwer löslich, in den meisten anderen organischen Lösungsmitteln sowie in wässeriger Lauge (in dieser unter Salzbildung) löslich; Jodgehalt 46%.

Die wasserunlöslichen Jodfette sollen wegen der langsameren Jodausscheidung im Körper im Vergleich zu Jodkalium verhältnismäßig nachhaltiger wirken und, richtig dosiert, Jodismus und andere Nebenerscheinungen des Jodkalis eher vermeiden lassen. Allerdings wird anorganisch gebundenes Jod vom Körper viel leichter resorbiert[5].

Prüfung.

Die Jodfette werden in erster Linie physiologisch geprüft. Ihr Wert steigt mit dem Jodgehalt, der Resorbierbarkeit, bzw. der Zeitdauer und Vollständigkeit der Jodausscheidung im Körper. Chemisch und pharmakologisch prüft man sie daher vornehmlich auf vorstehende Eigenschaften.

Die Halogenbestimmung kann außer nach S. 108 auch nach den unten beschriebenen Methoden erfolgen.

Folgende Beispiele zeigen die für die betreffenden Präparate von den herstellenden Fabriken vorgeschriebenen Prüfmethoden[6].

---

[1] I. G. Farbenindustrie A.-G., Pharm. Abt., dargestellt durch E. Fischer.

[2] F. Hoffmann-La Roche u. Co., A.-G., Berlin.

[3] E. Merck, Darmstadt.

[4] J. D. Riedel-E. de Haën A.-G. Berlin, D.R.P. 296495 (1914); s. W. Wende: Riedel-Arch. **1921**, Heft 3. Bei im Vergleich zu KJ bedeutend geringerer Eingabe von hoher Wirksamkeit, s. auch Oelze: Dermat. Wchschr. **1919**, Nr. 52, 827; **71**, 743 (1920); E. Keeser: Riedel-Arch. **1921**, Heft 1.

[5] Vgl. W. Daitz: Chem.-Ztg. **57**, 482 (1933).

[6] S. auch F. Stadlmeyer, in Lunge-Berl: Chemisch-Technische Untersuchungsmethoden, 7. Aufl., Bd. 3, S. 1034f. 1923.

a) **Jodipin**[1].

α) **Neutralität.** Eine Mischung von 1 ccm Jodipin, 10 ccm Chloroform und einigen Tropfen Phenolphthaleinlösung muß durch einen Tropfen 0,1-n KOH gerötet werden.

β) **Wassergehalt.** Beim Schütteln von 10 ccm Jodipin mit 50 ccm Petroleum darf keine Trübung durch Wasser auftreten.

γ) **Jodgehalt.** Man verseift von 10- und 20%igem Jodipin je 2 g, von 40%igem 0,5 g mit 15 ccm alkoholischer Kalilauge (3 g KOH in 15 ccm 86 gew.-%igem Alkohol) und verascht vorsichtig die eingedampfte Seife. Die Asche wird in genau 100 ccm Wasser gelöst und die Lösung filtriert; 25 ccm Filtrat werden mit 3 ccm 25%iger Salzsäure und 50 ccm frischbereitetem Chlorwasser gekocht, bis alles Jod zu Jodsäure oxydiert und das überschüssige Chlor vertrieben ist. Nach dem Erkalten und Zusatz von 2 g Kaliumjodid wird das freigewordene Jod mit 0,1-n Thiosulfatlösung titriert. Nach der Reaktion

$$HJO_3 + 5\,KJ + 5\,HCl \rightarrow 5\,KCl + 3\,H_2O + 6\,J$$

stammt $^1/_6$ der titrierten Jodmenge aus dem Jodipin.

b) **Sajodin**, ein weißes, geschmackfreies Pulver, das nach dem Trocknen bei 100^0 mindestens 24,5% Jod (theor. 26,1%) enthalten soll, ist in Wasser, Alkohol und Äther unlöslich, in Chloroform und Benzol löslich.

0,3 g Sajodin spalten, im Reagensglas erhitzt, reichlich Joddämpfe ab; daneben tritt Fettsäuregeruch auf.

Beim Zusatz von 3 Tropfen absolutem Alkohol zu einer Lösung von 0,25 g Sajodin in 5 ccm Chloroform darf höchstens Opalescenz auftreten und sich nach 24 h nur sehr wenig Bodensatz abscheiden.

Man schüttelt 1 g Sajodin mit 20 ccm Wasser und filtriert. Das Filtrat muß gegen Lackmus neutral reagieren, darf keinen Abdampfrückstand hinterlassen und durch Silbernitrat- und Bariumnitratlösung nicht getrübt werden.

Jodgehalt. Man verseift 2 g bei 100^0 getrocknetes Sajodin mit 10%iger alkoholischer KOH, löst den Abdampfrückstand in Wasser, füllt auf 500 ccm auf und filtriert. In 250 ccm des Filtrats fällt man das Jod unter Zusatz von 20 ccm HNO_3 (1,2) mit 25 ccm 0,1-n $AgNO_3$ und titriert den Silbernitratüberschuß mit 0,1-n NH_4SCN zurück (Indicator Eisenalaunlösung).

Bromfette werden zum Teil den Jodfetten analog hergestellt; z. B. sind **Bromipine** (2 Sorten) 10 bzw. 33,3 % Br enthaltende Fette, die innerlich gegen Epilepsie gegeben werden. Die Resorption des Fettes in den Muskeln, der Leber, dem Knochenmark und dem subcutanen Gewebe, wo es nach und nach gespalten wird, bewirkt eine längere und darum wohl nachhaltigere Zurückhaltung des Broms im Organismus als bei Einführung des Broms als Alkalisalz[2]. **Sabromin** ist dibrombehensaures Calcium, bei dem die Wirkung des Broms ebenfalls langsamer, aber nachhaltiger als beim Bromkalium eintreten soll.

II. Kosmetische Verwendung.

(Unter Mitwirkung von F. Wittka.)

In der Kosmetik[3] benutzt man die Fettstoffe meistenteils in Gemischen, zum Teil auch mehr oder weniger verseift, zur Herstellung von Pomaden, Cremes, Haarpflegemitteln usw.; hauptsächlich werden Lanolin, Rindertalg, Schweineschmalz, Kakaobutter, Cocosfett, Olivenöl, Erdnußöl, Mandelöl, Ricinusöl, Bienenwachs, Walrat und Stearin, oft unter Zusatz von Alkohol, verwendet. An Stelle der leicht ranzig werdenden Fette wird in steigendem

---

[1] Prüfungsmethode für die pharmaz. Spezialpräparate. E. Merck, Darmstadt.
[2] **Poulsson:** Lehrbuch der Pharmakologie, 1930. S. 445.
[3] F. **Winter:** Handbuch der gesamten Parfümerie und Kosmetik. Wien 1927.

Maße Lanolin benutzt, da das in diesem in großen Mengen enthaltene Cholesterin und seine Derivate für die Haut- und Haarpflege von großer Wichtigkeit sind. Z. B. soll das Haarwasser Trilysin reines Cholesterin als hauptwirksamen Bestandteil enthalten. Reine Öle (z. B. Erdnußöl) dienen, meist unter Parfümzusatz, als sog. „Hautfunktionsöle", ferner auch, z. B. in Indien, zur Körperreinigung (Cocosöl, das oft mit Vaselinöl verschnitten wird). Über Seifen s. S. 854 f.

Die genaue Bestimmung aller verschiedenen Fettstoffe, von denen in Cremes, Pomaden usw. gewöhnlich mehrere gleichzeitig anwesend sind, ist unter Umständen sehr schwierig; in der Technik beschränkt man sich deshalb meist auf die Bestimmung von Wasser (s. S. 117), Alkohol (s. S. 886), Alkali (s. S. 877 f.), der gesamten verseifbaren und unverseifbaren Bestandteile (s. S. 726), des Verhältnisses der vorhandenen freien Fettsäure (meistens Stearin) zum vorhandenen Alkali (s. S. 877) und sucht durch Prüfung der physikalischen Eigenschaften der Proben und durch Vergleichsproben die Zusammensetzung zu ermitteln.

Pomaden (Stangenpomaden und weiche Pomaden) sind die Haut stark fettende Salbenkörper, welche durch Zusammenschmelzen der verschiedenen festen und flüssigen Fettstoffe hergestellt werden. Je nach ihrer Zusammensetzung unterscheidet man Wachspomaden, die mit und ohne Wasser hergestellt werden, Lanolin-, Vaselin-, Harzpomaden usw.

Fettemulsionen sind wässerige Emulsionen verschiedener Konsistenz, die als Fettstoffe Pflanzenöle oder Stearin, auch Wachs, Lanolin, Vaselinöl oder Vaselin enthalten und oft unter Zusatz von Glycerin oder Alkohol hergestellt werden. Als emulgierende Stoffe dienen Seifen, Alkalien, wie Pottasche, Ammoniak, Triäthanolamin oder Borax, oder höhere Alkohole wie Eucerit oder Pflanzenschleime bzw. Dextrine.

Die dünnen Emulsionen dienen hauptsächlich zur Gesichtspflege und enthalten als Fettstoffe Kakaobutter, Bienenwachs oder Vaselinöl.

Cremes sind salbenartige wässerige Emulsionen, die je nach der Art der verwendeten Fettstoffe als Coldcremes (wachshaltig), Stearincremes und Lanolincremes unterschieden werden.

Die Coldcremes sind kühlende Hautcremes, die meistens aus Bienenwachs, Walrat und Pflanzen- bzw. Vaselinölen sowie Borax (als Emulgator), geringere Sorten außerdem noch mit Stearin und Pottasche hergestellt werden. Gute Coldcremes enthalten 25—35%, schlechte (seifenhaltige) bis 60% Wasser.

Die Stearincremes sind nicht sichtbar fettend. Sie werden durch Zusammenrühren von geschmolzenem Stearin mit Wasser und geeigneten Emulgatoren hergestellt. Zur Erhöhung der Geschmeidigkeit wird oft Vaselinöl zugesetzt.

Die Lanolincremes enthalten als emulgierendes Mittel Lanolin oder aus ihm gewonnene Produkte wie Eucerin (s. S. 961), außerdem große Mengen von Vaselinöl (Niveacreme).

Die Haarpomaden, parfümierte Mischungen fester und flüssiger Fette und Wachse, enthalten Bienenwachs, Rindertalg, Schweineschmalz, Kakaobutter, Walrat, Mandelöl, Ricinusöl, Lanolin und Vaselin in den verschiedensten Mischungen.

Die Brillantinen sind Lösungen von Stearin oder Harz in Vaselin (bei fester Brillantine), bzw. in Vaselinöl (bei flüssiger Brillantine).

Die Haaröle sind Mischungen von verschiedenen Pflanzenölen und Vaselinöl, auch unter Zusatz von Alkohol. Sie enthalten meist Ricinusöl, oft auch Olivenöl, Erdnußöl oder Ölgemische.

Die Haarwässer sind parfümierte alkoholisch-wässerige Lösungen von Pflanzenauszügen oder anderen als haarwuchsfördernd angesehenen Stoffen, z. B. Cholesterin (s. o.); häufig enthalten sie Ricinusöl zur Fettung des Haarbodens.

Die schäumenden Zahncremes sind Mischungen von Glycerin (30—38, mindestens 25%), Seife, zuweilen (in zahnsteinlösenden Cremes) Türkischrotöl, Calcium- oder Magnesiumcarbonat und desinfizierenden Zusätzen, z. B. sauerstoffabgebenden Mitteln. Die Füllstoffe sind insbesondere mikroskopisch auf Sand und andere scharfkantige, das Zahnemail schädigende Stoffe zu prüfen.

V. Abfallfette.

Von Fall zu Fall wird eine möglichst rationelle Ausnutzung aller fetthaltigen Abfallprodukte notwendig. Die zurückgewonnenen Fette (sog. Abfallfette) lassen sich nach ihrer Aufarbeitung wieder der Verwendung, z. B. für Schmierzwecke, Seifenherstellung, Fettspaltung, Glyceringewinnung u. a., zuführen.

Walkfette sind die aus den Seifenwässern der Textilindustrie, z. B. vom Walkprozeß, durch Ansäuern abgeschiedenen Produkte, die auch die verwendeten Schmälzöle (s. S. 896) und daher oft große Mengen Mineralöl enthalten. Sie werden, wenn sie frei von Mineralölen sind, meist acidifiziert und destilliert („weißes Hartolein").

Auch aus den Wollabfällen, die sich unter den Kamm- und Streichmaschinen ansammeln, erhält man durch Auspressen oder Extraktion ein schwarzes Öl (black oil, recovered oil), das ähnlich aufgearbeitet wird.

Aus Putzlappen, Putzwolle u. dgl. werden in Maschinenwerkstätten usw. vorwiegend Mineralöle, unter Umständen jedoch mit fetten Ölen vermischt, durch Zentrifugieren unter gleichzeitiger Behandlung mit Wasserdampf und Sodalösung oder mit Wasserdampf und Tri[1] und Scheidung der entstehenden Emulsionen zurückgewonnen.

Aus Bleicherden, die zur Ölraffination benutzt worden sind, werden die darin enthaltenen Fettreste durch Extraktion mit Lösungsmitteln oder mit wässerig-alkalischen Salzlösungen oder mit gespanntem Wasserdampf, allerdings meist in stark verändertem, oxydiertem Zustande wieder erhalten.

Soapstocks[2] und andere als „Seifenfette", „Pflanzenfettsäuren" u. ä. gehandelte, aus der Ölraffination stammende Abfallfette (s. auch S. 692): Bei der Laugenraffination der Rohfette wird, wie S. 692 erwähnt, stets eine gewisse Menge Neutralfett vom Soapstock mitgerissen. Betriebsmäßig zersetzt man gewöhnlich den ganzen Soapstock mit Mineralsäure und bestimmt dann den Gehalt der abgeschiedenen Fettmasse, der „Soapstockfettsäuren", an freien Säuren. Eine unmittelbare Untersuchung des Soapstocks selbst ist im allgemeinen überflüssig, da ohnehin nur die (neutralfetthaltigen) „Soapstockfettsäuren" weiter in den Handel gelangen; auch ist eine wahre Durchschnittsprobe des ganz inhomogenen Soapstocks nur sehr schwer zu erhalten. Da aber bei der technischen Zersetzung des Soapstocks durch längeres Kochen mit Mineralsäure eine gewisse Nachspaltung des Neutralfettes eintritt[3] und somit der Neutralfettgehalt zu niedrig (bis um 6%) gefunden wird, so muß man in besonderen Fällen, z. B. zur Feststellung der wahren Neutralfettverluste bei der Erprobung eines Laugen-Raffinationsverfahrens, wie folgt verfahren: Zur genauesten Prüfung schüttelt man eine (nicht gewogene) kleine Menge (etwa 5—10 g) des Soapstocks mit Äther und verdünnter Mineralsäure (ohne Erwärmen), wobei das Neutralfett zusammen mit den aus den Seifen abgeschiedenen bzw. von diesen adsorbierten freien Säuren in den Äther übergeht. Nach Trocknen, Filtrieren und Eindampfen des Ätherextrakts in üblicher Weise und anschließender Bestimmung der Säurezahl des Fettrückstandes mit 0,5-n oder 0,1-n alkoholischer KOH berechnet sich der Säuregehalt des Ätherextraktes zu (SZ./199) % freier Säure (ber. als Ölsäure), also der Neutralfettgehalt (Raffinationsverlust) zu 100 — (SZ./199) %. Der Verlust wird meist als Verlustfaktor [(199/SZ.) bei Berechnung der freien Säure als Ölsäure, sonst unter Einsetzung der für die betreffende Säure in Frage kommenden Säurezahl, z. B. für Laurinsäure 280] ausgedrückt. Der Verlustfaktor gibt somit an, wie groß der gesamte Raffinationsverlust (Neutralfett + freie Säure) im Verhältnis zur Menge der entfernten freien Säure ist. Enthält z. B. das Fett aus dem Soapstock 45% freie Fettsäuren, so ist der Verlustfaktor 2,22 = (100 : 45). Bei sehr guter Raffination beträgt er etwa 1,20, im Mittel etwa 1,65, entsprechend 66% freier Säure im Soapstock.

---

[1] Kombiniertes Wasch- und Entfettungsverfahren, K. Niessen A.-G., Pasing-München.

[2] Bearbeitet von F. Wittka.

[3] F. Wittka: Allg. Öl- u. Fett-Ztg. **29**, 9 (1932).

In der Praxis vermeidet man, wenn möglich, zwecks Zeitersparnis die Äthermethode und zersetzt den Soapstock unmittelbar durch Kochen mit verdünnter
Salzsäure. Zur Vermeidung der hierbei durch Nachspaltung eintretenden Neutralfettverluste empfiehlt Wittka (l. c.) folgendes schonendere Verfahren:

Man verdünnt den Soapstock erforderlichenfalls mit lauwarmem Wasser, setzt
überschüssige verdünnte H_2SO_4 unter kräftigem Rühren mit breitem Holzspatel
zu, bis die Emulsion dünnflüssig geworden ist, kocht dann nur kurz bis zum
Klarwerden des Fettes (2—5 min) auf, zieht das Sauerwasser ab, trocknet und
filtriert das Fett über Na_2SO_4 und bestimmt die Säurezahl des klaren Filtrats.

Soapstock mit hohem Gehalt an Schleimstoffen und Schmutz gibt auch nach
dieser Methode durch Spaltung von freiem Neutralfett zu hohen Gehalt an freier
Säure. In diesem Fall führt nur das Ätherverfahren zu richtigen Resultaten.

Kadaver-, Haut-, Darm- und Wurstfette zeigen je nach dem
Ursprungsmaterial sehr wechselnde Zusammensetzung. Kadaverfette sind
z. B. meist Gemische von Schweinefett, Rinder- und Pferdefett; sie werden
vorwiegend nach Farbe und Geruch gehandelt. Hautfette, die beim Ab-
schaben gekalkter Blößen abfallen, sind sehr kalkseifenhaltig.

Leimsiederfette (Leimfette), aus den Leimbrühen von der Kalk-
behandlung der rohen Lederhäute gewonnen, enthalten meist große Mengen
Oxysäuren, ferner Kalkseifen und Leimsubstanzen.

Andere Abfallfette sind z. B. Lederfette (S. 929), im weiteren Sinne auch
Knochenfett, Sulfuröl und Wollfett (S. 960).

Die Prüfung der Abfallfette, soweit sie nicht bereits oben beschrieben
ist, erfolgt nach den kombinierten Methoden der Fettanalyse (s. S. 724 f.)
unter besonderer Beachtung der oft beträchtlichen Anteile an Unverseifbarem, Oxysäuren, Asche (Kalkseifen), organischen Verunreinigungen und
Wasser.

Neuntes Kapitel.

Wachse.

A. Chemischer Charakter.

Im Gegensatz zu den eigentlichen Fetten und Ölen, die Glycerinester darstellen, bestehen die Wachse aus Estern höherer Fettsäuren und ein- oder zweiwertiger, teils aliphatischer, teils cyclischer Alkohole; daneben enthalten sie charakteristische Mengen freier Fettsäuren, freier Alkohole und Kohlenwasserstoffe. So enthält z. B. Bienenwachs als Hauptbestandteil Melissylpalmitat, $C_{16}H_{31}O_2 \cdot C_{30}H_{61}$*, ferner erhebliche Mengen $(14-15\%)$ freier Säuren (sog. „Cerotinsäure", ein früher als einheitlich angesehenes Gemisch verschiedener hochmolekularer gesättigter Fettsäuren, vgl. S. 622), sowie hochschmelzende Kohlenwasserstoffe; die schön krystallinen Wachse, Walrat und Chinesisches Insektenwachs, bestehen dagegen im wesentlichen aus neutralen Wachsestern (beim Walrat überwiegend C_{16}-, beim Insektenwachs C_{26}-Säuren und -Alkohole). Die in den Wachsen vorkommenden Säuren sind, abgesehen von den im Tuberkelbacillenwachs gefundenen Säuren mit verzweigten Ketten (s. S. 953), durchweg normale Säuren mit paarer C-Atomzahl (s. S. 619f.).

Tabelle 200. Eigenschaften

Art des Wachses	d_{15} g/l	n_D^{20}	Erstarrungspunkt °C	Verseifungszahl	Jodzahl		Reichert-Meißl-Zahl	Fettsäuregehalt %
					des Öles	der Fettsäuren		
Spermacetiöl, Potwaltran *Huile de spermaceti* *Sperm Oil* *Olio di spermaceti*	875 bis 890	1,4610 bis 1,4655	nahe unter 0, zuweilen bis + 10	120 bis 150	71—93 (62)	76—93	0,6 bis 2,3	60—65
Döglingtran *Huile de l'hyperoodon* *Arctic Sperm Oil* *Olio di spermaceti artico*	875 bis 885	1,4607 bis 1,4645	— 18	115 bis 136	80—89 (67,1)	82—91	1,1 bis 1,4	57—65

* Die Frage der Einheitlichkeit des sog. Melissyl- oder Myricylalkohols, dem von manchen Autoren die Formel $C_{30}H_{62}O$, von anderen die Formel $C_{31}H_{64}O$ zugeschrieben wird, bedarf noch der Nachprüfung.

Im Gegensatz zu der großen Zahl (etwa 50) verschiedener, technisch verwerteter, in größeren Mengen hergestellter Fettarten[1] besitzen unter den insgesamt bekannten, etwa 280 Wachsen und wachshaltigen Stoffen[2] nur 9 oder 10 praktisches Interesse (s. Tabelle 200 und 201). Von den angeführten tierischen Wachsen sind die Insektenwachse, wie bekannt, Ausscheidungen des Tierkörpers, welche als Baumaterialien dienen, das Wollfett ist eine Schweißabsonderung, die physiologische Bedeutung des Walrats und Walratöles scheint nicht näher bekannt zu sein; vielleicht entspricht sie einfach derjenigen der Fette.

Die Pflanzenwachse bilden schützende Überzüge für die Blätter oder Früchte, von denen sie ausgeschieden werden, z. B. Carnaubawachs bei der Carnaubapalme.

Mit Ausnahme der flüssigen Wachse (Spermacetiöl und Döglingtran) und des Walrats geben alle Wachse beim Kochen mit alkoholischem Kali (s. S. 113) auf nachherigen Wasserzusatz Trübungen bzw. Niederschläge, da die höheren Alkohole der meisten Wachse in der entstehenden wässerigen Seifenlösung schwer löslich sind. Walrat gibt nach dem Kochen mit alkoholischer 0,5-n KOH auf Zusatz von heißem Wasser keine Trübung; diese entsteht erst beim Abkühlen und auch nur in mäßiger Stärke.

Beim Erhitzen der Wachse tritt, da Glycerin fehlt, kein Acroleingeruch auf (s. jedoch Spermacetiöl). Die Verseifungszahlen sämtlicher Wachse sind infolge ihres hohen Gehaltes an unverseifbaren Alkoholen weit niedriger als diejenigen der Glyceride (s. Tabelle 200 u. 201). Die für Fette ausreichende Verseifungszeit von $1/4$ h genügt bei Verwendung von 2 g Wachs nicht, vielmehr ist mindestens 1 std. Erhitzen nötig (s. S. 955 u. 972).

der flüssigen Wachse[3].

Schmelz-punkt der Fett-säuren ^{0} C	Erstar-rungs-punkt der Fettsäuren ^{0} C	Bestandteile	Sonstiges
13—21	11—16 (6,2)	Ester von 60—65% Fettsäuren (davon 81% flüssig, ungesättigt, 19% fest, Laurin-, Myristin-, Palmitinsäure) und 32—42% höheren einwertigen Alkoholen, vorwiegend Cetyl- und Oleinalkohol. 1,4—3,5% Glycerin, entsprechend etwa 12—30% Triglyceriden[4].	Riecht schwach tranartig. E_{20} 5,6—7,05. Schmelzpunkt der höheren Alkohole nach Lewkowitsch 25,5—27,5, nach Fendler 32,5^0; Jodzahl 64,6 bis 65,8. Die höheren Alkohole sind in Wasser unlöslich, in Alkohol löslich.
5—16	8—10	Ester von Fettsäuren und 32 bis 43% höherer einwertiger Alkohole (wie bei Spermacetiöl).	Riecht tranartig, neigt zum Verharzen. Schmelzpunkt der höheren Alkohole: 23,5—26,5^0; Jodzahl 64,8—65,2. Die höheren Alkohole zeigen dieselben Löslichkeitseigenschaften wie diejenigen des Spermacetiöls.

[1] Im Grün-Halden sind über 1330 Fettarten beschrieben.
[2] Grün-Halden: Analyse, Bd. 2, Vorwort, S. III.
[3] Größtenteils entnommen aus Halden-Grün, Analyse, Bd. 2.
[4] Nach der chemischen Definition wäre das Öl demnach als Gemisch aus Fett und Wachs zu bezeichnen.

B. Flüssige (tierische) Wachse.

Die einzigen bisher bekannten flüssigen Wachse sind Spermacetiöl (Walratöl) und Döglingtran. Ersteres, das schon seit Jahrhunderten bekannt ist, wird aus dem Speck und den Kopfhöhlen des Spermwales (Potwal), Physeter macrocephalus, letzteres vom Entenwal, Hyperoodon rostratus, durch Abpressen von den festen Anteilen (Walrat) bei + 4 bis 10⁰ gewonnen. Chemisch sind die beiden hellgelb bis bräunlich gefärbten Öle kaum voneinander zu unterscheiden. Im Handel erkennt man Döglingtran vielfach an seinem charakteristischen Geschmack (s. auch Tabelle 200).

Spermacetiöl ist ein wertvolles, kältebeständiges Schmieröl für Feinmechanismen, Spindeln und leichte Maschinen, weil es nicht leicht ranzig wird, in den Lagern nicht verharzt und seine Viscosität bei erhöhter Temperatur nur langsam abnimmt. Döglingtran neigt leichter zum Verharzen und ist daher weniger geschätzt.

Während die festen Wachse mit Ausnahme des Wollfettes hauptsächlich aus gesättigten Verbindungen bestehen, sind die flüssigen Wachse größtenteils Verbindungen von ungesättigten Alkoholen der Reihe $C_nH_{2n}O$ mit ungesättigten Fettsäuren. Spermacetiöl dient demgemäß auch zur industriellen Gewinnung des technischen Oleinalkohols, der — im Gegensatz zu den gesättigten Fettalkoholen — nicht durch Hochdruckhydrierung von Fetten bzw. Fettsäuren (S. 822, Anm. 3) hergestellt werden kann, weil bei dieser Reaktion zugleich die Doppelbindungen abgesättigt werden[1].

Geruch, Geschmack und einige Farbenreaktionen der flüssigen Wachse sind denen von Tranen, welche auch verwandten Ursprung haben, sehr ähnlich. Zur Unterscheidung von letzteren dient der hohe Gehalt der Wachse an Unverseifbarem, 35—40%, ferner ihr niedriges spez. Gew. 0,875—0,883 gegenüber 0,915—0,937 bei Tranen.

Verfälschungen mit fetten Ölen geben sich ferner durch Erhöhung der Verseifungszahl zu erkennen. Mineralöle werden qualitativ durch die Verseifungsprobe S. 113, quantitativ nach S. 115 durch Behandeln des Unverseifbaren mit Essigsäure-anhydrid oder nach S. 958 bestimmt.

C. Feste Wachse.

Eigenschaften der wichtigsten Wachse s. Tab. 201, S. 950.

I. Bienenwachs.

1. Verarbeitung, Eigenschaften, Verwendung.

Das rohe, durch Ausschmelzen der Honigwaben gewonnene Bienenwachs ist meistens gelb, seltener grau oder rötlich- bis schwarzbraun (Madagaskar, Domingo), spröde, von feinkörnigem Bruch, fast geschmacklos und riecht nach Honig.

In kalten organischen Lösungsmitteln ist Bienenwachs schwer, zum Teil gar nicht löslich; in der Wärme löst es sich leicht, namentlich in Chloroform und Tetra. Heißer Alkohol löst die freie Cerotinsäure, einige Ester und Farbstoffe heraus.

---

[1] Nach Schrauth: Angew. Chem. **46**, 461 (1933), ist neuerdings durch geeignete Führung der Hochdruckreduktion auch die Herstellung ungesättigter Alkohole auf diesem Wege gelungen.

Durch Umschmelzen mit schwach schwefel- oder salzsäurehaltigem Wasser wird das Rohwachs geklärt und dann einer Bleichung unterworfen. Bei der Naturbleiche wird es nach Zusatz von 3—5% Talg oder kleinen Mengen Terpentinöl in Form von Körnern, Fäden oder Bändern der Luft und Sonne ausgesetzt. Die Zusätze sollen nach Ansicht von C. Engler als Sauerstoffüberträger wirken. Künstlich wird das Wachs durch Behandlung mit Kaliumbichromat oder -permanganat und Schwefelsäure, mit Bleicherden, Tierkohle u. dgl. gebleicht.

Das reine weiße Wachs ist geruchlos, an den Kanten durchscheinend, schwerer als gelbes Wachs und meist von glattem Bruch.

Der Rückstand vom Klären des Rohwachses gibt abgepreßt das Preßwachs, der Preßrückstand bei der Benzinextraktion noch etwa 10—15% Extraktionswachs.

Von dem gewöhnlichen Wachs, dem Baustoff der Bienenwaben, ist das Klebwachs (Propolis, Vorwachs, Bienenharz) zu unterscheiden, das zum Verschließen der Zellen dient und nur 12—30% Wachs neben 43—84% eines aromatischen Harzes, 3—8% Harzbalsam und einigen Prozenten flüchtiger Nebenbestandteile enthält. Nach eingehenden Untersuchungen von Jungkunz[1] ist das gesamte Klebwachs (auch dessen Wachsbestandteil) rein pflanzlichen Ursprungs.

Bienenwachs wird in der Kerzenindustrie, ferner auf pharmazeutische Präparate, Möbel- und Bohnerwachse, Appreturmittel (namentlich für Halbseide) verarbeitet.

2. Untersuchung.

Die technisch-chemische Untersuchung des Bienenwachses dient fast ausschließlich der Reinheitsprüfung, da Bienenwachs wegen seines verhältnismäßig sehr hohen Preises sehr häufig verfälscht wird, und zwar sowohl mit gepulverten Mineralsubstanzen (Schwefel, Ocker) als auch mit Talg, Stearinsäure, Japanwachs, Carnaubawachs, Walrat, Harz, Paraffin und Ceresin, zuweilen auch mit Stärke.

a) Vorbereitung zur Untersuchung (Wizöff).

Rohwachs wird zur Entfernung von Honigresten und mechanischen Verunreinigungen über kochendem Wasser, nötigenfalls mehrmals, umgeschmolzen. Nach Erstarren des Wachskuchens wird der am Boden abgesetzte Schmutz abgeschabt, ist seine Menge bedeutend, so wird sie nach S. 119 genauer bestimmt. Schmilzt das Wachs nicht klar (Pollenkörner, Mehl), so filtriert man es im Heißwassertrichter. Mechanische Verunreinigungen (Stroh, Bienenleichen), mineralische Verfälschungsmittel (auch Stärke, Knochenmehl, Sägemehl u. a.) bleiben im Heißwassertrichter zurück.

Kalk- und eisensandhaltige Wachsproben, auch solche, die ausländische, durch gummi-, kautschuk- und guttaperchaartige Stoffe oder Harze verunreinigte Rohwachse enthalten, lassen sich infolge ihrer Neigung zu Emulsionsbildung schwer klären. Man schmilzt sie zweckmäßig mit 20%iger HCl oder $CaCl_2$-Lösung um. Bei stark verunreinigten Proben trennt man das Wasser von den Verunreinigungen durch Lösen (Extrahieren) in Chloroform oder Tetrachlorkohlenstoff.

Von Wachsprodukten, die nicht homogen zusammengesetzt sind (z. B. Kerzen), schmilzt man möglichst ein ganzes Stück über Wasser um und kühlt es unter Rühren rasch ab, damit keine Entmischung eintritt.

b) Voruntersuchung (Wizöff).

α) Farbe. Beim Erhitzen mit 80%igem Alkohol, Erkaltenlassen der Mischung und Filtrieren geben reine ungefärbte Wachse ein ganz oder fast farbloses Filtrat; stärkere Gelbfärbung der alkoholischen Lösung, evtl. mit Säuren in Rot umschlagend, deutet auf Zusatz von Teerfarbstoffen.

β) Geruch (bei gewöhnlicher Temperatur oder durch gelindes Erhitzen verstärkt). Bei den meisten europäischen Wachsen frisch und rein (honigartig), bei

---

[1] R. Jungkunz: Chem. Umschau Fette, Öle, Wachse, Harze **39**, 7, 30 (1932).

Tabelle 201. Eigenschaften fester

	Art des Wachses	d_{15} g/l	n_D	Erstarrungspunkt °C	Schmelzpunkt °C	Verseifungszahl
Pflanzliche Wachse	Carnaubawachs[1] (sprich Carna-uba) *Cire de carnauba* *Carnauba Wax* *Cera di carnauba*	990—999 (966—989 bei 20°[2])	1,3928/85[2] (85°)	frisch 78 bis 81, alt 86 bis 87, mit Raffinationsgrad steigend	je nach Alter und Raffinationsgrad 80—91	79—94
	Kaffeebohnenwachs[5] *Cire de café* *Coffee berry Wax* *Cera di caffè*	963—988	—	—	60—61	77,5—163
	Candelillawachs[6] (Canutillawachs) *Cire de candelilla* *Candelilla Wax* *Cera di candelilla*	950—993 (936)	1,4558 (70°)	63,8—68	67—70 (82)[7]	47—65
	Baumwollwachs[9] *Cire de coton* *Cotton seed Wax* *Cera di cotone*	976—1000	—	—	76,5—80,5 (55—66)	57—76

[1] C. Lüdecke: Seifensieder-Ztg. **40**, 1237, 1274 (1913); Chem. Umschau Fette, u. Harzind. **22**, 40 (1915); Gottfried u. Ulzer: Chem. Umschau Fette, Öle, (1921); d_{20} nimmt mit Aufhellung der Farbe ab. [3] Die bisher aufgefundenen Säuren Ann. **223**, 299 (1884). *Stürcke: ebenda S. 310. [5] H. Meyer u. Eckert: Monatsh. u. Bjerregaard: Ztschr. angew. Chem. **23**, 471 (1910); H. Niederstadt: Seifen-H. Meyer u. W. Soyka: Monatsh. Chem. **34**, 1159 (1913); Ragnar Berg: Chem.-zahl sollen vom wechselnden Harzgehalt der Handelsprodukte herrühren. angegeben; G. S. Fraps u. J. R. Rather: Ztschr. angew. Chem. **24**, 524 (1911), $C_{31}H_{64}$?); 15% Melissinsäure, $C_{31}H_{62}O_2$(?), Schmelzpunkt 88—90°; 10—14% Schmelzpunkt 85°; 10% harzige, nicht näher untersuchte Bestandteile; Spuren 18—20% harzartige Substanz; 74—76% Dotriakontan, $C_{32}H_{66}$; 5—6% Oxylacton, Wachs. Leys: Journ. Pharmac. Chim. **1**, 417 (1925), fand 54% Kohlenwasser-u. J. Allan: Chem.-Ztg. **35**, Rep. 556 (1911); C. Piest: Ztschr. angew. Chem. Chem. Umschau Fette, Öle, Wachse, Harze **32**, 8 (1925). [10] Oil Colour Trades

(pflanzlicher und tierischer) Wachse.

Jodzahl	Bestandteile	Sonstiges
8—13,5	Ester vorwiegend gesättigter Säuren mit 24 und mehr C-Atomen (sog. Carnaubasäure, Cerotinsäure) und einwertiger Alkohole (Cerylalkohol, Melissylalkohol, vgl. S. 946)[3], außerdem ein zweiwertiger Alkohol[4] $C_{25}H_{52}O_2$ Schmelzpunkt 103,5/8° und eine Oxysäure $C_{21}H_{42}O_3$*. Bis 48% Fettsäuren, bis 55% Unverseifbares. Nach Grimme[2] etwa 4,6% Glycerin(?).	Von der brasilianischen Wachspalme (Copernicia cerifera). Die „fettgraue" Rohware wird durch Umschmelzen über Wasser zu „sand-" oder „courantgrauem" Wachs, dieses durch Bleichen (unter Paraffinzusatz) zu „gelbem" und „weißem" Wachs gereinigt. Weitere Qualitäten: „gelb mittel", „gelb prima", „flor gelb". Verwendung zum Härten anderer Wachse, für Wachsseifen, Kerzen, Schuhputz, Polituren u. a. Acetylzahl 51—60; Säurezahl (2) 4—8 (10).
17—28,8	Etwa 50% gesättigte Fettsäuren (sog. Carnaubasäure) und ein Harzalkohol (Tannol[3]). Im Rohwachs Coffein.	Abfallprodukt beim Entcoffeinieren der Kaffeebohnen. Rohwachs riecht nach Rohkaffee, gereinigtes geruch- und geschmacklos. Löslich in reinem Alkohol, Benzol, Chloroform, Aceton, Essigsäure; schwer löslich in Äther, sehr schwer löslich in Ligroin. Beim Erwärmen mit alkoholischer Salzsäure violettrote Färbung.
12/20 Hübl (57,6 Wijs)[7]	65—77% (91,2%) Unverseifbares 29,4% (6,6; 4,2) Fettsäuren; 0,34% Asche[8].	Säurezahl 10—21[7]; Acetylzahl 9—21. In Mexiko aus der Euphorbiacee Pedilanthus Pavonis gewonnen, Ersatz für Carnaubawachs, aber mit nur geringem Härtungsvermögen, geruchlos; bei Erwärmen Geruch nach Benzoeharz.
20—28	Wachs aus ägyptischer Mako enthielt 70% Alkohollösliches (Schmelzpunkt 66—67°), 30% Unlösliches (Schmelzpunkt 68°), 47,5% Unverseifbares, Wachs aus Texas-Baumwolle[10] 57 bis 68% Unverseifbares.	Beim Abkochen der Baumwolle mit Natronlauge oder Sodalösung vor dem Bleichen aus den Ablaugen gewonnen (0,35 bis 0,55%); Acetylzahl 48—84.

Öle, Wachse, Harze **29**, 61, 278, 287 (1922); B. Lach: Chem. Revue üb. d. Fett-Wachse, Harze **33**, 141 (1926). [2] Cl. Grimme: Pharmaz. Zentralhalle **62**, 249 und höheren Alkohole bedürfen der Nachprüfung (s. S. 946). [4] Stürcke: Liebigs Chem. **31**, 1227 (1910); F. Munck: Allg. Öl- u. Fett-Ztg. **29**, 13 (1932). [6] Hare sieder-Ztg. **38**, 1145 (1911); McConnel-Sanders: Chem.-Ztg. **35**, 1346 (1911); Ztg. **38**, 1162 (1914). [7] Die Schwankungen von Jodzahl, Schmelzpunkt und Säure-
[8] Zusammensetzung und Kennzahlen des Candelillawachses werden sehr verschieden isolierten 50—52% Kohlenwasserstoff vom Schmelzpunkt 68° (Hentriakontan, Melissylalkohol, $C_{31}H_{63}OH$(?), Schmelzpunkt 85°; 1% unbekannten Alkohol, eines Phytosterinalkohols, Schmelzpunkt > 130°. H. Meyer u. W. Soyka fanden $C_{30}H_{58}O_3$ (Lanocerinsäurelacton?); danach wäre das Produkt kein eigentliches stoffe, 41% höhere Alkohole und Säuren, 4,2% gesättigte Säuren. [9] E. Knecht **25**, 396 (1912); Clifford u. Probert: Journ. Soc. chem. Ind. **43**, 795 (1924); Journ. **76**, 187 (1929).

Fortsetzung der Ta-

	Art des Wachses	d_{15} g/l	n_D	Erstar-rungs-punkt ^{0} C	Schmelz-punkt ^{0} C	Ver-seifungs-zahl
Pflanzliche Wachse	Montanwachs *Cire de lignite* *Montan Wax* *Cera di lignite*	etwa 1000 (d_{100} 890)	—	—	78—90 (roh) 73—80 (raff.)	60—105 (126)
Tierische Wachse	Walrat *Cétine* *Spermaceti* *Spermaceto*	894[1]—920 Stark schwankende Literatur- angaben, auch bis 970 [807—841 bei 98—100^0]	1,4242 (100^0)	41—48	42—54 [45—54[2]]	118—135
	Wollfett (Wollwachs) *Suintine* *Wool Fat* *Sugna*	932—945 (973)	1,4781/4822 (40^0)	30—40 (Fett- säuren 40)	31—43	77—130
	Bienenwachs[3] *Cire d'abeilles* *Bees Wax* *Cera d'api*	956—975 [Gelb: 948—958, Weiß: 956 bis 961 (20^0)[2]] [818—822 bei 98—100^0]	1,4398/4451 (75^0)	60—63	60—66 (70) [62-66,5[2]]	88—102 (107)
	Chinesisches Wachs Insektenwachs *Cire d'insectes* *Insect Wax* *Cera d'insetti*	926—970	1,4340 (100^0)	80,5—81,0	80—83	78—93 (63)
	Tuberkelbacillen- wachs[6] *Cire de bacille* *tuberculeux* *Wax from Tuber-* *culosis Bacilli* *Cera di bacillo* *tuberculoso*	—	—	unter 52	44—53,5	49,4—60,7

[1] F.Lucas: Apoth.-Ztg. **28**, 570 (1913); C. **1913**, II, 1163; André u. François: **9**, 117 (1927). [2] Anforderung des D.A.B. 6. [3] Über die Unterschiede zwischen Berlin 1930; Holde u. Bleyberg: Ztschr. angew. Chem. **43**, 897 (1930). 480 (1931). [6] De Schweinitz u. Dorset: Ztrbl. Bakter., Parasitenk. **19**, 707 Berl. klin. Wchschr. **36**, 484 (1899); **47**, Nr. 35, 13 (1910). [7] R. J. Anderson u. 157 (1930); E. Chargaff: Naturwiss. **19**, 202 (1931); Ber. **65**, 745 (1932).

belle 201 von S. 950.

Jodzahl	Bestandteile	Sonstiges
10—19 (roh) 9—12 (raff.)	Näheres s. S. 969.	Säurezahl 20—40, auch höher, bei rohem, bis 100 (123) bei raffiniertem und destilliertem Wachs s. S. 971.
3—8	Hauptsächlich Palmitinsäure-Cetylester, außerdem geringere Mengen von Estern anderer gesättigter Fettsäuren (Laurinsäure, Myristinsäure, Stearinsäure) und Alkohole (Tetradecyl-, Octadecylalkohol), bis 7% Glyceride. 49—53,5% Fettsäuren, 47—54,3% Alkohole.	Säurezahl bis 6, bei reinen Proben nicht über 0,5 (nicht über 2,3[2]). In kaltem Alkohol schwer, in heißem leicht löslich. Läßt sich mit alkoholischem Kali leicht verseifen. Blättrig-krystallinische Struktur; weiß. Bei 0^0 aus Walratöl abgeschieden und abgepreßt.
15—29 [Fettsäuren 10 (17)]	Näheres s. S. 961. Charakteristischer Bestandteil für analytischen Nachweis Lanocerinsäure.	$[\alpha]_D^{35} = + 6,7^0$; weiteres s. S. 962 f.
5,8—15 meist nur 10	Bestandteile: etwa 14—15% freie Säuren (n-Tetrakosansäure und höhere Homologe) Melissylpalmitat und feste Kohlenwasserstoffe.	SZ. 17—24 [16,8—22,1[2]]; EZ. 71 bis 87 [65,9—82,1[2]]; Verhältniszahl von Hübl 2,8-4,4 [3,0-4,3[2]], in Deutschland meist 3,6—3,8; Acetylzahl 15; Buchnerzahl 1,2—6,2. Näheres s. S. 948 f.
1,4—2,5	Ester gesättigter Säuren und Alkohole mit 22—30 C-Atomen, Säuren vorwiegend n-Hexakosansäure[4], ferner n-Octakosansäure[5].	In Alkohol, Äther, Petroläther, Tetra, Chloroform wenig löslich, in heißem Chloroform leichter löslich; weiß bis gelblich. Krystallinische Struktur; spröde.
9,4—9,9	Laurin-, Myristin-, Palmitin-, Arachinsäure, Ölsäure; Alkohole C_{15}, C_{19}, C_{29} (?). Etwas Phosphatid. Nach neueren Untersuchungen[7] enthält das Wachs auch Ester von Säuren mit verzweigten Ketten, z. B. Tuberkulostearinsäure $C_{18}H_{36}O_2$ und Phthionsäure $C_{26}H_{52}O_2$. Die Säuren sind zum Teil an Kohlenhydrate gebunden.	Reichert-Meißl-Zahl 2,0; Säurezahl 23. Löslich in Chloroform.

Compt. rend. Acad. Sciences **182**, 497 (1926); **183**, 663 (1926); Bull. Soc. chim. biol. europäischem und indischem Bienenwachs s. S. 955. [4] L. Grubits: Diss. Univ. [5] E. Schimmerling: Diss. Univ. Wien 1931; Holde: Ztschr. angew. Chem. **44**, (1896); Kresling: Arch. Sciences biol. Petersburg (russ.) **9**, 359 (1903); Aronson: E. Chargaff: Journ. biol. Chemistry **85**, 77 (1929); Ztschr. physiol. Chem. **191**,

vielen ausländischen Wachsen muffig (Sackgeruch), bei Extraktionswachsen sowie bei Carnaubawachs eigentümlich. Honigaroma kann auch durch künstliche Zusätze hervorgerufen sein.

γ) Geschmacksprüfung und Kauprobe (letztere in der Technik als grobe Konsistenzprüfung üblich) sind nach den Wizöff-Vorschriften zur Reinheitsprüfung nicht brauchbar.

δ) Knetprobe (als Vorprobe oft wertvoll). Sie ist keinesfalls unmittelbar nach dem Umschmelzen und Erstarren des Wachses, sondern mindestens 2 h, besser 24 h danach auszuführen. Man knetet etwa 0,5 g Wachs zwischen Daumen und Zeigefinger. Reines Bienenwachs ist lange in der warmen Hand knetbar, ohne die Finger zu beschmutzen oder zu beschmieren; allenfalls wird es etwas klebrig. Das erhaltene Produkt ist völlig homogen, durchscheinend, aber nicht glänzend, und reißt beim Auseinanderziehen kurz ab. Paraffinhaltige Proben werden auffallend glänzend, durchsichtig, schlüpfrig und langzügig; sie zeigen dabei oft Petroleumgeruch (vgl. auch S. 475). Ceresin- oder stearinhaltige Proben werden weißlich, inhomogen und bröcklig, erst bei längerem Kneten homogen und plastisch. Harzhaltige Proben kleben und riechen nach Harz, talghaltige schmieren und riechen talgig oder ranzig. Ein bei der Knetprobe bemerkbarer charakteristischer schwach aromatischer oder eigentümlich ranziger Geruch deutet auf Anwesenheit von Carnaubawachs und Japanwachs.

ε) Erhitzungsprobe. Neben der Verstärkung des Eigengeruchs tritt bei stärkerem Erhitzen von reinem Bienenwachs ein charakteristischer scharfer, aber von Acrolein deutlich verschiedener Geruch auf, während fett- oder paraffinhaltiges Wachs Acrolein bzw. acroleinähnlich riechende Dämpfe entwickelt.

c) Hüblsche Kennzahlen.

Die Hüblsche Methode[1] der Reinheitsprüfung von Bienenwachs gründet sich darauf, daß bei Bienenwachs — im Gegensatz zu den Fetten — der Gehalt an freier Säure keine zufällige, von spontaner Zersetzung herrührende Größe darstellt, sondern in engen Grenzen konstant ist. Ebenso steht die Esterzahl zur Säurezahl in einem ziemlich konstanten Verhältnis (Hüblsche Verhältniszahl EZ./SZ., s. Tabelle 202).

Tabelle 202. Hüblsche Kennzahlen von Bienenwachs und Ersatzstoffen.

Material	Säurezahl	Esterzahl	Verhältniszahl
Bienenwachs, gelb (deutsch) .	19—21	72—77 (Mittel)	3,6—3,8
„ weiß	17—24	71—77 *	3—4
Carnaubawachs.	(2) 4—8 (10)	(71) 74—84	9,5—15,5 (39)
Chinesisches (Insekten-) Wachs	0	80—81	—
Walrat	0	118—135	—
Paraffin, Ceresin	0	0	—
Japanwachs	8—30	195—207	> 6
Talg.	je nach Qualität von unter 1 bis 50	(150) 190—200	stark wechselnd
Stearinsäure	etwa 200	0	0
Harz	(110) 140—185	(1,5) 8—35	0,13—0,26

Bestimmung der Hüblschen Kennzahlen.

Säurezahl (Wizöff). 3—4 g Wachs werden in 20—30 ccm reinem frisch destilliertem Xylol und 50—60 ccm Alkohol heiß gelöst, mit etwa 0,5 ccm Phenol-

---

[1] v. Hübl: Ztschr. öffentl. Chem. **11**, 302 (1905).

* Bei Bleichung durch starke Oxydation auch höhere Esterzahl; z. B. mit 5% Terpentinöl gebleicht: EZ. 80,2; mit $KMnO_4$: EZ. 80,7; mit $K_2Cr_2O_7$: EZ. 84,3. Unter Zusatz von 3—5% Talg an der Luft gebleichte Wachse zeigten sogar EZ. 84 bis 92 (vorher 72—74).

phthaleinlösung versetzt und mit alkoholischer 0,1-n oder 0,5-n KOH in der Hitze titriert. Bei kurzem Wiedererwärmen muß die Rotfärbung der titrierten Flüssigkeit bestehen bleiben.

Die Verseifungszahl (Wizöff) wird gewöhnlich in einem Untersuchungsgang mit der Säurezahl bestimmt. Auf 4 g Einwaage werden insgesamt etwa 30 ccm 0,5-n alkoholischer KOH zugegeben. Die Probe wird 1 h auf dem Drahtnetz unter Rückflußkühlung bei etwa 80 mm Flammenhöhe gekocht; dann wird der Laugenüberschuß wie üblich in der Hitze mit 0,5-n HCl zurücktitriert.

Auswertung der Hübl schen Kennzahlen.

Liegt die Verseifungszahl eines Wachses unterhalb 92, die Säurezahl unter 17 und die Verhältniszahl zwischen 3,6 und 3,8, so ist wahrscheinlich Paraffin oder Ceresin zugegen. Ist die Verhältniszahl größer als 3,8, so liegt Verdacht auf Japanwachs, Carnaubawachs oder Talg vor. Bei hoher Säurezahl und einer Verhältniszahl unter 3,8 ist Gegenwart von Stearinsäure oder Kolophonium wahrscheinlich.

Die Auswertung der festgestellten Kennzahlen bedarf jedoch großer Vorsicht, da komplizierte Fälschungen (sog. Kompositionswachse[1]) gerade die normalen Kennzahlen des Bienenwachses aufweisen können (z. B. eine Mischung aus 37,5% Japanwachs, 6,5% Stearinsäure, 56% Ceresin) und künstlich gebleichte, ferner gewisse exotische Bienenwachse (z. B. tunesische und indische) trotz ihrer Reinheit anomale Werte geben.

Tunesische Wachse zeigen meist Verhältniszahlen 3,9—4,5[2]. Ein afrikanisches (Mogador-) Bienenwachs hatte Säurezahl 19,9, Esterzahl 79,4, Verseifungszahl 99,3, Verhältniszahl 3,99[3].

Auch mit Benzin erhaltene Extraktionswachse lieferten abweichende Werte: Säurezahl 21,2, Verseifungszahl 81, Esterzahl 59,8, Verhältniszahl 2,8, dagegen mit Chloroform extrahierte die normalen Zahlen Säurezahl 23,6, Verseifungszahl 94,6, Esterzahl 71 und Verhältniszahl 3[4].

Besonders anomal verhält sich indisches Bienenwachs[5] (Gheddawachs) von der Bergbiene Apis dorsata, der Baumbiene Apis indica und der Blumenbiene Apis florea. Es hat bei ungefähr gleicher Verseifungszahl weniger freie Säure und größere Mengen von Estern, daher erheblich höhere Verhältniszahl als gewöhnliches Bienenwachs. Die festgestellten Werte[6] sind: Säurezahl 5,3—12,2, Verseifungszahl 81,8—110,4, Esterzahl 75,2—103,1, Verhältniszahl 7,4—18,8. Ähnliche Zahlen zeigen ostasiatische Wachse[7]. Die Kennzahlen[8] für das Wachs der genannten Bienenarten sowie das der Trigonen (Meliponen) sind in folgender Tabelle 203 angegeben. Das Wachs der Trigonen, ein schusterpechähnliches,

Tabelle 203. Kennzahlen indischer Wachse.

Wachs von	Schmelzpunkt °	Säurezahl	Verseifungszahl	Esterzahl	Jodzahl (nach Hübl)
Apis dorsata	60—67	4,4—10,2	75,6—105,0	69,5— 97,8	4,8— 9,9
„ florea	63—68	6,1— 8,9	88,5—130,5	80,8—123,8	6,6—11,4
„ indica	62—64	5,0— 8,8	90,0—102,5	84,0— 95,9	5,3— 9,2
Trigona (Melipona) .	66—76	16,1—22,9	73,7—150,0	55,2—128,3	30,2—49,6

[1] Vgl. Ryan: Proceed. Roy. Soc. London **12**, 210 (1909).

[2] Bertainchand u. Marcille: Chem.-Ztg. **22**, Rep. 235 (1898).

[3] G. Buchner: ebenda **42**, 373 (1918).

[4] G. Buchner: ebenda.

[5] Von G. Buchner: Ztschr. öffentl. Chem. **3**, 570 (1897), zuerst als echtes und von dem Wachs der Hausbiene Apis mellifica verschiedenes Wachs erkannt.

[6] G. Buchner: Chem.-Ztg. **29**, 297 (1905); **30**, 30, 43 (1906); Chem. Revue üb. d. Fett- u. Harzind. **19**, 81 (1912); G. Buchner u. H. Fischer: Ztschr. öffentl. Chem. **19**, 147, 170, 188, 354 (1913).

[7] R. Berg: Chem.-Ztg. **31**, 537 (1907).

[8] Analysenwerte indischer Chemiker, nach H. Fischer: Ztschr. öffentl. Chem. **20**, 315 (1914).

manchmal dem Gheddawachs zugesetztes Wachs, wird häufig als Hummelwachs bezeichnet; es hat zwar äußerlich (braun bis schwarz gefärbt, harzartig, fadenziehend bei geringer Erwärmung) große Ähnlichkeit mit diesem, ist aber in den Kennzahlen durchaus davon verschieden (die v. Hüblschen Zahlen des Hummelwachses stimmen mit denen des normalen Bienenwachses völlig überein).

Das dem indischen Wachs sehr ähnliche Chinabienenwachs (nicht zu verwechseln mit dem chinesischen Insektenwachs, s. S. 952) hat Säurezahl 5,3—9,7, Verseifungszahl 82,1—120,2, Esterzahl 76,1—111,5, Verhältniszahl 11,0—17,9.

Entgegen der früheren Annahme, daß die vom normalen Bienenwachs abweichenden Zahlen des indischen Wachses lediglich auf eine Verschiebung zwischen der Menge der freien und veresterten Säuren zurückzuführen seien, wurde diese Erscheinung von anderer Seite auf größere Unterschiede in der chemischen Zusammensetzung zurückgeführt[1]. Gewöhnliches Bienenwachs enthält als Alkohole hauptsächlich Melissylalkohol und wenig Cerylalkohol, ostindisches Wachs dagegen nur Cerylalkohol; auch in den als Ester vorkommenden Säuren sollen Unterschiede bestehen. Die in beiden Wachssorten vorkommenden Kohlenwasserstoffe sind die gleichen, das Verhältnis der Mengen Kohlenwasserstoffe und Alkohole ist aber im indischen Wachs ein anderes als im normalen Bienenwachs, jedoch ist die Summe beider Bestandteile in beiden Fällen gleich.

G. Buchner[2] tritt für Toleranz bei Auswertung der Hüblschen Zahlen ein. Im Gegensatz dazu sind nach H. Fischer[3] außer beim ostindischen Wachs anomale Zahlen auf absichtliche oder unabsichtliche Verfälschung des Wachses zurückzuführen. Letztere kann z. B. durch den Gebrauch der künstlichen ceresinhaltigen Wabenmittelwände erfolgen.

In Zweifelsfällen ist die Feststellung der Hüblschen Kennzahlen noch durch die nachstehenden Prüfungen zu ergänzen.

d) Nachweis von Glyceriden.

Glyceride, wie z. B. Talg, Japanwachs, Palmfett, werden durch Glycerinbestimmung nach S. 839 f. ermittelt. Zur qualitativen Prüfung auf Glycerin (Wizöff) verseift man die Probe in rein alkoholischer Lösung, verjagt den Alkohol vollständig, scheidet die Fettsäuren mit verdünnter H_2SO_4 ab, filtriert sie ab, macht das Filtrat mit K_2CO_3 ganz schwach alkalisch und dunstet es bei 70—80° ein. Der Rückstand wird mit 20 g Na_2SO_4 versetzt, die getrocknete Masse mit Aceton extrahiert und der Extrakt bei 75° getrocknet. In diesem Rückstand wird gemäß S. 839 auf Bildung von Acrolein geprüft.

e) Nachweis von Stearinsäure und Harz.

Der Nachweis dieser Säuren beruht auf ihrer Löslichkeit in kaltem 80%-igem Alkohol, in dem sowohl die neutralen wie auch die sauren Anteile des reinen Bienenwachses nahezu unlöslich sind.

---

[1] A. Lipp u. E. Kuhn: Journ. prakt. Chem. **86**, 184 (1912); Monatsh. Chem. **33**, 256 (1912); Lipp, Kuhn, Kovács u. Casimir: vgl. Journ. prakt. Chem. **99**, 243 (1919), geben für ostindisches Bienenwachs (Ghedda) folgende Zusammensetzung an: 48% Cerylalkohol, $C_{26}H_{54}O$ (Schmelzpunkt 76°), 24—25% Oxymargarinsäure, $C_{17}H_{34}O_3$ (Schmelzpunkt 55—56°), 1—2% einer isomeren Oxymargarinsäure (Schmelzpunkt 71—72°), 9—10% Margarinsäure, $C_{17}H_{34}O_2$ (Schmelzpunkt 60—61°), 8—9% Palmitinsäure, $C_{16}H_{32}O_2$ (Schmelzpunkt 62—63°), frei 2% Gheddasäure, $C_{34}H_{68}O_2$ (Schmelzpunkt 94,5—95°), sowie 1% Cerotinsäure, $C_{26}H_{52}O_2$ (Schmelzpunkt 76—77°), Spuren Ameisensäure, Essig-, Buttersäure, Harzsubstanz, ferner etwa 7% Kohlenwasserstoffe [Heptakosan, $C_{27}H_{56}$ (Schmelzpunkt 59—59,5°), Hentriakontan, $C_{31}H_{64}$ (Schmelzpunkt 68—68,5° u. a.)]. Zur Frage der Einheitlichkeit der genannten Säuren vgl. S. 619f.

[2] G. Buchner: Ztschr. öffentl. Chem. **20**, 435 (1914).

[3] H. Fischer: ebenda **20**, 409 (1914); **21**, 53, 145 (1915).

(Wizöff.) Man erwärmt 1 g Wachs mit 10 ccm 80 vol.-%igem Alkohol bis zum Schmelzen des Wachses, schüttelt die Mischung gut durch und läßt sie unter fortgesetztem Schütteln erkalten. Nach 2std., besser 6—12std. Stehen der noch wiederholt durchgeschüttelten Mischung filtriert man die alkoholische Lösung ab und verdünnt das Filtrat mit viel Wasser. Größere Mengen Stearinsäure fallen sofort flockig, Harz milchig trübe aus; bei sehr geringen Stearinsäuremengen tritt die Ausscheidung oft erst nach 6—12 h und nach häufigem Durchschütteln auf. Nachweisbarkeitsgrenze 0,5—1%, unter Umständen noch 0,2% Stearinsäure.

Der, wie beschrieben, gewonnene alkoholische Auszug wird mit alkoholischer KOH neutralisiert, dann mit Benzin aus 50%ig alkoholischer Lösung das Unverseifte ausgeschüttelt, aus der Seifenlösung die Fettsäure abgeschieden und durch Mol.-Gew. und Schmelzpunkt als Stearinsäure charakterisiert. Man beachte, daß es sich hierbei um Handelsstearinsäure vom Schmelzpunkt etwa 53 bis 57^0 und Mol.-Gew. etwa 276 handelt. Rohe Cerotinsäure hat Mol.-Gew. über 396. Schmelzpunkt 78—82^0.

Schwache Stearinsäurereaktion deutet nicht unbedingt auf Verfälschung, da jedes Bienenwachs, besonders chemisch gebleichtes, neben großen Mengen gebundener Palmitinsäure, auch kleine Mengen freier Palmitinsäure enthält, welche bei vorstehender Probe natürlich wie Stearinsäure reagiert[1]; die Säure muß deshalb abgeschieden und durch Schmelzpunkt identifiziert werden. Auch die im Wachs enthaltenen Spuren flüssiger ungesättigter Säuren können die Stearinsäurereaktion vortäuschen, und beim Bleichen des Wachses entstehen durch Verseifung der Ester ebenfalls freie Säuren.

Quantitativ werden die durch 80 vol.-%igen Alkohol aus Wachs extrahierbaren Säuren durch die Buchner-Zahl bestimmt (Wizöff):

5 g Wachs od. dgl. werden in einem Erlenmeyerkolben mit 100 ccm 80%igem Alkohol versetzt und nach dem Wägen des Kolbens samt Inhalt 5 min zum schwachen Sieden erwärmt. Zum vollständigen Abkühlen wird der Kolben in kaltes Wasser gestellt und mindestens 2 h lang unter häufigem Umschütteln darin stehen gelassen. Dann ist praktisch alle Cerotinsäure ausgefallen. Für genauere Bestimmungen soll der Kolben 24 h stehen gelassen werden. Der noch einmal gewogene Kolben wird mit 80%igem Alkohol auf das ursprüngliche Gewicht gebracht und die Kolbenfüllung durch ein trockenes Faltenfilter filtriert. 50 ccm Filtrat (entsprechend 2,5 g Wachs) werden mit alkoholischer 0,1-n KOH titriert. Der KOH-Verbrauch in mg, auf 1 g Wachs berechnet, wird als Buchner-Zahl bezeichnet. Die Buchner-Zahl des reinen Bienenwachses (s. Tabelle 201) wird durch Zusätze von Stearin, Harz od. dgl. erhöht.

Durch gravimetrische Bestimmung der Gesamtmenge der freien Säuren und ihres mittleren Mol.-Gew. will P. Levy[2] Verfälschungen des Bienenwachses mit Stearinsäure od. dgl. nachweisen.

Kolophonium wird qualitativ nach S. 330 identifiziert, quantitativ nach S. 874 bestimmt. Bei wollfetthaltigem Material ist es wichtig, die Harzreaktionen erst nach der Abtrennung des Unverseifbaren (Cholesterinester) anzustellen.

f) Nachweis anderer Wachse.

Carnaubawachs erhöht spez. Gew. und Schmelzpunkt des Wachses, Insektenwachs nur letzteren (vgl. Tabelle 201). Größere Mengen beider Wachse geben sich auch bei der Weinwurmschen Probe (s. u.) zu erkennen. Außerdem ist Carnaubawachs im Gegensatz zu reinem Bienenwachs in Chloroform nicht völlig löslich.

g) Nachweis von Paraffin- und Ceresinzusätzen.

α) Qualitative Weinwurmsche Probe[3], auf der Löslichkeit des Unverseifbaren reiner Bienenwachse in Glycerin beruhend:

Man verseift 5 g Wachs mit 25 ccm alkoholischer 0,5-n KOH durch 1 std. Kochen auf dem Drahtnetz, verdampft den Alkohol, erwärmt den Rückstand auf

---

[1] R. Berg: Ztschr. öffentl. Chem. **22**, 100 (1916).

[2] P. Levy: Chem.-Ztg. **52**, 787 (1928).

[3] S. Weinwurm: ebenda **21**, 519 (1897).

dem Wasserbade mit 20 ccm reinem Glycerin bis zur Lösung und setzt 100 ccm siedendes Wasser hinzu. Reines Bienenwachs gibt eine mehr oder weniger klar durchsichtige oder durchscheinende Masse, durch die man im 15 mm weiten Reagensglas gewöhnliche Druckschrift leicht lesen kann. Bei Gegenwart von 5% Paraffin oder Ceresin ist die Lösung trübe und der Druck nicht mehr lesbar. Schon bei 8% erhält man einen Niederschlag. Bei Gegenwart größerer Mengen Carnauba- und Insektenwachs entstehen auch bei Abwesenheit von Paraffin und Ceresin Trübungen; ihr Nachweis kann nach f) erbracht werden.

Zur näheren Identifizierung[1] werden die schwammigen Ausscheidungen nochmals mit Wasser umgeschmolzen, getrocknet, 2 h mit Essigsäure-anhydrid am Rückflußkühler gekocht und abgekühlt. Befindet sich auf der klaren Flüssigkeit eine feste, wachsartige Scheibe, so ist nur Paraffin zugegen; ist das Ganze ohne sichtbare Scheibe auf der Oberfläche zu einem Krystallbrei erstarrt, so sind nur Wachsalkohole vorhanden. Eine feste Scheibe auf der Oberfläche der breiartig erstarrten Flüssigkeit deutet auf gleichzeitige Anwesenheit beider Stoffe.

β) Die quantitative Bestimmung bzw. Trennung der Kohlenwasserstoffe (Paraffin, Ceresin) und Wachsalkohole im Wachs gelingt nach folgenden Verfahren, von denen das letzte umständlich und wenig gebräuchlich ist, nur annähernd.

1. *Trennung der Kohlenwasserstoffe von den Wachsalkoholen nach Leys*[2]: Kohlenwasserstoffe sind in einem Gemisch von rauchender Salzsäure und Amylalkohol unlöslich, Melissylalkohol u. dgl. dagegen löslich.

(Wizöff.) Man erhitzt 10 g Wachs mit 25 ccm alkoholischer 1,0-n KOH und 50 ccm Benzol 20 min lang am Rückflußkühler, kocht noch 10 min mit 50 ccm Wasser und hebt die untere Schicht ab. Die Benzollösung kocht man noch 10 min mit Wasser aus und vereinigt die untere Schicht mit der Hauptseifenlösung. Die Benzollösung wird nach Ausspülen des Scheidetrichters mit heißem Benzol eingedampft, der Rückstand gewogen und auf Schmelzpunkt geprüft; das erhaltene Unverseifbare (Alkohole + Kohlenwasserstoffe) beträgt bei reinem Bienenwachs 48,5—53%. (Schmelzpunkt des Gesamtunverseifbaren 72—78⁰, nach dem Acetylieren 52—64⁰. In Acetanhydrid heiß völlig löslich, kalt fast ganz unlöslich. Paraffin und Ceresin verändern im Gegensatz zu solchen Gemischen mit höheren Alkoholen nach dem Acetylieren ihren Schmelzpunkt nicht!)

Das gesamte Unverseifbare löst man portionsweise in einem hohen Becherglas in einem Gemisch von je 50 ccm Amylalkohol und rauchender Salzsäure (1,19), erhitzt unter Umrühren zum Sieden und läßt nach einigen Minuten langsam erkalten; die Wachsalkohole scheiden sich in fein krystallinischer Form ab, während die Kohlenwasserstoffe auch in der Hitze sich an der Oberfläche als leicht abzuhebender Kuchen ansammeln. Dieser ist bei reinem Bienenwachs sehr dünn; er wird von den letzten Resten Melissylalkohol in einem kleinen Becherglas nochmals durch gleiche Behandlung mit je 25 ccm Amylalkohol und Salzsäure befreit. Die Kohlenwasserstoffe werden dann nach dem Auswaschen mit Wasser und Trocknen bei 100⁰ gewogen.

Die Kohlenwasserstoffe, bei reinem Bienenwachs höchstens 14,5%, müssen bei genügender Abtrennung der Alkohole eine Acetylzahl von fast 0 zeigen. Mehr als 14,5% Kohlenwasserstoffe, namentlich bei gleichzeitigem Jodzahlwert < 20, deuten auf Paraffin- (Ceresin-) Zusatz.

Zur Gewinnung der Alkohole wird der Krystallbrei unter Nachspülen mit heißem Wasser und etwas Benzol in eine größere Porzellanschale gebracht; man erwärmt bis zum Durchscheinendwerden der Masse, läßt erkalten und gießt die verdünnte Salzsäure von der erstarrten Lösung der Wachsalkohole in Amylalkohol

---

[1] Buchner: Ztschr. öffentl. Chem. **17**, 225 (1911); Buchner u. Deckert: ebenda **19**, 447 (1913).

[2] Leys: Journ. Pharmac. Chim. [7] **5**, 577 (1912); C. **1912**, II, 456. Zur Ausführung der Versuche beschreibt Leys einen besonderen Glaskolben mit tangential eingesetztem Hals und seitlichem Ablaßhahn. Vgl. auch Buchner und Deckert: l. c.; diese Autoren haben die Methode als sehr brauchbar befunden.

ab. Nach Verjagen des letzteren spült man die Wachsalkohole mit Benzol in eine gewogene Schale und trocknet nach Verdampfen des Lösungsmittels bei 100⁰ bis zur Gewichtskonstanz.

2. Die konstante Acetylzahl der Bienenwachsalkohole (122) kann zur quantitativen Ermittlung von Paraffinzusätzen dienen[1]:

Das nach 1. hergestellte Gemisch von Alkoholen und Kohlenwasserstoffen wird nicht mit Amylalkohol-Salzsäure getrennt, sondern mit heißem Benzol in ein 100-ccm-Kölbchen gespült und nach Zusatz von 10 ccm Essigsäure-anhydrid 3 h am Rückflußkühler erhitzt. Der Kolbeninhalt wird noch heiß in ein Porzellan-schälchen gebracht, mit heißem Benzol wenig nachgespült und durch Erhitzen auf dem Wasserbade von überschüssigem Essigsäure-anhydrid befreit. Danach wird mit heißem Benzol wieder in ein Kölbchen übergespült und hier, ganz wie bei Bienenwachs angegeben, verseift. Aus der erhaltenen Acetylzahl a läßt sich unter Zugrundelegen von 122 für Bienenwachsalkohole der Gehalt des Gemisches an letzteren berechnen[2]: $x : a = 100 : 122$.

Buchner erhielt bei normalen Bienenwachsen 38,0 und 39,8% Alkohole, 11,7 und 11,9% Kohlenwasserstoffe; bei zwei ostindischen Bienenwachsen betrugen die entsprechen-den Zahlen 45,9 und 47,6% bzw. 5,0 und 3,0%, so daß die Summe also auch in den beiden letzten Fällen innerhalb der oben angegebenen Grenzwerte für reine Wachse fällt.

3. Der Gehalt an Kohlenwasserstoffen allein kann durch Überführung der Wachs- (Fett-) Alkohole in Fett-säuren beim Erhitzen mit Kalikalk ermittelt werden, wobei die Kohlenwasserstoffe nicht angegriffen werden und durch Extraktion der Seifen abgeschieden werden können[3].

1 g Wachs wird in einem zylindrischen, am Boden halb-kugeligen Hartglasrohr von 20×2 cm geschmolzen und langsam unter Drehen des Rohres mit 3,5—4 g gekörntem, vorher in einer Silberschale entwässertem Ätzkali versetzt (Abb. 209). Das flüssige Wachs wird von dem Ätzkali augen-blicklich aufgesaugt. Man streut noch 2 g körnigen Kali-kalk darauf, verschließt das Rohr durch einen mit Gas-ableitungsrohr versehenen Gummistopfen und erhitzt in einem doppelwandigen Kupferblechofen so lange auf 260⁰, bis aus dem in Wasser eintauchenden Gasableitungsrohr keine Blasen mehr austreten (etwa 3—4 h). Nach Erkalten des Rohres setzt man zu der porösen Schmelze 3 ccm Wasser und erwärmt nach Aufsetzen eines Stopfens noch 2 h auf 100⁰. Die Masse bringt man unter Nachreiben der Röhre mit etwas gebranntem Gips in eine Porzellanschale, pulvert,

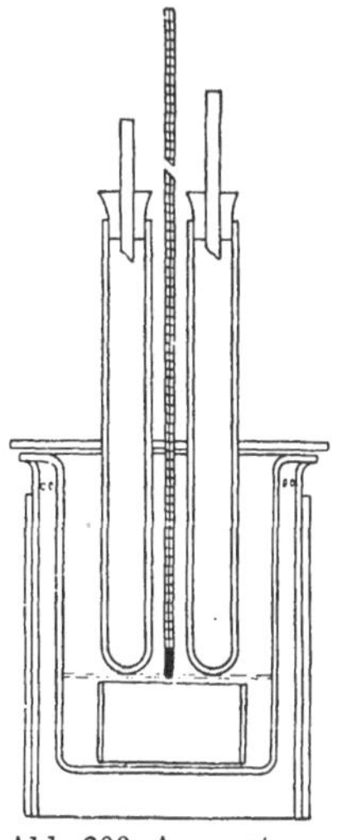

Abb. 209. Apparat zur Bestimmung der Kohlenwasserstoffe in Bienenwachs.

trocknet 1—2 h, verreibt von neuem und extrahiert dann erschöpfend mit Äthyl-äther. Nach Filtrieren der Ätherlösung destilliert man den Äther ab, trocknet kurz bei 100⁰ und wägt den Rückstand.

In normalem Bienenwachs findet man nach dieser Methode 12,7—17,5% Kohlenwasserstoffe (Schmelzpunkt 49,5—55,2⁰, Jodzahl 20,1—22,5), d. h. bis zu 3% mehr als nach Leys (S. 958). Unter der Annahme eines mittleren Kohlen-wasserstoffgehaltes 15,1% errechnet sich aus dem gefundenen (P%) die Prozent-menge Paraffinzusatz[4]: $(P - 15,1) \cdot 100/86,5$. Ein Zusatz bis herab zu 5% Paraffin oder Ceresin wird meistens noch zu erfassen sein.

---

1 Buchner u. Deckert: l. c.

2 Die von Lewkowitsch angegebene und von Ubbelohde sowie Grün (Analyse, Bd. 1, S. 271) übernommene Acetylzahl 99—103 der Wachsalkohole muß auf einem Irrtum beruhen, da die theoretische Acetylzahl des Melissylalkohols ($C_{30}H_{62}O$) 116,7, die des Cerylalkohols ($C_{26}H_{54}O$) 132,2 beträgt. Vielleicht sollen die Zahlen für die gemischten unverseifbaren Stoffe des Bienenwachses (Alkohole + Kohlenwasserstoffe) gelten.

3 C. Hell: Liebigs Ann. **223**, 269 (1884); A. u. P. Buisine: Moniteur scient. [4] **4**, 1134 (1890); Ahrens u. Hett: Ztschr. öffentl. Chem. **5**, 91 (1899).

4 Mangold: Chem.-Ztg. **15**, 797 (1891).

Nach Ryan und Dillon[1] soll die Methode jedoch ungenau sein, da ein Teil der Alkohole unverändert bleibt und sich beim Ausziehen mit Petroläther den Kohlenwasserstoffen beimischt. So wird z. B. Melissylalkohol beim Erhitzen mit Kalikalk auf 250° nur zu 95,9% zersetzt.

Auf eine in mancher Hinsicht interessante vergleichende Untersuchung des Wachses der Florabüste, Berlin (Kaiser Friedrich-Museum), die von Bode Lionardo da Vinci zugeschrieben, aber von dem Bildhauer Martin Schauß als ein nachgearbeiteter Guß des im 19. Jahrhundert lebenden englischen Bildhauers Lucas angesprochen wurde, kann hier nur kurz hingewiesen werden. Näheres nebst zugehöriger Literatur s. 6. Aufl. dieses Buches, S. 797 f.

II. Wollfett und Wollfettprodukte.

(Unter Mitwirkung von I. Lifschütz - Hamburg.)

1. Technologisches.

Das im Rohzustand hell- bis dunkelbraune, klar schmelzende, bockartig riechende, zähe Wollfett gewinnt man aus der rohen Schafwolle entweder durch Extraktion mit flüchtigen Lösungsmitteln (Benzin, Benzol, CS_2, Trichloräthylen[2]) oder, da die Lösungsmittel die Faser angreifen bzw. zu weit entfetten, meistens durch Ausziehen mit Seifenlösungen, verdünnter Natrium- oder Ammoniumcarbonatlösung und nachfolgendes Ansäuern mit Schwefelsäure.

Das erstgenannte Verfahren wurde durch Anwendung indifferenter Gase beim Extrahieren und Abtreiben des Lösungsmittels verbessert. Die beim Waschen mit Seifenlösungen usw. erhaltenen Wollwaschwässer enthalten 1,5—2% Fettschlamm (emulgiert). Dieser wird in zementierten, miteinander in Verbindung stehenden Gruben mit H_2SO_4 niedergeschlagen. Nach dem Absetzen wird das saure Wasser behufs Ausnützung der Säure in die nächste Grube geleitet, um neues, seifenhaltiges Waschwasser zu zersetzen. Der Schlamm wird in Tüchern in Heißpressen ausgepreßt und als rohes Wollfett in den Handel gebracht. Die Preßlinge werden häufig zur Herstellung von Leuchtgas verwendet, besonders in Wollwäschereien, die von Gasanstalten zu weit entfernt sind.

Das durch Entfernung der freien Säuren und der Seifen des rohen Fettes nach verschiedenen, z. T. patentierten Verfahren gereinigte Wollfett, auch Lanolin, Adeps lanae oder Alapurin genannt, ist hellgelb, durchscheinend, salbenartig, jedoch zähe, klebrig, nur wenig fettig und nicht geruchfrei; es nimmt nach Braun und Liebreich[3] unter Bildung haltbarer Emulsionen (Lanolin) über 300% Wasser auf, und zwar um so weniger, je heller es ist, da die Substanzen, welche diese Eigenschaft hervorrufen, stark gefärbt zu sein pflegen[4].

---

[1] Ryan u. Dillon: Journ. chem. Soc. London **110**, I, 706 (1916); Ztschr. angew. Chem. **30**, 181 (1917).

[2] Netzsches Verfahren. Seifenfabrikant **39**, 477 (1919); Chem. Umschau Fette, Öle, Wachse, Harze **26**, 165 (1919).

[3] Otto Braun: D.R.P. 22516 (1882); Otto Braun und Oskar Liebreich: Amer. P. 271192 (1883). Weiteres über die Geschichte des schon Dioscorides bekannten, von ihm Oesipus genannten Wollfetts s. Holde, 6. Aufl., S. 752/53.

[4] Besonders Kohlenbleichmittel halten den größten Teil der wasserbindenden Anteile zurück.

Nach Lifschütz[1] bedingen nicht die Ester des Wollfettes, sondern die freien Cholesterinalkohole, insbesondere eine in bestimmter Weise aus dem Weichfett des Wollfettes abgeschiedene, Oxycholesterin und Metacholesterin enthaltende Alkoholgruppe „II c", welche durch eine Eisessig-Schwefelsäurereaktion ausgezeichnet ist, die Hydrophilie des Wollfettes (s. u.). Diese Alkohole, zu 5% dem Vaselin (Unguentum paraffini) einverleibt, geben nach Lifschütz die bekannte indifferente Salbenbasis Eucerinum anhydricum, welche, mit der gleichen Menge Wasser verrieben, das sog. Eucerin ergibt. Diese von P. G. Unna in die Dermatologie eingeführte Kühlsalbe hat vor dem Lanolin den Vorzug unbegrenzter Beständigkeit, leichter Gleitfähigkeit und Geruchlosigkeit. Die zu kosmetischen Zwecken viel benutzte Niveacreme der Firma P. Beiersdorf & Co., Hamburg, ist ein parfümiertes Eucerin, dem ein höherer Wassergehalt zur Erzielung eines angenehmeren Kühleffekts inkorporiert ist.

2. Zusammensetzung.

Wollfett ist ein kompliziertes Gemenge von Estern höherer Alkohole und freien wasserunlöslichen höheren Alkoholen und demnach kein eigentliches Fett, sondern eine Wachsart. Die Zusammensetzung der Fettsäuren ist umstritten.

G. de Sanctis[2] fand hauptsächlich Palmitin- und Cerotinsäure neben wenig Öl- und Stearinsäure, sowie flüchtigen Säuren. Drummond und Baker[3] geben als Hauptbestandteile gleichfalls Cerotinsäure sowie Palmitin- und Stearinsäure an. Darmstaedter und Lifschütz[4] bestreiten dagegen das Vorkommen größerer Mengen der letzteren Säuren, Lifschütz[5] besonders auch dasjenige der Ölsäure in reinen Wollfetten, die von den zum Waschen der Wolle benutzten Seifen befreit sind, bzw. im direkt aus der rohen Wolle mit Benzin u. dgl. extrahierten Fett. Nach diesen Autoren enthält das Wollfett außer Myristinsäure $C_{14}H_{28}O_2$, Carnaubasäure $C_{24}H_{48}O_2$ und Cerotinsäure $C_{27}H_{54}O_2$ (? s. u.) als charakteristische Bestandteile die Oxysäuren $C_{30}H_{60}O_4$ (Lanocerinsäure), Schmelzpunkt 104/105⁰ und $C_{16}H_{32}O_3$ (Lanopalminsäure), Schmelzpunkt 87/88⁰, sowie eine flüssige, aber nicht mit Ölsäure identische Fettsäure. Die Anwesenheit der Lanocerinsäure, die sehr leicht in ein inneres, noch saures Anhydrid $C_{30}H_{58}O_3$ vom Schmp. 102/104⁰ * oder ein neutrales Lacton vom Schmelzpunkt 86⁰ übergeht, wurde zwar von Drummond und Baker bestritten; die Säure läßt sich aber nach der untenstehenden Vorschrift von Lifschütz leicht abscheiden. Die Konstitution der Lanocerinsäure und Lanopalminsäure ist noch nicht näher aufgeklärt[6]. Die Carnauba- und Cerotinsäure dürften nach den bei der „Cerotinsäure" aus Bienenwachs, der Lignocerinsäure usw. gemachten Erfahrungen (vgl. S. 622) sicherlich als Gemische mehrerer homologer Säuren aufzufassen sein, wie auch schon aus den einander widersprechenden Angaben über die Formel der Wollfett-„Cerotinsäure" — nach Darmstaedter und Lifschütz und nach Grassow $C_{27}H_{54}O_2$, nach Drummond und Baker $C_{26}H_{52}O_2$ — hervorgeht.

Der krystallinische Anteil der Alkohole (gegen 55%) besteht aus „Cerylalkohol", viel „Carnaubylalkohol"[7] und verschiedenen isomeren Cholesterinen, unter welchen das Metacholesterin den Träger der Hydrophilie des Wollfettes

---

[1] D.R.P. 167849 (1902); s. auch Unna: Über die Hydrophilie des Wollfettes und über Eucerin, eine neu aus dem Wollfett (d. h. mit Hilfe der Wollfett-Alkohole) hergestellte Salbengrundlage. Med. Klin. **1907**, Nr. 42 u. 43.

[2] G. de Sanctis: Gazz. chim. Ital. **24**, 14 (1894).

[3] Drummond u. Baker: Journ. Soc. chem. Ind. **48**, 232 (1931).

[4] Darmstaedter u. Lifschütz: Ber. **29**, 618, 1474, 2890 (1896). Lifschütz bestreitet auch heute noch ihr Vorkommen im Wollfett, da er trotz langjähriger Fahndung nach ihnen sie nie hat antreffen können (Privatmitt.).

[5] Lifschütz: Ztschr. physiol. Chem. **56**, 451 (1908); **110**, 19 (1920).

* Grassow: Biochem. Ztschr. **148**, 61 (1924).

[6] Vgl. auch Nachtrag, S. 986.

[7] Diese Alkohole dürften vermutlich ebensowenig Individuen darstellen wie die entsprechenden Säuren.

darstellt[1]. Eigentliches Cholesterin ist nur in relativ kleinen Mengen im Wollfett enthalten, Isocholesterin dagegen zu 15—20%[2]. Der etwa $^1/_3$ vom Unverseifbaren des Wollfettes betragende amorphe Anteil enthält Oxycholesterin und weitere Oxydate des Cholesterins und der Ölsäure von noch nicht aufgeklärter Struktur. Die gereinigten Wollfette enthalten 3—4% freier und 16—18% gebundener Cholesterinstoffe[3]. Ferner enthält das Gesamtunverseifbare $3^1/_2$—4% Kohlenwasserstoffe, den Reaktionen nach vermutlich Cholesterylene[4].

3. Untersuchung.

a) **Nachweis von Wollfett in Gemischen mit Fetten u. dgl.**

Zum Nachweis werden verschiedene Farbenreaktionen angegeben, die auf der Anwesenheit von Cholesterin, Isocholesterin oder Oxycholesterin beruhen. Da auch alle Fette kleine Mengen Cholesterin oder Phytosterin (welches analoge Farbenreaktionen wie Cholesterinstoffe gibt) enthalten, bildet ein schwach positiver Ausfall der betreffenden Reaktionen keinen sicheren Beweis für die Gegenwart von Wollfett. Auch die unter α beschriebene Isocholesterin-Reaktion ist nicht ganz eindeutig, da ein ebenso reagierendes Isophytosterin im Kaugummi aufgefunden wurde[5]; indessen dürfte dieser Körper bei Fettuntersuchungen kaum in Betracht kommen.

α) Das reine **Isocholesterin** gibt in Acetanhydridlösung mit konz. H_2SO_4 (Versuchsausführung wie unter β) nicht die Farben der **Liebermann**schen Cholestolreaktion β (rot-blau-grün), d. h. des reinen Cholesterins, sondern zunächst grünlich-gelbe, bald darauf intensiv blutrote Färbung mit starker grüngelber Fluorescenz und im Spektrum überwiegend ein dunkles Band im Grün nahe dem Gelb, sowie bei starker Verdünnung ein solches im Blau. Die Empfindlichkeit der Reaktion, namentlich dieses Bandes, beträgt 1 : 125 000 und wird vom Cholesterin nicht beeinflußt[6]. Die Reaktion kann mit rohem Wollfett und dessen Gemischen ebenso zuverlässig ausgeführt werden wie mit reinem Isocholesterin; sie pflegt am sichersten nach 20—30 min einzutreten und hält dann viele Stunden an.

β) **Liebermann-Burchard**sche **Cholestolreaktion auf Wollfett**[7]. $^1/_4$ g Fett wird unter Zusatz von etwas Chloroform in 3 ccm Acetanhydrid gelöst, filtriert und das kalte Filtrat mit einem Tropfen konz. H_2SO_4 versetzt. (Bei Gegenwart von Seife ist zur Zersetzung derselben etwas mehr H_2SO_4 zuzusetzen.) Die anfängliche Rosa- bis Braunfärbung geht schnell in Dunkelgrün über. Die Reaktion ist nicht mit derjenigen von Harz und Harzöl (S. 330 u. 338) zu verwechseln, bei welchen die Rotviolettfärbung durch Grün ziemlich rasch in ein unbestimmtes Braun übergeht, während die Cholestolreaktion viele Stunden lang echt grün bleibt[8]. Reines Cholesterin setzt mit Rot ein, geht rasch in Violett und dann bleibend in Grün über; dementsprechend wechseln auch die Absorptionsspektra.

γ) **Hager-Salkowski**sche **Reaktion**[9]. $^1/_4$ g Wollfett in 10 ccm Chloroform gelöst, mit 10 ccm konz. Schwefelsäure geschüttelt, gibt blutrote, stark grün fluorescierende, tagelang haltbare Färbung der Säure. Nach **Jungkunz**[10] ist diese Reaktion jedoch weniger geeignet als die unter β und δ beschriebenen.

[1] **Lifschütz**: Ztschr. physiol. Chem. **114**, 108 (1921); bestätigt von R. de Fazi: Gazz. chim. Ital. **61**, 630 (1931).

[2] E. **Schulze**: Ber. **12**, 149 (1879).

[3] **Lifschütz**: Biochem. Ztschr. **54**, 233 (1913).

[4] Unveröffentlichte Untersuchungen aus dem Laboratorium der Firma Beiersdorf & Co., Hamburg, Privatmitt. von I. **Lifschütz**.

[5] **Lifschütz**: Ztschr. physiol. Chem. **110**, 35 (1920).

[6] **Lifschütz**: Ebenda.

[7] C. **Liebermann**: Ber. **18**, 1804 (1885); **Burchard**: Diss. Rostock 1889.

[8] **Lifschütz**: Biochem. Ztschr. l. c. Besonderes charakteristisch sind die Absorptionsspektra.

[9] **Salkowski**: Ztschr. anal. Chem. **11**, 44 (1872); **26**, 568 (1887); Ztschr. physiol. Chem. **47**, 335 (1906).

[10] R. **Jungkunz**: Seifensieder-Ztg. **57**, 105 (1930).

δ) **Essigschwefelsäurereaktion auf Oxycholesterin nach Lifschütz.**
1 g Wollfett wird in etwas Chloroform gelöst und mit 2—3 ccm Eisessig ausgekocht; das kalte, klare Filtrat, mit 8 Tropfen konz. H_2SO_4 versetzt, färbt sich ziemlich schnell gelblichrot, dann blaugrün und schließlich rein grün mit dem Endspektrum (dunkler Streifen) im Rot. Die Reaktion tritt auf Zusatz eines Tropfens Eisenchlorid im Eisessig sogar schon nach wenigen Sekunden ein, wobei die Lösung sofort echt grün wird. Cholesterine geben die Reaktion nicht.

ε) Der zuverlässigste Nachweis des Wollfettes, auch in Mischungen, die nur 5—10% davon enthalten, besteht nach I. Lifschütz[1] in der Abscheidung der sehr schwer löslichen, erst bei 104/105° schmelzenden Lanocerinsäure, die bisher in keinem anderen Fett oder Wachs aufgefunden wurde. Bei den Salbenmischungen (Cremes u. dgl.) des Handels, die, abgesehen von Niveacreme, etwa 15—20% Wollfett, in der Regel Wasser sowie Vaselin u. dgl. neben kleinen Mengen Schleimstoffen wie Tragant, Stärke, Gelatine usw. enthalten, verfährt man wie folgt:

Man entwässert etwa 20—30 g der Mischung und zieht den wasserfreien Rückstand mit möglichst wenig warmem Äther erschöpfend aus. Etwa vorhandenes Paraffin scheidet sich beim Erkalten der Ätherlösung großenteils aus und wird abfiltriert. Der nach Abdestillieren des Äthers verbleibende Rückstand (Wollfett und etwa vorhandene andere Fette) wird zur Verseifung mit 50 ccm 0,5-n alkoholischer KOH und etwas Benzin 3 h am Rückflußkühler gekocht. Die Seifenlösung wird hierauf mit Wasser bis auf etwa 65% Alkoholgehalt verdünnt und zur Entfernung der unverseifbaren Anteile (Wachsalkohole, Paraffinreste u. dgl.) noch lauwarm mit 100 ccm Äther ausgeschüttelt. Nach der Trennung der Schichten enthält die braune Unterlauge das lanocerinsaure Kali als weißes Pulver suspendiert, während etwa noch vorhandene Paraffine oberhalb der Trennungsfläche in der Ätherschicht als weiße Flocken schwimmen. Man zieht die Unterlauge mit dem Pulver ab und schüttelt die Ätherschicht noch einmal mit etwa 60%igem Alkohol durch, den man mit der Unterlauge vereinigt. Das in dieser suspendierte lanocerinsaure Kalium wird nach dem Erkalten abfiltriert und mit 60%igem Alkohol, darauf mit Äther neutral gewaschen. Das Salz enthält in der Regel noch etwa 10% Kalisalze anderer schwerlöslicher Fettsäuren (nach Lifschütz hauptsächlich „carnaubasaures Kali"). Nach dem Verdunsten des Äthers wird das feuchte Filter nebst dem Salz mit kleinen Mengen alkoholhaltigen Wassers wiederholt aufgekocht und die seifenleimartig trübe Schlemmflüssigkeit nach dem Erkalten mit HCl angesäuert.

Die freien Säuren werden abfiltriert, auf Ton abgepreßt und im Exsiccator getrocknet. Die trockene Substanz wird dann nebst dem Filter mit wenig Benzol 2—3mal ausgekocht und die Lösung durch ein kleines Warmfilter filtriert. Nach dem Erkalten scheidet sich fast reine, bei etwa 102—104° schmelzende Lanocerinsäure aus, die nötigenfalls aus Benzol umkrystallisiert werden kann.

b) **Wassergehalt** ist nach S. 117 zu ermitteln.

c) **Säurezahl** ist nach S. 110 mit etwa 3—5 g Fett zu bestimmen.

d) **Verseifungszahl.**

Nach Henriques und Lifschütz wird Wollfett schon in der Kälte, in Benzinlösung mit alkoholischer 0,5-n KOH vermischt, total verseift. Die unter 3std. Kochen mit alkoholischer 0,5-n KOH bestimmte Verseifungszahl liegt gemäß Tabelle 201, S. 952 je nach dem Gehalt an freien Säuren, zwischen 82 und 130. Die Titration ist in heißer alkoholischer Lösung vorzunehmen, da sonst die schwer löslichen Kalisalze der hochmolekularen Säuren ausfallen und die Schärfe des Farbenumschlages beeinträchtigen.

e) **Jodzahl** ist nach S. 770f. mit 0,5 g Substanz zu ermitteln.

f) **Unverseifbare Stoffe.**

---

[1] I. Lifschütz: Briefl. Mitt. vom 27.11.1931.

Diese sind wegen der Löslichkeit der Wollfett-Alkaliseifen in Benzin nicht nach S. 114 *, sondern wie folgt zu ermitteln:

Man kocht 2 g Wollfett mit 25 ccm alkoholischer 0,5-n KOH auf dem Wasserbad 3 h, spült die Lösung mit Alkohol in eine Porzellanschale, neutralisiert sie mit Salzsäure (Phenolphthalein) und erhitzt sie nach dem Verjagen des Alkohols mit 50 ccm Wasser zum Sieden. Etwaige Trübung wird durch vorsichtigen Alkoholzusatz entfernt. Bei 70—75⁰ wird dann die aus der Verseifungszahl zu berechnende Menge $CaCl_2$ (10% Überschuß) in 50⁰ warmer Lösung in dünnem Strahl und unter lebhaftem Umrühren zu der Seifenlösung hinzugegeben. Man verdünnt mit der doppelten Menge Wasser, dem einige Kubikzentimeter alkoholischer Lauge zugesetzt sind, saugt die nach dem Erkalten ausfallenden Kalksalze ab und wäscht sie mit kaltem Alkohol (1:20), bis das Waschwasser mit $AgNO_3$ nur Opalisieren zeigt. Filter mit Inhalt wird im Vakuumexsiccator mindestens 48 h bis zur vollkommenen Entfernung des Wassers getrocknet, dann im Soxhlet mit wasser- und säurefreiem frisch destilliertem Aceton extrahiert. Der Extrakt wird 1 h bei 105⁰ getrocknet und gewogen. Er muß neutral reagieren und aschefrei sein.

Für die gleichzeitige Bestimmung der Fettsäuren ist dieses Verfahren nach Lifschütz zu ungenau, da die erheblichen Waschwassermengen, zumal in Gegenwart von Alkohol, fast die gesamten Kalksalze der niederen Fettsäuren lösen und das Resultat um einige Prozente beeinflussen. Er bevorzugt daher folgende Arbeitsweise:

4 g Wollfett werden mit 50—60 ccm alkoholischer 0,5-n NaOH 3 h gekocht. Der Überschuß des Alkalis wird mit HCl neutralisiert und die Masse zur Trockene eingedampft. Der Rückstand wird dann für sich, oder besser mit etwa der 10fachen Menge wasserfreiem Na_2SO_4 homogen verrieben, im Soxhlet mit reinem (frisch über Na destilliertem) Äther extrahiert und der Extrakt mit 20%igem Alkohol gut ausgewaschen. Nach Abdampfen des Äthers erhält man das reine Unverseifbare, das getrocknet und gewogen wird.

α) Identifizierung der Wollfettalkohole:

Die in beschriebener Weise erhaltenen Stoffe sind als Alkohole zu kennzeichnen durch Löslichkeit im doppelten Volumen heißen Acetanhydrids (nach Erkalten Lösung zunächst klar, zeigt aber nach längerem Stehen krystallinische, nicht ölige Abscheidungen) und im doppelten Volumen ganz schwach erwärmten absoluten Alkohols, durch Jodzahl (etwa 30), Schmelzpunkt etwa 33⁰ und Farbenreaktionen (a, α—δ), evtl. auch durch Bestimmung der Acetylzahl nach S. 782. Sehr charakteristisch für die Wollfettalkohole ist die sehr geringe Löslichkeit des Isocholesterins in Methylalkohol. Die geschmolzene Masse des Unverseifbaren wird nach Lifschütz mit Methylalkohol bei 60⁰ einige Zeit digeriert, wobei alles in Lösung geht bis auf Isocholesterin, das als weißes Pulver zurückbleibt. Es kann dann in Äthylalkohol gelöst und mit dem gleichen Volumen Methylalkohol gefällt und auf diese Weise auch rein erhalten werden. Selbst sehr kleine Mengen Isocholesterin lassen sich dabei isolieren und leicht identifizieren.

β) Fremde unverseifbare Zusätze, wie Paraffin, Mineralöl, Harzöl, werden gleichzeitig mit den höheren Alkoholen in der eben beschriebenen Weise gewonnen und scheiden sich nach dem Kochen mit Essigsäure-anhydrid auf dem erkalteten Acetanhydrid ab. Quantitativ werden sie durch mehrfaches Auskochen mit Acetanhydrid und Wägen des Ungelösten nach völligem Auswaschen des Acetanhydrids bestimmt, freilich nicht ganz genau, da auch geringe Anteile des Mineralöls bzw. Paraffins oder Harzöls im Acetanhydrid gelöst bleiben (von Mineralöl z. B. bis 8%, von Hartparaffin fast nichts, von Weichparaffin geringe Mengen).

g) Fremde verseifbare Fette sind durch Glyceringehalt kenntlich, der nach S. 839f. zu ermitteln ist.

h) Fremde Fettsäuren lassen sich am sichersten — da sie stets Ölsäure enthalten — durch die Lifschützsche „Spektralreaktion auf Ölsäure"[1]

---

* R. Jungkunz: Seifensieder-Ztg. **57**, 32 (1930), empfiehlt statt dessen die Arbeitsweise nach Leys: Journ. Pharm. Chim. [7] **5**, 577 (1912), welche der S. 114 beschriebenen ähnlich ist, nur daß statt Leichtbenzin thiophenfreies Benzol zum Ausschütteln benutzt wird (vgl. S. 958, β, 1).

[1] Lifschütz: Ztschr. physiol. Chem. **56**, 446 (1908).

nachweisen. Danach werden etwa 0,2 g des Fettes in 4 ccm Eisessig gelöst, mit 1 Tropfen 10%iger Chromsäure-Eisessiglösung bis zur echt grünen Farbe gekocht, in die warme Lösung 15—20 Tropfen H_2SO_4 eingetragen und einmal auf 80⁰ erhitzt. Die Lösung zeigt dann im Spektrum 1. ein breites Absorptionsband im Grün, dicht am Blau, 2. ein schmaleres und schwächeres Band in demselben Felde, näher dem Gelb und 3. einen noch schwächeren Streifen zwischen Orange und Gelb. 1 Teil Ölsäure läßt sich in 15000 Teilen Flüssigkeit noch mit Sicherheit erkennen. Wollfett und dessen Oleine geben diese Reaktion nicht.

i) Harz ist durch die Morawskische Reaktion nicht nachzuweisen, da Wollfett infolge des Cholesteringehaltes selbst mit Acetanhydrid und Schwefelsäure starke Farbenreaktion gibt.

Liegt infolge hohen Säuregehaltes und klebriger Beschaffenheit des mit 70%igem Alkohol hergestellten Extraktes Verdacht auf Harz vor, so extrahiert man eine Ätherlösung des Fettes mit 0,1-n Natronlauge, säuert den Auszug an und prüft die ausgeschiedenen Fettsäuren nach der Morawskischen Reaktion (S. 330) bzw. quantitativ auf Harz gemäß S. 874f.

4. Wollfettoleine.

a) Herstellung, Eigenschaften.

Wollfettoleine werden aus rohem Wollfett durch Destillation mit überhitztem Wasserdampf und Abtrennen der festen Destillatanteile durch Pressen in der Kälte gewonnen.

Sie eignen sich nicht zum Einfetten der Wolle vor dem Verspinnen (s. S. 897), dagegen zur Herstellung von konsistenten Maschinenfetten.

Es sind gelb- bis rotbraune, teils grün, teils blau fluorescierende Öle von wollfettartigem Geruch und d meistens zwischen 0,90 und 0,92. Charakteristisch sind für Wollfettoleine die Hager - Salkowskische und die Liebermannsche Reaktion (S. 962f.), welche diese Stoffe infolge ihrer Entstehung aus den im rohen Wollfett enthaltenen höheren Alkoholen (Cholesterinen) geben; entscheidend ist jedoch auch hier die Isocholesterinreaktion α, da unter Umständen auch andere Fettdestillate, wenn auch viel schwächer als Wollfettoleine, die erstgenannten Reaktionen geben.

Bestandteile der Wollfettoleine sind freie Fettsäuren (40—60%), wohl auch Capron- und Buttersäure, ferner Myristinsäure und sehr bedeutende Mengen einer öligen Säure, die eigentlich auch den fettigen Charakter des Wollfettes selbst bedingt, ungesättigte neben gesättigten Kohlenwasserstoffen (10—53%)[1], geringe Mengen unzersetzter Ester und freier höherer Alkohole. Lanocerinsäure und die anderen hochmolekularen Säuren des Wollfettes fehlen in den Destillaten, da sie sich bei der Destillation zersetzen und (zersetzt) im Pechrückstand verbleiben.

b) Prüfung[2].

Der Wert eines Wollfettoleins wird, wie oben erwähnt, wesentlich durch unverseifbare Stoffe beeinträchtigt.

α) Bestimmung des Unverseifbaren. 3 g Olein werden mit 30 ccm 0,5-n NaOH, wie oben beschrieben, verseift. Durch Ausziehen des neutralisierten und eingedampften Saponifikates mit reinem Äther wird das Unverseifbare (S. 964) ausgezogen. Der Extrakt wird mit dem doppelten Volumen Acetanhydrid 2 h

---

[1] Nach H. Gill u. R. Forrest: Journ. Amer. chem. Soc. **32**, 1071 (1910), welche die unverseifbaren Kohlenwasserstoffe der Wollfettoleine im Vakuum mittels einer Ölpumpe bei 1 mm Druck destillierten, und nach Richards: ebenda **30**, 1282 (1908), der dabei mit Draht- und Kohlenwiderständen heizte, bestehen die Kohlenwasserstoffe aus Olefinen, beginnend vom öligen Heptadecylen, $C_{17}H_{34}$ vom Kp. 95—100⁰ bei 1 mm Druck und endigend mit dem Nonakosylen, $C_{29}H_{58}$. Daneben sind nach Marcusson u. v. Skopnik: Ztschr. angew. Chem. **25**, 2577 (1912), auch Grenzkohlenwasserstoffe zugegen; so wurden z. B. aus den unverseifbaren Anteilen eines deutschen Wollfettoleins 9% festes Paraffin abgeschieden.

[2] Marcusson u. v. Skopnik: l. c.

am Rückflußkühler behufs Abtrennung der höheren Alkohole gekocht. Die in Acetanhydrid unlöslichen Anteile sehen nach völligem Auswaschen mit heißem Wasser ganz wie leichte Mineralmaschinenöle aus, unterscheiden sich aber von letzteren wie folgt:

β) **Reaktionen der unverseifbaren Kohlenwasserstoffe.** Sie geben scharf die **Liebermannsche** und **Hager-Salkowskische** Reaktion, die aber für die Herkunft der Substanzen aus Wollfett nicht unbedingt entscheidend sind, zeigen starkes Drehungsvermögen, $[\alpha]_D + 18^0$ bis $+ 28^0$ (Mineralöle nicht über $2,2^0$), und absorbieren erhebliche Mengen Jod. Jodzahl (**Waller**) 50—80. (Mineralöle meistens weniger als 6, selten über 14.)

γ) **Ein größerer Mineralölgehalt** wird sich daher durch Erniedrigung des Drehungsvermögens (unter 18^0) und der Jodzahl der unverseifbaren Kohlenwasserstoffe der Wollfettoleine (unter 50) zu erkennen geben. Eine sehr einfache, allerdings nur bei negativem Ausfall zuverlässige Prüfung auf Reinheit des Wollfettoleins bietet auch die Löslichkeit in Alkohol.

Schüttelt man 5 ccm des Oleins nach **Winterfeld** und **Mecklenburg**[1] mit 5 ccm eines Gemisches von Äthyl- und Methylalkohol (10 : 90) bei 20^0 durch, so lösen sich die meisten mineralölfreien Wollfettoleine — wenn sie nicht besonders reich an arteigenen unverseifbaren Stoffen sind[2] — klar oder mit schwacher Trübung auf. Schon ein Zusatz von 10% Mineralöl bedingt milchige Beschaffenheit der Flüssigkeit und nach einigem Stehen Absetzen von Öltröpfchen. Bei eintretender Trübung ist das Unlösliche zu sammeln und nach den oben angegebenen Gesichtspunkten zu prüfen. Bleibt die Lösung nahezu klar, so kann auf Fehlen von Mineralöl geschlossen werden. Mittels dieser Probe lassen sich auch Harzölzusätze (bis zu 20% herab) nachweisen. Zur weiteren Stütze werden die abgeschiedenen unverseifbaren Stoffe geprüft. Diese zeigen bei Fehlen von Harzöl $n_D^{20} = 1,49$—$1,51$ (wie Mineralöle), bei Gegenwart von Harzöl entsprechend höhere Werte, höheres spez. Gew. (Harzöl $d = 0,97$—$0,98$, Oleinanteile $0,905$—$0,912$).

δ) **Harzzusatz** wird qualitativ nach **Morawski**, quantitativ nach S. 874 bestimmt. Wichtig ist bei der qualitativen Prüfung auf Harz, daß zuvor die unverseifbaren Anteile der Oleine, welche die der **Morawski**schen Reaktion sehr ähnliche **Liebermann**sche geben, abgeschieden und die aus der Seifenlösung gewonnenen Säuren geprüft werden. Diese geben bei harzfreien Oleinen keine Rotviolettfärbung.

5. Salbenartiges Wollfettdestillat[3].

Es entsteht, wenn man die bei der Wasserdampfdestillation des Wollfetts zwischen 300 und 310^0 übergehenden Anteile krystallisieren und das Olein ablaufen läßt; die festen weißen bis hellgelb gefärbten Massen (graisse blanche de suint) haben Erstarrungspunkt $< 45^0$, sie dienen als Zusatz bei der Seifenfabrikation, zur Herstellung konsistenter Fette und anderer Produkte.

Das salbenartige Wollfettdestillat enthält 16—33% unverseifbare Stoffe, die dem Unverseifbaren aus Wollfettolein ähneln, jedoch zum Teil etwas geringeres Drehungsvermögen und höhere Jodzahl aufweisen ($[\alpha]_D = + 12,5$—20^0, Jodzahl 60—74), außerdem 41—60% feste Säuren vom Schmelzpunkt 41—47^0, Jodzahl 10—15 und Mol.-Gew. 258—267, sowie 19—25% flüssige Fettsäuren von der Jodzahl 43—48 und dem Mol.-Gew. 270—302.

Salbenartige Wollfettdestillate werden in ähnlicher Weise wie Wollfettoleine geprüft; die festen Säuren stören etwas die Löslichkeitsprobe mit Methyl-Äthylalkohol.

6. Wollfettstearin.

Starres, über 45^0 schmelzendes dunkelgelbes Wollfettdestillat[4] entsteht, wenn man die bei der Wasserdampfdestillation des Wollfetts über 310^0

---

[1] **Winterfeld** u. **Mecklenburg**: Mitt. Materialprüf.-Amt Berlin-Dahlem **28**, 471 (1910).

[2] Privater Hinweis von J. Davidsohn.

[3] **Marcusson** u. **v. Skopnik**: l. c.   [4] **Marcusson** u. **v. Skopnik**: l. c.

übergehenden Anteile für sich auffängt, langsam erstarren läßt und mit 200 at Druck abpreßt; es riecht wollfettartig (graisse jaune de suint) und wird als Einfettungsmittel in der Leder- und Treibriemenfabrikation, für wasserdichte Stoffe und Packpapier, zur Herstellung von Schlichtmassen für Webereizwecke und in der Sprengstoffabrikation zum Einfetten der Hülsen benutzt. Es dient aber nicht, wie der Name vermuten läßt, in der Kerzenfabrikation als Ersatz für Stearin, weil es im Kerzendocht mit stark rußender Flamme verbrennt.

Von gewöhnlichem Stearin ist es durch amorphe Struktur und die Liebermannsche Reaktion unterschieden.

Das Wollfettstearin enthält etwa 32—42% unverseifbare Stoffe von der Jodzahl 47—56 und $[\alpha]_D$ + 24 bis + 31°, außerdem 58—68% feste Fettsäuren vom Schmelzpunkt 60—67°, Jodzahl etwa 10 und Mol.-Gew. 318—382.

III. Blutfett.

[Ebenso wie IV. (Leberfett) nach Angaben von I. Lifschütz.]

Dem Wollfett nahe steht das Fett des tierischen Blutes. Wird letzteres eingetrocknet, staubfein gemahlen und mit indifferenten Lösungsmitteln extrahiert, so erhält man je nach dem Verdauungszustand des Tieres ein rot- bis schwarzbraunes dickflüssiges bis talgfestes, zähes und klebriges Fett, das seinem äußeren Habitus und Geruch nach an Wollfett erinnert. Es beträgt 2% vom Trockenblut, gibt stark die Reaktionen des Cholesterins und Oxycholesterins, aber nicht die des Isocholesterins (s. S. 962).

Bestandteile: 8% freie Fettsäuren und bis 8% freies Unverseifbares. Je nach Konsistenz 35—50% Gesamtunverseifbares, größtenteils Metacholesterin, zum kleineren Teil Cholesterin, Oxycholesterin und andere neutrale Oxydate des Cholesterins und der Oleinsäure enthaltend, die an Stearin-, Palmitin- und Ölsäure zu einem 64—91% betragenden Wachs gebunden sind. Der Rest ist Glyceridett. Wie Wollfett ist auch das Blutfett stark hydrophil[1].

IV. Leberfett.

Das aus der gut entbluteten und getrockneten Leber, wie bei Blutfett beschrieben, extrahierte Fett ist braungelb, talgartig und nur wenig hydrophil[2]. Es enthält 10—20% Unverseifbares, das zur Hälfte aus rhombischem (eigentlichem) Cholesterin besteht und bei totaler Entblutung der Leber kein Oxycholesterin enthält. Die zweite Hälfte des Unverseifbaren besteht aus amorphen Cholesterinoxydaten, die von der Drüse höchstwahrscheinlich zu Gallensäuren (Cholsäuren) weiter verarbeitet und nach den Gallengängen sezerniert werden.

V. Montanwachs.

(Bearbeitet von G. Meyerheim.)

1. Vorkommen, Gewinnung, Verwendung.

Die Braunkohlen enthalten 3—20%, mitunter auch mehr, Bitumen, welches beim Schwelen den Braunkohlenteer (S. 481) gibt und zum größeren Teil durch Extraktion mit Lösungsmitteln als Montanwachs gewonnen werden kann.

---

[1] Lifschütz: Ztschr. physiol. Chem. **117**, 212 (1921).
[2] Lifschütz: Biochem. Ztschr. **52**, 208 (1913).

Die Extraktionswürdigkeit der Braunkohle hängt in ähnlicher Weise wie ihre Verwertbarkeit zur Teererzeugung von der Menge und Art des extrahierbaren Bitumens (möglichst hoher Wachs- und niedriger Harzgehalt) sowie von besonderen örtlichen Verhältnissen ab.

Man gewinnt durch Extraktion der auf Brikettfeuchtigkeit (10—12% H_2O) vorgetrockneten Kohle technisch etwa 3—4% weniger Bitumen, als bei der quantitativen Extraktion im Laboratorium gefunden wird. Die zur Extraktion benutzten vorgetrockneten Kohlen enthalten durchschnittlich 11—12%, in Ausnahmefällen bis 25% analytisch extrahierbares Bitumen, jedoch sind noch Kohlen mit 8% Bitumen wirtschaftlich zu extrahieren.

Die Bitumenausbeute hängt auch von der Extraktionsweise ab; sie wird im Laboratorium im Graefeschen Extraktionsapparat bestimmt. Benzol extrahiert mehr Bitumen als Benzin, aber aus der von der Grubenfeuchtigkeit befreiten Kohle extrahiert auch Benzol nicht das gesamte Bitumen, von dem 40—50%, zuweilen bis 70%, in der Kohle zurückbleiben[1]; dieser Anteil läßt sich durch nachträgliches Schwelen als Teer gewinnen. Durch ein Gemisch von Benzol und Alkohol, welches die umhüllenden Wasserschichten löst, oder Benzol-Acetonöl wird die Kohle so weitgehend extrahiert, daß bis zu 50% höhere Ausbeuten an Bitumen erzielt werden als bei der Extraktion mit Benzol[2] allein. Nahezu quantitativ[3] wird das Bitumen nach Bube mit Benzol bei hohem Druck, z. B. 6 at und 260⁰, mit einer Ausbeutesteigerung von 11 auf 25% extrahiert, jedoch ist dieses Verfahren technisch nicht eingeführt (vgl. S. 521).

Bergius hat ohne Lösungsmittel bei 300⁰ durch bloßen Druck mehr Wachs aus der Kohle herausgeschmolzen, als mit Lösungsmitteln zu extrahieren ist. Die früheren Verfahren von Ramdohr[4], Behandeln der Schwelkohle mit Dampf, oder von E. v. Boyen[5], Behandeln mit überhitztem Wasserdampf, sind durch die Extraktionsverfahren verdrängt worden; vorübergehend ist auch mit geschmolzenem Naphthalin[6] extrahiert worden. Die Extraktion kann aber auch unter Druck mit Tetralin[7] oder mit Alkoholen, Estern, Kohlenwasserstoffen oder deren Chlorierungsprodukten vorgenommen werden[8].

Das als solches nur beschränkt verwertbare dunkle Rohwachs wird überwiegend nach Verfahren, welche seinen chemischen Charakter weitgehend verändern, aufgehellt, nämlich durch Destillation mit überhitztem Dampf im Vakuum, wobei der Wachsesteranteil größtenteils in freie Säuren und Kohlenwasserstoffe zerfällt und die Säuren zum Teil weiter in Ketone (Montanon) übergehen, oder durch chemische Raffination, z. B. mit Schwefelsäure, Chromsäure[9] (diese in schwefelsaurer oder essigsaurer Lösung) oder Salpetersäure[10], wobei das Wachs zum großen Teil unter Bildung freier Säuren und Wachsalkohole gespalten wird. Die raffinierten Wachse zeigen daher (Tab. 204, S. 971) nur kleine Esterzahlen, dagegen viel höhere Säurezahlen als die rohen Wachse. Nur bei den praktisch wenig angewendeten rein physikalischen Bleichungsverfahren, z. B. durch Lösen in Essigester und Behandeln mit aktiver Kohle und Bleicherden[11], bleibt der Wachsester unverändert erhalten. Das unverseifte raffinierte Wachs ist für verschiedene Zwecke wertvoller als das verseifte, jedoch ist eine solche Raffination sehr schwierig. Durch Zumischung von

---

[1] Scheithauer: Braunkohle **3**, 99 (1904).

[2] D.R.P. 305349 (1916) und 325165 (1919) der Riebeckschen Montanwerke.

[3] F. Fischer u. Schneider: Braunkohle **15**, 235 (1916); F. Fischer u. Gluud: Ber. **49**, 1465 (1916).

[4] Ramdohr: D.R.P. 2232 (1878).   [5] E. v. Boyen: D.R.P. 101373 (1897).

[6] H. Köhler: D.R.P. 204256 (1906).

[7] I. G. Farbenindustrie A.-G., E.P. 309229 (1929).

[8] I. G. Farbenindustrie A.-G., D.R.P. 535444 (1929).

[9] I. G. Farbenindustrie A.-G., D.R.P. 462373 (1927); E.P. 289621 (1928), 305552 (1929).

[10] Schlickum & Co., Hamburg, D.R.P. 237012 (1908). Das Verfahren wurde nur vorübergehend benutzt.

[11] Riebecksche Montanwerke, F.P. 650421 (1929).

Paraffin[1], welches auf die dunklen asphaltartigen Bestandteile ausfällend wirkt, wird die Raffination — wie beim Erdwachs (S. 470) — wesentlich erleichtert.

Rohes und gereinigtes Montanwachs werden zur Herstellung von Schuhcreme, Isoliermaterial in der Kabelindustrie, Bohnerwachs, konsistenten Fetten und Walzenbriketts, als Aufnahmewachs für Schallplatten, zur Verdickung von Schmiermitteln, in verseiftem Zustand als Emulgierungsmittel, sowie in geringerem Maße zur Kerzenfabrikation benutzt.

Über die Entstehung des Montanwachses, d. h. des Braunkohlenbitumens, vgl. S. 481.

2. Eigenschaften des rohen Montanwachses.

Montanwachs aus sächsisch-thüringischer Braunkohle ist dunkel, hart, von muscheligem Bruch und zeigt Schmelzpunkt $80-90^{0}$, Wachs aus schlesischer Braunkohle 56^{0}, aus rheinischer Braunkohle $79-81^{0}$; Bitumen aus böhmischer Kohle ist dicksirupartig, aus Lausitzer Kohle mehr harzartig, Schmelzpunkt $115-120^{0}$.

Montanwachs aus mitteldeutscher Braunkohle[2]: Erstarrungspunkt $81-84^{0}$, Säurezahl 28—31, Esterzahl 34—38, Verseifungszahl 62—69, ätherlöslich 16—18%, benzolunlöslich 0,1—0,2%, Asche 0,3—0,4% (CaO, Fe_2O_3, MgO), Flammpunkt etwa 300^{0}.

Montanwachs ist schon mit 0,1-n alkoholischer KOH in Benzollösung völlig verseifbar[3].

Beim Destillieren, auch im hohen Vakuum, zersetzt sich das Wachs in freie Säuren und Kohlenwasserstoffe. Rohes Montanwachs gibt stark die Liebermannsche Cholestolreaktion (S. 962).

Die aus Alkohol krystallisierenden Teile des rohen Montanwachses[4] haben bei 50^{0} $[\alpha]_D = +10^{0}$, die in Benzol löslichen Teile des Unverseifbaren infolge von hohem Harzgehalt $[\alpha]_D = +56,5^{0}$*.

Der Gehalt an mit Äther extrahierbarem Harz schwankt zwischen 10 und 40,4%.

3. Chemische Zusammensetzung.

Rohes Montanwachs.

Rohes Montanwachs enthält neben schwefelhaltigen Stoffen[5] und dunklen Bestandteilen von noch unbekannter Zusammensetzung aliphatische Ester hochmolekularer Säuren und Alkohole (s. u.) und freie Säuren. Diese sind teils normale gesättigte Fettsäuren, teils, soweit es sich um färbende Bestandteile handelt, wahrscheinlich nicht Huminsäuren, wie Graefe[6] annahm, sondern in leichtem Petroläther unlösliche, in heißem Normalbenzin lösliche, nicht veresterbare Oxysäuren[7]. Die Menge der Gesamtsäuren des rohen Montanwachses beträgt etwa 50—70%**. Zwei von Marcusson und

---

[1] v. Boyen: Ztschr. angew. Chem. 14, 1110 (1901).
[2] A. Riebecksche Montanwerke, Privatmitt.
[3] Pschorr u. Pfaff: Ztschr. angew. Chem. 34, 334 (1921).
[4] Walden: Chem.-Ztg. 30, 1167 (1906).
* Marcusson u. Smelkus: Chem.-Ztg. 46, 701 (1922).
[5] G. Kraemer u. A. Spilker: Ber. 35, 1216 (1902).
[6] Graefe: Braunkohle 6, 220 (1907).
[7] Marcusson u. Smelkus: a. a. O.
** Die höheren Werte von H. Meyer u. L. Brod: Monatsh. Chem. 34, 1143 (1913), — 90% —, und Hell: Ztschr. angew. Chem. 13, 556 (1900) — fast 100% —, wurden bei der Untersuchung von destilliertem und raffiniertem Wachs gefunden.

Ph. Lederer[1] untersuchte Rohwachse hatten 20 und 39% Harz, 17 und 6,7% Alkohole, 49,5 und 52,3% Wachssäuren, 3% Oxysäuren, 6,5 und 8% S-haltige dunkle Säuren.

Die teils im freien Zustand (z. B. im Acetonextrakt), teils in Form von Estern aliphatischer Alkohole im rohen Wachs enthaltenen Fettsäuren bestehen, soweit bisher festgestellt, aus den normalen gesättigten Fettsäuren mit geraden C-Atomzahlen 24 (oder 22) bis 32 (oder höher), unter denen die Säure $C_{28}H_{56}O_2$ (Montansäure) vom Schmelzpunkt 90/91⁰ überwiegt[2].

Die durch Extraktion der Kalksalze des Rohwachses mit Äther und Aceton erhaltenen, durch Umkrystallisieren der acetylierten Alkohole aus Äthylalkohol bzw. Alkohol-Äther gereinigten höheren Alkohole des rohen Montanwachses bestehen nach Pschorr und Pfaff[3] aus Tetrakosanol $C_{24}H_{50}O$ (Mol.-Gew. 354), Schmelzpunkt 83⁰, Cerylalkohol $C_{26}H_{54}O$ (Mol.-Gew. 382), Schmelzpunkt 79⁰, und Myricylalkohol $C_{30}H_{62}O$ (Mol.-Gew. 438), Schmelzpunkt 88⁰. Nachdem die neueren Untersuchungen der Säuren die Nichteinheitlichkeit der früher beschriebenen Produkte ergeben haben, dürfte auch bei den Alkoholen eine Nachprüfung dieser bisher als einheitlich betrachteten, aus dem Montanwachs isolierten Bestandteile erforderlich sein.

Die von Hübner[4] für Ketone gehaltenen Verbindungen $C_{16}H_{32}O$ und $C_{12}H_{24}O$ im Rohwachs kennzeichneten Marcusson und Smelkus als Ester.

Montanharz. Die verschiedenen Sorten Montanwachs unterscheiden sich durch ihren Gehalt an Harzen, die durch Extrahieren des gepulverten Wachses mit verschiedenen Lösungsmitteln (s. u.) gewonnen werden. Harzarm sind mit einigen Ausnahmen mitteldeutsche, harzreicher böhmische Wachse, am harzreichsten ist das Wachs der Zittauer Gegend.

Mit Äther ausgezogenes, durch Fällen mit Alkohol bei —20⁰ von Wachsstoffen befreites Harz war sehr spröde, hatte Tropfpunkt 67⁰, Säurezahl 16, Verseifungszahl 68, Jodzahl 51; die zu etwa 50% vorhandenen Harzsäuren gaben nicht die Morawskische Reaktion, hatten Säurezahl 91, Verseifungszahl 135, Jodzahl 26. In rheinischer Braunkohle fanden Tropsch und Dilthey[5] 17,6% halbfestes klebriges Harz vom Erstarrungspunkt 54⁰, Säurezahl 45,2, Verseifungszahl 66,4.

Das Harz wird technisch dem Montanwachs durch heißes Benzol, Toluol usw. entzogen. Die erkalteten Lösungen filtriert man vom ausgeschiedenen Wachs ab und dampft das Filtrat ein. Zum Entharzen verwendet man auch Isopropylalkohol, Glykolmonomethyläther, Glykolmonoacetat, bzw. man löst in Benzol und fällt mit Alkohol[6]. Am reinsten erhält man das Harz beim Behandeln des Rohwachses mit flüssigem SO_2, in welchem ungesättigte Harzkörper leicht löslich, die gesättigten Bestandteile des Wachses unlöslich sind[7]. Entharztes Wachs ist wertvoller als harzhaltiges, da es weniger spröde ist und ausgeprägteren Wachscharakter zeigt.

Destilliertes und raffiniertes Montanwachs.

Beim Destillieren von rohem Montanwachs[8] unter Atmosphärendruck erhält man eine talgähnliche, unkrystallinische Masse vom Schmelzpunkt

[1] Marcusson u. Ph. Lederer: Chem. Umschau Fette, Öle, Wachse, Harze 38, 253 (1931).

[2] D. Holde, W. Bleyberg u. H. Vohrer: Brennstoff-Chem. 11, 128, 146 (1930). Daselbst s. Diskussion und Widerlegung der älteren Auffassung der Montansäure als $C_{29}H_{58}O_2$ bzw. Gemisch verschiedener Säuren mit ungeraden C-Atomzahlen oder als Isosäure. Vgl. auch S. 623.

[3] Pschorr u. Pfaff: Ber. 53, 2147 (1920); s. auch Meyer u. Brod: l. c.

[4] Hübner: Diss. Halle 1903, S. 20.

[5] Tropsch u. Dilthey: Brennstoff-Chem. 6, 65 (1925).

[6] I. G. Farbenindustrie, D.R.P. 523531 (1931); F.P. 690958 (1930).

[7] Fischer u. Gluud: Ber. 49, 1469 (1916), A.-G. f. chem. Ind.: D.R.P. 396793 (1922).

[8] v. Boyen: Ztschr. angew. Chem. 14, 1110 (1901).

$55-60^0$. Bei wiederholtem Destillieren entstehen immer mehr ölige Bestandteile und nur wenig Paraffin; letzteres soll nach Hübner Dokosan, $C_{22}H_{46}$, Schmelzpunkt $52-53^0$, sein. Nach Kraemer und Spilker[1] erfolgt beim Destillieren unter Atmosphärendruck Abspaltung von CO_2, CO und H_2S, dann Zersetzung in CH_4, CO_2, Olefine und eine halbflüssige Masse aus Kohlenwasserstoffen. Beim Destillieren unter vermindertem Druck wird die zweite Spaltung vermieden, und man erhält eine gelbweiße, wachsartige Masse vom Schmelzpunkt $74-78^0$. Bei der Destillation werden Harzstoffe und Schwefelverbindungen zersetzt, Wachsester unter Bildung von freien Fettsäuren und ungesättigten Kohlenwasserstoffen, teilweise mit Zusammenschluß von 2 Mol. Fettsäure unter Abspaltung von H_2O und CO_2 und Bildung von Keton [Montanon $(C_{27}H_{55})_2 \cdot CO^*$] gespalten, und es verbleiben im Rückstand Pechstoffe, sog. Montanpech, das noch unzersetztes Wachs, freie Säuren, Lactone, Ketone und Asphaltstoffe enthält[2].

Durch Destillieren des Wachses mit Wasserdampf unter Druckverminderung und wiederholtes Pressen des mit Benzin und Entfärbungspulver behandelten Destillates gewinnt man etwa 30 % einer weißen, krystallinischen Masse vom Schmelzpunkt $70-80^0$.

Marcusson und Ph. Lederer[3] fanden in einem destillierten Montanwachs 58% „Montansäure" (Mol.-Gew. 424, Jodzahl 4,1), 28,6% Montanon und 13,4% Kohlenwasserstoffe. Destilliertes Wachs unterscheidet sich vom raffinierten Montanwachs dadurch, daß das Unverseifbare beim destillierten Wachs aus Montanon und Kohlenwasserstoffen besteht und Acetylzahl 0 hat, während es beim raffinierten Wachs aus Alkoholen besteht und die Acetylzahl 110 aufweist.

Tabelle 204. Eigenschaften einiger auf verschiedene Weise destillierter oder raffinierter Handelssorten von Montanwachs[4].

Bezeichnung	Doppelt gebl. Montanwachs			Gebl. Montanwachs Nova	Montanillawachs		
	St.	A.	TV.		weiß extra	super-fein	gelb
Schmelzpunkt K.-S.^{0}	72—76	72—75	72—76	60—63	60—62	66—68	65—67
Säurezahl	82—89	68—72	48—58	20—24	17—18	32—34	34—39
Esterzahl	2—6	2—6	15—24	2—5	0—3	0—4	3—6
Verseifungszahl . .	84—95	70—78	68—72	22—29[5]	17—21[5]	32—38[5]	37—45[5]
Ätherlöslich . . . %	28—35	28—33	26—30	50—60	55—65	45—50	45—55
Benzolunlöslich . %	0	0	0	0	0	0	0
Asche . . . . . %	0	0,2—0,3	0	0	0,1	0,1—0,2	0,1

4. Prüfung von rohem Montanwachs.

Das Montanwachs (Bitumen) soll rein sein, möglichst wenig benzolunlösliche Stoffe (Kohlenstaub) enthalten und für bestimmte Verwendungszwecke eine möglichst hohe Verseifungszahl haben.

[1] Kraemer u. Spilker: Ber. **35**, 1215 (1902).
* Grün u. Ulbrich: Chem. Umschau Fette, Öle, Wachse, Harze **23**, 57 (1916); **24**, 45 (1917); Easterfield u. Taylor: Journ. Amer. chem. Soc. **99**, 2298 (1911).
[2] Marcusson u. Smelkus: l. c.
[3] Marcusson u. Ph. Lederer: l. c. (Infolge eines Druckfehlers steht im Original 56% Montansäure.)
[4] A. Riebecksche Montanwerke, Privatmitt.
[5] Ein Urteil über die auffällig niedrigen Verseifungszahlen der raffinierten Wachse läßt sich ohne Kenntnis der Raffinationsmethoden nicht abgeben. Paraffinzusatz liegt nach Angabe der Herstellerfirma nicht vor.

Der Flammpunkt wird im o. T., der Schmelzpunkt nach Kraemer-Sarnow (S. 408) bestimmt.

Das Benzolunlösliche wird im Graefeschen Extraktionsapparat in einer gewogenen Papierpatrone bestimmt.

Der Aschegehalt wird durch vorsichtiges Verbrennen und Verglühen von 1 g Substanz im Porzellantiegel bestimmt.

Ganz oder teilweise verseiftes Montanwachs, wie es für die Schuhcreme-Industrie manchmal in den Handel gelangt, erkennt man an der niedrigen bzw. völlig fehlenden Säure- und Verseifungszahl und an dem hohen, stark alkalisch reagierenden Aschengehalt.

Säurezahl. Wegen der Schwierigkeit, den Farbumschlag der titrierten Lösungen bei sehr dunklen Wachsen zu beobachten, setzt man die alkoholische Lösung der freien Wachssäuren mit Natriumacetat und Chlorcalcium zu unlöslichen Kalksalzen und der äquivalenten Menge freier Essigsäure um, welche leicht titriert werden kann[1]. In ähnlicher Weise wird auch die Verseifungszahl bestimmt.

1—1,5 g Substanz werden im 200-ccm-Meßkolben mit 20 ccm Alkohol und 20 ccm Benzol auf siedendem Wasserbad unter Zugabe von etwa 1 g Natriumacetat 5 min gelinde gekocht und dann mit überschüssiger neutraler $CaCl_2$-Lösung versetzt. Nach weiterem kurzen Kochen kühlt man ab, verdünnt mit neutralem Alkohol bis zu 200 ccm und filtriert die ausgefallenen unlöslichen Kalksalze der Fettsäuren und andere in der Kälte unlösliche Bestandteile auf einem trockenen Filter ab. Vom Filtrat wird ein aliquoter Teil der Flüssigkeit mit etwa der doppelten Menge neutralen Wassers versetzt und mit 0,1-n wässeriger Lauge heiß titriert. Zuvor ist aus der sich abscheidenden dunklen Benzolschicht das Benzol abzudampfen, und der ausgeschiedene ölige Rückstand ist mitzutitrieren. Die Säurezahl berechnet sich nach der Formel SZ. $= 5{,}611 \cdot b \cdot c/a$, in der a die angewendete Substanzmenge, b das Verhältnis von 200 ccm zum Volumen der abfiltrierten Lösung und c die verbrauchten Kubikzentimeter 0,1-n Lauge darstellen.

Verseifungszahl. 1—1,5 g Substanz (a) werden im 200-ccm-Meßkolben mit p ccm (mindestens 50) 0,1-n alkoholischer Lauge unter Zusatz von Benzol bis zur klaren Lösung 3—4 h gekocht. Nach Zugabe von q ccm (etwas mehr als p) 0,1-n alkoholischer Essigsäure und $CaCl_2$ (alkoholisch) im Überschuß wird nach kurzem gelinden Kochen abgekühlt, mit neutralem Alkohol bis 200 ccm aufgefüllt und ein aliquoter Teil $(1/_b)$ der vom Kalkseifenniederschlag usw. abfiltrierten Lösung im Erlenmeyerkolben mit reichlicher Menge Wasser versetzt und nach vorsichtigem Abdampfen des Benzols heiß titriert. Werden hierzu r ccm 0,1-n KOH verbraucht, so wird VZ. $= 5{,}611 (p - q + b \cdot r)/a$.

Harzgehalt[2]. Man schüttelt 20 g feingepulvertes Wachs bei gewöhnlicher Temperatur mit 60 ccm Äther, filtriert nach mehrstündigem Absitzenlassen vom Ungelösten ab und fällt aus dem Filtrat durch Zusatz von 60 ccm Alkohol und Kühlung auf —20° die gelösten Wachsbestandteile aus. Das bei —20° erhaltene Filtrat wird eingedampft und der Rückstand, das spröde Harz, gewogen.

---

[1] R. Pschorr, Pfaff u. Berndt: Ztschr. angew. Chem. **34**, 334 (1921).
[2] Marcusson u. Lederer: l. c.

Zehntes Kapitel

Verschiedenes.

A. Öle zur Erzaufbereitung.

(Flotation oder Schaumschwimmverfahren.)

I. Technologie und Theorie[1].

Es ist bei der Flotation nach Freilegen der Erzgemengteile durch Zerkleinern möglich, in wässeriger Trübe mit geeigneten Zusätzen den wertvollen Bestandteil zu „ölen" und ihm hierdurch die Eigenschaft zu erteilen, an Luftblasen, die durch intensive Rührung oder Druckluft erzeugt werden, zu haften. Die geölten Erzteilchen werden von den aufsteigenden Luftblasen mitgenommen und können als „Erzschaum" abgehoben werden, während die ungeölten Teile in der Trübe verbleiben, so daß eine Trennung der Erzgemengbestandteile erreicht ist.

Das „Ölen" ist demnach Voraussetzung für das Aufschwimmen eines Erzes. Stoffe, die sich zum Ölen eignen, nennt man Sammler. Ihr homöopolar-heteropolarer Charakter erlaubt es ihnen, Erzoberflächen mit einem monomolekularen hydrophoben Film zu überziehen, wenn ihre restvalenzreiche Gruppe an der Erzoberfläche eine stärkere Absättigung erfährt als an der wässerigen Phase[2]. Hierdurch richtet sich das Molekül mit seiner homöopolaren carbophilen Kette nach der Luftphase und erteilt der gesamten Oberfläche hydrophoben Charakter. Die Eignung eines Öles als Sammler ist allgemein davon abhängig, ob es polare Gruppen enthält. Apolare Stoffe besitzen keinen flotativen Charakter[3]! Seine Eignung als Sammler für ein bestimmtes Mineral wird von der Affinität seiner polaren Gruppen zur Erzoberfläche abhängen. Bei chemischer Wechselwirkung zwischen Sammler und Erzoberfläche entscheidet die Löslichkeit des an der Erzoberfläche entstehenden Reaktionsproduktes den Grad der Hydrophobierung der Erzoberfläche.

Zur Erzeugung des zum Aufschwimmen der geölten Erzteilchen notwendigen Schaumes verwendet man die capillaraktiven Schäumer. Neben Stoffen mit ausgesprochenen Sammler- oder Schäumereigenschaften gibt es solche, die sich als Sammler und Schäumer verwenden lassen, so daß sich eine starre Systematik der Flotationsmittel nicht durchführen läßt.

---

[1] Ausführliche Beschreibung der wichtigsten Flotationsöle, sowie der Flotation im allgemeinen s. Mayer-Schranz: Flotation. Leipzig 1931, und Luyken-Bierbrauer: Die Flotation. Berlin 1931.

[2] Bartsch: Kolloidchem. Beih. **20**, 42 (1924); s. auch Wo. Ostwald: Kolloid-Ztschr. **58**, 179 (1932).

[3] I. Traube: Metall u. Erz **26**, 618 (1928).

II. Auswahl der Öle.

Die Entwicklung der Flotation hat im letzten Jahrzehnt eine wesentliche Verbesserung und Erweiterung der Aufbereitungsmöglichkeit stark verwachsener Erze aller Art gebracht. Man vermag heute nicht nur sulfidische Erze voneinander zu trennen, sondern auch oxydische Erze vielfach erfolgreich aufzubereiten. Diese Entwicklung ist teilweise auf eine starke Verdrängung der Ölflotation durch die chemische Flotation zurückzuführen. An Stelle schlecht definierter Sammleröle sind seit Perkins Patenten[1] die gut definierten chemischen Sammler getreten, die eine bessere Wartung des Flotationsprozesses erlauben. Trotz dieser Entwicklung werden heute statt der chemischen Sammler, die wie die Xanthogenate keinen öligen Charakter haben müssen, vielfach noch Öle als Sammleröle benutzt. Als heute noch am häufigsten gebräuchliche Sammleröle sind zu nennen: der Steinkohlenteer — ein vielfach benutztes Produkt dieser Art ist das hochsiedende Barettoil Nr. 4, das saure Teerprodukte enthält —, das Parellin, ein Steinkohlenheizöl, Schieferöl und Kerosen.

Als Schäumer dienen hauptsächlich Pineöl, Kiefernöl, Eukalyptusöl, „Flotol", die Kresole und die Kreosotöle, phenolische Bestandteile des Steinkohlen-, Braunkohlen- und Holzteers.

Zu den Ölen, die als Sammler-Schäumer dienen, zählen Wassergasteer, Rohpetroleum und Bernsteinöl. Als chemische Sammler-Schäumer sind die Amine und die Phenole zu nennen.

B. Öle, Fette, Lacke und Glycerin in der Keramik[2].

1. Zum Anmachen von Aufglasurfarben wird die pulverförmige keramische Aufglasurfarbe mit Terpentinöl, auch Lavendel-, Spik-, Anis-, Nelken- oder Mohnöl, stets unter Zusatz von wenig Dicköl, angerieben, um auf die glatte Porzellanfläche auftragbar zu sein. Die malfertige Farbe wird auf die gargebrannte Glasur aufgebracht und nach dem Verdampfen des Terpentinöls mittels des Dicköls auf der glatten Glasur befestigt und dann eingebrannt.

Aufglasurfarben für den Buntdruck und den Stahlstich werden in entsprechender Anpassung an dieses Verfahren benutzt.

2. Für das Abdecken des Porzellans beim Ätzen von Dekoren mit Flußsäure werden „Isolierlacke" benötigt[3]; als billigster gilt Asphaltlack. Mischungen von Talg und Wachs oder Lösungen von Wachs in Terpentinöl werden als „Tunköl" zum Abdecken gegen die Glasur benutzt, sie dürfen nicht verlaufen und müssen ohne Rückstand verbrennen. Stellen keramischer Waren, die nach dem Brand unglasiert sein sollen, werden auch vor dem

---

[1] Perkin: Amer. P. 1364364/8 (1921).

[2] Herrn Dr. F. Singer, Direktor der Deutschen Ton- und Steinzeugwerke A.-G., Charlottenburg, verdanke ich die Unterlagen zu obiger Skizze.

[3] Ullmanns Enzyklopädie der technischen Chemie. Farben, keramische, 2. Aufl. Bd. 4, S. 815. 1929. Kerl: Handbuch der gesamten Tonwarenindustrie, 1907.

Eintauchen in den wässerigen Glasurbrei mit einem wasserabstoßenden Anstrich (Schellack), Paraffin od. dgl.) überzogen.

3. Zum Anmachen von trockner, pulveriger Porzellanmasse werden bei Verwendung von Stahlmatrizen statt des bei Gipsformen üblichen Wassers Mischungen von fettem Öl und Petroleum mit Wasser zwecks Überführung der Porzellanmasse in die stanzfähige und an der Stahlmatrize nicht haftende Form benutzt[1].

4. Zum Anmachen von Kitt für Hochspannungsisolatoren mit „Schmelzkörpern" werden Asphalt, Pech u. dgl. zur Beendigung der Abbindung vorgeschlagen[2].

5. Zwecks Beendigung der Abbindung von Portlandzement bei Hochspannungsisolatoren durch Imprägnieren mit „wasserabstoßenden Mitteln" werden Asphaltlacke benutzt.

6. Zum Anstrich von Hochspannungsisolatoren vor dem Kitten wird ein isolierender Asphaltlack zwecks Schaffung einer elastischen Zwischenschicht benutzt.

7. Beim Ausbessern farbiger glasierter Keramiken können diese an den unglasierten Stellen mit farbigem Lack überzogen werden.

Zur Herstellung billiger farbiger keramischer Waren werden diese anstatt mit Glasur mit Lackfarben überzogen (Siderolith).

8. Glycerin und Glycerinersatzstoffe werden in der Keramik für Unterglasurfarben benutzt, z. B. in Lösungen von Kobaltsalzen, die mit Glycerin zwecks besserer Auftragbarkeit verdickt werden[3].

C. Konservierungsöle für Bausteine.

Das Verwittern von Naturgesteinen, insbesondere Sandsteinen, Kalksteinen usw., wird durch Tränkung mit Lösungen von kieselfluorwasserstoffsauren Salzen (Fluaten) verhindert oder doch wesentlich aufgehalten. Andere Mittel bestehen in der Anwendung löslicher Aluminiumsalze und nachfolgender Behandlung mit einer Lösung von Seife, welche die Bildung einer unlöslichen, den Wasserzutritt abstoßenden Schicht von fettsaurem Aluminium bezweckt (Testalin der Firma Devrient A.-G., Zwickau, Reindurol u. a.).

Als sehr geschätzt für den gleichen Zweck gilt das sog. Szerelmey, jetzt Lapidensin genannt, ein helles, schwach gelbes, petroleumartiges, aber schwer entzündliches, in 96%igem Alkohol wenig, in absolutem Alkohol unter Ausscheidung eines weißen aschefreien Niederschlages leicht lösliches Öl, das aus der alkoholischen Lösung schöne silberglänzende Krystalle (Paraffin?) niederfallen läßt. Die nähere Analyse des Öles, das anscheinend noch andere, die Schutzwirkung bezweckende (firnisartige?) Bestandteile enthält — es zeigt beim Stehen meist harzigen, bräunlich gelben, firnisartig riechenden Bodensatz — scheint in der Literatur zu fehlen[4].

---

[1] D.T.S. Jubiläumsbuch. F. Singer: Die Keramik im Dienste von Industrie und Volkswirtschaft. Abschnitte „Porzellan" und „Steatit", S. 382. Braunschweig 1923; Chem.-Ztg. **48**, 458 (1924).

[2] A. Bültemann: D.R.P. 381874 (1919).

[3] Keram. Rdsch. **1916**, 212.

[4] Bezugsquelle: Szerelmey Imprägnierungs-Ges. m. b. H., Frankfurt a. Main, Schillerstr. 5.

Sog. Enkaustikfluate enthalten 7% Paraffin in Trichloräthylen. Neuerdings werden auch (von den Elektrochemischen Werken in Höllriegelskreuth bei München) kolloidale Lösungen von Paraffin und Leinöl zu dem gleichen Zweck empfohlen.

D. Einflüsse von Ölen auf Zementbeton.[1]

Durch fette Öle wird Beton erheblich angegriffen, um so stärker, je höher ihr Gehalt an freien Fettsäuren und je poröser der Beton bzw. der Zementmörtel ist. Der Kalk des letzteren bildet mit den freien Fettsäuren Kalkseifen, daher ist möglichst nur Zement, der keinen freien Kalk enthält, sowie ein dichter Mörtel (1 Zement : 1 Sand) zu empfehlen, der unter gutem Naßhalten erhärtet ist. Stärker sandhaltiger (75%), an trockener, warmer Luft erhärteter Mörtel wurde bei $^1/_2$ jähriger Lagerung in Rüböl fast ganz zerstört[2]. Ein Zusatz von 20% Puzzolanmehl an Stelle von Sand zum Beton erhöhte die Widerstandsfähigkeit gegen frisches Olivenöl bedeutend.

Zerstörung des Betons wurde bei den verschiedensten fetten Ölen beobachtet, z. B. bei Leinöl (gekocht und ungekocht), Palmöl, Erdnußöl, tierischen Fetten (auch durch die Dämpfe dieser Öle), am stärksten bei Cocosfett (flüchtige Säuren).

Schutzmittel bestehen u. a. in der Anwendung von Fluaten oder von Wasserglaslösung, welche die Poren des Betons dicht verschließt, ferner in der Anbringung eines ölunlöslichen Schutzanstriches aus Midosit[3] (Phenol-Formaldehyd-Kondensationsprodukt). Bituminöse Anstriche kommen, da sie öllöslich sind, nicht in Frage.

Entgegen den fetten Ölen, die durch Ranzidität bzw. Verseifung Säuren und Seifen bilden können, greifen Mineralöle Beton im allgemeinen nicht an, abgesehen von Phenolen und Kreosoten in Teerölen. Betonbehälter für rohes Erdöl haben sich dementsprechend gut bewährt. Dünnflüssige Mineralöle (Viscosität < 6 Centipoisen), z. B. Benzin, durchdringen jedoch den Beton ziemlich schnell und erfordern besondere Schutzmaßnahmen; analog verhalten sich natürlich schwere Öle, die heiß (dünnflüssig) eingefüllt werden. Eine Durchlässigkeit des Betons für leichte Öle ist, abgesehen von Verlusten, mit Brandgefahr verknüpft.

Auch gegen Mineralöle sind nach Schumann Beton und Mörtel um so widerstandsfähiger, je dichter sie sind.

Für leichte Öle empfiehlt sich neben der Behandlung nach Brandt (Aufbringen von 2 Schichten Fluat, 2 Schichten mit Wasser angerührtem feinem Eisenpulver — „Eironit" — und Abdeckung mit säurefesten Tonfliesen — Vorsicht bei Auswahl des Ansatz- und Fugenmörtels —) ein Anstrich mit Midosit (s. o.), das sich bestens bewährt hat.

---

[1] A. Kleinlogel mit F. Hundeshagen u. O. Graf: Einflüsse auf Beton, 3. Aufl., S. 40 f., 142 f., 296 f., 417 f. Berlin: W. Ernst u. Sohn 1930.

[2] Versuche von Schumann, s. Kleinlogel, l. c., S. 143.

[3] Früher Margalit genannt.

E. Bewertung von Bleicherden[1].

(Bearbeitet von G. Meyerheim unter Mitwirkung von C. Walther.)

I. Vorkommen und Zusammensetzung.

Bleicherden, Aluminium- oder Magnesiumhydrosilicate, dienen vermöge ihrer Eigenschaft, Asphaltstoffe, Harze, hochmolekulare und ungesättigte Kohlenwasserstoffe usw. zu adsorbieren, zum Reinigen und Entfärben von Ölen, Fetten, Wachsen u. dgl., s. S. 693. Man gewinnt sie aus natürlich vorkommenden Silicaten, Verwitterungsprodukten von vulkanischen Gesteinen, die sich als Sedimentmassen in oft sehr großen Lagern an verschiedenen Stellen der Erdoberfläche finden. Die älteste bekannte Bleicherde ist die sog. Fuller- oder Walkerde (Walken zum Entfetten von Wolle), die zunächst in England, später vor allem in Florida gefunden wurde. Die englischen und amerikanischen Roherden werden — soweit erforderlich — vorgetrocknet oder durch Schlämmen von Sand und kleinen Steinen befreit, dann gemahlen und getrocknet[2]. Manche Erden, insbesondere die deutschen, erfordern jedoch eine chemische Vorbehandlung mit Salz- oder Schwefelsäure, durch welche Verunreinigungen entfernt und die Erden „aktiviert" werden. Bekannte aktivierte Tone sind Clarit, Frankonit, Terrana und Tonsil.

Die in üblicher Weise durchzuführende Gesamtanalyse ergibt einen Anhalt dafür, ob ein Aluminiumhydrosilicat, ein Magnesiumhydrosilicat oder eine chemisch behandelte Erde vorliegt, welche gegenüber den Roherden zumeist geringeren Aluminiumgehalt aufweist. Aktivierte deutsche Bleicherden haben im allgemeinen etwa 72—74% SiO_2 und etwa 12,5—14% Al_2O_3.

II. Verwendung.

Bei der Verwendung der Bleicherden unterscheidet man zwei grundsätzlich voneinander verschiedene Verfahren, nämlich das Filtrieren durch verhältnismäßig grobkörnige Erde und das in neuerer Zeit bevorzugte Mischen mit fein gemahlener Erde; bei dem letztgenannten Verfahren folgt auf das Mischen immer die Trennung des behandelten Gutes und der Erde durch Filterpressen od. dgl.

III. Prüfverfahren.

1. Physikalische Prüfungen.

Die Teilchengröße der Bleicherden wird in üblicher Weise durch Schütteln einer gewogenen Menge auf Sieben mit bekannter Maschenzahl pro Quadratzentimeter (DIN-Siebsatz, s. Kohlenanalyse) ermittelt. Für grob- und feinergemahlene Erde für das Filtrationsverfahren wird bestimmt, welcher Rückstand auf einem 30- bzw. 60-Maschensieb zurückbleibt. Für das Mischverfahren verwendet man Erden, die man mit dem 500-, 1000- und 5000-Maschensieb prüft.

---

[1] Zusammenfassende Literatur s. O. Kausch: Das Kieselsäure-Gel und die Bleicherden. Berlin: Julius Springer 1927; L. Singer: Anorganische und organische Entfärbungsmittel. Dresden u. Leipzig: Theodor Steinkopff 1929.

[2] Nutting: Econ. Geol. **21**, 243 (1926); Science **72**, 243 (1930); Ind. engin. Chem., Anal. Ed. **4**, 139 (1932).

Schüttgewicht. Die Bleicherdeprobe wird in einen gewogenen 100-ccm-Meßzylinder eingerüttelt, bis er bis zur Eichmarke gefüllt ist und das Volumen bei weiterem Rütteln nicht mehr abnimmt. Das Gewicht der eingefüllten Bleicherde wird, mit 10 multipliziert, als Litergewicht angegeben. Aktivierte Erden haben ein Litergewicht von 0,7—1,2 kg, nicht behandelte Erden von 1,5—1,8.

Das spez. Gew. wird im Pyknometer unter Auffüllung mit dem die Erden gut benetzenden Alkohol von bekannter Dichte bestimmt. Aktivierte Erden haben $d = 1,8$—2,3, nicht behandelte Erden $d = 2,3$ [*].

Wassergehalt wird durch Trocknen bei 105—110⁰ bis zur Gewichtskonstanz und gegebenenfalls durch Erhitzen auf höhere Temperaturen, z. B. 300 und 400⁰ oder höher, ermittelt, da die Bleichwirkung in weitem Maße davon abhängig ist, in welcher Menge adsorbierte Feuchtigkeit vorhanden ist und in welchem Umfange das Konstitutionswasser aus der Bleicherde entfernt worden ist. Die Fullererden zeigen bestes Entfärbungsvermögen im geglühten Zustand, während aktivierte Erden im allgemeinen nicht geglüht werden dürfen.

Die Porosität als Anhaltspunkt für die Oberflächenaktivität der Adsorptionsmittel berechnet man als Verhältnis zwischen wahrem spez. Gew. d und Schüttgewicht s nach der Formel $P = 100(d$—$s)/s$.

2. Praktische Prüfung.

a) Zur Feststellung des Entfärbungsvermögens der Bleicherden wurden viele Methoden vorgeschlagen, z. B. Bestimmung der Benetzungswärme[1], Verhalten gegenüber Farbstoff- oder Jodlösungen, Ermittlung der hydrolytischen Acidität[2], d. h. der Fähigkeit der Bleicherden, aus wässerigen Lösungen stark hydrolysierter Salze den basischen Anteil zu adsorbieren, usw.; einwandfreie Ergebnisse werden jedoch immer nur durch praktische Versuche mit dem zu behandelnden Stoff erzielt. Werden die Öle vor der Bleichung raffiniert, so sind die Laugen sehr sorgfältig auszuwaschen und die Öle gut zu trocknen, da schon Spuren zurückgebliebenen Alkalis oder von Feuchtigkeit die Bleichwirkung der Erden stark herabsetzen.

Filtrationsverfahren[3]. In einen Perkolator werden 65 ccm Bleicherde eingefüllt und dann die zu behandelnde Flüssigkeit hindurchfiltriert, z. B. Spindelöle bei 30—45⁰, hochviscose Schmieröle bei etwa 90⁰. Man bestimmt die Zeit, bis der erste Tropfen durchgesickert ist, und ferner die Zeit und filtrierte Menge, bis das durchgemischte Gesamtfiltrat eine bestimmte Farbe erreicht hat.

Mischverfahren[4]. Das zu behandelnde Gut wird in gewogener Menge in einem Becherglase im Wasser- oder Ölbad auf Versuchstemperatur gebracht (bei Mineralölen auf 90—120⁰, bei fetten Ölen auf 50—100⁰) und nach Zugabe der Bleicherde eine bestimmte Zeit (Mineralöle 30, fette Öle 15 min) bei konstanter Temperatur mit einem zweckmäßig durch Elektromotor betriebenen Rührwerk gut durchgerührt. Für leichte Mineralöle verwendet man 1—3% Bleicherde, für Paraffin 2—5%, für schwere Öle 5—10%, für fette Öle 2—5%, bei dunklen Fetten bis zu 10—20%. Das behandelte Gut wird noch warm durch ein Faltenfilter, erforderlichenfalls im Warmwassertrichter, von der Bleicherde abfiltriert oder, wenn angängig, zentrifugiert und dann mit Hilfe eines Colorimeters auf den erzielten Bleicheffekt untersucht. Außer der momentan zu beobachtenden Bleichwirkung ist noch etwaige Nachdunkelung zu berücksichtigen[5]. Zur schnellen Prüfung auf letztere erhitzt man die Raffinate in ganz gefüllten, gut gereinigten 100-ccm-Flaschen mit einem blanken Eisenblech ($50 \times 20 \times 1,5$ mm) als Katalysator 10, 20 oder 30 h, je nach der Viscosität, auf 60, 100 oder 120⁰ im Trockenkasten. Nach dem Erkalten prüft man die Farbe im Lovibond-Tintometer (S. 233) oder Dubosq-Colorimeter.

---

[*] Eckart u. Wirzmüller: Die Bleicherde, 1929. S. 35.

[1] E. Berl u. K. Andres: Ztschr. physikal. Chem. **122**, 81 (1926); Burstin u. Winkler: Brennstoff-Chem. **10**, 121 (1929).

[2] H. Utermöhlen: Chem.-Ztg. **55**, 625 (1931).

[3] Cupit: Refiner natur. Gasoline Manufacturer **7**, Nr. 4, 69 (1928).

[4] Eckart u. Wirzmüller: l. c., S. 38.

[5] W. Schäfer: Chem. Umschau Fette, Öle, Wachse, Harze **39**, 179 (1932).

b) Zur Feststellung des Verlustes, der dadurch entsteht, daß die Bleicherde eine gewisse Menge des behandelten Öles so fest adsorbiert, daß es durch den Filterdruck nicht mehr gewonnen werden kann, werden 10 g der Erde mit 100 g Öl in einem Becherglas 15 min auf dem Wasserbad gut durchgerührt. Dann saugt man das Gemisch durch einen Büchner-Trichter mit Hilfe einer Wasserstrahlpumpe oder einer anderen Vakuumpumpe ab und wägt den mit Öl getränkten Kuchen. Nach Heller[1] werden 10 g Erde in einem Extraktionskolben tropfenweise mit dem klaren, schleimfreien Öl so lange getränkt, bis die zusammenbackende Masse an den Wandungen zu schmieren beginnt. Multipliziert man die verbrauchten Kubikzentimeter Öl mit 10 und dem spez. Gew., so erhält man die prozentuale Minimal-Saugfähigkeit.

c) Säuregehalt. Zur Bestimmung des Säuregehaltes der aktivierten Bleicherden werden 50 g der Erde mit 500 ccm destilliertem Wasser 10 min gekocht. Nach Absaugen durch eine Nutsche wird das Filtrat bei Gegenwart von Phenolphthalein oder Lackmus mit 0,1-n Natronlauge titriert. Für Speiseöle sollen nicht mehr als 5 ccm verbraucht werden, Erden bis zu 10 ccm Laugenverbrauch sind noch verwendbar; werden mehr als 15 ccm der Laugen verbraucht, so ist die Erde für die Speiseöl- und Fettindustrie im allgemeinen unbrauchbar. Für Mineralöle und technische Fette darf der Säuregehalt jedoch höher sein[2].

Danach wird bei Bleicherden für Speiseöle ein Säuregehalt bis zu 0,11%, ber. als HCl, für Mineralöle ein höherer Säuregehalt zugelassen. Wegen der Möglichkeit des Anfressens von Filtertüchern lassen manche Fabriken aber auch für Mineralölraffination keinen höheren Säuregehalt der aufgeschlossenen Erden als 0,05%, ber. als HCl zu[3].

d) Kalkgehalt. Die aktivierten Erden sollen nicht mit $CaCO_3$ neutralisiert sein; ein Gehalt von über 1% bei aktivierten Erden, über 2% bei Roherden wird beanstandet. Die Bestimmung erfolgt durch Kochen der Erden mit verdünnter Salzsäure, Neutralisieren des Filtrates mit Ammoniak und Fällung mit Ammoniumoxalat in üblicher Weise.

---

[1] Heller: Allg. Öl- u. Fett-Ztg. **21**, 471 (1924).
[2] Eckart u. Wirzmüller: l. c., S. 39/40.
[3] K. H. Schünemann: Privat-Mitt.

Physikalisch-chemische Tabellen.

I. Tabellen zur Gehaltsbestimmung von Äthylalkohol, Säuren und Laugen.

Tabelle 205. Volumen- und Gewichtsprozente wässerigen Äthylalkohols[1].

(Vol.-% bei 60⁰ F = 15,56⁰ C.)

Vol.-%	Gew.-%	Vol.-%	Gew.-%	Vol.-%	Gew.-%	Vol.-%	Gew.-%	Vol.-%	Gew.-%
0	0,00								
1	0,81	21	17,10	41	34,26	61	53,15	81	74,68
2	1,62	22	17,94	42	35,16	62	54,16	82	75,85
3	2,42	23	18,78	43	36,05	63	55,17	83	77,03
4	3,22	24	19,61	44	36,95	64	56,19	84	78,22
5	4,02	25	20,45	45	37,86	65	57,21	85	79,43
6	4,83	26	21,29	46	38,77	66	58,24	86	80,65
7	5,63	27	22,13	47	39,69	67	59,28	87	81,88
8	6,44	28	22,98	48	40,61	68	60,32	88	83,13
9	7,25	29	23,83	49	41,54	69	61,37	89	84,39
10	8,06	30	24,69	50	42,48	70	62,43	90	85,67
11	8,87	31	25,54	51	43,42	71	63,50	91	86,97
12	9,68	32	26,40	52	44,37	72	64,58	92	88,30
13	10,49	33	27,26	53	45,32	73	65,67	93	89,65
14	11,31	34	28,12	54	46,28	74	66,76	94	91,02
15	12,13	35	28,98	55	47,24	75	67,86	95	92,42
16	12,95	36	29,86	56	48,21	76	68,97	96	93,85
17	13,78	37	30,73	57	49,18	77	70,09	97	95,31
18	14,61	38	31,61	58	50,16	78	71,22	98	96,82
19	15,44	39	32,49	59	51,15	79	72,37	99	98,38
20	16,27	40	33,37	60	52,15	80	73,52	100	100,00

Tabelle 206. Spez. Gew. (d_{15}) von Äthylalkohol-Wassermischungen nach Gewichtsprozenten[2].

Gramm Substanz in 100 g Lösung. Nach Mendelejeff, berechnet von der Kaiserl. Normal-Eichungskommission.

Gew.-%	d_{15} g/ccm	Gew.-%	d_{15} g/ccm	Gew.-%	d_{15} g/ccm	Gew.-%	d_{15} g/ccm	Gew.-%	d_{15} g/ccm
1	0,99725	7	0,98726	13	0,97925	19	0,97203	25	0,96429
2	0,99544	8	0,98581	14	0,97803	20	0,97080	26	0,96290
3	0,99368	9	0,98443	15	0,97683	21	0,96956	27	0,96145
4	0,99198	10	0,98308	16	0,97563	22	0,96829	28	0,95997
5	0,99034	11	0,98177	17	0,97443	23	0,96699	29	0,95844
6	0,98877	12	0,98050	18	0,97324	24	0,96566	30	0,95687

[1] Landolt-Börnstein, S. 457.   [2] Landolt-Börnstein, S. 449.

Fortsetzung der Tabelle 206, S. 980.

Gew.-%	d_{15} g/ccm	Gew.-%	d_{15} g/ccm	Gew.-%	d_{15} g/ccm	Gew.-%	d_{15} g/ccm	Gew.-%	d_{15} g/ccm
31	0,95525	45	0,92866	59	0,89756	73	0,86475	87	0,83019
32	0,95360	46	0,92654	60	0,89526	74	0,86235	88	0,82760
33	0,95190	47	0,92439	61	0,89296	75	0,85995	89	0,82497
34	0,95016	48	0,92223	62	0,89064	76	0,85754	90	0,82233
35	0,94838	49	0,92005	63	0,88832	77	0,85512	91	0,81965
36	0,94656	50	0,91785	64	0,88599	78	0,85268	92	0,81692
37	0,94470	51	0,91565	65	0,88366	79	0,85024	93	0,81417
38	0,94281	52	0,91342	66	0,88132	80	0,84779	94	0,81137
39	0,94087	53	0,91118	67	0,87898	81	0,84533	95	0,80853
40	0,93891	54	0,90893	68	0,87662	82	0,84285	96	0,80564
41	0,93692	55	0,90667	69	0,87426	83	0,84035	97	0,80269
42	0,93489	56	0,90441	70	0,87189	84	0,83784	98	0,79971
43	0,93284	57	0,90214	71	0,86952	85	0,83532	99	0,79666
44	0,93076	58	0,89985	72	0,86714	86	0,83277	100	0,79356

Tabelle 207. Ausdehnung von Äthylalkohol-Wassermischungen[1].

Gew.-%	d_{15}^{0}	d_{15}^{10}	d_{15}^{15}	d_{15}^{20}	d_{15}^{30}
0	1,00072	1,00058	1,00000	0,99912	0,99663
1	0,99875	0,99866	0,99812	0,99724	0,99481
2	0,99690	0,99682	0,99630	0,99543	0,99302
3	0,99514	0,99507	0,99454	0,99367	0,99128
4	0,99350	0,99340	0,99284	0,99198	0,98957
5	0,99196	0,99179	0,99120	0,99034	0,98789
10	0,98558	0,98478	0,98393	0,98283	0,97994
15	0,98074	0,97896	0,97768	0,97618	0,97249
20	0,97638	0,97346	0,97164	0,96962	0,96500
25	0,97158	0,96749	0,96513	0,96255	0,95697
30	0,96572	0,96054	0,95770	0,95464	0,94822
35	0,95848	0,95243	0,94920	0,94579	0,93871
40	0,94999	0,94324	0,93973	0,93605	0,92851
45	0,94044	0,93319	0,92947	0,92565	0,91783
50	0,93009	0,92254	0,91865	0,91473	0,90670
55	0,91916	0,91145	0,90746	0,90344	0,89524
60	0,90794	0,90007	0,89604	0,89193	0,88355
65	0,89659	0,88853	0,88443	0,88023	0,87168
70	0,88504	0,87685	0,87265	0,86838	0,85967
75	0,87326	0,86497	0,86070	0,85637	0,84751
80	0,86119	0,85285	0,84852	0,84413	0,83517
85	0,84879	0,84039	0,83604	0,83164	0,82263
90	0,83579	0,82737	0,82304	0,81867	0,80972
95	0,82185	0,81349	0,80923	0,80494	0,79619
96	0,81892	0,81058	0,80634	0,80207	0,79338
97	0,81594	0,80762	0,80339	0,79914	0,79052
98	0,81291	0,80460	0,80040	0,79617	0,78762
99	0,80982	0,80153	0,79735	0,79315	0,78468
100	0,80667	0,79840	0,79425	0,79008	0,78169

[1] Landolt-Börnstein, S. 450. Die spez. Gew. sind in dieser Tabelle auf Wasser von 15⁰ bezogen; zur Umrechnung auf g/ccm sind sie mit 0,999126 zu multiplizieren.

Tabelle 208. Wässerige Salzsäure[1].

d_{15} g/ccm	Grad Baumé (15°)	100 g enthalten g HCl	1 l enthält g HCl	d_{15} g/ccm	Grad Baumé (15°)	100 g enthalten g HCl	1 l enthält g HCl
1,000	0,0	0,16	1,6	1,115	14,9	22,86	255
1,005	0,7	1,15	12	1,120	15,4	23,82	267
1,010	1,4	2,14	22	1,125	16,0	24,78	278
1,015	2,1	3,12	32	1,130	16,5	25,75	291
1,020	2,7	4,13	42	1,135	17,1	26,70	303
1,025	3,4	5,15	53	1,140	17,7	27,66	315
1,030	4,1	6,15	64	1,1425	18,0	28,14	322
1,035	4,7	7,15	74	1,145	18,3	28,61	328
1,040	5,4	8,16	85	1,150	18,8	29,57	340
1,045	6,0	9,16	96	1,152	19,0	29,95	345
1,050	6,7	10,17	107	1,155	19,3	30,55	353
1,055	7,4	11,18	118	1,160	19,8	31,52	366
1,060	8,0	12,19	129	1,163	20,0	32,10	373
1,065	8,7	13,19	141	1,165	20,3	32,49	379
1,070	9,4	14,17	152	1,170	20,9	33,46	392
1,075	10,0	15,16	163	1,171	21,0	33,65	394
1,080	10,6	16,15	174	1,175	21,4	34,42	404
1,085	11,2	17,13	186	1,180	22,0	35,39	418
1,090	11,9	18,11	197	1,185	22,5	36,31	430
1,095	12,4	19,06	209	1,190	23,0	37,23	443
1,100	13,0	20,01	220	1,195	23,5	38,16	456
1,105	13,6	20,97	232	1,200	24,0	39,11	469
1,110	14,2	21,92	243				

Tabelle 209. Schwefelsäure[2].

d_{15} g/ccm	° Baumé	100 g enthalten g H_2SO_4	1 l enthält g H_2SO_4	Normalität bei 15°	d_{15} g/ccm	° Baumé	100 g enthalten g H_2SO_4	1 l enthält g H_2SO_4	Normalität bei 15°
0,9991	0,0	0	0,00	0,000	1,1120	14,7	16	177,92	3,628
1,0061	1,0	1	10,06	0,205	1,1195	15,5	17	190,32	3,881
1,0129	2,0	2	20,26	0,413	1,1270	16,3	18	202,86	4,137
1,0197	3,0	3	30,59	0,624	1,1347	17,2	19	215,59	4,396
1,0264	3,8	4	41,06	0,837	1,1424	18,0	20	228,48	4,659
1,0332	4,7	5	51,66	1,053					
					1,1501	18,9	21	241,52	4,925
1,0400	5,7	6	62,40	1,272	1,1579	19,8	22	254,74	5,194
1,0469	6,6	7	73,28	1,494	1,1657	20,6	23	268,11	5,467
1,0539	7,5	8	84,31	1,719	1,1736	21,5	24	281,66	5,744
1,0610	8,4	9	95,49	1,947	1,1816	22,3	25	295,40	6,024
1,0681	9,3	10	106,81	2,178					
					1,1896	23,1	26	309,30	6,307
1,0753	10,2	11	118,28	2,412	1,1976	23,9	27	323,35	6,594
1,0825	11,1	12	129,90	2,649	1,2057	24,7	28	337,60	6,884
1,0898	12,0	13	141,67	2,889	1,2138	25,5	29	352,00	7,178
1,0971	12,9	14	153,59	3,132	1,2220	26,3	30	366,60	7,476
1,1045	13,8	15	165,68	3,378					

[1] Lunge u. Marchlewski: Ztschr. angew. Chem. **4**, 133 (1891).
[2] Nach Landolt-Börnstein: Physikalisch-chemische Tabellen, 5. Aufl., Bd. 1, S. 397—398.

Fortsetzung der Tabelle 209, S. 982.

d_{15} g/ccm	° Baumé	100 g enthalten g H_2SO_4	1 l enthält g H_2SO_4	Normalität bei 15°	d_{15} g/ccm	° Baumé	100 g enthalten g H_2SO_4	1 l enthält g H_2SO_4	Normalität bei 15°
1,2302	27,1	31	381,36	7,777	1,5691	52,4	66	1035,6	21,117
1,2385	27,9	32	396,32	8,082	1,5805	53,1	67	1058,9	21,593
1,2468	28,7	33	411,44	8,390	1,5919	53,7	68	1082,5	22,075
1,2552	29,5	34	426,77	8,702	1,6035	54,4	69	1106,4	22,562
1,2636	30,2	35	442,26	9,018	1,6151	55,0	70	1130,6	23,054
1,2720	30,9	36	457,92	9,338	1,6268	55,7	71	1155,0	23,553
1,2806	31,7	37	473,82	9,662	1,6385	56,3	72	1179,7	24,057
1,2891	32,5	38	489,86	9,989	1,6503	56,9	73	1204,7	24,567
1,2978	33,2	39	506,14	10,322	1,6622	57,5	74	1230,0	25,082
1,3065	34,0	40	522,60	10,657	1,6740	58,2	75	1255,5	25,602
1,3153	34,7	41	539,27	10,997	1,6858	58,8	76	1281,2	26,126
1,3242	35,4	42	556,16	11,341	1,6976	59,4	77	1307,2	26,655
1,3332	36,2	43	573,28	11,690	1,7093	60,0	78	1333,3	27,188
1,3423	36,9	44	590,61	12,043	1,7209	60,5	79	1359,5	27,724
1,3514	37,6	45	608,13	12,401	1,7324	61,1	80	1385,9	28,261
1,3607	38,4	46	625,92	12,764	1,7435	61,6	81	1412,2	28,799
1,3701	39,1	47	643,95	13,131	1,7544	62,1	82	1438,6	29,336
1,3796	39,8	48	662,21	13,504	1,7649	62,6	83	1464,9	29,871
1,3893	40,5	49	680,76	13,881	1,7748	63,1	84	1490,8	30,401
1,3990	41,2	50	699,50	14,264	1,7841	63,5	85	1516,5	30,924
1,4088	42,0	51	718,49	14,652	1,7927	63,9	86	1541,7	31,438
1,4188	42,7	52	737,78	15,045	1,8006	64,2	87	1566,5	31,943
1,4289	43,4	53	757,32	15,443	1,8077	64,5	88	1590,8	32,438
1,4391	44,1	54	777,11	15,846	1,8141	64,8	89	1614,6	32,922
1,4494	44,8	55	797,17	16,255	1,8198	65,1	90	1637,8	33,397
1,4598	45,5	56	817,49	16,670	1,8248	65,3	91	1660,6	33,862
1,4703	46,2	57	838,07	17,090	1,8293	65,5	92	1683,0	34,318
1,4809	46,9	58	858,92	17,515	1,8331	65,7	93	1704,8	34,764
1,4916	47,6	59	880,04	17,946	1,8363	65,8	94	1726,1	35,199
1,5024	48,3	60	901,44	18,382	1,8388	65,9	95	1746,9	35,622
1,5133	49,0	61	923,11	18,824	1,8406	66,0	96	1767,0	36,030
1,5243	49,7	62	945,07	19,272	1,8414	66,0	97	1786,2	36,421
1,5354	50,4	63	967,30	19,725	1,8411	66,0	98	1804,3	36,791
1,5465	51,1	64	989,76	20,183	1,8393	65,9	99	1820,9	37,132
1,5578	51,8	65	1012,5	20,647					

Tabelle 210. Rauchende Schwefelsäure (nach Knietsch)[1].

% SO_3	0	10	20	30	40	50
d_{15} g/ccm	1,847	1,885	1,917	1,954	1,976	2,006

% SO_3	60	70	80	90	100
d_{15} g/ccm	2,017	2,015	2,005	1,987	1,981

[1] Nach Landolt-Börnstein: Physikalisch-chemische Tabellen, 5. Aufl., Bd. 1, S. 399.

Tabelle 211. Wässerige Kalilauge und Natronlauge (nach Lunge).

d_{15} g/ccm	°Baumé (15°)	100 g enthalten g		1 l enthält g		d_{15} g/ccm	°Baumé (15°)	100 g enthalten g		1 l enthält g	
		KOH	NaOH	KOH	NaOH			KOH	NaOH	KOH	NaOH
1,006	1	0,9	0,59	9	6,0	1,250	29	27,0	22,50	338	281,7
1,013	2	1,7	1,20	17	12,0	1,261	30	28,0	23,50	353	296,8
1,020	3	2,6	1,85	26	18,9	1,273	31	28,9	24,48	368	311,9
1,028	4	3,5	2,50	36	25,7	1,284	32	29,8	25,50	385	327,7
1,035	5	4,5	3,15	46	32,6	1,295	33	30,7	26,58	398	344,7
1,042	6	5,6	3,79	58	39,6	1,307	34	31,8	27,65	416	361,7
1,050	7	6,4	4,50	67	47,3	1,319	35	32,7	28,83	432	380,6
1,058	8	7,4	5,20	78	55,0	1,331	36	33,7	30,00	449	399,6
1,066	9	8,2	5,86	88	62,5	1,344	37	34,9	31,20	469	419,6
1,074	10	9,2	6,58	99	70,7	1,356	38	35,9	32,50	487	441,0
1,082	11	10,1	7,30	109	79,1	1,369	39	36,9	33,73	506	462,1
1,090	12	10,9	8,07	119	88,0	1,382	40	37,8	35,00	522	484,1
1,098	13	12,0	8,78	132	96,6	1,396	41	38,9	36,36	543	507,9
1,106	14	12,9	9,50	143	105,3	1,409	42	39,9	37,65	563	530,9
1,115	15	13,8	10,30	153	114,9	1,423	43	40,9	39,06	582	556,2
1,124	16	14,8	11,06	167	124,4	1,437	44	42,1	40,47	605	582,0
1,133	17	15,7	11,90	178	134,9	1,452	45	43,4	42,02	631	610,6
1,142	18	16,5	12,69	188	145,0	1,467	46	44,6	43,58	655	639,8
1,151	19	17,6	13,50	203	155,5	1,482	47	45,8	45,16	679	669,7
1,160	20	18,6	14,35	216	166,7	1,497	48	47,1	46,73	706	700,0
1,169	21	19,5	15,15	228	177,4	1,513	49	48,3	48,41	731	732,9
1,179	22	20,5	16,00	242	188,8	1,529	50	49,4	50,10	756	766,5
1,189	23	21,4	16,91	255	201,2	1,545	51	50,6	—	779	—
1,199	24	22,4	17,81	269	213,7	1,562	52	51,9	—	811	—
1,209	25	23,3	18,71	282	226,4	1,579	53	53,2	—	840	—
1,219	26	24,2	19,65	295	239,7	1,597	54	54,5	—	870	—
1,229	27	25,1	20,60	309	253,6	1,615	55	55,9	—	902	—
1,240	28	26,1	21,55	324	267,4	1,633	56	57,5	—	940	—

II. Viscositäten von Eichflüssigkeiten[1].

Tabelle 212. Viscosität von Wasser in Centipoisen.

t °C	η cp	t °C	η cp	t °C	η cp
0	1,7887	35	0,7205	70	0,4062
5	1,5155	40	0,6533	75	0,3794
10	1,3061	45	0,5958	80	0,3556
15	1,1406	50	0,5497	85	0,3341
20	1,0046	55	0,5072	90	0,3146
25	0,8941	60	0,4701	95	0,2981
30	0,8019	65	0,4359	100	0,2821

[1] Zahlenwerte gemäß International Critical Tables, Bd. 5, entnommen aus Standardmethode Nr. 188 — 1929 der British Engineering Standards Association, die Werte für Wasser nach Bingham und Jackson, vgl. Landolt-Börnstein, 5. Aufl., Erg.-Bd. 1, S. 83. Berlin 1927.

Tabelle 213. Viscosität von Anilin in Centipoisen.

t °C	0	5	10	15	20	25	30	35	40
η cp	10,2	8,06	6,50	5,31	4,40	3,71	3,16	2,71	2,37

Tabelle 214. Spez. Gew. und Viscosität von annähernd 40%iger Rohrzuckerlösung bei 25°.

d_{25} g/ccm	η cp	d_{25} g/ccm	η cp	d_{25} g/ccm	η cp
1,17315	5,094	1,17400	5,158	1,17485	5,223
1,17320	5,098	1,17405	5,162	1,17490	5,227
1,17325	5,102	1,17410	5,166	1,17495	5,231
1,17330	5,105	1,17415	5,169	1,17500	5,235
1,17335	5,109	1,17420	5,173	1,17505	5,238
1,17340	5,113	1,17425	5,177	1,17510	5,242
1,17345	5,116	1,17430	5,181	1,17515	5,246
1,17350	5,120	1,17435	5,185	1,17520	5,250
1,17355	5,124	1,17440	5,188	1,17525	5,254
1,17360	5,128	1,17445	5,192	1,17530	5,258
1,17365	5,131	1,17450	5,196	1,17535	5,262
1,17370	5,135	1,17455	5,200	1,17540	5,266
1,17375	5,139	1,17460	5,204	1,17545	5,270
1,17380	5,143	1,17465	5,207	1,17550	5,274
1,17385	5,147	1,17470	5,211	1,17555	5,277
1,17390	5,150	1,17475	5,215	1,17560	5,281
1,17395	5,154	1,17480	5,219	1,17565	5,285

Tabelle 215. Spez. Gew. und Viscosität von annähernd 60%iger Rohrzuckerlösung bei 25°.

d_{25} g/ccm	η cp	d_{25} g/ccm	η cp	d_{25} g/ccm	η cp	d_{25} g/ccm	η cp
1,28275	42,56	1,28340	43,25	1,28405	43,95	1,28470	44,67
1,28280	42,61	1,28345	43,30	1,28410	44,00	1,28475	44,73
1,28285	42,66	1,28350	43,35	1,28415	44,06	1,28480	44,78
1,28290	42,71	1,28355	43,41	1,28420	44,11	1,28485	44,84
1,28295	42,77	1,28360	43,46	1,28425	44,17	1,28490	44,89
1,28300	42,82	1,28365	43,52	1,28430	44,22	1,28495	44,95
1,28305	42,87	1,28370	43,57	1,28435	44,28	1,28500	45,01
1,28310	42,92	1,28375	43,63	1,28440	44,33	1,28505	45,07
1,28315	42,98	1,28380	43,68	1,28445	44,39	1,28510	45,12
1,28320	43,03	1,28385	43,74	1,28450	44,45	1,28515	45,18
1,28325	43,09	1,28390	43,79	1,28455	44,51	1,28520	45,23
1,28330	43,14	1,28395	43,84	1,28460	44,56	1,28525	45,29
1,28335	43,20	1,28400	43,89	1,28465	44,62		

Bemerkung zu Tabelle 214 und 215.

Die Zuckerlösungen sind wie folgt herzustellen: Man löst 40 (bzw. 60) g reinen, trockenen Rohrzucker in 60 (bzw. 40) g warmem destillierten Wasser, filtriert die

Lösung und bestimmt das spez. Gew. des klaren Filtrats im Pyknometer bei genau 25^0, und zwar unter Berechnung als wahre Gramm/Kubikzentimeter im luftleeren Raum. Zu dieser Berechnung dient folgende Formel:

$$d_{25} = d_w \cdot \frac{W}{w} \cdot \frac{1 + \delta_1 (W/w - 1/B)}{1 + \delta_2 (1 - 1/B)} .$$

In dieser Formel bedeuten:

d_w = Dichte des Wassers bei 25^0 (0,997071 g/ccm im Vakuum),

W = scheinbares Gewicht (in Luft) der Wasserfüllung des Pyknometers bei 25^0,

w = scheinbares Gewicht der Zuckerlösung im Pyknometer bei 25^0,

δ_1 = Dichte der Luft bei der Bestimmung von w,

δ_2 = Dichte der Luft bei der Bestimmung von W,

B = Dichte der Gewichte.

Nachtrag zu S. 632 und 961, betr. Lanocerinsäure.

Bei neueren, zur Zeit (1933) noch im Gang befindlichen Versuchen im Laboratorium des Verfassers gelang es bisher nicht, aus dem von Dr. I. Lifschütz gesandten rohen Kalisalz der Lanocerinsäure eine der Formel $C_{30}H_{60}O_4$ entsprechende freie Säure abzuscheiden. Die gemäß der Vorschrift auf S. 963 abgeschiedene Säure schmolz nach wiederholter Umkrystallisation aus Tetrachlorkohlenstoff, Extraktion mit Äther und Aceton und weiterer Krystallisation aus Cyclohexan konstant bei $106-107^0$ (also 2^0 höher, als S. 632 angegeben); die Ergebnisse der Elementaranalyse stimmten aber weder zur Formel der freien Dioxysäure $C_{30}H_{60}O_4$ noch zu derjenigen des sog. „sauren" Anhydrids $C_{30}H_{58}O_3$, sondern vielmehr genau zu derjenigen einer Monooxysäure $C_{30}H_{60}O_3$. Das neutrale Lacton (Schmp. 86^0 bzw. nach Grassow 88^0) der Lanocerinsäure, welches nach den Literaturangaben so überaus leicht entstehen soll, konnte aus der gereinigten Säure weder beim Erhitzen im Hochvakuum bis 300^0 noch beim Kochen mit verdünnter Salz- oder Schwefelsäure erhalten werden. Bei der Behandlung des Silbersalzes der Säure mit Methyljodid in Tetrachlorkohlenstoff entstand als Hauptprodukt nicht der von Grassow beschriebene Methylester vom Schmp. $78,5-80^0$, sondern ein bei $88-89^0$ schmelzender Körper, dessen Elementaranalyse nicht der Formel $C_{31}H_{62}O_4$ (entspr. Grassow), sondern der Formel $C_{31}H_{62}O_3$ entsprach. Nach Lifschütz (Privatmitt.) sind diese Widersprüche vielleicht dadurch zu erklären, daß die richtige Lanocerinsäure sehr leicht veränderlich ist; hierüber dürfte die Fortsetzung der Versuche Klarheit bringen.

Sachverzeichnis.

***Untersuchungsmethoden der Erdölindustrie** (Erdöl, Benzin, Paraffin, Schmieröl, Asphalt usw.). Von Dr. **Hugo Burstin**. Mit 86 Textabbildungen. XII, 300 Seiten. 1930. Gebunden RM 22.—

... In kurz gefaßter, klar verständlicher Weise werden, unter prinzipieller Beibehaltung der in dem Holdeschen Standardwerk befolgten Gliederung des Stoffes die kontinentalen, zum Teil auch die neueren amerikanischen Arbeitsmethoden und Apparaturen zur Untersuchung der Mineralöle beschrieben, unter Berücksichtigung der Methoden auch für die nach den neuesten Verfahren aus dem Erdöl bzw. seinen Derivaten erhaltenen Produkte, wie Crackbenzine, Asphaltemulsionen usw., unterstützt durch reichhaltiges Quellen- und Bildmaterial, Tabellen, Diagramme und Lieferungsvorschriften verschiedener europäischer und außereuropäischer Länder.
Das Buch läßt die volle Beherrschung des Gegenstandes durch den Autor erkennen, der als Leiter des Fabriklaboratoriums der großen und modern eingerichteten Raffinerie der ,,Galicia" A.-G. in Drohobycz seine praktischen Erfahrungen in unmittelbarer, stetiger Berührung mit dem Fabrikbetrieb sammeln konnte ... *,,Erdöl und Teer"*

***Wissenschaftliche Grundlagen der Erdölverarbeitung.** Von Professor Dr. **Leo Gurwitsch**, Baku. Zweite, vermehrte und verbesserte Auflage. Mit 13 Abbildungen im Text und 4 Tafeln. VI, 399 Seiten. 1924. Gebunden RM 20.—

Berl-Lunge, Chemisch-technische Untersuchungsmethoden. Herausgegeben von Prof. Ing.-Chem. Dr. phil. **Ernst Berl**, Darmstadt. Achte, vollständig umgearbeitete und vermehrte Auflage. In 5 Bänden.
***Erster Band.** Mit 583 in den Text gedruckten Abbildungen und 2 Tafeln. L, 1260 Seiten. 1931. Gebunden RM 98.—
Zweiter Band. 1. Teil: Mit 215 in den Text gedruckten Abbildungen und 3 Tafeln. LX, 878 Seiten. 1932. Gebunden RM 69.—
2. Teil: Mit 86 in den Text gedruckten Abbildungen. IV, 917 Seiten. 1932. Gebunden RM 69.—
Der Kauf des 1. Teiles des zweiten Bandes verpflichtet auch zur Abnahme des 2. Teiles.
Dritter Band. Mit 184 in den Text gedruckten Abbildungen. XLVIII, 1380 Seiten. 1932. Gebunden RM 98.—
Vierter Band. Mit 263 in den Text gedruckten Abbildungen. XXXIV, 1123 Seiten. 1933. Gebunden RM 84.—

Inhaltsübersicht: Gasfabrikation und Ammoniak. Von Dr. O. Pfeiffer, ehem. Direktor der Städt. Gas- und Wasserwerke Magdeburg. — Cyanverbindungen. Von Dr. W. Bertelsmann und Dr.-Ing. F. Schuster, Berlin. — Steinkohlenteer. Von Professor Dr. H. Mallison, Technische Hochschule Berlin-Charlottenburg. — Braunkohlenteer. Von Professor Dr. phil. Dr.-Ing. e. h. Ed. Graefe, Dresden. — Fette und Wachse. Von Professor Dr. Ad. Grün, Basel. — Mineralöle und verwandte Produkte (Erdöl, Benzin, Leuchtpetroleum, Gasöl, Isolieröle, Schmiermittel, Paraffin, Asphalt, Erdwachs). Von Geh.-Rat Professor Dr. D. Holde, Dr. W. Bleyberg und Dr. G. Meyerheim, Berlin. — Ätherische Öle. Von Professor Dr. E. Gildemeister, Goslar. — Tinte. Von Dr. H. von Haasy und Dr. F. Lohse, Dresden.
Der fünfte Band erscheint im Herbst 1933.

Nachweis und Bestimmung organischer Verbindungen. Von Dr. **Hans Meyer**, o. ö. Professor der Chemie an der Deutschen Universität zu Prag. (Lehrbuch der organisch-chemischen Methodik, 2. Band.) Mit 11 Abbildungen. XII, 426 Seiten. 1933. RM 32.—; gebunden RM 35.—

***Analyse und Konstitutionsermittlung organischer Verbindungen.** Von Dr. **Hans Meyer**, o. ö. Professor der Chemie an der Deutschen Universität zu Prag. Fünfte, umgearbeitete Auflage. (Lehrbuch der organischchemischen Methodik, 1. Band.) Mit 180 Abbildungen im Text. XX, 709 Seiten. 1931. RM 48.—; gebunden RM 51.—

Elemente der Chemie-Ingenieur-Technik. Wissenschaftliche Grundlagen und Arbeitsvorgänge der chemisch-technologischen Apparaturen. Von Professor **Walter L. Badger** und Assistent **Warren L. McCabe**, Michigan. Berechtigte deutsche Übersetzung von Dipl.-Ing. K. Kutzner. Mit 304 Abbildungen im Text und auf einer Tafel. XVI, 489 Seiten. 1932. Gebunden RM 27.50

** Auf die Preise der vor dem 1. Juli 1931 erschienenen Bücher wird ein Notnachlaß von 10% gewährt.*

***Analyse der Fette und Wachse** sowie der Erzeugnisse der Fettindustrie. Von Professor Dr. **Adolf Grün**, Grenzach.

Erster Band. Methoden. Mit 77 Abbildungen. XII, 575 Seiten. 1925.
Gebunden RM 36.—

... Bei dem vorliegenden ersten Band einer Analyse der Fette und Wachse wird jeder Fettchemiker sich von Herzen freuen, wenn er ihn zur Hand nimmt. Hier hat wohl der bedeutendste unserer Fachgenossen alles das zusammengefaßt, was er an Erfahrungen auf diesem Gebiete in vielen Jahren gesammelt hat. In der Einteilung hat der Verfasser sich an das übliche System gehalten und beschreibt neben einer kurzen Einleitung in das Fettgebiet die allgemeinen Methoden der Fett- und Wachsanalyse und die Untersuchung technischer Fette und Erzeugnisse von Fetten. Man erkennt auf jeder Seite des Werkes, daß hier eine Originalarbeit geschaffen worden ist, auf die man sich unter allen Umständen verlassen kann ... Das Grünsche Buch wird ein notwendiger Bestand in der Bücherei jedes Laboratoriums sein, das sich mit der Untersuchung von Fetten und Ölen beschäftigt; wir möchten dasselbe deshalb an dieser Stelle noch ganz besonders warm empfehlen.
„Chemische Umschau auf dem Gebiete der Fette, Öle, Wachse und Harze"

Zweiter Band. Systematik. Analysenergebnisse. Bibliographie der natürlichen Fette und Wachse. Unter Mitwirkung von Prof. Dr. **Adolf Grün**, Grenzach, verfaßt von Dr. **Wilhelm Halden**, Graz. XV, 806 Seiten. 1929.
Gebunden RM 98.—

Ebenso vorbildlich wie die Anordnung des Tatsachenmaterials ist auch dessen Beschreibung, die, soweit als angängig, ausschließlich durch tabellarische Darstellung der Untersuchungsergebnisse erfolgt, wobei nicht nur die chemischen und physikalischen Kennzahlen, sondern auch die wichtigsten Eigenschaften in Tabellenform zusammengefaßt sind. Die Übersichtlichkeit wird dadurch ungemein gefördert. Jede Seite legt beredtes Zeugnis ab von dem exakt wissenschaftlichen und streng kritischen Geist, der die Verfasser bei der Abfassung geleitet hat. Das Buch bringt dem Leser nicht allein eine außerordentliche Bereicherung seines Fachwissens, sondern es weckt auch wissenschaftliche Begeisterung für das darin behandelte Fachgebiet.   *„Farben-Zeitung"*

***Celluloseesterlacke.** Die Rohstoffe, ihre Eigenschaften und lacktechnischen Aufgaben; Prinzipien des Lackaufbaues und Beispiele für die Zusammensetzung; technische Hilfsmittel der Fabrikation. Von **Dr. Calisto Bianchi.** Deutsche, völlig neubearbeitete Ausgabe von Dr. phil. **Adolf Weihe.** Mit 71 Textabbildungen. XII, 329 Seiten. 1931.   Gebunden RM 22.50

Chemische Technologie der Lösungsmittel. Von Dr. phil. **Otto Jordan**, Mannheim. Mit 26 Abbildungen im Text. XIV, 322 Seiten. 1932.
Gebunden RM 26.50

Das Kasein. Chemie und technische Verwertung. Von **Edwin Sutermeister.** Deutsche Bearbeitung von Dr. **Ernst Brühl**, Chemiker und öffentlich bestellter Wirtschaftsprüfer. Mit 40 Textabbildungen. VIII, 278 Seiten. 1932.
Gebunden RM 22.—

Die Hydrierung der Fette. Eine chemisch-technologische Studie. Von Dr. **H. Schönfeld**, Berlin. Mit 36 Abbildungen. VI, 152 Seiten. 1932. RM 15.—

***Handbuch der Seifenfabrikation.** Von Dr. **Walther Schrauth**, a. o. Professor an der Universität Berlin. Sechste, verbesserte Auflage. Mit 183 Abbildungen. IX, 771 Seiten. 1927.   Gebunden RM 39.—

***Die Krackverfahren** unter Anwendung von Druck (Druckwärmespaltung). Von Oberregierungsrat Dr. **Erwin Sedlaczek.** Mit 179 Textabbildungen. IV, 402 Seiten. 1929.   Gebunden RM 45.—

Öl im Betrieb. Von Priv.-Doz. Dr.-Ing. **K. Krekeler.** (Werkstattbücher, Heft 48.) Mit 39 Textabbildungen. 50 Seiten. 1932.   RM 2.—

** Auf die Preise der vor dem 1. Juli 1931 erschienenen Bücher wird ein Notnachlaß von 10% gewährt.*